제10판

세포의 세계

Becker's World of the Cell

10th Edition

세포의 세계

Jeff Hardin · James P. Lodolce 지음

유시욱 · 김병삼 · 신인철 · 양진영 · 윤보은 · 이미수 · 이수진 · 이인혜 · 정영미 옮김

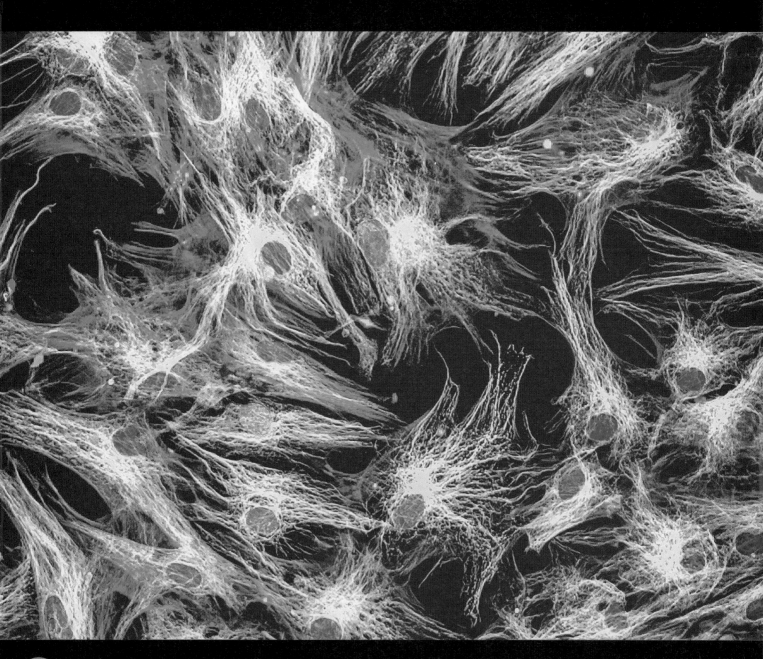

Pearson

교문사

Pearson Education South Asia Pte Ltd
63 Chulia St
#15-01
Singapore 049514

Pearson Education offices in Asia: *Bangkok, Beijing, Ho Chi Minh City, Hong Kong, Jakarta, Kuala Lumpur, Manila, Seoul, Singapore, Taipei, Tokyo*

Original edition Becker's World of the Cell 10th Edition, Global Edition by Jeff Hardin, Gregory Paul Bertoni, ISBN 9781292426525, published by Pearson Education Limited Copyright © 2022. All rights reserved. No part of this book may be reproduced or transmitted in any form or by any means, electronic or mechanical, including photocopying, recording or by any information storage retrieval system, without permission from Pearson Education South Asia Pte Ltd. This edition published by PEARSON EDUCATION SOUTH ASIA PTE LTD, Copyright © 2023. Authorized for sale only in South Korea.

3   2   1
25   24   23

발행일: 2023년 8월 28일
공급처: 교문사(031-955-6111~4/genie@gyomoon.com)
ISBN: 978-981-3350-17-5(93470)
가격: 48,000원

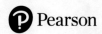

http://pearson.com/asia

역자 서문

지구상의 모든 생명체는 세포로 구성되어 있기에 세포를 이해하는 것은 생명의 원리를 탐구하는 데 필수적이라고 할 수 있다. 따라서 세포생물학은 생명과학의 다양한 분야 중에서도 핵심이라고 할 수 있으며, 생명과학에 관심이 있는 학생이라면 반드시 공부해야 할 교과목이기도 하다. 최근 생명과학의 발전은 어지러울 정도로 빠르게 진행되고 있으며, 이에 따라 방대한 분량의 지식이 축적되고 있다. 이러한 시기에 전반적으로 개정·보완된 《세포의 세계》 10판이 학생들이 공부하는 데 조금이라도 도움이 되길 바란다.

이 책은 1986년에 초판이 발행된 이후 40년 가까이 수많은 대학에서 교재로 활용된 베스트셀러이다. 저자들의 풍부한 실전 강의 지식이 녹아있는 이 책은 세포생물학의 개념과 원리를 이해하는 데 초점을 맞추고 있다. 특히 독자가 쉽게 이해할 수 있도록 수많은 그림과 사진을 담았으며, 각 장의 말미에는 독자 스스로 학습 수준을 평가할 수 있는 연습문제가 수록되어 있다.

이 책의 가장 큰 특징은 독자가 단편적인 지식을 암기하기보다는 다른 개념과 연결하여 이해할 수 있도록 통합적인 접근을 유도한다는 것이다. 또한 모든 장에서 세포생물학 연구의 최신 핵심 기술을 자세히 소개하고, 인간의 질병과 세포생물학의 관련성을 강조하고 있다. 따라서 이 책은 의·약학 및 생명과학을 전공하는 학생뿐만 아니라 보건학, 식품학, 환경학 등 관련 분야 전공자가 세포생물학을 이해하는 데 훌륭한 길잡이 역할을 할 것이다. 다만 분량이 방대하여 모든 내용을 책으로 펴내지 못하고 일부분(22~26장 및 연습문제 해답)을 전자책으로 제공한다는 점에 대해 양해를 구한다.

이 책의 용어는 2015 개정 교육과정 시기에 고등학생 시절을 보낸 학생들이 주 독자층이므로, 교육의 연계성을 고려하여 교육부에서 발행한 〈2015 개정 교육과정에 따른 교과용 도서 개발을 위한 편수자료〉를 우선으로 참조했다. 편수자료에 제시되지 않은 용어는 한국생물과학협회에서 편찬한 〈생물학용어집〉을 참고하고, 그 외 생명과학 교재와 전공 서적을 참조하여 일반적으로 많이 사용되는 용어를 선택했다. 일부 새로운 용어는 최근의 추세에 따라 원어 발음으로 표기하고, 숫자가 포함된 용어는 아라비아 숫자로 표기했다.

이 책이 출판되기까지 학교일로 바쁘신 가운데에도 번역 및 교정에 애써주신 교수님들, 좋은 책을 만들기 위해 함께 고민한 피어슨에듀케이션 편집팀에 감사의 말씀을 드린다. 교정과정에서 세세한 부분을 일일이 번역진과 상의하지 못하고 임의로 처리한 부분도 많았기에, 본의 아니게 발생한 오류 및 오탈자 등은 전적으로 본인의 탓임을 밝힌다. 이 책을 읽으면서 혹여나 오류를 발견한다면 교문사 또는 번역진의 이메일로 알려주시길 부탁드린다. 부족한 부분은 앞으로 계속 수정·보완해나갈 것을 약속드린다.

2023년 8월
역자를 대표하여 유시욱

저자 서문

세포는 이 지구상의 생명을 이루는 기본 구성품이다. 작은 크기에도 불구하고 세포는 놀랍도록 복잡하다. 순간마다 우리 몸의 세포는 신호전달 경로, 유전정보의 전달, 섬세하게 조율된 이동 등 눈부실 정도의 생화학적 반응에 관여하고 있다. 우리가 세포의 기본 작용에 대해 알고 있으면 병에 걸린 경우처럼 뭔가 잘못되었을 때나 바이러스 감염의 경우처럼 세포에 침입을 당했을 때 무슨 일이 일어날지 이해할 수 있게 된다. 이 책의 저자로서 우리의 목표는 학생들이 이 놀랍고도 복잡한 세포의 세계를 이해하도록 돕는 것이다. Wayne Becker가 이 책의 초판을 쓰게 된 동기가 오늘날에도 계속 우리를 이끌고 있다. 우리는 학생들이 적절한 주제를 다루면서 명확하게 서술된 생명과학 교과서를 가지고 있어야 하고, 게다가 이미 알려진 세포생물학에 대한 지식뿐만 아니라 앞으로 밝혀질 흥미로운 발견의 여정을 이해할 수 있도록 도와야 한다고 믿는다. 저자로서 우리는 세포생물학 및 관련 분야에서 오랫동안 학부 과정을 가르친 경험이 있으며, 교수진으로서 학생과의 접촉을 가장 보람 있는 일로 소중히 간직하고 있다.

현대 세포생물학의 놀라운 성공으로 인한 흥미로운 기회와 핵심 도전과제를 모두 강의에 담아내야 하는데, 학생들이 압도당하지 않으면서 현대 세포생물학의 핵심 요소를 배우도록 이끌어내려면 어떻게 해야 할까? 엄청난 양의 정보를 최신 상태로 유지하면서, 동시에 적당한 분량으로 처음 세포생물학 및 분자생물학을 공부하는 학생이 이해하기 쉽게 만드는 것은 큰 도전이었다.

개정된 10판에서는 각 장마다 새롭고 혁신적인 기능과 흥미롭고 신선한 모습을 보게 될 것이다. 10판의 주요 목표는 몇 가지 핵심 주제를 재구성하는 것이다. 우리는 분비 및 막 결합단백질의 번역을 세포내막계와 연결하여 설명해달라는 요청을 자주 받았는데, 이러한 중요 주제를 훨씬 더 명확하게 다루었다. 또한 10판 전반에 걸쳐 지속적으로 강조한 분자생물학 기술이 현대 세포생물학자가 매일 일상적으로 사용하는 필수적인 기술이라는 사실을 학생과 강사가 알았으면 한다.

이전 판과 마찬가지로 이번 개정판에서도 3가지 핵심 목표에 전념하고 있다. 첫째, 우리의 주요 목표는 세포 구조와 기능에 대한 기본 원리를 학생에게 소개하는 것이다. 둘째, 이러한 핵심 개념을 정립하는 데 기여한 주요 과학적 증거를 학생들이 이해하는 것이다. 셋째, 초보 세포생물학 학생들이 쉽게 읽고 이해할 수 있으면서도 책가방에 쏙 들어가는, 감당할 수 있는 분량의 책으로 이러한 목표를 달성하는 것이다. 따라서 우리는 핵심 개념을 설명하기 위한 수많은 사례와 과학적 증거 중에서 일부를 필연적으로 선별할 수밖에 없었다. 그 결과로 새롭게 만들어진 책을 보면서 학생과 강사가 우리만큼 기대하기를 바란다.

새롭게 개정된 내용

- **연결하기 문제**: 모든 장마다 2개의 '연결하기' 문제를 제시함으로써 공부하면서 다른 장에서 언급한 개념을 연결할 수 있도록 구성했다. 이는 세포생물학 전반에 걸쳐 기본적인 개념 연결을 강화함으로써 단편화된 지식만을 공부하려는 경향을 극복하는 데 도움을 줄 것이다. 이런 문제는 과제로 제시할 수 있다.

- **데이터 분석 문제**: 모든 장에는 데이터를 해석하는 능력을 연습할 수 있도록 '데이터 분석' 문제가 포함되어 있다. 학생들은 정보에 입각한 결정을 내리고, 잘 구성된 검증 가능한 가설을 만들며, 후속 실험을 설계하고, 결과에 대한 설득력 있는 증거를 제공하기 위해 데이터를 분석할 수 있어야 한다. 이러한 문제는 또한 과제로 제시하고 평가할 수 있다.

- **번역 및 세포 내 수송에 관한 자료의 재구성**: 이 책 앞부분에 분자유전학 관련 내용을 배치했기 때문에 분비 단백질 또는 원형질막 결합단백질의 번역과 관련된 주제는 이제 더 자연스럽게 세포 내 수송에 대한 논의에 통합할 수 있다. 이러한 주제는 분비되거나 원형질막으로 삽입되는 단백질이 소포체로 번역과 동시에 수입되는 메커니즘을 포함하여 세포내막계에 초점을 맞춘 12장에서 논의한다.

주요 특징

- **모든 장의 '핵심 기술'**: 모든 장마다 1개의 '핵심 기술'이 본문에 통합되어 있으며, 최첨단 기술을 사용하여 세포생물학의 핵심 문제를 해결하는 방법을 보여준다.

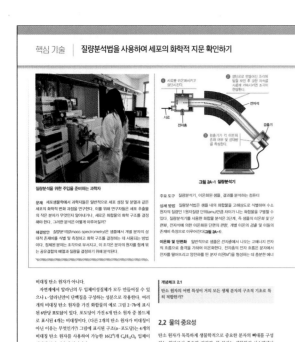

핵심 기술 | 질량분석법을 사용하여 세포의 화학적 지문 확인하기

① 시료를 이온화시키고 기체상태로 증발시킨다.

② 양전기로 만들어진 (또는 필름 부분 및 금속 자석을 시료에 가속시킨다 조각판) 현장된다.

전자축 / 시료 / 전자층 / 자석 / 검출기

③ 최종기가 각 이온의 존재 여부 및 양(범위)을 측정한다.

그림 2A-1 질량분석기

주요 도구 질량분석기, 이온화된 샘플, 결과를 분석하는 컴퓨터

질량분석을 위한 주입을 준비하는 과학자

문제 세포생물학에서 과학자들은 일반적으로 세포 성장 및 분열과 같은 세포의 화학적 변화 과정을 연구한다. 이를 위해 연구자들은 세포 추출물의 작은 분자가 무엇인지 알아내거나, 세포일 화합물의 화학 구조를 결정해야 한다. 그런데 정확히 어떻게 이루어질까?

해결방안 질량분석(mass spectrometry)은 샘플에서 개별 분자의 상대적 존재비와 식별 및 화학 구조를 결정하는 데 사용되는 방법이다. 정체된 분자는 조각으로 부서지고, 이 조각된 분자의 원자를 함께 묶는 공유결합의 배열과 질량을 결정하기 위해 분석된다.

상세 방법 질량분석은 샘플 내의 화합물을 고해상도로 식별하여 수소 원자의 질량인 1원자질량 단위(amu)만큼 차이가 나는 화합물을 구별할 수 있다. 질량분석기는 사용한 화합물 분석은 3단계, 즉 샘플 내 이온화 및 단편화, 전자석에 의한 이온화된 단편의 편향, 개별 이온의 검출 및 이들의 존재비 측정으로 이루어진다(**그림 2A-1**).

이온화 및 단편화 일반적으로 샘플은 전자로에 나오는 고에너지 전자의 흐름으로 충격을 가하여 이온화한다. 전자들의 전자 흐름은 분석에서 전자를 떨어뜨리고 양전하를 띤 분자 이온(M⁺)을 형성하는 데 충분한 에너지

비대칭 탄소 원자가 아니다.

자연계에서 알려난두 두 입체이성질체가 모두 만들어질 수 있으나 L-알라닌만이 단백질을 구성하는 성분으로 작용한다. 여러 개의 비대칭 탄소 원자를 가진 화합물의 예로 그림 2-7b에 표시된 6탄당 포도당이 있다. 포도당이 가진 6개의 탄소 원자 중 볼드체로 표시된 4개는 비대칭이다. (다른 2개의 탄소 원자가 비대칭이 아닌 이유는 무엇인가?) 그림에 표시된 구조(D-포도당)는 4개의 비대칭 탄소 원자를 사용하여 가능한 16(2⁴)개 C₆H₁₂O₆ 입체성질체 분자 가운데 하나이다.

개념체크 2.1
탄소 원자의 어떤 특성이 거의 모든 생체 분자의 구조적 기초로 특히 적합한가?

2.2 물의 중요성

탄소 원자가 독특하게 생물학적으로 중요한 분자의 뼈대를 구성하는 원자로서 중요한 것처럼, 물 분자는 생물학적 시스템에서 보편적인 용매로서의 필수 불가결한 역할 때문에 특별하다. 사실 물은 세포와 생물체에서 가장 풍부한 구성 요소이다. 일반적으로 세포 중량의 약 75~85%가 물이며, 대부분의 세포 작용(예:

■ **모든 장의 '인간과의 연결':** 모든 장마다 1개씩 있는 '인간과의 연결'은 헨리에타 랙스(Henrietta Lacks)와 HeLa 세포주의 이야기부터 식단에 대한 생화학적 경로의 관련성까지, 그리고 세포생물학이 인간 질병의 진단과 치료에 도움이 되는 많은 사례에 이르기까지 세포생물학과 인간 건강 및 사회의 관련성을 강조한다.

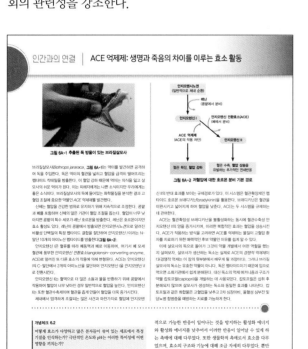

인간과의 연결 | ACE 억제제: 생명과 죽음의 차이를 이루는 효소 활동

그림 6A-1 추출된 독 방울이 있는 브라질살모사

안지오텐시노겐 (일반적으로 혈액 순환)

레닌 (콩팥에서 분비)

안지오텐신 I ← 안지오텐신 전환효소(ACE) (폐에서 분비)

ACE 억제제 (ACE의 작용 차단)

안지오텐신 II

혈관 확장, 혈압 강하 / 혈관 확장, 혈압 상승을 유발하는 추가적인 결과들

그림 6A-2 저혈압에 대한 호르몬 분비 기본 경로

브라질살모사(Bothrops jararaca, 그림 6A-1)는 먹이를 발견하면 공격하여 독을 주입한다. 독은 먹이의 혈관을 넓히고 혈압을 급격히 떨어뜨리는 펩타이드 화합물을 방출한다. 이 혈압 강하 때문에 먹이는 먹이를 잃고 살 모사의 쉬운 먹이가 된다. 그런 이 펩타이드에 대한 소식이지만 우리에게는 좋은 소식이다. 브라질살모사의 독에 들어있는 화합물을 분석한 결과 고 혈압 효소를 막아줄 약물인 ACE 억제제를 발견하였다.

신체는 혈압을 건강한 범위로 유지하기 위해 자동적으로 조정한다. 콩팥과 폐를 포함하여 신체의 많은 기관이 혈압 조절을 돕는다. 혈압이 너무 낮아지면 콩팥의 특수 세포가 레닌 호르몬을 방출하는데, 레닌은 호르몬이지만 효소 활성도 있다. 레닌이 콩팥에서 방출되면 안지오텐시노겐으로 알려진 비활성인 단백질의 특정 펩타이드 결합을 절단하여 안지오텐신 I (라이마 N-말단 10개의 아미노산 펩타이드)이라는 활동성을 방출한다(그림 6A-2).

안지오텐신 I은 혈류를 따라 폐동맥의 폐로 이동하며, 여기서 폐 모세혈관에 풍부한 안지오텐신 전환효소(angiotensin-converting enzyme, ACE로 알려진 또 다른 효소의 작용에 의해 변형된다. ACE는 안지오텐신 I의 C-말단에서 2개의 아미노산을 절단하여 안지오텐신 II라는 안지오텐신II로 전환시킨다.

안지오텐신 II는 혈액이므로 더 많은 소듐과 물을 현저하기 위해 콩팥에서 작용하며 혈압이 너무 낮아진 경우 일반적으로 혈압을 높인다. 안지오텐신 II는 또한 혈관수축제이며 혈관을 좁게 만들어 혈압을 더욱 높이기도 한다. 세포에서 엄격하게 조절되는 많은 사건과 마찬가지로, 혈압에 안지오텐

신 II의 반대 효과를 보이는 규제경로가 있다. 이 시스템은 혈관확장제인 랩타이드 호르몬 브래디키닌(bradykinin)에 활용한다. 브래디키닌은 혈관을 이완시키고 혈관을 넓히거나 하여 혈압을 낮춘다. ACE는 두 시스템을 규제하는 데 관련한다.

ACE는 혈관확장성 브래디키닌을 불활성화하는 동시에 혈관수축성 안지오텐신 II의 생성을 촉진하기 때문에 복합적인 효과가 혈압을 상승시킨다. 즉, ACE가 작용하는 방식을 고려하면 ACE를 억제하는 물질이 고혈압 환자를 치료하기 위한 매력적인 후보 약물인 이유를 알 수 있다.

이제 살모사의 독으로 돌아가 그 그림이 약물 개발에서 어떤 역할을 했는지 살펴보자. 살모사가 생산하는 독소는 실제로 ACE의 경쟁적 억제제이 다(경쟁적 억제는 이 장의 뒷부분에서 배우게 될 과정이다). 그러나 브라질살모사의 독소는 유효한 약물이 아니다. 독은 펩타이드이므로 입으로 섭취하면 소화기계에서 쉽게 분해된다. 대신 독소의 억제 메커니즘을 구조가 변형되고 입으로 섭취할 수 있는 약물(captopril)을 개발하는 데 사용하였다. 캡토프릴은 심부전 뿐만 아니라 살모사가 생산하는 독소와 동일한 효과를 나타낸다. 캡토프릴과 같은 화합물은 고혈압을 낮추고 고혈압이 심장 발작, 뇌졸중 심부전 및 당뇨병 합병증을 예방하는 데 도움 가능하게 한다.

개념체크 6.2
어떻게 효소 다양한 많은 분자들이 섞여 있는 세포에서 특정 기질을 인식하는가? 극단적인 온도와 pH는 이러한 특이성에 어떤 영향을 끼치는가?

6.3 효소동역학

효소에 대한 지금까지의 논의는 기본적인 사실이었다. 열역학

적으로 가능한 반응이 일어나는 것을 방지하는 활성화 에너지와 활성화 에너지를 낮추어서 이러한 반응이 일어날 수 있게 하는 촉매에 대해 대두었다. 또한 생물학적 촉매로서 효소를 말하였고, 효소의 구조와 기능에 대해 조금 자세히 다루었다. 뿐만 아니라 세포에서 인식할 수 있을 만큼의 속도로 일어날 수 있는 반응이 효소가 존재하지 세포로는 매우 느리게 진행되는 효소에 의해 효과적으로 특화된 반응이라는 것도 알았다.

하지만 아직도 부족한 것은 효소촉매 반응이 진행될 실제 반

■ **개념체크 문제:** 각 장의 절은 '개념체크' 문제로 끝난다. 이러한 질문은 학생들이 공부하면서 자신이 얼마나 이해했는지를 평가하는 기회를 제공한다. 이 질문에 대한 해답은 이 책 뒷부분에 있다.

■ **연습문제의 '양적 분석' 문제:** 학생의 계산 능력 또는 양적 정보를 해석하는 능력을 개발하기 위해 각 장의 연습문제에 '양적 분석' 문제를 제시했다. 이러한 문제는 대부분 과제로 부여하고 평가할 수 있다.

■ **콘텐츠 업데이트:** 세포생물학 및 분자생물학의 가장 최근 발전을 강조하는 정보를 책 전반에 걸쳐 추가했다.

이전 판의 장점을 바탕으로 보강한 내용

1. 장의 구성은 주요 개념에 중점을 두었다.

■ 각 장은 일련번호가 매겨진 절로 나누었는데, 절은 **개념 서술형 제목**으로 시작하여 내용 요약 및 학생들이 공부하고 검토할 주요 사항에 집중할 수 있도록 구성했다.

■ 강의자가 다양한 교육과정에 적용하기 편리하게 장과 절을 정할 수 있도록 구성하고 저술했다.

■ 각 장은 핵심 개념 및 원리의 요약으로 마무리되는데, 각 절마다 주요 내용을 간략하게 정리했다.

2. 삽화는 적당하면서도 꼼꼼하게 개념을 설명한다.

■ 복잡하게 구성된 그림은 무슨 일이 일어나고 있는지 설명하기 위해 그림과 분리된 채 따로 기술한 설명에 의존한다. 이 책에서는 이에 그치지 않고 삽화에 간단한 **설명**을 삽입하여 학생들이 개념을 더 빨리 이해할 수 있도록 도와준다.

■ 개요 그림은 복잡한 구조나 과정을 개략적으로 설명하지만, 이어지는 본문과 그림에서 세부 정보를 제공하도록 구성했다.

■ 주요 세포의 구조를 보여주는, 신중하게 선택한 현미경 사진에는 배율을 표시한 스케일바를 함께 표시했다.

3. 중요한 용어는 여러 방법으로 강조하고 정의했다.

■ **볼드체**로 각 장에서 가장 중요한 용어를 강조하여 표시했으며, 모든 용어에 대한 정의 및 설명은 '용어해설'에 서술되어 있다.

■ 고딕체는 볼드체 용어보다 덜 중요하지만, 그 자체로는 중요한, 추가 기술 용어를 나타내는 데 사용했다. 때때로 중요한 문구나 문장을 강조하기 위해 사용하기도 했다.

■ '용어해설'에는 모든 장에서 볼드체로 표시한 주요 용어 및 약어에 대한 설명을 실었다. 총 1,500개 이상의 용어는 그 자체로 진정한 세포생물학 사전이다.

4. 각 장은 학생이 단지 사실뿐만 아니라 과학적 과정을 배우도록 돕는다.

- 본문에서는 세포의 구조와 기능에 대한 이해를 뒷받침하는 실험적 증거를 강조함으로써 모든 과학 분야와 마찬가지로 세포생물학의 발전이 강의실의 강사나 교과서 저자의 컴퓨터로부터 나오는 것이 아니라 실험실에 있는 연구자로부터 나온다는 것을 상기시킨다.

- 각 장 말미의 **연습문제**는 과학이란 우리가 읽거나 듣는 데 있는 것이 아니라 연구에 있다는 우리의 신념을 반영한다. 연습문제는 기계적인 암기보다는 이해와 적용을 강조하도록 문제를 설계했다. 여기에는 양적 분석 및 데이터 분석과 관련된 주요 문제가 포함되어 있다. 대부분의 문제는 우리의 강의나 시험에서 사용한 것 중에서 선택했다.

감사의 글

이 책이 나올 수 있도록 도움을 준 수많은 사람의 공헌에 감사드린다. 특히 많은 학생에게 빚을 졌는데, 그들의 격려는 이 교재를 작성하는 데 촉매 역할을 했고, 사려 깊은 논평과 비평은 이 교재를 독자 친화적으로 만드는 데 크게 기여했다. Wayne Becker가 시작한 오랜 전통을 이어받아 위스콘신대학교 매디슨 캠퍼스에서 Biocore 학생들을 가르치는 데 이 교재의 많은 부분이 매년 사용되고 있다. 이 학생들은 계속해서 우리가 최선을 다하도록 영감을 준다.

동료들에게 특별히 감사드린다. 그들의 통찰력과 제안에 힘입은 바가 큰데, 이 모두는 무상으로 제공받았다. 또한 David Deamer, Martin Poenie, Jane Reece, John Raasch, Valerie Kish, Peter Armstrong, John Carson, Ed Clark, Joel Goodman, David Gunn, Jeanette Natzle, Mary Jane Niles, Timothy Ryan, Beth Schaefer, Lisa Smit, David Spiegel, Akif Uzman, Karen Valentine, Deb Pires, Ann Sturtevant를 포함하여 이 책의 이전 판에 기여한 사람들에게 감사를 표한다. 가장 감사한 것은 Wayne Becker의 예리한 글과 전망인데, 이는 이전 판에서 매우 두드러졌을 뿐만 아니라 이 교재를 저술하는 원동력이 되었다. 또한 4~8판에서 핵심적인 역할을 한 Lewis Kleinsmith와 6~9판에 중요한 공헌을 한 Greg Bertoni에게 감사드린다. 우리는 그들이 가진 탁월함을 계승하기 위해 노력했다. 이에 더해 현미경 사진을 사용하는 데 기꺼이 동의한 많은 동료 및 저작권이 있는 자료를 활용할 수 있도록 친절하게 허락한 저자와 발행인에게 감사를 표하고 싶다.

많은 검토자가 원고 개발 및 수정의 다양한 단계에서 기꺼이 도움이 되는 비평과 제안을 주었다. 17장에서 최신 분자 연구 기법을 정리하는 데 도움을 준 Catherine Putonti와 Michael Burns에게 특별한 감사를 전한다. 우리는 모든 검토자의 평가와 조언을 감사하게 받아들였으며, 실제로 개정판에 대한 철저한 검토 과정은 이 책의 중요한 특징이라고 생각한다. 그럼에도 불구하고 이 교재의 내용에 대한 최종 책임은 우리에게 있으며, 누락 또는 과실의 책임도 명백하게 우리에게 있다.

또한 많은 출판 전문가에게 깊은 감사를 표한다. 그들의 일관된 격려와 노력, 세부 사항에 대한 주의 깊은 관심으로 본문과 그림 모두가 명료하게 되었음에 감사드린다. 특히 이번 개정판에는 콘텐츠 전략 관리자인 Josh Frost, 제품 관리자인 Rebecca Berardy Schwartz, 개발 편집자인 Evelyn Dahlgren 및 Sonia DiVittorio, 선임 콘텐츠 분석가인 Chelsea Noack, 콘텐츠 프로듀서인 Suddha Satwa Sen 및 Margaret Young, 리치 미디어 프로듀서인 Chloe Veylit, Lucinda Bingham, Sarah Shefveland, 권리 및 권한 관리자인 Ben Ferrini, 그리고 사진 연구원인 Kristin Piljay를 비롯한 뛰어난 출판팀의 끊임없는 노력이 필요했다. 또한 제품 관리, 콘텐츠 전략, 디지털 스튜디오 이사 및 관리자인 Mike Early, Michael Gillespie, Ginnie Simione Jutson, Tod Regan, Jeanne Zalesky의 지원에 감사드린다.

James는 평생 교육자이자 학자였던 Amy E. Lodolce를 추모하며, 이 책을 바친다.

마지막으로 우리의 가족과 학생들에게 한없이 감사드리며, 그들의 인내, 이해, 참을성이 없었다면 이 책은 저술되지 못했을 것이다.

저자 소개

Jeff Hardin

캘리포니아대학교 버클리캠퍼스에서 생물리학으로 박사학위를 받았다. 1991년 이래 위스콘신대학교 매디슨캠퍼스에 재직하고 있으며, 현재 통합생물학과 학과장이자 Raymond E. Keller(수상) 교수이다. 18년 동안 위스콘신대학교 학부생을 대상으로 혁신적인 교수법으로 유명한 4학기용 생물학 핵심 교육과정의 교수진 담당자였으며, 비디오 현미경 기법 및 웹 기반 학습 자료를 광범위하게 사용함으로써 강의의 수준을 향상했다. 이 방법은 현재 미국 및 다른 나라의 많은 대학교에서 사용되고 있다. 그의 연구는 초기 배아의 발생 과정에서 세포가 어떻게 이동하고 서로 부착하는지에 초점이 맞춰져 있다. 그는 위스콘신대학교의 교수학습 아카데미 창립회원이며, 릴리티칭 펠로우십, NSF(National Science Foundation)의 젊은 과학자상, 우수강의 총장상 등 강의에 관한 여러 상을 수상했다.

James P. Lodolce

2002년 시카고대학교에서 면역학으로 박사학위를 받았으며, 학위논문은 기억세포의 생존을 촉진하는 신호에 관한 내용이었다. 그는 박사후연구원으로 David Boone의 연구실에서 유전학과 자가면역 염증 조절에 관해 연구했고, 2010년 시카고의 로욜라대학교에서 처음 강의한 교과목은 세포생물학이었다. 그는 현재 바이러스학부터 분자생물학에 이르기까지 다양한 교과목을 강의하는 부교수이다. 생명과학과에서 활발하게 활동하고 있으며, 2021년 예비의약학전문대학 위원회의 공동위원장을 역임했다. 그는 2014년 이그나티우스 로욜라 우수강의교수상, 2016년 교양학부의 최우수교수상, 2020년 Edwin T. and Vivijeanne F. Sujack 우수강의상 등을 수상했다.

Wayne M. Becker

위스콘신대학교 매디슨캠퍼스에서 은퇴하기 전까지 30년 동안 세포생물학을 강의했다. 교과서 저술에 대한 그의 관심은 학생들을 위해 수집한 노트, 개요, 문제집 등에서 비롯되었는데, 1977년에 출판된 생물에너지학 문고판 교재인 《에너지와 살아있는 세포(Energy and Living Cell)》, 1986년 발간한 《세포의 세계(The World of the Cell)》 초판에서 정점을 찍었다. 그는 모든 학위를 위스콘신대학교 매디슨캠퍼스의 생화학 분야에서 취득했는데, 그의 저서를 통해 금방 확인할 수 있다. 그의 연구는 식물 분자생물학에 있으며, 특히 광호흡 경로의 효소들을 암호화하는 유전자의 발현에 중점을 두었다. 그의 경력 후반기는 강의, 특히 학습력이 부족한 학생들에 초점이 맞춰졌다. 그는 우수강의 총장상, 구겐하임앤드풀브라이트 펠로우십, 영국 왕립협회의 방문 과학자상 등을 수상했다. 이 책은 그의 발자취로부터 영감을 받았으며, 그가 이룬 토대를 바탕으로 만들어졌다.

요약 차례

차례

8 막을 통한 수송: 투과성 장벽 극복

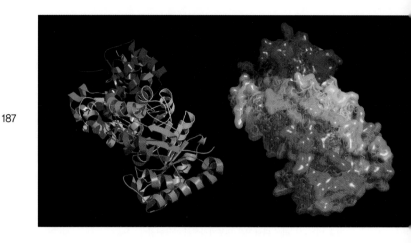

9 화학영양생물의 에너지 대사: 해당과정과 발효

13 세포골격계

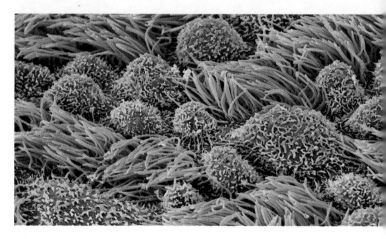

14 세포의 이동: 운동과 수축

15 세포 너머: 세포 부착, 세포 연접, 세포 외 구조

16 세포 정보에 대한 기본 구조: DNA, 염색체, 핵

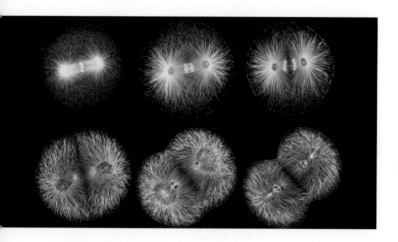

23 유전자 발현: I. 전사

24 유전자 발현: II. 유전암호와 단백질 합성

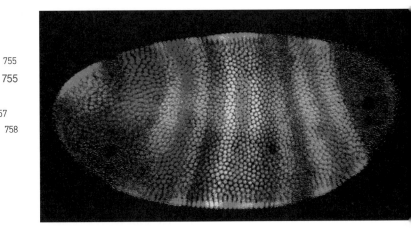

25 유전자 발현의 조절

※ 22~26장 및 연습문제 해답은 동봉된 북티켓을 활용하시면 전자책으로 볼 수 있습니다.

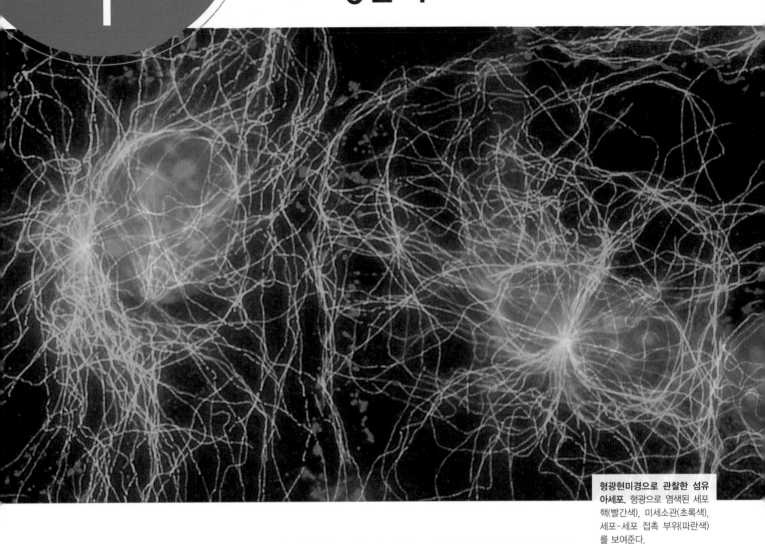

1 세포생물학 개요

형광현미경으로 관찰한 섬유 아세포. 형광으로 염색된 세포핵(빨간색), 미세소관(초록색), 세포-세포 접촉 부위(파란색)를 보여준다.

세포(cell)는 생물의 기본 단위이다. 모든 생명체는 여러 개의 세포 또는 세포 하나로 이루어진다. 따라서 생명체의 능력과 한계를 이해하려면 세포의 구조와 기능을 이해해야만 한다. 이는 동물, 식물, 균류, 미생물을 비롯한 모든 생명체에 적용된다.

세포생물학 분야는 급속히 발전하고 있다. 여러 관련 분야의 과학자들이 세포가 어떻게 구성되어 있고 생명 현상에 필요한 작용을 어떻게 수행하는지를 알기 위해 서로 협력하며 연구하고 있다. 세포생물학에서 특히 중요한 것은 세포의 역동성이다. 세포는 끊임없이 변화한다. 세포는 성장, 생식하며 특화될 수 있고, 일단 특화되면 자극에 반응하며 환경 변화에 적응할 수 있다. 세포학, 유전학, 생화학이 융합된 현대 세포생물학은 모든 생물학 중 가장 흥미진진하고 역동적인 학문이다. 최근에 생물의 유전체를 수정할 수 있게 된 것이 이 분야에서 가장 흥미로운 발전이라고 할 수 있다. 이 책이 세포 작용의 놀라움과 다양성을 알게 하고 발견의 즐거움을 줄 수 있다면 우리 저자들의 목표가 달성되었다고 할 수 있다.

서론에서는 세포생물학 학문의 기원을 간략하게 서술한다. 그다음 오늘날 세포가 무엇이고 어떻게 작용하는가를 알 수 있게 해준 세포학, 유전학, 생화학의 주요 역사적 사건을 살펴본다. 마지막으로 생물학적 사실, 실험 설계, 현대 세포생물학의 여러 분야에서 널리 사용되는 모델 생물 등을 통해 과학적 지식이란 무엇인가를 간략히 논한다.

1.1 세포설: 간략한 역사

세포생물학에 대한 이야기는 지금으로부터 300여 년 전, 유럽 과학자들이 조악한 현미경으로 나무껍질, 세균, 사람의 정자 등 여러 생물을 관찰하면서 시작되었다. 이들 중 한 사람이 영국 왕립학회의 실험기구 관리자였던 훅(Robert Hooke)이다. 1665년에 훅은 현미경을 만들어 얇은 코르크 조각을 관찰했다(**그림 1-1**). 그는 벌집처럼 생긴 여러 개의 작은 상자 모양을 발견하고 이를 스케치했으며, 이 구조를 라틴어의 '작은 방'을 뜻하는 *cellula*에서 따라서 *cell*, 즉 세포라고 명명했다.

실제로 훅이 관찰한 것은 세포가 아니었다. 빈 상자 같은 구획은 죽은 세포의 세포벽이었으며, 이것이 곧 코르크가 되는 것이다. 그러나 훅은 이 세포들이 살아있을 수 있다는 것을 이해하지 못했기 때문에 이 세포들이 죽은 것이라고 생각할 수 없었다. 그는 다른 식물 조직에는 세포 안에 '주스'가 가득 차 있음을 알았지만, 죽은 코르크 세포에서 쉽게 관찰되는 세포벽에만 집중한 것이다.

현미경 기술이 발달하면서 자세한 세포 구조의 연구가 가능해졌다

훅은 실제 크기의 30배(30×)밖에 확대할 수 없는 현미경 배율로 인해 한계에 부딪혔다. 이 때문에 세포의 내부 구조를 관찰하는 데는 어려움이 있었다. 몇 년 후 네덜란드 직물상인 레이우엔훅 (Antonie van Leeuwenhoek)이 약 300배 배율의 렌즈를 만들었다. 이 훌륭한 렌즈를 이용하여 레이우엔훅은 처음으로 살아있는 세포를 관찰한 사람이 되었는데, 그는 혈구, 정자, 세균, 연못에서 발견된 단세포 생물(조류와 원생동물) 등을 관찰했다. 1600년대 후반에 그는 자신의 관찰 결과를 영국 왕립학회에 일련의 논문으로 보고했다. 그가 상세한 논문을 쓸 수 있었던 것은 고성능 렌즈와 그의 날카로운 관찰력 덕분이라고 할 수 있다.

이 시기에 세포의 특성을 더 자세히 알아보는 것을 제한하는 두 가지 요인이 있었다. 첫째, 그 시기의 현미경은 해상도(resolution, 해상력; resolving power), 즉 자세한 구조를 볼 수 있는 능력이 낮았다. 레이우엔훅의 좋은 렌즈도 이 한계를 극복할 수 없었다. 둘째, 17세기 생물학은 생물을 관찰하고 이를 기록하는 분야에 머물렀던 것이다. 그 시절은 주로 관찰의 시대였으며, 생물에서 관찰된 자세한 구조를 과학적으로 설명할 생각을 하지 못했다.

1세기가 넘게 지난 후 좀 더 향상된 현미경이 나오고 현미경 관찰자들이 좀 더 실험 정신을 가지게 되면서 드디어 세포의 중요성을 이해하게 되는 여러 진전이 이루어졌다. 1830년대에 이르러 렌즈의 성능에 중요한 발전이 이루어졌다. 즉 대물렌즈에서 얻은 이미지를 두 번째 렌즈(대안렌즈)로 확대하는 **복합현미경**(compound microscope)이 만들어졌다. 이것으로 높은 배율과 좋은 해상력이 모두 가능해져 $1\mu m$ 크기의 구조를 선명하게 관찰할 수 있게 되었다.

세포설은 모든 생물체에 적용된다

이런 발전된 렌즈 덕분에 스코틀랜드 식물학자인 브라운(Robert Brown)은 모든 식물 세포 안에 둥근 구조가 있음을 발견했고, 이것을 '알맹이(kernel)'를 뜻하는 라틴어에서 따와 **핵**(nucleus)이라고 명명했다. 1983년, 독일의 슐라이덴(Matthias Schleiden)은 모든 식물 조직은 세포로 이루어져 있으며, 식물의 배아는 항상 하나의 세포로부터 유래한다는 중요한 결론에 도달했다. 1년 후 독일의 세포학자 슈반(Theodor Schwann)은 동물 조직에 대해서도 유사한 결론을 보고했으며, 이로 인해 동물과 식물은 서로 구조적으로 다를 것이라는 그동안의 추론이 틀렸다는 것을 입증하게 되었다. 그전에 이러한 추론이 있었던 것은 식물의 경우 조악한 현미경으로도 쉽게 관찰할 수 있는 세포벽이 있어 세포를 쉽게 구분할 수 있었지만, 동물은 세포벽이 없어 조직 샘플에서 개개의 세포를 구분하기 어려웠기 때문이었다. 그러나 슈반은 동물 연골 조직을 관찰한 결과 다른 동물 세포와 달리 세포 주변에 침착된 콜라겐 섬유 덕분에 경계가 잘 구분되는 연골세포를 관찰할 수 있었다. 따라서 그는 식물과 동물 조직이 서로 근본적으로 유사하다는 것을 확신할 수 있게 되었다. 이러한 예리한 관찰에 힘입어 그는 세포 구성에 대한 하나의 통합 이론을 발전시켰다. 이 이론은 오랜 기간 실험을 통해 증명되었고, 현재 세포생물학과 세포의 중요성에 대한 이해에 기본이 되고 있다. (최근 거대 바이러스의 발견으로 이 정의가 앞으로 더 확장될 수도 있다고 추측하고 있다.)

1839년 슈반에 의해 처음 제안된 **세포설**(cell theory)은 다음의

(a) 훅의 현미경   (b) 훅이 그린 코르크

그림 1-1 현미경의 탄생. (a) 훅이 코르크를 관찰할 때 사용했던 현미경을 복원한 사진. (b) 훅은 현미경으로 관찰한 것을 스케치했다.

두 기본 원리로 구성된다.

1. 모든 생명체는 하나 또는 그 이상의 세포로 구성된다.
2. 세포는 모든 생명체 구조의 기본 단위이다.

이후 20년이 지나지 않아 세 번째 원리가 추가되었다. 이는 브라운이 세포핵을 발견하고, 스위스 식물학자 네겔리(Karl Nägeli)가 세포분열 특성을 보고하면서 발전한 것이다. 1855년에 독일 생리학자 피르호(Rudolf Virchow)는 모든 세포는 기존에 이미 존재하고 있는 세포가 분열해서만 만들어질 수 있다고 결론 내렸다. 피르호는 이 결론을 유명한 라틴어 문구인 *omnis cellula e cellula*로 요약했다. 이를 번역하면 다음과 같은 현대 세포생물학 이론의 세 번째 원칙이 된다.

3. 모든 세포는 기존의 세포로부터 만들어진다.

따라서 세포는 모든 생명체 구조의 기본 단위일 뿐만 아니라 생식의 기본 단위이기도 하다. 따라서 생물학의 모든 관점을 이해하려면 세포와 세포의 특징을 이해해야 한다는 것에 의심의 여지가 없다. 지금까지 책에서 접했던 전형적인 몇몇 세포 유형 때문에 세포의 종류가 많지 않다는 인상을 받았다면 지구상에 존재하는 다양한 세포의 예를 몇 가지 살펴보기로 하자(**그림 1-2**).

세포는 실 모양의 곰팡이 세포, 나선 모양의 트레포네마(*Treponema*)균, 다양한 모양의 사람 혈구 세포(그림 1-2a~c) 등 매우 다양한 모양과 크기로 존재한다. 그림 1-2의 (d)와 (e)에서 보듯이 규조류와 원생동물의 세포는 훨씬 이색적인 모양을 하고 있다. 사람의 생식세포인 난자와 정자는 크기와 모양이 아주 크게 다르다(그림 1-2f). 식물 잎에서와 같이 녹색 엽록소를 가

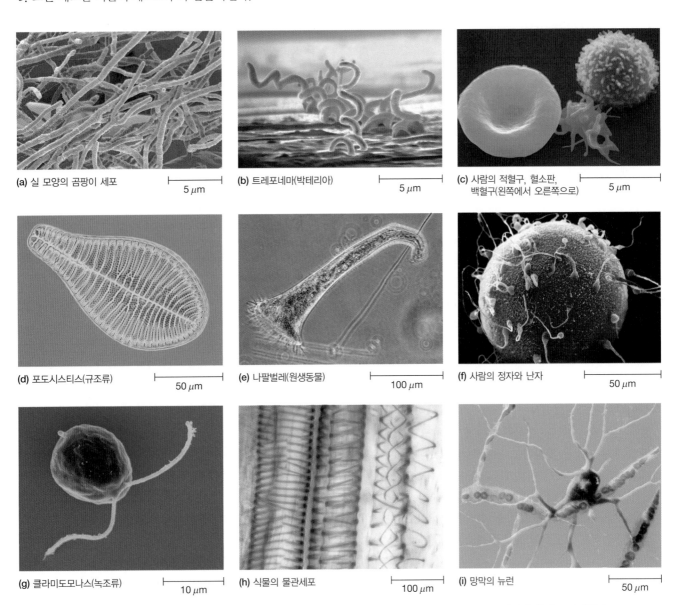

(a) 실 모양의 곰팡이 세포 |⎯⎯| 5 μm

(b) 트레포네마(박테리아) |⎯⎯| 5 μm

(c) 사람의 적혈구, 혈소판, 백혈구(왼쪽에서 오른쪽으로) |⎯⎯| 5 μm

(d) 포도시스티스(규조류) |⎯⎯| 50 μm

(e) 나팔벌레(원생동물) |⎯⎯| 100 μm

(f) 사람의 정자와 난자 |⎯⎯| 50 μm

(g) 클라미도모나스(녹조류) |⎯⎯| 10 μm

(h) 식물의 물관세포 |⎯⎯| 100 μm

(i) 망막의 뉴런 |⎯⎯| 50 μm

그림 1-2 세포의 세계. 우리 주변에 존재하는 세포는 이 그림에 나타낸 예 이외에 수천, 수만 개의 다양한 형태로 존재한다.

진 클라미도모나스(*Chlamydomonas*)는 광합성을 할 수 있다(그림 1-2g). 종종 세포의 모양과 구조는 세포 기능에 대한 실마리를 제공한다. 예를 들면 식물의 물관부 조직 세포벽에 있는 두터운 나선형 모양은 나무에서 물을 운반하는 물관의 강도를 높이며(그림 1-2h), 많은 가지를 지닌 인체의 뉴런 세포는 여러 다른 뉴런과 상호작용할 수 있다(그림 1-2i). 이 책에서는 다양한 세포 구조와 기능의 예를 공부할 것이다. 하지만 먼저 현대 세포생물학을 발달하게 한 역사적 뿌리를 살펴보자.

개념체크 1.1

어떤 증거로 과학자들이 세포설의 기본 원리를 발달시킬 수 있었는가? 기술이 세포설 발달에 어떻게 영향을 미쳤는가에 유념하라.

1.2 현대 세포생물학의 출현

현대 세포생물학이라는 동아줄은 생물학의 서로 다른 세 분야인 세포학, 생화학, 유전학이 모여 하나로 만들어진 결과이다. **그림 1-3**에 나타난 연대표처럼 세 가닥 끈은 자신만의 역사적 기원이 있고, 현대 세포생물학 형성에 각각 특이하고 중요한 공헌을 했다. 현대 세포생물학자들은 자신의 현재 관심 분야가 무엇이든 세 분야에 대한 적절한 이해가 필요하다.

이 세 분야 중 역사적으로 가장 먼저 출현한 것은 주로 세포의 구조를 연구하는 **세포학**(cytology)이다. 생물학을 공부하다 보면 '속이 빈 통'을 의미하는 그리스어 접두어 *cyto*-와 접미사 *-cyte*를 가진 단어를 자주 보게 되는데, 이는 모두 세포를 나타낸다. 세포학의 기원은 300년이 넘었지만 초기의 연구는 대부분 광학현미경으로 이루어졌다. 전자현미경과 여러 고급 광학 기술이 연구에 사용되면서 세포의 구조와 기능에 대한 이해가 극적으로 높아졌다.

세포의 구조와 기능 연구에 기여한 두 번째 분야는 **생화학**(biochemistry)이다. 이 분야의 발전은 대부분 지난 95년 동안에 이루어졌다. 그러나 생화학의 뿌리는 이보다 한 세기 전에 찾아볼 수 있다. 생화학 분야에 특히 크게 기여한 것은 세포 구성 요소를 분리하고 동정할 때 필요한 초원심분리(ultracentrifugation), 크로마토그래피(chromatography), 방사성 표지 기술(radioactive labeling), 전기영동(electrophoresis), 질량분석(mass spectrometry) 등의 기술 발달이다. 어떻게 이런 기술을 이용하여 세포 구조와 기능이 자세히 밝혀졌는지 공부하게 될 것이다.

현대 세포생물학 발달에 기여한 세 번째 분야는 **유전학**(genetics)이다. 유전학의 역사는 150년도 넘었지만 대부분의 지식은 지난 75년 내에 얻은 것이다. 가장 중요한 발견은 유전정보가 DNA(deoxyribonucleic acid)에 존재한다는 것이다. DNA는 세포의 구조와 기능을 나타내는 데 필요한 막대한 수의 다양한 단백질과 RNA(ribonucleic acid)를 암호화한다. 유전학 분야의 최신 성과로 (1) 인간과 여러 생물종의 **유전체**(genome, DNA 전체)에 대한 서열 분석, (2) 가축, 애완동물, 영장류를 포함한 포유동물 복제(유전적으로 동일한 개체 생산), (3) 유전체 편집을 들 수 있다.

따라서 오늘날의 세포생물학을 이해하려면 '세포가 무엇이며 어떤 일을 할 수 있는가?'에 대한 세포생물학을 구성하는 세 가닥 학문의 뿌리와 이들 공헌의 중요성을 알아야 한다. 이 장에서는 세포생물학의 세 가닥 분야 각각의 역사에 대해 간단히 논의할 예정이며, 보다 자세한 것은 뒤에서 세포를 깊게 다루면서 살펴볼 것이다. 세포생물학은 세포학, 생화학, 유전학뿐 아니라 화학, 물리학, 컴퓨터 과학, 공학 등 다른 분야의 발전의 도움도 받았음을 명심해야 한다.

세포학 분야는 세포 구조를 다룬다

엄밀히 말해서 세포학은 세포의 학문이다. 그러나 역사적으로 세포학은 주로 광학 기술, 즉 현미경을 이용하여 세포 구조를 다루었다. 여기서는 세포학에 중요한 몇 종류의 현미경법에 대해 간략히 서술한다. 현미경은 세포생물학자들이 가지고 있던 근본적인 문제, 즉 세포는 크기가 매우 작다는 것을 극복하게 도와준 필수적인 도구로 사용되고 있다.

세포 크기 세포의 구조와 구성을 알아볼 때 가장 어려운 점은 대부분의 세포와 세포소기관이 맨눈으로 관찰하기에는 너무 작다는 사실이다. 현미경 학자들이 세포 구조를 기술할 때는 일반인에게 낯선 단위를 사용한다.

마이크로미터(micrometer, μm)가 세포와 세포소기관의 크기를 나타낼 때 유용하게 사용된다(**그림 1-4**). 1 μm(전통적으로 micron으로 불렸다)는 100만분의 1미터(10^{-6} m)이다. 1센티미터는 10,000 μm이다. 일반적으로 세균의 세포 직경은 몇 μm이며, 식물 세포와 동물 세포는 이보다 10~20배 더 크다. 미토콘드리아와 엽록체 같은 세포소기관은 몇 μm 크기이며, 따라서 세균과 크기가 유사하다. 일반적으로 광학현미경으로 이들을 볼 수 있다면 크기를 μm로 쉽게 나타낼 수 있다(그림 1-4a).

나노미터(nanometer, nm)는 너무 작아 광학현미경으로는 볼 수 없는 분자와 세포 구조를 나타내는 단위이다. 1 nm는 10억분의 1 m(10^{-9} m)이며, 따라서 1,000 nm가 1 μm이다. 리보솜은 직경이 약 25~30 nm이다. 나노미터로 나타낼 수 있는 세포 구조에는 세포막, 미세소관, 미세섬유, DNA 분자가 있다(그림

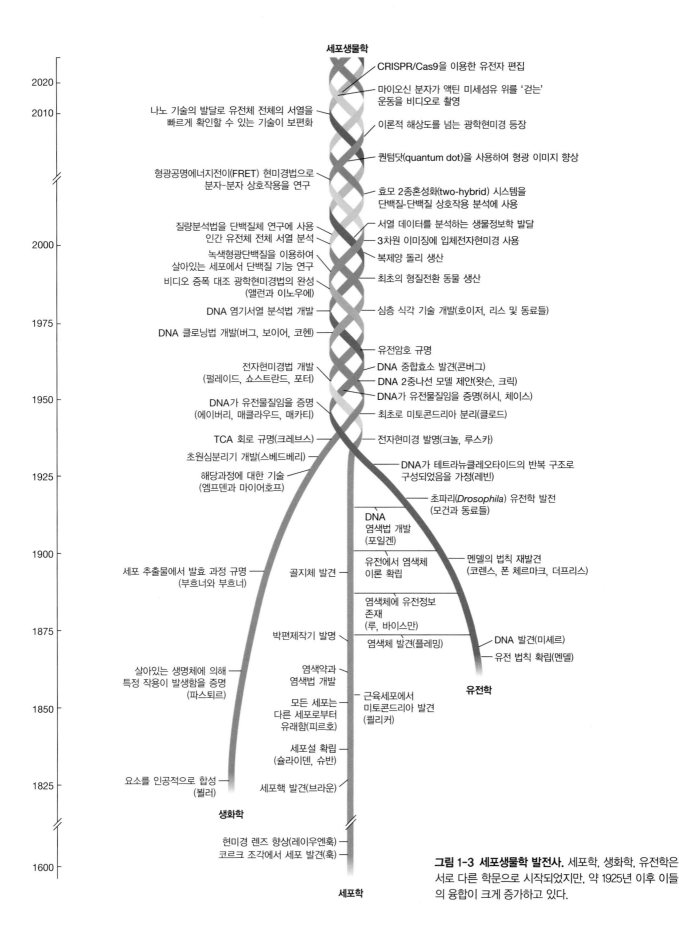

그림 1-3 세포생물학 발전사. 세포학, 생화학, 유전학은 서로 다른 학문으로 시작되었지만, 약 1925년 이후 이들의 융합이 크게 증가하고 있다.

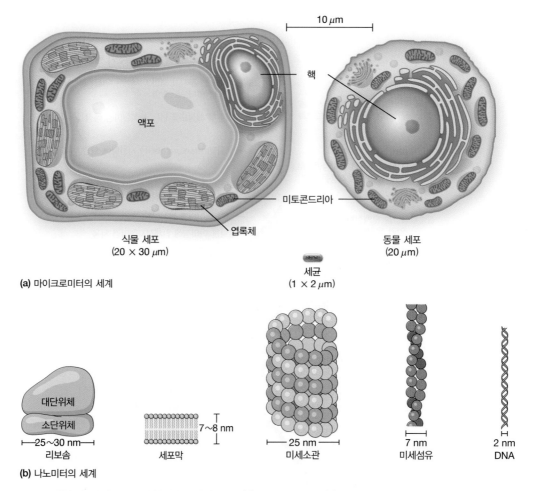

그림 1-4 마이크로미터와 나노미터의 세계. (a) 전형적인 세포, (b) 세포 내 공통 구조를 나타낸다.

1-4b). 이보다 약간 작은 단위인 옹스트롬(angstrom, Å)은 세포 생물학에서 단백질, DNA 분자의 내부 구조를 나타낼 때 사용된다. 1 Å은 0.1 nm이며, 수소 원자 크기에 해당된다.

현미경법 세포학에서 가장 중요한 기술은 현미경법이다. 이 기술로 과학자들이 앞에 기술한 세포 크기 수준에서 세포와 세포 구성 성분을 시각적으로 볼 수 있다. 현미경법은 필요한 해상도 수준에 따라 크게 광학현미경법과 전자현미경법으로 나누어 사용된다.

　광학현미경(light microscope)은 세포학자들이 가장 초기에 사용한 도구이며 지금까지 세포 구조를 밝히는 데 중요한 역할을 계속했다. 세포학자들은 광학현미경을 사용하여 막으로 싸인 구조, 즉 **핵, 미토콘드리아, 엽록체** 등을 확인할 수 있었다. 그러한 구조는 **세포소기관**(organelle, little organ)으로 불리며 대부분의 식물과 동물 세포(세균 제외)에서 가장 눈에 띄는 구조이다. (4장에서 세포소기관에 대해 개괄하며, 뒤의 장에서는 각각의 구조와 기능을 자세히 알아볼 것이다.)

　가장 기본이 되는 광학현미경법은 **명시야 현미경법**(brightfield microscopy)으로 불리는데, 백색광이 직접 시료(염색될 수 있음)를 관통하고 배경 시야를 볼 수 있기 때문이다. 이 방법에서 가장 심각한 문제는 빛이 관통할 수 있는 매우 얇은 박편으로 시료를 잘라야 하고, 이를 위해 화학고정(보존용액 처리), 탈수, 포매(시료에 파라핀이나 플라스틱을 침투시킨다) 과정을 거친 후 투명한 시료에서 특정 구조를 관찰하려면 시료를 염색해야 한다는 것이다. 고정과 염색 과정에서 세포는 더 이상 살 수 없다. 따라서 이 방법으로 관찰한 세포 특성은 슬라이드 제작 과정에서 일어난 오류일 수 있으며, 살아있는 세포의 특성이 아닐 수 있다.

　이러한 명시야 현미경의 한계를 극복하기 위해 살아있는 세포를 직접 관찰할 수 있는 여러 특수 명시야 현미경법이 개발되었다. 여기에는 위상차 현미경법, 차등간섭대조 현미경법, 형광현미경법, 공초점현미경법 등이 포함된다. 다음에 각 현미경법을 간단히 소개한다.

　위상차 현미경법(phase-contrast microscopy)과 **차등간섭대조 현미경법**[differential interference contrast(DIC) microscopy]으로 살아있는 세포를 또렷하게 볼 수 있다. 수면파와 같이 광파도 골과 마루가 있고, 빛이 만드는 파동의 최대점과 최소점의 정확한 위치가 위상을 만든다. 이 현미경법에서는 빛이 밀도가 서로 다른 매질을 통과하면서 발생하는 위상의 차이를 증폭하는 기술을 사용한다.

형광현미경법(fluorescence microscopy)은 형광을 가진 특정 단백질, DNA 서열, 또는 다른 분자들을 탐지할 수 있는 강력한 도구이다. 형광 색소 또는 형광단백질을 연결시키거나 형광 항체를 결합시켜 특정 분자가 형광을 갖게 할 수 있다. **항체**(antibody)는 면역계에 의해 생산된 단백질 분자로, 항원으로 알려진 특정 표적 분자에 결합할 수 있다. 서로 다른 색을 방출하는 2개 또는 더 많은 수의 형광 색소 또는 항체를 동시에 사용해서 한 세포에서 여러 분자를 추적할 수도 있다. 항체로 표지하는 방법은 세포 내 특정 분자를 관찰하고 규명하는 강력한 도구이며 세포 내 분자에 대해 좀 더 상세히 묘사한다(핵심 기술 참조). 최근 생물발광 해파리 *Aequorea victoria*에서 유래한 녹색형광단백질(green fluorescent protein, GFP)이 개발되어 세포에서 특정 단백질의 시간적, 공간적 분포를 연구할 때 매우 유용한 도구로 사용되고 있다. 연구 대상이 되는 특정 단백질을 GFP와 융합하면 살아있는 세포 내에서 그 단백질의 합성과 이동을 형광현미경으로 추적할 수 있다.

형광현미경의 내재적 단점은 형광이 사방으로 방출되지만 초점을 단일 평면에 맞출 수밖에 없어 깨끗하지 않고 흐린 이미지를 얻는다는 것이다. 이 문제는 레이저 빔을 사용하고 한번에 한 평면만을 초점에 맞추는 **공초점현미경법**(confocal microscopy)을 사용하여 대부분 해결할 수 있다. 전체 세포와 같이 두꺼운 시료를 사용할 때 이 방법을 사용하면 더 좋은 해상도를 얻을 수 있다.

광학현미경법에서 최근 개발된 기법은 디지털 비디오 현미경법(digital video microscopy)이다. 이 방법으로 매우 낮은 세기의 빛을 사용하여 오랜 시간 세포를 관찰할 수 있다. 이는 특히 살아있는 세포에서 낮은 수준의 형광을 가진 분자, 또는 DNA, 단백질 등 **고분자**를 개별적으로 관찰할 때 매우 유용하다. 사실 최근 이미징과 전산 기법을 사용하여 50~100 nm 크기의 구조를 볼 수 있는 **초해상도**(superresolution) 광학현미경법이 개발되었는데, 이는 불과 몇 년 전 까지만 해도 광학현미경으로는 불가능하다고 여겨지던 해상도 수준으로 볼 수 있다. 그러나 최근 이러한 여러 눈부신 발전에도 불구하고 광학현미경에 사용하는 광선의 파장이 제한적이므로 광학현미경의 해상도에는 한계가 있다.

현미경에서 사용하는 **해상력 한계**(limit of resolution)란 인접한 두 물체가 서로 구별될 수 있는 최소 거리를 말한다. 예를 들어 해상력 한계가 400 nm인 현미경을 사용할 때 두 물체를 구별하려면 400 nm 이상 떨어져 있어야 한다. 해상력 한계가 작을수록 **해상력**(resolving power), 즉 상세한 구조를 볼 수 있는 능력은 더 커진다. 따라서 해상도가 200 nm인 현미경이 더 좋은 현미경

이고 물체가 200 nm만 떨어져 있어도 구별이 가능하다.

빛의 물리적 특성 때문에 광학현미경의 이론적 해상력 한계는 사용하는 광선 파장 값의 약 절반으로, 최대 배율이 약 1,000~1,400×이다. 가시광선(400~700 nm)을 사용하면 해상력 한계는 약 200~350 nm이다. **그림 1-5**에 광학현미경을 사용할 수 있는 범위, 광학현미경과 사람의 맨 눈, 전자현미경의 해상력을 서로 비교했다.

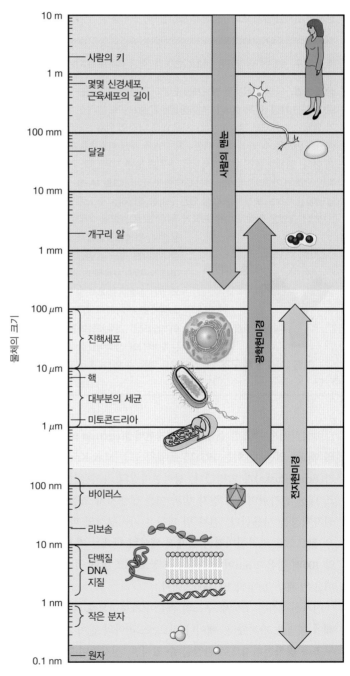

그림 1-5 사람의 눈, 광학현미경, 전자현미경의 상대적인 해상도. 넓은 범위의 크기를 보여주기 위해 수직축은 로그 스케일로 나타냈다(10의 배수로 나타냈다).

문제 세포는 다양한 세포 구조를 구성하는 수천 종의 다른 분자로 이루어졌다. 그렇게 종류가 다른 많은 분자가 존재하는데, 연구자들은 어떻게 세포에서 특정 분자의 존재와 위치를 알아낼 수 있을까?

해결방안 면역형광법은 형광 분자가 부착된 항체를 사용하는 기법이다. 항체는 그 분자에 특이적이고 상보적인 항원으로 알려진 표적 분자에 결합할 수 있다. 형광현미경이나 공초점현미경을 사용하여 세포의 특이적 표적 분자의 위치를 탐지하고 규명할 수 있다.

주요 도구 형광현미경 또는 공초점현미경, 형광 색소로 표지된 항체

상세 방법 다양한 잠재적 병원체를 인지하고 중화할 수 있는 면역계는 동물이 가진 특성 중 하나이다. 척추동물은 *B* 림프구로 알려진 특정 백혈구가 혈액으로 항체를 분비하는데, 서로 다른 각각의 항체는 각각의 특이적 항원을 인지할 수 있어 다른 백혈구가 항원을 가진 병원체를 파괴할 수 있게 한다. 항체는 특정 유형에서 서로 동일한 불변 부위(C)와 각 항체에 독특한 구조의 가변 부위(V)를 가진 단백질 분자이다(**그림 1A-1**). Y자 모양의 말단에 존재하는 V 부위는 특정 항원 구조가 결합하는 구조를 형성한다.

면역형광법은 항체가 항원 표적과 특이적으로 결합할 수 있는 능력을 이용한다. 면역형광법에서 항체는 항원 파괴보다는 세포 내 항원의 위치를 알아내기 위해 사용된다. 토끼나 생쥐와 같은 실험동물에 이질 단백질 또는 고분자를 주사해서 항체를 만든다. 이 방법으로 과학자들이 연구를 원하는 단백질에 선택적으로 결합하는 항체를 만들 수 있다. *1차(직접) 면역형*

가변 부위
항체 결합부위
불변 부위

그림 1A-1 항체 구조

*광법*에서는 항체 분자의 C 부위에 공유결합으로 형광 색소(fluorophore)를 결합시켜 사용한다(**그림 1A-2**). 항체는 표적 분자를 인지하고 결합하므로 형광현미경 또는 공초점현미경을 사용하여 탐지할 수 있다.

*2차(간접) 면역형광법*이 더 널리 사용된다. 여기에서는 조직 또는 세포를 색소가 표지되지 않은 항체로 처리한다(**그림 1A-3**). *1차* 항체로 불리는 이 항체가 세포 및 조직의 특정 항원 부위에 결합한 후 형광 색소가 붙어 있으며 1차 항체와 결합할 수 있는 *2차* 항체를 시료에 처리한다. 항원 분자 하나에 여러 개의 1차 항체가 결합할 수 있고, 1차 항체 하나에 여러 개의 2차 항체가 결합할 수 있으므로 표적 분자 근처에 많은 형광이 밀집할 수 있다. 그 결과 간접 면역형광법은 형광 신호를 증폭시키므로 1차 항체만 사용하는 것보다 훨씬 민감한 방법이다.

수천 개의 특이 항원 각각에 대한 항체를 상업적으로 구매할 수 있다. 여

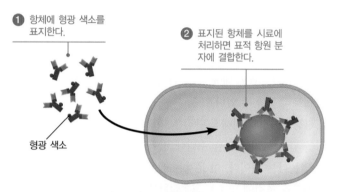

① 항체에 형광 색소를 표지한다.

② 표지된 항체를 시료에 처리하면 표적 항원 분자에 결합한다.

형광 색소

그림 1A-2 1차 면역형광법. 1차 면역형광법에서는 먼저 조직 또는 세포의 특정 항원과 결합하는 항체를 형광 색소로 표지한다. 표지된 항체를 시료에 처리하면 표적 분자와 결합하게 된다. 그때 나타나는 형광 양상을 형광현미경 또는 공초점현미경을 사용하여 관찰한다.

해상력에서 주요한 돌파구는 **전자현미경**(electron microscope)의 개발이었는데, 이는 1931년 독일의 크놀(Max Knoll)과 루스카(Ernst Ruska)가 발명했다. 광학현미경의 가시광선과 광학렌즈 대신 전자현미경은 전자 빔과 이를 굴절시켜 초점을 맞추는 전자기장을 사용한다. 전자 빔 파장은 가시광선의 파장보다 매우 짧으므로 전자현미경의 실제적 해상력 한계는 가시광선보다 약 100배 작은 2 nm이다(그림 1-5 참조). 그 결과 전자현미경의 배율은 매우 높아 약 100,000×이다.

전자현미경은 초상세 구조의 관찰이 가능하므로 세포 구조 이해에 혁명을 가져왔다. 핵이나 미토콘드리아와 같이 큰 세포 내 구조를 광학현미경으로 관찰할 수 있지만, 전자현미경으로 더욱 상세하게 연구가 가능하다. 더구나 전자현미경은 너무 작아 광학현미경으로 볼 수 없는 세포 구조도 관찰할 수 있다. 여기에는 리보솜, 세포막, 미세소관, 미세섬유(그림 1-4b 참조)뿐만 아니

라 DNA와 단백질 분자와 같은 고분자도 포함된다.

대부분의 전자현미경은 기본 구조가 서로 다른 **투과전자현미경**(transmission electron microscope, TEM)과 **주사전자현미경**(scanning electron microscope, SEM) 중 하나이다. 각각으로 얻은 이미지를 **그림 1-6**에 나타냈다. TEM과 SEM은 모두 전자 빔을 사용하지만 이미지를 얻는 기작이 서로 다르다. 명칭에서 알 수 있듯이 TEM은 전자가 시료를 관통하여 이미지를 만든다. SEM은 시료 표면을 스캔하면서 표면에서 반사되는 전자를 감지하여 이미지를 만든다. SEM은 생물 구조의 심도를 표현할 수 있다는 점에서 특출하다고 할 수 있다.

전자현미경은 꾸준히 진화하고 있다. 몇몇 특수 전자현미경 기법을 사용하면 시료를 3차원적으로 볼 수 있으며, 단백질과 같은 고분자 구조를 알아낼 수도 있다. 현재 전자현미경에서 사용되는 시료는 대부분 진공 상태에서 관찰된다. 그러나 TEM과

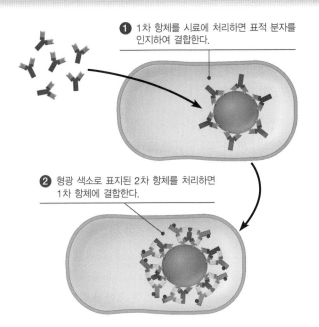

❶ 1차 항체를 시료에 처리하면 표적 분자를 인지하여 결합한다.

❷ 형광 색소로 표지된 2차 항체를 처리하면 1차 항체에 결합한다.

그림 1A-3 2차 면역형광법. 2차 면역형광법에서는 1차 항체를 조직이나 세포에 처리한다. 그 후 형광 색소로 표지된 2차 항체를 시료에 넣으면 1차 항체와 결합하고, 이는 형광 신호를 증폭하게 된다.

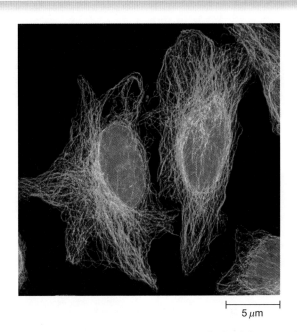

5 μm

그림 1A-4 세포를 서로 다른 2가지 색으로 표지할 수 있다. HeLa 세포의 미세소관(초록색)을 간접면역형광법으로 염색하고 DNA(보라색)를 표지하는 염색약으로 처리했다.

질문 매우 높은 특이성을 가진 항원－항체 반응이 세포의 구성 성분을 규명하는 데 매우 중요한 이유는 무엇인가?

러 조합으로 항체와 형광 색소를 사용하여 세포에서 동시에 여러 분자를 표지하고 추적할 수 있다. 서로 다른 형광 색소는 다른 형광 필터를 사용하여 이미지를 얻을 수 있고, 여러 이미지를 합쳐 놀라운 세포 구조 사진을 만들 수 있다(**그림 1A-4**). 형광 색소 대신 색소가 침착되는 반응을 촉매하는 효소를 항체에 연결시켜 사용할 수도 있는데, 이 경우에는 일반 현미경으로도 관찰할 수 있다.

SEM 원리를 결합한 새로운 기술은 진공 상태가 아닌 액체에 들어있는 세포를 관찰할 수도 있다.

생화학 분야는 화학의 측면에서 생물의 구조와 기능을 연구한다

세포학자들이 세포 구조를 현미경으로 탐험할 무렵 다른 과학자들은 세포 작용에 대한 설명과 이해를 도울 단초를 발견하고 있었다. 기존의 화학 분야에서 사용하던 기술을 이용하여 생물 분자의 구조와 기능을 이해하기 시작했고, 이는 곧 생화학으로 불리게 되었다.

생화학반응과 경로 생화학은 슐라이덴, 슈반과 동시대인이며 같은 독일 사람인 화학자 뷜러(Friedrich Wöhler)가 1828년에 보고한 발견에 그 기원을 두고 있다. 그 전까지 유기물 분자는 오직 생물에서만 만들어진다고 알려져 있었다. 그러나 뷜러는 무기물인 시안 암모늄으로부터 유기물인 요소를 인공적으로 합성할 수 있음을 보여주었고, 이는 생물학과 화학에 대해 혁신적으로 사고할 수 있게 해주었다.

뷜러의 발견 전까지 살아있는 생물체는 무생물 세계에 적용되는 물리화학 법칙이 적용되지 않는 독특한 존재로 인지되었다. 뷜러가 살아있는 생물체에서 합성되는 화합물(생화학반응)이 다른 화학물질과 동일하게 실험실에서도 합성될 수 있음을 보여줌으로써 생화학반응은 물리화학 법칙에서 예외가 된다는 잘못된 인식을 몰아낼 수 있었다.

약 30년 후 또 하나의 중요한 진전이 이루어졌는데, 프랑스 화학자이자 생물학자인 파스퇴르(Louis Pasteur)가 당을 알코올로 발효시키는 것이 살아있는 효모임을 증명한 것이다. 1897년에 독일의 세균학자인 에두아르트 부흐너(Eduard Buchner)와 한스

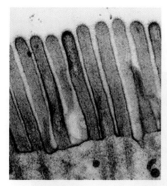

(a) 소장의 상피세포 200 nm

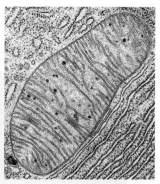

(b) 이자의 미토콘드리아 500 nm

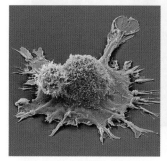

(c) 유방암세포. CAR-T 세포가 공격하고 있다. 10 μm

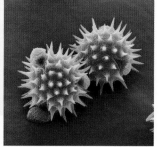

(d) 해바라기 화분 입자 40 μm

그림 1-6 전자현미경법. (a)와 (b)는 투과전자현미경(TEM)으로 생성된 이미지. (c)와 (d)는 주사전자현미경(SEM)을 사용한 이미지

부흐너(Hans Buchner)는 발효가 효모 세포에서 추출한 물질로도 일어난다는 것을 발견했다. 즉 발효는 살아있는 온전한 세포 자체가 아니라 세포 성분만으로도 일어날 수 있다. 점차적으로 추출물의 활성 성분은 **효소**(enzyme)라고 하는 특이적 생물 촉매임이 명확하게 밝혀졌다. enzyme에서 *zyme*은 '효모(yeast)'를 뜻하는 그리스어이다.

1920~1930년대에 매우 복잡하며 여러 단계의 생화학 경로로 구성된 발효와 연관된 세포 대사작용의 각 단계가 규명되었다. 엠프덴(Gustav Embden), 마이어호프(Otto Meyerhof), 바르부르크(Otto Warburg), 크레브스(Hans Krebs) 등 여러 독일 생화학자들이 포도당 분해 과정인 해당작용(glycolysis)의 엠프덴-마이어호프 경로(Embden-Meyerhof pathway)와 에너지 생산 과정인 크레브스 회로(Krebs cycle)의 각 효소 단계를 규명했다. 이 두 대사 경로는 세포가 포도당과 다른 음식물로부터 에너지를 얻는 중요한 역할을 한다(이에 대한 자세한 생화학 과정은 9장과 10장 참조). 비슷한 시기에 미국의 생화학자인 리프먼(Fritz Lipmann)은 고에너지 화합물인 아데노신 3인산(adenosine triphosphate, ATP)이 대부분의 세포에서 주 에너지 저장 화합물임을 발견했다.

생화학반응과 경로 연구에서 가장 중요한 진전은 ^3H, ^{14}C, ^{32}P 등 방사성 동위원소를 대사 과정에서 특정 원자 및 분자를 추적하기 위해 사용하면서 일어났다. 이 분야의 선구자는 미국 캘리포니아대학교의 화학자 캘빈(Melvin Calvin)과 동료들이다. 그들은 활발히 광합성을 하는 조류 세포에서 ^{14}C로 표지된 이산화탄소($^{14}CO_2$)를 추적했다. 1940년대에서 1950년대 초반에 걸쳐 이루어진 그들의 연구로 광합성 탄소 대사 경로인 **캘빈 회로**(Calvin cycle)가 규명되었다. 캘빈 회로는 최초로 방사성 동위원소를 사용해 규명된 대사 과정이다.

생화학 실험 방법 생화학은 세포 구성 성분을 분리, 정제, 분석하는 기술에서 또 하나의 중요한 도약을 이루었다.

원심분리(centrifugation)는 크기, 모양, 밀도를 이용해 세포의 구조와 고분자를 분리 및 정제하는 **세포 분획법**(subcellular fractionation) 과정을 수행하는 수단이다. 이를 이용해 세포핵이나 특정 단백질과 같은 세포의 특정 구조와 성분을 연구할 수 있다.

특히 작은 세포소기관과 고분자를 순수 분리할 수 있는 유용한 방법은 **초원심분리**(ultracentrifuge)로, 스웨덴 화학자인 스베드베리(Theodor Svedberg)가 1920년대 후반에 발명했다. 초원심분리기는 10만 회가 넘는 높은 분당 회전 속도를 낼 수 있어서 시료에 중력의 50만 배 힘을 가할 수 있다. 생화학에서 초원심분리기의 중요성은 많은 면에서 세포학에서의 전자현미경과 유사하다. 사실 두 기기는 거의 동시대에 발명되어 세포소기관과 세포의 여러 상세 구조를 볼 수 있는 능력을 얻은 시기와 이들을 분리, 정제할 수 있는 시기가 서로 일치한다.

세포 성분을 구분하고 순수 분리할 수 있는 또 다른 생화학 기법으로 크로마토그래피와 전기영동이 있다. **크로마토그래피**(chromatography)는 여러 분자가 혼합된 용액에서 각 성분을 분리할 수 있는 여러 기법을 통칭하는 용어이다. 크로마토그래피는 분자의 크기, 전하, 특정 분자에 대한 친화성을 이용해 분자를 분리하는 기법이다(**그림 1-7**). 사실 이 기법의 명칭은 초기에 이 기법을 사용하여 그림 1-7a에 살펴본 바와 같이 색이 다른 여러 식물 색소를 분리한 데서 유래했다.

전기영동(electrophoresis)은 반고체 젤에서 분자가 전기장에 의해 이동하는 성질을 이용하여 고분자를 분리하는 여러 기법을 말한다. 전기장에서 분자의 이동 속도는 분자 크기와 전하에 따라 서로 다르다. 전기영동은 DNA, RNA, 단백질 분자를 분리하고 규명할 때 널리 사용된다. 그림 1-7b는 아가로스젤 전기영동법을 이용해서 서로 다른 DNA 단편을 분리하는 예이다. 전기영동으로 단백질을 분리한 후에 **질량분석법**(mass spectrometry)으로 각 단백질의 크기와 구성을 알아낼 수 있다.

요약하면 세포 구조를 관찰하고, 분획하고, 분리하는 기술이 발달하면서 세포학자와 생화학자들은 각각 그들이 관찰한 세포 구조와 기능이 서로 상호 보완하고 있음을 알게 되었다. 이 과학

 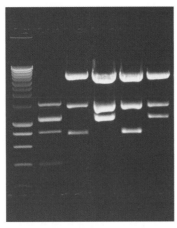

(a) 식물 색소 크로마토그래피   **(b)** DNA 시료 전기영동

그림 1-7 크로마토그래피와 전기영동에 의한 분자 분리. (a) 식물 색소를 분리하는 크로마토그래피에서 여과필터가 고정 매체로 사용되었다. 여러 색소가 용해된 용매가 필터를 이동할 때 서로 다른 색소 분자는 서로 다른 속도로 이동하므로 분리되고 정제될 수 있다. (b) 여러 DNA 분자가 혼합된 시료를 아가로스젤에서 전기영동으로 분리한 후 에티디움 브로마이드(ethidium bromide)로 염색하고, 자외선으로 조사하면 DNA 단편을 볼 수 있다.

자들이 현대 세포생물학의 초석을 쌓았다.

유전학 분야는 정보 흐름에 초점을 맞춘다

역사적으로 세포생물학이라는 동아줄을 구성한 셋째 가닥은 생물이 세대에서 세대로 특성을 전달하는 현상을 연구하는 학문인 유전학이다. 지금부터 2000년 전 그리스의 철학자 아리스토텔레스가 '유전물질(germ)'이란 "부모로부터 나와 자손을 만드는 배아"라 언급한 바 있지만, 현재 '유전자'로 불리는 유전물질의 물리적 특성은 19세기에 들어서야 발견되었다.

고전 유전학 유전학 분야는 멘델(Gregor Mendel)로부터 시작된다. 수도원 정원에 완두콩을 재배하며 수행한 그의 연구는 아마 모든 생물학 분야에서 가장 유명할 것이다. 그의 발견은 1866년에 출판되었는데, 오늘날 **유전자**(gene)로 알려진 '유전 요소들'이 분리되고 다시 독립적으로 결합하는 원리에 대한 초석이 되었다. 멘델은 시대를 앞선 사람이었다. 멘델의 연구 결과는 발표 초기에는 거의 알려지지 않았고, 35년이 지나서야 재발견되어 주목을 받게 되었다.

멘델의 업적이 발표되고 10여 년이 지나 세포의 유전적 연속성에서 핵의 역할이 알려지게 되었다. 1880년에 독일 생물학자 플레밍(Walther Flemming)이 분열 중인 세포에서 실 모양의 **염색체**(chromosome)를 발견했다. 플레밍은 이 분열 과정을 그리스어로 '실'을 뜻하는 유사분열(mitosis)이라고 명명했다. 곧 염색체 수는 종마다 특이적이고 세대가 거듭되어도 일정하다는 것이 밝

혀졌다. 독일 해부학자 루(Wilhelm Roux)는 1883년에 "염색체가 유전정보를 담고 있는 실체일 수 있다"고 했고, 이는 다시 독일 생물학자 바이스만(August Weissman)에 의해 공식적으로 발표되었다.

세포핵과 염색체의 역할이 알려지면서 멘델의 연구 결과가 재발견될 무대가 마련된 셈이다. 이는 1900년에 일어났는데, 서로 독립적으로 연구하던 식물유전학자 3명이 거의 동시에 멘델의 연구를 인용한 것이다. 그들은 독일의 코렌스(Carl Correns), 오스트리아의 폰 체르마크(Ernst von Tschermak), 네덜란드의 더 프리스(Hugo de Vries)이다. 3년이 안 되어 미국 생리학자 서턴(Walter Sutton)과 독일 생물학자 보페리(Theodor Boveri)는 **염색체설**(chromosome theory of heredity)을 확립했다. 염색체설은 멘델 유전을 일으키는 유전인자가 세포핵 속의 염색체에 존재한다는 것이다. 이 가설은 20세기 초반 20여 년 동안 수행된 미국 콜롬비아대학교 생물학자 모건(Thomas Hunt Morgan)과 스터티번트(Alfred Sturtevant)의 연구로 강한 지지를 받았다. 그들은 초파리 *Drosophila melanogaster*를 실험 모델 생물로 사용해서 여러 형태의 돌연변이체를 만들었고, 이를 통해 특정 형질이 특정 염색체와 연관 있음을 밝혔다.

반면에 유전 현상을 화학적으로 이해하는 연구는 느리게 진행되었다. 중요한 이정표가 된 사건은 1869년에 스위스 생물학자 미셰르(Johann Friedrich Miescher)가 DNA를 발견한 것이다. 연어의 정자, 수술 환자의 붕대에서 얻은 고름 등, 조금은 특이한 재료를 사용해서 미셰르는 '핵질(nuclein)'이라고 하는 성분을 분리하고 특성을 기술했다. 멘델과 같이 그도 시대를 앞선 과학자였다. 이로부터 75년 후에야 핵질에 세포의 유전정보가 담겨있음이 밝혀졌다.

1914년에 독일 화학자 포일겐(Robert Feulgen)은 염색 방법으로 DNA가 염색체의 중요 성분임을 시사했는데, 이 방법은 지금도 DNA 염색에 사용되고 있다. 그러나 대부분의 사람들은 DNA는 구조가 너무 단순하여 유전정보를 담고 있으리라 생각하지 못했다. 1930년에 이르면 DNA가 4종류의 뉴클레오타이드로 구성되어 있음이 알려지게 되지만, 이는 생물체의 유전정보를 나타내기에 다양성이 충분치 않아 보였다. 반면에 단백질은 20종류의 아미노산으로 구성되어 있어서 훨씬 더 다양한 구조를 만들 수 있다. 사실상 20세기 중반까지는 단백질이 세대에서 세대로 유전정보를 전달하는 물질로 여겨졌는데, 왜냐하면 세포핵 구성 성분 중 다양한 구조를 만들 수 있는 단백질만이 다양한 유전자의 특성과 일치하기 때문이다.

DNA가 유전물질임이 명확하다는 것을 나타내는 역사적 실험을 1944년에 록펠러대학교에서 함께 연구하던 캐나다 과학자 에이버리(Oswald Avery), 매클라우드(Colin MacLeod)와 미국 과

학자 매카티(Maclyn McCarty)가 수행했다. 그들의 연구(상세한 내용은 16장 참조)는 DNA가 비병원성 세균을 병원성 세균으로 '형질전환'시키면 세대에 걸쳐 유전적 변화가 전해지는 것을 밝혔다. 8년 후 미국 생화학자인 허시(Alfred Hershey)와 체이스(Martha Chase)는 바이러스가 세균을 감염시켜 자손 바이러스를 만들 때, 세균의 세포 속으로 들어가 증식하는 것은 단백질이 아니고 DNA임을 증명했다. 반면에 미국 생물학자 비들(George Beadle)과 테이텀(Edward Tatum)은 1940년대에 빵곰팡이 *Neurospora crassa*를 연구하여 '1유전자-1효소' 개념을 만들고, 각 유전자는 하나의 특정 단백질의 생산을 조절한다고 주장했다.

분자유전학 그 직후 1953년에 조류학을 공부하는 학생이었던 왓슨(James Watson)과 물리학자 크릭(Francis Crick)은 X선 결정학자 프랭클린(Rosalind Franklin)이 제공한 이미지를 사용하여 DNA 구조를 설명하는 유명한 2중나선 모델을 제안했다. 이 모델은 세포분열 동안 DNA에서는 상보적 가닥에서 서로 정확한 염기 짝짓기를 통해 복제가 일어나는 것을 시사했다. 1960년대에 더 많은 중요한 발전이 이루어졌는데, DNA와 RNA를 합성하는 중합효소를 발견한 것과 DNA와 RNA 분자의 뉴클레오타이드 순서와 단백질의 아미노산 배열 순서 사이의 상관관계를 지정하는 유전암호를 '해독'한 것 등을 들 수 있다. 동시에 프랑스 생화학자 모노(Jacques Monod)와 유전학자 자코브(François Jacob)는 세균에서 유전자 발현 조절 기작을 규명했다.

1953년에 DNA 2중나선 모델이 발표된 직후 크릭은 분자에 기반한 유전정보의 흐름을 분자생물학의 **중심 원리**(central dogma of molecular biology)라고 명명했다. 이 모델이 **그림 1-8**의 각 단계에 요약되어 있다. 유전정보 흐름에는 2개의 동일한 복사물이 만들어지는 DNA 복제(replication), DNA 정보가 RNA 형태로 바뀌는 유전정보의 **전사**(transcription), RNA 정보로 단백질을 만드는 **번역**(translation)이 포함된다. 전사라는 용어는, DNA를 주형으로 RNA가 합성되는 단계의 유전자 발현은 단순히 한 종류의 핵산 분자가 다른 종류의 핵산 분자로 바뀌는 것으로, 기본적인 '언어'가 동일하다는 것을 강조하기 위함이다. 반면에 단백질 합성은 번역으로 불리는데, 이는 RNA 분자의 뉴클레오타이드 서열이 폴리펩티드의 아미노산 서열로 바뀌는 언어 변화가 있기 때문이다.

세 종류의 RNA가 단백질 합성의 중간체로 작용함이 발견되면서 세포의 중심 원리가 완성되었다고 할 수 있다(그림 1-8). 단백질로 해독되는 RNA는 전령 RNA(mRNA)로 불리는데, DNA 유전정보를 단백질 합성이 실제로 일어나는 장소인 리보솜으로 운반하기 때문이다. 리보솜 RNA(rRNA)는 리보솜 자체를 구성하는 성분이다. 운반 RNA(tRNA) 분자는 mRNA의 암호 염기를 인지하고 단백질 합성에서 적절한 아미노산을 리보솜으로 운반하는 중간체로 작용한다.

크릭이 중심 원리를 처음 만든 이래로 많은 부분이 수정되었다. 예를 들면 RNA 유전체를 가진 많은 바이러스가 RNA를 주형으로 mRNA를 합성하는 것이 발견되었다. HIV와 같은 RNA 바이러스는 바이러스 RNA가 주형으로 작용하여 DNA를 합성하는 역전사를 수행하는데, 이는 유전정보 흐름이 '역행'하는 방향이다. 이러한 초기 모델에 여러 변이가 존재하지만 모든 세포에서 정보 발현이 DNA → RNA → 단백질의 순서라는 것은 세

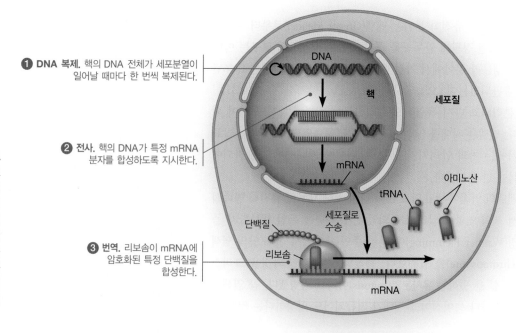

그림 1-8 중심 원리: 세포에서 정보 흐름. 진핵세포에서 대부분의 DNA는 핵에 존재한다. ❶ 이 DNA는 세포가 분열할 때마다 복제된다. ❷ DNA는 상보적인 전령 RNA(mRNA)를 전사 과정을 통해 합성한다. ❸ mRNA가 세포질로 이동하고, 리보솜에서 해독 과정을 통해 단백질이 합성된다.

❶ **DNA 복제.** 핵의 DNA 전체가 세포분열이 일어날 때마다 한 번씩 복제된다.

❷ **전사.** 핵의 DNA가 특정 mRNA 분자를 합성하도록 지시한다.

❸ **번역.** 리보솜이 mRNA에 암호화된 특정 단백질을 합성한다.

DNA

핵

세포질

mRNA

tRNA

아미노산

세포질로 수송

단백질

리보솜

mRNA

포의 주요 작동 원리로 변함이 없다(DNA와 RNA가 수행하는 유전정보 저장, 전달, 발현에 대한 상세한 내용은 16장과 22~25장 참조).

우리가 현재 알고 있는 유전자 발현에 대한 많은 지식은 1970년대 이후 발전된 **재조합 DNA 기술**(recombinant DNA technology)에서 얻은 것이다. 이 기술은 제한효소가 발견된 덕분에 가능했는데, 이 효소는 DNA 분자의 특정 서열을 인지하여 분해할 수 있으므로 서로 다른 원천에서 얻은 2개의 DNA로 만든 재조합 DNA 분자를 만들 수 있다. 이 효소가 가진 능력으로 상세한 연구와 조작을 할 수 있도록 많은 수의 특정 DNA 서열 복사본을 만드는 과정인 DNA 클로닝(DNA cloning), 세포에 외부 DNA를 도입하는 과정인 DNA 형질전환(DNA transformation)이 이루어졌다(이 중요한 기법에 대한 상세한 내용은 17장 참조).

이와 비슷한 시기에 **DNA 서열 분석**(DNA sequencing) 기술이 개발되어 DNA 분자의 염기서열을 신속히 분석하게 되었다. 이 기술은 현재 개개의 유전자뿐만 아니라 전체 유전자와 유전체에도 적용된다. 초기에는 몇백만 염기 크기로 유전체가 작은 세균에만 사용되었으나 곧 훨씬 더 큰 유전체를 가진 효모, 회충, 식물, 동물 등에도 성공적으로 적용되었다. 가장 큰 성공은 32억 염기쌍을 가진 인간 유전체 서열 분석이다. 1990년에 수백 명의 과학자, 수십억 달러의 연구비가 투입된 국제 공동 연구 사업인 인간유전체프로젝트(Human Genome Project)를 시작하여 2003년에 완전한 인간 유전체 분석을 완성한 것이다.

생물정보학과 오믹스 DNA 서열 분석으로 얻은 방대한 양의 데이터를 분석하면서 새로운 학문인 생물정보학이 탄생했다. **생물정보학**(bioinformatics)은 서열 분석 데이터를 분석하기 위해 전산학과 생물학이 융합된 것이다. 이 방법으로 인간 유전체는 약 2만 개의 단백질 암호 유전자를 가지고 있음이 밝혀졌는데, 이 중 절반은 유전체 분석 이전에는 알지 못했던 것이다. 유전체학(genomics)은 어떤 종의 전체 유전체를 연구하는 학문으로, 세포생물학과 인체보건학에 놀라운 통찰력을 제공하고 있다. 이와 유사하게 과학자들은 현대적인 기술과 생물정보학을 이용해 세포 내 전체 단백질, 단백질체(proteome)를 연구할 수 있다. 최근 등장한 **단백질체학**(proteomics)은 특정 세포에 존재하는 전체 단백질들의 상호작용과 기능을 연구한다. 단백질체학에서는 유전체에서 만들어진 모든 단백질의 구조와 특성, 이 단백질들이 세포 기능을 조절하기 위해 생물계 네트워크에서 어떻게 서로 상호작용하는가에 관심이 있다.

미국 국립보건원(NIH)에서 운영하는 국립생물정보센터(NCBI)는 일반에게 많은 생물정보학 연구 수단을 제공한다. NCBI는 3,000만 개 이상의 생명과학 논문 검색 엔진 PubMed,

일반에 공개된 DNA 염기서열(2020년 중반까지 2억 1,700만 개 이상) 데이터베이스 GenBank를 운영하고 있다. 이와 유사하게 UniProtKB(Protein Knowledgebase)는 56만 개 이상의 단백질 염기서열 데이터베이스이다. 또한 모든 생물에서 얻은 유전자와 단백질 서열을 비교하고 그 구조와 기능을 분석할 수 있는 많은 수단이 존재한다. 예를 들면 BLAST(Basic Local Alignment Search Tool) 프로그램을 이용하면 새로 발견한 유전자를 단 몇 분 만에 기존에 알려진 모든 서열과 비교할 수 있다. 또한 NCBI는 풍부한 생물학 정보를 제공하는데, OMIM(Online Mendelian Inheritance in Man) 데이터베이스의 경우 거의 1만 6,000개의 유전자를 포함하는 인체 유전질환과 돌연변이에 대한 정보를 백과사전식으로 모아놓았다.

지난 10년 동안 분자적 분석 기술에 대해 대형화와 자동화가 이루어져 신속한 분석이 가능하게 되었다. 고속대량분석법(high-throughput)은 분석 속도를 극적으로 증가시켰다. 인간 유전체 분석을 최초로 시도했을 때는 13년이 걸렸지만 지금은 몇 시간 안에 아주 적은 비용으로 분석이 가능하다. 이와 비슷하게 수백에서 수천 개의 유전자 발현 수준을 동시에 추적 관찰할 수 있어서 유전체의 모든 유전자를 동시에 연구할 수 있다.

세포에서 총체적으로 수천 개의 분자를 동시에 분석할 수 있게 됨으로써 유전체학과 단백질체학뿐만 아니라 많은 '오믹스(-omics)' 학문 분야가 번창하게 되었다. 예를 들면 최근에 개발된 RNA 서열 분석 방법 덕분에 세포에서 모든 유전자에 대한 전사를 분석할 수 있다. 이러한 종류의 연구를 **전사체학**(transcriptomics)이라고 부른다. 과학자들은 또한 세포에서 주어진 시간에 일어나는 모든 대사작용을 분석하는 대사체학(metabolomics), 세포의 모든 지질에 대해 연구하는 **지질체학**(lipidomics), 세포에서 모든 이온을 전반적으로 연구하는 이온체학(ionomics)을 수행할 수 있다. 앞으로 생물학 정보가 폭발적으로 증가하여 향후 몇 년 내에 탄생할 새로운 여러 오믹스 연구 분야를 볼 수 있을 것이다.

크리스퍼 유전체 편집 제한효소가 발견된 이래로 과학자들은 유전체를 조작하기 위해 노력해왔다. 이러한 조작에서 핵심은 DNA를 특정 서열 위치에서 특정 방법으로 변형하는 적합한 도구를 얻는 것이다. 예를 들면 이제 CRISPR/Cas9 유전체 편집으로 유전체 수준에서 정확한 서열을 조작할 수 있다(**22장의 핵심 기술 참조**).

크리스퍼(CRISPR)는 clustered regularly interspaced short palindromic repeats의 약자이다. CRISPR/Cas9 유전체 편집 시스템이 유전체 편집에 널리 사용되고 있지만, 이는 원핵세포의 바이러스 감염에 대한 방어 기작으로 처음 발견된 것이다. 즉 세균

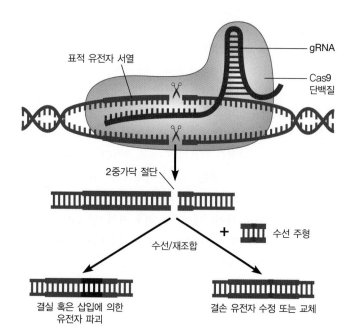

그림 1-9 크리스퍼 유전체 편집. 가이드 RNA(gRNA)가 유전체의 특정 위치에 Cas9이 위치하도록 하고, Cas9은 DNA 2중나선 절단을 유발한다. 실수가 많은 수선 과정으로 인해 유전자 파괴가 일어날 수 있다. 만일 수선 주형을 넣어주면 상동재조합이 일어나는데, 이때 넣어준 수선 주형 DNA 정보를 사용해서 유전체를 편집하게 된다.

면역계라고 할 수 있다(세균의 이러한 방어 시스템에 대한 자세한 사항은 25장과 그림 25-10 참조).

세균이 자신에게 침입하는 바이러스를 방어하도록 진화된 이 시스템이 어떻게 유전체 편집에 유용하게 사용되는가? 유전체 DNA를 편집하는 데 가장 중요한 것은 정확한 위치에 2중가닥 절단을 발생시키는 것인데, 짧은 뉴클레오타이드 서열로 구성된 **가이드 RNA**(guide RNA, gRNA)로 정확한 위치를 찾는다. 세포의 DNA에 2중가닥 절단이 일어나면 수선이 매우 어렵다. 따라서 이 수선 과정은 오류가 빈번하게 일어나기에 표적 유전자가 불활성화되기 쉽다. 때로 세균은 상동성 수선이라 불리는 과정을 통해 손상을 수선하도록 다른 DNA 서열(수선 주형)을 넣어주기도 한다. 이러한 두 가지 유전체 편집 전략을 **그림 1-9**에 나타냈다.

이러한 기술에 힘입어 생물학을 계속 혁신하는 분자 분석 시대가 열리게 되었다. 이 과정에서 멘델로부터 유래한 유전학 분야가 세포학과 생화학 분야와 밀접하게 얽히게 되었고, 세포생물학이라는 학문 분야가 탄생하게 된 것이다.

개념체크 1.2

암세포가 정상 세포보다 포도당을 더 효율적으로 사용할 수 있게 함으로써 종양으로 성장하게 하는 결함 유전자를 발견했다. 이 발견에 세포생물학의 역사적인 세 분야가 어떻게 기여하는지를 설명하라.

1.3 우리가 현재 아는 것을 어떻게 알게 되었는가

이 책에서 '무엇을 얻길 원하는가?'라고 묻는다면, 당신은 '세포생물학에 대한 모든 사실을 배우고 싶다'고 대답할지도 모른다. '사실'이란 무엇인지 설명하라고 하면 대부분의 사람들은 '진실로 알려진 무엇'이라고 말할 것이다. 예를 들면 'DNA는 세포에서 유전정보를 가지고 있다'는 문장은 세포생물학에서 사실로 알려진 것이다. 그러나 이 문장이 실제로는 불과 바로 얼마전 '단백질이 유전정보를 운반한다'는 오해를 대체한 것임을 알아야 한다.

생물학적 '사실'은 부정확한 것으로 밝혀질 수 있다

세포생물학에서는 어떤 현상을 설명하는 데 한때 널리 받아들여졌던 '사실'이, 세포생물학자가 이에 대해 더 잘 이해하게 되면서 바뀌거나 심지어 폐기되는 경우도 허다하다. 앞에서 언급한 것처럼 19세기 초에 '살아있는 생물은 무생물과 다른 물질로 구성되었다'는 '사실'은 뷜러가 무기물로부터 생물 화합물인 요소를 합성한 업적과 부흐너가 효모에서 나온 살아있지 않은 추출물로 당을 알코올로 발효시킨 연구로 인해 폐기되었다. 몇 세대에 걸쳐 과학자들 사이에서 사실로 여겨졌던 견해가 종국에는 살아있는 생물도 무기물에서 일어나는 화학 법칙과 동일한 반응을 한다는 새로운 사실로 교체된 것이다.

보다 최근의 예를 들면 태양이 모든 생물권 에너지원이라고 여겨졌던 사실이 있다. 그러다가 최근 심해열수공과 그 주변에 태양 에너지에 전혀 의존하지 않으며 번성하고 있는 생물 군집을 발견하게 되었다. 여기에 사는 생물들은 황화수소(H_2S)를 이용하여 이산화탄소로부터 유기물을 합성하는 세균에 기반한 에너지를 사용한다.

따라서 때때로 생물학적 '사실'은 우리가 일상에서 사용할 때의 의미보다 훨씬 더 잠정적인 정보 조각에 불과하다는 걸 알 수 있다. 세포가 그렇듯이 이러한 '사실'은 역동적이고, 때로는 갑자기 변하기도 한다. 물론 어떤 생물학 연구 결과는 이 점에서 잠정적이지 않다. '대부분의 생물체가 세포로 구성되어 있다'는 사실은 이제 더 이상 논쟁이 일어나지 않을 정도로 잘 정착되었다. 과학자들에게 '사실'이란 단순히 관찰과 실험에 근거해서 우리 주변의 자연 세계를 설명하려는 시도일 뿐이다.

실험으로 가설을 시험하다

세포의 생물학적 과정에 대해 어떻게 새롭고 깊이 있는 이해를 할 수 있는가? 전형적으로 먼저 연구자들은 특정 관심 분야에 현재 어떤 것이 알려져 있는지 알기 위해 과학논문 조사를 수행한다. 그런 정보는 통상적으로 검증되지 않은 인터넷 사이트보다는 동료 심사 평가(peer-reviewed)가 되는 과학 또는 의학 저널에서 얻는다. '동료 심사 평가'를 받은 논문은 어떤 과학자가 연구를 수행해서 논문을 저널에 제출한 후 그 분야의 여러 전문가들이 그 논문에 사용된 연구 방법, 실험 설계, 결과 해석 등이 타당한지 심사해서 이를 통과한 논문을 말한다.

세포생물학자는 그 분야의 현재 지식 상황을 평가한 후 실험이나 관찰을 통해서 시험할 수 있는 잠정적 설명, 즉 **가설**(hypothesis)을 세운다. 종종 가설은 논쟁이 되는 현상을 합리적으로 설명하는 듯 보이는 **모델**의 형태가 되기도 한다. 다음으로 연구자들은 가설을 시험하기 위해 조절된 실험을 설계하는데, 이는 다른 변수를 고정하고 특정 조건을 변화해가며 진행된다. 그리고 과학자들은 데이터를 수집하고 결과를 해석한 후 가설을 수용하거나 거부하게 되는데, 가설은 과거의 지식뿐 아니라 이 특정 실험 결과와 일치해야 한다.

과학자들은 어떤 가설을 지지하는 실험을 하기보다 **영가설**(null hypothesis)이라고 하는, 그 가설의 반대를 시험하여 가설을 증명하려 하기도 한다. 충분히 많은 시도를 했음에도 불구하고 이 영가설을 증명할 수 없으면 역으로 가설이 옳다는 간접적인 증거가 될 수 있다. 동일한 결과로 나타나는 실험의 수가 많고 사용된 시료의 수가 많을수록 그 가설이 옳다는 확신은 더 높아진다.

예를 들면 '지구에 있는 모든 인간의 신장은 6미터를 넘지 않는다'라는 가설을 세웠다고 가정해보자. 이 가설을 강하게 증명하려면 지구상 모든 사람의 신장을 직접 측정해서 6미터를 넘지 않는다는 것을 증명해야 한다. 영가설은 '6미터를 넘는 사람이 정말 존재한다'는 것이다. 그런 사람을 몇백 년 동안 찾으려고 노력했어도 발견하지 못한다면 최초의 가설(지구에 6미터를 넘는 사람은 없다)이 옳다는, 이성적으로 견고한 증거가 될 수 있다.

실험은 대부분 순수한 화학물질과 세포 성분을 사용해서 실험실에서 수행된다. 이러한 형태의 실험을 시험관(in vitro) 실험이라고 부르며, 이는 '유리관 안'에서 온 용어이다. 그러나 세포가 어떻게 작용하는지 충분히 이해하기 위해 가설은 살아있는 세포 또는 생물체를 의미하는 생체 내(in vivo)에서 실험될 필요가 있다. 이는 종종 여러 다양한 **모델 생물체**(다음 절 내용 참조) 중 하나를 선택하여 수행된다. 최근 컴퓨터로 방대한 양의 데이터를 이용하여 새로운 가설을 시험하는 실험에 대한 명칭으로 컴퓨터 칩의 재료인 실리콘에서 유래하여 가상(in silico) 실험이라고 부르고 있다. 이러한 모든 연구 방법은 앞에서 설명한 바와 같이 가설 수립과 시험에 동일한 기본 과정을 사용한다.

모델 생물체가 현대 세포생물학 연구에 주요 역할을 담당한다

기본 세포 작용에 대한 많은 연구가 순수 분리된 세포 성분(세포막, 효소, DNA 분자 등)을 사용하여 실험실에서 수행됐지만 그러한 실험에서 얻은 결과는 완전하고 살아있는 시스템에서 일어나는 작용을 직접 반영하지 않을 수 있다. 과학자들은 살아있는 세포와 생물체에서 직접 세포 작용을 연구하기 위해 많은 모델 시스템을 발전시켰다.

세포 배양과 조직 배양 과학자들은 세포 배양(cell culture)을 모델 시스템으로 광범위하게 사용한다. 많은 종류의 세포, 즉 피부세포, 근육세포, 암세포 등이 그들이 유래한 조직 밖인 실험실에서 배양될 수 있다. 실험실에서 규정된 배양 조건에서 배양된 최초의 인간 세포는 HeLa 세포로, 1951년에 헨리에타 랙스(Henrietta Lacks)라는 여성의 자궁경부암 조직에서 채취된 것이다. 현재에도 암 연구 및 바이러스 연구에 그녀로부터 유래한 세포 후손이 활발히 사용되고 있다(**인간과의 연결** 참조).

일반적으로 다른 다양한 세포가 모델 시스템으로 사용되고 있다. 통로 단백질을 연구하기 위한 개구리 *Xenopus*의 난자세포, 세포 신호전달 연구 및 단백질을 상업적으로 생산하기 위한 중국햄스터 난소세포, 새로운 화합물의 발암성을 평가하기 위한 쥐 3T3 섬유아세포, 세포 분화를 연구하기 위한 미분화 배아 줄기세포 등을 들 수 있다. 또한 세포 배양은 숙주세포 밖에서는 증식할 수 없는 작은 감염성 비세포 입자인 바이러스를 성장시키고 연구하는 데 필수적이다. 그러나 분리된 세포를 연구하여 알아낸 사실이 온전한 생명체에서 일어나는 일을 항상 반영하는 것은 아니므로 살아있는 생물체 자체에서 연구를 수행하는 것이 중요하다.

모델 생물체 모델 생물체(model organism)는 널리 연구되고 특성이 잘 파악되었으며 조작하기 쉽고 실험 연구에 유용한 특정 이점이 있는 종을 사용한다. 몇 가지 예를 들면 대장균 *Escherichia coli*, 효모 *Saccharomyces cerevisiae*, 초파리 *Drosophila melanogaster*를 들 수 있다(**그림 1-10**).

기본적인 세포 작용, 즉 DNA 복제, 막 기능, 단백질 합성에 대해 알려진 지식의 대부분은 *E. coli* 세포를 모델로 사용하여 알아낸 것이다. *E. coli*는 실험실에서 기르기 쉽고 빠르게 분열하며(세대 시간 20분), 유전자 기능 연구를 위해 쉽게 돌연변이화할 수 있다. 1997년에 박테리아 중 최초로 완전한 유전체 염기서열이 분석되었다. 대장균은 거의 모든 생물체의 DNA를 형질전환을 통해 잘 받아들이므로 세포 및 분자 생물학 연구에서 유전자 분리 및 클로닝에 핵심적으로 사용되는 생물체이다. 연구, 산업 및 의료용 유전자 및 단백질의 분석과 생산에도 통상적으로 사용하고 있다.

제빵 및 맥주 발효 효모(*S. cerevisiae*) 세포는 진핵세포에만 존재하는 세포 과정, 즉 세포분열 과정에서 일어나는 염색체 쌍 형

인간과의 연결 | 헨리에타 랙스의 불멸 세포

오토 게이(George Otto Gey)는 암과 암세포가 어떻게 분열하는지에 대해 깊은 관심을 가진 해부학자였다. 그와 그의 아내 마거릿(Margaret)은 존스홉킨스대학교의 세포 배양 실험실을 운영했으며, 수십 년 동안 좋은 환경과 영양이 보충된다면 무한정 살 수 있는 인간 세포주를 만들기 위해 노력했다. 오토 게이는 여러 인간 조직 세포를 받아 시도했지만 노화되지 않고 죽지 않는 세포주를 배양할 수 없었다. 1951년 어느 날 다섯 번째 아이를 출산한 후 비정상적인 출혈 증상을 보이는 여성의 자궁경부 종양에서 생체검사를 한 조직 샘플을 받았을 때 이 모든 것이 바뀌었다. 몇 주 후 이 생체검사에서 얻은 세포는 이전 샘플들과는 확연히 차이가 있음을 알게 되었다. 세포 배양액에서 잘 자랐고 늙거나 죽지 않는 것 같았다. *HeLa 세포*라고 불리는 이 세포들은 최초의 불멸의 인간 세포주가 될 것이다. 거의 70년이 지난 지금도 HeLa 세포는 가장 널리 사용되는 인간 세포주 중 하나로 남아있다.

HeLa 세포주의 탄생은 생의학 연구 역사에서 큰 이정표가 되었다. 인간의 질병을 연구하기 위해 동물을 사용하는 것은 시간과 비용이 많이 소요되며, 동물이 항상 인간 세포와 같은 방식으로 질병에 반응하는 것은 아니다. HeLa 세포는 과학에 어마어마한 공헌을 했다. 70,000개 이상의 과학 논문에 인용되었으며 바이러스, 암, AIDS에 대한 연구에 중요한 역할을 해오고 있다.

'HeLa'라는 이름은 세포를 채취한 여성인 헨리에타 랙스(Henrietta Lacks)의 이름에서 유래했다(**그림 1B-1**). 그러나 이 세포주 뒤에 있는 여성은 어떤 사람이었을까? 헨리에타 랙스는 1920년에 버지니아 시골의 가난한 아프리카계 미국인 가정에서 태어났다. 그녀는 1941년에 남편과 함께 볼티모어로 이주하여 가정을 꾸렸다. 1951년에 다섯째 아이를 낳은 후 헨리에타는 자궁경부암 진단을 받았다. 안타깝게도 헨리에타는 당시 사용 가능한 치료에 반응하지 않는 매우 공격적인 형태의 암에 걸렸고, 31세의 나이로 사망했다. 그녀가 진단받고 생체검사를 할 당시에는 환자에서 의사가 조직이나 혈액 샘플을 채취할 때 의사가 환자에게 고지해야 한다는 법이 없었고 환자의 조직 사용을 규제하는 법도 없었다. HeLa 세포주(그림 1B-1b)가 만들어진 후, 이는 자유롭게 보급되어 다른 과학자들의 연구에 사용되었다. 그녀의 가족은 헨리에타의 세포가 전 세계 실험실에서 배양된다는 사실을 20년 후에나 알게 되었다.

처음부터 헨리에타의 세포는 독특했다. 그들은 세포 배양에서 끝없이 분열했을 뿐만 아니라 매우 활발하게 성장하여 24시간마다 그 수가 2배가 되었다. 헨리에타의 세포가 다른 세포와 그렇게 다른 이유가 무엇일까? 정상 세포는 *말단소체*로 알려진 염색체의 끝이 짧아지기 때문에 약 50번만 분열하면 죽게 된다(22장 참조). 그러나 HeLa 세포는 암세포에서 파생된 것으로, 세포분열을 할 때마다 *말단소체*를 길게 합성하는 효소인 말단소체 복원효소(텔로머레이스) 유전자를 비정상적으로 높게 발현한다. 그 결과 HeLa 세포는 무한정 분열할 수 있는 것이다.

자궁경부암의 원인 중 하나는 *인간유두종 바이러스*(HPV)이다. HeLa 세포에는 HPV 유전체가 *myc* 유전자 근처의 염색체에 삽입되어 myc가 과발현된다. Myc 단백질은 일반적으로 세포 성장을 조절하므로 *myc* 과발현은 제어되지 않는 세포분열과 암을 유발한다(20장 참조). *myc* 유전자좌 근처에 HPV가 존재한다는 사실은 헨리에타의 암이 왜 그렇게 공격적이었는지, HeLa 세포가 세포 배양에서 왜 그렇게 활발하게 성장하는지를 설명한다. 실제로 HeLa 세포는 배양에서 매우 빠르게 성장하여 다른 세포주를 자주 오염시킨다. 현재 사용하는 세포주의 10~20%가 원래의 세포주에 HeLa 세포가 오염된 것

 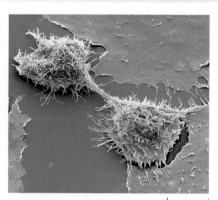

(a) 헨리에타 랙스   **(b)** 배양 중인 HeLa 세포   10 μm

그림 1B-1 헨리에타 랙스와 그녀의 불멸 세포주. (a) 암 진단 전의 헨리에타 랙스. (b) 세포분열 중인 HeLa 세포(색을 입힌 SEM)

으로 추정한다.

HeLa 세포는 소아마비 백신 개발에 중요한 역할을 했다. 1900년대 초반에 소아마비는 미국에서 가장 무서운 질병이었다. 1952년에 기록상 최악의 소아마비가 미국 전역을 휩쓸었다. 소아마비에 걸린 58,000명 중 21,000명은 일종의 마비 증세를 보였고 3,000명은 사망했다. 1952년의 유행 기간 동안 HeLa 세포가 바이러스에 감염될 수 있고 치료에 대한 세포 반응을 쉽게 모니터링할 수 있다는 사실이 발견되었다. HeLa 세포는 곧 소크(Jonas Salk)와 다른 소아마비 연구자들에게 배송되었다. 1950년대 중반에 소크 백신이 도입되었고, 이후 사빈(Albert Sabin)이 개발한 경구용 백신을 시작으로 한때 무서운 질병이었던 소아마비는 미국과 전 세계 대부분에서 빠르게 박멸되었다.

인간의 질병 연구에 사용되는 HeLa 세포에 대한 수요가 폭발했고, HeLa 세포를 연구자들에게 제공하는 회사들이 설립되었다. 그러나 아이러니하게도 그녀의 가족은 HeLa 세포의 판매 수익금을 한 번도 받지 못했다.

그녀의 가족에게 발생한 문제는 몇 가지 중요한 윤리적 문제를 제기한다. 첫째, 혈액이나 조직 샘플을 기증자에서 분리한 후에도 여전히 기증자의 소유인가? 많은 사람은 기증된 조직이 공익을 위한 의학 연구에 사용되어야 한다고 믿는다. 그러나 조직이 기증된 후 기증자가 자신의 세포가 사용되는 연구를 통제할 수 있는가? 둘째, 기증된 조직이 상용 제품 개발에 사용된다면 기증자에게 이익의 일부를 주어야 하는가?

세 번째 문제는 2013년에 어느 과학자 그룹이 헨리에타 가족에게 알리거나 허락받지 않고 HeLa 세포의 DNA 서열을 공개했을 때 제기되었다. 이제 HeLa DNA 서열 정보에 대한 요청이 오면 과학자, 의사 및 그녀의 가족 구성원으로 구성된 위원회에서 검토를 거친다. HeLa 세포 또는 유전체 데이터를 사용한 연구 논문을 발표할 경우 헨리에타와 그녀의 가족이 기여한 바에 대해 감사의 글을 명시해야 한다. 현재 생의학 연구에서 HeLa 세포 및 HeLa DNA 서열 정보를 사용하면서 수백만 명이 혜택을 받고 있다. 그러나 헨리에타의 가족은 마침내 그녀의 유전정보가 어떻게 사용될 것인지에 대해 발언권을 갖게 되었다.

5 mm

(a) 혈액 한천 배지에 배양한 *E. coli* 콜로니
- 세대주기가 짧은 단세포 세균
- 돌연변이와 형질전환이 쉽게 일어나 유전자 기능 연구에 적합
- 유전자 클로닝과 단백질 기능 연구에 널리 사용

10 μm

(b) 효모 세포(SEM)
- 실험실에서 배양하기 용이한 단세포 진핵세포
- 유전자 기능 연구를 위한 수천 개 돌연변이주가 존재
- 세포주기와 단백질-단백질 상호작용 연구에 널리 사용

2 mm

(c) 야생형 초파리
- 세포주기가 짧은 다세포 생물체
- 유전자 제거에 의한 특성이 잘 확립된 다수의 돌연변이 품종이 존재
- 배아 발생과 발생학 연구에 널리 사용

200 μm

(d) 예쁜꼬마선충
- 세포주기가 짧은 다세포 생물체
- 거의 투명한 몸체를 가지며 세포 운명지도가 확립되어 있음
- 세포 분화와 발생학 연구에 널리 사용

5 cm

(e) 생쥐
- 인간과 유사성이 높은 포유동물
- 많은 유전자 '제거' 품종이 존재
- 인체 질환 연구에 널리 사용되는 모델

10 cm

(f) 애기장대
- 세대주기가 빠르고 식물 중 가장 작은 유전체
- 쉽게 돌연변이 유발이 가능하고 수천 개 돌연변이주가 존재
- 식물 특이적인 작용 연구에 널리 사용

그림 1-10 일반적으로 사용되는 모델 생물체. 세포생물학에서 자주 사용되는 모델 생물체와 장점을 설명한다.

성, 세포소기관 발달, 세포 신호전달 등을 연구하는 데 많은 실험적 이점이 있다. 효모는 단세포일 뿐만 아니라 생장과 돌연변이 유발이 쉽고, 잘 특성화된 돌연변이주가 개발되어 있다. 효모 세포를 모델로 사용하여 화학물질이나 방사선으로 돌연변이를 유발한 후, 돌연변이체를 분리하고 특성을 분석하면서 과학자들은 진핵세포의 작용에 대해 많은 것을 알게 되었다. 특정 유전자와 그 단백질이 결핍된 돌연변이 효모 균주를 연구함으로써 연구자들은 해당 유전자와 단백질의 기능을 결정할 수 있다. 예를 들어 적절한 세포분열에 필요한 특정 유전자가 결핍되어 비정상적인 세포분열을 나타내는 돌연변이 효모 세포는 정상 세포가 어떻게 분열하는지 이해하는 데 매우 중요하다. 또한 인체 세포분열에 대해 우리가 알고 있는 대부분은 원래 효모의 세포주기 돌연변이체를 연구하여 알게 되었다. 최근에 연구자들은 **효모 2종혼성화 시스템**(two-hybrid system, 17장 참조)을 사용하여 살아있는 세포 내에서 특정 단백질들이 서로 상호작용하는지, 어떻게 상호작용하는지를 알 수 있게 되었고, 이는 세포 기능과 관련된 복잡한 분자 상호작용을 이해하는 데 크게 기여하고 있다.

그러나 세포 간 의사소통, 세포 분화 또는 배아 발달과 같은 과정을 연구하려면 다세포 생물체를 모델로 사용해야 한다. 생물학자들이 '파리와 벌레'를 실험에 사용하는 것에 대해 들었을 것이다. 이는 다세포 진핵생물의 세포생물학 연구에 광범위하게 사용되는 작은 초파리(*Drosophila melanogaster*)와 예쁜꼬마선충(*Caenorhabditis elegans*)을 말하는 것이다.

우리가 알고 있는 대부분의 유전학 기초 지식과 유전자 기능에 대한 이해는 실험 측면에서 많은 이점이 있는 *Drosophila* 돌연변이체를 사용하여 알게 된 것이다. 초파리는 실험실에서 사육과 조작이 쉽고, 세대주기가 짧으며(2주), 많은 자손을 낳고, 눈 색깔, 날개 모양과 같이 쉽게 관찰할 수 있는 물리적 특성을 가지고 있다. *Drosophila*는 특정 유전자가 제거된 수천 개의 돌연변이 품종이 개발되어 배아 발생, 발생생물학, 세포 신호전달 연구에 매우 유용하게 사용된다.

이와 유사하게 *C. elegans*는 다세포 생물체의 세포 분화 및 발생 연구에 널리 사용되는 모델이다. *C. elegans*의 장점은 조작의 용이성, 상대적으로 짧은 세대주기, 다세포 생물체 중 가장 먼저 전체 유전체 서열 분석이 이루어질 만큼 작은 유전체 크기 등이다. 또한 신경계가 있는 동물 중 가장 단순하다. 수정란 발생이 놀랍도록 예측 가능하며, 성체를 이루는 약 1,000개의 세포 각각의 기원과 운명에 대한 지도가 작성되어 있고, 대략 200개의 신경세포 사이에 형성된 수백 개 연결이 규명되어 있다. 또한 이 작은 벌레는 투명하여 현미경으로 개별 세포를 쉽게 볼 수 있고, 살아있는 생물체에서 형광 표지 분자를 관찰할 수 있다.

포유류(인간 포함)에 특정한 세포 및 생리학적 연구는 일반 실험용 생쥐(*Mus musculus*)가 주요 모델로 사용된다. 생쥐는 인간과 세포, 해부학, 생리학적 특성이 유사하여 의학, 면역학, 노화 연구에 널리 사용된다. 생쥐는 사람처럼 암, 당뇨병, 골다공증 등의 질병이 발생하므로 이들 질병 연구에 매우 유용하다. 특정 유전자가 '제거(knock out)'되거나 새로 도입된 수많은 쥐 품종이 만들어지고 사육되어 생물의학 연구에 가치가 매우 높다.

식물에 대한 연구, 즉 광합성, 빛 지각과 모든 생물체에 공통적인 어떤 과정 연구에 단세포 녹조류인 클라미도모나스(*Chlamydomonas reinhardtii*)가 자주 사용된다(그림 1-2g 참조). *E. coli* 및 효모와 마찬가지로 'Chlamy'는 실험실 배양 접시에서 쉽게 자라며 광합성, 빛 인식, 교배 유형, 세포 운동성, DNA 메틸화 연구에 사용된다. 현화 식물 연구에는 애기장대(*Arabidopsis thaliana*)가 모델로 가장 많이 사용된다. 모든 식물 중 가장 작은 유전체, 빠른 세대주기(6주)를 가지고 있어 유전학 연구에 용이하다. 완전한 유전체 서열 분석이 완성되었고 수천 개의 돌연변이체가 만들어져 식물 유전자 기능에 대한 자세한 연구가 가능해졌다.

현재 생물학에서 많은 모델 시스템이 다양한 세포, 유전 및 생화학적 과정을 연구하는 데 사용되고 있다. 세포생물학을 공부하면서 우리 지식의 많은 부분이 지구상의 수백만 생물종 중 극히 일부를 사용하여 얻었다는 점을 명심하고, 이 지식을 어떻게 얻을 수 있었는지를 이해하는 것이 항상 중요하다는 것을 기억해야 한다.

연결하기 1.1

C. elegans 몸체가 투명한 장점을 활용해서 특정 내부 구조를 관찰하기에 가장 적합한 현미경은 무엇인가? (1.2절 참조)

잘 설계된 실험은 한 번에 변수 하나만 변경한다

현대 세포생물학자들은 실험을 수행하는 방법을 고려할 때 사용할 수 있는 도구가 매우 광범위하다. 모델 시스템, 강력한 현미경, 유전학 및 생화학적 기술을 사용하여 어떻게 세포생물학의 질문에 의미 있는 답을 할 수 있을까? 전형적인 세포생물학 실험에서는 처리 시간, 온도 등 여러 개별 조건을 변경할 수 있으나, 한 가지 조건, 즉 **독립 변수**만 변화시키거나 달리하고 다른 모든 조건은 일정하게 유지하는 것이 가장 좋다. 이때 측정된 결과(독립 변수에 따라 달라진다)를 **종속 변수**라고 한다. 예를 들어 온도에 따른 세포의 성장 속도를 실험하려면 온도를 제외한 모든 배양 조건을 일정하게 유지해야 한다. 온도는 설정한 독립 변수이고 측정한 성장 값은 특정 온도에 따라 달라지는 종속 변수이다.

실험에서 오직 독립 변수 하나만 있어야 한다는 사실은 유전자 돌연변이체가 유전자 기능 연구에 중요한 이유를 설명할 수 있다. 예를 들어 유전자 기능을 생체 내에서 연구할 때 과거의 고전적인 유전학적 방법은 먼저 자연에서 발생한 돌연변이체를 분리하는 것이다. 지금은 생물체의 DNA를 인공적으로 변경하는 것이 가능하다. 두 경우 모두 DNA가 변경되지 않은 생물체(*E. coli*, 효모, 쥐 또는 기타 모델)를 **야생형**이라고 한다. 돌연변이체는 하나의 특정 유전자 기능이 없다는 점을 제외하고는 야생형과 동일하다.

과학자들은 또한 정제된 세포 성분을 시험관에 넣고 손상되지 않은 살아있는 세포에서 일어나는 과정을 시뮬레이션하는 시험관 내 실험을 수행할 수 있다. 그런 다음 시스템을 체계적으로 변경(한 번에 한 성분을 추가, 제거, 수정)하여 특정 성분이 필요하다는 가설을 실험할 수 있다. 강력한 방법 중 하나는 반응에서 특정 구성 요소의 기능을 차단하기 위해 억제인자 또는 항체를 도입하는 것이다. 따라서 과학자들은 한 번에 하나의 구성 요소 또는 변수만 변경하여 해당 구성 요소의 특정 기능과 특정 변수의 효과를 결정할 수 있다.

앞에서 설명했듯이 이 책과 같은 생물학 교과서에 제시된 '사실'은 단순히 우리가 현재 살고 있는 생물학적 세계를 설명하고 이해하기 위한 최선의 시도일 뿐이다. 이 책을 공부하면서 과학의 과정이 어떻게 현재의 세포생물학 지식을 발전시켰는지, 이 새로운 지식을 실험을 통해 어떻게 얻을 수 있었는지 주목하라. 접근 방식에 관계없이 한 실험으로 얻은 어떤 결론은 세포 작동 방식에 대한 지식 하나를 새로이 더 추가하지만, 일반적으로 이를 통해 더 많은 질문을 낳는 과학적 탐구의 순환이 계속된다는 것을 알 수 있다. 이 책을 통해 실험이 알려주는 것을 이해하고, 질문에 답하고, 가설을 실험하기 위해 자신의 실험을 설계하는 방법을 배우기를 바란다.

연결하기 1.2

유전자 제거 쥐를 만들 때 과학자들은 순계(inbred)를 사용한다. 잘 설계된 실험에 대해 알고 있는 것을 바탕으로, 이것이 왜 중요한가를 설명하라. (1.3절 참조)

개념체크 1.3

좋아하는 페퍼로니, 안초비, 양파 피자를 먹은 후 밤에 종종 속이 쓰린다고 가정해보자. 어떤 피자나 토핑이 속쓰림을 유발하는지 궁금할 것이다. 속쓰림이 어떤 피자나 토핑 때문인지 어떻게 판단할 수 있는지 설명하라.

요약

1.1 세포설: 간략한 역사

■ 생물학적 세계는 세포의 세계이다. 세포설은, 모든 생물체는 구조의 기본 단위인 세포로 이루어져 있으며 세포는 기존 세포에서만 발생한다고 주장한다.

■ 세포설은 훅, 레이우엔훅, 브라운, 슐라이덴, 슈반, 네겔리, 피르호를 비롯한 여러 과학자의 연구를 통해 발전했다.

■ 세포의 중요성은 약 150년 전부터 인식되었지만 오늘날 우리가 알고 있는 세포생물학 지식은 훨씬 더 최근에 알게 된 것이다.

1.2 현대 세포생물학의 출현

■ 현대 세포생물학은 세포학, 생화학, 유전학이라는 역사적으로 구별되는 세 갈래의 학문이 뒤섞여 발전했는데, 초기에는 아마도 서로 전혀 관련이 없어 보였을 것이다.

■ 현대의 세포생물학자는 세포학, 생화학, 유전학이라는 세포생물학의 학문적 뿌리 모두를 잘 이해해야 한다. 세포가 무엇이고 어떻게 기능하는지를 이해하는 데 세 분야가 서로 보완하기 때문이다.

■ 세포학 분야는 세포 구조를 다룬다.

■ 세포학 분야는 광학현미경과 전자현미경 모두를 사용하여 가장 잘 연구된다. 광학현미경을 통해 개별 세포를 관찰할 수 있다. 명시야, 위상차, 차등간섭대비, 형광, 공초점, 디지털 비디오 현미경을 포함한 여러 유형의 광학현미경을 사용하여 저장되어 있거나 살아있는 표본을 볼 수 있다. 역사적으로 광학현미경은 분해능이 낮아 세포 구조를 자세히 볼 수 없었지만, 전자현미경과 현대 광학현미경은 이러한 한계를 해결했다. 전자현미경은 가시광선이 아닌 전자 빔을 사용하여 표본을 관찰한다. 1 nm 미만의 분해능으로 물체를 확대할 수 있어 막, 리보솜, 세포소기관, 심지어 개별 DNA 및 단백질 분자와 같은 세포 내 구조를 볼 수 있다.

■ 생화학 분야는 생물학적 구조와 기능을 화학 측면에서 연구한다.

■ 생화학의 발견은 세포에서 얼마나 많은 화학 과정이 수행되는지를 밝혀냈고, 이는 세포가 어떻게 작용하는지에 대한 지식을 크게 확장했다.

■ 생화학의 주요 발견은 효소가 생물학적 촉매임을 확인한 것, ATP가 살아있는 생물체의 주요 에너지 운반체임을 발견한 것, 세포가 에너지를 이용하고 세포 구성 요소를 합성하는 데 사용하는 주요 대사경로를 규명한 것이다.

■ 세포의 구조와 기능을 이해하는 데 도움이 된 몇 가지 중요한 생화학적 기술은 세포 분획법, 초원심분리법, 크로마토그래피, 전기영동, 질량분석법이다.

■ 유전학 분야는 정보 흐름에 중점을 둔다.

■ 염색체설은 유전에서 대대로 전달되는 생물체의 특성이 유전자로 알려진, 별개의 물리적 단위를 지닌 염색체의 유전에서 기인한다고 말한다.

■ 각 유전자는 하나의 단백질 합성에 대한 정보를 지닌 특정 DNA 서열이다.

■ DNA 분자 자체는 정확한 염기쌍으로 결합된 상보적 가닥의 2중 나선이다. 이 구조는 DNA가 다음 세대로 전달될 때 정확하게 복제되게 한다.

■ 세포에서 유전정보의 흐름은 역전사와 같은 예외가 존재하지만 일반적으로 DNA에서 RNA, 단백질로 이루어진다. 단백질을 생산하기 위한 이 유전정보의 발현에는 mRNA, tRNA, rRNA와 같은 몇 가지 중요한 유형의 RNA가 필요하다.

■ 생물정보학을 통해 수천 개의 유전자 또는 기타 분자를 동시에 비교 및 분석할 수 있어 유전체, 단백질체 및 기타 '오믹스(-omics)' 연구 분야에 혁명을 일으키고 있다.

■ 크리스퍼 유전자 편집은 유전자 서열을 정밀하게 변경할 수 있는 흥미롭고 새로운 기술이다.

1.3 우리가 현재 아는 것을 어떻게 알게 되었는가

■ 과학은 사실의 집합이 아니라 자연 세계에 대한 질문의 답을 찾는 과정이다. 과학자들은 과학적 방법을 사용하여 지식을 얻는다. 이에는 잘 설계되고 통제된 실험을 통해 데이터를 수집하여 타당성을 검증할 수 있는 가설을 만드는 것이 포함된다.

■ 잘 설계된 실험은 가설을 검증하기 위해 조건을 변화시키며 한 번에 하나의 조건만 실험한다. 여기에는 돌연변이의 사용, 한 번에 한 구성 요소만 변경하는 실험, 특정 세포 과정에 대한 억제인자 사용이 포함된다.

■ 과학은 일관성과 재현성을 보이는 실험 결과를 기반으로 진보한다. 이러한 결과는 종종 동료 심사 평가를 받은 저널에 논문 형태로 출판된다.

■ 과학자들은 다양한 세포 배양 및 모델 생물체를 사용하여 새로운 가설을 검증하고 새로운 이론을 개발하며 세포생물학에 대한 지식을 향상한다.

연습문제

1-1 세포생물학의 역사적 갈래. 다음은 세포생물학의 발전에서 세포학(C), 생화학(B), 유전학(G) 분야 중 어디에 주로 속하는가?

(a) 슐라이덴과 슈반은 세포를 생물체의 조립 단위로 설명한다 (1839).

(b) 호프(Hoppe)-자일러(Seyler)가 단백질 헤모글로빈을 결정체로 분리한다(1864).

(c) 헤켈(Haeckel)은 핵이 유전을 담당한다고 주장한다(1868).

(d) 오스트발트(Ostwald)는 효소가 촉매라는 것을 증명한다(1893).

(e) 모건과 동료들은 초파리에서 성 연관 돌연변이를 발견한다(1909).

(f) 다브슨(Davson)과 대니얼리(Danielli)는 세포막 구조에 대한 모델을 주창한다(1935).

(g) 크레브스가 TCA 회로 대사 과정을 규명한다(1937).

(h) 비들과 테이텀은 '1유전자-1효소' 가설을 체계화한다(1940).

(i) 리프먼은 세포 에너지 대사에서 ATP가 중심이 된다고 주장한다 (1940).

(j) 오토 게이가 최초로 불멸화된 인간 세포주 배양에 성공한다(1951).

(k) 메셀슨(Meselson), 스탈(Stahl), 비노그라드(Vinograd)는 밀도기울기 원심분리기를 사용하여 핵산을 분리한다(1957).

(l) 윌머트(Wilmut), 캠벨(Campbell)과 동료들은 성체 체세포로부터 최초의 포유동물(복제양 돌리)을 복제한다(1997).

1-2 양적 분석 세포 크기. 그림 1-4a에 설명된 세포 크기에 서로 차이가 크다는 것을 이해하기 위해 예를 들어보자. 대표적인 박테리아 세포인 대장균은 원통형으로 지름 약 $1\,\mu m$, 길이 약 $2\,\mu m$이다. 대표적인 동물 세포로 인체 간세포는 대략 구형이고 직경이 약 $20\,\mu m$이다. 전형적인 식물 세포로 잎의 상부 표면 바로 아래에 위치한 기둥 모양의 엽육세포는 지름이 약 $20\,\mu m$, 길이가 약 $35\,\mu m$인 원통이다.

(a) 이 3가지 세포 유형 각각의 대략적인 부피를 계산하라. (실린더 부피는 $V = \pi r^2 h$, 구의 부피는 $V = 4\pi r^3/3$)

(b) 인간의 간세포 안에 대략 몇 개의 박테리아 세포가 들어갈 수 있는가?

(c) 엽육세포 안에 간세포는 대략 몇 개 들어갈 수 있는가?

1-3 양적 분석 크기 계산. 다음 계산을 통해 그림 1-4b에 표시된 세포소기관의 크기를 이해하라.

(a) 모든 세포와 대부분의 세포소기관은 막으로 둘러싸여 있다. 일반적인 세포막의 너비가 약 8 nm라고 가정하고 광학현미경으로 막 구조를 관찰하려면 몇 개의 세포막이 겹쳐져야 하는가? 전자현미경으로는 몇 개인가?

(b) 리보솜은 단백질 합성이 일어나는 세포 구조이다. 인체 세포에서 리보솜은 대략적인 구형 구조이고, 직경이 약 30 nm이다. 세포 전체가 리보솜으로 채워진다면 연습문제 1-2에서 설명한 인체 간세포의 안에는 몇 개의 리보솜이 들어갈 수 있는가?

(c) 연습문제 1-2에서 설명한 대장균의 유전물질은 직경이 2 nm, 전체 길이가 1.36 mm인 원형 DNA 분자 가닥으로 구성되어 있다. 길이가 수 μm에 불과한 세포 속에 들어가기 위해 이 긴 DNA 분자는 단단히 꼬이고 접혀 있는 핵양체 구조를 하고 있는데, 핵양체는 세포 내부에서 작은 부분을 차지할 뿐이다. DNA 분자 형태를 매우 가느다란 실린더로 가정하여 전체 DNA 분자의 부피를 계산하라. 이 값은 연습문제 1-2a에서 계산한 박테리아 세포 부피의 몇 %인가?

1-4 양적 분석 해상력 한계의 그때와 지금. 이 장에서 광학현미경의 해상력 한계에 대해 배운 내용을 바탕으로 다음 질문에 각각 답하라. 육안으로 볼 수 있는 사람 눈의 분해능 한계는 약 0.25 mm이고 현대 광학현미경의 유용한 배율은 약 1,000배라고 가정한다.

(a) 해상력 한계를 정의하라. 훅 현미경의 해상력 한계는 얼마인가? 레이우엔훅의 현미경은 어떠한가?

(b) 훅이 현미경으로 관찰할 수 있었던 가장 작은 구조는 대략 얼마 크기인가? 그가 그림 1-4a에 표시된 구조를 볼 수 있었을까? 그렇다면 어떤 것이 있으며, 볼 수 없었다면 그 이유는 무엇인가?

(c) 레이우엔훅이 현미경으로 관찰할 수 있었던 가장 작은 구조는 대략 얼마 크기인가? 그는 그림 1-4a에 표시된 구조를 볼 수 있었을까? 그렇다면 어떤 것이 있으며, 볼 수 없었다면 그 이유는 무엇인가?

(d) 현대 세포생물학자가 현대 광학현미경으로 관찰할 수 있는 가장 작은 구조는 대략 얼마 크기인가?

(e) 그림 1-4a와 1-4b에 표시된 8개의 구조를 참고하라. 이러한 구조 중 훅과 레이우엔훅 각각이 자신의 현미경으로 볼 수 있었던 것은 무엇인가? 훅이 볼 수 없었던 어떤 것을 레이우엔훅은 볼 수 있었을까? 추론을 설명하라. 훅과 레이우엔훅 모두 볼 수 없었던 구조를 현대의 세포생물학자가 현대의 광학현미경을 사용하여 볼 수 있는 것이 있다면 무엇인가?

1-5 현대 세포생물학. 아래 한 쌍의 기술은 각각 세포생물학의 세포학(C), 생화학(B), 유전학(G) 분야 중 어디에 속하는가(그림 1-3 참조). 두 번째 기술은 첫 번째 기술에 비해 어떤 이점을 가지는지 한 가지를 설명하라.

(a) 광학현미경/전자현미경

(b) 원심분리/초원심분리

(c) 세포 배양/모델 생물체

(d) 유전체 서열 분석/생물정보학

(e) 투과전자현미경/주사전자현미경

(f) 크로마토그래피/전기영동

1-6 생명에서의 '사실'. 다음 각 진술은 한때 생물학적 사실로 간주되었지만 지금은 사실이 아닌 것으로 이해된다. 각각의 경우 그 진술이 한때 사실로 여겨졌던 이유와 현재 더 이상 사실로 간주되지

않는 이유를 설명하라.

(a) 동물 세포와 식물 세포의 일반적인 핵 구조는 서로 다르다.

(b) 살아있는 생물체는 무생물처럼 화학 및 물리학 법칙의 지배를 받지 않지만 유기 화합물 형성을 담당하는 다른 법칙의 적용을 받는다.

(c) 유전자가 단백질로 구성되어 있을 가능성이 가장 높다. 그 이유는 다른 유전물질 후보인 DNA가 반복적인 서열로 배열된 단 4가지 종류의 단량체(뉴클레오타이드)로 구성되어 상대적으로 단순한 분자이기 때문이다.

(d) 햇빛은 생물권이 사용하는 유일한 에너지원이다.

1-7 오류 수정. 다음 각 진술이 거짓인 이유를 설명하라.

(a) 빛의 파장 때문에 200 nm보다 작은 세포 구조는 관찰할 수 없다.

(b) 형광현미경은 세포를 시각화할 수 있지만 세포를 규명하는 데 도움이 되지는 않는다.

(c) 모든 DNA 분자는 화학적 조성이 비슷하기 때문에 개별 DNA 분자를 분리하고 특성화하는 것은 불가능하다.

(d) 과학적 실험을 수행할 때 가장 좋은 방법은 모든 관련 조건을 변경하면서 가설을 증명하려고 시도하는 것이다.

(e) 유전정보의 흐름은 항상 DNA에서 RNA, 단백질로 진행된다.

1-8 새로운 바이오 연료. 세포생물학을 전공한 졸업생으로서 당신은 조류(algae) 세포를 사용하여 디젤 연료와 매우 유사한 바이오 연료를 개발하는 생명공학 회사에 고용되었다. 다음 각 프로젝트에 대해

어떤 모델 시스템을 사용할 수 있는가? 어떤 도구와 기술을 사용하겠는가?

(a) 오일을 생산하는 데 필요한 유전자와 효소 결정

(b) 향후 연구를 위해 특정 효소를 대량 생산

(c) 세포의 효소가 서로 상호작용하는지 연구

(d) 어떤 세포소기관이 연료를 저장 또는 분비하는지 조사

1-9 데이터 분석 현미경으로 벌레 관찰하기. 그림 1-11에 나타낸 바와 같이 현미경을 사용하여 예쁜꼬마선충(*C. elegans*) 배아 이미지에서 서로 다른 형광 염료로 두 단백질(A와 B)의 위치를 확인할 수 있다. 세 번째 그림은 A와 B의 이미지를 중첩한 것이다. 광학현미경 또는 전자현미경 중 어떤 유형의 현미경이 사용되었는가? 두 단백질이 서로 상호작용할 가능성이 있는가? 증거를 사용하여 답하라.

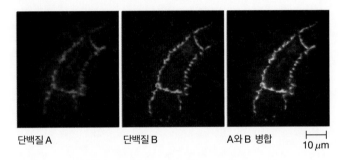

단백질 A   단백질 B   A와 B 병합   ⊢———⊣ 10 μm

그림 1-11 현미경을 사용하여 *C. elegans* **단백질의 위치 확인.** 연습문제 1-9 참조

2 세포의 화학

소금 결정은 물에 녹는다. 소금 결정(초록색 및 보라색 구조)이 물에 용해되면 물의 산소 원자(빨간색)가 양이온을 둘러싸고 수소 원자(파란색)가 음이온을 둘러싼다.

생명과학을 이제 막 공부하기 시작한 학생들은 때때로 세포생물학 교과목과 교과서에 상당히 많은 양의 화학이 포함되어 있다는 사실에 놀라고 심지어 당황할 수도 있다. 그러나 일반적으로 생물학, 특히 세포생물학은 화학과 물리학에 크게 의존하고 있다. 결국 세포와 생물체는 우주에 적용되는 모든 물리 및 화학 법칙을 따르며, 생물학은 실제로 살아있는 시스템에서 화학과 물리학을 연구하는 것이다. 모든 세포는 분자 및 화학적 기반으로 이루어진다. 따라서 우리는 세포 구조를 분자적으로 이해하고 세포 작용을 화학반응과 화학적 작용으로 표현할 수 있어야 세포 구조와 기능을 진정으로 이해한다고 할 수 있다.

화학에 대한 지식 없이 세포생물학을 이해하려고 하는 것은 마치 러시아어에 대한 지식 없이 체호프(Anton Chekhov)의 번역 작품을 감상하려고 하는 것과 같다. 번역 작품으로도 대부분의 의미는 전달될 것이지만, 번역 과정에서 원작의 많은 아름다움과 깊이를 잃게 될 것이다. 이러한 이유로 우리는 세포생물학에 필요한 화학적 배경을 고려해야 한다. 특히 이 장에서는 세포생물학을 이해하는 데 중요한 몇 가지 화학적 원리와 단백질, 핵산, 탄수화물, 지질과 같은 세포의 고분자 종류를 간략히 소개할 것이다.

이 장의 요점은 다음 5가지 원칙으로 요약할 수 있다.

1. *탄소의 중요성.* 탄소 원자는 생물학적으로 중요한 분자를 이루는 뼈대가 되기에 적합한 몇 가지 독특한 특성을 가진다.
2. *물의 중요성.* 물 분자는 생물계의 보편적인 용매로 적합한 몇 가지 고유한 특성이 있다.

3. *선택적인 투과성막의 중요성.* 막은 세포 구획을 정하고 세포와 세포소기관으로 분자와 이온의 이동을 조절한다.

4. *소분자 중합에 의한 합성의 중요성.* 생체 고분자는 단량체로 알려진 유사하거나 동일한 작은 분자가 연결되어 합성된 중합체이다.

5. *자가조립의 중요성.* 생체 고분자는 분자의 공간적 구성을 만드는 데 필요한 정보를 중합체에 포함하고 있기 때문에 더 높은 수준의 구조로 자가조립될 수 있다.

이 5가지 원칙을 이해하면 세포가 의미하는 것에 대한 탐구를 진행하는 데 필요한 세포화학을 이해할 수 있다.

2.1 탄소의 중요성

세포 분자를 연구한다는 것은 실제로 탄소를 함유한 화합물을 연구하는 것을 의미한다. 거의 예외 없이 세포생물학에서 중요한 분자는 탄소 원자가 서로 공유결합으로 연결되어 사슬이나 고리 모양을 하는 탄소 원자 골격 또는 뼈대를 가진다. 실제로 탄소 함유 화합물은 **유기화학**(organic chemistry)의 주요 연구 분야이다. 초기의 유기화학은 연구 대상인 탄소 함유 화합물을 생물체로부터 얻었기 때문에 **생물화학과 동의어**였다[그래서 유기라는 용어는 화합물이 유기체(생물체)에서 온 것을 뜻한다].

유기화학과 생물화학은 오래전에 서로 각자의 길을 가게 되었다. 왜냐하면 유기화학자들은 이제 생물학적 세계에서 자연적으로 발생하지 않는, 믿을 수 없을 정도로 다양한 탄소 함유 화합물을 합성했기 때문이다. 따라서 유기화학은 모든 종류의 자연 발생 및 합성 탄소 함유 화합물에 대한 연구이다. **생물화학**(biological chemistry, 줄여서 **생화학**)은 특히 살아있는 시스템의 화학을 다루며, 앞서 이미 살펴보았듯이 현대 세포생물학의 필수적인 부분을 형성하는 여러 역사적 분야 중 하나이다(그림 1-3 참조).

탄소 원자(carbon atom, C)는 생물 분자에서 가장 중요한 원자이다. 탄소 함유 화합물의 다양성과 안정성은 탄소 원자의 특이한 결합 특성에 기인한다. 특히 중요한 것은 탄소 원자가 서로, 그리고 생물학적으로 중요한 다른 원자와 상호작용하는 것이다 (**그림 2-1**).

탄소 원자의 매우 중요한 특성은 **원자가**(valence)가 4라는 것인데, 이는 외부 전자 껍질을 채우면서 다른 원자와 최대 4개의 화학결합을 형성할 수 있음을 의미한다. 원자는 외부 전자를 통해 서로 결합할 수 있으며, 일반적으로 원자는 총 8개의 전자로 둘러싸여 있을 때 가장 안정하며, 이는 **옥텟 규칙**(octet rule)이라고 알려졌다. 탄소 원자의 가장 바깥쪽 전자 궤도에는 4개의 전자가 있으므로, 이를 완전히 채우고 가장 안정하게 만드는 데 필

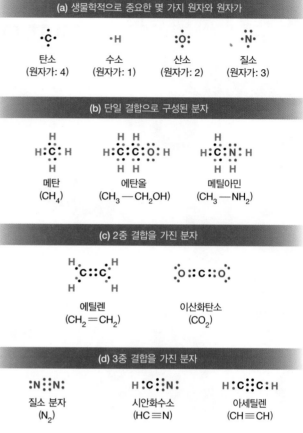

그림 2-1 생물학적으로 중요한 일부 원자 및 분자에서 전자 분포. (a) 개별 원자와 (b~d) 일부 단순 분자에서의 전자 분포. 가장 바깥쪽 궤도에 있는 전자만 표시한 것이다.

요한 8개의 전자 중 4개가 부족하다. 따라서 탄소 원자는 서로 또는 다른 전자 결핍 원자와 결합하여 각 원자에서 하나씩 전자 쌍을 공유하고, 각 원자의 외부 궤도는 공유 전자를 포함하여 8개의 전자로 이루어진 완전한 세트를 가질 수 있다. (수소 원자의 경우만 완전한 세트가 단 2개의 전자로 이루어진다.) 이러한 방식으로 전자를 공유하는 두 원자는 **공유결합**(covalent bond)으로 연결된다. 탄소의 외부 궤도를 채우는 데 4개의 추가 전자가 필요하기 때문에 안정적인 유기 화합물은 모든 탄소 원자에 대해 4개의 **공유결합**을 가진다. 이 특성이 탄소 함유 분자가 다양한 구조와 기능을 갖게 한다.

탄소 원자는 다른 탄소 원자 및 산소(O), 수소(H), 질소(N), 황(S) 원자와 공유결합을 형성할 수 있다. 그림 2-1a는 이러한 원자가 가진 전자 구성을 나타낸다. 황은 산소와 마찬가지로 6개의 외부 전자와 2개의 원자가를 가지고 있다. 총 8개의 전자로 외부 궤도를 완성하기 위해서는 하나 또는 여러 개의 전자가 필요하다. '누락'된 전자 수는 각각의 경우 원자가에 해당하며, 이는 원자가 형성할 수 있는 공유결합의 수이다. 수소의 최외각 전자 궤도에는 2개의 전자만 담을 수 있기 때문에 1의 원자가를 가

지며 1개의 공유결합만을 형성한다.

두 원자 사이에 한 쌍의 전자를 공유하면 **단일 결합**(single bond)이 생성된다. 메탄, 에탄올, 메틸아민은 두 화학 기호 사이에 한 쌍의 전자쌍으로 단일 결합을 표시하는 탄소 함유 화합물이다(그림 2-1b). 때로는 2개 또는 3개의 전자쌍이 2개의 원자에 의해 공유되어 **2중 결합**(double bond) 또는 **3중 결합**(triple bond)을 만들 수 있다. 에틸렌과 이산화탄소는 2중 결합 화합물의 예이다(그림 2-1c). 이들 화합물에서 각 탄소 원자는 여전히 총 4개의 공유결합, 즉 2중 결합 1개와 단일 결합 2개 또는 2중 결합 2개를 형성하고 있다. 3중 결합을 하는 화합물은 드물지만 질소 분자, 시안화수소, 아세틸렌에서 볼 수 있다(그림 2-1d). 원자가가 4이고 원자량이 작다는 특성을 가진 탄소 원자는 다양하고 안정한 탄소 함유 화합물을 만들 수 있다. 따라서 탄소 원자는 생물 분자를 구성하는 원자로서 다음과 같은 탁월한 역할을 할 수 있다.

탄소를 함유하는 분자는 안정적이다

유기분자가 안정성을 가진 것은 분자를 구성하는 탄소 원자가 지닌 전자 배열의 특성에 의한다. 이 안정성은 **결합 에너지**(bond energy)로 나타낼 수 있다. 결합 에너지는 1몰(mol, 약 6×10^{23}개)의 결합을 끊는 데 필요한 에너지의 양이다(결합 에너지라는 용어는 혼동하기 쉽다. 결합에 '저장'된 에너지가 아니라 결합을 끊는 데 필요한 에너지이다). 결합 에너지는 몰당 칼로리(cal/mol)로 나타내는데, 여기서 1**칼로리**(calorie)는 물 1 g의 온도 1℃를 높이는 데 필요한 에너지의 양이고, 킬로칼로리(kcal)는 1,000칼로리이다.

공유결합을 끊기 위해서는 많은 에너지가 필요하다. 예를 들어 탄소-탄소(C−C) 결합 에너지는 83 kcal/mol이고, 탄소-질소(C−N)는 70 kcal/mol, 탄소-산소(C−O)는 84 kcal/mol, 탄소-수소(C−H)는 99 kcal/mol의 결합 에너지를 가진다. 탄소-탄소 2중 결합(C = C, 146 kcal/mol), 또는 탄소-탄소 3중 결합(C ≡ C, 212 kcal/mol)을 끊기 위해서는 훨씬 더 많은 에너지가 필요하므로, 이러한 화합물은 훨씬 더 안정적이다.

결합 에너지는 **그림 2-2**에서와 같이 다른 관련 에너지 값과 비교함으로써 그 중요성을 이해할 수 있다. 이 장의 뒷부분에서 보게 될 수소결합과 같이 생물학적으로 중요한 분자의 비공유결합은 몇 kcal/mol에 불과하며, 열진동 에너지는 훨씬 낮은 약 0.6 kcal/mol이다. 공유결합은 비공유결합보다 결합 에너지가 훨씬 더 높아 훨씬 더 안정적이다.

탄소-탄소 결합이 생물에 적합하다는 것은 결합 에너지를 태양복사 에너지와 비교하면 쉽게 이해할 수 있다. **그림 2-3**에서 볼 수 있듯이 전자기 복사 파장과 에너지의 양 사이에는 반비례

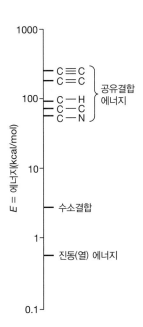

그림 2-2 생물학적으로 중요한 결합 에너지. 에너지 값은 넓은 범위를 나타내기 위해 로그 스케일로 표시한다.

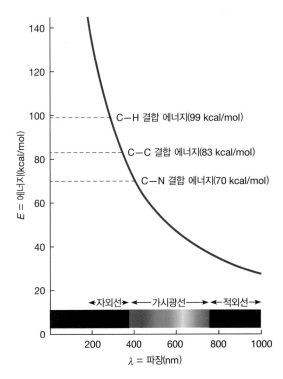

그림 2-3 전자기 복사에 대한 에너지(E)와 파장(λ)의 관계. 점선은 C−H, C−C, C−N 단일 결합의 결합 에너지를 표시한다. 그래프 하단은 자외선(UV), 가시광선, 적외선 복사에 대한 대략적인 파장 범위를 보여준다.

관계가 존재한다. 태양광의 가시광선 부분(파장 380~750 nm)이 탄소-탄소 결합보다 에너지가 더 낮다. 가시광선 에너지가 탄소 공유결합 에너지보다 높았다면 공유결합이 저절로 분해되어 지구에 우리가 알고 있는 생명체는 존재하지 못했을 것이다.

그림 2-3은 또 다른 중요한 점을 보여준다. 자외선은 에너지가 높아 생체 분자에 위험하다. 예를 들어 300 nm의 파장을 가진 자외선 에너지 함량은 약 95 kcal/mol이고 이는 탄소-탄소 결합을 끊기에 충분하다. 현재 성층권의 오존층을 파괴하는 오염 물질에 대해 우려하는 것도 태양광 중 자외선의 대부분을 걸러내는 오존층이 사라지면 많은 자외선이 지구 표면에 도달하고 생물 분자를 구성하는 공유결합이 파괴될 것이기 때문이다.

탄소 결합이 안정하다는 사실은 지구뿐 아니라 우리 태양계의 다른 행성에서도 입증되었다. 화성 탐사선 큐리오시티(Curiosity)가 화성 표면에서 탄소 화합물을 발견한 것이다. 화성의 표면에 강한 전리방사선이 내리쬐임에도 불구하고 유기물이 분해되지 않고 오랫동안 남아있다는 사실은 탄소결합이 안정하다는 것을 나타내며, 방사선이 적은 화성 표면 아래에서는 더 많고 흥미로운 탄소 화합물이 발견될 수 있을 것이다.

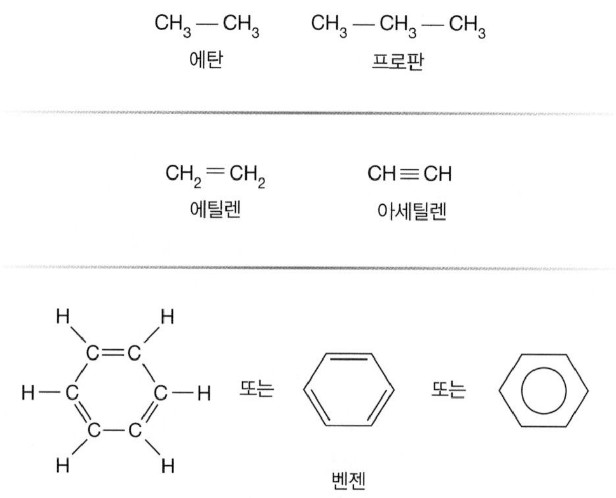

탄소 함유 분자는 다양하다

탄소 화합물은 안정성 외에도 비교적 적은 수와 적은 종류의 원자로 다양한 분자를 만들 수 있다는 다양성이라는 특징을 가진다. 이러한 다양성은 탄소 원자의 원자가가 4가여서 각 탄소 원자가 4개의 다른 원자와 공유결합을 형성할 수 있는 능력이 있기 때문이다. 다른 탄소 원자와도 결합할 수 있기 때문에 긴 사슬로 탄소 원자가 연결된 분자가 만들어질 수 있고, 고리 모양의 탄소 화합물도 가능하다. 긴 사슬에 분지(곁사슬, 측쇄)가 들어갈 수도 있고 2중 결합이 존재할 수도 있으므로 더욱 다양한 화합물이 만들어질 수 있다.

탄소 원자에 수소 원자만 결합하여 선형, 분지형, 고리형으로 생성된 화합물을 **탄화수소**(hydrocarbon)라고 한다(**그림 2-4**). 가솔린을 비롯한 석유 제품은 헥산(C_6H_{14}), 옥탄(C_8H_{18}), 데칸($C_{10}H_{22}$) 등으로 이루어진 경제적으로 중요한 탄화수소이다. 많은 사람이 연료로 사용하는 천연가스는 메탄, 에탄, 프로판, 부탄의 혼합물이며, 각각 탄소 원자 수가 1~4개인 탄화수소이다. 고리형 화합물인 벤젠(C_6H_6)은 산업용 용매로 널리 사용되는 탄화수소이다.

탄화수소는 생물계에서 보편적으로 사용하는 용매인 물에 본질적으로 불용성이기 때문에 생물에서는 제한된 역할만 한다. 예외적으로 에틸렌(C_2H_4)은 식물 호르몬으로 작용하며 상업적으로 과일의 숙성을 촉진하는 데 사용된다. 그러나 탄화수소는 생체막의 구조 형성에 중요한 역할을 한다. 모든 생체막의 내부는 인지질 분자에서 나온 긴 탄화수소 '꼬리'로 구성되어, 물이 없는 비수성 환경을 만든다. 막의 이러한 특징은 곧 보게 될 투과성 장벽으로서의 역할에 중요하다.

대부분의 생물학적 화합물에는 탄소와 수소 외에 하나 이상의

그림 2-4 몇 가지 간단한 탄화수소 화합물. 맨 윗줄의 화합물에는 단일 결합만 있는 반면, 두 번째와 세 번째 줄의 화합물에는 2중 결합 또는 3중 결합이 있다.

산소 원자와 질소, 인, 황도 포함되어 있다. 이러한 원자는 일반적으로 다양한 **작용기**(functional group)의 일부이며, 이는 분자에 특징적인 화학 특성을 나타낸다. 생체 분자에 존재하는 작용기 일부가 **그림 2-5**에 나와 있다. 일부 작용기는 중성에 가까운 pH를 가진 세포 내에서 전자 또는 양성자(전자가 없는 수소 원자)를 얻거나 잃었기 때문에 전하를 띠는 **이온**(ion)이 된다.

예를 들어 양성자를 잃어 산성인 **카복실기**(carboxyl) 및 **인산기**(phosphate)는 음전하를 띤다. 이와 대조적으로 양성자를 얻었기 때문에 염기성인 **아미노기**(amino)는 양전하를 띤다. 하이드록실(hydroxyl), 설프하이드릴(sulfhydryl), 카보닐(carbonyl), 알데하이드(aldehyde)와 같은 다른 작용기는 중성에서 전하를 띠지 않는다.

산소 또는 황 원자가 탄소 또는 수소에 공유결합한 경우 두 원자 사이에 전자가 불평등하게 공유되는 **극성결합**을 만든다. 이는 산소와 황이 탄소와 수소보다 **전기음성도** 또는 **전자친화도**가 높기 때문이다. 산소(또는 질소) 원자가 공유결합에서 탄소 또는 수소와 전자를 '공유'할 때 전자를 절반 이상 갖게 되어 약간의 음전하를 띠게 되고, 탄소(또는 수소)에는 약간의 양전하가 있게 된다. 이렇게 생성된 극성결합은 전자가 동등하게 공유되는 비극성 C-C 또는 C-H 결합보다 더 높은 수용성과 화학반응성을 갖게 된다.

종종 탄소 함유 화합물은 산소 분자와 같은 다른 분자에 전자를 잃는다. 이 과정을 산화라고 하며 포도당이 이산화탄소와 물로 산화되는 것과 같이 일반적으로 화합물이 분해되는 반응으로서 에너지를 방출한다. 탄소 화합물이 전자를 얻는 역과정은 환원으로, 광합성에서 이산화탄소가 포도당으로 합성되는 것처럼 생합성 반응이며 에너지가 필요한 반응이다(산화와 환원에 대한 더 자세한 내용은 9장과 식 9-7~9-10 참조).

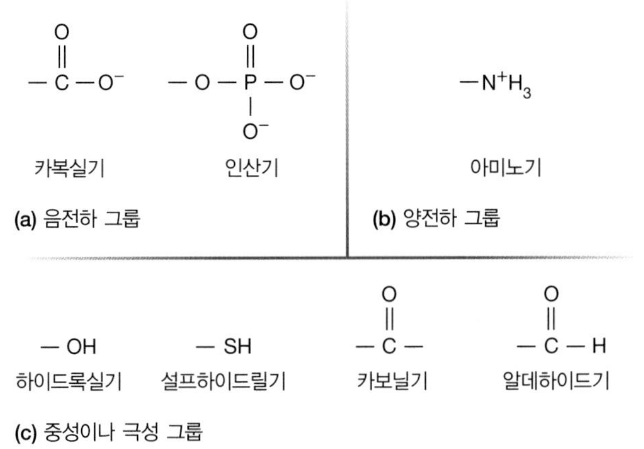

$$-\overset{\overset{\displaystyle O}{\|}}{C}-O^-$$ $$-O-\overset{\overset{\displaystyle O}{\|}}{\underset{\underset{\displaystyle O^-}{|}}{P}}-O^-$$

카복실기   인산기

(a) 음전하 그룹

$$-N^+H_3$$

아미노기

(b) 양전하 그룹

$$-OH$$ $$-SH$$ $$-\overset{\overset{\displaystyle O}{\|}}{C}-$$ $$-\overset{\overset{\displaystyle O}{\|}}{C}-H$$

하이드록실기   설프하이드릴기   카보닐기   알데하이드기

(c) 중성이나 극성 그룹

그림 2-5 생체 분자에서 발견되는 몇 가지 일반적인 작용기. 각 작용기는 대부분 세포의 중성에 가까운 pH에서 우세한 형태로 표시된다. 그들은 (a) 음전하, (b) 양전하, (c) 중성이지만 극성 그룹으로 나누어진다.

세포에 있는 화합물의 놀라운 다양성을 감안할 때 개별 화합물을 연구하여 구조를 결정하는 것이 어떻게 가능한지 궁금할 것이다. 핵심 기술에서는 세포에 있는 개별 화합물의 화학 구조를 규명하는 질량분석법을 설명한다.

연결하기 2.1

질량분석법은 세포생물학의 어떤 분야와 가장 잘 일치하는가? (그림 1-3 참조)

탄소 함유 분자는 입체이성질체를 형성할 수 있다

탄소 함유 분자는 탄소 원자가 **4면체**(tetrahedral) 구조이기 때문에 매우 다양한 구조를 만들 수 있다. 4개의 다른 원자 또는 원자 그룹이 이러한 4면체 구조의 네 모서리에 결합되면 두 가지 다른 공간 구조가 가능하다. 두 형태는 같은 구조식을 가지고 있지만 겹쳐질 수는 없고, 실제로는 거울 대칭면에 나타나는 서로의 거울 이미지이다. 동일한 화합물의 이러한 거울 이미지를 **입체이성질체**(stereoisomer)라고 한다(**그림 2-6**).

4개의 서로 다른 치환기(원자 또는 결합된 그룹)가 결합한 탄소 원자를 **비대칭 탄소 원자**(asymmetric carbon atom)라고 한다(**그림 2-7**). 각 비대칭 탄소 원자에 대해 2개의 입체이성질체가 가능하기 때문에 n개의 비대칭 탄소 원자를 가진 화합물은 2^n개 수의 입체이성질체가 가능하다. 그림 2-7에서 보는 바와 같이 3탄소 아미노산 알라닌은 하나의 비대칭 탄소 원자(중앙)를 가지고 있어 L-알라닌과 D-알라닌이라는 2개의 입체이성질체를 가지고 있다(그림 2-7a). 알라닌의 다른 두 탄소 원자 중 하나는 3개의 동일한 치환체(수소 원자)를 가지고 있고 다른 하나는 산소 원자와 2개의 결합을 하며 3개의 치환체에만 결합하기 때문에

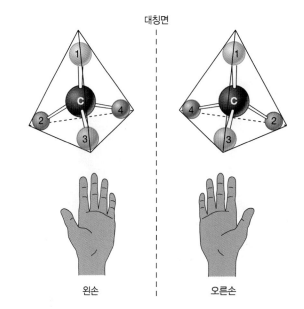

그림 2-6 입체이성질체. 유기 화합물의 입체이성질체는 4개의 다른 그룹이 4면체 탄소 원자에 부착될 때 발생한다. 왼손과 오른손 같은 입체이성질체는 서로의 거울상이면서 서로 중첩될 수 없다.

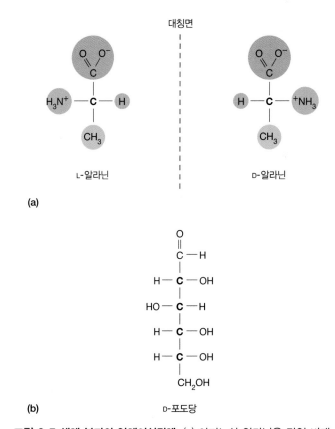

그림 2-7 생체 분자의 입체이성질체. (a) 아미노산 알라닌은 단일 비대칭 탄소 원자(볼드체)를 가지고 있으므로 L-알라닌 및 D-알라닌으로 지정된 두 가지 공간적으로 다른 형태로 존재할 수 있다. (b) 6탄당 포도당은 4개의 비대칭 탄소 원자(볼드체)를 가지고 있다.

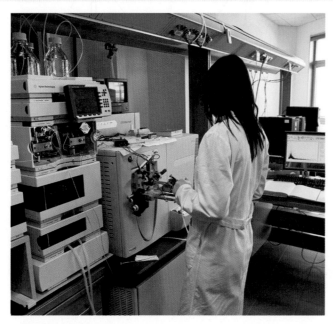

질량분석을 위한 주입을 준비하는 과학자

문제 세포생물학에서 과학자들은 일반적으로 세포 성장 및 분열과 같은 세포의 화학적 변화 과정을 연구한다. 이를 위해 연구자들은 세포 추출물의 작은 분자가 무엇인지 알아내거나, 새로운 화합물의 화학 구조를 결정해야 한다. 그러한 분석은 어떻게 이루어질까?

해결방안 *질량분석법*(mass spectrometry)은 샘플에서 개별 분자의 상대적 존재비를 식별 및 측정하고 화학 구조를 결정하는 데 사용되는 방법이다. 정제된 분자는 조각으로 부서지고, 이 조각은 분자의 원자를 함께 묶는 공유결합의 배열과 질량을 결정하기 위해 분석된다.

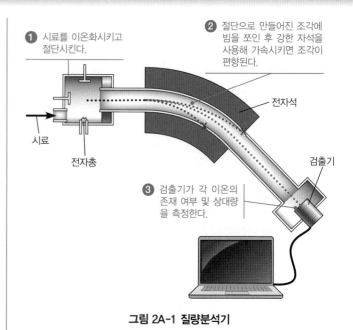

① 시료를 이온화시키고 절단시킨다.

② 절단으로 만들어진 조각에 빔을 쪼인 후 강한 자석을 사용해 가속시키면 조각이 편향된다.

전자석

시료

전자총

검출기

③ 검출기가 각 이온의 존재 여부 및 상대량을 측정한다.

그림 2A-1 질량분석기

주요 도구 질량분석기, 이온화된 샘플, 결과를 분석하는 컴퓨터

상세 방법 질량분석법은 샘플 내의 화합물을 고해상도로 식별하여 수소 원자의 질량인 1원자질량 단위(amu)만큼 차이가 나는 화합물을 구별할 수 있다. 질량분석기를 사용한 화합물 분석은 3단계, 즉 샘플의 *이온화 및 단편화*, 전자석에 의한 이온화된 단편의 *편향*, 개별 이온의 *검출* 및 이들의 존재비 측정으로 이루어진다(**그림 2A-1**).

이온화 및 단편화 일반적으로 샘플은 *전자총*에서 나오는 고에너지 전자의 흐름으로 충격을 가하여 이온화한다. 전자총의 전자 흐름은 분자에서 전자를 떨어뜨리고 양전하를 띤 *분자 이온*(M^+)을 형성하는 데 충분한 에너

비대칭 탄소 원자가 아니다.

자연계에서 알라닌의 두 입체이성질체가 모두 만들어질 수 있으나 L-알라닌만이 단백질을 구성하는 성분으로 작용한다. 여러 개의 비대칭 탄소 원자를 가진 화합물의 예로 그림 2-7b에 표시된 6탄당 **포도당**이 있다. 포도당이 가진 6개 탄소 원자 중 볼드체로 표시된 4개는 비대칭이다. (다른 2개의 탄소 원자가 비대칭이 아닌 이유는 무엇인가?) 그림에 표시된 구조(D-포도당)는 4개의 비대칭 탄소 원자를 사용하여 가능한 $16(2^4)$개 $C_6H_{12}O_6$ 입체이성질체 분자 가운데 하나이다.

개념체크 2.1

탄소 원자의 어떤 특성이 거의 모든 생체 분자의 구조적 기초로 특히 적합한가?

2.2 물의 중요성

탄소 원자가 독특하게 생물학적으로 중요한 분자의 뼈대를 구성하는 원자로서 중요한 것처럼, 물 분자는 생물학적 시스템에서 보편적인 용매로서의 필수 불가결한 역할 때문에 특별하다. 사실 물은 세포와 생물체에서 가장 풍부한 구성 요소이다. 일반적으로 세포 중량의 약 75~85%가 물이며, 대부분의 세포 작용(예:

지를 가지고 있다. 분자 이온은 일반적으로 불안정하여 더 작은 조각으로 쪼개지며, 그중 일부는 양전하를, 일부는 중성을 띠게 된다.

편향 이온화 및 단편화로 생성된 조각들은 미세한 빔을 쪼인 후, 강력한 전자석으로 가속하여 질량별로 분리한다. 각 조각의 질량은 원래의 이온(M^+)의 특정 공유결합에 따라 달라진다. 각 분자는 예측 가능한 패턴으로 단편화되기 때문에 특정 패턴을 사용하여 화합물을 식별할 수 있다.

빔이 전자석을 통과할 때 개별 이온이 옆으로 당겨져 직선 경로에서 편향된다. 편향되는 정도는 이온의 질량에 따라 달라지며, 가벼운 이온은 더 많이 편향된다. 그 효과는 큰 자석 근처에 큰 대포알과 작은 강철공(예: 핀볼 기계에서 볼 수 있는 것)을 떨어뜨리는 것과 같다. 무거운 대포알은 비행 중에 작은 공보다 훨씬 적게 옆으로 당겨진다. 전자석의 강도는 증가하거나(더 무거운 이온을 편향시키기 위해) 감소하여(가벼운 이온을 편향시키기 위해) 다른 질량의 이온이 분광기 끝에 있는 검출기에 집중되게 할 수 있다. (양전하를 띤 입자만 검출기에 도달한다.)

검출 및 분석 검출기는 각 이온의 존재를 기록하고 자기장의 강도에 따라 이온의 질량을 결정할 수 있다. 또한 각각의 다른 질량을 가진 이온의 수를 기록하고 샘플에 존재하는 이온의 존재비를 계산한다. 그런 다음 컴퓨터는 이 정보를 질량 대 전하 비율(m/z) 스펙트럼을 나타내는 그래프로 변환한다. 선의 높이(피크)는 각 이온의 상대적 존재비를 나타낸다. **그림 2A-2**는 가장 단순한 아미노산인 글라이신에 대한 질량 스펙트럼의 결과를 보여 준다.

데이터 해석 질량 스펙트럼에서 가장 무거운 이온(가장 높은 m/z 값의 이온)은 분자 이온이다. 그림 2A-2에서 이것은 m/z = 75에서 피크를 보인다(분자량 75가 글라이신에 해당하는지 확인하려면 분자식 $C_2H_5NO_2$에서 모든 원자량을 더한다. 탄소 12 amu×2, 질소 14 amu×1, 산소 16 amu ×2, 수소 1 amu×5).

기본 피크라고 하는 질량 스펙트럼에서 가장 높은 피크에는 100%의 y

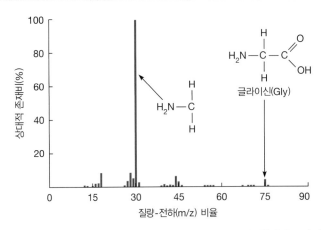

그림 2A-2 글라이신의 질량 스펙트럼. 이온화되지 않은 형태의 글라이신이 표시되었다.

축 값을 지정한다. 다른 모든 선의 높이는 기본 피크를 기준으로 표시한다. 기본 피크는 일반적으로 가장 안정적이고 따라서 가장 풍부한 조각 이온에 해당한다. 이 예에서 기본 피크는 m/z = 30이며, 이는 글라이신의 경우 1개의 탄소, 질소 및 4개의 수소(CH_2NH_2) 단편이다. 선의 패턴을 알려진 화합물의 패턴과 비교하여 화합물을 식별할 수 있다. 조각들이 어떻게 결합하여 온전한 분자를 형성하는지 결정함으로써 공유결합의 유형과 배열을 예측하고 화합물의 전체 화학 구조를 결정할 수 있다.

질문 그림 2A-1에서 파란색과 빨간색으로 표시된 이온화 분자 조각의 이동을 비교하라. 어느 조각의 m/z 비율이 더 높은가? 그 단편의 편향이 다른 단편과 다른 이유를 설명하라.

단백질 접힘)은 이 물 환경에서 일어난다. 또한 많은 세포는 본질적으로 물로 이루어진 세포외 환경에 위치한다. 세포외 환경은 세포나 생물체가 살고 있는 바다, 호수, 강 등의 물 환경이 될 수 있고, 다른 경우에는 세포가 잠겨있는 체액이 될 수 있다. 따라서 세포 작용을 생각할 때 항상 물의 존재를 고려해야 한다.

물은 생명에 필수적인 존재이다. 물론 휴면 상태가 되어 물이 심각하게 부족해도 생존할 수 있는 생명체도 있다. 여기에는 식물의 씨앗, 박테리아와 곰팡이의 포자가 포함된다. 일부 식물과 동물, 특히 특정 이끼류, 선충류, 담륜충(rotifer)은 생리학적 적응을 거쳐 건조되어 고도로 탈수된 형태로 놀랍게도 오랜 기간 생존할 수 있다. 그러한 적응은 일상적으로 가뭄이 드는 환경에서 분명한 이점이 있다. 그러나 이 모든 것은 기껏해야 일시적인

생존 메커니즘이며 정상적인 생물 활동을 재개하려면 항상 수분이 보충되어야 한다.

세포 안과 밖으로 물을 잘 운반하는 것도 중요하다. 물은 **삼투**(osmosis)라고 하는 과정을 통해 용질의 농도에 따라 세포막을 가로질러 이동할 수 있다. 세포막에서 물이 삼투로 이동하는 속도는 느리지만 물은 **아쿠아포린**(aquaporin, AQP)으로 알려진 특수 통로 단백질을 통해 빠르게 이동할 수 있다. 예를 들어 아쿠아포린은 콩팥과 같은 기관의 세포에서 물을 빠르게 이동하게 한다(이 두 메커니즘을 사용한 물의 이동에 대한 더 자세한 내용은 8장 참조).

생물에서 물의 역할이 매우 적합한 이유를 이해하려면 물의 화학적 특성을 살펴볼 필요가 있다. 물의 가장 중요한 속성은 극

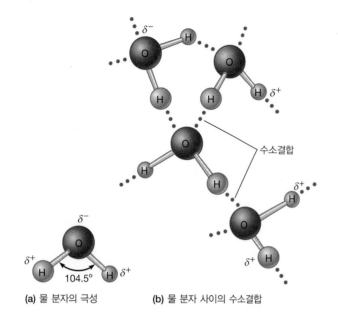

(a) 물 분자의 극성   (b) 물 분자 사이의 수소결합

그림 2-8 물 분자 간의 수소결합. (a) 물 분자는 비대칭 전하 분포를 가지기 때문에 극성이며, 산소 원자의 높은 전기음성도 때문에 발생한다. 산소 원자는 부분적인 음전하(δ^-)를 가지고 있으며, 2개의 수소 원자 각각은 부분적인 양전하(δ^+)를 가지고 있다. (b) 액체 또는 고체 상태에서 물 분자가 서로 광범위하게 결합하는 것은 수소결합(파란색 점선) 때문이다.

성이다. 물의 응집성, 온도 안정화 능력, 용매 속성은 모두 극성에서 기인하고 생물의 화학작용에 중요한 영향을 미친다.

물 분자는 극성을 가진다

물 분자는 수소-산소 원자 결합에서 전자가 불균등하게 분포되어 극성을 가진다. **극성**(polarity)이란 분자 내 전하의 불균등한 분포로 정의할 수 있다. 물의 극성을 이해하려면 분자의 모양을 고려해야 한다(**그림 2-8**). 그림 2-8a에서 보는 바와 같이 물 분자는 선형이 아닌 구부러진 형태를 하고 있으며, 2개의 수소 원자가 180°가 아닌 104.5°의 각도로 산소에 결합되어 있다. 결과적으로 비대칭 물 분자가 물 분자에 독특한 특성을 나타내므로 생명이 이 각도에 결정적으로 의존한다고 해도 과언이 아니다.

물 분자는 전체적으로 전하를 띠지 않지만 전자는 고르지 않게 분포한다. 산소 원자는 **전기음성도**(electronegative)가 매우 높으며 전자를 끌어당기는 경향이 있다. 따라서 산소 원자는 부분적으로 음전하를 띠고(δ^-, 그리스 문자 델타는 '부분'을 의미), 두 수소 원자 각각은 부분 양전하(δ^+)를 가지고 있다. 불균등한 전하 분포가 O—H를 극성으로 만들고 2개의 전자쌍이 홀로 존재하므로 물 분자는 매우 극성이 높은 분자가 된다.

물 분자는 응집력이 있다

극성 때문에 물 분자의 전기음성 산소 원자와 인접한 물 분자의

전기양성 수소 원자가 서로 끌어당겨서 물 분자들은 서로 연결된다. 이는 **수소결합**(hydrogen bond, 그림 2-8b의 점선)을 형성하며, 공유결합의 10분의 1 정도 결합력을 가진 비공유결합 또는 상호작용의 하나이다.

각 산소 원자는 2개의 수소 원자와 결합할 수 있으며, 두 수소 원자는 이러한 방식으로 인접한 분자의 산소 원자와 결합할 수 있다. 결과적으로 물은 수소결합으로 이루어진 광범위한 3차원 네트워크를 만든다. 개별 수소결합은 약하지만 수가 많으면 중요한 효과가 발생한다. 액체 상태의 물에서 인접한 분자 사이의 수소결합은 끊임없이 끊어지고 다시 형성되는데, 일반적으로 결합의 반감기는 수 마이크로초(μsec)이다. 그러나 평균적으로 액체 상태의 각 물 분자는 항상 적어도 3개의 이웃 분자와 수소결합하고 있다. 얼음 상태에서 수소결합은 훨씬 더 광범위하여 모든 산소 원자가 인접한 2개의 수소 원자와 수소결합하고 모든 물 분자는 인접한 4개의 물 분자와 수소결합하는 단단한 육각형 결정 격자가 이루어진다.

물을 매우 응집력 있게 만드는 것은 인접한 분자 사이에 수소결합이 형성되기 때문이다. 이러한 응집성에 의해 높은 **표면 장력**(surface tension)뿐만 아니라 높은 끓는점, 높은 비열, 높은 기화열이라는 물의 특성이 나타난다. 물의 표면 장력이 높아 일부 곤충은 연못의 물 표면을 파괴하지 않고 수면을 가로질러 이동할 수 있다(**그림 2-9**). 이러한 높은 표면 장력은 식물에서 물이 관다발을 통해 위쪽으로 높이 이동하게 하는 데에도 중요하다.

물은 높은 온도 안정화 능력을 가지고 있다

물에 온도 안정화 능력을 부여하는 것은 물의 비열이 높기 때문이다. 비열(specific heat)은 물질이 온도를 1°C 올리기 위해 1 g당 흡수해야 하는 열량이다. 물의 비열은 1.0 cal이다.

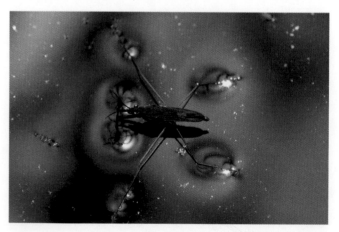

그림 2-9 물 위 걷기. 물의 표면 장력이 높은 까닭은 엄청난 수의 수소결합이 모여 표면의 강도가 높아졌기 때문이다. 이 소금쟁이와 같은 곤충은 연못 표면을 부수지 않고도 걸을 수 있다.

광범위한 수소결합 때문에 물의 비열은 대부분 다른 액체의 비열보다 훨씬 높다. 다른 액체에서는 에너지가 투입되면 분자의 운동을 증가시키고 온도가 올라간다. 물에서 에너지는 먼저 인접한 물 분자 사이의 수소결합을 끊는 일에 대신 사용되므로 큰 온도 변화가 일어나지 않으며, 이는 온도 변화에 대한 완충 작용을 한다. 세포는 대사반응 동안 열로 많은 양의 에너지를 방출하기 때문에 이 기능은 세포생물학 연구에서 중요한 고려사항 중 하나이다. 광범위한 수소결합과 그에 따른 물 분자의 높은 비열이 없다면 이러한 에너지 방출은 세포에 심각한 과열 문제를 야기하므로 생명은 불가능할 것이다.

물은 또한 1 g의 액체를 증기 기체로 전환하는 데 필요한 에너지의 양으로 정의되는 **기화열**이 높다는 특성을 가진다. 액체인 물이 기체로 기화하려면 기화 과정에서 많은 수소결합이 파괴되어야 하므로 물은 매우 높은 기화열 값을 가진다. 이 속성은 물을 우수한 냉각제로 만들며 사람들이 땀을 흘리는 이유, 개가 혈떡거리는 이유, 식물이 증산을 통해 물을 잃는 이유를 설명한다. 각각의 경우에 물을 증발시키는 데 필요한 열이 생물체에서 빠져나가므로 생물체를 냉각할 수 있다.

물은 우수한 용매이다

생물학적 관점에서 물의 가장 중요한 특성 중 하나는 일반 용매로서의 우수성이다. **용매**(solvent)는 **용질**(solute)이라는 다른 물질이 용해될 수 있는 용액이다. 물은 매우 다양한 용질을 용해하는 놀라운 능력 때문에 생물학적 목적에 특히 좋은 용매이다.

물은 극성이 있어 용매로 유용하다. 세포에 있는 많은 분자도 극성이어서 물 분자와 수소결합을 형성한다. 물에 친화력이 있어 물에 쉽게 용해되는 용질을 **친수성**(hydrophilic, 물을 좋아하는)이라고 한다. 세포에서 발견되는 대부분의 작은 유기분자는 친수성이다. 예로는 설탕, 유기산, 일부 아미노산을 들 수 있다.

물에 잘 녹지 않는 분자를 **소수성**(hydrophobic, 물을 두려워하는)이라고 한다. 세포에서 발견되는 중요한 소수성 화합물 중에는 생체막에서 발견되는 지질과 단백질이 있다. 일반적으로 극성 분자와 이온은 친수성이고, 비극성 분자는 소수성이다. 일부 생물학적 고분자, 특히 단백질은 한 분자 내에 소수성 영역과 친수성 영역을 모두 가지고 있기 때문에 분자의 일부는 물에 대한 친화력을 지닌 반면 다른 부분은 그렇지 않다.

극성 물질과 이온이 물에 쉽게 용해되는 이유를 이해하기 위해 염화소듐(NaCl)과 같은 염을 생각해보자(**그림 2-10**). NaCl은 염이기 때문에 양전하를 띠는 소듐, 양이온(Na^+)과 음전하를 띠는 염소, 음이온(Cl^-)이 격자를 이루며 결정 상태로 존재한다. NaCl이 액체 용매에 용해되려면 Na^+과 Cl^-이 서로 끌어당기는 인력을 용매 분자가 극복해야 한다. NaCl을 물에 넣으면 소듐 이온과 염화 이온이 서로가 아닌 물 분자와 전기적 상호작용에 참여하게 되며, Na^+과 Cl^-이 분리되어 용해된다. 극성 때문에 물 분자는 Na^+과 Cl^- 주위에 수화각을 형성하여 서로에 대한 끌림을 무력화하고 서로 재결합할 가능성을 줄인다.

그림 2-10a에서 볼 수 있듯이 Na^+과 같은 양이온 주변의 수화 영역에는 물 분자가 자신의 음이온(산소 원자) 끝으로 Na^+을 가리키면서 모여있다. Cl^-과 같은 음이온의 경우 물 분자의 방향은 반대이며 용매 분자의 양이온(수소 원자) 끝이 이온을 향하고 있다(그림 2-10b). 이와 유사하게 물 분자 수화각이 하전된 작용기 주위에 발달하여(그림 2-5a, b 참조) 용해도를 증가시킨다. 알데하이드기 또는 설프하이드릴기(그림 2-5c 참조)와 같은 전하를 띠지 않는 극성 작용기조차도 극성 산소 또는 황 원자가 극성 물 분자의 양으로 하전된 말단을 끌어당기고 용해도를 증가시키는 수화각을 가진다.

일부 생물학적 화합물은 세포의 중성에 가까운 pH에서 이온으로 존재하므로 그림 2-10의 이온처럼 용해되고 수화되기 때문

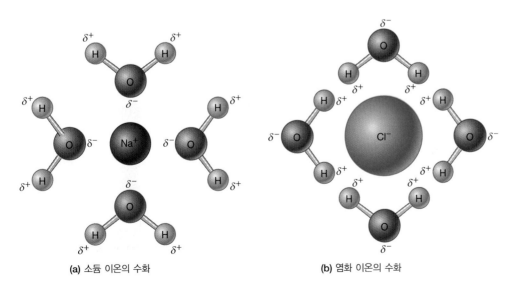

(a) 소듐 이온의 수화 **(b)** 염화 이온의 수화

그림 2-10 물속에서 염화소듐의 용해. 염화소듐(NaCl)은 (a) 소듐 이온과 (b) 염화 이온 주위에 수화 구체가 형성되기 때문에 물에 용해된다. 산소 원자와 소듐 이온 및 염화 이온을 축척에 맞게 표현했다.

에 물에 용해된다. 카복실기, 인산염, 아미노기를 포함한 화합물이 이 범주에 속한다(그림 2-5 참조). 예를 들어 대부분의 유기산은 pH 7 근처에서 탈양성자화에 의해 거의 완전히 이온화되므로, 그림 2-10b 염화 이온에서 보았듯이 수화 구체에 의해 용액에 유지되는 음이온으로 존재한다. 반면에 아민은 일반적으로 세포 pH에서 양성자화되어 수화된 양이온으로 존재하며, 그림 2-10a의 소듐 이온처럼 행동한다.

종종 유기분자는 순전하가 없지만 그럼에도 불구하고 일부 영역은 양전하를 띠고 다른 영역은 음전하를 띠므로 물에 용해되기 때문에 친수성이다. 또한 그림 2-5에 표시된 극성 하이드록실, 설프하이드릴, 카보닐, 알데하이드 그룹을 포함하는 화합물도 이러한 극성 그룹과 물 분자의 수소결합으로 인해 수용성이다.

반면 탄화수소와 같은 소수성 분자는 극성 부분이 없으므로 물 분자와 전기적으로 상호작용하는 경향이 없다. 오히려 그들은 물 환경에서 물의 수소결합 구조를 파괴하기 때문에 물 분자에 의해 배제되는 경향이 있다. 따라서 소수성 분자는 물 환경에서 서로 소수성 분자끼리 결합하는 경향이 있다. 이 장의 뒷부분에서 살펴보겠지만 소수성 분자(또는 분자의 일부)의 이러한 결합은 단백질 접힘, 세포 구조 조립, 막 구성을 만드는 주요 힘으로 작용한다.

전형적인 세포는 물이 주성분이고 세포에 있는 대부분의 다른 생물 분자에는 수소가 포함되어 있기 때문에 의료 영상 목적으로 수소 원자의 화학적 및 물리적 특성을 활용할 수 있다. 자기공명 영상(MRI)은 이 풍부한 물을 이용하여 비침습적 방식으로 내부 신체 조직의 이미지를 만드는 방법이다(**인간과의 연결** 참조).

개념체크 2.2

물 분자가 구부러지지 않은 선형 모양이면 물의 성질은 어떻게 될까? 물 분자가 선형이면 왜 물이 살아있는 세포를 만드는 기초 성분으로 적합하지 않을까?

2.3 선택적 투과성막의 중요성

모든 세포와 세포소기관에서 내부 물질은 안에, 외부 물질은 밖에 간직할 수 있는 일종의 물리적 장벽이 필요하다. 세포는 또한 내부 환경과 세포 외 환경 간에 물질을 교환하는 수단을 필요로 한다. 이상적으로 그러한 장벽은 세포와 그 주변의 대부분 분자 및 이온에 대해 불투과성이어야 한다. 그렇지 않으면 물질이 안팎으로 자유롭게 확산되며, 세포는 환경과 구분되는 실체를 가질 수 없다. 반면에 장벽이 완전히 불투과성일 경우 세포와 환경 사이에 필요한 물질 교환이 일어날 수 없다. 또한 장벽은 물과

물에 녹아있는 세포 구성 성분들에 용해되지 않도록 물에 불용성이어야 한다. 동시에 물은 세포의 기본 용매 시스템이고 필요에 따라 세포 안팎으로 이동할 수 있어야 하기 때문에 물이 쉽게 투과할 수 있어야 한다.

예상할 수 있듯이 세포와 세포소기관을 둘러싼 생체막은 이러한 기준을 훌륭하게 충족한다. **세포막**(membrane)은 본질적으로 인지질, 당지질, 막단백질로 구성된 소수성 투과 장벽이다. 박테리아를 제외한 대부분의 생물체 막에는 스테롤이 포함되어 있다. 동물 세포의 경우 **콜레스테롤**, 곰팡이의 경우 **에르고스테롤**, 식물 세포막에는 **파이토스테롤**이 있다(이런 종류의 분자에 대한 내용은 3장 참조).

대부분의 막 지질과 단백질은 단순하게 소수성 또는 친수성이 아니다. 그들은 일반적으로 친수성 영역과 소수성 영역을 모두 가지고 있으므로 **양친매성 분자**(amphipathic molecule)라고 한다(amphipathic에서 그리스 접두사 *amphi*는 '두 종류의'를 의미하고 *pathic*은 '느낌'을 의미). 막 인지질의 양친매성 특성은 **그림 2-11**에 나와 있으며, 이는 많은 종류의 막에서 발견되는 인지질인 포스파티딜에탄올아민의 구조이다. 양친매성 인지질의 특징은 각 분자가 극성 머리 하나와 2개의 비극성 탄화수소 꼬리로 구성되어 있다는 것이다. 친수성 머리는 포스파티딜에탄올아민과 대부분의 다른 포스포글리세라이드의 경우 양전하를 띤 아미노 그룹과 음전하를 띤 인산 그룹으로 형성된다(인지질에 대한 자세한 내용은 3장 참조).

비누는 우리가 생활에서 그리스, 오일 및 기타 비극성 물질을 용해할 때 사용하는 친숙한 양친매성 분자이다. 비누 분자의 비극성 탄화수소 꼬리는 기름이나 그리스와 상호작용하여 이를 둘러싸고, 극성 머리는 물과 상호작용하여 기름이나 그리스를 씻어낼 수 있다. 실험실에서는 비수용성 단백질과 지질을 분리하기 위해 종종 양친매성 계면활성제인 소듐도데실설페이트(SDS)를 사용한다. SDS는 탄소 12개의 단일 탄화수소 사슬에 부착된 음으로 하전된 황산염 그룹을 가지고 있으며 비극성 및 양친매성 분자를 물에 녹이기 위해 앞서 설명한 비누와 유사하게 작용한다.

막은 단백질이 포함된 지질2중층 구조이다

양친매성 분자가 물에 노출되면 소수성 상호작용을 한다. 예를 들어 막은 2개의 인지질 층으로 구성된다. 인지질 분자를 물에 넣으면 분자의 극성 머리는 양쪽에서 물을 향해 바깥쪽으로 향하고, 소수성 꼬리는 반대 방향으로 놓여있는 다른 분자의 꼬리와 상호작용하면서 물과 접촉을 피한다. 그 결과 만들어지는 구조는 **그림 2-12**에 표시된 **지질2중층**(lipid bilayer)이다. 두 인지질 층에서 인지질 분자 머리는 바깥쪽을 향하고 탄화수소 꼬리

우리는 우리 몸의 수분 함량을 당연하게 여긴다. 평균적으로 인체는 연령과 체중에 따라 약간의 차이가 있으나 55~65%가 수분이다. 물의 화학적 성질을 이용해 인체를 조사할 수 있다. 각 물 분자에는 2개의 수소 원자가 있으며, 이 수소 원자는 주변 분자와 끊임없이 수소결합을 만들고 끊고를 반복한다. 또한 대부분의 생체 분자에는 수소가 포함되어 있으며 많은 생물학적 반응은 수소 이온을 주변 조직으로 방출한다. 가장 안전한 영상 기술 중 하나인 *자기 공명 영상*(magnetic resonance imaging, MRI)을 가능하게 하는 것은 물과 조직, 특히 순환계에 풍부한 이 수소 이온이다.

당신이나 당신의 지인 중 누군가는 의학적 상태를 진단하기 위해 MRI를 받아봤을 것이다. MRI 장치는 조직의 물을 어떻게 이용하여 이미지를 생성할까? MRI는 화학과 물리학의 기본 원리를 사용하여 신체의 내부 구조를 이미지로 볼 수 있는 비침습적 방법이다. MRI 기계는 강력한 전자기석 안에 환자를 배치하여 외부에서 적용된 자기장에 의해 환자 체내 양성자가 정렬하는 성질을 이용한다. 자기장이 없는 경우 개별 수소 원자는 무작위로 배향되지만, 자기장이 적용되면 환자 신체에 있는 대부분의 수소 원자는 적용된 자기장에 대해 '위' 또는 '아래'의 두 방향 중 하나로 정렬된다(**그림 2B-1**). 그런 다음 두 번째 진동하는 자기장을 주면 정렬된 수소 원자가 에너지를 흡수하게 되고, 이는 후에 자기장이 변화함에 따라 에너지를 전자기파 형태로 방출한다. 특수한 자기 코일 세트를 사용하여 주 자기장을 빠르게 변화시킴으로써 이러한 전파의 방출을 수신기로 감지하고 관련 공간 정보를 알아낼 수 있다. 이 코일을 빠르게 켜고 끄면 MRI 기계에서 만들어지는 익숙한 반복적인 딸깍 소리가 난다. 전파가 측정되면 컴퓨터는 에너지 차이를 나타내는 공간적 지도를 만들고 이는 곧 조직의 이미지로 나타난다.

신체의 모든 조직은 밀도와 수분 함량이 다르다. MRI는 자기장에서 수소 이온의 방향을 변경하므로 신체 전체에서 이러한 차이는 실제로 명확하게 신체 이미지를 나타낸다. MRI에서 사용되는 자기장의 세기나 전파의

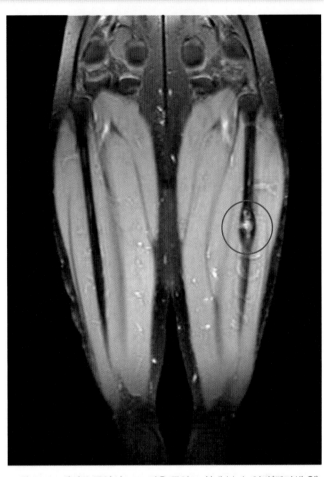

그림 2B-2 대퇴골 종양의 MRI. 작은 종양도 쉽게 볼 수 있다(빨간색 원).

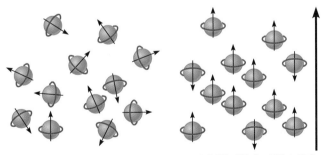

(a) 자기장을 가하기 전: 양성자 회전의 무작위적 배열

(b) 자기장을 가한 후: 양성자 회전 정렬

그림 2B-1 수소 원자 회전 패턴. (a) 자기장이 가해지기 전 수소 원자의 회전 방향은 무작위이다. (b) 자기장이 가해지면 수소 원자 회전 방향이 정렬된다.

주파수를 변경하여 특정 장기나 조직을 자세히 살펴볼 수 있다. 예를 들어 물과 체액 함유 조직은 밝게 나타나고, 수분이 거의 없는 지방 조직은 더 어둡게 나타난다. 이러한 차이는 개별 기관에서 종양 또는 기타 이상을 검사할 수 있는 현저한 이미지를 만든다(**그림 2B-2**). 많은 경우 MRI 스캔으로 생성된 이미지는 여러 X선 이미지를 촬영하고 재구성하여 만든 이미지보다 훨씬 좋다(컴퓨터 지원 단층 촬영 또는 CAT 스캔으로 알려진 기술). 환자의 혈류 또는 기타 조직에 조영제를 추가하면 혈관과 같은 특정 구조를 MRI를 사용하여 매우 자세하게 볼 수 있다.

미국에서 MRI 검사 비용은 1,000~2,000달러 사이이다. X선 검사보다 비용이 많이 들지만 보다 정확한 진단이 가능하기 때문에 많은 환자에게 더 나은 선택이 될 수 있다. 뼈와 같은 조밀한 구조만 촬영할 수 있고 DNA에 손상을 줄 수 있는 기존의 X선 검사와 달리 MRI는 심각한 위험 없이 내부 장기, 혈관, 신경과 같은 연조직을 상세한 이미지로 볼 수 있다.

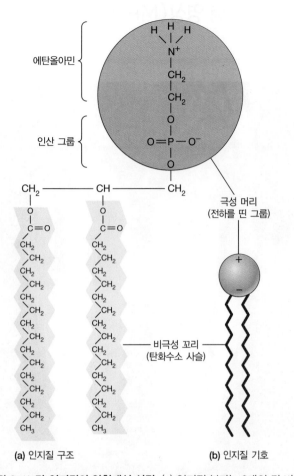

(a) 인지질 구조   (b) 인지질 기호

그림 2-11 막 인지질의 양친매성 성질. (a) 인지질 분자는 2개의 긴 비극성 꼬리(노란색)와 극성 머리(주황색)로 구성된다. 인지질 분자 머리의 극성은 여기에 표시된 포스파티딜에탄올아민의 경우 양전하를 띤 그룹인 아미노 그룹과 여기에 연결된 음으로 하전된 인산 그룹에서 비롯된다. (b) 인지질 분자는 종종 하전된 극성 머리를 원으로, 비극성 탄화수소 사슬 꼬리를 2개의 지그재그 선으로 개략적으로 표시한다.

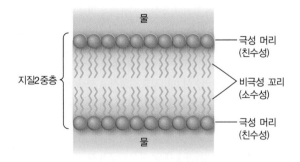

그림 2-12 막 구조의 기초로서의 지질2중층. 물속의 인지질은 내부에 묻힌 소수성 꼬리와 막의 양쪽에서 물과 상호작용하는 친수성 머리가 있는 2중층을 형성한다.

는 안쪽으로 펼쳐져서 연속적인 소수성 내부 환경이 막에 형성된다.

　지금까지 알려진 모든 생체막은 지질2중층 구조가 기본 구조이다. 지질층 하나는 일반적으로 두께가 3~4 nm이므로 막의 너

비는 7~8 nm이다.

지질2중층은 선택적 투과성이다

지질2중층은 내부가 소수성이므로 비극성 분자가 쉽게 투과할 수 있다. 그러나 대부분의 극성 분자에 불투과성이고, 특히 모든 이온에는 매우 불투과성이다(**그림 2-13**). 대부분의 세포 구성 요소는 극성이거나 전하를 띠기 때문에 막 내부에 대한 친화력이 거의 없어서 막은 세포 구성 요소가 세포 안으로 들어가거나 세포에서 빠져나가는 것을 효과적으로 막는다. 그러나 전하를 띠지 않는 작은 분자는 예외이다. 분자량이 약 100 미만인 화합물은 막을 가로질러 쉽게 확산된다. 즉 비극성(O_2, CO_2)이든 극성(물, 에탄올)이든 관계없이 막을 자유롭고 자발적으로 통과한다. 물은 극성이기는 하지만 세포막을 가로질러 빠르게 확산되고 세포에 쉽게 들어가거나 나갈 수 있는 작은 분자로, 세포에서 특히 중요하다.

　포도당 및 설탕과 같이 크기가 크고 전하를 띠지 않는 극성 분자는 막을 가로질러 확산될 수 있지만 작은 분자보다 정도가 적다. 대조적으로 가장 작은 이온조차도 막의 소수성 내부에서 매우 효과적으로 배제된다. 예를 들어 지질2중층에서 Na^+ 또는 K^+ 같은 작은 양이온은 물 분자보다 10^8배 투과성이 낮다. 이 현저한 차이는 이온의 전하와 이온을 둘러싼 수화각에 기인한다.

　물론 세포는 Na^+과 K^+ 같은 이온뿐만 아니라 막에 불투과성인 다양한 극성 분자를 이동시키는 방법을 가지고 있어야 한다. 이러한 물질을 세포 안팎으로 수송하기 위해 생체막에는 다양한 운반단백질이 장착되어 있다(이에 대한 내용은 8장 참조). 운반단백질은 소수성 막을 관통하여 물질을 통과시키는 친수성 통로 역할을 하거나 막의 한쪽 면에서 특정 용질과 결합한 다음 그 **형태**(conformation) 또는 3차원 구조를 변화시켜 막을 가로질러 용

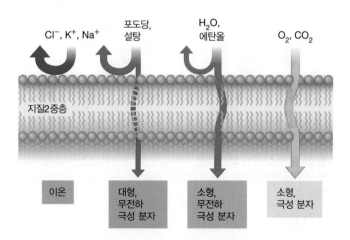

그림 2-13 다양한 종류의 용질에 대한 막의 투과성. 화살표의 상대적 두께는 막을 자유롭게 통과할 수 있는 각 물질의 비율(휘어진 화살표), 또는 막에 의해 반발되는 각 물질의 비율(곡선 화살표)을 나타낸다.

질을 이동시키는 운반체 역할을 하는 막관통 단백질이다.

통로든 운반체이든, 각 운반단백질은 특정 분자나 이온(또는 어떤 경우에는 밀접하게 관련된 분자나 이온 종류)에 대해 특이적이다. 더욱이 이들 단백질의 활성은 세포 요구를 충족하기 위해 주의 깊게 조절된다. 결과적으로 생체막은 선택적인 투과성으로 가장 잘 설명할 수 있다. 매우 작은 분자와 비극성 분자를 제외하고 분자와 이온은 막에 적절한 운반단백질이 포함되어 있는 경우에만 막을 가로질러 이동할 수 있다.

개념체크 2.3

막이 극성 분자와 이온에 대한 장벽으로 작용하는 데 인지질의 양친매성 성질이 필요한 이유는 무엇인가? 극성 분자와 이온은 어떻게 막을 통과하는가?

2.4 중합에 의한 합성의 중요성

대부분의 경우 리보솜, 염색체, 편모, 세포벽과 같은 세포 구조는 **고분자**(macromolecule)라고 하는 선형의 중합체가 정렬된 배열로 구성된다. 세포에 중요한 고분자에는 단백질과 핵산(DNA와 RNA 모두), 녹말, 글리코젠, 셀룰로스와 같은 다당류가 있다. 지질은 종종 고분자로도 간주되지만 합성 방식에서 다른 고분자와 다소 다르다. 고분자는 세포의 구조와 기능 모두에서 중요하다. 따라서 세포생물학에서 생화학적 기초를 이해한다는 것은 고분자가 어떻게 만들어지고, 어떻게 조립되며, 어떻게 기능하는지를 이해하는 것을 의미한다.

고분자는 세포 형태와 기능에 중요하다

세포생물학에서 고분자의 중요성은 **그림 2-14**에 표시된 세포 계층 구조로 잘 알 수 있다. 여기에서 계층(hierarchy)이라는 용어를 사용하여 생체 분자와 구조가 일련의 수준으로 조직될 수 있음을 나타내는데, 각 수준은 전 단계 수준 위에 만들어진다. 각 수준을 구성하는 원자와 작용기의 화학적 특성이 형성되는 결합의 유형, 구성 분자의 특성, 다른 분자 및 구조와의 상호작용을 결정한다.

대부분의 세포 구조는 작은 수용성 유기분자(1단계)로 구성되는데, 이는 세포가 다른 세포에서 얻거나 이산화탄소, 암모니아, 인산염 이온과 같이 단순한 무기물로부터 합성된다. 단량체로 알려진 작은 수용성 유기분자는 중합하여 다당류, 단백질, 핵산과 같은 **생체 고분자**(2단계)를 형성한다. 이러한 고분자는 그 자체로 기능할 수도 있고, 다양한 **초분자** 구조(3단계)로 조립될 수 있다. 이러한 초분자 구조는 세포소기관(4단계)을 구성하며, 이어

이들이 모여 세포(5단계)를 구성한다.

이러한 예에서 세포생물학의 일반 원리를 알 수 있다. 생체 시스템의 형태와 질서 특성을 나타내는 고분자는 작은 유기분자가 긴 사슬로 중합되어 생성된다. 작은 단위를 반복적으로 결합하여 큰 분자를 형성하는 전략은 **그림 2-15**에 나와 있다. 이 전략의 중요성은 아무리 강조해도 지나치지 않는 세포 화학의 기본 원리이다. 세포반응을 촉매하는 많은 효소, 유전정보 저장 및 발현에 관여하는 핵산, 간에 저장된 글리코젠, 식물 세포벽에 강도를 부여하는 셀룰로스는 모두 동일한 디자인 주제를 약간 변형한 것이다. 각각은 작은 반복 단위가 연결되어 형성된 중합체이다.

이러한 반복 단위 또는 **단량체**(monomer)의 예로 셀룰로스 또는 녹말에 존재하는 포도당과 같은 단당류, 단백질을 만드는 데 필요한 20가지 아미노산 및 DNA와 RNA를 구성하는 뉴클레오타이드(A, C, G, T, U로 표시)를 들 수 있다. 일반적으로 이들은 분자량이 약 350 미만인 작은 수용성 유기분자이다. 적절한 운반단백질이 막에 존재한다면 대부분 생체막을 가로질러 수송될 수 있다. 대조적으로 이러한 단량체로부터 합성되는 대부분의 고분자는 너무 커서 막을 통과할 수 없으므로 필요한 세포 또는 구획에서 만들어져야 한다.

연결하기 2.2

4단계 수준의 세포 계층 구조인 세포소기관을 관찰하는 데 가장 적합한 현미경은 무엇인가? (1.2절 참조)

세포에는 3가지 종류의 고분자 중합체가 있다

세포에서 발견되는 3가지 주요 고분자 **중합체**(polymer)는 단백질, 핵산, 다당류이다. (지질은 고분자로 간주되지만 긴 사슬의 단량체로 구성된 중합체가 아니다.) 핵산과 단백질의 경우 단량체의 정확한 순서가 기능에 매우 중요하다. 핵산과 단백질 모두 거의 무한한 수의 방법으로 서로 다른 단량체가 선형으로 배열될 수 있다. 따라서 수백만 개의 서로 다른 DNA, RNA, 단백질 서열이 존재한다. 반면에 다당류는 일반적으로 단일 단량체 또는 2개의 다른 단량체로 구성된다. 단량체가 반복적인 패턴으로 결합하므로 다당류의 종류는 상대적으로 매우 적다.

핵산(DNA와 RNA 모두)은 각각에 있는 4종류의 뉴클레오타이드 단량체의 순서가 중요한 정보를 전달하기 때문에 종종 정보 고분자라고 한다. 많은 DNA와 RNA 분자의 중요한 역할은 암호화 기능이다. 이는 특정 단백질의 정확한 아미노산 서열을 지정하는 데 필요한 정보를 포함하고 있음을 의미한다. 이러한 방식으로 핵산에서 단량체 단위의 특정 순서는 세포의 유전정보를 저장하고 전달한다. 나중에 알게 되겠지만 어떤 DNA와 RNA 서

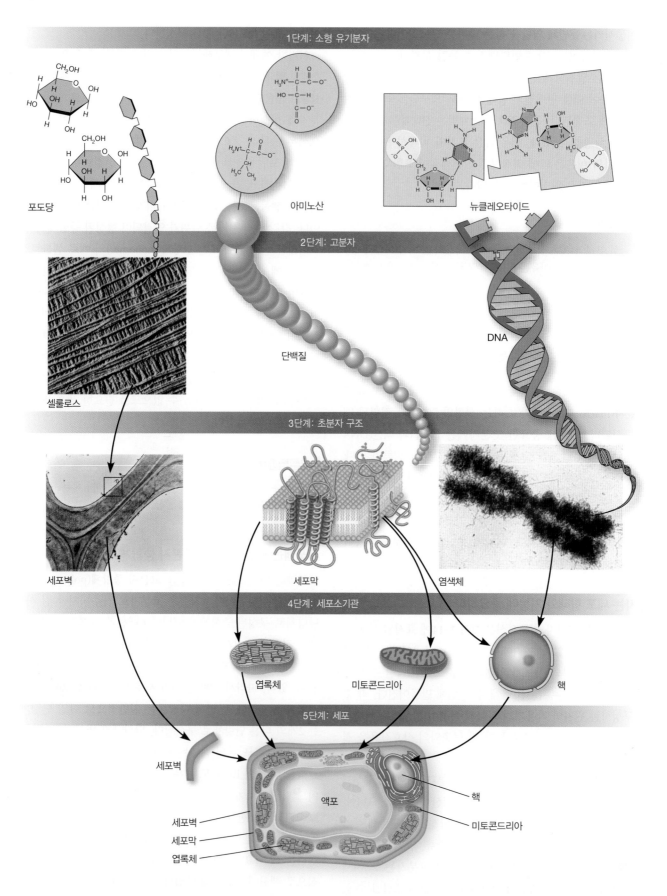

그림 2-14 세포 구조와 그 조합의 계층적 특성. 단량체(1단계)로 알려진 작은 유기분자는 단순한 무기물질로부터 합성되고 고분자를 형성하기 위해 중합된다(2단계). 그런 다음 고분자는 초분자 구조(3단계), 세포소기관 및 기타 하위 세포 구조(4단계), 궁극적으로 세포 자체(5단계)로 조립된다.

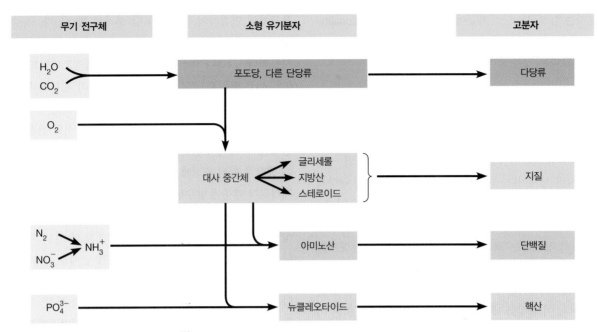

그림 2-15 생체 고분자의 합성. 단순한 무기 전구체(왼쪽)는 단량체인 작은 유기분자(중앙)를 형성하고, 단량체는 세포 구조를 구성하는 고분자(오른쪽)로 중합된다.

열은 조절 기능이나 효소 기능을 가지고 있다.

단백질은 무작위가 아닌 방법으로 단량체(아미노산)가 중합되는 두 번째 유형의 고분자이다. 핵산과 달리 단량체 서열은 정보를 전달하지 않고 단백질의 3차원 구조를 결정하며, 곧 보게 되겠지만 이것이 생물학적 활성을 결정한다. 단백질에는 20가지 다른 아미노산이 있기 때문에 가능한 단백질 서열의 다양성은 거의 무한하다. 따라서 단백질은 구조, 방어, 수송, 촉매, 신호전달의 역할을 포함하여 세포에서 광범위한 기능을 가지고 있다. 단백질에서 아미노산의 정확한 서열은 매우 중요하기 때문에 그 서열이 변하면 종종 단백질이 기능을 수행하는 능력에 부정적인 영향을 미친다.

반면에 다당류는 일반적으로 하나의 소단위체가 반복되거나 2개의 소단위체가 교대로 반복되는 구조를 가지며 일반적으로 특정한 정보를 전달하지 않는다. 그러나 헤파린의 혈액 희석 작용과 같은 일부 경우에는 당의 특정 순서가 중요할 수도 있다. 대부분의 다당류는 에너지원으로 작용하는 **저장 고분자**이거나 세포를 물리적으로 지지하는 **구조 고분자**이다. 가장 친숙한 저장 다당류는 식물 세포의 녹말과 박테리아 및 동물 세포에서 발견되는 글리코젠이다. 녹말과 글리코젠은 모두 단일 반복 포도당 단량체로 구성되며 둘 다 에너지 저장 기능을 한다. 구조적 다당류의 예로는 식물 세포벽, 목화 섬유 및 목질 조직에 존재하는 **셀룰로스**, 곰팡이 세포벽과 곤충 외골격 및 게 껍질에 존재하는 **키틴**이다.

앞으로의 장에서는 올리고당(oligosaccharide, oligo는 '몇몇'을

의미)이라고 하는 짧은 당 사슬을 단백질과 지질에 추가하여 세포에서 매우 중요한 역할을 하는 **당단백질**과 **당지질**로 알려진 하이브리드 고분자를 어떻게 형성하는가를 공부할 것이다. **당생물학**으로 알려진 이 새롭게 떠오르는 분야는 세포-세포 인식, 지질 신호, 단백질 접힘, 면역세포 기능, 혈액형 비호환성 상호작용 등에서 당의 역할을 연구한다.

고분자는 단량체의 단계적 중합에 의해 합성된다

생물학적으로 중요한 고분자의 주요 종류를 자세히 살펴보기 전에(3장 참조) 이러한 모든 고분자를 만드는 중합 과정의 중요한 원리를 고려해보자. 단량체 단위의 화학적 성질과 그에 따른 중합체의 화학적 성질은 고분자에 따라 현저하게 다르지만 다음과 같은 기본 원칙이 각 경우에 적용된다.

1. 고분자는 항상 단량체라고 하는 유사하거나 동일한 소분자의 단계적 중합에 의해 합성된다.
2. 고분자에 각각의 단량체가 중합되는 반응은 물 분자가 제거되며 발생하므로 **축합반응**(condensation reaction)이라고 한다.
3. 함께 결합되는 단량체 단위는 축합이 일어나기 전에 **활성 단량체**(activated monomer)로 존재한다.
4. 일반적으로 단량체는 **운반체 분자**(carrier molecule)에 결합하여 활성화된다.
5. 단량체를 운반체 분자에 결합할 때 필요한 에너지는 *ATP* 또는 이와 연관된 고에너지 화합물에 의해 제공된다.

6. 고분자는 합성되는 방식 때문에 고유한 **방향성**(directionality) 을 가진다. 이는 중합체 사슬의 양 끝 두 말단이 화학적으로 서로 다르다는 것을 의미한다.

모든 생물학적 중합반응에서 물 분자가 제거되는 것이 필수적이기 때문에 각 단량체 분자 구조에는 사용 가능한 수소(H)와 하이드록실기(−OH)가 모두 있어야 한다. 이 구조적 특징을 **그림 2-16**에 개략적으로 나타냈다. 여기서 단량체(M)는 관련 −H, −OH가 표시된 상자이다. 주어진 종류의 중합체에 대해 단량체 구조가 달라질 수 있지만 모두 사용 가능한 −H, −OH가 있다.

그림 2-16a는 에너지가 필요한 과정인 단량체 활성화이다. 모든 중합체에서 신장하는 고분자 사슬 말단에 새로운 단량체가 더해지려면 먼저 단량체가 활성화되어야 한다. 단량체 활성화는 항상 그런 것은 아니지만 일반적으로 먼저 단량체와 운반체 분자가 결합한다. 이 활성화 과정을 이끄는 에너지는 ATP 또는 이와 밀접하게 관련된 **고에너지 화합물**에 의해 제공된다. 이 화합물은 가수분해 시 많은 양의 에너지를 방출한다(그림 9-1 참조).

고분자 종류에 따라 다른 종류의 중합체 분자가 사용된다. 단백질 합성에서 아미노산은 운반 RNA(tRNA) 분자라는 운반체에 연결하여 활성화된다. 다당류는 당 분자를 뉴클레오타이드 유도체에 연결하여 활성화된 당 분자로 합성된다. 녹말 합성은 ADP-포도당을 사용하고 설탕(이당류) 합성은 UDP-포도당을 사용한다. 그러나 핵산 합성의 경우 뉴클레오타이드 분자 자체 (예: ATP 또는 GTP)가 고에너지 분자이기 때문에 특정 운반체 분자가 필요하지 않다.

일단 활성화되면 단량체는 축합반응에서 서로 반응하여 두 단량체 중 하나에서 운반체 분자가 방출된다(그림 2-16b 참조). 이는 중합체 합성 과정에서 각 단량체가 첨가됨에 따라 물 1분자가 제거되기 때문에 탈수반응이라고도 한다. 이후에 중합체가 길어지는 반응은 순차적이고 단계적인 과정이다. 한 번에 하나의 활성화된 단량체 단위가 추가되어 중합체를 한 단위 더 길게 만든다. 그림 2-16c는 이러한 과정의 n번째 단계를 나타낸다. 이 단계에서 다음 단량체 단위가 n개의 단량체 단위를 가진 고분자 중합체에 더해진다. 활성화된 단량체의 화학적 성질, 운반체, 실제 활성화 과정은 생체 중합체마다 다르지만 일반적인 원리는 동일하다. 중합체 합성은 항상 축합반응을 통해 활성 단량체를 연결하고, 단량체 활성화를 위해 적절한 운반체 분자에 단량체를 결합시킬 때 ATP 또는 이와 유사한 고에너지 화합물을 사용한다.

고분자의 분해 또는 파괴는 합성에 사용되는 축합반응과 반대되는 방식으로 일어난다. 단량체는 **가수분해**(hydrolysis, 물 분자

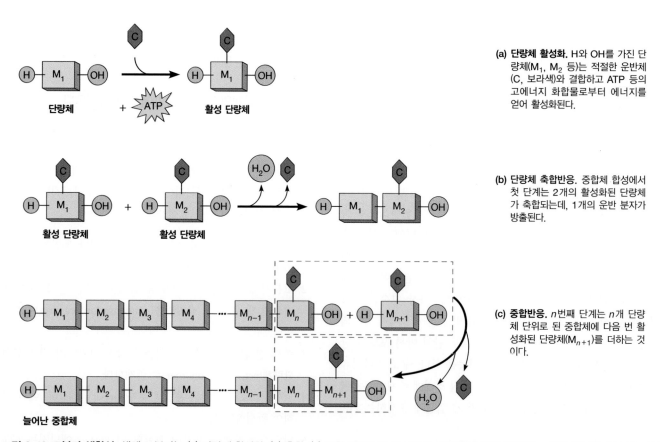

(a) 단량체 활성화. H와 OH를 가진 단량체(M_1, M_2 등)는 적절한 운반체 (C, 보라색)와 결합하고 ATP 등의 고에너지 화합물로부터 에너지를 얻어 활성화된다.

(b) 단량체 축합반응. 중합체 합성에서 첫 단계는 2개의 활성화된 단량체가 축합되는데, 1개의 운반 분자가 방출된다.

(c) 중합반응. n번째 단계는 n개 단량체 단위로 된 중합체에 다음 번 활성화된 단량체(M_{n+1})를 더하는 것이다.

그림 2-16 고분자 생합성. 생체 고분자는 (a) 단량체 활성화, (b) 축합, (c) 중합 과정으로 합성된다. 중합체에 따라 단량체는 서로 동일할 수도 있고(일부 다당류) 서로 다를 수도 있다(단백질 및 핵산).

가 추가되면서 인접한 단량체 사이의 결합 분해)에 의해 중합체에서 제거된다. 이 과정에서 하나의 단량체는 물 분자로부터 하이드록실기를 받고 다른 하나는 수소 원자를 받아 원래의 단량체를 재형성한다.

개념체크 2.4

단백질, 핵산, 탄수화물의 특징은 무엇이며 어떤 것이 서로 다른가?

2.5 자가조립의 중요성

지금까지 생체 조직과 기능을 특징짓는 고분자가 작고 친수성인 유기분자가 중합된 것임을 알게 되었다. 중합반응으로 고분자가 합성되려면 단량체 소단위체와 에너지가 적절히 공급되어야 하며, 단백질과 핵산의 경우 단량체 종류가 합성되는 순서를 지정하는 정보가 필요하다. 그러나 이러한 고분자가 그림 2-14에 표시된 것과 같은 세포 구조-초분자 구조 및 세포소기관 구조로 어떻게 만들어질까?

이러한 더 높은 수준의 구조에 중요한 것은 분자 **자가조립** (self-assembly)이다. 이는 고분자의 자발적인 접힘과 더 복잡한 구조를 형성하기 위한 고분자의 상호작용에 필요한 정보가 중합체 자체에 내재되어 있다는 것이다. 고분자가 세포에서 합성되면 에너지나 정보의 추가 입력이 없어도 더 복잡한 구조로의 조립이 자발적으로 발생한다. 곧 보게 되겠지만 **분자 샤페론**은 단백질이 접히는 동안 비활성 구조를 유발하는 잘못된 분자 상호작용을 방지하는 단백질이다. 분자 샤페론은 단백질 접힘에 대한 추가 정보를 제공하지 않고 단순히 조립 과정만 지원한다.

비공유결합과 상호작용은 고분자의 접힘에 중요하다

폴리펩타이드는 추가 정보 없이 접힐 수 있고 자가조립할 수 있으며 단백질 또는 단백질 복합체가 일단 3차원적 구조가 되면 매우 안정적으로 유지된다. 단백질의 접힘과 자가조립을 이해하려면(그리고 이미 밝혀진 바와 같이 다른 생체 분자 구조도 마찬가지이다) 폴리펩타이드와 다른 고분자를 유지하는 공유결합과 비공유결합을 모두 고려해야 한다.

공유결합은 이해하기 쉽다. 세포의 모든 단백질 또는 기타 고분자는 이 장의 앞부분에서 논의한 것처럼 강력한 공유결합으로 이루어져 있다. 그러나 공유결합의 패턴만으로는 세포에서 분자 구조의 복잡성을 설명할 수 없다. 많은 세포 구조는 **비공유결합과 상호작용**(noncovalent bond and interaction)으로 유지된다.

생체 고분자에서 가장 중요한 비공유결합 및 상호작용은 수소결합, 이온결합, 반데르발스 상호작용, 소수성 상호작용이다. 이러한

각 상호작용은 이 장뿐 아니라 나중에 더 자세히 논의할 것이다(그림 3-5 참조). 이미 언급했듯이 수소결합은 산소(또는 질소)와 같은 전기음성 원자와 또 다른 전기음성 원자에 공유결합된 수소 원자 사이의 약한 인력의 상호작용이다. 곧 수소결합이 단백질의 3차원 구조를 유지하고, DNA 2중나선의 두 가닥을 결합시켜 유지하는 데 매우 중요하다는 것을 알게 될 것이다.

이온결합은 반대 전하를 띤 두 이온 간의 비공유 전기적 상호작용이다. 일반적으로 고분자의 경우 아미노기, 카복실기, 인산기 등의 양전하를 띤 작용기와 음전하를 띤 작용기 사이에 이온결합이 형성된다. 동일한 단백질 분자에 있는 아미노산 작용기 간의 이온결합은 단백질의 구조를 결정하고 유지하는 데 중요한 역할을 한다. 그들은 또한 예를 들어 양전하를 띤 단백질이 음전하를 띤 DNA 분자에 결합하는 것과 같이 서로 다른 고분자가 서로 결합하는 데 중요하다.

반데르발스 상호작용(또는 힘)은 원자가 서로 매우 가깝고 적절하게 방향이 지정된 경우에만 발생하는 두 원자 간의 약한 인력의 상호작용이다. 그러나 두 원자 또는 원자 그룹이 너무 가까워지면 외부 전자 궤도가 겹치기 때문에 서로 반발하기 시작한다. 특정 원자의 반데르발스 반경은 다른 원자가 얼마나 가까이 올 수 있는지를 제한하는 '개인 공간'이다. 이 반경은 전형적으로 약 $0.12 \sim 0.19$ nm이다. 반데르발스 반지름은 생물학적 고분자(예: 그림 3-19b에 표시된 DNA 분자)의 공간-채움 모델에 기초를 제공한다.

소수성 상호작용이라는 용어는 주변 물 분자 및 고분자 친수성 지역과의 접촉을 최소화하기 위해 고분자 내의 비극성 그룹이 서로 결합하는 경향을 말한다. 단백질 분자에서 비극성 그룹 간의 소수성 상호작용은 일반적으로 비극성 그룹이 분자 내부에 존재하거나 비극성 환경을 가진 세포막 내부에 위치하게 한다.

많은 단백질이 생물학적 기능을 하는 상태로 저절로 접혀진다

자가조립 과정을 이해하기 위해 하나 이상의 선형 아미노산 사슬에서 기능적인 3차원 단백질을 형성하는 데 필요한 꼬임 및 접힘을 고려해보자. 구별이 항상 적절하지는 않지만 아미노산이 중합되어 직접 생성되는 분자는 실제로 단백질이 아니라 **폴리펩타이드**(polypeptide)이다. 기능을 가진 단백질이 되려면 하나 이상의 그러한 선형 폴리펩타이드 사슬이 생물학적 활성에 필요한 독특한 3차원 구조 또는 형태를 취하도록 정확하고 미리 결정된 방식으로 꼬이고 접혀야 한다.

단백질의 자가조립에 대한 증거는 주로 환경 조건을 변화시킬 때 단백질의 고유 또는 자연적 형태가 파괴된다는 연구에서 알 수 있다. 이러한 파괴 또는 풀림은 온도를 높이거나, 용액의 pH를 높은 산성 또는 높은 알칼리성으로 만들거나, 요소 또는 여러

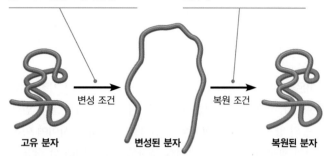

변성. 먼저, 접힌 폴리펩타이드를 변성 조건에 노출시키면 리보뉴클레이스 분자는 고정된 모양을 잃고 효소 활성도 없어진다.

복원. 복원 조건이 되면 변성된 폴리펩타이드가 저절로 고유 형태로 돌아가고 효소 활성도 되찾는다.

고유 분자 　　변성 조건 → 　　변성된 분자 　　복원 조건 → 　　복원된 분자

그림 2-17 폴리펩타이드 접힘의 자발성. 여기에 묘사된 폴리펩타이드는 안핀슨의 시험관 내 단백질 접힘 실험에 사용된 리보뉴클레이스이다. 이 실험은 이 폴리펩타이드의 적절한 3차원 접힘에 필요한 모든 정보가 폴리펩타이드의 아미노산 서열에 존재한다는 것을 보여준다.

알코올과 같은 특정 화학물질에 의해 일어날 수 있다. 이러한 조건에 의해 폴리펩타이드가 풀리는 것을 **변성**(denaturation)이라고 하며, 단백질 고유의 자연적인 3차원 구조와 기능이 손실된다. 효소의 경우 변성으로 인해 촉매 활성이 소실된다.

단백질 고유 형태가 안정적인 구조를 갖는 조건으로 변성된 폴리펩타이드의 조건을 되돌리면 폴리펩타이드는 **복원**(renaturation), 즉 정확한 3차원 형태로 되돌아갈 수 있다. 어떤 경우에는 복원된 단백질이 생물학적 기능, 즉 효소의 경우 촉매 활성을 회복하기도 한다.

그림 2-17은 안핀슨(Christian Anfinsen)과 동료들이 단백질 접힘 연구에서 사용한 효소 리보뉴클레이스(ribonuclease)의 변성과 이어진 복원 과정을 나타낸다. 리보뉴클레이스 용액을 변성시키면(가열) 고정된 모양과 촉매 활성이 없고 무작위로 꼬인 폴리펩타이드가 만들어진다. 이어 변성된 분자의 용액을 천천히 냉각시키면 리보뉴클레이스 분자가 원래 형태를 회복하고 다시 촉매 활성을 갖게 된다. 따라서 리보뉴클레이스 분자의 3차원 구조를 지정하는 데 필요한 모든 정보는 아미노산 서열에 내재되어 있다.

분자 샤페론은 일부 단백질의 조립을 돕는다

일부 변성된 단백질이 원래의 형태로 돌아가 생물학적 기능을 회복하는 능력에 기초하여 생물학자들은 처음에 단백질과 단백질 함유 구조가 세포 내에서도 접히고 자가조립된다고 가정했다. 그러나 생체 내(세포 내) 자가조립을 위한 이 모델은 전적으로 분리된 단백질에 대한 연구에 기반하며, 실험실 조건에서도 분리된 모든 단백질이 원래의 구조를 회복하는 것은 아니다. 워릭대학교의 엘리스(John Ellis)와 동료들은 자가조립 모델이 많은

단백질에 적합하지 않다고 결론지었다. 그들은 단백질 접힘을 유도하는 상호작용이 생물학적 활성이 없는 잘못된 구조가 만들어질 가능성을 줄이기 위해 **분자 샤페론**(molecular chaperone)으로 알려진 단백질에 의해 보조되고 제어된다고 주장했다.

분자 샤페론은 단백질의 올바른 접힘과 조립을 촉진하지만 그 자체가 조립된 구조의 구성 요소에 참여하지 않는 단백질이다 (분자 샤페론의 역할은 24장과 그림 24-20 참조). 현재까지 확인된 모든 분자 샤페론은 폴리펩타이드 접힘에 대한 정보나 여러 폴리펩타이드가 단백질로 조립되는 정보를 제공하는 것이 아니다. 그들은 폴리펩타이드 조립 초기 단계에서만 노출되는 특정 영역에 결합하여 잘못된 구조로 이어질 수 있는 비생산적인 조립 경로를 억제한다. 분자 샤페론이라는 용어에 대해 엘리스와 동료들은 "사람에서 샤페론은 사람 간의 잘못된 상호작용을 방지하는 것이지 상호작용에 대한 정보를 제공하는 것이 아니다. 따라서 이런 종류의 단백질에 샤페론('신랑 신부 들러리'라는 뜻)이라고 이름 붙이는 것이 적합하다"고 언급했다.[*]

자가조립은 다른 세포 구조에서도 발생한다

폴리펩타이드의 접힘 및 상호작용을 설명하는 것과 동일한 자가조립의 원리가 더 복잡한 세포 구조에도 적용된다. 세포의 많은 특징적인 구조는 둘 이상의 서로 다른 종류의 중합체 복합체이며 폴리펩타이드 접힘 및 결합과는 화학적으로 구별되는 상호작용이나 자가조립이 적용될 수 있다. 예를 들어 리보솜은 RNA와 단백질을 모두 포함하며 자가조립에 의해 개별 분자 구성 요소에서 재구성될 수 있다. 막을 구성하는 인지질은 소수성 탄화수소 꼬리가 물과 상호작용하지 않고 꼬리 부분이 서로 결합하기 때문에 물과 혼합될 때 2중층으로 자가조립될 수 있다. 단백질, 핵산, 다당류와 같은 중합체 간의 화학적 차이에도 불구하고 이러한 초분자 조립 과정을 주도하는 비공유 상호작용은 개별 단백질 분자의 접힘을 지시하는 상호작용과 유사하다.

단백질 자가조립에 대한 예는 **프리온**(prion)으로 유발되는 희귀한 질병에서 찾을 수 있다(4장 참조). 프리온이라는 용어는 단백질성 감염성 입자(proteinaceous infectious particle)에서 유래했다. 세포에서 비정상적인 방식으로 접힌 프리온 단백질(PrP)은 자가조립으로 형성되는 PrP로 만들어진 섬유상 구조에 '씨앗' 역할을 한다. 정확한 메커니즘은 잘 알려져 있지 않지만 이러한 섬유 형태가 형성되려면 정상적으로 접힌 PrP를 비정상적인 접힌 형태로 전환해야 한다. 또한 긴 섬유소가 조각으로 부서져 더 많은 프리온 섬유소 형성을 위한 씨앗을 제공할 수 있다. 이러한 핵 형성, 단편화 과정은 결정이 형성되는 것과 유사하다. 알츠하

---

* Ellis, R. J., and S. M. Van der Vies. Molecular chaperones. *Annu. Rev. Biochem.* 60 (1991): 321.

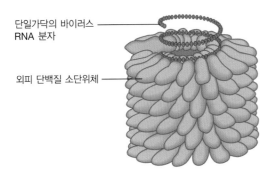

단일가닥의 바이러스
RNA 분자

외피 단백질 소단위체

그림 2-18 담배 모자이크 바이러스(TMV) 구조 모델(일부). 단일가닥 RNA 분자가 2,130개의 동일한 단백질 소단위체로 둘러싸여 나선 모양으로 감겨있다.

이머병에서도 유사한 종류의 자가조립 및 섬유 형성이 관찰된다(3장의 인간과의 연결 참조).

자가조립 사례로 담배 모자이크 바이러스가 연구되다

복잡한 생물학적 구조가 자가조립된다는 확실한 증거 일부는 바이러스에서 나왔다. 바이러스는 단백질과 핵산(DNA 또는 RNA)의 복합체이다. 바이러스는 그 자체로 살아있지는 않지만 살아있는 숙주세포에 침입하여 감염시키고, 이 세포의 합성 기구를 이용해 더 많은 바이러스 구성 요소를 생성한다. 바이러스 구성 요소(바이러스 핵산과 바이러스 단백질)가 합성되면 이러한 고분자들이 자발적으로 조립되어 성숙한 바이러스 입자를 만든다.

고분자의 자가조립으로 가장 좋은 예는 분자생물학자들이 오랫동안 연구한 식물 RNA 바이러스인 담배 모자이크 바이러스

(tobacco mosaic virus, TMV)이다. TMV는 직경이 약 18 nm이고 길이가 300 nm인 막대 모양의 입자이다. 6,395개의 뉴클레오타이드 RNA 단일가닥과 한 종류의 폴리펩타이드(158개의 아미노산으로 구성된 외피 단백질) 2,130개로 구성된다. RNA 분자는 나선 코어를 형성하며, 그 주위에 단백질 소단위체 실린더가 모여있다(**그림 2-18**). 그림에는 전체 TMV 비리온(virion) 중 일부만 표시되어 있고 내부의 나선형 RNA 분자를 나타내기 위해 구조의 상단에서 단백질 여러 층이 생략되었다.

프렝켈-콘라트(Heinz Fraenkel-Conrat)와 동료들은 자가조립에 대한 이해에 크게 기여한 중요한 실험을 수행했다. 그들은 TMV를 RNA와 단백질 성분으로 분리한 다음 시험관 내에서 재조립을 시도했다. 그 결과 정상 작용을 하는 감염성 바이러스 입자가 자발적으로 형성되었는데, 이는 생체 구조를 구성하는 요소가 외부 정보 없이 자발적으로 재조립될 수 있다는 최초이자 가장 설득력 있는 증거이다. 특히 흥미로운 것은 한 바이러스 균주의 RNA를 다른 균주의 단백질과 혼합해도 감염성 있는 잡종 바이러스가 형성된다는 사실이다.

이후 TMV 자가조립 과정이 자세히 연구되었고, 놀랍도록 복잡한 조립 과정이 밝혀졌다(**그림 2-19**). 조립이 일어나는 기본 단위는 34개의 외피 단백질로 만들어진 2층의 디스크 구조이다. 이 디스크 단백질 구조가 RNA 분자의 일부(102개 뉴클레오타이드)와 결합하면 나선 모양으로 구조가 전환된다. 이 전환은 다른 디스크가 결합할 수 있게 하며, 디스크는 연속해서 RNA 분자의 다른 부분에 결합할 때 원통형 구조에서 나선 구조로 전환이 일

(a) TMV 단백질 외피 조립 단위는 34개의 동일한 외피 단백질 소단위체가 2층으로 구성되어 있다.

(b) 바이러스 RNA 분자가 디스크와 결합하면 디스크 형태는 원통형에서 나선형으로 변한다.

(c) 또 다른 디스크가 첨가되어 102개 뉴클레오타이드로 된 RNA가 결합한다.

(d) 새로 들어오는 디스크마다 2층을 더하게 되어 또 다른 RNA와 결합하며, 이는 RNA 분자 전체가 뒤덮일 때까지 계속된다.

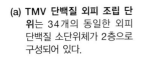

외피 단백질
소단위체
(각 층에 17개)

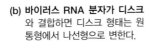

단일가닥 바이러스
RNA 분자

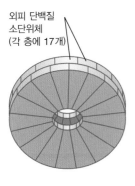

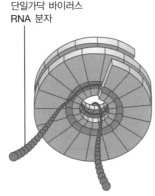

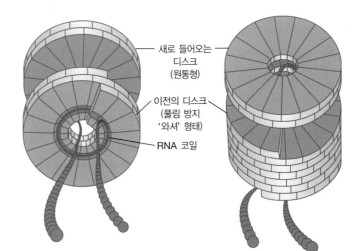

새로 들어오는
디스크
(원통형)

이전의 디스크
(풀림 방지
'와셔' 형태)

RNA 코일

그림 2-19 담배 모자이크 바이러스(TMV)의 자발적 자가조립. (a)~(d)는 외피 단백질과 RNA 구성 요소가 섞여있는 혼합물에서 TMV 비리온이 어떻게 자발적으로 조립되는지 나타낸다. 적절한 조립에 필요한 모든 정보는 단백질과 RNA 자체에 포함되어 있고 추가적인 에너지가 투입될 필요가 없다.

어난다. 이 과정은 RNA 분자 끝에 도달할 때까지 계속되어 성숙한 바이러스 입자를 생성하고 RNA는 외피 단백질로 완전히 덮인다.

최근 과학자들은 나노 기술과 생물의학에 사용하기 위한 맞춤형 합성 분자 복합체를 생산하기 위해 바이러스 입자의 자가조립 능력을 활용하고 있다. 개별 외피 단백질 분자는 전기전도성과 같은 특정 특성을 갖도록 수정되거나 조작될 수 있으며 예측 가능한 구조로 자가조립된다. 이러한 자가조립 구조는 나노미터 크기의 바이오센서, 약물 전달, 양자 컴퓨팅을 비롯한 다양한 응용 분야에서 사용하기 위해 시험되고 있다.

자체 조립에는 한계가 있다

많은 경우 세포 구조의 정확한 형태를 지정하는 데 필요한 정보는 전적으로 구조를 만드는 중합체 내에 있는 것 같다. 이러한 자가조립 시스템은 중합체 구성 요소의 정보 내용만으로 전체 조립 과정을 지정하며 추가 정보 없이 안정적인 3차원 형태를 달성한다. 자가조립을 보조하는 분자 샤페론도 조립에 필요한 추가 정보를 제공하지는 않는다.

그러나 일부 조립 시스템은 추가로 기존에 존재하는 구조에서 제공하는 정보에 의존한다. 이러한 경우 새로운 세포 구조를 만들 때 구성 요소를 새로 조립하여 만들지 않고 구성 요소를 기존에 존재하는 구조 매트릭스에 추가해서 만든다. 기존 구조에 새로운 재료를 추가하여 구축되는 세포 구조의 예로는 세포막과 세포벽이 있다.

계층적 조립은 세포에 이점을 제공한다

그림 2-14는 세포에서 일어나는 **계층적 조립**(hierarchical assembly) 전략을 나타낸다. 생물학적 구조는 거의 항상 계층적으로 구성되며, 단순한 분자로부터 세포소기관, 세포, 개체의 최종생성물에 이르기까지 하위 조립 구조는 중요한 중간체 역할을 한다. 세포 구조가 만들어지는 방법을 살펴보자. 첫째, 다수의 유사하거나 심지어 동일한 소단위체가 축합반응으로 중합체로 조

립된다. 다음 단계로 여러 중합체가 응집하여 구체적으로 특징적인 다량체 단위가 만들어진다. 다량체 단위는 차례로 훨씬 더 복잡한 구조를 생성하고, 결국에는 독특한 세포 내 구조로 인식할 수 있는 조립 구조를 만들 수 있다.

이 계층적 조립은 세포에 화학적 단순성과 조립 효율성이라는 이중 이점을 준다. 화학적 단순성을 이해하려면 세포와 생물체에서 발견되는 거의 모든 구조가 약 30개의 작은 전구체 분자에서 합성된다는 사실만 인식하면 된다. 여기에는 단백질에서 발견되는 20개의 아미노산, 핵산에 존재하는 5개의 방향족 염기, 약간의 당 및 지질 분자가 포함된다. 이러한 30개 작은 전구체 분자로 이루어진 조립 단위와 몇 가지 종류의 축합반응을 통해 중합체가 만들어지고, 계층적 조립을 통해 연속적으로 더 복잡한 세포 구조가 정교하게 만들어져 종국에는 구조적으로 복잡한 생물체가 생성될 수 있다.

계층적 조립 방법의 두 번째 장점은 각 조립 수준에서 수행할 수 있는 '품질 관리'이다. 이를 통해 결함이 있는 구성 요소를 초기 조립 과정에서 교체할 수 있어 더 복잡한 구조에서 교체할 때 드는 비용을 절약할 수 있다. 즉 잘못된 조립 단위가 중합체 사슬에 삽입되면 해당 특정 분자를 조기에 폐기할 수 있으며, 그렇지 않을 경우 결함이 있는 조립 단위가 더 복잡한 초분자 구조, 또는 세포소기관에서 발견되면 교체에 많은 비용이 발생한다. 이 교과 과정에서는 세포 구성 요소가 적절한 구조와 기능을 갖게 하는 절묘한 기작이 세포에 있음을 알게 될 것이다. 또한 세포가 결함이 있는 구성 요소를 인지하고 교체하는 방법도 살펴볼 것이다.

개념체크 2.5

TMV는 RNA 바이러스이다. TMV 균주 A의 RNA를 균주 B의 외피 단백질과 혼합하면 감염성이 있는 바이러스 입자가 생성된다. 외부 정보 없이 이러한 입자는 어떻게 형성되는가? 이 잡종 바이러스는 균주 A 또는 균주 B의 정상 숙주 중 어느 세포를 감염시킬 수 있을까?

요약

2.1 탄소의 중요성

- 탄소 원자는 생명의 기초 원자로, 고유하게 적합한 몇 가지 특성을 가진다. 각 원자는 4개의 안정적인 공유결합을 형성하고, 하나 이상의 다른 탄소 원자와 단일 결합, 2중 결합, 3중 결합을 할 수 있다. 이것은 다양한 선형, 분지형, 고리형 화합물을 생성한다.

- 탄소는 또한 수소, 산소, 질소, 인, 황을 포함하여 세포 화합물에서 일반적으로 발견되는 여러 원자와 쉽게 결합한다. 이러한 요소는 하이드록실기, 설프하이드릴기, 카복실기, 아미노기, 인산기, 카보닐기, 알데하이드기와 같은 탄소 골격에 부착된 기능성 그룹(작용기)에서 자주 발견된다.

2.2 물의 중요성

■ 물의 독특한 화학적 특성은 물을 세포에서 가장 풍부한 화합물로 만든다. 이러한 특성에는 응집성, 높은 비열, 온도 안정화 능력, 대부분의 생체 분자에 대한 용매로 작용하는 능력이 있다.

■ 이러한 화학적 특성은 물 분자의 극성의 결과이다. 극성은 산소-수소 공유결합에서 전자의 불평등한 공유와 구부러진 모양으로 인해 발생하여 원자의 산소 말단이 약한 음전하, 수소 원자가 약한 양전하이다.

■ 이 극성은 물 분자 사이뿐만 아니라 물과 다른 극성 분자 사이에도 광범위한 수소결합을 일으켜 극성 분자가 수용액에 용해된다.

2.3 선택적 투과성막의 중요성

■ 모든 세포는 선택적으로 투과성인 세포막으로 둘러싸여 있어 세포 안팎으로 물질의 흐름을 제어한다.

■ 생체막은 큰 극성 분자, 하전 분자, 이온의 직접적인 통과를 차단하는 소수성 내부가 있는 지질2중층 구조를 가진다.

■ 그러나 극성이 크고 하전된 분자와 이온은 친수성 통로와 막에 걸쳐있는 운반단백질을 통해 막을 통과할 수 있다.

2.4 중합에 의한 합성의 중요성

■ 세포의 분자 조립 단위는 작은 유기분자로, 세포의 구조와 기능에 매우 중요한 고분자를 형성하기 위해 단계적 중합반응을 한다. 비교적 적은 종류의 단량체 단위가 세포에서 대부분의 다당류, 단백질, 핵산 중합체를 구성한다.

■ 단량체가 중합되려면 먼저 단량체가 일반적으로 ATP를 희생시키면서 먼저 활성화된다. 그런 다음 축합반응에서 물 분자를 제거하면서 단량체를 함께 연결한다. 중합체는 역반응인 가수분해에 의해 분해된다.

■ 단량체는 이러한 고분자의 특정 말단에만 첨가되기 때문에 모든 생체 중합체는 방향성을 가진다.

2.5 자가조립의 중요성

■ 단량체를 고분자로 중합하려면 에너지 투입이 필요하지만 대부분의 고분자 사슬은 자발적으로 최종 3차원 형태로 접힌다. 접힘에 필요한 정보는 단량체 단위의 화학적 성질과 단량체가 함께 조합되는 순서에 내재되어 있다.

■ 예를 들어 단백질의 독특한 3차원 구조는 선형 폴리펩타이드 사슬의 자발적인 접힘에 의해 형성되며, 이 구조에 대한 정보는 단백질의 특정 아미노산 순서에 의존한다. 최종 구조는 2황화 결합, 수소결합, 이온결합, 반데르발스 상호작용 및 소수성 상호작용을 비롯한 여러 공유 및 비공유 상호작용의 결과이다.

■ 중합체는 독특하고 예측 가능한 방식으로 서로 상호작용하여 더 복잡한 구조를 연속적으로 생성할 수 있다. 이 계층적 조립 과정은 화학적 단순성과 조립 효율성이라는 이중 이점을 가지고 있다. 또한 세포 구성 요소가 적절하게 만들어지기 위해 여러 단계에서 품질 관리가 가능하다. 프리온의 경우와 같이 단백질이 섬유 모양으로 자가조립되는 것도 질병의 원인이 된다.

연습문제

2-1 탄소의 적합성. 다음에 나오는 각 속성은 탄소 원자의 특징이다. 각각의 경우에 탄소 원자가 생체 분자에서 가장 중요한 원자로 어떻게 기여하는지 설명하라.

(a) 탄소 원자의 원자가는 4이다.

(b) 탄소-탄소 결합은 가시광선 범위(380~750 nm)에 있는 광자의 에너지보다 높은 결합 에너지를 가진다.

(c) 한 탄소 원자는 2개의 다른 탄소 원자와 동시에 결합할 수 있다.

(d) 탄소 원자는 수소, 질소, 황 원자와 쉽게 결합할 수 있다.

(e) 탄소 함유 화합물은 비대칭 탄소 원자를 포함할 수 있다.

2-2 물의 적합성. 다음은 물의 특성에 관한 진술이다. 진술이 사실이고 물을 세포의 바람직한 구성 요소로 만드는 특성인 경우 T, 진술이 사실이지만 세포 구성 요소로서 관련이 없는 속성이면 X, 진술이 틀린 경우 F로 답하라. 각각의 진술이 옳을 경우 살아있는 생명체에 어떤 이점이 있는지 설명하라.

(a) 물은 극성 분자이므로 극성 화합물에 대한 우수한 용매이다.

(b) 물은 산소 분자(O_2)를 환원하여 형성될 수 있다.

(c) 물의 밀도는 얼음의 밀도보다 작다.

(d) 액체 물 분자는 서로 광범위하게 수소결합되어 있다.

(e) 물은 가시광선을 흡수하지 않는다.

(f) 물은 무취, 무미이다.

(g) 물은 비열이 높다.

(h) 물은 기화열이 높다.

2-3 오류 수정. 다음 각각의 거짓 진술에 대해 참인 진술로 만들어라.

(a) 탄소와 수소는 강한 2중 결합을 형성할 수 있다.

(b) 물은 분자량이 작기 때문에 대부분의 다른 액체보다 비열이 높다.

(c) 물속의 기름 방울은 소수성 분자들이 서로에 대한 강한 인력 때문에 합쳐져 물과 별도의 상을 형성한다.

(d) 세포에서 발견되는 대부분의 작은 유기 화합물은 소수성이다.

(e) 생체막은 모든 물질을 자유롭게 투과시킬 수 있다.

2-4 벤젠에 대한 용해도. 그림 2-4에 나와 있는 벤젠의 화학 구조를 참고하라. 어떤 세포 분자가 벤젠에 녹을 것으로 예상하는가?

2-5 약물 표적화. 새로운 항암제를 개발했지만 크기가 크고 극성 작용기가 많이 포함되어 있어 표적 세포의 막을 통과하지 못한다. 이 신약을 암세포에 주입하려면 어떤 전략을 사용해야 하는가?

2-6 막에 관한 모든 것. 생체막에 대한 다음 질문에 각각 50단어 이내로 짧게 답하라.

(a) 양친매성 분자란 무엇인가? 양친매성 분자가 막의 중요한 구성 요소인 이유는 무엇인가?

(b) 막이 지질 단층 대신 지질2중층으로 구성된 이유는 무엇인가?

(c) 막이 선택적으로 투과할 수 있다는 것은 무엇을 의미하는가?

(d) 지질2중층에서 K^+에 대한 투과성이 물보다 최소 10^8배 낮다면 세포 기능에 필요한 K^+은 어떻게 세포에 들어갈까?

(e) 막단백질의 1차 구조에서 소수성 아미노산 서열이 몇 번 존재하는지를 알면 단백질이 막을 통과하는 횟수를 예측할 수 있다. 그 이유는 무엇인가?

2-7 물의 극성. 우리가 알고 있는 모든 생명체는 물 분자에서 두 수소 원자 사이의 각도가 180°가 아니라 104.5°라는 사실에 결정적으로 의존하고 있다. 그 이유를 설명하라.

2-8 양적 분석 결합 에너지. 단일 공유결합은 약 90 kcal/mol의 결합 에너지를 가지며, 일반적인 수소결합은 약 5 kcal/mol의 결합 에너지를 가진다. 단일 수소결합은 비록 약하지만, 수소결합은 DNA에서처럼 많은 수가 존재할 때 주요한 구조적 힘이 된다. 2중가닥 DNA에서 각 AT 염기쌍은 2개의 수소결합, GC 염기쌍은 3개의 수소결합으로 유지된다.

(a) 프로판 분자의 총결합 에너지는 얼마인가? (그림 2-4 참조) C—C 결합 에너지는 83 kcal/mol, C—H 결합 에너지는 99 kcal/mol이다.

(b) 40%의 GC 쌍과 60%의 AT 쌍을 가진 30개 염기쌍의 DNA 분자에서 모든 수소결합의 총결합 에너지는 얼마인가? 동일한 결합 에너지를 얻으려면 몇 개의 탄소-탄소 공유결합이 필요한가?

(c) GC 대 AT 함량 비율이 4:6인 2,000개의 염기쌍으로 구성된 유전자에서 수소결합 총에너지는 모두 얼마인가? 모든 수소결합이 탄소-탄소 결합으로 대체된다면 총결합 에너지는 얼마가 되는가?

2-9 TMV 조립. 다음 각 진술은 TMV RNA 및 외피 단백질 소단위체로부터 담배 모자이크 바이러스(TMV) 비리온의 재조립에 관한 실험적 결과이다. 각각의 경우에 실험 결과에서 도출할 수 있는 합리적인 결론을 기술하라.

(a) TMV 특정 균주의 RNA가 동일한 균주의 외피 단백질과 혼합되면 감염성 비리온이 형성된다.

(b) TMV 균주 A의 RNA가 균주 B의 외피 단백질과 혼합되면 재조립된 비리온이 만들어진다. 담배 식물을 재조립 비리온으로 감염시키면 감염된 담배세포에 균주 A 바이러스 입자가 생성된다.

(c) 시험관에서 외피 단백질 단량체는 RNA가 없어도 바이러스 모양의 나선 구조로 중합될 수 있다.

(d) 감염된 식물 세포에서 형성되는 TMV 비리온은 TMV RNA만 포함하고 숙주세포에 존재하는 다양한 종류의 세포 RNA는 전혀 포함하지 않는다.

(e) TMV 조립에서 RNA와 외피 단백질을 어떤 비율로 혼합하여 반응시켜도 재조립된 비리온은 항상 외피 단백질 단량체 1개당 RNA 3개의 뉴클레오타이드 비율을 가진다.

2-10 화성은 살아있다? 다음과 같은 미래 시나리오를 상상하라. 화성에서 새로운 유형의 고분자를 가진 생명체가 발견되었다. 당신은 이 새로운 화합물을 연구하기 위해 고용되었으며 이것이 구조적 고분자인지 정보용 고분자인지 알아내야 한다. 어떤 특징을 분석해야 하는가?

2-11 데이터 분석 전염성 자가조립. 표 2-1은 담배 모자이크 바이러스(TMV)의 자발적인 자가조립을 보여주는 프렝켈-콘라트(Heinz Fraenkel-Conrat)와 동료들이 수행한 초기 연구 중 일부이다. 그들은 감염성 TMV 입자가 자발적으로 형성될 수 있는지 여부를 시험하기 위해 TMV 단백질과 RNA를 함께 혼합했다. 건강한 잎에 반응 혼합물을 처리한 후 잎 반쪽당 형성된 병변의 수를 세어 정량화했다. 더 많은 수의 병변은 더 많은 양의 감염성 바이러스를 나타낸다. 표의 데이터를 사용하여 다음 질문에 답하라.

(a) 이 실험에서 감염성 TMV 입자가 형성되었는가? 그 이유는 무엇인가?

(b) 감염성 TMV 입자의 생산에 RNA가 필요한가? 그 이유는 무엇인가?

(c) 반응 혼합물에 있는 RNA 종류가 감염성 TMV 입자의 생성에 영향을 주는가? 그 이유는 무엇인가?

표 2-1	바이러스 활성 재생에 대한 반응 조건의 영향
반응 조건	**병변의 수 (Lesions/Half-Leaf)**
단백질 + TMV-RNA(1분)	0.6
단백질 + TMV-RNA(24시간)	10.2
단백질 + TMV-RNA(96시간)	13.0
단백질 + RNase 처리한 TMV-RNA	0.0
단백질 + TYMV*-RNA	0.3
단백질 단독	0.0
TMV-RNA 단독	0.0

* 무황색 모자이크 바이러스(turnip yellow mosaic virus)

3 세포의 고분자

외부 공간에서 자란 결정. 이 형형색색의 단백질 결정들은 개별 단백질 분자의 3차원 구조를 결정하는 X선 결정학에서 사용된다.

앞서 세포 조직의 기본적인 화학 개념 중 일부를 살펴보았다(2장 참조). 각각의 주요 생체 고분자(단백질, 핵산, 다당류)가 상대적으로 적은 수(1~20개)의 반복되는 단량체로 구성되어 있음을 알게 되었다. 이러한 중합체는 활성화된 단량체들이 물을 제거하며 서로 연결되는 축합반응에 의해 합성된다. 일단 합성되면 개별 중합체 분자들은 접히고 감겨서 자발적으로 안정적인 3차원 모양으로 바뀐다. 이렇게 접힌 분자는 일반적으로 추가적인 에너지나 정보의 투입 없이 더 상위 수준의 구조적 복잡성을 위해 또 다른 분자와 다단계적인 방식으로 서로 연결한다. 앞으로 주요 생체 고분자의 종류를 더 자세히 설명하려고 한다. 먼저 단량체 구성 요소의 화학적 성분에 먼저 초점을 맞춘 다음, 중합체 자체의 합성 및 특성에 초점을 맞출 것이다. 곧 알게 되겠지만 세포 내 대부분의 생체 고분자는 대략 30개의 일반적인 작은 분자로부터 합성된다. 조사는 세포의 구조와 기능에서 매우 중요하고 광범위한 역할을 하는 단백질부터 시작한다. 그다음 핵산과 다당류로 이동할 것이다. 이 여행은 중합체의 정의에 정확히 부합하지는 않지만, 중요한 세포 구성 요소이면서 실제 중합체의 합성과 유사한 지질로 마무리할 것이다.

3.1 단백질

단백질(protein)은 세포의 거의 모든 곳에 존재하며 모든 생명체에게 매우 중요한 만능의 고분자이다.

단백질이라는 이름이 '가장 중요한 것'을 뜻하는 그리스어인 *proteios*에서 유래했다는 것을 보아도 이것의 중요성을 알 수 있다. 광합성에서 이산화탄소가 당으로 전환되는 것이나 혈액 속의 산소 운반, 전사인자에 의한 유전자 발현 조절, 세포 간 의사소통, 편모균의 운동성에 관한 어떤 이야기를 하더라도 특수한 성질과 기능을 가진 특별한 단백질에 결정적으로 의존하는 과정을 다루어야 한다.

단백질은 기능적인 또는 구조적인 방법을 포함한 다양한 기준으로 분류될 수 있다. 기능에 따라서 단백질은 9개의 주요 등급으로 나뉜다. 많은 단백질은 효소(enzyme)이며, 생명 활동에 관한 수천 개의 화학반응의 속도를 크게 증가시키는 촉매제 역할을 한다. 반면에 구조단백질(structural protein)은 세포와 세포소기관에게 실제 지지와 모양을 제공하여 세포에게 특징적인 외관을 부여한다. 운동단백질(motility protein)은 세포 및 세포 내 물질의 수축과 이동에 중요한 역할을 한다. 조절단백질(regulatory protein)은 세포 활동이 세포의 요구사항을 충족하게끔 조절될 수 있게 세포 기능의 조절과 조정을 담당한다. 운반단백질(transport protein)은 세포의 안과 밖, 그리고 세포 내에서 다른 물질의 이동에 관여한다. 신호단백질(signaling protein)은 생물체의 세포들 사이의 의사소통을 중개하고, 수용체 단백질(receptor protein)은 세포가 환경에서 화학적인 자극에 반응할 수 있게 한다. 방어단백질(defensive protein)은 질병으로부터 보호를 제공하며, 저장단백질(storage protein)은 아미노산의 저장고 역할을 한다.

단백질은 또한 구조에 기반하여 분류될 수 있다. 이 장 후반에서 다양한 단계의 단백질 구조를 설명할 때 단백질의 두 가지 주요 구조가 구형 또는 섬유성이라는 것을 알 수 있을 것이다. 일반적으로 구형 단백질은 세포 구조에 관여하거나 효소인 반면, 섬유성 단백질은 세포 내에서 단순히 자체 구조를 띠는 경향이 있다.

사실상 세포의 존재나 기능은 자신이 보유한 단백질에 달려있기 때문에 그 단백질이 무엇이고 왜 그렇게 행하는 성질을 가지는지를 이해하는 것은 매우 중요하다. 단백질에 존재하는 아미노산을 살펴보고 난 다음, 단백질 자체의 몇 가지 특성에 대해서 토론해보자.

단백질의 단량체는 아미노산이다

단백질은 **아미노산**(amino acid)이 일렬로 연결된 중합체이다. 세포 내에는 60여 가지 이상의 서로 다른 종류의 아미노산이 존재하지만 **표 3-1**에 있는 20종류만이 단백질 합성에 사용된다. 어떤 단백질은 20종류 이외의 아미노산을 포함하기도 하지만, 이러한 아미노산은 보통 단백질이 합성된 후에 일어난 변형의 결과이다. 대부분의 단백질이 20종류 아미노산의 전부 혹은 대부분을 포함하지만 그 비율은 매우 다양하고, 2개의 다른 단백질은 동일한 아미노산 서열을 갖지 않는다.

모든 아미노산은 **그림 3-1**에 나와 있는 기본 구조를 가진다. 이 기본 구조는 카복실기, 아미노기, 수소 원자, **R 그룹**(R group)이라고 알려진 곁사슬로 이루어져 있다. 이들은 모두 α 탄소(α carbon)라고 알려진 중심 탄소에 부착되어 있다. R 그룹은 각 아미노산에 따라 다르며, 각각의 아미노산에 고유한 특성을 부여한다. R 그룹에 수소 원자 하나만 지닌 글라이신을 제외하고, 모든 아미노산은 α 탄소에 부착하는 4개의 다른 그룹을 가지고 있다. 이는 글라이신을 제외한 모든 아미노산이 서로 거울상이고 겹쳐질 수 없는, 입체이성질체 형태로 존재한다는 것을 의미한다. 이 두 가지 거울상 형태는 D-아미노산과 L-아미노산이라고

표 3-1	세포 속 흔한 작은 분자			
분자 종류	존재 개수	분자 이름	세포에서 역할	구조를 나타낸 그림
아미노산	20	표 3-2 참조	모든 단백질 단량체의 단위	3-2
방향족 염기	5	아데닌	핵산 구성 요소	3-15
		사이토신		3-15
		구아닌		3-15
		타이민		3-15
		유라실		3-15
당	다양함	리보스	RNA 구성 요소	3-15
		디옥시리보스	DNA 구성 요소	3-15
		포도당	에너지 대사, 녹말과 글리코젠의 구성 요소	3-21
지질	다양함	지방산	인지질과 막의 구성 요소	3-27a
		콜레스테롤		3-27e

출처: Wald, G. The origins of life. *Proc. Natl. Acad. Sci. USA* 52 (1994): 595.

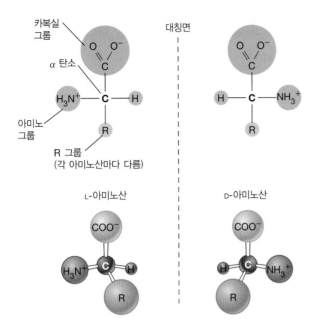

그림 3-1 아미노산의 구조와 입체화학. 대부분의 아미노산은 L형과 D형의 2개의 이성질체 형태로 존재할 수 있고, 일반적인 구조식(위)과 공-막대 모형(아래)으로 나타낼 수 있다.

표 3-2	아미노산 약칭	
아미노산	세 글자 약어	한 글자 약어
알라닌	Ala	A
아르지닌	Arg	R
아스파라진	Asn	N
아스파트산	Asp	D
시스테인	Cys	C
글루탐산	Glu	E
글루타민	Gln	Q
글라이신	Gly	G
히스티딘	His	H
아이소류신	Ile	I
류신	Leu	L
라이신	Lys	K
메싸이오닌	Met	M
페닐알라닌	Phe	F
프롤린	Pro	P
세린	Ser	S
트레오닌	Thr	T
트립토판	Trp	W
타이로신	Tyr	Y
발린	Val	V

불린다. 두 종류 모두 자연계에 존재하기는 하지만 단백질에는 L-아미노산만 나타난다. 이러한 편향의 이유는 밝혀지지는 않았지만 흥미로운 진화적 의문으로 남아있다. 분명한 것은 세포의 효소는 L-아미노산을 사용하도록 진화했다는 것이다. 이것이 생물 발생 이전 환경에서 D-아미노산에 비해 L-아미노산이 상대적으로 풍부해서인지 아니면 다른 어떤 이유 때문인지는 잘 모른다. 그림에서 알 수 있듯이 카복실기와 아미노기는 일반적인 세포 pH에서 이온화되어 있다는 점을 주목하라.

그림 3-1에 표시된 카복실기와 아미노기는 모든 아미노산의 공통적인 특징이기 때문에 다양한 아미노산의 특정한 성질은 글라이신의 단일 수소 원자에서 트립토판과 타이로신에서 발견되는 비교적 복잡한 방향족(고리 함유) 그룹에 이르는 R 그룹의 화학적 특성에 따라 다르다. 그림 3-2는 단백질에서 발견되는 20개의 L-아미노산의 구조를 보여주고, 표 3-2에는 과학계에서 사용하는 표준화된 아미노산의 세 글자와 한 글자 약어가 나열되어 있다.

아미노산 중 9개는 비극성이고, 소수성(hydrophobic)인 R 그룹을 가진다(A 그룹). 이들의 구조를 잘 살펴보면 R 그룹의 탄화수소 성분이 산소나 질소를 거의 갖지 않거나 없다는 것을 알 수 있다. 이러한 소수성 아미노산은 일반적으로 단백질이 수분 환경에 있을 때 단백질의 안쪽에서 발견된다. 만약 단백질이 세포막으로 갈 예정이라면 막을 관통하는 영역에서 소수성 아미노산이 우세할 것이다.

나머지 11개의 아미노산은 친수성(hydrophilic) R 그룹을 가지는데, 이들은 극성을 띠거나(B 그룹), 세포의 특징적인 pH 값에서 실제로 전하를 띠고 있다(C 그룹). 2개의 산성 아미노산은 음전하를 띠고, 3개의 염기성 아미노산은 양전하를 띤다. 친수성 아미노산은 단백질의 표면에 나타나는 경향이 있어서 이들은 주변 환경에 있는 물 분자나 다른 극성 또는 전하를 띠는 물질과 상호작용을 극대화할 수 있다.

연결하기 3.1

극성, 비극성 아미노산과 물 분자 사이에서 어떤 종류의 결합이 가장 많이 형성될까? (2.2절 참조)

폴리펩타이드와 단백질은 아미노산의 중합체이다

개개의 아미노산을 직선의 중합체로 신장하는 과정은 이미 존재하는 사슬에 새로운 아미노산을 축합반응(또는 탈수반응)으로 단계적으로 추가하는 과정이다(그림 2-16 참조). H_2O를 구성하는 3개의 원자가 제거되면서 한 아미노산의 카복실기의 탄소는 다음 아미노산에 있는 아미노기의 질소와 직접 연결된다. 두 아미노산을 연결하는 이런 공유결합성 C-N 결합을 펩타이드 결합

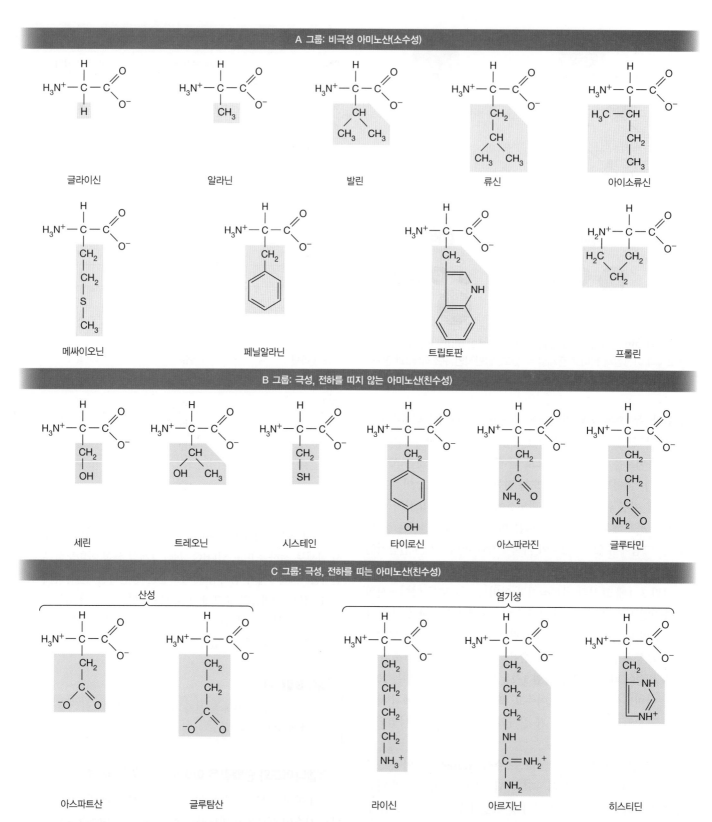

그림 3-2 단백질에서 발견되는 20개의 아미노산의 구조. 모든 아미노산은 아미노기와 카복실기가 중앙(α) 탄소에 붙어있으나, 개별 아미노산은 각각의 독특한 R 그룹(음영 표시)을 가지고 있다. A 그룹은 비극성을 띠면서 탄화수소 R 그룹을 가져서 소수성이다. 이외에는 친수성을 띠는데, 이는 R 그룹이 극성이거나(B 그룹) R 그룹이 산성 또는 염기성이어서(C 그룹) 세포의 pH에서 극성을 띠기 때문이다.

(peptide bond)이라고 하며, 아래에 굵은 선으로 표시했다.

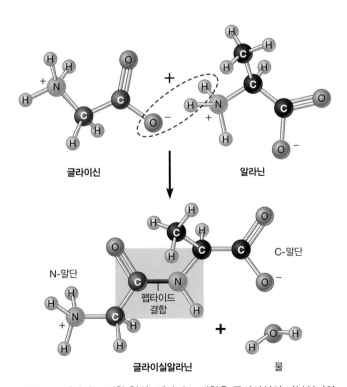

새로운 펩타이드 결합이 탈수반응에 의해 형성될 때마다 신장되는 사슬은 하나의 아미노산만큼 길어진다. 펩타이드 결합 형성은 **그림 3-3**에서 아미노산 글라이신과 알라닌의 경우를 공-막대 모형을 사용하여 도식적으로 묘사되어 있다. 펩타이드 결합은 부분적으로 2중 결합 특성을 가지며, 그러므로 6개의 가장 가까운 원자는 거의 평면상에 있게 된다(그림 3-3의 음영 직사각형 참조).

이러한 방법으로 형성된 아미노산 사슬 한쪽 끝은 항상 아미노기를 가지고 다른 쪽 끝은 카복실기를 가지기 때문에 내재적인 방향성을 가진다. 아미노기를 지닌 끝은 **N-말단**(N-terminus) 혹은 **아미노 말단**(amino terminus), 카복실기를 지닌 끝은 **C-말단**(C-terminus) 혹은 **카복실 말단**(carboxyl terminus)이라고 부른다.

른다.

아미노산 사슬이 신장되는 이러한 과정을 단백질 합성(protein synthesis)이라고 부르기는 하지만 이 용어가 적확하다고 할 수는 없다. 왜냐하면 아미노산 중합 과정의 첫 산물은 단백질이 아니라 **폴리펩타이드**(polypeptide)이기 때문이다. 단백질은 독특하고 안정적이며 3차원 모양을 지닌 폴리펩타이드 사슬(혹은 다수의 폴리펩타이드의 복합체)이고, 결과적으로 생물학적으로 활성을 가진다. 일부 단백질은 하나의 폴리펩타이드로 이루어져 있고, 그들의 최종 모양은 사슬이 형성될 때 자발적으로 일어나는 접힘과 나선 형성 때문이다. 일부 단백질은 여러 폴리펩타이드로 이루어져 있다. 그런 단백질을 **단량체 단백질**(monomer protein, 여기서 *monomer*는 문자 그대로 '하나의 부분'을 의미)이라고 부른다. 그 외의 많은 단백질인 **다량체 단백질**(multimeric protein)은 폴리펩타이드 소단위체라고 불리는 둘 이상의 폴리펩타이드로 이루어져 있다.

폴리펩타이드는 그 자체로 중합체(polymer)이지만, 전체 폴리펩타이드는 다량체 단백질의 일부인 단량체가 될 때도 있다. 아미노산 단위체들이 연결된 중합체이지만, 다른 한편으로 이 전체 폴리펩타이드는 다량체 단백질의 일부인 단량체가 될 때도 있다. 만약 다량체 단백질이 2개의 폴리펩타이드로 구성되어 있다면 이 단백질은 **2량체**(dimer)라고 하고, 3개의 폴리펩타이드로 구성되어 있다면 **3량체**(trimer)라고 부른다. 혈관에서 산소를 운반하는 헤모글로빈은 α와 β 소단위체라고 알려진 두 종류의 폴리펩타이드가 각각 2개씩, 총 4개의 폴리펩타이드로 이루어졌으므로 **4량체**(tetramer)라고 알려져 있다(**그림 3-4**). 다량체 단백질

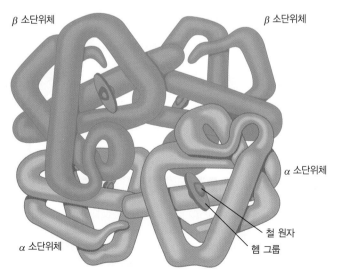

그림 3-3 펩타이드 결합 형성. 펩타이드 결합은 글라이신의 카복실기와 알라닌의 아미노기 사이에서 물이 제거될 때(타원형 점선) 형성된다. 음영의 직사각형에서 펩타이드 결합의 근처 6개의 원자는 거의 평면상에 위치한다.

그림 3-4 헤모글로빈의 구조. 헤모글로빈은 4개의 폴리펩타이드 소단위체(2개의 α 소단위체 및 2개의 β 소단위체)로 구성된 다량체 단백질이다. 각 소단위체는 단일 산소 분자를 결합할 수 있는 철 원자를 가진 헴 그룹(heme group)을 포함한다.

의 경우 단백질 합성은 개별 폴리펩타이드 소단위체의 신장 및 접힘뿐만 아니라 그다음의 상호작용과 다량체 단백질로의 조립까지 포함한다.

여러 종류의 결합과 상호작용은 단백질 접힘과 안정성에 중요하다

폴리펩타이드의 적절한 형태나 배치로의 초기 접힘은 공유결합성 2황화 결합 및 여러 **비공유결합과 상호작용**(noncovalent bond and interaction)을 포함한 다양한 종류의 결합과 상호작용(2장 참조)에 의존한다. 일반적으로 비공유결합은 공유결합보다 훨씬 약하지만 다양하고, 수가 많으며, 집단적으로는 단백질 구조와 안정성에 강력한 영향을 미친다. 이러한 비공유결합에는 수소결합(hydrogen bond), 이온결합(ionic bond), 반데르발스 상호작용(van der Waals interaction), 소수성 상호작용(hydrophobic interaction)이 있다. 또한 헤모글로빈과 같은 다량체 단백질을 형성하기 위한 개별 폴리펩타이드의 연결은 **그림 3-5**에 묘사된 것과 같은 결합과 상호작용에 의존한다. 이러한 상호작용은 주로 개별 아미노산 잔기(amino acid residue)의 R 그룹과 관련이 있으며, 아미노산이 폴리펩타이드에 통합될 때 붙여진 이름이다.

열, 고농도의 염 또는 화학적 처리에 의한 이러한 상호작용의 방해는 폴리펩타이드의 변성(denaturation) 또는 접힘 풀림을 야기할 수 있다(그림 2-17 참조). 일반적으로 단백질은 변성되거나 접힘이 풀리면 비활성화된다. 마찬가지로 잘못된 상호작용으로 인한 폴리펩타이드의 부정확한 접힘은 심각한 생물학적 결과를 끼칠 수 있다. 실제로 세포에 잘못 접힌 단백질이 존재하면 알츠하이머병과 같은 인간 질병을 일으킬 수 있다(**인간과의 연결** 참조).

2황화 결합 단백질 형태의 안정성에 기여하는 특별한 종류의 공유결합은 **2황화 결합**(disulfide bond)인데, 이는 2개의 시스테인 잔기의 황 원자 사이에서 형성된다. 그림 3-5a에서 진하게 보이는 것처럼 2황화 결합을 형성하는 2개의 시스테인의 설프하이드릴기에서 2개의 수소 원자를 제거하는 산화반응을 통해 공유결합이 이루어진다.

일단 2황화 결합이 형성되면 그 전자쌍을 공유하는 성질 때문에 단백질의 구조에 상당한 안정성을 부여한다. 오직 2개의 수소 원자를 첨가하여 앞 반응의 반대로 2개의 설프하이드릴기를 재생성함으로써 다시 환원될 때만 깨질 수 있다. 많은 경우 특정 2황화 결합에 관여하는 시스테인 잔기는 동일한 폴리펩타이드의 일부이다. 이들은 폴리펩타이드를 따라 서로 멀리 떨어져 있을 수 있지만, 접히는 과정에 의해 서로 가까이 오게 된다. 이러한 **분자 내 2황화 결합**은 폴리펩타이드의 형태를 안정화한다. 다량체 단백질의 경우 2황화 결합은 2개의 다른 폴리펩타이드에 위치한 시스테인 잔기 사이에서 형성될 수 있다. 이러한 **분자 간 2황화 결합**은 두 폴리펩타이드를 서로 공유결합으로 연결한다. 인슐린이라는 호르몬은 이러한 방식으로 연결된 2개의 소단위체를 가진 2량체 단백질이다.

수소결합 수소결합은 2장에서 물의 특성에 대해 공부했기 때문에 친숙할 것이다. 물의 경우 **수소결합**(hydrogen bond)은 한 물 분자의 수소 원자와 다른 분자의 산소 원자 사이에 형성된다(그림 2-8b 참조). 또한 많은 아미노산의 R 그룹은 수소결합에 참여할 수 있는 작용기를 가지고 있다. 이는 아미노산 서열을 따라 서로 떨어져 있을 수 있지만 폴리펩타이드의 접힘에 의해 근접하게 되는, 아미노산 잔기들 사이에 수소결합이 형성되게 한다(그림 3-5b). 곧 살펴보겠지만 폴리펩타이드에서 수소결합은 많은 단백질에 나타나는 나선 및 평면 구조를 안정화하는 데 특히 중요하다.

수소결합 공여체(donor)는 산소나 질소와 같은 전기음성도가 큰 원자(전자에 대한 친화력이 더 높기 때문에 부분 음전하를 띤다)와 공유결합으로 연결된 수소 원자를 가지고 있기 때문에 수

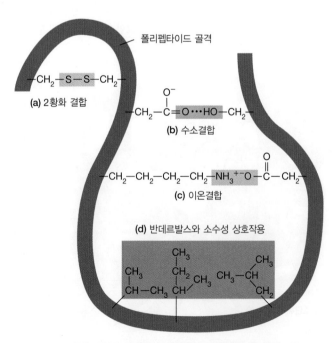

그림 3-5 단백질 접힘과 안정성에 관여하는 결합과 상호작용. 폴리펩타이드의 초기 접힘과 그로 인한 안정성은 (a) 공유결합의 2황화 결합뿐 아니라, (b) 수소결합, (c) 이온결합, (d) 반데르발스 상호작용 및 소수성 상호작용을 포함하는 여러 종류의 비공유결합과 상호작용에 의존한다.

소 원자는 부분적으로 양전하를 띤다. 수소결합 수용체(acceptor)는 수소 원자를 끌어당기는 전기음성 원자를 가지고 있다. 좋은 공여체의 예로는 여러 아미노산의 하이드록실기 및 다른 아미노산의 아미노기가 있다(그림 3-2 참조). 몇몇 다른 아미노산의 카보닐기 및 설프하이드릴기는 좋은 수용체의 예다. 단일 공유결합의 70~100 kcal/mol, 2중 공유결합 및 3중 공유결합의 150~200 kcal/mol에 비해 개별 수소결합은 약 5 kcal/mol의 에너지를 가지고 있어 꽤 약하다. 그러나 수소결합은 단백질과 DNA 같은 생체 고분자에 풍부하므로 다수로 존재할 때 가공할 만한 힘이 된다(연습문제 2-8 참조).

이온결합 단백질 구조에서 **이온결합**(ionic bond) 혹은 전기적 상호작용(electrostatic interaction)의 역할은 이해하기 쉽다. 왜냐하면 몇몇 아미노산의 R 그룹은 양전하를 띠고 다른 아미노산의 R 그룹은 음전하를 띠기 때문에, 폴리펩타이드 접힘은 같은 전하를 띠는 작용기는 배척하고 반대 전하를 띠는 작용기를 끌어당기는 전하 그룹의 성향에 의해 일부 이루어진다(그림 3-5c). 이온결합은 몇 가지 중요한 특징이 있다. 대략 3 kcal/mol 정도의 이온결합의 세기는 몇몇 다른 비공유결합보다 더 먼 거리까지 인력을 가할 수 있다. 게다가 이 인력은 방향성을 갖지 않으므로, 이온결합은 공유결합의 경우처럼 특정 각도에 한정되지 않는다. 이온결합은 양쪽의 작용기가 전하를 띠는 것이 중요하므로 pH 값이 너무 높아지거나 낮아져서 둘 중 한 작용기가 전하를 잃게 되면 이 결합은 파괴될 것이다. 이러한 이온결합의 상실은 대부분의 단백질이 높거나 낮은 pH에서 겪는 변성을 부분적으로 설명한다.

반데르발스 상호작용 전하에 기초한 상호작용은 특정 전하를 지닌 이온에 국한되지 않는다. 일시적으로 비극성 공유결합을 가진 분자조차도 부분적으로 양전하나 음전하를 띤 영역을 가질 수 있다. 전자들의 분포의 일시적인 비대칭과 이에 따라 분자 내에서 전하가 분리되는 것을 쌍극자(dipole)라고 한다. 이러한 일시적인 쌍극자를 지닌 두 분자가 서로 매우 가까이 존재하고 적절히 배치되어 있다면, 이들은 서로에게 끌린다. 그러나 이러한 이끌림은 비대칭 전자 분포가 두 분자에 모두 지속될 때까지만 유지된다. 두 비극성 분자의 일시적인 끌림을 **반데르발스 상호작용**(van der Waals interaction) 또는 반데르발스 힘(van der Waals force)이라고 한다. 하나의 상호작용은 일시적이며, 일반적으로 0.1~0.2 kcal/mol밖에 되지 않을 만큼 매우 약하며, 두 분자가 서로에게 0.2 nm 내로 매우 근접하게 존재해야만 영향을 미칠 수 있다. 이 상호작용은 가장 약한 비공유결합 중 하나임에도 불구하고 합치면 엄청난 세기를 가지게 된다. 예를 들어 2002년의 연구에 따르면 도마뱀붙이의 발에 있는 수백만 개의 털이 반데르

발스 상호작용을 통해 접착력을 얻는다고 한다. 반데르발스 상호작용은 약할 수 있지만, 단백질(그림 3-5d)과 다른 생체 고분자의 구조뿐만 아니라 서로 잘 맞는 상보적인 표면을 가진 두 분자의 결합에서도 중요하다.

소수성 상호작용 단백질 형태를 유지하는 역할을 하는 비공유결합성 상호작용의 네 번째 종류는 일반적으로 **소수성 상호작용**(hydrophobic interaction)이라고 불리지만, 사실 이것은 결합이나 상호작용이 전혀 아니다. 그보다는 소수성 분자나 분자의 소수성 부위가 물과의 상호작용을 피하려는 경향이다(그림 3-5d). 이미 언급했듯이 20개의 서로 다른 아미노산의 곁사슬은 물에 대한 친화도가 매우 다양하다. 친수성 R 그룹을 가진 아미노산은 주변의 물 분자와 최대로 교류 가능한, 접힌 폴리펩타이드의 표면 근처에 위치하려는 경향이 있다. 이와 대조적으로 소수성 R 그룹을 가진 아미노산은 본질적으로 비극성이고, 물에 의해 배척되기 때문에 서로 반응하는 폴리펩타이드의 내부에 주로 위치한다(그림 3-2, A 그룹 참조).

그러므로 최종적인 단백질 구조를 형성하기 위한 단백질 접힘은 어느 정도는 친수성 그룹이 분자 표면 근처의 물이 풍부한 환경을 찾으려는 경향과 소수성 그룹이 서로와 결합함으로써 물과의 접촉을 최소화하려는 경향 사이의 균형에 의한 것이다. 만약 단백질의 대부분의 아미노산이 소수성이라면 단백질은 사실상 물에 녹지 않고 대신 비극성 환경에서 발견될 것이다. 많은 소수성 잔기를 가진 막단백질은 이러한 이유로 막에 위치한다. 유사하게 만약 모든 또는 대부분의 아미노산이 친수성이었다면 각 아미노산이 수분 환경에 최대한 접근할 수 있도록 폴리펩타이드는 상당히 확장되고 무작위적인 형태로 남아있을 가능성이 높다. 그러나 대부분의 폴리펩타이드 사슬이 소수성 아미노산과 친수성 아미노산을 모두 포함하고 있기 때문에 친수성 영역은 표면으로 끌어당겨지는 반면 소수성 영역은 내부로 몰린다.

전반적으로 폴리펩타이드의 접힘 구조의 안정성은 공유결합성 2황화 결합과 다음 4개의 비공유결합, 즉 수소결합 공여체와 수용체인 R 그룹 사이의 수소결합, 전하를 띠는 아미노산 R 그룹 사이의 이온결합, 매우 근접한 비극성 분자 간 순간적인 반데르발스 상호작용, 비극성 그룹을 분자 내부로 향하게 하는 소수성 상호작용의 상호작용에 의존한다.

샤페론 상호작용 많은 단백질이 앞서 언급한 힘을 사용하여 자발적으로 최종 형태를 취하는 반면, 어떤 단백질은 적절한 접힘을 위해 다른 단백질의 도움을 필요로 한다. 이런 **분자 샤페론**(molecular chaperone, 간략한 내용은 2장 참조)은 단백질이 정확하게 접히도록 한다. 분자 샤페론은 단백질 합성 중에 자주 작용하지만, 잘못 접힌 성숙한 단백질을 다시 접는 것도 촉진한다.

피터슨 부인은 오늘 새 팔찌를 받았다. 앞면에는 중요한 진료정보가 담겨 있고, 뒷면에는 딸의 전화번호가 새겨져 있다. 피터슨 부인은 자신이 그 팔찌를 좋아하는지 혹은 왜 가지고 있는지 잘 모른다. 그녀는 가끔 가게로 가는 중에 길을 잃고, 자신이 왜 방에 들어갔는지 잊어버리고, 몇 년 동안 알고 지낸 사람들을 알아보지 못한다. 앞으로 5년에서 10년 동안 그녀의 기억력은 계속 떨어질 것이다. 그녀는 알츠하이머병의 초기 단계에 있다.

알츠하이머의 파괴적인 영향을 잘 아는 사람들은 알츠하이머 환자와 간병인에게 고통과 감정적인 부담이 간다는 사실을 너무나 잘 알고 있다. 알츠하이머병의 영향은 광범위하다. 65세 이상의 미국인 10명 중 1명이 알츠하이머병을 앓고 있다. 또한 차별이 없다. 과거의 대통령, 배우, 운동선수 모두 그 병에 굴복했다. 향후 40년 내에 알츠하이머는 보건의료와 의료 관련 서비스에 미국에서만 연간 약 1조 2,000억 달러의 지출을 초래할 것으로 예상된다.

알츠하이머의 증상은 뇌세포 외부와 내부 모두에서 단백질의 과도한 결합으로 인해 뇌세포가 퇴화하면서 발생한다. 알츠하이머 환자들은 두 가지 종류의 구조적 이상을 보인다. 첫 번째로, *아밀로이드 플라크*(amyloid plaque)가 뇌세포 바깥쪽에서 발견된다(**그림 3A-1**). 이러한 구조는 *아밀로이드-베타* 펩타이드(Aβ)라고 불리는 40~42개의 아미노산으로 이루어진 피브릴(fibril)을 포함하는데, 이는 일반적으로 원형질막에 박혀있는 아밀로이드 전구체 단백질(APP)이라고 하는 단백질에 효소가 작용하여 생성된다. Aβ 피브릴은 세포 외 환경에서 용해되지 않아서 뇌세포 사이의 시냅스에 축적되는 아밀로이드 플라크를 형성한다.

APP 유전자 또는 APP를 Aβ로 분해하는 효소를 암호화하는 유전자에서 유전적인 돌연변이는 알츠하이머의 유전적 형태를 형성할 수 있다. 그러나 알츠하이머를 가진 대부분의 사람들은 이러한 돌연변이를 가지고 있지 않다. 알츠하이머병에 걸릴 가능성이 높은 몇몇 사람들은 아포지질단백질 E(apoE)라고 알려진 다른 형태의 단백질을 생산한다. apoE는 주로 콜레스테롤을 수송하는 작용을 하지만, apoE의 일부 형태는 아밀로이드 플라크의 형성을 자극한다. 알츠하이머의 다른 비유전적인 형태는 프로 미식축구 선수와 권투 선수가 겪는 것과 같이 약하지만 반복적인 뇌 손상 및 심각한 뇌 손상과 관련이 있다.

아밀로이드 축적은 알츠하이머 환자의 뇌 조직에서 두 번째 주요 유형의 변화를 초래한다. *신경섬유 엉킴*(neurofibrillary tangle)으로 알려진 비정상적인 구조는 대부분 타우(Tau)라고 하는 단백질의 중합된 형태로 구성되어 있다(**그림 3A-2**). 타우는 중추신경계에 풍부하며, 신경세포를 포함한 많은 세포 내부의 핵심 구조적 요소인 미세소관을 안정화하는 역할을 한다(4장과 13장 참조). 엉킨 타우 단백질은 과도하게 인산화된다. 아밀로이드 플라크와 신경섬유 엉킴의 축적으로 인해 알츠하이머 환자들은 뇌에서 진행성 세포 사멸과 그에 따른 기억상실을 겪는다(**그림 3A-3**).

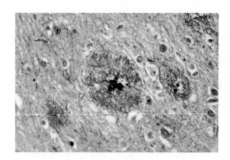

그림 3A-1 알츠하이머 환자의 단백질 응집. 많은 아밀로이드 플라크가 관찰되는 알츠하이머에 걸린 환자의 유병 뇌 조직

일반적으로 대부분의 샤페론이 사용하는 메커니즘은 단백질이 더 많이 만들어질 수 있을 때까지 새로 합성된 단백질의 일부가 앞에서 언급한 상호작용에 참여하는 것을 차단하는 것이다(이 메커니즘은 24장과 그림 24-20 참조).

완전히 접힌 폴리펩타이드의 최종 배치는 앞에서 설명한 힘, 경향 및 상호작용의 합산 결과이다. 각각의 비공유적인 상호작용은 에너지가 상당히 낮다. 그러나 전형적인 폴리펩타이드를 구성하는 수백 개의 아미노산의 곁사슬까지 포함하는, 많은 비공유 상호작용의 누적 효과는 접힌 폴리펩타이드의 형태를 크게 안정화한다.

단백질 구조는 아미노산 서열과 상호작용에 의존한다

단백질의 전체 모양과 구조는 보통 이전 단계에서 계층적으로 쌓아가는 구조의 4가지 단계적 수준이라는 1차, 2차, 3차, 4차 구조로 설명할 것이다(**표 3-3**). 1차 구조는 아미노산 서열을 지칭하지만, 높은 단계의 단백질 구조는 아미노산 잔기들 사이의 상호작용을 의미한다. 이런 상호작용은 공간 내 단백질에 특징적인 형태나 원자의 3차원적 배치를 부여한다(**그림 3-6**). 2차 구조

표 3-3	단백질 구조의 구성 단계	
구조 단계	**구조의 기본**	**결합의 종류와 연관된 상호작용**
1차	아미노산 서열	공유 펩타이드 결합
2차	α-나선, β-병풍 또는 불규칙 코일로의 접힘	펩타이드 결합의 NH와 CO 사이의 수소결합
3차	단일 폴리펩타이드 사슬의 3차원 접힘	2황화 결합, 수소결합, 이온결합, 반데르발스 상호작용, 소수성 상호작용
4차	다량체 단백질을 형성하기 위한 다중 폴리펩타이드의 결합	3차 구조와 동일

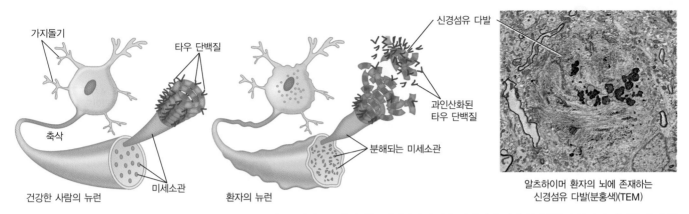

그림 3A-2 신경섬유 엉킴의 형성. 알츠하이머 환자의 뉴런 내 미세소관의 파괴는 과인산화된 타우 단백질에 의해 신경섬유가 엉키기 시작할 때 발생한다.

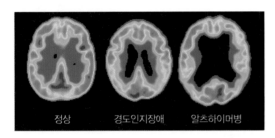

그림 3A-3 뇌 스캔. 양전자 방출 단층 촬영(positron emission tomography, PET)은 알츠하이머의 진행에 따른 뇌의 변화를 이미지화하는 데 사용된다.

언젠가 알츠하이머를 예방하거나 치료하는 것이 가능할 수 있을까? Aβ와 알츠하이머 사이의 관계는 알츠하이머의 진행 중에 여러 다른 단계에서 Aβ의 형성을 저해하거나 뇌에서 Aβ 제거를 촉진하는 치료법을 이용하면 점진적으로 치료될 수 있음을 제시한다. 이러한 치료 방법으로는 (1) 전구체 APP에서 Aβ로 잘리는 것을 차단하는 효소 억제제, (2) 아밀로이드 플라크 자체 혹은 그 형성을 방해하는 작은 분자, (3) RNAi 기술(25장 참조)을 사용하여 RNA를 없애서 플라크 생성을 야기하는 단백질의 번역 감소, (4) 아밀로이드 플라크를 제거하고 형성되지 않도록 면역 체계를 자극하는 Aβ 백신이 있다. 그러한 백신은 이미 알츠하이머 증상을 가진 쥐가 추가적인 기억상실을 겪지 않게 보호할 수 있으며, 이 치명적인 질병이 멀지 않은 미래에 정복될 것이라는 희망을 보여준다.

는 사슬을 따라 서로 가까이 있는 아미노산 잔기들 사이의 국소적인 상호작용을 포함한다. 3차 구조는 폴리펩타이드 분자의 다른 부분에서 나온 아미노산 잔기들의 길게 뻗은 부위 사이의 장거리 상호작용에 의해 생성된다. 4차 구조는 단일 다량체 단백질을 형성하기 위해 둘 또는 둘 이상의 개별로 접힌 폴리펩타이드의 상호작용을 설명한다. 이 3가지 상위 단계의 구조는 모두 1차 구조에 의해 결정된다.

1차 구조　말했듯이 단백질의 **1차 구조**(primary structure)는 아미노산 서열에 대한 정식 명칭이다(그림 3-6a). 1차 구조를 설명할 때 단백질의 아미노산이 분자의 한쪽 끝에서 다른 쪽 끝으로 나타나는 순서로 단순히 지정했다. 통상적으로 아미노산 서열은 항상 폴리펩타이드의 N-말단에서 C-말단으로 쓰이는데, 이는 또한 폴리펩타이드가 합성되는 방향이기도 하다.

완전한 아미노산 서열을 알아낸 첫 번째 단백질은 인슐린 호르몬이었다. 이 중요한 기술적 진보는 1953년에 생어(Frederick Sanger)에 의해 이루어졌으며, 생어는 1958년에 이 공로로 노벨상을 수상했다. 인슐린 분자의 서열을 결정하기 위해 생어는 인슐린을 더 작은 조각으로 쪼개고, 단편이 겹치는 각각의 아미노산 순서를 분석했다. 인슐린은 A 소단위체와 B 소단위체로 불리는 2개의 폴리펩타이드로 이루어져 있는데, 이들은 각각 21개와 30개의 아미노산 잔기를 가진다. **그림 3-7**은 N-말단(왼쪽)에서 C-말단(오른쪽)까지 순서대로 각 소단위의 1차 서열을 나타내는 인슐린의 구조를 보여준다. A 사슬 내 2개의 시스테인 잔기 사이의 공유 2황화(—S—S—) 결합과 A 사슬과 B 사슬을 연결하는 2개의 2황화 결합 또한 주목하라. 2황화 결합은 많은 단백질의 3차 구조를 안정화하는 데 중요한 역할을 한다.

생어의 기술은 수백 개의 다른 단백질의 서열분석을 위한 길을 열었고, 궁극적으로 아미노산 염기서열을 자동으로 측정할 수 있는 기계의 설계로 이어졌다. 그러나 현재의 기술로는 단백질을 정제하고 아미노산 서열을 분석하는 것보다 DNA 분자를

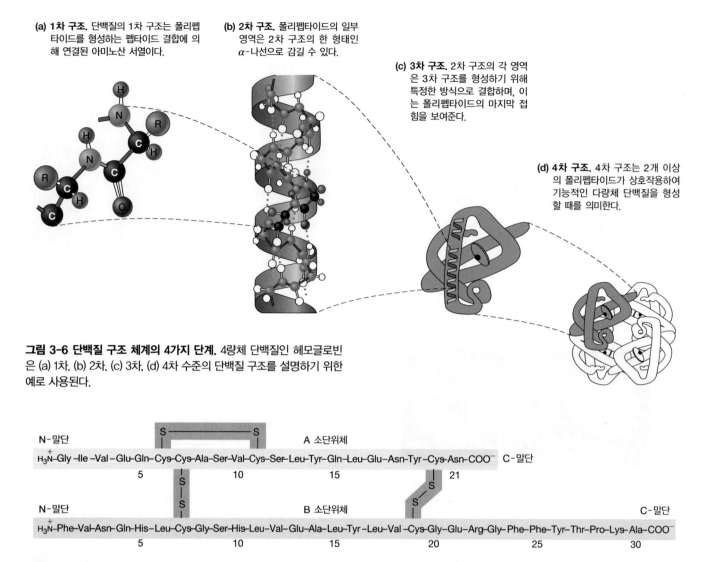

(a) 1차 구조. 단백질의 1차 구조는 폴리펩타이드를 형성하는 펩타이드 결합에 의해 연결된 아미노산 서열이다.

(b) 2차 구조. 폴리펩타이드의 일부 영역은 2차 구조의 한 형태인 α-나선으로 감길 수 있다.

(c) 3차 구조. 2차 구조의 각 영역은 3차 구조를 형성하기 위해 특정한 방식으로 결합하며, 이는 폴리펩타이드의 마지막 접힘을 보여준다.

(d) 4차 구조. 4차 구조는 2개 이상의 폴리펩타이드가 상호작용하여 기능적인 다량체 단백질을 형성할 때를 의미한다.

그림 3-6 단백질 구조 체계의 4가지 단계. 4량체 단백질인 헤모글로빈은 (a) 1차, (b) 2차, (c) 3차, (d) 4차 수준의 단백질 구조를 설명하기 위한 예로 사용된다.

그림 3-7 인슐린의 구조. 인슐린은 A 소단위체와 B 소단위체로 불리는 2개의 폴리펩타이드로 이루어져 있으며, 2개의 2황화 결합에 의해 연결된다 (아미노산의 약어는 표 3-2 참조).

정제하고 그것의 뉴클레오타이드 서열을 결정하는 것이 훨씬 더 쉽다. 일단 DNA 뉴클레오타이드 서열이 결정되면 그 DNA 절편에 의해 암호화된 폴리펩타이드의 아미노산 서열을 유전암호를 사용하여 쉽게 유추할 수 있다. 전산화된 데이터뱅크는 이제 수천 개의 폴리펩타이드 서열을 가지고 있어서 서열을 비교하고 폴리펩타이드 간 유사 영역을 찾기 쉽게 만들었다.

단백질의 1차 구조는 유전적으로나 구조적으로 중요하다. 유전적으로는 폴리펩타이드의 아미노산 서열이 해당 전령 RNA의 뉴클레오타이드 순서에 따라 결정되기 때문에 의미가 있다. 전령 RNA는 차례로 단백질을 암호화하는 유전자의 DNA 서열을 반영한다. 따라서 단백질의 1차 구조는 유전자 DNA의 뉴클레오타이드의 배열 순서의 결과이다.

더 직접적으로 중요한 것은 더 높은 단계의 단백질 구조를 위한 1차 구조의 함축이다. 본질적으로 단백질 구조에서 나머지 3

개의 상위 단계는 모두 1차 구조의 직접적인 결과이다. 가열에 의한 단백질 변성이 폴리펩타이드의 접힘을 펴고 1차 구조를 제외한 모든 구조를 제거한다 할지라도 1차 서열의 정보는 이러한 높은 수준의 구조를 지정하고, 종종 단백질은 리보핵산 분해 효소에서 본 것처럼 원래의 형태로 다시 접힐 수 있다(그림 2-17 참조). 마찬가지로 만약 합성 폴리펩타이드가 헤모글로빈의 α 소단위체와 β 소단위체에 서열상으로 일치하게 만들어진다면 그들은 이러한 소단위체의 고유한 3차원 입체 형태를 측정한 다음, 우리가 헤모글로빈으로 알고 있는 고유한 $\alpha_2\beta_2$ 4량체를 형성하기 위해 자발적으로 상호작용할 것이다(그림 3-4 참조).

2차 구조 단백질의 **2차 구조**(secondary structure)는 사슬을 따라 폴리펩타이드 골격을 따라서 존재하는 NH와 CO 그룹 사이에 형성된 수소결합으로 인해 만들어진 구조의 국소적인 구조를

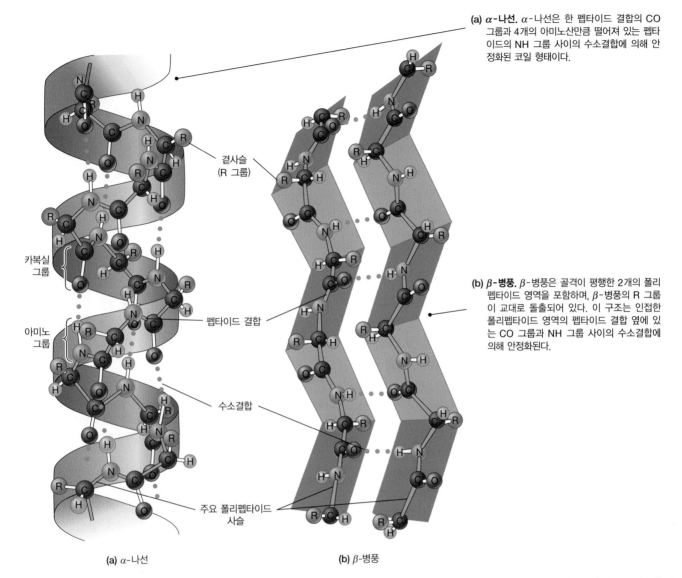

(a) α-나선. α-나선은 한 펩타이드 결합의 CO 그룹과 4개의 아미노산만큼 떨어져 있는 펩타이드의 NH 그룹 사이의 수소결합에 의해 안정화된 코일 형태이다.

곁사슬 (R 그룹)

카복실 그룹

아미노 그룹

펩타이드 결합

수소결합

주요 폴리펩타이드 사슬

(b) β-병풍. β-병풍은 골격이 평행한 2개의 폴리펩타이드 영역을 포함하며, β-병풍의 R 그룹이 교대로 돌출되어 있다. 이 구조는 인접한 폴리펩타이드 영역의 펩타이드 결합 옆에 있는 CO 그룹과 NH 그룹 사이의 수소결합에 의해 안정화된다.

(a) α-나선　　　　　**(b) β-병풍**

그림 3-8 α-나선과 β-병풍. (a)의 α-나선 구조와 (b)의 β-병풍 구조는 모두 수소결합(파란 점선)으로 안정화되는데, 이 결합은 α-나선 구조의 1차 서열의 국소적인 부위나 β-병풍 구조의 2개의 분리된 부위 사이에서 일어난다.

말한다. 이러한 국소적 상호작용은 **α-나선**(α helix)과 **β-병풍**(β sheet) 구조라고 알려진, 두 가지의 주된 구조적 패턴을 만들어낸다(**그림 3-8**).

α-나선 구조와 β-병풍 구조는 1951년에 폴링(Linus Pauling)과 코리(Robert Corey)가 제안했다. 그림 3-8a에 보이는 것처럼 α-나선은 소용돌이 모양이고, 각 아미노산 잔기들의 특정 R 그룹이 밖으로 돌출되는 펩타이드 결합으로 연결된 아미노산 골격으로 이루어져 있다. α-나선 내에는 한 바퀴당 3.6개의 아미노산이 있으며, 약 4개의 아미노산마다 한 번꼴로 이들의 펩타이드 결합들이 가까이 근접하게 된다. 실제로 이렇게 가까워진 펩타이드 결합들 사이의 간격은 그림 3-8a에 보이는 것처럼 한 펩타이드 결합에 인접한 NH 그룹과 다른 펩타이드 결합에 인접한 CO 그룹 사이에서 수소결합이 형성되기에 알맞다.

결과적으로 관련 아미노산 잔기들이 직접적으로 이웃하지 않더라도 나선에 있는 모든 펩타이드 결합은 아미노산들은 나선의 바로 '아래쪽'에 있는 펩타이드 결합의 CO 그룹과 바로 '위쪽' 펩타이드 결합의 NH 그룹 사이의 수소결합이다. 이러한 수소결합은 모두 나선의 주축과 거의 평행하여 나선의 연속적인 전환점을 잘 붙잡아 나선 구조를 안정화하려는 경향이 있다. 게다가 둘 혹은 2개 이상의 α-나선은 우리가 머리카락을 구성하는 케라틴 단백질에서 곧 볼 수 있는 것처럼 **또꼬인나선**(coiled coil)이라고 불리는 α-나선 다발을 형성하기 위해 밧줄과 같은 방식으로 서로 감길 수 있다.

단백질에서 일반적인 2차 구조의 또 다른 형태는 β-병풍 구조인데, 이 또한 폴링과 코리가 처음 제안했다. 그림 3-8b에서 볼 수 있듯이 이 구조는 주름의 '돌출부'와 '골'에 위치한 폴리펩타이드 사슬 내 연속적인 원자로 인해 펼쳐진 병풍 같은 구조이다. 연속적인 아미노산의 R 그룹은 병풍의 두 면을 번갈아가며 돌출되어 있다. 폴리펩타이드 사슬의 골격을 이루는 연속적 탄소 원자가 연속적으로 β-병풍의 면 약간 아래와 약간 위에 위치하기 때문에 이 구조를 종종 β 주름판(β-pleated sheet)이라고도 부른다.

α-나선과 마찬가지로 β-병풍은 수소결합을 최대화했다는 특징이 있다. 두 경우 모두 펩타이드 결합에 인접한 모든 CO 그룹과 NH 그룹은 수소결합에 참여하게 된다. 하지만 α-나선에 있는 수소결합은 항상 분자 내부(같은 폴리펩타이드 분자 안)에 있는 반면, β-병풍에 있는 수소결합은 분자 내부(같은 폴리펩타이드의 두 부분 사이)에 생기거나, 분자 사이(2개의 다른 폴리펩타이드를 연결)에 있을 수 있다. β-병풍을 형성하는 단백질 영역은 두 가지 다른 방법으로 서로 상호작용할 수 있다. 만약 상호작용하는 두 영역의 N-말단에서 C-말단으로 뻗어있는 방향이 동일하다면 이 구조는 평행 β-병풍(parallel β sheet)이라고 하고, 두 가닥의 N-말단에서 C-말단으로 뻗어있는 방향이 반대라면 이 구조는 역평행 β-병풍(antiparallel β sheet)이라고 한다. 일부 단백질에서 여러 역평행 β-병풍이 β 프로펠러로 알려진 구조에서 중심축 주위로 대칭적으로 관여한다.

폴리펩타이드의 특정 부분이 α-나선, β-병풍을 형성할지 또는 둘 다 형성하지 않을지는 해당 부분에 존재하는 아미노산에 따라 달라진다. 예를 들어 류신, 메싸이오닌, 글루탐산은 강력한 'α-나선 형성자'이고, 일반적으로 α-나선 영역에서 발견된다. 아이소류신, 발린, 페닐알라닌은 강력한 'β-병풍 형성자'이고, 종종 β-병풍 영역에서 발견된다. 프롤린의 R 그룹은 아미노기의 질소와 공유결합을 형성하여 수소결합에 필요한 수소 원자가 부족하기 때문에 프롤린은 '나선 파괴자'로 간주된다. 프롤린은 α-나선에서 거의 발견되지 않으며, 존재한다면 나선에 굴곡을 일으킨다.

단백질 내에 있는 구조의 국한된 영역을 묘사하기 위해 생화학자들은 그림 3-9와 같은 유형의 규칙을 채택했다. α-나선 영역은 소용돌이 모양이나 원통 모양으로 나타내는 반면, β-병풍 영역은 납작한 띠나 화살표 머리가 C-말단을 향하는 화살표로 그려진다. 상대적인 방향에 따라 β-병풍은 평행이거나(그림 3-9a) 또는 역평행(그림 3-9b)일 수 있다. α-나선이나 β-병풍 영역을 연결하는 고리 모양의 부위는 본질적으로 무질서한 불규칙 코일(random coil)이라고 한다. 이 부분은 2차 구조로 정의되지 않으며, 가는 끈으로 묘사된다.

α-나선과 β-병풍의 특정 조합은 많은 단백질에서 확인되었다. 모티프(motif)라고 하는 이러한 2차 구조의 조합은 다양한 길이의 고리 영역에 의해 서로 연결된 α-나선이나 β-병풍의 작

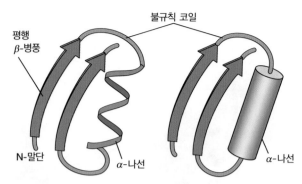

(a) 나선형(왼쪽) 혹은 원통형(오른쪽)으로 표현된 α-나선이 있는 β-α-β 모티프

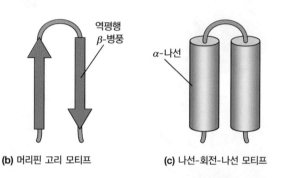

(b) 머리핀 고리 모티프   (c) 나선-회전-나선 모티프

그림 3-9 일반적인 구조적 모티프. 이들 짧은 폴리펩타이드의 부분은 2차 구조의 보편적인 단위를 보여준다. (a) β-α-β, (b) 머리핀 고리, (c) 나선-회전-나선 모티프. 평면은 평행(a)이거나 역평행(b)일 수 있다.

은 부분으로 구성된다. 가장 흔하게 접할 수 있는 모티프는 그림 3-9a에 표시된 β-α-β 모티프와 그림 3-9b와 c에 각각 표시된 머리핀 고리와 나선-회전-나선 모티프이다. 동일한 모티프가 다른 단백질에 존재할 때 일반적으로 각 단백질에서 동일한 기능을 수행한다(예: 나선-회전-나선 모티프는 유전자 발현의 조절을 고려할 때 25장에서 만나게 될 DNA 결합단백질의 특징인 여러 2차 구조 모티프 중 하나이다).

3차 구조 단백질의 **3차 구조**(tertiary structure)는 2차 구조와 대조해볼 때 아마도 가장 이해하기 쉬울 것이다(그림 3-6b, c). 2차 구조는 모든 폴리펩타이드 사슬을 따라서 있는 공통적인 구조적 요소인 펩타이드 결합 주변의 NH와 CO 그룹 사이의 수소결합이 관여하기 때문에 생긴 폴리펩타이드의 반복되는 속성에서 파생된 예측 가능한 반복 구조의 패턴이다. 만약 어떤 단백질이 단 하나 혹은 비슷한 종류의 아미노산 몇 개만으로 구성된다면 실제로 단백질 구조는 약간의 변이만 존재하는 2차 구조로만 이루어질 것이다.

3차 구조는 단백질에 존재하는 아미노산의 다양성과 이 아미노산들의 R 그룹이 서로 매우 다른 화학적 속성을 가지고 있기 때문에 나타난다. 사실 3차 구조는 다양한 R 그룹이 1차 서열의 어디에 나타나든 상관없이 이들 사이의 상호작용(수소결합, 반

데르발스 상호작용, 소수성 상호작용 포함)에 거의 다 의존한다고 앞서 언급했다. 따라서 3차 구조는 사슬에 있는 모든 아미노산에게 공통적인 CO 그룹과 NH 그룹에 의존한 것이 아니라 각 아미노산을 구별 짓는 특징인 R 그룹에 의존하기 때문에 각 폴리펩타이드의 비반복적이고 독특한 측면을 반영한다.

3차 구조는 반복적이지 않을 뿐 아니라 쉽게 예측할 수도 없다. 이 구조에는 서로 다른 속성을 가진 곁사슬 그룹 간 상충되는 상호작용도 포함한다. 예를 들어 극성 아미노산은 분자 표면으로 향하는 반면, 소수성 R 그룹은 분자의 내부에 있는 물이 없는 환경으로 자발적으로 찾아간다. 비슷한 전하를 띠는 R 그룹은 서로를 밀쳐내는 반면, 반대 전하를 띠는 R 그룹은 이온결합을 형성할 수 있다. 그 결과 폴리펩타이드 사슬은 접히고, 고리를 이루고, 꼬여서 아미노산의 특정 서열의 가장 안정적인 3차원적 구조인 **고유 입체구조**(native conformation)를 이룬다.

폴리펩타이드의 전반적인 모양에 대한 2차 구조와 3차 구조의 상대적인 기여도는 단백질마다 다르며, 폴리펩타이드 사슬에 있는 아미노산의 상대적인 비율과 서열에 결정적으로 의존한다. 대체로 단백질은 섬유성 단백질과 구형 단백질의 두 가지 범주로 나눌 수 있다.

섬유성 단백질(fibrous protein)은 분자 전체에 걸쳐 광범위한 2차 구조(α-나선 또는 β-병풍)를 가지며, 매우 질서 있고 반복적인 구조를 제공한다. 일반적으로 종종 확장된 필라멘트 구조를 지닌 섬유성 단백질의 형태를 결정하는 데 2차 구조가 3차 상호작용보다 훨씬 더 중요하다. 특히 섬유성 단백질의 두드러진 예로는 실크의 **피브로인**(fibroin) 단백질과 모발과 양모섬유의 케라틴(keratin)뿐만 아니라 콜라젠(collagen, 힘줄과 피부에서 발견)과 엘라스틴(elastin, 인대와 혈관에 존재)이 있다.

이들 각 단백질의 아미노산 서열은 단백질에 일련의 가치 있는 기계적 성질을 갖게 하는, 특정 종류의 2차 구조를 선호한다. 예를 들어 피브로인은 실크 섬유의 축과 평행하지만 반대 방향인 폴리펩타이드 사슬을 지닌, 긴 역평행 β-병풍으로 주로 구성된다(**그림 3-10**). 피브로인을 구성하는 일반적인 아미노산은 글라이신, 알라닌, 세린이다. 이 아미노산들은 서로 잘 뭉치는 작은 R 그룹(그림 3-2 참조)을 가지고 있다. 그 결과 β-병풍 구성의 폴리펩타이드 사슬이 이미 가능한 최대 길이까지 늘어나 있기 때문에 실크 섬유가 강하고 상대적으로 잘 늘어나지 않는다.

반면에 모발과 양모섬유는 거의 전체가 α-나선형인 α-케라틴 단백질로 구성된다. 각각의 케라틴 분자는 매우 길고, 나선형의 축이 섬유 축과 거의 평행하게 놓여있다. 그 결과 β-병풍과 같은 폴리펩타이드 사슬의 공유결합이 아니라 α-나선 구조를 안정화하는 수소결합에 의해 섬유질의 연장이 반대되기 때문에 모발을 꽤 늘일 수 있다. 머리카락의 개별 α-나선은 **그림 3-11**에 표시된

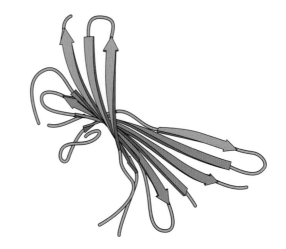

그림 3-10 피브로인의 구조. 실크는 주로 역평행 β-병풍의 영역을 포함하는 섬유성 단백질인 피브로인으로 주로 구성된다.

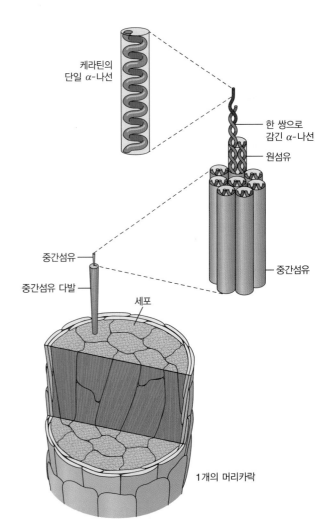

케라틴의 단일 α-나선

한 쌍으로 감긴 α-나선

원섬유

중간섬유

중간섬유

중간섬유 다발

세포

1개의 머리카락

그림 3-11 모발의 구조. 모발의 주요 구조단백질은 α-나선형을 띠는 섬유성 단백질인 α-케라틴이다.

것처럼 강하고 밧줄 같은 구조를 형성하기 위해 감겨진 고리에 함께 감겨있다. 먼저 2개의 케라틴 α-나선은 서로 감겨있고, 2개

의 이들 꼬여진 쌍이 4개의 α-나선을 포함하는 원섬유를 형성한다. 그런 다음 8개의 원섬유 그룹이 서로 묶여서 실제 모발 섬유를 형성하는 중간섬유를 형성한다. 당연히 모발에 있는 α-케라틴 폴리펩타이드는 나선이 닿는 곳에서 서로 상호작용하는 소수성 잔기에 풍부하며, 이는 모발에서 섬유를 촘촘하게 포장할 수 있게 한다.

섬유성 단백질이 중요할지 모르지만 대부분의 세포에 존재하는 단백질의 종류 중 단지 작은 부분에 해당한다. 세포 구조에 관여하는 대부분의 단백질은 **구형 단백질**(globular protein)인데, 이는 폴리펩타이드 사슬이 확장된 섬유가 아닌, 밀집된 구조로 접혀있기 때문에 붙여진 이름이다(그림 3-4 참조). 구형 단백질의 폴리펩타이드 사슬은 종종 α-나선 또는 β-병풍 구조를 가진 영역으로 국소적으로 접히고, 2차 구조의 이러한 영역은 단백질에 꽉 채워진 구형의 형태를 부여하기 위해 그들 스스로 서로 접힌다. 이 접힘은 α-나선 또는 β-병풍의 영역이 폴리펩타이드 사슬이 고리를 이루거나 접힐 수 있게 하는 불규칙하게 구조화된 영역인, 임의의 코일로 배치되어 있기 때문에 가능하다(그림 3-9 참조). 따라서 모든 구형 단백질은 단백질의 특정 기능적 역할에 특별히 적합하도록 특별한 방식으로 접힌 2차 구조 요소(나선과 평면)로 구성된 고유한 3차 구조를 가진다.

대부분의 효소는 구형 단백질이며, 이들의 효소적 기능은 그들의 적정 구조에 따라 크게 달라진다. **그림 3-12**는 전형적인 구형 단백질인 리보핵산가수분해효소의 고유한 3차 구조를 보여준다. (그림 2-17에서 폴리펩타이드의 변성 및 재생, 접힘의 자발성을 보여주는 예시로 리보핵산가수분해효소를 살펴봤었다.) 그림 3-12는 핵산가수분해효소의 구조를 나타내기 위해 두 가지 다른 방식을 사용한다. 그림 3-8에 사용된 공-막대 모델(ball-and stick model)과 그림 3-9에 사용된 나선-리본 모델(spiral-and-ribbon model)이다. 이해를 돕기 위해 리보핵산가수분해효소의 대부분의 곁사슬은 두 모델 모두에서 생략되었다. 그림 3-12a에서 금색으로 표시된 그룹은 리보핵산가수분해효소의 3차 구조를 안정화하는 데 도움을 주는 4개의 2황화 결합이다.

구형 단백질은 주로 α-나선형이거나 β-병풍형 또는 두 구조의 혼합형일 수 있다. 이들 범주는 **그림 3-13**에 나타낸 담배 모자이크 바이러스(TMV)의 외피 단백질, 면역글로불린(항체) 분자의 일부 및 효소 헥소카이네이스의 일부로 각각 설명할 수 있다. 구형 단백질의 나선 절편은 그림 3-13a의 TMV 외피 단백질에서 보이는 것처럼 종종 나선 다발로 구성된다. β-병풍 구조를 지닌 부분은 일반적으로 주로 원통과 같은 구조(그림 3-13b)나 뒤틀린 평면(그림 3-13c)의 특징이 있다.

많은 구형 단백질은 도메인이라고 불리는 여러 부분으로 이루어져 있다. **도메인**(domain)은 보통 특수한 기능을 지닌 3차 구조

가 국소적으로 접힌 별개의 단위이다. 일반적으로 각 도메인은 50~350개의 아미노산을 포함하고 α-나선과 β-병풍 구조를 지닌 영역이 서로 빽빽하게 밀집되어 있다. 작은 구형 단백질은 주로 하나의 도메인으로 접힌다(예: 그림 3-12b의 리보핵산가수분해효소). 큰 구형 단백질은 주로 여러 개의 도메인을 가진다. 사실 그림 3-13b와 c에 표시된 면역글로불린과 헥소카이네이스(6탄당 인산화효소) 분자의 일부분은 이러한 단백질의 특정 도메인이다. **그림 3-14**는 2개의 기능 도메인으로 접힌 단일 폴리펩타이드로 구성된 단백질의 예를 보여준다.

비슷한 기능(예: 특정 이온과 결합하거나 특정 분자를 인식하는 기능)을 지닌 단백질은 일반적으로 동일하거나, 매우 유사한 아미노산 잔기의 서열을 포함하는 공통적인 도메인을 가지고 있다. 게다가 여러 기능을 가진 단백질은 일반적으로 각 기능에 따라 구분되는 도메인을 가진다. 따라서 도메인은 구형 단백질을 구성하는 기능의 모듈식 단위로서 간주될 수 있다. 단백질 내에서 많은 다른 유형의 도메인이 면역글로불린 도메인, 크링글 도메인, 데스 도메인과 같은 이름으로 묘사된다. 각 유형은 α-나선과 β-병풍 영역, 도메인에 특정 기능을 부여하는 불규칙 코일 고리의 특별한 조합으로 구성된다. 종종 효소 단백질의 경우 한쪽 도메인은 촉매 활성을 수행하고, 다른 도메인은 효소의 활성을 조절한다.

3차 구조의 주제를 넘어가기 전에 이러한 높은 수준의 구조가 폴리펩타이드의 1차 구조에 의존적이라는 것을 다시 강조해야 한다. 1차 구조의 중요성은 특히 유전된 질환인 낫모양 적혈구 빈혈증(sickle-cell anemia)으로 잘 입증된다. 이 증상을 나타내는 사람은 정상적인 원반 모양에서 '낫' 모양으로 변형된 적혈구를 가지고 있는데, 이러한 비정상적인 세포는 혈관을 막고 혈액의 흐름을 방해하여 조직 내 산소 가용성을 제한한다.

이 상태는 적혈구 내 헤모글로빈 분자에서 약간의 변화에 의해 야기된다. 낫모양 적혈구 빈혈증 환자의 헤모글로빈 분자는 정상적인 α-폴리펩타이드 사슬을 가지고 있지만, β 사슬은 하나의 아미노산이 다르다. 사슬의 특정 위치(N-말단에서 6번째 아미노산 잔기)에서 일반적으로 존재하는 글루탐산(E)이 발린(V)으로 대체된다. 이 단일 치환(E6V로 표기)은 β 사슬의 3차 구조에 충분한 차이를 유발하며, 헤모글로빈 분자를 결정화하여 낫모양으로 변형시킨다. 모든 아미노산의 치환이 구조와 기능에서 그런 극적인 변화를 일으키는 것은 아니지만, 이 예시는 폴리펩타이드의 아미노산 서열과 분자의 최종 형태 및 생물학적 활성의 중요한 관계를 강조한다.

단백질의 1차 서열이 최종 접힘 형태를 결정한다는 것을 알고 있지만 특별히 큰 단백질(100개 이상의 아미노산)의 경우에 주어진 단백질이 어떻게 접힐지는 정확히 예측할 수 없다. 사실 구조

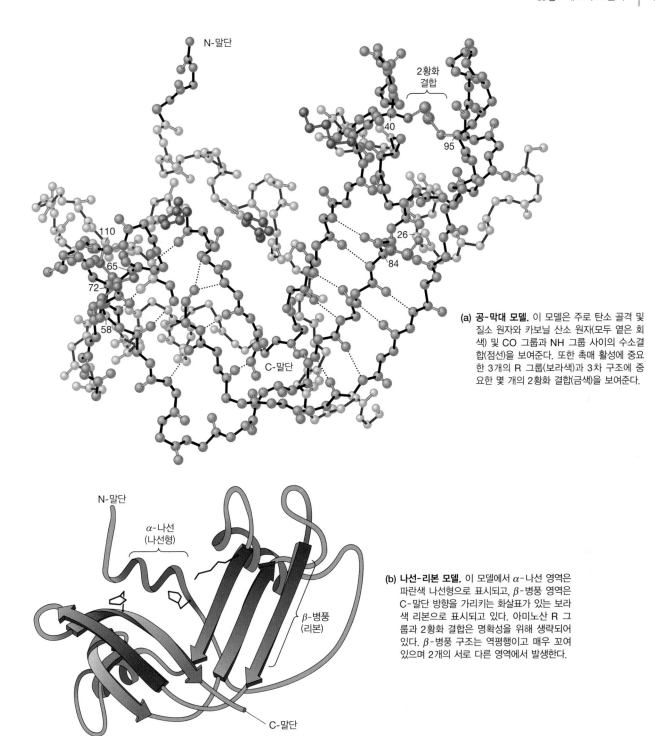

(a) 공-막대 모델. 이 모델은 주로 탄소 골격 및 질소 원자와 카보닐 산소 원자(모두 옅은 회색) 및 CO 그룹과 NH 그룹 사이의 수소결합(점선)을 보여준다. 또한 촉매 활성에 중요한 3개의 R 그룹(보라색)과 3차 구조에 중요한 몇 개의 2황화 결합(금색)을 보여준다.

(b) 나선-리본 모델. 이 모델에서 α-나선 영역은 파란색 나선형으로 표시되고, β-병풍 영역은 C-말단 방향을 가리키는 화살표가 있는 보라색 리본으로 표시되고 있다. 아미노산 R 그룹과 2황화 결합은 명확성을 위해 생략되어 있다. β-병풍 구조는 역평행이고 매우 꼬여 있으며 2개의 서로 다른 영역에서 발생한다.

그림 3-12 리보핵산가수분해효소의 3차원 구조. 리보핵산가수분해효소는 불규칙 코일에 의해 연결된 중요한 α-나선 및 β-병풍 영역을 가진 단량체 구형 단백질이다. 이 3차 구조는 (a) 공-막대 모델 또는 (b) 나선-리본 모델로 표현할 수 있다.

생화학에서 해결되지 않은 가장 어려운 문제 중 하나는 1차 구조로부터 단백질이 최종적으로 접힌 3차 구조를 예측하는 것이다. 이러한 작업은 세포의 수용성 환경에서 주변 물 분자와 접힌 단백질이 지닌 수많은 상호작용의 인자에 대한 필요성 때문에 더욱 복잡해진다. 접힘에 관련된 인자 및 힘에 대한 모든 지식과 초당 수십억 개의 계산을 수행하는 슈퍼컴퓨터를 가지고 있음에도 불구하고 종종 주어진 단백질에 대한 가장 안정적인 형태를 예측할 수 없다. 2000년에 스탠퍼드대학교의 판데(Vijay Pande)는 Folding@home 프로젝트를 시작했다. 이러한 노력은 클라우드 기반 컴퓨팅 능력을 사용하여 이러한 계산을 수행할 수 있게 돕는다. 연구원들이 단백질 접힘 예측 능력을 향상시키는 데 도울 수 있는 프로그램을 누구나 다운로드할 수 있다.

문제 단백질의 정확한 3차원 배치는 단백질의 적절한 기능을 위해 중요하다. 단백질 골격과 아미노산 곁사슬의 정확한 위치를 아는 것은 기능에 대한 중요한 단서를 제공할 수 있다. 하지만 과학자들은 어떻게 개별 원자 위치까지 지정할 정도의 해상도로 단일 단백질 분자의 구조를 특정할 수 있을까?

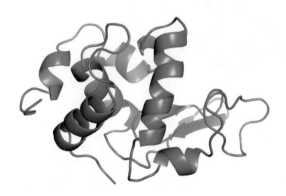

이 단백질의 3차 구조는 X선 결정학을 통해 결정되었다.

해결방안 *X선 결정학*(X-ray crystallography)은 단백질 분자에 있는 수천 개의 원자의 위치를 결정하는 것을 가능하게 한다. 단백질 분자를 원자가 질서 정연하고 반복적인 방식으로 정렬된 형태의 결정으로 만들면 단백질 분자 내 위치를 결정하기 위해 이 원자에 의한 X선의 회절을 측정할 수 있다.

▨▨▨▨▨▨▨▨▨▨▨▨▨▨▨▨▨▨▨▨▨▨▨▨▨▨▨▨▨▨▨▨▨▨▨

주요 도구 X선 기기, 결정화된 샘플, 샘플을 고정하는 회전 마운트, 회절 패턴을 기록하는 검출기, 결과를 분석하는 컴퓨터

상세 방법 가장 뛰어난 현미경으로도 가시광선을 이용해 원자를 볼 수는 없다. 따라서 단백질을 원자 단위로 상세하게 시각화하기 위해 연구자들은 X선 형태의 전자기적 방사선을 사용한다. X선 결정학에서 X선 광선은 지점의 *회절 패턴*(diffraction pattern)을 생성하는 특정 각도에서 회절하는 결정체로 향한다. 이 패턴은 결정 내 전자의 밀도를 보여주며, 단백질의 3차원 모델로 변환될 수 있다. X선 결정학은 많은 분야에서 진보의 핵심이 되었다. 특히 프랭클린(Rosalind Franklin)과 고슬링(R. G. Gosling)이 DNA

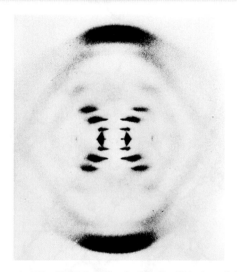

그림 3B-1 DNA의 X선 회절 패턴. 이 이미지는 왓슨과 크릭이 DNA 구조를 밝힌 1953년에 프랭클린이 획득한 것이다.

결정에서 얻은 X선 회절 데이터(**그림 3B-1**)는 왓슨(James Watson)과 크릭(Francis Crick)이 2중가닥 DNA의 나선 구조를 결정하는 데 중요한 역할을 했다.

　X선 결정학을 바탕으로 정제된 단백질의 구조를 결정하는 것은 일반적으로 3가지 단계를 포함한다. (1) 적절한 양의 순수 단백질 결정을 생산, (2) 회절 패턴을 생성하기 위해 다양한 각도에서 X선을 통한 결정의 조사, (3) 단백질의 전자 밀도 지도와 3차원 모델을 생성하기 위해 컴퓨터를 이용하여 이 회절 패턴을 분석하는 것이다.

단백질 결정화 첫 번째이자 주로 가장 어려운 단계는 적절한 결정의 생성이다. 결정체는 충분히 크고(각 면이 20~100 μm), X선을 산란시켜 분석에 방해가 될 수 있는 파손과 같은 결함이 없어야 한다. 결정체는 침전제를 첨가하여 단백질의 용해도를 점차 감소시킴으로써 커진다. 침전물은 물 분자와 결합하여 단백질이 용해된 용액의 자유 물 분자의 양을 감소시킨다. 용액이 과포화되면서 결정이 형성된다. 일반적으로 공정의 자동화를 위해 다양한 용매와 농도를 주로 로봇을 사용해 테스트하여 가장 크고 결함이 없는 결정을 생성한다(**그림 3B-2**).

이에 더해 1994년 이후 2년마다 전 세계의 단백질 모형 제작자들이 '단백질 구조 예측 기술에 대한 평가(critical assessment of techniques for protein structure prediction, CASP)'라고 알려진 모형 실험을 통해 자신들의 예측 방법을 시험한다. 이들의 예측은 이후 발표되는 3차원적인 단백질 구조와 비교하여, 그 결과는 《단백질: 구조, 기능, 그리고 생물정보학(Proteins: Structure, Function and Bioinformatics)》이라는 잡지의 특별호에 발표된

다. 이러한 모형 제작 연구의 목표는 사람의 질병에 관여하는 단백질의 특이직인 영역에 결합할 수 있는 치료제를 설계하는 능력, 즉 약 개발이다.

　폴리펩타이드를 암호화하는 DNA의 뉴클레오타이드 서열로부터 폴리펩타이드의 1차 구조를 추론할 수는 있지만, 전체 3차원적인 구조를 결정하는 것은 훨씬 더 복잡하다. 핵심 기술에서는 연구자들이 어떻게 X선 결정학으로 알려진 기술을 사용하여 폴

X선 조사 일단 적절한 결정을 얻으면 X선을 조사한다(**그림 3B-3**). X선이 원자의 전자구름에 부딪힐 때 특정한 각도로 회절된다. 결정의 원자들이 특정한 각도에서 규칙적인 패턴으로 배열되어 있기 때문에 X선은 서로를 강화하거나 상쇄하면서 검출기가 기록하는 점의 패턴을 만들어낸다. 이 점의 패턴은 결정체 내 원자의 배열에 따라 달라진다. 결정체는 X선 조사 중에 회전하며, 회절 데이터는 가능한 모든 각도에서 수집된다.

모델 구성 회절 데이터는 특수한 수학적 절차를 사용하여 단백질에 대한 *전자 밀도 지도*(electron density map)로 변환된다. 전자 밀도 지도는 단백질의 3차원 모델을 만드는 데 사용되며, 단백질에 있는 거의 모든 원자의 위치를 보여줄 수 있다. 그다음 회절 패턴을 예측하기 위해 실제 패턴과 비교하고, 더 잘 적합하게 구조를 반복적으로 사용함으로써 모델이 정제된다.

질문 단백질 분자의 어떤 구조적 특징이 X선 결정학의 시각화에 필요한 결정체를 형성하게 하는가?

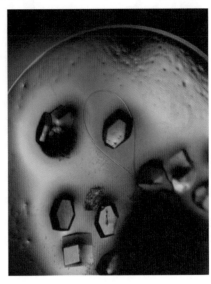

그림 3B-2 X선 결정학을 위한 단백질 결정. 순수한 라이소자임의 결정체들이 분석될 준비가 되어 있다. 결정 중 하나를 꺼낼 때 사용되는 작은 와이어 고리에 주목하라.

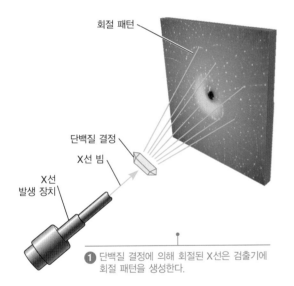

회절 패턴

단백질 결정

X선 빔

X선 발생 장치

❶ 단백질 결정에 의해 회절된 X선은 검출기에 회절 패턴을 생성한다.

❷ 회절 패턴은 수학적으로 분석된다.

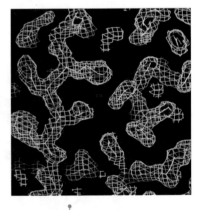

❸ 분자의 전자 밀도 지도가 생성된다.

그림 3B-3 X선 결정학. ❶ 라이소자임 결정을 향한 X선이 ❷ 회절 패턴을 만들어 ❸ 전자 밀도 지도를 생성한다. 그런 다음 전자 밀도 지도는 단백질의 3차원 모델을 생성하는 데 사용된다.

리펩타이드의 정확한 3차원 구조를 결정하는지를 설명한다. 경우에 따라 이 기술은 폴리펩타이드 내 거의 모든 원자의 정확한 위치를 결정할 수 있다.

4차 구조 **4차 구조**(quaternary structure)는 소단위체 상호작용과 조립이 관련된 구조적 단계이다(그림 3-6d 참조). 즉 4차 구조는 다량체 단백질에만 적용된다. 많은 단백질이 이 범주에 포함되는데, 특히 분자량이 50,000 이상인 단백질이 그렇다. 예를 들어 헤모글로빈은 2개의 α 사슬과 2개의 β 사슬로 이루어진 다량체 단백질이다(그림 3-4 참조). 일부 다량체 단백질은 동일한 폴리펩타이드 소단위체를 포함하며, 헤모글로빈과 같은 다른 단백질들은 두 가지 혹은 그 이상의 서로 다른 종류의 폴리펩타이드를 포함한다.

4차 구조를 유지하는 결합과 힘은 3차 구조를 유지하는 것과

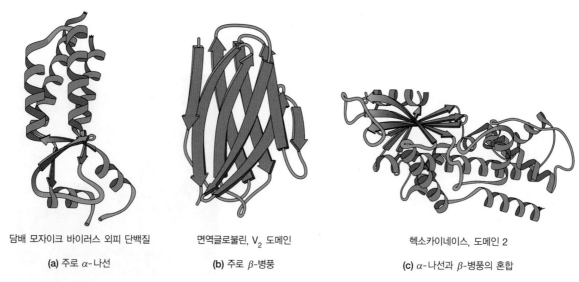

담배 모자이크 바이러스 외피 단백질	면역글로불린, V_2 도메인	헥소카이네이스, 도메인 2
(a) 주로 α-나선	**(b)** 주로 β-병풍	**(c)** α-나선과 β-병풍의 혼합

그림 3-13 여러 구형 단백질의 구조. 여기 나타낸 것은 다른 3차 구조를 가진 단백질이다. (a) 담배 모자이크 바이러스(TMV)가 지닌 외피 단백질의 대부분을 차지하는 α-나선 구조, (b) 면역글로불린의 V_2 도메인에서 주로 보이는 β-병풍 구조, (c) 헥소카이네이스의 2번 도메인에서 보이는 α-나선과 β-병풍의 혼합물

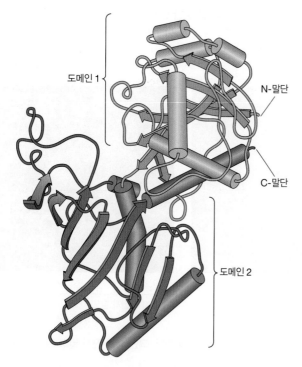

그림 3-14 2개의 기능적인 도메인을 포함하는 단백질의 예. 글리세르알데하이드 인산 탈수소효소는 서로 다른 음영으로 표시된 2개의 도메인을 가진 단일 폴리펩타이드 사슬이다.

동일한 것으로, 수소결합, 전기적 상호작용, 반데르발스 상호작용, 소수성 상호작용, 공유결합성 2황화 결합이다. 앞서 언급했듯이 2황화 결합은 한 폴리펩타이드 사슬 내에 있거나 사슬들 사이에 존재할 수 있다. 이들이 한 폴리펩타이드 내에 형성되면 이들은 3차 구조를 안정화한다. 2황화 결합이 폴리펩타이드들 사이에서 일어나면 그들은 각 폴리펩타이드들을 서로 지니면서 4

차 구조를 유지하는 것을 돕는다(그림 3-7 참조). 폴리펩타이드 접힘의 경우 소단위체의 조립 과정은 항상은 아니지만 종종 자발적이다. 전부는 아니더라도 대부분의 필수 정보는 개별 폴리펩타이드의 아미노산 서열에 의해 제공되지만, 적절한 조립을 보장하기 위해서는 종종 분자 샤페론이 필요하다.

어떤 경우에는 2개 이상의 단백질(종종 효소)이 **다중단백질 복합체**(multiprotein complex)로 구성되고, 각 단백질은 공통의 다단계 과정에 순차적으로 관여한다는 점에서 더 높은 수준의 조립이 가능하다. 이러한 복합체의 예로는 **피루브산 탈수소효소 복합체**(pyruvate dehydrogenase complex)라고 불리는 효소계가 있다. 이 복합체는 해당과정(10장)의 생성물인 3개의 탄소 복합체 피루브산으로부터 하나의 탄소 원자(CO_2)의 산화적 제거를 촉매한다. 3개의 개별 효소와 조효소라고 불리는 5가지 종류의 분자는 고도로 조직화된 다효소 복합체(multienzyme complex)를 구성한다. 피루브산 탈수소효소 복합체는 세포가 순차적 반응을 촉매하는 효소를 단일 다효소 복합체로 배열함으로써 세포가 어떻게 기능의 경제성을 달성하는지 가장 잘 알려진 예 중 하나이다. 앞으로 연구에서 마주치게 될 다른 다중단백질 복합체는 리보솜, 단백질분해효소 복합체, 광계, DNA 복제 복합체가 있다.

개념체크 3.1

빈혈로 고생하는 환자에서 헤모글로빈의 1차 서열에서 3개의 아미노산이 누락되어 있다는 것을 발견했다고 가정하자. 이것이 어떻게 2~4차 단백질 구조 각각에 영향을 미치며, 이런 상태를 유발할 수 있는가?

3.2 핵산

이제 유전정보를 저장하고, 전달하고, 발현하는 역할 때문에 세포에서 가장 중요한 고분자인 핵산에 이르렀다. **핵산**(nucleic acid)은 유전적으로 정해진 순서로 함께 묶여있는 뉴클레오타이드의 선형 중합체이며, 정보성 고분자로서 매우 중요한 역할을 한다. 핵산의 두 가지 주요 유형은 **디옥시리보핵산**(deoxyribonucleic acid, DNA)과 **리보핵산**(ribonucleic acid, RNA)이다. DNA와 RNA는 화학적 특성과 세포에서의 역할이 다르다. 이름에서 알 수 있듯이 RNA는 각각의 뉴클레오타이드에 5탄당인 **리보스**(ribose)를 포함하는 반면, DNA는 매우 연관되어 있는 **디옥시리보스**(deoxyribose)를 포함하고 있다. DNA는 주로 유전정보의 저장소 역할을 하는 반면(1장 참조), RNA 분자는 유전자의 조절과 단백질 합성에서 정보를 표현하는 등 몇 가지 다른 역할을 한다.

단량체는 뉴클레오타이드이다

핵산은 정보를 띠는 고분자로, 지정된 서열로 배열되어 있는 서로 다른 단위체들을 가지고 있다. 핵산의 단위체는 **뉴클레오타이드**(nucleotide)라고 부른다. 뉴클레오타이드는 아미노산보다는 다양성이 적어서 DNA와 RNA는 각각 단 4개의 서로 다른 종류의 뉴클레오타이드를 가진다. (실제로는 이보다 더 다양한데, 특히 몇몇 뉴클레오타이드가 핵산 사슬에 삽입된 후에 화학적으로 변형되는 일부 RNA 분자에서 그렇다.)

그림 3-15에서 볼 수 있듯이 각 뉴클레오타이드는 인산염 그룹과 질소 함유 방향족 염기가 부착된 5탄당으로 구성된다. 이 당은 RNA에서는 D-리보스이거나 DNA에서는 D-디옥시리보스이다. 인산은 당의 5번 탄소에 인산에스터 결합으로 연결되어 있고, 염기는 당의 1번 탄소에 부착되어 있다. 염기는 **퓨린**(purine)이거나 **피리미딘**(pyrimidine)이다. DNA는 **아데닌**(adenine, A)과 **구아닌**(guanine, G)이라는 퓨린과 **사이토신**(cytosine, C)과 **타이민**(thymine, T)이라는 피리미딘을 포함한다. RNA도 아데닌, 구아닌, 사이토신을 가지고 있지만 타이민 대신에 **유라실**(uracil, U)이라는 피리미딘을 포함한다. 단백질에 존재하는 20개의 아미노산과 마찬가지로 이 5개의 방향족 염기는 세포에서 가장 흔한 작은 분자이다(표 3-1 참조).

인산이 부착되지 않은 염기-당 단위는 **뉴클레오사이드**(nucleoside)라고 부른다. 따라서 각각의 피리미딘과 퓨린은 유리된 염기와 뉴클레오사이드, 또는 뉴클레오타이드로 나타날 수 있다. 이러한 화합물에 대한 적절한 이름은 **표 3-4**에 나와 있다. 디옥시리보스를 가지고 있는 뉴클레오사이드와 뉴클레오타이드에서는 염기를 나타내는 글자 앞에 소문자 'd'를 쓰는 것에 유의하라.

명명법에서 알 수 있듯이 뉴클레오타이드는 하나의 인산기를 가진 뉴클레오사이드이므로 **단일인산 뉴클레오사이드**(nucleoside monophosphate)라고 생각해도 된다. 이러한 용어법은 당의 5번 탄소에 2개나 3개의 인산기가 결합되어 있는 분자에게도 쉽게 확장해서 적용할 수 있다. 예를 들어 아데노신(리보스에 결합한 아데닌) 뉴클레오사이드는 1~3개의 인산기가 결합해 있을 수 있고, 그에 따라서 **아데노신 1인산**(adenosine monophosphate, AMP), **아데노신 2인산**(adenosine diphosphate, ADP), 또는 **아데노신 3인산**(adenosine triphosphate, ATP)으로 나타낼 수 있다. 이러한 화합물 간의 관계는 **그림 3-16**에 나와 있다.

아마 ATP를 이전 장에서 접했던 고분자 형성을 위한 단량체의 활성화를 포함하여 세포에서 다양한 반응을 유도하는 데 사용되는, 에너지가 풍부한 화합물로 인식할 것이다(그림 2-16 참조). 이 예에서 알 수 있듯이 뉴클레오타이드는 세포에서 두 가지 역할을 한다. (1) 핵산의 단위체이며, (2) 그중 몇 가지(가장 주목할 만한 ATP)는 다양한 에너지 전달 반응에서 중간체 역할을 한다.

핵산 중합체는 DNA와 RNA이다

핵산은 **그림 3-17**과 같이 인산기를 통해 각 뉴클레오타이드를 다음 뉴클레오타이드로 연결하여 형성된 선형의 중합체이다. 구체적으로 한 뉴클레오타이드의 5번 탄소에 이미 인산에스터 결합으로 연결되어 있는 인산기는 다음 뉴클레오타이드의 3번 탄소에 두 번째 인산에스터 결합을 형성하며 연결된다. 생성된 연결은 3′, 5′ **인산다이에스터 결합**(phosphodiester bridge)으로 알려져 있으며, 이는 2개의 인산에스터 결합(각 뉴클레오타이드에 대해 하나의 결합)을 통해 2개의 인접한 뉴클레오타이드가 연결된 인산기로 구성된다. 이 과정으로 형성된 **폴리뉴클레오타이드**(polynucleotide)는 한쪽 말단에 5′ 인산기, 다른 쪽 말단에는 3′ 하이드록실기를 가지는 고유한 방향성이 있다. 관례에 따라 뉴클레오타이드 서열은 항상 폴리뉴클레오타이드의 5′ 말단에서 3′ 말단으로 기록되는데, 그 이유는 이 방향이 세포에서 핵산 합성의 방향이기 때문이다(22장 참조).

핵산 합성에는 에너지와 정보가 모두 필요하다. 각각의 새로운 인산다이에스터 결합을 형성하는 데 필요한 에너지를 제공하기 위해 각각의 연속적인 뉴클레오타이드는 고에너지 뉴클레오사이드 3인산으로서 들어간다. 따라서 DNA 합성 전구체는 dATP, dCTP, dGTP, dTTP이다. RNA 합성을 위해서는 rATP, rCTP, rGTP, rUTP가 필요하다. 연속적으로 들어오는 뉴클레오타이드가 유전적으로 결정된 특정 서열에 추가되어야 하기 때문에 핵산 합성에 정보가 필요하다. 이를 위해 기존 분자를 **주형**(template)으로 사용하여 뉴클레오타이드 순서를 지정한다. DNA와 RNA 합성의 경우 주형은 일반적으로 DNA이다. 주형

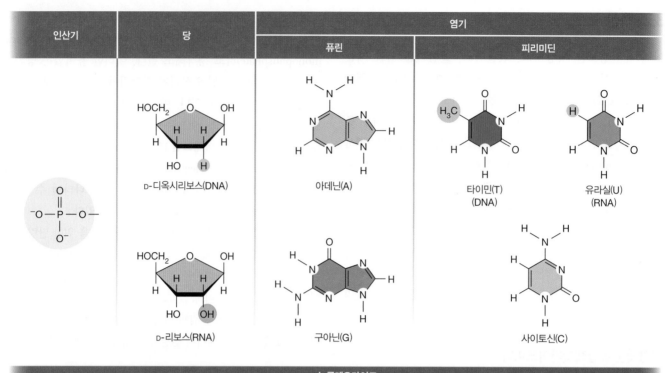

인산기	당	염기	
		퓨린	피리미딘

뉴클레오타이드

그림 3-15 뉴클레오타이드의 구조. RNA에서 뉴클레오타이드는 1′ 탄소에 부착된 방향족 질소 함유 염기와 인산에스터 결합에 의해 5′ 탄소에 연결된 인산기를 지닌 5탄당 D-리보스로 구성된다. 뉴클레오타이드의 당에 있는 탄소 원자는 1′∼5′로 번호가 매겨져 있어 '프라임' 없이 번호가 매겨진 염기의 탄소 원자와 구별된다. DNA에서 2′ 탄소의 하이드록실기는 수소 원자로 대체되므로, 당은 D-디옥시리보스이다.

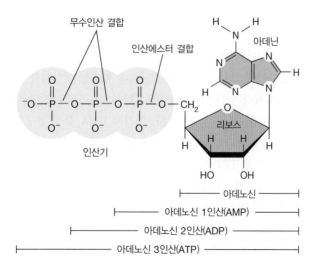

지정의 핵산의 합성은 주형 뉴클레오타이드와 주형 뉴클레오타이드와 쌍을 이룰 수 있는 특정 유입 뉴클레오타이드 간의 정확하고 예측 가능한 염기쌍에 의존한다.

이 인식 과정은 **그림 3-18**에 표시된 퓨린과 피리미딘 염기의 중요한 화학적 특징에 따라 달라진다. 이들 염기는 적절한 조건에서 수소결합을 형성할 수 있는 카보닐기와 질소 원자를 가진

그림 3-16 아데노신의 인산화된 형태. 아데노신은 자유 뉴클레오사이드(염기에 연결된 당)로 발생하며, AMP, ADP, ATP의 일부를 형성할 수 있다. 아데노신의 리보스와 첫 번째 인산 사이 연결은 인산에스터 결합이며, 반면에 두 번째와 세 번째 인산기의 결합은 무수인산 결합이다. 이 무수인산 결합은 인산에스터 결합에 비해 2∼3배 많은 자유에너지를 가진다.

	RNA		DNA	
염기	뉴클레오사이드	뉴클레오타이드	디옥시뉴클레오사이드	디옥시뉴클레오사이드
퓨린				
아데닌(A)	아데노신	아데노신 1인산(AMP)	디옥시아데노신	디옥시아데노신 1인산(dAMP)
구아닌(G)	구아노신	구아노신 1인산(GMP)	디옥시구아노신	디옥시구아노신 1인산(dGMP)
피리미딘				
사이토신(C)	사이티딘	사이티딘 1인산(CMP)	디옥시사이티딘	디옥시사이티딘 1인산(dCMP)
유라실(U)	유리딘	유리딘 1인산(UMP)	—	—
타이민(T)	—	—	디옥시티미딘	디옥시티미딘 1인산(dTMP)

표 3-4 DNA와 RNA의 염기, 뉴클레오사이드 그리고 뉴클레오타이드

다. 퓨린과 피리미딘 사이의 상보적 관계는 그림 3-18에서 볼 수 있듯이 A가 T(또는 U)와 2개의 수소결합을 형성하고 G가 C와 3개의 수소결합을 형성하게 한다. A와 T(또는 U) 그리고 G와 C의 이러한 쌍은 핵산의 기본 속성이다. 유전적으로 이 **염기쌍** (base pairing)은 핵산이 서로를 인식하는 메커니즘을 제공한다 (23장 참조). 그러나 지금은 구조적 의미에 집중하자.

DNA 분자는 2중가닥 나선이다

20세기의 가장 중요한 생물학적 발전 중 하나는 1953년에 과학 저널 《네이처(Nature)》에 두 페이지에 걸쳐 게재되었다. 이 기사 에서 크릭과 왓슨은 DNA의 2중가닥의 나선 구조, 즉 지금의 유 명한 **2중나선**(double helix)을 가정했으며, 이는 DNA의 알려진 물리적 및 화학적 특성을 설명할 뿐만 아니라 DNA 복제 메커니 즘도 제안했다.

2중나선은 나선형 계단을 닮은 오른쪽 방향의 나선 구조를 형 성하는, 같은 축을 중심으로 서로 꼬인 2개의 상보적인 DNA 사 슬로 이루어져 있다(**그림 3-19**). 2개의 사슬은 나선을 따라 반 대 방향으로 배향되어 하나는 5′ → 3′ 방향으로, 다른 하나는 3′ → 5′ 방향으로 진행되는 역평행이다. 각 사슬의 골격은 인산 기와 교대로 나타나고 있는 당 분자로 이루어져 있다(그림 3-18 참조). 인산기는 전하를 띠고, 당 분자는 극성 하이드록실기를 가지고 있다. 따라서 이 두 가닥의 당-인산 골격이 주변을 둘러 싼 물이 풍부한 환경과 최대한으로 상호작용할 수 있는 DNA 나 선의 바깥쪽에 있는 것은 어찌 보면 당연하다. 반면 피리미딘과 퓨린 염기는 물에 대한 친화도가 낮은(더 소수성), 방향족 화합 물이다. 따라서 그들은 물에서 멀리 안쪽으로 배향되어 두 사슬 을 함께 유지하는 염기쌍을 형성한다. 방향족 고리 사이의 소수 성 상호작용은 **염기 중첩**(base stacking)을 일으켜 DNA 분자의 구조를 안정화하는 데 도움이 된다.

안정적인 DNA 2중나선을 형성하려면, 두 구성 요소 가닥이 역평행하고 **상보적**(complementary)이어야 한다. 즉 한 가닥의 각 염기는 다른 가닥의 바로 반대편의 특정 염기와 쌍을 이룬다. 그 림 3-18에 표시된 결합 가능성은 각 A는 T와 짝을 이루고, 각 G 는 C와 짝을 이루어야 함을 의미한다. 두 경우 모두 쌍의 한 구 성원은 피리미딘(T 또는 C)이고 다른 구성원은 퓨린(A 또는 G) 이다. 2중나선에서 두 당-인산 골격 사이의 거리는 각각의 염기 종류에서 하나씩을 수용하기에 충분하다. 두 가닥의 당-인산 골 격을 원형계단 측면으로 상상하면 계단의 각 계단 또는 (사다리 의) 가로대는 수소결합에 의해 제자리에 고정된 한 쌍의 염기에 해당한다(그림 3-19).

그림 3-19에 나와 있는 오른손 방향의 왓슨-크릭 나선은 실제 로는 B-DNA라고 불리는 이상적인 형태이다. B-DNA는 세포에 있는 DNA의 주된 형태이지만, 드물게 2개의 다른 형태가 주로 B-DNA를 구성하는 분자 안에 끼어들어가 있는 짧은 단편쯤으 로 존재할 수 있다. A-DNA는 B-DNA보다 짧고 두꺼운 오른쪽 방향으로 꼬인 나선 구조를 가진다. 반면 Z-DNA는 왼쪽 방향 으로 꼬여있는 2중나선으로, 이것의 더 길고 얇은 당-인산 골격 의 지그재그 패턴에서 이름이 유래했다(B-DNA와 Z-DNA의 구 조 비교는 그림 16-9 참조).

RNA 구조 또한 일부는 염기쌍에 의존하지만, 이러한 짝짓기 는 주로 같은 가닥 내에 있는 상보적인 지역 사이에서 일어나며, DNA 2중가닥에서의 사슬 간 짝짓기보다 덜 광범위하다. 다양한 RNA종 중에서도 2차 구조 및 3차 구조는 주로 rRNA와 tRNA에 서 나타난다(24장 참조). 게다가 일부 감염성 바이러스는 상보 염기쌍 사이의 수소결합으로 서로 붙잡는 2중가닥 RNA로 이루 어져 있다. 상보성 RNA가 충분히 길게 늘어져 있으면 RNA가 2 중나선을 형성할 수도 있음을 명심하라.

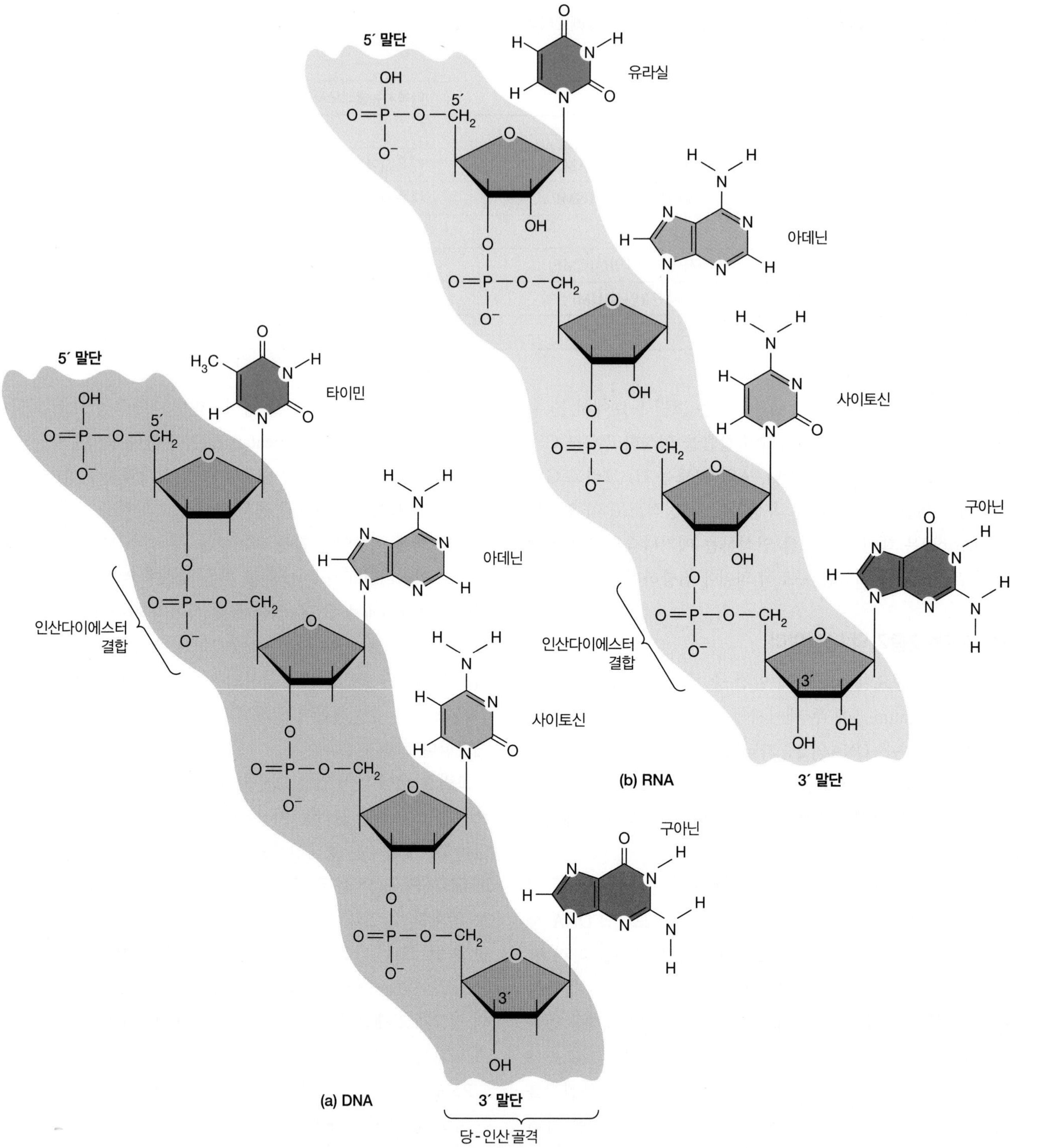

그림 3-17 핵산 구조. 핵산은 3′, 5′ 인산다이에스터 결합으로 연결된 뉴클레오타이드의 선형 사슬이다. 생성된 폴리뉴클레오타이드는 5′ 말단과 3′ 말단이라는 고유한 방향성을 가진다. DNA와 RNA 모두에서 사슬의 골격은 염기를 제외한 당-인산 서열이 번갈아 나타나는 것을 의미한다.

개념체크 3.2

단백질과 마찬가지로 뉴클레오타이드는 중요한 정보를 제공하는 고분자이다. 그것들은 단백질과 어떻게 유사하며, 단량체 유형 및 조립, 중합체 구조 및 세포 기능 측면에서는 어떻게 다른가?

3.3 다당류

앞으로 고려할 고분자의 다음 그룹은 당과 당 유도체의 긴 사슬 중합체인 다당류이다. **다당류**(polysaccharide)는 일반적으로 단일 종류의 반복 단위로 구성되거나, 때로는 두 종류의 교대 패턴

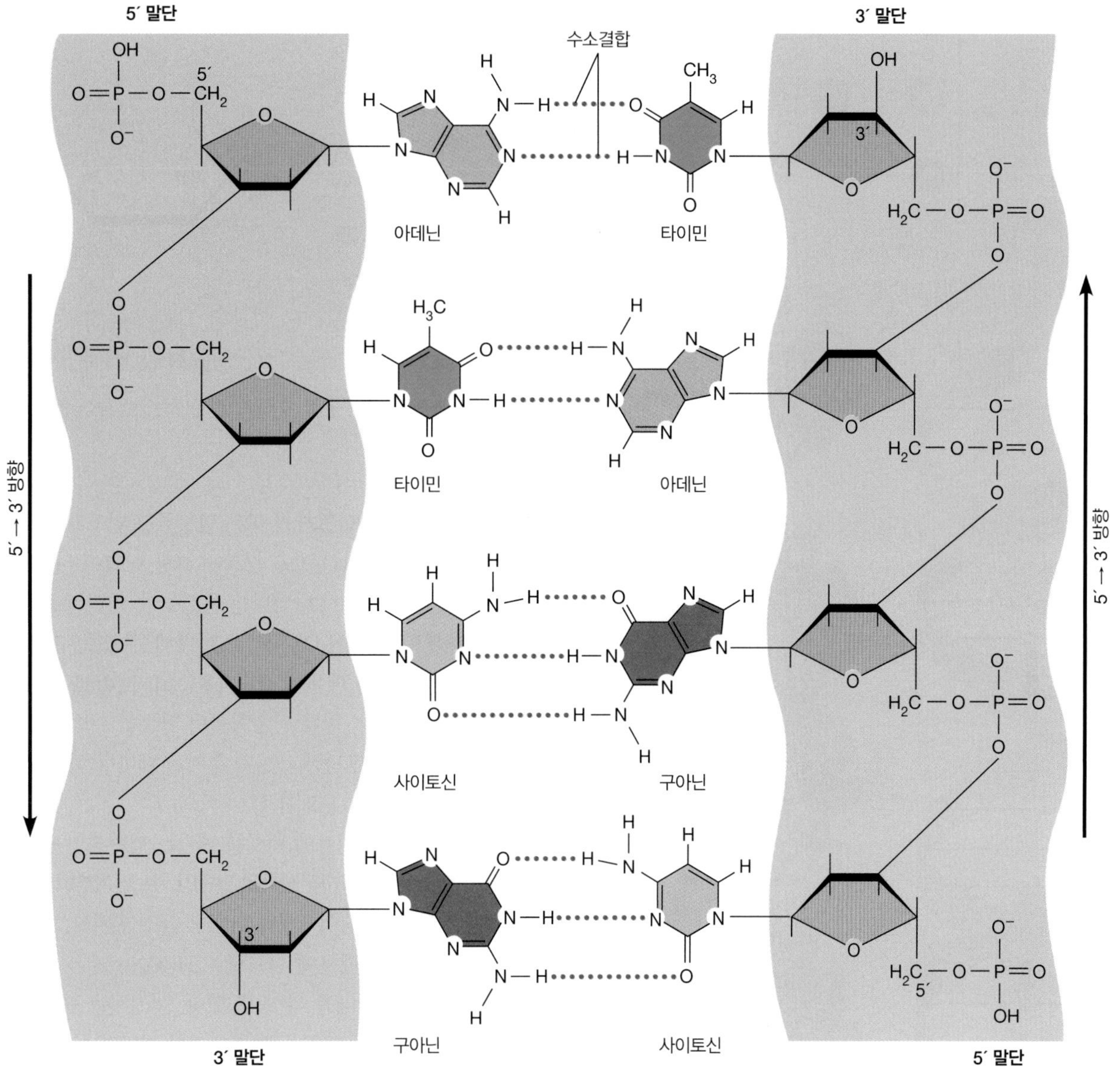

그림 3-18 DNA 핵산 구조의 수소결합. 상보적인 염기인 아데닌과 타이민 사이 2개의 수소결합(파란색 점)과 상보적인 염기인 사이토신과 구아닌 사이의 3개의 수소결합으로 인해 DNA의 AT와 CG 염기쌍이 형성된다. 두 가닥이 서로 반대 방향으로 진행되기 때문에 역평행이라고 한다.

으로 구성된다. 그들은 주로 정보를 전달하기보다는 에너지 저장과 세포 구조의 역할을 한다. 그러나 (7장에서 볼 수 있듯이) 올리고당(oligosaccharide)이라고 하는 더 짧은 중합체는 세포 표면의 단백질에 부착될 때 세포 외 신호 분자와 다른 세포의 세포 인식에서 중요한 역할을 한다. 앞서 언급한 바와 같이 다당류에는 저장 다당류인 녹말 및 글리코젠과 구조 다당류인 셀룰로스가 포함된다. 이러한 각 중합체는 단일 반복 단위로 6탄당 포도당을 포함하지만, 연속적인 포도당 단위 사이의 결합 특성과 사슬 분지의 존재 및 범위가 다르다.

단량체는 단당류이다

다당류의 반복되는 단위는 **단당류**(monosaccharide, 그리스어로 *mono*는 '하나의'를, *sakkharon*은 '당'을 의미)라고 불리는 단일한 당이다. 당은 둘 혹은 그 이상의 하이드록실기를 가진 알데하이드나 케톤으로 정의될 수 있다(**그림 3-20**). 따라서 당의 두 가지 범주가 있다. 하나는 말단에 카보닐기를 가진 **알도당**(aldosugar, 그림 3-20a)이고, 다른 하나는 2번 탄소에 내부 카보닐기를 가진 **케토당**(ketosugar, 그림 3-20b)이다. 이 범주 내에서 당은 일반적으로 그들이 가진 탄소 원자 수에 따라 명명된다. 대부분의 당은 3~7개 사이의 탄소 원자를 가지고 있으므로 3탄당(triose, 3개 탄소), 4탄당(tetrose, 4개 탄소), 5탄당(pentose, 5개 탄소), 6탄당(hexose, 6개 탄소), 7탄당(heptose, 7개 탄소)으로 분류된다. 앞서 이미 2개의 5탄당(RNA의 리보스와 DNA의 디옥시리보스)을 접했다.

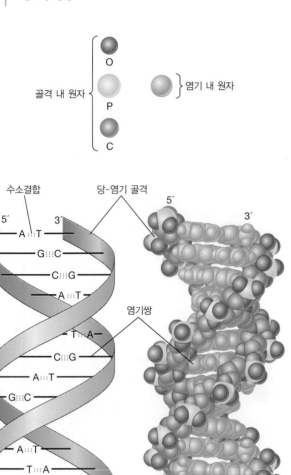

골격 내 원자

염기 내 원자

수소결합

당-염기 골격

5′ 3′

A⋯T

G⋮C

C⋮G

A⋯T

T⋯A

C⋮G

A⋯T

G⋮C

A⋯T

T⋯A

C⋮G

A⋯T

G⋮C

염기쌍

(a) DNA 2중나선

(b) 공간-채움 모형

그림 3-19 2중가닥 DNA 구조. (a) DNA의 2중나선 구조의 모식도. 연속적으로 꼬여있는 띠는 당-인산 골격을 나타내고, 가로선은 두 가닥의 짝지어진 염기쌍을 나타낸다. (b) 그림 상단에 표시된 것처럼 색상으로 구분된 원자가 있는 DNA 2중나선 구조의 공간-채움 모형이다.

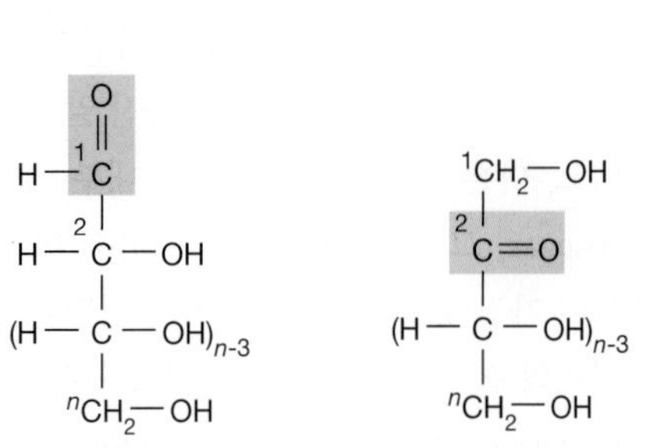

(a) 알도당

(b) 케토당

그림 3-20 단당류의 구조. (a) 알도당은 1번 탄소에 카보닐기를 가지고 있다. (b) 케토당은 2번 탄소에 카보닐기를 가지고 있다. 단당류에서 탄소 원자의 수(n)는 3∼7개로 다양하다.

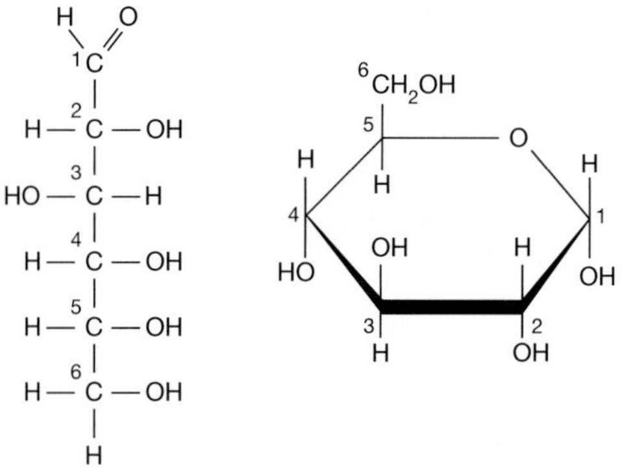

(a) 피셔 투사도

(b) 하워스 투사도

그림 3-21 D-포도당의 구조. D-포도당 구조는 (a) 직선 형태의 피셔 투사도, 또는 (b) 고리 형태의 하워스 투사도로 나타낼 수 있다.

생물계에서 가장 단일하게 많은 단당류는 알도당인 D-포도당이며, 분자식은 $C_6H_{12}O_6$이고 구조는 **그림 3-21**에 나와 있다. 분자식 $C_nH_{2n}O_n$은 당에서 나타나는 특징이며, 이러한 종류의 화합물은 분자식으로 $C_n(H_2O)_n$이라고 나타낼 수 있는 '탄소의 수화물'이라고 생각했기 때문에 **탄수화물**(carbohydrate)이라는 일반적인 명칭을 얻었다. 비록 탄수화물이 단순히 수화된 탄소는 아니지만, 광합성 동안 당에 CO_2가 추가될 때마다 하나의 물 분자 또한 추가된다(반응 11-2 참조).

유기분자의 탄소 원자에 번호를 매기는 일반적인 규칙에 따라 포도당의 탄소는 분자의 더 산화된 말단인 카보닐기부터 시작하여 번호가 매겨진다. 포도당이 4개의 비대칭 탄소 원자(2, 3, 4, 5번 탄소)를 가지고 있기 때문에 알도당 $C_6H_{12}O_6$는 $2^4 = 16$종류의 서로 다른 입체이성질체를 가질 수 있다. 여기서는 16개의 이성질체 중 가장 안정적인 D-포도당만 고려할 것이다.

그림 3-21a는 화학자들이 ─H 및 ─OH 그룹을 종이의 평면에서 약간 돌출된 것처럼 보이게 표현한 **피셔 투사법**(Fischer projection)이라는 방법으로 나타내는 D-포도당을 보여준다. 이 구조는 포도당을 직선형의 분자로 묘사하고, 종종 교육 목적으로 포도당을 표현하는 데 유용하다. 탄소 원자는 분자의 더 산화된 말단부터 번호가 매겨진다.

그러나 실제로 포도당은 그림 3-21a의 직선(또는 곧은 사슬) 구성과 그림 3-21b의 고리 형태 사이의 역동적인 평형을 이루며 세포에 존재한다. 이 고리는 5번 탄소 원자 하이드록실기의 산소 원자가 1번 탄소 원자와 결합을 형성할 때 형성된다. 5개의 탄소 원자와 1개의 산소 원자로 구성된 이 6원 고리를 피라노스 고리(pyranose ring)라고 한다. 이 피라노스 고리 형태는 선형 형태보다 에너지적으로 더 안정적이기 때문에 지배적인 구조이다.

따라서 포도당의 더 만족스러운 표현은 그림 3-21b에 표시된 **하워스 투사법**(Haworth projection)이다. 이 투사법은 분자의 다

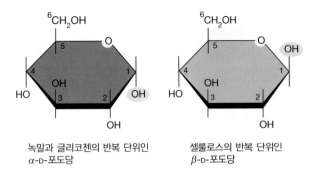

녹말과 글리코젠의 반복 단위인
α-D-포도당

셀룰로스의 반복 단위인
β-D-포도당

그림 3-22 D-포도당의 고리형 구조. 1번 탄소(파란색 타원)의 하이드록실기는 α 형태에서는 아래쪽을 향하고, β 형태에서는 위쪽을 향한다.

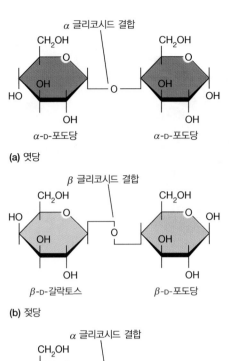

(a) 엿당

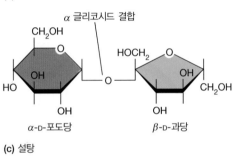

(b) 젖당

(c) 설탕

그림 3-23 몇 가지 일반적인 2당류. (a) 엿당은 α-D-포도당 두 분자로 구성되고, (b) 젖당은 β-D-포도당에 연결된 β-D-갈락토스 분자로 구성되며, (c) 설탕은 β-D-과당에 연결된 α-D-포도당 분자로 구성된다. 엿당과 젖당의 단량체는 α 글리코시드 결합으로 연결되지만, 설탕에서는 β 글리코시드 결합으로 연결된다.

른 부분들의 공간적 관계를 보여주고, 산소 원자와 1번, 5번 탄소 원자 사이의 자발적인 결합 형성을 더 잘 나타낸다. 하워스 투사법에서 2번, 3번 탄소 원자는 종이의 평면 밖으로 튀어나오도록 의도되었으며, 5번, 6번 탄소 원자는 종이의 평면 뒤에 있다. 그러면 —H 및 —OH 그룹이 표시된 대로 위쪽 또는 아래쪽으로 돌출된다. 그림 3-21에 표시된 포도당의 표현은 유효하지만, 탄소 원자의 고리 형태와 공간적 관계를 모두 나타내기 때문에 하워스 투사법이 일반적으로 선호된다.

피라노스 고리 구조의 형성은 1번 탄소 원자의 하이드록실기의 공간적 배향에 따라 분자의 두 가지 대체 형태 중 하나를 생성한다는 점에 유의해라. 이러한 대체 형태의 포도당을 α 및 β로 지정한다. **그림 3-22**에서 보듯이 α-D-포도당은 1번 탄소에 있는 하이드록실기가 아래쪽을 향하고 있고, β-D-포도당은 1번 탄소에 있는 하이드록실기가 위쪽을 향하고 있다. 녹말과 글리코젠은 모두 α-D-포도당을 반복되는 단위로 가진 반면, 셀룰로스는 β-D-포도당이 연속되어 있는 가닥으로 이루어져 있다.

유리 단당류와 긴 사슬 다당류 외에도 포도당은 공유결합으로 연결된 2개의 단당류 단위로 구성된 **2당류**(disaccharide)에서도 발생한다. 3가지 일반적인 2당류가 **그림 3-23**에 나와 있다. 엿당(maltose, malt sugar)은 서로 연결된 2개의 포도당 단위로 구성되어 있는 반면, 젖당(lactose, milk sugar)에는 갈락토스에 연결된 포도당이 포함되어 있고 **설탕**(sucrose, table sugar)에는 과당에 포도당이 연결되어 있다. 과당에는 푸라노스(furanose) 고리로 알려진 5원 고리가 포함되어 있으며, 이는 리보스와 디옥시리보스에서도 발견되는 유형이다.

이들 각각의 2당류는 물을 제거한 후 2개의 단당류가 산소 원자를 통해 함께 연결된 축합반응에 의해 형성된다. 생성된 **글리코시드 결합**(glycosidic bond)은 당 사이의 특징적인 결합이다. 글리코시드 결합의 '모서리'는 추가 원자의 존재를 의미하지 않는다. 두 단량체를 연결하는 단일 산소 원자만 존재한다. 엿당에서 두 구성 포도당 분자는 모두 α형이며, 한 포도당의 1번 탄소

원자와 다른 포도당의 4번 탄소 원자 사이에 글리코시드 결합이 형성된다(그림 3-23a). 이것은 α 배열의 하이드록실기를 가진 1번 탄소 원자를 포함하기 때문에 α 글리코시드 결합이라고 한다. 반면 젖당은 갈락토스의 1번 탄소 원자에 있는 하이드록실기가 β 배열에 있기 때문에 β 글리코시드 결합이 특징이다(그림 3-23b). β 글리코시드 결합을 가수분해하는 데 필요한 효소가 부족하고, 이 2당류의 대사가 어려운 일부 사람들은 **젖당 불내증**(lactose intolerant)으로 간주된다. 설탕은 α 글리코시드 결합에 의해 β-D-과당 분자에 연결된 α-D-포도당 분자로 구성된다(그림 3-23c). α와 β의 구별은 3차원 배열과 중합체의 생물학적 역할이 반복되는 단당류 단위 사이의 결합 특성에 결정적으로 의존하기 때문에 다당류에 도달할 때 다시 중요해진다.

중합체는 저장성 및 구조성 다당류이다

다당류는 일반적으로 세포에서 저장 또는 구조적 역할을 수행

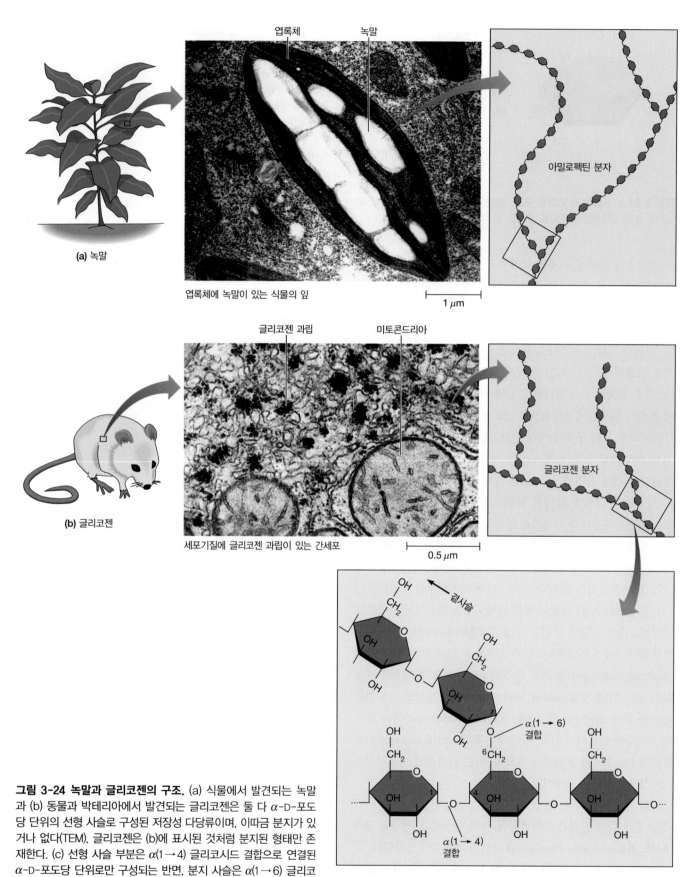

(a) 녹말

엽록체　녹말

엽록체에 녹말이 있는 식물의 잎

1 μm

아밀로펙틴 분자

(b) 글리코젠

글리코젠 과립　미토콘드리아

세포기질에 글리코젠 과립이 있는 간세포

0.5 μm

글리코젠 분자

곁사슬

$\alpha(1 \rightarrow 6)$ 결합

$\alpha(1 \rightarrow 4)$ 결합

그림 3-24 녹말과 글리코젠의 구조. (a) 식물에서 발견되는 녹말과 (b) 동물과 박테리아에서 발견되는 글리코젠은 둘 다 α-D-포도당 단위의 선형 사슬로 구성된 저장성 다당류이며, 이따금 분지가 있거나 없다(TEM). 글리코젠은 (b)에 표시된 것처럼 분지된 형태만 존재한다. (c) 선형 사슬 부분은 $\alpha(1 \rightarrow 4)$ 글리코시드 결합으로 연결된 α-D-포도당 단위로만 구성되는 반면, 분지 사슬은 $\alpha(1 \rightarrow 6)$ 글리코시드 결합에서 시작된다.

(c) 글리코젠 혹은 아밀로펙틴 구조

한다(**그림 3-24**). 가장 친숙한 **저장성 다당류**(storage polysaccha-ride)는 식물 세포에서 발견되는 **녹말**(starch, 그림 3-24a)과 동물 세포와 박테리아에서 발견되는 **글리코젠**(glycogen, 그림 3-24b)이다. 이 두 중합체는 α 글리코시드 결합에 의해 함께 연결된 α-D-포도당 단위로 구성된다. 인접한 포도당 단위의 1번과 4번 탄소 원자를 연결하는 $\alpha(1 \rightarrow 4)$ 결합 외에도 이러한 다당류는 골격을 따라 가끔 $\alpha(1 \rightarrow 6)$ 연결을 포함하여 곁사슬을 생성할 수 있다(그림 3-24c). 따라서 저장성 다당류는 $\alpha(1 \rightarrow 6)$ 연결의 유무에 따라 분지형 또는 비분지형 중합체가 될 수 있다.

글리코젠은 고도로 분지되어 골격을 따라 8~10개의 포도당 단위마다 $\alpha(1 \rightarrow 6)$ 연결이 발생하고, 약 8~12개의 포도당 단위의 짧은 곁사슬을 생성한다(그림 3-24b). 우리 몸에서 글리코젠은 주로 간과 근육 조직에 저장된다. 간에서는 혈당 수치를 유지하기 위한 포도당 공급원으로 사용된다. 근육에서는 근육 수축을 위한 ATP를 생성하는 연료원 역할을 한다. 박테리아는 또한 일반적으로 글리코젠을 포도당 여분으로 저장한다.

식물 조직에서 일반적으로 발견되는 저장성 다당류인 녹말은 분지되지 않은 **아밀로스**(amylose) 및 분지된 **아밀로펙틴**(amylopectin)으로 발생한다. 글리코젠과 마찬가지로 아밀로펙틴에는 $\alpha(1 \rightarrow 6)$ 가지가 있지만 골격을 따라 덜 자주 발생하고(12~25개의 포도당 단위마다 한 번) 더 긴 사슬을 생성한다(20~25개의 포도당 단위 길이가 일반적이다. 그림 3-24a). 녹말 침전물은 일반적으로 10~30% 아밀로스와 70~90% 아밀로펙틴이다. 녹말은 광합성 조직의 탄소 고정 및 당 합성 부위인 **엽록체**(chloroplast) 내든지 녹말 저장을 위한 특수 색소체인 **아밀로플라스트**(amyloplast) 내든지 간에 색소체 내에서 **녹말 알갱이**(starch grain)로 식물 세포에 저장된다. 예를 들어 감자 덩이줄기는 녹말을 함유한 아밀로플라스트로 채워져 있다.

구조성 다당류(structural polysaccharide)의 가장 잘 알려진 예는 식물 세포벽에서 발견되는 **셀룰로스**(cellulose)이다(**그림 3-25**). 셀룰로스는 많은 식물에서 반 이상의 탄소가 셀룰로스에 존재한다는 점에서 양적으로 중요한 중합체이다. 셀룰로스는 녹말과 글리코젠처럼 포도당의 중합체이다. 하지만 반복되는 단위체는 β-D-포도당이므로 $\beta(1 \rightarrow 4)$ 결합으로 연결된다. 이 결합은 이제 곧 알게 될 구조적 결과를 가지고 있지만, 또한 영양학적 의미도 가진다. 포유동물은 $\beta(1 \rightarrow 4)$ 결합을 가수분해할 수 있는 효소를 가지고 있지 않아서 셀룰로스를 영양물로 이용할 수 없다. 그 결과 감자(녹말)는 소화할 수 있지만 풀과 나무(셀룰로스)는 소화할 수 없다.

소와 양 같은 동물은 풀과 유사한 식물을 먹기 때문에 예외처럼 보일 수 있다. 그러나 그들도 β 글리코시드 결합을 절단할 수 없다. 그들은 그들의 소화계에서 이 일을 하는 미생물(박테리아

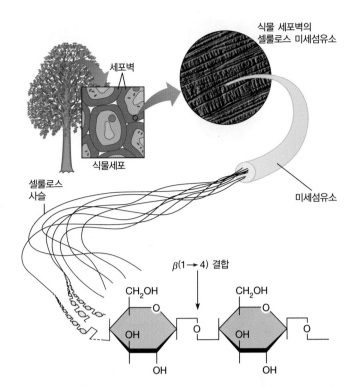

그림 3-25 셀룰로스 구조. 셀룰로스는 $\beta(1 \rightarrow 4)$ 글리코시드 결합으로 서로 연결된 β-D-포도당의 가지가 없는 긴 사슬로 구성된다. 많은 이런 사슬은 측면으로 연결되고, 여기에 표시된 1차 식물 세포벽의 현미경 사진(TEM)에서 볼 수 있는 미세섬유소를 형성하기 위해 수소결합에 의해 서로 잡혀있다.

및 원생동물)에 의존한다. 미생물은 셀룰로스를 소화하고, 숙주 동물은 미생물 소화의 최종 산물이자 동물이 사용할 수 있는 형태(포도당)를 얻는다. 흰개미도 실제로 나무를 소화하지 못하지만 작은 조각으로 씹은 다음, 흰개미의 소화관에서 미생물에 의해 포도당 단량체로 가수분해된다.

$\beta(1 \rightarrow 4)$ 결합 셀룰로스가 가장 풍부한 구조성 다당류이지만, 다른 것도 또한 알려져 있다(**그림 3-26**). 예를 들어 곰팡이 세포벽의 셀룰로스는 종에 따라 $\beta(1 \rightarrow 4)$ 또는 $\beta(1 \rightarrow 3)$ 결합을 포함한다. 대부분의 박테리아의 세포벽은 다소 더 복잡하며 두 종류의 당인 N-아세틸글루코사민(N-acetylglucosamine, GlcNAc)과 N-아세틸뮤라믹산(N-acetylmuramic acid, MurNAc)을 포함한다. 이 두 당은 엄격한 교대 순서로 발생한다. 그림 3-26a에 나타낸 바와 같이 GlcNAc 및 MurNAc는 아미노기로 대체된 2번 탄소 원자의 하이드록실기를 지닌 포도당 분자인 β-글루코사민(β-glucosamine)의 유도체이다. GlcNAc는 아미노기에 2탄소 아세틸기를 추가함으로써 형성되고, MurNAc는 3번 탄소 원자에 3탄소 락틸기를 더 추가해야 한다. 그런 다음 세포벽 다당류는 $\beta(1 \rightarrow 4)$ 결합으로 엄격하게 교대하는 순서로 GlcNAc 및 MurNAc의 연결에 의해 형성된다(그림 3-26b). 그림 3-26c는 곤충의 외골격, 갑각류의 껍질, 곰팡이의 세포벽에서 발견되는 또

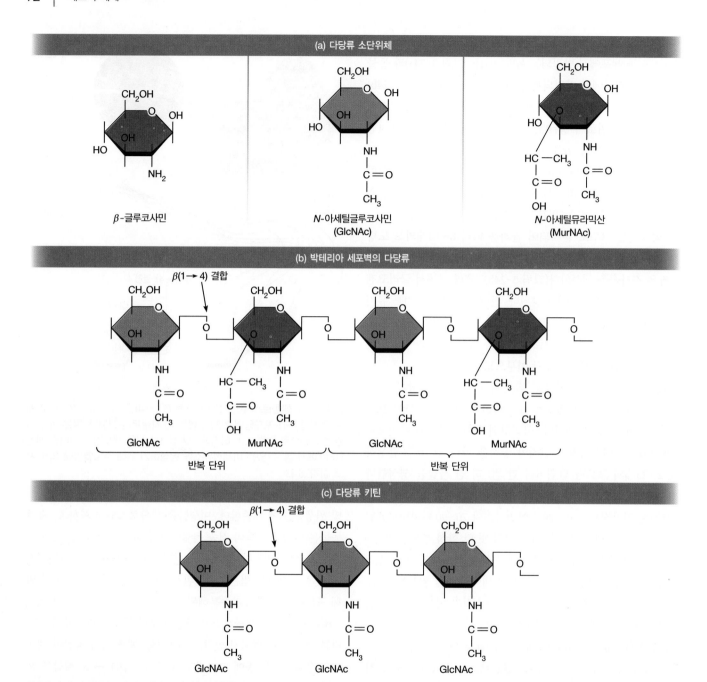

그림 3-26 박테리아 세포벽과 곤충 외골격의 다당류. (a) 단당류 소단위체인 글루코사민, N-아세틸클루코사민(GlcNAc), N-아세틸뮤라믹산(MurNAc)의 화학 구조. (b) GlcNAc 및 MurNAc 단위가 $\beta(1 \rightarrow 4)$ 결합으로 교대로 연결되어 구성된 박테리아 세포벽의 다당류. (c) 키틴은 GlcNAc의 단일 반복 단위로서 $\beta(1 \rightarrow 4)$ 결합으로 연결된 연속적인 GlcNAc 단위를 가진다.

다른 구조성 다당류인 **키틴**(chitin)의 구조를 보여준다. 키틴은 $\beta(1 \rightarrow 4)$ 결합으로 연결된 GlcNAc 단위로만 구성되어 있다.

다당류 구조는 관련된 글리코시드 결합의 종류에 의존한다

저장성과 구조성 다당류의 α 및 β 글리코시드 결합 사이의 구별은 영양학적 중요성 그 이상을 가지고 있다. 연속적인 포도당 단위 사이의 연결의 차이와 그에 따라 생기는 공간적 관계의 차이 때문에 두 종류의 다당류는 2차 구조가 크게 다르다. 단백질과

핵산 모두의 특성으로 이미 확립된 나선 모양은 다당류에서도 또한 발견된다. 녹말과 글리코젠은 둘 다 자발적으로 느슨한 나선으로 감겨있지만, 종종 아밀로펙틴과 글리코젠의 수많은 곁사슬로 인해 구조가 고도로 정렬되지 않는다.

대조적으로 셀룰로스는 단단한 직선 막대를 형성한다. 이들은 차례로 측면에서 **미세섬유소**(microfibril)로 응집된다(그림 3-25 참조). 미세섬유소는 직경이 약 5~20 nm이고, 약 36개의 셀룰로스 사슬로 구성된다. 식물 및 곰팡이의 세포벽은 여러 다른 중합

체[주로 헤미셀룰로스(hemicellulose)와 펙틴(pectin)]와 세포벽에서만 발생하는 익스텐신(extension)으로 불리는 단백질의 다소 다양한 혼합물을 포함하는 비셀룰로스 기질(noncellulosic matrix)에 박혀있는 셀룰로스의 단단한 미세섬유소로 구성된다. 세포벽은 강도를 추가하기 위해 굳기 전 시멘트에 철근이 박혀있는, 강화 콘크리트와 적절하게 비교된다. 세포벽에서 셀룰로스 미세섬유소는 '철근'이고 비셀룰로스 기질은 '시멘트'이다.

개념체크 3.3

다당류는 또한 세포의 구조와 기능에서 중요한 고분자이다. 이들은 단백질 및 핵산과 어떻게 유사하고 어떻게 다른가?

3.4 지질

엄격히 말해서 **지질**(lipid)은 단백질, 핵산, 다당류와 같이 선형의 중합체 형성 방법으로 만들어지는 것이 아니라는 점에서 지금까지 다뤄온 고분자들과 다르다. 그러나 이들은 분자량이 크고, 특히 막과 같은 중요한 세포 구조에 존재하기 때문에 일반적으로 고분자로 간주한다. 또한 트리글리세라이드, 인지질, 그리고 다른 큰 지질 분자의 합성의 마지막 단계에서 중합체 합성에서 사용된 것과 유사한 축합반응이 관여한다.

지질은 그들의 화학적인 구조보다는 용해성에서 서로 더 닮은 세포 구성원의 다소 이질적인 분류로 여겨진다. 지질로 구분할 수 있는 특징은 이들의 소수성 속성이다. 지질이 아주 미미하게나마 물에 대한 친화력을 가지고는 있지만 클로로폼이나 에테르와 같은 비극성 용매에 더욱 쉽게 용해된다. 따라서 비극성 탄화수소 영역에서 지질이 풍부하게 존재하고 극성기는 상대적으로 적게 가질 것이라고 예상할 수 있다. 그러나 일부 지질은 양친매성(amphipathic)으로 극성과 비극성 영역을 모두 가지고 있다. 이 특성은 막 구조에 중요한 의미를 가진다(그림 2-11, 2-12 참조).

그들은 화학 구조보다는 용해도 특성에 의해 정의되기 때문에 지질에는 구조, 화학 및 기능 면에서 다양한 분자가 포함되어 있다는 것은 놀라운 일이 아니다. 기능적으로 보았을 때 지질은 세포에서 적어도 3가지의 주요한 역할을 한다. 어떤 지질은 에너지 저장소의 형태로 존재하고, 어떤 것들은 막 구조에 관여하며, 또 어떤 것들은 화학 신호를 세포 안으로 전달하거나 세포 내에서 전달하는 등의 특이적인 **생물학적 기능**을 수행한다. 지질을 화학 구조에 따라 **지방산, 트라이아실글리세롤, 인지질, 당지질, 스테로이드, 테르펜**의 6가지 주요 부류로 나눌 수 있다. 지질의 다양성과 다른 부류의 구성원이 때로 구조 및 화학적 유사성을 공유한다는 사실 때문에 이것은 지질을 분류하는 여러 가지 방법 중 하나

일 뿐이라는 것을 유념해야 한다. 여기에서 논의된 지질의 6가지 주요 부류는 각 부류의 대표적인 예를 포함하는 **그림 3-27**에 설명되어 있다. 이 6가지 종류의 지질 각각을 그들의 기능적인 역할에 초점을 맞추어 간략하게 살펴보자.

지방산은 여러 종류의 지질을 만드는 구성 요소이다

지방산(fatty acid)은 다른 여러 종류의 지질들의 구성 요소이기 때문에 이것부터 다룰 것이다. 지방산은 한쪽 끝에 카복실기를 가진 길고 가지가 없는 탄화수소 사슬이다(그림 3-27a). 따라서 지방산 분자는 양친매성이다. 카복실기가 한쪽 말단(종종 '머리'라고 불리는) 극성을 부여하는 반면, 탄화수소 '꼬리'는 비극성이다. 지방산은 대체로 짝수인 다양한 개수의 탄소 원자를 가진다. 대개 사슬당 12~20개의 탄소를 가지는데, 16개와 18개의 탄소를 가진 지방산이 가장 흔하다.

표 3-5는 몇 가지 일반적인 지방산을 나열해서 보여주고 있다. 짝수의 탄소 원자를 가진 지방산은 지방산 합성이 성장하는 지방산 사슬에 2개의 탄소 단위를 단계적으로 추가하는 것을 포함하기 때문에 크게 선호된다. 지방산은 많은 수소 원자와 거의 드문 산소 원자를 가지고 있는 것처럼 매우 환원된 상태이기 때문에 산화 시 많은 에너지를 생성하므로 효율적인 에너지 저장 형태이다. 실제로 1 g의 지방에 함유된 사용 가능한 에너지는 1 g의 당이나 다당류에 들어있는 것의 2배 이상이다.

또한 탄소 사이에 2중 결합이 있기 때문에 지방산에 다양성이 있다(**그림 3-28**). 2중 결합이 없는 지방산을 **포화지방산**(saturated fatty acid)으로 일컫는데, 그 이유는 사슬의 모든 탄소 원자에는 최대 수의 수소 원자가 붙어있기 때문이다(그림 3-28a). n개의 탄소 원자를 가진 포화지방산의 일반식은 $C_nH_{2n}O_2$이다. 포화지

표 3-5	세포에서 흔히 보이는 지방산	
탄소 수	2중 결합 수	공통 이름*
12	0	라우레이트
14	0	미리스테이트
16	0	팔미테이트
18	0	스테아레이트
20	0	아라키데이트
16	1	팔미톨레이트
18	1	올레이트
18	2	리놀레이트
18	3	리놀렌네이트
20	4	아라키도네이트

* 나와있는 것은 대부분의 세포에서 거의 중성에 가까운 pH에서 존재하는 지방산의 이온화된 형태에 대한 이름이다. 유리 지방산의 이름은 -ate 끝을 -ic acid로 바꾸기만 하면 된다.

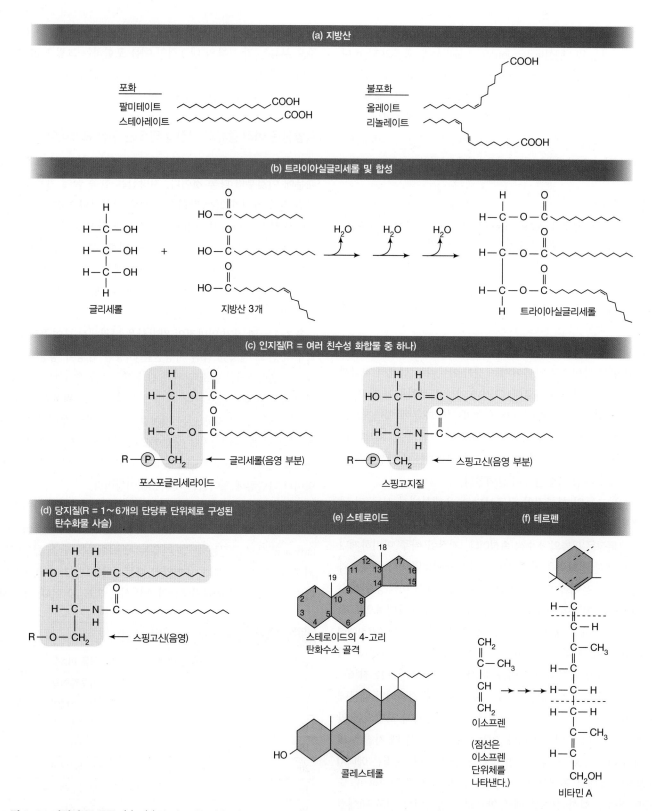

그림 3-27 지질의 주 종류. (a)~(d)의 지그재그선은 지방산의 긴 탄화수소 사슬을 나타낸다. 지그재그선의 각 모서리는 메틸렌(—CH₂—)을 나타낸다.

방산은 서로 잘 밀착되는 길고 곧은 사슬을 가지고 있다. 대조적으로 **불포화지방산**(unsaturated fatty acid)은 하나 또는 그 이상의 2중 결합을 포함하고 있어 사슬이 구부러지거나 꼬여 꽉 끼는 것

을 방지한다(그림 3-28b, 그림 7-13 참조, 이러한 지방산 중 몇 가지의 구조와 모델은 그림 7-8 참조).

트랜스지방(trans fat)으로 알려진 특정 유형의 불포화지방산에

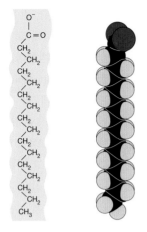

(a) 팔미테이트(포화)

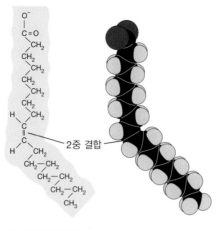

(b) 올레이트(불포화)

그림 3-28 포화지방산과 불포화지방산의 구조. (a) 16개 탄소로 이루어진 포화지방산인 팔미테이트. (b) 18개 탄소로 이루어진 불포화지방산인 올레이트. 공간-채움 모델은 전체적인 모양을 강조하기 위해 보여주었다. 2중 결합이 올레이트 분자에서 생성하는 뒤틀림에 주목하라.

대해 최근 많은 우려가 제기되었다. 트랜스지방에는 2중 결합이 있는 불포화지방산이 포함되어 있어 지방산 사슬이 덜 구부러진다(그림 7-13 참조). 이는 트랜스지방이 외형적인 모습과 전형적인 불포화지방산보다 더 촘촘하게 다발을 이룰 수 있는 능력, 모두에서 포화지방산과 닮게 한다. 육류와 유제품에 소량의 트랜스지방이 자연적으로 존재하기는 하지만 보통 쇼트닝과 마가린의 상업적 생산 과정 중 인공적으로 만들어진다. 트랜스지방은 심장질환의 위험을 증가시키는 것과 관련된 혈중 콜레스테롤의 변화와 연관성이 있다.

트라이아실글리세롤은 저장성 지질이다

트리글리세라이드(triglyceride)라고도 하는 **트라이아실글리세롤**(triacylglycerol)은 3개의 지방산이 연결되어 있는 글리세롤 분자로 이루어져 있다. 그림 3-27b에서 볼 수 있듯이 **글리세롤**(glycerol)은 각 탄소에 하이드록실기를 가진 3개 탄소로 이루어진 알코올이다. 지방산은 글리세롤에 에스터 결합(ester bond)을 통해 연결되어 있는데, 이 결합은 카복실기와 하이드록실기 사이에서 탈수반응으로 형성된다. 트라이아실글리세롤은 지방산이 한 번에 하나씩 추가되는 단계적인 방법으로 합성된다. 모노아실글리세롤(monoacylglycerol)은 하나의 지방산을, 디아실글리세롤(diacylglycerol)은 2개의 지방산을, 트라이아실글리세롤은 3개의 지방산을 가지고 있다. 주어진 트라이아실글리세롤의 3개의 지방산은 일반적으로 사슬 길이, 불포화도 또는 두 가지 모두가 다양하다. 트라이아실글리세롤에 있는 각각의 지방산은 축합반응을 통해 글리세롤의 탄소 원자에 연결된다.

트라이아실글리세롤의 주요 기능은 에너지를 저장하는 것이다. 일부 동물에서 트라이아실글리세롤은 저온에 대한 단열 효과도 제공한다. 바다코끼리, 물개, 펭귄과 같은 매우 추운 기후에 사는 동물은 피부 아래에 트라이아실글리세롤을 저장하고,

생존을 위해 이 지방의 단열 특성에 의존한다.

대부분 포화지방산을 포함하는 트라이아실글리세롤은 일반적으로 실온에서 고체 또는 반고체이며, **지방**(fat)이라고 불린다. 지방은 대부분의 고기를 절단할 때 나오는 지방, 육류 포장 산업의 부산물로 얻는 많은 양의 라드, 사람들의 '살찐다'는 걱정거리에서 알 수 있듯이 동물의 몸에서 두드러진다. **식물성 기름**(vegetable oil)이라는 용어에서 알 수 있듯이 식물에서는 대부분의 트라이아실글리세롤이 상온에서 액체 상태로 존재한다. 기름의 지방산은 불포화 상태가 우세하기 때문에 탄화수소 사슬은 분자 간에 질서 정연한 다발이 형성되는 것을 방해하도록 뒤틀려 있다. 결과적으로 식물성 기름은 대부분의 동물성 지방보다 낮은 녹는점을 가진다. 잘 알려진 식물성 기름으로는 콩기름과 옥수수기름이 있다. 식물성 기름은 2중 결합에 수소를 첨가하여 포화 상태로 전환함으로써 마가린이나 쇼트닝과 같은 고체 형태의 산물로 변환될 수 있는데, 이 과정은 이 장 끝 부분에 있는 연습문제 3-15에서 더 자세히 설명한다.

인지질은 막 구조에 중요하다

인지질(phospholipid)은 지질의 세 번째 부류에 속한다(그림 3-27c 참조). 이들은 몇몇 화학적인 관점에서 트라이아실글리세롤과 비슷하지만, 세포 내에서 그들의 속성이나 역할 면에서는 매우 다르다. 무엇보다도 인지질은 양친매성 특성으로 인해 막 구조에서 중요하며 모든 막에서 발견되는 2중층 구조의 핵심 구성 요소이다(그림 2-12 참조). 이들의 화학적 특성에 기반하여 인지질은 **포스포글리세라이드**와 **스핑고지질**로 구분할 수 있다(그림 3-27c 참조).

포스포글리세라이드(phosphoglyceride)는 대부분의 막에 우세하게 존재하는 인지질이다. 트라이아실글리세롤처럼 포스포글리세라이드는 글리세롤 분자에 에스터화된 지방산으로 이루어

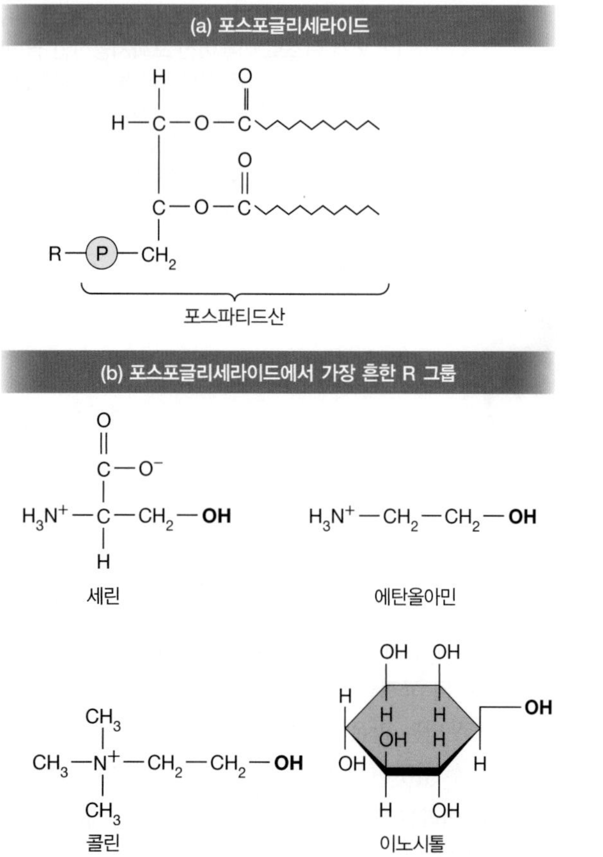

그림 3-29 일반적인 포스포글리세라이드의 구조. (a) 포스포글리세라이드는 인산기에 작은 극성 알코올(R)이 부착된 포스파티드산 분자로 구성된다. (b) 포스포글리세라이드에서 발견되는 가장 일반적인 4개의 R기는 세린, 에탄올아민, 콜린, 이노시톨이다. (굵은 하이드록실기는 각 R 그룹이 포스파티드산과 결합하는 위치를 강조한다.)

져 있다(**그림 3-29**). 그러나 포스포글리세라이드의 기본 구성 요소는 지방산이 단 2개밖에 없고, 글리세롤 골격에 인산기가 붙어 있는 **포스파티드산**(phosphatidic acid)이다(그림 3-29a). 포스파티드산은 다른 포스포글리세라이드들의 합성의 핵심 중간물질이지만, 이 자체로는 절대 막에 많이 존재하지 않는다. 대신 막 포스포글리세라이드는 에스터 결합에 의해 인산염에 연결된 작은 친수성 알코올을 항상 가지고 있다. 알코올은 일반적으로 인지질 머리 그룹의 극성 특성에 기여하는 그룹인 세린(serine), 에탄올아민(ethanolamine), 콜린(choline), 이노시톨(inositol)이다(그림 3-29b). 이 그룹 중 처음 3개는 양전하를 띤 아미노 그룹 또는 질소 원자를 포함하고, 이노시톨은 다수의 극성 산소 원자를 포함하는 당 유도체이다.

매우 큰 극성을 가진 머리와 2개의 긴 비극성 사슬의 조합은 포스포글리세라이드의 막 구조에서의 역할에 중요한 특징적인 양친매성을 준다. 앞서 보았듯이 지방산은 길이와 불포화의 여부 및 위치에 따라 상당히 다양하다. 막에서는 16~18개의 탄소로 이루어진 지방산이 가장 흔하며, 일반적인 포스포글리세라이드 분자는 포화지방산 1개와 불포화지방산 1개를 가진다. 막 인지질의 지방산 사슬의 길이와 불포화도는 막의 유동성에 크게 영향을 주며, 실제로 몇몇 생명체의 세포에서는 조절을 받는다.

포스포글리세라이드 외에도 몇몇 막은 **스핑고지질**(sphingolipid)이라고 하는 또 다른 종류의 인지질을 함유하고 있는데, 막 구조와 세포 신호전달에 중요하다. 19세기 말에 투디쿰(Johann Thudicum)이 스핑고지질을 처음 발견했을 때 이들의 생물학적인 역할은 스핑크스처럼 수수께끼 같아 보였기 때문에 그 이름을 따서 이렇게 명명되었다. 이름에서도 알 수 있듯 이 지질은 글리세롤이 아닌 **스핑고신**(sphingosine)이라는 아민알코올에 기반을 두고 있다. 그림 3-27c에서 볼 수 있듯이 스핑고신은 극성 말단 근처에 하나의 불포화 지역을 지닌, 긴 탄화수소 사슬을 가지고 있다. 이것의 아미노기를 통해서 스핑고신은 긴 사슬의 지방산(34개 탄소까지) 결합을 형성할 수 있다. 이 결과 만들어지는 분자는 세라마이드(ceramide)라고 부르며, 이는 2개의 긴 비극성 꼬리를 옆에 가지고 있는 극성 부위로 이루어져 대략 인지질과 유사한 모양을 가지고 있다.

스핑고신의 1번 탄소에 있는 하이드록실기는 이 머리핀 분자의 실제상 머리에 해당되는 곳에서 돌출되어 나와 있다. 스핑고지질은 여러 극성기 중 어느 것이라도 이 하이드록실기에 연결되면 형성된다. 전체 스핑고지질족은 세라마이드의 하이드록실기에 결합한 극성기(그림 3-27c의 R 그룹)의 화학적 속성에서만 차이를 보이며 존재한다. 스핑고지질은 원형질막 2중층의 바깥쪽 층에 우세하게 존재하며, 외부 환경과의 소통을 원활하게 해주는 막 내의 밀집된 미세 부위인 **지질 뗏목**(lipid raft)에서 주로 발견된다.

연결하기 3.2

양친매성 인지질의 말단은 지질2중층을 형성하는 데 중요하다. 모든 인지질의 비극성 꼬리 끝에 극성기를 추가하면 막 형성이 어떻게 달라질까? (2.3절 참조)

당지질은 막의 특화된 구성 요소이다

당지질(glycolipid)은 인산기 대신 탄수화물기를 가진 지질이며, 전형적인 스핑고신이나 글리세롤의 유도체이다(그림 3-27d 참조). 스핑고신을 포함하고 있는 당지질을 글리코스핑고지질(glycosphingolipid)이라고 부른다. 당지질에 부착된 탄수화물기는 1~6개의 D-포도당, D-갈락토스, N-아세틸-D-갈락토사민과 같은 당 단위를 가질 수 있다. 이러한 탄수화물기는 인산기처럼 친수성이어서 당지질에 양친매성을 부여한다. 당지질은 특히 특정 식물 세포나 신경계의 세포에서 발견되는 몇몇 막의 특화된 구성 요소이다. 당지질은 원형질막의 바깥쪽 단일 층에 주로 나타나며, 글리코스핑고지질은 원형질막 표면에서 생물학적 인식이 흔히 이루어지는 장소이다.

스테로이드는 여러 기능을 가진 지질이다

스테로이드(steroid)는 지질의 또 다른 분명한 부류를 이룬다. 스테로이드는 4고리 탄화수소 골격의 파생물이며(그림 3-27e 참조), 다른 지질과 구조적으로 구별된다. 사실 스테로이드가 다른 부류의 지질과 연관성을 가진 유일한 특성은 이들이 상대적으로 비극성이라서 소수성이라는 점이다. **그림 3-30**이 나타내고 있듯이 스테로이드는 2중 결합과 작용기들의 개수와 위치에서 서로 차이를 가진다.

스테로이드는 거의 전적으로 진핵세포에서 발견된다. 동물 세포에서 가장 흔한 스테로이드는 **콜레스테롤**(cholesterol)이며, 구조는 그림 3-27e와 같다. 콜레스테롤은 극성 머리기(3번 위치에 하이드록실기)와 비극성 탄화수소 몸통과 꼬리(17번 위치에 4고리 골격과 탄화수소 곁사슬)가 있는 양친매성 분자이다. 분자의 대부분이 소수성이기 때문에 콜레스테롤은 물에 녹지 않으며 주로 막에서 발견된다. 콜레스테롤은 미토콘드리아와 엽록체의 내막을 제외한 동물 세포의 원형질막과 대부분의 소기관의 막에 나타난다. 유사한 막 스테로이드는 식물 세포의 스티그마스테롤(stigmasterol)과 시토스테롤(sitosterol), 곰팡이 세포의 에르고스테롤(ergosterol), 마이코플라스마(*Mycoplasma*) 박테리아의 호파노이드(hopanoid)를 비롯한 다른 세포에서도 존재한다.

콜레스테롤은 남성과 여성의 성호르몬(sex hormone), 당질코르티코이드(glucocorticoid), 무기질코르티코이드(mineralocorticoid)를 포함한 모든 **스테로이드 호르몬**(steroid hormone, 그림 3-30) 합성의 시작점이다. 성호르몬으로는 여성의 난소에서 생성하는 에스트로겐(estrogen)[예: 에스트라디올(estradiol)]과 남성의 정소에서 생성되는 안드로겐(androgen)[예: 테스토스테론(testosterone)]이 포함된다. 당질코르티코이드[예: 코티솔(cortisol)]는 글루코스신생합성(글루코스 합성)을 촉진하고, 염증반응을 억제하는 호르몬 계열이다. 그들은 또한 스트레스 반응에서 중요한 역할을 한다. 알도스테론(aldosterone)과 같은 무기질코르티코이드는 콩팥에서 소듐, 염화물, 탄산수소 이온의 재흡수를 촉진하여 이온 균형을 조절한다. 식물은 또한 스테롤 골격을 사용하여 브라시노스테로이드(brassinosteroid)라는 호르몬을 생성한다. 이 스테롤은 콜레스테롤과 구조가 유사한 식물성 스테롤인 캄페스테롤(campesterol)이다.

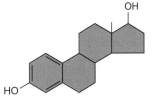
(a) 에스트라디올(에스트로겐)

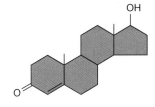
(b) 테스토스테론(안드로겐)

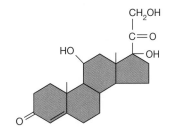
(c) 코티솔(당질코르티코이드)

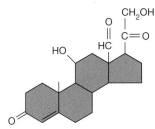
(d) 알도스테론(무기질코르티코이드)

그림 3-30 몇 가지 일반적인 스테로이드 호르몬 구조. 콜레스테롤로부터 합성되는 많은 스테로이드 호르몬 중에는 (a) 에스트로겐의 일종인 에스트라디올, (b) 안드로겐의 일종인 테스토스테론, (c) 당질코르티코이드인 코티솔, (d) 무기질코르티코이드인 알도스테론이 있다.

테르펜은 이소프렌으로부터 만들어진다

그림 3-27에 지질의 마지막 종류는 **테르펜**(terpene)이다. 테르펜은 5개 탄소화합물인 이소프렌(isoprene)으로부터 합성되기 때문에 이소프레노이드(isoprenoid)라고도 불린다. 이소프렌과 이것의 유도체는 여러 조합으로 연결되어 우리 몸의 필수 영양소인 비타민 A(그림 3-27f)와 식물의 광합성 중에 빛을 모으는 데 관여하는 카로티노이드 색소(carotenoid pigment) 같은 물질을 생성한다. 다른 이소프렌 기반 화합물은 당 유도체의 활성화에 관여하는 돌리콜(dolichol)과 조효소 Q(coenzyme Q) 및 플라스토퀴논(plastoquinone, 10장과 11장에서 호흡과 광합성을 자세히 공부할 때 접하게 될 전자 운반체) 같은 전자 운반체이다. 마지막으로 이소프렌 단위의 중합체인 폴리이소프레노이드(polyisoprenoid)는 진핵세포와 박테리아로부터 구별되는 고세균(archaea)이라는 독특한 생물체의 세포막에서 발견된다(4장 참조).

개념체크 3.4

고분자의 마지막 종류인 지질은 다른 세 부류와 상당히 다르지만 몇 가지 유사점이 있다. 이에 대해 설명하라.

요약

3.1 단백질

- 단백질, 핵산, 다당류, 지질과 같은 4가지 주요 고분자 부류가 세포에서 두드러진다. 단백질, 핵산, 다당류는 특정 순서로 연결된 긴 일련의 단량체로 구성된 고분자 중합체이다. 지질은 길지 않은 고분자이지만 세포, 특히 막의 구성 요소로서 일반적으로 중요하기 때문에 여기에서 논의된다.
- 세포에 있는 수천 개의 서로 다른 모든 단백질은 아미노산 단량체가 한 줄로 연결된 것이다. 단백질에서 발견되는 20개의 아미노산은 다른 R 그룹을 가진다. R 그룹은 소수성, 전하를 띠는 친수성, 전하를 띠지 않는 친수성으로 나뉜다. 이들 아미노산은 펩타이드 결합을 통해 임의의 순서로 함께 연결되어 단량체 및 다량체 단백질을 구성하는 다양한 폴리펩타이드를 형성할 수 있다.
- 단량체의 정확한 순서는 정보를 전달한다. 아미노산의 1차 서열은 2차 구조인 α-나선과 β-병풍, 그리고 입체 구조인 3차 구조, 다른 단백질과 연합하여 형성하는 4차 구조를 이룰 수 있는 정보를 모두 가지고 있다.
- 폴리펩타이드의 접힘과 안정성에 영향을 주는 힘은 공유결합인 2황화 결합과 비공유결합인 수소결합, 이온결합, 반데르발스 상호작용, 소수성 상호작용에 의한 힘이다.
- 단백질 접힘과 관련된 힘에 대한 광범위한 지식에도 불구하고 펩타이드와 상대적으로 작은 단백질의 경우를 제외하고는 1차 아미노산 서열에서 단백질의 최종 접힘 3차 구조를 예측할 수 없다.

3.2 핵산

- 핵산인 DNA와 RNA는 특정 순서로 인산다이에스터 결합에 의해 연결된 뉴클레오타이드 단량체로 구성된 정보성 고분자이다. 각 뉴클레오타이드는 디옥시리보스, 리보스, 인산, 퓨린, 피리미딘 염기로 구성된다.
- RNA는 주로 단일가닥인 반면 DNA는 수소결합에 의해 안정화되는 상보적 염기쌍(A와 T, C와 G)을 기반으로 2중가닥 나선을 형성한다. DNA의 2중나선 구조와 유전정보의 운반자로서 DNA의 중요성에 대한 설명은 20세기의 생물학적 돌파구를 정의하는 것이었다.
- 단백질과 마찬가지로 핵산의 정확한 단량체 순서는 정보를 전달

한다. 유전자로 알려진 DNA의 특정 부분에 있는 뉴클레오타이드의 염기서열은 해당 유전자에 의해 암호화되는 단백질의 아미노산 서열을 결정한다.

3.3 다당류

- 다당류는 핵산이나 단백질과 달리 정보를 전달하지 않는 대신 저장 또는 구조 역할을 한다. 그들은 일반적으로 단일 유형의 단당류 또는 α 또는 β 글리코시드 결합으로 함께 연결된 2개의 교대로 반복되는 단당류로 구성된다. 글리코시드 결합의 유형은 다당류가 에너지 저장 또는 구조성 다당류 역할을 하는지 여부를 결정한다.
- α 결합은 동물이 쉽게 소화할 수 있으며 포도당 단량체로만 구성된 녹말 및 글리코젠과 같은 저장성 다당류에서 발견된다. 대조적으로 셀룰로스와 키틴의 β 글리코시드 결합은 일반적으로 동물에 의해 소화되지 않으며, 이러한 분자에 구조적 분자로서의 기능에 적합한 단단한 모양을 부여한다.

3.4 지질

- 지질은 진정한 중합체가 아니지만 큰 분자량과 단백질과의 빈번한 결합으로 인해 종종 고분자로 간주된다. 지질은 구조가 상당히 다양하지만 소수성이며 물에 거의 녹지 않는 특성을 공유하기 때문에 함께 그룹화된다.
- 지방산은 12~20개의 탄소 원자로 이루어진 긴 탄화수소 사슬과 한쪽 끝에 카복실산기가 있는 지질이다. 또한 모든 세포막에서 발견되는 인지질뿐만 아니라 동물성 지방과 식물성 기름을 구성하는 트라이아실글리세롤에서 발견되는 에너지가 풍부한 분자이다.
- 인지질과 스핑고지질은 생체막의 지질2중층을 구성하는 인지질의 한 종류이다. 그들은 2개의 소수성 지방산 사슬과 극성 인산기를 포함하는 머리 그룹을 가진 양친매성 분자이다.
- 당지질은 인지질과 유사하지만 인산기 대신 극성 탄수화물 그룹이 있다. 또한 종종 막의 외부 표면에서 발견되며 세포 인식에 역할을 한다.
- 기타 중요한 세포 지질에는 스테로이드(콜레스테롤 및 스테로이드 호르몬)와 테르펜(비타민 A 및 일부 조효소)이 있다.

연습문제

3-1 중합체와 그 성질. 나열된 6가지 생물학적 중합체 각각에 대해 적용되는 특성을 표시하라. 각 중합체는 여러 속성을 가지며 주어진 속성은 두 번 이상 사용할 수 있다.

중합체

(a) 셀룰로스

(b) mRNA

(c) 구형 단백질

(d) 아밀로펙틴

(e) DNA

(f) 섬유성 단백질

속성

1. 분지된 사슬 중합체
2. 세포 외부 위치
3. 글리코시드 결합
4. 정보용 고분자
5. 펩타이드 결합
6. β 결합
7. 인산다이에스터 결합
8. 뉴클레오사이드 3인산
9. 나선 구조 가능
10. 합성 시 주형 필요

3-2 단백질 구조의 안정성. 여러 다른 종류의 결합 또는 상호작용이 단백질 구조를 생성하고 유지하는 데 관여한다. 그러한 결합 또는 상호작용 5개를 나열하고, 각각에 관련될 수 있는 아미노산의 예를 제시하고, 특정 종류의 결합 또는 상호작용으로 생성되거나 안정화될 수 있는 단백질 구조의 수준을 표시하라.

3-3 단백질의 아미노산 위치. 아미노산은 물에 대한 상대적인 친화도에 따라 구형 단백질 분자의 내부 또는 외부에 국한되는 경향이 있다.

(a) 다음의 아미노산 짝의 각각에 대해 단백질 분자 내부에서 발견될 가능성이 더 큰 것을 고르고 그 이유를 설명하라.

    알라닌, 글라이신   글루탐산, 아스파트산
    타이로신, 페닐알라닌   메싸이오닌, 시스테인

(b) 유리된 설프하이드릴기가 있는 시스테인 잔기가 단백질 분자 외부에 국한되는 경향이 있는 반면, 2황화 결합에 관여하는 시스테인 잔기는 분자 내부에 더 많이 묻혀있는 이유를 설명하라.

3-4 낭포성 섬유증. 낭포성 섬유증은 가장 흔한 유전질환 중 하나다. 염화 이온 운반체 단백질에서 하나의 아미노산 제거는 그 구조와 기능을 바꾼다.

(a) 단백질의 구조를 생각하면서 위치 F508의 페닐알라닌 제거가 염화 이온 통로의 기능에 해로운 영향을 미칠 수 있는 이유를 설명하라.

(b) 페닐알라닌 잔기가 삭제되지 않고 메싸이오닌과 같은 다른 아미노산으로 대체되었다고 상상해보자. 이것이 단백질의 구조와 기능에 어떤 영향을 미칠 것이라고 생각하는가?

(c) 낭포성 섬유증 운반체 단백질의 구조와 기능에 해로운 영향을 미칠 수 있는 몇 가지 아미노산 치환을 제안하라. 그 효과에 대한 이유를 제안하라.

3-5 머리카락 대 실크. 인간 모발의 α-케라틴은 광범위한 α-나선 구조를 가진 섬유성 단백질의 좋은 예이다. 실크 피브로인도 섬유성

단백질이지만 주로 β-병풍 구조로 구성된다. 피브로인은 본질적으로 글라이신과 알라닌이 교대하는 중합체인 반면, α-케라틴은 대부분의 일반적인 아미노산을 포함하며 많은 2황화 결합을 가지고 있다.

(a) α-케라틴 폴리펩타이드의 양 끝을 잡고 당길 수 있다면 둘 모두에서 신축성(습열 조건에서 원래 길이의 약 2배까지 늘어날 수 있음)과 탄력성(손을 놓을 때 원래 길이로 돌아가는 성질)을 볼 수 있을 것이다. 대조적으로 피브로인 폴리펩타이드는 본질적으로 신장성이 없고, 파괴에 대한 저항성이 크다. 이러한 차이점을 설명하라.

(b) 피브로인이 병풍 구조를 취하는 반면 α-케라틴은 α-나선으로 존재하며 인위적으로 늘어나게 되면 자연적으로 나선형으로 되돌아가는 이유는 무엇인가?

3-6 영구적이지 않은 '파마' 웨이브. 미용실에서 제공하는 '파마'는 머리카락에 독특한 모양을 부여하는 케라틴의 광범위한 2황화 결합의 재배열에 의해 크게 좌우된다. 머리카락의 모양을 변경하기 위해 (즉 웨이브나 컬을 주기 위해) 미용사는 먼저 머리카락을 설프하이드릴 환원제로 처리한 다음, 컬이나 롤러를 사용하여 원하는 모양을 만들고 난 후 산화제를 처리한다.

(a) 파마의 화학적 기초는 무엇인가? 환원제와 산화제의 사용을 반드시 포함해서 설명하라.

(b) '파마'가 영구적이지 않다고 생각하는 이유는 무엇인가? (미용사를 방문한 후 몇 주 동안 웨이브 또는 컬이 점차적으로 사라지는 이유를 설명하라.)

(c) 자연스러운 곱슬머리에 대해 설명하라.

3-7 핵산의 특징. 핵산의 다음 각 특성에 대해 오직 DNA만 해당되는지(D), RNA만 해당되는지(R), DNA와 RNA 모두에 해당하는지(DR), 둘 다 적용되지 않는지(N) 표시하라.

(a) 기본 유라실을 포함한다.

(b) 뉴클레오타이드 디옥시티미딘 1인산을 포함한다.

(c) 일반적으로 2중가닥이다.

(d) 중합체이다.

(e) 인산기를 포함한다.

(f) 한쪽 끝에 N-말단이 있고 다른 쪽 끝에 C-말단이 있는 본질적으로 방향성 분자이다.

3-8 오류 수정. 다음 각각의 거짓 진술에 대해 참인 진술로 변경하고 그것이 거짓인 이유를 설명하라.

(a) 핵산은 화학적으로 동일한, 반복되는 뉴클레오타이드 단량체로 구성된 중합체이다.

(b) 단백질은 α-나선 2차 구조를 가질 수 있다. α-나선은 모양이 나선형이며 폴리펩타이드 골격에서 NH 그룹과 CO 그룹 사이의 공유결합에 의해 안정화된다.

(c) 단백질은 고온 처리에 의해 변성될 수 있지만, 극단적인 pH는 일반적으로 3차 구조에 영향을 미치지 않는다.

(d) 핵산은 에너지를 필요로 하는 반응에서 운반체 분자에 연결하여 활성화되는 단량체로부터 합성된다.

(e) 2당류 설탕은 함께 공유결합된 2개의 포도당 단량체를 포함한다.

(f) β-병풍 구조는 동일한 면에 돌출된 연속적인 아미노산의 R 그룹이 있는 확장된 병풍형 구조이다.

(g) 오늘날의 강력한 슈퍼컴퓨터를 사용하여 아미노산 서열에서 단백질의 최종 접힘 구조를 예측하는 것은 쉽다.

(h) miRNA(마이크로 RNA)는 외인성 경로(예: RNA에 의한 감염)에서 파생된 작은 외인성 RNA이다.

3-9 저장성 다당류. 세포에서 분지된 중합체의 유일한 일반적인 예는 저장성 다당류 글리코젠과 아밀로펙틴이다. 둘 다 말단 포도당 단위의 단계적 제거를 의미하는 외부 용해적으로 분해된다.

(a) 저장성 다당류가 선형 구조 대신에 분지형 구조인 것이 왜 유리한가?

(b) 글리코젠 분해 과정에서 어떤 대사 합병증을 예상할 수 있는가? 세포가 이것을 어떻게 처리한다고 생각하는가?

(c) 아밀로펙틴 대신 아밀로스를 분해하는 세포가 글리코시드 결합의 내분해(내부) 및 외분해 절단이 가능한 효소를 가진 이유를 알 수 있는가?

(d) 구조성 다당류 셀룰로스가 가지를 포함하지 않는 이유는 무엇이라고 생각하는가?

3-10 탄수화물 구조. 겐티오비오스(gentiobiose), 라피노스(raffinose), 덱스트란(dextran)에 대한 다음 설명을 보고, 각각에 대한 하워스 투사법을 그려보라.

(a) 겐티오비오스는 용담 등의 식물에서 발견되는 2당류이다. 이것은 β(1→6) 글리코시드 결합에 의해 서로 연결된 β-D-포도당의 두 분자로 구성된다.

(b) 라피노스는 사탕무에서 발견되는 3당류이다. β-D-갈락토스, α-D-포도당, β-D-과당이 각각 1분자씩 구성되어 있으며, 갈락토스는 α(1→6) 글리코시드 결합으로 포도당과 연결되어 있고, 포도당은 α(1→2) 결합에 의해 과당과 연결되어 있다.

(c) 덱스트란은 일부 박테리아에 의해 생성되는 다당류이다. 이들은 α(1→6) 글리코시드 결합으로 연결된 α-D-포도당의 중합체이며, 빈번하게 α(1→3) 가지가 있다. 하나의 분지점을 포함하여 덱스트란의 일부를 그려보라.

3-11 구분하기. 다음 분자 쌍 각각에 대해 구별할 수 있는 특성을 지정하고, 구별하는 데 사용할 수 있는 두 가지 다른 테스트를 표시하라.

(a) 단백질 인슐린, 인슐린을 암호화하는 유전자의 DNA

(b) 인슐린을 암호화하는 DNA, 인슐린의 전령 RNA

(c) 녹말, 셀룰로스

(d) 아밀로스, 아밀로펙틴

(e) 단량체 단백질 마이오글로빈, 4량체 단백질 헤모글로빈

(f) 트라이아실글리세롤, 지방산 함량이 매우 유사한 인지질

(g) 당지질, 스핑고지질

(h) 박테리아 세포벽 다당류, 키틴

3-12 사례 제시. 다음 각 단백질 부류에 대해 특정 단백질의 두 가지 예를 제시하고, 각 단백질이 세포에서 어떻게 중요한지 간략하게 설명하고 각 단백질이 발견되는 세포 유형을 언급하라. 책의 뒷부분, 다른 수업의 노트, 인터넷 등 사용 가능한 모든 자원을 활용하라. 교수님이 잘 알지 못하는 예를 찾아보라. (우리는 학생들에게 배우는 것을 즐긴다!)

(a) 호르몬

(b) 구조단백질

(c) 운동단백질

(d) 조절단백질

(e) 신호단백질

(f) 수용체 단백질

(g) 방어단백질

(h) 저장단백질

3-13 아밀로스와 아밀로펙틴. 녹말은 아밀로스와 아밀로펙틴의 두 가지 다당류로 구성된다. 두 다당류 모두 α-D-포도당의 반복 단위로 구성된 중합체이다.

(a) 아밀로스와 아밀로펙틴의 구조의 차이점은 무엇인가?

(b) 아밀로스와 아밀로펙틴의 구조는 그들의 성질을 어떻게 변화시키는가?

3-14 양적 분석 지질에 대한 생각. 이 장에서 논의된 지질의 특성을 기반으로 다음 각 질문에 답해보라.

(a) 지질을 어떻게 정의할 수 있을까? 단백질, 핵산, 탄수화물의 정의와 어떤 점에서 다른가?

(b) 지질(올레이트, 팔미테이트, 스테아레이트, 아라키데이트, 라우레이트)을 탄소 원자 및 2중 결합이 증가하는 순서로 배열하라.

(c) 두 분자의 팔미테이트를 지방산 곁사슬로 포함하는 포스파티딜콜린 분자 및 팔미테이트 한 분자와 올레이트 한 분자를 지방산 곁사슬로 포함하는 포스파티딜콜린 분자 중 어느 것이 스핑고미엘린 분자와 더 유사할 것으로 예상하는가? 추론을 설명해보라.

(d) 몇 가지 다른 지방산이 완전히 산화되었다. 각 탄소-탄소 쌍의 가수분해로부터 8개의 ATP 분자가 방출된다고 가정하자. 가수분해 에너지(160 ATP 분자, 96 ATP 분자, 144 ATP, 128 ATP 분자)를 각각에 지방산 스테아레이트, 라우레이트, 팔미테이트, 아라키데이트에 할당하라.

(e) 양친매성 분자(포스파티딜세린, 스핑고미엘린, 콜레스테롤, 트라이아실글리세롤) 각각에 대해 분자의 어느 부분이 친수성인지 표시하라.

3-15 쇼트닝. 쇼트닝의 인기 브랜드는 제품을 식별하는 '부분적으로 수소화된 대두유, 팜유, 면실유' 라벨이 캔에 있다.

(a) 수소화 단계에서 대두유의 화학 구조는 어떻게 변경되는가?

(b) 수소화는 오일의 물리적 상태를 어떻게 변화시키는가?

(c) 식물성 쇼트닝으로 전환하기 위해 불포화 오일에 어떤 원자가 첨가되는가?

(d) 쇼트닝이 '100% 불포화 오일로 만들어졌다'고 말하는 것에는 어떤 오해의 소지가 있는가?

3-16 데이터 분석 도마뱀붙이 발의 끈적거림. 어텀(Kellar Autumn)과 동료들의 연구는 도마뱀붙이 발의 끈적거림이 주로 모세관 부착이나 반데르발스 상호작용에 의해 유발되는지 여부를 결정하려고 했다. 모세관 부착은 표면의 얇은 물층(1분자 깊이만큼 작은)에서 발생할 수 있는 친수성 인력이다. 반데르발스 상호작용은 친수성 및 소수성 표면 모두에서 형성될 수 있다.

(a) 모세관 부착 모델이 정확하다면 친수성 대 소수성 표면에 대한 발바닥의 접착력에 대한 예측으로 막대 그래프를 그려보라.

(b) 반데르발스 부착 모델이 정확하다면 친수성 대 소수성 표면에 대한 발바닥의 접착력에 대한 예측으로 막대 그래프를 그려보라.

(c) **그림 3-31**의 그래프는 도마뱀붙이 발의 친수성 또는 소수성 표

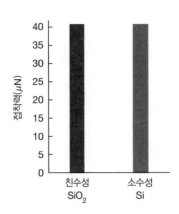

그림 3-31 친수성 대 소수성 표면에 대한 도마뱀붙이 발바닥 접착력의 강도. 연습문제 3-16 참조

면에 대한 접착력을 측정한 실제 실험 데이터이다. 그래프의 데이터가 보여주는 모델(모세관 부착 또는 반데르발스 부착)은 무엇이며, 그 이유는 무엇인가?

4 세포와 세포소기관

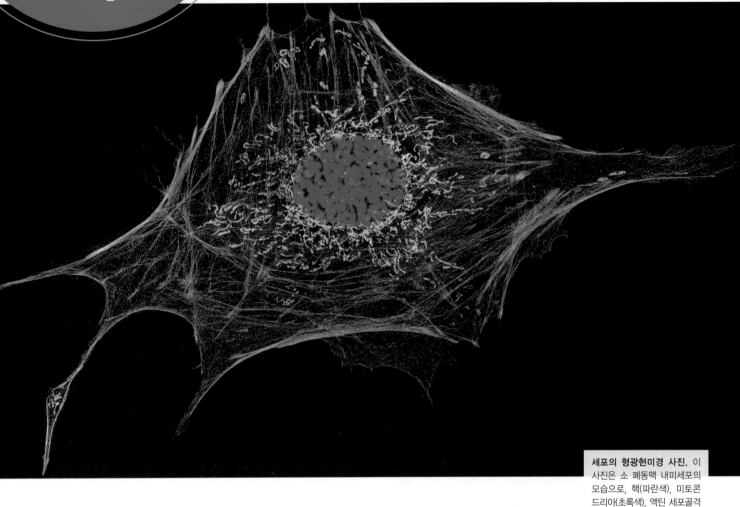

세포의 형광현미경 사진. 이 사진은 소 폐동맥 내피세포의 모습으로, 핵(파란색), 미토콘드리아(초록색), 액틴 세포골격(빨간색)이 나타나 있다.

앞서 세포의 존재를 가능하게 하는 화학적 성질과 분자 구조를 공부했다. 이제 세포 자체에 대해 알아보자. 1장에서 모든 세포는 이미 존재하는 세포에서 발생된다고 배웠다. 그렇다면 최초의 세포는 어떻게 생겨났을까? 우선 이 질문에 대한 답을 알아본 다음, 오늘날 세포가 어떻게 기능하는지 살펴보자.

4.1 최초 세포의 기원

최초 생명의 기원은 어쩌면 영원히 해결하기 어려운 수수께끼일 것이다. 이러한 불확실성의 첫 번째 원인은 생명체가 탄생할 때 최초 지구의 환경에 대한 불확실성에서 기인한다. 과학자들이 오늘날 연구할 수 있는 부분은 생명의 탄생에 중요하다고 알려진 화학적 요소를 실험적으로 관찰하는 것이다. 실험적인 증거를 통해 연구진들은 오늘날 세포라고 부르는 것이 4개의 단계를 통해, 즉 (1) 아미노산이나 질소성 염기(nitrogenous base)와 같은 간단한 유기물 화합물의 비생물적(abiotic) 합성, (2) 단백질 또는 핵산과 같은 고분자로 중합되는 단량체의 비생물적 중합반응, (3) 유전정보의 저장과 복제가 동시에 가능한 고분자의 등장, (4) 최초의 '생명성'을 지닌 분자가 단순한 세포막에 감싸여지는 원시세포의 형태로 발달되었다고 추론한다. 이제 각 단계를 순차적으로 살펴보자.

원시 지구에서 간단한 유기물이 자연발생되었을 수 있다

원시 지구의 환경은 어떠했을까? 우리의 행성은 대략 46억 년 전에 형성되었다. 약 40억 년 전 운석의 집중적인 폭격을 받은 이후 지구는 대기를 형성할 수 있을 정도로 식었다. 최초의 대기 구성 중 산소는 거의 없었으나 빈번한 화산 폭발로 인한 수증기와 물질로 지구는 가득 채워져 있었다. 지구가 냉각됨에 따라 수증기는 응결하여 바다가 되었고, 대부분의 수소는 우주로 날라 갔다. 이와 같은 환경이 어떻게 유기물질 합성으로 이어졌을까?

아미노산, 핵산의 염기, 단당류와 같은 가장 간단한 유기물질까지도 합성에는 에너지가 필요하다. 그런 에너지가 어디서 왔을까? 번개와 자외선 복사 에너지가 하나의 가능성이 될 수 있다. 유리(Harold Urey)의 학생이었던 밀러(Stanley Miller)가 1953년에 진행한 고전적인 연구는 지구 원시 대기에 번개로 발생한 전기 에너지가 대기성 기체로부터 간단한 유기 화합물을 합성되게 하는 에너지원일 것이란 가설을 실험한 것이다. 밀러는 기체 혼합물을 전기 방출에 노출되게 하는 영리한 기구를 고안해 냈다(**그림 4-1**). 기구에서 공기를 빼낸 다음 CH_4, NH_3, H_2 기체를 주입한 후 플라스크 밑에서 물을 끓여 수증기를 생성했다. 생성된 수증기는 전극이 존재하는 위쪽 플라스크에서 기체와 섞였다. 차가운 물로 쌓인 관을 통과하며 기체는 응축되었고, 응축액

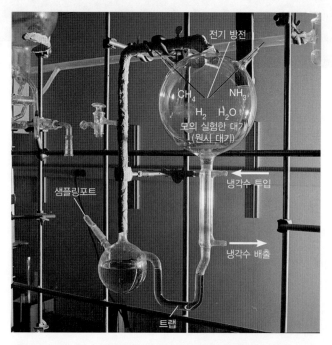

그림 4-1 단순 유기 화합물의 비생물적 합성을 위한 밀러의 장치. 밀러는 여기에 보이는 장치를 사용하여 시뮬레이션된 초기 지구 대기에 시뮬레이션된 번개를 통과시킨 결과, 2개의 단순한 아미노산이 생성되는 것을 관찰했다.

은 U자 모양의 관을 통과하며 끓는 플라스크로 이동했다. 이 실험에서 U자관은 혼합 기체가 역방향으로 이동하는 것을 막는 역할로 쓰인다.

밀러는 몇 주 동안 지속적으로 기계를 가동해서 유기물 복합체를 발견했고, 플라스크의 내용물을 확인한 결과 두 종류의 가장 단순한 구조를 지닌 아미노산인 글라이신과 알라닌을 몇 밀리그램 발견할 수 있었다. 물론 밀러의 실험은 두 종류의 아미노산 생성에만 그쳤다는 점에서는 한계가 있지만, 생명체에 필수적인 유기물이 비생물적인 환경에서도 생성될 수 있다는 가능성을 제시해주었다. 재미있게도 해당 실험에서 합성된 2개의 화합물은 운석에서도 검출되었다. 이는 역시 비생물적으로 합성된 것이라고 추측된다.

2007년에 이르러서야 현대 장비를 사용하여 밀러의 옛 동료 중 한 사람이 1953년에 수행된 밀러의 실험에서 발견된 분자들을 재분석할 수 있었다. 이 실험에서 생성된 유기 혼합물은 기존 밀러의 실험에 비해 아미노산과 유기 복합물의 농도가 훨씬 높았다. 그때 이후로 연구자들은 실험 대기의 조성을 바꿔가며 밀러의 실험을 반복하고 변형했다. 후속 연구들을 통해 연구자들은 다수의 아미노산뿐 아니라 폼알데하이드, 폼산, 시안화수소, 간단한 당류, 심지어는 ATP 뉴클레오타이드에 필요한 질소성 염기인 아데닌까지 발견하는 등 다양한 종류의 간단한 유기물 복합체를 발견했다.

어떤 과정에서 오늘날의 핵산과 단백질의 구성 요소가 생성되었는지 알려지지 않았기 때문에 밀러의 실험은 제안만 할 수 있을 뿐이다. 현대의 지구과학자들은 지구의 원시 대기가 밀러의 실험에서 가정된 것처럼 환원성 기체로 가득한 환경이라고 생각하지 않는다. 그러나 밀러의 화산 장치 실험은 지구의 대기가 환원성은 아니더라도 국부적으로 유기물이 합성되었을 수 있음을 시사한다. 다른 모델에서는 황철석(pyrite, FeS_2)과 같은 광물이 용해된 가스를 유기분자로 결합하는 촉매 환경을 제공한다고 제시한다. 이는 초기 지구의 화학적 반응의 무대가 된 미네랄 가득한 환경을 반영하는 것 같기에 흥미롭다. 즉 간단한 물질대사를 촉진하는 일부의 효소가 철과 황 원자로 이루어진 무리를 필요로 한다는 것이다.

🔗 연결하기 4.1

밀러의 실험에서 일반적으로 D-아미노산과 L-아미노산의 혼합물이 발생한다. 이는 오늘날 단백질의 아미노산에 대해 알고 있는 것과 어떻게 비교되는가? (2.1절 참조)

RNA가 첫 번째 정보를 담고 있는 분자였을 수 있다

현재 세포의 유전정보는 DNA에서 RNA로, 그리고 단백질로 전

달된다고 간주된다. 그러므로 DNA를 선두로 RNA, 단백질이 정보를 내재한 분자로 순차적으로 지구에 발생되었다고 생각하기 쉽다. 어떤 정보를 가진 분자이든 정보성 분자는 유전정보를 암호화하고 있을 뿐 아니라 반드시 복제되어야 한다. 하지만 세포가 진행하는 DNA 복제는 선행적으로 존재하는 단백질 촉매, 즉 효소가 있어야만 가능하다. 그러나 이러한 단백질 효소는 DNA가 보관하고 있는 정보가 있어야 합성될 수 있다. 이러한 난제를 해결하기 위해 많은 과학자는 초기 정보를 가진 분자로 RNA를 제시한다.

RNA가 DNA보다 먼저 비생물적 체계의 핵심적인 요소였다는 가설이 있다. 이를 보조하는 생물화학적인 근거는 DNA의 구성 요소인 디옥시리보뉴클레오타이드 단량체가 이에 상응하는 리보뉴클레오타이드로부터 효소반응으로 유도된다는 것이다. 이는 RNA의 단량체가 DNA의 단량체의 전구체임을 시사한다.

하지만 RNA가 DNA보다 앞서 존재했다는 가정은 여전히 RNA가 어떻게 효소의 보조 없이 생성되고 복제되었는가에 대한 의문을 남긴다. 이에 과학자들은 비록 세포 내에서의 과정만큼 효율적이지는 않지만 RNA 복합체의 구성 요소인 리보뉴클레오타이드가 비생물적인 과정을 통해서도 합성될 수 있으며, 때때로 RNA 복합체도 생성될 수 있음을 보였다. 그렇다면 RNA의 복제는 어떠한가? 이 질문에 대한 개략적인 답변은 1980년대 초에 수행된 올트먼(Sidney Altman)과 체크(Thomas Cech)의 실험 결과에서 찾아볼 수 있다. 이들은 RNA가 화학적 반응을 촉매하는 단백질 효소와 유사한 형태로 접힐 수 있음을 발견했다. 이 촉매 RNA는 리보자임(ribozyme)으로 알려져 있다.

이후 리보자임이 뉴클레오타이드의 구성 요소가 공급된 환경에서는 상보적 염기결합을 통해 짧은 조각의 RNA를 합성해내는 등의 다양한 반응을 촉매할 수 있음이 밝혀졌다. 이러한 발견은 DNA의 출현 이전에 'RNA 세상'이 존재했을 것이라는 가설을 뒷받침해준다. 실제로 현재 관찰되는 RNA의 속성은 생물 발생 이전의 RNA 세상에 대한 생각을 지지해준다. 예를 들어 단백질 합성을 담당하는 리보솜에서 단백질 합성을 위해 아미노산 사이에 펩타이드 결합 형성을 촉매하는 것은 리보솜 단백질이 아니라 리보솜 RNA이다.

하지만 여전히 현재의 실험으로 결론을 도출하기에는 한계점이 많다. 첫째, RNA가 최초의 고분자가 되려면 원래의 물질과 비슷한 정도로 긴 RNA 중합체를 형성할 수 있어야 한다. 몇몇 연구진이 실험실 환경에서 이를 거의 달성했으나 여전히 원본과 비슷할 정도로 긴 RNA 중합체를 형성하는 RNA를 발견하지는 못했다. 둘째, 3중 코돈(triplet codon), tRNA 안티코돈(anticodon), 아미노산 합성(amino acid synthesis) 사이에 복잡한 상호작용(23장 참조)을 필요로 하는 유전암호가 모든 생명체에

어떻게 나타났는지에 대해서는 아직 모른다. 많은 과학자는 이에 대한 해답이 가능한 많은 조합 가운데 특정 단백질과 RNA 사이의 특이적 안정성에서 기인한다고 생각한다.

리포솜이 초기의 원시세포의 특징을 결정했을 것이다

자가 복제가 가능한 효소로서의 RNA가 지구 초기에 존재했더라도 RNA만으로는 세포를 이룰 수 없다. 어떻게 초기 세포의 생화학적인 전구체가 환경과 분리가 되었을까? 현재의 모든 세포가 수용성 공간을 둘러싸는 지질2중층으로 둘러싸여 있다는 점은 다음 질문에 대한 힌트가 된다.

세포막에서 발견되는 지질과 유사한 지질을 사용하여 과학자들은 **리포솜**(liposome)이라 불리는 인공적인 구조를 만들어냈다. 리포솜은 속이 빈 막으로 둘러싸인 작은 주머니로, 지질이 물과 섞였을 때 다양한 크기로 자발적으로 생성된다(**그림 4-2**). 비생물학적인 과정으로 생성된 이 주머니는 스스로 분해되면서 '재생산'되고(그림 4-2a), 적당한 환경에서는 크기가 커질 수도 있다. 효소와 기질로 가득 찬 용액에 리포솜을 형성시킴으로써 과학자들은 간단한 물질대사를 진행할 수 있는 리포솜을 합성할 수 있었다. 원시 지구의 수용성 환경에서 원시 지질은 실험 때와 같이 인접한 RNA와 접촉하여 최초의 '원시세포(protocell)'를 형

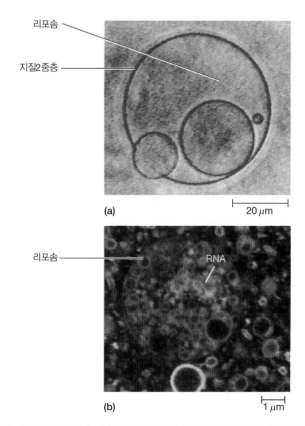

그림 4-2 인공 리포솜. (a) 막지질을 물에 첨가할 때 형성되는 리포솜의 현미경 사진, (b) 리포솜 내부의 RNA 봉입은 최초 원시세포의 전구체를 형성했을 수 있다.

성했을 수 있다. 2013년에 쇼스택(Jack Szostak)과 동료들은 RNA 주형가닥을 복제할 수 있는 소낭을 실험실에서 합성해낼 수 있었다. 만약 이와 같은 소낭이 원시 지구에 존재했다면 그것들은 아마 자라고 분열하고 RNA를 '딸' 원시세포한테 전달할 수 있었을 것이다.

과학자들은 화산재로부터 유래한 원시 지구에 풍부한 부드러운 미네랄 점토인 **몬모릴로나이트**(montmorillonite)가 소낭이 RNA를 잘 잡을 수 있는 환경을 조성하여 소낭의 자가합성의 속도에 큰 기여를 했을 것이라고 생각한다(연습문제 4-1 참조). 몬모릴로나이트는 유기분자를 농축해서 화학반응 효율을 높여준다. 소낭은 몬모릴로나이트를 흡수할 수 있으므로 몬모릴로나이트와 결합한 RNA를 흡수해서 RNA가 소낭 안으로 들어가게끔 해준다(그림 4-2b). 또한 일부는 가열, 건조, 그리고 다시 수분을 흡수하는 과정 중에 복잡한 화학반응의 환경이 되는 원시세포 구조 형성에 기여했을 것이라 생각한다.

최초의 세포가 실제로 어떻게 형성되었는지는 확실히 모를지라도 모든 생명체에게 필수적인 화학반응이 어떻게 일어날 수 있는지는 실험 환경에서 배울 수 있다. 이와 같은 활발한 연구는 생명 자체의 기원에 대한 놀라움과 통찰력을 가져다줄 것이다.

개념체크 4.1

현재 많은 과학자가 DNA보다 RNA가 첫 번째 정보 제공 분자였을 것이라고 생각하는 이유는 무엇인가?

4.2 세포의 기본 특성

세포란 무엇이고, 어떻게 기능하는가를 고려하면 여러 가지 일반적인 세포의 일반적인 특징이 보인다. 이는 세포의 조직 복합성, 분자적 구성 요소, 그것들의 크기와 모양, 특화된 능력이다.

생명체는 박테리아(진정세균), 고세균, 진핵생물로 구성되어 있다

현미경 기술의 향상으로 생물학자들은 더 간단한 특성을 지닌 세균류(박테리아)와 그 외의 더 복잡한 모든 세포라는 2개의 근본적으로 다른 세포 조직을 알 수 있었다. 세포의 구조적 형태의 차이에 근거하여 생명이 있는 생물체(organism)는 전통적으로 크게 2개의 그룹, 즉 원핵생물(박테리아와 고세균)과 진핵생물(식물, 동물, 균류, 조류, 원생생물)로 나눌 수 있다. 두 그룹의 가장 근본적인 차이는 **진핵생물**(eukaryote)은 막으로 둘러싸인 '진짜' 핵이 있고(eu-는 그리스어로 '진짜의' 또는 '진실된'이라는 뜻이고, -karyon은 '핵'을 의미), **원핵생물**(prokaryote)은 없

다는 점이다(pro-는 '이전의'라는 뜻으로, 생명의 초기 형태임을 나타낸다).

하지만 최근 들어 **원핵생물**이라는 개념은 핵이 없는 세포를 기술하는 데 충분하지 않다. 이는 부분적으로 세포가 가지고 있지 않은 것에 기반한 분류이며, 핵을 가지고 있지 않은 모든 세포 사이의 기본적 유사성을 모두 내포하지 못하기 때문이다. 두 생물이 특정한 세포 내 구조적 특징을 가지고 있지 않다는 게 반드시 그것들끼리 진화적으로 가깝다고 말할 수 없으며, 동일한 세포 내 구조체를 가지고 있다고 해서 반드시 가까운 관계를 뜻하는 것도 아니기 때문이다. 예를 들어 대부분의 식물과 박테리아는 모두 세포벽이 있지만, 그들의 관계는 가깝지 않다.

생물체 사이에서 보이는 진화적 유사성을 기술할 때 분자생화학적 기준이 구조적 기준보다는 더 신뢰할 만하다. 서로 진화적으로 가까이 연관된 생물들일수록 DNA, RNA, 단백질 분자의 서열이 유사하다. 특히 세포 내 과정에 필수적이기에 모든 생물체에 한치의 오차와 변화 없이 공통적으로 존재하는 분자 구성 요소가 존재한다. 이들은 생명체 간 비교 연구에 유용하다. 대표적인 예로는 단백질 합성에 필수적인 리보솜 RNA와 에너지 대사에 필수적인 사이토크롬 단백질을 들 수 있다.

1970년대에 시작한 우즈(Carl Woese)와 울프(Ralph Wolfe)의 동료들이 수행한 리보솜의 RNA 서열을 분석하는 선구적인 연구를 근거로, 지금은 과거 원핵생물을 크게 다른 두 그룹, 즉 **박테리아**(bacteria)와 **고세균**(archaea)으로 나눈다. 이 두 그룹은 마치 사람이 박테리아와 다른 것처럼 서로 다르다. **그림 4-3**에서 보여주듯이 원핵생물과 진핵생물이라는 이분법적 분류보다는 모든 생물체를 3개의 역(domain), 즉 박테리아, 고세균류, **진핵생물류**(Eukarya)로 나누는 것이 더 생물학적인 정확한 분류이다. **표 4-1**을 보면 다른 영역에 소속된 각각의 세포는 여러 면의 구조적, 생화학적, 유전적 특성을 공유한다. 그러나 각각의 영역은 서로 특이적인 특성을 가지고 있다.

박테리아는 전통적으로 원핵생물로 분류되었던 단세포로서, 핵이 없는 생물을 포함한다. 대장균(Escherichia coli), 슈도모나스균(Pseudomonas aeruginosa), 스트렙토코커스(Streptococcus lactis) 등이 그 예에 속한다. 고세균(연구자들은 고세균류가 박테리아와 얼마나 다른지 알기 전에 archaebacteria라고 불렀다)에는 지구 극한의 환경에서 생존하는 매우 다양한 물질대사 전략을 가지고 있는 종이 많이 포함되어 있다. 고세균 영역에 속하는 종의 예는 이산화탄소를 메탄으로 전환하는 과정에서 수소로 에너지를 얻는 메탄생성 미생물(methanogen), 극도로 염도가 높은 환경에서 생존하는 호염성 미생물(halophile), 산성도가 pH 2만큼 낮고 온도가 100도가 넘는 산성 온천물에서 생존하는 극호열성 미생물(thermacidophile) 등이 있다. 지금은 고세균을 원핵생물의

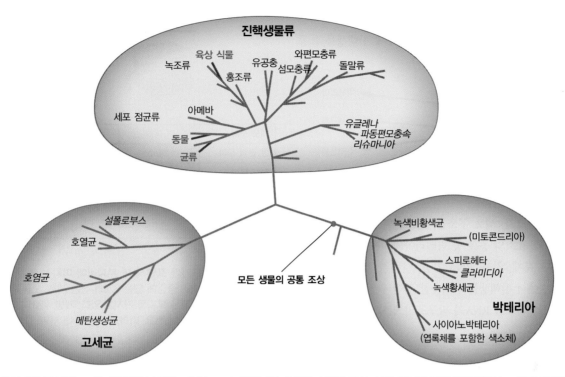

그림 4-3 생명체를 구성하는 3역. 생명체의 3역은 리보솜 RNA 유전자를 포함한 수많은 DNA 서열 비교를 통해 결정되었다. 그림에 3역의 각각 대표적인 생명체를 명시해두었다.

표 4-1	박테리아, 고세균, 진핵세포의 일부 특성 비교*			
특성	**박테리아**	**고세균**	**진핵생물**	**참조**
크기	작다($1\sim5\,\mu$m)	작다($1\sim5\,\mu$m)	크다($10\sim100\,\mu$m)	—
핵과 세포소기관	없음	없음	있음	—
미세소관과 미세섬유	액틴 및 튜불린 유사 단백질	액틴 및 튜불린 유사 단백질	액틴과 튜불린 단백질	13장
세포외배출과 세포내섭취	없음	없음	있음	12장
세포벽	펩티도글리칸	단백질성부터 펩티도글리칸 유사한 것까지 다양함	식물: 셀룰로스와 펙틴, 균류: 셀룰로스와 키틴, 동물 및 원생생물: 없음	15장
세포분열 방식	이분법	이분법	유사분열 또는 감수분열과 세포질분열	20장
염색체 DNA의 형태	대부분 원형, 단백질 거의 없음	대부부 원형, 히스톤 유사 단백질이 결합함	선형, 히스톤 단백질이 결합	16장
RNA 가공	최소	보통	최대	23장
전사 개시	박테리아 유형	진핵생물 유형	진핵생물 유형	23장
RNA 중합효소	박테리아 유형	박테리아, 진핵생물 유형의 일부 특징을 모두 가짐	진핵생물 유형	23장
리보솜 크기, 단백질과 RNA 개수	54개 단백질과 3개의 rRNA를 가진 70S	65개 단백질과 3~4개의 rRNA를 가진 70S	약 80개 단백질과 4개의 rRNA를 가진 80S	24장
번역 개시	박테리아 유형	진핵생물 유형	진핵생물 유형	24장
막 인지질	글리세롤-3-인산 + 선형 지방산	글리세롤-1-인산 + 분지 폴리이소프레노이드	글리세롤-3-인산 + 선형 지방산	7장

* 이 표에서 아직 자세히 설명하지 않은 많은 특징이 있다. 이 표의 주요 목적은 3가지 세포 유형이 서로 공유하는 특징이 있음에도 각각 고유하다는 것을 알아보기 위함이다. 각 항목에 대해서는 이후 각 장에서 더 자세히 설명한다.

진화적인 원조라고 생각하기보다는(*archae-*는 '원시'를 뜻하는 그리스어 접두사), 박테리아로부터 갈라진 후에 진핵생물과 공통 조상으로부터 유래한 것으로 생각한다.

고세균류는 박테리아와 유사한 점이 많지만 진핵생물에서 발견되는 박테리아와 구별되는 특이적인 속성을 가지고 있다. 고세균류는 세포의 크기, 세포 구조물, 세포분열 방식, 간단한 물질대사의 방식과 효소의 종류 등 박테리아와 비슷한 점이 있다. 그렇지만 DNA 복제, 전사, RNA 가공, 단백질 합성의 시작 등의 자세한 측면에서 진핵생물과 비슷한 점이 훨씬 많다. 고세균류의 특성으로는 리보솜 RNA와 막구조의 인지질 등이 있다(표 4-1 참조).

세포의 크기에는 한계가 있다

세포는 다양한 모양과 크기로 구성된다. 예를 들어 가장 작은 박테리아 세포는 지름이 0.2∼0.3 μm 정도이며, 이는 우리의 엄지손톱 표면에만 50,000개가 존재할 수 있을 정도로 작은 크기이다. 반대로 1 m 또는 더 기다란 신경세포도 존재한다. 기린의 목 또는 다리에 있는 신경세포가 예가 될 수 있다. 또 다른 예로 새의 알이 있는데 이는 매우 큰 단일 세포이다.

이러한 몇몇의 극단을 제외하고 대부분의 세포는 대체로 예측 가능한 크기이다. 박테리아와 고세균류 세포의 경우 대체로 지름이 15 μm 정도되며, 식물과 동물의 세포는 지름이 10∼100 μm 범위에 속한다. 세포는 왜 이렇게 작을까? 몇 가지 요소가 세포의 크기를 규정짓는다. 가장 중요한 요소로는 (1) 적절한 표면적 대비 부피를 유지해야 하는 것, (2) 분자가 이동하는 속도, (3) 주요한 세포 과정을 수행하기 위해 필요로 하는 특정 기질과 효소의 농도를 국부적으로 적정한 수준으로 유지하는 것 등이 있다. 이러한 3가지 주요 요소를 순차적으로 살펴보자.

표면적 대 부피비 대부분의 경우 세포 크기의 주요 제한은 적정한 **표면적 대 부피비**(surface area/volume ratio)를 유지해야 하기 때문에 발생한다. 세포의 표면에서 세포에게 필요한 물질을 외부와 교류하므로 세포의 표면적은 굉장히 중요하다. 세포가 필요로 하는 영양분의 양과 외부로 배출되어야 하는 부산물의 양은 세포의 내부 부피, 즉 용적에 따라 결정된다. 표면적은 이러한 흡수와 배설을 위해 이용 가능한 세포막의 양을 효과적으로 나타낸다.

세포의 부피가 세포 길이의 세제곱으로 늘어나는 반면, 세포

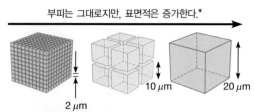

부피는 그대로지만, 표면적은 증가한다.*

세포 숫자	1,000	8	1
한 면의 길이	2 μm	10 μm	20 μm
전체 부피	8,000 μm³	8,000 μm³	8,000 μm³
전체 표면적	24,000 μm²	4,800 μm²	2,400 μm²
부피에 대한 표면적의 비율	3.0	0.6	0.3

* 상자의 한 면의 길이는 s이고, 부피 = s^3 그리고 표면적 = $6s^2$이다.

그림 4-4 세포 크기가 표면적 대 부피비에 미치는 영향. 왼쪽에 있는 1,000개의 작은 세포, 중앙에 있는 8개의 작은 세포, 오른쪽에 있는 하나의 큰 세포는 모두 같은 부피를 가지고 있다. 개별 세포의 크기가 증가할수록 전체 표면적이 감소하고, 따라서 표면적 대 부피비가 감소한다.

의 표면적은 세포 길이의 제곱만큼밖에 늘어나지 않기 때문에 충분한 양의 표면적을 유지하기 어렵다. 따라서 크기가 큰 세포는 작은 세포에 비해 낮은 표면적 대 부피비를 가지게 된다(**그림 4-4**). 이 비교를 통해 세포 크기의 주요 한계점을 알 수 있다. 세포의 크기가 증가함에 따라 세포 표면적은 그 부피와 보조를 맞추지 못하기 때문에 세포와 그 주변 사이의 필요한 물질 교류는 점점 더 어려워진다. 따라서 세포의 크기는 필요한 물질 교환이 가능한 세포막 표면적의 적정 비율이 유지될 때까지만 클 수 있다.

특히 흡수 역할을 하는 몇몇 세포는 자신의 표면적을 최대화하려는 특성을 보인다. 세포 표면적은 세포막이 내부로 접히거나 외부로 돌출되는 방식으로 가장 쉽게 증가시킬 수 있다. 예를 들면 사람의 소장에 줄지어 정렬된 세포는 소장의 표면적을 효율적으로 증진하기 위해 손가락과 같은 미세융모(microvilli)를 돌출시킴으로써 세포의 영양분 흡수 용량을 높인다(**그림 4-5**).

분자의 확산 속도 특정 세포 활동을 수행하기 위해 세포 내에 돌아다니는 분자의 빠른 움직임 속도에 따라 세포의 크기가 결정될 수 있다. 핵을 제외한 세포 내부를 **세포질**(cytoplasm)이라 부르며, 이는 세포소기관, 세포골격을 이루는 섬유(cytoskeletal fiber), 반유동성(semifluid) 상태인 **세포기질**(cytosol)로 구성되어 있다('반유동성'이란 세포질이 묽은 액체가 아님을 의미한다. 세포질은 세포 안의 물속에 고분자 구성 요소가 서로 얽혀 있는 복잡한 환경을 의미한다). 세포의 액체성 환경에서 많은 분자는 확산을 통해 이동한다. **확산**(diffusion)은 고농도에서 저농도로, 에너지 소비 없이 자유롭게 물질이 이동하는 것이다. 그러므로 분자 이동은 확산 속도로 제한받을 수 있다. 분자의 확산 속도는 분자의

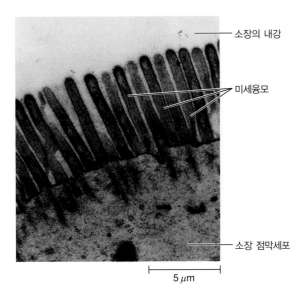

그림 4-5 **소장 점막세포의 융모.** 융모는 소장의 안쪽 표면에 있고, 장 점막세포의 흡수 표면적을 크게 증가시키는 세포막의 손가락 모양 돌기 이다(TEM).

크기와 반비례하므로 이는 단백질과 핵산 같은 고분자의 이동이 제한받는 주요 이유가 된다.

많은 진핵세포는 이러한 한계를 특별한 운반체 단백질을 사용 함으로써 이온, 고분자 등을 세포질 안팎으로 능동 수송해서 극복한다. 또 한편에서 일부 고등생물은 세포질 유동을 통해 극복한다. 세포질 유동[cytoplasmic streaming, 식물 세포에서는 세포질 환류(cyclosis)라고 한다]은 확산 대신 세포 내용물을 적극적으로 혼합하는 과정을 말한다. 다른 세포들은 세포 내부에 있는 단백질 섬유를 따라서 이동하는 소포에 특정 분자를 넣어서 이동시킨다. 이런 방식이 없다면 세포의 크기는 세포가 포함하는 분자의 확산 속도에 따라 제약을 받을 수밖에 없다.

기질(반응물)과 촉매의 적당한 농도의 필요성 세포 크기의 세 번째 결정 요소는 세포의 다양한 활동을 위해 반드시 필요로 하는 기질과 효소의 적정 농도를 유지하는 것이다. 세포 내에서 화학 반응이 일어나려면 적합한 기질이 그것과 특별하게 반응하는 효소와 충돌하여 결합해야 한다. 당연히 기질과 효소의 농도가 높을수록 둘 사이의 충돌 빈도가 높아진다. 특정 분자의 적정 농도를 유지하려면 세포의 부피에 따라 분자의 수 또한 비례하여 증가해야 한다. 세포의 길이가 2배가 될 때마다 세포의 부피는 8배 증가한다. 따라서 원래의 농도 대비 분자가 8배 증가해야 원래의 농도를 유지할 수 있다. 따라서 농도를 유지하는 기능이 없다면 당연히 세포의 합성 능력은 떨어지게 될 것이다.

농도를 유지하는 문제를 효과적으로 해결하는 방안에는 세포의 특정 영역 안에서 일어나는 세포 활동의 구획화가 있다. 만약 특정 반응을 위한 물질과 효소가 그 반응이 일어나는 국부적인 위치에서만 높게 유지된다면 세포 전체에 고농도로 분자가 존재하지 않더라도 효과적으로 반응이 일어날 수 있다.

대부분의 진핵생물은 기능을 구획화하기 위해 세포막으로 둘러싸인 특정 기능을 수행하는 다양한 **세포소기관**(organelle)을 가지고 있다. 박테리아는 세포막으로 둘러싸인 세포소기관이 없지만 그들도 기능을 구획화해서 활동하기 위해 세포 내 특정 위치에 큰 분자 화합물을 가진다.

박테리아, 고세균, 진핵생물은 많은 면에서 서로 다르다

박테리아, 고세균, 진핵생물은 생명체를 분류하는 3개의 영역에서 일반적으로 나타나는 많은 세포적인 공통점을 가지고 있다. 그렇지만 이들 그룹에는 많은 구조적, 생화학적, 유전적인 주요 차이점이 존재한다. 이 차이점의 일부는 표 4-1에 요약되어 있으므로 여기서는 간단하게 언급할 것이다. 3가지 영역의 여러 공통점에도 불구하고 각 세포는 다른 세포와 확연히 다른 독특한 특징이 있다는 것을 인식해야 한다.

막으로 둘러싸인 핵 소유 진핵세포는 막으로 둘러싸인 핵을 가지고 있는 데 반해 박테리아나 고세균은 그렇지 않다. 대신 이들은 세포질 안쪽에 핵양체(nucleoid, **그림 4-6**)라고 알려진 촘촘한 구조 안에 유전정보(DNA)를 접어서 가지고 있다. 반면 진핵세포 내 대부분의 유전정보는 핵 안에 존재한다. 그러나 생명체의 3역에 관해 더 많은 세포학적 정보가 발견됨에 따라 핵의 존재 여부보다는 세포 구조와 기능 면의 차이가 더 중요하게 다루어지고 있다.

세포 내막 사용을 통한 세포 내 기능 분리 그림 4-6에서 볼 수 있듯이 일반적으로 박테리아(및 고세균) 세포는 내막을 포함하고 있지 않다. 대부분의 세포 기능은 세포질 또는 원형질막에서 일어난다. 그러나 광합성 박테리아 그룹인 사이아노박테리아(남조류, cyanobacteria)는 광합성을 수행하는 부분인 확장된 내막을 가지고 있다(그림 11-4 참조). 마찬가지로 어떤 박테리아는 세포소기관과 닮은 막으로 둘러싸인 구조물을 가지고 있다. 다른 일부 박테리아는 특정 대사작용을 조절하는 효소 그룹을 분리하여 세포소기관처럼 작동하는 단백질로 구획화한 구조물을 가지고 있다.

반대로 거의 모든 진핵세포는 특별 기능 수행의 분업화를 위해 내막을 잘 활용하고 있으므로 종종 수많은 세포소기관을 가지고 있다(**그림 4-7**과 **그림 4-8** 참조). 진핵세포 안 내막을 가진 세포소기관의 예는 소포체(endoplasmic reticulum), 골지체(golgi apparatus), 그리고 핵(nucleus), 미토콘드리아(mitochondria), 엽록체(chloroplast), 라이소솜(lysosome), 퍼옥시솜(peroxisome)처럼 세포소기관을 둘러싸고 구분하는 막과 다양한 종류의 액포

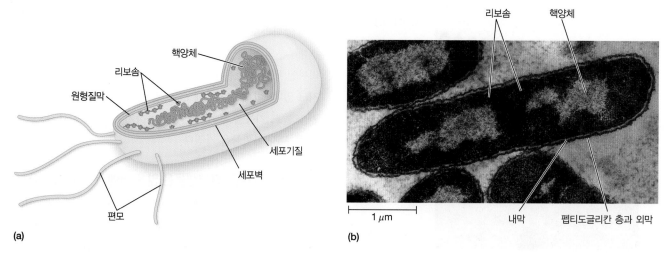

그림 4-6 막대 모양의 박테리아 세포의 구조. (a) 박테리아의 주요 구조 구성 요소의 그림, (b) 여러 개의 동일한 구성 요소가 표지된 박테리아 세포의 전자현미경 사진(TEM)

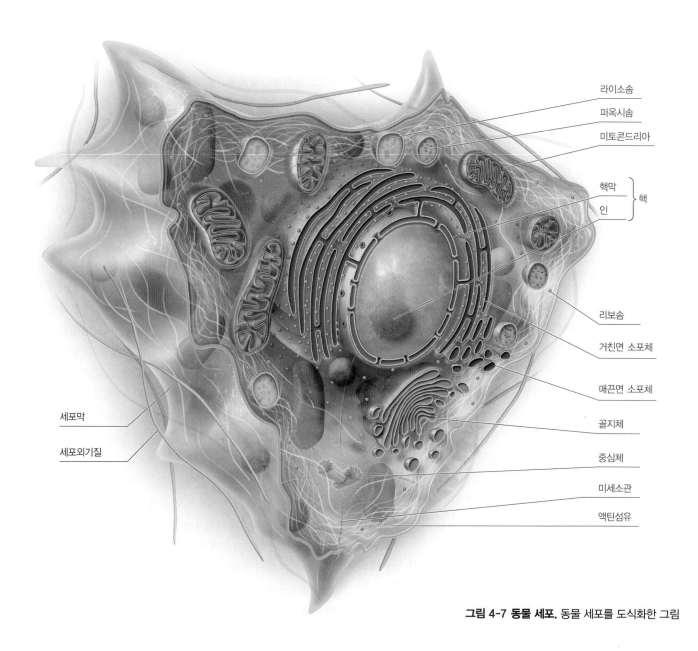

그림 4-7 동물 세포. 동물 세포를 도식화한 그림

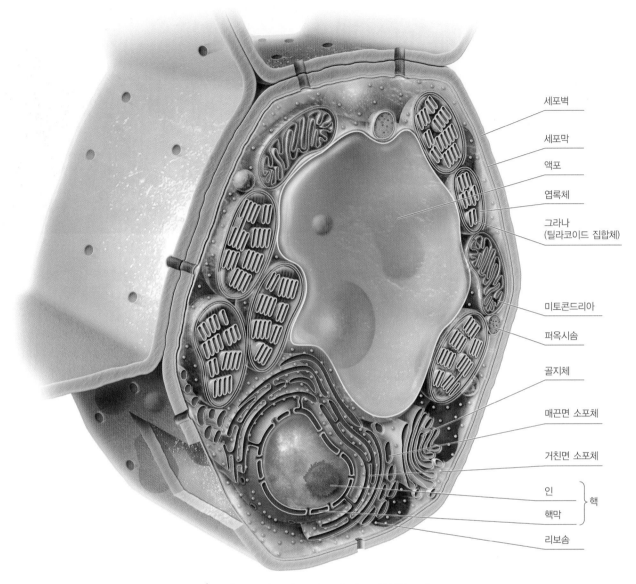

세포벽
세포막
액포
엽록체
그라나
(틸라코이드 집합체)

미토콘드리아
퍼옥시솜
골지체
매끈면 소포체
거친면 소포체
인 ┐
      ├ 핵
핵막 ┘
리보솜

그림 4-8 식물 세포. 식물 세포를 도식화한 그림

(vacuole)와 소포(vesicle)가 있다. 각각의 세포소기관은 세포막의 기본적 구조는 비슷하지만 다른 화학적 조성을 가지고 있는 그 자체의 특징적인 막(또는 2중막)으로 둘러싸여 있다. 세포 내 특별한 기능을 수행하는 데 필요한 분자적 장치가 각각의 소기관 내에 위치하고 있기 때문에 그 특수화된 구조가 유지될 수 있다.

세포외배출과 세포내섭취 더 나아가 진핵생물의 특징으로는 막으로 둘러싸인 구획들 사이에서 세포 내부 그리고 세포 외부와의 물질 교환 능력이라고 말할 수 있겠다. 이런 교환은 진핵생물에서 유일한 현상인 세포막과의 융합 과정을 포함하는 **세포외배출(exocytosis)**과 **세포내섭취(endocytosis)** 덕분에 가능하다. 세포내섭취 과정에서는 원형질막 일부가 함입됨으로써 소포를 만들어 외부에 있던 물질을 감싼 형태로 세포 내부로 들어오게 된다.

세포외배출 과정은 정확히 반대 과정이다. 막으로 둘러싸인 소포가 원형질막과 융합되어 소포 안에 있던 물질이 세포 밖으로 방출되는 과정이다. 또 다른 세포 내 소포는 세포질 내에 물질 수송에 관여한다(**그림 4-9 참조**).

DNA의 구성 박테리아, 고세균, 진핵생물 사이의 또 다른 구별점은 유전물질의 양과 구성이다. 박테리아의 DNA는 세포 내에 대체로 단일의 상대적으로 적은 단백질과 결합된 **염색체(chromosome)** 또는 원형 분자로 존재한다. 반면에 진핵생물의 DNA는 히스톤이라 알려진 다량의 단백질과 결합한 여러 가닥의 선형 분자로 구성되어 있다(그림 16-18 참조). 이러한 DNA-히스톤 단백질 복합체는 염색질이라 한다. 고세균의 DNA는 대표적으로 원형이며, 진핵생물의 히스톤 단백질과 유사한 적당량의

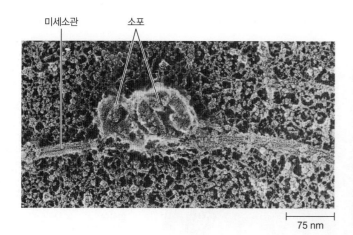

그림 4-9 소포 운반. 오징어의 거대 축삭(squid giant axon)을 주사전자현미경으로 촬영한 사진. 세포질의 미세소관에 부착된 2개의 신경전달물질을 포함하는 소포를 보여준다. 미세소관은 이러한 소포의 분자를 세포를 통해 축삭 끝부분으로 이동시키기 위한 '선로(track)'를 제공하며, 신경세포의 신호전달에 도움을 준다.

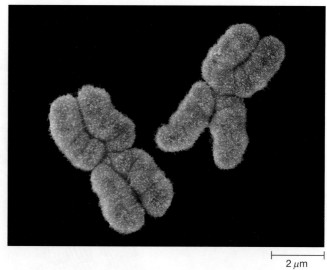

그림 4-10 진핵생물의 염색체 한 쌍. 세포분열 과정 동안의 사람 염색체를 주사전자현미경으로 촬영한 것이며, 이 세포분열 과정의 DNA는 고도로 꼬여있고(coiled) 응축되어 있다(SEM).

단백질과 결합체를 이루고 있다.

박테리아 그리고 고세균 세포의 원형 염색체는 세포 자체보다도 훨씬 길다. 따라서 염색체가 세포 안에 들어가려면 빽빽하게 접히고 포개져야 한다. 예를 들면 대표적인 장 내 박테리아인 대장균(Escherichia coli)은 1~2 μm 길이밖에 되지 않지만 그것의 원형 DNA는 둘레가 1,300 μm나 된다. 따라서 그렇게 큰 DNA가 작은 세포에 들어가려면 엄청난 압축이 필요해 보인다. 이는 마치 18 m의 얇은 실을 골무 하나에 다 끼워 넣어야 하는 상황과 비슷하다.

진핵생물의 경우 박테리아보다 1,000배가 넘는 많은 양의 DNA를 박테리아보다 1,000배나 부피가 작은 핵 안에 넣어야 한다. 이렇게 많은 물질을 작은 공간에 밀어 넣어야 한다는 것은 정말 큰 문제이다. 이 문제를 진핵생물은 DNA를 여러 개의 염색체로 구성함으로써 해결한다(그림 4-10). 진핵세포의 DNA는 포장되어 세포분열 중에 분리되고 딸세포로 전달된다.

유전정보의 분리 진핵생물과 원핵생물의 또 다른 차이점은 세포분열 과정에서 유전정보를 딸세포에 배분하는 방법이다. 박테리아와 고세균은 단지 그들의 염색체를 복제하기에 비교적 간단한 방식인 이분법을 통해 딸세포를 생산한다. 이분법(binary fission)은 하나의 복제된 DNA와 세포질의 절반을 각각 딸세포에 주는 방식이다. 반면에 진핵생물에서는 DNA 복제 이후 유사분열(mitosis)을 통해 딸세포로 동일하게 유전정보가 복잡한 과정을 거쳐 배분된다. 그 이후 세포질분열(cytokinesis) 과정을 거치며 세포질이 분리된다(두 가지 형태의 분열에 대한 자세한 내용은 20장 참조).

DNA의 발현 유전정보의 발현 방식 관점에서도 박테리아, 고세균, 진핵생물의 차이를 볼 수 있다. 진핵세포는 핵의 유전정보를 큰 RNA 분자로 전사하려는 경향이 있고, 그 후 가공과 운반 과정에 의존하며, 단백질 합성을 위해 성숙한 전령 RNA(mRNA) 분자를 세포질로 전달한다. 전형적으로 각각의 성숙한 mRNA는 하나의 폴리펩타이드를 암호화한다.

그에 반해 박테리아는 유전정보의 매우 특정한 부분을 RNA 메시지로 전사하고, 종종 단일 mRNA 분자는 여러 폴리펩타이드를 생성하기 위한 정보를 포함한다. 박테리아에서는 RNA를 가공하는 과정이 적거나 거의 없다. 진핵생물에는 못 미치지만 고세균류에서는 RNA의 가공 과정이 약간 관찰된다. 일반적으로 고세균류의 DNA 발현 과정은 박테리아보다는 진핵생물과 가깝다. 박테리아와 고세균에서 핵막의 부재로 이 세포들에서는 mRNA가 완전히 합성이 되기도 전에 단백질 합성 과정이 일어난다. 박테리아, 고세균, 진핵생물에서 단백질을 합성하는 데 사용되는 리보솜과 리보솜 RNA의 크기와 조성 등의 차이를 볼 수 있다(표 4-1 참조). 이러한 차이를 이 장에서 자세히 다룰 것이다.

개념체크 4.2

바다 퇴적물에서 새로운 살아있는 개체를 발견했다. 그것이 박테리아, 고세균, 진핵생물 중 어느 것인지 결정하려면 어떤 기구와 기술을 이용할 것인가? 세포생물학 연구에서 사용되는 역사적인 세 분야인 세포학, 생화학, 유전학을 고려해보라.

4.3 진핵세포 개론: 구조와 기능

앞선 논의를 통해 모든 세포는 수많은 기본적 기능을 수행해야 하며, 이에 일부 동일한 기본적인 구조적 특성을 가지고 있음을 보았다. 하지만 진핵생물의 세포는 다양한 기능을 수행하는 세포소기관 등을 가지고 있기에 박테리아나 고세균의 세포보다 훨씬 구조적으로 복잡하다. 진핵세포의 구조적 복잡성은 동물과 식물의 대표적인 세포 모형을 기술한 그림 4-7과 4-8에서 확인할 수 있다. 현실에서는 당연히 '전형적'인 세포는 없다. 거의 모든 종류의 진핵세포는 일반화된 모형인 그림 4-7과 4-8에서 보여주는 것과는 구별되는 특성을 가지고 있다. 그럼에도 불구하고 대부분의 진핵세포는 구조적인 특징을 일반적인 개요로 설명할 정도로 충분히 비슷하다.

대부분의 진핵세포는 최소한 4가지의 주요한 구조적 특성을 공유한다. 세포의 경계를 결정짓고 내용물을 유지하기 위한 원형질막, 세포의 기능을 지휘하는 DNA가 위치한 핵, 다양한 기능이 수행되는 막으로 둘러싸인 세포소기관, 세포골격 섬유로 섞여 쌓인 반유동성 세포기질 등이다. 부가적으로 식물과 균류의 세포에는 원형질막 외부에 견고한 세포벽이 있다. 그러나 동물에는 이러한 세포벽이 없다. 대신 동물의 세포는 대체로 구조를 지지하는 단백질로 구성된 세포외기질(extracellular matrix)로 둘러싸여 있다.

이 절에서는 세포의 구조와 기능에 대한 입문으로 이러한 세포 구조의 특성을 간단하게 살펴볼 것이다. 각각의 구조에 대해서는 세포소기관과 그 구조들이 관여하는 역동적인 세포 과정을 다루는 다음 장들에서 자세히 공부할 것이다.

원형질막은 세포의 경계를 결정짓고 내용물을 유지한다

우리의 여정은 모든 세포의 외부를 둘러싸는 원형질막에서 시작한다(그림 4-11). 원형질막(plasma membrane)은 세포의 경계를 정하고 내용물을 보존한다(그림 4-11a). 원형질막은 인지질, 기타 지질 및 막단백질로 구성되어 있으며, 2중막으로 이루어져 있다(그림 4-11b). 일반적으로 각각의 인지질 분자는 2개의 소수성 '꼬리'와 하나의 친수성 '머리'로 구성된 양친매성 분자이다(그림 2-11과 2-12 참조). 인지질 분자는 친수성의 인산염이 포함된 머리를 밖으로 내밀고 소수성인 꼬리는 서로 안쪽으로 배열하는 경향이 있다. 이런 과정으로 인지질은 자발적으로 2중막의 형태로 존재하게 된다(그림 4-11c). 이렇게 만들어진 지질2중층(lipid bilayer)은 모든 막 구조의 기본 단위이며, 대부분 친수성 물질의 투과를 막는 역할을 한다. 하지만 일부 고세균은 특이하게도 하나의 긴 소수성의 꼬리(일반적인 길이의 2배) 양쪽에 극성의 머리가 달려있어 단일막을 형성하기도 한다.

막단백질 또한 양친매성을 지니고 있다. 이들 막단백질의 소수성 부분은 막 안쪽의 소수성 내부에 위치하고, 이 단백질의 친수성 부분은 막 바깥의 수용성 환경으로 돌출되도록 자리를 잡는다. 원형질막 바깥쪽으로 돌출된 막단백질의 친수성 부분은 올리고당(oligosaccharide)으로 알려진 탄수화물로 된 잔기가 결합할 수 있어서 이들을 당단백질(glycoprotein)이라고 부른다(그림 4-11b와 c).

원형질막에 존재하는 단백질은 다양한 역할을 담당한다. 일부 막단백질은 효소로서 역할한다. 이들은 세포벽 합성을 포함한 원형질막과 관련된 반응을 촉매한다. 다른 일부는 세포골격의 구조적 닻(anchor)의 역할을 한다. 또 일부는 특정 기질(일반적으로 이온과 친수성 용질)이 막을 통과하게 운반을 책임지는 운반단백질이다. 막단백질은 세포의 반응을 촉진하는 외부 신호를 수용하는 수용체로도 기능할 수 있다. 운반단백질, 단백질 수용체, 그리고 대부분의 막단백질은 원형질막 양면으로 돌출되는 친수성 부분이 있는 막관통 단백질(transmembrane protein)이다. 이렇게 돌출된 단백질의 친수성 부분은 하나 이상의 막을 관통할 수 있는 소수성의 단백질 영역으로 연결되어 있다.

핵은 진핵세포 정보의 중심이다

진핵세포에서 가장 눈에 띄는 요소는 아마도 핵(nucleus)일 것이다(그림 4-12). 핵은 정보의 핵심이다. 핵은 세포 내 다른 부분과 구분짓는 2중막, 핵 내막과 외막으로 둘러싸여 있으며, 핵 안에는 DNA가 내재된 염색체가 있다. 이 내막과 외막은 핵막(nuclear envelope)을 구성한다(그림 4-12a).

핵 안에 있는 염색체의 수는 종에 따라 다르다. 염색체의 수는 적게는 2개에서(일부 메뚜기의 정자와 난자의 경우) 많게는 수백 개까지도 존재할 수 있다. 염색체는 유사분열 중에 고도로 응축되므로 가장 쉽게 볼 수 있다(그림 4-10 참조). 그러나 간기(interphase)에 염색체는 염색질(chromatin)이라는 DNA와 히스톤 단백질 복합체의 섬유 형태로 퍼져있으므로 쉽게 관찰되지 않는다(그림 4-12b).

또한 핵에는 리보솜 RNA를 합성하고 리보솜을 형성하는 데 필요한 단백질 구성 요소의 조립을 시작하는 구조인 인(nucleoli, 단수형은 nucleolus)이 존재한다. 인은 리보솜 RNA를 암호화하는 유전자를 포함하는 염색체의 특정 영역과 관련되어 있다.

핵막에는 특이하게도 막에 핵공(pore)이라는 작은 구멍이 있다(그림 4-12c). 각 구멍은 핵과 세포질 사이에 수용성 물질이 이동할 수 있는 통로이다. 이 통로는 핵 안팎의 고분자의 이동을 담당하는 핵공 복합체(pore complex)라고 불리는 운반 장치로 정렬을 이루고 있다. 리보솜 단백질, 전령 RNA 분자(mRNA), 염색체 단백질, 핵의 활동에 필요한 효소가 핵공을 통해 이동한다.

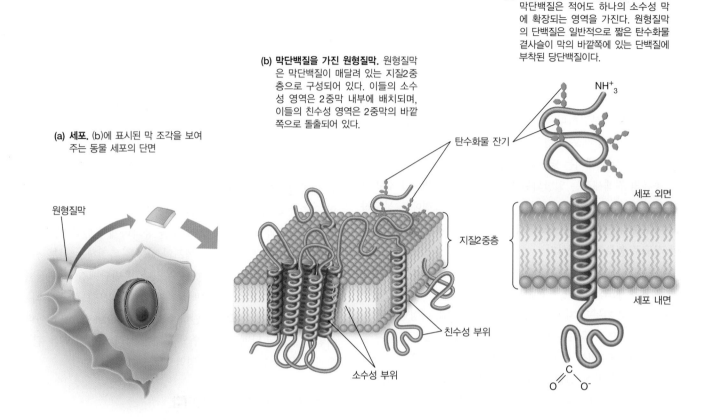

(c) 당단백질이 있는 지질2중층. 대부분의 막단백질은 적어도 하나의 소수성 막에 확장되는 영역을 가진다. 원형질막의 단백질은 일반적으로 짧은 탄수화물 곁사슬이 막의 바깥쪽에 있는 단백질에 부착된 당단백질이다.

(b) 막단백질을 가진 원형질막. 원형질막은 막단백질이 매달려 있는 지질2중층으로 구성되어 있다. 이들의 소수성 영역은 2중막 내부에 배치되며, 이들의 친수성 영역은 2중막의 바깥쪽으로 돌출되어 있다.

(a) 세포. (b)에 표시된 막 조각을 보여주는 동물 세포의 단면

원형질막

탄수화물 잔기

NH_3^+

세포 외면

지질2중층

세포 내면

친수성 부위

소수성 부위

$O = C - O^-$

그림 4-11 원형질막의 구성. (a) 세포의 단면, (b) 단백질이 포함된 원형질막의 확대 모습, (c) 개별 당단백질을 포함하는 막 단면의 확대 모습

미토콘드리아와 엽록체는 세포에 에너지를 제공한다

이제 진핵세포의 생명체가 지닌 에너지 생산에 관여하는 중요한 세포소기관인 **미토콘드리아**와 **엽록체**에 대해 배워보자. 미토콘드리아는 당 분해를 해서 에너지를 생산한다(자세한 내용은 10장 참조). 엽록체 역시 태양광을 흡수하여 화학 에너지로 전환해서 세포에 에너지를 제공한다. 이 화학 에너지는 광합성 과정을 통해 CO_2가 당(sugar)으로 합성되는 과정에서 사용된다(11장 참조).

미토콘드리아 미토콘드리아(mitochondria, 단수형은 mitochondrion, **그림 4-13**)는 모든 진핵세포에서 발견되며 세포 호흡의 장소가 된다(10장 참조).

미토콘드리아는 세포 입장에서 봤을 때 꽤 큰 편이다. 지름이 1 μm에 달하고 길이는 일반적으로 수 μm이다. 심지어 진핵세포 안의 미토콘드리아는 박테리아 세포 전체의 크기와 비슷할 정도로 크다. 하나의 진핵세포는 대체로 수백 개의 미토콘드리아를 지니고 있다. 미토콘드리아는 2중막, 외막과 내막으로 둘러싸여 있다. 미토콘드리아 내막은 미토콘드리아 기질을 감싸고 있다. 미토콘드리아 자체를 채우고 있는 반유동성 물질로 이루어진 것이 미토콘드리아 **기질**(matrix)이다. 이 기질에는 다양한 효소뿐

만 아니라 미토콘드리아에 필요한 몇몇의 RNA와 단백질을 합성하는 작은 원형 DNA, 단백질 합성에 관여하는 리보솜 등이 존재한다. 인간과 대부분의 동물에서는 미토콘드리아는 오직 모계를 통해 유전된다. 따라서 미토콘드리아 DNA 서열 분석은 현대 인간들이 전 세계로 퍼져 나가는 지리학적 기원의 역추적과 자손들의 유전적 계보를 확인하는 데 유용하게 사용된다.

중요한 세포 내 대사 과정인 시트르산 회로(citric acid cycle)와 ATP 생성에 관여하는 효소 및 중간 산물은 미토콘드리아 내부에 있다(자세한 내용은 10장 참조). 미토콘드리아에서 당 또는 기타 세포의 '에너지원'이 되는 물질을 이산화탄소로 산화시키는 과정은 음식에서 에너지를 추출해서 아데노신 3인산(ATP) 형태로 저장하는 과정이다(2장에서 산화 과정은 전자 또는 수소 이온을 제거하며 에너지를 방출하는 과정이라는 것을 배웠다). 이 해당과정에 관여하는 많은 중간 산물은 미토콘드리아 안쪽으로 접힌 내막 구조물인 **크리스테**(cristae, 단수형은 crista)에 존재한다. 시트르산 회로와 지방산의 산화 과정 같은 반응은 기질에서 일어난다.

하나의 세포에 있는 미토콘드리아 숫자와 위치는 그 세포 안에서 미토콘드리아가 하는 역할과 직결된다. 에너지원인 ATP의

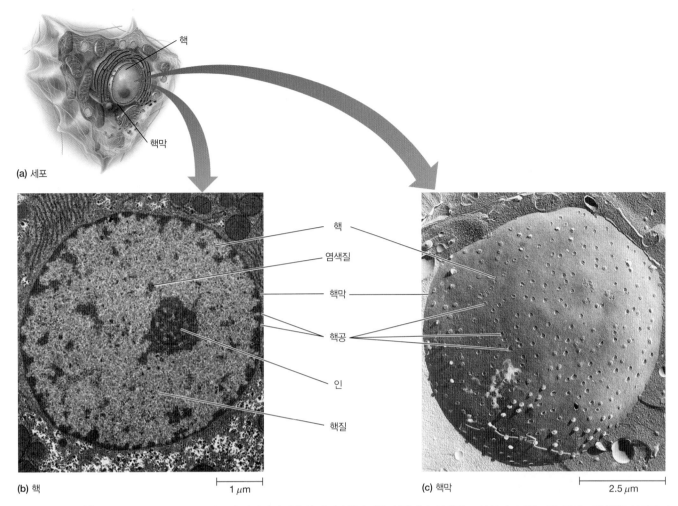

그림 4-12 핵. (a) 세포 핵을 강조한 동물 세포의 단면이다. (b) 투과전자현미경은 염색체가 염색질로 분산되어 있는 쥐 간세포의 핵을 보여준다 (TEM). (c) 초파리 배아에서 추출한 세포의 동결할단 전자현미경 사진은 핵막의 두드러진 핵공을 뚜렷하게 보여준다.

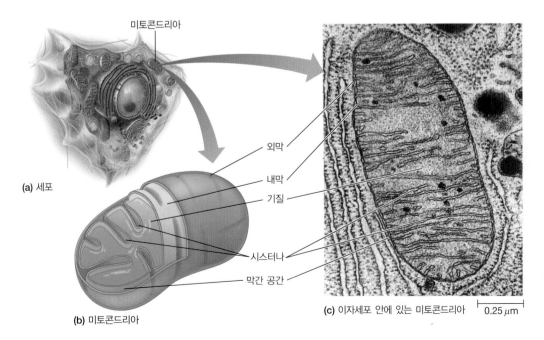

그림 4-13 미토콘드리아. (a) 일반적인 동물 세포 내 미토콘드리아 상대적 크기를 보여주는 단면 모습. 식물 세포 및 다른 모든 진핵세포도 모두 미토콘드리아를 가지고 있다. (b) 미토콘드리아 구조의 개략적인 그림, (c) 쥐의 이자세포에 있는 미토콘드리아 사진 (TEM)

소모량이 큰 조직의 경우 세포 내에 미토콘드리아가 많으며 에너지가 가장 많이 필요한 세포 내에 다량 위치한다. 예를 들어 정자세포 꼬리에 위치한 편모(flagellum) 기저부에서는 미토콘드리아 뭉치가 관찰된다. 이곳이 ATP가 정자세포를 움직이기 위해 실제로 필요한 장소이다. 근육세포의 경우 전략적으로 수축에 관여하는 근섬유 근처에 많은 양의 미토콘드리아를 배치한다. 이런 배치를 통해 근육세포의 에너지 소비량을 충족할 수 있다(그림 14-21 참조).

엽록체 식물 또는 조류(algae)에서 광합성이 일어나는 장소인 엽록체에 대해 알아보자(**그림 4-14**). **엽록체**(chloroplast)는 일반적으로 지름이 수 μm이며 길이가 5~10 μm인 크기가 큰 세포소기관으로서, 녹색식물의 잎에 많이 존재한다. 엽록체는 앞에서 살펴본 미토콘드리아와 같이 외막과 내막으로 둘러싸여 있다. 엽록체 안에는 납작한 주머니 모양인 **틸라코이드**(thylakoid)와 틸라코이드들을 연결하는 **스트로마 틸라코이드**(stroma thylakoid)가 있으며, 이들은 모두 막으로 되어 있다. 틸라코이드는 엽록체 내에 쌓인 형태로 존재하며, 틸라코이드가 중첩되어 쌓인 구조물을 **그라나**(grana, 단수형은 granum)라고 부른다(그림 4-14b).

엽록체는 **광합성**이 일어나는 장소이다. 광합성은 태양 에너지와 이산화탄소를 사용하여 모든 생명체가 만들어내는 당과 유기 화합물을 합성하는 과정이다. 엽록체는 고등식물의 잎과 다른 광합성 조직에 있으며, 광합성을 하는 조류(algae)에서도 발견된다. 엽록체 안에는 광합성에 필요한 대부분의 효소, 중간산물, 광 흡수 색소(light-absorbing pigment)가 존재한다. 광합성은 에너지를 사용하여 이산화탄소를 당으로 환원시키는 반응을 포함한다(2장에서 환원 과정은 전자 또는 수소 이온을 얻는 과정으로 에너지를 흡수한다는 것을 배웠다). 태양 에너지에 의존하는 반응은 틸라코이드 막 표면이나 내부에서 일어난다. 이산화탄소를 당으로 전환시키는 과정은 엽록체 내부를 채우는 반유동성의 **스트로마**(stroma) 내에서 일어난다. 스트로마 안에서 엽록체의 리보솜과 엽록체에서 사용되는 일부 RNA와 단백질을 합성하는 데 사용되는 작은 원형 DNA도 발견된다.

엽록체는 거의 모든 식물 세포에서 발견되는 식물 세포소기관의 한 부류의 **색소체**(plastid)의 가장 대표적인 예이다. 엽록체 이외의 색소체도 식물 세포에서 다양한 기능을 수행한다. 예를 들어 잡색체(chromoplast)는 꽃, 과일, 그리고 다른 식물 부위의 특징적인 색을 나타내는 색소를 가진 색소체이다. 녹말체

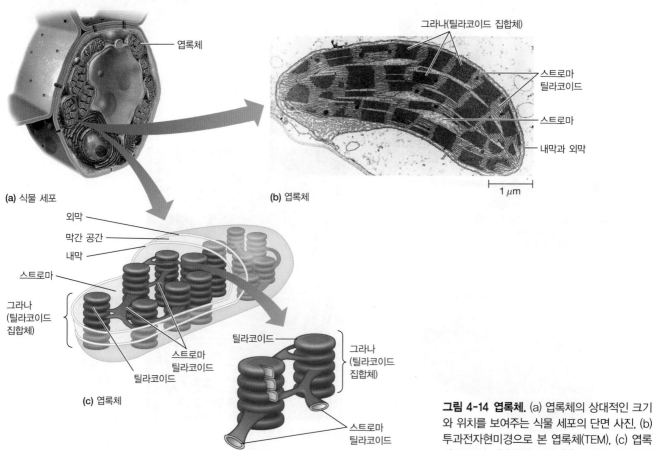

(a) 식물 세포

(b) 엽록체

1 μm

그라나(틸라코이드 집합체)

스트로마 틸라코이드

스트로마

내막과 외막

외막
막간 공간
내막
스트로마
그라나 (틸라코이드 집합체)
스트로마 틸라코이드
틸라코이드

(c) 엽록체

틸라코이드
그라나 (틸라코이드 집합체)
스트로마 틸라코이드

(d) 엽록체의 그라나

그림 4-14 엽록체. (a) 엽록체의 상대적인 크기와 위치를 보여주는 식물 세포의 단면 사진, (b) 투과전자현미경으로 본 엽록체(TEM), (c) 엽록체 구조의 개략적인 그림, (d) 그라나 2개의 단면 모습

(amyloplast)는 녹말(아밀로스와 아밀로펙틴)을 저장하는 데 특화된 색소체이다.

세포내 공생설은 미토콘드리아와 엽록체가 박테리아에서 유래했음을 보여준다

진핵세포의 세포소기관, 미토콘드리아와 엽록체를 배웠으니 이들의 진화적인 기원에 대해 가볍게 살펴보자. 미토콘드리아와 엽록체의 진화적인 기원은 오랜 기간 논쟁의 대상이었다. 오랜 시간 전인 1883년, 심퍼(Andreas F. W. Schimper)는 엽록체가 광합성 세균과 광합성을 하지 못하는 세포의 공생으로 생겨났다고 제안했다. 1920년대 중반이 되어서야 연구자들은 심퍼의 가설을 확장하여 미토콘드리아의 기원도 공생에서 기인한다고 제안했다. 하지만 이 가설은 미토콘드리아와 엽록체가 세균과 유사하게도 자체적인 원형 DNA를 보유하고 있다는 것이 밝혀진 1960년대까지 수십 년간 인정받지 못했다. 추가 연구에 따르면 미토콘드리아와 엽록체는 **반독립적인 세포소기관**(semiautonomous organelle)이고, 스스로 분열할 수 있으며, 자신의 DNA뿐만 아니라 mRNA, tRNA, 리보솜(모두 단백질 합성에 관여)도 가지고 있다.

분자생물학자들은 핵산과 단백질 합성 기작을 연구하면서 미토콘드리아와 엽록체에서 진행되는 과정이 박테리아 세포에서의 과정과 굉장히 유사하여 놀랐다. 이들은 리보솜 RNA 서열, 리보솜 크기, RNA와 단백질 합성 억제제에 대한 민감도가 굉장히 유사했다. 이런 분자적 수준의 유사성에 추가해서 미토콘드리아와 엽록체는 크기와 모양이 박테리아 세포와 유사하다. 심지어 미토콘드리아와 엽록체가 가진 2중막 중 내막은 박테리아가 가진 지질과 유사한 지질을 가진다.

박테리아, 미토콘드리아, 엽록체의 DNA, RNA, 단백질 합성 과정이 비슷하다는 발견은 **세포내 공생설**(endosymbiont theory)을 탄생시켰다. 이 이론은 1967년에 마굴리스(Lynn Margulis)가 제시했고, 이 미토콘드리아와 엽록체가 고대 박테리아(ancient bacteria)에서 진화했으며, 10~20억 년 전의 원핵세포와 **공생관계**(symbiotic relationship)를 갖게 되었다는 내용이다. 또 다른 세포내 공생설을 지지하는 두 가지 근거는 다음과 같다. 첫째, 미토콘드리아와 엽록체가 그램-음성 박테리아와 같이 2중막을 가지고 있다. 둘째, 미토콘드리아와 엽록체막은 박테리아의 것과 유사하게 박테리아성 지질과 막단백질로 구성되어 있다. 예를 들면 미토콘드리아는 특화된 지질, 칼디오리핀(cardiolipin)과 그 외막에 포린(porin)을 가지고 있는데, 이는 그램-음성 박테리아 세포의 외막에 존재하는 것과 놀랍도록 유사하다(그림 10-6b 참조).

진핵생물 기원에 관한 바깥-안 이론과 안-바깥 이론 앞서 본 바와 같이 진핵세포의 두 가지 특별한 속성은 핵막과 미토콘드리아를 가졌다는 것이다. 최초의 진핵세포에서 어떻게 이런 속성을 가지게 되었는가에 대한 설명은 두 가지 기본 이론으로 가능하다. 바깥-안 이론(outside-in theory)에서는 진핵세포의 핵막이 진핵세포의 조상인 **원시진핵생물**(protoeukaryote)의 원형질막이 안쪽으로 접히면서 DNA를 둘러싸게 되어 형성한 것이라고 설명한다 (**그림 4-15**). 이 세포들은 식세포작용(phagocytosis)을 통해 환경으로부터 박테리아와 사이아노박테리아(cyanobacteria)의 작은 세포를 포함한 영양분과 입자를 삼키고 섭취하는 발달된 능력을 가지고 있다. 삼켜진 작은 세포는 소화가 되는 대신 숙주 세포막에 둘러싸여 원시진핵생물의 세포질에 거주하다가 결국 미토콘

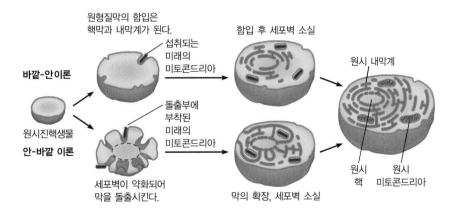

그림 4-15 세포내 공생설. 대부분의 생물학자는 미토콘드리아가 원시적인 호기성 자색세균으로부터 발전했다는 가설에 동의한다. 이는 크기, 막지질 및 단백질 조성, rRNA 염기서열 비교, 원형 DNA 분자와 박테리아형 리보솜의 존재, 자율적으로 번식하는 능력에 기초한다. 바깥-안 이론에서 원시진핵세포는 결국 세포의 DNA를 둘러싸서 핵 외피를 형성하게 되는 원형질막의 주머니에서 발달했다. 호기성 박테리아는 섭취되었지만 원시진핵생물에 의해 소화되지 않고, 아마도 주변 식포에서 빠져나와 미토콘드리아로 발전했다. 안-바깥 이론에서 고대 원시진핵생물의 세포막으로부터 확장된 돌출부는 표면의 박테리아를 포획했다. 이 박테리아는 그 후 미토콘드리아로 진화했다. 돌출부의 팽창과 융합은 결국 내부 막의 형성으로 이어졌고, 이는 소포체가 되었다. 원시진핵세포의 원형질막에서 나온 막이 핵막이 되었다.

드리아와 엽록체로 진화했으며, 결국 미토콘드리아와 엽록체는 각각 2중막으로 둘러싸여 있다.

바깥-안 이론의 대안으로 안-바깥 이론(inside-out theory)도 제시되었다. 현존하는 일부 고세균 세포는 그들의 세포벽을 관통하는 손가락 모양의 돌출부를 만들 수 있다. 안-바깥 이론에서는 원시진핵세포가 그와 유사한 능력을 지녔을 거라고 가정한다(그림 4-15). 이러한 돌출부는 궁극적으로 두 가지 혁신점을 제안한다. 첫째, 원시진핵생물이 근처의 그램-음성 박테리아와 상호작용한 후 궁극적으로 그들을 포획할 수 있도록 했다. 이와 같이 포획된 박테리아는 추후 미토콘드리아로 진화할 수 있다. 둘째, 돌출부가 바깥쪽으로 확장됨에 따라 접혀지고 융합되어 원시 소포체(primitive endoplasmic reticulum)와 내막계(endomembrane system)를 구성하는 다른 구조물을 형성했을 것이다. 그러한 안-바깥 이론에 따르면 핵막은 숙주세포(host cell)의 외부 원형질막에서 유래되었다.

2015년에 노르웨이 해안에서 환경 표본으로부터 분리된 DNA가 진핵생물의 첫 번째 집단인 로키아르카이오타(Lokiarchaeota, 노르웨이의 신인 로키의 이름에서 유래)를 확인하면서 진핵생물과 유사한 원핵생물이 있었을 것이라는 생각이 힘을 얻었다. 2020년에는 이 세포를 정제하여 일본의 실험실에서 배양했는데, 그것은 안-바깥 이론으로 예상했던 중간형과 현저한 유사성을 가지고 있었다. 이 세포들은 막으로 둘러싸인 내부 구획은 없지만 '유사 핵', 외부 팽대부(bulges), 긴 손가락 모양의 돌출부를 가지고 있었다.

바깥-안 이론과 안-바깥 이론 둘 모두, 포획된 박테리아는 그것을 둘러싼 3개의 막(그 자체의 두 층의 막과 숙주로부터 온 하나)을 가지고 있어야 했지만, 오늘날 미토콘드리아는 단지 2개의 막을 가지고 있다. 다른 1개의 세포막은 어디로 갔을까? 하나의 가설은 세포기질에 있는 포획된 박테리아가 둘러싼 숙주막을 뚫고 분리되었다가 숙주 내에서 분열되었다는 것이다.

미토콘드리아, 고대 호기성 박테리아의 진화

어떤 종류의 박테리아에서 미토콘드리아가 유래했을까? 에너지를 포도당에 의존하는 혐기성 원시진핵생물이 그보다 더 작은 호기성 박테리아와 공생관계를 발전시켰을 경우 미토콘드리아 진화의 첫 단계가 일어났을 수 있다. 호기성 박테리아는 산소가 존재할 때 포도당을 더 효율적으로 대사할 수 있다(10장 참조). 섭취된 호기성 박테리아는 혐기성 숙주세포에 ATP의 형태로 추가적인 에너지를 공급했다. 그 대가로 숙주세포는 세포질에 있는 박테리아를 보호하며 영양분을 제공했다. 수억 년이 넘는 시간이 지나면서 박테리아는 새롭게 살게 된 세포질 환경에서 필수적이지 않은 기능을 상실했고 결국 미토콘드리아로 변화했다.

미토콘드리아 리보솜 RNA(rRNA)의 염기서열을 다양한 박테리아 rRNA의 염기서열과 비교했을 때 현생하는 호기성 자색세균(aerobic purple bacteria)의 것과 매우 가까운 일치를 보였고, 이는 미토콘드리아의 섭취된 조상이 이 그룹의 고대 구성원임을 시사한다. 자색세균은 그램-음성 박테리아이며, 미토콘드리아와 마찬가지로 2중막을 가지고 있다. 오늘날의 미토콘드리아는 다양한 방식으로 숙주세포에 의존적이다. 그 하나로 전자전달(10장 참조) 단백질을 포함한 미토콘드리아에 있는 많은 단백질을 생산하는 데 필요한 정보는 숙주세포의 핵 DNA에 의해 암호화되는 것이다.

엽록체, 고대 광합성 박테리아의 진화

엽록체의 진화를 향한 첫 단계는 아마도 원시 미토콘드리아를 가지고 있을지도 모를 초기 진핵생물의 하위 그룹의 구성원이 원시 광합성 세포를 내재화했을 때 일어났을 수도 있다. 미토콘드리아 진화에 대해 설명한 바와 같이 내재화된 생물체는 숙주세포에게 탄수화물의 형태로 에너지를 제공하고, 그 보상으로 보호와 영양분을 제공받았을 것이다. 그 광합성을 하는 세포는 새로운 환경에서 필수적이지 않은 기능을 점진적으로 상실했고 숙주인 진핵생물의 필수적인 구성 요소로 진화해왔다.

엽록체 rRNA의 염기서열을 다양한 박테리아 rRNA의 염기서열과 비교하면 광합성, 그램-음성 박테리아인 사이아노박테리아[cyanobacteria, 이들은 '남조류(blue-green algae)'라고 불리기도 하지만 박테리아이다]와 가장 가까운 일치를 보이며, 이는 엽록체의 조상이 이 그룹의 고대 구성원임을 시사한다. 사이아노박테리아는 엽록체처럼 2중막 구조이다. 사이아노박테리아 역시 틸라코이드를 가지고 있는데, 이는 사이아노박테리아 조상에서 유래한 엽록체와 유사한 구조이다.

> **연결하기 4.2**
>
> 연구자들이 여러 개의 큰 염색체를 가진, 광합성하는 단세포 진핵생물의 새로운 종을 발견했다고 가정해보자. 세포내 공생설과 일관되게 연구자들은 염색체, 미토콘드리아, 세포기질에서 리보솜을 찾았다. 찾아낸 리보솜이 있는 위치를 확신하기 위해 연구자들은 세포 분획법 이외에 어떤 기술을 유용하게 사용할 것인가?

오늘날의 세포내 공생설

세포내 공생설을 지지하는 또 다른 근거는 먼 과거에 일어났을 수도 있는 것과 닮은 현대의 공생관계에서 비롯된다. 조류(algae), 와편모충류(dinoflagellate), 돌말류, 광합성 박테리아는 150종 이상의 기존 원생동물과 무척추동물 내 세포질에서 세포내 공생생물로 산다.

하지만 결론적으로 진핵세포가 어떻게 수십억 년의 진화에 걸쳐 복잡한 세포 배열을 얻었는지에 대해서는 추측으로 남아있다. 제안된 가설들은 실험실에서 직접 실험할 수 없는 특성을 지니고 있기 때문에 결코 그것들을 직접 검증할 수 없다. 그러나 이러한 세포내 공생은 오늘날 세포에서도 발생하는 것으로 보이며, 이는 미토콘드리아와 엽록체의 세포내 공생설에 대한 근거를 강화한다.

진핵세포는 미토콘드리아와 엽록체 외에도 다양한 다른 세포소기관을 가지고 있으며, 이들은 각자의 특정한 기능이 있다. 세포소기관을 알아보고 나서 세포 내 세포질과 그 내용물을 살펴보자.

내막 시스템은 다양한 세포 내 목적에 맞는 단백질을 합성한다

앞으로 공부할 세포소기관은 내막계라고 알려진 동적인 시스템이다. 내막 시스템은 다양한 세포소기관, 세포막, 분비단백질을 합성한다. 이 단백질들은 소포체에서 합성되고, 골지체에서 가공 및 포장된 다음, 작은 막으로 둘러싸인 소낭을 통해 세포 안팎의 다양한 목적지로 이동한다. 라이소솜 역시 내막계에서 파생되며, 식세포작용을 통해 섭취된 음식의 분해와 세포 구성 요소의 재활용에 관여한다.

소포체 거의 모든 진핵세포의 세포질에는 소포체라고 불리는 막으로 구성된 네트워크가 전체로 확장되어 발달된다(**그림 4-16**). **소포체**(endoplasmic reticulum, ER)는 단순히 '세포 안의 막'을 의미하고, 그물망(reticulum)은 단순히 '네트워크'를 뜻하는 고급 단어이다. 소포체는 서로 연결된 관 모양의 막과 납작한 주머니 또는 **시스터나**(cisterna, 복수형은 cisternae)로 구성된다. 소포체 막으로 둘러싸인 내부 공간을 **내강**(lumen)이라고 한다. 소포체는 핵막의 바깥쪽 막과 연결된다(그림 4-16a). 그러므로 두 핵막 사이의 공간은 소포체의 내강과 동일한 구획의 일부이다.

소포체는 매끄러울 수 있고 거칠 수도 있다. **거친면 소포체**(rough endoplasmic reticulum, rough ER)는 전자현미경으로 봤을 때 '거친 것'처럼 보인다. 왜냐하면 세포기질과 마주보는 막의 측면에 리보솜이 박혀있기 때문이다(그림 4-16b, d). 세포막에 박힌 리보솜은 막 내에 축적되거나 소포체 막을 통과하여 소포체 내부의 공간(내강)에 축적되는 폴리펩타이드를 활발하게 합성한다. 많은 막단백질과 분비단백질은 이러한 방식으로 합성된다. 이러한 단백질은 적절한 막 또는 골지체와 분비소포를 통해 세포 표면으로 이동한다(자세한 내용은 12장 참조).

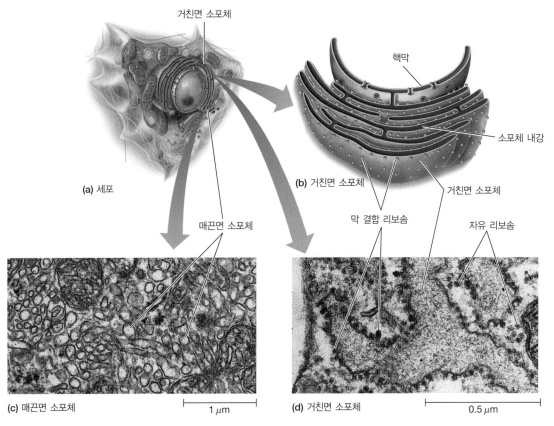

(a) 세포

거친면 소포체

핵막

소포체 내강

(b) 거친면 소포체

거친면 소포체

매끈면 소포체

막 결합 리보솜

자유 리보솜

(c) 매끈면 소포체   1 μm

(d) 거친면 소포체   0.5 μm

그림 4-16 소포체. (a) 거친면 소포체와 매끈면 소포체의 위치와 상대적인 크기를 보여주는 전형적인 동물 세포의 단면도, (b) 거친면 소포체의 평평한 막이 여러 층으로 구성된 것을 보여주는 도식적인 그림, (c) 기니피그 실험에서 얻은 세포 내 매끈면 소포체의 투과전자현미경 사진(TEM), (d) 쥐의 이자세포의 거친면 소포체의 투과전자현미경 사진(TEM)

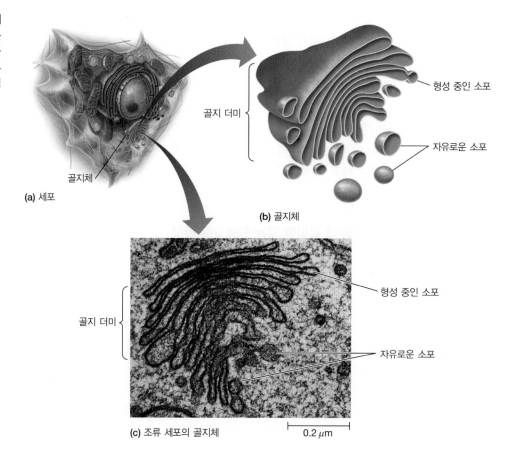

그림 4-17 골지체. (a) 세포 내 골지체의 상대적인 위치와 크기를 보여주는 단면도, (b) 봉합에 의한 소포 형성을 보여주는 골지체의 개략도, (c) 조류 세포에 있는 골지체의 투과전자현미경 사진(TEM)

(a) 세포

골지 더미

형성 중인 소포

자유로운 소포

(b) 골지체

골지 더미

형성 중인 소포

자유로운 소포

0.2 μm

(c) 조류 세포의 골지체

그러나 모든 단백질이 거친면 소포체 막과 결합한 리보솜에 의해 합성되는 것은 아니다. 많은 단백질은 소포체에 부착되지 않고 막과도 결부되지 않은 상태로 자유롭게 세포기질을 돌아다니는 리보솜에서 합성된다(그림 4-16d). 일반적으로 분비단백질과 막단백질은 거친면 소포체에 붙어있는 리보솜에 의해 만들어지며, 세포기질 내에서 사용되거나 세포소기관에서 사용되는 단백질은 자유로운 리보솜에 의해 만들어진다. 이 장 후반부에서는 리보솜의 구조와 기능을 미리 살펴볼 것이다.

매끈면 소포체(smooth endoplasmic reticulum, smooth ER)는 단백질 합성을 하지 않기에 리보솜이 없다. 따라서 전자현미경으로 볼 때 특징적으로 매끄러운 외관을 가지고 있다(그림 4-16c). 매끈면 소포체는 콜레스테롤과 이것에서 파생된 스테로이드 호르몬 같은 지질과 스테로이드의 합성에 관여한다. 이에 추가해서 매끈면 소포체는 바르비투르산염과 같이 독성이 있거나 세포에 해로울 수 있는 화합물을 불활성화하고 해독하는 역할을 한다. 근육 수축에 대해 자세히 논의할 때(16장) **근소포체**(sarcoplasmic reticulum)라고 알려진 매끈면 소포체의 특화된 구조가 수축을 촉발하는 칼슘 이온의 저장과 방출에 얼마나 중요한 역할을 하는지 보게 될 것이다.

골지체 근접성과 기능 면에서 모두 소포체와 밀접하게 연관된 것은 **골지체**(Golgi apparatus, 또는 Golgi complex)이다. 이는 이탈리아 발견자인 골지(Camillo Golgi)의 이름을 따서 명명되었다(**그림 4-17**). 그림 4-17a에서 볼 수 있듯이 골지체는 평평한 소포(시스터나, 그림 4-17b)가 쌓인 덩어리로 구성되어 있다. 골지체는 분비단백질을 가공 및 포장하고 복잡한 다당류를 합성하는 데 중요한 역할을 한다. 소포체 돌기에서 파생된 **전이소포**(transition vesicle)는 골지체에서 받아들여진다. 이곳에서 소포(대부분의 단백질)의 내용물과 때때로 소포의 막이 추가로 변형되고 가공된다. 처리된 내용물은 이후 골지체(그림 4-17c)에서 파생된 소포에 담겨 세포의 다른 구성 성분으로 전달된다.

대부분의 막 및 분비단백질은 **당단백질**이며, 이들은 하나 이상의 공유결합된 탄수화물을 가지고 있다. 글리코실화(glycosylation)의 초기 단계(짧은 탄수화물의 첨가)는 거친면 소포체의 내강 내에서 이루어지지만, 이 과정은 일반적으로 골지체에서 완료된다. 따라서 골지체는 소포가 발생되고 융합되는 처리 공간으로 이해될 수 있다. 골지체로 들어간 거의 모든 물질은 가공 및 포장된 형태로서 세포 밖으로도 배출할 준비가 된 상태로 골지체를 나가는 경우가 많다.

분비소포 골지체에 의해 가공되고 나면 분비단백질과 세포 밖으로 방출될 물질은 **분비소포**(secretory vesicle) 안에 포장된다.

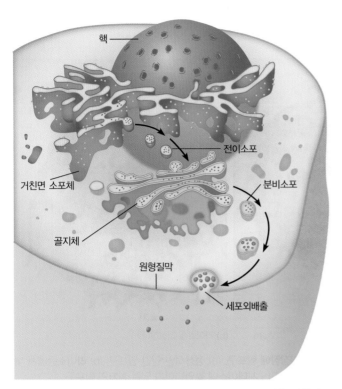

그림 4-18 진핵세포에서 단백질 분비 과정. 방출용 단백질은 거친면 소포체에서 합성되고 처리를 위해 골지체로 전달되며 분비소포에 포장된다. 그 후 이 소포들은 원형질막으로 이동하여 융합하고 그곳에서 단백질을 세포 외부로 방출한다.

예를 들어 이자는 여러 중요한 소화효소의 합성을 담당하기 때문에 많은 분비소포를 가지고 있다. 거친면 소포체에서 합성된 효소는 골지체에서 포장된 후 분비소포를 통해 세포 밖으로 방출된다(**그림 4-18**). 골지 영역에서 나온 이 소포들은 원형질막으로 이동하여 융합하고, 세포외배출 작용에 의해 내용물을 세포 밖으로 방출한다. 이들의 밀접한 기능적 관계 때문에 소포체, 골지, 분비소포, 라이소솜은 모두 함께 세포내막계를 구성한다. 이 세포내막계는 세포 전반의 물질 수송을 담당한다(자세한 내용은 12장 참조).

라이소솜 이제 라이소솜에 대해 알아보자. **라이소솜**(lysosome)은 직경 약 0.5~1.0 μm의 단일 세포막으로 둘러싸여 있다(**그림 4-19**). 라이소솜은 단백질, 탄수화물, 지방과 같은 특정 생물학적 분자를 소화시킬 수 있는 효소인 가수분해효소의 저장 용기로 사용된다. 세포는 음식 분자를 소화시키고 손상된 세포의 구성 요소를 분해하기 위해 이러한 효소를 필요로 한다. 그러나 이들이 실제로 필요할 때까지 세포 내 정상적인 구성 요소가 소화되는 것을 방지하기 위해 이 효소들은 조심스럽게 격리되어야 한다.

분비단백질과 마찬가지로 라이소솜 효소는 거친면 소포체에서 합성되어 골지체로 운반된 다음, 라이소솜이 될 예정인 소포에 포장된다. 라이소솜 막의 내부 표면은 글리코실화되어 있으

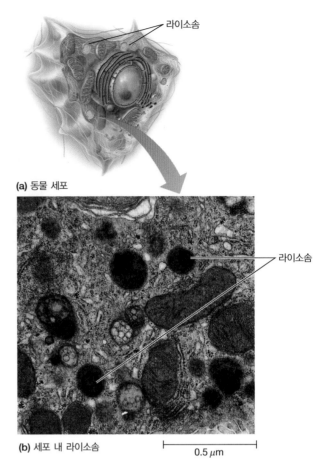

(a) 동물 세포

(b) 세포 내 라이소솜   0.5 μm

그림 4-19 라이소솜. (a) 동물 세포 내의 라이소솜을 보여주는 단면도, (b) 라이소솜 내의 효소인 산성 인산가수분해효소를 확인하는 세포화학적 염색기술. 이 효소의 활성부위에 인산납이 밀집되어 있다(TEM).

며, 이들은 필요할 때까지 라이소솜 내 효소의 가수분해 활동으로부터 이 막(및 세포)을 보호하기 위해 특수한 탄수화물 덮개를 형성한다. 다양한 가수분해효소를 가지고 있는 라이소솜은 사실상 모든 종류의 생물학적 분자를 분해할 수 있다. 그러나 약 40개의 어떤 라이소솜 효소의 결함에도 정상적인 세포 분해 과정은 일어나지 않을 수 있으며, 이는 **인간과의 연결**에서 살펴볼 바와 같이 심각한 인간 질병을 초래할 수 있다.

그 외 세포소기관도 특수한 기능을 가지고 있다

마지막으로 살펴볼 세포소기관은 퍼옥시솜과 액포이다. 생물종과 세포의 종류에 따라 이 두 세포소기관은 다른 기능을 가질 수 있다.

퍼옥시솜 **퍼옥시솜**(peroxisome)은 뚜렷한 내부 구조가 없다는 점과 크기가 비슷하다는 점에서 라이소솜과 공통점이 있다. 라이소솜처럼 퍼옥시솜은 단일막 구조이지만 라이소솜과는 달리 세포내막계의 구성원이 아니다.

퍼옥시솜은 식물과 동물 세포에서 발견되며 균류, 원생동물,

인간과의 연결 | 세포의 '분해공정'이 고장 날 때

커피, 토마토 주스, 맥주는 서로 관련이 없다고 생각할 수 있는 품목들이다. 이들의 공통점은 무엇일까? 모두 pH가 약 5.0이다. 흥미롭게도 라이소솜의 내부도 마찬가지이다. 라이소솜은 세포의 소화에 중요한 역할을 하며, 세포의 재활용 시스템의 일부로 기능한다. 분해된 분자는 세포기질로 다시 방출될 수 있으며, 단량체는 새로운 중합체를 만드는 데 재사용될 수 있다.

모든 라이소솜에서 약 40개의 서로 다른 라이소솜 효소가 발견되며, 40개 이상의 서로 다른 라이소솜 저장 질병이 존재한다. 각각의 질병은 라이소솜의 특정 가수분해효소의 돌연변이에 의해 특징지어진다. 각각의 가수분해효소는 특정한 공유결합을 분해하는 역할을 하며, 많은 다른 분자를 그들의 구성 성분으로 분해할 수 있게 한다. 이러한 가수분해효소 중 하나라도 작용하지 못하면 표적 분자가 축적되어 라이소솜이 부풀어 오르고 세포 기능이 저하될 수 있다.

그림 4A-1은 α-마노시데이스(α-mannosidase)를 암호화하는 유전자의 불활성화 돌연변이로 인해 발생하는 α-마노사이드 축적증(α-mannosidosis) 환자의 림프구와 정상적인 림프구를 보여준다.

α-마노사이드 축적증에는 단일 라이소솜 가수분해효소가 포함된다. 만약 대부분의 가수분해효소가 라이소솜으로 들어가는 길을 찾지 못한다면 어떤 일이 일어날지 상상해보라. 결과는 끔찍할 것이다. 사실 환자들은 바로 이 문제로 고통받을 수 있다. 가장 해로운 라이소솜 질환 중 하나는 I-세포 질환이다. I-세포 질환을 이해하려면 라이소솜 단백질이 라이소솜에 도착하기 전에 가는 경로를 고려해야 한다(이 경로 및 단백질 분류의 다른 메커니즘에 대해 12장에서 훨씬 더 많이 배울 것이므로, 여기서는 이 특정 경

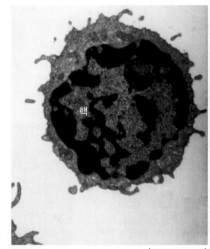 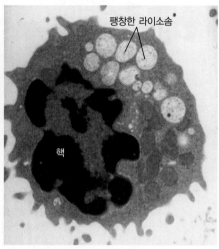

(a) 정상 림프구　　　　　2 μm　　**(b)** 라이소솜 저장장애

그림 4A-1 정상 및 라이소솜 저장장애 림프구. (a) 정상적인 인간 림프구, (b) 라이소솜에서 마노스의 분해를 촉매하는 효소인 α-마노시데이스에 돌연변이가 있는 환자의 림프구

로의 기초만 다룰 것이다).

다른 많은 단백질과 마찬가지로 라이소솜 효소는 거친면 소포체에서 처리되며, 여기서 마노스는 이러한 효소 내의 특정 아미노산에 부착된다(**그림 4A-2**). 이후 변형은 골지체에서 일어나며, 여기서 인산기는 마노스 잔기에 추가된다. 이러한 인산화는 *인산기 전달효소*(phosphotransferase)로 알려진 효소에 의해 촉매되며, 이는 마노스-6-인산으로 '표지가 부착'된 단백질을 생성한다. 이 표지는 골지의 특정 수용체에 결합하며, 이는 표지된 단백질이 소포에 포장될 수 있게 한다. 정상적인 사람에서 이러한 소포는 결국 엔도솜이라고 알려진 다른 유형의 소포와 융합된다(그림 4A-2).

● ●

조류(algae)에서도 발견된다. 이들은 세포 유형에 따라 서로 다른 여러 가지 독특한 기능을 수행하지만 과산화수소(H_2O_2)를 생성하거나 분해하는 기능은 모두 공통적으로 가지고 있다. 정상적인 대사반응의 부산물인 과산화수소는 세포 독성이 있지만 이는 카탈레이스(catalase)에 의해 물과 산소로 분해된다. 진핵세포는 퍼옥시솜 구조 내에 과산화수소 생성반응과 카탈레이스를 함께 포장함으로써 과산화수소의 유해한 영향으로부터 스스로를 보호한다.

동물에서 퍼옥시솜은 대부분의 세포 유형에서 발견되지만 특히 간과 콩팥 세포에서 많이 발견된다(**그림 4-20**). 동물의 퍼옥

그림 4-20 간세포의 퍼옥시솜. 간세포의 단면에서 퍼옥시솜을 볼 수 있다(TEM). 퍼옥시솜은 대부분의 동물 세포에서 발견되지만 특히 간 및 콩팥 세포에서 두드러지게 관찰된다.

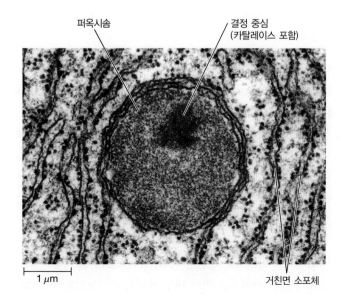

퍼옥시솜　　　　　　결정 중심 (카탈레이스 포함)

1 μm　　　　　　거친면 소포체

만약 돌연변이로 인해 골지체 특이적인 인산기 전달효소가 작용하지 않는 경우, 가수분해효소를 라이소솜으로 포장하는 것은 불완전하다. 인산 태그가 없으면 라이소솜으로 전달되어야 할 효소는 결국 다른 소포에 전달되며, 소포는 세포외배출 과정으로 원형질막과 융합된다. 이 경우 가수분해효소는 세포 밖으로 방출된다. 방출된 효소는 일반적으로 라이소솜의 높은 산성 pH(5)에서 작용하기 때문에 세포 밖 환경과 순환계의 pH(7.2~7.4)에서는 작용하지 않는다. 그럼에도 불구하고 이러한 효소의 혈액 내 존재는 I-세포 질환의 정확한 지표 중 하나이다.

가수분해효소를 라이소솜으로 운반하지 못하는 것은 치명적이다. 분해될 예정인 고분자는 라이소솜에 축적되어 응고되면서 봉입체(inclusion)를 형성한다(글자 'I'는 이 단어를 의미, 그림 4A-2b). 이러한 라이소솜은 환자에게 많은 질환을 초래하기도 한다. 이 환자들은 일반적으로 유아기에 정상적으로 성장하지 못하고 관절이 뻣뻣해지며 어떤 경우에는 간과 비장이 비대해진다. 7세 이상 사는 경우는 거의 없다.

현재 I-세포 질환에 대한 효과적인 치료법은 없다. 언젠가는 유전자의 기능적 사본을 제공하여 태아에게 누락된 유전자를 회복시키는 유전자 치료로 이 질병의 파괴적인 영향을 예방할 수 있기를 바란다.

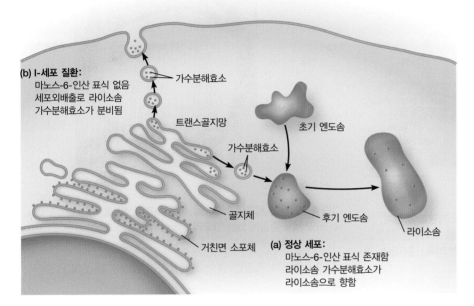

(b) I-세포 질환:
마노스-6-인산 표식 없음
세포외배출로 라이소솜 가수분해효소가 분비됨

가수분해효소

트랜스골지망

가수분해효소

초기 엔도솜

골지체

후기 엔도솜

라이소솜

거친면 소포체

(a) 정상 세포:
마노스-6-인산 표식 존재함
라이소솜 가수분해효소가 라이소솜으로 향함

그림 4A-2 정상 및 I-세포 질환에서 가수분해효소의 수송 경로. (a) 라이소솜 효소의 정상적인 수송은 거친면 소포체에서 가수분해효소에 마노스를 첨가하는 것에 의존한다. 마노스는 골지체에서 마노스-6-인산으로 인산화된다. 마노스-6-인산 탈수소효소는 골지체를 통과하여 이동하며, 결국 엔도솜과 융합하고, 라이소솜에 통합된다. 명확성을 위해 이 그림에서는 엔도솜 형성의 다른 많은 측면이 생략되어 있다. (b) I-세포 질환 환자의 세포에서 마노스에 인산기를 추가하는 골지체 내의 효소가 없으므로, 효소는 세포막으로 잘못 전달된다. 결과적으로 라이소솜은 그러한 세포에서 비대해진다.

시솜은 과산화수소를 해독하는 것 외에도 메탄올, 에탄올, 폼산, 폼알데하이드와 같은 다른 독성물질을 해독한다. 또한 동물의 퍼옥시솜은 트라이아실글리세롤, 인지질, 당지질의 구성 요소인 지방산의 산화 분해에도 역할을 한다(그림 3-27 참조). 지방산 분해는 1차적으로 미토콘드리아에서 일어난다. 그러나 12개 이상의 탄소 원자를 가진 지방산 또는 가지가 있는 지방산은 미토콘드리아에서 상대적으로 느리게 산화된다. 퍼옥시솜은 미토콘드리아가 효율적으로 처리할 수 있는 길이(10~12개의 탄소 원자)가 될 때까지 지방산을 분해한다. 지방산 분해 과정에서 퍼옥시솜이 중요한 역할을 한다는 사실은, 긴 사슬 지방산을 분해하는 데 관여하는 다수의 퍼옥시솜 효소에 결함이 있거나 효소 자체가 존재하지 않을 때 발병하는 심각한 질병을 통해 관찰할 수 있다. 그러한 질병 중 하나가 심각한 신경쇠약을 초래하고 결국 사망에 이르게 하는 퍼옥시솜 질환인 신생아 부신피질이영양증(neonatal adrenoleukodystrophy, NALD)이다.

퍼옥시솜은 주요한 대사 기능을 가지며 이는 식물 세포에서 잘 알려져 있다. 지방을 함유한 씨앗이 발아하는 동안 **글리옥시솜**(glyoxysome)이라고 불리는 특화된 퍼옥시솜은 저장된 지방을 탄수화물로 전환시키는 데 중요한 역할을 한다. 광합성 조직에서 **잎 퍼옥시솜**(leaf peroxisome)은 광호흡(photorespiration), 산소의 광의존적 흡수 및 이산화탄소의 방출(자세한 내용은 11장 참조) 등 다양하고 중요한 역할을 수행한다. 이는 **그림 4-21**에서 볼 수 있듯이 많은 잎 세포에 존재하는 퍼옥시솜과 미토콘드리아 및 엽록체가 가까이 위치하며 협업을 필요로 한다.

액포 일부 세포는 **액포**(vacuole)라는 다른 종류의 막으로 둘러싸인 세포소기관을 가지고 있다. 동물과 효모 세포에서 액포는 임시 저장이나 수송을 위해 사용된다. 어떤 원생동물은 식세포

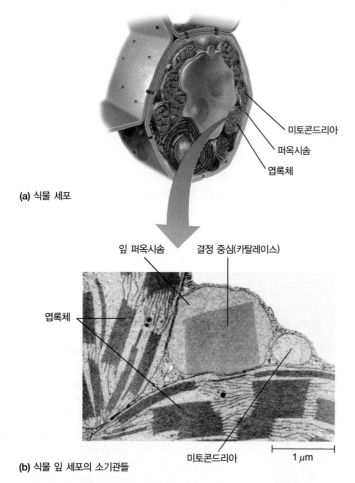

(a) 식물 세포

미토콘드리아
퍼옥시솜
엽록체

잎 퍼옥시솜   결정 중심(카탈레이스)

엽록체

미토콘드리아   1 μm

(b) 식물 잎 세포의 소기관들

그림 4-21 잎 퍼옥시솜과 식물 세포의 다른 세포소기관과의 관계. (a) 식물 세포 내에서 퍼옥시솜, 미토콘드리아, 엽록체를 보여주는 단면도. (b) 담배 잎세포 내 엽록체 및 미토콘드리아에 근접한 퍼옥시솜(TEM). 퍼옥시솜에서 자주 관찰되는 결정은 카탈레이스이다.

작용을 통해 먹이나 물질을 흡수한다. 식세포작용은 흡수하고자 하는 물질 주위로 원형질막이 접히는 세포내섭취(enodocytosis)의 한 예이다. 이렇게 내부로 막접힘 후 막으로 둘러싸인 입자를 **식포**(phagosome)라고 알려진 액포의 형태로 받아들이는, 떼어내는 과정이 뒤따른다. 라이소솜과 융합 후 식포의 내용물은 라이소솜 효소에 의해 가수분해되어 세포의 영양분으로 공급된다.

식물 세포 또한 액포를 가지고 있다. 사실 대부분의 성숙한 식물 세포는 하나의 큰 액포를 가지고 있어서 세포 내부 부피의 많은 부분을 차지하기 때문에 세포질은 액포와 원형질막 사이에 낀 모양새가 된다(**그림 4-22**). 때때로 **중심액포**(central vacuole)라고 불리는 이 액포는 저장 및 세포내소화 등에서 제한된 역할을 수행할 수 있다. 그러나 액포의 핵심 역할은 식물 조직이 시들지 않도록 **팽압**(turgor pressure)을 유지하는 일이다. 액포는 고농도의 용질을 가지므로 물이 액포 안으로 들어가면 부풀어오르는 경향이 있다. 그 결과 액포는 나머지 세포 구성 요소를 세포벽으로 밀면서 팽압을 유지한다. 시든 조직의 흐물흐물한 모습

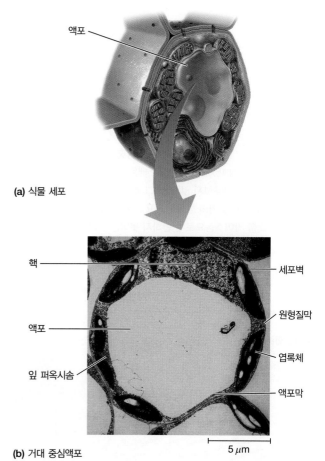

액포

(a) 식물 세포

핵   세포벽

액포   원형질막

엽록체

잎 퍼옥시솜   액포막

5 μm

(b) 거대 중심액포

그림 4-22 식물 세포의 액포. (a) 식물 세포의 액포를 보여주는 단면도, (b) 콩잎 세포 중심에 있는 액포의 전자현미경 사진(TEM)

은 중심액포가 적절한 압력을 제공하지 않았기 때문에 관찰되는 현상이다.

리보솜은 세포질에서 단백질을 합성한다

이제 리보솜을 시작으로 세포질 내의 성분에 대해 알아보자. 리보솜은 단백질을 합성하며, 대부분의 세포 내 구조보다 많이 존재한다. 원핵세포는 보통 세포질에 수천 개의 **리보솜**(ribosome)을 포함하고 있으며, 진핵세포는 수십만 또는 심지어 수백만 개의 리보솜을 가지고 있을 수 있다. 리보솜은 미토콘드리아와 엽록체 모두에서 발견되며, 이 세포소기관에 특이적으로 필요한 단백질을 합성하는 데 기능한다. 이 두 세포소기관의 리보솜은 세포질에서 발견되는 리보솜과는 크기와 구성이 다르지만, 세포 내 공생설이 말해주듯이 박테리아와 사이아노박테리아에서 발견되는 리보솜과 굉장히 유사하다.

리보솜은 모든 세포에서 발견되지만 박테리아, 고세균, 진핵생물의 리보솜 크기와 리보솜 단백질, rRNA 분자의 수와 종류가 서로 다르다(표 4-1 참조). 박테리아와 고세균은 진핵생물에서 발견되는 리보솜보다 더 작은 리보솜을 가지고 있으며, 3가지

모두 다른 양의 리보솜 단백질을 가지고 있다. 결정적인 차이점은 3가지 세포 유형 각각 고유한 리보솜 RNA를 가지고 있다는 것인데, 리보솜 RNA의 차이는 고세균과 박테리아의 차이를 정의 내릴 때도 사용되었다.

가장 작은 세포소기관과 비교해도 리보솜은 매우 작다. 진핵세포와 원핵세포의 리보솜 지름은 각각 약 30 nm와 25 nm이다. 따라서 리보솜을 관찰하려면 전자현미경이 필요하다(그림 4-16d 참조). 리보솜이 얼마나 작은지는 박테리아 세포 하나 안에 약 35만 개 이상의 리보솜이 다 들어가도 여분의 공간이 남는다는 사실을 생각해보면 알 수 있다.

이렇게 작은 입자의 크기를 관찰하는 또 다른 방법으로는 **침강계수**(sedimentation coefficient)를 참조하는 것인데, 입자 또는 고분자의 침강계수는 **원심분리기**(centrifuge)로 알려진 표준 실험실 장비로 원심분리 시 입자가 얼마나 빠르게 침전되는지를 측정하는 척도이다(핵심 기술 참조). 침전 속도는 1920~1940년 사이에 **초고속원심분리기**(ultracentrifuge)를 개발한 스웨덴의 화학자 스베드베리(Theodor Svedberg)의 이름을 따서 명명된 **스베드베리 단위**(Svedberg unit, S)로 표현된다. 침강계수는 특히 단백질과 핵산 같은 큰 고분자와 리보솜 같은 작은 입자에 대한 상대적인 크기를 나타내는 데 널리 사용된다. 진핵세포의 리보솜은 약 80S의 침강계수를 가지며, 박테리아와 고세균의 침강계수는 약 70S이다. 침강계수의 차이를 사용해서 리보솜을 세포 전체 추출물로부터 분리하고 정제하여 조금 더 자세한 연구를 할 수 있다.

리보솜은 크기, 모양, 구성이 서로 다른 2개의 소단위체로 되어 있다(**그림 4-23**). 진핵세포에서 **리보솜 큰 소단위체**(large ribosomal subunit)와 **리보솜 작은 소단위체**(small ribosomal subunit)는 각각 약 60S와 40S의 침강계수를 가진다. 박테리아 및 고세균의 리보솜의 경우 침강계수는 약 50S와 30S이다. (부분 단위의 침강계수의 합은 전체 리보솜의 침강계수와 일치하지 않는다. 이는 침강계수가 크기와 모양에 따라 달라지기 때문에 분

자량과 선형(비례)적인 관계를 갖지 않기 때문이다.) 2009년 초, 과학자들은 대장균 세포에서 모든 리보솜 단백질과 rRNA를 추출하여 단백질을 합성할 수 있는 인공 리보솜을 합성해냈다. 이는 실험실 내에서 인공적인 세포를 만드는 데 중요한 단계이며, 산업용으로 사용할 수 있는 원하는 특정 단백질을 생산하는 맞춤형 리보솜을 갖춘 인공 세포를 만드는 것이다.

세포골격은 세포질에 구조를 제공한다

세포생물학 초창기에 세포질은 구조화되지 않은 액체로 여겨졌다. 따라서 세포질의 단백질은 용해되고 자유롭게 확산될 수 있다고 생각했다. 그러나 몇몇 현대 기술은 진핵세포의 세포질이 세포골격이라고 불리는 서로 연결된 단백질 구조의 복잡하고 조직적인 3차원 배열을 포함하고 있다는 것을 보여주었다. 이름에서 알 수 있듯이 **세포골격**(cytoskeleton)은 세포에 독특한 모양과 높은 수준의 내부 조직을 부여하는 내부 틀이다. 세포골격의 정교한 섬유 배열은 세포 모양을 만들고 유지하는 것을 돕는, 매우 구조적이지만 역동적인 기질을 형성한다. 게다가 세포골격은 세포의 움직임과 세포분열에서 중요한 역할을 한다. 세포골격은 처음에 진핵생물에만 존재하는 것으로 생각되었다. 세포골격 단백질은 최근 박테리아와 고세균에서 발견되었으며 세포 형태를 유지하는 역할을 하는 것으로 보인다.

진핵세포에서 세포골격은 세포질 내 세포소기관과 고분자를 배치하고 이동시키는 틀의 역할을 한다. 일부 연구자는 세포질의 단백질과 효소의 80%가 자유롭게 확산되지 않고 대신 세포골격과 결부되어 이동한다고 추정한다. 진핵생물 세포골격의 3가지 주요 구조 요소로는 미세소관, 미세섬유, 중간섬유(**그림 4-24**) 등이 있다. 각각은 면역염색 및 후속 형광현미경뿐만 아니라 전자현미경으로도 관찰할 수 있는 단백질 중합체의 네트워크이다. 이러한 원소들이 발견되는 구조 중 일부는 세포 운동과 수축성에 관여하는 섬모, 편모(둘 다 주로 미세소관으로 형성), 근육섬유(미세섬유) 등은 일반적인 광현미경으로도 관찰할 수 있다. 덜 역동적인 중간섬유는 주로 세포 내에서 구조적 역할을 한다(3가지 세포골격 요소에 대한 자세한 내용은 13장 참조).

세포외기질과 세포벽은 원형질막 밖에 있다

지금까지는 모든 세포와 핵을 둘러싸고 있는 핵막 및 대부분의 진핵세포의 세포질에서 발견되는 다양한 세포소기관, 막 시스템, 리보솜, 세포골격 섬유 등을 살펴보았다. 세포에 대해 거의 다 본 것 같지만 진핵생물 및 원핵생물인 대부분의 세포는 세포가 원형질막을 가로질러 바깥으로 운반하는 물질로부터 형성된 세포 외 구조를 특징으로 한다. 이러한 구조는 종종 세포에 물리적 지지를 제공한다. 많은 동물 세포에게 이러한 구조는 주로 콜

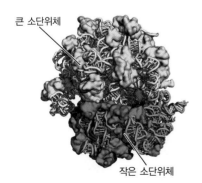

그림 4-23 리보솜의 구조. 각 리보솜은 전령 RNA에 부착되어 단백질을 만들기 시작할 때 결합되는 큰 소단위체와 작은 소단위체로 구성된다. 완전하게 조립된 진핵세포의 리보솜의 직경은 약 30 nm이다.

(큰 소단위체 / 작은 소단위체)

세포소기관을 정제하기 위한 원심분리기 사용법

문제 진핵세포는 매우 다양한 세포소기관을 포함하고 있다. 많은 연구에서는 정제된 특정 세포소기관들이 필요하다. 어떻게 한 종류의 세포소기관이 다른 모든 세포소기관과 세포 구성 요소로부터 분리될 수 있을까?

해결방안 일부 세포소기관은 비슷하게 보일 수 있지만 각각의 세포는 독특한 조성에 기초한 특징적인 밀도를 가지고 있다. 연구자들은 이러한 밀도 차이에 기인한 세포분획과 원심분리를 사용하여 각 세포소기관을 분리할 수 있다.

주요 도구 원심분리기, 원심분리 튜브, 세포 추출물

상세 방법 *원심분리*는 세포에서 세포와 고분자를 분리 및 정제하는 데 사용되는 기술이다. *원심분리기*는 전기 모터에 의해 매우 빠르게 회전하는 회전자(rotor)로 구성되어 있다. 회전자에는 용액 또는 입자의 현탁액이 들어 있는 원심분리 튜브가 포함되어 있다. 원심분리는 용액 내 물리적 성질의 차이에 따라 서로 다른 세포소기관과 고분자를 분리한다.

원심력을 받을 때 입자가 용액을 통해 이동하는 속도(침강 속도)는 입자의 크기와 밀도뿐만 아니라 용액의 밀도와 점도에 따라 달라진다. 입자가 크거나 밀도가 높을수록 침전 속도가 높아진다. 원심분리는 전 세계의 실험실에서 파괴된 세포의 부유물로부터 용해된 분자를 분리하기 위해, 세포 부유물로부터 DNA와 단백질과 같은 침전된 고분자를 수집하기 위해, 다른 세포 구성 요소를 분리하기 위해 일상적으로 사용된다.

원심분리기

대부분의 세포소기관은 고분자의 크기와 밀도가 서로 상당히 다르기 때문에 세포 구성 요소의 혼합물을 원심분리함으로써 더 빨리 움직이는 구성 요소와 더 느리게 움직이는 구성 요소를 분리할 수 있다. *세포 분획법*이라고 불리는 이 과정은 연구자들이 추가적인 조작과 체외(in vitro) 연구를 위해 특정 소기관과 고분자를 분리 및 정제할 수 있게 한다.

균질화 조직은 세포 구성 요소가 원심분리에 의해 분리되기 전에 먼저 *균질화*(homogenization) 또는 *분해*를 겪어야 한다. 균질화의 결과물은 소기관, 더 작은 세포 성분, 막, 분자의 현탁물이다. 균질화는 보통 $0.25\ M$ 설탕과 같은 저온의 등장 용액에서 수행되며, 이는 세포소기관이 삼투압의 영향을 받지 않도록 하기 위함이다. 모르타르와 절굿공이로 조직을 분쇄하거나, 좁은 구멍을 통해 세포를 강제로 통과시키거나, 조직을 초음파 진동, 삼투압 충격 또는 효소에 의한 분해 방법 등을 이용할 수 있다. 조직이 충분히 부드럽게 균질화된다면 대부분의 세포소기관과 다른 구조들은 손상되지 않고 원래의 생화학적 성질을 유지한다.

차등 원심분리법 균질화 후 *차등 원심분리*(differential centrifugation)는 세포 크기 및 밀도 차이를 기반으로 세포와 다른 세포 구성 요소를 분리하는 데 사용된다. **그림 4B-1**에 나타난 바와 같이 크거나 밀도가 높은(큰 원) 침전물은 빠르게, 크기나 밀도가 중간인(중간 크기의 원) 침전물은 덜 빠르게, 가장 작거나 가장 밀도가 낮은(작은 원) 침전물은 매우 느리게 침전된다.

세포소기관 또는 고분자의 상대적인 크기와 밀도는 스베드베리 단위(S)로 표현되며, 이는 *침강계수*를 설명한다. 입자가 크거나 밀도가 높을수록 침강계수가 높다. 예를 들어 인간의 리보솜은 박테리아 리보솜보다 약간 크고 침강계수가 더 크다. 일반적인 차등 원심분리 실험의 단계는 **그림 4B-2**에 설명되어 있다. 조직의 균질화물은 먼저 용액에서 현탁된다 (**❶**단계). 그런 다음 초기 현탁액과 후속 상층액을 연속적으로 더 높은 원심력과 더 긴 원심분리 시간으로 적용하여 분리한다(**❷**~**❺**단계). 상층액(supernatant)은 원심분리 공정의 각 단계를 거쳐 주어진 크기와 밀도의 입자가 시료로부터 침전 형태로 분리된 후 남는 균질화 현탁액이다. 각 단계에서 얻은 상층액을 새로운 원심분리관에 넣은 후 더 큰 원심력을 적용하여 다음 침전물을 얻는다. 각 침전물의 물질은 전자현미경 검사 또는 생화학 연구를 위해 다시 현탁될 수 있다. 최종 상층액은 주로 수용성 세포 성분으로 구성되며, 최종 침전물은 유리 리보솜과 큰 고분자를 포함한다.

밀도기울기 원심분리법 차등 원심분리를 통해 얻은 각 분획은 다량

- ● 침강계수가 큰 입자
- ● 침강계수가 중간 정도인 입자
- · 침강계수가 작은 입자

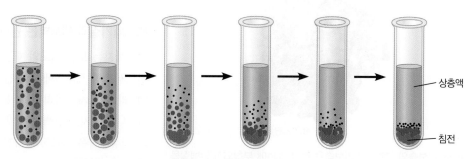

상층액

침전

그림 4B-1 차등 원심분리법에 의한 입자 분리

① 차가운 등장성 배지에서 조직을 잘게 다지고 균질화한다.

현탁액
(깨진 세포에서 물질이 부유함)

얼음

현탁액

② 1,000 g에서 10분간 원심분리한다.

핵 분리 후 상층액

핵과 깨지지 않은 세포가 포함된 침전물

핵 분리 후 상층액

③ 20,000 g에서 20분간 원심분리한다.

미토콘드리아 분리 후 상층액

큰 세포 입자들을 포함한 침전물(미토콘드리아, 라이소솜, 퍼옥시솜)

미토콘드리아 분리 후 상층액

④ 80,000 g에서 1시간 원심분리한다.

마이크로솜 분리 후 상층액

원형질막 부분, 매끈면 소포체, 거친면 소포체의 조각이 포함된 침전물 ('마이크로솜 침전')

마이크로솜 분리 후 상층액

⑤ 200,000 g에서 2시간 원심분리한다.

세포기질 (가용성 세포 구성물)

자유 리보솜, 바이러스, 큰 고분자가 포함된 침전물

그림 4B-2 차등 원심분리 및 세포 구성 요소 분리

의 특정 세포소기관 외에 다른 세포소기관과 세포 구성 요소가 포함되어 있을 가능성이 있다. 이러한 오염물질은 속도-띠 원심분리(rate-zonal centrifugation)라고도 하는 *밀도기울기 원심분리*(density gradient centrifugation)로 제거할 수 있다.

차등 원심분리의 예에서는 원심분리에 앞서 분리를 앞둔 입자가 용액 전체에 균일하게 분포되어 있는 반면, 밀도기울기 원심분리의 균질화된 샘플은 설탕의 농도기울기 위에 얇은 층으로 배치된다. 이 농도기울기는 튜브의 꼭대기에서 바닥으로 설탕의 농도가 증가하므로 따라서 부력밀도가 증가한다. 원심분리될 때 크기와 밀도가 다른 입자는 다른 속도로 이동하여 서로 다른 층으로 분리된다. 각 층은 얇은 띠로 나타난다.

밀도기울기 원심분리를 사용하여 단일 침전물의 구성 요소(예: 그림 4B-2의 ③단계에 있는 라이소솜, 미토콘드리아, 퍼옥시솜)는 각각 밀도가 약간씩 다르기 때문에 분리될 수 있다(**그림 4B-3**). 가장 크거나 밀도가 높은 입자(퍼옥시솜, 보라색)는 빠르게 가라앉는 띠로 기울어져 움직인다. 크기나 밀도가 중간인 입자(미토콘드리아, 파란색)는 덜 빠르게 침전된다. 가장 작은 입자(라이소솜, 검은색)는 꽤 느리게 움직인다. 각 띠들이 서로 구분될 수 있을 정도로 각 밀도기울기 내로 이동한 후, 바닥에 가라앉기 전에 원심분리기가 정지한다.

이들은 별도의 분획으로 수집될 수 있으며, 각 세포소기관에 고유한 마커 효소에 대해 각 분획을 분석함으로써 이러한 세포소기관을 포함하는 분획을 확인할 수 있다.

질문 만약 한 과학자가 막의 구성이 변형되어 발생한 질병을 연구하고 있다면 어떻게 이 막들을 분리할 것인가?

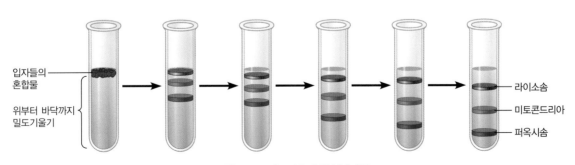

입자들의 혼합물

위부터 바닥까지 밀도기울기

라이소솜

미토콘드리아

퍼옥시솜

그림 4B-3 밀도기울기 원심분리법

그림 4-24 세포골격. 면역형광현미경으로 본 조골세포(뼈 생성)의 세포골격(15장). (a) 미세소관(빨간색), (b) 미세섬유(파란색), (c) 중간섬유(초록색)

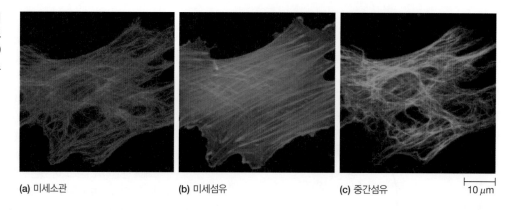

(a) 미세소관　　**(b) 미세섬유**　　**(c) 중간섬유**　　10 µm

라젠 섬유(collagen fibril)와 프로테오글리칸(proteoglycan)으로 구성된 **세포외기질**(extracellular matrix, ECM)이라고 불린다. 세포외기질의 주요 기능은 물리적으로 지지하는 역할이지만, 세포외 물질의 종류와 그것들이 쌓인 패턴은 세포 운동성, 세포의 이동, 세포분열, 세포 인식과 유착, 배아 발생 동안의 세포 분화와 같은 다양한 과정도 조절한다. 동물 세포의 세포외기질은 세포의 종류에 따라 구성이 달라질 수 있다. 척추동물에서 콜라젠은 힘줄, 연골, 뼈의 매우 중요한 부분이므로 동물 몸에서 가장 풍부한 단일 단백질이다(세포외기질에 대한 자세한 내용은 15장 참조).

식물 세포와 균류 세포의 경우 세포 외 구조는 주로 다른 다당류와 소량의 단백질로 이루어진 기질에 내장된 **셀룰로스 미세섬유**(cellulose microfibril)로 구성된 단단한 **세포벽**(cell wall)이다. **그림 4-25**는 전형적인 식물 세포의 구조적 특징으로서 세포벽의 중요성을 보여준다. 식물 세포벽은 실제로 2개의 층으로 구성되어 있다. 1차 세포벽이라 불리는 세포분열 과정에서 생성되는 벽은 주로 젤과 같은 다당류 기질에 내장된 셀룰로스 섬유로 구성된다. 주벽은 상당히 유연하고 신축성이 있어 세포 확장과 연장에 반응하여 어느 정도 늘어날 수 있다. 세포가 최종 크기 및 형태에 도달함에 따라 1차 세포벽의 내면에 세포 벽재를 추가로 쌓음으로써 훨씬 두껍고 견고한 2차 세포벽을 형성할 수 있다. 2차 세포벽은 보통 1차 세포벽보다 더 많은 셀룰로스를 포함하고 목재의 주요 성분인 리그닌(lignin)의 함량이 높을 수 있다. 2차 세포벽의 퇴적은 세포를 확장 불가능하게 만들고, 따라서 세포의 최종 크기와 모양을 정의한다(1차 및 2차 세포벽에 대한 자세한 내용은 15장 참조).

그림 4-25는 인접한 식물 세포들이 세포벽을 사이에 두고 분리되어 있지만 실제로 융합된 세포벽을 통과하는 **세포질연락사**(plasmodesmata, 단수형은 plasmodesma)라고 불리는 수많은 세포질 연결다리에 의해 연결되어 있음을 보여준다(세포질연락사에 대한 자세한 내용은 15장 참조).

대부분의 박테리아와 고세균은 세포벽이라고도 불리는 세포

외 구조로 둘러싸여 있다. 박테리아와 고세균은 주로 저농도 환경(세포에서 발견되는 것보다 외부 용질의 농도가 낮다)에서 생활하며, 세포벽은 세포 내로 물이 들어갈 때 삼투압으로 인해 터

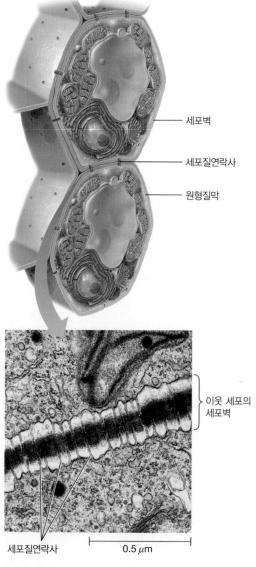

세포벽

세포질연락사

원형질막

이웃 세포의 세포벽

세포질연락사　　0.5 µm

그림 4-25 식물 세포의 세포벽. 인접한 세포의 세포벽이 세포질연락사에 의해 어떻게 연결되어 있는지 주목하자(TEM).

지는 것을 막아주고 단단한 지지력을 제공한다. 식물 세포벽과는 달리 박테리아 세포벽은 셀룰로스가 아니라 **펩티도글리칸**으로 구성되어 있다. 펩티도글리칸은 아미노당인 N-아세틸글루코사민(N-acetylglucosamine, GlcNAc)과 N-아세틸뮤라믹산(N-acetylmuramic acid, MurNAc)의 반복 단위의 긴 사슬을 포함한다(그림 3-26 참조). 이들 사슬은 펩타이드 결합으로 연결된 약 12개의 아미노산으로 구성된 가교 결합에 의해 그물 모양의 구조를 형성하기 위해 함께 결합된다. 게다가 박테리아 세포벽은 다양한 다른 성분을 포함하고 있는데, 그중 일부는 박테리아 각각의 주요 그룹에 의해 독특하다. 고세균 세포벽은 종마다 상당히 다양하며, 어떤 것은 주로 단백질이고, 어떤 것은 펩티도글리칸과 유사한 성분을 가지고 있다.

개념체크 4.3

인공 박테리아 세포를 시작으로 인공 진핵세포를 만든다고 가정해보자. 어떤 세포소기관을 더 필요로 하는가?

4.4 바이러스, 바이로이드, 프리온: 세포 침입자

세포생물학에 대한 개론을 마치기 전에 세포를 침범하여 정상적인 세포 기능을 마비시키고 종종 그들의 숙주를 죽이는 몇 가지의 물질을 살펴볼 것이다. 여기에는 100년 이상 연구된 바이러스와 우리가 잘 알지 못하는 바이로이드와 프리온이 포함된다.

바이러스는 단백질 외피로 감싸진 DNA 또는 RNA로 구성된다

바이러스(virus)는 세포가 아닌 기생 입자이므로 자유롭게 살 수 없으며 복제를 위해 숙주세포에 의존한다. 바이러스 입자는 세포질, 리보솜, 세포소기관, 효소 등을 거의 또는 전혀 가지고 있지 않으며, 일반적으로 핵산과 단백질의 몇 가지 다른 분자로 구성된다. 그러나 바이러스는 세포를 침범하고 감염시킬 수 있으며 감염된 숙주의 합성 기계인 숙주세포 효소와 리보솜을 이용하여 더 많은 바이러스 입자를 생산해낸다. 복제 후 바이러스 자손은 일반적으로 숙주세포에서 분출되며 세포를 파괴한다.

바이러스는 식물과 동물(사람 포함)의 많은 질병과 특정 암(21장)을 유발한다. 또한 세포와 분자생물학자들의 중요한 연구 도구이다. 바이러스는 복합체의 자가조립을 연구하는 데 사용되어 왔다. 생물학적 구조(2장)와 유전자 재조합(22장)이 그것이다. 조작된 바이러스는 현재 유전자 치료의 도구로 사용되고 있다(8장의 **인간과의 연결** 참조).

일부 바이러스는 그들이 일으키는 질병의 이름을 따서 명명되었다. 몇 가지 예를 들면 소아마비 바이러스(Polio virus), 인플루엔자 바이러스(influenza virus), 단순포진 바이러스(herpes simplex virus), 담배 모자이크 바이러스(tobacco mosaic virus, TMV) 등이 있다. 어떤 바이러스는 구조에 따라 이름이 붙여졌다. 코로나 바이러스(coronavirus)가 좋은 예이다(*corona*는 라틴어로 '왕관'을 의미하며, 그들의 껍질 구조는 왕관을 연상시킨다). 어떤 바이러스는 더 많은 비밀스러운 실험실 이름(예: T4, Qβ, λ)을 가지고 있다. 박테리아 세포를 감염시키는 바이러스는 박테리오파지(bacteriophage), 또는 종종 줄여서 파지라고 부른다(박테리오파지와 다른 바이러스는 분자유전학에 대해 논의한 16, 17장과 22~25장 참조).

바이러스는 가장 작은 세포를 제외한 모든 세포보다 작으며, 크기는 약 25~300 nm이다. 바이러스는 박테리아를 가두는 필터를 통과할 수 있을 정도로 작으며, 수집된 여과물은 여전히 전염성을 지닌다. 이러한 이유로 전자현미경의 발견 50년 전에 파스퇴르(Louis Pasteur)가 바이러스의 존재를 예측했다. 가장 작은 바이러스는 리보솜 크기 정도인 반면, 가장 큰 바이러스는 일반적인 박테리아 세포의 지름의 약 4분의 1이다. 각각의 바이러스는 단백질 캡시드(capsid)에 의해 정의되는 특징적인 모양을 가지고 있다. 예시는 **그림 4-26**에 나와 있다.

형태적 다양성에도 불구하고 바이러스는 화학적으로 매우 단순하다. 대부분의 바이러스는 바이러스의 종류에 따라 RNA 또는 DNA의 하나 이상의 분자를 포함하는 **중심부**를 둘러싸는 단백질의 **외피**(또는 **캡시드**)로 구성된다. 단백질 외피는 바이러스를 역시 DNA와 RNA를 가지고 있는 세포와 구분해내는 특징이다. TMV와 같은 가장 단순한 바이러스는 단일 유형의 단백질로 구성된 캡시드로 둘러싸인 단일 핵산 분자를 가지고 있다(그림 2-19와 그림 4-26a 참조). 더 복잡한 바이러스는 여러 개의 핵산 분자와 여러 종류의 단백질로 구성된 캡시드를 포함하는 핵을 가지고 있다. 일부 바이러스는 이전에 바이러스 입자가 합성되고 조립된 숙주세포의 원형질막에서 유래한 막으로 둘러싸여 있다. 이러한 바이러스를 외피보유 바이러스(enveloped virus)라고 한다. 후천성면역결핍증후군(acquired immune deficiency syndrome, AIDS)을 일으키는 바이러스인 인간면역결핍 바이러스(human immunodeficiency virus, HIV)는 이전에 감염된 백혈구로부터 받은 막으로 덮인 바이러스의 한 예이다(그림 23-4 참조).

학생들은 때때로 바이러스가 생명체인지 의문을 가진다. 답은 '살아있다'는 것을 어떻게 정의 내리는지에 따라 달라지며, 바이러스가 무엇이고 무엇이 아닌지를 보다 완벽하게 이해하는 데 도움이 되는 정도만 생각해볼 가치가 있을 것이다. 생물의 가장 기본적인 성질은 물질대사(일관적인 경로로 구성된 세포반응), 자극성(환경 자극에 대한 인식 및 반응), 생식 능력이다. 바이러스

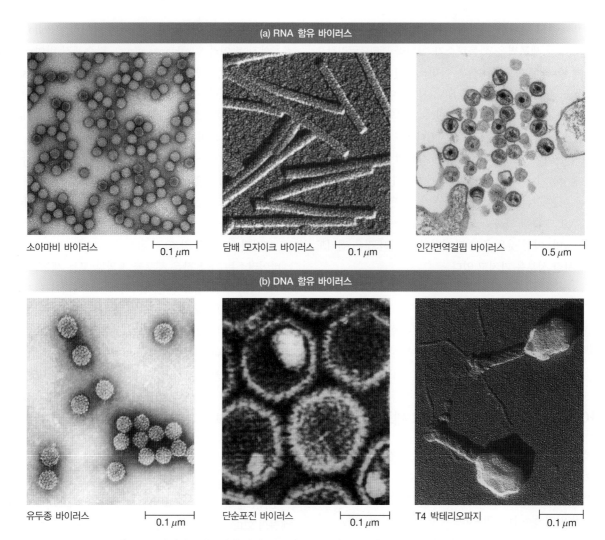

(a) RNA 함유 바이러스

소아마비 바이러스　　0.1 μm　　담배 모자이크 바이러스　　0.1 μm　　인간면역결핍 바이러스　　0.5 μm

(b) DNA 함유 바이러스

유두종 바이러스　　0.1 μm　　단순포진 바이러스　　0.1 μm　　T4 박테리오파지　　0.1 μm

그림 4-26 바이러스의 크기와 모양. 바이러스의 다양한 모습을 나타내는 전자현미경 사진

는 처음 두 기준을 충족하지 못한다. 바이러스는 숙주세포 밖에서는 불활성화된다. 사실 바이러스는 거의 화합물처럼 분리되고 결정화될 수 있다. 바이러스는 적절한 숙주세포에서만 기능하며, 더 많은 바이러스를 생성하는 합성 및 조립의 주기를 거친다.

바이러스의 번식 능력도 신중하게 검증되어야 한다. 세포 이론의 기본 원칙은 세포가 존재하는 세포에서만 발생한다는 것이지만, 바이러스의 경우는 그렇지 않다. 어떤 바이러스도 자가 복제 과정만으로는 다른 바이러스를 만들 수 없다. 오히려 바이러스는 숙주세포의 대사 및 유전학적 메커니즘을 넘겨받아 모체 바이러스의 유전정보를 복사함으로써 발생하는 DNA 또는 RNA 분자를 포장에 필요한 단백질의 합성을 위해 재프로그래밍해야 한다.

바이로이드는 식물 질병을 일으킬 수 있는 작고 둥근 RNA 분자이다

바이러스만큼이나 간단한, 진핵세포(현재까지 알려진 바에 따르면 원핵세포는 감염시키지 못한다)를 감염시킬 수 있는 더 단순한 비세포 물질이 있다. 일부 식물 세포에서 발견되는 바이로이드는 그러한 물질의 한 부류를 나타낸다. **바이로이드**(viroid)는 작고 둥근 RNA 분자로 알려진 가장 작은 감염 물질이다. 바이로이드의 RNA 분자는 길이가 약 250~400뉴클레오타이드에 불과하며, 어떠한 단백질도 암호화하지 않고, 숙주세포에서 복제된다. 일부는 자체 복제를 돕는 효소적 특성을 가지고 있는 것으로 나타났다. 바이로이드는 자유로운 형태로 발생하지 않지만 인접한 세포의 표면이 손상되고 RNA 분자가 교차하는 것을 막는 막 장벽이 없을 때 한 식물 세포에서 다른 식물 세포로 전달될 수 있다.

바이로이드는 감자와 담배를 포함한 여러 작물에 질병을 일으킨다. 심각한 경제적 결과를 초래하는 바이로이드성 질환은 코코넛 야자나무의 카당-카당 질환(cadang-cadang disease)이다. 바이로이드가 어떻게 질병을 일으키는지는 아직 명확하지 않다. 그들은 감염된 식물 세포의 핵으로 들어가 **유전자 침묵**(gene silencing)으로 알려진 과정에서 DNA의 RNA로의 전사를 방해할 수 있다. 또는 대부분의 진핵생물 mRNA에 필요한 후속 처리를 방해하여 후속 단백질 합성을 방해할 수 있다.

프리온은 감염성 단백질 분자이다

프리온(prion)은 다른 종류의 비세포성 감염물질이다. 이 용어는 '단백질(*protein*)'과 '감염성(*infectious*)'이라는 단어에서 유래되었다. 프리온은 양과 염소의 스크래피(scrapie), 소의 광우병(bovine spongiform encephalopathy, BSE 또는 'mad cow' disease), 사람의 쿠루병(kuru)과 같은 신경질환을 일으킨다. 양과 염소에서 일어나는 프리온병 중 하나인 **스크래피**는 감염된 동물이 나무나 다른 물건에 끊임없이 문지르며 그 과정에서 대부분의 털을 긁어내기 때문에 붙여진 이름이다. 광우병은 영향을 받은 소의 뇌에 퇴행성 해부학적 결함을 초래하여 행동 및 운동 장애를 초래한다. **쿠루병**은 뉴기니 원주민들 사이에서 보고된 중추신경계의 퇴행성 질환이다. 이 질환이나 다른 프리온계 질환 환자들은 처음에는 가벼운 신체적 약화와 치매를 겪지만, 그 영향은 서서히 더 심해지고 심지어는 죽음에 이를 수도 있다.

프리온 단백질은 세포 단백질이 비정상적으로 접힌 경우를 의미한다. 앞서 언급된 질병에서 프리온 단백질의 정상 형태와 변형 형태 모두 뉴런에서 발견된다. 일부 생물학자는 유사한 메커니즘이 사망한 알츠하이머병 환자의 뇌에서 발견되는 잘못 접힌 단백질인 플라크(plaque)를 생성하는 데 원인이 있다고 생각한다(3장의 인간과의 연결 참조).

프리온은 조리 과정이나 끓이는 과정을 통해서도 파괴되지 않으므로 프리온 원인 질환이 발생하는 것으로 알려진 지역에서는 각별한 주의가 권장된다. 예를 들어 만성 소모성 질병으로 알려진 프리온 질병은 일부 사슴과 고라니, 특히 미국 서부의 로키산맥 지역에서 발견된다. 이 프리온이 발생하는 것으로 알려진 지역의 사냥꾼들은 고기를 검사하고 프리온 양성 반응을 보이거나 병에 걸린 것으로 보이는 동물의 고기를 먹는 것을 피하도록 주의를 받는다.

개념체크 4.4

바이러스가 무생물 입자라면 그들은 어떻게 번식하고 심각한 질병을 일으키는가?

요약

4.1 최초 세포의 기원

■ 아미노산, 단당류, 뉴클레오타이드 염기와 같은 유기적인 빌딩 블록 분자가 원시 지구에서 자연발생적으로 형성되었다는 이론이 있다. 생물이 발생하기 전에 이 작은 소단위체들이 어떻게 현재의 단백질과 핵산 전구체로 처음 합성되었는지는 명확하지 않다.

■ 현재는 유전정보가 DNA에서 RNA, 그리고 단백질로 흘러가지만, 단백질 효소가 없는 상황에서 RNA는 자가 복제에 필요한 촉매작용을 할 수 있기 때문에, 정보 전달 분자로서 DNA 이전에 RNA가 존재했다고 받아들여진다.

■ 자가 복제 촉매 RNA는 오늘날 세포의 전구체를 형성하면서 단순 지방산으로 이루어진 리포솜에 쌓여있었던 것 같다.

4.2 세포의 기본 특성

■ 세포는 전통적으로 총체적 형태학적 특징(세포막에 결합된 핵의 유무)에 기반하여 진핵생물(동물, 식물, 균류, 원생동물, 조류) 또는 원핵생물(박테리아 및 고세균)로 설명되어 왔다. 리보솜 RNA 서열과 다른 분자 데이터 및 최근의 분석을 통해 모든 생물체가 진핵생물, 박테리아, 고세균이라는 3역 중 하나로 분류된다.

■ 원형질막은 3역의 모든 세포에 공통적인 구조적 특징이다. 그러나 세포소기관은 일반적으로 진핵세포에서만 발견되며, 기능의 구획화에 필수적인 역할을 한다. 진정세균과 고세균은 진핵세포보다 상대적으로 작고 구조적으로 덜 복잡하며, 대부분 진핵세포의 내부 막 체계와 세포소기관이 결핍되어 있다.

■ 환경과의 물질 교환과 생명을 유지하는 데에는 적절한 양의 표면적과 충분한 농도의 화합물이 필요하다. 따라서 세포 크기는 이에 의해 제한된다. 진핵세포는 원핵세포보다 훨씬 크기에 막으로 둘러싸인 세포소기관에 의한 구획화로 낮은 표면적 대 부피비를 보완한다.

4.3 진핵세포 개론: 구조와 기능

■ 모든 세포에 공통적인 원형질막과 리보솜 외에도 진핵세포는 세포의 DNA를 가진 핵, 다양한 세포소기관, 세포골격 섬유를 포함하는 세포질을 가지고 있다. 식물 세포는 원형질막 외부에 단단한 세포벽을 가지고 있고, 동물 세포는 보통 콜라젠과 프로테오글리칸으로 구성된 강하고 유연한 세포외기질로 둘러싸여 있다.

■ 핵은 진핵세포의 염색체를 포함한다. 이는 염색질의 형태로 단백질과 복합체를 이룬다. 염색체는 세포분열 동안 응축되어 눈에 보이는 구조를 형성한다. 핵은 핵막이라 불리는 2중막으로 둘러싸여 있는데, 이것은 고분자와 세포질의 물질 교환을 가능하게 하는 핵공을 가지고 있다.

- 2중막으로 둘러싸인 미토콘드리아는 ATP를 만드는 데 사용되는 에너지를 제공하기 위해 음식물 분자를 분해한다. 미토콘드리아는 또한 리보솜과 자신의 원형 DNA 분자를 포함하고 있다.

- 엽록체는 태양 에너지를 사용하여 이산화탄소와 물을 당과 산소로 전환시킨다. 엽록체는 2중막으로 둘러싸여 있고 틸라코이드라는 광범위한 내부 막 체계를 가지고 있다. 엽록체는 또한 리보솜과 원형 DNA 분자를 포함하고 있다.

- 원형 DNA 분자, 리보솜 크기, rRNA 서열, 특정 지질 및 단백질 구성을 가진 2중막의 존재와 같은 생화학적 및 유전적 증거에 기초하여, 세포내 공생설은 미토콘드리아가 호기성 박테리아에서 유래했고 엽록체는 사이아노박테리아에서 유래했다고 제안한다.

- 소포체는 거친면 소포체 또는 매끈면 소포체로 알려진 광범위한 막 네트워크이다. 리보솜이 박혀있는 거친면 소포체는 분비물과 막 단백질의 합성을 담당하는 반면, 매끈면 소포체는 지질 합성과 약물 해독에 관여한다. 거친면 소포체에서 합성된 단백질은 골지체에서 추가로 가공되고 포장되어 분비소포를 통해 막 또는 세포 표면으로 운반된다.

- 라이소솜은 가수분해효소를 포함하고 세포 내 소화에 관여한다. 소포체, 골지체, 분비소포 및 라이소솜은 기능적으로 밀접한 관계 때문에 총칭하여 내막계라고 한다.

- 퍼옥시솜은 라이소솜과 거의 같은 크기이며 둘 다 과산화수소를 생성하고 분해한다. 동물의 퍼옥시솜은 긴 사슬 지방산을 분해하는 데 중요한 역할을 한다. 식물에서 글리옥시솜으로 알려진 특화된 퍼옥시솜은 광호흡과 씨앗 발아 동안 저장된 지방을 탄수화물로 전환시키는 것에 관여한다.

- 리보솜은 모든 세포에서 단백질을 합성하는 곳이다. 미토콘드리아와 엽록체의 리보솜과 박테리아 및 사이아노박테리아의 놀라운 유사성은 이 소기관이 박테리아에서 기원했다는 세포내 공생설을 강하게 뒷받침한다.

- 세포골격은 구별된 모양을 유지할 수 있도록 세포를 구조적으로 지지한다. 진핵생물에서 세포골격은 미세소관, 미세섬유, 중간섬유의 광범위한 네트워크이다. 세포골격은 또한 세포 움직임, 구조, 세포 내 물질 이동에 중요하다.

- 식물, 균류 박테리아와 고세균은 세포의 형태 유지와 기계적 지지 작용을 하는 단단한 세포벽을 가진다. 세포벽이 없는 동물 세포는 이와 유사하게 조직에서 인접한 세포 사이에서 기계적 지지작용을 하는 세포외기질에 둘러싸여 있다.

4.4 바이러스, 바이로이드, 프리온: 세포 침입자

- 바이러스는 생물의 기본 기준을 충족하지 못한다. 그들은 식물과 동물에 질병을 일으키는 감염원으로서 그리고 특히 유전학자들에게 실험실 도구로서 중요하다.

- 바이로이드와 프리온은 바이러스보다 훨씬 더 작은(그리고 잘 알려지지 않은) 감염원이다. 바이로이드는 숙주 세포질에서 복제되는 작은 RNA 분자이고 식물에서 질병을 일으킬 수 있다. 프리온은 잘못 접힌 단백질로서, 다른 단백질이 잘못 접히도록 유도할 수 있다.

연습문제

4-1 데이터 분석 혼합된 지질. 과학자들은 연질 점토인 몬모릴로나이트가 생물권 이전의 지구의 화학적 과정에 상당한 영향을 미쳤을 수 있다고 제안했다. **그림 4-27**의 그래프는 두 가지 다른 지방산 용액에 몬모릴로나이트를 첨가한 효과를 보여준다. 400 nm에서의 흡광도 증가는 혼합물에서 형성되는 리포솜(지질소포)의 농도를 간접적으로 측정한 것이다.

(a) 몬모릴로나이트가 리포솜 형성에 미치는 영향에 대해 어떤 결론을 내릴 수 있는가?

(b) 어떤 지방산이 몬모릴로나이트의 추가에 더 민감한가? 그 이유는 무엇인가?

4-2 오류 수정. 다음 거짓 진술 각각에 대해 모두 참이 되도록 수정하라.

(a) 박테리아 세포의 미토콘드리아와 인간 세포의 미토콘드리아는 상당히 동일하다.

(b) 리보솜은 박테리아 세포에서 막으로 둘러싸여 있다.

(c) 진핵세포는 세포벽 대신 구조적인 지지를 위한 세포외기질을 가지고 있다.

(d) 전형적인 인간의 근육세포에서 발견되는 모든 리보솜은 동일하다.

(e) DNA는 세포의 핵에서만 발견된다.

(f) 박테리아 세포는 세포소기관이 없기 때문에 ATP 합성이나 광합

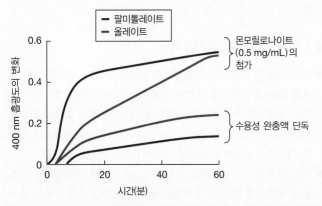

그림 4-27 수용성 완충액의 지방산 첨가 효과. 시간 경과에 따른 리포솜 형성은 몬모릴로나이트(0.5 mg/ml)의 존재하에 또는 수용성 완충액 단독에 대해 10 mM 지방산(팔미톨레이트-빨간색, 올레이트-파란색) 용액의 400 nm 흡광도를 측정함으로써 간접적으로 평가했다.

성을 수행할 수 없다.

(g) 진핵생물 세포에 있는 많은 양의 DNA는 기능을 가지고 있지 않으며, 이에 '쓰레기 DNA(junk DNA)'라고 불린다.

4-3 양적 분석 세포가 커짐에 따라… 직경이 $2\,\mu m$, $10\,\mu m$, $20\,\mu m$인 구형 세포 3개를 생각해보라.

(a) 각 세포의 표면적과 부피를 방정식 $V = 4\pi r^3/3$과 $A = 4\pi r^2$을 사용하여 구하라.

(b) 각 세포의 표면적 대 부피비를 계산하라.

(c) 세포의 크기가 증가함에 따라 세포의 표면적 대 부피비는 어떻게 변하는가?

(d) 부피가 $30{,}000\,\mu m^3$인 정육면체에 각 세포 유형이 몇 개나 들어갈 수 있는지 계산하고 설명하라.

(e) 각각의 세포에 20,000개의 트랜스페린 수용체가 있다고 가정하자. 트랜스페린의 최적 흡수를 위해서는 μm^2당 500개의 수용체 밀도가 필요하다. 트랜스페린을 흡수할 수 있는 최대 능력을 가진 세포는 무엇인가? 그 이유는 무엇인가?

4-4 문장 완성. 세포 구조에 관한 다음 문장을 최대한 짧게 완성하라.

(a) 동물 세포와는 달리 식물 세포는 _____을 가지고 있다.

(b) 물에 넣으면 말린 대추는 _____.

(c) 전자현미경으로 볼 수 있지만 광학현미경으로 볼 수 없는 세포 구조는 _____이다.

(d) 박테리아보다 고세균을 더 많이 발견할 수 있는 몇 가지 환경은 _____이다.

(e) 원심분리 기술로 라이소솜을 퍼옥시솜에서 분리하는 것이 어려운 이유 중 하나는 _____이다.

(f) 바이러스의 핵산은 _____로 구성되어 있다.

4-5 구별하기. 다음의 각 쌍에서 두 요소를 구별할 수 있는 방법을 제안하라.

(a) 식물의 퍼옥시솜, 틸라코이드

(b) 거친면 소포체, 매끈면 소포체

(c) 동물 퍼옥시솜, 잎 퍼옥시솜

(d) 매끈면 소포체, 미토콘드리아

(e) 액포, 핵

(f) 소아마비 바이러스, 단순포진 바이러스

(g) 진핵생물 리보솜, 박테리아 리보솜

4-6 구조 관계. 각각의 구조 요소 쌍에 대해 첫 번째 물질이 두 번째 물질의 구성 부분인 경우 A로, 두 번째 물질이 첫 번째 물질의 구성 부분인 경우 B로, 서로 특별한 관계가 없는 별개의 구조인 경우 N으로 표시하라.

(a) 퍼옥시솜, 미토콘드리아

(b) 골지체, 핵

(c) 세포질, 세포골격

(d) 세포벽, 세포질연락사

(e) 핵, 핵질

(f) 매끈면 소포체, 리보솜

(g) 지질2중층, 원형질막

(h) 핵, 크리스타

(i) 틸라코이드, 엽록체

4-7 세포소기관 관련 질환. 다음의 의학적 문제는 각각 세포소기관이나 다른 세포 구조의 기능 장애 때문에 발병한다. 각 경우의 관련된 기관이나 구조를 확인하고, 그것이 저활성 때문인지 또는 과활성 때문인지를 파악하라.

(a) 한 소녀가 신경세포의 산화적 인산화 작용으로 신경변성을 일으키는 리 증후군(Leigh syndrome)에 걸린 것으로 밝혀졌다.

(b) 한 어린 소년이 글리코스아미노글리칸(뮤코다당류)의 축적을 특징으로 하는 헐러 증후군(Hurler syndrome) 진단을 받았다.

(c) 흡연자는 폐암에 걸리게 되는데, 문제의 원인은 정상보다 훨씬 더 높은 비율로 체세포분열을 겪고 있는 폐에 있는 세포들의 집단이라고 한다.

(d) 한 여성이 나팔관의 섬모 결함으로 인해 자궁 외 임신에 시달렸다는 사실을 알게 되었다.

(e) 어린아이의 세포가 일반적으로 갱글리오사이드 GM2라고 불리는 막 성분을 분해하는 가수분해효소가 부족하기 때문에 결과적으로 뇌에 이물질이 축적되는 테이-삭스병(Tay-Sachs disease)으로 사망했다.

(f) 60세 남성이 저지방 다이어트를 하게 된 것은 지질단백질 분해효소가 부족하다는 것을 발견했기 때문이다.

4-8 바이러스는 생명체인가? 생물학자들은 때때로 바이러스를 살아 있는 것으로 간주해야 하는지에 대해 논쟁한다. 토론에 참여해보자.

(a) 바이러스가 세포와 닮은 점에는 어떤 것이 있는가?

(b) 바이러스가 세포와 다른 점에는 어떤 것이 있는가?

(c) 다음 두 입장 중 하나를 선택하여 지지해보자.
    (1) 바이러스는 생명체이다. (2) 바이러스는 생명체가 아니다.

(d) 바이러스성 질병이 세균성 질병보다 치료하기 더 어렵다고 생각하는 이유는 무엇인가?

(e) 환자에게 해를 끼치지 않고 바이러스성 질병을 치료할 수 있는 전략을 설계해보라.

4-9 세포내 공생설. 세포내 공생설은 미토콘드리아와 엽록체가 원시적인 진핵세포에 의해 섭취된 고대 박테리아가 진화한 형태임을 시사한다. 수억 년 동안 섭취된 박테리아 세포들은 숙주세포의 내부 환경에서 생존하는 데 필수적이지 않은 특징을 퇴화시켰다.

(a) 자색세균이 진핵세포에서 공생하게 되었을 때 사라졌을 구조나 대사 과정을 설명하라. 이 기능의 상실은 박테리아가 숙주 밖에서 사는 것을 어떻게 막을까?

(b) 사이아노박테리아가 진핵세포에서 공생하게 되었을 때 불필요하게 된 하나의 구조나 대사 과정을 설명하라. 이 기능의 상실은 박테리아가 숙주 밖에서 사는 것을 어떻게 막을까?

(c) 미토콘드리아나 엽록체와 달리 퍼옥시솜은 자유생물(공생하고 있지 않은 세균)과 거의 닮지 않았지만, 생물학자들은 퍼옥시솜이 세포내 공생을 통해서도 생성되었을 수 있다고 제안했다. 퍼옥시솜이 섭취된 박테리아로부터 진화했다고 가정하면 미토콘드리아에서는 유지되지만 퍼옥시솜에서는 사라진 것으로 보이는 세 가지 특징을 설명하라. 퍼옥시솜이 고대 진핵세포에 부여했을지도 모르는 장점 한 가지를 설명하라.

5

생물에너지학: 세포 내 에너지의 흐름

발광버섯에 의한 에너지 생산. 이 특이한 균류는 에너지를 사용하여 빛을 생성하며, 아마도 번식 포자를 퍼뜨리는 야행성 동물을 유인할 수 있다.

대략적으로 말하면 모든 세포에는 4가지 필수 요구사항이 있다. 생합성을 위한 *분자 구성 요소*, 즉 효소라고 하는 *화학 촉매*(6장의 주제), 모든 활동을 지시하는 *정보*, 생명과 생물학적 기능에 필수적인 다양한 반응과 과정을 발생시키는 *에너지*이다. 모든 세포는 세포 구조를 구축하는 데 사용되는 고분자를 합성하기 위해 아미노산, 뉴클레오타이드, 당, 지질이 필요하다. 모든 세포는 우리가 알고 있는 생명을 유지하기에는 너무 느리게 일어나는 화학반응을 가속화하기 위해 효소가 필요하다. 세포는 또한 DNA와 RNA의 뉴클레오타이드 서열로 암호화되고 특정 단백질이 순서에 따라 합성되게 하는 정보를 필요로 한다.

또한 모든 세포는 생합성 화학반응을 일으키고 운동, 영양소 흡수, 열, 빛 생성과 같은 세포 활동에 동력을 공급하기 위해 에너지가 필요하다. 에너지를 얻고 저장하고 사용하는 능력은 사실 대부분의 살아있는 생물체의 명백한 특징 중 하나이며 생명 자체를 정의하는 특징이다. 정보의 흐름과 마찬가지로 에너지의 흐름은 이 책의 주요 주제이며 9~11장에서 더 자세히 다룰 것이다. 이 장에서는 *생물에너지학*의 기초를 공부하고 자유에너지의 열역학적 개념을 통해 특정 화학반응이 세포에서 자발적으로 발생할 수 있는지 여부를 예측해보자.

5.1 에너지의 중요성

모든 살아있는 시스템에는 지속적인 **에너지**(energy)의 공급이 필요하며, 이는 종종 일을 할 수 있는 능력으로 정의된다. 더 유용한 정의는 에너지가 특정한 물리적 또는 화학적 변화를 일으키는 능력이라는 것이다. 생명은 무엇보다도 변화에 의해 특징지어지기 때문에 이 정의는 모든 형태의 생명이 에너지를 지속적으로 사용해야 유지된다는 점을 강조하는 것이다.

세포는 6가지 다른 종류의 작업을 수행하기 위해 에너지가 필요하다

에너지가 특정 물리적 또는 화학적 변화를 일으키는 능력이라면 어떤 종류의 세포 활동이 이러한 변화를 일으키는가? 변화의 6가지 범주는 에너지 투입을 필요로 하는 6가지 종류의 일을 정의한다. 바로 합성하는 일, 기계적 일, 농축하는 일, 전기적 일, 열 및 빛을 생성하는 일이다(**그림 5-1**).

1. 합성하는 일: 화학결합의 변화   사실상 모든 세포의 항상 중요한 활동은 **생합성**(biosynthesis) 작업으로, 이로 인해 새로운 화학결합이 형성되고 새로운 분자가 합성된다. 이 활동은 세포가 크기나 수 또는 둘 모두를 증가시키기 위해 추가 분자가 합성되어야 하는 성장하는 세포 집단에서 특히 명백히 나타난다. 또한 기존 세포 구조를 유지하기 위해 합성 작업이 필요하다. 세포의 대부분의 구조적 구성 요소는 끊임없이 대체되기 때문에 이러한 구조를 구성하는 분자는 지속적으로 분해되고 다시 합성된다. 세포의 생합성 작업에 필요한 거의 모든 에너지는 단순한 물질에서 출발하여 에너지가 풍부한 유기분자를 만들고 이를 고분자에 통합하는 데 사용된다.

2. 기계적 일: 세포 또는 세포소기관 구조의 위치 또는 방향의 변화   세포는 종종 세포 또는 세포 일부의 위치나 방향을 물리적으로 변화시키는 **기계적 일**(mechanical work)을 위해 에너지가 필요하다. 특히 좋은 예는 환경에 대한 세포의 운동이다. 이 운동은 종종 섬모나 편모와 같은 하나 이상의 부속물을 필요로 하며(**그림 5-2**), 세포를 앞으로 이동시킬 때 에너지를 사용한다. 다른 경우에는 기관지 표면을 싸고 있는 섬모세포가 흡입된 입자를 폐에서 멀리 쓸어내는 것처럼 환경물질이 세포를 지나 이동하게 한다. 이 동작에도 에너지가 필요하다. 근육 수축은 단일 세포뿐만 아니라 많은 수의 근육세포가 함께 작동하는 기계적인 일을 보여주는 또 다른 좋은 예이다(14장 참조). 세포 내부에서 발생하는 기계적인 일의 다른 예로는 유사분열 동안 방추사를 따라 염색체가 이

(a) 합성하는 일: 광합성 과정　　**(b)** 기계적 일: 근육 수축

세포 내로 분자들을 능동적으로 수송

막을 경계로 한 농도 기울기

(c) 농축하는 일: 세포 안에 분자를 축적시킴

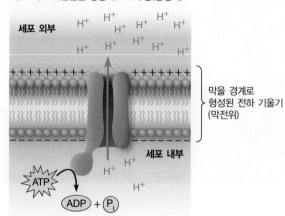

세포 외로 이온들을 능동적으로 수송(양성자)

세포 외부　H^+　H^+　H^+　H^+　H^+　H^+　H^+　H^+　H^+　H^+

막을 경계로 형성된 전하 기울기 (막전위)

세포 내부

H^+　H^+

ATP　$\rightarrow$　ADP $+$ P_i

H^+
H^+

(d) 전기적 일: 식물 세포에서의 막전위

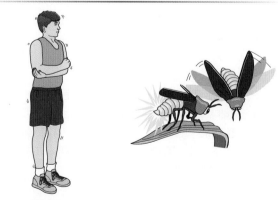

(e) 열 발생: 추울 때 몸을 떠는 것　　**(f)** 생물발광: 반딧불의 구애 행위

그림 5-1 여러 종류의 생물학적 일. 여기에는 생물학적 일의 6가지 주요 종류가 나와 있다(a~f). 모두 물리적 또는 화학적 변화를 일으키기 위해 에너지 투입이 필요하다.

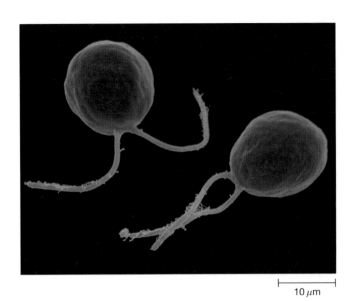

그림 5-2 세포 운동. 클라미도모나스(*Chlamydomonas*) 조류 세포에서 일어나는 편모 운동은 기계적 일의 한 예이다(SEM 이미지에 인위적으로 색을 입혔다).

동하고, 세포질을 이동시키고, 미세소관을 따라 세포소기관과 소포가 이동하고, mRNA 가닥을 따라 리보솜이 이동하는 일 등이 있다.

3. **농축하는 일: 농도 기울기를 역행하여 막을 가로지르는 분자의 이동** 앞의 두 범주보다 덜 눈에 띄는 일이지만 세포에 중요한 일 중 하나는 농도 기울기에 대해 분자 또는 이온을 이동시키는 것이다. **농축하는 일**(concentration work)의 목적은 세포 또는 세포소기관 내에 물질을 축적하거나 세포 활동의 잠재적 독성 부산물을 제거하는 것이다. 항상 고농도 영역에서 저농도 영역으로 진행되는 분자 확산은 자발적인 과정이며 추가 에너지가 필요하지 않다(2장 참조). 그러나 반대 과정인 농축에는 에너지 투입이 필요하다. 농축하는 일의 예로는 원형질막을 가로질러 저농도에서 고농도로 특정 당 및 아미노산 분자의 유입, 세포소기관 내의 특정 분자 및 효소의 농축, 음식물을 소화할 때 방출되는 소화 효소를 분비소포로 농축하는 일 등이 있다.

4. **전기적 일: 전기화학 기울기에 대해 막을 가로지르는 이온의 이동** 종종 **전기적 일**(electrical work)은 막을 통과하는 이동을 포함하기 때문에 농축하는 일의 특수한 경우로 간주될 수 있다. 그러나 이 경우 이동하는 것은 이온이며 그 결과는 단순한 농도 변화가 아니다. 전기전위 또는 막전위로 알려진 전하 차이도 막을 가로질러 만들어진다. 그림 5-1d의 식물 세포막과 같이 모든 세포막에는 이러한 방식으로 생성되는 몇 가지 특징적인 전위가 있다. 미토콘드리아나 엽록체 막 양쪽에 있는 양성자 농도의 차이는 세포호흡(10장 참조)과

광합성(11장 참조) 모두에서 ATP 생산에 필수적인 전위를 형성한다. 전기적 일은 신경세포에서 자극을 전달하는 데에도 중요하다. 여기에는 Na^+ 및 K^+이 세포 안팎으로 이동하여 발생하는 막전위 형성이 포함된다(18장 참조). 전기적 일에서 특히 극적인 예는 전기뱀장어 *Electrophorus electricus*에서 발견된다. 전기 기관의 개별 세포는 에너지를 사용하여 하나의 세포에서 약 150 mV의 막전위를 생성하며, 이러한 세포 수천 개가 직렬로 배열되어 전기뱀장어가 수백 볼트의 전위를 발생시킬 수 있다.

5. **열: 정온동물에게 유용한 온도 상승** 살아있는 생물체는 증기 기관과 같은 방식으로 **열**(heat)을 에너지 형태로 사용하지 않지만, 열 생성은 정온동물(환경과 관계없이 체온을 조절하고 유지하는 동물)에서 에너지를 주로 사용하는 주요 방법이다. 열은 많은 화학반응의 부산물로 방출되며, 우리는 항상성으로서 이 부산물을 매일 이용한다. 사실 이 글을 읽고 있는 동안 당신의 신체에서 신진대사 에너지의 약 3분의 2가 몸을 37°C로 유지하는 데 사용되고 있다. 이 온도는 인간의 효소 활동과 세포 대사에 최적의 온도이기 때문에 이 온도에서 신체가 가장 효율적으로 기능한다. 추울 때 에너지를 사용하여 근육을 떨어서 열을 발생시켜 몸을 따뜻하게 유지한다.

6. **생물발광과 형광: 빛의 생산** ATP 또는 화학적 산화 과정을 사용하여 빛을 생성하는 **생물발광**(bioluminescence)과 짧은 파장의 빛을 흡수한 후 장 파장의 빛을 생성하는 **형광**(fluorescence)이 있다. 빛은 반딧불이, 특정 해파리, 발광버섯과 같은 여러 발광 생물체에 의해 생성된다(5장 표지 사진 참조). 1960년대에 시모무라(Shimomura Osamu)가 생체발광해파리 *Aequorea victoria*에서 분리한 단백질 에쿼린(aequorin)은 칼슘 이온과 결합할 때 산화반응을 일으켜 옅은 파란색 빛의 형태로 에너지를 방출한다(**그림 5-3a**). 이 생물체에 대한 추가 연구를 통해 옅은 파란색 빛을 흡수하여 옅은 녹색형광을 생성하는 녹색형광단백질(GFP)을 발견하게 되었다. GFP는 세포 내 특정 단백질의 위치와 기능을 연구하는 매우 강력한 도구가 되었다. GFP를 특정 단백질에 융합시키고 청색광을 조사하면 융합 단백질이 형광을 발하므로(그림 5-3b), 형광현미경을 사용하여 살아있는 세포에서 특정 관심 단백질의 분포 및 이동을 추적할 수 있다.

생물체는 햇빛이나 화합물을 산화하여 에너지를 얻는다

지구상의 거의 모든 생명체는 지속적으로 지구에 에너지를 공급하는 햇빛에 의해 직간접적으로 유지된다. 물론 모든 생물체가 햇빛으로부터 직접 에너지를 얻을 수 있는 것은 아니다. 사실 에

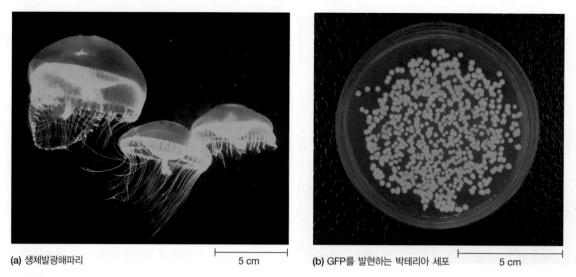

(a) 생체발광해파리　　　　　　　5 cm　　　　**(b) GFP를 발현하는 박테리아 세포**　　　5 cm

그림 5-3 생물발광 및 형광. (a) 이 *Aequorea* 해파리는 단백질 에쿼린을 함유하고 있는데, 이는 화학적 산화반응 에너지를 사용하여 생물발광으로 옅은 청색광을 생성한다. (b) 사진에 보이는 콜로니는 박테리아에 GFP 융합 단백질을 합성하도록 조작하여 청색광을 조사하면 옅은 녹색형광이 나타난다.

너지원에 따라 생물체(및 세포)는 **광영양생물**(빛을 먹는 생물) 또는 **화학영양생물**(화학물질을 먹는 생물)로 분류될 수 있다. 생물체는 탄소 공급원이 CO_2인지 유기분자인지에 따라 **독립영양생물**(자가영양생물) 또는 **종속영양생물**(타가영양생물)로 분류할 수 있다. 대부분의 생물체는 광독립영양생물(식물, 조류, 일부 박테리아)이거나 화학적 종속영양생물(모든 동물, 균류, 원생동물, 대부분의 박테리아)이다.

　　광영양생물(phototroph)은 빛을 흡수하는 색소를 사용하여 태양으로부터 빛 에너지를 포획한 다음 이 빛 에너지를 화학 에너지로 변환하여 에너지를 ATP 형태로 저장한다. **광독립영양생물**(photoautotroph)은 태양 에너지를 사용하여 광합성으로 CO_2에서 필요한 모든 탄소 화합물을 생산한다. 광독립영양생물의 예로는 식물, 조류, 사이아노박테리아, 광합성 박테리아가 있다. **광종속영양생물**(photoheterotroph, 일부 박테리아)은 세포 활동에 에너지를 공급하기 위해 태양 에너지를 이용하지만, 탄소 요구를 위해 유기분자 섭취에 의존해야 한다.

　　반대로 **화학영양생물**(chemotroph)은 유기 또는 무기 분자의 화학결합을 산화하여 에너지를 얻는다. **화학독립영양생물**(chemoautotroph, 소수의 박테리아)은 H_2S, H_2 기체, 무기 이온과 같은 무기 화합물을 산화하여 에너지를 얻고, CO_2로부터 모든 유기 화합물을 합성한다. 반면에 **화학종속영양생물**(chemoheterotroph)은 탄수화물, 지방, 단백질과 같은 화합물을 섭취하고 사용하여 세포 요구에 필요한 에너지와 탄소를 모두 제공한다. 모든 동물, 원생동물, 균류 및 많은 박테리아는 화학종속영양생물이다.

　　광영양생물은 태양 에너지를 사용할 수 있지만 빛이 없을 때마다 화학영양생물로 기능해야 한다. 대부분의 식물은 광영양세포와 화학영양 세포의 혼합물이다. 예를 들어 지하에 있는 식물 뿌리세포나 어둠 속에 있는 식물 잎세포는 광합성을 할 수 없다. 이 세포들은 명백히 광영양생물의 일부이지만, 그들 자체는 동물 세포와 마찬가지로 화학영양생물이다.

에너지는 생물권을 통해 지속적으로 흐른다

에너지 흐름에 대한 논의를 계속하기 전에 먼저 세포와 생물체의 에너지 흐름을 이해하는 데 중요하기 때문에 산화와 환원의 화학적 개념을 검토해보겠다. 산화는 물질에서 전자를 제거하는 것이다. 생물학에서 산화는 일반적으로 수소 원자(수소 이온과 전자)의 제거와 산소 원자의 추가를 포함한다. 산화반응은 포도당이나 메탄이 산화되어 이산화탄소로 산화될 때와 같이 에너지를 방출한다(반응 5-1 및 5-2 참조). 이산화탄소가 형성되고 에너지가 방출되면서 포도당과 메탄의 각 탄소 원자는 수소 원자를 잃고 산소 원자를 얻었음에 주목하라.

　　포도당이 이산화탄소로 산화되는 반응:

$$C_6H_{12}O_6 + 6\,O_2 \longrightarrow 6\,CO_2 + 6\,H_2O + 에너지 \qquad (5\text{-}1)$$

메탄이 이산화탄소로 산화되는 반응:

$$CH_4 + 2\,O_2 \longrightarrow CO_2 + 2\,H_2O + 에너지 \qquad (5\text{-}2)$$

환원은 물질에 전자를 추가하는 역반응이며, 일반적으로 수소 원자의 추가(또한 산소 원자의 손실)가 동반된다. 환원반응은 광합성 동안 이산화탄소가 포도당으로 환원될 때와 같이 에너지 투입이 필요하다. 이는 반응 5-3에 나와 있다. 이산화탄소 6개

분자의 탄소 원자는 포도당으로 환원되는 동안 모두 수소 원자를 얻고 산소 원자를 잃었다.

이산화탄소가 포도당으로 환원되는 반응:

$$\text{에너지} + 6\,CO_2 + 6\,H_2O \longrightarrow C_6H_{12}O_6 + 6\,O_2 \qquad (5\text{-}3)$$

생물권을 통한 에너지와 물질의 흐름은 **그림 5-4**에 표현되어 있다. 광영양생물은 태양 에너지를 사용하여 광합성 중에 이산화탄소와 물을 포도당과 같은 보다 환원된 세포 화합물로 전환하는 생산자이다. 이렇게 환원된 화합물은 다른 탄수화물, 단백질, 지질, 핵산, 세포가 생존하는 데 필요한 모든 물질로 전환된다. 어떤 의미에서 우리는 전체 광영양생물체가 광합성의 산물이라고 생각할 수 있다. 왜냐하면 그 생물체의 모든 분자에 있는 거의 모든 탄소 원자는 광합성 과정에 의해 유기물 형태로 고정된 이산화탄소에서 유래했기 때문이다.

반면 화학영양생물은 태양 에너지를 직접 사용할 수 없기 때문에 광영양생물에 의해 산화 가능한 식품 분자로 포장된 에너지에 전적으로 의존해야 하는 소비자이다. 화학영양생물로만 구성된 세계는 식량 공급이 지속되는 동안만 지속된다. 우리는 매일 태양 에너지로 넘쳐나는 행성에 살고 있지만 이 에너지는 인간과 같은 화학영양생물이 우리의 에너지를 충족시키는 데 사용

할 수 없는 형태이기 때문이다.

광영양생물과 화학영양생물 모두 앞서 이미 논의한 6가지 일을 수행하기 위해 에너지를 사용한다(그림 5-1 참조). 에너지 전환의 중요한 원칙은 100% 효율로 화학적 또는 물리적 반응이 발생하지 않는다는 것이다. 일부 에너지는 열로 방출된다. 많은 생물학적 과정이 에너지 전환에 매우 효율적이지만 생물학적 과정에서 열로 인한 에너지 손실은 불가피하다. 정온동물이 일정한 체온을 유지하기 위해 열을 사용하는 경우와 같이 때때로 세포 과정 중에 방출되는 열이 활용된다. 일부 식물은 수분 매개체를 유인하거나 위에 쌓인 눈을 녹이기 위해 대사적으로 생성된 열을 사용한다(**그림 5-5**). 그러나 일반적으로 열은 단순히 환경으로 발산되며 생물체로부터 소실될 에너지이다.

우주적 관점에서 볼 때 태양의 핵융합 에너지가 지구에 도달하여 궁극적으로 환경으로 빠져나가기까지 지구에는 지속적이고 거대한 한 방향으로의 에너지 흐름이 있다. 여기 생물권에 있는 우리는 그 에너지의 극히 작은 부분을 일시적으로 관리하는 것이다. 여기에서 우리의 관심은 전체 태양 에너지의 극히 일부분이지만 생물권의 살아있는 생물체를 통과하는 에너지와 그 흐름이다. 생물권의 에너지 흐름은 빛 에너지를 사용하여 전자를 에너지 측면에서 '오르막'으로 이동시켜 고에너지 환원 화합물

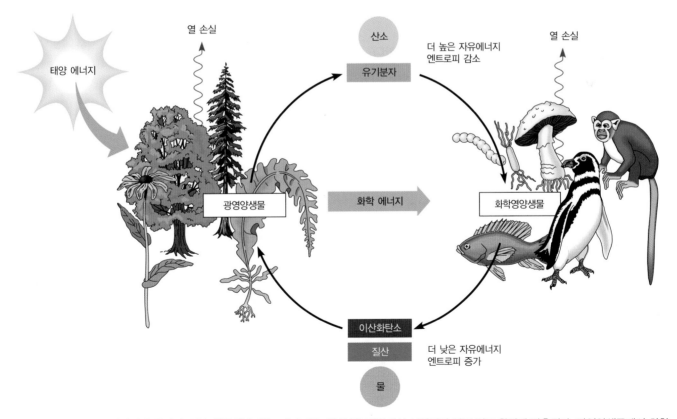

그림 5-4 생물권에서 에너지와 물질의 흐름. 생물권에 있는 에너지의 대부분은 태양에서 시작되어 결국 열로 환경에 방출된다. 광영양생물에서 화학영양생물로 에너지는 한 방향으로 흐르며, 이와 동반하여 생물체 그룹 사이에 물질이 순환한다. 태양 에너지는 저에너지 무기 화합물을 광영양생물과 화학영양생물 모두에서 사용하는 고에너지 유기 화합물로 환원하는 데 사용된다.

그림 5-5 대사적으로 생성된 열에 의존하는 식물인 스컹크양배추. 스컹크양배추(*Symplocarpus foetidus*)는 봄에 가장 일찍 꽃을 피우는 식물이다. 대사 과정으로 생성된 열로 주변에 덮인 눈을 녹이고 대부분의 다른 식물이 아직 휴면 상태일 때 성장하기 시작한다.

을 생성하는 광영양생물에서 시작된다. 이 에너지는 '내리막' 산화반응에서 광영양생물과 화학영양생물 모두에 의해 방출된다. 태양에서 광영양생물, 화학영양생물, 열에 이르기까지 생명체를 통한 이러한 에너지 흐름은 모든 생명 현상을 주도한다.

생물권을 통한 에너지의 흐름은 물질의 흐름을 동반한다

에너지는 물질을 수반하지 않는 빛의 광자로 생물권에 들어오고, 유사하게 물질을 수반하지 않는 열로 생물권을 떠난다. 그러나 생물권을 통과하는 동안 에너지는 주로 세포와 생물체에서 산화 가능한 유기분자의 화학결합 에너지 형태로 존재한다. 결과적으로 생물권의 에너지 흐름은 그에 상응하는 엄청난 물질의 흐름과 결합된다.

에너지는 태양, 광영양생물, 화학영양생물, 환경의 열 순서로 한 방향으로 흐르는 반면, 물질은 광영양생물과 화학영양생물 사이를 순환 방식으로 흐른다(그림 5-4). 광영양생물은 태양 에너지를 사용하여 이산화탄소 및 물과 같은 무기물질에서 유기 영양소를 생성하고 그 과정에서 산소를 방출한다. 광영양생물은 이러한 고에너지, 감소된 영양소 중 일부를 자체적으로 사용하며, 일부는 이러한 광영양생물을 잡아먹는 화학영양생물에서 사용할 수 있다. 화학영양생물은 일반적으로 주변 환경에서 유기 영양소를 섭취하고 산소를 사용하여 다시 이산화탄소와 물로 산화하여 에너지를 얻는다. 저에너지, 산화된 분자는 환경으로 돌아가 광영양생물이 새로운 유기분자를 만드는 데 사용하는 원료가 되어 그 과정에서 산소를 환경으로 반환하고 순환을 완료

한다.

또한 이와 동반되는 질소 순환이 있다. 광영양생물은 산화된 무기 형태(토양의 질산염 또는 경우에 따라 대기의 N_2)로 환경에서 질소를 얻는다. 그들은 그것을 아미노산, 단백질, 뉴클레오타이드, 핵산의 합성에 사용되는 고에너지 형태의 질소인 암모니아(NH_3)로 환원시킨다. 결국 광영양 세포의 다른 구성 요소와 마찬가지로 이러한 세포 분자는 화학영양생물에 의해 소비된다. 유기분자의 질소는 다시 암모니아로 전환되고 결국 대부분 토양 미생물에 의해 질산염으로 산화된다.

따라서 탄소, 산소, 질소, 물은 광영양 세계와 화학영양 세계 사이를 지속적으로 순환한다. 그들은 환원되고 에너지가 풍부한 화합물로 화학영양 영역에 들어가 산화되어 에너지가 부족한 형태로 남는다. 따라서 두 그룹은 물질의 순환 흐름과 에너지의 단방향 흐름을 공생의 구성 요소로 사용하여 서로 공생관계에 있다고 생각할 수 있다.

살아있는 생물체를 통한 에너지와 물질의 전반적인 거시적 흐름을 다룰 때 세포생물학이 생태학과 만나는 것을 발견하게 된다. 생태학자는 에너지와 영양소의 순환, 이러한 순환에서 다양한 종의 역할, 흐름에 영향을 미치는 환경 요인을 연구한다. 대조적으로 세포생물학의 궁극적인 관심사는 에너지와 물질의 흐름이 미시적 및 분자적 규모에서 어떻게 기능하는지를 알아내는 것이다. 세포 내 에너지 전달의 기본이 되는 물리적 원리에 익숙해지면 이러한 에너지 거래와 세포 내에서 발생하는 화학적 과정을 이해할 수 있을 것이다. 이를 위해 생물에너지학의 주제로 돌아가자.

개념체크 5.1

광영양생물과 화학영양생물은 어떻게 서로 밀접하게 의존되어 있는가? 에너지의 흐름은 물질의 흐름과 어떻게 다른가?

5.2 생물에너지학

에너지 흐름을 지배하는 원리는 **열역학**(thermodynamics)으로 알려진 과학 분야의 주제이다. 비록 *thermo-*라는 접두사가 열에 국한된 용어임을 시사하지만, 열역학은 에너지를 한 형태에서 다른 형태로 변환하는 다른 형태의 에너지와 과정도 고려한다. 특히 열역학은 대부분의 물리적 과정과 모든 화학반응에 수반되는 에너지 거래를 설명한다. **생물에너지학**(bioenergetics)은 생물학적 세계의 반응과 과정에 열역학적 원리를 적용한 응용열역학으로 생각할 수 있다.

에너지 흐름을 이해하려면 시스템, 열, 일에 대해 알아야 한다

에너지를 단순히 일을 할 수 있는 능력으로 정의하는 것이 아니라 변화를 일으킬 수 있는 능력으로 정의하는 것이 유용하다. 에너지가 없다면 살아있는 세포와 관련된 모든 작용이 정지 상태가 될 것이다.

에너지는 다양한 형태로 존재하는데, 그중 많은 것이 생물학자들의 관심사이다. 예를 들어 햇빛, 설탕 한 티스푼, 움직이는 편모, 들뜬 전자, 또는 세포나 세포소기관 안에 있는 이온이나 작은 분자의 농도로 대표되는 에너지를 생각해보라. 이러한 현상은 다양하지만 이들은 모두 에너지학의 특정한 기본 원칙에 의해 지배된다.

에너지는 우주 전체에 분포되어 있으며, 어떤 목적에서는 적어도 이론적인 방법으로는 우주의 총에너지를 고려할 필요가 있다. 우주의 총에너지가 일정하게 유지되는 반면, 우리는 보통 우주의 아주 작은 부분의 에너지 함량에 관심이 있다. 예를 들어 화학물질의 비커, 세포 또는 특정 생물체에서 발생하는 반응이나 과정에 대해 관심을 가질 수 있다. 편의상 주어진 순간에 고려되는 우주의 제한된 부분을 **계**(system, 시스템)라고 하며, 우주의 나머지 모든 부분을 **환경**(surroundings)이라고 한다. 때때로 계는 유리 비커나 세포막과 같이 물리적 경계를 가진다. 다른 경우에 계와 환경의 경계는 단지 논의의 편의를 위해 사용되는 가상의 경계일 뿐이다. 예를 들어 용액에서 포도당 분자 1몰 주변의 가상적 경계를 들 수 있다.

계는 주변 환경과 에너지를 교환할 수 있는지 여부에 따라 열리거나 닫힐 수 있다(**그림 5-6**). **닫힌 계**(closed system)는 환경으로부터 차단되며 어떤 형태로든 에너지를 흡수하거나 방출할 수 없다. 반면에 **열린 계**(open system)는 에너지가 추가되거나 제거될 수 있다. 생물학적 시스템이 보여주는 조직과 복잡성의 수준은 세포와 생물체가 에너지를 흡수하고 방출할 수 있는 열린 계이기 때문에 가능하다. 특히 생물학적 시스템은 그들의 특징인 복잡성 수준을 달성하고 유지하기 위해 주변으로부터 지속적이고 대규모의 에너지 유입을 필요로 한다. 이것이 본질적으로 식물이 햇빛을 필요로 하고 생물이 음식을 필요로 하는 이유이다.

계에 대해 이야기할 때는 계의 상태를 명시해야 한다. 계는 가변 특성(온도, 압력, 부피 등)이 지정된 값으로 일정하게 유지될 경우 특정 **상태**(state)에 있다고 한다. 이러한 상황에서 계의 총에너지 함량은 직접 측정할 수 없을지라도 특정 값을 가진다. 만약 그러한 계가 계와 주변 사이의 상호작용의 결과로 한 상태에서 다른 상태로 바뀐다면, 총에너지의 변화는 계의 초기 상태와 최종 상태에 의해 결정된다. 에너지 변화의 크기는 변화를 일으키는 메커니즘이나 계가 최종 상태에 이르기까지 거치는 중간 상

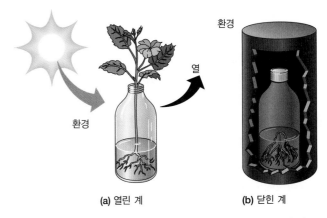

(a) 열린 계   (b) 닫힌 계

그림 5-6 열린 계와 닫힌 계. 고려 중인 우주의 일부를 시스템(계)이라고 한다. 우주의 나머지 부분은 시스템의 환경이다. (a) 열린 계는 주변과 에너지를 교환할 수 있지만, (b) 닫힌 계는 그렇지 않다. 모든 살아있는 생물체는 주변 환경과 자유롭게 에너지를 교환하는 열린 계이다.

태에 영향을 받지 않는다. 이는 에너지 변화가 경로와 무관하게 초기 및 최종 상태에 대한 지식으로만 결정될 수 있도록 하기 때문에 유용한 특성이다.

하나 이상의 변수를 일정하게 유지하면 시스템 변수를 추적하고 에너지 변화에 미치는 영향을 단순화할 수 있다. 다행히도 대부분의 생물학적 반응이 그러하다. 왜냐하면 생물학적 반응들은 보통 반응의 전체 과정 동안 거의 동일한 온도, 압력, 부피에 있는 세포의 낮은 농도 용액에서 일어나기 때문이다. 이러한 환경 조건은 일반적으로 생물학적 반응 속도에 비해 변화가 느리다. 이는 물리화학자들이 고려해야 하는 가장 중요한 3가지 시스템 변수인 온도, 압력, 부피가 대부분의 생물학적 반응에서 본질적으로 일정하다는 것을 의미한다.

시스템과 주변 환경 사이의 에너지 교환은 열이나 일로 발생한다. 열은 온도 차이의 결과로 한 장소에서 다른 장소로 이동하는 에너지로, 그 이동은 더 뜨거운 곳에서 더 차가운 곳으로 자발적으로 일어난다. 열은 기계적인 작업을 수행하거나 열을 다른 형태의 에너지로 변환하도록 설계된 기계에 매우 유용한 형태의 에너지이다. 그러나 많은 생물학적 시스템은 고정된 온도의 **등온**(isothermal) 조건에서 작동하기 때문에 열은 생물학적으로 유용하지 않다. 이러한 시스템은 열을 다른 형태의 에너지로 변환하는 데 필요한 온도 기울기가 없다. 그 결과 열은 일반적으로 세포에 유용한 에너지원이 아니지만, 앞에서 언급한 바와 같이 체온을 유지하거나 수분 매개자를 유인하는 데 사용될 수 있다.

생물학적 시스템에서 **일**(work)은 열 흐름 이외의 다른 과정을 구동하기 위해 에너지를 사용하는 것이다. 예를 들어 팔의 근육이 이 책을 들어올리기 위해 화학 에너지를 소비할 때, 옥수수 잎이 설탕을 합성하기 위해 빛 에너지를 사용할 때, 전기뱀장어가 충격을 전달하기 위해 이온 농도 기울기를 만들 때 일이 행해

진다. 세포의 특정 반응과 관련된 에너지 변화를 계산할 때 세포 일에 사용할 수 있는 유용한 에너지의 양을 살펴보자.

화학반응 또는 물리적 과정 중의 에너지 변화를 정량화하기 위해 에너지가 표현될 수 있는 단위가 필요하다. 생화학에서 에너지 변화는 보통 1 g의 물을 1기압에서 섭씨 1도 상승시키는 데 필요한 에너지의 양으로 정의되는 **열량**(calorie, cal)으로 표현된다. 1 **킬로칼로리**(kilocalorie, kcal)는 1,000칼로리와 같다. 다른 에너지 단위인 **줄**(joule, J)은 물리학에서 주로 사용되며 일부 생화학 교과서에도 사용된다. 변환은 간단하다. 1 cal = 4.184 J, 또는 1 J = 0.239 cal이다.

에너지 변화는 종종 몰당 단위로 측정되며, 생물화학에서 가장 일반적인 형태의 에너지 단위는 cal/mol 또는 kcal/mol이다. 여기에 정의된 칼로리와 음식의 에너지 함량을 표현하는 데 자주 사용되는 영양칼로리를 구별해야 한다. **영양칼로리**(nutritional Calorie, Cal)는 대문자 C로 표시되며 여기서 정의된 바와 같이 실제로는 kcal이다(음식 칼로리 함량의 결정은 **인간과의 연결** 참조).

열역학 제1법칙은 에너지가 보존된다는 것이다

에너지 흐름을 지배하는 원리에 대해 우리가 이해하는 많은 것은 열역학의 3가지 법칙으로 요약될 수 있다. 세포생물학자들에게는 제1법칙과 제2법칙만이 특히 관련이 있다. **열역학 제1법칙**(first law of thermodynamics)은 에너지 보존의 법칙이라고 불린다. 열역학 제1법칙은 모든 물리적 또는 화학적 변화에서 에너지의 형태는 변할 수 있지만 우주의 에너지 총량은 일정하게 유지된다고 말한다. 즉 에너지는 한 형태에서 다른 형태로 전환될 수 있지만 결코 생성되거나 파괴될 수 없다.

우주 전체 또는 닫힌 계에 적용되는 제1법칙은 모든 형태에 존재하는 에너지의 총량이 어떤 과정이나 반응이 일어나기 전과 후에 같아야 한다는 것을 의미한다. 세포와 같은 열린 계에 적용되는 제1법칙은 어떤 반응이나 과정 동안 시스템을 떠나는 에너지의 총량이 시스템에 들어오는 에너지에서 시스템에 남아있는 에너지를 뺀 것과 정확히 같아야 한다고 말한다.

시스템 내에 저장된 총에너지를 시스템 **내부 에너지**(internal energy)라고 하며 기호 E로 표시한다. 시스템의 실제 E 값은 직접 측정할 수 없기 때문에 일반적으로 관심이 없다. 그러나 주어진 과정에서 발생하는 내부 에너지 변화 ΔE를 측정할 수 있다. ΔE는 프로세스(E_1) 이전과 프로세스(E_2) 이후의 시스템 내부 에너지 차이이다.

$$\Delta E = E_2 - E_1 \qquad (5\text{-}4)$$

식 5-4는 어떤 조건에서도 모든 물리적 및 화학적 과정에 유효하다. 화학반응에서는 다음과 같이 쓸 수 있다.

$$\Delta E = E_{생성물} - E_{반응물} \qquad (5\text{-}5)$$

생물학적 반응과 과정의 경우 일반적으로 엔탈피 변화, 즉 **열 함량**의 변화에 더 관심이 있다. 엔탈피는 시스템의 내부 에너지에 압력과 부피의 곱을 더한 것이다. 이는 기호 H(heat의 첫글자)로 표현되며, 내부 에너지 E에 압력(P)과 부피(V)를 모두 합친 것이다.

$$H = E + PV \qquad (5\text{-}6)$$

H는 E와 PV 모두에 의존하는데, 이는 프로세스나 반응에 따른 열 함량의 변화가 압력과 부피뿐만 아니라 총에너지에도 영향을 미칠 수 있기 때문이다. H는 직접적인 측정이 불가능하지만, 많은 생물학적 과정에서 H의 변화(ΔH)를 결정할 수 있다. 대부분의 생물학적 반응은 압력이나 부피의 변화가 거의 또는 전혀 없이 진행되기 때문에 ΔP와 ΔV 둘 다 보통 0이고, 다음과 같이 쓸 수 있다.

$$\Delta H = \Delta E + \Delta(PV) \cong \Delta E \qquad (5\text{-}7)$$

따라서 생물학자들은 관심 반응에서 일반적으로 열 함량을 측정한다. 그것이 유효한 ΔE 추정치라고 확신하기 때문이다.

특정 반응에 수반되는 엔탈피 변화는 단순히 반응물과 반응 생성물 사이의 열 함량의 차이이다.

$$\Delta H = H_{생성물} - H_{반응물} \qquad (5\text{-}8)$$

특정 반응 또는 과정에 대한 ΔH 값은 음수이거나 양수이다. 생성물의 열 함량이 반응물의 열 함량보다 적으면 열이 방출되고, ΔH는 음이 되며, 반응은 **발열**(exothermic)이라고 한다. 예를 들어 자동차 휘발유 연소(산화)는 생성물(CO_2와 H_2O)의 열 함량이 반응물(휘발유와 O_2)의 열 함량보다 낮기 때문에 발열반응이다.

만일 생성물의 열 함량이 반응물의 열 함량보다 크면 ΔH가 양성이 되며, **흡열**(endothermic)이 일어난다. 흡열반응이나 흡열 과정에서 열 에너지는 얼음이 물로 녹는 반응처럼 흡수된다. 녹기 전 얼음의 열 함량보다 녹아서 생긴 물의 열 함량이 더 높다. 따라서 어떤 반응에 대한 ΔH 값은 일정한 온도와 압력 조건에서 발생할 때 반응에서 방출되거나 반응에 의해 흡수되는 열의 측정값일 뿐이다.

열역학 제2법칙에 따르면 반응은 방향성을 가진다

지금까지 열역학이 말해줄 수 있었던 것은 과정이나 반응이 일어날 때마다 에너지가 보존된다는 것이다. 즉 시스템으로 들어가는 모든 에너지는 시스템 내에 저장되거나 환경으로 다시 방출되어야 한다. 주어진 과정이 발생할 경우 시스템의 총엔탈피가

"당신이 먹는 것이 당신을 만든다"는 문구를 여러 번 들어봤을 것이다. 그런데 우리는 *왜* 먹어야 할까? 물론 간단한 대답은 음식이 가장 기본적인 수준의 연료라는 것이다. 가솔린이 연소되어 자동차 엔진에 동력을 공급하는 것처럼 음식은 세포가 기능하는 데 필요한 에너지를 제공한다. 그러나 이는 어떤 의미에서 사실인가? 에너지적으로 중요한 분자 또는 *대사 산물*의 화학결합에 퍼텐셜 에너지가 저장되는 방식을 이해한다면 음식이 신체에 연료를 공급하는 방법에 대해 훨씬 더 정확하게 생각할 수 있다.

식품에 부착된 영양 표시 라벨을 보면 해당 식품이 제공하는 에너지를 알 수 있다(**그림 5A-1**). 에너지는 칼로리로 표시되며 연소를 통해 음식이 제공하는 에너지의 양을 나타낸다. 1영양칼로리(Cal)는 실제로 열역학적 kcal, 또는 특정 조건에서 물 1 kg의 온도를 1도 올리는 데 필요한 에너지의 양과 같다. 역사적으로 이 값은 전기 스파크를 사용하여 분쇄된 식품을 연소시키고 방출되는 열을 측정하는 *봄베 열량계*(bombe calorimeter)를 사용하여 결정되었다.

우리는 운동할 때 음식을 통해 섭취하는 칼로리를 '태우는 것'에 대해 자주 이야기한다. 하지만 그게 정확한 걸까? 식품의 에너지에 대해 생각하는 더 좋은 방법은 화학결합에 저장된 *퍼텐셜 에너지*의 관점에서 보는 것이다. 화합물을 연소시켜 직접 산화시키는 대신 대사경로는 대사 산물에 저장된 에너지를 추출하기 위해 화학결합을 조작한다. 에너지의 일부는 열로 손실되지만 상당 부분은 전자 운반체로 전달되어 세포에서 ATP를 생성하는 데 사용된다(이 과정에 대한 자세한 설명은 9장과 10장 참조). 이어 ATP의 고에너지 결합은 이 장에서 설명하는 6가지 다른 종류의 특정 변화를 유도하는 데 사용된다.

에너지 함량을 측정할 때 말 그대로 음식을 태우는 것이 현실적인 방법이 아니라면 특정 음식의 칼로리를 어떻게 추정할 수 있을까? 그림 5A-1의 영양 라벨로 돌아가면 식품에 포함된 지방, 탄수화물, 단백질의 그램 수가 표시되어 있는 것을 볼 수 있다. 지방, 탄수화물, 단백질의 그램당 칼로리 수에 대한 표준 값은 식품 열량계의 선구자인 애트워터(Wilbur Atwater)의 이름을 따서 명명된 *애트워터 시스템*에서 알 수 있다. 자주 사용되는 추정치는 지방의 경우 9칼로리/g, 탄수화물의 경우 4칼로리/g, 단백질의 경우 4칼로리/g이

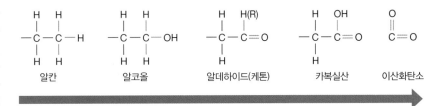

그림 5A-2 탄소결합에 저장된 퍼텐셜 에너지. 탄소 화합물의 에너지 양은 탄소 원자의 산화 환원 상태와 상관관계가 있으며, 환원된 탄소 원자가 많을수록 에너지가 높다. 빨간색은 수소에 대한 단일 결합이 더 많이 환원되었음을 나타내고 파란색은 산소로 산화된 단일 또는 2중 결합을 나타낸다.

다. 이 정보를 사용하여 식품의 칼로리 함량을 추정할 수 있다.

지방이 단백질이나 탄수화물보다 칼로리가 높은 이유는 무엇인가? 유기분자의 공유결합은 퍼텐셜 에너지를 가진다. 특히 탄수화물, 단백질, 지질과 같은 다양한 식품 유형의 칼로리 함량은 분자의 탄소 원자가 얼마나 환원되어 있는지와 직접적인 관련이 있다. 결합이 환원되어 있을수록 결합이 산화될 때 더 많은 총퍼텐셜 에너지를 사용할 수 있다(**그림 5A-2**). 이미 이 책에서 알아보았듯이 지방은 대부분 탄소와 수소로 이루어져 있고 산소가 거의 없는 고도로 환원된 분자이다(**그림 5A-3**). 따라서 지방은 위에서 언급한 3가지 식품 유형 중 가장 에너지가 풍부한 식품이다.

지방이 그램당 더 많은 퍼텐셜 에너지를 저장한다면 단순히 지방만을 섭취하지 않는 이유는 무엇인가? 첫째, 모든 세포가 지방을 대사 산물로 직접 이용할 수 있는 것은 아니다. 예를 들어 신체가 사용하는 모든 에너지의 약 20%를 소비하는 뇌는 포도당만을 에너지원으로 사용할 수 있다. 둘째, 포화지방의 지방산 곁사슬은 소수성이 높고, 이는 신체에 문제를 제기할 수 있다. 식단에 지방이 너무 많으면 혈류에 지방이 응집되어 죽상동맥경화증 또는 동맥 폐색을 유발할 수 있다. 죽상동맥경화증은 뇌졸중과 심장마비의 위험을 증가시키는 심혈관 질환으로 이어질 수 있다. 이는 부분적으로 좋은 것(지방)이지만 전체적으로는 건강에 매우 나쁜 것이 될 수 있다는 것을 보여준다.

그림 5A-1 식품 영양 라벨. 이 라벨은 1회 제공량당 칼로리와 주요 식이 성분의 양을 보여준다.

Nutrition Facts
Serving Size 1 cup (225g)
Servings Per Container about 4

Amount Per Serving	
Calories 200	Calories from Fat 25

	% Daily Value*
Total Fat 3g	5%
Saturated Fat 2g	10%
Trans Fat 0g	
Cholesterol 15mg	5%
Sodium 140mg	6%
Potassium 460mg	13%
Total Carbohydrate 34g	11%
Dietary Fiber 0g	0%
Sugars 33g	
Protein 10g	20%

Vitamin A	2%	Vitamin C	0%
Calcium	35%	Iron	0%
Thiamin	8%	Riboflavin	35%
Vitamin B₆	6%	Vitamin B₁₂	20%
Phosphorus	30%		

INGREDIENTS: CULTURED GRA REDUCED FAT MILK, SUGAR, NATU VANILLA FLAVOR, PECTIN.

DISTRIBUTED BY
THE DANNON COMPANY, INC.
WHITE PLAINS, NY 10603.
QUESTIONS OR COMMENTS?
CALL TOLL FREE 1-877-DANNON
OR VISIT: WWW.DANNON.CO

CONTAINS ACTIVE YOGURT CULTUR
INCLUDING L. ACIDOPHILUS
© 2012 THE DANNON COMPANY, INC.

A PRODUCT OF
THE DANONE GROUP

KEEP REFRIGERATED

그림 5A-3 일반적인 중성지방의 구조. 동물성 지방 및 식물성 기름과 같은 중성지방(트라이아실글리세롤)은 다수의 완전히 환원된 C—H 결합을 함유하고 있다.

얼마나 변할지에 대한 척도로 ΔH가 유용하다는 것을 알게 되었지만 아직 그 과정이 실제로 현재 조건에서 얼마나 발생할지 예측할 방법이 없다.

우리는 적어도 어떤 경우에는 어떤 반응이나 과정이 가능한 반면 다른 것들은 가능하지 않다는 직관적인 느낌을 가지고 있다. 만약 셀룰로스로 만들어진 종이에 성냥을 그으면 타버릴 것이라고 확신한다. 다시 말해 셀룰로스의 포도당 단량체가 이산화탄소와 물로 산화되는 것은 가능한 반응이다. 또는 보다 정확한 용어를 사용하면 **열역학적으로 자발적인** 반응이다. 열역학에서 자발적이라는 용어는 일반적인 장소에서의 사용과는 다른 특정한 제한된 의미를 가진다. **열역학적 자발성**(thermodynamic spontaneity)은 반응이나 과정이 일어날 수 있는지에 대한 척도이지만, 그것이 실제로 일어날 것인지에 대해서는 아무것도 말하지 않는다. 앞서 기술한 셀룰로스 종이가 이 점을 잘 보여준다. 셀룰로스의 산화는 분명히 **가능한** 반응이지만, 우리는 그것이 '그냥 일어나는 것'이 아니라는 사실을 알고 있다. 약간의 자극이 필요한데, 이 경우에는 성냥이다.

우리는 종이에 불을 붙이면 타오를 것이라고 확신할 뿐만 아니라 직관적으로 이 과정에 **방향성**이 있다는 것을 알고 있다. 다시 말해 우리는 역반응이 일어나지 않을 것이라고 확신한다. 만약 검게 탄 잔해를 움켜쥐고 서 있어도 종이가 자발적으로 우리의 손에 재조립되지 않을 것이다. 즉 우리는 셀룰로스 산화에 대한 **가능성**과 **방향성** 모두에 대한 느낌을 가지고 있다.

이와 동일한 자신감으로 열역학적 예측을 할 수 있는 다른 과정들을 생각할 수 있을 것이다. 예를 들어 우리는 물에 떨군 잉크 방울이 확산되고, 얼음이 상온에서 녹고, 설탕이 물에 녹는다는 것을 알고 있다. 따라서 이것들을 열역학적으로 자발적인 사건으로 분류할 수 있다. 하지만 왜 그렇게 인식하는지 묻는다면 과거에 반복한 경험으로 알 수 있다고 대답할 것이다. 우리는 종이가 타고, 얼음이 녹고, 설탕이 녹는 것을 직관적으로 알 수 있을 정도로 충분히 자주 보았다. 그리고 이 조건을 아는 한 그것들은 자발적이라고 분류할 수 있을 정도의 예측 가능성을 가지고 있다.

그러나 익숙한 물리적 과정의 세계에서 세포의 화학반응의 영역으로 이동하면 곧 예측을 경험에 의존할 수 없다는 것을 발견한다. 예를 들어 포도당-6-인산을 과당-6-인산으로 전환하는 반응을 생각해보자.

$$\text{포도당-6-인산} \rightleftharpoons \text{과당-6-인산} \qquad (5\text{-}9)$$

이 특정 상호 전환은 모든 세포에서 중요한 반응이며, **그림 5-7**에 자세히 나타나 있다. 사실 이것은 해당과정이라고 하는 중요하고 일반적인 에너지 생산 경로의 두 번째 단계이다(9장 참

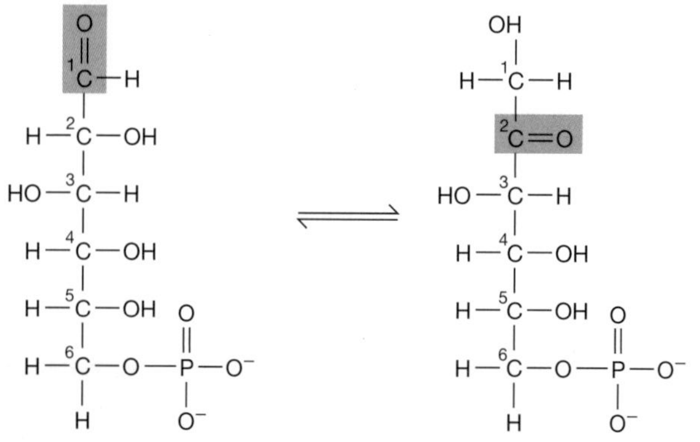

그림 5-7 포도당-6-인산과 과당-6-인산의 상호 전환. 이 반응은 인산화된 형태의 알도당(포도당)과 케토당(과당)을 상호 전환한다. 이 반응은 인산포도당 이성질체화효소에 의해 촉매되며 가역적이다(이 반응은 해당경로의 일부이며 자세한 내용은 9장 참조).

조). 이제 포도당-6-인산이 과당-6-인산으로 전환될 가능성에 대해 어떤 예측을 할 수 있는지 답해보라. 아마 어떤 예측도 할 수 없을 것이다. 우리는 종이를 태우고 얼음을 녹이면 어떤 일이 일어날지 알지만 인산 당에 대해서는 익숙하지도 않고 경험도 부족하여 어떤 지적인 추측을 할 수 없다. 분명히 우리에게 필요한 것은 경험, 직관, 추측에 의존할 필요 없이 특정한 조건에서 주어진 물리적 또는 화학적 변화가 일어날 수 있는지 여부를 결정하는 신뢰할 수 있는 수단이다.

열역학은 **열역학 제2법칙**(second law of thermodynamics), 즉 **열역학적 자발성**의 법칙에서 그러한 자발성을 정확하게 측정할 수 있게 한다. 이 법칙은 모든 물리적 또는 화학적 변화에서 우주는 항상 더 큰 무질서 또는 무질서도(엔트로피)를 지향하는 경향이 있다는 것을 말해준다. 제2법칙은 특정 조건하에서 반응이 어떤 방향으로 진행될 것인지, 반응이 진행됨에 따라 얼마나 많은 에너지를 방출할 것인지, 반응의 에너지가 특정 조건의 변화에 의해 어떻게 영향을 받을 것인지를 예측할 수 있기 때문에 우리의 목적에 유용하다.

주목해야 할 중요한 점은 어떤 과정이나 반응도 열역학 제2법칙을 위배하지 않는다는 것이다. 일부 프로세스는 더 적은 질서도가 아닌 더 많은 질서도를 초래하기 때문에 위배하는 것처럼 보일 수 있다. 예를 들어 집이 지어질 때, 방이 청소될 때, 인간이 하나의 난자세포로부터 발달할 때의 질서도 증가를 생각해보자. 이러한 각각의 경우 질서도의 증가는 특정 시스템(집, 방, 배아)에 국한된다. 전기톱을 이용하든 팔 근육을 이용하든 엄마가 공급하는 영양분을 이용하든, 외부에서 에너지가 추가될 수 있게 열린 계이기 때문에 질서도의 증가가 가능한 것이다.

엔트로피와 자유에너지는 열역학적 자발성을 평가하는 두 가지 방법이다

열역학적 자발성(반응이 진행될 수 있는지 여부)은 **엔트로피** 또는 **자유에너지**라는 두 가지 매개변수의 변화로 측정할 수 있다. 이러한 개념은 추상적이고 이해하기가 다소 어려울 수 있다. 따라서 생물학적 시스템에서 어떤 종류의 변화가 발생할 수 있는지 결정하는 데 사용하는 것으로 논의를 제한할 것이다.

엔트로피 엔트로피(entropy)를 직접 정량화할 수는 없지만 무작위성(randomness)이나 무질서도(disorder)로 간주함으로써 그에 대한 감을 얻을 수 있다. 엔트로피는 기호 S로 표시된다. 어떤 계에서도 엔트로피의 변화 ΔS는 계의 구성 요소들의 무작위성이나 무질서 정도의 변화를 나타낸다. 예를 들어 종이의 연소는 엔트로피의 증가를 수반하는데, 이는 셀룰로스의 탄소, 산소, 수소 원자가 이산화탄소와 물로 전환되면 공간에 훨씬 더 무작위적으로 분포하기 때문이다. 엔트로피는 얼음이 녹을 때나 휘발유와 같은 휘발성 용매가 증발할 때 증가한다. 반대로 액체 상태의 물 속 이동 분자가 얼음 속에 질서 정연하게 갇히거나 포도당과 같은 큰 분자가 여러 개의 더 작은(무작위로 움직이는) 이산화탄소 분자로부터 합성될 때처럼 시스템이 더 질서 정연해질 때 엔트로피가 감소한다.

> **연결하기 5.1**
>
> 지질2중층에 대해 배운 것을 고려하면 인지질을 수용액에 넣을 때 엔트로피는 어떻게 변화하는가? (그림 2-11, 2-12 참조)

열역학적 자발성 척도로서의 엔트로피 변화 열역학 제2법칙은 세포에서 어떤 변화가 일어날 것인지 예측하는 데 어떻게 도움이 될 수 있을까? 자발적으로 일어나는 모든 과정이나 반응은 우주의 전체 엔트로피를 증가시키기 때문에 자발적 사건과 엔트로피 변화 사이에는 중요한 연관성이 있다. 즉 모든 자발적인 과정이나 반응에 대해 $\Delta S_{우주}$ 값은 양수이다.

그러나 이 제2법칙은 우주 전체에 적용되는 것이며 특정 시스템에는 적용되지 않을 수도 있다는 사실을 알아야 한다. 모든 실제 과정은 예외 없이 우주의 엔트로피 증가를 동반한다. 그러나 주어진 시스템에서 엔트로피는 특정 과정의 결과로 증가, 감소 또는 동일하게 유지될 수 있다. 예를 들어 종이의 연소는 분명히 자발적이며 시스템 엔트로피의 증가를 동반한다. 반면에 물이 $-1°C$에서 동결되는 것은 자발적인 현상이지만, 물 분자가 얼음 결정에 덜 무작위로 배열됨에 따라 시스템 엔트로피는 감소를 수반한다. 따라서 우주의 엔트로피 변화는 과정의 자발성에 대한 유효한 척도이지만 계의 엔트로피 변화는 그렇지 않다.

그러므로 엔트로피 변화의 관점에서 제2법칙을 표현하는 것은 생물학적 과정의 자발성을 예측하는 데 제한적이다. 왜냐하면 시스템 안의 변화뿐 아니라 환경에서의 변화도 고려해야 하기 때문이다. 훨씬 더 편리한 것은 시스템만을 고려함으로써 반응의 자발성을 예측할 수 있는 매개변수일 것이다.

자유에너지 추측할 수 있듯이 시스템만을 가지고 자발성 여부를 알 수 있는 척도가 실제로 존재한다. 이는 **자유에너지**(free energy)라고 하며, 기호 G로 표현된다[이 개념을 처음 개발한 기브스(Josiah Willard Gibbs)의 이름에서 유래]. 자유에너지는 일정한 부피와 압력에서 유용한 일을 할 수 있는 시스템의 에너지의 양을 나타낸다. 예측이 가능하고 계산이 용이하므로 자유에너지 함수는 생물학에서 가장 유용한 열역학적 개념이다. 사실 지금까지 열역학에 대해 길게 서술한 이유는 세포생물학에서 열역학이 매우 유용하므로 자유에너지 개념으로 인도하려는 것이었다.

대부분의 다른 열역학 함수처럼 자유에너지는 수학적 관점으로 정의된다. 일정한 압력, 부피, 온도에서 일어나는 생물학적 반응의 경우 계의 **자유에너지 변화**(free energy change, ΔG)는 생성물과 반응물의 자유에너지 차이이다.

$$\Delta G = G_{생성물} - G_{반응물} \qquad (5\text{-}10)$$

이 자유에너지 변화는 엔탈피와 엔트로피의 변화와 관련이 있다.

$$\Delta G = \Delta H - T\Delta S \qquad (5\text{-}11)$$

여기서 ΔG는 자유에너지의 변화, ΔH는 엔탈피의 변화, T는 캘빈온도, ΔS는 엔트로피의 변화이다. 캘빈 눈금은 섭씨 온도와 같은 크기이지만 캘빈 눈금의 0점은 절대 0도($-273°C$)이다. 따라서 캘빈온도는 단순히 섭씨 온도 더하기 273이다.

ΔG는 ΔH와 $-T\Delta S$라는 두 항의 대수적 합이므로 엔탈피와 엔트로피의 변화에 영향을 받는다. 앞서 살펴본 바와 같이 ΔH는 흡열반응에는 양성, 발열반응에는 음성일 것이다. 마찬가지로 특정 반응이나 과정에 대한 ΔS는 양(엔트로피 증가) 또는 음(엔트로피 감소)일 수 있다. 마이너스 부호 때문에 엔트로피가 증가하면(ΔS가 양수) $-T\Delta S$ 항은 음수가 되고, 엔트로피가 감소하면(ΔS가 음수) 양수가 된다. 따라서 어떤 반응에 에너지가 추가되어 시스템이 수행할 수 있는 일이 증가하면 열 함량 ΔH가 증가하므로, 반응의 자유에너지 ΔG는 증가함을 알 수 있다. 반면 ΔG는 엔트로피(무질서도) 변화인 ΔS가 증가하면 감소하는데, 이는 시스템이 유용한 일을 수행할 능력이 낮아진 것이다.

열역학적 자발성의 척도로서의 자유에너지 변화 자유에너지는 자발성을 쉽게 측정할 수 있는 지표로서 매우 유용한 개념이며, 곧 실제 상황에서 ΔG가 어떻게 계산될 수 있는지 알게 될 것이다. ΔG는 정확히 우리가 찾고 있던 것을 제공한다. 즉 반응이 일어나는 시스템의 특성만을 기반으로 반응의 자발성을 측정하는 것이다. 이는 주어진 반응이 쓰여진 대로 왼쪽에서 오른쪽으로 자발적으로 진행되는지 여부를 알려줄 것이다.

구체적으로 모든 자발적 반응은 우주의 엔트로피 증가($\Delta S_{우주}$ > 0)로 특징지어지는 것과 마찬가지로 시스템의 자유에너지 변화($\Delta G_{시스템}$)는 감소한다는 특징을 가진다. 온도와 압력이 일정하게 유지된 상태에서 시스템에 대한 ΔG는 우주에 대한 ΔS와 단순히 역의 관계이므로 이는 사실이다. 이는 열역학 제2법칙을 표현하는 두 번째 유효한 방법을 제공한다. 자발적으로 발생하는 모든 과정이나 반응은 시스템의 자유에너지 함량이 감소한다. 즉 다시 말해서 모든 자발적인 과정이나 반응에서 $\Delta G_{시스템}$ 값은 음수이다. 이는 식 5-10에 나타낸 것처럼 생성물의 자유에너지가 반응물의 자유에너지보다 작을 때 발생한다.

이러한 과정이나 반응은 에너지를 방출하는 것을 의미하는 **발열**(exergonic)이라고 한다. 반면에 시스템의 자유에너지를 증가시키는 과정이나 반응을 **흡열**(endergonic, 에너지를 필요로 하는)이라고 하며, ΔG가 계산된 조건에서는 진행될 수 없다. 엔탈피나 시스템의 엔트로피의 구체적인 변화가 아닌 자유에너지의 전반적인 변화만을 고려하고 있다는 것을 잘 이해해야 한다. 주어진 반응에 대해 엔탈피와 엔트로피 변화는 음, 양 또는 0일 수 있으며, 각 개별적으로는 열역학적 자발성의 척도로 유효하지 않다.

ΔH 및 $-T\Delta S$의 값은 각각 양수 또는 음수일 수 있으므로, 주어진 반응에 대한 ΔG의 값은 ΔH 및 $-T\Delta S$ 항의 부호와 수치에 따라 달라진다(**그림 5-8**). 예를 들면 주어진 반응에 대한 ΔH 및 $-T\Delta S$ 항이 모두 양(흡열 및 엔트로피 감소)이면 ΔG는 양(+)이 되고 반응은 자발적이지 않으며 흡열반응일 것이다(그림 5-8a). 반대로 발열반응(ΔH는 음)이고 엔트로피 증가를 초래하는 반응(ΔS가 양이고, $-T\Delta S$는 음)은 이 두 음의 항의 합인 ΔG 값을 가지며, 따라서 발열반응적이고 자발적이다(그림 5-8b).

그러나 ΔH와 $-T\Delta S$ 항이 부호가 다를 경우 ΔG 값은 ΔH와 $-T\Delta S$ 항의 크기에 따라 양수 또는 음수가 될 수 있다. 예를 들어 흡열반응(ΔH는 양)에서 엔트로피가 증가하는 반응(ΔS는 양이고 $-T\Delta S$는 음)은 ΔH와 $-T\Delta S$의 상대적 수치에 따라 양의 ΔG 값(그림 5-8c) 또는 음의 값(그림 5-8d)을 가질 것이다.

자유에너지 변화와 열역학적 자발성의 생물학적 예시 생물학적 반응에서 발열반응의 예로 포도당이 이산화탄소와 물로 산화되는 것을 다시 생각해보자.

$$C_6H_{12}O_6 + 6\,O_2 \rightarrow 6\,CO_2 + 6\,H_2O + 에너지 \quad (5\text{-}12)$$

이는 화학영양생물이 포도당으로부터 에너지를 얻는 유산소 호흡 과정에 대한 반응으로 인식할 수 있다. (당신의 몸에 있는 대부분의 세포들은 지금 이 과정을 수행하고 있다.) **그림 5-9a**가

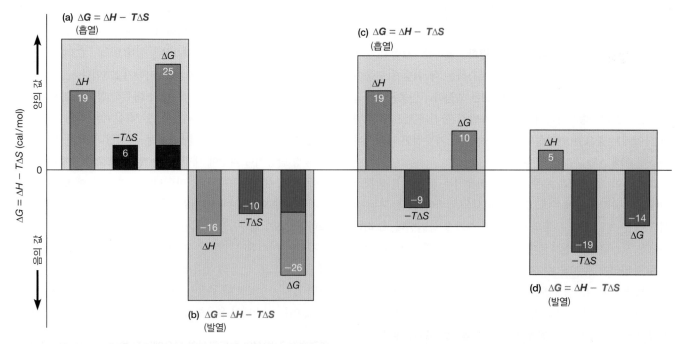

그림 5-8 ΔG는 ΔH와 $-T\Delta S$의 부호와 수치에 의존한다. 특정 과정 또는 반응에 대한 ΔG 값은 엔탈피 변화(ΔH)와 온도 종속 엔트로피 항($-T\Delta S$)의 합이다. 초록색 문자와 막대는 음수 값(자발성 증가)을 나타내는 반면, 빨간색 문자는 양수 값(자발성 감소)을 나타낸다. 막대에 표시된 흰색 숫자(cal/mol)로 직접 계산할 수 있다.

보여주듯이(그리고 캠프파이어 불에 너무 오랫동안 마시멜로를 구우면 어떻게 되는지 이미 알고 있듯이) 포도당의 산화는 음의 ΔG 값을 가진 매우 발열적 반응이다. 표준조건 온도, 압력 및 농도(25℃, 압력 1기압, 반응물 및 생성물 각각 $1\ M$)에서 포도당을 연소시키면 산화되는 포도당 1몰당 673 kcal의 열(673,000 cal)이 방출되며, 이는 반응 5-12에서 ΔH가 −673 kcal/mol임을 의미한다. −$T\Delta S$ 항은 또한 실험적으로 결정될 수 있으며, 25℃에서 13 kcal/mol로 알려져 있으므로, ΔH 및 −$T\Delta S$ 항이 첨가된 반응에서 ΔG는 −686 kcal/mol이다.

이제 이 반응의 역반응, 광영양생물이 산소를 방출하면서 이산화탄소와 물로부터 포도당과 같은 당을 합성하는 반응을 고려해보자.

$$6\,CO_2 + 6\,H_2O + \text{에너지} \rightarrow C_6H_{12}O_6 + 6\,O_2 \quad (5\text{-}13)$$

짐작할 수 있듯이 이 반응에 대한 ΔH, ΔS, ΔG의 값은 표준 조건에서 반응 5-12의 해당 값과 비교했을 때 크기는 동일하지만 부호는 반대이다. 구체적으로 이 반응은 +686 kcal/mol의 ΔG 값을 가지며, 이는 높은 흡열반응을 만든다(그림 5-9b). 따라서 광영양생물은 포도당 합성 방향으로 이 반응을 유도하기 위해 많은 양의 에너지를 사용해야 하며, 물론 이는 태양 에너지가 이용된다(11장의 광합성 참조).

자발성의 의미 ΔG를 실제로 계산하여 열역학적 자발성의 척도로 사용할 수 있는 방법을 고려하기 전에 **자발성**이라는 용어가 의미하는 것과 그렇지 않은 것을 더 자세히 살펴볼 필요가 있다. 앞서 언급했듯이 자발성은 반응이 **진행될 수 있다**는 것만 알려준다. 반응이 진행될 것인지에 대해서는 전혀 말하지 않는다. 어떤 반응이 음의 ΔG 값을 가질 수 있지만 실제는 측정 가능할 만큼 진행되지는 않는다. 종이의 셀룰로스는 점화되면 자연적으로 연소하며, −686 kcal/mol의 포도당 단위당 높은 음수 ΔG 값을 가진 것과 일치한다. 그러나 성냥으로 점화되지 않으면 종이는 상당히 안정적이며 산화하는 데 수백 년이 걸린다.

따라서 ΔG는 실제로 반응이나 과정이 열역학적으로 가능한지, 즉 발생 가능성이 있는지를 말해줄 뿐이다. 발열반응이 실제로 진행되는지 여부는 유리한(음성) ΔG 값뿐만 아니라 초기 상태에서 최종 상태로 도달하기 위한 메커니즘 또는 경로가 존재하느냐에 달려있다. 일반적으로 종이에 점화하기 위해 사용된 성냥의 열 에너지와 같은 활성화 에너지가 초기에 투입되어야 한다.

따라서 열역학적 자발성은 반응이 실제로 일어날 것인지를 결정하는 데 필요하지만 불충분한 기준이다. (6장 효소촉매 반응의 맥락에서 반응 속도에 대해 탐구할 것이다.) 현재로서는 열역

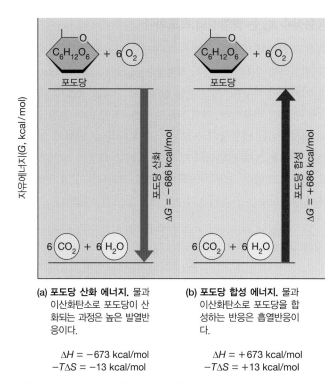

(a) 포도당 산화 에너지. 물과 이산화탄소로 포도당이 산화되는 과정은 높은 발열반응이다.

$\Delta H = -673\ \text{kcal/mol}$
$-T\Delta S = -13\ \text{kcal/mol}$

(b) 포도당 합성 에너지. 물과 이산화탄소로 포도당을 합성하는 반응은 흡열반응이다.

$\Delta H = +673\ \text{kcal/mol}$
$-T\Delta S = +13\ \text{kcal/mol}$

그림 5-9 포도당의 산화와 합성을 위한 자유에너지 변화. (a)에 표시된 포도당의 발열반응적 산화반응은 (b)에 표시된 포도당 합성에 대한 ΔG와 크기가 정확히 같지만 부호는 반대인 값을 가진다.

학적으로 자발적인 반응이라고 하면 단순히 반응이 실제로 일어날 때 자유에너지를 방출하는 에너지적으로 실현 가능한 사건이라는 것을 의미한다는 것을 주목할 필요가 있다.

> **개념체크 5.2**
>
> 화학반응의 자발성은 엔트로피와 엔탈피의 변화에 어떻게 의존하는가? 이러한 엔트로피와 엔탈피 변화는 왜 반대 효과를 가져오는가?

5.3 ΔG와 K_{eq} 이해하기

이 장의 마지막 과제는 ΔG가 어떻게 계산되고, 지정된 조건에서 반응의 열역학적 타당성을 평가하는 데 어떻게 사용될 수 있는지를 이해하는 것이다. 이를 위해 포도당-6-인산을 과당-6-인산으로 전환하는 반응(반응 5-9 참조)으로 돌아가서 (왼쪽에서 오른쪽으로) 쓰여진 방향대로의 전환반응에서 자발성에 대해 알아보자. 일상에서의 경험과 친숙함은 여기서 아무런 단서도 제공하지 않으며, 반응이 진행된다고 해서 우주의 엔트로피가 어떻게 영향을 받을지도 분명하지 않다. 명확히 ΔG를 계산할 수 있어야 하고, 반응에 대해 지정한 특정 조건에서 그것이 음의 값 또는 양의 값인지 결정할 수 있어야 한다.

평형상수 K_{eq}는 방향성의 척도이다

특정 조건에서 반응이 주어진 방향으로 진행될 수 있는지 여부를 평가하기 위해서는 먼저 **평형상수**(equilibrium constant, K_{eq})를 이해해야 하는데, 이는 **평형 상태**에서 반응물 농도에 대한 생성물 농도의 비율이다. 가역반응(반응 5-14 참조)이 평형 상태일 때 생성물이나 반응물의 농도는 시간에 따른 순 변화가 없다. A는 B로, B는 A로 전환되고 있지만, 이러한 과정은 동일한 속도로 진행되고 있다. A가 가역적으로 B로 전환되는 일반적인 반응에서 평형상수는 단순히 A와 B의 평형 농도의 비율이다.

$$A \rightleftharpoons B \qquad (5\text{-}14)$$

$$K_{eq} = \frac{[B]_{eq}}{[A]_{eq}} \qquad (5\text{-}15)$$

여기서 $[A]_{eq}$와 $[B]_{eq}$는 반응 5-14가 25°C에서 평형일 때 몰/리터로 나타낸 A와 B의 농도이다. 특정 반응에 대한 평형상수가 주어지면 생성물과 반응물의 특정 혼합물이 평형 상태에 있는지 쉽게 알 수 있다. 평형 상태가 아니라면 반응이 평형 상태에서 얼마나 멀리 떨어져 있는지, 평형 상태에 도달하기 위해 진행해야 하는 방향을 쉽게 알 수 있다(하지만 주어진 화학반응이나 생물학적 과정에 대한 K_{eq}를 어떻게 결정할 수 있을까? 등온 적정 열량 측정법을 사용하여 K_{eq}와 같은 열역학적 매개변수와 생물학적 반응 또는 과정 중 엔탈피, 엔트로피, 자유에너지의 변화를 결정하는 방법에 대해서는 **핵심 기술** 참조).

예를 들어 25°C에서 반응 5-9에 대한 평형상수는 0.5인 것으로 알려져 있다. 이는 평형 상태에서 실제 농도 크기에 관계없이 포도당-6-인산보다 0.5배 많은 과당-6-인산이 존재한다는 것을 의미한다.

$$K_{eq} = \frac{[\text{과당-6-인산}]_{eq}}{[\text{포도당-6-인산}]_{eq}} = 0.5 \qquad (5\text{-}16)$$

만약 두 화합물이 다른 농도비로 존재한다면 반응은 평형에 있지 않고 평형을 향해 움직일 것이다. 따라서 농도비가 K_{eq}보다 작으면 과당-6-인산이 너무 적다는 것을 의미하며, 반응은 포도당-6-인산을 소모하면서 더 많은 과당-6-인산을 생성하는 오른쪽으로 진행되는 경향이 있다. 반대로 농도비가 K_{eq}보다 크면 과당-6-인산의 상대적 농도가 너무 높아서 반응이 왼쪽으로 진행되는 경향이 있음을 나타낸다.

그림 5-10은 반응의 자유에너지와 A와 B의 농도가 평형에서 얼마나 멀리 떨어져 있는지 보여주는 A와 B의 상호 변환(반응 5-14)을 보여준다. (이 그림에서는 K_{eq}가 1.0이라고 가정한다. K_{eq} 값이 다른 경우 곡선은 동일한 모양이지만 곡선의 중심은 K_{eq}이다.) 그림 5-10의 요점은 명확하다. 자유에너지는 평형에서

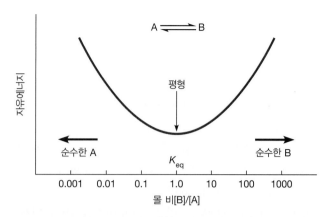

그림 5-10 자유에너지와 화학적 평형. 화학반응에서 얻을 수 있는 자유에너지의 양은 구성 요소가 평형에서 얼마나 멀리 떨어져 있는지에 따라 다르다. 이 원리는 A와 B가 상호 변환되고 평형상수 K_{eq}가 1.0인 반응으로 설명되어 있다. 시스템의 자유에너지는 평형점의 양쪽에서 [B]/[A] 비율이 변경됨에 따라 증가한다. 1.0 이외의 K_{eq} 값을 가진 반응의 경우 그래프는 동일한 모양을 갖지만 중앙에 해당 반응의 K_{eq} 값이 위치한다.

가장 낮으며 시스템이 어느 방향으로든 평형에서 멀어질 때 증가한다는 것이다. 더욱이 현재 농도의 비율과 평형 농도의 비율을 비교하면 반응이 어느 방향으로 진행되는 경향이 있는지, 그리고 그렇게 함에 따라 얼마나 많은 자유에너지가 방출될 것인지 예측할 수 있다. 따라서 평형을 향하려는 경향은 모든 화학반응의 원동력이며, 현재 농도 비율과 평형 농도 비율을 비교하면 그 경향을 알 수 있다.

ΔG는 쉽게 계산할 수 있다

ΔG가 특정 조건하에서 반응이 평형에서 얼마나 멀리 떨어져 있는지, 그리고 반응이 평형을 향해 진행됨에 따라 얼마나 많은 에너지가 방출되는지를 계산하는 수단이라는 것은 놀라운 일이 아니다. ΔG를 계산하려면 평형상수와 반응물(A)과 생성물(B)의 현재 농도만 있으면 된다. 반응 5-14의 경우를 보자.

$$\begin{aligned}
\Delta G &= RT \ln \frac{[B]_{\text{현재}}}{[A]_{\text{현재}}} - RT \ln \frac{[B]_{eq}}{[A]_{eq}} \\
&= RT \ln \frac{[B]_{\text{현재}}}{[A]_{\text{현재}}} - RT \ln K_{eq} \\
&= -RT \ln K_{eq} + RT \ln \frac{[B]_{\text{현재}}}{[A]_{\text{현재}}} \qquad (5\text{-}17)
\end{aligned}$$

여기서 ΔG는 지정된 조건에서 자유에너지 변화(cal/mol), R은 기체 상수(1.987 cal/mol-K), T는 캘빈온도(별도로 지정되지 않는 한 25°C = 298 K 사용), $[A]_{\text{현재}}$와 $[B]_{\text{현재}}$는 A, B의 현재 농도(mol/liter)이다. $[A]_{eq}$와 $[B]_{eq}$는 A, B의 평형 농도이다. ln은 '자연로그'(자연 로그 시스템에 근거한 로그 양으로서 e는 약 2.718)를 나타낸다. 자연 로그는 과정의 변화 속도가 변화를 겪고 있는 물

질의 양과 직접적인 관련이 있기 때문에 사용된다(예: 방사능 붕괴를 나타낼 때).

보다 일반적으로 a 분자의 반응물 A가 b 분자의 반응물 B와 결합하여 c 분자의 생성물 C와 d 분자의 생성물 D를 형성하는 반응에서,

$$aA + bB \rightleftharpoons cC + dD \qquad (5\text{-}18)$$

ΔG는 다음과 같이 계산된다.

$$\Delta G = -RT \ln K_{eq} + RT \ln \frac{[C]^c_{현재}\,[D]^d_{현재}}{[A]^a_{현재}\,[B]^b_{현재}} \qquad (5\text{-}19)$$

여기서 모든 상수와 변수는 이전에 정의된 것과 같으며, K_{eq}는 반응 5-18에 대한 평형상수이다.

반응 5-9로 돌아가서 세포에서 포도당-6-인산과 과당-6-인산의 현재 농도가 25℃에서 각각 10 μM($10 \times 10^{-6}\,M$)과 1 μM($1 \times 10^{-6}\,M$)이라고 가정한다. 현재 반응물 농도와 생성물 농도 비율이 0.1이고 평형상수가 0.5이기 때문에 반응이 평형을 이루기에는 포도당-6-인산에 비해 과당-6-인산이 분명히 너무 적다. 따라서 반응은 과당-6-인산 생성 방향인 오른쪽으로 향해야 한다. 즉 쓰여진 방향으로의 반응은 열역학적으로 가능하다. 이는 결국 이 조건에서 ΔG가 음이어야 한다는 것을 의미한다.

실제로 ΔG를 계산하면 다음과 같다.

$$
\begin{aligned}
\Delta G &= -(1.987 \text{ cal/mol-K})(298 \text{ K}) \ln{(0.5)} \\
&\quad + (1.987 \text{ cal/mol-K})(298 \text{ K}) \ln \frac{1 \times 10^{-6}\,M}{10 \times 10^{-6}\,M} \\
&= -(592 \text{ cal/mol}) \ln{(0.5)} + (592 \text{ cal/mol}) \ln{(0.1)} \\
&= -(592 \text{ cal/mol})(-0.693) + (592 \text{ cal/mol})(-2.303) \\
&= +410 \text{ cal/mol} - 1{,}364 \text{ cal/mol} \\
&= -954 \text{ cal/mol} \qquad\qquad\qquad\qquad\quad (5\text{-}20)
\end{aligned}
$$

ΔG가 음수 값일 것이란 예상이 옳았음이 확인되었고, 이제는 지정된 조건에서 포도당-6-인산 1몰을 과당-6-인산 1몰로 전환되는 자발적 반응에서 얼마나 많은 자유에너지가 방출되는지 정확히 알 수 있다. 이 반응 또는 다른 발열반응에서 방출되는 자유에너지는 일을 하기 위해 사용되거나, ATP의 화학결합에 저장되거나, 열로 방출될 수 있다.

ΔG에 대해 계산된 이 값이 무엇을 의미하는지, 어떤 조건에서 유효한지 정확하게 이해하는 것이 중요하다. ΔG는 열역학적 매개변수이기 때문에 반응이 열역학적으로 가능한지는 말할 수 있지만, 반응의 속도나 메커니즘에 대해서는 아무것도 말해주지 않는다. 이는 오직 반응물과 생성물의 농도가 각각 초기 값(10 및 1 μM)으로 유지된다면, 반응의 전체 과정에 걸쳐 반응이 오른쪽으로 진행되어 포도당-6-인산 1몰이 과당-6-인산으로 전환되면서 포도당-6-인산 1몰당 954칼로리(0.954 kcal)의 자유에너지를 방출할 것이라는 사실을 의미한다.

다음 장에서는 발열반응에 의해 제공되는 에너지의 일부가 어떻게 이와 결합된 반응에 활용될 수 있는지에 대한 예를 볼 것이다. **결합반응**에서 흡열성 반응은 발열성 반응과 동시에 일어나며, 발열성 반응의 자유에너지는 흡열성 반응이 일어날 수 있도록 하는 데 사용된다. 예를 들어 ATP의 합성은 흡열성이지만, 이 반응은 종종 두 반응의 전체적인 합이 음의 ΔG를 가지고 두 반응 모두 자발적으로 진행될 수 있도록 발열성 산화반응과 결합되어 일어난다. 산화의 에너지 중 일부는 열로 방출되기보다는 고에너지 ATP 분자의 화학결합으로 보존된다.

좀 더 일반적으로 ΔG는 반응물과 생성물의 특정 농도에서 왼쪽에서 오른쪽으로 쓰여진 방향의 반응에 대한 열역학적 자발성을 나타내는 값이다. 비커 또는 시험관에서 반응물과 생성물 농도가 일정하게 유지되어야 한다는 것은 반응물을 연속적으로 추가하고 생성물을 지속적으로 제거해야 함을 의미한다. 세포에서 각각의 반응은 특정 대사 과정의 일부이며, 반응물과 생성물은 앞뒤의 반응에 의해 상당히 일정하고 비평형 상태인 농도로 유지된다.

표준 자유에너지 변화는 표준 조건에서 측정된 ΔG이다

ΔG는 열역학적 매개변수이기 때문에 반응의 실제 메커니즘이나 경로와는 독립적이지만 반응이 일어나는 조건에 결정적으로 의존한다. 어떤 조건하에서 자유에너지가 크게 감소하는 반응은 다른 조건하에서는 훨씬 더 작은 (그러나 여전히 음의) ΔG를 가질 수 있거나 심지어 양의 ΔG를 가질 수도 있다. 예를 들어 얼음이 녹는 반응은 0℃ 이상에서는 자발적으로 진행되지만 0℃ 이하에서는 반대 방향(동결)으로 진행된다. 따라서 ΔG 측정이 이루어지는 조건을 명시하는 것이 중요하다.

편의상 생화학자들은 화학반응의 자유에너지 변화를 보고, 비교, 표로 만드는 데 편리하도록 특정한 임의의 조건에서 시스템의 **표준 상태**(standard state)를 정의한다. 낮은 농도의 수용액에서 이 조건은 표준온도 25℃(298 K), 1기압, 모든 반응물과 생성물의 농도는 1 M이다.

이 표준 조건 규칙에서 유일한 예외는 물이다. 낮은 농도의 수용액에서 물의 농도는 약 55.5 M이며 물 자체가 반응물 또는 생성물일지라도 반응이 일어나는 동안 크게 변하지 않는다. 편의상 생화학자들은 자유에너지를 계산할 때 반응에서 물이 생성되거나 소모되어도 물의 농도를 포함하지 않는다.

대부분의 생물학적 반응은 pH가 중성이거나 중성 근처에서 일어나므로 온도, 압력, 농도의 표준 조건 외에도 생화학자들은 종종 pH 7.0을 표준으로 정한다. 따라서 수소 이온(및 수산 이온)의 농도는 $10^{-7}\,M$이므로 pH 7.0으로 특정하면 1.0 M의 표준 농도는 H^+ 또는 OH^-에는 적용되지 않는다. pH 7.0에서 결정되

문제 세포생물학자들은 종종 한 분자, 즉 *리간드*가 그의 *표적*인 다른 분자에 결합한다는 것을 정성적인 방식으로 알고 있다. 그러나 리간드와 표적 분자가 서로에 대해 얼마나 많은 친화력을 가지고 있는지 정량적으로 어떻게 측정

등온 적정 열량계

할 수 있을까? 이러한 정보는 약물 설계 및 정상적인 세포 작용이 일어나는 동안 단백질이 서로 얼마나 강하게 결합하는지 이해하는 데 중요한 정보를 제공한다.

해결방안 등온 적정 열량계(ITC)를 통해 과학자들은 특정 생물학적 과정의 열역학적 매개변수를 측정할 수 있다. 등온 열량계는 '셀'이라고 하는 2개의 동일한 용기로 구성된 기기이다. 하나는 표적 분자를 담는 샘플 셀이고, 완충액만 포함하는 기준 셀은 대조군 역할을 한다. 두 셀은 동일한 온도(등온)로 유지되고, 표적 분자에 결합하는 리간드 분자가 샘플 셀에 소량으로 점차 추가된다(적정). 이때 샘플 셀과 기준 셀을 동일한 온도로 유지하기 위해 투입되는 열 입력량을 측정한다(열량계).

주요 도구 등온 열량계, 표적 분자, 표적 분자에 결합하는 리간드, 버퍼, 결과를 분석하는 컴퓨터

상세 방법 다른 생물학적 과정과 마찬가지로 리간드와 표적 분자 사이의 결합에도 엔탈피(ΔH), 엔트로피(ΔS), 자유에너지(ΔG)의 변화가 일어난다. 이러한 에너지 변화는 등온 적정 열량계를 사용하여 측정할 수 있다(**그림 5B-1**). 등온 적정 열량계의 샘플 및 기준 셀에서 두 셀 사이의 미세한 온도 차이를 감지하고 수정할 수 있는 민감한 전기 회로가 연결된다(그림 5B-1a). 셀은 두 셀 사이 또는 셀과 환경 사이의 열 전달을 허용하지 않는 특수 절연 재킷으로 둘러싸여 있다. 이러한 방식으로 열량계는 닫힌 계로 기능한다.

등온 적정 열량계에서 표적에 약물이 결합하는 것과 같은 반응 또는 과정은 샘플 셀에서 발생하며, 부착된 주사기를 사용하여 소량의 약물(여기서는 리간드)을 점진적으로 추가하여 이루어진다(그림 5B-1b). 일정한 온도를 유지하기 위해 기준 셀에 일정한 전력을 가하고, 기준 셀과 동일한 온도를 유지하기 위해 샘플 셀에 가변 전력을 가한다. 반응이 음의 ΔH를 가지면 그림 5B-1b에 표시된 발열 결합 반응에서와 같이 열이 방출되고 샘플 셀의 온도가 상승한다. 따라서 기준 셀과 등온성을 유지하는 데 더 적은 전력이 필요하다. 반대로 흡열반응은 샘플 셀의 열을 흡수하므로 기준 셀과 등온을 유지하기 위해 더 많은 전력이 필요하다.

컴퓨터에 의해 제어되는 인젝터는 주사기를 작동하여 표적 분자가 있는 샘플 셀에 소량의 약물을 반복적으로 주입하고, 셀을 등온 상태로 유지하는 데 필요한 전력량을 지속적으로 모니터링한다(**그림 5B-2**). 리간드를 주입할 때마다 하나씩 일련의 스파이크로 전력 변화가 나타난다(그림 5B-2a). 각 스파이크에 의해 둘러싸인 영역은 매 주입당 방출되거나 흡수된 열의 양을 나타낸다.

이 정보는 각 주입 시 표적 분자에 대한 리간드의 몰 비율과 함께 반응이 진행됨에 따라 엔탈피 변화 값을 결정하는 데 사용되며, 열 변화 대 표적 분자에 대한 리간드의 몰 비율 그래프로 표시된다. 이 곡선의 시작점과 끝점을 통해 반응에 대한 엔탈피의 전체 변화(ΔH)를 계산할 수 있다(그림 5B-2b).

또한 이 선의 최대 기울기를 사용하여 결합반응에 대한 K_{eq}를 결정할 수 있으며, 이는 리간드-표적 결합 강도에 대한 중요한 정보를 제공한다. K_{eq}과 ΔH를 사용하여 결합반응에 대한 ΔG와 ΔS를 계산할 수 있다. 표적에 대한 약물 결합의 경우 이 정보는 표적 분자의 결합부위 수를 알아낼 수 있다.

등온 적정 열량계는 엔탈피의 변화와 관련된 많은 분자결합 상호작용을 조사하기 위한 강력한 분석 방법이다. 따라서 효소반응, 단백질-단백질 상호작용, 약물-표적 결합을 분석하는 데 점점 더 많이 사용되고 있으며 새로운 화학요법제를 선별하는 핵심 기술이다.

질문 그림 5B-2a에서 리간드를 연속적으로 주입할 때 스파이크의 높이가 점차 짧아지는 이유는 무엇인가?

거나 계산된 K_{eq}, ΔG, 기타 열역학적 매개변수 값은 항상 프라임(예: K'_{eq}, $\Delta G'$ 등)으로 표시하여 표준 조건에 대한 예외를 나타낸다.

반응에 대한 에너지 변화는 일반적으로 표준화된 형태로 보고된다. 보다 정확하게는 모든 관련 조건, 즉 온도, 압력, pH, 농도가 표준 값으로 유지되는 조건에서 특정 반응물 1 mol을 생성물로 전환하거나, 반응물로부터 특정 생성물 1 mol이 생성할 때의 값이다.

이러한 조건에서 계산된 자유에너지 변화를 **표준 자유에너지 변화**(standard free energy change, $\Delta G^{\circ\prime}$)라고 하는데, 여기서 위첨자(°)는 표준 조건의 온도, 압력, 농도를 의미하며, 프라임(′)은 표준 수소 이온 농도가 1.0 M이 아니고 10^{-7} M임을 나타낸다.

$\Delta G^{\circ\prime}$은 평형상수 K'_{eq}의 자연 로그와 단순한 선형관계를 가진 것으로 밝혀졌다(**그림 5-11**). 이 관계는 식 5-19를 프라임으로 다시 쓴 다음 모든 반응물과 생성물에 대한 표준 농도를 가정하면 쉽게 알 수 있다. 모든 농도항은 이제 1.0이고 자연 로그인 1.0

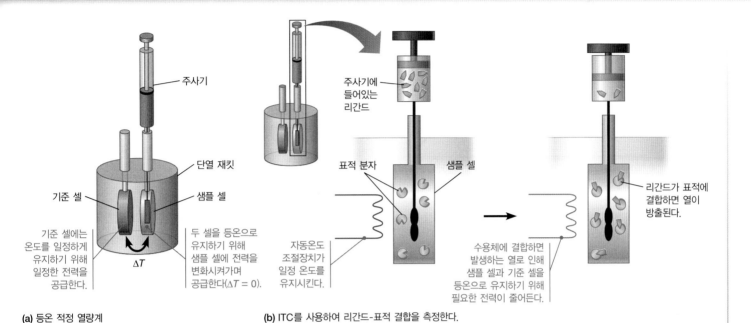

(a) 등온 적정 열량계

(b) ITC를 사용하여 리간드-표적 결합을 측정한다.

주사기

단열 재킷

기준 셀

샘플 셀

기준 셀에는 온도를 일정하게 유지하기 위해 일정한 전력을 공급한다.

ΔT

두 셀을 등온으로 유지하기 위해 샘플 셀에 전력을 변화시켜가며 공급한다($\Delta T = 0$).

주사기에 들어있는 리간드

표적 분자

샘플 셀

자동온도 조절장치가 일정 온도를 유지시킨다.

리간드가 표적에 결합하면 열이 방출된다.

수용체에 결합하면 발생하는 열로 인해 샘플 셀과 기준 셀을 등온으로 유지하기 위해 필요한 전력이 줄어든다.

그림 5B-1 ITC를 사용한 리간드-표적 결합 측정. 그림은 (a) 샘플 및 기준 셀을 포함하는 절연 재킷, (b) 발열 결합 반응에서 열 방출을 나타낸다.

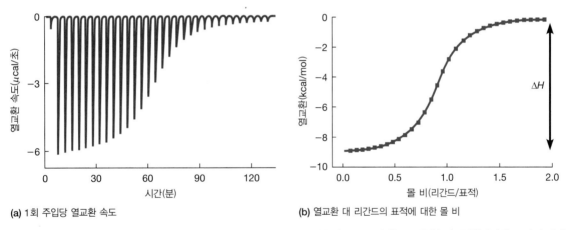

(a) 1회 주입당 열교환 속도

(b) 열교환 대 리간드의 표적에 대한 몰 비

그림 5B-2 ITC 실험에서 얻은 데이터. 표적 분자가 포함된 샘플 셀에 리간드를 연속적으로 주입하는 동안 (a) 각 주입(빨간색 스파이크)에 대해 열 변화 속도가 기록되고, (b) 이 정보를 사용하여 ΔH를 결정한다.

은 0이므로, $\Delta G^{\circ\prime}$에 대한 일반식의 두 번째 항은 제거되고, 남은 것은 표준 조건에서 자유에너지 변화인 $\Delta G^{\circ\prime}$에 대한 방정식이다.

$$\Delta G^{\circ\prime} = -RT \ln K'_{eq} + RT \ln 1$$
$$= -RT \ln K'_{eq} \qquad (5\text{-}21)$$

즉 $\Delta G^{\circ\prime}$은 표준온도, 압력, pH 조건에서 결정된 평형상수로부터 직접 계산할 수 있다. 이를 통해 식 5-19를 다음과 같이 단순화할 수 있다.

$$\Delta G' = \Delta G^{\circ\prime} + RT \ln \frac{[C]^c_{현재} \, [D]^d_{현재}}{[A]^a_{현재} \, [B]^b_{현재}} \qquad (5\text{-}22)$$

표준온도 25°C(298 K)에서 RT는 $(1.987)(298) = 592$ cal/mol이 되므로, 우리의 목적에 가장 유용한 공식은 다음과 같이 재작성할 수 있다.

$$\Delta G^{\circ\prime} = -592 \ln K'_{eq} \qquad (5\text{-}23)$$

$$\Delta G' = \Delta G^{\circ\prime} + 592 \ln \frac{[C]^c_{현재} \, [D]^d_{현재}}{[A]^a_{현재} \, [B]^b_{현재}} \qquad (5\text{-}24)$$

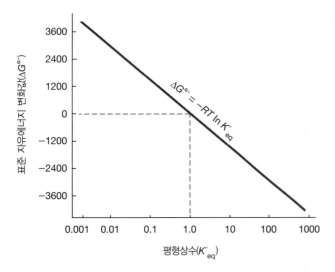

그림 5-11 $\Delta G^{\circ\prime}$과 K'_{eq}의 관계. 표준 자유에너지 변화와 평형상수는 식 $\Delta G^{\circ\prime} = -RT \ln K'_{eq}$의 관계이다. 평형상수가 1.0이면 표준 자유에너지 변화는 0이다.

요약: $\Delta G'$과 $\Delta G^{\circ\prime}$의 의미

식 5-23과 5-24는 생화학과 세포생물학에 대한 열역학의 가장 중요한 기여를 나타낸다. 즉 현재 반응물과 생성물의 농도와 평형상수를 알면 화학반응이 타당한가를 판단할 수 있는 수단을 제공하는 것이다. 식 5-23은 표준 자유에너지 변화 $\Delta G^{\circ\prime}$과 평형상수 K'_{eq} 사이의 관계를 나타내며, 모든 반응물과 생성물이 표준 농도 1.0 M로 유지될 경우 특정 화학반응과 관련된 자유에너지 변화를 계산할 수 있게 한다.

다음에 이어지는 논의에서 **표 5-1**을 주기적으로 참조하는 것이 도움이 될 것이다. 만약 K'_{eq}가 1.0보다 크면 $\ln K'_{eq}$는 양이고 $\Delta G^{\circ\prime}$은 음이 되며, 표준 조건에서 반응은 오른쪽으로 진행될 수 있다. 이는 K'_{eq}가 1.0보다 크면 생성물이 평형에서 반응물보다 우세하다는 의미이다. 생성물이 우세한 것은 표준 상태에서 반

응물을 생성물로 전환하는 것만으로 달성될 수 있기 때문에 반응은 자발적으로 오른쪽으로 진행되는 경향이 있다. 반대로 K'_{eq}가 1.0 미만이면 $\Delta G^{\circ\prime}$은 양이 되고 반응은 오른쪽으로 진행할 수 없다. 그 대신 역반응의 $\Delta G^{\circ\prime}$은 절댓값은 같지만 부호가 반대이기 때문에 반응은 왼쪽으로 향하게 된다. 이는 K'_{eq} 값이 1보다 작은 사실과 일치하는데, 반응이 생성물보다 반응물 방향으로 향하는 것(즉 평형이 왼쪽에 있음)을 알려준다.

$\Delta G^{\circ\prime}$ 값은 평형상수로부터 쉽게 결정될 수 있으며, 특정 반응에 대한 자유에너지 변화를 균일한 규칙하에서 보고하므로 편리하게 사용된다. 그러나 $\Delta G^{\circ\prime}$ 값은 대부분 생물학적으로 중요한 화합물로는 달성할 수 없는 농도 조건(1 M)을 지정하는 임의의 상태를 의미하므로 임의의 표준 조건임을 명심해야 한다. 이 때문에 $\Delta G^{\circ\prime}$은 표준화된 보고에 유용하지만 실제 조건에서 발생하는 반응의 열역학적 자발성을 측정할 수 있는 유효한 척도는 아니다.

세포생물학의 실제 상황에서는 반응물과 생성물의 농도에서 반응이 평형으로부터 얼마나 멀리 떨어져 있는지를 직접 측정하는 $\Delta G'$을 사용한다(식 5-24). $\Delta G'$이 열역학적 자발성을 알 수 있는 가장 유용한 척도이다. 만약 음의 값이면 문제의 반응은 열역학적으로 자발적이며 계산이 이루어진 조건에서 반응이 쓰여진 대로 진행될 수 있다. 그 크기는 지정된 조건에서 반응이 일어날 때 얼마나 많은 자유에너지가 방출되는지를 측정하는 척도 역할을 한다. 이는 에너지가 방출될 때 에너지를 보존하고 사용할 수 있는 메커니즘이 있다면 주변에서 수행할 수 있는 최대 일의 양을 결정한다.

반면에 양의 값을 가진 $\Delta G'$은 반응이 계산된 조건에서 쓰여진 방향으로 일어날 수 없음을 나타낸다. 그러나 이러한 반응도 때때로 반응물의 농도를 증가시키거나 생성물의 농도를 감소시킴으로써 자발적으로 일어나는 반응이 될 수 있다. 이 책에서 전반적으로 표준 조건에서는 불리하지만 후속 반응에 의해 생성물

표 5-1	$\Delta G^{\circ\prime}$과 $\Delta G'$의 의미		
$\Delta G^{\circ\prime}$의 의미			
$\Delta G^{\circ\prime}$ 음수($K'_{eq} > 1.0$)	**$\Delta G^{\circ\prime}$ 양수($K'_{eq} < 1.0$)**		**$\Delta G^{\circ\prime} = 0(K'_{eq} = 1.0)$**
표준온도, 압력, pH의 평형에서 생성물이 반응물보다 많다.	표준온도, 압력, pH의 평형에서 반응물이 생성물보다 많다.		표준온도, 압력, pH의 평형에서 반응물과 생성물은 동일하게 존재한다.
표준 조건에서 반응은 오른편으로 자발적으로 진행한다.	표준 조건에서 반응은 왼편으로 자발적으로 진행한다.		표준 조건에서 반응은 평형이다.
$\Delta G'$의 의미			
$\Delta G'$ 음수	**$\Delta G'$ 양수**		**$\Delta G' = 0$**
$\Delta G'$이 계산된 조건에서 반응은 쓰여진 대로 열역학적으로 가능하다.	$\Delta G'$이 계산된 조건에서 반응은 쓰여진 대로 열역학적으로 불가능하다.		$\Delta G'$이 계산된 조건에서 반응은 평형이다.
$\Delta G'$이 계산된 조건에서 반응이 일어나면서 일이 수행될 수 있다.	$\Delta G'$이 계산된 조건에서 반응이 일어나기 위해서는 에너지가 공급되어야 한다.		$\Delta G'$이 계산된 조건에서 반응에 에너지가 필요하지 않고 일도 수행되지 않는다.

이 신속하게 제거되기 때문에 진행할 수 있는 반응을 종종 볼 수 있을 것이다.

$\Delta G' = 0$인 특수한 경우 반응은 평형 상태이며, 반응물 분자가 생성물 분자로 전환되는 반응에서 순 에너지 변화는 없다. 곧 보게 될 것처럼 살아있는 세포에서의 반응은 평형 상태에 있는 반응이 거의 없다. 표 5-1은 K'_{eq}, $\Delta G^{\circ\prime}$, $\Delta G'$에 대한 기본 특성을 요약한 것이다.

자유에너지 변화: 예를 들어 계산하기

$\Delta G'$과 $\Delta G^{\circ\prime}$을 계산하고 그 유용성을 설명하기 위해 포도당-6-인산과 과당-6-인산의 상호 전환으로 다시 돌아가보자(반응 5-9 참조). 표준 조건의 온도, pH, 압력에서 이 반응에 대한 평형상수가 0.5라는 것을 이미 알고 있다(식 5-16 참조). 즉 세포에서 이 반응을 촉매하는 효소를 25°C, 1기압 및 pH 7.0의 포도당-6-인산 용액에 첨가하고 더 이상의 반응이 일어나지 않을 때까지 배양하면 과당-6-인산과 포도당-6-인산이 0.5의 평형 비율로 존재하게 된다는 것을 의미한다. (이 비율은 실제 반응을 시작할 때의 포도당-6-인산 농도와 무관하며, 어떤 과당-6-인산 농도나 두 화합물 농도 조합으로 시작해도 동일하게 잘 달성된다.)

표준 자유에너지 변화 $\Delta G^{\circ\prime}$은 K'_{eq}로부터 다음과 같이 계산할 수 있다.

$$\Delta G^{\circ\prime} = -RT \ln K'_{eq} = -592 \ln K'_{eq}$$
$$= -592 \ln 0.5 = -592(-0.693)$$
$$= +410 \text{ cal/mol} \tag{5-25}$$

$\Delta G^{\circ\prime}$이 양의 값을 가진다는 것은 평형 상태에서 반응물(포도당-6-인산)이 더 많이 존재할 것임을 나타낸다. 양의 값 $\Delta G^{\circ\prime}$은 또한 표준 농도 조건에서 반응식이 쓰여진 방향으로 반응이 자발적으로 일어나지 않는다(열역학적으로 불가능)는 것을 의미한다. 바꾸어 말하면 포도당-6-인산과 과당-6-인산이 모두 1.0 M의 농도로 반응을 시작하면 포도당-6-인산이 과당-6-인산으로 순 전환되지 않는다.

사실 반응은 표준 조건에서 **왼쪽으로** 진행될 것이다. 과당-6-인산은 평형 비율 0.5에 도달할 때까지 포도당-6-인산으로 전환된다. 또는 두 화합물 농도를 모두 1.0 M으로 유지하기 위해 연속적으로 추가하거나 제거하는 경우 반응은 왼쪽으로 지속적으로 자발적으로 진행되며 과당-6-인산 1몰당 자유에너지 410 cal를 방출하면서 포도당-6-인산으로 전환된다. 이 에너지를 보존하기 위한 어떠한 수단이 없다면 열로 소멸될 것이다.

실제 세포에서 이 두 인산 당은 1.0 M에 가까운 농도로 존재하지 않는다. 실제로 사람 적혈구에서 이 화합물의 실제 농도를 측정한 실험 값은 다음과 같다.

[포도당-6-인산]: 83 μM (83×10^{-6} M)

[과당-6-인산]: 14 μM (14×10^{-6} M)

이 값을 사용하여 적혈구에서 이들 당이 상호 전환되는 실제 $\Delta G'$을 다음과 같이 계산할 수 있다.

$$\Delta G' = \Delta G^{\circ\prime} + 592 \ln \frac{[\text{과당-6-인산}]_\text{현재}}{[\text{포도당-6-인산}]_\text{현재}}$$
$$= +410 + 592 \ln \frac{14 \times 10^{-6}}{83 \times 10^{-6}}$$
$$= +410 + 592 \ln 0.169$$
$$= +410 + 592(-1.78) = +410 - 1,054$$
$$= -644 \text{ cal/mol} \tag{5-26}$$

$\Delta G'$이 음수 값인 것은 적혈구의 현재 농도 조건에서 포도당 6-인산을 과당 6-인산으로 전환하는 것이 열역학적으로 가능하다는 것을 의미하며, 반응은 반응물은 1몰당 644 cal의 자유에너지를 내면서 생성물로 전환된다는 것을 의미한다. 따라서 반응물을 생성물로 전환하는 것은 표준 조건에서는 열역학적으로 불가능하지만, 적혈구는 이 2개의 인산화된 당을 양의 값을 가진 $\Delta G^{\circ\prime}$을 상쇄하기에 적절한 농도로 유지시켜 반응을 가능하게 한다. 물론 이러한 적응은 적혈구가 이 반응이 포함되어 있는 해당 작용으로 포도당을 성공적으로 분해하기 위해 필수적이다.

🔗 연결하기 5.2

용액에 있는 폴리펩타이드는 일반적으로 적절한 3차원 모양으로 자발적으로 접힌다. (a) 접힘 과정에서 ΔG의 부호는 무엇인가? 어떻게 알 수 있는가? (b) 접힘 과정에서 ΔS 기호는 무엇인가? 어떻게 알 수 있는가? (그림 2-18 참조)

생물에너지학 이해를 돕기 위한 점프콩 비유

자유에너지, 엔트로피, 엔탈피의 개념을 이해하기 어렵다면 다음과 같은 간단한 비유가 도움이 될 것이다. 이를 위해 점프콩(jumping bean)이 필요한데, 이는 콩 안에 *Laspeyresia saltitans* 나 방의 애벌레가 있는 어떤 멕시코 관목의 씨앗 콩이다. 콩 안의 애벌레가 움직일 때마다 콩이 점프하는 것처럼 보인다.

점프반응 예를 들어 아래 그림과 같이 낮은 칸막이로 구분된 동일한 수준의 2개의 방에 고출력 점프콩이 있다고 상상해보자. 1번 방에 점프콩을 한 움큼 넣자마자 그들은 무작위로 뛰기 시작한다. 대부분의 콩이 적당한 높이로 뛰어오르지만 때때로 어떤 콩은 칸막이를 넘어 2번 방으로 떨어지는 더 활기찬 도약을 한다. 이를 **점프반응**이라고 할 수 있다.

$$\text{1번 방의 콩} \rightleftharpoons \text{2번 방의 콩}$$

때때로 2번 방에 도달한 콩 중 하나가 1번 방으로 다시 뛰어드는 일이 발생하는데, 이것이 바로 **역반응**이다. 처음에는 물론 1번 방에 콩이 더 많기 때문에 1번 방에서 2번 방으로 뛰어드는 콩이 더 많을 것이지만, 결국에는 상황이 고르게 되어 평균적으로 두 방에 동일한 수의 콩이 있을 것이다. 그러면 그때 시스템은 **평형**을 이룰 것이다. 콩은 여전히 2개의 방 사이를 계속 뛰어오를 것이지만 양쪽 방향으로 뛰어오르는 수는 같을 것이다.

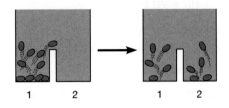

평형상수 일단 이 시스템이 평형을 이루면 각 방에 있는 콩의 수를 세고 그 결과를 2번 방에 있는 콩의 수와 1번 방에 있는 콩의 수의 비율로 표현할 수 있다. 이는 단순히 점프반응에 대한 **평형상수**(K_{eq})이다.

$$K_{eq} = \frac{\text{평형 상태에서 2번 방에 있는 콩의 수}}{\text{평형 상태에서 1번 방에 있는 콩의 수}}$$

이 특정 상황에서 두 방에 있는 콩의 수는 평형 상태에서 동일하므로, 이러한 조건에서 점프반응에 대한 평형상수는 1.0이다.

엔탈피 변화(ΔH) 이제 다음 그림에 나온 것처럼 1번 방의 수준이 2번 방보다 다소 높다고 가정한다. 1번 방에 들어간 점프콩은 다시 1번 방과 2번 방 사이에 나누어지는 경향이 있지만, 이번에는 2번 방에서 1번 방으로 올라가려면 더 높은 점프가 필요하기 때문에 이러한 현상은 덜 발생할 것이다. 평형 상태에서 2번 방에는 1번 방보다 더 많은 콩이 있을 것이고, 따라서 평형상수는 1보다 클 것이다.

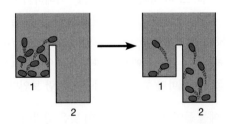

두 방의 상대적인 높이는 방의 엔탈피, 즉 **열 함량**(H)의 척도로 생각할 수 있는데, 1번 방은 2번 방보다 높은 H 값을 가지며, 이들 사이의 차이는 ΔH로 표시된다. 1번 방에서 2번 방으로 점프하는 것은 '내려가는' 점프이므로, ΔH는 음의 값을 가진다. 마찬가지로 역반응에 대한 ΔH는 '올라가는' 점프이기 때문에 양의 값을 가지는 것이 타당해 보인다.

엔트로피 변화(ΔS) 이제 아래와 같이 두 방이 다시 동일한 높이에 있지만 2번 방의 바닥 면적이 1번 방보다 더 넓은 상황을 생각해보자. 2번 방에는 콩이 떨어질 면적이 넓어져 콩이 발견될 확률도 더 커지므로, 평형에서 2번 방의 콩이 1번 방의 콩보다 더 많을 것이고 평형상수는 1보다 클 것이다. 이는 엔탈피의 변화가 없음에도 점프반응의 평형 위치가 오른쪽으로 이동했다는 의미이다.

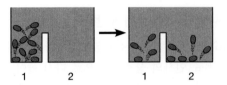

방의 바닥 면적은 시스템의 무질서도, 즉 **엔트로피**(S)를 나타낸다고 볼 수 있고, 두 방 사이의 차이는 ΔS로 나타낼 수 있다. 2번 방은 1번 방보다 바닥 면적이 크기 때문에 이러한 조건에서 좌측에서 우측으로 점프반응이 진행됨에 따라 엔트로피 변화는 양의 값을 가진다. 음의 값 ΔH가 가능한 반응인 반면, ΔS의 경우 양의 값이 가능한 반응임을 유념하라.

자유에너지 변화(ΔG) 지금까지는 콩의 분포에 영향을 미치는 두 가지 다른 요인, 즉 두 방의 수준 차이(ΔH)와 바닥 면적 차이(ΔS)를 알아보았다. 게다가 이러한 요소들 각각 단독으로는 어떤 것도 평형에서 콩이 어떻게 분포될 것인지를 보여주는 적절한 지표가 아니라는 것이 분명하다. 왜냐하면 유리한 ΔH(음의 값)는 불리한 ΔS(음의 값)에 의해 상쇄될 수 있고, 그 반대의 경우도 마찬가지이기 때문이다.

분명 우리가 필요로 하는 것은 이 두 효과를 산술적으로 합산하여 최종 순 경향이 어떻게 되는지 보는 방법이다. 이 새로운 방법이 자유에너지 변화(ΔG)이며, 우리 목적에 가장 중요한 열역학적 매개변수인 것이다. ΔG는 음의 값이 유리한, 가능한(열역학적으로 자발적인) 반응에 해당하고, 양의 값이 불리한, 불가능한 반응을 나타내도록 정의된다. 따라서 ΔG는 ΔH와 같은 부호를 갖지만(음의 ΔH가 유리하기 때문) ΔS와 반대 부호를 가진다 (ΔS의 경우 양의 값이 유리하다). 실제 열역학에 기반하여 ΔG는 ΔH, ΔS, 온도 T를 사용하여 다음과 같이 표현한다.

$$\Delta G = \Delta H - T\Delta S$$

ΔG와 일할 수 있는 능력 ΔG가 음인 한, 콩은 엔트로피의 변화, 엔탈피의 변화, 또는 둘 다에 의해 1번 방에서 2번 방으로 계속 뛰어오를 것이다. 이는 점프콩을 동력으로 사용하는 '콩바퀴'가 아래와 같이 2번 방에 설치된다면 한 방에서 다른 방으로 이동하는 콩의 힘으로 평형에 도달할 때까지 일할 수 있다는 것을 의미한다.

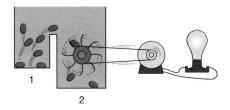

나아가 두 방 사이의 자유에너지 차이가 클수록(즉 ΔG가 큰 음수 값을 가질수록) 시스템은 더 많은 일을 수행할 수 있다.

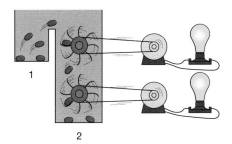

그렇다면 **자유롭거나 유용한 일을 할 수 있는 에너지**라는 의미에서 ΔG를 자유에너지로 생각하고 싶을 것이다. 게다가 1번 방에 콩을 계속 첨가하고 2번 방에서 계속 제거하여 ΔG를 음으로 항상 유지한다면 평형에 이르는 반응 추진력을 효과적으로 활용하는 조건인 역동적인 **정상 상태**를 만들 수 있다. 그러면 끝없이 평형을 향해 점프하지만 평형에는 영원히 도달하지 못하는 콩으로 끊임없이 일을 수행할 수 있다.

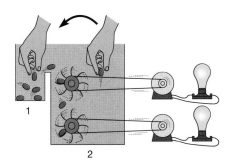

전망 다음 장 학습을 위해 콩이 실제로 1번 방에서 2번 방으로 이동하는 속도에 대해 생각해보자. ΔG는 콩이 점프할 때 얼마나 많은 에너지가 방출되는지를 측정하지만, 그 속도에 대해서는 전혀 언급하지 않는다. 그것은 두 방 사이의 가림막이 얼마나 높은지에 따라 결정적으로 달라지는 것처럼 보일 것이다. 이를 **활성화 에너지 장벽**이라고 명명하고 어떻게 하면 콩이 더 빨리 장벽을 넘을 수 있는지 생각해보자. 한 가지 방법은 방을 따뜻하게 하는 것일 수 있는데, 이는 씨앗 안의 유충이 따뜻해지면 더 힘차게 움직이기 때문이다. 세포는 반응 속도를 높이는 훨씬 더 효과적이고 구체적인 수단을 가지고 있다. 효소라고 불리는 촉매를 사용함으로써 활성화 에너지 장벽을 낮추는 것이다.[*]

생명은 평형을 향해 가지만 결코 거기에 도달하지 않는 정상 상태 반응으로 유지된다

이 장에서 강조했듯이 모든 반응의 원동력은 평형을 향해 나아가는 힘이다. 그러나 세포가 실제로 어떻게 기능하는지 이해하려면 평형에 도달하지 않고 평형을 향해 나아가는 반응의 중요성을 인식해야 한다. 평형 상태에서 반응의 정방향과 역방향 속도는 서로 동일하며, 따라서 어느 방향으로도 물질의 순 흐름이 없다. 가장 중요한 것은 $\Delta G'$이 평형 상태에서는 0이어서 반응으로부터 에너지가 추출될 수 없다는 것이다. 식 5-21과 5-22를 사용하여 평형에서 모든 반응이 $\Delta G' = 0$이라는 것을 수학적으로 증명할 수 있다.

실제적인 측면에서 보면 모든 평형 상태에 있는 반응은 정지된 반응이다. 그러나 살아있는 세포는 정지된 것이 아니라 연속적인 반응을 특징으로 한다. 평형 상태에 있는 세포는 죽은 세포일 것이다. 실제로 생명을 정의할 때 "평형 상태에서 멀리 떨어진 위치로 세포 반응을 유지하려는 지속적인 투쟁"이라고 할 수 있다. 왜냐하면 평형에서는 순 반응이 불가능하고 에너지가 방출되지 않으며 일이 행해질 수 없고 살아있는 상태의 질서가 유지될 수 없다.

그러므로 생명은 살아있는 세포의 반응을 열역학적 평형과 거리가 먼 **정상 상태**(steady state)로 유지하기 때문에 가능하다. 적혈구에서 발견되는 포도당-6-인산과 과당-6-인산의 농도 수치가 이 점을 잘 보여준다. 앞서 살펴본 것처럼 이 화합물들의 농도는 K'_{eq} 값 0.5에 의해 예측된 평형 상태와 멀리 떨어진 정상 상태로, 세포에 유지된다. 실제로 평형 상태에서는 양의 $\Delta G''$을 가져 포도당-6-인산 방향을 선호함에도 불구하고, 세포에서 포도당-6-인산과 과당-6-인산의 농도는 평형 상태의 농도와 큰 차이가 있어 포도당-6-인산이 과당-6-인산으로 전환될 수 있다. 세포 내에서 존재하는 다른 대부분의 반응과 경로도 마찬가지이다. 반응물, 생성물, 중간체가 열역학적 평형에서 멀리 떨어진 일정한 상태의 농도로 유지되기 때문에 반응들이 진행할 수 있고, 이를 이용해 다양한 종류의 세포 일을 수행한다.

결국 이 상태는 세포가 열린 계이고 환경으로부터 많은 양의 에너지를 받기 때문에 가능하다. 만약 세포가 닫힌 계라면 모든 반응은 시간이 지나면 점차 평형을 이룰 것이다. 세포는 필연적으로 자유에너지가 최소인 상태가 될 것이고, 그 이후에는 더 이상의 변화가 일어날 수 없고, 어떤 일도 행해질 수 없으며, 생명이 정지될 것이다. 이와 같이 생명체에게 필수적인 정상 상태는 빛 에너지의 형태이든 유기물의 형태이든, 세포가 환경으로부터

---

[*] 이 비유는 Harold F. Blum(*Time's Arrow and Evolution*, 3rd ed., 1968, pp. 17-26.)에 의해 처음 개발되었고 사용을 허락해준 Princeton University Press에 감사드린다.

에너지를 지속적으로 흡수할 수 있기 때문에 가능하다. 세포는 이러한 에너지를 지속적으로 흡수하고 이에 수반되는 물질을 이동시키면서 세포화학의 모든 반응물과 생성물이 평형으로부터 충분히 멀리 유지되는 정상 상태를 유지시키며, 평형을 향해 일어나는 반응에서 열역학적 동력을 수확하여 유용한 일을 할 수 있고, 그래서 세포 활성과 구조적 복잡성을 유지하고 확대할 수 있는 것이다.

이 작업이 어떻게 수행되는지는 다음 장에서 중점적으로 다룰 것이다. 6장에서는 세포반응 속도를 결정하는 효소촉매의 원리,

즉 열역학적으로 '갈 수 있는 것(can go)'을 '갈 것인 것(will go)'으로 전환할 것이다. 그러고 나서 이후의 장으로 넘어가 일련의 그러한 반응이 함께 작용함으로써 일어나는 기능적인 대사경로를 만나게 될 것이다.

개념체크 5.3

$\Delta G'$, $\Delta G°$, $\Delta G°'$의 차이점은 무엇인가? 세포에서 반응 과정의 자발성을 예측하는 가장 적절한 값은 무엇인가?

요약

5.1 에너지의 중요성

- 세포의 복잡성은 환경에서 에너지를 이용할 수 있기 때문에 가능하다. 모든 세포는 에너지, 즉 세포에서 물리적 또는 화학적 변화를 일으킬 수 있는 능력을 필요로 한다. 이러한 에너지 요구 변화에는 합성하는 일, 기계적 일, 농축하는 일, 전기적 일, 열 생성, 생물발광이 있다.
- 광영양생물은 태양으로부터 직접 에너지를 얻고 이를 사용하여 이산화탄소, 질산염과 같은 저에너지 무기분자를 탄수화물, 단백질, 지질과 같은 고에너지 분자로 환원한다. 이 분자는 세포 구조를 만들고 햇빛이 없을 때 에너지를 만드는 데 사용된다.
- 화학영양생물은 태양 에너지를 직접 수확할 수 없지만 광영양생물이 합성한 고에너지 분자를 산화시켜 에너지를 얻는다.
- 에너지가 태양에서 광영양생물, 화학영양생물로 이동하고 궁극적으로 열로 환경으로 방출됨에 따라 생물권에는 에너지의 단방향 흐름이 있다. 물질은 탄소와 질소 원자가 번갈아 환원되고 산화됨에 따라 광영양생물과 화학영양생물 사이에서 순환 방식으로 흐른다.

5.2 생물에너지학

- 모든 살아있는 세포와 생물체는 환경과 에너지를 교환하는 열린 계이다. 이러한 살아있는 시스템을 통한 에너지의 흐름은 열역학 법칙에 의해 지배된다.
- 열역학 제1법칙은 에너지가 형태를 변경할 수 있지만 항상 보존된다는 것이다. 열역학 제2법칙은 열역학적 자발성의 척도에 대한 것이다. 이는 단지 반응이 일어날 수 있다는 것을 의미하고 그것이 실제로 일어날 것인지 또는 어떤 속도로 일어날 것인지에 대해서는 알려주지 않는다.

- 자발적인 반응 과정에는 항상 우주의 엔트로피가 증가하고 시스템의 자유에너지가 감소한다. 자유에너지는 평형상수, 반응물과 생성물의 농도, 온도로부터 쉽게 계산할 수 있기 때문에 자발성을 실용적으로 나타내는 지표이다.

5.3 ΔG와 K_{eq} 이해하기

- 평형상수 K_{eq}는 특정 화학반응의 방향성을 측정한 것이다. 표준 조건에서 자유에너지 변화 $\Delta G°'$을 계산하는 데 사용할 수 있다.
- 지정된 조건에서 자유에너지 변화를 설명하는 $\Delta G'$은 반응이 평형에서 얼마나 멀리 떨어져 있는지 측정한다. 반응이 평형을 향해 이동할 때 방출되는 에너지의 양을 나타낸다.
- 발열반응은 음의 $\Delta G'$을 가지며, 반응식이 쓰여진 방향으로 자발적으로 진행되는 반면, 흡열반응은 양의 $\Delta G'$을 가지며 반응식이 쓰여진 방향으로 진행하려면 에너지 입력이 필요하다.
- 음수의 $\Delta G'$ 값은 반응이 자발적으로 진행되기 위한 필수 전제 조건이지만 반응이 실제로 합리적인 속도로 발생한다는 것을 보장하지는 않는다. 양의 표준 자유에너지 변화, $\Delta G°'$이 있는 반응이라도 생성물의 실제 농도가 음의 $\Delta G'$을 제공할 만큼 충분히 낮게 유지되면 진행될 수 있다.
- 세포는 평형에서 멀리 떨어진 정상 상태 농도에서 다양한 반응의 많은 반응물과 생성물을 유지함으로써 활동을 수행하는 데 필요한 에너지를 얻는다. 이는 반응이 실제로 평형에 도달하지 않고도 평형을 향해 움직일 수 있게 한다.
- 평형 상태의 반응은 $\Delta G' = 0$이며 이 반응에서는 유용한 작업을 수행할 수 없다. 따라서 모든 반응이 평형 상태에 있는 세포는 죽은 세포이다.

연습문제

5-1 양적 분석 태양 에너지. 때때로 글로벌 에너지 위기에 대한 우려를 듣지만 우리는 태양 복사의 형태로 엄청난 양의 에너지가 지속적으로 범람하는 행성에 살고 있다. 매일 태양 에너지는 1.94 cal/min-cm^2의 비율로 지구 대기 상부 표면 단면적에 도달한다.

(a) 지구의 단면적이 1.28×10^{18} cm^2이라고 가정할 때 연간 들어오는 에너지의 총량은 얼마인가?

(b) 특히 300 nm 이하와 800 nm 이상의 파장에서 그 에너지의 상당 부분은 결코 지구 표면에 도달하지 않는다. 무슨 일이 일어나는가?

(c) 지구 표면에 도달하는 복사선 중 단지 작은 부분만이 실제로 광영양생물에 의해 광합성으로 포획된다(실제 값은 연습문제 5-2에서 계산). 활용 효율이 그렇게 낮은 이유는 무엇인가?

5-2 양적 분석 광합성 에너지 전환. 광합성 생물체에 의해 유기물 형태로 변환된 탄소의 양은 놀라울 정도이다. 즉 전체 지구에 걸쳐 연간 약 5×10^{16} g의 탄소가 유기물로 고정된다.

(a) 세포에 있는 평균 유기분자의 탄소 비율이 포도당과 거의 같다고 가정할 때 탄소 고정 광영양생물에 의해 연간 몇 그램의 유기물질이 생성되는가?

(b) (a)의 모든 유기물이 포도당(또는 포도당과 동등한 에너지 함량을 가진 분자)이라고 가정할 때 그 양의 유기물이 나타내는 에너지는 얼마인가? 포도당의 자유에너지 함량(자유 연소 에너지)은 3.8 kcal/g이라고 가정한다.

(c) 위에서 계산한 연간 광영양성 순생산량 중 화학영양생물이 매년 소비하는 비율은 얼마인가?

(d) 연습문제 5-1a에 대한 답을 참조하여 계산하면 지구 상부 대기에 입사한 태양 복사 에너지가 광합성에 의해 지표면에서 고정되는 비율은 얼마인가?

5-3 에너지 전환. 대부분의 세포 활동은 에너지를 한 형태에서 다른 형태로 전환한다. 다음 각 경우에 대한 생물학적 예를 제시하고 전환의 중요성을 설명하라.

(a) 화학 에너지를 기계 에너지로

(b) 화학 에너지를 빛 에너지로

(c) 태양(빛) 에너지를 화학 에너지로

(d) 화학 에너지를 전기 에너지로

(e) 농도 기울기 퍼텐셜 에너지를 화학 에너지로

5-4 엔탈피, 엔트로피, 자유에너지. 포도당이 이산화탄소와 물로 산화하는 반응은 산화가 실험실에서 연소에 의해 발생하든 살아있는 세포에서 생물학적 산화에 의해 발생하든 다음과 같이 동일한 반응이다.

$$C_6H_{12}O_6 + 6O_2 \rightarrow 6CO_2 + 6H_2O \qquad (5\text{-}27)$$

이 반응은 −673 kcal/mol의 엔탈피 변화(ΔH)로 매우 발열적이다. 그림 5-9에서 알 수 있듯이 25°C에서 이 반응의 ΔG는 −686 kcal/mol이므로 매우 발열적이다.

(a) ΔH와 ΔG 값이 의미하는 것을 설명하라. 각 경우에 음수 기호는 무엇을 의미하는가?

(b) ΔG와 ΔH 값의 차이가 엔트로피 때문이라는 것은 무슨 의미인가?

(c) 계산을 해보지 않고 이 반응에 대한 ΔS가 양수인지 음수인지 설명할 수 있는가?

(d) 이제 25°C에서 이 반응에 대해 ΔS를 계산하라. 계산된 값이 (c)의 예측과 부호가 일치하는가?

(e) $C_6H_{12}O_6$를 만들기 위해 CO_2와 H_2O를 사용하는 광합성 조류에서는 위의 역반응이 일어난다. 그때 ΔG, ΔH, ΔS의 값은 얼마인가?

5-5 열역학 제2법칙 위반? 열역학 제2법칙은 무작위성이 증가하는 방향으로 모든 화학적, 물리적 변화가 일어난다는 것이다. 더 복잡하고 무작위적이지 않은 방향으로 생물 분자와 생물체가 만들어지는 것이 이 법칙을 위반한다는 주장이 있다. 이 주장이 잘못된 이유는 무엇인가?

5-6 양적 분석 평형상수. 다음 반응은 해당경로의 단계 중 하나이다(9장 참조). 이 장에서 이미 예제로 사용했기 때문에 아마 알고 있을 것이다(반응 5-9 참조).

$$\text{포도당-6-인산} \rightleftharpoons \text{과당-6-인산} \qquad (5\text{-}28)$$

25°C에서 이 반응에 대한 평형상수 K_{eq}는 0.5이다.

(a) 0.15 M 포도당-6-인산(G6P)을 포함하는 용액에 반응 5-28을 촉매하는 효소인 인산포도당 이성질체화효소를 넣어 25°C에서 밤새 반응시킨다고 가정한다. 다음 날 아침 배양 혼합물 10 mL에서 몇 mmol의 과당-6-인산(F6P)을 회수할 수 있는가?

(b) 0.15 M F6P를 포함하는 용액으로 시작했다면 (a)의 답은 어떻게 되는가?

(c) 0.15 M G6P를 포함하는 용액으로 시작했지만 배양 혼합물에 인산포도당 이성질체화효소를 첨가하는 것을 잊었다면 어떤 결과가 나오겠는가?

(d) 25°C 대신 15°C에서 실험했다면 (a)의 결과와 동일한 결과를 얻을 수 있는가? 그 이유는 무엇인가?

5-7 양적 분석 $\Delta G^{\circ\prime}$과 $\Delta G'$ 계산. 반응 5-28과 마찬가지로 3-포스포글리세르산(3PG)에서 2-포스포글리세르산(2PG)으로의 전환은 해당과정 단계 중 하나로 중요한 세포반응이다(9장 참조).

$$\text{3-포스포글리세르산} \rightleftharpoons \text{2-포스포글리세르산} \qquad (5\text{-}29)$$

이 반응을 촉매하는 효소를 25°C 및 pH 7.0에서 3PG 용액에 첨가하면 평형에서 두 분자 농도 비율은 0.165가 된다.

$$K'_{eq} = \frac{[\text{2-포스포글리세르산}]_{eq}}{[\text{3-포스포글리세르산}]_{eq}} = 0.165 \qquad (5\text{-}30)$$

사람 적혈구에서 이러한 화합물의 실제 정상 상태 농도를 측정하면 3PG의 경우 61 μM, 2PG의 경우 4.3 μM이다.

(a) $\Delta G^{\circ\prime}$을 계산하고 이 값이 의미하는 바를 설명하라.

(b) $\Delta G'$을 계산하고 이 값이 의미하는 바를 설명하라. $\Delta G^{\circ\prime}$과 $\Delta G'$이 다른 이유는 무엇인가?

(c) 3PG 농도가 61 μM로 유지되고 2PG 농도가 증가하도록 세포 조건이 변경된다면 열역학적으로 실현 가능하지 않으므로 반응 5-29가 중단되기 전에 2PG 농도는 얼마나 높아질 수 있는가?

5-8 정반응 또는 역반응? 디하이드록시아세톤인산(DHAP)과 글리세르알데하이드-3-인산(G3P)의 상호전환은 해당경로(9장 참조)와 광합성 탄소 고정을 위한 캘빈 회로(11장 참조)의 한 부분이다.

디하이드록시아세톤인산 $\rightleftharpoons$ 글리세르알데하이드-3-인산
DHAP   G3P
$(5\text{-}31)$

이 반응에 대한 $\Delta G^{\circ\prime}$ 값은 25°C에서 +1.8 kcal/mol이다. 해당경로에서 이 반응은 오른쪽으로 진행되어 DHAP를 G3P로 전환하고, 캘빈 회로에서 이 반응은 왼쪽으로 진행되어 G3P를 DHAP로 전환한다.

(a) 평형은 어느 방향에 있는가? 25°C에서 평형상수는 얼마인가?

(b) 이 반응은 표준 조건에서 어느 방향으로 진행되는 경향이 있는가? 그 방향의 반응에서 $\Delta G'$은 얼마인가?

(c) 해당경로에서 G3P는 다음 반응에 의해 소모되어 낮은 G3P 농도를 유지하기 때문에 이 반응은 오른쪽으로 진행된다. G3P의 농도가 DHAP 농도의 1%로 유지되는 경우(즉 [G3P]/[DHAP] = 0.01인 경우) $\Delta G'$은 (25°C에서) 얼마인가?

(d) 캘빈 회로에서 이 반응은 왼쪽으로 진행된다. 반응이 최소한 −3.0 kcal/mol(25°C)까지 발열반응이 일어나도록 하려면 [G3P]/[DHAP] 비율이 얼마나 높아야 하는가?

5-9 양적 분석 석신산 산화. 석신산에서 푸마르산으로의 산화는 시트르산 회로의 단계 중 하나이며 중요한 세포반응이다(그림 10-9 참조). 석신산에서 제거된 2개의 수소 원자는 플래빈 아데닌 다이뉴클레오타이드(FAD)라고 하는 조효소 분자에 수용되어 FADH₂로 환원된다.

$$\text{석신산} + \text{FAD} \rightleftharpoons \text{푸마르산} + \text{FADH}_2 \qquad (5\text{-}32)$$

반응 5-32에 대한 $\Delta G^{\circ\prime}$은 0 cal/mol이다.

(a) 석신산과 FAD가 각각 0.01 M 포함된 용액에 이 반응을 촉매하는 적절한 양의 효소를 추가하면 푸마르산이 만들어지는가? 그렇다면 평형에서 4종 모두의 농도를 계산하라. 그렇지 않다면 그 이유를 설명하라.

(b) 초기에 0.01 M FADH₂도 존재한다고 가정하고 (a)에 답하라.

(c) 세포의 정상 상태 조건이 FADH₂/FAD = 5이고 푸마르산 농도가 2.5 μM인 경우 석신산 산화를 위해 $\Delta G' = -1.5$ kcal/mol이 유

지된다. 이때 필요한 석신산 농도는 얼마인가?

5-10 데이터 분석 에너지에 대한 분석. 그림 5-12의 그래프를 분석하라. 그래프의 (a)~(d)에 대해 ΔH와 ΔS의 값을 설명하라.

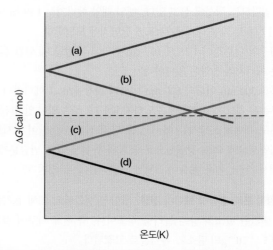

그림 5-12 4가지 다른 반응에서 온도 증가 함수로 나타낸 ΔG. 연습문제 5-10 참조

5-11 단백질 접힘. 접힘이 일어난 폴리펩타이드 용액이 가열되거나 산성 또는 알칼리성으로 만들어지면 폴리펩타이드가 펼쳐지도록(unfolding) 유도될 수 있다(즉 변성된다). 폴리펩타이드의 변성 과정은 다음 방정식으로 나타낼 수 있다.

접힌 단백질 $\rightleftharpoons$ 펼쳐진 단백질

특정 조건에서 말의 효소인 라이소자임의 한 부분이 펼쳐지는 값은 다음과 같이 측정되었다.

$$\Delta H = 250 \text{ kcal/mol}, \quad \Delta S = 0.54 \text{ kcal/mol-K}$$

(a) 25°C에서 라이소자임의 펼쳐짐에 대한 ΔG를 계산하라.

(b) 말의 라이소자임이 25°C에서 안정할 것으로 예측하는가? 그렇게 추론한 이유는 무엇인가?

(c) 접힌 폴리펩타이드를 펼치려면 끊어지거나 파괴되어야 하는 결합과 상호작용의 주요 종류는 무엇인가? 열이 매우 높거나 pH가 낮을 때 펼침이 일어나는 이유는 무엇인가?

5-12 합산 증명. $\Delta G'$ 및 $\Delta G^{\circ\prime}$과 같은 열역학 매개변수는 순차적 반응에 대해 가산적이라는 유용한 특성이 있다. $K'_{AB}, K'_{BC}, K'_{CD}$는 다음 반응 1, 2, 3에 대한 각각의 평형상수이다.

$$\text{A} \underset{\text{반응 1}}{\rightleftharpoons} \text{B} \underset{\text{반응 2}}{\rightleftharpoons} \text{C} \underset{\text{반응 3}}{\rightleftharpoons} \text{D} \qquad (5\text{-}33)$$

(a) A에서 D로의 전체 변환에 대한 평형상수 K'_{AD}가 3가지 성분 평형상수의 곱임을 증명하라.

$$K'_{AD} = K'_{AB} \, K'_{BC} \, K'_{CD} \qquad (5\text{-}34)$$

(b) A에서 D로의 전체 변환에 대한 $\Delta G^{\circ\prime}$이 3가지 구성 요소 $\Delta G^{\circ\prime}$

값의 합임을 증명하라.

$$\Delta G^{\circ\prime}_{AD} = \Delta G^{\circ\prime}_{AB} + \Delta G^{\circ\prime}_{BC} + \Delta G^{\circ\prime}_{CD} \qquad (5\text{-}35)$$

(c) $\Delta G'$ 값도 유사하게 합임을 증명하라.

5-13 합산의 활용. 연습문제 5-12에서 논의된 열역학적 매개변수의 덧셈은 경로의 순차적 반응뿐만 아니라 모든 반응이나 과정에 적용된다. 또한 반응의 **뺄셈**에도 적용된다. 이 정보를 사용하여 다음 질문에 답하라.

(a) 무기인산염(P_i로 약칭)을 사용한 포도당 인산화는 흡열반응($\Delta G^{\circ\prime} = +3.3$ kcal/mol)인 반면, ATP의 탈인산화(가수분해)는 발열반응($\Delta G^{\circ\prime} = -7.3$ kcal/mol)이다.

$$\text{포도당} + P_i \rightleftharpoons \text{포도당-6-인산} + H_2O \qquad (5\text{-}36)$$
$$ATP + H_2O \rightleftharpoons ADP + P_i \qquad (5\text{-}37)$$

ATP로부터 인산기가 이동하여 포도당이 인산화되는 반응을 작성하고 반응에 대한 $\Delta G^{\circ\prime}$을 계산하라.

(b) 크레아틴인산은 근육세포에서 에너지를 저장하는 데 사용된다. ATP와 같이 크레아틴인산의 탈인산화(반응 5-38)는 $\Delta G^{\circ\prime} = -10.3$ kcal/mol을 사용하는 고도의 발열반응이다.

$$\text{크레아틴인산} + H_2O \rightleftharpoons \text{크레아틴} + P_i \qquad (5\text{-}38)$$

크레아틴과 ATP를 생성하기 위해 크레아틴인산에서 ADP로 인산염이 이동하는 반응을 작성하고 반응에 대한 $\Delta G^{\circ\prime}$을 계산하라.

6 효소: 생명의 촉매제

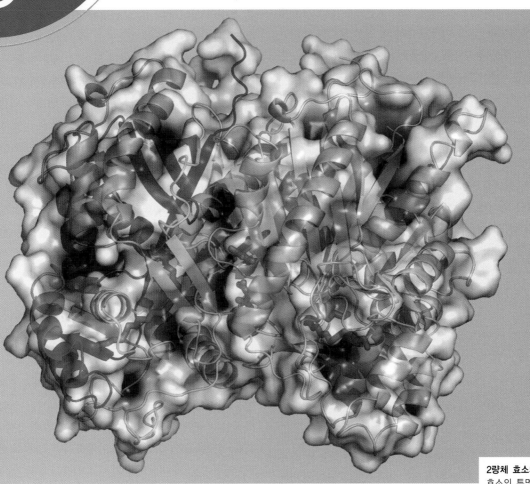

2량체 효소의 4차원적 구조. 효소의 투명한 표면 모델(흰색)에는 2량체를 구성하는 두 가지 단량체의 리본 모델이 있다. 하나의 단량체는 짙은 회색으로 표시되고, 다른 단량체는 N-말단(파란색)에서 C-말단(빨간색)까지 무지개색으로 표시하였다.

5장에서는 생물학적 조건에서의 자유에너지 변화($\Delta G'$)를 학습했다. $\Delta G'$의 부호가 특정 방향으로 반응이 가능한지 여부를 알려주며, $\Delta G'$의 크기는 반응이 해당 방향으로 진행됨에 따라 방출(또는 공급)되는 에너지의 양을 나타낸다. 그러나 $\Delta G'$이 열역학적 매개변수이기 때문에 반응이 실제로 일어날 것인지는 알려주지 않는다는 것을 주의해야 한다. 이를 구별하려면 반응 메커니즘과 속도에 대한 정보뿐만 아니라 반응 방향과 역학적 특성도 알아야 한다.

모든 세포반응이나 과정이 효소(enzyme)라고 불리는 단백질(어떤 경우에는 RNA) 촉매제에 의해 매개되기 때문에 **효소촉매**(enzyme catalysis)라는 주제를 접하게 되었다. 세포 내에서 감지할 수 있는 속도로 일어나는 유일한 반응은 적당한 효소가 존재하고 활성이 있는 것이다. 따라서 효소는 거의 언제나 '진행될 수 있는' 세포반응과 '진행될' 세포반응 사이의 차이를 결정한다.

이 장에서는 먼저 열역학적으로 자발적인 반응이 일반적으로 촉매제 없이 적절한 속도로 일어나지 않는 이유를 살펴볼 것이다. 그리고 특정 생물학적 촉매제로서 효소의 역할에 대해 알아볼 것이다. 또한 효소촉매 반응의 속도가 **기질**(substrate)의 농도, 효소와 기질의 친화력 및 효소 자신의 공유결합의 변형 등에 어떤 영향을 받는지 살펴볼 것이다.

6.1 활성화 에너지와 준안정성 상태

5장에서 자유에너지($\Delta G' < 0$)의 음의 변화를 가진 반응이 열역학적으로 자발적이라는 것을 보았다. 그러나 반응이 열역학적으로 자발적이라고 해서 반드시 특정 세포 조건에서 실제로 진행된다는 의미는 아니다. 만약 이것에 대해 더 이상 생각하지 않는다면 열역학적으로 가능한 많은 반응이 감지할 만한 속도로 일어나지 않는다는 것에 익숙해질 것이다. 포도당의 산화는 명백한 예 중 하나이다(5장, 반응 5-1 참조). 이 반응(또는 일련의 반응들)은 극명한 자유에너지 감소반응($\Delta G^{\circ\prime} = -686$ kcal/mol)이지만 그 자체만으로는 진행되지 않는다. 실제로 포도당 입자나 포도당 용액은 대기 중 산소에 무한대로 노출되어도 산화는 거의 일어나지 않는다. 이 글이 인쇄된 종이에 있는 섬유소(셀룰로스)도 또 다른 예이며, 그러한 의미에서 우리도 열역학적으로 불안정한 분자들의 복잡한 복합물로 이루어져 있다.

세포화학에서 이것만큼 친근하지는 않지만 그만큼 중요한 것은 세포 내에서 열역학적으로 가능한 많은 반응이 스스로 진행될 수는 있지만 감지할 수 있는 속도로 진행되지는 않는다는 사실이다. 한 가지 예로서 고에너지 분자인 ATP(아데노신 3인산)를 생각해보면 ATP는 말단 인산기를 가수분해하여 ADP와 무기인산(P_i)을 만드는 데 매우 호의적인 $\Delta G^{\circ\prime}$(-7.3 kcal/mol)을 가지고 있다.

$$\text{ATP} + \text{H}_2\text{O} \rightleftharpoons \text{ADP} + \text{P}_i \tag{6-1}$$

이 반응은 표준 조건에서 자유에너지 감소가 매우 강하고 세포 내의 일반적인 상태에서는 더욱 그러하다. 하지만 높은 자유에너지 변화에도 불구하고 이 반응은 자체적으로는 매우 느리게 일어날 뿐이다. 따라서 순수한 물에 녹아있는 ATP는 수일 동안도 안정적이다. 이러한 특성은 생물학적으로 중요한 많은 분자 및 반응에 공통적인 것으로 밝혀졌으며, 따라서 그 이유를 이해하는 것이 중요하다.

활성화 에너지 장벽은 화학반응이 일어나기 전에 반드시 극복되어야 한다

서로 반응할 수 있는 분자들도 충분한 에너지가 없으면 종종 반응하지 않는다. 모든 반응에는 반응물 간 충돌을 통해 성공적으로 생성물을 만들려면 반응물이 반드시 가져야 할 최소한의 에너지인 특정 **활성화 에너지**(activation energy, E_A)가 있어야 한다. 더욱 구체적으로 반응물은 **전이 상태**(transition state)라고 하는 중간 화학 단계에 도달해야 한다. 이 단계는 초기 반응물보다 높은 자유에너지를 가지고 있다.

그림 6-1은 중요한 반응인 ATP의 가수분해에 대한 활성화 에너지에 온도와 효소가 어떻게 영향을 미치는지 보여준다. 그림 6-1은 ATP와 물 분자가 ADP와 P_i로 변환되기 전에 전이 상태에 이르는 데 필요한 활성화 에너지를 보여준다. $\Delta G^{\circ\prime}$은 반응물과 생성물 사이의 자유에너지 차이(이 반응의 경우 -7.3 kcal/mol)를 특정한 것이지만, E_A는 반응물이 전이 상태에 도달하여 생성물을 만드는 데 필요한 최소한의 자유에너지를 나타낸다.

반응의 실제 속도는 언제나 E_A와 같거나 더 높은 에너지를 가진 분자의 비율에 비례한다. 상온의 용액에서 ATP 분자와 물 분자가 편안히 움직일 때 각각의 분자는 언제나 일정량의 운동 에너지(kinetic energy)를 지니고 있다. 그림 6-1b에서와 같이 주어진 온도(예: T_1 또는 T_2)에서 분자 내 에너지 분포는 평균값 주변에서 대칭적으로 정규 분포를 나타낸다(종 모양의 곡선). 어떤 분자는 에너지를 거의 가지고 있지 않고, 어떤 분자는 많은 에너지를 가지며, 대부분은 평균 근처 어디에 속할 것이다. 중요한 점은 특정 시간에 반응할 수 있는 분자는 활성화 에너지 장벽(E_A, 그림 6-1b의 점선 오른쪽 음영 부분)을 뛰어넘는 에너지를 가진 분자뿐이라는 것이다.

준안정성 상태는 활성화 장벽으로 인해 만들어진 결과이다

정상적인 세포 온도에서 생물학적으로 중요한 대다수 반응의 활성화 에너지는 매우 높아서 특정 시간에 그 정도의 에너지를 가진 분자의 비율은 매우 낮다. 따라서 세포 내에서 촉매되지 않은 반응의 속도는 매우 느리고, 대부분의 분자는 열역학적으로 호의적인 반응의 강력한 반응물이지만 매우 안정적이다. 다시 말하면 이들은 열역학적으로 불안정하지만, 활성화 에너지 장벽을 뛰어넘을 만큼의 에너지를 가지고 있지는 않다. 안정적으로 보이는 이 분자들은 **준안정성 상태**(metastable state)에 있다고 말한다.

세포에서 높은 활성화 에너지와 그 결과 만들어지는 세포 구성 성분의 준안정성 상태가 중요한 것은, 생명이 바로 평형과는 동떨어진 안정 상태에서 유지되는 계이기 때문이다. 준안정성 상태가 없다면 모든 반응은 빠르게 평형 상태에 도달하고, 우리가 생명이라고 알고 있는 상태는 불가능할 것이다. 따라서 생명은 적절한 촉매가 없으면 대부분의 세포 내 반응이 감지할 수 있는 속도로 일어나는 것을 막는 높은 활성화 에너지에 전적으로 의지한다.

이해하고 평가하는 데 도움이 되는 비유를 살펴보자. 탁자 모서리 가까이에 놓인 그릇에 들어있는 달걀을 상상해보자. 이것의 정적인 위치는 준안정성 상태를 나타낸다. 만약 달걀이 바닥에 떨어진다면 에너지가 방출되겠지만 그릇이 장벽 역할을 하기 때문에 그렇게 할 수 없다. 달걀을 그릇에서 꺼내어 탁자 너머로 운반하기 위해서는 적은 양의 에너지가 반드시 투입되어야 한다. 그러면 달걀이 자발적으로 바닥으로 떨어지면서 많은 양의

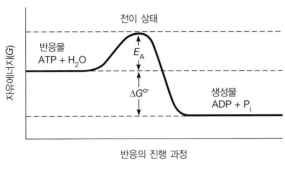

(a) 촉매가 없을 때의 반응 순서(검은색)

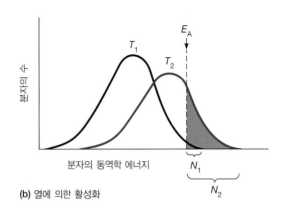

(b) 열에 의한 활성화

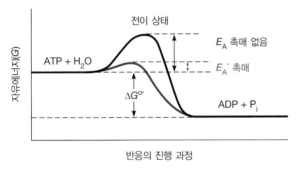

(c) 촉매가 있을 때의 반응 순서(파란색)

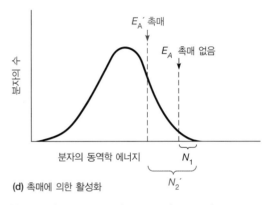

(d) 촉매에 의한 활성화

그림 6-1 활성화 에너지와 반응을 수행할 수 있는 분자 수에 대한 촉매반응의 영향. (a) 반응물(예: ATP와 H_2O)은 생성물(ADP와 P_i)의 형성을 이끄는 전이 상태에 도달하려면 활성화 에너지 장벽(E_A)을 초과할 충분한 에너지를 가져야 한다. (b) 활성화 에너지 장벽(E_A)을 뛰어넘기에 충분한 에너지를 가진 분자의 수(N_1)는 온도를 T_1에서 T_2로 올리면 N_2로 증가할 수 있다. (c) 다른 방법으로는 촉매에 의해 활성화 에너지를 낮출 수 있기 때문에(파란색 선), (d) 온도 변화 없이 분자 수를 N_1에서 N_2'으로 증가시킴으로써 가능하다.

에너지가 방출될 것이다.

촉매는 활성화 에너지 장벽을 극복하게 한다

활성화 에너지는 원하는 반응이 감지할 정도의 속도로 진행되기 위해 반드시 극복해야 할 장벽이다. 특정 분자가 반응을 진행하려면 그 분자가 가지고 있는 에너지가 반드시 E_A보다 커야 한다. 그렇기 때문에 준안정성 상태의 분자가 관여하는 반응이 감지할 수 있는 속도로 진행되기 위한 유일한 방법은 충분한 에너지를 가진 분자의 비율을 높이는 것이다. 이는 모든 분자의 평균적인 에너지 준위를 높이거나 필요한 활성화 에너지를 낮추는 방법으로 가능하다.

계의 에너지 양을 높이는 방법 중의 하나로 열을 가하는 것이 있다. 그림 6-1b에서와 같이 단순히 계의 온도를 T_1에서 T_2로 높이는 것은 평균적인 분자의 운동 에너지를 높일 것이고, 따라서 반응할 수 있는 분자의 수가 크게 증가할 것이다(N_1이 아니라 N_2). 따라서 ATP의 가수분해는 용액을 가열하여 각 각의 ATP 분자와 물 분자에 더 많은 에너지를 부여함으로써 활성화할 수 있다. 하지만 생물계는 상대적으로 일정한 온도를 필요로 하기 때문에 생명체에는 높은 온도를 사용하는 접근 방법이 적당하

지 않다는 것이 문제이다. 세포는 근본적으로 등온계(isothermal system)로 활성화 문제를 해결하는 데 등온 방법을 요구한다.

온도를 높이는 것에 대한 대안은 활성화 에너지 요구를 낮춰 더 많은 수의 분자가 성공적으로 충돌하여 반응을 일으키기에 충분할 만큼의 에너지를 가질 수 있게 하는 것이다. 이는 앞에서 설명한 달걀이 담긴 그릇을 바닥이 얕은 접시로 바꾸는 것과 같을 것이다. 이제 적은 에너지로도 그릇에서 달걀을 꺼낼 수 있게 되었다. 만약 반응물질이 옆에 있는 분자의 잠재적인 반응 부위 가까이 자리하게 하는 배열 표면에 결합한다면 이들의 상호작용은 매우 호의적이 될 것이며 활성화 에너지도 효율적으로 감소할 것이다.

이렇게 반응 표면을 제공하는 것은 **촉매**(catalyst)의 역할이다. 촉매는 활성화 에너지를 낮춰 반응 속도를 증가시키고(그림 6-1c) 많은 수의 분자가 열의 유입 없이도 반응을 진행할 수 있을 만큼 충분한 에너지를 갖게 하는 것이다(그림 6-1d). 촉매의 1차적인 특징은 반응이 진행되면서 영원히 변하거나 소모되지 않는다는 점이다. 이는 단순히 반응을 촉진하는 적절한 표면과 환경을 제공하는 것이다.

최근 연구에서 활성화 에너지 장벽을 극복하는 추가적인 기작

이 알려졌다. 이 기작은 '양자 동굴(quantum tunneling)'이라고 알려진 것으로 공상과학 소설에서 온 것 같은 단어이다. 이는 물질이 부분적으로 입자와 파동의 특성을 모두 가지고 있다는 데 기초한다. 일부 탈수소 반응에서 효소는 수소 원자가 꼭지점을 통과하지 않고 효과적으로 다른 쪽으로 이동하기 위해 장벽을 뚫고 지나가는 것을 허용한다. 대부분의 효소촉매 반응과는 다르게 이들 양자 동굴 반응은 활성화 에너지 장벽을 오르기 위해 열 에너지를 필요로 하지 않기 때문에 온도에 무관하다.

촉매 작용의 구체적인 예로 과산화수소(H_2O_2)가 물과 산소로 분해되는 구성을 살펴보자.

$$2 H_2O_2 \rightleftharpoons 2 H_2O + O_2 \qquad (6\text{-}2)$$

이는 열역학적으로 유리한 반응이지만 높은 활성화 에너지로 인해 과산화수소가 준안정성 상태로 존재한다. 그러나 과산화수소 용액에 소량의 철 이온(Fe^{3+})을 첨가하면 초당 생성물로의 전환 속도가 급격히 증가하고, 이러한 이온이 없는 경우보다 분해 반응이 약 30,000배 빠르게 진행된다. 철 이온은 이 반응에서 소모되지 않으므로 전환되는 기질의 양에 비해 매우 적은 양이 필요하다. 분명 Fe^{3+}은 이 반응의 촉매로 작용하여 활성화 에너지를 낮춤으로써(그림 6-1c 참조) 추가 에너지 투입 없이 기존 온도에서 과산화수소를 분해한다.

세포에서 과산화수소 분해에 대한 해결책은 철 이온의 첨가가 아니라 철 함유 단백질인 카탈레이스(catalase)이다. 카탈레이스가 있을 때 반응은 비촉매 반응보다 약 1억 배 빠르게 진행된다. 카탈레이스는 효소에 결합된 철 이온을 포함하므로 단백질 분자의 맥락 내에서 무기촉매 작용을 이용한다. 이 조합은 철 이온 자체보다 과산화수소 분해에 훨씬 더 효과적인 촉매가 된다. 카탈레이스에 대한 약 10^8의 증가율(촉매율 ÷ 비촉매율)은 전혀 이례적인 값이 아니다. 효소촉매 반응의 속도 향상은 비촉매 반응과 비교하여 10^7에서 10^{17}까지 다양하다.

개념체크 6.1

휘발유는 매우 화염성이 높지만 산소가 존재해도 자연스럽게 불이 붙지 않는다. 그 이유는 무엇일까? 또한 화학반응에 촉매의 작용과 성냥의 작용이 어떻게 다른지 설명해보자.

6.2 생물학적 촉매로서의 효소

화학적 본질에 관계없이 모든 촉매는 다음 3가지의 기본적인 특징을 가지고 있다.

1. 촉매는 활성화 에너지 요구를 낮춤으로써 반응 속도를 높

이기 때문에 열역학적으로 가능한 반응이 열에 의한 활성화 없이 합리적인 속도로 진행될 수 있게 한다.

2. 촉매는 기질 분자와 가역적이고 임시적인 복합체를 형성하면서 이들의 상호작용을 촉진하도록 결합시켜 중간 전이 상태가 안정화되게 작용한다.

3. 촉매는 평형에 이르는 속도만을 변화시키며 평형 위치에는 영향을 미치지 않는다. 촉매는 자유에너지 감소반응의 속도를 빠르게 하지만 자유에너지 증가반응이 자발적으로 일어날 수 있도록 $\Delta G'$을 변화시키지는 못한다. 다시 말하면 촉매는 열역학적 마법사가 아니다.

이러한 특징은 모든 유기 또는 무기 촉매에 공통된 것이다. 그러나 생물계에서 무기촉매는 자주 사용되지 않는다. 대신 모든 세포 내 촉매는 본질적으로 **효소**(enzyme)라고 불리는 유기분자(대부분의 경우 단백질)에 의해 수행된다. 효소는 유기분자이기 때문에 무기촉매보다 훨씬 특이적이고 이들의 활성은 더욱 정교하게 조절될 수 있다.

대부분의 효소는 단백질이다

세포 추출물이 화학반응을 촉매한다는 것은 1897년 부흐너 형제(Eduard Buchner, Hans Buchner)의 발효 연구 이후 알려졌다. 실제로 현재 효소라고 부르는 것의 처음 이름은 발효소(ferment)였다. 그러나 섬너(James B. Sumner)가 콩에서 분리한 유레이스(urease)라는 특정 효소가 결정화되어 단백질이 된 사실이 밝혀진 것은 1926년이 되어서이다. 1980년대 초반 이래로 단백질 이외에 리보자임(ribozyme)이라 알려진 특정 RNA 분자 역시 촉매 작용을 가지고 있음을 생물학자들이 밝혀냈다. 리보자임에 대해서는 다음에 자세히 다룰 것이다. 여기에서는 대부분의 효소를 이루고 있는 단백질 효소에 대해 공부할 것이다.

활성부위 단백질 효소에 대한 이해에서 비롯된 가장 중요한 개념 중 하나는 **활성부위**(active site)이다. 모든 효소는 기질이 결합하여 촉매반응이 일어나는 장소인 활성부위를 형성하는 특정 아미노산 그룹을 가지고 있다. 일반적으로 활성부위는 높은 특이성을 지닌 특정 기질 또는 기질들을 수용하는 화학적 및 구조적 특성을 가진 실제적인 골(groove) 또는 주머니이다. 활성부위는 단백질의 1차 구조에서는 서로 인접하지 않은 적은 수의 아미노산으로 이루어져 있다. 대신 이들 아미노산은 특징적인 3차 구조를 이룰 때 만들어지는 폴리펩타이드 사슬의 특이적인 3차원적 접힘에 의한 올바른 배열에 가까이 자리하게 된다.

그림 6-2는 효소 라이소자임(lysozyme)의 접힌 구조와 접히지 않은 구조를 보여준다. 라이소자임은 박테리아 세포벽의 구성 성분인 펩티도글리칸 중합체를 가수분해한다. 라이소자임

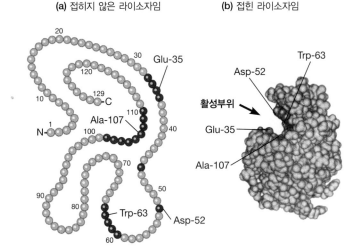

(a) 접히지 않은 라이소자임

(b) 접힌 라이소자임

그림 6-2 라이소자임의 활성부위. (a) 기질결합 부위의 아미노산을 붉게 표시했다. 그중 촉매 작용에 특히 중요한 4개의 아미노산은 접히지 않은 1차 구조에서는 멀리 떨어져서 위치한다. (b) 이들은 라이소자임이 활성을 보이는 3차 구조로 접히면 활성부위를 형성하기 위해 서로 가까이 위치하게 된다.

의 활성부위는 효소 표면에 있는 작은 골로, 펩티도글리칸이 들어맞는다. 라이소자임은 129개의 아미노산 잔기로 이루어진 단일 폴리펩타이드로, 이들 중에서 상대적으로 적은 수의 아미노산이 기질과의 결합 및 촉매에 직접적으로 관여한다. 기질의 결합은 폴리펩타이드 전체에 걸쳐서 아미노산 번호 33~36, 46, 52, 60~64, 102~110을 포함하는 다양한 위치에 있는 아미노산 잔기에 의해 결정된다. 촉매에는 35번에 있는 글루탐산(Glu-35)과 52번에 있는 아스파트산(Asp-52)의 두 가지 특이적인 잔기가 관여한다. 라이소자임 분자가 이러한 안정적인 3차 구조로 접힐 때만 이들 특이적인 아미노산이 서로 모여 활성부위를 만든다(그림 6-2b).

단백질을 구성하는 20가지 다른 아미노산 가운데 연구가 많이 된 단백질의 활성부위에 관여하는 아미노산은 소수에 불과하다. 시스테인, 히스티딘, 세린, 아스파트산, 글루탐산, 라이신이 여기에 소속한다. 이들 잔기 모두는 촉매 작용 동안 기질을 활성부위에 결합하는 데 참여할 수 있으며, 일부는 또한 양성자의 공여체 또는 수용체 역할을 한다.

어떤 효소는 활성부위에 위치하며, 촉매 작용에 반드시 필요한 특이적인 비단백질 보조인자(cofactor)를 가지고 있다. **보결분자단**(prosthetic group)이라고도 하는 이들 보조인자는 일반적으로 금속 이온 또는 비타민 유도체로 **조효소**(coenzyme)라고 알려진 작은 유기분자이다. 아미노산의 잔기는 모두 좋은 전자 수용체가 아니기 때문에 보결분자단(특히 양전기를 띤 금속 이온)은 종종 전자 수용체로 작용한다. 보결분자단은 주로 활성부위에 존재하고 효소의 촉매 작용에 반드시 필요하다. 예를 들어 각각

의 카탈레이스 효소 분자는 촉매 작용에 반드시 필요한 철 원자가 결합하는 **포르피린 고리**(porphyrin ring)라고 알려진 다중 고리 구조를 가지고 있다(그림 10-16 참조).

일부 효소에서 다양한 보결분자단이 필요한 것은 우리에게 미량의 비타민과 특정 금속에 대한 영양소가 필요한 이유를 설명할 수 있다. 에너지를 얻기 위한 포도당의 산화에는 비타민인 니아신(niacin)과 리보플래빈(riboflavin)의 유도체인 2종의 특이적인 조효소가 필요하다(9장과 10장 참조). 우리 몸의 세포는 니아신과 리보플래빈을 합성할 수 없기 때문에 이들은 모두 필수 영양소이다. 특정 효소의 활성부위에 결합하는 이들 조효소는 포도당이 산화될 때 포도당으로부터 전자와 수소를 받아들인다. 마찬가지로 단백질을 분해하는 소화효소인 카복시펩티데이스 A(carboxypeptidase A)는 활성부위에 결합하는 하나의 아연 이온을 필요로 한다. 다른 효소는 철, 구리, 몰리브덴 또는 리튬 원자 등을 필요로 한다. 효소와 마찬가지로 보결분자단은 화학반응 동안에 소멸되지 않기 때문에 세포는 촉매 작용에 필요한 소량만을 필요로 한다.

효소의 특이성 활성부위의 구조 때문에 효소는 매우 유사한 분자를 구분할 수 있는 능력인 **기질 특이성**(substrate specificity)을 보인다. 특이성은 생물계의 가장 특징적인 성질 중 하나이며, 효소는 생물학적 특이성의 좋은 예이다.

효소는 무기촉매와 비교하여 특이성을 설명할 수 있다. 대부분의 무기촉매는 일반적인 화학적 특징을 공유하는 다양한 화합물에 작용할 것이므로 매우 비특이적이다. 예를 들어 C=C 결합의 수소화(hydrogenation, 수소 첨가)를 생각해보자.

$$R-\overset{\overset{\displaystyle H}{|}}{C}=\overset{\overset{\displaystyle H}{|}}{C}-R' + H_2 \xrightarrow[\text{백금 또는 니켈}]{} R-\overset{\overset{\displaystyle H}{|}}{\underset{\underset{\displaystyle H}{|}}{C}}-\overset{\overset{\displaystyle H}{|}}{\underset{\underset{\displaystyle H}{|}}{C}}-R' \qquad (6\text{-}3)$$

C=C 결합을 불포화라고 하며, 이 결합의 수소화 반응은 수소화 후에 탄소 원자에 추가 수소 원자가 추가될 수 없기 때문에 포화 반응이라고도 한다. 이 반응은 실험실에서 백금(Pt)이나 니켈(Ni) 촉매를 이용하여 수행할 수 있다. 그러나 이들 무기촉매는 매우 비특이적이다. 이들은 다양한 불포화 화합물의 수소화를 촉매할 수 있다.

실제로 니켈과 백금은 고형의 조리용 기름이나 쇼트닝을 제조하기 위한 다중 불포화 식물성 지방의 수소화 반응에 상업적으로 사용된다. 불포화 화합물의 정확한 구조에 관계없이 니켈이나 백금이 존재하면 이 화합물은 효과적으로 수소화된다. 수소화 반응에서의 무기촉매의 특이성 결핍으로 자연계에는 거의 존재하지 않는 **트랜스지방**(7장 참조)이 만들어진다.

반면에 수소화 반응의 생물학적 예로 푸마르산을 석신산으로 전환시키는 반응을 생각해보자(이는 시트르산 회로에서 다시 살펴볼 반응이며, 이에 대한 내용은 10장 참조).

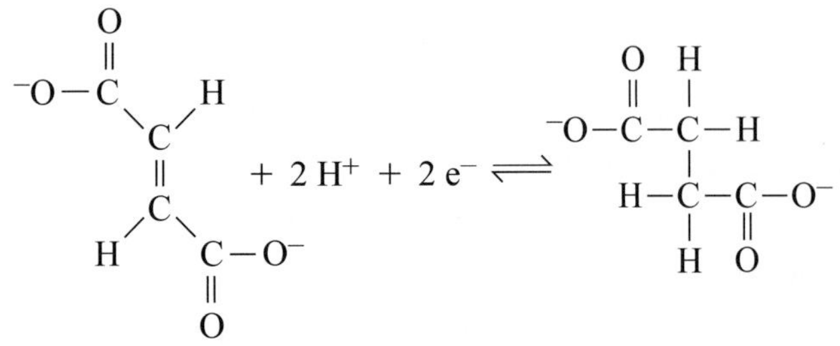

$$\text{푸마르산} + 2 H^+ + 2 e^- \rightleftharpoons \text{석신산} \tag{6-4}$$

이러한 반응은 세포 내에서 석신산 탈수소효소(succinate dehydrogenase, 에너지 대사에서는 반대 방향으로 기능하기 때문에 붙여진 이름이다)로 인해 촉매된다. 다른 대부분의 효소와 마찬가지로 이 탈수소효소도 매우 특이적이다. 이것은 반응 6-4에 나와 있는 화합물 이외에는 어떤 화합물에도 수소 원자를 첨가하거나 제거하지 않는다. 실제로 이 특정 효소는 매우 특이적이어서 푸마르산의 구조이성질체인 말레인산(maleate)조차도 인식하지 못한다(**그림 6-3**).

모든 효소가 이렇게 특이적인 것은 아니다. 일부는 밀접하게 연관되어 있는 몇 가지 기질과 반응하고, 일부는 공통적인 구조를 가진 기질의 그룹 모두와 반응한다. 이러한 **집단 특이성**(group specificity)은 중합체의 합성과 분해에 관여하는 효소에서 가장 자주 관찰된다. 카복시펩티데이스 A의 목적은 C-말단 아미노산을 제거하여 섭취한 폴리펩타이드를 분해하는 것이므로 이 효소가 다양한 폴리펩타이드를 기질로 받아들이는 것은 이해할 수 있다. 폴리펩타이드 분해를 위해 제거해야 하는 서로 다른 아미노산에 각각 서로 다른 효소를 필요로 한다는 것은 세포에게는 불필요한 낭비가 될 것이다.

그러나 일반적으로 효소는 기질에 대해 매우 특이적이어서 세

그림 6-3 효소촉매 반응의 특이성. 대부분의 무기촉매와는 다르게 효소는 매우 유사한 이성질체를 구분할 수 있다. 예를 들어 석신산 탈수소효소는 (a) 푸마르산을 기질로 이용하지만, (b) 이성질체인 말레인산은 사용하지 못한다.

포는 촉매반응을 하는 만큼의 다양한 종류의 효소를 가지고 있다. 전형적인 세포의 경우 이는 전체 대사 프로그램을 수행하려면 수천 개의 서로 다른 효소가 필요하다는 것을 의미한다.

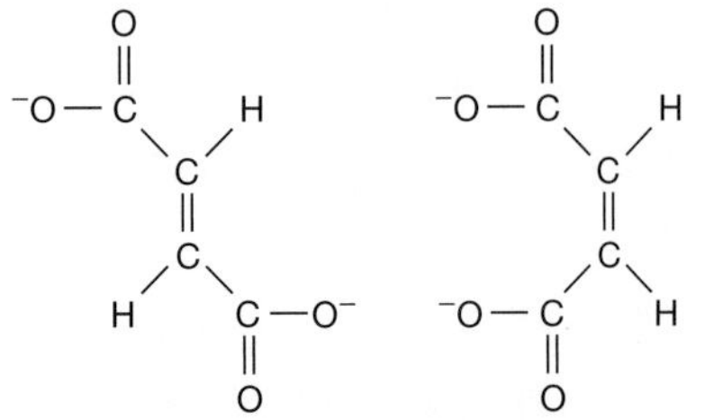

효소의 다양성과 명명법 효소의 특이성과 세포에서 일어나는 다양한 반응을 생각하면 수천 종의 서로 다른 효소가 확인되었다는 사실은 놀라운 일이 아니다. 효소의 이러한 다양성은 이들이 발견되고 특징지어지면서 다양한 명명법을 만들어냈다. 일부는 그들의 기질에 따라 이름 지어졌다. RNA 분해효소(리보뉴클레이스), 단백질 분해효소(프로테이스), 아밀레이스 등이 그 예이다. 석신산 탈수소효소와 같은 경우에는 이들의 기능을 설명하는 이름이다. 트립신과 카탈레이스와 같은 효소에서는 그들의 기질이나 기능에 대해 간단히 알려준다.

이에 따른 혼란으로 인해 국제생화학연합(International Union of Biochemistry)은 효소를 명명의 합리적인 시스템을 고안하도록 효소위원회(Enzyme Commission, EC)를 만들었다. EC 시스템에서는 효소를 일반적인 기능에 따라 **산화환원효소**(oxidoreductase), **전달효소**(transferase), **가수분해효소**(hydrolase), **분해효소**(라이에이스, lyase), **이성질체화효소**(isomerase), **연결효소**(ligase)라는 6가지 주요 분류로 구분한다. 또한 모든 효소의 기능에 따른 독특한 4단위 숫자를 부여한다. 예를 들어 EC 3.2.1.17은 라이소자임의 번호이다. **표 6-1**은 각각의 효소 분류에 대한 대표적인 예와 이들이 촉매하는 반응을 보여준다.

온도 감수성 효소에는 특이성과 다양성(**그림 6-4**) 이외에 온도와 pH에 대한 감수성이라는 특징이 있다. 온도 의존성은 포유류나 조류와 같이 환경에 관계없이 체온을 조절할 수 있는 **정온동물**(homeotherm), 즉 '따뜻한 피를 가진' 개체의 세포에 있는 효소의 경우에는 실제적으로 문제가 되지 않는다. 하지만 많은 생물(예: 곤충, 파충류, 기생충, 식물, 원생동물, 조류, 세균)은 매우 다양한 환경의 온도에서 기능한다. 이러한 생명체에서는 온도에 따른 효소 활성 의존성이 매우 중요하다.

일반적으로 낮은 온도에서 효소촉매 반응의 속도는 온도에 따라 증가한다. 효소와 기질 분자의 큰 운동 에너지는 빈번한 충돌을 보장하여 정확한 기질의 결합 가능성을 높이고 반응을 진행하기에 충분한 에너지가 되기 때문에 이러한 현상이 일어난다. 하지만 어떤 지점에서는 온도가 더 높아지면 효소 분자의 **변성**(denaturation)이 일어난다. 효소는 수소결합과 이온결합이 파괴되어 정확한 3차 구조를 잃게 되고, 원래의 폴리펩타이드는 무작위적인 펼친 구조를 띠게 된다. 변성되는 동안 활성부위의 완벽한 구조는 파괴되어 효소 활성을 잃게 된다.

효소가 변성되는 온도 범위는 각각의 효소나 특히 각 개체에 따라 다양하다. 그림 6-4a는 인체의 전형적인 효소와 호열성 박

표 6-1 주요 효소의 종류와 예

종류	반응 형태	효소의 이름	예
1. 산화환원효소	산화환원 반응(전자전달)	알코올 탈수소효소 (alcohol dehydrogenase, EC 1.1.1.1)	NAD^+가 NADH로 환원됨에 따라 에탄올이 아세트알데하이드로 산화됨(그림 9-8)
2. 전달효소	한 분자에서 다른 분자로의 작용기의 전달	6탄당 인산화효소 (hexokinase, EC 2.7.1.1)	ATP의 말단 인산기를 사용하여 포도당을 포도당-6-인산으로 인산화(그림 9-7)
3. 가수분해효소	한 분자를 2분자로 가수분해	포도당-6-인산 가수분해효소 (glucose-6-phosphatase, EC 3.1.3.9)	물 분자를 사용하여 포도당-6-인산을 포도당과 무기인산으로 분해(그림 9-12)
4. 분해효소	한 분자에서 작용기를 제거하거나 첨가	피루브산 탈카복실화효소 (pyruvate decarboxylase, EC 4.1.1.1)	아세트알데하이드와 CO_2를 생성하기 위해 피루브산에서 카복실기 제거(그림 9-8)
5. 이성질체화효소	한 분자 내에서의 작용기 이동	말레인산 이성질체화효소 (maleate isomerase, EC 5.2.1.1)	말레인산에서 푸마르산으로의 시스-트랜스 이성질체화(그림 6-3)
6. 연결효소	2분자가 단일 분자를 형성하도록 연결	피루브산 카복실화효소 (pyruvate carboxylase, EC 6.4.1.1)	옥살로아세트산을 생성하기 위해 피루브산에 CO_2를 첨가(그림 9-12)

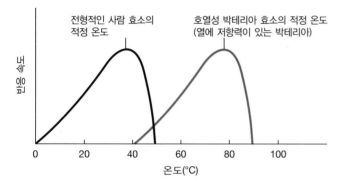

(a) 온도 의존성. 이 그래프는 전형적인 사람 효소(검은색 선)와 호열성 박테리아(초록색 선)의 온도 의존성을 보여주는 것으로, 이들 효소의 반응 속도가 온도에 따라 어떻게 변화하는지를 보여주고 있다. 반응 속도는 적정 온도에서 최고치를 보이는데 사람 효소의 경우는 약 37°C(체온)이고 호열성 박테리아의 경우는 약 75°C(전형적인 온천의 온도)이다. 적정 온도 이상에서 효소는 변성에 의해 급격히 불활성화된다.

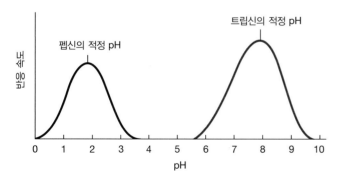

(b) pH 의존성. 이 그래프는 위에서 작용하는 효소인 펩신(검은색 선)과 장에서 작용하는 효소인 트립신(빨간색 선)의 반응 속도가 pH의 변화에 따라 어떻게 변화하는지를 보여주고 있다. 펩신의 반응 속도는 적정 pH인 약 2.0(위의 pH)에서 최고 값을 나타냈으며 트립신의 경우는 약 8.0(장의 pH)에서 최고 값을 보였다. 한 효소의 적정 pH에서는 효소와 기질 분자의 이온화될 수 있는 작용기가 반응을 수행하기에 가장 적절한 형태로 존재한다.

그림 6-4 효소촉매 반응의 반응 속도에 미치는 온도와 pH의 영향. 각각의 효소는 모두 일반적으로 효소가 발견된 자연환경을 반영하는 적정 온도와 pH를 가지고 있다.

테리아의 전형적인 효소의 온도 의존성을 대비하여 보여준다. 인체 효소의 반응 속도가 정상적인 체온인 약 37°C(효소의 최적 온도)에서 최고라는 사실은 그렇게 놀라운 일이 아니다. 높은 온도에서 활성이 급격히 줄어드는 것은 효소 분자의 변성을 나타낸다. 정온동물의 대부분의 효소는 50~55°C 이상의 온도에서는 불활성화된다. 하지만 어떤 효소는 열에 특히 민감하다. 이들은 고열인 사람의 체온(40°C)과 같이 이것보다 낮은 온도에서도 불활성화된다. 열에 민감한 효소의 변성은 우리가 아플 때 나타나는 열의 유익한 효과 중 일부라고 생각된다.

그러나 일부 효소는 비정상적으로 높은 온도에서도 활성을 유지할 수 있다. 그림 6-4a의 초록색 곡선은 호열성 박테리아 효소의 온도 의존성을 나타낸다. 이 박테리아 중 일부는 80°C의 고온 온천에서 번성한다. 호냉성(psychrophilic, 차가운 것을 좋아하는) 리스테리아(*Listeria*) 박테리아와 특정 효모 및 곰팡이의 효소는 저온에서 기능할 수 있으므로 이러한 생물체는 냉장고 온도(4~6°C)에서도 천천히 성장할 수 있다.

> **연결하기 6.1**
>
> 전형적인 정온동물의 효소와 호열성 박테리아의 효소를 비교한다면 어떤 생물체의 효소가 더 많은 2황화 결합을 찾을 것으로 예상할 수 있을까? 그 이유는 무엇일까?

pH 감수성 효소는 pH에도 민감하다. 실제로 대부분의 효소는 약 3~4 pH 단위 정도의 범위에서만 활성을 가진다. 이러한 pH 의존성은 일반적으로 활성부위 또는 기질 자체에 존재하는 하나 또는 그 이상의 전하를 띠는 아미노산에 기인한다. 예를 들어 카복시펩티데이스 A의 활성부위에는 2개의 글루탐산 잔기에 들어있는 카복실기가 포함되어 있다. 이들 카복실기는 반드시 전하를 띠는 형태로 존재해야 하므로, 만약 pH가 감소하여 효소 분자에 있는 글루탐산의 카복실기가 양성자를 얻어 전하를 잃게 되면 효소는 불활성화된다. pH의 극단적인 변화는 이온결합과 수소결합도 파괴하기 때문에 3차 구조를 변화시키고, 결과적으로 기능에도 영향을 미친다.

예상할 수 있듯이 효소의 pH 의존성은 일반적으로 그 효소가 정상적으로 작용하는 환경을 반영한다. 그림 6-4b는 사람의 소화계에 있는 두 가지 단백질 분해효소의 pH 의존성을 보여준다. 펩신(검은색 선)은 일반적으로 pH 2를 유지하는 위에 존재하는 반면, 트립신(빨간색 선)은 pH가 7~8 사이인 소장으로 분비된다. 이들 두 가지 효소는 모두 pH 단위 4의 범위에 걸쳐 활성을 보이지만 적정 pH는 매우 다르다. 이는 이들 각각의 효소의 체내 위치에 따른 상태와 일치한다.

다른 요인에 의한 감수성 효소는 온도와 pH 이외에 효소의 억제인자 또는 활성인자로 작용하는 분자 및 이온 등의 다른 요인에도 민감하게 반응한다. 예를 들어 포도당 분해를 통해 에너지 생산에 관여하는 몇몇 효소는 ATP에 의해 억제된다. ATP는 에너지가 충분할 때는 이들 효소를 불활성화한다. 포도당 분해에 관여하는 다른 효소는 AMP(아데노신 1인산)와 ADP 등에 의해 활성화된다. 이들은 에너지 공급이 부족하여 더 많은 포도당을 분해해야 한다는 신호로 작용한다.

대부분의 효소는 효소의 3차 구조의 유지를 돕는 수소결합과 이온결합에 영향을 주는 환경의 이온 역가(ionic strength, 용해된 이온의 농도)에도 영향을 받는다. 이들의 상호작용은 종종 기질과 활성부위의 상호작용에도 관여하기 때문에 이온 환경은 기질의 결합에도 영향을 미친다.

기질결합, 활성화, 촉매 작용은 활성부위에서 일어난다

효소의 활성부위와 기질 사이의 정확한 화학적 적합 때문에 효소는 매우 특이적이고 무기촉매보다 훨씬 효과적이다. 앞에서 이야기한 것과 같이 효소촉매 반응은 비촉매 반응보다는 10^7~10^{18}배, 무기촉매 반응보다는 10^3~10^4배 빠르게 진행된다. 예상할 수 있겠지만 효소에 대한 대부분의 관심은 결합, 활성, 기질의 화학적 전이 등이 일어나는 활성부위에 집중되어 있다.

전형적인 효소의 활성부위에서 일어나는 과정은 기질 분자와 활성부위의 무작위적인 충돌로 시작된다. 이로 인해 효소의 활성부위에 위치하는 아미노산 잔기에 기질의 결합이 이루어진다. 기질-효소 결합은 기질 분자와 활성부위 사이의 적합성을 증가시키고 자유에너지를 낮추도록 효소 형태의 변화를 유도한다. 이러한 구조적 변화는 기질을 결과물로 전환하는 것을 촉매한다. 그런 다음 산물은 활성부위에서 방출되어 효소 분자가 원래

의 형태로 돌아가게 하고 활성부위는 다른 기질 분자에 사용할 수 있게 한다. 이 일련의 전체 사건은 단일 효소 분자의 활성부위에서 초당 수백 또는 수천 개의 반응이 일어날 수 있도록 충분히 짧은 시간에 발생한다.

기질의 결합 효소의 활성부위와 잠재적인 기질 분자 사이의 초기 접촉은 이들의 충돌에 의존한다. 활성부위 내로 들어오면 기질 분자가 효소 표면에서 올바른 방향으로 결합하여 효소의 특이적인 촉매기가 반응을 촉진할 수 있게 된다. 기질의 결합은 일반적으로 전하를 띠거나 극성인 아미노산과의 이온결합 또는 수소결합(또는 모두)에 의해 이루어진다. 이들은 일반적으로 약한 결합이지만 몇 개의 결합은 하나의 분자를 제자리에 붙잡아둘 수 있다. 효소와 기질 분자 사이의 결합의 강도는 일반적으로 3~12 kcal/mol 범위에 있다. 이는 단일 공유결합 강도의 10분의 1보다도 약한 것이다(그림 2-2 참조). 따라서 기질의 결합은 충분히 가역적이다.

효소학자들은 오랫동안 효소를 자물쇠에 들어맞는 열쇠와 같이 특정 기질이 효소의 활성부위에 들어맞는 경직된 구조로 생각했다. 1894년에 독일의 생화학자인 피셔(Emil Fischer)가 처음으로 제안한 **열쇠와 자물쇠 모델**은 효소의 특이성을 설명해주지만 촉매 작용에 대한 이해 증진에는 큰 도움이 되지 않았다. 효소와 기질의 상호작용에 대한 좀 더 정확한 설명은 1958년 코슐랜드(Daniel Koshland)가 처음으로 제안한 **유도적합 모델**(induced-fit model)로 가능해졌다. 이 모델에 의하면 활성부위에 대한 기질의 결합은 효소와 기질 모두를 변형시켜 전이 상태에 있는 기질을 안정화하고 특정 기질의 결합을 촉매의 공격에 더욱 취약하게 만든다. 라이소자임의 경우 기질의 결합은 효소 구조의 변형을 유도하여 펩티도글리칸 기질을 비틀어지게 하여 반응에서 깨어지려는 결합을 약화시킨다.

유도적합에서는 기질결합에 따른 효소 분자 모양의 구조적 변화가 일어난다. 이는 활성부위를 변형시키고 효소의 적절한 반응기가 촉매반응에 적합하게 자리하게 한다. 기질결합에 의한 이러한 구조적 변화의 증거는 결정화된 단백질의 X선 회절분석과 기질이 결합했을 때와 그렇지 않을 때의 효소의 구조를 결정할 수 있게 하는 용액 내 단백질의 핵자기공명(nuclear magnetic resonance, NMR) 분석에서 얻었다. **그림 6-5**는 D-포도당에 인산기를 첨가하는 6탄당 인산화효소(hexokinase)에 기질이 결합할 때 일어나는 구조 변화를 보여준다. 포도당이 활성부위에 결합하면 6탄당 인산화효소의 2개의 도메인이 서로 마주하게 접혀서 기질의 결합부위 틈을 닫아 촉매 작용을 활성한다.

종종 유도된 구조 변화는 기질이 없을 때는 가까이 있지 않던 주요한 아미노산 잔기를 활성부위로 가져온다. 카복시펩티데이

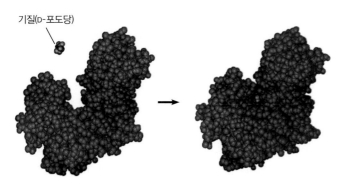

그림 6-5 기질결합으로 유도되는 효소 구조의 형태적 변화. 이 그림은 효소인 6탄당 인산화효소와 그 기질인 D-포도당 분자의 공간-채움 모델이다. 기질의 결합은 유도적합이라고 알려진 기작이 6탄당 인산화효소의 형태 변화를 유도하여 효소의 촉매 활성을 촉진한다.

스 A의 활성부위(**그림 6-6**)에서는 아연 이온이 효소의 3개의 잔기(Glu-72, His-69, His-196)에 강하게 결합되어 있다. 기질과 아연 이온의 결합은 효소에 구조적 변화를 유도하여 Arg-145, Tyr-248, Glu-270을 포함하는 다른 아미노산 잔기를 활성부위로 가져온다. 그러면 이들 아미노산 잔기들이 촉매에 관여하기에 적당한 위치에 놓이게 된다.

일단 기질이 활성부위에 들어가면 기질은 촉매 작용을 위해 최적의 위치를 정할 뿐만 아니라 수소결합과 같은 비공유결합에 의해 고정된다. 얼마나 특이적인지 라이소자임을 다시 살펴보자. 효소에서 얻은 최초의 X선 결정 구조는 필립스(David Phillips)와 동료들이 1965년에 보고한 라이소자임의 구조였다. 라이소자임의 활성부위는 기질의 아미노당과 특이적으로 결합하며 깊은 주머니를 형성한다(**그림 6-7**).

기질 활성화 활성부위의 역할은 단지 적당한 기질을 인식하고 결합하는 것만이 아니라 기질을 촉매반응에 적절한 화학적 환경에 놓이게 하여 활성화하는 것이다. 하나의 효소촉매 반응은 하나 또는 그 이상의 **기질 활성화**(substrate activation) 방안을 가지고 있을 것이다.

3가지 가장 일반적인 기작은 다음과 같다.

1. **결합 비틀림.** 활성부위에 기질이 결합하기 때문에 만들어지는 효소 구조의 변화는 상보성의 증가와 효소-기질의 적합성을 높여주는 것뿐만 아니라 하나 또는 그 이상의 결합을 뒤틀리게 하여 결합을 약화시키고 촉매 공격에 더욱 민감하게 만든다.
2. **양성자 전달.** 효소는 양성자를 받아들이거나 제공하여 기질의 화학적 반응성을 증가시킨다. 이는 활성부위 화학에서 전하를 띤 아미노산이 중요한 이유이며, 동시에 효소의 활성이 왜 그렇게 자주 pH에 의존적인지를 설명해준다.
3. **전자전달.** 기질 활성의 또 다른 방법으로 효소는 전자를 받아들이거나 제공하여 효소와 자신의 기질 사이에 일시적인 공유결합을 형성한다.

촉매 활성부위에 결합되면 활성화된 기질은 생성물로 전환될 수 있다. 메커니즘이 상당히 잘 알려진 효소인 라이소자임을 다시 생각해보자. 활성부위의 특정 아미노산은 결합된 기질과 상호작용하여 펩티도글리칸의 글리코시드 결합을 불안정하게 하여 생성물(이 경우 정확하게 절단된 펩티도글리칸)이 형성된다.

단일 효소라도 의도한 반응을 수행하지 못하면 질병으로 이어질 수 있다. 예를 들어 페닐케톤뇨증(phenylketonuria)은 일반적으로 아미노산 페닐알라닌을 관련 아미노산 타이로신으로 전환시키는 간 효소인 페닐알라닌 수산화효소(phenylalanine

그림 6-6 기질결합이 유도한 활성부위 구조의 변화. (a) 기질이 결합하지 않은 카복시펩티데이스 A의 활성부위는 3개의 아미노산 곁가지(초록색)와 단단히 결합한 아연 이온을 가지고 있다. (b) 기질(주황색 디펩타이드)이 아연 이온에 결합하면 효소에 구조 변화를 유도하여 다른 아미노산 곁가지(보라색)가 활성부위로 들어와 촉매 작용에 관여하게 된다.

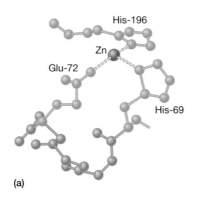

(a)

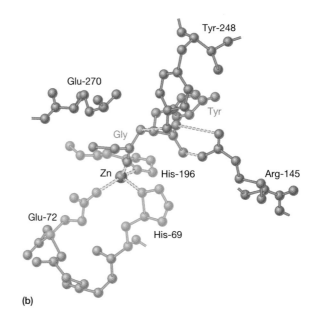

(b)

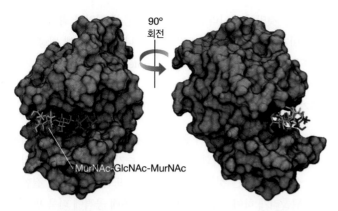

MurNAc-GlcNAc-MurNAc

그림 6-7 활성부위의 펩티도글리칸에 결합된 라이소자임(계란의 흰자).
파란색은 라이소자임의 표면을 나타낸다. N-아세틸뮤라믹산(MurNAc)
및 N-아세틸글루코사민(GlcNAc)으로 구성된 3탄당류 기질은 활성부위
에 결합된 막대로 표시했다.

hydroxylase)의 결합으로 인해 발생한다. 이는 신체에 페닐알라
닌이 비정상적으로 축적되어 정신지체를 유발할 수 있다. 다른
경우에는 일반적으로 단백질에서 아미노산 제거를 촉매하는 효
소가 작용할 수 없을 때 건강에 심각한 영향을 미칠 수 있다. 한
가지 예는 안지오텐신 전환효소(ACE)와 그 억제제이다(**인간과의
연결** 참조).

리보자임은 촉매 RNA 분자이다

1980년대 초반까지는 1926년에 섬너가 요소분해효소를 정제한
이래로 55년 동안 분리된 효소가 단백질이었기 때문에 모든 효
소가 단백질이라고 생각했다. 그러나 1980년대에 촉매 RNA 분
자가 발견되었다. 이러한 RNA 촉매를 **리보자임**(ribozyme)이라
고 한다. 많은 과학자는 초기 효소가 촉매적 자가 복제 RNA의
분자였으며, 이 분자는 DNA가 존재하기 전에도 원시세포에 존
재했다고 가정하고 있다(4장 참조).

테트라하이메나 RNA 1981년, 콜로라도대학교의 체크(Thomas
Cech)와 동료들은 "모든 효소는 단백질이다"라는 규칙에
대한 명백한 예외를 발견했다. 그들은 단세포 진핵생물인
*Tetrahymena thermophila*에서 특정 리보솜 RNA 전구체(pre-
rRNA)에서 인트론으로 알려진 RNA의 내부 단편 제거를 연구하
던 중 이 과정이 단백질이 없는 상태에서 진행된다는 놀라운 사
실을 관찰했다. *Tetrahymena*의 rRNA 전구체에서 413개 뉴클레
오타이드 인트론을 제거하는 것은 rRNA 전구체 분자 자체로 인
해 촉매되는 것으로 밝혀졌다. 따라서 이 과정은 자가촉매 반응
(autocatalysis)의 한 예시가 될 수 있다.

리보뉴클레이스 P 2년 후 또 다른 RNA 기반 촉매가 예일대학
교의 올트먼(Sidney Altman)의 실험실에서 발견되었는데, 그는

리보뉴클레이스 P[전령 RNA(tRNA) 전구체를 절단하여 기능성
tRNA 분자를 생성하는 효소]를 연구하고 있었다. 리보뉴클레이
스 P는 단백질 성분과 RNA 성분으로 구성되며, 활성부위가 단
백질 성분에 있다고 가정했다. 그러나 구성 요소를 분리하고 개
별적으로 연구함으로써 올트먼과 동료들은 분리된 RNA 구성 요
소만이 tRNA 전구체의 특정 절단을 자체적으로 촉매할 수 있음
을 분명히 보여주었다. 또한 RNA 촉매반응은 전형적인 효소동
역학을 따랐으며, 이는 RNA 구성 요소가 실제 효소처럼 작용한
다는 추가 증거이다. 이러한 발견의 중요성은 그 공로로 체크와
올트먼이 1989년 공동 노벨상을 수상함으로써 인정되었다.

리보솜 RNA 체크와 올트먼의 발견 이후 리보자임의 추가 예가
보고되었다. 특히 중요한 것은 리보솜에 의한 단백질 합성의 중
요한 단계를 위한 활성부위이다. 큰 리보솜 소단위체(그림 4-23
참조)는 펩타이드 결합 형성을 촉매하는 펩타이드기 전달효소
(peptidyl transferase) 활성부위이다(24장 참조). 이 펩타이드기
전달효소 활성의 활성부위는 오랫동안 구조적 지지를 위한 뼈
대를 제공하는 리보솜 RNA(rRNA)와 함께 큰 리보솜 소단위체
(large ribosomal subunit)의 단백질 분자 중 하나에 위치하는 것
으로 가정되었다. 그러나 1992년 산타크루즈에 소재한 캘리포니
아대학교의 놀러(Harry Noller)와 동료들은 큰 리보솜 소단위체
에서 단백질의 95%를 제거했음에도 불구하고 온전한 펩타이드
기 전달효소 활성의 80%를 유지한다는 것을 입증했다. 이 발견
을 통해 rRNA 분자 중 하나가 촉매임이 강력하게 시사되었다.
또한 RNA를 분해하는 효소인 리보뉴클레이스를 처리하면 리보
솜의 촉매 활성이 파괴되지만, 단백질을 분해하는 효소인 프로
테이네이스 K(proteinase K)에는 영향받지 않았다. 따라서 단백
질 합성 동안 펩타이드 결합 형성을 담당하는 펩타이드기 전달
효소 활성은 rRNA에 기인한다는 것이다. 즉 rRNA가 리보자임
인 것이다. 리보솜 단백질은 촉매 RNA를 지지하고 안정화하는
것으로 보인다.

리보자임의 발견은 지구 생명체의 기원에 대해 생각하는 방식
을 크게 바꾸어놓았다. 수년 동안 과학자들은 최초의 촉매성 고
분자가 단백질과 유사한 아미노산 중합체임에 틀림없다고 추측
해왔다. 그러나 이 개념은 원시 단백질이 생명의 두 가지 주요
속성인 정보를 전달하거나 자신을 복제할 수 있는 명백한 방법
이 없었기 때문에 즉시 어려움에 부딪혔다. 하지만 만약 최초의
촉매가 단백질 분자가 아니라 RNA였다면 RNA 분자가 촉매 역
할을 하고 정보를 세대에서 세대로 전달할 수 있는 복제 시스템
으로 작용하는 'RNA 세계'를 개념적으로 더 쉽게 상상할 수 있
을 것이다.

그림 6A-1 추출된 독 방울이 있는 브라질살모사

브라질살모사(*Bothrops jararaca*, **그림 6A-1**)는 먹이를 발견하면 공격하여 독을 주입한다. 독은 먹이의 혈관을 넓히고 혈압을 급격히 떨어뜨리는 펩타이드 칵테일을 방출한다. 이 혈압 강하 때문에 먹이는 의식을 잃고 살모사의 쉬운 먹이가 된다. 이는 피해자에게는 나쁜 소식이지만 우리에게는 좋은 소식이다. 브라질살모사의 독에 들어있는 화학물질을 분석한 결과 고혈압 조절에 중요한 약물인 *ACE 억제제*를 발견했다.

신체는 혈압을 건강한 범위로 유지하기 위해 지속적으로 조정한다. 콩팥과 폐를 포함하여 신체의 많은 기관이 혈압 조절을 돕는다. 혈압이 너무 낮아지면 콩팥의 특수 세포가 *레닌* 호르몬을 방출한다. 레닌은 호르몬이지만 효소 활성도 있다. 레닌이 콩팥에서 방출되면 *안지오텐시노겐*으로 알려진 비활성 단백질의 특정 펩타이드 결합을 절단하여 *안지오텐신 I*이라는 N-말단 10개의 아미노산 펩타이드를 방출한다(**그림 6A-2**).

안지오텐신 I은 혈류를 따라 폐동맥과 폐로 이동하며, 여기서 폐 모세혈관에 풍부한 *안지오텐신 전환효소*(angiotensin-converting enzyme, ACE)로 알려진 또 다른 효소의 작용에 의해 변형된다. ACE는 안지오텐신 I의 C-말단에서 2개의 아미노산을 절단하여 안지오텐신 I을 *안지오텐신 II*로 전환시킨다.

안지오텐신 II는 혈액으로 더 많은 소듐과 물을 반환하기 위해 콩팥에서 작용하여 혈압이 너무 낮아진 경우 일반적으로 혈압을 높인다. 안지오텐신 II는 또한 혈관수축제이며 혈관을 좁게 만들어 혈압을 더욱 증가시킨다.

체내에서 엄격하게 조절되는 많은 사건과 마찬가지로 혈압에 안지오텐

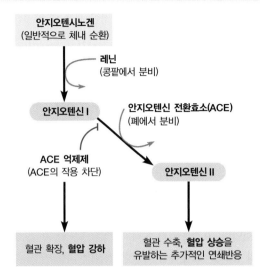

그림 6A-2 저혈압에 대한 호르몬 분비 기본 경로

신 II의 반대 효과를 보이는 규제경로가 있다. 이 시스템은 혈관확장제인 펩타이드 호르몬 *브래디키닌*(bradykinin)을 활용한다. 브래디키닌은 혈관을 이완시키고 넓어지게 하여 혈압을 낮춘다. ACE는 두 시스템을 규제하는 데 관여한다.

ACE는 혈관확장성 브래디키닌을 불활성화하는 동시에 혈관수축성 안지오텐신 II의 양을 증가시키며, 이러한 복합적인 효과는 혈압을 상승시킨다. ACE가 작용하는 방식을 고려하면 ACE를 억제하는 물질이 고혈압 환자를 치료하기 위한 매력적인 후보 약물인 이유를 쉽게 알 수 있다.

이제 살모사의 독으로 돌아가 그것이 약물 개발에서 어떤 역할을 했는지 살펴보자. 살모사가 생산하는 독소는 실제로 ACE의 *경쟁적 억제제*이다(경쟁적 억제는 이 장의 뒷부분에서 배우게 될 과정이다). 그러나 브라질살모사의 독소는 유효한 약물이 아니다. 독은 펩타이드이기 때문에 입으로 먹으면 소화기관에서 쉽게 분해된다. 대신 독소의 억제 메커니즘과 구조가 약물 캅토프릴(captopril)을 개발하는 데 사용되었다. 캅토프릴은 섭취 후 분해되지 않으며 살모사가 생성하는 독소와 동일한 효과를 나타낸다. 캅토프릴과 같은 화합물은 고혈압을 낮추고 2차 심장마비, 울혈성 심부전 및 당뇨병 합병증을 예방하는 치료를 가능하게 한다.

개념체크 6.2

어떻게 효소가 다양하고 많은 분자들이 섞여 있는 세포에서 특정 기질을 인식하는가? 극단적인 온도와 pH는 이러한 특이성에 어떤 영향을 끼치는가?

6.3 효소동역학

효소에 대한 지금까지의 논의는 기본적인 사실이었다. 열역학

적으로 가능한 반응이 일어나는 것을 방지하는 활성화 에너지와 활성화 에너지를 낮추어서 이러한 반응이 일어날 수 있게 하는 촉매에 대해 다루었다. 또한 생물학적 촉매로서 효소를 다루었으며, 효소의 구조와 기능에 대해 조금 자세히 다루었다. 뿐만 아니라 세포에서 인식할 수 있을 만큼의 속도로 일어날 수 있는 반응은 특이 효소가 존재하여 세포의 대사 능력이 존재하는 효소에 의해 효과적으로 특화된 반응이라는 것도 알았다.

하지만 아직도 부족한 것은 효소촉매 반응이 진행될 실제 반

응 속도를 측정할 방법과 반응 속도에 영향을 미치는 인자에 대한 평가 방법 등이다. 세포 내에 적절한 효소가 존재하는 것만으로는 특정 반응이 적절한 속도로 진행될 것이라는 것을 보증하지 못한다. 특정 효소의 활성에 호의적인 세포 내 환경을 이해할 필요가 있다. 이미 온도나 pH와 같은 인자가 효소의 활성에 어떻게 영향을 미치는지 살펴보았다. 이제는 효소 활성이 세포 내에 존재하는 기질, 생성물, 세포 내에 풍부한 억제제 등의 농도에 얼마나 결정적으로 영향을 받는지를 측정할 준비가 되었다. 뿐만 아니라 이러한 영향 중 일부가 어떻게 양적으로 정의되는지도 보게 될 것이다.

효소촉매의 정량적 측면과 기질이 생성물로 전화되는 속도를 설명하는 **효소동역학**(enzyme kinetics, 동역학이라는 단어는 그리스어의 '이동'을 뜻하는 *kinotikos*에서 유래)에 대한 개요에서 시작할 것이다. 효소동역학은 특히 반응 속도와 기질, 생성물 및 억제제의 농도를 포함하는 다양한 인자에 의해 반응 속도가 영향을 받는 기작에 관한 것이다. 여기에서는 효소촉매 반응의 동역학에 기질 농도가 미치는 영향에 초점을 맞출 것이다.

효소동역학을 이해하는 것은 단순한 이론적 풀이로는 불가능하다. 모든 생물체의 세포에서 수많은 과정이 효소동역학에 결정적으로 의존한다. 효소의 동역학적 특성에 대한 자세한 지식은 연구자가 특정 인간 질병에서 효소 활성의 특성을 이해하는 데 도움이 될 수 있다. 이 지식은 또한 효소 억제제로 작용하는 약물의 설계에 도움이 될 수 있다. 효소동역학을 이해함으로써 중요한 상업적 응용을 할 수 있다. 산업공정 최적화, 연구용 단백질 생산 극대화, 인간 질병의 진단을 위한 효소 기반 분석 개발 등이 그 예이다.

원숭이와 땅콩은 효소동역학을 이해하는 데 유용한 근거를 제공한다

효소동역학은 처음에는 상당히 복잡해 보일 수 있다. 기질 농도의 차이를 나타내는 땅콩('기질')이 다양하게 존재하는 방에 가득 찬 원숭이('효소')를 고려해서 원숭이가 땅콩 껍질을 까는 관점을 통해 각 단계를 이해한 다음 실제 효소촉매 반응 관점을 이해해보자.

땅콩방 10마리의 원숭이가 모두 땅콩을 찾고 껍질을 까는 데 능숙하다고 상상해보자. 또한 땅콩이 바닥에 고르게 흩어져 있는 방인 땅콩방을 상상해보자. 땅콩의 수는 진행에 따라 다양할 것이지만 모든 '실험'에서는 방에 원숭이보다 훨씬 더 많은 양의 땅콩이 있을 것이다. 그리고 땅콩의 수와 총바닥 면적을 알고 있으므로 땅콩의 밀도를 방에 있는 땅콩의 '농도'로 사용할 수 있다. 각각의 경우 원숭이는 땅콩방에 인접한 방에서 시작한다. 분

석을 위해 단순히 문을 열고 열망하는 원숭이가 들어갈 수 있다고 가정한다.

껍질 까기 시작 첫 번째 실험에서는 제곱미터당 땅콩 1개의 초기 땅콩 농도로 시작하고, 이 땅콩 농도에서 원숭이가 껍질을 벗길 땅콩을 찾는 데 평균 9초를 보내고 껍질을 까는 데 1초를 소비한다고 가정하자. 각 원숭이는 땅콩 하나당 10초가 필요하므로 초당 0.1개의 속도로 땅콩의 껍질을 벗길 수 있음을 의미한다. 땅콩방에 10마리의 원숭이가 있으므로 모든 원숭이에 대한 땅콩 껍질을 까는 속도(v)는 이 땅콩 농도에서 초당 1개의 땅콩이다. 이를 [S]라고 한다. 이 모든 것은 다음과 같은 표로 만들 수 있다.

[S] 땅콩의 농도(땅콩/m²)	1
땅콩당 소요 시간	
발견 시간(초/땅콩)	9
껍질 까는 시간(초/땅콩)	1
전체 시간(초/땅콩)	10
껍질 까는 속도(v)	
원숭이 한 마리당(땅콩/초)	0.10
전체 속도(땅콩/초)	1.0

땅콩 수 증가 두 번째 분석에서는 땅콩의 수를 3배로 늘려 제곱미터당 땅콩 3개의 농도로 만든다. 이제 원숭이는 평균 단 3초만에 이전보다 3배 더 빨리 땅콩을 찾을 수 있다. 그러나 각 땅콩은 껍질을 까는 데 여전히 1초가 걸리므로 땅콩 1개당 총시간은 이제 4초이며 껍질을 까는 속도는 원숭이 한 마리당 초당 0.25개 땅콩, 또는 원숭이 전체는 초당 2.5개 땅콩이다. 이렇게 하면 자료 표에 또 다른 항목 열이 생성된다.

[S] 땅콩의 농도(땅콩/m²)	1	3
땅콩당 소요 시간		
발견 시간(초/땅콩)	9	3
껍질 까는 시간(초/땅콩)	1	1
전체 시간(초/땅콩)	10	4
껍질 까는 속도(v)		
원숭이 한 마리당(땅콩/초)	0.10	0.25
전체 속도(땅콩/초)	1.0	2.5

[S]가 계속 증가함에 따라 v는 어떻게 되는가 그렇다면 방의 땅콩 농도가 점점 더 높아짐에 따라 땅콩 껍질을 까는 속도는 결국 어떻게 될까? [S]에 대해 계속 증가하는 값을 가정하고 v에 해당하는 값을 계산하여 자료 표를 확장하기만 하면 된다. 땅콩 농도를 3배로 하면 v에 대한 비율이 2.5배만큼 증가한다는 점을 생각하자. 두 번째 3배([S] = 9)는 그 비율은 단지 2배가 되는 결과를 가져온다. 즉 추가적인 땅콩에 대해 v의 비율의 증가분은 감소하는 것으로 보인다. [S]를 높이면 땅콩을 찾는 시간은 비례하여 줄어

들지만 껍질을 까는 시간은 변하지 않는다. 따라서 [S]가 아무리 높더라도 껍질을 까는 반응에는 항상 최소 1초가 소요되며 10마리 원숭이의 전체 속도는 초당 10개를 초과할 수 없다. 이 장 말미에 있는 연습문제 6-13을 통해 원숭이가 촉매하는 껍질 까기 반응의 동역학적 매개변수를 더 자세히 탐구할 수 있다.

대부분의 효소는 미카엘리스-멘텐 동역학을 나타낸다

원숭이와 땅콩의 가상 사례에서 기질 농도에 따라 '반응 속도'가 어떻게 달라지는지 배웠으므로, 이제 효소동역학을 좀 더 형식적으로 다룰 준비가 되어 있어야 한다. 여기에서는 **기질 농도**(substrate concentration, [S])에 따라 **초기 반응 속도**(initial reaction velocity, v_0)가 어떻게 변하는지 살펴보겠다.

초기 반응 속도는 기질 농도가 반응 속도에 영향을 미치기 훨씬 이전 시간 동안의 생성물 농도 변화율로 엄격하게 결정된다. 따라서 이때 생성물의 누적량이 너무 적어, 생성물이 기질로 역전되는 역반응이 중요한 비율로 일어나지 않는 초기 단계를 의미한다. 종종 반응 속도는 실험적으로 1 mL의 일정한 분석 부피에서 측정되며 1분당 만들어지는 생성물의 μmol 농도로 보고된다. 낮은 [S]에서는 [S]가 2배로 되면 v_0도 2배가 된다. 하지만 [S]가 높아지면 기질의 추가적인 증가에 따른 반응 속도의 증가는 감소한다. [S]가 매우 높아지면 [S]의 증가는 v_0를 매우 조금 증가시킬 뿐이고 v_0의 값은 최고치에 도달한다.

기질 농도를 달리하는 일련의 실험에서 v_0를 측정함으로써 [S]에 대한 v_0의 의존성이 쌍곡선을 보인다는 것을 실험적으로 증명할 수 있다(**그림 6-8**). 이러한 쌍곡선 관계의 중요한 성질은 [S]가 무한대로 접근하면 v_0는 **최대 속도**(maximum velocity, V_{max})라고 알려진 한계치에 접근한다는 것이다. 이 값은 효소 분자 수에 의존적이기 때문에 효소 첨가에 의해서만 증가될 수 있다. 더욱 높은 기질 농도가 반응 속도를 상한값 이상으로 높이지 못하는 것을 **포화**(saturation)라고 한다. 포화 상태는 모든 가능한 효소 분자가 최대 수용 상태에서 작용하는 것을 말한다. 포화는 효소촉매 반응의 기본적이며 보편적인 특징이다. 기질의 농도가 높으면 촉매반응은 언제나 포화되지만 무촉매반응은 그렇지 않다.

[S]와 v_0 사이의 쌍곡선 관계에 대한 이해는 대부분이 독일의 효소학자인 미카엘리스(Leonor Michaelis)와 멘텐(Maud Menten)의 선구적인 연구에 기반한다. 1913년에 이들은 효소 작용에 대한 일반적 이론을 설정했고, 이는 효소동역학의 거의 모든 분야에 대한 정량적 분석의 기초가 되었다. 이들의 접근 방식을 이해하기 위해 가능한 효소촉매 반응 중에서 가장 간단한 예로 하나의 기질인 S가 하나의 생성물인 P로 전화되는 반응을 생각해보자.

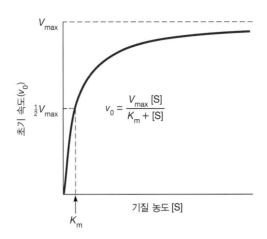

그림 6-8 반응 속도와 기질 농도의 관계. 미카엘리스-멘텐 동역학을 따르는 효소촉매 반응에서는 기질의 농도[S]가 무한대로 증가하면 초기 반응 속도가 최대 속도(V_{max})에 근접하는 경향이 있다. 미카엘리스 상수 K_m은 최대 속도의 절반 정도의 속도로 진행되는 반응에서의 기질 농도에 상응한다.

$$S \xrightarrow[\text{효소(E)}]{} P \qquad (6\text{-}5)$$

미카엘리스-멘텐의 가설에 의하면 이 반응을 촉매하는 효소 E는 먼저 기질 S와 반응하여 일시적인 효소-기질 복합체 ES를 형성한다. 이는 실제적인 촉매반응을 통해 자유로운 효소와 생성물 P를 아래에 있는 순서대로 만든다.

$$E_f + S \underset{k_2}{\overset{k_1}{\rightleftharpoons}} ES \underset{k_4}{\overset{k_3}{\rightleftharpoons}} E_f + P \qquad (6\text{-}6)$$

여기에서 E_f는 자유로운 형태의 효소이고, S는 기질, ES는 효소-기질 복합체, P는 생성물, 그리고 k_1, k_2, k_3, k_4는 표시한 반응에 대한 **반응속도 상수**(rate constant)이다. 이 모델과 앞에서 언급한 정상 상태를 포함하는 몇몇 단순화한 가정으로 시작하여 미카엘리스와 멘텐은 효소촉매 반응의 속도와 기질 농도의 관계에서 다음과 같은 결론을 도출했다.

$$v_0 = \frac{V_{max}[S]}{K_m + [S]} \qquad (6\text{-}7)$$

여기에서 v_0는 초기 반응 속도, [S]는 초기 기질 농도, V_{max}는 최대 속도, K_m은 최대 속도의 절반에 해당하는 기질의 농도이다. V_{max}와 K_m[**미카엘리스 상수**(Michaelis constant)]은 다음에 자세히 다룰 매우 중요한 동역학적 매개변수이다. 식 6-7은 효소동역학의 중심 관계를 나타내는 **미카엘리스-멘텐 방정식**(Michaelis-Menten equation)이다(이에 대해서는 연습문제 6-12에서 다루게 될 것이다).

V_{max}와 K_m은 무엇을 의미하는가

v_0와 [S]의 관계가 의미하는 것을 이해하고 매개변수인 V_{max}와 K_m의 의미를 검토하기 위해 3가지 특별한 경우, 즉 매우 높거나, 매우 낮거나, 또는 [S] = K_m인 경우의 기질 농도를 생각할 수 있다.

사례 1. 매우 낮은 기질 농도([S] ≪ K_m) 매우 낮은 기질 농도에서는 [S]가 미카엘리스-멘텐 방정식의 분모 상수인 K_m과 비교하여 무시할 수 있을 정도로 작아지므로 다음과 같이 정리할 수 있다.

$$v_0 = \frac{V_{max}[S]}{K_m + [S]} \cong \frac{V_{max}[S]}{K_m} \qquad (6\text{-}8)$$

따라서 기질의 농도가 낮을 때 초기 반응 속도는 대체로 기질의 농도에 비례한다. 이는 그림 6-8 그래프의 제일 왼쪽에서 볼 수 있다. 기질의 농도가 K_m 값보다 훨씬 낮을 때는 효소촉매 반응의 속도는 기질 농도에 비례하여 증가한다.

사례 2. 매우 높은 기질 농도([S] ≫ K_m) 기질의 농도가 매우 높을 때는 미카엘리스-멘텐 방정식의 분모에서 K_m은 [S]와 비교하여 무시할 수 있을 정도로 작기 때문에 다음과 같이 표시할 수 있다.

$$v_0 = \frac{V_{max}[S]}{K_m + [S]} \cong \frac{V_{max}[S]}{[S]} = V_{max} \qquad (6\text{-}9)$$

따라서 기질의 농도가 매우 높을 때 효소촉매 반응의 속도는 본질적으로 [S]의 변화로부터 독립적이며, V_{max}에 가까운 값을 가진 상수임을 나타낸다(그림 6-8의 오른쪽 참조).

식 6-9는 미카엘리스-멘텐 방정식의 두 가지 동역학적 매개변수 중 하나인 V_{max}에 대한 수학적 정의를 제공한다. V_{max}는 기질 농도인 [S]가 무한대에 접근할 때 v_0의 최대 한계이다. 다시 말하면 V_{max}는 포화된 기질 농도에서의 속도를 나타낸다. 이러한 상태에서는 모든 효소 분자가 거의 언제나 촉매 작용에 관여하는데, 이는 기질 농도가 너무 높아서 생성물이 분리되자마자 또 다른 기질 분자가 활성부위에 도착하기 때문이다.

따라서 V_{max}는 (1) 실제적인 촉매반응에 필요한 시간과, (2) 얼마나 많은 이러한 효소 분자가 존재하는가에 의해 결정되는 최대 한계이다. 실제적인 반응 속도는 고정되어 있으므로 V_{max}를 증가시킬 수 있는 유일한 방법은 효소의 농도를 높이는 것이다. 실제로 V_{max}는 k_3가 반응 속도 상수인 **그림 6-9**에서와 같이 존재하는 효소의 양에 정비례한다.

사례 3. ([S] = K_m) K_m의 의미를 좀 더 명확히 하기 위해 [S]가 K_m과 정확히 동일한 특별한 경우를 생각해보자. 이러한 환경에서는 미카엘리스-멘텐 방정식이 다음과 같이 표현될 수 있다.

$$v_0 = \frac{V_{max}[S]}{K_m + [S]} \cong \frac{V_{max}[S]}{2[S]} = \frac{V_{max}}{2} \qquad (6\text{-}10)$$

이 방정식은 반응이 최대 속도의 절반에 해당되는 속도로 진행될 때 K_m이 기질의 농도를 나타낸다는 것을 수학적으로 증명하는 것이다. K_m은 특정 조건 아래에서 반응을 촉매하는 주어진 효소-기질 조합의 상수 값이다. 그림 6-8은 V_{max}와 K_m 모두의 의미를 보여준다.

세포생물학자에게 V_{max}와 K_m이 중요한 이유는 무엇인가

이제 V_{max}와 K_m의 의미를 알았으므로 세포생물학자들에게 이 두 가지 매개변수가 중요한 이유에 대해 생각해보자. K_m 값은 세포 내에서 작용하는 효소가 그림 6-8의 미카엘리스-멘텐 좌표의 어디에 위치하는지를 예측하는 데 유용하다(물론 세포 내에서의 정상적인 기질의 농도를 알고 있을 경우). 그러면 최대 속도의 어느 정도에서 세포 내에서 일어나는 효소촉매 반응이 진행될 것인지를 예측할 수 있다. 특정 효소와 기질의 K_m 값이 낮아질수록 효소가 효과적인 기질 농도 구간도 낮아진다. 이제 곧 보게 되겠지만 세포 내에서의 효소 작용은 효소에 결합하여 특정 기질에 대한 K_m 값을 변화시키는 조절 분자에 의해 조절될 수 있다. 몇 가지 효소-기질 조합의 K_m 값을 **표 6-2**에 정리했다. 수백 배에서 수천 배까지 다양함을 볼 수 있을 것이다.

특정 반응의 V_{max}는 그 반응의 최대 속도를 측정할 수 있게 해주므로 중요하다. 세포 내에서 실제로 포화 상태의 기질 농도를 만나게 되는 효소는 극히 드물기 때문에 효소는 세포 환경에서 최대 속도로 작용하지는 않을 것이다. 그러나 V_{max} 값과 K_m 값 및 생체 내에서의 기질의 농도를 알고 있으면, 최소한 세포 내에서의 반응의 개략적인 속도를 예측할 수 있다.

V_{max}는 또한 **회전 수**(turnover number, k_{cat})라고 알려진 유용

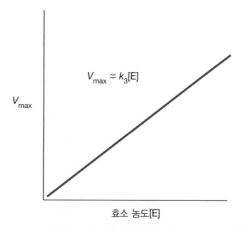

그림 6-9 V_{max}와 효소 농도의 비례관계. 효소 농도에 따른 반응 속도의 1차원적인 증가는 실험적으로 효소의 농도를 결정할 수 있는 근거를 제공한다.

표 6-2	일부 효소의 K_m 값과 k_{cat} 값		
효소 명칭	기질	$K_m(M)$	$k_{cat}(초^{-1})$
아세틸콜린에스터레이스	아세틸콜린	9×10^{-5}	1.4×10^4
탄산무수효소	CO_2	1×10^{-2}	1×10^6
푸마레이스	푸마르산	5×10^{-6}	8×10^2
3탄당 인산 이성질체화효소	글리세르알데하이드-3-인산	5×10^{-4}	4.3×10^3
β-락타메이스	벤질페니실린	2×10^{-5}	2×10^3

한 매개변수를 측정하는 데도 유용하게 사용된다. 회전 수는 효소가 최대 속도로 작용할 때 하나의 효소에 의해 기질 분자가 생성물로 전환되는 속도를 나타낸다. 상수 k_{cat}는 효소의 농도인 [E]에 대한 V_{max}의 몫으로 계산된다.

$$k_{cat} = \frac{V_{max}}{[E]} \qquad (6-11)$$

V_{max}는 농도/시간으로 표현되고 [E]는 농도이기 때문에 k_{cat}의 단위는 시간의 역수(초$^{-1}$ 또는 분$^{-1}$)이다. 회전율 수치는 표 6-2에 주어진 예에서 명확하게 보이는 것과 같이 효소마다 크게 다르다.

2중역비례도는 동역학적 자료를 직선화하는 데 유용한 도구이다

그림 6-8에서 설명한 v_0에 대한 [S]의 고전적인 미카엘리스-멘텐 그래프는 기질 농도에 대한 속도의 의존성을 보여준다. 그러나 중요한 동역학적 매개변수인 K_m과 V_{max}의 정량적 측정에 특별히 유용한 도구는 아니다. 쌍곡선 형태는 중요한 매개변수인 V_{max}를 측정하기 위해 무한대의 기질 농도를 정확히 추정하는 것을 어렵게 한다. 또한 V_{max}가 정확히 알려져 있지 않다면 K_m을 측정할 수 없다.

이러한 문제를 극복하고 좀 더 유용한 도식적 접근을 위해 1934년에 라인웨버(Hans Lineweaver)와 버크(Dean Burk)는 미카엘리스-멘텐 방정식의 쌍곡선 관계를 식 6-7의 양쪽을 모두 뒤집어서 직선 함수로 전환했으며 결과를 단순화하여 직선 함수 형태로 표현했다.

$$\frac{1}{v_0} = \frac{K_m + [S]}{V_{max}[S]} = \frac{K_m}{V_{max}[S]} + \frac{[S]}{V_{max}[S]}$$
$$= \frac{K_m}{V_{max}}\left(\frac{1}{[S]}\right) + \frac{1}{V_{max}} \qquad (6-12)$$

식 6-12는 **라인웨버-버크 방정식**(Lineweaver-Burk equation)이라고 한다. 이를 **그림 6-10**에서와 같이 $1/v_0$에 대한 $1/[S]$로 그리면 만들어지는 **2중역비례도**(double-reciprocal plot)는 일반적

인 대수 형태 $y = mx + b$에서 선형으로, m은 기울기이며 b는 y절편을 나타낸다. 따라서 기울기(m)는 K_m/V_{max}이며, y절편(b)은 $1/V_{max}$이고, x절편($y = 0$)은 $-1/K_m$이다. (식 6-12에 먼저 $1/[S] = 0$을 대입하고, 다음에 $1/v = 0$을 대입하여 이 절편 값을 얻을 수 있어야 한다.) 그러므로 2중역비례도가 만들어지면 V_{max}는 y절편의 역수로부터, K_m은 x절편의 역수의 음의 값으로부터 직접 결정할 수 있다. 뿐만 아니라 기울기는 이들 두 가지 값을 모두 확인하는 데 사용할 수 있다.

따라서 라인웨버-버크 그래프는 쌍곡선의 복잡함 없이 매개변수 V_{max}와 K_m을 결정할 수 있게 하므로 실험적으로 유용하다. **핵심 기술**에서는 해당경로에서 포도당 분해를 시작하기 위해 포도당 인산화를 촉매하는 효소인 6탄당 인산화효소(hexokinase)에 대한 K_m과 V_{max}를 결정하는 실험 설정을 보여준다.

효소 억제제는 비가역적 또는 가역적으로 작용한다

지금까지는 세포 내 효소의 활성에 영향을 미치는 물질로 기질이 유일하다고 가정했다. 그러나 효소는 생성물, 다른 기질, 기질 유사체, 약물, 독소, 다른자리입체성 효과인자(allosteric effector)라고 불리는 매우 중요한 조절자 등에 의해서도 영향을 받는다. 이들 물질은 대부분이 효소 활성에 억제 효과를 가지고 있어서 원하는 물질로 반응 속도를 줄이거나 반응을 완전히 정지시키기도 한다.

효소 활성의 이러한 **억제**(inhibition)는 몇 가지 이유에서 매우 중요하다. 첫 번째이며 가장 중요한 것은 효소의 억제가 세포 내의 조절 기작으로 중요한 역할을 한다는 것이다. 많은 효소는 기질 이외에 특이적인 작은 분자에 의해 조절되는 표적이다. 이는 종종 특이적인 세포 상태에 반응하기 위해 즉각적인 환경을 인식하는 수단이 된다.

효소 억제는 종종 특정 효소를 억제하여 자신의 영향력을 행사하는 약물과 독소의 작용에서도 중요하다. 억제제는 효소학자에게는 반응 기작을 연구하는 도구로서 중요하며, 의사에게는 질병을 치료하는 데 중요하다. 특히 중요한 억제제로 **기질 유사체**(substrate analogue)와 **전이상태 유사체**(transition state

문제 헥소카이네이스(hexokinase, 6탄당 인산화효소)는 포도당의 발열 분해의 첫 번째 단계를 촉매하므로 에너지 대사에 중요한 효소이다. 이 반응을 이해하면 세포에서 에너지 생성의 역할을 이해하는 데 도움이 될 것이다. 과학자들은 이와 같은 효소에 대한 K_m과 V_{max}의 동역학 변수를 실험적으로 어떻게 결정할까?

해결방안 연구원은 일련의 효소 분석(개별 측정)에서 기질 농도가 변할 때 효소 농도 및 기타 모든 변수를 일정하게 유지하는 실험을 수행하여 K_m과 V_{max}를 결정할 수 있다. 각 기질 농도[S]에서 초기 속도(v_0)를 측정하고 그 결과를 그래프로 나타내면 K_m과 V_{max}의 수치를 찾을 수 있다.

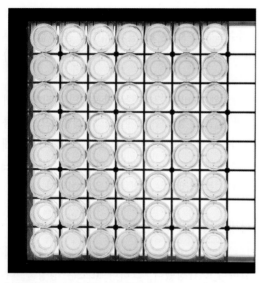

이 분석법의 효소는 노란색 생성물을 생성하므로 색상의 강도는 각 분석법의 총효소 활성에 비례한다.

주요 도구 정제된 효소 및 기질, 생성물의 양을 측정할 수 있는 색상 지시제, 생성물의 축적을 측정하기 위한 분광광도계

상세 방법 ATP를 가수분해하여 인산기와 반응에 필요한 자유에너지원으로 사용하는 6탄당 인산화효소(헥소카이네이스)는 포도당의 6번 탄소의 인산화를 촉매한다.

$$포도당 + ATP \xrightarrow{\text{헥소카이네이스}} 포도당-6-인산 + ADP$$

이 반응을 동역학적으로 분석하려면 몇 가지 기질 농도에서의 초기 속도를 측정해야 한다. 효소가 2개의 기질을 가지고 있을 때 일반적인 접근 방식은 한 번에 한 가지 기질의 농도를 변화시키고 다른 기질의 농도는 포화 상태에 가깝게 유지하여 속도에 제한 요소가 되지 않게 해야 한다. 속도 측정은 기질 농도가 뚜렷하게 감소하거나 생성물이 축적되어 역반응이 상당한 수준으로 일어나기 전에 이루어져야 한다.

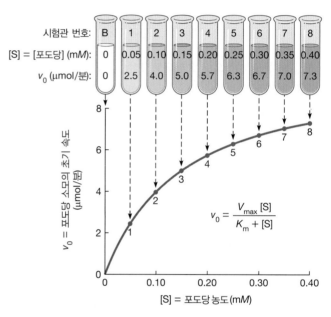

$$v_0 = \frac{V_{max}[S]}{K_m + [S]}$$

그림 6B-1 헥소카이네이스 반응의 동역학을 알아보기 위한 실험. 포도당의 농도를 다르게 한 시험관에 포화량의 ATP를 첨가하고 표준 용량의 헥소카이네이스와 함께 반응시켰다. 생성물이 나타나는 초기 속도 v_0를 기질 농도 [S]에 대한 그래프로 표시했다. 그래프는 기질의 농도가 높아질수록 V_{max}에 접근하는 쌍곡선 형태이다.

analogue)가 있다. 이들은 실제 기질이나 전이 상태와 유사한 화합물로 활성부위에 결합할 만큼 가깝지만 기능적인 생성물을 만드는 반응을 수행하지는 못한다.

기질 유사체는 감염성 질병에 대항하는 중요한 도구로서 병원성 세균과 바이러스에서 특이 효소를 억제하기 위해 다양하게 개발되고 있으며, 일반적으로 사람에게는 없는 효소를 표적으로 한다. 예를 들어 설파제(sulfa drug)는 엽산의 전구체인 파라아미노벤조산(para-aminobenzoic acid)과 유사하다. 이들은 DNA 합성에 필요한 엽산을 합성하는 박테리아 효소의 활성부위에 결합

하여 기능을 억제한다. 마찬가지로 항바이러스 제제인 아지도티미딘(azidothymidine, AZT)은 사람면역결핍 바이러스(HIV)가 바이러스의 역전사효소를 이용하여 DNA 합성에 정상적으로 사용하는 디옥시티미딘(deoxythymidine) 분자와 유사하다. 하지만 AZT는 활성부위에 결합한 후 합성되는 DNA 가닥에 통합되어 DNA 분자가 더 이상 합성되지 못하게 하는 역할을 한다.

억제제는 가역적이거나 비가역적이다. **비가역적 억제제**(irreversible inhibitor)는 효소에 공유적으로 결합하여 촉매 작용을 영구적으로 잃게 만든다. 비가역적 억제제가 일반적으로 세포

그림 6B-1의 실험에서 포도당은 변수가 되는 기질이고 각 시험관에는 ATP가 포화 농도로 들어있다. 이 실험의 9개의 반응 혼합물 중에서 시험관 하나는 포도당이 들어있지 않은 음성 대조군(B)으로 만들어졌다. 다른 시험관에는 0.05~0.4 mM까지의 포도당이 들어있다. 모든 시험관이 만들어지면 적정 온도(주로 25℃)를 유지하고 각각의 반응은 일정한 양의 헥소카이네이스를 첨가함으로써 시작된다.

각 반응 혼합물에서 생성물질의 속도는 여러 방법으로 결정될 수 있다. 일반적인 방법 중 하나는 *분광광도계*를 사용하여 반응의 진행 상황을 측정하는 것이다. 분광광도계는 특정 파장의 빛이 용액에 얼마나 흡수되는지 측정한다. 반응물 또는 생성물이 특정 파장에서 빛을 흡수하는 경우 생성물의 증가 또는 반응물의 감소는 반응 진행의 척도를 제공한다. 또 다른 일반적인 접근 방식은 각 반응 혼합물을 짧은 고정 시간 동안 배양한 다음 기질 고갈 또는 생성물 축적에 대한 화학적 분석을 수행하는 것이다. 이 경우 반응의 진행 상황은 종종 분광광도계로 측정할 수 있는 색깔 인디케이터를 사용하여 간접적으로 평가된다. 그림 6B-1의 측정은 이 두 번째 방법을 사용한다.

그림 6B-1에 표시한 것같이 시험관 1~8의 포도당 소비반응의 초기 속도는 분당 2.5~7.3 μmol 포도당 범위이고, 음성 대조군에서는 반응이 감지되지 않았다(시험관 B). 이들 반응 속도를 포도당 농도 함수로 그리면 8개의 자료 지점이 그림 6B-1의 쌍곡선을 만든다. 이 자료는 그림을 위해 이상적으로 만들어진 것이지만 이러한 접근 방식으로 만들어진 대부분의 동역학 자료는 효소가 미카엘리스-멘텐 동역학을 벗어나는 독특한 성질을 가지고 있지 않는 이상 실제로 쌍곡선에 들어맞는다.

그림 6B-1의 쌍곡선에서는 그려진 값에서 V_{max}나 K_m 값을 쉽게 결정할 수 없기 때문에 분석을 직선화하기 위한 방법이 필요하다. 이러한 필요에 의해 그림 6B-1에 표시한 2중역비례도가 만들어졌다. 여기에 그려진 자료를 얻기 위해 그림 6B-1에 있는 [S]와 v_0의 각각의 값에 대한 역수가 계산되었다. 따라서 0.05~0.4 mM까지의 [S] 값은 20~2.5 mM^{-1}의 역수 값을 만들었으며, 2.5~7.3 μmol/분의 v_0 값은 0.4~0.14분/μmol의 역수 값을 만들었다. 이들은 역수이기 때문에 가장 낮은 농도(시험관 1)를 나타내는 자료 지점이 원점(0, 0)에서 가장 멀리 위치하고 각각의 연속적인 시험관은 원점에 가까워지는 점으로 나타났다(**그림 6B-2**).

이들 자료의 점을 직선으로 연결하면 y절편은 0.1분/μmol로 나타나고 x

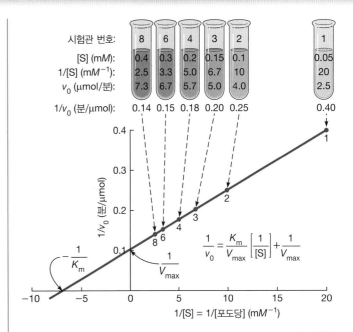

그림 6B-2 헥소카이네이스 결과의 2중역비례도. 그림 6B-1의 실험에 사용된 각각의 시험관에서 $1/v_0$과 $1/[S]$을 계산하여 이 둘의 함수관계를 그래프로 나타내었다.

절편은 -6.7 mM^{-1}이 된다. 이들 절편으로부터 V_{max} $= 1/0.1 = 10$ μmol/분, $K_m = -(1/-6.7) = 0.15$ mM이 계산된다. 이제 그림 6B-1의 미카엘리스-멘텐 그래프로 돌아가면 그래프가 0.15 mM의 기질 농도에서 V_{max}에 대해 계산된 값의 절반에 도달한다는 것을 알 수 있으므로, 0.15 mM이 포도당에 대한 헥소카이네이스의 K_m임을 시각적으로 확인할 수 있다.

질문 그림 6B-1에서 [S]를 나타내는 점들이 x축을 따라 동일한 간격으로 나누어져 있다. 이는 K_m과 V_{max}를 찾기에 가장 좋은 농도가 아닐 수 있다. 이를 개선할 수 있는 방법을 제안할 수 있는가? 답변에 그림 6B-1의 곡선과 그림 6B-2의 2중역비례도를 모두 고려하라.

에 독이 된다는 것은 놀라운 일이 아니다. 중금속 이온은 신경가스 독과 일부 해충제 등과 같이 종종 비가역적 억제제가 된다. 이 물질은 신경자극을 전달하는 데 중요한 효소인 **아세틸콜린에스터레이스**(acetylcholinesterase)에 비가역적으로 결합할 수 있다(18장 참조). 아세틸콜린에스터레이스 활성의 억제는 생명 유지에 필수적인 기능의 마비를 초래하여 사망에 이르게 한다. 이러한 억제제 중 하나로 효소의 활성부위에 있는 결정적인 세린의 하이드록실기에 공유결합하여 효소 분자를 영구히 불활성화하는 **디이소프로필 플루오르인산**(diisopropyl fluorophosphate)이 있다.

효소의 일부 비가역적 억제제는 치료제로도 사용된다. 예를 들어 아스피린은 사이클로옥시지네이스-1(cyclooxygenase-1, COX-1)에 비가역적으로 결합한다. 이 효소는 염증, 혈관의 수축, 혈소판 응집 등을 일으키는 프로스타글란딘 및 다른 신호전달물질의 생산에 관여한다. 따라서 아스피린은 약한 염증과 두통을 치료하는 데 효과가 있고 저용량은 심혈관계 보호제로 권장되고 있다. 항생제 페니실린은 박테리아의 세포벽 합성에 필요한 효소의 비가역적 억제제이다. 따라서 페니실린은 박테리아 세포가 세포벽을 합성하는 것을 저해하여 박테리아의 성장과 분

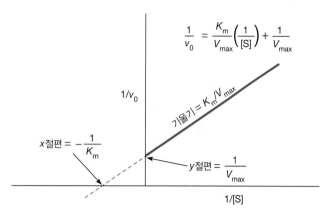

$$\frac{1}{v_0} = \frac{K_m}{V_{max}}\left(\frac{1}{[S]}\right) + \frac{1}{V_{max}}$$

$1/v_0$

기울기 $= K_m/V_{max}$

x절편 $= -\dfrac{1}{K_m}$

y절편 $= \dfrac{1}{V_{max}}$

$1/[S]$

그림 6-10 라인웨버-버크의 2중역비례도. 초기 속도의 역수인 $1/v_0$을 기질 농도의 역수, $1/[S]$에 대한 함수로 나타낸다. K_m은 x절편으로부터 계산할 수 있으며, V_{max}는 y절편으로부터 계산된다.

열을 억제하기 때문에 박테리아성 감염 치료에 효과적이다. 또한 인체의 세포는 세포벽(과 이것의 합성에 필요한 효소)을 가지고 있지 않기 때문에 페니실린은 사람에게는 해가 없다.

반면 **가역적 억제제**(reversible inhibitor)는 효소와 비공유적인 분리 가능한 방식으로 결합하여 자유로운 형태의 억제제와 결합한 형태의 억제제가 서로 평형을 이룬다. 이러한 결합은 다음과 같이 나타낼 수 있다.

$$E + I \rightleftharpoons EI \qquad (6\text{-}13)$$

여기서 E는 활성이 있는 자유 효소이고, I는 억제제, EI는 비활성 효소-억제제 복합체를 나타낸다. 활성인 형태로 세포에서 사용될 수 있는 효소의 비율은 억제제의 농도와 효소-억제제 복합체의 강도에 비례한다.

가역적 억제제는 표적 효소에 작용하는 위치와 경우에 따라 다양하다(**그림 6-11**). **경쟁적 억제제**(competitive inhibitor)는 효소의 활성부위에 결합하여 효소의 동일한 부위에서 기질 분자와 직접적으로 경쟁한다(그림 6-11a). 미카엘리스-멘텐 동역학의 입장에서 이는 효소에 대한 V_{max}가 변하지 않고 유지되지만 정상 기질에 대한 효소의 친화도가 감소하여 K_m의 증가를 초래한다는 것을 의미한다. 이것은 효소 분자의 많은 활성부위를 결합된 억제제 분자로 차단하여 기질 분자가 활성부위에 결합할 수 없게 만들기 때문에 효소의 활성을 떨어뜨린다.

다른 유형의 억제제는 효소 표면의 활성부위가 아닌 다른 부위에 결합한다. 이는 기질의 결합을 직접적으로 차단하지는 않지만 활성부위에 기질이 결합하는 것을 차단하거나 활성부위의 촉매 능력을 크게 감소시킬 수 있는 단백질의 구조 변화를 일으켜 효소 활성을 간접적으로 억제한다. 그러한 억제제가 어떻게 작용하는지에 대한 세부사항은 억제제가 효소에 결합할 수 있는 시기에 따라 다르다. **비경쟁적 억제제**(uncompetitive inhibitor)는 효소가 기질에 결합한 후에만 효소에 결합한다. 그들은 유효 K_m을 증가시키면서 효소에 대한 겉보기 V_{max}를 감소시킨다. 반면 **무경쟁적 억제제**(noncompetitive inhibitor)는 결합하지 않은 효소 또는 효소-기질 복합체에 결합할 수 있다(그림 6-11b). 기존의 무경쟁적 억제제는 K_m에 영향을 주지 않으면서 반응에 대한 겉보기 V_{max}를 감소시킨다. 그러나 보다 일반적으로 무경쟁적 억제제는 V_{max}를 감소시킬 뿐만 아니라 K_m도 증가시킬 수 있다. 이러한 유형의 무경쟁적 억제제를 **혼합 억제제**(mixed inhibitor)라고 한다.

컴퓨터를 이용한 약물 설계 분야에도 비약적인 발전이 있었다. 이러한 접근 방식에서는 효소 활성부위의 3차원적 구조를 분석하여 어떤 종류의 분자가 강력하게 결합하여 억제제로 작용할 것인지를 예측하여 분석한다. 그러면 과학자들이 몇 가지 가상적인 억제제를 설계하여 복잡한 컴퓨터 모델을 통해 이들의 결합을 검사한다. 이러한 방법으로 자연계에 존재하는 억제제에만 의존하지 않아도 된다. 수백 또는 수천의 잠재적 억제제가 설계되어 검사될 수 있으며, 이 중에서 가장 가능성 있는 것만 실제로 합성되어 실험적으로 평가받게 된다.

개념체크 6.3

당신은 생명공학 회사에서 일하며 특정 기질에서 항암 화합물을 생산하는 효소를 연구하고 있다. 생산량을 극대화하기 위해 V_{max}, K_m, k_{cat}을 어떻게 조절하고 싶은가?

6.4 효소의 조절

세포 기능에서의 효소의 역할을 이해하려면 효소가 무조건 빠른 속도로 작용하게 하는 것이 세포의 최대 관심사가 아니라는 것을 인식할 필요가 있다. 대신에 효소촉매 반응 속도는 세포의 필요에 맞게 지속적으로 정밀하게 조절되어야 한다. 이러한 조절의 중요한 측면은 특이성과 정확성을 가지고 효소의 활성을 조절할 수 있는 세포의 능력에 달려있다.

앞서 기질과 생성물 농도의 변화, 온도와 pH의 변화, 억제제의 존재와 농도 등을 포함하는 다양한 조절 기작을 공부했다. 기질과 생성물 효소의 상호작용에 직접적으로 의존하는 조절을 **기질 수준 조절**(substrate-level regulation)이라고 한다. 미카엘리스-멘텐 방정식은 기질의 농도가 증가하면 반응 속도가 빨라진다는 것을 분명히 보여준다(그림 6-8 참조). 반대로 생성물 농도의 증가는 기질이 생성물로 전환되는 속도를 감소시킨다. (이러한 생성물 농도의 억제 효과는 식 6-7에서와 같이 미카엘리스-멘텐 방정식에서 v_0가 초기 반응 속도로 규정되어야 하는 이유이다.)

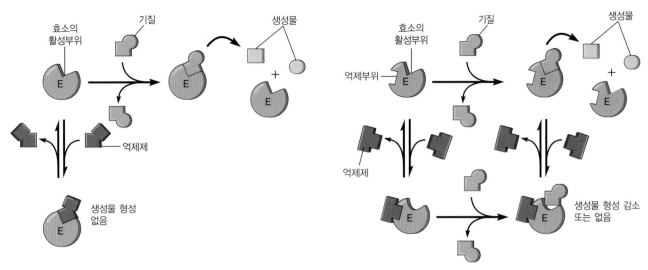

(a) **경쟁적 억제제.** 억제제와 기질 모두 효소의 활성부위에 결합한다. 억제제의 결합은 기질의 결합을 방해하여 효소 활성을 저해한다.

(b) **무경쟁적 억제.** 억제제와 기질은 서로 다른 장소에 결합한다. 억제제의 결합은 효소를 뒤틀리게 하여 기질의 결합을 방해하거나 촉매 활성을 감소시킨다.

그림 6-11 경쟁적 억제제와 무경쟁적 억제제의 작용 기작. (a) 경쟁적 억제제 및 (b) 무경쟁적 억제제 모두 효소(E)와 가역적으로 결합하여 효소의 활성을 억제한다. 이들 두 종류의 억제는 억제제가 결합하는 효소의 부위가 서로 다르다.

기질 수준 조절은 세포에 중요한 조절 기작이지만 대부분의 반응 또는 반응 순서를 조절하기에는 충분하지 않다. 대부분의 경로에서 효소는 다른 기작에 의해서도 조절된다. 이들 중에 가장 중요한 두 가지는 다른자리입체성 조절과 공유결합 변형이다. 이들 기작은 세포가 효소를 작동하게 하거나 작동하지 않게 하고 효소의 활성을 적절히 조절하여 반응 속도를 정밀하게 조절하게 한다.

거의 언제나 변함없이 이러한 기작으로 조절되는 효소는 다단계 반응의 첫 번째 단계를 촉매한다. 첫 번째 단계가 작용하는 속도를 높이거나 낮추어서 전체 과정이 효과적으로 조절된다. 이러한 방법으로 조절되는 경로에는 고분자(예: 당, 지방, 아미노산)를 분해하는 데 필요한 경로와 세포가 필요로 하는 기질(예: 아미노산, 핵산)을 합성하는 경로 등이 포함된다. 이제 기초적인 수준의 다른자리입체성 조절과 공유결합 변형에 대해 알아보자.

다른자리입체성 효소는 반응물과 생성물 이외의 분자에 의해 조절된다

세포의 요구에 적합한 효소촉매 반응의 속도를 조절하는 데 가장 중요한 조절 기작은 다른자리입체성 조절이다. 이 조절 기작을 이해하려면 전구체 A로부터 중간물질인 B, C, D가 각각 효소 E_1, E_2, E_3, E_4에 의해 촉매되는 일련의 반응을 통해 최종 생성물 P를 생산하는 경로를 생각해보자.

$$A \xrightarrow[E_1]{} B \xrightarrow[E_2]{} C \xrightarrow[E_3]{} D \xrightarrow[E_4]{} P \qquad (6\text{-}14)$$

예를 들어 생성물 P는 세포가 단백질 합성에 필요로 하는 아미노산이고, A는 특별한 반응 순서로 P를 만드는 데 시작점으로 작용하는 일반적인 세포 구성 성분이라고 생각하자.

피드백 억제 식 6-14의 반응 순서가 통제되지 않은 채 일정한 속도로 진행된다면 많은 양의 A를 P로 전환할 수 있을 것이다. 결과적으로 A는 고갈되고 많은 양의 P가 축적되는 부정적인 영향을 미칠 수 있다. 세포의 가장 큰 이익은 이 경로가 최대 속도나 일정한 속도로 진행되는 것이 아니라 세포가 필요로 하는 P의 양에 따라 정밀하게 조절된 속도로 진행될 때 얻는다.

이 경로의 효소는 난로가 따뜻하게 하려는 방의 온도에 반응할 필요가 있는 것처럼 세포 내 생성물 P의 농도에 반응해야 한다. 후자의 경우 온도조절장치가 난로와 '생성물'인 열 사이에 필요한 조절 고리 역할을 한다. 만약 열이 너무 높으면 조절장치가 난로를 꺼서 열의 발생을 막는다. 만약 열이 필요하면 열이 부족하기 때문에 이 억제는 해제된다. 효소의 예에서는 생성물 P가 이 반응의 첫 번째 단계를 촉매하는 효소인 E_1의 특이적인 억제제이기 때문에 원하는 조절이 가능하다.

이러한 현상을 **피드백 억제**(feedback inhibition)라 하며 다음의 반응 경로에서 생성물 P와 효소 E_1을 연결하는 점선으로 표시한다.

$$A \xrightarrow[E_1]{} B \xrightarrow[E_2]{} C \xrightarrow[E_3]{} D \xrightarrow[E_4]{} P \qquad (6\text{-}15)$$

P에 의한 E_1의 피드백 억제

피드백 억제는 세포의 필요에 따라 반응 서열의 활성이 조절되는 것을 분명히 하기 위해 세포에서 가장 일반적으로 사용되는 기작이다.

그림 6-12는 아미노산 아이소류신이 다른 아미노산 트레오닌에서 합성되는 5단계의 경로의 구체적인 예를 보여준다. 이 경우 경로의 첫 번째 효소인 트레오닌 탈아미노효소는 반응 경로의 최종 생성물인 세포 내 아이소류신 농도에 의해 조절된다. 세포가 아이소류신을 사용하고 있는 경우(아마도 단백질 합성에) 아이소류신 농도는 낮을 것이며 세포는 더 필요하게 된다. 이러한 조건에서는 트레오닌 탈아미노효소가 활성화되어 경로는 더 많은 아이소류신을 생산하기 위해 작동한다. 아이소류신의 필요성이 감소하면 아이소류신은 세포 내에 축적되기 시작함에 따라 농도가 증가되며 이는 트레오닌 탈아미노효소의 억제로 이어진다. 이를 통해 결과적으로 아이소류신 합성 속도가 감소한다.

다른자리입체성 조절　경로의 첫 번째 효소(예: 반응 6-15의 E_1 효소)는 어떻게 자신의 기질도 아니고 생성물도 아닌 P의 농도에 반응할 수 있을까? 이 질문에 대한 답은 1963년에 모노(Jacques Monod), 샹죄(Jean-Pierre Changeux), 자코브(François Jacob)가 처음 제안했다. 이들의 모델은 빠르게 입증되었으며, **다른자리입체성 조절**(allosteric regulation)을 이해하는 기초가 되었다. 다른자리입체성(allosteric)이라는 용어는 그리스어 '다른 모양(또는 형태)'에서 기원된 것으로 다른자리입체성 조절이 가능한 모든 효소는 두 가지 서로 다른 형태로 존재할 수 있다는 것을 의미한다.

두 가지 형태 중 한 가지 유형에서 효소는 기질에 대한 높은 친화력을 가져 높은 활성을 보인다. 다른 형태는 기질에 대한 친화력이 매우 약하거나 거의 없어 촉매 작용을 거의 보이지 않는다. 이러한 특성을 가진 효소를 **다른자리입체성 효소**(allosteric enzyme)라 한다. 다른자리입체성 효소의 활성형 또는 비활성형 중 어느 것이 선택될 것인지는 세포 내에 존재하는 **다른자리입체성 효과인자**(allosteric effector)라 불리는 적절한 조절물질의 농도에 의해 결정된다. 아이소류신 합성의 경우 다른자리입체성 효과인자는 아이소류신이며, 다른자리입체성 효소는 트레오닌 탈아미노효소이다. 더욱 일반적으로 설명하면 다른자리입체성 효과인자는 특정 효소의 기질이나 즉각적인 산물이 아니면서 그 효소의 활성을 조절하는 분자량이 작은 유기물질이다.

다른자리입체성 효과인자는 효소에 결합하여 효소의 활성에 영향을 미친다. 다른자리입체성 효과인자는 효소 표면에서 촉매 작용이 일어나는 활성부위가 아닌 **다른자리입체성 부위**(allosteric site 또는 regulatory site)에 결합한다. 따라서 모든 다른자리입체성 효소(및 다른 다른자리입체성 단백질)의 독특한 특징은 효소 표면에 기질이 결합하는 활성부위와 효과인자가 결합하는 다른자

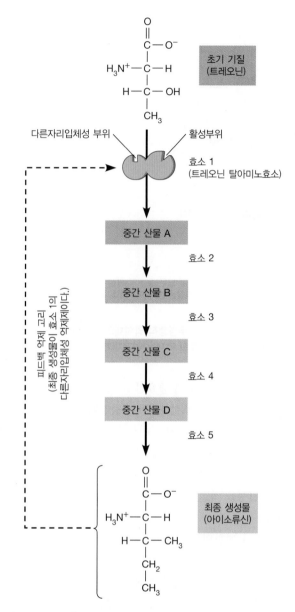

그림 6-12 효소 활성의 다른자리입체성 조절. 피드백 억제의 독특한 예를 아미노산 트레오닌으로부터 또 다른 아미노산인 아이소류신이 합성되는 과정에서 보여주고 있다. 이 반응의 첫 번째 효소인 트레오닌 탈아미노효소는 효소의 활성부위가 아닌 다른 자리에 결합하는 아이소류신에 의해 다른자리입체성으로 억제된다.

리입체성 부위가 존재한다는 것이다. 실제로 일부 다른자리입체성 효소는 여러 개의 다른자리입체성 부위를 가지고 있으며 이들은 각각 서로 다른 효과인자를 인식할 수 있다.

효과인자는 효소의 다른자리입체성 부위에 결합하여 나타내는 영향에 따라, 즉 효과인자가 낮은 친화력 효소와 결합하는지, 높은 친화력 효소와 결합하는지에 따라 **다른자리입체성 억제인자**(allosteric inhibitor)나 **다른자리입체성 활성인자**(allosteric activator)가 될 수 있다(**그림 6-13**). 다른자리입체성 억제인자의 결합은 두 가지 형태의 효소 간 평형을 낮은 친화력 상태로 기울

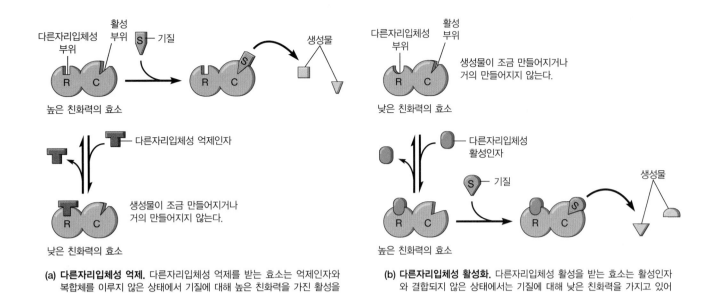

(a) **다른자리입체성 억제.** 다른자리입체성 억제를 받는 효소는 억제인자와 복합체를 이루지 않은 상태에서 기질에 대해 높은 친화력을 가진 활성을 보인다. 다른자리입체성 억제인자(빨간색)의 결합은 효소를 낮은 친화력 상태로 안정화하여 생성물을 조금 만들거나 거의 만들지 못하게 한다.

(b) **다른자리입체성 활성화.** 다른자리입체성 활성을 받는 효소는 활성인자와 결합되지 않은 상태에서는 기질에 대해 낮은 친화력을 가지고 있어서 활성이 없다. 다른자리입체성 활성인자(초록색)의 결합은 높은 친화력 상태의 효소를 안정화하여 효소의 활성을 나타낸다.

그림 6-13 다른자리입체성 억제인자와 활성 기작. 다른자리입체성 효소는 각각 활성부위 또는 다른자리입체성 부위를 가지고 있는 하나 또는 그 이상의 촉매 소단위체(C)와 하나 또는 그 이상의 조절 소단위체(R)로 구성되어 있다. 효소는 생성물을 형성할 가능성이 높은 기질에 대해 친화력이 높은 형태와 생성물 형성 가능성이 낮은 기질에 대해 친화력이 낮은 형태의 두 가지 구조로 존재한다. 효소의 주된 형태는 다른자리입체성 효과인자의 농도에 따라 결정된다.

어지게 한다(그림 6-13a). 반면 다른자리입체성 활성인자의 결합은 평형을 고친화력 상태로 치우치게 만든다(그림 6-13b). 두 경우 모두 효과인자가 다른자리입체성 부위에 결합하면 효소를 두 가지 상호 전환이 가능한 형태 중의 하나로 안정화하여 기질 결합을 감소시키거나 증가시킨다.

대부분의 다른자리입체성 효소는 각 소단위체에 활성부위 또는 다른자리입체성 부위가 있는 큰 다중체 단백질이다. 따라서 4차 단백질 구조는 이러한 효소에 중요한 역할을 한다. 일반적으로 활성부위와 다른자리입체성 부위는 각각 **촉매 소단위체**(catalytic subunit) 및 **조절 소단위체**(regulatory subunit)라고 하는 단백질의 서로 다른 소단위에 있다(그림 6-13에 표시된 효소 분자의 C 및 R 소단위체에 유의하라). 이는 결과적으로 효과인자 분자가 다른자리입체성 부위에 결합하는 것이 조절 소단위체의 모양뿐만 아니라 촉매 소단위체의 모양에도 영향을 미친다는 것을 의미한다.

다른자리입체성 효소는 소단위체 사이의 협력적 상호작용을 나타낸다

많은 다른자리입체성 효소는 **협동성**(cooperativity)을 가진다. 이는 효소의 여러 촉매 부위가 기질 분자에 결합함에 따라 효소가 기질에 대한 나머지 촉매 부위의 친화도에 영향을 미치는 구조적 변화를 겪는다는 것을 의미한다. 일부 효소는 기질 분자가 한 소단위체에 결합하면 기질에 대한 다른 소단위체의 친화력이 증가하는 양의 협동성을 나타낸다. 예를 들어 헤모글로빈의 한 소단위체가 산소와 결합하면 다른 소단위체에 대한 산소의 결합이 증가한다. 이와 반대로 다른 효소에서는 한 소단위에 기질이 결합하면 기질에 대한 다른 부위의 친화력이 감소하는 음의 협동성을 나타낸다.

협동성 효과는 세포가 미카엘리스-멘텐 동역학으로 예측되는 것보다 기질 농도의 변화에 더 민감하거나 덜 민감한 효소를 생산할 수 있게 한다. 양의 협동성은 기질 농도가 증가함에 따라 효소의 촉매 활성이 예상보다 빠르게 증가하는 반면, 음의 협동성은 효소 활성이 예상보다 느리게 증가하는 것을 의미한다.

효소는 화학기를 첨가하거나 제거해서도 조절될 수 있다

많은 효소가 다른자리입체성 조절뿐만 아니라 **공유결합 변형**(covalent modification)으로도 조절된다. 이러한 형태의 조절에서 효소의 활성은 공유결합에 의한 특정 화학기의 첨가 또는 제거에 영향받는다. 공통적인 변형에는 인산기, 메틸기, 아세틸기, 핵산 유도체의 첨가 등이 있다. 이러한 변형 중의 일부는 가역적이지만 다른 것들은 그렇지 않다. 각각의 경우에 변형의 효과는 효소를 활성화하거나 불활성화하는 것이다. 또는 최소한 효소의 활성을 상향 또는 하향 조절한다.

인산화/탈인산화 가장 쉽게 만나고 가장 잘 이해된 공유결합 변형 중 하나는 인산기의 가역적 첨가이다. 인산기의 첨가를 **인산**

화(phosphorylation)라고 하며, 흔히 ATP의 인산기를 단백질의 세린, 트레오닌, 타이로신 잔기의 하이드록실기에 전달함으로써 일어난다. 다른 효소(또는 다른 단백질)의 인산화를 촉매하는 효소를 **단백질 인산화효소**(protein kinase)라 한다. 이 과정의 역반응인 **탈인산화**(dephosphorylation)에서는 인산화된 단백질로부터 인산기가 제거되며, 이는 **단백질 인산가수분해효소**(protein phosphatase)에 의해 촉매된다. 인산화는 효소에 따라 효소를 활성화하기도 하고 불활성화하기도 한다.

가역적인 가인산화/탈인산화에 의한 효소의 조절은 1950년대 워싱턴대학교의 피셔(Edmond Fischer)와 크레브스(Edwin Krebs, 동명이인인 크레브스 회로의 Hans Krebs가 아니다)가 발견했다. 이들은 간과 근육 세포에서 관찰되는 글리코젠 분해효소인 글리코젠 가인산분해효소(glycogen phosphorylase)의 발견이라는 획기적인 연구로 1992년 노벨의학상 및 생리학상을 받았다 (**그림 6-14**). 근육세포는 근육이 수축하는 데 필요한 에너지원으로 글리코젠을 사용하며, 간세포는 혈중 포도당의 양을 일정하게 유지하기 위해 글리코젠을 분비한다. 글리코젠 가인산분해효소는 글리코젠에서 포도당을 포도당-1-인산의 형태로 연속적으로 제거하여 글리코젠을 분해한다(그림 6-14a). 이 2량체 효소의 조절은 가인산분해효소 *a*라고 불리는 활성 형태와 가인산분해효소 *b*라고 불리는 불활성 형태로 상호 전환되는 형태로 존재할 수 있기 때문에 가능하다(그림 6-14b).

세포에서 글리코젠 분해가 필요할 때는 가인산분해효소의 2개의 소단위체 각각에 있는 특정 세린 잔기에 인산기가 첨가되어 불활성 형태인 *b*형 효소가 활성 형태인 *a*형으로 전환된다. 이 반응은 가인산분해효소 인산화효소(phosphorylase kinase)에 의해 촉매되며, 가인산분해효소의 구조적인 변화로 활성형이 된다. 글리코젠 분해가 더 이상 필요하지 않을 때는 가인산분해효소 인산가수분해효소(phosphorylase phosphatase)라는 효소에 의해 가인산분해효소 *a*에서 인산기가 제거된다.

동질효소(isozyme)라고 알려진 근육세포와 간세포의 글리코젠 가인산분해효소는 조절 기작이 전혀 다르다. 그림 6-14b에 있는 인산화/탈인산화 기작으로 조절되는 것 이외에 간의 글리코젠 가인산분해효소는 다른자리입체성 효소로서 포도당과 ATP에 의해 억제되며 AMP에 의해 활성화된다. 포도당이 필요한 것 이상으로 빠르게 축적될 때는 활성이 있는 간의 글리코젠 가인산분해효소 *a*에 포도당이 결합하여 효소는 불활성화되고 글리코젠 분해는 억제된다. 글리코젠 가인산분해효소에 두 가지 조절 기작이 존재하는 것은 효소 조절의 중요한 측면을 보여준다. 많은 효소는 둘 또는 그 이상의 조절 기작을 가지고 있어 세포가 다양한 상황에 적절히 반응할 수 있게 한다.

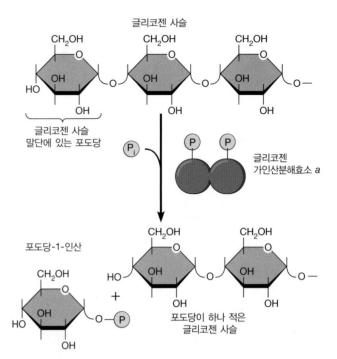

(a) 활성화된 글리코젠 가인산분해효소는 글리코젠을 절단한다.

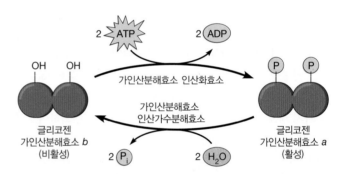

(b) 인산화(위) 또는 탈인산화(아래)는 글리코젠 가인산분해효소를 가역적으로 활성화하거나 억제한다.

그림 6-14 인산화에 의한 포도당 가인산분해효소의 조절. 글리코젠 가인산분해효소의 활성은 가인산분해효소 인산화효소와 가인산분해효소 인산가수분해효소에 의한 가역적인 인산화(*a*형)와 탈인산화(*b*형) 반응에 의해 촉매된다.

단백질분해성 절단   서로 다른 종류의 공유결합으로 인한 효소의 활성은 폴리펩타이드 사슬의 일부를 적절한 단백질 분해효소를 이용하여 비가역적으로 한번에 절단하는 것이다. **단백질분해성 절단**(proteolytic cleavage)이라고 하는 이러한 형태의 변형은 트립신, 키모트립신, 카복시펩티데이스를 포함하는 이자(pancreas)의 단백질 분해효소가 매우 좋은 예이다. 이들 효소는 호르몬 신호에 반응하여 이자에서 합성된 후 비활성 상태로 소장의 십이지장으로 분비된다. 이들 단백질 분해효소는 섭취한 거의 모든 단백질을 아미노산으로 소화시킬 수 있으며, 이는 장 상피세포에 의해 흡수된다.

이자 단백질분해효소(pancreatic protease)는 활성 형태로 합성

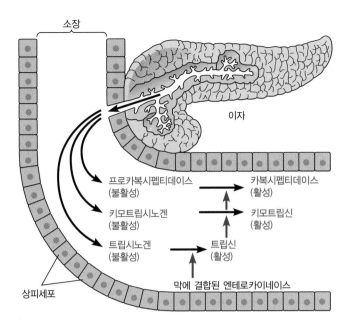

그림 6-15 단백질분해성 절단으로 활성화되는 이자의 효소전구체. 이자의 단백질 분해효소는 효소전구체라고 알려진 불활성 상태로 합성되어 소장으로 분비된다. 프로카복시펩티데이스, 트립시노겐, 키모트립신노겐 등이 효소전구체이다. 트립시노겐을 트립신으로 활성화하려면 십이지장의 막단백질인 엔테로카이네이스에 의한 6개 펩타이드의 제거가 필요하다. 그 뒤에 트립신은 단백질분해성 절단으로 다른 효소전구체를 활성화한다. 프로카복시펩티데이스는 한 번의 절단으로 이루어지는 반면에 키모트립시노겐의 활성은 좀 더 복잡하여 2단계 과정이 필요하다.

되지 않는다. 그것은 아마도 자신의 단백질분해효소로부터 스스로를 보호해야 하기 때문이다. 대신 이들 각각의 효소는 효소전구체(zymogen)라고 하는 약간 더 크고 촉매적으로 비활성인 분자의 형태로 합성되고 분비한다(**그림 6-15**). 활성효소를 생성하려면 효소전구체 자체가 단백질 분해로 절단되어야 한다. 예를 들어 트립신은 처음에 트립시노겐이라는 효소전구체로 합성된다. 트립시노겐이 십이지장에 도달하면 십이지장 세포에서 생성되는 막 결합단백질 분해효소인 엔테로카이네이스에 의해 N-말단에서 6개의 아미노산이 제거되어 트립시노겐이 활성화된다. 활성 트립신은 특정 단백질분해성 절단에 의해 다른 효소전구체를 활성화한다.

🔗 연결하기 6.2

글리코겐 분해와 단백질 분해에 관여하는 화학반응의 유형은 무엇인가? (그림 2-16 참조)

개념체크 6.4

효소를 조절해야 하는 이유는 무엇인가? 어떤 다른 메커니즘으로 이 조절이 이루어질 수 있을까?

요약

6.1 활성화 에너지와 준안정성 상태

■ 열역학은 반응의 가능성 여부를 판단하게 도와주지만 그 반응이 세포 내에서 적당한 속도로 일어날 것인가에 대해서는 아무런 답도 주지 못한다.

■ 특정 화학반응이 세포 내에서 일어나려면 기질이 정상적이거나 생성물보다 더 높은 자유에너지를 가진 전이 상태에 도달해야만 한다. 이러한 전이 상태에 도달하기 위해서는 활성화 에너지의 유입을 필요로 한다.

■ 활성화 에너지 장벽 때문에 대부분의 생물학적 화합물은 반응성이 없는 준안정성 상태로 존재한다. 활성화 에너지 요구가 충족되고 준안정성 상태에 도달하려면 촉매가 필요하다. 생물계의 촉매는 언제나 효소이다.

6.2 생물학적 촉매로서의 효소

■ 무기촉매이거나 유기촉매이거나에 관계없이 촉매는 기질 분자와 일시적인 복합체를 형성하여 활성화 에너지 장벽을 낮추고 특정 반응의 속도를 급격히 증가시킨다.

■ 세포 내에서의 화학반응은 때때로 유기 또는 무기 조효소를 필요로 하는 효소에 의해 촉매된다. 거의 대부분의 효소는 단백질이지만 일부는 RNA로 이루어져 있으며, 이는 리보자임으로 알려져 있다.

■ 효소는 하나의 특정 기질이나 밀접히 연관된 화합물에 대해 정교할 정도로 특이적이다. 이는 실제적인 촉매 과정이 정확한 기질만이 들어맞는 효소 표면의 주머니나 골로 이루어진 활성부위에서 일어나기 때문이다.

■ 활성부위는 단백질이 자신의 3차 구조로 접힐 때 서로 가까이 자리하게 되는 특정한 비연속적 아미노산 서열로 이루어진다. 이 아미노산이 기질과의 결합, 기질의 활성화, 촉매에 관여한다.

■ 활성부위에서의 적절한 기질의 결합은 유도적합이라고 알려진 효소와 기질의 모양의 변화를 유도한다. 이는 기질에 있는 하나 또는 그 이상의 결합을 틀어지게 하거나, 필요한 아미노산 잔기를 활성부위로 끌어들이거나, 효소와 기질 사이에 양자 또는/그리고 전자를 끌어들여서 기질 활성화를 촉진한다.

■ 오랫동안 모든 효소가 단백질이라고 생각되었지만 이제는 리보자

임으로 알려진 특정 RNA 분자가 효소반응을 수행할 수 있음을 알고 있다. 예로는 촉매 rRNA 전구체 분자, 단백질 효소의 RNA 구성 요소, 큰 리보솜 소단위체의 rRNA 구성 요소가 있다.

■ 리보자임의 발견은 RNA 분자는 단백질과 달리 정보를 전달하고 자기 자신을 복제할 수 있기 때문에 지구상 생명의 기원에 대한 우리의 생각을 변화시켰다.

6.3 효소동역학

■ 대부분의 효소촉매 반응은 초기 반응 속도 v_0와 기질 농도[S] 사이의 쌍곡선 관계를 특징으로 하는 미카엘리스-멘텐 동역학을 따른다.

■ 최대 속도는 V_{max}라고 하고 이 최대 속도의 50%에 이르는 데 필요한 기질 농도를 미카엘리스 상수, 즉 K_m이라 한다. v_0와 [S]의 쌍곡선 관계는 2중역비례도 방정식에 의해 직선화되어 그래프에서 V_{max}와 K_m을 결정할 수 있다.

■ 효소 활성은 온도 pH, 이온 환경 등에 민감하다. 효소 활성은 또한 기질 유용성, 생성물, 대체 기질, 기질 유사체, 약물, 독소 등에도 영향을 받는다. 이들은 대부분이 억제 효과를 미친다.

■ 비가역적 억제에서는 억제제가 효소 표면에 공유결합하여 효소의 기능을 영구적으로 상실하게 된다. 반면에 가역적 억제제는 효소의 활성부위(경쟁적 억제)나 효소 표면의 다른 부위(무경쟁적 억제)에 비공유적이고 가역적인 방식으로 결합한다.

6.4 효소의 조절

■ 효소는 세포의 필요에 따라 활성 수준을 맞추도록 조절되어야 한다. 기질 수준 조절에서는 기질과 생성물의 농도가 반응 속도에 영향을 미친다. 또 다른 조절 기작으로는 다른자리입체성 조절과 공유결합 변형이 있다.

■ 다른자리입체성으로 조절되는 효소는 대부분 반응 순서의 첫 번째 단계를 촉매하고 촉매 소단위체와 조절 소단위체를 모두 가진 여러 개의 소단위로 이루어진 단백질 복합체이다. 각각의 촉매 소단위체는 기질을 인식하는 활성부위를 가지고 있으며 각각의 조절 소단위체는 특정 효과 분자를 인식하는 하나 또는 그 이상의 다른자리입체성 부위를 가지고 있다.

■ 다른자리입체성 효소는 고친화력 형태와 저친화력 형태가 평형을 이루며 존재한다. 특정 효과 분자가 이들 두 가지 형태 중 하나와 결합하여 안정화하면 어느 형태의 효소와 결합했는지에 따라 효소를 활성화하거나 억제한다.

■ 효소 억제제는 비가역적으로 또는 가역적으로 작용할 수 있다. 비가역적 억제제는 효소에 공유결합하여 영구적인 활성 손실을 유발한다. 가역적 억제제는 활성부위(기질 유사체와 같은 경쟁적 억제제) 또는 효소의 별도 부위(무경쟁적 억제제)에 비공유적으로 결합한다.

■ 효소는 또한 공유결합 변형에 의해서도 조절될 수 있다. 가장 일반적인 공유결합 변형은 글리코젠 인산화에서 관찰한 것 같은 인산화와 이자 효소전구체의 단백질 분해에 의한 활성화에서와 같은 단백질분해성 절단이다.

연습문제

6-1 효소의 필요성. 이제 반응이 열역학적으로 가능하다는 것과 이것이 실제로 일어날 것이라는 것의 차이를 알 것이다.

(a) 활성화 에너지 및 전이 상태라는 용어를 정의하라.

(b) 열이 효소 활성에 미치는 영향을 설명하고, 열을 사용하여 효소 활성을 변경하는 것이 세포에서 문제가 되는 이유를 설명하라.

(c) 대안적인 해결책은 활성화 에너지 장벽을 낮추는 것이다. 촉매가 반응의 활성화 에너지 장벽을 낮춘다는 것은 분자적 측면에서 무엇을 의미하는가?

(d) 유기화학자는 종종 니켈, 백금, 양이온과 같은 무기촉매를 사용하지만 세포는 효소라 불리는 단백질을 사용한다. 효소를 사용하면 어떤 장점이 있는가? 단점도 있을 것이라고 생각하는가?

(e) '양자 동굴'이라는 용어를 설명하라. 이 반응이 온도와 무관한 이유는 무엇인가?

6-2 활성화 에너지. 반응 6-2를 보면 과산화수소(H_2O_2)는 H_2O와 O_2로 분해된다. 20°C에서 촉매 없이 진행되는 반응의 활성화 에너지 E_A는 18 kcal/mol이다. 이 반응은 백금 같은 무기촉매(E_A = 13 kcal/mol)나 카탈레이스 효소(E_A = 7 kcal/mol)에 의해 촉매될 수 있다.

(a) 촉매 및 무촉매 조건에서 이 반응의 활성화 에너지 그래프를 그리고 활성화 에너지가 백금에 의해서는 18 kcal/mol에서 13 kcal/mol로 낮아지는데, 카탈레이스에 의해서는 18 kcal/mol에서 7 kcal/mol로 낮아지는 이유를 설명하라.

(b) 세포 내 촉매제로서 백금보다 카탈레이스가 더 적합한 두 가지 이유를 설명하라.

(c) 과산화수소의 분해 속도를 높일 수 있는 다른 방법을 제시하라. 제시한 답이 세포 내 반응에 적합한지 설명하라.

6-3 양적 분석 촉매로 인한 반응 속도의 증가. 과산화수소(H_2O_2)가 H_2O와 O_2로 분해되는 반응은 무기촉매(예: 철 이온)나 카탈레이스 효소와 같은 촉매를 필요로 한다. 촉매가 없는 반응과 비교했을 때 이 반응은 철 이온을 사용한 경우 약 30,000배, 철 함유 효소인 카탈레이스를 사용했을 때는 약 1억 배 빨라진다. 1 μg의 카탈레이스가 25°C에서 1분에 일정량의 과산화수소를 분해하고 모든 반응은 멸균 상태에서 수행된다고 가정하자.

(a) 1 μg의 카탈레이스에 들어있는 양과 동일한 양의 철 이온이 존재할 때 일정량의 과산화수소를 분해하는 데 필요한 시간은 얼마

인가?

(b) 동일한 양의 과산화수소를 촉매 없이 분해할 때 걸리는 시간은 얼마인가?

(c) 이러한 계산이 촉매의 필요성과 효소가 무기촉매에 비해 효과적이라는 것을 어떻게 나타내는지 설명하라.

6-4 온도와 pH 효과. 그림 6-4는 온도와 pH에 따른 효소의 활성을 보여주는 그래프이다. 일반적으로 특정 효소의 활성은 그 효소가 정상적으로 작용하는 환경의 온도와 pH에서 가장 높게 관찰된다.

(a) 그림 6-4의 그래프의 모양을 효소의 활성에 영향을 주는 물리적 또는 화학적 요소를 활용하여 설명하라.

(b) 그림 6-4의 효소가 이 그림에서와 같은 효소 활성 패턴을 보여서 얻는 이익을 설명하라.

(c) 일부 효소는 매우 평평한 pH 패턴, 즉 넓은 pH 범위에서 동일한 활성을 나타낸다. 이러한 결과는 어떻게 설명할 수 있는가?

6-5 미카엘리스-멘텐 동역학. 그림 6-16은 전형적인 효소의 기질 농도에 따른 초기 반응 속도를 나타낸 미카엘리스-멘텐 그래프이다. 그래프의 세 부분을 각각 A, B, C로 표시했다. 다음의 설명에 대해 가장 적절한 부분에 해당하는 문자를 선택하라. 각각의 문자는 한 번 이상 사용될 수 있다.

(a) 효소 분자의 활성부위에는 거의 언제나 기질이 결합한다.

(b) 효소 분자의 활성부위는 거의 언제나 자유롭게 비어있다.

(c) 정상적인 세포에서 대부분의 효소가 작용하는 기질 농도 구간이다.

(d) K_m과 $V_{max}/2$ 지점을 포함하는 구간이다.

(e) 반응 속도는 주로 존재하는 효소 분자의 수에 의해 결정된다.

(f) 반응 속도는 주로 존재하는 기질 분자의 수에 의해 결정된다.

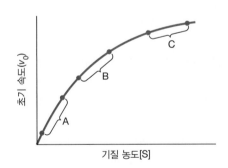

그림 6-16 미카엘리스-멘텐 그래프의 분석. 연습문제 6-5 참조

6-6 양적 분석 효소동역학. 효소 β-갈락토시데이스는 2당류인 젖당의 구성 요소인 단당류로 가수분해하는 것을 촉매한다.

$$젖당 + H_2O \xrightarrow{\beta-갈락토시데이스} 포도당 + 갈락토스 \quad (6-16)$$

젖당에 대한 β-갈락토시데이스의 V_{max} 및 K_m을 결정하기 위해 동일한 양의 효소(시험관당 $1\ \mu g$)를 무시할 수 있을 만큼 생성물 농도가 낮은 상태로 유지되는 조건에서 일련의 젖당 농도와 함께 배양했다. 각 젖당 농도에서 초기 반응 속도는 분석 종료 시 남아있는 젖당

의 양을 분석하여 다음 자료를 얻었다.

젖당 농도(mM)	젖당 소비율(μmol/분)
1	10.0
2	16.7
4	25.0
8	33.3
16	40.0
32	44.4

(a) 반응 과정에서 생성물 농도가 무시할 수 있는 수준으로 유지되었음을 명시해야 하는 이유는 무엇인가?

(b) v_0(젖당 소비의 초기 속도) 대 [S](젖당 농도)의 좌표에서 젖당 농도가 2배로 증가할 때 속도 증가는 항상 2배 미만인 이유는 무엇인가?

(c) 자료의 각 항목에 대해 $1/v_0$ 및 $1/[S]$을 계산하고 $1/v_0$ 대 $1/[S]$을 그려보라.

(d) 2중역비례도에서 K_m과 V_{max}를 결정하라.

(e) (b)와 같은 그래프에 각 시험관에 $0.5\ \mu g$의 효소만 들어있을 때 예상할 수 있는 결과를 표시하고 그래프를 설명하라.

6-7 양적 분석 효소동역학. 반응 6-16에서 형성된 갈락토스는 갈락토스 인산화효소에 의해 촉매되어 ATP로부터 인산기가 전달됨으로써 인산화될 수 있다.

$$갈락토스 + ATP \xrightarrow{갈락토스 인산화효소} 갈락토스-1-인산 + ADP$$
$$(6-17)$$

갈락토스 인산화효소를 분리한 후, 일정하고 높은(즉 포화) 농도의 ATP가 있는 상태에서 갈락토스의 농도를 변화시켜 동역학을 결정했다고 가정한다. 자료의 2중역비례도(라인웨버-버크)는 **그림 6-17**과 같다.

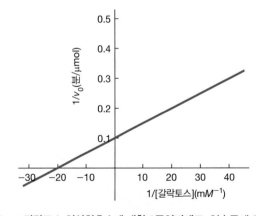

그림 6-17 갈락토스 인산화효소에 대한 2중역비례도. 연습문제 6-7 참조

(a) 이러한 분석 조건에서 갈락토스에 대한 갈락토스 인산화효소의 K_m은 얼마인가? K_m은 효소에 대해 무엇을 알려주는가?

(b) 이러한 분석 조건에서 효소의 V_{max}는 얼마인가? V_{max}는 효소에 대해 무엇을 알려주는가?

(c) 이제 실험을 반복한다고 가정하자. ATP 농도는 다양하며 갈락토스는 일정하고 높은 농도로 존재한다고 가정한다. 다른 모든 조건이 이전과 같이 유지된다고 가정하면 (b)와 동일한 V_{max} 값을 얻을 것으로 예상하는가? 그 이유는 무엇인가?

(d) (c)의 실험에서 K_m 값은 (b)에서 결정된 값과 매우 다른 것으로 판명되었다. 그 이유는 무엇인가?

6-8 양적 분석 회전 수. 탄산무수화효소(carbonic anhydrase)는 이산화탄소를 가역적으로 수산화(하이드록실화)하여 탄산수소 이온으로 만드는 반응을 촉매한다.

$$CO_2 + H_2O \rightleftharpoons HCO_3^- + H^+ \qquad (6\text{-}18)$$

이 반응은 적혈구가 신체 조직에서 폐로 이산화탄소를 운반하는 데 중요한 역할을 한다(8장 참조). 탄산무수화효소는 분자량이 30,000달톤이며 회전 수(k_{cat} 값)는 1×10^6/초이다. 2.0 μg의 순수한 탄산무수화효소가 들어있는 용액 1 ml가 있다고 가정하자.

(a) 최적의 조건에서 이 반응은 어느 정도의 속도(1초에 소모되는 CO_2의 mmol)로 진행되는가?

(b) 표준 온도와 압력을 가정할 때 CO_2(mL)의 양은 초당 얼마인가?

6-9 억제제: 오류 수정. 다음의 잘못된 문장을 바르게 고치고, 그 이유를 간단히 설명하라.

(a) 글리코젠 가인산분해효소는 글리코젠의 분해를 담당한다. 효소는 인산염 그룹의 제거로 인해 비활성 b형태에서 활성 a형태로 전환된다.

(b) 효소의 다른자리입체성 억제는 억제제가 효소의 활성부위에 결합할 때 발생한다.

(c) 글리코젠 가인산분해효소는 가인산분해효소 인산화효소의 작용에 의해 비활성화된다.

(d) 다른자리입체성 효소는 활성 형태와 비활성 형태 사이에서 구조적 변화를 겪지 않는다.

(e) 단백질분해성 절단에 의한 효소의 활성화는 소화 시스템에서 드문 현상이다.

6-10 데이터 분석 어떤 유형의 억제제인가? 라인웨버-버크 그래프는 억제제의 존재 및 부재하에 효소 및 기질에 대해 만들어졌다(**그림 6-18**). 이것은 어떤 종류의 억제제인가? 추론에 대해 설명하라.

6-11 뮤시네이스(mucinase) 저해. 점막에서 당단백질을 분해하여 세균성 질염(bacterial vaginosis)을 유발하는 뮤시네이스 효소가 발견되었다(*J. Clin. Microbiol.* 43:5504). 당신은 이 효소의 새로운 억제제를 실험하는 병리학자이며 이 억제제의 특성을 이해하기 위한 실험을 설계하려고 한다. 정상적인 당단백질 기질, 억제제, 제품 형성을 측정하기 위한 분석을 해야 한다.

(a) 억제가 가역적인지 비가역적인지 어떻게 결정할 수 있는가?

(b) 억제를 되돌릴 수 있다는 것을 알게 된다면 억제가 경쟁적인지 무경쟁적인지 어떻게 결정하는가?

6-12 미카엘리스-멘텐 방정식. 유도 기질 S가 생성물 P로 전환되는 효소촉매 반응의 경우(반응 6-5 참조) 속도는 기질의 소멸 또는 단위 시간당 생성물의 출현으로 정의할 수 있다.

$$v_0 = -\frac{d[S]}{dt} + \frac{d[P]}{dt} \qquad (6\text{-}19)$$

이 정의에서 시작하여 [P]가 본질적으로 0일 때 반응의 초기 단계로 고려를 제한하고 미카엘리스-멘텐 방정식을 유도하라(식 6-7 참조). 다음 사항이 도움이 될 수 있다.

- $d[S]/dt$, $d[P]/dt$, $d[ES]/dt$에 대한 속도 방정식을 농도와 속도 상수로 표현하는 것으로 시작한다.
- 반응 6-6에 나타난 효소-기질 복합체가 형성되는 것과 동일한 속도로 분해되어 순 변화율 $d[ES]/dt$가 0이 되는 정상 상태를 가정한다.
- 존재하는 효소의 총량 E_t는 자유형 E_f에 복합 효소 ES의 양을 더한 것이다. 즉 $E_t = E_f + ES$이다.
- 여기까지 도달하면 V_{max}와 K_m은 다음과 같이 정의할 수 있다.

$$V_{max} = k_3 [E_t] \quad \text{그리고} \quad K_m = \frac{k_2 + k_3}{k_1} \qquad (6\text{-}20)$$

6-13 양적 분석 원숭이와 땅콩 예시의 재검토. 이 장의 앞부분에서 원숭이가 땅콩 껍질을 까는 예시로 설명했던 '효소촉매 반응'을 상기하라. 여기에서는 땅콩 농도를 더욱 높이고 이 동물 '효소'의 동역학 변수에 대한 영향을 결정할 것이다.

(a) 땅콩의 농도를 3배로 하여 제곱미터당 땅콩 9개로 가정한다. 다음 표에 다른 열을 추가하고 10마리 원숭이가 전체 껍질을 까는 속도를 결정하라.

[S] 땅콩의 농도(땅콩/m²)	1	3
땅콩당 소요 시간		
발견 시간(초/땅콩)	9	3
껍질 까는 시간(초/땅콩)	1	1
전체 시간(초/땅콩)	10	4
껍질 까는 속도(v)		
원숭이 한 마리당(땅콩/초)	0.10	0.25
전체 속도(땅콩/초)	1.0	2.5

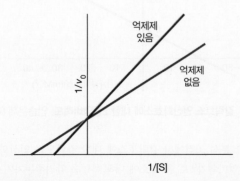

그림 6-18 억제제가 있거나 없는 효소에 대한 라인웨버-버크 도표. 연습문제 6-10 참조

(b) [S]의 이 두 번째 3배는 전체 비율에 어떤 영향을 미쳤는가? 이것은 첫 번째 3배의 효과와 어떻게 비교되는가?

(c) 이제 [S]를 10배 더 늘려 제곱미터당 땅콩 90개로 한다. 표에 다른 열을 추가하고 10마리 원숭이에 대한 전체 껍질 까기 비율을 결정하라.

(d) [S]의 10배 증가는 이전 증가의 효과와 비교하여 전체 비율에 어떤 영향을 미쳤는가?

(e) 모든 결과를 y축에 v로 표시하고(추천 척도: 0~10땅콩/초) 축에 [S](추천 척도: 0~100땅콩/m^2)를 그래프로 표시하라. V_{max}가 어떻게 될 것으로 예상하는가? 이를 논리적으로 설명할 수 있는가? K_m은 무엇인가?

(f) 이 껍질을 까는 반응의 K_m은 얼마인가?

7

막: 구조, 기능, 화학적 성질

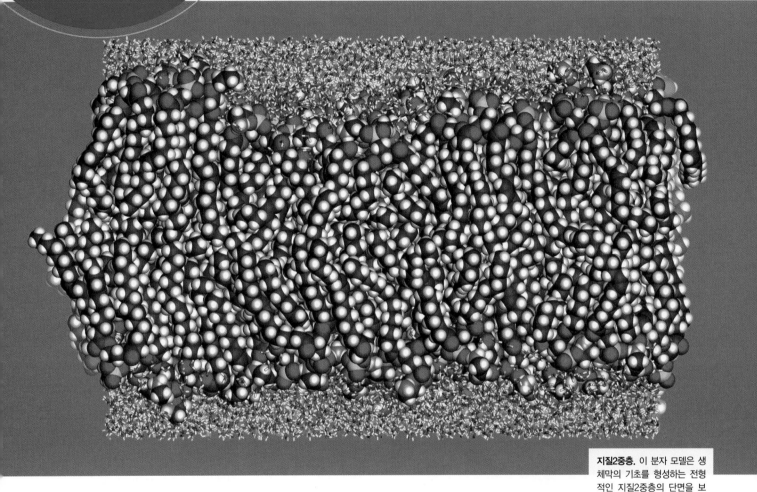

지질2중층. 이 분자 모델은 생체막의 기초를 형성하는 전형적인 지질2중층의 단면을 보여준다. 비극성 탄화수소 사슬은 막의 내부를 형성하며, 양쪽 면에 극성 머리 그룹과 관련된 물 분자(막대로 표시)가 있다.

엇이 세포와 세포소기관을 정의하는가? 모든 세포의 필수적인 특징은 **막**(membrane), 세포 경계를 정의하는 구조, 진핵세포의 핵, 미토콘드리아, 엽록체와 같은 내부 구획의 존재이다(**그림 7-1**). 전자현미경 사진을 우연히 보는 사람도 진핵생물의 모든 세포 주변과 세포내막의 두드러진 모습에 놀랄 수 있다. 그림 7-1a에 표시된 세포 내에서 소포체의 막이 어떻게 큰 면적을 차지하고 있는지, 그리고 표시된 모든 내부 구획이 어떻게 막으로 둘러싸여 있는지 주목하라.

이전 장에서는 막이 형성될 수 있는 구조적 분자를 접했고, 막과 막으로 둘러싸인 세포소기관(2~4장)을 공부했다. 이제 막의 구조와 기능을 더 자세히 살펴볼 준비가 되었다. 이 장에서는 막의 분자 구조를 살펴보고, 세포에서 막이 수행하는 여러 가지 기능적 역할에 대해 알아보자.

7.1 막의 기능

생체막이 **그림 7-2**에서와 같이 5가지와 관련된 뚜렷한 기능을 한다는 것에 주목하면서 시작해보자. 생체막은 ❶ 세포와 세포소기관의 경계를 정의하고 투과성 장벽으로 작용한다. 또한 ❷ 미토콘드리아 호흡 동안의 전자전달이나 소포체에서 단백질 가공이나 접힘과 같은, 특정한 생화학적 기능을 위한 부위의 역

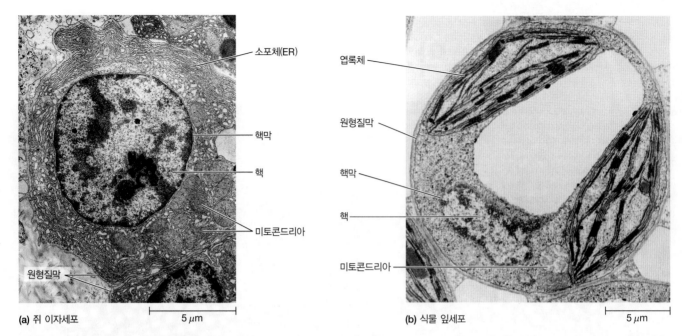

그림 7-1 진핵세포 주변 및 내부 막의 중요성. 막을 지닌 세포의 구조물에는 원형질막, 핵, 엽록체, 미토콘드리아, 소포체가 있다. 이러한 구조는 여기 (a) 쥐의 이자세포와, (b) 식물 잎세포에서 볼 수 있다(TEM).

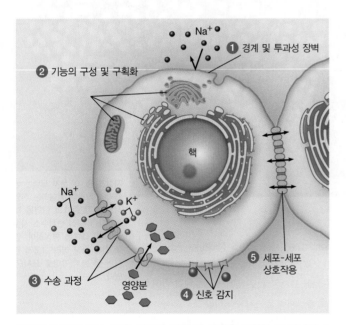

그림 7-2 막의 기능. 막은 세포와 세포 내 기관을 구획할 뿐 아니라 수송, 신호전달, 부착을 포함한 중요한 기능을 수행한다.

할을 하며, ❸ 세포와 그 세포소기관으로 물질 이동을 조절하는 운반단백질을 가지고 있다. 게다가 ❹ 세포 외 신호를 감지하는 수용체 역할을 하는 단백질 분자를 포함한다. 마지막으로 막은 ❺ 세포 간 접촉, 부착 및 의사소통을 위한 메커니즘을 제공한다. 이러한 각 기능은 다음 다섯 절에서 간략하게 짚어볼 것이다.

막은 경계를 만드는 투과장벽이다

막의 가장 명백한 기능 중 두 가지는 세포와 세포 구획의 경계를 정의하고, 투과성 장벽의 역할을 하는 것이다. 세포의 내부는 세포 내에 바람직한 물질을 유지할 뿐만 아니라 바람직하지 않은 물질을 막기 위해 주변 환경으로부터 물리적으로 분리되어야 한다. 막은 인지질2중층의 소수성 내부(그림 2-12 참조)가 극성 분자와 이온 통과를 차단하고, 따라서 이러한 물질에 대한 효과적인 투과성 장벽이기 때문에 이 기능을 잘 수행한다. 세포 전체에 대한 투과성 장벽을 **원형질막**(plasma membrane) 또는 **세포막**(cell membrane)이라고 하는데, 이 막은 세포를 둘러싸고 세포 안팎으로 물질의 통과를 조절한다. 원형질막 외에도 다양한 **세포내막**(intracellular membrane)은 진핵세포 내의 기능을 구분하는 역할을 한다.

막은 특정 단백질을 포함하여 특수 기능을 가진다

기능을 담당하는 분자와 구조체(대부분의 경우 단백질)가 막에 내재되어 있거나 막에 위치되어 있으므로, 막은 그들과 관련된 특정 기능을 가지고 있다. 사실 특정 막을 특징짓는 가장 유용한 방법 중 하나는 막에 특정 기능을 부여할 수 있는 특정한 효소, 운반단백질, 수용체 및 그와 관련된 다른 분자를 기술하는 것이다.

예를 들어 식물, 균류, 박테리아, 고세균의 원형질막은 세포벽을 합성하는 효소를 포함하고 있다. 척추동물 세포에서 원형질막은 세포가 세포외기질에 부착할 수 있게 하는 단백질을 포함한다. 정자나 난자의 원형질막에는 서로 인식할 수 있는 단백질이 들어있다. 엽록체 및 미토콘드리아 막 또는 박테리아 원형질막의 ATP 합성효소와 같은 다른 막단백질은 광합성 및 호흡과 같은 에너지 생성 과정에 중요하다.

막단백질은 용질의 이동을 조절한다

막단백질의 중요한 기능으로 세포막 안팎으로 물질을 수송(transport)하는 통로 역할을 들 수 있다. 영양소, 이온, 가스, 물 등 다양한 물질은 세포 내 여러 구역으로 이동해야 하고 동시에 다양한 생성물과 노폐물은 빠져나와야 한다. 가스 및 매우 작거나 지용성 분자 같은 물질은 일반적으로 세포막을 통해 직접 확산될 수 있지만, 세포에 필요한 대부분의 물질은 친수성(극성 또는 이온성)이며 특정 분자(예: 포도당) 또는 화학물질 그룹(예: 양이온)을 인식하고 운반하는 운반단백질이 필요하다.

이 장 후반부에서 다시 살펴볼 몇 가지 예를 고려해보자. 세포는 포도당, 아미노산, 또는 다른 영양물질을 들여오는 특수한 수송체를 가진다. 소듐(Na$^+$) 이온과 포타슘(K$^+$) 이온이 특정 이온 통로 단백질을 통해 원형질막을 가로질러 수송될 때 신경세포가 전기 신호를 전달한다. 근육세포에 있는 운반단백질은 근육 수축을 용이하게 하기 위해 칼슘 이온이 막을 통과하게 함으로써 이동한다. 엽록체막에는 ATP 합성에 필요한 인산 이온 이동 통로가 있고, 미토콘드리아에는 산소호흡에 필요한 중간대사물질에 대한 이동 통로가 있다. 심지어 아쿠아포린(aquaporin)이라는 물에 대한 특수 수송체도 있는데, 이는 콩팥세포의 막에서 수분을 이동시켜 오줌을 생성한다.

단백질이나 RNA같이 큰 분자도 많은 단백질 소단위체로 구성된 운반체를 통해 막을 통과할 수 있다. 예를 들어 핵막에 존재하는 핵공 복합체를 통해 mRNA 분자와 부분적으로 조립된 리보솜이 핵에서 세포기질로 이동할 수 있다. 어떤 경우에는 소포체나 세포기질에서 합성된 단백질도 운반단백질을 통해 라이소솜, 퍼옥시솜, 미토콘드리아로 들어갈 수 있다. 다른 경우 세포 내 소포막에 존재하는 단백질은 신경전달물질과 같은 분자의 세포 내부 또는 외부로의 이동을 촉진한다(물질 수송에서 막단백질의 관여에 대한 자세한 내용은 8장 참조).

막단백질은 전기적 신호와 화학적 신호를 감지하고 전달한다

세포는 보통 세포 외부의 표면과 접촉하는 전기적 또는 화학적 신호의 형태로 환경으로부터 정보를 받는다. 이 책의 단어들을 읽을 때 눈에서 뇌로 전달되는 신경자극이 그런 신호의 예이며, 순환계에 존재하는 다양한 호르몬작용이다. 신호전달(signal transduction)은 세포의 바깥 표면에서 세포 안으로 그런 신호를 전달하는 데 사용되는 특수한 메커니즘을 설명하는 용어이다.

많은 화학적 신호 분자는 원형질막 외부 표면의 수용체(receptor)라고 하는 특수한 막단백질에 붙는다. 이러한 신호 분자가 수용체에 결합하면 원형질막 내부에서 다양한 화학적 변화를 야기하고, 결과적으로 세포 기능의 변화를 일으키게 한다. 예를 들면 근육세포막과 간세포막에는 인슐린 수용체가 있어 세포가 포도당을 섭취하는 데 도움을 주는 인슐린에 반응할 수 있다. 백혈구는 감염원의 외부 분자를 인식하고 세포 방어 반응을 시작하는 특정 수용체를 가지고 있다.

많은 식물 세포는 기체 호르몬인 에틸렌을 감지하고 발아, 열매 숙성, 병원균 방어 등 다양한 과정에 영향을 미칠 수 있는 신호를 세포에 전달하는 막관통 수용체 단백질을 가지고 있다. 박테리아는 영양분을 인지하고 영양분 쪽으로 이동하도록 신호를 보낼 수 있는 원형질막 수용체를 가지고 있다. 따라서 막수용체는 세포가 거의 모든 유형의 세포에서 다양한 특정 신호를 인식하고, 전달하고, 신호에 반응하게 한다(전기적 및 화학적 신호의 메커니즘은 18장과 19장 참조).

막단백질은 세포 부착과 세포 간 통신을 매개한다

막단백질은 또한 인접한 세포 사이의 부착 및 통신을 매개한다. 책에서는 종종 세포를 분리되고 독립된 개체로 묘사하지만, 다세포생물 세포의 대부분은 서로 접촉하고 있다. 동물 조직의 일부 막단백질은 부착연접(adhesive junction)을 형성한다. 대표적으로 배아 발생 동안 특정 세포 간 접촉은 매우 중요하고, 여기에는 캐드헤린(cadherin)이라는 막단백질이 중요하게 작용한다. 다른 막단백질은 상피 조직의 표면을 따라 밀착연접(tight junction)을 형성하여 세포 사이 공간을 통해 체액의 통과를 차단한다. 막단백질은 종종 세포골격에 연결되어 조직에 단단함을 부여한다. 게다가 특정 조직 내의 세포는 서로 세포 내 성분을 직접 교환할 수 있는 통로를 가지고 있다. 세포 간 의사소통의 이런 형태는 동물 세포의 간극연접(gap junction)과 식물 세포의 세포질연락사(plasmodesmata)가 제공한다(이 구조에 대한 훨씬 더 자세한 논의는 15장 참조).

지금까지 고려한 모든 기능(구획화, 기능의 국소화, 수송, 신호 감지 및 세포 간 통신)은 막의 화학적 구성과 구조적 특징에 의존한다. 막 구조에 대한 현재의 이해가 어떻게 발전했는지 고려하면서 지금부터 이러한 주제를 살펴보자.

개념체크 7.1

막이 단백질이 없는 인지질2중층으로 구성된 경우 막의 어떤 기능이 손상될까?

7.2 막 구조의 모델: 실험적 관점

연구자들은 한 세기 이상 동안 막의 분자 구조를 이해하려고 노력해왔다. 그러나 1940~1950년대에 전자현미경이 세포 구조 연구에 적용되기 전까지 세포막을 관찰한 사람은 없었다. 그럼에도 불구하고 간접적인 증거를 통해 생물학자들은 실제로 볼 수 있기 훨씬 전에 막의 존재를 상정했다. 이런 집중적인 연구는 결국 1970년대에 제안된 막 구조의 유동 모자이크 모델로 이어졌다. 현재 거의 모든 생체막을 설명하는 것으로 간주되는 이 모델은 막이 2개의 유동적인 인지질층으로 구성되어 있으며, 2중층 내부와 표면에 위치하는 단백질을 가지고 있다고 상상한다. 이 모델은 지질과 단백질이 막에서 측면으로 쉽게 이동할 수 있기 때문에 먼저 **유동체**로 설명하며, 막 내에 단백질이 존재하기 때문에 **모자이크**로도 설명한다.

막 구조 모델에 대해 자세히 살펴보기 전에 막 구조와 기능에 대한 이런 관점을 이끌어준 주요 실험을 소개한다. 이를 통해 생물학적 현상의 이해를 증진하는 데 중요한 기술과 접근법의 다양성에 대해 더 큰 존중뿐만 아니라 그러한 발전이 어떻게 발생하는지에 대한 통찰력을 얻을 수 있을 것이다. **그림 7-3**은 한 세기 훨씬 전에 시작되어 결국에는 현재 이해하는 막의 유동 모자이크 모델로 이어지는 막 연구의 연대기를 보여준다.

오버턴과 랭뮤어: 지질은 막의 중요 구성 성분

실험적 개요에 대한 좋은 출발점은 1980년대 영국의 과학자 오버턴(Charles Ernest Overton)의 선구적인 연구이다. 그는 식물 뿌리털의 세포를 연구하면서 비극성 지용성 물질이 극성 수용성 물질에 비해 쉽게 침투한다는 사실을 발견했다. 오버턴은 지질이 세포 표면에 일종의 '겉옷'과 같은 형태로 존재한다고 결론지었다(그림 7-3a). 그는 심지어 겉옷이 인지질과 콜레스테롤의 혼합물일 것이라고 제안했는데, 이 통찰력은 매우 선견지명이 있는 것으로 증명되었다.

두 번째 중요한 발전은 약 10년이 지나 랭뮤어(Irving Langmuir)가 정제된 인지질을 벤젠(무극성 유기 용매)에 용해시키고 그 샘플을 수면에 층으로 쌓았을 때 나타났다. 그 인지질 분자는 한 분자 두께의 지질막, 즉 '단일층'을 형성했다. 랭뮤어는 인지질이 극성 친수성 말단과 비극성 소수성 말단이 하나씩 있는 양친매성 분자이기 때문에(그림 2-11 참조), 수용액 표면에서 인지질의 친수성 부분은 물을 향하고 소수성 부분은 물에서 멀리 있다고 추론했다(그림 7-3b).

호르터르와 흐렌덜: 막 구조의 기반은 지질2중층

다음 주요 발전은 1925년에 2명의 네덜란드 생리학자인 호르터

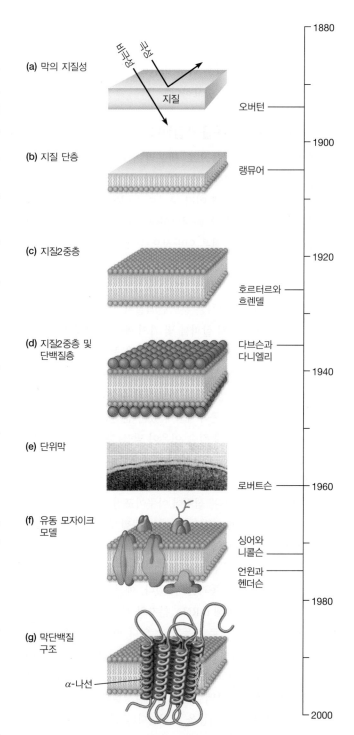

그림 7-3 유동 모자이크 모델로의 발전 과정. 싱어와 니콜슨이 1972년에 제안한 막 구조의 유동 모자이크 모델은 1890년대부터 이어진 막 구조에 대한 연구의 정점이다(a~e). 이 모델(f)은 후속 연구(g)를 통해 크게 개선되었다.

르(Evert Gorter)와 흐렌덜(François Grendel)이 일정 수의 적혈구로부터 지질을 추출하고, 랭뮤어 방식에 따라 물 표면에 지질을 펼쳤던 것이다. 그들은 수용액에 펼쳐진 지질막 면적이 적혈구 표면의 2배라는 것을 발견했다. 따라서 그들은 적혈구 원형질

막이 하나가 아닌 2층의 지질로 구성되어 있다고 결론지었다.

2중층 구조를 가정하면서 호르터르와 흐렌딜은 각 층의 비극성 탄화수소 사슬이 막의 양쪽에 있는 물이 있는 환경에서 멀리 안쪽으로 향하도록 하는 것이 열역학적으로 유리하다고 추론했다. 그러면 각 층의 극성 친수성 그룹은 막의 양쪽에 있는 물이 있는 환경을 향해 바깥쪽으로 향하게 된다(그림 7-3c). 호르터르와 흐렌딜이 처음 제안한 **지질2중층**(lipid bilayer)은 막 구조를 이해하는 데 각각의 연속적인 개선을 위한 기본적인 가정이 되었다.

다브슨과 다니엘리: 막은 또한 단백질을 포함한다

호르터르와 흐렌딜의 연구 직후 단순한 지질2중층이 막의 모든 특성, 특히 표면장력(surface tension), 용질 투과성(solute permeability), 전기 저항(electrical resistance)과 관련된 특성을 설명할 수 없다는 것이 분명해졌다. 예를 들어 실제 지질막의 표면장력은 세포막보다 매우 높았고, 이러한 높은 표면장력은 단백질을 지질막에 첨가함으로써 낮출 수 있었다. 게다가 순수한 지질2중층이 수용성 물질에 거의 불투과성임에도 불구하고 당, 이온 및 기타 친수성 용질은 세포 안팎으로 쉽게 이동했다.

이러한 차이점을 설명하기 위해 다브슨(Hugh Davson)과 다니엘리(James Danielli)는 막에 단백질이 존재한다고 주장했다. 그들은 1935년에 생체막 양쪽에 얇은 단백질층이 덮여있다고 주장했다(그림 7-3d). 그들의 모델인 단백질-지질-단백질 '샌드위치'는 막 조직에 대한 최초의 상세한 표현이었으며, 이후 수십 년 동안 세포생물학자들의 생각을 지배했다. 다브슨-다니엘리 모델의 진정한 의미는 막 구조에서 단백질의 중요성을 인식했다는 것이다.

로버트슨: 모든 막은 공통의 기본 구조를 공유한다

1940~1950년대에 전자현미경의 사용이 증가하면서 세포생물학자들은 마침내 각 세포 주위에 원형질막의 존재를 증명할 수 있었다. 그들은 또한 대부분의 세포 내 소기관이 유사한 막으로 둘러싸여 있음을 관찰했다. 게다가 막과 결합하는 중금속인 오스뮴으로 막이 염색되었을 때 그것들은 전체적으로 6~8 nm 두께로 약간 염색된 중심부에 의해 분리된 평행한 어두운 선들의 쌍으로 나타났다. 이 '철도 트랙' 패턴은 얇은 세포 내 공간에 의해서로 분리되어 있는 인접한 두 세포의 원형질막을 뜻하며, **그림 7-4**에서 볼 수 있다. 이 동일한 염색 패턴이 다양한 종류의 막에서 관찰되었기 때문에 로버트슨(J. David Robertson)은 모든 세포막은 단위막(unit membrane)이라고 불리는 공통의 기본 구조를 공유한다고 제안했다(그림 7-3e).

처음 제안되었을 때 단위막 구조는 다브슨-다니엘리 모델과

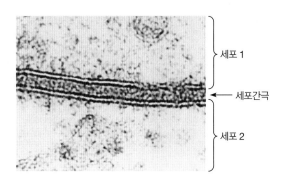

그림 7-4 3층 패턴의 세포막. 이웃한 두 세포의 전자현미경 사진은 좁은 세포간극으로 구분되는 그들의 원형질막을 보여준다. 각 막은 연하게 염색된 중앙 영역에 의해 분리된 2개의 어두운 선으로 나타난다(TEM).

매우 잘 일치하는 것처럼 보였다. 로버트슨은 염색에 저항하는 3층(trilaminar) 패턴의 두 어두운 선 사이의 공간이 지질 분자의 소수성 영역으로 구성되어 있다고 제안했다. 반대로 2개의 어두운 선은 인지질 머리 그룹과 막 표면에 결합된 얇은 단백질 시트로 구성되어 있다고 생각되었는데, 둘 다 중금속 염색에 대한 친화력 때문에 어둡게 보인다. 이 해석은 막이 양쪽 표면에 얇은 단백질 시트로 코팅된 지질2중층으로 이루어져 있다는 다브슨-다니엘리의 관점을 강하게 뒷받침하는 것으로 보인다.

추가 연구를 통해 드러난 다브슨-다니엘리 모델의 주요 결함

다브슨-다니엘리 모델은 전자현미경을 통해 분명히 확인되었고 로버트슨에 의해 모든 막으로 확장되었음에도 불구하고, 1960년대에 조화될 수 없는 더 많은 자료가 발견되면서 어려움을 겪었다. 전자현미경에 따르면 대부분의 막은 대략 6~8 nm 두께로 알려져 있으며, 그중에서 지질2중층이 4~5 nm를 차지한다. 즉 2중층의 양쪽 표면에 1~2 nm 정도의 공간이 남는데, 여기는 오직 얇은 단층의 단백질에게만 최고의 공간을 제공할 수 있었다. 그러나 막단백질을 분리하고 연구한 결과 대부분이 막의 두 표면에 있는 얇은 단백질 시트의 개념과 일치하지 않는 크기와 모양을 가진 구형 단백질이라는 것이 분명해졌다.

더 복잡한 것은 다브슨-다니엘리 모델이 다른 종류의 막의 구별성을 쉽게 설명하지 않는다는 것이다. 세포의 종류에 따라 화학적 조성, 특히 단백질과 지질 비율이 크게 다른데, 그 비율은 일부 박테리아 세포에서는 3:1, 혹은 그 이상이고 신경 축삭을 둘러싸고 있는 미엘린초의 경우는 단지 0.23:1까지 다양하다(**표 7-1**). 미토콘드리아의 두 막조차도 크게 다르다. 단백질/지질 비율은 외막의 경우 약 1.2:1이고, 전자전달 및 ATP 합성과 관련된 모든 효소와 단백질을 포함하는 내막의 경우 약 3.5:1이다. 그럼에도 전자현미경 관찰로는 모든 막이 유사해 보인다.

다브슨-다니엘리 모델은 또한 막이 머리 그룹을 제거하여 인

표 7-1	생체막의 단백질 및 지질 함량		
	무게에 따른 대략적인 백분율		
막	단백질	지질	단백질/지질 비율
원형질막			
인간 적혈구	49	43	1.14 : 1
포유류 간세포	54	36	1.50 : 1
아메바	54	42	1.29 : 1
신경 축삭의 미엘린초	18	79	0.23 : 1
핵막	66	32	2.06 : 1
소포체	63	27	2.33 : 1
골지체	64	26	2.46 : 1
엽록체 틸라코이드	70	30	2.33 : 1
미토콘드리아 외막	55	45	1.22 : 1
미토콘드리아 내막	78	22	3.54 : 1
그램-양성 박테리아	75	25	3.00 : 1

지질을 분해하는 효소인 포스포라이페이스(phospholipase)에 노출시킨 연구에 의해 문제가 제기되었다. 이 모델에 따르면 막 지질의 친수성 머리 그룹은 단백질층으로 덮여있어야 하므로 포스포라이페이스로부터 보호되어야 한다. 그러나 막 인지질의 75%까지는 막이 포스포라이페이스에 노출되었을 때 분해될 수 있는데, 이는 많은 인지질의 머리 그룹이 막 표면에서 노출되어 있고, 단백질층으로 덮혀있지 않다는 것을 말해준다.

게다가 다브슨-다니엘리 모델이 지정한 막단백질의 표면 위치는 단백질을 분리하려고 시도한 과학자들의 결과에 뒷받침되지 않았다. 대부분의 막단백질은 물에 잘 녹지 않고, 유기 용매나 계면활성제를 사용해야만 추출할 수 있는 것으로 밝혀졌다. 이 관찰은 많은 막단백질이 소수성(또는 적어도 양친매성)임을 나타내며, 막의 표면보다는 적어도 부분적으로 막의 소수성 내부에 위치한다는 것을 시사한다.

싱어와 니콜슨: 막은 유동 지질2중층에서 모자이크 단백질로 구성된다

다브슨-다니엘리 모델의 이전 문제는 막 구성에 대한 새로운 아이디어의 개발에 상당한 관심을 불러일으켰고, 1972년에 싱어(S. Jonathan Singer)와 니콜슨(Garth Nicolson)이 제안한 유동 모자이크 모델(fluid mosaic model)로 정점에 달했다. 현재 막 조직에 대한 우리의 관점을 지배하는 이 모델은 이름에서 암시하는 두 가지 주요 특징을 가지고 있다. 간단히 말해 이 모델은 모자이크 형태의 단백질이 유동적인 지질2중층에 박혀있거나 붙어있는 것으로서 막을 보여준다(그림 7-3f). 이 모델은 이전 모델의 기본 지

질2중층 구조를 유지했지만, 막단백질을 막 표면의 얇은 시트가 아니라 지질2중층 내 별개의 구형 개체로 완전히 다른 방식으로 보았다(그림 7-3d와 그림 7-3f 비교).

막의 유동성은 싱어-니콜슨 모델의 중요한 특징이다. 막의 대부분의 지질 성분은 제자리에 단단히 고정되어 있기보다는 측면 이동(즉 막 표면과 평행하게 이동)이 가능한 일정한 운동 상태에 있다. 일부 단백질은 세포골격 같은 구조적 요소에 고정되어 이동성이 제한되지만 많은 막단백질은 막 내부에서도 측면으로 이동할 수 있다.

유동 모자이크 모델의 주요 장점은 다브슨-다니엘리 모델의 대부분의 문제점을 쉽게 설명한다는 것이다. 특히 단백질이 부분적으로 지질2중층 내에 내재되어 있다는 개념은 대부분의 막단백질의 소수성 성질과 구형 구조와 잘 일치하며, 두께가 변하지 않는 얇은 표면층에 막단백질을 수용하기 위한 필요를 제거한다.

언원과 헨더슨: 대부분의 막단백질은 막관통 단편을 포함한다

타임라인의 마지막 그림(그림 7-3g)은 세포생물학자들이 1970년대에 이해하기 시작한 내재 막단백질의 중요한 특성을 묘사한다. 대부분의 그러한 단백질은 지질2중층에 걸친 하나 또는 그이상의 소수성 서열을 그들의 1차 구조에 가진다. 이 막관통 단편(transmembrane segment)은 단백질을 막에 고정시키고 지질2중층 내에서 적절한 정렬을 유지한다.

그림 7-3g의 예는 이런 구조적 특징을 가진 것으로 나타난 최초의 막단백질인 박테리오로돕신(bacteriorhodopsin)이다. 박테리오로돕신은 호염성세균(Halobacterium)속의 고세균에서 발견되는 원형질막단백질로, 세포가 햇빛으로부터 직접 에너지를 얻을 수 있다(8장 참조). 언원(Nigel Unwin)과 헨더슨(Richard Henderson)은 저해상도에서 박테리오로돕신의 3차원 구조를 결정하고, 막에서 방향을 밝히기 위해 전자현미경을 사용했다.

1975년에 보고된 그들이 놀라운 발견은 박테리오로돕신 단백질이 지질2중층을 가로질러 총 7번 앞뒤로 접힌 단일 폴리펩타이드 사슬로 구성되어 있다는 것이다. 단백질의 밀접하게 묶여진 7개의 관통하는 단편 각각은 소수성 아미노산으로 이루어진 α-나선 구조이다. 연속적인 막관통 단편은 막의 극성 표면에서 돌출된 친수성 아미노산의 짧은 고리로 서로 연결되어 있다(그림 8-16 참조). 많은 실험실에서의 후속 연구를 바탕으로 막 생물학자들은 현재 모든 막관통 단백질이 하나 또는 그 이상의 막관통 단편을 통해 지질2중층 내부로 내재되어 있다고 믿고 있다.

싱어와 니콜슨이 유동 모자이크 모델을 제안한 거의 그 순간부터 과학자들이 막 구조에 대해 생각하는 방식에 혁명이 일어

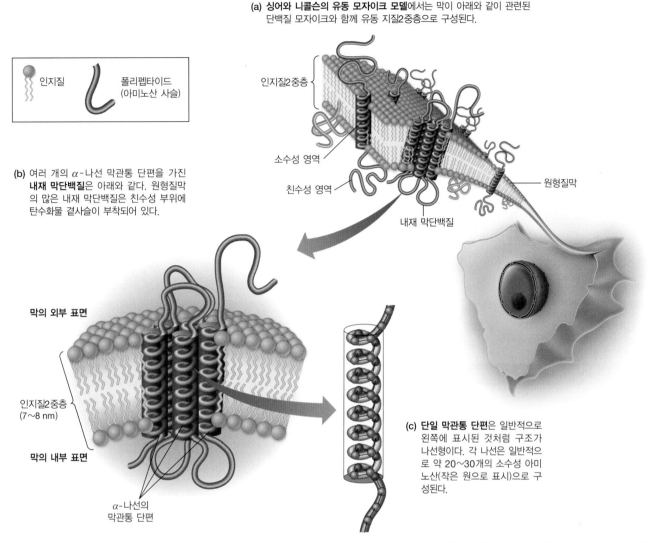

(a) 싱어와 니콜슨의 유동 모자이크 모델에서는 막이 아래와 같이 관련된 단백질 모자이크와 함께 유동 지질2중층으로 구성된다.

인지질

폴리펩타이드
(아미노산 사슬)

인지질2중층

소수성 영역

친수성 영역

원형질막

내재 막단백질

(b) 여러 개의 α-나선 막관통 단편을 가진 **내재 막단백질**은 아래와 같다. 원형질막의 많은 내재 막단백질은 친수성 부위에 탄수화물 곁사슬이 부착되어 있다.

막의 외부 표면

인지질2중층
(7~8 nm)

막의 내부 표면

α-나선의
막관통 단편

(c) 단일 막관통 단편은 일반적으로 왼쪽에 표시된 것처럼 구조가 나선형이다. 각 나선은 일반적으로 약 20~30개의 소수성 아미노산(작은 원으로 표시)으로 구성된다.

그림 7-5 막 구조의 유동 모자이크 모델. 이 그림은 (a) 원형질막의 대표적인 인지질(주황색)과 단백질(보라색)을 보여준다. 확대된 그림은 (b) 내재 막단백질, (c) 막관통 단편 중 하나를 보여주고 있다.

났다. 이 모델은 기본 모델을 확인했을 뿐만 아니라 이를 다듬고 확장하는 막 연구의 새로운 시대를 열었다. 최근의 발전은 막이 균질하지 않다는 개념을 강조한다. 사실 막을 포함하는 대부분의 세포 과정은 세포막 내의 지질과 단백질의 특정 구조 복합체에 상당히 의존한다. 막단백질과 특정 지질 사이의 상호작용은 매우 특이적일 수 있으며 종종 적절한 막단백질 구조와 기능에 매우 중요하다.

따라서 막 관련 과정을 이해하려면 지질과 단백질이 단순히 무작위로 떠다니는 원래의 유동 모자이크 모델보다 더 많은 것이 필요하다. 새로운 연구 결과가 기본 모델을 개선함에 따라 막 구조에 대한 이해는 계속 확장되고 있다. 현재의 막에 대한 이해의 요약은 **그림 7-5**에 나와 있다. 그럼에도 불구하고 유동 모자이크 모델은 여전히 막 구조를 이해하는 데 기본이므로, 그것의 본질적인 특징을 면밀히 검토하는 것이 중요하다.

개념체크 7.2

현대 세포생물학(세포학, 생화학, 유전학; 1장 참조)을 구성하는 세 분야 중 어느 것이 현재 막 구조의 개념을 공식화하는 데 가장 중요했다고 생각하는가?

7.3 막 지질: 모델의 '유동적' 부분

세포막의 유동 모자이크 모델에서 '유동' 부분의 중요한 요소인 막 지질을 고려하여 막을 자세히 살펴보자.

막은 여러 중요한 지질 종류를 포함한다

유동 모자이크 모델이 제시하는 한 가지 중요한 특징은 초기 연구자들이 인지했던 것보다 지질 성분이 더 큰 다양성과 유동성

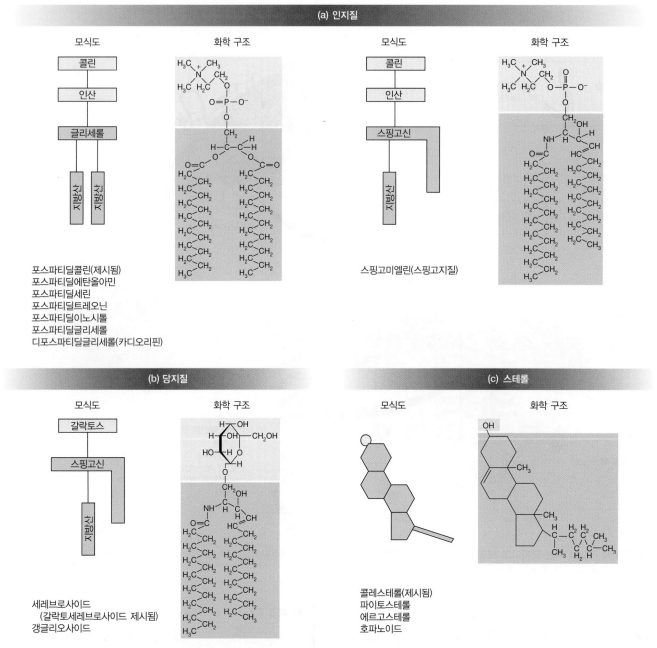

그림 7-6 3가지 주요 막 지질. (a) 인지질은 지방산을 포함하는 글리세롤이나 스핑고신 골격에 인산을 통해 부착된 작은 극성 머리 그룹(예: 콜린)을 가지고 있는데, 포스포글리세롤지질(포스포글리세라이드) 또는 포스포스핑고지질을 형성한다. 탄소 1, 2, 3으로 글리세롤과 스핑고신에 표시된다. (b) 당지질은 지방산을 함유한 골격에 부착된 하나 이상의 단당류를 가지고 있으며, 글리세롤 기반 또는 스핑고신 기반일 수도 있다. (c) 스테롤은 콜레스테롤 및 스테로이드 호르몬과 관련된 다중 고리 분자이다.

을 가지고 있음에도 지질이 2중층을 유지하는 것이다. 막 지질의 주요 종류는 인지질, 당지질, 스테롤이다. **그림 7-6**은 이러한 각 범주로 주요 지질을 나열하고, 일부 그들의 구조를 보여준다.

인지질 세포막에서 발견되는 가장 풍부한 지질은 **인지질** (phospholipid)이다(그림 7-6a). 기억하겠지만(2장) 인지질 분자는 2개의 지방산, 음전하를 띤 인산기, 인산에 부착된 전하를 띠거나 또는 극성인 머리 그룹이 부착된 골격 부분을 구성한다(그

림 2-11 및 3-27c 참조). 극성이 높은 머리와 2개의 비극성 꼬리의 조합은 막 구조에서 인지질의 역할에 매우 중요한 양친매성의 특성을 부여한다. 지방산 성분은 소수성 장벽을 형성하는 반면, 분자의 나머지 부분은 수용성 환경과 상호작용할 수 있는 친수성 특성을 가지고 있다.

대부분의 막 인지질의 골격은 3-탄소 알코올인 글리세롤 또는 지방산이 결합한 아미노산 세린의 유도체인 스핑고신이다 (그림 3-27c 참조). 막에는 더 일반적으로 **포스포글리세라이**

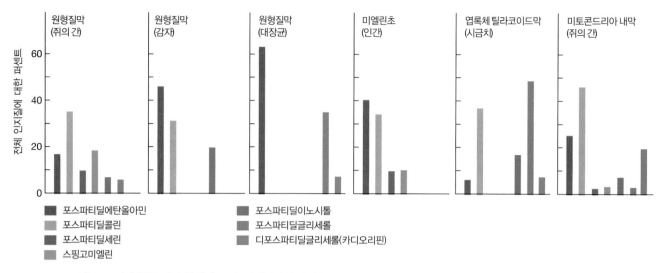

그림 7-7 여러 종류 막의 인지질 조성. 생체막에서 다양한 종류의 인지질의 상대적 양은 막의 종류에 따라 크게 다르다.

드(phosphoglyceride)라고 불리는 글리세롤 기반 포스포글리세롤지질(phosphoglycerolipid)과 스핑고신 기반의 **포스포스핑고지질**(phosphosphingolipid)을 포함하여 많은 다른 종류의 인지질이 존재한다. 가장 흔한 포스포글리세라이드는 콜린, 세린, 에탄올아민, 이노시톨과 같은 머리 그룹을 가지고 있다. 따라서 이들은 각각 **포스파티딜콜린**(phosphatidylcholine), 포스파티딜세린(phosphatidylserine), 포스파티딜에탄올아민(phosphatidylethanolamine), 포스파티딜이노시톨(phosphatidylinositol)이라고 불린다. 흔한 포스포스핑고지질은 동물 원형질막의 주요 인지질 중 하나이지만 식물과 대부분의 박테리아 원형질막에는 없는, 스핑고미엘린(sphingomyelin)이다. 존재하는 막 지질의 종류와 상대적인 비율은 다른 원천의 막 사이에서 현저히 다르다. **그림 7-7**은 인지질에 대한 다양성을 보여준다.

소수성 내부를 가진 2중층을 형성하는 것은 막 2중층에 있는 인지질의 양친매성 성질이다. 이는 원형질막을 세포에 대한 효과적인 투과성 장벽으로 만든다. 그러나 계면활성제와 같은 양친매성 분자는 막 인지질을 모방하고 대체할 수 있으므로 결국 막 2중층의 온전한 상태를 파괴하고 세포를 죽인다. 예를 들어 양친매성 계면활성제 도데실황산소듐(sodium dodecyl sulfate, SDS)은 일반적으로 실험실에서 생화학적 분석을 위해 막과 막단백질을 파괴하고 용해하는 데 사용된다.

최근에 박테리아의 막 투과성에 영향을 줄 수 있는 10~50개의 아미노산으로 이루어진 올리고펩타이드인 항균성 펩타이드(antimicrobial peptide, AMP)에 대한 관심이 높아지고 있다. 1,200가지 이상의 다양한 AMP가 알려져 있으며, 20가지 이상이 인간의 피부에서만 생성된다. AMP의 한 종류는 세포막에서 음전하를 띤 인지질과 상호작용하여 박테리아의 막 구조를 파괴하는 양이온성, 양친매성 분자로 구성된다. 따라서 이러한 AMP는 계면활성제처럼 작용하여 막 구조를 파괴하여 박테리아 세포의 투과성 장벽을 파괴하는 구멍을 형성함으로써 궁극적으로는 박테리아를 죽인다. 결과적으로 인간의 피부와 같은 숙주세포는 이 메커니즘을 사용하여 박테리아 병원체로부터 자신을 보호할 수 있다. 일부 AMP는 또한 인간면역결핍 바이러스(HIV)와 같이 막으로 둘러싸인 바이러스의 외피를 파괴하는 항바이러스제로서의 가능성도 보여주었다.

> **연결하기 7.1**
>
> 지방은 글리세롤과 지방산을 주요 구성 성분으로 사용한다. 지방은 인지질과 화학적으로 어떻게 다른가? 이것이 양친매성에 얼마나 영향을 주는가? (그림 3.27, 3.29 참조)

당지질 이름이 암시하듯이 **당지질**(glycolipid)은 지질에 탄수화물 그룹을 첨가함으로써 형성된다(그림 7-6b). 인지질과 마찬가지로 일부 당지질은 글리세롤 기반이며 글리코글리세롤지질(glycoglycerolipid)이라 불린다. 다른 것들은 스핑고신의 유도체이며, 따라서 글리코스핑고지질(glycosphingolipid)로 불린다. 글리코스핑고지질의 가장 흔한 예로는 **세레브로사이드**(cerebroside)와 **갱글리오사이드**(ganglioside)가 있다. 세레브로사이드는 중성 당지질(neutral glycolipid)이라고 불리는데, 각 분자는 비전하의 단일 당(그림 7-6b에 있는 갈락토세레브로사이드의 경우 갈락토스)을 머리 그룹으로서 가지고 있기 때문이다. 반면에 갱글리오사이드는 하나 또는 그 이상의 음전하의 시알산(sialic acid) 잔기를 포함하는 올리고당 머리 그룹을 가지고 있어 갱글리오사이드에 순 음전하를 띠게 한다.

세레브로사이드와 갱글리오사이드 글리코스핑고지질은 특히 뇌와 신경 세포의 막에서 유명하다. 몇 가지 인간의 심각한 질병은 글리코스핑고지질의 대사장애로 발생하는 것으로 알려져 있다. 가장 잘 알려진 예는 테이-삭스병(Tay-Sachs disease)으로, 라이소솜에서 갱글리오사이드 분해의 한 과정을 책임지는 헥소사미니데이스(hexosaminidase A)의 결핍으로 야기되는 유전적 장애이다. 결과적으로 갱글리오사이드가 뇌와 다른 신경 조직에 축적되어 손상된 신경과 뇌 기능으로 이어지고, 결국 전신마비와 심각한 정신장애, 사망에 이르게 한다.

항체(antibody, 1장 참조)는 세포 표면의 항원(antigen)으로 알려진 특정 분자 표지를 인식하고 결합하는 면역계 단백질임을 상기하자. 원형질막 표면에 노출된 갱글리오사이드는 혈액형 상호작용을 담당하는 것을 포함하여 면역반응에서 항체에 의해 인식되는 항원으로서 기능한다. 예를 들어 인간의 ABO 혈액형은 A 항원과 B 항원으로 알려진 표면 글리코스핑고지질을 포함하고 있으며, 이는 적혈구의 다른 그룹의 표지로 작용한다. A 혈액형의 세포는 A 항원을 가지고, B 혈액형의 세포는 B 항원을 가진다. AB형 혈액세포에는 두 가지 항원 유형이 모두 있고, O형 혈액세포에는 둘 다 없다. 이 장의 뒷부분에서 ABO 혈액형을 다시 살펴볼 것이다.

식물 및 조류 엽록체의 틸라코이드 막에 풍부한 두 가지 글리코글리세롤지질은 모노갈락토실디아실글리세롤(monogalactosyldiacylglycerol, MGDG)과 디갈락토실디아실글리세롤(digalactosyldiacylglycerol, DGDG)이다. MGDG는 2개의 지방산 그룹을 지닌 글리세롤 골격에 부착된 하나의 갈락토스 분자를 가지고, DGDG는 2개의 갈락토스 분자가 부착되어 있다. 이 두 당지질은 잎에 있는 전체 막 지질의 최대 75%까지 구성할 수 있다. 총괄하면 이 두 지질은 때때로 지구상에서 가장 풍부한 당지질로 간주된다.

스테롤 인지질과 당지질 이외에도 대부분의 진핵세포의 막에는 엄청난 양의 **스테롤**(sterol)이 있다(그림 7-6c). 동물 세포막의 주요 스테롤은 **콜레스테롤**(cholesterol)이며, 이 장의 뒷부분에서 설명하겠지만 유동성 완충제 역할을 하여 우리 몸의 막을 유지하고 안정화하는 데 필요한 4고리 분자이다. 식물 세포막은 소량의 콜레스테롤과 다량의 **파이토스테롤**(phytosterol)을 포함한다. 진균류 막에는 콜레스테롤과 구조적으로 유사한 **에르고스테롤**(ergosterol)이 있다. 에르고스테롤은 선택적으로 진균을 죽이지만 인간 세포는 에르고스테롤이 부족하기 때문에 인체에는 무해하여 니스타틴(nystatin)과 같은 항진균제의 표적이다.

스테롤은 대부분의 박테리아 막에서는 발견되지 않는다. 진화론적으로 세포내 공생을 통해 박테리아 세포의 원형질막에서 유래한 것으로 여겨지는 미토콘드리아와 엽록체의 내막에도 스테롤은 없다. 일부 박테리아는 막 구조의 안정성을 증가시키는 스테롤과 같은 역할을 하는 단단한 5개의 고리 화합물인 **호파노이드**(hopanoid)라고 불리는 스테롤 유사 분자를 함유하고 있다.

지방산은 막 구조와 기능에 필수적이다

지방산(fatty acid)은 스테롤을 제외한 모든 막 지질의 성분이다. 긴 탄화수소 꼬리가 극성 용질의 확산에 효과적인 소수성 장벽을 형성하기 때문에 막 구조에 필수적이다. 막의 대부분 지방산의 길이는 탄소 12~20개 정도이고, 그중 탄소 16개, 18개의 지방산이 특히 많다. 12개 미만이거나 20개보다 긴 지방산은 안정적인 2중층을 형성하기 힘들기 때문에 이 크기 범위는 2중층 형성에 최적인 것으로 보인다. 따라서 막의 두께(약 6~8 nm, 원천에 따라 다르다)는 주로 2중층 안정성에 필요한 지방산의 사슬 길이에 의해 결정된다.

길이 차이에 추가하여 막 지질에서 발견되는 지방산은 2중 결합의 존재와 그 수에 관해 상당히 다양하다. **그림 7-8**은 막 지질에서 특히 흔히 볼 수 있는 여러 지방산의 구조를 보여준다. 팔미테이트(palmitate)와 스테아레이트(stearate)는 각각 16개와 18개의 탄소 원자를 가진 **포화지방산**(saturated fatty acid)이다. 포화지방산은 꼬리에 있는 모든 탄소 원자가 최대 수의 수소 원자에 결합되어 있기 때문에 2중 결합을 포함하지 않는다는 것을 떠올려라(3장 참조). 탄소 수와 2중 결합 수를 모두 나타내기 위해 그들은 각각 16:0 및 18:0으로 약칭된다. 올레이트(oleate)와 리놀레이트(linoleate)는 각각 1개와 2개의 2중 결합을 가진 탄소 18개의 **불포화지방산**(unsaturated fatty acid)이며, 18:1 및 18:2로 약칭된다. 일부 탄소는 불포화지방산에서 서로 2중 결합되어 있기 때문에 탄소에 더 적은 수의 수소가 부착될 수 있으므로 '불포화'라는 이름이 붙는다.

막에서 일반적으로 발견되는 다른 다중(poly) 불포화지방산(1개 이상의 2중 결합)에는 탄소 18개와 2중 결합 3개를 가진 (18:3) 리놀렌에이트(linolenate)와 탄소 20개와 2중 결합 4개를 가진 (20:4) 아라키도네이트(arachidonate)가 있다. 오메가-3 지방산(omega-3 fatty acid)은 세 번째 탄소에 2중 결합 중 하나를 가진 다중 불포화지방산의 일종이다. 이들은 정상적인 인간 발달에 필수적이며, 최근 연구는 오메가-3 지방산 섭취가 심장질환의 위험을 줄일 수 있다고 제안한다.

지질 분석에는 박층 크로마토그래피가 중요한 기술이다

막의 지질 성분에 대해 어떻게 그렇게 많이 알 수 있을까? 지질은 대체로 자체의 소수성 본질 때문에 분리하고 연구하기가 어렵다. 그러나 생물학자와 생화학자들은 오래전부터 아세톤, 클로로폼 같은 비극성 유기 용매를 사용하여 한 세기가 넘도록 막 지질을 동정과 분리 및 연구해왔다. 지질 분석을 위한 한 가지

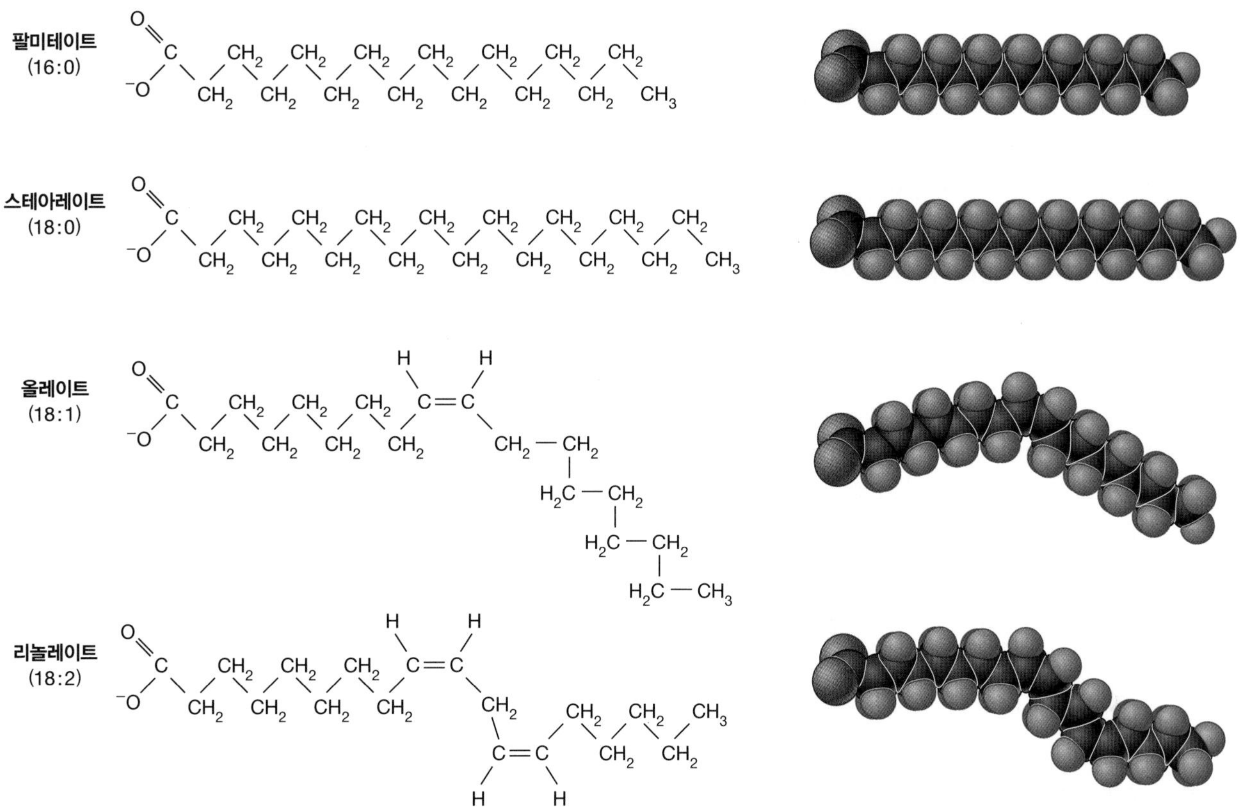

팔미테이트
(16:0)

스테아레이트
(18:0)

올레이트
(18:1)

리놀레이트
(18:2)

그림 7-8 막에서 흔히 발견되는 지방산의 구조. 생체막의 인지질은 막의 종류에 따라 크게 다르다. 지방산 이름 아래의 괄호 안의 숫자는 '탄소 수 : 2중 결합의 수'를 나타낸다.

중요한 기술은 **그림 7-9**에 도식적으로 묘사된 **박층 크로마토그래피**(thin-layer chromatography, TLC)이다. 이 기술은 상대적 극성에 따라 다른 종류의 지질을 분리하기 위해 사용된다.

이 과정에서 지질은 비극성 유기 용매 혼합물을 사용하여 막으로부터 용해되고, 유리판에 박막을 형성하기 위해 건조한 극성 화합물인 규산이 코팅된 유리판을 이용하여 분리된다. 막 추출물의 샘플은 원점(origin)이라고 불리는 작은 부위에 점착시켜 TLC 플레이트의 한쪽 끝에 도포된다(그림 7-9a). 샘플의 용매가 증발한 후 플레이트의 가장자리를 클로로폼, 메탄올, 물로 구성된 약한 극성 용매에 담근다. 용매가 모세관 작용에 의해 시작점을 지나 플레이트 위로 이동함에 따라 지질은 그들의 극성, 즉 극성 규산 플레이트와 덜 극성인 용매 간 상대적인 친화도에 따라 분리된다.

콜레스테롤과 같은 비극성 지질은 플레이트 위의 극성 규산(정지상, stationary phase)에 낮은 친화도를 가지고 있으므로, 덜 극성인 용매(이동상, mobile phase) 시스템을 가진 플레이트 위에서 빠르게 이동한다. 인지질과 같이 더 극성인 지질은 그들의 이동을 느리게 하는 규산과 더 강하게 상호작용한다. 이런 방식으로 용매 전선이 플레이트 위로 계속 이동함에 따라 다양한 지질이 점진적으로 분리된다. 용매 전선이 상단에 이르면 용매 시스

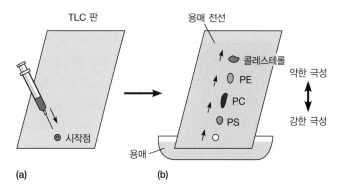

그림 7-9 박층 크로마토그래피를 이용한 막지질 분리와 분석. 박층 크로마토그래피(TLC)는 극성 정도에 따라 막 지질을 분리하는 유용한 기술이다. (a) 시료를 고정상인 규산으로 얇게 코팅된 유리 TLC 판의 작은 영역에 점을 찍는다. (b) 시료의 성분은 TLC가 플레이트가 놓여있는 용매(이동상)에 의해 위쪽으로 이동된다. 여기에 나타낸 패턴은 적혈구 원형질막의 지질에 대한 것으로, 주요 성분은 콜레스테롤, 포스파티딜에탄올아민(PE), 포스파티딜콜린(PC), 포스파티딜세린(PS)이다.

템에서 꺼내 건조한다. 그런 다음 분리된 지질은 플레이트에서 각 지점을 긁어내고, 식별 및 추가 연구를 위해 클로로폼과 같은 비극성 용매에 각각 용해시킴으로써 플레이트에서 회수된다.

그림 7-9b는 적혈구 원형질막의 지질의 TLC 패턴을 보여준다. 이 막의 주성분은 콜레스테롤(25%)과 인지질(55%)이며, 포

스파티딜에탄올아민(PE), 포스파티딜콜린(PC), 포스파티딜세린(PS)이 가장 두드러지는 인지질이다. 포스파티딜이노시톨 및 스핑고지질과 같이 다른 미량 성분은 표시되지 않았다. 알려진 지질의 작은 양을 사용한 대조군 플레이트도 실험군 플레이트의 지질 위치와의 비교와 동정을 위해 동시에 진행되었다.

막 비대칭성: 대부분의 지질은 두 층 사이에 불균등하게 분포되어 있다

다양한 세포 유형에서 유래한 막을 포함하는 화학 연구에 따르면 대부분의 지질은 지질2중층을 구성하는 2개의 층 사이에 불균등하게 분포되어 있다. 이 **막 비대칭성**(membrane asymmetry)은 존재하는 지질의 종류와 인지질 분자에 있는 지방산의 불포화 정도의 차이를 포함한다.

예를 들어 동물 세포의 원형질막에 존재하는 대부분의 당지질은 바깥쪽 층에 한정되어 있다. 결과적으로 탄수화물 그룹은 외부 막 표면에 돌출되어 다양한 신호 및 인식에 관여한다. 포스파티딜콜린은 외부 층에서 더 흔한 반면 포스파티딜에탄올아민, 포스파티딜이노시톨, 포스파티딜세린은 원형질막에서 세포 내부로 다양한 조율의 신호를 전달하는 데 관여하는 내부 층에서 더 두드러진다(18장과 19장 참조).

막 비대칭성은 막 생합성 과정에서 2개의 층 각각에 다양한 지질을 서로 다른 비율로 삽입함으로써 확립된다. 일단 확립되면 지질이 한 층에서 다른 층으로 이동하기 위해서는 친수성 머리 그룹이 막의 소수성 내부를 통과해야 하는데, 이는 열역학적으로 호의적이지 않기 때문에 비대칭성이 유지되는 경향이 있다. 이러한 막 지질의 '플립-플롭(flip-flop)' 또는 **횡단 확산**(transverse diffusion)은 가끔 일어나지만 상대적으로 드물게 일어난다. 예를 들어 전형적인 인지질 분자는 순수 인지질2중층에서 일주일에 한 번 미만, 천연 막에서는 몇 시간에 한 번만 플립-플롭한다. 이와는 대조적으로 긴 축을 중심으로 한 인지질 분자의 **회전**(rotation) 운동과 막 평면에서의 **측면 확산**(lateral diffusion)은 모두 자유롭고 신속하며 무작위로 일어난다. **그림 7-10**은 3가지 유형의 지질 이동을 모두 보여준다. 37℃의 순수 인지질2중층에서 전형적인 지질 분자는 초당 약 1,000만 번 옆의 이웃 분자와 위치를 바꾸었으며, 초당 약 수 마이크로미터의 속도로 옆으로 이동할 수 있다.

인지질의 플립-플롭은 상대적으로 드물지만 인공 지질막보다 천연 막에서 더 자주 일어난다. 특히 매끈면 소포체(ER)와 같은 일부 막에는 **인지질 운반체**(phospholipid translocator) 혹은 **플립페이스**(flippase)라고 불리는 단백질이 한 층에서 다른 층으로 막 지질의 플립-플롭을 촉매하기 때문이다. 이런 단백질은 오직 특정 종류의 지질에만 작용한다. 예를 들어 매끈면 소포체 막에 있

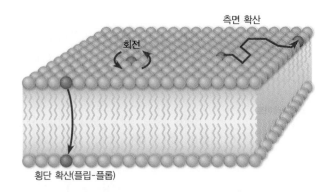

그림 7-10 막에서 인지질 분자의 운동. 인지질 분자는 막에서 3가지 운동을 한다. (1) 긴 축을 중심으로 회전하고, (2) 같은 층의 이웃하는 분자와 위치를 교환하는 측면 이동을 하며, (3) 한 층에서 다른 층으로 횡단 확산 또는 '플립-플롭'을 한다.

는 하나의 플립페이스는 막의 한쪽에서 다른 쪽으로 포스파티딜콜린의 전위를 촉매하지만 다른 인지질은 인식하지 못한다. 지질 분자를 2중층의 한쪽에서 다른 쪽으로 선택적으로 이동시키는 능력은 막에 걸친 인지질의 비대칭 분포에 더욱 기여한다(막 인지질의 선택적 플립-플롭과 합성에서의 매끈면 소포체 역할은 12장 참조).

지질2중층은 유동적이다

막 지질의 가장 놀라운 특성 중 하나는 막 내부에 고정되어 있기보다는 단백질뿐만 아니라 막 지질의 측면 확산을 허용하는 유동 2중층을 형성한다는 것이다. 앞으로 보게 되겠지만 세포는 그들의 막이 생리적 온도에서 유체 상태에 있게 하기 위해 지질2중층의 구성을 변화시킬 수 있다. 지질 분자는 단백질보다 더 작기 때문에 특히 빠르게 이동한다. 단백질은 훨씬 더 큰 분자이고, 부분적으로 세포 내 세포골격 단백질과의 상호작용으로 인해 지질보다 훨씬 느리게 움직인다. 막 지질의 측면 확산은 **광표백후 형광측정법**(fluorescence recovery after photobleaching, FRAP)으로 입증되고 정량화될 수 있다(핵심 기술 참조). FRAP는 또한 막에서 단백질의 움직임을 측정할 수 있다. 이 장 뒷부분에서 막에서의 단백질 이동에 대한 다른 고전적인 증거를 공부할 것이다.

짐작할 수 있듯이 막의 유동성은 온도에 따라 달라지므로 온도가 내려가면 감소하고, 온도가 올라가면 증가한다. 사실 인공 지질막을 이용한 연구를 통해 모든 지질2중층은 따뜻해졌을 때 단단한 젤 같은 상태에서 유동('녹은') 상태로 변하는 **전이온도**(transition temperature, T_m)를 가진다는 것을 안다. 이러한 막 상태의 변화를 **상전이**(phase transition)라고 하고, 실수로 화로에 버터 한 덩이를 남겨둔 적이 있었다면 이를 직접 보았을 것이다. 세포막이 정상적으로 기능을 하려면 막이 유동적인 상태, 즉 T_m 값 이상의 온도가 유지되어야 한다. T_m 값 이하의 온도에서는 막

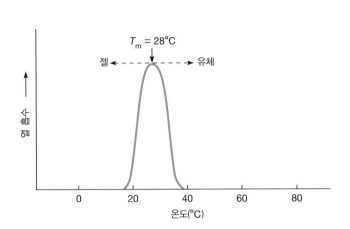

(a) 정상 막. 일반적인 막의 온도가 열량계에서 천천히 상승할 때 열 흡수의 최대치는 젤에서 유체로의 전이온도(T_m)를 나타낸다.

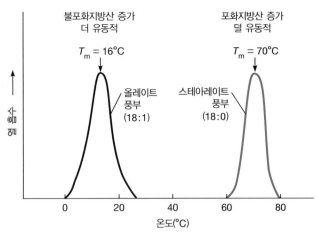

(b) 불포화지방산 혹은 포화지방산이 풍부한 막. 불포화지방산인 올레이트(왼쪽)가 풍부한 배지에서 배양된 세포막은 유사한 조건에서 일반 세포막보다 유동적이다(낮은 T_m). 포화지방산인 스테아레이트(오른쪽)가 풍부한 배지에서 배양된 세포의 세포막은 일반 세포막보다 유동성이 낮다(높은 T_m).

그림 7-11 차등 주사 열량측정법에 의한 막 전이온도 측정. 이 그래프는 (a) 정온동물의 정상 막과 (b) 특정 불포화지방산 또는 포화된 18-탄소지방산이 풍부한 막에 대한 T_m 측정을 보여준다.

단백질의 이동성 또는 구조 변화에 의존하는 모든 기능이 손상되거나 파괴된다. 여기에는 막을 통한 용질의 이동, 신호의 감지 및 전달, 세포 간 통신과 같은 중요 과정이 포함된다.

그림 7-11은 주어진 막의 전이온도를 결정하는 한 가지 수단인 **차등 주사 열량측정법**(differential scanning calorimetry) 기술을 보여준다. 이 과정은 생물학적 과정 중 열 흡수 및 방출을 측정하는 등온 적정 열량계(5장의 핵심 기술 참조)와 유사하다. 이 방법은 한 물리적 상태에서 다른 물리적 상태로 전환(막의 경우 젤에서 유체로 전환)되는 동안 발생하는 열 흡수를 모니터링한다. 관심 있는 막을 열량계인 **칼로리미터**(calorimeter)에 넣고 온도를 천천히 증가시키면서 열 흡수를 측정한다. 최대 열 흡수 지점은 T_m에 해당한다(그림 7-11a).

막 유동성에 대한 지방산 조성의 효과 막의 유동성은 주로 막에 포함된 지질의 유형에 따라 다르다. 막 지질 구성의 두 가지 특성인 지방산 곁사슬의 길이와 불포화도 정도는 유동성을 결정하는 데 특히 중요하다. 긴 사슬 지방산은 짧은 사슬 지방산보다 전이온도가 더 높다(따라서 덜 유동적이다). 유사하게 완전히 포화된 지방산은 불포화지방산보다 높은 전이온도를 가진다(그림 7-11b 참조). 이것이 버터나 라드와 같은 포화지방은 실온에서 고체인 경향이 있는 반면에 올리브유나 카놀라유와 같은 불포화지방은 액체인 이유이다.

그림 7-12에서 볼 수 있듯이 지방산의 사슬 길이도 전이온도에 영향을 끼친다. 예를 들어 포화지방산의 사슬 길이가 10개에서 20개의 탄소 원자로 증가함에 따라 T_m은 32°C에서 76°C로 상승하고, 따라서 막은 점진적으로 덜 유동적으로 된다(그

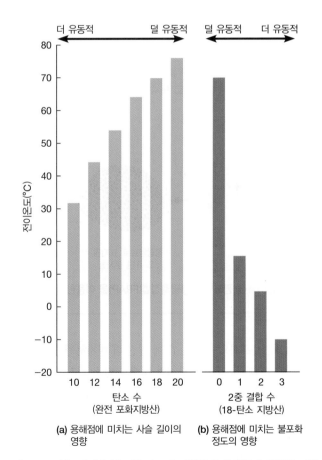

(a) 용해점에 미치는 사슬 길이의 영향

(b) 용해점에 미치는 불포화 정도의 영향

그림 7-12 사슬 길이와 불포화 정도가 지방산의 용해점에 영향을 끼친다. (a) 지방산의 유동성 척도인 전이온도는 포화지방산의 사슬 길이에 따라 증가한다. (b) 고정된 사슬 길이(여기에 표시된 것처럼 탄소 18개)를 지닌 지방산에서 2중 결합의 수에 따라 전이온도는 급격하게 낮아진다.

문제 많은 실험이 원형질막의 유동 모자이크 특성을 확인했지만, 과학자들은 종종 지질이나 단백질의 움직임이 살아있는 세포의 막에서 얼마나 역동적인지 정량화하기를 원한다. 그런 다음 다양한 세포 유형에서 또는 세포가 실험 조건의 대상일 때 막 구성 요소의 이동성을 비교할 수 있다. 이런 측정은 막 구성 요소의 어떤 부분이 이동하는지 추론하는 데에도 유용하다. 문제는 이런 측정이 살아있는 세포에서 수행되어야 한다는 것이다.

해결방안 원하는 지질 또는 단백질이 형광 분자로 표지될 수 있는 경우 막의 작은 부위를 레이저 빔으로 *광표백*(photobleaching)할 수 있다. 광표백후 형광측정법(fluorescence recovery after photobleaching, FRAP)이라고 하는 표백 영역에서 형광 회복의 동역학은 막에서 형광 분자의 이동을 추론하는 데 사용할 수 있다.

주요 도구 형광 표지된 지질 또는 단백질, 형광현미경, 감도 좋은 카메라, 데이터를 분석할 컴퓨터

상세 방법 FRAP는 세포생물학자들이 막의 역동성을 정량 측정하는 데 필요한 데이터를 제공한다. 이 기술에서 연구자는 살아있는 세포막에 있는 분자를 형광염료와 공유결합으로 연결시켜 표지(tag)나 라벨을 붙이거나, 단백질의 경우 녹색형광단백질(GFP; **24장의 핵심 기술** 참조)과 같은 형광단백질을 사용하여 유전적으로 표지한다. 그런 다음 고강도 레이저 빔

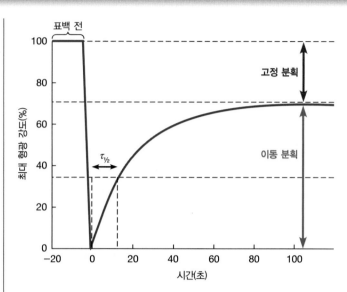

그림 7A-2 FRAP 실험 분석. 형광 영역의 형광 강도는 레이저 또는 기타 강한 광원을 사용한 광표백 전후에 컴퓨터를 사용하여 측정된다. 그런 다음 데이터로부터 회복 반감기($\tau_{1/2}$) 및 움직이지 않는 상태(고정 분획) 대 움직이는(이동 분획) 단백질의 백분율을 결정할 수 있다.

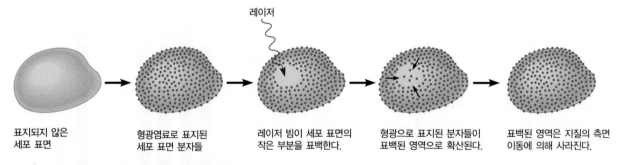

그림 7A-1 광표백후 형광측정법(FRAP)을 이용한 막에서의 지질 이동 측정. 막 지질의 측면 이동으로 탈색된 영역이 빠르게 채워진다.

림 7-12a). 불포화의 존재는 T_m에 훨씬 더 현저하게 영향을 미친다. 그림 7-12b에 표시된 것처럼 18개의 탄소 원자를 가진 지방산의 경우 전이온도는 0, 1, 2, 3개의 2중 결합에 대해 각각 70℃, 16℃, 5℃, −11℃이다. 따라서 많은 불포화지방산을 포함하는 막은 더 낮은 전이온도를 갖는 경향이 있으므로, 동일한 조건에서 많은 포화지방산이 포함된 막보다 더 유동적이다.

막 유동성에서 지방산의 2중 결합이 꼬임을 유발하여 탄화수소 사슬이 서로 꼭 맞지 않게 하기 때문에 불포화의 영향은 매우 극적이다. 결합되지 않은 포화지방산이 있는 막 지질은 단단히 뭉쳐지는 반면 꼬인 불포화지방산이 있는 지질은 그렇지 않다

(**그림 7-13**). 대부분의 원형질막의 지질에는 사슬 길이와 불포화도가 모두 다른 지방산이 포함되어 있다. 사실 막 지질은 일반적으로 하나의 포화지방산과 하나의 불포화지방산을 포함하기 때문에 다양성은 종종 분자 내적이다. 이 속성은 막이 생리학적 온도에서 유체 상태에 있게 하는 데 도움이 된다.

자연에서 발견되는 대부분의 불포화지방산은 시스(cis) 2중 결합을 포함한다. 대조적으로 많은 상업적으로 가공된 지방과 수소화 오일에는 상당한 수의 트랜스(trans) 2중 결합이 포함되어 있다. 시스 2중 결합과 비교하여 트랜스 2중 결합은 다음과 같이 지방산 사슬에 굴곡이 많이 없다.

을 세포 표면의 작은 부분(수 제곱 마이크로미터)의 염료를 표백하는 데 사용한다. 세포 표면을 형광현미경으로 즉시 조사하면 막에 어둡고 형광이 없는 지점이 보인다. 그러나 수 초 이내에 표백된 분자들은 레이저를 쬔 지역 밖으로 확산되어 나가고, 막의 형광 표지된 분자들이 확산되어 들어온다. 결국 그 지역은 세포 표면의 나머지 부분과 구분될 수 없다(**그림 7A-1**). FRAP는 막이 정적 상태가 아닌 유동적일 때, 특정 분자의 측면 이동을 측정하는 직접적인 수단을 제공한다.

형광 회복을 정량적으로 측정하기 위해 과학자들은 시간 경과에 따른 표백 영역의 이미지를 캡처하여 형광 강도를 측정한다. 그런 다음 컴퓨터 소프트웨어를 사용하여 각 시점에서 신호 강도를 측정하고, 표백 전 강도(100% 기준)의 백분율로 측정치를 나타낸다. 실제 회복되는 그래프는 **그림 7A-2**에 나와 있다. 표백 후 형광 강도는 점차 회복되고 시간이 지남에 따라 안정된다. 이미지 캡처는 표본의 전체 표백을 유발할 수 있기 때문에 복구 데이터는 동일한 표본에서 강렬한 레이저 광을 받지 않은 영역의 형광 강도를 측정함으로써 일반적으로 표준화된다. 이러한 수정이 이루어진 후, 일반적으로 표백 반점의 형광은 표백 전 수준으로 완전히 회복되지 않는다. 이런 형광 강도의 차이는 *고정 분획*(immobile fraction), 즉 이름에서 알 수 있듯이 움직이지 않는 분자의 비율 때문이다. *이동 분획*(mobile fraction)으로 인한 회복률은 종종 지수 방정식을 사용하여 나타낼 수 있다. 형광이 최댓값의 절반으로 회복되는 데 걸리는 시간인 *반감기*(half-life, $\tau_{1/2}$)는 이동성 형광 분자가 막에서 얼마나 빨리 확산될 수 있는지를 나타내는 지표이다. 반감기가 길수록 분자는 더 느리게 움직인다. 종합해보면 반감기와 고정 분획은 특정 막 구성 요소의 이동성을 정량적으로 측정하는 데 매우 유용하다. **그림 7A-3**은 예쁜꼬마선충(*C. elegans*) 배아세포의 접착연접 단백질을 대상으로 실제 FRAP 실험으로부터 나온 데이터를 보여준다.

질문 37°C에서 배양된 포유동물 세포에서 형광 표지된 지질에 대해 FRAP을 수행하고 15°C로 냉각된 세포에서 동일한 측정을 수행한다고 가정하자. 어떤 세포에서 더 짧은 반감기를 기대하며, 그 이유는 무엇인가?

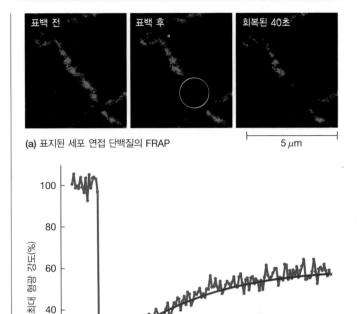

(a) 표지된 세포 연접 단백질의 FRAP

5 μm

(b) 표백 전 형광 강도를 기준으로 시간에 따라 나타낸 형광 신호

그림 7A-3 예쁜꼬마선충 배아의 막단백질에 대한 실제 FRAP 실험 결과. (a) 세포 연접 단백질에 녹색형광이 나타나도록 유전적으로 조작된 예쁜꼬마선충 배아의 막단백질 중 작은 부분이 레이저에 의해 광표백되었다. 표백 직후 짙은 반점(원)이 보인다. 40초 후 형광은 상당히 회복되었지만 표백 전 수준으로는 회복되지 않았다. (b) 실험 (a)의 그래픽 분석. 빨간색 곡선은 데이터의 단일 지수 곡선이며, 여기서 반감기와 고정 분획을 계산할 수 있다.

시스형

트랜스형

따라서 트랜스지방은 전체적인 모양과 서로 가깝게 뭉치는 능력 면에서 시스불포화지방보다 포화지방과 더 유사하다. 막에

그림 7-13 불포화지방산이 막 지질의 정렬에 끼치는 영향. (a) 불포화지방산이 없는 막 인지질은 지방산 사슬이 평행하게 놓여있기 때문에 서로 단단히 밀착될 수 있다. (b) 하나 이상의 불포화지방산이 있는 막 지질은 시스 2중 결합이 사슬의 구부러짐을 유발하여 정렬을 방해하기에 서로 촘촘히 밀착되지 않는다.

(a) 포화지방산이 있는 지질은 잘 밀착되어 있다.

(b) 불포화지방산이 있는 지질은 잘 밀착되어 있지 않다.

미국 전체 사망의 대략 25%가 심장병으로 인한 것이다. 심장질환과 높은 콜레스테롤 사이의 강한 상관관계는 잘 확립되어 있다. 그러나 콜레스테롤은 건강한 막의 중요한 구성 요소이며, 막의 온전함과 유동성에 기여한다. 어떻게 건강한 세포막에 필요한 분자가 살인 물질 중 하나로 되는 것일까?

콜레스테롤은 *지질단백질*(lipoprotein)과 함께 운반된다. 지질단백질은 하나 이상의 단백질과 결합한 인지질과 콜레스테롤 분자로 이루어진 *미셀*(micelle)이라는 구형의 단층막 구조를 가진다. 내부에는 추가적인 에스터화된 콜레스테롤 분자를 포함한다(**그림 7B-1**). 또한 *아포지질단백질 B-100*(apolipoprotein B-100, apoB-100)은 미셀 표면의 지질과 결합한다. apoB-100은 콜레스테롤을 세포 내로 가져오는 것을 돕는 수용체에 의해 인식된다. 신체에서 발견되는 두 가지 일반적인 지질단백질은 *고밀도 지질단백질*(high-density lipoprotein, HDL)과 *저밀도 지질단백질*(low-density lipoprotein, LDL)이다. 지질 함량이 높을수록 밀도가 낮아진다. 결과적으로 LDL은 콜레스테롤 수치가 높고 관상동맥 질환과 관련이 있기 때문에 '나쁜 콜레스테롤'이라고 불리기도 한다. 혈중 농도가 높으면 혈관 내에 콜레스테롤이 침착되는 *고콜레스테롤혈증*(hypercholesterolemia)이 나타나서 '동맥경화'를 유발하는 동맥경화성 플라크를 생성할 수 있다. 플라크가 충분히 커지면 혈관을 막아 뇌졸중이나 심장마비를 일으킬 수 있다. 따라서 순환계에서 높은 농도의 콜레스테롤을 제거하는 것이 중요하다.

어떤 사람에게는 혈중 콜레스테롤 수치가 높아지는 것이 식단의 결과인 반면, 어떤 사람은 *가족성 고콜레스테롤혈증*(familial hypercholesterolemia, FH)에 해당하는 유전적 소인이 있다. FH 환자의 혈중 콜레스테롤 수치는 정상 수치보다 약 5배 높다. FH에 걸린 사람은 종종 20세에 심장병으로 사망한다. FH 환자의 콜레스테롤 수치가 훨씬 높은 이유는 무엇인가? 답은 순환하는 LDL 수치에 대한 반응과 관련이 있다. 건강한 사람의

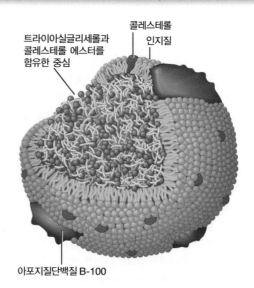

그림 7B-1 LDL의 구조. LDL은 콜레스테롤과 아포지질단백질 B-100을 포함하는 구형의 지질 단층막 구조(미셀)이다. 각 미셀은 내부에 추가적으로 콜레스테롤 에스터를 보유한다.

LDL 수치가 낮으면 콜레스테롤 생산이 증가한다. 반대로 LDL 수치가 높으면 콜레스테롤 생성이 감소한다. 이러한 방식으로 콜레스테롤은 자체 생산을 조절한다. 건강한 사람의 LDL은 수용체 매개 세포내섭취(receptor-mediated endocytosis, 자세한 내용은 12장 참조)에 의해 세포 내부로 수송된다. 이 과정에서 apoB-100은 클라스린으로 둘러싸인 홈(clathrin-coated pit)의 LDL 수용체에 결합한다(**그림 7B-2**). 일단 세포 내부에 들어

트랜스지방이 있으면 전이온도가 증가하고 막 유동성이 감소한다. 포화지방과 마찬가지로 트랜스지방 섭취는 높은 혈중 콜레스테롤 수치와 심장병 위험 증가와 관련이 있다(**인간과의 연결** 참조). 2006년에 미국 식품의약국(FDA)은 식품 제조업체에 영양 성분 라벨에 트랜스지방의 양을 표시하도록 요구했다. 얼마 지나지 않아 뉴욕시와 캘리포니아주는 레스토랑 음식에 트랜스지방의 주요 공급원인 부분적으로 경화된 오일의 사용을 금지하는 법안을 통과했다. 2013년에 FDA는 트랜스지방이 음식의 사용에서 더 이상 '일반적으로 안전하다'로 분류되지 않을 것이라는 예비 성명을 발표했다.

막 유동성에서 스테롤의 영향 진핵세포에서 막 유동성은 스테롤(주로 동물 세포막의 콜레스테롤, 식물 세포막의 파이토스테롤, 균류의 에르고스테롤)의 존재에 의해 또한 영향을 받는다. 일반적인 동물 세포는 몰 기준으로 전체 막 지질의 최대 50%인 다량의 콜레스테롤을 포함한다(**그림 7-14**). 콜레스테롤 분자는 일반

적으로 원형질막의 두 층에서 발견되지만, 각 분자는 2개의 층 중 한 층에만 결합한다(그림 7-14a). 분자는 단일 하이드록실기(다른 소수성 분자의 유일한 극성 부분)를 가지고 막에 스스로를 맞추는데, 이는 수소결합을 형성할 수 있는 인접하는 인지질 분자의 극성 머리 그룹에 가깝다(그림 7-14b). 단단한 소수성 스테로이드 고리와 콜레스테롤 분자의 탄화수소 사슬은 인지질 머리 그룹에 가장 가까운 인접한 탄화수소 사슬 부분과 상호작용한다.

딱딱한 콜레스테롤 분자가 동물 세포의 막으로 삽입되면 더 높은 온도에서 그렇지 않을 때보다 막이 덜 유동적이다. 그러나 콜레스테롤은 또한 인지질의 탄화수소 사슬이 온도가 낮아짐에 따라 서로 꼭 맞게 끼워지는 것과 그로 인해 냉각 시 막이 젤화되는 경향이 감소되는 것을 효과적으로 방지한다. 따라서 콜레스테롤은 '유동성 완충액'으로 작용한다. 즉 T_m 이상의 온도에서는 막 유동성을 감소시키고 T_m 미만의 온도에서는 증가시키는 조절 효과가 있다. 다른 진핵생물의 막에 있는 스테롤과 박테리

가면 LDL은 엔도솜(endosome)의 수용체에서 분리되고, LDL의 단백질은 라이소솜에서 소화된다. LDL의 단백질이 분해된 후 콜레스테롤은 여러 운명을 가질 수 있다. 막으로 옮겨 쓸개즙에 사용하거나 스테로이드 호르몬을 생산하는 데 사용할 수 있다. 또는 이화경로를 통해 분해될 수 있다. LDL 수용체는 궁극적으로 추가적인 LDL에 결합할 수 있는 원형질막으로 다시 재활용된다.

FH 환자에서 LDL 수용체 유전자의 돌연변이는 순환하는 지질단백질에 결합할 수 없는 수용체를 형성하거나 LDL 수용체를 만들지 못할 수 있다. 이러한 환자에서는 순환하는 LDL을 인식할 수 없기 때문에 콜레스테롤의 자가 조절 경로가 활성화되지 않는다. 그 결과 FH를 가진 사람은 계속해서 콜레스테롤을 만들고 순환하는 LDL과 콜레스테롤 수치를 높게 유지한다.

순환 LDL 수치를 낮추기 위한 선택사항이 있다면 무엇인가? 고콜레스테롤증을 치료하는 데 사용되는 가장 일반적인 약물은 스타틴(statin)이다. 스타틴은 간에서 콜레스테롤 합성을 담당하는 HMG-CoA 환원효소를 억제한다. 식후 흡수된 콜레스테롤을 줄이는 데 도움이 되는 식물성 스테롤의 섭취와 함께 스타틴은 FH 환자의 콜레스테롤 수치를 낮추는 효과적인 치료법이다.

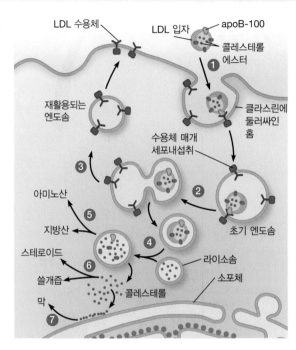

그림 7B-2 간에서 콜레스테롤 처리 과정 및 LDL 수용체의 재활용. ❶ LDL은 세포 표면의 LDL 수용체에 결합하여 세포내섭취를 통해 수용체-리간드 복합체를 형성하고 세포 내부로 들어간다. ❷ LDL은 엔도솜의 수용체에서 방출된다. ❸ 엔도솜 재활용으로 수용체를 원형질막으로 되돌린다. ❹ 콜레스테롤은 라이소솜에서 처리되고, ❺ LDL 성분은 지방산과 아미노산 합성에 사용되는 반면, ❻ 콜레스테롤은 쓸개즙이나 스테로이드 호르몬으로 전환되거나, ❼ 막에 통합될 수 있다.

아의 막에 있는 스테롤과 같은 호파노이드는 아마도 같은 방식으로 작용할 것이다.

막 유동성에 미치는 영향 외에도 스테롤은 이온 및 작은 극성 분자에 대한 지질2중층의 투과성을 감소시킨다. 그들은 아마도 막 인지질의 탄화수소 사슬 사이의 공간을 채워 이온과 작은 분자가 통과할 수 있는 작은 통로를 막음으로써 그렇게 할 것이다. 일반적으로 스테롤을 함유하는 지질2중층은 스테롤이 없는 2중층보다 이온 및 작은 분자에 덜 투과성이다.

콜레스테롤은 막 기능에 기여하는 많은 중요한 기능을 가지고 있는 것이 사실이지만 인체 건강에 미치는 영향 때문에 콜레스테롤을 들어봤을 것이다. 이 중요한 주제에 대해 자세히 알아보려면 **인간과의 연결**을 참조하라.

대부분의 생물은 막 유동성을 조절할 수 있다

대부분의 생물체는 주로 막의 지질 구성을 변화시켜 막의 유동성을 조절할 수 있다. 이 능력은 박테리아, 균류, 원생동물, 조류, 식물, 무척추동물, 뱀과 같은 '냉혈'동물처럼 내부 온도를 조절할 수 없는 생물체인 **변온동물**(poikilotherm)에 특히 중요하다. 온도가 떨어질 때 지질 유동성이 감소하므로 만약 이런 생물체가 환경 온도의 감소를 보상할 방법이 없다면 냉각 시 이러한 생물체의 막은 젤이 될 것이다.

정온동물(homeotherm), 즉 '온혈'생물인 경우에도 이러한 보상 효과를 경험했을 수 있다. 쌀쌀한 날에 손가락과 발가락이 너무 차가워져 감각신경 말단의 막이 기능을 멈추고 일시적인 저림이 발생할 수 있다. 반면 고온에서는 변온동물의 지질2중층이 너무 유동적이어서 더 이상 효과적인 투과성 장벽으로 작용하지 않는다. 예를 들어 대부분의 변온동물은 신경세포막이 이온에 너무 누출되어 전반적인 신경 기능이 장애를 가지게 되기 때문에 45°C를 훨씬 넘는 외부 온도에 의해 마비된다.

다행스럽게도 대부분의 변온동물은 막의 지질 구성을 변경하

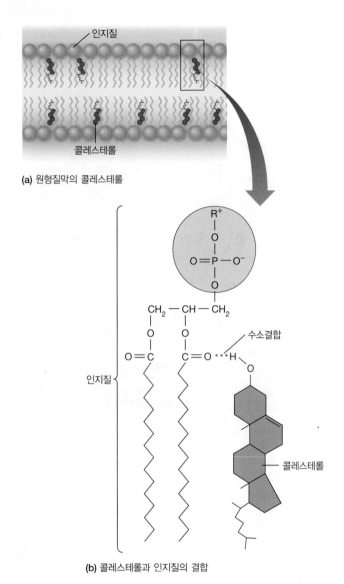

(a) 원형질막의 콜레스테롤

(b) 콜레스테롤과 인지질의 결합

그림 7-14 지질2중층에서 콜레스테롤 분자의 모습. (a) 콜레스테롤 분자는 대부분 동물 세포의 원형질막 양쪽 지질 단층에 존재하지만 주어진 분자는 두 층 중 한 층에만 결합되어 있다. (b) 콜레스테롤의 하이드록실기는 인지질 막의 극성 머리 부분 근처에서 수소결합을 형성한다. 비극성인 스테로이드 고리 구조와 탄화수소 사슬은 인지질 막의 탄화수소 사슬과 상호작용한다.

여 막 유동성을 조절함으로써 온도 변화를 보상할 수 있다. 이러한 조절의 주요 효과는 온도 변화에도 불구하고 막의 점도를 거의 동일하게 유지하는 것이기 때문에 이 기능을 **점성유지적응** (homeoviscous adaptation)이라고 한다.

예를 들어 박테리아 세포가 더 따뜻한 환경에서 더 차가운 환경으로 이동할 때 어떤 일이 발생하는지 생각해보자. *Micrococcus* 속의 일부 종에서 온도가 떨어지면 원형질막 인지질에서 16-탄소 대 18-탄소 지방산의 비율의 증가를 유발한다. 이는 더 짧은 지방산 곁사슬이 더 낮은 전이온도와 연관되기 때문에 세포가 막 유동성을 유지하는 데 도움이 된다. 이 경우 막 유동성의 증

가는 18-탄소 탄화수소 꼬리부터 2개의 말단 탄소를 제거하는 효소를 활성화함으로써 달성된다.

다른 박테리아종에서 환경 온도에 대한 적응은 막 지질의 길이보다는 불포화 정도의 변화를 포함한다. 예를 들어 일반적인 장 내 세균인 대장균(*Escherichia coli*)에서 환경 온도의 감소는 지방산의 탄화수소 사슬에 2중 결합을 도입하는 **불포화 효소** (desaturase enzyme)의 합성을 촉발한다. 이러한 불포화지방산이 막 인지질에 통합됨에 따라 막의 전이온도를 낮추어 막이 더 낮은 온도에서 유체 상태를 유지하게 한다.

점성유지적응은 진핵생물에서도 발생한다. 효모와 식물에서 막 유동성의 온도 관련 변화는 낮은 온도에서 세포질의 산소 용해도 증가에 의존하는 것으로 보인다. 산소는 불포화지방산 생성에 관여하는 불포화 효소 시스템의 기질이다. 더 낮은 온도에서 더 많은 용존 산소를 사용할 수 있기 때문에 불포화지방산이 더 빠른 속도로 합성되고 막 유동성이 증가하여 온도 효과를 상쇄한다. 이러한 방식으로 적응할 수 있는 식물은 추위에 강하고 (냉각 저항성) 따라서 더 추운 환경에서 자랄 수 있기 때문에 이 능력은 농업적으로 매우 중요하다.

점성유지적응은 동물에서도 발생한다. 양서류와 파충류(효모 및 식물과 같이)는 막에서 불포화 지질의 비율을 증가시켜 더 낮은 온도에 적응한다. 이러한 냉혈동물은 또한 막의 콜레스테롤 비율을 증가시켜 탄화수소 사슬 간 상호작용을 감소시키고 막이 젤화되는 경향을 감소시킬 수 있다.

점성유지적응은 일반적으로 냉혈동물과 가장 관련이 있지만, 동면하는 포유동물에게도 중요하다. 포유동물이 동면에 들어가면 체온이 상당히 떨어지며, 일부 설치류의 경우 30°C 이상 감소한다. 동물은 체온이 떨어지면 막 인지질에 더 많은 비율의 불포화지방산을 통합하여 이러한 변화에 적응한다.

지질 마이크로 또는 나노도메인이 막에서 분자를 국한시킬 수 있다

최근까지 막의 지질 성분은 균일하게 유동적이며, 주어진 층 내에서 상대적으로 균일한 것으로 간주되었다. 그러나 최근에 많은 세포생물학자들은 막 층 내에 단백질을 격리하는 국부적이고 균일하지 않은 영역이 있다고 제안했다. 지질 마이크로도메인 (lipid microdomain), 또는 **지질 뗏목**(lipid raft)이라고 더 많이 불리는 그런 영역에 대해 인용된 일반적인 증거는 막의 일부 영역이 비이온성 계면활성제에 의해 녹는 정도가 다르게 보인다는 것이다. 지질 뗏목은 개별 지질과 단백질이 안팎으로 이동함에 따라 조성이 변하는 동적 구조라고 제안되었다.

지질 뗏목을 둘러싼 자극의 대부분은 세포 외 화학 신호의 감지 및 반응에서의 잠재적 역할과 관련이 있다. 예를 들어 지질 뗏

목은 세포막을 통한 영양소와 이온의 수송, 활성화된 면역계 세포와 미생물 표적의 결합, 박테리아 독소(예: 콜레라 독소)의 장세포로의 수송에 관여하는 것으로 제안되었다.

지질 뗏목에 대한 대부분의 증거는 지질 마이크로도메인이 분명히 존재하는 것으로 보이는 인공 지질2중층의 분석에서 비롯된다. 그러나 일부 세포생물학자들은 세포에서 그러한 마이크로도메인에 대한 증거는 크게 설득력이 있다고 생각하지 않는다. 많은 세포생물학자는 현재 일시적인 지질 '나노도메인(nanodomain)'이 어떻게 실제 막이 구성되는지에 대해 생각하는 더 좋은 방법이라고 생각한다. 살아있는 세포에서 지질 도메인의 잠재적인 역할을 명확히 하는 것은 집중적으로 연구 중인 주제이다.

개념체크 7.3

지질은 막 구조의 유동 모자이크 모델에서 '유동'적인 부분을 형성한다. 막 지질의 어떤 특성이 막 유동성에 영향을 줄까?

7.4 막단백질: 모델의 '모자이크' 부분

유동 모자이크 모델의 유체 측면을 자세히 살펴보았으므로 이제 모자이크 부분 차례이다. 여기에는 지질 도메인이 포함되지 않을 수 있지만 싱어와 니콜슨이 처음에 구상한 것처럼 막 모자이크의 주요 구성 요소는 많은 단백질이다. 먼저 현미경 전문가들이 이 단백질 모자이크로서 막을 제공했다는 확증적인 증거를 살펴본 다음 주요 부류의 막단백질을 고려해보자.

단백질 모자이크로 구성된 막: 동결할단 현미경의 증거

유동 모자이크 모델에 대한 강력한 지지는 전자현미경 검사를 위해 인공 2중층과 천연막을 **동결할단**(freeze fracturing)에 의해 준비한 연구에서 나왔다(**그림 7-15**). 이 기술에서는 지질2중층 또는 막(혹은 막을 포함하는 세포)을 빠르게 동결시킨 다음 다이아몬드 칼로 날카로운 타격을 가한다. 2중층의 비극성 내부는 동결된 샘플을 통한 저항이 가장 적은 경로이기 때문에 결과적으로 할단은 종종 막 지질의 두 층 사이의 평면을 따른다. 결과

(a) **막의 두 층의 분리.** 절단면이 어떻게 막의 소수성 내부를 분리하여 두 층의 내부 표면을 드러내는지 주목하라. 외부 층에 남아있는 내재 막단백질은 E(외부)에서 보이는 반면, 내부 층에 남아있는 단백질은 P(내부) 표면에서 보인다.

(b) **단층 표면도.** 이 동결할단막 그림은 쥐 세뇨관 세포의 원형질막에서 나온 E면과 P면의 전자현미경 사진을 보여준다. 각 면에 내재된 각 단백질은 작은 입자로 나타난다(TEM).

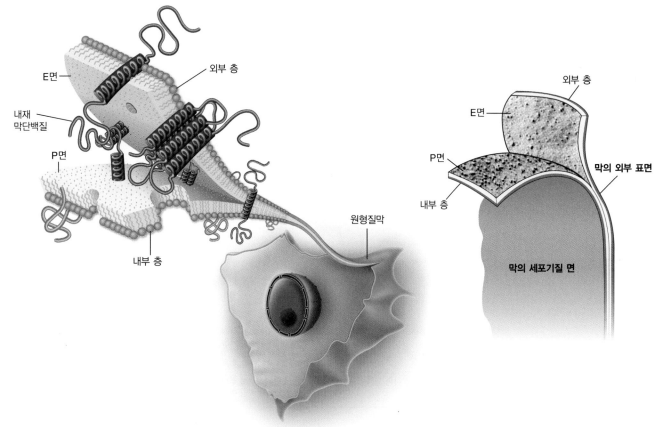

그림 7-15 막의 동결할단 분석. 동결할단되어 두 지질 층으로 쪼개진 모습을 보여주고 있다. (a) 각 막의 구성 성분, (b) 각 층 표면의 전자현미경 사진

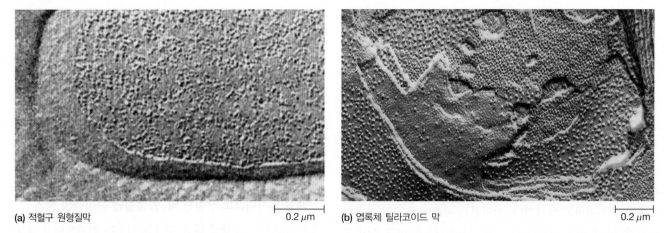

(a) 적혈구 원형질막   0.2 μm   (b) 엽록체 틸라코이드 막   0.2 μm

그림 7-16 동결할단 전자현미경으로 시각화한 막단백질. 막단백질이 지질2중층에 박혀있는 입자 형태로 보인다. 막의 단백질/지질 비율이 (a) 적혈구 막은 1.14이고, (b) 틸라코이드 막은 2.33으로, 틸라코이드 막에 단백질이 더 촘촘히 박혀있다(TEM).

적으로 2중층은 내부 및 외부 층으로 분할되어 각각의 내부 표면을 드러낸다(그림 7-15a).

이러한 방식으로 준비된 막의 전자현미경 사진은 단백질이 실제로 막 안에 매달려 있다는 놀라운 증거를 제공한다. 할단면이 막을 두 층으로 나눌 때마다 구형 단백질의 크기와 모양을 가진 입자가 E(exoplasmic, 원형질 외부) 및 P(protoplasmic, 원형질 내부)면(face)이라고 하는 내부 막 표면 중 하나 또는 다른 표면에 부착되어 있는 것을 볼 수 있다(그림 7-15b). 더욱이 그러한 입자의 풍부함은 연구 중인 특수 막의 알려진 단백질 함량과 잘 상관된다.

그림 7-16의 전자현미경 사진은 이를 잘 보여준다. 인간 적혈구 원형질막은 다소 낮은 단백질/지질 비율(1.14:1, 표 7-1 참조)과 동결할단을 받을 때 다소 낮은 입자의 밀도를 가지고 있지만(그림 7-16a), 반면 엽록체 틸라코이드의 막은 더 높은 단백질/지질 비율(2.33:1)과 그에 상응하여 특히 막 내부 표면에서 더 높은 막 내부 입자 밀도를 가진다(그림 7-16b).

막은 내재, 주변, 지질고정 막단백질을 포함한다

막단백질은 막의 소수성 내부에 대한 친화도가 다르므로 지질2중층과 상호작용하는 정도가 다르다. 그런 친화성의 차이는 차례로 막에서 주어진 단백질을 추출하는 것이 얼마나 쉬운지 또는 어려운지를 결정한다. 이들을 추출하는 데 필요한 조건에 따라(즉 더 나아가 지질2중층과의 결합 특성에 따라) 막단백질은 내재 막단백질, 주변 막단백질, 지질고정 막단백질의 3가지 범주 중 하나로 분류된다.

내재 막단백질은 지질2중층에 내장되어 있으며, 지질2중층의 소수성 내부에 대한 단백질의 소수성 부분의 친화력에 의해 제자리에 고정된다. 주변 막단백질은 훨씬 더 친수성이기 때문에 막 표면에 위치하여 인지질의 극성 머리 그룹 및 또는 다른 막단백질의 친수성 부분에 비공유적으로 연결된다. 지질고정 막단백질은 본질적으로 친수성 단백질이므로 막 표면에 존재하지만, 2중층에 내장된 지질 분자에 공유적으로 부착된다. 각각의 경우에 **그림 7-17**을 참고하면서 차례로 이들 각각을 다룰 것이다.

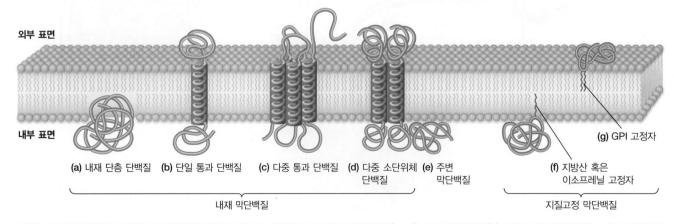

외부 표면

내부 표면

(a) 내재 단층 단백질 (b) 단일 통과 단백질 (c) 다중 통과 단백질 (d) 다중 소단위체 단백질 (e) 주변 막단백질   (f) 지방산 혹은 이소프레닐 고정자   (g) GPI 고정자

내재 막단백질   지질고정 막단백질

그림 7-17 막단백질의 주 종류. 막단백질은 막에 부착되는 방식에 따라 내재 막단백질(a~d), 주변 막단백질(e), 지질고정 막단백질(f~g)로 분류된다.

내재 막단백질 대부분의 막단백질은 지질2중층의 소수성 내부에 친화성을 나타내는 하나 이상의 소수성 영역을 보유하는 양친매성 분자이다. 그들은 하나 이상의 소수성 영역을 포함하기 때문에 이러한 분자를 제거하기 어렵게 막 내부에 박혀있다. 이러한 단백질을 **내재 막단백질**(integral membrane protein)이라고 한다. 지질2중층에 대한 친화성 때문에 내재 막단백질은 대부분 수용성 단백질용으로 설계된 표준 단백질 정제 기술로 분리 및 연구하기 어렵다. 지질2중층을 파괴하는 계면활성제를 사용한 처리는 일반적으로 내재 막단백질을 가용화하고 추출하는 데 필요하다.

소수의 내재 막단백질은 2중층의 한쪽에만 내장되어 있는 것으로 알려져 있다. 이들은 **내재 단층 단백질**(integral monotopic protein)이라고 한다(그림 7-17a). 그러나 대부분의 내재 단백질은 **막관통 단백질**(transmembrane protein)로 2중층의 양쪽에 걸쳐있다. 막관통 단백질은 한 번[단일 통과 단백질(singlepass protein), 그림 7-17b] 또는 여러 번[다중 통과 단백질(multipass protein), 그림 7-17c] 막을 통과한다. 일부 다중 통과 단백질(그림 7-17c)은 단일 폴리펩타이드로 구성되는 반면, 다른 것들은 둘 이상의 폴리펩타이드로 구성된다[다중 소단위체 단백질(multisubunit protein), 그림 7-17d]. 또한 단일지질 단백질과 막관통 단백질 모두 지질2중층에 내장되어 있을 뿐만 아니라 막의 한쪽 또는 양쪽에서 수용성 환경의 바깥쪽으로 확장되는 친수성 영역을 가지고 있음을 주목하라.

지질2중층을 가로지르는 막관통 단백질의 각 소수성 부분을 **막관통 단편**(transmembrane segment)이라고 한다. 대부분의 경우 이 부위는 약 20~30개의 아미노산 잔기로 구성된 α-나선 구조로 되어 있으며 대부분은 전부 소수성 R 그룹을 가지고 있다. 그러나 일부 다중 통과 단백질에서 막관통 단편은 폐쇄된 원통형 β시트 형태로 배열되는데, 이를 소위 β-병풍 구조라고 한다. 이 구조는 엽록체와 미토콘드리아뿐만 아니라 많은 박테리아(그림 8-9 참조)의 외막에서 발견되는 포린이라고 하는 막공 형성 막관통 단백질 그룹에서 특히 두드러진다.

단일 통과 막단백질은 막관통 단편이 하나만 있으며, 친수성 카복실-(C-) 말단이 한쪽에 막 밖으로 뻗어있고, 친수성 아미노-(N-) 말단이 다른 쪽에 돌출되어 있다. 단일 통과 단백질의 예는 적혈구 원형질막에서 두드러진 단백질인 글리코포린(glycophorin)이다. 그것의 α-나선형 막관통 단편은 전적으로 소수성 아미노산으로 구성된다. 글리코포린은 막에 배향되어 있어 C-말단이 막의 내부 표면에 있고, N-말단이 외부 표면에 있다(**그림 7-18**). 단일 단백질이 단순하게 그림 7-18a에 표시되어 있지만, 일부 다른 중요한 막관통 단백질 부류의 경우와 마찬가지로 글리코포린은 일반적으로 세포에서 2량체로 발생한다.

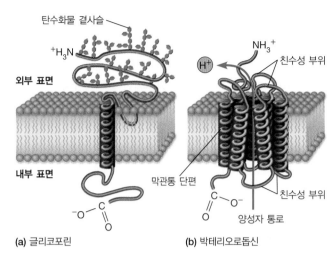

(a) 글리코포린   (b) 박테리오로돕신

그림 7-18 내재 막단백질의 두 가지 다른 구조. (a) 글리코포린은 적혈구에 있는 단일 통과 내재 막단백질이다. 일반적으로 2량체로 존재하지만 여기서는 단순화를 위해 하나의 단량체로만 표시되었다. (b) 박테리오로돕신은 호염성세균 막에 있는 다중 통과 내재 막단백질이다.

다중 통과 막단백질은 2~3개에서 20개 이상의 단편에 이르는 여러 개의 막관통 단편을 가지고 있다. 다중 통과 단백질의 가장 잘 연구된 예 중 하나는 박테리오로돕신인데, 이는 호염성세균(*Halobacterium*)에서 양성자 펌프 역할을 하는 원형질막단백질이다. 1975년에 언윈과 헨더슨이 전자현미경을 기반으로 하여 이들의 3차원 구조를 보고했다. 박테리오로돕신은 7개의 α-나선형 막관통 단편을 가진 것으로 밝혀졌으며, 각각은 단백질의 1차 구조에 있는 약 20개의 소수성 아미노산 서열에 해당한다(그림 7-18b). 248개 아미노산의 절반 이상을 차지하는 이 7개의 막관통 단편은 광활성화 양성자 통로로 구성된다. 짧은 친수성 분절은 막의 양쪽에 있는 각각의 막관통 단편을 연결한다.

주변 막단백질 내재 막단백질과 달리 어떤 막 관련 단백질은 소수성 서열이 부족하여 지질2중층으로 침투하지 않는다. 대신에 이런 **주변 막단백질**(peripheral membrane protein)은 내재 단백질의 친수성 부분이나 아마도 막 지질의 극성 머리 그룹과의 약한 정전기적 결합 또는 수소결합을 통해 막 표면에 부착된다(그림 7-17e). 주변 막단백질은 내재 단백질보다 막에서 더 쉽게 제거되며 일반적으로 pH나 이온 강도를 바꿔서 추출할 수 있다.

지질고정 막단백질 싱어와 니콜슨이 처음 유동 모자이크 모델을 제안했을 때 그들은 모든 막단백질을 주변 막단백질 또는 내재 막단백질로 간주했다. 그러나 이제는 특별히 주변부도 내재형도 아니지만 양쪽의 특성을 일부분 가지고 있는 세 번째 부류의 단백질을 인식했다. 이러한 **지질고정 막단백질**(lipid-anchored membrane protein)의 폴리펩타이드 사슬은 지질2중층의 표면 중 하나에 위치하지만 2중층 내에 내재된 지질 분자에 공유결합되어 있다(그림 7-17f, g).

지질고정 막단백질을 막에 부착하는 여러 메커니즘이 존재한다. 원형질막의 내부 표면에 결합된 단백질은 지방산 또는 이소프레닐(isoprenyl)기라고 불리는 이소프렌 유도체와의 공유결합에 의해 부착된다(그림 7-17f). **지방산 고정 막단백질**(fatty acid-anchored membrane protein)의 경우 단백질은 세포기질에서 합성된 다음 이미 막 2중층 내에 이미 존재하는 포화지방산, 일반적으로 미리스트산(myristic acid, 탄소 14개) 또는 팔미트산(palmitic acid, 탄소 16개)에 공유결합된다. 반면에 **이소프레닐화 막단백질**(isoprenylated membrane protein)은 많은 5-탄소 이소프레닐기[그림 3-27f 참조; 보통 15-탄소 파네실(farnesyl)기 또는 20-탄소 게라닐게라닐(geranylgeranyl)기의 형태]의 첨가로 인해 변형되기 전에 잘 녹는 세포기질 단백질로서 합성된다. 부착 후 파네실기 또는 게라닐게라닐기는 막의 지질2중층 내로 삽입된다.

원형질막의 외부 표면에 부착된 많은 지질고정 막단백질은 원형질막의 외부 층에서 발견되는 당지질인 글리코실포스파티딜이노시톨(glycosylphosphatidylinositol, GPI)에 공유결합되어 있다(그림 7-17g). 이러한 **GPI 고정 막단백질**(GPI-anchored membrane protein)은 소포체에서 합성되고, GPI 고정자는 나중에 추가된다. 일단 세포 표면에 도달하면 GPI 고정 단백질은 포스파티딜이노시톨 결합에 특이적인 효소인 **포스포라이페이스 C**(phospholipase C)에 의해 막에서 방출될 수 있다.

⊘ 연결하기 7.2

여러 번 막을 관통하는 단백질에서 가장 높은 수준의 단백질 구조는 무엇인가? (그림 3.6 참조)

막단백질은 분리 및 분석될 수 있다

막단백질에 대한 논의를 계속하기 전에 어떻게 막단백질을 분리하고 연구하는지에 대해 간략하게 다루는 것도 유용하다.

추출 주변 막단백질은 약한 정전기적 상호작용과 내재 막단백질의 친수성 부분 또는 막 지질의 극성 머리 그룹과의 수소결합에 의해 막에 느슨하게 결합되기 때문에 일반적으로 분리하기가 상당히 간단하다. 주변 막단백질은 pH 또는 이온 강도의 변화 또는 수소결합을 끊는 요소(urea)의 첨가에 의해 막에서 추출될 수 있다. 지질에 대한 공유결합이 먼저 잘려야만 하지만 지질고정 막단백질도 유사하게 분리할 수 있다. 일단 막에서 추출되면 대부분의 주변 및 지질고정 막단백질은 단백질 화학자가 일반적으로 사용하는 기술로 정제 및 연구할 수 있을 만큼 충분히 친수성이다.

반면에 내재 막단백질은 특별히 그들의 생물학적 활성을 보존하는 방식으로는 막에서 분리하기 어렵다. 이들의 소수성 특성은 물과의 상호작용을 방해하여 대부분의 수용액에서 그들을 녹지 않게끔 만든다. 대부분의 경우 이러한 단백질은 소수성 상호작용을 방해하고, 지질2중층을 녹이기 위해 계면활성제를 사용해야지만 가용화될 수 있다.

분리 가용화된 막단백질은 전기장을 이용하여 전하를 띤 분자를 크기에 따라 분리하는 관련 기술로 널리 사용되는 젤 전기영동(gel electrophoresis) 기법으로 분석할 수 있다. 이 기법의 일반적인 버전인 *SDS-PAGE*(SDS-polyacrylamide gel electrophoresis)에서 단백질은 도데실 황산소듐(sodium dodecyl sulfate, SDS)으로 처리된 다음 폴리아크릴아마이드(polyacrylamide)로 만들어진 중합 젤을 통과한다(자세한 내용은 17장 참조).

전기영동 후 웨스턴 흡입법(Western blotting, 자세한 내용은 17장 참조)으로 알려진 절차를 사용하여 개별 폴리펩타이드를 검출하고 식별할 수 있다. 이 절차에서 표준 단백질 젤의 폴리펩타이드는 나일론 또는 나이트로셀룰로스 막으로 옮겨져 젤에서 차지했던 동일한 상대적 위치에 남아있다. 연구자들은 특정 폴리펩타이드에 결합하는 것으로 알려진 항체를 사용하여 젤에서 폴리펩타이드를 식별하고 정량화할 수 있다. 웨스턴 흡입법은 특정 세포에 존재하는 단백질을 결정하고, 다른 세포 유형에서 상대적인 양을 비교하는 데 매우 유용하다.

친화성 표지법 막을 연구하기 위한 생화학적 접근법은 종종 다른 막단백질의 특정 기능을 이용한다. 친화성 표지법(affinity labeling)이라고 불리는 접근법은 단백질의 알려진 기능 때문에 특정 단백질에 결합하는 방사성 분자를 사용한다. 예를 들어 사이토칼라신 B(cytochalasin B)는 포도당 수송의 강력한 억제제로 알려져 있다. 따라서 방사성 사이토칼라신 B에 노출된 막은 포도당 수송에 관여하는 단백질 분자에 특이적으로 결합된 방사성을 포함할 가능성이 있다.

막 재구성 막단백질 기능을 연구하기 위한 또 다른 생화학적 접근은 특정 정제 성분으로부터 인공 막 소포의 형성을 포함한다. 막 재구성(membrane reconstitution)이라고 하는 이 접근 방식에서 단백질은 계면활성제를 사용하여 막에서 추출된다. 그런 다음 정제된 단백질은 인지질과 함께 혼합되어 특정 분자가 '적재'될 수 있는 리포솜이라고 하는 액체로 채워진 막 소포를 형성한다. 그런 다음 이러한 재구성된 소포는 영양소 전달 또는 세포 간 소통과 같은 특정 막단백질 기능을 수행하는 능력에 대해 검증할 수 있다.

막단백질의 3차원 구조 결정이 쉬워지고 있다

내재 막단백질의 3차원 구조를 결정할 때 어려움이 많았는데, 주로 이러한 단백질의 소수성 때문에 일반적으로 분리 및 정제하기 어렵기 때문이다. 그러나 그들은 결정 형태로 분리될 수 있는 단백질의 구조를 결정하는 X선 **결정법** 덕분에 연구하기가 점점 더 쉬워지고 있다. 결정 구조를 이용할 수 없는 많은 막단백질의 경우 단백질 또는 그 유전자가 최소한 분리되고 서열 분석만 될 수만 있다면 소수성 분석(hydropathy analysis)이라는 대체 접근 방식을 사용할 수 있다. 이러한 각 기술에 대해 간략하게 살펴보자.

X선 결정법 X선 결정법(X-ray crystallography)은 단백질의 3차원 구조를 결정하는 데 널리 사용된다(이 기술에 대한 자세한 설명은 **3장의 핵심 기술** 참조). 소수성으로 인해 결정 형태의 내재 막단백질을 용해하고 분리하는 것이 어렵기 때문에 이러한 단백질은 수년 동안 결정학적 분석에서 실제로 제외되었다. 첫 번째 성공은 1985년에 미헬(Hartmut Michel), 다이젠호퍼(Johann Deisenhofer), 후버(Robert Huber)가 보고했으며, 자색세균(*Rhodopseudomonas viridis*)에서 광합성 반응 중심을 결정화하고, X선 결정학으로 분자 구조를 결정했다. 단백질의 상세한 3차원 구조를 바탕으로, 이 연구자들은 또한 빛 에너지를 포획하기 위해 색소 분자가 어떻게 배열되어 있는지에 대한 첫 번째 세부사항을 제공했다(11장 참조). 이 공로를 인정받아 미헬, 다이젠호퍼, 후버는 1988년에 노벨화학상을 공동 수상했다.

이러한 발전에도 불구하고 소수성 내재 막단백질 연구에 X선 결정법을 적용하는 것은 1990년대 후반까지 매우 느리게, 특히 막관통 나선을 식별하는 데 필요한 분해능 수준에서 진행되었다. 그러나 최근에는 내재 막단백질에 대한 X선 결정학적 데이터가 폭발적으로 증가했다. 어바인의 캘리포니아주립대학교 소재 스티븐화이트연구소에서 관리하는 데이터에 따르면 1997년까지 3차원 구조가 결정된 막단백질은 18개에 불과했다. 그 이후로 거의 900개의 고유한 단백질 구조가 목록에 추가되었다. 초기에 이들 단백질의 대부분은 박테리아로부터 왔는데, 이는 막단백질이 미생물로부터 비교적 쉽게 분리될 수 있음을 반영한다. 그러나 점차적으로 진핵생물 유래의 막단백질도 X선 결정법에 적합함이 입증되고 있다.

소수성 분석 아직 X선 결정법에 적용되지 않은 많은 내재 막단백질의 경우 단백질 또는 그 유전자가 최소한 분리되고 서열이 분석될 수만 있다면 막관통 단편의 수와 위치를 유추할 수 있다. 일단 막단백질의 아미노산 서열이 알려지면 **그림 7-19**와 같이 **소수성 좌표**(hydropathy plot)에서 막관통 단편의 수와 위치를 유

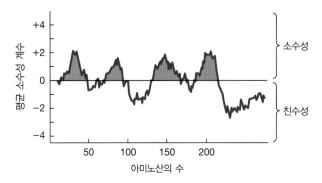

(a) 코넥신의 소수성 좌표. Y축의 소수성 계수는 아미노산 서열을 바탕으로 폴리펩타이드 사슬에서 연속적인 부위의 소수성 상댓값을 측정한 것이다.

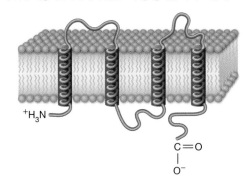

(b) 코넥신의 막관통 구조. 코넥신은 원형질막에 걸쳐 있는 4개의 α-나선 부위에 해당하는 4개의 뚜렷한 소수성 영역을 가지고 있다.

그림 7-19 내재 막단백질의 소수성 분석. 소수성 좌표는 단백질의 길이를 따라 소수성 영역(양의 값)과 친수성 영역(음의 값)을 표시하는 방법이다. 이 예시는 원형질막단백질, 코넥신을 분석한 소수성 데이터를 사용했다.

추할 수 있다. 이러한 좌표는 단백질 서열에서 소수성 클러스터를 식별하기 위해 컴퓨터 프로그램을 사용하여 구축된다. 아미노산 서열은 각각 약 10개의 아미노산 영역을 나타내는 일련의 '창'을 통해 스캔되는데, 그 각각의 연속적인 창은 서열을 따라 하나의 아미노산씩 이동한다.

다양한 아미노산에 대해 알려진 소수성 값을 기반으로 창에 있는 아미노산의 소수성 값을 평균화하여 각 연속 창에 대해 **소수성 계수**(hydropathy index)를 계산한다. (관례에 따라 소수성 아미노산은 양수 값을 가지고 친수성 잔기는 음수 값을 가진다.) 그런 다음 단백질의 서열을 따라 창의 위치에 대해 소수성 계수를 좌표화한다. 결과로 생성된 소수성 좌표는 양의 피크의 수를 기반으로 단백질에 존재할 수 있는 막에 걸친 영역의 수를 예측할 수 있다. 그림 7-19a에 표시된 소수성 좌표는 코넥신(connexin)이라고 하는 원형질막단백질에 대한 것이다. 좌표는 4개의 양의 피크를 보여주므로 그림 7-19b와 같이 코넥신은 4개의 소수성 아미노산이 있고 따라서 4개의 막관통 단편이 있음을 예측할 수 있다.

분자생물학은 막단백질에 대한 이해에 크게 기여했다

막단백질은 주로 생리학적 활성 형태의 소수성 단백질을 분리하고 정제하는 데 관여하기 때문에 다른 단백질과 마찬가지로 생화학적 기술을 사용하지 못했다. SDS-PAGE 및 소수성 분석과 같은 절차는 방사성 동위원소 또는 형광 항체와 관련된 표지 기술과 마찬가지로 확실히 유용했다. 이에 대해서는 이 장의 뒷부분에서 논의할 것이다. 그러나 지난 30년 동안 막단백질 연구는 분자생물학 기술, 특히 DNA 염기서열 분석 및 재조합 DNA 기술로 혁명을 일으켰다.

DNA 염기서열 분석은 아미노산 서열분석을 위해 순수한 형태의 단백질을 분리할 필요 없이 단백질의 아미노산 서열을 추론하는 것을 가능하게 한다. 게다가 단백질 사이의 서열 비교는 평가되지 않았을 수도 있었던 진화적 및 기능적 관계를 종종 드러낸다. 예를 들어 재조합 유전자 또는 유전자 절편은 관련 단백질을 암호화하는 유사한 DNA 서열을 식별하고 분리하기 위한 탐침(probe)으로 사용될 수 있다. 더욱이 특정 단백질의 DNA 서열은 특정 뉴클레오타이드 위치에서 변경될 수 있는데, 이 기술을 특정위치 돌연변이법(site-specific mutagenesis)이라고 하며, 그것이 암호화하는 돌연변이 단백질의 활성에 대한 특정 아미노산 변경의 영향을 결정하기 위해 배양된 세포에서 발현된다(이러한 흥미로운 개발 중 일부에 대한 더 자세한 설명은 17장 참조).

막단백질은 기능의 다양성을 가진다

막의 기능은 실제로 막의 화학 성분, 특히 단백질의 기능이다. 막에는 어떤 종류의 단백질이 있을까? 막과 관련된 단백질 중 일부는 특정 기능이 특정 막에 국한되는 것을 설명하는 효소이다. 다음 장에서 살펴보겠지만 진핵세포의 각 세포소기관은 그들이 가지는 독특한 일련의 막 결합 효소로 특징지어진다. 사실 그러한 단백질은 종종 분쇄된 세포의 현탁액으로부터 세포소기관 및 세포소기관 막을 분리하는 동안 특정 막을 식별하기 위한 지표(marker)로 유용하다. 예를 들어 포도당-6-인산 가수분해효소(glucose-6-phosphatase)는 소포체에서 발견되는 막 결합 효소이다. 다시 말해 분리된 미토콘드리아에서 이 효소의 존재는 소포체 막의 오염을 증명하는 것이다.

미토콘드리아, 엽록체, 박테리아 세포의 원형질막에서 에너지 생산에 관여하는 사이토크롬 및 철-황 단백질과 같은 전자 운반 단백질(electron transport protein)도 막과 관련되어 있다(10장과 11장 참조).

다른 막단백질은 용질 수송에 기능한다. 여기에는 막을 가로질러 당과 아미노산과 같은 영양소의 이동을 촉진하는 운반단백질(transport protein)과 소수성 막에 친수성 통로를 제공하는 통로 단백질(channel protein)이 포함된다. 또한 이 범주에는 ATP의 에너지를 사용하여 막을 가로질러 이온을 펌핑하는 수송 ATP 분해효소(transport ATPase)가 있다.

수많은 막단백질은 세포 표면에 영향을 미치는 특정 화학 신호의 영향을 인식하고 매개하는 데 관여하는 수용체이다. 호르몬, 신경전달물질, 성장촉진물질은 표적 세포의 원형질막에 있는 특정 단백질 수용체와 상호작용하는 화학적 신호의 예이다. 대부분의 경우 막 표면의 적절한 단백질 수용체에 대한 호르몬 또는 기타 신호 분자의 결합은 세포 내 반응을 촉발한다. 막단백질은 또한 세포 간 소통에 관여한다. 예로는 동물 세포 사이의 간극연접 접합부에서 코넥손(connexon)이라고 하는 구조를 형성하는 단백질과 식물 세포 사이의 세포질연락사를 구성하는 단백질이 있다.

막단백질이 중요한 역할을 하는 다른 세포 기능에는 소포체 및 골지체 내 단백질의 표적화, 분류 및 가공 같은 세포내섭취(endocytosis) 및 세포외배출(exocytosis), 인간의 눈이나 박테리아 세포, 식물 잎의 빛 감지에 의한 다양한 물질의 흡수 및 분비가 포함된다. 막단백질은 또한 원형질막과 세포 외부에 있는 세포외 기질 사이의 연결, 미토콘드리아와 엽록체의 외막에서 발견되는 막공, 핵공을 포함하여 다양한 구조의 중요한 구성 요소이다. 이 모든 주제는 이후 장에서 설명할 것이다.

다른 막단백질은 자가소화작용(autophagy, '자가 포식')에 관여하는데, 이 과정은 12장에서 더 자세히 살펴볼 예정이다. 자가소화작용 동안 세포는 손상되거나 더 이상 필요하지 않은 자신의 소기관 또는 구조체를 소화한다. 이러한 방식으로 이러한 구조의 분자 구성 요소는 재활용되어 새로 합성된 구조에서 재사용될 수 있다.

막 관련 단백질의 최종 종류에는 세포막을 안정화하고 형성하는 구조적 역할을 하는 단백질이 포함된다. 예를 들어 동물 세포에서 주변 막단백질의 세포골격망은 다양한 종류의 세포의 원형질막의 기초가 된다. 이 장 말미에서 잘 연구된 한 가지 예시인 적혈구막에 대해 알아볼 것이다.

막단백질의 기능은 일반적으로 단백질이 지질2중층과 어떻게 연관되어 있는지를 반영된다. 예를 들어 막의 한쪽에서만 기능하는 단백질은 그 특정 쪽에서의 주변 막단백질 또는 지질고정 단백질일 가능성이 높다. 적혈구 효소 GAPDH(glyceraldehyde-3-phosphate dehydrogenase, 글리세르알데하이드-3-인산 탈수소효소)와 같이 막의 한쪽에만 반응을 촉매하는 막 결합 효소가 이 범주에 속한다. 대조적으로 용질을 운반하거나 막을 가로질러 신호를 전달하는 작업에는 확실히 막관통 단백질이 필요하다.

막단백질은 지질2중층을 가로질러 비대칭적으로 자리한다

이 장 앞부분에서는 대부분의 막 지질이 지질2중층의 두 단일층 사이에 비대칭적으로 분포되어 있음을 언급했다. 대부분의 막단백질은 또한 2중층과 관련하여 비대칭을 나타낸다. 예를 들어 주변 막단백질, 지질고정 단백질, 단층 내재 막단백질은 정의상 막의 한쪽 층에만 결합되어 있다(그림 7-17 참조). 이러한 막단백질은 일단 자리를 잡으면 막을 가로질러 다른 층으로 이동할 수 없다. 막에 걸쳐진 내재 막단백질은 두 층 모두에 박혀있지만, 비대칭적으로 자리잡고 있다. 이는 막의 한쪽으로 노출된 단백질 부위는 구조적으로 또한 화학적으로 다른 쪽에 노출된 부위와 다르다. 게다가 주어진 단백질의 모든 분자는 막에서 같은 방식으로 자리잡혀 있다.

단백질이 막에서 어떻게 배향되는지를 결정하기 위해 인공막 소포의 내부 및 외부 표면에 노출된 단백질을 구별하는 방사성 표지 방법이 고안되었다. 그러한 방법 중 하나는 단백질에 대한 아이오딘(I)의 공유결합을 촉매하는 효소 락토퍼옥시데이스(lactoperoxidase, LP)를 사용한다(**그림 7-20**). 아이오딘의 방사성 동위원소인 ^{125}I의 존재하에서 반응이 수행될 때 LP는 단백질을 동위원소로 표지한다. 왜냐하면 LP는 너무 커서 막을 통과하지 못하므로 온전한 막 소포의 외부 표면에 노출된 단백질만 표지할 수 있다(그림 7-20a).

내부 표면에 노출된 단백질만을 표지하기 위해 소포는 먼저 저장성(낮은 이온 농도) 용액에 노출시키면 큰 분자를 더 잘 투과하게 한다. 이러한 조건에서 LP는 소포에 들어갈 수 있다(그림 7-20b). 동일한 소포가 ^{125}I를 포함하지만 외부 LP는 포함하지 않는 등장성 용액으로 옮겨지면, 작은 분자인 ^{125}I는 막을 통과해 LP가 갇힌 소포 내로 확산될 수 있다. 따라서 효소는 소포막의 내부 표면에 노출된 단백질을 표지한다(그림 7-20c). 이러한 방식으로 주어진 막단백질이 내부 표면에만 노출되는지, 외부 표면에만 노출되는지, 또는 양쪽 표면에 노출되는지 여부를 결정할 수 있다. 표지 후 단백질은 일반적으로 SDS-PAGE 젤에서 분리된 다음 건조되고 X선 필름에 노출되어 방사성 표지된 폴리펩타이드의 위치를 나타낸다.

막 내 단백질의 방향은 단백질의 특정 부분을 인식하도록 설계된 항체를 사용하여 분석할 수도 있다. 온전한 세포(또는 세포소기관)는 이러한 항체에 노출된 다음 항체가 막에 결합되었는지 여부를 확인한다. 만약 그렇다면 항체 결합부위를 포함하는 단백질 부분이 외부 표면에 있다고 결론지을 수 있다.

많은 막단백질과 지질이 글리코실화되어 있다

지질과 단백질 외에도 대부분의 막에는 작지만 상당한 양의 탄

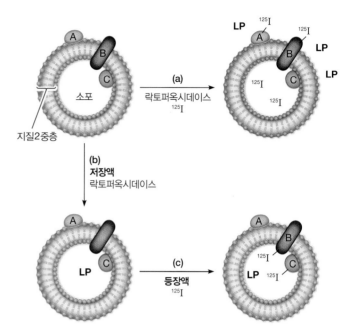

그림 7-20 막 소포의 한쪽이나 양쪽에 노출된 단백질을 표지하는 방법. (a) ^{125}I가 있을 때 락토퍼옥시데이스(LP)가 막 소포의 바깥쪽 표면에 노출된 막단백질을 표지한다(단백질 A와 B). 만약 막 소포를 처음에 (b) 저장성 용액에 두어 LP를 통과시키고 나서, (c) ^{125}I는 있지만 외부 LP는 없는 등장액으로 옮기면 막 안쪽으로 노출된 단백질만 표지된다(단백질 B와 C).

수화물이 포함되어 있다. 예를 들어 인간 적혈구의 원형질막은 중량 기준으로 약 49%의 단백질, 43%의 지질, 8%의 탄수화물을 함유한다. 막에 있는 탄수화물의 대부분은 아미노산 곁사슬에 공유적으로 연결된 올리고당(탄수화물 단량체 사슬)을 가진 막단백질인 **당단백질**(glycoprotein)의 일부로 발견된다.

탄수화물 사슬이 다른 분자에 추가되는 것을 **글리코실화**(glycosylation)라고 한다. 단백질의 경우 이 과정은 합성 직후 세포의 소포체 및 골지체 구획에서 일어난다(더 자세한 내용은 12장 참조). **그림 7-21**에서 볼 수 있듯이 글리코실화는 아미노기의 질소 원자[N-결합 글리코실화(N-linked glycosylation)] 또는 하이드록실기의 산소 원자[O-결합 글리코실화(O-linked glycosylation)]에 대한 탄수화물의 연결을 포함한다. N-결합 탄수화물은 아스파라진산의 아미노기에 부착되어 있는 반면(그림 7-21a), O-결합 탄수화물은 일반적으로 세린 또는 트레오닌의 하이드록실기에 결합되어 있다(그림 7-21b). 경우에 따라서는 아미노산 라이신과 프롤린의 유도체인 하이드록시라이신 또는 하이드록시프롤린의 하이드록실기에 O-결합 탄수화물이 부착되어 있다.

당단백질에 부착된 탄수화물 사슬은 직선형 또는 분지형이고, 길이는 당 기준으로 짧게는 2개에서 길게는 60개에 이른다. 이러한 사슬을 구성하는 데 사용되는 가장 흔한 당은

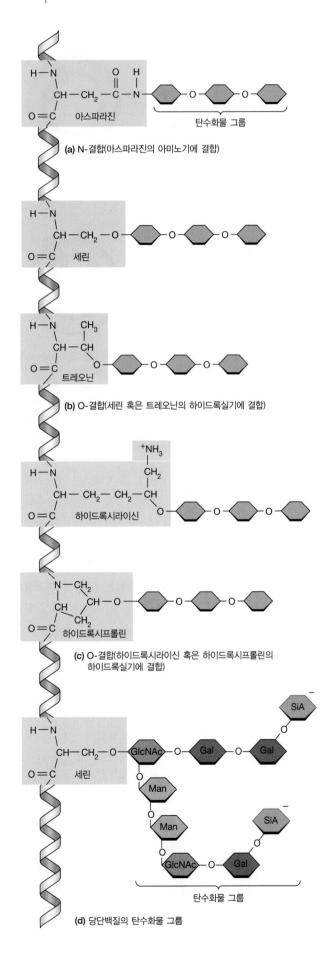

(a) N-결합(아스파라진의 아미노기에 결합)

(b) O-결합(세린 혹은 트레오닌의 하이드록실기에 결합)

(c) O-결합(하이드록시라이신 혹은 하이드록시프롤린의 하이드록실기에 결합)

(d) 당단백질의 탄수화물 그룹

갈락토스(galactose), 마노스(mannose), N-아세틸글루코사민(N-acetylglucosamine), 시알산(sialic acid)이다. 그림 7-21d는 적혈구 원형질막단백질 글리코포린(glycophorin)에서 발견되는 사슬을 보여준다. 이 내재 막단백질은 적혈구막의 세포 외측에서 바깥쪽으로 뻗어있는 분자 부분에 부착된 16개의 탄수화물 사슬을 가지고 있다. 이 16개의 사슬 중 1개는 N-결합이고 15개는 O-결합이다. 각 사슬은 3단위의 갈락토스와 각 2단위의 마노스, N-아세틸글루코사민, 시알산으로 구성된다. 사슬의 두 가지가 모두 음전하를 띤 시알산으로 끝난다는 점에 유의하라. 표면에 있는 이러한 음이온성 그룹 때문에 적혈구는 서로 반발하여 혈액 점도를 감소시킨다.

당단백질은 세포-세포 인식에서 중요한 역할을 하는 원형질막에서 가장 두드러진다. 이 역할과 일치하게 당단백질은 항상 탄수화물 그룹이 세포막의 외부 표면에 돌출되도록 위치한다. 막 비대칭에 기여하는 이 배열은 특정 당 그룹에 매우 단단히 결합하는 단백질인 렉틴(lectin)을 사용하여 실험적으로 보여주었다. 예를 들어 밀 배아에서 발견되는 렉틴인 밀 배아 응집소(wheat germ agglutinin)는 N-아세틸글루코사민으로 끝나는 올리고당에 매우 특이적으로 결합하는 반면, 잭콩의 렉틴인 콘카나발린 A(concanavalin A)는 내부에서 마노스 그룹을 인식한다. 연구자들은 전자현미경으로 관찰할 때 전자 밀도가 높은 반점으로 나타나는 철 함유 단백질인 페리틴(ferritin)에 렉틴을 연결함으로써 이러한 렉틴을 시각화한다. 이러한 페리틴 결합 렉틴이 막 당단백질의 올리고당 사슬을 국소화하기 위한 탐침으로 사용되는 경우 결합은 항상 원형질막의 외부 표면에 특이적으로 발생한다.

당지질은 또한 세포-세포 인식에서 중요한 역할을 한다. 특히 잘 알려진 한 가지 예는 4가지 인간 혈액형 A, B, AB, O를 결정하는 것이다. ABO 혈액형 시스템의 4가지 혈액형은 적혈구 원형질막의 특별한 당지질에 부착된 분지된 사슬형 탄수화물의 구조상에서 유전적으로 결정된 차이에 따라 달라진다. 혈액형이 A인 사람은 이 탄수화물의 끝에 아미노당 N-아세틸갈락토사민(N-acetylgalactosamine, GalNAc)이 있는 반면, B형인 사람은 대신 갈락토스(Gal)가 있다. AB형 혈액형은 N-아세틸갈락토사민

그림 7-21 막단백질의 N-결합 글리코실화와 O-결합 글리코실화. 탄수화물은 두 가지 다른 방법으로 막단백질의 특정 아미노산 잔기에 결합된다. (a) N-결합 탄수화물은 아스파라진 아미노산의 곁사슬에 부착된다. (b) O-결합 탄수화물은 세린과 트레오닌의 하이드록실기에 결합된다. (c) 경우에 따라서는 O-결합 탄수화물은 하이드록시라이신, 하이드록시프롤린과 같은 변형된 아미노산의 하이드록실기에 붙기도 한다. (d) 당단백질에 있는 가장 흔한 탄수화물로는 갈락토스(Gal), 마노스(Man), N-아세틸글루코사민(GlcNAc), 시알산(SiA)이 있다. 글리코포린의 16개의 탄수화물 사슬 중 하나를 제외하고는 모두 적혈구 원형질막의 외부 표면에 있는 세린 아미노산에 결합되어 있다.

과 갈락토스가 모두 존재하고, O형 혈액형은 이러한 말단 당이 완전히 결여되어 있다.

A, B, O형 혈액형을 가진 사람은 자신의 적혈구에 있는 것이 아닌 다른 말단 당을 인식하고 결합하는 항체가 혈류에 있기 때문에 이러한 사소한 차이가 수혈의 적합성에 큰 영향을 미친다. 혈액에 1~2개의 당(GalNAc 또는 Gal)에 대한 항체가 포함된 사람은 해당 말단 당이 있는 당지질을 포함하는 혈액을 받아들일 수 없다. A형 혈액을 가진 사람은 B형과 AB형 혈액에 존재하는 갈락토스의 탄수화물 사슬 말단에 대한 항체를 가지고 있다. 따라서 B형 또는 AB형 혈액은 수혈받을 수 없지만, A형 또는 O형 기증자의 혈액은 받을 수 있다. 반대로 B형 혈액을 가진 사람은 A형과 AB형의 혈액에서 발생하는 GalNAc로 끝나는 탄수화물 사슬에 대한 항체를 가지고 있다. 따라서 그들은 A형 또는 AB형 혈액으로 수혈받을 수 없지만, B형 또는 O형 기증자의 혈액은 받을 수 있다. O형 혈액을 가진 사람은 그들의 적혈구가 모든 혈액형의 개인에게 수혈될 때 면역반응을 생성하지 않기 때문에 보편적 기증자(universal donor)라고 한다.

많은 동물 및 박테리아 세포에서 원형질막 당단백질과 당지질의 탄수화물 그룹은 세포 표면에서 돌출되어 **당질피질**(glycocalyx, 'sugar coat')이라고 하는 끈적한 외피를 형성한다. 당질피질의 역할에는 세포-세포 인식 및 접착, 세포 표면 보호, 투과성 장벽 생성이 포함된다. 많은 동물성 난자세포를 둘러싸고 있는 젤리층이 당질피질의 한 예이다. **그림 7-22**는 보호 장벽 역할을 하는 장 상피세포의 두드러진 당질피질을 보여주고 있다. *Streptococcus pneumoniae*와 같은 일부 병원성 박테리아에서 당질피질의 존재는 일반적으로 숙주 면역반응을 자극하는 표면 단백질을 숨길 수 있다. 이는 이들 박테리아가 면역세포에 의한 파괴를 피할 수 있도록 한다.

막단백질의 이동성은 다양하다

이 장의 앞부분에서 지질 분자가 막의 평면 내에서 측면으로 확산될 수 있음을 언급했다. 이제 막단백질에 대해 같은 질문을 할 수 있다. 막단백질도 막 내에서 자유롭게 움직일 수 있을까? 사실 막단백질은 이동성이 지질보다 훨씬 더 다양하다. 일부 단백질은 지질2중층 내에서 자유롭게 움직이는 것으로 보인다. 다른 것들은 종종 막의 한쪽이나 다른 쪽에 인접한 단백질 복합체에 고정되어 있기 때문에 제약을 받는다.

단백질 이동성에 대한 실험적 증거 적어도 일부 막단백질의 이동성에 대한 특별히 설득력 있는 증거는 **그림 7-23**에 요약된 것과 같은 세포 융합 실험(cell fusion experiment)에서 나왔다. 이 실험에서 프라이(David Frye)와 에디딘(Michael Edidin)은 두 가지 강

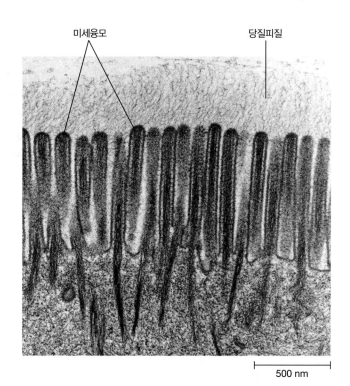

그림 7-22 장 상피세포의 당질피질. 고양이 소장 상피세포의 투과전자현미경 사진은 미세융모(영양분 흡수에 관여하는 손가락 모양의 돌출 구조)와 세포 표면에 있는 당질피질을 보여준다. 이 세포의 당질피질은 약 300~400 nm의 두께이며, 주로 1.2~1.5 nm 직경의 올리고당 사슬로 구성되어 있다(TEM).

력한 기술을 이용했는데, 하나는 서로 다른 두 종(인간과 생쥐)의 세포를 융합하는 기술이고, 다른 하나는 세포 표면의 특정 단백질을 형광 염색 분자를 지닌 항체로 표지하는 기술이다.

프라이와 에디딘은 인간과 쥐의 특이적 단백질을 구별할 수 있도록 서로 다른 색의 염료가 공유결합된 2개의 **형광 항체**(fluorescent antibody)를 준비했다. 항생쥐 항체는 녹색형광인 플루오레세인(fluorescein)에 연결되어 있는 반면, 항인간 항체는 적색형광염료인 로다민(rhodamine)에 연결되어 있다. 따라서 형광현미경에서 세포 표면의 특정 단백질 항원을 인식하고 결합하는 항체로 인해 생쥐 세포는 녹색으로, 인간 세포는 적색으로 나타난다.

프라이와 에디딘은 바이러스를 이용하여 생쥐와 인간 세포를 융합하고 적색과 녹색 형광 항체에 노출시킨 후 형광현미경으로 융합된 세포를 관찰했다. 처음에는 생쥐 세포 유래의 녹색형광 막단백질이 융합된 세포 표면의 절반에 국한되었고, 인간 세포 유래의 적색형광 막단백질은 나머지 절반에 국한되었다. 그러나 몇 분 안에 두 모세포에서 온 단백질들이 섞이기 시작했다. 40분 후 녹색 및 적색 형광 영역이 완전히 섞이게 되었다.

만약 온도를 지질2중층의 전이온도(T_m) 이하로 낮추어 융합된 세포막의 유동성을 저하시키면 이러한 막단백질 섞임을 방지할

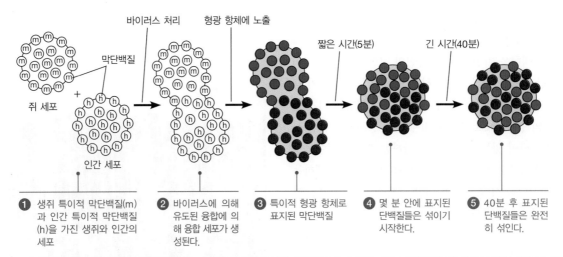

바이러스 처리 — 형광 항체에 노출

막단백질

쥐 세포

인간 세포

짧은 시간(5분)

긴 시간(40분)

① 생쥐 특이적 막단백질(m)과 인간 특이적 막단백질(h)을 가진 생쥐와 인간의 세포

② 바이러스에 의해 유도된 융합에 의해 융합 세포가 생성된다.

③ 특이적 형광 항체로 표지된 막단백질

④ 몇 분 안에 표지된 단백질들은 섞이기 시작한다.

⑤ 40분 후 표지된 단백질들은 완전히 섞인다.

그림 7-23 세포 융합을 통한 막단백질의 유동성 증명. 막단백질의 유동성은 실험적으로 2개의 다른 종(생쥐와 인간)에서 얻은 세포가 융합되고 막단백질이 종 특이적 형광 항체로 표지되었을 때 발생하는 막단백질의 섞임으로 보여줄 수 있다.

수 있다. 따라서 프라이와 에디딘은 형광단백질의 혼합이 원형질막의 유동 지질2중층을 통한 인간 및 생쥐 단백질의 측면 확산에 의해 발생했다고 결론지었다. 그러나 대부분의 막 지질과 비교하여 막단백질은 그들의 더 큰 크기 때문에 지질2중층을 통해 훨씬 더 천천히 확산된다.

제한된 이동성에 대한 실험적 증거 많은 유형의 막단백질이 지질2중층을 통해 확산되는 것으로 나타났지만 이동 속도는 다양하다. 막단백질이 확산되는 속도를 정량화하기 위해 널리 사용되는 접근 방식은 지질 이동성의 맥락에서 앞서 논의된 기술인 광표백 후 형광 회복이다. 막의 인접 부분에서 표백되지 않은 분자가 다시 표백 영역으로 이동하는 속도는 다양한 종류의 형광 지질 또는 단백질 분자의 확산 속도를 계산하는 데 사용할 수 있다.

막단백질은 지질보다 확산 속도가 훨씬 더 다양하다. 몇몇 단백질은 거의 지질만큼 빠르게 확산되지만, 대부분은 그들이 지질2중층 내로 완전히 자유롭게 이동한다고 가정했을 때 예상되는 것보다도 더 천천히 확산된다. 더욱이 많은 막단백질의 확산은 막의 제한된 구역 내로 제한되며, 이는 적어도 일부 막이 단백질 조성과 기능이 다른 일련의 분리된 막 도메인(membrane domain)으로 구성되어 있음을 나타낸다. 예를 들어 소장에 정렬한 세포에는 당과 아미노산과 같은 용질을 장에서 몸으로 운반하는 막단백질이 있다. 이러한 운반단백질은 해당 유형의 수송이 필요한 세포 측면으로 제한된다.

단백질 이동성을 제한하는 메커니즘 몇 가지 다른 메커니즘이 제한된 단백질 이동성을 설명한다. 어떤 경우에는 막단백질이 막 내에서 응집하여 이동한다면 천천히 이동하는 큰 복합체를 형성한다. 다른 경우 막단백질은 다른 막단백질의 확산에 장벽이 되는 구조를 형성한다. 밀착연접(tight junction, 15장 참조)이 한 예

이다. 그러나 막단백질의 이동성을 제한하는 가장 흔한 방법은 단백질이 막의 한쪽 또는 다른 쪽에 인접하게 위치한 구조에 결합 또는 고정(anchoring)되는 것이다. 예를 들어 원형질막의 많은 단백질은 내부 표면의 세포골격이나 세포외기질과 같은 구조에 고정되어 있다(15장 참조). 이런 고정은 막에서 측면 이동을 제한한다. 논의를 결정짓기 위해 가장 잘 밝혀진 원형질막단백질 네트워크 중 하나인 인간 적혈구를 살펴보자.

적혈구 막은 막 관련 단백질의 상호 결합된 네트워크를 포함한다

그림 7-24의 인간 적혈구의 원형질막은 적혈구가 쉽게 이용 가능하고, 적혈구가 핵이나 세포소기관이 없기 때문에 적혈구로부터 순수한 원형질막을 쉽게 얻을 수 있어서 거의 100년 전 호르터와 흐렌덜의 획기적인 연구 이후 가장 널리 연구된 것이다.

주변 및 내재 막단백질의 복잡한 그물망은 적혈구 원형질막의 내부 표면과 연관되어 있다. 이 그물 구조는 원형질막을 지지하여 인간 적혈구의 독특한 양면이 오목한 모양을 유지하고(그림 7-24a), 순환계의 좁은 모세혈관을 통해 가해지는 세포막의 스트레스를 세포가 견딜 수 있게 한다. 적혈구 원형질막 바로 아래에 있는 주요 주변 막단백질은 스펙트린(spectrin), 앤키린(ankyrin), 밴드 4.1 단백질(band 4.1 protein)이라고 불리는 단백질이다(그림 7-24b). 길고 얇은 α 및 β 스펙트린 4량체($\alpha\beta)_2$는 밴드 4.1 단백질과 짧은 액틴 필라멘트에 의해 글리코실화된 내재 막단백질인 글리코포린에 연결되고, 앤키린과 밴드 4.2 단백질이라고 불리는 다른 단백질에 의해 밴드 3 단백질에 연결된다. [아주 적절하게도 앤키린은 '닻(anchor)'의 그리스어에서 파생되었다.] 이러한 방식으로 스펙트린과 관련 단백질은 원형질막에 기계적인 지지를 제공한다.

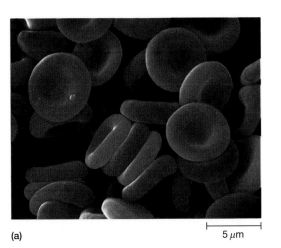

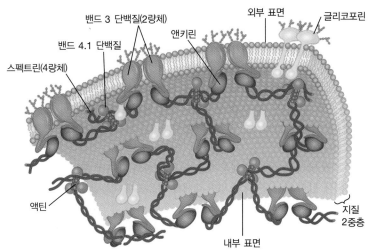

그림 7-24 적혈구 원형질막의 구조적인 특징. (a) 인간의 적혈구는 직경이 약 5~7 μm인 작은 원반 모양의 세포이다(SEM). (b) 단백질 구성을 보여주는 세포 내부에서 본 적혈구 원형질막

스펙트린이나 앤키린에 대한 유전자의 돌연변이는 적혈구가 오목하지 않고 구형인 구상적혈구증(spherocytosis)으로 알려진 유전적인 상태를 유발할 수 있다. 그 결과 빈혈, 적혈구 부족, 황달, 비장 비대가 동반될 수 있다.

적혈구막에서 모든 주변 막단백질이 구조적 역할을 하는 것은 아니다. 한 가지 예는 혈액 내 포도당의 이화작용에 관여하는 적혈구막의 세포질 면과 결합하는 주변 막단백질인 글리세르알데하이드-3-인산 탈수소효소(GAPDH)이다. 그 결합은 GAPDH와 밴드 3의 상호작용에 의존하는 것으로 간주된다.

지금쯤이면 막 구조에 대한 현재 이해에 대한 분자적 기초와 실험적 증거에 대해 공감해야만 한다. 다음 장에서 세포가 막을 가로질러 분자를 운반할 수 있는 메커니즘을 자세히 공부하면 막 구조와 기능에 대한 선행 지식을 적용할 수 있다.

개념체크 7.4

단백질은 다양한 방법으로 막에 부착될 수 있다. 부착 방식은 기능과 어떤 관련이 있을까?

요약

7.1 막의 기능

- 세포에는 세포 자신과 더불어 세포 내 기관의 경계를 구분하는 다양한 막을 가지고 있다. 모든 생체막은 박혀있는 단백질 모자이크를 포함하는 유동적 인지질2중층이라는 동일한 일반적인 구조를 가진다.
- 막의 지질 성분이 투과성 장벽의 기능을 하는 반면, 막의 특정 단백질은 세포와 세포소기관 안팎으로 물질의 수송을 조절한다.
- 막단백질은 외부 신호를 감지 및 변환하고, 인접 세포 간 접촉 및 접착을 매개하거나, 세포 간 통신에 참여할 수 있다. 그들은 또한 세포벽 또는 세포외기질과 같은 외부 구조를 만들거나 상호작용한다.

7.2 막 구조의 모델: 실험적 관점

- 현재 막 구조에 대한 이해는 '지질이 막의 주요 구성 성분'이라는 발견으로부터 시작되어 한 세기 넘도록 이루어진 연구의 정점이다.
- 이전 모델을 대체하여 싱어와 니콜슨의 유동 모자이크 모델이 등장했으며, 현재는 막 구조에 대한 일반적인 설명으로 받아들여지고 있다. 이 모델에 따르면 소수성 막 내부에 다양한 친화력을 가진 단백질이 유동적 지질2중층 안과 위에 떠 있다.
- 지질은 세포 신호와 다른 상호작용에 잠재적으로 관여하는 지질 뗏목으로 알려진 미세부위에서 발견될 수 있다.

7.3 막 지질: 모델의 '유동적' 부분

- 대부분의 막에 있는 주요 지질에는 다양한 유형의 인지질과 당지질이 포함된다. 각 지질 유형의 비율은 막의 종류 또는 각 층에 따라 상당히 다를 수 있다.
- 진핵세포에서 스테롤(동물 세포의 콜레스테롤 및 식물 세포의 파이토스테롤)은 중요한 막 구성 성분이다. 스테롤은 대부분의 박테

리아의 막에서 발견되지 않지만, 일부 종은 호파노이드라고 불리는 유사한 화합물이 포함되어 있다.

■ 막의 적절한 유동성은 그 기능에 매우 중요하다. 세포는 종종 막지질의 지방산 사슬의 불포화도와 길이를 변화시키거나 콜레스테롤 또는 기타 스테롤을 첨가하여 막의 유동성을 변화시킬 수 있다.

■ 긴 사슬의 지방산은 서로 잘 뭉쳐 유동성을 떨어뜨린다. 불포화지방산은 정렬을 방해하고 유동성을 증가시키는 시스 2중 결합을 포함한다.

■ 대부분의 막 인지질은 막 내부 또는 외부 표면의 구조에 특별히 고정되어 있지 않는 한 막의 평면 내에서 자유롭게 이동할 수 있다. 한 층 내의 인지질의 횡단 확산 또는 '플립-플롭'은 인지질 수송체 또는 플립페이스라고 불리는 효소에 의해 촉매되는 경우를 제외하고 일반적으로 가능하지 않다.

■ 대부분의 막은 두 층 사이에 지질이 비대칭적으로 분포되어 있어 막의 두 면이 구조적으로나 기능적으로 유사하지 않다는 특징이 있다.

7.4 막단백질: 모델의 '모자이크' 부분

■ 단백질은 모든 세포막의 주요 성분이다. 막단백질은 어떻게 그들이 지질2중층과 연관이 있는지에 따라 내재 막단백질, 주변 막단백질, 지질고정 막단백질로 분류된다.

■ 내재 막단백질은 대부분 막을 통과하는 소수성 아미노산의 하나 또는 그 이상의 짧은 단편을 가진다. 대부분의 막관통 단편은 약 20~30개의 소수성 아미노산으로 구성된 α-나선 서열이다.

■ 주변 막단백질은 친수성이고, 막 표면에 존재한다. 이들은 일반적으로 이온결합과 수소결합을 통해 인지질의 극성 머리 부분에 부착된다.

■ 지질고정 막단백질 또한 원래는 친수성이지만, 지질2중층에 박혀 있는 몇몇 지질 고리 중 하나에 의해 막과 공유결합으로 연결되어 있다.

■ 막단백질은 효소, 전자 운반체, 수송 분자, 신경전달물질, 호르몬과 같은 화학 신호에 대한 수용체 부위로 기능한다. 막단백질은 또한 막을 안정화하고 모양을 유지하며 세포 간 소통과 부착을 매개한다.

■ 많은 막단백질은 막 내에서 자유롭게 움직이는 반면, 다른 단백질은 특히 내부 또는 외부 막 표면의 구조에 고정되어 있다.

■ 원형질막의 많은 단백질은 세포 바깥에 탄수화물 곁사슬을 지닌 당단백질인데, 이는 세포 표면의 표지를 인지하는 데 중요한 역할을 한다.

■ 최근 생화학, 분자생물학, X선 결정학, 친화성 표지, 특이항체 활용 등의 발전으로 최근에는 연구하기 어려웠던 막단백질의 구조와 기능에 대해 더 많이 배우고 있다.

연습문제

7-1 세포막의 기능. 다음 각 문장이 5가지 막의 기능(투과장벽, 기능 수행 장소, 수송 조절, 신호 감지, 세포 간 소통) 중에 어느 것에 해당하는지 밝히라.

(a) 분해 화학반응에 관여하는 세포소기관은 막에 의해 제한된다.

(b) 다세포 생물체의 세포는 외부 표면에서 세포-세포 부착을 담당하는 특정 당단백질을 운반한다.

(c) 막의 내부는 인지질과 양친매성 단백질의 소수성 부분으로 주로 구성되어 있다.

(d) 세포막은 소수성 꼬리를 지니며 서로 마주보는 2중층 구조이다.

(e) 포유동물 세포의 모든 산성 인산분해효소는 라이소솜 내에서 발견된다.

(f) 식물뿌리 세포막에는 HCO_3^-을 밖으로, 인산을 안으로 교환하는 이온 펌프가 있다.

(g) 이온과 큰 극성 분자는 운반단백질의 도움 없이 막을 통과할 수 없다.

(h) 인슐린은 표적 세포에 들어가지 않고, 대신 막 외부 표면의 특정 막 수용체에 결합하여 내부 막 표면의 효소 아데닐산 고리화효소를 활성화한다.

(i) 인접한 식물 세포는 세포질연락사라는 막에 정렬된 통로를 통해 세포질 성분을 교환한다.

7-2 막 구조의 설명. 다음 관찰 각각은 막 구조에 대한 이해를 높이는 데 중요한 역할을 했다. 각각의 중요성을 설명하고, 그림 7-3에 표시된 연대기에서 어느 시기에 이 관찰이 있었는지 표시하라.

(a) 일부 막단백질은 1 *M* NaCl로 쉽게 추출할 수 있는 반면, 다른 막단백질은 유기 용매나 계면활성제를 사용해야 한다.

(b) 인공 지질2중층을 동결할단 분석할 때 어느 면에도 입자가 보이지 않는다.

(c) 호염성세균이 산소가 없는 상태에서 자라면 원형질막에 박혀있는 보라색 색소를 생성하고 조명을 받으면 양성자를 바깥쪽으로 펌핑할 수 있다. 만약 보라색 막이 분리되어 동결할단 전자현미경으로 관찰하면 결정 입자의 무리가 보인다.

(d) 에틸요소(ethylurea)는 요소(urea)보다 더 쉽게 막으로 침투하고, 디에틸요소(diethylurea)는 훨씬 더 쉽게 침투한다.

(e) 전자현미경으로 막을 관찰할 때 얇고 전자밀도가 높은 선은 모두 두께가 약 2 nm이지만 두 선은 종종 외관상 뚜렷하게 다르다.

(f) 인공 지질2중층의 전기 저항은 실제 막의 전기 저항보다 수십 배 더 크다.

(g) 살아있는 세포에 포스포라이페이스를 첨가하면 막의 지질2중층의 빠른 분해가 일어나며, 이는 효소가 막 인지질에 접근할 수 있음을 시사한다.

7-3 오류 수정. 다음 각각의 거짓 진술을 참으로 바꾸고 그 이유를 설명하라.

(a) 막은 소수성 내부를 가지기 때문에 극성 분자와 전하를 띤 분자는 막을 통과할 수 없다.

(b) 다른 세포소기관은 동일한 화학 조성을 가진 막을 가지고 있다.

(c) 당단백질은 내막으로부터 돌출된 올리고당 사슬을 포함하는 단백질이다.

(d) 막의 유동성은 온도에 영향을 받는다. 온도가 감소하면 막 유동성이 증가하고, 이것이 발생하는 온도를 전이온도(T_m)라고 한다.

(e) 야자수와 코코넛과 같은 열대식물의 막 지질에는 다중 C=C 2중 결합이 있는 짧은 사슬 지방산이 있을 것으로 예상할 수 있다.

7-4 양적 분석 호르터르와 흐렌덜 연구 재검토. 사람 적혈구의 원형질막이 지질2중층으로 구성되어 있다는 호르터르와 흐렌덜의 고전적인 결론은 다음과 같은 관찰에 근거한 것이다. (1) 4.74×10^9개의 적혈구에서 아세톤으로 추출한 지질은 수면에 펼쳤을 때 0.89 m²의 단층을 형성하고, (2) 적혈구 하나의 표면적은 측정에 따르면 약 100 μm^2이었다.

(a) 이 데이터로부터 호르터르와 흐렌덜이 어떻게 적혈구막이 2중층이라는 결론에 도달했는지 설명하라.

(b) 이제 인간 적혈구의 표면적이 약 145 μm^2이라는 것을 안다. 측정값 중 하나가 정확한 값의 약 3분의 2에 불과할 때 호르터르와 흐렌덜이 어떻게 올바른 결론에 도달할 수 있었는지 설명하라.

7-5 화성생물의 세포막. 화성에서 비극성 용매인 벤젠에서 자라는 희귀한 세포를 발견했다고 상상해보자. 이 세포도 인지질로 구성된 지질2중층을 가지고 있지만, 그 구조가 사람의 세포막과 크게 다를 것이다.

(a) 이 새로운 유형의 막에 대한 가능한 구조를 그려보라. 무엇이 인지질 머리 그룹의 특유의 특성일까?

(b) 이 막에 내재된 막단백질은 어떤 성질을 가질까?

(c) 이 특이한 막은 어떻게 추출하고, 시각화할 수 있는가?

7-6 양적 분석 막 구성물질의 크기. 화학적 연구를 통해 탄화수소 직선-사슬에서 각 메틸렌($-CH_2-$) 그룹의 사슬 길이는 0.13 nm로 알려져 있다. 그리고 단백질 구조에 대한 연구를 통해 α-나선은 한 번 회전에 3.6개 아미노산과 0.56 nm의 길이를 가진다. 이 정보를 바탕으로 다음 물음에 답하라.

(a) 팔미테이트(16개 탄소) 한 분자를 최대로 펼친 길이는 얼마인가? 라우레이트(12개 탄소) 분자와 아라키데이트(탄소 20개) 분자의 길이도 밝히라.

(b) 팔미테이트 2개를 연결하여 끝부터 끝까지의 길이와 비교했을 때 전형적인 막의 소수성 내부의 두께는 어떠한가? 라우레이트 또는 아라키데이트의 2분자를 연결한 길이와도 비교하라.

(c) 2개의 팔미테이트를 연결된 길이에 해당하는 막을 관통하는 나선형 내재 막단백질의 막관통 단편은 몇 개의 아미노산으로 구성될까?

(d) 박테리오로돕신 단백질은 248개의 아미노산과 7개의 막관통 단편을 가지고 있다. 대략적으로 아미노산의 어느 부분이 막관통 단편의 일부인가? 나머지 아미노산의 대부분이 막관통 단편을 함께 연결하는 친수성 고리에 존재한다고 가정하면 대략 이러한 고리 하나에는 평균 몇 개의 아미노산이 있는가?

7-7 온도 및 막 구성. 다음 중 37°C에서 성장한 세균 배양액을 20°C로 유지되는 배양실로 옮겼을 때 나타나는 반응은 무엇인가? 추론을 설명하라.

(a) 막 유동성의 변화 없음

(b) 막 지질에서 불포화지방산 비율의 점진적인 증가

(c) 막단백질의 이동성 증가

(d) 불포화 효소의 활성 증가

(e) 포화지방산 합성 증가

7-8 막 유동성과 온도. 당신은 추운 온도에서 유동성을 유지하는 인공 막을 개발하는 연구 팀의 일원이다. 막의 유동성은 막의 지질과 단백질 구성에 달려 있다는 것을 알고 있다. 포스파티딜콜린을 사용하여 다음과 같은 막을 만들었다.

막 1: 낮은 유동성, 전이온도(T_m) 55°C

막 2: 중간 유동성, 전이온도(T_m) 23°C

막 3: 높은 유동성, 전이온도(T_m) 1°C

금요일 밤 늦게까지 일하면서 어떤 막에 어떤 구성이 있는지 기록하는 것을 잊어버렸다. 그러나 탄소 18개 지방산(이 막 중 하나의 지방산은 하나의 시스 2중 결합을 가지고, 다른 하나는 포화되었다)을 포함하는 2개의 인공 막을 만들고, 포화된 14개 탄소 지방산으로 하나의 막을 만들었다는 것은 알고 있다. 이 구성을 막과 연결하고, 그 이유를 설명하라.

7-9 지방산 합성 불가 박테리아. *Acholeplasma laidlawii*는 자체 지방산을 합성할 수 없는 작은 박테리아이므로 환경에서 사용할 수 있는 모든 지방산으로 원형질막을 구성해야 한다. 결과적으로 *Acholeplasma* 막은 당시 사용 가능한 지방산의 물리적 특성을 가지고 있다.

(a) *Acholeplasma* 세포에 포화 및 불포화 지방산 혼합물을 제공하면 실온에서 잘 자란다. 그 이유를 설명하라.

(b) 포화지방산만 포함된 배지에 박테리아의 일부를 옮기고, 다른 배양 조건에는 변화를 가하지 않으면 배지를 바꾼 직후에 증식을 멈춘다. 이에 대해 설명하라.

(c) 배지를 바꾸지 않고 (b)의 박테리아가 다시 자라게 할 수 있는 한 가지 방법은 무엇인가? 추론을 설명하라.

(d) 배양 조건에 어떤 변화도 주지 않고 (a)의 박테리아를 불포화지방산만 함유하는 배지로 옮기면 어떤 결과가 예상되는가? 추론을 설명하라.

7-10 데이터 분석 소수성: 그래프의 두께. 소수성 좌표(hydropathy

plot)는 아미노산 서열과 각 아미노산의 소수성 값에 근거하여 막단백질의 구조를 예측하는 데 이용된다. 소수성은 주어진 아미노산 잔기를 소수성 용매에서 물로 옮길 때의 표준 자유에너지 $\Delta G^{o\prime}$ 변화로 측정하며, 단위는 킬로줄/몰(kJ/mol)이다. 소수성 계수는 폴리펩타이드의 N-말단에서 한 아미노산씩 이동하면서 일련의 폴리펩타이드의 짧은 단편의 소수성 값을 평균하여 계산한다. 그런 다음 연속되는 각 단편의 소수성 계수는 아미노산 위치에 대한 함수로 좌표화되고, 이 좌표를 통해 소수성 계수가 큰 지역을 알 수 있다.

(a) X선 결정법으로 단백질 구조를 직접 밝힐 수 있는데도 불구하고 과학자들은 왜 이 방법을 이용하여 간접적으로 막단백질 구조를 예측하려고 노력하는가?

(b) 주어진 방식에 따라 발린 또는 아이소류신과 같은 소수성 잔기의 소수성 지수는 양의 값인지 음의 값인지를 어떻게 예상하는가? 아스파트산이나 아르지닌과 같은 친수성 잔기는 어떠한가?

(c) 다음에 각각 4개의 아미노산과 소수성 값이 있다. 소수성 값과 올바른 아미노산과 연결하고, 그 이유를 설명하라.

아미노산: 알라닌, 아르지닌, 아이소류신, 세린
소수성(kJ/mol): +3.1, +1.0, −1.1, −7.5

(d) 그림 7-25는 특정 내재 막단백질에 대한 소수성 그래프이다. 그래프에서 확인되는 막관통 단편을 수평선으로 표기하라. 막관통 단편의 평균 길이는 얼마인가? 연습문제 7-6c에서 계산된 값과 이 수치를 비교하라. 이 단백질에는 몇 개의 막관통 단편이 있는가? 어떤 단백질이라고 생각되는가?

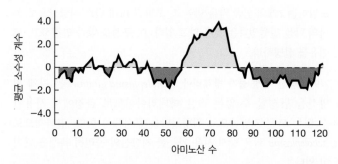

그림 7-25 내재 막단백질에 대한 소수성 그래프. 연습문제 7-10d 참조

7-11 내부 혹은 외부?. 그림 7-20에서 살펴본 바와 같이 막단백질의 노출된 영역이 락토퍼옥시데이스(LP) 반응에 의해 ^{125}I로 표지될 수 있다는 것을 알고 있다. 유사하게 막 당단백질의 탄수화물 곁사슬은 갈락토스 산화효소(GO)에 의한 갈락토스 그룹의 산화에 이어 3중수소화붕소($^3H-BH_4$)로 환원되어 ^3H로 표지될 수 있다. LP와 GO가 너무 커서 온전한 세포의 내부로 침투할 수 없다는 점에 주목하고, 온전한 적혈구로 다음의 관찰을 각각 설명하라.

(a) ^{125}I가 있는 상태에서 온전한 세포를 LP와 함께 배양한 다음 막단백질을 추출하고 SDS-PAGE 젤에서 분석할 때 젤의 여러 밴드가 방사성인 것으로 밝혀졌다.

(b) 손상되지 않은 세포를 GO와 함께 배양한 다음 $^3H-BH_4$로 환원시키면 젤의 여러 밴드가 방사성인 것으로 밝혀졌다.

(c) 탄수화물을 함유하는 것으로 알려진 원형질막의 모든 단백질은 GO/$^3H-BH_4$ 방법으로 표지된다.

(d) 적혈구 원형질막에서 탄수화물이 없는 것으로 알려진 어떤 단백질도 GO/$^3H-BH_4$ 방법으로 표지되지 않는다.

(e) 표지 과정 전에 적혈구가 파열되면 LP 과정은 거의 모든 주요 막단백질에 라벨을 붙인다.

7-12 뒤집어진 막. 기술적으로 막의 원래 방향이 뒤집어진 적혈구 막으로 소포(vesicle)를 만드는 것이 가능하다. 이런 소포는 원래 세포질 면이 바깥쪽을 향하고 있다.

(a) 이러한 뒤집어진 소포가 연습문제 7-11에 설명된 GO/$^3H-BH_4$ 과정을 거친다면 어떤 결과가 예상되는가?

(b) 이러한 뒤집어진 소포가 연습문제 7-11의 LP/^{125}I 과정을 거친다면 어떤 결과가 예상되는가?

(c) (b)의 LP/^{125}I 방법으로 표지된 단백질 중 일부가 연습문제 7-11a에서 온전한 세포를 동일한 방식으로 처리했을 때 표지된 단백질 중 일부라면 어떤 결론을 내릴 것인가?

(d) 적혈구 원형질막에서 뒤집어진 소포를 만드는 것이 가능하다는 것을 알면 막관통 단백질에 막의 한 면은 ^3H로, 다른 면은 ^{125}I로 표지하는 방법을 생각할 수 있는가?

8 막을 통한 수송: 투과성 장벽 극복

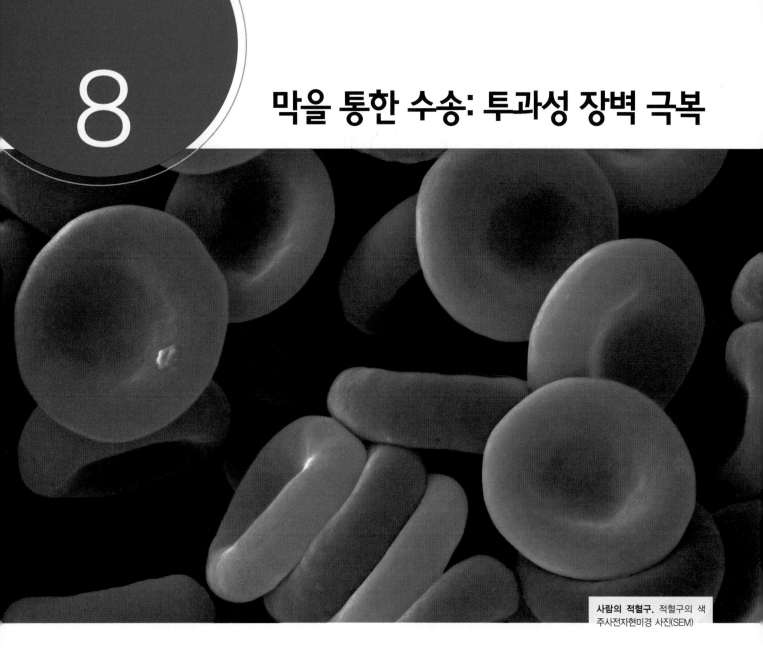

사람의 적혈구. 적혈구의 색
주사전자현미경 사진(SEM)

앞서 막의 구조와 화학적 조성에 대해 살펴보았다(7장). 소수성 내부가 막을 대부분의 분자와 이온이 통과하지 못하는
효과적인 장벽으로 만들어서 외부로부터 세포 내부의 물질을 지켜낸다. 진핵세포 내에서 세포막은 또한 특정 기능에
필요한 적절한 분자와 이온을 보유함으로써 세포소기관의 윤곽을 형성한다.

그러나 막을 단순히 투과장벽으로서 고려하는 것은 충분하지 않다. 특정 분자와 이온이 선택적으로 투과장벽을 극복하
여 세포와 세포소기관의 안과 밖을 이동할 수 있게 하는 세포나 세포소기관의 적절한 기능은 매우 중요하다. 다시 말해 세
포막은 세포와 세포소기관의 내부와 외부로 물질이 무차별적으로 이동하는 것을 단순하게 막는 장벽이 아니다. 막은 또한
특정 분자와 이온이 막의 한쪽에서 다른 쪽으로 통과하는 것을 제어할 수 있는 *선택적 투과성* 또는 *반투과성*이다. 이 장에
서는 물질이 세포막을 가로질러 선택적으로 이동하는 방법에 대해 살펴보고, 그러한 수송 과정이 세포의 삶에 미치는 중요
성을 고려해보자.

8.1 세포와 수송 과정

모든 세포의 본질적인 특성은 주변 환경과 종종 현저하게 다른 농도로 다양한 물질을 축적할 수 있는 능
력이다. 세포가 살아남고 제대로 기능하려면 세포 외부 환경과는 일반적으로 매우 다른 세포 내부 환경

을 지속적으로 유지해야 하며, 이는 **항상성**이라고 알려진 생물의 특성이다. 세포의 수송의 적절한 조절은 항상성과 적절한 세포 기능을 위해 필수적이다.

막을 가로질러 이동하는 대부분의 물질은 용해된 기체, 이온, **용질(solute)**이라고도 하는 작은 유기분자이다. 기체에는 산소(O_2), 이산화탄소(CO_2), 질소(N_2)가 있다. 막을 통해 이동하는 대표적인 이온은 소듐(Na^+), 포타슘(K^+), 칼슘(Ca^{2+}), 염화 이온(Cl^-), 양성자(proton, H^+)이다. 작은 유기분자의 대부분은 세포나 특정 세포소기관에서 작동하는 다양한 대사경로의 대사체(metabolite), 즉 기질, 중간 산물, 결과물이다. 일부 당, 아미노산, 뉴클레오타이드는 일반적인 예이다.

이러한 용질은 거의 항상 외부보다 세포나 기관의 내부에 더 높은 농도로 존재한다. 세포 주변에 존재하는 낮은 농도의 필수적인 기질에만 의존한다면 세포의 반응이나 과정은 거의 일어나지 않을 수 있다. 신경과 근육 조직의 전기적 신호와 같은 일부 경우 막을 통과하는 이온의 제어된 이동은 세포의 기능에 핵심이다. 게다가 처방약을 포함한 많은 약은 세포 내 표적을 가지고 있고, 따라서 세포 내로 들어가기 위해 막을 통과할 수 있어야 한다.

세포 기능의 가장 중요한 측면은 이온이나 유기분자들이 선택적으로 막을 통과하는 **수송(transport)**이라고 할 수 있다. 막 수송의 중요성은 대장균(*Escherichia coli*)에서 확인된 유전자의 20%가량이 어느 정도 수송에 관여한다는 사실로 입증된다. **그림 8-1**은 진핵세포 내에서 일어나는 많은 수송 과정 중 몇 가지를 요약한 것이다.

용질은 단순확산, 촉진확산, 능동수송을 통해 막을 통과한다

표 8-1에서와 같이 막을 통과하는 용질의 이동은 근본적으로 3가지 서로 다른 기작을 가진다. 몇몇 종류의 용질은 단순확산에 의해 막을 가로질러 이동한다. 이는 막의 양쪽에 있는 용질의 농도의 차이로 인해 결정된 방향으로, 다른 도움을 받지 않고 직접 지질2중층으로 이동하거나 지질2중층을 통과한다.

하지만 대부분의 용질이 빠른 속도로 생체막을 통해 이동하려면 운반단백질이 있을 때만 가능하다. 이는 매우 특이적으로 물질을 인식하고 빠르게 막을 가로질러 이동할 수 있게 하는 필수적인 막단백질이다(살아있는 세포에서 운반단백질을 연구할 수 있는 방법은 **핵심 기술** 참조).

어떤 경우 운반단백질은 용질을 자유에너지 기울기에 따라 열역학적 평형 방향으로 이동시킨다. 기울기는 막 반대편의 농도, 전하, 또는 농도 및 전하 두 가지 모두와의 차이로 대변된다. 이러한 수송 방식은 촉진확산(수동 수송)으로 알려져 있고, 어떤 에너지의 유입도 요구되지 않는다.

다른 경우 운반단백질은 용질의 **능동수송**을 매개하는데, 이는 에너지를 요구하는 과정에서 각각의 자유에너지 기울기에 역행하여 용질을 이동시킨다. 능동수송은 ATP의 가수분해와 같은 에너지 생성 과정이나 또 다른 용질, 자유에너지 기울기를 낮추는 보통 H^+이나 Na^+ 같은 이온의 동시 이동에 의해 행해진다.

이 3가지 수송 과정을 차례로 공부할 때 표 8-1을 참조하는 것이 유용할 것이다.

막을 통한 용질의 이동은 농도 기울기 또는 전기화학 퍼텐셜에 의해 결정된다

전하를 띠지 않는 용질의 이동은 막을 가로지르는 물질의 **농도 기울기**(concentration gradient)에 의해 결정된다. 농도 기울기는 막의 한쪽과 반대쪽 사이에 있는 물질의 농도 차의 크기이다. 농도의 차이가 클수록 농도 기울기가 커지므로 해당 물질의 이동하고자 하는 힘이 커진다. 단순확산이나 촉진확산은 에너지를 발산하며, 자발적으로 높은 농도에서 낮은 농도로 농도 기울기가 '아래'로 움직인다(음의 ΔG). 반면 능동수송은 에너지를 흡수하며, 비자발적으로 농도 기울기가 '위'로 움직인다(양의 ΔG).

반면 전하를 띠는 용질의 움직임은 화학적인 힘과 전기적인 추진력의 합인 **전기화학 퍼텐셜**(electrochemical potential)에 의해 결정된다. 더 자세히 말하면 전기화학 퍼텐셜은 물질의 농도 기울기와 막에 걸친 순 전하차의 결합이다. 이동은 촉진확산이나 능동수송을 수반할 수 있다.

촉진확산은 용질에 대한 전기화학 퍼텐셜에 의해 정해지는 방향으로 에너지 발산적인 움직임을 포함한다. 예를 들어 많은 세포는 내부에 과도한 음전하를 가지고 있으며 Na^+과 같은 양이온이 세포 내부와 외부 모두에서 동일한 농도로 있다면 전하 기울기에 의해 Na^+이 세포 내부로 이동하려 할 것이다. 열역학적 평형에서 세포 내부에는 외부보다 더 많은 Na^+이 존재할 것이며, Na^+을 외부로 내보내려는 농도 기울기와 내부로 유입시키려는 전하 기울기가 정확히 균형을 이룰 것이다.

대조적으로 능동수송은 전기화학 퍼텐셜을 **역행**하여 에너지 흡수적인 용질의 이동을 포함한다. 능동수송은 대부분의 세포에 존재하는 막을 걸친 전하 기울기 또는 **막전위**(membrane potential, V_m)를 형성한다. 대부분의 세포는 음의 V_m 값을 가지며, 이는 일반적으로 세포 내부에 음의 전하를 띤 용질을 과도하게 가지고 있다는 것을 의미한다. 예를 들어 신경세포의 휴지막 전위는 대략적으로 $-60\ mV$이다. 이러한 전하 차이는 Na^+과 같은 양이온은 내부로, Cl^-과 같은 음이온은 외부로 이동시키고자 한다. 또한 양이온의 외부로의 이동과 음이온의 내부로의 이동을 막는다(세포막 전위가 뉴런의 기능에서 맡은 역할에 대한 자세한 내용은 18장 참조).

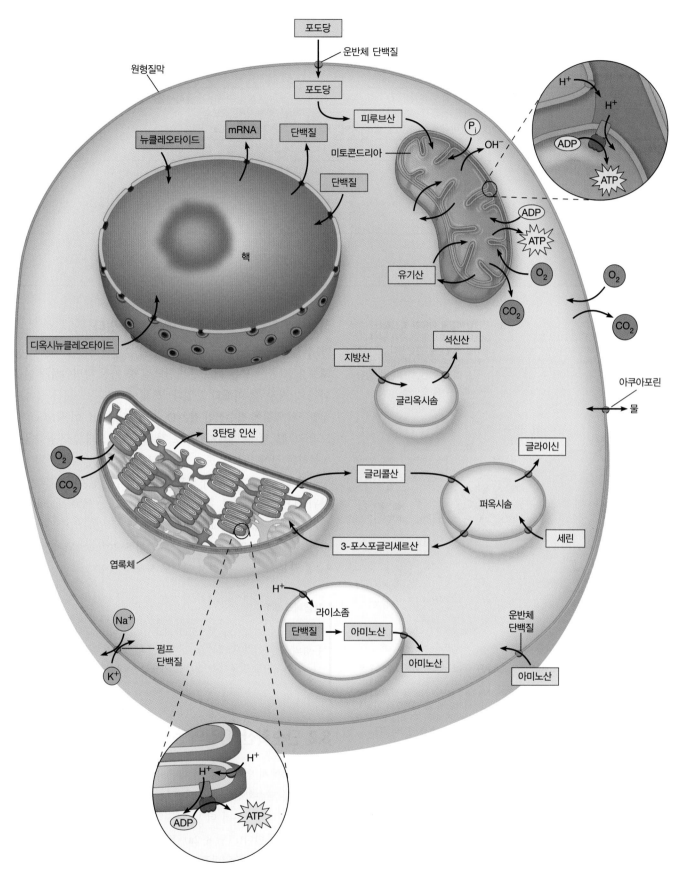

그림 8-1 진핵세포에서의 수송 과정을 합성한 모식도. 이 식물/동물 세포에서 보이는 분자와 이온은 진핵세포의 막을 통과하여 수송되는 많은 종류의 용질 중 일부이다. 미토콘드리아(오른쪽 위)와 엽록체(왼쪽 아래)에서 확대된 부분은 전자전달 과정에서 막을 통과하는 양성자의 이동과 이들 소기관에서 ATP 합성을 유도하기 위해 전기화학 퍼텐셜 결과를 사용하는 것을 보여준다.

표 8-1	단순확산, 촉진확산, 능동수송의 비교		
	단순확산	**촉진확산**	**능동수송**
운반되는 물질			
	작은 극성 분자(H_2O, 글리세롤)	작은 극성 분자(H_2O, 글리세롤)	큰 극성 분자(포도당)
	작은 비극성 분자(O_2, CO_2)	큰 극성 분자(포도당)	이온(Na^+, K^+, Ca^{2+})
	큰 비극성 분자(지질, 스테로이드)	이온(Na^+, K^+, Ca^{2+})	
열역학적 성질			
전기화학 기울기에 상대적인 방향	아래	아래	위
대사 에너지 요구성	없음	없음	있음
고유방향성	없음	없음	있음
운동학적 성질			
막단백질의 필요성	없음	있음	있음
포화 상태	없음	있음	있음
경쟁적 억제	없음	있음	있음

(a) 단순확산.
산소, 이산화탄소 그리고 물은 세포 내부와 외부의 상대적인 농도에 반응하여 원형질막을 통해 직접 확산된다. 운반단백질은 필요하지 않다.

(b) 운반단백질을 이용한 촉진확산.
GLUT1은 포도당 농도가 낮은 적혈구로 포도당을 운반한다. 음이온 교환단백질은 염화 이온(Cl^-)과 탄산수소 이온(HCO_3^-)을 반대 방향으로 운반한다.

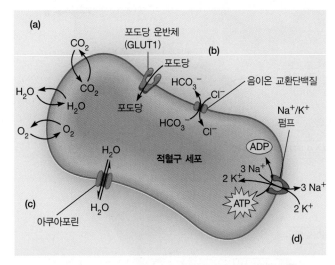

(c) 통로 단백질을 이용한 촉진확산.
아쿠아포린 통로 단백질은 막의 반대편의 상대적인 용질 농도에 따라 물의 안쪽 또는 바깥쪽으로의 이동을 촉진할 수 있다.

(d) ATP-의존 펌프를 이용한 능동수송.
ATP의 가수분해에 의해 구동되는 Na^+/K^+ 펌프는 Na^+을 바깥쪽으로 이동시키고 K^+을 안쪽으로 이동시켜 원형질막에서 두 이온에 대한 전기화학 퍼텐셜을 만들어낸다.

그림 8-2 적혈구의 중요한 수송 과정. 적혈구 기능에 필수적인 몇 가지 유형의 수송 과정을 묘사했다.

능동수송의 결과로 중요한 것은 서로 다른 유형의 세포들이 내부와 외부에 독특한 이온 분포를 한다는 것이다. 예를 들어 인간의 골격근에서 Na^+과 Cl^-의 농도는 내부보다 세포 밖에서 10배 이상 높은 반면, K^+의 농도는 세포 안에서 대략적으로 40배이상 높다.

적혈구 원형질막에서 수송의 예를 볼 수 있다

막 수송에 대한 공부를 위해 적혈구의 운반단백질을 예로 사용해보자. 그들은 모든 세포 운반단백질 중 가장 광범위하게 연구되었고, 가장 잘 이해되고 있다. 신체 조직에 산소를 공급하는 적혈구의 역할에 필수적인 것은 O_2, CO_2, 탄산수소 이온(HCO_3^-), 그리고 세포의 주 에너지원으로 작용하는 포도당이 원형질막을 이동하는 것이다. 또한 중요한 것은 K^+을 내부로, Na^+을 외부로 능동적으로 운반함으로써 세포의 원형질막을 걸쳐 유지되는 막 전위이다. 추가적으로 특별한 구멍(pore) 또는 통로(channel)는 물과 이온이 세포의 필요에 따라 빠르게 세포로 들어오고 나갈 수 있게 한다. 이러한 수송 활동은 **그림 8-2**에 요약되어 있으며, 8.2절 및 8.3절 전체에 걸쳐 예시로 사용할 것이다.

개념체크 8.1

용질의 농도 기울기와 전기화학 퍼텐셜의 차이는 무엇인가? 3가지 유형의 수송 기작 중에서 농도 기울기의 크기와 관련된 것은 무엇인가? 전기화학 기울기가 중요한 이유는 무엇인가?

8.2 단순확산: 용질의 농도 기울기에 따라 이동

막의 한쪽에서 얻은 용질이 다른 쪽으로 이동하는 가장 직접적인 방법은 **단순확산**(simple diffusion)이며, 이는 용질이 농도가 더 높은 지역에서부터 더 낮은 지역으로 도움을 받지 않고 움직이는 것을 뜻한다(그림 8-2a). 막은 소수성 내부를 가지고 있기 때문에 단순확산은 일반적으로 비극성 분자, 물, 글리세롤, 에탄올과 같은 아주 작은 분자만 이동할 수 있다. 큰 극성 분자와 모든 이온은 막을 가로질러 이동하기 위해 운반체로 잘 알려진 고유의 막단백질이 필요한데, 이 주제는 이 장의 뒷부분에서 다시 만날 것이다.

산소(O_2)는 소수성 지질2중층을 쉽게 가로지르는 매우 작은 비극성 분자이므로 단순확산에 의해 막을 통해 이동한다. **그림 8-3**에서 볼 수 있듯이 이러한 성질이 순환계에서 적혈구가 폐에서는 산소를 취하고, 대사작용으로 신체 조직에 산소를 공급할 수 있게 한다. 산소 농도가 낮은 신체 조직의 모세혈관에서는 산소가 헤모글로빈에서 빠져나와(3장 참조) 적혈구의 세포질에서 혈장으로, 그리고 혈장에서 다시 모세혈관의 세포로 수동적으로 확산한다(그림 8-3a 왼쪽).

폐의 모세혈관에서는 반대로 일어난다. 산소는 폐에 흡입된, 농도가 높은 공기로부터 농도가 낮은 적혈구 세포질로 확산한다(그림 8-3b 왼쪽). 이산화탄소 또한 단순확산에 의해 막을 통과할 수 있다. 당연하게 이산화탄소와 산소는 적혈구 막을 반대 방향으로 가로질러서 이동한다. 이산화탄소는 신체 조직에서 적혈구 안쪽, 폐에서는 적혈구 바깥쪽으로 확산한다.

단순확산은 항상 용질이 평형 상태가 되도록 이동한다

용질이 초기에 어떻게 분포되어 있든지 간에 단순확산은 항상 모든 용질의 농도가 어디에서나 같은, 균일한 용액을 만드는 경향이 있다. 이점을 설명하기 위해 **그림 8-4**에 막으로 분리된 2개의 방으로 이루어진 장치를 보자. 그림 8-4a의 막은 검은 점으로 표시된, 전하를 띠지 않은 용질이 자유롭게 투과할 수 있다. 처음 용질의 농도는 B보다 A에서 더 높다. 다른 조건이 같다면 막에서 용질의 무작위적인 움직임은 용질을 A에서 B로 순이동시킬 것이다. 용질의 농도가 막을 사이에 두고 양쪽에서 같을 때

(a) **신체 조직의 모세혈관**(적혈구에 비해 낮은 $[O_2]$ 및 높은 $[CO_2]$)에서 O_2는 적혈구 내의 헤모글로빈에 의해 방출되고 조직 요구를 충족시키기 위해 외부로 확산된다. CO_2는 적혈구 내부로 확산되고 세포질에서 탄산 무수화효소에 의해 HCO_3^-으로 전환된다. HCO_3^-은 음이온 교환단백질에 의해 적혈구 외부로 운반되며, 동시에 Cl^-은 세포 내부로 운반된다. 따라서 CO_2는 HCO_3^- 상태로 폐로 이동한다.

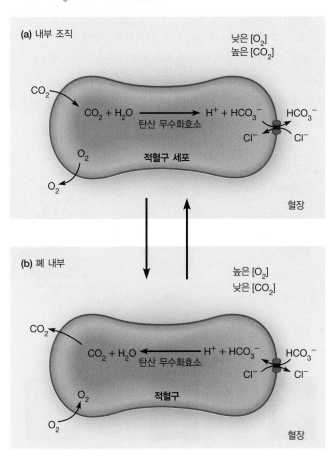

(b) **폐의 모세혈관**(적혈구에 비해 높은 $[O_2]$ 및 낮은 $[CO_2]$)에서, O_2는 세포 안으로 확산되어 헤모글로빈에 결합한다. HCO_3^-은 세포 안으로, Cl^-은 세포 밖으로 동반 이동한다. 세포 안의 HCO_3^-은 이산화탄소로 전환되고, 이것은 적혈구에서 폐의 모세혈관을 따라 있는 세포로 확산된다. 그러면 CO_2가 몸에서 배출될 준비가 된 것이다.

그림 8-3 적혈구에서 산소와 이산화탄소, HCO_3^- 수송의 방향. 신체 내 적혈구의 위치에 따라 산소, 이산화탄소, HCO_3^-이 적혈구의 원형질막을 가로질러서 이동하는 방향을 보여준다.

(a) **단순확산**은 막에 의해 A와 B로 나누어진 시험관에서 검은 점으로 나타낸 용질 분자가 막을 투과할 때 발생한다. 막을 가로지르는 용질 분자의 순이동은 A에서 B(고농도에서 저농도)로의 이동이다. 평형은 A와 B에서 용질 농도가 같을 때 도달된다.

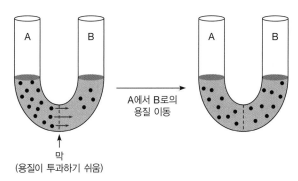

(b) **삼투 현상**은 검은색 삼각형으로 나타낸 용해된 용질이 A와 B 사이의 막에 투과되지 않을 때 발생한다. 용질은 막을 통과할 수 없기 때문에 용질 농도가 낮은(물이 많음) B에서 용질 농도가 높은(물이 적음) A로 물이 확산된다. 평형 상태에서 용질 농도는 막의 양쪽에서 같을 것이다.

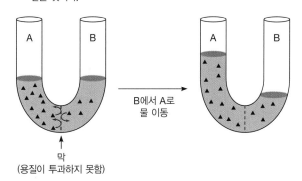

그림 8-4 단순확산과 삼투 현상의 비교. 두 경우 모두 처음 A의 용질 농도가 B보다 높다. (a)의 경우 용질이 막을 통과할 수 있고, (b)의 경우 전형적인 세포막처럼 용질이 통과할 수 없다.

계는 평형 상태에 있다. 개별 분자의 무작위적인 전후 이동은 계속되지만 더 이상의 순농도 변화는 일어나지 않는다. 따라서 단순확산은 항상 평형을 향해 움직이며, 따라서 자발적인 과정이다. 어떠한 추가적인 에너지의 투입이나 운반단백질이 필요하지 않다.

다르게 표현하면 단순확산은 항상 자유에너지가 최소화되도록 향하는 경향이 있다. 촉진확산 또한 자유에너지가 최소화되도록 향하는 경향이 있지만, 관련 물질을 막을 가로질러 이동시키려면 운반단백질이 필요하다. 열역학 제2법칙(5장 참조)에 따르면 화학반응과 물리적 과정은 항상 자유에너지가 감소하는 방향으로 진행된다. 막을 통한 단순확산도 예외는 아니다. 분자가 농도 기울기를 따라 아래로 이동하면서 자유에너지는 최소화된다. 이러한 확산을 일으키는 추진력은 엔트로피(entropy), 즉 막의 양쪽에서 농도가 같을 때 용질의 무질서화이다. 이 장의 뒷부분에서 막을 가로지르는 분자와 이온의 수송에 수반되는 자유에너지 변화량(ΔG)을 계산할 때 이 원칙이 적용될 것이다. 열역학적 평형에서 계의 자유에너지가 최소이기 때문에 더 이상의 순이동은 일어나지 않는다.

삼투 현상은 선택적 투과막을 통한 물의 이동이다

이 장에서 토론의 대부분은 용질(세포, 세포소기관 및 주변의 수용성 환경에서 용해되는 이온과 작은 분자)의 수송에 초점을 맞추고 있다. 세포막을 가로지르는 대부분의 물질 이동은 K^+, Na^+, H^+ 같은 이온과 당류, 아미노산 및 다양한 대사 중간체와 같은 친수성 분자를 포함하기 때문에 이러한 강조는 매우 적절하다. 그러나 용질의 수송을 완전히 이해하려면 용질이 용해된 물에 작용하여 세포 안팎으로의 이동을 결정하는 힘도 이해해야 한다.

대부분의 용질은 단순확산에 의해 세포막을 통과할 수 없기 때문에 물은 막의 양쪽에 있는 용질 농도의 차이에 반응하여 막을 가로질러 이동하는 경향이 있다. 물은 용질의 농도가 낮은 막의 측면(그리고 약간 더 높은 물 농도)에서 용질의 농도가 높은 쪽(그리고 약간 더 낮은 물 농도)으로 확산될 것이다. 용질 농도의 차이에 반응하는 물의 간단한 확산은 **삼투**(osmosis)라고 불리고, 이는 선택적으로 투과되는 막이 두 칸을 분리할 때 쉽게 관찰되며, 그중 한쪽은 막을 통과할 수 없는 용질을 포함한다. 물은 막의 양쪽에서 용질의 농도를 균일하게 만들기 위해 막을 가로질러 이동할 것이다.

이 원리는 그림 8-4b에 설명되어 있다. 용질의 농도가 다른 용액이 그림 8-4a와 같이 A와 B에 각각 배치된다. 두 부분은 물은 투과되지만 용해된 용질은 투과되지 않는 선택적 투과막(selectively permeable membrane)에 의해 분리된다. 이러한 조건 하에서 물은 B에서 A로 막을 가로질러 확산된다. 그림 8-4에

표시된 튜브와 매우 다르게 보이지만 세포는 거의 같은 방식으로 작동한다. 용질의 농도는 거의 항상 외부보다 세포 내부에서 더 높기 때문에 대부분 물은 세포 내부로 이동하는 경향이 있다. 이러한 물의 이동이 제어되지 않으면 물의 내부 이동으로 인해 세포벽이 없는 세포는 팽창하여 터질 수 있다.

세포 내부와 외부로의 물의 삼투압적인 이동은 세포질 대 세포 외 용액의 상대적인 **삼투압**(osmolarity) 또는 총용질 농도와 관련이 있다. 세포 내부의 용질 농도보다 높은 용질을 **고장액**(hypertonic solution)이라고 하는 반면, 세포 내부의 용질 농도보다 낮은 용질을 **저장액**(hypotonic solution)이라고 한다. 고장액은 물 분자를 세포 밖으로 확산시켜 탈수시킨다. 반대로 저장액은 물을 세포로 유입되게 하여 내부 압력을 증가시킨다. 세포와 동일한 용질 농도의 용액을 **등장액**(isotonic solution)이라고 하며, 이 경우 어느 쪽으로도 물의 순이동은 없을 것이다.

삼투는 잘 알려진 관찰을 설명한다. 세포는 세포 외 매질의 용질 농도가 변함에 따라 수축하거나 부풀어 오르는 경향이 있다. 그 예로 **그림 8-5**의 시나리오를 살펴보자. 등장액에서 시작하는 동물 세포는 고장액으로 옮겨지면 쪼그라들고 수축한다(그림 8-5a, 왼쪽). 반면에 저장액에 넣으면 세포가 부풀어 오른다. 세포를 용질이 포함되지 않은 순수한 물과 같은 매우 저장성인 용액에 넣으면 **용해**되거나 파열된다(그림 8-5a 오른쪽).

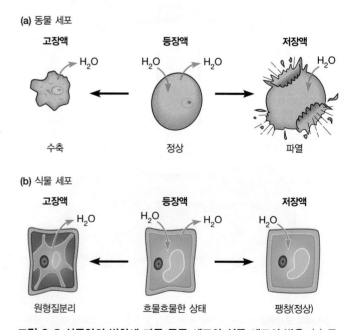

(a) 동물 세포

고장액   등장액   저장액

수축   정상   파열

(b) 식물 세포

고장액   등장액   저장액

원형질분리   흐물흐물한 상태   팽창(정상)

그림 8-5 삼투압의 변화에 따른 동물 세포와 식물 세포의 반응. (a) 동물 세포(또는 세포벽으로 둘러싸여 있지 않은 다른 세포)가 등장액에서 고장액으로 옮겨지면 물이 세포를 빠져나가서 세포가 쪼그라든다(왼쪽 화살표). 세포를 저장액으로 옮기면 세포에 물이 들어가 세포가 부풀어 오르고, 때로는 터진다(오른쪽 화살표). (b) 식물 세포(또는 단단한 세포벽을 가진 다른 세포)도 고장액(왼쪽 화살표)에서 수축(원형질분리)되지만, 저장액(오른쪽 화살표)에서는 팽팽해지며 이는 정상인 상태이다.

그림 8-5에 표시된 삼투압에 의한 물의 이동은 세포질과 세포외 용액의 삼투압의 차이로 인해 발생한다. 정상적인 세포 기능에 필요한 높은 농도의 이온과 작은 유기분자, 그리고 세포질에 용해된 다량의 고분자 때문에 용질의 농도는 세포 외부보다 세포 내부가 더 높다. 세포는 높은 내부 삼투압과 삼투로 인한 물 유입 문제에 어떻게 대처하는가? 식물, 조류, 균류 및 많은 박테리아의 세포는 저장액에서 세포가 팽창하거나 파열되는 것을 방지하는 단단한 세포벽을 가지고 있다(그림 8-5b). 나무가 아닌 식물의 경우 저장성 조건은 정상이다. 세포가 파열되는 대신, 물의 내부 이동으로 축적되는 **팽압**(turgor pressure)으로 인해 매우 단단해진다. 그 결과로 생기는 팽만함은 완전히 수화된 식물 조직의 단단함, 또는 팽창을 설명한다(그림 8-5b, 오른쪽). 이 팽팽함이 없으면 조직이 시들게 된다.

반면 고장액에서는 물이 바깥쪽으로 이동하는 것으로 인해 **원형질분리**(plasmolysis)라는 과정이 일어나 원형질막이 세포벽에서 당겨진다(그림 8-5b 왼쪽). 샐러리 조각을 소금이나 설탕이 고농도로 녹아있는 용액에 떨어뜨리면 쉽게 원형질분리를 시연할 수 있다. 원형질분리는 식물이 높은 염분 조건에서 자랄 때 실제적인 문제가 될 수 있으며, 때때로 바다 근처 지역에서 발생한다.

세포벽이 없는 세포는 삼투압 문제를 해결하기 위해 무기 이온을 지속적이고 능동적으로 밖으로 펴냄으로써 세포 내 삼투 농도를 감소시켜 세포와 주변 용질의 농도 차이를 최소화한다. 동물 세포는 소듐 이온을 지속적으로 제거한다. 사실 이는 Na^+/K^+ 펌프의 중요한 목적 중 하나이다(자세한 설명은 8.5절 참조). Na^+/K^+ 펌프의 억제제인 와베인(ouabain)을 처리하면 동물 세포는 부풀어 오르고 때로는 용해된다. 병원에서 약물을 정맥으로 투여할 때 일반적으로 혈액과 동일한 삼투압 농도를 가진 인산염 완충 식염수(phosphate-buffered saline)에 녹여서 세포 용해 또는 탈수를 예방한다.

단순확산은 작은 비극성 분자에만 적용된다

막을 통한 용질의 확산에 영향을 미치는 요인을 조사하기 위해 과학자들은 막 모델을 자주 사용한다. 1961년에 지질이 세포막에서 추출되어 물에 분산될 때 리포솜을 형성한다는 사실을 발견한 뱅햄(Alec Bangham)과 동료들은 이러한 모델을 개발하는 데 중요한 진전을 제공했다. 리포솜은 직경이 약 0.1 μm인 작은 소포이며, 막단백질이 없는 닫힌 구형의 지질2중층으로 구성되어 있다(그림 4-2 참조). 뱅햄은 리포솜이 형성될 때 포타슘 이온과 같은 용질을 가둔 다음 용질이 확산을 통해 리포솜 2중층을 가로질러 빠져나가는 속도를 측정할 수 있음을 보여주었다.

뱅햄의 리포솜 실험 결과는 괄목할 만하다. 포타슘과 소듐 같은 이온은 며칠 동안 소포에 갇힌 반면, 산소와 같은 전하를 띠지 않는 작은 분자는 너무 빠르게 교환되어 속도를 측정할 수 없었다. 불가피한 결론은 지질2중층이 막의 주요 투과성 장벽이라는 것이다. 소듐 이온과 포타슘 이온은 거의 통과하지 못하는 반면, 작고 전하를 띠지 않는 분자는 단순확산에 의해 장벽을 통과할 수 있다. 다양한 지질2중층 시스템과 수천 개의 용질을 사용한 많은 연구자의 후속 실험을 기반으로 용질이 지질2중층으로 얼마나 쉽게 확산될지를 잘 예측할 수 있다. 용질의 확산에 영향을 미치는 3가지 주요 요인은 크기(size), 극성(polarity), 전하(charge)이다. 차례로 이 요인들을 살펴보자.

용질 크기 일반적으로 지질2중층은 큰 분자보다 작은 분자에 대해 투과성이 크다. 세포 기능에 필요한 작은 분자로는 물, 산소, 이산화탄소 등이 있다. 일부 세포에서 어떤 막을 가로질러 물 분자의 빠른 수송을 가능하게 하는 특수 수송체에 대해서는 나중에 배우겠지만, 세포막은 세포 내부와 외부로 이동하기 위한 특별한 운반 과정이 필요 없는 이러한 분자에 대해 꽤 투과성이 있다. 특정 세포막을 가로질러 물 분자를 빠르게 운반할 수 있는 특별한 운반체도 존재한다. 그러나 운반체가 없다면 그러한 작은 분자조차 자유롭게 막을 가로질러 이동하지 않는다. 예를 들어 물 분자는 막 없이 자유롭게 확산할 때 이동하는 것보다 10,000배 정도 더 느리게 2중층을 가로질러 확산한다.

그럼에도 물의 확산 속도는 다른 극성 분자와 비교하여 매우 빠른 편이다. 이런 행동의 이유는 아직 잘 규명되지 않았다. 한 가지 제안은 막에는 물 분자가 지나갈 수는 있지만 다른 극성 분자가 지나가기에는 너무 작은 구멍이라는 것이다. 다른 제안으로는 막 지질의 지속적인 움직임에서 일시적인 '구멍'이 지질 단일층에 생성되어 물 분자가 먼저 하나의 단일층을 통과한 다음 다른 단일층을 통과할 수 있게 한다는 것이다. 그러나 이러한 가설 중 하나를 뒷받침할 만한 실험적인 증거는 거의 없으며, 세포막을 통한 물의 단순확산은 수수께끼로 남아있다.

물과 더불어서 에탄올(CH_3CH_2OH, MW = 46)과 글리세롤($C_3H_8O_3$, MW = 92)같이 분자량(MW)이 100 이하인 작은 극성 분자는 막을 통해 확산할 수 있다. 그러나 포도당($C_6H_{12}O_6$, MW = 180)과 같은 큰 극성 분자는 확산할 수 없다. 그러므로 세포는 포도당과 대부분의 다른 극성 용질의 유입을 용이하게 하기 위해 원형질막에 특수화된 단백질이 필요하다.

용질 극성 분자의 지질 용해도와 막 투과성 사이에는 상관관계가 있다. 일반적으로 비극성 분자가 지질2중층을 더 잘 통과하고, 극성 분자는 상대적으로 덜 통과한다. 이는 비극성 분자가 지질2중층의 소수성 부분에 쉽게 용해되고, 그러므로 같은 크기의 극성 분자보다도 더 빨리 막을 가로지를 수 있기 때문이다.

한 예로 스테로이드 호르몬, 에스트로젠과 테스토스테론은 각각 370, 288의 분자량을 가지고 있음에도 불구하고 주로 비극성이므로 막을 통해 확산할 수 있다.

한 용질의 극성(혹은 비극성) 정도를 나타내는 수치로 분배계수(partition coefficient)가 있는데, 이는 유기 용매(예: 식물성 기름, 옥탄올)에서의 용해도와 물에서의 용해도의 비를 말한다. 일반적으로 용질의 비극성(또는 소수성)이 클수록 분배계수가 크고 막 투과성도 크다. 예를 들어 다양한 아미노산의 분배계수는 단백질의 소수성 계수를 계산하는 데 사용될 수 있다(그림 7-19 참조).

아미노산 잔기로서 단백질에 통합될 때 아미노산은 유리 아미노산처럼 더 이상 2개의 전하를 띠는 말단을 가지고 있지 않으며, 극성의 정도는 곁사슬에 의해서만 결정된다. 예를 들면 트립토판, 류신, 발린 같은 비극성 곁사슬을 가진 아미노산(그림 3-2 참조)은 높은 분배계수를 가지고, 막단백질의 막관통 단편에서 쉽게 발견되는데, 극성 곁사슬과 낮은 분배계수를 가진 아미노산은 이와 반대이다.

용질 전하 일반적인 극성 물질과 특별한 이온의 상대적인 불투과성은 이온 주위에 수화각(shell of hydration, 물껍질)을 형성한 물 분자와 강한 상호작용 때문이다. 실제 극성 분자가 막을 통과하기 위해서는 둘러싸고 있는 물 분자가 우선 벗겨져야 되고, 이 과정에는 많은 에너지가 필요하다. 따라서 이온과 물 분자의 결합은 수화각을 형성함으로써 막을 통한 이온의 이동을 극적으로 제한한다.

이러한 이온의 불투과성은 세포의 기능에 중요한 원형질막의 전기화학 퍼텐셜을 유지하는 데 매우 중요한 특성이다. 대부분의 경우 이러한 전위가 동물 세포에서는 Na^+ 기울기에 의해, 대부분 다른 세포에서는 H^+ 기울기에 의해 만들어진다. 다른 한편으로 막은 또한 이온이 통제된 방법으로 장벽을 가로지르게 해야 한다. 이 장의 뒷부분에서 살펴보겠지만 이온 수송을 촉진하는 단백질은 막을 가로지르는 이온의 이동을 위한 낮은 에너지 경로를 제공하는 친수성 통로 역할을 한다.

단순확산 속도는 농도 기울기에 비례한다

지금까지는 단순확산의 정성적 측면에 집중하여 언급했다. 이 과정의 열역학적, 반응속도론적 성질을 고려하면 정량적으로 나타낼 수 있다(표 8-1 참조). 열역학적으로 단순확산은 항상 어떤 추가적인 에너지 유입이 요구되지 않는 에너지 방출 과정이다. 각 분자는 단순히 임의대로 양방향 확산하지만 순이동은 항상 자유에너지를 낮추는 방향, 음전하를 띠지 않는 분자의 경우 농도 기울기를 낮추는 방향을 뜻한다.

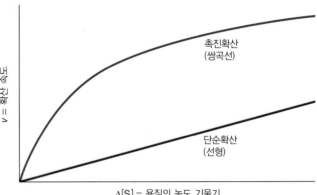

그림 8-6 단순확산과 촉진확산의 반응 속도 비교. 막을 통한 단순확산에서 확산 속도 v와 용질의 농도 기울기 $\Delta[S]$ 사이의 관계는 넓은 농도 범위에 걸쳐서 선형이다(빨간색 선). 촉진확산의 경우 농도 기울기가 작을 때는 선형이지만, 농도 기울기가 증가함에 따라 쌍곡선(파란색 선)을 보이다가 점차 최대치에 이르게 된다.

반응속도론적으로 단순확산의 핵심 특징은 특정 물질의 순이동 비율은 막 안팎의 농도 차에 비례한다는 것이다. 세포 밖에서 안으로의 용질 S의 확산의 경우 막을 통한 안쪽으로의 확산의 비율, 또는 속도에 대한 표현인 속도($v_{안쪽}$)는 다음과 같다.

$$v_{안쪽} = P\Delta[S] \qquad (8\text{-}1)$$

여기에서 $v_{안쪽}$은 안쪽으로의 확산 비율(몰/초-막표면의 cm^2)이고, $\Delta[S]$는 양쪽 간 농도 기울기($\Delta[S] = [S]_{외부} - [S]_{내부}$)이다. P는 투과계수(permeability coefficient)인데, 이는 막의 두께와 점성, 용질 S의 크기와 형태 및 극성, 용질의 막과 액상에서 용질 S의 평형 분포에 따라서 실험적으로 결정된 계수이다. 투과성과 농도 기울기가 클수록 세포 내로 이동되는 속도가 증가한다.

식 8-1에서 보여주듯이 단순확산은 고농도에서 포화의 흔적 없이 용질의 농도 기울기와 막을 가로지르는 용질의 내부 유입 속도 사이에 선형관계의 특징을 가진다. 이러한 관계는 **그림 8-6**에서 빨간색 선으로 표시했다. 단순확산은 이런 측면에서 포화되기 쉽고, 일반적으로 쌍곡선 미카엘리스-멘텐(Michaelis-Menten) 동역학을 따르는 촉진확산과는 다르다.

운반단백질의 도움 없이 막을 통과할 만큼 충분히 작고 비극성인 에탄올과 O_2 같은 분자에만 관련이 있다는 점에 주목함으로써 단순확산을 요약할 수 있다. 단순확산은 확산 속도와 농도 기울기 사이의 선형 비포화 관계를 가지는 농도 기울기로 판단되어 에너지 방출의 방향으로 진행된다.

개념체크 8.2

삼투는 막을 통과하는 산소(O_2)의 단순확산과 어떻게 다른가? 어떤 점이 비슷한가?

8.3 촉진확산: 농도에 따른 단백질 매개의 이동

세포에서 대부분의 물질은 너무 크고 극성을 띠고 있어서 그 과정에서 자유에너지가 감소할지라도 단순확산으로는 적정한 속도에서는 막을 통과할 수 없다. 따라서 그러한 용질은 막을 가로지르는 용질 분자의 이동을 매개하는 **운반단백질**(transport protein)의 도움이 있을 때만 주목할 만한 속도로 세포와 세포소기관의 안팎으로 이동할 수 있다. 만약 이러한 이동이 에너지를 낸다면 추가 에너지 없이 농도의 기울기(비극성 물질) 또는 전기화학 퍼텐셜(이온)로 판단되는 방향으로 용질이 여전히 확산되기 때문에 **촉진확산**(facilitated diffusion)이라 불린다. 촉진확산에서 운반단백질의 역할은 그 밖의 불침투성 장벽을 가로지르는 크고, 극성의, 또는 전하를 띤 용질의 '내리막' 확산을 용이하게 하여 소수성 지질2중층에 단순히 통로를 제공하는 것이다.

막 양면의 농도 차이에 비례하여 속도가 증가하는 단순확산과 달리 촉진확산은 운반단백질의 수가 제한되어 있기 때문에 높은 용질 농도에서 포화될 수 있다. 따라서 속도와 농도 차이의 그래프는 단순확산의 경우 선형이지만, 촉진확산의 경우 쌍곡선이 될 것이다(그림 8-6 파란색 곡선). 이는 효소의 초기 속도와 기질 농도에 대한 곡선의 쌍곡선 모양과 유사하다는 점에 유의하라(그림 6-8 참조).

촉진확산의 예로 체내 세포의 원형질막을 통한 포도당의 이동을 생각해보자. 포도당의 농도는 전형적으로 혈액이 세포보다 더 높고, 그래서 포도당의 내부 이송은 에너지의 유입이 요구되지 않는, 에너지를 방출하는 과정이다. 그러나 포도당 분자는 너무 크고 극성을 띠고 있어서 도움 없이 막을 가로질러 확산하지 못한다. 운반단백질은 이런 내부 수송을 용이하게 하기 위해 필요하다.

운반체 단백질과 통로 단백질은 다른 기작으로 확산을 촉진한다

작은 분자나 이온의 촉진확산에 관여하는 운반단백질은 여럿 혹은 많은 막관통 단편을 가져서 다수 부분이 막을 횡단하는 내재막단백질이다. 기능적으로 이러한 단백질은 용질을 꽤 다른 방식으로 운반하는 방식에 따라 두 가지 주요 부류로 나뉜다. **운반체 단백질**[carrier protein, 또는 수송체(transporter) 혹은 **투과효소**(permease)]은 막의 한쪽에서 하나 혹은 다수의 용질과 결합한 후 막의 반대편으로 용질을 옮기는 구조 변화를 일으킨다. 이렇게 함으로써 운반체 단백질은 극성이거나 전하를 띠는 용질 그룹을 막의 비극성 내부로부터 차폐하는 방식으로 결합시킨다. 반면 **통로 단백질**(channel protein)은 막에 친수성 **통로**(channel)를 형성하여 단백질 구조의 큰 변화 없이 용질의 통과

할 수 있게 한다. 운반체 단백질과 통로의 주요 차이점은 통로가 차단되지 않았을 때 막의 내부 측면과 외부 측면이 동시에 개방된다는 것이다. 이러한 통로 중 일부는 박테리아, 미토콘드리아, 엽록체의 외막에서 발견되는 구멍(pore)과 같이 비교적 크고 비특이적이다. 구멍은 포린(porin)이라고 불리는 막관통 단백질로 형성되고, 분자량이 약 600까지의 선택된 친수성 용질이 막을 통해 확산되게 한다. 하지만 대부분의 통로는 작고 선택성이 뚜렷하다. 이러한 작은 통로의 대부분은 분자보다는 이온의 수송에 관여하기 때문에 이온 통로(ion channel)라고 불린다. 이온 통로를 통한 용질의 이동은 운반체 단백질에 의한 이동보다 훨씬 더 빠른데, 이는 아마도 이온 통로는 복잡한 입체 구조의 변화가 필요하지 않기 때문일 것으로 생각된다.

> **연결하기 8.1**
>
> 아미노산의 R 그룹에 대해 배운 것과 그것이 아미노산의 소수성 또는 친수성 특성에 어떻게 영향을 미치는지 상기해보자. 통로 단백질에서 소수성 곁사슬을 가진 아미노산이 어디에 위치할지 예상되는가? 친수성/극성 곁사슬을 가진 아미노산은 어디에 위치할지 예상되는가? 답에 대해 설명하라. (그림 3-2 참조)

운반체 단백질은 교대로 두 가지 상태의 구조 변화를 한다

교대 구조 모델(alternating conformation model)이란 운반체 단백질이 2개의 구조적 상태 사이에서 번갈아 생기는 다른자리입체성의 포괄적인 막단백질을 말한다. 이 모델에 따르면 단백질의 용질 결합부위는 막의 한쪽 면에 열려있거나 접근 가능하다. 용질의 결합에 따라 막의 다른 쪽에 있는 용질 결합부위에서 구조 변화를 통해 용질의 방출을 촉진한다. 포도당이 적혈구 내부로 촉진확산하는 것을 논의할 때 이 기작의 예시를 만나게 될 것이다.

운반체 단백질은 특이성과 반응속도론에서 효소와 유사하다

앞서 언급한 바와 같이 운반체 단백질을 때로는 투과효소라고도 부른다(이 용어는 접미사 -ase가 운반체 단백질과 효소 사이의 유사성을 암시하기 때문에 적절하다). 효소촉매 반응처럼 운반체-촉진확산은 단백질 표면(운반체 단백질의 용질 결합부위)에 '기질'(수송될 용질)의 첫 결합과 '생성물'(수송된 용질)과 중간 물질인 '효소-기질' 복합체(운반체 단백질에 결합된 용질)의 점진적 방출을 수반한다. 효소처럼 운반체 단백질도 결합해서 그들의 활성을 조정하는 외부 인자에 의해 조절될 수 있다.

운반체 단백질의 특이성 운반체와 효소가 공유하는 또 다른 특징은 특이성이다. 효소처럼 운반체 단백질은 종종 하나의 복합체 또는 그와 밀접히 관련된 일부 그룹, 때때로 특이적인 입체이성

질체에도 매우 특이적이다. 좋은 예가 적혈구 내로 포도당의 확산을 용이하게 하는 운반체 단백질이다(그림 8-2b 참조). 이 운반체는 포도당 또는 갈락토스, 마노스와 같이 그와 유사한 구조를 가지는 단당류만을 인식한다. 더욱이 이 운반체는 입체특이성(stereospecific)을 가져 이러한 당의 D-이성질체는 운반하지만 L-이성질체는 운반하지 않는다. 이런 특수성은 아마도 용질과 운반체 단백질의 결합부위 간 정확한 입체화학적 맞음의 결과이다.

따라서 운반체의 특성은 농도 기울기에 따른 극성 물질과 이온의 이동, 수송된 특별한 기질에 대한 특수성, 기질의 고농도에서의 포화능, 특수한 수송 억제제에 대한 민감도라는 운반체-촉진확산의 특징적인 모습으로 설명한다.

운반체 단백질 기능의 반응속도론 효소와의 유사점으로부터 유추할 수 있듯이 운반체 단백질은 수송 가능한 용질의 농도가 증가됨에 따라 포화된다. 이는 세포막에 운반단백질 수가 제한되어 있고, 각 운반단백질은 어떤 정해진 최고 속도에서 기능하기 때문이다. 그 결과로 효소촉매 작용처럼 운반체에 의한 촉진수송은 포화 반응속도론(saturation kinetics)의 특성을 보인다. 이런 유형의 수송은 최대 수송 속도 V_{max}와 최대 수송 속도의 절반을 내기 위해 필요한 수송 가능한 용질의 농도 고정값 K_m을 가진다. 이는 용질 수송의 초기 속도 v_0가 효소촉매 반응처럼 같은 식으로 수학적으로 표현될 수 있다(식 6-7 참조).

$$v_0 = \frac{V_{max}[S]}{K_m + [S]} \qquad (8\text{-}2)$$

여기서 [S]는 막 한쪽에 존재하는 초기 용질의 농도이다(예: 내부 수송의 초기 속도가 결정되면 막의 바깥쪽). 따라서 촉진확산의 용질의 수송 속도와 초기 농도의 도표는 단순확산처럼 직선 대신에 쌍곡선으로 나타난다(그림 8-6 파란색 곡선 참조). 포화 반응속도론에서 이런 차이가 단순확산과 촉진확산 사이를 구분짓는 데 중요한 방법이다(표 8-1 참조).

효소와 운반체 단백질의 또 다른 유사성은 운반체는 종종 대상 기질과 구조적으로 연관된 분자나 이온에 의해 **경쟁적으로 억제**되기 쉽다는 것이다. 예를 들어 포도당 운반체에 의한 포도당 수송은 동일 단백질이 역시 허락한 다른 단당류에 의해 경쟁적으로 억제된다. 즉 포도당 수송률은 다른 수송 가능한 당이 존재할 때 감소된다.

운반체 단백질은 하나 혹은 두 가지 용질을 수송한다

운반체 단백질이 다른 형태를 포함해서 반응속도론과 당연하게 여기는 작용 메커니즘에서 유사하다 할지라도 달리 구별되는 것이 있다. 가장 중요한 차이는 운반된 용질의 수와 수송한 방향이다(**그림 8-7**). 운반체 단백질이 막을 통해 1개의 용질을 수송

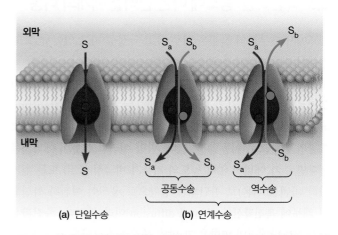

그림 8-7 운반체 단백질에 의한 단일수송, 공동수송, 역수송의 비교. (a) 단일수송에서는 막 운반체 단백질이 한 가지 용질(S)만을 통과시킨다. (b) 연계수송에서는 막 운반체 단백질이 두 가지 용질(S_a와 S_b)을 동시에 같은 방향으로(공동수송) 또는 반대 방향으로(역수송) 수송한다.

할 때 이 과정을 **단일수송**(uniport)이라고 한다(그림 8-7a). 곧 다룰 포도당 운반체 단백질이 단일수송체(uniporter)이다. 두 용질이 동시에 수송되고, 두 용질의 수송이 결합되어 있어서 어느 한쪽의 용질이 없을 경우 두 용질의 수송이 중지될 때, 이 과정을 **연계수송**(coupled transport)이라고 한다(그림 8-7b). 연계수송은 두 가지 용질이 같은 방향으로 이동하면 **공동수송**(symport, 또는 cotransport), 혹은 두 가지 용질이 막을 통해 서로 반대 방향으로 이동하면 **역수송**(antiport, 또는 countertransport)으로 불린다. 이러한 과정을 매개하는 운반단백질을 각각 **공동수송체**(symporter)와 **역수송체**(antiporter)라 한다.

적혈구의 포도당 운반체와 음이온 교환단백질은 운반체 단백질의 좋은 예이다

지금까지 운반체 단백질의 일반적인 특성을 다뤘으니 포도당 단일수송체 및 염화 이온(Cl^-)과 탄산수소 이온(HCO_3^-)을 운반하는 음이온 역수송체라는 두 가지 특수한 예를 다룰 것이다. 이 두 가지 수송체는 적혈구의 원형질막에 존재한다.

포도당 운반체: 단일수송체 앞서 주목한 것처럼 적혈구 안으로의 포도당 이동은 단일운반단백질에 의해 이루어지는 촉진확산의 예이다(그림 8-2b 참조). 혈장 내 포도당의 농도는 보통 65~90 mg/100 mL, 또는 3.6~5.0 mM의 범위이다. 적혈구(혹은 혈액과 접촉하는 거의 모든 세포)는 낮은 세포 내 포도당 농도와 **포도당 운반체**(glucose transporter, GLUT)라는 포도당 운반단백질이 원형질막에 존재하기 때문에 확산촉진에 의해 포도당을 흡수할 수 있다. 적혈구의 GLUT은 다른 포유류 조직의 GLUT와 구분하기 위해 GLUT1으로 불린다. 포도당은 GLUT1을 통해 자유확산으

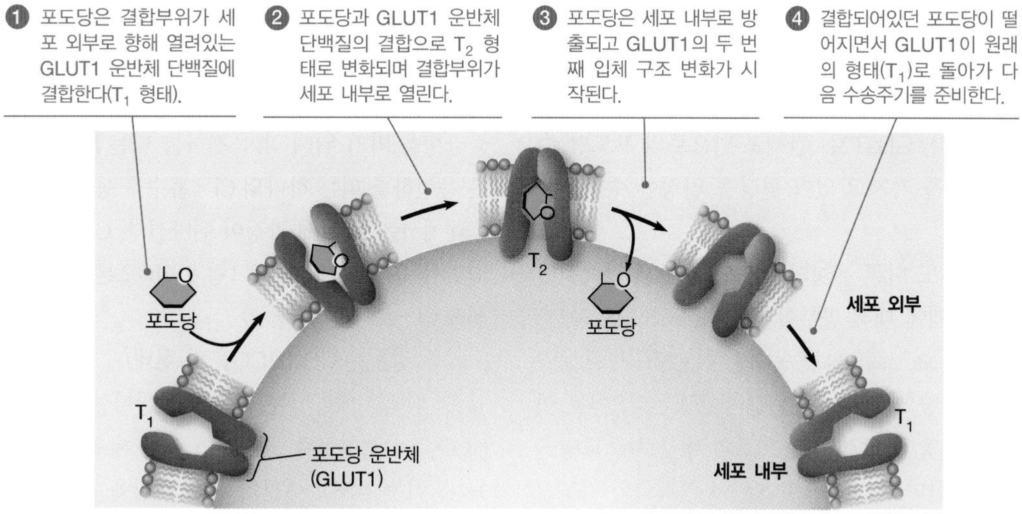

① 포도당은 결합부위가 세포 외부로 향해 열려있는 GLUT1 운반체 단백질에 결합한다(T₁ 형태).

② 포도당과 GLUT1 운반체 단백질의 결합으로 T₂ 형태로 변화되며 결합부위가 세포 내부로 열린다.

③ 포도당은 세포 내부로 방출되고 GLUT1의 두 번째 입체 구조 변화가 시작된다.

④ 결합되어있던 포도당이 떨어지면서 GLUT1이 원래의 형태(T₁)로 돌아가 다음 수송주기를 준비한다.

포도당

포도당

세포 외부

T₁

포도당 운반체 (GLUT1)

T₂

포도당

T₁

세포 내부

그림 8-8 적혈구 막에서 포도당 운반체 GLUT1에 의한 포도당 촉진확산의 교대 구조 모델. 이 모식도에서는 GLUT1에 의한 포도당의 내부 수송을 세포막 주변에 정렬된 4단계로 나타냈다.

로 지질2중층을 통해 들어오는 것보다 50,000배 빠르게 세포로 들어온다.

GLUT1 매개의 포도당 흡수는 촉진확산의 모든 고유의 특징을 보여준다. 즉 포도당 특이적이고(그리고 갈락토스와 마노스 같은 몇몇 관련 당), 추가적인 에너지의 투입 없이 농도의 기울기에 따라 이동시키며, 포화 반응속도론을 보이고, 관련 단당류에 의해 경쟁적으로 억제되기 쉽다. GLUT1은 12개의 막관통 단편을 가진 내재 막단백질이다. 이들은 친수성의 곁사슬을 일렬로 줄 세운 통로를 만들기 위해 막에서 접히고 결합되는데, 포도당이 막을 통해 이동할 때 포도당 분자와 수소결합을 형성한다.

GLUT1은 **그림 8-8**과 같이 교대 구조 메커니즘에 의해 포도당을 운반하는 것으로 생각된다. 번갈아가면서 나타나는 구조적 상태는 세포의 바깥쪽에서 포도당 결합부위가 열린 T₁과 세포 안쪽에서 결합부위가 열린 T₂로 구분된다. 이러한 구조의 변화는 ① D-포도당 한 분자가 T₁ 형태의 GLUT1과 결합하면서 시작된다. ② 포도당의 결합으로 GLUT1은 이제 T₂ 형태로 변화한다. ③ 이러한 구조 변화를 통해 결합된 포도당이 세포 내부로 방출되고, ④ 이어 GLUT1은 포도당 결합부위가 세포 바깥을 향하는 원래의 구조로 돌아간다.

그림 8-8의 예는 내부 수송을 보여주지만 운반체 단백질은 양방향으로 동일하게 작용할 수 있기 때문에 이러한 과정은 쉽게 가역적이다. 운반체 단백질은 다른 방법으로는 뚫을 수 없는 벽에 있는 문일 뿐이며, 대부분의 문과 마찬가지로 어느 방향으로든 이동을 원활하게 한다. 각각의 용질 분자는 막의 양쪽에서 특정 용질의 상대적인 농도 차에 따라 안쪽으로 또는 바깥쪽으로 이동된다. 농도가 안쪽이 더 낮으면 순 흐름은 안쪽으로 향할 것이다. 만약 더 낮은 농도가 바깥쪽이라면 순 흐름은 바깥쪽으로

향할 것이다.

대부분의 동물 세포에서 촉진확산이 가능하게 만드는 세포 내의 낮은 포도당 농도는 유입되는 포도당이 인산기 공여체이자 에너지원인 ATP와 6탄당 인산화효소(hexokinase)에 의해 빠르게 포도당-6-인산으로 인산화되기 때문이다.

$$\text{포도당} \xrightarrow[\text{6탄당 인산화효소}]{\text{ATP} \quad \text{ADP}} \text{포도당-6-인산} \tag{8-3}$$

이러한 6탄당 인산화효소의 반응은 포도당 대사의 첫 번째 단계이다(자세한 내용은 9장 참조). 포도당에 대한 6탄당 인산화효소의 낮은 K_m 값(1.5 mM)과 반응의 높은 에너지 방출의 특성($\Delta G^{\circ\prime} = -4.0$ kcal/mol)은 세포막에 걸친 농도 기울기를 유지하면서 세포 내 유리 포도당의 농도를 낮게 유지한다. 많은 포유류 세포에서 세포 내 포도당 농도는 0.5~1.0 mM으로, 이는 세포 외부의 혈장 내 포도당 수준의 약 15~20%에 해당한다.

적혈구의 원형질막은 포도당-6-인산에 대한 운반단백질을 가지고 있지 않기 때문에 포도당의 인산화 과정도 포도당을 세포 내부에 가두는 효과를 가지고 있다. 대부분의 당 운반체와 마찬가지로 GLUT1은 당의 인산화 형태를 인식하지 못한다. 또한 인산화로 인해 세포 내 유리 포도당 수치가 낮게 유지되어 평형에 도달하지 못하고 세포가 포도당을 계속 내부로 들여올 수 있게 된다.

적혈구의 GLUT1은 포유류의 여러 포도당 운반체 중 하나이다. 인간은 14개의 서로 다른 GLUT 단백질이 있고, 이들은 각각 별도의 유전자에 의해 암호화된다. 각 운반체는 발견된 특수한 세포에서 그 기능을 발휘하도록 특유의 물리적, 역학적 특징을

가진다. 예를 들면 GLUT3와 GLUT4는 에너지원으로 포도당을 유입하는 뇌 신경세포와 골격근 세포에 각각 발견된다. 반면에 GLUT2는 글리코젠을 분해하여 혈액으로 포도당을 만드는 간세포의 포도당 운반체이다. GLUT2는 간세포 밖으로의 포도당 수송을 촉진시키는 특성을 가지고 있어 혈당을 일정한 수준으로 유지하게 한다.

이 장의 후반부에는 또 다른 유형의 포도당 운반체 단백질인 Na^+/포도당 공동수송체에 대해 공부할 것이다. 포도당만을 운반하는 GLUT1과 달리 Na^+/포도당 공동수송체는 Na^+과 포도당 분자를 동시에 같은 방향으로 막을 가로질러 운반한다. 이는 이미 주변 환경보다 포도당 농도가 높은 세포의 내부로 포도당을 수송하는 수단을 제공한다. 일반적으로 Na^+이 전기화학 기울기에 의해 촉진확산될 때의 에너지가 포도당이 농도 기울기를 역행할 힘을 제공한다.

적혈구 음이온 교환단백질: 역수송체 또 다른 잘 연구된 촉진확산의 예시는 적혈구 원형질막의 **음이온 교환단백질**(anion exchange protein)이다(그림 8-2b 참조). 이 역수송체는 염화 이온-탄산수소 이온 교환체[chloride(Cl^-)-bicarbonate(HCO_3^-) exchanger]라고도 불리는데, 원형질막에서 서로 반대 방향으로 Cl^-과 HCO_3^-을 상호 교환한다. Cl^-과 HCO_3^-은 필수적으로 묶여서 수송되며 어느 한쪽의 음이온이 부재한다면 수송은 멈춘다. 게다가 음이온 교환단백질은 매우 선택적으로 작용한다. HCO_3^-과 Cl^-을 엄격한 1:1 비율로 교환하며, 다른 음이온에는 작동하지 않는다.

음이온 교환단백질은 두 가지 입체 구조 상태를 번갈아가면서 작용하는 것으로 생각되며, 이를 '핑퐁' 메커니즘이라고 부른다. 처음 입체 구조에서 음이온 교환단백질은 막의 한쪽에 Cl^-을 결합한다. Cl^-의 결합은 단백질이 HCO_3^-과 결합하는 막의 반대편에서 Cl^-이 방출되도록 구조를 변화시킨다. 이는 단백질이 다시 Cl^-과 결합하는 막의 다른 쪽에서 HCO_3^-을 방출하는 두 번째 입체 구조 변화를 일으킨다. 결합과 방출의 반복적인 주기는 두 이온을 서로 반대 방향으로 이동시킨다.

음이온은 막의 양쪽에 있는 단백질과 결합할 수 있기 때문에 운반 방향은 막의 반대쪽에 있는 이온의 상대적인 농도에 따라 달라진다. HCO_3^- 농도가 높은 세포에서는 HCO_3^-이 세포 밖으로 나갈 때 Cl^-은 세포 안으로 들어온다. HCO_3^- 농도가 낮은 세포에서는 HCO_3^-은 들어오고 Cl^-은 나가는 상호적 과정이 일어난다.

음이온 교환단백질은 대사 활성 조직에서 생성된 CO_2를 폐로 운반하여 배출하는 과정에서 중요한 기능을 한다. 이러한 조직에서 CO_2는 그 세포질에 탄산무수화효소(carbonic anhydrase)가

있어 CO_2를 HCO_3^-으로 전환시키는 적혈구로 확산된다(그림 8-3a 참조). 적혈구 내 HCO_3^-의 농도가 높아지면 음이온 교환단백질을 통해 세포 밖으로 이동한다(그림 8-3a 오른쪽). 전하의 불균형을 막기 위해 각 음전하를 띠는 HCO_3^-의 밖으로의 이동은 음전하를 띠는 하나의 Cl^- 흡수를 동반한다.

폐에서는 이 전체 과정이 뒤바뀐다. Cl^-이 적혈구 밖으로 방출되면서 유입된 HCO_3^-(그림 8-3b 오른쪽)은 탄산무수화효소에 의해 CO_2로 전환된다.

최종 결론은 CO_2(HCO_3^-의 형태)가 대사학적으로 활성 조직에서 몸에서 배출되는 폐로 이동한다는 것이다. 게다가 폐에서 HCO_3^-이 적혈구로 들어가는 것은 세포 내부의 pH를 증가시키는데, 이는 헤모글로빈의 산소 결합을 용이하게 한다. 적혈구가 말단 조직에 이르러 HCO_3^-을 방출하면 pH가 낮아지면서 산소 결합력이 낮아지고 산소가 쉽게 방출된다.

통로 단백질은 친수성 막관통 통로를 만들어 확산을 촉진한다

일부 운반단백질은 다른 구조적 상태 사이에서 번갈아 변하는 운반체 단백질로 기능하면서 확산을 용이하게 하는 반면, 다른 운반단백질은 특수한 용질을 직접 막을 통해 이동시킬 수 있는 친수성 막관통 통로(transmembrane channel)의 형성을 통해서 그렇게 한다. 이온 통로, 포린, 아쿠아포린이라는 3가지 종류의 막관통 단백질 통로를 고려할 것이다. 이런 운반단백질은 내재 막단백질이기 때문에 정제와 분석이 어렵다. **핵심 기술**에서는 개구리의 난모세포에 단백질을 발현시킴으로써 어떻게 막관통 통로 단백질의 기능이 생체 내에서 연구될 수 있는지 살펴볼 것이다.

이온 통로: 특정 이온의 빠른 통로인 막관통 단백질 분명히 단순한 디자인(친수성 원자로 정렬된 작은 구멍)임에도 불구하고, **이온 통로**(ion channel)는 상당히 선택적이다. 대부분의 이온 통로는 오직 한 종류의 이온만 통과시켜서 Na^+, K^+, Ca^{2+}, Cl^- 같은 이온 수송에 필요한 통로를 각각 분리한다. 이 이온들 일부의 크기와 전하에서 놀라운 작은 차이를 고려하면 이러한 선택성이 현저하게 드러난다. 선택성은 통로 내부의 특정 아미노산의 곁사슬과 폴리펩타이드 골격 원자를 포함하는 이온 특이적 결합부위에서, 그리고 크기 필터로서 역할을 하는 통로의 수축된 중심에서 기인한다. 마찬가지로 수송 속도도 어떤 경우에는 인상적이다. 단일 통로가 초당 거의 100만 개 이상의 이온을 통과시킬 수 있다.

대부분의 통로는 특정 자극에 구멍이 열리고 닫히는 문이 있다. 동물 세포에서 3종류의 자극이 관문 통로의 개폐를 조절한다. **전압개폐성 통로**(voltage-gated channel)는 막전위의 변화에 반응하여 열리고 닫히고, **리간드개폐성 통로**(ligand-gated channel)는 통로 단백질에 특정 리간드의 결합함에 따라 촉진되며, **기계적 자극개폐성 통로**(mechanosensitive channel)는 막에 작용하는 물리적 힘에 반응한다(개폐성 통로에 대한 자세한 내용은 18장 참조).

연구자들은 이온 통로에 대한 세포 기능을 어떻게 연구할까? **패치고정**(patch clamping)으로 알려진 기술을 통해 연구자들은 뉴런과 같은 세포 표면의 작은 막 패치에서 개별 이온 통로를 통한 이온 흐름을 관찰할 수 있다(**18장의 핵심 기술** 참조). 이 기술은 단일 이온 통로의 개폐를 기록할 수 있을 정도로 민감하다. 또한 살아있는 세포에서 통로 단백질의 어떤 부분이 적절한 기능을 하는 데 필수적인지를 결정하는 구조 연구도 가능하게 했다.

막을 통한 이온 이동의 조절은 많은 유형의 세포 활동에서 중요한 역할을 한다. Ca^{2+} 통로를 통한 세포 내 Ca^{2+} 농도 변화가 근수축을 포함한 많은 세포반응을 유도한다. 신경세포에서의 전기신호전달은 해당 통로를 통해 Na^+과 K^+의 이동이 만들어낸다. 이러한 변화는 1,000분의 1초 단위로 매우 빠르게 나타난다. 이러한 단기적 조절 외에도 대부분의 이온 통로는 호르몬과 같은 외부 자극에 반응하여 장기적인 조절을 받는다.

이온 통로는 세포 내 적절한 염분 농도를 유지하는 데에도 필요하다. 특히 폐의 상피세포에서 **낭포성 섬유증 막관통 컨덕턴스 조절자**(cystic fibrosis transmembrane conductance regulator, CFTR) 단백질로 알려진 특수한 Cl^- 통로는 기도에서 적절한 Cl^- 농도를 유지하도록 도와준다. 우리는 치명적인 **낭포성 섬유증**(cystic fibrosis)을 지닌 사람은 색다르게 폐에 두꺼운 점액들이 축적되어 종종 폐렴 및 기타 폐질환으로 이어진다고 알고 있다. 이제 근본적인 문제는 Cl^-을 분비할 수 없음과 Cl^- 통로로 작동하는 단백질의 유전적 결함임을 알게 되었다(자세한 내용은 **인간과의 연결** 참조).

농도 기울기를 따라 이온 전달에 관여하는 특히 중요한 단백질은 ATP 합성효소이다(더 자세한 내용은 10장 및 11장과 그림 10-23 참조). ATP 합성효소는 양성자가 촉진확산에 의해 농도 기울기를 따라 이동할 수 있게 하는 양성자 통로로 작용한다. 이 단백질은 미토콘드리아와 엽록체에서 발견되며, 이는 당의 산화(미토콘드리아) 혹은 태양(엽록체)으로부터 얻은 에너지를 사용하여 막 간의 양성자 기울기를 형성한다. ATP 합성효소를 통해 농도 기울기를 따라 내려가는 양성자의 에너지 발산적인 흐름은 ADP와 무기 인산염을 고에너지의 ATP 분자로 합성함으로써 에너지 흡수적 반응으로 전환하게 한다.

포린: 다양한 용질의 빠른 통로인 막관통 단백질 미토콘드리아, 엽록체, 박테리아의 외막에서 발견되는 구멍은 이온 통로보다 다소 넓고, 덜 특이적이다. 이 구멍은 **포린**(porin)이라는 다중 막관

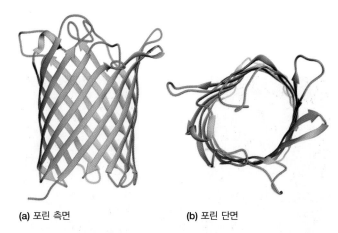

(a) 포린 측면   **(b)** 포린 단면

그림 8-9 포린 통로. (a) 측면과 (b) 위에서 본 대장균 포린 단백질의 모습으로, 14-가닥의 막관통 β-통 구조 및 N-말단과 C-말단을 보여준다.

통 단백질로 구성되어 있다. 포린 분자의 막관통 요소는 α-나선이 아닌 β-통(β barrel)이라고 불리는 닫힌 실린더의 β-병풍(β-sheet) 구조이다(**그림 8-9**). β-통은 그 중심에 물이 가득 찬 구멍을 형성한다. β-통의 외부는 막의 소수성 내부와 상호작용하는 비극성 곁사슬로 주로 구성되어 있는 반면, 극성 곁사슬은 구멍의 내부에 정렬해 있다. 이 구멍은 다양한 친수성 용질을 통과시킨다. 통과하는 용질의 크기 상한선은 구멍의 크기에 의해 결정되는데, 오직 600 Da 이하의 용질만 그림 8-9에 보이는 대장균의 포린을 통과할 수 있다. 어떤 박테리아에서 포린의 돌연변이가 보통 감염을 막는 데 사용되는 항생제의 유입을 효과적으로 막음으로써 이들 박테리아의 항생제 내성을 일으킬 수도 있다.

> **연결하기 8.2**
>
> 포린이 발견된 장소가 어떻게 진핵생물의 제안된 기원과 일치하는가? (그림 4-16 참조)

아쿠아포린: 물의 빠른 통로인 막관통 단백질 물은 단백질 수송체가 없을 때 세포막을 가로질러 천천히 확산되지만, 일부 조직에서의 막을 가로지르는 물의 이동은 단지 확산으로 설명할 수 있는 것보다 훨씬 더 빠르다. 세포막에는 물의 통로가 존재할 것이라고 1800년대 중후반부터 가정했다. 그 존재를 제안하는 100여 년의 실험에도 불구하고 물 통로는 여전히 불분명했고, 때로는 그 존재 자체가 의심되었다.

1992년에 존스홉킨스대학교의 아그리(Peter Agre)와 동료들은 오랫동안 찾던 물 통로 단백질을 마침내 분리했고, 이 단백질을 **아쿠아포린**(aquaporin, AQP)이라고 명명했다. **그림 8-10**에서처럼 적혈구의 아쿠아포린 단백질을 물이 잘 통과하지 않는 개구리 난자 막에 넣은 후 순수한 물에 담그자 물이 빠른 속도로 유입되어 난자가 터져버렸다(그림 8-10a). 아쿠아포린 단백

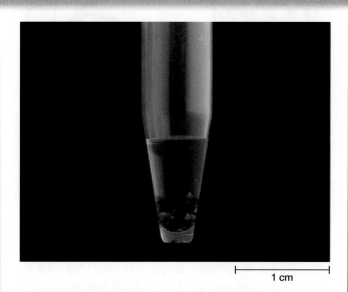

1 cm

마이크로 원심분리기 튜브에 있는 개구리의 난모세포

문제 운반단백질은 본질적으로 막에 박혀있는 내재 막단백질이기 때문에 기능을 연구하기가 어렵다. 이로 인해 온전하고 기능적인 형태의 운반단백질을 정제하고 연구하는 것은 쉽지 않은 일이다. 그렇다면 특정 막단백질의 기능을 어떻게 연구할 것인가? 그 해답은 그러한 단백질의 발현을 생체 내, 즉 살아있는 세포에서 발현시키는 것이다.

해결방안 개구리의 난모세포(난자세포 전구체)는 기능적인 내재 막단백질을 생산하는 데 사용되는 일반적인 세포 유형이다. 관심 있는 막단백질을 암호화하는 mRNA를 개별 난모세포에 주입하면 세포의 리보솜은 mRNA를 우리가 원하는 단백질로 번역한다. 다중 소단위체 막단백질의 경우 개별 소단위체의 서로 다른 mRNA를 함께 주입할 수 있다.

주요 도구 아프리카발톱개구리(*Xenopus laevis*)의 난모세포, 마이크로피펫, 원하는 막단백질의 mRNA, 난모세포에 mRNA를 주입하기 위한 가늘고 속이 빈 바늘, 이온 통로 단백질이 세포의 전위에 미치는 영향을 측정

하는 전압 기록기와 컴퓨터

상세 방법 1970년대에 옥스퍼드대학교의 거던(John Gurdon)과 동료들은 아프리카발톱개구리인 *Xenopus laevis*의 난모세포가 이종 mRNA(다른 생물체로부터의 mRNA)의 번역에 매우 유용한 생체 내 실험 시스템을 제공한다는 것을 보여주었다. 그들의 선구적인 연구에서 토끼의 mRNA를 세포에 미세주입한 후, 이 난모세포들이 토끼의 헤모글로빈을 효율적으로 합성할 수 있다는 것을 보여주었다. 이 획기적인 시스템은 연구하기 어려운 막단백질을 포함하여 다양한 이종 단백질을 발현하기 위해 40년 이상 사용되었다.

*Xenopus laevis*의 난모세포는 직경이 약 1 mm인 큰 세포로 육안으로도 볼 수 있다. 해부현미경을 사용한다면 연구 중인 단백질의 mRNA를 난자에 주입할 수 있다. 다중 소단위체 단백질의 경우 각각 소단위체 중 하나를 나타내는 여러 mRNA를 함께 주입할 수 있으며, 종종 기능적인 형태로 온전한 다중 소단위체 단백질을 생성한다.

*Xenopus*의 난모세포는 실험 시스템으로서 매우 유용하며, 많은 실용적인 이점을 가지고 있다. 그 큰 크기는 미세주입을 더 쉽게 만든다. 개구리 자체는 사육 상태에서 키우기가 비교적 쉬우며, 난모세포를 채취하는 것은 비교적 일상적인 절차이다. 일단 암컷 개구리로부터 분리되면 난모세포는 민물에서 추가적인 영양분 없이 유지될 수 있다.

거던과 동료들이 *Xenopus*의 난모세포가 토끼의 헤모글로빈을 발현하는 데 사용될 수 있다는 것을 보여준 지 약 10년 후, 이 시스템은 뉴런과 다른 세포에서 전기생리학을 연구하기 위해 기능성 이온 통로를 발현시키는 인기 있는 시스템이 되었다.

이종 단백질의 발현을 연구하기 위해 난모세포를 매우 미세한 바늘을 사용하여 해부현미경하에서 주입한다(**그림 8A-1 ❶**단계). 일단 바늘 끝이 세포 안에 들어가면 mRNA는 일반적으로 약 50 nL의 매우 작은 부피를 주입한다.

mRNA(또는 mRNA들)는 온전하고, 종종 기능적인 단백질을 합성하기 위해 *Xenopus*가 지닌 리보솜에 의해 번역된다. 막단백질의 경우 보통 단백질의 구조에 따라 적절한 방향으로 막에 삽입된다(**❷**단계 참조). 삽입된 단백질이 이온 통로인 경우 난모세포의 막 전체의 전압 차이를 측정하여

질이 없는 대조군의 난자에는 변화가 없었다. 아그리는 매키넌(Roderick MacKinnon)과 함께 이온 통로의 3차원 구조를 처음으로 밝혀낸 공로로 2003년 노벨화학상을 수상했다.

아쿠아포린은 이 능력을 요구하는 특수 조직에서 세포에 따라 물 분자를 세포의 안팎으로 빠르게 이동하도록 돕는다. 예를 들면 콩팥의 소변 형성 과정에서 물을 재흡수하는 특수한 세포가 존재하는데, 이들은 원형질막에 높은 밀도의 AQP를 가지고 있어 콩팥이 매일 100 L 이상의 혈장을 여과할 수 있게 한다. 아쿠아포린은 또한 적혈구가 콩팥이나 다른 동맥을 이동할 때 갑작스런 삼투압 변화에 대응하여 빠르게 확장되거나 수축할 수

있어야 하기 때문에 적혈구에 풍부하다. 적혈구는 세포당 대략 200,000개의 아쿠아포린을 가진다.

식물에서 AQP는 뿌리세포의 원형질막과 액포막이 가지는 두드러진 특징이며, 앞서 다뤘듯이 팽압을 발생시키는 데 필요한 물의 빠른 이동을 반영한다. 박테리아가 AQP를 가지는 것은 최근에 알려졌다. 박테리아가 가진 AQP의 어느 한 종류는 약간 더 큰 통로를 가져서 물 뿐만 아니라 글리세롤을 수송할 수 있어서 이름을 아쿠아글리세롤포린(aquaglyceroporin)이라고 붙였다.

아쿠아포린은 4개의 동일한 단량체로 구성된 4량체이며, 각 단량체는 6개의 막관통 단편을 가진다. 4개의 단량체는 서로 막

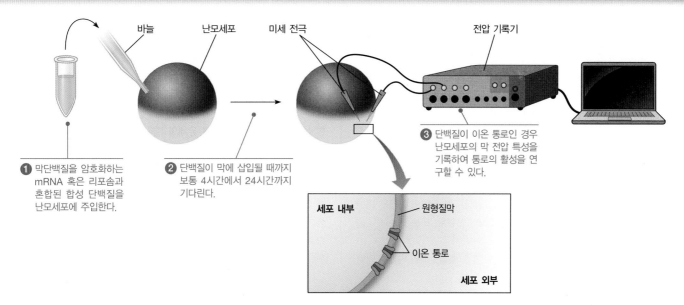

그림 8A-1 막단백질을 생성하기 위한 난모세포의 미세주입법. 이 예에서는 이온 통로가 생성되어 난모세포 막에 삽입되며, 난모세포 막의 전기적 특성을 측정할 수 있다.

이온 통로의 특성을 연구할 수 있다(❸단계 참조). 이 접근법은 수많은 생리학적 연구에서 예측된 바와 같이 아쿠아포린 막단백질이 물의 이동 통로임을 보여주기 위해 *Xenopus*의 난모세포를 사용한 구지노(Bill Guggino) 및 그와 협업한 아그리(Peter Agre)와 동료들에 의해 입증되었다(그림 8-10a 참조).

난모세포에 mRNA를 주입하는 것이 일반적이지만, 다른 경우에는 난모세포가 해당 단백질을 합성할 수 있게 하는 것보다 실험실에서 직접 막단백질을 합성하는 것이 더 쉽다. 단백질은 리포솜과 혼합되고, 단백질을 운반하는 리포솜을 난모세포에 주입한다.

이종 단백질의 발현을 위해 *Xenopus*의 난모세포를 사용하는 것은 편리하지만 몇 가지 제한이 있다. 난모세포는 20°C에서 보관 및 사용이 가장 잘되는데, 이는 일반적으로 37°C에서 최적의 기능을 하는 포유류 단백질에게는 최적의 온도가 아닐 수 있다. 또한 일반적으로 *Xenopus*의 난모

세포에 의해 발현되는 내인성 단백질과 통로 때문에 원하는 단백질의 생산 또는 기능이 약간의 간섭을 받을 수 있다. 게다가 *Xenopus*의 난모세포는 원하는 단백질의 기능에 필요한 특정 신호 분자가 부족할 수 있다. 몇 가지 불가피한 결점에도 불구하고 *Xenopus* 난모세포는 내재 막단백질의 발현과 기능적 연구를 위한 매우 귀중한 '살아있는 시험관'이라는 것이 입증되었다.

질문 한 연구자가 지하수에 있는 일반적인 오염물질인 비산 이온을 처리하는 데 유용할 수 있는 양치류를 연구했다. 이 식물은 막을 가로질러 비산 이온($HAsO_4^{2-}$)을 운반하는 막단백질을 가지고 있는 것으로 알려졌다. 따라서 연구자는 막단백질에 대한 정확한 mRNA를 주입했으나 난모세포에서 비산염의 수송을 감지하는 것에 실패했다. 왜 이런 일이 생겼을까?

에서 친수성 곁사슬을 지닌 아미노산 잔기로 정렬된 4개의 동일한 물 통로를 형성한다(그림 8-10b). 4량체의 중심 공간은 기체나 이온이 통과하는 것을 막는 지질 한 분자가 존재한다. 4개의 물 통로의 각 직경이 0.3 nm(3 Å)로, 1개의 물 분자가 겨우 통과할 수 있는 크기이다. 물 통로에 존재하는 특정 아미노산 잔기는 H_2O 분자만 통과시키고 비슷한 크기를 가지는 OH^-나 H_3O^+을 구별해낸다. 게다가 물 통로의 가장 좁은 영역에는 양전하를 띤 아르지닌 잔기가 포함되어 있으므로, 이는 어떤 H^+이 통과하는 것을 막고, 쫓아버린다. 이런 제약에도 불구하고 물 분자는 초당 수십억 개의 속도로 아쿠아포린을 통해 흐른다.

개념체크 8.3

운반체 단백질과 통로 단백질은 어떤 점이 유사하며 어떤 점이 다른가? 둘의 구조와 메커니즘을 고려해보라.

8.4 능동수송: 단백질을 통해 농도 기울기를 역행하여 이동

촉진확산은 세포막을 가로질러 물질이 이동하는 것을 가속화하는 중요한 메커니즘이다. 하지만 이는 농도나 전기화학 기울기

한 젊은 어머니가 어린 딸과 함께 진료실 대기실에 앉아있다. 딸은 종종 호흡곤란을 겪고 있었고, 또래의 다른 아이들에 비해 체중이 늘지 않는다. 게다가 어머니가 딸의 이마에 입맞춤할 때 입술에 짠맛이 느껴졌다. 곧 알게 되겠지만 어린 딸은 낭포성 섬유증(cystic fibrosis, CF)을 앓고 있다. 100년 전이었다면 소녀의 전망은 어두웠을 것이다. 만성적인 허약함, 호흡곤란, 영양실조로 고통받았을 것이고 아마 10세쯤 죽었을 것이다. 오늘날 현대의 치료법과 처방으로 낭포성 섬유증을 앓는 환자는 대략 40세의 평균수명을 가진다.

낭포성 섬유증은 현재 미국에서 9,000명당 1명꼴로 발병하는 불치병이다. 주로 폐, 이자, 피부의 상피조직에 존재하는 분비세포에 영향을 미친다(질병은 신체의 여러 다른 조직에서 나타난다). 이 질병의 이름은 병에 걸린 개인에서 전형적인 이자 낭종과 폐조직의 섬유화, 또는 경화에서 붙여졌다.

영향을 받는 모든 조직의 공통점은 Cl⁻의 수송에 필수적인 막관통 단백질이 있다는 것이다. 낭포성 섬유증 막관통 컨덕턴스 조절자(CFTR)는 고리형 AMP(cAMP)를 통해 이온 통로를 조절한다(cAMP에 대한 자세한 내용은 19장 참조). 정상적인 사람에서 통로는 기도 및 기타 조직의 내강으로 Cl⁻를 펌프질한다(**그림 8B-1a**). 그런 다음 Na⁺은 막을 가로질러 기도 내강으로 수동적으로 흐르고, 물도 삼투압을 통해 따라간다. 이로 인해 조직을 촉촉하게 유지해주는 비교적 얇은 점액이 생성되고, 미세소관을 기반으로 한 섬모의 움직임이 부드러운 유체의 흐름을 만들어서 폐와 기관지에서 배출된다.

그러나 CF 환자는 CFTR을 암호화하는 유전자에 돌연변이를 가지고 있으며, 이로 인해 이온 통로가 제대로 작동하지 않게 된다. 지금까지 1,000개 이상의 서로 다른 돌연변이가 확인되었고, 모두 비슷하게 Cl⁻이 막을 통과할 수 없는 양상을 보인다. 이러한 양상은 결국 물도 적게 흐른다는 것으로, 낭포성 섬유증 환자는 폐에 비정상적으로 두꺼운 점액층을 가지게 된다(그림 8B-1b). 세균은 두꺼워진 점액층 내에서 군집을 이루며 자랄 수

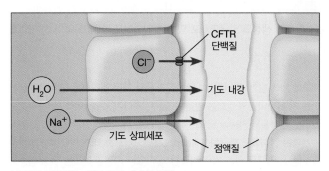

(a) 기도 내에 있는 정상 세포, 촉촉한 점액

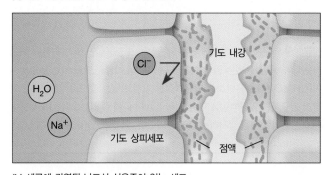

(b) 세균에 감염된 낭포성 섬유증이 있는 세포

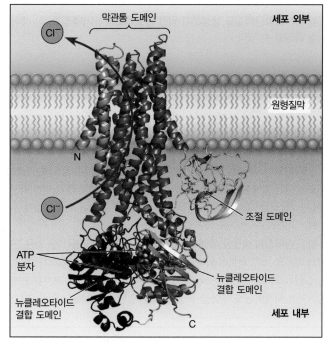

(c) CFTR 예상 구조

그림 8B-1 낭포성 섬유증과 Cl⁻의 분비. (a) 정상적인 폐는 기도를 따라 정렬된 촉촉한 점액을 가진다. (b) 낭포성 섬유증 환자는 폐에 존재하는 세포에서 Cl⁻의 분비에 문제가 발생하여 부족한 수분, 두꺼운 점액, 세균의 증식을 야기한다. (c) 제안된 폐 세포막의 CFTR의 구조와 방향

에 따라 평형 상태가 되게 물질을 운반하는 것만 설명한다. 영양소나 다른 물질이 세포나 세포소기관에 축적될 때처럼 물질이 기울기를 거슬러(against) 운반되어야 할 때 어떤 일이 발생하는가? 이러한 상황에서는 **능동수송**(active transport)이 필요한데, 이는 촉진확산과는 중요한 측면에서 다르다. 능동수송은 열역학적 평형에서 용질을 멀리 이동하는 것을 가능하게 한다(즉 농도 기울기와 전기화학 퍼텐셜에 역행하여). 따라서 항상 에너지가 투입되어야 한다. 다시 말해 능동수송은 열역학적으로 불리한 과정(농도기울기를 역행하는)이 에너지 방출 과정(일반적으로 ATP 가수분해)과 연결되는 것이다. 그 결과 능동수송에 관

있고, 이는 만성적인 세균 감염으로 이어진다. 게다가 폐에서의 기체 교환 역시 제대로 일어나지 못해서 환자는 정상적인 신체 활동을 할 수 없다. 이 자에서는 다른 분비 문제가 발생한다. 소장으로 소화효소가 도달하지 못하며, 이는 낭포성 섬유증 환자의 체중이 늘지 않는 원인이다.

낭포성 섬유증에 대한 치료법은 다양하다. 이자 효소를 경구로 투입하면 소화와 영양분의 흡수에 도움을 주어 체중이 정상적으로 늘 수 있다. 호흡 치료사는 환자의 머리를 낮추고 등을 두드려서 점액이 느슨하게 되어 배출 될 수 있게 한다(**그림 8B-2a**). 더욱이 최근에는 하루에 두 번 30분 동안 착 용하여 점액을 느슨하게 만드는, 고주파를 흉벽에 쏘아주는 기계식 조끼가 개발되었다(그림 8B-2b). 그러나 불행하게도 폐 조직은 오랜 세월 동안 손 상되고 효율적인 기체 교환이 더욱 감소한다. 이러한 상황에서 폐 이식은 최후의 수단으로 종종 고려된다.

최근에는 CFTR의 분자적 작용 메커니즘을 목표로 하는 치료법이 가능 해졌다. 이러한 치료는 CF 환자에게 특정 돌연변이의 영향을 상쇄하기 위 해 CTFR의 작용을 조절한다. 3가지 유형의 주된 CFTR 조절자가 있다. *이바카프터*[Ivacaftor(상품명: 칼리데코®)]와 같은 *증진제*(Potentiator)는 CFTR 통로의 개방을 연장하여 Cl^-의 흐름을 증가시킨다. 이러한 약물 은 CFTR을 통한 Cl^-의 흐름을 방해하는 돌연변이를 가진 환자나 CFTR 을 너무 적게 만드는 환자에게 유용하다. 두 번째 유형의 조절자는 *교정제* (corrector)이다. CF를 가진 사람들 중 거의 90%가 최소한 1개의 F508del 돌연변이 사본을 가지고 있는데, 이는 CFTR 단백질이 올바른 구조를 형성 하는 것을 방해한다. 교정 약물은 CFTR 단백질이 잘 운반되어 적절히 접 히는 것을 촉진한다. 세포 표면에서 작용하는 모든 CFTR을 증가시키기 위 해 다양한 조합으로 증진제와 교정제가 사용된다. 개발 중인 마지막 유형 의 조절자는 *강화제*(amplifier)로 CF 환자에 의해 생성되는 CFTR 단백질 의 양을 증가시키는 것을 목표로 한다. 교정제 및 증진제와 결합한 강화제 는 CF 환자에서 Cl^-을 통과시키는 CFTR의 양을 더욱 증가시킬 수 있다.

이러한 치료법은 CF의 가장 심각한 증상을 다룬다. 하지만 이 병에 대한 치료가 가능한가? 현재 개발 중인 CF 치료법에는 표적 유전자 치료가 있 다. 유전자 치료를 위한 방법은 감염성 아데노바이러스의 유전체 일부를 CFTR 유전자로 대체하고, 흡입기로 바이러스를 투여하는 것이다. 불행하 게도 이 병의 특징은 이론과 실제가 상충한다. 많은 CF 환자의 점액층이 너무 두꺼워서 조작된 바이러스가 폐세포에 도달하지 못하게 되며, CFTR 이 필요한 세포에서 CFTR이 발현하지 못한다. 아데노바이러스 유전자 치 료의 또 다른 잠재적 위험은 바이러스의 유전체가 숙주세포의 유전체에 무 작위로 통합될 수 있고, 숙주세포가 정상적으로 작동하기 위해 필요한 유 전자의 기능을 방해할 수 있다는 것이다. 최근에 제안된 유전체 편집 기술

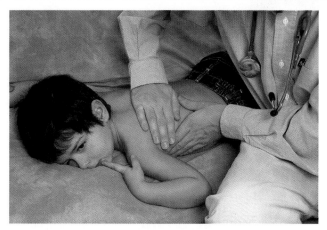

(a) 낭포성 섬유증에 사용되는 타진요법

(b) 흉벽진동요법을 위한 조끼

그림 8B-2 호흡기 물리치료. (a) 낭포성 섬유증 치료를 위한 표준 타진 요법. (b) 흉부 벽에 기계적 진동을 주는 진동조끼를 이용한 치료

(17장의 531쪽 참조)을 이용하면 CFTR 유전자의 결함이 있는 사본을 대체 하기 위한 아데노바이러스 전달 시스템이 가진 문제를 회피할 수 있다.

여하는 막단백질은 원하는 용질을 막을 가로질러 이동시킬 뿐만 아니라 이러한 움직임을 에너지 생성반응에 결합시키기 위한 메 커니즘이 있어야 한다.

능동수송은 세포와 세포소기관에서 3가지 주요 기능을 수행 한다. 첫째, 세포 내 그들의 농도가 이미 더 높을 때도 주변 환경 으로부터 필수 영양소의 흡수를 가능하게 한다. 둘째, 세포 외부 의 농도가 세포 안쪽보다 높아도 분비산물과 찌꺼기 같은 다양 한 물질을 세포나 세포소기관으로부터 계속 제거될 수 있게 한 다. 셋째, 세포가 특히 Na^+, K^+, Ca^{2+}, H^+의 특정 무기 이온의 일정한 세포 내 비평형 농도를 유지할 수 있게 한다.

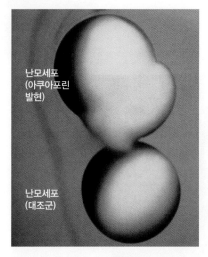

(a) 아쿠아포린을 발현하는 개구리 난모세포

난모세포
(아쿠아포린
발현)

난모세포
(대조군)

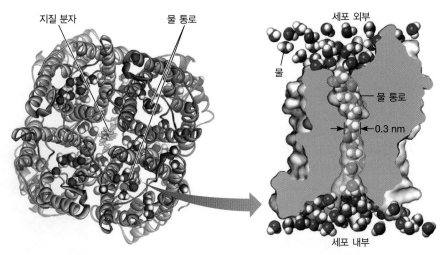

지질 분자

물 통로

(b) 아쿠아포린 4량체(종면)

세포 외부

물

물 통로

←0.3 nm

세포 내부

(c) 아쿠아포린 단량체(측면)

그림 8-10 아쿠아포린 통로. (a) *Xenopus*의 난모세포에서 아쿠아포린-1의 발현은 수분 투과성에 극적인 변화를 일으킨다. 다음의 대조군은 저삼투압 용액에 처리했을 때 외관상의 변화가 거의 없다. 아쿠아포린-1 mRNA가 주입된 위쪽의 난모세포(위)는 물이 세포기질로 이동하면서 급격히 팽창하여 터진다. (b) 4개의 동일한 단량체 각각에 6개의 α-나선이 존재하는 4량체인 인간 아쿠아포린의 종단면. 4량체에 있는 4개 중 2개의 물 통로가 표시되어 있다. (c) 단일 아쿠아포린 통로에서 물 분자(빨간색 구형)의 출입구 위치를 보여주는 공간-채움 모형의 측면도

용질의 농도가 평형과 전혀 다른 내부 세포 환경을 만드는 능력이 능동수송의 중요한 특징이다. 막의 양쪽에 평형 상태로 같은 조건을 만드는 단순확산이나 촉진확산과는 달리 능동수송은 막을 가로질러 용질의 농도나 전기전위의 차이를 만드는 수단이다. 우리가 불가능하다고 알고 있는 삶이 없다면 최종 결과는 비평형인 평형 상태이다. 능동수송에 포함된 많은 막단백질을 '농도나 전기화학 기울기를 거슬러 물질을 이동하기 위해 에너지 투입이 요구된다'는 것을 강조하기 위해 **펌프**(pump)라 부른다.

능동수송과 단순확산이나 촉진확산 사이에 중요한 차이는 수송 방향이다. 단순확산과 촉진확산은 모두 막에 대해 방향성이 없다. 두 유형의 확산에서 용질은 전적으로 우세한 농도나 전기화학 기울기에 따라 어느 방향으로든 이동할 수 있다. 반면에 능동수송은 보통 고유의 **방향성**(directionality)을 가진다. 용질이 막을 가로질러 한 방향으로 이동하는 능동수송 시스템은 보통 그 용질이 반대 방향으로는 이동하지 않고, 전형적으로 단일 방향성(unidirectional) 과정이다. 하지만 어떤 경우에는 수송체가 세포의 환경에 따라 어느 방향으로든 작동할 수도 있다.

능동수송과 에너지원은 직접 또는 간접적으로 연결되어 있다

능동수송 메커니즘은 주로 에너지원과 두 용질이 동시에 수송되는지에 따라 두 가지 관련 범주로 나눌 수 있다. 에너지원에 따라 능동수송은 직접 또는 간접으로 구분된다(**그림 8-11**). **직접 능동수송**(direct active transport) 또는 **1차 능동수송**(primary active transport)에서 막의 한쪽 면에 용질이나 이온의 축적이 에너지 방출성의 화학반응, 가장 일반적으로 ATP 가수분해 과정과 직접적으로 결합된다(그림 8-11a). 직접적으로 ATP 가수분해에 의해 구동되는 운반단백질을 수송 ATP 가수분해효소(transport ATPase) 또는 ATP 가수분해효소 펌프(ATPase pump)라고 한다.

간접 능동수송(indirect active transport) 역시 에너지를 요구하지만 한 용질의 농도에 따른 이동과 함께 다른 용질이 농도를 거슬러 이동시키는, 즉 두 가지 용질의 동시간적 수송에 의존한다.

(a) 직접 능동수송은 외부 화학반응, 가장 일반적으로 ATP의 가수분해와 연계된 수송 시스템을 포함한다. 여기에 보이는 것처럼 ATP 가수분해는 양성자를 외부로 운반하여 양성자에 대한 전기화학 퍼텐셜을 확립한다.

(b) 간접 능동수송은 용질 S와 이온(이 경우 양성자)의 연계 수송을 포함한다. 양성자의 내부로의 이동은 운반된 용질 S를 농도 기울기 또는 전기화학 퍼텐셜에 역행하여 이동할 수 있는 에너지를 제공한다.

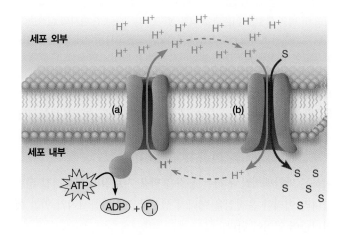

그림 8-11 직접 및 간접 능동수송의 비교. 직접 및 간접 능동수송의 연계에서 막을 가로지르는 양성자의 순환을 주목하라. 또한 운반단백질은 그림에 표시된 단순한 개방형 통로가 아니라는 것도 기억하라.

농도에 따르는 과정 또는 농도를 거스르는 반응의 결합은 양쪽 모두 전체적으로 자유에너지 감소 방향으로 이루어진다. 이러한 2중 수송 과정에서 용질이 서로 같은 방향으로 움직이면 공동수송이라 하고, 다른 방향으로 이동하면 역수송이라 한다. 대부분의 경우 두 가지 용질 중 하나는 (동물에서는 Na^+, 대부분의 다른 생물체들은 H^+을) 전기화학 기울기에 따라 에너지 방출성으로 이동한다. 이동할 때 나머지 용질(단당류, 아미노산 등)이 농도 기울기나 이온의 경우에는 전기화학 기울기를 거슬러 에너지 흡수성으로 함께 이동한다(그림 8-11b). 따라서 간접 능동수송을 흔히 **2차 능동수송**(secondary active transport)이라고 한다.

직접 능동수송은 4가지 유형의 수송 ATP 가수분해효소에 의존한다

직접 능동수송에서 쓰는 가장 일반적인 메커니즘은 능동수송과 ATP의 가수분해를 연결하는 수송 ATP 가수분해효소가 관여한다. 수송 ATP 가수분해효소의 4가지 주된 유형은 P형, V형, F형, ABC형 등 4가지가 있다(**표 8-2**). 이 4가지 유형의 운반단백질 모두 용질을 농도 기울기나 전기화학 기울기에 역행하여 수송하기 위해 ATP 가수분해 에너지를 이용하지만 그들의 구조, 메커니즘, 위치, 생리학적 역할은 서로 다르다.

P형 ATP 가수분해효소 P형 ATP 가수분해효소[P-type ATPase, P는 '인산화(phosphorylation)'에서 유래]는 수송 메커니즘의 일부로서 ATP에 의해 가역적으로 인산화되는 큰 단백질 그룹 중 하나인데, 이는 각 경우에 인산화되는 특정 아스파트산 잔기를 가진다. P형 ATP 가수분해효소는 막을 여러 번 가로지르는 단일 폴리펩타이드에 8~10개의 막관통 단편을 가진다. 또한 인산기(PO_4^{3-})와 매우 유사하여 인산화를 방해하는 바나듐산 이온(VO_4^{3-})에 의한 억제에 민감하다. 따라서 연구자들은 P형 ATP 가수분해효소를 식별하는 수단으로서 바나듐산 이온에 대한 민감도를 이용할 수 있다.

대부분의 P형 ATP 가수분해효소는 원형질막에 위치하며, 서열이나 구조적 유사성에 따라 5가지 하위 종류로 나뉜다. P_1-ATP 가수분해효소는 모든 생물체에서 발견되며, 주로 중금속 이온 수송에 관여한다. 여러 종류의 P_2-ATP 가수분해효소는 많은 진핵세포의 원형질막을 가로지르는 Na^+, K^+, H^+, Ca^{2+} 같은 이온의 농도 기울기를 유지하는 역할을 한다. 가장 잘 알려진 예로는 거의 모든 동물 세포에서 발견되는 Na^+/K^+ ATP 가수분해효소이다. 곧 이 ATP 가수분해효소를 더 자세히 다룰 것이다. 또 다른 예로는 근수축에 관여하는 Ca^{2+}/H^+ ATP 가수분해효소가 있다(연습문제 8-10과 14장 참조). 세 번째 P_2-ATP 가수분해효소는 당신의 위에서 위액의 산성화를 담당하는 H^+/K^+ ATP 가

수분해효소이다. 이 단백질은 과도한 위산을 막기 위해 사용되는 양성자 펌프 억제제(proton pump inhibitor)로 알려진 약물의 표적이다. 이와 유사하게 식물과 균류의 P_3-ATP 가수분해효소는 원형질막에서 양성자를 세포 바깥쪽으로 펌핑하여 외부를 산성화한다.

P_4-ATP 가수분해효소는 이온을 퍼내지 않고 대신에 비교적 소수성 인지질을 퍼낸다는 점에서 앞의 그룹들과 다르다. 게다가 물질을 막을 가로질러 완전히 수송하는 것이 아니라 막 2중층의 한쪽 면에서 반대쪽 면으로 지질을 수송하여 막의 비대칭을 유지해주는 플립페이스와 같은 역할을 한다.

P_5-ATP 가수분해효소는 가장 덜 밝혀진 P형 ATP 가수분해효소이지만, 일부는 양이온을 수송하는 것으로 알려져 있다. 그들은 서열의 상동성은 공유하지만 용질 특이성은 공유하지 않는다. 일부는 단백질 가공의 기능을 보이는 소포체에서 발견되었고, 다른 일부는 액포(효모)나 라이소솜(동물)과 연관이 있고, 인간의 유전성 신경질환과도 관련이 있다.

V형 ATP 가수분해효소 V형 ATP 가수분해효소[V-type ATPase, V는 '액포(vacuole)'에서 유래]는 액포, 소낭, 라이소솜, 엔도솜, 골지체 같은 소기관에 양성자를 넣는 기능을 한다. 일반적으로 이들 세포소기관 막을 가로지르는 양성자 농도는 세포질과 비교하여 10배에서 10,000배 이상까지 이른다. V형 펌프는 수송 과정의 일부로 인산화를 겪지 않기 때문에 바나듐산염에 저해받지 않는다. 이들은 막에 박힌 내재적 요소와 막 표면에서 갓 나온 주변적 요소라는 2개의 다중 소단위체 요소를 가진다. 주변적 요소는 ATP 결합 위치와 그에 따른 ATP 가수분해효소 활성을 포함한다.

F형 ATP 가수분해효소 F형 ATP 가수분해효소[F-type ATPase, F는 '인자(factor)'에서 유래]는 주로 박테리아, 미토콘드리아, 엽록체 등에서 발견된다. 이 F형 ATP 가수분해효소는 양성자 수송에 관여하고, 2개의 요소를 가지는데, 그 둘 모두 다중 소단위 복합체이다. 내재 막 부분은 F_o['o'는 이 소단위를 공격하는 항생제인 올리고마이신(oligomycin)]라 하고 양성자의 막관통 통로이다. F_1이라 불리는 주변 막 부분은 ATP 결합 위치를 포함한다. F형 ATP 가수분해효소는 전기화학 퍼텐셜을 거슬러 양성자를 이동시키기 위해 ATP 가수분해 에너지를 사용할 수 있다.

이들은 반대 방향으로 양성자를 이동시키며 ATP를 합성할 수도 있다(호흡에 대해서는 10장, 광합성에 대해서는 11장 참조). 반대 방향으로 농도 기울기에 따른 양성자의 에너지 방출성 흐름이 ATP 합성을 유도하는 데 쓰인다. 이 마지막 모드에서 F형 ATP 가수분해효소가 이러한 기능을 할 때 더 적합하게 **ATP 합성효소**(ATP synthase)라고 불린다. ATP 합성효소로서, 이들 단

표 8-2	운반 ATP 가수분해효소(펌프)의 주요 유형		
운반된 용질	막 종류	생물체 종류	ATP 가수분해효소의 기능의 예
P형 ATP 가수분해효소(P는 '인산화'를 의미)			
P_1 K^+, Cu^+, Zn^{2+}, Cd^{2+}, Pb^{2+}	원형질막	박테리아, 고세균, 식물, 균류, 동물	포타슘이나 무거운 금속 이온을 수송
P_2 Ca^{2+}/H^+ Na^+/K^+ H^+/K^+	근소포체* 혹은 원형질막 원형질막 원형질막	진핵생물 동물 동물	세포기질에서 Ca^{2+} 농도 낮게 유지 막전위 유지(-60 mV) 위 산성화를 위한 H^+을 퍼냄
P_3 H^+	원형질막	식물, 균류	막전위를 생성하기 위해 세포 밖으로 양성자를 퍼냄(-180 mV)
P_4 인지질	원형질막	진핵생물	지질2중층에서 비대칭성을 유지하는 플립페이스
P_5 다양한 양이온	소포체, 액포, 라이소솜	진핵생물	뚜렷한 특징 없음
V형 ATP 가수분해효소(V는 '액포'를 의미)			
H^+	라이소솜, 분비 액포 액포막	동물 식물, 균류	가수분해효소를 활성화하도록 pH를 낮게 유지
F형 ATP 가수분해효소(F는 '인자'를 의미), 또한 ATP 합성효소로도 불림			
H^+	미토콘드리아 내막 원형질막 틸라코이드 막	진핵생물 박테리아 식물	H^+ 농도 기울기를 이용해 ATP 합성효소 구동
ABC형 ATP 가수분해효소(ABC는 'ATP-결합 카세트'를 의미)			
수입자 　다양한 용질**	원형질막, 소기관 막	박테리아	비타민 B_{12}와 같은 영양분
수출자 　항암제, 독소, 항생제, 지질	원형질막	박테리아, 고세균, 진핵생물	다중약물내성 운반체가 세포에서 약물과 항생제를 제거

* Sarcoplasmic reticulum: 동물의 근육세포에서 발견되는 소포체(ER)의 특수 형태
** 이온, 당, 아미노산, 탄수화물, 비타민, 펩타이드, 단백질

백질은 당의 산화(유산소 호흡) 또는 태양 복사(광합성)의 결과로 생성된 막 간의 양성자 농도 기울기를 이용하여 ATP를 생성한다.

F형 ATP 가수분해효소는 중요한 원칙을 보여준다. ATP는 이온 기울기를 생성하고 유지하기 위한 에너지원으로 사용될 수 있을 뿐만 아니라, 이러한 기울기는 다시 ATP를 합성하기 위한 에너지원으로 사용될 수 있다. F형 펌프 연구 도중 발견된 이 원칙은 대부분의 박테리아뿐만 아니라 모든 진핵생물체의 ATP 합성 메커니즘에도 기본이다.

ABC형 ATP 가수분해효소 ATP 구동 펌프의 4번째 주요 구성은 **ABC 운반체(ABC transporter)**라고도 불리는 **ABC형 ATP 가수분해효소(ABC-type ATPase)**이다. 여기서 ABC명칭은 'ATP-결합 카세트(ATP-binding cassette)'에서 온 것으로, 카세트는 수송 과정의 내재적 부분으로서 ATP를 붙여 단백질 촉매반응의 도메인을 묘사한다. 150가지 이상의 ABC형 ATP 가수분해효소는 모든 생물체에서 발견된 운반단백질에서 매우 큰 부분을 구성한다. 대부분 ABC형 ATP 가수분해효소는 초기에 박테리아종으로부터 얻었고, 영양분을 흡수하는 수입자(importer)로 역할을 했다. 그러나 진핵세포에서도 또한 수출자(exporter)로서 알려진 ABC형 ATP 가수분해효소의 수의 증가가 보고되었고, 일부는 임상적으로도 매우 중요하다. 곧 배우겠지만 불행하게도 항암치료제를 밖으로 퍼낼 수 있는 ATP 가수분해효소가 인간의 종양세포에서 발견되었다. 마지막으로 ABC형 ATP 가수분해효소의

48개의 다른 유전자가 인간 유전체에서 밝혀졌다.

전형적인 ABC형 ATP 가수분해효소는 4개의 단백질 도메인으로 나뉜다. 이들 중 두 도메인은 매우 소수성이고, 막에 박혀있다. 나머지 두 도메인은 주변적이고, 막의 세포질 쪽과 연관되어 있다. 막에 내재한 두 도메인은 각각 6개의 막이 펼쳐진 부위로 구성되어 있으며, 이들이 통로를 형성하여 용질 분자를 통과시킨다. 막 주변 두 영역은 ATP가 결합하는 카세트이고, ATP의 가수분해로 수송 과정까지 연결한다. 대부분의 경우 특히 박테리아 세포에서 이 4개의 도메인은 분리된 폴리펩타이드이다. 그러나 4개의 도메인이 하나의 커다란 다기능 폴리펩타이드의 일부분인 예도 있다.

앞서 언급한 다른 3가지의 ATP 가수분해효소는 양이온이나 지질과 같은 한 가지 유형의 물질만을 수송하지만 ABC형 ATP 가수분해효소는 매우 다양한 용질을 다룬다. 대부분의 ABC 수송체는 특정 용질이나 그와 매우 관련 있는 용질 종류에 특이적이다. 그러나 이 슈퍼패밀리의 많은 수의 수송체에 의해 운반되는 용질의 다양성도 이온, 당, 아미노산, 심지어 펩타이드나 다당류를 포함하여 엄청나다.

ABC 수송체 중 일부는 항생제나 다른 약물을 세포 밖으로 배출하여 세포가 약물에 내성을 갖게 만들기 때문에 ABC 수송체는 의학적으로 상당한 관심을 받고 있다. 예를 들어 몇몇 암은 일반적으로 종양의 생장을 멈추는 데 꽤 효능 있는 다양한 약물에 뚜렷이 저항한다. 그런 암세포는 특이하게 **다중약물내성 운반단백질**[multidrug resistance (MDR) transport protein]이라 불리는 큰 단백질을 고농도로 가지고 있는데, 이 운반단백질이 사람에게서 처음으로 발견된 ABC형 ATP 가수분해효소이다. 이 MDR 운반단백질은 ATP 가수분해 에너지를 사용하여 세포 밖으로 소수성 약물을 내보내는 작용을 함으로써 세포질 내 약물농도를 낮추어 항암제의 치료 효능을 감소시킨다. 대부분의 ABC형 ATP 가수분해효소와 달리 MDR 수송체는 매우 폭넓은 특이성을 가지고 있다. 암 화학치료법에서 흔히 사용되는 넓은 범위의 화학적으로 유사하지 않은 약을 내보낼 수 있으므로, 그 결과 원형질막에서 MDR 운반단백질을 발현하는 세포는 다양한 항암제에 내성을 가진다. 이와 유사하게 일부 세균의 MDR 단백질은 세포 밖으로 다양한 항생제를 운반할 수 있으며, 이러한 세포는 다중 항생제에 대한 내성을 부여한다.

낭포성 섬유증이 구조적으로 ABC 운반체, 이 장 초반에 접했던 낭포성 섬유증 막관통 컨덕턴스 조절자(CFTR)와 관련 있는 원형질막의 유전적 결함에 의한 것임이 밝혀지자 이런 종류의 운반단백질에 대한 의학적 관심이 높아졌다. 그러나 CFTR은 이온 통로이며, 대부분의 ABC형 ATP 가수분해효소와는 다르게 ATP를 사용하여 수송하지 않는다. 그 대신 ATP 가수분해가 통로를 여는 데 관여하는 것으로 보인다(분자 수준에서 낭포성 섬유증에 대한 이해와 이 질병을 치료하기 위한 유전자 치료의 시도에 대한 최근 진전사항은 **인간과의 연결** 참조).

간접 능동수송은 이온 기울기에 의해 이루어진다

ATP 가수분해처럼 화학반응으로부터 유래된 에너지에 의해 가동되는 직접 능동수송과 달리 간접 능동수송(또는 2차 능동수송)은 전기화학 기울기에 따른 이온의 이동으로 이루어진다. 이러한 원리는 전기화학 기울기에 반하여(against) 분자의 내부 수송이 흔히 같이 일어나는 세포의 내부로 당, 아미노산, 다른 유기 분자의 능동적인 흡수에 관한 연구에서 드러났고, Na^+(동물 세포)이나 H^+(대부분의 식물, 곰팡이, 박테리아 등)의 각각 전기화학 기울기에 따라 동시에 일어나는 내부 이동에 의한다.

이러한 공동수송 메커니즘의 광범위한 존재는 왜 대부분의 세포가 원형질막을 가로질러 이온 특이적 농도 기울기를 유지하기 위해 Na^+이나 H^+을 세포 밖으로 지속적으로 퍼내는지 설명한다. 예를 들어 동물의 경우 Na^+/K^+ 펌프로 유지되는 상대적으로 고농도의 세포 외 Na^+이 다양한 당과 아미노산의 흡수에 대한 원동력으로 작용한다. 예를 들어 **그림 8-12**에 표시된 데이터를 얻기 위해 연구자들은 세포 외 Na^+ 농도를 변화시켜서 아미노산 글라이신이 적혈구 내부로의 이동 속도와 당 7-디옥시-D-글루코헵토스(7-deoxy-D-glucoheptose)가 장세포 내부로의 이동 속도를 측정했다. 세포외 Na^+ 농도의 증가와 각 조직으로의 관련 분자의 이동 속도 사이에는 분명한 상관관계가 있다. 이러한 실험은 세포 내부로 아미노산과 당의 수송이 세포 외부 환경에 존재하는 고농도의 Na^+에 의해 자극될 수 있음을 보여주었다.

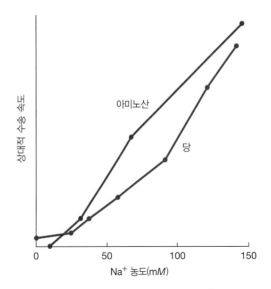

그림 8-12 아미노산과 당의 수송에 미치는 외부 Na^+ 농도의 영향. 세포 외 Na^+ 농도가 증가할수록 어떤 영양소의 세포 내 이동 속도는 간접 능동수송으로 인해 비례적으로 증가한다.

이런 방식의 당과 아미노산의 섭취 과정은 직접적으로 ATP 가수분해나 연관된 '고에너지' 복합체에 의해 이뤄진 것이 아니기 때문에 간접 능동수송으로 간주된다. 그러나 결국 Na^+ 농도를 유지하는 Na^+/K^+ 펌프는 스스로 ATP 가수분해에 의해 가동되기 때문에 흡수는 여전히 ATP에 의존한다. ATP 유래 Na^+/K^+ 펌프가 작동하여 Na^+을 계속적으로 세포 밖으로 내보내고, 공동수송(또 다른 용질의 흡수와 동반하여)을 통해 다시 Na^+을 세포 내로 받아들이는 것이 그림 8-11에 나와 있는 H^+의 순환과 비슷한, 모든 동물 세포의 원형질막을 통해 일어나는 Na^+의 순환 과정이다.

동물 세포가 간접 능동수송을 구동하기 위해 Na^+을 사용하는 반면, 대부분의 다른 생물체는 대신에 양성자 기울기에 의존한다. 예를 들어 균류와 식물은 유기 용질의 흡수를 위해 양성자 전기화학 퍼텐셜의 생성과 유지를 담당하는 ATP 유래 양성자 펌프를 가지고 양성자 공동수송을 활용한다. 많은 종류의 박테리아와 미토콘드리아도 용질의 흡수를 위해 양성자 공동수송을 광범위하게 이용한다. 그러나 이러한 모든 경우 양성자 기울기는 세포 호흡에 수반되는 전자전달 과정에 의해 유지된다(10장 참조).

당과 아미노산과 같은 유기분자의 공동수송 흡수(uptake)에 덧붙여서 Na^+과 양성자 기울기는 Ca^{2+}, K^+을 포함한 다른 이온들의 배출(export)에도 사용될 수 있다. 이 간접 능동수송의 유형은 보통 역수송이다. 양성자를 위한 K^+의 교환과 Na^+을 위한 Ca^{2+}의 교환이 그러한 예이다.

8.5 능동수송의 예

앞서 능동수송의 일반적인 특성에 대해 살펴보았고, 이제 3가지 구체적인 예시인 동물 세포의 직접 또는 간접 능동수송 각각의 예와 박테리아에서 독특한 유형의 빛 유래 수송을 살펴보려고 한다. 각 경우에 어떤 종류의 용질이 수송되는지, 구동 에너지는 무엇인지, 어떻게 에너지원과 수송 메커니즘이 연결되는지에 대해 알아보자. P형 ATP 가수분해효소에 의한 직접 능동수송의 예로 잘 알려져 있기 때문에 모든 동물 세포에 존재하는 Na^+/K^+ ATP 가수분해효소(또는 Na^+/K^+ 펌프)를 먼저 알아볼 것이다. 그다음 동물 세포로부터 Na^+/K^+ ATP 가수분해효소에 의해 생성되는 Na^+ 농도 기울기의 에너지를 이용하는 Na^+/포도당 공동

수송체를 통한 포도당의 간접 능동수송으로 두 번째 예를 고려할 것이다. 마지막으로 특정 세균에서 빛 유래의 양성자 수송을 간략하게 살펴볼 것이다.

직접 능동수송: Na^+/K^+ 펌프는 전기화학 기울기를 유지한다

대부분의 동물 세포의 특징적인 특성은 높은 수준의 세포 내 K^+과 낮은 수준의 세포 내 Na^+이다. 일반적으로 포유류의 뉴런에서 $[K^+]_{내부}/[K^+]_{외부}$ 비는 약 $30:1$이고, $[Na^+]_{내부}/[Na^+]_{외부}$ 비는 약 $0.08:1$이다. 이런 K^+과 Na^+의 전기화학 퍼텐셜의 결과는 신경자극 전달뿐만 아니라 공동수송의 구동력으로서 필수적이다. 그러므로 두 가지 이온 모두 전기화학적 농도 기울기로 이동되기 때문에 K^+의 내부 유입과 Na^+의 외부 방출 모두는 에너지 요구 과정이다.

이 펌프작용을 담당하는 단백질은 1997년에 노벨화학상을 수상한 덴마크 생리학자 스코우(Jens Skou)가 1957년에 발견했다. 이것은 능동수송체로 처음 발견된 이온 수송 효소이다. 보통 P형 ATP 가수분해효소로 불리기 때문에 **Na^+/K^+ ATP 가수분해효소**(Na^+/K^+ ATPase), 혹은 **Na^+/K^+ 펌프**(Na^+/K^+ pump)는 그들의 농도 기울기에 반하여 일어나는 에너지 흡수성의 K^+의 내부 수송과 Na^+의 외부 수송을 구동하기 위해 에너지 방출성의 ATP 가수분해를 이용한다. Na^+/K^+ 펌프는 주로 동물 세포의 원형질막을 통과하는 이들 이온의 불균형적인 분배를 책임진다. 대부분의 다른 능동수송 시스템처럼 이 펌프는 고유의 방향성을 가

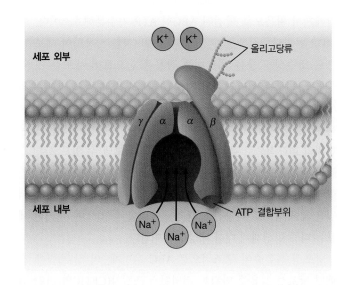

그림 8-13 Na^+/K^+ 펌프. 대부분 동물 세포에서 발견되는 3량체 Na^+/K^+ 펌프는 α, β, γ 막관통 단백질을 포함한다. 펌프는 세포의 안쪽 부위가 열려있는 E_1 구조로 제시되었다. Na^+의 결합은 E_2 형태의 구조적 변화를 야기하는데, 이때 E_2는 내부로 수송되는 K^+을 받을 수 있도록 바깥쪽 부위가 열려있는 형태로 변한다.

지고 있다. K$^+$은 항상 세포 안으로, Na$^+$은 항상 세포 밖으로 펌프질한다. 사실 Na$^+$과 K$^+$은 막 한쪽 면(안쪽으로부터 Na$^+$이, 바깥쪽으로부터 K$^+$이 수송되는 면)에서만 ATP 가수분해효소를 활성화한다. 한 분자의 ATP가 가수분해될 때마다 3개의 Na$^+$은 밖으로 이동하고, 2개의 K$^+$은 안으로 이동한다.

그림 8-13은 Na$^+$/K$^+$ 펌프의 도식적인 그림이다. 펌프는 각각 하나의 α, β, γ 소단위체가 있는 3량체 막관통 단백질이다. 그 자체로 이온 통로를 형성하는 α 소단위체는 막의 안쪽에 ATP와 Na$^+$의 결합부위와 바깥쪽에 K$^+$의 결합부위를 포함한다. 당화되어 있는 β 소단위체와 γ 소단위체의 기능은 아직 명확하지 않다.

Na$^+$/K$^+$ 펌프는 E$_1$과 E$_2$로 불리는 구조를 번갈아 가지는 다른 자리입체성 단백질이다. E$_2$ 구조의 상태일 때는 세포 바깥쪽 부위가 열리면서 K$^+$에 대한 결합력이 높아지는 반면, E$_1$ 구조의 상태일 때는 세포 안쪽의 부위가 열리면서 Na$^+$에 대한 결합력이 높아진다. Na$^+$으로 촉진된 상황인 ATP에 의한 펌프의 인산화는 E$_2$ 구조에서 안정화한다. 반면 K$^+$으로 촉진된 탈인산화는 E$_1$ 구조에서 효소를 안정화한다.

그림 8-14에서 도식적으로 보여주듯이 실제 수송 메커니즘은 ❶ 막의 안쪽에서 E$_1$에 3개의 Na$^+$의 첫 결합을 포함한다. Na$^+$의 결합은 ❷ 인산 공여자로서의 결합된 ATP를 이용하여 펌프의 α 소단위체의 자가인산화를 촉진하고, 이는 E$_1$에서 E$_2$로 구조적인 변화를 초래한다. 결과적으로 ❸ 결합된 Na$^+$은 막을 통해 바깥

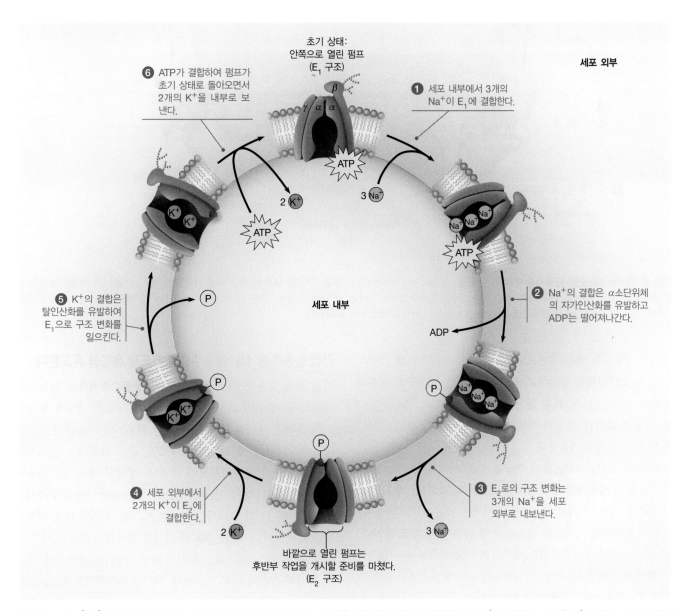

그림 8-14 Na$^+$/K$^+$ 펌프의 작용 모델. 여기서 6단계로 나타난 수송 과정은 세포의 주변부에 정렬했다. Na$^+$의 바깥쪽 수송은 K$^+$의 안쪽 수송과 연결되어 있고, 둘 다 그들 각각의 전기화학 퍼텐셜을 거슬러 일어난다. 구동력은 ❷단계에서 펌프 α 소단위체의 인산화에 사용되는 ATP 가수분해에 의해 제공된다.

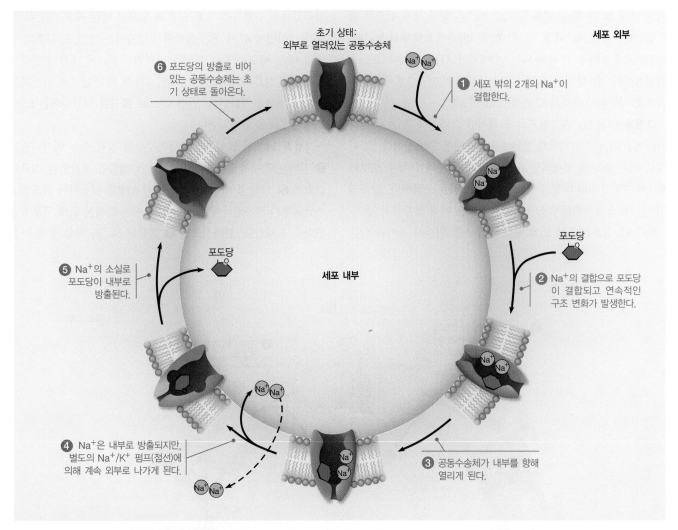

초기 상태:
외부로 열려있는 공동수송체

세포 외부

❻ 포도당의 방출로 비어 있는 공동수송체는 초기 상태로 돌아온다.

❶ 세포 밖의 2개의 Na$^+$이 결합한다.

포도당

❺ Na$^+$의 소실로 포도당이 내부로 방출된다.

포도당

세포 내부

❷ Na$^+$의 결합으로 포도당이 결합되고 연속적인 구조 변화가 발생한다.

❹ Na$^+$은 내부로 방출되지만, 별도의 Na$^+$/K$^+$ 펌프(점선에 의해 계속 외부로 나가게 된다.

❸ 공동수송체가 내부를 향해 열리게 된다.

그림 8-15 Na$^+$/포도당 공동수송체의 작용 모델. 여기서 6단계로 나타난 수송 과정을 세포의 주변부에 정렬했다. 농도 기울기에 역행하여 일어나는 포도당의 안쪽 수송은 전기화학 농도 기울기에 순행하여 일어나는 Na$^+$의 안쪽 수송에 의해 구동된다. 차례로 Na$^+$의 농도 기울기는 그림 8-14의 Na$^+$/K$^+$ 펌프에 의해 Na$^+$ 바깥쪽으로 수송(❹단계의 점선 화살표)함으로써 유지된다.

쪽으로 방출되는 외부 표면으로 이동된다. 그런 다음 ❹ 외부의 K$^+$이 α 소단위체에 결합하고, ❺ 탈인산화를 촉진하며, 원래의 구조로 돌아온다. 이 과정 동안 K$^+$이 안쪽 표면으로 이동하는데, 그곳은 ❻ ATP 결합이 펌프의 출구를 수송체가 더 많은 Na$^+$을 받을 수 있게 남겨놓는다.

Na$^+$/K$^+$ 펌프는 가장 많이 연구된 수송 시스템 중 하나일 뿐 아니라 동물 세포에서 매우 중요한 기능을 하고 있다. 게다가 K$^+$과 Na$^+$의 세포 내 적절한 농도를 유지하는 것은 원형질막을 가로질러 존재하는 막전위를 유지하는 데 책임이 있다. 또한 Na$^+$/K$^+$ 펌프는 Na$^+$이 유기물질의 내부로의 이동에 작용하는 필수적인 역할을 고려할 때 여전히 더 중요하다고 여기고, Na$^+$ 공동수송을 지금부터 다룰 주제로 고려해보자.

간접 능동수송: Na$^+$ 공동수송은 포도당 유입을 유도한다

간접 능동수송의 예로 **Na$^+$/포도당 공동수송체**(Na$^+$/glucose symporter)에 의한 포도당 흡수를 이야기해보자. 그림 8-8에 보이는 것처럼 체내의 세포 내부 혹은 외부로의 대부분의 포도당 수송이 촉진확산에 의해 일어나지만, 장의 상피세포는 심지어 그들의 농도가 상피세포보다 더 낮은 상태일 때도 장으로부터 포도당과 특정 아미노산을 흡수할 수 있는 운반단백질을 가지고 있다. 이 에너지가 요구되는 과정은 Na$^+$/K$^+$ 펌프에 의해 원형질막을 가로질러 유지되는 Na$^+$의 급격한 전기화학 기울기(세포 바깥의 높은 Na$^+$ 농도) 때문에 에너지 발산성의 성격을 띠는 Na$^+$의 동시적 흡수에 의해 구동된다. 이러한 **Na$^+$ 의존성 포도당 운반체**(sodium-dependent glucose transporter)는 종종 SGLT 단백질로 지칭된다.

그림 8-15는 하나의 포도당 분자를 흡수하기 위해 2개의 Na$^+$

이 내부로 이동을 요구하는 Na⁺/포도당 공동수송체의 수송 메커니즘을 보여준다. 수송은 ❶ 막의 바깥쪽 표면에 열려있는 공동 수송체에 2개의 외부 Na⁺이 결합되면서 시작된다. 이는 ❷ 포도당 한 분자가 붙을 수 있게 하고, ❸ Na⁺과 포도당 분자를 막의 내부 표면에 노출하도록 수송체의 구조 변화가 일어난다. ❹ 그곳에서 세포 내에 낮은 Na⁺ 농도에 반응하여 2개의 Na⁺은 분리된다. ❺ 이는 포도당 분자가 분리될 때까지 안쪽을 향해 있는 수송체의 구조를 잠근다. ❻ 그런 다음 비어있는 수송체는 자유롭게 바깥쪽을 향하는 구조로 돌아간다.

그림 8-14에 표시된 Na⁺/K⁺ 펌프로 Na⁺이 계속 바깥으로 분출되어 결국 Na⁺ 농도는 유지된다. 결과적으로 Na⁺은 Na⁺/K⁺ 펌프를 통해 세포 밖으로 방출되고, 세포 밖의 Na⁺은 포도당과 같은 분자와 함께 공동수송을 구동력으로서 세포 내로 다시 들어오는, 원형질막을 오가며 순환한다. 유사한 메커니즘이 아미노산과 다른 유기물질의 흡수에 관여한다. 이때 동물 세포에서는 Na⁺ 공동수송, 그리고 식물, 균류, 박테리아 등에서는 양성자 공동수송체가 이러한 일을 수행한다.

Na⁺/포도당 공동수송체 메커니즘에 대한 이런 세밀한 이해는 콜레라 질병에 대한 치료에 도움이 된다. 콜레라의 원인은 비브리오 콜레라(*Vibrio cholera*) 박테리아 감염이고, 그 박테리아가 내놓는 독성물질이 장 상피세포를 마비시켜 치명적인 탈수를 통해 죽음에까지 이르게 할 수 있다. 경구 수분 보충은 콜레라의 표준 치료법이며, 소금과 설탕을 녹인 용액으로 수분을 보충하는 것이 가장 효과적인 치료방안이다. NaCl의 투여는 조직에서 염분의 균형을 유지고자 노력하기 때문에 신체가 수분을 유지하게 돕는다. 결국 포도당을 소금과 함께 흡수시키는 것은 Na⁺/포도당 공동수송체를 통해 더욱 효율적으로 염분을 흡수할 수 있게 한다.

앞서 논의한 GLUT 단일수송체와 Na⁺/포도당 공동수송체 두 가지 유형의 포도당 수송체는 동일한 세포에서 발견될 수 있다. 예를 들어 소장에 정렬된 세포는 장 쪽에 Na⁺/포도당 공동수송체를 가지고 있어 포도당 농도가 높은 장 내강에서 농도가 낮은 세포로 능동수송을 통해 포도당을 운반할 수 있다. 그다음 세포의 반대쪽에서는 GLUT 수송체가 존재하여 세포보다 포도당 농도가 더 낮은 혈류 내로 포도당을 촉진확산할 수 있다.

박테리오로돕신 양성자 펌프는 양성자 수송을 위해 빛 에너지를 사용한다

마지막으로 살펴볼 능동수송 시스템은 가장 간단하다. **박테리오로돕신**(bacteriorhodopsin)이라고 불리는 작은 내재 막단백질이 이 시스템에 관여한다(**그림 8-16**). 이 단백질(7장 참조)은 할로박테리움(*Halobacterium*)속에 속하는 호염성('염을 좋아하는')

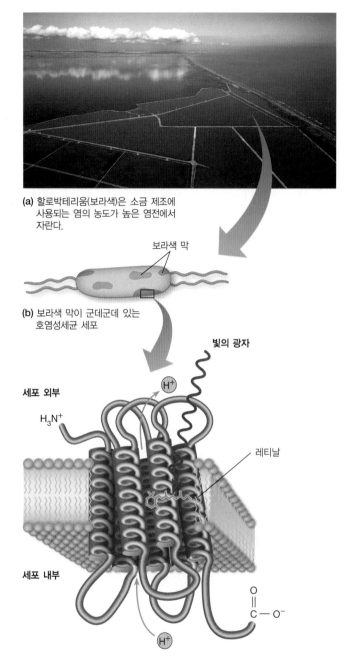

(a) 할로박테리움(보라색)은 소금 제조에 사용되는 염의 농도가 높은 염전에서 자란다.

보라색 막

(b) 보라색 막이 군데군데 있는 호염성세균 세포

빛의 광자

세포 외부

H⁺

H₃N⁺

레티날

세포 내부

O‖C—O⁻

H⁺

(c) 원형질막에 내장된 박테리오로돕신 분자

그림 8-16 호염성세균의 박테리오로돕신 양성자 펌프. (a) *Halobacterium*속에 속한 고세균은 박테리오로돕신 단백질 때문에 보라색을 띤다. (b) 박테리오로돕신은 광활성 양성자 펌프로 *Halobacterium* 세포의 원형질막에 존재하여 보라색 막으로 알려진 밝은 보라색 반점에서 발견되었다. (c) 박테리오로돕신에 존재하는 7개의 α-나선 막관통 단편이 흡광색소인 레티날 분자를 함유한 원기둥을 형성한다.

고세균의 원형질막에서 발견된 양성자 펌프이다. ATP나 이온 농도 기울기로부터 유래한 에너지를 사용하는 운반단백질과는 대조적으로 박테리오로돕신은 능동수송을 구동하기 위해 빛의 광자로부터 얻은 에너지를 사용한다. 박테리오로돕신은 빛 에너지를 포획하는 색소 분자를 가지고 있고, 여기서 얻은 에너지를

원형질막을 통과해 밖으로 양성자의 능동수송을 구동하기 위해 사용한다. 그렇게 함으로써 미토콘드리아와 엽록체에 있는 F형 ATP 가수분해효소와 유사한 ATP 합성효소를 통해 ATP의 합성에 동력을 주는 전기화학 양성자 기울기를 생성한다.

박테리오로돕신의 빛을 흡수하는 색소를 레티날(retinal)이라고 하는데, 이는 비타민 A와 관련된 카로티노이드 유도체로, 눈의 망막에서 시각 색소의 역할을 한다. 레티날에 의해 박테리오로돕신은 밝은 보라색을 띠는데, 이것이 호염성세균이 자색 광합성 세균(purple photosynthetic bacteria)이라고 불리는 이유이다(그림 8-16a). 박테리오로돕신은 호염성세균의 원형질막에서 보라색 막(자색 막, purple membrane)이라고 불리는 유색 부분으로 나타난다.

박테리오로돕신은 막 유래의 7개의 α-나선으로 막에 펼쳐진 부위를 가지며, 전체 원통 모양을 형성한다(그림 8-16c). 레티날은 단백질의 라이신 잔기에 부착된다. 발색단(chromophore, 유색, 빛을 흡수하는 색소)인 레티날이 빛의 광자를 흡수할 때 광활성화가 된다. 그런 다음 활성화된 박테리오로돕신 단백질은 세포의 내부에서 외부로 양성자를 전달할 수 있게 된다. 이러한 방식으로 양성자를 세포 밖으로 내보냄으로써 생성된 전기화학 퍼텐셜은 양성자가 농도 기울기를 따라 다시 세포 내부로 들어올 때 막에 위치한 호염성세균의 ATP 가수분해효소에 의해 ATP를 합성하는 데 사용된다.

에너지가 필요한 양성자 펌핑은 세포에너지론에서 가장 기본적인 개념 중 하나이다. 모든 박테리아, 미토콘드리아, 엽록체에서 발생하는 양성자 펌핑은 ATP의 효율적인 합성을 위한 절대적인 요건이기 때문에 지구상 모든 생명체의 원동력을 대표한다(이 주제에 대해서는 10장과 11장의 호흡 및 광합성 부분 참조).

개념체크 8.5

Na$^+$/포도당 공동수송체와 Na$^+$/K$^+$ 펌프는 Na$^+$을 막을 가로질러 이동시킨다는 공통점이 있다. 두 유형의 수송체는 운반에 어떤 차이가 있는가?

8.6 수송 관련 에너지학

세포에서 일어나는 모든 수송은 에너지 거래이다. 수송이 일어날 때 에너지가 방출이 되기도 하고, 수송을 하기 위해 에너지가 요구되기도 한다. 수송에 관련된 에너지학을 이해하기 위해서는 연관된 두 가지 다른 요소를 인식해야 한다. 전하를 띠지 않는 용질의 경우 수송에서 유일한 변수는 막을 통과하는 농도 기울기로, 이는 수송이 '아래'로 농도 기울기(에너지 방출성)인지 혹

은 '위'로 농도 기울기(에너지 흡수성)인지를 결정한다. 그러나 전하를 띤 용질은 막 사이의 농도 기울기와 전기적 전위를 고려해야 한다. 이 두 가지는 이온의 극성과 수송 방향에 따라 서로를 강화하거나 상쇄할 수 있다.

비전하 용질의 경우 수송 과정의 Δ*G*는 농도 기울기에만 의존한다

전하를 띠지 않은 용질의 경우 오로지 막을 가로지르는 농도 기울기만을 고려해야 한다. 따라서 수송 과정을 단순 화학반응처럼 처리하여 그에 맞춰 Δ*G*를 계산할 수 있다.

분자의 이동에 따른 Δ*G* 계산 용질 S 분자를 막의 외부에서 내부로 운반하는 일반적인 '반응'은 다음과 같다.

$$S_{외부} \longrightarrow S_{내부} \tag{8-4}$$

이런 내부로의 수송반응에서 자유에너지 변화(5장 참조)는 다음과 같다.

$$\Delta G_{안쪽} = \Delta G° + RT \ln \frac{[S]_{내부}}{[S]_{외부}} \tag{8-5}$$

여기에서 Δ*G*는 자유에너지 변화, Δ*G*°는 표준 자유에너지 변화, *R*은 기체상수(1,987 cal/mol-K), *T*는 절대온도, [S]$_{내부}$와 [S]$_{외부}$는 각각 세포 안팎의 용질 농도를 말한다. 전하를 띠지 않는 용질의 수송에 대한 평형상수 K_{eq}는 평형 상태에서 막의 양면에 존재하는 용질의 농도는 같기 때문에 항상 1이다.

$$K_{eq} = \frac{[S]_{내부}}{[S]_{외부}} = 1.0 \tag{8-6}$$

이는 Δ*G*°가 항상 0이라는 뜻이다.

$$\Delta G° = -RT \ln K_{eq} = -RT \ln 1 = 0 \tag{8-7}$$

따라서 비전하 용질이 내부로 이동할 때 식 8-5에 나타낸 Δ*G*는 다음과 같이 단순하게 표현된다.

$$\Delta G_{안쪽} = RT \ln \frac{[S]_{내부}}{[S]_{외부}} \tag{8-8}$$

만약 [S]$_{내부}$가 [S]$_{외부}$보다 적다면 Δ*G*는 음의 값이고, 이는 용질 S가 내부로 수송될 때 에너지 방출성을 의미한다. 따라서 농도 기울기를 따르는 촉진확산처럼 자발적인 이동이 일어난다. 그러나 [S]$_{내부}$가 [S]$_{외부}$보다 크다면 내부로의 용질 S의 운반이 농도 기울기에 역행하게 되고, Δ*G*는 양의 값을 가진다. 이 경우는 에너지 흡수성의 이동이고, 세포 내로 용질 S의 능동수송을 구동하는 데 요구되는 에너지의 총량은 Δ*G*의 양의 값 규모에 의해 정해진다.

표 8-3	하전 및 비하전된 용질의 수송에 대한 ΔG 계산

수송 과정

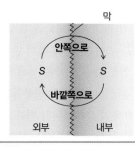

막

안쪽으로

S S

바깥쪽으로

외부   내부

비하전 용질 수송을 위한 ΔG

$$\Delta G_{안쪽} = RT \ln \frac{[S]_{내부}}{[S]_{외부}}$$

$R = 1.987$ cal/mol-K

$T = K = °C + 273$

$$\Delta G_{바깥쪽} = -\Delta G_{안쪽}$$

하전 용질 수송을 위한 ΔG

$$\Delta G_{안쪽} = RT \ln \frac{[S]_{내부}}{[S]_{외부}} + zFV_m$$

z = 이온의 전하

$F = 23,062$ cal/mol-V

V = 막전위(볼트)

$$\Delta G_{바깥쪽} = -\Delta G_{안쪽}$$

예시: 젖당의 흡수 외부 젖당 농도는 단지 0.20 mM인 반면, 박테리아 세포 내의 젖당 농도는 10 mM로 유지된다고 가정해보자. 25°C에서 젖당의 내부 운반에 대한 에너지 요구량은 다음과 같이 식 8-8로부터 계산할 수 있다.

$$\Delta G_{안쪽} = RT \ln \frac{[젖당]_{내부}}{[젖당]_{외부}}$$

$$= (1.987)(25 + 273) \ln \frac{0.010}{0.0002}$$

$$= 592 \ln 50 = 2,316 \text{ cal/mol}$$

$$= 2.32 \text{ kcal/mol} \tag{8-9}$$

많은 박테리아 세포에서 전기화학 양성자 기울기에 의해 젖당 흡수를 구동하는 에너지가 제공되므로, 그런 세포의 젖당 흡수는 간접 능동수송의 한 예이다.

표현된 대로 식 8-8은 내부 수송에 적용된다. 외부 수송의 경우 $S_{내부}$와 $S_{외부}$의 위치는 로그 내에서 상호 교환된다. 그 결과 ΔG의 절댓값은 그대로 유지되고 부호만 달라진다. 모든 과정에서 한 방향으로 에너지 발산적인 수송반응은 같은 정도의 에너지 흡수적인 반응이 반대 방향으로 일어날 것이다. 전하를 띠지 않는 용질을 내부 및 외부로 수송하는 것에 관한 ΔG를 계산하는 식은 **표 8-3**에 요약되어 있다.

전하를 띤 용질의 경우 수송 과정의 ΔG는 전기화학 퍼텐셜에 의존한다

전하를 띤 용질, 다시 말해 이온의 경우에는 농도 기울기와 더불어 세포 자체의 막전위(V_m)를 같이 고려해야 한다. 동물 세포의 V_m은 보통 $-60 \sim -90$ mV 정도이다. 박테리아와 식물 세포의 경우는 더 현저하게 음의 값을 띠며, 보통 박테리아 대략 -150 mV이고, 식물은 $-200 \sim -300$ mV 범위이다. 관례상 음의 기호는 음전하의 초과분이 세포 내부에 있음을 의미한다. 따라서 V_m 값은 외부와 비교해서 세포 내부가 얼마나 음수(양의 기호인 경우 양수)인지를 나타낸다.

막전위는 확실히 비전하 용질의 이동에는 영향을 주지 않지만 이온 수송의 에너지론에는 커다란 영향을 미친다. 보통 음의 값을 갖기 때문에, 전형적으로 막전위는 양이온의 안쪽으로의 이동을 선호하고, 바깥쪽으로의 이동을 막는다. 앞서 언급했듯이 이온의 농도 기울기와 전위 기울기의 합은 그 이온에 대한 전기화학 퍼텐셜이라고 부른다.

이온 수송의 ΔG 계산 이온 수송의 에너지론을 결정할 때 전기화학 퍼텐셜의 두 가지 요소는 반드시 고려되어야 한다. 따라서 이온의 수송에 대한 ΔG를 계산하려면 막 사이의 농도 기울기의 효능을 표현하는 것과 막전위를 고려하는 것, 두 항을 가진 식이 필요하다.

S^z를 전하 z를 가진 용질이라 하면, 내부로의 S^z의 수송에 대한 ΔG는 다음과 같이 계산된다.

$$\Delta G_{안쪽} = +RT \ln \frac{[S]_{내부}}{[S]_{외부}} + zFV_m \tag{8-10}$$

여기서 R, T, $[S]_{내부}$, $[S]_{외부}$는 앞서 정의한 바와 같다. z는 S의 전하이고(예: +1, +2, −1, −2), F는 패러데이 상수(23,062 cal/mol-V), V_m은 막전위(볼트)이다. 식 8-8은 단지 분자에 극성이 없는 z 값이 0인 용질에 대한 것으로, 식 8-10의 간편화한 버전임을 명심하라.

일반적인 세포의 경우 막전위 V_m은 음의 값을 가진다(음의 전하의 초과 값은 세포 내부). 양이온($z > 0$)의 경우는 안쪽 수송을 위해 ΔG 값이 낮아지는 zFV_m 항이 음의 값을 갖게 한다. 따라서 세포 내부가 음전하를 띠면 기대할 수 있듯이 양이온의 세포 내부 이동은 에너지학적으로 자발적으로 일어난다. 양이온의 흡수는 세포의 막전위가 감소함에 따라 더 에너지 방출성이 되며, 더 잘 일어난다. 음이온($z < 0$)의 경우에는 반대로 zFV_m의 양의 값과 자유에너지 조건에서 양의 변화를 주는데, 이는 자발적으로 일어나지 않는, 친숙하지 않은 과정을 의미한다.

S를 바깥쪽으로 수송하는 경우 ΔG는 안쪽으로 수송하는 경우와 동일한 값을 갖지만 부호가 반대이며, 다음과 같이 나타낼 수 있다.

$$\Delta G_{바깥쪽} = -\Delta G_{안쪽} \tag{8-11}$$

예시: 염화 이온의 흡수 식 8-10의 사용을 설명하고 이온의 수송 방향을 예측하는 데 직관이 항상 도움이 되는 것은 아니라는 점을 지적하기 위해 세포 내 Cl^-의 농도가 50 mM인 신경세포가 100 mM의 Cl^-이 포함된 용액에 놓였을 때 어떤 일이 일어날지 고려해보자. 이때 외부의 Cl^- 농도가 세포 내부에 비해서 2배 높으므로 Cl^-이 능동수송의 도움 없이 수동적으로 확산될 것이라고 예상할 수 있겠다. 하지만 이러한 예상은 신경세포의 원형질막 전체에 걸쳐서 -60 mV(-0.06 V)의 막전위가 존재한다는 것을 무시한 것이다. 음의 부호는 세포의 내부가 외부에 비하여 음이라는 것을 상기시켜준다. 즉 Cl^-와 같이 음전하를 띠는 음이온이 세포 내부로 이동하는 것은 막전위에 반하는 것이다. 따라서 Cl^-이 세포 내부로 이동하는 것은 농도 기울기에 따라 내려가는 것이지만 전하의 농도 기울기는 올라간다.

25°C에서 반대되는 두 힘의 상대적인 크기를 정량화하기 위해 관련 수치를 삽입한 식 8-10을 사용할 수 있다.

$$\Delta G_{안쪽} = RT \ln \frac{[S]_{내부}}{[S]_{외부}} + zFV_m$$
$$= (1.987)(25 + 273) \ln\left(\frac{0.05}{0.10}\right) + (-1)(23{,}062)(-0.06)$$
$$= 592 \ln(0.5) + (23{,}062)(0.06)$$
$$= -410 + 1{,}384$$
$$= 974 \text{ cal/mol}$$
$$= +0.97 \text{ kcal/mol} \qquad (8\text{-}12)$$

ΔG의 부호가 양으로 나왔다는 말은 세포 외부의 Cl^- 농도가 세포 내부보다 2배로 높더라도 Cl^-이 세포 안으로 이동하려면 여전히 에너지가 필요하다는 것을 의미한다. 이는 세포 내부에 과도한 음전하가 존재하기 때문이며, V_m 값이 음수로 표시된다. 1몰의 Cl^-이 전위를 역행하여 이동하는 데 필요한 에너지($+1{,}384$칼로리)가 농도 기울기에 의해 이동할 때 방출되는 에너지(-410칼로리)보다 더 크다. 계산을 돕기 위해 표 8-3에 전하를 띠는 용질과 비전하 용질의 내부 및 외부로의 수송에 대한 식이 정리되어 있으며, 각 과정의 열역학적 특성이 요약되어 있다.

평형 상태에서 $\Delta G = 0$이다. 만약 막의 반대쪽에 있는 이온의 농도를 알고 있다면 일부 대수 조작을 통해 식 8-10으로 막전위의 크기(V_m)를 구할 수 있다. 이 식은 반응물과 생성물의 농도를 알고 있으므로 화학반응의 자유에너지 변화를 계산하는 식과 기본적인 형태가 유사하다(식 5-17 참조). 이 방정식의 확장은 세포의 전체 휴지막전위에 대한 다양한 이온의 기여도를 정하는데 중요하다(자세한 내용은 18장 참조).

이 장에서는 이온과 작은 분자가 세포나 세포소기관의 내부와 외부로 이동하는 것에 초점을 맞추었으며, 종종 특정한 운반단백질의 도움을 받아 이러한 용질이 막을 통과하는 것에 대해서도 살펴보았다. 그러나 이러한 경로 외에도 많은 진핵세포는 투과성의 특성에 관계없이 너무 커서 막을 통과하기에 힘든 물질을 흡수하고 방출할 수 있다. 세포외배출(exocytosis)은 세포 내에서 합성되어 막 결합 소포 안에 격리된 단백질을 방출하는 과정이다. 반면 세포내섭취(endocytosis)는 고분자나 다른 물질을 원형질막에 함입함으로써 흡수하는 과정이다(세포외배출과 세포내섭취에 대한 자세한 내용은 12장 참조).

개념체크 8.6

당신은 아미노산 중에서 곁사슬이 중성(=COOH)이거나 이온화되어 음의 전하(=COO⁻)를 띠는 상태인 아스파트산의 수송에 대한 에너지학을 공부하고자 한다. 세포 내부로 수송 ΔG 값을 계산할 때 곁사슬의 이온화 상태를 고려해야 하는 이유는 무엇인가?

요약

8.1 세포와 수송 과정

■ 막 장벽을 통한 분자와 이온의 선택적 수송은 필요한 물질이 적절한 시간과 유용한 속도로 세포와 세포 내 구획의 안팎으로 이동할 수 있게 한다.

■ 비극성 분자와 작은 극성 분자는 단순확산에 의해 막을 통과한다. 이온과 많은 생물학적인 관련 분자를 포함하는 다른 모든 용질의 수송은 불투과성 막을 통과하도록 통로를 제공하는 특정한 운반단백질에 의해 매개된다.

■ 이러한 각각의 운반단백질은 적어도 하나, 대부분 여럿의 소수성 막관통 서열을 가지며 종종 그 자체가 통로로 작용한다. 전형적으로 분리된 조절 도메인이 통로의 개폐를 조절한다.

8.2 단순확산: 농도 기울기에 따라 이동

■ 생체막을 통한 단순확산은 O_2, CO_2, 지질과 같이 작거나 비극성인 분자로 제한된다. 물 분자는 극성이기는 하지만 아직 완전히 알지 못하는 방식으로 막을 가로질러 확산할 정도로 충분히 작다.

■ 막은 지질2중층의 비극성 내부를 통과할 수 있는 지질에 대해 투과성을 가진다. 대부분 화합물의 막투과성은 분배계수(기름과 물에 대한 상대적 용해성)에 바로 정비례한다.

■ 막을 가로지르는 용질의 확산 방향은 농도 기울기에 의해 결정되

며, 항상 평형을 향해 움직인다. 용질은 고농도의 지역에서 저농도의 지역으로 기울기에 따라 확산될 것이다.

■ 용질이 막을 통과할 수 없을 경우 낮은 용질 농도의 구역(높은 H_2O)에서 높은 용질 농도의 구역(낮은 H_2O)으로 삼투압에 의해 물이 이동할 것이다.

8.3 촉진확산: 농도에 따른 단백질 매개의 이동

■ 수송은 전하를 띠지 않는 용질의 농도 기울기에 따라 내리막길이거나 오르막길일 수 있다. 이온의 경우 이온의 농도 기울기와 막을 가로지르는 전하 기울기가 결합된 효과인 전기화학 퍼텐셜을 고려해야 한다.

■ 촉진확산으로 불리는 큰 분자, 극성 분자, 이온의 내리막길 수송은 이러한 분자나 이온이 막을 통해 직접적으로 확산될 수 없기 때문에 운반체 단백질이나 통로 단백질에 의해 매개되어야 한다.

■ 운반체 단백질은 두 가지 입체 구조 상태를 번갈아가면서 작용한다. 그 예로는 적혈구의 원형질막에서 발견되는 포도당 운반체와 음이온 교환단백질이 있다.

■ 단일 종류의 분자 또는 이온을 수송하는 것을 단일수송이라고 한다. 2개 이상의 분자 또는 이온이 동시에 결합된 수송은 두 용질이 동일한 방향으로 가는 공동수송과 반대 방향으로 가는 역수송이 있다.

■ 통로 단백질은 친수성 아미노산이 정렬된 막관통 통로를 형성하여 확산을 촉진한다. 통로 단백질은 3개의 중요한 범주는 이온 통로(주로 H^+, Na^+, K^+, Ca^{2+}, Cl^-, HCO_3^-의 수송에 사용), 포린(다양한 고분자량 용질), 아쿠아포린(물)이 있다.

8.4 능동수송: 단백질을 통해 농도 기울기를 역행하여 이동

■ 큰 분자, 극성 분자, 이온을 오르막 수송하는 능동수송은 단백질 수송체와 에너지의 투입이 필요하다. 능동수송은 ATP 가수분해, 이온의 농도 기울기에 의한 전기화학 퍼텐셜, 빛 에너지에 의해 작동된다.

■ ATP 가수분해에 의해 작동하는 능동수송은 P형 ATP 가수분해효소, V형 ATP 가수분해효소, F형 ATP 가수분해효소, ABC형 ATP 가수분해효소라는 4가지 주요 운반단백질을 활용한다. 널리 접할 수 있는 한 예로는 동물 세포의 원형질막을 가로질러 Na^+과 K^+에 대한 전기화학 퍼텐셜을 유지하는 ATP 구동 Na^+/K^+ 펌프(P형 ATP 가수분해효소)가 있다.

■ 전기화학 퍼텐셜로 능동수송은 일반적으로 Na^+(동물 세포) 또는 양성자(식물, 균류 및 대부분의 박테리아 세포)의 기울기에 의존한다. 예를 들어 원형질막을 가로질러 영양소의 내부로의 수송은 종종 Na^+/K^+ 펌프에 의해 바깥쪽으로 퍼낸 Na^+의 공동수송에 의해 구동된다. Na^+이 세포 내부로 다시 들어올 때 당, 아미노산 그리고 다른 유기분자를 내부로 수송을 구동한다.

8.5 능동수송의 예

■ Na^+/K^+ 펌프는 Na^+과 K^+을 그들의 농도 기울기에 역행하여 반대 방향으로 이동시키기 위해 직접 능동수송을 사용하는데, 이때 필요한 에너지의 투입을 ATP 가수분해로 충당한다.

■ $Na^+/$포도당 공동수송체는 Na^+과 포도당을 함께 세포로 이동시키기 위해 간접 능동수송을 사용한다. 이 구동력은 Na^+/K^+ 펌프에 의해 유지되는 가파른 농도 기울기를 따라 내려가는 Na^+의 이동이다.

■ 호염성세균에서는 빛 에너지에 의한 능동수송이 이루어진다. 광자가 박테리오로돕신에 의해 흡수되면서 양성자는 세포막을 가로질러 세포 밖으로 퍼내어진다. 양성자가 세포 안으로 다시 들어올 때 ATP가 합성된다.

8.6 수송 관련 에너지학

■ 수송에서의 ΔG는 쉽게 계산할 수 있다. 만약 $\Delta G < 0$이면, 수송은 자발적일 것이다. 만약 $\Delta G > 0$이면, 수송을 위해 에너지의 투입이 필요할 것이다. $\Delta G = 0$이면 용질의 순 이동은 없다.

■ 전하를 띠지 않는 용질의 경우 ΔG는 오직 농도 기울기에만 의존한다. 전하를 띠는 용질의 경우 농도 기울기와 막전위를 모두 고려해야 한다.

연습문제

8-1 참 혹은 거짓? 막 수송에 관한 다음의 각 문장이 참(T)인지 거짓(F)인지를 표시하라. 만약 거짓일 경우 문장을 참으로 고쳐보라.

(a) 양이온의 촉진확산은 농도가 높은 구획에서 농도가 낮은 구획으로만 발생한다.

(b) 능동수송은 항상 고에너지 인산결합의 가수분해에 의해 작동한다.

(c) 막은 본질적으로 극성 분자에 대한 투과성이 없기 때문에 세포 밖으로 극성 분자가 확산하는 것에 대한 K_{eq} 값은 1보다 작다.

(d) 세포가 그 원형질막에 설탕 운반단백질을 가지고 있다면 $0.25\,M$의 설탕 용액은 포유류 세포에 대해서 등장액이 아닐 것이다.

(e) 특정 용질에 대한 투과계수는 그 용질에 대한 운반단백질이 존재하는 경우 훨씬 더 낮아진다.

(f) 원형질막은 인산화된 화합물에 특이적인 운반단백질을 거의 가지고 있지 않다.

(g) 이산화탄소와 HCO_3^-은 보통 적혈구의 원형질막을 가로질러서 같은 방향으로 이동한다.

(h) 동물 세포를 Na^+/K^+ 펌프에 특화된 억제제로 처리하면 Na^+ 공동수송에 의한 포도당의 흡수에는 영향을 미치지 않는다.

8-2 구분하기. 아래의 수송 메커니즘 짝에서 각각을 구별하는 데 사용할 수 있는 특성을 짝지어보라.

수송 메커니즘

(a) 단순확산, 촉진확산

(b) 촉진확산, 능동수송

(c) 단순확산, 능동수송

(d) 직접 능동수송, 간접 능동수송

(e) 공동수송, 역수송

(f) 단일수송, 연계수송

(g) P형 ATP 가수분해효소, V형 ATP 가수분해효소

특성

1. 수송된 두 용질의 이동 방향
2. 농도 기울기 또는 전기화학 퍼텐셜에 관하여 용질이 이동하는 방향
3. 용질 수송의 속도론
4. 대사 에너지를 위한 필요조건
5. 두 용질을 동시에 수송하는 필요조건
6. 고유한 방향성
7. 경쟁적 억제
8. 바나듐산 억제제에 대한 민감도

8-3 수송 메커니즘. 주어진 각 문장에 대해 단순확산에 관한 것이면 D, 촉진확산에 관한 것이면 F, 능동수송에 관한 것이면 A를 표기하라. 답은 일부 또는 전부에 해당하거나 해당 없음(N) 중 하나이다.

(a) 내재 막단백질의 존재가 필요하다.

(b) 용질은 자유에너지 기울기를 따라 열역학적 평형 방향으로 이동한다.

(c) 포화되지 않는다.

(d) ATP의 가수분해가 필요하다.

(e) 막간 용질의 농도 기울기에 차이를 만드는 방법이다.

(f) 작고 비극성 용질에만 적용된다.

(g) 이온에만 적용된다.

(h) 수송이 우세한 농도 기울기에 따라 막을 가로질러 어느 방향으로든 발생할 수 있다.

(i) 양의 ΔG 값을 가진다.

(j) 일반적으로 고유의 방향성을 가지고 있다.

8-4 데이터 분석 포도당 흡수. 헬리코박터 파일로리균(*Helicobacter pylori*)은 사람의 위와 소장에 궤양을 일으키는 세균이다. **그림 8-17**은 150 mM NaCl(빨간색) 또는 150 mM KCl(파랑색)의 존재하에서 헬리코박터 파일로리균에 의한 방사성 표지 D-포도당의 섭취 속도를 보여준다. 이 정보를 바탕으로 D-포도당은 어떤 종류의 수송을 통해 헬리코박터 파일로리균의 내부로 들어가며, 그 이유는 무엇인가?

8-5 양적 분석 K⁺ 수송. 당신의 몸을 이루는 대부분의 세포는 K⁺을 안쪽으로 펌핑하여 외부 농도의 30~40배에 달하는 내부 K⁺ 농도를

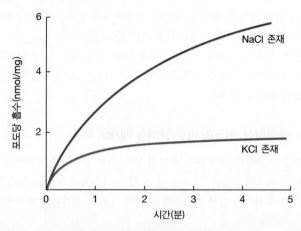

그림 8-17 헬리코박터 파일로리균에서의 포도당 수송. 150 mM NaCl(빨간색) 또는 150 mM KCl(파랑색)의 존재하에서 헬리코박터 파일로리균의 방사성 표지 D-포도당 0.8 mM 수송을 측정했다. 연습문제 8-4 참조

유지한다.

(a) K⁺을 원형질막 사이의 막전위를 유지하지 않는 세포 안으로 운반할 때 37°C에서 ΔG는 얼마인가?

(b) 막전위가 −60 mV인 신경세포의 경우 37°C에서 K⁺을 내부로 수송할 때 ΔG는 얼마인가?

(c) (b)의 신경세포에서 만약 세포 내 ATP/ADP의 비율이 5:1이고 무기 인산염의 농도가 10 mM인 경우 1개의 ATP 분자가 가수분해할 때 안쪽으로 펌핑될 수 있는 K⁺의 최대 수는 얼마인가? (ATP 가수분해의 경우 $\Delta G°' = -7.3$ Kcal/mol)

8-6 양적 분석 이온 기울기와 ATP 합성. 대부분의 세포에서 원형질막에 걸쳐 유지되는 이온 기울기는 세포에너지론에서 중요한 역할을 한다. 이온 기울기는 ATP의 가수분해로 형성되거나 ADP의 인산화로 ATP를 만드는 데 사용된다.

(a) 이온 기울기를 형성하고 유지하기 위해 ATP가 사용되는 예를 들어보라. 이온 기울기를 형성하고 유지할 수 있는 다른 방법으로는 무엇이 있을까?

(b) ATP를 만들기 위해 이온 기울기가 사용되는 예를 들어보라. 이온 기울기는 또 어떤 곳에서 사용되는가?

(c) 세포 내부의 Na⁺ 농도는 12 mM, 세포 외부의 Na⁺ 농도는 145 mM, 막전위는 −90 mV라고 가정하자. ATP/ADP의 비율이 5:1이고, 무기 인산염 농도가 50 mM이며, 온도가 37°C인 상태에서 세포가 ATP 가수분해를 이용하여 Na⁺을 외부로 2:1의 비율(ATP 한 분자를 가수분해하면 Na⁺을 2개 수송한다)로 수송할 수 있는가? 3:1의 비율에서는 어떠한가? 이에 대한 답을 설명하라.

(d) 박테리아 세포가 원형질막에 걸쳐 양성자 기울기를 유지한다고 가정하면 외부 pH가 7.0일 때 세포 내부의 pH가 8.0이 된다. 막전위가 −180 mV이고, 온도가 25°C이며 ATP, ADP, 무기 인산염의 농도가 (c)와 같다면 1:1의 비율(수송된 양성자 1개당 하나의 ATP 합성)로 양성자 기울기를 통해 ATP를 합성할 수 있는가? 1:2의 비율에서는 어떠한가? 이에 대한 답을 설명하라.

8-7 양적 분석 Na⁺ 수송. 해양 원생동물은 K⁺과는 독립적으로 작동하는 간단한 ATP 구동 Na⁺ 펌프에 의해 Na⁺을 바깥쪽으로 펌핑하는 것으로 알려져 있다. 세포 내의 ATP 농도는 20 mM, ADP 농도는 2 mM, P$_i$ 농도는 1 mM이고, 막전위는 −75 mV이다.

(a) 펌프가 1개의 ATP를 가수분해할 때 3개의 Na⁺을 외부로 수송한다고 가정하면, 세포 외부의 Na⁺ 농도가 150 mM일 때 25°C에서 가능한 낮게 유지할 수 있는 세포 내부의 Na⁺ 농도는 얼마인가?

(b) 만약 이온이 아니라 전하를 띠지 않는 분자를 다룬다고 가정하면 다른 모든 조건이 동일하다는 전제하에 (a)에 대한 답은 더 높을 것인가 아니면 그 반대인가? 이에 대해 설명하라.

8-8 양적 분석 산성인 위의 경우. 위의 위액은 pH 2.0이다. 이 산성도는 위 점막의 상피세포에 의해 위 내부로 양성자가 분비되기 때문이다. 상피세포는 내부 pH가 7.0이고, 막전위가 −70 mV(내부는 음)이며 체온(37°C)에서 작용한다.

(a) 상피세포의 막에 걸친 양성자의 농도 기울기는 얼마인가?

(b) 수송된 하나의 양성자당 ATP 한 분자의 비율일 때, 양성자 수송이 ATP 가수분해에 의해 구동될 수 있다고 생각하는가?

(c) 양성자가 세포의 내부로 자유롭게 다시 이동할 수 있다면 이러한 일이 일어나는 것을 막기 위해 필요한 막전위를 계산하라.

(d) 37°C에서 위액으로 양성자를 1몰 분비하는 것에 대한 자유에너지 변화를 계산하라.

8-9 전하를 띠는지의 여부가 차이를 만드는가? 세포 안팎으로 이동하는 수많은 용질은 양성자화 또는 이온화된 형태로 존재하거나 그렇게 될 수 있는 작용기를 가지고 있다. CO₂, H₃PO₄(인산), NH₃(암모니아)와 같은 단순 분자가 여기에 속하며 카복실산기, 인산기, 아미노기를 가진 유기분자도 이 범주에 속한다.

(a) 암모니아를 이 화합물의 단순한 예로 생각해보자. 전하를 띠는 암모니아의 형태를 무엇이라고 하는가? 화학식은 어떻게 되는가?

(b) 위의 두 가지 형태 중 어떤 형태가 강한 산성 pH의 용액에서 더 우세한가? 이에 대한 답을 설명하라.

(c) 이 두 가지 형태 중 어떤 형태가 세포의 원형질막을 가로질러서 흡수될 때 세포 내부와 외부의 농도 기울기에 의한 영향을 받을 것인가? 이 두 가지 형태 중 어떤 것의 흡수가 원형질막의 막전위에 의한 영향을 받는가? 이에 대한 답을 설명하라.

(d) 암모니아를 주위로부터 흡수해야 하는 세포가 음의 막전위를 가지고 있다고 가정했을 경우 전하를 띠는 형태를 흡수하는 것은 전하를 띠지 않는 형태를 흡수할 때에 비해 더 많은 혹은 더 적은 에너지가 필요한가? 이에 대한 답을 설명하라.

(e) 암모니아 대신 여러 생물학적 경로에서 중요한 중간생성물인 아세트산(CH₃COOH)의 흡수를 고려해보자. 이 경우 전하를 띠는 형태는 무엇인가? 이 두 가지 형태 중 어떤 형태가 세포의 원형질막을 가로질러서 흡수될 때 세포 내부와 외부의 농도 기울기에 영향을 받을 것인가? 이 두 가지 형태 중 어떤 것의 흡수가 원형질막의 막전위에 영향을 받는가? 이에 대한 답을 설명하라.

(f) 아세트산을 주위로부터 흡수해야 하는 세포가 음의 막전위를 가진다면 전하를 띠는 형태를 흡수하는 것은 그렇지 않은 형태를 흡수할 때에 비해 에너지가 더 필요한가? 이에 대해 설명하라.

8-10 양적 분석 근소포체의 Ca²⁺ 펌프. 근육세포는 Ca²⁺을 사용하여 근수축 과정을 조절한다. Ca²⁺은 근소포체(SR)에 의해 흡수되고 방출된다. SR에서 Ca²⁺이 방출되면 근육의 수축이 활성화되며, ATP에 의해 Ca²⁺이 흡수될 때는 근육세포가 이완된다. 근육 조직이 균질화되어 파괴될 때 SR은 여전히 Ca²⁺의 흡수가 가능한 마이크로솜(microsome)이라고 불리는 작은 소포를 형성한다. **그림 8-18**의 자료를 얻기 위해 pH 7.5의 5 mM의 ATP와 0.1 M의 KCl이 포함된 용액을 준비했다. 1.0 mg의 단백질이 포함된 SR 마이크로솜을 분리하여 용액 1 mL에 넣고 0.4 μmol의 Ca²⁺을 첨가한다. 2분 후에 칼슘 이온통로구를 첨가한다[이온통로구(ionophore)는 막을 가로지르는 이온의 이동을 촉진하는 물질이다]. 첨가하는 동안 ATP 가수분해효소의 활성이 모니터링되었으며, 그 결과는 그림에 제시되어 있다.

(a) ATP 가수분해효소 활성, 즉 1밀리그램 효소가 1분당 가수분해시킨 ATP는 몇 마이크로몰인가?

(b) ATP 가수분해효소는 Ca²⁺에 의해 활성화된다. Ca²⁺이 첨가되었을 때 ATP 가수분해가 증가하고, 첨가된 Ca²⁺이 1분 후에 소포 내로 흡수되었을 때 가수분해가 감소함을 알 수 있다. ATP가 하나 가수분해될 때마다 얼마나 많은 Ca²⁺이 흡수되는가?

(c) 마지막으로 막을 가로질러 Ca²⁺을 운반하는 이온통로구를 첨가한다. ATP 가수분해가 왜 다시 시작되는가?

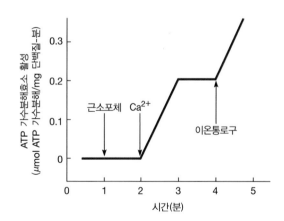

그림 8-18 근소포체에 의한 Ca²⁺의 흡수. 연습문제 8-10 참조

8-11 와베인 억제. 와베인은 세포 밖으로 Na⁺의 능동수송을 억제하는 특별한 억제제이며, 막수송 메커니즘 연구에 중요한 수단이다. 다음 중 어떤 과정이 당신의 몸에서 와베인에 의한 억제에 민감할 것으로 예상하는가? 각각의 경우에서 답을 설명하라.

(a) 근육세포 내부로 포도당의 촉진확산

(b) 장의 점막을 통한 음식 속의 페닐알라닌의 능동수송

(c) 적혈구에 의한 K⁺ 흡수

(d) 장 내 세균에 의한 젖당의 능동흡수

9 화학영양생물의 에너지 대사: 해당과정과 발효

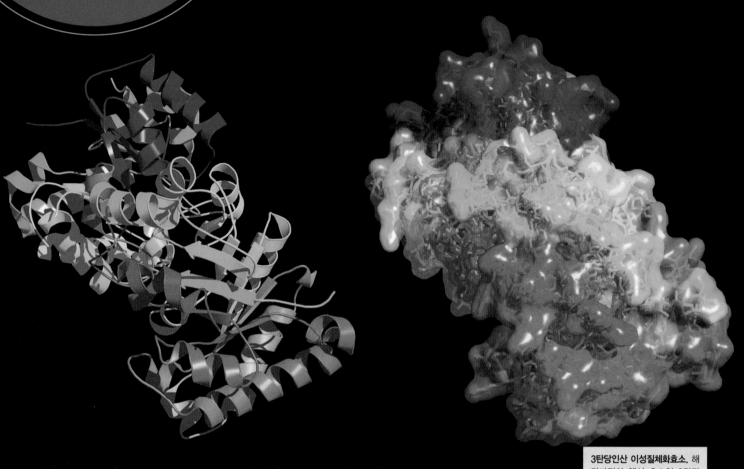

3탄당인산 이성질체화효소. 해당과정의 핵심 효소인 3탄당 인산 이성질체화효소 분자의 2차 구조 모델(왼쪽)과 공간-채움 모델(오른쪽)

이전 장에서 배웠듯이 세포는 에너지원과 단백질, 핵산, 다당류, 지질 같은 화학적 '빌딩 블록'의 공급원 없이는 생존할 수 없다. 우리를 포함한 많은 생물체에는 이 두 가지 요구사항이 관련되어 있다. 필요한 에너지와 작은 분자는 이러한 생물체가 생산하거나 섭취하는 식품 분자에 모두 존재한다.

이 장과 다음 장에서는 동물과 대부분의 미생물 같은 *화학영양생물*이 당 분자의 산화적 분해에 초점을 맞춰 음식에서 에너지를 얻는 방법을 다루고자 한다. 그런 다음(11장) 녹색식물, 조류, 일부 박테리아, 고세균과 같은 *광영양생물*이 대부분 모든 생물체의 궁극적인 에너지원인 태양 복사 에너지를 이용하는 과정을 논의할 것이다. 그들은 이 에너지를 사용하여 이산화탄소를 줄이고(전자와 수소를 추가하여) 당 분자를 생성할 수 있다. 세포가 에너지를 얻는 반응은 또한 세포가 고분자 및 기타 세포 구성 요소의 합성에 필요한 다양한 작은 분자를 제공할 수 있음을 기억해야 한다.

9.1 대사경로

6장에서는 개별적으로 기능하는 각각의 효소로 인해 촉매되는 화학반응에 초점을 두었다. 그러나 이러한 화학반응은 실제 세포에서 진행되는 방식이 아니다. 어떤 주요 과정을 수행하기 위해 세포는 순서대로 일어나는 일련의 반응을 필요로 하며, 차례로 대부분의 효소는 단일 반응만을 촉매하기 때문에 많은 다른 효소가 필요하다.

세포 내에서 일어나는 모든 화학반응을 고려할 때 **대사**(metabolism, '변화'를 의미하는 그리스어 *metaballein*에서 유래)에 대해 이야기해야 한다. 세포의 전반적인 대사는 차례로 특정 작업을 수행하는 수많은 특정 대사경로로 구성된다. 생화학자의 관점에서 세포 수준에서의 삶은 통합되고 신중하게 조절된 대사경로의 네트워크에 의존하며, 각각은 세포가 수행해야 하는 활동의 합에 기여하는 것이다.

대사경로에는 세포 구성 요소 합성경로인 **동화경로**(anabolic pathway, '위'라는 의미를 지닌 그리스어 접두사 *ana*-에서 유래)와 세포 구성 요소 분해경로인 **이화경로**(catabolic pathway, '아래'라는 의미를 지닌 그리스어 접두사 *kata*-에서 유래)의 두 가지 유형이 있다. 동화경로는 일반적으로 분자 질서 증가(따라서 엔트로피의 국부적 감소)와 에너지를 필요로 하는 과정이다. 중합체 합성 및 이산화탄소를 이용한 당으로의 생물학적 환원은 동화경로의 예이다. 종종 동화경로는 향후 사용을 위한 에너지를 저장할 목적으로 포도당 단위에서 녹말 및 글리코젠과 같은 중합체를 합성한다. 예를 들어 특정 스테로이드 호르몬은 아미노산으로부터 근육 단백질 합성을 자극하기 때문에 단백 동화 스테로이드라고 한다.

이화경로는 일반적으로 분자 질서의 감소(엔트로피 증가)와 에너지 방출(exergonic)을 수반하는 분해경로 방식이다. 이러한 반응은 종종 고분자의 가수분해 또는 산화반응을 포함한다. 이화경로는 세포에서 두 가지 역할을 한다. 세포 기능을 수행하는 데 필요한 자유에너지를 방출하고 생합성을 위한 구성 요소인 작은 유기분자 또는 대사 산물을 생성한다. 그러나 이화경로는 단순히 해당 동화경로의 반대가 아니다. 예를 들어 포도당 분해를 위한 이화경로와 포도당 합성을 위한 동화경로는 일부 다른 효소와 중간체를 사용한다.

뒤에서 언급하겠지만 이화작용은 산소의 존재 유무(호기성 또는 혐기성 조건)에서 수행될 수 있다. 포도당 분자당 에너지 생산율은 산소가 있을 때 훨씬 증가한다. 그러나 혐기성 이화작용은 항상 산소가 부족한 환경의 생물체뿐만 아니라 일시적으로 산소가 부족한 생물체와 세포에도 중요하게 작용한다.

개념체크 9.1

이화경로와 동화경로는 어떻게 유사한가? 어떻게 다른가?

9.2 ATP: 세포의 1차 에너지 분자

세포의 동화반응은 성장 및 수선 과정에서 생합성을 담당하며,

이 과정은 에너지를 필요로 한다. 반면 음식 분자를 분해하는 이화반응은 동화반응을 유도하는 데 필요한 에너지를 방출한다. 그리고 세포는 생합성 외에도 여러 중요한 세포 과정에 에너지를 필요로 한다(그림 5-1 참조).

대부분 모든 세포에서 일을 수행하기 위한 에너지원으로 가장 일반적으로 사용되는 분자는 **아데노신 3인산**(adenosine triphosphate, ATP)이다. ATP는 생물학적 세계의 1차 에너지 '통화'라고 할 수 있다. 첫째, ATP를 생성하는 데 포도당(화학영양생물)이나 태양(광영양생물)과 같은 외부 에너지원이 필요하다. 결과적으로 ATP는 세포 내에서 세포와 물질의 이동, 막을 통한 분자 및 이온의 능동수송, 효소촉매 반응 등 수많은 필수 세포 활동에 전력을 공급하는 에너지원으로 사용될 수 있다.

그러나 ATP 합성이 세포가 화학 에너지를 저장하는 유일한 방법은 아니라는 점을 고려해야 한다. GTP 및 크레아틴인산과 같은 다른 고에너지 분자는 ATP로 전환될 수 있는 화학 에너지를 저장한다. 또한 뒤에 언급을 하겠지만 화학 에너지는 NADH와 같은 **환원된 조효소**로 저장될 수 있으며, 이는 세포의 동화작용을 위한 환원력의 원천이 된다. ATP는 대부분의 세포 에너지 교환에 관여하기 때문에 먼저 ATP의 구조와 기능을 이해하고 이 분자를 보편적인 에너지 연결자로서의 역할에 적합하게 만드는 특성을 이해하는 것이 중요하다.

ATP에는 2개의 에너지가 풍부한 인산결합이 포함되어 있다

ATP는 방향족 염기 아데닌, 5탄당 리보스, 3개의 인산기 사슬을 포함하는 복잡한 분자이다(3장 참조). 인산기는 **그림 9-1**에서 나타낸 바와 같이 ATP 분자는 **인산무수 결합**(phosphoanhydride bond)에 의해 서로 연결되고 리보스에는 **인산에스터 결합**(phosphoester bond)에 의해 연결된다. 아데닌과 리보스가 연결되어 형성된 화합물인 아데노신은 인산화되지 않은 형태로 세포에서 발생하거나 리보스의 탄소 원자 5에 1, 2, 3개의 인산염이 부착되어 각각 아데노신 1인산(AMP), 아데노신 2인산(ADP), 아데노신 3인산(ATP)을 형성할 수 있다.

ATP가 가수분해될 때 물 분자는 세 번째(가장 바깥쪽) 인산염을 두 번째 인산염에 연결하는 고에너지 인산무수 결합을 끊는 데 사용되며, 이때 에너지가 방출되기 때문에 ATP 분자는 세포 에너지 대사의 중간체 역할을 하게 된다. 이 과정 중 두 가지 생성물이 형성된다. 말단 인산염은 물 분자로부터 $-OH$를 받아 무기인산염(HPO_4^{2-}, 종종 P_i로 표기)으로 방출되고, 생성된 ADP 분자는 수소 원자를 얻고 이온화에 의해 즉시 양성자를 잃게 된다. 따라서 ADP와 P_i를 형성하기 위한 ATP의 가수분해는 -7.3 kcal/mol의 표준 자유에너지 변화($\Delta G^{o\prime}$)로 에너지를 방출한다(그림 9-1, 반응 1). ADP와 P_i에서 ATP가 합성되고 축합에

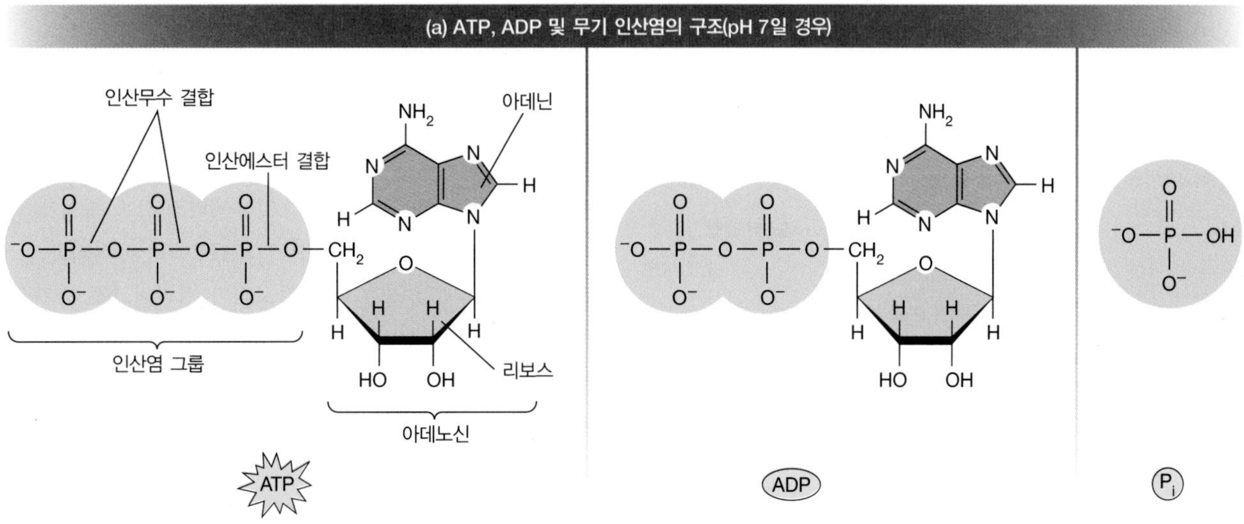

(a) ATP, ADP 및 무기 인산염의 구조(pH 7일 경우)

(b) ATP 가수분해 및 합성에 대한 화학반응식

반응 1: 가수분해
($\Delta G^{\circ\prime} = -7.3$ kcal/mol)

$$ATP^{4-} + H_2O \rightleftharpoons ADP^{3-} + P_i^{2-} + H^+$$

반응 2: ATP 합성
($\Delta G^{\circ\prime} = +7.3$ kcal/mol)

그림 9-1 ATP 가수분해 및 합성. (a) ATP는 아데노신(아데닌 + 리보스)과 리보스에 부착된 3개의 인산염 그룹으로 구성된다. (b) 반응 1: ADP와 무기 인산염(P_i)으로의 ATP 가수분해는 표준 자유에너지 변화가 -7.3 kcal/mol인 자유에너지 감소 반응이다. 반응 2: ADP의 인산화에 의한 ATP 합성은 $+7.3$ kcal/mol의 표준 자유에너지 변화와 함께 동등하게 에너지 방출 반응이다.

의해 물 분자가 손실되는 역반응은 $+7.3$ kcal/mol의 $\Delta G^{\circ\prime}$으로 상응하는 에너지 흡수 반응이다(그림 9-1, 반응 2). 즉 ADP와 P_i에서 ATP 합성을 유도하는 데 에너지가 필요하며 ATP 가수분해 시 에너지가 방출된다.

생화학자들은 때때로 ATP의 인산무수 결합과 같은 결합을 '고에너지' 또는 '에너지가 풍부한' 결합으로 지칭하는데, 이는 당시의 선도적인 생물 에너지 연구원 리프먼(Fritz Lipmann)이 1941년에 도입한 것이다. 그러나 이 용어에 대해 결합에 방출될 수 있는 에너지가 포함되어 있다는 잘못된 인상을 가질 수 있기에 올바른 이해가 필요하다. 즉 모든 화학결합은 끊어지고 형성될 때 에너지를 방출하는데, 이 일에는 에너지가 필요하다.

에너지가 풍부한 결합이 실제로 의미하는 것은 결합이 물을 첨가하여 가수분해될 때 자유에너지가 방출된다는 것이다. ATP가 가수분해되는 동안 ADP와 P_i 생성물에 새로운 결합이 형성될 때 ATP와 H_2O의 결합을 끊는 데 필요한 것보다 더 많은 에너지가 방출된다. 따라서 에너지는 분자가 관여하는 반응의 특성이며 해당 분자 내의 특정 결합이 아니다. 따라서 ATP나 고에너지 화합물 분자 또는 에너지가 풍부한 화합물이라고 부르는 것은 항상 그 화합물의 하나 혹은 그 이상의 결합에 대한 가수분해가 에너지를 방출한다고 할 수 있다.

ATP 가수분해는 여러 요인에 의해 에너지를 방출한다

고에너지 인산무수 결합의 가수분해를 통해 에너지를 방출하는 데 관여하는 ATP 분자는 무엇일까? 이 질문에 대한 답은 세 부분으로 구성된다. ATP의 ADP 및 P_i로의 가수분해는 인접한 음으로 하전된 인산염 그룹 사이의 전하 척력(반발작용), 가수분해의 두 생성물의 공명 안정, 엔트로피 증가 및 용해도 때문에 에너지를 방출할 수 있는 것이다.

전하 척력 이온결합에서처럼 반대 전하는 서로 끌어당기고 비슷한 전하는 서로 밀어낸다. ATP의 인산염 그룹에 있는 음전하 사이의 강한 **전하 척력**(charge repulsion)은 ATP 가수분해가 에너지를 방출할 수 있는 이유 중 하나이다. 2개의 자석을 같은 극(N극과 N극 또는 S극과 S극)이 서로 맞닿게 한다고 상상해보자. 같은 극은 서로 반발하여 함께 힘을 가하기 위해 노력하고 에너지를 제공해야 하며, 놓으면 자성이 튀어나와 에너지를 방출하게 된다.

이제 ATP의 세 인산염 그룹을 고려해보자(그림 9-1 참조). 각 그룹은 세포의 거의 중성 pH에서 이온화로 인해 음전하를 띤다. 이러한 음전하는 서로 반발하여 인산염 그룹을 연결하는 공유결합을 변형시킨다. 반대로 ATP 합성은 자연적으로 서로 반발하

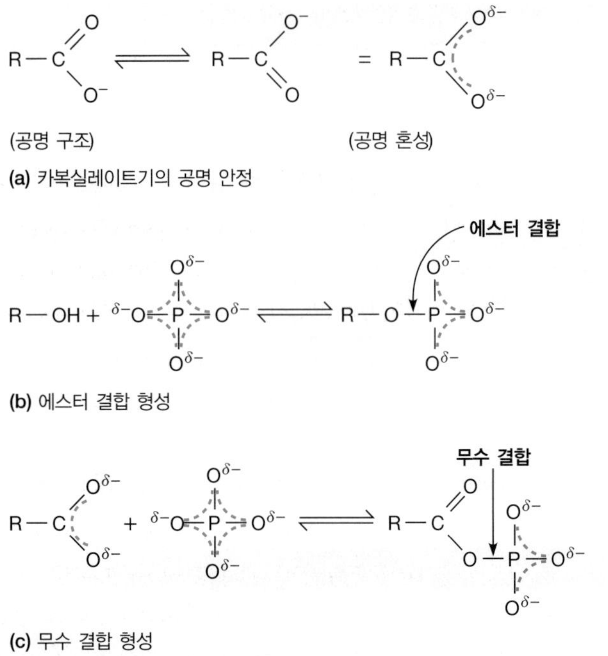

(공명 구조)　　　　　　　　　(공명 혼성)

(a) 카복실레이트기의 공명 안정

에스터 결합

(b) 에스터 결합 형성

무수 결합

(c) 무수 결합 형성

그림 9-2 결합 형성 후 카복실레이트기와 인산기의 감소된 공명 안정. 전자 비편재화(파란색 점선)로 인한 공명 안정은 (a)의 카복실레이트기와 (b) 및 (c)의 인산기 모두의 중요한 특징이다. (b) 에스터 결합 또는 (c) 무수 결합(물 제거로 인한)의 생성은 전자 비편재화의 기회를 감소시킨다. 결과적으로 에스터 또는 무수 생성물은 반응물보다 고에너지 화합물이며, 가수분해에 의해 결합이 끊어지면 에너지가 방출된다.

는 2개의 음전하를 띤 분자(ADP^{3-}과 P_i^{2-})의 결합을 필요로 하므로, 이러한 반발을 극복하기 위해 에너지 입력이 필요하다.

공명 안정　그림 9-2에서 볼 수 있듯이 ATP 결합 에너지에 대한 두 번째 중요한 기여는 **공명 안정**(resonance stabilization)이다. 그림 9-2a에 표시된 카복실레이트기를 생각해보자(카복실레이트기는 카복실기를 포함하는 산의 탈양성자화된 형태). 카복실레이트기($R=COO^-$)의 구조는 공식적으로 하나의 C=O 2중 결합과 하나의 C—O 단일 결합으로 작성되지만, 실제로는 산소에 대한 C 결합 모두에 대해 **비편재화**(동일하게 분포)된 하나의 전자쌍을 가지고 있다. 카복실레이트기의 실제 구조는 그림 9-2a에 표시된 두 가지 공명 구조의 평균이며, **공명 혼성**(resonance hybrid)이라고 한다. 각 C—O 결합은 1.5개의 결합에 해당하며, 각 O 원자는 부분적인 음전하(그리스 문자 δ로 표시)만 있다. 전자가 이러한 방식으로 비편재화되면 분자는 가장 안정적인(최저 에너지) 배열에 있으며 공명 안정이라고 한다.

이와 유사하게 인산 이온(PO_4^{3-})은 공식적으로 P=O 2중 결합의 일부로 표시된 여분의 전자쌍이 중심 P에 인접한 4개의 O 원자 모두에 걸쳐 비편재화되기 때문에 공명 안정이 된다. 알코올과 인산 이온 사이에 인산에스터 결합이 형성되면 어떻게 될지 생각해보자. 이 경우 여분의 전자는 3개의 O 원자에만 비편재화

된다(그림 9-2b). 생성물은 공명 안정이 덜 이루어져 더 높은 에너지를 가진다. 유사하게 인산무수(phosphoanhydride) 결합이 카복실레이트기와 인산기 사이에 형성될 때(그림 9-2c), 전자 비편재화의 감소는 더 높은 에너지 생성물을 초래한다.

엔트로피 증가　ATP 가수분해의 자유에너지 감소 특성에 기여하는 세 번째 중요한 요소는 인산기가 ATP에서 제거되고 더 이상 제자리에 고정되지 않을 때 엔트로피가 전반적으로 증가한다는 것이다. ADP와 인산염의 이러한 공간적 무작위화는 자유에너지를 감소시키고 반응을 더욱 격렬하게 만든다. 가수분해(엔트로피 감소) 동안 물 분자가 추가되지만 용액에서 무작위화됨에 따라 엔트로피도 증가하는 양성자를 잃는다. 또한 ADP와 인산염은 더 많이 수화되기 때문에 더 잘 녹는다. 물 분자와의 상호작용이 증가하면 자유에너지가 감소하여 ATP 가수분해의 발열반응 특성이 추가된다.

에스터의 경우 가수분해 시 적당한 양의 에너지만 방출되는 반면, 무수물의 경우 가수분해 반응이 더 활발하다. 에스터와 달리 무수물 가수분해의 두 생성물은 공명 안정을 증가시킨다. 또한 하나의 생성물만 충전되는 에스터 가수분해의 경우와 달리 무수물 가수분해의 두 생성물은 모두 대전되어 서로 반발한다. 무수물과 인산무수 결합의 가수분해는 에스터와 인산에스터 결합의 가수분해와 마찬가지로 대략 2배의 자유에너지를 방출한다. ATP는 이러한 차이를 설명해준다. 즉 두 번째 및 세 번째 인산기를 분자의 나머지 부분에 연결하는 인산무수 결합의 가수분해는 표준 자유에너지 변화가 약 −7.3 kcal/mol인 반면, 첫 번째(가장 안쪽) 인산기를 리보스에 연결하는 인산에스터 결합의 가수분해는 $\Delta G^{o\prime}$이 약 −3.6 kcal/mol에 불과하다.

$$\text{ATP} + \text{H}_2\text{O} \longrightarrow \text{ADP} + \text{P}_i + \text{H}^+ \tag{9-1}$$
$$\Delta G^{o\prime} = -7.3 \text{ kcal/mol}$$

$$\text{ADP} + \text{H}_2\text{O} \longrightarrow \text{AMP} + \text{P}_i + \text{H}^+ \tag{9-2}$$
$$\Delta G^{o\prime} = -7.3 \text{ kcal/mol}$$

$$\text{AMP} + \text{H}_2\text{O} \longrightarrow \text{아데노신} + \text{P}_i \tag{9-3}$$
$$\Delta G^{o\prime} = -3.6 \text{ kcal/mol}$$

따라서 ATP와 ADP는 AMP보다 '고에너지 화합물'이다. 사실 −7.3 kcal/mol의 표준 $\Delta G^{o\prime}$ 값은 동일한 농도의 ATP와 ADP (1 M)를 기반으로 하기 때문에, 일반적으로 ATP 농도가 더 높은 대부분의 생물학적 조건에서 ATP가 ADP로 가수분해되는 것과 관련된 실제 자유에너지 변화를 간과하게 된다. 자유에너지 변화 $\Delta G^\prime$은 반응물과 생성물의 우세한 농도에 따라 달라진다(5장의 식 5-22 참조). ATP의 가수분해(반응 9-1)의 경우 $\Delta G^\prime$은 다음과 같이 계산된다.

$$\Delta G' = \Delta G^{\circ\prime} + RT \ln \frac{[\text{ADP}][\text{P}_i]}{[\text{ATP}]} \qquad (9\text{-}4)$$

대부분의 세포에서 ATP/ADP 비율은 1 : 1보다 훨씬 크며 종종 약 5 : 1 범위이다. 결과적으로 $\ln([\text{ADP}][\text{P}_i]/[\text{ATP}])$는 음수이며, $\Delta G'$은 일반적으로 $-10 \sim -14$ kcal/mol로, -7.3 kcal/mol보다 더 큰 음의 값을 가진다.

ATP는 세포 에너지 대사에서 매우 중요하다

ATP는 세포에서 에너지가 풍부한 인산화 화합물 사이에서 중간 정도의 위치를 차지한다. 세포 에너지 대사에서 자주 사용되는 인산화된 중간체의 가수분해에 대한 $\Delta G^{\circ\prime}$ 값이 **표 9-1**에 나타나 있다. 표시된 모든 값은 음수이며, 이 중 표 상단 부분에 있는 화합물이 인산염 그룹의 가수분해 시 가장 많은 에너지를 방출한다. 이는 표준 조건에서는 인산화된 화합물이 그 아래의 인산화되지 않은 화합물을 인산화할 수 있지만, 그 위의 인산화되지 않은 화합물은 인산화할 수 없음을 의미한다.

인산기의 가수분해를 위해 포스포에놀피루브산(PEP, -14.8 kcal/mol)은 고에너지 화합물, ATP(-7.3 kcal/mol)는 중간 에너지 화합물, 포도당-6-인산(-3.3 kcal/mol)은 저에너지 화합물이다. 따라서 ATP는 **그림 9-3**에서 볼 수 있듯이 PEP에서 ATP로 인산기가 이동하여 ADP에서 형성될 수 있지만 포도당-6-인

산에서 ATP로 이동하지 않는다. 유사하게 ATP는 포도당을 포도당-6-인산으로 인산화하는 데 사용될 수 있지만 피루브산은 PEP로 전환되지 않는다.

다음 반응(9-5 및 9-6)은 음의 $\Delta G^{\circ\prime}$ 값을 가지며 인산염 그룹

표 9-1	에너지 대사에 관여하는 인산화 화합물에 대한 가수분해의 표준 자유에너지
인산화 화합물과 그 가수분해 반응	$\Delta G^{\circ\prime}$(kcal/mol)
포스포에놀피루브산(PEP) $+ \text{H}_2\text{O} \longrightarrow$ 피루브산 $+ \text{P}_i$	-14.8
1,3-2포스포글리세르산 $+ \text{H}_2\text{O} \longrightarrow$ 3-포스포글리세르산 $+ \text{P}_i$	-11.8^*
크레아틴인산 $+ \text{H}_2\text{O} \longrightarrow$ 크레아틴 $+ \text{P}_i$	-10.3
아데노신 3인산(ATP) $+ \text{H}_2\text{O} \longrightarrow$ 아데노신 2인산 $+ \text{P}_i$	-7.3
포도당-1-인산 $+ \text{H}_2\text{O} \longrightarrow$ 포도당 $+ \text{P}_i$	-5.0
포도당-6-인산 $+ \text{H}_2\text{O} \longrightarrow$ 포도당 $+ \text{P}_i$	-3.3
글리세롤인산 $+ \text{H}_2\text{O} \longrightarrow$ 글리세롤 $+ \text{P}_i$	-2.2

* 1,3-2포스포글리세르산에 대한 $\Delta G^{\circ\prime}$ 값은 1번 탄소에 있는 인산무수 결합의 가수분해이다.

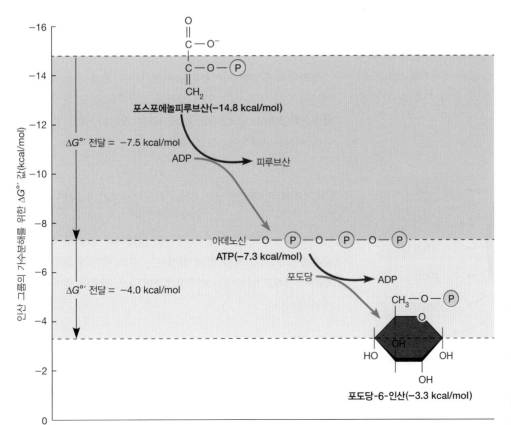

그림 9-3 인산 그룹의 자유에너지 이동 예시. 이 예시는 표 9-1에 나열된 화합물의 가수분해에 대한 $\Delta G^{\circ\prime}$ 값을 기반으로 한다. 따라서 포스포에놀피루브산은 인산 그룹을 ADP에 자유에너지가 감소하는 방향으로 전달하여 ATP를 형성할 수 있으며, ATP는 포도당을 자유에너지로 방출하며 인산화할 수 있지만 표준 조건에서는 역반응이 불가능하다.

의 이동에 수반되는 표준 자유에너지가 주개분자에서 받개분자로의 이동을 나타냄을 강조하기 위해 $\Delta G°'_{전달}$ 값으로 지정한다. $\Delta G°'_{전달}$ 값은 표 9-1에서 예측할 수 있으며, 다음과 같이 계산할 수 있다.

$$PEP + ADP + H^+ \rightarrow 피루브산 + ATP$$

$$\Delta G°'_{전달} = \Delta G°'_{주개} - G°'_{받개} \qquad (9\text{-}5)$$

$$\Delta G°'_{전달} = -14.8-(-7.3) = -7.5 \text{ kcal/mol}$$

$$포도당 + ATP \rightarrow 포도당-6-인산 + ADP + H^+$$

$$\Delta G°'_{전달} = -7.3-(-3.3) = -4.0 \text{ kcal/mol} \qquad (9\text{-}6)$$

ATP를 형성하기 위해 PEP의 인산염 그룹을 ADP에 전달한다($\Delta G°'_{전달} = -7.5$ kcal/mol). 그리고 ATP는 포도당을 인산화하는 데 사용한다($\Delta G°'_{전달} = -4.0$ kcal/mol). 그러나 역반응은 표준 조건에서 일어나지 않는다. 사실 이 반응에서의 $\Delta G°'_{전달}$ 값은 음수이므로, 두 반응 모두 일반적인 세포 조건에서 역반응으로 일어나지 않는다.

표 9-1과 그림 9-3에서 이해해야 할 가장 중요한 점은 ATP/ADP 쌍이 결합 에너지 측면에서 중요한 중간체 위치를 차지한다는 것이다. 이는 ATP가 일부 생물학적 반응에서 인산염 주개(donor)로 작용할 수 있고, 그것의 탈인산화된 형태인 ADP가 인산염 받개(acceptor)로 작용할 수 있음을 의미한다.

요약하면 ATP/ADP 쌍은 세포 내에서 에너지를 보존, 전달, 방출하는 가역적 수단이다(**그림 9-4**). 영양소가 세포의 이화경로에 의해 산화됨에 따라 에너지를 방출하는 이화작용 반응은 ADP로부터 ATP의 형성을 유도한다. ATP가 가수분해될 때 방출되는 자유에너지는 생명에 필수적인 많은 에너지를 필요로 하는 과정(예: 생합성, 능동수송, 전하 분리, 근육 수축)을 위한 추진력을 제공한다.

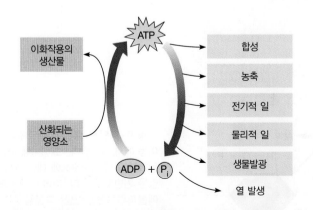

그림 9-4 세포의 에너지 보존 및 방출을 위한 가역적 ATP/ADP 시스템. 이화작용 동안 포도당과 같은 영양소가 산화될 때 방출되는 에너지(왼쪽)는 ATP를 합성하는 데 사용된다. 결과적으로 이 ATP는 세포 작업을 수행하는 데 사용할 수 있다(오른쪽).

개념체크 9.2

ATP 가수분해의 표준 자유에너지($G°' = -7.3$ kcal/mol)는 세포 인산화 화합물 중간에 위치하고 있다. $G°'$이 매우 낮지도 높지도 않은 ATP를 '세포 에너지 통화'로 사용하는 것이 중요한 이유는 무엇일까?

9.3 화학영양생물의 에너지 대사

화학영양생물의 에너지 대사(chemotrophic energy metabolism)는 세포가 영양소를 이화하고 분해하는 과정 중 방출되는 자유에너지의 일부를 ATP로 보존하는 반응과 경로이며, 이 장과 다음 장에서 살펴볼 것이다. 또한 신체의 세포가 에너지 요구를 충족하기 위해 섭취한 음식을 사용하는 특정 대사 과정을 알아볼 것이다. 화학영양생물의 에너지 대사의 대부분은 에너지 생성 산화 반응을 포함하므로 산화를 먼저 이야기할 것이다.

생물학적 산화는 일반적으로 전자와 양성자의 제거를 포함한 에너지 방출 과정이다

탄수화물, 지방, 단백질과 같은 영양소가 세포의 에너지원이라는 사실은 이들이 산화 가능한 유기 화합물이며 산화가 에너지 방출이라는 것을 의미한다. **산화**(oxidation)는 전자를 제거하는 것이다. 따라서 예를 들어 제1철 이온(Fe^{2+})은 제2철 이온(Fe^{3+})으로 전환될 때 전자를 쉽게 포기하기 때문에 산화될 수 있다.

$$Fe^{2} \rightarrow Fe^{3+} + e^- \qquad (9\text{-}7)$$

생화학의 유일한 차이점은 유기분자의 산화가 종종 전자뿐만 아니라 수소 이온(양성자)의 제거를 포함하므로 그 과정이 종종 **탈수소화**(dehydrogenation) 중 하나라는 것이다. 예를 들어 에탄올은 아세트알데하이드로 산화된다.

$$CH_3-CH_2-OH \xrightarrow{산화} CH_3-\overset{\displaystyle H}{\underset{}{C}}=O + 2\,e^- + 2\,H^+ \qquad (9\text{-}8)$$
에탄올 ⟶ 아세트알데하이드

전자가 제거되었으므로 이 반응은 산화이다. 그러나 양성자도 자유롭게 되며 전자와 함께 양성자는 수소 원자와 동일해진다. 따라서 실제로 일어나는 반응은 2개의 수소 원자에 해당하는 제거인 것이다.

$$CH_3-CH_2-OH \xrightarrow[탈수소화]{산화} CH_3-\overset{\displaystyle H}{\underset{}{C}}=O + [2\,H] \qquad (9\text{-}9)$$
에탄올 ⟶ 아세트알데하이드

따라서 유기분자와 관련된 세포반응의 경우 산화는 거의 항상 탈수소화 반응으로 나타난다. 세포에서 산화반응을 촉매하는 많은 효소는 사실 탈수소효소(dehydrogenase)이다.

물론 앞의 산화반응 중 어떤 것도 단독으로 일어날 수는 없다. 전자는 반응에서 감소되는 다른 분자로 옮겨져야 하며, 그 과정에서 환원된다. 산화의 반대인 **환원**(reduction)은 전자의 추가로 정의되는 에너지 흡수 과정이다. 조효소의 환원이 화학 에너지를 저장하는 중요한 방식임을 곧 알게 될 것이다. 산화와 마찬가지로 생물학적 환원에서 전달된 전자는 종종 양성자를 동반하므로 **수소화**(hydrogenation)이다.

$$\underset{\text{아세트알데하이드}}{CH_3-\overset{\overset{\displaystyle H}{|}}{C}=O} + [2H] \xrightarrow[\text{(수소화)}]{\text{환원}} \underset{\text{에탄올}}{CH_3-CH_2-OH} \qquad (9\text{-}10)$$

반응 9-9와 9-10은 생물학적 산화환원 반응이 거의 항상 2개의 전자(따라서 2개의 양성자) 이동을 포함한다는 일반적인 특징을 보여준다.

반응 9-9와 9-10은 각각 산화 및 환원 반응을 나타내는 **반쪽 반응**이다. 그러나 실제 반응에서는 산화와 환원이 항상 동시에 발생한다. 산화가 발생할 때마다 한 분자에서 제거된 전자(및 양성자)가 다른 분자에 추가되어야 하기 때문에 환원도 함께 발생해야 한다. 반응 9-9와 9-10에서 2H 주위의 괄호는 수소 원자가 실제로 용액으로 방출되지 않고 대신 다른 분자로 전달된다는 것을 보여주기 위한 것이다.

NAD⁺와 같은 조효소는 생물학적 산화에서 전자 수용체 역할을 한다

대부분의 생물학적 산화반응에서 산화되는 기질에 제거된 전자와 수소는 여러 조효소 중 하나로 전달된다. 일반적으로 **조효소**(coenzyme)는 종종 전자와 수소의 운반체 역할을 함으로써 효소와 함께 기능하는 작은 분자이다. 조효소는 소비되지 않고 세포 내에서 재활용되므로 세포 내에서 낮은 조효소의 농도는 세포의 요구를 충족시키기에 충분하다.

포도당이 부분적으로 산화되면서 포도당에서 제거된 전자는 **그림 9-5**와 같은 구조를 가진 조효소 **니코틴아마이드 아데닌 다이뉴클레오타이드**(nicotinamide adenine dinucleotide, NAD⁺)로 이동한다. NAD⁺는 방향족 고리에 2개의 전자와 1개의 양성자를 추가하여 환원된 형태인 NADH와 양성자를 생성함으로써 전자 수용체 역할을 한다.

$$\underset{\text{(산화)}}{NAD^+} + [2H] \longrightarrow \underset{\text{(환원)}}{NADH} + H^+ \qquad (9\text{-}11)$$

영양학적으로 NAD⁺의 니코틴아마이드는 나이아신의 유도체로, 인간을 비롯한 척추동물이 스스로 합성할 수 없으므로 음식으로 섭취해야 하는 필수적인 수용성 화합물 중 하나인 **비타민 B**이다. FAD와 CoA는 구조의 일부로 비타민 B 유도체를 포함하는 두 가지 다른 조효소이다(10장 참조). 이러한 비타민이 필수 조효소의 구성 요소이기 때문에 비타민을 생산할 수 없는 모든 생물체의 식단에 필수적이다. 하지만 반응 과정에서 소모되지 않고 환원과 산화를 반복하여 재활용되기 때문에 소량만 필요하다.

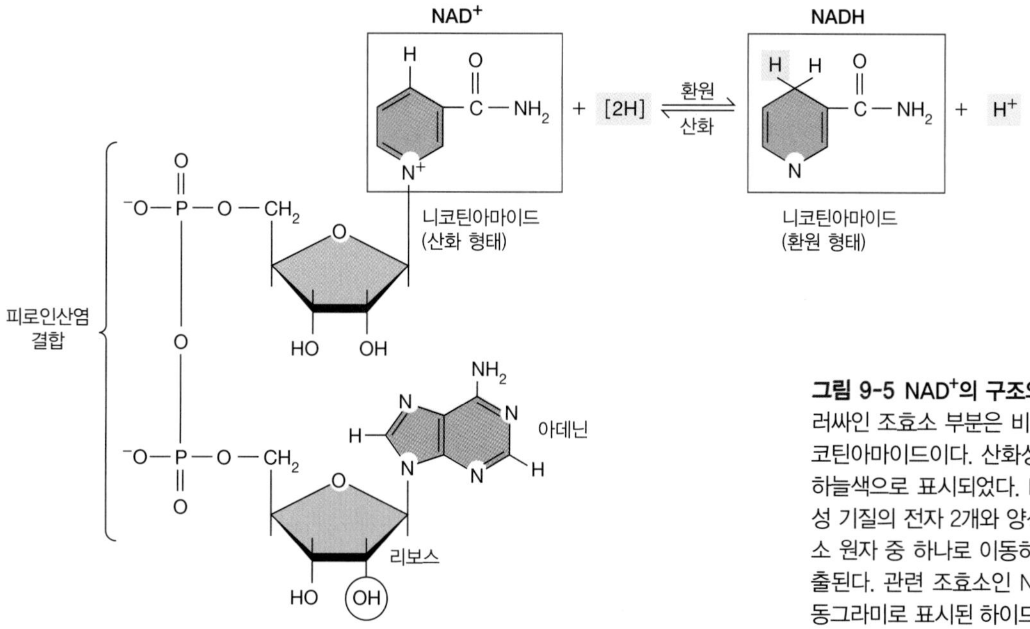

그림 9-5 NAD⁺의 구조와 산화 및 환원. 빨간색으로 둘러싸인 조효소 부분은 비타민 B 나이아신에서 추출한 니코틴아마이드이다. 산화성 기질에서 제거된 수소 원자는 하늘색으로 표시되었다. NAD가 전자 수용체일 때 산화성 기질의 전자 2개와 양성자 1개는 니코틴아마이드의 탄소 원자 중 하나로 이동하고, 다른 양성자는 용액으로 방출된다. 관련 조효소인 NADP⁺에서(11장 참조) 여기에서 동그라미로 표시된 하이드록실기가 인산기로 대체된다.

대부분의 화학영양생물은 유기 식품 분자를 산화시켜 필요한 에너지를 얻는다

산화는 사람과 같은 화학영양생물의 에너지 요구를 충족시키는 수단이다. 다양한 종류의 물질이 생물학적 산화의 기질 역할을 하게 된다. 예를 들어 다양한 미생물은 수소 가스 또는 환원된 형태의 철, 황, 질소와 같은 무기 화합물을 에너지원으로 사용할 수 있다. 다소 세부적인 산화 경로를 사용하는 이러한 생물체는 생물권에서 영양소의 지구화학적 순환에서 중요한 역할을 한다. 그들은 또한 상당한 양의 바이오매스(전 세계 식물 생산량의 약 50%)를 생산하며 먹이 사슬에 있는 수많은 다른 생물체의 중요한 먹이 공급원이 된다. 그러나 우리 인간과 대부분의 다른 화학영양생물은 탄수화물, 지방, 단백질과 같은 산화 가능한 기질로서 유기 식품 분자에 의존한다. 이러한 유기 식품 분자의 산화는 ATP와 환원된 조효소로서 세포에 에너지를 생성한다는 점을 기억하자.

포도당은 에너지 대사에서 가장 중요한 산화성 기질 중 하나이다

우리의 논의를 단순화하고 통합적인 대사 주제를 제공하기 위해 일단 6탄당 포도당($C_6H_{12}O_6$)의 생물학적 산화에 초점을 맞출 것이다. 포도당은 여러 가지 이유로 좋은 선택이다. 사람을 포함한 많은 척추동물에서 **포도당**(glucose)은 혈액의 주요 당이며, 따라서 신체 대부분의 세포의 주요 에너지원이 된다. 혈당은 주로 설탕이나 녹말과 같은 탄수화물과 저장된 글리코젠의 분해에서 나온다(그림 3-21~3-24 참조). 현재 음식 식단에 대한 가이드라인은 대략 탄수화물 50%, 지질 30%, 단백질 20%를 포함하는 것을 권장한다. 따라서 포도당은 우리 각자에게 특히 중요한 분자인 것이다.

포도당은 또한 녹말 분해 시 방출되는 단당류이기 때문에 식물에도 중요한 역할을 한다. 포도당은 대부분의 식물의 관다발계에서 주요 당인 2당류 설탕(포도당 + 과당)의 절반을 구성한다. 더욱이 식물, 동물, 미생물에 있는 대부분의 다른 에너지가 풍부한 물질의 이화작용은 포도당 이화경로의 중간체 중 하나로 전환되는 것으로 시작된다. 단일 화합물의 운명을 살펴보는 대신, 화학영양 에너지 대사의 핵심인 대사경로를 고려해보자.

포도당의 산화는 에너지 방출 과정이다

포도당은 잠재적인 에너지원이다. 그 이유는 포도당이 최종 전자 수용체로 산소를 사용하여 포도당을 이산화탄소로 완전히 산화시키며 $\Delta G^{\circ\prime}$이 -686 kcal/mol인 에너지 방출 과정이기 때문이다. 포도당이 CO_2로 산화되면 산소는 물로 환원된다는 점에 유의하자.

$$C_6H_{12}O_6 + 6\,O_2 \longrightarrow 6\,CO_2 + 6\,H_2O \qquad (9\text{-}12)$$

열역학적 매개변수로서 $\Delta G^{\circ\prime}$은 기질에서 생성물까지의 경로에 영향을 받지 않는다. 따라서 산화가 모든 에너지가 열로 방출되는 직접 연소에 의한 것이든, ATP 결합에 보존된 에너지의 일부가 있는 생물학적 산화에 의한 것이든 간에 동일한 값을 가진다. 따라서 마시멜로에서 당 분자의 산화는 모닥불 위에서 마시멜로를 태우든, 섭취하고 체내의 당 분자를 이화화하든 동일한 양의 자유에너지를 방출한다. 그러나 생물학적으로 이들의 구별은 중요하다. 제어되지 않은 연소는 생명과 양립할 수 없는 온도에서 발생하고 대부분의 자유에너지는 열로 손실된다. 생물학적 산화는 상당한 온도 변화 없이 발생하는 효소촉매 반응을 포함하며 대부분의 자유에너지는 ATP와 같은 화학적 형태로 보존된다.

포도당 이화작용은 산소가 없을 때보다 산소가 있을 때 훨씬 더 많은 에너지를 생성한다

포도당이 완전히 이산화탄소와 물로 산화되는 경우에만 포도당의 완전한 686 kcal/mol의 자유에너지가 발생한다. 그럼에도 불구하고 100% 효율적인 에너지 전환 과정은 없기 때문에 에너지의 일부만 회수할 수 있다. 산소가 있는 상태에서 포도당이 이산화탄소와 물로 완전히 산화되는 것을 **산소호흡**(aerobic respiration, 호기성 호흡)이라고 하며 복잡한 다단계 과정이다(자세한 내용은 10장 참조). 많은 생물체, 일반적으로 박테리아는 산소 이외의 무기 전자 수용체를 사용하여 **무산소호흡**(anaerobic respiration, 혐기성 호흡)을 수행할 수 있다. 대체 수용체의 예로는 황(S), 수소 이온(H^+), 철 이온(Fe^{3+})이 포함되며, 이들은 각각 H_2S, H_2, Fe^{2+}으로 환원된다.

무산소호흡에 의존하는 대부분의 생물체는 산소가 없는 상태에서 포도당의 **부분** 산화로부터 제한된 양의 에너지를 추출할 수 있지만 포도당 분자당 에너지 수율은 낮다. 그들은 사실상 모든 생물체에서 발견되는 경로인 해당작용을 통해 일어난다. **해당과정**(glycolysis)은 최종 전자 수용체로, 산소를 필요로 하지 않는다. 산소가 없을 때 포도당 산화 과정 동안 제거된 전자는 일반적으로 피루브산과 같은 대사 과정 중 나중에 형성되는 유기 분자에 의해 전달된다. 이 과정을 **발효**(fermentation)라고 한다. 일부 동물 세포와 많은 박테리아에서 최종 생성물은 젖산이므로 무산소 포도당 이화작용의 과정을 젖산 발효라고 한다. 대부분의 식물 세포와 효모 같은 미생물에서는 최종 생성물이 에탄올(알코올)과 이산화탄소이기 때문에 이 과정을 알코올 발효라고 한다.

산소 필요에 따라 생물체는 호기성, 혐기성, 조건성이다

생물체는 에너지 대사에서 전자 수용체인 산소의 필요성과 사용 측면에서 분류할 수 있다. 우리가 매일 보는 대부분의 생물체는 산소가 절대적으로 필요하며, **절대호기성 생물**(obligate aerobe)이다. 반면에 많은 박테리아를 포함한 일부 생물체는 산소를 전자 수용체로 사용할 수 없으며, 이를 **절대혐기성 생물**(obligate anaerobe)이라고 분류한다. 사실 산소는 오히려 이러한 생물체에 유독하다. 절대혐기성 생물체는 깊은 구멍 뚫린 상처, 연못 바닥의 진흙, 심해 열수 분출구와 같이 산소가 배제된 환경을 차지하게 된다. 대부분의 절대혐기성 미생물은 괴저, 식중독, 메탄 생성을 담당하는 생물체를 포함한 박테리아 또는 고세균이다.

조건성 생물(facultative organism)은 호기성 또는 혐기성 조건에서 모두 기능할 수 있다. 산소가 존재할 때 대부분의 조건성 생물체는 산소호흡을 한다. 그러나 산소가 제한되거나 없는 경우 무산소호흡 또는 발효로 전환할 수 있다. 대부분의 연체동물, 환형동물과 마찬가지로 많은 박테리아와 곰팡이가 조건성 생물체이다. 호기성 생물체의 일부 세포 또는 조직은 필요한 경우 일시적으로 산소가 없거나 부족한 상태에서 기능할 수 있다. 근육세포가 그 예이다. 그들은 일반적으로 호기성으로 기능하지만, 예를 들어 장기간 또는 격렬한 운동 동안 산소 공급이 제한될 때마다 젖산 발효로 전환할 수 있다.

이 장의 나머지 부분은 대부분 해당과정과 발효과정 동안 ATP 생성을 탐구하는 데 할애된다. 호기성 에너지 대사는 다음 장의 초점이 될 것이다. 해당경로는 발효 및 산소호흡 모두에 공통적이다. 발효를 논의하면서 순 산화 없이 포도당에서 에너지를 추출할 수 있는 방법을 고려할 것이지만 다음 장에서 호기성 과정을 논의하기 위한 토대도 마련할 것이다.

> **개념체크 9.3**
>
> 왜 산화와 환원 반응은 항상 동시에 일어나는가? 포도당이 CO_2로 산화될 때 환원되는 것은 무엇인가?

9.4 해당과정: 산소를 사용하지 않는 ATP 생성

해당과정은 호기성 및 혐기성 대사에 공통적이며 거의 모든 생물체에 존재한다. 해당과정 동안 6탄소 포도당 분자는 2개의 3탄소 분자로 나뉘며, 각 분자는 발효된 포도당 분자당 2개의 ATP 분자를 생성하는 데 충분한 에너지 방출 반응 순서에 의해 부분적으로 산화된다. 대부분의 세포에서 이는 산소나 대체 전자 수용체를 이용하지 않고도 달성할 수 있는 최대 가능한 에너지 수율이다. 그러나 예외가 존재한다. 특정 미생물은 특별한 효

소 시스템을 사용하여 포도당 분자당 최대 5개의 ATP 분자를 얻을 수 있다. 또한 무산소(산소 결핍)에 적응한 일부 식물과 동물은 포도당 분자당 2개 이상의 ATP 분자를 생성할 수 있다.

해당과정은 포도당을 피루브산으로 분해하여 ATP를 생성한다

해당과정 또는 해당경로는 탄소 6개 분자의 포도당 1개를 탄소 3개 화합물인 피루브산 2개 분자로 전환하는 반응이며, 총 10단계로 구성되어 있다. 해당과정에서 포도당이 피루브산으로 부분 산화되는 동안 에너지와 환원력은 각각 ATP와 NADH의 형태로 보존된다. 대부분의 세포에서 해당과정을 담당하는 효소는 세포기질에서 발생한다. 그러나 트리파노솜(trypanosome) 등 일부 기생 원생동물에서 처음 7개의 해당 효소는 글리코솜(glycosome)이라고 하는 막으로 둘러싸인 세포소기관에서 구획화되어 있다.

역사적으로 해당경로는 최초로 밝혀진 주요 대사 단계이다. 결정적인 작업은 1930년대에 독일의 생화학자 엠프덴(Gustav Embden), 마이어호프(Otto Meyerhof), 바르부르크(Otto Warburg)와 동료들이 수행했는데, 개구리 근육 조직을 사용하여 ATP 및 기타 인산화 화합물과 같은 경로의 주요 구성 요소를 식별했다. 실제로 해당경로의 또 다른 이름은 연구자들의 이름에서 유래한 엠프덴-마이어호프 경로(Embden-Meyerhof pathway)이다.

해당과정의 개요　산소가 있는 상태에서 해당과정은 일반적으로 산소호흡으로 이어진다(10장 참조). 반면에 산소가 없는 상태에서 해당과정은 발효로 이어진다(이 장의 뒷부분 내용 참조). 해당작용의 본질은 해당작용이라는 용어가 '달콤한'을 의미하는 *glykos*와 '느슨한' 또는 '쪼개는'을 의미하는 *lysis*라는 2개의 그리스어에서 파생되었는데, 이름의 유래에서 의미를 파악할 수 있다. **그림 9-6**에 요약된 것처럼 전체 해당경로는 3단계로 구성되어 있다.

1단계: 두 ATP의 초기 입력과 해당과정이 명명된 포도당 분해 반응(그림 9-6a)

2단계: NADH와 ATP를 생성하는 산화반응(그림 9-6b)

3단계: 피루브산을 생성하면서 더 많은 ATP를 생성하는 최종 단계(그림 9-6c)

그림 9-7은 각 단계와 관련된 특정 반응의 세부사항을 확대한 것이다. 다음 3가지 단계를 읽으면서 이 그림을 주의 깊게 참조하자.

1단계: 준비 및 절단　그림 9-7의 3단계 반응의 최종 결과는 인산화되지 않은 분자(포도당)를 2중 인산화된 분자(과당-1,6-2인산)

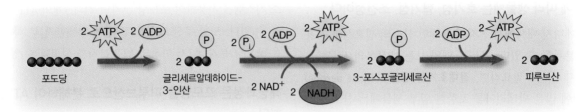

(a) 1단계: 준비 및 절단. 탄소 6개인 포도당 분자는 ATP에 의해 두 번 인산화되고 분열되어 글리세르알데하이드-3-인산의 두 분자를 형성한다. 이를 위해서는 포도당 1분자당 2개의 ATP가 필요하다.

(b) 2단계: 산화 및 ATP 생성. 글리세르알데하이드-3-인산의 두 분자는 2개의 3-포스포글리세르산 분자로 산화된다. 이 산화로 인한 에너지의 일부는 2개의 ATP와 2개의 NADH 분자가 생성됨에 따라 보존될 수 있다.

(c) 3단계: 피루브산 형성 및 ATP 생성. 2개의 글리세르알데하이드-3-인산 분자는 피루브산으로 전환되고 2개의 ATP 분자가 더 합성되어 포도당 분자당 2ATP의 순 이득을 얻는다.

그림 9-6 해당경로의 개요. 해당과정 동안 포도당 1분자는 (a) 반으로 쪼개지고, (b) 부분적으로 산화되며, (c) 피루브산 2분자로 전환된다. 에너지는 ATP 2분자와 NADH 2분자의 순 이득으로 보존된다. 이 10단계 과정은 그림과 같이 3가지 주요 단계로 진행된다. 단순화된 구조는 탄소 원자(회색)와 인산염 그룹(노란색)만 표시했다.

로 전환하는 것이다. 이를 위해서 ATP에서 각 말단 탄소에 하나씩 총 2개의 인산기가 포도당으로 이동해야 한다. 포도당을 보면 반응 Gly-1에서 탄소 원자 6에서 인산화가 어떻게 일어나는지 쉽게 알 수 있다. 거기에 있는 하이드록실기는 인산기에 쉽게 연결되어 포도당-6-인산을 형성할 수 있다. ATP 가수분해는 인산기뿐만 아니라 인산화 반응을 강력하게 에너지 방출 반응으로 만드는 자유에너지($\Delta G'° = -4.0$ kcal/mol)를 제공하여 본질적으로 포도당 인산화 방향으로 비가역적이다. Gly-1 반응과 본질적으로 비가역적인 해당작용(Gly-3 및 Gly-10)의 두 가지 다른 반응은 그림 9-7에 하나의 전방 화살표로 표시되었다.

그런데 포도당이 인산화될 때 형성되는 결합은 인산에스터 결합으로, 말단 인산염을 ATP에 연결하는 인산무수 결합보다 에너지가 낮은 결합이다. 이 차이는 ATP에서 포도당으로 인산염 그룹을 에너지 방출 반응으로 이동시키는 것이다($\Delta G'° = -4.0$ kcal/mol, 그림 9-3의 하단 및 반응 9-6 참조). 이 첫 번째 반응(Gly-1)을 촉매하는 효소를 6탄당 인산화효소(hexokinase)라고 한다. 이름에서 알 수 있듯이 포도당에 특이적이지 않지만 다른 6탄당의 인산화도 촉매한다. [간세포에는 포도당만을 인산화하는 추가 효소인 포도당 인산화효소(glucokinase)가 포함되어 있다.]

포도당 분자의 탄소 원자 1에 있는 카보닐기는 탄소 원자 6에 있는 하이드록실기만큼 쉽게 인산화되지 않는다. 그러나 다음 반응(Gly-2)에서 알도당인 포도당-6-인산은 상응하는 케토당으로 전환된다. 과당-6-인산은 탄소 원자 1에 하이드록실기를 가지고 있다. 그런 다음 그 하이드록실기는 ATP의 다른 분자를 사용하여 인산화되어 2중 인산화된 과당-1,6-2인산(반응 Gly-3)을 생성할 수 있다.

다시 말해 ATP의 무수 결합과 과당 분자의 인산에스터 결합 사이의 에너지 차이는 반응을 에너지 방출 반응으로 만들고, 따라서 해당 방향($\Delta G'° = -3.4$ kcal/mol)으로 본질적으로 비가역적이다. 이 반응은 나중에 살펴보겠지만 해당과정 조절에 특히 중요한 효소인 인산과당 인산화효소-1(phosphofructokinase-1, PFK-1)에 의해 촉매된다. PFK-1이라는 명칭은 이 효소를 해당과정 조절에도 관여하는 유사한 효소인 PFK-2와 구별하기 위한 것이다.

다음으로 당분해가 그 이름을 파생시키는 실제 분열반응을 살펴보자. 인산과당 인산화효소는 알돌레이스(aldolase)에 의해 가역적으로 분할되어 디하이드록시아세톤인산(dihydroxyacetone phosphate, DHAP)과 글리세르알데하이드-3-인산(glyceraldehyde-3-phosphate, G3P; 반응 Gly-4)이라고 하는 2개의 3탄당을 생성하며, 이는 쉽게 상호 전환이 가능하다(반응 Gly-5). 후자의 화합물만이 당분해의 다음 단계에서 직접 산화될 수 있기 때문에, 두 3탄당의 상호 전환은 디하이드록시아세톤인산이 글리세르알데하이드-3-인산으로 전환됨으로써 디하이드록시아세톤인산이 분해될 수 있게 한다.

해당경로(Gly-1에서 Gly-5)의 첫 번째 단계를 다음과 같이 요약할 수 있다.

포도당 + 2 ATP → 2 글리세르알데하이드-3-인산 + 2 ADP

(9-13)

이 반응과 후속 반응에서 수소 이온과 H_2O 분자는 반응의 전반적인 이해를 위해 필요하지 않은 경우 반드시 포함되지는 않는다.

2단계: 산화 및 ATP 생성 지금까지 원래의 포도당 분자는 2중으로 인산화되어 2개의 상호 전환이 가능한 3탄당 인산으로 절단되었다. 이 반응까지 에너지가 생성된 것이 아니라 소비되었다는 점에 유의하자. 2단계에서 ATP 생성은 산화적 단계와 직접 연결

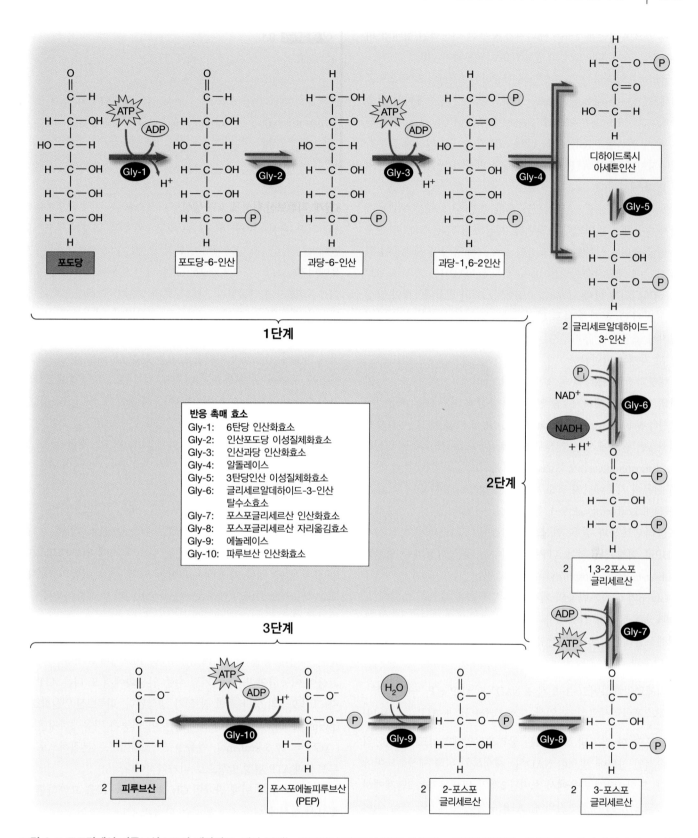

반응 촉매 효소
Gly-1: 6탄당 인산화효소
Gly-2: 인산포도당 이성질체화효소
Gly-3: 인산과당 인산화효소
Gly-4: 알돌레이스
Gly-5: 3탄당인산 이성질체화효소
Gly-6: 글리세르알데하이드-3-인산
　　　　탈수소효소
Gly-7: 포스포글리세르산 인산화효소
Gly-8: 포스포글리세르산 자리옮김효소
Gly-9: 에놀레이스
Gly-10: 파루브산 인산화효소

그림 9-7 포도당에서 피루브산으로의 해당경로. 해당 분해는 포도당이 피루브산으로 이화되는 10가지 반응(Gly-1부터 Gly-10까지)의 순서로, 단일 산화 반응(Gly-6)과 2개의 ATP 생성 단계(Gly-7 및 Gly-10)가 있다. 이러한 각 반응을 촉매하는 효소는 중앙에 표시되어 있다. 본질적으로 비가역적인 3가지 반응(Gly-1, Gly-3, Gly-10)은 굵은 화살표로 표시했다.

되어 있으며, 3단계에서는 에너지가 풍부한 인산화된 형태의 피루브산 분자가 ATP 생성의 원동력으로 작용하게 된다.

글리세르알데하이드-3-인산의 상응하는 3탄산인 3-포스포글리세르산(3-phosphoglycerate, 3PG)으로의 산화는 에너지 방출 단계이다. 이 반응은 조효소 NAD$^+$가 NADH(Gly-6)로 환원되고 무기 인산염 P$_i$(Gly-7)와 함께 ADP가 인산화되기에 충분한 에너지이다. 또한 ATP 생성과 산화적 반응이 연결되는 반응의 첫 번째 예시이다.

이 자유에너지 감소 과정의 중요한 특징 중 하나는 NAD$^+$가 전자 수용체로 관여한다는 것이다. 사실 해당과정은 NAD$^+$의 꾸준한 공급 없이는 진행될 수 없다. 이 조효소의 공급이 제한되어 있기 때문에 해당작용이 계속될 수 있도록 NADH는 다시 NAD$^+$로 산화되어야 한다. 호기성 조건에서 2개의 전자와 1개의 양성자를 받아 O$_2$ 분자를 물로 환원시켜 NADH를 산화시킨다. 반면 혐기성 조건에서 유기분자는 NADH를 다시 NAD$^+$로 산화시키고 그 자체는 환원된다.

해당과정의 또 다른 중요한 특징은 글리세르알데하이드-3-인산의 산화와 고에너지 2중 인산화된 중간체, 1,3-2포스포글리세르산(1,3-bisphosphoglycerate, BPG) 형성의 연결이다. 이 중간체의 1번 탄소에 있는 인산무수 결합은 **포스포글리세르산 인산화효소**(phosphoglycerate kinase)에 의해 촉매되는 ADP로의 인산염 이동이 자유에너지 감소 반응이 될 정도로 충분한 음의 $\Delta G^{\circ\prime}$ (-11.8 kcal/mol, 표 9-1 참조) 값을 가지고 있다. 1,3-2포스포글리세르산과 같은 인산화된 기질에서 고에너지 인산기가 ADP로 직접 전달되어 ATP를 생성하는 것을 **기질 수준 인산화**(substrate-level phosphorylation)라고 한다.

Gly-6와 Gly-7 반응의 기질 수준 인산화를 요약하기 위해 해당과정의 첫 번째 단계에서 각 포도당 분자에서 생성된 2개의 글리세르알데하이드-3-인산 분자 중 하나를 설명하는 전체 반응은 다음과 같다.

글리세르알데하이드-3-인산 + NAD$^+$ + ADP + P$_i$ $\longrightarrow$
3-포스포글리세르산-3-인산 + NADH + H$^+$ + ATP   (9-14)

포도당 한 분자당 NADH는 글리세르알데하이드-3-인산의 지속적인 산화에 필요한 NAD$^+$를 재생하기 위해 재산화되어야 한다. 또한 1단계 반응에서 소비된 2개의 ATP 분자는 2단계에서 회수되므로 이 시점까지의 순 ATP 수율은 이제 0이 됨을 의미한다.

다음으로 해당과정의 마지막 단계에서는 2개의 ATP 분자가 더 생성되는 것을 보게 될 것이다. 따라서 전반적인 해당과정에서 피루브산으로 대사되는 포도당 분자당 2개의 ATP 분자의 순 이득이 있다.

연결하기 9.1

Gly-6에 대한 전체 반응:

글리세르알데하이드-3-인산 + NAD$^+$ + P$_i$ $\longrightarrow$
1,3-2포스포글리세르산 + NADH + H$^+$

Gly-6의 $\Delta G^{\circ\prime}$은 1.5 kcal/mol이다. 학습한 내용에 따라 이 반응이 그림 9-7에 표시된 방향으로 이동하는 이유는 무엇인가? (5.3절 참조)

3단계: 피루브산 형성 및 ATP 생성　3-포스포글리세르산으로부터 ATP의 또 다른 분자를 생성하는 것은 3번 탄소 원자의 인산기로 인해 발생한다. 이 단계에서 인산염 그룹은 가수분해의 낮은 자유에너지($\Delta G^{\circ\prime}$ = -3.3 kcal/mol)를 가진 인산에스터 결합에 의해 탄소 원자에 연결된다. 해당경로의 마지막 단계에서 이 인산에스터 결합은 포스포에놀 결합으로 전환되며, 가수분해는 에너지 방출 반응이 된다($\Delta G^{\circ\prime}$ = -14.8 kcal/mol, 표 9-1 참조). 저장된 자유에너지 양의 이러한 증가는 분자 내 내부 에너지의 재배열을 포함한다. 이를 달성하기 위해 3-포스포글리세르산의 인산기가 인접한 탄소 2 원자로 이동하여 2-포스포글리세르산(2-phosphoglycerate, 2PG)을 형성한다(반응 Gly-8). 그런 다음 효소 에놀레이스(반응 Gly-9)에 의해 2-포스포글리세르산에서 제거되어 고에너지 화합물 포스포에놀피루브산(PEP)을 생성한다.

PEP의 구조를 주의 깊게 살펴보면 3- 또는 2-포스포글리세르산의 인산에스터 결합과 달리 PEP의 포스포에놀 결합에는 2중 결합으로 다른 탄소 원자에 연결된 탄소 원자에 인산기가 있다는 것을 알 수 있다 이 특성은 PEP의 포스포에놀 결합의 가수분해를 생물학적 시스템에서 알려진 가장 에너지 방출이 많은 가수분해 반응 중 하나로 만든다.

PEP 가수분해는 반응 Gly-10에서 ATP 합성을 유도하기에 충분한 에너지 방출 단계이며, 여기에는 PEP에서 ADP로 인산염 그룹이 이동하여 또 다른 기질 수준 인산화에서 또 다른 ATP 분자(그림 9-3의 상단 절반 참조)가 생성된다. **피루브산 인산화효소**(pyruvate kinase)로 인해 촉매되는 이 이동은 자유에너지 감소($\Delta G^{\circ\prime}$ = -7.5 kcal/mol, 반응 9-5 참조)이므로 본질적으로 피루브산과 ATP 형성 방향으로 비가역적이다.

해당과정의 세 번째 단계인 Gly-8에서 Gly-10을 요약하면 피루브산 형성에 대한 전체 반응은 다음과 같다.

3-포스포글리세르산 + ADP $\longrightarrow$ 피루브산 + ATP   (9-15)

해당과정 요약　두 분자의 ATP는 처음에 반응 Gly-1과 Gly-3에 투입되고, 두 분자는 첫 번째 인산화 반응(Gly-7)에서 반환되었으므로 두 번째 인산화 과정(Gly-10)에 의해 포도당 분자당 형성된 두 분자의 ATP는 해당경로의 순 ATP 수율을 나타내게 된다. 이는 경로의 3단계(반응 9-13, 9-14, 9-15)를 요약하는 3가지 반응을 합산할 때 명확하다. 후자의 두 반응은 반응 9-13에서 생성된 두 3탄당 분자를 모두 설명하기 위해 2를 곱하게 된다. 포도당에서 피루브산으로의 경로에 대한 반응은 다음과 같다.

$$\text{포도당} + 2\ NAD^+ + 2\ ADP + 2\ P_i \xrightarrow{\text{반응(Gly-1부터 Gly-10)}}$$
$$2\ \text{피루브산} + 2\ NADH + 2\ H^+ + 2\ ATP \qquad (9\text{-}16)$$

이 경로는 피루브산 형성 방향으로 에너지 방출 과정이다. 예를 들어 신체의 일반적인 세포 내 조건에서 ATP와 NADH의 각각 두 분자가 생성되면서 포도당에서 피루브산으로의 전체 경로에 대한 $\Delta G'$은 약 -20 kcal/mol이다.

해당경로는 알려진 가장 일반적이고 고도로 보존된 대사경로 중 하나이다. 거의 모든 세포는 포도당을 피루브산으로 산화시켜 에너지를 추출하는 능력을 가지고 있다. 이 에너지의 일부는 포도당 분자당 ATP 두 분자의 형태로 보존된다. 그러나 다음에 일어나는 일은 일반적으로 산소의 가용성에 달려있다. 왜냐하면 피루브산 이외의 이화작용은 혐기성 조건에서와 호기성 조건에서 상당히 다르기 때문이다.

개념체크 9.4

산소가 없을 때 포도당은 어떻게 산화될 수 있을까? 이 산화 에너지는 어떻게 보전될까?

9.5 발효

피루브산은 화학영양 에너지 대사의 분기점으로서 핵심적인 위치를 차지한다(**그림 9-8**). 피루브산의 운명은 관련된 생물체의 종류, 특정 세포 유형, 산소 이용 가능 여부에 따라 다르다. 해당과정의 중요한 특징은 산소가 필요하지 않기 때문에 산소가 없을 때도 일어날 수 있다는 것이다. 혐기성 조건에서 피루브산은 NADH를 산화시키는 데 사용되어야 하고 추가 ATP가 생성될 수 없기 때문에 더 이상의 피루브산 산화는 발생하지 않는다. 대신 세포의 에너지 요구는 해당경로에서 포도당 분자당 2개의 ATP의 적당한 ATP 수율에 의해 충족된다. 따라서 세포가 포도당의 호기성에서 혐기성 이화작용으로 전환함에 따라 정상 상태의 세포 ATP 수준을 유지하기 위해 포도당을 훨씬 더 빠르게 소비해야 한다. 이 효과는 1880년대에 효모를 연구한 유명한 미생물학자 파스퇴르(Louis Pasteur)가 언급했으며 **파스퇴르 효과**라고 불린다. 혐기성 조건에서 피루브산은 산화되기보다는 발효 과정에서 NADH에서 제거되어야 하는 전자(및 양성자)를 받아 환원된다.

산소가 없는 상태에서 피루브산은 NAD⁺를 재생하기 위해 발효된다

일반적으로 정의된 대로 해당경로는 피루브산으로 끝난다. 그러나 발효 과정은 조효소의 산화된 형태인 NAD^+를 재생해야 하기 때문에 여기서 끝날 수 없다. 반응 9-16에서 알 수 있듯이 포도당이 피루브산으로 전환되려면 생성된 피루브산 1분자당 NAD^+ 1분자가 NADH로 환원되어야 한다. 그러나 조효소는 적당한 농도로 세포에 존재하므로 해당과정 동안 NAD^+가 NADH로 전환되면 NAD^+를 재생하는 과정이 없는 경우 세포에서 NAD^+가 매우 빨리 고갈될 것이다. 또한 세포는 NAD^+/NADH 비율을 지속적으로 모니터링하고 안정화하는 메커니즘을 가지고 있다. 이는 세포의 **산화환원** 상태, 즉 세포 구성 요소의 일반적인 산화 수준을 나타내는 지표가 된다. 세포 구성 요소의 과도한 산화는 자유 라디칼 및 기타 유해한 화합물이 생성되기 때문에 세포에 손상을 줄 수 있다. 이 비율의 큰 변화는 세포가 산화 스트레스를 받고 있다는 신호이며 세포 메커니즘은 이를 비교적 일정하게 유지하려고 하는 것이다.

산소호흡 동안 NADH는 전자가 산소로 이동하여 재산화된다(10장 참조). 그러나 혐기성 조건에서 전자는 하이드록실기로 쉽게 환원될 수 있는 카보닐기를 지닌 피루브산으로 이동한다(그림 9-8b, c 참조). 발효의 두 가지 가장 일반적인 경로는 피루브산을 전자 수용체로 사용하여 젖산 또는 CO_2 및 에탄올로 전환하는 것이다. 이 두 발효경로 모두 NAD^+의 적절한 공급을 보장하면서 적당한 양의 ATP를 생성한다는 목표를 달성하게 된다.

젖산 발효 젖산을 최종 산물로 하는 혐기성 과정을 **젖산 발효**(lactate fermentation)라고 한다. 그림 9-8b에서 알 수 있듯이 NADH에서 피루브산의 카보닐기로 전자를 직접 전달하여 젖산을 생성하고, 이를 젖산의 하이드록실기로 환원시킨다. 포도당 기준으로 이 반응은 다음과 같이 나타낼 수 있다.

$$2\ \text{피루브산} + 2\ NADH + 2\ H^+ \rightleftharpoons 2\ \text{젖산} + 2\ NAD^+ \quad (9\text{-}17)$$

이 반응은 쉽게 가역적이다. 사실 이를 촉매하는 효소는 젖산에서 피루브산으로의 산화 또는 탈수소화를 촉매하는 능력 때문에 **젖산 탈수소효소**라고 한다.

반응 9-16 및 9-17을 추가하여 혐기성 조건에서 포도당이 젖산으로 대사되는 전체 반응은 다음과 같다.

$$\text{포도당} + 2\ ADP + 2\ P_i \rightarrow 2\ \text{젖산} + 2\ ATP \quad (9\text{-}18)$$

젖산 발효는 혐기성 또는 저산소(산소 결핍) 조건에서 작동하는 동물 세포뿐만 아니라 많은 혐기성 박테리아의 주요 에너지 생성 경로이다. 젖산 발효는 치즈, 요구르트 및 기타 유제품의 생산이 우유에서 발견되는 주요 당인 젖당의 미생물 발효에 의

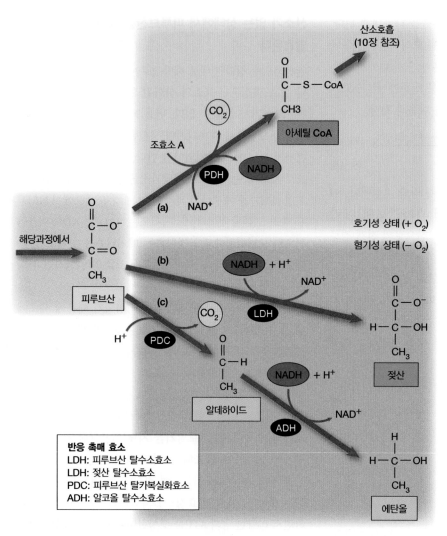

(a) 호기성 조건. 산소가 있는 상태에서 많은 생물체가 피루브산을 활성화된 아세트산인 아세틸 CoA로 전환한다. 이 반응에서 피루브산은 산화되고(NAD$^+$가 NADH로 환원) 탈카복실화된다(탄소 원자가 CO_2로 유리). 아세틸 CoA는 산소호흡의 기질이 되며, 여기서 NADH는 산소 분자에 의해 다시 NAD$^+$로 산화된다(10장 참조).

(b, c) 혐기성 조건. 산소가 없으면 피루브산이 환원되어 NADH가 해당과정의 Gly-6 반응에 필요한 조효소의 형태인 NAD$^+$로 산화될 수 있다. 피루브산 환원의 일반적인 산물은 (b) 젖산염(대부분의 동물 세포 및 많은 박테리아에서) 또는 (c) 에탄올 및 CO_2(많은 식물 세포 및 효모 및 기타 미생물에서)이다.

그림 9-8 호기성 및 혐기성 조건에서 피루브산의 운명. 피루브산의 운명은 관련된 생물체와 산소 여부에 따라 다르다. 이러한 반응을 촉매하는 효소는 그림 하단의 상자에 표시되어 있다.

존하기 때문에 상업적으로 중요하다.

젖산 발효의 예로 격렬한 운동을 할 때의 근육을 들 수 있다. 근육세포가 순환계에서 공급할 수 있는 것보다 더 빨리 산소를 사용할 때마다 세포는 일시적으로 저산소 상태가 된다. 그런 다음 피루브산은 호기성 조건에서 더 산화되는 대신 젖산으로 환원된다. 이렇게 생성된 젖산은 순환계에 의해 근육에서 간으로 운반되며 간에서 **포도당신생** 과정에 의해 다시 포도당으로 전환된다. 이 장의 뒷부분에서 살펴보겠지만 포도당신생은 본질적으로 젖산 발효의 역순이지만 포도당 형성 방향에서 에너지 방출적으로 진행될 수 있도록 하는 몇 가지 중요한 차이점이 있다.

알코올 발효 혐기성 조건에서 식물 세포(예: 물에 잠긴 뿌리)는 효모 및 기타 미생물과 마찬가지로 **알코올 발효**(alcoholic fermentation)를 수행할 수 있다. 이 과정에서 피루브산은 탄소 원자(CO_2)를 잃어 2개의 탄소 화합물인 아세트알데하이드를 형성한다. NADH에 의한 아세트알데하이드 환원은 에탄올을 생성하는데, 이 알코올의 이름을 따서 명명했다. 이 환원적 순서는 **피루브산 탈카복실화효소와 알코올 탈수소효소**의 두 가지 효소에 의해 촉매된다(그림 9-8c 참조). 전반적인 반응은 다음과 같이 요약할 수 있다.

$$2\ 피루브산 + 2\ NADH + 4\ H^+ \longrightarrow$$
$$2\ 에탄올 + 2\ CO_2 + 2\ NAD^+ \qquad (9\text{-}19)$$

이 환원 단계를 해당과정의 전체 반응(반응 9-16)에 추가하면 알코올 발효에 대한 반응은 다음과 같다.

$$포도당 + 2\ ADP + 2\ P_i + 2\ H^+ \longrightarrow$$
$$2\ 에탄올 + 2\ CO_2 + 2\ ATP \qquad (9\text{-}20)$$

효모 세포에 의한 알코올 발효는 제빵, 양조, 포도주 양조 산업의 핵심 과정이다. 빵 반죽의 효모 세포는 포도당을 혐기성으로 분해하여 CO_2와 에탄올을 모두 생성한다. 탄산가스가 반죽에 갇혀 부풀어오르고, 굽는 동안 알코올이 빠져나와 빵 굽는 냄새의 일부가 된다. 양조업자에게는 CO_2와 에탄올이 모두 필수적이다. 에탄올은 제품을 알코올 음료로 만들고, CO_2는 탄산화를 설명할 수 있다.

이외의 발효경로 젖산과 에탄올은 생리학적 또는 경제적 중요성에서 가장 큰 발효 생성물이지만, 이것들이 균류의 모든 발효 능력을 충분히 대표하는 것은 아니다. 프로피온산 발효에서 박테리아는 스위스 치즈 생산에서 중요한 반응인 피루브산을 프로피온산(CH_3—CH_2—COO^-)으로 환원시킨다. 식품 부패를 일으키는 많은 박테리아는 부틸렌 글리콜 발효에 의해 부패한다. 다른 발효 과정에서는 아세톤, 이소프로필 알코올, 부틸레이트가 생성되며, 이들 중 마지막은 썩은 음식과 구토물의 썩은 냄새의 원인이 된다. 그러나 이러한 모든 반응은 전자를 일부 유기 수용체로 전달하여 NADH를 재산화한다는 점에서 기존 대사과정의 변형일 뿐이다.

발효는 기질의 자유에너지 일부만 활용하지만 해당 에너지를 ATP의 형태로 효율적으로 보존한다

모든 발효 과정의 본질적인 특징은 외부 전자 수용체가 관여하지 않고 순 산화가 일어나지 않는다는 것이다. 예를 들어 젖산 발효와 알코올 발효 모두에서 해당과정의 단일 산화 단계(반응 Gly-6)에 의해 생성된 NADH는 단계의 최종 반응(반응 9-17 및 9-19)에서 재산화된다. 순 산화가 발생하지 않기 때문에 발효는 중간 정도의 ATP 수율을 제공한다. 젖산 발효(반응 9-18) 또는 알코올 발효(반응 9-20)의 경우 포도당 분자당 2분자의 ATP를 제공한다.

포도당 분자의 자유에너지의 대부분은 여전히 2개의 젖산 또는 에탄올 분자에 존재한다. 예를 들어 젖산 발효의 경우 완전한 호기 상태에서 젖산의 $G^{\circ\prime}$은 -319.5 kcal/mol이다. 모든 포도당 분자에서 생성된 2개의 젖산 분자는 포도당 1몰당 존재하는 686 kcal의 자유에너지의 대부분을 포함한다. 즉 포도당의 원래 자유에너지의 약 93%(639 kcal)가 2개의 젖산 분자(2×319.5 kcal)에 여전히 존재하고, 잠재적으로 얻을 수 있는 자유에너지의 약 7%(47 kcal/mol)만이 발효 중에 얻을 수 있다.

젖산 발효의 에너지 수율은 낮지만 사용 가능한 자유에너지는 ATP로 효율적으로 보존된다. 표준 자유에너지 변화를 사용하여 ATP의 이 두 분자는 $2 \times 7.3 = 14.6$ kcal/mol을 나타낸다. 이는 약 30%(14.6/47 × 100%)의 에너지 절약 효율에 해당된다. 세포 조건($-10 \sim -14$ kcal/mol 범위)에서 ATP 가수분해에 대한 실제 $\Delta G'$ 값에 기초하여, ATP 2분자는 적어도 20 kcal/mol을 나타내며, 이는 에너지 보존 효율이 40%를 초과한다.

암세포는 산소가 있는 상태에서도 포도당을 젖산으로 발효시킨다

암세포의 한 가지 이상은 산소가 있는 상태에서도 종종 포도당을 젖산으로 발효시킨다는 것이다. 1920~1930년대에 생화학자 바르부르크(Otto Warburg)는 암세포가 정상 세포보다 훨씬 더 빠르게 포도당을 소모한다는 것을 보여주었고, 이러한 관찰을 바르부르크 효과(Warburg effect)라고 한다. 많은 암세포는 산소가 있는 상태에서도 포도당을 젖산으로 발효시켜 에너지를 얻으며 포도당 분자당 2개의 ATP만 생성한다. 이 과정은 종종 호기성 해당작용이라고 하며, 이는 산소가 실제로 관련되지 않기 때문에 다소 잘못된 명칭이기는 하다. 그러나 일반적으로 혐기성 유형의 해당과정은 산소가 있는 상태에서도 여전히 작동하기 때문에 이 이름으로 알려지게 되었다. 에너지 생산의 비효율에도 불구하고 호기성 해당작용은 암세포가 정상 세포를 능가하게 하여 더 효율적인 산소호흡 과정을 수행하게 된다.

암세포는 어떻게 이 일을 할 수 있을까? 한 가지 방법은 소비되는 포도당의 양을 때로는 100배 이상으로 극적으로 증가시키는 것이다. 암세포는 종종 증식을 하지 않는 세포에서 발현이 적은 영양소 수송체의 활성을 크게 증가시킨다. 예를 들어 포도당 수송체 GLUT1의 활성을 증가시킨다. GLUT1의 화학적 억제제는 암세포의 해당과정을 감소시키고 배양 및 쥐 모델 시스템 모두에서 암세포의 성장을 억제하는 것으로 밝혀졌다.

암세포에 대한 호기성 해당작용의 장점은 무엇일까? 인체에서 포도당이 제한적인 경우는 드물기 때문에 암세포의 경우 에너지 효율이 주요 관심사가 아니다. 대신 암세포는 주로 에너지 생산을 위해 호기성 해당과정을 수행하는 것이 아니라 빠르게 성장하고 증식하는 세포에 의해 수요가 높은 핵산, 인지질, 아미노산의 생합성에 사용되는 탄소 골격 생성을 위한 호기성 해당과정을 수행하는 것으로 보인다. 일반적으로 피루브산으로 전환된 다음 에너지 효율을 최대화하기 위해 이산화탄소로 완전히 산화되는 유기 탄소는 대신 암세포 성장에 연료를 공급하는 동화경로로 전환된다. 이 이론과 일치하게 많은 암세포는 피루브산을 이산화탄소로 산화시키는 데 필요한 효소를 만드는 유전자에 돌연변이를 축적시킨다. 하지만 이것이 암의 원인인지 결과인지는 아직까지 분명하지는 않다.

앞에서 설명한 암세포의 과도한 포도당 소비로 인해 PET(양전자 방출 단층 촬영) 진단을 할 수 있다. CT 스캔(PET/CT)과 결합하여 인체 내 종양의 위치, 대사 활동, 크기를 이미지화할 수 있다(**그림 9-9**). 이 과정에서 방사성 포도당 유사체인 플루오로데옥시글루코스(fluorodeoxyglucose, FDG)를 환자에게 정맥 주사한 다음 암세포에 축적되는 영상을 촬영한다. 따라서 암 화학요

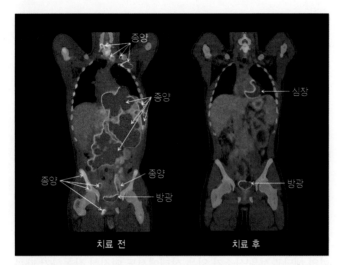

그림 9-9 FDG-PET 스캔을 통한 항암 화학요법의 성공적 예시. 암세포는 과도한 양의 '포도당'을 소비하기 때문에 '방사성'으로 표지된 '플루오로데옥시글루코스(FDG)'는 치료 전 PET 스캔에서 쉽게 시각화할 수 있다(왼쪽, 밝은 빨간색 영역). 치료 후(오른쪽), 치료 전 종양 부위에서 대사반응이 변하는 것을 확인할 수 있다. FDG의 정상적인 생리학적 분포는 심근과 방광에서 볼 수 있다.

출처: Annick D. Van den Abbeele, MD, FACR, FICIS, Dana-Farber Cancer Institute, Boston, MA, USA

법 전후의 PET 스캔은 종양의 존재, 위치, 활성과 항암 화학요법의 효과를 결정하는 데 중요한 도움이 될 수 있다.

방사성 추적자로 알려진 방사성 표지 화합물을 사용하여 인체 및 시험관 내 실험에서 개별 유형의 분자(예: 포도당)의 운명을 추적할 수 있다. 방사성 추적자의 사용은 일반적인 화학 원소의 자연발생 **동위원소**(isotope), 즉 원자량이 약간 다른 동일한 원소의 원자에 의해 이루어진다[대사 연구에서 생화학적 중간체의 운명을 추적하기 위한 **동위원소 표지**(isotopic labeling)의 사용은 핵심 기술 참조].

개념체크 9.5

산소가 없는 상황에서 피루브산을 젖산이나 에탄올 및 이산화탄소로 발효시키는 것이 왜 필요한가?

9.6 해당과정을 위한 대체 기질

지금까지는 포도당을 해당과정의 시작점으로 가정했으며, 따라서 모든 세포 에너지 대사의 시작점이라고 가정했다. 포도당은 확실히 다양한 생물체와 조직에서 발효와 호흡의 주요 기질이다. 그러나 그러한 기질이 유일한 것은 아니다. 많은 생물체와 생물체 내 일부 조직에서 포도당은 전혀 중요하지 않다. 따라서 두 가지 질문을 할 수 있다. 포도당의 주요 대안은 무엇이며, 세

포는 이를 어떻게 처리할까?

한 가지 원칙은 다음과 같다. 대체 기질의 화학적 성질에 관계없이 포도당 이화작용의 주요 경로에서 중간체로 전환되는 경우가 많다. 예를 들어 대부분의 탄수화물은 해당경로에서 중간체로 전환된다. 이 점을 강조하기 위해 대체 탄수화물 기질의 두 가지 부류, 즉 기타 당과 저장 탄수화물을 간단히 고려할 것이다(산소 호흡의 다음 단계인 시트르산 회로에서 단백질과 지질이 어떻게 중간체로 전환될 수 있는지에 대한 내용은 10장 참조).

다른 당과 글리세롤도 해당경로에 의해 이화된다

포도당 이외의 많은 당은 해당 생물체의 식품 공급원에 따라 세포에서 사용할 수 있다. 대부분은 단당류(보통 6탄당 또는 5탄당)이거나 구성 요소 단당류로 쉽게 가수분해될 수 있는 2당류이다. 일반 설탕(자당, sucrose)은 6탄당 포도당과 과당으로 구성된 2당류이다. 젖당(lactose)에는 포도당과 갈락토스가 들어있고, 엿당(maltose)에는 2분자의 포도당이 들어있다(그림 3-23 참조). 포도당, 과당, 갈락토스 외에 마노스는 또 다른 비교적 일반적인 식이성 6탄당이다.

그림 9-10은 다양한 탄수화물을 해당경로로 가져오는 반응을 보여준다. 일반적으로 2당류(예: 젖당, 엿당, 설탕)는 가수분해되어 단당류로 구성되며, 각 단당류는 하나 또는 몇 단계를 거쳐 해당 중간체로 전환된다. 포도당과 과당은 6번째 탄소 원자의 인산화 후에 가장 직접적으로 들어가게 된다. 마노스는 마노스-6-인산으로 전환된 다음 해당 중간체인 과당-6-인산으로 전환된다. 갈락토스의 진입은 포도당-6-인산으로 전환하기 위해 5단계를 포함하는 다소 복잡한 반응 순서를 필요로 한다.

인산화된 5탄당은 또한 해당경로로 전달될 수 있지만 6탄당 인산으로 전환된 후에만 가능하다. 그 전환은 5탄당 인산 경로로도 알려진 **포스포글루코네이트 경로**(phosphogluconate pathway)라고 하는 대사경로에 의해 수행된다. 지질 분해로 인한 3개 탄소 분자로 이루어진 글리세롤은 디하이드록시아세톤인산으로 전환된 후 해당과정에 들어간다. 따라서 일반적인 세포는 혐기성 또는 호기성 조건에서 추가 이화작용을 위해 대부분의 자연발생 당(및 다양한 기타 화합물)을 해당 중간체 중 하나로 전환하는 대사 기능을 가지고 있다.

다당류는 분해되어 해당경로에도 들어가는 당 인산을 형성한다

포도당은 많은 세포와 조직에서 발효와 호흡의 직접적인 기질이지만 세포에서 유리 단당류의 농도는 낮다. 대신에 주로 저장 다당류의 형태로 발생하며, 식물에서는 녹말, 동물에서는 글리코젠이 가장 일반적이다(그림 9-10의 초록색 상자). 포도당을 녹말

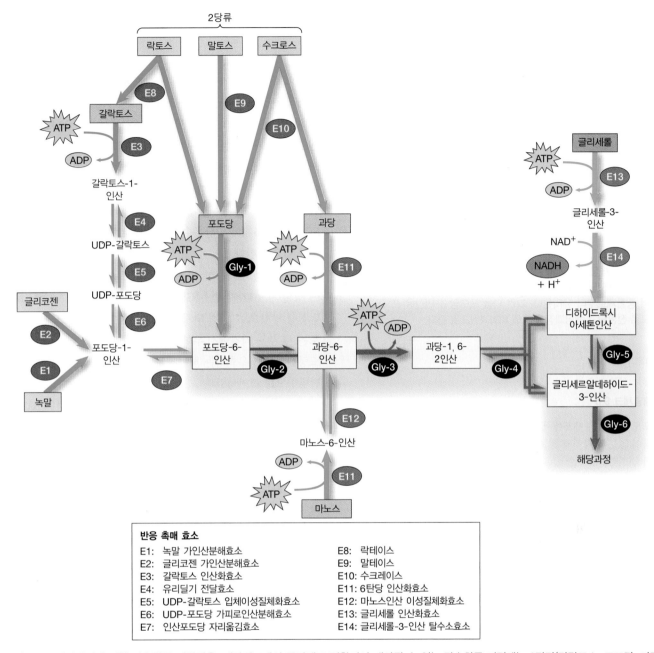

그림 9-10 해당과정에 의한 탄수화물 이화작용. 해당경로에서 중간체로 전환되어 대사될 수 있는 탄수화물 기질에는 6탄당(갈락토스, 포도당, 과당, 마노스), 2당류(락토스, 말토스, 수크로스), 다당류(글리코젠, 녹말), 글리세롤이 있다. 이러한 반응을 촉매하는 효소는 하단의 상자에 표시되어 있다. 해당경로의 처음 6개 반응은 주황색으로 표시되어 있다(해당 효소는 그림 9-7 참조).

과 글리코젠으로 저장하는 것의 한 가지 이점은 이 두 가지 중합된 포도당 형태가 물에 불용성이어서 세포의 제한된 용질 용량에 과부하가 걸리지 않는다는 것이다. **그림 9-11**에 표시된 것처럼 이러한 저장 다당류는 **가인산분해**(phosphorolysis)라고 하는 과정에 의해 동원될 수 있다. 가인산분해(또는 인산분해 절단)는 가수분해와 유사하지만 물 대신 무기 인산염을 사용하여 화학결합을 끊는다. 무기 인산염은 연속적인 포도당 단위 사이의 $\alpha(1 \rightarrow 4)$ 글리코시드 결합을 끊고 포도당 단량체를 포도당-1-인산염으로 유리시키는 데 사용된다. 이러한 방식으로 형성된

포도당-1-인산은 포도당-6-인산으로 전환될 수 있으며, 해당경로에 의해 이화된다.

그림 9-10을 다시 살펴보면 중합된 형태로 저장된 포도당이 유리당의 초기 인산화에 필요한 ATP의 사용 없이 포도당-6-인산으로 해당경로에 들어갈 수 있다. 결과적으로 포도당에 대한 전체 에너지 수율은 유리당에서 이화될 때보다 다당류 수준에서 이화될 때 1개의 ATP 분자만큼 더 커진다. 그러나 이는 녹말이나 글리코젠 합성 과정에서 다당류 사슬에 추가되는 포도당 단위를 활성화하기 위해 에너지가 필요하므로 헛되이 얻는 것은

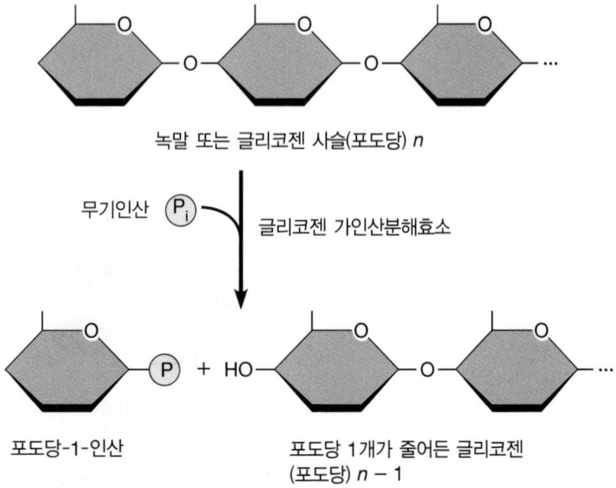

그림 9-11 저장 다당류의 가인산분해. 녹말 또는 글리코겐과 같은 저장 다당류의 포도당 단위는 가인산분해 절단에 의해 포도당-1-인산 단량체로서 중합체로부터 유리된다. 그런 다음 포도당-1-인산은 포도당-6-인산으로 전환되고 해당과정을 통해 이화과정으로 간다.

아니다.

개념체크 9.6

포도당은 많은 세포에서 주요한 에너지원이지만, 세포 외부에 포도당이 없는 상황에서 생물들은 생존할 수 있다. 이것이 어떻게 가능한 것일까?

9.7 포도당신생

세포는 필요한 에너지를 충족하기 위해 포도당과 기타 탄수화물을 대사할 수 있으며, 다른 목적에 필요한 당과 다당류를 합성할 수 있다. 포도당 합성 과정을 **포도당신생**(gluconeogenesis)이라고 하며, 문자 그대로 '새로운 포도당의 생성(형성)'을 의미한다. 보다 구체적으로 포도당신생은 세포가 일반적으로 자연에서 비탄수화물인 3탄당 및 4탄당 전구체로부터 포도당을 합성하는 과정으로 정의된다. 가장 일반적인 시작 물질은 피루브산과 그 발효 산물인 젖산이다. 포도당신생은 모든 생물체에서 발생하며, 동물에서는 주로 간과 콩팥에서 발생한다.

포도당신생과 해당과정은 공통점이 많다. 사실 포도당신생의 10개 반응 중 7개는 해당반응의 단순한 역방향으로 발생하며, 이 7개 반응은 양방향에서 동일한 효소를 사용한다. 그러나 **그림 9-12**에서 볼 수 있듯이 해당경로의 3가지 반응(Gly-1, Gly-3, Gly-10)은 포도당신생의 방향으로, 다른 반응에 의해 일어난다. 이 3가지 반응은 해당작용의 에너지 방출 반응이기 때문에 열역학적으로 역방향으로 일어나기 힘들다. 사실 이러한 차이점은

세포 대사의 중요한 원리를 명확하게 보여준다. 즉 생합성 동화경로에는 해당 이화경로의 역반응이 거의 없다.

특정 방향으로 열역학적으로 유리한 대사경로를 위해서는 그 방향으로 충분히 자유에너지가 감소해야 한다. 그것은 확실히 해당작용에서 일어난다. 즉 포도당에서 피루브산으로 가는 전체 이화작용(반응 9-16)은 세포 내 조건에서 약 -20 kcal/mol의 $\Delta G'$ 값을 가진다는 것을 기억해보자. 그렇다면 분명히 역과정의 $\Delta G'$은 약 20 kcal/mol이 될 것이며, 해당과정의 우회반응이 아닌 직접 역반응을 통한 포도당 합성은 열역학적으로 불가능하다. 피루브산에서 포도당신생이 가능한 에너지를 제공하려면 포도당신생은 6개의 인산무수 결합(4개 ATP, 2개 GTP)의 가수분해를 필요로 한다.

포도당신생이 가능한 이유는 해당경로에서 에너지를 가장 많이 방출하는 3가지 반응(Gly-1, Gly-3, Gly-10)이 단순히 포도당신생 방향으로 '역전'되지 않기 때문이다. 대신 포도당신생 경로는 세 부위 각각에서 **우회반응**을 하게 된다. 그림 9-12에서 포도당신생에서 우회되는 해당경로의 3가지 반응은 그림 9-7에서 단방향으로 표시되었다.

Gly-1과 Gly-3의 경우 정확한 역반응을 사용하려면 ATP 합성이 필요하므로, 대신 이러한 단계는 무기 인산염을 유리시키는 단순한 가수분해 반응에 의해 진행된다(그림 9-12 오른쪽 상단). 이 단순한 대사 전략이 열역학적 장애물을 얼마나 효과적으로 극복하는지 생각해보자. 예를 들어 해당과정에서 반응 Gly-1의 경우 ATP 분자의 사용으로 인해 포도당이 포도당-6-인산으로 전환되는 것은 에너지 방출 반응이다. 포도당신생 과정에서 역방향 반응은 인산에스터 결합의 가수분해로 인해 $G^{o'}$ 값이 -3.3 kcal/mol로 에너지 방출 반응이 된다.

해당경로에서 비가역성의 세 번째 부위인 반응 Gly-10은 두 가지 반응 순서에 의해 우회 과정을 가진다(그림 9-12 오른쪽 하단). 이 두 반응은 모두 ATP(ATP의 구조는 그림 3-16 참조)에서, 또는 뉴클레오타이드 화합물 GTP에서 인산무수 결합의 가수분해에 의해 이루어진다. 먼저 CO_2가 **카복실화** 반응에서 피루브산에 첨가되어 옥살로아세트산이라고 하는 4개의 탄소 화합물을 형성한다. 다음으로 카복실기는 **탈카복실화** 반응에서 제거되어 포스포에놀피루브산(PEP)을 형성하게 되고, 인산기와 에너지는 에너지적으로 ATP와 동등한 GTP에 의해 제공된다.

이러한 우회반응이 달성하는 것은 해당경로와 포도당신생 경로를 직접 비교하면 명확해진다. 이화경로로서 해당작용(그림 9-12 왼쪽)은 본질적으로 에너지를 생성하는 반응이다. 즉 포도당 1개당 2개의 ATP를 생성하게 된다. 반면에 포도당신생(그림 9-12 오른쪽)은 동화경로이며 합성된 포도당 분자당 6개의 ATP 분자가 필요하다. 하나의 포도당당 4개의 ATP 분자의 차이는 포

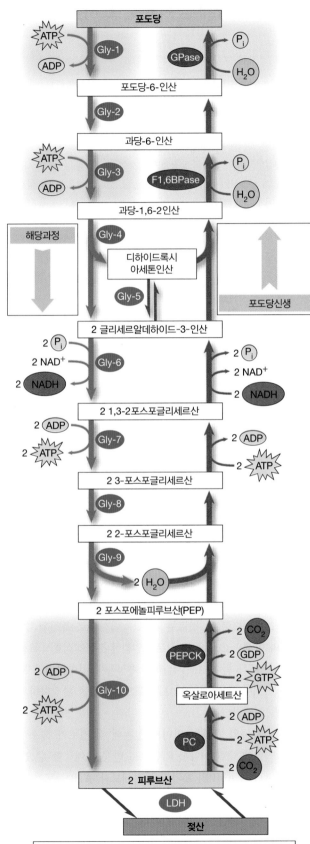

그림 9-12 해당과정과 포도당신생 경로의 비교. 해당과정(왼쪽)과 포도당신생(오른쪽)을 위한 경로는 9개의 중간체와 10개의 효소반응 중 7개를 공유한다. 해당경로의 비가역적 반응인 3가지 반응(왼쪽, 파란색)은 4가지 우회반응(오른쪽, 주황색)에 의해 포도당신생에서 우회된다. 우회반응을 촉매하는 4가지 효소는 그림 하단의 상자에 표시되어 있다. 젖산 탈수소효소(LDH)는 간세포에서 젖산으로부터 피루브산 형성을 가역적으로 촉매하여 포도당신생에 공급한다.

도당신생이 포도당합성 방향으로 에너지 방출 반응을 진행되도록 하는 데 충분한 에너지 차이를 나타낸다.

해당과정 및 포도당신생과 같은 과정에 대한 학문적 이해를 얻는 것도 중요하지만, 이러한 지식이 개인적으로 어떤 의미하는지 이해하는 것도 중요하다. **인간과의 연결**은 오늘 아침 시리얼과 우유를 먹었을 경우 당신이 섭취한 설탕이 어떻게 처리되는지 설명하며, 이러한 식사 이후에 몸의 세포에서 일어나는 일에 대한 이해를 돕는다.

개념체크 9.7

해당과정(포도당에서 피루브산으로)과 포도당신생(피루브산에서 포도당으로)은 왜 동일한 효소 단계를 역순으로 사용하지 않을까?

9.8 해당과정과 포도당신생 조절

세포에는 해당과정과 포도당신생 경로의 반응을 촉매하는 효소가 있기 때문에 두 경로가 동일한 세포에서 동시에 진행되지 않게 하는 것이 중요하다. 포도당의 합성과 분해를 조절하여 이런 일이 일어나지 않게 하려면 어떻게 해야 할까? 우리 몸의 한 가지 해결책은 공간 조절이다. 즉 근육세포(해당과정) 및 간세포(포도당신생)에서와 같이 별도의 세포에서 일어나게 된다. 이후에 해당과정과 포도당신생이 단일 세포 내에서 서로 다른 시간에 작동하는 시간적 조절이라는 또 다른 해결책도 설명할 것이다.

모든 대사경로와 마찬가지로 해당과정과 포도당신생은 ATP와 포도당 같은 각각의 해당 결과물에 대한 세포 및 생물체의 요구에 반응하는 속도로 기능하도록 조절된다. 당연히 해당작용과 포도당신생은 상호 또는 역 방식으로 조절된다. 한 경로를 자극하는 것으로 알려진 세포 내 조건은 일반적으로 다른 경로에 억제 효과가 있다. 또한 해당과정은 세포에서 에너지 생성 및 활용의 다른 주요 경로, 특히 산소호흡과 관련된 경로(10장 참조)와 밀접하게 조정된다.

해당 및 포도당신생 경로의 주요 효소는 다른자리입체성 조절의 대상이다

효소 활성의 다른자리입체성 조절은 두 가지 형태, 즉 촉매 활성

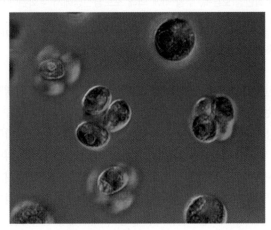

동위원소 표지 연구에 사용되어 광합성 탄소고정의 첫 단계를 정의하는 데 사용된 클로렐라 세포들의 광학현미경 이미지

문제 수백 개의 대사물질과 수십 개의 반응이 동시에 진행되는 세포에서 해당과정과 같은 복잡한 경로의 개별 단계를 발견하는 것이 어떻게 가능할까? 또한 개별 원자와 화합물의 운명을 어떻게 결정할 수 있을까?

해결방안 동위원소 표지라는 기술을 사용하여, 연구원들은 세포 내 특정 화합물의 운명을 추적할 수 있을 뿐만 아니라 포도당과 같은 분자가 세포나 생물체에서 분해될 때 개별 원자의 운명을 결정할 수도 있다. 이 기술을 사용하면 생화학적 경로에서 개별적인 단계를 식별하는 것이 가능하다.

주요 도구 동위원소 표지된 원자 또는 분자, 세포 샘플, 동위원소 표지를 시각화하는 장비

상세 방법 동위원소 표지 기술은 특정 용도에 따라 방사성 표지 또는 비방사성 표지를 사용할 수 있다. 두 버전 모두 원자핵의 중성자 수가 다르기 때문에 원자 질량이 약간 다른 특정 화학원소의 원자인 동위원소를 사용한다. 예를 들어 일반적인 탄소 원자는 원자 질량 12에 대해 6개의 양성자, 6개의 전자, 6개의 중성자를 가지고 있다. 그러나 자연에서 탄소 원자의 약 1%가 6개의 양성자, 6개의 전자, 7개의 중성자이므로 원자 질량이 13보다 약간 더 무겁다. 더 무거운 동위원소는 ^{13}C로 지정되는 반면, 일반 탄소 원자는 ^{12}C로 지정된다. 더 무거운 방사성 ^{14}C는 6개의 양성자와 8개의 중성자를 가지고 있어 불안정하고 방사성 붕괴를 자발적으로 일으키며 감지 가능한 방사선을 방출한다.

동위원소 표시는 화학반응 과정에서 화학 기능기의 행방을 추적하기 위해 ^{14}C와 같은 방사성 표지물(*방사성 동위원소 표지법*) 또는 ^{13}C와 같은 안정된 표지물(*안정 동위원소 표지법*)을 사용한다. 동위원소는 일반 원자와 동일한 수의 양성자와 전자를 가지고 있기 때문에 일반적으로 일반 원자와 동일하게 작용한다. 따라서 반응물 내의 특정 원자(또는 원자들)는 표지된 동위원소로 대체될 수 있고, 결과물에서 그 원자를 식별할 수 있다. 또는 대사과정의 다른 단계에도 추적할 수 있다.

안정 동위원소 표지법의 경우 *핵자기 공명 분광법*(nuclear magnetic resonance spectroscopy, NMR)을 사용하여 동위원소를 식별할 수 있다. NMR은 원자의 특정 자기적 성질로 그 원자의 물리적 및 화학적 성질을 결정한다. 안정 동위원소는 *질량분석법*(mass spectrometry, MS)을 사용하여 질량으로도 식별할 수 있다(**2장의 핵심 기술** 참조). 안정 동위원소

과 비활성의 효소 상호 전환을 포함한다는 것을 기억하자(6장 참조). 효소 분자는 특정 다른자리입체성 효과인자가 다른자리입체성 부위에 결합되어 있는지 여부와 그 효과인자가 다른자리입체성 활성인자인지 다른자리입체성 억제인자인지에 따라 활성 또는 비활성이 된다(그림 6-13 참조).

그림 9-13은 해당 및 포도당신생 경로의 주요 다른자리입체성 효소와 각 효소를 조절하는 다른자리입체성 효과인자를 보여준다. 해당과정의 주요 효소는 6탄당 인산화효소, 인산과당 인산화효소-1(PFK-1), 피루브산 인산화효소(pyruvate kinase)이다. 포도당신생의 경우 이 경로에 4가지 우회반응 효소[피루브산 카복실화효소(pyruvate carboxylase) 및 과당-1,6-2인산가수분해효소(fructose-1,6-bisphosphatase)] 중 2개가 다른자리입체성 조절의 주요 부위가 된다. 주로 간세포 연구를 기반으로 그림 9-13에 표시된 각 다른자리입체성 효과인자는 결합하는 효소의 활성인자(+), 억제인자(−)로 표시한다. 다른자리입체성 효과인자에는 아세틸 CoA, AMP, ATP, 시트르산, 과당-1,6-2인산(F1,6BP),

과당-2,6-2인산(F2,6BP), 포도당-6-인산(G6P)이 포함된다.

그림에서 몇 가지 점이 분명해진다. 예를 들어 각 조절효소는 그 경로에 고유하므로 각 경로는 서로 독립적으로 조절될 수 있다. AMP와 아세틸 CoA의 두 경로의 민감한 조절의 상호적 특성도 주목해보자. 예를 들어 AMP는 해당과정을 활성화하지만 포도당신생을 억제한다. 아세틸 CoA는 포도당신생을 활성화하지만 해당과정을 억제한다.

각 조절인자들의 효과는 의미가 있는데 각 경로가 세포에서 수행하는 역할에 대한 이해를 기반으로 반응을 예측할 수 있다. 예를 들어 ATP와 AMP의 효과를 고려해보자. ATP 농도가 낮고 AMP 농도가 높을 때 세포는 분명히 에너지가 낮으므로 AMP가 해당작용을 활성화하는 것이 합리적이다. 반대로 ATP 농도가 증가하고 AMP 농도가 감소함에 따라 해당과정에 대한 AMP의 자극 효과가 감소한다. PFK-1과 피루브산 인산화효소 모두에 대한 ATP의 억제 효과가 작용하여 해당 속도를 감소시킨다.

PFK-1이 ATP를 기질로 사용하기 때문에 ATP가 PFK-1의 다

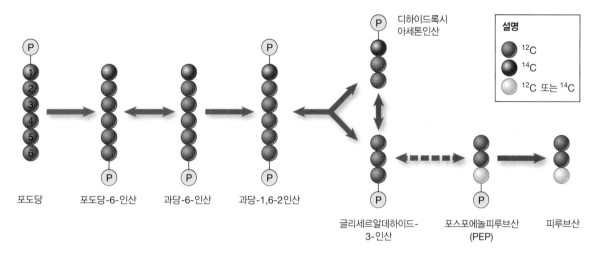

그림 9A-1 ^{14}C를 사용한 포도당의 방사성 동위원소 표지. 포도당이 분해되는 동안 ^{14}C(빨간색) 원자의 경로를 보여준다. ^{14}C는 첫 번째 탄소 원자에 표시된다(그림 9-7 참조). 방사성 표지된 탄소가 디하이드록시아세톤인산 분자에서 어떻게 끝나는지 확인하라.

표지법에서 가장 일반적으로 사용되는 동위원소는 ^{13}C, ^{2}H, ^{15}N이다. 예를 들어 ^{15}N는 메셀슨(Meselson)과 스탈(Stahl)이 DNA 복제 메커니즘을 결정하는 데 중요한 역할을 한 기술에 사용되었다(22장 참조).

방사성 동위원소 표지 기술에서는 ^{14}C와 방사성 동위원소의 존재가 동위원소가 붕괴할 때 방출하는 방사선 방출을 모니터링하여 대사과정에서 결정된다. 예를 들어 **그림 9A-1**에서 ^{14}C는 1번 탄소 원자로 표지된 포도당을 통해 해당과정을 통한 포도당의 분해 과정을 결정하는 데 사용할 수 있다. 그런 다음 세포 샘플에 ^{14}C가 표지된 포도당이 공급되어 몇 초에서 몇

시간까지 다양한 시간 동안 대사를 수행할 수 있게 된다. 이러한 다양한 시간에 세포 추출물의 개별 화합물이 분리되고 방사성 표지된 화합물의 정체가 결정된다. 이를 통해 연구자들은 포도당 이화작용의 특정 부산물과 해당 부산물의 형성 순서를 결정할 수 있게 된다.

질문 세포의 1번 탄소에 ^{14}C가 표시된 포도당을 공급한 후 인산화된 탄소가 포함된 포스포에놀피루브산(그림에서 흰색)이 ^{12}C인지 ^{14}C인지 예측할 수 없는 이유가 무엇인지 설명하라.

른자리입체성 억제인자라는 사실을 알게 되면 놀랄 수 있다. 기질 농도의 증가는 효소촉매 반응의 속도를 **증가**시켜야 하기 때문에 모순된 것처럼 보인다. 그러나 이 명백한 모순은 쉽게 설명된다. 다른자리입체성 효소로서 PFK-1은 활성부위와 다른자리입체성 부위를 모두 가지고 있다. PFK-1의 활성부위는 ATP에 대한 친화도가 높은 반면 다른자리입체성 부위는 ATP에 대한 친화도가 낮다. 따라서 낮은 ATP 농도에서 결합은 촉매 부위에서 발생하지만 다른자리입체성 부위에서는 발생하지 않으므로, 대부분의 PFK-1 분자가 활성 형태로 남아 해당작용이 진행된다. 그러나 ATP 농도가 증가함에 따라 다른자리입체성 부위에서 결합이 강화되어 비활성 형태의 PFK-1을 안정화하여 전체 해당과정을 늦추는 역할을 하게 된다.

해당경로와 포도당신생 경로 모두 산소호흡과 관련된 화합물에 의한 다른자리입체성 조절의 대상이 된다. 다음 장에서 배우게 되겠지만, 아세틸 CoA와 시트르산염은 **시트르산 회로**라는 경로의 핵심 중간체이다. 높은 수준의 아세틸 CoA와 시트르산은

세포가 피루브산을 넘어 호흡 대사의 다음 단계를 위한 기질이 잘 공급되었음을 나타낸다. 따라서 아세틸 CoA와 시트르산이 둘 다 해당과정을 억제하여 피루브산이 형성되는 속도를 감소시킨다는 사실은 놀라운 일이 아니다. 유사하게 포도당신생에 대한 아세틸 CoA의 자극 효과는 포도당으로의 전환을 위한 피루브산의 가용성과 일치한다.

⊘ 연결하기 9.2

효소의 대사경로 조절에 대해 배운 내용을 바탕으로, 아세틸 CoA가 피루브산 인산화효소에 미치는 영향이 어떤종류의 조절을 나타내는지 설명하라.

과당-2,6-2인산은 해당과정과 포도당신생의 중요한 조절자이다

앞의 메커니즘 각각이 해당과정과 포도당신생 조절에 중요한 역할을 하지만 두 경로의 가장 중요한 조절자는 대사 산물

당신의 몸은 식사를 할 때마다 대사경로를 사용한다. 아침 식사로 먹은 음식이 내 몸에서 어떤 역할을 하는지 궁금한가? 2당류인 설탕(시리얼의 설탕)과 젖당(우유)과 다당류 녹말(시리얼의 밀가루)을 고려하여 달콤한 시리얼과 우유 한 그릇의 가상 경로를 따라가보자.

녹말 가수분해

시리얼 그릇의 설탕과 젖당은 소장에 도달할 때까지 그대로 유지되지만 녹말 소화는 녹말을 더 작은 다당류로 분해하는 효소인 타액 아밀레이스를 통해 입안에서 시작된다. 소장에서 이자 아밀레이스는 녹말을 2당류인 엿당으로 분해한 다음 말테이스에 의해 장에서 포도당으로 가수분해된다. 젖당과 설탕은 유사한 효소(각각 락테이스와 수크레이스)에 의해 가수분해된다. 많은 성인에서 유아기 이후 장 내 락테이스의 감소는 젖당 불내증으로 이어진다. 젖당 불내증이 있는 사람이 우유 또는 기타 유제품을 섭취하면 경련과 설사를 경험할 수 있다.

단당류 이용

포도당, 갈락토스, 과당 분자는 장 '상피'세포에 흡수된다. '과당'과 '갈락토스'는 혈류를 통해 '수송'되고, 신체의 다양한 조직에 흡수되며, '해당과정'에서 '중간체'로 전환된다(그림 9-10 참조). 물론 혈액의 주요 당은 포도당이다. 식후 몇 시간 후 혈중 농도는 아마도 약 80 mg/dL(100 ml의 혈액 안에 80 mg, 또는 약 4.4 mM)이지만 식사를 하고 얼마 지나지 않아 120 mg/dL(6.6 mM)까지 올라갈 수 있다. 그러나 일반적으로 혈당 수치는 간에 의해 다소 좁은 범위 내에서 유지된다. 간세포 안팎으로 포도당의 수송은 GLUT3로 알려진 특정 수송체가 수행한다. 또한 혈당은 인슐린, 글루카곤, 에피네프린, 노르에피네프린을 포함한 여러 호르몬으로 조절된다(19장 참조).

일단 혈류에 들어가면 포도당은 신체의 여러 부분으로 운반되어 산소호흡, 발효, 글리코겐 합성, 체지방 합성의 4가지 주요 과정에 사용된다.

산소호흡

혈당이 관여하는 가장 일반적인 과정은 산소호흡에 의한 CO_2로의 완전한 산화이다. 두뇌는 유산소 기관으로서 특히 주목할 만하다. 인간의 뇌는 하루에 약 120 g의 포도당을 필요로 하며, 이는 총에너지 소비량의 15%에 해당한다. 쉬고 있을 때 뇌는 포도당 사용량의 약 60%를 차지하며 또한 총 산소 소비량의 약 20%를 담당한다. 심장은 젖산과 지방산 같은 포도당 외에도 다양한 연료를 사용할 수 있지만 비슷한 요구사항을 가지고 있다.

발효

산소가 없는 상태에서 포도당은 발효에 의해 젖산으로 부분적으로 산화될

수 있으며, 이는 심장에서 연료로 사용할 수 있다. 발효는 특히 적혈구와 골격근 세포에서 일어난다. 골격근은 혈액 젖산의 주요 공급원이며, 간은 포도당신생의 주요 부위로 그림 9B-1에 표시된 회로를 형성한다. 산소 결핍 근육세포에서 해당작용에 의해 생성된 젖산은 혈액을 통해 간으로 운반되며, 간에서 포도당신생은 젖산을 포도당으로 전환한 다음 혈액으로 다시 방출한다. 이 과정을 1930~1940년대의 연구에서 처음 기술한 코리 부부(Carl Cori와 Gerty Cori)의 이름을 따서 코리 회로라고 부른다.

글리코겐 합성

혈당이 관련된 세 번째 과정은 주로 간과 골격근에 축적되는 저장 다당류 글리코겐으로의 중합이다. 근육에 저장된 글리코겐은 격렬한 운동 중에 포도당을 공급하는 데 사용된다. 간 글리코겐은 호르몬에 대한 반응으로 포도당 공급원으로 사용된다.

체지방 합성

혈당이 관련된 또 다른 일반적인 과정은 체지방 합성이다. 신체가 필요로 하는 것보다 더 많은 음식을 섭취할 때마다 과잉 포도당은 산소호흡에서와 마찬가지로 아세틸 CoA로 산화되지만(10장 참조) 이 경우 지방으로 저장되는 트라이아실글리세롤을 합성하는 데 사용된다.

이제 '설탕은 어떻게 될까요?'라는 단순한 질문에 다소 복잡한 답변이 있다는 것을 알게 되었다. 설탕이 많은 아침 시리얼을 다시는 보지 못할 수도 있다.

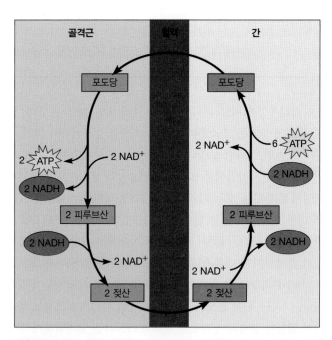

그림 9B-1 코리 회로. 골격근 세포는 특히 격렬한 운동 중 무산소 기간 동안 해당작용에서 많은 에너지를 얻는다. 이러한 방식으로 생성된 젖산은 혈류에 의해 간으로 운반되어 간에서 피루브산으로 재산화된다. 피루브산은 간 내에서 포도당신생을 위한 기질로 사용되어 포도당을 생성하고 다시 혈액으로 돌아간다.

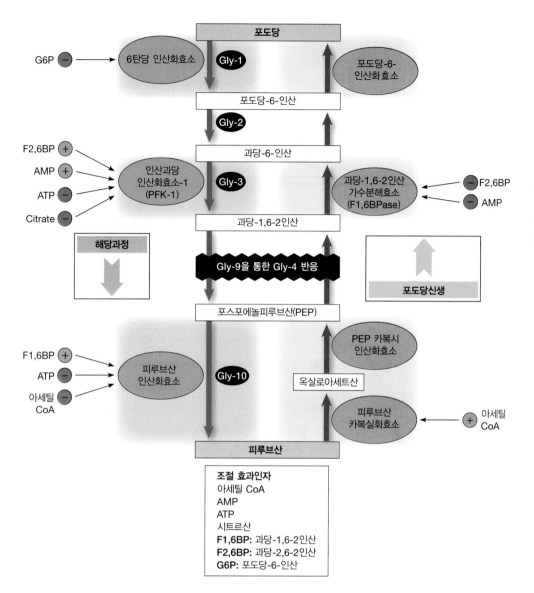

그림 9-13 해당과정과 포도당 신생의 조절. 해당과정과 포도당 신생은 상호적으로 조절된다. 두 경우 모두 각 경로에 고유한 반응을 촉매하는 효소의 다른자리 입체성 활성인자(+) 또는 억제인자(−)가 포함된다. 해당과정의 핵심 조절효소는 이 경로에 고유한 3가지 비가역적 반응을 촉매하는 효소이다(왼쪽, 파란색). 포도당신생의 경우 이 경로에 고유한 4가지 우회 효소(오른쪽, 주황색) 중 2개는 다른자리입체성 조절의 주요 부위를 가진다.

조절 효과인자
아세틸 CoA
AMP
ATP
시트르산
F1,6BP: 과당-1,6-2인산
F2,6BP: 과당-2,6-2인산
G6P: 포도당-6-인산

인 과당-2,6-2인산(F2,6BP)이다. F2,6BP는 2번 탄소에 과당-6-인산의 ATP 의존적 인산화에 의해 합성된다. 이는 1번 탄소의 과당-6-인산의 인산화에 의해 해당경로의 반응 Gly-3에서 과당-1,6-2인산을 생성하는 동일한 유형의 반응이다. 그러나 F2,6BP의 합성은 해당 효소인 PFK-1과 구별하기 위해 인산과당인산화효소-2(PFK-2)로 알려진 별도의 효소에 의해 촉매된다. 그림 9-13과 같이 F2,6BP는 PFK-1을 활성화시켜 과당-6-인산을 인산화하여 과당-1,6-2인산을 형성하고 역반응을 촉매하는 포도당신생 효소인 과당-1,6-2인산가수분해효소를 억제한다. **그림 9-14**는 F2,6BP의 조절 역할과 인체 내에서 F2,6BP의 수준을 조절하는 특별한 효소를 보다 자세히 보여준다.

먼저 효소 PFK-2는 두 가지 별도의 촉매 활성을 가진 2중 기능 효소이다. PFK-2의 어떤 활성이 우세한지는 그것의 소단위체 중 하나의 인산화 상태에 달려있다. 인산화되지 않은 PFK-2는 인산기가 ATP에서 과당-6-인산으로 이동하여 F2,6BP를 형

성하는 것을 촉매하는 인산화효소로 기능한다(그림 9-14a). 인산화되어 인산화효소로 작용하고 F2,6BP에서 인산기를 제거하여 다시 과당-6-인산으로 전환한다(그림 9-14b). 인산화된 형태에서 PFK-2는 과당-2,6-2인산가수분해효소(fructose-2,6-bisphosphatase, F2,6BPase)라고 한다.

ATP에 의한 PFK-2의 인산화는 단백질 인산화효소(protein kinase)에 의해 촉매된다(그림 9-14b). 반응 후반부의 효소 활성은 많은 세포 신호전달 경로의 핵심 중간체인 고리형 AMP(cAMP)에 따라 달라진다(그림 19-9 참조). 에너지가 부족하고 체내 포도당 요구량이 증가하면 호르몬 신호가 cAMP 수치를 증가시켜 단백질 인산화효소를 자극하여 결과적으로 포도당신생을 상향 조절하고 해당과정을 하향조절한다.

cAMP는 두 가지 방식으로 F2,6BP 농도에 영향을 준다. PFK-2 인산화효소 활성을 비활성화하고(그림 9-14c) F2,6BP가수분해효소의 인산가수분해효소 활성을 활성화한다(그림 9-14d). 이

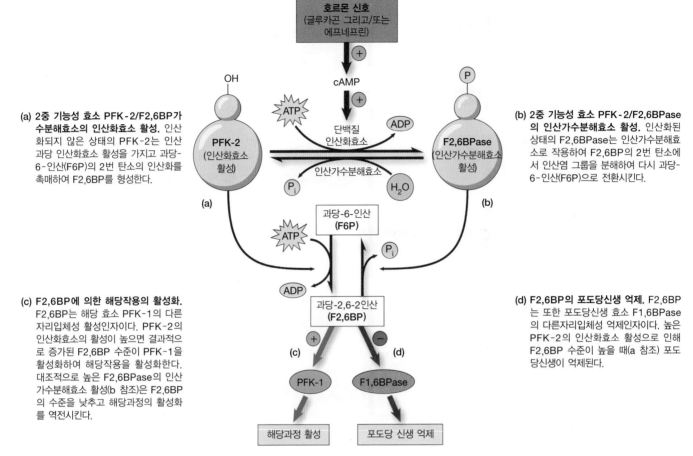

(a) 2중 기능성 효소 PFK-2/F2,6BP가 수분해효소의 인산화효소 활성. 인산화되지 않은 상태의 PFK-2는 인산과당 인산화효소 활성을 가지고 과당-6-인산(F6P)의 2번 탄소의 인산화를 촉매하여 F2,6BP를 형성한다.

(b) 2중 기능성 효소 PFK-2/F2,6BPase의 인산가수분해효소 활성. 인산화된 상태의 F2,6BPase는 인산가수분해효소로 작용하여 F2,6BP의 2번 탄소에서 인산염 그룹을 분해하여 다시 과당-6-인산(F6P)으로 전환시킨다.

(c) F2,6BP에 의한 해당작용의 활성화. F2,6BP는 해당 효소 PFK-1의 다른자리입체성 활성인자이다. PFK-2의 인산화효소의 활성이 높으면 결과적으로 증가된 F2,6BP 수준이 PFK-1을 활성화하여 해당작용을 활성화한다. 대조적으로 높은 F2,6BPase의 인산가수분해효소 활성(b 참조)은 F2,6BP의 수준을 낮추고 해당과정의 활성화를 역전시킨다.

(d) F2,6BP의 포도당신생 억제. F2,6BP는 또한 포도당신생 효소 F1,6BPase의 다른자리입체성 억제인자이다. 높은 PFK-2의 인산화효소 활성으로 인해 F2,6BP 수준이 높을 때(a 참조) 포도당신생이 억제된다.

그림 9-14 PFK-2와 F2,6BP의 조절 역할. 인산과당 인산화효소-2(PFK-2)는 자체 인산화 상태(a 또는 b)에 의존하는, 두 가지 반대되는 촉매 활성을 가진 2중 기능성 효소이다. 이 두 가지 활성은 과당-2,6-2인산(F2,6BP), 해당작용 활성인자(c), 포도당신생 억제인자(d)의 정도에 의해 결정된다.

두 가지 효과는 모두 세포에서 F2,6BP의 농도를 감소시키는 경향이 있다. 더 적은 F2,6BP는 차례로 PFK-1의 자극을 줄이고(그림 9-14c) 과당-1,6-2인산가수분해효소(그림 9-14d)의 억제를 줄여 한편으로는 해당작용을 감소시키고 다른 한편으로는 포도당신생 활성을 증가시킨다.

그림 9-14에 나타난 cAMP의 효과는 호르몬 조절의 중요한 예시이다. 간세포의 cAMP 수준은 주로 호르몬 글루카곤과 에피네프린(아드레날린)에 의해 조절된다(그림 9-14 상단). 이 호르몬은 cAMP 농도를 증가시켜 더 많은 포도당이 필요할 때 포도당신생을 자극한다. 또한 cAMP의 증가는 저장 다당류 글리코겐의 분해 속도를 증가시키는 조절 연쇄반응을 자극하여(그림 19-4 참조) 해당경로로 전달될 수 있는 포도당 형태를 방출한다(그림 9-10 참조). 당연하게도 cAMP가 글리코겐 합성에 미치는 영향은 정반대이다. 글루카곤이나 에피네프린에 의해 유발되든 간에 cAMP 농도가 증가하면 글리코겐 형성 속도가 감소한다(**인간과의 연결** 참조, 호르몬 조절에 대한 자세한 내용 및 호르몬 작용을 전달하는 데 cAMP의 역할에 대한 자세한 내용은 19장의 호르몬 신호전달에 대한 논의 참조).

해당 효소는 해당 이상의 기능을 가질 수 있다

해당과정과 같은 기본적이고 보편적인 경로에 대해 개별 단계를 완전히 설명하고 관련 효소에 대해 '알아야 할 모든 것'을 배웠다고 생각할 수 있다. 그러나 생물학에서 자주 발견하곤 하는 것처럼 놀라운 일이 일어날 수 있다. 그러한 놀라운 것 중 하나는 일부 해당 효소가 조절 기능을 가질 수 있다는 발견이다. 해당작용과 관련이 없는 이러한 기능을 때때로 '달빛(moon lighting)'이라고 하며, 이는 낮 직업을 가진 사람이 밤에 관련 없는 두 번째 직업에서 일할 수 있는 것과 거의 같다.

달빛의 한 가지 예는 포도당의 ATP 의존적 인산화를 촉매하여 해당과정을 시작하는 효소 6탄당 인산화효소에 있다(그림 9-7의 Gly-1). 효모에서 6탄당 인산화효소-2로 알려진 이소폼(isoform)은 핵에 위치하며 높은 수준의 포도당에 반응한다. 핵에서는 포도당 외에 당의 이화작용에 필요한 유전자의 발현을 하향 조절하는 역할을 한다.

다른 해당 효소도 달빛일 수 있다. 인산포도당 이성질체화효소(phosphoglucoisomerase, PGI, Gly-2)는 종양세포에서 분비되는 것으로 나타났으며, 분비된 형태의 PGI는 높은 수준의 세포 이동 및 증식을 자극한다. 글리세르알데하이드 3-인산 탈수소효소(GAPDH, Gly-6)는 세포 손상에 대한 반응으로 프로그램된 세포 사멸을 겪는 세포에서 과발현되어 핵에 축적된다. GADPH는 신경퇴행성 질환과 관련이 있을 수 있는 산화 스트레스의 세포 내 센서로 제안되었다.

이제 우리는 이전에 단순히 세포 에너지를 공급하는 역할로 여겨졌던 유전자들에 대해 실제로는 훨씬 더 많은 것을 배울 필요가 있다는 것을 알게 되었다.

개념체크 9.8

해당과정과 포도당신생의 주요 조절효소가 각 경로에 고유한 이유는 무엇인가? 이러한 효소의 상호 조절이 있는 이유는 무엇인가?

요약

9.1 대사경로

■ 세포의 대사경로는 일반적으로 동화작용(합성) 또는 이화작용(분해)이다. 이화작용 반응은 동화작용 반응을 유도하는 데 필요한 에너지를 제공한다. 이화작용은 종종 자유에너지가 감소하는 산화반응을 포함하고 동화작용은 종종 자유에너지가 증가하는 환원 반응을 포함한다.

9.2 ATP: 세포의 1차 에너지 분자

■ ATP는 말단의 무수 결합이 가수분해의 중간 자유에너지를 가지므로 세포의 화학 에너지를 보존하는 데 유용하다. 이는 ATP가 포도당과 같은 생물학적으로 중요한 많은 분자에 인산기를 제공하는 역할을 할 수 있게 한다. 또한 ADP가 PEP와 같은 분자로부터 인산염 그룹의 수용체 역할을 할 수 있게 한다.

9.3 화학영양생물의 에너지 대사

■ 대부분의 화학영양생물은 탄수화물, 지방, 단백질과 같은 유기 영양소의 이화작용에서 ATP를 생성하는 데 필요한 에너지를 얻는다. 산소가 없는 상태에서는 발효 과정이나 산소가 있는 상태에서는 산소호흡 대사를 한다.

■ 해당과정은 포도당이 생명에 적합한 온도의 용액에서 분해될 수 있는 메커니즘을 제공하며 자유에너지 생산량의 많은 부분이 ATP로 보존된다.

9.4 해당과정: 산소를 사용하지 않는 ATP 생성

■ 포도당을 기질로 사용하여 혐기성 및 호기성 조건 모두에서 이화작용은 포도당을 피루브산으로 전환하는 10단계 경로인 해당과정으로 시작된다. 이것은 포도당 분자당 두 분자의 ATP를 생성한다.

9.5 발효

■ 산소가 없는 상태의 해당과정에서 생성된 조효소 NADH는 포도당 이화작용의 산물인 피루브산 또는 다른 유기분자에 의해 산화되어 젖산, 에탄올, 이산화탄소와 같은 발효 최종 산물을 생성한다. 따라서 해당과정에서 2개의 ATP만 발효 중에 생성되고 포도당 에너지의 대부분은 발효 최종 산물(예: 젖산 또는 에탄올)에서 발견된다.

9.6 해당과정을 위한 대체 기질

■ 일반적으로 포도당을 출발 기질로 하여 진행되지만 해당과정은 과당, 갈락토스, 마노스와 같은 다양한 관련 당을 이화하는 주요 경로이기도 하다.

■ 해당과정은 또한 녹말이나 글리코젠과 같은 저장 다당류의 가인산분해 절단에 의해 유도된 포도당-1-인산을 대사하는 데 사용된다.

9.7 포도당신생

■ 포도당신생은 일부 세포에서 피루브산과 같은 탄소 3개 및 4개로 구성된 출발 물질로부터 포도당을 합성하는 데 사용되는 경로이기 때문에 어떤 의미에서는 해당과정의 반대이다. 그러나 포도당신생 경로는 단순히 해당과정의 역과정이 아니다.

■ 두 경로는 공통적으로 7가지 효소촉매 반응을 가지고 있지만 해당과정에서 자유에너지가 가장 많이 감소되는 3가지 반응은 ATP와 GTP로부터 에너지를 입력받아서 포도당신생을 하는 방향으로 경로 우회한다.

9.8 해당과정과 포도당신생 조절

■ 해당경로의 효소 활성을 조절하여 해당과정과 포도당신생을 조절한다. 이러한 효소는 ATP, ADP, AMP, 아세틸 CoA, 시트르산을 포함한 산소호흡의 하나 이상의 주요 중간체에 의해 조절된다.

■ 해당과정과 포도당신생의 중요한 다른자리입체성 조절자는 과당-2,6-인산(F2,6BP)이다. 농도는 2중 기능 효소인 PFK-2/F2,6BP 가수분해효소의 상대적인 인산화효소 및 인산가수분해효소 활성에 따라 다르다.

■ PFK-2는 세포의 cAMP 농도에 미치는 영향을 통해 글루카곤과

에피네프린 호르몬에 의해 차례로 조절된다.

■ 촉매로서의 역할 외에도 잘 알려진 몇몇 해당 효소는 최근에 유전 자 발현, 예정된 세포 사멸, 암세포 이동과 같은 세포에서 조절 역할을 하는 것으로 알려졌다.

연습문제

9-1 고에너지 결합. 1941년에 리프먼이 처음 도입했을 때 고에너지 결합이라는 용어는 생화학 분자 및 반응의 에너지를 설명하는 데 유용한 개념으로 간주되었다. 그러나 이 용어는 세포 에너지 대사에 대한 아이디어를 물리화학의 개념과 연결할 때 혼란을 초래할 수 있다. 이해했는지 확인하기 위해 다음 각 문장이 참(T)인지 거짓(F)인지 표시하라. 거짓이면 맞는 문장으로 수정하라.

(a) ADP로부터 ATP의 합성(축합에 의한 물 분자의 손실과 함께)은 자유에너지 감소 반응이다.

(b) ATP 분자의 각 인산염 그룹은 세포의 거의 중성 pH에서 이온화되기 때문에 적어도 하나의 음전하를 띠고 있다.

(c) 물리학자에게 고에너지 결합은 끊어지기 위해 많은 에너지가 필요한 매우 안정적인 결합을 의미하는 반면, 생화학자에게는 가수분해 시 많은 에너지를 방출하는 결합을 의미할 가능성이 높다.

(d) ATP의 말단 인산염은 가수분해될 때 높은 에너지를 취하는 고에너지 인산염이다.

(e) 인산에스터 결합은 인산무수물의 고에너지 결합보다 끊어지는 데 더 적은 에너지가 필요하기 때문에 저에너지 결합이다.

(f) ATP에서 인산기가 제거되면 결과적으로 엔트로피가 전반적으로 증가한다.

9-2 해당과정의 역사. 다음은 해당경로의 규명으로 이어진 몇 가지 역사적 관찰이다. 각각의 경우 관찰된 효과에 대한 대사적 근거를 제시하고 경로의 규명을 위한 관찰의 의의를 설명하라.

(a) 효모 추출물의 알코올 발효에는 원래 자이메이스(zymase)라고 하는 열에 불안정한 부분과 자이메이스의 활성에 필요한, 열에 안정한 부분인 코자이메이스(cozymase)가 필요하다.

(b) 무기 인산염이 없으면 알코올 발효가 일어나지 않는다.

(c) 해당과정의 알려진 억제제인 아이오도아세트산염(iodoacetate)의 존재하에서 발효 효모 추출물은 2중 인산화된 6탄당을 축적한다.

(d) 또 다른 알려진 해당작용 억제제인 불소 이온의 존재하에서 발효 효모 추출물은 2개의 인산화된 3탄소산을 축적한다.

9-3 25단어 이하로 표현하기. 해당경로에 대한 다음 설명을 각각 25단어 이하로 완성하라.

(a) 뇌는 절대적으로 호기성 기관이지만 여전히 해당작용에 의존한다. 왜냐하면…

(b) 해당과정은 산화 단계를 포함하고 있지만 산소가 없을 때 진행될 수 있다. 왜냐하면…

(c) 해당경로에 의해 생성된 피루브산에 일어나는 일은 … 조건에 의해 달라진다.

(d) 만약 빵을 굽거나 맥주를 양조하는 경우 해당과정 중 …에 의존적이다.

(e) 젖산을 사용할 수 있는 신체의 두 기관은…

(f) 간세포에서 젖산으로부터 포도당을 합성하려면 근육세포에서 포도당이 젖산으로 이화되는 동안 형성되는 것보다 더 많은 뉴클레오사이드 3인산(ATP와 GTP) 분자가 필요하다. 왜냐하면…

9-4 탄수화물 이용의 에너지학. 유리 포도당의 혐기성 발효는 포도당 분자당 2개의 ATP 수율을 가진다. 글리코젠 분자의 포도당 단위의 경우 수율은 포도당 분자당 3개의 ATP 분자이다. 2당류인 설탕을 동물이 먹는 경우 설탕은 단당류 분자당 2개의 ATP 수율이지만, 설탕이 박테리아에 의해 대사되는 경우 단당류 분자당 2.5개의 ATP 수율을 나타낸다.

(a) 글리코젠에 존재하는 포도당 단위가 유리 포도당 분자보다 ATP 수율이 더 높은 이유를 설명하라.

(b) 글리코젠 분해 과정에 대해 알고 있는 것을 바탕으로, 단당류 분자당 2.5개의 ATP 분자의 에너지 수율과 일치하는 박테리아 설탕 대사의 메커니즘을 제안하라.

(c) 단당류 분자당 2개의 ATP 분자의 에너지 생산량을 설명하기 위해 동물의 장에서 설탕이 분해되는 메커니즘은 무엇인가?

(d) 3당류인 라피노스(raffinose)의 박테리아 이화작용에 대해 어떤 에너지 수율(단당류 분자당 ATP 분자)을 예측할 수 있는가?

9-5 양적 분석 포도당 인산화. 무기 인산염에 의한 포도당의 직접적인 인산화는 열역학적으로 불리한 반응이다.

$$포도당 + P_i \longrightarrow 포도당\text{-}6\text{-}인산 + H_2O$$
$$\Delta G^{\circ\prime} = 3.3 \text{ kcal/mol} \tag{9-21}$$

세포에서 포도당 인산화는 ATP의 가수분해 반응과 결합하여 이루어진다.

$$ATP + H_2O \longrightarrow ADP + P_i$$
$$\Delta G^{\circ\prime} = -7.3 \text{ kcal/mol} \tag{9-22}$$

효모 세포에서 이러한 중간체의 일반적인 농도는 다음과 같다.

$$[포도당\text{-}6\text{-}인산] = 0.08 \text{ m}M$$
$$[ATP] = 1.8 \text{ m}M$$
$$[ADP] = 0.15 \text{ m}M$$
$$[P_i] = 1.0 \text{ m}M$$

25℃의 온도를 가정하여 모든 문제를 계산하라.

(a) 열역학적으로 자발적인 직접적인 인산화(반응 9-21)를 위해 효모 세포에서 유지되어야 하는 포도당의 최소 농도는 얼마인가?

이는 생리학적으로 합리적인가? 추론을 설명하라.

(b) 포도당의 (ATP 구동) 인산화에 대한 전체 식은 무엇인가? $\Delta G^{\circ\prime}$ 값은 얼마인가?

(c) 열역학적으로 자발적인 결합반응을 위해 효모 세포에서 유지되어야 하는 포도당의 최소 농도는 얼마인가? 이는 생리학적으로 합리적인가?

(d) 포도당의 인산화가 ATP의 가수분해와 결합될 때 필요한 최소 포도당 농도는 대략 몇 자릿수만큼 감소하는가?

(e) 효모 세포의 포도당 농도가 5.0 mM이라고 가정할 때 결합 인산화 반응의 $\Delta G^\prime$은 얼마인가?

9-6 에탄올 중독 및 메탄올 독성. 알코올 탈수소효소는 알코올 발효의 마지막 단계에서 그 역할을 하기 때문에 이 장에서 언급했다. 그러나 효소는 인간을 포함한 호기성 생물체에서도 흔히 발생한다. 알코올 음료에서 에탄올을 이화하는 인체의 능력은 간에 있는 알코올 탈수소효소의 존재에 달려있다. 에탄올 중독의 한 가지 효과는 간세포의 NAD$^+$ 농도가 급격히 감소하여 포도당의 호기성 이용이 감소한다는 것이다. 반면 메탄올은 단순한 취기가 아니다. 간에서 전환되는 폼알데하이드의 독성 효과로 인한 치명적인 독이다.

(a) 에탄올 소비가 NAD$^+$ 농도의 감소와 산소호흡의 감소를 초래하는 이유는 무엇인가?

(b) 숙취로 인한 대부분의 불쾌한 영향은 아세트알데하이드와 그 대사 산물의 축적으로 인해 발생한다. 아세트알데하이드는 어디에서 오는가?

(c) 메탄올 중독에 대한 의학적 치료는 일반적으로 다량의 에탄올 투여를 포함한다. 이 치료가 효과적인 이유는 무엇인가?

9-7 프로피온산 발효. 젖산과 에탄올이 가장 잘 알려진 발효 산물이지만 다른 경로도 알려져 있으며 일부는 중요한 상업적 용도로 사용된다. 예를 들어 스위스 치즈 생산은 피루브산을 프로피온산 (CH_3—CH_2—COO^-)으로 전환시키는 박테리아인 프로피오니박테리움(*Propionibacterium freudenreichii*)에 의존한다. 포도당을 프로피온산으로 발효하면 항상 적어도 하나의 다른 생성물도 생성된다.

(a) 유일한 최종 생성물인 프로피온산을 사용하여 포도당을 발효시키는 계획을 고안하는 것이 불가능한 이유는 무엇인가?

(b) 하나의 추가 생성물만 만드는 프로피온산 생산에 대한 전체 계획을 제안하고 해당 생성물이 무엇인지 설명하라.

(c) 스위스 치즈 생산에 실제로 프로피온산과 이산화탄소가 모두 필요하고 둘 다 프로피오니박테리움 발효에 의해 생성된다는 것을 알고 있다면 이 박테리아가 수행하는 발효 과정에 대해 말할 수 있는 것은 무엇인가?

9-8 양적 분석 해당과정과 포도당신생. 그림 9-12에서 알 수 있듯이 포도당신생은 본질적으로 해당과정의 역행이지만 해당과정의 첫 번째, 세 번째, 열 번째 반응 대신 우회반응을 통해 이루어진다.

(a) 해당과정의 모든 반응을 단순히 역전시켜 포도당신생을 달성할 수 없는 이유를 설명하라.

(b) 해당과정에 대한 반응 9-16에 필적하는 포도당신생에 대한 전반적인 반응을 작성하라.

(c) 포도당신생은 합성된 포도당 분자당 6분자의 뉴클레오사이드 3인산(4개의 ATP와 2개의 GTP)을 필요로 하는 반면, 해당과정은 포도당 분자당 2분자의 ATP만 생성하는 이유를 설명하라.

(d) ATP, ADP, P$_i$의 농도가 ATP의 가수분해에 대한 $\Delta G^\prime$ 값이 약 -10 kcal/mol이라고 가정할 때 (b)에서 사용한 포도당신생의 전체 반응에 대한 대략적인 $\Delta G^\prime$ 값은 얼마인가?

(e) 해당과정과 포도당신생을 위한 모든 효소가 간세포에 존재하는데, 세포는 주어진 시간에 포도당을 합성해야 하는지 또는 이화해야 하는지 여부를 어떻게 아는가?

9-9 오류 수정. 다음의 각각의 거짓 진술에 대해 맞는 문장으로 변경하고 그것이 거짓인 이유를 설명하라.

(a) 포도당신생 반응은 단순히 해당과정의 역반응이지만, 포도당신생은 해당과정에서 방출되는 것보다 더 많은 에너지를 필요로 한다.

(b) 해당과정은 포도당의 부분 산화를 포함하기 때문에 산소가 없으면 진행될 수 없다.

(c) ATP는 세포에서 인산화된 화합물의 가수분해에 대한 가장 음의 표준 자유에너지 변화($\Delta G^{\circ\prime}$)를 보이기 때문에 세포의 에너지 통화에 이상적이다.

(d) 에너지 생산은 세포에서 매우 중요하기 때문에 해당 효소는 포도당을 분해하는 역할만 한다.

9-10 설명하기. 다음 관찰에 대해서 각각 설명하라.

(a) 효모 세포에 의한 포도당 발효에 대한 고전적인 연구에서 파스퇴르는 효모 세포에 의한 포도당 소비율이 호기성 조건보다 혐기성 조건에서 훨씬 더 높다는 것을 관찰했다.

(b) 실험 조건에서 적혈구 현탁액은 용액에 산소가 필요하지 않다.

(c) 한 주자가 마라톤에 참가하고 있다. 안정적인 속도로 시작했지만 중간에 짧게 최고 속력을 냈다. 잠시 후 주자는 안정적으로 돌아갔지만 계속 달릴 수 없었고 마라톤을 종료해야 했다.

(d) 포도당을 젖산으로 발효시키는 것은 순 산화를 포함하지 않지만 에너지 생성 과정이다(즉 글리세르알데하이드-3-인산의 글리세르산으로의 산화가 피루브산의 젖산으로의 환원을 동반하고 NADH의 순 축적이 일어나지 않더라도).

9-11 비산염 중독. 비산염(HAsO$_4^{2-}$)은 거의 모든 생명체에 강력한 독극물이다. 다른 효과 중에서 비산염은 글리세르알데하이드-3-인산의 산화로부터 인산화 과정을 분리하는 것으로 알려져 있다. 이러한 분리는 관련된 효소인 글리세르알데하이드-3-인산 탈수소효소가 무기 인산염 대신 비산염을 사용하여 글리세르산염-1-아르세노-3-인산염을 형성할 수 있기 때문에 발생한다. 이 생성물은 글리세르알데하이드-3-인산과 비산염으로 즉시 비효소적 가수분해를 겪는 매우 불안정한 화합물이다.

(a) 어떤 의미에서 비산염은 기질 수준 인산화의 짝풀림제(uncoupler)

라고 불릴 수 있는가?

(b) 에너지 요구를 충족하기 위해 해당과정에 결정적으로 의존하는 생물체에 비산염이 유독물질인 이유는 무엇인가?

(c) 글리세르알데하이드-3-인산 탈수소효소 반응과 같은 방식으로 비산염에 의해 분리될 가능성이 있는 다른 반응에는 어떤 것이 있는가?

9-12 인산과당 인산화효소가 없는 삶. 많은 박테리아에는 인산과당 인산화효소-1(Gly-3)이 없으므로 포도당을 과당-1,6-2인산으로 전환할 수 없다. 대신 그들은 엔트너-두도로프 경로(Entner-Doudoroff pathway)로 알려진 경로를 사용하여 포도당을 부분적으로 산화시키고 2개의 3탄소 분자로 전환한다. 다음 설명을 기반으로 경로의 처음 세 단계의 생성물을 그릴 수 있는지 확인하라.

(a) 첫 번째 단계에서 조효소 $NADP^+$가 $NADPH + H^+$으로 환원됨에 따라 고리 형태의 포도당 6-인산의 1번 탄소에서 산화되어 6-포스포글루코노락톤(6-phosphogluconolactone)을 형성한다.

(b) 다음으로 고리는 가수분해에 의해 분해되어 카복실산 6-포스포글루코네이트(carboxylic acid 6-phosphogluconate)를 형성하는데, 이는 포도당-6-인산과 유사하지만 1번 탄소에서 더 산화된다.

(c) 물 분자가 제거된 후 2-케토-3-디옥시-6-포스포글루코네이트(2-keto-3-deoxy-6-phosphogluconate) 분자가 형성된다.

(d) 알돌레이스는 이 6개의 탄소 분자를 피루브산과 글리세르알데하이드-3-인산으로 분해하는데(이후 또 다른 피루브산 분자로 전환) 포도당 분자당 최종 ATP 수율은 일반적인 해당과정과 비교하여 어떠한가?

(e) 세포 ATP의 대체 공급원이 주어지면 표준 해당과정을 수행하는 박테리아와 비교하여 이들 박테리아에서 비산염의 첨가(연습문제 9-11 참조)에 의해 젖산 생성이 영향을 받을 수 있음을 어떻게 예측할 수 있는가?

9-13 데이터 분석 인산과당 인산화효소-1의 조절. 그림 9-15에 과당-2,6-2인산(F2,6BP, 그림 9-15a) 및 ATP 농도가 낮거나 높은 경우(그림 9-15b)를 나타내었다.

(a) 그림 9-15a와 같이 F2,6BP가 효소 활성에 미치는 영향을 설명하라.

(b) 그림 9-15b에 표시된 자료에 대한 ATP 농도의 영향을 설명하라.

(c) 그림 9-15a에서 ATP 농도와 그림 9-15b에서 F2,6BP 농도에 대해 어떤 가정을 해야 하는가? 이에 대해 설명하라.

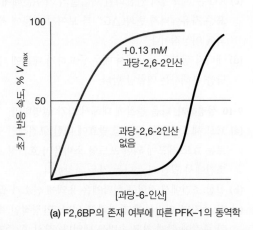

(a) F2,6BP의 존재 여부에 따른 PFK-1의 동역학

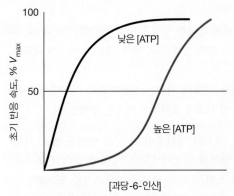

(b) ATP농도가 높거나 낮을 때 PFK-1의 동역학

그림 9-15 인산과당 인산화효소-1(PFK-1)의 다른자리입체성 조절. 여기에 표시된 것은 간의 인산과당 인산화효소(PFK-1) 활성의 미카엘리스-멘텐 그래프로, (a) 과당-2,6-2인산의 존재(빨간색 선) 또는 부재(검은색 선)에서 기질인 과당-6-인산의 농도에 대한 초기 반응 속도의 의존성을 나타낸다. (b) 높은 ATP 농도(빨간색 선) 또는 낮은 ATP 농도(검은색 선)에서 과당-6-인산의 농도에 대한 초기 반응 속도의 의존성을 나타낸다. 두 경우 모두 초기 반응 속도는 최대 속도인 V_{max}의 백분율로 표시된다. 연습문제 9-13 참조

화학영양생물의 에너지 대사: 산소호흡

심장 조직의 미토콘드리아. 빨간색으로 염색된 심장세포의 단면에 파란색으로 염색된 미토콘드리아가 다량 존재한다. 심장이 계속 수축할 수 있는 에너지를 만들기 위해서는 미토콘드리아가 꼭 필요하다.

앞장에서 일부 절대혐기성 생물 또는 조건성 생물의 세포는 산소가 없거나 산소의 양이 적을 때는 무산소 발효를 통해 에너지를 만든다는 것을 배웠다. 하지만 발효는 시스템 외부의 전자 수용체가 존재하지 않기 때문에 적은 양의 에너지밖에 만들지 못한다. 포도당이 부분적으로 산화될 때 포도당에서 유래된 전자는 피루브산으로 전달되고 이 발효 과정에서 포도당 1분자당 2분자의 ATP만 만들어진다.

요약하자면 발효 과정을 통해 세포는 필요한 에너지를 충족할 수 있으나 기질로 이용하여 산화시킬 수 있는 분자로부터 제한된 양의 에너지만 뽑아낼 수 있으므로 ATP의 수율은 낮다. 또한 발효 과정은 에탄올이나 젖산과 같이 세포 안에 축적되면 독성을 낼 수 있는 부산물을 만들어내기도 한다.

10.1 세포호흡: ATP 수율을 최대로 올리기

세포호흡(cellular respiration)은 포도당 한 분자당 뽑아낼 수 있는 대사 에너지를 엄청나게 증가시킨다. 시스템 외부의 전자 수용체 분자가 있을 경우 기질을 완전히 CO_2로 산화시키는 것이 가능해지고 ATP의 수율은 아주 많이 증가한다. 시스템 '외부'라고 기술한 이유는 포도당 대사 과정에서 생성되는 물질 이외의 분자가 전자 수용체로 사용되어야 하기 때문이다. '외부'가 아닌 '내부' 분자인 피루브산(그림 9-8a)(또는 알코올 발효에 사용되는 아세트알데하이드; 그림 9-8b)이 NADH가 보유한 전자 수용체로 사용될 경우 이러한 중간 생성물은 완전히 CO_2로 산화될 수 없다.

공식적으로 정의하자면 세포호흡은 환원된 조효소로부터 외부의 전자 수용체로 생체막을 통해서 또는 생체막 안에서 전자가 전달되면서 ATP를 합성하는 과정을 뜻한다. 앞서 이미 당분이 해당작용을 통해 분해될 때 생성되는 환원된 조효소인 NADH를 만나보았다. 앞으로는 또 다른 조효소인 FAD(flavin adenine dinucleotide)와 조효소 Q(유비퀴논)가 산화될 수 있는 유기분자 기질로부터 전자를 빼앗아서 여러 단계의 전자전달계의 전달자들을 거쳐서 최종 전자 수용체에 전자를 전달하는 과정에서 ATP를 합성하는 과정을 배울 것이다.

우리 인간을 비롯한 많은 생물은 최종 전자 수용체로 산소 분자를 사용하고, 이 산소는 전자를 받아 물 분자로 환원된다. 이러한 산소가 필요한 프로세스를 **산소호흡**(aerobic respiration, 호기성 호흡)이라 부른다. ('호흡'은 또 개체 수준에서의 의학용어로는 숨을 쉬면서 산소를 받아들이는 것을 뜻한다.) 우리 인간과 우리가 익숙한 많은 생물이 살고 있는 유산소 세계에서 에너지를 얻는 데 가장 기본이 되는 에너지 대사 과정인 산소호흡에 대해 이제 집중적으로 공부해보자.

산소호흡은 발효보다 훨씬 많은 에너지를 만들어낸다

산소가 최종 전자 수용체로 존재할 경우 피루브산은 NADH로부터 전자를 받아들이는 대신 완전히 CO_2로 산화된다. 이때 해당과정만을 단독으로 수행하는 경우보다 훨씬 많은 ATP가 합성된다. 산소는 최종 전자 수용체로 작용함으로써 NADH와 다른 환원된 조효소를 계속 산화시킬 수 있게 하여 이 전체 프로세스를 가능하게 한다. 이러한 조효소는 피루브산과 다른 산화될 수 있는 기질로부터 전자를 받아들인 후 전자를 다시 산소에게 전달한다. 산소호흡은 결국 유기분자 기질로부터 전자가 유리되어 조효소 전자전달자를 통해 산소에게 전달되는 과정, 그리고 그 과정에 동반되는 ATP 생산으로 정의할 수 있다.

호흡은 해당작용, 피루브산 산화, 시트르산 회로, 전자전달, ATP 합성을 포함한다

산소호흡을 5단계로 나누어서 공부할 것이다. **그림 10-1**에서 보듯이 처음의 세 단계는 기질 산화(전자 유리) 그리고 그와 동시에 일어나는 조효소의 환원(전자 얻음) 단계이고 마지막 두 단계는 조효소가 다시 산화되는 단계와 ATP 생성 단계이다. 세포에서는 물론 이 모든 다섯 단계가 연속적으로 동시에 일어난다.

❶단계는 해당작용(9장 참조)이다. 해당작용의 각 단계는 유산소와 무산소 환경에서 서로 같은 포도당을 피루브산으로 산화시키는 과정이다. 하지만 산소가 존재할 경우 피루브산의 향후 운명은 달라진다(그림 9-8a). 무산소 발효 과정에서 전자 수용체로 작용하는 대신, 피루브산은 더 산화되어 아세틸 조효소 A(아세틸 CoA)로 전환된다(❷단계). 아세틸 CoA는 시트르산 회로(❸단계)로 들어간다. 시트르산 회로에서 아세틸 CoA는 CO_2로 완전히 산화되고 대부분의 에너지를 고에너지 환원 조효소인 $FADH_2$와 NADH에 저장한다.

❹단계는 전자전달, 즉 환원된 조효소로부터 전자가 산소로 전달되는 와중에 생체막을 가로질러 수소 이온이 이동하는 과정이다. 조효소로부터 산소로 전자가 이동하는 과정은 에너지를 방출시키는 과정으로, 이때 방출되는 에너지가 전자전달자가 붙어있는 생체막을 관통해 수소 이온을 이동시키는 데 사용된다. 그 결과 **전기화학 양성자 기울기**(electrochemical proton gradient)가 형성된다. ❺단계는 이렇게 형성된 양성자 기울기를 이용하여 ATP 합성을 하는 과정으로, 산화적 인산화(oxidative phosphorylation)라 한다.

이 장의 학습 목적은 유산소 환경에서 해당작용 이후의 과정, 즉 시트르산 회로에서 피루브산이 완전히 환원되는 과정, 피루브산으로부터 조효소를 거쳐 산소로 전자가 이동하는 과정, ATP 합성을 위해 양성자 기울기를 만드는 과정을 이해하는 것이다. 유산소 환경에서 에너지 대사 과정과 관련하여 진핵세포의 에너지 대사에 중요한 역할을 하는 세포소기관인 미토콘드리아에 대해 앞으로 좀 더 자세하게 공부해보자.

개념체크 10.1

무산소 발효와는 대조적으로 산소호흡은 내부의 전자 수용체 대신 시스템 외부의 전자 수용체를 사용한다. 이것이 무슨 의미인지 생각해보자. 외부의 전자 수용체를 사용하면 세포에게 훨씬 더 많은 에너지를 줄 수 있는 이유는 무엇인가?

10.2 미토콘드리아: 이 모든 것이 일어나는 세포소기관

진핵세포의 에너지 대사의 대부분은 미토콘드리아 안에서 일어나므로 산소호흡에 대한 공부에 앞서 미토콘드리아에 대해 먼저 알아보자. 에너지 대사가 일어나는 **미토콘드리아**(mitochondria, 단수형은 mitochondrion)를 진핵세포의 '에너지 공장'이라고 부르기도 한다. 다른 장에서 미토콘드리아의 다른 기능, 자가소화에 의한 미토콘드리아 분해, 세포자멸(apoptosis)에서 미토콘드

그림 10-1 산소호흡에서 미토콘드리아의 역할. 미토콘드리아는 산소호흡에서 핵심적인 역할을 한다. 진핵세포에서 대부분의 호흡에 의한 ATP 합성은 이 세포소기관에서 일어난다. 포도당과 다른 당의 산화는 세포기질에서 해당작용(❶단계)에서 시작하여 피루브산을 만든다. 피루브산은 미토콘드리아로 이동하여 기질에서 아세틸 CoA로 산화된다(❷단계). 아세틸 CoA는 시트르산 회로(❸단계)의 주된 기질이다. 아세틸 CoA는 지방산의 β 산화를 통해서도 만들어진다. 전자전달은 양성자 이동과 연관되어 있으므로(❹단계), 미토콘드리아 내막 안팎으로 양성자 기울기를 만들어낸다. 이러한 양성자 기울기의 에너지가 ADP와 무기인산으로부터 ATP를 합성하는 데 사용된다(❺단계).

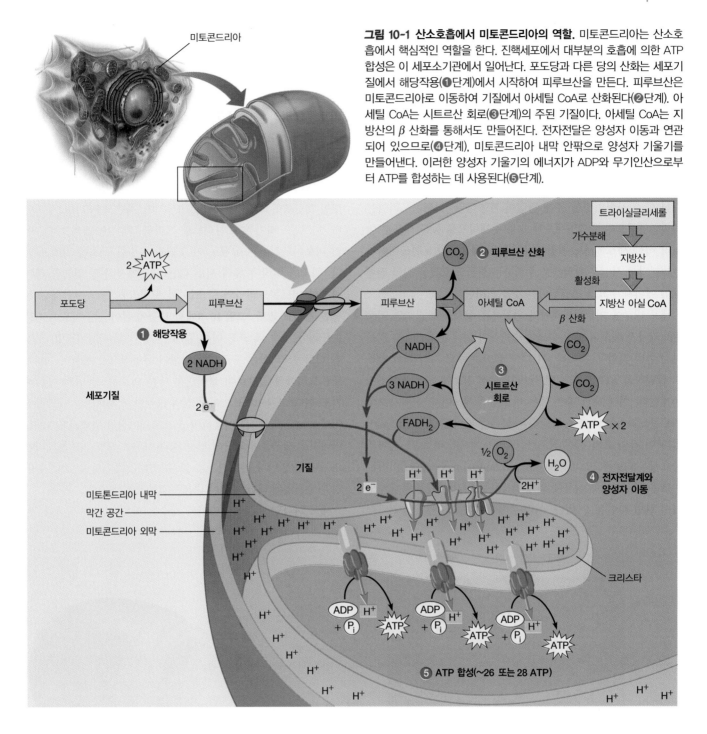

리아의 역할, 미토콘드리아의 유전체 등에 대해서도 공부할 것이다. 하지만 여기서는 세포의 에너지 공장으로서 미토콘드리아의 기능을 집중적으로 살펴보자.

독일의 생물학자 쾰리커(Rudolph Kölliker)는 1850년에 근육세포에서 '규칙적으로 배열된 입자'를 관찰했다고 기술했다. 이 입자들을 분리하여 물 안에 넣으니 팽창하는 것으로 관찰되어 쾰리커는 이 입자들이 반투과성 생체막으로 이루어져 있다고 결론내렸다. 이 입자가 바로 지금 **미토콘드리아**라고 불리는 세포소기관으로, 박테리아 세포가 더 큰 세포에 집어삼켜진 후 살아남아

숙주세포의 세포질 안에 영구적으로 내부공생(endosymbiosis)하는 세포소기관으로 남은 것이다(세포내 공생설은 4장 참조).

이 세포소기관이 세포 내 산화작용에 관여할지도 모른다는 실험적 증거는 약 1세기 전부터 학계에 축적되었다. 예를 들어 1913년에 바르부르크(Otto Warburg)는 이 세포 내 입자들이 산소를 소비한다는 것을 밝혔다. 하지만 현재 알려진 미토콘드리아의 에너지 대사에 대한 지식 대부분은 클로드(Albert Claude)가 개발한 차등 원심분리법이 개발된 후에 알려진 것이다(**4장의 핵심 기술** 참조). 기능적으로 활성을 보이는 온전한 미토콘드

리아가 세포로부터 차등 원심분리 기술에 의해 1948년에 처음으로 분리되었고, 케네디(Eugene Kennedy)와 레닝거(Albert Lehninger)는 이 세포 내 입자가 시트르산 회로뿐 아니라 전자전달과 산화적 인산화의 모든 반응을 전부 수행할 수 있다는 것을 밝혀냈다.

에너지가 가장 필요한 장소에 미토콘드리아가 존재한다

미토콘드리아는 모든 진핵생물의 산소호흡을 하는 세포 안에 존재하며, 전자현미경을 통해 관찰이 가능하다. 미토콘드리아는 화학영양세포와 광영양세포에 모두 존재하므로 동물 세포뿐 아니라 식물 세포에서도 관찰된다. 광영양세포에 미토콘드리아가 존재한다는 사실은 광합성을 수행하는 생물도 호흡을 같이 진행해야 에너지 수요가 충당된다는 것을 의미한다.

세포 내부에 미토콘드리아가 위치하는 장소를 관찰하면 미토콘드리아가 세포의 ATP 수요를 충족하기 위해 존재한다는 것을 다시 한번 확인할 수 있다. 미토콘드리아는 주로 가장 대사 활동이 활발하고 ATP 수요가 큰 세포 내 특정 장소에 군집을 이루어 존재한다. 이에 대한 좋은 예는 바로 근육세포이다. 근육세포의 미토콘드리아는 수축을 담당하는 섬유를 따라 줄줄이 배열되어 있다(이 장의 표지 사진 참조). 근육세포에서의 미토콘드리아의 중요성은 **미토콘드리아 근병증**(mitochondrial myopathies)이라는 미토콘드리아 기능 이상에 의해 발생하는 인간 질환을 통해서도 다시 한번 확인할 수 있다. 이와 유사한 미토콘드리아의 전략적

인 배치는 편모와 섬모에서도 볼 수 있다. 이들은 미세소관의 미끄러지는 운동을 위해 많은 ATP를 필요로 하기 때문이다(14장 참조).

미토콘드리아는 여러 가지 복잡한 모양으로 존재하고 세포의 종류에 따라 세포 내 개수의 차이가 있다

그림 10-2에서는 고전적인 콩 모양의 미토콘드리아를 볼 수 있다. 그림 10-2a에 실린 전자현미경 사진처럼 미토콘드리아는 외형이 계란형이고 길이는 1 μm 이상이며, 폭은 0.5~1 μm 정도이다. 미토콘드리아를 도식적으로 그리면 그림 10-2b와 같다. 어떤 미토콘드리아는 실제로 이 그림과 유사한 구조를 가지고 있다. 하지만 여러 종류의 서로 다른 세포에서 형광 염색을 하여 관찰한 미토콘드리아의 구조는 이 도식적인 그림보다 훨씬 복잡한 경우도 많다. **그림 10-3**에서 보듯이 살아있는 세포의 미토콘드리아는 좀 더 크고 아주 길게 늘어져 있는 경우도 있다. 이런 미토콘드리아는 구조가 끊임없이 유동적으로 변한다. 한 미토콘드리아의 일부분이 떨어져서 다른 미토콘드리아와 융합하기도 한다(그림 10-3a). 여러 겹의 평행한 전자현미경 단층촬영(EM tomography)을 이용하여 소프트웨어적인 방법으로 3차원 이미지를 재구성한 최근의 연구 결과 사진을 보면 미토콘드리아의 구조가 얼마나 복잡한가를 알 수 있다(그림 10-3b; 전자현미경 단층촬영에 대한 자세한 내용은 **핵심 기술** 참조).

세포 하나당 미토콘드리아의 개수는 아주 변이가 심하다. 원

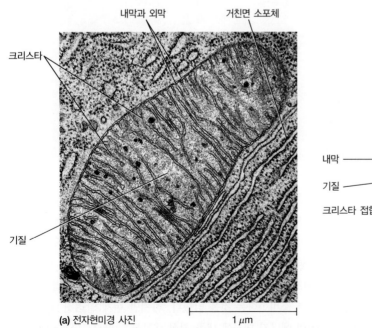

(a) 전자현미경 사진

1 μm

(크리스타, 내막과 외막, 거친면 소포체, 기질)

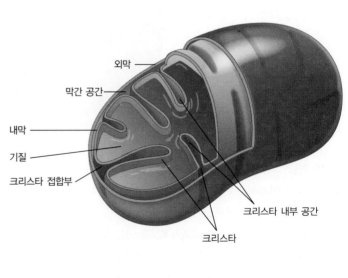

(b) 모식도

(외막, 막간 공간, 내막, 기질, 크리스타 접합부, 크리스타 내부 공간, 크리스타)

그림 10-2 미토콘드리아의 구조. (a) 박쥐 이자세포의 미토콘드리아를 전자현미경(TEM)으로 관찰한 사진. 내막이 내부로 접혀 들어가서 크리스타를 형성한다. (b) 미토콘드리아 내부를 보여주기 위해 일부를 잘라낸 모습을 도식화한 그림. 내부를 보면 전통적으로 '배플(baffle)' 모델로 표현되는 크리스타를 관찰할 수 있다. 본문에 설명했듯이 모든 미토콘드리아가 이런 모양인 것은 아니다.

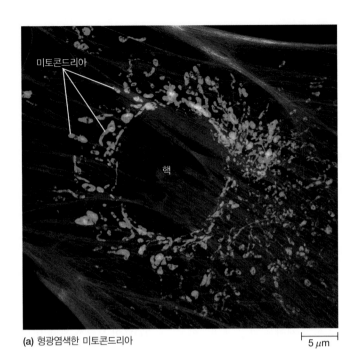

(a) 형광염색한 미토콘드리아   5 μm

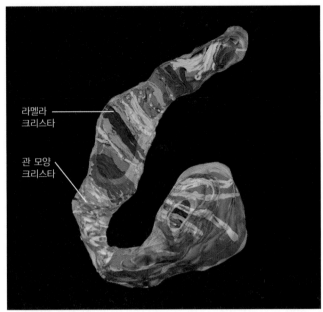

(b) 단일 미토콘드리아의 투과전자현미경(TEM) 이미지 재구성   0.5 μm

그림 10-3 미토콘드리아의 여러 형태. (a) 소의 폐동맥 내피세포를 형광염료(녹색)를 사용하여 염색한 결과. F-액틴은 보라색으로 염색했다. 미토콘드리아의 형태와 크기가 다양한 것에 주목하라. (b) 생쥐 배아 섬유아세포의 단층 사진을 통해 미토콘드리아의 늘어난 형태를 관찰한 모습. 대부분 얇은 판의 형태로 존재하는 개별 크리스타에 서로 다른 색을 입혔다. 왼쪽 아래에 하늘색으로 표시한 것은 관(管)형 크리스타이다.

생동물, 균류, 조류(藻類), 일부 포유동물 세포는 1개 또는 여러 개의 미토콘드리아를 가지고 있고, 어떠한 고등식물과 동물의 조직 세포의 경우에는 세포 하나당 수천 개의 미토콘드리아가 존재하기도 한다. 포유동물의 간세포의 경우 세포 하나가 500~1,000개의 미토콘드리아를 가지고 있다.

미토콘드리아의 외막과 내막은 미토콘드리아의 내부를 서로 분리된 두 구획과 3개의 구역으로 나눈다

그림 10-2는 미토콘드리아의 전자현미경 사진과 모식도를 보여준다. 미토콘드리아의 가장 독특한 특징은 미토콘드리아를 둘러싼 두 겹의 막인데, 각각 외막과 내막으로 불린다. **외막**(outer membrane)은 외막을 관통하는 막관통 통로단백질(transmembrane channel protein)인 **포린**(porin)이 분자량 5,000 이하의 용질을 통과시킬 수 있기 때문에 이온이나 작은 분자의 수송을 효과적으로 막는 역할을 하지 못한다(그림 8-9 참조). 포린과 비슷한 단백질은 그램 음성 박테리아의 외막에서 볼 수 있고, 이 사실은 세포내 공생설을 뒷받침하는 증거가 된다(4장 참조). 포린이 작은 분자와 이온이 외막을 자유롭게 통과할 수 있게 해주기 때문에 내막과 외막의 사이에 해당하는 **막간 공간**(intermembrane space)은 분자량이 작은 용질에 관해서는 세포 기질과 연속적으로 연결되어 있는 공간이라 할 수 있다. 하지만 막간 공간으로 이동하는 단백질은 계속 막간 공간에 효율적으로 머무를 수 있는데, 왜냐하면 효소나 다른 수용성 단백질은 너무 커서 포린 통로를 통과할 수 없기 때문이다.

외막과 달리 미토콘드리아의 **내막**(inner membrane)은 대부분의 용질을 통과시키지 못하므로 미토콘드리아를 2개의 서로 독립적인 구획인 막간 공간과 세포소기관 내부(미토콘드리아 기질)로 나눈다. 내막과 외막은 각각 7 nm 정도의 두께이고, 이 둘 사이에는 약 7 nm의 막간 공간이 존재한다. 하지만 어떤 부분에서 두 막은 서로 접촉하고 있으며(그림 10-2a를 가까이 관찰하면 확인이 가능하다), 미토콘드리아 기질로 이동하는 단백질은 이 부분을 통해 2개의 막을 통과하여 이동한다.

내막 중 막간 공간 바로 옆에 존재하는 부분을 경계 내막(inner boundary membrane)이라 한다. 이와 더불어 대부분의 미토콘드리아 내막은 독특한 내부로 접힌 구조를 가지고 있는데, 이러한 구조를 **크리스타**(crista, 복수형은 cristae)라 부르고, 이는 내부 표면적을 증가시키는 역할을 한다. 전형적인 간세포 미토콘드리아의 경우 크리스타를 포함한 내막의 면적은 외막 면적보다 5배 정도 크다. 이렇게 내막은 큰 표면적 덕분에 전자전달과 ATP 합성을 담당하는 많은 단백질을 품을 수 있어서 미토콘드리아의 ATP 생산 능력을 크게 증진할 수 있다. 내막의 질량 중 약 75%는 단백질로서 미토콘드리아 내막의 단백질 함량은 세포 안의 어떤 다른 생체막보다도 높다. 크리스타 내부 공간(intracristal space)의 접힌 내막 사이 공간에는 전자전달이 작동하면 수소 이온이 농축될 수 있는데, 이 과정에 대해서는 이 장 뒷부분에서 다룰 것이다.

투과전자현미경(TEM)으로 얇은 샘플의 단면을 들여다보면 크리스타는 경계 내막과 연결된 여러 겹의 납작한 주머니 구조처럼 관찰되기 때문에 그림 10-2b에 그려진 '배플 모델'[역자 주: 배플(baffle)은 엔진의 실린더 주위에 냉각 효과를 얻기 위해 설치된 여러 겹의 금속판]로 크리스타의 구조를 설명했다. 하지만 전자현미경 단층촬영(핵심 기술 참조)을 통해 크리스타가 여러 가지 다양한 모양을 가질 수 있다는 것이 알려졌다. 여러 겹의 납작한 주머니 모양의 크리스타 대신 어떤 미토콘드리아는 관(管)모양의 크리스타를 가지고 있다(그림 10-3b). 크리스타는 크리스타 연접(crista junction)이라는 구멍 구조를 통해 경계 내막과 연결되어 있다. 이 연접 부위의 구멍은 약 20 nm 정도로 작기 때문에 크리스타 내부 공간과 막간 공간 사이에 물질이 확산되는 것을 제한하여 거의 독립적으로 구성된 미토콘드리아의 세 번째 구역을 만들어낸다.

어떤 미토콘드리아 내부 크리스타의 상대적인 분포 빈도는 그 미토콘드리아가 위치한 세포나 조직의 상대적인 대사 활성과 비례한다. 심장, 콩팥, 근육 세포는 대사 활성이 높기 때문에 미토콘드리아 내부에 크리스타가 많이 관찰된다. 식물 세포는 동물 세포에 비해 상대적으로 호흡 활성이 적기 때문에 미토콘드리아 안에 크리스타가 적게 분포한다.

미토콘드리아의 내부는 반유동체인 기질(matrix)로 채워져 있다. 기질 안에는 미토콘드리아 기능과 관련된 여러 효소, 리보솜, 작은 원형의 미토콘드리아 DNA가 존재한다. 대부분의 포유동물의 경우 미토콘드리아 유전체는 15,000~20,000염기쌍 정도의 크기로 리보솜 RNA, 운반 RNA, 10여 개의 미토콘드리아 내재 막단백질을 암호화한다. 미토콘드리아 DNA에 돌연변이가 생기면 노화와 신경퇴행변성과 연관된 여러 질환이 발병할 수 있다.

많은 미토콘드리아 단백질은 세포기질에서 만들어진다

미토콘드리아는 자신의 DNA와 단백질 합성을 위한 여러 분자를 가지고 있기는 하지만 필요한 단백질 중 직접 미토콘드리아 내부에서 합성하여 자급자족하는 것은 몇 가지 안 된다. 미토콘드리아 내부의 단백질 중 95% 이상은 세포핵 내부 유전자의 지령에 의해 세포기질에서 합성되고, 미토콘드리아 기질에서 합성되는 소수의 폴리펩타이드는 대부분 미토콘드리아 내막으로 이동한다. 거의 예외 없이 미토콘드리아 유전자에 의해 암호화되는 폴리펩타이드는 다량체 단백질의 소단위체이고, 다른 소단위체 하나 이상은 세포기질에서 합성되어 미토콘드리아 안으로 이동한 것이다.

세포기질에서 만들어진 단백질 중 미토콘드리아로 향할 운명인 것은 어떻게 자신의 목적지로 갈 수 있는 것일까? 그러한 폴리펩타이드가 가지고 있는 표적 신호는 통과 서열(transit sequence)이라는 특정 아미노산 서열로, 폴리펩타이드의 N-말단에 존재한다. 미토콘드리아 내부로 이동된 후에 통과 서열은 미토콘드리아 내부에 존재하는 통과 서열 펩티데이스(transit peptidase)에 의해 잘린다. 어떤 경우에는 미토콘드리아 내부로 이동이 완전히 끝나기 전에 통과 서열이 제거되기도 한다. 통과 서열을 가진 폴리펩타이드의 미토콘드리아 내부로의 이동은 미토콘드리아 외막과 내막에 존재하는 특이한 운반복합체에 의해 매개된다. 그림 10-4에서 보듯이 운반복합체는 미토콘드리아 외막 전위효소(translocase of the outer membrane, TOM)과 미토콘드리아 내막 전위효소(translocase of the inner membrane, TIM)라고 한다. 미토콘드리아 내부로 수송될 폴리펩타이드는 TOM 복합체의 구성원인 통과 서열 수용체(transit sequence receptor)에 의해 일단 선택된다. 통과 서열이 통과 서열 수용체에 결합한 후 이 통과 서열을 가진 폴리펩타이드는 TOM의 통로를 통해 미토콘드리아 외막을 관통하여 이동한다. 미토콘드리아 내부로 수송될 운명이었다면 이 폴리펩타이드는 TOM 복합체를 통과한 직후 미토콘드리아 내막의 TIM 복합체를 통해 이동하게 되는데, 아마도 그 이동 장소는 미토콘드리아 외막과 내막이 접촉하는 곳일 것이라고 추측하고 있다.

미토콘드리아 내부로 이동하는 폴리펩타이드는 미토콘드리아 막을 통과하기 전에 반드시 접히지 않은 상태여야 한다. 이렇게 접히지 않은 상태를 유지하기 위해 미토콘드리아로 수송되는 폴리펩타이드는 대부분 샤페론 단백질(chaperone protein)과 결합한다. 그림 10-4에 이렇게 샤페론에 의해 매개되어 미토콘드리아 기질로 이동하는 단백질의 수송 모델이 도식되어 있다. ❶ 이 과정을 시작하기 위해 세포기질 내부에 존재하는 Hsp70 샤페론 단백질(그림 24-15a 참조)은 폴리펩타이드에 결합하여 폴리펩타이드를 완전히 접히지 않은 상태로 유지될 수 있게 도와준다. ❷ 다음 단계로 폴리펩타이드의 N-말단에 존재하는 통과 서열이 미토콘드리아 외막 밖으로 노출된 TOM의 수용체 구성 요소에 결합한다. ❸ 폴리펩타이드가 TOM과 TIM의 구멍을 통과하여 미토콘드리아 기질로 이동할 때 ATP가 가수분해되고 샤페론 단백질은 폴리펩타이드로부터 분리된다. ❹ 통과 서열은 미토콘드리아 기질에 들어오게 되면 통과 서열 펩티데이스에 의해 제거된다. ❺ 통과 서열이 제거된 폴리펩타이드가 미토콘드리아 기질에 들어오게 되면 미토콘드리아 Hsp70 샤페론이 일시적으로 폴리펩타이드에 결합한다. 이후 Hsp70 샤페론이 분리될 때 ATP의 가수분해가 필요한데, 이 단계가 전체 폴리펩타이드 수송에 필요한 에너지를 부여하는 과정이라 생각된다. ❻ 마지막으로 많은 경우 미토콘드리아의 Hsp60 샤페론이 폴리펩타이드와 결합하여 완전한 구조를 이루도록 접히는 것을 도와준다(그림 24-

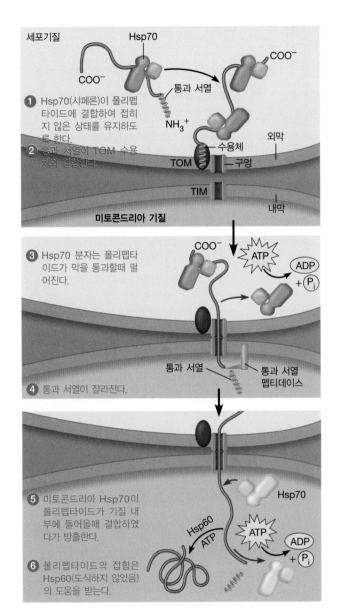

그림 10-4 미토콘드리아의 외막과 내막의 폴리펩타이드 이동 복합체.
세포기질에서 만들어진 미토콘드리아의 폴리펩타이드는 미토콘드리아
외막과 내막에 존재하는 특수한 이동 복합체를 통해 미토콘드리아 내부
로 수송된다. 이 외막과 내막에 존재하는 복합체를 각각 TOM과 TIM이라
부른다. TOM 복합체는 두 종류의 구성 성분으로 이루어지는데, 수용체
단백질은 수송하기 위한 폴리펩타이드를 인식하여 결합하는 역할을 하
고, 통로 단백질은 폴리펩타이드가 수송될 수 있는 통로를 제공한다. 미
토콘드리아로 폴리펩타이드가 수송되기 위해서는 통과 서열, 막 수용체,
통로를 만드는 막단백질과 펩티데이스가 필요하다. 샤페론 단백질도 폴
리펩타이드가 미토콘드리아로 이동하는 데 중요한 역할을 한다. 그들은
폴리펩타이드가 세포기질에서 만들어준 후 일부만 접힌 상태로 유지하
게 하여 통과 서열의 결합과 수송을 가능하게 한다(❶~❸). 또한 ATP 에
너지를 이용하여 미토콘드리아 기질 내부에서 폴리펩타이드와 결합하고
해리되는 과정을 통해 수송이 일어나게 하는 역할을 한다(❺). 그리고 샤
페론은 폴리펩타이드가 최종적인 구조로 접히는 것을 도와준다(❻). 여
기서 사용되는 샤페론은 세포기질의 hsp70샤페론(진한 초록색)과 미토
콘드리아의 hsp70샤페론(하늘색)과 미토콘드리아의 hsp60(그림에 없음)
이다.

15b 참조).

미토콘드리아의 기능은 미토콘드리아 막의 특정 부위와 특정 구획 내부 또는 표면에서 일어난다

미토콘드리아는 고도로 조직화된 구조를 가지고 있다. 미토콘드리아를 분쇄한 후 세포 분획법(106쪽 참조)을 통해 여러 구성 성분으로 나누면 미토콘드리아의 특정 기능과 대사경로가 미토콘드리아의 특정 위치와 연관되어 있다는 것을 알 수 있다. **표 10-1**에 미토콘드리아의 각 구획에 해당하는 미토콘드리아의 주된 기능이 나열되어 있다.

피루브산 산화에 관여하는 시트르산 회로, 지방산과 아미노산 이화작용을 촉매하는 대부분의 미토콘드리아 효소는 미토콘드리아 기질 내부에 존재한다. 미토콘드리아를 아주 약한 방법으로 분쇄하면 시트르산 회로의 8개 효소 중 6종류의 효소는 하나의 커다란 단백질 복합체의 형태로 분리되는데, 이 사실을 통해 한 효소의 산물은 굳이 미토콘드리아 기질 내부를 확산에 의해 퍼져 나갈 필요 없이 바로 다음 단계의 효소의 기질로 사용될 수 있다는 것을 알 수 있다.

한편 대부분 전자전달사슬의 중간 단계 효소는 미토콘드리아 내막의 내재성 단백질로 존재하는데, 이들은 커다란 단백질 복합체를 이루고 있다. 미토콘드리아 내막에서 미토콘드리아 기질 방향으로 뻗어나온 손잡이처럼 생긴 구형의 구조를 F_1 **복합체**(F_1 complex)라 부르는데, 이들은 ATP 합성을 담당한다(**그림 10-5**). 각 복합체는 여러 개의 서로 다른 폴리펩타이드가 모여서 만들어진다. 각각의 F_1 복합체는 그림 10-5a에서 볼 수 있는데 이 사진은 매질염색법(negative staining)을 이용하여 고배율 전자현미

표 10-1	미토콘드리아 각 구역의 대사 기능
막 또는 구역	**대사 기능**
외막	인지질 합성 지방산 불포화화 지방산 사슬 길이 증가
내막	전자전달 ATP 합성을 위한 양성자 이동 산화적 인산화 피루브산 내부로의 수송 지방산 아실 CoA 내부로의 수송 대사물 수송
기질	피루브산 산화 시트르산 회로 ATP 합성 지방의 β 산화 미토콘드리아 DNA 복제 미토콘드리아 RNA 합성(전사) 단백질 합성(번역)

문제 투과전자현미경(trans-mission electron microscopy, TEM)은 조직 박편에서 세포와 세포소기관을 관찰하기 위한 막강한 도구이다. 2차원적인 단면을 관찰하여 세포 내 구조를 관찰하면 상당히 많은 정보를 얻을 수 있지만 연구자들은 세포 내부 구조와 기능을 좀 더 잘 이해하기 위해 세포 내 구조를 3차원으로 관찰하고 싶었다. 이것이 어떻게 가능하게 되었을까?

해결방안 3차원 투과전자현미경(3-D TEM)을 이용하면 세포 표면의 윤곽과 세포 내부의 자세한 모습을 3차원으로 관찰할 수 있다. 3-D TEM은 투과전자현미경을 이용하여 얻은 세포 구조

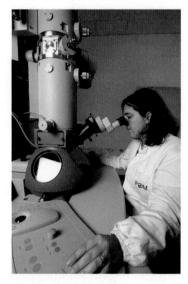

투과전자현미경을 사용하는 연구원

의 연속적인 평행 단면 이미지를 저장한 후 컴퓨터 알고리즘을 이용하여 이들 이미지를 합쳐서 전체적인 3차원 구조를 재구성한다.

주요 도구 투과전자현미경, 세포 샘플, 3차원 모델링을 위한 컴퓨터

상세 방법 3-D TEM을 수행하는 두 가지 방법이 있는데, 이 둘 모두 쓰임새가 많다. 고전적인 방법인 *연속단면 TEM*(serial-section TEM)은 조금 큰 구조의 3차원 이미지를 만들기 위해 쓰인다. 이때 울트라마이크로톰(ultramicrotome)이라는 기구를 이용하여 플라스틱 레진 안에 들어있는 표본을 얇은 조각(50~100 nm 두께)으로 잘라낸다. 이 박편 샘플로부터 투과전자현미경을 이용하여 이미지를 얻은 후 관찰하고자 하는 구조의 외곽 이미지를 각 연속적인 이미지에서 컴퓨터를 이용하여 하나씩 뽑아낸다. 이 외곽 이미지들을 소프트웨어적인 방법으로 쌓아서 3차원 모델을 만들어낸다(**그림 10A-1**).

조금 작은 구조를 가진 샘플의 경우 *전자단층사진촬영법*(electron tomography, ET)이 사용된다. 단층사진촬영법(tomography)은 그리스어인 *tomos*(slice, section, 단면)와 *graphein*(to write, 쓰다)을 어원으로 만들어진 용어로서, 상당히 두꺼운 단편(~100~500 nm)의 2차원 이미지를

그림 10A-1 연속 단면 투과전자현미경. ❶ 미토콘드리아를 포함하는 세포 부위 샘플에서 연속적인 매우 얇은 박편 섹션을 제조한다. ❷ 각 박편의 투과전자현미경 사진을 얻은 후 미토콘드리아 내막과 같이 관심 있는 부위를 컴퓨터를 이용해 외곽선을 도출한다. ❸ 각 이미지의 외곽선을 이용해 원하는 구조의 3차원 이미지를 만들어낸다.

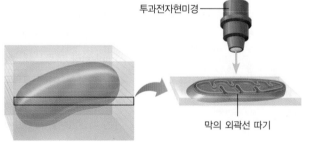

투과전자현미경

막의 외곽선 따기

❶ 미토콘드리아 샘플을 50~100 nm 정도의 아주 얇은 박편으로 잘라낸다.

❷ 각 박편의 투과전자현미경 사진을 얻어서 미토콘드리아 내막의 외곽선(녹색)을 딴다.

❸ 박편 이미지를 세로로 쌓은 후 외곽선을 모으고 연결하여 3차원 모델을 만든다.

경으로 얻은 것으로서 어두운 배경에 밝은 이미지로 나타난다. F_1 복합체의 지름은 9 nm 정도이며 크리스타 주변에 많이 존재한다(그림 10-5b).

각 F_1 복합체는 짧은 단백질 기둥 모양인 F_o 복합체에 연결되어 있는데, 이 **F_o 복합체**(F_o complex)는 미토콘드리아 내막에 삽입되어 있거나(그림 10-5c) 박테리아의 경우 세포막에 끼워져 있다(F_o의 아래첨자는 숫자 '0'이 아닌 알파벳 'o'이다. F_o 복합체는 항생제인 올리고마이신에 의해 저해된다). F_1 복합체가 F_o 복합체와 같이 결합된 형태를 **F_oF_1 복합체**(F_oF_1 complex)라 부르는데, 에너지 대사 과정에서의 기능을 따라 흔히 **ATP 합성효소**(ATP synthase)라고 불리는 경우가 많다. 이 ATP 합성효소 복합체는

사실 미토콘드리아와 박테리아의 세포에서 일어나는 ATP 합성 대부분을 담당한다. 그리고 (앞으로 11장에서 배우겠지만) 엽록체에서도 마찬가지이다. 각각의 경우 ATP 합성효소에 의한 ATP 합성은 ATP 합성효소 복합체가 삽입된 생체막 안팎의 수소 이온 양성자 기울기에 의해 일어나고 앞으로 이 내용에 대해 자세히 다룰 것이다.

박테리아의 호흡 기능은 세포막과 세포질에서 일어난다

박테리아는 미토콘드리아를 가지고 있지 않지만 대부분의 박테리아 세포는 산소호흡을 수행할 수 있다. 그렇다면 박테리아 세포의 어느 곳에 산소호흡 기능을 담당하는 요소가 존재할까? 기

서로 다른 각도로 얻은 후 나중에 수학적 알고리즘을 통해 결합하여 3차원 모델을 만들 수 있는 '디지털 단면'을 생성한다(**그림 10A-2**).

전형적인 TEM이 50~100 nm 정도 두께의 물리적인 박편을 만들어 사용하지만 ET는 두꺼운 표본을 수학적으로 얇게 '조각'낼 수 있기 때문에 1 μm 이상 되는 두께를 가진 표본을 2~10 nm 정도의 아주 얇은 디지털 박편으로 만들어 관찰할 수 있다. 그림 10A-2b에서 볼 수 있는 막과 크리스타처럼 컴퓨터를 이용하여 각 디지털 섹션에서 관찰하려는 세포 내 구조의 가장자리를 서로 다른 색깔을 입혀 표현할 수 있다. ET는 5~10 nm 정도 되는 미세 구조를 볼 수 있는 해상도를 제공하기 때문에 개별 크리스타의 크기와 모양까지도 관찰할 수 있다(그림 10A-2b와 2c 참조).

ET는 표본 조직을 해칠 수 있는 얼음 결정이 생기지 않게 특별히 고안된 방법으로 동결된 표본에서 만들어진 박편을 관찰하는 데도 사용된다.

이러한 특별한 TEM을 동결전자현미경법(cryoelectron microscopy, cryoEM)이라고 부른다. 이 기술은 전형적인 전자현미경법과 X선 결정법(**3 장 핵심 기술** 참조)이 보여줄 수 없는 구조를 관찰하게 해주는 방법으로 리보솜, 섬모, 편모 및 기타 고분자 복합체의 구조를 아주 자세하게 관찰할 수 있게 도와준다.

질문 3-D TEM은 어떤 피사체의 2차원 단면으로부터 3차원 구조를 만들어내는 데 사용된다. TEM의 위부터 아래까지의 연속적인 단면 생성 기능을 이용하여 (1) 원통형의 구조가 옆으로 누워있을 때, (2) 원통형의 구조가 양쪽 끝 중 한쪽을 바닥에 대고 세워져 있을 때 분석한다면 각각 어떠한 2차원 단면 형상이 만들어지게 될 것인가?

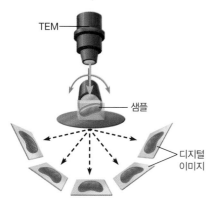

(a) ET를 이용하여 미토콘드리아의 여러 각도의 이미지를 얻음

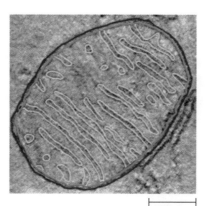

(b) 미토콘드리아의 단일 ET 단면   0.2 μm

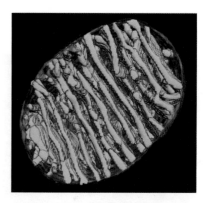

(c) 미토콘드리아의 3차원 재구성 이미지

그림 10A-2 전자단층촬영법. (a) 여러 각도로 움직일 수 있는 대물 스테이지를 가진 투과전자현미경을 이용하여 상대적으로 두꺼운 표본으로부터 아주 얇은 디지털 단면 이미지들을 얻고 이들은 수학적인 방법을 이용하여 3차원 이미지로 재구성된다. (b) 개별적인 TEM 단면은 미토콘드리아의 3차원 모델을 생성하는 데 사용된다. 미토콘드리아의 구조는 서로 다른 색을 이용하여 표지했다. 외막은 짙은 파란색이고, 내막은 밝은 파란색이며, 크리스타 막은 노란색이다. (c) 그림 b와 같은 여러 가지 단면 이미지를 이용하여 재구성한 3차원 구조

본적으로 박테리아의 세포질과 세포막은 미토콘드리아 기질과 내막과 같은 기능을 담당한다고 할 수 있다. 그러므로 대부분의 박테리아의 시트르산 회로의 효소는 세포질에 존재하고 전자전달에 관여하는 단백질은 박테리아의 세포막에 있다. ATP 합성 효소는 박테리아의 세포막에 존재하는데, F_o 복합체가 세포막에 삽입되어 있으며 F_1 복합체는 세포막에서 세포질 내부를 향한 방향으로 튀어나와 있다. 이러한 미토콘드리아 내막과 유사한 구조는 세포내 공생설을 지지하는 증거가 되기도 한다(4장 참조, **그림 10-6**).

개념체크 10.2

시트르산 회로의 효소와 ATP 합성효소를 비교했을 때 효소들이 존재하는 장소와 그들의 구성은 어떻게 다른가? 이러한 차이가 그들의 기능에 어떤 영향을 미치는가?

10.3 시트르산 회로: 원형 회로에서의 산화

앞에서 미토콘드리아와 박테리아 세포의 호흡 기능이 일어나는 장소에 대해 알아보았으니 이제 다시 진핵세포에 관한 내용으로 돌아와 피루브산이 미토콘드리아 내부로 수송되었을 때 어떠한

운명에 처하게 되는지 알아보자.

산소가 존재할 때 피루브산은 완전히 산화되어 이산화탄소로 전환되고, 이때 나오는 에너지는 ATP 합성에 사용된다. 피루브산 산화 과정에는 모든 산소호흡을 하는 화학영양생물의 핵심 특징인 원형 경로가 이용된다. 이 회로에서 중요한 중간 물질은 시트르산이고, 이 이름을 따서 이 회로는 **시트르산 회로**(citric acid cycle)라고 한다. 시트르산은 3개의 카복실기(carboxyl group)를 지닌 트라이카복실산이므로, 이 회로를 트라이카복실산 회로(tricarboxylic acid cycle, TCA cycle)라고도 부른다. 이 회로는 또한 크레브스 회로(Krebs cycle)라고도 하는데, 이는 크레브스(Hans Krebs)가 1930년대에 이 회로를 처음 발견했기 때문이다.

시트르산 회로는 **아세틸 CoA**(acetyl coenzyme A, acetyl CoA)를 대사물로 사용한다. 아세틸 CoA는 **조효소 A**(coenzyme A, CoA)에 2개의 탄소로 이루어진 아세틸기가 연결되어 있는 형태이다.

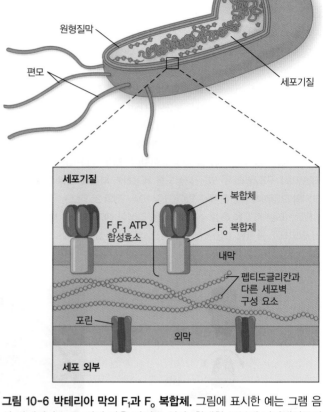

그림 10-6 박테리아 막의 F_1과 F_o 복합체. 그림에 표시한 예는 그램 음성 박테리아로 두 겹의 막을 가지고 있다. 확대한 부분에 나타내었듯이 F_1과 F_o 복합체는 내막으로부터 세포기질을 향해 튀어나와 있다.

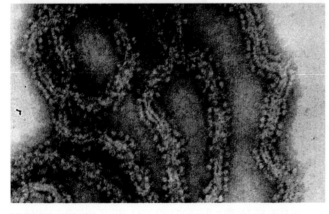

(a) 미토콘드리아 내막

(b) 미토콘드리아 단면의 개략도

(c) F_oF_1 복합체의 구조를 보여주는 크리스타 일부 부분의 단면 개략도

그림 10-5 미토콘드리아 내막의 F_1과 F_o 복합체. 전자현미경 사진은 소의 심장 미토콘드리아 내막 내부에 분포하는 구형의 F_1 복합체를 보여주기 위해 매질염색법을 사용하여 만든 것이다(TEM). (b) 내부의 여러 가지 주된 구조를 보여주는 미토콘드리아의 단면. (c) 크리스타의 일부분을 확대한 그림. 내막에서 기질 방향으로 솟아나온 F_1 복합체와 내막 안에 삽입된 F_o 복합체를 볼 수 있다.

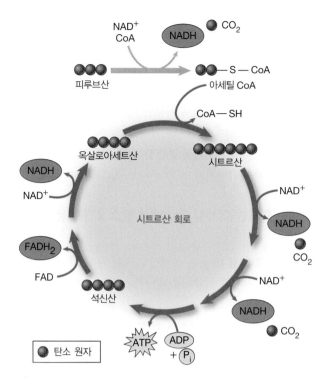

그림 10-7 시트르산 회로의 개관. 해당작용에서 얻은 피루브산은 산화적 탈카복실화에 의해 아세틸 CoA로 전환되고, 이때 NADH와 CO_2가 만들어진다. 아세틸 CoA는 옥살로아세트산과 결합하여 시트르산을 만들어내면서 시트르산 회로에 유입된다. 시트르산이 석신산으로 전환되면서 2 분자의 CO_2와 2 분자의 NADH가 만들어진다. 석신산은 이후에 산화되어 옥살로아세트산으로 되고, 이때 $FADH_2$와 NADH가 생성된다. 요약하면 피루브산은 3개의 CO_2로 대사되고, 이때 4개의 NADH와 1개의 $FADH_2$, 1개의 ATP가 만들어진다.

[조효소 A는 크레브스와 1953년에 함께 산소호흡을 연구한 공로로 노벨상을 수상한 리프먼(Fritz Lipmann)이 발견했다.] 아세틸 CoA는 자신의 아세틸기를 4개의 탄소로 이루어진 분자인 옥살로아세트산(oxaloacetate)에게 넘겨주어 시트르산을 만든다. 시트르산은 이후 두 단계의 연속적인 탈카복실화(decarboxylation) 반응과 몇 차례의 산화 과정을 거친 후 다시 옥살로아세트산으로 전환되고, 이렇게 생성된 옥살로아세트산은 다시 다른 아세틸 CoA로부터 2개의 탄소를 더 받아 동일한 다음 주기를 반복한다.

그림 10-7에서 시트르산 회로의 전체 과정을 볼 수 있다. 회로가 한 바퀴 돌 때마다 탄소 2개가 아세틸 CoA를 통해 들어오고, 탄소 2개는 다시 이산화탄소의 형태로 방출되어 옥살로아세트산을 재생성한다. 산화 과정은 다섯 단계로 일어난다. 그중 네 단계는 회로 내부에서 일어나고 나머지 한 단계는 피루브산을

아세틸 CoA로 변환하는 과정이다. 이들 산화 과정에서 유리된 전자는 조효소 분자에 의해 수거된다. 그러므로 시트르산 회로의 기질은 아세틸 CoA, 산화된 조효소, ADP, 무기인산(P_i)이며, 회로의 산물은 이산화탄소, 환원된 조효소, ATP 분자이다.

이러한 시트르산 회로의 개요를 머리에 두고 아세틸 CoA를 통해 시트르산 회로에 들어간 탄소 원자의 운명과 각 산화 단계에서 방출된 에너지가 환원된 조효소의 형태로 저장되는 과정에 대해 자세히 살펴보자.

피루브산은 산화적 탈카복실화 반응에 의해 아세틸 CoA로 바뀐다

앞서 살펴보았듯이 탄소는 아세틸 CoA의 형태로 시트르산 회로에 들어간다. 앞에서 해당작용이 피루브산에서 끝나고 이때 생성된 피루브산은 세포질에 존재한다는 것을 배웠다(9장 참조). 피루브산 분자는 상대적으로 크기가 작아서 미토콘드리아 외막의 구멍(pore)을 통해 막간 공간으로 이동할 수 있다. 미토콘드리아 내막에는 피루브산 특이적인 공동수송체가 피루브산을 수소 이온과 같이 미토콘드리아 기질 내부로 공동수송한다.

미토콘드리아 기질로 이동한 피루브산은 3가지 서로 다른 효소와 5가지 조효소, 2가지 조절단백질로 이루어진 **피루브산 탈수소효소 복합체**(pyruvate dehydrogenase complex, PDH)라는 거대한 효소 복합체에 의해 아세틸 CoA로 전환된다. 이 복합체의 각 구성 요소는 피루브산의 산화적 탈카복실화(oxidative decarboxylation) 반응을 협력하여 같이 촉매한다.

$$\text{CoA—SH} + {}^{-}\text{O—}\overset{1}{\text{C}}\overset{\text{O}}{-}\overset{\text{O}}{\underset{\parallel}{\overset{\parallel}{\text{C}}}}{}^2\text{—}{}^3\text{CH}_3 \qquad (10\text{-}1)$$

조효소 A   피루브산

피루브산 탈수소효소 복합체 $\downarrow$ NAD$^+$ → NADH

$$\text{CoA—S—}\overset{\text{O}}{\underset{\parallel}{\overset{1}{\text{C}}}}\text{—}^2\text{CH}_3 + \text{CO}_2$$

아세틸 CoA

이 반응을 **탈카복실화 반응**(decarboxylation)이라 부르는데, 그 이유는 피루브산의 1번 탄소에 붙어있는 카복실기가 이산화탄소(회색 음영)의 형태로 유리되기 때문이다. 결과적으로 피루브산의 2번 탄소와 3번 탄소는 각기 아세틸 CoA의 1번 탄소와 2번 탄소로 바뀐다. 또한 이 반응은 2개의 전자가 (하나의 양성자도 같이) 기질에서 제거되어 조효소 NAD$^+$로 이동하여 NADH로 환원시키므로 **산화반응**이다. NADH가 가지고 있는 전자는 이후에 NADH가 전자전달사슬에서 산화될 때 방출되는 퍼텐셜 에너지

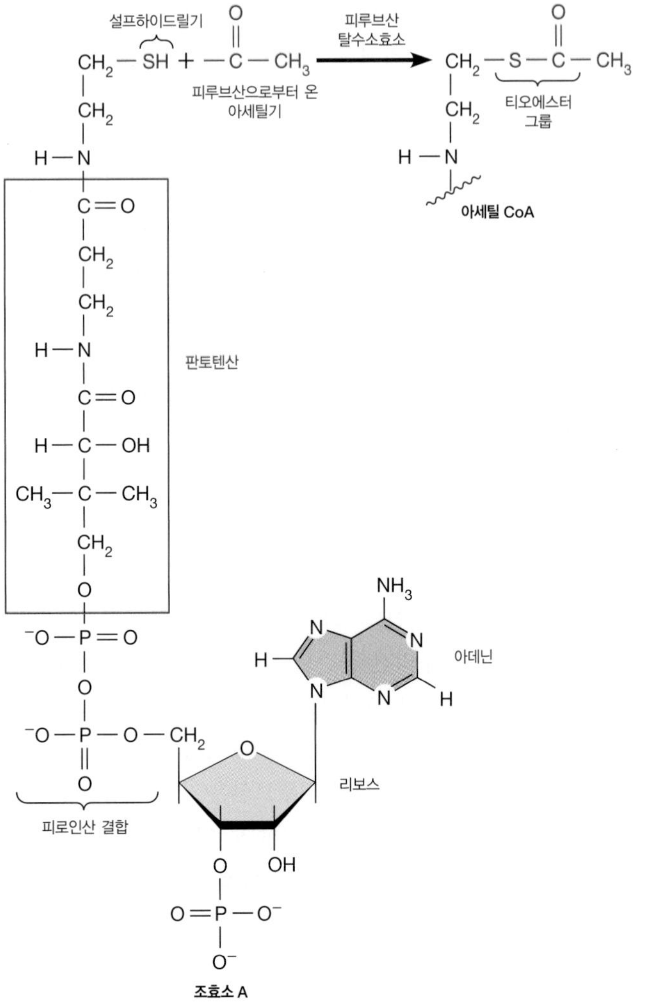

그림 10-8 조효소 A의 구조와 아세틸 CoA의 생성. 빨간색 상자로 둘러싸인 조효소의 일부분은 판토텐산, 비타민 B이다. CoA와 아세틸기 사이에 티오에스터 결합이 만들어지면 아세틸 CoA가 생성된다. 아세틸기는 피루브산으로부터 산화적 탈카복실화로 인해 만들어진다(그림 10-9의 PDH 반응 참조). 아세틸기는 피루브산 탈수소효소 복합체의 한 효소에 의해 CoA로 전달된다.

가 저장된 형태를 의미한다. 피루브산의 산화는 2번 탄소에서 일어나고 이때 2번 탄소는 α-케토기에서 카복실기로 산화된다. 이 반응은 큰 에너지 발생 반응(exergonic reaction)으로, 이 반응의 표준 자유에너지 변화량 $\Delta G^{\circ\prime}$은 -7.5 kcal/mol이다. 이렇게 큰 에너지가 발생하는 이유는 피루브산의 1번 탄소가 이산화탄소의 형태로 동시에 방출되기 때문이다.

그림 10-8에서 볼 수 있듯이 CoA는 비타민 B인 판토텐산 (pantothenic acid)을 포함한 복잡한 분자이다. NAD^+의 니코틴아마이드(nicotinamide, 그림 9-5 참조)처럼 판토텐산은 인간 및 다른 척추동물이 직접 체내에서 합성하지 못하므로 비타민으로 분류된다. CoA 분자 끝부분의 설프하이드릴기(-SH) 혹은 티올기는 아세트산과 같은 유기산과 티오에스터 결합을 할 수 있다.

티올기는 아주 중요한 반응기이기 때문에, 특히 화학반응 과정을 보여줄 때는 CoA를 종종 CoA-SH라 표현하기도 한다. 에스터 결합과 비교해보면 티오에스터 결합은 훨씬 더 높은 에너지를 지닌 결합으로 분해되었을 때 더 많은 에너지가 방출된다. 그러므로 피루브산에서 CoA로 이동한 아세틸기는 고에너지 형태 또는 활성화된 형태이다. NAD^+가 전자의 이동을 위해 특화된 분자라면 CoA는 아세틸기의 운반을 위해 전문화된 조효소라고 하겠다(그래서 아세틸기의 'A'를 따서 CoA라 부른다).

시트르산 회로는 아세틸 CoA에서 탄소 2개가 유입되면서 시작한다

시트르산 회로(**그림 10-9**)는 아세틸 CoA를 통해 회로 내로 탄소 2개가 유입되면서 시작한다. 회로가 한 바퀴 돌 때마다 탄소 원자 2개가 아세틸 CoA의 유기분자 형태로 들어오고, 탄소 원자 2개가 무기분자인 이산화탄소의 형태로 회로 밖으로 방출된다. 단순하게 표기하기 위해 시트르산 회로의 각 효소에 의해 촉매되는 단계를 CAC-1(citric acid cycle-1), CAC-2 등으로 표시하고 실제 효소의 이름은 그림 10-9 상자 내부에 나타냈다.

첫 번째 반응(CAC-1)은 아세틸 CoA의 탄소 2개가 탄소 4개짜리 물질인 옥살로아세트산과 결합하여 탄소 6개로 이루어진 시트르산을 만드는 반응이다. 이러한 축합반응은 아세틸 CoA의 티오에스터 결합을 가수분해할 때 발생하는 자유에너지를 이용하여 진행된다. (아세틸 CoA가 이 회로에 들어올 때 처음 만들어지는 분자가 시트르산이므로, 시트르산 회로라는 이름을 얻게 되었다.) 새로 회로에 유입되는 2개의 탄소 원자는 그림 10-9에 분홍색 음영을 이용하여 표시했고 이후 일어나는 반응에서 추적할 수 있게 했다.

다음 반응(CAC-2)에서 시트르산은 유사한 화합물인 아이소시트르산(isocitrate)으로 전환된다. 아이소시트르산이 지닌 하이드록실기는 쉽게 산화될 수 있다. 이 아이소시트르산의 하이드록실기가 첫 번째 산화반응, 또는 탈수소 반응의 대상이 된다. 이 반응은 시트르산 회로의 세 번째 단계(CAC-3)이다.

연속적인 두 차례의 탈카복실화 반응에 의해 NADH가 생성되고 CO₂가 유리된다

다음으로 시트르산 회로의 여덟 단계 중 네 단계가 산화반응이라는 것에 주목하자. 그림 10-9를 살펴보면 네 단계(CAC-3, CAC-4, CAC-6, CAC-8)에서 산화된 형태의 조효소가 반응에 참가한 후 환원된 형태가 생성되는 것을 볼 수 있다. 이 반응 중 처음 두 단계인 CAC-3과 CAC-4는 탈카복실화 반응이다. 각 단계에서 이산화탄소 한 분자가 유리되고 분자 전체의 탄소 개수는 6개에서 5개, 4개로 감소한다.

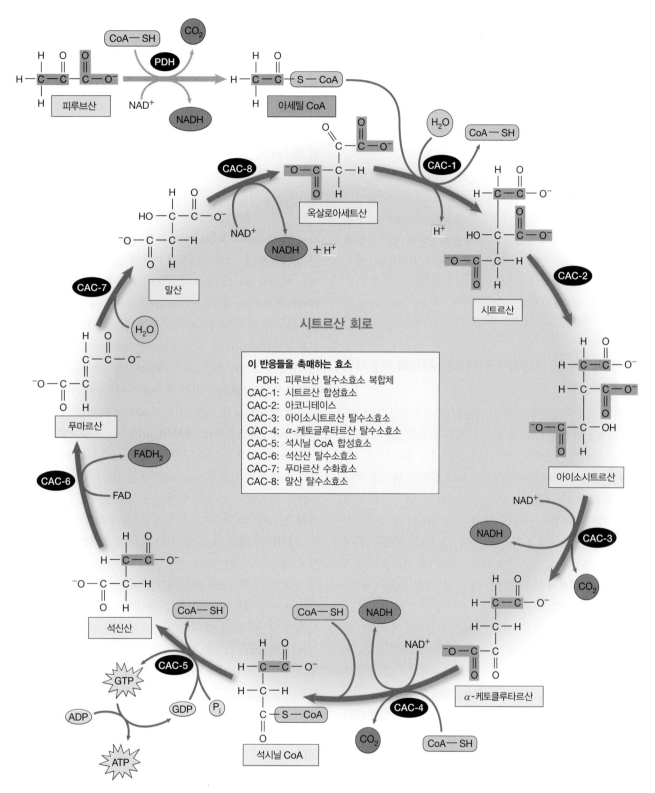

그림 10-9 시트르산 회로. 아세틸 CoA를 통해 회로 내부로 유입된 2개의 탄소는 시트르산에서 분홍색으로 표시했다. 이 분홍색으로 표지된 아세틸 CoA 유래 탄소는 푸마르산의 대칭성으로 인해 무작위적으로 분포하기 이전까지는 회로 다음 단계의 분자에도 계속 분홍색으로 표시된다. CO_2로 유실될 피루브산의 카복실기는 CAC-3와 CAC-4 반응에서 CO_2를 유리시킬 옥살로아세트산의 두 카복실기와 마찬가지로 음영으로 표시했다. 다섯 반응은 산화반응으로 NAD^+가 이 중 네 반응(PDH, CAC-3, CAC-4, CAC-8)에서 전자 수용체로 사용되고 FAD는 한 반응(CAC-6)에서 전자 수용체로 쓰인다. 각 경우에 환원된 조효소는 보라색 음영으로 표시했다. CO_2가 유리될 때 NAD^+의 환원 과정에서 H^+이 나오지 않는 것으로 표현하여 반응 전후에서 전하량의 균형을 맞추었다. CAC-5 반응에서 GTP가 생성되는 것은 동물 세포 미토콘드리아의 특징이며, 박테리아 세포와 식물 세포의 미토콘드리아에서는 ATP가 직접 생성된다.

CAC-3 반응에서 시트르산으로부터 만들어진 아이소시트 르산은 산화되어 불안정한 탄소 6개짜리 분자인 옥살석신산 (oxalosuccinate)으로 전환되고(이 반응은 그림에서 생략했다) 이 때 NAD$^+$가 전자 수용체로 사용된다. 옥살석신산은 너무 불안정 하기 때문에 즉시 탈카복실화 반응을 거쳐 탄소 5개를 가진 분자 인 α-케토글루타르산으로 바뀐다. 이 반응(CAC-3)은 시트르산 회로의 연속적인 두 탈카복실화 반응 중 첫 번째이다.

두 번째 산화적 탈카복실화 반응은 다음 단계(CAC-4)에서 이 루어지며, 이때도 NAD$^+$가 전자 수용체로 사용된다. CAC-4단 계에서 α-케토글루타르산은 석시닐 CoA(succinyl CoA)로 산화 된다. 이 반응은 앞에서 보았던 피루브산의 산화적 탈카복실화 반응과 유사하다. α-케토글루타르산과 피루브산 모두 α-케토 산이므로, 같은 산화 메커니즘을 이용하고 산화된 산물을 티오 에스터 결합을 통해 CoA와 결합시킨다는 사실은 놀랄 만한 일 은 아니다.

시트르산 회로의 한 단계에서 GTP(또는 ATP)의 직접적인 생성이 일어난다

지금까지의 반응에서 탄소 개수의 균형은 잘 유지되고 있다. 탄 소 원자 2개가 아세틸 CoA의 형태로 회로 안으로 들어왔고, 2 개의 탄소 원자가 이산화탄소의 형태로 회로를 떠나갔다. (그 림 10-9를 자세히 살펴보면 이산화탄소의 형태로 회로를 떠나 는 2개의 탄소 원자가 처음에 CAC-1 반응에서 회로로 들어온 분홍 색으로 표지된 2개의 탄소 원자와는 다르다는 것을 알 수 있다.) 지 금까지 시트르산 회로의 4개의 산화반응 중 2개의 반응을 통해 NADH 두 분자가 만들어진 것을 보았다. 추가로 아세틸 CoA와 같은 활성화된 티오에스터 결합을 가진 분자인 석시닐 CoA가 생성되는 것을 확인했다.

다음 단계인 CAC-5 반응에서 티오에스터 결합의 에너지는 한 분자의 ATP(박테리아 세포와 식물의 미토콘드리아의 경우) 또 는 한 분자의 GTP(동물 세포의 미토콘드리아의 경우)를 만드는 데 사용된다. 세 번째 인산기의 인산무수 결합의 가수분해 에너 지는 GTP와 ATP 모두 동일하므로, GTP와 ATP는 동일한 에너 지 함량을 가지고 있다고 할 수 있고, GTP는 ATP로 전환될 수 있다. 그러므로 에너지 관점에서 석시닐 CoA의 가수분해 결과 는 동물, 식물, 박테리아 세포에서 모두 동일한 결과를 얻는다.

시트르산 회로의 마지막 산화반응에서 FADH$_2$와 NADH가 생성된다

이제 남은 시트르산 회로의 세 단계 반응 중에서 두 반응은 산화 반응이다. CAC-6 반응에서 전단계에서 만들어진 석신산은 석신 산 탈수소효소(succinate dehydrogenase)에 의해 산화되어 푸마르

산(fumarate)으로 전환된다. 이 단계의 효소 이름을 특별히 여기 서 언급하는 이유는 석신산 탈수소효소가 또한 앞으로 배울 전 자전달사슬의 복합체 II의 구성 성분이기 때문이다. 이 여섯 번 째 반응은 탈수소효소가 C=O 2중 결합을 만들어낸다는 면에서 독특하다. 지금까지 나열한 산화반응은 모두 이웃한 탄소와 산 소 사이의 결합에서 전자를 빼내거나(CAC-3), 서로 다른 분자 의 탄소와 황 원자로부터 전자를 빼앗는 반응(피루브산 탈수소 효소 PDH, CAC-4)으로 각각 C=O 2중 결합이나 C—S 결합을 만들어낸다.

탄소-탄소 결합의 산화는 탄소-산소 결합의 산화보다 에너지 가 적게 방출되어 NAD$^+$에 전자를 전달할 만한 충분한 에너지 를 내지 못한다. 그렇기 때문에 이러한 탈수소 반응의 전자 수용 체는 에너지 수준이 낮은 조효소인 **플래빈 아데닌 다이뉴클레오 타이드**(flavin adenine dinucleotide, FAD)가 사용된다. NAD$^+$(그 림 9-5)나 CoA(그림 10-8)와 마찬가지로 FAD도 비타민 B인 리 보플래빈(riboflavin)을 구조의 일부분으로 가지고 있다(**그림 10-10**). FAD는 2개의 양성자와 2개의 전자를 받아들일 수 있으므로 환원된 형태는 FADH$_2$이다. 나중에 다시 살펴보겠지만 이들 조 효소의 산화를 통해 얻을 수 있는 ATP의 이론적 최대 생산량은 NADH의 경우 3분자이고 FADH$_2$의 경우는 2분자이다.

시트르산 회로의 다음 단계에서는 푸마르산의 2중 결합에 물 분자가 가해져서 말산(malate)을 생성한다(CAC-7 반응). 푸마 르산은 대칭적인 분자이기 때문에 물분자에서 유리된 하이드 록실기는 내부의 두 탄소 원자에 똑 같은 확률로 결합될 수 있 다. 이러한 결과로 그림 10-9에서부터 분홍색으로 표시한 아세 틸 CoA에서 유래한 탄소 원자들은 이 단계에서부터는 랜덤하 게 분포할 수 있으므로 더 이상 분홍색으로 표시하지 않는다. 이 CAC-8 반응에서 말산의 하이드록실기는 시트르산 회로의 최종 산화의 대상이 된다. 전자가 이웃한 탄소와 산소 사이에서 떨어 져 나오면서 C=O 2중 결합이 생성되고 NAD$^+$가 전자 수용체 로 사용되어 NADH가 만들어지고 말산은 옥살로아세트산으로 바뀐다.

요약: 시트르산 회로의 산물은 CO$_2$, ATP, NADH와 FADH$_2$ 이다

옥살로아세트산이 재생성되면서 시트르산 회로의 한 주기는 끝 난다. 이 시점에서 시트르산 회로의 특징을 살펴보면서 지금까 지의 반응에 의한 결과를 요약해보자.

1. 아세틸 CoA의 형태로 시트르산 회로에 들어온 2개의 탄소는 탄소 4개로 이루어진 옥살로아세트산과 결합하여 탄소 6개로 이루어진 시트르산을 생성한다.

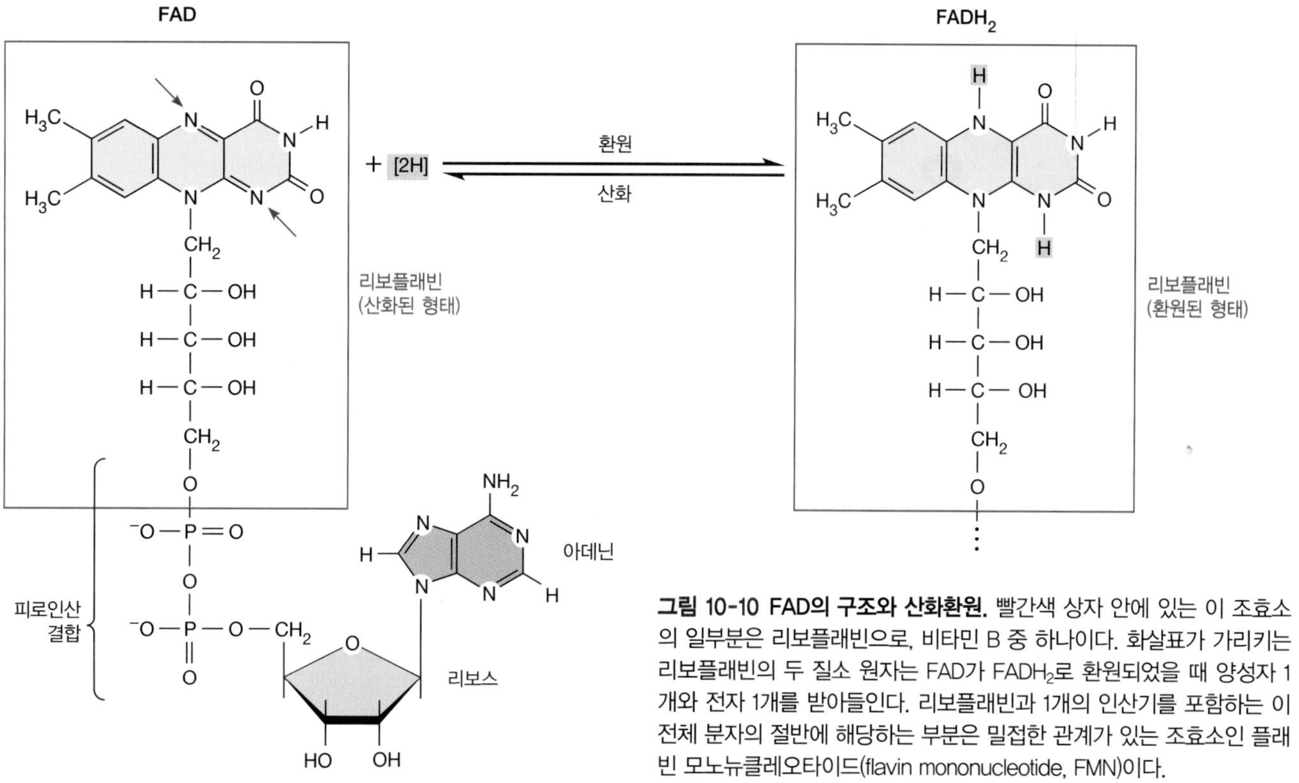

그림 10-10 FAD의 구조와 산화환원. 빨간색 상자 안에 있는 이 조효소의 일부분은 리보플래빈으로, 비타민 B 중 하나이다. 화살표가 가리키는 리보플래빈의 두 질소 원자는 FAD가 $FADH_2$로 환원되었을 때 양성자 1개와 전자 1개를 받아들인다. 리보플래빈과 1개의 인산기를 포함하는 이 전체 분자의 절반에 해당하는 부분은 밀접한 관계가 있는 조효소인 플래빈 모노뉴클레오타이드(flavin mononucleotide, FMN)이다.

2. 아세틸 CoA에 의해 시트르산 회로에 2개의 탄소가 첨가되고 시트르산 회로 안에서 두 단계에 걸쳐 일어나는 탈카복실화 반응에서 이산화탄소로 탄소 2개가 회로를 떠나므로 탄소 개수는 균형이 맞게 된다.

3. 산화반응은 네 단계에서 일어나는데, 세 단계에서는 NAD^+가 나머지 한 단계에서는 FAD가 전자 수용체로 사용된다.

4. 한 단계에서 ATP가 합성되는데, 동물 세포에서는 GTP가 중간물질로 생성된 후 ATP로 전환될 수 있다.

5. 옥살로아세트산이 재생산되면서 주기 한 바퀴가 끝난다.

그림 10-9에서 볼 수 있는 시트르산 회로의 여덟 단계 반응을 모두 더하면 다음의 알짜 반응을 얻을 수 있다. (이 반응식과 이후의 반응식에서 양성자와 물 분자는 반응의 균형을 맞추어 보여줘야 하는 등의 특별한 경우가 아니면 생략했다.)

$$아세틸\ CoA + 3\,NAD^+ + FAD + ADP + P_i \longrightarrow$$
$$2\,CO_2 + 3\,NADH + FADH_2 + CoA\text{-}SH + ATP \quad (10\text{-}2)$$

한 분자의 포도당으로부터 두 분자의 아세틸 CoA가 만들어지므로, 이 회로는 두 번 반복되어야 포도당 한 분자에 해당하는 반응식을 얻을 수 있다. 그러므로 반응 10-2의 양변에 2를 곱한 반응식, 해당작용에서 포도당이 피루브산이 되는 반응식(반응 9-16), 피루브산이 산화적 탈카복실화 반응을 거쳐 아세틸 CoA가 되는 반응(반응 10-1)에 역시 2를 곱한 반응식을 모두 더하면

포도당으로부터 해당작용과 시트르산 회로까지 아우르는 전체 반응식을 얻을 수 있다.

$$포도당 + 10\,NAD^+ + 2\,FAD + 4\,ADP + 4P_i \longrightarrow$$
$$6\,CO_2 + 10\,NADH + 2\,FADH_2 + 4\,ATP \quad (10\text{-}3)$$

이 요약 반응을 살펴보면 놀라운 사실 두 가지를 알 수 있다. 포도당이 산화되는 과정에서 생성된 ATP의 양이 무척 적다는 것과 환원된 조효소 분자의 개수가 아주 많다는 것이다. 비록 ATP의 생산량은 적지만 이 과정에서 만들어진 환원된 조효소 NADH와 $FADH_2$도 고에너지 분자로 간주해야 한다. 이 장 뒷부분에서 배우겠지만 이들 환원된 조효소로부터 전자를 유리해내는 반응은 아주 많은 에너지를 방출한다. 그러므로 반응 10-3의 화살표 오른쪽에 나열된 환원된 조효소를 다시 산화시킬 때 포도당의 완전한 산화 과정에서 만들어지는 대부분의 ATP를 만들기 위한 충분한 에너지가 발생한다는 것이 짐작 가능하다.

이러한 에너지 방출에 대해 완벽하게 이해하려면 시트르산 회로 이후의 호흡 대사 과정인 전자전달과 산화적 인산화를 반드시 살펴보아야 한다. 하지만 그 단계로 넘어가기 전에 시트르산 회로의 조절 메커니즘, 에너지 대사 과정에서의 중요성, 다른 대사 과정에서의 역할에 대해 알아보자.

몇몇 시트르산 회로의 효소는 다른자리입체성 조절을 받는다

다른 대사 과정 경로와 마찬가지로 시트르산 회로는 세포 내

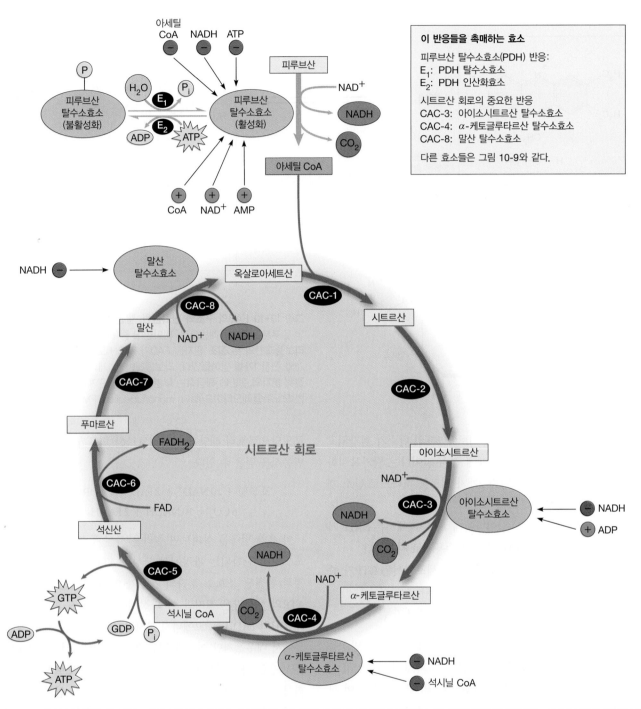

그림 10-11 시트르산 회로의 조절. 피루브산 탈수소효소의 반응과 시트르산 회로의 개요를 나타냈고, 각 조절 단계에 위치하는 효소의 전체 이름도 기술했다. 주된 반응 조절 효과는 활성(+) 또는 억제(−)로 표시했다.

부의 시트르산 회로 산물의 요구량에 맞춰 아주 정교하게 조절되어야만 한다. 이러한 조절이 이루어지는 단계를 **그림 10-11**에 도시했다. 시트르산 회로의 효소 중 4개의 중심이 되는 효소(PDH, CAC-3, CAC-4, CAC-8)에 특이적인 효과 분자(effector molecule)가 가역적으로 결합하여 이루어내는 다른자리입체성 조절이 가장 중요하게 작동한다. 효과 분자는 억제인자 또는 활성인자로 기능하고(6장 참조) 이들은 각각 그림 10-11에 빨간 마이

너스 기호와 초록색 플러스 기호로 표시되어 있다. 다른자리입체성 조절 이외에도 피루브산 탈수소효소 복합체(PDH)는 특정 단백질 성분의 인산화로 인해 가역적으로 불활성화되고 탈인산화로 인해 역시 가역적으로 활성화된다.

시트르산 회로의 조절 원리를 이해하려면 시트르산 회로가 아세틸 CoA, NAD⁺, FAD, ADP를 기질로 사용하여 산물인 NADH, FADH₂, CO₂, ATP를 만들어낸다는 사실을 상기해야

한다(반응 10-2 참조). 이들 중 3가지 물질, 즉 NADH, ATP, 아세틸 CoA는 그림 10-11에서 보듯이 하나 이상의 효소의 중요한 다른자리입체성 억제인자로 작용한다. 이에 추가로 NAD^+, ADP, AMP는 적어도 하나의 효소의 활성을 증가시킨다. 이러한 방법을 통해 시트르산 회로는 $NADH/NAD^+$ 비율이나 ATP, ADP, AMP의 상대적인 농도로 알 수 있는 세포 내 산화환원과 에너지 상태에 민감하게 반응하여 조절된다.

그림 10-11에 도식된 4개의 다른자리입체성 조절효소는 모두 NADH를 만들어내는 탈수소효소이고, 이들은 모두 NADH로 인해 억제된다. 그러므로 미토콘드리아 내부의 NADH 농도가 증가하게 되며 이들 다른자리입체성 효소의 활성이 억제된다. 또한 PDH는 세포 내부의 에너지 수준이 높을 때 증가한 ATP에 의해 억제되며 PDH와 아이소시트르산 탈수소효소(isocitrate dehydrogenase, CAC-3)는 세포 내부의 에너지가 부족할 때 증가하는 AMP와 ADP로 인해 활성화된다.

아세틸 CoA의 전반적인 가용량은 PDH 복합체의 활성에 의해 1차적으로 결정되는데(반응 10-1 참조), 이 복합체는 NADH, ATP, 아세틸 CoA에 의해 다른자리입체성 억제를 받고 NAD^+, AMP, 유리 CoA에 의해 다른자리입체성 활성화가 된다. 또한 미토콘드리아 내부의 [ATP]/[ADP] 비율이 높아지면 PDH 복합체의 한 구성 성분 단백질이 인산화되어 복합체가 불활성화되고, 반대로 [ATP]/[ADP] 비율이 낮을 경우 인산기가 떨어지면서 PDH 복합체는 다시 활성화된다. 이러한 인산화/탈인산화 반응은 PDH 인산화효소와 PDH 탈인산화효소에 의해 각각 촉매된다. ATP가 PDH 인산화효소의 활성인자이고 PDH 탈인산화효소의 억제인자라는 것은 놀랄 만한 사실은 아니다. 이러한 여러 단계의 효소 활성 조절 기작으로 말미암은 PDH 복합체에 의한 아세틸 CoA의 생성은 미토콘드리아 내부의 [아세틸 CoA]/[CoA] 비율과 [NADH]/[NAD^+] 비율, 그리고 미토콘드리아 내부의 ATP 상태에 의해 민감하게 조절된다.

이러한 시트르산 회로의 중간물질은 시트르산 회로 자신의 활성을 조절하는 것에 그치지 않고 시트르산과 아세틸 CoA가 각각 인산과당 인산화효소(phosphofructokinase)와 피루브산 인산화효소(pyruvate kinase)의 활성을 억제하는 효과를 통해 해당작용을 피드백 조절한다(그림 9-13 참조).

시트르산 회로는 지방과 단백질의 이화 과정에도 중요한 역할을 한다

지금까지는 포도당을 세포호흡의 주된 기질로 간주하여 공부했다. 포도당(그리고 다른 탄수화물) 이외에 또 다른 세포의 에너지 대사와 시트르산 회로에 사용되는 지방과 단백질도 살펴봐야 하는 이유는 최신 영양 지침에 따르면 인간이 얻는 절반의 영양분을 지방과 단백질로부터 얻어야 하기 때문이다(탄수화물 = 50%, 지방 = 30%, 단백질 = 20%). 사실 시트르산 회로는 포도당의 산물만을 분해하는 변방의 대사 회로가 아니고 미생물부터 고등동식물까지 아우르는 많은 생명체의 유산소 에너지 대사에 관여하는 가장 주된 대사경로이다.

에너지 원천으로서의 지방 지방은 산화 과정에서 탄수화물보다 그램당 더 많은 에너지를 발생시키는 환원이 아주 많이 된 화합물이다(3장 참조). 이러한 이유로 지방은 많은 생물이 장기간 에너지를 저장할 때 사용하는 물질로 선택되었다. 지방에 축적된 에너지는 동면하는 동물과 장거리를 이동하는 철새의 주된 에너지원으로 사용된다. 식물의 씨앗에서 지방은 에너지와 탄소의 주된 저장원으로 사용된다. 지방은 한정된 공간에 최대량의 열량을 저장할 수 있는 에너지 밀도가 높은 분자이므로 이러한 기능에 적합하다.

대부분의 지방은 글리세롤과 3개의 긴 사슬 **지방산**이 에스터 결합으로 연결되어 생성된 중성 트리에스터(triester)인 **트라이아실글리세롤**(triacylglycerol)의 형태로 저장된다(그림 3-27 참조). 트라이아실글리세롤의 이화작용은 우선 트라이아실글리세롤이 가수분해되어 글리세롤과 지방산으로 분해되면서 시작한다. 이후 글리세롤은 산화되어 디하이드록시아세톤인산(dihydroxyacetone phosphate)으로 전환되어 해당작용으로 들어간다(그림 9-10의 E14 단계 참조). 지방산은 CoA와 결합하여 지방산 아실 CoA(fatty acyl CoA)로 전환된 후 β **산화**(β oxidation)에 의해 추가로 분해되는데, 이 이화 과정에 의해 아세틸 CoA와 환원된 조효소인 NADH와 $FADH_2$가 생성된다.

박테리아의 경우 β 산화는 세포질에서 일어나고 진핵생물 세포의 경우는 미토콘드리아와 퍼옥시솜에서 β 산화가 일어난다. 지방산을 에너지원으로 사용하지 않는 식물이나 다른 진핵생물의 경우 β 산화는 퍼옥시솜에서 일어나고 세포막의 지방산의 재순환에 관여한다. 이제 앞으로 살펴볼 것은 동물 세포의 미토콘드리아에서 짝수 개의 탄소를 가진 포화지방산이 β 산화로 인해 분해되는 과정이다.

동물의 경우 대부분의 지방산은 섭취하는 음식에서 유래하는데, 탄수화물이 분해되어 생성된 피루브산이 산화되어 미토콘드리아로 들어가 아세틸 CoA로 전환되어 시트르산 회로에서 산화되는 과정과 유사하게 지방산도 분해된다. 지방산은 한 주기당 탄소를 2개씩 떼어내며 완전히 산화될 때까지 주기를 반복하는 과정을 거쳐 분해된다. 이때 각 주기에서 지방산의 β 위치의 탄소(카복실기로부터 두 번째 탄소 원자)가 산화되므로, 이러한 지방산이 이화작용으로 분해되어 아세틸 CoA가 되는 과정을 β 산화라고 부른다. 각 주기는 모두 같은 네 단계, 즉 산화,

수화(hydration), 재산화, 티올 분해(thiolysis)를 거치고(**그림 10-12**), 한 주기당 지방산의 개수가 2개씩 줄어들 때마다 $FADH_2$, NADH, 아세틸 CoA가 한 분자씩 만들어진다.

지방산의 β 산화의 첫 단계는 세포기질에서 일어나는 에너지가 필요한 활성화 단계이다. ATP의 가수분해에서 발생하는 에너지는 지방산에 CoA를 결합시키는 데 사용된다(그림 10-12의 반응 FA-1). 이렇게 생성된 것이 **지방산 아실 CoA**(fatty acyl CoA)이고, 이것은 미토콘드리아 내막의 특이적인 전위효소(translocase)를 통해 미토콘드리아 내부로 이동한다. 이후의 네 단계의 효소촉매 단계는 지방산이 완전히 분해될 때까지 반복되고 한 주기마다 2개의 탄소가 아세틸 CoA의 형태로 지방산으로부터 방출된다. 이 주기의 처음 세 단계는 시트르산 회로에서 석신산이 옥살로아세트산으로 전환되는 산화, 수화, 재산화 과정과 아주 유사하다(CAC-6, CAC-7, CAC-8).

첫 단계로 미토콘드리아 내재 막단백질인 **탈수소효소**(dehydrogenase)가 지방산 아실 CoA를 산화시켜 α 탄소와 β 탄소 사이에 2중 결합을 만든다(반응 FA-2). 비포화된 지방산 아실 CoA 유도체를 만드는 이 과정에서 떨어져 나온 2개의 전자와 2개의 양성자는 FAD에 전달되어 $FADH_2$를 만들어낸다. 다음 단계(반응 FA-3)에서 물분자가 전 단계에서 생성된 2중 결합에 수화효소(hydratase)의 활성에 의해 끼어들어가게 되는데, 이때 α 탄소는 H 원자를 받고 β 탄소는 하이드록실기를 받게 된다. 그다음 단계에서 또 다른 탈수소효소가 β 탄소를 산화시켜서 하이드록실기를 케토기로 변화시킨다(반응 FA-4). 이 산화반응 단계에서 전자 2개와 양성자 1개는 NAD^+를 환원시켜 NADH를 만드는 데 쓰인다. 이 주기의 네 번째 단계(반응 FA-5)에서 α 탄소와 β 탄소의 결합이 **티올레이스**(thiolase)로 인해 분해된다. 여기서 두 번째 CoA가 지방산의 한쪽 끝에 새로 결합하고 원래 있었던 CoA는 자신에 결합된 탄소 2개짜리 조각과 같이 방출된다. 이 결과로 아세틸 CoA가 하나 생기고 처음에 이러한 네 단계 주기에 들어왔던 지방산 아실 CoA보다 탄소 2개가 짧은 새로운 지방산 아실 CoA가 만들어진다.

이 네 단계의 주기는 길이가 짧아진 지방산 아실 CoA가 다시 기질로 사용되는 과정을 반복하여 처음의 지방산이 완전히 분해될 때까지 계속된다. 대부분의 음식에 포함된 지방산은 짝수 개의 탄소를 가지고 있고 완전히 아세틸 CoA로 분해된다(그림 10-12 하단 참조). 또한 불포화지방산은 완전히 분해하기 위해 추가로 1~2개의 효소가 더 필요하다. 홀수 개의 탄소를 가진 이례적인 지방산의 경우 마지막 주기에서 아세틸 CoA보다 탄소가 하나 더 많은 프로피오닐 CoA(propionyl CoA)가 생성된다. 세 단계의 추가 효소촉매 과정을 거쳐 프로피오닐 CoA에는 탄산 이온에서 유래한 탄소 1개가 결합하여 석시닐 CoA가 만들어지고,

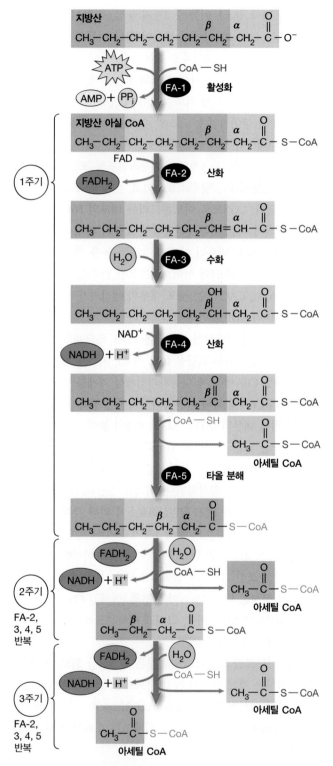

그림 10-12 β 산화 경로. 지방산을 ATP 의존적인 과정을 통해 CoA와 결합시킨 후 지방산 아실 CoA 유도체는 미토콘드리아(또는 퍼옥시솜)로 수송되고 산화, 수화, 재산화, 티올 분해 주기를 반복하여 분해된다. 각 주기의 산화 과정에서 1개의 $FADH_2$ 및 1개의 NADH의 생성과 더불어 아세틸 CoA가 유리되고 티올 분해 단계에서 지방산의 길이가 탄소 2개만큼 짧아진다. 위 그림의 예는 탄소 8개짜리 지방산인 옥탄산의 경우로 세 주기의 β 산화를 통해 분해된다(α 탄소와 β 산소는 반응을 시작하는 지방산에 표시했고 반응 번호와 조효소의 출입과 같은 세부사항은 첫 번째 주기에만 명시했다).

이는 시트르산 회로로 유입되어 대사된다.

포도당이 대부분의 세포에서 가장 선호되는 에너지 원천이기는 하지만 포도당이 부족할 때(예: 단식하는 경우), 즉 탄수화물을 아주 적게 섭취하거나 마라톤과 같은 극한적으로 에너지를 소비하는 운동을 할 경우 지방이 분해되어 에너지를 만든다. 인간의 경우 과다한 지방의 분해는 CoA를 고갈시켜 케토시스(ketosis) 상태를 일으킨다. 케토시스 상황에서 지방은 완전히 CO_2로 산화되지 못하고 불완전한 산화의 산물인 케톤체(ketone body), 즉 아세톤, 아세토아세트산(acetoacetate), β-하이드록시부티르산(β-hydroxybutyrate)이 만들어진다. 이들이 많이 발생하면 혈액의 pH가 낮아지는 케톤산증(ketoacidosis)이 발생하는데, 이는 당뇨병 환자의 증상과 비슷하다.

아미노산과 에너지원으로서의 단백질 단백질은 주로 효소, 운반단백질, 호르몬, 세포 수용체로 기능하지만 단식이나 굶주림을 통해 저장된 탄수화물과 지방이 고갈될 경우 이화작용을 통해 분해되어 ATP를 생성할 수 있다. 식물의 경우 기존의 단백질이 이화작용을 통해 분해되어 아미노산이 만들어지면 새로운 단백질을 만드는 재료로 다시 쓰이게 되는데, 이러한 과정은 씨앗이 발아할 때 씨앗에 저장된 단백질이 분해되며 이루어진다. 세포가 단백질과 단백질이 포함된 분자를 분해할 때 만들어지는 아미노산은 새로운 단백질을 만드는 데 사용되거나 산화되어 에너지를 생성하는 데 이용된다.

단백질 이화작용은 단백질을 이루는 폴리펩타이드 사슬을 만드는 폴리펩타이드의 가수분해로부터 시작한다. 이 과정을 **단백질분해**(proteolysis)라고 하고, 이 과정에 관여하는 효소를 단백질분해효소(protease)라고 한다. 단백질분해효소의 산물은 짧은 펩타이드와 아미노산이다. 펩타이드의 분해는 펩티데이스(peptidase)에 의해 이루어지는데, 이들은 펩타이드의 내부 펩타이드 결합을 자르는 엔도펩티데이스(endopeptidase)와 펩타이드 끝부분에서 아미노산을 잘라내는 엑소펩티데이스(exopeptidase)로 나눌 수 있다.

직접 섭취하거나 단백질분해로 생성된 유리 아미노산(free amino acid)은 이화작용에 의해 분해되어 에너지를 만들어낼 수 있다. 일반적으로 이들 아미노산과 같은 대안적인 에너지 발생 반응의 기질은 가능한 최소한의 효소촉매 단계를 거쳐 주요 이화작용 경로로 유입된다. 아미노산의 종류와 화학적 성질은 다양하지만 아미노산의 이화작용 경로는 결국 피루브산, 아세틸 CoA, 시트르산 회로의 중간물질인 α-케토글루타르산, 옥살로아세트산, 푸마르산, 석시닐 CoA로 전환된다.

단백질을 이루는 20종류의 아미노산 중 3종류는 피루브산 또는 다른 시트르산 회로의 중간물질로 직접 변화된다. 알라닌, 아

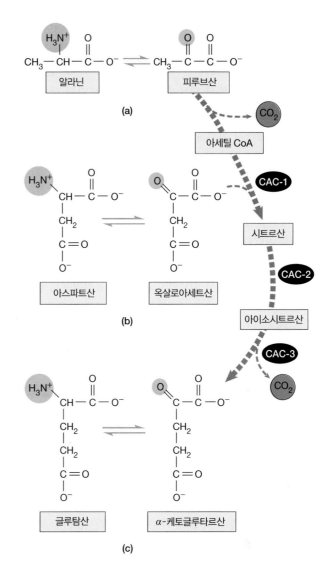

그림 10-13 시트르산 회로의 몇몇 아미노산과 그와 짝을 이루는 케토산 사이에서의 전환. 아미노산인 (a) 알라닌, (b) 아스파트산, (c) 글루탐산은 각각 짝을 이루는 α-케토산인 피루브산, 옥살로아세트산, α-케토글루타르산으로 전환된다. 각 케토산은 시트르산 회로의 중간물질이고, 이들이 대사에 관여하는 것을 보여주기 위해 시트르산 회로의 일부도 도시했다. 각각의 경우 아미노기는 하늘색 음영으로, 케토기는 노란색 음영으로 나타내었다. 이 반응은 가역적인 반응으로 이화작용(아미노산을 CO_2와 H_2O로 산화시키는 경우), 또는 동화작용(단백질 합성을 위해 아미노산을 만드는 과정)에서 모두 쓰일 수 있다.

스파트산, 글루탐산은 각각 피루브산, 옥살로아세트산, α-케토글루타르산으로 직접 전환된다(**그림 10-13**). 다른 아미노산은 좀 더 복잡한 경로를 따르지만 결국 이들이 최종적으로 변하는 산물은 시트르산의 중간물질이다.

시트르산 회로는 동화작용 경로의 중간물질을 보급해준다

이화작용에서의 중심적인 역할 이외에도 시트르산 회로는 여러 가지 동화작용의 경로에도 관여한다. 예를 들면 그림 10-13에서 볼 수 있는 세 반응은 각각 시트르산 회로의 α-케토 중간물질을

아미노산인 알라닌, 아스파트산, 글루탐산으로 전환한다. 이들 아미노산은 단백질의 구성 성분이 되므로 시트르산 회로는 몇몇 아미노산을 제공함으로써 단백질 합성에 간접적으로 관여한다고 할 수 있다. 시트르산 회로에 의해 공급되는 다른 대사 과정의 중간물질은 석시닐 CoA와 시트르산이다. 석시닐 CoA는 헴(heme)의 생합성의 시작물질로 사용되고, 시트르산은 미토콘드리아 밖으로 수송되어 세포기질에서 일어나는 지방산 합성의 재료가 되는 아세틸 CoA를 만드는 데 쓰인다.

대부분의 세포에서 시트르산 회로 안팎으로 탄소 4개, 5개, 6개짜리 중간물질이 많이 이동한다. 이러한 추가적인 반응은 필요한 경우 시트르산 회로의 중간물질을 보급하거나 동화작용 경로에서 다른 물질을 합성하는 데 필요한 중간물질을 제공하기 위해 필요하다. 시트르산 회로가 이화작용과 동화작용의 중간을 잇는 중요한 고리가 되므로 시트르산 회로는 종종 **양방향성 대사경로**(amphibolic pathway, '양쪽 모두'를 의미하는 그리스어 접두어 *amphi*-에서 유래)라고 불린다.

글리옥실산 회로는 식물에서 아세틸 CoA를 탄수화물로 변화시킨다

씨앗에 탄소와 에너지를 저장하는 식물은 씨앗이 발아할 때 난제를 맞닥뜨리게 된다. 씨앗에 저장된 지방을 어린 식물의 주된 탄소와 에너지원인 설탕으로 변화시켜야만 하는 것이다. 기름을 씨앗에 많이 보유한 것으로 잘 알려진 콩, 땅콩, 해바라기, 피마자, 옥수수를 포함한 대부분의 식물종은 이러한 경우에 속한다. 씨앗 속의 지방은 대부분 트라이아실글리세롤로 세포 내부에 지질체(lipid body)라고 불리는 지질 방울로 존재한다. **그림 10-14**의 전자현미경 사진에서 오이의 떡잎에 존재하는 지질체를 볼

수 있다.

탄수화물 대신 지방으로 저장하는 것의 장점은 1그램의 트라이아실글리세롤이 1그램 탄수화물의 2배에 해당하는 에너지를 저장할 수 있다는 것이다. 이러한 지방과 탄수화물의 에너지 저장 효율의 차이는 씨앗에 지방을 저장하는 식물에게 최대한의 탄소와 에너지를 최소한의 질량에 저장할 수 있게 한다. 하지만 이러한 식물은 씨앗이 발아할 때 반드시 씨앗에 저장된 지방을 당분으로 전환해야만 한다는 난제를 맞이한다.

많은 생물이 당분이나 다른 탄수화물을 저장된 지방으로 전환할 수 있지만(사람이 그렇듯이) 포유동물을 포함한 대부분의 진핵생물은 지방을 당분으로 전환하지 못한다. 자라나는 줄기와 뿌리에 탄소와 에너지를 전달할 수 있는 형태는 설탕이므로, 지방을 씨앗에 저장하는 식물의 씨앗이 발아할 때 저장한 트라이아실글리세롤을 설탕으로 전환하는 것은 필수적이다.

이러한 지방의 당분으로의 전환을 가능하게 하는 대사경로는 β 산화와 **글리옥실산 회로**(glyoxylate cycle)이다. β 산화의 역할은 저장된 지방을 아세틸 CoA로 전환하는 것이다. 아세틸 CoA는 이후에 글리옥실산 회로로 들어가게 된다(**그림 10-15**). 글리옥실산 회로는 다섯 단계의 원형 회로로, 중간물질인 탄소 2개로 이루어진 케토산인 글리옥실산에서 이름이 유래되었다. 글리옥실산은 시트르산과 관련이 있으며 3가지 반응을 공유한다. 두 회로의 가장 큰 차이는 글리옥시솜 특이적인 효소인 아이소시트르산 분해효소(isocitrate lyase)와 말산 합성효소(malate synthase)이다. 이러한 효소를 이용하여 글리옥실산 회로는 CO_2가 방출되는 시트르산 회로의 두 탈카복실화 반응을 건너뛸 수 있다.

아세틸 CoA를 분해해서 시트르산 회로처럼 두 분자의 CO_2를 만들어내는 대신, 글리옥실산 회로는 회로 한 바퀴당 두

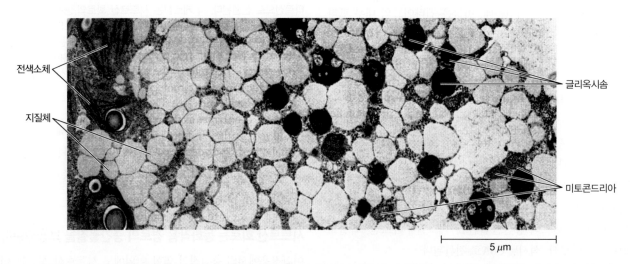

전색소체

지질체

글리옥시솜

미토콘드리아

5 μm

그림 10-14 지방을 저장하는 씨앗에서 글리옥시솜과 지질체와의 결합. 이 현미경 사진은 오이 떡잎이 갓 발아한 후에 얻은 것이다. 이 식물 세포 안에 지질체가 많이 존재하고 또한 이들 지질체가 글리옥시솜과 미토콘드리아와 결합하고 있는 것에 주목하자. 이들은 각각 지질 분해와 포도당신생에 관여한다(TEM).

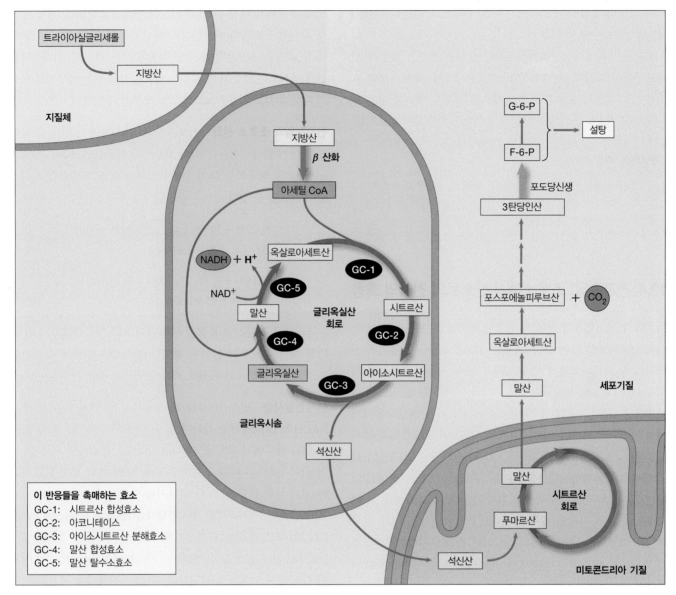

그림 10-15 지방을 저장하는 씨앗에서 글리옥실산 회로와 포도당신생. 지방을 저장하는 식물의 세포에서 저장된 지방이 당으로 전환된다. β 산화와 글리옥실산 회로의 효소는 글리옥시솜에 존재한다. 석신산의 말산으로의 전환은 미토콘드리아 안에서 일어나지만 말산이 포스포에놀피루브산을 거쳐 6탄당, 설탕이 되는 대사 과정은 세포기질에서 일어난다.

분자의 아세틸 CoA를 소비하여 탄소 4개짜리 화합물인 석신산을 만들어낸다. 석신산은 이후에 포스포에놀피루브산(phosphoenolpyruvate, PEP)으로 전환되고, 이는 포도당신생을 통해 당분을 만드는 데 사용된다. 그러므로 글리옥실산 회로는 탄소 2개로 이루어진 분자가 4개로 이루어진 분자로 전환되므로 동화작용이라고 할 수 있고, 시트르산 회로는 탄소 2개로 이루어진 분자가 CO₂로 바뀌므로 이화작용이다.

지방을 저장하는 식물과 일부의 균류에서 β 산화 과정의 효소와 글리옥실산 회로의 효소는 특별한 퍼옥시솜이라고 할 수 있는 **글리옥시솜**(glyoxysome)에 존재한다(그림 10-14). 글리옥시솜과 지질체가 가깝게 존재하므로 지방산은 지질체에서 글리옥시

솜으로 쉽게 이동할 수 있다.

그림 10-15에 이와 관련된 대사 과정을 세포 차원에서 도식했다. 지질체에 저장된 지방산은 가수분해되어 지방산을 방출하고 지방산은 글리옥시솜으로 수송되어 활성화되며 β 산화에 의해 아세틸 CoA로 분해된다(그림 10-12 참조). 아세틸 CoA는 글리옥실산 회로의 효소에 의해 석신산으로 전환된다. 석신산은 이후에 미토콘드리아로 이동하여 시트르산 회로에 의해 말산으로 바뀐다(그림 10-14의 오이 떡잎 전자현미경 사진에서 미토콘드리아가 글리옥시솜 바로 옆에 있는 것을 확인하라). 말산은 세포기질로 이동하여 옥살로아세트산으로 산화된 다음 탈카복실화 반응을 거쳐 PEP로 전환된다. PEP는 포도당신생의 시작물질이

되어 식물의 성장하는 조직에서 주로 필요로 하는 탄수화물인 설탕을 만드는 데 사용된다.

저장된 트라이아실글리세롤로부터 설탕을 만드는 과정은 살펴보았듯이 지질체, 글리옥시솜, 미토콘드리아, 세포기질의 효소가 모두 작용하여 무척 복잡한 경로를 따른다. 하지만 이는 모든 지방을 저장하는 식물의 생존에 필수 불가결한 대사 회로이다.

개념체크 10.3

피루브산이 시트르산 회로에서 CO_2로 완전히 산화될 때 오직 한 분자의 ATP만 생성된다. 피루브산이 산화될 때 발생하는 나머지 에너지는 어디로 간 것일까?

10.4 전자전달: 조효소에서 산소로의 전자의 흐름

지금까지 산소호흡의 처음 세 단계인 해당작용, 피루브산 산화, 시트르산 회로를 살펴보았으니 잠시 진도를 멈추고 지금까지 진행된 상황을 살펴보자. 반응 10-3에서 볼 수 있듯이 시트르산 회로를 마친 상태에서는 화학영양 에너지 대사를 통해 포도당 분자 1개당 4분자의 ATP가 생성된다. 이 중 2개는 해당작용에서 생성되고(9장, 241쪽), 나머지 2개는 시트르산 회로(276쪽)에서 생성된다. 포도당 하나가 완전히 CO_2로 산화되면 686 kcal/mol의 에너지가 발생하는데(9장, 240쪽), 지금까지 만들어진 ATP의 에너지는 그의 10% 정도밖에는 되지 않는다(4분자의 ATP × 약 10 kcal/mol, 일반적인 세포에서 ATP 합성의 $\Delta G'$을 통해 계산한 값). 그렇다면 나머지 에너지는 어디에 있는 것일까? 산소호흡 과정에서 ATP 합성이 많이 일어난다고 하는데 그것은 도대체 어디서 일어나는 것일까?

이에 대한 대답은 간단하게 할 수 있다. 나머지 자유에너지는 반응 10-3의 환원된 조효소인 NADH와 $FADH_2$에 있는 것이다. 이제 바로 살펴보겠지만 이들 환원된 조효소가 다시 산화되면서 전자를 산소 분자에 넘겨주었을 때 아주 많은 자유에너지가 방출된다. 사실 포도당 1분자에 포함된 자유에너지 중 90% 정도가 포도당이 CO_2로 산화될 때 만들어지는 12분자의 NADH와 $FADH_2$에 보존되어 있는 것이다.

전자전달사슬은 환원된 조효소로부터 산소로 전자를 전달한다

조효소로부터 산소로 전자를 이동시켜 조효소를 다시 산화시키는 과정을 **전자전달**(electron transport)이라고 한다. 전자전달은 호흡 대사의 네 번째 단계에 해당한다(그림 10-1의 ❹단계). 이 단계와 같이 일어나는 APT의 합성(그림 10-1의 ❺단계)은 이 장

의 뒷부분에서 다룰 것이다. 하지만 전자전달과 ATP 합성은 서로 독립적으로 일어나는 반응이 아니라는 것을 꼭 알아야 한다. 이 두 과정은 세포호흡의 가장 핵심이 되는 것으로, 전자전달로 인해 생성되는 양성자 기울기가 ATP 합성을 위한 에너지로 쓰이기 때문에 서로 기능적으로 밀접하게 연관되어 있다.

전자전달과 조효소 산화 전자전달은 NADH와 $FADH_2$의 에너지를 많이 발생시키는 산화와 최종전자 수용체(terminal electron acceptor)로 작용하는 O_2가 관여하기 때문에 요약 반응을 다음과 같이 기술할 수 있다.

$$NADH + H^+ + \frac{1}{2} O_2 \longrightarrow NAD^+ + H_2O$$
$$\Delta G^{\circ\prime} = -52.4 \text{ kcal/mol} \tag{10-4}$$

$$FADH_2 + \frac{1}{2} O_2 \longrightarrow FAD + H_2O$$
$$\Delta G^{\circ\prime} = -45.9 \text{ kcal/mol} \tag{10-5}$$

그러므로 전자전달 과정을 통해 조효소의 재산화와 산소의 소비뿐 아니라 산소의 환원된 형태인 물과 CO_2의 발생도 동반한다. 이들 물과 산소는 유산소 에너지 대사의 최종 산물이 된다.

전자전달사슬 반응 10-4와 10-5에서 가장 주목해야 할 것은 NADH와 $FADH_2$가 산화되며 전자를 산소로 전달할 때 아주 많은 양의 자유에너지가 발생한다는 것이다. 이 반응의 아주 큰 음의 값의 $\Delta G^{\circ\prime}$은 이들 조효소의 산화가 몇 개의 ATP를 합성하는 데 충분할 만큼 아주 큰 에너지를 발생시키는 반응이라는 것을 보여준다. 전자전달은 **전자전달사슬**(electron transport chain, ETC)이라고 불리는 가역적으로 산화될 수 있는 전자전달자(electron carrier)가 같이 기능하는 시스템에서 일어나는, 잘 정돈된 다단계 프로세스로 진행된다. ETC는 진핵생물 세포의 미토콘드리아 내막(또는 박테리아의 세포막)에 존재하는 다수의 내재 막단백질로 구성된다.

앞으로 다룰 전자전달사슬은 다음 3가지 질문에 집중하여 설명할 것이다.

1. ETC의 주된 전자전달자는 어떤 것이 있는가?
2. ETC의 전자전달자는 어떤 순서로 전자를 전달받는가?
3. 이들 전자전달자가 미토콘드리아 막에 어떻게 구성되어 있기에 환원된 조효소로부터 산소로의 전자전달이 미토콘드리아 막을 가로지르는 양성자의 이동과 연관되어 발생하고, 이러한 양성자 기울기가 ATP 합성에 사용되게 할 수 있을까?

전자전달사슬은 5개의 전달자로 이루어졌다

ETC를 이루는 전자전달자는 플래빈단백질, 철-황 단백질, 사이토크롬, 구리함유 사이토크롬, 조효소 Q로 널리 알려진 퀴논이 있

다. 플래빈단백질과 조효소 Q는 전자와 함께 양성자도 수송한다. 조효소 Q를 제외하고 모든 전자전달자는 특이적인 가역적으로 산화환원될 수 있는 보결 그룹(prosthetic group)을 지닌 단백질이다. 거의 대부분의 전자전달 과정은 미토콘드리아 막 내부에서 일어나므로 이들 전자전달자는 대부분이 소수성 분자이다. 사실 미토콘드리아 막에 존재하는 전자전달자는 **호흡 복합체**(respiratory complex)라 불리는 커다란 단백질 복합체의 형태로 존재한다. 이제부터 이들 전자전달자의 화학적 성질과 이들이 호흡 복합체를 형성하여 환원된 조효소로부터 산소에게 전자를 전달하는 과정에 대해 살펴보자.

플래빈단백질 몇몇의 막에 결합되어 있는 **플래빈단백질**(flavoprotein)은 플래빈 아데닌 다이뉴클레오타이드(FAD) 또는 플래빈 모노뉴클레오타이드(FMN)를 보결 그룹으로 사용하여 전자전달에 참여한다. 그림 10-10에서 보듯이 FMN은 실질적으로 플래빈을 지닌 FAD 분자의 절반 부분에 해당하는 구조를 가지고 있다. FMN을 지닌 플래빈단백질의 한 종류로 NADH로부터 전자 한 쌍을 유리해내는 효소인 NADH 탈수소효소(NADH dehydrogenase)가 있다. 또한 이미 시트르산 회로에서 배워서 친숙한 효소인 석신산 탈수소효소도 $FADH_2$를 보결 그룹으로 가지고 있으며 석신산으로부터 $FADH_2$를 통해 전자쌍을 전달받는 플래빈단백질이다. 이들 플래빈단백질(그리고 조효소 NADH)의 중요한 특징은 이들이 가역적으로 산화환원되는 과정에 전자와 양성자를 모두 수송한다는 것이다.

철-황 단백질 비헴철단백질(*nonheme iron protein*)이라고도 불리는 **철-황 단백질**(iron-sulfur protein)은 단백질의 시스테인 잔기와 복합체를 이루는 철과 황 이온으로 이루어진 **철-황 중심**[Iron-sulfur(Fe-S) center]을 보유한 단백질이다. 미토콘드리아의 전자전달사슬에는 적어도 12개 이상의 철-황 중심이 관여한다. 이들 반응 중심의 철 이온이 실제로 전자를 전달하는 역할을 한다. 각 철 이온은 좀 더 산화된 형태(Fe^{3+})와 좀 더 환원된 형태(Fe^{2+})로 상호 전환되며 전자를 전달하는데, 이 경우 한 번에 1개의 전자만이 전달되고 양성자는 같이 이동하지 않는다.

사이토크롬 철-황 단백질과 마찬가지로 사이토크롬(cytochrome)도 헴(heme)이라 불리는 포르피린 보결 그룹 안에 철 이온을 가지고 있다(**그림 10-16**). 헴은 헤모글로빈의 구성 요소로 앞에서 미리 알아보았다(그림 3-4 참조). 전자전달사슬에는 사이토크롬 b, c, c_1, a, a_3의 적어도 다섯 종류의 서로 다른 사이토크롬이 존재한다. 헴 보철 그룹의 철 이온은 철-황 중심의 철 이온과 마찬가지로 사이토크롬 안에서 실제로 전자의 수송에 직접 관여한다. 그러므로 사이토크롬도 역시 전자 하나만을 수송하고

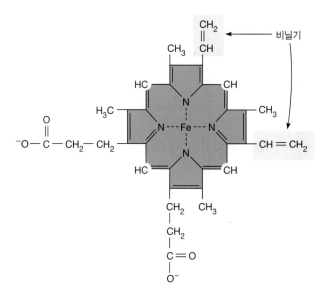

그림 10-16 헴의 구조. 철-프로토포르피린 IX라고도 불리는 헴은 사이토크롬 b, c, c_1의 보결 그룹이다. 헴 A라고 불리는 유사한 분자는 사이토크롬 a_1, a_3에 존재한다. 사이토크롬 c와 c_1의 헴은 단백질의 두 시스테인 잔기의 SH기와 헴의 비닐기(vinyl group, $-CH=CH_2$, 노란색 음영) 사이의 티오에테르 결합에 의해 공유결합으로 붙어있다. 다른 사이토크롬의 경우 헴 보결 그룹은 단백질에 비공유결합으로 붙어있다.

양성자를 수송하지 않는 수송체이다. 사이토크롬 b, c_1, a, a_3는 내재 막단백질이지만 사이토크롬 c는 막의 바깥 부분과 느슨하게 결합한 막 주변 단백질이다. 또한 사이토크롬 c는 커다란 복합체의 일부분이 아니고 혼자 독립적으로 존재하기 때문에 확산 속도가 빨라서 전자전달사슬의 다른 복합체 사이에서 전자를 이동하는 데 유리하다.

구리함유 사이토크롬 사이토크롬 a와 a_3는 철 이온 외에 헴 보결 그룹에 결합한 구리 이온 1개를 가지고 있고, 이 구리 이온은 철 이온과 함께 **2금속 철-구리 중심**(bimetallic iron-copper center)을 형성한다. 철 이온과 마찬가지로 구리 이온도 전자 1개를 잃거나 얻으면서 산화 상태(Cu^{2+})와 환원 상태(Cu^+) 사이에서 가역적으로 전환될 수 있다. 철-구리 중심은 O_2 분자가 필요한 4개의 전자와 4개의 양성자를 다 얻어 2개의 물분자로 환원되기까지 O_2 분자를 사이토크롬 산화효소 복합체에 고정해주는 역할을 한다(철과 구리를 음식을 통해 섭취해야 하는 이유가 궁금한가? 이는 이들 금속 이온이 전자전달사슬에서 중요한 역할을 수행하기 때문이다).

조효소 Q ETC의 유일한 비단백질 구성 요소는 **그림 10-17**에 구조가 도식된 퀴논 화합물인 **조효소 Q**(coenzyme Q, CoQ)이다. 자연계 곳곳에 존재하는(역자 주: 편재인, ubiquitous) 성질 때문에 조효소 Q는 유비퀴논(ubiquinone)이라고도 불린다. 그림 10-17에서 퀴논 형태인 CoQ가 전자 하나와 양성자 하나를 받아

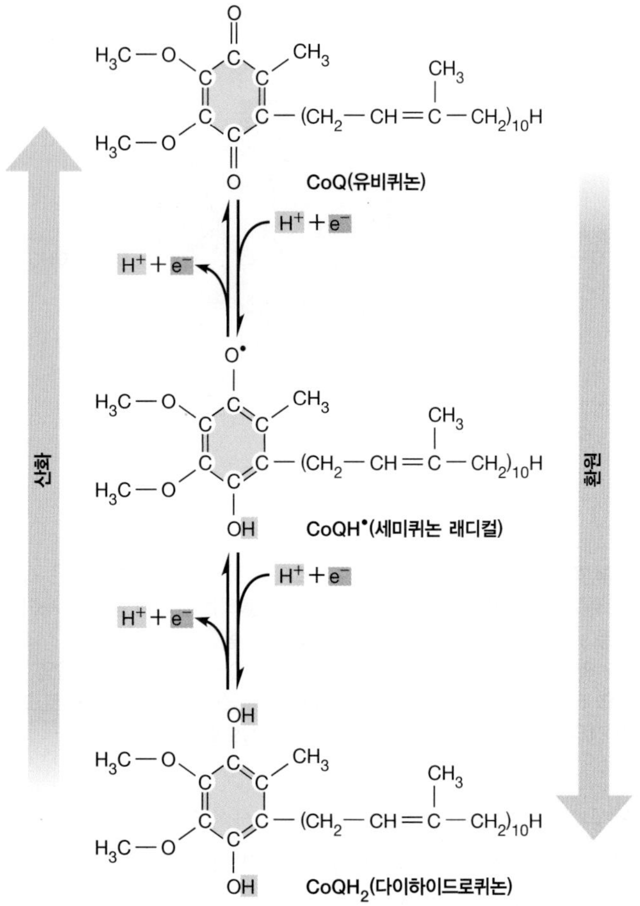

그림 10-17 조효소 Q의 산화환원된 형태. 조효소 Q(유비퀴논)는 전자와 양성자를 받을 수 있다. 전자 1개의 이동 단계를 연속적으로 두 번 수행하면 우선 CoQH˙(세미퀴논 형태)를 거쳐서 CoQH₂(다이하이드로퀴논 형태)으로 가역적으로 환원된다.

환원되어 세미퀴논(semiquinone, CoQH˙, 점은 산소 래디컬을 의미)이 되고, 이는 다시 전자 하나와 양성자 하나를 받아 다이하이드로퀴논(dihydroquinone, CoQH₂)으로 환원되는 과정을 볼 수 있다.

ETC의 단백질 구성 요소과는 다르게 대부분의 조효소 Q는 미토콘드리아 내막(또는 박테리아의 경우 원형질막)의 소수성 안쪽 부분에서 자유롭게 움직일 수 있다. CoQ 분자는 생체막의 가장 흔한 전자전달자이고 ETC에서 FMN 및 FAD와 연관된 탈수소효소로부터 전자를 전달받는 중심 역할을 담당한다. 대부분의 CoQ가 막 내부에서 자유롭게 움직일 수 있지만 최근 연구에 의하면 어떤 CoQ는 특정 호흡 복합체에 단단히 결합하여 양성자 수송 기작에 관여한다고 한다.

조효소 Q가 환원되었을 때 전자뿐 아니라 양성자도 받아들이고 산화될 때 전자와 양성자를 모두 방출한다는 사실에 주목하자. 이러한 성질은 조효소 Q가 미토콘드리아 내막을 가로질러 양성자를 능동 수송하거나 '펌핑'하는 데 필수적이다. CoQ가

CoQH₂로 환원될 때 CoQ는 생체막의 한쪽에서 전자를 받아들여 환원된 후에 생체막의 반대쪽으로 확산을 통해 이동한 다음 CoQ로 다시 산화되면서 양성자를 막의 반대쪽으로 방출한다. 이러한 작용은 미토콘드리아, 엽록체, 박테리아가 전기화학 양성자 기울기를 만들어 전자전달의 에너지를 저장하는 데 필요한 전자전달과 연관된 양성자 펌프를 구동하는 역할을 한다.

전자전달자의 기능하는 순서는 그들의 환원전위에 의해 정해진다

지금까지 ETC를 구성하는 전자전달자에 대해 알아보았으니 다음은 이들 전자전달자가 전자를 전달하는 순서에 대해 공부해보자. 이들의 작용 순서를 알기 위해서는 어떤 물질의 전자에 대한 친화도를 볼트(volt, V)로 나타낸 환원전위(reduction potential) E_0를 이해해야 한다. 전자에 대한 친화도는 다르게 풀이하면 어떤 물질이 얼마나 쉽게 전자를 받아들여 환원되는가의 척도라고 설명할 수 있다. 전자의 방출이나 획득에 의해 상호 전환될 수 있는 2개의 분자 또는 이온으로 구성된 **산화환원 쌍**(redox pair 또는 reduction-oxidation pair)의 환원전위는 실험적으로 구할 수 있다. 예를 들면 NAD⁺와 NADH는 산화환원 쌍이고, Fe³⁺과 Fe²⁺도, ½O₂와 H₂O도 마찬가지로 산화환원 쌍이다(반응 10-6, 10-7, 10-8).

$$NAD^+ + H^+ + 2\,e^- \longrightarrow NADH \qquad (10\text{-}6)$$
$$Fe^{3+} + e^- \longrightarrow Fe^{2+} \qquad (10\text{-}7)$$
$$\tfrac{1}{2}\,O_2 + 2\,H^+ + 2\,e^- \longrightarrow H_2O \qquad (10\text{-}8)$$

상대적인 E_0 값을 이용하면 서로 다른 몇 가지의 산화환원 쌍이 같은 시스템 안에 동시에 존재할 때 마치 전자전달사슬에서 전자가 이동할 방향을 알 수 있는 것처럼 어떠한 방향으로 전자가 이동할지 예측할 수 있다.

전술한 바와 같이 환원전위는 산화환원 쌍의 산화된 형태가 가진 전자에 대한 친화도를 나타내는 척도이다. 산화환원 쌍이 양수의 E_0를 가지고 있다면 산화된 형태가 전자에 대한 친화도가 높은 좋은 전자 수용체라는 것을 의미한다. 예를 들면 O₂/H₂O 쌍의 E_0는 아주 큰 양의 값을 가지고(+0.8 V), 이는 O₂가 아주 좋은 전자 수용체라는 것을 뜻한다. 반면 NAD⁺/NADH 쌍은 아주 큰 절댓값을 가진 음수의 E_0를 가지고 있는데, 이는 반대로 NADH가 좋은 전자 공여체라는 것을 뜻한다.

표준환원전위의 이해 여러 산화환원 쌍의 환원전위를 비교하고 환원전위의 계산을 표준화하기 위해 특정한 조건에서 계산된 환원전위를 알아야 할 필요가 있다(5장에서 표준 자유에너지를 계산한 것과 같은 이유이다). 이러한 목적을 위해 앞으로 **표준환**

표 10-2 생화학에서 많이 등장하는 산화환원 쌍의 표준환원전위*		
산화환원 쌍 (산화된 형태 → 환원된 형태)	전자의 개수	$E_0'(V)$
아세트산 → 피루브산	2	−0.70
석신산 → α-케토글루타르산	2	−0.67
아세트산 → 아세트알데하이드	2	−0.60
3-포스포글리세르산 → 글리세르알데하이드 3-인산	2	−0.55
α-케토글루타르산 → 아이소시트르산	2	−0.38
NAD^+ → NADH	2	−0.32
FMN → $FMNH_2$	2	−0.30
1,3-2포스포글리세르산 → 글리세르알데하이드-3-인산	2	−0.29
아세트알데하이드 → 에탄올	2	−0.20
피루브산 → 젖산	2	−0.19
FAD → $FADH_2$	2	−0.18
옥살로아세트산 → 말산	2	−0.17
푸마르산 → 석신산	2	−0.03
$2H^+$ → H_2	**2**	**0.00****
조효소 Q → 조효소 QH_2	2	+0.04
사이토크롬 $b(Fe^{3+} → Fe^{2+})$	1	+0.07
사이토크롬 $c(Fe^{3+} → Fe^{2+})$	1	+0.25
사이토크롬 $a(Fe^{3+} → Fe^{2+})$	1	+0.29
사이토크롬 $a_3(Fe^3 → Fe^2)$	1	+0.55
Fe^{3+} → Fe^{2+}(무기 이온)	1	+0.77
$\frac{1}{2}O_2$ → H_2O	2	+0.816

* 각 E_0' 값은 다음의 반쪽 반응에 해당한다. n은 이동하는 전자의 개수이다.

산화된 형태 + nH^+ + ne^- → 환원된 형태

**정의에 의해 $2H^+/H_2$ 산화환원 쌍을 다른 산화환원 쌍의 값을 정하는 레퍼런스로 사용한다. 이때 $[H^+]$ = 1.0 M으로 pH 0.0일 때의 값이다. pH 7.0에서 $2H^+/H_2$ 산화환원 쌍의 값은 −0.42 V이다.

원전위(standard reduction potential, E_0')의 개념을 도입할 것인데, 이는 산화환원 쌍이 표준 조건(25℃, 1 M의 농도, 1기압, pH 7.0)에서 갖는 환원전위를 뜻한다. 에너지 대사와 관련된 산화환원 쌍의 표준환원전위를 **표 10-2**에 정리했다. NADH, FADH₂, 산소와 같은 경우는 한 번에 2개의 전자가 전달될 때의 표준환원전위를 나타낸 것임에 주의하라.

관습적으로 $2H^+/H_2$ 산화환원 쌍을 기준으로 사용하여 0.00 V의 표준환원전위 값을 부여했다(표 10-2의 볼드체). 양(+)의 표준환원전위를 가진 산화환원 쌍의 경우 표준 조건에서 산화환원 쌍의 산화된 형태가 H^+보다 전자에 대한 높은 친화도를 보이므로 H_2로부터 전자를 받아들일 수 있다. 반대로 음(−)의 표준환

원전위를 가진 산화환원 쌍은 산화된 형태가 H^+보다 전자에 대한 낮은 친화도를 보이므로 환원된 형태가 전자를 H^+에게 넘겨주어 H_2로 전환될 수 있다.

표 10-2에서는 음의 절댓값이 가장 큰 E_0'을 가진 산화환원 쌍이 표의 맨 위에 오게 했고 E_0'이 증가하는 순서대로 나열했다. 즉 표의 맨 위에 있는 산화환원 쌍의 환원된 형태는 가장 강력한 전자 공여자, 즉 표 안에서 가장 강력한 환원력을 가진 물질인 것이다. 표 10-2의 모든 산화환원 쌍은 다른 산화환원 쌍과 산화환원 반응을 진행할 수 있다. 이러한 반응의 표준 조건에서의 전자 진행 방향은 예상이 가능한데, 왜냐하면 표준 조건에서 어떠한 산화환원 쌍의 환원된 형태는 자발적으로 자기보다 표에서 아래에 위치한 산화환원 쌍의 산화된 형태를 자발적으로 환원시킬 수 있기 때문이다. 그러므로 NADH는 피루브산을 젖산으로 환원시킬 수 있지만 α-케토글루타르산을 아이소시트르산으로 환원시키지는 못한다.

한 산화환원 쌍의 환원된 형태가 다른 산화환원 쌍의 산화된 형태를 환원시키려는 정도는 두 쌍의 E_0'의 차이인 $\Delta E_0'$을 계산하면 정량할 수 있다.

$$\Delta E_0' = E_0'_{,수용체} - E_0'_{,공여체} \tag{10-9}$$

예를 들면 NADH에서 O_2로 전자를 전달하는 반응(반응 10-4)의 $\Delta E_0'$은 다음과 같이 계산할 수 있으며, 이 반응에서 NADH는 전자 공여체이고 산소는 전자 수용체이다

$$\begin{aligned}\Delta E_0' &= E_0'_{,수용체} - E_0'_{,공여체}\\ &= +0.816 - (-0.32) = +1.136 \text{ V}\end{aligned} \tag{10-10}$$

$\Delta G^{°'}$과 $\Delta E_0'$의 관계 아마도 이미 짐작했듯이 $\Delta E_0'$은 표준 조건 아래에서 어떠한 두 산화환원 쌍 사이에서 일어나는 산화환원 반응의 열역학적 자발성을 결정하는 척도이다. 그러므로 표준 조건에서 일어나는 산화환원 반응의 열역학적 자발성은 $\Delta G^{°'}$ 또는 $\Delta E_0'$으로 표현할 수 있다. $\Delta E_0'$의 부호는 $\Delta G^{°'}$과 반대이므로 에너지를 발생시키는 반응은 $\Delta G^{°'}$이 음수인 반면, $\Delta E_0'$은 양수가 된다. 산화환원 반응에서 $\Delta G^{°'}$과 $\Delta E_0'$ 사이에는 다음과 같은 관계가 성립한다.

$$\Delta G^{°'} = -nF\Delta E_0' \tag{10-11}$$

이 식에서 n은 이동하는 전자의 개수이고, F는 패러데이 상수(Faraday constant, 23,062 cal/mol-V)이다. 예를 들어 NADH와 산소의 반응(반응 10-4)은 전자 2개의 이동을 수반하므로 이 반응의 $\Delta G^{°'}$은 다음과 같이 계산할 수 있다.

$$\begin{aligned}\Delta G^{°'} &= -2F\Delta E_0' = -2(23,062)(+1.136)\\ &= -52,400 \text{ cal/mol} = -52.4 \text{ kcal/mol}\end{aligned} \tag{10-12}$$

이 반응의 $\Delta G^{\circ\prime}$은 절댓값이 큰 음의 값이므로, NADH로부터 O_2에게 전자가 전달되는 반응은 표준 조건일 때 열역학적으로 자발적인 반응이다. $NAD^+/NADH$ 쌍과 O_2/H_2O 쌍의 환원전위의 차이는 결국 ETC를 작동하게 하는 에너지의 원천이 되고, 잠시 뒤에 살펴보게 될 ATP 합성을 위해 사용되는 양성자 기울기의 전기화학 퍼텐셜을 만든다.

전자전달자의 구성 순서 지금까지는 ETC를 이루는 구성원에 대한 정보를 공부했다. 이미 배웠듯이 산소호흡의 ETC는 몇 개의 FMN 연관, FAD 연관 탈수소효소, 12개 이상의 철-황 중심을 보유한 철-황 단백질, 5개의 사이토크롬(이 중 2개는 철-구리 중심), 조효소 Q로 이루어져 있다. **그림 10-18**에는 NADH($E_0^\prime = -0.32$ V), 석신산 탈수소효소의 FADH$_2$($E_0^\prime = -0.18$ V)부터

산소($E_0^\prime = +0.816$ V)에 이르는 주요한 ETC의 구성 성분을 표준환원전위에 따라 나열했다($E_0^\prime$ 값은 표 10-2에서 가져왔다).

에너지 관점에서 그림 10-18의 요점은 각 전자전달자의 표에서의 상대적인 위치가 표준환원전위에서 결정된다는 것이다. 전자전달사슬은 상대적인 환원전위로 반응의 순서가 정해지는 화학적으로 서로 다른 전자전달자의 집합으로 이루어져 있다. 이는 그림 위쪽에 위치하는 NADH 또는 FADH$_2$로부터 그림 밑 부분의 O_2까지 전자의 이동은 자발적이면서 동시에 에너지를 외부로 발생시키는 반응이며, 이러한 연속적인 전자전달자 사이의 전자 이동은 상당히 큰 이들 사이의 $E_0^\prime$ 값의 차이로 발생한다. 이는 또한 자유에너지의 큰 차이에 의해 일어난다고도 할 수 있다.

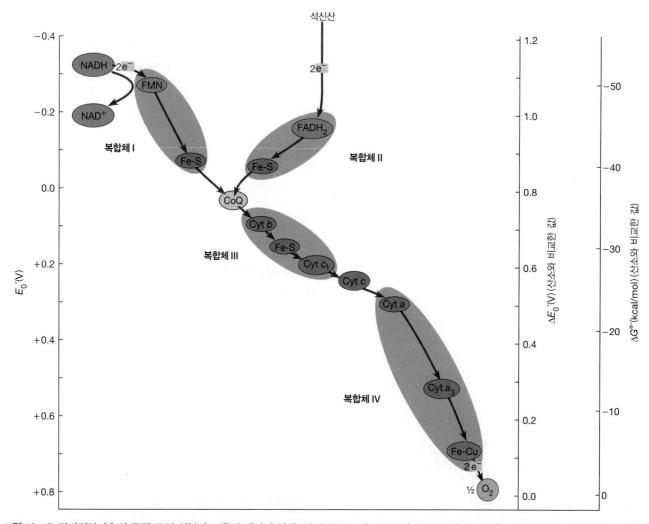

그림 10-18 전자전달사슬의 주된 구성 성분과 그들의 에너지 상태. 전자가 NADH(-0.32 V)와 FADH$_2$(-0.18 V)로부터 산소($+0.816$ V)로 이동할 때 거치게 되는 주된 중간물질을 그들의 표준환원전위($E_0^\prime$, 왼쪽 세로축)로 표현되는 에너지 준위에 따라 수직으로 나열했다. 4개의 호흡 복합체는 큰 갈색 타원으로 나타내었고, 각 복합체의 주된 전자 수송체는 내부의 타원으로 표현했다. 조효소 Q와 사이토크롬 c는 이 복합체들 사이에서 전자를 수송하는, 움직일 수 있는 작은 중간 전자 경유체이다. 빨간 화살표는 이 시스템 안에서 전자가 에너지를 방출하며 흐르는 방향을 나타낸다. 오른쪽 세로축에는 산소에 상대적인 $\Delta E_0^\prime$, $\Delta G^{\circ\prime}$ 값을 나타냈다(즉 전자 2개를 O_2에 전달했을 때 표준환원전위의 변화량과 표준 자유에너지 변화량을 나타낸 것이다).

대부분의 전자전달자는 4개의 커다란 산소호흡 복합체를 구성한다

ETC에 많은 전자전달자가 존재하지만 대부분은 생체막에 개별적인 전자전달자로 존재하지 않는다. 미토콘드리아 단백질 추출 실험을 통해 실제로 이들 전자전달자는 다중단백질 복합체(multiprotein complex)로 존재한다는 것이 밝혀졌다. 미토콘드리아 막을 약한 조건에서 추출했을 경우 오직 사이토크롬 *c*만이 유리된다. 다른 전자전달자는 미토콘드리아 내막에 단단히 결합해 있어 미토콘드리아 내막에 계면활성제 또는 높은 농도의 염을 처리했을 때만 유리된다. 이러한 강한 조건에서 유리되는 전자전달자는 독립적인 개별 분자로 유리되지 않고 커다란 4개의 복합체 상태로 분리된다.

이러한 발견을 토대로 과학자들은 ETC의 전자전달자가 미토콘드리아의 내막에서 4가지 서로 다른 **호흡 복합체**(respiratory complex)를 형성한다는 것을 알게 되었다. 그림 10-18에 이들 복합체를 커다란 타원형체와 로마 숫자로 표시했고, 이들 전자전달자의 그림에서의 상대적인 위치를 보면 E_0' 값에 의해 정해지는 이들 복합체의 미토콘드리아 막에서의 반응 순서와 구성 상태를 파악할 수 있다.

산소호흡 복합체의 성질 폴리펩타이드와 보결 그룹으로 이루어

진 4개의 산소호흡 복합체는 각각 전자전달사슬에서 그들만의 독특한 기능을 수행한다. 표 10-3에 이들 복합체의 성질을 개괄적으로 나타내었다.

그림 10-19에서 NADH의 산화와 연관된 3개의 복합체(복합체 I, III, IV)를 볼 수 있는데, 이들은 진핵생물 세포의 미토콘드리아 내막에 존재한다. 그림에는 또한 미토콘드리아 내막에서 전자가 이동할 때 바깥쪽으로 양성자가 막을 통과해 이동하는 것도 도식되어 있다. 이들 복합체는 양성자가 막을 통과하여 이동할 수 있게 한다. 전자 한 쌍이 복합체 I, III, IV를 관통해 통과할 때 10개의 양성자가 미토콘드리아 기질로부터 막간 공간으로 이동한다. 이 양성자들이 다시 미토콘드리아 내막을 통과하여 기질로 돌아갈 때 이들은 ATP 합성효소 복합체(ATP synthase complex)를 통해 이동하고 이때 미토콘드리아 기질 쪽에서 ADP와 무기 인산으로부터 ATP가 합성된다.

복합체 I(complex I, 그림 10-19a)은 NADH로부터 조효소 Q까지의 전자 이동에 관여하고 NADH 탈수소효소 또는 NADH-조효소 Q 산화환원효소 복합체(NADH-coenzyme Q oxidoreductase complex)라고도 불린다. 이 복합체는 생물의 종에 따라 다르지만 대체로 40개 이상의 폴리펩타이드로 이루어져 있다. 이 복합체는 NADH로부터 전자를 받아들여 자신과 결합한 FMN 보조인자로 전자를 이동시킨다. 다음으로 FMN은 전자를 철-황 중

표 10-3 미토콘드리아 호흡 복합체의 특징

번호	이름	폴리펩타이드 개수*	보조인자	전자전달/전자 공여체	전자 수용체	전자 수용체 전자 한 쌍 당 이동하는 양성자 수
				전자의 흐름		
I	NADH 탈수소효소(NADH-조효소 Q 산화환원효소 복합체)	43	1 FMN	NADH	조효소 Q	4
		(7)	6~9 철-황 중심			
II	석신산 탈수소효소(석신산-조효소 Q 산화환원효소 복합체)	4	1 $FADH_2$	석신산 (효소와 결합한 $FADH_2$를 통해)	조효소 Q	0
		(0)	3 철-황 중심			
III	사이토크롬 b/c_1 복합체(조효소 Q-사이토크롬 c 산화환원효소 복합체)	11	2 사이토크롬 b	조효소 Q	사이토크롬 c	4**
		(1)	1 사이토크롬 c_1			
			1 철-황 중심			
IV	사이토크롬 c 산화효소	13	1 사이토크롬 a	사이토크롬 c	산소(O_2)	2
		(3)	1 사이토크롬 a_3			
			2 구리 중심 (철-구리 중심과 사이토크롬 a_3)			

* 각 복합체에 존재하는 미토콘드리아 유전체에 의해 암호화되는 폴리펩타이드의 개수는 괄호 안에 표시했다.

** 복합체 III의 값은 조효소 Q에 의해 수송되는 양성자 2개도 포함한 값이다.

(a) 복합체 I은 NADH에서 전자 2개를 받아 FMN 과 철-황 단백질을 거쳐 CoQ에 전달한다. 이 과정에서 $4H^+$이 기질로부터 복합체 I에 의해 수송된다.

(b) 복합체 II는 석신산으로부터 전자를 받아 FAD를 $FADH_2$로 환원시키고, 이 전자는 철-황 단백질을 거쳐서 CoQ에 전달된다.

(c) 복합체 III는 $CoQH_2$로부터 전자를 받아서 사이토크롬 c_1과 철-황 단백질에게 전달한다. Q 회로 때문에 $CoQH_2$는 $4H^+$을 내막을 가로질러 수송하고 $2H^+$이 추가로 기질에서 수송된다.

(d) 복합체 IV는 사이토크롬 c로부터 전자를 받아 사이토크롬 a와 a_3를 거쳐서 산소 분자에 전자를 전달한다. 산소분자는 물로 환원되고 복합체 IV에 의해 $2H^+$이 기질에서 수송된다.

(e) ATP 합성효소는 전자전달에 의해 생성된 양성자 기울기 에너지를 이용하여 ADP와 P_i로부터 ATP를 합성한다.

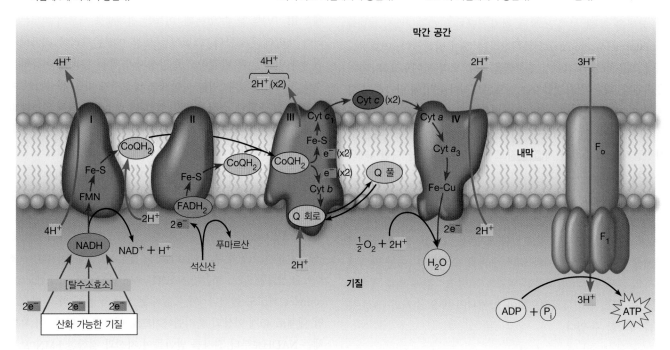

그림 10-19 산소호흡 복합체를 통한 전자의 이동은 한 방향으로의 양성자 수송을 유도한다. (a~d) 미토콘드리아 기질 내부의 산화된 기질에서 유리된 전자는 NADH에서(복합체 I, III, IV를 거쳐서), 그리고 $FADH_2$에서(복합체 II, III, IV를 거쳐서) 최종적으로 산소로 에너지를 방출하면서 이동한다. (e) 전자 2개가 이동할 때 10개의 H^+이 내막을 통과하여 수송되고 3개의 ATP가 F_oF_1 ATP 합성효소로부터 합성된다. 2개의 H^+이 추가로 Q 회로에 의해 수송된다.

심으로 수송하고 이후에 전자는 미토콘드리아 내막에 있는 조효소 Q에게로 전달된다. 이들 두 전자가 이동할 때 4개의 양성자가 미토콘드리아 기질로부터 미토콘드리아 내막을 통해 막간 공간으로 이동한다.

복합체 II(complex II, 그림 10-19b)는 석신산으로부터 FAD에 전자를 전달하여 $FADH_2$를 만드는 반응을 촉매한다(그림 10-9의 반응 CAC-6 참조). $FADH_2$에서 유리된 전자 2개는 철-황 중심을 거쳐서 조효소 Q로 이동한다. 이 복합체는 석신산 탈수소효소 또는 석신산-조효소 Q 산화환원효소 복합체(succinate-coenzyme Q oxidoreductase complex)라고도 불린다.

복합체 III(complex III, 그림 10-19c)는 2개의 사이토크롬이 가장 중요한 역할을 담당하므로 사이토크롬 복합체(cytochrome complex)라고 불리기도 한다. 이 복합체는 또한 조효소 Q-사이토크롬 c 산화환원효소 복합체(coenzyme Q-cytochrome c oxidoreductase complex)라고도 하는데, 왜냐하면 조효소 Q로부터 전자를 받아서 사이토크롬 c에게 넘겨주기 때문이다. 전자 한 쌍이 이 복합체를 통과하여 이동할 때 4개 또는 그 이상의 양성자가 막간 공간으로 이동한다.

복합체 III에 대한 정밀한 연구를 통해 이 복합체에서의 전자 이동은 미토콘드리아의 **Q 회로**(Q cycle)로 설명할 수 있다는 것이 밝혀졌다. 이 Q 회로는 미첼(Peter Mitchell)이 1975년에 제안한 회로의 변형된 형태이다. 알짜 반응은 다음과 같다.

$$CoQH_2 + 2\ cyt\ c_1\ (\text{산화}) + 2H^+\ (\text{기질}) \longrightarrow$$
$$CoQ + 2\ cyt\ c_1\ (\text{환원}) + 4H^+\ (\text{막간 공간}) \qquad (10\text{-}13)$$

알짜 반응은 직관적으로 보이지만 자세한 과정은 조금 복잡하다. Q 회로는 전자 2개를 가진 $CoQH_2$가 전자를 한 번에 1개씩만 수송하는 수송체들(사이토크롬 b, 사이토크롬 c_1, 사이토크롬 c)에게 전자를 전달할 수 있는 기전에 대해 설명한다. 현재 밝혀진 Q 회로의 모델은 두 단계로 작동한다. 첫 번째 단계로 $CoQH_2$ 분자는 전자 1개를 사이토크롬 c_1으로 전달하고 다른 1개의 전자는 사이토크롬 b 복합체를 통해 복합체 III 내부에 존재하는 다른 CoQ로 전달되어 세미퀴논(semiquinone, $CoQ^{-•}$)을 형성한다.

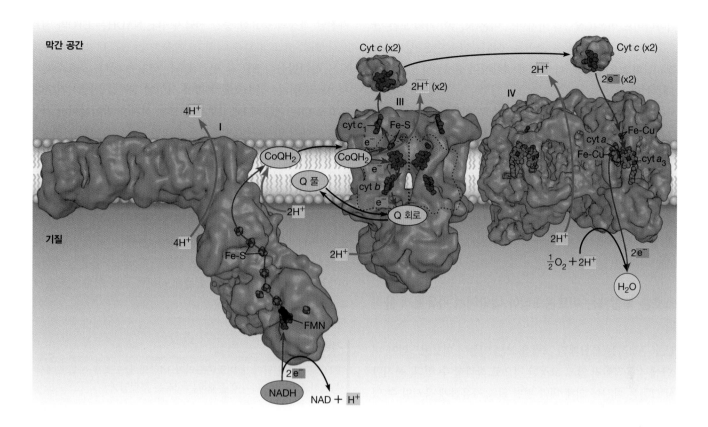

그림 10-20 NADH 산화 과정에서 일어나는 전자전달에 관여하는 산소호흡 복합체. 복합체 I, III, IV의 실제 분자 모델 예상도에서 각 복합체 내에서 전자 수송체의 위치와 NADH로부터 산소 분자까지 전자전달 경로를 볼 수 있다. 미토콘드리아 기질 내부로부터 미토콘드리아 내막을 통해 막간 공간으로 양성자가 이동하는 장소도 표시했다.

$$\text{CoQH}_2 + \text{사이토크롬 } c_1 \text{ (산화)} + \text{CoQ} \longrightarrow$$
$$\text{CoQ}^{-\cdot} + \text{사이토크롬 } c_1 \text{ (환원)} + 2\,\text{H (막간 공간)} \quad (10\text{-}14)$$

이 첫 단계에서 생성된 CoQ는 다시 미토콘드리아 내막의 CoQ 풀에 합류한다. 두 번째 단계에서 다른 CoQH_2 분자가 전자 하나를 사이토크롬 c_1에게 전달한다. 또 다른 전자 하나는 사이토크롬 b 복합체를 거쳐서 세미퀴논에 전달되어 환원을 완전히 마친다.

$$\text{CoQH}_2 + \text{사이토크롬 } c_1 \text{ (산화)} + \text{CoQ}^{-\cdot}$$
$$+ 2\,\text{H}^+ \text{ (기질)} \longrightarrow \text{CoQ} + \text{사이토크롬 } c_1 \text{ (환원)}$$
$$+ 2\,\text{H}^+ \text{ (막간 공간)} + \text{CoQH}_2 \quad (10\text{-}15)$$

이 두 번째 단계에서 생성된 CoQ와 CoQH_2는 미토콘드리아 내막의 CoQ 풀에 합류한다. 간단하게 나타내기 위해 이러한 자세한 단계는 그림 10-19에 포함하지 않고 전체적인 전자와 양성자의 이동만 도식했다.

복합체 IV(complex IV, 그림 10-19d)는 전자를 사이토크롬 c에서 산소로 전달하는 기능을 담당하고 **사이토크롬 c 산화효소**(cytochrome c oxidase)라고도 불린다. 사이토크롬 c에서 유리된 전자는 사이토크롬 a의 보조인자 헴 A의 Fe 원자로 전달되고,

그 이후에 다시 사이토크롬 a_3로 넘겨진다. 이 복합체에는 두 쌍의 구리 원자가 존재하고(그림 10-20, 오른쪽) 이들은 각각 전자 하나씩을 받을 수 있어서 모두 4개의 전자를 받아 O_2 분자를 H_2O로 환원시킨다. 이와 동시에 전자 한 쌍이 산소에 전달될 때 2개의 양성자가 막간 공간으로 이동하게 되어 ETC를 통해 전자가 전달될 때 이동하는 전체 양성자의 개수는 10개가 된다. 잠시 뒤에 좀 더 자세히 살펴보겠지만 이러한 비대칭적인 양성자의 이동은 ATP 합성효소가 ATP 합성을 가능하게 한다(그림 10-19e).

그림 10-20에 나타나 있듯이 그림 10-19에서 볼 수 있는 NADH로부터 산소로의 전자전달에 관여하는 복합체는 보조인자를 복합체 내부의 특정 위치에 가지고 있다. 이러한 보조인자의 정확한 위치 선정은 전자전달자에서 전자전달자로, 복합체에서 복합체로 전자가 원활히 이동할 수 있게 한다.

사이토크롬 c 산화효소의 역할 지금까지 살펴본 인간의 산소호흡에 관여하는 몇 개의 산소호흡 복합체 중 사이토크롬 c 산화효소(복합체 IV)는 **말단 산화효소**(terminal oxidase)로 전자를 직접 산소에게 전달한다. 그러므로 이 복합체는 이 모든 반응을 가능하게 하는 산소와 산소호흡을 직접 잇는 결정적인 연결 고리이다.

사이아나이드 이온(CN⁻)과 아자이드 이온(N₃⁻)이 거의 모든 산소호흡 세포에 높은 독성을 보이는 이유는 이들 이온이 사이토크롬 c 산화효소의 철-구리 중심에 결합하여 전자전달을 억제하기 때문이다.

사이토크롬 c에서 2개의 전자가 산소로 이동하는 것에 추가로 2개의 양성자가 이동하여 한 분자의 H_2O가 만들어진다. 하지만 어떤 연구 결과에 따르면 복합체 I과 복합체 III가 전자를 직접 O_2에게 전달하여 불완전한 환원을 일으키기도 한다. 이 결과 슈퍼옥사이드 음이온(superoxide anion, O_2^-)이나 과산화수소(hydrogen peroxide, H_2O_2)와 같은 독성물질이 만들어지는데, 이들은 정상 상황이나 질병 조건에서 세포의 노화를 촉진하는 것으로 알려져 있다.

산소호흡 복합체는 미토콘드리아 내막에서 자유롭게 움직인다

ETC를 구성하는 복합체의 그림을 보면 이들이 미토콘드리아 내막 안에서 움직이지 않고 고정된 것으로 착각할 수 있다. 하지만 사실 그들은 확산에 의해 내막 평면 위를 자유롭게 움직일 수 있다. 이들 복합체의 확산은 실험적으로도 증명되었다. 어떤 연구 결과에 따르면 미토콘드리아 내막을 전기장 안에 놓은 직후 단백질 복합체의 분포를 동결할단으로 분석했더니 단백질 복합체에 해당하는 입자들이 내막의 한쪽 끝으로 이동한 것으로 나타났다. 이후 전기장을 제거했을 경우 이 입자들은 수 초 후 다시 무작위로 분포하는 것으로 관찰되었는데, 이는 이들 복합체가 유동성 있는 지질2중층 안에서 확산에 의해 자유롭게 이동한다는 것을 증명하는 연구 결과이다.

이 실험과 유사한 다른 실험 결과들에 의해 이들 산소호흡 복합체는 이 책 그림에 표현된 것처럼 규칙적인 순서로 나열되어 있지 않고 자유롭게 이동 가능한 복합체로 존재한다는 것이 밝혀졌다. 사실 미토콘드리아 내막은 불포화지방산 대 포화지방산의 비율이 높고 콜레스테롤이 실질적으로 존재하지 않아 막의 유동성이 매우 높으며 따라서 산소호흡 복합체의 이동성 또한 높다.

최근의 연구 결과에 의하면 이들 산소호흡 복합체는 몇 개의 산소호흡 복합체가 정해진 비율로 섞여 구성된 **레스퍼레이솜**(respirasome)이라는 거대 복합체를 형성하고 있다고 한다. 시트르산 회로의 탈수소효소 일부는 레스퍼레이솜과 연결되어 있으므로 전자의 확산 거리를 최소화하여 산소호흡 복합체 사이의 전자전달 효율을 높여준다. 레스퍼레이솜은 또한 다른 조절 기능을 가지고 있는 것으로 추정되며 박테리아, 효모, 식물, 인간과 같은 다양한 생물에서 발견된다.

그림 10-18에서 보듯이 NADH, 조효소 Q, 사이토크롬 c는 전자전달 과정의 중요한 중간 전달자이다. NADH는 ETC와 시트르산 회로 효소의 탈수소(산화) 반응, 미토콘드리아 기질 안의 다른 산화반응과 ETC를 연결해주는 역할을 한다. 조효소 Q와 사이토크롬 c는 산소호흡 복합체 사이에 전자를 이동시켜준다. 조효소 Q는 복합체 I과 II로부터 모두 전자를 받아들여서 사실 세포 안에서 일어나는 거의 모든 산화반응에서 유리되는 전자를 받아내는 깔대기 역할을 한다. 조효소 Q와 사이토크롬 c는 상대적으로 작은 분자로서 막 내부(조효소 Q) 또는 막 표면(사이토크롬 c)에서 빨리 확산이 가능하다. 이들의 양은 상당히 많아서 복합체 I 하나당 10분자의 사이토크롬 c와 50분자의 조효소 Q가 존재한다. 조효소 Q와 사이토크롬 c의 상대적으로 많은 양과 이들의 빠른 확산에 의한 이동성은 활발하게 산소호흡을 수행하는 미토콘드리아에서 일어나는 복합체 사이의 빠른 전자 이동을 가능하게 한다.

개념체크 10.4

ETC의 전자전달자가 미토콘드리아 내막의 산소호흡 복합체에서 특별한 상대적인 위치에 존재하는 이유는 무엇일까?

10.5 전기화학 양성자 기울기: 에너지 발생과 관련된 열쇠

지금까지 해당작용, 피루브산 산화, 시트르산 회로(산소호흡의 ❶, ❷, ❸단계, 그림 10-1 참조)에서 조효소가 환원되는 것을 보았다. 또한 미토콘드리아 내막에 위치한 가역적으로 산화될 수 있는 중간물질로 이루어진 시스템에서 환원된 조효소가 다시 산화되며 산소에 전자를 전달하는 과정에서 에너지가 발생한다는 것도 공부했다(❹단계). 이제부터 전자전달에서 발생한 자유에너지가 전기화학 양성자 기울기를 어떻게 만들 수 있는지 알아보고, 이 에너지가 ❺단계에서 ATP 합성을 가능하게 하는지 공부해보자.

이러한 과정을 통해 ATP가 합성될 때는 ADP의 인산화가 산소 의존적인 전자전달과 연관되어 있으므로 이 과정을 **산화적 인산화**(oxidative phosphorylation)라 칭하고, 대사 과정의 특정 반응에서 일어나는 기질 수준 인산화(substrate-level phosphorylation)와 구별한다(해당작용의 Gly-7, Gly-10과 시트르산 회로의 CAC-5가 이러한 기질 수준 인산화 반응이다. 그림 9-7, 그림 10-9 참조).

전자전달과 ATP 합성은 연관된 반응이다

메커니즘 면에서 볼 때 산화적 인산화는 기질 수준 인산화보다 훨씬 복잡하다. 기질 수준 인산화에서는 ADP에 직접 인산기를 전달하여 ATP를 만들게 되지만, 이와 대조적인 산화적 인산화의 열쇠가 되는 특징은 전자전달과 ATP 생성 사이의 중요한 접점인 **전기화학 양성자 기울기**(electrochemical proton gradient)로, 이는 전자전달이 일어나는 생체막을 방향을 가지고 관통하여 일어나는 양성자 펌핑에 의해 만들어진다.

정상적인 세포 내부 조건에서 ATP 합성은 전자전달과 **연관**되어 있는데, '연관'이라는 의미는 ATP 합성이 전자전달에 의존적일 뿐 아니라 전자전달은 ATP가 합성될 때만 가능하다는 것을 뜻한다. 하지만 분리한 미토콘드리아에 짝풀림물질(uncoupler)이라고 알려진 특정 화합물을 가하면 이 두 과정의 상호의존성이 없어진다. 달리 표현하자면 짝풀림물질을 처리하면 ATP 합성이 이루어지지 않아도 전자전달과 산소 소비가 일어난다는 것이다. 이와는 대조적으로 전자전달을 억제할 수 있는 산소호흡 복합체의 억제제를 처리하면 ATP 합성 또한 저해된다. 그러므로 ATP의 합성은 전자전달에 완전히 의존적이지만 전자전달은 ATP 합성을 반드시 필요로 하지 않는다는 것이다. 갓 태어난 포유동물의 갈색지방 조직에는 짝풀림물질을 처리했을 때와 유사한 환경이 조성되어 전자전달에서 발생한 에너지가 ATP를 만드는 대신 열을 발생하는 데 사용된다(**인간과의 연결** 참조).

전자전달의 호흡 조절　전자전달이 ATP 합성과 연관되어 있으므로 ADP의 유용성에 따라 산소호흡의 속도, 즉 전자전달의 속도를 조절한다. 이 조절 과정을 **호흡 조절**(respiratory control)이라 부르는데, 이 조절 과정이 생리적으로 중요하다는 것은 쉽게 유추가 가능하다. ADP 농도가 높을 때(즉 ATP 농도가 낮을 때)는 전자전달과 ATP 합성이 선호되고, ADP 농도가 낮을 때(ATP 농도가 높을 때)는 억제된다. 그러므로 산화적 인산화는 세포의 에너지 요구에 의해 조절된다고 할 수 있다. 연료가 되는 유기분자로부터 산소로의 전자 흐름은 세포가 얼마나 에너지를 필요로 하는가에 따라 조절된다는 것이다. 이러한 조절 과정은 운동을 할 때 더 확실히 알 수 있는데, 운동에 의해 근육에 ADP가 축적되면 전자전달의 속도가 증가하고 몸이 요구하는 산소의 양도 따라서 급격히 증가한다.

연결하기 10.1

전자전달과 이 과정에 관여하는 분자에 대한 지식을 바탕으로 전자전달이 왜 발효 과정보다 정상적인 산소호흡 과정에서 더 중요한지 설명해보라. (9.5절 참조)

화학삼투 연계 모델: '숨겨진 고리'는 양성자 기울기　탈수반응인 ATP 합성이 어떻게 지질2중층에 존재하는 여러 단백질 복합체

사이의 연속적인 산화환원 반응인 전자전달 과정과 밀접하게 연관될 수 있을까? 과학자들은 이 답을 수십 년 동안 찾지 못했다. 대부분의 학자는 기질 수준 인산화의 경우와 마찬가지로 밝혀지지 않은 고에너지 중간 매개 분자가 관여할 것이라고 확신하고 있었다(해당작용의 ATP 생성 과정인 그림 9-7의 Gly-7과 Gly-10, 시트르산 회로의 ATP 생성 과정인 그림 10-9의 CAC-5 참조).

많은 다른 학자가 고에너지 중간 매개 분자를 찾는 동안, 영국의 생화학자 미첼(Peter Mitchell)은 1961년에 그러한 매개 분자가 아예 존재하지 않을지도 모른다는 혁명적인 의견을 발표했다. 미첼은 **화학삼투 연계 모델**(chemiosmotic coupling model)이라는 대안적인 모델을 제시했다. 이 모델에 따르면 호흡 복합체 사이로 전자가 이동하는 에너지 발생 반응은 이 전자전달사슬이 존재하는 생체막을 가로지르는 한쪽 방향으로 양성자 펌핑과 함께 일어난다. 이렇게 생성된 전기화학 양성자 기울기는 ATP 합성을 위한 퍼텐셜 에너지로 사용된다. 다르게 표현하면 전자전달과 ATP 합성 사이의 '숨겨진 고리'는 고에너지 중간 매개 분자가 아니고 전기화학 양성자 기울기라는 것이다. 그림 10-19에 복합체 I, III, IV에서 전자전달과 같이 일어나는 양성자의 수송과 양성자에 의해 유발되는 F_oF_1 복합체의 ATP 합성을 도식했다.

하지만 이러한 미첼의 이론은 처음에 많은 회의적 반론과 저항에 부딪쳤다. 이 이론이 그동안 전자전달과 ATP 합성 사이의 '고리'에 대한 학계의 관습적인 상식과 너무 동떨어졌을 뿐 아니라 실험 결과가 전혀 뒷받침되지 않은 상태에서 발표한 이론이었기 때문이다. 하지만 시간이 지나면서 미첼의 이론을 지지하는 많은 실험 결과가 발표되었고, 결국 1978년에 미첼은 이 선각자적인 이론을 발표한 공로를 인정받아 노벨상을 수상했다. 현재 이 화학삼투 연계 모델은 미토콘드리아 막뿐 아니라 엽록체와 박테리아 막에서 일어나는 에너지 전환 과정을 공통적으로 잘 설명할 수 있는 이론으로 간주된다.

화학삼투 연계 모델의 가장 기본이 되는 개념은 전자전달과 ATP 합성을 연결하는 고리가 막 안팎의 전기화학 퍼텐셜이라는 것이다. 사실 이러한 기본 개념이 이 모델을 명명하는 데 사용되었다. 모델의 이름 중 '화학(chemi)'은 산화와 전자전달로부터 온 것이고, '삼투(osmotic)'는 '밀어낸다'는 의미를 지닌 그리스어 *osmos*에서 기원했다. 즉 양성자를 생체막을 통과하여 밀어낸다는 뜻이다. 화학삼투 연계 모델은 전자전달과 ATP 합성의 연결을 설명하는 데 아주 유용할 뿐 아니라 생물 시스템에서 에너지 보존에 관한 우리의 사고 영역을 넓히는 데도 크게 기여했다.

조효소 산화는 NADH당 ATP 3분자를, $FADH_2$당 ATP 2분자를 만드는 데 충분한 양성자를 이동시킨다

화학삼투 연계 모델의 실험적 증거를 살펴보기 전에 그림 10-19

를 바탕으로 NADH가 산화될 때 3개의 산소호흡 복합체에 의해 생체막을 통해 밖으로 이동한 양성자의 개수와 F_oF_1 복합체가 ATP를 합성할 때 필요한 양성자의 개수를 어림해보자. 어림하다라는 표현을 쓴 이유는 아직 연구자들이 이 양성자 개수에 대한 의견이 일치하지 않았기 때문이다. 이러한 의견의 불일치는 서로 다른 ATP 합성효소의 구조가 서로 다르기 때문이기도 하다. 앞으로 살펴보겠지만 세 분자의 ATP를 합성하기 위해 필요한 양성자의 개수는 F_oF_1 복합체의 F_o 부분의 c 소단위체 개수와 직접 관계가 있으며, 이 개수는 생물체에 따라 서로 다르다.

앞서 살펴보았듯이 미토콘드리아 기질에 존재하는 대부분의 탈수소효소는 산화할 기질로부터 빼앗은 전자를 NAD^+에게 전달하여 NADH를 생성한다. NADH는 이후 복합체 I의 FMN 구성 요소에 전자를 전달하여 전자전달을 시작한다. 그림 10-19에서 보듯이 NADH로부터 유리된 전자 2개가 전자전달사슬을 경유하여 산소에게 전달될 때 복합체 I으로부터 4개의 양성자, 조효소 Q와 복합체 III로부터 4개의 양성자, 복합체 IV로부터 2개의 양성자가 미토콘드리아 내막을 가로질러 이동한다. 이들 양성자 개수를 모두 합하면 NADH 하나당 10개의 양성자가 이동하는 것으로 계산된다.

F_oF_1 복합체가 한 분자의 ATP를 만들기 위해 필요한 양성자의 개수는 3개 또는 4개라는 서로 다른 의견이 있는데, 3개가 더 정확한 개수라는 의견이 지배적이다. NADH 한 분자당 10개의 양성자가 막을 가로질러 수송되고, ATP 1개를 합성하는 데 3개의 양성자가 필요하다고 생각하면 산화적 인산화를 통해 NADH 1분자가 산화될 때 약 3분자의 ATP가 합성된다고 결론 내릴 수 있다. 이러한 결론은 1940년대 학자들이 관찰한 사실인 한 쌍의 전자가 환원된 조효소로부터 산소까지 전달될 때 생성되는 ATP 분자의 개수와 호흡 과정에서 사용되는 산소 원자의 개수 사이에 정해진 정량적 관계가 존재한다는 증거와 일맥상통한다. 예를 들면 래커(Efraim Racker)와 동료들은 복합체 I, 복합체 III, 복합체 IV를 보유한 인지질 소낭을 인위적으로 합성하여 실험에 사용했더니 한 쌍의 전자가 인공 인지질 소낭 위의 복합체를 가로질러 이동할 때 ATP 한 분자가 만들어진다는 결과를 보고했다. 이 결과는 3개의 복합체 모두가 양성자 이동에 관여하고 ATP 합성을 가능하게 하는 양성자 기울기를 만든다는 현재 알려진 과학적 사실과 일치한다.

앞으로의 설명을 용이하게 하기 위해 사실 아주 정확하지 않은 값이지만 NADH 1개당 3분자의 ATP가 합성되고, $FADH_2$ 1개당 2분자의 ATP가 합성된다고 간주하자. NADH가 산소에 의해 산화될 때의 $\Delta G^{o\prime}$이 -52.4 kcal/mol임을 생각해보면 앞서 간주한 ATP 합성 개수는 적절한 값이다. 이 자유에너지 변화량의 에너지 효율이 60%밖에 되지 않는다고 가정해도 3분자

의 ATP를 생산하기에 충분하기 때문이다(세포 내 조건에서 ATP 합성에는 10 kcal/mol의 에너지가 필요하다).

화학삼투 연계 모델은 많은 증거로 확인되었다

화학삼투 연계 모델은 1961년에 처음 발표된 이래 지금까지 전자전달과 ATP 합성을 연결하는 고리를 설명하는 학계의 정설로 받아들여지고 있다. 이 모델이 이렇게 널리 받아들여진 이유를 알려면 이 모델을 지지하는 몇몇 중요한 실험적 증거를 살펴보는 것이 필요하다. 물론 이 과정에서 화학삼투 연계 모델의 기작에 대해 좀 더 많이 배우게 될 것이다.

1. 전자전달은 미토콘드리아 기질 밖으로 양성자를 이동시킨다 화학삼투 연계 모델을 제안한 이후 미첼과 그의 동료인 모이얼(Jennifer Moyle)은 ETC의 전자 흐름이 미토콘드리아 내막을 관통하는 양성자의 이동을 동반한다는 것을 실험적으로 밝혀냈다. 그들은 우선 미토콘드리아를 산소가 없는 배지에 현탁하여 전자전달이 이루어지지 못하게 했다. 이후 산소를 처리한 후 전자전달이 개시됨에 따라 배지의 양성자 농도(즉 pH)를 실시간으로 관찰했다. 이러한 실험 조건에서 배지의 pH는 전자의 공여자인 NADH나 석신산을 넣어주면 빠르게 감소한다(**그림 10-21**). pH의 감소는 양성자의 농도 증가를 의미하기 때문에 미첼과 모이얼은 미토콘드리아 내막의 전자전달이 미토콘드리아 기질로부터 외부 배지 방향을 향한 한쪽 방향으로의 양성자 이동(펌핑)을 동반한다고 결론 내렸다.

지금까지는 농도 기울기에 역행하는 양성자의 미토콘드리아 내막을 통과하는 수송을 '펌핑'이라 표현했다. 하지만 미토콘드리아 내막을 통과하는 양성자의 이동 과정은 운반단백질을 통한 능동수송 과정(8장 참조)처럼 직접적인 이동은 아니라는 것을

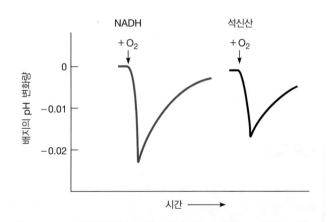

그림 10-21 전자전달사슬이 양성자 기울기를 만든다는 실험적 증거. 순수 분리한 미토콘드리아에 NADH 또는 석신산을 산소가 없는 상태에서 전자 공여체로 첨가했다. 산소를 추가하여 전자전달을 개시하게 하면 미토콘드리아 외부 액체의 pH가 빠르게 감소하는데, 이는 산소가 있을 때 양성자가 미토콘드리아 기질에서 밖으로 수송된다는 것을 뜻한다.

알아야만 한다. 사실 하나의 전자전달자로부터 다른 전자전달자로 전자가 이동하는 현상과 한 방향으로의 양성자 이동이 어떻게 연관되어 있는지는 아직도 완벽하게 밝혀지지 않았고 아마도 하나 이상의 메커니즘이 관련하는 것으로 간주된다.

2. 전자전달사슬의 구성 성분은 미토콘드리아 내막에 비대칭적으로 존재한다

미첼과 모이얼이 증명한 한 방향으로의 양성자 펌핑이 가능하려면 ETC의 전자전달자가 막 위에 비대칭적으로 분포해야 한다. 그렇지 않다면 양성자가 양쪽 방향으로 무작위적으로 이동하게 될 것이다. 여러 항체, 효소, 표지 시약 등을 이용하여 실험한 결과 어떤 산소호흡 복합체는 미토콘드리아 내막의 기질 쪽에 부착되어 있고, 다른 것들은 반대쪽 면에 노출되어 있으며, 또 어떤 것들은 막관통 단백질로 존재하는 것으로 밝혀졌다. 이러한 실험 결과는 그림 10-19에 나타낸 것처럼 ETC의 구성 성분이 미토콘드리아 내막에 비대칭적으로 분포한다는 학자들의 예측을 확증해준다.

3. 복합체 I, 복합체 III, 복합체 IV를 지닌 생체막 소낭은 양성자 기울기를 만들 수 있다

각각 따로 분리한 복합체와 생체막 소낭을 이용한 재조합 실험을 통해 화학삼투 연계 모델을 좀 더 확실하게 증명할 수 있었다. 화학삼투 연계 모델에 의하면 이 복합체들은 각각 별도로 미토콘드리아 내막을 가로질러 양성자를 펌핑하여 어느 정도 ATP 합성을 가능하게 할 것이라고 예측할 수 있다. 이러한 예상은 실험적으로 인위적인 인지질 소낭에 복합체 I, 복합체 III, 복합체 IV를 재조합함으로써 실험적으로 검증할 수 있다. 적절한 산화 가능 기질을 첨가할 경우 이 3가지 복합체는 각각 양성자를 소낭 막을 가로질러 펌핑할 수 있는 것으로 나타났다. 앞에서 설명했듯이 이들 소낭은 또한 ATP 합성도 가능했다.

4. 산화적 인산화를 수행하려면 막에 둘러싸인 구조가 필요하다

화학삼투 연계 모델에 의하면 산화적 인산화가 일어나기 위해서는 미토콘드리아 막으로 둘러싸인 온전한 구조가 필수적이라는 것을 예상할 수 있다. 만약 막에 시스템이 온전히 둘러싸여 있지 않다면 ATP 합성을 가능하게 하는 양성자 기울기는 유지되지 못할 것이기 때문이다. 이러한 예측은 완벽히 막에 둘러싸인 소낭으로 실험하지 않을 경우 전자전달이 ATP 합성과 연결되지 못한다는 실험 결과를 통해 증명되었다.

5. 짝풀림물질은 양성자 기울기와 ATP 합성을 모두 저해한다

다이니트로페놀(DNP)과 같이 ATP 합성과 전자전달의 연결 고리를 차단하는 짝풀림물질을 이용한 실험을 통해 ATP 합성에 관여하는 양성자 기울기의 역할에 관해 더 많은 증거가 제시되었다. 예를 들면 1963년에 미첼은 DNP 존재하에서 생체막이 양성자를 자유롭게 통과시킨다는 것을 밝혔다. 다른 표현으로 하면 DNP가 ATP 합성 능력과 생체막이 양성자 기울기를 유지하는 능력을 모두 저해한다는 것이다. 이러한 발견은 ATP 합성이 양성자 기울기에 의해 일어난다는 이론을 지지하는 것이다. DNP 분자는 전자전달과 ATP 합성의 연결 고리를 끊기 때문에 ATP 합성의 효율을 저해하여 세포가 더 많이 산화할 수 있는 기질을 소비하게 하여 세포 내 ATP의 수요를 충족한다. 이러한 이유로 DNP는 체중 감소 보조약물로 사용되었으나 이화작용의 속도가 가속화되어 발생하는 과다한 발열 같은 부작용이 있기 때문에 위험할 수 있다(인간과의 연결 참조).

6. 수소 이온 양성자 기울기는 ATP 합성에 충분한 에너지를 가지고 있다

화학삼투 연계 모델이 정상적으로 작동하려면 전자전달로 생성된 양성자 기울기가 ATP 합성을 하는 데 충분한 에너지를 저장할 수 있어야 한다. 이것이 가능한지 알아보려면 몇 개의 열역학 계산을 해보면 된다. 왕성하게 대사를 수행하는 미토콘드리아 내막 안팎의 전기화학 양성자 기울기는 막전위(전기화학의 '전기' 기여 부분)와 농도 기울기(전기화학의 '농도' 기여 부분)를 모두 가지고 있다. 전기화학 기울기를 정량하기 위한 식은 두 부분으로 나누어지는데, 한 부분은 막전위 V_m을 나타내고, 다른 한 부분은 농도 기울기를 표시하고, 양성자의 경우 pH 기울기가 된다.

산소호흡을 활발히 수행하는 미토콘드리아는 +0.16 V(막간 공간을 향한 쪽에 양의 값이 부여된다)의 막전위를 가지고 pH 기울기는 1.0 정도 된다(기질 부분이 pH가 높다). 이러한 전기화학 기울기는 **양성자 구동력**(proton motive force, pmf)이라는 힘을 형성하는데, 이 힘은 양성자를 전기화학 기울기에 따라 다시 양성자의 농도가 낮은 쪽으로 이동시키는 쪽으로 작용한다. 이 pmf는 막전위와 pH 기울기의 각 기여분의 합으로 구할 수 있고 다음 식으로 표시된다.

$$pmf = V_m + \frac{2.303\ RT\ \Delta pH}{F} \qquad (10\text{-}16)$$

여기서 pmf는 볼트 단위로 나타내는 양성자 구동력이고, V_m은 볼트 단위로 나타낸 막전위, ΔpH는 막 양쪽의 pH 차이를 의미한다($\Delta pH = \Delta pH_{기질} - \Delta pH_{세포기질}$). R은 기체상수(1.987 cal/mol-K), T는 켈빈(Kelvin)으로 나타낸 절대온도, F는 패러데이 상수(23,062 cal/mol-V)이다.

37°C에서 막전위 V_m이 0.16 V이고, pH 기울기가 1.0 단위인 미토콘드리아의 경우 pmf는 다음과 같이 계산할 수 있다.

$$pmf = 0.16 + \frac{(2.303)(1.987)(37 + 273)(1.0)}{23,062}$$

$$= 0.16 + 0.06 = 0.22\ V \qquad (10\text{-}17)$$

사람이라면 인생 중 언젠가 한 번쯤은 다이어트를 해보았을 것이다. 여러 가지 다이어트 방법이 등장했다가 사라지곤 하는데, 이들은 모두 자신의 다이어트 방법은 효과적으로 살을 뺄 수 있고 감량한 상태를 유지할 수 있다고 주장한다. 몸무게도 줄이고 몸도 따뜻하게 유지해줄 수 있는 다이어트 방법이 있다면 어떨까? 1930년대 중반 *다이니트로페놀*(dinitrophenol, 좀 더 정확한 이름은 2,4-dinitrophenol), 또는 DNP라고 불리는 화합물이 비만 환자에게 처방되었다. 실제로 이들 환자는 몸무게를 줄이는 데 성공했다. 하지만 부작용으로 맥박이 빨라지고 체온이 급격하게 올라갔으며, 심한 경우는 사망에 이르기도 했다.

DNP는 우리 몸의 생리현상에 필수적인 ATP 의존성을 이용한다. 이번 장의 공부를 통해 산소호흡으로 만들어지는 ATP의 대부분이 미토콘드리아의 산화적 인산화에 의해 일어난다는 것을 배웠다. 하지만 ATP 생성 효율이 떨어지면 어떻게 될 것인가?

어떤 대사 과정의 최종산물이 이 대사 과정을 조절할 수 있다는 것을 상기해보자(그림 9-13). 우리 몸이 ATP를 더 필요로 하면 우리 몸은 간에 저장한 글리코젠으로부터 더 많은 포도당을 유리해내고, 필요하다면 지방산의 β 산화를 통해 환원력도 만들어낸다(그림 10-12). 우리의 몸을 속여서 산화적 인산화는 계속 수행하는데도 ATP가 계속 모자라는 상황을 만드는 다이어트 약을 생각해보자. 그런 상황에서 우리 몸은 계속 글리코젠으로부터 포도당을 유리해내고, 지방을 '연소'하여 전자전달을 위한 NADH와 FADH$_2$의 요구량을 채우려고 할 것이다. DNP는 바로 이러한 우리의 몸을 속이는 '트릭'을 수행하는데, 이때 엄청난 에너지 낭비가 일어난다. 바로 미토콘드리아 내막에서 일어나는 ATP 합성의 효율을 현저하게 낮추기 때문이다. DNP는 짝풀림물질로 작용하여 미토콘드리아 내막 안팎으로 생성된 양성자 기울기를 단락시킨다. 그 결과 미토콘드리아 내막의 ATP 합성 효소를 통과하는 양성자의 개수가 줄어들고 궁극적으로 세포 내 ATP 생산 속도가 줄어들게 된다.

DNP는 어떻게 미토콘드리아의 양성자 기울기를 없앨 수 있을까? DNP는 지방 친화성을 가진 약산이고(**그림 10B-1**), 양성자가 결합한 상태나 결합하지 않은 상태에서 모두 막을 투과할 수 있다. 낮은 pH의 구역에서 양성자를 높은 pH의 구역으로 수송함으로써 DNP는 미토콘드리아 기질과

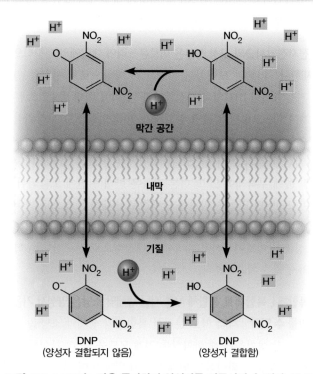

그림 10B-1 DNP는 막을 통과하여 양성자를 이동시킬 수 있다. DNP는 양성자와 결합한 후 막을 통과하여 양성자를 방출해서 양성자 셔틀의 역할을 한다. 미토콘드리아 내막에서 이러한 양성자 셔틀은 ATP 합성 효소를 통한 양성자 흐름을 우회하도록 한다.

막간 공간 사이의 양성자 농도 차이를 줄인다. 이 결과로 양성자 구동력이 줄어들고 미토콘드리아에서의 ATP 합성이 억제된다.

DNP에 노출된 미토콘드리아가 ATP 합성에 사용할 에너지의 일부는 열로 방출된다. DNP를 섭취하면 우리 몸의 모든 세포에 이 짝풀림물질이 확산되므로 DNP가 다이어트 약으로서는 얼마나 위험할지 알 수 있다. 체온이 너무 많이 증가한다면 DNP를 섭취한 사람은 고열로 사망할 수 있다.

앞의 식에서 막전위가 미토콘드리아 pmf의 70% 이상에 기여한다는 것에 주목하라.

산화환원전위처럼 pmf도 볼트 단위로 표시할 수 있는 전기력이고, 다음 계산식과 같이 양성자를 막을 통과하여 이동시키는 데 발생하는 표준 자유에너지 변화량인 $\Delta G^{\circ\prime}$을 계산하는 식에 사용 가능하다.

$$\Delta G^{\circ\prime} = -nF(\text{pmf}) = -(23.062)(0.22)$$
$$= -5.1 \text{ kcal/mol} \qquad (10\text{-}18)$$

식 10-11에서 볼 수 있듯이 n은 수송되는 전자의 개수로 이 경우는 1이고, F는 패러데이 상수이다. 그러므로 0.22 V의 양성자 구동력이 미토콘드리아 내막 안팎으로 걸려있다면, 이는 양성자 입장에서 −5.1 kca/mol의 자유에너지 변화를 의미한다. 즉 양성자가 다시 미토콘드리아 기질로 돌아갈 때 발생하는 자유에너지의 양이다.

이 정도의 에너지가 ATP 합성에 충분할까? 물론 'ATP 한 분자를 F_oF_1 복합체에서 만들어내는 데 얼마나 많은 양성자가 필요한가?'라는 문제에 의존적이기는 하지만 답은 당연히 '그렇다'이다. 미첼의 처음 모델에 의하면 ATP 하나당 2개의 양성자가 필요한데, 계산해보면 10.2 kcal/mol ADP가 인산화되어 ATP를 만들 때의 $\Delta G'$이 미토콘드리아 내부 조건에서 10~14 kcal/mol

DNP는 화학적인 짝풀림물질이지만 일부 미토콘드리아에서 천연물질이 동일하게 작용할 수도 있다. *터모제닌*(thermogenin, UCP1, 짝풀림 단백질 1이라고도 한다)은 갈색지방 조직의 미토콘드리아에서 발견되는 단백질이다. DNP와 마찬가지로 이 단백질은 양성자가 ATP 합성효소를 통하지 않고 다시 미토콘드리아 기질로 돌아갈 수 있게 하여 양성자 구동력은 감소하고 열이 발생한다(**그림 10B-2**). 갈색지방은 영아의 등 윗부분에서 목 사이에 분포하고, 성인보다 열 손실에 취약한 영아의 열 보전을 도와주

는 역할을 한다고 간주된다. 성인에게도 목 뒤쪽에 이러한 갈색지방 조직의 흔적이 남아있기도 한다.

이러한 짝풀림물질의 위험성에도 불구하고 DNP와 유사한 약물이 빠른 체중 감소를 위해 보디빌더 사이에서 사용되기도 한다. 매년 여러 명이 사망하지만 이 드라마틱한 DNP의 감량 효과는 어떤 이들에게 위험을 감수할 만한 유혹이 되기도 한다.

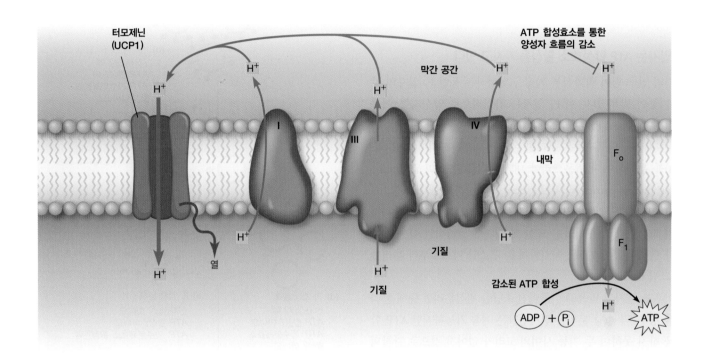

그림 10B-2 터모제닌(UCP1)은 산화와 ATP 합성의 연계성을 차단한다. 터모제닌이 존재할 때 양성자는 ATP 합성효소를 거치지 않고 미토콘드리아 내막을 통과한다. 이 결과로 ATP의 합성 효율이 줄어드는데, 그 이유는 양성자 기울기가 줄어들고 ATP 합성효소를 통해 보다 적은 양의 양성자가 통과하기 때문이다. (전체 양성자의 흐름만 도식했고 정확한 양성자의 개수는 나타내지 않았다.)

정도 되므로 ATP를 간신히 합성할 수 있을 정도의 에너지 양이 된다. 아직도 학자들 간에 ATP 하나를 만드는 데 필요한 양성자의 개수에 대해서는 의견이 분분하지만 아마도 3개 혹은 4개일 것으로 생각된다. 이 정도의 양성자가 이동할 경우 15~20 kcal 정도의 에너지가 ATP 한 분자당 할애되는데, 이는 ATP 합성이 진행되는 방향으로 반응을 유발하기에 충분하다.

7. 전자전달이 없이도 인위적인 수소 이온 양성자 기울기는 ATP 합성을 가능하게 한다 미토콘드리아 또는 미토콘드리아 내막으로 만들어진 소낭을 양성자 기울기에 노출하면 ATP 합성이 가능하다는 연구 결과가 보고되었다. 미토콘드리아를 현탁한 배지에 산

을 가해서 외부 양성자 농도를 갑자기 높이면 ATP 가 인위적으로 만들어진 양성자 기울기에 의해 합성된다. 이러한 인위적인 양성자 기울기에 의한 ATP 합성은 전자전달사슬로 전자를 전달할, 산화될 수 있는 기질 없이 발생하는 것이므로 ATP 합성이 적어도 잠시 동안은 전자전달 없이도 양성자 기울기에 의해 일어날 수 있다는 것이 분명하다.

개념체크 10.5

ETC를 통해 전자가 전달될 때 발생하는 화학 에너지는 어떻게 저장되어 ATP 합성에 사용될까?

10.6 ATP 합성: 지금까지의 모든 과정 합치기

이제 산소호흡의 다섯 번째이자 마지막 단계인 ATP 합성을 공부해보자. 지금까지는 (1) 포도당이 가진 에너지의 일부가 해당작용과 시트르산 회로의 산화반응을 통해 환원된 조효소로 전환되었다는 것과, (2) 이 에너지가 미토콘드리아 내막을 가로지르는 전기화학 양성자 기울기를 만드는 데 사용된다는 것을 보았다. 이제 이러한 pmf가 어떻게 ATP 합성에 사용되는지 살펴보자. 이를 공부하기 위해 크리스타의 내부(그림 10-5a)에서 볼 수 있는 F_1 복합체를 다시 살펴보고 이들이 ATP를 합성할 수 있다는 증거에 대해 알아보자.

F_1 입자는 ATP 합성효소 활성을 가지고 있다

래커의 연구 팀이 화학삼투 가설을 실험하는 동안 F_1 입자의 주된 기능이 밝혀졌다. 이 F_1 입자는 가역적으로 양성자를 이동시킬 수 있는 ATP 분해효소로, pmf와 ATP 합성 반응 관련 막에 존재한다. 연구자들은 분리한 온전한 미토콘드리아(**그림 10-22a**)를 분쇄하여 미토콘드리아 내막이 미토콘드리아 입자(sub-mitochondrial particle)라 부르는 소낭을 형성하게 했다(그림 10-22b). 이 미토콘드리아 입자는 전자전달과 ATP 합성을 수행하는 것이 가능했다. 연구자들은 또한 이 입자에 물리적인 힘을 가하거나 단백질 분해효소를 처리하여 F_1 구조를 막으로부터 분리했다(그림 10-22c).

이후 F_1 입자와 막으로 이루어진 소낭을 원심분리를 통해 분리했을 경우, 막 소낭 분획은 전자전달은 계속 가능하지만 ATP 합성을 하지 못하여 두 기능 사이의 고리가 없어진 것으로 관찰되었다(그림 10-22d). 반면 F_1 입자 분획은 전자전달 및 ATP 합성을 모두 수행하지 못했으나 ATP 가수분해효소(ATPase) 활성을 가지고 있었다(그림 10-22e). 이 ATP 가수분해효소 활성은 미토콘드리아의 F_oF_1 복합체가 속하는 F형 ATP 가수분해효소가 지닌 속성이다(표 8-2 참조). 막 소낭 분획의 ATP 합성 능력은 F_1 입자를 다시 막 분획에 넣어주면 회복되었는데, 이러한 결과는 미토콘드리아 내막의 작은 구형 돌출 형태인 F_1 입자가 막 위에 존재하는 ATP 합성 복합체의 중요한 부분이라는 것을 뜻한다. 이러한 F_1 입자는 커플링 입자[F_1의 F는 입자(factor)의 F]라고 불리고, 미토콘드리아 내막 또는 박테리아 세포막의 ATP 합성 활성에 필요한 구조로 알려져 있다.

온전한 복합체는 ATP를 합성하는 반면, 순수하게 분리한 F_1 입자 조각은 ATP의 가수분해 능력(즉 ATP 가수분해효소 활성)을 가진 이유는 무엇일까? 효소의 반응 방향이 생성물 또는 반응물 중 어느 쪽의 평형을 향해 진행하느냐는 반응물과 생성물의 농도 비율과 이 반응이 동시에 일어나는 다른 반응의 관련 여

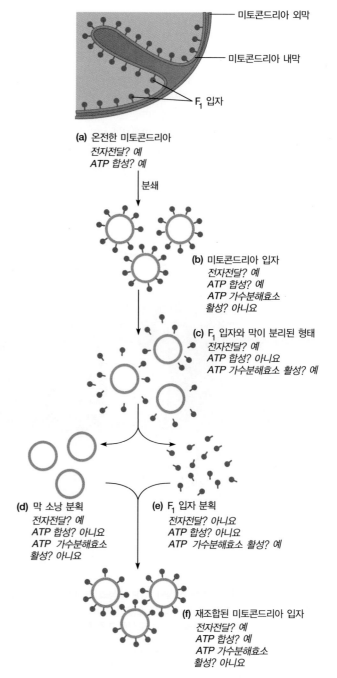

그림 10-22 미토콘드리아 ATP 합성 시스템의 분해와 재구성. (a) 완전한 상태의 미토콘드리아를 분쇄하여 내막 조각이 생성되게 한다. (b) 미토콘드리아 입자는 전자전달과 ATP 합성을 모두 수행할 수 있다. (c) 기계적인 힘이나 효소의 처리를 통해 이 입자들을 분해하여 이 입자의 구성 성분을 (d) ATP 합성 능력이 없는 막 분획과, (e) ATP 가수분해효소 활성을 지닌 F_1 입자가 있는 수용액 분획으로 나눌 수 있다. (f) 두 분획을 섞으면 입자가 재구성되어 ATP 합성 활성이 다시 일어난다.

부에 따라 정해진다(6장 참조). 효소 활성이 양성자 이동과 연관되지 못한 분리된 F_1 소단위체는 ATP의 농도가 높은 경우 ATP의 가수분해를 촉진한다.

사실 온전한 F_oF_1 복합체가 역으로 작동하는 경우도 있다. 혐

기성 박테리아의 경우 발효에 의해 ATP를 생성하는데, 이때 ATP 합성효소는 반대 방향으로 작동한다. 즉 ATP의 가수분해 에너지를 이용하여 양성자 기울기를 만들고, 박테리아는 이를 이용하여 이온을 수송하거나 박테리아의 움직임을 가능하게 하는 편모의 운동을 일으킨다. 양성자 기울기가 어떻게 ATP 합성을 가능하게 하는지 이해하려면 F_o와 F_1 소단위체를 좀 더 자세히 살펴봐야 한다.

🔗연결하기 10.2

산화적 인산화에서 ATP 합성을 일반적으로 촉매하는 효소는 ATP 합성효소이다. 하지만 이 효소는 ATP의 가수분해도 촉매할 수 있다. 효소에 대해 일반적으로 아는 지식을 토대로 생각할 때 이는 놀라운 일일까?

F_o를 통한 양성자 이동은 F_1이 ATP를 합성할 수 있게 한다

F_oF_1 ATP 합성효소 복합체의 F_1 부분은 막과 직접 결합하지 않지만 미토콘드리아 내막에 삽입된 F_o 복합체와 물리적으로 연결되어 있다(그림 10-5c). F_o 복합체는 **양성자 운반체**(proton translocator)인 통로로 기능하여 양성자가 미토콘드리아 내막(또는 대장균의 경우 박테리아 원형질막)을 가로질러 양성자를 이동시킨다. 그러므로 F_oF_1 복합체는 완전하게 기능하는 **ATP 합성효소**(ATP synthase)이다. F_o는 막을 관통하여 양성자가 에너지를 방출하며 통과할 수 있는 통로로 기능하고, F_1은 양성자 기울기 에너지를 이용하여 ATP 합성에 직접 관여한다.

표 10-4는 E. coli의 F_oF_1 ATP 합성효소 복합체의 폴리펩타이드 구성 성분을 보여준다. **그림 10-23a**는 이 복합체 4개의 주된 기능적 구성 성분을 보여주며, **그림 10-23b**는 그것의 3차원 구조를 나타낸다. F_o와 F_1 복합체는 각각 움직이지 않는 고정형 구성 성분과 양성자 수송 시 움직이는 이동형 구성 성분으로 이루어져 있다. 이 F_oF_1 복합체는 양성자의 흐름을 이용해 ATP의 합성을 가능하게 하는 미시적 모터로서, 작은 분자 세계의 경이로운 모습 중 하나이다.

박테리아 막(또는 진핵세포 미토콘드리아 내막)에 삽입된 F_o 복합체는 하나의 a 소단위체, 2개의 b 소단위체, 10개의 c 소단위체로 이루어져 있다. a와 b 소단위체는 막에 부착되어 고정형 구성 성분을 이룬다. 10개의 c 소단위체는 고리 형태의 구조를 형성하여 고정된 a 소단위체와 b 소단위체 옆에서 회전하는 초소형 기어처럼 작동한다. a 소단위체는 양성자 통로 역할을 하고, 2개의 b 소단위체는 고정자 기둥(stator stalk) 역할을 하여 F_o와 F_1 복합체의 표면을 서로 연결해준다.

F_1 복합체는 박테리아의 세포질(또는 진핵세포의 미토콘드리아 기질) 내부를 향해 튀어나와 있고 3개의 α 소단위체, 3개의 β 소단위체 및 δ 소단위체, γ 소단위체, ε 소단위체 각 1개씩으로 이루어져 있다. ATP는 3개의 α 복합체와 3개의 β 복합체가 반복되어 이루는 $\alpha_3\beta_3$ 육각형의 촉매 고리 구조에서 합성된다. F_1의 δ 소단위체는 $\alpha_3\beta_3$ 촉매 고리를 F_o의 b_2 기둥에 고정하여 촉매 고리를 움직이지 않게 한다. F_1의 이동형 구성 성분은 γ 소단위체와 ε 소단위체인데, 이들은 F_o의 10개의 c 소단위체로 이루어진 고리에 결합하여 함께 움직인다. F_o 양성자 통로를 통과하여 양성자가 이동하면 c_{10} 고리가 회전하고 $\alpha_3\beta_3$ 촉매 고리 안의 γ 소단위체가 따라서 회전한다. 이러한 회전은 촉매 고리가 ATP 합성을 가능하게 하는데, 이 흥미로운 합성 과정을 살펴보자.

F_oF_1에 의한 ATP 합성은 γ 소단위체의 회전을 동반한다

막 내부의 전자전달과 양성자 이동 사이의 연결 고리가 확보되면 다음으로 풀어야 할 퍼즐은 F_o를 통과하는 양성자 이동으로 인한 에너지 발생이 도대체 어떻게 F_1의 3개의 β 소단위체에서, 실제로 따로 합성하려면 엄청난 에너지가 필요한 ATP 합성을 가능하게 하느냐는 것이다. 이 퍼즐에 대한 독창적인 해결책은 1979년에 **결합 변화 모델**(binding change model)을 제안한 보이

구조	폴리펩타이드	분자량	개수	기능
F_o	a	30,000	1	양성자 통로
	b_2	17,000	2	F_o와 F_1을 연결하는 고정자 기둥
	c	8,000	10	F_1의 γ 소단위체를 돌리는 회전하는 고리
F_1	α	52,000	3	β 소단위체의 활성을 도움
	β	55,000	3	ATP 합성의 촉매 부위
	δ	19,000	1	$\alpha_3\beta_3$를 F_o의 축 기둥에 연결
	γ	31,000	1	회전하여 F_o로부터 F_1으로 에너지 전달
	ε	15,000	1	γ 소단위체를 F_o의 C_{10} 고리에 연결

표 10-4 E.coli F_oF_1 ATP 합성효소(ATP 가수분해효소)의 폴리펩타이드 구성[*]

[*] 미토콘드리아의 F_oF_1 복합체는 F_o와 F_1의 폴리펩타이드의 구성의 차이를 제외하면 박테리아 복합체와 유사하다.

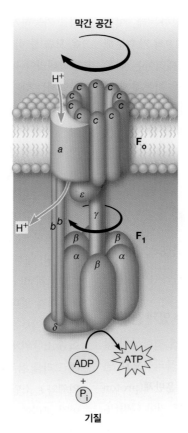

F₀ 고정형 구성 성분은 1개의 *a* 소단위체와 2개의 *b* 소단위체로 이루어져 있다. *a* 소단위체는 양성자 통로로 작용하고 막에 고정되어 움직이지 않는다. *b₂*는 옆에 있는 기둥 역할을 하고 *a* 소단위체와 F₁ 복합체와 결합한다.

F₀ 이동형 구성 성분은 10개의 *c* 소단위체로 이루어져 있다. 한 번에 1개의 *c* 소단위체가 *a* 소단위체와 이온결합으로 결합할 수 있다. 양성자 1개가 통과할 때마다 고리는 1/10바퀴 회전하고 옆의 *c* 소단위체가 *a* 소단위체와 새로운 결합을 형성한다.

F₁ 고정형 구성 성분은 *δ* 소단위체와 *α* 소단위체와 *β* 소단위체가 반복하여 이루어진 육각형 촉매 고리로 이루어진다. *α₃β₃* 고리는 ATP가 합성되는 장소이고, F₀의 *b₂* 기둥과 연결된 *δ* 소단위체에 의해 고정되어 있다.

F₁ 이동형 구성 성분은 *ε* 소단위체와 *γ* 소단위체로 이루어져 있고, F₀의 *c₁₀* 고리와 튼튼하게 연결된 중앙 기둥 역할을 한다. 양성자 이동이 *c₁₀* 고리를 회전시킬 때 F₁의 *α₃β₃* 촉매 고리 내부의 *γ* 소단위체도 같이 회전한다.

(a) F₀F₁ ATP 합성효소의 소단위체 구성 성분

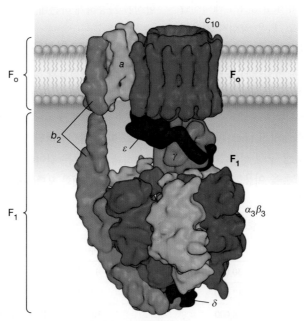

(b) F₀F₁ ATP 합성효소의 분자 구조

그림 10-23 *E. coli* F₀F₁ ATP 합성효소의 F₀와 F₁ 구성 성분. (a) *E. coli*에서 F₀F₁ ATP 합성효소를 구성하는 F₀와 F₁ 복합체의 고정형 소단위체 구성 성분과 이동형 소단위체 구성 성분을 보여주는 그림. 10개의 H^+이 F₀ 양성자 운반체를 통과하면 F₀ 10개의 *c* 소단위체로 구성된 고리가 한바퀴 회전하여 F₁의 *α₃β₃* 촉매 고리에서 3분자의 ATP가 만들어진다. (b) 막에 존재하는 F₀F₁ ATP 합성효소 모델과 각 소단위체를 다른 색으로 표현했다.

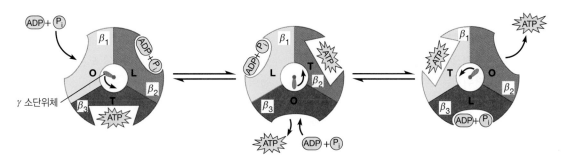

그림 10-24 F₀F₁ 복합체의 β 소단위체에 의한 ATP 합성의 결합 변화 모델. 이 모델에 의하면 각 β 소단위체는 어떤 한 순간에 서로 다른 형태를 취한 다. F₁ 복합체의 γ 소단위체(초록색으로 표현)가 α₃β₃ 촉매 고리 안에서 한바퀴 회전하면 각 β 소단위체는 단계적인 형태 변화를 거친다. β 소단위체가 O 형태로 있을 때 ADP와 Pᵢ가 결합한다. 다음으로 β 소단위체는 L 형태로 바뀌고 이때 ADP와 Pᵢ는 느슨하게 결합한다. 이후에 T 형태로 바뀌게 되면 ADP와 Pᵢ가 단단하게 결합하고 ATP로 전환된다. 이후에 β 소단위체는 다시 O 형태로 돌아간다. 그러므로 1회전당 ATP 3분자가 만들어진다. 다른 β 소단위체에서도 똑같은 일이 일어나는데, 시간적 차이를 두고 순차적으로 일어난다.

어(Paul Boyer)가 제시했다(**그림 10-24**).

보이어의 모델에 의하면 F₁ 복합체의 β 소단위체는 3개의 서로 다른 형태로 전환되는데, 이 3가지 형태는 각각 기질인 ADP와 Pᵢ, 산물인 ATP에 대해 다른 친화도를 가지고 있다. 보이어는 β 소단위체의 형태를 각각 ADP와 Pᵢ를 느슨하게 결합하는 L(loose, 느슨한) 형태, ADP와 Pᵢ를 단단히 결합하여 ATP로 전환시키는 T(tight, 단단한) 형태, 기질과 산물 모두에게 아주 적은 친화도를 가지고 있어 거의 대부분의 시간 동안 기질이나 산물 모두 다 결합하지 않고 있는 O(Open, 열린) 형태가 있다고 설명했다. 보이어는 또한 이 3개의 활성자리는 어느 한 순간 3개 모두 서로 다른 형태를 취하게 되고, α 소단위체와 β 소단위체로 이루어진 육각형 고리는 γ 소단위체를 포함한 중앙 축 주위로 회전한다고 제안했다. 이러한 회전은 F₀ 복합체를 통한 양성자의 흐름으로 인해 매개된다(앞에서 설명했듯이 고정된 α₃β₃ 촉매 고리 안에서 실제 회전하는 것은 γ 소단위체이고, 이들의 상대적인 움직임은 상당히 정확하게 밝혀졌다).

보이어의 이론은 처음 발표했을 당시에는 학계에서 완전히 받아들여지지는 않았지만 1994년에 워커(John Walker) 연구 팀이 X선 결정학을 통해 F₁ 복합체의 원자 모델을 밝힌 후에 비로소 널리 인정되었다. 이 방법을 통해 보이어가 주장했던 β 소단위체의 O, L, T 형태도 확인되었고, 어느 일정 순간에 3개의 활성자리가 서로 모두 다른 형태로 존재한다는 것 또한 확인되었다. 더 놀라운 사실은 F₁ 복합체와 F₀ 복합체(그림 10-23 참조)를 연결하는 축 안의 γ 소단위체가 F₁ 복합체의 중앙부를 관통해서 연장되어 있는데, 이 축은 비대칭적인 구조를 가지고 있어서 어떤 일정 순간 β 소단위체가 O, L, T 중 특정 형태를 취할 수 있도록 영향을 미친다는 것이다.

결합 변화 모델의 작용 모습 그림 10-24에 연속적으로 표현된 삽화는 양성자가 F₀ 복합체를 가로질러 에너지를 방출하며, 이동

할 때 F₁ 복합체의 β 소단위체 3개에서 어떤 기작에 의해 ATP 합성이 가능한지를 설명하는 최신 모델을 보여준다. 양성자가 F₀의 a 소단위체 내부의 통로를 통해 이동할 때 F₀의 c 소단위체의 회전을 유발하고, 이는 c 소단위체 고리와 연결된 축의 γ 소단위체까지 덩달아 회전하게 한다. γ 소단위체의 비대칭적인 구조는 3개의 β 소단위체와 일정 순간에 특정한 상호작용을 일으키게 할 뿐 아니라 γ 소단위체가 360도 회전함에 따라 각 β 소단위체가 O, L, T의 형태로 전환되게 한다.

F₀를 관통하여 양성자가 이동할 때 c₁₀ 고리가 회전하는 현상은 단백질 구조와 기능의 연관성이 만들어내는 경이적인 모습이다. 10개의 각 c 소단위체에는 고정된 a 소단위체의 아르지닌 잔기와 이온결합을 할 수 있는 아스파트산 잔기가 존재한다. 일정 순간에는 c 소단위체 단 1개의 아스파트산만이 아르지닌과 결합할 수 있고, 이러한 결합이 일어나려면 반드시 아스파트산은 이온화되어 전하를 띠고 있어야 한다. 막의 바깥쪽에서 들어온 양성자는 c 소단위체의 아스파트산에 양성자를 결합하여 중성화하는데, 이때 a 소단위체와의 이온결합이 끊어진다. 이는 복합체에 구조적 변화를 일으켜 복합체가 1/10바퀴 회전하게 함으로써 바로 옆의 다른 c 소단위체가 양성자를 잃고 a 소단위체의 아르지닌과 새로운 이온결합을 하도록 유도한다. 그러므로 10개의 양성자가 a 소단위체를 거쳐 막을 통과하면 c₁₀ 고리와 그것에 결합한 F₁의 γ 소단위체가 완전한 한 바퀴를 회전하게 된다.

그동안 α₃β₃ 촉매 고리에서는 β₁ 소단위체가 O 형태를 취하고 있어서 기질인 ADP와 Pᵢ가 쉽게 촉매자리에 결합할 수 있게 한다(그림 10-24). 촉매자리는 이 형태를 취할 때는 기질에 대한 친화도가 낮다. 양성자들이 막의 F₀ 소단위체를 통과함에 따라 c 고리 및 이와 결합한 γ 소단위체가 120도 회전한다. 이 회전은 β₁ 소단위체가 O 형태에서 L 형태로 바뀌도록 유도하고 ADP와 Pᵢ가 촉매자리에 느슨하게 결합한다.

β₃ 소단위체에서 ATP 한 분자가 생성된 후에 γ 소단위체는 또

한 120도 회전하여 β_1 소단위체가 L 형태에서 T 형태로 바뀌도록 유도한다. 이때 ADP와 P_i에 대한 친화도가 증가하여 촉매자리에 단단하게 결합하여 자발적으로 ATP가 만들어질 수 있는 구조를 형성한다. 이후 γ 소단위체는 추가로 120도 회전하여 β_1 소단위체가 O 형태를 취하게 하여 ATP를 촉매자리로부터 방출시킴으로써 β_1 소단위체가 또 다른 ATP 합성을 개시할 수 있게 한다. 이때 같은 연속적인 반응이 다른 두 β 소단위체에서도 동시에 일어난다는 것에 주목하자. 그러므로 γ 소단위체가 한바퀴 회전할 때 세 분자의 ATP가 생성되고, 이들은 각각 3개의 β 소단위체에서 하나씩 만들어진다.

자발적인 ATP의 합성? 결합 변화 모델을 자세히 들여다보면(그림 10-24) ATP가 합성되는 세 단계가 직접적인 에너지의 유입 없이 일어난다는 사실을 알 수 있다. 하지만 ATP 합성에 아주 많은 에너지가 필요하다는 것은 자명하다. 그렇다면 β 소단위체가 T 형태를 취하고 있을 때 어떻게 ATP 합성이 자발적으로 일어날 수 있을까? 우리가 아는 에너지가 많이 필요한 ATP 합성 반응은 묽은 수용액에서의 반응이다. 이와는 대조적으로 β 소단위체의 촉매자리에서 효소와 결합한 중간생성물질을 거쳐 일어나는 반응은 완벽하게 다른 환경에서 일어나는 반응이다. 얼마나 완벽하게 다르냐면 후자의 경우 $\Delta G^{\circ\prime}$이 0에 가까워서(**그림 10-25**) 에너지의 추가적인 유입 없이 자발적으로 일어난다. 촉매자리의 주변 환경이 ADP와 P_i 사이의 전기적 반발력을 최소화하여 ATP로의 축합반응이 가능하게 한다고 생각된다.

하지만 이는 ATP 합성 과정이 열역학적으로 에너지 소비 없이 일어난다는 것을 뜻하는 것은 절대 아니다. ATP 합성 회로의 다른 시점에서 에너지가 사용된 것이다. 촉매자리를 L 형태에서 T 형태로 전환시켜 ADP와 P_i를 가까이 접근하게 하여 축합반응

$$ADP + P_i + H^+ \longrightarrow ATP + H_2O$$
$$\Delta G^{\circ\prime} = +7.3 \text{ kcal/mol}$$

(a) 낮은 농도의 수용액에서의 ATP 합성

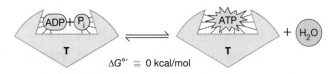

$$\Delta G^{\circ\prime} \cong 0 \text{ kcal/mol}$$

(b) 단백질과 결합한 ADP와 P_i로부터의 ATP 합성

그림 10-25 ATP 합성의 비교 에너지론. ATP 합성에 필요한 에너지 요구량은 주변 환경에 따라 크게 차이가 난다. (a) 낮은 농도의 수용액에서 ADP와 P_i로부터 ATP를 합성하는 과정은 $\Delta G^{\circ\prime}$이 7.3 kcal/mol인 에너지가 많이 필요한 반응이다. (b) β 소단위체의 촉매 부위가 T 형태로 있을 때 주변 환경은 굉장히 큰 차이가 나고 $\Delta G^{\circ\prime}$은 0에 가깝게 된다(즉 K_{eq}가 1에 가깝다). 그러므로 외부 에너지 필요 없이 반응은 자발적으로 일어날 수 있다.

을 유발하기 위해서는 이전 단계에서 에너지가 미리 필요하다. 이후 추가의 에너지가 T 형태에서 O 형태로 전환하여 ATP 산물을 방출시키는 데도 필요하다. 이 모든 에너지는 전자전달로 만들어진 양성자 기울기로부터 충당되고, 이는 c 고리와 γ 소단위체의 회전에 의한 기계적 에너지로 전환되어 전달된다. F_oF_1 ATP 합성효소에 의한 이러한 ATP 합성 과정은 세포가 전기적 일(전자전달)을 농축하는 일(양성자 기울기)로 바꾸고, 이를 다시 기계적 일(소단위체 회전)을 거쳐 궁극적으로 합성하는 일(ATP 합성)로 전환하는 과정의 훌륭한 예를 보여준다.

개념체크 10.6

ATP 합성효소는 과연 어떻게 전기화학 양성자 기울기의 퍼텐셜 에너지를 ATP의 화학 에너지로 전환시킬 수 있을까?

10.7 산소호흡: 전체 요약

산소호흡 전체 과정을 요약하기 위해 그림 10-1로 돌아가 각 구성 요소의 역할을 다시 살펴보자. 탄수화물과 지방이 에너지를 방출하기 위해 산화될 때 조효소가 환원된다. 이러한 환원된 조효소는 처음에 사용된 기질이 산화될 때 방출된 자유에너지를 저장한 형태에 해당한다. 이 에너지는 조효소가 다시 ETC에 의해 재산화되면서 ATP 합성에 사용될 수 있다. NADH 또는 $FADH_2$에서 전자가 산소에게 전달될 때 몇 개의 호흡 복합체를 경유하게 되고, 이 호흡 복합체에서 전자의 전달과 양성자의 막을 관통한 단일 방향 이동은 서로 연관되어 있다. 이러한 결과 발생하는 전기화학 기울기는 ATP 합성을 위한 pmf를 만들어낸다. 대부분의 경우 정상 상태 pmf(steady-state pmf)가 막의 안팎에 걸쳐서 유지된다. 조효소로부터 산소로의 전자전달은 연속적으로 조심스럽게 조절되어 바깥쪽을 향한 양성자 이동과 안쪽을 향한 양성자 이동은 서로 균형을 맞추어 딱 필요한 만큼의 ATP가 합성될 수 있게 한다.

실제 산소호흡으로 포도당 한 분자당 생산되는 ATP의 양은 여러 요인에 영향받는다

이제부터 하나의 포도당 분자가 산소호흡으로 분해되었을 때 얼마나 많은 ATP가 생성되는지 따져보자.

1. 포도당 한 분자당 '이론적 최대 ATP 생산량' 계산하기 반응 10-3에서 해당작용과 시트르산 회로에 의해 포도당이 이산화탄소로 완벽하게 산화되는 것은 기질 수준 인산화에 의해 만들어지는 ATP 분자 4개와 대부분의 남은 포도당 분해에서 유리된 자유에

너지를 저장한 조효소 12개(NADH 10개, FADH$_2$ 2개)를 만들어 낸다. 원핵생물과 일부 진핵세포에서는 NADH로부터 유리된 전자가 ETC에 존재하는 3개의 ATP를 만들어내는 복합체를 통과하면서 조효소 하나당 3개의 ATP를 만들어낸다. 반면 FADH$_2$로부터 유리된 전자는 3개의 복합체 중 2개만 통과하여 조효소 하나당 2개의 ATP만을 만들어낸다. 그러므로 이 두 종류의 조효소를 재산화시킬 때 얻을 수 있는 이론적 최대 ATP 생산량은 다음과 같다.

$$10\,NADH + 10\,H^+ + 5\,O_2 + 30\,ADP + 30\,P_i \longrightarrow$$
$$10\,NAD^+ + 10\,H_2O + 30\,ATP \qquad (10\text{-}19)$$

$$2\,FADH_2 + O_2 + 4\,ADP + 4\,P_i \longrightarrow$$
$$2\,FAD + 2\,H_2O + 4\,ATP \qquad (10\text{-}20)$$

이 두 반응을 합치면 전자전달과 ATP 합성의 전체 반응식을 얻을 수 있다.

$$10\,NADH + 10\,H^+ + 2\,FADH_2 + 6\,O_2 + 34\,ADP + 34\,P_i \longrightarrow$$
$$10\,NAD^+ + 2\,FAD + 12\,H_2O + 34\,ATP \qquad (10\text{-}21)$$

반응 10-18을 해당작용과 시트르산 회로를 합친 요약 반응(반응 10-3, 4개의 ATP 분자를 얻음)과 합치면 포도당 또는 다른 6탄당을 완전히 산소호흡으로 분해했을 때 얻을 수 있는 이론적인 ATP 총생산량을 구하는 다음의 반응식을 얻을 수 있다.

$$C_6H_{12}O_6 + 6\,O_3 \xrightarrow{\quad 38\,ADP + 38\,Pi \;\; 38\,ATP \quad} 6\,CO_2 + 6\,H_2O$$
$$(10\text{-}22)$$

이 요약 반응은 대부분의 원핵세포와 일부 진핵세포에서 유효한 반응이지만 오직 이론적인 계산만을 위한 반응식이다. 실제 상황에서 포도당 한 분자당 만들어지는 ATP의 양에 대해 좀 더 보수적으로 어림잡으려면 다른 여러 조건을 고려해야 한다.

2. 전자 왕복 수송계와 진핵세포에서 ATP 생산량의 변동 진핵세포에서 세포의 종류에 따라 이론적 최대 ATP 생산량은 38이 아니라 36일 수도 있다. 왜냐하면 세포기질에서 만들어지는 NADH가 미토콘드리아에서 만들어지는 NADH에 비해 적은 양의 ATP를 만들기 때문이다. 진핵세포에서 산소가 있는 조건에서 포도당이 이화작용에 의해 분해될 때 해당작용에 의해 포도당 하나당 2개의 NADH가 세포기질에서 생성되고 피루브산의 이화작용에 의해 미토콘드리아 기질에서 8분자의 NADH가 만들어진다. 이러한 NADH가 만들어지는 장소의 차이는 미토콘드리아 내막이 NADH 또는 NAD$^+$를 직접 통과시킬 수 없기 때문에 고려해야 할 중요한 요소가 된다. 세포기질에서 만들어지는 NADH는 미토콘드리아로 직접 들어가서 ETC의 복합체 I에 전자를 전달할 수 없다. 그 대신 전자와 양성자는 전자 왕복 수송계를 이용해 미토콘드리아 내부로 들어가게 되는데, 왕복의 종류에 따라 NADH 한 분자가 산화될 때 만들어지는 ATP 분자의 개수가 다르다.

전자 왕복 수송계(electron shuttle system)는 하나 이상의 가역적으로 환원될 수 있는 전자전달자와 막에 존재하여 산화된 형태 및 환원된 형태의 전자전달자를 모두 통과시킬 수 있는 수송 단백질로 이루어져 있다. 예를 들면 간, 콩팥, 심장 세포에서 세포기질의 NADH는 미토콘드리아 내부로 **말산-아스파르산 왕복 통로**(malate-aspartate shuttle)를 이용해 전자를 미토콘드리아로 전달한다. NADH가 세포기질에서 옥살로아세트산을 말산으로 환원시키면 말산은 미토콘드리아 기질로 이동하여 NAD$^+$를 NADH로 환원시킨다. 이 경우 세포기질의 NADH로부터 유리된 전자는 미토콘드리아 ETC의 양성자 3개를 이동시키는 복합체를 모두 경유하게 되고, 3분자의 ATP를 만든다. 아스파르산은 세포기질로 다시 이동하여 NADH로부터 전자를 더 받아들일 수 있는 옥살로아세트산을 만드는 데 사용된다.

반면 골격근, 뇌, 그 외의 조직세포에서는 전자가 세포기질의 NADH로부터 **글리세롤 인산 왕복 수송**(glycerol phosphate shuttle)을 이용하여 미토콘드리아의 호흡 복합체로 이동하게 되는데, 이 경우 미토콘드리아의 전자 수용체는 NAD$^+$ 대신 FAD가 사용된다.

세포기질의 NADH는 디하이드록시아세톤인산(dihydroxy-acetone phosphate, DHAP)을 환원시켜 글리세롤-3-인산(glycerol-3-phosphate)을 만드는데, 이는 미토콘드리아 외막을 가로질러 이동하여 막간 공간에서 다시 DHAP로 재산화된다. 이 반응을 촉매하는 효소는 NAD$^+$ 대신 FAD를 사용하여 전자가 ETC의 복합체 I을 거치지 않아 3개가 아닌 2개의 ATP를 만들어낸다. 그 결과 세포기질 NADH의 이론적 최대 ATP 생산 개수는 1개가 줄어들어 포도당 하나당 2개의 ATP가 줄어들게 된다(38에서 36으로 줄어든다).

3. 산소호흡의 ATP 생산량이 '이론적 최대 ATP 생산량'보다 적은 이유는 무엇인가 지금까지 공부해오는 동안 '이론적'이라는 단어는 조심스럽게 가급적 사용하지 않았다. 이 포도당 한 분자당 36분자 또는 38분자의 ATP가 생성되는 상황을 '이론적'이라고 표현한 이유는 전기화학 양성자 기울기가 오직 ATP 합성에만 쓰인다고 가정한 경우에 해당하기 때문이다. 이러한 가정은 이론적 최대 생산량을 계산하기 위해 필요하지만 사실 양성자 기울기의 pmf는 ATP 합성에만 사용되지 않고 다른 에너지가 필요한 반응에도 이용되기 때문에 '이론적 최대 ATP 생산량'은 현실적이지 않은 값이다. 예를 들면 양성자 기울기 에너지 중 일부는

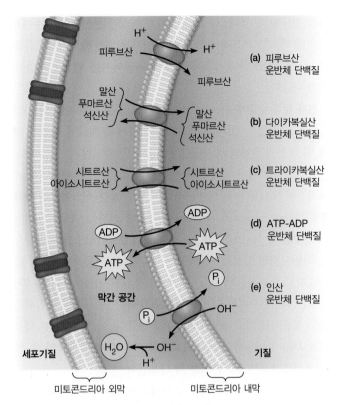

그림 10-26 미토콘드리아 내막의 주된 수송 시스템. 미토콘드리아 내막에 존재하는 운반단백질을 나타냈다. (a) 피루브산 운반체 단백질은 피루브산과 양성자를 내부로 수송하는데, 이 과정은 전기화학 양성자 기울기에 의한 양성자 구동력으로 일어난다. (b) 다이카복실산, (c) 트라이카복실산 운반체 단백질은 유기산을 막 안팎으로 수송하는데, 이때 수송 방향은 미토콘드리아 내막 안팎의 다이카복실산과 트라이카복실산의 상대적인 농도 차이에 의해 정해진다. (d) ATP/ADP 운반체 단백질은 ATP를 외부로, ADP를 내부로 수송한다. (e) 인산 운반체 단백질은 내부로의 인산 수송과 외부로의 수산 이온 수송을 결합한다. 수산 이온은 막간 공간의 수소 이온에 의해 중성화된다.

미토콘드리아 내부로 여러 대사물이나 이온을 수송하기 위해 사용된다. 이러한 수송 과정 일부를 **그림 10-26**에 도식했다.

미토콘드리아가 산화시킬 수 있는 기질과 시트르산 회로의 중간물질을 충분하게 받아들이기 위해서는 피루브산, 지방산, 아미노산, 시트르산 회로 중간물질의 세포기질과 미토콘드리아 기질 내부의 상대적인 농도 비율에 따라 정해지는 가변적인 양의 에너지가 필요하다. 게다가 ATP를 합성하려면 인산 이온을 미토콘드리아 내부로 수송할 때 수산 이온이 동시에 바깥쪽으로 이동하기 때문에 막간 공간의 양성자와 수산 이온이 중화반응을

일으켜 양성자 기울기가 감소할 수 있다. 어떤 세포에서는 인산 수송체가 공동수송체(symporter)로 작용하여 인산 이온과 양성자를 동시에 내부로 수송하기도 한다(그림 10-26e).

포도당 하나당 만들어지는 ATP의 양을 좀 더 보수적으로 어림잡기 위해 고려할 또 다른 요소가 있다. 첫째, 어떤 미토콘드리아는 내막을 통해 조금씩 양성자가 유출되기도 한다. 양성자가 ATP 합성효소를 거치지 않고 내막을 통과한다면 pmf와 ATP 생성량 모두 감소하게 된다. 둘째, ATP 한 분자 생산에 필요한 양성자의 개수($3H^+/ATP$)는 계산에는 간편한 값이지만 실제로는 양성자가 더 필요할 수도 있다. 이런 모든 요소를 감안해서 좀 더 보수적으로 예측하면 포도당 한 분자가 산소호흡을 통해 30개 또는 32개의 ATP를 만들어낸다고 할 수 있다.

산소호흡: 놀라운 과정

이제 산소호흡을 통한 ATP 합성의 전체 효율을 살펴보자. 우선 포도당 한 분자당 30개 또는 32개의 ATP가 생성될 때 어느 정도의 비율로 에너지가 보존되는지 계산해보자. 포도당이 완전히 CO_2와 H_2O로 산화될 때 $\Delta G^{o'}$은 -686 kcal/mol이다. 표준 조건에서 ATP가 가수분해될 때 $\Delta G^{o'}$은 -7.3 kcal/mol이지만 세포 내 조건에서 실제 $\Delta G'$은 $-10 \sim -14$ kcal/mol이다. 이 장 앞부분에서 사용한 값인 10 kcal/mol을 이용하면 포도당 1몰이 산소호흡을 통해 분해될 때 생성되는 30몰 또는 32몰의 ATP는 300 kcal 또는 320 kcal의 에너지에 해당하고, 이는 포도당이 가지고 있던 에너지의 44% 또는 47%에 해당한다. 현재 인간이 만든 엔진의 열효율에 비교하면 이러한 효율은 놀라울 정도이다(현대 디젤 엔진의 열효율은 30% 정도 된다).

지금까지 살펴본 것은 바로 유산소 에너지 대사 과정이다. 트랜지스터도 없고, 기계 부품도 없으며, 소음이나 공해도 없는 이 모든 과정은 전자현미경으로나 관찰 가능한 작은 세포 내 구조물에서 일어난다. 이 모든 프로세스는 살아있는 세포에서 놀라운 효율로 정교하게 조절되며 연속적으로 진행된다.

개념체크 10.7

포도당이 산소호흡을 통해 분해될 때 생기는 ATP는 어디에서 온 것인가? 어떤 진핵세포에서 포도당이 완전히 CO_2로 산화될 때 2개 적은 ATP가 생성되는 이유는 무엇인가?

요약

10.1 세포호흡: ATP 수율을 최대로 올리기

■ 산소호흡은 산소를 최종 전자 수용체로 사용함으로써 당, 지질, 단백질과 같은 유기 기질로부터 발효와 비교해서 훨씬 더 많은 자유에너지를 유리하여 세포가 사용할 수 있게 한다.

■ 탄수화물로부터 유리된 포도당의 완전한 이화작용은 세포기질에서 해당작용으로부터 시작하여 피루브산을 생성한다. 피루브산은 미토콘드리아로 수송되어 산화적 탈카복실화 반응을 통해 아세틸 CoA를 생성하고 CO_2를 내보낸다. 아세틸 CoA는 시트르산 회로의 효소에 의해 CO_2로 완전히 산화된다.

10.2 미토콘드리아: 이 모든 것이 일어나는 세포소기관

■ 미토콘드리아는 특히 ATP를 많이 필요로 하는 세포에 다량 존재하는 세포소기관으로 진핵세포의 산소호흡을 담당한다. 어떤 세포에서는 미토콘드리아가 커다란 서로 연결된 구조를 취하기도 하지만 대부분은 서로 독립된 별도의 세포소기관으로 존재한다.

■ 미토콘드리아는 두 겹의 막에 둘러싸여 있다. 외막은 포린의 존재 때문에 이온과 작은 분자가 자유롭게 통과할 수 있다. 내막은 선택적 통과를 시키는 막으로 피루브산, 지방산 및 다른 유기산을 미토콘드리아 내부로 수송하는 특이적인 운반단백질을 지니고 있다.

■ 내막은 크리스타라고 불리는 안으로 접힌 부분을 다수 가지고 있다. 크리스타는 내막의 표면을 크게 증가시켜서 호흡 기능을 위해 필요한 여러 산소호흡 복합체, F_0F_1 ATP 합성효소 복합체, 운반단백질이 자리 잡을 수 있는 공간을 확보하게 한다. 크리스타 내부 공간에는 전자전달 시에 수송된 양성자가 농축되어 존재하고 이들이 ATP 합성효소를 통해 기질로 다시 방출될 때 ATP의 합성이 가능하다.

■ 어떤 미토콘드리아의 폴리펩타이드는 세포기질에서 만들어져서 미토콘드리아 내막과 외막의 이동 복합체(각각 TIM과 TOM이라 불린다)를 통해 미토콘드리아 내부로 수송된다. 이러한 폴리펩타이드들은 대부분 N-말단에 미토콘드리아로의 수송을 촉진하는 통과 서열을 가지고 있다.

10.3 시트르산 회로: 원형 회로에서의 산화

■ 해당작용에서 생긴 피루브산은 산화적 탈카복실화 반응을 통해 아세틸 CoA로 전환되고 NADH와 CO_2를 생성한다. 아세틸 CoA는 옥살로아세트산과 결합하여 시트르산을 만들면서 시트르산 회로로 들어간다.

■ 시트르산이 석신산으로 전환되면서 두 분자의 CO_2가 발생하고, 두 분자의 NADH가 생성된다. 이 과정은 두 차례의 산화적 탈카복실화 단계와 ATP 생성 단계를 포함한다. 석신산은 산화되어 옥살로아세트산을 만들고, 이때 $FADH_2$와 NADH가 만들어진다.

■ 일부 시트르산 회로의 효소는 다른자리입체성 조절을 받는다. 피루브산 이화작용의 산물(NADH, ATP, 아세틸 CoA)은 억제인자로 작용하고, 기질인 NAD^+, AMP, ADP, CoA는 활성인자로 사용된다.

■ 시트르산 회로는 지방과 단백질의 이화작용에도 중요하다. 지방산 이화작용인 β 산화는 미토콘드리아 기질에서 일어나 아세틸 CoA를 만들어내고, 이는 시트르산 회로로 유입된다. 단백질은 아미노산으로 분해되고 해당작용이나 시트르산 회로의 중간물질로 유입된다.

■ 추가로 몇몇 시트르산 회로의 중간물질은 아미노산 합성이나 헴 합성과 같은 동화작용에 이용된다. 어떤 식물의 씨앗에서 저장된 지방에서 유리된 아세틸 CoA는 탄수화물로 바뀐다.

10.4 전자전달: 조효소에서 산소로의 전자의 흐름

■ 포도당의 산소호흡에 의한 산화로부터 유리된 대부분의 에너지는 환원된 조효소인 NADH와 $FADH_2$에 존재하고, 이들은 전자전달 사슬에 의해 다시 재산화된다. 이 시스템은 몇몇의 산소호흡 복합체(미토콘드리아 내막에 삽입된 거대한 다량체 단백질)로 구성된다.

■ 산소호흡 복합체는 막 위에서 자유롭게 이동할 수 있고 모여서 레스퍼레이솜이라는 거대한 구조를 형성한다.

■ 전자전달사슬의 핵심적인 중간 전달자는 조효소 Q와 사이토크롬 c로, 이들은 전자를 산소호흡 복합체 사이에서 이동시킨다. 산소호흡을 하는 생물의 경우 산소는 최종적인 전자 수용체이고 산소의 환원에 의해 물이 생긴다.

10.5 전기화학 양성자 기울기: 에너지 발생과 관련된 열쇠

■ 4개의 주된 산소호흡 복합체 중 3개(복합체 I, III, IV)는 전자전달과 양성자 외부 이동을 함께 결합하여 수행한다. 이 결과 전기화학 양성자 기울기가 생겨 ATP 합성의 에너지로 사용된다.

10.6 ATP 합성: 지금까지의 모든 과정 합치기

■ ATP 합성 시스템은 막에 삽입된 F_0 양성자 수송체와 내막으로부터 기질 방향으로 튀어나온 F_1 ATP 합성효소로 이루어져 있다.

■ 전자화학 양성자 기울기 힘에 의해 F_0를 통과하여 양성자가 이동할 때 F_1에서 ATP가 합성된다. 그러므로 전기화학 양성자 기울기와 ATP는 상호 전환이 가능한 저장된 에너지 형태이다.

10.7 산소호흡: 전체 요약

■ 포도당을 여섯 분자의 CO_2로 완전히 산화시키면 10개의 NADH, 2개의 $FADH_2$, 4개의 ATP가 만들어진다. 각 NADH는 전자전달 사슬에서 산화되어 3개의 ATP를 만들고, $FADH_2$는 산화되어 2개의 ATP를 만든다.

■ 산소호흡의 이론적 최대 ATP 생산량은 포도당 한 분자당 ATP 38 분자이다. 하지만 어떤 진핵세포에서는 세포기질에서 해당작용으로 생성된 NADH가 미토콘드리아의 $FADH_2$에게 글리세롤 인산 왕복 수송을 통해 전자를 전달하기 때문에 ATP 생산량이 줄어들어 36분자의 ATP가 만들어진다.

■ 산소호흡을 통한 실제 ATP 생산량은 30개 또는 32개이다. 그 이유는 시트르산 회로의 중간물질이 다른 대사작용에 사용되기도 하고, 미토콘드리아 내막을 통한 양성자의 유출, 다른 물질의 수송 과정에 사용되는 양성자 기울기, ATP 합성 과정 때 서로 다른 ATP 합성효소가 필요로 하는 양성자 개수의 차이 때문이다.

연습문제

10-1 미토콘드리아 내부 분자의 위치와 기능. 다음의 분자 또는 기능이 기질(matrix, MA), 내막(inner membrane, IM), 외막(outer membrane, OM), 막간 공간(intermembrane space, IS), 미토콘드리아에 없음(NO)에 해당하는지 표시하라.

(a) 피루브산

(b) 수소 이온

(c) 트라이글리세라이드

(d) 수소 이온의 수송

(e) ADP가 ATP로 전환

(f) 지방산 합성

(g) 포도당이 피루브산으로 전환

(h) F_oF_1 복합체의 물리적인 위치

(i) ATP

(j) 포린 단백질

(k) 터모제닌

(l) 아세틸 CoA

(m) 전자전달사슬 단백질

10-2 원핵세포 내부 분자의 위치와 기능. 원핵세포에서 연습문제 10-1이 세포질(cytoplasm C), 원형질막(plasma membrane, PM), 세포 외부(exterior of cell, EX), 존재하지 않음(NO)에 해당하는지 표시하라.

10-3 참 또는 거짓. 다음의 문장이 참(T)인지 거짓(F)인지 표시하라. 거짓인 경우 문장을 참으로 수정하라.

(a) 시트르산 회로 내부의 기질 흐름은 회로에 관여하는 효소가 미토콘드리아 내막에 시트르산 회로의 반응 순서대로 삽입되어 있기 때문에 가능하다.

(b) 시트르산 회로의 조절은 주요 효소에 특정 억제인자 또는 활성인자가 가역적으로 결합함으로써 이루어진다.

(c) 산소가 최종 전자 수용체로 사용되지 않아도 호흡 과정이 가능하다. 이때 황(S/H_2S), 양성자(H^+/H_2), 철 이온(Fe^{3+}/Fe^{2+})이 최종 전자 수용체로 사용된다.

(d) $NADH/NAD^+$ 산화환원 쌍의 $\Delta E_0'$은 아주 큰 절댓값의 음수이고, O_2/H_2O 산화환원 쌍의 $\Delta E_0'$은 아주 큰 절댓값의 양수이므로 전자전달사슬의 전자 흐름은 에너지를 발생시키는 반응이라고 예상할 수 있다.

(e) NAD^+와 비교해서 FAD는 에너지 준위가 높은 조효소이다.

(f) 홀수의 탄소를 가진 지방산의 경우, 마지막 β 산화에서는 아세틸 CoA보다 탄소가 하나 더 많은 프로피오닐 CoA를 생성한다.

10-4 미토콘드리아 수송. 산소호흡을 위해서는 미토콘드리아 내막 안팎으로 끊임없이 여러 물질이 수송되어야 한다. 포도당만을 에너지원으로 사용하는 뇌세포의 경우를 가정하여 다음의 물질이 미토콘드리아 내막을 통해 수송될지 여부를 판단하라. 만일 수송된다고 판단했을 경우 한 분자의 포도당이 이화작용을 통해 분해되었을 때 몇 개의 분자가 어떤 방향으로 수송되는지 기술하라.

(a) 피루브산　　　　　　(b) 산소

(c) ATP　　　　　　　(d) ADP

(e) 아세틸 CoA　　　　(f) 글리세롤-3-인산

(g) NADH　　　　　　(h) $FADH_2$

(i) 옥살로아세트산　　　(j) 물

(k) 전자　　　　　　　(l) 양성자

10-5 대사경로 완성하기. 다음 각 보기의 경우에서 각 구조를 그리고 중간산물을 순서대로 나열하여 대사경로를 완성하라.

(a) 시트르산을 α-케토글루타르산으로 바꾸는 CAC-2와 CAC-3 반응은 아이소시트르산뿐 아니라 그림 10-9에 표시되지 않는 다른 분자인 아코니트산과 옥살석신산이 중간물로 사용된다. 시트르산으로부터 α-케토글루타르산으로 전환되는 대사 과정을 이 3가지 중간물질의 생성 순서대로 구조를 그려서 나타내라.

(b) 아미노산인 글루탐산은 피루브산과 알라닌으로부터 특정 대사경로에 의해 만들어지는데, 이 과정은 시트르산 회로가 이화작용과 동화작용에 모두 관여하는 양반응성 회로라는 것을 보여준다. 글루탐산이 피루브산과 알라닌으로부터 만들어지는 대사경로를 필요한 모든 효소를 넣어서 그려보라.

(c) 피루브산-2-^{14}C(두 번째 탄소를 방사성 동위원소로 표지한 피루브산)를 활발하게 호흡을 수행하는 미토콘드리아에 넣었더니 대부분의 방사능이 시트르산에서 감지되었다. 방사능으로 표지된 탄소 원자가 시트르산으로 유입되는 경로을 표현하고 시트르산 분자의 어느 탄소가 처음으로 방사능으로 표지되는지 나타내라.

10-6 양적 분석 세포생물학 계산. 표 10-2의 값을 이용하여 다음 문제를 계산하라.

(a) 아무 계산도 하지 않은 상태의 표준 조건에서 아이소시트르산이

NAD$^+$에게 에너지를 방출하면서 전자를 전달할 수 있을지 추측하라. 그렇게 예상하는 이유는 무엇인가?

(b) 아이소시트르산이 표준 조건에서 NAD$^+$에 의해 산화되었을 때의 $\Delta E_0'$을 계산하라. 이 계산은 (a)에서 추측한 결과와 일치하는가? 답에 대해 설명하라.

(c) 아이소시트르산이 표준 조건에서 NAD$^+$에 의해 산화되었을 때의 $\Delta G^{o\prime}$을 계산하라. 이 계산 결과는 산소호흡 대사 과정과 어떠한 연관성이 있는가?

(d) (a)~(c)의 문제를 젖산이 NAD$^+$에 의해 피루브산으로 산화되는 과정에 대해 다시 풀어보라. 이 계산 결과는 산소호흡 대사 과정과 어떠한 연관성이 있는가?

(e) (a)~(c)의 문제를 석신산이 NAD$^+$에 의해 푸마르산으로 산화되는 과정에 대해 다시 풀어보라. $\Delta G^{o\prime}$이 굉장히 큰 양의 값이 나올 것이다. 이 결과를 바탕으로 NAD$^+$가 석신산 탈수소효소 반응의 조효소로 사용될 수 있는지 여부를 판단해보라.

(f) (a)~(c)의 문제를 석신산이 CoQ에 의해 푸마르산으로 산화되는 과정에 대해 다시 풀어보라. 그림 10-9에서 보듯이 실제로는 석신산 탈수소효소가 FAD를 전자 수용체로 사용하지만 CoQ도 전자 수용체로 사용될 수 있을 것이라 생각할 수 있는 이유는 무엇인가?

10-7 양적 분석 최대 ATP 생산량 계산하기. 표 10-5는 포도당의 유산소 산화 과정에서 ATP 생산량을 알아보기 위해 만들어진 것이다.

(a) 표 10-5를 산소호흡을 수행하는 박테리아의 대사 관점에서 완성하라. 이론적인 최대 ATP 생산량은 얼마인가?

(b) 글리세롤 인산 왕복 수송을 이용하여 세포기질로부터 미토콘드리아로 전자를 이동시키는 진핵세포의 입장에서 표 10-5를 완성하라.

10-8 이화작용의 조절. 다음의 각 조절 기작에서 세포의 유리한 점에 대해 논하라.

(a) ADP에 의한 아이소시트르산 탈수소효소(그림 10-9 반응 CAC-3)의 활성화

(b) NADH 의한 아이소시트르산, α-케토글루타르산, 말산을 산화시키는 탈수소효소(반응 CAC-3, CAC-4, CAC-8)의 다른자리입체성 억제

(c) ATP에 의한 피루브산 탈수소효소(그림 10-9, 반응 10-1)의 다른자리입체성 억제

(d) 시트르산에 의한 인산과당 인산화효소(그림 9-13, 반응 Gly-3)의 다른자리입체성 억제

(e) NADH에 의한 피루브산탈수소효소 인산화효소(그림 10-11 효소 E2)의 다른자리입체성 활성화

(f) 석시닐 CoA에 의한 α-케토글루타르산 탈수소효소(그림 10-11, 반응 CAC-4)의 다른자리입체성 억제

10-9 치명적인 합성. 남아프리카의 식물인 *Dichapetalum cymosum*의 잎은 아주 독성이 강하다. 이 잎을 먹은 동물은 발작을 일으키고 대부분 즉시 사망한다. 이 독의 가장 대표적인 효과는 독을 섭취한 동물의 여러 기관 내부의 시트르산 농도가 증가하고, 시트르산 회로가 억제되는 것이다. 이 식물이 가진 독성 성분은 플루오로아세트산(fluoroacetate)이지만 섭취한 동물의 조직에서 발견되는 실제 독성물질은 플루오로시트르산(flourocitrate)이다. 플루오로아세트산을 순수 분리한 시트르산 회로의 효소에게 처리하면 효소의 활성에는 억제 효과가 없다.

(a) 플루오로아세트산은 억제 효과가 없지만 플루오로시트르산을 순수 분리한 시트르산 회로의 효소에게 처리하면 일부 효소 활성에는 억제 효과가 있을 것이라고 생각한다면 그 이유는 무엇인가?

(b) 플루오로시트르산에 의해 억제되는 시트르산 회로의 효소는 무엇이라고 생각하는가? 그렇게 생각한 두 가지 이유를 제시하라.

(c) 플루오로아세트산은 어떻게 플루오로시트르산으로 전환되는가?

(d) 이 현상을 왜 '치명적인 합성'이라고 부르는가?

10-10 양적 분석 포화지방산 섭취. 지방산 산화에 대한 다음 문제를 계산하라.

(a) 팔미트산(탄소 16개)이 β 산화로 인해 분해되었을 때 생성되는 $FADH_2$, NADH, 아세틸 CoA의 개수를 계산하라.

(b) 위의 결과를 스테르산(탄소 18개)이 β 산화로 인해 분해되었을 때의 결과와 비교하라.

표 10-5 포도당의 유산소 산화 과정 중 ATP 이론적 최대 생산량 계산			
산소호흡의 단계	해당작용(포도당 → 2 피루브산)	피루브산 산화(2 피루브산 → 2 아세틸 CoA)	시트르산 회로(2회)
CO_2 생산량			
NADH 생산량			
NADH당 ATP			
$FADH_2$ 생산량			
$FADH_2$당 ATP			
기질 수준 인산화에서 ATP 생산량			
산화적 인산화에서 ATP 생산량			
최고 ATP 생산량			

(c) n개(n = 짝수)의 탄소로 이루어진 지방산으로부터 생성되는 아세틸 CoA, $FADH_2$, NADH의 개수를 계산하는 식을 서술하라.

(d) 생성된 아세틸 CoA가 시트르산과 산소로의 전자전달을 통해 완전히 산화되었을 경우 팔미트산과 스테르산의 경우 각각 몇 개의 ATP가 생성될지 계산하라.

(e) n개(n = 짝수)의 탄소로 이루어진 지방산이 완전히 산화될 때 생성되는 ATP의 양을 계산할 수 있는 식을 서술하라.

10-11 세포기질 NADH의 산화. 어떤 진핵세포의 경우 세포기질에서 수행된 해당작용에 의해 생성된 NADH는 글리세롤 인산 왕복 수송에 의해 재산화된다.

(a) 세포기질의 NADH에 의해 디하이드록시아세톤인산(DHAP)이 글리세롤-3-인산(Gly-3-P)으로 환원되는 반응과 미토콘드리아 내막의 FAD와 연결된 Gly-3-P 탈수소효소에 Gly-3-P가 DHAP로 환원되는 반응의 전체 반응식을 각각 서술하라.

(b) 앞 문제의 두 반응식의 양변을 더해 구할 수 있는 세포기질의 NADH로부터 미토콘드리아의 FAD에게 전자를 전달하는 요약 반응을 서술하라. 이 반응의 $\Delta E_0'$과 $\Delta G^{\circ\prime}$을 계산하라. 표준 조건일 때 미토콘드리아 내부로 전자가 전달되는 반응은 열역학적으로 가능한가?

(c) CoQ가 $CoQH_2$로 환원된다고 가정하고 $FADH_2$가 조효소 Q에 의해 재산화될 때의 반응식을 서술하라. 이 반응의 $\Delta E_0'$과 $\Delta G^{\circ\prime}$을 계산하라. 표준 조건일 때 이 반응은 열역학적으로 가능한가?

(d) 세포기질의 NADH로부터 미토콘드리아의 CoQ로 전자가 전달될 때의 반응식을 서술하고 이 반응의 $\Delta E_0'$과 $\Delta G^{\circ\prime}$을 계산하라. 표준 조건일 때 이 반응은 열역학적으로 가능한가?

(e) 세포기질의 [NADH]/[NAD^+] 비율이 5.0이고 미토콘드리아 내막의 [CoQ]/[$CoQH_2$] 비율이 2.0일 때 25℃의 pH 7.0 조건에서 $\Delta G'$은 얼마인가?

(f) 미토콘드리아 내부를 향한 NADH에서 CoQ로의 전자 수송에 대한 $\Delta G'$은 효소와 결합한 FAD의 환원된 형태와 산화된 형태의 비율에 의해 영향을 받는가? 그렇게 생각한 이유는 무엇인가?

10-12 데이터 분석 미토콘드리아의 양성자 기울기. 양성자 기울기를 전자전달과 연관시킨 그림 10-21을 다시 살펴보자.

(a) 산소가 전해지기 전까지 pH에 급격한 변화가 생기지 않는 이유는 무엇인가?

(b) 석신산을 전자 공여체로 사용했을 때보다 NADH를 사용했을 때 pH의 변화가 훨씬 더 크게 반복적으로 관찰되었다. 시트르산 회로와 전자전달사슬에 대한 지식을 바탕으로 이 현상을 설명하라.

10-13 전자전달사슬 자세히 들여다보기. 전자전달사슬 중 어떤 부분이 양성자 수송과 ATP 합성에 관여하는지 알아보기 위해 연구자들은 전자전달사슬 전체 중 일부만이 작용할 수 있는 조건에서 순수 분리한 미토콘드리아를 넣었다. 이러한 실험 방법 중 하나는 전자전달사슬의 특정 부분에만 끼어들어갈 수 있는 전자 공여체와 전자 수용체를 미토콘드리아에 처리하는 것이다. 또한 추가로 알려진 특이성을 가진 억제인자를 가하기도 한다. 이러한 실험에서 미토콘드리아에 β-하이드록시부티르산, 산화된 사이토크롬 c, ADP, P_i, 사이아나이드(cyanide)를 처리했다(미토콘드리아는 β-하이드록시부티르산을 β-케토부티르산으로 산화시킬 수 있는 NAD^+ 의존적인 탈수소효소를 가지고 있다).

(a) 이 실험 시스템에서 전자 공여체는 무엇이고, 전자 수용체는 무엇인가? 이 시스템에서 가장 가능성 있는 전자전달 시스템의 전자 흐름은 어떻게 될 것인가?

(b) 전자전달사슬에 대한 지식을 바탕으로 β-하이드록시부티르산 1몰당 몇 몰의 ATP가 생성될 것인지 예측해보라. 이 시스템에서 일어나는 반응식을 서술하라.

(c) 사이아나이드는 이 반응식에 유일하게 포함되지 않는 물질이다. 이 시스템이 사이아나이드를 첨가하는 이유는 무엇인가? 사이아나이드를 첨가하지 않는다면 어떠한 결과가 일어날 것인가?

(d) 이 실험 시스템에서 시트르산 회로의 효소는 활성화될 것인가? 그렇게 생각한 이유는 무엇인가?

(e) β-케토부티르산이 이 시스템에서 더 이상 대사되지 않는다는 사실이 중요한 이유는 무엇인가? 젖산은 β-케토부티르산과 구조적으로 상당히 유사하다. 실험자들이 β-케토부티르산 대신 산화할 수 있는 기질로 젖산을 사용했다면 어떤 결과가 일어났을 것으로 예상되는가?

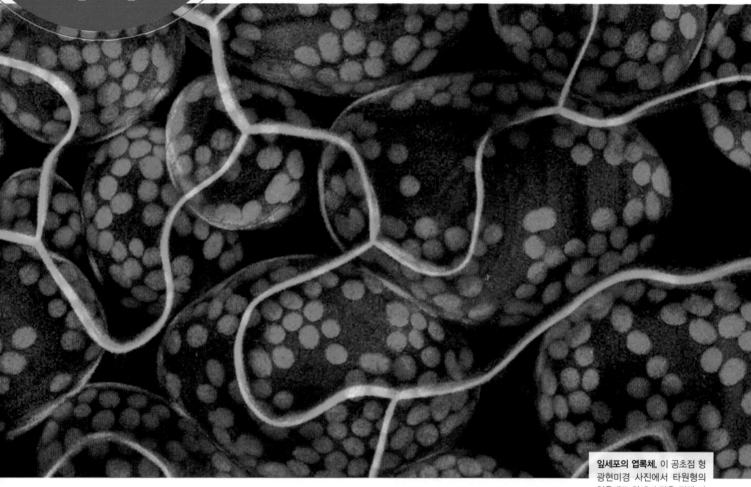

11 광영양생물의 에너지 대사: 광합성

잎세포의 엽록체. 이 공초점 형 광현미경 사진에서 타원형의 엽육세포 안에 수많은 적색 자 가형광 엽록체를 볼 수 있다. 그 위의 물결 모양 구조는 표 피세포층이다. 모든 세포벽은 파란색 형광으로 표시되었다.

앞선 두 장에서 세포에서 필요한 에너지와 탄소를 해결하는 방법으로 널리 사용되는 두 가지 화학영양 대사 방법인 발효와 세포호흡을 공부했다. 대부분의 화학영양생물(인간 포함)은 생존을 위해 외부로부터 들여오는 유기물이 필요하다. 화학영양생물은 이화작용으로 탄수화물, 지방, 단백질과 같은 고에너지이며 환원된 화합물을 산화시켜 에너지를 얻는다. 또한 그들은 동화경로에서 생합성을 위한 탄소 화합물 공급원으로 이러한 산화경로에서 발생한 중간화합물을 사용한다. 그러나 이러한 환원된 유기 화합물이 지속적으로 외부에서 공급되지 않는다면 화학영양생물은 생존할 수 없다.

이 장에서는 화학영양생물에 의해 생물권에서 빠져나간 화학 에너지와 유기 탄소화합물을 광합성생물이 어떻게 생성하는가를 공부할 것이다. 광합성생물은 태양 에너지를 사용하여 CO_2를 환원시켜 모든 화학영양생물이 살아갈 수 있게 하는 환원된 탄소 형태 화합물, 즉 탄수화물, 지방, 단백질을 합성한다.

이러한 생명의 구성 요소를 만들기 위한 동화경로로 태양 에너지를 사용하는 것을 **광합성**(photosynthesis)이라 한다. 빛 에너지를 화학 에너지로 전환한 후 유기분자를 합성하는 데 사용하는 것이다. 지구상 거의 모든 생명체는 햇빛으로 지구에 도착한 에너지에 의해 유지된다. **광영양생물**(phototroph)은 ATP와 환원된 조효소 NADPH의 형태로 태양 에너지를 화학 에너지로 전환하는 생물체이다. NADPH는 많은 동화경로에서 전자 및 수소 운반체이며, 이전에 이화경로에서 언급한 NADH와 밀접하게 관련되어 있다(9장 참조).

일부 광영양생물(예: 7장의 *Halobacteria*)은 태양광으로부터 에너지를 얻지만 환원된 탄소가 있는 유기물의 공급에 의존하는 생물체인 **광종속영양생물**(photoheterotroph)이다. 식물, 조류 및 대부분의 광합성 박테리아를 포함한 대부분의 다른 광영양생물은 **광독립영양생물**(photoautotroph)이며, 이는 이산화탄소와 물 같은 단순한 무기물로부터 에너지가 풍부한 유기분자를 합성하기 위해 태양 에너지를 사용하는 생물체이다. 많은 광독립영양생물은 광합성의 부산물로 산소 분자를 방출한다. 따라서 광영양생물은 생물권에 환원된 탄소를 보충할 뿐만 아니라 호기성 생물체가 이러한 환원된 화합물을 에너지로 산화시키는 데 사용하는 대기의 산소를 제공한다.

이 장에서는 광합성의 두 가지 일반적인 측면을 살펴볼 것이다. 즉 광독립영양생물이 어떻게 태양 에너지를 포획하여 이를 화학 에너지로 전환하고, 이 에너지가 어떻게 에너지가 적은 이산화탄소와 물을 탄수화물, 지방, 단백질과 같은 에너지가 풍부한 유기분자로 전환하는가에 대해 공부할 것이다.

11.1 광합성의 개요

광합성은 **에너지 전환**(energy transduction)과 **탄소 동화**(carbon assimilation)라는 두 가지 주요 생화학적 과정을 포함한다(**그림 11-1**). 에너지 전환 반응 동안 빛 에너지는 엽록소 분자에 포획되어 ATP와 NADPH의 형태로 화학 에너지로 전환된다. 에너지 전환 반응에 의해 생성된 ATP와 NADPH는 이후에 CO_2로부터 탄수화물을 합성하는 탄소 동화 반응에 에너지(ATP)와 환원력(NADPH)을 제공한다. 일반적으로 캘빈 회로로 알려진 탄소 동화 작용 동안 이산화탄소의 탄소 원자는 공유결합으로 유기 화합물에 '고정'되어 탄수화물을 형성한다. 따라서 이 반응은 종종 탄소 고정 반응이라고 불린다. 에너지 전환 반응과 탄소 동화 반응은 식물과 조류 같은 진핵생물 광영양체에서는 엽록체, 광합성 박테리아에서는 단백질성 막구조와 세포기질의 미세 구획에서 일어난다.

에너지 전환 반응은 태양 에너지를 화학 에너지로 변환한다

태양 에너지는 식물의 녹색 잎, 조류 및 광합성 박테리아의 세포에 존재하는 **엽록소**라고 하는 다양한 녹색 색소 분자에 의해 포획된다. 엽록소 분자에 빛 에너지가 흡수되면 전자 중 하나를 여기시키고 분자에서 방출되어 앞서 미토콘드리아에서 본 전자전달사슬(electron transport chain, ETC)과 매우 유사하게 엽록체 막의 ETC를 통해 흐른다. 미토콘드리아에서와 같이 이 전자의 흐름은 한방향 양성자 수송과 결합되며, 이는 먼저 전기화학 양성자 기울기에 에너지를 저장하여 이후에 ATP 합성효소를 구동하게 된다. 기억하겠지만 미토콘드리아에서 이 과정은 산화적 인산화(유기 화합물의 산화에서 파생된 에너지로 구동되는 ATP 합성)로 알려져 있다. 광합성 생물체에서 태양 에너지로 구동되는 ATP 합성은 **광인산화**(photophosphorylation)라고 한다.

이산화탄소의 완전히 산화된 탄소 원자를 유기분자로 통합하려면 이 탄소 원자가 환원되어야 한다. 따라서 광독립영양생물은 ATP 형태의 에너지뿐만 아니라 NADH와 유사한 조효소인 NADPH가 제공하는 환원력도 필요로 한다(그림 9-5 참조). 식물, 조류, 남조류와 같은 **산소생성 광영양생물**(oxygenic phototroph)에서 물은 전자 공여체로 작용한다. 엽록소에 흡수된 빛 에너지는 물에서 $NADP^+$로 전자 2개를 이동시켜 NADPH로 환원시킨다. 물이 산화되면 산소 분자가 방출된다. **산소비생성 광영양생물**(anoxygenic phototroph, 녹색 및 자색 광합성 박테리아)은 황화물(S^{2-}), 티오황산염($S_2O_3{}^{2-}$), 석신산과 같은 화합물을 전자 공여체로 사용하며, 이러한 화합물이 산화된 형태로 방출된다. 산소생성 및 산소비생성 광영양생물 모두에서 광에 의한 NADPH 생성을 광환원이라고 한다.

일반적으로 광합성을 생각할 때 떠오르는 것은 나무, 풀 등의 일반적인 식물인 산소생성 광영양생물이다. 그러나 1930~1940년대에 닐(C. B. van Niel)이 수행한 산소비생성 녹색 및 자색 광합성 박테리아에 대한 연구 덕분에 광합성이 빛에 의한 산화환원 과정이라는 것을 이해하게 되었다.

탄소 동화 반응은 이산화탄소를 환원시켜 탄소를 고정한다

광합성 세포 내에 축적된 에너지의 대부분은 광 의존적으로 ATP와 NADPH가 생성되고 이에 따라 이산화탄소 고정 및 환원이 일어난다. 광합성 전체 과정에 대한 일반적인 반응은 다음과 같이 표시할 수 있다.

$$빛 + CO_2 + 2\,H_2A \longrightarrow [CH_2O] + 2\,A + H_2O \quad (11\text{-}1)$$

여기서 H_2A는 적절한 **전자 공여체**, $[CH_2O]$는 탄수화물, A는 전자 공여체가 산화된 형태이다. 이러한 방식으로 광합성을 표현함으로써 모든 광영양생물이 물을 전자 공여체로 사용한다는 잘못된 개념을 피할 수 있다.

물을 전자 공여체로 사용하는 산소생성 광영양생물에 초점을 맞추면 H_2A를 H_2O로 바꾸고, 모든 반응물과 생성물에 6을 곱하고, 반응의 양쪽에 나타나는 물 분자를 제거하여 반응 11-1을 다시 작성할 수 있다. 이는 광합성에 대한 일반 반응을 구체적이고 친숙한 형태로 나타낼 수 있다.

$$빛 + 6\,CO_2 + 6\,H_2O \longrightarrow C_6H_{12}O_6 + 6\,O_2 \quad (11\text{-}2)$$

그러나 곧 광합성 탄소 고정에서 바로 생성되는 분자가 반응 11-2에서와 같이 6탄당이 아니고 3탄당이라는 사실을 알게 될 것이다. 이러한 3탄당은 포도당, 설탕, 녹말 생합성을 포함한 다양한 생합성 경로에 사용된다. 설탕은 대부분의 식물종에서 수송에 사용하는 주요 탄수화물이다. 광합성 세포에서 식물의 다른 비광합성 세포로 설탕을 통해 에너지와 환원된 탄소를 전달한다. 녹말(또는 광합성 박테리아의 글리코젠)은 광영양 세포의 주요 저장 탄수화물이다.

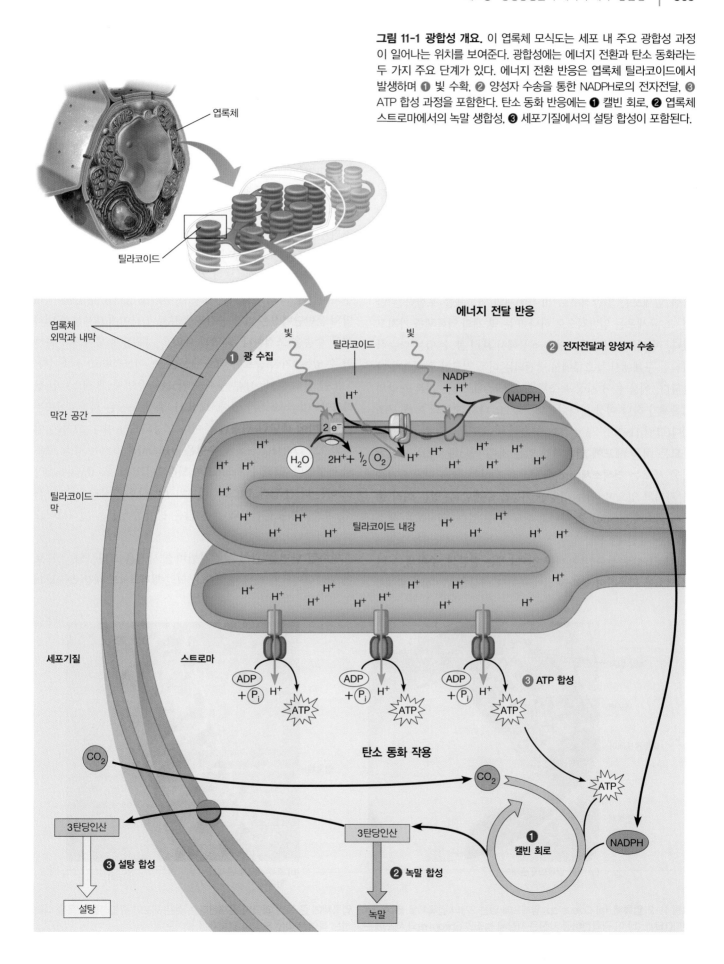

그림 11-1 광합성 개요. 이 엽록체 모식도는 세포 내 주요 광합성 과정이 일어나는 위치를 보여준다. 광합성에는 에너지 전환과 탄소 동화라는 두 가지 주요 단계가 있다. 에너지 전환 반응은 엽록체 틸라코이드에서 발생하며 ❶ 빛 수확, ❷ 양성자 수송을 통한 NADPH로의 전자전달, ❸ ATP 합성 과정을 포함한다. 탄소 동화 반응에는 ❶ 캘빈 회로, ❷ 엽록체 스트로마에서의 녹말 생합성, ❸ 세포기질에서의 설탕 합성이 포함된다.

엽록체는 진핵세포의 광합성 소기관이다

이 장에서 광합성을 연구하는 모델 생물체는 가장 친숙한 산소 생성 광영양생물인 녹색식물이다. 따라서 진핵생물 광영양체에서 대부분의 광합성 반응을 담당하는 세포소기관인 **엽록체**(chloroplast)의 구조와 기능을 살펴볼 것이다. 식물과 조류에서 광합성 에너지 전환과 탄소 동화의 주요 반응은 이러한 특수 세포소기관에 국한되어 일어난다.

엽록체는 일반적으로 크고(폭 1~5 μm, 길이 1~10 μm) 불투명하기 때문에 현미경으로 쉽게 관찰되므로 세포생물학의 역사 초기인 17세기에 레이우엔훅(Antonie van Leeuwenhoek)과 그루(Nehemiah Grew)가 연구하고 기술했다. 예를 들어 **그림 11-2a**에 *Coleus* sp. 잎세포에 존재하는 커다란 엽록체를 볼 수 있다. 성숙한 잎세포는 일반적으로 20~100개의 엽록체를 포함하는 반면, 조류 세포는 일반적으로 하나 또는 몇 개의 엽록체를 가지고 있다. 이 세포소기관의 모양은 식물에서 흔히 볼 수 있는 단순한 납작한 구체에서 녹조류에서 발견되는 더욱 정교한 형태까지 다양하다. 예를 들어 사상 녹조류 *Spirogyra* 세포에는 리본 모양의 엽록체가 하나 이상 나타나는데, 코르크 나사 모양의 녹색 구조이다(그림 11-2b).

모든 식물 세포에 엽록체가 있는 것은 아니다. 새로 분화된 식물 세포는 **전색소체**(proplastid)라고 하는 작은 세포소기관을 가지고 있으며, 이는 다양한 기능을 수행할 수 있는 여러 종류의 **색소체**(plastid) 중 하나로 발달할 수 있다. 엽록체는 색소체의 한 예일 뿐이다. 일부 전색소체는 녹말을 저장하는 **녹말체**(amyloplast)로 분화한다. 다른 전색소체는 빨간색, 주황색, 노란색 색소를 획득하여 꽃과 과일에 독특한 색상을 부여하는 **발색체**(chromoplast)로 분화한다. 전색소체는 또한 단백질(단백질체)과 지질(지질체)을 저장하기 위한 세포소기관으로 분화할 수 있다.

엽록체는 3개의 막 시스템으로 구성되어 있다

미토콘드리아처럼 엽록체는 **외막**(outer membrane)과 **내막**(inner membrane)을 모두 가지고 있으며, 두 막은 **막간 공간**(intermembrane space)으로 분리된다(**그림 11-3a**). 내막은 탄소, 질소, 황 환원 및 동화를 위한 효소로 가득 찬 젤 같은 **스트로마**(stroma)를 둘러싸고 있다. 외막은 미토콘드리아의 외막에서 발견되는 것과 유사한 **포린**(porin)이라는 막관통 단백질이 포함되어 있다. 포린은 최대 분자량이 약 5,000인 용질이 통과할 수 있기 때문에 외막은 대부분의 작은 유기분자와 이온을 자유롭게 투과시킨다. 그러나 내막은 상당한 투과성 장벽을 형성한다. 내막의 운반단백질은 막간 공간과 스트로마 사이에 대부분의 대사 산물 수송을 조절한다. 외막과 내막을 자유롭게 통과하여 확산할 수 있는 3가지 중요한 대사 산물은 물, 이산화탄소, 산소이다.

또한 엽록체에는 내부 구획을 만드는 세 번째 막 시스템인 **틸라코이드**(thylakoid)가 있다. 그림 11-3b에 표시된 틸라코이드는 스트로마에 매달린 편평한 주머니 모양의 구조이다. 그들은 일반적으로 **그라나**(grana, 단수형은 granum)라고 하는 층상 구조로 배열된다. 그라나는 **스트로마 틸라코이드**(stroma thylakoid)라고 하는 더 긴 틸라코이드의 네트워크로 상호 연결되어 있다. 색소, 효소, 전자 운반체와 같은 많은 광합성 성분은 틸라코이드 막에 국한되어 존재한다.

연속된 단면을 관찰한 전자현미경 사진은 그라나와 스트로마 틸라코이드가 하나의 연속 구획인 **틸라코이드 내강**(thylakoid

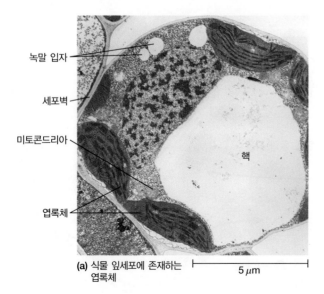

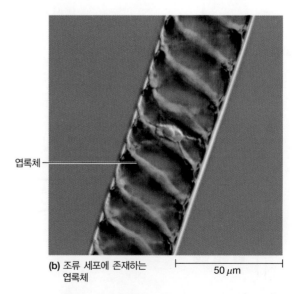

(a) 식물 잎세포에 존재하는 엽록체   5 μm

녹말 입자
세포벽
미토콘드리아
핵
엽록체

(b) 조류 세포에 존재하는 엽록체   50 μm

엽록체

그림 11-2 엽록체. (a) *Coleus* sp. 잎세포에 있는 2개의 엽록체를 볼 수 있다. 엽록체에 큰 녹말 과립이 존재한다는 것은 세포가 광합성을 했음을 나타낸다(TEM). (b) 이 광학현미경 사진은 사상체 녹조류 *Spirogyra*의 세포에 존재하는 특이한 리본 모양의 엽록체를 보여준다.

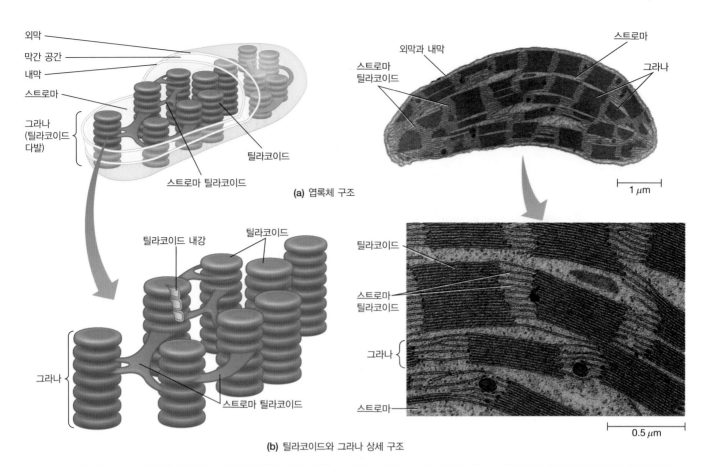

(a) 엽록체 구조

(b) 틸라코이드와 그라나 상세 구조

그림 11-3 엽록체의 구조적 특징. (a) 왼쪽: 전형적인 엽록체의 3차원 구조를 보여주는 그림. 오른쪽: 옥수수 잎에서 추출한 엽록체의 현미경 사진(*Zea sp.*)(TEM). (b) 왼쪽: 그라나와 스트로마 틸라코이드를 연결하는 틸라코이드 막의 연속성을 묘사한 그림. 오른쪽: (a)의 그라나 및 스트로마 틸라코이드를 더 확대한 사진(TEM)

lumen)을 둘러싸고 있음을 보여준다. 틸라코이드 막에 형성된 반투과성 장벽은 내강과 스트로마를 분리하고 전기화학 양성자 기울기 생성과 ATP 합성에 중요한 역할을 한다. 빛에 의한 전자 전달 동안 이 막 장벽을 가로질러 틸라코이드 내강으로 수송된 고농도의 양성자로 퍼텐셜 에너지가 저장된다. 이는 미토콘드리아에서 산화적 인산화 동안 발생하는 ATP 합성과 매우 유사한 방식으로 양성자가 엽록체 스트로마로 돌아올 때 ATP 합성을 유도한다.

광합성 박테리아에는 엽록체가 없다. 그러나 사이아노박테리아(cyanobacteria)와 같은 일부에서는 원형질막이 안쪽으로 접혀 광합성 막을 형성한다. **그림 11-4a**에 표시된 이러한 구조는 틸라코이드와 유사한 구조이다. 실제로 사이아노박테리아는 어느 정도 자유 생활을 하는 엽록체로 보인다. 미토콘드리아, 엽록체, 박테리아 세포의 유사성은 세포내 공생설로 이어졌으며, 이는 미토콘드리아와 엽록체가 10~20억 년 전에 원시세포가 삼킨 박테리아에서 진화했음을 시사한다(4장 참조). 사이아노박테리아는 또한 **카복시좀**(carboxysome)이라고 하는 광합성의 탄소 고정 반응이 수행되는 다면체 구조를 가지고 있다(그림 11-4b).

카복시좀에는 탄산무수화효소(carbonic anhydrase)와 루비스코(rubisco)라는 효소가 포함되어 있다. 탄산무수화효소는 운반체 단백질을 통해 박테리아에 들어간 탄산수소 이온(HCO_3^-)으로부터 이산화탄소가 발생하도록 촉매한다. 이후에 고등식물의 경우에서 볼 수 있듯이 CO_2의 탄소는 캘빈 회로에서 루비스코를 통해 고정된다.

개념체크 11.1

미토콘드리아와 엽록체는 모두 에너지 생성 세포소기관이다. 각 세포소기관에서 막의 구조가 기능에 얼마나 중요한지 설명하고 두 세포소기관의 유사점과 차이점을 설명해보라.

11.2 광합성 에너지 전환 I: 빛 수확

광합성 에너지 전환의 첫 번째 단계는 태양으로부터 빛 에너지를 포획하는 것이다. 모든 전자기 복사와 마찬가지로 빛은 파동과 입자의 특성을 모두 가지고 있다. 빛은 **광자**(photon)라고 하

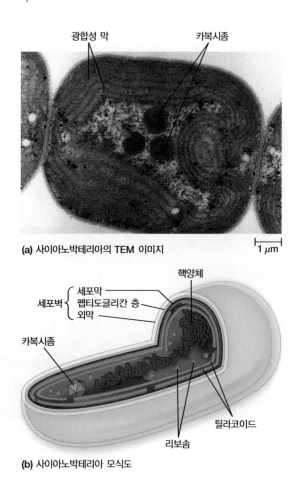

(a) 사이아노박테리아의 TEM 이미지

1 μm

(b) 사이아노박테리아 모식도

그림 11-4 사이아노박테리아의 광합성 기구. (a) *Pseudanabaena* 세포에 대한 이 전자현미경 사진은 광범위하게 접힌 광합성 막을 나타낸다. 사이아노박테리아 세포의 이러한 막이 진핵세포 엽록체의 틸라코이드 막처럼 어떻게 층을 이루는지 주목하라(TEM). (b) 사이아노박테리아의 모식도. 광합성의 명반응은 틸라코이드 막에서 발생한다. 탄소 고정은 탄산무수화효소 및 루비스코를 포함하는 카복시좀으로 알려진 다면체 단백질 함유 미세 구획 내에서 발생한다.

는 개별 입자이며, 각 광자는 에너지의 **양자**(분할할 수 없는 에너지 단위)를 가진다. 광자의 파장과 광자가 운반하는 정확한 에너지 양은 반비례 관계이다(그림 2-3 참조). 예를 들어 자외선 또는 청색광의 광자는 적색 또는 적외선의 광자보다 파장이 더 짧고 더 큰 양자 에너지를 전달한다. 우리가 볼 수 있는 전자기 스펙트럼은 약 380~750 nm 범위의 파장을 가진 빛으로 구성된다.

광자가 엽록소와 같은 **색소**(pigment, 광흡수 분자)에 흡수되면 광자의 에너지가 전자로 전달되고, 전자는 저에너지 궤도의 **바닥 상태**에서 고에너지의 여기 상태로 에너지를 얻는다. **광여기** (photoexcitation)라고 하는 이 사건이 광합성의 첫 번째 단계이다.

각 색소는 원자와 전자의 구성이 다르기 때문에 각 색소는 각각이 흡수하는 빛의 특정 파장을 나타내는 특징적인 **흡수 스펙트럼**(absorption spectra)을 보인다. 지구 표면에 도달하는 태양 복사의 스펙트럼과 함께 광합성 생물체에서 발견되는 몇 가지 일

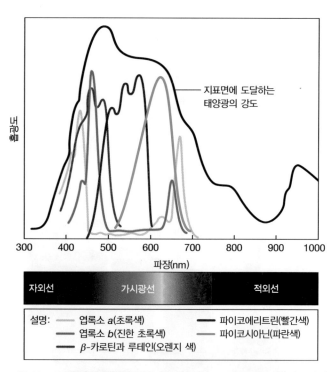

그림 11-5 일반적인 광합성 색소 분자의 흡수 스펙트럼. 그래프는 다양한 엽록소와 보조색소의 흡수 스펙트럼을 보여주고(색 선), 이를 지구 표면에 도달하는 태양 에너지의 스펙트럼 분포(검은색 선)와 비교한다. 그래프 아래에는 사람의 눈에 색상으로 나타나는 각 가시광선 파장이 표시되어 있다.

반적인 색소의 흡수 스펙트럼이 **그림 11-5**에 나와 있다. 다양한 엽록소와 보조색소의 중첩되는 흡수 스펙트럼이 지구에 도달하는 거의 모든 가시광선 스펙트럼을 어떻게 효과적으로 활용하는지 주목해보자[생물학적으로 관련된 화합물 및 반응에 대한 흡수 및 작용 스펙트럼을 측정하는 **분광광도계**(spectrophotometer) 사용에 대한 설명은 핵심 기술 참조].

색소 분자에서 광여기된 전자는 불안정하며 저에너지 궤도에서 바닥 상태로 돌아가거나 다른 분자에서 상대적으로 안정적인 고에너지 궤도로 이동해야 한다. 전자가 색소 분자의 저에너지 궤도로 돌아올 때 흡수된 에너지는 열이나 빛(형광)으로 방출되어 소실된다. 다른 방법으로, 흡수된 에너지는 **공명 에너지 전달**(resonance energy transfer)로 알려진 과정을 통해 광여기된 전자에서 인접한 색소 분자의 전자로 에너지가 전달될 수 있다. 이 과정은 포획된 에너지를 광흡수 분자에서 여기된 전자 에너지를 엽록소와 같이 유기물 수용체 분자로 전달할 수 있는 분자로 이동시키는 데 매우 중요한 역할을 한다. 광여기된 전자 자체가 다른 분자로 이동하는 것을 **광화학적 환원**(photochemical reduction)이라고 부른다. 이 전자전달은 빛 에너지를 화학 에너지로 전환하는 데 필수적이다.

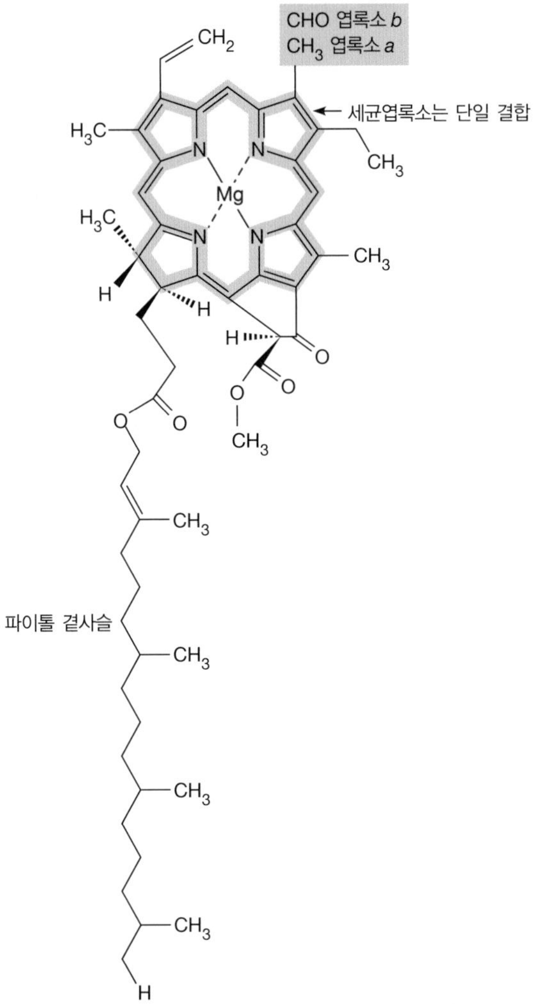

그림 11-6 엽록소 *a*와 *b*의 구조. 각 엽록소 분자는 Mg^{2+}을 함유한 중앙 포르피린 고리(초록색 윤곽선)와 소수성 파이톨 곁사슬을 가지고 있다. 엽록소 *a*와 *b*는 초록색 상자로 표시된 위치에서 단 하나의 고리 치환기가 다르다. 세균엽록소는 화살표로 표시된 위치의 포르피린 고리에 포화된 탄소-탄소 결합을 가지고 있다.

엽록소는 햇빛과 생명을 연결하는 주요 고리이다

엽록소(chlorophyll)는 태양 에너지를 생물권으로 보내는 주요 에너지 전환 색소이다. **그림 11-6**은 두 가지 유형의 엽록소(엽록소 a와 b)의 구조를 보여준다. 각 분자의 골격은 중앙의 포르피린 고리(porphyrin ring)와 강한 소수성을 지닌 파이톨(phytol) 곁사슬로 구성된다. 포르피린 고리에 교대로 존재하는 2중 결합은 가시광선을 흡수하는 역할을 하는 반면, 파이톨 곁사슬은 틸라코이드 또는 사이아노박테리아 막의 지질과 상호작용하여 이러한 막에 광흡수 분자를 고정한다.

엽록소 *a*와 *b*에서 발견되는 마그네슘 이온(Mg^{2+})은 포르피린 고리의 전자 분포에 영향을 미치고 다양한 고에너지 궤도를 사용할 수 있게 한다. 그 결과 여러 특정 파장의 빛을 흡수할 수 있다. 예를 들면 엽록소 *a*는 약 420 nm와 660 nm에서 최대 흡수를

보이는 넓은 흡수 스펙트럼을 가지고 있다(그림 11-5 참조). 엽록소 *b*는 포르피린 고리에 포밀(—CHO)기를 가지고 있다는 점이 엽록소 *a*가 메틸(—CH₃)기를 지니고 있다는 점과 구별된다. 이 미세한 구조적 차이가 최대 흡수 스펙트럼을 가시광선 스펙트럼의 중심으로 이동시킨다(그림 11-5 참조).

모든 식물과 녹조류는 엽록소 *a*와 *b*를 모두 가진다. 두 가지 형태의 엽록소가 만드는 흡수 스펙트럼은 더 넓은 범위의 햇빛 파장을 이용할 수 있으므로 생물체가 더 많은 광자를 모을 수 있게 한다. 엽록소는 주로 청색광과 적색광을 흡수하기 때문에 녹색으로 보인다. 다른 산소생성 광합성 생물은 엽록소 *c*(갈조류, 규조류, 와편모류), 엽록소 *d*(홍조류), 파이코빌린(홍조류, 남조류)을 가져 엽록소 *a*를 도와준다.

세균엽록소(bacteriochlorophyll)는 산소비생성 광합성영양생물(광합성 박테리아)에만 존재하는 엽록소의 하나이며 다른 엽록소 분자에서 발견되지 않는 포화 부위가 특징적이다(그림 11-6에 화살표로 표시). 이러한 분자 구조의 변화는 최대 흡수 스펙트럼을 근자외선 및 원적외선 영역으로 이동시킨다.

인간의 시각도 마찬가지로 감광성 색소에 의한 특정 파장의 빛 흡수에 의존한다. 우리의 망막에는 빛을 흡수하고 색으로 볼 수 있게 하는 원추세포(cone cell)로 알려진 색 감지 세포가 존재하며, 이 세포는 레티날(retinal) 색소가 결합된 단백질 옵신(opsin)을 발현한다.

보조색소는 태양 에너지에 대한 접근성을 더욱 확대한다

대부분의 광합성 생물체에는 엽록소가 포획할 수 없는 광자를 흡수하는 **보조색소**(accessory pigment)도 포함되어 있다. 보조색소는 공명 에너지 전달에 의해 광자의 에너지를 엽록소 분자로 전달한다. 이 기능을 통해 생물체는 지구 표면에 도달하는 태양광 파장의 훨씬 더 많은 부분에서 에너지를 수집할 수 있다. 그림 11-5는 태양 에너지의 방출 스펙트럼을 검은색으로, 다양한 보조색소의 흡수 스펙트럼을 여러 다른 색상으로 표시한 것이다.

두 가지 주요 유형의 보조색소는 **카로티노이드**(carotenoid)와 **파이코빌린**(phycobilin)이다. 대부분의 식물과 녹조류의 틸라코이드 막에 풍부하게 존재하는 2개의 카로티노이드는 흡수 스펙트럼이 서로 유사한 β-카로틴과 루테인(lutein)이다(그림 11-5의 주황색 선). 충분히 많이 존재하고 엽록소로 가려지지 않을 때 이 색소는 잎에 주황색 또는 노란색 색조를 나타나게 한다(당근의 철자 carrot에서 카로티노이드가 유래). 약 420 nm와 480 nm의 최대 흡수를 가진 카로티노이드는 광범위한 파란색 영역에서 광자를 흡수하므로 노란색을 나타낸다.

파이코빌린은 홍조류와 남조류에서만 발견된다. 파이코빌린 분자의 두 가지 예는 **파이코에리트린**(phycoerythrin)과 **파이코시**

문제 식물의 광합성, 동물의 시각 등 많은 생체 과정은 특정 파장의 빛을 인식하고 반응하는 것에 의존한다. 연구자들은 어떻게 빛 조절 과정을 자극하는 생체 관련 파장을 결정하고, 이 과정과 관련된 주요 광흡수 분자를 더 잘 이해할 수 있을까?

해결방안 *분광광도법*(spectro-photometry)을 사용하여 연구자들은 생물학적으로 중요한 광흡수 분자가 흡수하고 사용하는 빛의 파장을 결정할 수 있다. 이 기술에서 단색광(특정 파장의 빛)을 광흡수 분자가 있는 시료에 비추게 된다. 빛이 시료를 통과한 후 도달하는 빛의 강도를 측정하여 시료가 흡

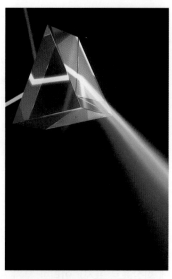

프리즘은 백색광을 다양한 색상의 성분 파장으로 분리한다.

수한 빛의 양을 결정한다.

주요 도구 분광광도계, 광흡수 분자를 포함하는 정제된 시료, 결과를 기록하는 광검출기

상세 방법 일반적으로 특정 파장의 빛은 세포의 빛을 흡수하는 분자에 흡수되어 빛 자극에 대한 반응으로 세포반응을 시작한다. 각 파장의 흡광도를 나타내는 그래프를 *흡수 스펙트럼*이라고 한다. 연구자들은 광흡수 분자와 관련된 흡수 스펙트럼을 측정하여 세포에서 광흡수 분자가 사용되는 과정에 대한 정보를 알 수 있다. 좋은 예는 광합성과 관련된 다양한 색소의 흡수 스펙트럼이다.

광합성 색소와 같은 분자의 흡수 스펙트럼을 결정하려면 시료를 통해 흡수된 빛의 양을 측정하는 장치인 분광광도계가 필요하다. *분광광도계*는 광원, 프리즘, 모노크로메이터(monochromator, 넓은 파장 범위의 빛에서 특정 파장의 빛만을 투과시키는 장치), 시료를 고정하는 큐벳과 투과된 빛의 양을 측정하는 광 검출 시스템으로 구성된다(**그림 11A-1**). 이를 통해 다양한 파장에서 시료를 통해 흡수된 빛의 양을 측정할 수 있다.

백색광의 광원은 일반적으로 생물학적으로 유효한 여러 범위의 파장, 즉 자외선(200~380 nm), 가시광선(380~750 nm), 적외선(750~1,000

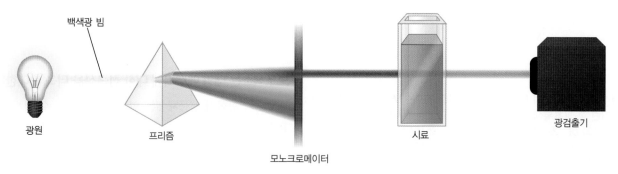

백색광 빔

광원 　 프리즘 　 모노크로메이터 　 시료 　 광검출기

그림 11A-1 분광광도계. 분광광도계는 광원, 프리즘, 시료를 비추기 위해 특정 파장을 선택하는 모노크로메이터, 시료에 흡수된 빛의 양을 결정하는 광검출기로 구성된다.

아닌(phycocyanin)이다(그림 11-5의 빨간색 선과 파란색 선). 파이코에리트린은 스펙트럼의 파란색, 초록색, 노란색 영역에서 광자를 흡수하며(따라서 빨간색으로 나타난다), 홍조류가 바다 표층수를 투과하는 희미한 빛을 활용할 수 있게 한다. 반면 파이코시아닌은 스펙트럼의 주황색 영역에서 광자를 흡수하여 파란색으로 나타나며 호수 표면이나 육지에 가까운 바다에 서식하는 사이아노박테리아의 특징이다. 따라서 보조색소의 양과 특성은 특정 환경에 대한 광영양생물의 적응을 반영한다고 할 수 있다.

빛을 모으는 분자는 광계와 광수확 복합체로 구성된다

엽록소, 보조색소 및 관련 단백질은 틸라코이드 또는 광합성 박테리아 막에 존재하는 **광계**(photosystem)라고 하는 기능 단위로 구성된다(**그림 11-7**). 엽록소 분자는 긴 소수성 파이톨 측쇄에 의해 막에 고정되어 있다. **엽록소 결합단백질**(chlorophyll-binding protein)은 광계 내에서 엽록소를 안정화하고, 특정 엽록소 분자의 흡수 스펙트럼을 변경시킨다. 광계의 다른 단백질은 전자전달 시스템의 구성 요소에 결합하거나 산화환원 반응을 촉매한다.

광계 대부분의 색소는 빛을 모으는 **안테나 색소**(antenna pigment) 역할을 하며 라디오 안테나가 전파를 수집하는 것처럼

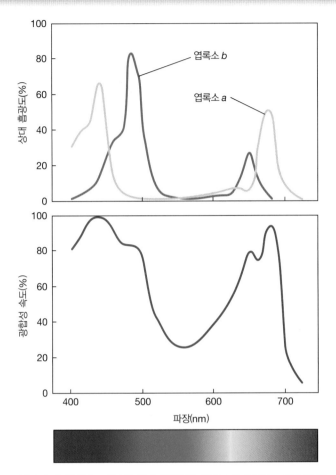

그림 11A-2 엽록소 *a*와 *b*의 흡수 및 작용 스펙트럼. 엽록소 *a*와 *b*의 흡수 스펙트럼(위)이 광합성 작용 스펙트럼(아래)에 어떻게 반영되는지 주목하라.

nm)이 혼합되어 있다. 모노크로메이터는 이 중 특정 파장을 선택하여 시료에 조사할 수 있다. 모노크로메이터 한 종류는 프리즘을 사용하여 백색광을 특정 파장을 분리한다. 또 다른 방법은 회절 격자를 사용하는데, 이는 표면에 일련의 매우 가는 선(밀리미터당 1,000개 이상)이 식각되어 있어 미세한 선의 간격에 따라 특정 파장의 빛을 만들 수 있다.

빛이 시료를 통과한 후 광검출기에 도달하고 광검출기는 빛의 광자를 흡수하여 전기 신호를 생성한다. 이 신호는 증폭되며 사용된 각 파장에 대한 값을 기록하는데, 그 결과를 상대 흡광도(*y*축) 대 파장(*x*축)으로 표시한다. 엽록소 *a*와 *b*에 대한 흡수 스펙트럼은 **그림 11A-2**(상단)에 나와 있다. 흥미롭게도 광합성에 관여하는 다양한 색소에 대한 스펙트럼은 지구 표면에 도달하는 빛의 다양한 파장의 강도와 아주 유사하다.

흡수 스펙트럼을 결정하는 것 외에도 분광광도법을 사용하여 광에 의해 조절되는 생물학적 과정에 대한 활동 스펙트럼을 결정할 수 있다. 활동 스펙트럼은 이름에서 알 수 있듯이 일련의 빛 파장에 대한 생물학적 시스템의 생물학적 반응(또는 '활동')을 측정한 것이다. 활동 스펙트럼을 결정하려면 시료, 세포 또는 생물체에 다양한 파장의 단색광을 조사한 다음 해당 파장에 대한 반응 정도를 측정한다. 활동 스펙트럼의 좋은 예는 다양한 파장에 대한 광합성 작용으로 산소 발생으로 측정한다. 그림 11 A-2(아래)에서 볼 수 있듯이 광합성 활동 스펙트럼은 엽록소가 빛을 강하게 흡수하는 파장과 광합성 속도 사이에 강한 상관관계가 있음을 분명히 보여준다. 카로티노이드와 같은 다른 색소도 광합성 작용 스펙트럼에 기여한다.

많은 식물의 생리적 과정에 대한 활동 스펙트럼이 연구되었다. 예를 들어 한때 콩과 같은 식물의 개화는 빛보다는 온도에 의존한다고 생각되었다. 그러나 대두 식물에 단색광을 조사하여 개화 작용 스펙트럼을 측정한 결과 적색광에 노출된 식물에서만 꽃이 피었다. 이로 인해 적색광 광자를 흡수하여 꽃을 생산하는 신호전달 경로 분자인 파이토크롬이 규명되었다.

질문 그림 11A-2의 흡수 스펙트럼에 기초하여 광합성을 유도하는 데 가장 효과가 적은 가시광선 색상은 무엇인가?

빛 에너지를 수집한다. 이 안테나 색소는 광자를 흡수하고 에너지를 공명 에너지 전달을 통해 이웃하는 엽록소 분자 또는 보조 색소로 전달하여(이 과정은 전자의 방출을 포함하지 않는다) 최종적으로 에너지가 반응 중심 엽록소에 도달하게 한다(그림 11-7c). 그러나 광합성 조류에 대한 연구는 이러한 에너지 전달이 이전 생물학에서 볼 수 없었던 양자역학적 효과가 있음을 시사한다. 에너지 전달이 분자에서 분자로의 단순한 단계적 과정이 아니라 여러 경로를 동시에 파동과 같은 방식으로 진행할 수 있다.

전자 흐름과 양성자 능동수송을 일으키는 광화학반응은 에너지가 광계의 **반응 중심**(reaction center)에 도달해야 비로소 시작

한다. 이 반응 중심에 특수 쌍으로 알려진 2개의 엽록소 *a* 분자가 있다. 반응 중심에서 여러 다른 구성 요소로 둘러싸인 이 엽록소 분자 쌍은 태양 에너지를 화학 에너지로 전환하는 것을 촉매한다.

일반적으로 각 광계는 빛 에너지를 수집하는 **광수확 복합체**(light-harvesting complex, LHC)와 서로 연합되어 있다. 그러나 LHC에는 반응 중심이 없으며, 대신 공명 에너지 전달을 통해 수집된 에너지를 가까운 광계로 전달한다. 이러한 LHC는 틸라코이드 막에서 이동성이 있어 변화하는 빛 조건에 의해 막을 따라 이동할 수 있다. 식물과 녹조류는 카로티노이드, 색소 결합단백질, 약 80~250개의 엽록소 *a*와 *b* 분자로 구성된 LHC를 가지고

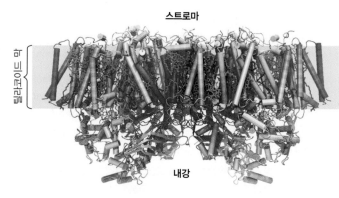

(a) 광계 II의 구조

엽록소   피오파이틴   플라스토퀴논   β-카로틴

(b) 광계의 색소 분자

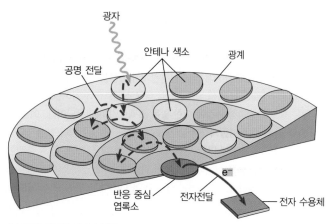

(c) 광계 내에서 에너지 전달

그림 11-7 광계의 구조와 기능. (a) 단백질 소단위체(실린더)와 결합된 엽록소 및 기타 색소 분자(막대)를 보여주는 막 결합 광계의 분자 모델. (b) 모든 단백질이 제거된 광계 색소 분자의 모습. (c) 안테나 색소에 의해 흡수된 빛 에너지는 광계의 반응 중심에 있는 특별한 한 쌍의 엽록소 *a* 분자에 도달할 때까지 공명 에너지 전달을 통해 전달된다(별도의 하위 단위로 표시하지 않았다). 에너지는 엽록소에서 방출되어 유기 수용체 분자로 전달되는 여기된 전자로 남는다.

있다. 홍조류와 사이아노박테리아는 엽록소와 카로티노이드 대신 파이코빌린을 함유하는 색소단백질체(*phycobilisome*)라고 하는 다른 유형의 LHC를 가지고 있다. 광계와 관련 LHC를 합쳐 **광계 복합체**(photosystem complex)라고 한다.

산소생성 광합성 식물은 두 가지 유형의 광계를 사용한다

1940년대에 일리노이대학교의 에머슨(Robert Emerson)과 동료들은 산소생성 광합성에 2개의 개별적인 광반응이 관련되어 있

음을 발견했다. 녹조류 클로렐라(*Chlorella*)에 빛의 파장을 변화시켜 공급하면서 산소 방출 속도를 측정해 파장에 따른 광합성 속도를 측정했다. 처음에 그들은 약 690 nm 이상의 파장에서 광합성 속도가 급격히 떨어지는 것을 관찰했다. 클로렐라는 690 nm 이상의 파장 빛을 강하게 흡수하는 엽록소 분자를 함유하고 있기 때문에 이는 그들에게 이상하게 보였다. 더 긴 파장의 빛과 더 짧은 파장(약 650 nm)에서는 광합성이 거의 감소하지 않았다. 실제로 그들은 장파장과 단파장 조합에 의해 일어나는 광합성이 두 파장 단독으로 얻은 광합성 합을 초과한다는 것을 발견했다. 이 상승 효과는 **에머슨 상승 효과**(Emerson enhancement effect)라고 한다.

에머슨 상승 효과는 직렬로 함께 작동하는 2개의 광계가 존재하기 때문에 일어난다. **광계 I**(photosystem I, PSI)은 최대 흡수가 700 nm인 반면, **광계 II**(photosystem II, PSII)는 최대 흡수가 680 nm이다. 물 분자에서 $NADP^+$로 전자가 전달되기까지 전자는 각 광계에 의해 한 번씩, 2번 광여기 되어야 한다. 광선이 690 nm 이상의 파장으로 제한되면 광계 II가 활성화되지 않아 광합성이 심하게 감소된다.

곧 살펴보겠지만 각 전자는 먼저 광계 II에 의해 여기되고, 그 다음에는 광계 I에 의해 여기된다. 광계의 이름은 발견 순서에 따라 명명되었으므로 광계 I이 먼저 발견되었지만, 광계 II에서 먼저 광여기가 발생하는 것으로 나중에 밝혀졌다.

각 광계의 반응 중심에는 광자 흡수 후 광여기될 전자를 가진 엽록소 분자의 **특수 쌍**(special pair)이 있다. 이러한 엽록소 분자 쌍은 최대 흡수 파장값을 따라 광계 II의 경우 **P680**, 광계 I의 경우 **P700**으로 명명된다. 그러나 틸라코이드와 스트로마 틸라코이드는 서로 다른 양의 광계가 존재한다.

앞서 LHC에서 보았듯이 광계는 막에서 유동성을 가지므로 세포가 변화하는 광량(밝기) 및 광의 품질(파장) 조건에 적응할 수 있도록 광계는 이동할 수 있다.

개념체크 11.2

다양한 광합성 색소의 종류와 배열은 광합성을 위한 태양 에너지의 흡수와 이용을 어떻게 극대화하는가?

11.3 광합성 에너지 전환 II: NADPH 합성

광합성 에너지 전환의 두 번째 단계는 일련의 전자 운반체를 사용하여 여기된 전자를 엽록소에서 조효소 **니코틴아마이드 아데닌 다이뉴클레오타이드 인산**(nicotinamide adenine dinucleotide phosphate, $NADP^+$)으로 전달하여 NADPH를 형성하는 것이다.

(a) 광계 II가 물 분자에서 전자를 제거하여 산소방출 복합체(OEC), 단백질 D1의 타이로신 잔기(Tyr), 엽록소 *a* 분자 쌍(P680), 피오파이틴(Ph), 2개의 플라스토퀴논(Q$_A$와 Q$_B$)에 차례로 전자를 전달한다. 물 분자가 산화되면서 산소가 방출된다.

(b) 사이토크롬 *b$_6$/f* 복합체는 광계 II에서 전자를 받아 플라스토시아닌(PC)을 통해 광계 I으로 보낸다. 동시에 양성자가 엽록체 스트로마에서 틸라코이드 내강으로 수송된다.

(c) 광계 I은 PC로부터 전자를 받아 특수 엽록소 *a* 분자쌍(P700), 변형 엽록소 *a* 분자(A$_0$), 파일로퀴논(A$_1$), 3개 철-황 중심(F$_X$, F$_A$, F$_B$)을 거쳐 페레독신으로 전자를 보낸다.

(d) 페레독신-NADP$^+$ 환원효소(FNR)가 전자를 페레독신에서 NADP로 전달한다.

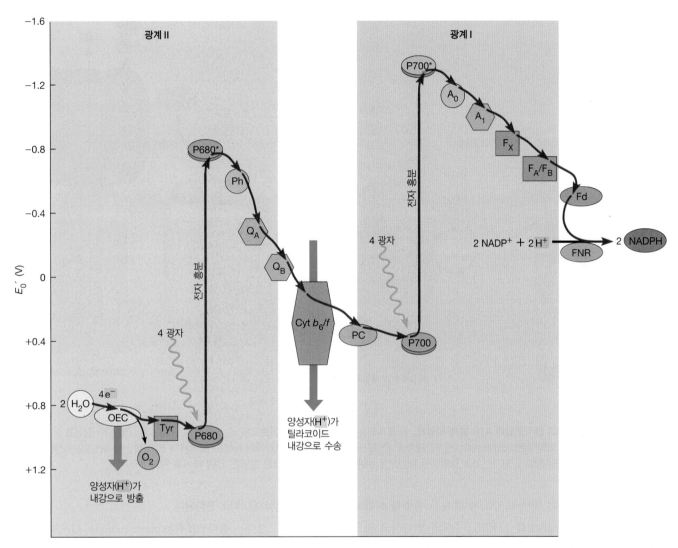

그림 11-8 광영양생물의 비순환적 전자 흐름. 빨간색 화살표는 물 분자에서 NADPH까지 전자의 흐름을 보여준다. (a) 광계 II, (b) 사이토크롬 *b$_6$/f* 복합체, (c) 광계 I, (d) 페레독신-NADP$^+$ 환원효소(FNR). P680과 P700에 광자 에너지가 흡수되면(별표는 광여기 상태를 나타낸다) 환원전위가 크게 감소한다(수직 축에서 더 높은 위치). 이는 그들이 높은 음의 환원전위(수직 축에서 더 낮은 위치)를 가진 수용체에 여기된 전자를 줄 수 있게 한다. 그림 11-9는 틸라코이드 막 내에서 이러한 구성 요소가 배열된 방향을 보여준다.

빛 에너지를 이용해 NADP$^+$를 NADPH로 환원하는 이 과정은 **광환원**(photoreduction)이라고 하며, 미토콘드리아 ETC와 유사한 엽록체 **전자전달사슬**(electron transport chain, ETC)을 사용한다(10장 참조). 광환원 경로(**그림 11-8**)는 여러 구성 요소를 포함하며, 엽록체 ETC의 많은 분자는 미토콘드리아 ETC(사이토크롬, 철-황 단백질, 퀴논)에서 발견되는 분자와 유사하다.

광계 II는 물에서 플라스토퀴논으로 전자를 전달한다

광환원 경로는 먼저 2량체 복합체인 광계 II에서 물 분자의 전자를 사용하여 플라스토퀴논인 Q$_B$를 플라스토퀴놀인 Q$_B$H$_2$로 환원시킨다. **그림 11-9**에서 볼 수 있듯이 각 광계 II 단량체는 약 20개의 고유한 폴리펩타이드를 포함하는데, 그중 D1 및 D2는 P680 엽록소, 물 분해 복합체, 여러 ETC의 구성 요소와 결합한다. 반응 중심 주위에는 광자 수집 효율을 높이는 약 30개의 엽록소 *a*와 약 10개의 *β*-카로틴 분자가 있다.

(a) 광계 II는 약 20개의 폴리펩타이드로 구성되는데, 2개(D1과 D2)는 P680과 결합하고 전자전달계 일부가 된다. 4개의 망간 원자가 물 분자 산화를 돕는다.

(b) 사이토크롬 b_6/f 복합체는 2개의 사이토크롬(b_6와 f), 철-황 단백질(Fe-S)을 포함한다. 전자를 광계 II에서 광계 I으로 전달한다.

(c) 광계 I은 10개 이상의 폴리펩타이드를 가지며 엽록소 P700 및 여러 전자전달자와 결합한다. 광계 I의 전자는 $NADP^+$를 NADPH로 환원시키기 위해 사용된다.

(d) ATP 합성효소는 양성자 통로로 작용하며 전자전달에 의해 발생한 전기화학 양성자 기울기를 ATP 합성에 사용한다.

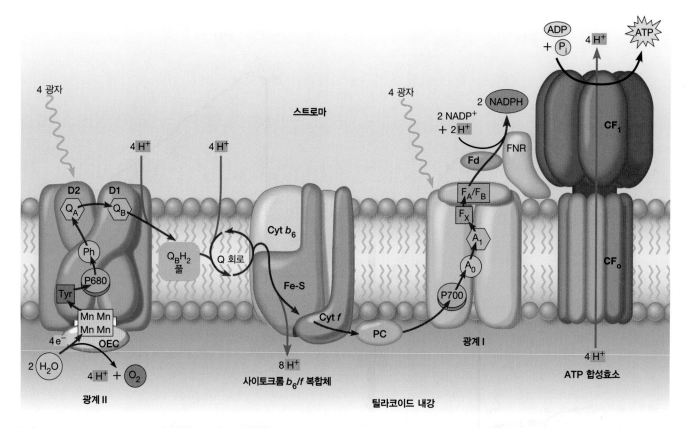

그림 11-9 틸라코이드 막의 전자전달과 ATP 합성 복합체. 이 모식도는 (a) 광계 II, (b) 사이토크롬 b_6/f 복합체, (c) 광계 I, (d) ATP 합성효소가 배열된 모습을 보여준다. 표시된 화학량론(stoichiometry)은 각 광계에 4개의 광자가 흡수될 때 H_2O에서 $NADP^+$로 4개의 전자(빨간색 화살표)가 전달되는 것을 나타낸 것이다. 전자전달 중에 양성자는 스트로마에서 내강으로 수송된다. 각 기호에 대한 설명은 그림 11-8을 참조하라.

식물과 녹조류에서는 일반적으로 광계 II가 **광수확 복합체 II**(light-harvesting complex II, LHCII) 3중체와 연합하고 있으며, LHCII는 다수의 엽록소와 카로티노이드 분자를 포함한다. 에너지가 광계 II 또는 LHCII의 안테나 색소에 의해 포획되면 공명 에너지 전달에 의해 광계 II 반응 중심으로 유입된다. 에너지가 반응 중심에 도달하면 P680의 환원전위(E_0', 전자 친화도 측정값)가 약 −0.80 V로 낮아져 훨씬 더 나은 전자 공여체가 된다. 이 상태에서 엽록소는 '흥분'된 상태라고 하며 별표로 표시한다(P680*, 그림 11-8a). P680의 환원전위가 낮아지면 광여기된 전자가 P680에서 피오파이틴(pheophytin, Ph)으로 전달된다. Ph는 Mg^{2+} 대신 2개의 양성자가 결합한 변형된 엽록소 a이다. 산화된 $P680^+$와 환원된 피오파이틴(Ph^-) 사이에 전하 분리(charge separation)가 생성되어 여기된 전자의 높아진 퍼텐셜 에너지가 보존되고 전자가 P680에서 바닥 상태로 돌아가는 것을 방지한다. 따라서 광계 II에서 수집된 태양 에너지는 전하 분리의 형태로 전

기화학 퍼텐셜 에너지로 전환된다.

다음으로 전자는 **플라스토퀴논**(plastoquinone, Q_A)으로 전달된다(그림 11-9a). Q_A는 미토콘드리아 전자전달 시스템의 조효소 Q와 유사하다(그림 10-18 참조). 또 다른 플라스토퀴논 Q_B는 Q_A에서 2개의 전자를 받고 스트로마에서 2개의 양성자를 선택하여 **플라스토퀴놀**(plastoquinol, Q_BH_2)으로 환원된다. 그런 다음 Q_BH_2는 광합성막의 내부 지질로 이동하여 이동성 분자 풀(mobile pool)로 존재한다. 이어서 Q_BH_2는 다시 Q_B로 산화되면서 사이토크롬 b_6/f 복합체에 2개의 전자와 2개의 양성자를 전달한다(그림 11-9b). 엽록소 분자 1개는 1개의 광자를 흡수하여 하나의 전자를 전달하기 때문에, 하나의 이동성 플라스토퀴놀 분자가 형성되려면 같은 반응 중심에서 광반응이 2회 일어난다.

$$2 \text{ 광자} + Q_B + 2H^+_{\text{스트로마}} + 2e^- \longrightarrow Q_BH_2 \quad (11\text{-}3)$$

플라스토퀴논에 전자를 잃어 산화된 $P680^+$은 물에서 얻은 전

자로 다시 환원된다. 이를 위해 광계 II에서는 단백질과 망간 이온으로 이루어진 **산소방출 복합체**(oxygen-evolving complex, OEC)가 물을 분해하고 산화시켜 분자 산소(O_2), 전자 및 양성자를 생성한다. 2개의 물 분자가 분해되어 광계 II 단백질 D1의 타이로신 잔기를 통해 한 번에 하나씩 4개의 전자가 산화된 $P680^+$ 분자 4개에 제공된다(그림 11-8a와 11-9a 참조). 4개의 망간 이온 집합체(Mn_4)가 2개의 물 분자가 산화될 때 방출되는 4개의 전자를 축적한다. 이로써 외부로 방출될 경우 세포에 유독한 과산화수소(H_2O_2) 또는 슈퍼옥사이드(superoxide) 음이온 O_2^-와 같은 부분적으로 산화된 산소 중간체의 형성을 미리 방지한다. 이 과정에서 다음과 같이 틸라코이드 내강에서 4개의 양성자와 1개의 산소 분자가 방출된다.

$$2 H_2O \longrightarrow O_2 + 4e^- + 4H^+_{내강} \qquad (11-4)$$

내강에 축적된 양성자는 틸라코이드 막을 가로질러 발생하는 전기화학 양성자 기울기에 기여하고 산소 분자는 엽록체 밖으로 확산되어 방출된다. 2개의 물 분자가 산소 분자 1개로 완전히 산화되는 것은 4개의 광반응에 의해 일어나므로, 광계 II에서 4회의 광여기로 촉매되는 순반응은 반응 11-3의 2배이다. 이를 반응 11-4에 추가하여 아래와 같이 요약할 수 있다.

$$4\ 광자 + 2 H_2O + 2 Q_B + 4H^+_{스트로마} \longrightarrow$$
$$O_2 + 2 Q_BH_2 + 4H^+_{내강} \qquad (11-5)$$

스트로마에서 제거된 양성자는 Q_BH_2의 일부로 내강으로 이동하는 반면, 반응 11-5에서 내강에 추가된 양성자는 물이 산화되어 만들어진 것이다. 물 광분해(water photolysis)라고 하는 이 반응은 물 분자가 광에 의존하여 양성자와 산소 분자로 산화되는 반응이다. 이 반응은 20~30억 년 전에 사이아노박테리아에서 진화되었으며 풍부한 물을 전자 공여체로 사용하게 되었다. 이 과정에서 방출된 산소는 자유 산소가 없었던 원시 지구의 대기를 극적으로 변화시켰고, 산소호흡 생물의 발달을 가능하게 했다.

햇빛이 매우 강하면 식물은 광합성에 사용할 수 있는 것보다 훨씬 더 많은 에너지를 받기도 하며, 이 넘치는 에너지는 식물에 손상을 줄 수 있다. 많은 식물에는 **크산토필 회로**(xanthophyll cycle)라고 하는 보호 메커니즘이 있어 과도한 에너지를 분산시킬 수 있다(**인간과의 연결** 참조).

사이토크롬 b_6/f 복합체는 전자를 플라스토퀴놀에서 플라스토시아닌으로 이동시킨다

Q_BH_2에 의해 운반된 전자는 전자전달사슬을 통해 전달되면서 틸라코이드 막을 가로질러 내강으로 양성자 능동수송을 유발한다. 이는 미토콘드리아 호흡 복합체 III와 유사한 사이토크롬 b_6/f

복합체를 통해 발생한다(10장과 그림 10-18~10-20 참조). **사이토크롬 b_6/f 복합체**(cytochrome b_6/f complex)는 2개의 사이토크롬과 1개의 철-황 단백질을 포함하는 7개의 내재 막단백질로 구성된다. 사이토크롬 f는 **플라스토시아닌**(plastocyanin, PC)이라고 하는 구리 함유 단백질에 전자를 제공한다. PC는 플라스토퀴놀처럼 이동성 전자 운반체이며 전자를 광계 I으로 운반한다. 그러나 PC는 플라스토퀴놀과 달리 틸라코이드 내강 쪽의 주변 막단백질이다.

미토콘드리아의 사이토크롬 c와 마찬가지로 PC는 한 번에 하나의 전자만 운반한다. 미토콘드리아의 조효소 Q와 마찬가지로 이동성 Q_BH_2는 광계 II에서 2개의 전자를 받은 후 한 번에 하나씩 2개의 전자를, 하나는 사이토크롬 b_6에, 다른 하나는 철-황 단백질에 내놓는다. 궁극적으로 이 전자들은 **사이토크롬 f**, 이어 PC에 전달된다. 1975년에 미첼(Peter Mitchell)이 미토콘드리아에 대해 처음 제안한 것(10장 참조)과 유사한 Q 회로가 이 과정에 관여한다(그림 11-9b).

광계 II에서 생성된 2개의 Q_BH_2 분자로 시작하여(반응 11-5 참조) PC로 직접 전달되는 모든 전자에 대해 사이토크롬 b_6/f 복합체가 촉매하는 순반응은 다음과 같이 요약할 수 있다.

$$2 Q_BH_2 + 4 PC(Cu^{2+}) \longrightarrow 2 Q_B + 4 H^+_{내강} + 4 PC(Cu^+) \qquad (11-6)$$

따라서 광계 II에서 일어난 4회의 광반응으로 틸라코이드 내강에 8개의 양성자가 추가된다. 4개는 물 분자가 산소로 산화되면서 발생한 것이고, 4개는 Q_BH_2에서 유래한 것이다(그림 11-9).

광계 I은 플라스토시아닌에서 페레독신으로 전자를 전달한다

광계 I의 역할은 환원된 PC로부터 NADP$^+$에 전자를 직접 제공하는 페레독신(Fd)에 전자를 전달하는 것이다. 그림 11-9에 표시된 대로 광계 I에는 P700으로 지정된 특별한 엽록소 a 분자 한 쌍과 A_0(광계 II의 피오파이틴 분자 대신)라고 하는 세 번째 엽록소 a가 포함되어 있다. 광계 I의 다른 구성 요소에는 필로퀴논(phylloquinone)인 A_1, 전자전달사슬을 형성하여 A_0를 Fd에 연결하는 3개의 철-황 중심인 F_X, F_A, F_B가 있다.

식물 및 녹조류의 광계 I에는 LHCII보다 더 적은 안테나 분자를 포함하는 **광수확 복합체 I**(light-harvesting complex I, LHCI)이 연합되어 있다. 광계 II 복합체와 마찬가지로 안테나 색소 또는 LHCI에 의해 포획된 빛 에너지는 특수한 한 쌍의 엽록소 a 분자가 있는 반응 중심으로 전달된다. 빛 에너지는 광계 I 특수 쌍의 환원전위를 약 -1.30 V로 낮춘다(그림 11-8c 참조). 그러면 광여기된 전자는 P700에서 A_0로 빠르게 전달되고, 산화된 P700$^+$와 환원된 A_0 사이는 전하 분리로 전자가 다시 바닥 상태로 돌아

비타민 D의 생성을 위해 우리의 피부는 매일 어느 정도 햇빛에 노출되어야 한다. 그러나 너무 많은 햇빛은 해로울 수 있다. 일광 화상은 자외선이 염증과 세포 사멸을 유발할 때 발생한다. 피부가 붉어지고, 만지면 통증이 생길 수 있으며, 피부의 상층 세포들이 죽어 벗겨질 수 있다. 빛을 흡수하는 피부의 색소가 여분의 에너지를 발산할 수 없으면 산소와 반응하여 세포 구성 요소와 막을 손상시키는 유해한 활성산소종(ROS)을 생성할 수 있다. 자외선은 또한 DNA에서 타이민 2량체를 형성하게 할 수 있으며(그림 22-25 참조), 이는 DNA 복제에 심각한 오류를 일으킬 수 있다. 물론 대부분의 사람에게 그러한 손상을 피하는 한 가지 방법은 태양을 피해 실내로 이동하는 것이다.

식물은 매일 강렬하고 잠재적으로 해로운 햇빛에 노출되지만 피할 수 없다는 딜레마에 직면한다. 한편으로 식물은 광합성을 최대화하기 위해 가능한 한 많은 빛을 흡수해야 한다. 반면 강렬한 햇빛에 장기간 노출되면 식물 버전의 일광 화상이 일어날 수 있다. 자외선은 DNA 손상과 효소와 막을 손상시키는 ROS의 형성을 유발할 수 있다. 그러나 손상의 대부분은 광합

성 기구에서 일어난다. 빛에 의존하는 반응에서 사용할 수 있는 것보다 더 많은 빛 에너지가 흡수되면 과잉 에너지는 광계 II 단백질 D1을 손상시키고 광합성을 억제한다. D1이 손상된 경우 D1을 제거하고 교체할 수 있게 전체 광 시스템을 분해해야 한다(**그림 11B-1**). 광계 I 또한 전자전달자 페레독신(Fd)이 과도한 빛에서 O_2와 반응하여 생성되는 ROS로 인해 손상을 입을 수 있다.

광합성 동안 빛은 안테나 시스템의 색소에 의해 흡수되고 에너지는 두 광계(PS II와 PS I)의 중심에 있는 특별한 엽록소 분자 쌍으로 전달된다. 이 엽록소 분자가 여기되어 생성된 여기 전자는 3가지 경로를 가게 된다. 첫 번째, 이상적으로 여기된 전자는 광합성에 사용된다. 그러나 여기된 전자가 광합성에 사용되는 것보다 더 빨리 빛 흡수가 일어난다면 과잉 에너지는 어떻게 될까? 에너지를 분산시키는 두 번째 경로는 *카로티노이드*가 관련된다. 카로티노이드, 예를 들어 β-카로틴은 두 광계 주변의 광수확 복합체에서 발견되는 주황색 색소이다. 일반적으로 카로티노이드는 빛의 광자를 흡수하고 에너지를 광계 반응 중심의 엽록소로 전달한다. 그러나 빛 수

❶ 강한 빛은 광계 II의 D1 소단위체에 손상을 입힌다.　　**❷** 손상된 광계 II 중심부는 표면의 안테나 단백질에서 분리되어 다른 막 지역으로 이동한다.　　**❸** D1이 분해되고 교체된다.　　**❹** 수리된 중심부가 제자리로 돌아와 안테나 단백질과 다시 결합한다.

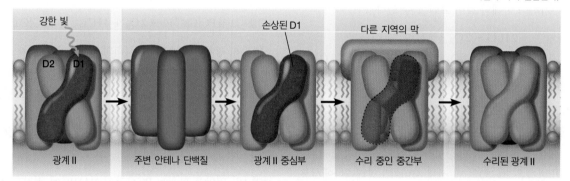

강한 빛　　손상된 D1　　다른 지역의 막

D2　D1

광계 II　　주변 안테나 단백질　　광계 II 중심부　　수리 중인 중간부　　수리된 광계 II

그림 11B-1 D1이 자외선으로 손상된 후 광계 II의 분해와 재조립. 손상된 광계 II는 안테나 복합체에서 D1 제거 및 교체를 통해 손상된 광계가 수리되는 막 영역으로 이동한다. 그런 다음 안테나 복합체와 다시 재결합하여 광합성에 참여할 수 있다.

가는 것이 방지된다. 광계 II에서와 같이 이 전하 분리는 흡수된 빛 에너지의 일부를 전기화학 퍼텐셜 에너지로 보존하는 것이다. P700에서 손실된 전자는 환원된 플라스토시아닌에서 들어오는 전자로 대체된다.

전자는 A_0에서 전자전달사슬을 통해 광계 I의 최종 전자 수용체인 페레독신까지 자발적으로 흐른다. **페레독신**(ferredoxin, Fd)은 엽록체의 스트로마에서 발견되는 이동성 철-황 단백질이다. 페레독신은 질소 및 황 동화작용을 비롯한 엽록체의 여러 대사 경로에서 중요한 환원제로 사용된다. 사이토크롬 b_6/f 복합체에 의해 환원된 4개의 PC(반응 11-6)로부터 전자를 받아 Fd에 전자 전달을 촉매하는 광계 I의 순반응은 다음과 같이 요약할 수 있다.

$$4 \text{ 광자} + 4\,PC(Cu^+) + 4\,Fd(Fe^{3+}) \longrightarrow$$
$$4\,PC(Cu^{2+}) + 4\,Fd(Fe^{2+}) \qquad (11\text{-}7)$$

페레독신-NADP⁺ 환원효소는 NADP⁺ 환원을 촉매한다

광환원 경로의 마지막 단계는 페레독신에서 $NADP^+$로 전자를 전달하여 광합성 탄소 환원 및 동화작용에 필수적인 NADPH를 만드는 것이다. 이 전달은 틸라코이드 막의 스트로마 쪽에서 발견되는 주변 막단백질인 **페레독신-NADP⁺ 환원효소**(ferredoxin-$NADP^+$ reductase, FNR)에 의해 촉매된다. 광계 I에서 생성된 4개의 환원된 페레독신 분자로 시작하여(반응 11-7 참조) 다음 반응이 일어난다.

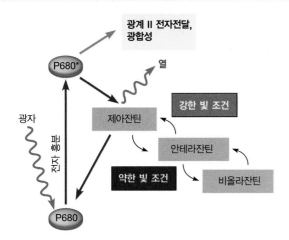

그림 11B-2 크산토필 회로. 강렬한 빛에 노출되면 광합성 반응 중심에 있는 여기된 엽록소 분자(별표로 표시)에서 여분의 전자가 제아잔틴으로 전달되어 과도한 에너지가 열로 소산되고, 전자가 엽록소로 되돌아갈 수 있다. 약한 빛 조건에서 제아잔틴은 다시 비올라잔틴으로 전환된다.

확 반응이 엽록소가 '바닥' 상태(흥분되지 않은 상태)로 '이완'할 수 있을 만큼 빠르게 전자를 사용하지 못하는 경우 엽록소에서 에너지를 받을 수도 있다. 여기된 엽록소 분자가 전자를 포기하지 않으면 엽록소는 O_2와 반응하여 막을 손상시킬 수 있는 활성산소종을 만들 가능성이 훨씬 더 높다. 반면에 카로티노이드는 O_2와 반응하지 않아 ROS를 생성하지 않는다. 그 대신 초과 에너지는 열로 방출된다. 카로티노이드는 또한 엽록소에서 생성된 ROS를 해독하고, 이를 비반응성 화학물질로 전환시키는 항산화제 역할을 할 수 있다.

식물은 잎에서 과잉 에너지를 발산하는 세 번째 경로를 가지고 있다. 크산토필은 식물에서 흔히 볼 수 있는 빨간색과 노란색 색소이다. 황색 크산토필은 엽록체에 존재하는 일종의 카로티노이드이며 열과 과도한 빛 에너지를 발산하여 작용한다. 크산토필 회로는 광도가 높아 과부하가 걸리면 반응 중심에서 여기된 전자를 뽑아낼 수 있다(**그림 11B-2**). 높은 빛의 조건

에서 비올라잔틴(violaxanthin)은 안테라잔틴(antheraxanthin)으로 전환된 다음 제아잔틴(zeaxanthin)으로 전환된다. 제아잔틴은 흥분된 엽록소 분자에서 전자를 받아들이는 데 특히 탁월하여 여기된 엽록소 a가 ROS를 생성할 위험을 줄인다. 식물이 저조도 조건으로 돌아가면 세포가 역반응을 수행하여 제아잔틴을 다시 안테라잔틴으로, 궁극적으로 비옥산틴으로 전환할 수 있다.

강한 빛 아래에서 자란 식물은 광합성 시스템을 빛으로 인한 손상으로부터 보호하기 위해 더 많은 양의 '식물 자외선 차단제' 크산토필과 카로티노이드를 축적한다(**그림 11B-3**). 놀랍게도 제아잔틴은 인간의 눈에서도 발견되며, 강렬한 빛에 의한 손상으로부터 눈을 보호한다. 이는 모든 진핵세포에 빛에 의한 손상으로부터 세포를 보호하는 과정이 보존되었음을 알 수 있다.

그림 11B-3 잎 가장자리의 크산토필. 일부 식물은 가장 많은 빛을 받는 잎 부분에서 크산토필 농도가 증가한다. 태양이 바로 머리 위에 있는 가장 더운 시간에 잎의 '가장자리'에 있는 고농축 크산토필은 잎을 보호하고 과도한 에너지를 열로 발산하는 역할을 한다.

$$4\,Fd(Fe^{2+}) + 2\,NADP^+ + 2\,H^+_{\text{스트로마}} \longrightarrow$$
$$4\,Fd(Fe^{3+}) + 2\,NADPH \qquad (11\text{-}8)$$

$NADP^+$ 한 분자가 환원되려면 스트로마에서 하나의 H^+과 환원된 페레독신 분자 각각에서 받은 2개의 전자가 필요하다는 점에 주목하라. 실제로 양성자를 스트로마에서 내강으로 이동시키는 것은 아니지만, 이 반응은 스트로마의 양성자 농도를 낮추고 틸라코이드 막을 가로지르는 전기화학 양성자 기울기에 기여한다.

이제 엽록체 내에서 전자전달사슬의 다양한 구성 요소가 함께 기능하면서 그림 11-8와 11-9에 표시된 대로 물 분자에서 $NADP^+$로 전자가 연속적이고 한 방향으로 흘러가게 한다는 것

을 알게 되었다. 이는 **비순환적 전자 흐름**(noncyclic electron flow)이라고 하며, 전자가 페레독신에서 사이토크롬 b_6/f 복합체로 돌아가는 **순환적 전자 흐름**(cyclic electron flow)과 구별된다.

빛에 의해 2개의 물 분자가 산소 분자로 완전히 산화되는 경우 최종 결과는 페레독신이 다른 경로에 전자를 제공하지 않는다고 가정할 때 반응 11-5에서 11-8을 합산하여 얻을 수 있다.

$$8\,\text{광자} + 2\,H_2O + 6\,H^+_{\text{스트로마}} + 2\,NADP^+ \longrightarrow$$
$$8\,H^+_{\text{내강}} + O_2 + 2\,NADPH \qquad (11\text{-}9)$$

8개의 광자가 흡수될 때마다(광계 II에 4개, 광계 I에 4개) 2개의 NADPH 분자가 생성된다. 또한 광환원을 하는 전자전달사

슬은 스트로마에서 내강으로 틸라코이드 막을 가로질러 한 방향 양성자 수송을 하는 기작과 결합되어 있다. Q 회로가 작동하면 내강에 축적되는 양성자의 수는 8개에서 12개로 증가한다. 따라서 태양 에너지는 환원제 NADPH와 전기화학 양성자 기울기, 두 가지 형태의 퍼텐셜 에너지로 포획되어 저장되었다.

이 양성자 기울기의 퍼텐셜은 ATP를 합성하는 데 어떻게 사용될까? 그 합성 메커니즘은 미토콘드리아 ATP 합성과 유사하다. 엽록체와 미토콘드리아의 차이에도 불구하고 둘 다 외막과 내막이 있고 양성자가 축적되는 내부 공간이 있다(미토콘드리아는 크리스타 사이 공간, 엽록체는 틸라코이드 내강). 둘 다 ATP 합성에 사용되는 양성자 기울기를 생성할 때 환원 및 산화되는 전자전달자의 정렬된 배열을 통해 자발적 전자전달이 일어난다. 그러나 미토콘드리아에서 전자는 고에너지 환원 조효소에서 산소로 이동하면서 화학 에너지가 한 형태(NADH)에서 다른 형태(ATP)로 전환되고 물 분자가 형성된다. 엽록체에서는 태양 에너지가 물에서 전자를 떼어내어 산소를 발생시키는 데 사용되고, NADPH와 ATP 형태의 화학 에너지로 전환된다.

개념체크 11.3

미토콘드리아와 엽록체 모두에서 필수적인 구조적 특징은 일련의 전자전달자가 정렬된 순서로 위치하는 것이다. 이 두 소기관에서 전자전달의 유사점과 차이점을 서술하라.

11.4 광합성 에너지 전환 III: ATP 합성

이제 광합성 에너지 전환의 마지막 단계에 이르렀다. 여기서 양성자 기울기에 저장된 퍼텐셜 에너지는 ADP와 P_i로부터 ATP를 합성하는 데 사용된다. ADP를 인산화할 때 사용되는 에너지는 햇빛에서 비롯되기 때문에 이 과정을 **광인산화**(photophosphorylation)라고 한다.

틸라코이드 막은 사실상 양성자에 대해 불투과성이기 때문에 빛을 받은 엽록체에서 막을 가로질러 상당한 전기화학 양성자 기울기가 발생할 수 있다. 미토콘드리아에서 했던 것처럼 양성자 농도(pH) 값과 막전위(V_m) 값을 더함으로써 틸라코이드 막을 가로지르는 양성자 구동력(proton motive force, pmf)을 계산할 수 있다.

pmf는 다음 방정식(10장 참조)을 사용하여 막전위와 pH 기울기의 기여도를 합산하여 계산할 수 있다.

$$\text{pmf} = V_m + \frac{2.303 \, RT \Delta pH}{F} \qquad (11\text{-}10)$$

pmf는 내강에서 스트로마로 양성자가 이동한 것에 대한 표준 자유에너지 변화($\Delta G^{\circ\prime}$)를 계산하는 데 사용할 수 있다(10장에서 미토콘드리아에 대해 수행한 것처럼).

$$\Delta G^{\circ\prime} = -nF(\text{pmf}) \qquad (11\text{-}11)$$

미토콘드리아에서 내막 안팎의 pH 차이(ΔpH)는 약 1.0에 불과하며 0.22 V의 총 pmf 중 약 0.06 V(30%)에 기여한다. 나머지 70% pmf는 약 0.16 V의 미토콘드리아 내막 전위차(V_m)에서 비롯된다. 그러나 엽록체에서는 ΔpH가 V_m보다 더 중요하며, 전체 pmf의 약 80%를 차지한다. 빛에 의해 틸라코이드 내강으로 수송되는 양성자는 pH를 최소 약 5로 떨어뜨린다. 양성자가 고갈되어 스트로마 pH가 약 8로 상승하는 것과 함께 이것은 약 3 단위의 ΔpH를 생성하는데, 이는 25°C에서 약 0.18 V의 pmf를 생성한다. 현재 추정되는 약 0.03 V의 막전위와 결합되면 총 0.21 V의 pmf가 발생하고, 이는 양성자 이동에 대한 $\Delta G^{\circ\prime}$이 약 −5 kcal/mol이 된다. 이 결과는 열역학적 측면에서 상당히 합리적이다. 엽록체 스트로마 내에서 ATP 합성에 대한 $\Delta G^{\circ\prime}$ 값은 일반적으로 10~14 kcal/mol이므로, 12 mol의 양성자를 이동하면 몇 몰의 ATP 합성을 유도할 수 있다.

엽록체 ATP 합성효소는 틸라코이드 막을 가로지르는 양성자 수송과 ATP 합성을 짝짓는다

미토콘드리아와 박테리아에서와 같이 엽록체에서도 양성자가 높은 농도에서 낮은 농도로 막을 가로지르며 이동하면서 ATP 합성효소에 의한 ATP 합성이 일어난다. **CF_oCF_1 복합체**(CF_oCF_1 complex)로 명명된 엽록체의 **ATP 합성효소**(ATP synthase)는 미토콘드리아 및 박테리아의 F_oF_1 ATP 분해효소와 매우 유사하다(그림 10-23 참조). CF_1은 틸라코이드 막의 스트로마 방향으로 돌출된 친수성 폴리펩타이드 조합체이며, ATP 합성 촉매 부위가 3개 존재한다. 박테리아 F_1과 마찬가지로 CF_1은 $\alpha_3\beta_3\gamma\delta\varepsilon$ 조합을 가진 5종류의 폴리펩타이드로 구성된다. CF_1 폴리펩타이드는 F_1 폴리펩타이드와 유사한 구조 및 기능을 가진다.

CF_o 구성 요소는 F_oF_1 ATP 분해효소의 F_o 구성 요소와 매우 유사하게 틸라코이드 막에 고정된 소수성 폴리펩타이드 조합체이다. CF_o 소단위체 I과 II는 CF_o와 CF_1을 연결하는 기둥을 형성하므로, F_o의 두 b 소단위체와 동일한 기능을 수행한다(그림 10-23 참조). CF_o 소단위체 IV(F_o a 소단위체와 유사)는 pmf의 압력하에서 양성자가 내강에서 스트로마로 다시 통과하게 하는 **양성자 운반체**(proton translocator)이다. 소단위체 IV를 통해 양성자가 이동하면 소단위체 III 폴리펩타이드로 구성된 고리를 회전시킨다(F_o의 c 고리와 유사). 이 회전은 F_oF_1-ATP 분해효소(10.6절 참조)와 같이 CF_1에 의한 ATP 합성을 일으킨다.

리포솜과 여러 생화학적 실험에 따르면 약 3개의 양성자가 통과하며 ATP 한분자를 합성하는 포유류 미토콘드리아 ATP 합성효소와 달리 엽록체에서는 4개의 양성자가 CF_oCF_1을 통과하며 한 분자의 ATP를 합성한다. 시금치 엽록체 CF_oCF_1의 회전 고리에 14개의 소단위체 III 사본이 있으며, 이는 14개의 양성자가 CF_oCF_1을 통과하면서 1회전이 일어남을 시사한다. 서로 다른 ATP 합성효소는 소단위체 III 폴리펩타이드의 수와 γ 소단위체에 저장되는 탄성 에너지가 다를 수 있으며, 이는 연구자들 사이에서 서로 다른 실험 시스템에서 얻는 서로 다른 H^+/ATP 비율을 설명할 수 있다.

H^+/ATP 비율이 4라고 가정하면 ATP 합성효소 복합체로 촉매되는 반응은 다음과 같이 요약할 수 있다.

$$4\,H^+_{내강} + ADP + P_i \longrightarrow 4\,H^+_{스트로마} + ATP + H_2O \quad (11\text{-}12)$$

따라서 그림 11-8과 11-9에 표시된 비순환적 경로를 통한 4개의 전자 흐름은 2개의 NADPH 분자를 생성할 뿐만 아니라 산소 1분자당 약 3개의 ATP 분자(4개의 전자 × 3개의 양성자/전자 × 1개의 ATP/4개의 양성자 = 3개의 ATP 분자)를 생성한다.

순환적 광인산화는 광합성 세포가 NADPH와 ATP 합성이 균형을 유지하게 한다

광합성 에너지 전환 반응에 대한 논의를 마치기 전에 광영양생물이 살아있는 세포의 에너지 요구를 정확하게 충족하기 위해 NADPH와 ATP 합성의 균형을 유지하는 방법을 알아본다. 비순환적 전자 흐름은 NADPH 분자 2개당 ATP 2개를 생성한다. ATP와 NADPH는 모두 다양한 대사경로에 의해 소비되기 때문에 광합성 세포가 비순환적 전자 흐름에 의해 생성된 비율로 항상 이들을 필요로 할 가능성은 거의 없다. 일반적으로 세포는 막을 통한 능동수송과 같은 많은 세포 활동이 NADPH가 아닌 ATP를 필요로 하기 때문에 NADPH보다 더 많은 ATP를 필요로 한다.

순환적 전자 흐름(cyclic electron flow)으로 알려진 이 과정은 광계 I에서 생성된 환원력을 $NADP^+$ 환원이 아닌 ATP 합성으로 전환할 수 있다. **그림 11-10**에 있는 순환적 전자 흐름은 앞서 논의한 Q 회로와 다르다. 순환적 전자 흐름에서 PSI에 의해 만들어진 환원된 페레독신은 전자를 $NADP^+$에 주는 대신 사이토크롬 b_6/f 복합체로 다시 전달할 수 있다. 페레독신에서 사이토크롬 b_6/f 복합체를 통해 플라스토시아닌으로 전자가 자발적으로 흘러가면서 양성자 수송이 일어나고 이는 틸라코이드 막을 통한 pmf를 생성한다. 순환적 전자 흐름이 틸라코이드 막을 가로질러 단방향 양성자 수송과 결합되기 때문에 여분의 환원력은 NADPH 생성보다 ATP 합성으로 이용될 수 있다.

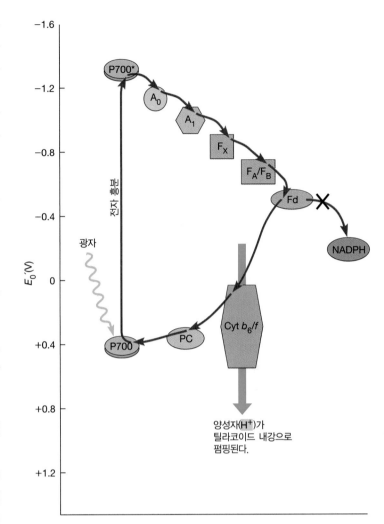

그림 11-10 순환적 전자 흐름. 광계 I을 통한 순환적 전자 흐름은 산소생성 광영양생물이 광합성 세포 내에서 ATP/NADPH 생성 비율을 증가시킬 수 있게 한다. 추가 ATP가 필요할 때 페레독신(Fd)은 $NADP^+$가 아닌 사이토크롬 b_6/f 복합체에 전자를 제공한다. 그런 다음 전자는 플라스토시아닌(PC)을 통해 P700으로 돌아간다. 이 순환적 전자 흐름은 틸라코이드 내강으로의 한 방향 양성자 수송과 결합되기 때문에 여분의 환원력을 ATP 합성에 사용한다. 각 기호에 대한 설명은 그림 11-8을 참조하라.

플라스토시아닌에서 전자는 광계 I의 산화된 $P700^+$ 분자로 돌아가 폐쇄 회로를 완성하고 P700이 다시 광자를 흡수하게 한다. 이 순환적 전자 흐름으로 인한 추가적인 ATP 합성을 순환적 광인산화라고 한다. 광계 II의 전자 흐름은 관련하지 않으므로 물이 산화되지 않고 산소가 방출되지 않는다.

에너지 전환 시스템 전체 요약

그림 11-9에 표시된 모델은 틸라코이드 막 내의 전체 광합성 에너지 전환 시스템을 나타낸다. 물에서 $NADP^+$로의 전자전달과 ATP 합성을 위한 완전한 시스템은 다음 구성 요소로 요약할 수 있다.

1. **광계 II 복합체**: P680 반응 중심 엽록소를 포함하는 엽록소 분자, 보조색소, 단백질의 집합이다. 물은 산소방출 복합체에 의해 산화되고 분해되며, 전자는 물에서 P680으로 흐른다. 광자 흡수 후 광여기된 P680 분자는 플라스토퀴논에 전자를 제공하여 이동성 전자 운반체인 플라스토퀴놀이 환원된다.

2. **사이토크롬 b_6/f 복합체**: 전자를 플라스토퀴놀에서 플라스토시아닌으로 이동시켜 광계 II와 광계 I을 연결하는 전자전달 시스템이다. 이 복합체를 통한 전자 흐름은 틸라코이드 막을 가로질러 단방향 양성자 펌핑과 결합되어 ATP 합성을 유도하는 전기화학 양성자 기울기를 생성한다. 선택적인 순환적 전자 흐름은 추가 ATP 합성을 할 수 있다.

3. **광계 I 복합체**: 플라스토시아닌으로부터 전자를 받아들이는 P700 반응 중심 엽록소를 포함하는 엽록소 분자, 보조색소, 단백질의 집합체이다. 광여기 후 P700은 스트로마 단백질인 페레독신에 전자를 제공한다.

4. **페레독신-NADP⁺ 환원효소**: 틸라코이드 막의 스트로마 쪽에 있는 효소로, 2개의 환원된 페레독신 단백질에서 양성자와 함께 1개의 $NADP^+$ 분자로 전자전달을 촉매한다. 스트로마에서 생성된 NADPH는 많은 동화경로에서 필수적인 환원제로 사용된다.

5. **ATP 합성효소 복합체(CF_oCF_1)**: 틸라코이드 내강에서 스트로마로 양성자의 자발적 이동을 연결하는 양성자 통로 및 ATP 합성효소이다. NADPH와 마찬가지로 ATP는 스트로마에 축적되어 탄소 동화를 위한 에너지를 제공한다.

엽록체 내에서 전자 흐름의 비순환적 및 순환적 경로 모두(Q 회로 유무에 관계없이) 탄력적으로 ATP와 NADPH를 생성한다. NADPH와 비교하여 ATP는 거의 동등한 양으로 생성될 수 있으며, 비순환 경로가 단독으로 작동하는 경우, 또는 광계 I의 Q 회로 또는 순환 경로를 사용하여 ATP를 더 많이 생성할 수 있다.

박테리아는 식물과 유사한 광합성 반응 중심과 전자전달 시스템을 사용한다

빛 수확 및 광합성 반응 중심에 대한 우리 지식의 대부분은 원래 광합성 박테리아의 반응 중심 복합체에 대한 연구에서 비롯되었다. 1980년대 초 미셀(Hartmut Michel), 다이젠호퍼(Johann Deisenhofer), 후버(Robert Huber)는 광합성 자색세균인 *Blastochloris viridis*(이전에는 *Rhodopseudomonas viridis*)로부터 반응 중심 복합체를 결정화할 수 있었고, X선 결정학으로 분자 구조를 결정할 수 있었다. 그들은 빛 에너지를 포획하기 위해 색소 분자가 어떻게 배열되어 있는지에 대해 최초로 상세한 관찰을 하였을 뿐만 아니라 막단백질 복합체를 결정화한 최초의 연

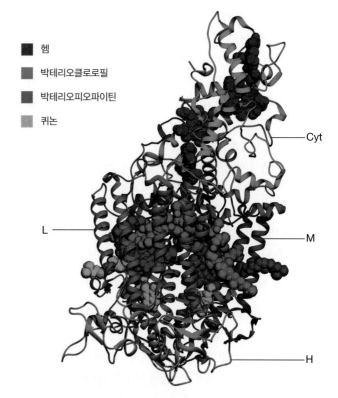

헴
박테리오클로로필
박테리오피오파이틴
퀴논

그림 11-11 세균의 광합성 반응 중심. *Blastochlorus viridis*의 반응 중심에는 4개의 단백질 소단위체에 보조인자가 결합되어 있다. 세균 표면에 있는 사이토크롬(Cyt) 4개와 헴 그룹이 결합했으며, 박테리오클로로필(세균엽록소)과 박테리오피오파이틴 및 2개의 퀴논이 포함된 막관통 L, M 소단위체, 세포질의 H 소단위체이다.

구 팀이다. 이러한 흥미롭고 획기적인 공헌으로 그들은 1988년 노벨상을 공동 수상했다.

그림 11-11에 도시된 바와 같이 *B. viridis*의 반응 중심은 4개의 단백질 소단위체로 구성된다. 첫 번째 소단위체는 세균막의 외부 표면에서 확장된 사이토크롬 *c* 분자이다. L 소단위체와 M 소단위체는 막을 가로지르며 총 4개의 박테리오클로로필 *b* 분자, 2개의 박테리오피오파이틴 분자, 2개의 퀴논을 안정화한다. L 소단위체와 M 소단위체는 식물의 광계 II 단백질 D1 및 D2와 유사하다. H 소단위체는 막의 세포질 표면 밖으로 확장되며 CP43이라고 하는 광계 II 단백질과 동일하다. 이 박테리아 광계를 통한 전자 흐름은 산소생성 광영양생물에서 광계 II를 통한 전자 흐름과 유사하지만 한 가지 주요 차이점이 있다. 박테리아 광계는 산소를 방출하지 않으므로 무산소 광합성의 한 예이다.

P960(960 nm에서 최대 흡수)으로 지정된 한 쌍의 박테리오클로로필 *b* 분자에서 광의존적 전자 흐름이 시작된다. P960에 의한 광자의 에너지 흡수는 환원전위를 약 +0.5 V에서 −0.7 V로 낮추어 전자를 여기시킨다. 광여기된 전자는 즉시 박테리오피오파이틴으로 이동하여 전하 분리를 안정화한다. 박테리오피오파이틴에서 전자는 2개의 퀴논과 사이토크롬 b/c_1 복합체를 통해 사

이토크롬 c로 자발적으로 흐른다. 이 전자 흐름은 박테리아 막을 가로질러 단방향 양성자 펌핑과 결합되어 전기화학 양성자 기울기를 생성한다. 그런 다음 사이토크롬 c는 전자를 산화된 P960으로 되돌린다.

방금 설명한 전자 흐름은 P960에서 시작하고 끝나는 순환적 흐름이므로 환원력에 대한 순이득이 없다. 그러면 세포는 어떻게 NADH와 같은 환원제를 생성할까? *B. viridis*에서 사이토크롬 b/c_1 복합체와 사이토크롬 c는 황화수소, 티오황산염, 석신산염과 같은 전자 공여체로부터 전자를 받아들일 수 있다. 이 과정에서 생성된 ATP는 사이토크롬 b/c_1 복합체 또는 사이토크롬 c에서 NAD^+로 일부 전자를 에너지적으로 위쪽으로 밀어내어 환원제 NADH를 생성한다.

개념체크 11.4

태양 에너지를 포획하는 순간부터 ATP의 (최종) 합성까지 에너지 상호 전환의 경로를 설명하라. 태양, 화학, 전기화학, 기계 및 기타 형태의 에너지를 고려하라.

11.5 광합성 탄소 동화작용 I: 캘빈 회로

앞에서 논의한 정보를 기반으로 이제 탄소 동화에 대해 자세히 살펴볼 준비가 되었다. 이 생합성 과정은 대기 중 이산화탄소의 무기 탄소 원자가 유기물에 고정되기 때문에 탄소 고정(carbon fixation)이라고도 한다. 이는 그들이 유기 화합물에 공유결합되어 궁극적으로 탄수화물을 형성한다는 것을 의미한다. 보다 구체적으로 탄소 동화의 주요 사건인 이산화탄소의 초기 고정 및 환원으로 간단한 3탄소 탄수화물이 합성되는 과정을 살펴볼 것이다.

무기 탄소가 생물권으로 이동하는 기본 경로는 모든 산소생성 광영양생물 및 대부분의 산소비생성 광영양생물에서 발견되는 **캘빈 회로**(Calvin cycle)이다. 이 경로는 1961년에 캘빈(Melvin Calvin)과 그의 동료인 벤슨(Andrew Benson)과 바샴(James Bassham)에 의해 규명된 것으로, 노벨상을 받은 캘빈의 이름을 따서 명명했다. 제2차 세계대전 이후 방사성 동위원소가 연구에 사용될 수 있었고, 그들은 $^{14}CO_2$를 사용하여 광합성 탄소 고정의 주요 생성물이 3탄당이라는 것을 보여줄 수 있었다. 이 3탄당은 다양한 대사경로로 들어가며, 이들 중 가장 중요한 것은 설탕과 녹말 생합성이다. **그림 11-12**에 캘빈 회로에 대한 개요가, **그림 11-13**에는 더 많은 생화학적 및 구조적 세부 사항이 나와 있다.

식물과 조류에서 캘빈 회로는 엽록체 스트로마에 존재하는데,

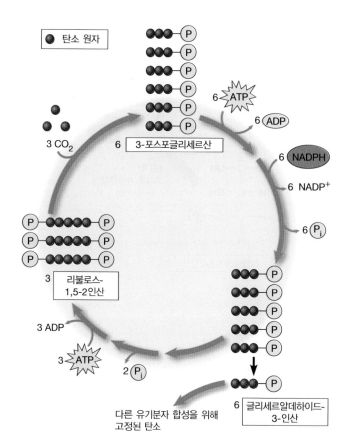

그림 11-12 캘빈 회로의 개요. 3분자의 CO_2가 3분자의 리불로스-1,5-2인산(RuBP)에 고정되어 6분자의 3-포스포글리세르산을 형성하고, 이 분자는 글리세르알데하이드-3-인산(G3P)으로 환원된다. 이 G3P 분자 중 5개는 CO_2 3개를 더 받아들이는 RuBP 3개 분자를 재생하는 데 사용된다. 여섯 번째 G3P 분자는 회로가 1회전에 고정한 3개의 탄소를 나타낸다.

이는 광합성 에너지 전환 반응에 의해 생성된 ATP와 NADPH가 축적되는 장소이다. 식물에서 이산화탄소는 일반적으로 **기공**(stomata, 단수형은 stoma)이라고 하는 특별한 구멍을 통해 잎으로 들어간다. 이산화탄소가 잎 내부로 들어가면 **엽육세포**(mesophyll cell)로 확산되고, 이어 탄소 고정이 일어나는 장소인 엽록체 스트로마로 쉽게 이동한다.

편의상 캘빈 회로를 3단계로 나눌 수 있다.

1. 이산화탄소 초기 수용체 분자인 리불로스-1,5-2인산(RuBP)의 카복실화(고정)와 이어진 가수분해로 2분자의 3-포스포글리세르산(3PG)을 생성한다.
2. 3-포스포글리세르산이 환원되어 글리세르알데하이드-3-인산(G3P)을 형성한다.
3. 지속적인 탄소 동화를 위해 초기 수용체 리불로스-1,5-2인산이 재생된다.

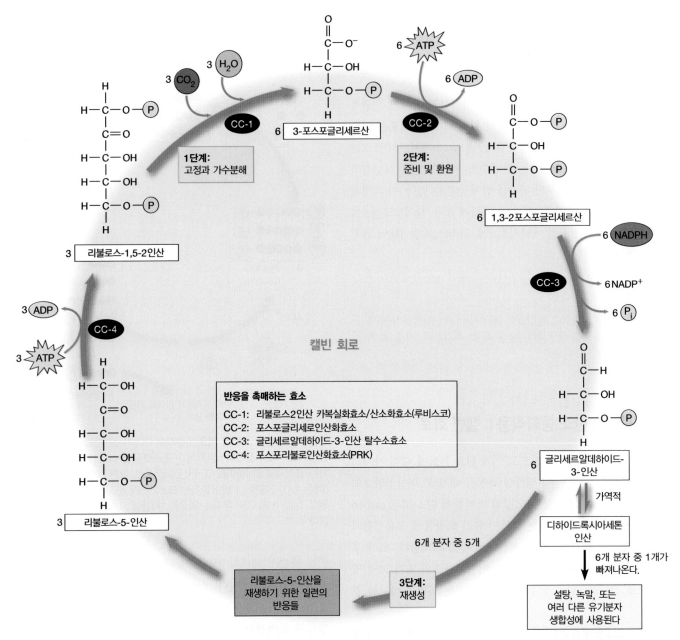

그림 11-13 광합성 탄소 동화를 위한 캘빈 회로. 캘빈 회로의 한 회전 동안 3개의 CO_2 분자가 고정되고 1분자의 글리세르알데하이드-3-인산(G3P) 이 생성된다. CO_2는 반응 CC-1에서 고정되어 3-포스포글리세르산(3PG)을 형성한다. 반응 CC-2 및 CC-3은 ATP와 NADPH를 사용하여 3PG를 G3P 로 환원한다. G3P 분자 6개 중 1개는 설탕, 녹말 또는 기타 유기분자의 생합성에 사용된다. 나머지 5개의 G3P 분자는 3개의 리불로스-5-인산 분자를 재생하는 데 사용된다. 그런 다음 리불로스-5-인산은 반응 CC-4에서 ATP를 사용하여 인산화되어 반응 CC-1의 수용체 분자인 리불로스-1,5-2인산 (RuBP)을 재생하여 회로의 한 회전을 완료한다.

이산화탄소는 리불로스-1,5-2인산의 카복실화에 의해 캘빈 회로에 들어간다

캘빈 회로의 첫 번째 단계는 리불로스-1,5-2인산의 카보닐 탄소 에 이산화탄소가 공유결합하는 반응으로 시작된다(그림 11-13 의 반응 CC-1). 이 5개의 탄소 수용체 분자의 카복실화는 6개의 탄소 생성물을 생성하는 것처럼 보이지만 광합성 연구 초기에 아무도 그러한 분자를 분리하지 못했다. 캘빈과 동료들이 방사 성 표지된 $^{14}CO_2$를 클로렐라에 처리하여 발견한 이산화탄소 고 정에서 최초로 검출 가능한 생성물은 3탄소 분자인 3-포스포글 리세르산이다. 아마도 6탄소 화합물은 반응 11-13과 같이 일시 적인 효소 결합 중간체로만 존재하며, 이는 즉시 가수분해되어 2 분자의 3-포스포글리세르산을 생성한다.

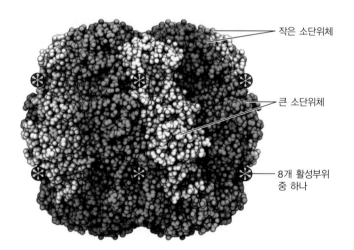

리불로스-
1,5-2인산

효소에 결합한
중간체

2분자의
3-포스포글리세르산

(11-13)

새로 고정된 이산화탄소(빨간색으로 표시)는 2개의 3-포스포글리세르산 분자 중 하나에서 카복실기로 나타난다.

이산화탄소의 포획과 3-포스포글리세르산 형성을 촉매하는 효소를 **루비스코**(rubisco), 즉 **리불로스-1,5-2인산 카복실화효소/산소화효소**(ribulose-1,5-bisphosphate carboxylase/oxygenase)라고 한다. 이는 비교적 큰 효소이다(**그림 11-14**). 식물과 조류에서는 16개의 소단위체와 약 560,000 kDa의 분자량을 가지고 있다. 루비스코는 일부 광합성 박테리아를 제외한 모든 광합성 생물체에서 발견된다. 사실상 전체 생물권에 대한 이산화탄소 고정의 필수적인 역할을 고려할 때 루비스코가 지구상에서 가장 풍부한 단백질로 생각되는 것은 놀라운 일이 아니다. 잎의 수용성 단백질의 약 10~25%가 루비스코이며, 한 추정에 따르면 지구상의 루비스코 총량은 4,000만 톤, 또는 살아있는 사람 1인당 약 7 kg에 해당한다고 한다.

그림 11-14 루비스코의 구조. 효소의 표면을 보면 루비스코가 8개의 동일한 작은 소단위체(주황색 음영)와 8개의 동일한 큰 소단위체(회색 및 초록색)를 포함하는 복잡한 16개 소단위체 효소임을 보여준다. 각각의 큰 소단위체에 활성부위가 존재한다(별표).

작은 소단위체

큰 소단위체

8개 활성부위
중 하나

3-포스포글리세르산은 환원되어 글리세르알데하이드-3-인산을 형성한다

캘빈 회로의 두 번째 단계에서 이산화탄소 고정으로 형성된 3-포스포글리세르산 분자는 글리세르알데하이드-3-인산으로 환원된다. 이는 관련된 조효소가 NADH가 아니라 NADPH라는 점을 제외하고는 해당과정의 산화적 반응 순서(그림 9-7에서 반응 Gly-6 및 Gly-7)와 본질적으로 반대 방향인 일련의 반응이다. NADPH에 의해 매개되는 환원 단계는 그림 11-13에서 반응 CC-2 및 CC-3으로 표시된다. 첫 번째 반응에서 **포스포글리세로인산화효소**(phosphoglycerokinase)가 ATP에서 3-포스포글리세르산(3PG)으로 인산 그룹의 이동을 촉매한다. 이 반응은 활성화된 중간체, 1,3-2포스포글리세르산(BPG)을 생성한다. 두 번째 반응을 촉매하는 글리세르알데하이드-3-인산 탈수소효소는 NADPH에서 1,3-2포스포글리세르산으로 2개의 전자와 1개의 양성자를 이동시켜 글리세르알데하이드-3-인산(G3P)을 형성한다.

이 시점에서 약간의 계산이 필요하다. 루비스코(반응 CC-1)에 의해 고정된 모든 이산화탄소 분자에 대해 2개의 3-포스포글리세르산 분자가 생성된다. 이 2분자를 모두 글리세르알데하이드-3-인산으로 환원하려면 2개의 ATP 분자 가수분해와 2 NADPH 분자의 산화가 필요하다. 이 모든 것으로 순 탄소 원자 1개만 얻을 수 있다. 1개의 3탄당 인산 분자를 순합성하려면 탄소 균형을 유지하기 위해 3개의 이산화탄소 분자의 고정 및 환원을 필요로 하므로 6개의 ATP와 6개의 NADPH를 소모한다.

$$3 \text{ 리불로스-1,5-2인산} + 3 CO_2$$
$$+ 6 ATP + 6 NADPH + 3 H_2O \longrightarrow$$
$$6 G3P + 6 ADP + 6 NADP^+ + 6 P_i \qquad (11-14)$$

🔗 연결하기 11.1

글리세르알데하이드-3-인산은 해당과정과 캘빈 회로 모두에 사용된다. 이 두 경로가 글리세르알데하이드-3-인산을 사용할 때 유사점은 무엇이고 차이점은 무엇인가? (9장 참조)

리불로스-1,5-2인산 재생으로 연속적인 탄소 동화 작용이 가능하다

6개 3탄당 인산 분자마다 1개(캘빈 회로에서 3회 카복실화 반응에 의한 순수익)가 설탕, 녹말 및 기타 다른 유기분자 생합성에 사용된다. 남은 5개 3탄당 인산 분자를 사용하여 캘빈 회로 마지막 3단계에서 3개 5탄당 분자 RuBP(이산화탄소 수용체)를 재생산한다(그림 11-13의 반응 CC-4). 4개 기본 반응(알돌레이스, 케톨전달효소, 인산가수분해효소, 이성질체화효소에 의해 촉매)으로 5

분자의 G3P를 3분자의 리불로스-5-인산으로 전환한다. 이후 포스포리불로인산화효소(phosphoribulokinase, PRK)가 이를 인산화하여 RuBP 분자로 전환하고 RuBP는 반응 CC-1의 이산화탄소 수용체로 작용한다. G3P를 RuBP로 재생산하는 이 과정에는 모두 3분자의 ATP가 소모된다. 이 반응을 요약하면 다음과 같다.

$$5\,G3P + 3\,ATP + 2\,H_2O \longrightarrow$$
$$3\ 리불로스-1,5-2인산 + 3\,ADP + 2\,P_i \qquad (11\text{-}15)$$

완전한 캘빈 회로와 광합성 에너지 전환

캘빈 회로에 의한 1차 탄소 동화는 반응 11-14 및 11-15를 결합하여 요약할 수 있다. 반응 11-14 및 11-15는 이산화탄소 고정 및 환원에서 3탄당 인산 합성 및 이산화탄소에 대한 유기 수용체 분자(RuBP) 재생을 아우르는 모든 회로의 화학반응을 포함한다. 그 결과에 대한 순 반응은 다음과 같다.

$$CO_2 + 9\,ATP + 6\,NADPH + 5\,H_2O \longrightarrow$$
$$G3P + 9\,ADP + 6\,NADP^+ + 8\,P_i \qquad (11\text{-}16)$$

ATP와 NADPH에 대한 요구사항에 유의하라. 캘빈 회로는 생합성에 사용하기 위해 방출되는 모든 3탄소 탄수화물에 대해 9개의 ATP 분자와 6개의 NADPH 분자를 소비한다. 이는 고정된 각 이산화탄소 분자에 대해 3개의 ATP와 2개의 NADPH에 해당한다. 따라서 이러한 여분의 ATP를 생성하려면 광계 I의 순환적 광인산화 경로가 요구된다.

이제 에너지 전환과 탄소 동화를 모두 고려한 광합성에 대한 전반적인 반응을 작성할 준비가 되었다. ATP와 NADPH가 캘빈 회로에 사용되는 것 외에 다른 경로로 전환되어 사용되지 않는다고 가정하면 얼마나 필요한지 알 수 있다. 반응 11-16에 따르면 글리세르알데하이드-3-인산 1분자의 합성에는 9개의 ATP와 6개의 NADPH 분자가 필요하다. 이러한 요구는 비순환적 전자전달 경로를 통한 12개의 전자 흐름으로 충족될 수 있으며, 이 경로에서는 직렬로 연결된 두 광계에 24개의 광자가 흡수되어야 한다. 이는 6개의 NADPH 분자(3 × 반응 11-9)와 9개 중 8개의 ATP 분자(8 × 반응 11-12)를 제공한다. 광계 I의 순환적 전자전달 경로를 통한 2개의 전자 흐름은 2개의 광자를 필요로 하고, 4개의 양성자를 수송하므로 1개의 ATP 분자를 추가로 제공할 수 있다(1 × 반응 11-12). 따라서 에너지 전환에 대한 순 반응은 다음과 같다.

$$26\ 광자 + 9\,ADP + 9\,P_i + 6\,NADP^+ + 6\,H_2O \longrightarrow$$
$$3\,O_2 + 9\,ATP + 6\,NADPH + 9\,H_2O \qquad (11\text{-}17)$$

26개 광자의 흡수는 비순환적 전자 흐름 동안 광계 I에서 12개 광여기 이벤트 및 광계 II에서 12개, 순환적 전자 흐름 동안 PSI에서 2개 광여기 이벤트로 충족된다.

캘빈 회로에 대한 요약 반응(반응 11-16)을 에너지 전환에 대한 순 반응(반응 11-17)에 추가하여 다음과 같은 전체 식을 얻을 수 있다.

$$26\ 광자 + 3\,CO_2 + 5\,H_2O + P_i \longrightarrow G3P + 3\,O_2 + 3\,H_2O$$
$$(11\text{-}18)$$

인산기는 일반적으로 글리세르알데하이드-3-인산이 더 복잡한 유기 화합물에 통합될 때 가수분해로 인해 제거되기 때문에 반응 11-18을 다음과 같이 다시 표현할 수 있다.

$$26\ 광자 + 3\,CO_2 + 6\,H_2O \longrightarrow$$
$$글리세르알데하이드 + 3\,H_2O \qquad (11\text{-}19)$$

이 반응은 이 장의 시작 부분에서 소개한 순 광합성 반응과 거의 동일하다(반응 11-2). 그러나 이제는 단순하게 보이는 이 반응의 이면에 있는 여러 광화학 및 복잡한 대사 과정을 이해할 수 있는 훨씬 더 나은 위치에 있다. 더욱이 모호한 용어인 빛과 $C_6H_{12}O_6$를 특정 수의 광자와 이산화탄소 고정이 일어난 1차 생성물로 대체했다.

이 정보를 통해 광합성 에너지 전환 및 탄소 동화의 최대 효율을 계산할 수 있다. 적색광의 경우 670 nm의 파장을 가정하면 26몰의 광자는 26 × 43 kcal/mol의 광자, 또는 총 1,118 kcal의 에너지를 나타낸다. 글리세르알데하이드는 이산화탄소 및 물과의 자유에너지가 343 kcal/mol만큼 차이가 나므로 광합성 에너지 전환 효율은 약 31%(343/1,118 = 0.31)이다. 이는 우리가 만들 수 있는 대부분의 에너지 전환 기계보다 높은 효율성을 나타낸다.

개념체크 11.5

캘빈 회로가 어떻게 3개의 CO_2 분자를 직접 결합하지 않고, 3개의 CO_2 분자를 1개의 3-포스포글리세르산 분자로 고정하는지 설명하라.

11.6 캘빈 회로의 조절

광영양생물은 빛을 사용할 수 있을 때 축적된 탄수화물을 활용하여 빛이 없는 어둠 속에서 꾸준히 요구되는 에너지와 탄소에 대한 수요를 충족해야 한다. 해당작용 및 기타 경로로 저장된 탄수화물을 소비하는 동안 캘빈 회로가 탄소를 계속 고정한다면 이 활동은 무의미할 것이다. 생물체는 에너지를 사용하여 이산화탄소를 환원시켜 당과 기타 탄수화물을 생성하는 동시에 이러한 탄수화물을 산화시켜 에너지를 생성한다. 그리고 모든 생물학적 경로는 100% 미만의 열역학적 효율로 작동하기 때문에 합성과 분해의 무익한 순환은 열로서 에너지의 순 손실을 초래할 것이다. 따라서 광영양생물이 빛이 없을 때 캘빈 회로가 작동하지 않게 하는 여러 조절 시스템을 가지고 있다는 것은 놀라운 일이 아니다.

캘빈 회로는 최대 효율성을 보장하기 위해 엄격하게 조절된다

첫 번째 수준의 조절은 캘빈 회로의 핵심 효소 합성을 조절하는 것이다. 빛에 의존하는 이산화탄소 고정 및 환원에만 중요한 효소는 일반적으로 빛에 노출되지 않는 식물 조직에는 존재하지 않는다. 예를 들어 뿌리세포의 색소체는 잎세포의 엽록체에서 발견되는 루비스코 활성의 1% 미만을 가지고 있다.

캘빈 회로의 효소는 또한 주요 대사 산물 수준에 의해 조절된다. 캘빈 회로에 고유한 세 효소는 이러한 종류의 대사 조절에 논리적으로 맞는 효소이다. 루비스코는 캘빈 회로에서 카복실화 반응을 촉매하기 때문에 명백한 후보이다. 나머지는 유기 수용체 분자인 RuBP를 재생하는 역할을 하는 세도헵툴로스-1,7-2인산 가수분해효소(sedoheptulose-1,7-bisphosphatase)와 포스포리불로인산화효소(phosphoribulokinase, PRK)이다. 이 3가지 효소는 모두 높은 pH와 높은 농도의 마그네슘 이온에 의해 활성화된다.

빛이 물 분자에서 페레독신으로 전자 이동을 유도할 때 엽록체 스트로마에서 일어나는 변화를 고려해보자. 양성자가 스트로마에서 내강으로 수송됨에 따라 스트로마의 pH는 약 7.2(어둠에서 일반적인 값)에서 약 8.0으로 상승한다. 동시에 마그네슘 이온은 내강에서 스트로마로 반대 방향으로 확산되고, 스트로마 내 마그네슘 이온 농도는 약 5배 증가한다. 결국 높은 수준으로 환원된 페레독신, NADPH, ATP도 스트로마에 축적된다. 이러한 각각의 요소는 캘빈 회로의 효소를 활성화할 수 있는 신호 역할을 한다. 어둠 속에서는 스트로마의 pH와 마그네슘 이온 수준이 감소하여 이러한 효소의 활성이 떨어진다. 이들 각각의 효소는 캘빈 회로에 고유할 뿐만 아니라 본질적으로 비가역적인 반응을 촉진한다. 해당경로도 특이적이고 본질적으로 비가역적인 반응이 일어나는 경로에서 조절된다는 사실을 상기하라(9장 참조). 이 조절 방법은 세포의 대사 과정에 일반적으로 적용되는 주제이다.

광합성 에너지 전환과 탄소 동화작용을 연계하는 또 다른 조절 방법은 **그림 11-15**에 표시된 것처럼 이동성 철-황 단백질 페레독신을 사용한다. 빛이 있는 동안 물 분자에서 공여된 전자는 페레독신(Fd)의 철 원자를 Fe^{3+} 산화 상태에서 Fe^{2+}으로 환원시키는 데 사용된다. 페레독신-티오레독신 환원효소(ferredoxin-thioredoxin reductase)로 알려진 효소는 페레독신에서 또 다른

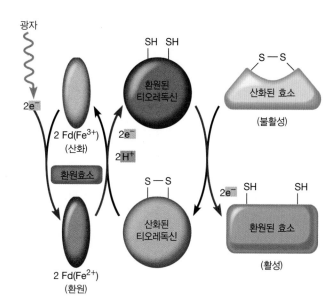

그림 11-15 티오레독신으로 매개되는 캘빈 회로 효소의 활성화. 광환원 경로에 의해 생성된 2개의 환원된 페레독신(Fd) 분자(각각 Fe^{2+}을 운반)는 중간 전자 운반체인 티오레독신에 전자를 제공한다. 티오레독신은 2황화 결합을 2개의 설프하이드릴 그룹으로 환원시켜 표적 효소를 활성화한다. 다른 경우에는 티오레독신이 효소를 불활성화할 수 있다.

이동성 전자 운반체인 티오레독신으로 전자전달을 촉매한다. 티오레독신은 2황화(S—S) 결합을 설프하이드릴(-SH) 그룹으로 환원시켜 단백질의 구조적 변화를 유발하고 효소 활성에 영향을 미친다. 글리세르알데하이드-3-인산 탈수소효소(그림 11-13의 반응 CC-3), 세도헵툴로스-1,7-2인산 가수분해효소(반응 CC-4), 포스포리불로인산화효소(반응 CC-4)는 모두 티오레독신에 의해 2황화 결합이 환원되는 구조 변화로 활성화되는 효소이다. 어두운 곳에서는 환원된 페레독신을 사용할 수 없으며 설프하이드릴 그룹은 자발적으로 2황화 결합으로 재산화되어 효소를 비활성화한다. 앞서 설명한 CF_0CF_1-ATP 합성효소도 티오레독신 시스템의 영향을 받는다.

캘빈 회로는 해당과정에 직접 들어갈 수 있는 3개의 탄소 분자를 생성하기 때문에 빛 조건에서는 복합 탄수화물을 분해할 필요가 없다. 당연히 캘빈 회로의 효소를 활성화하는 동일한 메커니즘이 분해 경로의 효소를 비활성화한다. 그 예로 해당과정에서 가장 중요한 조절점인 인산과당 인산화효소가 있다. 캘빈 회로가 빛 속에서 작동하면 ATP 농도가 높아지고 인산과당 인산화효소가 억제된다. 따라서 해당경로 초기 단계를 우회하므로 잠재적으로 이득이 없이 헛도는 대사 과정을 방지하게 된다.

루비스코 활성화효소는 루비스코의 탄소 고정을 조절한다

캘빈 회로 활성은 또한 루비스코의 활성을 조절하는 단백질 **루비스코 활성화효소**(rubisco activase)에 의해 조절된다. 루비스코

활성화효소는 루비스코의 활성부위에서 억제성 당-인산 화합물을 제거하여 루비스코의 탄소를 고정하는 능력을 자극한다. 이는 루비스코가 최대 촉매 활성을 가지게 하여 적정 농도 이하의 CO_2 농도에서도 탄소 고정을 촉진한다. 루비스코 활성화효소는 또한 루비스코를 활성화하는 능력에 필수적인 ATP 분해효소 활성을 가지고 있다. 이 ATP 분해효소 활성은 ADP/ATP 비율에 민감하고 이 비율이 낮을 때(빛에서) 가장 높다. 어둠 속에서 ADP가 축적되면 루비스코 활성화효소의 ATP 분해효소 활성이 억제되어 루비스코를 하향 조절하고, 루비스코가 필요하지 않을 때 ATP를 보존한다.

세포의 에너지 상태를 감지하는 것 외에도 루비스코 활성화효소는 티오레독신과의 상호작용을 통해 세포의 산화환원 상태에 반응한다. 빛이 있을 때 티오레독신은 루비스코 활성화효소의 2황화 결합을 환원시켜 활성을 높인다. 따라서 루비스코 활성화효소는 빛의 수준, ADP/ATP 비율, 세포의 산화환원 상태에 반응하여 루비스코에 의한 탄소 고정 수준을 조절한다.

개념체크 11.6

캘빈 회로의 주요 조절은 어떻게 일어나는가? 캘빈 회로 조절은 해당과정 및 포도당신생의 조절과 어떻게 유사한가?

11.7 광합성 탄소 동화작용 II: 탄수화물 합성

캘빈 회로에 의해 생성된 3탄당 인산은 엽록체 스트로마뿐만 아니라 세포기질의 대사경로에 의해서도 사용되기 때문에 엽록체 내막을 통과하여 수송되는 기작이 존재한다. 엽록체 내막에서 가장 많은 단백질은 3탄당 인산/인산 운반체(triose phosphate/phosphate translocator)이며, 이는 내막에서 스트로마의 3탄당 인산(DHAP와 G3P)과 세포기질의 P_i를 교환하는 운반단백질이다. 이 역수송 시스템(그림 8-7 참조)은 새로운 3탄당 인산 합성에 필요한 P_i가 스트로마로 되돌아가지 않는 한 3탄당 인산이 스트로마에서 세포기질로 나가지 못하게 한다. 더욱이 이 운반체는 캘빈 회로의 다른 중간체가 스트로마를 떠나는 것을 방지하기에 충분히 특이적이다. 세포기질 내에서 3탄당 인산은 앞으로 설명할 설탕 합성에 사용될 수 있거나 세포기질에서 ATP와 NADH를 만들기 위해 해당작용 경로에 들어갈 수 있다. 스트로마에 남아있는 3탄당 인산은 일반적으로 녹말 합성에 사용되며, 이에 대해서도 간단히 설명할 것이다.

포도당-1-인산은 3탄당 인산으로부터 합성된다

녹말과 설탕 합성에 필요한 주요 6탄당 인산은 포도당-1-인산이며, 이는 **그림 11-16** 및 반응 S-1~S-3에 표시된 바와 같이 글리세르알데하이드-3-인산(G3P)과 디하이드록시아세톤인산(dihydroxyacetone phosphate, DHAP)에서 형성된다. 초기 단계(S-1, S-2)는 9장의 포도당신생 반응과 유사하다[그림 9-12 참조, 이러한 반응은 세포기질(c)과 엽록체 스트로마(s) 모두에서 발생한다. 6탄당과 6탄당 인산은 엽록체 내막을 통과할 수 없기 때문에 각 구획에서 합성되어야 한다].

첫 번째 단계는 과당-1,6-2인산을 생성하는 알돌레이스(aldolase)에 의해 촉매되는 축합반응이다. 포도당신생에서와 같이 과당-1,6-2인산에서 인산 그룹을 가수분해적으로 제거하여 과당-6-인산을 형성하는데, 이 반응은 발열반응이다(반응 S-1). 이 반응을 촉매하는 효소인 과당-1,6-2인산 가수분해효소(포도당신생에 사용된 것과 동일한 효소, 그림 9-12)는 두 가지 구조적으로 다른 형태로 존재한다. 하나는 세포기질에, 다른 하나는 엽록체 스트로마에 있다. 동일한 효소 기능을 수행하는 여러 단백질을 **동질효소**(isoenzyme, 또는 isozyme)라고 한다. 그런 다음 과당-6-인산은 먼저 포도당-6-인산으로 전환되고, 다시 포도당-1-인산으로 전환될 수 있다(반응 S-2 및 S-3). 여기에서도 별도의 동질효소가 세포기질과 엽록체 스트로마에서 이러한 각 반응을 촉매한다. 설탕과 녹말 합성 경로에서 포도당-1-인산이 어떻게 활용되는지 살펴보자.

설탕의 생합성은 세포기질에서 일어난다

책에서는 종종 포도당을 광합성 탄소 동화의 최종 산물로 묘사한다. 그러나 이는 실제 사실보다 반응을 요약 및 작성하는 데 편의를 위한 정의에 더 가깝다. 왜냐하면 매우 적은 유리 포도당(free glucose)이 실제로 광합성 세포에 축적되기 때문이다. 대부분의 포도당은 수송 탄수화물(예: 설탕), 또는 저장 탄수화물(예: 식물의 녹말 또는 광합성 박테리아의 글리코젠)으로 전환된다.

설탕(sucrose)은 포도당과 과당 각각 한 분자가 글리코시드 결합으로 연결된 2당류이다(그림 3-23 참조). 설탕은 대부분의 식물종에서 저장된 에너지와 환원된 탄소를 운반하는 데 사용되는 주요 탄수화물이다. 또한 사탕무 및 사탕수수와 같은 일부 종에서는 설탕이 저장 탄수화물로도 사용된다. 그림 11-16a에 나타난 바와 같이 설탕 합성은 광합성 세포의 세포기질에 국한되어 있다. 방금 보았듯이 엽록체 스트로마에서 세포기질로 방출된 3탄당 인산은 과당-6-인산과 포도당-1-인산으로 전환될 수 있다(반응 S-1c, S-2c, S-3c). 포도당-1-인산과 유리딘 3인산(uridine triphosphate, UTP)의 반응에 의해 UDP-포도당을 생성한다(반응 S-4c). 마지막으로 포도당은 과당-6-인산으로 이동되어 인산화된 2당류인 **설탕-6-인산**을 형성하고, 인산 그룹을 가수분해로 제거하여 유리 설탕을 생성한다(반응 S-5c, S-6c).

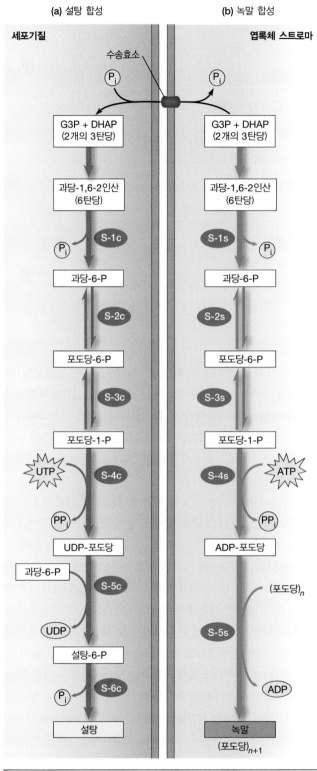

(a) 설탕 합성   **(b)** 녹말 합성

세포기질 | 엽록체 스트로마

반응을 촉매하는 효소
S-1c,s: 알돌레이스와 과당-1,6-2인산 가수분해효소
S-2c,s: 인산포도당 이성질체화효소
S-3c,s: 인산포도당 자리옮김효소
S-4c: UDP-포도당 가피로인산분해효소
S-4s: ADP-포도당 가피로인산분해효소
S-5c: 설탕-인산 합성효소
S-5s: 녹말 합성효소
S-6c: 설탕 인산가수분해효소

그림 11-16 캘빈 회로 산물로부터 설탕과 녹말의 생합성. 엽록체 스트로마의 3탄당 인산 분자인 글리세르알데하이드-3-인산(G3P)과 디하이드록시아세톤인산(DHAP)은 엽록체 내막에 있는 3탄당 인산/인산 운반체를 통해 세포기질의 무기 인산염과 교환된다. (a) 설탕 합성은 세포기질에 국한되는 반면, (b) 녹말 합성은 엽록체 스트로마에서 일어난다. 이러한 반응을 촉매하는 효소와 동질효소는 세포기질(c) 또는 스트로마(s)에 한정되어 존재한다.

(일부 식물종에서 포도당은 UDP-포도당에서 유리 과당으로 직접 전달된다.) 설탕은 잎에서 식물의 다른 비광합성 조직으로 이동하여 에너지와 환원된 탄소를 전달한다.

캘빈 회로와 마찬가지로 설탕 합성은 분해 경로와 충돌을 방지하기 위해 정밀하게 제어된다. 예를 들어 간세포에서 세포기질의 과당-1,6-2인산 가수분해효소(반응 S-1c, 그림 11-16)는 해당과정과 포도당신생의 중요한 조절자인 과당-2,6-2인산에 의해 억제된다(9장 참조). 식물 세포에서 과당-2,6-2인산은 높은 수준의 과당-6-인산 및 Pᵢ(낮은 설탕 요구량을 나타내는 신호) 또는 낮은 수준의 3-포스포글리세르산 및 디하이드록시아세톤인산염(3탄당 인산에 대한 수요가 높다는 신호)에 반응하여 축적된다. 설탕 합성에서 또 다른 제어점은 UDP-포도당에서 과당-6-인산으로 포도당의 이동을 촉매하는 효소인 설탕-인산 합성효소(sucrose-phosphate synthase)이다(반응 S-5c). 이 효소는 포도당-6-인산에 의해 활성화되고 설탕-6-인산, UDP, Pᵢ에 의해 억제된다.

녹말 생합성은 엽록체 스트로마에서 일어난다

식물 세포에서 녹말 합성은 색소체에 국한된다. 광합성 식물 세포에서 녹말 합성은 일반적으로 광합성 색소체인 엽록체로 제한된다. 식물의 대사에 필요한 에너지와 탄소가 충분하면 엽록체 스트로마 내의 3탄당 인산은 포도당-1-인산으로 전환되어 녹말 합성에 사용된다. 그림 11-16b에 나타난 바와 같이 먼저 포도당-1-인산과 ATP가 반응하여 ADP-포도당을 생성한다(반응 S-4s). 그런 다음 ADP-포도당은 녹말 합성효소(starch synthase)에 의해 성장하는 녹말 사슬 말단에 직접 전달되어 다당류 사슬 길이가 늘어나게 된다(반응 S-5s). 그림 11-2a에서 보았듯이 녹말은 엽록체 스트로마 내 커다란 저장 과립에 축적될 수 있다. 어둠이나 다른 요인에 의해 광합성이 제한될 경우 스트로마에 저장된 녹말은 3탄당 인산으로 분해되어 엽록체를 빠져나와 세포기질에서 해당과정에 들어가거나 설탕으로 전환되어 세포 밖으로 내보낼 수 있다.

캘빈 회로 및 설탕 합성과 마찬가지로 녹말 합성도 정밀하게 제어된다. 엽록체의 과당 2인산 가수분해효소는 과당-1,6-2인산을 포도당으로 전환하여 녹말 생합성을 하는 데 필요한 효소인데, 이 효소도 캘빈 회로의 효소 조절 기작과 동일한 티오레독신 시스템에 의해 활성화된다. 이 조절로 광환원을 위한 충분한 빛이 있을 때만 녹말 합성이 일어나게 한다. 그러나 녹말 합성 조절의 핵심 효소는 ADP-포도당 가피로인산분해효소(ADP-glucose pyrophosphorylase)이며, 이 효소는 녹말 합성에 필요한 ADP-포도당(반응 S-4s)을 합성한다. ADP-포도당 가피로인산분해효소는 글리세르알데하이드-3-인산에 의해 자극되고 P_i에 의해 억제된다. 따라서 3탄당 인산이 세포기질로 이동하고 ATP가 ADP와 P_i(높은 에너지 요구량을 나타내는 신호)로 가수분해되면 녹말 합성이 차단된다.

광합성은 또한 환원된 질소와 황 화합물을 생성한다

광합성은 이산화탄소 고정 및 탄수화물 합성 이상을 포함한다. 식물과 조류에서 광합성 에너지 전환 반응에 의해 생성된 ATP와 NADPH는 엽록체에서 발견되는 다양한 동화경로에 의해 소비된다. 탄수화물 합성은 탄소 대사의 한 예일 뿐이다. 지방산, 엽록소, 카로티노이드의 합성도 엽록체에서 일어난다. 탄소 대사를 비롯한 질소 및 황 동화작용의 몇 가지 주요 단계는 엽록체에서만 일어난다. 예를 들어 아질산염(NO_2^-)이 암모니아(NH_3)로 환원되는 것은 엽록체 스트로마의 환원효소에 의해 촉진되며, 환원된 페레독신은 전자 공여체 역할을 한다. 그런 다음 암모니아는 아미노산 및 뉴클레오타이드 합성에 사용되며, 이 과정의 일부는 엽록체에서도 일어난다. 또한 황산염(SO_4^{2-})이 황화물(S^{2-})로 환원되는 반응 대부분은 엽록체 스트로마의 효소에 의해 촉매된다. 이 경우 ATP와 환원된 페레독신이 에너지와 환원력을 제공한다. 암모니아와 같이 황화물은 아미노산 합성에 이용될 수 있다.

개념체크 11.7

광합성을 나타내는 일반적인 화학반응식은 6개의 CO_2 분자를 기질로, 포도당을 생성물로 나타내지만 세포에는 유리 포도당이 거의 없다. 포도당은 어떻게 되는가?

11.8 루비스코의 산소화효소 활성은 광합성 효율을 감소시킨다

루비스코 촉매 활성에서 1차 반응은 **카복실화효소**로 작용하는 반응으로, 이산화탄소와 물을 리불로스-1,5-2인산에 첨가하여 3-포스포글리세르산 두 분자를 형성하는 것이다(반응 11-13 참조). 그러나 루비스코는 **산소화효소** 역할도 할 수 있다. 이 촉매 활성으로 루비스코는 이산화탄소가 아닌 산소 분자를 리불로스-1,5-2인산에 첨가한다.

(11-20)

루비스코의 산소화효소 활성의 결과는 3탄소 생성물인 3-포스포글리세르산 1분자와 2탄소 생성물인 **인산글리콜산염**(phosphoglycolate) 1분자이다. 인산글리콜산염은 캘빈 회로 다음 단계에서 사용할 수 없기 때문에 탄소 동화에서 물질을 낭비하는 것으로 보인다. 루비스코의 산소화효소 활성에 대한 대체 기능은 명확하게 입증되지 않았다.

루비스코 단백질의 아미노산 서열 변경을 통해 산소화효소 활성이 감소되면 카복실화효소 활성도 함께 감소하므로 루비스코의 산소화효소 활성을 감소시키려는 노력은 성공하지 못했다. 그렇다면 루비스코는 왜 이러한 해로운 산소화효소 활성을 가지고 있는가? 한 이론에 따르면 산소화효소 활성은 지구 대기에 산소가 많지 않았던 시대에 루비스코가 진화되었기 때문에 카복실화효소 기능을 심각하게 손상시키지 않고는 제거할 수 없었다는 것이다. 자연 선택조차도 이 효소를 변경하는 작업을 하지 못한 것 같다. 대신 루비스코에 의존하는 광영양생물은 효소의 명백히 낭비적인 산소화효소 활성에 대처하기 위한 3가지 대안 전략을 개발했다. 광호흡 글리콜산 경로, C_4 광합성, 다육식물 유기산 대사에 대한 다음 논의에서 각 전략을 간략하게 고려해보자.

글리콜산 경로는 환원된 탄소를 인산글리콜산염에서 캘빈 회로로 환수한다

모든 광합성 식물 세포에서 루비스코의 산소화효소 활성에 의해 생성된 인산글리콜산염은 **글리콜산 경로**(glycolate pathway)로 전달된다. 이 경로는 인산글리콜산염을 처리하고 여기에 포함된 환원된 탄소의 약 75%를 3-포스포글리세르산 형태로서 캘빈 회

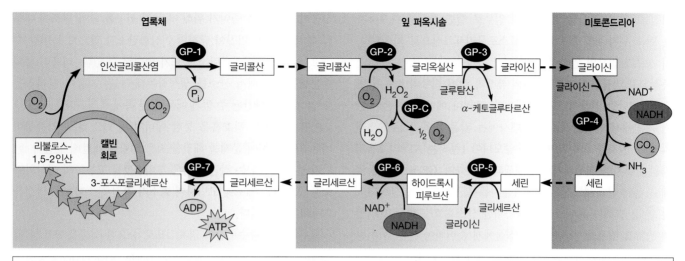

반응을 촉매하는 효소

GP-1: 인산글리콜산 가수분해효소	GP-C: 카탈레이스	GP-5: 세린-글리옥실산 아미노기 전달효소
GP-2: 글리콜산 산화효소	GP-4: 글라이신 탈카복실화효소	GP-6: 하이드록시피루브산 환원효소
GP-3: 글루탐산-글리옥실산 아미노기 전달효소	세린하이드록시메틸 전달효소	GP-7: 글리세르산 인산화효소

그림 11-17 글리콜산 경로. 글리콜산은 루비스코의 산소화효소 활성의 결과로 발생한다. 즉각적인 생성물은 인산글리콜산이며, 이는 엽록체에 국한된 인산가수분해효소에 의해 유리 글리콜산으로 전환된다(반응 GP-1). 유리 글리콜산은 엽록체 스트로마 밖으로 이동하고, 부분적으로는 퍼옥시솜에서, 부분적으로는 미토콘드리아에서 발생하는 5단계 경로(반응 GP-2에서 GP-6까지)에 의해 글리세르산염으로 대사된다. 그런 다음 글리세르산염은 엽록체로 확산되고 인산화되어 3-포스포글리세르산(반응 GP-7)을 형성하고, 이는 캘빈 회로에 다시 들어간다. 각각 글리콜산(GP-2) 분자에서 만들어진 2개의 글리옥실산 분자가 3-포스포글리세르산 1 분자를 형성하는 데 필요하다(하나는 반응 GP-3에서 사용되고 다른 하나는 GP-5에서 사용된다). 광호흡의 특징인 산소 흡수와 이산화탄소 발생은 각각 퍼옥시솜(반응 GP-2)과 미토콘드리아(반응 GP-4)에서 발생한다.

로로 되돌리고, 나머지 25%는 CO_2로 방출한다. 글리콜산 경로는 빛이 비칠 때 산소가 흡수되고 이산화탄소는 방출되는 특징을 가지고 있기 때문에 **광호흡**(photorespiration)이라고도 한다.

글리콜산 경로에서 몇 단계는 **잎 퍼옥시솜**(leaf peroxisome)이라고 하는 특정 유형의 퍼옥시솜에서 일어난다. 퍼옥시솜은 과산화수소를 생성하는 산화효소를 가진 세포소기관이다(4장 참조). 파괴적인 반응을 유발할 수 있는 과산화수소는 다른 퍼옥시솜 효소인 카탈레이스에 의해 제거되어 물과 산소로 분해된다. 퍼옥시솜은 글리콜산 경로에서 필수적인 역할이기 때문에 모든 광합성 식물 조직에서 발견된다.

엽육세포의 잎의 퍼옥시솜에서 카탈레이스는 소기관의 기질 내에서 눈에 띄는 결정질 코어를 형성한다. 잎 퍼옥시솜은 엽록체 및 미토콘드리아와 가깝게 위치한다(그림 4-21의 TEM 참조). 이 연관성은 광합성 식물 세포에서 자주 발견되며, 글리콜산 경로에 관여하는 3가지 소기관 간의 대사 산물 전달을 촉진하는 방법을 반영하는 것 같다(**그림 11-17**).

엽록체에서 루비스코로 인해 생성된 인산글리콜산염은 스트로마의 인산가수분해효소에 의해 빠르게 탈인산화된다(그림 11-17, 반응 GP-1). 이때 생성물은 글리콜산이며, 이는 곧 퍼옥시솜으로 확산되어 산화효소가 이를 **글리옥실산**으로 전환시킨다(반응 GP-2). 글리콜산이 산화되는 반응은 산소 흡수와 과산화

수소(H_2O_2) 생성을 동반하며, 과산화수소는 카탈레이스에 의해 즉시 산소와 물로 분해된다(반응 GP-C). 다음 반응(반응 GP-3)에서 아미노기 전달효소(aminotransferase)가 글루탐산에서 글리옥실산으로 아미노 그룹을 전달하여 글라이신을 형성한다.

글라이신은 잎의 퍼옥시솜에서 미토콘드리아로 확산되는데, 여기서 연속해서 작용하는 2개의 효소인 탈카복실화효소(decarboxylase)와 하이드록시메틸 전달효소(반응 GP-4)에 의해 NADH 생성 및 이산화탄소와 암모니아(NH_3) 방출과 동시에 2개의 글라이신 분자를 1개의 세린 분자로 전환한다. 따라서 루비스코의 산소화효소 활성은 탄소 손실뿐만 아니라 잠재적인 질소 손실도 초래한다. 식물은 질소 고갈을 방지하기 위해 암모니아는 ATP 1개와 환원된 페레독신 분자 2개를 소모하면서 다시 유기물로 동화한다(그림 11-17에 표시되지 않음).

세린은 다시 퍼옥시솜으로 확산되고, 여기서 다른 아미노기 전달효소가 아미노기를 제거하여 **하이드록시피루브산**을 생성한다(반응 GP-5). 이어 환원효소가 NADH를 전자 공여체로 사용하여 하이드록시피루브산을 글리세르산으로 환원한다(반응 GP-6). 마지막으로 글리세르산은 엽록체로 확산되고, 여기서 글리세르산 인산화효소에 의해 인산화되어 캘빈 회로의 핵심 중간체인 3-포스포글리세르산(3PG, 반응 GP-7)을 생성한다.

여러 세포소기관을 통과하는 이 긴 회수 경로는 식물에 어떤

이점을 줄까? 인산글리콜산염의 일부로 캘빈 회로를 빠져나가는 탄소 원자 4개 중 3개는 3-포스포글리세르산으로 회수된다. 이 경로가 없으면 인산글리콜산염이 독성을 나타내는 수준까지 축적되고 리불로스-1,5-2인산의 재생과 캘빈 회로의 지속에 필수적인 3탄당 인산이 고갈될 것이다. 그러나 에너지 및 탄소 환원 측면에서 인산글리콜산염 대사에는 많은 비용이 든다. 3개의 탄소 원자를 회수할 때마다 암모니아 1분자는 ATP와 2개의 환원제 분자를 희생시키면서 재생되어야 하며, GP-6 반응에 의해 생성된 글리세르산은 ATP 1분자를 희생하면서 인산화되어야 한다. 그러나 루비스코의 불가피한 산소화효소 활성으로 인해 광호흡 경로를 가지는 것은 식물에게 순이익이 된다. 회수된 탄소 원자 3개의 가치를 생각해보라. 3개 이산화탄소 분자로부터 3개의 탄소 원자를 고정하고 환원하려면 9개의 ATP와 6개의 NADPH를 소모해야만 한다.

⊘연결하기 11.2

광호흡은 세포호흡과 어떤 면에서 유사하고 어떤 점에서 다른가? (10.1절 참조)

C$_4$ 식물은 CO$_2$ 농도가 높은 세포에 루비스코를 가두어 광호흡을 최소화한다

강렬한 햇빛 아래 뜨겁고 건조한 환경에 있는 식물은 특히 루비스코의 산소화효소 활성에 영향을 더 많이 받는다. 온도가 증가함에 따라 이산화탄소의 용해도는 산소의 용해도보다 더 빠르게 감소하여 용액 내 CO$_2$/O$_2$ 비율이 낮아진다. 또 다른 문제는

식물이 물 손실을 줄이기 위해 낮 동안 기공을 닫아 건조에 대응할 때 발생한다. 기공이 닫히면 이산화탄소가 잎으로 들어갈 수 없고, 잎세포의 이산화탄소 농도가 떨어질 수 있다. 더욱이 물의 광분해는 계속해서 산소를 생성하는데, 이는 기공이 닫혀있을 때 잎 밖으로 확산될 수 없기 때문에 잎 속에 축적된다.

어떤 경우에는 광호흡을 통한 에너지 및 탄소 손실 가능성이 너무 커서 식물이 문제를 해결할 적응 전략을 개발해야 한다. 한 가지 널리 사용되는 접근 방식은 루비스코를 고농도의 이산화탄소를 포함하는 세포에 고립시켜 효소가 가진 산소화효소 활성을 최소화하는 것이다.

옥수수와 사탕수수같이 경제적으로 중요한 식물을 포함한 많은 열대 초본식물은 **해치-슬랙 회로**(Hatch-Slack cycle)라고 하는 짧은 카복실화/탈카복실화 경로를 이용해 루비스코를 고립시킨다. 해치-슬랙 회로의 명칭은 경로의 해명에 중요한 역할을 한 2명의 식물생리학자 해치(Marshall D. Hatch)와 슬랙(C. Roger Slack)의 이름에서 유래한 것이며, 이 경로를 가진 식물은 이산화탄소 고정으로 만들어진 1차 생성물이 4탄소 유기산 옥살로아세트산(oxaloacetate)이기 때문에 **C$_4$ 식물**(C$_4$ plant)이라고 한다. 이 용어는 이러한 식물을 이산화탄소 고정의 첫 번째 생성물이 3탄소 화합물 3-포스포글리세르산인 **C$_3$ 식물**(C$_3$ plant)과 구별하기 위한 것이다.

해치-슬랙 회로의 이점을 이해하려면 먼저 C$_4$ 식물의 잎에서 해치-슬랙 및 캘빈 회로가 일어나는 세포 위치를 고려해야 한다. **그림 11-18**에 나타난 바와 같이 C$_4$ 식물은 C$_3$ 식물과 달리 잎에 두 가지 유형의 광합성 세포를 가지고 있다. C$_4$ 식물은 엽

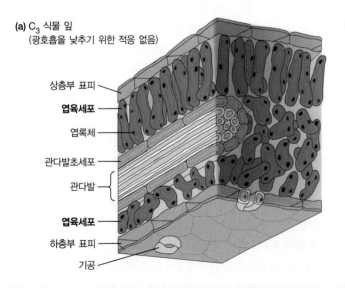

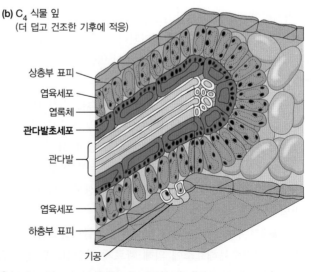

(a) C$_3$ 식물 잎
(광호흡을 낮추기 위한 적응 없음)

상층부 표피
엽육세포
엽록체
관다발초세포
관다발
엽육세포
하층부 표피
기공

(b) C$_4$ 식물 잎
(더 덥고 건조한 기후에 적응)

상층부 표피
엽육세포
엽록체
관다발초세포
관다발
엽육세포
하층부 표피
기공

그림 11-18 C$_3$와 C$_4$ 식물 잎의 구조적 차이. (a) C$_3$ 식물에서 캘빈 회로는 엽육세포(진한 초록색)에서 일어난다. (b) C$_4$ 식물에서 캘빈 회로는 대기 중 이산화탄소와 산소로부터 상대적으로 격리된 관다발초세포(진한 초록색)에 국한되어 일어난다. C$_4$ 식물은 엽육세포(옅은 초록색)에서 해치-슬랙 회로를 활용하여 이산화탄소를 포획한 다음, 관다발초세포에 농축시킨다. 관다발초세포는 식물의 다른 부분으로 탄수화물을 운반하는 잎의 관다발(관)을 둘러싼다.

육세포 외에 **관다발초세포**(bundle sheath cell)에도 엽록체가 있다. C_4 식물의 엽육세포과 관다발초세포는 효소 구성과 대사 활동이 다르다. C_4 식물에서 이산화탄소가 고정되는 단계는 기공을 통해 잎으로 들어간 이산화탄소와 산소에 노출되는 엽육세포에서 루비스코 이외의 다른 효소에 의해 일어난다. 엽육세포에 고정된 이산화탄소는 대기로부터 상대적으로 격리된 관다발초세포에서 연속적으로 방출된다. 루비스코를 포함한 전체 캘빈회로는 관다발초세포의 엽록체에서만 일어난다. 해치-슬랙 회로의 활동으로 인해 C_4 식물의 관다발초세포에서 이산화탄소 농도는 대기 수준의 10배에 이를 수 있으며, 이는 루비스코의 카복실화효소 활성에 매우 유리하게 작용하고 산소화효소 활성은 최소화한다.

그림 11-19에 자세히 설명된 것처럼 해치-슬랙 회로에서 첫 반응은 포스포에놀피루브산(PEP)을 카복실화하여 옥살로아세트산을 형성한다(반응 HS-1). 이 반응은 세포기질의 특정 PEP 카복실화효소에 의해 촉매되는데, 특히 C_4 식물의 엽육세포에 풍부하다. PEP 카복실화효소는 산소화효소 활성이 없을 뿐 아니라 이산화탄소가 물에 녹아 형성된 탄산수소 이온(HCO_3^-)에 대한 친화도가 매우 높다.

PEP 카복실화효소에 의해 생성된 옥살로아세트산은 NADPH 의존성 말산 탈수소효소(NADPH-dependent malate dehydrogenase)에 의해 말산으로 빠르게 전환된다(그림 11-19의 반응 HS-2). 말산은 탄소를 엽육세포에서 관다발초세포의 엽록체로 운반하는 안정적인 4탄산이며, 여기서 말산은 $NADP^+$ 말산효소($NADP^+$ malic enzyme)에 의한 탈카복실화 반응으로 CO_2를 방출한다(반응 HS-3). 방출된 이산화탄소는 캘빈 회로에 의해 다시 고정되고 환원된다. 말산의 탈카복실화에서 NADPH 생성이 동반되므로 해치-슬랙 회로는 또한 엽육세포에서 관다발초세포로 환원력을 전달하는 역할도 수행한다. 이는 관다발초세포에서 물에서 $NADP^+$로의 비순환적 전자전달에 대한 요구를 감소시키므로, 광계 II에 의해 산소가 형성되는 것을 줄일 수 있으며, 루비스코의 산소화효소 활성을 줄이고 카복실화효소 활성을 높이는 역할을 한다.

말산의 탈카복실화에 의해 생성된 피루브산은 엽육세포로 확산되어 **피루브산-인산 디카이네이스**(phosphate dikinase) 효소에 의해 인산화되어 해치-슬랙 회로의 원래 이산화탄소 수용체인 PEP를 재생한다(반응 HS-4). (이 디카이네이스는 피루브산과 인산의 인산화를 촉매하고 해치-슬랙 회로에만 존재하는 효소이다.) 따라서 전체 과정은 순환적이며 최종 결과는 엽육세포에서 이산화탄소를 포획하여 이를 전달하는 이산화탄소 공급 시스템이다. 해치-슬랙 회로는 캘빈 회로를 대체하는 것이 아니다. 이는 단순히 루비스코의 카복실화 활성과 경쟁할 산소가 적은

관다발초세포에 CO_2를 집중시키는 카복실화/탈카복실화 반응이다.

HS-4 반응에서 ATP를 AMP로 전환할 때 2개의 고에너지 인산무수 결합이 가수분해되므로, 이는 2개의 ATP 분자를 ADP로 가수분해하는 것과 동일하다. 따라서 관다발초세포에서 이산화탄소 1분자를 고정시키려면 캘빈 회로 동안 필요한 3개의 ATP 분자 외에 탄소를 엽육세포에서 관다발초세포로 이동시키는 에너지 비용으로 2분자의 ATP가 추가로 필요하다. 그러나 루비스코의 산소화효소 활성이 높은 환경에서는 인산글리콜산염의 형성을 방지하는 데 필요한 에너지가 광호흡을 통해 손실되는 에너지보다 훨씬 적을 수 있다.

온도가 약 30℃를 초과할 때 강렬한 햇빛에 노출된 C_4 식물의 광합성 효율은 C_3 식물의 광합성 효율의 2배일 수 있다. 이것이 C_4 식물인 바랭이(crabgrass)가 종종 다른 C_3 식물인 잔디보다 더 잘 자라는 이유이다. C_4 식물의 높은 효율은 주로 광호흡의 감소로 인한 것이지만 다른 요인도 중요하다. 예를 들어 CO_2를 농축하는 능력 덕분에 C_4 식물은 CO_2가 빠르게 소비되는 밀집된 곳에서 성장할 때 CO_2 농도가 낮아도 영향을 덜 받는다.

관다발초세포에서 해치-슬랙 회로에 의해 루비스코 근처에서 이산화탄소가 농축되면 C_4 식물에 추가적으로 이득이 될 수 있다. PEP 카복실화효소(반응 HS-1)는 이산화탄소를 효율적으로 사용하므로, 광합성 효율에 부정적인 영향을 미치지 않으면서 물을 보존하기 위해 C_4 식물의 기공을 통한 가스 교환을 실질적으로 감소시킬 수 있다. 결과적으로 C_4 식물은 C_3 식물보다 증산되는 물 단위 부피당 2배 이상의 탄소를 동화할 수 있다. 이러한 적응으로 인해 C_4 식물은 열대 사바나와 같이 주기적으로 건조한 지역에 적합하다.

조사된 식물종의 몇 퍼센트만이 해치-슬랙 회로를 가지고 있지만 경제적으로 중요한 종들이 이 그룹에 속해 있기 때문에 이 경로는 특히 중요하다. 또한 옥수수와 사탕수수 같은 C_4 식물의 순 광합성 속도는 곡물과 같은 C_3 식물보다 2~3배에 달하는 특징이 있다. 따라서 작물생리학자와 식물육종가가 C_3 식물의 상대적으로 비효율적인 이산화탄소 고정 경로를 개선할 수 있는지에 많은 관심을 보인다는 것은 놀라운 일이 아니다. 일부 유전공학자들은 유전적으로 C_3 식물을 C_4 식물로 전환하는 것을 꿈꾸기도 한다.

CAM 식물은 밤에만 기공을 열어 광호흡과 수분 손실을 최소화한다

이제 루비스코의 낭비적인 산소화효소 활성에 대처하기 위해 일부 식물이 사용하는 세 번째 전략을 고려할 것이다. 사막, 염습지 및 물에 대한 접근이 심각하게 제한된 환경에 사는 특정 식

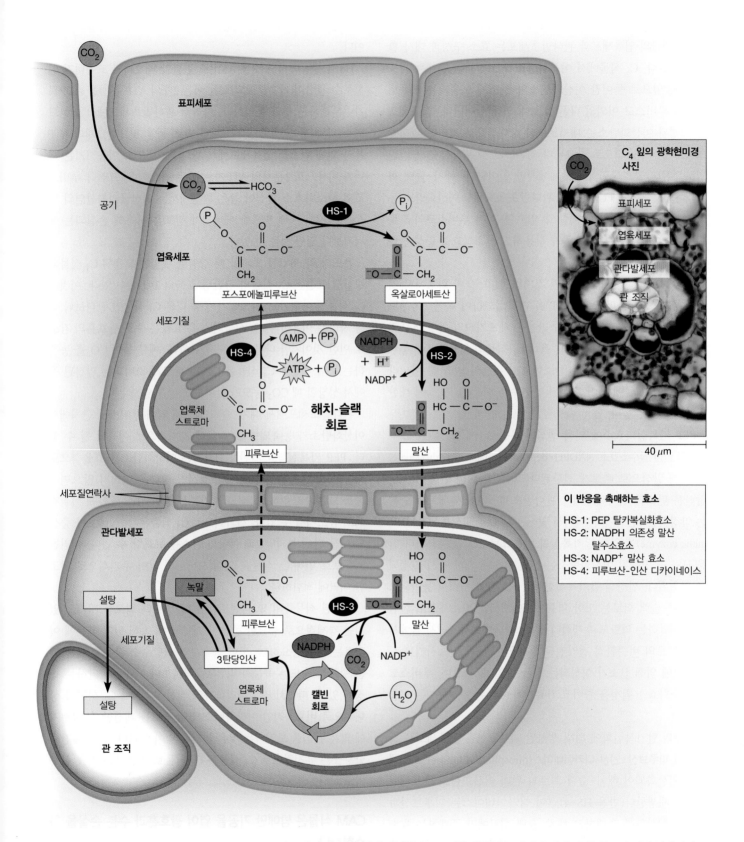

그림 11-19 C_4 잎에서 해치-슬랙 회로가 일어나는 세포 위치. C_4 식물에서 이산화탄소 고정은 엽육세포 내에서 해치-슬랙 회로에 의해 발생하여 초기에 옥살로아세트산을 형성한 다음 말산으로 환원된다. 말산은 관다발초세포로 이동하여 탈카복실화되고, 생성된 이산화탄소는 캘빈 회로에 의해 고정된다.

물종은 해치-슬랙 회로와 밀접하게 관련된 예비 이산화탄소 고정 경로를 가지고 있다. 반응의 순서는 유사하지만 이 식물은 카복실화 및 탈카복실화 반응을 공간이 아닌 시간에 따라 분리한다. 돌나물과(crassulaceae)로 알려진 다육식물에서 경로가 처음 밝혀졌기 때문에 **다육식물 유기산대사**(crassulacean acid metabolism, CAM)라고 하며, CAM 광합성을 이용하는 식물을 **CAM 식물**(CAM plant)이라고 한다. CAM 광합성은 많은 다육식물, 선인장, 난초, 파인애플과 같은 파인애플과(bromeliad)를 포함하여 조사된 식물종의 5~10%에서 발견되었다.

CAM 식물은 대부분의 C_3 식물 및 C_4 식물과 달리 일반적으로 대기가 비교적 시원하고 습한 밤에만 기공을 연다. 이산화탄소는 엽육세포로 확산되어 해치-슬랙 회로와 유사한 경로의 처음 두 단계에 의해 세포 내에 말산으로 축적된다. 그러나 엽육세포에서 방출되지 않고 말산은 매우 산성이 높은 큰 액포에 저장된다. 말산을 액포로 옮기는 과정은 ATP를 소비하지만 밤에 세포기질의 pH가 크게 떨어지지 않도록 하여 세포기질의 효소를 보호할 수 있다.

낮 동안 CAM 식물은 물을 절약하기 위해 기공을 닫는다. 그런 다음 말산은 액포에서 세포기질로 확산되어 해치-슬랙과 같은 회로가 계속된다. 말산의 탈카복실화로 인해 방출된 이산화탄소는 엽록체 스트로마로 확산되어 캘빈 회로에 의해 고정되고

환원된다. 빛이 ATP와 NADPH를 생성할 수 있을 때 확립된 높은 이산화탄소와 낮은 산소 농도는 루비스코의 카복실화효소 활성을 강력하게 선호하고 광호흡을 통한 탄소 손실을 최소화한다. PEP의 카복실화와 말산의 탈카복실화가 동일한 구획에서 발생함을 주목하라. 이 때문에 CAM 식물에서 PEP 카복실화효소의 활성은 헛되이 작동하지 않도록 낮 동안 엄격하게 억제되어야 한다.

물을 보존할 수 있는 놀라운 능력으로 CAM 식물은 증산되는 물 부피당 C_3 식물이 하는 것보다 25배 이상 많은 탄소를 동화할 수 있다. 더욱이 일부 CAM 식물은 CAM 공회전(CAM idling)이라는 과정을 통해 식물이 밤낮으로 기공을 닫은 상태를 유지할 수 있다. 이때 이산화탄소는 사실상 물 손실 없이 광합성과 호흡 사이에서 단순히 재활용된다. 물론 그러한 식물은 탄수화물의 순 증가를 나타내지 않으며 성장을 많이 보여주지도 않을 것이다. 그러나 이러한 능력은 수개월 동안 지속되는 가뭄에서 살아남을 수 있으며 100년을 초과하는 긴 수명을 유지하게 한다.

개념체크 11.8

루비스코의 산소효소 활성은 카복실화효소 활성과 경쟁하여 광합성 효율을 제한한다. 이러한 제한을 최소화하기 위해 식물이 구현하는 3가지 전략은 무엇인가?

요약

11.1 광합성의 개요

■ 광합성은 지구상의 거의 모든 형태의 생명체에게 가장 중요한 대사 과정이다. 우리 모두는 섭취하는 에너지 공급원이 무엇이든 궁극적으로는 태양에서 방출되는 에너지에 의존하기 때문이다.

■ 광합성의 에너지 전환 반응은 태양 에너지를 NADPH와 ATP 형태의 화학 에너지로 변환한다. 탄소 동화 반응은 이 화학 에너지를 사용하여 이산화탄소를 탄수화물로 고정하고 환원시킨다.

■ 진핵생물 광영양체에서 광합성은 엽록체에서 일어나며, 이 엽록체에는 광합성에 필요한 많은 구성 요소를 가진 틸라코이드로 알려진 내부 막 시스템이 있다.

■ 사이아노박테리아는 틸라코이드와 동일한 기능을 하는 내부 막을 가지고 있다. 세포소기관은 없지만 탄소 고정이 일어나는 카복시좀이라는 다면체 단백질 복합체를 가지고 있다.

11.2 광합성 에너지 전환 I: 빛 수확

■ 빛의 광자는 틸라코이드 또는 광합성 세균막 내의 엽록소 또는 보조색소 분자에 의해 흡수된다. 그들의 에너지는 광계의 반응 중심

에 있는 특별한 한 쌍의 엽록소 분자로 빠르게 전달된다.

■ 반응 중심에서 에너지는 엽록소에서 전자를 여기 및 방출하고 전하 분리를 유도하는 데 사용된다. 산소생성 광영양생물에서 이 전자는 물 분자에서 얻은 전자로 대체되어 산소를 생성한다.

11.3 광합성 에너지 전환 II: NADPH 합성

■ 물에서 $NADP^+$로의 전자 이동은 직렬로 작용하는 2개의 광계에 의존하며, 광계 II는 물의 산화를 담당하고 광계 I은 스트로마에서 $NADP^+$를 NADPH로 환원시키는 역할을 한다.

■ 두 광계 사이의 전자 흐름은 틸라코이드 내강으로 양성자를 펌핑하는 사이토크롬 b_6/f 복합체를 통과한다. 그 결과 발생한 양성자 기울기는 태양광 에너지가 저장된 형태이다.

11.4 광합성 에너지 전환 III: ATP 합성

■ 틸라코이드 막에 형성된 양성자 구동력(pmf)은 막에 내장된 CF_0CF_1 복합체에 의한 ATP 합성에 사용된다.

■ 양성자가 막의 CF_0 양성자 통로를 통해 내강에서 스트로마로 역

류함에 따라 스트로마 쪽으로 뻗어있는 복합체의 CF_1 부분에 의해 ATP가 합성된다.

■ 광합성 박테리아는 식물 및 조류에서와 유사한 광계 및 전자전달 시스템을 사용한다.

11.5 광합성 탄소 동화작용 I: 캘빈 회로

■ 스트로마에서 ATP와 NADPH는 캘빈 회로의 효소에 의해 이산화탄소를 유기물로 고정 및 환원시키는 데 사용된다.

■ 캘빈 회로는 3가지 주요 단계로 진행된다. (1) 루비스코에 의한 이산화탄소의 고정으로 3-포스포글리세르산이 형성된다. (2) 3-포스포글리세르산이 글리세르알데하이드-3-인산으로 환원된다. (3) 회로 초기의 이산화탄소 수용체인 리불로스-1,5-2인산이 재생된다.

■ 3탄당 인산 1분자의 순 합성은 3분자의 CO_2 고정을 필요로 하며, 9분자의 ATP와 6분자의 NADPH를 사용한다. 고정된 3개의 CO_2 분자로 만들어진 1분자의 글리세르알데하이드-3-인산이 추가 탄수화물 합성에 사용되기 위해 회로를 떠난다.

11.6 캘빈 회로의 조절

■ 캘빈 회로의 핵심 효소를 조절하여 최대 효율을 보장한다. 그들 중 일부는 합성 수준에서 조절되며 빛에 노출되는 광합성 조직에서만 만들어진다. 또한 빛에 의해 발생하는 높은 스트로마 pH와 마그네슘 농도에 의해 활성화된다.

■ 추가적인 조절 수단은 세포의 산화환원 상태를 감지하는 티오레독신과 빛의 루비스코 활성부위에서 억제인자를 제거하는 루비스코 활성화효소가 포함된다.

11.7 광합성 탄소 동화작용 II: 탄수화물 합성

■ 이산화탄소 고정의 초기 생성물은 글리세르알데하이드-3-인산(G3P)이며, 이는 디하이드록시아세톤인산(DHAP)이라고 하는 두 번째 3탄당 인산과 상호 전환될 수 있다. 일부 G3P 및 DHAP는 포도당, 설탕, 녹말, 글리코젠과 같은 더 복잡한 탄수화물의 생합성에 사용되거나 다른 대사 경로를 위한 에너지 또는 탄소 골격의 공급원으로 사용된다.

■ 또한 엽록체에서 생성된 ATP는 지방산과 엽록소 합성, 질소 및 황 환원과 동화에 사용된다.

11.8 루비스코의 산소화효소 활성은 광합성 효율을 감소시킨다

■ 루비스코는 산소와 CO_2를 함께 사용할 수 있으므로 캘빈 회로에서 사용할 수 없는 인산글리콜산염이 생성된다. 글리콜산 경로는 2분자의 인산글리콜산을 캘빈 회로에 들어갈 수 있는 3-포스포글리세르산 한 분자로 전환한다.

■ 글리콜산 경로는 엽록체, 잎 퍼옥시솜, 미토콘드리아의 3개 세포소기관을 포함하며, 각각 고유한 효소 세트를 가지고 있다. 빛 조건에서 CO_2가 방출되고 산소가 소비되기 때문에 이 과정을 광호흡이라고도 한다.

■ C4 식물과 CAM 식물에서 이산화탄소는 루비스코를 포함하지 않는 예비 카복실화 과정으로 고정된다. 그런 다음 루비스코의 카복실화효소 활성에 유리한 조건인 다른 세포 유형 또는 하루 중 다른 시간에 형성된 저산소 및 높은 농도의 CO_2 조건에서 탈카복실화된다.

연습문제

11-1 참, 거짓 또는 불충분한 정보. 다음 각 진술이 참(T)인지 거짓(F)인지 또는 결정을 내리기에 충분한 정보를 제공하지 않는지(I) 표시하라.

(a) 엽록체의 내막에는 대부분의 작은 유기분자와 이온이 자유롭게 통과할 수 있는 포린이 포함되어 있다.

(b) 엽록소 a와 b의 흡수 스펙트럼은 서로 합쳐져서 생물체가 더 넓은 범위 파장의 빛을 수집할 수 있다.

(c) 고정된 이산화탄소 분자당 소모되는 ATP로 표현되는 에너지 요구량은 C4 식물보다 C3 식물에서 더 높다.

(d) 광합성으로 NADPH 생성을 할 때 항상 궁극적인 전자 공여체는 물이다.

(e) 루비스코 효소는 조건에 따라 두 가지 다른 효소 활성을 나타낸다는 점에서 특별하다.

11-2 민트와 쥐. 영국의 성직자인 프리스틀리(Joseph Priestley)는 광합성 연구의 초기 역사에서 저명한 인물이었다. 1771년에 프리스틀리는 다음과 같이 기술했다.

"식물과 동물 모두에게 공기가 필요하기 때문에 식물과 동물 모두 동일한 방식으로 공기에 영향을 미친다고 상상할 수 있다. 그래서 나는 처음 물이 담긴 그릇 위에 거꾸로 세운 유리병에 민트 한 그루를 넣었을 때 그런 기대를 했었다. 그러나 그곳에서 민트는 몇 달 동안 계속 자랐고, 유리병의 공기는 양초를 끄지 못할 뿐 아니라 유리병에 쥐를 넣어도 쥐가 불편해 보이지 않는다는 것을 알게 되었다."

프리스틀리의 관찰 내용에 대한 근거를 설명하고 그것이 광합성의 본질에 대한 초기 이해와 어떤 관련이 있는지 설명하라.

11-3 데이터 분석 빛을 보다. 1883년에 엥겔만(Theodor Engelmann)은 프리즘을 사용하여 여러 색상으로 분리된 빛을 만들어 이를 섬유

모양의 조류에 비추었다. 이때 산소 농도가 더 높은 지역에 더 많이 모이는 호기성 박테리아를 추가하는 방법으로 조류의 어느 부분이 가장 많은 산소를 방출하는지 평가할 수 있었다. 그림 11A-2의 자료를 기반으로 박테리아가 가장 많은 파장을 예측하라.

11-4 양적 분석 어둠 속 엽록체.
(a) pH 4의 용액에 틸라코이드를 넣어 틸라코이드 내강이 pH 4에 도달했다고 가정하자. 그런 다음 틸라코이드를 pH 8의 용액에 넣었다. 틸라코이드는 처음에 빛이 없는 어둠 속에서 ATP를 만들 수 있었다. 이 결과에 대해 설명하라.
(b) 틸라코이드 막의 pH 차이가 일반적으로 2단위이고 막전위가 0.03 V인 경우 25℃에서 틸라코이드 내강에서 스트로마로 양성자 1몰을 이동하는 데 사용할 수 있는 자유에너지는 얼마인가?

11-5 *hcef* 돌연변이. 리빙스턴과 동료들(Livingston et al. *Plant Cell* 22[2010]:221)은 비정상적으로 높은 순환적 전자 흐름을 가진 애기장대(*Arabidopsis thaliana*) 돌연변이(*hcef*)를 분리했다. 정상적인 애기장대와 돌연변이 *hcef* 를 비교할 때 다음 결과를 예측하라.
(a) 비순환적 전자 흐름이 돌연변이 *hcef* 에서 어떤 영향을 받았는가?
(b) 빛에 의해 틸라코이드 막에 발생한 양성자 흐름은 어떠한가?
(c) 광계 II의 활동은 어떤 영향을 받았는가?
(d) 연구자들은 *hcef*의 스트로마에서 과당-1,6-2인산 수준이 크게 높아진 것을 관찰했다. 돌연변이 식물의 어떤 효소에 결함이 있다고 예상하는가?
(e) 스트로마에서 녹말 합성에 미치는 영향을 예측하라.

11-6 설탕의 역할. 식물은 태양 에너지를 사용하여 ATP와 NADPH 를 만들고 잎에서 탄수화물 합성을 유도한다. 적어도 탄수화물의 한 종류인 설탕이 에너지원으로 사용되기 위해 식물의 비광합성 부분(줄기, 뿌리, 꽃, 과일 등)으로 이동된다. 따라서 ATP는 설탕을 만드는 데 사용되고, 설탕은 ATP를 만드는 데 사용된다. 식물이 ATP를 만들고 ATP 자체를 식물의 다른 부분으로 이동시켜 직접 사용한다면 캘빈 회로, 해당경로, 시트르산 회로는 필요 없고 훨씬 더 간단해질 것이다. 식물 발전소가 이러한 방식으로 에너지 경제를 관리하지 않는 주요 이유를 최소 두 가지 이상 설명하라.

11-7 광합성에 대한 영향. 0.1%의 이산화탄소와 20%의 산소가 있는 상태에서 광합성을 할 빛이 주어진 클로렐라 세포 현탁액이 있다고 가정하자. 다음과 같은 조건에서 3-포스포글리세르산(3-PGA)과 리불로스-1,5-2인산(RuBP) 수준은 단기적으로 어떻게 변하는가? 각각의 경우에 답을 설명하라.
(a) 루비스코 효소 억제제가 도입되었다.
(b) 이산화탄소 농도가 10%로 증가한다.
(c) 광계 II 억제제가 추가된다.
(d) 산소 농도가 20%에서 1%로 감소한다.

11-8 광합성 효율. 이 장에서는 적색광, 이산화탄소, 물을 글리세르알데하이드로 전환하는 반응에서 최대 광합성 효율을 추정했다. 실험실 조건에서 광합성 생물체는 빛 에너지의 31%를 유기분자의 화학 에너지로 전환할 수 있다. 그러나 실제 식물에서 광합성 효율은 훨씬 낮은 5% 이하이다. 자연 환경에서 자라는 식물을 고려할 때 이러한 불일치에 대한 4가지 이유를 설명하라.

11-9 엽록체 구조. 엽록체의 어느 부위에 다음 물질이나 과정이 위치하는가? 가능한 한 구체적으로 작성하라.
(a) 페레독신-NADP$^+$ 환원효소
(b) 순환적 전자 흐름
(c) 녹말 합성효소
(d) 빛을 수확하는 복합체 I
(e) 플라스토퀴놀
(f) 양성자 펌핑
(g) P700
(h) 3-포스포글리세르산의 환원
(i) 카로티노이드 분자
(j) 산소방출 복합체

11-10 막을 통한 대사 산물 수송. 광합성이 일어나는 엽록체에서 다음의 각 대사 산물이 하나 이상의 막을 통과하는 안정 상태(steady-state)에 있을 것인지 여부를 판단하고, 그렇다면 어떤 막을 통과하는지를 설명하라.
(a) 이산화탄소
(b) P_i
(c) 전자
(d) 녹말
(e) 글리세르알데하이드-3-인산
(f) NADPH
(g) ATP
(h) 산소
(i) 양성자
(j) 피루브산

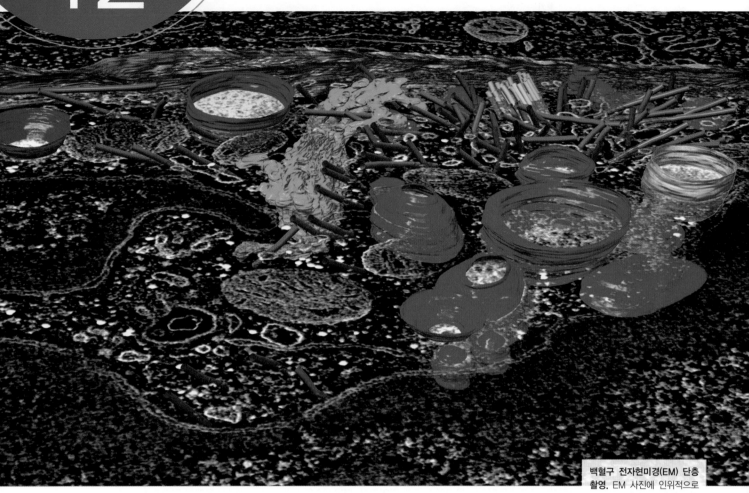

12 세포내막계와 단백질 수송

백혈구 전자현미경(EM) 단층 촬영. EM 사진에 인위적으로 라이소솜(파랑), 골지체(초록), 미세소관(빨강), 중심립(노랑), 원형질막(주황)에 색을 입혔다.

진핵세포의 진가는 세포내막 구조 및 이러한 막으로 두른 구분된 공간에서 특수한 활동을 제공하는 *세포소기관*(organelle)을 이용한 기능적인 구획(compartmentalization)을 완전히 이해하는 데 있다. 유전정보의 저장 및 전사, 분비 단백질의 생성, 긴사슬 지방산의 분해, 또는 그 외 진핵세포 내 다양한 대사 과정을 생각해보면, 특정 회로반응은 각기 별 개된 세포소기관에서 일어난다. 또한 각 세포소기관의 올바른 구조 형성과 기능을 위해서는 알맞은 구성 요소가 필요한데, 따라서 단백질과 지질의 수송(trafficking) 역시 매우 정교하게 조절되어야 한다.

4장에서 여러 세포 내 주요 세포소기관을 알아보았으며, 10장과 11장에서는 미토콘드리아와 엽록체에 대해 공부했다. 이 장에서는 세포 내의 다른 여러 세포소기관에 대해 자세히 알아볼 것이다. 우선 단백질 합성(synthesis), 가공(processing), 분류(sorting)와 지질 생성, 약물 해독과 관련된 *소포체*(ER)와 *골지체*에 대해 먼저 알아볼 것이다. 그런 다음에 이들 물질의 이동 및 선별 수송에 중요한 *엔도솜*(endosome)을 공부할 것이다. 엔도솜은 또한 외부 유입물이나 불필요한 세포 내 물질을 제거하는 기능을 하는 *라이소솜*(lysosome)의 형성을 돕는다. 이후 *퍼옥시솜*(peroxisome)을 볼 것인데, 이들 기관은 과산화수소(hydrogen peroxide, H_2O_2)를 생성하는 반응을 비롯한 다양한 대사 기능을 수행한다.

각각의 소기관을 바라볼 때 **그림 12-1**에 보이는대로 소포체, 골지체, 엔도솜, 라이소솜 등이 모두 **세포내막계**(endomembrane system)를 구성한다는 점을 기억하자. 핵막은 소포체로 이어지므로 이들 또한 내막계와 연관이 있다. 4장 에서는 어떻게 내막계가 초기 진핵세포에서 발생했는지를 간략히 살펴보았다. 퍼옥시솜은 일반적으로 내막계로 포함하지 는 않지만 최근 연구에서 소포체가 퍼옥시솜 생성에 깊이 관여한다는 점이 보고되었다. 물질은 소포체-골지체 간 왕래, 엔도솜, 라이소솜 등을 수송소포(transport vesicle)를 이용하여 이동한다. 수송소포는 막 지질과 막단백질을 정확한 시기에 적

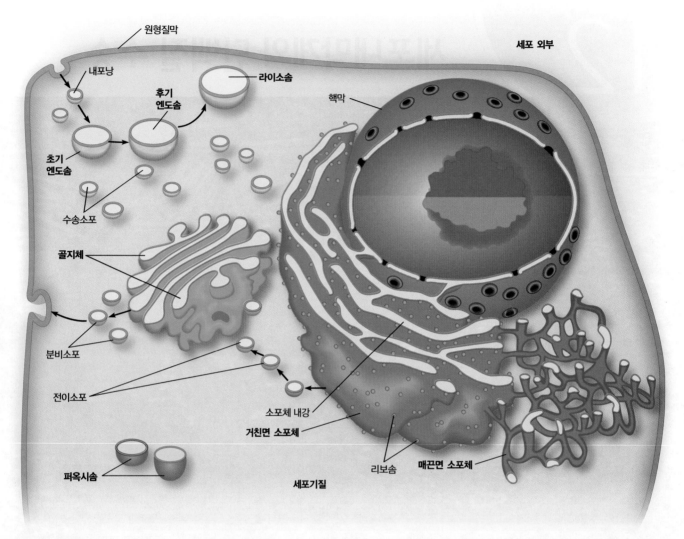

그림 12-1 세포내막계. 진핵세포의 세포내막계는 전통적으로 소포체, 골지체, 엔도솜, 라이소솜 등으로 구성된다. 이들은 핵막과 원형질막(세포막), 둘 다와 연결되어 있다. 소포체 내강은 골지체, 엔도솜, 라이소솜의 내부와 수송소포에 의해 연관되어 있는데, 수송소포는 세포소기관 사이뿐 아니라 세포막으로 향하거나 또는 원형질막으로부터 들어오는 물질의 이동에 관여한다. 퍼옥시솜은 아마도 소포체에서 유래한 것으로 보인다.

절한 곳으로 수송하는데, 이들은 또한 원형질막 바깥으로 나가는 물질을 수송하기도 한다.

그리하여 이러한 세포소기관과 소포는 모두 통합하여 하나의 역동적인 막과 내부 구조를 이룬다. 현대 세포생물학에서 가장 흥미로운 주제가 바로 *내막 간 수송*(endomembrane trafficking)이다. 즉 세포는 어떻게 각각의 수많은 단백질과 지질을 필요한 시간에 적절한 곳으로 배치하는가 하는 점이다.

12.1 소포체

소포체(endoplasmic reticulum, ER)는 진핵세포의 세포질 전체에 걸쳐 뻗어있는 서로 연결된 평평한 납작한 낭(sac)이나 관(tubule) 및 이들과 관련된 소포(vesicle, 또는 소낭)로 이루어진 그물 모양의 구조이다. 소포체라는 이름은 대단하게 들리지만 실제는 상당히 서술적이다. *endoplasmic*은 단순히 '세포질 안'을 의미하고, *reticulum*은 라틴어로 '그물망(network)'을 뜻하는 단어이다. 그러므로 소포체는 쉽게 세포질 내 그물망이라는 뜻이다. 막으로 싸인 낭은 **소포체 시스터나**(ER cisterna, 복수형은 ER cisternae이지만 편의상 시스터나로 통일)로 부르고, 그 내부 공간을 **소포체 내강**(ER lumen)이라 한다(그림 12-1). 포유류 세포의 전체 막 중에서 50~90%가량이 소포체 내강을 감싸고 있다. 미토콘드리아나 엽록체 같은 눈에 잘 띄는 세포소기관과 다르게 구성 성분을 염색하거나 형광물질로 표지하지 않으면 광학현미경으로 관찰할 수 없다.

19세기 후반에 특히 분비와 관련된 일부 진핵세포에서 염기성 염색약으로 강하게 염색되는 부위로 처음 관찰되었다. 이 부위의 중요성은 1950년대 전자현미경의 해상력이 급격하게 개선될 때까지 의문으로 남아있었다. 전자현미경에 의해 소포체의 정교한 망상 구조가 밝혀지고 세포의 대사 과정에서 소포체의 기능에 대한 연구가 이루어졌다. 이렇듯 관련된 분야(또는 관련이 없는 분야까지도)의 기술적인 발전이 한 분야의 개념적 발전을 이루는 것은 과학의 대발견에서 보편적인 일이다.

현재는 소포체의 효소가 원형질막이나 세포내막계의 세포소기관으로 들어가는 단백질 또는 세포 밖으로 분비되는 단백질의 합성에 관여한다는 사실을 알고 있다. 더불어 소포체는 트라이아실글리세롤(triacylglycerol), 콜레스테롤(cholesterol) 및 이들과 관련된 복합체 같은 지방 합성에 중요한 역할도 한다. 소포체는 세포내막과 원형질막을 이루는 대다수 지방의 원천지라 할 수 있다.

구조와 기능이 다른 두 종류의 소포체

진핵세포에서 전형적으로 나타나는 두 종류의 소포체는 리보솜이 막에 붙어있는가에 따라 구분할 수 있다. **거친면 소포체**(rough endoplasmic reticulum, RER)는 소포체 막의 세포기질 쪽(ER 내강으로부터 먼 쪽, 그림 4-16d)에 리보솜이 붙어있다. 이러한 리보솜에서 실제 단백질 합성은 세포기질 면에서 시작하지만 새로 생성된 단백질은 곧 소포체 내강으로 이동한다. 거친면 소포체의 리보솜은 RNA를 가지고 있는데, 소포체 발견 당시 염기성 염색약에 강하게 반응했던 이유가 바로 RNA 때문이다. 거친면 소포체의 한 부분인 전이 요소(transitional element, TE)는 지방과 단백질을 소포체에서 골지체로 옮기는 **전이소포**(transition vesicle) 형성에 중요한 역할을 한다. 반면에 **매끈면 소포체**(smooth endoplasmic reticulum, SER)는 막에 붙어있는 리보솜이 없기 때문에(그림 4-16c) 표면이 매끈하며 비단백질성 물질의 가공과 보관 등 세포에서 다른 기능을 가지고 있다.

거친면 소포체와 매끈면 소포체는 형태적으로 쉽게 구분할 수 있다. 그림 12-1에서와 같이 거친면 소포체의 막은 특징적인 리보솜이 박혀있는 큰 납작한 판 형태를 이루는 반면, 매끈면 소포체 막은 관 형태를 이룬다. 거친면 소포체의 전이 요소는 예외적으로 가끔 매끈면 소포체와 유사한 형태를 보인다. 그러나 거친면 소포체와 매끈면 소포체는 분리된 세포소기관이 아니다. 전자현미경이나 혹은 살아있는 세포를 이용한 연구 결과들은 이 두 소포체의 내강이 연결되어 있음을 보여준다. 그래서 물질들은 거친면 소포체와 매끈면 소포체 사이를 소낭의 도움 없이 이동할 수 있다.

대부분의 진핵세포는 이 두 종류의 소포체를 갖지만 세포의 역할에 따라서 상대적인 양은 상당한 변화가 있다. 간세포나 소화효소를 만드는 세포같이 분비 단백질을 합성하는 세포는 거친면 소포체가 잘 발달되어 있다. 한편 스테로이드 호르몬을 생성하는 정소나 난소 세포는 매우 발달한 매끈면 소포체 네트워크를 가진다.

거친면 소포체는 단백질 생성 및 가공과 연관된다

거친면 소포체는 단백질 합성, 가공, 접힘, 수송 등에 매우 중요하다. 거친면 소포체의 세포기질 쪽 면에 존재하는 리보솜은 막과 결합하거나 내막계의 용해성 단백질의 생성을 담당한다. 포유동물에서 전체 단백질 중 많게는 3분의 1 정도가 소포체를 통과하는 것으로 여겨진다. 이들 새로 만들어지는 단백질은 번역과 동시에 세포내막계에 진입한다. 즉 그들은 소포체 위의 리보솜에서 만들어질 때 막공(membrane pore)을 이루는 단백질 구조체를 통과하여 소포체 내강으로 삽입된다. 거친면 소포체는 단백질의 생성뿐 아니라 당단백질의 당 첨가(글리코실화)와 가공, 폴리펩타이드의 접힘, 잘못 접힌 폴리펩타이드의 인지와 제거, 다량체 단백질의 조립 등 다양한 과정이 일어난다. 그리하여 소포체 특이적 단백질 중에는 단백질 합성과 동시에 또는 번역 이후 변형에 관여하는 효소가 있다. 소포체는 또한 품질 관리가 이루어지는 장소로서 적절하지 않게 변형, 접힘, 조립된 단백질을 소포체에서 세포기질로 추방하여, 골지체로 진행되지 않고 세포질에서 **프로테아좀**(proteasome, 단백질분해효소 복합체)에 의해 제거되게 한다. 가족성 고콜레스테롤혈증을 포함한 여러 인간 질환이 이들 과정의 결함과 관련이 있다. 이 장에서는 단백질 분류, 접힘, 수송에 대한 소포체의 역할을 좀 더 자세히 알아보자.

매끈면 소포체는 약물 해독, 당 대사, 칼슘 저장, 스테로이드 합성 등을 담당한다

거친면 소포체가 단백질 가공과 세포 외 방출과 관련이 있는 반면 매끈면 소포체는 세포 안 비단백질성 물질의 가공 및 저장과 관련이 있다. 이들 중 일부를 간단히 살펴보자.

약물 해독작용　약물 해독작용에는 종종 효소촉매에 의한 **수산화 반응**(hydroxylation, 하이드록실화)이 관여하는데, 이는 소수성 물질에 하이드록실기(—OH)가 붙으면 더 수용성이 되어 체외로 배출이 용이하기 때문이다. 유기수용 분자의 수산화 반응은 주로 **사이토크롬 P-450**(cytochrome P-450) 계열 단백질에 의해 촉매된다. 이 단백질은 많은 약물의 해독이 일어나는 간세포의 매끈면 소포체에 특히 많이 존재한다.

간세포에서 전자전달계는 전자를 NADPH나 NADH로부터 사이토크롬 P-450 단백질의 헴(heme)기로 전달하고, 그다음 산소 분자에 옮겨준다. 산소 분자 중 한 산소 원자가 2개의 전자와 2개의 H^+을 받아서 H_2O가 된다. 다른 산소 원자는 유기질 분자에 결합하여 —OH의 일부가 된다. 산소 분자의 두 원자 중 한 원자가 반응 생성물로 들어가기 때문에 이런 사이토크롬 P-450

단백질을 흔히 **모노산소첨가효소**(monooxygenase)라 한다. 전체 반응은 다음과 같으며 여기서 R은 수산화되어 용해성이 증가하게 되는 약물이나 화합물을 뜻한다.

$$RH + NAD(P)H + H^+ + O_2 \longrightarrow$$
$$ROH + NAD(P)^+ + H_2O \qquad (12\text{-}1)$$

예를 들면 소수성 바비튜레이트(barbiturate, 바르비트루산염)는 매끈면 소포체에서 효소에 의해 수산화가 촉진된다. 진정제인 페노바르비탈(phenobarbital)을 쥐에 주사하면 간세포의 매끈면 소포체가 급격하게 늘어나면서 바비튜레이트 해독효소의 양이 증가한다. 그러나 이는 동일한 진정 효과를 보려면 더 많은 투약이 필요하다는 것을 의미하며, 진정제 상습 복용자에 나타나는 내성(tolerance)으로 알려져 있다. 게다가 페노바르비탈로 유도된 효소는 항생제, 항응고제, 스테로이드 같은 유용한 물질을 포함한 다양한 약물을 수산화하고 수용성으로 만들 수 있다. 그 결과 만성적인 진정제 복용은 많은 다른 임상적으로 유용한 약물의 효과를 떨어뜨린다.

매끈면 소포체에 있는 또 다른 종류의 사이토크롬 P-450 단백질은 **아릴탄화수소 수산화효소**(aryl hydrocarbon hydroxylase)라는 효소 복합체의 일부분이다. 이 복합체는 **다환 탄화수소**(polycyclic hydrocarbon) 대사에 관여하는데, 다환 탄화수소는 2개 이상의 벤젠 고리가 연결된 유기물로, 독성을 가지고 있다. 이런 분자의 수산화는 물에 대한 용해도를 높이는 데 중요하지만 산화된 물질은 가끔 본래 분자보다도 더 독성이 강해진다. 아릴탄화수소 수산화효소는 일부 잠재적 발암물질을 화학적으로 활성을 띠는 형태로 전환시킨다. 이 효소를 많이 합성하는 쥐는 정상적인 쥐보다 암 발생 빈도가 높은 반면 이 효소 억제인자를 처리한 쥐는 거의 종양이 발생하지 않았다. 담배연기는 이 효소의 강력한 유도물질이다.

최근 연구 결과는 약물 섭취에 대한 효과와 부작용의 차이는 환자의 특정한 사이토크롬 P-450 유전자의 존재와 활성 차이의 결과라는 것을 보여준다. 이런 연구 결과는 **약리유전학**(pharmacogenetics 또는 pharmacogenomics, 약리유전체학)이라는 새로운 연구 분야를 열었으며, 이 분야는 앞서 사이토크롬 P-450의 예처럼 물려받은 유전자(그리고 그 유전자에 의해 만들어지는 단백질)의 차이가 어떻게 약과 약물치료의 차이로 이어지는가를 밝히는 학문이다.

탄수화물 대사 간세포의 매끈면 소포체는 저장된 글리코겐의 분해에도 관여하는데, 이러한 사실은 **포도당-6-인산 가수분해효소**(glucose-6-phosphatase)가 유일하게 소포체 막에만 존재한다는 사실에 의해 입증되었다. 그래서 이 효소는 세포 분획 과정이나 항체를 이용한 형광현미경으로 소포체를 드러내고자 할 때 표지 단백질로 사용한다. 포도당-6-인산 가수분해효소는 포도당-6-인산의 인산기를 가수분해해서 포도당과 무기인산(P_i)으로 만든다.

$$포도당\text{-}6\text{-}인산 + H_2O \longrightarrow 포도당 + P_i \qquad (12\text{-}2)$$

이 효소는 간세포에 많은데, 이는 간이 혈당량을 일정하게 유지하는 데 주된 역할을 하기 때문이다(**그림 12-2**). 간세포는 포도당을 매끈면 소포체와 결합한 과립 속에 글리코겐 형태로 저장한다(그림 12-2a). 특히 공복이나 근육 운동량 증가에 따라 몸에 포도당이 필요할 때 간의 글리코겐은 가인산분해(phosphorolysis)로 인해 분해되어 포도당-1-인산을 만들고(그림 9-11 참조), 이후 인산포도당 자리옮김효소(phosphoglucomutase)에 의해 포도당-6-인산으로 전환된다(그림 9-10 참조, 그림 12-2b). 인산화된 당은 일반적으로 막을 통과하지 못하기 때문에 포도당-6-인산이 세포를 빠져나와 혈액으로 들어가기 위해 포도당-6-인산 가수분해효소에 의해 포도당으로 전환되어야 한다. 유리 포도당(free glucose)은 포도당 운반체(GLUT2)를 통해 간세포를 빠져나와 혈액으로 들어가며, 이후 에너지가 필요한 세포로 전달된다. 포도당-6-인산 가수분해효소는 간, 콩팥, 장 세포에는 있지만 근육이나 뇌 세포에는 없다. 근육 및 뇌 세포는 그들 자신이 많은 양의 에너지를 필요로 하기 때문에 포도당-6-인산을 보관한다.

Ca^{2+} 저장 근육세포에 있는 근소포체(sarcoplasmic reticulum, SR)는 Ca^{2+} 저장을 위해 특수화된 매끈면 소포체의 한 예이다. 이러한 세포의 소포체 내강은 높은 농도의 칼슘 결합단백질을 가지고 있다. Ca^{2+}은 ATP 의존 칼슘 ATP 분해효소(ATP-dependent calcium ATPase)에 의해 소포체 내강으로 운반되며, 외부 신호가 오면 근육 수축을 일으키기 위해 방출된다. 신경전달물질이 근육세포 막의 수용체에 결합하여 일련의 신호전달 반응을 유발하면 근소포체에서 Ca^{2+} 방출이 일어나 근섬유가 수축한다(추후 신경자극 전달에 대해서는 18장에서, 칼슘 조절에 대해서는 19장과 그림 19-14 참조).

스테로이드 생합성 특정 세포의 매끈면 소포체는 콜레스테롤과 코티솔(cortisol), 테스토스테론(testosterone), 에스트로젠(estrogen)과 같은 스테로이드 호르몬(steroid hormone)의 생합성이 일어나는 곳이다. 많은 양의 매끈면 소포체가 부신의 코티솔 생성 세포, 테스토스테론을 만드는 정소의 레이디히세포(Leydig cell), 간의 콜레스테롤 생성 세포, 에스트로젠을 만드는 난소의 난포세포(follicular cell) 등에서 발견된다. 일부 식물 세포에서도 식물 호르몬 생성에 관여하는 것으로 알려진 색소체 인접 부위에서 매끈면 소포체를 많이 볼 수 있다.

방금 언급한 콜레스테롤, 코티솔 및 남성과 여성 스테로이드

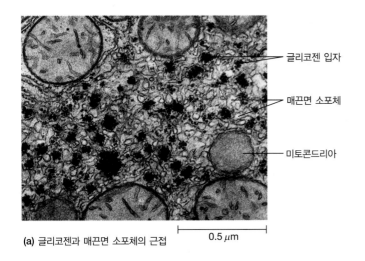

(a) 글리코젠과 매끈면 소포체의 근접

0.5 μm

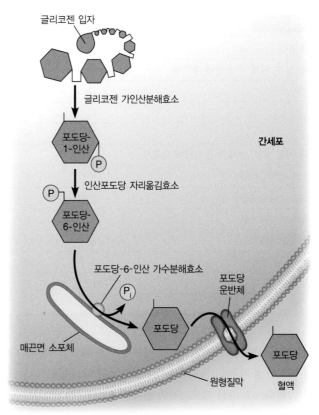

(b) 간에서의 글리코젠 분해

그림 12-2 간세포의 글리코젠 분해 과정에서 매끈면 소포체의 역할. (a) 간 세포에서 수많은 글리코젠 과립이 매끈면 소포체와 밀접하게 연계되어 있는 것을 보여주는 전자현미경 사진(TEM). (b) 간세포에서 글리코젠 분해는 포도당-1-인산을 생산하고, 이는 다시 포도당-6-인산으로 전환된다. 포도당-6-인산으로부터 인산기의 제거는 매끈면 소포체 막에 있는 포도당-6-인산포도당 자리옮김효소에 의해 일어난다. 유리된 포도당은 간에서 혈액으로 세포막의 포도당 운반체에 의해 이동한다.

호르몬은 4개의 고리 구조를 같이 가지고 있지만 탄소 곁사슬과 하이드록실기의 수와 배열이 다르다(그림 3-27a와 3-30 참조). 콜레스테롤 생합성의 첫 단계에 작용하는 하이드록시메틸글루타릴-CoA 환원효소(hydroxymethylglutaryl-CoA reductase 또는 HMG-CoA reductase)는 간세포의 매끈면 소포체에 많이 있다. 이 효소가 바로 콜레스테롤 억제인자로 널리 알려진 스타틴(statin)의 표적이다. 또 매끈면 소포체는 여러 P-450 모노산소첨가효소를 함유하는데, 이들은 콜레스테롤 합성뿐 아니라 콜레스테롤을 스테로이드로 전환시키는 수산화 과정에도 중요한 기능을 한다.

소포체는 막 생합성에서 주요한 기능을 한다

진핵세포에서 소포체는 인지질과 콜레스테롤 같은 막 지방의 주요 공급 장소이다. 실제로 막의 인지질을 합성하는 데 필요한 대부분 효소는 세포 내의 다른 곳에는 발견되지 않는다. 그러나 중요한 예외는 있다. 미토콘드리아는 안으로 들어온 포스파티딜세린(phosphatidylserine)의 카복시기를 제거하여 포스파티딜에탄올아민(phosphatidylethanolamine)을 합성한다. 퍼옥시솜은 콜레스테롤 합성효소를 가지고 있으며, 엽록체는 엽록체 특이적 지방을 합성하는 효소를 가지고 있다.

막 인지질 합성에 필요한 지방산은 세포질에서 합성되며 소포

체 인지질2중층 중 세포기질 쪽 층으로만 제한적으로 들어간다. 모든 세포의 막은 물론 인지질이 양쪽에 분포해 있는 인지질2중층이다. 그래서 2중층 막의 한쪽 층에서 다른 쪽으로 인지질을 옮기는 기작이 있어야 한다. 인지질이 2중막의 한쪽 층에서 다른 쪽으로 자발적으로 유의성 있는 속도로 뒤집히는 것은 열역학적으로 적합하지 않기 때문에 **플립페이스**(flippase)라고 불리는 **인지질 운반체**(phospholipid translocator)로 옮기는데, 이 효소는 소포체 막을 통한 인지질의 운반을 매개한다(그림 7-10).

인지질 운반체도 다른 효소와 같이 기질 특이적이며 속도에만 영향을 미친다. 그래서 어떤 막을 통과하여 운반되는 인지질 분자의 종류는 특정 운반체의 유무에 의해 결정되며 7장에서 설명한 막 비대칭성(membrane asymmetry)에 기여한다. 예를 들면 소포체 막은 포스파티딜콜린(phosphatidylcholine) 운반체를 가지고 있는데, 이들은 소포체 막의 양쪽 층에서 모두에 존재한다. 이와는 대조적으로 포스파티딜에탄올아민, 포스파티딜이노시톨(phosphatidylinositol), 포스파티딜세린의 운반체는 없어서 이 지방들의 분포는 막의 세포기질 쪽 층에 제한된다. 소포체에서 만들어진 소포(vesicle)가 다른 세포내막계의 세포소기관과 융합할 때 소포체에서 확립된 세포기질과 내강 두 층의 성분 차이는 그대로 다른 세포소기관으로 전달된다.

인지질의 소포체에서 미토콘드리아, 엽록체, 퍼옥시솜으로의

표 12-1 쥐 간세포의 소포체와 원형질막의 구성 성분

막 성분	소포체 막	원형질막
막 성분, 전체 막 중량에 대한 %		
탄수화물	10	10
단백질	62	54
전체 지질	27	36
막 지질 성분, 전체 지질 중량에 대한 %		
포스파티딜콜린	40	24
포스파티딜에탄올아민	17	7
포스파티딜세린	5	4
콜레스테롤	6	17
스핑고미엘린	5	19
당지질	미량	7
기타 지질	27	22

이동에는 특이한 문제가 있다. 세포내막계 세포소기관과 다르게 이러한 소기관은 소포체에서 유래한 소포의 융합으로 성장하지 않는다. 그 대신 세포기질의 **인지질 교환단백질**(phospholipid exchange protein) 또는 인지질 전달단백질(phospholipid transfer protein)이 인지질을 소포체 막에서 미토콘드리아나 엽록체 외막으로 수송한다. 각 교환단백질은 특이한 인지질을 인식하여 특정 막에서 떼어내어 세포기질을 타고 다른 막으로 옮겨준다. 이러한 교환단백질은 소포체에서 원형질막 같은 다른 세포 구획으로의 인지질 이동에도 기여한다.

소포체가 대부분 막 지방의 주요 공급 장소라도 다른 막의 구성 성분은 소포체 막과 상당히 차이가 난다(**표 12-1**). 간세포 원형질막의 두드러진 특징은 상대적으로 포스포글리세라이드(phosphoglyceride)의 양이 적고 콜레스테롤, 스핑고미엘린(sphingomyelin), 당지질의 양이 많은 것이다.

콜레스테롤 양이 소포체 막에서 세포내막계를 거쳐 원형질막에 이르는 동안 증가하는 것이 관찰되었다. 이는 막의 두께가 증가하는 것과 상관관계가 있다. 소포체 막의 두께는 5 nm 정도인 반면 원형질막은 8 nm 정도이다. 관찰된 막의 두께 변화는 막관통 단백질의 분류 과정 및 표적화와 관계가 있는데, 이에 관해서는 골지체와 단백질 가공 과정에서 이들의 역할을 살펴본 다음에 논의할 것이다.

개념체크 12.1

거친면 소포체과 매끈면 소포체의 구조와 배열의 차이는 그들의 기능적 차이와 어떤 연관성이 있을까?

12.2 골지체

이제 소포체와 물리적·기능적으로 밀접하게 관련된 세포내막계 구성원인 골지체에 관심을 돌려보자. 골지체에서는 소포체에서 넘어온 당단백질의 가공이 더 진행되는데 막지질을 따라 세포 안팎의 최종 행선지로 이동하기 위해 분류되고 포장되는 작업이 이루어진다. 그래서 골지체는 진핵세포에서 막과 단백질 표적 수송의 중심적인 역할을 한다.

골지체(Golgi apparatus 또는 Golgi complex)라는 이름은 1898년에 처음 발견한 이탈리아 생물학자인 골지(Camillo Golgi)로부터 왔다. 그는 OsO₄(osmium tetroxide)를 적신 신경세포에서 핵을 둘러싼 실 같은 그물망의 오스뮴 침착물을 보고했다. 동일한 염색반응이 다양한 세포에서 그리고 다른 중금속 염색에 의해서도 발견되었다. 그러나 오랫동안 그 어떤 소기관으로도 이 염색반응을 설명할 수가 없었다. 그 결과 골지체의 특성, 그 존재조차도 1950년대에 전자현미경으로 증명되기까지 논란의 대상이었다.

골지체는 일련의 막으로 둘러싸인 시스터나로 구성된다

골지체는 일련의 납작한 모양의 막으로 싸인 시스터나라 할 수 있으며, **그림 12-3**에서와 같이 원반 모양의 낭이 싸여있는 형태이다. 이 일련의 시스터나를 골지 더미(Golgi stack)라 하며 전자현미경으로 관찰할 수 있다(그림 4-17c 참조). 일반적으로 하나의 더미는 3~8개의 시스터나로 이루어져 있지만 골지 더미의 수와 크기는 세포의 종류와 세포의 대사 활동에 따라 변한다. 일부

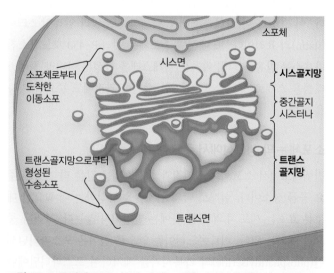

그림 12-3 골지체 구조. 골지 더미는 적은 수의 납작한 시스터나로 구성된다. 시스면(형성면)에서는 소포체에서 도착하는 소포가 이동하여 시스골지망(CGN)의 막과 융합한다. 트랜스면(성숙면)에는 트랜스골지망(TGN)에서 수송소포가 방출하여 지질과 단백질을 세포내막계 내 다른 곳으로 이동한다.

세포는 하나의 더미만 가지고 있지만 활동적인 분비세포는 수백에서 수천 개의 골지 더미를 가지고 있다.

전자현미경으로 보이는 소포체와 골지체의 고정된 모양(그림 4-16c, 4-16d, 4-17c 등)은 오해의 소지가 있다. 이들 세포소기관은 실제로는 역동적인 구조이다. 소포체와 골지체 모두 수많은 소포로 둘러싸여 있는데, 이들은 단백질과 지방을 소포체와 골지체 사이, 골지체의 시스터나 사이, 그리고 골지체에서 엔도솜, 라이소솜, 분비소포(secretory vesicle)와 같은 세포 내 목적지로 운반한다. 그래서 골지체 내강 또는 시스터나 내부는 세포내막계의 내부 공간의 일부이다(그림 12-1 참조).

골지더미의 양면 각 골지 더미는 특징적인 두 가지 면을 가지고 있다(그림 12-3). 소포체 쪽을 향한 면을 **시스면**(cis face, 또는 형성면)이라 한다. 골지체 구조에서 소포체에 가장 가까이 있는 평평하고 막으로 싸여있는 관 모양 구조를 **시스골지망**(*cis*-Golgi network, CGN; 초기골지망)이라 한다. 새로 합성된 지방과 단백질을 가지고 있는 소포(vesicle)가 소포체에서 만들어져 지속적으로 CGN으로 와서 CGN 막에 융합한다.

골지체의 반대쪽 면을 **트랜스면**(trans face, 또는 성숙면)이라 한다. 골지체의 이 부분은 CGN과 유사한 모양을 가지고 있고 **트랜스골지망**(*trans*-Golgi network, TGN; 후기골지망)이라 한다. 바로 이곳에서 단백질과 지질은 **수송소포**(transport vesicle)를 타고 골지체를 떠나게 되는데, TGN 시스터나의 끝부분에서는 계속적으로 소포가 만들어진다. CGN과 TGN 사이의 대부분 단백질의 성숙이 일어나는 시스터나를 **중간골지 시스터나**(medial cisternae)라 한다.

CGN, TGN, 중간골지 시스터나는 생화학적으로 그리고 기능적으로 뚜렷한 차이가 난다. 각 구획은 면역학적인 세포 염색법에 의해 밝혀진 것과 같이 단백질과 막의 성숙 과정에 작용하는 특이한 수용체 단백질과 효소를 가지고 있다. 예를 들어 당단백질의 탄수화물 사슬을 변형시키는 효소인 N-아세틸글루코사민 전달효소 I(N-acetylglucosamine transferase I)을 검증하는 염색 결과는 이 효소가 중간골지 시스터나에 집중되어 있음을 보여준다.

골지체에서 단백질과 지질 이동에 대한 두 가지 모델

지방과 단백질이 CGN에서 중간골지 시스터나를 거쳐 TGN으로 이동을 설명하는 두 가지 모델이 제시되었다(**그림 12-4**). 첫 번째 모델인 **정지 시스터나 모델**(stationary cisternae model)에 따르면 골지 더미의 각구획은 안정적인 구조를 가지고 있다(그림 12-4a). 연속적인 시스터나 사이의 이동은 **셔틀소포**(shuttle vesicle)를 통해 한 시스터나에서 만들어진 소포가 시스에서 트랜스 방

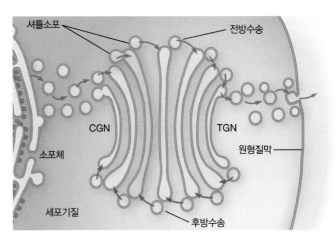

(a) 정지 시스터나 모델

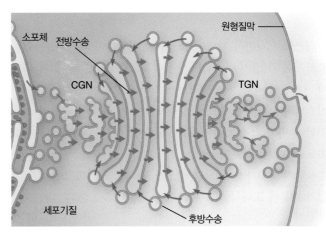

(b) 시스터나 성숙 모델

그림 12-4 골지체를 통한 이동에 관한 두 가설. (a) 정지 시스터나 모델에서 골지체의 각 구역은 움직이지 않는 채로 셔틀소포가 물질을 소포체에서부터 일련의 골지체를 지나 앞으로 운반한다. (b) 시스터나 성숙 모델에서는 시스터나가 점진적으로 구성원의 성분이 바뀌면서 앞으로 이동한다. 두 모델 모두에서 초기 구역에서 필요한 효소와 지질은 후방수송으로 다시 앞으로 이동한다. 초록색 화살표는 CGN에서 TGN 방향(전방)을, 보라색 화살표는 반대로 후방으로의 이동을 보여준다.

향의 다음 시스터나에 융합하여 이루어진다. TGN으로 가는 단백질은 단순하게 셔틀소포에 의해 앞으로 이동하는 반면에 소포체나 골지 각 구획에 남아있어야 할 분자는 능동적으로 보관되거나 되돌아와야 한다.

두 번째 모델은 **시스터나 성숙 모델**(cisternal maturation model)로서, 이 모델에 따르면 골지 시스터나는 일시적인 상태일 뿐이고 CGN 시스터나로부터 중간골지를 거쳐 TGN 시스터나로 점차적으로 모습이 변한다(그림 12-4b). 이 모델에서는 소포체에서 떨어져 나온 소포가 모여서 CGN을 만들고 초기 단계 단백질 성숙에 필요한 효소를 축적한다. 단계적으로 각 시스 시스터나는 효소를 추가하면서 중간골지 시스터나로 또 트랜스 시스터나로 점진적으로 성숙한다. 후기 구획에서 필요하지 않은 효소는

초기 구획으로 돌아간다. 두 모델 모두 TGN은 골지를 거쳐 최종 목적지로 가는 수송물이 분류되어 들어있는 수송소포와 분비소포를 만든다.

여러 실험 결과는 두 모델이 서로 완전히 상호 배타적이지는 않음을 보여준다. 두 모델 모두 종에 따라 그리고 세포 역할에 따라 어느 정도 적용되는 면이 있다. 정지 시스터나 모델이 상당히 많은 실험 결과의 지지를 받지만 일부 중간골지 영역에서 발견되는 물질 중에는 소포로 인해 이동하기에는 분명히 너무 큰 것이 있다. 예를 들면 일부 해조류가 생산하는 다당류는 초기 골지 구획에서 처음 나타나지만 이들은 수송소포로 들어가기에는 크기가 너무 크다. 하지만 이 다당류는 최종 세포벽으로 들어가기 위해 원형질막으로 이동하는 과정 중에 문제없이 후기 골지 구획에 도달한다.

최근에는 시간차 촬영(time-lapse) 형광현미경으로 살아있는 효모에서 각 골지 시스터나를 실시간으로 연구할 수 있게 되었다. 3차원 이미지 분석 결과는 시스터나 성숙 모델을 지지하며, 시스터나가 일정한 속도로 성숙하는 것을 시사한다. 그리고 표지된 분비 단백질이 골지체를 이동하는 속도는 시스터나 성숙 속도와 일치함을 보여주었다.

실험적 증거가 이들 모델 중 어느 하나를 확실히 입증해줄 수 없기 때문에 또다시 새로운 모델이 등장할 수도 있다. 대안으로 제시된 모델 중에는 확산 모델(diffusion model)이 있는데, 이 모델에 따르면 골지를 통해 이동되는 화물이 시스에서 트랜스 방향으로 자유롭게 확산된다는 이론이다. 이 모델은 시스터나가 서로 연속적으로 이어져 있어야 가능하다. 비록 이런 연결성이 아직 관찰되지는 않았지만 일부 과학자들은 골지를 이어주고 연속성을 부여하는 작은 관이 존재할 가능성을 제시하고 있다. 다시 언급하지만 가장 좋은 답은 모델들을 조합하는 것이다. 확산 모델의 변형으로 키스앤드런(kiss-and-run) 모델이 있는데, 소낭들이 일시적으로 골지 시스터나와 관을 형성하여 소통하고 화물들이 이 관을 통해 이동한다는 모델이다. 분명한 사실은 골지 내 정확한 이동 기작을 알아내기 위해서는 아직 많은 연구가 필요하다는 사실이다.

전방수송과 후방수송 소포체에서 골지체를 거쳐 원형질막으로 물질이 이동하는 것을 **전방수송**(anterograde transport, *antero*는 라틴어로 '앞'을, *grade*는 '걸음'을 의미)이라 한다. 분비소포가 원형질막과 융합할 때마다 세포외배출(exocytosis)로 내용물을 밖으로 내보내고 소포체에서 유래된 막 성분 일부가 원형질막으로 유입된다. 원형질막으로 들어가는 지방과 새로운 소포 형성에 필요한 성분 공급의 균형을 이루기 위해 세포는 전방수송 말기에 더 이상 필요하지 않은 지방과 단백질을 재사용한다. 이 과정은 **후방수송**(retrograde transport, *retro*는 라틴어로 '뒤'를 의미)에 의해 일어나는데, 소포가 골지 시스터나에서 소포체로 이동한다.

정지 시스터나 모델에서 후방수송은 소포체에 있어야 할 지방 또는 단백질이 CGN으로 이동했을 때 이를 회수하거나 골지 더미에서 특정 구획에 있어야 할 단백질이 중간골지 시스터나로 되돌아가는 과정을 촉진한다(그림 12-4a). TGN으로 가는 단백질은 앞으로만 이동하면 된다. 이러한 후방수송이 모든 중간골지 시스터나에서 바로 소포체로 이동이 가능한지, 아니면 시스터나를 연속적으로 이동하여 소포체로 이동하는지는 명확하지 않다. 시스터나 성숙 모델에서는 후방수송은 더 성숙한 구획에서 더 이상 필요 없는 수용체나 단백질을 만들어진 구획으로 돌려보내는 것을 의미한다.

개념체크 12.2

골지체를 통한 물질 이동이 전방과 후방 양쪽으로 모두 필요한 이유는 무엇일까?

12.3 단백질 변형에서 소포체와 골지체의 역할

소포체와 골지체에서 일어나는 단백질 가공 과정으로는 단백질 접힘, 품질 관리, 단백질에 탄수화물 사슬을 붙여 **당단백질**(glycoprotein)로 만드는 **글리코실화**(glycosylation, 당화) 과정이 있다. 세포에서는 두 가지 일반적인 글리코실화 반응이 있다(그림 7-21 참조). **N-결합 글리코실화**(N-linked glycosylation 또는 N-glycosylation)는 아스파라진의 말단에 위치하는 아미노기의 질소 원자에 올리고당 복합체를 첨가하는 것이다. **O-결합 글리코실화**(O-linked glycosylation)는 세린이나 트레오닌(아주 드물게 타이로신)의 하이드록실기(—OH) 산소 원자에 올리고당을 연결하는 것이다. 각 글리코실화 단계는 먼저 일어난 변형에 따라 엄격히 조절된다. 효소의 결합으로 한 단계에 문제가 생기면 다음 탄수화물 사슬의 변형이 막히고 질환으로 이어질 수도 있다. 글리코실화에 자세히 들어가기 앞서 소포체에서의 단백질 가공 과정의 첫 단계인 접힘과 품질 관리에 대해 알아보자.

단백질 접힘과 품질 관리는 소포체에서 일어난다

소포체 내강으로 단백질이 방출된 이후 단백질은 최종 형태로 접힘이 일어나고, 일부는 다른 폴리펩타이드와 결합하여 다중소단위체 단백질(multisubunit protein)로 조립된다. 샤페론(molecular chaperone) 단백질이 접힘과 조립을 용이하게 돕는다(24장 참조). 소포체 내강에 가장 많이 있는 샤페론 단백질은 **결**

합단백질(*binding protein*, BiP)로 알려진 Hsp70 계통의 샤페론이다. Hsp70 계통 샤페론의 특징과 부합하게 BiP는 특히 트립토판, 페닐알라닌, 류신 등에 많은 소수성 부위에 결합하여 작용한다.

BiP는 소포체 내강 내로 방출될 때 잘못 접혀진 폴리펩타이드의 소수성 부위에 일시적으로 결합하여 안정시킴으로써 이들이 다른 잘못 접힌 폴리펩타이드와 결합하여 응집되는 것을 억제한다. 그다음 BiP는 ATP를 분해하면서 폴리펩타이드를 방출하는데, 이로써 정상적으로 접힐 수 있는 기회를 준다(아마 다른 샤페론의 도움을 받을 것이다). 폴리펩타이드가 정상적으로 접히면 소수성 부위는 내부로 들어가 다시는 BiP와 결합할 수 없을 것이다. 그러나 폴리펩타이드가 정상적인 3차 구조를 이루지 못하면 다시 BiP가 결합하여 이 과정이 반복될 것이다. 이렇게 BiP는 ATP 가수분해에 의해 방출되는 에너지를 사용하여 정상적인 단백질의 접힘을 촉진한다.

접힘은 가끔 폴리펩타이드의 서로 다른 부위에 있는 시스테인 사이에 2황화 결합(disulfide bond) 형성을 수반한다. 이 반응은 **단백질 2황화 이성질체화효소**(protein disulfide isomerase)에 의해 일어나는데, 이 효소는 소포체 내강에서 2황화 결합의 형성과 절단을 일으킨다. 단백질 2황화 이성질체화효소는 폴리펩타이드 생성이 완료되기 전부터 시작되기 때문에 가장 안정된 배열이 나타날 때까지 다양한 2황화 결합의 조합을 시험할 수 있게 한다.

반복해서 적절한 3차 구조를 이루는 데 실패한 단백질은 몇 가지 품질 관리 과정의 활성화를 유발한다. 이러한 기작 중에 하나는 **풀린 단백질 반응**(unfolded protein response, UPR)인데, 잘못 접힌 단백질을 찾아내는 소포체 막의 센서 단백질을 이용한다. 이러한 센서는 대부분 단백질 합성을 중지하지만 단백질 접힘과 분해에 필요한 단백질의 합성을 증가시키는 신호전달 경로를 활성화한다. 다른 종류의 품질 관리 기작으로는 **소포체 연계분해**(ER-associated degradation, ERAD)가 있는데, 잘못 접히거나 조립이 일어나지 않은 단백질을 인식하여 소포체 막을 통해 세포기질로 추방 또는 재이동을 유발하고 이곳에서 **프로테아좀**(proteasome)에 의해 분해되도록 한다(25장 참조). 잘못 접히거나 잘못 표지된 단백질에 대한 ERAD에서 정확한 기작을 아직 정확히 밝혀지지 않은 상태이다.

최초 글리코실화는 소포체에서 일어난다

이제 N-결합 글리코실화에 대해 집중적으로 알아볼 것이며 **그림 12-5**에 특정 당단백질이 소포체에서 시스골지망, 그리고 골지체를 거쳐 트랜스골지망으로 나아갈 때 일어나는 글리코실화 단계가 나타나 있다. 이때 글리코실화를 매개하는 특정 효소와 변형반응은 소포체와 골지체의 특정 위치에 매우 특이적으

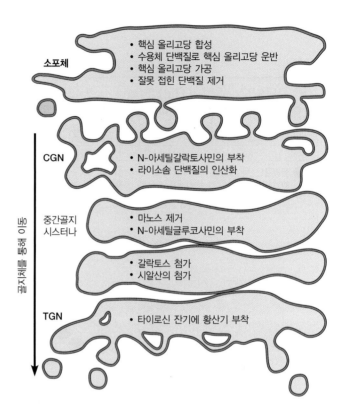

그림 12-5 글리코실화와 이후 단백질 변형의 단계별 구획화. 단백질 글리코실화 및 추후 변형 과정의 각 특정 단계를 촉매하는 효소는 소포체와 골지체의 각기 다른 구획에 존재한다. 단백질 변형은 단백질이 소포체에서 시스골지망, 트랜스골지망으로 옮겨가는 동안에 차례대로 일어난다. 하지만 이러한 잠재적 변형이 모든 당단백질에 필수적으로 일어나는 것은 아니다.

로 일어난다는 점을 주의해야 한다. N-결합 글리코실화의 처음 몇 단계는 소포체 막의 세포기질 쪽 면에서, 이후 과정은 소포체 내강에서 일어난다(**그림 12-6**). 최종적으로 성숙된 당단백질이 보이는 올리고당의 조성은 매우 다양하지만 모든 탄수화물 사슬이 처음 단백질에 붙을 때는 똑같이 **핵심 올리고당**(core oligosaccharide) 형태로 첨가된다. 이들은 2개의 N-아세틸글루코사민(N-acetylglucosamine, GlcNAc; 그림 3-26a 참조), 9개의 마노스, 3개의 포도당으로 이루어진다.

글리코실화는 올리고당 운반자인 **돌리콜인산**(dolichol phosphate)으로부터 시작되는데, ❶ 소포체 막에 삽입되어, ❷ N-아세틸글루코사민과 마노스가 돌리콜인산의 인산기에 추가되고, ❸ 조립되고 있는 상태의 핵심 올리고당이 플립페이스 작용에 의해 세포기질로부터 소포체 내강으로 이동하며, ❹ 소포체 내강에서 더 많은 마노스와 포도당이 첨가되고, ❺ 완성된 핵심 올리고당이 돌리콜에서 수용단백질 아스파라진 잔기로 한 번에 이동한다. ❻ 마지막으로 핵심 올리고당은 단백질에 붙은 채로 다듬어지고 변형된다.

보통 폴리펩타이드가 소포체 막의 리보솜에서 생성되는 와

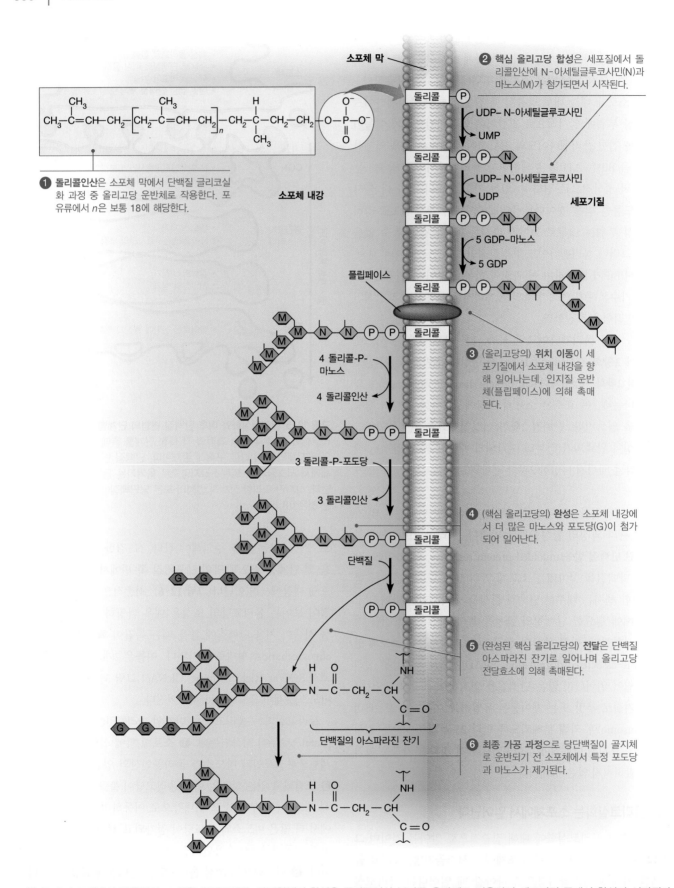

그림 12-6 소포체에서 단백질의 N-결합 글리코실화. 당복합체의 합성은 돌리콜인산 분자를 운반체로 이용하여 세포기질 쪽에서 합성이 시작된다. 부분적으로 합성된 당복합체는 소포체 내강으로 운반되어 단당류가 첨가된다. 합성이 완료된 당복합체는 표적 단백질에 붙여지고 최종 가공 과정에서 몇 개의 단당류가 제거된다.

중에 핵심 올리고당이 첨가된다. 이러한 **번역동시 글리코실화**(cotranslational glycosylation)는 또한 단백질의 적절한 3차 구조 형성을 촉진한다. 실험적으로 글리코실화를 저해하면 잘못 접히거나 응집된 단백질이 양산된다. 올리고당 끝에 포도당 한 분자만을 보유한 막 생성된 당단백질이 다른 소포체 단백질들과 결합함이 알려졌다. 포도당 하나만 보유한 당단백질은 두 종류의 소포체 단백질, **칼넥신**(calnexin, 막단백질)과 **칼레티큘린**(calreticulin, 용해성 단백질) 중 하나와 결합함으로써 올바른 3차 구조 형성의 기회를 얻는다. 이때 당단백질은 *ERp57*이라는 티올 산화환원효소(thiol oxidoreductase)와 복합체를 형성하게 되고, *ERp57*은 단백질의 2황화 결합 형성을 촉매한다(그림 3-5a, 3-7 참조). 이후 복합체는 분리되고, 이 포도당은 **포도당 분해효소 II**(glucosidase II)에 의해 제거된다.

이 시점에 소포체에 있는 *UGGT*(UDP-glucose:glycoprotein glucotransferase)라는 포도당 전달효소(glucosyl transferase)가 새로 합성된 당단백질이 적절한 3차 구조를 가지고 있는지 검증하는 센서 역할을 한다. UGGT는 잘못된 3차 구조를 가진 당단백질에 결합하여 한 포도당 분자를 다시 추가해서 다시 한번 칼넥신/칼레티큘린에 결합과 2황화 결합을 형성하는 회로로 들어가게 된다. 일단 적절한 3차 구조를 형성하면 UGGT가 더이상 당단백질에 결합하지 못하게 되고, 이로 인해 새롭게 생성된 단백질은 소포체를 벗어나 골지체로 이동할 수 있다.

추가 당화는 골지체에서 일어난다

골지체로 이동한 당단백질은 시스면(형성면)에서 중간골지 시스터나와 트랜스면(성숙면)을 거치면서 더 많은 변형이 일어난다. 이러한 골지체에서 일어나는 **말단 글리코실화**(terminal glycosylation)는 단백질 간에 현저한 차이가 있으며, 단백질의 올리고당 사슬의 구조와 기능의 다양성 부여에 기여한다.

말단 글리코실화는 항상 올리고당 복합체의 몇 개의 탄수화물을 제거한다. 일부 경우는 더 이상의 변형이 일어나지 않기도 하지만 또 다른 경우에는 N-아세틸글루코사민과 갈락토스(galactose), 시알산(sialic acid) 등과 같은 단당류가 더해져 더 복잡한 올리고당 복합체가 만들어진다. 일부 단당백질에 갈락토스가 더해지는 과정은 **갈락토스 전달효소**(galactosyl transferase)에 의해 매개되는데, 이 효소는 골지체에만 존재하는 골지 표지(marker) 효소이다.

골지체의 글리코실화의 역할을 고려하면 골지체에 단당류로부터 올리고당을 합성하는 **글루칸합성효소**(glucan synthetase)와 탄수화물기를 단백질에 붙이는 **글리코실 전달효소**(glycosyl transferase) 같은 두 가지 가장 중요한 효소가 있다는 것은 놀라운 일이 아니다. 소포체와 골지체가 수백 가지 다른 글리코실 전

달효소를 가지고 있다는 점은 올리고당 사슬의 잠재적 복잡성이 상당함을 의미한다. 골지 더미의 각 시스터나는 서로 다른 세트의 올리고당 변형효소를 가지고 있다.

앞에서 성숙한 당단백질의 올리고당은 소포체나 골지체 막의 내강 쪽 층에서만 나타나고, 그래서 막의 비대칭에 관여한다는 것을 주목하자. 소포체 막의 내강 쪽 층은 세포 표면의 밖과 위상이 같다는 사실을 상기하면 왜 모든 원형질막 당단백질의 올리고당은 막의 바깥층에만 발견되는지를 쉽게 이해할 것이다.

개념체크 12.3

단백질의 소포체 내 글리코실화에 결함이 있는 세포에는 어떤 문제가 발생하겠는가?

12.4 단백질 수송에서 소포체와 골지체의 역할

특유의 독자적인 단백질 조합을 지닌 너무도 다양한 세포소기관을 가진 전형적인 진핵세포를 생각해보자. 세포 하나는 적어도 만 개 정도 다른 종류의 폴리펩타이드로 구성된 수십억 개의 단백질 분자를 가질 가능성이 높다. 이들 각각의 폴리펩타이드는 세포 내, 심지어 세포 밖 등의 적합한 위치로 다같이 이동해야 한다. 이들 중 소수는 미토콘드리아(그리고 식물에서는 엽록체) 내의 유전자로부터 만들어지나 대부분의 단백질에 대한 유전정보는 핵 내에 존재하여 세포기질에서 합성이 시작된다.

소포체와 골지체에서의 단백질 수송에 대해 알아보기 전에 대부분의 핵이 암호화하는 단백질이 어떻게 최종 목적지에 도달하는지 알아보자. 여기서는 진핵세포 내 다양한 구획을 3가지, 즉 (1) 서로 연관된 막 조직으로 소포체, 골지체, 라이소솜, 분비소포, 핵막, 원형질막을 포함하는 세포내막계, (2) 세포기질, (3) 미토콘드리아, 엽록체, 퍼옥시솜(더불어 관련 세포소기관), 핵 내부로 나눌 것이다. 그렇다면 단백질이 이들 구획 간 또는 구획 내에서 어떻게 움직이는 걸까?

각각의 폴리펩타이드는 적절한 목적지로 인도되어야 한다. 따라서 그들은 일종의 분자 '우편번호'를 지님으로써 올바른 장소로 배송되어야 한다. 미토콘드리아로 가야 할 단백질은 올바른 수송을 위해 **통과 서열**(transit sequence)이라는 서열을 지니고 있다(10장 참조). 그러므로 각 단백질은 특징적인 '꼬리표(tag, 표지)'를 지니며, 이로써 단백질은 각각의 세포 구획에 위치하게 된다. 예로 어떤 꼬리표는 단백질을 수송소포로 인도하는 역할을 하여 세포 내 다른 장소로 운반하게 된다. 단백질과 목적지에 따라 꼬리표는 짧은 아미노산 서열이나 올리고당이나 소수성 도메인(domain)이 될 수도 있으며, 또한 특정한 구조적 특징이 이런

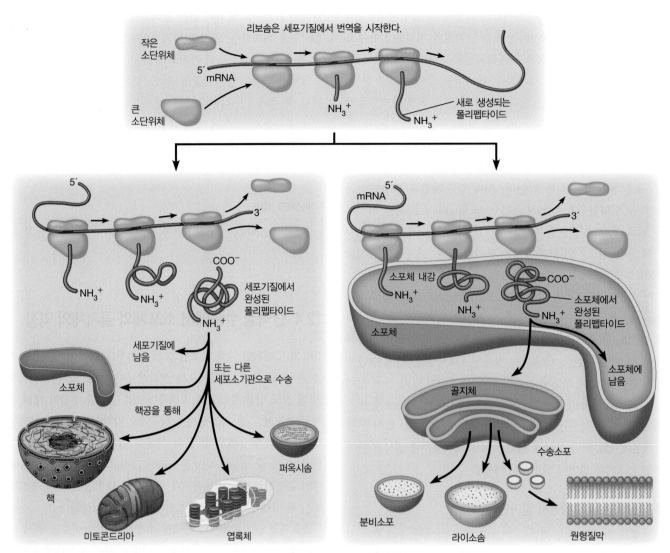

(a) 번역후 수입   **(b)** 번역동시 수입

그림 12-7 세포 내 단백질 분류. 폴리펩타이드 생성은 세포기질에서 시작되지만 약 30개의 아미노산 합성이 진행될 무렵 두 경로 중 하나로 나뉜다. (a) 번역후 수입 경로에서는 리보솜이 세포기질에 계속 머무르는데, 이 경로는 생성된 단백질이 세포기질에 존재하거나 핵, 미토콘드리아, 엽록체, 퍼옥시솜 등으로 유입되는 경우에 해당한다. 번역이 끝나면 리보솜에서 분리된 폴리펩타이드는 세포기질에 남거나 해당 세포소기관으로 운반된다. 핵으로의 이동은 핵공을 통해 이루어지며 다른 세포소기관의 번역후 수입 기작과는 다른 방식으로 운반된다. (b) 번역동시 수입의 경우는 리보솜이 소포체 막에 부착되는데, 이는 생성된 단백질이 세포내막계로 향하거나 아니면 세포 밖으로 분비되는 경우에 해당한다. 번역이 진행되면서 새로 형성된 폴리펩타이드는 소포체 막을 통과하여 운반된다. 번역이 완성된 폴리펩타이드는 소포체에 남거나 또는 다양한 소포를 통해 다른 세포내막계 구역으로 이동한다(막관통 단백질인 경우는 소포체 막 안으로 방출되지 않고 막에 삽입 후 전이소포를 통해 원형질막으로 운반된다).

역할을 하기도 한다. 꼬리표는 반대로 어떤 물질이 특정 소포로부터 배출되는 데 관여하기도 한다.

핵 내 유전정보로부터 발현된 꼬리표가 붙은 단백질은 다양한 기작을 이용하여 세포 구획을 찾아간다. 각각의 경우 핵 내에서 DNA가 RNA로 전사되며 번역을 위해 핵공(nuclear pore)을 통과하여 리보솜이 있는 세포질로 이동한다(자세한 내용은 23장과 24장 참조).

세포질에 도달하면 mRNA는 우선 (막에 부착되지 않은) 자유로운 리보솜과 먼저 결합한다. 이후 번역이 시작되자마자 즉시

이들 새롭게 생성되는 폴리펩타이드는 2개의 주요 경로로 분류된다(**그림 12-7**). 첫 번째는 세포기질, 미토콘드리아, 엽록체, 퍼옥시솜, 핵 내부가 최종 목적지인 폴리펩타이드의 경우이다(그림 12-7a). 이들을 생성하는 리보솜은 막에 부착되지 않은 채 계속 세포기질에 자유로운 상태로 남는다. 번역이 끝나면 폴리펩타이드는 리보솜으로부터 방출되어 세포기질에 남거나 앞서의 최종 세포소기관으로 유입된다. 각 세포소기관에서 이들 폴리펩타이드 유입에는 특정 표적 신호가 필요하기 때문에 **번역후 수입**(posttranslational import)이라 부른다. 핵의 경우 폴리펩타이드

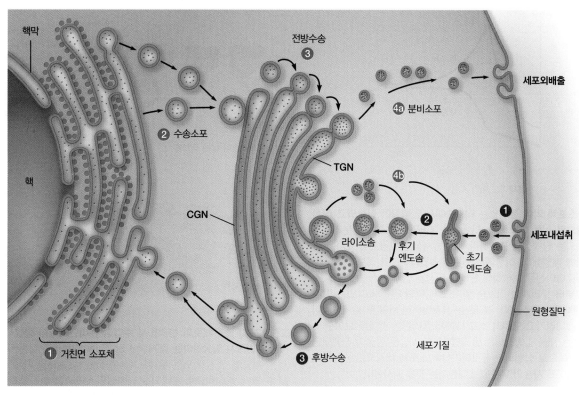

그림 12-8 세포내막계를 통한 수송. 소포는 세포내막계 내에서 전방(❶∼❹)과 후방(❶∼❸)의 양방향으로 지질과 단백질을 운반한다.

는 핵공을 통해 핵 내로 들어간다(고분자 물질의 핵 내외 수송에 대한 내용은 16장과 그림 16-32 참조). 미토콘드리아, 엽록체, 퍼옥시솜 등은 다른 유입 기작을 가진다(폴리펩타이드의 미코콘드리아 수송 기작은 10장에서 다루었다).

두 번째는 세포내막계 또는 세포 외부로 방출될 폴리펩타이드를 생성하는 리보솜의 경우이다. 이들 리보솜은 번역 과정 초기에 소포체 막에 부착되어 생성되는 폴리펩타이드 사슬을 소포체 막을 통과하여 (또는 막관통 단백질의 경우 막에 삽입되게) 번역과 동시에 이동시킨다. 이러한 방식을 **번역동시 수입**(cotranslational import)이라 부르는데, 이는 폴리펩타이드의 소포체 막의 통과 내지 삽입 과정이 번역 과정과 직접적으로 연결되어 있기 때문이다.

거친면 소포체에서 생성된 막관통 단백질 또는 용해성 단백질은 이후 소포체 자체, 골지체, 엔도솜, 라이소솜 등 다양한 세포 내 위치로 표적 이동해야 한다. 게다가 일단 이들 단백질이 이들이 가야 할 세포소기관에 도달하면 이들이 유출되지 못하게 하는 기작 또한 필요하다. 거친면 소포체에서 생성된 또 다른 종류의 단백질로 원형질막에 결합하거나 세포 외부로 방출되는 운명을 가진 단백질이 있다.

이러한 단백질의 소포체 이후 최종 목적지로 수송하는 데 다양한 소포(vesicle)와 골지체가 관여한다(**그림 12-8**). ❶ 거친면 소포체에서 단백질이 만들어지면 이들은 소포체 내강으로 이동

하고 여기서 초기 글리코실화가 일어난다. ❷ 전이소포가 당단백질과 새롭게 생성된 지질을 시스골지망으로 운반한다. ❸ 지질과 단백질은 골지 더미의 시스터나를 따라 이동한다. ❹ₐ 트랜스골지망에 이르면 일부 소포는 분비세포로 발전하여 내부 물질을 세포외배출 기작을 통해 원형질막으로 내보낸다. ❹ᵦ 일부는 트랜스골지망에서 엔도솜을 만들어 이후 라이소솜 형성을 돕는다. ❶ 동시에 세포는 단백질과 다른 물질을 세포내섭취 기작으로 포집하여 소낭을 형성하고, 이후 초기 엔도솜에 흡수시킨다. ❷ 이들 물질을 머금은 초기 엔도솜은 후기 엔도솜, 라이소솜으로 성숙된다. ❸ 후방수송을 통해 특정 구역에 머물러야 하는 단백질은 이전 구역으로 돌려보낸다.

번역동시 수입 방식으로 일부 폴리펩타이드는 합성되는 동시에 소포체로 진입한다

소포체 내강으로의 번역동시 수입은 새로 합성된 다양한 단백질이 세포내막계 내 소기관으로 운반되는 과정의 첫 단계에 해당한다. 이 경로를 거치는 단백질을 합성하는 리보솜은 번역이 시작된 후 곧 소포체에 부착된다. 이 과정에서 소포체의 역할은 분리한 거친면 소포체 유래 소포(vesicle)에서 단백질 생성을 연구한 레드먼(Colvin Redman)과 사바타니(David Sabatini)가 처음 제안했다. 이러한 소포를 마이크로솜(microsome)이라 하며, 세포 분획과 원심분리 등을 통해 분리할 수 있다. 소포체 마이크

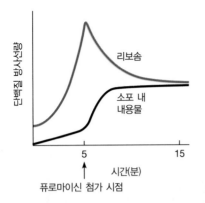

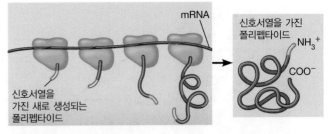

(a) 마이크로솜이 없는 리보솜

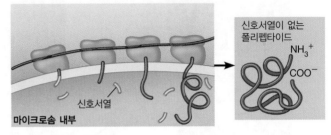

(b) 마이크로솜이 있는 경우

그림 12-9 소포체 막에 붙어있는 리보솜에서 단백질이 합성되고 직접 소포체 내강으로 이동하는 증거. 리보솜이 붙어있는 소포체를 분리하여 새롭게 합성되는 단백질을 표시하기 위해 방사성 동위원소로 표지된 아미노산과 함께 배양했다. 이후 합성되는 폴리펩타이드가 리보솜에서 분리되도록 퓨로마이신을 처리하여 단백질 합성을 멈추었다. 리보솜을 소포체 막으로부터 분리하여 리보솜 및 소포체 막과 결합하고 있는 방사성을 띠는 단백질을 측정했다. 그래프는 퓨로마이신 처리 후 방사선량이 리보솜에서는 내려가고 오히려 소포 내에서 올라가는 결과를 보여준다. 이 같은 결과는 새롭게 합성되는 폴리펩타이드 사슬은 합성이 진행되면서 소포체 막 쪽으로 삽입되고 퓨로마이신이 소포체 내강으로 완성되지 않은 폴리펩타이드 사슬의 유출을 초래한다는 것을 시사한다.

그림 12-10 소포체로의 번역동시 수입이 분비단백질의 정상적인 가공 과정에 반드시 필요하다는 증거. (a) 단백질을 리보솜과 다른 구성 요소(막은 제외)를 가지고 있는 무세포계(cell-free system)를 이용하여 합성할 수 있다. 통상적으로 분비되는 단백질의 mRNA를 첨가했고, 이때 생성된 단백질에는 신호서열이 남아있어 비정상으로 크다. (b) 리보솜이 붙어있는 소포체 막으로부터 생성되는 마이크로솜의 순수 정제 후 동일한 mRNA를 첨가하면 새로 생성된 단백질은 마이크로솜 막을 통과하여 운반되고 신호서열은 절단된다.

로솜과 방사선 동위원소로 표지된 아미노산, 그리고 번역 과정에 필요한 여러 성분을 짧은 시간 반응시킨 후 항생제 퓨로마이신(puromycin)을 처리했는데, 이때 퓨로마이신은 부분적으로 합성된 폴리펩타이드를 리보솜에서 유리되게 한다. 리보솜과 마이크로솜을 분리하여 새로 합성된 방사선 동위원소 표지된 폴리펩타이드의 분포를 분석한 결과 상당한 양이 소포체 내강에 나타났다(**그림 12-9**). 이 결과는 새로 생성되는 폴리펩타이드가 합성이 일어나는 동안 소포체 내강으로 이동하여 소포체를 통한 경로를 통해 정확한 행선지로 찾아간다는 것을 의미한다.

일부 폴리펩타이드가 합성되면서 직접 소포체 내강으로 이동한다면 세포는 어떻게 이런 방법으로 수송될 단백질을 선별하는가? 이에 대한 답은 1971년에 블로벨(Günter Blobel)과 사바티니(David Sabatini)가 제안했으며, 소포체로 이동하는 폴리펩타이드는 세포기질에 방출되는 단백질과 구별되는 독특한 내부 분자 신호를 가지기 때문이라고 생각했기 때문에 신호 가설(signal hypothesis)이라 불렸다. 단백질이 자신의 세포 내 이동과 위치를 결정하는 내부 신호를 가지고 있다는 이 가설은 이후 세포 생물학 분야에 지대한 영향을 미쳤고 블로벨은 공로를 인정받아 1999년에 노벨상을 받았다. 신호 가설에 의하면 소포체로 가야 할 단백질의 첫 부분, 즉 N-말단에 **소포체 신호서열**(ER signal sequence)이 존재하며, 이 신호에 의해 리보솜-mRNA-폴리펩타이드 복합체가 거친면 소포체 표면으로 이동하여 '부착(dock)'된다. 그 이후 mRNA 번역 과정에서 폴리펩타이드 사슬이 늘어나

면서 점차적으로 소포체 막을 가로질러 소포체 내강으로 들어간다.

신호 가설이 처음 제안된 직후 실제 소포체 신호서열의 증거는 면역글로불린 G의 가벼운 사슬(light chain of immunoglobulin G)의 합성을 연구하던 밀스테인(César Milstein)과 동료들이 밝혀냈다. 시험관에서 정제한 리보솜, 단백질 합성에 필요한 성분과 면역글로불린의 가벼운 사슬을 암호화하는 mRNA를 넣어서 만든 합성된 단백질은 본래 단백질보다 20개의 아마노산이 더 길었다. 여기에 소포체 막(마이크로솜)을 첨가하면 본래 크기의 면역글로불린의 가벼운 사슬이 생성되었다(**그림 12-10**). 이러한 발견은 추가적인 20개의 아미노산은 소포체 신호서열로 작용하는데, 이 신호서열은 폴리펩타이드가 소포체 안으로 이동할 때 제거된다는 것을 시사해준다. 후속 실험들을 통해 소포체로 이동하는 다른 단백질도 소포체로 이동하는 데 필요한 N-말단 서열을 가지고 있으며 소포체로 이동하면서 제거된다는 것이 밝혀졌다. 이러한 N-말단에 소포체 신호서열을 가진 단백질을 전단백질(preprotein)이라 한다[예: 프리라이소자임(prelysozyme), 프리프로인슐린(preproinsulin), 프리트립시노젠(pretrypsinogen) 등].

소포체 신호서열의 아미노산 서열을 분석한 결과 단백질마다 신호서열의 아미노산 서열이 매우 다양하기는 하지만 몇 가지

동일한 특성을 보인다는 것을 알아냈다. 소포체 신호서열은 일반적으로 15~30개 아미노산 크기로 3개의 도메인으로 이루어져 있으며, 양전하를 띠는 N-말단 부위, 중앙의 소수성 부위, 최종 단백질을 만들 수 있는 절단 부위를 연결하는 극성 부위로 구성된다. 양전하를 띠는 말단 부위는 친수성 소포체 막 외부와 상호작용을 촉진하고, 소수성 부위는 막 지방 내부와의 상호작용을 용이하게 하는 것 같다. 어떤 경우에도 소포체 신호서열을 가져야만 단백질 합성이 진행되면서 소포체 막으로 들어가거나 소포체 막을 통과할 수 있다는 것이 밝혀졌다. 실제로 DNA 재조합 기법으로 소포체 신호서열을 가지고 있지 않은 단백질에 신호서열을 붙이면 재조합 단백질은 소포체로 이동한다.

신호인식입자(SRP)는 리보솜-mRNA-폴리펩타이드 복합체를 소포체 막과 이어준다

소포체 신호서열의 존재가 밝혀진 이후, 이들 새로운 펩타이드는 리보솜에서 완성되기 훨씬 전에 먼저 소포체와 결합되어야 한다는 사실이 명백히 밝혀졌다. 소포체에 부착되지 않은 상태로 번역이 계속되면 자라나는 폴리펩타이드가 3차 구조를 형성하여 신호서열이 묻혀버릴 수 있다. 무엇이 이러한 가능성을 방지하는지를 알기 위해서는 관련 신호 기작을 좀 더 면밀하게 살펴볼 필요가 있다.

처음 제안된 신호 가설과 달리 신호서열 그 자체가 소포체와 결합을 개시하지 않은 것 같다. 그 대신 이러한 결합은 바로 새로 합성되는 펩타이드의 신호서열을 인식하고 소포체 막과 결합하는 **신호인식입자**(signal recognition particle, SRP)로 인해 일어난다. 처음에 SRP는 순수한 단백질 복합체로 여겨졌다(본래 SRP의 P는 protein을 의미). 그러나 곧 SRP는 6종류의 펩타이드와 300뉴클레오타이드의 RNA 분자(7S RNA)의 복합체임이 밝혀졌다. 단백질 성분은 3개의 활성부위를 가지고 있다. 즉 하나는 소포체 신호서열을 인식하고 결합하는 부위, 또 하나는 리보솜에 작용하여 더이상의 번역을 저지하는 부위, 마지막으로 소포체 막에 결합하는 부위이다.

그림 12-11은 번역동시 수입에서 SRP의 역할을 보여준다. 이 과정은 소포체로 이동해야 하는 폴리펩타이드를 만드는 mRNA가 세포질 내 자유롭게 존재하는 유리 리보솜에서 단백질 합성을 시작하면서부터 일어난다. 폴리펩타이드 합성은 소포체 신호서열이 만들어져 리보솜 표면으로 드러날 때까지 진행된다. 이 단계에서 ❶ SRP(주황색)가 신호서열을 인식하고 결합하여 더이상의 번역을 저지한다. 그다음 SRP가 결합한 리보솜은 소포체 막의 특수한 구조물인 **운반체**(translocon)와 결합하는데, 그 이름은 소포체 막을 통과하여 폴리펩타이드를 이동시키는 기능을 수행하기 때문에 붙여졌다[글자 그대로 *translocation*은 '위치의 이동(a change of location)'이라는 뜻인데 단백질이 막을 통과하여 위치를 바꾼다는 것과 앞서 보았던 대로 mRNA가 리보솜을 통과하여 이동한다는 것을 동시에 의미한다].

운반체는 번역동시 수입을 관장하는 몇 가지 구성 요소로 구성된 단백질 복합체로서 SRP와 결합하는 SRP 수용체, 리보솜을 한 위치에 고정시키는 리보솜 수용체, 자라나는 폴리펩타이드가 소포체 내강으로 이동하게 통로를 만드는 막공 단백질(pore protein), 소포체 신호서열을 자르는 신호 펩티데이스(signal peptidase) 등으로 구성된다. ❷에서와 같이 SRP(리보솜을 달고 있는)가 먼저 SRP 수용체에 결합하여 리보솜이 리보솜 수용체에 결합하게 한다. 그다음 ❸ GTP가 SRP와 SRP 수용체 모두에 결합하여 번역 억제를 풀고, 동시에 신호서열을 막공 단백질에 전달한다. 막공 단백질의 핵심 부위는 Sec61 복합체를 형성하는 3개의 소단위체로 구성되어 있으며, Sec61 막공은 신호서열의 삽입으로 열리게 된다. ❹ 이후 GTP는 가수분해되어 SRP를 방출한다. ❺ 폴리펩타이드가 자라면서 소포체 내강으로 이동하고 신호 펩티데이스가 신호서열을 자르며, 신호서열은 빠르게 분해된다. 폴리펩타이드 합성이 완료되면 ❻ 완성된 폴리펩타이드는 소포체 내강으로 방출된 다음, 운반체 통로가 닫히고 리보솜은 소포체 막에서 떨어져서 소단위체로 유리되며 mRNA를 방출한다.

마지막으로 알아야 할 부분은 리보솜과 거친면 소포체의 정렬에 대해서이다. 편의상 이제까지는 하나의 mRNA에 단일 리보솜만 관여하는 것처럼 논의했다. 하지만 사실상 세포질 내 유리 리보솜의 경우와 마찬가지로 소포체에 결합한 리보솜은 폴리리보솜을 형성할 수 있다. 실제 소포체 결합 폴리리보솜의 모양은 종종 매우 복잡한데, 아마도 인접한 운반체에 부착된 리보솜 사이의 규칙적인 간격을 유지하는 것이 중요하기 때문일 것으로 생각된다.

🔗 연결하기 12.1

소포체로의 단백질 번역동시 수입 기작과 미토콘드리아로의 번역 후 수입 기작에는 어떤 유사성과 차별성이 있는가? (그림 10-4 참조)

소포체 내강으로 유입된 단백질은 골지체, 분비소포, 라이소솜으로 향하거나 또는 소포체로 되돌아간다

소포체에 부착된 리보솜에서 합성되는 대부분의 단백질은 당단백질, 즉 탄수화물 그룹에 공유결합된 단백질이다. 이러한 탄수화물을 추가하는 초기 글리코실화 반응은 소포체에서 종종 성장하는 폴리펩타이드가 여전히 합성되는 동안 발생한다. 폴리펩타이드가 소포체 내강으로 방출된 이후, 이렇게 글리코실화되고

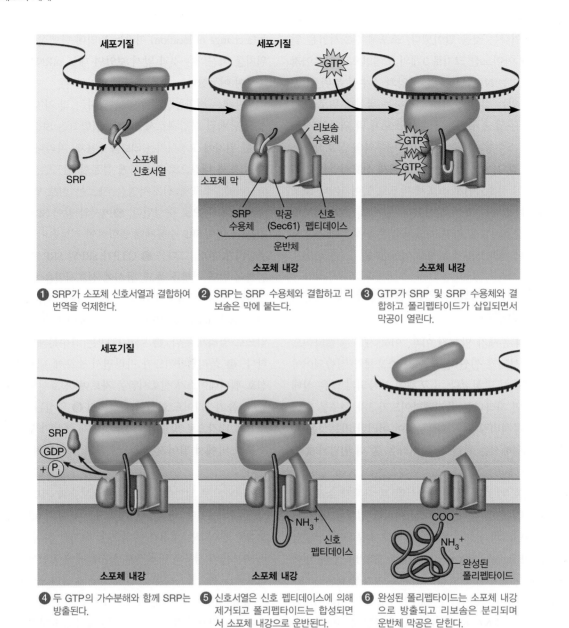

① SRP가 소포체 신호서열과 결합하여 번역을 억제한다.

② SRP는 SRP 수용체와 결합하고 리보솜은 막에 붙는다.

③ GTP가 SRP 및 SRP 수용체와 결합하고 폴리펩타이드가 삽입되면서 막공이 열린다.

④ 두 GTP의 가수분해와 함께 SRP는 방출된다.

⑤ 신호서열은 신호 펩티데이스에 의해 제거되고 폴리펩타이드는 합성되면서 소포체 내강으로 운반된다.

⑥ 완성된 폴리펩타이드는 소포체 내강으로 방출되고 리보솜은 분리되며 운반체 막공은 닫힌다.

그림 12-11 번역동시 수입 신호 체계. 이 그림은 번역동시 수입 신호 체계를 도식화한 것이다. 성장하는 폴리펩타이드 사슬은 Sec61 복합체에 의해 만들어지는 친수성 막공(pore)을 통해 이동한다. 이 이동을 수행하는 막단백질 복합체는 '운반체'라 한다.

접힌 단백질은 다양한 유형의 수송소포에 의해 세포 내 최종 목적지로 전달된다(그림 12-8 참조). 이 수송 경로의 첫 번째 정류장은 골지체인데, 여기서 추가 글리코실화 및 탄수화물 잔기의 변형이 발생할 수 있다. 그리고 골지체는 단백질을 분류하고 다른 장소로 분배하는 역할을 한다.

용해성 단백질의 경우 특별한 이유가 없는 한 골지체에서 원형질막으로 이동하는 분비소포를 이용하여 원형질막과 융합한 후 분비된다. 하지만 이러한 분비경로로 가지 않을 용해성 단백질은 특정 탄수화물 사슬 및/또는 짧은 아미노산 신호서열을 가지고 있어 세포내막계 시스템 내 적절한 위치로 표적 운반된다. 한편 소포체가 최종 목적지인 단백질은 또 다른 신호서열 메커니즘을 이용한다. 이들 단백질의 C-말단은 일반적으로 특정 유형의 아미노산 표지(tag)를 가진다. 골지체는 이들 특정 표지에 결합하여 전달하는 수용체 단백질을 가지고 있어 이들 단백질을 다시 소포체로 돌려보낸다. 단백질 2황화 이성질체화효소와 BiP(앞 부분에서 단백질 접힘에 관여한다고 설명한 2개의 소포체 상주 단백질)는 소포체에 가두는 특정 표지를 보유하는 예이다. 이 소포체 유지 메커니즘을 더 자세히 살펴보자.

소포체 단백질은 유보 및 회수 신호서열을 가진다 소포체는 소포체 내 필요한 단백질 구성을 유지하기 위해 소포체 막에서 수송소포가 만들어질 때 단백질이 유출되는 것을 막거나 소포체를 떠나 시스골지망으로 간 단백질을 회수하는 기작을 가지고 있다. 소포체를 결코 떠나지 않는 단백질이 어떻게 남은 것인지는 완전히 명확하게 밝혀지지는 않았지만 한 가지 이론으로는 이들이 거대한 단백질 복합체를 형성하여 소포체에서 만들어지는 소포에 들어가는 것을 물리적으로 배제되게 한다는 가능성이 제시되었다.

소포체에 있는 많은 단백질은 RXR(Arg-X-Arg, X는 불특정 아미노산을 의미) 서열을 가지고 있어 소포체에 남게 하는 것 같다. 이 유보 표지(retention tag)는 원형질막으로 가는 다량체 단백질에서도 발견된다. 예를 들어 포유류 뇌에서 신경전달에 중요한 N-메틸-D-아스파르트산(N-methyl-D-aspartate, NMDA) 수용체도 이 표지를 가지고 있다. 그러나 '이 원형질막 단백질이 어째서 소포체 유보 표지를 가지고 있을까?'라는 의문이 들 것이다. 이 표지는 NMDA 수용체 각 소단위체가 다중소단위 복합체로 조립될 때까지 소포체에 남아있게 하는 것으로 생각된다. 적절한 조립이 완료되면 RXR 서열이 감춰지며, 이때 조립된 복합체는 소포체를 떠난다. 또한 다른 연구로는 RXR 서열 가까이에 인산화가 일어나 소포체로부터의 방출이 촉진된다는 결과도 있다.

시스골지망에서 소포체로 후방수송을 통해 소포체 단백질이 회수(retrieval)되는 기작은 유보 기작보다 잘 밝혀져 있다. 많은 소포체 내강의 용해성 단백질은 골지 내강 쪽에서 특이적 막 수용체에 결합하는 회수 표지(retrieval tag)를 가지고 있다. 이 신호서열은 단백질의 C-말단에 있는 특정 아미노산 서열로서 포유류에서 KDEL(Lys-Asp-Glu-Leu) 또는 KKXX(Lys-Lys-X-X, X는 불특정 아미노산), 효모에서 HDEL(His-Asp-Glu-Leu) 등이 있다. 이러한 신호서열을 가진 단백질이 수용체와 결합하면 수용체의 형태 변형이 유발되고, 수용체-리간드 복합체는 소포체로 돌아가는 수송소포에 의해 운반된다.

회수 표지의 중요성은 인공적으로 만들어진 **융합단백질(fusion protein)** 또는 키메라단백질(chimeric protein)을 이용한 실험으로 입증되었다. 융합단백질은 서로 다른 단백질 조각을 암호화하는 DNA를 연결하여 이로부터 혼성 단백질을 생산하게 하여 만들어진다. 이러한 방법으로 분비되는 단백질에 소포체 회수 표지를 붙였을 때 이 단백질은 분비되지 않고 소포체 내에서 발견되었다. 흥미롭게도 소포체에서 발견되는 이 단백질은 골지체에만 있는 단백질에 의해 부분적인 가공이 일어나 있었다. 이 결과는 붙여준 신호서열이 단백질이 소포체에서 떠나는 것을 단순히 억제하지 않고 골지체로부터 소포체 특이 단백질의 적극적인 회수를 촉진한다는 것을 말해준다.

골지체 단백질은 막통과 단편의 길이에 따라 분류된다 소포체에 필요한 소포체 상주 단백질처럼 골지체에 상주하는 단백질도 유보 및 회수 신호서열을 가지고 있다. 또 소포체에서와 같이 골지체에서도 수송소포로 들어가는 것을 막아주는 거대 복합체를 형성하는 것이 골지체의 단백질 조성을 유지하는 역할을 한다고 본다. 이에 더하여 앞으로 골지체에서만 작용하는 또 다른 기작을 볼 것인데, 이는 골지체 단백질의 소수성 부위와 관련이 있다.

모든 알려진 골지 특이 단백질은 하나 이상의 골지체 막에 부착되는 소수성 막통과 단편(hydrophobic membrane spanning domain)을 가지고 있다. 이 소수성 막통과 단편의 길이는 각 막 결합단백질이 골지체를 통과하면서 어느 시스터나로 들어갈지를 결정한다. 세포내막의 두께는 소포체(약 5 nm)에서 원형질막(약 8 nm)에 이르는 동안 점진적으로 증가한다는 것을 기억하자. 골지체 특이 단백질 중에서 시스골지망에서 트랜스골지망으로 가면서 소수성 막통과 단편의 길이가 막 두께에 상응하여 증가한다. 이러한 단백질들은 한 구획에서 다른 구획으로 나아가며, 결국 막의 두께가 막통과 단편의 길이를 초과할 때까지 이동하는 경향이 있는데, 이때는 더 이상의 이동이 저해된다.

수용성 라이소솜 단백질의 라이소솜/엔도솜 표적 수송은 트랜스골지망에서의 단백질 분류 기작의 좋은 모델이다 소포체에서 골지체의 초기 구획으로 이동하는 동안 다른 당단백질과 마찬가지로 용해성 라이소솜의 효소도 N-글리코실화가 일어나고 포도당과 마노스가 제거되는 변형이 일어난다. 그러나 골지체에서는 라이소솜 효소의 올리고당 사슬 중 마노스기에 인산화가 일어나 마노스-6-인산(mannose-6-phosphate)을 포함하는 올리고당 잔기를 가진다. 이 라이소솜 효소의 인산화된 올리고당 표지는 다른 당단백질과 구분되어 라이소솜으로 배달되는 신호가 된다(**그림 12-12**).

❶ 소포체에서 용해성 라이소솜 효소는 N-글리코실화 후 포도당 및 마노스기가 제거된다. ❷ 골지체 내에서 라이소솜 효소의 마노스 잔기는 2개의 골지체 특이적 효소에 의해 인산화된다. 첫 번째는 골지 더미의 초기 구획에 위치하는 인산기 전달효소(phosphotransferase)로 마노스의 6번 탄소에 N-아세틸글루코사민-1-인산(GlcNAc-1-phosphate)을 붙인다. 두 번째 효소는 중간 골지 구획에 위치하며 GlcNAc를 제거하고 마노스-6-인산 잔기를 만든다.

❸ 트랜스골지망 막은 마노스-6-인산 수용체(mannose-6-phosphate receptor, MPR)를 가지고 있어서 표지가 된 라이소솜 효소와 결합한다. 트랜스골지망 내부 pH는 6.4 정도로 라이소솜 효소가 수용체에 결합하는 데 좋은 조건이다. 수용체-리간드 복합체가 만들어지고 난 다음 복합체는 수송소포에 포장되어 엔도솜으로 배달된다. 동물 세포에서 라이소솜 효소는 세포내섭취에

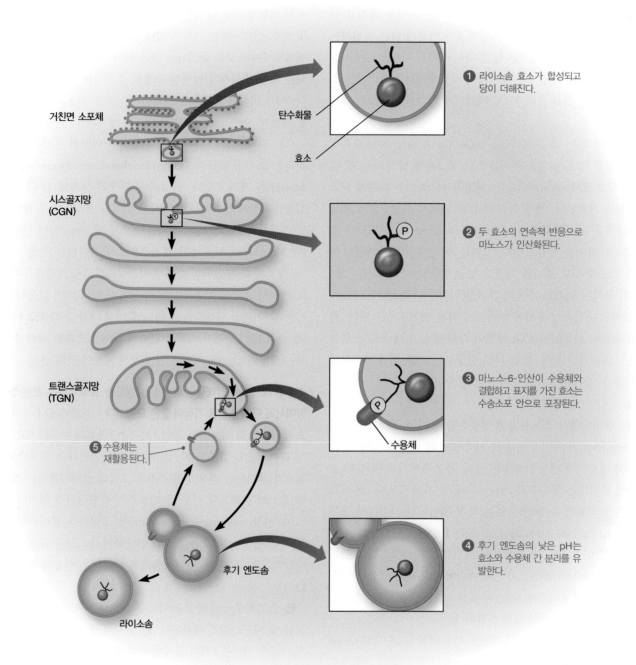

거친면 소포체

탄수화물

효소

❶ 라이소솜 효소가 합성되고
당이 더해진다.

시스골지망
(CGN)

❷ 두 효소의 연속적 반응으로
마노스가 인산화된다.

트랜스골지망
(TGN)

수용체

❸ 마노스-6-인산이 수용체와
결합하고 표지를 가진 효소는
수송소포 안으로 포장된다.

❺ 수용체는
재활용된다.

후기 엔도솜

❹ 후기 엔도솜의 낮은 pH는
효소와 수용체 간 분리를 유
발한다.

라이소솜

그림 12-12 수용성 라이소솜 효소는 마노스-6-인산 표지를 이용하여 엔도솜과 라이소솜으로 표적 이동한다. 라이소솜 효소는 특징적인 마노스-6-인산 표지를 가지며, 이로 인해 라이소솜으로 이동한다.

의해 세포 안으로 들어온 물질을 분해하는 데 필요하며, 이들은 트랜스골지망으로부터 **후기 엔도솜**(late endosome)으로 알려진 구획으로 수송된다. 이 후기 엔도솜은 TGN과 원형질막에서 만들어진 소포가 합쳐져 만들어진 **초기 엔도솜**(early endosome)이 성장해서 만들어진다.

일부 세포에서는 불필요하거나 또는 손상된 세포 구성 요소의 분해 및 재활용은 후기 엔도솜으로부터 유래한 특수 집단에서 수행되는데, 이들은 다낭성 엔도솜(multivesicular endosome,

MVE) 또는 다소포체(multivesicular body, MVB)라고 불린다. 다낭성 엔도솜은 초기 엔도솜과 라이소솜의 중간자로, 다낭성 엔도솜의 내부로 발아하여 형성되는 관내 소포를 내부에 포함한다. 이들은 분해 또는 재활용 대상 물질을 격리한다고 보고 있다. 다낭성 엔도솜은 추후 라이소솜과 융합하여 내부 물질을 분해하거나 또는 다낭성 엔도솜 내용물(예: 막 결합 수용체 단백질)이 재활용될 수도 있다.

❹ 초기 엔도솜이 후기 엔도솜으로 성숙함에 따라 내강의 pH

는 5.5 정도로 떨어지며, 이는 라이소솜 효소가 마노스-6-인산 수용체(MPR)에서 떨어지는 원인이 된다. 이는 ❺ 수용체가 소포를 통해 재활용되어 트랜스골지망으로 돌아갈 때 라이소솜 효소가 수용체와 함께 골지체로 되돌아가는 것을 방지한다. 최종적으로 후기 엔도솜은 새로운 라이소솜으로 성숙하거나 내용물을 활성이 있는 라이소솜에 배달한다.

I-세포 질환(I-cell disease)이라는 유전질환의 연구 결과는 라이소솜 효소 배달 모델을 강력히 뒷받침한다. 배양한 I-세포 질환 환자의 섬유아세포(fibroblast)는 모든 라이소솜 효소를 합성하지만 대부분의 효소를 라이소솜으로 배달하는 대신 세포 밖으로 분비한다. I-세포 질환은 라이소솜 효소의 올리고당에 마노스-6-인산을 붙이는 데 필요한 인산기 전달효소의 결함에 의해 일어나는데, 이는 마노스-6-인산 표지가 라이소솜 당단백질을 라이소솜으로 배달하는 데 필수적이라는 사실을 명백하게 보여준다. 필요한 신호가 없으면 가수분해효소는 라이소솜으로 운반되지 않는다. 따라서 라이소솜은 분해되지 않은 다당류, 지질 및 기타 물질로 가득 차게 된다. 이는 세포와 조직에 돌이킬 수 없는 손상을 일으킨다(4장의 인간과의 연결 참조). 비록 마노스-6-인산 잔기가 라이소솜 당단백질을 소포체로부터 라이소솜으로 배달하는 데 중요한 역할을 하지만 다른 경로도 있는 것처럼 보인다. 예를 들면 I-세포 질환 환자의 간세포에서는 라이소솜 산성 가수분해효소가 여전히 라이소솜으로 배달되는 것이 밝혀졌다.

이동정지서열은 내재 막단백질의 삽입을 유도한다

지금까지는 세포 외로 분비되거나 소포체, 골지체, 라이소솜, 수송소포 등 세포내막계 내강으로 수송되는 용해성 단백질의 번역 동시 수입 과정과 분류 이동 과정을 살펴보았다. 소포체 막의 리보솜에서 합성되는 또 다른 주요 단백질은 내재 막단백질(integral membrane protein)이다. 이러한 종류의 단백질 합성은 합성이 끝난 단백질이 소포체 내강에 유출되지 않고 소포체 막에 박혀 있는 것 외에는 그림 12-11의 용해성 단백질의 합성과 유사하다.

내재 막단백질은 전형적으로 20~30개의 소수성 아미노산으로 이루어진 하나 이상의 α-나선 구조의 막관통 단편(transmembrane segment)에 의해 지질2중층에 결합해 있다(7장 참조). 어떻게 이들은 소포체 내강으로 유출되지 않고 단백질이 소포체 막의 일부로 남을 수 있을까? 새로 만들어지는 폴리펩타이드의 소수성 막관통 단편이 소포체 막의 지질2중층에 결합하는 데 두 가지 중요 기작이 제시되었다(그림 12-13).

이동정지서열 첫 번째 기작은 N-말단에 전형적인 소포체 신호서열을 가지고 있는 폴리펩타이드로, SRP가 리보솜-mRNA 복합체를 소포체 막에 결합하게 하는 경우이다. 폴리펩타이드의

성장이 소수성 막관통 단편이 합성될 때까지 계속된다. 그림 12-13a에서와 같이 이 부위 아미노산 서열은 펩타이드가 소포체 막을 통과하여 이동하는 것을 정지하게 하는 이동정지서열(stop-transfer sequence)로 작용한다. 번역은 계속되지만 폴리펩타이드의 나머지 부위는 소포체 막의 세포기질 쪽에 남아 N-말단은 소포체 내강에 있고, C-말단은 세포기질에 있는 막관통 단백질이 된다. 그 사이 소수성 이동정지서열은 운반체의 통로를 나와 지질2중층을 측면으로 이동하여 단백질을 막에 영구히 부착하는 막관통 단편을 형성한다. 이러한 단백질을 종종 I형 막관통 단백질(type I transmembrane protein)이라고 부른다.

내부 이동시작서열 두 번째 기작은 N-말단에 전형적인 소포체 신호서열이 없는 대신 두 가지 기능이 있는 내부 이동시작서열(start-transfer sequence)을 가지고 있는 경우이다. 이 이동시작서열은 먼저 SRP를 리보솜-mRNA 복합체와 소포체 막에 결합하게 하는 소포체 신호서열로 작용하게 하는 한편, 또한 이 소수성 부위는 운반체의 통로를 빠져나와 단백질이 지질2중층에 영구 결합하게 하는 기능도 한다(그림 12-13b). 이 이동시작서열의 방향성이 폴리펩타이드가 지질2중층을 통과할 때 어느 말단이 소포체 내강으로 이동하고 어느 말단이 세포기질에 남을지를 결정한다. 단백질의 C-말단이 소포체 내강을 향하고 N-말단이 세포기질 쪽인 막관통 단백질은 II형 막관통 단백질(type II transmembrane protein)로 불린다.

많은 막단백질은 한 번만 막을 통과하지만 다른 종류의 막단백질은 여러 번 막을 통과하기도 한다. 예를 들어 많은 중요한 유형의 수용체 단백질에는 7번의 막통과 구역이 존재한다. 그들은 어떻게 그런 복잡한 방식으로 막을 넘나들 수 있을까? 이들 다중 통과 영역을 지니는 막단백질도 단일 통과 구역을 가진 단백질과 유사하게 이동시작서열 전략과 이동정지서열 전략을 이용한다고 볼 수 있다. 다만 이들은 이동시작서열과 이동정지서열을 번갈아 사용함으로써 반복적으로 막을 여러 번 왔다 갔다 하는 폴리펩타이드를 만들어낼 수 있는 것이다. 기본 메커니즘은 그림 12-13c에 나와 있다. ❶ 첫 번째 막관통 단편이 내부 이동시작서열에 의해 삽입된다. ❷ 이동정지서열이 삽입을 중지시키고 막통과 서열의 첫 단편을 소포체 막으로 측면 방출한다. ❸ 이제 추가로 이동시작서열 및 이동정지서열이 작동하는데, 이후 등장하는 이동시작서열이 운반체로 꿰어진다. 삽입 과정은 다음 이동정지서열을 만날 때까지 지속되며, 이때 두 번째 막관통 단편 또한 소포체 막으로 측면 방출된다. 이 과정은 모든 막통과 단편이 막으로 삽입될 때까지 계속된다.

새로 형성된 폴리펩타이드가 위의 메커니즘 중 하나에 의해 소포체 막으로 삽입되면 이들은 소포체 막단백질로서 기능하기

그림 12-13 막관통 단백질의 소포체 막으로 번역동시 삽입. 명료하게 보이기 위해 SRP, 리보솜 및 기타 수송에 관련된 요소는 생략했다. (a) C-말단이 세포기질에 있는 I형 막관통 단백질. (b) II형 막관통 단백질로서 N-말단이 세포기질에 있다. (c) 다중 통과 막관통 단백질. 복수의 내부 이동시작서열 및 이동정지서열은 단백질의 한 부분 이상이 소포체 막과 꿰어질 수 있게 한다. 원형질막으로 향하는 폴리펩타이드의 경우 이들이 존재하는 막이 원형질막과 융합되면 결국 소포체 내강에 존재하던 부분이 궁극적으로는 원형질막 바깥에 놓이게 된다.

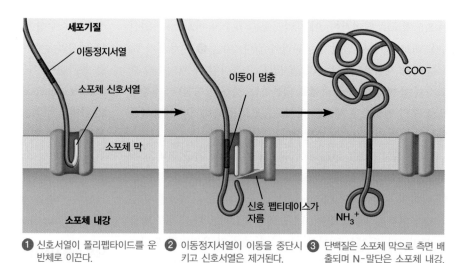

① 신호서열이 폴리펩타이드를 운반체로 이끈다.

② 이동정지서열이 이동을 중단시키고 신호서열은 제거된다.

③ 단백질은 소포체 막으로 측면 배출되며 N-말단은 소포체 내강, C-말단은 세포기질에 있게 된다.

(a) I형 막관통 단백질: 내부 이동정지서열과 말단의 소포체 신호서열을 가진다.

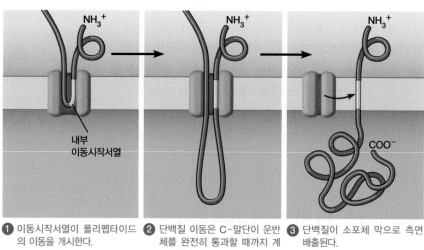

① 이동시작서열이 폴리펩타이드의 이동을 개시한다.

② 단백질 이동은 C-말단이 운반체를 완전히 통과할 때까지 계속된다.

③ 단백질이 소포체 막으로 측면 배출된다.

(b) II형 막관통 단백질: 단일 내부 이동시작서열을 가진 폴리펩타이드

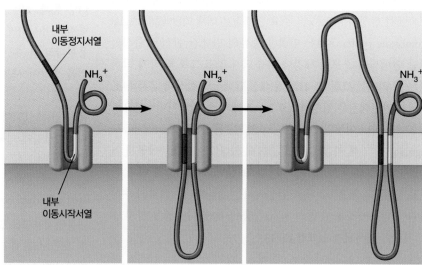

① 이동시작서열이 폴리펩타이드의 이동을 개시한다.

② 단백질 이동은 이동정지서열을 만날 때까지 계속된다.

③ 단백질 일부는 소포체 막으로 측면 배출된다. 다음 이동시작서열은 이 과정을 되풀이하여 다른 막관통 단편의 형성을 개시한다.

(c) 다중 통과 막관통 단백질: 복수의 내부 이동시작서열 및 이동정지서열을 가진다.

위해 남거나 골지체, 라이소솜, 핵막, 원형질막 등 세포내막계 구성 요소로 수송된다. 수송은 일련의 막 돌출 및 융합 과정에 의해 수행되며, 한 세포내막계 구획으로부터 떨어져 나와 다른 구획과 융합하게 된다(그림 12-8 참조). 원형질막 외부로 수송된 이들 막단백질의 최종 위치를 보면 원래 소포체 내강에 있던 단백질의 영역은 결국 세포 외부에 놓인다. 또한 세포기질에 있던 단백질은 그곳에 남게 된다.

번역후 수입은 소포체 내강으로 유입되는 또 다른 방식이다

앞서 논의한 번역동시 수입 이외에도 일부 단백질은 세포기질에서 합성되어 이후 소포체 내강으로 수송된다. 이러한 **번역후 수입**은 앞서 살펴본 번역동시 수입과 일부 같은 요소를 공유하지만 일부는 또 다르기도 하다. 기본 과정은 **그림 12-14**에서 보여준다. ❶ 폴리펩타이드가 합성되면서 Hsp70 계열의 샤페론과 결합하는데, 이들은 소포체 막을 통과할 수 있도록 단백질이 펼쳐진 상태를 유지하게 돕는다. 소포체 막의 Sec61 막공 조직과 연합된 소포체 막단백질의 복합체(Sec62, 63, 71, 72)가 수송을 위한 단백질을 인식하는 기능을 수행한다. ❷ 이후 단백질은 소포체 막의 통로로 이동하면서 샤페론을 잃는다. 소포체 막의 통로와 결합한 Sec 단백질은 이들 단백질이 소포체 내강으로 운반될 때 또한 BiP를 불러들인다. ❸ 그런 다음 BiP가 폴리펩타이드에 부착된다. BiP는 ATP 가수분해를 이용하여 폴리펩타이드를 소포체로 끌어당기며, 이때 마치 핸들을 단계적으로 돌리는 것 같은 메커니즘을 사용한다고 간주된다.

개념체크 12.4
막의 지질과 단백질의 어떤 특징이 세포에서 올바른 소포의 운반과 단백질의 수송에 기여한다고 생각하는가?

12.5 세포외배출과 세포내섭취: 원형질막을 가로지르는 물질 이동

지금까는 세포 내에서 막과 결합한 물질 운반에 대한 기작을 공부했다. 원형질막을 통해 물질을 수송하는 두 가지 방법을 보면 분비과립 등이 내용물을 세포 밖으로 내보내는 **세포외배출**과 세포 밖의 물질을 세포 안으로 들여오는 **세포내섭취**가 있다. 두 과정 모두 진핵세포에만 일어나며 막단백질의 전달, 재활용, 교환에 관여한다. 이 중 먼저 세포외배출을 보려고 하는데, 이유는 소포체와 골지체에서 시작되는 분비경로의 최종 단계이기 때문이다.

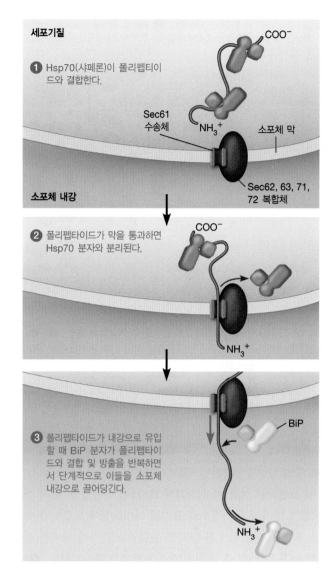

그림 12-14 소포체 내강으로의 번역후 수입. 단순화를 위해 ATP 가수분해와 교환은 표시하지 않았다. ❶ 최근 번역된 폴리펩타이드는 Hsp70 샤페론과 결합하여 펼쳐진 상태를 유지한다. ❷ 폴리펩타이드는 핵심이 Sec61 복합체인 운반체와 결합한다. Hsp70 단백질은 막공을 통과하기 시작할 때 방출된다. ❸ Sec62, 63, 71, 72 복합체는 소포체 상주 샤페론(BiP)을 폴리펩타이드 끝부분으로 불러들인다. BiP는 폴리펩타이드를 내강 안으로 끌어당긴다.

분비경로를 통해 세포 외부로 분자를 수송한다

그림 12-8에서 살펴보았던 소포 이동의 핵심은 **분비경로**(secretory pathway)이며, 이로써 단백질은 소포체와 골지체를 거쳐 **분비소포**(secretory vesicle)와 **분비과립**(secretory granule)이 되어 이후 내용물을 세포 밖으로 내보낸다. 분비 과정에 소포체와 골지체의 협조적인 역할은 1967년에 기니피그의 이자 조직 절편의 분비세포에 대한 연구를 수행한 자미에슨(James Jamieson)과 펄레이드(George Palade)가 밝혀냈다. 그들은 기니피그의 이자 절편을 방사성 동위원소가 부착된 아미노산에 짧은 시간 노출시킴으

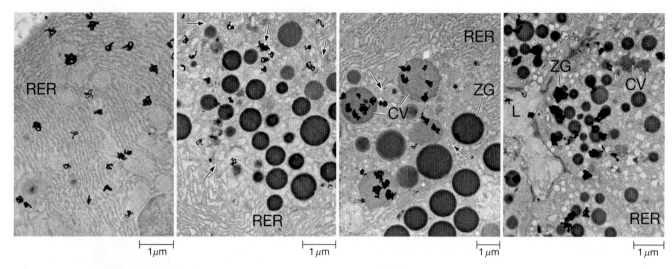

❶ 3분 후, 대부분의 표지된 단백질은 합성된 장소인 거친면 소포체에서 발견된다.

❷ 7분 후, 대부분의 표지된 단백질은 주변의 골지체로 이동했다(화살표).

❸ 37분 후, 표지된 단백질이 골지체 주변의 응축액포에서 농축된다.

❹ 117분 후, 표지된 단백질이 효소전구체 과립으로 발견되며 세포로부터 내강으로 나갈 준비가 되어 있다.

그림 12-15 방사선자동사진법으로 촬영된 분비경로의 확인. ❶∼❹단계별로 자미에슨과 펄레이드는 방사선자동사진법을 이용하여 방사성 동위원소로 표지된 단백질이 소포체에서 골지체를 지나 이후 분비소포로 쌓이는 이동 경로를 추적했다. RER은 거친면 소포체, CV는 응축액포, ZG는 효소전구체 과립, L은 내강, 화살표는 골지체의 말단이다(TEM).

로써 이 순간 새로 합성된 단백질에만 특이적으로 '방사선 표지'를 했다. 부착되지 않은 방사성 물질을 깨끗이 제거한 후 시간이 지남에 따라 이자의 분비세포에서 방사선 표지된 단백질의 이동 경로를 방사선자동사진법으로 추적했다.

이 고전적인 실험 결과를 **그림 12-15**에 나타냈다. 조직 절편을 짧게 방사성 동위원소로 표지된 아미노산에 노출시킨 다음 3분 후에는 새로 합성된 방사성 동위원소를 가진 단백질(불규칙한 어두운색)은 주로 거친면 소포체에서 관찰되었다. ❶ 수분 후에는 표지된 단백질이 골지체에 나타나기 시작했다. ❷ 37분 경과 후에는 표지된 단백질이 골지체에서 떨어져 나온 소낭에서 관찰되었는데, 이 소낭을 자미에슨과 펄레이드는 응축액포 (condensing vacuole)라 불렀다. ❸ 117분 후에는 표지된 단백질이 세포 밖으로 분비단백질을 내보내는 역할을 하는 소낭, 즉 밀도가 높은 **효소전구체 과립**(zymogen granule)에 축적되기 시작했다. ❹ 일부 방사선 표지된 단백질은 인접 세포 사이의 외부 공간에서도 관찰되어 분비과립이 내용물을 세포 밖으로 방출했음을 보여준다.

이 고전적인 실험과 그 후 여러 유사한 실험을 바탕으로 그림 12-8에서 보여 주는 분비경로를 깊이 있게 이해하게 되었다. 분비경로를 통한 이동을 가능하게 하는 분자에 대한 연구는 부분적으로 효모를 유전자 모델 시스템으로 이용한 연구를 통해 밝혀졌다. 셰크먼(Randy Schekman)과 동료들은 분비 과정의 다양한 단계에서 필요한 *Sec* 단백질을 동정했다. 이 단백질들은 당단백질의 분비(secretion) 결함이 일어나는 돌연변이로부터 밝혀졌

기 때문에 그렇게 명명되었다. 이 선구적인 연구로 인해 셰크먼은 로스먼(James Rothman)과 노벨상을 공동 수상하게 되는데, 로스먼의 업적은 앞으로 알아볼 소낭의 이동에 대한 연구에 관한 것이다.

이제는 진핵세포의 다양한 분비 방식을 구분할 것이다. 항시적 분비는 원형질막 표면에서 소포의 지속적인 방출을, 조절 분비는 세포 외 신호에 반응하여 일어나는 조절되고 빠른 방출과 관련이 있으며, 극성 분비는 세포의 특정 말단에서의 분비에 관여한다.

항시적 분비 트랜스골지망에서 떨어져 나온 일부 분비소포는 세포 표면으로 직접 이동하여 원형질막과 융합함으로써 내용물을 세포외배출을 통해 방출한다. 특별한 조절 기작 없이 일어나는 이 과정은 대부분 진핵세포에서 세포 밖 신호에 의존하지 않고 지속적으로 일어나며 **항시적 분비**(constitutive secretion)라 한다. 예로는 장 내부 표면에 배열된 세포가 점액질을 지속적으로 분비하는 것을 들 수 있다.

항시적 분비는 한동안 거친면 소포체에서 합성되는 단백질의 **기본 경로**로 생각했다. 이 모델에 의하면 세포내막계에 머무르는 모든 단백질은 항시적 분비에서 다른 경로로 전환하려면 특정 표지가 있어야 한다. 그렇지 않으면 세포내막계를 따라 이동해서 기본 경로를 통해 세포 밖으로 분비된다. 이 이론을 지지하는 연구로는 KDEL 회수 신호서열을 제거한 소포체 단백질은 세포 밖으로 분비된다는 연구 결과가 있다. 그러나 최근에는 다양한 짧은 아미노산 표지가 특정 항시적 분비 단백질을 인식하는

데 필요하다는 사실이 새로이 밝혀졌다.

조절 분비 항시적 분비 단백질을 가지고 있는 분비소포는 트랜스골지망에서 원형질막으로 지속적이고 직접적으로 이동하는 반면, **조절 분비**(regulated secretion)에 관여하는 분비소포는 세포 내에 축적되어 세포 외부의 특정 신호에만 반응하여 원형질막과 융합한다. 중요한 예로는 신경전달물질의 분비를 들 수 있다(신경전달물질의 분비가 어떻게 신경신호의 파급을 가능하게 하는지에 대한 자세한 내용은 18장과 그림 18-15 참조). 조절 분비의 또 다른 두 가지 예로는 이자 β 세포에서 포도당에 반응하여 인슐린을 분비하는 것과 칼슘이나 호르몬에 반응하여 이자 샘꽈리세포(acinar cell)가 가수분해효소 비활성 전구체인 **효소전구체**(zymogen)를 분비하는 것이다.

조절 분비 소포는 트랜스골지망에서 미성숙 상태로 떨어져 나와서 성숙 과정을 거친다. 성숙 과정은 축합(condensation)이라 불리는 단백질의 농축 과정과 많은 경우 단백질의 절단 과정도 함께 관여한다. 성숙한 분비소포는 분비가 일어나는 장소 근처로 이동하여 호르몬이나 다른 화학 신호를 받아 융합에 의해 내용물을 방출할 때까지 원형질막 가까이에 남아있다.

효소전구체 과립은 그림 12-15와 **그림 12-16**에 나타난 바와 같이 대부분 상당히 크고 단백질이 고도로 농축된 성숙한 조절 분비소포이다. 이들의 분포를 보면 자신들이 분리되어 나온 골지체와 추후 과립의 내용물이 분비될 세포 외부와 맞닿아 있는 원형질막 사이에 집중되어 있음을 주목하자.

정확한 신호서열과 기작은 아직 밝혀지지 않았지만, 단백질이 조절 분비소포로 이동하는 데 필요한 정보는 아마도 단백질의 아미노산 서열에 내재되어 있을 것으로 여겨진다. 현재 알려진 바로는 분비과립 내 고농도 분비단백질은 큰 **단백질 덩어리**(protein aggregate)의 형성을 촉진하여 분비되지 않을 단백질을 배제한다고 한다. 이러한 큰 단백질 덩어리는 트랜스골지망에서 만들어져 분비과립으로 가는 소포에 포장되거나 분비과립 자체에서도 일어날 수 있다. 트랜스골지망이나 분비과립 내강의 pH는 트랜스골지망을 떠나는 물질이 쉽게 뭉치게 한다. 트랜스골지망이나 분비과립의 덩어리를 이루지 않는 용해성 단백질은 다른 곳으로 가는 소포에 의해 운반될 것이다.

극성 분비 많은 경우 특정 단백질의 세포외배출은 원형질막의 특이한 부위로 국한되어 일어난다. 예를 들면 장 표피에 있는 분비세포는 소화효소를 소화관 내부를 향하는 쪽으로만 소화효소를 분비한다. 이러한 현상을 **극성 분비**(polarized secretion)라 하며 신경세포에서도 볼 수 있는데, 신경전달물질을 다른 신경세포와 맞닿은 부위에서만 분비한다(그림 18-13 참조). 막의 서로 다른 두 층을 구성하는 지방과 단백질뿐만 아니라 극성 분비가

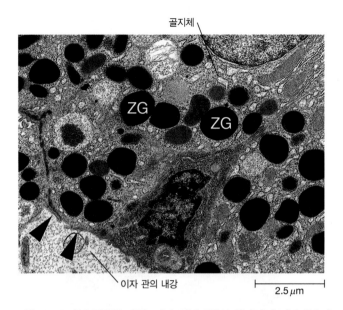

그림 12-16 효소전구체 과립. 이자 외분비샘의 샘꽈리세포(분비세포)의 전자현미경 사진으로, 효소전구체 과립(ZG)이 두드러지게 보인다. 화살표는 과립이 궁극적으로 분비될 장소인 이자 관의 내강을 표시한다 (TEM).

일어나는 단백질 자체도 특정 소포로 분류가 일어나는데, 이들 소포는 원형질막의 특정 영역을 국한적으로 인식하고 결합한다.

세포외배출은 세포 내 물질을 세포 외부로 분출한다

궁극적으로 분비될 운명을 가진 소포(vesicle) 내 물질은 세포로부터 떠나야 한다. **세포외배출**(exocytosis)에서는 소포의 막이 원형질막과 융합하면서 소포 내에 들어있는 물질이 세포 밖으로 방출된다. 동물과 식물 세포에서 모두 다양한 물질이 세포외배출에 의해 세포 밖으로 배출된다. 동물 세포는 펩타이드나 호르몬, 점액질, 소화효소를 이 방법으로 분비한다. 식물과 균류 세포는 세포벽과 관련된 효소, 구조단백질, 식충식물은 잡은 곤충을 소화하는 가수분해효소를 분비한다.

세포외배출의 각 과정을 **그림 12-17**에서 볼 수 있다. 부분적으로 보자면 ❶ 세포 밖으로 분비될 물질을 가진 소포는 세포 표면 쪽으로 이동하여, 거기서 ❷ 소포의 막이 원형질막에 융합한다. ❸ 원형질막과의 융합으로 소포 내부의 물질을 세포 밖으로 내보낸다. 이 과정에서 ❹ 소포의 막은 원형질막으로 병합되며 소포의 안(내강)쪽은 원형질막의 바깥(세포 외부)쪽이 된다. 그리하여 소포체나 골지체 내강에서 만들어진 당단백질이나 당지질은 세포의 외부를 향하게 된다.

세포 밖으로 배출되는 소포가 세포 표면으로 이동하고 융합되는 기작은 여전히 활발히 연구되고 있다(세포 표면의 소포동역학 연구에 유용한 기술인 전내부반사형광현미경에 대한 논의는 **핵심 기술** 참조). 최근의 연구 결과는 소포가 원형질막을 향해 이

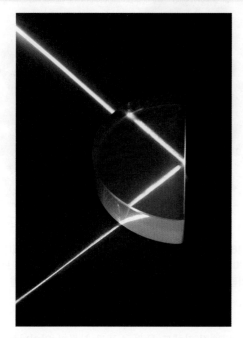

내부반사

문제 염료를 사용하거나 형광단백질을 발현하기 위해 유전공학적으로 세포에 도입하는 많은 기술이 존재하지만 이러한 분자는 초점이 맞지 않는 분자로부터 나오는 형광 배경으로 인해 종종 이미지화하기 어렵다. 이러한 초점에서 벗어난 빛은 특히 분비소포와 원형질막의 융합 등 세포 표면에서 일어나는 사건을 시각화하는 데 심각한 문제를 야기한다. 이러한 융합반응이 언제, 어디서 발생하는지 측정하는 것은 특히 세포생물학자와 신경과학자들이 뉴런 사이에서 신호전달 시 소포 방출을 유발하는 신호에 대한 연구(18장 참조) 또는 앨러젠(allergen)에 대한 반응으로 세포에 의한 히스타민 방출 등을 연구할 때 매우 유용하다.

해결방안 전내부반사형광(total internal reflection fluorescence, TIRF) 현미경을 이용하면 연구자들은 초점이 맞지 않는 형광물질의 생성 없이 표본의 매우 짧은 거리에서만 형광 분자의 동적 변화를 추적할 수 있는 광학

현미경으로 활용할 수 있다.

주요 도구 특수 TIRF 렌즈가 있는 형광현미경, 표본을 비추는 레이저, 형광세포 또는 형광 표지된 단백질, 이미지를 기록하는 카메라

상세 방법 TIRF는 빛의 유용한 속성에 의존하는데, 굴절률이 높은 매질(예: 유리)에서 굴절률이 낮은 매질(예: 물 또는 세포)을 지날 때 빛의 입사각이 특정 각도(*임계각*)를 초과하는 경우 빛은 반사된다. 아마도 위와 동일한 물리적 원리에 의존하는 사례로 광섬유 케이블이 더 익숙할 수 있다. 광섬유의 굴곡률은 통과하는 거의 모든 빛이 내부적으로 반사되게 하여 '광파이프'와 같은 역할을 할 수 있게 한다. 현미경 전문가는 특수 렌즈를 사용하여 비슷한 방식으로 전체 내부반사를 유도할 수 있다. 세포 내 형광 빛이 임계각을 초과하도록 빛나면 이들은 내부반사를 하게 된다.

모든 빛이 반사된다면 TIRF가 유용한 이유는 무엇인가? *표면장*(evanescent field)이라고 하는 아주 작은 빛의 층이 물이나 세포 내에서 확장된다는 사실이 밝혀졌다(**그림 12A-1**). 이 층은 약 100 nm 정도로 매우 얇아서 분비소포 방출 등의 세포 현상을 관찰하기 위한 용도로 TIRF를 매우 유용하게 만든다. 이는 초점이 맞지 않는 형광 빛으로 '빛 오염'이 발생하면 덮개 유리(coverslip) 근처의 관찰이 용이하지 않을 수 있기 때문이다. TIRF는 아주 작은 부분만 비추기 때문에 필요한 빛의 세기가 높으므로 이러한 강렬한 빛을 내기 위해 일반적으로 레이저를 사용한다.

TIRF는 덮개 유리 표면에 아주 가까운 작은 물체를 관찰할 때 공초점현미경보다 최대 10배 우수하므로 종종 세포 표면에서 발생하는 현상을 보기 위한 용도로 선택한다. 이 기술이 어떤 차이를 만드는지 보려면 기존 형광현미경과 TIRF를 각각 사용하여 동일한 HeLa 세포를 비교해보라(**그림 12A-2**). TIRF는 또한 고속 이미지 처리에 유용한데, 세포외배출 동안 원형질막과 융합되는 개별 소포를 관찰하는 데 매우 중요하다. 이 분야에서 기술이 빠르게 변화하고 있지만 TIRF 현미경은 현재 초고해상도 기술보다 훨씬 빠르며 원형질막에서 일어나는 소포 융합을 관찰할 때도 매우 유용하다.

TIRF 현미경은 매우 강력하지만 주요 제약이 있다. 표면장이 겨우 100 nm 정도만 뻗기 때문에 따라서 TIRF는 시료가 평평한 경우 또는 평평하게

동하는 데 미세소관(microtubule)이 관여한다고 지적한다. 예를 들면 일부 세포에서는 소포가 골지체에서 원형질막으로 이동하는데, 이들의 이동 방향과 나란히 뻗어있는 미세소관의 '선로'를 따라 움직이는 것처럼 보인다. 게다가 소포의 움직임은 미세소관 형성을 저해하는 식물 알칼로이드인 콜히친(colchicine)을 세포에 처리하면 멈춘다(미세소관을 따라 움직이는 세포 내 소포의 이동에 대한 자세한 내용은 14장 참조).

세포외배출에서 칼슘의 역할 조절된 분비소포와 원형질막의 융합은 일반적으로 세포 밖에서 오는 특정 신호에 의해 일어난다.

대부분의 경우 신호는 세포 표면의 특이한 수용체에 결합하여 세포 내 2차 전달자(second messenger)를 합성하고 방출하는 호르몬이나 신경전달물질이다(19장 참조). 조절 분비 과정에서 세포 내의 일시적인 칼슘 이온(Ca^{2+}) 농도의 증가는 세포 표면의 수용체에서 세포외배출에 이르는 신호전달 경로에서 종종 필수적인 것 같다. 예를 들면 칼슘을 이자세포에 주입(microinjection)하면 성숙한 분비소포 내용물의 세포 밖 방출을 유도한다. 칼슘의 특이한 역할은 아직 분명하지 않지만 세포 내 칼슘의 증가는 분비소포막이나 원형질막의 단백질을 기질로 하는 단백질 인산

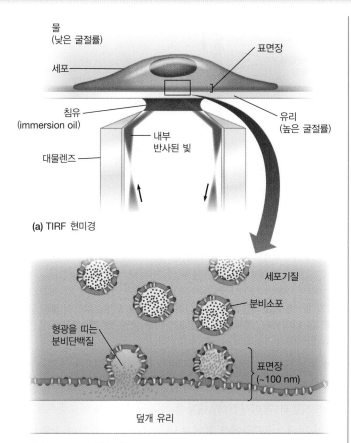

(a) TIRF 현미경

물
(낮은 굴절률)

세포

표면장

침유
(immersion oil)

유리
(높은 굴절률)

대물렌즈

내부
반사된 빛

세포기질

분비소포

형광을 띠는
분비단백질

표면장
(~100 nm)

덮개 유리

(b) 세포외배출 이미지화

그림 12A-1 TIRF 현미경. (a) TIRF 현미경은 종종 대물렌즈를 표본 아래에 배치하는 도립현미경을 사용하여 수행된다. 빛의 광선(일반적으로 레이저)이 내부반사되면 낮은 굴절률(이 경우 세포) 매질에서 표면장을 만들게 되는데, 이들은 거리에 따라 신속히 소멸된다. 이는 세포의 표면에서 매우 적은 수의 형광 분자만을 볼 수 있게 한다. (b) 분비세포의 표면 근처에는 많은 소포가 기다리고 있지만 표면에서 소수만이 표면장 내에 있을 것이다. (시야 내 더 깊이 존재하는 소포가 아닌) 이들 소포 내의 형광단백질만이 형광을 발하여 원형질막과 소포 융합을 더 잘 모니터링할 수 있게 한다.

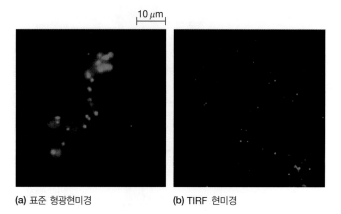

10 μm

(a) 표준 형광현미경

(b) TIRF 현미경

그림 12A-2 표준 형광현미경과 TIRF 현미경을 사용하여 찍은 HeLa 세포. 이 세포들은 원형질막 결합 소포를 표지하기 위해 클라스린(clathrin) 소단위에 GFP가 융합된 단백질을 발현한다. 그림 (a)의 소포는 배경에서 다소 불분명하게 빛나는 점으로 보이지만 (b)의 TIRF 이미지에서는 세포 표면 근처의 단일 소포가 훨씬 더 선명하게 보인다.

만들 수 있는 경우에만 유용하다. 덮개 유리 위에서 평평하게 만들 수 있는 배양된 세포 또는 순수 정제된 액틴과 같은 세포골격 단백질 연구에 적합하다.

질문 이 장에서 배운 단백질 생성에서 단백질 분비까지의 경로에 기초하여 광학현미경을 사용하여 전체 경로를 추적하고 싶다면 TIRF가 유용할 것인가? 그렇다면, 혹은 그렇지 않다면 그 이유는 무엇인가?

화효소(protein kinase)를 활성화하는 것으로 보고 있다.

세포내섭취는 원형질막으로부터 소포를 형성하는 방식으로 세포 외 분자를 유입한다

많은 진핵세포에서 소포 이동은 양방향으로 진행된다. 일부 분자가 세포외배출로 방출되기도 하고 일부는 하나 또는 여러 형태의 **세포내섭취**(endocytosis) 과정을 통해 세포 내로 유입된다(**그림 12-18**). 세포내섭취 과정에서 우선 원형질막의 일부가 점진적으로 안쪽으로 주름 잡히고(❶단계), 그런 다음 받아들이고

자 하는 물질이나 입자가 들어있는 **내포낭**(endocytic vesicle)을 형성하여 떨어져 나온다(❷~❹단계). 세포내섭취는 일부 단세포 생물에서 필수 영양물질 흡수와 백혈구가 미생물에 방어하는 것 등과 같은 여러 세포 활성에 중요하다.

막의 흐름에서 보면 세포내섭취와 세포외배출은 분명하게 상반된 효과를 초래한다. 세포외배출에 의해 지질과 단백질이 원형질막에 추가되는 반면, 세포내섭취에 의해서는 줄어드는 결과가 나타난다. 그래서 원형질막의 평형 상태는 세포내섭취와 세포외배출의 균형을 이루어서 유지된다. 또한 세포내섭취와 후방

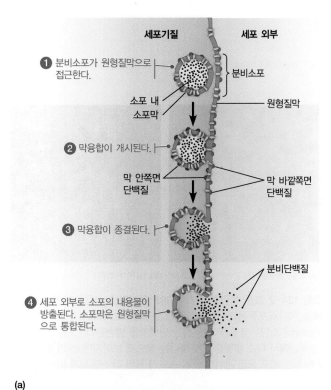

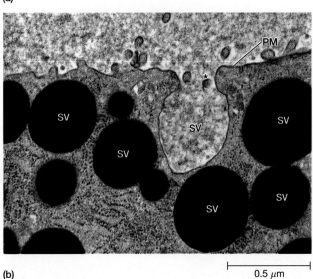

그림 12-17 세포외배출. (a) 분비소포가 원형질막으로 접근하여 융합하고 세포외배출 기작에 의해 내용물을 세포 외부로 분비한다. (b) 이 세포에서는 분비소포(SV)가 원형질막(PM)에 근접해 있고, 그중 하나는 막과 융합하여 별표(✱)로 표지된 내용물을 방출하고 있다(TEM).

수송을 통해 세포외배출 과정에서 원형질막에 축적된 분자들을 재사용할 수 있다.

세포내섭취와 세포외배출을 통한 막의 교환이 일어나는 규모는 인상적이다. 예를 들면 당신의 이자는 90분 안에 세포 전체 표면에 해당하는 막을 재순환시킨다. 배양한 대식세포(macrophage, 큰 백혈구)는 더 빨라서 전체 원형질막에 해당하는 막을 30분 안에 교체가 가능하다.

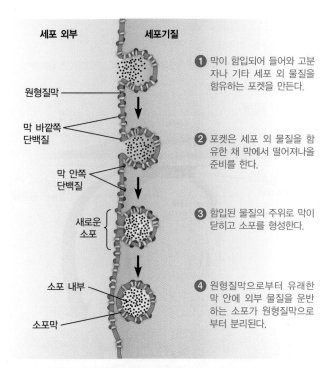

그림 12-18 세포내섭취. 세포내섭취 동안 세포 외부로부터의 물질 유입 과정을 나타냈다. 명확하게 나타내기 위해 함입 부위와 내포낭 주변의 피막단백질은 그림에서 표현하지 않았다.

세포내섭취 과정에 내포낭의 막은 세포 안으로 들어온 물질을 세포기질과 격리시킨다. 대부분 내포낭은 초기 엔도솜으로 변하여 트랜스골지망에서 떨어져 나온 소포와 융합하여 소화효소를 얻고 새로운 라이소솜으로 성숙한다. 세포내섭취를 일반적으로 큰 고형 입자를 섭취하는 식세포작용(phagocytosis, 'cellular eating'을 의미하는 그리스어)과 수용성 또는 현탁 분자와 액체를 섭취하는 음세포작용(pinocytosis, 'cellular drinking'을 의미)으로 구분한다.

다양한 세포내섭취 기작은 세포에서 많은 중요한 기능을 제공한다. 예를 들면 정상적인 세포의 항상성 유지, 영양소 공급, 세포 수용체 재활용, 세균 감염으로부터 보호, 다른 세포와의 의사소통 등이다. 그러나 바이러스는 감염성을 증가시키기 위해 세포내섭취 과정을 조종해왔다. 특정 바이러스는 숙주세포에 진입하기 위해 여러 종류의 세포내섭취 기작을 이용한다. 일부 바이러스는 내포낭에서 자신의 유전체를 복제하기도하고 또 일부는 소포 안에서 바이러스 외피를 벗고 세포기질로 방출하게 하는 단백질을 암호화한다. 그렇기 때문에 세포내섭취 경로에 대한 자세한 이해는 새로운 항바이러스 치료제 개발로 이어질 수 있다.

식세포작용 고분자의 응집물, 세포의 일부, 심지어 미생물이나 다른 세포 전체를 포함하는 큰 입자(직경 0.5 μm 이상)의 섭취는 **식세포작용**(phagocytosis)으로 알려져 있다. 아메바나 섬모충

(ciliated protozoa) 같은 단세포 진핵생물은 일반적으로 식세포작용을 통해 음식물을 섭취한다. 편형동물, 강장동물, 해면동물 같은 원시생물도 식세포작용을 통해 음식물을 섭취한다.

그러나 더 복잡한 생물체에서 식세포작용은 일반적으로 **식세포**(phagocyte)라는 특수한 세포에서만 일어난다. 예를 들면 우리 몸에는 **호중성 백혈구**(neutrophils)와 **대식세포**(macrophage)라는 두 종류의 백혈구만 영양보다 방어를 위해 식세포작용을 한다. 이러한 세포는 혈액 안이나 상처 난 조직에서 발견되는 외부 물질이나 침입한 미생물을 삼키고 소화시킨다. 대식세포는 상처 난 조직의 세포 찌꺼기나 손상된 세포 전체를 흡수하는 청소부 역할도 한다. 특정한 조건에서는 포유류의 다른 세포도 식세포작용을 한다. 예를 들면 결합 조직에서 발견되는 섬유아세포는 콜라젠을 흡수하여 조직의 개보수가 일어날 수 있게 하며, 포유류 비장의 수지상세포(dendritic cell)도 면역반응의 일부로 세균을 삼킬 수 있다.

식세포작용은 영양분 섭취에 이를 이용하는 아메바에서 가장 집중적으로 연구되었다(**그림 12-19**). 그림 12-19a에서와 같이 음식물 입자나 작은 생명체가 접촉하면 식세포작용이 시작된다. 위족(pseudopod)이라 부르는 주름진 막이 점차적으로 물질을 둘러싸게 되면 **식포**(phagocytic vacuole)가 만들어진다. 또 다른 말로 파고솜(phagosome)이라고도 하는 내포낭은 후기 엔도솜에 융합하거나 직접 라이소솜으로 성숙하여 섭취한 물질이 소화시킨다. 면역계에서 역할의 일부로서 식세포는 식포 내에 미생물을 죽일 수 있는 수준의 과산화수소, 하이포아염소산 및 다른 산화물 등 독소를 생산한다.

수용체 매개 세포내섭취 세포는 수용성 및 현탁성 물질을 **수용체 매개 세포내섭취**(receptor-mediated endocytosis) 또는 클라스린 의존성 세포내섭취(clathrin-dependent endocytosis)에 의해 받아들이며, 이 과정에서 세포는 원형질막에 있는 특정 수용체를 이용한다. 수용체 매개 세포내섭취는 진핵세포가 대부분의 고분자를 특이하게 유입하는 주된 기작이다. 세포의 종류에 따라 포유류 세포는 호르몬, 성장인자, 효소, 혈청단백질, 콜레스테롤, 항체, 철 및 일부 바이러스나 세균의 독소까지도 이 기작을 통하여 받아들인다.

수용체 매개 세포내섭취는 진핵세포가 특정 고분자를 매우 효율적으로 흡수할 수 있는 기작이다. 많은 종류의 고분자가 이 방식으로 흡입되는데, 이들은 올바른 종류의 세포의 원형질막에 존재하는 특정 수용체에 의해 인식된다. 유전적으로 혈중 콜레스테롤의 농도가 높아 동맥경화나 심장질환이 많은 가족성 고콜레스테롤혈증에 대한 연구는 브라운(Michael Brown)과 골드스타인(Joseph Goldstein)이 수용체 매개 세포내섭취를 발견하게

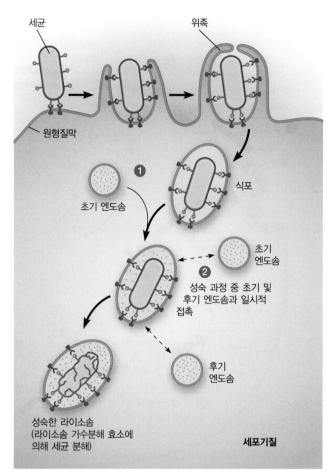

(a)

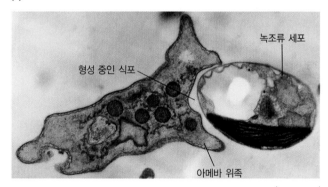

(b)

그림 12-19 대식작용. (a) 입자나 미생물이 세포면 수용체에 결합하고 대식작용을 촉발한다. 위족으로 불리는 막이 점진적으로 입자를 둘러싸고 마침내 대식소포(식포)를 형성한다. 식포는 ❶ 초기 엔도솜과 융합하거나, ❷ 일시적으로 초기 엔도솜 또는 후기 엔도솜과 연결을 한 후(점선으로 표시) 라이소솜으로 성숙하여 흡수한 물질의 소화가 일어난다. (b) 이 현미경 사진은 아메바가 녹조류를 삼킬 때 식포가 형성되고 있음을 보여준다(TEM).

된 계기가 되었으며, 그 공로로 이들은 1986년에 노벨상 수상자가 되었다(**7장의 인간과의 연결** 참조).

수용체 매개 세포내섭취는 **그림 12-20**에 나타나 있다. 이 과정

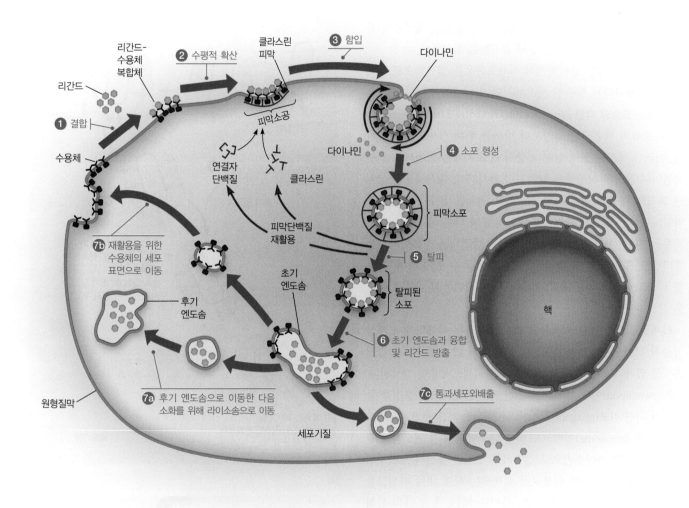

그림 12-20 수용체 매개 세포내섭취. 이입될 분자는 원형질막의 특정 수용체에 결합하여 새로 형성된 엔도솜 안에 수용되어 세포로 유입된다. 각 과정과 엔도솜의 수송에 대해서는 본문에 자세히 기술했다.

은 ❶ 특정 분자('리간드'라고 한다)가 이들 리간드와 특이하게 결합하는 세포 표면의 단백질인 **수용체**에 결합하면서 시작된다. ❷ 리간드/수용체 복합체가 막 옆으로 확산 이동하여, 이러한 복합체를 모으고 안으로 이동시키는 막의 특수한 부위인 **피막소공**(coated pit)을 만나게 된다. 전형적인 포유류 세포의 경우 전체 원형질막 표면 면적의 20% 정도를 피막소공이 차지한다.

수용체/리간드 복합체가 피막소공에 축적되면 원형질막의 세포기질 쪽에 또 다른 단백질의 축적을 일으킨다. ❸ 이들 단백질은 클라스린, 클라스린 연결자 단백질(clathrin adaptor protein), 다이나민 등으로 막이 휘어지고 소공(pit)의 함입을 일으킨다. 세포 내부로의 함입이 계속되면 결국 소공이 떨어져 나와 ❹ **피막소포**를 형성된다. ❺ 클라스린 피막은 방출되고 피막이 없는 소포로 바뀐다. ❻ 피막이 벗겨진 소포는 이제 초기 엔도솜과 융합할 수 있는 상태가 된다. 이들 수송소포는 종종 ❼ⓐ 물질을 후기 엔도솜

과 소화를 위해 라이소솜에 배달하거나, ❼ⓑ 수용체를 원형질막으로 돌려보내거나, 또는 ❼ⓒ 세포의 반대편에 있는 원형질막으로 물질을 운반한다(통과세포외배출). 앞으로 피막소포가 세포내막계에서 단백질과 지질을 운반하는 많은 세포 내 활동에 중요한 기능을 한다는 사실을 알아보게 될 것이다.

수용체 매개 세포내섭취의 속도와 범위는 인상적이다. 피막소공은 만들어지고 1분 안에 함입이 종료되며 실험실에서 배양한 섬유아세포의 경우 1분당 최고 2,500개 정도의 피막소공이 함입된다. **그림 12-21**은 닭의 난세포가 난황단백질을 흡수하여 난으로 성숙해갈 때 피막소공에서 점진적으로 피막소포를 형성하는 것을 보여준다.

수용체 매개 세포내섭취에는 여러 변화된 형태가 있다. 표피세포의 분열을 유도하는 표피생장인자(epidermal growth factor, EGF)는 그림 12-20에서 보았던 기작에 따라 세포내섭취가 일어

❶ 난황단백질이 피막소공에 축적되는데, 이는 원형질막 안쪽으로 클라스린 피막에 싸여 낮게 함입된 부분을 뜻한다.

❷ 클라스린이 추가되면서 막은 더 구부러지며 더 많은 난황 입자를 포획한다.

❸ 구부러짐이 심화되면서 피막소포가 형성되는데, 아래 그림은 원형질막에서 분리되기 바로 전의 모습이다.

❹ 완성된 피막소포가 원형질막 아래 형성된 직후의 모습으로, 여전히 클라스린 피막에 싸여있다.

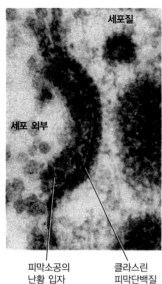
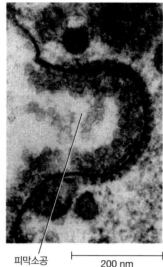
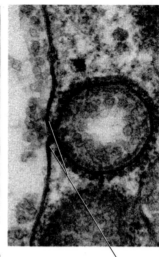
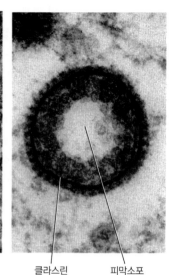

세포질

세포 외부

피막소공의 난황 입자 | 클라스린 피막단백질 | 피막소공 | 200 nm | 막이 융합하기 바로 전 | 클라스린 | 피막소포

그림 12-21 닭 난세포에서 난황단백질의 수용체 매개 세포내섭취 과정. 이 일련의 전자현미경 사진은 수용체 매개 세포내섭취를 통해 피막소공으로부터 피막소포의 형성 과정을 보여준다(TEM).

난다. EGF의 세포내섭취의 경우 세포 신호전달에 중요한 역할을 한다. EGF 수용체가 세포 안으로 들어오면 세포는 EGF에 대해 민감성이 떨어지는데, 이를 탈감각화(desensitization)라 한다. 세포내섭취의 결함으로 탈감각화가 일어나지 않으면 EGF에 의한 과도한 자극으로 세포의 성장과 분열이 지속적으로 일어나 종양 형성을 유발할 수도 있다.

또 다른 수용체 매개 세포내섭취의 변형은 수용체/리간드 복합체 형성과 관계없이 수용체가 피막소공에 농축되는 경우이다. 리간드가 수용체에 결합하기만 하면 간단히 세포 내 함입을 일으킨다. 나아가 다른 변형으로는 리간드-수용체 결합과 관계없이 수용체가 항상 피막소공에 집중될 뿐 아니라 함입까지도 꾸준하게 일어나는 경우이다. 예로 LDL 수용체의 경우 지속적으로 함입된다.

수용체 매개 세포내섭취가 일어난 후 피막이 벗겨진 소포는 트랜스골지망에서 떨어져 나온 소포와 융합하여 세포 주변부에서 초기 엔도솜을 형성한다. 초기 엔도솜은 세포내섭취를 통해 세포 안으로 들어온 세포 외부 물질을 분류하고 재활용하는 곳이다. 다음 차 세포내섭취에 필수적인 단백질들은 항상은 그런 것은 아니지만 분해될 단백질과 분리되어 재활용된다. 엔도솜의 소화 기능에 대한 자세한 내용은 이 장의 후반부에 나올 라이소솜 부분에서 더 자세히 다룰 것이다.

원형질막 수용체의 재활용은 초기 엔도솜의 산성화에 의해 활성화된다. 내포낭 내부의 pH는 7.0 정도인 반면 초기 엔도솜은

pH가 5.9~6.5 정도이다. 이 낮은 pH는 엔도솜 막의 ATP 의존 양성자 펌프(ATP-dependent proton pump)에 의해 유지된다. 초기 엔도솜의 약산성 환경은 대부분 수용체/리간드 복합체(예: LDL과 LDL 수용체)의 친화력을 감소시켜 수용체를 자유롭게 함으로써 새롭게 유입된 물질은 세포 내 다른 위치로 운반되는 반면, 수용체는 원형질막으로 돌아가게 한다. 이 과정은 앞에서 보았던 마노스-6-인산 수용체가 라이소솜에서 트랜스골지망으로 돌아가는 과정과 유사하다.

수용체와 리간드의 분리는 리간드를 엔도솜에 남기고 수용체를 원형질막으로 보내는 식의 단순한 형식을 늘 따르지는 않는다. 리간드에 따라 일부 수용체-리간드 복합체는 초기 엔도솜에서 분리되지 않는다. 분리된 리간드는 라이소솜에서 운명을 다하고 제거되지만, 완전한 수용체/리간드 복합체는 여전히 분류가 일어나 수송소포로 포장된다. 이러한 복합체는 적어도 3가지 다른 경로를 거친다. (1) 일부 복합체(예: 표피생장인자와 표피생장인자 수용체)는 라이소솜으로 가서 분해된다. (2) 다른 복합체는 트랜스골지망으로 이동하여 다양한 경로를 거쳐 세포내막계 여러 곳으로 이동한다. (3) 수용체/리간드 복합체는 원형질막의 다른 부위로 이동하여 **통과세포외배출**(transcytosis)이라는 과정의 일부로 분비되기도 한다. 이 경로에 의해 세포의 한쪽에서 세포내섭취로 들어온 물질이 세포기질을 통과하여 반대쪽으로 이동하여 세포외배출이 일어나게 된다. 예를 들면 모체 혈액의 면역글로불린이 표피세포를 통과하여 태아의 혈액으로 통과세

포외배출 과정에 의해 운반된다.

클라스린 비의존적 세포내섭취 클라스린 비의존적 세포내섭취 경로의 예로는 세포 밖의 액체를 비특이적으로 흡수하는 음세포작용의 한 형태인 **액체상 세포내섭취**(fluid-phase endocytosis)가 있다. 수용체 매개 세포내섭취와 달리 액체상 세포내섭취의 경우 섭취된 물질을 농축시키지 않는다. 특정한 물체를 배제하거나 농축하는 과정 없이 세포가 액체를 받아들이기 때문에 소포에 들어있는 물질은 세포 외부 환경의 농도를 그대로 반영한다. 다른 형태의 세포내섭취와 대조적으로 액체상 세포내섭취는 대부분 진핵세포에서 상대적으로 일정한 속도로 일어난다. 이 과정은 세포외배출로 지속적으로 늘어나는 세포막을 보상하게 되므로 세포의 부피와 표면적을 조절하는 수단이 된다. 일단 세포 안으로 들어오면 액상 내포낭은 클라스린 의존 내포낭과 같이 초기 엔도솜으로 간다.

개념체크 12.5

막 융합 억제제는 세포외배출과 세포내섭취 과정을 어떻게 차등적으로 영향을 줄 수 있을까?

12.6 세포 수송 과정에서 피막소포의 역할

단백질과 마찬가지로 소포도 진핵세포 내에서 이동한다. 소포가 적절한 목적지에 도달하도록 도모하기 위해 소포 막 지질도 신호 표지를 가질 수 있다. 특정 인산화효소(kinase)에 의해 막 포스파티딜이노시톨(phosphatidylinositol, PI) 분자의 3, 4 및/또는 5번 위치에 하나 또는 그 이상의 인산 그룹이 첨가됨으로써 이들이 표지로 작용할 수 있다. 예를 들어 PI 3-인산화효소 활성은 효모에서 소포가 액포로 적절히 분류되는 데 필요하다. 포유류 세포에서 이노시톨 인산화효소를 억제하면 라이소솜으로의 소포 수송이 억제된다. 지질의 특정 표지를 다는 것 이외에 특정 막 지질의 길이와 포화 정도가 소포의 이동에 중요한 것으로 나타났다.

지방과 단백질 수송에 관련된 대부분의 소포를 **피막소포**(coated vesicle)라 하는데, 이는 소포가 만들어지면서 세포기질 면을 덮는 특유의 단백질 피막(coat) 또는 층(layer) 때문이다. 피막소포의 존재는 진핵세포에서 특수한 막으로 싸인 구획 간이나 세포 안팎의 물질 수송이나 교환에 관련된 대부분의 세포 내 활성의 보편적인 특성이다.

피막소포는 1964년에 로스(Thomas Roth)와 포터(Keith Porter)가 처음 보고했는데, 발생 중인 모기의 난세포에서 난황단백질의 선택적 흡수에 관여한다고 설명했다. 그 이후 다양한 세포 안

에서 일어나는 일에 중요한 역할을 한다는 것이 밝혀졌다. 피막소포는 세포내막계 전반의 수송뿐 아니라 세포외배출과 세포내섭취에도 관여한다. 이러한 소포가 진핵세포의 막으로 싸인 다양한 구획과 원형질막을 이어주는 전부는 아니라도 대부분 소포 수송에 참여하리라는 점은 상당히 가능성 있다.

피막소포의 공통된 특징은 소포를 감싼 막의 세포기질 쪽에 단백질 피막 또는 층이 있다는 것이다. 가장 연구가 많이 된 피막단백질은 클라스린, COPI, COPII(COP는 'coat protein'의 약자)이다. 피막단백질은 수송소포 형성의 다양한 과정에 참여한다. 각 소포의 피막단백질 유형은 세포 내 서로 다른 장소로 이동해야 할 물질을 분류하는 데 도움을 준다. 피막단백질의 일반적인 역할은 평평한 막을 구형의 소포를 만들게 하고, 만들어진 미성숙 소포가 가까이 있는 막과 융합을 방지하며, 또 만들어진 소포와 이들의 이동에 중요한 미세소관과의 상호작용을 조절하는 것이다.

소포의 외부를 덮고 있는 특정 단백질 그룹은 또한 소포가 만들어진 세포 내 장소와 가야 할 목적지를 알려주는 표지자로도 기능한다(**표 12-2**). 클라스린 피막소포(clathrin-coated vesicle)는 트랜스골지망에서 엔도솜 간 또는 원형질막에서 수용체-리간드 복합체의 세포내섭취에 관여한다. 반면 COPI 피막소포는 골지체에서 소포체로 후방수송 또는 골지체의 시스터나 사이의 수송을 담당한다. COPII 피막소포는 소포체에서 골지체로 물질 수송에 관여한다.

더 최근에 발견된 피막단백질로 카베올린(caveolin)이 있다. **포낭**(caveolae, 라틴어로는 '작은 동굴'이라는 의미)이라는 카베올린 피막소포의 정확한 역할은 아직 논란 중이다. 포낭은 플라스크 모형 원형질막의 작은 함입으로 65년 전에 발견되었다. 포낭은 특징직으로 콜레스테롤과 결합하는 카베올린을 포함하고 있으며, 아마도 세포의 콜레스테롤 흡수와 관련이 있다고 여겨진다. 카베올린을 발현하지 않는 쥐는 콜레스테롤이 축적되는 급격한 심혈관계 이상 증상을 보인다. 결과적으로 포낭은 심혈관계 질

표 12-2	진핵세포 내 발견되는 피막소포		
피막소포	**피막단백질***	**생성지**	**목적지**
클라스린	클라스린, AP1, ARF	트랜스골지망	엔도솜
클라스린	클라스린, AP2	원형질막	엔도솜
COPI	COPI, ARF	골지체	소포체 또는 골지체
COPII	COPII(Sec13/31 & Sec23/24), Sar1	소포체	골지체
카베올린	카베올린	원형질막	소포체?

* ARF는 ADP 리보실화 인자 1, AP1과 AP2는 서로 다른 연결자 단백질 복합체(조립단백질 복합체)이다.

환 치료제 개발의 잠재적 목적이라고 논의되고 있다. 또 다른 포낭의 세포 내 기능으로 거론되는 것은 세포내섭취, 세포외배출, 산화환원도 감지, 신호전달, 폐에서의 기도 활성의 조절 등이다. 그뿐 아니라 포낭은 심근육에서의 칼슘 신호전달에 중요한 단백질을 포함한다는 사실도 알려졌다.

클라스린 피막소포는 클라스린과 연결자 단백질로 구성된 격자로 둘러싸여 있다

클라스린 피막소포는 클라스린과 연결자 단백질(AP)이라는 두 다량체 단백질로 이루어진 피막으로 둘러싸여 있다. **클라스린**(clathrin)이라는 용어 자체도 라틴어로 '격자'를 의미하는 *clathratus*에서 왔는데, 클라스린과 연결자 단백질이 모여 다각형의 단백질 격자를 형성하는 점에서 잘 선택된 이름이라고 볼 수 있다. 평평한 상태의 클라스린 격자는 전적으로 육각으로 이루어져 있지만 피막소공 밑이나 소포를 싸고 있는 곡선의 격자는 육각과 오각으로 이루어져 있다. 세포로서는 클라스린으로 소포를 이용하는 것에 상당한 이점이 있는데, 그 이유는 클라스린 단백질의 독특한 형태와 클라스린 피막을 만들 때 조립되는 방식이 평평한 막으로 하여금 구형의 소포를 형성하기 위해 구부러지게 하는 데 상당한 추진력을 제공해줄 수 있기 때문이다.

클라스린 격자의 기본 구조 단위를 **트리스켈리온**(triskelion)이라고 부른다(**그림 12-22**). 1981년에 웅게비켈(Ernst Ungewickell)과 브랜턴(Daniel Branton)은 3개의 다리를 가지고 있는 이들의 구조를 시각적으로 보여주었다(그림 12-22a). 각 트리스켈리온은 그림 12-22b와 같이 3개의 큰 폴리펩티드(무거운 사슬)와 3개의 작은 폴리펩타이드(가벼운 사슬)로 이루어진 다량체 단백질이 중앙점에서 방사형으로 뻗어있다. 클라스린 가벼운 사슬을 인식하는 항체가 중앙점 가까이 있는 트리스켈리온 다리에 결합하는 것은 가벼운 사슬이 각 다리의 반보다 안쪽에 위치한다는 것을 말해 준다.

전자현미경과 X선 결정법에서 얻은 결과를 조합하여 과학자들은 클라스린 피막소포와 피막소공에서 보이는 특징적인 육각형과 오각형 모양을 이끌어낼 수 있는 트리스켈리온 조립 방식에 대한 모델을 만들었다(그림 12-22c). 각 클라스린 트리스켈리온 다각 격자의 중앙점에 둔다. 그리고 각각의 트리스켈리온의 다리는 격자 무늬의 두 모서리에 해당하는 길이로 뻗는데, 이때 클라스린 무거운 사슬의 무릎에 해당하는 꺾이는 부분은 인접한 중앙점에 놓이게 된다. 이런 식으로 얻은 트리스켈리온의 서로 겹치는 네트워크 배열은 클라스린 분자 사이에 광범위한 횡적 접촉을 일어나게 하여 피막소포가 만들어질 때 필요한 기계적인 강도를 제공할 수 있다.

클라스린 피막의 두 번째 주성분인 **연결자 단백질 복합체**(adaptor protein complex)는 처음에는 단순히 클라스린이 소포를 둘러싸는 것을 촉진하는 능력 때문에 밝혀졌다. 지금은 진핵세포가 적어도 4종류의 AP 복합체를 가지며, 각 복합체는 4개의 폴리펩타이드, 즉 두 어댑틴(adaptin) 소단위체, 하나의 중간 사

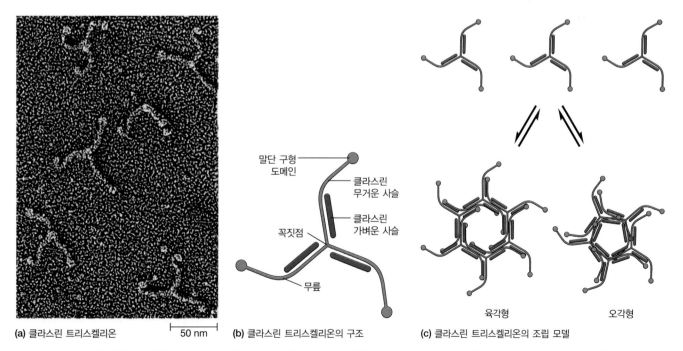

(a) 클라스린 트리스켈리온   ⊢ 50 nm ⊣   (b) 클라스린 트리스켈리온의 구조   (c) 클라스린 트리스켈리온의 조립 모델

말단 구형 도메인
클라스린 무거운 사슬
꼭짓점
클라스린 가벼운 사슬
무릎

육각형   오각형

그림 12-22 클라스린 트리스켈리온. (a) 트리스켈리온의 주사전자현미경 사진(SEM). (b) 각각의 트리스켈리온이 3개의 클라스린 무거운 사슬과 3개의 가벼운 사슬로 이루어져 있음을 보여주는 그림. (c) 피막소공과 소포에서 발견되는 특징적인 클라스린 오각형과 육각형 형성을 위한 트리스켈리온의 조립 방식에 대한 모델

슬 및 하나의 작은 사슬로 구성되어 있다는 점을 알고 있다. 4개의 폴리펩타이드는 AP 복합체마다 조금씩 다르며 서로 다른 막 단백질 수용체와 결합하여 소포 형성과 배달 과정에 특이성을 부여한다. 예로 **AP-2 복합체**는 세포내섭취 과정에 관여한다.

AP 복합체는 적절한 단백질이 피막소공에 농축되는 것을 검증할 뿐 아니라 클라스린이 막단백질에 결합하는 것을 매개한다. 이러한 AP의 중요 기능을 고려하면 클라스린 조립과 분해에서 AP 복합체의 조절이 주요 장소라는 점은 놀라운 일이 아니다. 예를 들면 AP 복합체가 클라스린과 결합하는 능력은 pH, 인산화, 탈인산화 등의 영향을 받는다.

클라스린 피막의 조립은 원형질막과 트랜스골지망에서 소포 형성을 유도한다

AP 복합체의 원형질막에 결합하고 수용체 또는 수용체-리간드 복합체가 피막소공에 농축되는 데는(아마도 그 과정을 조절하는 데만도) ATP와 GTP가 필요하다. 막의 세포기질 쪽에 클라스린 피막의 조립이 일어나는 것이 그곳에서 소포를 형성하는 데 일부 추진력을 제공하는 것으로 보인다(**그림 12-23**). 처음에는 모든 클라스린 단위가 육각으로 2차원적인 평평한 모양을 보인다(그림 12-23a와 c). 더 많은 클라스린 트리스켈리온이 자라나는 격자 안으로 들어가면, 오각형과 육각형 단위의 조합에 의해 새로운 클라스린 피막이 자라나는 소포가 둥근 곡선을 이루게 한다(그림 12-23b와 d).

클라스린이 자라나는 소포에 축적되면 **다이나민**(dynamin)이라는 적어도 또 하나의 단백질이 이 과정에 관여한다. 다이나민은 세포기질 내 GTP 가수분해효소(GTPase)로서, 피막소공의 수축과 자라나는 소포가 떨어져 나오는 데 필요하다. 이 필수적인 단백질은 초파리에서 처음 밝혀졌다. 온도민감성(temperature-sensitive) 다이나민을 발현하는 초파리는 다이나민 기능을 파괴하는 온도로 바꾸면 즉시 마비를 일으킨다. 후속 연구 결과로부터 마비가 일어난 초파리의 신경-근육 접합부(neuromuscular junction) 막에 피막소공의 축적이 일어나는 것이 밝혀졌다. 다이나민이 피막소공의 목 부분에 나선형 고리를 형성함으로써 비로소 소포의 닫힌 형태가 완성된다. GTP가 분해되면서 다이나민 고리는 조여지고 완전히 봉합된 소포가 막으로부터 분리된다.

클라스린 피막을 해체하는 데에도 일련의 장치가 필요하다. 또한 클라스린 해체는 적절하게 조절된다고 보이는데, 왜냐하면 대부분의 세포에서 클라스린 피막이 피막소공의 일부일 때나 자라나는 소포가 아직 막의 일부분일 때는 온전히 유지되는 반면, 일단 소포가 만들어진 후에는 빠르게 분해되기 때문이다. 조립 과정과 동일하게 트리스켈리온의 분해도 한 트리스켈리온당 약

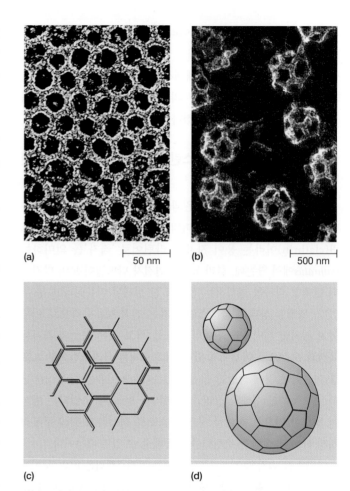

그림 12-23 클라스린 격자. 각 소포는 중첩되는 클라스린 복합체의 망으로 둘러싸여 있다. (a) 사람의 암세포에서 발견되는 클라스린 격자의 동결식각전자현미경사진(TEM). (b) 클라스린 망의 투과전자현미경 사진(TEM)은 오각형과 육각형 단위 모두를 보여준다. (c, d) 앞의 (a)와 (c)의 사진에서 보인 격자와 클라스린 망의 해설 모형도

3개의 ATP 가수분해가 동반되는, 에너지가 소모되는 과정이다. 비록 탈피막 ATP 분해효소(uncoating ATPase)가 트리스켈리온이 AP에서 떨어져 나오는 데만 기여하지만 적어도 탈피막 ATP 분해효소라는 하나의 단백질은 이 과정에서 필수적이라 볼 수 있다.

클라스린 피막소포는 쉽게 클라스린 복합체와 AP 단백질 복합체, 피막이 없는 소포 등으로 분해되지만 이들은 적절한 조건이 형성되면 자발적으로 재조립이 일어날 수 있다. 칼슘 이온이 들어있는 약산성 용액에서 클라스린 복합체는 AP와 소포와 상관없이 독립적으로 재조립이 일어나 **클라스린 망**(clathrin cage)이라는 속이 빈 껍질을 만든다. 적절한 조건에서는 재조합은 몇 초 안에 매우 빠르게 일어난다. 이와 같은 조립과 분해의 용이함은 클라스린 피막의 중요한 특징으로 볼 수 있는데, 그 이유는 하나의 막이 다른 구조의 막과 융합하려면 소포의 부분적 또는 완전한 피막 해제가 요구되기 때문이다.

COPI 피막소포와 COPII 피막소포는 소포체와 골지 시스터나 간 수송에 관여한다

COPI 피막소포(COPI-coated vesicle)는 포유류, 곤충, 식물, 효모 등 측정된 모든 진핵세포에서 발견된다. 이들은 골지체에서 소포체로, 후방수송과 골지 시스터나 사이의 양방향 수송에 관여한다. COPI 피막소포는 **COPI** 단백질과 작은 GTP 결합단백질(small GTP-binding protein)인 **ADP 리보실화 인자**(ADP ribosylation factor, ARF)로 구성된 피막으로 싸여있다. 피막의 주요 성분인 COPI는 7개의 소단위체를 가지고 있는 다량체 단백질이다.

COPI 피막의 조립은 ARF에 의해 매개된다. 세포기질에서 ARF는 ARF-GDP 복합체의 일부로 존재한다. ARF가 새로운 소포가 만들어질 막 위치에 결합하고 있는 구아닌-뉴클레오타이드 교환인자(guanine-nucleotide exchange factor, GEF)와 마주치면 GDP는 GTP로 교환된다. GTP가 결합한 ARF는 구조의 변형이 일어나 N-말단의 소수성 부위를 노출시켜 이 부분이 막의 지질2중층에 결합한다. 일단 막에 단단하게 고정되면 ARF는 COPI 다량체와 결합하여 피막 조립을 일어나게 하고, 이는 새로운 소포의 형성을 유도한다. 소포가 만들어지고 난 이후에는 특정 막단백질이 GTP 가수분해를 야기하고, 생성된 ARF-GDP는 다음 차의 소포 형성에 사용될 수 있게 피막단백질을 소포에서 방출한다. COPI에 의한 소포 수송에 대한 현 정보는 많은 부분 ARF-GDP를 ARF-GTP로 전환시키는 GEF를 억제함으로써 이 과정을 저해할 수 있는 균류 독소인 브레펠딘 A(brefeldin A)를 이용하여 얻었다.

COPII 피막소포는 효모에서 처음 밝혀졌는데, 소포체에서 골지체로의 이동에 관여한다. 이와 상응하는 단백질 구성 성분이 포유류와 식물에서도 발견되어 **COPII**에 의한 소포체에서 골지체로의 이동은 효모에서 사람 사이에 잘 보존된 것으로 보인다. 효모의 COPII 소포는 *Sec13/31*과 *Sec23/24*라는 두 단백질 복합체와 ARF와 유사한 SarI이라는 작은 GTP 결합단백질로부터 형성된다. COPI 피막 형성과 유사하게 GDP와 결합한 SarI이 소포가 만들어지는 막으로 접근한다. GDP를 GTP로 교환하는 주변부 막단백질에 의해 SarI이 Sec13/31과 Sec23/24를 결합하게 한다. 완전한 소포를 형성한 이후에는 COPII 피막단백질 중 하나가 GTP 분해를 도모하고, 이로써 SarI이 Sec13/31과 Sec23/24를 방출한다.

SNARE 단백질은 소포와 표적 막의 융합을 매개한다

대부분 피막소포로 인해 일어나는 세포 내 수송은 매우 특이적이다. 앞서 보았듯이 소포체에서 생성된 단백질의 최종 분류는 트랜스골지망에서 지질과 단백질이 다양한 목적지로 가는 소포에서 포장될 때 일어난다. 앞서 클라스린으로 피막된 소포가 트랜스골지망에서 형성될 때 기능하는 AP 복합체에는 두 종류의 어댑틴 소단위체가 있음을 살펴보았다. 2개의 어댑틴 소단위체는 수용체가 만들어지는 소포에 포함되기 위해 모일 때 이들의 특이성을 판별하는 책무를 부분적으로 수행한다.

그러나 일단 소포가 형성되면 이들이 적절한 목적지로 전달되는 것을 보장하기 위해 추가 단백질이 필요하다. 그러므로 다양한 소포가 세포 내에서 뜻하지 않게 잘못된 막과 융합하지 못하게 방지하는 기작이 필요하다. **SNARE 가설**(SNARE hypothesis)은 세포 내 수송에서 이 중요한 분류 및 표적 단계에 대한 실용모델을 제공한다(**그림 12-24**). 이 가설은 포유류 세포에서 분비경로를 해부하기 위한 생화학적 접근을 수행한 로스먼(James Rothman)과 동료들이 제안했다. 그들은 골지체 수송 연구를 위해 시험관 시스템을 개발하여, 분비에 필요한 인자로서 **N-에틸말레이미드 민감성인자**(N-ethylmaleimide-sensitive factor, NSF) 및 이와 결합된 **용해성 NSF 부착단백질**(soluble NSF attachment protein, SNAP) 등을 포함한 단백질을 동정했다. 이 연구는 셰크먼(Schekman)과 동료들이 효모에서 유전학적 연구법으로 훌륭하게 보완했을 뿐 아니라, 일부 필수 단백질은 효모와 포유류에서 보존됨을 보여줌으로써 세포 분비 과정의 오래된 근원을 밝혀냈다. 이 업적으로 두 사람은 2013년에 노벨상을 공동 수상했다.

SNARE 가설에 따르면 진핵세포에서 소포의 적절한 분류 및 표적화는 두 계열의 **SNARE 단백질**[SNARE(SNAP receptor) protein]이 관여한다. 이들은 수송소포(vesicle)에서 발견되는 **v-SNARE**(vesicle-SNAP receptor)와 표적 막에서 발견된 **t-SNARE**(target-SNAP receptor)이다. 이들 v-SNARE 및 t-SNARE는 추가적으로 밧줄 단백질과 함께 소포가 표적 막을 인식하고 융합하게 한다. 원래 v-SNARE와 t-SNARE 둘 다 신경세포에서의 세포외배출 역할 때문에 알려졌다. 뇌 조직에서 발견된 이래로 두 단백질군 모두 효모 및 기타 개체에서 소포체로부터 골지 복합체로의 수송과 관련이 있음이 밝혀졌다.

소포가 목적지에 이르게 되면 세 번째로 **Rab GTP 가수분해효소**(Rab GTPase) 계열의 단백질이 작용한다. Rab GTP 가수분해효소 또한 특이성을 보이는데, 서로 다른 목적지로 향하는 소포는 독특한 구성의 Rab 단백질을 지닌다. 서로 상보적인 v-SNARE 및 t-SNARE 짝들은 서로에 대한 친화성을 보이며, 각 단백질로부터 부분적으로 제공된 평행한 α-나선의 묶음을 형성함으로써 안정적인 복합체를 이룬다(그림 12-24). 이와 같이 이들 단백질이 만났을 때 오랫동안 접촉 상태를 유지함으로써 소포와 결합한 Rab 단백질이 보완적인 t-SNARE와 v-SNARE를 묶어 막 융합을 촉진할 수 있는 충분한 시간을 제공한다.

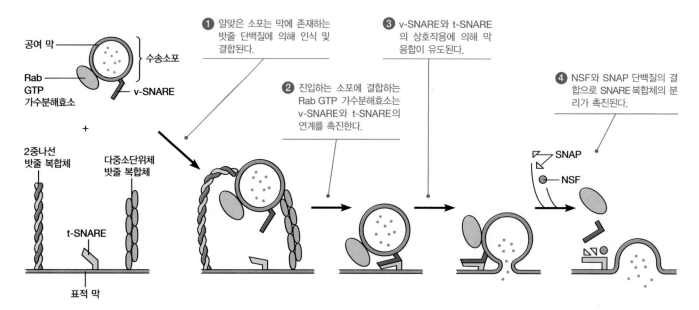

그림 12-24 수송소포 표적화 및 융합에 대한 SNARE 가설. 진핵세포에서 소포의 분류 및 표적화를 매개하는 기본 분자 구성 요소에는 밧줄 단백질, 수송소포의 v-SNARE, 표적 막의 t-SNARE, Rab GTP 가수분해효소, NSF 및 여러 SNAP을 포함한다. GTP 또는 ATP의 정확한 가수분해 시점은 아직 불분명하지만 소포 융합 후에 발생하는 것 같다.

최근 과학자들은 광학핀셋(optical tweezer)을 사용하여 어떻게 v-SNARE 및 t-SNARE가 결합되는지 알아보았다. 그들은 v-SNARE 및 t-SNARE 단백질의 개별 분자를 핀셋의 반대쪽 끝에 부착하고 단백질이 상호작용하도록 한 다음 각각의 단백질을 분리하는 데 필요한 힘의 양을 측정했다. 이런 연구로부터 초기 접촉 후 v-SNARE 및 t-SNARE의 빠른 '지퍼링(zippering)'으로부터 막 융합을 유도하는 데 필요한 힘을 제공받는다는 가설을 지지하는 결과를 얻었다.

소포 융합 이후에는 NSF와 SNAP 특정 단백질 그룹은 소포와 표적막에서 v-SNARE 및 t-SNARE 방출을 도모한다. 이 단계에서 ATP 가수분해가 관여하는 듯하지만 정확한 역할은 불분명하다. NSF와 SNAP가 수많은 세포내막 사이의 융합에 널리 관여한다는 점은 이들이 표적 수송에서 특이성과는 관련이 없음을 시사한다.

SNARE 단백질은 신경세포의 원형질막과 신경전달물질 함유 소포의 융합에 필수적이다. 이러한 융합으로 인해 세포외배출로 신경전달물질을 방출한다(자세한 내용은 18장 참조). 소포가 근육세포와 접촉하면 근육 수축을 시작하는 전기 자극으로 이어진다(14장 참조). 박테리아 *Clostridium botulinum*이 생산하는 보툴리눔 독소(보톡스)는 이 융합에 필요한 SNARE 단백질을 절단하는 단백질분해효소이다. 따라서 독소는 근육 수축을 방해하고 마비를 일으킬 수 있다. 보툴리눔 독소는 지금까지 알려진 가장 강력한 생물학적 독소 중 하나이지만, 매우 적은 양의 보톡스는 근육 경련을 조절하거나 사시를 교정하기 위해 치료적으로 사용될 수 있다. 또한 피부에서 근육 수축으로 인한 주름을 제거하기 위해 미용적으로 사용되기도 한다. 최근에는 보톡스가 편두통 치료제로도 승인되었다.

SNARE 단백질의 발견 이후 그들만으로는 소포 표적에서 보이는 특이성을 설명하기에 부족하다는 점이 확실해졌다. **밧줄 단백질**(tethering protein)이라는 또 다른 종류의 단백질이 있으며, 이들은 v-SNARE 또는 t-SNARE 상호작용 이전의 더 먼 거리에서 소포를 표적에 연결함으로써 특이성에 기여한다(그림 12-24). 생체 내에서 그러한 장거리 작용에 대한 증거가 나왔는데, 독소를 처리하여 SNARE 단백질을 분해했을 때 SNARE 복합체 형성은 저해되지만 표적 막과의 소포 결합은 저해되지 않았다. 또한 시험관 내 재구성 시스템에서 소포체 유래 소포가 SNARE 첨가 없이 골지체 막에 부착되는 것이 가능했다.

현재 밧줄 단백질의 두 가지 주요 그룹이 밝혀졌다. 첫 번째 그룹은 골진(golgin)을 포함한 2중나선 단백질인데, 골진은 COPI 또는 COPII로 코팅된 소포의 초기 인식 및 결합에 중요하다. 또한 골진은 골지체 시스터나를 서로 연결하는 데에도 중요하다. 특정 골진에 대한 항체는 골진의 활성을 차단하고 중간골지 시스터나의 구조를 파괴한다. 밧줄 단백질의 두 번째 계열은 단백질은 4~8개, 혹은 그 이상의 개별 폴리펩티드를 포함하는 다중 소단위체 단백질 복합체이다. 그중 한 예로, 효모와 포유류에서 발견되는 소포 외부 단백질 복합체인 **외포체**(exocyst)는 배출 예정인 물질을 함유한 트랜스골지망으로부터 방출된 소포와 원형질막 둘 다 결합함으로써 단백질 분비에 중요한 기능을 한다.

다른 다중 소단위체 밧줄 복합체는 또한 소포-표적 막 상호작용에서 초기 인식 및 특이성과 관련이 있다. 이러한 복합체의 기능을 밝히는 것은 현대 세포생물학의 가장 흥미로운 분야 중 하나이다.

12.7 라이소솜과 세포소화

라이소솜(lysosome)은 지방, 탄수화물, 핵산, 단백질과 같은 모든 종류의 생체 고분자를 분해할 수 있는 소화효소를 가진 세포내막계 소기관이다. 이 가수분해효소는 세포내섭취를 통해 세포 안으로 들어온 외부 물질을 분해하고, 손상이 일어나거나 더 이상 필요 없는 세포 안의 구조물과 고분자를 소화한다. 먼저 소기관 자체를 살펴보고 라이소솜에서 소화 과정과 라이소솜 기능 이상으로 초래되는 질병도 공부할 것이다. 마지막으로 식물의 액포를 살펴보고 이들과 라이소솜을 비교할 것이다.

라이소솜은 소화효소를 세포의 다른 부위로부터 분리한다

라이소솜은 1950년대 초반에 드뒤브(Christian de Duve)와 동료들이 발견했다(4장의 핵심 기술 참조). 차등 원심분리법을 통한 연구 결과 이전에는 미토콘드리아에 있다고 생각했던 산성 인산가수분해효소가 사실은 지금까지 보고되지 않은 입자와 연관되어 있음을 알 수 있었다. 새로운 세포소기관은 산성 인산가수분해효소와 함께 β-글루코로니데이스(β-glucuronidase), DNA 분해효소, RNA 분해효소, 단백질분해효소 등 여러 가지 가수분해효소를 가지고 있었다. 세포의 분해(lysis)라는 명백한 기능 때문에 드뒤브는 이 새로운 소기관을 라이소솜으로 명명했다.

라이소솜의 존재가 예측된 다음 즉시 그 성질이 밝혀졌고, 그 안의 효소들이 규명되고 난 이후, 전자현미경으로 세포소기관을 관찰할 수 있었으며, 대부분의 동물 세포가 지닌 정상적인 구성 성분임을 인식하게 되었다. 최종적으로 산성 인산가수분해효소와 다른 라이소솜 효소의 위치를 세포화학적 염색법으로 세포 내 구조물로 특정하고, 또한 이를 전자현미경으로 확인함으로써 결국 라이소솜의 존재를 입증했다(그림 4-19b 참조).

라이소솜의 모양과 크기는 변화가 상당히 크지만 일반적으로 직경이 $0.5~\mu m$ 정도이다. 소포체나 골지체와 같이 라이소솜은 단일막으로 싸여있다. 이 막은 라이소솜 내강의 가수분해효소로부터 그 외 나머지 세포 부위를 보호하는 기능을 한다. 라이소솜 막 내강쪽 막단백질은 많이 글리코실화되어서 거의 연속적인 탄수화물 피막을 형성하여 라이소솜 막단백질을 단백질분해효소로부터 보호한다. 라이소솜 막의 ATP 의존 양성자 펌프는 라이소솜 내부의 산성 환경(pH 4.0~5.0)을 유지하게 한다. 이 산성 환경은 산성 가수분해효소를 활성화시킬 뿐 아니라 분해를 위해 라이소솜으로 배달된 물질을 부분적으로 변성시키는 기능을 하여 효소로 고분자의 소화를 용이하게 한다. 소화산물은 막을 통과하여 세포기질로 이동하여 다양한 합성 경로로 들어가거나 세포 밖으로 배출된다.

라이소솜 효소 목록은 드뒤브의 발견 이후에 상당히 늘었지만 모든 효소는 적정 pH가 5.0 정도인 산성 가수분해효소(acid hydrolase)라는 공통점을 가지고 있다. 이 목록에는 적어도 5개의 인산가수분해효소, 14개의 단백질분해효소 및 펩타이드분해효소, 2개의 핵산분해효소, 6개의 라이페이스(lipase), 13개의 글리코시데이스(glycosidase), 7개의 설파테이스(sulfatase)가 들어 있다. 이러한 효소가 세포 스스로를 분해하지 못하도록 나머지 세포 부위로부터 분리되어 있는 것은 놀라운 일이 아니다.

라이소솜은 엔도솜으로부터 성숙한다

라이소솜 효소는 거친면 소포체에 붙어있는 리보솜에서 합성되어 골지체로 이동하기 전에 소포체 막의 막공을 통해 내강으로 이동한다. 소포체와 골지체에서 변형과 성숙이 일어나 트랜스골지망에서 다른 단백질과 분리된다. 앞서 용해성 라이소솜 효소는 마노스-6-인산 표지가 부착된다는 것을 공부했다. 라이소솜 막단백질도 또한 분류 신호를 가지고 있다. 라이소솜 효소는 트랜스골지망에서 클라스린 피막소포로 떨어져 나와 피막이 제거되고 엔도솜으로 이동한다(그림 12-12 참조).

라이소솜 효소는 **그림 12-25**에서와 같이 트랜스골지망에서 엔도솜으로 수송소포에 의해 운반된다. 초기 엔도솜은 트랜스골지망에서 만들어진 소포와 원형질막에서 만들어진 소포가 융합해서 만들어진다는 것을 기억하자. 시간이 경과하면 초기 엔도솜은 모든 산성 가수분해효소를 가지고 있지만 소화 활동은 하지 않는 후기 엔도솜으로 성숙한다. 초기 엔도솜 내강의 pH가 6.0에서 5.5 정도로 떨어지면 이 소기관은 다른 내포낭과 융합하는 능력을 잃는다. 후기 엔도솜은 분해될 세포 안팎의 물질뿐만 아니라 새로 합성된 소화효소의 집합체인데, 세포를 가수분해효소로부터 보호하는 방식으로 포장된다.

라이소솜 성숙의 최종 단계는 산성 가수분해의 활성화인데, 활성화는 효소와 기질이 더 산성인 환경에 노출되었을 때 발생한다. 더 산성인 환경을 만드는 과정은 두 가지 방법이 있다. ATP 의존 양성자 펌프가 후기 엔도솜 내강의 pH를 4.0~5.0 정도로 낮추어 후기 엔도솜을 라이소솜으로 전환시킴으로써 새로

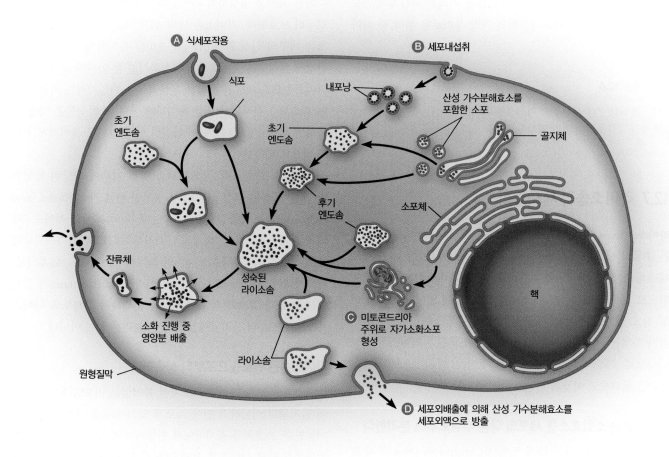

그림 12-25 리보솜 형성 및 세포내소화 과정에서의 역할. 이 합성된 세포 그림은 라이소솜이 관여하는 주된 경로를 보여준다. Ⓐ 식세포작용, Ⓑ 수용체 매개 세포내섭취, Ⓒ 자가소화, Ⓓ 세포외소화가 묘사되었다.

운 세포소기관을 만든다. 또 다른 방법은 후기 엔도솜이 기존의 라이소솜과 융합하여 내부 물질을 라이소솜의 산성 내강으로 옮기는 것이다.

라이소솜 효소는 몇 가지 다른 소화 과정에 중요하다

라이소솜은 영양분 섭취, 방어, 세포 구성 성분의 재순환 및 분화 같은 다양한 세포 활동에 중요한 역할을 한다. 라이소솜 효소의 소화 과정은 그림 12-25에서와 같이 활성 장소와 분해되는 물질이 어디로부터 왔는지에 따라 구분할 수 있다. 일반적으로 활동 장소는 세포 안이다. 그러나 일부 경우에는 라이소솜은 효소를 세포외배출에 의해 세포 외부로 방출하기도 한다. 분해하는 물질의 경우 비록 세포 내부 물질을 분해하는 중요한 경로에 라이소솜이 관여하기는 하지만 라이소솜 내에서 분해되는 물질은 대체로 세포 밖에서 온다.

다른 라이소솜의 유래를 구분하기 위해 세포 밖에서 온 물질을 가진 라이소솜을 **이형소화 라이소솜**(heterophagic lysosome)이라 부르는 반면, 세포 내부에서 온 물질을 가지고 있는 라이소솜을 **자가소화 라이소솜**(autophagic lysosome)이라 한다. 라이소솜 효소가 관련된 세포 활동에는 식세포작용, 수용체 매개 세포내섭취, 자가소화작용, 세포외소화 등이 있다. 그림 12-25는 각 경로를 Ⓐ, Ⓑ, Ⓒ, Ⓓ로 나타내고 있다.

식세포작용과 수용체 매개 세포내섭취: 영양과 방어에서의 라이소솜 라이소솜 효소의 가장 중요한 기능 중 하나는 식세포작용과 수용체 매개 세포내섭취로 인해 세포 안으로 들어온 외부 물질을 분해하는 것이다(그림 12-19와 12-20 참조). 식포는 초기 엔도솜과 융합하여 라이소솜이 된다(Ⓐ 경로). 섭취한 물질에 따라 이러한 라이소솜은 크기, 모양, 내용물, 소화 단계가 상당히 다르다. 수용체 매개 세포내섭취로 들어온 소포도 초기 엔도솜을 형성한다(Ⓑ 경로). 초기 엔도솜이 트랜스골지망에서 떨어져 나온 산성 가수분해효소를 가진 소포와 융합하여 후기 엔도솜과 라이소솜으로 성숙하여 들어온 물질을 분해한다.

당, 아미노산, 핵산 같은 수용성 소화산물은 라이소솜 막을 통과해서 세포기질로 이동하여 세포의 영양소로 사용된다. 일부는 촉진 확산을 통해 확산되지만 다른 물질은 능동수송으로 이동한다. 라이소솜 내강의 산성은 라이소솜 막을 경계로 양성자의 전기화학 양성자 기울기를 형성하여 안팎으로 물질 이동을 일으키는 에너지를 제공할 수 있다.

결국에는 그러나 소화되지 않은 물질이 라이소솜에 남게 되고, 이들은 소화작용이 종료된 후 **잔류체**(residual body)를 형성한다. 원생동물에서 잔류체는 그림 12-25에서처럼 세포외배출 기작에 의해 원형질막과 융합 후 내용물을 세포 밖으로 내보낸다. 척추동물에서는 잔류체가 세포질에 축적되는 듯하다. 이 찌꺼기의 축적은 신경계 세포처럼 오래 사는 세포에서 특히 노화에 기여하는 것으로 생각된다.

그러나 면역계의 특정 백혈구는 이 잔여물을 이용한다. 호중성 백혈구가 식세포작용으로 침입한 미생물을 소화시켜 찌꺼기를 내보내면 대식세포가 이를 받아들인다. 이 대식세포는 찌꺼기를 림프절로 수송하여 그곳에서 다른 면역세포에게 제시하여 체내에서 발견된 이물질에 대해 '교육'시킨다. 이 과정은 림프구 외부 미생물의 침입에 특이적인 면역반응을 일으키게 할 뿐 아니라 기억세포를 형성하여 향후 같은 미생물이 들어올 때 신속하게 반응하게 한다.

자가소화작용: 생물학적 재활용 시스템 라이소솜의 두 번째 중요한 기능은 손상이 일어나거나 세포에 더 이상 필요하지 않은 세포 내 구조물이나 구성 성분을 분해하는 것이다. 대부분 세포소기관은 역동적인 상태여서 새로운 세포소기관이 지속적으로 만들어지며 노화된 세포소기관은 파괴된다. 손상된 세포소기관의 제거는 매우 중요한데, 그 이유는 미토콘드리아 등이 분해되는 과정에서 활성산소종과 같은 위험한 화합물을 방출할 수도 있기 때문이다. 따라서 이러한 문제 있는 세포소기관을 제대로 제거하는 데 실패하면 쉽게 돌연변이 또는 심지어 세포 사멸을 일으킬 수 있다. 노화되거나 필요 없는 세포소기관 또는 다른 세포 구조물을 소화하는 것을 **자가소화작용**(autophagy)이라 하며 그리스어로 '자기를 먹는 것(self-eating)'을 뜻한다(그림 12-25의 ⓒ 경로).

자가소화작용에는 대식작용과 미식작용의 두 가지 종류가 있다. **대식작용**(macrophagy)은 세포소기관이나 다른 세포 내 구조물이 소포체에서 유래된 2중막으로 싸이면서 시작된다. 이렇게 만들어지는 소포를 **자가소화소포**(autophagic vacuole 또는 autophagosome)라 한다. 자가소화소포에서는 **그림 12-26**에서와 같이 가끔 판별 가능한 세포의 구조물을 관찰할 수 있다. 자가소화소포의 형성 이후 이들은 라이소솜과 융합할 수 있다. 이

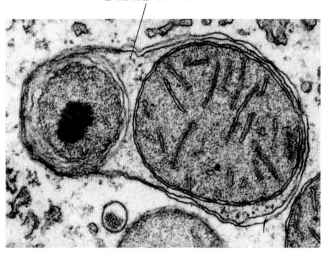

퍼옥시솜(왼쪽)과 미토콘드리아(오른쪽)를 포함하는 단일 자가소화소포

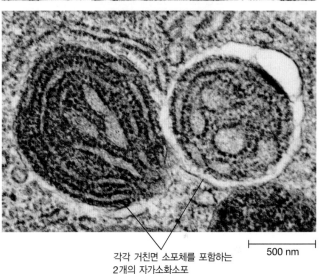

각각 거친면 소포체를 포함하는 2개의 자가소화소포

500 nm

그림 12-26 자가소화. 쥐의 간세포에서 일어나는 자가소화의 초기와 후기 단계를 보여준다. 위의 단일 소화소포에는 퍼옥시솜과 미토콘드리아가 들어있다. 내용물은 소포체에서 유래한 2중막에 의해 격리된다. 아래는 2개의 자가소화소포이며, 각각은 거친면 소포체의 잔유물을 가지고 있다(TEM).

때 만들어진 소포를 자가소화 라이소솜(autophagolysosome 또는 autolysosome)이라고 한다. 소화효소에 의해 내용물이 분해되고, 분해된 구성 요소는 일반적으로 재활용된다. **미식작용**(microphagy)은 전체 세포소기관이 아니고 세포질의 작은 부분을 단일 인지질2중층으로 싸고 있는 훨씬 작은 자가소화소포를 형성한다.

자가소화작용은 많은 조건하에 대부분의 세포에서 다양한 속도로 일어나지만, 특히 적혈구 분화 과정에 매우 뚜렷하게 일어난다. 적혈구가 분화하면서 모든 미토콘드리아를 포함한 사실상 모든 세포 내 내용물이 파괴된다. 이 파괴는 자가소화작용에 의해 일어난다. 영양부족 스트레스를 받는 세포에서도 자가소화작

전유전체 연관연구(genome-wide association study, GWAS)는 대규모 유전학 연구로, 유전자 돌연변이를 인간의 질병 민감성과 연관시키려는 연구이다. 전체 유전체의 서열을 분석하는 대신 이러한 연구는 수천 개의 단일염기다형성(single nucleotide polymorphism, SNP)을 조사하여 건강한 개체군과 환자 개체군을 비교하는 것이다. 유전학자들은 질환군에서 정상군보다 발생률이 더 높은 SNP를 알아낸다. 통계 검사에서 연관성이 밝혀지면 연구자들은 SNP 주변에 위치한 어떤 유전자가 질병을 일으키는 원인이 될 수 있는지 확인한다. 대부분의 경우 단일염기다형성은 실제 돌연변이 그 자체가 아닌 질병을 일으키는 유전체 내에서 개략적 영역을 특정한다. 최초의 주요 GWAS는 2007년에 보고되었는데, 3,000명의 건강한 사람을 조사하여 14,000개의 사례에서 유전과 관련이 있다고 생각되는 7가지 일반적인 인간 질병을 구분했다. 이러한 대규모 GWAS 연구의 결과 중 하나는 세포 경로와 질병 사이에 새로운 연관성을 찾아내는 것이다. 이것의 좋은 예는 자가소화과정(12.7절 참조) 관련 유전자가 크론병(Crohn's disease)에 대한 민감성과 관련이 있는 것으로 밝혀졌다는 것이다.

크론병은 염증성 장 질환(inflammatory bowel disease, IBD)의 일종으로, 위장관의 모든 부분에 영향을 줄 수 있다(그림 12B-1). 조직 손상 및 그 기저의 염증은 출혈성 설사, 복부 경련, 발열, 체중 손실을 포함하여 질병과 관련된 임상 증상을 유발한다. 크론병의 병태생리를 조사하는 대부분의 연구는 장 상피세포와 상주 장내 박테리아 사이의 상호작용에 초점을 맞춰왔다. 그렇기 때문에 처음으로 알려진 자가소화작용 단백질의 크론병 민감성과의 관련성은 예상치 못한 일이었다. 이전에는 자가소화작용이 장의 공생 박테리아과 장 상피세포 사이의 공생에 중요한 역할을 한다고는 전혀

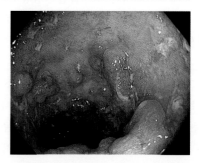

그림 12B-1 IBD 병리의 내시경 모습. 염증성 크론병 환자의 횡행결장(대장의 일부)에서 발생한 폴립

생각하지 못했다.

GWAS는 다른 여러 유전자와 함께 크론병 진행에서 최소한 2개의 자가포식 유전자(*IRGM* 및 *ATG16L1*)를 찾아냈다. 그 의미는 이들 단백질의 돌연변이가 자가소화의 여러 부분에 영향을 미쳐 궁극적으로 이들 돌연변이를 가진 사람들의 질병 발생 가능성을 더 높인다는 점이다(그림 12B-2). 일반적으로 이 두 단백질은 세포 내 박테리아의 인식과 초기 자가소화소포 형성에 관여한다. 일단 소포체 유래 2중막 구조로 둘러싸이면 박테리아를 함유한 자가소화소포는 라이소솜과 융합된다. 결국 이 융합은 박테리아 분해를 일으킨다(그림 12B-2a).

자가포식 단백질의 돌연변이가 어떻게 크론병을 유발하는지 완전히 알지 못한다. 하지만 관련 연구에서는 일반적으로 장 상피세포 내의 자가소화작용이 장관 내에서 공생 및/또는 병원성 박테리아에 의해 유도될 수 있

용이 현저히 증가한다. 아마도 이 자가소화작용은 세포 스스로의 구조물을 소모하더라도 세포가 필요한 에너지를 계속 공급하려는 필사적인 시도라고 생각된다.

자가소화작용의 결함이 인간의 질병과 관련 있다는 사실이 보고되었다. 예를 들어 최신 유전 연구에 따르면 자가소화작용 결함은 특정 유형의 염증성 장 질환의 발병에 기여할 수 있다(**인간과의 연결** 참조). 또한 특정 암세포에는 자가소화작용이 없을 것으로 오랫동안 예상해왔지만 최근 연구에서 자가소화작용과 암이 직접적인 연관이 있을 가능성이 제시되었다. 효모의 자가소화작용에 필요한 유전자에 상응하는 인간 유전자가 인간의 유방이나 난소 종양에서 자주 결실이 일어나는 것이 관찰되었다. 쥐에서 이 유전자의 기능을 제거하면 자가소화작용이 감소하고 유방이나 폐 종양이 늘어난다. 그러나 일부 암 발생을 촉진하는 종양 유전자는 반대 결과를 보였다. 이들은 종양 발생 과정에 자가소화작용을 억제하는 것으로 밝혀졌다. 자가소화작용과 암의 관계를 밝히는 데는 분명히 더 많은 연구가 필요하다.

세포외소화 라이소솜 효소가 관여하는 거의 대부분의 소화는 세포 내에서 일어나지만 일부 경우에는 라이소솜 효소를 세포 밖으로 세포외배출로 내보냄으로써 **세포외소화**(extracellular digestion)를 일으킨다(그림 12-25의 ⓓ 경로). 세포외소화의 한 예로는 동물의 난자가 수정될 때 일어난다. 정자의 머리 부분에서 라이소솜 효소를 분비하여 정자와 난자의 막 사이의 접촉을 막는 장벽을 제거할 수 있게 한다. 류마티스성 관절염 같은 특정 염증성 질환은 백혈구가 의도치 않게 분비한 라이소솜 효소로 인해 관절 조직이 손상됨으로써 발생한다. 스테로이드 호르몬인 코티손(cortisone)이나 하이드로코티손(hydrocortisone)은 라이소솜 막을 안정시켜 라이소솜 효소의 분비를 억제하기 때문에 효과적인 항염증 물질로 작용한다고 생각된다.

라이소솜 저장질환은 대부분의 경우 소화되지 못한 물질의 축적이 특징이다

라이소솜이 세포 구성 성분의 재활용에 필수적이라는 사실은 특

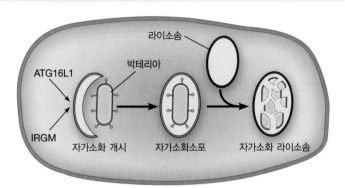

(a) 자가소화 유도 및 세포 내 박테리아의 통제

① 단백질이 박테리아를 인식하여 자가소화를 개시한다.

② 단백질이 박테리아를 감싸는 2중막 형성을 유도한다.

③ 자가소화소포가 라이소솜과 융합하여 박테리아 분해를 시작한다.

(b) 자가소화 유전자 돌연변이로 인한 IBD 발병

① 자가소화 관련 유전자의 돌연변이는 자가소화의 개시를 저해한다.

② 세포 내부의 박테리아들이 자가소화작용에 의해 파괴되지 못한다.

③ 박테리아 증식은 조직 손상과 질병을 유발한다.

그림 12B-2 자가소화작용이 IBD로 이어질 수 있는 방법. (a) 자가소화작용이 정상적으로 작동할 때 세포 내 박테리아를 제거하여 질병이 발생하지 않게 할 수 있다. (b) 자가소화 단백질의 돌연변이는 세포 내 박테리아의 파괴를 저해한다. 그 결과로 인한 염증은 IBD와 관련된 조직 손상을 설명할 수 있다.

는 염증을 조절할 거라고 제안했다. 자가소화 반응의 유도는 앞서 설명한 대로 침입한 박테리아를 통제할 수 있으며, 그 결과로 염증이 완화될 수 있다. IRGM 및 ATG16L1과 같은 자가소화 단백질의 돌연변이는 세포 내 박테리아를 더 이상 자가소화소포 내에서 처리하지 못하게 함으로써 더 많은 염증을 유발한다. 이 만성 염증은 크론병 증상과 관련된 조직 손상을 유발할 수 있다(그림 12B-2b). 자가소화의 결함이 다양한 유형의 IBD의 원인

이 되는지에 대한 이해는 새로운 치료제 개발로 이어질 것이다. 과학자들은 이미 IBD를 치료하려는 노력의 일환으로 자가소화를 향상하는 방법을 모색하고 있다. GWAS를 사용하여 질병 민감성과 관련된 새로운 세포 내 경로를 밝혀내면 인간 유전질환에 대해 이러한 혹은 또 다른 다양한 치료에 대한 선택이 가능해질 것이다.

정 라이소솜 단백질의 결합으로 생기는 질환으로부터 명백히 알 수 있다. 40가지 이상의 **라이소솜 저장질환**(lysosomal storage disease)이 알려져 있으며, 각 질환은 대부분 특정 다당류나 지방 등의 유해한 축적이 특징이다(**4장의 인간과의 연결** 참조). 대부분의 라이소솜 내 물질 축적은 소화효소의 결핍이나 결함이 있을 때 또는 분해된 물질을 라이소솜 내강에서 세포기질로 수송하는 단백질에 문제가 있을 때 야기된다. 또 다른 경우는 필요한 효소가 정상적으로 생성되지만 라이소솜으로 운반되지 못하고 세포 외로 분비되는 문제로 일어난다. 어느 경우라도 물질을 축적하는 세포는 심각한 손상이 일어나거나 파괴된다. 그 결과로 골격 기형, 근육약화, 정신지체가 일어나며 종종 목숨을 잃기도 한다. 유감스럽게도 대부분 라이소솜 저장질환은 아직 치료가 불가능하다.

처음 밝혀진 저장질환은 어린이가 과다한 양의 글리코젠을 간, 심장, 골격근에 축적하여 결국은 어린 나이에 목숨을 잃게 되는 제2형 당원축적증(type II glycogenosis)이다. 이 질환은 정상

적인 세포에서 글리코젠을 가수분해하는 라이소솜 효소인 α-1,4-글루코시데이스(α-1,4-glucosidase)의 결함으로 밝혀졌다. 글리코젠의 대사가 주로 세포기질에서 일어나지만 작은 양의 글리코젠이 라이소솜으로 자가소화작용에 의해 들어갈 수 있고 포도당으로 분해되지 않으면 위험한 수준으로 축적될 수 있다.

두 가지 잘 알려진 라이소솜 저장질환은 헐러 증후군(Hurler syndrome)과 헌터 증후군(Hunter syndrome)이다. 두 질환 모두 세포외기질의 주 탄수화물인 글리코사미노글리켄(glycosaminoglycan, GAG) 분해 결함에 의해 일어난다(15장 참조). 헐러 증후군의 결함 효소는 글리코사미노글리켄을 분해하는 데 필요한 α-L-이두로니데이스(α-L-iduronidase)이다. 헐러 증후군 환자의 땀샘세포를 전자현미경으로 관찰하면 산성 인산가수분해효소와 분해 안 된 글리코사미노글리켄이 동시에 염색되는 비정상적인 액포를 볼 수 있다. 이러한 액포는 소화되지 않은 물질이 들어있는 명백히 비정상적인 후기 엔도솜이다.

정신지체는 라이소솜 저장질환의 공통적인 특징이다. 가장 잘

알려진 예 중 하나가 테이-삭스병(Tay-Sachs disease)인데, 일반적으로는 상당히 희귀하게 발병하는 질환이지만 동부 유럽 유대계 조상을 가진 아슈케나지(Ashkenazi) 유대인들에게는 매우 높은 빈도로 발생한다. 이 병에 걸린 어린이는 생후 6개월 정도에 급격한 정신적 퇴행과 운동성 저하 및 골격근, 심장, 호흡계 질환이 나타난다. 이후 3년 안에 치매, 마비, 실명, 그리고 사망에 이른다. 이 질환은 신경조직에 갱글리오사이드(ganglioside, 그림 7-6b 참조)라는 특수한 당지질이 축적되어 일어난다. 이 질환의 경우 라이소솜 효소인 β-N-아세틸헥소사미니데이스(β-N-acetylhexosaminidase)의 부재로 인해 갱글리오사이드의 당 잔기의 말단 N-아세틸갈락토사민(N-acetylgalactosamine)을 분해하지 못한다. 테이-삭스병을 앓는 어린이의 라이소솜은 분해되지 않은 갱글리오사이드를 지닌 막의 조각이 가득 차 있다.

알려진 모든 라이소솜 축적 질환은 현재 출산 전에 진단할 수 있는 방법이 개발되어 있어 향후 정제된 효소를 이용하는 **효소 대체 요법**(enzyme replacement therapy)이나 환자의 세포에서 DNA를 직접 조작함으로써[**유전자 요법**(gene therapy)으로 알려진 접근 방식 등] 누락된 효소를 대체할 수 있는 치료법 개발에 대한 희망이 있다. 어느 정도의 진행된 예는 바로 **고셔병**(Gaucher disease)이라는 라이소솜 질환이며, 글루코세레브로시데이스(glucocerebrosidase)라는 특정 라이소솜 가수분해효소의 부재 또는 결핍을 특징으로 한다. 글루코세레브로사이드 축적은 일반적으로 간과 비장의 비대, 빈혈, 정신지체를 야기한다. 효소 대체 요법이 고셔병을 성공적으로 치료하는 데 사용되었다. 최근에는 합성 형태의 글루코세레브로시데이스가 재조합 DNA 기술을 사용하여 생산되었다. 이 효소를 흡수하는 대식세포는 필요에 따라 글루코세레브로사이드를 분해할 수 있게 되어, 치료를 안 하는 경우 자칫 치명적일 수 있는 이 질병을 효과적으로 치료할 수 있다.

식물 세포의 액포: 다기능의 소화 기관

식물 세포는 막으로 싸인 동물 세포의 리보솜과 유사한 **액포**(vacuole)라는 산성 구획을 가지고 있는데, 액포는 일반적으로 이보다 더 부가적인 기능을 가지고 있다(그림 4-22 참조). 액포의 발생 과정은 라이소솜과 유사하다. 대부분의 액포를 구성하는 물질은 소포체에서 합성되어 골지체로 이동하는데, 이곳에서 더 가공 과정을 거친다. 그다음 피막소포는 액포로 가야 하는 지방과 단백질을 엔도솜과 유사한 **원소낭**(provacuole)으로 운반한다. 원소낭은 최종적으로 식물 세포 체적의 90% 정도를 차지하는 기능적인 액포로 성숙한다.

가수분해효소를 가지고 있는 것 외에도 식물의 액포는 다양한 필수적인 기능을 가지고 있다. 이러한 액포의 대부분의 기능은 식물이 운동성이 없어 환경 변화에 취약한 것을 반영한다. 액포의 주 기능은 용질을 축적하여 삼투압으로 세포로 물이 들어오게 하는 것이다(그림 8-4b 참조). 식물 세포가 와해되거나 시드는 것을 막아주는 **팽압**(turgor pressure)을 유지하는 데 도움을 준다. 팽압은 식물이 시드는 것을 막고 세포가 늘어날 수 있게 한다. 또한 팽압은 식물 세포의 재구성을 유도한다. 높은 팽압으로 인한 세포벽의 연질화는 식물 세포가 확장되게 한다.

식물 액포의 다른 기능으로는 세포기질의 pH를 조절하는 것이다. 액포막에 있는 ATP 의존 양성자 펌프가 세포기질의 pH가 떨어지는 것(아마도 세포 외부 환경 변화 때문에)을 세포기질에서 액포 내강으로 양성자를 이동시켜 보완할 수 있다.

또 다른 종류의 액포는 종자의 단백질 저장소로 사용된다. 종자의 저장단백질은 일반적으로 거친면 소포체에 있는 리보솜에서 합성되어 번역동시 수입으로 소포체 내강으로 들어간다. 일부 단백질은 소포체에 남지만 일부는 소포체에서 떨어져 나온 소포의 자가소화작용으로 인해 혹은 골지체를 거쳐서 액포로 이동한다. 종자가 발아할 때 저장단백질은 액포 내의 단백질 가수분해효소에 분해되어 식물 성장에 필요한 새로운 단백질 합성을 위해 아미노산을 내놓는다.

액포에서 발견되는 다른 물질로는 CAM 식물의 말산(malate, 11장 참조), 꽃 색을 결정하는 안토시아닌(anthocyanin), 포식동물을 쫓는 독성물질, 무기 및 유기 영양물질, 자외선으로부터 세포를 보호하는 물질 및 소화시킬 수 없는 찌꺼기가 있다. 불용성뿐만 아니라 수용성 찌꺼기의 저장도 식물 액포의 중요한 기능이다. 동물과 달리 대부분의 식물은 수용성 노폐물을 배설하는 기작이 없다. 식물 세포에서 발견되는 거대 액포는 만약 세포기질에 그대로 있으면 대사 과정을 저해하거나 제한할 수 있는 수준의 용질도 축적 가능하게 한다.

> **연결하기 12.2**
> 액포 내 축적된 높은 용질 농도가 어떻게 식물이 시드는 것을 저해할 수 있는지 설명하라. (그림 8.5 참조)

개념체크 12.7
세포가 라이소솜을 만들지 못한다면 어떤 문제가 발생할까?

12.8 퍼옥시솜

라이소솜에 대한 초기 연구 과정에서 드뒤브와 동료들은 설탕 농도 기울기 원심분리(sucrose gradient centrifugation) 침전 과정에서 라이소솜과는 약간 다른 밀도에서 침전된 또 다른 세포소기관을 발견했다. 과산화수소 대사에 대한 명백한 관련성으로 인해 이 새로운 세포소기관은 **퍼옥시솜**(peroxisome)으로 알려졌다. 퍼옥시솜은 골지체, 엔도솜, 라이소솜처럼 단일막으로 싸여 있다. 퍼옥시솜 생성에 대한 초기 연구가 그들이 소포체에서 유래하지 않았음을 제안했기 때문에 퍼옥시솜은 원래 이 장에서 다루었던 세포소기관을 아우르는 세포내막계의 일부로 간주되지는 않았다. 그러나 최근 연구에서 퍼옥시솜의 성장과 분열을 위해 막을 제공하는 소포체의 뚜렷한 역할이 입증되었다. 그러므로 점점 많은 과학자가 퍼옥시솜을 세포내막계의 일원으로 포함한다. 퍼옥시솜은 거의 모든 진핵세포에 발견되지만 특히 포유동물의 간세포와 콩팥세포, 조류와 식물의 광합성 세포, 씨앗에 지방을 저장하는 식물의 유식물(seedlings) 등에 특히 잘 발달되어 있다. 퍼옥시솜은 기능과 또 발견된 조직에 따라 크기가 다양하지만 미토콘드리아보다는 약간 작다.

위치와 크기에 관계없이 퍼옥시솜의 특징을 정의하는 데 가장 중요한 요소는 과산화수소(H_2O_2)를 분해하는 데 필수적인 카탈레이스(catalase)의 존재이다. 산화효소(oxidase)에 의해 촉매되어 다양한 산화반응으로 만들어지는 과산화수소는 잠재적 독성물질이다. 카탈레이스와 산화효소는 주로 퍼옥시솜에 국한되어 있다. 그래서 과산화수소의 생성과 분해가 같은 소기관에서 일어남으로써 세포의 다른 부분이 위험한 물질에 노출되는 것을 막는다.

그림 12-27에서 보이는 바와 같이 동물 세포의 퍼옥시솜은 종종 요산 산화효소(urate oxidase)의 결정으로 이루어진 뚜렷한 결정체 핵심(core)을 가지고 있다. 식물의 잎에도 퍼옥시솜에는 카탈레이스로 이루어진 결정체 핵심이 있는 것으로 보인다(그림 4-21b 참조). 이러한 결정체 핵심이 있는 경우에는 퍼옥시솜을 식별하기 쉽지만, 퍼옥시솜을 미세구조상으로 발견하기는 용이하지 않다.

이런 경우 유용한 실험 기법은 다이아미노벤지딘(diamino-benzidine, DAB) 반응이라는 카탈레이스의 세포화학적 검사이다. 카탈레이스가 DAB를 중합체 형태로 산화시키며, 조직을 4산화 오스뮴(osmium tetroxide, OsO_4)으로 처리했을 때 염색한 세포에서 쉽게 관찰할 수 있는 고전자 밀도의 오스뮴(Os) 원자의 침전이 일어난다.

대부분의 퍼옥시솜 기능은 과산화수소 대사와 연관된다

최근에 와서 진핵세포에서 퍼옥시솜의 중요성이 더욱 명백해져서 이 세포소기관에서 밝혀진 대사경로와 또한 대사경로 구성원의 결함으로 일어나는 질환에 대한 새로운 연구가 촉발되었다. 이후 단락에서 알아보고자 하는 퍼옥시솜 기능의 5가지 일반적인 항목은 다음과 같다. 과산화수소 대사, 유해물질 해독, 지방

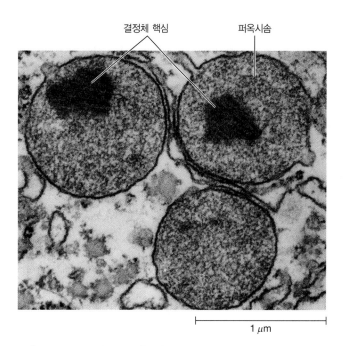

그림 12-27 동물 세포의 퍼옥시솜. 이 전자현미경 사진은 쥐 간세포 세포질의 여러 퍼옥시솜을 보여준다. 각 퍼옥시솜 내부에 결정체 핵심을 쉽게 관찰할 수 있다. 동물 세포에서 이 핵심은 항상 요산 산화효소 결정이다(TEM).

산 산화, 질소화합물 대사, 특이한 물질의 분해 등이다.

과산화수소 대사 진핵세포의 퍼옥시솜의 중요한 기능은 카탈레이스에 의해 과산화수소를 해독하는 것인데, 이 효소는 퍼옥시솜 전체 단백질의 15% 정도를 차지한다. 퍼옥시솜에서 과산화수소를 생성하는 산화효소는 '전자 더하기 수소 이온(수소 원자)'을 기질로부터 산소 분자(O_2)에게 옮겨 과산화수소(H_2O_2)로 환원시킨다. 산화될 수 있는 기질을 RH_2로 표시하여 산화효소에 의해 일어나는 일반적인 반응을 다음과 같이 표현할 수 있다.

$$RH_2 + O_2 \rightarrow R + H_2O_2 \qquad (12\text{-}3)$$

이렇게 생성된 과산화수소는 카탈레이스에 의한 두 경로 중 하나를 통해 분해된다. 일반적으로 두 분자의 과산화수소를 동시에 분해하여 한 분자는 산소로, 다른 분자는 물로 환원시킨다.

$$2\,H_2O_2 \rightarrow O_2 + 2\,H_2O \qquad (12\text{-}4)$$

또 다른 방법은 카탈레이스가 **퍼옥시데이스**(peroxidase)로서 작용하여 유기물로부터 받은 전자를 이용하여 과산화수소를 물로 환원시킨다.

$$R'H_2 + H_2O_2 \rightarrow R' + 2\,H_2O \qquad (12\text{-}5)$$

(R 그룹의 프라임(')은 단순히 이 기질이 반응 12-3의 기질과 다를 수 있음을 나타낸다.)

두 경우 모두 결과는 같다. 과산화수소는 퍼옥시솜을 빠져나

오지 않고 분해된다. 과산화수소의 독성(다양한 소독약의 주된 활성 성분) 때문에 과산화물을 생성하는 효소가 그것을 분해하는 카탈레이스와 함께 한곳에 구획화되어 있다는 것은 매우 합리적인 현상이다.

유해물질 해독 퍼옥시데이스(반응 12-5)와 같이 카탈레이스는 메탄올(methanol), 에탄올(ethanol), 폼산(formic acid), 폼알데하이드(formaldehyde), 아질산염(nitrite), 페놀(phenol) 같은 다양한 독성물질을 전자 공여자(electron donor)로 쓸 수 있다. 이런 물질은 세포에 유해하기 때문에 카탈레이스에 의한 산화적 해독작용은 필수적인 퍼옥시솜의 기능이다. 간이나 콩팥 세포에서 뚜렷하게 퍼옥시솜이 보이는 것은 아마도 이러한 해독작용의 중요성 때문일 것이다.

또한 퍼옥시솜의 효소는 과산화수소, 초과산화물 음이온(superoxide anion, O_2^-), 하이드록실 라디칼(hydroxyl radical, $OH \cdot$, $\cdot$은 짝을 이루지 않은 강한 활성 전자를 의미), 유기 과산화물과 같은 **활성산소종**(reactive oxygen species)의 해독에 중요하다. 이런 활성산소종은 정상적인 대사 과정에서 산소 분자가 있을 때 만들어질 수 있는데, 이런 물질이 축적되면 세포는 산화스트레스(oxidative stress)를 받을 수 있다. 슈퍼옥사이드 디스뮤테이스(superoxide dismutase, SOD; 다른 말로는 초과산화물 불균등화효소), 카탈레이스, 퍼옥시데이스 같은 퍼옥시솜 효소는 이런 활성산소종의 독성을 제거함으로써 이들이 축적되어 일어나는 세포 성분의 산화 손상을 방지한다.

지방산 산화 동식물과 균류 세포의 퍼옥시솜은 세포에 에너지를 공급하기 위해 β 산화(β oxidation)를 통한 지방산 산화 과정에 필요한 효소를 가지고 있다(그림 10-12 참조). 동물 조직에서 25~50% 정도의 지방산 산화가 퍼옥시솜에서, 나머지는 미토콘드리아에서 일어난다. 식물과 효모에서는 모든 β 산화가 퍼옥시솜에서 일어난다.

동물 세포에서는 퍼옥시솜에서 β 산화가 특히 긴 사슬(16~22 탄소), 매우 긴 사슬(24~26탄소), 분지(branched) 지방산의 분해에 중요하다. β 산화의 주된 산물인 아세틸 CoA는 세포기질로 배출되어 생합성 경로나 TCA 회로에 이용된다(10장 참조). 한편 식물과 효모에서는 퍼옥시솜에서 지방산을 아세틸 CoA로 완전히 분해한다.

질소화합물 대사 영장류를 제외한 대부분의 동물은 요산을 산화하는 **요산 산화효소**(urate oxidase 또는 uricase)가 필요한데, 요산은 핵산이나 일부 단백질을 분해하는 과정에서 만들어지는 퓨린(purine) 화합물이다. 다른 산화효소와 마찬가지로 요산 산화효소는 기질로부터 수소 원자를 산소 분자로 바로 옮겨 H_2O_2를 생성한다.

$$\text{요산} + O_2 \longrightarrow \text{알란토인} + H_2O_2 \qquad (12\text{-}6)$$

앞서 보았듯이 과산화수소는 퍼옥시솜에서 카탈레이스에 의해 즉시 분해된다. 알란토인(allantoin)은 대사가 더 일어나 체외로 배출되는데, 알란토인산 형태나 갑각류, 어류, 양서류에서는 요소 형태로 배출된다.

다른 퍼옥시솜 효소는 아미노기 전달효소(aminotransferase)를 포함하여 질소 대사에 관련된 종류이다. 이 효소 집단은 아미노기($-NH_3^+$)를 아미노산에서 α-키토산으로 옮긴다.

$$\underset{\text{아미노산}}{R-\overset{\overset{+H_3N}{|}}{C}-\overset{\overset{O}{\|}}{C}-O^-} + \underset{\alpha\text{-키토산}}{R'-\overset{\overset{O}{\|}}{C}-\overset{\overset{O}{\|}}{C}-O^-} \rightleftharpoons$$

$$\underset{\alpha\text{-키토산}}{R-\overset{\overset{O}{\|}}{C}-\overset{\overset{O}{\|}}{C}-O^-} + \underset{\text{아미노산}}{R'-\overset{\overset{+H_3N}{|}}{C}-\overset{\overset{O}{\|}}{C}-O^-}$$

$$(12\text{-}7)$$

이들은 아미노기를 한 분자에서 다른 분자로 옮겨 아미노산 생합성 및 분해 과정에서 중요한 역할을 한다(그림 10-13참조).

특이한 물질의 분해 퍼옥시솜 효소가 분해하는 일부의 기질은 세포 내에 마땅한 분해경로가 없는 희귀 물질이다. 이러한 물질로는 폴리펩타이드에서 발견되는 L-아미노산을 분해하는 효소가 식별하지 못하는 D-아미노산 같은 것이 포함된다. 일부 세포의 퍼옥시솜은 생명체의 외부 화학물질인 **제노바이오틱스**(xenobiotics, 생체이물질)로 불리는 흔치 않은 물질을 분해하는 효소도 가지고 있다. 이러한 물질의 범주에는 석유나 다른 석유 화합물에서 발견되는 짧은 탄화수소 복합체인 알칸(alkane) 등 생명체에는 이질적인 물질이다. 이러한 제노바이오틱스를 대사할 수 있는 효소를 가지고 있는 균류는 그냥 두면 환경을 오염시킬 수 있는 해상 석유 유출물을 제거하는 데 유용하다는 사실이 드러났다.

퍼옥시솜에 의한 질환 퍼옥시솜의 다양한 대사경로를 고려하면 퍼옥시솜 단백질의 결함이 많은 질환을 유발한다는 사실은 놀라운 일이 아니다. 가장 흔한 퍼옥시솜 장애는 일명 '로렌조 오일병'이라고도 불리는 X염색체 연계 부신백질이영양증(X-linked adrenoleukodystrophy, ALD)이다. 이 질환은 β 산화를 위해 긴 사슬 지방산을 퍼옥시솜으로 옮기는 내재 막단백질의 결함으로 인해 일어난다. 긴 사슬 지방산의 체액 축적은 신경 조직의 수초(미엘린)를 파괴한다.

식물 세포는 동물 세포에서는 발견되지 않는 유형의 퍼옥시솜을 가진다

식물과 해조류에서는 퍼옥시솜이 세포 에너지 대사의 여러 다른 특이적 양상과 관련이 있다(그림 10-1과 그림 11-17참조). 여기서는 간단히 식물 특이적 퍼옥시솜과 그 기능을 간략히 알아보자.

잎 퍼옥시솜 잎과 다른 광합성 식물조직 세포는 크고 뚜렷한 **잎 퍼옥시솜**(leaf peroxisome)을 가지고 있는데, 이 퍼옥시솜은 미토콘드리아나 엽록체와 가까이 붙어있다(그림 4-21 참조). 이 세 종류의 세포소기관이 공간적으로 가까이 있는 것은 이들이 **광호흡 경로**(photorespiratory pathway)라고도 불리는 **글리콜산 경로**(glycolate pathway)에서 서로 관련성이 있음을 보여준다(그림 11-17 참조). 빛에 의존한 산소의 흡수 및 이산화탄소 배출에 연관되어 있다. 과산화물 생성 산화효소와 2종류의 아미노기 전달효소를 포함하여 이 경로에 관여하는 몇 가지 효소가 잎 퍼옥시솜에 들어있다.

글리옥시솜 또 다른 기능적으로 특이한 식물의 퍼옥시솜은 탄소와 예비 에너지 비축을 위해 씨앗에 지방(주로 트라이아실글리세롤)을 저장하는 식물의 유식물에서 일시적으로 나타난다. 이런 식물에서는 발아 이후 초기 발생 과정 동안 저장된 트라이아실글리세롤이 지방산 β 산화뿐만 아니라 **글리옥실산 회로**(glyoxylate cycle)로 알려진 경로를 포함한 일련의 반응을 통하여 설탕(sucrose)으로 전환된다. 이 과정에 필요한 모든 효소는 **글리옥시솜**(glyoxysome)이라는 특별한 퍼옥시솜에 들어있다(10장 참조).

글리옥시솜은 지방이 저장된 조직(종에 따라 배젖, 떡잎)에서만, 그리고 유식물이 지방산 공급을 소진하는 데 필요한 비교적 짧은 시간 동안만 나타난다. 유식물에서의 역할을 다하면 글리옥시솜은 퍼옥시솜으로 전환된다. 글리옥시솜은 일부 식물종의 노화 조직에 다시 나타난다고 알려져 있는데, 늙어 가는 세포막의 지방을 분해하는 것으로 보인다.

퍼옥시솜 발생은 기존 퍼옥시솜의 분리 또는 소포 합체에 의해 발생한다

다른 세포소기관과 같이 세포가 성장하거나 분열함에 따라 퍼옥시솜의 수가 증가한다. 이러한 세포소기관의 증식을 세포내 생성(biogenesis)이라 하며, 이 과정에 **페록신**(peroxin)이라는 퍼옥시솜 단백질이 필요하다. 엔도솜이나 라이소솜의 세포내 생성은 골지체에서 만들어진 소포의 융합에 의해 일어나며, 퍼옥시솜도 한때는 같은 방법으로 소포에 의해 만들어진다고 생각했다. 그 후에는 대부분 세포생물학자들이 퍼옥시솜 증식이 전적으로 기존의 퍼옥시솜 분열로 인해 일어난다고 믿었다. 최근의 증거는 새로운 퍼옥시솜이 이러한 두 방법 중 하나 또는 아마 두 방법의 조합에 의해 만들어진다는 것을 시사한다. 어느 쪽이든 퍼옥시솜의 증식은 두 가지 중요한 의문을 던진다.

첫째, 새로 만들어지는 퍼옥시솜 막 지방은 어디에서 오는가? 일부 지방은 퍼옥시솜 효소가 만들지만 다른 막 지방은 소포체에서 합성되어 인지질 교환단백질(phospholipid exchange protein)에 의해 퍼옥시솜으로 이동한다는 것을 알고 있다. 둘째, 퍼옥시솜 막과 기질에 있는 새로운 효소와 다른 단백질은 어디에서 합성되는가? 퍼옥시솜으로가는 단백질은 세포기질의 리보솜에서 합성되어 번역후 수입에 의해 기존의 퍼옥시솜으로 들어간다. 퍼옥시솜 막을 통과하는 단백질 이동은 막에 존재하는 페록신이 매개하는 ATP 의존적 과정이다.

그림 12-28은 막의 성분, 기질효소, 효소보조인자가 세포기질에서 퍼옥시솜으로 들어가는 것과 기존 세포소기관 분열에 의한 새로운 퍼옥시솜의 형성 과정을 모두 보여준다. **❶** 지방과 막 단백질은 세포기질에서 만들어져서 기존의 퍼옥시솜으로 유입될 수 있다. **❷** 퍼옥시솜 기질 내에 존재하는 폴리펩타이드는 세포기질의 리보솜에서 합성되어 막관통 단백질인 페록신 운반단백질에 의해 안으로 이동한다. 이 그림의 효소는 4량체 단백질인 카탈레이스로서, 각각의 단량체가 하나의 헴(heme) 보조인자를

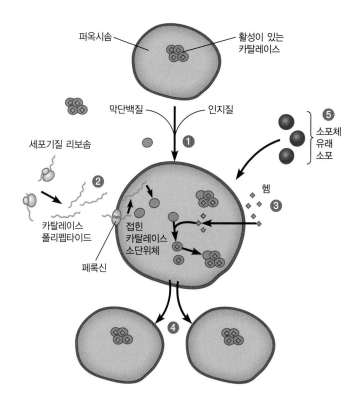

그림 12-28 퍼옥시솜 생성 및 단백질 유입. 새로운 퍼옥시솜은 기존 퍼옥시솜으로부터, 또는 소포체에서 유래한 소포의 융합으로, 아니면 아마도 그 둘의 조합에 의해 발생한다.

가진다. ❸ 헴은 퍼옥시솜 내강으로 독립적인 경로로 들어가고, 카탈레이스의 폴리펩타이드는 헴과 함께 3차 구조를 이루어 활성을 가진 4량체 단백질이 만들어진다.

지방과 단백질이 첨가된 다음 ❹ 새로운 퍼옥시솜은 기존의 퍼옥시솜이 분열하여 만들어진다. ❺ 최근 증거들은 퍼옥시솜이 단백질을 받아들이거나 소포체에서 유래된 소포로부터 완전히 새롭게 만들어질 수도 있음을 보여준다. 이 소포체 매개경로에 대한 증거로는 독소 브레펠딘 A와 관련된 실험도 있는데, 이 독소는 소포체 유래 소포 형성을 저해하여 소포체에서 페록신인 *Pex3p*의 축적을 유발한다. 효모의 한 페록신(peroxin 3)에 노란

색형광단백질 표지를 부착하여 실시간으로 추적했을 때도 이를 뒷받침하는 증거를 볼 수 있었다. 페록신은 처음에는 핵 근처의 소포체에서 발견되었지만 나중에는 퍼옥시솜 내부 기질과 결합되어 있었다. 유사한 연구로 20개 이상의 서로 다른 퍼옥시솜 단백질이 소포체에서 퍼옥시솜으로 이동하는 것으로 나타났다.

개념체크 12.8

퍼옥시솜에서 일어나는 생화학적 반응이 세포질과 격리되어 분리된 세포소기관에서 일어나는 점은 왜 중요한가?

요약

12.1 소포체

- 대부분 진핵세포에 특히 널리 퍼져있는 세포내막계는 소포체(ER)에서 유래된 막으로 싸인 세포소기관의 정교한 배열이다. 소포체 자체도 소포체 내강과 세포기질을 분리하는 단일막으로 싸인 낭, 소관, 소포의 집합체이다.
- 거친면 소포체는 리보솜을 가지며, 이들은 원형질막으로 이동하거나 분비되는 단백질, 또는 골지체, 엔도솜, 라이소솜과 같은 다양한 내막계 세포소기관으로 이동하는 단백질을 합성한다. 거친면 소포체와 매끈면 소포체 모두 세포의 막을 만드는 지질을 생산한다. 매끈면 소포체는 독성물질의 해독, 탄수화물 대사, 칼슘 이온을 저장하는 장소이며, 일부 세포에서는 스테로이드 생합성을 한다.

12.2 골지체

- 골지체는 단백질의 글리코실화와 다른 세포소기관 혹은 원형질막으로의 수송되거나 분비될 단백질을 분류하는 데 중요한 역할을 한다.
- 소포체에서 떨어져 나온 전이소포는 시스골지망(초기골지망, CGN)에 융합하여 지방과 단백질을 골지체로 운반한다. 단백질은 이후 골지 시스터나를 거쳐 트랜스골지망(후기골지망, TGN)으로 이동한다.

12.3 단백질 변형에서 소포체와 골지체의 역할

- 단백질이 소포체에서 전이소포로 떠나기 전에 몇 가지 변형의 초기 과정이 일어난다. 소포체의 특이한 단백질은 폴리펩타이드의 글리코실화와 접힘, 잘못 접힌 단백질의 제거, 다량체 단백질의 조립 등을 촉매한다.
- 골지체를 통과하는 과정에서 골지체 내강에서 올리고당 잔기가 일부 잘리거나 붙는 등 단백질의 변형이 추가로 진행된다.

12.4 단백질 수송에서 소포체와 골지체의 역할

- 많은 폴리펩타이드는 이들이 적절한 장소로 이동하도록 이끄는 특별한 아미노산 서열을 지닌다.
- 세포내막계나 세포 밖으로 방출될 폴리펩타이드는 N-말단에 신호서열을 가지며, 여전히 만들어지는 와중에 소포체 막의 운반체 통로로 들어갈 수 있게 한다.
- 이들 중 일부는 완전히 운반체를 빠져나와 소포체 내강으로 배출된다. 일부는 하나 또는 그 이상의 내부 정지이동서열이 있어 폴리펩타이드가 막에 고정되어 남게 한다. 두 경우 모두 만들어진 단백질이 소포체에 남거나, 골지체, 라이소솜, 원형질막 등 세포내막계 내 다른 장소로 수송되거나, 분비소포를 타고 세포 밖으로 배출된다.
- 일부 소포체 단백질은 소포체 잔류 신호서열이 있어 소포를 타고 소포체를 떠나 시스골지망으로 이동하는 것이 억제된다. 다른 소포체 단백질은 회수 신호서열이 있어 시스골지망에서 소포체로 소포에 의해 돌아온다.
- 핵 내부, 미토콘드리아, 엽록체, 퍼옥시솜으로 가는 폴리펩타이드는 세포기질 내의 리보솜에서 합성되며(세포기질에 남아있는 경우 포함), 그런 다음 번역 후 대상 세포소기관으로 운반된다. 퍼옥시솜 또는 핵으로 향하는 폴리펩타이드는 이들 기관으로의 흡수를 촉진하는 표적 서열을 가진다.
- 라이소솜을 향하는 가수분해효소는 마노스기에서 인산화된다. 마노스인산기에 대한 수용체를 가진 소포는 이러한 효소를 라이소솜으로 운반한다. 라이소솜에서 산성화가 일어나는 동안 효소는 수용체에서 유리되고 수용체는 트랜스골지망으로 돌아간다

12.5 세포외배출과 세포내섭취: 원형질막을 가로지르는 물질 이동

- 세포외배출은 분비소포가 원형질막과 융합하여 내용물을 세포 외

부로 배출하는 과정이며, 이때 원형질막에 지질과 단백질을 첨가한다. 이와 같은 원형질막의 물질 첨가는, 세포 밖의 물질이 소포로 유입되면서 지질과 단백질이 원형질막에서 소실되는 과정인 세포내섭취에 의해 균형을 이룬다.

■ 식세포작용은 원형질막 함입에 의해 세포 밖의 입자를 흡입하는 세포내섭취의 한 형태이다. 수용체 매개 세포내섭취는 원형질막에 있는 특이한 수용체와 리간드 간 결합으로 일어난다. 두 경우 모두 분류된 수용체와 기타 필요한 단백질을 원형질막으로 돌려보낸 후, 유입된 물질은 분해하기 위해 라이소솜으로 보내거나 재활용을 위해 다른 장소로 운반한다.

12.6 세포 수송 과정에서 피막소포의 역할

■ 수송소포는 세포내막계 내 물질을 수송한다. 클라스린, COPI, COPII, 카베올린 등을 포함하는 피막단백질은 소포의 형성과 더불어 특정 목적지로 이동할 단백질을 분류하는 데 참여한다.

■ 수송소포를 감싼 특정 피막단백질은 그들의 발원지를 알려줄 뿐 아니라 세포 내 목적지를 판단하는 데 도움을 준다. 클라스린 피막소포는 물질을 트랜스골지망이나 원형질막으로부터 엔도솜으로 운반한다. COPII 피막소포는 소포체에서 골지체로, 그리고 COPI 피막소포는 골지체에서 소포체로 물질 수송을 담당한다.

■ 일단 수송소포가 목적지에 가까이 오면 밧줄 단백질에 의해 인식되어 표적 막에 묶인다. 이 단계에서 수송소포 막의 v-SNARE와 표적 막 t-SNARE사이의 물리적인 상호작용이 일어나 막 융합이 촉진되는 것을 돕는다.

12.7 라이소솜과 세포소화

■ 식세포작용이나 수용체 매개 세포내섭취에 의해 들어온 외부 물질은 초기 엔도솜에서 분류되고, 초기 엔도솜은 트랜스골지망에서 떨어져 나온 불활성 가수분해효소를 가진 소포와 융합하여 후기 엔도솜과 라이소솜으로 성숙한다.

■ 후기 엔도솜 막은 양성자 펌프를 가지고 있어 내강 안의 pH를 낮추어 후기 엔도솜이 라이소솜으로 전환되는 것을 돕는다. 불활성 가수분해효소는 낮은 pH에 의해 활성화되어 대부분의 생체 분자를 분해할 수 있게 된다.

■ 라이소솜은 손상되거나 필요 없는 구조물을 분해하거나 재활용하는 자가소화에도 기능한다. 일부 세포에서는 라이소솜에서 세포외배출에 의해 세포 밖으로 효소를 내보내어 외부 물질을 분해한다.

■ 식물의 액포는 동물의 라이소솜과 마찬가지로 산성을 띤다. 고분자의 소화를 위해 가수분해효소를 가지고 있는 것 외에도 식물 세포가 팽압을 유지하는 것을 돕고 다양한 식물 대사 산물의 저장소로 작용한다.

12.8 퍼옥시솜

■ 퍼옥시솜은 세포내막계의 일부는 아니지만 그들의 수를 기존 퍼옥시솜의 분열이나 혹은 소포체나 골지체에서 유래된 소포의 합체를 통해 늘리는 것으로 보인다. 현재 증거들은 이 퍼옥시솜 생성에 대한 두 모델을 모두 뒷받침한다.

■ 일부 퍼옥시솜의 막 지방은 퍼옥시솜에서 합성되지만 대부분은 인지질 교환단백질에 의해 소포체로부터 운반된다. 대부분의 퍼옥시솜 단백질은 세포기질 리보솜에서 합성되어 번역후 수입으로 유입된다. 일부 단백질은 소포체로부터 운반된다고 생각된다.

■ 퍼옥시솜의 대표적인 효소는 카탈레이스인데, 퍼옥시솜 내부의 다양한 산화효소로 인해 만들어지는 독성 과산화수소를 분해한다. 동물 세포의 퍼옥시솜은 유해성 물질의 해독, 지방산 산화, 질소 화합물 대사에 중요한 역할을 한다. 식물의 퍼옥시솜은 특이한 기능을 수행하는데, 글리옥시솜은 저장된 지방을 탄수화물로 전환시키며 잎의 퍼옥시솜에서는 광호흡을 한다.

연습문제

12-1 기능의 구획화. 다음 각 과정은 하나 이상의 특정 진핵세포 소기관과 관련이 있다. 각각의 경우 소기관을 찾아보고 이들 과정을 소기관에 구획화하는 데 어떤 이점이 있는지 한 가지씩 제안해보라.

(a) 긴사슬 지방산의 β 산화

(b) 근육세포의 칼슘 이온 농도 조절

(c) 코티솔의 생합성

(d) 불활성 효소전구체인 트립시노겐의 생합성

(e) 손상된 세포소기관의 분해

(f) 바비튜레이트 약물의 수산화

(g) 라이소솜 효소에 대한 마노스 잔기의 인산화

(h) 분비단백질 중 라이소솜 단백질의 분류

12-2 소포체. 다음 각각의 진술에 대해 거친면 소포체만 해당하면 R, 매끈면 소포체만 해당하면 S, 또는 둘 다 해당한다면 RS로 표시하라.

(a) 원형질막보다 콜레스테롤 함량이 적음

(b) 유리 리보솜을 보유하지 않음

(c) 스테로이드 생합성에 관여

(d) 다환식 아릴 탄화수소의 분해에 관여

(e) 분비단백질의 생합성 부위

(f) 막 결합단백질의 접힘이 일어나는 부위

(g) 관형(tubular) 구조를 형성하는 경향이 있음

(h) 일반적으로 평평한 주머니로 구성

(i) 전자현미경으로만 볼 수 있음

12-3 내재 막단백질의 합성. 거친면 소포체 및 골지체는 세포 분비뿐 아니라 내재 막단백질 합성을 담당한다. 보다 구체적으로 이들 세포 소기관은 원형질막의 외부 인지질 단층에서 흔히 발견되는 당단백질의 공급원이다.

(a) 일련의 모식도를 통해 세포막 당단백질의 합성과 글리코실화를 묘사하라.

(b) 막의 당단백질의 탄수화물 잔기는 왜 항상 원형질막 외부 표면에서 발견되는지를 설명하라.

(c) (a)의 모식도를 그리고 (b)의 질문에 답하기 위해 생체막에 대해 어떤 가정을 했는가?

12-4 단백질 접힘. 단백질 접힘에서 BiP의 기능을 이 장에서 간략히 다루었다. 아래 BiP와 관련한 관측 결과와 상황을 고려하여 질문에 답하라.

(a) BiP는 소포체의 내강에서 높은 농도로 존재한다. 그러나 세포의 다른 어느 곳에서도 그리 많이 존재하지 않는다. 이런 조건이 어떻게 확립되고 유지된다고 생각하는가?

(b) 만약 BiP 유전자 돌연변이로 인해 단백질의 소수성 아미노산에 결합하는 기능이 파괴된다면 세포에 어떤 영향을 가져올까?

12-5 양적 분석 번역동시 수입. 뇌하수체 호르몬인 프로락틴은 199개의 아미노산으로 이루어진다. 그런데 프로락틴의 mRNA로부터 시험관에서 리보솜, 아미노산, tRNA, 아미노아실-tRNA 합성효소, ATP, GTP, 적절한 개시, 신장, 종결 인자 등을 첨가한 무세포 단백질 합성 시스템으로 번역을 유도했고, 이 조건에서 227개의 아미노산을 가진 폴리펩타이드가 생성되었다.

(a) 프로락틴 정상 단백질(199개 아미노산)과 시험관에서 합성된 단백질(227개 아미노산)의 길이 차이를 어떻게 설명할 수 있을까?

(b) 시험관에서 무세포 단백질 합성을 시행하는 중 SRP를 첨가했더니 70개 정도의 아미노산이 합성된 후 번역이 중단되었다. 이를 어떻게 설명할 수 있는가? 그리고 세포를 위해 나타나는 이런 현상의 목적이 무엇이라 생각하는가?

(c) 마지막으로 위의 단백질 합성 시스템에 SRP와 소포체 막 유래 소포를 동시에 첨가했더니 드디어 199개의 아미노산을 가진 폴리펩타이드가 생성되었다. 그 이유가 무엇이라 생각하는가? 또한 이 폴리펩타이드는 어디에서 발견되리라 예상하는가?

12-6 피막소포. 다음 진술이 참(T) 또는 거짓(F)인지 여부를 표시하라. 만약 거짓이면 진술을 사실로 만들 수 있게 알맞은 단어로 수정하라.

(a) 식세포작용 동안 위족류의 형성은 클라스린으로 매개된다.

(b) COPII 피막소포는 소포체에서 골지체로의 수송을 매개한다.

(c) 수용체 매개 세포내섭취는 피막소공에서 클라스린의 방출에 의해 실현된다.

(d) 소포의 세포 내 분류 및 수송은 잘 알려진 과정이다.

(e) 수용체 매개 세포내섭취에 의해 세포 안으로 유입된 후 클라스린은 형성된 엔도솜과 결합된 채로 남는다.

(f) COPI 피막소포는 골지체에서 소포체로의 수송을 매개한다.

(g) 클라스린 및 클라스린 연결자 단백질은 수용체 매개 세포내섭취 과정에서 막의 구부림과 세포 내로의 함입을 해결한다.

(h) 수용체 매개 세포내섭취 시 수용체와 리간드 사이의 분리는 초기 엔도솜에서 pH 증가에 의해 달성된다.

(i) 클라스린 피막소포는 수용체 매개 세포내섭취과 트랜스골지망에서 엔도솜으로 단백질 수송을 촉진한다.

(j) 클라스린 격자의 기본 구조 단위를 트리스켈리온이라 부른다.

(k) 다이나민은 수용체 매개 세포내섭취 시 피막소포의 닫힘을 매개한다.

12-7 양적 분석 데이터 설명. 다음 각 진술은 세포외배출 및 세포내섭취와 관련된 실험 결과를 요약하고 있다. 각각의 경우 이해하는 바에 맞추어 실험의 의의와 결과를 설명하라.

(a) 배양된 섬유아세포에 약물 콜히친을 첨가하면 수송소포의 이동이 억제된다.

(b) 특정 뇌하수체 세포는 지속적으로 라미닌을 분비하는 반면, 특정 신호에 반응해서만 부신피질자극호르몬을 분비한다.

(c) 실험적으로 세포 내 칼슘 농도를 증가시킴으로써 특정 부신 세포가 에피네프린을 분비하도록 유도할 수 있다.

(d) 온도민감성 다이나민을 발현하는 세포는 온도 변화를 주면 수용체 매개 세포내섭취 활성을 보이지 않지만, 외부 액체는 지속적으로 섭취한다(초기는 약간 감소된 수준이나 30~60분 이내에 정상 수준 회복).

(e) 브레펠딘 A는 지방세포에서 아포지질단백질(apolipoprotein) A-I의 흡수 및 재분비 속도에 영향을 미치지 않으면서 콜레스테롤 유출을 억제한다.

12-8 세포소화. 다음 각 진술에 해당하는 특정 소화 과정, 즉 식세포작용(P), 수용체 매개 세포내섭취(R), 자가소화(A), 세포외소화(E)를 표시하라. 각 진술은 이들 중 하나 또는 그 이상에 해당한다.

(a) 세포내섭취 과정만 연관된다.

(b) 새로 형성된 소포의 내용물을 라이소솜으로 보낼 수 있다.

(c) 세포외 영양소를 고효율로 흡수한다.

(d) 소화된 물질의 원천이 다른 종이다.

(e) 류마티스 관절염의 진행에 관여한다.

(f) 특정 발생 과정에 중요하다.

(g) 산성 가수분해효소에 관여한다.

(h) 내포낭과 초기 엔도솜의 융합을 포함한다.

(i) 원형질막과 라이소솜의 융합을 포함한다.

(j) 라이소솜 내에서 발생한다.

(k) 세포 내에서 영양소의 공급원으로 작용한다.

12-9 데이터 분석 세포내섭취를 통한 바이러스 침입. 광견병 바이러스와 유연관계인 오스트레일리아박쥐 리사바이러스(Australian bat lyssavirus, ABLV)는 인간의 신경퇴행을 일으킨다. 표면의 당단백질을 통해 숙주세포에 부착하고 수용체 매개 세포내섭취에 의해 내부

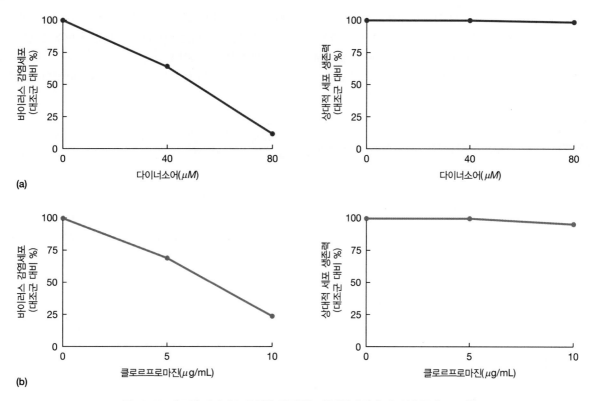

그림 12-29 세포의 바이러스 유입을 차단하는 억제인자의 효과. 연습문제 12-9 참조

로 침투한다. 각종 억제 약물이 바이러스의 세포 내 진입을 차단할 수 있는지 검사했다(**그림 12-29**).

(a) 조사관은 ABLV 감염에 다이나민이 필요한지 여부를 실험했다. 배양된 인간 배아 콩팥세포를 ABLV 당단백질을 발현하는 바이러스에 감염시키기 전에 다이나민 특이적 억제인자인 다이너소어(dynasore)로 처리했다. 실험 결과 자료(그림 12-29a 왼쪽)가 다이나민의 관련성을 드러내는지를 답하고 이유를 설명하라.

(b) 대조군으로서 연구자들은 다양한 다이너소어 농도 조건에서(그림 12-29a 오른쪽) 세포 생존력을 모니터링했다. 이러한 대조군은 왜 필요한가?

(c) 그런 다음 그들은 클라스린 피막소공의 조립을 차단하는 화학물질인 클로르프로마진(chlorpromazine)을 사용하여 유사한 실험을 수행했다. 이번 결과(그림 12-29b)는 앞서 (a)의 결과와 일치하는가? 그 이유는 무엇인가?

12-10 라이소좀 축적 질환. 놀라운 다양성에도 불구하고 라이소좀 축적 질환에는 여러 가지 공통된 특성이 있다. 다음 각 서술에 대해 대부분의 라이소좀 축적 질환에 공통적인 특징인지(M), 특정 라이소좀 축적 질환에 해당하는지(S), 어떤 라이소좀 축적 질환에도 해당되지 않는지(N) 예상하는 바를 표기하라.

(a) 정신지체를 일으키는 당지질의 대사장애
(b) 라이소좀에 분해 산물이 축적됨
(c) 라이소좀에 과도한 양의 글리코젠 축적을 초래
(d) 글리코사미노글리칸 합성의 조절 불가로 인한 결과

(e) 활성이 있는 산성 가수분해효소의 부재로 인한 결과
(f) 세포에서 라이소좀 축적의 결과
(g) 근육 약화와 정신지체를 포함하는 증상
(h) 카탈레이스를 포함하는 세포소기관의 생성을 유발

12-11 단백질 분류. 특이한 구조적 특징이 단백질을 다양한 세포 내 또는 세포 외 목적지로 수송하는 표지 역할을 한다. 이 장에서 살펴본 예로는 (1) 짧은 펩타이드 Lys-Asp-Glu-Leu, (2) 특징적인 소수성 막통과 단편, (3) 올리고당 곁사슬에 부착된 마노스-6-인산 잔기 등이 있다. 각 구조적 특징에 대해 다음 질문에 답하라.

(a) 세포의 어느 장소에서 단백질에 표지가 붙여지는가?
(b) 표지는 단백질이 목적지에 도달하는 데 어떻게 보장하는가?
(c) 표지를 제거한다면 단백질은 어디로 갈 것 같은가?

12-12 규폐증과 석면폐증. 규폐증(silicosis)은 심신쇠약을 유발하는 광부병으로, 폐의 대식세포에 의한 실리카 입자(예: 모래 또는 유리)의 섭취로 인해 발생한다. 석면폐증(asbestosis) 또한 심각한 질병으로, 석면 섬유 흡입으로 인해 발생한다. 두 경우 모두 입자 또는 섬유는 라이소좀에서 발견된다. 콜라젠을 분비하는 섬유아세포를 자극하여 폐에 콜라젠 섬유의 결절이 침착되어, 그로 인해 폐활량, 호흡장애 및 결국 사망에 이른다.

(a) 섬유가 어떻게 라이소좀으로 들어간다고 생각하는가?
(b) 섬유 또는 입자의 축적이 라이소좀에 주는 영향은 무엇인가?
(c) 실리카 또는 석면 함유 세포의 죽음을 어떻게 설명할 수 있는가?
(d) 이러한 세포가 사멸되었을 때 실리카 입자나 석면은 어떻게 될

까? 더 이상의 실리카 먼지나 석면 섬유에 대한 추가 노출을 차단한 후에도 어떻게 세포 사멸이 거의 무한정 계속될 수 있을까?

(e) 실험실에서 실리카 입자에 노출된 폐 대식세포의 배양액을 섬유아세포 배양접시에 추가하면 콜라젠 분비가 촉진되고 결합 조직 섬유를 생산했다. 이는 규폐증 환자의 폐에서 보이는 콜라젠 결절의 침착에 대해 무엇을 알려주는가?

12-13 무슨 일인가? 과학자들은 효모의 외포체 단백질(exocyst protein)과 관련된 식물 단백질 그룹을 발견했다(*Plant Cell* 2008 20: 1330). 이 연구자들에 의해 관찰된 다음의 결과가 어떻게 이 식물 단백질이 효모와 포유류의 외포체 복합체와 유사한 밧줄 복합체를 형성한다고 제안할 수 있는지 설명하라.

(a) 식물 단백질 추출물을 크기별로 분획한 후 다양한 식물 외포체 단백질을 인식하는 항체를 처리한 결과 이들이 동일한 고분자 단백질 분획을 인식했다.

(b) 4가지 단백질의 돌연변이는 꽃가루(pollen) 발아의 결함을 초래했다.

(c) 이들 단백질 중 하나 이상이 결핍된 식물은 단 하나만 결핍된 식물보다 꽃가루 발아에 더 심각한 결함이 있었다.

(d) 외포체 단백질은 모두 꽃가루 세포가 늘어나는 끝 부분의 동일 위치에 있었다.

(e) 외포체 유전자에 돌연변이가 있는 식물의 꽃가루 세포는 말단 성장 또는 꽃가루 세포 발아에 결함이 있다.

13 세포골격계

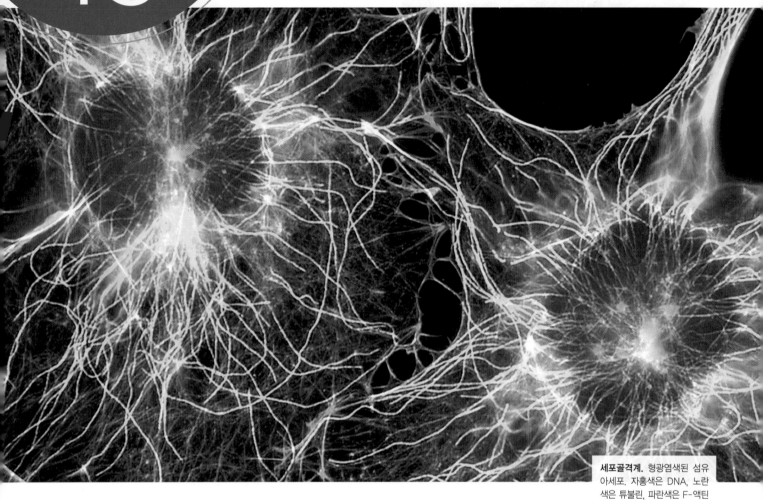

세포골격계. 형광염색된 섬유아세포. 자홍색은 DNA, 노란색은 튜불린, 파란색은 F-액틴을 나타낸다(형광현미경).

원래 진핵세포의 세포기질은 핵과 다른 세포소기관이 떠다니는 젤과 같은 물질로 간주되어 연구 대상으로는 큰 관심을 받지 못했다. 그러나 현미경의 발전 및 다양한 연구 기법의 발전은 진핵세포의 내부가 매우 조직적이고 역동적임을 밝혔다. 이런 세포 내부 구조의 일부는 **세포골격**(cytoskeleton)에 의해 이루어지는데, 이는 핵막에서부터 원형질막 내면에 이르기까지 서로 연관된 섬유(filament)와 소관(tubule)이 서로 연결되어 이루어진 복잡한 망상 구조이며, 세포기질 전체에 존재한다.

세포골격이라는 용어는 이 단백질 중합체가 세포가 다양한 기능을 수행하는 데 필요한 구조적인 틀을 제공하고 있음을 정확히 표현하고 있다. 즉 세포골격은 세포 내부가 높은 수준으로 조직화될 수 있게 하여 세포가 필요에 따라 모양을 만들고 유지할 수 있도록 하는 데 기여한다. **그림 13-1**은 전자현미경 사진이며, 이들 세포골격이 얼마나 고밀도 섬유성 조직인지를 보여준다. 반면에 이 세포골격이라는 용어는 이들이 본래적으로 얼마나 역동적이고 변화무쌍한지, 또한 이로 인해 다양한 세포 활동에서 얼마나 중요한 역할을 하는지를 표현하는 데는 부족함이 있다.

세포골격은 세포의 운동과 분열에 중요한 기능을 수행하며, 진핵세포 세포기질 내에서 막으로 싸인 세포소기관, mRNA 및 그 외 세포 구성체의 활발한 이동에 관여한다. 뿐만 아니라 세포 신호전달과 세포 간 접착 등에서도 중요한 역할을 수행한다. 세포골격은 세포 표면에서 일어나는 사건에 의해 구조가 변할 뿐 아니라 동시에 이들 현상에 관여하고 조절하는 역할도 한다.

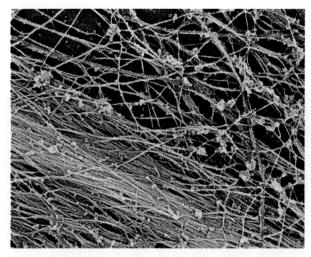

0.5 μm

그림 13-1 세포골격. 색이 입혀진 전자현미경 사진은 진핵세포 세포골격의 3가지 주요 요소를 동시에 보여준다. 노란색은 F-액틴, 파란색은 중간섬유, 분홍색은 미세소관을 나타낸다[심층식각 투과전자현미경(deep-etch TEM)].

13.1 세포골격의 주요 구조적 특징

진핵세포 및 원핵세포 세포골격의 가장 기본적인 특징은 이들의 **모듈성(modularity)**에 있다. 즉 특정 세포 구조의 필요에 따라 적은 수의 세포골격 기본 인자가 다른 장소에서 매우 다른 방식으로 효율적으로 배치된다는 점이다. 이러한 점은 몇 가지의 요소(뼈, 연골, 힘줄, 인대)만이 반복적으로 사용되어 전체적인 우리 몸의 구조가 형성된다는 점에서 인간의 골격 구조와 매우 유사하다. 그러므로 지금부터는 진핵세포 및 원핵세포 세포골격의 기본 요소를 알아보자.

진핵세포의 세포골격에는 3종류의 기본 요소가 있다

진핵세포의 세포골격을 이루는 3가지 요소는 미세소관(microtubule, MT), 미세섬유(microfilament, MF), 중간섬유(intermediate filament, IF)이다. 이들의 존재는 전자현미경을 통해 최초로 확인되었고, 이어 생화학적, 세포화학적 연구를 통해 각 요소를 구성하는 특징적인 단백질이 규명되었다. **면역형광법(immunofluorescence, 그림 1A-3 참조)**은 특히 특정 단백질이 어떤 세포골격에 존재하는지 조사하는 데 매우 중요하게 이용된다.

세포골격의 각 요소는 크기, 구조, 세포 내 분포도 서로 다르며, 각각 다른 소단위체 단백질의 중합에 의해 형성된다(**표 13-1**). 미세소관은 튜불린(tubulin)이라 불리는 단백질로 구성되며, 직경이 약 25 nm이다. 미세섬유는 직경이 약 7 nm이며, 액틴

(actin)의 중합체이다. 중간섬유는 직경이 8~12 nm이며, 세포의 종류에 따라 존재하는 중간섬유도 다르다. 또한 진핵세포의 세포골격을 구성하는 세 요소, 즉 미세소관, 미세섬유, 중간섬유는 구성 단백질의 종류뿐 아니라 특이적으로 결합하는 단백질의 종류도 다른데, 이들 결합단백질에 의해 세포골격의 놀라운 구조적, 기능적 다양성이 확보된다.

진핵세포에서는 셉틴(septin)으로 구성된 또 다른 중합체 망상 구조가 존재한다. 최초 효모에서 발견되었으며 이들은 가끔 '제4세포골격'으로 간주되기도 한다. 이들은 세포분열 시 딸세포가 나누어질 때 만들어지는 수축환(contractile ring)과 깊은 관련이 있다.

박테리아에도 진핵세포의 세포골격과 구조적으로 유사한 세포골격이 존재한다

한때는 세포골격 단백질이 진핵세포에만 존재하는 것으로 생각되었으나 지금은 박테리아와 고세균에 미세섬유, 미세소관, 중간섬유와 매우 비슷한 기능을 수행하는 단백질 중합체가 존재한다는 사실이 명백히 드러났다. **그림 13-2**는 이들의 3가지 예시를 보여준다. 박테리아에서 세포골격을 구성하는 단백질의 돌연변이를 이용한 연구는 이들 박테리아 단백질이 진핵세포의 세포골격 단백질과 유사한 기능을 수행한다는 것을 밝혔다. 예를 들면 액틴 유사 단백질인 MreB는 막대형(rod-shaped) 박테리아의 긴 축과 직각 방향으로 실 모양의 중합체를 형성하며, 세포벽의 펩티도글리칸 형성에 관여하는 단백질과 결합한다. MreB는 박테리아의 형태를 유지하는 데 중요하며 세포분열에도 관여한다. 튜불린 유사 단백질 FtsZ는 박테리아의 세포벽이 분할되는 위치 결정에 관여하고, 중간섬유 단백질과 유사한 크레센틴(crescentin)은 특정 박테리아에서 세포 형태를 결정하는 데 관여하는 중요한 조절인자이다.

비록 원핵세포의 세포골격 단백질이 진핵세포의 해당 단백질과 아미노산 염기서열의 유사성은 높지 않으나, X선 결정법(X-ray crystallography)을 사용한 연구 결과는 이들이 박테리아 내에서 중합체를 형성하는 경우 그 구조가 진핵세포에서의 구조와 매우 유사함을 보였다(그림 13-2b). 또한 이들 대응 단백질에 결합하는 핵산(예: ATP 혹은 GTP)의 특이성도 같다는 사실은 이들 단백질들이 생화학적 수준에서도 매우 유사함을 나타낸다.

연결하기 13.1

FtsZ 단백질은 진핵세포 내 엽록체, 미토콘드리아 등 특정 세포소기관에서 생산되며, 이들 세포소기관이 분리되는 위치에서 관찰된다. 이러한 사실은 진핵세포 유래와 관련한 이론들과 어떤 연관성이 있다고 보는가? (4.3절 참조)

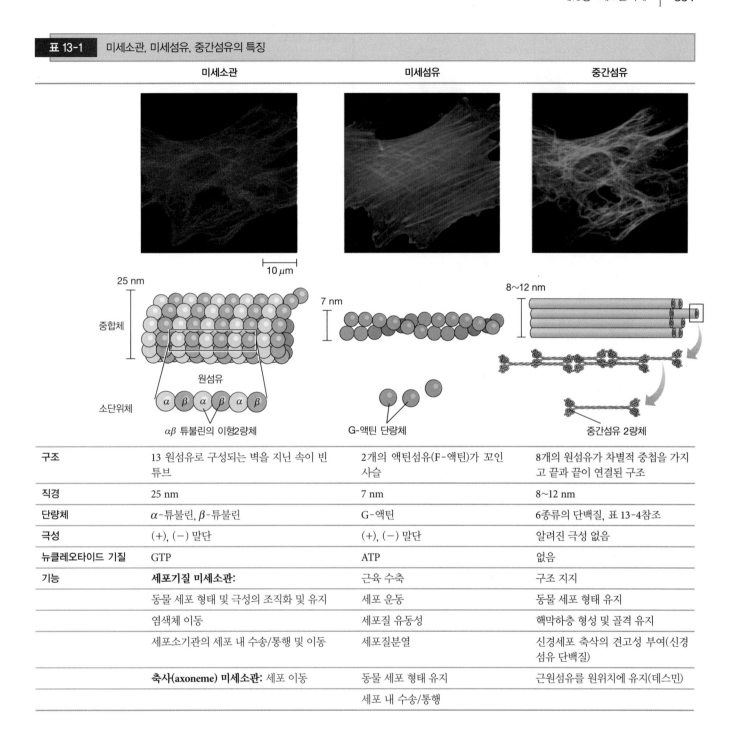

표 13-1	미세소관, 미세섬유, 중간섬유의 특징		
	미세소관	**미세섬유**	**중간섬유**
구조	13 원섬유로 구성되는 벽을 지닌 속이 빈 튜브	2개의 액틴섬유(F-액틴)가 꼬인 사슬	8개의 원섬유가 차별적 중첩을 가지고 끝과 끝이 연결된 구조
직경	25 nm	7 nm	8~12 nm
단량체	α-튜불린, β-튜불린	G-액틴	6종류의 단백질, 표 13-4참조
극성	(+), (−) 말단	(+), (−) 말단	알려진 극성 없음
뉴클레오타이드 기질	GTP	ATP	없음
기능	**세포기질 미세소관:**	근육 수축	구조 지지
	동물 세포 형태 및 극성의 조직화 및 유지	세포 운동	동물 세포 형태 유지
	염색체 이동	세포질 유동성	핵막하층 형성 및 골격 유지
	세포소기관의 세포 내 수송/통행 및 이동	세포질분열	신경세포 축삭의 견고성 부여(신경섬유 단백질)
	축사(axoneme) 미세소관: 세포 이동	동물 세포 형태 유지	근원섬유를 원위치에 유지(데스민)
		세포 내 수송/통행	

세포골격은 역동적으로 형성되고 분해된다

세포골격은 세포 운동에 관여하는 역할로 가장 잘 알려져 있다. 예를 들면 미세섬유는 근육을 구성하는 근원섬유(muscle fibril)의 필수 성분이고, 미세소관은 섬모(cilia)와 편모(flagella)의 구성 물질이다. 섬모와 편모는 세포의 부속 기관으로, 이들 기관의 운동에 의해 단세포 생물이 이동하거나 또는 이들 세포 주변에 있는 물과 다른 물질을 이동시킨다. 섬모나 편모는 광학현미경으로 관찰할 수 있을 정도로 크기 때문에 섬모나 편모를 구성하는 주요소가 대부분 세포의 세포골격 구성에 필수적인 것이 밝혀지기

오래전부터 이들 세포 기관에 대한 연구가 진행되어왔다.

보다 정교한 현미경 기술의 발전에 따라 대부분의 세포에서 세포 내 장소와 세포의 생리적 조건에 따라 특정 세포골격 구조의 형성 및 분해가 역동적으로 조절되고 있다는 사실이 확립되었다. 최근의 세포골격 구조에 대한 이해는 생화학적 그리고 세포골격의 화학적 저해(다음 내용 참조) 등 강력한 연구 기법을 복합적으로 사용하여 이루어졌다. 현재 세포생물학자들은 형광현미경 기술(fluorescence microscopy), 디지털 비디오 현미경 기술(digital video microscopy), 다양한 전자현미경 기술(electron

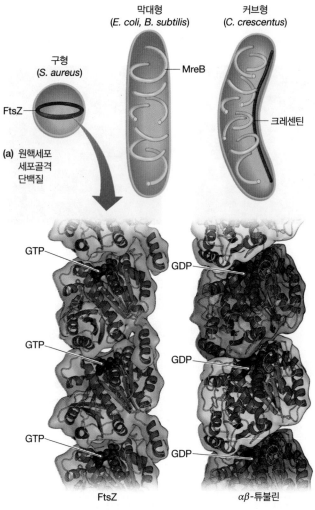

그림 13-2 박테리아의 세포골격 단백질은 진핵세포의 세포골격 단백질과 유사하다. (a) 몇 종의 박테리아 세포골격 단백질의 분포를 모식적으로 설명하고 있다. 파란색은 미세소관과 유사한 FtsZ 단백질, 노란색은 액틴과 유사한 MreB 단백질, 빨간색은 중간섬유와 유사한 크레센틴 단백질을 나타낸다. (b) X선 결정법으로 밝혀진 FtsZ 동형2량체(왼쪽)와 αβ-튜불린 이형2량체(오른쪽)의 구조 비교. 단량체 접힘과 섬유의 구조면에서 보이는 유사성에 주목하라.

microscopy) 등 다양한 현미경적 연구 기법을 이용한다(**표 13-2**). 이러한 현대 시각화 기술은 세포골격이 믿을 수 없을 정도로 역동적이며, 또 이들이 형성하는 구조가 대단히 정교하다는 사실을 밝혔다.

이 장에서는 세포골격의 구조와 각 세포골격 단백질이 어떻게 역동적으로 조립되고 해체되는가에 초점을 둘 것이다. 즉 각 세포골격에 대해 구성 소단위체 단백질의 화학적 특성, 중합체의 구조와 결합 방식, 부수적으로 결합하는 단백질의 기능, 각각의 세포 내 구조적·기능적 역할을 공부할 것이다. 이 장의 마지막 부분에서는 실제로 각 세포골격은 구조적·기능적으로 서로 연관되어 있다는 사실에 대해 알아볼 것이다.

개념체크 13.1

세포골격 중합체는 모듈식 구조이며 이들의 조립 반응은 가역적이다. 세포골격을 형성하는 데 반복적인 구성 요소를 가진다는 점은 어떤 이점이 있다고 생각하는가?

13.2 미세소관

미세소관(microtubule, MT)은 진핵세포의 세포골격 중 가장 크기가 큰 구성 요소이다(표 13-1). 이들은 세포 내 물질 이동 또는 세포 외부의 유체 이동 등 '이동'이라는 공통 테마를 가진 다양한 세포 활동에 참여한다. 이 장에서는 미세소관을 구조적으로 바라볼 것이며, 14장에서는 미세소관을 매개한 운동 기작을 알아볼 것이다.

두 종류의 미세소관이 세포의 다양한 기능을 담당한다

미세소관은 조직 체계와 구조적 안정성에 따라 일반적으로 두 종류로 나눌 수 있다. 첫 번째 그룹에 속하는 미세소관은 대개 느슨하게 조직화되어 역동적인 미세소관 네트워크를 이루며, 이들을 **세포질 미세소관**(cytoplasmic microtubule)이라 한다. 세포질 미세소관은 1960년대 초기 세포고정 기술이 발달함에 따라 현재 우리가 알고 있는 것과 같은 미세소관의 네트워크 구조를 관찰하는 것이 가능하게 되었으며, 그 후 이루어진 형광현미경의 발달로 다양한 세포에 존재하는 미세소관 네트워크의 다양성과 복잡성이 알려지게 되었다.

세포질 미세소관은 다양한 기능을 수행한다. 예를 들어 동물세포에서 서로 교차결합된 세포질 미세소관 다발은 신경세포의 특이적 연장 구조인 축삭(axon)의 유지에 필수적이다. 식물 세포의 경우 세포질 미세소관은 생장 과정에서 세포벽에 축적되는 셀룰로스 섬유의 방향성을 결정한다. 특히 세포질 미세소관은 유사분열과 감수분열 과정에서 염색체의 이동에 필수적인 방추사를 형성하며, 또 세포질 미세소관의 체계적인 조직 및 세포 내 분포는 세포 내 소포 및 세포소기관의 세포 내 배치 및 이동에 기여한다.

두 번째 그룹은 고도로 조직화된 안정한 미세소관이다. 이런 미세소관은 **축사 미세소관**(axonemal microtubule)이라 하며, 세포 운동과 관계된 세포 기관인 섬모, 편모, 그리고 이들이 부착하는 기저체(basal body) 등에서 찾아볼 수 있다. 섬모와 편모의 **축사**(axoneme)는 매우 규칙적으로 배열된 축사 미세소관 다발과 이에 결합한 다양한 단백질로 이루어져 있다. 축사 미세소관이 가진 이러한 규칙적인 구조와 안정성을 고려하면 이들이 세포질 미세소관보다 먼저 알려지고 연구된 것은 당연하다 할 수 있다.

표 13-2 세포골격 관찰에 사용되는 기술

기술	설명	예	
고정된 시료에 대한 형광현미경*	화학적으로 고정된 세포를 이용하여, 세포골격 단백질에 직접적으로 결합하는 형광물질을 처리하거나 또는 세포골격단백질과 결합하는형광 표지된 항체를 처리하므로써 형광현미경에서 이들이 발광하도록 한다.	액틴에 대한 형광 표지된 항체로 염색된 섬유아세포는 액틴섬유의 다발을 보인다.	
살아있는 세포를 위한 형광현미경*	형광을 띠는 세포골격 단백질이 만들어지고 살아있는 세포 속으로 도입된다. 형광현미경과 비디오 또는 디지털 카메라가 단백질이 세포에서 작용하는 것을 관찰하기 위해 사용된다.	형광 표지된 튜불린이 살아있는 섬유아세포 속으로 미세주입된다. 세포 내에서 튜불린 2량체는 미세소관으로 편입되어 형광현미경으로 쉽게 관찰된다.	 0초　　145초
컴퓨터 향상 디지털 비디오 현미경	현미경에 부착된 비디오 또는 디지털 카메라로부터 온 고분해능 영상은 대조를 증가시키고 영상을 흐리게 하는 배경을 제거하기 위해 컴퓨터로 처리된다.	두 현미경 사진은 미세소관을 보여준다. 오른쪽 사진은 미세소관의 세부 모습을 더 자세하게 보여주기 위해 가공 처리되었다.	 처리 전　　처리 후
전자현미경	전자현미경은 개개의 필라멘트를 보여줄 수 있는 분해능을 가진다. 이를 위해 세포는 박편 절단법, 순간 동결 심층식각법(quick-freeze deep-etch) 또는 직접 탑재 기술 등으로 처리된다.	섬유아세포는 순간 동결 심층식각 방법으로 준비되었다. 액틴 미세섬유 다발이 관찰된다.	

* 공초점(confocal), 탈회선(deconvolution), 다중광자(multiphoton) 및 전내부반사형광(TIRF)현미경법이 종종 형광 신호의 탐지를 향상시키기 위해 사용된다.

튜불린 이형2량체가 미세소관을 이루는 기본 단백질이다

미세소관은 직선형의 내부가 빈 외부 직경 25 nm, 내부 직경 15 nm의 관 구조이다(**그림 13-3**). 미세소관의 직경은 동일하지만 길이는 매우 다양하다. 일부는 200 nm 이하로 짧은 것도 있지만 편모의 축사 미세소관처럼 수 mm 길이를 보이기도 한다. 미세소관을 이루는 벽은 단백질 중합체가 일렬로 연결되어 만들어진 **원섬유**(protofilament)로 구성되어 있다. 거의 모든 미세소관은 13개의 원섬유로 구성되어 있으나, 일부 동물에서는 이보다 적거나 많은 원섬유로 구성된 미세소관도 발견된다.

그림 13-3에서 보듯이 원섬유의 기본 구성 단위는 **튜불린**(tubulin) 이형2량체(heterodimer)이다(*hetero*는 '다르다', *dimer*는 '2개의 소단위체'를 의미). 원섬유는 한 분자의 **α-튜불린**(α-tubulin)과 한 분자의 **β-튜불린**(β-tubulin)으로 구성된다. 이 2종류의 튜불린 단백질은 세포 내에서 각각 합성되며, 합성되는 즉시 비공유결합적인 방법에 의해 **αβ-이형2량체**(αβ-

heterodimer)를 형성하고, 이 튜불린 2량체는 정상적인 조건에서는 분리되지 않는다.

각각의 α-튜불린과 β-튜불린은 직경이 4~5 nm정도이며, 분자량 55 kDa을 가진다. 이들 두 단백질의 아미노산 염기서열은 유사도가 약 40% 정도이지만, 이 두 단백질의 3차 구조는 거의 동일함이 밝혀졌다. 각 튜불린은 (1) N-말단에는 GTP 결합부위가 존재하고, (2) 중앙 부위에는 콜히친(미세소관에 결합하여 미세소관의 분해를 유도하는 독성물질)의 결합부위가 있으며, (3) 세 번째 C-말단 부위에는 미세소관 결합단백질(MAP)이 결합하는 부위가 있다(MAP에 대한 자세한 내용은 이 장 후반 참조).

모든 튜불린 2량체는 동일한 방향으로 배열되어 있는데, 이는 원섬유의 한쪽 끝과 다른 쪽 끝은 구조적으로 다를 수밖에 없음을 의미한다. 하나의 미세소관을 이루는 13개의 원섬유에 존재하는 모든 튜불린 2량체는 모두 동일한 방향성을 가지고 있으므로 미세소관은 그 자체가 극성을 가진 구조이다. 양 끝을 각각

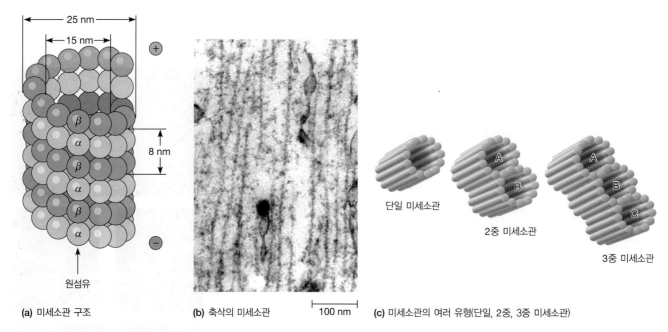

(a) 미세소관 구조 **(b)** 축삭의 미세소관 `100 nm` **(c)** 미세소관의 여러 유형(단일, 2중, 3중 미세소관)

그림 13-3 미세소관 구조. (a) 속이 비어있는 원통형 관인 미세소관의 모식도. 외부 직경은 약 25 nm, 내부 직경은 약 15 nm이다. 이 관의 벽면은 13개의 원섬유로 구성되어 있으며, 그중 하나가 화살표로 표시되어 있다. 원섬유는 튜불린 이형2량체(α-튜불린과 β-튜불린)의 선형 중합체이다. 원섬유의 모든 튜불린 이형2량체는 동일한 방향으로 배열되어 미세소관의 방향성이 나타나는데, 이들 양성(+) 말단과 음성(−) 말단을 그림에 표시했다. (b) 긴 축 방향으로 절단한 축삭의 미세소관(TEM). (c) 미세소관은 단일 미세소관(13개의 원섬유로 이루어진 빈 관 모양), 2중 또는 3중 미세소관으로 만들어질 수 있다. 2중 미세소관과 3중 미세소관은 13개의 원섬유로 이루어진 하나의 완전한 미세소관(A관)과 더불어 10개의 원섬유로 구성된 1∼2개의 불완전한 관(B관 또는 C관)으로 이루어져 있다.

양성(+) 말단, 음성(−) 말단이라고 부르며, 그 특징에 대해 살펴보자.

대부분의 생명체는 매우 유사하지만 완전히 일치하지는 않는 여러 개의 α-튜불린 유전자와 β-튜불린 유전자를 가지고 있는데, 이들을 **튜불린 동형**(tubulin isoform)이라고 한다. 예를 들어 포유동물의 뇌세포에는 각각 5종의 α-튜불린 동형과 β-튜불린 동형이 있다. 이들 튜불린 동형은 주로 C-말단 부위가 다르며, 이러한 점은 튜불린 동형이 서로 다른 단백질과 상호작용할 가능성을 제시한다. 튜불린 동형 이외에도 튜불린은 다양한 화학적 변형이 가능하다. 예를 들면 아세틸화된 튜불린(acetylated tubulin)은 아세틸화되지 않은 튜불린보다 더 안정된 미세소관을 형성한다.

미세소관에는 단일, 2중, 3중 미세소관이 있다

세포질 미세소관은 13개의 원섬유로 이루어진 단일 미세소관(singlet microtubule)이다. 그러나 일부 축사 미세소관은 좀 더 복잡하여 2중(doublet)이나 3중(triplet) 미세소관을 갖기도 한다. 이런 2중 혹은 3중 미세소관은 13개의 원섬유로 구성된 하나의 완전한 미세소관(A관, A tubule) 이외에도 10∼11개의 원섬유로 이루어진 1∼2개의 불완전한 관[B관(B tubule) 또는 C관(C tubule)]을 가진다(그림 13-3c 참조). 2중 미세소관은 섬모나

편모에서 발견되며, 3중 미세소관은 기저체와 중심립(centriole)에 존재한다(편모와 섬모에 대한 자세한 내용은 14장 참조). 2중 미세소관과 3중 미세소관은 겹쳐진 미세소관을 따라 그 내부에 존재하는 통칭 미세소관 내부단백질(microtubule inner protein, MIP)이라고 불리는 단백질에 의해 안정화된다.

미세소관은 튜불린 2량체가 양쪽 말단에 추가되는 방식으로 형성된다

미세소관은 튜불린 2량체의 가역적인 중합반응에 의해 형성된다. 튜불린 2량체의 중합반응은 시험관 실험을 통해 많이 연구되어왔다. 이런 실험의 모식도는 **그림 13-4**에 나타나 있다. 충분한 농도의 튜불린 2량체, GTP, Mg^{2+}을 포함한 용액의 온도를 섭씨 0도에서 37도로 증가시키면 중합반응이 유도된다[용액 내에서 미세소관의 형성 정도는 분광광도계(spectrophotometer)를 이용한 빛의 산란 증가를 측정하여 쉽게 알 수 있다]. 미세소관 형성의 결정적인 단계는 몇 분자의 튜불린 2량체가 모여 소중합체(oligomer)라 불리는 클러스터를 형성하는 과정이다. 이 소중합체는 일종의 발아점과 같은 역할을 하여 그로부터 새로운 미세소관이 자랄 수 있는 핵심점이 되는데, 이러한 과정을 **핵 형성**(nucleation)이라 한다. 일단 하나의 미세소관의 핵이 형성되면 이 미세소관의 한쪽 끝에 튜불린 2량체가 첨가되어 미세소관의

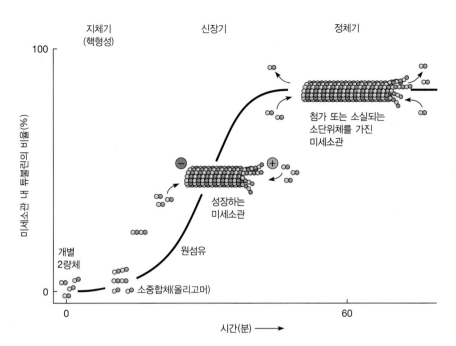

지체기 (핵형성)　　신장기　　정체기

첨가 또는 소실되는
소단위체를 가진
미세소관

성장하는
미세소관

원섬유

개별
2량체

소중합체(올리고머)

미세소관 내 튜불린의 비율(%)

시간(분) ⟶

그림 13-4 시험관 내에서 일어나는 미세소관 조립의 동역학. 미세소관 조립의 역학은 GTP-튜불린을 포함하는 용액의 온도를 0°C에서 37°C로 변화시키면서 산란되는 빛의 양을 관찰하여 측정할 수 있다(미세소관 조립은 낮은 온도에서는 억제되고, 온도가 증가하면 활성화된다). 이러한 방법에 따른 미세소관 조립은 개개의 미세소관 조립을 측정하는 것이 아니라 시험관 내 모든 미세소관에서 일어나는 현상을 측정하는 것이다. 이런 방법으로 측정하면 미세소관의 조립은 지체기, 신장기, 정체기의 3단계로 일어난다. 지체기는 핵형성 시기이다. 신장기는 미세소관의 길이가 빠르게 늘어나는 시기이며, 따라서 반응용액 내 튜불린 2량체의 농도가 감소한다. 반응용액 내 튜불린 2량체의 농도가 미세소관의 성장을 제한하는 농도까지 감소하면 정체기에 도달하게 되고, 이 시기에 튜불린 2량체가 미세소관에 결합하는 속도와 미세소관에서 분해되어 나오는 속도는 같다.

길이가 증가하며, 이 과정을 **신장**(elongation)이라 한다.

미세소관 형성은 초기에 느리게 일어나며 이 단계를 미세소관 형성의 **지체기**(lag phase)라 부르는데, 이런 현상은 핵형성 과정이 상대적으로 느린 과정임을 의미한다. 형성된 소중합체에 튜불린 2량체가 결합하는 과정인 **신장기**(elongation phase)는 핵형성에 비하면 상대적으로 빠르게 진행된다. 미세소관의 양은 궁극적으로 자유 튜불린의 농도가 한계에 이를 때까지 계속 증가하지만, 이후 미세소관의 형성과 분해가 평형을 이루는 **정체기**(plateau phase)로 이어진다.

시험관에서 일어나는 미세소관의 신장은 튜불린 2량체의 농도에 의존한다. 미세소관의 형성과 분해가 정확히 평형 상태가 이루어지는 튜불린 2량체의 농도를 전체적인 **임계 농도**(critical concentration)라 부른다. 미세소관은 튜불린의 농도가 임계 농도보다 높으면 합성하게 되고, 이 농도보다 낮으면 분해한다.

최근의 전자 단층촬영(electron tomography, 10장의 핵심 기술 참조)을 이용한 체내(in vivo) 또는 시험관(in vitro) 실험 모두에서 얻은 결과에 따르면 구부러진 형태의 원섬유가 활발히 자라는 미세소관으로 유입이 되어 미세소관의 벽면의 일부가 되면 전체적인 모습이 일직선으로 바뀌는 모습이 관찰된다.

> **연결하기 13.2**
>
> 중합 과정을 평형 상태의 화학반응처럼 생각해보면 튜불린 2량체 농도가 미세소관의 증가와 감소에 어떤 방식으로 영향을 미칠 것이라 보는가? (5.3절 참조)

튜불린 2량체는 미세소관의 양성 말단에서 더 빠르게 유입된다

미세소관에 내재하는 구조적인 극성은 미세소관의 양쪽 말단의 화학적인 특성 또한 다르다는 것을 의미한다. 두 말단 사이의 한 가지 중요한 차이점은 한쪽 말단이 다른 쪽보다 훨씬 빠르게 성장하거나 수축될 수 있다는 점이다. 미세소관의 양쪽 끝에서 나타나는 미세소관 성장 속도의 차이는 섬모의 하부 구조인 **기저체**(basal body)와 튜불린 이형2량체를 혼합해보면 쉽게 관찰할 수 있다. 미세소관 핵형성 및 조립 반응은 기저체에 존재하는 미세소관의 양쪽 끝 모두에서부터 시작되지만 한쪽이 다른 쪽보다 훨씬 빠르게 성장한다(**그림 13-5**). 이때 미세소관이 빠르게 길이가 증가하는 쪽을 **양성 말단**(plus end)이라 부르고, 다른 쪽은 **음성 말단**(minus end)이라 부른다. 뒤에서 자세히 설명하겠지만 세포에서 미세소관의 음성 말단은 가끔 중심체에 고착되어 있다. 이런 경우 미세소관의 역동성은 양성 말단에 한정되어 일어난다.

미세소관의 양성 말단과 음성 말단에서 신장 속도가 다르다는 사실은 미세소관이 형성될 때 필요한 튜불린의 임계 농도가 두 말단에서 서로 다르다는 것을 의미한다. 실제로 양성 말단의 튜불린 임계 농도는 음성 말단의 임계 농도보다 낮다. 따라서 만약 자유 튜불린의 농도가 양성 말단의 임계 농도보다는 높고, 음성 말단의 임계 농도보다는 낮은 조건에서는 양성 말단에서는 미세소관의 조립이, 음성 말단에서는 미세소관의 분해가 일어난다. 이렇게 미세소관의 형성과 분해가 동시에 일어나면 **트레드밀링**(treadmilling)이라 부르는 현상이 일어난다. 이 현상은 미세소관의 양성 말단에 결합한 특정 튜불린 분자가 미세소관을 따라 이

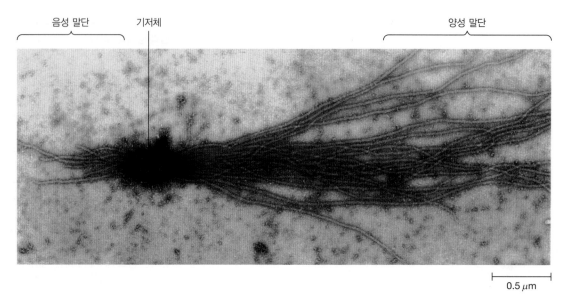

음성 말단　　　기저체　　　　　　　　　　　　　　　　　　양성 말단

0.5 μm

그림 13-5 시험관에서 미세소관의 극성 조립. 미세소관 조립의 양극성은 기저체를 튜불린 2량체 용액에 첨가함으로써 보여줄 수 있다. 튜불린 2량체는 기저체 미세소관의 양성 말단과 음성 말단 모두에 결합하지만, 기저체 미세소관의 양성 말단에서 자라나는 미세소관이 음성 말단에서 자라나는 것보다 훨씬 길다.

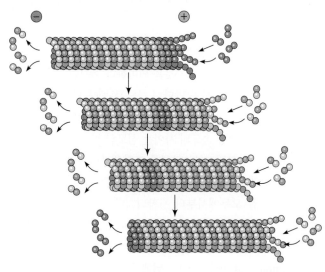

그림 13-6 미세소관의 트레드밀링. 미세소관 조립은 음성 말단보다 양성 말단에서 훨씬 빠르게 일어난다. 튜불린의 농도가 양성 말단의 임계 농도보다 높지만 음성 말단의 임계 농도보다는 낮을 때 튜불린 이형2량체는 미세소관의 양성 말단에 첨가되는 반면, 음성 말단에서는 미세소관으로부터 소실된다.

동하다가 결국 음성 말단에서 소실되는 현상을 말한다(**그림 13-6**). 형광으로 표지된 미세소관을 관찰함으로써 트레드밀링이 세포 내에서도 일어나는 현상임이 확인되었으나, 이 현상이 전체적인 미세소관의 역동성에 어느 정도 중요한지는 확실하지 않다.

여러 약물이 미세소관의 조립과 안정성에 영향을 준다

다양한 약물이 미세소관의 형성에 영향을 준다고 알려져 있다(**표 13-3**). 잘 알려진 약물 중 하나가 **콜히친**(colchicine)이다. 콜

히친은 백합과 식물인 가을크로커스(*Colchicum autumnale*)에서 추출되는 화합물로 β-튜불린 단량체에 결합한다. 콜히친은 튜불린 이형2량체가 미세소관으로 유입되는 것을 강하게 억제한다. 튜불린-콜히친 복합체는 여전히 미세소관으로 조립은 가능하지만 이후의 튜불린의 유입을 억제하고 또 구조를 와해시켜 결국 미세소관의 분해를 유도한다. 또한 **빈블라스틴**(vinblastine)과 **빈크리스틴**(vincristine)은 연관된 화합물로 협죽도과 식물 일일초(*Vinca rosea*)에서 찾아볼 수 있는데, 이들은 튜불린 2량체와 결합하여 반응에 참여하지 못하게 잡아두는 역할을 한다. **노코다졸**(nocodazole)은 합성물로서 미세소관 형성을 억제하는데, 노코다졸 처리로 인한 반응은 훨씬 가역적이어서 이 약물을 제거하면 반응이 쉽게 회복되기 때문에 콜히친보다 자주 연구에 사용된다.

이런 약물은 분열하는 세포의 방추사를 파괴하고 그 결과 세포분열이 더 이상 진행되는 것을 막기 때문에 **항세포분열제**(antimitotic drug)라 한다. 방추사가 튜불린으로 구성되었다는 점을 생각하면 이들 약물에 보이는 반응은 매우 당연하다. 실제로 빈블라스틴과 빈크리스틴은 항암제로 임상의학에서 사용하는데, 이는 암세포가 정상 세포보다 활발히 분열하고 따라서 방추사의 기능을 억제하는 이들 약물에 대해 훨씬 민감한 반응을 보이기 때문이다.

이러한 약물과는 대조적으로 **파클리탁셀**(paclitaxel) 또는 **택솔**[taxol, 주목나무(*Taxus brevifolia*) 껍질에서 최초 추출]은 미세소관에 강하게 결합하여 미세소관을 안정화를 유도한다. 이는 세포 내 상당량의 자유 튜불린이 미세소관 내에 감금되는 결과를

표 13-3	세포골격계 억제 약물	
약물	**원천**	**효과**
미세소관을 목적으로 하는 약물		
콜히친, 콜시미드	가을크로커스(*Colchicum autumnale*)	β-튜불린 단량체에 결합하여 조립을 방해
노코다졸	합성 화합물	β-튜불린 단량체에 결합하여 중합을 방해
빈블라스틴, 빈크리스틴	협죽도과 식물(*Vinca rosea*)	튜불린 이형2량체의 응집을 유도
파클리탁셀(택솔)	주목나무(*Taxus brevifolia*) 껍질의 공생 균류(fungi)	미세소관 안정화
미세섬유를 목적으로 하는 약물		
사이토칼라신 D	균류 대사물	양성 말단에 새로운 단량체의 첨가를 방해
라트룬쿨린 A	붉은바다해면(*Latrunculia magnifica*)	액틴 단량체를 격리
팔로이딘	알광대버섯(*Amanita phalloides*)	조립된 미세섬유에 결합하고 안정화
중간섬유를 목적으로 하는 약물		
아크릴아마이드	합성 화합물	중간섬유 망상 구조 파괴

초래한다. 세포분열기에는 파클리탁셀을 처리하면 방추사 분해를 억제하여 세포분열을 중단시킨다. 따라서 파클리탁셀과 콜히친 모두 세포분열을 억제하지만 이들이 미세소관과 방추사에 미치는 영향은 정반대라 할 수 있다. 파클리탁셀 역시 일부 암, 특히 유방암에 치료제로 사용된다.

GTP 가수분해가 미세소관의 동적 불안정성에 기여한다

앞서 튜불린이 Mg^{2+}과 GTP가 존재하면 시험관에서 미세소관으로 조립될 수 있음을 보았고, 실제로 GTP는 미세소관 조립에 반드시 필요하다. 각 튜불린 이형2량체는 2개의 GTP 분자와 결합하는데, α-튜불린과 β-튜불린은 각각 한 분자의 GTP와 결합한다. α-튜불린에 결합한 GTP는 가수분해되지 않으나, β-튜불린에 결합한 GTP는 튜불린 2량체가 미세소관으로 조립된 이후 가수분해된다. GTP 가수분해가 미세소관의 조립 자체에 필수적이지는 않는데, 이런 결론은 가수분해되지 않는 GTP 유사체와 결합한 튜불린 2량체도 미세소관으로 조립되는 것을 보면 알 수 있다. 그러나 GDP와 결합한 튜불린 2량체의 결합력은 매우 약하여 이들 간의 중합반응이 일어날 수 없기 때문에 미세소관의 조립에 GTP가 반드시 필요하다는 것은 자명하다.

분리된 중심체(자세한 내용은 다음 내용 참조)를 이용하여 시험관에서 핵형성 연구를 수행한 결과에 따르면 일부 미세소관은 길이가 증가하고 일부는 감소하는 것이 동시에 일어날 수 있음이 관찰되었다. 결과적으로 어떤 미세소관은 다른 이들의 희생에 의해 성장한다는 것이다. 미세소관의 조립과 분해가 어떻게 동시에 일어날 수 있는지를 설명하기 위해 미치슨(Tim Mitchison)과 커슈너(Marc Kirschner)는 **동적 불안정성 모델**(dynamic instability model)을 제안했다. 이 모델은 서로 다른

두 집단의 미세소관이 존재한다고 가정한다. 한 집단의 미세소관 양성 말단에는 튜불린 2량체가 지속적으로 중합되어 그 결과 길이가 늘어나고, 다른 한 집단의 미세소관 양성 말단에서는 결합되어 있던 튜불린 2량체의 탈중합이 일어나 그 길이가 감소한다. 이 두 집단의 차이점은 길이가 늘어나는 미세소관의 양성 말단은 GTP가 β-튜불린에 결합되어 있는 반면, 길이가 감소하는 미세소관의 양성 말단에 있는 튜불린에는 대신 GDP가 결합되어 있다.

그림 13-7은 GTP와 결합한 튜불린이 양성 말단에서 어떻게 기능하는지 보여준다. 튜불린 이형체는 2분자의 GTP와 결합하는데, 이를 GTP-**튜불린**이라고 부르며, 양성 말단에서 튜불린이 벗겨져 나가는 것을 방지하여 미세소관을 보호하는 기능이 있다. 이러한 GTP 캡(GTP cap)은 안정된 말단을 제공함으로써 지속적으로 다른 튜불린 2량체가 결합하도록 돕는다(그림 13-7a). β-튜불린의 GTP 가수분해는 결국 이 말단을 불안정하게 하며, 그로 인해 이 말단에서 탈중합이 빠르게 일어날 수 있다.

GTP-튜불린의 농도는 동적 불안정성 모델에서 결정적으로 중요하다. GTP-튜불린의 농도가 높으면 GTP-튜불린이 미세소관의 양성 말단에 빠르게 결합하여 커다란 GTP 캡을 형성한다. 그러나 만약 GTP-튜불린의 농도가 감소하면 이들 GTP-튜불린이 미세소관에 결합하는 속도가 감소하게 된다. GTP-튜불린의 농도가 어느 수준 이하로 감소하면 이 미세소관의 말단 근처에 있는 GTP의 가수분해 속도가 새로운 GTP-튜불린이 이 말단에 더 해지는 속도를 앞지르게 되어 GTP 캡의 크기가 작아진다. GTP 캡이 사라지면 미세소관은 불안정하게 되고, 이 미세소관의 끝에 결합되어 있던 GDP-튜불린의 분리가 촉진된다.

동적 불안정성 모델에 대한 직접적인 증거는 광학현미경을 통

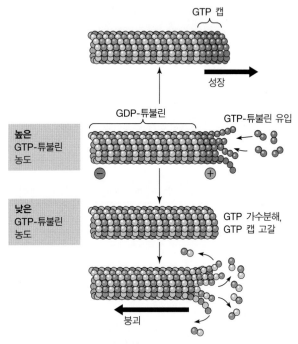

(a) GTP 캡의 역할을 설명하는 모델

GTP 캡

성장

GDP-튜불린

GTP-튜불린 유입

높은
GTP-튜불린
농도

낮은
GTP-튜불린
농도

GTP 가수분해,
GTP 캡 고갈

붕괴

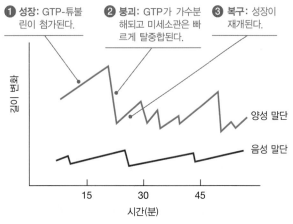

❶ 성장: GTP-튜불 린이 첨가된다.

❷ 붕괴: GTP가 가수분 해되고 미세소관은 빠 르게 탈중합된다.

❸ 복구: 성장이 재개된다.

양성 말단

음성 말단

15   30   45
시간(분)

(b) 동적 불안정성의 증거

그림 13-7 GTP 캡과 미세소관의 동적 불안정성. (a) GTP-튜불린의 농 도가 높을 때는 미세소관에 결합된 GTP가 가수분해되는 속도보다 빠르 게 새로운 GTP-튜불린이 미세소관에 더해진다. 이렇게 형성된 GTP 캡 은 그 미세소관 말단의 안정화와 성장을 촉진한다. GTP-튜불린의 농도 가 낮으면 미세소관의 성장 속도가 감소하고 GTP 가수분해 속도가 이를 능가하게 된다. 이렇게 되면 GTP 캡이 없는 불안정한 말단이 되고 미세 소관의 분해가 유발된다. (b) 광학현미경으로 개별 미세소관을 관찰한 결 과 ❶ 성장과, ❷ 붕괴적 소실이 반복적으로 일어남을 알 수 있다. 양성 말단과 음성 말단은 독립적으로 길이가 늘어나고 줄어들지만 이런 변화 는 양성 말단에서 훨씬 역동적으로 일어난다. ❸ 복구는 미세소관의 수 축이 성장으로 전환되는 것을 의미한다.

해 시험관에서 여러 미세소관을 개별적으로 관찰한 실험에서 얻 을 수 있다. 개별적인 미세소관은 신장기와 수축기를 교대로 반 복적으로 수행할 수 있다(그림 13-7b). 한 미세소관이 신장기 에서 수축기로 전환하는 시점, 이를 **미세소관 붕괴**(microtubule

catastrophe)라고 하는데, 이 경우 미세소관은 완전히 분해되어 사라지기도 한다. 혹은 미세소관이 갑자기 다시 신장기로 전환 할 수도 있는데, 이렇게 수축하다가 다시 신장하는 현상을 **미세 소관 복구**(microtubule rescue)라 부른다. 미세소관 붕괴의 빈도 는 자유 튜불린의 농도에 역비례한다. 고농도의 튜불린에서는 미세소관 붕괴가 일어나긴 하지만 빈도가 낮다. 또한 높은 튜불 린의 농도는 수축하는 미세소관이 더 쉽게 미세소관 복구로 전 환될 수 있게 한다. 튜불린의 농도에 상관없이 미세소관 붕괴는 미세소관의 양성 말단에서 주로 일어난다. 즉 동적 불안정성 자 체가 미세소관의 양성 말단에서 더욱 명백하다.

미세소관 조립은 세포의 미세소관 형성중심에서 시작된다

지금까지는 미세소관의 세포 내 기능을 이해하기 위한 토대를 마 련하고자 주로 튜불린과 미세소관의 시험관에서 보이는 특성에 대해 논의했다. 그러나 생체 내에서 일어나는 미세소관 형성은 보다 체계적이고 조절된 과정으로, 이 과정을 통해 세포는 특정 한 기능을 수행하기 위한 특정한 위치에 미세소관을 형성한다.

미세소관은 흔히 세포에 있는 **미세소관 형성중심**(microtubule- organizing center, MTOC)에서 발원한다. MTOC는 미세소관이 조립되기 시작하는 장소이며, 형성된 미세소관의 음성 말단이 고착된 장소이다. 많은 동물 세포는 간기(interphase)에 하나의 MTOC를 가지고 있으며, 이를 **중심체**(centrosome)라 부른다. 이 중심체는 세포의 핵 근처에 위치한다(**그림 13-8**). 세포분열기에 중심체는 복제되어 딸세포를 위한 새로운 MTOC가 만들어진다.

동물 세포의 중심체는 한 쌍의 **중심립**(centriole)과 그 주변 에 과립형 기질이 퍼져 존재하는 중심립 주변물질(pericentriolar material)로 구성되어 있다(그림 13-8a). 중심체의 전자현미경 사 진에서 볼 수 있듯이 미세소관은 이 중심립 주변물질에서 시작 되는 것처럼 보인다(그림 13-8b). 중심립은 놀라운 대칭 구조를 나타낸다. 그림 13-8c에 보이는 것처럼 중심립의 벽은 9개의 3중 미세소관으로 이루어져 있다. 대부분의 경우 중심립 한 쌍은 서 로 직각으로 배열되어 있는데, 이런 정렬 방식의 의미는 아직 확 실하지 않다.

또한 중심립은 섬모나 편모(14장 참조)의 형성에 필수적인 역 할을 하는 기저체와 깊은 연관이 있음이 잘 알려진 반면, 무섬모 세포에서의 기능은 확실히 밝혀지지 않았다. 동물 세포에서 중 심립은 중심립 주변물질을 중심체로 끌어 모으는 역할을 한다. 중심립이 제거된 많은 동물 세포에서 미세소관 핵형성 관련 인 자가 분산되고, 그 결과 MTOC도 사라진다. 중심립이 없는 세포 도 세포분열은 가능한데, 이는 아마도 염색체 스스로가 어느 정 도 미세소관을 불러올 수 있기 때문으로 보인다. 하지만 이때 만 들어진 방추사는 비조직적이고 엉성하다. 동물 세포와는 반대로 고등식물과 대부분의 균류에는 중심립이 존재하지 않는다. 이는 중심립의 존재가 MTOC 형성에 필수적인 것은 아님을 보여 준다.

중심체에만 특이적으로 존재하는 **γ-튜불린**(γ-tubulin)은 미세소관 핵형성에 연관되어 있다. γ-튜불린은 통칭 γ-튜불린 고리단백질(GRiP, gamma tubulin *ring protein*)이라고 불리는 다른 단백질과 연합하여 고리 모양의 **γ-튜불린 고리 복합체**(γ-tubulin ring complex, γ-TuRC)를 형성한다. 이들은 중심체에서 생성되는 미세소관의 맨 아래 부위에서 찾아볼 수 있다(**그림 13-9**). γ-튜불린 고리 복합체(γ-TuRC)의 중요성은 γ-튜불린 또는 다른 γ-튜불린 고리 복합체 구성인자의 발현을 억제한 세포에서 찾아볼 수 있다. 이들이 고갈되면 중심체에서 더 이상 미세소관의 핵형성이 일어나지 않는다. 중심체 이외에도 일부 세포에서는 다른 형태의 MTOC를 보유하는데, 예로 섬모세포의 각 섬모 조직의 바닥 부분에 존재하는 기저체 또한 MTOC로 작용한다.

다른 MTOC 단백질로서는 음성 말단에서 미세소관의 성장보다는 부착에 중요한 기능을 하는 니네인(ninein)이 있다. 또한 최근에는 기존 미세소관으로부터 옆으로 30~40° 빗겨서 새로운 미세소관의 가지가 생성되는 기작이 새로이 발견되었는데, 이를 위해서는 분기점에서 새로운 γ-튜불린 고리 복합체 형성이 필수적이며, 이들의 부착에는 오그민(augmin) 단백질이 필요하다.

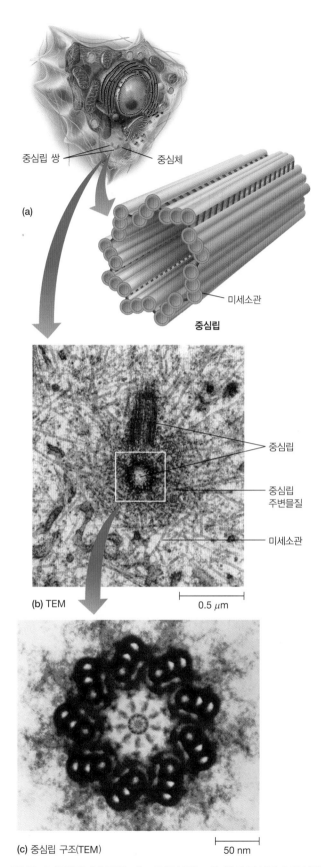

(c) 중심립 구조(TEM)

그림 13-8 중심체. (a) 동물 세포의 중심체는 한 쌍의 중심립과 중심립 주변물질로 구성된다. 중심립의 벽은 9개의 3중 미세소관으로 이루어져 있다. (b) 중심립과 중심립 주변물질의 투과전자현미경 사진. 미세소관이 중심립 주변물질로부터 형성됨에 주목하라. (c) 중심립 확대사진. 중심립은 특징적인 톱니 모양 구조를 보인다.

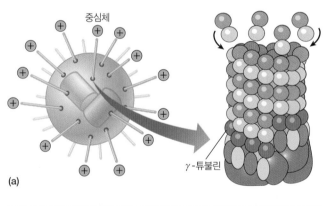
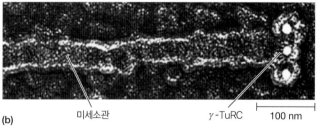

그림 13-9 γ-튜불린 고리 복합체(γ-TuRC)는 미세소관 핵형성에 관여한다. (a) γ-튜불린 고리 복합체는 중심체에서 발견되는데, 미세소관의 음성 말단이 부착되는 곳이다. 양성 말단은 γ-튜불린 고리 복합체로부터 먼 쪽에 존재한다. (b) 시험관에서 형성된 미세소관을 금속 음영으로 시각화한 모습. γ-튜불린 고리 복합체의 구성 성분인 고리단백질(Xgrip109)의 위치를 금 입자가 부착된 항체로 탐지한다. 금 입자는 밝은 원 모양으로 나타난다(TEM).

MTOC는 세포 내에서 미세소관을 조직하고 극성을 부여한다

MTOC의 가장 중요한 역할은 아마도 미세소관의 핵형성과 고착일 것이다. 따라서 세포 안에서는 중심체가 MTOC로 작용하여 이를 중심으로 미세소관은 세포의 주변부로 뻗어나가게 된다. 더욱이 MTOC에서 형성된 미세소관은 동일한 극성(음성 말단은 대개 MTOC에 고착되고 양성 말단은 세포막 쪽으로 존재)을 가지게 된다. 이러한 이유로 미세소관의 역동적인 신장과 수축은 대체로 세포의 주변부에서 일어난다.

모든 세포가 중심체를 중심으로 세포 중앙에 MTOC가 위치하는 체계를 가진 것은 아니다. 일부 세포에서는 중심체가 아닌 다양한 MTOC를 가지고 있다. 분열하지 않는 여러 세포에서 보이는 MTOC와 미세소관의 분포와 극성을 **그림 13-10**에 나타내었다. 중심체를 제외한 가장 중요한 MTOC는 바로 골지체이다. 중심체에서 발원할 때 필요한 많은 종류의 단백질이 골지체로부터의 발원에도 관여한다. 특히 골지체는 소포(vesicle) 이동에 관여하는 미세소관의 형성에 매우 중요하다는 점이 알려져 있다(14장 참조).

MTOC는 또 세포 내 미세소관의 수에도 영향을 준다. 각각의 MTOC는 미세소관이 형성될 수 있는 핵과 이들의 고착 장소의 수를 제한적으로 제공한다. 그러나 이런 MTOC의 미세소관 형성 능력은 세포분열기와 같은 특정 세포 과정 중에 극적 변화를 보이기도 한다(**그림 13-11**). 예를 들면 중심체의 미세소관 형성 능력은 중심체가 방추극(spindle pole)의 기능을 하는 세포분열의 전기(prophase)와 중기(metaphase)에 이르러 최대에 달한다.

지금까지 미세소관이 고도로 조직화되었다는 사실에 초점을

맞춰 알아보았지만 그에 준하게 중요한 점은 바로 이들의 역동성이다. 전자현미경법과 같은 기술은 역동적으로 변하는 세포골격을 보여주는 데 한계가 있다. 다행히 현대 세포생물학자들은 미세소관의 형성 및 분해를 탐지하는 다른 방법을 알고 있다. 세포골격 저해 약물, 고해상도 형광현미경, 유전공학적으로 변형시킨 형광발현 세포를 이용하는 방법 등이 그것이다(**핵심 기술** 참조).

세포에서 미세소관의 안정성은 여러 종류의 미세소관 결합단백질이 조절한다

앞 내용에서 세포 내 미세소관은 동적 불안정성을 보이고 중심체에서 세포 주변부로 성장하기도 하고 분해되기도 한다는 점을 살펴보았다. 이런 현상은 무작위로 분포하는 짧은 시간 동안 존재하는 미세소관에게는 타당하지만, 실제 세포 내에 있는 조직적인 체계를 가진 안정한 미세소관을 설명하는 데는 적당하지 않다. 실제로 세포는 미세소관의 구조, 조립, 기능을 상당한 정확도를 가지고 조절하는데, 이를 위해 세포는 다양한 미세소관 결합단백질을 이용한다. 이 중에 어떤 단백질은 ATP를 이용하는 운동단백질로, 소포나 세포소기관 등의 이동 또는 두 미세소관이 서로 미끄러지게 하는 힘을 제공하기도 하는데, 이들 단백질에 대해서는 14장에서 논의하고, 이 장에서는 미세소관의 체계와 구조를 조절하는 단백질에 초점을 맞출 것이다.

미세소관 안정화/다발화 단백질 미세소관 결합단백질(microtubule-associated protein, MAP)은 세포에서 분리한 미세소관 질량의 약 10~15%를 차지한다. MAP은 미세소관의 벽을 따라 일정한 간격으로 결합하는데, 이로 인해 미세소관이 다른 세포

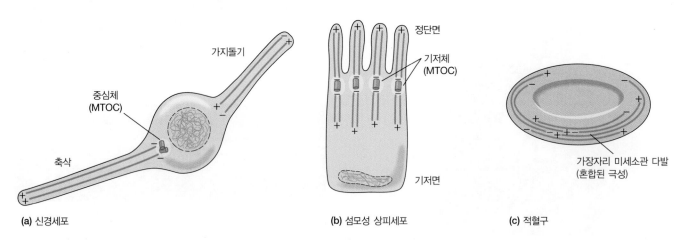

(a) 신경세포 　　　　　　　　　　(b) 섬모성 상피세포 　　　　　　　　　(c) 적혈구

그림 13-10 분열하지 않는 세포에서 미세소관의 극성. 세포에서 대부분 미세소관의 분포는 미세소관 형성중심(MTOC)에 의해 결정되며 한 세포의 미세소관의 방향성(주황색)은 세포의 기능에 따라 다를 수 있다. (a) 신경세포에는 두 세트의 미세소관이 존재한다. 한 세트의 미세소관은 축삭에 존재하며, 이 미세소관의 음성 말단은 중심체에 고착되어 있고 양성 말단은 축삭의 끝을 향하고 있다. 다른 세트의 미세소관은 가지돌기에 존재하며, 이들은 중심체와 연결되어 있지 않고, 방향성도 일정하지 않다. (b) 섬모성 상피세포에는 각 섬모의 아랫부분에 기저체가 하나씩 존재하는데, 이들은 MTOC 역할을 한다. 섬모에 있는 미세소관은 기저체(음성 말단)로부터 유래하고, 섬모의 끝부분(양성 말단)을 향해 확장된다. (c) 성숙한 적혈구는 핵과 MTOC가 없다. 그러나 이들 세포의 주변부에는 극성이 서로 다른 미세소관으로 이루어진 원형의 띠 구조가 존재한다. 이 미세소관 띠는 적혈구가 둥근 원반형 구조를 유지하는 데 기여한다.

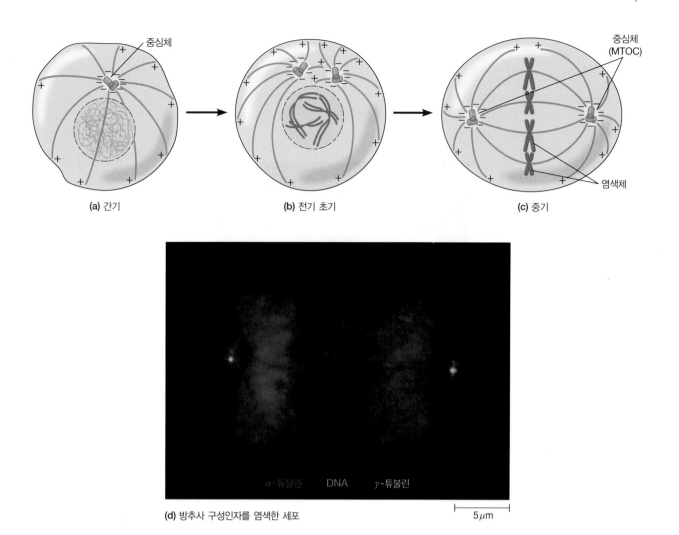

(a) 간기

(b) 전기 초기

(c) 중기

중심체

중심체 (MTOC)

염색체

α-튜불린   DNA   γ-튜불린

5μm

(d) 방추사 구성인자를 염색한 세포

그림 13-11 세포분열기 미세소관의 방향성 변화. 세포분열기에 미세소관의 음성 말단은 중심체에 고착되고, 양성 말단은 그 중심체로부터 먼 쪽을 향한다. (a) 세포분열에 앞서 중심체의 복제가 일어난다. (b) 복제된 중심체는 분리되어 각각이 방추사 형성의 중심(방추극)으로 작용한다. (c) 세포분열 중기에 이 두 복제된 중심체는 세포의 반대편에 위치하게 된다. 각 방추극은 방추사의 절반을 고정한다. (d) 방추사 구성인자를 나타내기 위해 세포를 염색했다. 각각 γ-튜불린(노란색)은 중심체, α-튜불린(빨간색)은 방추사를 나타내고, DNA는 파란색으로 나타냈다(형광현미경).

골격이나 세포 내 다른 구조체와 상호작용할 수 있게 한다. 서로 다른 종류의 미세소관 결합단백질이 **그림 13-12**에 나타나 있다. 미세소관 결합단백질의 대부분은 미세소관의 부러짐을 막고 튜불린 이형2량체가 미세소관에 고착되게 하는 방식으로 미세소관의 안정성을 증가시킨다. 또한 미세소관 다발 내 미세소관의 밀도에도 관여한다.

미세소관 결합단백질(MAP)의 기능은 이들 단백질이 가장 많이 존재하는 뇌세포에서 광범위하게 연구되었다. 신경세포는 세포체에서 다른 세포로 전기 신호를 전달하는 축삭돌기와 인접한 세포에서 신호를 받아들여 세포체로 전달하는 가지돌기(수상돌기)를 가지고 있다. 이 두 돌출 구조의 내부에는 서로 교차결합된 미세소관 다발이 존재하는데, 축삭돌기에는 타우(Tau)라 불리는 MAP가 존재하여 미세소관의 다발이 더욱 조밀하게 형성되도록 돕는다. 반면 가지돌기에는 다른 종류의 MAP인 MAP2가

있어 미세소관 다발을 느슨하게 한다. 타우나 MAP2 모두 단백질의 일부분은 미세소관 벽에 길이 방향으로 결합하고, 다른 부분은 결합한 미세소관 벽으로부터 '팔(arm)'처럼 뻗어나와 있으며, 이 부분을 통해 MAP는 다른 단백질과 상호작용한다(그림 13-12a). 이렇게 뻗어나온 팔의 길이에 따라 한 다발 내 미세소관 사이의 간격이 조절된다. MAP2의 팔이 타우의 팔보다 길기 때문에 MAP2에 의해 구성된 미세소관 다발은 타우로 구성된 다발보다 미세소관 사이의 간격이 크다.

이런 미세소관다발을 형성하게 하는 미세소관 결합단백질의 중요성은 비신경세포에 타우를 과량 발현시킨 실험으로 입증할 수 있다. 비신경세포에서 과량의 타우를 생산하게 만들면 이들 세포는 신경세포의 축삭돌기처럼 보이는 하나의 긴 돌기를 형성한다(그림 13-12b). 타우는 인간의 질병에도 중요하다. 신경원섬유 엉킴(neurofibrillary tangle)으로 불리는 신경돌기가 심하게

문제 세포골격은 세포의 다양한 기능에 역동적으로 관여한다(표 13-1 참조). 그러나 특정 작용에 어떤 세포골격이 연관되어 있는지 판단하려면 연구자들은 살아있는 세포에서 언제, 어디서 이들이 조립되는지를 추적할 수 있어야 한다.

해결방안 세포골격을 이루는 구성 요소를 특이적으로 억제하는 화학약물을 이용하여 쉽게 특정 세포 현상에 이들이 관여하는지 판별할 수 있다.

주요 도구 (1) 세포골격 억제 약물, (2) 형광으로 표지된 세포골격인자 단량체 그리고/또는 세포골격에 결합하는 단백질, (3) 형광현미경과 고감도 카메라

상세 방법 다양한 약물이 세포골격인자의 합성과 분해에 생화학적 수준으로 영향을 미친다(표 13-3 참조). 일부 약물은 단량체와 결합하여 중합반응에서 격리시키거나 중합체로의 합체를 방해한다. 이런 종류의 약물은 특정 세포 현상에서 새로운 중합체의 합성이 필요한지를 알아보는 데 매우 유용하다. 반대로 일부는 중합체에 특이적으로 결합하여 분해를 방해한다. 이들은 이미 합성된 세포골격이 다음 과정을 진행하기 위해 와해되어야 하는지를 판단하는 데 유용하다.

이들 각각의 약물은 또한 '제거' 실험에도 활용된다. 약물이 주어지면 특정 세포골격의 생성 또는 분해가 억제되었다가 이후 이들이 제거되면 정상

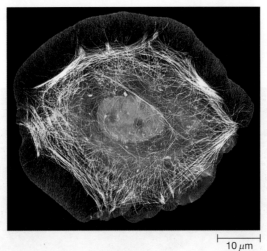

인간 각질형성세포(keratinocyte). 녹색은 DNA, 노란색은 미세소관, 흰색은 액틴을 나타낸다.

적인 역동성이 회복된다.

1970년대 중반에 중심체가 미세소관 형성중심(MTOC)임을 어떻게 알게 되었는지 알아보자. 만약 세포에 미세소관 분해약물인 콜시미드(colcemid)를 처리하면 세포 내 미세소관은 사라지는데, 이는 미세소관 항체를 통해 면역형광법으로 확인이 가능하다(**그림 13A-1a**). 이후 콜시미드를 제거하면 미세소관이 다시 자라는 것을 관찰했는데, 이 시작 부위가 바로 중심체였다(그림 13A-1b). 이 실험은 미세소관의 양성 말단이 늘 중심체로부터 멀어지는 방향으로 뻗어간다는 점을 강력히 시사한다.

하지만 항체 염색에는 약점이 있는데, 세포를 화학 처리하는 과정이 필요하여 살아있는 세포를 관찰할 수 없다는 점이다. 실제 더 확실한 방법은 살아있는 세포를 대상으로 세포골격의 변화를 관찰하는 방법일 것이다. 이를 위해 형광단백질로 표지된 세포골격인자를 세포 내로 유입하는 기술이 개발되었다. 표지된 단량체를 직접 세포에 주입하거나 유전공학적으로 단량체가 GFP와 같은 형광단백질과 결합된 상태로 발현하게 하는 것이다. **그림 13A-2**에서 보여주듯이 이러한 접근법은 살아있는 세포에서 일어나는 동적 불안정성을 입증하는 데 결정적인 기여를 했다.

전체 시스템에 있는 모든 중합체를 모두 표지하는 방법은 세포골격의 역동성을 이해하는 데 효과적이긴 하지만 일부만 표지되었을 때 얻을 수 있

엉키는 현상은 알츠하이머병(Alzheimer's disease), 픽병(Pick's disease) 및 여러 형태의 중풍(또는 마비)과 같은 치매를 초래하는 질병의 대표적 증상이다. 알츠하이머병의 경우 이렇게 엉킨 신경돌기는 과량의 과인산화된 타우를 포함하고 있으며, 이 과인산화된 타우는 쌍으로 구성된 나선형의 섬유 구조를 형성한다(**인간과의 연결** 참조). 사람에서 비정상적인 타우를 합성하는 돌연변이가 생긴 경우 이 돌연변이 유전자를 가진 사람은 앞서 언급한 신경원섬유 엉킴을 일으키는 유전적 경향이 있다. 그러므로 이런 질병을 때로 **타우병증**(tauopathy, 전두측두엽 치매)이라 한다.

+-TIP 단백질 미세소관 자체는 일반적으로 매우 불안정하여 다른 방법을 이용하여 안정화되지 않으면 오랫동안 온전한 상태로 유지되기 어렵고 분해된다. 미세소관을 안정화하는 방법 중 하나는 미세소관의 양성 말단을 '포획'하여 보호하는 것이다. 이를

위해 **양성말단 튜불린 상호작용 단백질**(+-end *tubulin interacting protein*, +-TIP 단백질)은 미세소관의 양성 말단과 결합한다. 미세소관 포획의 중요한 예 중의 하나가 세포분열 과정 중에 방추사부착점(kinetochore)에서 일어난다. 다른 +-TIP 단백질은 원형질막 바로 아래 미세섬유(액틴)의 망상 구조 지역인 **세포피질**(cell cortex)에서 그곳까지 도달한 미세소관을 안정화한다. 또한 *EB1*(end-binding protein 1)을 비롯한 일련의 +-TIP 단백질은 직접적으로 양성 말단과 결합하여 안정화를 도모하고 붕괴를 막는 기능을 한다(그림 13-12c).

EB1은 양성 말단의 GTP-튜불린과 결합하여 특징적인 폭죽 모양을 만들 수 있다(그림 13-12d). 녹색형광단백질(green fluorescent protein, GFP)을 붙인 EB1 단백질은 미세소관의 양성 말단을 추적하는 데 놀랍도록 유용한 도구가 된다(핵심 기술 참조).

미세소관 불안정화/절단단백질 지금까지 논의한 것처럼 어떤

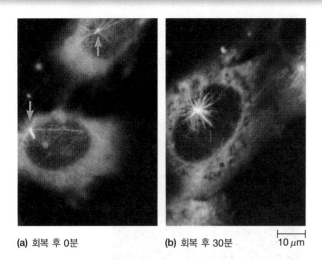

(a) 회복 후 0분   **(b)** 회복 후 30분   10 μm

그림 13A-1 약물 제거 실험은 중심체가 세포에서 미세소관의 극성을 부여한다는 점을 보여준다. (a) 세포에 콜시미드 처리 후 미세소관의 모습으로 콜시미드에 손상되지 않은 미세소관은 중심체에서만 보인다(화살표). (b) 콜시미드를 제거하고 30분이 지난 후 고정된 세포. 새로운 미세소관은 중심체에서 주변부로 자란다.

는 형광 신호를 분석하는 것이 가끔은 훨씬 용이하다. 이러한 기법으로 *반점현미경법*(speckle microscopy)이 있는데, 소량의 형광 단량체만을 이용하는 방법으로 세포골격의 측면을 따라 점 모양의 형광을 보여준다. 이 방법은 세포골격 구성인자의 흐름을 알아보는 데 유용하다. 예로 만약 미세소관 또는 미세섬유의 트레드밀링이 일어나면 음성 말단은 소실되고 양성 말단에서는 새로운 단량체가 유입됨에 따라 양성 말단에서 유입된 형광 단량체는 점점 뒤로 밀리게 될 것이다.

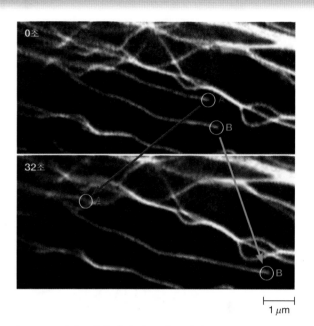

그림 13A-2 미세소관의 생체 내 동적 불안정성. GFP-β-튜불린을 발현하는 쥐 배아세포에서의 미세소관을 살아있는 세포형광현미경으로 관찰함으로써 생체 내 동적 불안정성을 보여주고 있다. 여기서는 두 가닥의 미세소관(A, B)이 표지되었으며, 32초 이후 B는 자랐고, A는 줄어들었음을 알 수 있다.

질문 파클리탁셀은 미세소관의 분해를 방해하는 화합물이다. 세포분열을 마치기 위해 미세소관 분해가 필요한지 여부를 알아보는 연구에 이 화합물을 어떻게 사용하면 좋을까?

MT 결합단백질은 미세소관의 분해가 일어날 가능성을 감소시켜 미세소관을 안정화한다. 반면 미세소관의 분해를 촉진하는 단백질도 존재한다. 스태스민(stathmin)/Op18은 튜불린 이형2량체에 결합하여 튜불린 이형2량체가 미세소관으로 조립되는 것을 막는다. 또한 다른 단백질들은 조립된 미세소관의 말단에 결합하여 일단 중합된 원섬유를 벗겨냄으로써 그 말단에서 튜불린 이형2량체가 분리되는 것을 촉진한다. 이렇게 작용하는 단백질에는 카타스트로핀(catastrophin)이라 불리는 키네신(kinesin)의 일종인 단백질이 있다(그림 13-12e). 카타스트로핀의 기능을 정확히 조절하여 세포에서 언제, 어디서 미세소관이 조립되고 분해되는가를 정교하게 조절할 수 있다. 이 중 가장 중요한 예는 바로 세포분열 시 방추사를 조절하는 것이며 카타스트로핀의 일종인 MCAK(mitotic centromere-associated kinesin)가 바로 이와 같은 역할을 한다. 또 다른 단백질로 카타닌(katanin)이 있는데, 미세

소관을 절단한다.

개념체크 13.2

미세소관의 동적 불안정의 정도는 어떤 세포인지, 그리고 그 세포가 분열 중인지에 따라 차이가 있다. 어떤 상황에서 미세소관의 동적 불안정이 가장 높을 것이라 생각하는가? 그 이유는 무엇인가?

13.3 미세섬유

직경이 약 7 nm인 **미세섬유**(microfilament, MF)는 세포골격 섬유 중 가장 가늘다(표 13-1). 미세섬유는 근육세포의 수축 과정에서 하는 역할로 가장 잘 알려져 있는데, 이 과정에서 미세섬유는 마이오신(myosin)으로 이루어진 두꺼운 섬유와 상호작용하여 근육의 특징적인 수축작용을 매개한다(14장 참조). 하지만 미

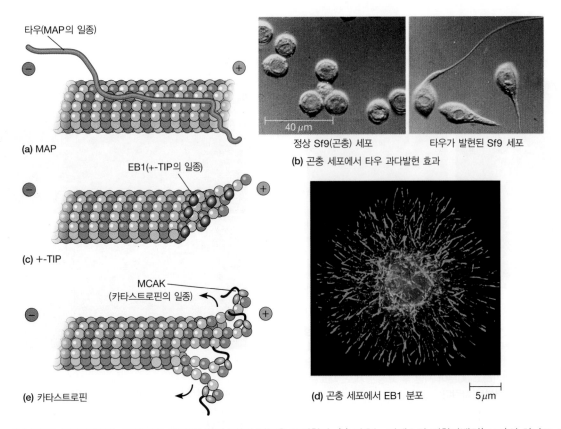

타우(MAP의 일종)

(−) (+)

(a) MAP

EB1(+-TIP의 일종)

(−) (+)

(c) +-TIP

MCAK
(카타스트로핀의 일종)

(−) (+)

(e) 카타스트로핀

40 μm

정상 Sf9(곤충) 세포   타우가 발현된 Sf9 세포

(b) 곤충 세포에서 타우 과다발현 효과

(d) 곤충 세포에서 EB1 분포   5 μm

그림 13-12 미세소관과 상호작용하는 단백질이 생체 내 미세소관의 기능을 조절한다. (a) 타우는 미세소관 결합단백질(MAP)의 하나로, 이 단백질의 일부는 미세소관에 길이에 나란히 결합하고, 다른 부분은 결합한 미세소관에서 뻗어나와 미세소관 사이의 간격을 조절한다. (b) 비신경세포인 Sf9 세포에서 타우 과다발현의 영향. (c) EB1은 +-TIP 단백질의 일종으로, 양성 말단(또는 그 근처)에 결합하여 미세소관을 안정화한다. (d) S2 세포 모습으로 초록색은 EB1, 빨간색은 미세소관, 파란색은 DNA를 나타낸다. (e) MCAK와 같은 카타스트로핀은 키네신 계통에 속하는 단백질로, 미세소관 불안정화를 도모한다.

세섬유는 근육에 한정되지 않고 거의 모든 진핵세포에 존재하면서 세포의 이동, 세포의 구조 등 실로 다양한 역할을 수행한다.

미세섬유가 세포운동에서 중요한 역할을 하는 예로는 접착용 세포족(lamellipodium, 복수형은 lamellipodia, 또는 박판족)과 사상위족(filopodium, 복수형은 filopodia)을 통한 세포의 이동, 아메바 운동, 일부 식물 세포나 동물 세포에서 관찰되는 규칙적인 세포기질의 흐름인 **세포질 유동** 등이 있다(이런 현상에 대해서는 14장 참조). 미세섬유는 동물 세포의 세포분열에서 세포기질을 2개의 딸세포로 나누는 세포질만입구(cleavage furrow)를 형성하고, 세포가 인접 세포와 맞닿는 부위 또는 세포외기질(extracellular matrix)과 결합하는 부분에도 존재한다.

다양한 세포의 운동을 중개할 뿐 아니라 미세섬유는 세포가 특징적인 형태를 갖게 하고 또 이를 유지하는 데 중요한 기능을 한다. 대부분의 동물 세포는 세포막 바로 아래에 세포피질이라 부르는 조밀하게 배열된 미세섬유의 망상 구조가 존재한다. 세포피질의 액틴은 세포 표면에 구조적 안정성을 주고 세포의 형태 변화와 세포의 이동을 용이하게 한다. 미세섬유의 평행다발(parallel bundle)은 또한 많은 동물 세포 표면에 존재하는 손가락

형태의 돌기인 미세융모(microvillus, 복수형은 microvilli)의 구조적 축을 형성한다(그림 4-5 참조).

미세섬유를 이루는 기본 단백질은 액틴이다

액틴(actin)은 식물, 조류, 균류 등을 포함한 거의 모든 진핵세포에 매우 다량으로 존재하는 단백질이다. 액틴은 375개의 아미노산으로 구성된 하나의 폴리펩타이드로, 분자량은 약 42 kDa이다. 접힘이 완결된 액틴은 대략 U자형의 3차 구조를 가지며, 이 구조의 안쪽 공간에 Mg^{2+}과 결합한 ATP 또는 ADP가 존재한다. 개별적인 액틴 단백질은 **G-액틴**(globular actin)이라 하고 적절한 조건에서 G-액틴들이 중합하여 미세섬유를 이룬다. 섬유성 상태의 액틴을 **F-액틴**(filamentous actin)이라 부른다(**그림 13-13**). G-액틴과 F-액틴은 액틴 결합단백질(actin-binding protein)이라 통칭되는 여러 종류의 단백질과 결합한다.

세포에는 서로 다른 액틴이 존재한다

세 종류의 세포골격을 이루는 단백질 중 액틴의 아미노산 서열이 종 간의 보존성이 가장 크다. 이런 고도의 아미노산 서열의

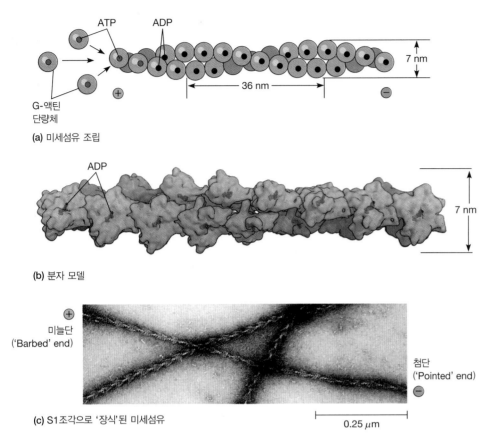

(a) 미세섬유 조립

(b) 분자 모델

(c) S1조각으로 '장식'된 미세섬유

0.25 μm

그림 13-13 시험관 내 미세섬유 조립 모델. (a) G-액틴 단량체가 중합하여 두 가닥의 액틴 중합체가 서로 꼬인 나선 구조를 가진 직경 약 7 nm인 긴 F-액틴섬유(미세섬유)를 만든다. 이 나선 구조는 36~37 nm마다 반 바퀴 회전하며, 이 반 회전에는 13.5개의 액틴 단량체가 필요하다(두 가닥에 존재하는 단량체의 총수). 각각의 G-액틴 단량체가 F-액틴으로 결합하는 과정에서 또는 결합된 후에 액틴에 결합되어 있던 ATP는 가수분해된다. 하지만 이 ATP 가수분해가 액틴의 중합반응 자체에 반드시 필요한 것은 아니다. (b) 전자현미경 및 X선 결정법에 기초하여 만들어진 F-액틴의 분자 구조 모델. 두 가닥에서의 G-액틴 단량체를 보여준다. (c) 미세섬유에 마이오신 S1 조각을 입힌 후 전자현미경 사진을 보면 S1이 미세섬유와 결합하여 마치 화살촉처럼 보인다. S1 화살촉은 미세섬유의 음성 말단을 향하고 있다.

유사성에도 불구하고 다른 종 간에 존재하는 액틴은 서로 다르며, 또 동일 개체에서도 조직(tissue)에 따라 다른 액틴이 존재한다. 다양한 액틴의 아미노산 염기서열 분석에 근거하여 액틴은 크게 2개의 큰 그룹, 즉 근육 특이 액틴(α-액틴)과 비근육 액틴(β-액틴과 γ-액틴)으로 나뉜다. β-액틴과 γ-액틴은 한 세포에서 다른 지역에 분포하며 결합단백질과 서로 다른 상호작용을 하는 것으로 보인다. 예를 들어 소장 상피세포의 한쪽 끝(정단, apical end)은 소화되는 음식물이 지나가는 창자의 내부 공간 쪽을 향하고 있으며, 여기에는 미세융모가 존재한다. 반대로 이 세포들의 반대쪽(기저단, basal end)은 세포외기질에 붙어있다. β-액틴은 주로 이 상피세포의 정단에 존재하고, γ-액틴은 주로 기저단과 측면에 존재한다.

G-액틴 단량체들이 중합하여 F-액틴 미세섬유가 된다

액틴 중합 과정의 동역학은 형광으로 표지된 G-액틴 용액을 이용한 실험으로 연구할 수 있다. 중합반응으로 형성된 F-액틴의 형광을 측정하여 튜불린의 중합반응과 비슷한 결과를 얻을 수 있다. G-액틴 단량체는 중합반응에 의해 미세섬유를 이루는데, 이 중합반응은 튜불린 중합반응과 마찬가지로 가역적이며, 반응 단계도 유사하다. 즉 초기 단계는 지체기로 단량체가 2량체, 3량체 등의 핵형성 씨앗(nucleation seed)을 만든다. 이후 빠르게 섬유의 중합이 일어나는 신장기가 뒤따른다. F-액틴은 두 가닥의 G-액틴 중합체가 서로 감겨 나선(helix)을 이룬 형태로 반 회전에 약 13.5액틴 단량체 분자가 존재한다(그림 13-13a, b).

하나의 미세섬유에 존재하는 모든 액틴 단량체는 동일한 방향으로 배열되어 있어 미세섬유(MF)도 미세소관(MT)과 같이 한쪽 끝의 화학적, 구조적 성질이 다른 쪽 끝과 다른 내재적인 방향성을 가지고 있다. F-액틴의 방향성은 미세섬유를 마이오신의 S1 조각(myosin subfragment 1, S1)과 함께 섞어주면 쉽게 알 수 있다. S1 조각은 미세섬유와 결합하여 액틴을 '장식'하는데, 이때 이들이 같은 쪽을 향하도록 배열하기 때문에 결과적으로 특징적인 화살촉 모양이 탄생한다(그림 13-13c). 이런 화살촉 양식 배열에 근거하여 첨단(pointed end)과 미늘단(barbed end, 화살이나 낚싯바늘의 가시 모양)이 각각 미세섬유의 음성 말단과 양성 말단을 칭하는 용어로 일반적으로 사용된다. 미세섬유의 방향성은 미세섬유의 양 말단에서 액틴 조합과 분해가 독립적으로 일어나는 것을 가능하게 하기 때문에 매우 중요하다.

미세섬유의 방향성은 또한 G-액틴이 첨가되는 과정을 보면 알 수 있다. 시험관에서 G-액틴이 S1 조각으로 장식된 짧은 미세섬유에 중합되는 경우 이 중합반응은 미늘단에서 훨씬 빠르게 일어나므로 미늘단이 양성 말단임을 보여준다. 따라서 미세섬유의 양쪽 끝에 액틴 단량체가 결합할 수 있는 조건일지라도 미세섬유의 신장은 음성 말단보다 양성 말단에서 빠르게 일어난다. 생체 내에서는 G-액틴의 첨가는 오롯이 양성 말단에서만 일어나는데, 이는 세포기질에 존재하는 프로필린(profilin)이라는 단백질이 G-액틴에 특이적으로 결합하여 음성 말단에서 중합되는 것을 방해하기 때문이다.

단량체가 미세섬유로 조립되면서 G-액틴에 결합된 ATP는 천천히 ADP로 가수분해된다. 이는 튜불린에 결합한 GTP가 미세소관이 조립됨에 따라 GDP로 가수분해되는 현상과 유사하다. 따라서 중합이 일어나는 미세섬유의 양성 말단에는 ATP-F-액틴이 존재할 경향이 크고, 나머지 대부분에는 ADP-F-액틴이 존재한다. 그러나 ADP-G-액틴이나 가수분해되지 않는 ATP 유사체와 결합한 G-액틴을 이용해서도 미세섬유의 형성이 가능하므로 ATP의 가수분해가 반드시 미세섬유의 신장에 필요한 것은 아니다.

특정한 약물이 미세섬유의 중합에 영향을 준다

앞의 미세소관의 경우처럼 몇 종의 약물이 액틴이 미세섬유로 중합되는 것을 억제하기 위해 이용된다(표 13-3). 이 약물을 세포에 처리한 경우 이들 세포에서 관찰되는 여러 억제 효과에 따라 이들 세포에서 미세섬유의 기능을 유추할 수 있다. 일부 약물은 미세섬유의 분해를 유발한다. 사이토칼라신 D와 같은 **사이토칼라신**(cytochalasin)류는 곰팡이 대사물로서, F-액틴의 양성 말단을 효과적으로 감싸 안아 이미 들어와 있는 단량체의 소실을 막을 뿐 아니라 새로운 G-액틴이 들어오는 것도 방해한다. 음성 말단에는 지속적으로 손실이 일어날 것이므로 사이토칼라신을 처리한 세포의 미세섬유는 점점 사라진다. 이와 달리 홍해에 서식하는 해면(*Latrunculia magnifica*)에서 추출한 독물인 **래트런큘린 A**(latrunculin A)는 G-액틴과 결합하여 양성 말단에서 중합에 참여하지 못하게 격리시킨다. 이렇게 사이토칼라신과 래트런큘린의 작용기작은 다르지만 미세섬유의 분해라는 결과를 이끈다는 점에서 동일하다. 역으로 '죽음의 모자(death cap)'라 불리는 독버섯 *Amanita phalloides*에서 추출한 팔로이딘(phalloidin)은 고리형 펩타이드로 미세섬유에 결합하여 이들을 안정화하고, 따라서 미세섬유의 분해를 막는다. 형광염료로 표지한 팔로이딘은 형광현미경을 이용하여 세포 내 F-액틴을 관찰하는 데 매우 유용하다.

세포는 역동적으로 액틴을 다양한 구조로 조립할 수 있다

미세소관에서처럼 세포는 시간과 장소에 따라 G-액틴이 미세섬유로 조립되는 것을 역동적으로 조절할 수 있다. 예를 들면 기어다니는 세포의 다양한 구조를 지닌 미세섬유 네트워크를 **그림 13-14**에 나타냈다. 상대적으로 두껍고 안정한 액틴 다발인 버팀섬유(stress fiber)는 세포의 꼬리 부분 또는 끌려오는 세포의 가장자리에 보인다(그림 13-14a). 생체 내에서 이런 버팀섬유와 같은 구조는 주변 기질에 힘을 주입하는 데 도움을 준다. 이와 대조적으로 빠르게 이동하는 세포는 훨씬 적고 가늘며 매우 동적인 버팀섬유를 가지는 게 일반적이다. 이런 세포에서는 원형질막 바로 아래에서 **세포피질**(cell cortex)이라 불리는 액틴의 망상 구조가 존재하는데, 이는 교차결합된 매우 느슨하게 조직된 격자 구조 또는 젤 상태의 미세섬유 조직이라 표현할 수 있다(그림 13-14b).

기어다니는 세포의 앞쪽 끝부분에는 **접착용 세포족**(lamellipodia)

그림 13-14 기어 다니는 세포에서 액틴의 구조. 액틴은 기어다니는 세포의 다양한 구조에서 발견된다. 액틴의 극성은 삽입도에 나타내었고 푸른색의 화살촉 머리 방향으로 음성 말단(첨단)을 나타내고 있다. (a) 버팀섬유는 세포의 뒤쪽부터 앞쪽까지 연속적으로 존재하며, 이들은 액틴의 수축성 다발로 구성되어 있다. (b) 세포의 주변부, 즉 피질에는 젤 상태로 교차결합된 미세섬유의 3차원적 망상 구조가 존재한다. (c) 접착용 세포족의 끌고 가는 쪽 끝부분에는 가지친 액틴 망상 구조를 보인다. (d) 사상위족은 평행한 액틴섬유 다발을 가지며, 이들은 양성 말단이 바깥쪽으로 향하게 같은 방향으로 배열되어 있다.

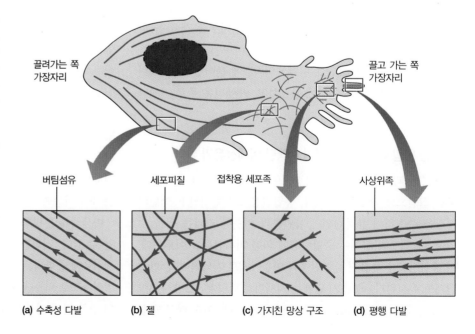

끌려가는 쪽 가장자리　　끌고 가는 쪽 가장자리

버팀섬유　　세포피질　　접착용 세포족　　사상위족

(a) 수축성 다발　　(b) 젤　　(c) 가지친 망상 구조　　(d) 평행 다발

그림 13-15 사상위족 내의 미세섬유 다발. 생쥐 흑색종 세포의 주변부는 두 종류의 특이적 액틴 망상 구조를 보여준다. 사상위족 내 미세섬유 다발은 접착용 세포족의 원형질막 바로 밑에 있는 미세섬유 그물망과 결합된다(심층식각 TEM).

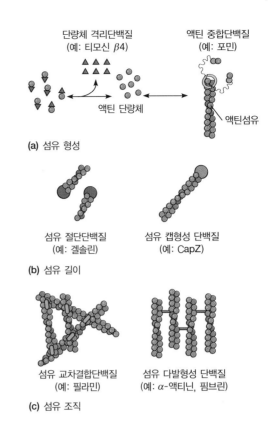

그림 13-16 액틴 결합단백질은 액틴의 조직 체계를 조절한다. 액틴 결합단백질은 미세섬유의 조직 체계를 변화시킨다. 이들은 (a) 단량체의 이용 가능성 및 단량체 첨가 반응, (b) 이미 만들어진 섬유의 절단 또는 성장, (c) 섬유의 조직 형성 등에 영향을 준다.

과 사상위족(filopodia)이라 불리는 특수화된 구조가 존재하며, 이러한 구조는 표면을 따라 세포가 이동하는 것을 가능하게 한다(이러한 특수화된 구조에 대한 자세한 내용은 14장 참조). 돌출 구조의 모양은 세포 운동의 특성 및 미세섬유의 조직에 따라 달라진다.

접착용 세포족은 가지를 친 모양의 액틴 망상 구조라 할 수 있다(그림 13-14c). 사상위족의 미세섬유는 동일한 방향으로 나란히 배열된 극성의 액틴 다발이며, 그들의 양성 말단은 돌출부의 끝을 향하고 있다(그림 13-14d). 전자현미경 사진은 세포 내에서 이들 두 구조의 실제 모습을 보여준다(**그림 13-15**). 세포가 이러한 다양한 액틴 기반 구조를 어떻게 조절하는지 정확히 이해하려면 미세섬유 중합 과정의 조절뿐 아니라 이들의 중합체가 어떻게 망상 구조를 형성하는지 이해할 수 있어야 한다.

액틴 결합단백질이 미세섬유의 중합, 길이, 조직화를 조절한다

미세소관과 마찬가지로 세포는 어디서 미세섬유를 형성할 것인지, 형성된 미세섬유가 결합하여 어떤 구조를 이룰 것인지를 정확하게 조절한다. 이를 위해 세포는 여러 가지 다양한 **액틴 결합단백질**(actin-binding protein)을 이용한다(**그림 13-16**). 미세섬

유 중합 과정의 조절은 새로운 미세섬유의 핵형성과 성장, 존재하는 미세섬유의 절단, 미세섬유 결합에 의한 망상 구조 형성 등 여러 단계를 걸쳐 일어난다.

중합을 조절하는 단백질 미세섬유의 성장은 다른 요인이 없다면 ATP 결합 G-액틴(ATP-G-액틴)의 농도에 의존한다. ATP-G-액틴의 농도가 높다면 미세섬유는 G-액틴이 제한될 때까지 계속 조립될 것이다. 그러나 세포에서 G-액틴은 액틴 격리단백질인 티모신 $\beta4$(thymosin $\beta4$)와 결합되어 있기 때문에 중합반응을 할 수 있는 자유로운 G-액틴의 양은 그리 많지 않다.

중합을 조절하는 다른 단백질로 프로필린(profilin)이 있는데, 이 또한 G-액틴 단량체와 결합하는 특성이 있으므로 티모신 $\beta4$와는 경쟁관계에 있다. 하지만 프로필린은 G-액틴을 격리하지 않으며 오히려 이들이 미세섬유의 양성 말단에 첨가되도록 도와준다. 결과적으로 프로필린의 농도가 높으면 중합반응이 촉진되는데, G-액틴이 결합할 수 있는 미세섬유 말단이 있는 경우에만 반응이 일어날 수 있다. 또 다른 단백질로 ADF/코필린(ADF/cofilin)이 있으며, ADP-G-액틴과 F-액틴에 결합하는 것으로 알려져 있다. ADF/코필린은 미세섬유의 음성 말단에서 미세섬유의 분해를 촉진하여 세포 내 ADP-G-액틴의 회전률을 증가시

킨다. G-액틴과 결합한 ADP는 ATP로 치환될 수 있으며, 이렇게 만들어진 ADP-G-액틴은 다시 미세섬유의 양성 말단이 성장하는 데 재사용될 수 있다.

일단 G-액틴 단량체가 모여 작은 응집(핵형성을 위한 씨앗)이 만들어지면 이들은 중합하여 섬유로 발전할 준비가 된 상태가 되며 다른 단백질들이 이들의 중합 과정에 협력하게 된다. 서로 다른 종류의 액틴 망상 구조는 이들의 중합반응을 도와주는 Arp2/3 복합체나 포민 같은 다른 단백질의 활성에 따라 결정된다(다음 내용 참조).

액틴섬유의 캡형성 단백질 미세섬유 말단이 성장에 이용될 수 있는지 여부는 미세섬유 말단의 캡(cap) 형성 유무에 의존한다. 미세섬유의 캡 형성은 **캡형성 단백질**(capping protein)이 미세섬유 말단에 결합하여 액틴 단량체의 첨가와 소실을 방해함으로써 미세섬유를 안정화할 때 일어난다. 미세섬유의 양성 말단에 캡으로 작용하는 이런 단백질의 하나로 *CapZ*가 있다. *CapZ*가 결합된 미세섬유의 양성 말단에는 G-액틴 첨가가 일어나지 못하고, *CapZ*가 제거되면 액틴 첨가가 다시 시작된다. **트로포모듈린**(tropomodulin)이라는 다른 단백질은 미세섬유의 음성 말단에 결합하여 F-액틴의 음성 말단으로부터 G-액틴이 떨어져 나가는 것을 막는다.

액틴섬유와 교차결합하는 단백질 많은 경우 액틴 연결망은 미세섬유들이 십자로 교차결합을 이루는 느슨한 그물망 형태이다. 이러한 미세섬유의 연결망 형성에 중요한 교차결합단백질의 하나로 **필라민**(filamin)이 있다. 필라민은 2개의 같은 단백질이 머리를 맞댄(head-to-head) 방식으로 결합되어 만들어진 긴 단백질로, 각 소단위 단백질의 꼬리 부분에 액틴 결합부위가 존재한다. 필라민은 2개의 미세섬유가 서로 교차하는 장소에서 이 두 섬유를 결합시키는 '연결부'로 작용한다. 이러한 방법으로 연결된 미세섬유는 커다란 3차원 연결망을 형성한다.

액틴섬유의 절단단백질 다른 단백질들은 반대 역할, 즉 미세섬유의 망 구조를 분해하거나 세포피질의 액틴 젤을 부드럽게 하고 액화시킨다. 이러한 단백질은 미세섬유를 절단하거나 말단에 캡을 형성함으로써 이런 기능을 수행한다. 두 기능을 모두 수행하는 절단/캡형성 단백질 중에 **겔솔린**(gelsolin)이 있다. 겔솔린은 미세섬유를 절단하고, 이로 인해 새로 형성된 양성 말단에 결합하며, 이 말단에 더 이상 새로운 액틴 분자가 결합하는 것을 방해한다.

미세섬유 다발형성 단백질 세포피질에서 관찰되는 느슨한 미세섬유 조직과 달리 어떤 액틴 기반 구조체는 매우 규칙적으로 배열된 구조를 보인다. 이런 경우 액틴은 단단히 조직적으로 배

열된 다발을 형성하는 많은 액틴 결합단백질이 이러한 다발 형성에 관여한다. 이러한 단백질 중 하나가 α-액티닌(α-actinin)이다. α-액티닌은 특히 세포가 이동 중 세포외기질에 접착하는 데 필수적인 구조인 **초점접촉**(focal contact)과 **초점부착**(focal adhesion)에 많이 존재한다(15장 참조). 다른 다발형성 단백질인 **패신**(fascin)은 사상위족에서 발견된다. 패신은 사상위족 핵심부에 있는 미세섬유에 결합하여 이들 섬유를 촘촘한 다발 구조를 이루게 함으로써 사상위족과 같은 돌출조직이 뾰족한 모양을 유지하는 데 기여한다.

아마도 미세섬유의 규칙적인 배열이 가장 잘 연구된 예는 **그림 13-17**에 보이는 미세융모에서 발견되는 액틴 다발의 구조일 것이다. **미세융모**(microvilli, 단수형은 microvillus)는 장 점막세포가 지닌 뚜렷한 특징이다(그림 13-17a). 예를 들면 우리 몸 소장에 있는 1개의 점막세포에는 수천 개의 미세융모가 존재한다. 이들 각각은 약 1~2 μm의 길이와 약 0.1 μm의 직경을 지니고 있으며 세포 표면적을 약 20배 증대시킨다. 소화된 음식이 세포 내로 흡수되는 데는 세포의 표면적에 의존하기 때문에 이러한 표

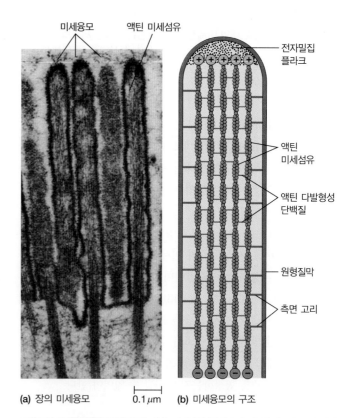

(a) 장의 미세융모   0.1 μm (b) 미세융모의 구조

그림 13-17 미세융모의 구조. (a) 소장 점막세포의 미세융모(TEM). (b) 하나의 미세융모 구조 모식도. 미세융모의 내부 핵심부는 양성 말단은 융모의 끝 쪽으로, 음성 말단은 세포 쪽으로 동일한 방향성을 보이는 수십 개의 미세섬유로 구성되어 있다. 융모 끝부분에서 양성 말단은 정형화되지 않은 전자밀도가 높은 판구조물에 묻혀있다. 미세섬유는 액틴 다발형성 단백질에 의해 서로 단단히 결합되어 다발을 이루고 있으며, 이 미세섬유 다발은 측면 고리에 의해 원형질막의 안쪽에 연결되어 있다.

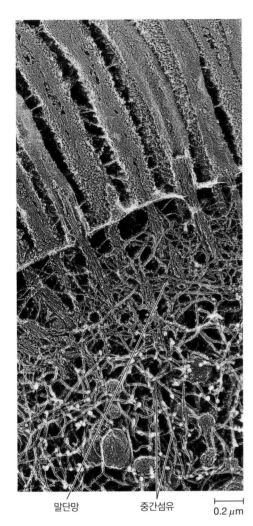

말단망   중간섬유   ├─────┤ 0.2 *μm*

그림 13-18 소장 상피세포의 말단망 구조. 미세융모의 핵심 구조인 미세섬유다발이 소장 상피세포의 원형질막 아래의 말단망 구조 속으로 확장된다(심층식각 TEM).

면적의 증가는 소장의 기능에 필수적이다.

그림 13-17b에 설명된 것처럼 장 미세융모의 핵심부는 촘촘하게 배열된 미세섬유의 다발로 구성되어 있다. 양성 말단은 세포 말단을 향하고 있으며, 정형화되지 않았지만 전자밀도가 높은 판구조(plaque)를 통해 세포막과 연결되어 있다. 다발에 존재하는 이웃한 미세섬유는 교차결합단백질인 핌브린(fimbrin)과 빌린(villin)에 의해 일정한 간격으로 서로 단단하게 결합하고 있다. 다발의 가장자리에 있는 미세섬유는 측면 고리 구조(lateral link)에 의해 원형질막과 연결되어 있는데, 이들은 마이오신 I과 칼모듈린(calmodulin)으로 구성되어 있다.

미세융모의 아랫부분의 미세섬유 다발은 **말단망**(terminal web)이라 불리는 섬유 네트워크 속으로 뻗는다(**그림 13-18**). 이 말단망을 이루는 섬유는 주로 마이오신 II와 스펙트린(spectrin)으로 구성되는데, 이들 단백질은 미세섬유와 미세섬유 사이를 서로 연결하기도 하고, 미세섬유를 원형질막 내 단백질에도 연결

하며, 미세섬유를 말단망 아래의 중간섬유 네트워크에 연결한다. 말단망은 미세융모의 미세섬유 다발을 안정되게 고정시켜 이 다발이 세포 표면으로부터 일직선 구조를 유지하게 함으로써 미세융모에 강인함을 부여한다.

액틴을 세포막에 연결하는 단백질

세포질분열과 같은 과정에서 원형질막에 힘을 발휘하려면 미세섬유는 원형질막과 연결되어 있어야만 한다. 미세섬유와 원형질막의 연결은 간접적이며, 이런 연결은 미세섬유를 원형질막에 있는 막관통 단백질(transmembrane protein)에 고착시키는 하나 또는 그 이상의 고리 단백질을 필요로 한다. 이렇게 미세섬유를 세포막에 연결하는 데 폭넓게 관여하는, 매우 보존도가 높은 단백질 그룹으로 밴드 4.1(band 4.1) 그룹이 있다. 여기에 속한 단백질로 밴드 4.1과 ERM 단백질이라 불리는 에즈린(ezrin), 라딕신(radixin), 모에신(moesin)이 있다. 단백질에 돌연변이가 생기면 세포질분열, 세포의 분비작용, 미세융모 형성을 포함하는 다양한 세포 기능이 영향을 받는다.

액틴(미세섬유)과 세포막의 연결방식의 다른 예는 7장에서 이미 살펴보았던 스펙트린과 앤키린(ankyrin) 등이 관여하는 과정이다(그림 7-24 참조). **그림 13-19**에서 볼 수 있듯이 적혈구의 원형질막은 교차연결된 다각형 모양의 스펙트린 섬유 네트워크가

액틴과 밴드 4.1   스펙트린   앤키린

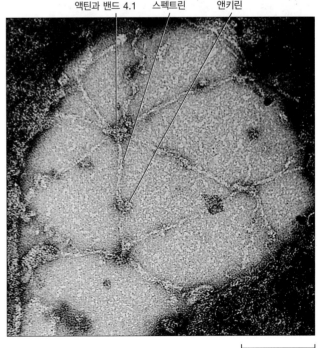

├─────┤ 0.1 *μm*

그림 13-19 스펙트린-앤키린-액틴 네트워크가 적혈구의 세포막을 지지한다. 스펙트린 섬유 네트워크를 보여주는 실제 적혈구 세포막의 투과전자현미경 사진(TEM). 모식도는 그림 7-24를 참조하라.

지지하는데, 이로 인해 세포는 강인함과 유연함을 모두 가지게 된다. 이 스펙트린 섬유의 네트워크는 짧은 액틴 사슬에 의해 교차결합을 이루며, 앤키린과 밴드 4.1을 매개로 막관통 단백질과 결합한다. 초파리와 예쁜꼬마선충의 스펙트린과 앤키린을 암호화하는 유전자 돌연변이에 대한 연구 결과는 이들 단백질이 다양한 세포에서 세포의 형태 유지를 위해 중요하다는 사실을 보여주었다.

미세섬유의 분지와 성장을 촉진하는 단백질 세포피질에서 보이는 느슨한 네트워크 구조와 다발 구조뿐 아니라 세포는 **그림 13-20**에서처럼 액틴 미세섬유를 나뭇가지 모양, 즉 수지상(dendritic)으로도 조립할 수 있다. 그림 13-20a의 개구리 각질형성세포 사진에서처럼 이러한 수지상의 네트워크는 이동하는 세포가 형성하는 접착용 세포족의 두드러진 특징이다. 액틴 연관단백질(actin-related protein, Arp) 복합체 중 하나인 **Arp2/3 복합체**(Arp2/3 complex)는 존재하는 미세섬유의 옆면에 결합하여 핵을 형성함으로써 이곳에서 새로운 미세섬유가 자라나게 하여 미세섬유 가지가 형성되게 한다(그림 13-20b). 프로필린, 코필린, 캡

형성 단백질과 같이 이미 앞서 언급된 단백질은 분지점으로부터 중합되는 미세섬유의 길이를 조절한다. 새로운 가지가 만들어지고 원형질막 근처에서 뻗어갈 때 접착용 세포족 바닥 부분에 존재하는 기존 미세섬유는 잘리고 분해되어 액틴이 계속 재활용되게 한다. 형광현미경을 통해 접착용 세포족의 액틴에서 앞서 미세소관에서 보이는 것과 유사한 트레드밀링 현상이 관찰되었다.

Arp2/3 복합체에 의한 미세섬유의 가지 형성은 WASP(Wiskott-Aldrich syndrome protein)와 WAVE/Scar를 포함하는 단백질군에 의해 활성화된다. 정상적인 WASP를 생산할 수 없는 환자의 혈소판은 세포 형태 변화 능력에 결함이 있으므로 이런 환자는 혈전을 형성하기 어렵다. Arp2/3 복합체가 관계되어 있는 매우 다른 종류의 질환도 있는데, 일부 병원성 세균은 숙주세포의 액틴 중합 기구를 '탈취'하여 사용한다. 이로써 그들은 액틴 '로켓'을 추진력으로 사용하여 이동한다(**인간과의 연결** 참조).

수지상의 미세섬유 네트워크는 세포가 만들 수 있는 액틴 기반 구조 가운데 하나일 뿐이다. 세포가 수행하는 다른 기능에는 긴 미세섬유의 형성이 더 유용한 경우도 있다. 긴 미세섬유를 형

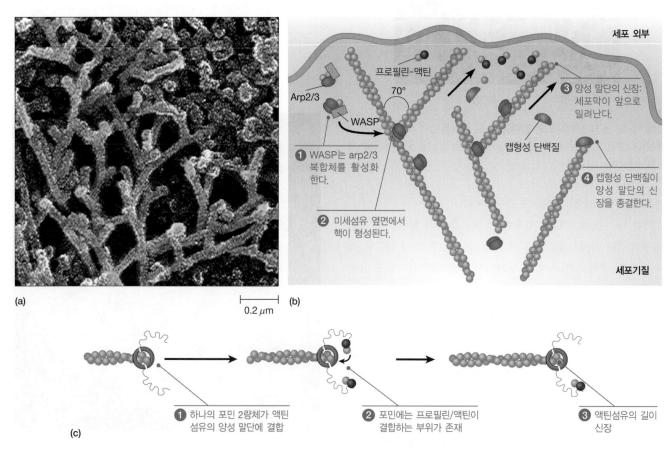

그림 13-20 방향성 있는 액틴의 중합 과정을 통한 액틴 네트워크의 형성. (a) 개구리 각질형성세포의 분지된 액틴섬유. 분지된 액틴섬유를 개별적으로 구분하기 위해 다른 색으로 표시했다(심층식각 TEM). (b) Arp2/3 복합체 의존적인 분지는 WASP 단백질에 의해 촉진되고, 캡형성 단백질은 새로 형성된 가지의 길이 조절을 돕는다. (c) 포민 2량체가 프로필린-액틴과 결합하여 이들을 MF의 양성 말단으로 유도함으로써 액틴 중합반응을 위한 '집결지'를 제공한다.

임신에는 기쁨과 걱정의 감정이 함께 온다. 태아는 모체로부터 모든 양분과 도움을 의존하므로 임산부는 자신의 행동과 음식을 조심해야 한다. 섭취하지 말라고 알려진 음식 중에는 조리한 육류가 들어간 샌드위치, 얇게 썬 찬 고기류, 살균 처리되지 않은 치즈 등이 있다. 이는 이들 제품에 가끔 리스테리아 모노사이토제네스(*Listeria monocytogenes*)라는 장병원균이 들어있기 때문이다. 장을 통해 감염되어 *리스테리아증*(listeriosis)을 유발하는, 매년 약 2,000건의 발병률을 보이는 희귀질환이다. 발병률이 낮은 이유는 우리 면역체계가 정상적인 경우에는 문제가 되지 않기 때문이다. 하지만 임신 중에는 면역 기능이 약화되어 이 치명적인 세균에 대해 훨씬 약하다. 임산부가 리스테리아균에 감염되면 태아도 해를 입게 되어 유산되거나 장기 손상, 혈액 감염, 뇌수막염이 걸린 아기가 태어나기도 한다.

세포생물학자들은 이 병원균이 숙주세포를 침범하는 다양한 주요 메커니즘을 밝혔다. 외부 병원체는 가끔 건강한 세포가 세포 속으로 물질을 유입하는 데 활용하는 것과 동일한 단백질을 이용한다. 리스테리아의 경우도 다르지 않다. 리스테리아균은 *인터날린 A*(internalin A)라는 단백질을 세균 외부에 발현하는데, 이 단백질은 인간의 장세포에서 세포 간 결합단백질로 알려진 E-캐드헤린(E-cadherin)에 결합한다(캐드헤린에 대해서는 15장 참조). 둘의 결합은 숙주세포의 대식작용을 유도한다(**그림 13B-1**). 그러나 리스테리아균은 다른 세포막 단백질인 *리스테리오라이신 O*(listeriolysin O)를 만들어 식포(phagosome)를 뚫어버리기 때문에 포식되기 전에 세포기질로 탈출한다.

일단 세포기질에 들어오면 지속적인 세포분열을 한

임신은 산모와 태아에게 모두 민감한 시기이다.

다. 리스테리아균은 주변 다른 세포로 감염을 확산하는 방편으로 다시 한번 숙주세포를 조종한다. 리스테리아균은 외부 환경에서 보통 *편모*라고 알려진 부속물을 사용하여 활동한다. 하지만 숙주 안에서는 편모를 만들지 않으며, 대신 숙주세포를 구슬려서 이들의 이동에 이용한다.

그럼 어떻게 리스테리아는 이를 가능하게 할까? 숙주세포 내에서 바로 '제트 추진기' 형태를 이용하여 움직이는데, 이때 필요한 '연료'는 숙주가 공급한다. 리스테리아균은 꾐무니에 숙주세포로 하여금 Arp2/3를 매개한 중합반응이 일어나게 함으로써 액틴 '로켓'을 만든다. 리스테리아균은 세포 표면에 *ActA*라는 단백질을 가지고 있으며, 이 단백질이 바로 액틴의 중합반응을 촉진한다. 이러한 ActA에 의한 중합 촉진 기작은 앞서 보았던 이동하는 세포 선단부(leading edge)에서 벌어지는 방식과 놀랍도록 유사하다. 새로운 F-액틴섬유가 만들어지면서 그것들이 세균을 앞쪽으로 밀어내는 것이다. 이러한 액틴 기반 제트 추진기는 매우 빠르며 리스테리아의 경우 분당 22 *μm*의 속도로 돌진할 수 있다.

세균 로켓으로 말하자면 이들은 감염된 세포의 세포면을 밀어낼 수 있고, 이로 인해 주변 세포가 함몰될 수도 있다. 이렇게 되면 주변 세포로 세균이 침입하여 결과적으로 세균을 포함한 2중막 구조를 형성한다. 이때 세균은 한 겹의 정상 세포막을 더 가지고 있기 때문에 새롭게 침입한 세포에서는 이를 침입자로 인지하지 못한다. 종국에 세균은 2중막을 파괴하고 감염 과정을 이어간다. 리스테리아균 로켓은 감염된 세포나 주변 세포의 비교적 안전하고 국한된 장소에서 일어나기 때문에 리스테리아균은 숙주의 면역 시스템을 피할 수 있다. 이런 이유로 리스테리아는 한번 숙주의 조직으로 발을 들이면 성가신 존재가 되는 것이다.

그림 13B-1 리스테리아균에 의한 최초와 그 이후 감염. ❶ *Listeria monocytogenes*는 인터날린 A를 이용하여 장세포 표면의 E-캐드헤린과 결합하여 식포를 통해 세포 내로 진입한다. ❷ 리스테리오라이신 O를 생산함으로써 식포를 파괴하고 세포 안에서 방출되는데 이곳에서 ❸ 세포분열과 증식을 하고, ❹ 세포 내 이동은 액틴섬유를 이용한 로켓을 사용하며, ❺ 다른 세포로 돌진하면 감염이 확산되고, ❻ 감염 과정을 다시 반복한다.

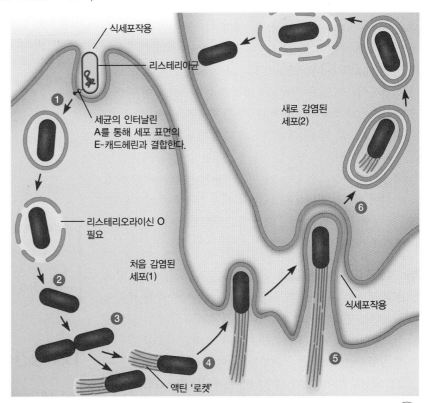

식세포작용

리스테리아균

세균의 인터날린 A를 통해 세포 표면의 E-캐드헤린과 결합한다.

리스테리오라이신 O 필요

새로 감염된 세포(2)

처음 감염된 세포(1)

식세포작용

액틴 '로켓'

성하기 위한 액틴의 중합 반응의 경우 Arp2/3 복합체에 의존하지 않기도 한다. 한 예로 사상위족 끝부분의 미세섬유 성장을 촉진하는 *Ena/VASP*(*vasodilator-stimulated phosphoprotein*) 계열의 단백질이 있다.

포민(formin)은 액틴 다발과 세포분열기의 수축환 등을 포함하여 분지되지 않은 F-액틴 구조를 조립하는 데 필요하다. 포민은 미세섬유의 양성 말단에 결합하여 미세섬유의 성장을 자극하고, 이렇게 자라나는 미세섬유의 말단에 결합한 채로 미세섬유를 따라 이동하며 '전진적'으로 작용할 수 있는 것처럼 보인다(그림 13-20c). 포민 단백질은 2량체를 형성하고, 미세섬유의 미늘단(양성 말단)에 결합한다. 일부 포민은 프로필린과 결합할 수 있는 연장 부위를 가지고 있기 때문에 자라나는 미세섬유에 결합하기 위해 액틴 단량체가 모이는 '집결지'와 같은 역할을 수행한다고 생각된다.

인지질과 Rho GTP 가수분해효소 단백질은 액틴 기반 구조체가 언제, 어디서 조립되는지를 조절한다

앞서 여러 종류의 액틴 결합단백질이 세포가 조립하는 다양한 액틴 구조물의 종류를 결정한다는 사실을 알아보았다. 그렇다면 이제는 어떤 분자가 이들 결합단백질의 활성을 조절하는지 알아보자. 원형질막의 지질과 여러 조절단백질이 미세섬유(MF)의 생성, 안정성, 분해 전 과정에 관여한다.

이노시톨 인지질 이노시톨 인지질(inositol phospholipid 또는 phosphoinositide)은 액틴의 조립을 조절하는 막 인지질의 한 종류인데, 액틴 합성을 조절한다. 이 중 하나인 **포스파티딜이노시톨 2인산**(phosphatidylinositol-4,5-bisphosphate, PIP_2)은 프로필렌, CapZ, 에즈린 같은 단백질과 결합할 수 있으므로 이 단백질은 액틴과 상호작용하는 능력을 조절할 뿐 아니라 이들 단백질을 원형질막으로 불러들이는 기능도 수행한다. PIP_2는 또한 이들 단백질이 액틴과 결합하는 정도를 조정할 수 있다. 예를 들면 CapZ는 PIP_2와 강하게 결합하여 미세섬유의 말단으로부터 해리되며, 캡이 제거된 미세섬유 말단은 분해가 일어날 수 있게 되고, 이렇게 분해된 미세섬유에서 나온 액틴 단량체는 새로운 미세섬유 조립에 사용될 수 있다.

Rho 계통군 GTP 가수분해효소 액틴 세포골격 조절의 가장 극적인 변화의 예는 특정 생장인자(growth factor)에 노출된 세포에서 일어나는 변화이다(생장인자와 그들의 생물학적 기능은 19장 참조). 이러한 세포 외부 신호가 어떻게 액틴 세포골격의 이와 같은 극적인 재조직을 초래하는가? 이들 신호의 대부분은 지방산을 매개로 일어나지만 세포 내에 존재하는 **Rho GTP 가수분해효소**(Rho GTPase)라 알려진 단백질 그룹을 통해 일어난다. 이

들은 작은 단량체 G 단백질(G-protein)이다. 이들은 지질화 변형을 통해 원형질막의 내부층(inner leaflet)과의 결합을 유지한다. G 단백질은 일종의 분자 스위치로 작용하여 이들 단백질이 GTP(guanosine triphosphate), GDP(guanosine diphosphate) 중 어떤 분자와 결합하는지에 따라 활성이 '켜지는지', '꺼지는지'가 결정된다. G 단백질은 GTP와 결합했을 때 활성화된 상태이며, 결합된 GTP가 GDP + P_i로 가수분해되면 활성을 잃는다. 이 그룹의 핵심 구성원으로는 **Rho, Rac, Cdc42**가 있다. 본래 효모에서 처음 발견되었으며, 모든 진핵세포에서 액틴 세포골격 구조의 주요 조절자로 기능한다.

Rho GTP 가수분해효소는 세포 내에서 수많은 기능을 수행하는데, 돌출 구조의 형성, 세포질만입구(furrow) 형성, 세포내섭취/세포외배출 등 매우 다양하다. 각각의 Rho GTP 가수분해효소는 액틴 세포골격에 각각 다른 영향을 준다(**그림 13-21**). 예를 들면 Rho 경로를 자극하면 버팀섬유의 형성이 일어나고(그림 13-21b), Rac 경로의 자극은 접착용 세포족의 확장을 초래한다(그림 13-21c). Cdc42의 활성화는 사상위족의 형성을 유도한다(그림 13-21d).

Rho GTP 가수분해효소는 구아닌-뉴클레오타이드 교환인자(guanine-nucleotide exchange factor, GEF)에 의해 활성화되는데, 이들은 결합된 GDP가 GTP로 치환되는 것을 장려한다(그림 13-21e). 상응하는 GTP 가수분해효소 활성단백질(GTPase activating protein, GAP)은 Rho GTP 가수분해효소를 자극하여 결합된 GTP의 가수분해를 촉진하여 이들의 비활성화를 촉진한다. 이에 더해 구아닌-뉴클레오타이드 해리억제인자(guanine-nucleotide dissociation inhibitor, GDI)는 비활성인 Rho GTP 가수분해효소를 세포기질 내에서 고립시킬 수 있다. 이들은 Rho GTP 가수분해효소에 지방산이 추가되는 지질화 변형 과정을 방해하여 정상적인 활성 위치인 원형질막 내부층으로 향하는 것을 방해한다. 이런 모든 현상은 세포 신호로 조절되는데, 이로써 세포 내 어느 곳에서 언제 액틴 세포골격이 형성되는지 미세조정이 가능하게 된다.

개념체크 13.3

세포가 어떻게 기어가는지에 관심 있는 당신의 친구가 섬유아세포에 팔로이딘 약물을 처리하면 이동을 멈춘다는 점을 인지했다. 당신에게 이에 대한 결론을 물어본다면 어떻게 대답하겠는가?

13.4 중간섬유

중간섬유(intermediate filament, IF)의 직경은 약 8~12 nm로, 미

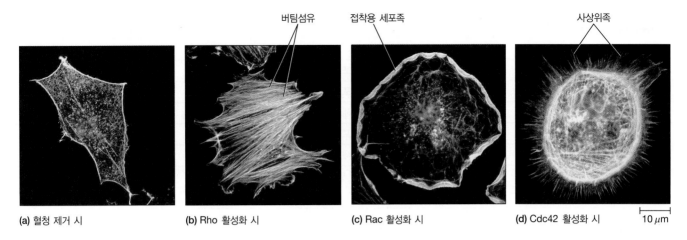

버팀섬유   접착용 세포족   사상위족

(a) 혈청 제거 시   **(b)** Rho 활성화 시   **(c)** Rac 활성화 시   **(d)** Cdc42 활성화 시   10 μm

그림 13-21 Rho 계통 단백질에 의한 돌출부 형성 조절. (a) 생장인자가 제거('혈청 제거')된 배지에서 자란 섬유아세포는 액틴 다발이 거의 없고 돌출 구조를 형성하지도 않는다. (b) Rho 신호전달 경로를 자극하면[예: LPA(lysophosphatidic acid) 처리] 버팀섬유가 형성된다. (c) Rac 신호전달 경로를 자극하면(예: 항상 활성 상태인 돌연변이 Rac 단백질 주입) 접착용 세포족이 형성된다. (d) Cdc42 신호전달 경로의 자극(예: Cdc42를 활성화하는 GEF 단백질 주입)은 사상위족의 형성을 활성화한다. (e) 구아닌-뉴클레오타이드 교환인자(GEF)는 Rho GTP 가수분해효소에 결합한 GDP를 GTP로 교체하여 이들 단백질을 활성화하고, 활성화된 Rho 계통 단백질은 세포의 액틴 구조 변형을 자극한다. GTP 가수분해효소 활성단백질(GAP)은 Rho 단백질에 결합된 GTP의 가수분해를 촉진하고, 따라서 Rho 단백질은 비활성화된다. 구아닌-뉴클레오타이드 해리억제인자(GDI)는 비활성인 Rho G 단백질을 격리시킨다.

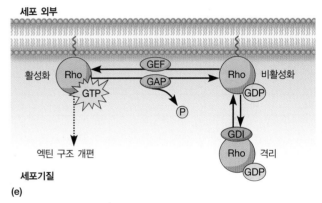

세포 외부

활성화 Rho GEF GAP Rho 비활성화
GTP GDP
엑틴 구조 개편 P
GDI
Rho 격리
GDP

세포기질
(e)

세소관보다는 가늘고 미세섬유보다는 두껍다(표 13-1 참조). 현재까지 중간섬유는 식물의 세포기질에서는 발견되지 않았으나 많은 동물 세포에는 상당량 발견되었다. 동물 세포에서 중간섬유는 단일로 또는 다발을 이루어 존재하며, 이들 세포에서 구조적인 역할이나 세포에 작용하는 신장력을 지탱하는 역할을 하는 것으로 보인다. 가장 잘 알려져 있고 양이 많은 중간섬유는 케라틴(keratin)이다. 케라틴은 동물의 피부에서 파생되는 여러 주요 조직의 주요 구성 성분인데, 머리카락, 발톱, 손톱, 뿔, 거북이 등껍질, 깃털, 비늘, 피부의 가장 바깥쪽 면 등에 존재한다. **그림 13-22**는 정제된 케라틴 IF의 전자현미경 사진이다.

중간섬유는 세포골격의 구성 요소 중 가장 안정되어 있으며, 가장 용해성이 낮다. 계면활성제나 이온 강도가 높거나 낮은 용액으로 세포를 처리하면 대부분의 미세소관, 미세섬유 및 다른 세포기질 단백질은 제거되지만 중간섬유 그물망은 원래의 형태를 유지한 채로 남는다. 이러한 중간섬유의 안정성 때문에 일부 과학자들은 중간섬유가 전체적인 세포골격의 틀을 지지하는 골격으로 작용한다고 제안한다.

중간섬유를 구성하는 단백질은 조직에 따라 다르다

미세소관이나 미세섬유와 달리 중간섬유는 조직에 따라 구성 단

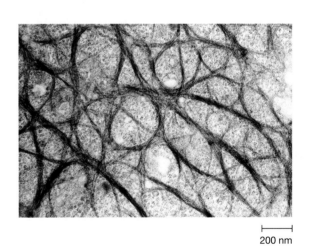

200 nm

그림 13-22 중간섬유. 매질염색으로 나타난 중간섬유인 케라틴의 투과전자현미경 사진(TEM)

백질이 매우 다르다. 중간섬유와 그 구성 단백질은 6종류의 그룹으로 분류할 수 있다(**표 13-4**). 그룹 I과 그룹 II는 케라틴으로, 케라틴은 신체의 표면과 내장 장기의 내벽에서 발견된다(그림 13-18의 장 내 점막세포의 말단망 아래에서 관찰되는 중간섬유는 케라틴이다). 그룹 I 케라틴은 산성 케라틴인 반면, 그룹 II는 염기성 케라틴 또는 중성 케라틴이며, 각 그룹은 최소 15종류 이상

표 13-4   중간섬유의 종류

종류	중간섬유 단백질	분자량(kDa)	조직	기능
I	산성 케라틴	40~56.5	상피세포	기계적 견고함
II	염기성/중성 케라틴	53~67	상피세포	기계적 견고함
III	비멘틴	54	섬유아세포, 간충직 기원 세포, 눈의 수정체	세포 형태 유지
III	데스민	53~54	근육세포, 특히 민무늬근	수축 기관의 구조적 지지
III	GFA 단백질	50	신경교세포와 성상세포	세포 형태 유지
IV	신경섬유(NF) 단백질		중추 및 말초 신경	축삭의 견고함. 축삭 크기 결정
	NF-L(대다수)	62		
	NF-M(소수)	102		
	NF-H(소수)	110		
V	핵 라민(nuclear lamins)		모든 세포 종류	핵의 형태를 잡아주는 골격 형성
	라민 A	70		
	라민 B	67		
	라민 C	60		
VI	네스틴	240	신경줄기세포	알려져 있지 않음

의 케라틴을 보유한다.

그룹 III의 중간섬유로는 비멘틴(vimentin), 데스민(desmin), 신경교세포 섬유성 산성 단백질(glial fibrillary acidic protein, GFAP)이 있다. 비멘틴은 결합 조직 및 다른 비상피세포에서 유래한 세포에 존재한다. 데스민은 근육세포에서 발견되며, GFAP는 신경세포를 감싸서 절연시키는 신경교세포의 특징적 단백질이다.

그룹 IV 중간섬유는 신경세포의 형태를 유지하는 세포골격인 신경섬유(neurofilament, NF) 단백질이다. 그룹 V 중간섬유는 동물 세포 핵막의 내부 표면을 따라 섬유성 골격 구조를 형성하는 핵 라민(nuclear lamin) A, B, C이다. 배아의 신경계 세포에서 발견되는 신경섬유는 네스틴(nestin)으로 만들어져 있으며, 이들이 그룹 VI를 구성한다. 전자현미경으로 봤을 때 라민 유전자가 없는 식물이나 균류에서도 핵막하층(nuclear laminar) 구조가 발견되었는데, 아마도 라민이 아닌 단백질로 구성되어 있을 것이라 생각된다. 고등식물에서 라민과 유사한 기능을 할 것으로 여겨지는 가장 유력한 후보로 CRWN(CRoWded Nucleus) 단백질이 있다. CRWN 단백질 돌연변이로 인한 식물 세포 핵 결함은 동물 세포에서 라민이 망가졌을 때와 매우 유사하다.

중간섬유의 조직 특이성 때문에 서로 다른 조직에서 유래한 동물 세포는 보유한 중간섬유 단백질에 기초하여 구분할 수 있으며, 이는 면역형광현미경법을 통해 결정한다. 이러한 중간섬유 타이핑(intermediate filament typing)은 의학에서 진단 도구로 사용된다. 특히 종양세포는 이들 세포가 현재 신체의 어느 부위에 존재하는가에 관계없이 이 암세포가 최초에 발생한 조직에 특징적인 중간섬유 단백질을 발현하는 것으로 알려져 있기 때문에 중간섬유 타이핑은 암 진단에 특히 유용하다.

중간섬유는 섬유성 소단위체로부터 조립된다

중간섬유 단백질은 크기와 화학적 성질이 매우 다르다고 할지라도 모든 중간섬유 단백질은 공통적인 특징을 보인다. 이들의 최소 단위는 2량체이다. 액틴 및 튜불린과는 다르게 중간섬유 2량체는 구형이 아닌 섬유성이다. 중간섬유 2량체는 공통적으로 중앙에 310~318개의 아미노산으로 구성된 막대기 모양의 선형 부위가 있다. 이 중앙 도메인은 3개의 짧은 연결 부위를 사이에 둔 4개의 α-나선 단락으로 구성되어 있으며, 전체적으로는 선형 구조를 가진다. 중앙 부위 양쪽으로 N-말단부와 C-말단부가 있으며, 이들은 크기와 아미노산 염기서열, 기능 면에서 상당히 다르다. 이런 차이는 잠재적으로 이들 중간섬유의 기능적 다양성을 담당한다고 간주된다.

미세소관 또는 미세섬유와 달리 중간섬유는 극성을 보이지 않는다. 일부 모델이 중간섬유 구조를 제시했다. 그중 하나를 **그림 13-23**에 나타내었다. 중간섬유의 기본 구조 단위는 중앙 도메인을 통해 서로 꼬인 2개의 중간섬유 폴리펩타이드로 구성된 2량체 단백질이다. 이 두 폴리펩타이드는 케라틴만 제외하고 다른 모든 중간섬유에서 서로 동일하다. 케라틴은 유형 I과 유형 II의 이형2량체로 구성된다. 2량체를 구성하는 2개의 폴리펩타이드는 평행하게 배열되고, N-말단과 C-말단에는 구형 도메인 형태로 끝부분에 튀어나온다. 다음으로 두 2량체는 조금씩 어긋나게 측면 배열을 하여 4량체를 형성한다. 4량체는 서로 상호작용하여 위아래로 또는 옆으로 서로 중복되게 연결되어 **원섬유**를 형성한다. 원섬유가 모여서 고도로 배열된 섬유를 만들어낸다. 완전하게 조립되면 중간섬유는 어떤 지점에서 자르더라도 8개의 원섬유로 구성된 다발 형식으로 보이며, 각 원섬유는 아마도 말단과 말단이 약간씩 엇갈리게 중복되는 방식으로 연결될 것으로 생각된다.

중간섬유는 조직에 기계적인 힘을 부여한다

중간섬유는 종종 세포가 기계적 압력에 노출되는 부분에 나타나기 때문에 세포가 받는 신장력을 지탱하는 역할을 하는 것으로 생각된다. 예를 들면 피부를 구성하는 일종의 상피세포인 각질형성세포(keratinocyte)의 케라틴 섬유를 유전적으로 변형시킨 형질전환 생쥐의 경우 피부는 약해지고 쉽게 파열된다. 사람에서 자연적으로 발생하는 케라틴 돌연변이는 **단순성 수포성 표피박리증**(epidermolysis bullosa simplex)이라고 불리는 수포성 피부질환의 원인이 된다.

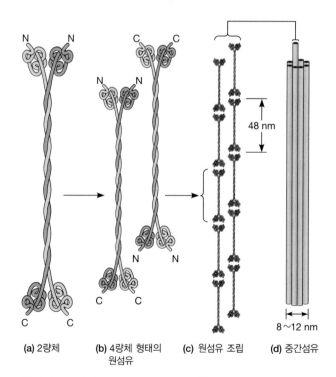

(a) 2량체   (b) 4량체 형태의 원섬유   (c) 원섬유 조립   (d) 중간섬유

48 nm

8~12 nm

그림 13-23 중간섬유 조립 기작의 모델. (a) 중간섬유 조립의 시발점은 한 쌍의 중간섬유 단백질이다. 2개의 단량체는 중심 부위가 서로 꼬이는데, 이때 N-말단과 C-말단의 끝은 같은 방향으로 배치된다. (b) 2개의 2량체가 측면 배열하여 4량체의 원섬유를 형성한다. (c) 원섬유가 위아래 또는 옆으로 결합하여 커다란 섬유 구조를 형성한다. (d) 완전히 조립된 중간섬유는 균일한 두께(8개의 원섬유)를 가진다.

중간섬유에 대해 지금까지 논의된 내용은 이들이 정적인 구조물이라는 인상을 줄 수도 있으나, 실제로는 그렇지 않다. 기어가는 세포에서 형광으로 표지된 중간섬유를 추적해보면 중간섬유도 역동적으로 재편성된다. 핵막(16장 참조) 내부 표면에 핵막하층이라 불리는 구조는 3종류의 중간섬유 단백질로 구성된다(핵라민 A, B, C). 이들 라민은 세포분열 초기에 일어나는 핵막 붕괴 과정에서 인산화되어 핵막하층 구조는 해체된다. 세포분열 후에 라민 인산가수분해효소(lamin phosphatase)는 인산기를 제거하여 다시 핵막이 형성되게 한다.

중간섬유는 미세소관이나 미세섬유에 비해 화학약품에 대해 덜 민감하다. 그러나 **아크릴아마이드**(acrylamide)는 일부 중간섬유를 특이적으로 파괴한다. 아크릴아마이드는 페인트나 종이 등 흔한 상품을 제조할 때 경화제로 사용되며 아크릴아마이드 전기영동 젤을 만들 때도 중요하게 이용된다. 이들이 가공식품에서 발견된 이후로 사람들의 관심이 고조되었는데, 이들이 어떻게 중간섬유 네트워크를 파괴하는지 아직 확실치 않다.

세포골격은 기계적으로 통합된 구조이다

앞 절에서 각각의 세포골격(MT, MF, IF)을 서로 분리된 단위 구조로 생각하고 각각의 구성 성분을 살펴보았다. 그러나 실제로 세포의 구조는 각각 독특한 속성을 가진 다른 세포골격 구성 요소가 함께 작용하여 이루어진다. 일반적으로 미세소관은 세포가 압착될 때 구부러지는 것에 저항한다고 생각되며, 미세섬유는 장력을 발생시키는 수축성 요소로서 기능한다고 간주된다. 중간섬유는 탄력적이며 신장력에 견딜 수 있다. 미세소관, 미세섬유, 중간섬유의 물리적 연계는 **스펙트라플라킨**(spectraplakin)으로 알려진 특이한 연결단백질에 의해 서로 연결됨으로써 가능해진다. 다재다능한 스펙트라플라킨 중 하나인 **플렉틴**(plectin)은 중간섬유가 미세소관 및 미세섬유 등과 접속할 때 이들의 연결 부위에서 발견된다(**그림 13-24**). 플렉틴과 다른 스펙트라플라킨은 미세소관, 미세섬유, 중간섬유 모두와 결합하는 자리를 가진다. 이들을 연결함으로써 이들이 기계적으로 탄력 있는 세포골격으로 엮이는 데 도움을 준다.

개념체크 13.4

다음 중 어떤 세포에서 대규모의 중간섬유를 발견할 수 있으리라 생각하는가? 각각 세포의 생활 방식에 준하여 답을 설명해보라. (인간 피부의 상피세포, 식물의 잎 표피세포, 뱀 창자의 평활근 세포, 성게 정자세포)

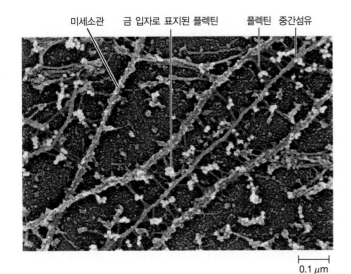

미세소관　금 입자로 표지된 플렉틴　플렉틴　중간섬유

0.1 *μm*

그림 13-24 중간섬유와 세포골격의 다른 구성인자 간 연결. 플렉틴(빨간색)이 중간섬유(초록색)를 미세소관(파란색)에 연결하고 있다. 플렉틴은 또한 액틴 미세섬유에도 결합한다(나타내지 않음). 금 입자(노란색)는 플렉틴을 표지한다. 따라서 중간섬유는 다른 세포골격 구성 요소 사이에서 강하면서 탄성 있는 연결자로서의 기능을 한다(심층식각 TEM).

요약

13.1 세포골격의 주요 구조적 특징

- 박테리아와 진핵세포는 작은 소단위체가 중합하여 형성된 섬유상의 단백질이 서로 연결되어 있는 단백질 연결망을 가지는데, 이를 세포골격이라 한다. 진핵세포의 세포골격은 미세소관(MT), 미세섬유(MF), 중간섬유(IF)의 광범위한 3차원적 네트워크로 이루어져 있으며, 세포의 모양을 결정하고 다양한 세포의 운동이 일어날 수 있게 한다.

- 다양한 약물이 진핵세포의 미세소관과 미세섬유의 조립과 해체를 저해하기 위해 사용될 수 있다. 이러한 약물은 어떤 세포의 작용에 어떤 세포골격 섬유의 기능이 요구되는지를 결정하는 데 유용하다.

- 세포골격은 다양한 세포 유형의 상황적 필요에 따라 역동적 변화를 보인다.

13.2 미세소관

- 미세소관(MT)은 α-튜불린과 β-튜불린의 이형2량체가 일렬로 결합하여 만들어진 원섬유로 구성된 벽을 가진 원통형 관이다. α-튜불린과 β-튜불린은 모두 GTP와 결합할 수 있다.

- 미세소관은 양성 말단으로 알려진 한쪽 끝에서 우선적으로 성장하는 극성 구조물이다. 미세소관의 성장은 자유 튜불린의 농도가 임계 농도 이상일 때 일어난다. 임계 농도는 미세소관에서 소단위체의 첨가와 해리가 정확하게 평형을 이룰 때의 농도를 의미한다.

- 미세소관은 붕괴적 소실과 성장을 반복적으로 수행할 수 있는데, 이를 동적 불안정성이라 한다. 이는 양성 말단 근처에서 β-튜불린에 결합한 GTP 가수분해 및 이 양성 말단에 다시 GTP-캡이 회복되는 과정을 포함한다.

- 세포 내에서 미세소관의 역동성과 성장은 미세소관 형성중심(MTOC)에 의해 체계화된다. 중심체는 주요 MTOC로서, γ-튜불린이 풍부한 핵형성 장소를 포함한다. 이로부터 미세소관의 성장이 일어나며, 음성 말단을 고정한다.

- 미세소관 결합단백질은 미세소관의 긴 방향에 나란히 결합하여 미세소관을 안정화하며, +-TIP 단백질은 양성 말단을 붙잡아 안정화하고, 카타스트로핀은 미세소관의 붕괴적 탈중합을 촉진한다.

13.3 미세섬유

- 미세섬유(MF) 또는 F-액틴은 ATP와 결합하는 G-액틴 단량체의 두 가닥 중합체이다.

- 미세소관처럼 미세섬유도 극성 구조체이다. G-액틴 단량체는 미세섬유의 양성(미늘단) 말단에 우선적으로 첨가되며, 음성(첨단) 말단에서는 훨씬 느린 소단위체의 첨가와 소실이 일어난다.

- 액틴 결합단백질은 F-액틴의 형성을 엄격하게 조절한다. 이 단백질에는 단량체에 결합하여 중합을 조절하는 단백질 이외에도 F-액틴을 캡형성, 교차결합, 절단, 다발화, 고정하는 등의 역할을 하는 단백질이 있다.

- 세포 내 미세섬유의 조립은 이노시톨 인지질의 활성과 Rho, Rac, Cdc42와 같은 단량체 G 단백질이 조절한다.

13.4 중간섬유

- 중간섬유(IF)는 세포골격 중 가장 안정한 구성물이다. 이들은 세포 내에서 구조적 또는 장력을 인내하는 역할을 하는 것처럼 보인다.

- 중간섬유는 조직 특이성이 있으며, 세포 유형을 동정하는 데 이용될 수 있다. 이러한 유형 결정은 암 진단에 유용하다.

■ 모든 중간섬유 단백질은 보존된 중앙부 양 옆으로 서로 다른 말단 부위를 가진다. 이런 말단 부위의 차이점은 기능적 다양성을 부여하는 것으로 보인다.

■ 중간섬유, 미세소관, 미세섬유는 세포 내에서 상호 연결되어 세포골격 연결망을 형성하고, 이 세포골격망은 세포에 기계적인 강인함과 견고함을 제공한다.

연습문제

13-1 섬유와 소관. 다음의 설명이 미세소관(MT), 미세섬유(MF), 중간섬유(IF) 중 어디에 해당하는지를 표시하라. 하나 이상의 답이 있는 경우도 있다.

(a) 택솔에 의해 저해된다.

(b) 세포분열기에 방추사로 재편된다.

(c) 마이오신 섬유과 결합한다.

(d) 신경세포 축삭에서 많이 발견된다.

(e) 직경이 8~12 nm이다.

(f) 구조적으로 유사한 단백질이 박테리아에서 발견된다.

(g) 이들의 소단위체가 뉴클레오타이드와 결합하여 가수분해를 촉매할 수 있다.

(h) 면역형광현미경법으로 탐지할 수 있다.

(i) 세포 이동에서 잘 알려진 역할이 있다.

(j) 기본적인 반복 소단위체는 2량체이다.

13-2 참 또는 거짓. 다음 각각의 진술이 참(T)인지 거짓(F)인지를 판별하고, 그렇게 생각한 이유를 간략히 설명하라.

(a) 미세소관과 미세섬유의 양성 말단은 그곳에서 소단위체가 소실되고 첨가되지는 않기 때문에 이름이 그렇게 부여되었다.

(b) 콜히친은 미세소관, 미세섬유, 중간섬유의 중합을 중단시킬 수 있는 약물이다.

(c) 래트런큘린 A를 세포분열기 세포에 처리하면 염색체가 모두 한 방향으로 움직일 것이다.

(d) 산성 케라틴, 비멘틴, 데스민, 네스틴은 모두 중간섬유이다.

(e) 조류 세포(algal cell)는 튜불린과 액틴 중 어느 것도 가지고 있지 않다.

(f) 중간섬유의 소단위체 단백질 유전자 모두는 같은 유전자 계통군에 속한다.

(g) 동물 세포 내의 모든 미세소관은 중심체에 고정된 음성 말단을 가지고 있다.

(h) 액틴 단량체 농도가 임계 농도를 상회하는 한 CapZ가 부착된 액틴 단량체는 계속 성장할 것이다.

13-3 양적 분석 미세소관 매니아. 다음 미세소관에 관한 연구의 결론을 설명하라.

(a) 그림 13-4의 실험을 세포생물학 실험 수업에서 수행하고 있는데 소량의 노코다졸을 투여했다면 어떤 그래프를 기대할 수 있을지 그림 13-4와 비교하여 기술하라.

(b) 콜히친을 동물 세포에 처리하면 미세소관은 탈중합되고 결국에 는 사라지게 된다. 만약 콜히친을 제거한다면 미세소관은 다시 나타나고, 중심체로부터 바깥쪽으로 성장한다.

(c) 개구리 알의 추출물이 시험관에서 미세소관으로 튜불린 중합을 유도할 수 있는 구조가 있다는 것을 발견했다. 면역염색법으로 조사했을 때 이러한 구조는 γ-튜불린을 포함하고 있었다.

13-4 미세소관 말단. 형광으로 표지된 EB1을 발현하는 인간 세포가 있다. 세포 간기 중 1시간 동안 노코다졸을 처리했다. 노코다졸을 제거한 후 곧바로 형광현미경 사진을 찍었다면 EB1의 위치가 어디서 관찰될 것으로 보는가? 그 이유를 설명하라.

13-5 데이터 분석 액틴의 증가. 시험관에서 액틴의 중합은 피렌(pyrene)으로 표지된 G-액틴과 중합된 액틴의 형광을 측정하는 기구를 사용하여 추적할 수 있다. 형광의 증가는 튜불린 중합을 측정하는 광 산란 실험과 유사하게 시간에 대한 좌표로 표시할 수 있다. 그림 13-25의 그래프를 보고 어느 곡선이 다음의 상황과 일치하는지를 확인하라. 각 경우에 대해 그 이유를 기술하라.

(a) 완충용액 속에 피렌으로 표지된 액틴만 있을 경우

(b) 피렌이 표지된 액틴에 정제된 Arp2/3 단백질 복합체 및 활성 상태의 N-WASP(WASP 단백질 계열)에 해당하는 단백질 조각을 함께 넣어주었을 경우

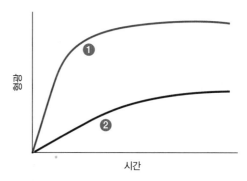

그림 13-25 다양한 조건에서 피렌으로 표지된 액틴의 중합으로 측정한 미세섬유 중합반응 속도. 연습문제 13-5 참조

13-6 정지! 세포 이동 중 Rho GTP 가수분해효소의 기능을 알아보기 위해 Rho GDI를 이동하는 섬유아세포에 주입했다. 앞서 배운 Rho GTP 가수분해효소와 Rho GDI의 기능에 따르면 이 세포에 어떤 변화를 예상할 수 있는지, 그리고 Rho GDI가 어떤 기능을 할 것이라 예상하는지 기술하라.

13-7 새로운 주름. 섬유아세포를 얇은 실리콘 고무판 위에 놓으면, 정상적인 환경에서 섬유아세포는 고무에 충분히 힘을 가하므로 눈에 보이게 주름이 생긴다. 이 고무를 주름지게 하는 섬유아세포의 능력과 다음의 조건에서의 능력을 비교하고 설명하라.

(a) 많은 양의 정제된 겔솔린을 주입한 세포

(b) 세포막 투과가 가능한 C3 전달효소로 처리한 세포(C3 전달효소는 *Clostridium botulinum*에서 추출한 독소이며 Rho 단백질의 특정 아미노산에 ADP-리보스기를 붙이는데, 변화된 Rho 단백질은 더 이상 기존에 결합하던 다른 단백질과 결합하지 못한다.)

(c) 노코다졸을 처리한 세포

(d) 일정 시간 사이토칼라신 D를 처리하고 약물을 씻어낸 후 시간별로 관찰한 세포

(e) 항상 활성 상태인 Cdc42 변형체를 주입한 세포

13-8 스트레스 받은 세포. 지금은 나노공학적인 기술을 통해 큰 세포의 표면에 자성 구슬을 붙여 이 세포가 기계적으로 얼마나 뻣뻣한지 측정하는 것이 가능하다. 아크릴아마이드를 피부세포인 각질형성세포에 처리하는 경우 이 세포들의 기계적인 견고성에 어떤 영향을 줄 것인가를 예측하고, 이에 대한 이유를 설명하라.

14 세포의 이동: 운동과 수축

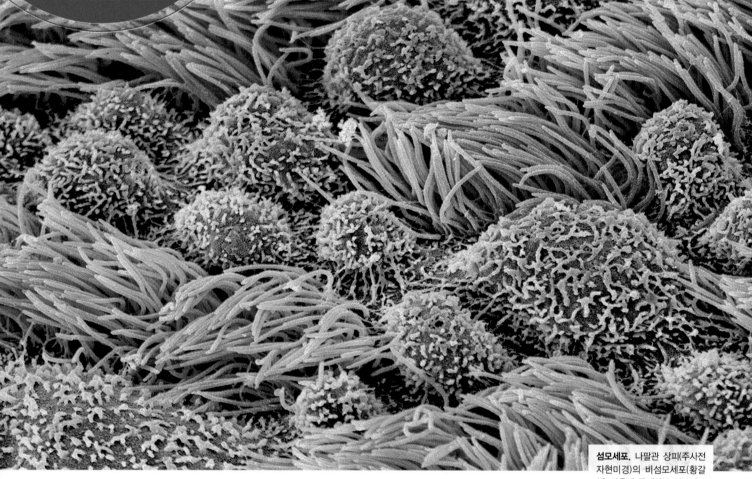

섬모세포. 나팔관 상피(주사전자현미경)의 비섬모세포(황갈색) 가운데 존재하는 섬모세포(주황색)

앞 장에서는 진핵세포의 세포골격(13장 참조)이 세포 내 구조를 체계적으로 조직하고 세포의 형태를 이루게 하는 세포 내 뼈대로서 역할을 한다는 것을 알았다. 이 장에서는 이러한 세포골격 요소가 세포의 **운동**(motility)에서 하는 역할을 알아볼 것이다.

운동은 세포(또는 개체)가 주변 환경 내에서 이동하는 것, 주변 환경이 세포를 지나가거나 통과하는 것, 세포 내부의 구성 요소의 움직임, 또는 세포 자체의 수축 등을 포함한다고 볼 수 있다[**수축**(contractility)은 근세포의 수축 설명하기 위해 종종 사용되는 용어와 연관된 것으로, 운동의 특수화된 형태이다]. 운동은 조직, 세포, 세포 이하 수준에서 일어난다.

특히 동물의 세계에서 운동이 가장 확실히 보이는 예는 조직 수준에서 나타난다. 대부분 동물의 근육 조직은 수축운동에 특이적으로 적응한 세포로 이루어져 있다. 수축에 의한 운동은 팔다리의 구부림, 심장 박동, 출산 시 자궁 수축 등에서 뚜렷하게 관찰할 수 있다.

세포 수준에서 운동은 단일 세포 내에서 또는 하나 혹은 여러 개의 세포로 구성된 개체 안에서 일어난다. 이러한 운동은 섬모를 가진 원생생물, 움직이는 정자, 기어가는 세포 등 다양한 형태에서 난다.

세포 내 구성 요소의 운동도 세포 자체의 이동만큼 중요하다. 예를 들면 고도로 정렬된 미세소관에 의해 이루어진 방추사는 세포분열 동안 염색체의 분리에 중요한 역할을 한다(20장 참조). 분열하지 않는 세포는 RNA, 단백질 복합체, 소포와 같은 구성 요소를 계속해서 한 위치에서 다른 위치로 왕복 이동시킨다.

세포 운동은 전형적으로 특화된 **운동단백질**(motor protein)을 통해 화학 에너지가 기계적 에너지로 직접 전환되는 것을 포함한다. 운동을 일으키기 위해 미세섬유와 미세소관은 특화된 운동단백질을 위한 기본 뼈대를 제공한다. 운동단백질은 세

표 14-1 진핵세포의 특화된 운동단백질

운동단백질	대표 기능
미세소관 결합 운동단백질	
디네인	
세포질 디네인	미세소관의 음성 말단으로 화물 수송
축사 디네인	편모, 섬모에서 미세소관 활주의 활성화
키네신*	
키네신 1(고전적 키네신)	2량체, 미세소관의 양성 말단으로 화물 수송
키네신 3	단량체, 뉴런에서 시냅스 소포 이동
키네신 5	양극성, 4량체. 유사분열 후기 동안 미세소관 양성 말단의 양방향 활주
키네신 6	세포질분열 완료
키네신 13(카타스트로핀)	2량체, 미세소관 양성 말단의 불안정화**
키네신 14	유사분열과 감수분열에서 방추사의 역동성, 미세소관 음성 말단으로 이동
미세섬유 결합 운동단백질	
마이오신*	
마이오신 I	미세섬유를 따라 막의 이동, 세포내섭취작용
마이오신 II	근육에서 미세섬유를 활주. 세포질분열, 세포 이동과 같은 수축성 사건
마이오신 V	소포의 배치와 이동
마이오신 VI	세포내섭취작용, 미세섬유 음성 말단으로의 이동
마이오신 VII	내이의 부동섬모 기저부
마이오신 X	사상위족의 끝부분
마이오신 XV	내이의 부동섬모 끝부분

* 키네신과 마이오신은 단백질의 큰 집단을 구성하며, 많은 집단이 존재한다.
** 키네신 13에는 운동 기능이 없는 대신, 미세소관의 탈중합을 촉진한다.

포골격과의 상호작용을 통해 분자 수준에서 움직임을 일으킨다. 이러한 분자적 이동이 결합하여 세포 수준의 운동이 일어난다. 근수축의 경우 동시에 움직이는 많은 세포의 효과가 합쳐져 조직 수준의 움직임을 만들어낸다.

진핵생물에는 두 가지 중요한 운동계가 있는데, 각각 세포골격 필라멘트의 특정 유형과 연관된 운동단백질에 기반을 두고 있다(**표 14-1**). 미세소관에 기초한 운동은 *키네신*과 *디네인*에 의해 매개된다. 미세섬유에 기초한 운동은 운동 분자의 *마이오신 계열*을 포함한다. **그림 14-1**은 이 장에서 학습할 대표적인 3개의 운동단백질 계열을 보여주며 공통적 구조 요소를 강조했다.

분자 운동은 몇 가지 공통된 특징을 가진다. 첫 번째로, 앞으로 배울 모든 운동은 *ATP 가수분해*와 형태 변화 그리고 관련된 세포골격 필라멘트에 대한 부착과 연결되어 있다. 처음에는 ATP 가수분해와 단백질의 형태 변화가 일대일 방식으로 직접 연결되어 있다고 생각할 수 있다. 그러나 사실 그보다는 조금 더 복잡한데, ATP 가수분해 생성물(ADP + Pᵢ)은 운동 즉시 또는 동시에 방출되지 않는다.

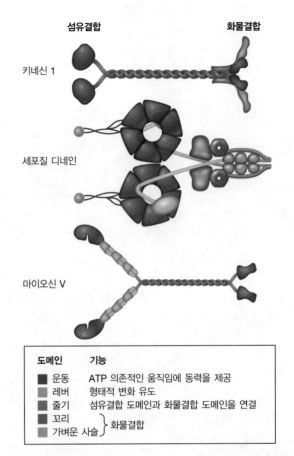

그림 14-1 운동단백질의 주요 종류와 기능적 도메인의 대표적인 예. 모델은 부분적으로 X선 결정학 데이터를 기반으로 한다. 운동 도메인은 짙은 파란색으로 표시된다. 레버(lever) 도메인은 위치 및/또는 모양 변화를 겪으며 밝은 파란색으로 표시된다. 화물결합 영역은 보라색과 초록색으로 표시된다.

두 번째로, 운동은 ATP 가수분해 *회로*를 겪으며 ADP와 무기인산을 방출하고 새로운 ATP 분자를 획득한다. 이러한 회로 과정은 운동이 필라멘트를 따라 이동할 때 부착하고 이동하고 떨어지고를 계속 반복할 수 있게 만든다. 세 번째로, 형태 변화를 필라멘트의 운동으로 전환하기 위해(또는 움직이지 않는 필라멘트를 따라 움직이기 위해) 운동은 공통된 특징을 가진다. ATP 가수분해 에너지를 단백질 형태 변화의 원동력으로 사용하는 ATP 가수분해효소 도메인 이외에도 그들 모두는 미세소관이나 액틴이 부착할 수 있는 부위를 가진다. 운동은 또한 종종 *기계적 전환장치*를 가지는데, 이들은 일종의 연결자나 세포골격에 연결된 부위로 향하는 지렛대를 통해 ATP 가수분해효소 도메인에 연결되어 있다.

네 번째로, 대부분의 운동은 한번에 세포골격 필라멘트를 결합하는 하나 이상의 소단위체를 가지고 있기 때문에 전진한다. 즉 상당한 거리를 세포골격 필라멘트를 따라 움직일 수 있다. 이러한 연속적인 움직임을 시각화하려면 놀이터의 '구름사다리'를 따라 움직이는 아이를 떠올리는 것도 도움이 될 수 있다. 다른 한 손으로 구름사다리 막대를 잡은 상태에서 아이가 뒷손을 떼어 다음 막대로 손을 뻗는다. 손이 다시 막대를 잡으면 아이는 뒤의 손을 다시 앞으로 뻗는다.

이러한 일반적인 개념을 염두에 두고, 미세소관 기반 이동에 필수적인 단백질부터 시작하여 운동 시스템에 대해 상세히 조사해보자.

연결하기 14.1

운동단백질은 어떤 종류의 생물학적 작업을 보여주는가? (5장 참조)

14.1 세포 내 미세소관에 기초한 이동: 키네신과 디네인

미세소관은 다양한 막으로 둘러싸인 세포소기관과 소포의 운반을 위한 견고한 관 세트를 제공한다. 미세소관의 음성 말단이 중심체에 묻혀있기 때문에 중심체는 미세소관을 조직하고 미세소관이 방향성을 갖게 한다(그림 13-11 참조). 중심체는 일반적으로 세포중심 근처에 위치하고 있으므로 미세소관이 음성 말단 방향으로 수송되는 것은 '세포 내로 들어오는' 수송으로 생각할 수 있고, 양성 말단으로 향하는 수송은 세포의 중심에서 '나가는' 수송으로 생각할 수 있으며, 이는 세포 가장자리로 이동하는 것을 의미한다.

미세소관은 세포소기관이 따라서 움직일 수 있는 조직화된 통로를 제공하지만, 세포소기관 이동에 필요한 힘을 직접적으로 생산하지는 않는다. 물질 이동을 위해 필요한 기계적인 일은 미세소관 결합 운동단백질인 **키네신**(kinesin)과 **디네인**(dynein)에 의존한다. 운동단백질은 소포나 세포소기관 등을 부착하고, ATP를 사용하여 필요한 에너지를 제공받아 미세소관을 따라 이동하며, 운동단백질은 미세소관의 극성을 인식하여 특정한 방향으로 물질을 운반한다.

운동단백질은 축삭 수송 동안 미세소관을 따라 화물을 운반시킨다

미세소관에 의존하는 세포 내 물질 이동을 규명하는 데 역사적으로 중요한 역할을 한 세포는 오징어 운동뉴런의 거대 축삭이다(오징어 거대 축삭의 상세 내용에 대해서는 그림 18-1 참조). 신경세포의 리보솜은 오직 세포체에만 존재한다. 따라서 축삭이나 시냅스 말단구(synaptic knobs)에서는 단백질 합성이 일어나지 않는다. 대신에 단백질이나 소포는 세포체에서 합성되어 축삭을 따라서 시냅스 말단구로 수송된다. 이런 물질 운반을 위해서는 몇 가지 형태의 에너지 의존성 수송이 필요하며, 미세소관을 기반으로 하는 이동이 신경세포의 물질 이동 기작을 제공한다. **빠른 축삭 수송**(fast axonal transport)이라 불리는 이 과정은 미세소관을 따라서 소포와 다른 세포소기관이 이동하는 것을 의미한다(어느 정도 다른 과정을 포함하는 느린 축삭 수송에 대해서는 여기서 다루지 않을 것이다).

신경세포의 축삭을 따르는 물질 이동은 미세소관을 분해하는

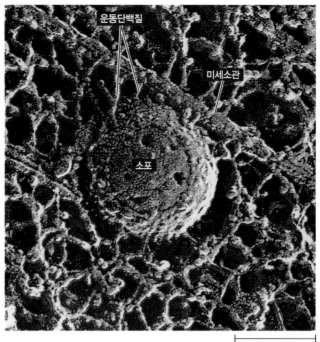

0.1 μm

그림 14-2 가재(crayfish) 축삭의 미세소관에 부착된 소포의 모습. 운동단백질은 막소포(중앙의 둥근 구조)를 미세소관에 연결한다[심층식각 투과전자현미경(deep-etch TEM)].

약물에 억제되지만 미세섬유를 분해하는 약물에는 영향을 받지 않는다는 실험 결과 덕분에 신경세포 축삭을 따르는 물질 이동에서 미세소관의 역할이 처음 제시되었다. 그 이후로 축삭을 따라 존재하는 미세소관이 가시화되었으며, 미세소관이 축삭 세포골격의 중요한 특징임이 알려졌다. 또한 축삭의 미세소관에 작은 소포와 미토콘드리아가 결합되어 있음이 관찰되었다(**그림 14-2**).

축삭 수송은 축삭세포질(axoplasm)에서 ATP의 존재하에 세포소기관이 아주 가는 필라멘트성 구조를 따라 이동한다는 것을 발견함으로써 얻었으며, 이렇게 관찰된 세포소기관의 이동 속도는 대략 2 μm/초로, 손상되지 않은 신경세포에서의 축삭 수송 속도와 유사했다. 세포소기관을 이동시키는 매우 가는 필라멘트가 단일 미세소관이라는 것은 면역형광법과 전자현미경을 이용하여 증명되었다. 운동성이 미세소관과 ATP를 모두 필요로 한다는 사실은 하나 이상의 ATP 구동 모터가 운동을 담당한다는 것을 시사한다. 그 이후로 빠른 축삭 이동을 담당하는 2개의 미세소관 운동단백질인 키네신 1과 세포질 디네인이 정제되었고 그 특성이 밝혀졌다.

운동단백질에 의한 물질 수송의 방향을 결정하기 위해 정제된 중심체로부터 중합된 미세소관의 시험관 내 시스템을 이용한 실험이 수행되었다. 미세소관에 폴리스티렌 구슬(polystyrene bead, 인공물), 정제된 키네신, ATP를 첨가했을 때 구슬은 양성

말단(중심체로부터 멀어지는) 방향으로 이동했다. 이는 신경세포에서 키네신이 세포체로부터 축삭을 거쳐 신경 말단으로의 수송을 매개한다는 것을 의미한다[이를 전방 축삭 수송(anterograde axonal transport)이라 한다]. 순수 분리한 세포질 디네인으로 비슷한 실험을 했을 때 입자는 반대 방향인 미세소관의 음성 말단으로 이동했다[뉴런에서 일어나는 이러한 수송을 후방 축삭 수송(retrograde axonal transport)이라 한다]. 이와 같이 두 운동단백질은 세포기질 내에서 다양한 물질과 결합하여 이 물질들을 서로 반대 방향으로 수송한다.

빠른 축삭 이동과 같은 물질 이동에서 실제로 물질들은 한 방향으로만 움직인다. 그러나 다른 경우에서는 미세소관을 따라 움직이던 물질이 이동 중에 이동 방향을 바꾸는 경우도 있다. 이런 경우는 한 물질이 키네신과 디네인에 동시에 결합되어 있을 때 나타나며, 이 물질의 이동 방향은 어떤 운동단백질이 더 지배적인 역할을 하는가에 따라 결정되는 것으로 보인다.

미세소관의 양성 말단으로 나아가는 고전적인 키네신

처음 발견된 키네신(지금은 키네신 1이라고 한다)은 원래 오징어 거대 축삭에서 확인되었는데, 2개의 연결된 무거운 사슬과 2개의 가벼운 사슬로 구성된 것이었다(즉 두 종류의 소단위체의 크기와 분자량이 달랐다). 이들은 함께 4개의 기능적인 도메인을 형성한다. 무거운 사슬은 미세소관에 부착되고 ATP의 가수분해에 관여하는 구형 도메인, 구형 도메인을 코일-코일 줄기에 연결하는 레버와 같은 목 부분, 키네신을 다른 단백질과 막성 세포소기관을 포함한 다양한 화물에 부착하는 데 관여하는 가벼운 사슬과 연관된 꼬리 부분을 포함한다(그림 14-3). 미토콘드리아의 경우 연결자 단백질이 무거운 사슬을 화물에 간접적으로 붙여 준다.

세포골격 필라멘트를 따르는 단일 운동 분자의 움직임은 부

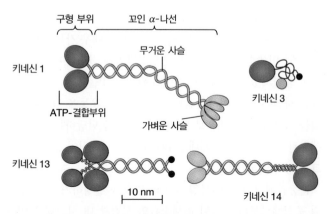

그림 14-3 몇 가지 키네신 단백질의 기본 구조. 키네신 ATP와 결합하는 구형 부위(파란색)와 가벼운 사슬(분홍색), 혹은 화물부착과 연관된 다른 도메인에 연결된 α-나선의 무거운 사슬(갈색)을 포함한다.

착된 구슬(bead)의 움직임을 추적하거나 교정된 유리 섬유나 '광학 핀셋(optical tweezer)'으로 알려진 특수장치(자세한 내용은 핵심 기술 참조)를 사용하여 단일 운동 도메인에 가해지는 힘을 측정함으로써 연구되었다. 키네신은 미세소관을 따라 8 nm씩 이동하는 것으로 측정되었다. 이 장 앞 부분의 '구름사다리'를 상기해보자. 키네신 1은 다음과 같이 움직인다. 2개의 구형 도메인 중 하나는 새로운 β-튜불린 소단위체에 부착하기 위해 앞으로 이동하고, 이어서 미세소관의 새로운 영역에 결합할 수 있는 후행 구형 도메인의 해리가 일어난다. 운동은 구형 도메인 내의 특정 부위에서 결합된 ATP의 가수분해와 결합되어 있으며, ATP 가수분해효소 활성을 가지고 있다(그림 14-4).

단일 키네신 1 분자는 진행성(processivity)을 보인다. 미세소관에서 떨어지기 전에 장거리(100단계 이상)를 커버할 수 있다. 단일 키네신 1 분자는 크기에 비해 먼 거리인 1 μm까지 이동할 수 있다. 분자적 운동으로서 키네신은 효율이 꽤 좋은 편이다. ATP 가수분해의 에너지를 유용한 작업으로 변환하는 효율 추정치는 약 60∼70%이다.

키네신은 큰 집단의 단백질이다

신경세포에서 전방 축삭 수송에 관련된 고전적 키네신이 발견된 이후 많은 다른 키네신이 발견되었다. 이러한 키네신은 아미노산 서열에 따라 여러 계통군으로 분류할 수 있다(표 14-1 참조). 키네신 중 일부는 동일한 단백질 또는 다른 키네신과 결합하여 2량체를 형성한다. 키네신 14 그룹에 속한 키네신은 음성 말단으로 이동하며 키네신 5 그룹에 속한 운동단백질은 두 가지 방향으로 이동한다.

키네신은 세포 내에서 많은 다양한 과정에 관여한다. 한 가지 중요한 기능은 물질을 이동시키고 위치를 파악하는 일인데, 여기서 물질은 RNA, 다중단백질 복합체, 막소포체 및 소기관을 포함한다. 키네신의 한 계열인 카타스트로핀(키네신 13 계열 단백질)은 미세소관의 탈중합을 돕는다(13장 참조). 몇몇 키네신은 유사분열 또는 감수분열의 다양한 단계에서 역할을 하는 방추사나 동원체에 국한되기도 한다(20장 참조).

디네인은 축사와 세포질에서 발견된다

디네인은 두 가지 기본 그룹인 축사 디네인과 세포질 디네인으로 나눌 수 있다(표 14-1 참조).

두 가지 유형의 **세포질 디네인**(cytoplasmic dynein)이 확인되었다(그림 14-5). 이들은 2개의 무거운 사슬(미세소관과 상호작용하는 부위), 2개의 중간 사슬, 2개의 가벼운 중간 사슬, 다양한 가벼운 사슬로 이루어져 있다(그림 14-5a). 각각의 무거운 사슬에서 가장 큰 부위는 6개의 AAA+ 도메인으로 접혀서(AAA+는

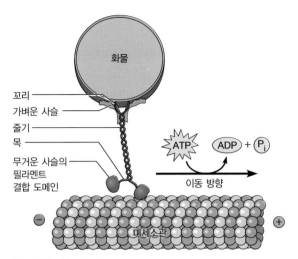

(a) 키네신 1의 모식도

❶ 선도적 무거운 사슬의 ATP 결합

❷ ATP 결합이 형태적인 변화를 일으킨다. 무거운 사슬을 앞쪽으로 끌어당긴다.

❸ 끌려온 무거운 사슬은 새롭게 미세소관에 부착할 부위를 찾는다.

❹ 새로운 선도적 무거운 사슬은 ADP를 방출한다. 새롭게 끌려오는 머리가 ATP 가수분해를 일으켜 ADP와 무기인산을 방출한다.

(b) 키네신은 ATP 의존적 방식으로 미세소관을 따라 이동한다.

그림 14-4 키네신이 미세소관을 따라 화물을 이동시키는 방법. (a) 여기 보이는 키네신 1은 무거운 사슬의 구형 필라멘트 결합 도메인을 미세소관에 부착한다. 가벼운 사슬은 화물결합에 관여한다. 미세소관의 양성 말단을 향해 움직인다. (b) 키네신은 미세소관을 따라 손을 번갈아 움직이는 방식(핸드오버핸드)으로 이동한다.

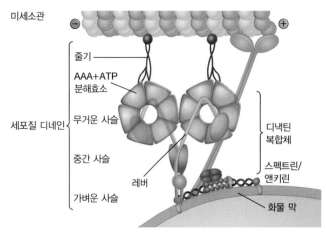

(a) 디네인/디낵틴 구조

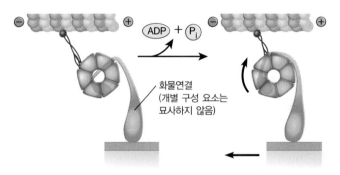

(b) 역타(파워 스토로크)

그림 14-5 세포질 디네인과 디낵틴 복합체. (a) 세포질 디네인은 디낵틴 다중단백질 복합체를 통해 화물 막과 간접적으로 연결되어있다. 디낵틴 복합체는 화물 소포의 막과 관련된 스펙트린과 앤키린을 포함하는 복합체에 결합한다. 디낵틴 복합체의 구성 요소 중 하나인 p150 글루드(청록색)도 미세소관에 결합할 수 있다. (b) 역타 동안 디네인은 미세소관을 따라 움직이며 레버의 형태와 무거운 사슬 AAA+ 도메인의 변화를 겪는다.

다양한 세포 활동에 연관된 ATP 가수분해효소를 나타낸다) 육각형 모양의 고리를 이룬다. 무거운 사슬의 C 말단 근처 작은 영역은 미세소관과 결합한다. 키네신과 대조적으로 세포질 디네인은 미세소관의 음성 말단을 향해 이동한다.

그림 14-5a에서 볼 수 있듯이 세포질 디네인은 **디낵틴**(dynactin)이라고 알려진 단백질 복합체와 결합되어 있다. 디낵틴 복합체는 미세소관을 따라 수송되는 화물(예: 막성 소포)의 막에 부착된 스펙트린과 같은 단백질과 결합함으로써 세포질 디네인과 화물이 연결될 수 있도록 돕는다.

7가지 유형의 **축사 디네인**(axonemal dynein)이 확인되었다. 편모와 섬모에서 축사 디네인의 기능은 이 장의 후반부에서 상세하게 논의할 것이다.

미세소관 결합 도메인이 결합하는 키네신과는 달리 단백질 형태 변화를 위한 ATP 가수분해를 통해 디네인의 AAA+ 도메인은 거리를 두고 작용한다. ATP 가수분해효소는 디네인을 미세소관을 따라 이동시키는 역타(power stroke)에 중요하다(그림

문제 가시광선을 이용하여 단백질을 관찰하는 것은 극복할 수 없는 도전 과제를 제시하는 것과 같다. 가시광선의 파장은 특히 큰 단백질 복합체를 관찰하기에는 너무 길기 때문이다.

해결방안 최신 현미경의 사용은 운동하는 개별 분자의 연구를 가능하게 한다. 이 기술은 RNA 중합효소(DNA 주형으로부터 RNA 분자를 합성하는 효소), 미토콘드리아 ATP 가수분해효소(10장 참조) 및 이 장에서 논의된 세포골격 운동단백질과 같은 다양한 동적 분자를 관찰하는 데 사용되고 있다. 스텝 크기에서 속도, 운동 힘 및 형태 변화에 이르는 운동단백질의 특성을 측정하기 위해 다양한 실험을 설정할 수 있다.

주요 도구 (1) 단독으로 되어 있거나, 구슬(bead)에 부착되거나 형광염료로 표지된 고도로 정제된 운동단백질, (2) 해당하는 정제된 세포골격 필라멘트(미세소관 또는 F-액틴), (3) 운동을 활성화하기 위한 ATP, (4) 활성화된 운동단백질이 어떻게 움직이는지 기록하는 정교한 현미경

상세 방법 *광학 트래핑* 광학 트래핑은 운동단백질의 운동성을 측정하는 데 널리 사용되는 접근법이다. '3-구슬' 측정이라고 불리는 매우 일반적인 종류의 광학 트랩 실험에서 단일 세포골격 필라멘트(액틴과 같은)는 2개의 작은 구슬 사이에 팽팽하게 고정되어 있고 마이오신 II와 같은 운동단백질로 코팅된, 더 크고 고정된 구슬과 상호작용할 수 있다(**그림 14A-1**). 필라멘트의 끝에 있는 2개의 구슬은 2개의 레이저 빔(또는 '핀셋')에 의해 가해지는 압력으로 약하게 제자리에 고정된다. 마이오신에 의한 각 역타는 잡혀있는 필라멘트를 대체한다. 이 장치는 필라멘트의 끝에 있는 구슬이 트래핑 레이저 빔의 중심을 다시 빨리 되받아치도록 고안되어 있다. 레이저는 필라멘트의 위치를 조정하는 데 필요한 힘과 필라멘트가 이동한 거리를 컴퓨터로 측정하고 기록할 수 있도록 보정된다. 이러한 설정을 통해 연구자들은 단일 마이오신 II 운동 도메인이 파워 사이클당 3~5피코뉴톤의 힘을 발휘하고 파워 스트로크의 길이가 약 8 nm임을 확인할 수 있었다.

형광지점 추적 많은 운동단백질은 매우 진행적이다. 즉 그들은 필라멘트에서 떨어지기 전에 2개 무거운 사슬의 구형 도메인을 사용하여 상당한 거리를 이동할 수 있다. 2개 무거운 사슬의 진행성 운동단백질은 어떻게 함께 작동할 수 있을까? 이 질문은 2개의 무거운 사슬 중 하나의 필라멘트 결합 영역 근처 위치에 형광염료로 운동단백질을 표지함으로써 가능해진다. 컴퓨터와 특수 형광현미경이 형광 점의 위치를 추적할 수 있다.

마이오신 V를 포함한 이러한 실험 결과는 **그림 14A-2**에 나와 있다. 점은 약 72~74 nm씩 증가하는 것으로 확인되었다(그림 14A-2a). 광학 트랩 실험은 이전에 하나의 마이오신 V 운동단백질이 형광 실험에서 관찰된 거리의 절반인 36~37 nm를 스스로 움직일 수 있다는 것을 보여주었다. 결합된 두 세트의 실험 결과는 마이오신 V가 앞으로 진행하기 위해 구형 도메인을 번갈아 앞쪽으로 흔든다는 것, 다시 말해 '핸드오버핸드'(손을 번갈아 쓰는) 방식으로 이동한다는 것을 시사한다(그림 14A-2b).

원자력 현미경 방금 설명한 지점 추적 기술과 같은 간접적인 방법은 연구자들이 운동단백질이 어떻게 작동하는지에 대한 가설을 테스트하는 데 도움이 되었다. 그러나 최근 *원자력 현미경*(atomic force microscopy, AFM)이라는 기술의 발전으로 액틴 필라멘트를 따라 움직이는 전체 마이오신 조각을 3차원으로 직접 시각화할 수 있게 되었다(**그림 14A-3**). AFM은 구식 레코드 플레이어와 유사한 전략을 사용한다. 매우 작은 바늘(끝쪽 폭이 약 2 nm, 그림 14A-3a)을 준비된 샘플의 표면을 가로질러 이동시켜 분자 지형도를 읽는다. 이 작은 탐침들은 매우 빠른 속도로 움직이는 단백질의 모양을 추적하고 기록할 수 있다. 고속 AFM 실험 결과는 그림 14A-3b에 나와 있다.

질문 만약 마이오신 V가 '자벌레'처럼 움직인다면(즉 후방 필라멘트 결합 영역을 앞으로 끌고 가는 방식이나 핸드오버핸드 방식이 아니라면) 시간 경과에 따른 지점 이동 그래프는 그림 14A-2b에 표시된 그래프와 어떻게 다를까?

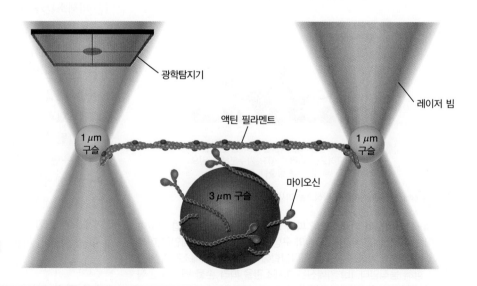

그림 14A-1 운동단백질 스텝(걸음) 크기 및 힘 측정을 위한 3-구슬 광학 트랩

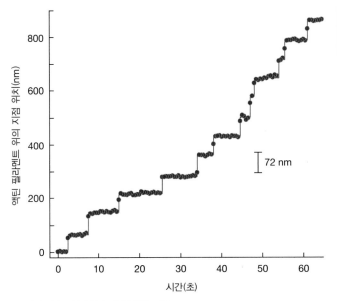

(a) 마이오신 V 분자의 스테핑(걸음) 기록

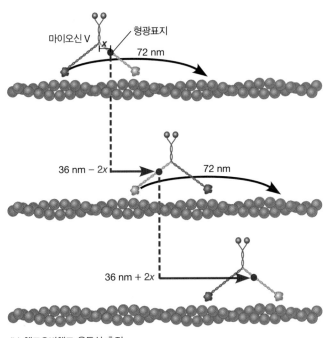

(b) 핸드오버핸드 운동성 추적

그림 14A-2 형광 지점 추적으로 측정한 '핸드오버핸드' 운동성

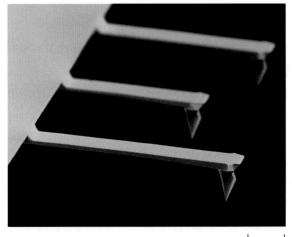

(a) AFM에 사용된 탐침의 색 강화 주사전자현미경 사진

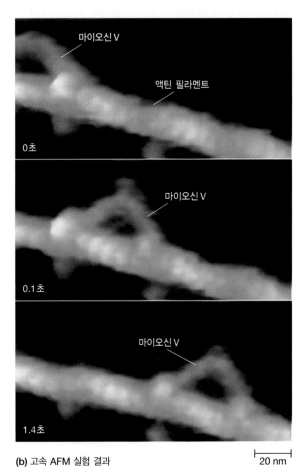

(b) 고속 AFM 실험 결과

그림 14A-3 AFM을 사용한 운동단백질의 움직임 시각화. 고속 AFM (Atomic Force Microscopy)은 운모 표면에 부착된 액틴 필라멘트를 따라 움직이는 마이오신 V 분자의 연속적인 이미지를 생성하는 데 사용되었다.

14-5b). ATP 가수분해효소가 ADP에 결합하면, AAA+ 고리가 '젖혀진' 상태가 된다. ADP의 방출은 ATP 가수분해효소에 부착된 레버의 큰 이동을 일으킨다. 그 결과 디네인과 그 부착 화물은 디네인이 부착되는 미세소관의 음성 말단 쪽으로 이동한다.

미세소관 운동단백질은 세포내막계 형성과 소포 수송에 관여한다

세포는 소포와 막성 세포소기관의 정교한 운송 시스템인 세포내막계를 가지고 있다. 단백질은 소포체에서 가공되고 정확한 세포의 목적지로 배분되기 위해 막소포로 포장된다(12장 참조). 소포의 이동 흐름은 한 방향은 아니지만 일부 소포는 반대로 움직이기도 한다. 그래서 소포체에서 골지체로(전방수송) 또는 반대로(후방수송) 이동이 계속 일어난다.

많은 세포에서 중심체는 세포 가장자리를 향하는 양성 말단을 지닌 미세소관의 극성 배열에 고정되어 있음을 상기하라. 미세소관의 배열에 따라 화물을 수송하는 미세소관 운동단백질은 소포의 수송에 매우 중요하다(그림 14-6). 키네신은 미세소관 양성 말단을 향해서 움직이며 소포를 골지체에서 세포 가장자리로 운반한다. 세포질 디네인은 반대의 기능을 수행하는데, 소포를 세포 표면에서 세포내섭취를 통해 세포의 안쪽으로 들여와 미세소관의 음성 말단 방향으로 운반한다.

운동단백질은 역동적으로 세포내막계를 형성하는 만큼 중요해 보인다. 예를 들어 미세소관과 소포체 막을 시험관 내 또는 살아있는 세포에서 관찰하면 소포체의 확장이 미세소관을 따라

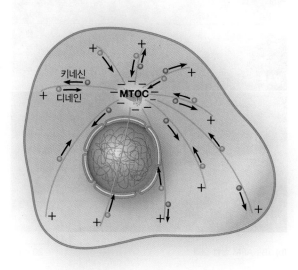

그림 14-6 미세소관과 소포 수송. 소포는 세포 표면으로부터 떨어져나와 미세소관에 부착되어 운동단백질에 의해 운송된다. 세포의 미세소관 형성중심(MTOC)은 중심체에 음성 말단을 고정시키고 양성 말단은 세포 가장자리를 향하게 된다. 소포는 MTOC로부터 키네신에 의해 운반되고(보라색) 디네인은 화물을 세포 표면으로부터 MTOC 쪽으로 운송한다(파란색).

일어나는 것을 볼 수 있다. 다른 실험은 미세소관이 골지체의 조립과 유지에 필수적이라는 것을 보여준다. 만약 미세소관이 노코다졸 처리(13장 참조)에 의해 분해되면 골지체는 사라진다. 비슷하게 디낵틴 복합체의 기능을 파괴하면 골지체는 붕괴되고 소포체에서 골지체로의 중간산물 수송이 중단된다.

개념체크 14.1

키네신과 디네인은 미세소관에 기초한 운동단백질이다. 이들은 어떤 점이 비슷하고 어떤 점이 다른가?

14.2 미세소관에 기초한 세포의 운동: 섬모와 편모

미세소관은 세포 내 이동에 필수적일 뿐만 아니라 진핵세포의 운동 기관인 편모와 섬모의 운동에도 필수적이다.

섬모와 편모는 진핵세포의 일반적인 운동 기관이다

섬모와 편모는 공통된 기본 구조를 가지고 있으나 상대적 길이, 세포당 존재하는 수, 운동 방식에서 차이를 보인다. 둘 다 확장된 원형질막으로 둘러싸여 있으므로 세포 내 구조이다. **섬모**(cilium, 복수형은 cilia)는 직경이 약 $0.25~\mu m$, 길이는 약 $2 \sim 10$ μm로, 섬모를 가진 세포의 표면 위에 많이 분포하는 경향이 있다(그림 14-7). 섬모는 단세포 진핵생물과 다세포 진핵생물 모두에 존재한다. 단세포 생물인 짚신벌레(Paramecium) 같은 원생생물은 이동과 먹이 수집을 위해 섬모를 사용한다. 다세포 생물의 경우 섬모는 세포가 환경을 통과하여 나아가게 하기보다는 오히려 주변 환경이 세포를 지나 이동하게 한다. 사람의 호흡관 기도를 감싸는 세포를 예로 들면, 이러한 세포는 각각 수백 개의 섬모를 가지고 있으며, 이는 기도의 상피 조직에 1 cm²당 약 10억 개의 섬모가 존재한다는 것을 의미한다(그림 14-7a). 이 섬모들의 통합된 물결치는 것 같은 운동에 의해 점액, 먼지, 죽은 세포 및 다른 외부 물질을 폐 바깥으로 내보낸다. 담배를 피우는 것이 건강에 해로운 이유 중 하나는 흡연이 정상적인 섬모 운동을 억제하기 때문이다. 일부 호흡기 질환의 원인은 섬모의 결함에서 찾을 수 있다.

섬모는 3차원적 리듬이 있는 박동을 보인다. 노 젓는 형태의 운동을 보이는데, 섬모에 수직인 방향의 역타가 일어나면 이로 인해 세포 표면에 평행한 힘이 발생한다. 회복타(recovery stroke)는 기저부에서 시작되고 끝을 향해 전달된다. 상피 섬모의 운동 회로는 그림 14-7b에 나타나 있다. 한 주기는 활동적인 역타와 뒤이어 발생하는 회복타로 구성되고 약 0.1~0.2초가 소요된다.

편모(flagellum, 복수형은 flagella)는 액체 환경에서 세포를 이

(a) 포유류 기도에 있는 상피세포의 섬모
5 μm

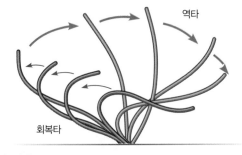

역타

회복타

(b) 섬모의 운동

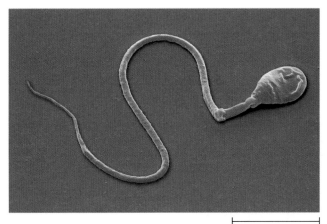

(c) 편모를 가진 사람의 정자
1 μm

그림 14-7 섬모와 편모. (a) 포유류 폐세포의 주사전자현미경 사진(SEM). (b) 사람 기도의 상피세포 표면에 있는 섬모의 운동. 한 주기의 섬모 운동은 세포 표면 위의 유체를 쓸어내리는 역타와 함께 시작되고, 이어 회복타가 일어나며, 섬모는 다음 운동을 할 준비를 갖춘다. 각 주기마다 약 0.1~0.2초가 소요된다. (c) 정자의 주사전자현미경 사진(SEM)

동시킨다. 직경은 섬모와 같지만, 길이는 편모가 일반적으로 훨씬 더 길다. 통상적인 편모의 길이는 10~200 μm의 범위 내에 있으나 아주 짧은 것(1 μm)부터 극히 긴 것(수 mm)까지 길이가 다양하다. 세포당 편모의 수는 유전적으로 하나 또는 몇 개로 한정되어 있다(그림 14-7c). 어떤 편모는 놀라울 만큼 굉장하다. 만

약 인간의 정자가 완전히 성장한 인간의 크기였다면 그들이 수영해야 하는 거리는 미국 동부 해안에서 대서양을 건너 영국까지의 거리와 맞먹을 것이다.

편모의 운동 방식은 섬모와는 다르다. 편모는 굽이치는 동작이 퍼져가면서 움직이는데, 이러한 동작은 대칭적이고 파동형이며 때로는 나선 형태일 수도 있다(그림 14-7c). 이런 형태의 운동으로 편모에 평행하는 힘이 발생하여 세포는 대체로 편모의 축과 같은 방향으로 움직인다. 대부분 편모가 있는 세포의 운동 형태는 많은 정자의 이동과 같이 세포의 뒤에 있는 편모의 운동으로 생긴 추진력에 의해 세포가 앞으로 이동하는 방식이다. 그러나 반대로 편모가 세포에 앞서서 운동하는 예도 잘 알려져 있다.

박테리아의 편모는 전적으로 다른 단백질로 구성되어 있어서 운동 메커니즘이 완전히 다르다. 이런 편모도 흥미롭기는 하지만 이 책에서는 박테리아의 편모에 대해서는 논의하지 않을 것이다.

섬모와 편모는 기저체에 결합된 축사로 이루어져 있다

섬모와 편모는 직경이 약 0.25 μm인 **축사**(axoneme)라는 공통된 구조를 가지고 있다(**그림 14-8**). 축사는 **기저체**(basal body)에 결합되어 있으며, 세포막이 확장되어 이를 둘러싸고 있다(그림 14-8a). 축사와 기저체 사이 지역은 전이대(transition zone)로서, 기저체의 미세소관 배열이 축사의 미세소관 배열로 변하는 곳이다. 축사, 전이대, 기저체의 횡단면 모습이 그림 14-8b와 c에 나타나 있다.

기저체는 중심립과 모양이 동일하다(그림 13-8). 기저체는 9개의 세관이 하나의 원 둘레에 배열한 형태로 이루어져 있다. 각각의 세관은 3중세관(triplet)이라고 불리는데, 그 이유는 3개의 미세소관이 공통적인 벽을 공유하기 때문이며, 이들은 1개의 완전한 미세소관(A)과 2개의 불완전한 관(B와 C)으로 이루어져 있다. 3중세관은 대부분 SAS-6로 알려진 단백질의 중합을 통해 형성되는 '수레바퀴(cartwheel)' 구조로 상호 연결된다. 섬모나 편모를 형성할 때 중심립은 세포 표면으로 이동하여 원형질막과 접촉한다. 그다음 중심립은 미세소관 조립을 위한 핵형성 장소로 작용하며 축사의 9개 외부 2중세관의 중합이 시작된다. 세관의 조립 과정이 시작되고 나면 그때의 중심립을 기저체라고 부른다.

섬모와 편모에서 추진 수단으로 사용되는 축사는 '9 + 2' 패턴의 특성을 보이는데, 이 패턴은 9개의 **외부 2중세관**(outer doublet)과 더불어 중심에 **중심세관 쌍**(central pair)이라 불리는 한 쌍의 단일 미세소관으로 구성된다. 1차 섬모(primary cilia)라 불리는 또 다른 그룹의 섬모는 세포의 감각 기관으로 사용된다. 이러한 섬모는 '9 + 0' 구조를 가진다. 즉 중심세관 쌍이 결핍된

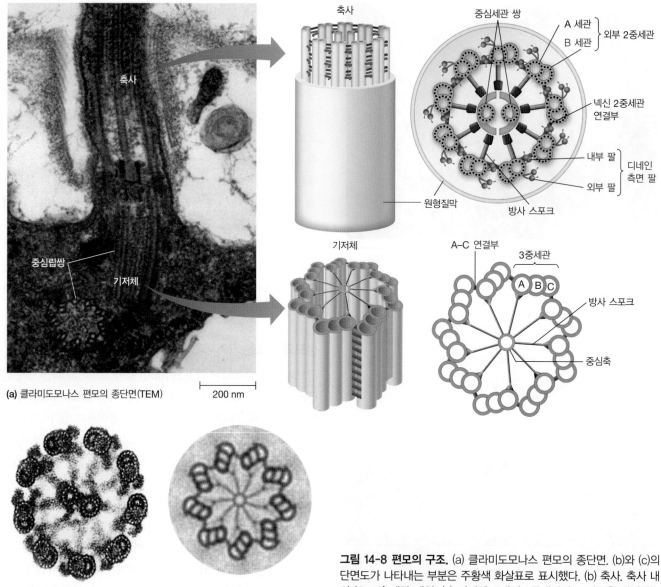

(a) 클라미도모나스 편모의 종단면(TEM)   200 nm

(b) 축사의 횡단면(TEM)   50 nm   (c) 기저체의 횡단면(TEM)   50 nm

그림 14-8 편모의 구조. (a) 클라미도모나스 편모의 종단면. (b)와 (c)의 단면도가 나타내는 부분은 주황색 화살표로 표시했다. (b) 축사. 축사 내의 '9 + 2' 세관 배열. (c) 기저체. 9개의 3중세관과 그것들을 연결하는 특징적인 '수레바퀴' 구조에 주목하라.

형태이다.

그림 14-8a는 전형적인 '9 + 2' 섬모의 구조적 특징을 자세히 설명한다. 축사의 9개 외부 2중세관은 각각 기저체의 9개 3중세관 중 2개가 신장된 것으로 생각되며, 그 결과 각각의 2중세관은 **A 세관**(A tubule)이라 부르는 하나의 완전한 미세소관과 불완전한 미세소관인 **B 세관**(B tubule)으로 구성된다. A 세관이 13개의 원섬유를 가지고 있는 반면, B 세관은 10~11개만을 가지고 있다. 중심세관 쌍의 세관은 모두 완전한 형태로 각각 13개의 원섬유를 가지고 있다. 섬모와 편모의 세관 구조는 모두 튜불린과 함께 텍틴(tektin)을 가지고 있다. 텍틴은 중간섬유 단백질과 비슷한 단백질로(13장 참조), 축사의 필수적인 구성 요소이다. A 세관과 B 세관은 벽을 공유하며, 벽은 주요 구성 요소로서 텍틴을

포함하는 것처럼 보인다.

축사는 미세소관뿐만 아니라 몇 가지 다른 핵심 구성 요소를 포함한다. 그중 가장 중요한 요소는 9개의 외부 2중세관의 A 세관에서 돌출되어 나온 **측면 팔**(sidearm)이다. 각각의 측면 팔은 인접한 2중세관의 B 세관을 향해 시계 방향으로 뻗어있다. 이러한 측면 팔은 축사 디네인으로 구성되어 있고, 이 축사 디네인은 축사 내 미세소관이 서로 활주 운동을 하여 축사가 휠 수 있게 한다. 디네인 팔은 내부 팔 하나와 외부 팔 하나가 쌍을 이루어 존재하며, 축사 미세소관을 따라 일정한 간격으로 존재한다. 인접한 2중세관은 넥신(nexin)이 주성분인 **2중세관 연결부**(interdoublet link)에 의해 연결되어 있으며, 이 연결부는 디네인 팔이 존재하는 간격보다는 더 넓은 간격으로 존재한다. 이 연결

은 축사가 휠 때 2중세관이 서로 미끄러져 움직일 수 있는 범위를 제한하는 것으로 간주된다.

방사 스포크(radial spoke)는 9개의 2중세관 각각으로부터 안쪽으로 돌출되어 중심세관의 외곽에 형성된 한 쌍의 돌출부 가까이에서 끝난다. 이들 방사 스포크 역시 2중세관을 따라 일정한 간격으로 존재한다. 방사 스포크는 인접한 미세소관의 활주 운동을 이 부속 기관 운동의 특징인 휘어짐 운동으로 전환하는 데 중요한 역할을 하는 것으로 간주된다.

축사 내 미세소관의 활주는 섬모와 편모를 휘게 한다

축사를 구성하는 정교한 구조가 섬모와 편모의 특징적인 굽힘을 어떻게 발생시킬까? 섬모와 편모가 휘는 과정에서 이들을 구성하는 미세소관의 전체 길이는 변하지 않는다. 대신에 인접한 바깥쪽 2중세관이 다른 한쪽으로 미끄러진다. 이러한 2중세관 활주 운동은 국소적인 휘어짐으로 전환되는데, 이는 축사의 2중세관이 중심세관 쌍과 방사상으로 연결되어 있고, 또 다른 2중세관과 원 형태로 연결되어 있어서 각각의 2중세관 간 활주 운동이 자유롭게 일어날 수 없기 때문이다.

교차연결과 스포크가 휘어짐을 담당한다 방사 방향 및 원주 방향 연결부가 미끄러짐(활주)을 억제하고 휘어짐으로 유도한다는 강력한 증거는 고전적인 실험에서 나온 결과이다(**그림 14-9**). 분리된 축사를 단백질분해효소(protease)로 처리하여 인접한 외부 2중세관 사이의 넥신 결합을 절단한 후 ATP로 처리하면 2중세관은 서로 미끄러져 지나간다(그림 14-9a). 연결이 온전하게 남아 있더라도 ATP 처리에 의해 축사는 휘어진다. 축사의 많은 2중세관이 동시에 움직이며 함께 협동적으로 일어나는 활주는 섬모 또는 편모의 국소적인 휘어짐을 이끌어낸다(그림 14-9b). 휘어

짐은 섬모나 편모의 길이를 따라 일어나고, 기관의 기저부에서 시작하여 끝을 향해 나아가는 물결과 같은 파동으로 이어진다.

디네인 팔은 활주 운동을 담당한다 축사의 디네인은 매우 큰 단백질이다. 다중 소단위체로 이루어져 있는데, 가장 큰 3개가 ATP 분해효소를 가지고 있으며 분자량이 450 kDa 정도 된다. 디네인 팔은 축사가 휘어질 수 있는 원동력이다. 두 가지 증거를 통해 이러한 결론에 도달할 수 있다. 첫째, 분리한 축사로부터 디네인을 선택적으로 추출하면 외부 2중세관의 디네인 팔이 사라지고 축사는 ATP 가수분해 능력과 운동 능력을 상실한다. 하지만 디네인을 제거하고 분리한 외부 2중세관에 정제된 디네인을 다시 첨가하면 측면 팔이 다시 생기고 ATP 의존성 활주가 복구된다. 두 번째 증거는 녹조류인 클라미도모나스(*Chlamydomonas*) 같은 종의 비운동성 돌연변이 편모를 연구하는 과정에서 발견되었다. 이런 돌연변이체는 편모를 가지고 있지만 이 편모들은 운동성이 없다. 이들 돌연변이체의 편모에 대한 연구는 이런 비운동성 편모에는 디네인 팔, 방사 스포크, 중심세관 쌍의 미세소관이 결여되어 있음을 보여주었는데, 이는 이러한 구조가 편모의 휘어짐 운동에 필수라는 것을 보여준다.

활주 동안 디네인의 팔이 주기적으로 인접한 B 세관에 붙었다가 떨어지는 과정을 반복한다. 각 주기마다 ATP 가수분해를 필요로 하며, 하나의 2중세관에서 인접한 2중세관으로 디네인 팔을 옮긴다. 이런 방식으로 하나의 2중세관에 있는 디네인 팔은 이웃한 2중세관을 따라 이동하고, 그 결과 두 2중세관의 상대적인 활주 이동이 일어난다.

편모와 섬모의 움직임 외에도 축사 디네인은 신체의 내부 장기를 위치시키는 놀라운 과정에 중요하게 관여한다(**인간과의 연결** 참조).

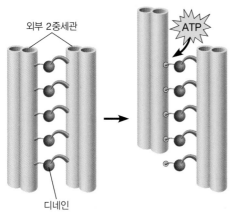
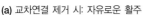

(a) 교차연결 제거 시: 자유로운 활주

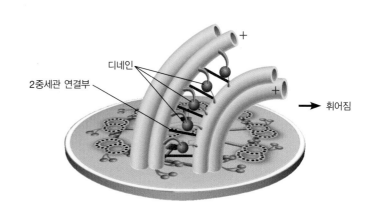

(b) 교차연결 존재 시: 협동적인 휨 운동

그림 14-9 섬모와 편모의 휨 운동이 축사 내 교차연결에 의존적이라는 증거. (a) 외부 2중세관과 연결단백질은 섬모 또는 편모로부터 분리될 수 있다. 교차연결을 제거하기 위해 단백질 분해효소로 처리한 후, ATP를 첨가하면 2중세관은 서로 분리된 채로 미끄러진다. (b) 온전한 축사에서 휨 운동은 조직화된 동작으로 2중세관을 미끄러지게 하는 많은 디네인의 작용을 통해 발생한다. 그림은 축사 내의 2중세관 한쌍을 보여주고 있다.

당신이 의대생이고, 어린 환자를 진찰하고 있다고 상상해보자. 청진기를 그녀의 가슴 왼쪽 위에 놓지만, 심장 박동을 찾을 수 없다! 당신의 환자는 분명히 살아있기 때문에, 조금 더 찾아보면 환자의 심장이 오른쪽 가슴에서 심하게 뛰고 있다는 것을 알 수 있을 것이다. 보다 정밀한 의학적 검사를 통해 환자의 모든 내부 장기가 정상 환자의 장기와 비교하여 좌우가 뒤

PCD(원발성 섬모장애) 연구자가 결함 있는 섬모를 검사하기 위해 투과전자현미경을 사용하고 있다.

바뀐 것을 확인할 수 있을 것이다.

적어도 1만 명 중 1명의 확률로 장기가 왼쪽에서 오른쪽으로 완전히 뒤바뀐 사람이 태어난다. 놀랍게도 *전내장역위증*(situs inversus totalis, **그림 14B-1**)으로 알려진 이 상태는 일반적으로 의학적 결과가 없으며, 환자가 이 상태에 대한 의학적 검사를 받을 때까지 모를 수 있다. 대조적으로 일부 장기만 뒤바뀌면(*일부내장변위*, heterotaxia) 심각한 건강 문제가 발생하고 종종 사망에 이르기도 한다.

이 놀라운 장기 역전이 어떻게 일어날 수 있을까? 현대의 세포생물학과 유전학은 한 가지 원인을 발견했는데, 바로 섬모성 디네인이다. *좌-우 디네인* 열성 돌연변이를 동형 접합으로 가진 생쥐 중 절반은 전내장역위증을 가지고 태어난다. 좌-우 디네인은 섬모에서 발견되는데, 이들의 운동은 초기 배아 발달 동안 좌우축을 결정하는 데 중요한 신호 분자를 보낼 때 필요한 유체 흐름을 만들 수 있다.

카르타게네르 증후군(Kartagener syndrome)으로 알려진 상염색체 열성 질환을 물려받은 인간 환자의 경우 전내장역위증 확률이 50%이다. 게다가 이 환자들은 다양한 호흡기 질환과 불임으로 고통받는다. 이 증상들은 무엇과 연관이 있을까? 앞에서 언급한 생쥐처럼 좌우 비대칭이 안정적으로 설정되지 않는다. 돌연변이 남성의 불임은 정자 꼬리 축사의 바깥쪽 팔 부분에 있는 구조적 결함으로 인해 정자 꼬리가 작용을 하지 못하게 된다. 불임 문제는 일부 돌연변이 여성에게도 발생하는데, 아마도 나팔관의 잘못된 섬모가 난소에서 자궁으로 난자를 이동시킬 수 없기 때문일 것이다. 또한 같은 결함이 점액과 이물질을 폐와 부비강 밖으로 이동시키는 섬모에도 영향을 미쳐(**그림 14B-2**) 기관지염과 축농증을 반복적으로 유발한다.

카르타게네르 증후군은 *원발성 섬모장애*(primary ciliary dyskinesia, PCD)의 고전적인 예이다. 카르타게네르 증후군은 섬모의 움직임에 결함이 있다고 해서 붙여진 이름이다. PCD는 내부 또는 외부 디네인 측면 팔 부분, 방사 스포크 헤드 또는 중심세관 쌍의 하나 또는 둘 다의 미세소관

편모 내 수송은 자라나는 편모에 구성 요소를 첨가한다 편모와 섬모의 정교한 구조는 '튜불린 소단위체와 다른 구성 요소는 어떻게 섬모와 편모에 첨가될까?'라는 흥미로운 질문을 불러일으킨다. 양성 말단과 음성 말단을 향하는 미세소관 운동단백질이 섬모와 편모의 끝 부분을 왕복하는 구성 요소에 관련이 있다는 것을 알 수 있다. 이러한 과정은 **편모 내 수송**(intraflagellar transport, IFT)이라 알려져 있으며, 신경세포의 축삭 수송과 약간 비슷하다. 즉 키네신은 물질을 세포에서 편모 끝으로 이동시키고, 디네인은 물질을 편모 끝에서 세포 쪽으로 가져온다. 섬모병(ciliopathy)으로 알려진 사람의 질병은 현재 편모 내 수송 구성 요소의 돌연변이로 인해 발생하는 것으로 알려져 있다. 섬모병 중 하나인 바르드비들 증후군(Bardet Biedl Syndrome, BBS)은 망막 변성, 비만, 신장 결손, 손이나 발의 다지증 등 매우 다양한

증상을 유발한다.

개념체크 14.2

인간의 정자는 편모를 이용하여 움직이며, 편모 기저부에 미토콘드리아도 가지고 있다(그림 4.13 참조). 편모에 대해 알고 있는 내용에 기초해볼 때 이러한 구조가 가지는 장점은 무엇인가?

14.3 미세섬유에 기초한 세포 내 운동: 마이오신

세포 내 구성 요소와 분자의 이동은 세포 내 필라멘트 시스템인 액틴 세포골격을 따라 일어난다.

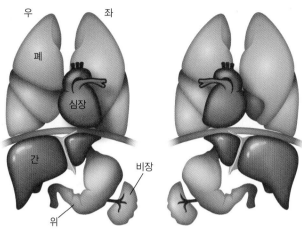

(a) 장기 정상 위치(정상적인 장기 비대칭) (b) 전내장역위증(거울상)

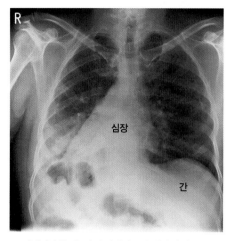

(c) 전내장역위증을 가진 남성의 X선 정면 사진

그림 14B-1 인간은 좌우 장기 역전 현상을 보일 수 있다. (a) 내부 장기의 정상적인 위치는 왼쪽에 심장, 오른쪽에 간이 있다. (b) 전내장역위증에서 모든 내장은 거울상 반전을 보여준다. 심장은 오른쪽, 간은 왼쪽에 위치한다. (c) X선 사진은 이러한 환자의 것이다.

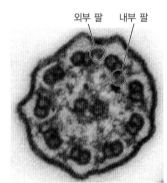

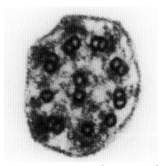

(a) 정상 섬모 (b) 양쪽 팔이 없는 섬모 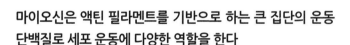 0.1 μm

결함 내지는 부족으로 인해 발생할 수 있다. 이 현대 탐정 이야기는 현대 세포생물학의 강력한 기술을 통해 해결되고 있다. 현대 세포생물학은 전내장역위증의 원인과 인간이 어떻게 그들의 오른쪽과 왼쪽을 구별하는지를 밝혀내기 시작했다.

그림 14B-2 카르타게네르 증후군 환자의 결함이 있는 디네인. (a) 정상적인 호흡 섬모는 내부 및 외부 디네인의 측면 팔을 가지고 있다. (b) 카르타게네르 증후군 환자의 호흡 섬모는 내부 및 외부 측면 팔(TEM)이 모두 결실되어 있다.

마이오신은 액틴 필라멘트를 기반으로 하는 큰 집단의 운동 단백질로 세포 운동에 다양한 역할을 한다

미세소관에서와 같이 ATP 의존성 운동단백질이 세포 내의 액틴 미세섬유를 따른 물질의 이동에 관여한다. 이러한 운동단백질은 모두 **마이오신**(myosin)으로 알려진 큰 집단에 속한다. 현재 24그룹의 마이오신이 알려져 있다(주요 마이오신 목록은 표 14-1 참조).

모든 마이오신은 최소 1개의 무거운 사슬을 가지는데, 이는 한쪽 끝에 다양한 길이의 꼬리를 부착한 구형 도메인으로 구성된다(**그림 14-10**). 구형 도메인은 액틴과 결합하고, ATP 가수분해 기능이 있다. 이 ATP 가수분해에서 나오는 에너지를 사용하여 마이오신은 미세섬유를 따라 이동한다. 많은 마이오신은 액틴 필라멘트의 양성 말단 쪽으로 이동하지만, 예외적으로 마이오신

VI는 액틴 필라멘트의 음성 말단 쪽으로 이동한다. 꼬리 부분의 구조는 마이오신 종류마다 다양하며, 마이오신이 세포 구조물이나 다양한 분자와 선별적으로 결합할 수 있게 한다. 마이오신 가벼운 사슬은 종종 마이오신 ATP 분해효소의 활성을 조절하는 역할을 한다.

마이오신은 근수축(근육 마이오신 II), 세포 이동(비근육 마이오신 II), 식세포작용(마이오신 VI), 수송소포나 다른 막과 연관된 일(마이오신 I, V)과 같은 다양한 현상에서 많은 기능을 한다.

가장 잘 연구된 마이오신 그룹은 **마이오신 II**(type II myosin)이다. 이들은 2개의 무거운 사슬과 각 무거운 사슬을 특징짓는 구형 도메인, 경첩부(지렛대), 긴 막대 모양의 꼬리, 총 4개의 가벼운 사슬로 구성되어 있다. 마이오신 II의 경우, 하나의 필수적 가벼운 사슬(essential light chain)과 하나의 조절성 가벼운 사슬

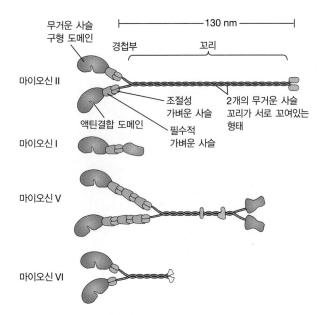

그림 14-10 마이오신 집단의 구성원. 모든 마이오신은 액틴 및 ATP와 결합하는 무거운 사슬인 일종의 경첩부(지렛대)를 가지고 있으며, 필수적 및 조절성 가벼운 사슬을 포함하여 일반적으로 2개 이상의 조절성 가벼운 사슬을 가지고 있다. 마이오신 I과 같은 일부 마이오신은 하나의 액틴결합 도메인을 가지고 있다. 마이오신 II, V, VI와 같은 다른 마이오신은 꼬리를 통해 서로 연결되어 있다.

(regulatory light chain)이 각각 무거운 사슬과 연결되어 있다. 이러한 마이오신은 비근육세포뿐만 아니라 골격근, 심근, 평활근세포, 비근육세포에서 발견된다. 비근육 마이오신 II는 세포질분열 동안 수축환(contractile ring) 형성과 수축에도 관여한다(20장 참조). 마이오신 II는 근육세포의 굵은 필라멘트와 같은 긴 필라멘트로 조립될 수 있다는 점에서 특이점을 가진다. 모든 세포 유형에서 마이오신 II의 기본 기능은 액틴 필라멘트의 배열을 함께 끌어당겨 세포 또는 세포 그룹의 수축을 유도하는 것이다.

많은 마이오신은 액틴 필라멘트를 따라 짧은 걸음으로 이동한다

이 시점에서 가장 잘 연구된 두 가지 세포골격 운동단백질인 '고전적' 키네신과 마이오신 II를 비교하는 것이 유용하다. 둘 다 단백질 필라멘트를 따라 이동하는 데 사용하는 구형 도메인을 가지고 있으며 모양 변화를 위해 ATP 가수분해를 사용한다. 개별적인 마이오신의 운동 도메인이 액틴에 가하는 힘은 키네신에서 측정된 힘과 비슷하다. 키네신처럼 마이오신 II도 효율적인 운동단백질이다. 마이오신이 적당한 크기의 부하를 받을 때 마이오신의 효율은 약 50%이다. 이런 유사성에도 불구하고 이 두 단백질은 확연한 차이점도 가지고 있다. 키네신은 장거리로 소포를 수송할 때 혼자 또는 적은 수가 합쳐서 작동하며, 하나의 키네신은 하나의 미세소관을 따라 수백 nm를 이동할 수 있다. 이와는

달리 하나의 마이오신 II 분자는 액틴 필라멘트 위를 역타당 약 12~15 nm 정도 이동한다(모든 마이오신이 이처럼 단거리 이동만 하는 것은 아니다. 예를 들면 세포소기관과 수송소포에 관여하는 마이오신 V는 훨씬 더 지속적으로 이동한다).

만약 마이오신 II가 액틴을 따라 장거리 이동을 할 수 없다면 마이오신이 어떻게 운동에 관여할 수 있을까? 마이오신 II 분자는 흔히 다수가 길게 배열한 형태로 작동한다. 근육에서 마이오신 II 필라멘트의 경우 수십억 개의 마이오신 분자가 존재할 수 있으며, 이 마이오신은 골격근의 수축을 위해 함께 작동한다.

> **개념체크 14.3**
>
> 단일 마이오신 II 운동 도메인은 약 1~5피코뉴턴(pN)의 힘을 발휘할 수 있다. 지구 표면 근처에서 1 kg의 중력은 9.8뉴턴(N)(1 pN = 1.0×10^{-12} N)이다. 큰 동물에서 마이오신이 어떻게 킬로그램 단위의 조직을 움직일 수 있을까?

14.4 미세섬유에 기초한 운동: 근육세포 작용

근수축(muscle contraction)은 세포 내 필라멘트가 중재하는 기계적인 작용 중 가장 잘 알려진 예이다. 포유류는 골격근, 심근, 평활근을 포함한 여러 종류의 근육을 가지고 있다. 근수축 과정에 대해 알고 있는 많은 지식이 골격근의 분자적 구조와 작용에 대한 초기 연구에서 밝혀졌으므로 먼저 골격근을 살펴보자.

골격근 세포는 가는 필라멘트와 굵은 필라멘트를 가지고 있다

골격근(skeletal muscle)은 수의근육이다. 골격근의 구조와 조직은 **그림 14-11**에 나와 있다. 근육은 평행한 **근섬유**(muscle fiber) 다발로 구성되어 있으며, 근수축으로 움직이는 뼈와는 힘줄(tendon, 건)로 연결되어 있다. 각각의 근섬유는 수축 기능을 위해 고도로 특수화된 길고 가는 세포로, 보통의 세포와 달리 다수의 핵을 가지고 있다. 근섬유가 다핵성 세포인 이유는 발생 과정 중 근육 분화 시기에 **근육아세포**(myoblast)라고 불리는 배아세포가 다핵성 상태(syncytium)를 형성하기 위해 서로 융합하기 때문이다. 이 세포 융합은 아주 긴 근육세포가 형성될 수 있게 하는 이유 중 하나이다.

세포 이하의 수준에서 각각의 근섬유(또는 세포)는 수많은 **근원섬유**(myofibril)를 포함한다. 근원섬유는 직경이 1~2 μm이며, 길이는 근섬유의 길이만큼 늘어나기도 한다. 각각의 근원섬유는 길이를 따라 **근절**(sarcomere)이라는 반복되는 단위로 나눌 수 있다. 근절은 근육세포의 기본적인 수축 단위이다. 근원섬유

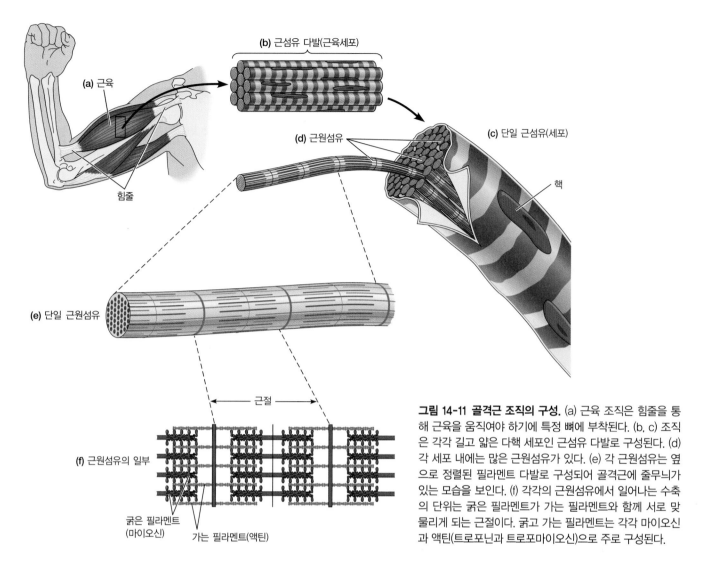

그림 14-11 골격근 조직의 구성. (a) 근육 조직은 힘줄을 통해 근육을 움직여야 하기에 특정 뼈에 부착된다. (b, c) 조직은 각각 길고 얇은 다핵 세포인 근섬유 다발로 구성된다. (d) 각 세포 내에는 많은 근원섬유가 있다. (e) 각 근원섬유는 옆으로 정렬된 필라멘트 다발로 구성되어 골격근에 줄무늬가 있는 모습을 보인다. (f) 각각의 근원섬유에서 일어나는 수축의 단위는 굵은 필라멘트가 가는 필라멘트와 함께 서로 맞물리게 되는 근절이다. 굵고 가는 필라멘트는 각각 마이오신과 액틴(트로포닌과 트로포마이오신)으로 주로 구성된다.

의 각 근절은 **굵은 필라멘트**(thick filament)와 **가는 필라멘트**(thin filament) 다발로 이루어져 있다. 굵은 필라멘트는 마이오신으로 구성되는 반면, 가는 필라멘트는 주로 F-액틴, 트로포마이오신, 트로포닌으로 구성되어 있다. 가는 필라멘트는 굵은 필라멘트 주위를 육각형으로 둘러싸는 형태로 배열되어 있다. 근원섬유의 횡단면을 관찰하면 이러한 형태를 볼 수 있다(**그림 14-12**).

골격근 세포의 필라멘트는 횡으로 배열되어 근원섬유에 어두운 띠와 밝은 띠가 교대로 놓인 무늬가 나타난다(**그림 14-13**). 이러한 띠 또는 가로무늬 형태는 골격근과 심근의 특징이며, 이러한 형태를 가진 근육을 **가로무늬근**(striated muscle)이라고 한다. 어두운 띠를 **A대**(A band)라 하고, 밝은 띠는 **I대**(I band)라 부른다. [근원섬유의 구조와 모양에 관한 용어는 편광현미경을 이용한 근육의 관찰에서 만들어졌다. I대는 등방성(isotropic), A대는 이방성(anisotropic)을 뜻하는 용어로, 평면 편광을 비췄을 때 나타난 띠의 모양과 관련이 있다.]

그림 14-13b에서 묘사된 바와 같이 각 A대의 중앙에 있는 밝은 지역은 **H대**(H zone)라고 한다(독일어 *hell*에서 유래되었으며, '빛'이라는 의미). H대의 중앙에서 내려오는 **M선**(M line)은 마이오신 필라멘트를 연결하는 단백질인 마이오메신(myomesin)을 포함한다. 각 I대의 중앙에는 고밀도의 **Z선**(Z line)이 나타난다(독일어 *zwischen*에서 유래되었으며, '사이에'라는 의미). 하나의 Z선과 그다음 Z선 사이의 간격을 근절이라고 정의한다. 근절의 길이는 안정 상태에서 약 2.5~3.0 μm이며, 근육이 수축하면서 점진적으로 짧아진다.

근절은 규칙적으로 배열된 액틴, 마이오신, 보조 단백질을 포함한다

골격근의 가로무늬와 근수축 시에 관찰되는 근절 길이의 단축은 근원섬유에 있는 굵은 필라멘트와 가는 필라멘트의 배열 때문인데, 이에 대해 자세히 알아보자.

굵은 필라멘트 근원섬유의 굵은 필라멘트는 직경이 약 15 nm이

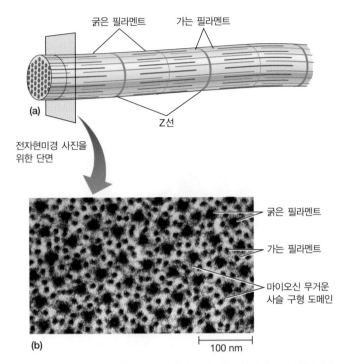

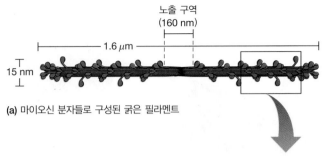

(a) 마이오신 분자들로 구성된 굵은 필라멘트

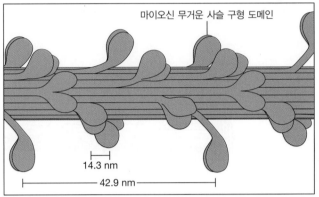

(b) 굵은 필라멘트의 일부

그림 14-12 근원섬유에서 굵은 필라멘트와 가는 필라멘트의 배열. (a) 근원섬유는 굵고 가는 필라멘트가 서로 연결되어 있다. (b) 가는 필라멘트는 육각형 모양으로 굵은 필라멘트 주위에 배열되어 있다. 고압전자현미경(HVEM)으로 본 초파리의 날개근육 단면

그림 14-14 골격근의 굵은 필라멘트. (a) 근원섬유의 굵은 필라멘트는 반복적이고 엇갈린 배열로 구성된 수백 개의 마이오신 분자로 구성되어 있다. 전형적인 굵은 필라멘트는 길이가 약 1.6 μm이고 지름이 약 15 nm 이다. 개별 마이오신 분자는 ATP 가수분해효소를 포함하는 머리가 필라멘트의 중심에서 멀리 떨어진 방향으로 필라멘트에 세로로 통합된다. 필라멘트의 중앙 영역은 머리가 없는 노출 구역이다. (b) 굵은 필라멘트의 일부를 확대하면 마이오신 머리 쌍이 14.3 nm 간격으로 떨어져 있음을 알 수 있다.

고, 길이는 약 1.6 μm이다(**그림 14-14**). 근절의 중앙에 위치하며, 필라멘트는 서로에 대해 평행하게 놓여있다(그림 14-13 참조). 모든 굵은 필라멘트는 많은 마이오신 분자로 구성되어 있으며, 연속적인 분자의 구형 도메인이 굵은 필라멘트로부터 반복적인 패턴으로 돌출되어 중심에서 멀어진다(그림 14-14a). 구형 도메인은 굵은 필라멘트를 따라 14.3 nm 간격으로 돌출되어 있으며, 각 쌍은 이전 쌍으로부터 필라멘트 주위로 3분의 1 정도 벗어나 있다(그림 14-14b). 근수축에 필수적인 굵은 필라멘트와 가는 필라멘트 사이의 교차결합을 형성한다.

가는 필라멘트 근원섬유의 가는 필라멘트는 굵은 필라멘트와 서로 맞물려 있다. 가는 필라멘트의 직경은 약 7 nm이고, 길이

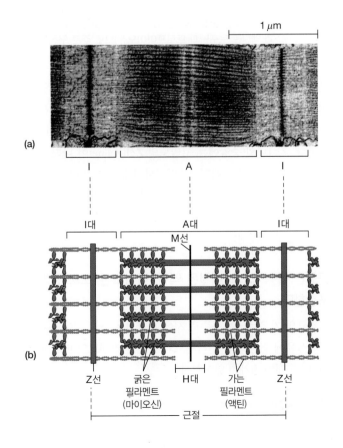

그림 14-13 골격근의 모양 및 명명법. (a) 단일 근절의 투과전자현미경 사진(TEM). (b) 근절의 모식도. A대는 굵은 필라멘트의 길이에 해당하고 I대는 굵은 필라멘트와 겹치지 않는 가는 필라멘트의 부분을 나타낸다. A대 중앙에 있는 밝은 영역을 H대라고 하며, 중간에 있는 선을 M선이라고 한다. 각 I대의 중심에 있는 조밀한 구역을 Z선이라고 한다. 근섬유를 따라 기본 반복 단위인 근절은 연속적인 두 Z선 사이의 거리이다.

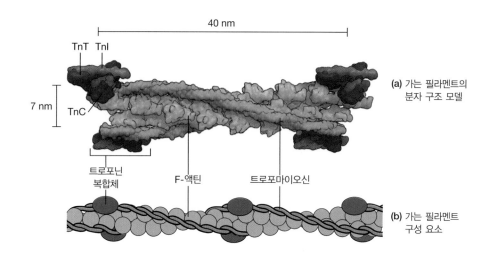

(a) 가는 필라멘트의
분자 구조 모델

(b) 가는 필라멘트
구성 요소

그림 14-15 골격근의 가는 필라멘트. 각각의 가는 필라멘트는 G-액틴 단량체가 엇갈려 2중가닥 나선을 만드는 F-액틴의 단일 가닥이다. 이 배열의 한 가지 결과는 필라멘트의 양쪽을 따라 2개의 홈이 이어진다는 것이다. 이 홈에는 길고 리본 모양으로 생긴 트로포마이오신 분자가 있다. 각각의 트로포마이오신 분자는 코일 모양의 '밧줄'을 형성하기 위해 서로 감겨있는 2개의 나선으로 구성되어 있다. 각각의 트로포닌 분자는 3개의 소단위체 TnT, TnC, TnI로 구성된 트로포닌 복합체이다.

는 1 μm 정도이다. 각 I대는 2세트의 가는 필라멘트로 구성되며, 각 세트의 가는 필라멘트는 이 근절의 양쪽 끝(Z선)에 부착되어 있으며, 근절의 중심에 있는 A대의 속으로 뻗어있다. 근육이 완전히 이완되면 각 I대의 길이는 약 2 μm가 된다. 가는 필라멘트의 개별 구조는 **그림 14-15**에 나타나 있다. 하나의 가는 필라멘트는 최소 3가지의 단백질로 구성된다. 가는 필라멘트의 가장 중요한 구성 요소는 F-액틴으로, **트로포마이오신**(tropomyosin)과 **트로포닌**(troponin)과 함께 서로 꼬여있다. 그림 14-15에 나타난 바와 같이 액틴 나선의 한 바퀴는 70 nm보다 약간 길다.

트로포마이오신은 긴 막대 같은 분자로, 마이오신 꼬리와 비슷하며 액틴 나선 홈에 결합되어 있다. 각각의 트로포마이오신 분자는 필라멘트를 따라 40 nm 정도 뻗어있으며, 이렇게 길게 뻗은 트로포마이오신 분자에 7개의 G-액틴 단량체가 결합되어 있다.

트로포닌은 실제로는 *TnT*, *TnC*, *TnI* 라고 불리는 3개의 폴리펩타이드 사슬로 구성된 복합체이다(*Tn*은 트로포닌을 의미하고, *T*는 트로포마이오신, *C*는 칼슘, *I*는 억제자를 의미하는데, 이는 TnI가 근수축을 억제하기 때문이다). TnT는 트로포마이오신에 결합하고 트로포마이오신 분자에 복합체를 위치시키는 역할을 한다. TnC는 칼슘 이온과 결합하고, TnI은 액틴과 결합한다. 하나의 트로포닌 복합체는 각각의 트로포마이오신 분자와 결합하고 있어서 가는 필라멘트를 따라 놓여있는 트로포닌 복합체들 사이의 거리는 40 nm이다.

트로포닌과 트로포마이오신은 골격근과 심근에서 수축을 활성화하는 칼슘의 농도 변화로 조절되는 스위치를 구성한다.

근섬유 단백질의 구성 다른 세포들의 미세섬유는 상대적으로 불규칙적인 구조를 보이는데, 근섬유의 필라멘트성 단백질은 어떻게 정확한 구성 체계를 유지할 수 있는 것일까? 첫째, 가는 필라멘트의 액틴은 모든 양성 말단이 Z선에 결합되어 있다. 마이오

신 II는 F-액틴의 양성 말단을 향해 움직이므로 이런 가는 필라멘트의 배열은 굵은 필라멘트가 Z선을 향해 한 방향으로만 이동할 수 있게 한다.

둘째, 구조단백질이 근육 단백질의 구조적인 관계를 유지하는 데 중요한 역할을 한다(**그림 14-16**). 예를 들면 α-액티닌(α-actinin)은 액틴 필라멘트가 평행한 다발 구조를 이루게 하고, 캡형성 단백질인 *CapZ*는 액틴 필라멘트의 양성 말단에 결합하여 이 말단을 안정화하고, 동시에 이 말단들이 Z선에 결합한 상태를 유지시킨다. 가는 필라멘트의 반대쪽(즉 음성 말단)에는 **트로포모듈린**(tropomodulin)이 결합되어 있는데, 이 단백질은 가는 필라멘트의 안정성과 길이를 유지하는 것을 돕는다. 마이오메

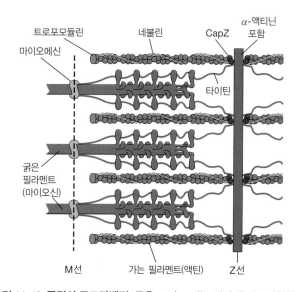

그림 14-16 근절의 구조단백질. 굵은 그리고 가는 필라멘트는 정확한 조직을 유지하기 위해 구조적 지지가 필요하다. 지지는 각각 액틴과 마이오신 필라멘트를 묶는 α-액티닌과 마이오메신에 의해 제공된다. 타이틴은 Z선에 굵은 필라멘트를 부착하여 그 위치를 유지한다. 네불린은 가는 필라멘트의 조직을 안정화시킨다. 그림에서 트로포마이오신은 표시하지 않았다.

표 14-2 척추동물 골격근의 주요 단백질 구성 요소

단백질	분자량(kDa)	기능
G-액틴	42	가는 필라멘트의 주 구성 요소
마이오신	510	굵은 필라멘트의 주 구성 요소
트로포마이오신	64	가는 필라멘트 길이를 따라 결합
트로포닌	78	가는 필라멘트를 따라 일정한 간격으로 위치, 수축에서 Ca^{2+} 조절 매개
타이틴	2,500	굵은 필라멘트를 Z선에 연결
네불린	700	가는 필라멘트를 Z선에 연결, 가는 필라멘트 체계의 안정화
마이오메신	185	굵은 필라멘트를 M선에 존재하는 마이오신 결합단백질
α-액티닌	190	액틴섬유의 다발 형성 및 Z선에의 부착
Ca^{2+} ATP 가수분해효소	115	근소포체의 주 단백질, 근육 이완을 위해 Ca^{2+}을 근소포체로 수송
CapZ	68	액틴섬유를 Z선에 부착, 액틴의 양성 말단에 캡 형성
트로포모듈린	41	가는 필라멘트의 길이와 안정성 유지

신은 굵은 필라멘트의 H대에 존재하며, 마이오신 분자가 배열하여 다발을 구성할 수 있게 한다. 세 번째 구조단백질인 타이틴(titin)은 굵은 필라멘트를 Z선에 부착시킨다. 타이틴은 아주 유연한 단백질이다. 수축-이완 주기 동안 이 단백질은 굵은 필라멘트가 가는 필라멘트에 비해 상대적으로 정확한 위치에 있게한다. 또 다른 단백질 네불린(nebulin)은 가는 필라멘트 체계를 안정화한다.

척추동물 골격근의 다양한 단백질 구성 요소가 **표 14-2**에 요약되어 있다. 근육의 수축작용은 이러한 단백질 모두의 복합적인 작용으로 일어난다.

활주필라멘트 모델은 근수축을 설명한다

근육 구조에 대해 알고 있는 것을 토대로 근수축 과정 동안 어떤 일이 일어나는지 알아보자. 전자현미경을 이용한 연구에 기초해 볼 때 근원섬유의 I대는 근수축 시 점점 짧아져 최대로 수축한 상태가 되면 사실상 사라지는 반면, A대는 수축 동안에도 고정된 상태로 남아있다는 것이 알려졌다. 이러한 관찰 결과를 설명하고자 **그림 14-17**에 설명된 **활주필라멘트 모델**(sliding-filament model)이 1954년에 앤드루 헉슬리(Andrew Huxley)와 니데르게르케(Rolf Niedergerke), 그리고 휴 헉슬리(Hugh Huxley)와 핸슨(Jean Hanson)에 의해 각각 독립적으로 제안되었다. 이 모델에 따르면 근수축은 가는 필라멘트가 굵은 필라멘트 위를 활주하기 때문에 일어나며, 이때 각 필라멘트의 길이에는 변화가 일어나지 않는다. 이러한 활주필라멘트 모델은 옳은 것으로 밝혀졌을 뿐만 아니라 활주 운동에 필수적인 가는 필라멘트와 굵은 필라멘트 간 분자적 상호작용에 사람들의 관심을 집중시키는 데도 중요한 역할을 했다.

그림 14-17에서 나타내듯이 근수축은 가는 필라멘트들이 인접한 굵은 필라멘트 사이의 공간 내로 점점 끌려들어간다. 이런 활주 운동의 결과 가는 필라멘트는 굵은 필라멘트와 조금씩 더 중첩되고 I대는 좁아진다. 이 결과로 각각의 근절과 근원섬유는 짧아지며, 근육세포 및 전체 근육 조직이 수축한다. 이로써 근육과 결부된 신체 각 부위가 차례로 움직이게 된다.

가는 필라멘트와 굵은 필라멘트 간 활주는 수축 시 발생하는 힘과 근절의 짧아지는 정도 사이에 상관관계가 있음을 암시한다. 실제로 근절의 단축 정도와 발생하는 힘의 관계를 측정하면, 그 결과는 활주필라멘트 모델이 예측한 것과 정확히 일치한다. 근수축 동안 근육이 생성할 수 있는 힘의 양은 가는 필라멘트와 접촉할 수 있는 굵은 필라멘트의 액틴 결합 도메인의 수에 따라 달라진다(그림 14-17b).

교차결합은 필라멘트를 함께 결속시키고 ATP는 그들의 운동에 힘을 제공한다

굵은 필라멘트를 통과하는 가는 필라멘트의 활주는 근절의 정교한 구조에 의존적이며 에너지를 필요로 한다. 이러한 기본적인 관찰은 몇 가지 중요한 질문을 야기한다. 첫째, 어떤 메커니즘으로 가는 필라멘트가 굵은 필라멘트 사이 공간으로 점진적으로 당겨지고 수축이 일어나는가? 둘째, ATP의 에너지는 이 과정을 추진하는 데 어떻게 사용되는가? 이제 이 질문을 다룰 것이다.

교차결합 형성 굵은 필라멘트와 가는 필라멘트가 중첩된 지역[넓은 범위이거나(수축된 근육) 좁은 부분이거나(이완된 근육) 상관없이]에는 언제나 가는 필라멘트의 F-액틴과 굵은 필라멘트의 마이오신 머리 사이에 일시적인 **교차결합**(cross-bridge)이 일어난다(**그림 14-18**). 근육의 수축을 위해 이 교차결합은 반복적

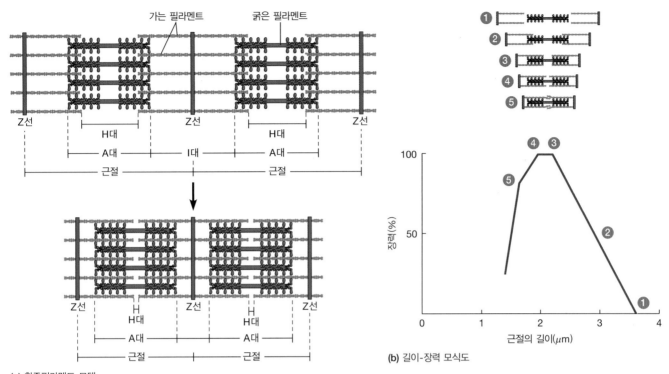

(a) 활주필라멘트 모델

(b) 길이-장력 모식도

그림 14-17 근수축의 활주필라멘트 모델. (a) 수축 과정 동안 근원섬유의 두 근절. 수축 과정에서 굵은 필라멘트와 가는 필라멘트의 맞물림이 지속됨에 따라 이들의 겹쳐짐이 늘어나면서 I대의 길이는 점차 감소한다. (b) 이 그래프는 근절에 의해 발생하는 장력의 크기가 가는 필라멘트와 굵은 필라멘트 간의 중첩되는 부분의 양에 비례한다는 것을 보여준다. ❶ 근육섬유가 가는 필라멘트와 굵은 필라멘트 사이에 겹치지 않을 정도로 늘어나면 장력이 생길 수 없다. ❷ 정상적이고 이완된 근절이 수축하기 시작하면 Z선은 함께 더 가깝게 움직이며, 가는 필라멘트와 굵은 필라멘트 사이의 겹쳐진 부분을 증가시켜 근육이 더 큰 장력을 만들 수 있다. ❸~❹ 이러한 비례관계는 가는 필라멘트 끝이 H대 내부로 이동할 때까지 계속된다. 여기서 가는 필라멘트는 더 이상 마이오신 머리가 없는 부분을 만나고 장력은 일정하게 남아있게 된다. ❺ 그 이상으로 근절이 줄어들 경우 두 필라멘트가 서로를 향해 밀려들어가므로 장력은 급격히 감소한다.

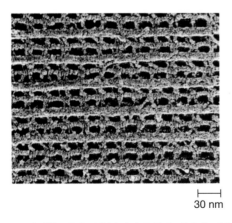

30 nm

그림 14-18 교차결합. 마이오신 분자의 돌출된 머리에 의해 형성된 굵은 필라멘트와 가는 필라멘트 간 교차결합은 이 같은 고해상도 투과전자현미경 사진을 통해 쉽게 관찰할 수 있다(TEM).

으로 형성되고 분리되어야 하며, 한 번씩 교차결합이 형성될 때마다 가는 필라멘트는 굵은 필라멘트와 조금씩 더 중첩되고, 이에 따라 각 근절은 짧아지고 근섬유는 수축한다.

굵은 필라멘트에 존재하는 마이오신의 무거운 사슬은 가는 필라멘트의 액틴과 결합하고, 에너지가 필요한 반응에 의해 형태가 변하는 과정이 일어나서 가는 필라멘트를 H대 쪽으로 당기게 되며, 이 반응 후에 이 마이오신은 결합되었던 액틴과 분리되고, 동일한 가는 필라멘트에 존재하는 Z선에 더 가까이 있는 다른 액틴 분자와 새롭게 결합한다. 근수축은 이처럼 많은 교차결합이 반복적으로 형성되고 분리되는 사건들의 전체 결과이다.

이러한 교차결합 형성의 원동력은 마이오신 무거운 사슬로 촉매되는 ATP의 가수분해이다. ATP의 필요성은 분리된 근섬유가 첨가된 ATP에 반응하여 수축하는 시험관 내 시험으로 입증할 수 있다.

수축 주기 근수축 기작은 **그림 14-19**에 묘사되어 있다. ❶ 높은 에너지 상태인 젖혀진 구조에서 마이오신 구형 도메인은 ADP와 P_i 분자를 포함한다(가수분해된 ATP). ❷ 마이오신이 더 단단히 결합된 상태로 전환되면 마이오신 무거운 사슬의 형태 변화가 촉발되며, 이는 P_i의 방출을 포함한다. ❸ 이러한 형태 변화는 역타와 연관되어 굵은 필라멘트로 하여금 가는 필라멘트를 잡아당기게 한다. 그런 다음 ADP는 마이오신 무거운 사슬로부터

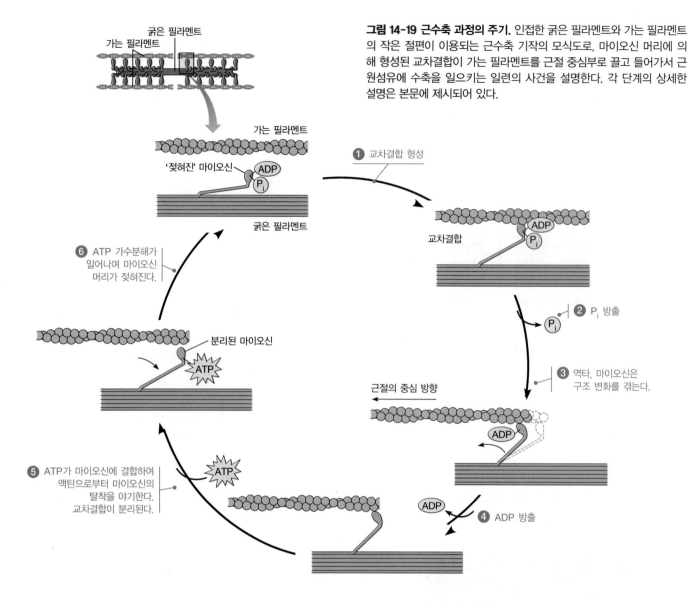

그림 14-19 근수축 과정의 주기. 인접한 굵은 필라멘트와 가는 필라멘트의 작은 절편이 이용되는 근수축 기작의 모식도로, 마이오신 머리에 의해 형성된 교차결합이 가는 필라멘트를 근절 중심부로 끌고 들어가서 근원섬유에 수축을 일으키는 일련의 사건을 설명한다. 각 단계의 상세한 설명은 본문에 제시되어 있다.

방출된다. ❹ 이 단계에서 마이오신 무거운 사슬은 가는 필라멘트에 부착된 상태로 유지된다. ❺ 다음 단계에서는 교차결합 분리로 인해 새로운 ATP 분자가 마이오신 무거운 사슬에 결합하는 것을 필요로 한다. 마이오신 머리에 ATP가 결합하면 마이오신의 머리에 형태 변화가 일어나 액틴과의 결합이 약화되는 분리가 일어난다[적절한 양의 ATP가 지속적으로 공급되지 않으면 교차결합이 분리되지 않고 근육은 강직(rigor)이라 불리는 뻣뻣하고 단단한 상태로 고정된다. 사망 후 발생하는 **사후강직**(rigor mortis)은 ATP 고갈 및 ❹단계의 마지막에 발생하는 교차결합의 점진적인 축적에 의한 것이다].

일단 분리되면 굵은 필라멘트와 가는 필라멘트는 자유롭게 이전 위치로 미끄러져 돌아갈 수 있지만, 실제로는 언제나 그들의 길이를 따라 존재하는 다른 많은 교차결합에 의해 항상 함께 고정된다. 이는 마치 노래기가 걸을 때 적어도 몇 개의 다리는 항상 지면과 접촉하고 있는 것과 비슷하다. 실제로 하나의 굵은 필

라멘트는 350개의 마이오신 무거운 사슬 분자로 이루어져 있고, 근육이 빠르게 수축하는 동안 굵은 필라멘트에 있는 각 마이오신 머리는 1초에 5번가량 액틴 분자와 결합-분리를 반복하며, 따라서 어느 때라도 굵은 필라멘트와 가는 필라멘트 사이에는 많은 수의 교차결합이 온전히 남아있다.

❻ 마지막으로 ATP의 가수분해가 일어나 마이오신 무거운 사슬이 고에너지 형태로 변하고, 이는 다음 주기의 교차결합 형성과 필라멘트 활주에 필요하다.

⑨ 연결하기 14.2

골격근 마이오신 무거운 사슬은 기능을 위해 ATP를 필요로 하는 기계적 효소이다. 인산과당 인산화효소-2와 같은 다른 효소도 ATP에 의존한다. 인산과당 인산화효소-2와 마이오신 II는 ATP의 사용에서 어떻게 다른가? (그림 9-14 참조)

근수축의 조절은 칼슘에 의존한다

지금까지의 설명은 충분한 양의 ATP가 존재하기만 한다면 골격 근이 연속적으로 수축하는 것처럼 보인다. 그러나 경험을 통해 우리는 대부분의 골격근이 수축 상태보다 이완 상태로 더 많이 존재한다는 것을 안다. 이는 연결된 근육의 활성으로 나타나는 균형 잡힌 운동이 가능하려면 근육의 수축과 이완이 조절되어야 함을 의미한다.

수축에서 칼슘의 역할 근수축은 근원섬유의 세포기질[근세포에 서는 근형질(sarcoplasm)이라 한다]의 자유 칼슘 이온(Ca^{2+})과 이 칼슘의 농도를 빠르게 변화시키는 근세포의 능력에 의존한다. 조절단백질인 트로포마이오신과 트로포닌은 액틴 필라멘트에 대한 마이오신의 결합을 조절하기 위해 협력적으로 작용하며, 이 과정에 근형질의 칼슘 농도가 결정적인 영향을 미친다.

이 과정이 어떻게 작동하는지 이해하기 위해 먼저 알아야 할 사실은 가는 필라멘트에는 트로포마이오신이 결합되어 있고, 이 단백질이 액틴에 존재하는 마이오신 결합부위를 가리고 있다는 점이다. 따라서 마이오신이 액틴에 결합하여 교차결합 주기를 시작하려면 트로포마이오신 분자가 이동하여 액틴에 있는 마이오신 결합부위가 노출되어야 한다. 이 과정은 Ca^{2+}과 트로포닌 에 의해 조절된다. 트로포닌의 소단위체인 트로포닌 C(TnC)에 Ca^{2+}이 결합하면 트로포닌에 형태 변화가 일어나고, 이로써 가는 필라멘트와 트로포마이오신의 결합 위치가 변하게 된다. 즉 액틴의 마이오신 결합부위를 가리고 있던 트로포마이오신은 액틴 필라멘트의 나선 홈의 중심부로 이동한다. 이 결과 액틴의 마이오신 결합부위가 노출되어 마이오신 머리가 액틴에 결합할 수 있게 되고 수축이 진행될 수 있다.

그림 14-20은 트로포닌-트로포마이오신 복합체가 어떻게 액틴과 마이오신의 상호작용을 조절하는지를 보여준다. 근형질의 칼슘 농도가 낮을 때(0.1 μM), 트로포마이오신은 액틴 필라멘트의 마이오신 결합부위에 붙어 마이오신과의 상호작용을 효과적으로 막는다(그림 14-20a). 결과적으로 액틴-마이오신 간 교차결합은 형성되지 못하고, 근육은 이완 상태로 되거나 아니면 이완 상태로 남아있게 된다. 높은 칼슘 농도(1 μM)에서는 칼슘이 트로포닌 C와 결합하여 트로포마이오신 분자의 위치를 이동시키고, 마이오신 머리가 액틴 필라멘트의 결합부위와 만날 수 있게 함으로써 수축이 시작된다(그림 14-20b).

칼슘이 근형질로부터 제거되어 칼슘 농도가 다시 떨어지면(다음 내용 참조) 트로포닌-칼슘 복합체는 분리되고, 트로포마이오신은 액틴과 마이오신의 결합을 억제하는 위치로 다시 이동한다. 이에 따라 가는 필라멘트에 대한 마이오신의 결합은 억제되고 더 이상 교차결합이 형성되지 못하면서 수축주기는 끝난다.

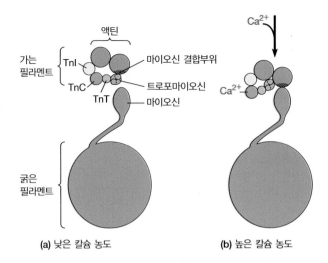

그림 14-20 가로무늬근의 수축 조절. (a) 낮은 칼슘 농도(0.1 μM 이하 Ca^{2+})에서 칼슘은 트로포닌의 TnC 소단위체와 결합하지 않으며, 트로포 마이오신은 액틴 위의 마이오신 결합부위를 봉쇄하여 마이오신의 결합을 막는다. 그래서 근육은 이완된 상태로 남아있게 된다. (b) 높은 칼슘 농도(1 μM 이상 Ca^{2+})에서 칼슘이 트로포닌의 TnC 소단위체와 결합하여 트로포닌의 형태적 변화를 일으키고 이 변화는 트로포마이오신에게 전달된다. 트로포마이오신 분자는 가는 필라멘트의 홈 중심부로 이동하여 마이오신 분자와 액틴이 결합하는 것이 가능해진다. 이로써 수축이 발생한다.

골격근에서 칼슘 농도의 조절 근수축이 근형질의 칼슘 농도에 의해 조절된다면 칼슘 농도는 어떻게 제어되는가? 우리 몸의 일부를 움직일 때, 예를 들어 검지손가락을 구부릴 때 무슨 일이 일어나야 하는지에 대해 잠시 생각해보자. 뇌에서는 신경자극이 발생하고 이는 척수를 타고 내려가 팔의 작은 근육을 제어하는 신경세포, 즉 운동뉴런(motor neuron)까지 전달된다. 운동뉴런은 적절한 근세포를 활성화시켜 이들을 수축하거나 이완하게 하며, 이 모든 과정이 약 100밀리초 이내에 일어난다. 근세포에 가해지는 신경자극이 정지하면 칼슘 농도는 빠르게 감소하고, 근육은 이완한다. 따라서 근수축이 어떻게 조절되는지 이해하려면 신경자극이 어떻게 근형질에서 칼슘 농도를 변화시키는지 알아야 한다.

신경근접합부에서 일어나는 일 근세포가 수축하도록 명령하는 신호는 신경세포에 의해 전달된다. 신경이 근세포를 자극하는 부위, 즉 근세포와 접촉하는 지점을 **신경근접합부**(neuromuscular junction)라고 부른다. 신경근접합부에서는 축삭이 분지하여 근세포와 접촉하는 축삭 말단(axon terminal)을 형성한다. 이러한 말단부는 신경전달물질인 아세틸콜린(acetylcholine)을 가지고 있는데, 아세틸콜린은 막으로 둘러싸인 소포에 저장되어 있다가 활동전위에 반응하여 축삭 말단에서 분비된다. 축삭 말단 아래의 근세포 원형질막[근육세포에서는 근섬유막(sarcolemma)이라고 한다] 영역을 운동종판(motor end plate)이라고 하며, 이 지역

그림 14-21 근소포체와 골격근 세포의 가로세관계. 근소포체(SR)는 신경 신호에 반응하여 칼슘 이온을 축적하고 방출하도록 특수화된 소포체의 넓은 연결망이다. 가로세관은 막전위 변화를 세포 내부로 전달하는 근섬유막(원형질막)이 함입된 것이다. 가로세관이 근소포체의 말단 시스터나 부근을 통과하는 지점에 3자체가 형성되고, 전자현미경 사진에서 이는 3개의 인접한 관의 횡단면처럼 보인다. 가로세관은 가운데의 것이며 양쪽은 소포체의 말단 시스터나이다.

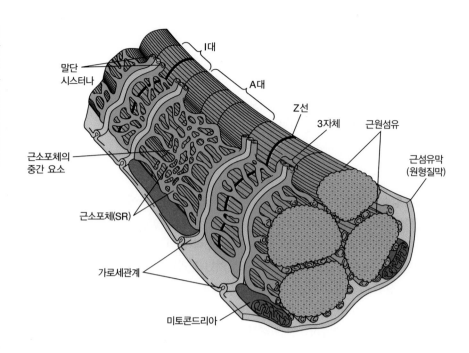

에 아세틸콜린 수용체가 집단적으로 존재하는데, 이 수용체들은 각각의 축삭 말단과 연계되어 있다. 축삭 말단에서 분비된 아세틸콜린이 수용체와 결합하면 소듐 이온(Na^+) 통로를 개방시켜 소듐 이온이 근세포 내부로 유입된다. 소듐의 유입은 운동종판의 근섬유막에 탈분극을 일으키고, 자극된 운동종판에서 일어난 탈분극은 다른 지역으로 연쇄적으로 퍼져 나간다.

근육 내부로의 신경전달 일단 운동종판에서 막의 탈분극이 일어나면 이는 **가로세관계**[transverse(T) tubule system]를 통해 전체 근섬유막으로 확산된다(**그림 14-21**). 가로세관계란 근세포 내부로 침투한 일련의 규칙적인 근섬유막의 함입 구조를 일컫는다. 가로세관은 활동전위를 근육세포로 전달하며, 이 구조는 근육세포가 신경 충격에 아주 빠르게 반응할 수 있는 이유 가운데 하나이다.

근세포 내에서 가로세관계는 **근소포체**(sarcoplasmic reticulum, SR)와 접촉하게 된다. 명칭에서 알 수 있듯이 근소포체는 근육세포 특이적으로 분화되었다는 점을 제외하면 비근육세포에서 발견되는 소포체(ER)와 유사하다. 근소포체는 근원섬유를 따라 존재하며, 이곳에 저장되어 있던 칼슘 이온을 직접 근원섬유로 방출하여 수축을 유도하고, 근원섬유에서 칼슘을 다시 흡수하여 근육이 이완되게 한다. 이처럼 근소포체와 근원섬유가 서로 가까이 있음으로 인해 근세포는 신경 신호에 빠르게 반응할 수 있다.

칼슘 방출과 흡수에서의 근소포체의 역할 근소포체는 기능에 따라 중막 요소(medial element)와 말단 시스터나(그림 14-21)로 불리는 2개의 구성 요소로 나눌 수 있다. 근소포체의 말단 시스터나는 높은 농도의 ATP에 의존적인 칼슘 이온 펌프가 존재하는

데, 이들은 지속적으로 칼슘 이온을 근소포체 내강으로 들여오는 **근육/소포체 Ca^{2+}-ATP 분해효소**(sarco/endoplasmic reticulum Ca^{2+}-ATPase, SERCA)의 일원이다. 골격근에서 SERCA는 *SERCA1*이라고 불리며, 골격근 막단백질이 90% 정도를 차지할 정도로 굉장히 많은 수가 존재한다. 칼슘 이온 펌프의 기능에 의해 근소포체의 내강에는 칼슘 이온이 고농도(최대 수 mM까지)로 존재한다. 칼슘 이온은 필요할 때 말단 시스터나로부터 방출된다. 그림 14-21은 근소포체의 말단 시스터나가 어떻게 각 근원섬유의 수축 조직과 인접하여 위치하는지를 보여준다(A대와 I대 사이의 연접).

말단 시스터나는 가로세관 바로 옆 양쪽에 존재하여 **3자체**(triad)라고 부르는 구조를 형성한다. 3자체는 3개의 원이 일렬로 배열된 것처럼 보이는데, 중앙의 원이 가로세관의 막이고, 양 측면의 원은 말단 시스터나의 막이다.

가로세관, 근소포체의 말단 시스터나 및 근원섬유의 수축 기구가 근접하게 있기 때문에 신경자극에 대해 근세포가 매우 빠르게 반응할 수 있다. 운동종판으로부터 전도되는 활동전위는 근섬유막 전반으로 퍼져나가 가로세관에 전달된다(**그림 14-22**). 활동전위가 가로세관을 따라 전달될 때 가로세관에 존재하는 특정 유형의 전압개폐성 칼슘 통로를 활성화하고, 이로써 인접한 근소포체의 말단 시스터나에 존재하는 리아노딘 수용체(ryanodine receptor) 통로가 열린다. 리아노딘 수용체 통로가 열리면 칼슘이 근소포체에서 근형질로 방출됨으로써 근형질의 Ca^{2+} 농도가 급격히 증가하여 수축을 일으킨다.

칼슘 이온을 근소포체 밖으로 내보내면 근세포가 수축한다. 근세포가 이완되려면 칼슘 이온 농도를 안정 수준으로 다시 낮

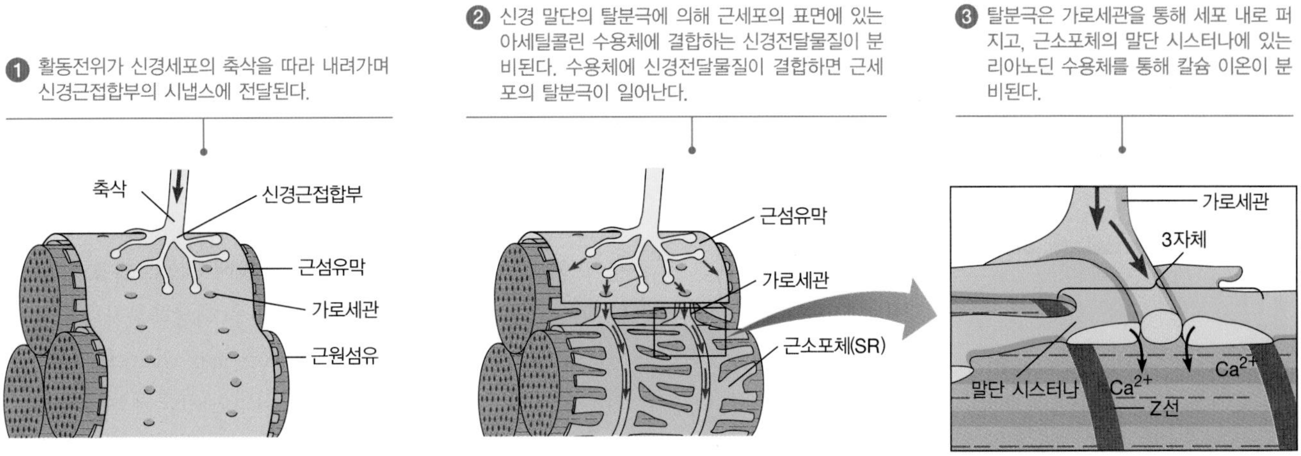

❶ 활동전위가 신경세포의 축삭을 따라 내려가며 신경근접합부의 시냅스에 전달된다.

❷ 신경 말단의 탈분극에 의해 근세포의 표면에 있는 아세틸콜린 수용체에 결합하는 신경전달물질이 분비된다. 수용체에 신경전달물질이 결합하면 근세포의 탈분극이 일어난다.

❸ 탈분극은 가로세관을 통해 세포 내로 퍼지고, 근소포체의 말단 시스터나에 있는 리아노딘 수용체를 통해 칼슘 이온이 분비된다.

축삭 — 신경근접합부
근섬유막
가로세관
근원섬유

근섬유막
가로세관
근소포체(SR)

가로세관
3자체
말단 시스터나 — Ca²⁺ — Ca²⁺
Z선

그림 14-22 신경 신호에 의한 근세포 자극. 신경은 근세포의 탈분극을 야기하며, 이는 가로세관계를 통해 내부로 확산되어 근소포체(SR) 말단 시스터나에서 칼슘 방출을 자극한다.

취야 한다. 이는 칼슘 이온을 근소포체로 다시 펌핑하는 SERCA에 의해 이루어진다.

근형질에서 근소포체 시스터나 속으로 다시 칼슘 이온을 이동시키는 반응은 근형질의 칼슘 이온 농도를 **빠르게** 감소시킨다. 이때 칼슘 이온 농도는 트로포닌이 칼슘을 방출하고, 그 결과 트로포마이오신이 액틴의 봉쇄 위치로 되돌아가 더 이상의 마이오신과 액틴의 교차결합이 형성되지 못하는 정도까지 낮아지게 된다. 따라서 결합되었던 액틴과 마이오신과 **빠르게** 분리되고, 더 이상의 결합은 트로포마이오신에 의해 봉쇄되었으므로 액틴과 마이오신의 교차결합은 **빠르게** 사라진다. 그 결과 근육은 느슨한 상태가 된다. 이 상태의 근육에는 액틴과 마이오신의 교차결합이 존재하지 않으므로, 다른 조직에 의해 근육이 수동적으로 당겨질 때 가는 필라멘트가 굵은 필라멘트 사이에서 자유롭게 미끄러져 나올 수 있고, 그 결과 근육은 신장된 상태로 되돌아갈 수 있다.

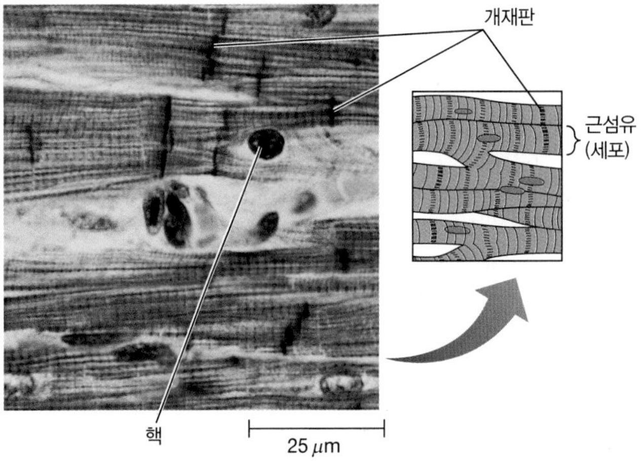

심근 세포의 수축 조절에는 전기적 결합이 관여한다

심근(cardiac muscle)은 혈액을 펌핑하여 체내 순환계를 통해 혈액을 순환하게 하는 심장 박동을 담당한다. 심근은 끊임없이 수축-이완하며, 1년 동안 사람의 심장은 약 4,000만 번이나 박동한다. 심근의 액틴과 마이오신 필라멘트 조직은 골격근과 매우 유사하며, 동일한 가로무늬를 가지고 있다(**그림 14-23**).

심근과 골격근의 중요한 차이점은 심근 세포는 다핵성이 아니라는 것이다. 대신에 배아 발달 동안 심근이라 불리는 세포들은 **개재판**(intercalated disc)이라 불리는 구조를 통해 끝과 끝이 연결된다. 이 판은 고밀도의 데스모솜(desmosome)과 간극연접(gap junction)을 가진다(15장 참조). 간극연접은 이웃한 세포들을 전기적으로 연계하여 수축주기 동안 심장 전반에 걸쳐 탈분극 신

개재판
근섬유
(세포)
핵
25 μm

그림 14-23 심근 세포. 심근 세포는 골격근 세포와 유사한 수축 메커니즘과 근절 구조를 가진다. 그러나 골격근 세포와 달리 심근 세포는 개재판에서 각각의 끝이 연결되어 있다. 개재판은 한 세포에서 옆의 세포로 이온과 전기적 신호가 지나갈 수 있도록 한다. 이러한 이온 투과성은 수축 자극이 심장 전 세포로 고르게 확산될 수 있게 한다.

호가 퍼져나갈 수 있게 한다. 심장은 초당 한 번 정도 자발적으로 수축한다. 심박동 수는 심장의 윗부분(우심방)에 존재하는 '박동원(pacemaker)'으로 조절된다. 박동원에서 시작된 탈분극 신호는 심장 박동을 일으키기 위해 심장의 다른 부분으로 퍼져나가게 된다. 골격근에서 전압개폐성 칼슘 통로는 리아노딘 수용체 통로를 여는 데 직접적으로 관여하는 반면, 심장세포에서 전압개폐성 칼슘 통로는 소량의 칼슘을 방출하여 리아노딘 수용체에 간접적으로 작용하여 칼슘을 다량 방출하도록 한다.

평활근은 골격근보다 비근육세포와 더 비슷하다

평활근(smooth muscle)은 위, 소장과 대장, 자궁 및 혈관 등에서 일어나는 불수의적인 수축을 담당한다. 일반적으로 이러한 수축

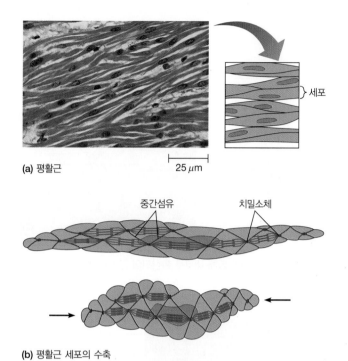

(a) 평활근

25 μm

중간섬유   치밀소체

(b) 평활근 세포의 수축

그림 14-24 평활근과 평활근의 수축. (a) 각각의 평활근 세포는 Z선이나 근절 구조가 없으며 길고 가는 형태를 띤다. (b) 평활근 세포에서 수축을 일으키는 액틴과 마이오신의 다발은 치밀소체라 불리는 판과 비슷한 구조에 고정되어 있는 것처럼 나타난다. 치밀소체는 중간섬유에 의해 서로 연결되어 있으며, 이에 따라 한쪽으로 치우친 액틴과 마이오신 다발은 세포 장축에 비스듬한 방향으로 배열된다. 액틴과 마이오신 다발이 수축 하면 이들이 치밀소체와 중간섬유를 잡아당겨 그림에서처럼 세포를 수축하게 한다.

은 느린 반응으로, 최대 수축에 도달하는 데 약 5초의 시간이 소요된다. 또한 평활근 수축은 골격근이나 심근의 수축에 비해 훨씬 더 오래 지속된다. 이런 평활근의 특징은 오랜 시간 동안 장력을 유지하는 것이 필요한 이들 기관 및 조직의 요구에 잘 적응되어 있다.

평활근의 구조 평활근 세포는 길고 가늘며 끝이 뾰족하다(**그림 14-24**). 평활근은 골격근이나 심근과는 달리 가로무늬가 아니다(그림 14-24a). 평활근은 골격근과 심근에서 발견되며, 근절의 주기적인 조직화를 담당하는 Z선 역시 가지고 있지 않다. 대신 평활근 세포의 근형질이나 세포막에는 중간섬유를 포함하는 작은 판과 비슷한 구조의 **치밀소체**(dense body)가 존재하며(그림 14-24b), 평활근의 액틴 필라멘트 다발의 끝은 이러한 치밀소체에 고착되어 있다. 이런 연결에 의해 평활근 세포의 액틴 필라멘트는 세포의 장축에 대해 비스듬히 배렬한 십자무늬 형태로 나타난다. 평활근의 굵은 필라멘트와 가는 필라멘트도 교차결합되어 있으나 골격근에서 보이는 것처럼 일정하고 반복적인 형태를 이루지는 않는다.

평활근 세포에서의 수축 조절 평활근 세포 수축과 비근육세포의 수축은 골격근 세포와는 다른 방법으로 조절된다. 골격근과 평활근 세포 둘 다 근형질 내부의 칼슘 이온 농도의 증가에 따라 수축이 자극되지만, 관련 메커니즘은 매우 다르다. 평활근과 비근육세포의 근형질 내 칼슘 농도가 증가하면 **마이오신 가벼운 사슬 인산화효소**(myosin light-chain kinase, MLCK)의 활성화를 포함하는 연쇄반응이 일어난다(6장에서 인산화효소는 기질에 인산기를 첨가하는 효소였다는 것을 회상해보자). 활성화된 MLCK는 **조절성 가벼운 사슬**(regulatory light chain)로 알려진 마이오신 가벼운 사슬의 한 유형을 인산화한다(그림 14-10).

마이오신 가벼운 사슬 인산화는 두 가지 방식으로 마이오신에 영향을 미친다(**그림 14-25**). 첫째, 일부 마이오신 분자는 꼬리가 꼬여있어 필라멘트로 조립될 수 없다. 마이오신 가벼운 사슬이 인산화되면 꼬여있던 마이오신 꼬리가 풀려 조립이 가능한 구조가 된다(그림 14-25a).

둘째, 가벼운 사슬의 인산화는 마이오신을 활성화하여 마이오신과 액틴 필라멘트의 교차결합 주기가 가능하게 한다. 평활근과 비근육 마이오신의 활성화에 관련된 연쇄반응을 그림 14-25b에서 보여준다. 평활근 세포에 도달하는 신경자극이나 호르몬 신호에 대한 반응으로 세포 밖에 있던 칼슘 이온이 세포 내로 유입되어 세포 내 칼슘 이온의 농도가 증가하고, 이에 따라 세포가 수축한다. 이 과정은 다음과 같다. 세포 내 칼슘 이온의 증가는 이에 민감한 단백질인 **칼모듈린**(calmodulin)을 활성화한다(자세한 내용은 19장 참조). 이 칼슘-칼모듈린 복합체(calcium-calmodulin complex)는 MLCK에 결합하여 이 효소를 활성화한다. 활성화된 MLCK는 마이오신 가벼운 사슬을 인산화하여, 이 인산화된 마이오신은 액틴과 상호작용할 수 있게 된다. 동시에 자체적으로 꼬여있던 마이오신 꼬리는 곧게 펴져 다른 마이오신 분자들과 함께 필라멘트로 조립될 수 있다.

평활근 세포 내 칼슘 이온의 농도가 다시 낮아지면 칼슘-칼모듈린 복합체의 농도가 낮아져 MLCK는 불활성화되고, 두 번째 효소인 **마이오신 가벼운 사슬 인산가수분해효소**(myosin light-chain phosphatase)가 마이오신 가벼운 사슬로부터 인산기를 제거한다. 탈인산화된 마이오신은 더 이상 액틴과 결합할 수 없으므로 근세포는 이완한다.

이와 같이 골격근과 평활근 모두 칼슘 이온에 의해 수축이 활성화되지만 칼슘 이온의 유래와 수축의 메커니즘은 서로 다르다. 골격근에서는 칼슘 이온이 근소포체로부터 분비된다. 액틴-마이오신 상호작용에서 칼슘 이온의 효과는 트로포닌으로 매개되고, 이 반응은 단백질의 형태적 변화에만 의존하기 때문에 매우 빠르게 나타난다. 평활근의 경우 칼슘 이온은 세포 외부로부터 들어오고, 이것의 효과는 칼모듈린으로 매개된다. 이 경우 칼

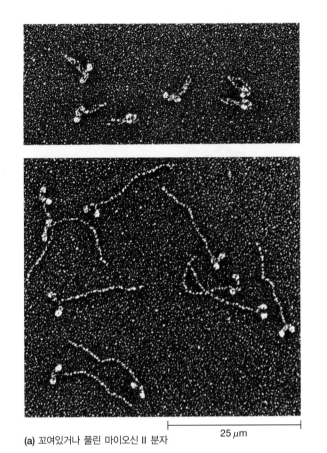

(a) 꼬여있거나 풀린 마이오신 II 분자

25 μm

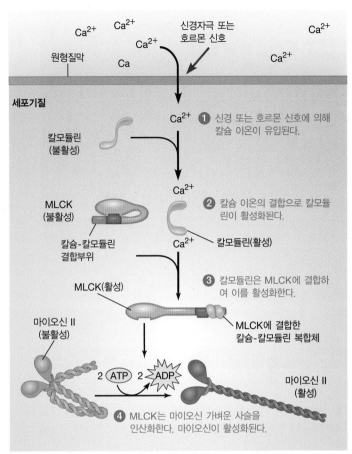

(b) 마이오신 가벼운 사슬 인산화효소(MLCK)에 의한 마이오신 II의 인산화

그림 14-25 평활근과 비근육 마이오신의 인산화. (a) 꼬여있거나 풀린 마이오신 II 분자의 투과전자현미경 사진(TEM). (b) 평활근의 마이오신 II와 비근육 마이오신 II의 기능은 모두 조절성 가벼운 사슬의 인산화에 의해 조절된다. 신경자극이나 호르몬 신호에 의해 시작된 세포 내 칼슘의 유입은 칼슘-칼모듈린 복합체가 마이오신 가벼운 사슬 인산화효소(MLCK)와 결합하게 한다. MLCK는 마이오신 가벼운 사슬을 인산화하고, 이후 활성화된(또한 풀린) 마이오신은 액틴과 결합할 수 있게 된다.

슘 이온의 효과는 마이오신 분자의 공유결합 변형(인산화)을 거쳐서 나타나기 때문에 훨씬 느린 속도로 전개된다.

> **개념체크 14.4**
>
> 근절에 대해 알고 있는 것을 기반으로 굵은 필라멘트의 마이오신 무거운 사슬은 항상 근절을 수축하게 하는 방향으로 진행하는 이유는 무엇인가?

14.5 비근육세포에서 미세섬유 기반의 운동

가장 잘 알려져 있긴 하지만 사실 근육세포는 액틴과 마이오신의 상호작용으로 구동되는 세포 이동의 특수한 경우 중 하나에 불과하다. 액틴과 마이오신은 현재 거의 모든 진핵세포에서 발견되었으며, 여러 유형의 비근육 운동에 중요한 역할을 담당한다. 액틴 의존적이며 비근육 운동에 해당하는 세포 운동의 중요

한 예는 세포질분열 과정 중에 일어난다(20장 참조). 여기에서는 몇몇의 다른 예를 살펴볼 것이다.

접착용 세포족을 통한 세포 이동은 돌기부 형성, 부착, 이동, 분리의 주기를 반복한다

섬유아세포로 알려진 결합조직세포, 성장하는 신경세포, 동물의 많은 배아세포 같은 많은 비근육세포는 접착용 세포족 또는 사상위족을 사용하여 기질 위를 기어다닐 수 있다. **그림 14-26**은 체외에서 기어다니는 섬유아세포를 보여준다.

세포의 포복운동은 몇 가지 특징적인 단계를 거쳐 일어난다. (1) 세포의 선단부에서 돌기가 형성되고, (2) 형성된 돌기부와 기질의 접착이 일어난다. 그리고 (3) 장력이 발생하여 세포를 앞으로 끌고, 세포의 뒷부분과 기질을 분리하며 분리된 세포의 뒷부분을 수축시킨다. 이 단계적인 과정은 **그림 14-27**에 요약되어 있으며 다음 절에서 보다 광범위하게 논의할 것이다.

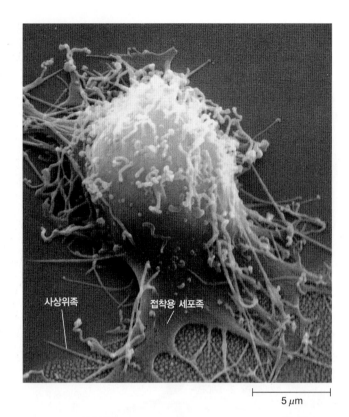

그림 14-26 기어가는 세포. 생쥐의 섬유아세포 이동에서 형성된 하나의 접착용 세포족과 수많은 사상위족을 볼 수 있는 주사전자현미경 사진 (SEM)

세포 돌출 세포가 기어가려면 세포의 전면부 또는 선단부 (leading edge)는 특수하게 확장되거나 돌출(protrusion)되어 있어야 한다. 돌출의 한 유형은 **접착용 세포족**(lamellipodium, 복수형은 lamellipodia)이라 불리는 얇은 세포기질판이다. 돌출의 또 다른 유형으로는 **사상위족**(filopodium, 복수형은 filopodia)으로 알려진 가늘고 뾰족한 구조가 있다. 특히 접착용 세포족의 경우 전방 조립은 Arp2/3 의존적 분지 과정에 의해 진행된다(그림 13-20). 13장에서 공부했던 세포가 생산하는 중합 액틴의 종류를 작은 GTP 가수분해효소 Rho, Rac, Cdc42가 조절한다는 것을 기억해보라. 활성화된 Rac은 접착용 세포족을 촉진하는 반면, Cdc42는 사상위족을 촉진한다(그림 13-21 참조). 기어가는 세포는 이동하면서 종종 이 두 가지 유형의 돌출부의 상호 변환을 보인다.

돌출부의 역동성의 기본은 **후방류**(retrograde flow) 현상이다. 정상적인 후방류 동안 다량의 미세섬유가 뻗어나가는 돌출부의 뒤쪽으로 이동한다. 이런 미세섬유의 후방류는 동시에 일어나는 두 반응, 즉 성장하는 접착용 세포족이나 사상위족의 끝부분에서는 활발하게 전방 조립(forward assembly)이 일어나는 동시에 돌출부의 시작 부위를 향한 필라멘트의 후방 전위(rearward translocation)가 마이오신에 의해 일어나는 것으로 보인다. 일반적으로 세포에서 전방 조립과 후방 전위는 서로 균형을 이룬다.

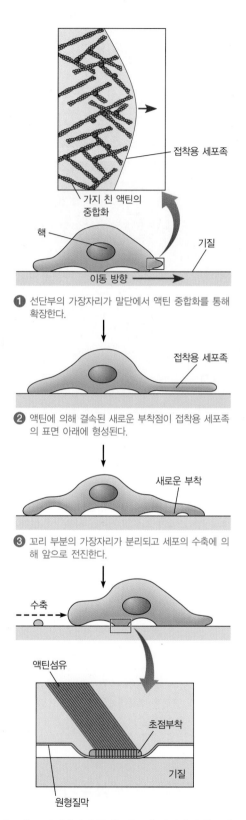

① 선단부의 가장자리가 말단에서 액틴 중합화를 통해 확장한다.

② 액틴에 의해 결속된 새로운 부착점이 접착용 세포족의 표면 아래에 형성된다.

③ 꼬리 부분의 가장자리가 분리되고 세포의 수축에 의해 앞으로 전진한다.

그림 14-27 세포 기어가기의 단계. 세포의 기어가기에는 세포 돌출, 부착, 수축 활동 등을 포함하는 몇 가지의 다른 과정이 관여한다. 돌출부의 형성은 세포의 선단에서 Arp2/3에 의존적인 액틴의 중합반응을 수반한다. 부착에 의해 액틴섬유는 기질에 결합하게 되고, 이 부착 과정은 일반적으로 인테그린을 통해 일어나며, 인테그린은 초점부착 부위에 많이 존재한다.

이 중 하나가 우세하면 돌출부는 확장되거나 수축될 수 있다. 중합된 F-액틴은 분해되는 장소인 돌출부의 시작 부위에 위치한 마이오신에 의해 후방으로 이동되어 분리된다. 분리된 액틴 단량체는 세포가 앞쪽으로 계속 기어가기 위해 지속적으로 필요한 미세섬유의 성장에 다시 이용된다.

미세소관도 돌출부 생성에 관여하지만 어떻게 관련되어 있는지 명확하게 밝혀지지는 않았다. 배양된 세포의 선단부 가장자리 부근에서 미세소관의 중합이 관찰된다. 게다가 몇 종의 세포를 미세소관을 분해시키는 약제로 처리하면 이 세포들은 극성화된 모양을 잃으며 동시에 여러 부위로 돌출부를 형성한다.

세포 부착　세포를 기질에 부착하는 것도 세포가 기어가는 데 필요하다. 만약 세포가 돌출부의 끝에서 액틴을 중합하고 마이오신을 통해 후방으로 끌어당긴 후 단량체로 해체하는 반응만을 수행한다면 세포는 이동할 수 없을 것이다. 따라서 후방류와 세포를 전체적으로 앞쪽으로 이동시키는 것을 연계하는 과정이 필요하다. 세포가 기어가려면 세포가 기질에 부착 또는 접착하는 것이 반드시 필요하다. 이때 새로운 부착 부위는 세포의 앞쪽에 형성되어야 하고, 뒤쪽의 접촉 부위는 파괴되어야만 한다.

세포와 기질 사이의 부착 부위는 세포막의 막관통 단백질들이 세포 내부와 외부에 있는 여러 다른 단백질과 접착하는 복잡한 구조를 띤다. 이러한 부착단백질 중 한 집단으로 인테그린(integrin)이 있다. 세포 외부에서 인테그린은 세포외기질 단백질에 부착하고, 세포 내부에서는 연결단백질을 통해 액틴 필라멘트와 접촉한다. 이 같은 인테그린 의존성 부착은 초점부착(focal adhesion)으로 알려져 있으며, 세포 이동에 필수적이다. 세포 내부의 신호는 이러한 부착물을 조절한다. 그러한 조절자 중 하나는 국소 접착 인산화효소(focal adhesion kinase)로 알려진 단백질이다(자세한 내용은 15장 참조).

세포가 아래쪽 기질과 얼마나 단단하게 부착되어 있는지에 따라 세포가 앞으로 이동할지 여부를 결정하는 데 도움이 된다. 이러한 의미에서 선단부에서의 액틴 중합은 변속 기어를 중립에 둔 자동차와 비슷하다. 이 차가 앞으로 이동하기 위해서는 변속 기어를 전진으로 전환해야 한다. 같은 방식으로 선단부와 기질의 단단한 접착은 아마도 다른 부분과의 결합이 약해지는 과정과 균형을 맞추어 세포가 앞으로 이동하는 데 관여할 것이다.

세포 수축과 분리　세포가 기어가는 것은 돌출부 형성 및 기질 부착과 세포 전체의 앞으로 이동하는 것을 조정한다. 세포 뒷부분의 수축은 세포체를 앞쪽으로 밀어내고 동시에 뒷부분과 기질의 결합을 분리한다.

세포의 수축은 액틴과 마이오신의 상호작용으로 일어나며

Rho 단백질로 조절된다(13장에서 소개된 GTP 가수분해효소). 마이오신 II가 결핍된 점균류인 딕티오스텔리움(*Dictyostelium*)의 돌연변이 세포의 경우 이동하는 세포 뒷부분의 수축 능력이 감소한다. 이와 비슷하게 이동하는 단핵구(백혈구의 일종)에서 Rho의 활성을 저해하면 이들 세포는 뒷부분과 기질의 결합을 분리하지 못하고 뒷부분을 수축하지 못한다.

세포체의 수축은 기질에 결합하고 있는 세포 뒷부분의 분리와 밀접하게 연관되어 있으며, 따라서 세포의 수축을 위해서는 이전에 형성된 세포외기질의 부착성 접촉이 파괴되어야 한다. 흥미롭게도 종종 세포 뒷부분과 기질의 접촉이 너무 강하게 결합되어 세포가 뒤쪽을 앞으로 끌어당김에 따라 세포 꼬리가 사실상 끊어져 버리기도 한다(그림 14-27 ❸단계 참조). 일반적으로 세포가 얼마나 단단하게 기질에 붙어있느냐에 따라 세포가 빠르게 기어가는 데 영향을 준다. 만약 세포가 아래쪽 기질에 너무 강하게 부착하면 그들은 역동적으로 기질과 결합을 만들거나 파괴할 수 없고, 운동은 사실상 방해된다. 따라서 이동이 일어나기 위해서는 새로운 부착의 형성과 오래된 부착의 소멸이 균형을 이루어야 한다.

주화성은 농도 기울기가 있는 화학적 자극에 반응하는 직접적인 이동이다

이동하는 세포의 중요한 특징 중 하나는 **방향성**(directional)이 있다는 것이다. 방향성 있는 이동이 일어나는 한 가지 방법은 접착용 세포족 같은 돌출부의 형성이 세포 한쪽에 편향되게 일어나게 하는 것이다. 확산 가능한 분자는 이 같은 방향성 이동의 중요한 신호로 작용할 수 있다. 이동 중인 세포가 확산하는 특정 화학물질의 농도 기울기에 따라 이동하는 경우 이를 **주화성**(chemotaxis)이라 한다. 이러한 반응을 유도하는 분자를 화학유인물질(chemoattractant, 세포가 화학물질의 농도가 높은 방향 쪽으로 이동할 때) 또는 **화학반발물질**(chemorepellant, 세포가 물질의 고농도 방향에서 반대쪽으로 이동할 때)이라 부른다. 진핵세포에서 주화성은 백혈구 세포와 딕티오스텔리움 아메바에서 집중적으로 연구되었다. 두 경우 모두 화학유인물질의 국소적 농도 증가는 액틴 결합단백질의 생화학적인 변화와 화학유인물질의 진원지를 향한 세포의 이동을 포함하는 액틴 세포골격에 극적인 변화를 초래한다. 이러한 변화는 세포 표면에 존재하는 화학유인물질(또는 화학반발물질) 수용체의 국소적인 활성화를 통해 발생한다. 이러한 수용체는 G 단백질연결 수용체이다(19장 참조). 화학적 자극에 의한 수용체의 활성화는 이 지역으로 세포골격 기구가 보충되어 자극이 오는 방향으로 돌출부가 형성된다.

아메바 운동에는 액틴 세포골격의 젤화 및 졸화 주기가 관여한다

아메바와 백혈구는 모두 **아메바 운동**(amoeboid movement)이라 불리는 기어가기 이동의 한 유형을 나타낸다(**그림 14-28**). 이러한 이동 유형은 **위족**(pseudopodia, 단수형은 pseudopodium; 그리스어로 '가짜 발'이라는 의미)이라고 하는 세포기질의 돌출을 수반한다. 아메바 운동을 하는 세포는 바깥쪽의 두껍고 아교질 상태의 액틴이 풍부한 세포기질 층(젤, gel)과 내부의 좀 더 유동적인 세포기질이며 **내형질**(endoplasm)로 알려진 층(졸, sol)을 지닌다.

아메바에서는 위족이 확장하면서 유동성을 띤 물질이 위족의 신장되는 방향으로 흘러들고, 그 위족의 끝에서 응고된다(젤화, gelation). 한편 움직이는 세포 후방에 있는 젤 상태의 세포기질은 유동성이 커져 '졸' 상태로 변하여 위족을 향해 흘러간다(졸화, solation). 이러한 젤 내에 존재하는 젤솔린(gelsolin) 같은 특정 단백질은 칼슘에 의해 활성화되어 젤을 더욱 유동적인 상태로 전환시킬 것으로 생각된다.

이동하는 세포의 뒷부분에 있는 액토마이오신 연결망의 수축은 세포 내부 원형질에 압력을 가할 수 있고, 이 힘에 의해 세포 내부의 원형질이 앞으로 밀려나 아메바의 선단부에 위족의 형성을 도울 수도 있다. 그러나 실험 결과는 위족 내에서 일어나는 전방(흐름)은 세포 뒤쪽에서의 압착을 필요로 하지 않는다는 것을 보여주기도 한다. 계면활성제를 이용하여 위족의 세포막을 제거했을 때에도 이온과 기타 화학물질이 적절히 혼합되어 첨가되면 남은 성분은 여전히 앞쪽으로 흐를 수 있다.

액틴에 기반한 운동단백질은 일부 세포의 세포기질에서 물질 이동에 관여한다

세포질 유동(cytoplasmic streaming)은 세포기질의 액토마이오신 의존성 이동으로, 아메바 운동을 하지 않는 다양한 생물에서 관찰된다. *Physarum polycephalum*과 같은 점균류를 예를 들면 이들 세포의 세포기질은 세포를 구성하는 분지된 망상 구조에서 앞뒤로 유동한다.

많은 식물 세포의 세포 내용물이 세포의 중앙에 존재하는 액포를 중심으로 순환적인 흐름을 나타내는데, 이러한 세포기질의 유동 체계를 세포질 환류(cyclosis)라 한다(**그림 14-29**). 이는 거대 조류인 니텔라(Nitella) 세포에서 가장 많이 연구되었다. 이런 운동은 세포 내 물질을 이동시키고 동시에 이러한 물질을 혼합하는 것처럼 보인다(그림 14-29a). 조밀하게 정렬된 미세섬유가 세포질 환류가 발생하는 지점 주변에서 발견된다(그림 14-29b). 마이오신은 유동하는 세포기질 내에서 구성 요소가 이동하는 데 필요한 힘을 제공한다. 다양한 유형의 마이오신으로 코팅된 라텍스 구슬을 니텔라 세포에 첨가하면, 구슬은 정상적인 세포소기관이 이동하는 것과 같은 방향으로 ATP 의존 방식으로 액틴 필

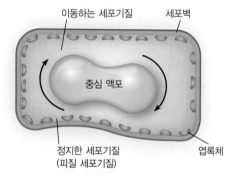

(a) 조류 세포에서의 세포질 환류

(b) 정렬된 미세섬유

그림 14-29 세포질 유동. (a) 조류(algae) 세포에서의 세포질 환류에서 세포질은 세포벽 옆의 엽록체에 고정된 액틴과 상호작용하는 마이오신에 의해 중심 액포 주변을 원형 궤도로 움직인다. (b) 조류 세포 내의 엽록체와 액틴섬유(SEM)

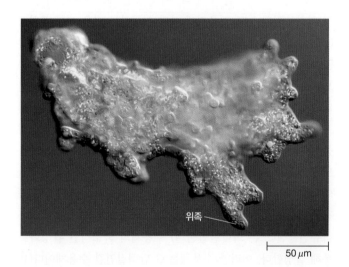

그림 14-28 아메바 운동. 위족을 형성하여 이동하는 원생생물(*Amoeba proteus*)의 광학현미경 사진

라멘트를 따라 이동한다.

동물 세포에서 마이오신은 소포 수송에도 관여한다. 예를 들면 오징어 거대 축삭의 세포기질에서 유래한 소포를 면밀히 관찰하면 각각의 소포가 미세소관에서 미세섬유로 이전할 수 있음을 알 수 있다. 마이오신 V, VI, X가 액틴에 기반한 소포 수송에서 특히 중요한 역할을 할 수 있다. 마이오신 V가 미세소관의 양성 말단과 상호작용한다는 점과 또 이 단백질이 소포 표면의 키네신과 물리적으로 상호작용할 수 있다는 사실은 마이오신 V가 미세소관과 미세섬유에 기초한 소포 수송에서 소포의 '인수인계'에 관여하는 연계자 기능에 매우 적합하다는 것을 보여준다.

인간의 질병 중 하나로, 부분적인 알비노증과 신경 결손을 야기하는 그리셸리병(Griscelli's disease)이 마이오신 V의 돌연변이로 발생하는 것으로 나타났다.

개념체크 14.5

비근육 마이오신 II는 이동하는 세포의 후면에서 발견되는 것 외에도 일반적으로 세포 돌출부에서 발견되며, 여기서 접착용 세포족의 기저부에서 액틴을 '감아넣는다'. 마이오신 II가 액틴을 따라 움직이는 방향과 접착용 세포족에서 액틴 필라멘트의 극성에 대해 알고 있는 것에 근거하여 마이오신이 접착용 세포족 액틴에 이러한 영향을 미치는 이유는 무엇인가?

요약

14.1 세포 내 미세소관에 기초한 이동: 키네신과 디네인

- 세포 운동과 세포 구성 요소의 세포 내 이동은 ATP 가수분해를 미세소관이나 미세섬유를 따른 이동과 연계하는 운동단백질에 의해 일어난다.
- 미세소관 운동단백질은 세포내막계의 형성과 운반 및 편모 내 이동에 중요하다.
- 키네신은 일반적으로 미세소관의 양성 말단을 향해 움직이고, 디네인은 음성 말단을 향해 이동한다.
- 많은 종류의 키네신 집단이 있으며, 이들은 미세소관을 따라 먼 거리를 이동하면서 고도의 진행성 운동단백질로서 행동한다. 키네신의 한 가지 주요 기능은 세포 내 화물을 이동시키는 것이다. 키네신은 가벼운 사슬을 통해 접합 단백질이나 운반할 화물과 접촉한다.
- 디네인은 상대적으로 종류가 적으며 두 가지 기본 종류인 세포질 디네인과 축사 디네인으로 나뉜다. 두 부류 모두 AAA+ 도메인의 형태 변화를 ATP 가수분해와 결합시킴으로써 미세소관을 따라 이동한다.
- 세포질 디네인은 화물을 미세소관의 음성 말단을 향해 이동시키며 디네인과 화물 사이의 연결자 역할을 하는 디낵틴 복합체와 결합한다.

14.2 미세소관에 기초한 세포의 운동: 섬모와 편모

- 축사 디네인은 섬모와 진핵세포 편모의 굽힘을 매개한다. 디네인 측면 팔은 하나의 2중세관으로부터 다음 2중세관으로 뻗어나와 있고, 한 세트의 2중세관을 인접한 2중세관에 대해 미끄러지게 한다. 9개의 외부 2중세관은 서로 간에는 측면으로, 단일 미세소관 쌍으로 구성된 중심세관과는 방사형으로 연결되어 있다. 이러한 연결을 통해 디네인에 의해 일어나는 활주 이동이 섬모 또는 편모

의 휘어짐으로 전환될 수 있다.

14.3 미세섬유에 기초한 세포 내 운동: 마이오신

- 마이오신은 많은 집단이 있으며, 이들 중 많은 수가 미세섬유의 양성 말단을 향해 이동한다. 가장 잘 연구된 것은 마이오신 II로서 골격근에서 발견되는 유형이다. 다른 마이오신은 세포질분열, 소포 수송 및 세포내섭취 등 다양한 사건에 관여한다.

14.4 미세섬유에 기초한 운동: 근육세포 작용

- 골격근 수축은 굵은 마이오신 필라멘트 사이를 액틴을 포함한 가는 필라멘트가 점진적으로 미끄러지는 현상을 수반한다. 이와 같은 가는 필라멘트의 활주는 마이오신의 ATP 가수분해효소 머리와 액틴 필라멘트에 연속적으로 존재하는 마이오신 결합부위 사이 상호작용에 의해 수행된다. 근수축은 근소포체(SR)로부터 칼슘 이온이 방출됨에 따라 개시된다. 칼슘 이온은 트로포닌과 결합하여 트로포마이오신의 형태적 변화를 야기하고, 이에 따라 트로포마이오신은 가는 필라멘트의 마이오신 결합부위를 개방한다. 칼슘 이온이 근소포체로 다시 능동수송(펌프)되면서 수축은 중지된다.
- 평활근에서 칼슘 이온의 효과는 칼모듈린에 의해 매개된다. 칼모듈린은 마이오신 가벼운 사슬 인산화효소(MLCK)를 활성화시켜 마이오신을 인산화한다.

14.5 비근육세포에서 미세섬유 기반의 운동

- 액틴과 마이오신은 세포 기어가기 등의 다양한 종류의 세포 운동에 관여한다. 세포 기어가기의 경우 액틴 중합을 통해 세포 돌출부가 확장되고, 기질에 대한 돌출부의 부착과 세포의 수축은 세포를 앞쪽으로 이동시킨다.

■ 주화성은 세포가 더 높은 농도의 확산성 물질을 향해 이동하는 것을 말한다.

■ 아메바 운동, 세포질 유동(흐름), 세포질분열 및 일부 소포 이동은 액토마이오신에 의해 작동한다.

연습문제

14-1 실리오브레빈. 실리오브레빈(ciliobrevin)은 세포질 디네인의 AAA+ 도메인을 특이적으로 억제하는 작은 분자이다. 다음 각 과정에 실리오브레인이 방해하는가? 또는 그렇지 않은가? 답변을 설명하라.

(a) 인간 정자의 이동

(b) 평활근 세포의 수축

(c) 섬모와 편모에 의한 물질의 이동

(d) 소포로 포장된 화물이 골지체에서 소포체 또는 세포 주변부로 이동하는 것

(e) 미세소관의 음성 말단을 향한 소포의 이동

14-2 운동 실험. 다음 문장에서 사용하는 운동 시스템, 즉 팔을 들어올릴 때는 A, 심장을 뛰게 할 때는 H, 섭취한 음식을 장을 통해 이동하게 할 때는 I, 호흡기에서 점액과 이물질을 쓸어낼 때는 R을 표시하라. 경우에 따라 2개 이상의 정답이 있을 수 있다.

(a) 전자현미경으로 관찰했을 때 줄무늬가 있는 근육에 의존적이다.

(b) 편모를 가진 원생동물의 운동성을 억제하는 약물에 영향을 받을 것이다.

(c) ATP가 필요하다.

(d) 칼모듈린 매개 칼슘 신호전달을 포함한다.

(e) 액틴과 마이오신 필라멘트 사이의 상호작용을 포함한다.

(f) 에너지는 지방산의 산화에 크게 의존한다.

(g) 수의 신경계(voluntary nervous system)의 통제하에 있다.

14-3 양적 분석 근육 수축. 개구리 골격근은 길이가 약 $1.6\,\mu m$인 굵은 필라멘트와 길이가 약 $1\,\mu m$인 가는 필라멘트로 구성되어 있다.

(a) $3.2\,\mu m$의 길이의 근절을 가진 근육에서 A대와 I대의 길이는 얼마나 되는가? 근절의 길이가 $3.2\,\mu m$에서 $2.0\,\mu m$로 수축하는 동안 두 대의 길이가 어떻게 되는지 설명하라.

(b) H대는 A대의 특정 부분이다. 근절이 $3.2\,\mu m$에서 $2.0\,\mu m$로 수축하면서 각 A대의 H대가 $1.2\,\mu m$에서 $0\,\mu m$로 줄어든다면 H대의 물리적 의미에 대해 어떤 추론을 할 수 있겠는가?

14-4 사후강직과 수축주기. 사후에 신체의 모든 근육은 뻣뻣해지고 신장되지 않으며 강직 상태에 들어간다.

(a) 강직의 기본 원리를 설명하라. 수축주기의 어느 단계에서 근육을 정지시키는가? 그 이유는 무엇인가?

(b) 강직된 근육에 ATP를 첨가한다면 어떤 효과가 나타날 거라고 생각하는가?

14-5 AMP-PNP와 수축주기. AMP-PNP[역자 주: 아데닐이미도2인산, adenyl imidodiphosphate; AMP-P(NH)P로도 표기]란 세 번째 인산기가 산소 원자 대신 NH기를 통해 두 번째 인산기와 연결된 ATP의 구조적 유사체를 일컫는 약자이다. AMP-PNP는 마이오신을 비롯하여 사실상 모든 ATP 가수분해효소의 ATP 결합부위에 결합한다. 그러나 AMP-PNP는 마지막 인산기가 가수분해에 의해 제거될 수 없다는 점에서 ATP와는 다르다. 칼슘 이온과 AMP-PNP가 녹아있는 용액이 담긴 플라스크에 분리된 근원섬유를 놓아두면 수축은 빠르게 멈춘다.

(a) 수축주기 내에서 AMP-PNP에 의해 정지되는 수축 과정은 어느 단계인가? 수축이 정지한 상태에서의 가는 필라멘트, 굵은 필라멘트, 교차결합이 정렬된 모습을 그려보라.

(b) AMP-PNP에 의해 수축이 정지한 근원섬유가 들어있는 플라스크에 ATP를 첨가하면 수축이 재개되겠는가? 이에 대해 설명하라.

(c) 근세포에서 AMP-PNP에 의해 억제될 수 있는 다른 과정에는 무엇이 있는가?

14-6 데이터 분석 직선 형태. 그림 14-17b를 다시 살펴보자. 점 ❶, ❷, ❸을 연결하는 선이 직선인(즉 선이 일정한 기울기를 가진) 이유는 무엇인가?

14-7 진행성. 다음 질문은 실험실에서 연구 중인 신경세포의 키네신에 관한 것이다(질문에 답하기 전에 키네신에 대한 표 14-1 참조).

(a) 키네신을 암호화하는 유전자가 조작된 생쥐를 얻었다. 신경세포를 분리하여 현미경으로 관찰하는데 시냅스 소포에서 축삭 끝 부분이 감소된 것을 발견했다. 이러한 표현형이 관찰되는 이유와 연구하는 키네신이 어느 집단에 속하는지 설명하라.

(b) 이번에는 반대로 과도하게 활성화되어 증가된 운동성을 보이는 키네신의 돌연변이를 얻었다. 이 돌연변이를 생쥐의 신경세포에 도입할 수 있다면 시냅스 소포에서 어떤 관찰을 할 수 있을 것으로 기대하는가?

(c) 운동단백질을 정제하여 시험관 내에서 정제된 미세소관과 운동단백질로 코팅된 구슬을 이용하여 진행성을 테스트하려고 한다. 키네신이 미세소관 위에서 어느 방향으로 움직일까? 그리고 (a)에 대한 답을 고려할 때 진행성은 어떠할 것으로 기대하는가?

14-8 신경 경련. 최근 군사상의 논쟁 가운데 신경가스를 비롯한 '대량살상 무기'에 대한 검토가 있다. 어떤 신경가스에는 화학물질인 사린(sarin)이 들어있으며, 사린은 신경전달물질인 아세틸콜린의 재흡수를 억제한다. 그러한 신경가스에 노출되었을 경우 사린이 사람의 근육 기능에 어떠한 영향을 미칠 것으로 생각하는가? 그 이유는 무엇인가? 사린이 신경근접합부에 어떠한 영향을 미칠 것으로 예상

되며, 영향을 받은 근세포 내에서 사린이 신호 체계와 세포골격 반응에 어떻게 영향을 미칠지 자세히 논의하라.

14-9 양적 분석 방향성. 극성을 가진 세포골격 구조와 편모 내 수송(IFT)은 섬모와 편모의 형성에 관여한다.

(a) 2개의 편모를 가진 *Chlamydomonas reinhardtii*의 편모를 관찰한 결과 편모의 끝으로 이동하는 물질의 이동 속도는 2.5 μm/분이고, 반대로 편모 기저부로 이동하는 속도는 4 μm/분임이 알려졌다. 이런 물질 이동 속도의 차이점을 어떻게 설명할 수 있는가?

(b) *Chlamydomonas*에서 IFT에 관여하는 키네신 II의 온도민감성 돌연변이가 알려져 있다. 이런 돌연변이는 온도가 특정 역치 이상으로 올라가는 경우에만 결함이 나타나는데, 이 온도를 제한온도라 한다. 완전히 형성된 편모를 가진 *Chlamydomonas*를 제한온도에서 배양한 결과, 이 세포의 편모가 퇴행했다. 이 실험에서 편모 내 수송의 필요성에 대해 어떤 결론을 얻을 수 있는가?

(c) 미세소관 운동 방향성에 대한 지식과 (b)의 정보를 바탕으로 편모의 미세소관의 양성 말단은 어디라고 예측할 수 있는가? 그 이유를 설명하라.

14-10 AMP-PNP. AMP-PNP(연습문제 14-5 참조)는 마이오신뿐 아니라 미세소관 운동단백질 연구에도 사용될 수 있다.

(a) 정자 편모에 AMP-PNP가 첨가되면 어떤 효과가 있을 것으로 예상하는가? 어떤 분자의 기능이 억제되는지, 편모의 전체적인 기능에 어떤 효과가 있을지에 대해 구체적으로 설명하라.

(b) 연구자들이 AMP-PNP가 존재하는 상태에서 정제한 소포, 오징어 거대 축삭으로부터 온 축삭세포질, 미세소관을 함께 배양했을 때 소포는 미세소관에 단단히 부착했지만 이동하지는 않았다. 이 결과는 AMP-PNP가 소포, 미세소관, 그리고 운동단백질로 구성된 단단한 복합체를 형성하는 것을 나타냈다. 연구자들은 미세소관 및 결합된 단백질을 원심분리를 통해 수집했다. 이렇게 분리한 물질 중 가장 주된 단백질은 핵이 존재하는 세포체로부터 멀리 소포의 이동을 촉진한다. 이 운동단백질은 무엇인가?

15

세포 너머: 세포 부착, 세포 연접, 세포 외 구조

배양된 상피세포의 밀착연접. ZO-1(초록색)과 F-액틴(보라색)을 보여주기 위해 세포를 염색했다(공초점현미경).

앞 장에서는 세포가 고립되어 존재하는 것처럼, 그리고 원형질막에서 '끝나는 것'처럼 배웠다. 그러나 대부분의 생물체는 많은(때로는 수조 개) 세포로 구성된 *다세포* 생물이다. 우리 몸에 있는 대부분의 세포를 포함한 많은 종류의 세포가 이웃 세포와 연결되어 평생을 보내게 된다. 세포는 *조직*(tissue)으로 구성되어 다세포 생물체가 복잡한 구조를 취할 수 있게 하고, 이런 조직은 다시 생물체의 형태를 만들기 위해 정교한 방식으로 배열된다. 그렇다면 조직은 어떻게 해서 구조를 형성할 수 있는 것일까? **그림 15-1**에 그려진 두 가지 유형의 동물 조직을 보자. 하나는 *상피세포*(epithelium)라고 불리는 세포 층으로, 소장을 둘러싸고 있는 세포이다. 이러한 세포는 세포의 양쪽 끝이 서로 다르게 특수화된 뚜렷한 양극화(polarized)를 보인다. 외부 환경(예: 소장의 내강)과 접하고 있는 세포의 한쪽 끝은 종종 *정단면*(apical)이라고 불린다. 상피세포의 *기저면*(basolateral) 영역은 *기저판*(basal lamina)과 접촉하는 면이다. 기저판은 세포 외 구조인 *바닥막*(basement membrane)의 구성 요소이다. 그림 15-1의 다른 세포 유형은 피부 진피에서 발견될 수 있는 것과 같이 보다 느슨하게 조직된 결합 조직(connective tissue)에서 관찰된다. 각각의 경우 세포는 반드시 서로에게 또는 기계적으로 단단한 골격 구조에 혹은 양쪽 모두에 부착되어야 한다. 따라서 다세포 생물체가 어떻게 구성되어 있는지 이해하려면 세포와 세포 사이의 연결 또는 *세포-세포 부착*(adhesion), 그리고 세포가 부착된 *세포 외 구조*를 모두 고려해야 한다. 세포는 다양하고 정교한 분자 복합체 또는 연접을 사용해서 서로에게 부착되고, 대부분의 부착은 세포 표면과 세포골격을 연결하는 막관통 단백질을 통해 일어난다(세포골격은 13장과 14장 참조). 세포는 세포 외 구조에 결합하기 위해 다른 분자 복합체를 사용하여 세포 표면과 세포골격 사이에 특이적인 연결을 형성한다.

세포 외 구조물은 세포가 분비하는 고분자로 주로 이루어져 있다. 동물 세포는 *세포외기질*(extracellular matrix, ECM)을 가

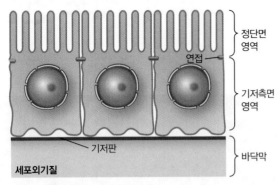

(a) 소장 상피 조직

정단면 영역

연접

기저측면 영역

기저판

세포외기질

바닥막

세포외기질

(b) 결합 조직 내 세포

그림 15-1 동물에서 다양한 유형의 조직. 조직은 세포와 세포외기질을 포함하는 다세포 구조이다. (a) 소장을 둘러싼 세포와 같이 방향성을 가진 상피세포는 세포-세포 부착을 통해 서로 연결되어 있다. 이 세포들의 위쪽 면은 바닥면과는 매우 다르고, 세포의 바닥면은 기저판이라고 알려진 세포외기질 위에 있다. (b) 피부의 진피와 같은 결합 조직에서 느슨하게 배열된 세포는 세포외기질 섬유 사이에 파묻혀 있다.

지고 있는데, 세포외기질은 다양한 형태이며 세포분열, 운동성, 분화, 부착 등 세포 과정에 중요한 역할을 한다. 그림 15-1에 보이는 상피세포는 *기저판*이라고 불리는 특수화된 세포외기질을 생성한다. 반면 결합 조직은 더 느슨하게 구성되는 기질을 형성한다. 식물, 균류, 조류, 원핵생물은 화학적 조성이 상당히 다르기는 하지만 세포 외 구조물로서 세포벽을 가진다. *세포벽*은 세포에게 견고함을 부여하며 투과성 장벽으로 기능하고 물리적 손상, 바이러스, 감염성 생물로부터 세포를 보호해준다.

이 장에서는 주로 동물 세포의 부착 및 연접 구조와 이를 통한 세포와 세포, 세포와 세포외기질의 상호작용을 다룰 것이다. 또한 식물 세포의 세포벽과 세포벽을 통한 식물 세포 사이의 직접적인 세포와 세포의 상호작용을 가능하게 하는 특수한 구조에 대해 살펴볼 것이다.

15.1 세포-세포 연접

기본적으로 단세포 생물은 세포 간 영구적 연합을 하지 않는다 (박테리아 덩어리, 점균성 아메바의 응집 또는 짝짓기 동안과 같이 일시적인 결합을 형성할 수 있지만 말이다). 반면에 다세포 생물은 장기간 결합에서 세포를 연결하는 특정한 수단을 가지고 조직과 기관을 형성한다. 이 특수한 구조를 **세포-세포 연접** (cell-cell junction)이라 부른다. 데스모솜 및 접착연접(adherens

junction)과 같은 부착연접(adhesive junction), 밀착연접(tight junction), 간극연접(gap junction)이 세포-세포 연접에 해당한다. **그림 15-2**는 이러한 연접을 보여주고 있으며, **표 15-1**에 각 연접의 특징이 정리되어 있다. (세포와 세포외기질 연접은 그림 15-2에 나타나 있으며, 이 부분은 추후에 설명할 것이다.) 그림 15-2에서 볼 수 있듯이 상피 조직에서 접착연접, 데스모솜, 간극연접은 세포의 서로 다른 위치에 존재한다.

식물에서는 원형질막 사이 세포벽의 존재로 인해 동물 세포와 같은 종류의 연접은 없다. 그러나 세포벽에는 특이한 구조의 세포질연락사가 있어서 유사한 기능을 수행한다. 이 내용은 이 장의 후반에서 다룰 것이다.

인접 세포를 연결하는 부착연접

부착연접은 세포들을 연결하여 조직을 만들어 세포들이 하나의 단위로 작용하게 해준다. 이러한 유형의 모든 연접은 세포골격을 세포 표면에 부착하게 하여 결과적으로 상호 연결된 세포골격 네트워크가 조직의 통일성을 유지하고 기계적 스트레스를 견딜 수 있게 도와준다.

부착연접은 특정 부착단백질에 의해 이루어진다. 이런 부착단백질의 대부분은 막관통 단백질로, 이러한 단백질의 세포 바깥 부분은 인접한 세포 표면에 있는 유사한 부착단백질의 세포 밖 부분과 상호작용한다. 일부의 경우 세포는 그들이 부착하는 세포 표면의 동일한 분자와 상호작용한다. 이러한 상호작용을 **동종친화성 상호작용**(homophilic interaction)이라고 한다 (그리스어로 *homo*는 '동일하다', *philia*는 '친하다'는 의미). 다른 경우에는 한 세포의 부착 수용체가 부착하는 세포의 다른 부착 분자에 결합하는 것이다. 이러한 상호작용을 **이종친화성 상호작용**(heterophilic interaction)이라고 한다(그리스어로 *hetero*는 '다르다'는 의미). 많은 막관통 부착단백질은 **연결단백질**(linker protein)을 통해 세포골격에 붙어있으며, 연결단백질은 종류와 세포 내 위치에 따라 구분된다.

부착 구조의 그림을 보면 한번 부착된 이후에는 고정된 상태일 것처럼 보이지만 실제로는 전혀 그렇지 않다. 세포는 다양한 이벤트에 반응하여 부착을 동적으로 조립 및 분해할 수 있다. 많은 부착단백질은 계속 재활용된다. 세포 표면에 있는 단백질은 세포내섭취를 통해 세포 내부로 유입되고, 새로운 단백질은 세포외배출을 통해 세포 표면에 위치하게 된다. 또한 부착단백질은 세포 내 신호 복합체 조립과 세포 부착 위치에서 역동적인 세포골격 구조 조립을 위한 핵심 부위로서 역할을 수행한다. 이러한 방식으로 세포 부착은 세포 신호, 세포 이동, 세포 증식, 세포 생존에 연관되어 있다.

세포-세포 부착연접의 주된 두 가지 종류는 접착연접과 데스모

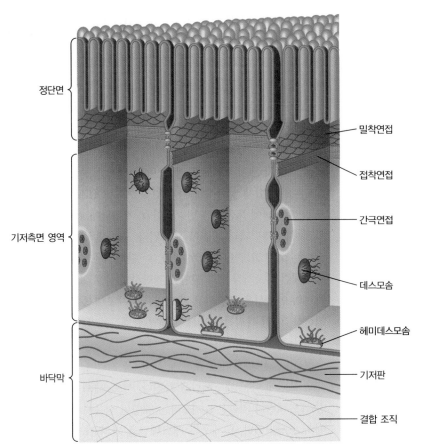

정단면

기저측면 영역

바닥막

밀착연접

접착연접

간극연접

데스모솜

헤미데스모솜

기저판

결합 조직

그림 15-2 상피세포의 대표적인 세포 연접 유형. 위에서 아래 방향으로 설명하면 다음과 같다. 밀착연접은 세포 사이에 불투과성의 봉합을 만들어 액체, 분자, 이온이 세포 사이 공간을 통해 세포층 사이를 지나는 것을 막는다. 접착연접은 세포와 세포 사이를 부착하고 F-액틴에 연결되어 있다. 밀착연접 역시 액틴을 불러 모으지만 여기서는 표시하지 않았다. 간극연접은 세포 간 작은 분자와 이온의 이동을 가능하게 해서 세포들 사이 직접적인 화학적, 전기적 연락이 가능하게 한다. 데스모솜은 세포 사이에 물리적으로 강한 접착점을 만들고 중간섬유에 연결되어 있다. 헤미데스모솜은 상피세포의 바닥면을 기저판에 부착시키고 중간섬유에 연결되어 있다.

솜이다(그림 15-2). 구조와 기능적 차이에도 불구하고 두 종류 모두 세포 내 부착단백질(intracellular attachment protein)과 캐드헤린(cadherin)에 의해 만들어진다. 세포 내 부착단백질은 연접을 원형질막 내부의 적절한 세포골격 필라멘트에 연결하고, 캐드헤린이라는 막관통 단백질은 막의 외부 표면에 돌출되어 세포들이 서로 연결하게 한다.

접착연접 캐드헤린에 의한 부착연접은 액틴과 결합하는데, 이런 연접을 **접착연접**(adherens junction)이라고 한다(표 15-1). 접착연접에서 인접한 막 사이의 공간은 약 20~25 nm 정도이다. 접착연접은 특히 상피세포에서 두드러진다. 소장을 둘러싼 세포, 콩팥세포, 표피세포와 같은 많은 유형의 상피세포에서 접착연접을 찾을 수 있다. 이런 세포에서 접착연접은 세포막 측면의 상단 방향 제일 윗부분 근처에서 세포를 둘러싸는 연속적인 벨트를

표 15-1	동물 세포에서의 세포-세포 부착과 세포-세포외기질 부착			
부착의 유형	주요 기능	부착의 특성	막 사이 거리	연결된 구조
부착연접				
접착연접	세포-세포 부착	부착의 연속적인 구역	20~25 nm	액틴 미세섬유
데스모솜	세포-세포 부착	국소적인 부착 지점	25~35 nm	중간섬유(토노필라멘트)
밀착연접	세포 사이 공간 봉합	세포의 융기면을 따라 막이 접합됨	없음	막관통 연접단백질, 액틴
간극연접	세포 간 이온, 분자 교환	코넥손(3 nm의 구멍을 가진 막관통 단백질 복합체)	2~3 nm	코넥신은 막에 서로 연결된 상태로 세포 사이를 연결하는 통로를 형성한다.
세포-세포외기질 부착				
초점부착	세포-세포외기질 부착	국소적인 부착 지점	20~25 nm	액틴 미세섬유
헤미데스모솜	세포-기저판 부착	국소적인 부착 지점	25~35 nm	중간섬유(토노필라멘트)

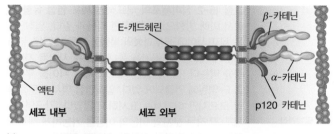

(a)

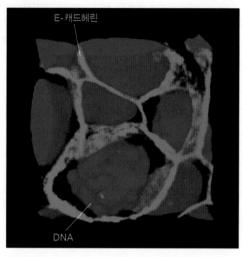

(b)

그림 15-3 캐드헤린 구조. 캐드헤린은 세포-세포 부착에서 발견된다. (a) E-캐드헤린과 같은 '전형적인' 캐드헤린은 원형질막에서 동종 2량체를 이루어 쌍으로 결합하며, 그들의 세포 외 도메인을 통해 이웃한 세포의 캐드헤린 동종 2량체로 결합한다. 캐드헤린의 세포기질 말단은 연결단백질인 β-카테닌에 결합되어 있다. β-카테닌은 이어서 α-카테닌과 결합하여 액틴이 연접 부위로 모일 수 있게 한다. (b) E-캐드헤린(초록색)과 DNA 염료(파란색)으로 면역염색된 MDCK 세포를 보여주고 있다 (공초점현미경).

형성한다(그림 15-2).

접착연접은 **캐드헤린**(cadherin)과 캐드헤린 연관 단백질을 통해 세포 간 연접을 형성한다. 캐드헤린은 (1) 세포 외 도메인의 구조적으로 유사한 일련의(또는 '반복') 도메인, (2) 막관통 도메인, (3) 광범위하게 다양한 세포질 말단이라는 특징을 가진다. 가장 잘 알려진 캐드헤린인 척추동물의 E-캐드헤린은 5개의 반복적인 도메인을 가진다. E-캐드헤린(E는 '상피'를 의미) 분자는 원형질막에서 쌍으로 결합한다. 그들의 세포 외 도메인은 한 세포의 캐드헤린이 이웃 세포의 캐드헤린과 맞물리면서 동종친화성 방식으로 지퍼를 잠그듯이 결합할 수 있다(**그림 15-3a**). 칼슘은 캐드헤린의 세포 외 부분에 결합하여 이 부분을 안정화함으로써 잠그는 것을 유발한다. 사실 캐드헤린의 'ca'는 칼슘 의존성에서 유래한 것이다. 캐드헤린의 세포기질 쪽 말단은 세포골격과 결합되어 있어 세포 표면을 세포골격에 연결하게 된다.

캐드헤린은 접착연접의 한 부분으로, 액틴 세포골격에 연결하는 특정 단백질 세트와 연결되어 있다. β-카테닌(β-catenin)이라는 단백질은 캐드헤린의 세포기질 말단에 결합되어 있다. β-카테닌은 세포에서 다양한 역할을 수행한다. 부착 역할 외에도 암에서 중요한 세포 신호경로인 Wnt 경로에도 작용한다(21장 참조). β-카테닌은 다시 α-카테닌(α-catenin)라 불리는 두 번째 단백질에 결합하여, F-액틴을 접합부로 불러올 수 있다(그림 15-3a). α-카테닌은 액틴 결합단백질인 빈큘린(vinculin)과 구조적 유사성을 가진다(자세한 내용은 다음 내용 참조). α-카테닌이 캐드헤린 복합체 및 F-액틴과의 연결을 통해 당겨지면 결합부위가 α-카테닌에 노출되어 빈큘린이 α-카테닌에 결합할 수 있고, 그래서 F-액틴과의 연결이 강화된다. 접착연접의 마지막 핵심 요소는 p120 카테닌(p120ctn)이다. 이 단백질은 원형질막 근처의 캐드헤린 세포기질 영역 말단에 결합하여 세포 표면에서는 캐드헤린의 안정성을 조절하고 캐드헤린의 세포내섭취의 속도를 조절한다. 이런 특징적인 벨트형 배열은 캐드헤린의 눈에 띄는 특징이다(그림 15-3b).

척추동물은 다양한 종류의 캐드헤린을 지니며, 조직에 따라서 세포 표면에 다른 캐드헤린을 가진다. 세포-세포 부착에서 다양한 캐드헤린의 역할은 L 세포라는 배양된 섬유아세포(fibroblast)에서 조사되었다. L 세포는 캐드헤린을 거의 가지고 있지 않아 서로에게 잘 부착하지 않는다. L 세포에 E-캐드헤린 또는 P-캐드헤린[P는 P-캐드헤린이 처음 기술된 '태반(placental)'을 의미]을 암호화하는 DNA를 주입하면, 세포는 캐드헤린을 발현하면서 서로서로 좀 더 단단히 결합한다. 각각의 캐드헤린을 발현하는 L 세포를 섞어놓으면 E-캐드헤린을 발현하는 세포는 P-캐드헤린을 발현하는 세포와 떨어져 분리된다(**그림 15-4**). 이러한 결과는 세포 표면의 캐드헤린의 유형과 양이 세포를 특정 조직으로 분리하는 데 기여함을 나타낸다.

캐드헤린은 배아 발생 과정에서도 특히 중요한 역할을 한다. 예를 들어 개구리 배아의 초기 배아에서 발견되는 주요 캐드헤린의 mRNA을 없애면 개구리 배아는 정상적인 세포 체계를 상실한다(**그림 15-5**). 또 다른 캐드헤린은 배아의 신경세포가 서로 연결되도록 돕는다. 배아에서 종종 일어나는 매우 중요한 사건은 상피세포가 느슨히 조직된 이동 세포인 간충직세포(mesenchymal cell)로 바뀌는 것이다. 이 **상피세포-간충직 전환**(epithelial-mesenchymal transition, EMT)은 역시 캐드헤린 발현 감소로 인해 일어난다. 이와 유사하게 암세포 역시 종종 세포 표면상의 E-캐드헤린의 발현을 멈춘다. 그 결과 암세포는 건강한 세포에서는 일어나지 않는 EMT를 진행하고, 전이(metastasis)로 알려진 과정을 통해 몸의 다른 부위로 전파된다(21장 참조).

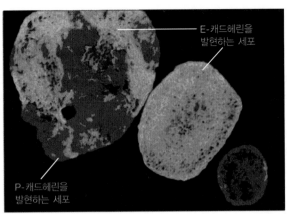

E-캐드헤린을 발현하는 세포

P-캐드헤린을 발현하는 세포

200 μm

그림 15-4 세포 부착에서 캐드헤린의 효과. 배양된 L 세포는 일반적으로 서로에게 부착하지 않는다. L 세포에 E-캐드헤린 또는 P-캐드헤린을 암호화하는 DNA를 주입하면 캐드헤린이 만들어진다. P-캐드헤린(보라색)을 만드는 세포와 E-캐드헤린(초록색)을 생성하는 세포는 각 캐드헤린에 특이적인 형광 항체로 염색될 수 있다. E-캐드헤린을 생성하는 세포는 E-캐드헤린을 생성하는 다른 세포에 우선적으로 결합한다. 마찬가지로 P-캐드헤린을 생성하는 세포는 P-캐드헤린을 만드는 세포에 우선적으로 결합한다.

🔗 연결하기 15.1

래트런큘린 A(latrunculin A)를 처리한 상피세포의 접착연접에는 어떤 일이 벌어지는가? 이에 대해 설명하라. (표 13-3 참조)

데스모솜 데스모솜(desmosome)은 조직에서 인접한 두 세포 사이에 이루어진 단추 모양의 강한 부착이다(**그림 15-6**). 데스모솜은 조직 구조의 통일성을 주어 세포들이 하나의 단위로 기능하게 하며 스트레스에 저항할 수 있게 한다. 데스모솜은 많은 조직에서 발견되지만, 특히 기계적 스트레스를 받는 세포, 예를 들면 피부, 심장근육, 자궁세포에서 많이 발견된다. 접착연접처럼 데스모솜도 캐드헤린이 필요하다(그림 15-6a). 데스모솜에서 캐드헤린은 데스모콜린(desmocollin)과 데스모글레인(desmoglein)이라

불린다. 다른 캐드헤린과 마찬가지로 연결단백질은 이들의 세포 기질 꼬리에 결합하여 세포골격에 연결시킨다. β-카테닌 집단 단백질인 플라코글로빈(plakoglobin)은 데스모콜린에 결합한다. 플라코글로빈은 다시 데스모플라킨(desmoplakin)에 결합한다. 데스모플라킨은 액틴이 아니라 비멘틴(vimentin), 데스민(desmin), 케라틴(keratin)과 같은 중간섬유와 결합한다. 접착연접처럼 데스모솜도 p120 카테닌 집단 단백질인 플라코필린(plakophilin)을 가지고 있어서 캐드헤린과 데스모플라킨에 결합할 수 있고 데스모솜을 안정화한다.

전형적인 데스모솜의 구조는 그림 15-6b와 c에 나와 있다. 인접한 두 세포의 원형질막은 약 25~35 nm의 공간으로 분리되어 평행하게 놓인다. 두 원형질막 사이의 세포 외 공간은 데스모솜 핵심 부위(desmosome core)라 불린다. 연결단백질과 중간섬유를 포함한 두꺼운 플라크(plaque)는 두 이웃한 세포 각각의 원형질막 바로 아래에서 발견된다.

데스모솜 구성원의 소실은 치명적이다. 예를 들어 플라코글로빈이 결핍된 쥐는 심부전과 피부 결함으로 죽는다. 이와 유사하게 심장에서 발현되는 데스모콜린에 돌연변이가 생기면 성인 환자에서 심장근육에 손상을 일으킨다. 자신의 데스모솜 구성물에 대한 자가면역 반응을 가진 환자 또는 데스모솜 단백질에 돌연변이를 지닌 환자는 수포성 피부질환을 보인다(**인간과의 연결** 참조).

일시적인 세포-세포 부착은 많은 세포의 활동에서 중요하다

캐드헤린뿐만 아니라 다른 많은 분자가 세포-세포 부착과 세포 인지에 관여한다. 여기서 몇 가지 예를 소개한다.

렉틴 대부분의 세포는 표면에 다양한 탄수화물을 가지고 있다 (7장 참조). 많은 동물과 식물 세포는 렉틴이라 불리는 탄수화물이 결합된 단백질을 분비한다. **렉틴**(lectin)은 세포 외부 측 표면에 노출된 특정한 당 또는 당 사슬에 결합하여 세포-세포 부착

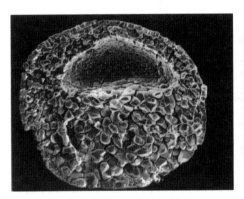

(a) 정상 배아

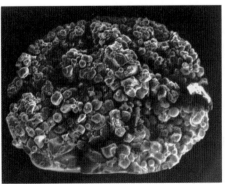

(b) EP-캐드헤린 결핍

100 μm

그림 15-5 배아 발생 과정에서의 캐드헤린. 여러 차례의 세포분열 후에 개구리 배아는 포배를 형성한다. 포배는 액체로 채워진 공간을 세포가 둘러싼 형태이다. 배아에서 EP-캐드헤린의 mRNA가 결핍되면 EP-캐드헤린 단백질을 만들어낼 수 없고, 정상 배아(a)와 비교했을 때 EP-캐드헤린이 결핍된 배아(b)는 정상적인 세포 체계를 상실한다.

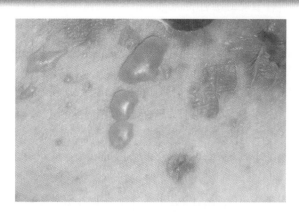

그림 15A-1 천포창의 특징인 피부 수포

수업이 있는 날마다 당신은 자리에 앉아서 강의를 들을 준비를 한다. 수업 도중에 때때로 당신은 자세를 바꾸고 의자 등받이에 등을 비빌 것이다. 이런 행위는 대부분의 사람들에게 흔한 행동이지만, 어떤 사람에게는 의자에 몸을 비비거나 심지어는 피부에 옷이 쓸리는 것조차도 수포를 일으킬 수 있다. 이러한 사람은 세포-세포 부착 또는 세포-세포외기질 부착에 결함을 가지고 있다. 세포 부착에서 어떤 결함은 배아 발생 동안 문제를 일으켜서 평생에 걸친 건강 문제를 일으키기도 한다. 하지만 세포와 세포외기질의 부착에 물리적 자극이 가해질 때에만 문제가 생기는 경우도 있다.

데스모솜과 헤미데스모솜은 각각 세포와 세포, 세포와 세포외기질 사이에 기계적으로 단단한 '결합점'을 형성한다. 그들은 피부와 외부 상피 조직이 일상적인 마모 스트레스를 견디는 데 중요하다. 하지만 일부 사람은 데스모솜과 헤미데스모솜을 포함한 체내 세포 구성 요소를 공격하는 항체를 생산하는 자가면역질환을 앓는다. 이러한 항체가 데스모솜의 특정 단백질 구성 요소와 결합하면 천포창(pemphigus, 수포창)라고 알려진 피부 수포가 생기는 질병이 발생한다(**그림 15A-1**).

천포창과 같은 수포성 질환은 다양한 방식으로 발병한다(**그림 15A-2**). 어떤 사람은 데스모글레인에 대한 항체를 만들어내지만, 어떤 사람은 데스모플라킨과 같은 연결단백질에 대한 항체를 만들어낸다(그림 15A-2a). 항체가 이러한 단백질을 공격하면 세포-세포 부착이 약해지고, 전단력이나 기계적 변형이 고통스러운 수포를 유발한다. 데스모솜 단백질을 암호화하는 유전자 돌연변이는 기능을 제대로 하지 않는 단백질을 만듦으로써 유사한 수포성 질환을 가져온다.

또 다른 경우로 헤미데스모솜의 구성 요소에 대한 자가면역 반응을 일으키는 환자도 있다(그림 15A-2b). 막관통 단백질인 *BPAG2*와 그와 연관된 플라킨인 *BPAG1*은 케라틴과 라미닌 사이의 가교 역할을 한다. 이들 단백질은 자신의 헤미데스모솜에 대해 자가면역 반응을 일으키는 환자에서 분리한 항체를 사용하여 처음 규명되었다. 그 결과 질병인 수포성 천포창(bullous pemphigoid)은 주로 노인에게 영향을 미치며, 마찬가지로 피부 수포를 유발한다. BPAG는 이 질병의 이름에서 유래했다(BPAG는 *bullous pemphigoid antigen*의 약자). 데스모솜과 헤미데스모솜에서 볼 수 있는 주요 중간섬유인 케라틴 유전자, 또는 인테그린과 중간섬유 사이의 연결단백질인 플렉틴 유전자에 돌연변이를 가진 환자에서는 *단순성 수포성 표피박리증*(epidermolysis bullosa simplex, EBS)이라 알려진 피부

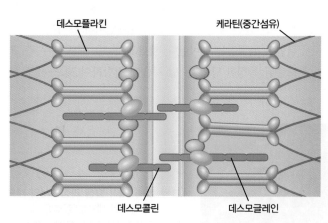

(a) 데스모솜을 통한 두 세포의 부착

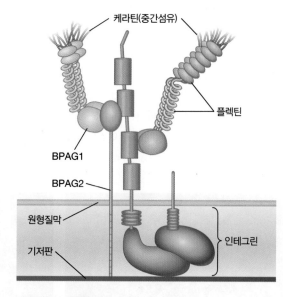

(b) 세포의 기저판 부착

그림 15A-2 데스모솜과 헤미데스모솜의 확대. (a) 데스모솜은 다수의 단백질의 상호작용을 통해 두 세포를 부착시킨다. (b) 헤미데스모솜은 세포를 기저판에 부착시킨다.

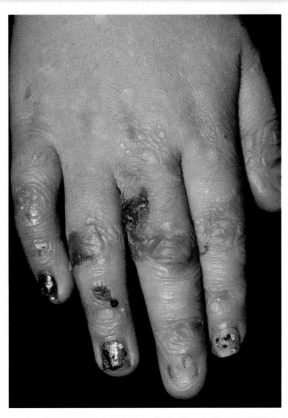

그림 15A-3 연접부 수포성 표피박리증을 앓는 3세 소녀 환자의 손. 연접부 수포성 표피박리증은 피부에 작은 자극만 가해져도 쓰림과 물집이 발생하는 희귀한 유전성 피부질환이다.

수포가 발생한다. EBS와 같은 수포성 피부질환은 피부에 마찰이 일어나면 훨씬 악화된다.

더욱 악화된 상태는 *연접부 수포성 표피박리증*(junctional epidermolysis bullosa, JEB)이다(**그림 15A-3**). 가장 흔한 원인은 특정 유형의 라미닌 소단위체 중 하나에 돌연변이가 생기는 것이다. 따라서 상피세포의 외부 층 및 밑에 있는 조직 사이의 부착과 관련된 기저판이 제대로 형성되지 않는다. 출산 시 산도를 통과하는 것만으로도 이들 환자의 신체 많은 부분에 수포가 생기게 된다. 또한 수포는 입과 소화관 같은 점막에도 영향을 미쳐서 환자가 음식을 섭취하는 것을 매우 고통스럽게 만든다. 소화관에서 영양소의 흡수가 현저히 줄어들기 때문에 JEB를 앓는 환자의 다수는 영양실조를 겪으며 어린 나이에 사망한다.

완치법은 없지만 천포창 및 그와 관련된 질환에 대한 많은 치료 방법이 있다. 자가면역 반응으로 질병이 발생한 경우 스테로이드를 전신에 투여하면 질환이 약간 완화된다. 면역글로불린과 단클론항체 치료법은 환자 본인의 면역계에 유해하게 작용하는 것을 줄일 수 있다. 그리고 최근 헤미데스모솜과 데스모솜의 돌연변이 단백질을 생산하는 환자에서 부족한 정상 단백질을 제공하는 유전자 치료법이 연구되고 있다.

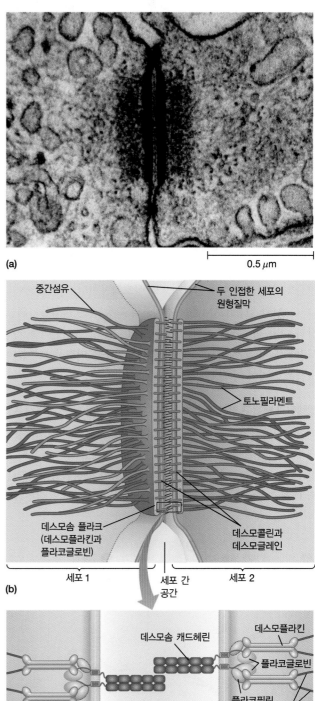

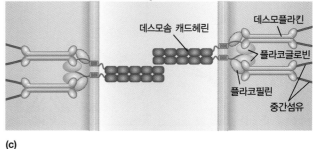

그림 15-6 데스모솜의 구조. (a) 영원(newt, 도롱뇽목 영원과의 동물) 피부의 두 세포를 연결하는 데스모솜의 투과전자현미경 사진(TEM). (b) 데스모솜의 모식도. 데스모솜에서 두 세포 사이의 거리는 25~35 nm이다. (c) 두 세포막 사이의 데스모솜 핵심 부위는 캐드헤린(데스모콜린과 데스모글레인)으로 채워져 있다. 원형질막의 세포질 쪽 면의 플라크는 중간섬유, 플라코글로빈, 플라코필린과 결합하는 데스모플라킨을 포함한다. 데스모솜은 세포의 종류에 따라 케라틴, 데스민, 비멘틴과 같은 중간섬유에 연결되어 있다. 인접한 세포의 중간섬유를 함께 연결함으로써 데스모솜은 상피세포층에 기계적인 힘을 제공한다.

을 유도한다. 렉틴은 보통 하나 이상의 탄수화물 결합부위를 지니므로 다른 두 세포의 탄수화물 그룹에 결합하여 두 세포를 연결시킬 수 있다.

세포 부착분자 세포 부착분자(cell adhesion molecule, CAM)는 **면역글로불린 유전자 대집단**(immunoglobulin superfamily, IgSF) 그룹에 속한다. 최초로 발견된 것은 신경세포 부착분자(neural cell adhesion molecule, N-CAM)로, 분리된 신경세포의 세포-세포 부착을 막는 항체를 이용하여 발견했다. IgSF는 항체들을 구성하는 면역글로불린 소단위체와 유사한, 잘 조직화된 고리 형태의 도메인을 가지고 있다는 특징으로 인해 이와 같이 명명되었다. 한 세포의 N-CAM은 이런 도메인을 통해 인접한 세포의 CAM과 동종친화성으로 상호작용한다. 다른 IgSF 구성원들은 그들의 리간드와 이종친화성으로 상호작용한다. N-CAM이나 L1-CAM과 같은 CAM은 신경세포의 확장 같은 축삭돌기의 성장과 다발 형성에 관여한다. L1-CAM 유전자 돌연변이를 가진 사람은 뇌량(corpus callosum, 뇌의 두 반구를 연결하는 부분)에 결함을 가지며 지적장애와 기타 결함을 보인다.

셀렉틴과 백혈구 부착 세포 부착은 혈관벽을 둘러싼 내피세포와 백혈구의 상호작용에서 중요한 역할을 한다. 이러한 상호작용을 매개하는 세포 표면 당단백질을 **셀렉틴**(selectin)이라 부른다(**그림 15-7**). 세포 유형에 따라 다른 셀렉틴이 발현된다(L-셀렉틴은 백혈구에서, E-셀렉틴은 내피세포에서, P-셀렉틴은 혈소판과

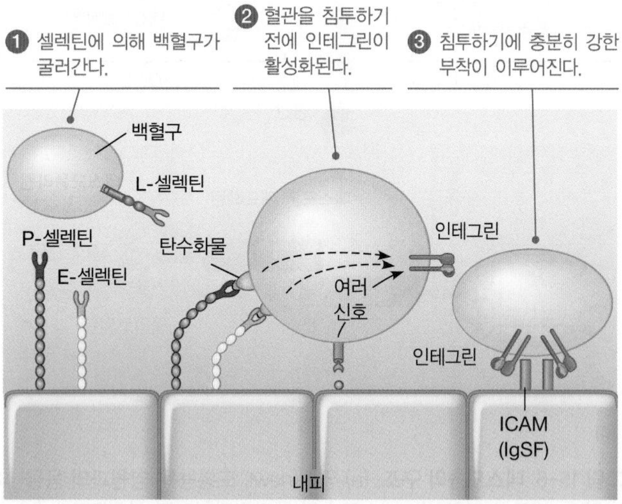

그림 15-7 백혈구 부착과 셀렉틴. ❶ 셀렉틴에 의한 백혈구의 초기 부착은 백혈구가 혈관내피세포를 따라 굴러가게 한다. ❷ 인테그린이 활성화된다. ❸ 인테그린의 활성화로 생긴 강한 부착은 백혈구가 구르는 것을 멈추고 혈관벽의 세포 사이를 통과해 염증 부위로 이동하게 한다.

출처: D. Vestweber and J. E. Blanks, "Mechanisms That Regulate the Function of the Selectins and Their Ligands," *Physiological Reviews* 79 (1) January 1999:181–213, Fig. 1. Am Physiol Soc.

내피세포에서 발현된다). 백혈구는 혈관벽을 따라 '굴러다닌다'. 염증이 생기면 백혈구는 염증 근처의 혈관벽에 부착한 후 혈관벽을 통과하여 염증 부위로 이동한다. 백혈구의 초기 부착은 백혈구의 셀렉틴이 혈관 내피세포 표면의 탄수화물에 부착하며 일어난다(그 반대의 작용도 일어난다). 백혈구가 '구르기'를 멈추고 혈관벽을 침투하기 시작하면 백혈구 표면의 인테그린과 ICAM이라 불리는 혈관내피세포 표면의 면역글로불린 유전자 대집단 단백질이 더 안정된 부착을 형성한다. 인테그린은 이 장의 후반에서 더 자세히 설명할 것이다.

밀착연접은 세포층을 가로지르는 분자의 이동을 막는다

상피 조직의 주요 특징은 바깥 세계와 몸 안쪽 사이에 경계를 형성한다는 것이다. 예를 들어 소장세포는 소화계를 통과하는 물질이 몸의 내부 체액으로 스며들지 않도록 차단해야 한다. 따라서 상피세포는 그들 사이를 단단히 봉하는 특별한 구조가 필요하다. **밀착연접**(tight junction, TJ)이 그러한 구조이다. 전자 불투과성 추적 분자가 있는 상태에서 조직을 배양한 다음 전자현미경으로 세포 간 물질의 이동을 추적함으로써 밀착연접의 장벽 기능에 대한 증거를 얻었다. **그림 15-8**에서 볼 수 있듯이 추적물질은 인접한 세포 사이의 좁은 공간을 따라 확산하다가 밀착연접에 이르러서는 더 이상 이동하지 못한다.

상피 봉합에서 밀착연접의 역할 이름이 말해주듯이 밀착연접은 인접한 세포의 원형질막 사이에 공간을 거의 만들지 않는다(**그림 15-9**). 인접한 세포 사이의 밀착연접은 정단면 부근에서 각 세포의 측면을 둘러싸는 연속적인 띠를 형성한다(그림 15-9a). 이러한 띠는 함께 탄탄한 장벽을 형성하여 특정 이온과 분자만 세포 사이를 통과할 수 있게 하기 때문에 대부분의 분자는 특수한 수송단백질에 의해 세포를 통해야만 세포층을 통과할 수 있다. 밀착연접은 특히 장 상피세포에서 많이 발견된다. 또한 밀착연접은 간이나 이자 같은 소화관과 연결되는 샘의 관이나 강(cavity)에서 많이 발견되고, 방광에서는 저장된 오줌이 세포 사이로 스며 나오지 않도록 하며, 혈관-뇌 장벽을 형성하는 뇌의 혈관 내피세포층에서도 많이 발견된다.

밀착연접은 막의 안쪽 면을 잘 보여주는 동결할단(freeze-fracture) 현미경으로 특히 잘 관찰된다. 각 연접은 연접을 가로질러 서로 연결되는 네트워크의 형태를 이루는 융기면처럼 보인다(그림 15-9b). 하지만 실제로 막은 광범위한 지역에 밀착해 있는 것이 아니라 정해진 융기면을 따라 일정한 접촉점에서 연결된다(그림 15-9c).

밀착연접의 각 융기면에는 직경 3~4 nm의 막관통 단백질이 치밀하게 채워져 연속적으로 나열되어 있다. 그 결과 2개의 물

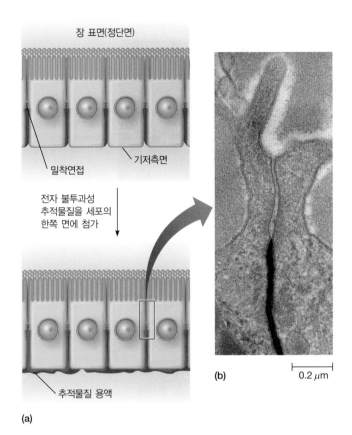

장 표면(정단면)

밀착연접

기저측면

전자 불투과성 추적물질을 세포의 한쪽 면에 첨가

추적물질 용액

(a)

(b)

0.2 μm

그림 15-8 밀착연접이 투과장벽을 형성한다는 실험적 증명. (a) 전자 불투과성 추적물질을 상피세포 외부 공간 한쪽에 처리하면 추적물질은 밀찹연접에 이르기 전까지 이웃한 세포 사이의 공간으로 퍼져나간다. (b) 추적물질은 전자 불투과성이므로, 세포 사이 공간에서 추적물질의 이동은 전자현미경으로 관찰할 수 있다(TEM).

결 모양의 금속판을 서로 연결한 모양이 되고, 두 조각이 연결되면서 긴 길이의 융기면이 만들어진다. 융기면이 융합되면서 세포 사이 공간이 없어지고 효과적으로 연접이 봉합된다. 당연하게도 연접을 가로지르는 융기면의 수는 연접에 의해 만들어진 봉합의 견고함과 관련되어 있다. 게다가 밀착연접의 뼈대단백질(scaffolding protein)은 F-액틴과 같은 세포골격 단백질을 불러모은다.

밀착연접은 여러 주요 막관통 단백질을 포함한다. 막관통 단백질인 오클루딘(occludin)과 JAM(junctional adhesion molecule)으로 알려진 IgSF 단백질 등이 있다. 또한 밀착연접은 **클라우딘**(claudin)도 포함한다. 클라우딘은 4개의 막을 관통하는 도메인을 가지고 있다(그림 15-9d). 인접한 세포의 원형질막에 있는 클라우딘은 서로 맞물려 단단한 봉합을 형성하는 것으로 생각된다. 밀착연접을 형성하지 않는 세포에서 강제로 클라우딘을 발현시키면 이들은 밀착연접과 매우 유사한 연접을 형성한다. 이는 클라우딘이 밀착연접의 핵심적인 요소임을 나타낸다. 클라우딘의 세포 바깥쪽 큰 고리에 있는 아미노산은 전하를 띠는데, 이

는 이온 선택적 구멍을 형성하여 특정 이온이 상피층을 통과하여 지나갈 수 있게 한다. 이 경우 이온이 세포를 직접 관통하지 않고 세포 사이를 지나가기 때문에 이런 종류의 수송 방식을 **세포 간 수송**(paracellular transport)이라고 한다(그림 15-9c 참조). 서로 다른 상피 조직에서는 다른 종류의 클라우딘이 발현되며, 그 결과 조직에 서로 다른 투과성을 부여한다고 여겨진다. 한 클라우딘의 열성 돌연변이는 심각한 마그네슘과 칼슘의 불균형을 특징으로 하는 인간의 유전질환을 초래한다.

막 단백질의 수평 이동을 차단하는 밀착연접의 역할 밀착연접은 '문'처럼 작용하여 세포 간 액체, 이온, 분자의 이동을 막는다. 그리고 밀착연접은 '담'과 같이 작용하여 세포막 내에서 지질과 단백질의 수평 이동을 막는다. 지질의 이동은 지질2중층 중 바깥쪽 지질층에서만 차단되지만, 내재 막단백질의 이동은 완전히 차단된다. 그 결과 다른 종류의 내재 막단백질이 밀착연접 벨트로 둘러싸인 원형질막 구역에 분포하게 된다.

간극연접은 세포 간 직접적인 전기와 화학적 소통을 가능하게 한다

간극연접(gap junction)은 두 세포의 원형질막이 정렬되어 밀접한 접촉을 이루는 영역으로, 그 사이에 단 2~3 nm의 간극을 두고 작은 분자 '도관'이 세포 사이를 관통하는 구조이다. 따라서 간극연접은 이웃한 두 세포 사이에서 이온이나 작은 분자가 지나갈 수 있는 세포기질 간 접촉점을 제공한다. 이를 통해 이웃한 세포들이 서로 직접적인 전기 및 화학적인 소통을 할 수 있다.

그림 15-10에 간극연접의 구조가 묘사되어 있다. 인접한 세포의 두 원형질막은 빽빽히 차 있는 **코넥손**(connexon)이라는 속이 빈 원통 구조에 의해 연결된다. 하나의 간극연접은 적게는 몇 개에서 많게는 수천 개의 코넥손의 군집으로 이루어진다. 척추동물의 경우 각각의 코넥손은 6개의 **코넥신**(connexin) 단백질 소단위체가 둥글게 모여있는 것이다. 무척추동물은 코넥신을 가지고 있지 않다. 대신 동일한 기능을 수행하는 것으로 여겨지는 **인넥신**(innexin)이라는 단백질을 만들어낸다.

서로 다른 조직에서 12종 이상의 코넥신이 발견되지만, 이들 각각은 코넥손을 형성하는 데 유사하게 기능한다. 조립체는 막에 걸쳐있고, 두 세포 사이의 공간에 돌출되어 있다(그림 15-10a). 각각의 코넥손은 직경이 7 nm 정도이며, 막을 가로지르는 매우 가느다란 친수성 통로의 가운데가 빈 중심 부분을 가진다. 통로는 가장 좁은 부분의 직경이 3 nm 정도인데, 이는 이온이나 작은 분자가 통과하기에는 충분하지만 단백질, 핵산, 세포소기관이 통과하기에는 너무 작다. 연구자들은 간극연접으로 연결된 세포들 안에 형광 분자를 주입하여 간극연접이 최대 분자량이

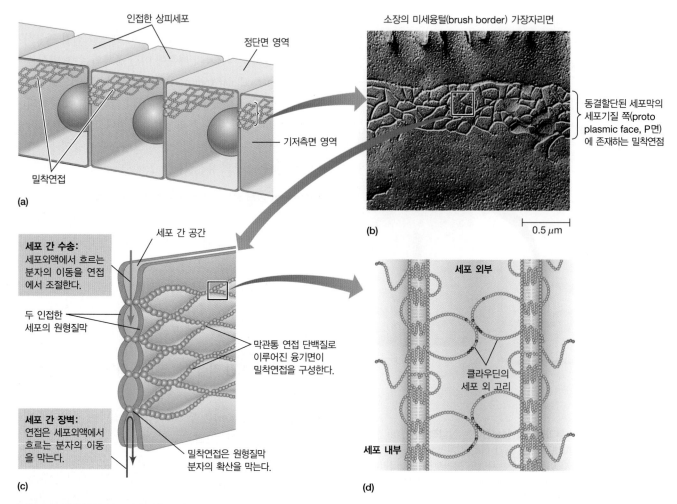

그림 15-9 밀착연접 구조. (a) 밀착연접으로 인접한 여러 상피세포가 연결된 모습의 모식도. (b) 소장세포 사이의 밀착연접을 동결할단법으로 관찰한 사진. 밀착연접은 세포기질 쪽 면에 융기면으로 나타난다(TEM). (c) 이웃한 두 세포의 원형질막 내 막관통 단백질이 접촉점에서 두 원형질막을 단단히 묶는 군집을 이루고 있다. 밀착연접은 세포 사이의 공간을 통한 세포 외부 분자의 이동을 막고(빨간색 화살표) 막 내에서 막관통 단백질의 측면 이동을 막는다. (d) 밀착연접은 클라우딘을 포함한다. 클라우딘은 4개의 막관통 도메인을 가진다. 세포 외부의 가장 큰 고리는 전하를 띠는 아미노산(빨간색)을 가진다. 이 아미노산은 이웃한 세포의 클라우딘과 상호작용하여 특정한 이온만 통과할 수 있는 세포 사이 구멍을 형성한다[(c)의 파란색 화살표].

1,200인 용질까지 통과시킨다는 것을 밝혔다. 이는 단당류, 아미노산, 뉴클레오타이드와 같이 세포 대사에 관여하는 물질을 포함한다.

처음에는 간극연접이 닫힌 상태로 형성되지만, 이웃한 세포의 코넥손이 서로 만나게 되면 두 세포막에 있는 원통은 그 끝과 끝이 맞물려 두 세포 사이에 직접적인 통로를 형성하고, 이는 전자현미경으로 관찰이 가능하다(그림 15-10b, c). 완전히 형성되면 전위차, 2차 신호전달물질의 농도, 그 외에 다른 조건이 간극연접의 개폐에 영향을 줄 수 있다.

간극연접은 많은 세포 유형에서 나타나지만, 특히 세포 사이에 신속한 소통이 필요한 근육과 신경 같은 조직에서 풍부하다(18장에서 다룰 전기 시냅스가 한 가지 예시이다). 심장 조직에서 간극연접은 심장 박동을 일으키는 전류의 흐름을 촉진한다. 이러한 기능은 돌연변이 분석을 통해 확인되었다. 예를 들어 코

넥신의 한 종류가 결핍된 쥐는 심장에서 전기 자극 전파를 전달하는 데 결함이 있다. 인간의 여러 질병, 예를 들면 탈수초성 신경퇴행성 질환, 여러 피부질환, 백내장, 청각장애 등이 간극연접의 결함과 직접적으로 연관되어 있다.

개념체크 15.1

척추동물에서 세포-세포 부착연접의 주된 두 가지 유형은 무엇이고, 그들이 세포골격과 부착하는 방법은 어떻게 다른가? 이 연접들이 세포골격에 부착하면 어떤 이점이 있는가?

15.2 동물 세포의 세포외기질

지금까지 배워온 것을 통해 조직은 세포로만 구성되어 있다고

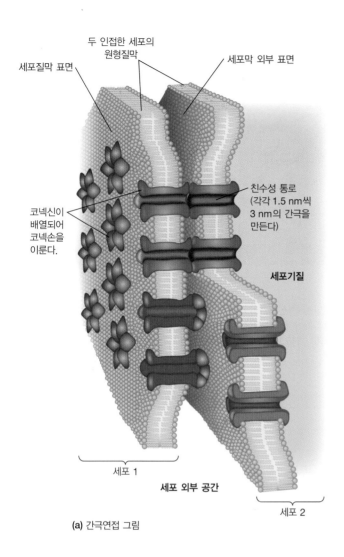

(a) 간극연접 그림

두 인접한 세포의 원형질막

세포질막 표면

세포막 외부 표면

코넥신이 배열되어 코넥손을 이룬다.

친수성 통로 (각각 1.5 nm씩 3 nm의 간극을 만든다)

세포기질

세포 1

세포 외부 공간

세포 2

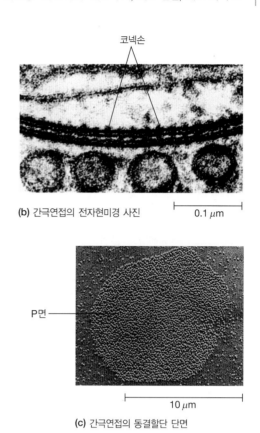

코넥손

(b) 간극연접의 전자현미경 사진

0.1 μm

P면

10 μm

(c) 간극연접의 동결할단 단면

그림 15-10 간극연접의 구조. (a) 간극연접의 모식도. 간극연접은 두 이웃한 세포의 원형질막에 존재하는 코넥손으로 배열된 친수성 통로로 구성된다. (b) 두 이웃한 신경세포 사이에서 관찰되는 간극연접. 코넥손은 약 17 nm의 간격으로 세포막-세포막 연접의 양측에 구슬처럼 배열되어 보인다(TEM). (c) 동결할단법으로 관찰한 간극연접. 연접은 세포기질 쪽 면(P면)에서 막 내 입자들의 응집으로 나타난다(TEM).

생각할 수 있다. 하지만 조직은 세포 바깥쪽에 조직의 구조와 기능에 중요한 또 다른 핵심적인 구성 요소를 가지고 있다. 동물 세포에서 **세포외기질**(extracellular matrix, ECM)은 개개 조직에서 매우 다양한 형태로 존재한다. **그림 15-11**은 3가지 예시를 보여준다. 뼈(bone)는 대부분 견고한 세포외기질로 이루어져 있으며, 여기에는 매우 적은 수의 세포가 산재되어 있다. 연골(cartilage)은 거의 대부분 기질물질로 이루어진 또 다른 조직인데, 이 기질은 뼈의 것보다 더 유연하다. 그림 15-1에서 이미 보았듯이 상피세포는 기저판이라 알려진 세포외기질을 만든다. 반대로 분비샘과 혈관을 둘러싼 결합 조직은 상대적으로 젤라틴으로 된 세포외기질을 가지며, 여기에는 수많은 섬유아세포가 산재해 있다.

이러한 예시는 기관과 조직의 모양 및 기계적 특성을 결정하는 데 세포외기질의 다양한 기능을 보여준다. 이러한 기능의 다양성에도 불구하고 동물 세포의 세포외기질은 거의 항상 동일한 세 종류의 물질로 이루어져 있다. (1) 콜라젠과 엘라스틴 같은 구조단백질은 세포외기질에 강도와 유연성을 부여한다. (2) 프로테

오글리칸이라 불리는 단백질-다당류 복합체는 구조 분자가 박혀 있을 기질을 제공한다. (3) 파이브로넥틴과 라미닌 같은 부착 당단백질은 세포들이 세포외기질에 붙을 수 있게 해준다(**표 15-2**). 다양한 조직에서의 세포외기질의 특성이 상당히 다양한 것은 존재하는 이런 분자의 유형과 양의 차이 때문이다. 이제 세포외기질의 구성 요소를 각각 하나씩 알아보자.

콜라젠은 세포외기질의 강도를 담당한다

동물에서 세포외기질의 가장 풍부한 구성 요소는 **콜라젠**(collagen)이라는 하는 거대 단백질 집단으로서, 콜라젠은 높은 장력을 가진 섬유질을 형성하여 세포외기질의 강도를 크게 책임지고 있다. 종합적으로 콜라젠은 신체의 총단백질 중 25~30%를 차지할 정도로 척추동물에서 가장 풍부하게 존재하는 단백질이다. 콜라젠은 결합 조직에 있는 섬유아세포를 포함한 여러 종류의 세포에 의해 분비된다. 콜라젠이 없다면 결합 조직과 다른 조직에 있는 세포는 주어진 형태를 유지하기 위한 부착력을 충분히 보유하지 못할 것이다. 실제로 여러 질병이 콜라젠의 돌연변이로

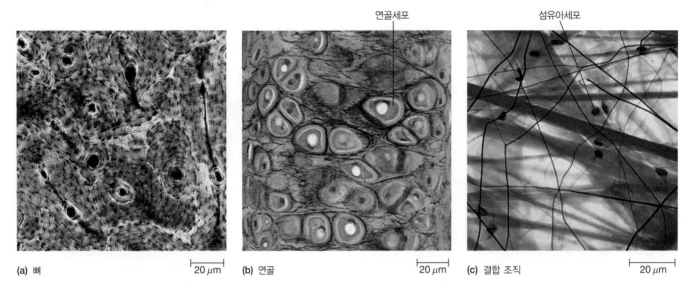

연골세포   섬유아세포

(a) 뼈   ⊢—⊣ 20 μm   (b) 연골   ⊢—⊣ 20 μm   (c) 결합 조직   ⊢—⊣ 20 μm

그림 15-11 세포외기질의 종류. 서로 다른 조직에서 세포외기질은 서로 다른 형태를 가진다. (a) 뼈에서는 단단하고 석회화된 세포외기질이 중앙관을 둘러싸며 동심원을 이루고 있다. 타원형의 작은 함몰부는 뼈세포가 발견되는 영역이다. (b) 연골에서 세포는 다량의 프로테오글리칸을 가진 유연한 기질에 들어있다. (c) 피부 아래의 결합 조직에서 섬유아세포는 다수의 콜라젠 섬유를 가진 세포외기질로 둘러싸여 있다.

표 15-2	진핵세포의 세포 외 구조			
생물의 종류	세포 외 구조	구조 섬유	수화된 기질 요소	부착분자
동물	세포외기질(ECM)	콜라젠, 엘라스틴	프로테오글리칸	파이브로넥틴, 라미닌
식물	세포벽	셀룰로스	헤미셀룰로스, 엑스텐신	펙틴

부터 초래된다. 예를 들어 엘러스단로스 증후군(Ehlers-Danlos syndrome)은 과도하게 느슨한 관절, 손상되기 쉽고 멍이 잘 드는 과탄성의 피부, 쉽게 손상되는 혈관을 특징으로 하는 유전질환이다. 이 질환은 콜라젠의 돌연변이로 유발된다. 비타민 C는 콜라젠 합성에 필수적인 보조인자이다. 비타민 C 결핍은 항해사들 사이에서 역사적으로 중요한 질병이었던 괴혈병을 유발한다.

모든 콜라젠은 두 가지 특징을 공유한다. 하나는 3개의 폴리펩타이드가 서로 꼬인 견고한 3중나선(triple helix)이라는 것이고, 다른 하나는 이들의 독특한 아미노산 조성이다. 특히 콜라젠은 흔히 존재하는 아미노산인 글라이신과 다른 단백질에서는 거의 보이지 않는 흔치 않은 아미노산인 하이드록시라이신과 하이드록시프롤린을 많이 포함하고 있다(하이드록시라이신과 하이드록시프롤린의 구조는 그림 7-21c 참조). 높은 글라이신 함유

량은 3중나선을 이룰 수 있게 만드는데, 글라이신 잔기의 간격이 나선의 축에 배치되기 좋으며, 글라이신은 3중나선의 내부에 꼭 들어맞을 만큼 충분히 작은 유일한 아미노산이기 때문이다.

대부분의 동물 조직에서 **콜라젠 섬유**(collagen fiber)는 세포외기질 전체에 다발을 형성한다(**그림 15-12**). 주사전자현미경으로 관찰했을 때 콜라젠 섬유는 어두운 크로스밴드 또는 줄무늬

그림 15-12 콜라젠의 구조. (a) 주사전자현미경으로 본 콜라젠 섬유. (b) 콜라젠 섬유는 다수의 원섬유를 가지고 있고, 원섬유 각각은 트로포콜라젠이라 불리는 콜라젠 분자 다발이다. (c) 각각의 콜라젠 분자는 3중나선 구조이다. (d) 이들은 3개의 α-사슬이 서로 꼬여서 형성된다. 주사전자현미경으로 관찰된 섬유의 반복적인 띠 무늬는 부분적으로 규칙성을 나타내지만, 콜라젠 분자가 원섬유를 형성하기 위해 서로 엇갈리게 결합되었음을 보여준다.

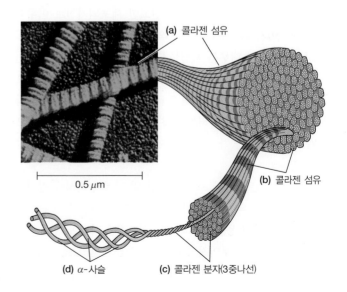

(a) 콜라젠 섬유

⊢————⊣ 0.5 μm

(b) 콜라젠 섬유

(d) α-사슬   (c) 콜라젠 분자(3중나선)

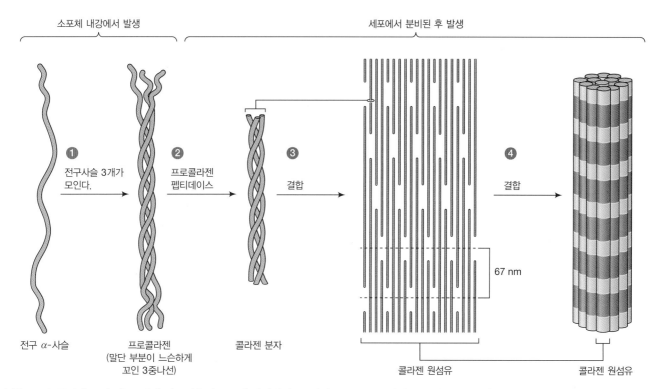

그림 15-13 콜라젠 조립. ❶ 콜라젠 전구사슬이 소포체 내강에서 3중나선 구조 프로콜라젠으로 만들어진다. ❷ 세포 밖으로 분비된 후 프로콜라젠은 프로콜라젠 펩티데이스에 의해 펩티드 절단 반응이 일어나 콜라젠으로 변환된다. ❸ 콜라젠 분자는 상호 결합을 통해 콜라젠 미세섬유가 된다. ❹ 여러 개의 미세섬유가 측면으로 결합하여 콜라젠 섬유가 된다. 줄무늬 콜라젠에서 67 nm 반복 거리는 각 줄이 단일 분자 길이의 4분의 1만큼 옮겨지면서 콜라젠 분자(줄)가 함께 묶임으로써 생겨난다.

의 형태로 보인다(그림 15-12a). 콜라젠 섬유의 가장 두드러진 특징 중 하나는 엄청난 물리적 강도이다. 예를 들어 직경 1 mm의 콜라젠 섬유를 찢으려면 20파운드(약 9kg) 이상의 하중이 필요하다. 그림 15-12b에 묘사된 것처럼 각각의 콜라젠 섬유는 무수히 많은 원섬유(fibril)로 구성되어 있다. 하나의 원섬유는 다시 많은 콜라젠 분자로 이루어져 있고, 각각의 콜라젠은 α-사슬(α-chain)이라 불리는 3개의 폴리펩타이드로 구성되어 있는데, 이 폴리펩타이드는 단단한 오른 방향 3중나선으로 서로 꼬여있다(그림 15-12c, d). 콜라젠 분자는 길이가 약 270 nm이고 직경이 1.5 nm이며, 원섬유 내에서 측면으로 나란히 배열됨과 동시에 끝과 끝이 맞물리게 배열되어 있다. 전형적인 콜라젠 섬유는 하나의 단면에 약 270개의 콜라젠 분자를 가지고 있다.

그림 15-13은 콜라젠 섬유가 어떻게 형성되는지를 보여준다. 소포체의 내강에서 3개의 α-사슬이 **프로콜라젠**(procollagen)이라 불리는 3중나선을 형성하기 위해 조립된다. 3중나선 구조의 양 말단에서 나선을 형성하지 않는 짧은 영역은 프로콜라젠이 세포 내에 남아있는 동안 콜라젠 원섬유를 형성하지 않도록 막아준다. 프로콜라젠이 세포 사이 공간으로 분비되면 N-말단과 C-말단에 있는 여분의 아미노산을 제거하는 효소인 **프로콜라젠 펩티데이스**(procollagen peptidase)에 의해 콜라젠으로 변환된다. 이

렇게 형성된 콜라젠 분자는 자동적으로 성숙한 콜라젠 원섬유를 형성하기 위해 결합하고, 이들은 다시 콜라젠 섬유로 조립된다.

콜라젠 섬유의 안정성은 α-사슬의 하이드록시프롤린과 하이드록시라이신 잔기에 있는 하이드록시 그룹에서의 수소결합으로 강화된다. 이 수소결합은 원섬유 내 개개 콜라젠 분자와 이들 사이에 교차결합을 형성한다. 몇몇 특수한 콜라젠에서 이 3중나선 구조는 일정 간격으로 위치하여 콜라젠 분자가 꺾일 수 있도록 하여 인접한 콜라젠 원섬유 사이에서 또는 콜라젠 원섬유와 다른 기질 구성물 사이에서 유연한 다리로서 작용할 수 있게 한다.

척추동물은 약 25종의 α-사슬을 가지고 있고, 각기 고유한 유전자에 의해 발현되며 각기 고유한 아미노산 서열을 가진다. 이러한 서로 다른 α-사슬은 여러 방법으로 결합하여 최소 15종류의 서로 다른 콜라젠 분자를 만든다. **표 15-3**은 이들의 종류와 이들이 발견되는 조직을 나열하고 있다. I형, II형, III형은 가장 흔한 형태이다. I형은 인체에 존재하는 콜라젠의 약 90%를 차지한다.

I형, II형, III형, V형 콜라젠 분자를 가진 원섬유는 약 67 nm의 간격으로 반복되는 특징적인 줄무늬를 나타낸다. 이러한 밴드는 원섬유를 형성하기 위해 3중나선이 규칙적이지만 서로 상쇄되는 방향의 측면으로 결합되었음을 보여준다(그림 15-13 참조). IV

표 15-3	콜라젠의 유형과 발견되는 곳 및 구조	
구조의 종류	콜라젠 종류	대표적 조직
긴 원섬유	I, II, III, V, XI	피부, 뼈, 힘줄(건), 연골, 근육
원섬유가 단절된 3중나선으로 연결된 종류	IX, XII, XIV	연골, 배아 피부, 힘줄(건)
원섬유가 구슬 형태의 필라멘트를 형성하는 종류	VI	간질 조직
판형	IV, VIII, X	기저판, 연골 성장판
고정하는 원섬유	VII	상피 조직
막관통 형태	XVII	피부
기타	XIII, XV, XVI, XVIII, XIX	바닥막, 여러 조직

형 콜라젠은 매우 가늘고 줄무늬가 없는 원섬유를 형성한다. 그 외의 다른 콜라젠의 구조에 대해서는 잘 알려져 있지 않다.

엘라스틴은 세포외기질에 탄성과 유연성을 제공한다

콜라젠 섬유가 세포외기질에 아주 큰 장력을 주지만 그들의 견고한 막대 모양 구조는 폐와 동맥, 피부, 장처럼 계속해서 모양이 변하는 일부 조직에 필요한 탄성과 유연성에는 적합하지 않다. 탄성은 늘어날 수 있는 탄력성 섬유가 제공하는데, 주된 구성 성분은 **엘라스틴**(elastin)이라는 세포외기질 단백질군이다. 콜라젠처럼 엘라스틴은 글라이신과 프롤린 아미노산이 풍부하다. 그러나 프롤린 잔기는 하이드록실기를 가지고 있지 않으며 하이드록시라이신(hydroxylysine)도 존재하지 않는다. 엘라스틴 분자는 라이신 잔기 사이의 공유결합을 통해 서로 교차결합되어 있다(**그림 15-14**). 하나의 엘라스틴 네트워크에 가해진 장력은 전체 네트워크가 늘어나게 한다(그림 15-14a). 장력이 완화되면 개개 분자는 이완되면서 원래의 덜 늘어난 구조로 돌아온다. 분자 사이의 교차결합이 네트워크를 안정화하여 본래 형태로 다시 감기게 한다(그림 15-14b).

콜라젠과 엘라스틴의 중요한 역할은 노화에서 증명되었다. 시간이 지나면서 콜라젠의 교차결합은 증가하고 덜 유연해지며, 엘라스틴은 피부와 같은 조직에서 사라진다. 그 결과 사람은 나이가 들면서 뼈와 관절이 덜 유연해지고 피부가 주름지게 된다.

콜라젠과 엘라스틴 섬유는 프로테오글리칸의 기질 속에 파묻혀있다

세포외기질의 콜라젠과 엘라스틴 미세섬유가 얽혀있는 수화된 젤 같은 네트워크는 주로 프로테오글리칸으로 이루어져 있다. 프로테오글리칸은 하나의 단백질 분자에 아주 많은 수의 글리코사미노글리칸이 붙어있는 당단백질이다.

글리코사미노글리칸(glycosaminoglycan, GAG)은 **그림 15-15**에서 볼 수 있듯이 반복되는 2당류 단위를 특징으로 하는 거대 탄

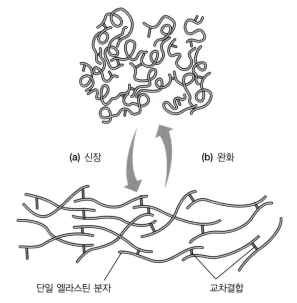

(a) 신장   (b) 완화

단일 엘라스틴 분자   교차결합

그림 15-14 엘라스틴 섬유의 신축 및 반동. 교차결합된 네트워크의 각 엘라스틴 분자는 늘어난 형태(그림 아래쪽) 또는 수축된 형태(그림 위쪽) 모두 가능하다. 섬유는 (a) 장력이 가해지면 확장된 형태로 늘어나고, (b) 장력이 풀리면 다시 감긴다.

수화물이다. 글리코사미노글리칸의 가장 흔한 3가지 유형으로는 콘드로이틴 황산염(chondroitin sulfate), 케라탄 황산염(keratan sulfate), 히알루론산(hyaluronate)이 있다. 각각의 경우 반복되는 2당류 중 2개의 당 중 하나가 N-아세틸글루코사민(GlcNAc)이나 N-아세틸갈락토사민(GalNAc)과 같은 아미노당이다. 반복되는 2당류 단위에서 또 다른 당 하나는 주로 일반 당이거나 보통은 갈락토스(Gal)나 글루쿠론산(GlcUA) 같은 당산(sugar acid)이다. 대부분의 경우 아미노당은 하나 또는 그 이상의 황산을 달고 있다. 그림 15-15에 보여주는 글리코사미노글리칸의 반복 단위 중 오직 히알루론산만이 황산기를 가지고 있지 않다. 글리코사미노글리칸은 음전하를 띠는 황산기와 카복실기를 많이 가진 친수성 분자이기 때문에 물과 양 이온을 끌어당겨서 콜라젠과 엘라스틴 원섬유가 묻히게 되는 수화된 젤라틴 모양의 기질을 만들 수 있다.

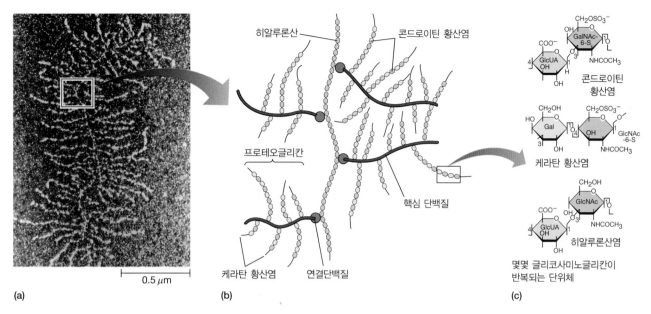

그림 15-15 연골에서 프로테오글리칸의 구조. 연골에서 많은 프로테오글리칸은 히알루론산 골격과 연합되어 전자현미경으로도 볼 수 있는 복합체를 이룬다. (a) 소 연골로부터 분리한 히알루론산-프로테오글리칸 복합체(TEM). (b) 연결단백질을 통해 긴 히알루론산 분자에 부착된 프로테오글리칸의 핵심 단백질을 보여주고 있는 구조의 일부분. 짧은 케라탄 황산염과 콘드로이틴 황산염 사슬이 공유결합으로 핵심 단백질에 연결되어 있다. 프로테오글리칸의 탄수화물 함량이 약 95%이다. (c) 동물 세포의 세포외기질에서 발견되는 3개의 일반적인 세포 외 글리코사미노글리칸(GAG)의 반복되는 2당류 단위의 구조. 콘드로이틴 황산염(위)의 반복 단위는 글루쿠론산(GlcUA)이 이온화된 형태의 글루쿠로네이트와 N-아세틸갈락토사민(GalNAc)으로 이루어져 있다. 케라틴 황산염(중간)의 반복 단위는 갈락토스(Gal)와 N-아세틸글루코사민(GlcNAc)이다. 히알루론산(아래)은 글루쿠론산과 N-아세틸글루코사민으로 이루어져 있다.

세포외기질에 있는 대부분의 글리코사미노글리칸은 단백질 분자에 공유결합하여 **프로테오글리칸**(proteoglycan)을 형성한다. 그림 15-15에서도 볼 수 있듯이 각각의 프로테오글리칸은 **핵심 단백질**(core protein) 길이를 따라 결합한 수많은 글리코사미노글리칸 사슬로 이루어져 있다. 어떤 경우에는 프로테오글리칸이 세포막 내 파묻힌 핵심 폴리펩타이드와 함께 원형질막의 필수 구성 요소로서 존재하기도 하고 다른 경우에는 막 인지질에 공유결합하고 있다.

다른 핵심 단백질과 다양한 종류와 길이의 글리코사미노글리칸과의 조합을 통해 많은 종류의 프로테오글리칸이 형성될 수 있다. 핵심 단백질의 분자량(10,000~50,000 Da 이상)과 탄수화물 사슬의 수와 길이(분자당 1~200개, 평균적으로 800단당류 단위의 길이)에 따라 프로테오글리칸의 크기는 매우 다양하다. 대부분의 프로테오글리칸은 분자량이 25~300만에 달할 정도로 거대하다. 프로테오글리칸은 세포외기질 네트워크에서 콜라겐 섬유에 직접적으로 연결되어 있다.

많은 조직에서 프로테오글리칸은 개별적인 분자로 존재한다. 그러나 연골에서는 수많은 프로테오글리칸이 긴 히알루론산 분자에 붙어 그림 15-15에서 볼 수 있는 것처럼 큰 복합체를 형성한다. 이런 하나의 복합체는 몇백만 정도의 분자량을 가지고 수 μm를 초과하는 길이를 가질 수 있다. 연골의 뛰어난 탄성과 유연성은 거의 대부분 이러한 복합체의 특성에 의한 것이다. 또한 작은 프로테오글리칸은 생장인자(growth factor) 신호계를 촉진하는 데 관여하는 것으로 알려져 있다(이 부분은 19장 참조). 예를 들어 신데칸(syndecan)이라고 하는 프로테오글리칸은 섬유아세포 생장인자 신호계의 조절자이다.

유리 히알루론산은 관절을 윤활하게 하고 세포 이동을 촉진한다

세포외기질에서 발견되는 대부분의 글리코사미노글리칸은 유리되어 있지 않고 프로테오글리칸의 구성 요소로 존재하고 있지만, **히알루론산**(hyaluronate)은 예외이다. 히알루론산은 연골에서 프로테오글리칸 복합체의 골격으로서 역할을 하며 수백, 심지어 수천 개의 반복적인 2당류 단위로 구성된 유리 히알루론산은 윤활의 특성을 가진다. 히알루론산은 움직일 수 있는 뼈 사이의 관절과 같이 마찰을 줄여야 하는 곳에 매우 풍부하게 존재한다.

부착 당단백질은 세포를 세포외기질에 고정시킨다

세포외기질과 세포막 사이의 직접적인 연결은 프로테오글리칸, 콜라겐과 막 표면의 수용체가 결합하게 하는 부착 당단백질 (adhesive glycoprotein) 집단에 의해 강화된다. 부착 당단백질의 가장 일반적인 종류 두 가지는 파이브로넥틴과 라미닌이다. 이러한 당단백질이 붙는 다수의 막 수용체는 인테그린이라는 막관통 단백질 집단에 속한다. 다음 절에서 이러한 단백질 집단 각각에 대해 다룰 것이다.

파이브로넥틴은 세포를 세포외기질에 결합시키고 세포의 이동을 돕는다

파이브로넥틴(fibronectin)은 부착 당단백질의 일종으로서, 혈액 및 기타 체액에서는 가용성 형태로, 세포외기질에서는 불용성 원섬유로, 세포 표면에서는 세포 표면과 느슨하게 연결된 중간 형태로 존재한다. 파이브로넥틴 유전자로부터 전사된 RNA가 서로 다른 mRNA를 만들도록 가공되어 이런 다른 형태의 파이브로넥틴이 만들어진다.

파이브로넥틴은 C-말단 근처에서 한 쌍의 2황화 결합으로 연결된 2개의 매우 큰 폴리펩타이드 소단위로 이루어져 있다(**그림 15-16**). 각각의 소단위체는 약 2,500개의 아미노산을 가지고 있으며 짧고 유연한 조각으로 연결된 일련의 막대 모양 도메인으로 접혀진다(그림 15-16a). 여러 도메인은 세포외기질에 있는 하나 이상의 특정한 고분자와 결합하는데, 여기에 여러 종류의 콜라젠(I, II, IV), 헤파린, 혈액 응고 단백질인 피브린 등이 포함된다. 다른 도메인은 세포 표면 수용체에 의해 인식된다. 이 도메인의 수용체 결합 활성은 특정 트리펩타이드 서열인 RGD(아르지닌-글라이신-아스파트산)에 국한되어 있다. 이 RGD 서열(RGD sequence)은 세포 외 부착단백질에서 공통적인 모티프(motif)이며 세포 표면의 다양한 인테그린에 의해 인식된다. 파

이브로넥틴 원섬유는 세포가 부착할 수 있는 느슨한 네트워크를 형성할 수 있다. 그림 15-16b는 근육세포 배양과 연관된 그물망 구조의 예시를 보여준다.

세포 이동에 대한 파이브로넥틴의 영향 파이브로넥틴은 세포를 세포외기질에 붙여주는 연결 다리 분자로서의 역할을 한다. 파이브로넥틴을 필요로 하는 중요한 과정 중 하나는 세포 이동이다. 예를 들어 살아있는 배아에서 세포가 이동하는 경로에는 파이브로넥틴이 풍부하다. 배아에서 파이브로넥틴이 중요하다는 직접적인 증거는 파이브로넥틴을 만들어내지 못하는 유전자 조작 쥐를 연구하여 얻었다. 이러한 쥐는 근육 조직과 맥관 구조를 만드는 일부 세포에 아주 심각한 결함이 있다. 암세포의 통제되지 않는 이동과 파이브로넥틴의 관련성은 많은 종류의 암세포가 정상 조직에 비해 파이브로넥틴을 너무 많이 또는 너무 적게 합성한다는 관찰을 통해 밝혀졌다. 예를 들어 다수의 암에서 파이브로넥틴의 과발현은 좋지 않은 예후와 상관관계가 있다는 것이 밝혀졌다.

혈액 응고에서 파이브로넥틴의 영향 혈액 내 존재하는 가용성 형태의 파이브로넥틴은 혈장 파이브로넥틴(plasma fibronectin)이라고 불리며, 혈액 응고와 관련이 있다. 파이브로넥틴은 혈액 응고 단백질인 피브린(fibrin)을 인식하는 여러 결합 도메인을 가지고 있어서 혈전이 형성될 때 혈소판을 피브린에 붙일 수 있으므로 혈액 응고를 촉진한다.

그림 15-16 파이브로넥틴 구조. (a) 파이브로넥틴 분자는 거의 동일한 2개의 폴리펩타이드로 구성되어 있으며, 이 폴리펩타이드는 C-말단에서 2개의 2황화 결합으로 연결되어 있다. 각각의 폴리펩타이드 사슬은 짧고 유연한 조각으로 연결된 일련의 도메인으로 접혀있다. 이 도메인은 세포외기질 성분 또는 트리펩타이드 서열 RGD(아르지닌-글라이신-아스파트산) 같은 특정 수용체에 대한 결합부위를 가지고 있다. RGD는 인테그린에 의해 인식된다. 결합 활성 외에도 파이브로넥틴은 헤파린 황산염, 히알루론산, 갱글리오사이드(시알산 그룹을 지닌 당스핑고인지질)에 대한 결합부위를 가지고 있다. (b) 시험관 내 파이브로넥틴을 포함한 세포외기질에서 배양한 근육아세포(myoblast). 파이브로넥틴은 초록색으로, 핵 내 DNA는 파란색으로 면역염색되었다.

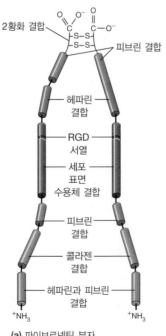

(a) 파이브로넥틴 분자

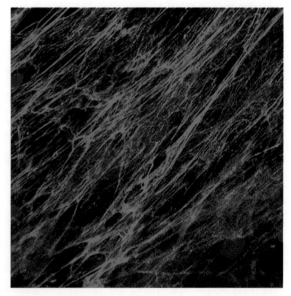

(b) 파이브로넥틴 원섬유

라미닌은 세포를 기저판에 결합시킨다

그림 15-1에서 볼 수 있듯이 섬유아세포와 다른 결합 조직처럼 세포외기질은 느슨하게 배열될 수 있고 세포외기질이 상피세포와 접촉한 경우처럼 빽빽하게 배열될 수도 있다. 후자의 경우 **기저판**(basal lamina)이라고 알려진 얇고 특수화된 세포외기질이 상피세포의 기저면에 붙는다. 이 특수화된 세포외기질의 얇은 막 층은 약 50 nm의 두께로 상피세포 아래에 위치하여 결합 조직으로부터 상피세포를 분리시킨다(**그림 15-17**). 기저판은 또한 근육세포, 지방세포, 신경세포 주변에 미엘린초(myelin sheath)를 형성한 슈반세포를 둘러싼다. 기저판의 주요 부착 당단백질은 단순한 무척추동물에서부터 인간까지 보존되어 있는 **라미닌**(laminin)이라고 불리는 단백질군이다.

기저판의 특징 기저판은 조직의 구성을 유지하는 구조적인 지지대로서 역할을 수행하고 분자뿐만 아니라 세포의 이동을 조절하는 투과성 관문의 역할을 한다. 예를 들어 콩팥에서는 매우 두꺼운 기저판이 혈액에서 소변으로 작은 분자의 이동만 허락하고 혈액의 단백질은 이동하지 못하게 하는 여과기 기능을 한다. 상피세포 아래 기저판은 그 아래 있는 기저 결합 조직 세포가 상피쪽으로 이동하는 것은 막지만 감염에 맞서 싸우는 데 필요한 백혈구 세포의 이동은 허락한다. 세포 이동에 대한 기저판의 효과는 특히 흥미로운데, 일부 암세포가 기저판에 대한 결합이 증가하여 암세포가 전이가 될 때 이를 통한 이동을 촉진할 수 있다.

조직에 따라 기능과 특정 분자 구성에서의 차이에도 불구하고 모든 형태의 기저판은 IV형 콜라겐, 프로테오글리칸, 라미닌, 엔탁틴(entactin)이나 니도겐(nidogen)이라고 불리는 또 다른 당단백질을 포함한다. 파이브로넥틴도 존재할 수 있지만 기저판에서는 라미닌이 가장 풍부한 부착 당단백질이다. 라미닌은 주로 상피세포와 마주하는 기저 표면에 배치되어 있으며, 여기서 세포가 기저판에 결합하는 것을 돕는다. 반면에 파이브로넥틴은 기저판의 반대면에 위치하여 세포가 결합 조직에 고정하는 것을 돕는다.

세포는 기저판의 변화를 촉매하는 효소를 분비함으로써 기저판의 특성을 바꿀 수 있다. 이러한 기능을 하는 효소 중 중요한 한 가지는 기질 금속 단백질 분해효소(matrix metalloproteinase, MMP)이다. 이 효소는 금속 이온을 보조 요소로서 필요로 하며, 세포외기질을 국소적으로 분해하여 세포가 세포외기질을 통과할 수 있게 해준다. 이러한 활성은 백혈구처럼 염증 동안 손상된 조직으로 이동하는 세포에게 중요하다. 또한 MMP는 비정상적인 침습에도 관여한다. 전이성 악성 흑색종 세포와 같은 침투성 암세포(invasive cancer cell)의 MMP 활성은 매우 높다(이 효소에 대한 자세한 내용은 21장 참조).

라미닌의 특성 약 850,000의 분자량을 가진 아주 큰 단백질인 라미닌은 α, β, γ라고 일컫는 3개의 긴 폴리펩타이드로 이루어져 있다(**그림 15-18**). 2황화 결합은 이 폴리펩타이드 사슬을 십자가 모양으로 붙잡아주는데, 이 폴리펩타이드 사슬의 긴 팔의 일부는 3차 코일로 감겨있다(그림 15-18a). 파이브로넥틴처럼 라미닌은 IV형 콜라겐, 헤파린, 헤파란 황산염(heparan sulfate), 니도겐에 대한 결합부위와 위쪽에 위치한 세포 표면에 있는 라미닌 수용체에 대한 결합부위를 포함하여 여러 개의 도메인으로 구성되어 있다. 니도겐 분자는 라미닌과 IV형 콜라겐 둘 다에 대한 결합부위를 가지고 있어 기저판에서 IV형 콜라겐과 라미닌 네트워크의 결합을 강화한다고 여겨진다.

결과적으로 기저판의 구성 성분은 복잡한 십자형 그물망 구조를 형성한다(그림 15-18b). 많은 상피 조직에서 기저판 밑에 더 젤리형 세포외기질이 위치하고 이들이 모여 바닥막(basement membrane)이라는 세포 외 구조를 만든다. 기저판은 매우 복잡한 구조이기 때문에 동물에서 기저판의 정확한 구성이 어떻게 세포의 행동에 영향을 주는지 규명하는 실험을 수행하기 어렵다. 대신 세포생물학자들은 조직 배양에서 세포에 대한 인공 기저판의 영향을 연구한다(**핵심 기술** 참조).

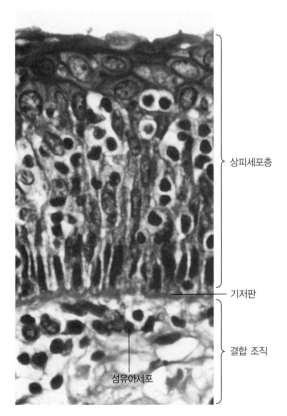

그림 15-17 기저판. 기저판은 약 50 nm의 얇은 판으로, 상피세포층을 아래의 결합 조직과 구분하는 기질물질(matrix material)로 이루어져 있다(광학현미경).

상피세포층

기저판

결합 조직

섬유아세포

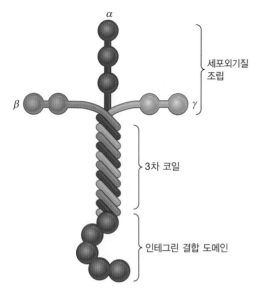

(a) 라미닌 분자

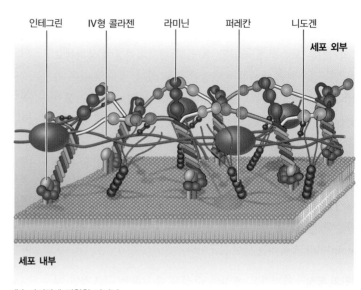

(b) 기저판에 결합한 라미닌

그림 15-18 라미닌과 기저판. (a) 라미닌 분자는 3개의 큰 폴리펩타이드(α, β, γ)가 2황화 결합으로 연결된 상호 결합된 구조로 이루어진다. 이 폴리펩타이드 사슬의 긴 팔의 일부는 3차 코일로 감겨있다. α-사슬 말단의 도메인은 세포 표면 수용체에 의해 인식된다. 교차되는 두 팔의 말단에 위치하는 이 도메인은 IV형 콜라젠에 특이적이다. 교차되는 팔은 또한 라미닌이 더 큰 응집체를 만들 수 있게 하는 라미닌-라미닌 결합부위를 가지고 있다. 라미닌은 또한 헤파린, 헤파란 황산염, 엔탁틴에 대한 결합부위를 가진다(그림에는 나타내지 않았다).* (b) 라미닌은 IV형 콜라젠, 퍼레칸(perlecan), 니도겐, 그 외 다른 구성물과 결합하여 세포외기질 판(mat)을 형성한다. 세포는 인테그린을 이용하여 기저판에 부착된다.

* 출처: Macmillan Publishers Ltd: Fig. 1 from M. P. Marinkovich, "Laminin 332 in Squamous-Cell Carcinoma," *Nature Reviewers Cancer* 7:370-380.

인테그린은 세포외기질 구성 요소와 결합할 수 있는 세포 표면 수용체이다

대부분의 세포 원형질막 표면에는 파이브로넥틴과 라미닌의 특정 영역을 인식하고 결합할 수 있는 특이적인 수용체가 있기 때문에 파이브로넥틴과 라미닌은 동물 세포에 결합할 수 있다. 이러한 수용체와 기타 세포외기질의 다양한 구성 성분에 대한 수용체는 **인테그린**(integrin)이라 부르는 큰 막관통 단백질군에 속한다. 인테그린이라는 이름은 이들이 세포골격을 세포외기질에 통합하는 역할을 하기 때문에 붙여졌다.

인테그린의 구조 인테그린은 2개의 큰 막관통 폴리펩타이드인 α 소단위체와 β 소단위체로 구성되어 있으며, α 소단위체와 β 소단위체는 서로 비공유결합으로 이어져 있다(**그림 15-19**). 인

그림 15-19 인테그린: 파이브로넥틴 수용체. 인테그린은 α 소단위체와 β 소단위체로 이루어져 있으며, 이 막관통 폴리펩타이드는 서로 비공유결합으로 연결되어 바깥 측 세포막에서 리간드에 대한 결합부위를 형성하고, 세포기질 쪽 세포막에서는 연결단백질에 대한 결합부위를 형성한다. 그림은 파이브로넥틴 수용체($\alpha_5\beta_1$)로, 막 바깥쪽 부분에서는 파이브로넥틴에 대한 결합부위를, 세포기질 쪽 부분에서는 탈린(talin)에 대한 결합부위를 가진다. 해당 인테그린을 비롯한 다른 여러 인테그린에서 α 소단위체는 2개의 부분으로 나누어져 있고, 나누어진 2개의 부분은 2황화 결합으로 묶여있다. 이 그림에 당질 곁사슬이 표시되지는 않았지만, α 소단위체와 β 소단위체 모두 바깥 부분이 당화되어 있다.

테그린은 결합 특이성과 소단위체의 크기가 종류마다 서로 다르다(α 소단위체의 경우 분자량이 110,000~140,000가량이며, β 소단위체의 경우 분자량이 85,000~91,000가량이다). 특정 인테그린의 경우 α 소단위체와 β 소단위체의 세포 바깥쪽 부분은 특정

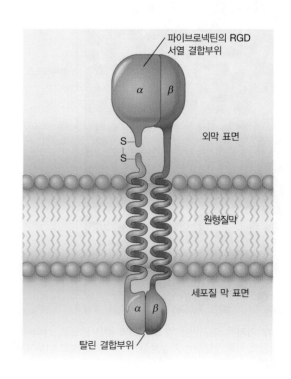

문제 세포외기질은 몸 전체에서 조직의 중요한 구성 요소이다. 그래서 세포가 세포외기질과 상호작용하는 방법을 연구하는 것은 다세포 생물이 어떻게 정상적으로 기능하는지를 이해하고, 암의 전이와 같은 특정 유형의 질병을 이해하는 데 중요하다. 하지만 세포외기질은 생체 내에서 조작하기 어려운 복잡한 기하학을 가진 단백질들의 복잡한 네트워크이다. 그렇다면 어떻게 연구해야 하는가?

해결방안 인공 세포외기질을 만든다. 이러한 시스템에 배양된 세포를 추가하면 자연 세포외기질의 특성을 모방하는 기질 또는 기질에서 세포의 행동을 연구할 수 있다.

주요 도구 배양된 세포, 매트리젤(Matrigel, 인공 세포외기질)

상세 방법 세포생물학자들은 세포가 세포외기질에 어떻게 반응하는지를 연구하기 위해 조직 배양 및 인공 세포외기질에 점점 관심을 기울이고 있다. 조직 배양 초기에 연구자들은 세포가 유리나 플라스틱의 맨바닥에 붙을 수는 있지만, 정해진 구성물로 이루어진 세포외기질에 부착된 세포와 다르게 행동한다는 것을 배웠다. 이러한 인공 기질은 일반적으로 몇몇 유형의 콜라겐과 상피세포의 경우 라미닌, 비상피성 세포의 경우 파이브로넥틴과 같은 부착 당단백질을 포함한다. 다양한 양의 세포외기질 단백질을 조합하여 세포가 어떻게 서로 다른 세포외기질 조합 '레시피(recipe)'에 상호작용하는지에 대해 많은 것을 배울 수 있다.

매트리젤 하지만 인공 기질을 이용한 초기 실험의 결과는 제한적이었다. 생체 내 세포외기질에 일반적으로 포함되는 생장인자 같은 주요 단백질의 소량이 누락되었기 때문이다(생장인자에 대한 자세한 내용은 19장 참조).

오늘날 이 문제를 피하는 한 가지 일반적인 방법은 *매트리젤*이라는 상품명으로 알려진 상업적으로 이용 가능한 바닥막 추출물을 사용하는 것이다. 매트리젤은 EHS(Engelbreth-Holm-Swarm) 쥐의 육종 세포에서 분비되는 세포외기질 단백질의 젤라틴성 혼합물이고, 재구성된 자연 바닥막과 동등한 것으로 간주된다. 조직 배양 플라스틱 접시에 소량의 매트리젤이 첨가되면 얇은 층을 형성한다. 이런 유형의 기질에서 배양된 세포는 단순한 세포외기질 혼합물에서 배양되었을 때는 볼 수 없었던 행동을 보여준다.

3차원 배양 평평한 조직 배양 접시에 매트리젤을 사용하는 것에는 여전히 단점이 있다. 세포외기질은 얇은 2차원의 형태로 제한되는 반면, 살아 있는 생명체의 세포는 2차원의 환경에 노출되는 경우가 거의 없다. 이 문제를 해결하기 위해 세포생물학자들은 두꺼운 3차원의 기질에서 세포를 배양하는 방법을 개발했다. 3차원 상황에서 세포 행동의 차이는 때때로 놀라울 만하다. **그림 15B-1**은 MCF-10A로 알려진 일반적으로 사용되는 인간 유방 상피세포주의 배양 조건에 따른 세포의 행위를 보여준다. 조직 배양 접시에서 하듯 판을 형성하는 것 대신(그림 15B-1a), 두꺼운 매트리젤 판에 박힌 MCF-10A 세포는 낭포(cyst)라고 하는 속이 빈 공 모양으로 조직화되었다. 게다가 세포가 생체 내 상피세포처럼 정단 말단과 기저 말단의 방향성을 가지기 시작했다(그림 15B-1b). 이 세포는 유방세포이기 때문에 심지어 젖을 만들어낼 수도 있다.

MCF-10A 세포는 유방 상피세포에서 유래했기 때문에 종종 암세포가

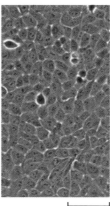
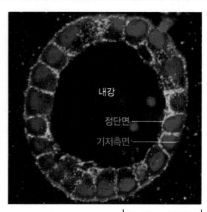

(a) 단층   25 μm   **(b)** 낭포   25 μm

그림 15B-1 세포외기질의 다른 조건이 배양된 인간 유방 상피세포에 큰 영향을 미친다. (a) 배양 접시에서 배양된 MCF-10A 세포를 위상차현미경으로 관찰한 사진. 세포는 배양 접시의 표면을 완전히 덮을 만큼 증식한 후 '조약돌' 같은 모양을 취한다. (b) 3차원의 매트리젤에서 20일간 배양된 MCF-10A 세포를 공초점현미경으로 관찰했다. 면역염색법을 통해 초록색으로 정단면을 표지하고, 빨간색으로 기저측면을 표지하여 이 세포들이 극성을 지닌 상피성 낭포를 형성한다는 것을 알 수 있다. DNA 염색(파란색)은 핵을 표시한다.

될 수 있다. 따라서 성장 조건에서의 이 한 가지 변화가 보다 정상적인 모습으로의 극적인 변화를 이끌어낸다는 사실은 전이 상태로의 전환을 제어하는 것에 대한 근본적인 통찰이 이 연구에서 온 것임을 시사한다.

조직공학 인공 세포외기질이 제기한 또 다른 흥미로운 가능성은 급성장하는 조직공학 분야이다. 인공 세포외기질과 플라스틱 또는 산호 조각 같은 불활성 뼈대(scaffold) 조합에 세포를 추가함으로써 세포생물학과 공학의 접점에서 일하는 과학자들은 세포의 행동을 조작하여 다양한 구조를 형성하고, 정확한 방식으로 세포가 분화하도록 유도하고 있다. 아직은 초창기이지만 조직공학은 이미 환자들을 위한 심장 판막,

조직공학

기관 및 화상 환자들을 위한 피부, 귀의 외부 구조와 같은 인공 대체 조직을 만들어내고 있다(사진 참조).

질문 그림 15B-1b에 나타난 3차원 세포외기질에서 배양될 때와 배양 접시 바닥에 부착되지 않은 평평한 세포외기질에서 배양되었을 때의 세포는 그림 15B-1a에 나타난 것과 다르게 행동한다. 플라스틱 접시와 다른 이런 3차원 배양 및 분리된 세포외기질 배양의 공통점이 무엇이라고 생각하는가?

세포외기질 단백질에 대한 결합부위를 형성하고, 이때 대부분의 결합 특이성은 α 소단위체에 의존한다. 인테그린의 세포질 쪽 부분은 원형질막을 가로질러 세포외기질과 세포골격을 기계적으로 연결하는 특정 연결단백질에 대한 결합부위를 가진다.

여러 종류의 α 소단위체와 β 소단위체 존재는 결합 특이성이 서로 다른 다양한 인테그린 이종2량체를 만들어낸다. 예를 들어 β_1 소단위체를 지닌 인테그린은 대부분의 척추동물 세포 표면에서 발견되며, 주로 세포와 세포외기질 간 상호작용을 매개한다. 반면 β_2 소단위체를 지닌 인테그린은 백혈구의 표면에 한정되어 있으며, 주로 세포와 세포 간 상호작용에 관여한다. 가장 흔한 인테그린은 파이브로넥틴에 결합하는 $\alpha_5\beta_1$이며, $\alpha_6\beta_1$은 라미닌에 결합한다. 많은 인테그린은 그들이 결합하는 특정 세포외기질의 당단백질에 있는 RGD 서열(아르지닌-글라이신-아스파트산 서열)을 인식한다. 하지만 결합부위는 반드시 당단백질 분자의 다른 부위도 인식해야 하는데, 이는 인테그린이 RGD 서열만으로 설명될 수 있는 것보다 더 큰 당단백질에 대한 결합 특이성을 나타내기 때문이다.

인테그린과 세포골격 인테그린이 세포외기질과 세포골격을 연결하기는 하지만, 직접적으로 작용하여 연결하는 것은 아니다. 그 대신 인테그린의 꼬리가 세포기질에 존재하는 단백질과 상호작용하여 인테그린을 세포골격 단백질에 연결한다. 인테그린은 세포골격에 주된 두 종류의 연결을 만든다(**그림 15-20**). 섬유아세포와 같은 이동성의 비상피세포는 **초점부착**(focal adhesion)을 통해 세포외기질 분자에 부착한다. 초점부착은 여러 연결단백질을 통해 액틴 미세섬유 다발과 상호작용하는 인테그린 다발을 가지고 있다(그림 15-20a, b). 이 연결단백질에는 액틴 결합단백질인 빈큘린에 결합할 수 있는 **탈린**과 액틴 미세섬유에 직접적으로 결합할 수 있는 α-**액티닌** 등을 포함한다. 인테그린이 세포 바깥에 있는 세포외기질 구성물과 세포 안에 있는 액틴 미세섬유에 결합하기 때문에 액틴에 연결된 인테그린은 세포의 운동과 세포의 부착을 조절하는 데 중요한 역할을 한다. 예를 들어 라미닌에 부착하는 데 필요한 특정 인테그린 소단위체가 결핍된 쥐는 독특한 형태의 진행성 근육퇴행위축병(progressive muscular dystrophy)에 걸린다. 같은 돌연변이를 가진 인간은 진행성 근육퇴화가 생긴다.

인테그린에 의한 부착의 또 다른 주요 형태는 상피세포에서 발견할 수 있다. 상피세포는 기저판에서 **헤미데스모솜**(hemidesmosome)을 통해 라미닌에 부착한다. 헤미데스모솜은 이들이 '데스모솜의 반쪽'을 닮았기 때문에 붙여진 이름이며, 데스모솜에 대해서는 이미 이 장의 앞부분에서 다루었다. 헤미데스모솜에서 발견되는 인테그린은 하나의 α_6 소단위체와 하나의 β_4 소단위체를 가진다. 이 경우 인테그린은 액틴에 부착되어 있지 않고 중간섬유인 케라틴에 부착되어 있다(그림 15-20c, d). 헤미데스모솜에 있는 연결단백질은 인테그린 다발을 세포골격에 연결한 조밀 **플라크**(plaque)를 형성한다. 연결단백질 중에서는 **플라킨**(plakin) 단백질 집단 구성원들이 우점적이다. 플렉틴(plectin)이라고 알려진 플라킨은 케라틴 섬유를 인테그린에 부착시킨다. *BPAG2*라고 불리는 또 다른 막관통 단백질과 이와 관련된 플라킨인 *BPAG1*은 케라틴과 라미닌 사이에서 다리 역할을 한다. 데스모솜처럼 헤미데스모솜도 피부의 기계적 강도에 중요하다. 데스모솜 또는 헤미데스모솜 구성 성분이 결핍되거나 없는 경우 인간의 건강에 악영향을 미친다(**인간과의 연결** 참조).

인테그린과 세포 신호전달 세포골격과 세포외기질을 연결하는 것이 인테그린의 주요한 역할이지만, 인테그린은 또한 세포 내부 신호계와도 상호작용한다. 예를 들어 생장인자(19장 참조)에 노출된 세포는 종종 인테그린의 군집화(integrin clustering)를 보인다. 이러한 효과는 종종 '인사이드아웃(inside out)' 신호라고 불리는데, 이는 세포의 내적 변화가 표면에 있는 인테그린에 영향을 미쳤기 때문이다. 인테그린은 또한 스스로 세포 내 신호계를 활성화시키는 수용체로서 작용할 수 있다. 이는 종종 '아웃사이드인(outside in)' 신호라고 불린다. 인테그린의 이런 역할을 시사한 원래 발견은 암세포 연구에서 왔다. 만약 정상 세포가 세포외기질층에 부착하는 것을 막게 되면 세포들은 분열을 멈추고 세포자멸(apoptosis)이라고 알려진 계획된 세포사를 시작한다(세포자멸에 대해서는 20장 참조). 이러한 현상을 **부착 의존적 생장**(anchorage-dependent growth)이라고 한다. 반대로 암세포는 세포외기질에 부착하여 발생하는 신호를 변환할 필요가 없기 때문에 세포외기질층에 단단히 부착되어 있지 않더라도 계속해서 성장한다.

인테그린의 군집화 후에 초점부착에서 여러 단백질 인산화효소(kinase)가 활성화된다. 팍실린(paxillin) 같은 연결자 단백질에 의해 여러 단백질 인산화효소가 초점부착에 모인다. 이런 단백질 인산화효소에는 국소 접착 인산화효소(focal adhesion kinase, FAK), 킨들린(kindlin), 인테그린 연결 인산화효소(integrin-linked kinase, ILK) 등이 있다. ILK는 효소활성이 죽은 형태('kinase dead' version)에서도 여전히 기능하기 때문에 아마도 인테그린 신호전달 과정에서 뼈대단백질로 기능하는 듯하다. FAK는 부착 의존적 성장 조절에 중요한 것으로 보인다. 암세포는 부착되어 있지 않을 때도 활성화된 FAK를 가지고 있고, 세포는 활성화된 FAK 발현에 의해 암 유사 세포로 변이될 수 있다.

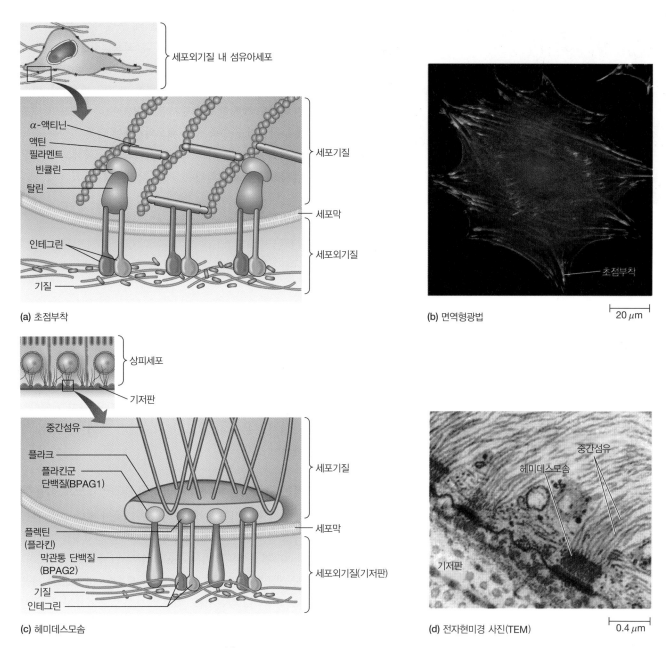

그림 15-20 인테그린, 초점부착, 헤미데스모솜. (a) 이동하는 세포들은 초점부착을 통해 세포외기질에 부착한다. 초점부착은 $\alpha_5\beta_1$ 인테그린 같은 인테그린, 인테그린을 세포골격에 붙이는 α-액티닌, 빈큘린, 탈린 같은 인테그린 관련 연결단백질로 구성되어 있다. (b) 인테그린 부착 부위(파란색)를 표시하기 위해 침투성의 인간 유방암 세포의 F-액틴(빨간색)과 빈큘린을 염색했다. 액틴 미세섬유가 초점부착점에서 어떻게 끝나는지에 주목하라. (c) 상피세포는 $\alpha_6\beta_4$ 인테그린을 포함하는 헤미데스모솜을 통해 세포외기질에 부착된다. 그리고 플렉틴과 같은 연결단백질을 통해 중간섬유에 연결된다. (d) 헤미데스모솜의 외부 표면은 직접적으로 기저판과 인접해 있다(TEM).

디스트로핀/디스트로글리칸 복합체는 근육세포가 세포외기질에 부착하는 것을 안정화한다

초점부착과 헤미데스모솜에 추가적으로 세포외기질 부착의 세 번째 종류는 인간 질병에 중요하다. **코스타미어**(costamere)는 가로무늬근 표면에 있는 부착 구조이다(**그림 15-21**). 코스타미어는 근육세포의 표면 주변에 있는 Z선(Z-disc)과 일렬로 배열되어 있다(그림 15-21a). 이들은 근육세포 표면에 있는 근원섬유를 원형질막에 물리적으로 부착시키고, 다시 원형질막은 근육세포를 둘러싼 세포외기질에 고정된다. 코스타미어는 β_1-인테그린, 빈큘린, 탈린, α-액티닌을 포함하여 초점접촉(focal contact)에서 발견되는 것과 대부분 같은 단백질을 가지고 있다. 또한 코스타미어는 큰 세포질 단백질인 **디스트로핀**(dystrophin)을 포함한 특화된 단백질 복합체를 가지고 있다(그림 15-21b). 사람의 디스트로핀 유전자에 발생한 돌연변이는 가장 흔한 근위축증 형

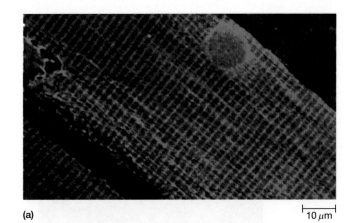

(a)

10 μm

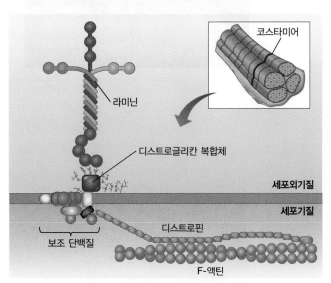

코스타미어

라미닌

디스트로글리칸 복합체

세포외기질

세포기질

보조 단백질

디스트로핀

F-액틴

(b)

그림 15-21 근육세포의 코스타미어와 디스트로핀/디스트로글리칸 복합체. (a) 디스트로핀(초록색)을 염색한 근육세포 사진. 파란색으로 염색된 DNA는 세포 핵을 표시한다. (b) 거대한 세포기질 단백질인 디스트로핀은 세포기질에서 액틴과 상호작용한다. 디스트로핀은 일련의 단백질을 통해 디스트로글리칸 복합체와 세포 표면에서 연결되어 있고, 다시 디스트로글리칸 복합체는 라미닌과 같은 세포외기질 단백질과 상호작용한다.

태인 뒤셴근위축증(Duchenne muscular dystrophy, DMD)과 베커근위축증(Becker muscular dystrophy, BMD)을 유발한다. BMD와 DMD는 전 세계적으로 매년 3,500명 중 1명꼴로 앓는 질병이다. 디스트로핀 유전자는 X 염색체상에 존재하기 때문에 BMD와 DMD는 사실상 거의 남성에게만 발생한다. 증상이 유사하지만 DMD에서의 변이는 디스트로핀 단백질 기능을 거의 모두 상실하게 하여 BMD보다 더 심각한 질환을 유발한다. DMD 환자는 점진적인 근육 퇴화를 겪고 결국에는 걸을 수 없게 되어 10대 또는 젊은 시기에 사망하는데, 심근병증(cardiomyopathy)으로 알려진 심장 근육 손상 또는 횡격막 손상으로 인한 호흡 곤란으로 인한 것이다.

디스트로핀의 결함이 근위축증을 왜 유발하는 것일까? 디스트로핀이 속한 특수화된 복합체는 디스트로글리칸(dystroglycan)이라는 막단백질을 포함한다. 디스트로글리칸은 라미닌과 결합해 코스타미어를 세포외기질에 연결한다(그림 15-21b). 디스트로핀은 아마도 뻣뻣한 스프링처럼 작용하여 근육세포가 세포외기질에 부착되어 근수축 동안 세포외기질에 힘을 가하는 근육세포의 손상을 막는다. 디스트로핀이 없으면 근육세포는 손상에 더 취약해지고 결국 퇴화된다.

개념체크 15.2

헤미데스모솜과 초점부착은 동일 세포에서 동시에 관찰되지 않는다. 그 이유는 무엇인가?

15.3 식물 세포의 표면

지금까지 동물 세포 표면에 초점을 두었다. 식물, 조류(algae), 균류, 박테리아의 세포 표면은 동물의 세포 표면과 일부 비슷한 특성이 있지만, 그들 역시 고유의 독특한 특징을 가지고 있다. 이 장의 나머지 부분에서는 식물 세포 표면의 몇 가지 독특한 특징에 대해 알아보자.

세포벽은 구조적인 뼈대를 제공하고 투과장벽으로 작용한다

식물의 가장 인상적인 특징 중 하나는 그들이 뼈나 그와 관련된 골격 구조를 가지고 있지 않은데도 놀라운 견고성을 보인다는 것이다. 이 견고성은 정자(sperm)와 일부 난자(egg)를 제외한 모든 식물 세포를 둘러싸고 있는 단단한 **세포벽**(cell wall)이 제공한다. 세포벽의 견고함은 세포 이동을 사실상 불가능하게 만든다. 이와 동시에 튼튼한 세포벽은 식물 세포가 물 흡수로 생기는 상당한 **팽압**(turgor pressure)을 견딜 수 있게 해준다. 팽압은 식물 조직의 부풀림 또는 견고함의 대부분을 책임지고 세포 팽창의 원동력을 제공하기 때문에 식물에서 매우 중요하다.

또한 식물 세포를 둘러싸는 세포벽은 큰 분자들에 대한 투과장벽으로 작용한다. 물, 기체, 이온, 그리고 당이나 아미노산과 같은 작은 수용성 분자들에게 세포벽은 그리 중대한 장애물이 아니다. 이러한 물질들은 쉽게 세포벽을 통해 확산된다.

연결하기 15.2

동물 세포와 비교하여 세포벽은 식물 세포가 삼투농도 변화에 반응하는 방식을 어떻게 변화시키는가? (8.2절 참조)

식물 세포벽은 셀룰로스 미세섬유소, 다당류, 당단백질의 네트워크이다

동물 세포의 세포외기질처럼 식물 세포벽은 분지된 분자 네트워크에 내장된 긴 섬유로 이루어져 있다(**그림 15-22**). 그러나 콜라겐과 프로테오글리칸 대신에 식물 세포벽은 엑스텐신이라고 하

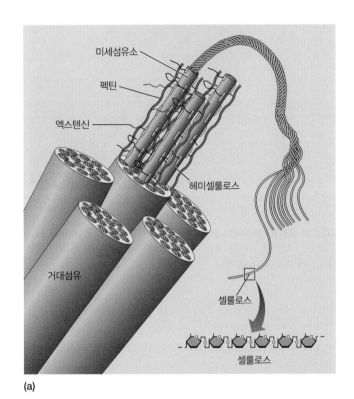

(a)

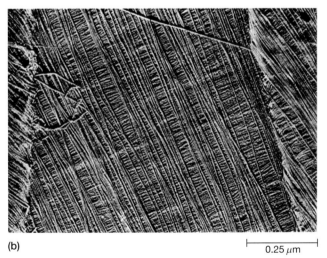

(b)

0.25 μm

그림 15-22 식물 세포벽의 구조적 구성 요소. (a) 셀룰로스 미세섬유소는 헤미셀룰로스와 엑스텐신이라는 당단백질로 연결되어 펙틴 기질에 박힌 상호 연결된 단단한 네트워크를 형성한다. 셀룰로스 미세섬유소는 종종 서로 꼬여서 거대섬유라 불리는 큰 구조를 형성한다(여기서는 목질 조직에서 셀룰로스 미세섬유소 사이에 존재하는 리그닌은 표시하지 않았다). (b) 전자현미경 사진은 녹조류의 세포벽에서 개별 셀룰로스 미세섬유소를 보여준다. 각각의 미세섬유소는 많은 셀룰로스 분자가 평행하게 배열되어 있다(TEM).

는 분지된 다당류와 당단백질의 복잡한 네트워크에 얽힌 셀룰로스 미세섬유소를 가지고 있다(표 15-2 참조). 대표적인 두 가지 다당류는 헤미셀룰로스와 펙틴이다. 건조 중량을 기준으로 셀룰로스는 일반적으로 세포벽의 40%를, 헤미셀룰로스는 20%를, 펙틴이 30%를, 당단백질이 10%를 차지한다. 그림 15-22a는 이러한 세포벽 구성 성분의 관계를 보여준다. 셀룰로스, 헤미셀룰로스, 당단백질은 함께 연결되어 펙틴 기질에 박혀있는 서로 연결된 단단한 네트워크를 형성한다. 목질 조직에서 셀룰로스 섬유소 사이에 모여 세포벽을 더욱 강하고 단단하게 만들어주는 리그닌은 여기에 표시하지 않았다. 다음 몇몇 단락에서 주요 세포벽 구성물 각각에 대해 다룰 것이다.

셀룰로스와 헤미셀룰로스 식물 세포벽의 주된 다당류는 지구상에서 단일하며 가장 풍부하게 존재하는 유기 고분자인 셀룰로스이다. **셀룰로스**(cellulose)는 수천 개의 β-D-포도당 단위가 $\beta(1 \rightarrow 4)$ 결합으로 연결되어 이루어진 가지가 없는 형태의 중합체이다(그림 3-25 참조). 셀룰로스 분자는 길고 리본과 같은 구조로, 분자 내 수소결합으로 안정화되어 있다. 일반적으로 50~60개 정도의 많은 셀룰로스 분자는 측면으로 결합하여 세포벽에서 발견되는 **미세섬유소**(microfibril)를 형성한다. 셀룰로스 미세섬유소는 종종 밧줄처럼 꼬여서 이보다 큰 거대섬유(macrofibril)라는 구조를 형성한다(그림 15-22a). 셀룰로스 거대섬유는 같은 크기의 강철 조각만큼이나 강하다.

헤미셀룰로스는 셀룰로스와 이름은 비슷하지만 화학적, 구조적으로 셀룰로스와 다르다. **헤미셀룰로스**(hemicellulose)는 여러 다당류가 다양하게 섞여있는 이질적인 군집이다. 이 다당류의 각각은 단단한 네크워크에 짧은 곁사슬이 붙은 긴 선형의 단일 당[포도당 또는 자일로스(xylose)] 사슬로 이루어져 있다(그림 15-22a). 이 곁사슬은 보통 포도당, 갈락토스, 마노스와 같은 6탄당과 자일로스, 아라비노스(arabinose)와 같은 5탄당을 포함한 여러 종류의 당을 가지고 있다.

기타 세포벽 구성 요소 셀룰로스와 헤미셀룰로스 외에도 세포벽은 여러 다른 주요 구성 성분을 가진다. **펙틴**(pectin)은 분지된(branched) 다당류이지만 음전하를 띠는 갈락투론산(galacturonic acid)과 람노스(rhamnose)로 주로 이루어진 **람노갈락투로난**(rhamnogalacturonan)이라 불리는 뼈대를 가지고 있다. 이 뼈대에 부착된 곁사슬은 헤미셀룰로스에서 발견되는 것과 똑같은 몇몇 단당류를 가지고 있다. 펙틴은 셀룰로스 미세섬유소가 묻힐 기질을 형성하며(그림 15-22a) 인접한 세포벽끼리 결합시켜준다. 펙틴은 가지가 많은 구조이며 음전하를 띠기 때문에 물 분자를 잡아 결합할 수 있다. 결과적으로 펙틴은 젤과 같은 경도를 보이며, 이런 젤 형성 능력 때문에 펙틴은 과일 잼과 젤리

를 만드는 과정에서 과즙에 첨가된다.

헤미셀룰로스와 펙틴 외에도 세포벽은 엑스텐신이라고 불리는 당단백질의 군집을 가지고 있다. **엑스텐신**(extensin)은 세포벽에서 복잡한 다당류 네트워크에 단단하게 엮인 단단한 막대기 같은 분자이다(그림 15-22a). 엑스텐신은 처음에는 물에 용해될 수 있는 형태로 세포벽에 침전된다. 일단 침전되면 엑스텐신은 서로에게, 그리고 셀룰로스에 공유결합으로 교차결합하여 강력한 단백질-다당류 복합체를 형성한다. 엑스텐신은 식물에게 기계적 지지를 제공하는 조직의 세포벽에 가장 풍부하다.

리그닌(lignin)은 주로 목질 조직에서 나타나는 방향족 알코올로 구성된 매우 불용성인 중합체이다(라틴어로 *lignum*은 '나무'라는 의미). 리그닌 분자는 주로 압축력에 저항하는 기능을 하는 셀룰로스 섬유 사이에 모여있다. 리그닌은 수목 건조 중량의 25%가량을 차지하여 셀룰로스 다음으로 지구상에서 가장 풍부한 유기화합물이다.

세포벽은 여러 구별된 단계를 통해 합성된다

식물 세포벽 구성물은 세포에서 단계적으로 분비되어 첫 번째 층은 원형질막으로부터 가장 멀리 떨어진 곳에 위치하는 일련의 층을 생성한다. 처음 놓인 이 구조를 **중간박막층**(middle lamella)이라고 한다. 이는 이웃한 세포벽에 의해 공유되고 이웃한 세포를 함께 잡아준다(**그림 15-23**). 그다음에 형성되는 층은 **1차 세포벽**(primary cell wall)이라고 하며, 세포가 아직 성장 중일 때 형성된다. 1차 세포벽은 약 100~200 nm 두께인데, 이는 동물 세포 기저판 두께의 몇 배 정도에 불과하다. 1차 세포벽은 헤미셀룰로스, 펙틴, 당단백질과 결합된 셀룰로스 미세섬유소가 느슨하게 조직된 네트워크로 구성되어 있다(**그림 15-24**). 셀룰로스 미세섬유소는 원형질막 내에 위치한 로제트(rosette)라고 불리는 셀룰로스 합성 효소 복합체에 의해 생성된다(그림 15-24a). 미세섬유소가 다른 세포벽 구성 요소에 고정되어 있기 때문에 로제트는 셀룰로스 미세섬유소의 길이가 길어짐에 따라 세포막 면 위로 움직여야 한다.

로제트 침착(deposition)이 미세소관에 의존한다는 것을 나타내는 여러 증거가 있다. 첫째, 화학적으로 고정된 표본에서 미세소관은 세포벽의 셀룰로스 섬유소에 따라 정렬된다. 둘째, 화학적 억제제를 사용해 미세소관을 파괴하면 셀룰로스 섬유소의 방향이 교란된다. 유전자 조작된 식물 세포에서 로제트 이동과 미세소관을 동시에 직접 관찰한 결과는 로제트와 미세소관의 움직임이 연결되어 있음을 나타낸다.

식물의 새싹이나 뿌리가 자랄 때 세포벽은 반드시 재구성되어야 한다. **익스팬신**(expansin)이라고 불리는 단백질 집단은 세포벽이 유연성을 유지하도록 도와준다. 익스팬신이 작용하는 한

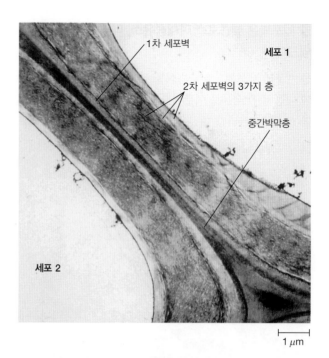

그림 15-23 중간박막층. 중간박막층은 2개의 이웃한 식물 세포 사이에 공유되는 세포벽 층이다. 주로 끈끈한 펙틴으로 이루어져 있어서 세포들을 단단하게 이어준다(TEM).

가지 방식은 세포벽 미세섬유소 내 글리칸(glycan)의 정상적인 수소결합을 깨서 미세섬유소가 재배열할 수 있게 하는 것이다. 식물 호르몬인 옥신(auxin, 인돌-3-아세트산)은 익스팬신의 활성을 자극한다. 그렇게 할 수 있는 한 가지 방법은 양성자 펌프를 자극하여 신장될 예정인 세포벽 부분의 pH를 국소적으로 낮추는 것이다. 낮은 pH는 익스팬신을 활성화하여 세포벽을 느슨하게 하고 세포를 신장시킨다.

1차 세포벽의 느슨하게 짜인 조직은 상대적으로 얇고 유연한 구조이다. 일부 식물 세포에서 세포벽의 발달은 이 이상 진행되지 않는다. 하지만 생장을 멈춘 많은 세포가 더 두껍고 단단한 세포벽층을 추가하는데, 이는 총체적으로 **2차 세포벽**(secondary cell wall)이라고 부른다(그림 15-24b). 여러 층으로 구성된 2차 세포벽의 구성 요소는 세포 생장이 멈춘 후에 1차 세포벽의 안쪽 면에 추가된다. 2차 세포벽의 각 층은 조밀하게 쌓인 셀룰로스 미세섬유소 다발로 이루어져 있다. 평행하게 배열되어 있고 인접한 층의 셀룰로스 미세섬유소와 비스듬하게 놓여있다. 셀룰로스와 리그닌은 2차 세포벽의 주성분으로 2차 세포벽을 1차 세포벽보다 더 강하고, 딱딱하고, 단단하게 만든다.

세포질연락사는 세포벽을 통한 세포 간 의사소통을 가능하게 한다

모든 식물 세포가 원형질막과 세포벽으로 둘러싸여 있으므로 동물 세포의 간극연접에 의한 것처럼 식물 세포 역시 세포 간 의사

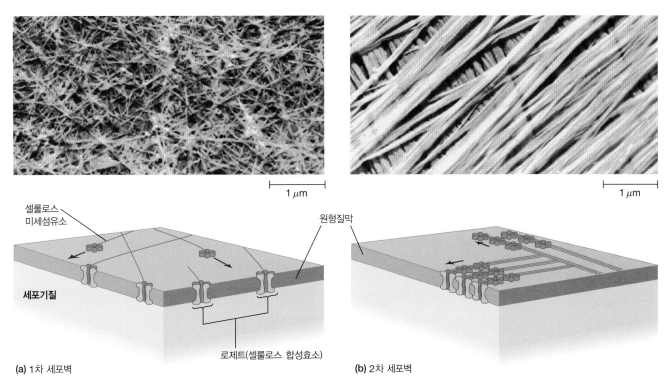

(a) 1차 세포벽

(b) 2차 세포벽

그림 15-24 1차 세포벽과 2차 세포벽의 셀룰로스 미세섬유소. (a) 전자현미경 사진은 1차 세포벽의 느슨하게 조직된 셀룰로스 미세섬유소를 보여준다 (위). 모식도는 원형질막에 박힌 셀룰로스 합성 효소 복합체인 로제트에 의해 셀룰로스 미세섬유소가 합성되는 방법을 보여준다(아래). 로제트는 셀룰로스 분자의 다발을 합성하면서 화살표로 나타낸 방향으로 원형질막을 움직인다. (b) 전자현미경 사진(TEM)은 2차 세포벽의 조밀하게 밀집되어 평행하게 나열된 셀룰로스 거대섬유를 보여준다(위). 모식도는 로제트가 많은 수의 미세섬유소를 평행하게 합성하여 셀룰로스 거대섬유를 이루는, 조밀한 응집체를 만드는 방법을 보여준다(아래).

소통이 가능한지에 대한 질문을 던질 수 있을 것이다. 사실 식물 세포는 이에 관련된 구조를 가지고 있다. **그림 15-25**에서도 볼 수 있듯 **세포질연락사**(plasmodesma, 복수형은 plasmodesmata) 는 세포벽에서 상대적으로 큰 구멍을 통한 세포질의 통로로, 두 이웃한 세포 간 원형질막이 계속 이어질 수 있게 해준다. 따라서 각 세포질연락사는 연결된 두 세포에 공통적인 원형질막이 늘어서 있다(그림 15-25a). 세포질연락사는 원통형으로 생겼고 원통 양끝의 직경은 좀 더 작다. 통로의 직경은 20~200 nm 정도로 다양하다. 단일한 관 구조인 **데스모튜불**(desmotubule)은 주로 세포질연락사 통로의 중심에 놓여있다. 소포체 시스터나는 종종 세포벽 쪽에 존재하는 세포질연락사 근처에서 발견된다. 그림 15-25b에서 볼 수 있듯이 인접한 세포에서 유래한 소포체 막은 데스모튜불 및 다른 세포의 소포체 막과 연결되어 있다.

데스모튜불과 세포질연락사 안쪽을 덮고 있는 막 사이에 위치한 세포질 고리를 **환문**(annulus)이라고 한다. 환문은 인접한 세포 사이에 세포질의 연속성을 제공한다고 여겨지며, 한 세포에서 다음 세포로 분자들이 자유롭게 이동할 수 있게 해준다. 심지어 세포분열 후와 두 딸 세포 사이에 새 세포벽이 생성된 후일지라도 새로이 만들어진 벽을 통과할 수 있는 세포질연락사에 의해 딸 세포 사이의 세포질의 연속성은 유지된다. 사실 대부분의 세포질연락사는 새로운 세포벽이 형성되는 세포분열 중에 만들어진다. 나중에 작은 변화가 일어날 수 있지만 세포질연락사의 개수와 위치는 세포분열 중에 대부분 고정된다.

많은 점에서 세포질연락사는 간극연접과 비슷한 기능을 하는 것으로 보인다. 세포질연락사는 인접한 세포 사이의 전기적인 저항을 원형질막에 의해 완전히 분리된 세포에 비해 약 50배 정도 감소시킨다. 사실 인접한 세포 사이의 전류로 측정되는 이온의 이동은 세포를 연결하는 세포질연락사의 개수에 비례한다. 또한 세포질연락사는 신호 분자, RNA, 전사인자, 심지어 바이러스까지 포함한 더 큰 분자의 이동도 가능하게 한다.

개념체크 15.3

세포벽은 식물의 생장 동안 익스팬신 같은 단백질의 작용으로 역동적으로 재구성될 수 있다. 식물 세포에 대해 알고 있는 것을 바탕으로 식물 세포가 어떻게 세포벽 일부에 힘을 가해서 그들을 재구성하는지 답하라.

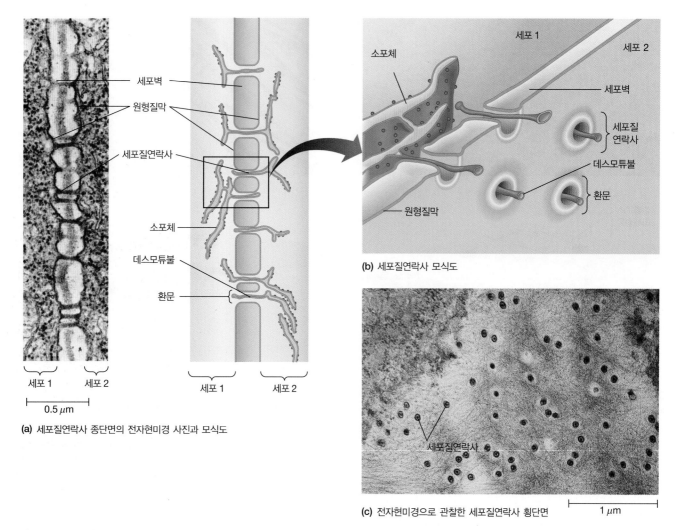

(a) 세포질연락사 종단면의 전자현미경 사진과 모식도

(b) 세포질연락사 모식도

(c) 전자현미경으로 관찰한 세포질연락사 횡단면

그림 15-25 세포질연락사. 세포질연락사는 이웃한 두 식물 세포 사이의 세포벽을 통과하는 통로로, 두 세포 사이의 세포질 교환을 매개한다. 세포질연락사에서 한 세포의 원형질막은 다른 세포의 원형질막과 연속된다. 대부분의 세포질연락사는 소포체에서 유래한 좁은 원통형의 데스모튜불이 중앙에 위치하고, 두 세포의 소포체가 연속적으로 이어져 있다. 데스모튜불과 세포질연락사를 덮고 있는 원형질막 사이에는 환문이라고 부르는 좁은 고리가 있다. (a) 전자현미경 사진과 모식도는 수많은 세포질연락사를 가진 큰조아재비(timothy grass) 풀의 인접한 뿌리세포 사이의 세포벽을 보여준다 (TEM). (b) 수많은 세포질연락사를 가진 세포벽 모식도로, 세포질연락사를 통한 인접한 세포 사이의 소포체와 세포질의 연속성을 보여준다. (c) 다수의 세포질연락사 단면을 보여주는 투과전자현미경 사진(TEM)

요약

15.1 세포-세포 연접

■ 연접은 동물 세포를 서로 연결한다. 세 유형의 연접이 있는데, 부착연접, 밀착연접, 간극연접이다.

■ 접착연접과 데스모솜 같은 부착연접은 캐드헤린으로 세포를 고정한다.

■ 부착연접은 액틴 미세섬유(접착연접) 또는 중간섬유(데스모솜)와 결합하는 연결단백질을 통해 세포골격에 고정된다.

■ 데스모솜은 상당한 기계적인 스트레스를 견뎌야 하는 조직에서 특히 풍부하다.

■ 다른 세포-세포 부착은 IgSF 단백질과 셀렉틴 같은 원형질막 당단백질을 이용한다.

■ 밀착연접은 상피세포 사이에 투과장벽을 형성하고, 막단백질의 측면에서의 이동을 막아 세포막을 기능적으로 구분되는 영역으로 분할한다. 간극연접은 또한 상피층을 건너는 세포 간 수송을 매개한다.

■ 간극연접은 세포 사이에 개방된 통로를 형성하여 직접적인 화학적, 전기적 소통을 매개한다. 간극연접은 이온과 작은 분자로 투과성이 제한된다.

15.2 동물 세포의 세포외기질

- 식물뿐 아니라 동물 세포도 형태가 없고, 분지된 분자들의 수화된 기질에 박힌 길고 단단한 섬유로 이루어진 세포 외 구조를 가진다. 동물 세포에서 세포외기질은 글리코사미노글리칸과 프로테오글리칸의 네트워크에 박힌 콜라젠과 엘라스틴 섬유로 이루어진다.
- 콜라젠은 세포외기질의 강도를, 엘라스틴은 유연성을 제공한다.
- 세포외기질은 세포를 이에 연결하는 파이브로넥틴과 세포를 기저판에 부착시키는 라미닌 같은 부착 당단백질에 의해 제자리에 고정된다.
- 세포는 인테그린이라고 하는 세포 표면 수용체 당단백질을 이용해 세포외기질에 부착한다. 캐드헤린처럼 인테그린도 연결단백질을 통해 세포골격에 부착한다. 초점부착은 액틴에 연결되고, 헤미데스모솜은 중간섬유에 연결된다.

15.3 식물 세포의 표면

- 식물 세포의 1차 세포벽은 헤미셀룰로스, 펙틴, 엑스텐신의 복잡한 네트워크에 박힌 셀룰로스 섬유로 주로 구성된다.
- 2차 세포벽은 나무의 주성분인 리그닌으로 강화되어 있다.
- 세포질연락사는 막으로 이루어진 세포기질의 통로로, 이웃한 식물 세포 사이의 화학적, 전기적 소통을 매개한다.

연습문제

15-1 막 외부의 구조: 세포외기질과 세포벽. 동물 세포의 세포외기질과 식물 세포의 세포벽을 비교 및 대조해보라.

(a) 세포외기질과 세포벽을 형성하는 공통적인 원리는 무엇인가?

(b) 동물 세포의 세포외기질과 식물 세포의 세포벽의 공통적인 구성 요소와 각각의 고유한 구성 요소를 나열하라.

(c) 세포외기질과 세포벽 둘 다 보이는 공통의 기능은 무엇인가?

(d) 세포외기질과 세포벽 각각의 고유한 기능은 무엇인가?

15-2 세포외기질에 세포의 고정. 동물 세포는 세포외기질 내에 다양한 종류의 단백질에 고정되어 있다.

(a) 파이브로넥틴 분자(그림 15-16 참조)와 라미닌 분자(그림 15-18 참조)의 다양한 도메인이 이들의 기능에 중요한 이유를 간략히 설명하라.

(b) 리간드에 대한 인테그린의 부착을 방해하는 중요한 전략은 인테그린이 부착하는 세포외기질 분자의 결합부위를 모방하는 합성 펩타이드를 사용하는 것이다. 파이브로넥틴의 경우 아미노산 서열은 아르지닌-글라이신-아스파트산(각 아미노산의 단일 문자 기호를 사용해 나타내면 RGD)이다. 그러한 합성 펩타이드를 사용하면 세포가 정상 기질에 결합하는 것을 방해하는 이유를 설명하라.

15-3 비교 및 대조. 목록 A의 각 용어에 대해 관련된 용어를 목록 B에서 선택하고, 두 용어 사이의 관계를 구조 및 기능적으로 비교하거나 대조하여 설명하라.

목록 A	목록 B
(a) 콜라젠	기저측면
(b) 파이브로넥틴	초점부착
(c) 클라우딘	코넥신
(d) IgSF	라미닌
(e) 헤미데스모솜	캐드헤린
(f) 정단면	셀룰로스

15-4 밀착화. 쥐와 같은 포유류의 배아에서 수정란은 세 번 분열하여 8개의 느슨히 모인 세포를 형성한다. 이후 밀착화(compaction)라고 알려진 과정을 통해 세포들은 단단히 부착한다. 1970년대 후반에 몇몇 실험실에서 쥐의 세포 표면 단백질에 대한 항체를 만들어냈다. 이 항체는 배양 배지에서 칼슘 이온을 제거했을 때처럼 밀착화 과정을 방해했다. 이 항체는 어떤 종류의 단백질을 인지할 수 있는지, 그리고 왜 그렇게 생각하는지 서술하라.

15-5 세포연접과 세포질연락사. 다음 설명이 부착연접에 해당하면 A, 밀착연접에 해당하면 T, 간극연접에 해당하면 G, 세포질연락사에 해당하면 P라고 표시하라. 만약 어느 구조에도 해당하지 않으면 N으로 표시하라.

(a) 세포벽을 가로지르는 영양분 교환에 관련되어 있다.

(b) 항상 상피세포의 정단면 근처에서 발견된다.

(c) 이웃한 두 세포의 원형질막에서 코넥손의 배열을 필요로 한다.

(d) 이웃한 두 세포의 막을 단단히 봉한다.

(e) 이웃한 두 세포의 세포질 사이에서 대사물질의 교환을 매개한다.

15-6 연접 단백질. 다음 나열한 것들이 접착연접의 구성 요소이면 A, 데스모솜의 구성 요소이면 D, 밀착연접의 구성 요소이면 T, 간극연접의 구성 요소이면 G, 세포질연락사의 구성 요소이면 P로 표시하고, 각각의 기능을 간략히 설명하라.

(a) P-캐드헤린

(b) β-카테닌

(c) 플락코글로빈

(d) 오클루딘

(e) 데스모플라킨

(f) 환문

(g) α-카테닌

(h) 클라우딘

15-7 양적 분석 간극연접. 간극연접을 통한 세포 간 소통은 뢰벤슈

타인(Werner Loewenstein)과 동료들이 개발한 기술인 **염료 결합법**(dye-coupling)을 사용해 조사할 수 있다. 염료 결합법은 작은 형광 분자가 간극연접을 통해 한 세포에서 다른 세포로 이동할 수 있는 능력을 평가한다. 다음의 각 실험에서 간극연접에 대해 어떤 결론을 내릴 수 있는가?

(a) 연구진들은 분자량이 다른 형광 분자를 세포에 주입했고, 형광 현미경으로 이웃한 세포에서 형광 분자의 움직임을 관찰했다. 분자량이 1926인 형광물질은 한 세포에서 다른 세포로 전달되지 못한 반면, 분자량이 1158인 형광물질은 전달되었다.

(b) 미세아교세포(microglia, 뇌에서 세포를 보조함)는 간극연접으로 연결되어 있다. 루시퍼옐로(Lucifer yellow)라는 형광염료가 큰 세포 군집에서 일부 미세아교세포 내에 주입되었을 때 다른 세포로 거의 전달되지 않았다. 미세아교세포에 세포 내 칼슘 이온의 농도를 높이는 약물을 처리하면 세포 사이에서 염료의 이동이 크게 증가했다.

15-8 클라우딘의 선택성. 클라우딘-4가 정상적으로 작용하면 소듐 이온이 클라우딘-4를 발현하는 상피세포 층을 넘어 이동하는 것을 막는다. 하지만 클라우딘-4의 커다란 세포 외 고리의 끝부분에 위치한 양전하를 띤 아미노산이 음전하를 띤 아미노산으로 바뀌면 소듐 이온이 상피세포층을 통과할 수 있다. 이 결과를 바탕으로 소듐 이온의 투과성 변화에 대해 설명하라.

15-9 괴혈병과 콜라젠. 괴혈병은 19세기까지 선원과 비타민 C가 부족한 사람에게서 흔한 질병이었다. 괴혈병 환자는 멍이 잘 들고, 출혈이 자주 일어나며, 결합 조직이 파괴된다. 비타민 C는 환원제로 작용하여 프롤린 하이드록실화효소(prolyl hydroxylase)의 활성을 유지하는 데 중요하다. 프롤린 하이드록실화효소는 콜라젠 3중나선의 프롤린 잔기에 하이드록실화 반응을 촉매하여 콜라젠 3중나선의 안정성에 중요한 역할을 한다.

(a) 그렇다면 왜 비타민 C 결핍이 멍과 결합 조직의 파괴와 같은 증상을 일으키는가?

(b) 선원들이 더 이상 괴혈병에 걸리지 않는 이유를 짐작할 수 있는가? 왜 오늘날까지 영국인 선원을 라이미(limey, 19세기 중반부터 사용된 영국인을 일컫는 미국 속어로 과일 라임에서 유래)라고 부르는가?

15-10 데이터 분석 크기의 문제. 고전적인 실험 방식으로 굿윈(Paul Goodwin)은 다양한 분자량의 형광염료를 엘로데아 카나덴시스(*Elodea canadensis*)라는 식물 세포에 주입했다(**표 15-4**). 엘로데아의 세포질연락사가 지닌 크기 선택성에 대해 어떤 결론을 내릴 수 있는가?

15-11 미세소관과 세포벽. 유전적으로 조작된 식물 세포는 노란색형광단백질로 표지되는 셀룰로스 합성효소와 청록색형광단백질로 표기되는 α-튜불린을 만들어낸다(YFP와 CFP는 형광현미경에서 구분할 수 있는 녹색형광단백질인 GFP의 변종이다).

(a) 셀룰로스 합성효소 복합체인 로제트와 미세소관의 위치가 밀접하게 연관되어 있다는 것을 보여주는 실험을 설계하라.

(b) 미세소관이 로제트의 위치를 올바르게 하는 데 필수적이라는 것을 확인하는 실험을 설계하라.

표 15-4   엘로데아 세포 사이에서 작은 분자의 이동. 물질의 이름 앞에 붙은 F는 플루오레세인이라는 형광물질이 결합했음을 의미한다.

염료 분자	분자량	세포 간 이동이 발생한 횟수
6-카복시플루오레세인	376	9/9
리사민로다민 B	559	16/16
F-글루탐산	536	9/9
F-글루타밀-글루탐산	665	9/9
F-헥사글라이신	749	7/9
F-류실-디글루타밀-류신	874	3/17
F-(프롤릴-프롤릴-글라이신)₅	1678	0/12
F-미세과산화효소	2268	0/10

출처: Goodwin, P.B. (1983). Molecular size limit for movement in the symplast of the *Elodea leaf. Planta* 2, 124–130.

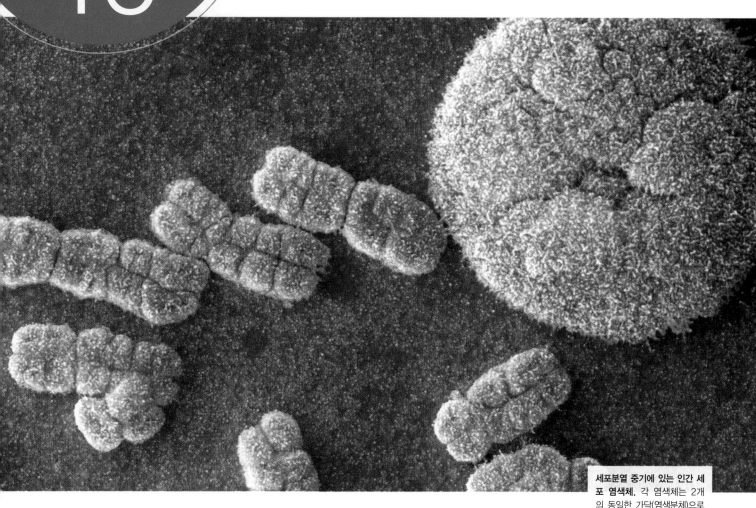

16

세포 정보에 대한 기본 구조: DNA, 염색체, 핵

세포분열 중기에 있는 인간 세포 염색체. 각 염색체는 2개의 동일한 가닥(염색분체)으로 구성되어 있으며, 중심에 동원체, 양 끝에 말단소체가 있다. 이 이미지는 염색체의 가장 응축된 형태(가운데 및 왼쪽 아래)를 보여준다. 핵은 오른쪽 상단에 있다(SEM).

지금까지 세포의 구조와 기능에 대해 공부했는데, 그 밑바탕에는 세포에 대한 예측 가능성, 질서, 제어가 깔려있었다. 즉 세포소기관 및 기타 세포 구조가 예측 가능한 모양과 기능을 가지고 있고, 대사경로가 세포 내 특정 위치에서 질서 있게 진행되며, 세포의 모든 활동이 세심하게 제어되고 효율적이며 이러한 특성은 후대에도 전해질 것이라 간주했다.

이러한 생각은 세포가 후대의 딸세포에 충실하게 전달할 수 있는 일련의 '정보'를 가지고 있음을 확신하게 한다. 약 150년 전 기독교 분파 중 하나인 아우구스티누스회 수도승이었던 멘델(Gregor Mendel)은 세포 구조에 대한 지식이 전혀 없었음에도 불구하고 완두콩을 재배하면서 유전 패턴을 관찰하여 유전 현상을 설명하는 규칙을 발견했다. 이러한 연구를 통해 멘델은 유전정보가 현재 **유전자**(gene)라고 부르는 별개의 단위 형태로 전달된다는 결론을 내렸다. 이제는 유전자가 기능을 나타내는 산물(일반적으로 단백질이지만 일부 중요한 경우 RNA)을 암호화하는 DNA 서열로 구성되어 있음을 알고 있다.

그림 16-1은 DNA가 세포에서 어떻게 역할을 지시하는가를 간략히 나타내며, 이 책의 정보 흐름에 관한 4개의 장이 구성된 틀을 보여준다. 이 그림을 살펴보면 DNA로 전달되는 정보가 세포 세대 사이에서, 또 각 세포 안에서 전달된다는 중요한 사실을 알 수 있다. 이 두 과정 중 첫 번째 과정(그림 16-1a) 동안 세포의 DNA 분자는 복제를 통해 세포가 분열할 때 각 딸세포에 나누어지는 2개의 DNA 사본을 생성한다. 이 장과 다음 장에서는 정보 흐름의 이러한 측면과 관련된 세포 구조 및 현상을 주로 기술할 것이다. 이 장에서는 DNA의 구조적 구성과 DNA를 포장하고 있는 염색체를 다룬다. 또한 진핵세포의 염색체를 수용하는 세포소기관인 핵에 대해서도 논의할 것이다. 그런 다음 22장에서는 DNA 복제, 수선, 재조합에 대해 설명할 것이다.

그림 16-1b는 *전사와 번역*이라는 2단계 과정을 통해 DNA에 있는 정보가 세포 내에서 어떻게 사용되는지를 요약한 것이

그림 16-1 세포 정보의 흐름. 이 그림은 진핵세포를 나타낸 것이지만 DNA 복제, 세포분열, 전사, 번역은 원핵세포에서도 발생하는 과정이다. (a) DNA 분자에 암호화된 유전정보는 DNA 복제 및 세포분열(진핵세포에서는 유사분열)을 통해 다음 세대로 전달된다. DNA는 먼저 복제된 다음 2개의 딸세포로 균등하게 나뉜다. 이러한 방식으로 각각의 딸세포는 자기가 유래한 세포와 동일한 유전정보를 얻는다. (b) 각 세포 내에서 DNA에 암호화된 유전정보는 전사(RNA 합성) 및 번역(단백질 합성) 과정을 통해 발현된다. 전사는 mRNA 및 기타 RNA 분자의 합성을 위한 주형으로서 선택된 DNA 부위를 사용한다. 번역은 mRNA의 뉴클레오타이드 서열에 의해 아미노산이 지정되어 사슬로 연결되는 과정이다.

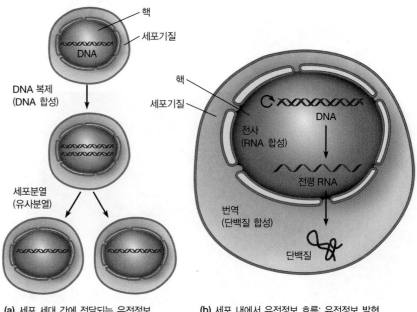

(a) 세포 세대 간에 전달되는 유전정보

(b) 세포 내에서 유전정보 흐름: 유전정보 발현

다. 전사하는 동안 RNA가 효소반응으로 DNA의 정보를 복사하여 합성된다. 번역에서는 생성된 *전령 RNA* 분자의 염기서열을 사용하여 단백질의 아미노산 서열을 결정한다. 따라서 *초기에 DNA 염기서열에 저장된 정보는 궁극적으로 특정 단백질을 합성하는 데 사용된다.* 궁극적으로 세포에 의해 합성되는 특정 단백질이 세포가 수행하는 기능과 대부분의 구조적 특징을 결정한다. 유전정보의 발현을 구성하는 전사와 번역은 23장과 24장의 주제이다.

이 장의 핵심 내용인 정보 기능을 가진 DNA 분자의 발견에 대해 먼저 살펴보자.

16.1 유전물질의 화학적 성질

처음으로 유전자의 존재를 발표했을 때 멘델은 유전정보를 저장하고 전달할 수 있게 해주는 분자의 정체를 알지 못했다. 그러나 몇 년 후 스위스 의사인 미셰르(Johann Friedrich Miescher)가 이 분자를 우연히 발견했다. 미셰르는 세포생물학자 플레밍(Walther Flemming)이 현미경으로 분열하는 세포를 연구하면서 염색체를 처음 관찰하기 불과 몇 년 전인 1869년에 현재 DNA로 알려진 물질의 발견을 보고했다.

DNA가 발견된 후 이어진 유전자의 화학적 성질에 대한 논란

미셰르는 환자의 붕대에 묻은 고름에서 얻은 백혈구에서 핵을 분리했다. 알칼리로 핵을 추출하여 약산성을 가진 새로운 물질을 발견했는데, 그는 이를 '뉴클레인'이라고 불렀다. 바로 오늘날 DNA로 알고 있는 물질이다. 1880년대 초 식물학자 차하리아스(Eduard Zacharias)는 세포에서 DNA를 추출하면 염색체의 염색이 사라진다고 보고했다. 따라서 차하리아스와 다른 사람들

은 DNA가 유전물질이라고 추론했다. 1900년대 초반까지는 이 견해가 우세했으나, 염색 실험을 잘못 해석하여 조건에 따라 세포 내 DNA의 양이 극적으로 변화한다는 잘못된 결론을 이끌어냈다. 세포는 유전정보를 저장하는 물질이므로 세포에서 일정한 양으로 유지될 것으로 예상되었기 때문이다. 따라서 이러한 잘못된 관찰로 인해 DNA가 유전정보를 전달한다는 견해는 곧 부정되고 말았다.

그 결과 1910년경부터 1940년대까지 대부분의 과학자들은 유전자가 DNA가 아닌 단백질로 이루어져 있다고 믿었다. 단백질은 엄청난 수의 조합으로 조립될 수 있는 20개의 서로 다른 아미노산으로 구성된다. 유전정보를 저장하고 전달하는 분자는 다양성과 복잡성이 매우 높아야 하므로 이러한 성질을 가진 단백질이 유전물질로 적합하다고 생각되었다. 이와 대조적으로 DNA는 4개의 염기가 반복되는 단순한 중합체(polymer)로 간주되었고 유전 분자에서 예상되는 복잡성이 없다. 이러한 단순한 중합체는 단백질 형태의 유전물질을 구조적으로 지지하는 역할만 하는 것으로 생각되었다. 이 견해는 다음에 설명하는 유전물질이 (단백질이 아니고) DNA라는 두 가지 실험 증거가 나올 때까지 유지되었다.

에이버리, 매클라우드, 매카티는 DNA가 박테리아의 유전물질임을 증명했다

이 이야기의 배경은 1928년 영국의 의사이자 미생물학자인 그리피스(Frederick Griffith)가 동물에게 치명적인 폐렴을 일으키는 '폐렴구균(pneumococcus)'이라고 불린 병원성 균주를 연구하던 일련의 실험으로 시작한다(**그림 16-2**). 그리피스는 이 박테리

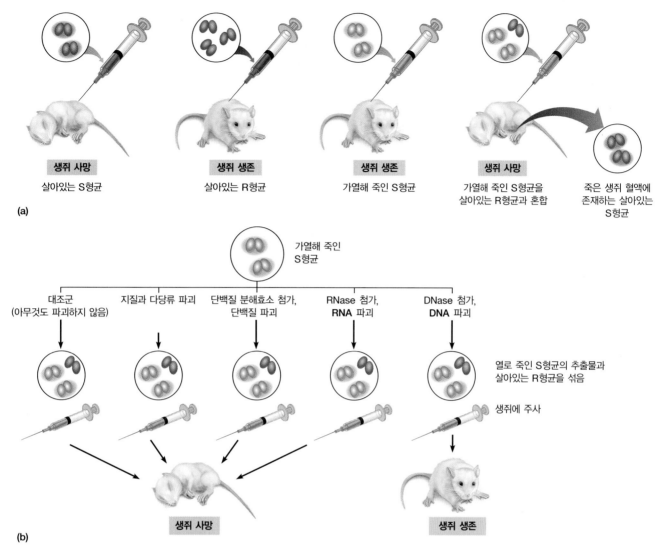

그림 16-2 그리피스의 폐렴구균에 대한 형질전환 실험. 폐렴구균의 S(smooth)형은 생쥐에서 병원성을 나타내지만 R(rough)형은 그렇지 않다. (a) 살아있는 S형균을 생쥐에 주입하면 폐렴이 발생하여 죽는다. 살아있는 R형균을 주입한 생쥐에는 아무 이상이 없다. 열로 죽인 S형균을 단독으로 주사하면 효과가 없다. 살아있는 R형과 열로 죽인 S형의 혼합물을 주사하면 생쥐에 폐렴이 생기고 죽는다. 죽은 생쥐의 혈액에서 살아있는 S형이 발견되었고, 그리피스는 열로 죽인 S형의 어떤 물질이 비병원성 R형을 병원성 S형으로 유전 가능한 변화(형질전환)를 일으켰다고 생각했다. (b) 그 후 진행된 에이버리의 실험에서 열로 사멸시킨 S형 추출물에서 다양한 유형의 고분자를 제거하는 방법을 통해 그 물질은 DNA로 확인되었다. DNA가 파괴되면 추출물은 더 이상 독성을 나타내지 않는다.

아(현재는 *Streptococcus pneumoniae*라고 한다)가 S형과 R형이라는 두 가지 형태로 존재한다는 사실을 발견했다. 고체 한천 배지에서 박테리아를 배양하면 S 균주는 각 세포가 분비하는 점액성 다당류 캡슐을 가지고 있어 매끄럽고 반짝이는 콜로니를 생성하는 반면, R 균주는 점액 캡슐이 없어 표면이 거친 콜로니를 생성한다.

S형을 생쥐에 주사하면 생쥐에 치명적인 폐렴을 유발한다(R형은 아님). S형은 생쥐의 면역 체계 공격으로부터 세포를 보호하는 다당류 캡슐을 보유하고 있어 생쥐에 폐렴을 유발하는 것이다. 그러나 그리피스의 가장 흥미로운 발견은 이 치명적인 폐렴이 살아있는 R형과 죽은 S형의 혼합물을 동물에게 주입해도 유

발될 수 있다는 것이다(그림 16-2a). 놀랍게도 살아있는 R형균이나 열로 사멸해 죽은 S형균만을 단독으로 주사하면 폐렴을 일으키지 않는다. 그리피스는 살아있는 R형과 죽은 S형의 혼합물을 주사한 동물을 부검했을 때 생쥐에 살아있는 S형이 가득한 것을 발견했다. 동물에게 살아있는 S-변종 세포를 주입하지 않았기 때문에, 그는 비병원성 R형이 동시 주입된 열로 사멸된 S형에 존재하는 물질로 인해 병원성 S형으로 전환 또는 형질전환이 되었다고 결론지었다. 그는 이 물질을 **형질전환물질**이라고 불렀다.

그리피스의 발견은 뉴욕 록펠러연구소의 에이버리(Oswald Avery)와 동료들의 연구 기반이 되었다. 이 연구자들은 가열로 사멸시킨 S형균의 어떤 성분이 형질전환물질이며, 따라서 유전

의 원인이 될 수 있는지 규명하기 위해 박테리아 형질전환에 대한 연구를 수행했다. 그들은 S형균의 세포를 파쇄한 추출물을 분획한 후 형질전환 실험을 수행하여 핵산 분획만이 형질전환을 일으킬 수 있음을 발견했다. 더욱이 DNA를 분해하는 효소인 데옥시리보뉴클레이스(DNase)를 추출물에 처리하면 형질전환 활성이 특이적으로 제거되었다(그림 16-2b). 이러한 실험 증거를 바탕으로 1944년에 에이버리, 매클라우드(Colin MacLeod), 매카티(Maclyn McCarty)는 폐렴구균의 형질전환물질이 DNA라는 결론을 발표했다.

이러한 확고한 실험 결과에도 불구하고 학계에 DNA가 유전물질이라는 사실은 바로 받아들여지지 않았다. 그러나 8년 후 DNA가 박테리오파지 T2라는 바이러스의 유전물질임이 밝혀지면서 이에 대한 대부분의 의문이 해소되었다.

허시와 체이스가 DNA가 바이러스의 유전물질임을 증명했다

박테리오파지(bacteriophage) 또는 간단히 파지(phage)는 박테리아를 감염시키는 바이러스이다. 분자유전학 초기에 알아낸 사실 대부분은 이러한 바이러스를 이용한 실험에서 나온 것이다. 가장 철저하게 많이 연구된 파지는 T2, T4, T6(소위 T짝수) 박테리오파지이며, 이들은 대장균(Escherichia coli) 박테리아를 감염시킨다. 3개의 T짝수 파지는 비슷한 구조와 생활주기를 가지고 있다. 그림 16-3에 T4 구조가 나와 있다. 파지 T4의 머리는 속이 빈 20면체 모양의 단백질 캡슐이며, 안은 DNA로 채워져 있다(그림 16-3a). 박테리아에 부착하여 DNA를 주입하는 데 사용되는 단백질 꼬리가 머리에 붙어있다. 파지를 액체 배지에서 배양 중인 박테리아와 혼합한 후 페트리 접시의 한천 배지 위에 넓게 펴서 배양하면 플라크라고 하는 투명한 반점이 생성된다. 박테리아가 촘촘히 증식하여 만들어진 '잔디밭(lawn)'에서 어느 한 박테리아에 감염한 파지가 증식한 후 이웃의 박테리아를 감염시키고, 주변의 박테리아를 용해하므로 박테리아가 없는 부분이 반점(플라크)으로 나타나는 것이다. 그림 16-3b는 대장균 세포의 배지에 T4 박테리오파지에 의해 형성된 플라크를 보여준다.

그림 16-3c는 T4 파지의 복제주기에서 박테리아를 용해시키는 주요 과정을 나타낸 것이다. 박테리아 세포벽에 파지 입자가 흡착한 후 박테리아 세포벽에 구멍을 뚫고 DNA를 내부로 주입한다(그림 16-3c). 이 DNA가 박테리아 세포에 들어가면 파지의 유전정보가 전사되고 번역된다. 그런 다음 파지 DNA와 캡시드 단백질은 자가조립되어 수백 개의 새로운 파지 입자를 만든다. 감염 후 약 30분이 지나면 감염된 세포가 용해(파열)되어 새로운 파지 입자가 밖의 배지로 방출된다.

그림 16-3c에 표시된 사건 과정을 용균성 성장(lytic growth)이라고 하며, 이는 악성 파지(virulent phage)의 특징이다. 용균성 성

장이 일어나면 숙주세포가 용해되고 많은 자손 파지 입자가 생산된다. 대조적으로 양성 파지(temperate phage)는 악성 파지처럼 용균성 성장을 할 수도 있고, 숙주세포에 즉각적인 해를 끼치지 않고 박테리아의 염색체에 자신의 DNA를 통합하여 성장할 수도 있다. 양성 파지 중 대표적인 예는 박테리오파지 λ(람다)로, T짝수 파지처럼 대장균 세포를 감염시킨다. 박테리아 DNA에 통합된 DNA, 즉 용원성 상태(lysogenic state)의 파지 DNA를 프로파지(prophage)라고 한다. 프로파지는 박테리아 DNA와 함께 복제되면서 여러 세대에 걸쳐 전달될 수 있다(그림 16-3d). 이 기간 동안 파지 유전자는 잠재적으로 숙주에게 치명적이지만 비활성화, 즉 억제된 상태로 유지된다. 그러나 특정 조건이 되면 유도라고 불리는 과정을 통해 프로파지 DNA는 박테리아 염색체에서 떨어져 나온다. 파지는 다시 용균성 주기에 들어가 숙주세포를 용해하면서 자손 파지 입자를 생성할 수 있다.

대장균을 감염시키는 파지 중 가장 많이 연구된 파지 중 하나는 박테리오파지 T2이다. 1952년에 허시(Alfred Hershey)와 체이스(Martha Chase)는 어떤 종류의 분자가 새로운 파지 입자를 만드는 유전정보를 전달하는지 알아보기 위한 실험을 설계했다. T2 바이러스는 DNA와 단백질이라는 두 종류의 분자로만 구성되기 때문에 두 가지 가능성만 있다. 이 둘을 서로 구별하기 위해 허시와 체이스는 T2 바이러스의 단백질이 대다수 단백질과 마찬가지로 황(S) 원소(아미노산 메싸이오닌과 시스테인)를 포함하지만 인(P)은 포함하지 않는다는 사실을 이용했다. 반면 DNA에는 인 원소가 당-인산 골격에 존재하지만 황은 없다. 따라서 허시와 체이스는 각각 서로 다른 종류의 방사성물질로 표지된 T2 파지 입자(온전한 파지)를 준비했다. 한 집단은 방사성 동위원소 ^{35}S로 파지 단백질을 표지하고, 다른 집단은 방사성 동위원소 ^{32}P로 파지 DNA를 표지했다.

이러한 방식으로 방사성 동위원소를 사용하여 허시와 체이스는 파지가 대장균을 감염시키는 과정에서 파지 단백질과 DNA의 운명을 추적할 수 있었다(그림 16-4). 먼저 그들은 방사성 표지된 파지를 표지되지 않은 박테리아 세포와 혼합하여 파지 입자가 박테리아 세포 표면에 부착하고 파지의 유전물질이 세포에 주입되게 했다. 이어서 허시와 체이스는 이를 일반 주방 믹서기에 넣고 돌린 후 원심분리로 박테리아 세포를 회수하면 빈 파지 단백질 껍질[또는 파지 '고스트(ghost)']를 박테리아 세포 표면에서 효과적으로 제거할 수 있음을 발견했다. 그런 다음 원심분리한 시험관의 상등액(파지 고스트)과 바닥의 침전물(박테리아)에서 방사능을 측정했다.

실험 결과 ^{32}P의 대부분(65%)은 박테리아 세포에 있는 반면, ^{35}S의 대부분(80%)은 주변 배지에 존재함이 밝혀졌다. ^{32}P는 바이러스 DNA에 표지되고, ^{35}S는 바이러스 단백질에 표지되었기

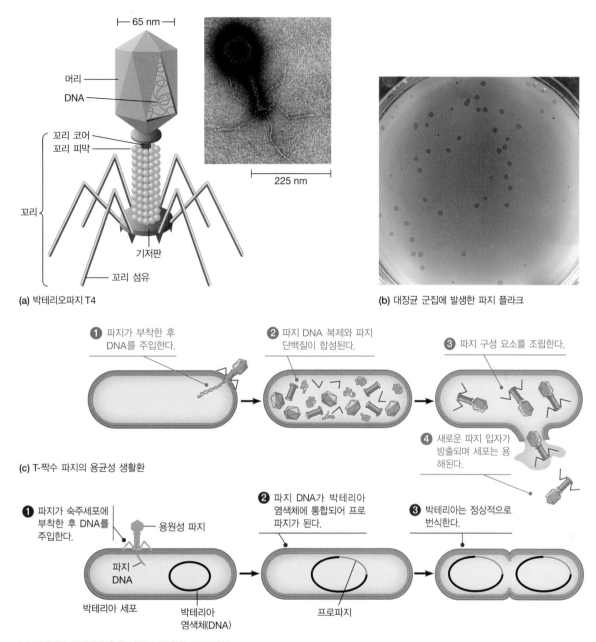

(a) 박테리오파지 T4

(b) 대장균 군집에 발생한 파지 플라크

(c) T-짝수 파지의 용균성 생활환

❶ 파지가 부착한 후 DNA를 주입한다.

❷ 파지 DNA 복제와 파지 단백질이 합성된다.

❸ 파지 구성 요소를 조립한다.

❹ 새로운 파지 입자가 방출되며 세포는 용해된다.

(d) 박테리아 염색체에 용원 상태로 존재하는 프로파지

❶ 파지가 숙주세포에 부착한 후 DNA를 주입한다.

❷ 파지 DNA가 박테리아 염색체에 통합되어 프로파지가 된다.

❸ 박테리아는 정상적으로 번식한다.

그림 16-3 박테리오파지 T4의 구조와 생활 주기. (a) 이 그림은 이 파지의 주요 구조적 구성 요소를 나타낸다. 그림에 표시된 구조가 현미경 사진 (TEM)에서 모두 보이는 것은 아니다. (b) 파지 T4에 감염된 대장균 군집에 파지 플라크가 형성되었다. 각 플라크는 감염에 사용된 파지 용액에 들어있던 파지 입자 하나가 증식하여 발생한다. (c) T짝수 파지의 복제주기: ❶ 파지 입자가 박테리아 세포의 표면에 흡착되어 DNA를 세포에 주입한다. ❷ 파지 DNA가 숙주세포에서 복제된다. 파지 DNA는 파지 단백질을 암호화하며 파지 단백질을 합성한다. ❸ 이를 이용해 새로운 파지 입자를 조립한다. ❹ 마지막으로 숙주세포는 용해되어 추가 박테리아를 감염시킬 수 있는 자손 파지 입자를 밖으로 방출한다. (d) ❶ 용원성 파지가 주입한 DNA는 ❷ 박테리아 염색체의 DNA에 통합될 수 있다. 프로파지라고 부르는 통합된 파지 DNA는 ❸ 박테리아가 번식할 때마다 박테리아 DNA와 함께 복제된다.

때문에 허시와 체이스는 단백질이 아닌 DNA가 박테리아 세포에 주입되었다고 결론지었다. 더욱이 새로 생산된 파지 자손은 ^{32}P가 사용된 경우에만 약간의 방사능을 포함하고 있었고, 따라서 파지 T2의 유전물질로 작용하는 것은 DNA이다.

이러한 실험 결과 1950년대 초에는 대부분의 생물학자들이 유전자가 단백질이 아니라 DNA로 이루어져 있다는 견해를 받아들이게 되었다.

일부 바이러스의 유전물질은 RNA이다

대부분의 세포 유형에서 2중가닥 DNA가 유전정보 전달 분자로 작용하지만 일부 바이러스는 예외이다. 일부 유형의 박테리오파지는 유전물질이 단일가닥 DNA이고, 훨씬 더 큰 그룹의 바이러

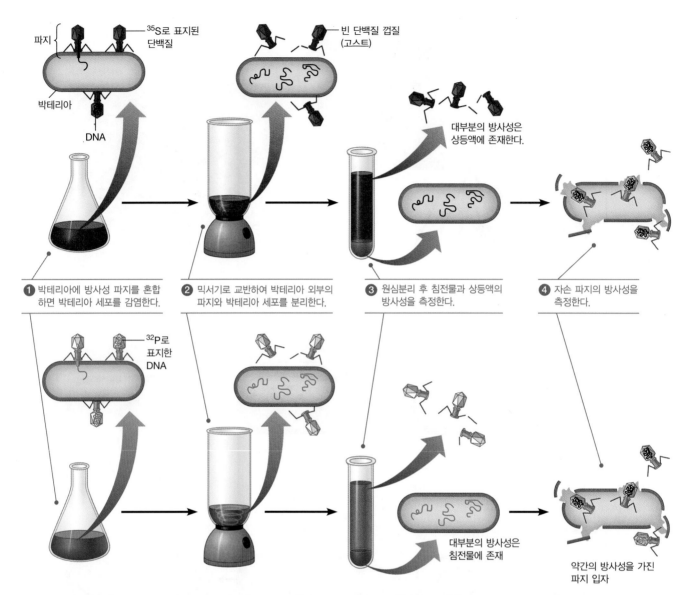

그림 16-4 허시-체이스 실험: T2 파지의 유전물질은 DNA. ❶ 35S(단백질 표지) 또는 32P(DNA 표지)로 T2를 표지한 후 박테리아를 감염시킨다. 파지는 세포 표면에 흡착한 후 DNA를 주입한다. ❷ 믹서기로 감염된 세포를 교반하면 대부분의 35S는 세포에서 제거되는 반면, 대부분의 32P는 남아있다. ❸ 원심분리로 세포를 침전시킨다. 빈 껍질을 포함한 감염되지 않은 파지 입자는 상등액에 존재한다. ❹ 침전물의 세포를 더 배양하면 그 안에 있는 파지 DNA가 새로운 파지 입자를 합성하고 방출된다. 이러한 파지 중 일부는 DNA에 32P를 포함하지만(감염에 사용되었던 표지된 파지 DNA가 새로운 파지 입자에 포장된다) 외피 단백질에 35S가 존재하는 파지는 거의 없다.

스는 RNA가 유전물질로 사용된다. 좋은 예는 담뱃잎을 감염시키는 담배 모자이크 바이러스(TMV)이다. 1950년대에 담배 모자이크 바이러스에서 정제한 RNA를 담뱃잎에 묻히면 잎이 감염되어 병변이 생기는 것이 발견되었고, 이는 담배 모자이크 바이러스의 유전물질이 RNA라는 것을 시사한다. 이를 확인하기 위해 보다 구체적인 실험이 수행되었다. 담배 모자이크 바이러스에서 정제된 RNA 및 외피 단백질은 자가조립된다(3장 참조). 담배 모자이크 바이러스 및 이와 유사한 다른 바이러스로부터 각각 외부의 단백질 껍질과 내부의 RNA를 분리한 다음 서로 바꾸어 다시 조립할 수 있다. 담배 모자이크 바이러스로부터 RNA,

HR(Holmes ribgrass) 바이러스로부터 외피 단백질을 분리한 다음 혼합하여 재구성된 바이러스로 담뱃잎을 감염시킨다. 이때 발생하는 병변의 유형은 재구성된 바이러스의 RNA 유형과 일치한다(**그림 16-5**). 이는 RNA가 담배 모자이크 바이러스 및 유사 바이러스의 유전물질이라는 강력한 증거이다.

RNA를 지닌 바이러스 중에 또 다른 그룹은 인간의 건강에 중요하다. 인간면역결핍 바이러스(HIV)와 같은 **레트로바이러스**(retrovirus)에서 RNA는 역전사효소라는 특수 효소를 사용하여 감염된 세포 내부에서 상보적인 DNA를 만들기 위한 주형 역할을 한다. **그림 16-6**은 전형적인 레트로바이러스의 재생성 주기

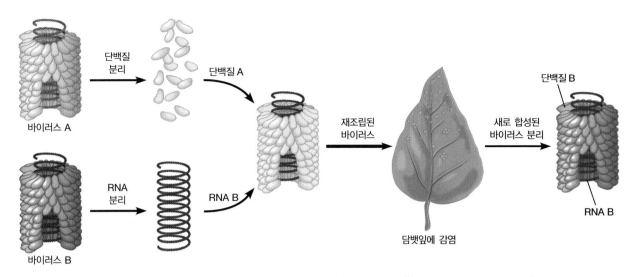

그림 16-5 담배 모자이크 바이러스의 유전물질은 RNA이다. 바이러스 A에서 얻은 단백질과 바이러스 B에서 얻은 RNA를 사용하여 담배 모자이크 바이러스 입자를 재조립한다. 감염 후 증식된 바이러스는 바이러스 B의 특징인 단백질 소단위체로 생성된다. 이 결과는 RNA가 새로운 바이러스를 만드는 유전물질임을 나타낸다.

를 보여준다. 바이러스 입자에서 RNA 유전체 2개 사본은 막으로 둘러싸인 단백질 캡시드 내에 들어있다. 각 RNA 사본에는 역전사효소 분자가 부착되어 있다. 바이러스는 먼저 ❶ 숙주세포 표면에 결합하고 세포 원형질막과 융합하여 캡시드와 그 내용물을 세포기질로 방출한다. ❷ 일단 세포 내부에 들어가면 바이러스 역전사효소는 바이러스 RNA에 상보적인 DNA 가닥을 합성하고, 이어 ❸ 첫 번째 DNA 가닥에 상보적인 두 번째 DNA 가닥을 합성한다. 그 결과 바이러스 유전체는 2중가닥 DNA가 된다. ❹ 그다음 이 2중가닥 DNA는 핵으로 들어가 숙주세포의 염색체 DNA에 통합된다. 이는 마치 용원성 파지의 DNA 유전체가 박테리아 염색체의 DNA에 통합되는 것과 같다(그림 16-3d 참조). 프로바이러스(provirus)라고 불리는 통합된 바이러스 유전체는 세포가 자신의 DNA를 복제할 때마다 함께 복제된다. ❺ 프로바이러스 DNA가 전사되면(효소에 의한 전사 과정에 대한 자세한 내용은 23장 참조) 전사물은 두 가지 기능을 한다. 첫째, ❻ 이들은 바이러스 단백질(캡시드, 외피, 역전사효소) 합성에 필요한 mRNA 분자로 작용한다. 둘째, ❼ 이러한 동일한 RNA 전사체 중 일부는 바이러스 단백질과 함께 새로운 바이러스 입자로 조립된다. ❽ 그런 다음 새로 만들어진 바이러스 입자는 세포의 원형질막에서 식물의 '싹'이 나오듯이 밖으로 나오는데, 감염된 세포가 반드시 죽는 것은 아니다.

레트로바이러스 유전체가 숙주세포 DNA에 통합되는 현상은 일부 레트로바이러스가 어떻게 암을 유발할 수 있는지를 설명할 수 있다. RNA 종양 바이러스(RNA tumor virus)라고 하는 이 바이

그림 16-6 레트로바이러스의 재생성 주기. 바이러스는 RNA 형태로 유전물질을 RNA로 운반한다.

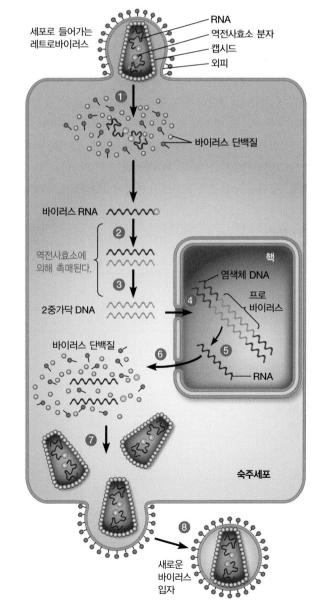

RNA
역전사효소 분자
캡시드
외피

세포로 들어가는 레트로바이러스

바이러스 단백질

바이러스 RNA

역전사효소에 의해 촉매된다.

2중가닥 DNA

핵

염색체 DNA

프로 바이러스

RNA

바이러스 단백질

숙주세포

새로운 바이러스 입자

러스에는 두 가지 유형이 있다. 첫 번째 유형은 바이러스 단백질을 암호화하는 유전자와 함께 유전체에 암을 유발하는 발암 유전자를 가지고 있다. 종양유전자는 세포 성장과 분열을 조절하는 데 사용되는 단백질을 암호화하는 정상 세포 유전자(원암유전자)의 돌연변이 버전이다(21장 참조). 두 번째 유형은 그 자체로 발암유전자를 가지고 있지 않지만 숙주 염색체에 유전체가 통합되면 정상적인 원발암유전자(proto-oncogene)가 종양유전자(oncogene)로 전환되도록 세포 DNA를 변경한다.

개념체크 16.1

허시와 체이스가 파지를 표지하기 위해 ^{32}P와 ^{35}S를 선택한 이유는 무엇인가? 단백질과 DNA에 대한 지식을 활용하여 답하라.

16.2 DNA 구조

과학계가 점차 DNA에 유전정보가 저장되어 있다는 결론을 받아들이게 되면서 'DNA가 이 기능을 어떻게 수행하는가?'라는 새로운 질문이 등장했다. 가장 중요한 질문 가운데 하나는 '세포가 어떻게 DNA를 정확하게 복제하여 세포분열 동안 유전정보가 세포에서 세포로 전달되고, 부모에서 자손으로 전달되는가?'였다. 이 질문에 답하려면 DNA의 3차원 구조를 알아내야 하는데, 이는 1953년에 왓슨(James Watson)과 크릭(Francis Crick)이 DNA의 2중나선 모델을 발표하면서 해결되었다(3장에서 DNA 2

중나선 구조를 살펴봤지만, 복습과 몇 가지 추가 세부사항을 위해 다시 설명한다).

샤가프 법칙으로 A = T 및 G = C가 밝혀졌다

에이버리의 연구 결과에 대한 초기 반응은 미적지근했지만 여러 과학자에게 중요한 영향을 미쳤다. 그들 중에 DNA의 염기 조성에 관심이 있었던 샤가프(Erwin Chargaff)가 있었다. 1944~1952년 사이에 샤가프는 크로마토그래피 방법을 사용하여 DNA에서 발견되는 4가지 염기인 아데닌(A), 구아닌(G), 사이토신(C), 타이민(T)의 상대적인 양을 분리하고 정량했다. 그의 분석 결과 몇 가지 중요한 특성이 발견되었다. 첫째, 그는 주어진 종의 여러 다른 세포에서 분리된 DNA가 4가지 염기 각각의 비율이 서로 동일하고(**표 16-1**의 1~4행) 이 비율이 개인, 조직, 연령, 영양 상태, 환경에 따라 달라지지 않는다는 것을 보여주었다. 이는 특정 종의 세포는 모두 유사한 유전정보를 가질 것으로 간주하기 때문에 유전정보를 저장하는 화학물질에 대해 정확히 예상되는 특징이다. 그러나 샤가프는 DNA 염기 구성이 종마다 서로 다르다는 것을 발견했다. 이는 다양한 생물의 DNA에서 염기 A와 T 대 G와 C의 상대적인 양을 보여주는 표 16-1의 마지막 열을 보면 알 수 있다. 샤가프의 데이터는 또한 밀접하게 관련된 종의 DNA 샘플은 유사한 염기 구성을 보이는 반면, 매우 다른 종의 DNA 샘플은 상당히 다른 염기 구성을 나타내는 경향이 있음을 보여준다. 이 또한 유전정보를 저장하는 분자에 대해 예상되는 결과

표 16-1 샤가프의 법칙으로 만든 DNA 염기 조성 데이터

DNA 샘플 채취원	각 뉴클레오타이드의 수*				뉴클레오타이드 비율**			
	A	T	G	C	A/T	G/C	(A+G)/(C+T) 퓨린/피리미딘	(A+T)/(G+C)
송아지 가슴샘	28.4	28.4	21.1	22.1	1.00	0.95	0.98	1.31
송아지 간	28.1	28.4	22.5	21.0	0.99	1.07	1.02	1.30
송아지 콩팥	28.3	28.2	22.6	20.9	1.00	1.08	1.04	1.30
송아지 뇌	28.0	28.1	22.3	21.6	1.00	1.03	1.01	1.28
사람 간	30.3	30.3	19.5	19.9	1.00	0.98	0.99	1.53
메뚜기	29.3	29.3	20.5	20.7	1.00	1.00	1.00	1.41
성게	32.8	32.1	17.7	17.3	1.02	1.02	1.02	1.85
맥아	27.3	27.1	22.7	22.8	1.01	1.00	1.00	1.19
바다 게	47.3	47.3	2.7	2.7	1.00	1.00	1.00	17.50
Aspergillus(곰팡이)	25.0	24.9	25.1	25.0	1.00	1.00	1.00	1.00
Saccharomyces cerevisiae(효모)	31.3	32.9	18.7	17.1	0.95	1.09	1.00	1.79
Clostridium(세균)	36.9	36.3	14.0	12.8	1.02	1.09	1.04	2.73

* 이 4개 열에 있는 수치는 100개 뉴클레오타이드 중 각 뉴클레오타이드의 평균 개수이다.
** 실험 오차 때문에 A/T, G/C, 퓨린(A + G)/피리미딘(T + C) 비율이 정확하게 1.00이 되지 않을 수 있다.

이다.

그러나 샤가프의 관찰에서 가장 놀라운 점은 검사된 모든 DNA 샘플에서 아데닌의 수는 타이민의 수와 같고(A = T), 구아닌의 수는 사이토신의 수와 같다는 발견이었다(G = C). 이는 퓨린의 수가 피리미딘의 수와 같다는 것을 의미한다(A + G = C + T). DNA 염기 조성에 대한 이러한 동등성을 **샤가프의 법칙** (Chargaff 's rule)이라고 하며 왓슨과 크릭이 1953년에 DNA의 2중나선 모델을 제안했을 때 그 중요성이 입증되었다.

왓슨과 크릭은 DNA가 2중나선임을 발견했다

1952년에 영국 케임브리지대학교에서 근무하던 왓슨과 크릭은 DNA가 유전물질이며 DNA의 3차원 구조를 알아내면 DNA가 어떻게 기능하는지를 규명할 수 있을 것이라고 확신한 소수의 과학자였다. 따라서 그들은 DNA의 구조를 모델링하기 위해 노력했다(**그림 16-7**). 수년 동안 DNA는 당(데옥시리보스)과 인산염 단위가 반복되는 골격을 가지고 있으며, 각 당에 질소 원자가 함유된 염기가 부착되어 있는 긴 중합체로 알려졌다. 왓슨과 크릭은 샤가프의 법칙에서 도움을 받았다. 또한 그들은 염기 A, G, C, T가 생리적 pH 조건에서 이들 염기쌍 사이에서 특정 수소결합을 형성할 수 있음을 알고 있었다. 그러나 중요한 실험적 증거는 런던의 킹스칼리지에서 근무하던 프랭클린(Rosalind Franklin)의 연구 결과로 만들어진 DNA의 X선 회절 사진(그림 16-7a)에서 나왔다. 프랭클린은 어렵게 회절 패턴을 분석하여 DNA가 0.34 nm마다 반복되는 구조적 특징과 3.4 nm마다 반복되는 또 다른 유형의 구조적 특징을 가진 길고 얇은 나선형 분자임을 밝혔다. 왓슨과 크릭은 와이어 모델로 가능한 구조를 구축하는 방법으로 퍼즐을 풀어냈다. 프랭클린의 사진이 제공한 정보를 바탕으로 왓슨과 크릭은 결국 2개의 얽힌 가닥, 즉 **2중나선** (double helix)으로 구성된 DNA 모델을 만들었다(그림 16-7b).

왓슨-크릭 모델　그림 16-8은 왓슨-크릭의 2중나선 모델을 나타낸다. 두 가닥의 당-인산 골격이 나선의 바깥쪽에 있고, 염기는 나선의 중심 안쪽을 향하여 원형 계단의 '계단'과 유사한 구조를 형성한다. 나선은 '위'로 향할 때 오른쪽 방향으로 구부러지는 오른손잡이(right-handed)이다(그림을 뒤집어도 마찬가지이다). 한 회전에 10개의 뉴클레오타이드 쌍이 있으며 하나의 뉴클레오타이드 쌍은 0.34 nm 길이이다. 결과적으로 나선에서 한 바퀴 회전하면서 분자 길이는 3.4 nm가 된다. 나선의 직경은 2 nm이다. 이 길이는 2개의 퓨린이 들어가기에는 너무 작고 2개의 피리미딘에 대해서는 너무 크지만, 퓨린과 피리미딘 한 쌍에 대해서는 알맞는데, 이는 샤가프의 법칙과 일치한다. 두 가닥은 서로 반대쪽 가닥에 있는 염기 사이에 형성되는 수소결합에 의해 유

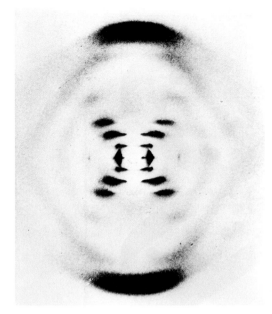

(a)

(b)

그림 16-7 DNA 구조에 대한 모델. (a) 왓슨과 크릭이 모델을 만들 때 사용한 프랭클린의 X선 회절 데이터 원본. (b) 황동판과 철사로 만든 왓슨과 크릭의 원본 모델 중 하나

지된다. 더욱이 2중나선의 두 가닥을 함께 묶어주는 수소결합은 한 사슬의 염기 아데닌(A)과 다른 사슬의 타이민(T) 사이, 또는 한 사슬의 염기 구아닌(G)과 사이토신(C) 사이에서만 적합하게 형성된다. 이는 한 사슬의 염기서열이 반대 사슬의 염기서열을 결정한다는 것을 의미한다. 따라서 DNA 2중나선에서 두 사슬은 서로 **상보성**(complementary)을 가지고 있다고 한다. 왓슨-크릭 염기쌍이라고 하는 이러한 표준쌍을 들어본 적이 있을 것이다. 왓슨-크릭

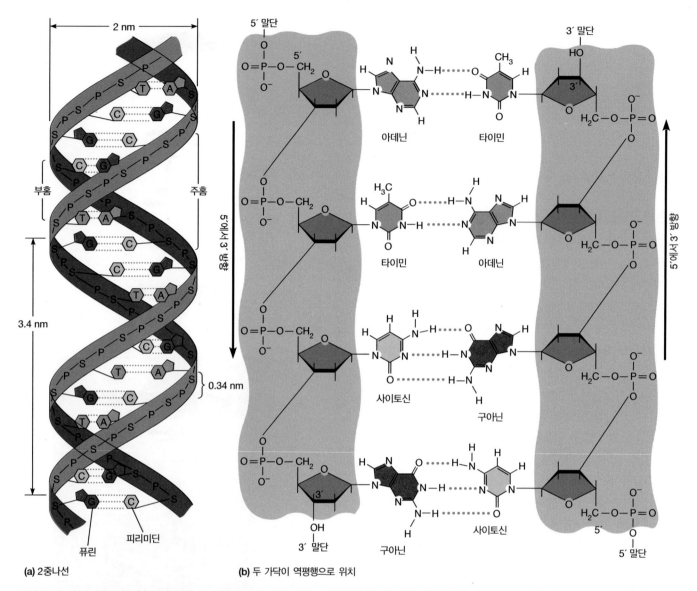

2 nm

5′ 말단

3′ 말단

부홈 **주홈**

5′에서 3′ 방향

3.4 nm

아데닌 타이민

타이민 아데닌

5′에서 3′ 방향

0.34 nm

사이토신 구아닌

구아닌 사이토신

3′ 말단

퓨린 피리미딘

5′ 말단

(a) 2중나선 **(b) 두 가닥이 역평행으로 위치**

그림 16-8 DNA 2중나선. (a) 이 그림은 DNA 골격의 당-인산 사슬, 상보적인 염기쌍, 주홈과 부홈 및 몇 가지 중요한 치수를 보여준다. A는 아데닌, G는 구아닌, C는 사이토신, T는 타이민, P는 인산염, S는 당(디옥시리보스)이다. (b) DNA 분자에서 한 가닥의 5′ 말단 및 3′ 말단 방향과 상보적인 가닥의 5′ 말단 및 3′ 말단 방향은 서로 반대이다. 이 그림은 또한 AT 쌍과 GC 쌍에서 염기를 연결하는 수소결합을 나타낸다.

모델은 DNA 분자가 동일한 양의 염기 A 및 T와 동일한 양의 염기 G와 C를 포함하고 있다는 샤가프의 관찰과 일치한다.

왓슨-크릭 모델의 가장 중요한 의미는 세포가 자신의 유전정보를 충실하게 복제할 수 있는 메커니즘을 제안했다는 것이다. DNA 2중나선의 두 가닥은 세포분열 전에 서로 쉽게 분리될 수 있으므로 각 가닥은 왓슨-크릭 염기쌍 법칙을 사용하여 새로운 상보성 DNA 가닥을 합성하도록 지시하는 주형(template)으로 작용할 수 있다. 즉 주형가닥의 염기 A는 새로 형성되는 가닥에 염기 T의 삽입을 지정하고, 염기 G는 염기 C, 염기 T는 염기 A, 염기 C는 염기 G의 삽입을 지정한다(DNA 복제에 대한 자세한 설명은 22장 참조).

DNA 구조의 중요 특징 DNA 2중나선의 몇 가지 중요한 특징이 그림 16-8에 설명되어 있다. 예를 들어 두 가닥이 서로 꼬이면서 주홈과 부홈을 형성한다. 대부분의 조절단백질은 주홈에 결합하여 DNA 2중나선을 풀지 않고도 특정 염기서열을 인식할 수 있다.

또 다른 중요한 특징은 두 DNA 가닥이 서로 역평행(anti-parallel) 방향으로 위치한다는 것이다(그림 16-8b). 이 그림을 보면 한 뉴클레오타이드의 5번 탄소와 인접한 뉴클레오타이드의 3번 탄소를 연결하는 인산다이에스터 결합은 두 DNA 가닥에서 반대 방향임을 알 수 있다. 그림의 상단을 보면 왼쪽 가닥의 첫 번째(상단) 뉴클레오타이드에는 자유 5′ 말단이 있고, 마지막 뉴클레오타이드에는 자유 3′ 말단이 있다. 반면에 오른쪽 가닥은 반대 방향이다. 5′말단의 첫 번째 뉴클레오타이드는 맨 아래에 있고, 자유 3′ 말단은 맨 위에 있다. 두 가닥이 반대 방향으로 놓인 것은 DNA 복제와 전사에서 매우 중요한 의미를 가진다(22장과 23장 참조).

한 DNA 단편에서 길이를 따라 배열된 뉴클레오타이드 서열이 DNA의 특성을 나타낸다. 또한 DNA(및 RNA)의 크기도 특성 중 하나이다. 각 뉴클레오타이드는 질소 염기를 포함하고, 2중나선 DNA에서 뉴클레오타이드는 쌍을 짓고 있으므로 DNA의 길이는 **염기쌍**(base pair, bp) 단위로 나타낸다. 더 큰 DNA 단편은 bp 배수를 사용한다. 예를 들어 1**킬로베이스**(kilobase, kb)는 1,000 bp이고 1**메가베이스**(megabase, Mb)는 1,000,000 bp이다. RNA는 대부분 단일가닥이기 때문에 '염기쌍' 대신 '염기'를 쓰지만 대개 DNA와 유사한 용어를 사용한다.

DNA 구조 변이체 이론적으로 DNA는 2중나선을 형성하면서 여러 구조를 만들 수 있다(**그림 16-9**). 왓슨과 크릭이 설명한 오른손 방향 나선 구조는 완벽한 *B-DNA* 구조이다(그림 16-9a). 그러나 자연계에 존재하는 B-DNA 2중나선은 유연한 구조를 가져 정확한 모양과 규격이 국소적으로 뉴클레오타이드 서열에 따라 달라진다. B-DNA 구조가 세포(및 DNA의 시험관 용액)에서 주요 형태이지만 다른 형태도 존재할 수 있으며, 이 다른 형태는 아마도 대부분의 구조가 B-DNA인 분자 중간중간에 짧게 산재되어 존재할 수 있다. 이러한 다른 DNA 구조 형태 중 가장 중요한 것은 Z-DNA와 A-DNA이다. 그림 16-9b에서 볼 수 있듯이 *Z-DNA*는 왼손 방향 2중나선이다. 그 이름은 당-인산 골격이 지

그재그 패턴을 하고 있어 유래했으며, B-DNA보다 길고 얇은 모양이다. Z 형태는 퓨린과 피리미딘이 번갈아가며 존재하는 DNA 영역이나 여분의 메틸기가 있는 변형된 사이토신을 보유한 DNA 영역에서 가장 쉽게 발생한다. Z-DNA의 생물학적 중요성을 아직 잘 알지는 못하지만 일부 증거에 따르면 특정 유전자의 발현을 활성화하는 과정에서 짧은 DNA 부분이 일시적으로 Z 구조로 전환되는 것으로 알려졌다.

B-DNA보다 짧고 굵은 *A-DNA*는 오른손 방향 나선이며(그림 16-9c), B-DNA를 탈수시켜 인위적으로 만들 수 있다. A-DNA는 정상적인 세포 조건에서는 많은 양이 존재하지 않지만, 대부분의 RNA 2중나선은 A 유형이다. A형 나선은 B형 나선과 비교하여 부홈은 넓고 주홈은 좁기 때문에 RNA 결합단백질이 주홈의 2중나선 RNA에 결합하여 염기를 인식할 수 없다. RNA 조절 단백질이 A-RNA의 특정 염기서열을 인식하려면 일반적으로 2중나선을 풀어야 한다.

DNA는 이완된 형태와 초나선 형태로 상호 변환될 수 있다

많은 상황에서 DNA 2중나선은 스스로 꼬여서 **초나선 DNA**(supercoiled DNA)라고 하는 더 작고 밀착된 형태로 변형될 수 있다. 초나선 DNA는 폐쇄 고리 형태의 특정 소형 바이러스에서 처음 확인되었다. 원형 DNA 분자는 박테리아, 미토콘드리아, 엽록체에서도 발견된다. 초나선이 원형 DNA에만 국한된 것은 아니지만 이러한 분자를 연구하는 것이 가장 쉽다.

DNA 분자는 초나선 상태와 비초나선 상태[이완된(relaxed) 상태] 사이를 오갈 수 있다. 이 기본 개념을 이해하기 위해 다음 연습을 해보자. 두 가닥이 오른손 방향 코일로 꼬인 긴 밧줄로 시작하는데, 이는 이완된 선형 DNA 분자에 해당한다. 밧줄의 끝을 그대로 서로 연결하면 밧줄은 원형 구조를 하지만 여전히 이완된 상태이다. 그러나 먼저 가닥이 이미 서로 꼬여있는 방향으로 밧줄을 한 번 더 비틀고 끝을 연결하면 양성 초나선이 된다. 반대로 밧줄을 반대 방향으로 비틀고 연결하면 음성 초나선이 된다. 이 예의 밧줄처럼 이완된 DNA 분자는 2중나선을 감은 것과 같은 방향으로 비틀면 양성 초나선이 되고, 반대 방향으로 비틀면 음성 초나선이 될 수 있다(**그림 16-10**). 박테리아, 바이러스, 진핵세포 소기관을 포함하여 자연에서 발견되는 원형 DNA 분자는 항상 음성 초나선 형태이다.

초나선은 선형 DNA 분자에서도 분자의 일부 영역이 특정 세포 구조(예: 핵 기질)에 고정되어 자유롭게 회전할 수 없을 때 발생한다. 진핵세포 핵에 있는 선형 DNA 대부분은 언제든지 초나선이 될 수 있으며, 세포분열 시 DNA가 염색체에 포장될 때 광범위한 초나선이 DNA를 더 작게 만든다.

초나선 현상은 DNA의 공간적 구성과 에너지 상태 모두에 영

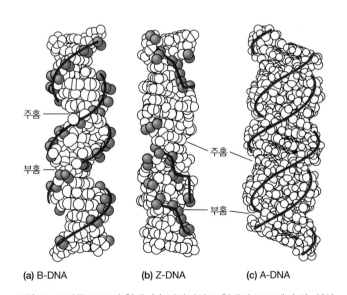

주홈

부홈

주홈

부홈

(a) B-DNA   (b) Z-DNA   (c) A-DNA

그림 16-9 다른 DNA의 형태. (a) 정상적인 B 형태의 DNA에서 당-인산 골격은 매끄러운 오른손 방향 2중나선을 형성한다. (b) Z-DNA에서 골격은 지그재그 모양으로 왼손 방향 2중나선을 형성한다. (c) A-DNA에서 골격은 B-DNA와 유사하지만 더 짧고 더 간결한 오른손 방향 2중나선이다. 색상은 골격을 표시하기 위해 사용되었다.

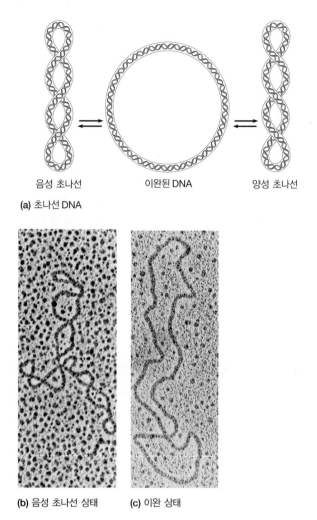

(a) 초나선 DNA

(b) 음성 초나선 상태   (c) 이완 상태

그림 16-10 DNA는 이완된 형태와 초나선 형태가 상호 변환된다. (a) 이완된 원형 DNA 분자는 음성 초나선 형태(2중나선이 감길 때 반대 방향으로 비틀린다)와 양성 초나선 형태(2중나선이 감길 때 같은 방향으로 비틀린다)로 전환된다. (b, c) 박테리오파지 PM2 DNA 분자의 전자현미경(TEM) 사진으로, 음성 초나선(b)과 이완된 형태(c)의 분자를 보여준다.

향을 미치며 DNA 분자가 다른 분자와 상호작용하는 능력에 영향을 미친다. 양성 초나선은 2중나선이 더 촘촘하게 감기므로 상호작용이 덜 일어난다. 반대로 음성 초나선은 2중나선이 풀리는 방향으로, 이는 DNA 복제 또는 전사에 관여하는 단백질이 쉽게 DNA에 접근할 수 있게 한다. 이것이 바로 세포에서 음성 초나선이 존재하는 이유이다.

DNA 분자가 이완된 형태와 초나선 형태로 상호 전환되는 것은 **토포아이소머레이스**(topoisomerase, 위상이성질체화효소)로 알려진 효소에 의해 촉매되며, 이 효소는 I형 또는 II형으로 분류된다. 두 유형 효소 모두 초나선 DNA가 이완되는 것을 촉매하는데, I형 효소는 DNA에 일시적인 단일가닥 절단을 일으키는 반면, II형 효소는 일시적인 2중가닥 절단을 일으킨다. **그림 16-11**은 이러한 일시적 절단이 DNA 초나선에 어떤 영향을 미치는지 보여준다. I형 토포아이소머레이스는 2중나선에서 한 가닥을 절

단한 후 DNA가 회전하고 절단되지 않은 가닥이 끊어진 가닥을 통과하게 하고 이어 끊어진 가닥이 다시 연결되도록 함으로써 DNA 이완을 촉매한다. 이와 대조적으로 II형 토포아이소머레이스는 두 가닥 DNA를 절단한 다음 절단되지 않은 DNA 부분을 절단 부위를 통과시키고 절단된 두 가닥을 연결함으로써 초나선 이완을 유도한다.

I형 및 II형 토포아이소머레이스는 DNA에서 양성 초나선과 음성 초나선을 모두 제거할 수 있다. 또한 박테리아에는 **DNA 자이레이스**(DNA gyrase)라는 II형 토포아이소머레이스가 존재하며 초나선을 유도하고 이완시킬 수 있다. DNA 자이레이스는 DNA 복제에 관여하는 여러 효소 중 하나이다(22장 참조). 이 효소는 2중나선이 풀리면서 발생하는 양성 초나선을 이완시키거나 2중나선 분리를 유도하는 음성 초나선을 만들어 DNA 복제에 필요한 여러 단백질이 쉽게 접근하게 할 수 있다. 다른 II형 토포아이소머레이스와 마찬가지로 DNA 자이레이스가 초나선을 생성하는 데는 ATP가 필요하지만 초나선 이완에는 요구되지 않는다.

DNA 2중나선에서 두 가닥은 변성 및 복원될 수 있다

세포는 2중가닥 DNA 위상을 변경하는 것 외에도 DNA 2중나선의 두 가닥이 분리되는 것을 조절할 수 있다. 다음 장들에서 살펴보겠지만 가닥을 분리하는 것은 DNA 복제와 RNA 합성 과정에 필수적이다. DNA 분자의 두 가닥은 상대적으로 약한 비공유 결합으로 서로 결합되어 있으므로 실험실에서 온도나 pH를 높이면 쉽게 분리할 수 있다. 실험적으로 DNA 가닥이 분리되는 현상을 **DNA 변성**(DNA denaturation) 또는 **용해**(melting)라고 하며, 분리된 DNA 가닥이 2중나선을 다시 형성하는 반대 과정을 **DNA 복원**(DNA renaturation) 또는 **재결합**(reannealing)이라고 한다.

변성을 유도하기 위해 천천히 온도를 높이면 처음에는 DNA가 2중가닥 또는 고유 상태를 유지한다. 그러나 온도를 더 높이면 점점 더 많은 DNA가 단일가닥으로 분리되고, 결국에는 전체 DNA 단편이 단일가닥으로 '용해'된다. 2중가닥과 단일가닥 DNA는 빛을 흡수하는 특성이 다르기 때문에 용해되는 과정을 쉽게 모니터링할 수 있다. 모든 DNA는 자외선을 흡수하며 최대 흡수가 일어나는 파장은 약 260 nm이다. DNA 용액의 온도를 천천히 올리면 2중나선이 구성 단일가닥으로 녹기 시작할 때까지 260 nm에서의 흡광도는 일정하게 유지된다. 그러나 2중가닥이 분리되면 단일가닥 DNA의 양이 증가하기 때문에 260 nm에서의 흡광도가 급격히 증가한다(**그림 16-12**).

흡광도 변화가 전체의 절반에 도달하게 하는 온도를 일반적으로 **DNA 용해온도**(DNA melting temperature, T_m) 또는 열 변성 중간점이라고 부른다. T_m 값은 DNA 2중나선이 얼마나 강하게 결

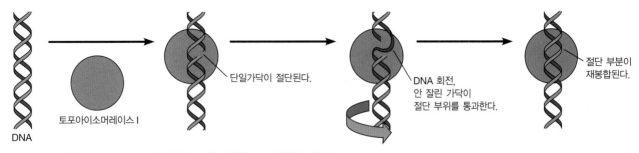

(a) **토포아이소머레이스 I.** DNA 2중가닥 중 한 가닥을 일시적으로 절단한 후 잘리지 않은 가닥을 절단 부위로 통과시켜 초나선 구조를 제거한다.

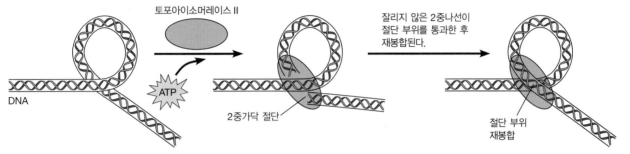

(b) **토포아이소머레이스 II.** I. DNA 2중나선의 두 가닥을 모두 절단한 후 절단되지 않은 DNA 2중나선 부위를 절단 부위로 통과시켜 초나선 구조를 제거한다.

그림 16-11 토포아이소머레이스 I형 및 II형으로 촉매되는 반응. (a) I형 토포아이소머레이스 및 (b) II형 토포아이소머레이스는 DNA에서 양성 초나선 및 음성 초나선을 제거하는 데 모두 사용된다.

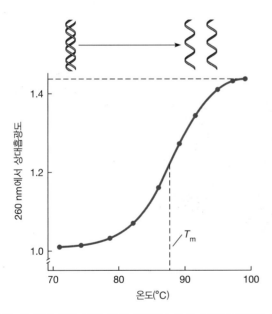

그림 16-12 열에 의한 DNA 변성. 2중가닥 DNA 용액의 온도를 올리면 열로 인해 DNA가 변성된다. 단일가닥으로 전환되면 260 nm에서 빛의 흡광도가 증가한다. 이 증가의 중간점에서의 온도를 용해온도 또는 열 변성 중간점 T_m이라고 한다. 여기에 표시된 시료의 경우 T_m은 약 87℃ 이다.

합되어 있는지를 나타낸다. T_m에 영향을 미치는 요소 중 하나는 DNA에서 G와 C의 비율이다. 3개의 수소결합으로 결합한 GC 염기쌍은 2개만 있는 AT 염기쌍보다 2중나선 분리에 더 강하다

(그림 16-8b 참조). 따라서 용해온도는 DNA의 상대적인 GC 염기쌍 수에 정비례하여 증가한다(**그림 16-13**).

DNA 단편의 두 가닥 사이에서 수소결합은 DNA를 안정화하고 2중나선 가닥 간에 특이적인 염기쌍을 만든다. DNA 2중나선을 안정화하는 또 다른 주요 상호작용은 각 단일가닥 내에서 발생한다. **염기중첩**(base stacking)으로 알려진 이 상호작용은 소수성 및 반데르발스 상호작용으로 인접한 염기의 방향족 고리 간의 상호작용이다. DNA의 경우 가장 에너지에 유리한 형태는 DNA 골격이 30° 기울어져 한 가닥 내에서 서로 인접한 염기 고리가 서로 겹쳐짐으로써 염기중첩 상호작용이 최대화되는 것이다. GC 디뉴클레오타이드가 가장 큰 염기중첩 에너지를 가지고 있으며, DNA 가닥을 안정화한다.

T_m에 영향을 미치는 마지막 요소는 2중나선의 두 가닥에 있는 DNA 분자가 각 위치에서 적절하게 염기쌍을 이루는 정도이다. 적절하게 이루어진 쌍을 가진 DNA는 두 가닥이 완벽하게 상보적이지 않은 DNA보다 용해온도가 더 높다. 이 특성은 DNA의 매우 유용한 특성이다. 변성된 DNA 샘플의 온도를 낮추면 두 가닥 사이의 수소결합이 다시 형성되어 재변성(재결합)이 가능하다(**그림 16-14**). 핵산 분자가 재변성되는 현상을 이용하여 과학적으로 중요한 여러 응용이 가능하다. 가장 중요한 것 중 하나는 상보적인 염기서열을 가진 단일가닥 사슬이 서로 결합하거나 혼성화하는 능력을 기반으로 핵산을 식별하는 **핵산 혼성**

문제 염색 기술을 통해 염색체 또는 핵산 종류에 따른 구조 차이를 알아낼 수는 있지만 특정 DNA 서열을 규명할 수는 없다. 염색체에 존재하는 특정 DNA 서열을 어떻게 알 수 있을까?

해결방안 *형광제자리혼성화*(fluorescence in situ hybridization, FISH) 기법을 사용하면 세포에 존재하는 특정 핵산 서열을 검출할 수 있다.

주요 도구 형광 표지된 핵산 탐침, 보전된 조직 샘플, 샘플을 가열하기 위한 인큐베이터 또는 오븐, 형광현미경

상세 방법 핵산의 몇 가지 주요 특성을 이용하여 DNA 또는 RNA의 특정 서열을 검출하는 탐침으로 핵산을 사용할 수 있다. 첫째, 혼성화가 일어날 수 있다. 특정 서열의 상보적인 염기쌍이 수소결합하므로 혼성화가 가능하다. 둘째, 혼성화는 pH와 온도에 따라 *가역적*으로 일어난다. FISH는 이러한 특성을 활용하는데, **그림 16A-1**에서 볼 수 있듯이 ❶ 생물학 기술을 사용하여 형광 DNA를 만든다. ❷ 표지된 탐침을 거의 끓을 때까지 가열하여 단일가닥으로 변성시킨다. ❸ 조직 샘플을 가열 및 처리하여 핵산이 들어갈 수 있게 만든 후, ❹ 탐침을 조직 샘플에 가하고 최적의 혼성화가 일어나도록 냉각시킨다. ❺ 결합하지 않은 탐침은 씻어내고, 샘플에 결합한 탐침의 형광은 형광현미경과 이에 연결된 카메라로 검출한다.

그림 16A-1은 탐침을 형광 분자로 직접 표지한 예이다. 어떤 경우에는 형광 분자와 결합하는 꼬리표를 사용하여, 먼저 꼬리표를 탐침 DNA에 표지하고 형광 분자를 꼬리표에 결합하는 방법을 사용한다. 이 방법은 한 단계가 더 추가되지만 간접 면역형광염색처럼 약한 신호를 증폭할 수 있다(**1장의 핵심 기술** 참조).

어떤 경우에는 형광제자리혼성화 기법을 사용하여 염색체의 특정 DNA 서열을 감지할 수 있다. 이 장에서 보게 될 예는 동원체와 말단소체 두 가지이다(그림 16-22 참조). 많은 세포유전학 실험에서 형광제자리혼성화는 세포분열 중기에 멈춘 세포를 사용하여 전체 염색체를 검출한다. 세포에 미세소관 억제제를 처리하면 염색체는 응축된 상태로 유지되므로 형광제자리혼성화 기법으로 쉽게 볼 수 있다. 특정 염색체 대부분의 지역을 혼성화할 수 있는 탐침을 선택하면 각각의 염색체가 다른 색으로 나타나는

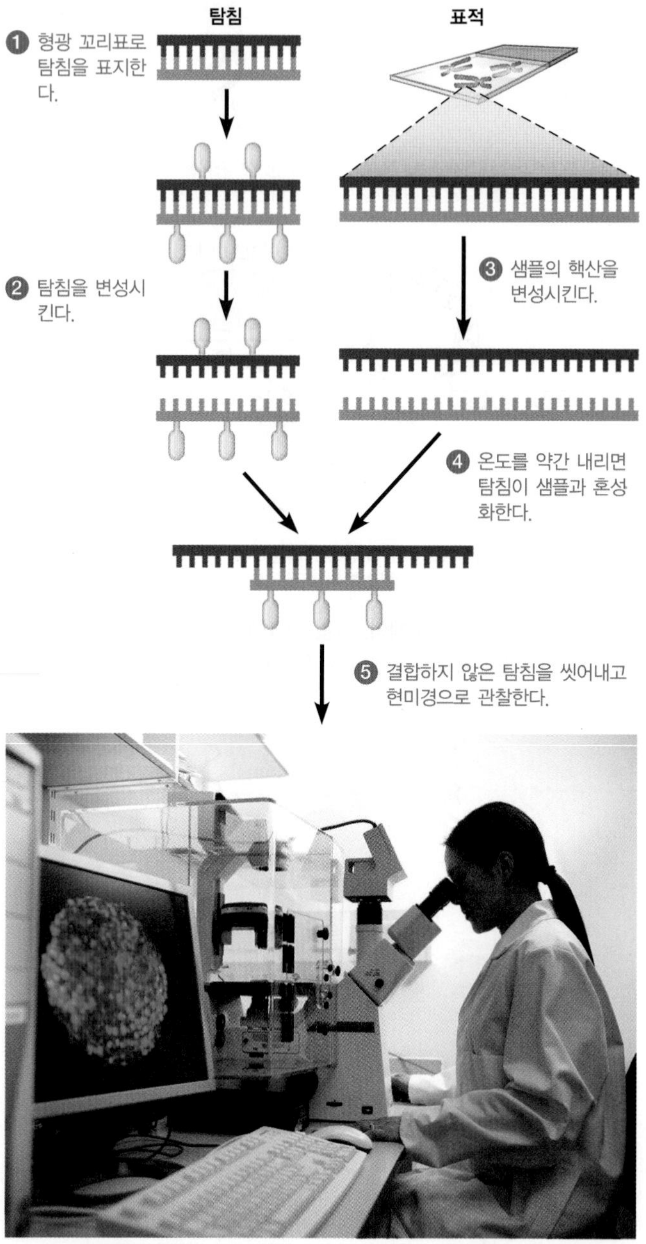

❶ 형광 꼬리표로 탐침을 표지한다.

❷ 탐침을 변성시킨다.

❸ 샘플의 핵산을 변성시킨다.

❹ 온도를 약간 내리면 탐침이 샘플과 혼성화한다.

❺ 결합하지 않은 탐침을 씻어내고 현미경으로 관찰한다.

탐침   표적

그림 16A-1 형광제자리혼성화(FISH). 자세한 방법은 글상자 본문 참조

화(nucleic acid hybridization)이다. 핵산 혼성화는 DNA-DNA, DNA-RNA, 심지어 RNA-RNA 쌍도 형성할 수 있다. 예를 들어 DNA-DNA 혼성화에서는 검사할 DNA를 변성시킨 다음 **탐침**(probe)이라고 하는 정제된 단일가닥 방사성 DNA 단편과 함께 반응시키는데, 탐침의 서열은 검출하려는 염기서열과 상보적인 서열을 가지고 있다. 이를 이용한 주요 사용법은 **형광제자리혼성화**(fluorescence in situ hybridization, FISH) 기술이다(**핵심 기술** 참조).

두 가닥의 핵산 서열이 완벽하게 서로 상보적이어야만 혼성화를 할 수 있는 것은 아니다. 혼성화 과정에서 사용되는 온도, 염분 농도, pH를 변경하면 불일치하는 염기가 많아 부분적으로만 상보적인 염기서열 사이에서도 짝짓기가 일어날 수 있다. 이러한 조건에서는 서로 일부만 상보적인 DNA 사이에서도 혼성화가 발생한다. 이 기법은 동종의 생물체 또는 다른 종의 생물체 사이에서 관련 유전자군을 식별하는 데 유용하다.

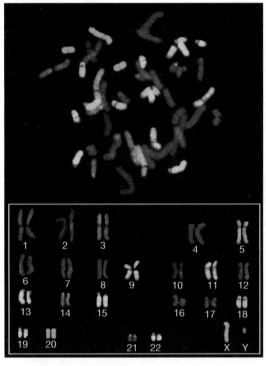

(a) 체세포분열 중기의 염색체

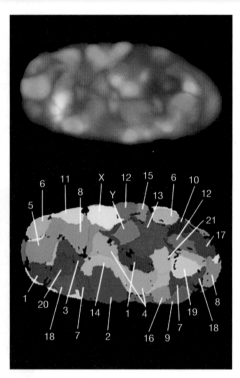

(b) 휴지기의 염색체

그림 16A-2 FISH를 이용하여 염색체에 색 입히기. (a) 체세포 분열 중기에 멈춘 남자의 세포에서 46개 염색체 각각에 다색 FISH법과 여러 특정 탐침을 조합하여 색을 입혔다. 옆의 그림처럼 컴퓨터로 분석하면 상염색체쌍(1~22)과 성염색체(X와 Y)를 깨끗하게 나열할 수 있다. (b) 유사한 방법으로 휴지기의 남자의 세포를 염색한 염색체들의 염색체 영역. 모든 서로 다른 유형의 탈응축된 염색체를 옆의 그림에서 알아볼 수 있다.

핵형을 만들 수 있다(**그림 16A-2**). 형광 이미지를 정교하게 분석하면 여러 탐침 중 각각의 탐침 색상을 구별할 수 있다. 그다음 컴퓨터로 각 염색체를 식별하고 염색체 이미지를 정렬할 수 있다(그림 16A-2a). 이렇게 얻은 데이터는 염색법을 사용하는 것보다 환자의 핵형에 대한 더 구체적인 정보를 제공하며(그림 16-23 참조), 암세포 또는 인간 유전질환에서 염색체 재배열을 이용한 진단에 유용하게 사용할 수 있다.

형광제자리혼성화는 또한 세포에서 간기 동안의 염색체 위치, 즉 세포가 분열하지 않을 때 핵에서 염색체의 위치를 알아내는 데 유용하다(그림 16A-2b). 형광제자리혼성화를 통해 염색체가 각각의 *염색체* 영역을 가지고 있다는 것이 밝혀졌다. 염색체 위치는 세포마다 다르지만 형광제자리혼성화로 일반적인 염색 기술로 예상한 것보다 핵이 훨씬 더 질서 정연한 구조임을 알게 되었다. 이를 바탕으로 핵의 공간 조직이 특정 유전자의 기능

에 어떻게 영향을 미치는지에 대한 연구가 현재 뜨겁게 진행 중이다.

질문 형광제자리혼성화를 처음 해보는 학생이 탐침을 가열하지 않고 샘플에 처리했다고 가정해보자. 어떤 일이 일어날 것으로 예상하며 그 이유는 무엇인가?

개념체크 16.2

새로 발견된 박테리아의 DNA의 GC 함량이 48%이다. 이 생물체에서 4가지 염기(A, T, G, C)의 비율은 각각 얼마인가?

16.3 DNA 포장

유전체의 크기가 작은 종의 세포도 엄청난 양의 DNA를 수용해

야 한다. 예를 들어 대장균 세포의 지름은 약 1 μm, 길이는 약 2 μm이지만, 세포를 400회 이상 감을 수 있는 길이 약 1,600 μm의 (원형) DNA 분자가 들어간다. 진핵세포는 이보다 더 큰 도전에 직면한다. 평균 크기의 인간 세포에는 세포를 15,000번 이상 감을 수 있는 DNA가 들어있다. 좀 더 쉽게 설명하면 이는 농구공 크기의 공간에 16,000 km 길이의 스파게티를 채우는 것과 같다. 어떻든 이 모든 DNA는 세포 안에 효율적으로 포장되어야 하며, DNA가 복제되고 특정 유전자가 전사될 수 있어야 한다. 분명히

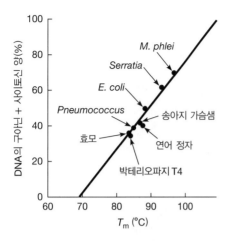

그림 16-13 염기 구성에 따른 DNA 열 변성. DNA의 용해온도(열 변성 중간점)는 다양한 생물에서 추출한 DNA 샘플의 T_m과 G + C 함량의 관계에서 알 수 있듯이 G + C 함량에 따라 증가한다.

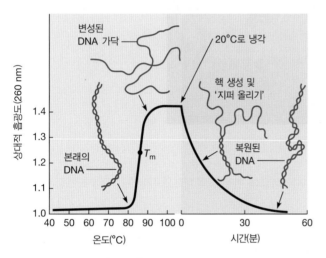

그림 16-14 DNA 변성 및 복원. 2중가닥 DNA 용액을 세심하게 제어된 조건에서 천천히 가열하면 DNA가 좁은 온도 범위에서 갑자기 '용해'되고 260 nm에 대한 흡광도가 증가한다. 용액을 식히면 분리된 DNA 가닥이 무작위 충돌하면서 재결합한 다음, 두 가닥에서 상보적인 염기쌍이 빠른 속도로 지퍼를 올리듯이 쌍을 이뤄 결합한다. 용액의 DNA 농도와 DNA 분자에 존재하는 특정 서열의 수에 따라 재결합에 걸리는 시간은 다양하다.

DNA 포장은 모든 생명체에게 어려운 문제이다. 먼저 박테리아가 DNA를 포장하는 작업을 어떻게 수행하는지 살펴본 다음 진핵생물의 DNA 포장을 알아보자.

박테리아 염색체와 플라스미드 DNA 포장

과거에는 대장균 같은 박테리아의 유전체는 정교하게 조직되어 있지 않고 소량의 단백질만 결합한 '벌거벗은' DNA 분자로 여겨졌다. 이제 박테리아 유전체는 이전에 알려진 것보다 진핵생물의 염색체와 더 비슷하게 복잡하게 조직되어 있다는 사실을 알게 되었다. 현재 박테리아 유전학자들은 박테리아 유전체의 구조를

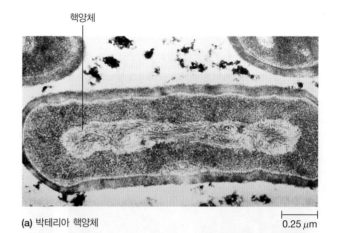

(a) 박테리아 핵양체   0.25 μm

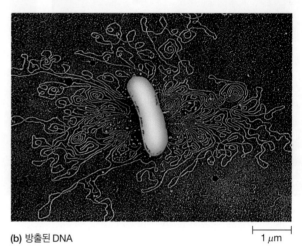

(b) 방출된 DNA   1 μm

그림 16-15 박테리아의 핵양체. 위의 전자현미경 사진은 박테리아 염색체가 존재하는 영역인 핵양체를 가진 박테리아 세포를 보여준다. 박테리아 세포가 파열되면 염색체 DNA가 세포에서 방출된다. 아래의 현미경 사진은 방출된 DNA가 핵양체의 구조적 틀에 부착된 채로 일련의 고리를 형성한다는 것을 보여준다(TEM).

박테리아 염색체(bacterial chromosome)라고 부른다.

박테리아 염색체   박테리아는 단일 또는 다수, 원형 또는 선형 염색체를 가질 수 있고, 가장 일반적인 형태는 소량의 단백질이 결합한 단일 원형 2중가닥 DNA 분자이며 **핵양체**(nucleoid)라는 세포의 특정 영역에 위치한다(**그림 16-15**). 핵양체는 세포의 나머지 부분과 구별되며, DNA는 이 영역에서 서로 뭉쳐진 실 모양의 섬유 덩어리를 형성한다. 박테리아 염색체의 DNA는 음성 초나선으로 접힌 평균 약 20,000 bp 길이의 고리로 구성된다. 각 고리의 양쪽 끝은 핵양체 내에 있는 구조적 구성 요소에 고정되기 때문에 인접한 고리의 초나선에 영향을 주지 않고 개별 고리의 초나선을 변경할 수 있다.

이 고리는 RNA와 단백질에 의해 제자리에 고정되어 있는 것으로 생각된다. 박테리아 염색체에 RNA를 분해하는 효소인 리보뉴클레이스를 처리하면 초나선을 이완시키지 않으면서 일부 고

리가 떨어져 나온다는 연구 결과를 통해 RNA가 구조적 역할을 하고 있음을 알 수 있다. 토포아이소머레이스로 DNA를 절단하면 초나선을 이완시키지만 고리를 파괴하지는 않는다. 각 고리를 형성하는 초나선은 작은 염기성 단백질로, 구슬 모양의 구조로 구성되는데, 마치 진핵세포의 히스톤과 유사한 구조이다(다음 설명 참조). 현재까지 밝혀진 증거에 따르면 DNA 분자가 이러한 염기성 단백질 구조를 감싸고 있다. 따라서 지금까지 알려진 바를 종합하면 박테리아 염색체는 초나선 DNA가 작은 염기성 단백질에 결합하고, 고리로 접혀있는 구조이다.

박테리아 플라스미드 박테리아 세포는 유전체로, 염색체 외에 하나 이상의 플라스미드를 포함한다. **플라스미드**(plasmid)는 비교적 작은 원형 분자로, 보통 2중가닥 DNA로 이루어져 있으며, 자가 복제를 위한 유전자와 하나 이상의 세포 기능(대개는 필수적이지 않은 기능)을 가진 유전자로 구성된다. 대부분의 플라스미드는 초나선으로 응축된 형태이다. 플라스미드는 자율적으로 복제되지만, 일반적으로 박테리아 염색체와 동기화되어 한 세포 세대에서 다음 세대까지 대략 비슷한 수의 플라스미드를 보유한다. 대장균은 여러 종류의 플라스미드를 가진다. F(fertility, 생식) 인자는 접합 과정(26장에서 설명할 생식 과정)에 관여하고, R(resistance, 저항성) 인자는 박테리아 세포에 약물에 대한 저항성을 부여하는 유전자를 가지고 있으며, col(colicinogenic, 콜리신 생성) 인자는 박테리아에게 col 인자가 없는 다른 박테리아를 죽이는 화합물인 콜리신을 분비하게 하고, 독성 인자(virulence factor)는 조직 손상을 유발하는 독성 단백질이나 박테리아가 숙주세포에 들어갈 수 있는 효소를 생산하게 함으로써 질병 유발 능력을 강화하며, 대사 플라스미드(metabolic plasmid)는 특정 대사반응에 필요한 효소를 생산한다. 일부 대장균 균주에는 플라스미드를 다른 세포로 퍼지게 하는 데 필요한 유전자 이외의 다른 알려진 기능이 없는 잠재 플라스미드(cryptic plasmid)도 있다.

진핵생물은 염색질과 염색체로 DNA를 포장한다

진핵세포는 박테리아보다 DNA 포장이 훨씬 더 복잡하다. 첫째, 아주 많은 양의 DNA가 관여한다. 각 진핵생물 염색체는 엄청난 크기의 단일 선형 DNA 분자로 구성된다. 예를 들어 인간 세포에서 이러한 DNA 분자 하나의 길이가 10 cm 이상인 것도 있으며, 이는 일반적인 박테리아 염색체에서 발견되는 DNA 분자 크기의 약 100배에 달한다. 둘째, 진핵생물 DNA는 더 많은 양과 수의 단백질과 결합하기 때문에 구조적으로 더 복잡하다. 이렇게 단백질에 결합된 DNA는 **염색질**(chromatin)로 불리며, 직경 10~30 nm의 섬유 모양으로 핵 전체에 분산되어 있다. 세포분열 시(그리고 몇 가지 다른 상황에서) 이 섬유는 응축되어 훨씬 더 크고 조밀한 구조로 접혀 하나의 **염색체**(chromosome)가 된다.

염색질 구조 형성에서 가장 중요한 역할을 하는 것은 **히스톤**(histone)인데, 이들은 크기가 작은 단백질로 이루어진 그룹으로, 라이신과 아르지닌의 함량이 높아 강한 양전하를 띤다. 따라서 히스톤은 음전하를 띠는 DNA와 이온결합으로 결합한다. 대부분의 세포에서 염색질에 있는 히스톤의 질량은 DNA의 질량과 거의 같다. 히스톤은 H1, H2A, H2B, H3, H4의 5가지 주요 유형으로 구성된다. 염색질에는 대략 같은 수의 H2A, H2B, H3, H4 분자와 그 절반 정도인 H1 분자가 포함되어 있다. 이러한 비율은 세포의 유형이나 생리적 상태에 관계없이 다양한 종류의 진핵세포에서 놀라울 정도로 일정하다. 염색질에는 히스톤 외에도 다양한 효소, 구조 및 조절 역할을 하는 여러 비히스톤 단백질이 포함되어 있다.

뉴클레오솜이 염색질 구조의 기본 단위이다

일반적으로 핵에 들어있는 DNA를 완전히 풀게 되면 길이가 1 m를 넘는데, 핵의 직경은 보통 5~10 μm에 불과하다. 이렇게 엄청나게 긴 길이의 DNA를 거의 100만 배 작은 크기의 핵에 접어 넣는 것은 위상학적 면에서 매우 어려운 일이다. DNA 접힘에 대한 중요 단서를 처음 발견한 것은 1960년대 후반에 윌킨스(Maurice Wilkins)였는데, 그는 X선 회절 연구를 통해 DNA나 히스톤에는 없고 정제된 염색사에만 반복적으로 존재하는 구조를 알아냈다. 이를 근거로 윌킨스는 히스톤이 DNA에 반복적인 구조를 만든다는 결론을 내렸다. 이어 1974년에 올린스 부부(Ada Olins & Donald Olins)는 세포에서 약한 용매를 사용하여 염색질 시료를 준비하고 전자현미경으로 이를 관찰한 결과 염색사는 작은 구슬 모양의 입자들이 가느다란 필라멘트로 연결된 구조임을 알게 되었다. 이 '구슬이 줄에 매달린' 모양은 구슬이 단백질(히스톤으로 추정)이며 구슬을 연결하는 가는 필라멘트가 DNA에 해당한다는 결론을 이끌어냈다. 이제는 각 구슬 비드와 그와 관련된 짧은 DNA를 **뉴클레오솜**(nucleosome)이라고 부른다(**그림 16-16**).

전자현미경만으로는 뉴클레오솜이 염색질의 정상적인 구성 요소인지, 아니면 샘플 준비 과정에서 생성된 인공물인지 판단하기 어려웠을 것이다. 다행히도 염색질에 반복 구조가 존재한다는 독립적인 증거가 거의 동시에 보고되었는데, 휴이시(Dean Hewish)와 버고인(Leigh Burgoyne)은 쥐의 간세포 핵에 염색사의 DNA를 절단할 수 있는 뉴클레이스가 포함되어 있다는 사실을 발견했다. 이들은 염색질을 뉴클레이스로 처리한 다음 단백질을 제거하여 DNA를 정제했다. 정제된 DNA를 젤 전기영동으로 분석한 결과 가장 작은 DNA 단편의 크기가 약 200 bp이고, 다른 단편들은 200 bp의 배수로 나타나는 패턴을 발견했다(**그림 16-17**). 단백질이 없는 DNA를 뉴클레이스로 분해한 후 전기

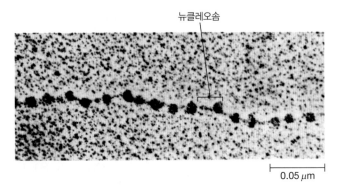

뉴클레오솜

0.05 μm

그림 16-16 뉴클레오솜. 이 전자현미경 사진은 1974년에 올린스 부부가 처음으로 관찰한 염색사 사진으로, 뉴클레오솜의 특징적인 '구슬이 줄에 매달린' 형태를 나타낸다(TEM).

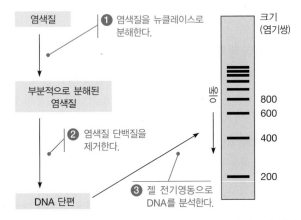

그림 16-17 단백질이 DNA 200 bp 간격으로 염색질 섬유에 배치되어 있다는 증거. 쥐 간세포의 염색질에 뉴클레이스를 처리하여 분해된 DNA 단편을 젤 전기영동으로 분석했다. DNA 단편이 200 bp의 배수로 나타난다는 발견은 DNA를 따라 200 bp 간격으로 히스톤이 규칙적으로 위치하여 뉴클레이스에 의한 분해로부터 보호된다는 것을 시사한다.

영동을 수행하면 이러한 단편 패턴이 나타나지 않으므로 연구진은 (1) 염색질 단백질이 DNA 분자 약 200 bp 간격으로 반복되는 패턴으로 모여있고, (2) 이러한 단백질 클러스터 사이에 위치한 DNA가 뉴클레이스 분해에 취약하여 길이가 200 bp의 배수인 단편이 생성된다는 결론을 내렸다.

이후 뉴클레이스 분해와 전자현미경을 결합한 실험을 통해 전자현미경 사진에서 관찰되는 구형 입자는 각각 200 bp의 DNA와 연관되어 있다는 결론을 내렸다. 단백질 입자와 평균 200 bp의 DNA를 포함하는 이 기본 반복 단위가 바로 뉴클레오솜이다.

히스톤 8량체가 뉴클레오솜 핵심을 형성한다

최초로 뉴클레오솜 분자 구조를 밝힌 사람은 진핵세포의 DNA 포장과 전사에 관한 일련의 발견으로 2006년 노벨상을 수상한 콘버그(Roger Kornberg)이다. 초기 연구에서 콘버그와 동료들은 정제된 DNA와 다섯 종류의 히스톤 단백질을 사용하여 뉴클레오솜으로 구성된 염색사를 생성할 수 있었다. 그러나 그들은 히스톤 H2A가 히스톤 H2B에 결합되고, 히스톤 H3가 히스톤 H4에 결합된 경우에만 뉴클레오솜이 조립할 수 있다는 것을 발견했다. 따라서 콘버그는 뉴클레오솜에서 H3-H4, H2A-H2B 복합체가 필수라는 결론을 내렸다.

이러한 히스톤 상호작용의 특성을 더 자세히 조사하기 위해 콘버그와 그의 동료인 토머스(Jean Thomas)는 분리된 염색질에 약품을 처리하여 서로 인접한 단백질 분자 사이에 공유결합이 형성되게 했다. 이후 단백질을 폴리아크릴아마이드 젤 전기영동으로 분석한 결과 8개의 히스톤 분자 단백질 복합체를 발견했으며, 이는 뉴클레오솜 입자가 8개의 히스톤으로 구성된 8량체(octamer)로 형성되어 있음을 알게 되었다. 히스톤 H3 및 H4와 히스톤 H2A 및 H2B가 각각 단단한 복합체를 형성하고, 이 4종류의 히스톤이 염색질에 거의 동일한 양으로 존재한다는 사실을 감안하여, 콘버그와 토머스는 2개의 H2A-H2B 2량체와 2개의 H3-H4 2량체로 히스톤 8량체를 형성하며, DNA 2중나선이 8량체를 감싼다고 생각했다(**그림 16-18**). 각 핵심 히스톤에는 8량체 핵심에서 튀어나온 '꼬리'가 있다. 이 꼬리에는 몇 가지 주요 라이신과 아르지닌 아미노산이 포함되어 있다. 이 꼬리의 양전하가 DNA 사슬의 음전하와 상호작용하여 포장을 촉진한다. 곧 보게 되겠지만 꼬리 부분의 아미노산은 염색질이 단단하게 포장되어 있는 정도를 조절하는 기능을 한다.

이전 모델에서는 8량체의 일부가 아닌 히스톤 H1의 역할을 다루지 않았다. 염색질에 뉴클레이스를 짧은 시간 동안 처리하

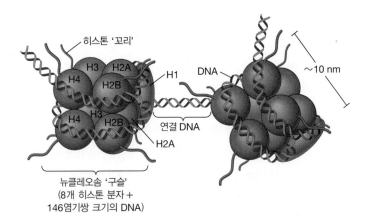

히스톤 '꼬리'

H3 H2A
H4 H2B

H1

DNA

~10 nm

H3
H2B

H2A

연결 DNA

뉴클레오솜 '구슬'
(8개 히스톤 분자 +
146염기쌍 크기의 DNA)

그림 16-18 뉴클레오솜의 상세 구조. 각 뉴클레오솜은 146 bp DNA와 약 50 bp 길이의 연결 DNA, 이와 결합한 8개의 히스톤 분자(히스톤 H2A, H2B, H3, H4 각각 2개)로 구성된다. 뉴클레오솜 '구슬' 또는 핵심 입자의 직경은 약 10 nm이다. 핵심 입자의 히스톤에는 각각 '꼬리'가 있으며, 이는 뉴클레오솜 포장을 조절하기 위해 화학적으로 변형될 수 있다. 히스톤 H1은 연결 DNA에 결합하고 뉴클레오솜을 30 nm 섬유로 포장하게 한다. 그림에 표시되어 있지는 않지만 히스톤 H1은 핵심 입자에 들어가는 연결 DNA와 나가는 연결 DNA에 모두 결합되어 있다는 실험적 증거가 있다.

여 분리한 뉴클레오솜에는 여전히 히스톤 H1이 존재한다(다른 4종류의 히스톤 및 200 bp의 DNA와 함께). 그러나 뉴클레이스를 더 오랜 시간 동안 처리하여 분해하면 DNA 단편은 약 146 bp 길이에 도달할 때까지 분해되고, 히스톤 H1이 방출된다. 146 bp의 DNA와 결합한 히스톤 8량체로 구성된 입자를 핵심 입자(core particle)라고 한다. 뉴클레이스에 의해 DNA가 200 bp에서 146 bp로 짧아질 때 분해되는 DNA는 하나의 뉴클레오솜과 다음 뉴클레오솜을 연결하므로 연결 DNA(linker DNA)라고 한다(그림 16-18). 히스톤 H1은 연결 DNA가 분해될 때 방출되므로 히스톤 H1 분자는 연결 영역과 연관되어 있는 것으로 생각된다. 초저온전자현미경(cryo-EM)을 사용한 최근 연구에 따르면 H1은 히스톤 핵심에 들어가고 나가는 연결 DNA와 상호작용하여 연결 DNA의 유연성을 감소시키는 것으로 나타났다. 연결 DNA의 길이는 생물마다 다소 차이가 있지만, 핵심 입자와 관련된 DNA는 대부분 146 bp이며, 이는 핵심 입자를 약 1.7회 감싸는 길이이다.

뉴클레오솜이 겹치고 쌓여 염색사와 염색체를 형성한다

핵 DNA 포장에서 첫 번째 단계가 뉴클레오솜 형성이다(**그림 16-19**). 세포에서 분리한 염색사는 직경이 약 10 nm인 염주 모양이지만, 살아있는 세포에서 염색질은 **30 nm 염색사**(30 nm chromatin fiber)라고 하는 더 두꺼운 섬유를 형성한다. 염색질 용액의 염 농도를 조절하면 10 nm 및 30 nm 구조가 상호 변환된다. 그러나 히스톤 H1 분자가 없는 염색질 용액은 30 nm 섬유를 형성하지 못하며, 이는 히스톤 H1이 뉴클레오솜을 30 nm 섬유로 포장한다는 것을 시사한다. 현재 모델은 30 nm 섬유 구조에서 뉴클레오솜이 서로 겹쳐 쌓여 불규칙한 3차원 지그재그 구조를 형성하면서 인접한 섬유와 맞물리고 있음을 보여준다.

염색질 포장에서 다음 단계는 30 nm 섬유를 평균 길이 50,000~100,000 bp의 **DNA 고리**(DNA loop)를 형성하는 것이다. 고리의 염기를 안정화하는 단백질로 포유류의 경우 **코헤신과 CTCF**가 있다. 코헤신은 세포분열에서 핵분열 후기 이전까지 복제된 염색체가 서로 부착된 상태를 유지하는 역할을 하는 단백질이다(20장 참조). 고리는 비히스톤 단백질로, 불용성 네트워크 **골격**을 만들고, 여기에 DNA가 주기적으로 부착하여 유지된다. 고리는 분열 중인 세포에서 분리된 염색체에서 모든 히스톤과 대부분의 비히스톤 단백질을 제거한 후 관찰한 전자현미경 사진에서 가장 명확하게 나타난다(**그림 16-20**). 고리는 또한 세포분열 과정에 있지는 않지만 특수한 유형의 염색체에서도 볼 수 있다[다사염색체(polytene chromosome), 25장 참조]. 이 경우 고리에 DNA의 '활성' 영역, 즉 전사되는 DNA 부분이 포함되는 것으로 밝혀졌다. 활성 DNA는 유전자 전사에 필요한 단백질이 더 쉽게 접근해야 하므로 비활성 DNA보다 느슨하게 포장되어야 한다는 사실

과 일치한다.

DNA 분자가 염색질과 염색체에서 접힌 정도는 DNA 포장 비율을 사용하여 정량화할 수 있다. 이 비율은 DNA 분자 사슬을 펼쳤을 때의 총길이를 결정하고, 이를 염색사 또는 염색체의 길이로 나누어 계산한다. 뉴클레오솜의 히스톤 핵심 주변에 DNA가 감기면서 길이는 약 7배로 줄어들고, 30 nm 섬유가 형성되면서 추가로 6배의 응축이 일어난다. 추가적인 접힘 및 감김이 일어나면서 진정염색질에서 전체 포장 비율은 약 750배가 된다. 이질염색질 및 분열하는 세포의 염색체는 포장 비율이 이보다 훨씬 더 높다. 예를 들어 인간 세포에서 세포분열 시 염색체의 길이는 약 4~5 μm이지만 완전히 DNA 분자를 펼치면 거의 75 mm의 길이이다. 따라서 그러한 염색체의 포장 비율은 15,000~20,000배이다.

히스톤과 염색질 재구성 단백질을 변화시키면 염색질 포장이 변경된다

세포는 염색질의 어떤 부분을 활성화하기 위해 느슨하게, 또는 반대로 비활성으로 만들기 위해 단단하게 포장하는 것을 엄격하게 조절할 수 있다(**그림 16-21**). 세포가 염색질을 조절하는 주요 방법 중 하나는 히스톤을 이용하는 것이다. 각 히스톤 분자는 튀어나온 꼬리를 가지고 있어 메틸, 아세틸, 인산염 또는 기타 그룹을 꼬리의 여러 위치에 부착할 수 있다. 이러한 다양한 꼬리표 조합을 **히스톤 암호**(histone code)라 부르며, 염색질 구조를 변화시켜 유전자 활성을 조절하도록 여러 단백질이 인식하는 신호 체계로 작용한다(그림 16-21a).

꼬리표 반응 중 하나는 **히스톤 메틸전달효소**(histone methyl-transferase)에 의해 히스톤의 라이신 잔기에 메틸화가 일어나는 것으로, 이는 어떤 라이신 및 히스톤 종류가 메틸화되느냐에 따라 유전자 발현이 활성화되거나 또는 억제되는 신호가 된다. 예를 들어 활성화되는 유전자 대부분은 히스톤 H3의 네 번째 라이신 메틸화가 특징이며, 9번 및 27번 라이신 메틸화는 유전자 비활성화와 관련된다. 어떤 경우에는 27번 라이신이 메틸화되면 메틸화 효소가 모여들고 활성화되어 인접한 DNA를 메틸화하여 유전자 비활성화를 유발한다.

히스톤 구조를 변경하는 또 다른 메커니즘은 아세틸화(아미노산 곁사슬에 아세틸 그룹을 추가하는 것)를 통한 것이다. 특히 효소 **히스톤 아세틸전달효소**(histone acetyltransferase, HAT)는 히스톤 분자에 아세틸기를 부가하여 염색질 탈축합을 촉진한다. 히스톤 꼬리의 라이신 잔기가 아세틸화되면 양전하가 중화되고, 히스톤 꼬리와 DNA 결합을 약화시킨다. 결과적으로 대부분의 히스톤 아세틸화는 유전자가 활발하게 발현되거나 발현될 준비가 된 '열린' 염색질과 관련이 있다. 또 다른 효소인 **히스톤 탈아**

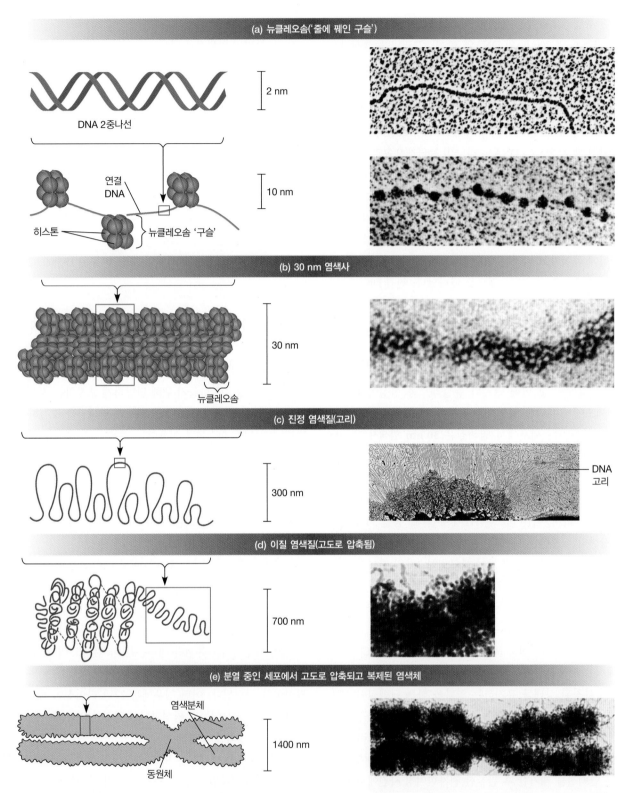

(a) 뉴클레오솜('줄에 꿰인 구슬')

2 nm

DNA 2중나선

10 nm

연결
DNA

히스톤

뉴클레오솜 '구슬'

(b) 30 nm 염색사

30 nm

뉴클레오솜

(c) 진정 염색질(고리)

300 nm

DNA
고리

(d) 이질 염색질(고도로 압축됨)

700 nm

(e) 분열 중인 세포에서 고도로 압축되고 복제된 염색체

염색분체

1400 nm

동원체

그림 16-19 염색질 포장 단계. 이 그림과 TEM 사진은 DNA 꼬임 및 접힘이 진행되어 최종적으로 분열세포에서 압축이 최고에 이르는 염색체까지의 각 단계에 대한 현재 모델을 나타낸다. (a) DNA와 4종류의 히스톤이 결합하여 형성된 뉴클레오솜들이 펼쳐진 '구슬이 줄에 매달린' 모습. (b) 30 nm 염색사. 뉴클레오솜이 밀집한 집합체로 염색사를 만든다. (c) 30 nm 섬유의 고리. 유사분열 과정에 있는 염색체를 실험으로 풀면 TEM 사진에서 30 nm 두께의 고리가 보인다. (d) 고도로 접힌 염색질. (e) 복제된 염색체(염색분체 2개가 부착). 분열하는 세포에서는 염색체의 모든 DNA가 매우 압축된 염색질의 형태로 존재한다. 움푹 들어간 곳은 동원체를 나타낸다.

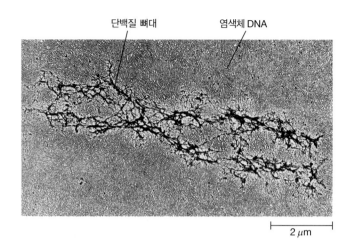

단백질 뼈대   염색체 DNA

그림 16-20 인간 염색체에서 히스톤을 모두 제거한 후에도 남아있는 단백질 뼈대(protein scaffold). 염색체 DNA는 일련의 긴 고리 형태로 뼈대에 부착되어 있다(TEM).

세틸화효소(histone deacetylase, HDAC)는 반대 기능을 수행하여 히스톤에서 아세틸기를 제거한다. DNA에 결합하는 조절단백질은 이러한 효소를 포함하는 복합체를 끌어들여 DNA 영역에서 유전자 발현을 변경할 수 있다.

히스톤이 화학적으로 변형되면 추가적으로 '열린' 염색질 또는 '닫힌' 염색질과 관련된 단백질의 결합이 일어난다. 예를 들어 크로모도메인(chromodomain)을 가진 단백질은 압축 염색질의 특징인 메틸화된 히스톤과 결합하는 반면, 브로모도메인(bromodomain)을 가진 단백질은 열린 염색질과 관련된 아세틸화된 DNA에 결합한다. 브로모도메인을 가진 중요한 단백질 중 하나는 전사인자 TFIID이며, RNA로 전사되는 유전자와 결합한다(23장 참조).

뉴클레오솜의 히스톤을 변형하는 것 외에도 다른 단백질은 DNA상에서 뉴클레오솜의 위치와 조직을 변경한다. 이러한 **염색질 재구성 단백질**(chromatin remodeling protein)은 ATP를 가수분해하면서 DNA를 따라 뉴클레오솜의 구성 및 위치를 변화시킨다(그림 16-21b). 중요한 재구성 단백질 종류 중 하나는 SWI/SNF 계열이다. 이러한 단백질은 DNA에서 뉴클레오솜의 위치를 이동시키거나 뉴클레오솜을 염색질에서 방출시킴으로써 다른 단백질이 DNA에 더 쉽게 접근할 수 있게 한다. 히스톤 아세틸화가 많이 일어날수록 유전자 활성화가 높아진다. SWI/SNF 재구성 단백질은 히스톤 단백질의 아세틸화된 꼬리에 결합하는 도메인을 가지고 있어 히스톤 변화와 염색질 재구성이 서로 연결된다.

염색질 포장에 변화가 발생한 세포에만 그 효과가 국한되는 것은 아니다. 염색질 포장 변화는 세포분열 시 딸세포로 전달될 수 있다. 이는 유전자 발현의 변화가 DNA 서열의 변화를 수반하지 않는 메커니즘을 통해 유전될 수 있음을 의미한다. 또한 유

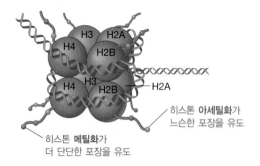

히스톤 메틸화가
더 단단한 포장을 유도

히스톤 아세틸화가
느슨한 포장을 유도

(a) 히스톤 변형

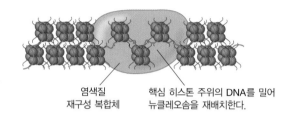

염색질
재구성 복합체

핵심 히스톤 주위의 DNA를 밀어
뉴클레오솜을 재배치한다.

(b) 염색질 재구성 복합체

그림 16-21 히스톤 변형 및 염색질 재구성 단백질이 염색질 포장에 미치는 영향. (a) 핵심 입자를 형성하는 8개의 히스톤 꼬리가 화학적으로 변형될 수 있다. 가장 일반적인 변형 두 가지는 아세틸 및 메틸 그룹을 더하거나 제거하는 것이다. 히스톤 아세틸화는 뉴클레오솜 포장을 느슨하게 하고, 메틸화는 더 단단한 포장을 만든다. 다른 꼬리는 다른 세포에서 포장의 변형을 달라지게 하며, 전체적인 포장의 양상은 이와 연관된 DNA의 활동에 변화를 가져오는 '히스톤 암호'를 만든다. (b) 염색질 재구성 단백질은 뉴클레오솜에 여러 영향을 미친다. 이 그림의 경우 염색질 재구성 단백질은 뉴클레오솜에서 DNA를 옆으로 밀어 유전자가 활성화될 수 있는 DNA 부위를 노출시킨다.

전학 이상의 단계에서 일어나는 변화이므로 이를 **후성유전학적 변화**(epigenetic change)라고 부른다(이 독특한 유형의 유전에 대해서는 25장 참조).

🔗연결하기 16.1

아미노산의 화학적 특성을 고려할 때 히스톤 꼬리에서 가장 나타나지 않을 것으로 예상되는 아미노산 그룹은 무엇인가? (그림 3-2 참조)

염색체 DNA는 진정염색질과 이질염색질로 구성된다

유사분열 과정에서 염색질은 매우 압축된 상태이다(그림 16-19e 참조). 그러나 간기 동안에도 상당한 양의 염색질이 압축된 상태로 남아있다(그림 16-19d 참조). 이러한 세포에서 염색질이 포장되어 압축되는 정도는 연속적으로 달라진다. 매우 많이 압축되어 현미경 사진에서 검은 반점으로 나타나는 염색질 부분을 **이질염색질**(heterochromatin)이라고 하며, 보다 느슨하게 채워져 확산된 형태의 염색질을 **진정염색질**(euchromatin)이라고 한다. 이질염색질은 전사적으로 불활성인 반면, 더 느슨하게 포장된 진

정염색질은 활발하게 전사되는 DNA와 관련이 있다. 활발한 대사활동을 하는 세포의 염색질은 대부분 진정염색질이다. 그러나 세포가 분열할 준비가 되면 모든 염색질이 매우 압축되어 광학현미경으로도 구별할 수 있는 염색체를 생성한다. DNA가 최근에 복제되었기 때문에 각 염색체는 염색분체라고 하는 2개의 복제된 단위로 구성된다(그림 16-19e).

일부 이질염색질은 염색체의 구조를 형성한다

지금까지 다룬 대부분의 이질염색질은 진정염색질로 전환될 수 있으며, 그 반대도 가능하다. 이러한 이질염색질은 **조건적 이질염색질**(facultative heterochromatin)이라고 한다. 조건적 이질염색질은 세포가 수행하는 특정 활동에 따라 다르므로 특정 세포 유형에서 특이적으로 비활성화된 염색체 영역을 나타내는 것으로 보인다. 조건적 이질염색질이 형성되는 현상은 포유동물 암컷에서 X 염색체 하나의 불활성화 등 배아 발달 과정에서 특정 지역의 유전자 전체를 불활성화할 때 중요한 역할을 한다. 그러나 다른 이질염색질은 영구적으로 압축되어 염색체의 구조적 기능을 수행한다. 이러한 이러한 이질염색질은 **항시적 이질염색질**(constitutive heterochromatin)이라고 한다. 염색체에서 중요한 항시적 이질염색질은 **동원체**(centromere)와 **말단소체**(telomere)이다(**그림 16-22**).

동원체 동원체는 유사분열 과정에서 응축된 염색체가 조여진 부분으로, 현미경으로 관찰된다. 동원체 DNA는 단백질 복합체에 의해 결합되어 있으며, 두 가지 중요한 기능을 수행한다. 첫째, 유사분열 또는 감수분열 동안 자매염색분체가 분리되기 전에 동원체는 자매염색분체가 서로 붙어있게 한다. 둘째, 유사분열 중기 동안 동원체는 염색체를 유사분열 또는 감수분열 방추사를 구성하는 미세소관과 부착하는 구조인 **방추사부착점**

(kinetochore)이 조립되는 부위이다(20장 및 26장 참조).

동원체는 반복적인 DNA 서열로 구성된 CEN 서열로 구성된다. 발아 효모인 *Saccharomyces cerevisiae* 염색체에서 CEN 서열이 최초로 연구되었다. 16개의 효모 염색체 각각은 서로 유사한 CEN 서열을 가지고 있으며, 다른 염색체의 서열로 교체가 가능하다. 다른 진핵생물도 고유한 CEN 영역을 가지고 있지만 생물체마다 서로 특별히 유사하지는 않다. 고등 진핵생물에서는 CEN 영역이 훨씬 더 크다. 초파리(*Drosophila*)에서 CEN 영역은 10 bp 서열이 200~600 kb에 걸쳐 직렬로 반복되는 구조이다. 즉 이 10 bp 서열이 끝에서 끝까지 수십만 번 반복된다. 인간 세포의 동원체는 알포이드 DNA(alphoid DNA)로 알려진 171 bp 모티프가 직렬로 반복 배열되어 총 100만 bp 크기를 가진다. 동원체 염색질은 고유한 반복 서열 외에도 다른 일반 염색질에서 발견되는 히스톤 H3 대신 *CENP-A*로 알려진 변형된 히스톤을 사용한다.

말단소체 말단소체는 염색체 말단에 존재한다. 말단소체는 또한 매우 반복적인 DNA 서열을 가진다(말단소체가 각 복제주기에서 말단의 염색체가 분해되는 것을 방지하는 방법에 대해서는 22장 참조). 인간 말단소체에는 진화 과정에서 수억 년 동안 고도로 보존된 서열 TTAGGG가 250~1,500개의 사본으로 존재한다. 지금까지 연구된 모든 척추동물은 이와 동일한 서열을 가지고 있다. 다른 진핵생물도 단세포 진핵생물을 포함하여 이와 유사한 서열을 가지고 있다. 복제에서의 역할 외에도 말단소체는 염색체 끝을 구조적으로 보호하는 단백질을 모집하는 것으로 생각된다.

각 염색체는 고유한 줄무늬 패턴으로 식별된다

광학현미경으로 유사분열 염색체를 보면 크기와 동원체의 위치에 따라 많은 경우 염색체를 구별할 수 있다. 그러나 2개의 염색체가 거의 같은 크기일 때는 서로 구별하기가 어렵다. 1960~1970년대에 염료를 사용하여 유사분열 염색체를 염색하는 기술이 개발되었다. 가장 일반적인 방법 중 하나는 단백질 분해효소 트립신으로 염색체를 처리한 다음 김사(Giemsa) 염색을 수행하는 것이다. 그러면 G 밴드(G는 Giemsa를 의미)라고 하는 일련의 밝고 어두운 염색체 밴드가 생성된다(**그림 16-23**). 염색체를 따라 염색 강도가 달라지는 물리적 차이가 무엇인지는 명확하지 않지만 재현 가능하게 각 염색체의 G 밴드 위치가 나타나므로, 세포유전학 실험실에서 환자의 염색체 수와 모양이 정상인지 여부를 결정하기 위해 일반적으로 이러한 유형의 염색 방법을 사용한다. 그림 16-23a는 X 염색체에 대한 이러한 밴드를 보여준다. 어느 개인의 전체 염색체를 **핵형**(karyotype)이라고 한

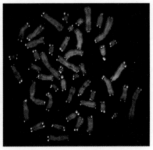
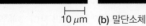

(a) 동원체　　10 μm　　(b) 말단소체

그림 16-22 염색체의 구조에 동원체와 말단소체가 존재한다. (a) 형광제자리혼성화를 통해 파란색 염료로 염색된 염색체에서 동원체 서열(자홍색)을 식별한다. 대부분의 인간 염색체에서 동원체는 염색체의 중간에 위치한다. (b) 형광제자리혼성화를 통해 파란색 염색체에서 말단소체 서열(노란색)을 식별한다. 말단소체는 염색체 말단에 위치한다.

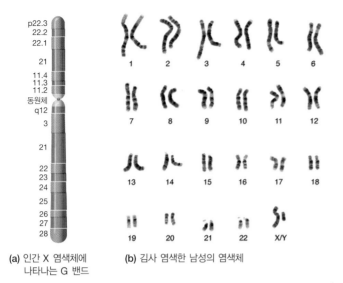

(a) 인간 X 염색체에 나타나는 G 밴드
(b) 김사 염색한 남성의 염색체

그림 16-23 체세포분열 중기에 정지시킨 세포에서 인간 염색체 각각은 고유한 G 밴딩 패턴을 나타낸다. (a) 인간 X 염색체의 G 밴드. (b) 김사로 염색된 남성의 염색체

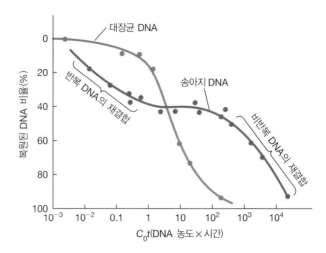

그림 16-24 송아지 DNA와 대장균 DNA의 복원 실험으로 진핵생물은 반복 서열 DNA를 가지고 있음을 알 수 있다. 송아지 DNA는 반복되는 서열을 가져 박테리아 DNA보다 더 빠르게 재결합한다.

다. 그림 16-23b는 핵형을 나타낸 그림이다.

진핵생물의 염색체에는 많은 양의 반복된 DNA 서열이 존재한다

말단소체와 동원체 같은 항시적 이질염색질에서 반복적인 서열이 존재한다는 사실은 '인간 세포에 많은 양의 DNA가 존재하는 이유가 박테리아 세포보다 수천 배 유전자 수가 많기 때문인가 아니면 동원체와 말단소체 말고도 많은 반복 서열이 존재하기 때문인가?'라는 질문을 제기하게 한다. 1960년대 후반에 브리튼(Roy Britten)과 코네(David Kohne)가 수행한 실험을 통해 진핵생물 DNA에 광범위한 반복 서열이 존재하며, 이로 말미암아 염색체에 포장되는 DNA의 길이가 길어진다는 것을 발견하게 되었다.

그들은 이 실험에서 DNA를 작은 단편으로 절단하고 온도를 높여 단일가닥으로 분리했다. 그런 다음 단일가닥 단편이 복원되도록 천천히 용액의 온도를 낮췄다. 복원되는 속도는 특정 DNA 서열을 가진 각 DNA 단편의 농도에 따라 달라진다. 주어진 DNA 서열을 가진 단일가닥의 농도가 높을수록 서로 상보적인 단일가닥과 무작위로 충돌하고 재결합하여 복원될 가능성이 커진다. 예를 들어 박테리아 세포의 DNA와 이보다 1,000배 더 많은 DNA를 포함하는 전형적인 포유류 세포의 DNA를 생각해 보자. 이러한 1,000배 DNA 양의 차이가 DNA 서열이 달라서 생긴 차이라면 박테리아 DNA는 포유류 DNA보다 1,000배 빠르게 복원될 것이다. 포유동물 DNA 샘플에서 특정 DNA 서열은 박테리아 DNA 샘플의 경우 보다 전체 DNA에서 1,000배 더 낮은 농

도로 존재하기 때문이다.

그러나 브리튼과 코네가 포유류와 박테리아 DNA의 실험 결과를 비교했을 때 예상과 정확히 일치하지 않았다. **그림 16-24**에 송아지와 대장균의 DNA에서 얻은 복원율을 초기 DNA 농도에 복원에 걸린 시간을 곱한 함수로 표시했다. 이는 다양한 DNA 농도에서 실시한 실험 결과를 쉽게 비교할 수 있기 때문이다. 이러한 방식으로 그래프를 그려보면 송아지 DNA 샘플은 매우 다른 속도로 복원되는 두 종류의 서열로 구성되어 있음을 알 수 있다. 송아지 DNA의 약 40%를 차지하는 한 유형의 서열은 박테리아 DNA보다 더 빠르게 복원된다. 이 예상치 못한 결과는 송아지 DNA에 여러 사본으로 존재하는 **반복 DNA**(repeated DNA) 서열이 포함되어 있다는 사실로 설명할 수 있다. 동일한 서열을 가진 여러 사본이 존재하면 이 서열의 농도가 높아져 각 서열이 단일 사본만 존재하는 경우보다 더 많은 충돌과 더 빠른 속도로 재결합이 발생한다.

송아지 DNA의 나머지 60%는 대장균의 DNA보다 약 1,000배 더 느리게 재생되며, 이는 단일 사본으로 존재하는 서열에서 예상되는 결과와 일치한다. 따라서 이 분획을 **비반복 DNA**(nonrepeated DNA)라고 한다. 비반복 DNA는 각 유전체당 하나의 사본만 존재한다. 대부분의 단백질을 암호화(코딩)하는 유전자는 반복되지 않는 DNA로 구성되지만, 이것이 모든 반복되지 않는 DNA가 단백질을 암호화한다는 의미는 아니다. 사실상 박테리아 세포에서 모든 DNA는 반복되지 않는 반면, 진핵생물은 반복되는 DNA와 반복되지 않는 DNA의 양에 많은 차이가 있다.

연구자들은 앞서 설명한 서열 분석 기술을 사용하여 다양한 유형의 반복 DNA의 염기서열을 결정하고 **직렬반복 DNA**와 **산재 반복 DNA**로 분류했다(**표 16-2**).

표 16-2   진핵세포 DNA에서 나타나는 반복 서열

I. 직렬반복 DNA(부수체 DNA 포함)

대부분 포유동물 유전체의 10~15%가 이 형태의 DNA이다.	
각 반복 단위의 길이:	1~2,000 bp, 고도 반복 DNA 의 경우에는 5~10 bp
유전체당 반복 횟수:	10^2~10^5
반복 단위의 배열:	직렬
각 위치에서 부수체 DNA의 전체 길이	
정상 부수체 DNA:	10^5~10^7 bp
가변직렬반복(VNTR):	10^2~10^5 bp
짧은 직렬반복(STR):	10^1~10^2 bp

II. 산재반복 DNA

대부분 포유류 유전체의 25~50%가 이 형태의 DNA이다.	
각 반복 단위의 길이:	10^2~10^4 bp
반복 단위의 배열:	유전체 전체에 흩어져 있다.
유전체당 반복 횟수:	10^1~10^6, '사본'들은 동일하지 않음

직렬반복 DNA   반복되는 DNA의 주요 범주 중 하나는 여러 사본이 일렬로 나란히 배열되기 때문에 **직렬반복 DNA**(tandemly repeated DNA)라고 한다(이해를 돕기 위해 2명이 앞뒤로 앉아 타는 자전거를 상상해보라). 앞서 동원체 DNA와 말단소체 DNA라는 이와 같은 두 가지 유형의 DNA를 접했지만 직렬반복 DNA에는 몇 가지 다른 유형이 더 있다. 직렬반복 DNA는 전형적인 포유류 유전체의 10~15%를 차지하지만 유형에 따라 기본 반복 단위의 길이와 반복되는 횟수가 다르다. 반복 횟수가 아주 높은 직렬반복 DNA는 밀도에 따라 DNA를 분리하는 원심분리에서 유전체 DNA의 나머지 부분과 분리되는 '부수체' 밴드에 나타나므로 **부수체 DNA**(satellite DNA)라고 한다.

부수체 DNA에서 반복되는 단위의 길이는 약 1~2,000 bp 크기이다. 그러나 대부분의 경우 반복 단위는 10 bp보다 짧다. 다음은 5개 염기 단위 GTTAC로 구성된 간단한 서열 반복 DNA의 예(한 가닥만 표시)이다.

. . . GTTACGTTACGTTACGTTACGTTAC . . .

유전체의 특정 위치에서 GTTAC 단위가 순차적으로 수십만 번 반복될 수 있다. 주어진 위치에 존재하는 부수체 DNA의 양은 엄청나게 달라질 수 있다. 전형적인 부수체 DNA의 전체 길이는 10^5~10^7 bp이다.

더 짧은 영역에 나타나는 직렬반복 DNA 유형으로 **가변직렬반복**(variable number tandem repeat, VNTR)이 있다. **미소부수체 DNA**(minisatellite DNA)는 전체 길이가 약 10^2~10^5 bp 이며 대략 10~100 bp의 직렬반복 단위로 구성된다. 미세부수체 DNA(microsatellite DNA) 또는 **짧은 직렬반복**(short tandem repeat, STR)은 이름에서 알 수 있듯이 훨씬 더 짧지만(길이가 약 10~100 bp) 유전체의 여러 곳에서 동일한 서열이 나타난다. 이 경우 반복 단위는 1~10 bp에 불과하다. 가변직렬반복에서 발견되는 짧은 반복 서열은 의료 법의학 및 유전 상담에서 특정 유전적 구성을 가진 개인을 식별할 때 사용된다(이러한 기술의 사용에 대해서는 17장 참조).

산재반복 DNA   위와 다른 유형의 반복 DNA는 **산재반복 DNA**(interspersed repeated DNA)이다. 이 유형의 DNA 반복 단위는 직렬로 모여있지 않고 유전체 전체에 흩어져 산재한다. 반복 단위 하나는 보통 수백 또는 수천 개의 염기쌍 길이이며, 수십만 개에 이르는 사본이 분산되어 존재한다. 일반적으로 서열이 서로 정확히 같지는 않으나 유사하다. 놀랍게도 산재반복 DNA는 포유류 유전체의 25~50%를 차지한다.

대부분의 산재반복 DNA는 전이인자(트랜스포존) 계열이며, 이는 유전체에서 이동할 수 있고 이 과정에서 복제본을 만들기 때문에 '점핑 유전자'라고도 한다(트랜스포존이 '점프'하기 위해 사용하는 메커니즘은 22장 참조). 지금은 인간 유전체의 얼마나 많은 부분이 트랜스포존에 할당되어 있는지만 고려할 것이다. 놀랍게도 인간의 경우 유전체의 약 절반이 이러한 이동성 인자로 구성된다. **긴 산재요소**(long interspersed nuclear element, LINE)라고 불리는 종류가 가장 많은데, 길이가 6,000~8,000 bp 이며, 유전체의 약 20%를 차지한다. LINE은 LINE 서열(그리고 기타 이동인자)을 복사하고 유전체의 다른 위치에 복사본을 삽입하는 효소를 암호화하는 유전자를 가지고 있다. **짧은 산재요소**(short interspersed nuclear element, SINE)라고 하는 또 다른 부류는 유전자를 포함하지 않고 길이가 500 bp 미만인 짧은 반복 서열로 구성되며, 이동을 하려면 다른 이동인자가 만든 효소가 필요하다. 인간에서 가장 흔한 SINE은 맨 처음 발견된 SINE으로, 길이가 약 300 bp이며 *Alu*I으로 잘리는 서열을 가지고 있어 Alu 서열이라고 부른다. 약 100만 개의 Alu 서열 사본이 인간 유전체 전체에 퍼져 있으며, 전체 DNA의 약 10%를 차지한다. 단백질이나 rRNA, tRNA를 암호화하는 DNA(이러한 DNA는 엑손에 존재한다. 23장 참조)는 놀랍게도 인간 유전체에서 극히 소량을 차지한다(**그림 16-25**).

LINE, SINE 및 기타 유형의 전이인자가 이동할 수 있는 성질은 유전체 가변성을 부여하여 생물체의 진화적 적응성에 기여한다고 생각된다. 또한 생물체의 정상적인 발생 과정에서도 일부 LINE의 이동이 일어나 인접한 유전자 발현을 변경시킬 수 있다는 사실은 유전자 조절에서도 작용하고 있음을 나타낸다.

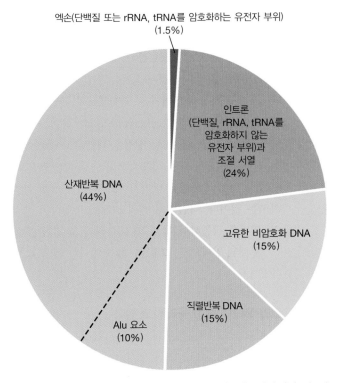

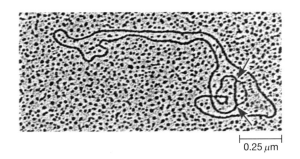

그림 16-26 미토콘드리아 DNA. 대부분 생물체의 미토콘드리아 DNA는 이 전자현미경 사진에서 볼 수 있듯이 원형이다. 복제 중인 DNA 분자를 촬영했다. 화살표는 복제가 진행되는 지점을 나타낸다(TEM).

ATP 합성효소가 포함된다(**그림 16-27**).

미토콘드리아 유전체의 크기는 생물체마다 상당히 다르다. 포유류의 미토콘드리아는 일반적으로 약 16,500 bp의 DNA를 가지고 있으며, 효모 미토콘드리아 DNA는 이보다 5배 더 크고, 식물 미토콘드리아 DNA도 더 크다. 그러나 더 큰 미토콘드리아 유전체가 반드시 이와 비례하여 더 많은 폴리펩타이드를 암호화하는 것은 아니다. 예를 들어 효모와 인간의 미토콘드리아 DNA를 비교하면 효모 미토콘드리아에 존재하는 여분의 DNA는 대부분 비암호화 서열로 구성되어 있다. 미토콘드리아 유전체 크기가 종별로 다르며 일부 미토콘드리아 DNA 서열은 각 종에 고유하게 존재한다. 예를 들어 DNA 바코드라고도 불리는 648개 뉴클레오타이드 서열을 사용하여 밀접하게 관련된 종을 다른 종과 구별할 수 있다.

엽록체는 일반적으로 길이가 약 120,000 bp이고 약 120개의 유전자를 포함하는 원형 DNA 분자를 가지고 있다. 단백질 합성에

그림 16-25 인간 유전체의 DNA 유형. 단백질을 암호화하거나 리보솜 또는 tRNA로 전사되는 DNA는 인간 유전체 DNA의 1.5%밖에 되지 않는다. 산재반복 DNA는 인간 유전체의 44%를 차지하며, 이 중 4분의 1이 *Alu* 요소이다. 유전체의 나머지 15%는 직렬반복 서열 DNA이다.

진핵생물은 미토콘드리아와 엽록체에도 DNA를 가지고 있다

진핵세포의 DNA는 핵에만 포함되어 있는 것은 아니다. 핵 DNA가 세포의 거의 대부분의 유전정보를 가지고 있지만, 미토콘드리아와 엽록체는 자신의 DNA와 이를 복제, 전사, 번역하는 데 필요한 시스템을 가지고 있다. 미토콘드리아와 엽록체에 있는 DNA 분자에는 히스톤이 없으며 일반적으로 원형이다(**그림 16-26**). 즉 이러한 세포소기관의 세포내 공생 기원(4장 참조)에서 예상할 수 있듯이 박테리아의 유전체와 유사하다. 미토콘드리아 및 엽록체 유전체는 상대적으로 작아 바이러스 유전체와 크기가 비슷하다. 따라서 두 세포소기관 모두 자체 단백질 중 일부만 자신의 DNA로 암호화할 수 있고 나머지는 핵의 유전체 DNA에 의존하므로 반자율적이다.

예를 들어 인간 미토콘드리아의 유전체는 16,569개의 염기쌍으로, 길이가 약 5 μm인 원형 DNA 분자이며 37개의 유전자로 구성된다. 이 DNA에 의해 암호화되는 RNA와 폴리펩타이드는 미토콘드리아가 필요로 하는 RNA와 단백질의 작은 부분(약 5%)에 불과하다. 그럼에도 불구하고 이는 유전적으로 매우 중요한데, 여기에는 미토콘드리아 rRNA, 미토콘드리아 단백질 합성에 필요한 모든 tRNA, 전자전달계의 13개 폴리펩타이드-NADH 탈수소효소의 소단위체, 사이토크롬 *b*, 사이토크롬 *c* 산화효소,

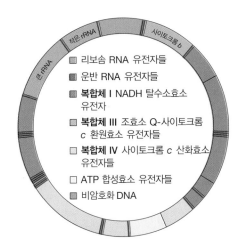

그림 16-27 인간 미토콘드리아의 유전체 구성. 인간 미토콘드리아의 2중가닥 DNA 분자는 원형이며, 16,569개의 염기쌍을 가진다. 이 유전체는 작은 또는 큰 rRNA, tRNA, 전자전달계를 구성하는 여러 단백질을 암호화한다. tRNA는 약 75개의 뉴클레오타이드로 구성되므로 유전자가 매우 짧다. 미토콘드리아 유전체는 매우 압축되어 있으며 유전자 사이에 비암호화 DNA가 거의 없다.

관여하는 리보솜 및 mRNA와 폴리펩타이드 외에도 엽록체 유전체는 광합성에 관여하는 폴리펩타이드를 암호화한다. 여기에는 광계 I 및 광계 II의 여러 폴리펩타이드 성분과 캘빈 회로의 탄소 고정효소인 리불로스-1,5-2인산 카복실화효소의 두 소단위체 중 하나가 포함된다.

흥미롭게도 미토콘드리아 또는 엽록체 유전체에 의해 암호화된 대부분의 폴리펩타이드는 핵 유전체에 의해 암호화된 소단위체와 함께 다량체 단백질을 구성한다. 즉 세포소기관 단백질은 잡종 단백질 복합체인 것이다. 이는 세포기질에서 합성된 폴리펩타이드가 세포소기관으로 들어간다는 것을 의미하며, 그 이동 방법은 매우 흥미로운 주제이다(미토콘드리아 단백질에 대해서는 10장 참조).

개념체크 16.3

대부분의 세포에서 염색질 포장이 변하면 그 부분의 유전자 발현이 변한다. 유전자 DNA가 RNA로 전사된 것을 확인하지 않고도 이것이 사실인 이유를 설명할 수 있는가?

16.4 핵

지금까지 세포의 유전물질인 DNA, 특정 종의 세포에 대한 완전한 DNA 정보 세트인 유전체, 세포 내에서 DNA를 포장하는 물리적 수단인 염색체에 대해 알아보았다. 이제 염색체가 위치하며, DNA 복제되고 전사되는 진핵세포 장소인 핵을 살펴보자. **핵**(nucleus)은 대부분의 세포 유전정보를 저장하는 장소이자 해당 정보 발현을 조절하는 중앙 통제소이다.

핵은 진핵세포에서 가장 두드러지는, 원핵세포와 구별되는 특징이다(**그림 16-28**). 사실상 진핵(eukaryon)이라는 용어는 그리스어의 '진정한 핵(true kernel) 또는 진정한 씨앗(true nut)'에서 유래되었다. 진핵세포의 본질은 세포막으로 둘러싸인 핵으로, 복제와 전사 등 유전체의 활동을 나머지 세포 대사 활동과 분리하여 구획화하는 것이다. 다음에서 핵의 경계를 형성하는 핵막을 논의한 후 외피를 관통하는 핵공, 핵 내부의 구조 기질, 염색사의 배열, 인에 대해 알아보자. **그림 16-29**에 이러한 핵 구조 일부를 개괄하였다.

2중막 구조의 핵막이 핵을 둘러싸고 있다

19세기 후반에 핵 주변에 막이 존재할 것이라는 사실은 핵의 삼투 특성으로 추론하고 있었지만 전자현미경이 출현하기 전에는 이에 대해 알려진 것이 거의 없었다. 투과전자현미경으로 약 20~40 nm의 **핵 주위 공간**(perinuclear space)으로 떨어져서 존재하는 2개의 **핵막**(nuclear envelope), 즉 내막과 외막을 볼 수 있다(그림 16-29b 참조). 외막은 소포체(ER)와 연결되어 있으므로 핵 주위 공간은 소포체의 내강과 연속적으로 연결된다. 거친면 소

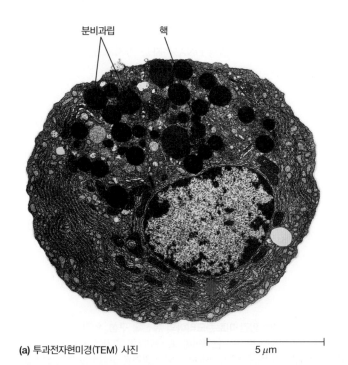

분비과립   핵

(a) 투과전자현미경(TEM) 사진   5 μm

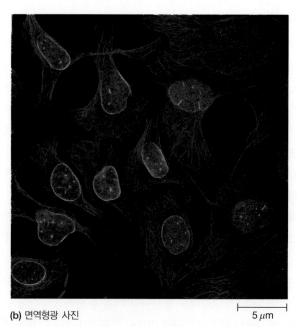

(b) 면역형광 사진   5 μm

그림 16-28 핵. 대부분의 진핵세포에서 핵은 가장 두드러진 구조이다. (a) 동물 세포의 핵. 이자에서 인슐린을 생성하는 샘꽈리세포로, 세포기질에 분비 과립이 많다(TEM). (b) 배양된 인간 골육종 상피세포를 염색했다. 핵막의 라민 A와 라민 C에 대한 항체는 초록색, 세포기질의 F-액틴에 결합하는 팔로이딘은 빨간색, DNA를 염색하는 DAPI는 파란색으로 나타냈다.

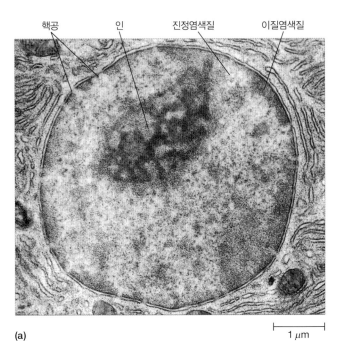

(a)

1 μm

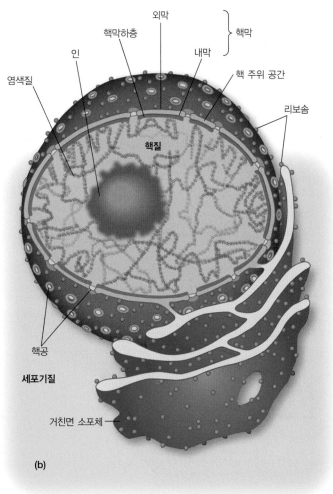

(b)

그림 16-29 핵과 핵막의 구조. (a) 눈에 띄는 구조적 특징을 가진 이자 샘꽈리세포 핵의 전자현미경 사진(TEM). 핵막은 핵공으로 뚫려있는 2중 막 구조이다. 내부에는 인, 진정염색질, 이질염색질이 들어있다. (b) 전형적인 핵의 모식도. 현미경 사진에는 보이지 않는 핵막하층, 외막의 리보솜, 외막과 거친면 소포체가 연결된 모습이 보인다.

포체의 막처럼 외막은 단백질 합성에 관여하는 리보솜이 외부 표면에 박혀있다. 외막의 여러 단백질은 세포의 세포골격과 결합하여 세포 내에서 핵의 위치를 고정시키거나 핵을 이동시키는 역할을 한다. 핵막은 튜브 모양으로 안으로 돌출된 구조를 할 수 있는데, 이 경우 내막이 핵과 접촉하는 면적은 증가된다.

핵막에서 가장 두드러진 특징은 **핵공**(nuclear pore)이라고 하는 특수 통로이며, 이는 핵막을 동결할단 전자현미경법으로 관찰하면 쉽게 볼 수 있다(**그림 16-30**). 각 구멍은 핵막의 두 막을 통과하는 작은 원통형 통로로, 이로 인해 세포기질과 **핵질**(nucleoplasm, 인이 차지하는 영역 이외의 핵 내부 공간)이 직접 연결된다. 핵공의 수는 세포 유형과 활동에 따라 크게 다르지만 전형적인 포유류의 핵은 약 3,000~4,000개/핵, 또는 10~20개/μm^2 핵막의 핵공이 존재한다. 핵공은 핵 안팎으로 물질의 이동을 제어하는 주요 핵 문지기 역할을 한다.

각 핵공은 내막과 외막이 융합되어 **핵공 복합체**(nuclear pore complex, NPC)라고 하는 복잡한 단백질 구조로 둘러싸인 통로를 형성한다. 핵공 복합체는 ~120 nm의 외경을 가지며 뉴클레오포린(nucleoporin)이라는 약 30개의 서로 다른 단백질로 구성된

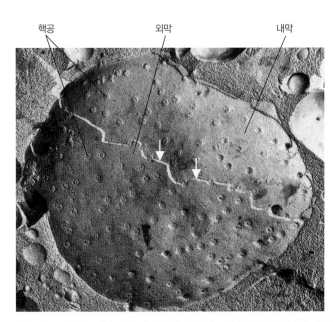

그림 16-30 핵공. 돼지 콩팥에서 얻은 상피세포의 동결할단 전자현미경 사진에서 수많은 핵공을 볼 수 있다. 파쇄된 단면에서 내막과 외막이 모두 나타난다. 화살표가 가리키는 융기부의 선은 두 막으로 만들어진 핵 주위 공간이다(TEM).

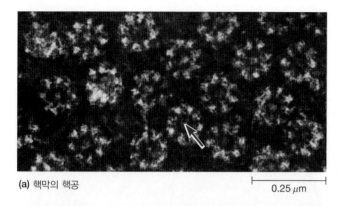

(a) 핵막의 핵공

0.25 μm

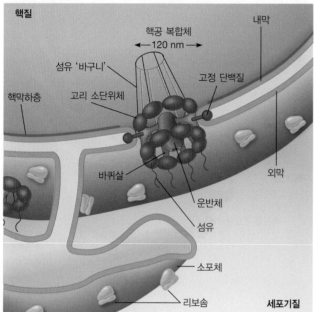

(b) 핵막에서 핵공의 위치

그림 16-31 핵공의 구조. (a) 난모세포 핵막에 대한 매질염색 사진(TEM). 팔각형 패턴의 핵공 복합체를 볼 수 있다. 화살표는 중앙 과립을 나타낸다. (b) 핵공은 내막 및 외막의 융합에 의해 형성되며, 핵공 복합체라고 하는 복잡한 단백질 구조로 둘러싸여 있다. 자세한 설명은 본문을 참조하라.

다. 전자현미경으로 관찰하면 핵공 복합체의 팔각형 대칭 구조를 볼 수 있다. **그림 16-31**에 있는 현미경 사진은 8개의 소단위체로 구성된 팔각형 패턴의 고리 구조를 나타낸다. 중앙 과립은 그림 16-31a에서 일부 핵공 복합체에 나타난다. 이 과립은 한때 기공을 통과하는 입자로 생각되었지만 이제는 핵공 복합체 구성 요소도 포함한다고 간주되고 있다.

그림 16-31b는 복잡하고 정교한 핵공 복합체의 주요 구성 요소를 나타낸다. 핵공 복합체는 전체적으로 핵막 내에서 옆으로 누워있는 바퀴와 같은 모양이다. 바퀴의 가장자리에 해당하는 나란히 위치한 2개의 고리(ring)는 각각 전자현미경 사진에서 볼 수 있는 8개의 소단위체로 구성된다. 8개의 바퀴살(spoke, 초록색으로 표시)은 고리에서 바퀴의 중심쪽 허브(보라색으로 표시)

까지 뻗어있고, 이는 전자현미경 사진에서 '중앙 과립'으로 나타난다. 이 과립은 핵막을 통과하여 고분자를 이동시키는 요소를 포함하는 것으로 생각되기 때문에 때때로 운반체라고 불린다. 운반체와 관련된 뉴클레오포린 소단위체는 아미노산 페닐알라닌 (F) 및 글라이신(G)을 포함된 반복 요소로 구성되므로 **FG 뉴클레오포린**이라고 한다. FG 뉴클레오포린은 본질적으로 구조화되지 않은 유연한 성질을 지녀 핵공을 통해 핵 안팎으로 이동하는 분자와 결합하는 단백질로 생각된다. 가장자리의 고리에서 핵 주위 공간으로 뻗어있는 단백질은 핵공 복합체를 핵공에 고정하는 데 도와줄 수 있다. 또한 섬유 단백질이 고리에서 세포기질과 핵질로 뻗어있고, 핵질 쪽에서는 바구니 구조를 형성한다(때로 '새장' 또는 '어망'이라고 한다).

분자는 핵공을 통해 핵에 출입한다

핵막은 하나의 문제를 해결하지만 또 다른 문제를 야기할 수 있다. 다음 장들에서 세포가 새로운 DNA, RNA, 단백질을 생산하는 방법에 대해 훨씬 더 많이 배우게 될 것이다. 그러나 지금은 DNA가 핵이라는 공간에 고립되어 발생하는 일반적인 결과를 생각해보자. 염색체와 염색체에 의한 활성을 세포의 한 공간에 국한시키는 것은 진핵생물에서 구획화라는 전략의 좋은 예이다. 아마도 핵은 리보솜, 미토콘드리아, 라이소솜 같은 세포소기관으로부터 염색체를 차단하여 유지하는 것이 유리할 것이다. 예를 들어 핵막은 새로 합성된 RNA가 처리가 완전히 끝나기 전에 세포기질의 세포소기관이나 효소의 영향을 받지 않도록 보호하는 작용을 한다.

그러나 미성숙한 RNA 분자와 염색체를 세포기질에서 분리하는 과정에서 핵막의 존재는 물질 운반 측면에서 원핵생물에는 없는 만만찮은 문제를 발생시킨다. 핵에서는 DNA와 염색체 복제 및 전사에 필요한 모든 효소 및 기타 단백질을 세포기질에서 가져와야 하며, 세포기질에서는 단백질 합성에 필요한 모든 RNA 분자 및 부분 조립된 리보솜을 핵에서 가져와야 한다(**그림 16-32**).

물질 운반이 핵공을 통해 얼마나 많이 일어나는지를 알아보려면 핵에서 세포기질로 리보솜 소단위체가 이동하는 현상을 보면 된다. 리보솜은 각각 RNA와 단백질의 복합체로 이루어진 두 종류의 소단위체로, 핵에서 부분적으로 조립된다. 이 소단위체는 세포기질로 이동하여 두 소단위체가 결합한 기능성 리보솜으로, 단백질을 합성한다. 활발하게 성장하는 포유류 세포는 분당 약 20,000개의 리보솜 소단위체를 합성할 수 있다. 그러한 세포는 약 3,000~4,000개의 핵공을 가지고 있으므로 리보솜 소단위체는 하나의 핵공에서 분당 약 5~6개의 소단위체를 수송하는 속도로 세포기질로 운반되어야 한다. 반대 방향으로의 운반량은 더

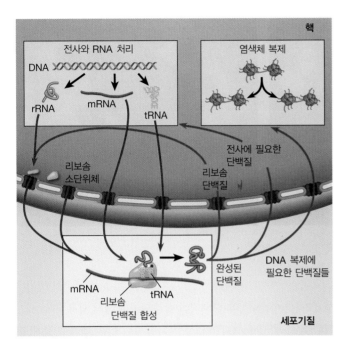

그림 16-32 핵 안팎으로의 고분자 운반. 진핵세포는 유전정보를 핵에 저장하지만 단백질을 세포기질에서 합성하기 때문에 핵에 필요한 모든 단백질은 세포기질에서 안쪽으로 운반되어야 하며(보라색 화살표), 단백질 합성에 필요한 모든 RNA 분자와 리보솜 소단위체는 핵에서 바깥쪽의 세포기질로 운반되어야 한다(빨간색 화살표). 단백질 합성에 필요한 3종류의 RNA는 rRNA, mRNA, tRNA이다.

많다. 염색체가 복제될 때 히스톤은 분당 약 300,000개의 분자가 필요하다. 따라서 핵 내로의 이동 속도는 활동적으로 분열하는 세포에서 하나의 핵공에서 분당 약 100히스톤 분자여야 한다. 핵공은 이 모든 고분자 운반 외에도 이보다 좀 더 작은 입자, 분자, 이온 등의 운반을 담당한다.

핵공을 통한 소분자의 단순 확산 핵공에서 작은 입자는 안팎으로 자유롭게 확산될 수 있다는 아이디어는 다양한 크기의 콜로이드 금 입자를 세포의 세포기질에 주입한 후 전자현미경으로 관찰한 연구에서 처음으로 증명되었다. 세포기질에 금 입자를 주입하자마자 금 입자는 핵공을 통과하여 핵 안으로 들어간다. 입자가 핵에 들어가는 속도는 입자의 직경과 반비례한다. 즉 금 입자가 클수록 핵에 들어가는 속도가 느려진다. 직경이 약 10 nm보다 큰 입자는 이동이 완전히 차단된다. 핵공 복합체의 전체 직경은 그러한 금 입자 직경보다 훨씬 크기 때문에 핵공 복합체에는 작은 입자와 분자가 자유롭게 이동할 수 있는 작은 물 확산 통로(aqueous diffusion channel)가 존재한다고 결론지었다.

이 통로의 크기를 알아보기 위해 연구자들은 다양한 크기의 방사성 단백질을 세포의 세포기질에 주입하고, 단백질이 핵에 나타나는 데 걸리는 시간을 관찰했다. 분자량이 20,000인 구형 단백질은 세포기질과 핵에서 평형을 만들기까지 몇 분 밖에 걸

리지 않지만, 60,000달톤 이상인 대부분의 단백질은 핵에 거의 들어갈 수 없다. 이들 및 기타 다른 운반 실험으로 수성 확산 통로의 직경이 약 9 nm이며, 분자량이 ~30,000보다 큰 분자에 대해 투과성 장벽을 생성함을 알아냈다. 수성 통로는 이온과 작은 분자(작은 단백질 포함)를 자유롭게 핵공을 투과할 수 있게 하는 것으로 생각된다. 이러한 물질은 세포에 주입된 후 빠르게 핵막을 통과한다. 따라서 DNA와 RNA 합성에 필요한 뉴클레오타이드와 대사경로에 필요한 다른 작은 분자는 핵공을 통해 자유롭게 확산될 수 있다.

핵공을 통한 대형 단백질 및 RNA의 능동수송 DNA 포장, 복제, 전사와 관련된 많은 단백질은 충분히 작아서 9 nm 너비의 통로를 통과할 수 있다. 예를 들어 히스톤은 분자량이 21,000 이하이므로 거의 문제없이 핵공을 통해 수동적으로 확산된다. 그러나 일부 핵 단백질은 크기가 매우 크다. 예를 들어 DNA와 RNA 합성에 관여하는 효소는 분자량이 100,000을 초과하는 소단위체를 가지고 있는데, 이는 너무 커서 9 nm 구멍을 통과할 수 없다. mRNA 분자도 매우 큰 RNA-단백질(리보핵단백질) 복합체의 형태로 단백질에 결합된 핵을 남기기 때문에 문제가 된다. 또한 mRNA는 핵에서 세포기질로 수출되기 전에 성공적으로 스플라이싱되고 변형되어야 한다(이러한 변형 메커니즘에 대한 자세한 내용은 23장 참조). 리보솜 소단위체는 핵에서 조립된 후 세포기질로 보내져야 한다. 핵공을 통해 이러한 모든 입자를 운반하는 것은 쉽지 않은 일이다.

그러한 큰 분자와 입자가 선택적으로 핵공을 통해 능동적으로 운반된다는 많은 증거가 있다. 다른 단일막을 가로지르는 능동수송과 마찬가지로, 핵공을 통한 능동수송에도 에너지가 필요하며, 수송되는 물질이 막단백질(이 경우에는 핵공 복합체의 일부)에 특이적으로 결합해야 한다. 세포기질에서 핵으로 능동적으로 운반되는 단백질에 대해서는 분자 수준에서 그 기작을 가장 잘 이해하고 있다. 이러한 단백질은 FG 뉴클레오포린이 인식하여 핵공을 통해 운반될 수 있게 하는 아미노산 서열인 **핵위치신호**(nuclear localization signal, NLS)를 1개 이상 가지고 있다. NLS는 일반적으로 8~30개 아미노산 길이이며, 종종 프롤린과 양전하(염기성) 아미노산인 라이신 및 아르지닌을 포함한다.

핵으로 표적 단백질이 이동하는 과정에서 NLS 서열의 역할은 다음 실험으로 규명되었다. 직경이 9 nm보다 큰 금 입자(너무 커서 핵공의 물 확산 통로를 통과할 수 없다)에 NLS 함유 폴리펩타이드를 코팅한 후 개구리 난모세포의 세포기질에 주입한다. 이러한 처리를 하면 직경 26 nm 크기까지의 금 입자는 핵공 복합체를 통해 핵으로 **빠르게** 이동한다. 따라서 핵막을 투과하는 능동수송으로 이동하는 입자의 최대 직경은 26 nm(단순 확산의

그림 16-33 핵 유입을 위한 핵위치신호의 중요성. (a) SV40 바이러스에 의해 암호화된 단백질(T 항원)은 감염한 세포 핵을 표적으로 하는 핵위치 서열(현미경 사진 하단에 표시)을 가지고 있다. 감염된 세포의 원형질막은 보이지 않는다. (b) 라이신 잔기 하나가 트레오닌으로 돌연변이된 단백질은 더 이상 핵에 축적되지 않고 세포기질에 축적된다(형광현미경).

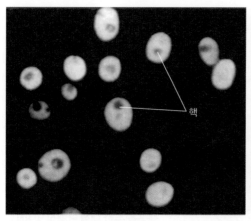

(a) -Pro-Lys-Lys-Lys-Arg-Lys-Val-

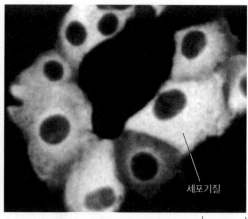

핵

세포기질

(b) -Pro-Lys-Thr-Lys-Arg-Lys-Val-   20 μm

경우 9 nm)인 것으로 보인다.

가장 먼저 규명된 NLS 서열 중 하나는 유인원 바이러스 40(SV40)에 의해 생성된 단백질인 거대 T 항원의 NLS이다. 스미스(Alan Smith)와 동료들은 단백질의 C-말단 근처의 7개 아미노산이 핵으로 단백질이 수입되는 데 필요하다는 것을 발견했다. 이 7개 아미노산 중 하나만, 일반적으로 라이신이 트레오닌으로 돌연변이되면 SV40 T 항원의 핵 유입이 차단되므로(**그림 16-33**), 이 서열이 유입에 필요함을 보여준다. 반대로 SV40 T항원 NLS를 표지하면 세포기질 단백질인 피루브산 인산화효소를 핵으로 유입시킨다.

모든 NLS 서열이 SV40 거대 T 항원만큼 단순하지는 않다. 많은 NLS 서열은 2분형, 즉 2개의 다른 아미노산 서열이 약간의 거리로 분리된, 구조가 많은 핵 단백질이 효율적으로 핵으로 유입되는 데 필요하다.

⊘ 연결하기 16.2

당 분해 및 에너지 대사에 대한 지식을 바탕으로 미토콘드리아 유전체에서 암호화된 단백질에서 NLS를 찾을 수 있는가? 그 이유는 무엇인가? (그림 10-1, 그림 16-27 참조)

Ran/임포틴 경로를 통한 핵 유입 많은 NLS 함유 단백질은 NLS에 결합하여 NLS 함유 단백질이 핵공으로 이동하는 것을 매개하는 **임포틴**(importin)을 통해 핵으로 유입된다. 세포기질 단백질이 핵공을 통해 핵으로 이동하는 과정은 **그림 16-34**에 설명되어 있다. ❶단계에서 NLS를 포함하는 세포기질 단백질은 임포틴에 의해 인식된다. ❷단계에서 임포틴-NLS 단백질 복합체는 핵공 복합체(NPC)의 중심에 있는 운반체에 의해 핵으로 수송된다. 핵에 도착한 후 임포틴 분자는 Ran(역자 주: Ras 단백질 종류로 핵에 존재하며 세포질과 핵 사이의 수송에 필수적인 저분자량 GTP 결합단백질, Ras like small nuclear G protein에서 유래)이

라는 GTP 결합단백질과 결합한다. 임포틴과 Ran 사이의 이러한 상호작용은 NLS 함유 단백질이 방출되어 핵에서 사용될 수 있게 된다(❸단계). Ran-GTP-임포틴 복합체는 이후 핵공을 통해 다시 세포기질로 운반되며(❹단계), Ran 결합 GTP가 가수분해되면 임포틴이 방출되어 재사용될 수 있다(❺단계). 이 GTP 가수분해에 의해 핵으로 유입되는 에너지가 제공된다는 증거는 가수분해가 불가능한 ATP 유사체는 안 되지만 GTP의 비가수분해성 유사체로 세포를 처리하면 핵수송이 억제된다는 실험으로 알 수 있었다.

Ran 독립성 경로 및 Ran 의존성 경로를 통한 핵에서의 유출 핵공은 물질의 양방향 이동을 통제하는 문지기로 작용한다. 핵으로 많은 분자를 유입시키는 반면 다른 분자는 유출시켜야 한다. 핵 유입에 사용되는 기작은 유출 과정에도 사용된다. 주요 차이점은 핵 밖으로의 수송은 주로 핵에서 합성되지만 세포기질에서 기능하는 RNA 분자에 사용되는 반면, 핵 유입은 주로 세포기질에서 합성되지만 핵에서 기능하는 단백질을 수입하는 데 사용된다는 것이다.

핵 밖으로 나가는 일부 경로에는 Ran이 필요하지 않은 것으로 보인다. 예를 들어 mRNA는 Ran 독립성 경로를 통해 방출된다. 그러나 많은 RNA는 이미 배운 Ran-임포틴 경로와 매우 유사한 메커니즘을 사용하여 핵 밖으로 방출된다. 이러한 Ran 의존성 핵 유출에서 주요 화물은 단백질이 아닌 RNA이며, RNA에 결합하는 연결자 단백질에 의해 유출이 매개된다. 연결자 단백질은 **핵수출신호**(nuclear export signal, NES)라고 하는 아미노산 서열을 가지고 있으므로 결합한 RNA를 핵공을 통해 유출되게 한다. 많은 NES 서열은 **엑스포틴**(exportin)이라는 핵 운반 수용체 단백질에 의해 인식되며, 이는 NES 서열을 포함하는 분자에 결합하고 세포기질 분자를 핵으로 수송하기 위해 임포틴이 사용하는 것과 유사한 메커니즘으로 핵공을 통한 수송을 중재한다. 이 경

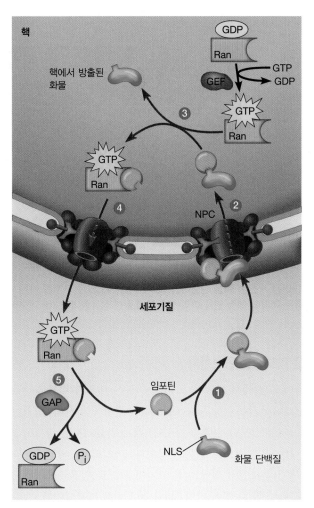

그림 16-34 핵공 복합체를 통한 수송. 세포기질에서 만들어지고 핵에서 사용될 예정인 단백질에는 핵공 복합체(NPC)를 통한 수송을 위해 '화물'로 단백질을 표지하는 핵위치 서열(NLS)이 존재한다.

우 Ran 의존성 GTP 가수분해가 수출 복합체의 해리를 유도하여 수출된 화물을 세포기질로 방출한다.

임포틴과 엑스포틴으로 운반되는 방향은 이들 단백질과 Ran-GTP의 상호작용에 따라 결정되며 핵막을 두고 발생하는 Ran-GTP의 농도 기울기에 따른다. Ran-GTP 농도는 Ran의 GDP를 GTP로 교환하는 구아닌-뉴클레오타이드 교환인자(GEF)에 의해 핵 내에서 높은 수준으로 유지된다. 반대로 세포기질에서는 Ran-GTP의 가수분해를 촉진하는 GTP 가수분해효소 활성단백질(GAP)이 존재하여 핵 외부의 Ran-GTP 농도는 낮게 유지된다. 핵에 상대적으로 높은 Ran-GTP 농도가 유지되면 다음의 두 가지 효과가 발생한다. 첫째, 핵의 Ran-GTP는 NLS를 가진 화물이 임포틴으로부터 방출되게 한다(그림 16-34 ❸단계). 둘째, 핵의 Ran-GTP는 NES 함유 화물을 엑스포틴에 결합시킨다. 최종 결과는 주어진 화물 분자에 대한 수송 방향은 화물 분자가 가진 표적화 서열의 유형(NLS 또는 NES)에 의해 결정된다는 것이며,

표적화 서열은 임포틴이 핵에서는 화물을 방출하고 세포기질에서는 화물을 결합하게 하며, 엑스포틴이 핵에서 화물과 결합하여 세포기질에서 방출하게 한다.

Ran에 의한 핵 수송 주기에서 Ran-GTP는 핵을 떠나는 분자와 함께 핵에서 계속 유출되므로 문제가 발생한다. 즉 Ran이 핵으로 재수송되지 않으면 핵의 Ran은 곧 고갈될 것이다. 이 문제는 핵 운반단백질인 *NTF2*(nuclear transport factor 2)가 Ran-GDP를 다시 핵으로 이동시켜 해결할 수 있다.

핵은 세포의 나머지 부분과 기계적으로 통합되어 있다

핵 질량의 약 80~90%는 염색사로 구성되어 있으므로 염색질을 제거하면 핵이 구조가 무너진 형태로 붕괴될 것이라고 예상할 수 있다. 그러나 1970년대 초에 연구자들은 핵에 뉴클레이스와 계면활성제를 처리하여 염색질의 95% 이상을 제거해도 핵의 전체 모양을 유지하는 불용성 섬유 네트워크가 남아있음을 발견했다. **핵기질**(nuclear matrix) 또는 **핵골격**(nucleoskeleton)이라고 하는 이 네트워크는 핵의 모양을 유지하고 염색사의 구조를 조직하는 골격으로 작용한다고 생각된다. 그러나 핵골격의 존재가 모든 세포생물학자들에게 인정받은 것은 아니다. 핵에서 섬유상의 네트워크는 특정 현미경 사진(**그림 16-35**)에서만 나타나므로 샘플 준비 과정에서 만들어진 인공 구조물일 가능성도 있다.

핵막이 세포골격과 연결되어 있다는 사실은 더 잘 알려져 있다. 내막과 외막, 나아가 이를 세포골격에 연결하는 여러 단백질이 규명되었다. 이러한 연결은 핵이 세포의 나머지 부분과 기계적으로 연결되어 있음을 잘 나타낸다.

핵 기질의 정확한 구성과 역할, 핵과 세포골격 사이의 연결은 더 밝혀져야 하지만, 현재 잘 알려진 핵의 골격 구조가 있다. 이 구조는 **핵막하층**(nuclear lamina)이라고 부르며, 내막의 내부 표면에 얇고 조밀한 섬유망 구조로 정렬되어 핵에 기계적 강도를 부여한다. 동물에서 핵막하층은 두께가 약 10~40 nm이고 **라민**(lamin)으로 만들어진 중간섬유로 구성된다(중간섬유에 대한 자세한 설명은 13장 참조). 이러한 단백질에 유전적 이상이 있는 사람들에서 심각한 근육 소모 또는 조기 노화와 관련된 12개 이상의 유전질환이 발견되었다. 한 가지 두드러진 예는 라민 유전자 한 사본에 발생한 단일 염기 돌연변이로 발생하는 허친슨-길포드 유전성 조로증(Hutchinson–Gilford progeria syndrome, HGPS)이며, 어린아이에서 노인의 증상(예: 탈모, 심혈관 질환, 피부, 근육, 뼈가 노화되는 현상)이 나타나 10대 초반에 사망하는 유전질환이다(**인간과의 연결** 참조). 라민은 원시 형태의 중간섬유라 할 수 있는데, 곤충과 같은 일부 동물에서는 라민이 유일한 중간섬유이기 때문이다. 흥미롭게도 식물과 균류에는 라민이 전혀 없고 다른 단백질을 사용하여 핵 구조를 강화한다. 식물에서

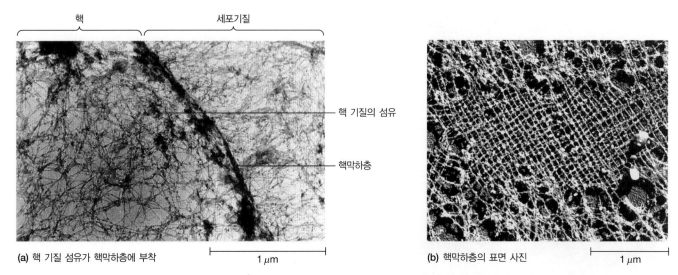

(a) 핵 기질 섬유가 핵막하층에 부착   1 μm

(b) 핵막하층의 표면 사진   1 μm

그림 16-35 핵 기질과 핵막하층. (a) 포유류 세포의 핵 일부를 나타내는 이 전자현미경 사진은 핵을 관통하는 핵 기질 섬유가 많은 가지를 가진 네트워크 형태임을 보여준다. 이 섬유는 핵막하층에 부착된 것으로 보이는데, 핵막하층은 핵막의 핵질 면을 따라 늘어선 조밀한 섬유층이다. (b) 개구리 난모세포 핵막하층 표면 사진(TEM)

이 역할을 하는 주요 후보는 핵 기질 구성 단백질(nuclear matrix constituent protein, NMCP)이다.

염색질은 핵 안에 무작위로 위치하지 않는다

세포분열 동안을 제외하고 염색질은 핵 전체에 걸쳐 널리 펼쳐 있고 분산되어 존재한다. 따라서 각 개별 염색체의 염색사가 무작위로 분포되어 있으며 핵 내에서 마구 얽혀있다고 추측할 수 있다. 놀랍게도 이는 사실이 아닌 것 같다. 실제로는 각 염색체의 염색질마다 고유한 위치가 존재한다. 이 아이디어는 1885년에 처음 제안되었지만 다양한 세포에서 그것이 사실이라는 증거는 현대 분자생물학의 기술이 도입되어서야 이루어졌다. 제자리 혼성화(in situ hybridization) 기법으로 핵 안에서 각 개별 염색체의 염색사가 각각의 **염색체 영역**(chromosomal territory)을 차지하고 있음을 알게 되었다(핵심 기술 참조). 그러나 이들 영역의 위치는 고정되어 있지 않은 것 같다. 영역의 위치는 한 생물체에서 세포마다 다르며, 세포의 수명주기 동안 변하는 것으로 보아 서로 다른 염색체에서 유전자 활동의 변화를 반영하는 것으로 보인다.

핵막은 염색질의 일부를 핵공과 밀접하게 관련된 부위의 내막에 결합시켜 염색질 구성을 돕는다. 이 염색질 영역은 매우 압축된 이질염색질이다. 전자현미경 사진에서 이 부분은 핵 주변부 주변에 검고 불규칙한 층으로 나타난다(그림 16-29a). 이 대부분은 항시적 이질염색질, 즉 염색체의 동원체 또는 말단소체 영역으로 보인다. 예를 들면 효모에서는 세포분열 시기를 제외하고 동원체가 핵막 근처에 위치한다.

인은 리보솜을 합성한다

진핵세포 핵에서 가장 두드러진 구조는 세포의 리보솜 공장인 **인**(nucleolus, 복수형은 nucleoli)이다. 전형적인 진핵세포는 1~2개의 인이 있지만 수백 또는 수천 개가 만들어지는 경우도 드물지 않다. 일반적으로 인은 직경이 수 마이크로미터인 구형이지만 크기와 모양이 다양하다. 크기가 크므로 인은 광학현미경으로도 쉽게 볼 수 있어 거의 240년 전에 처음 관찰되었다.

그러나 1950년대에 전자현미경이 등장하기 전까지는 인의 구조가 명확하게 확인되지 않았다. 각 인은 섬유 모양과 과립으로

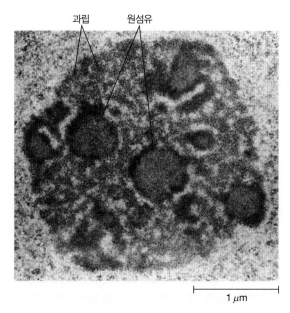

과립   원섬유

1 μm

그림 16-36 핵의 인. 인은 섬유와 과립 모양을 하고 있어 쉽게 발견되는 핵 안의 구조이다. 원섬유는 DNA와 rRNA이며, 과립은 새로 합성되는 리보솜 소단위체이다. 여기에 표시된 것은 정원세포의 인이다(TEM).

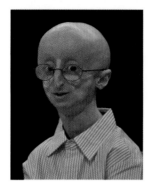

조로증을 앓고 있는 16세 소년

건강해 보이는 아기의 자랑스러운 부모라고 상상해보자. 그러나 부모가 되는 기쁨을 맛본 지 1년이 채 지나지 않아 무언가 크게 잘못되었음을 깨닫는다. 아기가 조로증(progeria, pro-는 '이전'을 의미하고, -geria는 '노년기'를 뜻하는 그리스어에서 유래)으로 알려진 희귀병으로 인해 조숙하고 급속한 노화를 겪는 것이다. 조로증이 있는 사람은 출생 시에는 정상으로 보이지만 1년 이내에 노화의 특징적인 증상, 즉 마르고 허약한 신체, 대머리, 이마에 튀어나온 정맥, 발육부진 등이 나타난다. 어린 나이에 노인에서 나타나는 관상동맥 경화증 및 고혈압 질환을 겪는다. 대부분의 환자는 심장마비나 뇌졸중으로 인해 10대 초반에 사망한다.

노화가 이렇게 놀랍도록 빠른 속도로 일어나는 원인은 무엇인가? 허친슨-길포드 조로증 증후군(Hutchinson–Gilford progeria syndrome, HGPS)으로 알려진 조로증에서 조기 노화의 분자적 원인이 밝혀졌다. HGPS는 라민 병증(laminopathy)이라고 하는 질병 그룹의 하나로, 동물 세포의 핵막을 구성하는 중간섬유 단백질인 라민(lamin)의 결함으로 인해 발생한다(그림 16B-1). 정상적으로 라민 A는 핵막하층에 적절하게 조립되기 전에 복잡한 일련의 변형이 일어난다(그림 16B-1a). 이러한 단계 중 하나는 라민 A가 지질 변형(파네실화, farnesylation)으로 핵의 내막에 부착되는 것이다. 그런 다음 라민 A는 파네실 그룹을 포함하는 단백질의 일부를 제거하기 위해 단백질 분해로 절단되고 핵막의 내막에 있는 핵막하층이라는 단백질 네트워크로 조립된다.

HGPS는 라민 A를 암호화하는 LMNA 유전자에 하나의 뉴클레오타이드가 바뀌어 발생한다. 이 돌연변이는 대체 스플라이스 부위, 즉 1차 전사물 RNA가 절단되어 mRNA를 만드는 부위를 새로 생성시킨다(23장 참조). 이렇게 생성된 돌연변이 mRNA는 라민 A의 C-말단에서 50개의 아미노산이 누락되어 짧아진 돌연변이 단백질(프로게린)을 합성한다(그림 16B-1b). 프로게린은 단백질 절단 부위가 없기 때문에 핵막하층에 조립되지 못하고 핵막에 부착된 상태로 남는다. 증상이 일어나는 원인은 프로게린이 계속

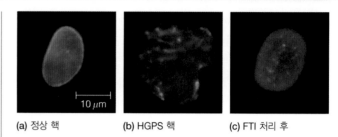

(a) 정상 핵   (b) HGPS 핵   (c) FTI 처리 후

그림 16B-2 파네실 전달효소 억제제(FTI)와 HGPS. (c)에서 보듯이 파네실 전달효소 억제제로 치료하면 HGPS 핵은 훨씬 더 정상의 형태를 보인다.

파네실화되어 핵막에 부착되기 때문으로 보인다. 조로증 환자는 세포의 핵막하층이 약하고 핵 모양이 기형이다.

핵막하층이 약화되면 조기 노화가 유발되는 이유는 무엇인가? 이 중요한 질문에 대한 답은 현재 명확하지 않다. 세포에서 핵막하층이 약하면 기계적 스트레스에 특히 민감할 수 있다. 핵막하층은 또한 핵에서 염색질을 조직하고 세포의 유전자 발현을 조절하므로 변형된 핵막하층이 유전자 발현의 변화를 통해 그 영향을 유발할 수도 있다. 최근 연구에서는 HGPS 세포에서 말단소체 기능의 장애가 조기 노화에 관여할 수 있음이 밝혀졌다.

조로증에 대한 치료법은 없지만 쥐 HGPS 모델과 인간 HGPS 세포주를 사용하여 증상을 완화하는 두 가지 방법이 개발되었다. 첫째, 세포 배양에서 비정상적으로 스플라이싱된 LMNA mRNA와 혼성화하고, 이를 파괴하는 짧은 뉴클레오타이드를 처리하여 프로게린의 양을 감소시켰다. 둘째, 라민 A에 파네실 그룹을 추가하는 효소를 억제하는 약물인 파네실 전달효소 억제제(farnesyltransferase Inhibitor, FTI)가 사용되었다(그림 16B-2). 파네실화가 방지되면 프로게린은 더 이상 핵막에 부착되지 않고 핵질에 남게 되어 덜 해로워진다. 파네실 전달효소 억제제로 치료받은 일부 조로증 환자는 성장 속도가 개선되고 다른 HGPS 증상이 감소하는 것으로 나타났다.

조로증에 대한 연구를 통해 세포생물학자들이 조기 노화의 원인 중 하나를 이해할 수 있게 되었다. 노화의 메커니즘을 이해하는 것은 인간의 건강과 밀접한 관련을 가진다. 조로증 같은 인간의 희귀 질병과 정상적인 세포 과정 사이의 연계점을 이해하는 것은 생체의학에서 계속해서 큰 관심을 보이는 주제이다.

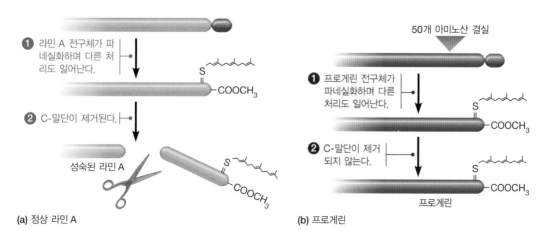

❶ 라민 A 전구체가 파네실화하며 다른 처리도 일어난다.

❷ C-말단이 제거된다.

성숙된 라민 A

—COOCH₃

(a) 정상 라민 A

50개 아미노산 결실

❶ 프로게린 전구체가 파네실화하며 다른 처리도 일어난다.

❷ C-말단이 제거되지 않는다.

—COOCH₃

프로게린

(b) 프로게린

그림 16B-1 라민 가공 과정 및 HGPS. (a) 정상 라민 A의 처리 과정. (b) HGPS 환자의 프로게린이라는 독성 단백질 처리. 프로게린은 50개 아미노산 결실로 세포에 축적된다.

구성된 막이 없는 세포소기관으로 관찰된다(**그림 16-36**). 섬유 모양에는 리보솜의 RNA 구성 요소인 리보솜 RNA(rRNA)로 전사되는 DNA가 포함되어 있다(24장 참조). 과립은 리보솜 소단위체를 만드는 단백질(세포기질에서 수입)과 함께 포장되는 rRNA 분자이다. 앞서 살펴본 것처럼 리보솜 소단위체는 이후에 핵공을 통해 세포기질로 방출된다.

인의 크기는 세포 활동 수준과 관련된다. 단백질 합성 속도가 빨라 많은 리보솜이 필요한 세포는 인이 큰 경향이 있으며, 전체 핵 부피의 20~25%를 차지할 수 있다. 덜 활동적인 세포에서는 인이 훨씬 작다.

인 외에도 여러 종류의 작고 막이 아닌 구조로 둘러싸인 핵 구조가 확인되었다. 이러한 핵소체는 핵에서 생성된 RNA 분자를 처리하고 다루는 다양한 역할을 하는 것으로 생각된다(24장 참조).

개념체크 16.4

당신이 어느 세포기질 단백질을 연구하는데, 친구는 자신이 좋아하는 단백질에서 핵위치 서열을 연구하고 있다. 친구의 NLS가 당신이 연구하는 단백질을 포함하여 모든 단백질을 핵으로 이동시킬 수 있다는 것을 증명하려면 어떻게 해야 하는가?

요약

16.1 유전물질의 화학적 성질

- DNA는 1869년에 발견되었지만, 20세기 중반이 되어서야 폐렴구균과 박테리오파지 T2에 대한 연구를 통해 유전자가 DNA로 구성되어 있다는 사실이 밝혀졌다.

16.2 DNA 구조

- DNA는 염기 A가 염기 T와 쌍을 이루고, 염기 G가 염기 C와 쌍을 이루는 2중나선 구조이다. 2중나선에서 초나선은 DNA와 다른 분자의 상호작용에 영향을 미친다.
- 실험 조건에 따라 2중나선의 두 가닥을 서로 분리(변성)하고 다시 결합(복원)할 수 있다.

16.3 DNA 포장

- 생물체의 완전한 유전정보 세트를 보유한 DNA(또는 일부 바이러스의 경우 RNA)를 유전체라고 한다. 바이러스 또는 원핵세포의 유전체는 하나 또는 몇 개의 DNA 분자로 구성된다. 진핵생물은 하나의 긴 DNA 분자인 염색체가 여러 개인 핵 유전체와 미토콘드리아 유전체를 가지고 있다. 식물과 조류는 이외에 엽록체 유전체를 가지고 있다.
- DNA 분자는 크기가 거대하므로 DNA에 결합하는 단백질에 의해 효율적으로 포장된다. 진핵세포의 염색체에서는 짧은 DNA 가닥이 8개의 히스톤 분자를 감싸는 구조인 뉴클레오솜이 기본적인 구조 단위를 형성한다. 뉴클레오솜 사슬(구슬이 줄에 매달린 모양)은 30 nm 염색사를 형성하는데, 이 섬유는 고리를 더 생성하고 더 접힌다.

- DNA를 활발하게 전사하는 진핵세포에서 염색질의 대부분은 진정염색질이라고 하는 펼쳐지고 풀린 형태이다. 다른 부분은 이질염색질이라고 하는 고도로 응축되어 전사가 불활성된 상태이다. 세포분열 동안 모든 염색질은 매우 압축되어 광학현미경으로 볼 수 있는 각각의 염색체를 형성한다. 동원체 및 말단소체를 포함한 일부 이질염색질은 구조를 형성하는 역할을 한다.
- 다세포 진핵생물의 핵 유전체에서 DNA의 대부분은 RNA나 단백질을 암호화하지 않는 반복 서열로 구성된다. 이 비암호화 DNA 중 일부는 구조적 또는 조절 역할을 수행하지만 대부분은 분명한 기능이 없다.

16.4 핵

- 진핵생물의 염색체는 2중막 구조인 핵막으로 둘러싸인 핵 안에 들어있다.
- 핵막은 핵질과 세포기질 사이에서 물질의 양방향 수송을 매개하는 핵공으로 뚫려있다. 이온과 작은 분자는 핵공 복합체에 있는 친수성 통로를 통해 수동적으로 확산된다. 더 큰 분자와 입자는 핵공을 통해 능동적으로 운반된다.
- 핵은 섬유질 골격을 가지고 있는 것으로 보인다. 핵막은 세포기질의 세포골격에 연결되어 있다. 잘 알려진 핵의 골격 구조 중 하나는 핵막하층으로, 핵에 기계적 강도를 부여하며 핵막의 내막 안 표면을 감싸고 있는 얇고 조밀한 섬유망이다.
- 인은 리보솜 RNA의 합성과 리보솜 소단위체의 조립에 관여하는 특화된 핵 구조이다. 다른 핵소체는 RNA 처리와 관련된 기능을 수행한다.

연습문제

16-1 사전 지식. 사실상 생물학자들이 수행하는 모든 실험은 이전 실험에서 제공된 지식을 기반으로 한다.

(a) 그리피스가 생쥐에서 관찰한 R형균에서 S형균으로의 형질전환이 분리된 폐렴구균 배양에서도 입증될 수 있다는 발견(1932년 J. L. Alloway)은 에이버리와 동료들에게 어떤 의미가 있었는가?

(b) 허시와 체이스에게 다음 문장(R. M. Herriott이 1951년에 제시)은 어떤 의미가 있었는가? "바이러스는 형질전환물질로 가득 찬 작은 피하 주삿바늘처럼 행동할 수 있다. 바이러스 자체는 세포에 들어가지 않는다. 꼬리만 숙주와 접촉하고 효소로 외막에 작은 구멍을 뚫은 다음 바이러스 머리의 핵산이 세포로 흘러 들어간다."

(c) 생리학적 pH에서 A, G, C, T가 가진 특정 형태가 특정 수소결합을 형성할 수 있다는 케임브리지대학교 연구 팀의 데이터는 왓슨과 크릭에게 어떤 의미가 있었는가?

(d) 허시와 체이스의 연구 결과는 박테리오파지 T2를 박테리아에 첨가하기 전에 삼투압으로 파열시키면 번식 능력을 상실한다는 이전 보고서(T. F. Anderson 및 R. M. Herriott)를 설명하는 데 어떻게 도움이 되었는가?

16-2 DNA 염기 구성. 상보적 염기쌍 형성 법칙을 바탕으로 다음 질문에 답하라(dsDNA = 2중가닥 DNA).

(a) 어떤 DNA 시료를 분석하여 A는 30%, T는 20%, G는 30%, C는 20%로 구성되어 있음을 발견했다. 이 DNA의 구조에 대해 어떤 결론을 내릴 수 있는가?

(b) 염기의 40%가 G와 C인 dsDNA 분자의 경우 염기 A의 함량은 얼마인가?

(c) 염기의 40%가 G와 T인 dsDNA 분자의 경우 염기 A의 함량은 얼마인가?

(d) 염기의 15%가 A인 dsDNA 분자의 경우 염기 C의 함량은 얼마인가? 이 DNA의 T_m은 90°C보다 높은가, 아니면 낮은가? (그림 16-13 참조)

16-3 DNA 구조. 다음에 표시된 2중가닥 DNA 분자를 주의 깊게 살펴보고 2중 회전 대칭 구조(twofold rotational symmetry)임을 확인하라.

3′ A—G—C—G—C—T—A—T—A—G—C—G—C—T 5′
5′ T—C—G—C—G—A—T—A—T—C—G—C—G—A 3′

다음 문장이 참이면 T, 거짓이면 F로 답하라.

(a) 이 분자가 변성되고 단일가닥으로 분리되어 있으면 각 가닥이 스스로 접혀 머리핀 고리를 형성할 수 있다.

(b) 이 분자는 회문(palindrome) 서열의 예이다.

(c) 이 분자의 중간 지점을 2개로 절단하면 왼쪽 절반과 오른쪽 절반을 구분할 수 있다.

(d) 2개의 단일가닥이 서로 분리되어 있으면 한 가닥을 다른 가닥과 구별할 수 없다.

(e) 이 분자의 단일가닥에서 어느 것이 3′ 말단이고 어느 것이 5′ 말단인지 결정하는 것은 불가능하다.

16-4 데이터 분석 DNA 용해. 그림 16-37은 동일한 조건에서 가열로 변성된 DNA 시료 2개에 대한 용해 곡선이다.

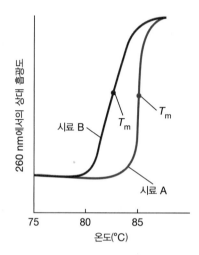

그림 16-37 두 DNA 시료의 열 변성. 연습문제 16-4 참조

(a) 두 시료의 염기 구성에 관해 내릴 수 있는 결론은 무엇인가? 이에 대해 설명하라.

(b) 시료 A에 대한 용해 곡선이 시료 B의 곡선보다 기울기가 더 가파른 이유를 설명하라.

(c) 폼아마이드 및 요소는 피리미딘 및 퓨린과 수소결합을 형성하는 화학물질이다. 위의 시료에 소량의 폼아마이드 또는 요소를 포함하고 측정하면 용해 곡선은 어떻게 변하겠는가?

16-5 DNA 복원. 열 변성 실험에서 92°C에서 녹는 2개의 DNA 시료가 있다. 두 시료의 DNA를 변성시키고 두 시료를 함께 섞은 다음 혼합물을 식혀서 DNA 가닥이 재결합되게 한다. 새로 재결합된 DNA를 두 번째로 열 변성시키는 실험을 수행하자 85°C에서 녹았다.

(a) 용해온도가 92°C에서 85°C로 낮아진 이유가 무엇인지 설명할 수 있는가?

(b) 새로 재결합된 DNA가 85°C가 아니라 92°C에서 녹았다면 두 초기 DNA 시료의 염기서열에 관해 어떤 결론을 내릴 수 있는가?

16-6 뉴클레오솜. 성게의 정자세포에서 염색질을 분리하고 마이크로구균 뉴클레이스를 잠깐 처리하여 분해했다. 이어 떨어져 나온 단백질을 제거하여 DNA를 정제한 후 DNA를 젤 전기영동으로 분석하면 길이가 260염기쌍의 배수(즉 260 bp, 520 bp, 780 bp 등)인 DNA 단

편을 관찰할 수 있다.

(a) 이러한 실험 결과는 이 장에서 설명한 결과와 다소 다르지만, 여전히 이 세포에 뉴클레오솜이 존재할 가능성이 있는 이유는 무엇인가?

(b) 각 뉴클레오솜에 연결된 DNA의 양은 얼마인가?

(c) 염색질의 단백질을 제거하기 전에 마이크로구균 뉴클레이스를 훨씬 더 오랜 시간 동안 처리하여 염색질을 분해하는 실험을 수행했다. 이때 생성된 DNA 시료를 전기영동으로 분석하면 모든 DNA가 146 bp 길이의 단편으로 나타났다. 이 세포에서 연결 DNA의 길이는 얼마인가?

16-7 핵의 구조와 기능. 다음 각 실험에서 관찰된 결과를 이용하여 핵의 구조 또는 기능을 설명하라.

(a) 설탕은 핵막을 매우 빠르게 통과하여 이동 속도를 정확하게 측정할 수 없다.

(b) 직경 5.5 nm의 콜로이드 금 입자를 아메바에 주입하면 핵과 세포기질의 금 입자 농도가 빠르게 평형에 도달하지만 직경 15 nm의 금 입자는 그렇지 않다.

(c) 전자현미경 사진에서 핵공 복합체가 많은 RNA와 단백질로 염색될 때가 있다.

(d) 직경 26 nm까지의 금 입자를 핵위치신호(NLS)가 있는 폴리펩타이드로 코팅한 다음 세포의 세포기질에 주입하면 핵으로 수송된다. 그러나 핵에 주입될 경우 핵 안에 그대로 남아있다.

(e) 전기영동으로 핵막의 단백질을 분석하면 많은 경우 소포체의 단백질과 동일하다.

(f) 리보솜 단백질은 세포기질에서 합성되지만 핵에서 rRNA와 함께 리보솜 소단위체로 조립된다.

(g) 비이온성 계면활성제인 Triton X-100으로 핵을 처리하면 핵막이 용해되어도 온전한 핵 모양이 유지된다.

16-8 핵 수송. NTF2 온도민감성 돌연변이를 가진 효모가 있다. 이 돌연변이 NTF2는 25°C에서 정상으로 기능하지만 온도가 37°C로 올라가면 기능을 상실한다. 25°C에서 배양하던 돌연변이 효모를 37°C에 배양하면 핵 수송에 어떤 영향이 있겠는가?

16-9 핵 수입. 크기가 큰 분자와 입자는 핵공을 통해 자유롭게 확산될 수 없으며, 수송되는 기질과 막단백질이 특이적으로 결합하는 선택적 과정을 통해 능동수송되어야 한다. 다음은 세포질에서 핵으로 유입되는 수송을 연구하기 위해 녹색형광물질로 표지된 기질과 여러 물질을 처리한 후 핵에 축적된 기질을 분석한 실험 결과이다.

	처리	관찰 결과
#1	기질 + Ran	핵에 기질 축적 없음
#2	기질 + 임포틴	핵 주변에 기질 축적
#3	기질 + Ran + 임포틴	핵 주변에 기질 축적
#4	기질 + Ran + 임포틴 + GTP	핵에 기질이 충분히 축적됨

위의 실험 결과를 설명하라.

17 세포생물학의 분자생물학적 기법

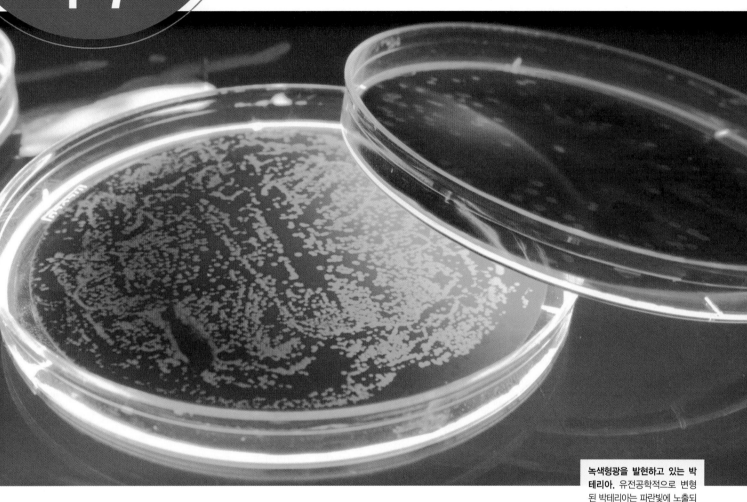

녹색형광을 발현하고 있는 박테리아. 유전공학적으로 변형된 박테리아는 파란빛에 노출되었을 때 녹색형광을 발산한다.

이 책의 앞부분에서 살펴봤듯이 세포생물학은 분자생물학과 생화학 도구를 통해 혁명을 일으켰다(1장 참조). 이 장에서는 세포생물학자들이 DNA, RNA, 단백질을 연구하는 데 사용하는 핵심 기술인 분자생물학적 도구에 초점을 맞추어 살펴볼 것이다. 이 장의 목적은 이러한 각각의 핵심 기술에 대한 상세한 프로토콜을 제공하는 것이 아니라 이러한 기술이 사용되는 시기와 특정 상황에서 유용한 이유에 대한 개요를 제공하는 것이다. 또한 이러한 기술 중 일부는 역사적인 의미에서 제시했으므로, 오늘날 활발하게 사용되기 때문에 등장한 것은 아닐 수도 있다. 이 분야의 기술적 발전은 놀라운 속도로 일어나고 있다. 이러한 많은 기술의 중심에는 DNA를 연구하고 조작할 수 있는 능력이 있기에 가능하다고 볼 수 있다. 이제 논의를 시작해보자.

17.1 DNA 분석, 조작, 클로닝

유전자 재조합은 일반적으로 같은 종의 생물에서 파생된 2개의 DNA 분자 사이에서 일어난다(26장 참조). 예를 들어 동물과 식물에서 개체의 두 부모는 감수분열 동안 재결합하는 DNA의 원천이다. 자연적으로 발생하는 재조합 DNA 분자는 보통 그것이 포함하는 대립유전자의 조합에서만 부모 DNA 분자와 다르다. 실험실에는 그러한 제한이 존재하지 않는다. 1970년대에 **재조합 DNA 기술**(recombinant DNA technology)이 개발된 이래로, 과학자들은 한 공급원에서 나온 DNA 단편을 다른 DNA 단편과 함께 나눌 수 있었다.

재조합 DNA 기술의 중심적인 특징은 연구와 다른 용도로 충분히 많은 양의 DNA 단편을 생산할 수 있는 능력이다. 특정 DNA 단편의 많은 사본을 생성하는 이러한 과정을 **DNA 클로닝**(DNA cloning)이라고 한다. (생물학에서 클론은 단일 조상으로부터 파생되어 유전적으로 동질적인 생물체의 집단이고, 세포 클론은 단일 세포의 분열로부터 파생된 세포의 집단이다. DNA 클론은 단일 분자의 복제에서 파생된 서로 동일한 DNA 분자의 집단이다.) 재조합 DNA 기술의 출현은 개별 진핵생물 유전자를 철저히 연구할 수 있을 만큼 충분히 많은 양으로 분리하는 것을 가능하게 했고, 분자생물학의 새로운 시대를 열었다.

유전자 복제에 널리 사용되는 PCR

복제를 위해 DNA 서열을 증폭시키는 가장 간단하고 빠른 방법은 **중합효소 연쇄반응**(PCR)을 사용하는 것이다. PCR 방법(핵심 기술 참조)은 증폭하고자 하는 유전자의 염기서열 일부를 알고 있어야 한다. 다음 단계는 유전자의 반대쪽 끝에 위치한 서열과 상보적인 짧은 단일가닥 DNA 프라이머를 합성하는 것이다. PCR은 클로닝에 필요한 충분한 양의 DNA를 빠르게 생성하는 데 사용될 수 있다. 적용 방식에 따라 PCR 생산물의 결과는 다양한 방식으로 복제될 수 있다. 일반적으로 PCR에 사용되는 중합효소가 증폭된 DNA의 말단에 돌출된 단일가닥 영역('T' 포함)을 생성한다는 사실은 'A'를 포함하는 돌출된 말단을 가진 벡터로 신속하게 클로닝하는 데 활용할 수 있는 준비된 말단을 제공한다. 다른 경우에는 PCR 프라이머 자체가 특정 제한효소 절단자리를 포함하도록 설계할 수 있다(다음 내용 참조). PCR을 수행한 후 현재 증폭된 DNA는 측면에 있는 이 부위를 적절한 효소로 절단한 후 선택된 벡터로 클로닝할 수 있다.

특정 부위에서 DNA 분자를 절단하는 핵산가수분해효소

DNA를 다루는 편의성과 기술에도 불구하고 많은 DNA 분자가 온전하게 연구되기에는 역부족이었다. 사실 1970년대 초까지 DNA는 생화학적으로 분석하기에 가장 어려운 생물학적 분자였지만, 10년도 채 되지 않아 작업하기 가장 쉬운 생물학적 분자 가운데 하나가 되었다. 이러한 돌파구는 외래 DNA 분자를 절단하는, 박테리아로부터 분리된 단백질인 **제한핵산내부 가수분해효소**(restriction endonuclease, 엔도뉴클레이스)의 발견으로 가능해졌다.

제한효소는 박테리아가 외래 DNA 분자, 특히 박테리오파지

의 DNA에 의한 침입으로부터 스스로를 보호하는 것을 돕는다. 사실 '제한'핵산내부 가수분해효소라는 이름은 이러한 효소가 박테리아 세포의 전사 및 번역 기구를 차지하는 외래 DNA의 능력을 제한한다는 발견에서 비롯되었다. 자신의 DNA가 분해되는 것을 막기 위해 박테리아 세포는 제한효소가 인식할 수 있는 특정 뉴클레오타이드에 메틸기(—CH_3)를 첨가하는 효소를 가지고 있다. 일단 메틸화되면 뉴클레오타이드는 더 이상 제한효소에게 인식되지 않는다. 따라서 박테리아 DNA는 세포 자체의 제한효소에 공격받지 않는다. 제한효소는 세포의 제한/메틸화 시스템의 일부로 언급되는데, 외부 DNA(예: 비메틸화된 박테리오파지 유전체)는 제한효소에 의해 절단되는 반면, 박테리아 유전체는 사전 메틸화에 의해 보호된다.

제한효소의 절단작용은 제한효소단편이라고 불리는 특정한 DNA 단편 세트를 생성한다. 각각의 제한효소는 보통 4개, 6개, 8개 이상의 뉴클레오타이드 길이의 제한효소 절단자리라고 불리는 특정 인식서열에서만 2중가닥 DNA를 절단한다. 예를 들어 *Eco*RI이라고 불리는, 널리 사용되는 대장균 제한효소 절단자리에 의해 인식된 제한 부위는 다음과 같다.

$$5' \; G \overset{\downarrow}{} A - A - T - T - C \; 3'$$
$$3' \; C - T - T - A - A \underset{\uparrow}{} G \; 5'$$

화살표는 *Eco*RI이 DNA를 절단하는 위치를 나타낸다. 이 제한효소는 다른 많은 효소와 마찬가지로 2중가닥 DNA 분자를 엇갈리게 절단한다.

제한효소 절단자리는 전형적인 제한효소가 DNA를 수백 개에서 수천 개의 염기쌍으로 절단할 수 있을 정도로 충분히 자주 발생한다. 이러한 크기의 단편은 엄청나게 긴 DNA 분자보다 추가적인 조작에 훨씬 더 적합하다.

제한효소는 그들이 유래한 박테리아의 이름을 따서 명명된다. 각각의 효소 이름은 박테리아속의 첫 글자와 종의 첫 글자 2개를 결합함으로써 파생된다. 균주로 표시될 수 있으며, 동일한 종에서 2개 이상의 효소가 분리된 경우에는 발견 순서에 따라 (로마 숫자를 사용하여) 효소에 번호를 매긴다. 예를 들어 *Eco*RI은 대장균(*E. coli*) 균주 R에서 분리된 첫 번째 제한효소인 반면, *Haemophilus aegyptius*에서 분리된 세 번째 효소는 *Hae*III라고 불린다.

제한효소는 2중가닥 DNA에 특이적이며, 두 가닥 모두를 절단한다. 각 제한효소는 특정 DNA 서열을 인식한다(**그림 17-1**). 예를 들어 *Hae*III는 테트라뉴클레오타이드 GGCC 서열을 인식하고, DNA 2중나선의 양쪽 가닥을 같은 지점에서 절단하여 끝이 뭉툭한 제한효소단편을 생성한다(그림 17-1a).

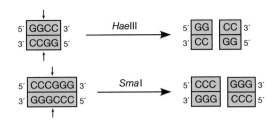

(a) 뭉툭한 말단을 생성하는 효소에 의한 절단

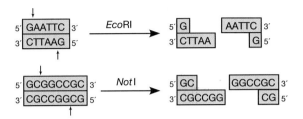

(b) 점착성 말단을 생성하는 효소에 의한 절단

그림 17-1 제한효소의 DNA 절단. (a) *Hae*III와 *Sma*I은 동일한 위치에서 양쪽 DNA 가닥을 절단하여 끝이 뭉툭한 단편을 생성하는 제한효소의 예이다. (b) *Eco*RI과 *Not*I은 DNA를 엇갈리게 절단하여 끝이 점착성 말단을 지닌 단편을 생성하는 효소의 예이다. 이러한 점착성 말단은 다른 공급원의 DNA 단편을 결합하는 데 유용하다.

다른 많은 제한효소는 두 가닥을 엇갈린 방식으로 절단하여 짧은 단일가닥 꼬리 또는 두 단편 모두에 돌출부를 생성한다. 앞서 본 것처럼 *Eco*RI은 그러한 효소의 한 예로, GAATTC 서열을 인식하고 두 단편 모두에 AATT 꼬리를 남김으로써 DNA 분자를 절단한다(그림 17-1b). 이러한 엇갈린 절단 패턴을 가진 효소에 의해 생성된 제한효소단편은 항상 **점착성 말단**(sticky end) 또는 응집 말단(cohesive end)을 가진다. 이 용어는 각 단편의 끝에 있는 단일가닥 꼬리가 동일한 단편으로 인해 생성된 다른 단편의 양쪽 끝에 있는 꼬리와 염기쌍을 이룰 수 있어 단편이 수소결합에 의해 서로 달라붙게 할 수 있다는 사실에서 유래한다. 이러한 단편을 생성하는 효소는 이 장의 후반부에서 살펴볼 것인데, 재조합 DNA 분자를 생성하는 데 실험적으로 사용될 수 있기 때문에 특히 유용하다. 몇 가지 다른 제한효소에 대한 제한효소 절단자리는 **표 17-1**에 요약되어 있다.

대부분의 제한효소에 대한 제한효소 절단자리는 회문(앞에서 읽어도 뒤에서 읽어도 같은 경우)이며, 이는 서열이 어느 방향으로든 동일하다는 것을 의미한다(예: 영어 단어 radar). 제한효소 절단자리의 회문 특성은 2중 회전 대칭 때문인데, 이는 평면에서 2중가닥 서열을 180° 회전시키면 회전 전과 동일한 판독 서열이 생성된다는 것을 의미한다. 회문 제한효소 절단자리는 각 가닥을 5′ → 3′ 방향으로 읽을 때 두 가닥 모두에서 동일한 염기서열을 가진다.

표 17-1	대표적인 제한효소와 인식 부위	
제한효소	공급원 생물	인식서열
*Bam*HI	*Bacillus amyloliquefaciens*	5′ G↓G — A — T — C — C 3′ 3′ C — C — T — A — G↑G 5′
*Eco*RI	*Escherichia coli*	5′ G↓A — A — T — T — C 3′ 3′ C — T — T — A — A↑G 5′
*Hae*III	*Haemophilus aegyptius*	5′ G — G↓C — C 3′ 3′ C — C↑G — G 5′
*Hind*III	*Haemophilus influenzae*	5′ A↓A — G — C — T — C 3′ 3′ T — T — C — G — A↑G 5′
*Pst*I	*Providencia stuartii* 164	5′ C↓T — G — C — A — G 3′ 3′ G — A — C — G — T↑C 5′
*Pvu*I	*Proteus vulgaris*	5′ C↓G — A — T — C — G 3′ 3′ G — C — T — A — G↑C 5′
*Pvu*II	*Proteus vulgaris*	5′ C↓A — G — C — T — G 3′ 3′ G — T — C — G — A↑C 5′
*Sal*I	*Streptomyces albus* G	5′ C↓T — C — G — A — C 3′ 3′ C — A — G — C — T↑G 5′

* 인식서열 내 화살표는 각 제한효소가 DNA 분자의 두 가닥을 절단하는 지점을 나타낸다.

DNA 분자 내에서 특정 제한효소 절단자리가 발생할 가능성이 있는 빈도는 통계적으로 예측할 수 있다. 예를 들어 DNA 분자가 4종류의 염기(A, T, C, G)를 같은 양으로 가지고 있다면 평균적으로 예측할 수 있는데, 4개의 뉴클레오타이드 쌍을 가진 인식 부위는 256개(4^4)의 뉴클레오타이드 쌍마다 한 번씩 발생하는 반면, 6개의 뉴클레오타이드 서열의 가능한 빈도는 4,096개(4^6)의 뉴클레오타이드 쌍마다 한 번 발생한다. 따라서 제한효소는 일반적으로 수백에서 수천 개의 뉴클레오타이드 쌍의 길이가 다양한 단편, 즉 본질적으로 유전자 크기의 단편으로 DNA를 절단하는 경향이 있다. 각 제한효소는 하나의 특정 뉴클레오타이드 서열만 절단하기 때문에 항상 동일하게 예측 가능한 방식으로 주어진 DNA 분자를 절단하여 재현 가능한 제한효소단편 세트를 생성한다. 이러한 특성은 제한효소를 후속 연구를 위해 다루기 쉬운 크기의 DNA 단편을 생성할 수 있는 강력한 도구로 만든다.

크기에 따라 DNA를 분리할 수 있는 젤 전기영동

DNA를 제한효소로 처리하여 얻은 샘플은 종종 다양한 크기의 DNA 단편을 포함한다. 이러한 단편의 수와 길이를 결정하고 추가 연구를 위해 개별 단편을 분리하려면 단편을 서로 분리할 수 있어야 한다. 이 목적을 위해 선택된 기술은 **젤 전기영동**(gel electrophoresis)으로, 핵산, 단백질, 폴리펩타이드를 상대적인 크기로 분리하는 데 사용되는 방법이다. 일반적으로 전기영동은 전하를 띤 분자들을 분리하기 위해 전기장을 이용하는 관련 기술이다. 주어진 분자가 전기영동 중에 얼마나 빨리 움직이는지는 전하와 크기에 따라 다르다. 전기영동은 종이, 셀룰로스

아세테이트, 녹말, 폴리아크릴아미드, 아가로스(김에서 얻은 다당류)와 같은 다양한 지지체를 사용하여 수행될 수 있다. 이러한 매질 중에서 폴리아크릴아미드 또는 아가로스로 만들어진 젤은 최상의 분리 환경을 제공하며, 핵산 및 단백질의 전기영동에 가장 일반적으로 사용되고 있다. 이 장에서 보게 될 단백질은 먼저 음전하를 띤 계면활성제로 처리되어 양전하를 띤 양극으로 이동한다. DNA 분자는 (골격에 존재하는 인산기로 인해) 고유의 음전하를 가지고 있기 때문에, DNA에 대한 절차는 단백질에 대한 절차보다 훨씬 더 간단하며, 따라서 젤을 통해 이동하게 만들기 위해 계면활성제로 사전 처리될 필요가 없다. 작은 DNA 단편

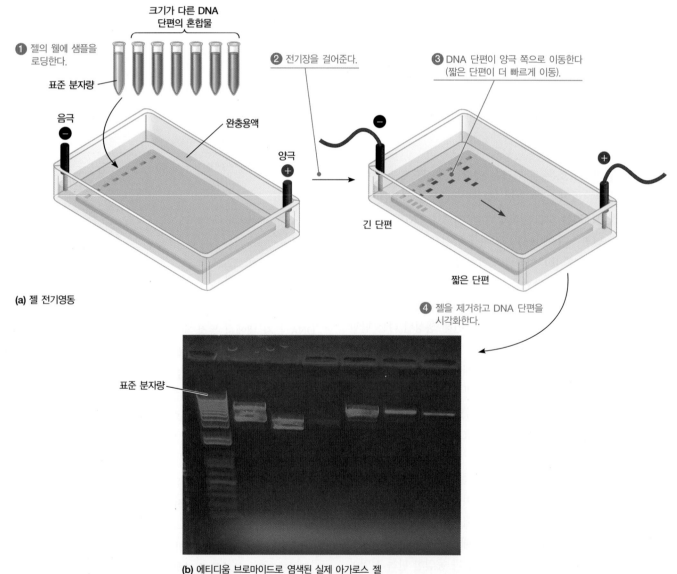

(a) 젤 전기영동

(b) 에티디움 브로마이드로 염색된 실제 아가로스 젤

그림 17-2 DNA의 젤 전기영동. (a) 6개의 시험관에는 다양한 제한효소(파란색)를 사용하여 DNA를 배양해서 생성된 DNA 단편의 혼합물이 들어있다. 일곱 번째(민트색)에는 표준 분자량 DNA 단편이 들어 있다. 수평 젤의 웰에 각각의 작은 샘플을 로딩하고, 수백 볼트의 전위를 적용한다. 이로 인해 DNA 단편이 양극 쪽으로 이동하는데 짧은 단편이 큰 단편보다 빠르게 이동한다. 단편들이 분리된 후 젤은 DNA 단편에 결합하여 자외선 아래에서 형광을 일으키게 하는 에티디움 브로마이드와 같은 염료로 염색한다. (b) 에티디움 브로마이드로 염색된 아가로스 젤은 자외선을 쬐이면 DNA가 나타난다.

(1~1,000 bp)은 일반적으로 폴리아크릴아미드 젤에서 분리되는 반면, 큰 DNA 단편(200~20,000 bp)은 아가로스로 만들어진 다공성 젤에서 분리된다.

그림 17-2는 젤 전기영동으로 분리되는 크기가 다른 DNA 단편의 모습을 보여준다. 그림에는 6개의 서로 다른 샘플이 나와 있다. 샘플은 실험 진행 상황을 쉽게 볼 수 있도록 염료와 혼합된다. 그런 다음, ❶ 젤의 한쪽 끝에 있는 구획('웰')에 샘플을 넣는다('로딩'). ❷ 다음으로 샘플에서 젤의 반대쪽 끝에 양극이 위치하도록 젤 전체에 전위를 가한다. DNA는 음전하를 가지고 있기 때문에, ❸ 이들은 양극을 향해 이동한다. (양극은 일반적으로 빨간색으로 표시되므로 유용한 표현은 '빨간색 쪽으로 달려간다'고 할 수 있다.) 작은 단편(즉 분자량이 작은 단편)은 상대적으로 쉽게 젤을 통과하여 이동하므로 빠르게 이동하는 반면, 큰 단편은 더 느리게 이동한다. 단편들이 젤 위에 잘 분리될 때까지 전류는 계속 켜져있다. 최종 결과는 크기의 차이에 따라 분리된 일련의 DNA 단편이다.

❹ 젤의 DNA 단편은 DNA에 결합하고 보통 자외선에 노출될 때 주황색으로 형광을 내는 삽입제인 에티디움 브로마이드 같은 형광염료로 DNA를 염색함으로써 볼 수 있다. 에티디움 브로마이드의 잠재적 돌연변이 유발성으로 인해 다양한 파장의 빛으로 여기된 후 가시광선을 방출하는 보다 안전한 삽입제 염료가 개발되었다. 이러한 방식으로 개별 DNA 단편을 찾은 후에는 추가 연구를 위해 젤에서 분리할 수 있게 되었다.

표준 젤 전기영동은 매우 큰 DNA 분자를 분리하는 데는 사용할 수 없다(30 kb 이상). 매우 긴 DNA는 아가로스 젤의 구멍을 통해 이동하는 데 제한이 있기 때문이다. 매우 큰 DNA 단편을 분리하는 일부 응용 프로그램에는 **다면전기영동**(pulsed-field electrophoresis)으로 알려진 특수한 유형의 전기영동이 사용된다. 이름에서 알 수 있듯이 이 기술은 펄스 전기장을 적용하는 것을 포함하는데, 젤의 긴 축을 따라 약 ±60° 방향으로 향하는 2개의 추가적인 필드를 적용한다. DNA 단편이 길수록 펄스가 적용됨에 따라 DNA가 전기장의 새로운 방향으로 방향을 바꾸는 시간이 길어지고, 큰 DNA 단편의 효율적인 분리가 가능해진다. 박테리아와 균류로부터 전체 염색체만큼 큰 DNA(최대 수백만 개의 염기쌍)를 이런 방식으로 분리할 수 있다.

DNA를 특성화할 수 있는 제한효소지도

연구자는 DNA 분자에서 일련의 제한효소단편들이 배열되는 순서를 어떻게 결정할까? 한 가지 접근법은 2개 이상의 제한효소를 단독으로 또는 조합하여 DNA에 처리한 다음, 생성된 DNA 단편의 크기를 결정하기 위해 젤 전기영동을 수행하는 것이다. 생성된 단편의 크기는 원래 DNA에서 모든 제한효소 절단자리의 위치를 나타내는 **제한효소지도**(restriction map)를 만드는 데 사용할 수 있다. **그림 17-3**은 이 과정이 제한효소 *EcoRI*과 *HaeⅢ*로 절단된 간단한 DNA 분자에 어떻게 작용하는지 보여준다. 이 예에서 각 개별 제한효소는 DNA를 두 단편으로 절단하여 DNA가 각 효소에 대해 하나의 제한효소 절단자리를 포함하고 있음을 나타낸다. 이러한 정보를 바탕으로 두 가지 가능한 제한효소지도를 제안할 수 있다(그림 17-3의 지도 A와 B 참조). 두 지도 중 어느 것이 정확한지 결정하기 위해서는 시작 DNA 분자가 *EcoRI* 및 *HaeⅢ*와 동시에 절단되는 실험이 수행되어야 한다. 두 효소를 동시에 활용함으로써 생성된 단편의 크기는 지도 A가 정확하다는 것을 보여준다.

실제로 제한효소지도는 일반적으로 단순한 예제보다 훨씬 복

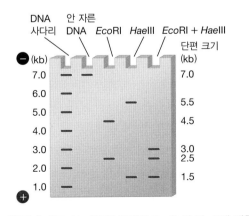

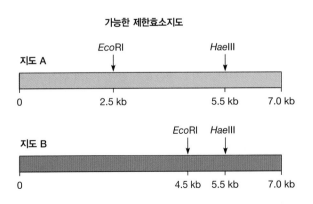

그림 17-3 제한효소지도. 이 가상의 예에서 *EcoRI* 및 *HaeⅢ*에 대한 제한효소 절단자리의 위치는 7.0 kb 길이의 DNA 단편으로 결정된다. 왼쪽 젤은 *EcoRI*이 DNA를 2.5 kb와 4.5 kb 크기의 두 단편으로 절단된 것을 보여주며, 이는 DNA가 한쪽 끝에서 2.5 kb에 위치한 단일 지점에서 절단되었음을 나타낸다. 이러한 단편의 크기는 분자량이 알려진 DNA 단편과 비교하여 추정된다. *HaeⅢ*로 처리하면 DNA가 1.5 kb와 5.5 kb 크기의 두 단편으로 절단되는데, 이는 DNA가 한쪽 끝에서 1.5 kb에 위치한 단일 지점에서 절단되었음을 나타낸다. 이 정보를 기반으로 두 가지 제한효소지도를 만들 수 있다. 지도 A가 맞다면 *EcoRI*과 *HaeⅢ*로 DNA를 동시에 자를 경우 3.0 kb, 2.5 kb, 1.5 kb 크기의 세 단편이 생성될 것이다. 지도 B가 맞다면 *EcoRI*과 *HaeⅢ*로 DNA를 동시에 자를 경우 4.5 kb, 1.5 kb, 1.0 kb 크기의 세 단편이 생성될 것이다. 실험 데이터는 지도 A가 정확했다는 것을 보여준다.

PCR 기기

문제 극소량의 DNA로 수행해야 하는 작업은 고생물학에서 범죄학에 이르기까지 광범위하게 매우 중요하다고 할 수 있다. 하지만 범죄 현장의 DNA처럼 많은 경우 매우 제한적이다(예: 피 한 방울, 몇 가닥의 체모, 희생자의 손톱 밑 피부, 인간의 지문에 포함된 극소수의 세포 등). DNA를 분석하려면 종종 많은 양의 샘플 DNA가 필요하다. 따라서 수집된 소량의 DNA를 채취하여 사본 수를 늘리거나 증폭해야 한다.

해결방안 이러한 경우 중합효소 연쇄반응(PCR)이 도움이 될 수 있다. PCR을 사용하면 초기에 극소량으로 존재하는 선택된 DNA 단편을 신속하게 증폭할 수 있다. 몇 시간 안에 PCR은 특정 DNA 서열의 수백만 또는 수십억 개의 사본을 만들 수도 있으며, 따라서 DNA 지문, DNA 염기서열 분석 및 수많은 다른 응용 프로그램을 위한 충분한 재료를 생산할 수 있다. PCR은 분자생물학에서 20세기의 가장 중요한 발명 중 하나로 널리 알려져 있다. 1980년대에 생화학자 멀리스(Kary Mullis)는 이러한 기술을 개발했고, 그 공로로 1993년에 노벨상을 받았다.

주요 도구 주형 DNA(복제되는 DNA), 열-안정성 DNA 중합효소, DNA 프라이머, 디옥시뉴클레오타이드

상세 방법 PCR을 수행하려면 먼저 증폭할 DNA 단편의 서열 일부를 알아야 한다. 이 정보에 기초하여 짧은 단일가닥 DNA 프라이머를 화학적으로 합성한다. 이 프라이머는 일반적으로 대상 단편의 반대쪽 끝에 위치한 서열과 상보적인 DNA 단편으로, 15~20개의 뉴클레오타이드로 구성된

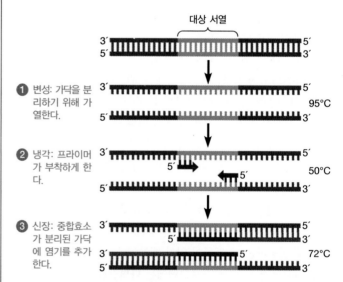

① 변성: 가닥을 분리하기 위해 가열한다.   95°C

② 냉각: 프라이머가 부착하게 한다.   50°C

③ 신장: 중합효소가 분리된 가닥에 염기를 추가한다.   72°C

그림 17A-1 PCR: 첫 번째 증폭주기. 글상자 본문의 설명을 참조하라. 이 첫 번째 주기 이후에 변성, 냉각, 신장의 추가 주기는 대상 서열을 기하급수적으로 증폭시킨다.

잡하다. 또한 제한효소단편의 크기로 제한효소 절단자리의 위치를 추론하는 것은 종종 특성화된 DNA가 플라스미드 벡터(자세한 내용은 이 절의 뒷부분 참조)로 운반되는 경우가 있는 것처럼 시작 DNA가 선형인지(그림 17-3의 예와 같이) 원형인지에 따라 달라진다. 제한효소는 제한효소 단편길이 다형성이라고 하는 개별 환자(또는 용의자) DNA의 특정 양상을 동정하는 데 사용하며, 인간의 DNA를 분석하는 데 사용할 수도 있다. 이 분석 유형은 이 장의 뒷부분에서 살펴볼 것이다.

혼합물에서 특정 DNA를 동정하는 서던 흡입법

크기에 따라 DNA 단편을 분석하는 것 외에도 종종 관심 있는 특정 DNA 서열을 포함하는 특정 크기의 DNA 단편을 동정하는 것이 필요하다. DNA 단편을 동정하는 데 사용되는 특별한 기술은 연구자가 DNA 염기서열에 대해 무엇을 알고 있는지에 따라 달라진다. PCR 및 DNA 염기서열 분석은 DNA 단편이 관심 염기서열을 포함하는지 여부를 결정하는 데 매우 흔하게 사용된다. 염기서열별로 프라이머를 사용하여 해당 서열을 증폭할 수 있는 경우 그 끝에는 프라이머에 해당하는 서열이 포함되며, 중간 서열의 특성은 염기서열 분석을 통해 결정할 수 있다.

DNA를 분석하는 또 다른 역사적으로 중요한 방법은 염기쌍을 이뤄 원하는 DNA 서열을 동정할 수 있는 DNA의 단일가닥 분자인 핵산 탐침을 사용하는 것이다. 핵산 탐침은 방사선 또는

다. 관심 있는 단편과 자연스럽게 일치하는 서열을 알 수 없는 경우 절차를 실행하기 전에 인공 서열을 연결할 수 있다. PCR은 증폭될 DNA 단편(2개의 프라이머가 측면에 있는 영역)이 50~2,000뉴클레오타이드 길이일 때 가장 잘 작동한다. 그런 다음 DNA 중합효소는 두 프라이머를 출발점으로 사용하여 상보 DNA 가닥의 합성을 촉매한다. 이러한 목적을 위해 사용되는 DNA 중합효소는 물이 보통 70~80°C인 온천을 서식지로 하는 박테리아 *Thermus aquaticus*에서 처음 분리되었다. *Taq* 중합효소(*Taq* polymerase)라고 불리는 이 효소의 최적 활성 온도는 72°C이고, 훨씬 더 높은 끓는 온도에서도 비교적 안정적이다. dATP, dTTP, dCTP, dGTP 디옥시뉴클레오타이드도 반응 혼합물에 함께 첨가된다.

그림 17A-1은 PCR이 수행되는 방법을 요약해놓았다. ❶ 각 반응주기는 DNA 2중가닥을 2개의 가닥으로 변성시킬 정도의 온도까지 가열하면서 시작된다(95°C). ❷ 그다음 DNA 용액을 50°C로 냉각하여 프라이머가 복사

되는 DNA 가닥의 상보적 서열과 결합한다. ❸ 온도가 72°C로 상승하고 Taq 중합효소가 작동하여 프라이머의 3′ 말단에서 뉴클레오타이드를 추가한다. 프라이머의 특이성은 주형 DNA의 하부를 선택적으로 복사한다. Taq 중합효소가 표적 DNA 서열을 완전히 복사하는 데는 단 몇 분이면 충분하다. 그런 다음 반응 혼합물을 다시 가열하여 새로운 2중나선을 다시 변성하고, 더 많은 프라이머가 DNA에 결합하게 한다. 그리고 ❶~❸ 과정을 반복한다. 그림 17A-2는 PCR이 프라이머 사이의 서열을 빠르게 생성하는 방법을 보여주기 위해 3회 연속 주기에 대한 반응을 나타냈다.

질문 PCR의 n 주기에 의해 달성되는 이론적 증폭은 2^n이다. 단일 DNA 단편에서 시작하여 PCR의 20주기 후에 얼마나 많은 증폭을 기대하는가? 30주기 후에는 얼마이겠는가?

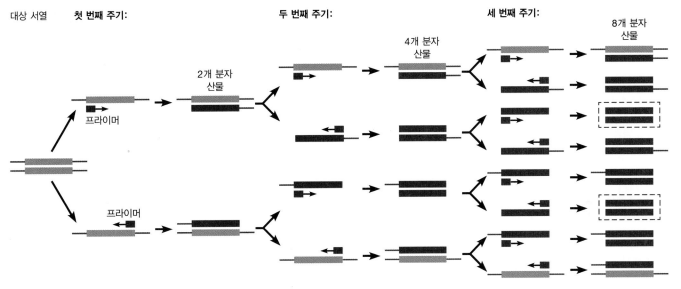

대상 서열 　첫 번째 주기: 　　두 번째 주기: 　　세 번째 주기:

2개 분자 산물　　4개 분자 산물　　8개 분자 산물

프라이머

프라이머

그림 17A-2 PCR: 세 번의 증폭주기. 점선 상자는 대상 서열로만 구성된 산물을 나타낸다.

형광 태그 등으로 표지되어 X선 필름에 노출하거나 이미징 스캐너를 사용하여 탐지할 수 있다. 핵산을 연구하는 데 핵산 탐침을 사용한 것은 원래는 서턴(Edwin M. Southern)이 DNA 연구를 위해 개발한 것이었다. 그러한 공로를 기리고자 DNA에 적용된 이 기술에 **서턴 흡입법**(Southern blotting)이란 이름을 붙였다. 현대의 서턴 흡입법은 여러 단계를 거친다(**그림 17-4**). 먼저 DNA는 제한효소로 잘린 후, 생성된 단편은 젤 전기영동에 의해 서로 분리된다. DNA는 종종 크기가 다른 많은 종류의 DNA 단편을 포함하므로, 이 단계에서 수백 또는 수천 개의 밴드가 나타날 수 있다. 이것이 서턴의 절차가 시작되는 부분인 것이다. 특수한 종류의 '블로터' 종이(나이트로셀룰로스 또는 나일론)를 사용하여

젤에서 분리된 DNA 단편이 종이로 전달되게 한다. 그런 다음 단일가닥 형광 핵산 탐침이 추가된다. 결합된 탐침은 형광 이미징 기계를 사용하여 볼 수 있다. 서턴 흡입법은 DNA를 연구하기 위한 PCR 기반 기술로 대체되었지만, 관련 기술은 여전히 RNA를 분석하는 데 매우 유용하다.

재조합 DNA에 사용되는 제한효소

이 장의 앞부분에서 이를 살펴봤듯이 재조합 DNA 기술의 대부분은 제한효소의 발견이 있기에 가능했다. DNA에서 엇갈린 절단을 만드는 제한효소는 특히 유용하다. 그들은 서로 다른 공급원에서 얻은 DNA 단편을 결합하는 데 사용되는 단일가닥의 점

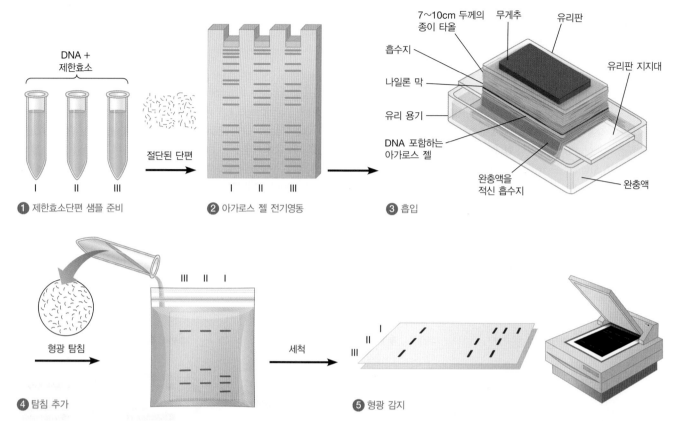

그림 17-4 서던 흡입법. ❶ DNA는 다른 종류의 세포(I, II, III)로부터 추출된다. 제한효소는 제한효소단편을 생성하기 위해 DNA의 세 샘플에 첨가된다. **❷** 전기영동에 의해 분리된다. **❸** pH를 높여 젤상의 DNA가 변성된 후 단일가닥은 흡입을 통해 특수 종이 위에 옮겨진다. **❹** 표적 DNA에 상보적인 단일가닥 형광 DNA 탐침 용액을 추가한다. **❺** 남은 탐침을 세척한 후 특수 종이를 스캔하여 형광을 감지한다. 그런 다음 탐침과 염기쌍을 이루는 특정 DNA 부분의 이미지를 캡처할 수 있다.

착성 말단을 생성한다. 본질적으로 동일한 제한효소에 의해 생성된 모든 2개의 DNA 단편은 단일가닥의 점착성 말단 사이에 상보적인 염기쌍을 통해 함께 결합될 수 있다.

그림 17-5는 이 일반적인 접근법이 어떻게 작동하는지를 설명한다. **❶** 2개의 공급원에서 온 각각의 DNA 분자는 먼저 점착성 말단을 가진 단편을 생성하는 제한효소로 처리된다. **❷** 그 후 단편들은 이 점착성 말단들 사이에서 염기쌍을 형성하는 조건에서 함께 혼합한다. 일단 이런 방식으로 결합되면, **❸** DNA 단편들은 DNA 복제와 수선에 일반적으로 관여하는 효소인 DNA 연결효소에 의해 공유결합으로 연결된다(22장 참조). 최종 산물은 2개의 다른 공급원에서 유래한 DNA 서열을 포함하는 재조합 DNA 분자이다.

제한효소와 DNA 연결효소는 그 기원에 관계없이 2개 이상의 DNA 단편을 함께 결합할 수 있게 한다. 예를 들어 인간 DNA의 단편이 다른 인간 DNA의 단편과 연결될 수 있는 것처럼 쉽게 박테리아나 파지 DNA와 연결될 수 있다. 다시 말해서 재조합을 동일하거나 밀접하게 관련된 종의 유전체로 제한하는 자연장벽에 상관없이 자연계에 존재하지 않았던 재조합 DNA 분자를 형성하는 것이 가능하다. 여기에 재조합 DNA 기술의 힘(그리고 일부는 우려)이 있다. 실험실에서 DNA 클로닝은 복제된 DNA가 전파될 생물체에 적합하게 특별히 설계된 DNA를 사용하여 진행된다.

박테리아 클로닝 벡터를 사용할 수 있는 DNA 클로닝

박테리아 클로닝 벡터의 사용은 전통적인 DNA 클로닝에서 흔한 일이다. DNA 복제는 관심 있는 DNA를 **클로닝 벡터**(cloning vector)라고 불리는 DNA에 결합함으로써 이루어진다. 클로닝 벡터는 배양된 세포에 도입될 때 자율적으로 복제될 수 있으며, 대장균과 같은 박테리아가 많이 사용된다. 클로닝 벡터는 플라스미드 또는 보통 박테리오파지인 바이러스의 DNA로 원형 DNA 단편이다. 어느 경우든 벡터의 DNA '승객'은 복제될 때마다 복사된다.

구체적인 세부사항은 다양하지만 전형적으로 박테리아 클로닝 벡터를 사용하는 DNA 클로닝 과정에 다음의 5단계, 즉 (1) 클로닝 벡터에 DNA 삽입, (2) 박테리아 세포에 재조합 벡터의 도입, (3) 박테리아 내 재조합 벡터의 증폭, (4) 재조합 DNA가

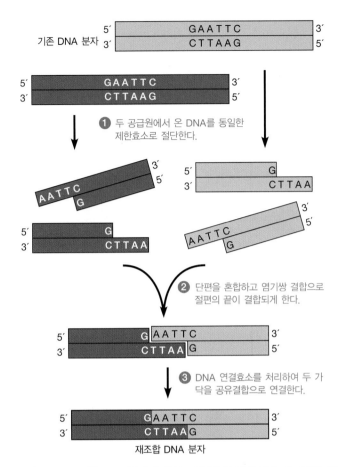

기존 DNA 분자

❶ 두 공급원에서 온 DNA를 동일한 제한효소로 절단한다.

❷ 단편을 혼합하고 염기쌍 결합으로 절편의 끝이 결합되게 한다.

❸ DNA 연결효소를 처리하여 두 가닥을 공유결합으로 연결한다.

재조합 DNA 분자

그림 17-5 재조합 DNA 분자의 생성. 점착성 말단(이 경우 *Eco*RI)을 생성하는 제한효소는 다른 기원에서 유래한 2개의 DNA 분자를 절단하는 데 사용된다. 결과로 나온 단편의 상보적인 말단은 염기쌍에 의해 결합하여 서로 다른 기원의 두 절편을 포함하는 재조합 분자를 생성한다.

포함된 세포의 선택, (5) 관심 DNA를 포함하는 클론의 동정이 포함된다.

클로닝 벡터에 DNA 삽입 이러한 일을 더 자세히 알아보려면 1980년대 중반에 개발된 *pUC19*(puck-19)이라는 역사적으로 중요한 플라스미드 벡터에 삽입물을 복제하는 것을 생각해보자(**그림 17-6**). 이 플라스미드는 항생제 암피실린(ampicillin)에 내성을 부여하는 *amp^R* 유전자를 가지고 있다(그림 17-6a). 따라서 그러한 플라스미드를 가진 박테리아는 암피실린이 있는 곳에서 성장하는 능력에 의해 동정할 수 있다. pUC19 플라스미드는 또한 효소 β-갈락토시데이스를 암호화하는 *lacZ* 유전자를 포함한 플라스미드의 영역에 11개의 서로 다른 제한효소 절단자리를 가지고 있다.

이러한 제한효소 절단자리에서 외부 DNA의 통합은 *lacZ* 유전자를 방해하여 β-갈락토시드 가수분해효소의 생성을 차단한다. 우리가 곧 보게 될 것처럼 β-갈락토시데이스 생산의 이러한 중단은 외래 DNA를 가진 플라스미드를 감지하기 위해 복제 과정

의 후반부에 사용될 수 있다.

그림 17-6b는 pUC19을 벡터로 사용하고 *lacZ* 유전자 내 단일 부위에서 pUC19을 절단하는 제한효소를 사용하여 외부 DNA인 특정 관심 유전자가 플라스미드 클로닝 벡터에 삽입되는 방법을 보여준다. ❶ 제한효소의 처리는 해당 부위의 플라스미드를 절단하여 DNA를 선형으로 만든다(원을 연다). ❷ 동일한 제한효소가 클로닝할 유전자를 포함하는 DNA 분자를 절단하는 데 사용된다. 그런 다음 ❸ 염기쌍을 형성하는 조건에서 선형화된 벡터 분자와 결합하고, ❹ 재조합 분자를 공유적으로 연결하기 위해 DNA 연결효소로 처리한다. 종종 선형화된 벡터의 끝에 있는 인산염을 제거하기 위해 (새우 또는 송아지 장 세포에서 추출한) 알칼리성 인산가수분해효소를 사용한다. 탈인산화는 선형화된 플라스미드의 절단된 끝의 재결합 가능성을 감소시킨다.

복제와 관련된 마지막 문제는 삽입된 DNA의 **방향**과 관련이 있다. 예를 들어 박테리아에서 단백질을 발현하기 위해 클론을 사용하고 싶다면 이는 매우 중요할 수 있다. DNA가 한 가지 방법으로 삽입될 때만 정확한 암호화 서열을 가진 RNA가 생성될 것이다. DNA가 올바른 방향으로 삽입되게 하는 한 가지 방법은 **방향성 클로닝**, 즉 삽입물의 연결이 알려진 방향에서 발생하는 클로닝을 통해 이루어진다. 방향성 클로닝을 위해 일반적으로 사용되는 한 가지 접근법은 벡터의 두 끝을 자르고 다른 제한효소를 삽입하여 다른 점착성 말단을 생성하는 것이다. 5′ 말단 및 3′ 말단은 서로 다른 정체성을 가지고 있으므로 삽입물의 방향이 하나만 있게 된다. 그러나 올바른 방향을 가진 클론을 결정하기 위해 많은 양성 클론에서 DNA의 서열을 분석하는 것도 마찬가지로 일반적이다.

박테리아 세포에 재조합 벡터의 도입 일단 외부 DNA가 클로닝 벡터에 삽입되면 ❺ 재조합 벡터는 그것을 적절한 숙주세포, 보통 대장균을 **형질전환**시킴으로써 복제된다. 플라스미드는 간단하게 표적 세포를 둘러싼 배지에 첨가된다. 원핵 세포는 외부로부터 플라스미드 DNA를 흡수할 것이지만, 일반적으로 효율성을 높이기 위해 특별한 처리가 필요하다. 예를 들어 칼슘 이온을 첨가하면 세포가 외부 환경에서 DNA를 흡수하는 속도를 현저하게 증가시킬 수 있다.

박테리아 내 재조합 벡터의 증폭 재조합 플라스미드를 흡수한 후 숙주 박테리아는 재조합 DNA가 복제되거나 **증폭**될 수 있도록 영양 배지 위에 도말된다. 박테리아는 증식하고 각각 하나의 세포에서 파생된 군체를 형성한다. 적당한 조건하에서 대장균은 22분마다 분열하여 11시간 내에 10억 개의 세포를 생성할 것이다. 박테리아가 증식함에 따라 재조합 플라스미드도 복제하여 외래 DNA 단편을 포함한 엄청난 수의 벡터 분자를 생성한다. 이

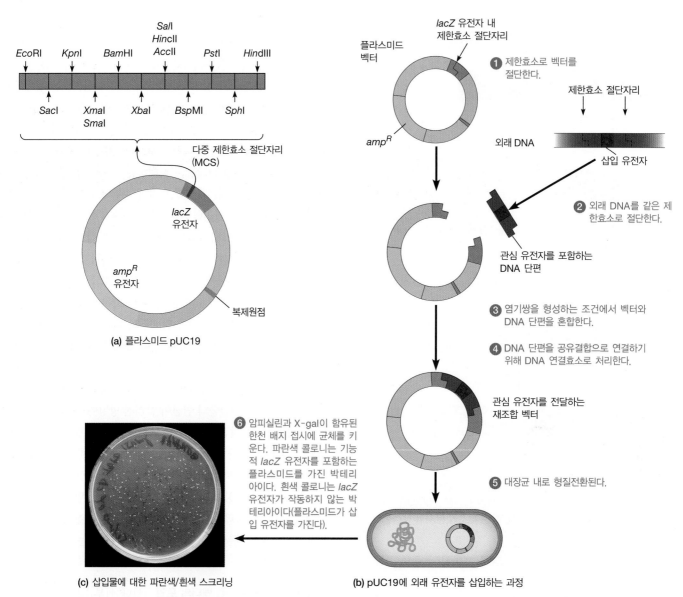

(a) 플라스미드 pUC19

(c) 삽입물에 대한 파란색/흰색 스크리닝

(b) pUC19에 외래 유전자를 삽입하는 과정

그림 17-6 플라스미드 벡터를 이용한 클로닝. (a) pUC19은 역사적으로 중요한 유전공학적 플라스미드이다. 플라스미드 클로닝 벡터는 항생제 내성(예: 암피실린에 대한 내성)을 가지고 있으며, 여러 제한효소 절단자리(또는 다중 클로닝 부위, MCS)가 있는 조작된 폴리링커를 가지고 있으며, 삽입 유전자에 대한 스크리닝(예: 파란색/흰색 스크리닝의 *lacZ*) 기능을 가질 수 있다. (b) 외부 DNA를 플라스미드에 삽입하기 위해 외부 DNA와 플라스미드 DNA는 동일한 부위, 즉 이 경우 *lacZ* 유전자 내의 부위를 인식하는 제한효소로 절단된다. 삽입된 DNA 단편은 점착성 말단 사이의 염기쌍을 형성하는 조건에서 선형화된 플라스미드 DNA로 재조합된다. 예상되는 생성물 중에는 관심 유전자를 포함한 일부 외부 DNA의 단일 단편과 염기쌍을 형성하여 재순환되는 플라스미드 분자가 포함될 것이다. 이러한 플라스미드를 운반하는 박테리아 세포는 암피실린에 내성이 있으며, 파란색/흰색 스크리닝 또는 콜로니 PCR을 통해 올바른 삽입 유전자가 들어있는지 선별된다. 추가 검증은 일반적으로 제한효소지도 및/또는 DNA 염기서열 분석을 통해 이루어진다 (c) 복제된 삽입 유전자를 위한 파란색/흰색 스크리닝. 플라스미드의 MCS에 삽입된 DNA는 *lacZ* 유전자를 방해하여 재조합 DNA를 포함하는 박테리아가 X-gal을 대사할 수 없게 되기에 흰색 콜로니를 생성한다. 파란색 콜로니는 삽입 유전자를 포함하지 않는다.

러한 조건하에서 하나의 세포에 도입된 단일 재조합 플라스미드는 반나절 이내에 수천억 배로 증폭될 것이다.

재조합 DNA가 포함된 세포의 선택 클로닝 벡터가 증폭되는 동안 성공적으로 벡터를 통합한 세포를 우선적으로 선별하는 절차가 도입된다. pUC19과 같은 플라스미드 벡터의 경우 플라스미드의 항생제 내성 유전자를 기반으로 한 방법으로 선별한다. 예를

들어 그림 17-6b에서 생성된 재조합 플라스미드를 운반하는 모든 박테리아는 모든 플라스미드가 손상되지 않은 암피실린 내성 유전자를 가지고 있기 때문에 항생제 암피실린에 내성이 있다. *amp^R* 유전자는 **선별 표지자**(selectable marker)이며, 이는 플라스미드를 운반하는 세포만 암피실린(암피실린 내성 세포의 성장을 '선별'하는) 배양 배지에서 성장하도록 허용한다.

관심 DNA를 포함하는 클론의 동정 모식도를 단순하게 하기 위해 그림 17-6b는 원하는 삽입 DNA 단편을 포함하는 재조합 플라스미드만 보여준다. 그러나 실제로는 비재조합 플라스미드와 제한효소의 작용으로 인해 생성된 다른 단편을 포함하는 재조합 플라스미드를 포함한 다양한 DNA 생성물이 존재할 것이다. 하지만 모든 암피실린 내성 박테리아가 재조합 플라스미드, 즉 외래 DNA와 결합된 플라스미드를 가지고 있는 것은 아니다. 그러나 재조합 플라스미드를 포함하는 박테리아는 외래 DNA에 의해 *lacZ* 유전자가 교란되어 더 이상 *β*-갈락토시데이스가 생성되지 않기 때문에 쉽게 동정할 수 있다. ❻단계는 박테리아가 일반적으로 *β*-갈락토시데이스에 의해 파란색 화합물로 분해되는 기질에 노출되는 간단한 색상 실험을 통해 *β*-갈락토시데이스가 어떻게 감지되는지 보여준다. 따라서 정상 pUC19 플라스미드를 포함하는 박테리아 군집은 파란색으로 착색되는 반면, DNA 단편이 삽입된 재조합 플라스미드를 포함하는 군집은 흰색으로 나타난다(그림 17-6c). 이러한 파란색/흰색 스크리닝은 역사적으로 실험실에서 일상적인 절차가 되었다.

재조합 DNA 클로닝 절차의 마지막 단계는 관심 있는 특정 DNA 단편을 포함하는 박테리아 군집을 동정하기 위해 박테리아 군집을 선별하는 것이다. 표준 박테리아 복제의 경우 일반적으로 DNA를 박테리아로부터 분리한 다음 제한효소지도를 사용하여 복제된 DNA가 예상되는 패턴을 가지고 있는지 확인하거나 PCR을 사용하여 올바른 삽입 유전자(콜로니 PCR이라고 하는 기술)의 존재를 확인함으로써 수행된다. 복제된 DNA는 삽입된 DNA에 대한 정확한 검증을 하기 위해 종종 염기서열을 분석한다(자세한 내용은 이 장의 뒷부분 참조).

DNA 복제에 유용한 유전체 라이브러리와 cDNA 라이브러리

유전체 대 cDNA 라이브러리 앞서 보았듯이 박테리아 세포에서 외래 DNA를 복제하는 것은 이제 일상적인 절차이다. 실제로는 시작물질로 사용할 좋은 DNA를 얻는 것이 종종 가장 어려운 단계 중 하나이다. 일반적으로 DNA 시작물질을 생산하기 위해 두 가지 다른 접근법이 사용된다. 한 가지 접근법에서 생물체의 전체 유전체(또는 상당한 부분)는 많은 제한효소단편으로 분할되고, 클로닝 벡터에 삽입한 후, 박테리아 세포(또는 파지 입자)로 도입한다. 그 결과 생성된 클론 집단은 유전체의 전부는 아니더라도 대부분의 유전체를 나타내는 복제된 단편을 포함하기 때문에 **유전체 라이브러리**(genomic library)라고 한다. 진핵생물 DNA의 유전체 라이브러리는 충분히 민감한 동정 기술을 사용할 수 있다면 특정 유전자를 분리할 수 있는 귀중한 자원이 된다. 원하는 DNA 단편을 포함한 희귀한 박테리아 군집이 확인되면 필요한 만큼의 단편 사본을 생성하기 위해 영양 배지에서 배양할 수

있다. 물론 제한효소에 의한 DNA 절단은 유전자 단위로 잘라지지 않기에 일부 유전자는 2개 이상의 제한효소단편 사이에서 분할될 수도 있다. 이 문제는 DNA가 소량의 제한효소에 잠깐 노출되는 **부분적인 DNA 절단**(partial DNA digestion)을 수행함으로써 피할 수 있다. 그런 상황에서 일부 제한효소 절단자리는 절단되지 않은 상태로 남아 각 유전자의 최소한 하나의 온전한 사본이 유전체 라이브러리에 존재할 확률을 높인다. 유전체 라이브러리는 개체의 유전체에 있는 모든 DNA에 해당하는 DNA 서열을 포함하고 있다. 인핸서 및 프로모터(25장 참조)와 같은 전사되지 않은 DNA와 1차 RNA 전사체의 인트론에 해당하는 DNA가 포함된다. 이와 같이 유전체 라이브러리는 어떤 DNA 요소가 유전자 발현을 조절하는지 연구하는 데 중요하다.

클로닝 실험을 위한 대체 DNA는 역전사효소로 전령 RNA(mRNA)를 복사하여 생성된 DNA이다(그림 16-6 참조). 이 반응은 주형으로 사용된 mRNA에 대한 **상보 DNA**(complementary DNA, cDNA) 분자 집단을 생성한다(**그림 17-7**). 세포의 전체

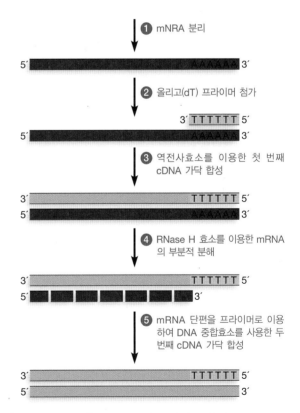

그림 17-7 복제를 위한 상보 DNA(cDNA)의 준비. ❶ mRNA를 분리한다. ❷ 타이민 디옥시뉴클레오타이드의 짧은 사슬인 올리고(dT)는 진핵생물의 mRNA가 항상 3′ 말단에 아데닌 뉴클레오타이드의 꼬리를 가지고 있기 때문에 프라이머로 사용할 수 있다. ❸ mRNA는 역전사효소(레트로바이러스로부터 분리)로 처리되어 cDNA 가닥을 만든다. ❹ 생성된 mRNA-cDNA 하이브리드는 RNA를 가수분해하기 위해 알칼리 또는 효소(RNase)로 처리되어 단일가닥 cDNA를 남긴다. ❺ DNA 중합효소는 부분적으로 분해된 RNA를 프라이머로 사용하여 cDNA 가닥을 합성할 수 있다.

mRNA 집단이 분리되어 cDNA로 복사된 후, 결과적으로 나온 클론 집단을 **cDNA 라이브러리**(cDNA library)라고 한다. cDNA 라이브러리의 장점은 mRNA로 전사된 DNA 서열(아마도 mRNA를 추출한 세포 또는 조직의 활성 유전자)만 포함한다는 것이다.

cDNA 라이브러리는 전사된 유전자만으로 제한되는 것 외에도 진핵생물 유전자 클로닝을 위한 출발점으로서 또 다른 중요한 이점을 가지고 있다. cDNA를 만들기 위해 mRNA를 사용하는 것은 복제된 유전자가 인트론 없이 유전자 암호화 서열만 포함한다는 것을 보장한다. 인트론은 너무 광범위해서 진핵생물 유전자의 전체 길이가 길어지기에 재조합 DNA 조작을 위해 다루기 어려워질 수 있다. cDNA를 사용하면 이 문제가 해결된다. 게다가 박테리아는 mRNA 스플라이싱 기구가 없기 때문에 cDNA에서처럼 인트론이 제거되지 않으면 인트론을 포함한 진핵생물 유전자의 정확한 단백질 생성물을 합성할 수 없다.

연결하기 17.1

역전사효소는 첫 번째 cDNA 가닥을 생성하기 위한 프라이머를 필요로 한다. 진핵생물 cDNA를 만들 때 올리고(dT) 프라이머라고 불리는 여러 개의 연속적인 T 염기로 구성된 프라이머가 종종 사용된다. 이 프라이머가 원핵세포 cDNA를 생성할 때도 유용할까? 그렇게 생각하는 이유는 무엇인가? (23.3절 참조)

유전체 DNA 클로닝을 위한 벡터 박테리아 플라스미드 벡터는 cDNA 클로닝에 유용하지만 이러한 벡터에서 복제된 외래 DNA 단편은 약 15,000∼20,000염기쌍(bp)을 초과할 수 없다는 한계가 있다. 진핵생물 유전자(인트론과 엑손 모두 포함)는 종종 이것보다 크기 때문에 이러한 벡터를 사용하여 온전한 형태로 클로닝할 수 없다. 유전체 지도작성 프로젝트의 경우 클론당 DNA가 길수록 전체 유전체를 커버하는 데 필요한 클론의 수가 줄어들기 때문에 훨씬 더 긴 DNA를 포함하는 클론을 사용하는 것이 바람직하다.

다행히도 유전체 DNA 클로닝 영역에 사용할 수 있는 많은 유형의 벡터가 있다(**그림 17-8**). 이 모든 벡터에는 복제원점이 포함되어 있어 복제가 가능하며, 대부분은 항생제 저항성 유전자를 가지고 있다. 작은 DNA 단편(20∼25 kb의 크기)은 λ와 같은 박테리오파지 벡터로 포장될 수 있다. **코스미드**(cosmid)로 알려진 이러한 두 번째 벡터는 박테리오파지에서 유래된 요소를 사용하며, 40∼45 kb 크기의 DNA 단편을 운반한다. 코스미드는 플라스미드에 삽입된 파지 λ의 *cos* 자리를 포함한다. *cos* 자리에 재조합 DNA 분자가 삽입된 후 파지 단백질 외피로 포장된다. 박테리아 세포가 감염된 후 재조합 분자는 복제되고 플라스미드로

유지될 수 있다.

큰 DNA 단편을 복제하는 데 사용되는 또 다른 유형의 벡터는 **박테리아 인공염색체**(bacterial artificial chromosome, BAC)이다. 이는 일부 박테리아가 박테리아 접합 동안 세포 사이의 DNA 전달을 위해 사용하는 F 인자 플라스미드의 파생물이다(26장 참조). BAC 벡터는 최대 350,000 bp의 외래 DNA를 보유할 수 있고 복제원점, 항생제 내성 유전자 및 외래 DNA 삽입 부위와 같은 박테리아 클로닝 벡터에 필요한 모든 구성 요소를 가진 F 인자 플라스미드의 변형된 형태이다.

더 큰 DNA 단편은 **효모 인공염색체**(yeast artificial chromosome, YAC)를 사용하여 클로닝할 수 있다. YAC는 '가장 작은' 진핵생물 염색체이다. YAC는 정상적인 염색체 복제와 딸세포로의 분리에 필요한 모든 DNA 서열을 포함하고 있다. 염색체 구조와 복제에 대한 지식으로 짐작할 수 있듯이 진핵생물 염색체는 (1) 진핵생물의 DNA 복제원점, (2) 말단소체 복원효소(텔로머레이스)에 의해 염색체 말단을 주기적으로 확장하는 2개의 말단소체(텔로미어), (3) 세포분열 중에 방추사부착점을 통해 방추사 미세소관의 적절한 부착을 보장하는 동원체라는 세 종류의 DNA 서열을 필요로 한다. 만약 이 세 종류의 DNA 서열의 효모 버전이 외래 DNA의 한 부분과 결합된다면 YAC는 효모에서 복제될 것이고 원래의 염색체처럼 각 세포분열 주기를 가진 딸세포로 분리될 것이다. 그리고 적절한 조건에서 외래 유전자가 발현될 수 있게 된다.

복제원점(ORI), 동원체 서열(CEN), 2개의 말단소체(TEL) 외에도 YAC 벡터는 편리한 제한효소 절단자리뿐만 아니라 선별 표지자로 작용하는 2개의 유전자를 가지고 있다. 플라스미드에서의 클로닝과 마찬가지로 YAC 벡터와 외래 DNA는 적절한 제한효소로 절단되고 함께 혼합되며 DNA 연결효소에 의해 결합된다. 다양한 YAC를 포함한 결과 생성물은 외래 DNA의 다른 단편을 운반하며, 세포벽이 제거된 효모 세포에 도입된다. 2개의 선별 표지자의 존재는 2개의 염색체 '팔'을 가진 YAC를 가진 효모 세포를 선별하는 것을 쉽게 만들어준다. YAC는 매우 큰 삽입물을 운반할 수 있다. YAC 벡터만은 약 10,000 bp에 불과하지만 삽입된 외래 DNA의 길이는 보통 30만∼150만 bp이다. 실제로 YAC가 안정적으로 복제 및 분리되려면 최소 50,000 bp가 필요하다.

라이브러리에서 관심 클론의 선별 일단 라이브러리가 구성되면 여러 용도로 사용할 수 있다. 유전체 라이브러리는 전체 유전체 서열 분석의 출발점이 될 수 있다(다음 내용 참조). 그러나 다른 경우에는 특정 유전체 또는 cDNA 서열 분석을 포함하는 클론이 필요하다. 이러한 관심 클론을 동정하려면 라이브러리를 '선

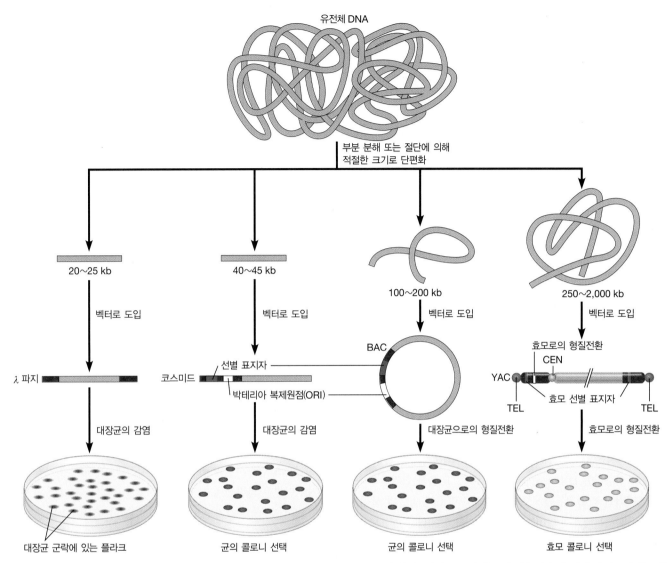

그림 17-8 유전체 라이브러리의 구성. 서로 다른 벡터가 삽입물의 크기가 다른 유전체 라이브러리를 구성하는 데 사용된다. 유전체 라이브러리는 대략 동일하게 표현된 유전체의 개별 DNA 단편을 가지고 있다.

별'해야 한다. 역사적으로 중요한 접근법은 서던 흡입법과 유사한 기술인 콜로니 혼성화(colony hybridization)를 들 수 있다. 나이트로셀룰로스 또는 나일론 필터를 박테리아 콜로니 또는 파지 플라크가 포함된 플레이트 위에 층을 이루게 한 다음, DNA 탐침으로 필터를 조사하여 관심 클론을 포함하는 콜로니를 동정할 수 있다. 오늘날 PCR은 라이브러리 샘플에서 관심 있는 DNA를 추출하기 위해 훨씬 더 흔하게 수행되고 있다.

개념체크 17.1

무게로 볼 때 거미줄은 강철보다 강하기 때문에 생명공학에서 잠재적으로 사용될 수 있는 큰 관심사이다. 박테리아에서 거미줄 단백질을 생산하는 궁극적인 목표를 가지고 DNA를 복제하려고 한다고 가정해보자. 거미 유전체 DNA와 cDNA 중 어느 것으로 시작할 것인가? 이에 대해 설명하라.

17.2 유전체 염기서열 분석

유전체(genome)는 모든 유전정보가 담긴 하나의 완벽한 사본을 가진 개체 또는 바이러스의 DNA(일부 바이러스에게는 RNA)로 구성된다. 많은 바이러스와 원핵생물의 경우 유전체는 하나의 선형 및 원형 DNA 분자 또는 소수의 DNA 분자로 존재한다. 진핵세포는 핵 유전체, 미토콘드리아 유전체를 가지고 있다. 그리고 식물과 조류의 경우 엽록체 유전체도 있다. 미토콘드리아와 엽록체 유전체는 원핵생물과 유사한 보통 하나의 원형 DNA 분자이다. 핵 유전체는 일반적으로 염색체의 반수체 세트 사이에 분산된 여러 개의 DNA 분자로 구성된다. (26장에서 더 자세히 살펴보겠지만, 염색체의 반수체 세트는 각 염색체 유형의 대표자 하나로 구성된 반면, 2배체 세트는 각 염색체 유형의 2개의 사본,

즉 어머니의 사본과 아버지의 사본으로 구성된다. 정자와 난자는 각각 염색체의 반수체 세트를 가지고 있는 반면, 대부분의 다른 유형의 진핵세포는 2배체이다.) DNA 염기서열 분석 기술은 생물체의 전체 유전체를 분석하는 것을 가능하게 했다.

DNA 염기서열 분석을 위한 빠른 방법

제한효소단편을 준비하는 기술이 개발된 것과 거의 동시에 신속한 DNA 염기서열 분석을 위한 두 가지 방법, 즉 **DNA 염기서열 분석**(DNA sequencing)이 고안되었다. 한 가지 방법은 맥삼(Allan Maxam)과 길버트(Walter Gilbert)가, 다른 방법은 생어(Frederick Sanger)와 동료들이 고안했다. 화학적 방법(chemical method)이라고 불리는 맥삼-길버트(Maxam-Gilbert) 방법은 특정 염기에서 우선적으로 DNA를 절단하는 (비단백질) 화학물질의 사용을 기반으로 한다. 사슬 종결 방법(chain termination method)이라고 불리는 생어 방법은 다이디옥시뉴클레오타이드(dideoxynucleotide)를 사용하여 DNA의 정상적인 효소 합성을 방해한다. 생어의 방법이 채택되었고, 이 기술이 기본이 된 방법이 오늘날에도 일상적으로 사용되고 있다.

생어법 이 과정에서 단일가닥 DNA 단편이 새로운 상보적 DNA 가닥의 합성하기 위한 주형으로 사용된다. DNA 합성은 정상 기질인 디옥시뉴클레오타이드 dATP, dCTP, dTTP, dGTP의 존재 하에서 성장하는 DNA 사슬에 염기 A, C, T, G를 첨가한다. 또한 일반적인 디옥시뉴클레오타이드의 3′ 탄소에 결합된 하이드록실기가 없는 4개의 다이디옥시뉴클레오타이드(ddATP, ddCTP, ddTTP, ddGTP)가 낮은 농도로 첨가된다. 다이디옥시뉴클레오타이드가 일반적인 디옥시뉴클레오타이드 대신 성장하는 DNA 사슬에 통합될 때, 3′ 하이드록실기의 부재로 인해 다음 뉴클레오타이드와의 결합이 불가능하기에 DNA 합성은 조기에 중단된다. 따라서 일련의 불완전한 DNA 단편은 DNA의 염기의 서열 순서에 관한 정보를 제공하게 된다. 하나의 염기 차이로 각 단편의 크기를 구별할 수 있는 기술을 사용하여 단편을 분리함으로써 DNA 단편을 따라 각 위치에 어떤 염기가 있는지 추론할 수 있다.

생어법은 다이디옥시 반응에 방사성 염기를 추가하고 DNA 단편을 폴리아크릴아미드 젤에서 크기별로 분리한 후, X선 필름을 사용하여 결과를 분석하는 것이다. **그림 17-9**는 오늘날 생어 염기서열 분석이 일반적으로 수행되는 방식을 보여준다. 다루기 힘든 폴리아크릴아미드 젤은 단일 반응관으로 대체되었고, 염기서열 분석 생성물은 모세관 젤(capillary gel)이라고 불리는 아주 가느다란 관에 들어있는 젤을 사용하여 분리된다. 방사성 뉴클레오타이드로 염기서열 반응을 시키는 대신 형광사슬 말단 뉴클레오타이드가 사용된다. 그림 17-9a의 ❶단계에서 각각 다른 색

상의 형광염료(예: ddATP = 빨간색, ddCTP = 파란색, ddTP = 주황색, ddGTP = 초록색)로 표지된 다이디옥시뉴클레오타이드 ddATP, ddCTP, ddTTP, ddGTP를 포함하는 반응 혼합물이 만들어진다. 이 다이디옥시뉴클레오타이드는 DNA 합성을 위해 일반적인 디옥시뉴클레오타이드 기질과 염기서열을 결정할 주형가닥 및 염기서열이 주형 DNA 가닥의 3′ 말단에 상보적인 짧은 단일가닥의 DNA 프라이머와 함께 혼합된다. DNA 중합효소가 첨가되면 프라이머의 3′ 말단에 뉴클레오타이드가 하나씩 부착하여, 주형 DNA 가닥과 상보적인 성장하는 DNA 가닥을 생성한다. 삽입된 대부분의 뉴클레오타이드는 일반적인 디옥시뉴클레오타이드이다. 하지만 종종 무작위로 형광 표지된 다이디옥시뉴클레오타이드가 정상적인 기질 대신 끼어들어간다. 다이디옥시뉴클레오타이드가 통합될 때마다 이 가닥에 대한 추가적인 DNA 합성은 중단된다. 결과적으로 ❷ 가닥의 길이가 다양한 혼합물이 생성되고, 각각은 다이디옥시뉴클레오타이드 통합에 의해 DNA 합성이 조기에 종료된 말단에 형광 염기를 포함하게 된다.

다음으로 ❸단계에서 이 샘플을 모세관 젤에서 전기영동하면 짧은 단편이 긴 단편보다 더 빨리 젤을 통해 이동하기 때문에 새로 합성된 DNA 단편이 서로 분리된다. 단편들이 젤을 통과할 때 특별하게 고안된 카메라가 각 단편의 색을 감지한다. ❹ 이 정보로 DNA 염기서열의 결정이 가능해진다. 이 예에서 가장 짧은 DNA 단편은 파란색이고, 다음으로 짧은 단편은 초록색이다. 파란색과 초록색은 각각 ddCTP와 ddGTP의 색상이기 때문에 프라이머에 처음 추가된 염기는 C이고, 그 뒤에 G가 있어야 한다. 자동 염기서열 분석 기계에서는 이러한 정보가 연속적으로 수백 개의 염기에 대해 수집되어 컴퓨터에 공급되므로 초기 DNA 단편의 완전한 서열을 신속하게 결정할 수 있다. 일반적으로 사용되는 자동 염기서열 분석 장치의 실제 기록이 그림 17-9b에 나타나 있다. 형광 피크는 중합이 중단된 DNA 단편의 염기에 해당한다.

차세대/3세대 염기서열 분석 기술 새로운 염기서열 분석 기술은 주어진 DNA 염기서열을 분석하는 속도를 극적으로 증가시켰고 비용을 감소시켰다. 최근 몇 년간 기술 발전이 얼마나 극적이었는지를 한눈에 보기 위해 인간 유전체의 배열 순서를 살펴보자. 이 기념비적인 성과를 완성하는 데 10년 이상이 걸렸고, 거의 30억 달러가 들었다. 오늘날 자동 염기서열 분석 기술의 지속적인 발전으로 하루 만에 1,000달러 미만의 비용으로 비슷한 크기의 유전체를 분석할 수 있게 되었으며, 빠르게 발전하고 있다.

차세대 DNA 염기서열 분석법(next-generation DNA sequencing)으로 알려진 이 새로운 기술은 완전한 유전체의 고속 분석

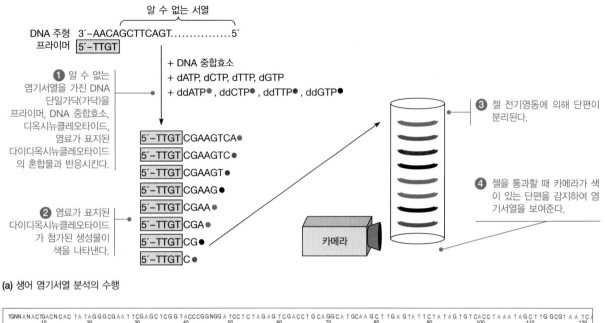

(a) 생어 염기서열 분석의 수행

(b) 자동화된 염기서열 분석 결과

그림 17-9 다이디옥시 사슬 종결법을 이용한 DNA 염기서열 분석(생어법). (a) 여기에 설명된 종결 기술은 형광염료가 표지된 다이디옥시뉴클레오타이드를 이용하여 고속 자동화 염기서열 분석 기계에 사용하도록 적용되었다. 여기에 보여준 예는 DNA에서 첫 8개 염기서열에 대한 것을 나타내고 있지만, 이러한 방식으로 500~800 bp 길이의 염기서열 분석이 가능하다. 주요 4개의 단계에 대해 본문에 자세히 설명되어 있다. (b) 자동화된 염기서열 분석 결과에서 피크는 시간에 따라 형광 뉴클레오타이드가 감지기를 통과한 것을 나타낸다.

(high-throughput sequencing)뿐만 아니라 다중 개체군 집단(예: 마이크로바이옴)의 염기서열 분석을 위해 생어 염기서열 분석을 대체했다. 이러한 기술은 수백만 개의 짧은 염기서열 분석 또는 수천 개의 더 큰 염기서열 분석 등의 해독(read)으로 특징지어진다. 이들은 또한 크게 합성에 의한 염기서열 분석(sequencing by synthesis)과 연결에 의한 염기서열 분석(sequencing by ligation)으로 분류할 수 있다.

생어 방법과 마찬가지로 이러한 새로운 기술의 대부분은 합성에 의한 염기서열 분석에 의존한다. 즉 주형 DNA의 서열 결정은 새로운 DNA 합성의 결과로 간주된다. 이러한 방법의 대부분은 대상 유전체의 단편화로 시작하고 PCR을 통해 이 단편을 증폭한 다음, 수백만 개의 작은 방(각각 고유한 주형 DNA 단편 포함)에서 동시에 염기서열 분석을 수행한다.

파이로 염기서열 분석(pyro-sequencing)이라고 불리는 첫 번째 차세대 기술은 454라이프사이언스사(454 Life Sciences)가 개발했다. 이 기술에서 4개의 표지된 뉴클레오타이드와 반딧불이 효소인 루시퍼레이스(luciferase) 등 다른 화학물질을 포함한 용액

이 도입된다. 다음 주형 염기에 상보적인 뉴클레오타이드가 추가되면, 이 뉴클레오타이드의 통합은 피로인산의 방출을 초래하여 궁극적으로 루시퍼레이스로부터 센서에 감지될 수 있는 섬광을 생성한다. 이 기술은 성장하는 DNA 가닥에 염기가 통합될 때마다 방출되는 H^+을 감지하는 이온 반도체 염기서열 분석과 유사하다. 그러나 파이로 염기서열 분석은 고속 분석 기술로 대체되었다.

일루미나사(Illumina)가 개발한 합성에 의한 또 다른 염기서열 분석은 고유한 형광 신호 꼬리표가 부착된 특수 dNTP를 사용하여 각 염기를 서로 다른 색상으로 구별한다. 또한 가역적인 종결자는 후속 염기의 추가를 차단한다. 따라서 염기가 추가되면 형광 방출로 인해 실시간으로 동정이 가능하다. 그런 다음 종결자와 형광 꼬리표가 제거되어 다음 염기를 추가하고 기록할 수 있다. 이 방법은 50~300개의 뉴클레오타이드 사이의 짧은 서열을 해독할 수 있다. 일루미나 염기서열 분석은 해독 길이와 생성물의 수에 따라 다양하다. 또한 이러한 해독은 DNA 주형가닥의 한쪽 말단(single-end) 또는 양쪽 말단(paired-end)에서 할 수 있

다. 몇 시간 내에 약 1,000만 번의 서열 데이터 해독을 생성할 수 있다. 일루미나 고속 염기서열 분석 플랫폼은 이제 6일 만에 80억 번의 서열 데이터 해독을 생성할 수 있게 되었다.

연결에 의한 염기서열 분석의 예는 SOLiD(supported oligo-nucleotide ligation and detection)라고 한다. 새로운 DNA의 중합에 의존하는 대신, 단일가닥 주형 DNA와 관련된 2염기 탐침과 형광으로 검출된다. 그런 다음 다음 탐침을 연결하고 감지할 수 있다. 해독 길이는 작고 평균 크기는 50~75염기 사이이다.

3세대 DNA 염기서열 분석(third-generation DNA sequencing) 기술은 454라이프사이언스사와 일루미나사 및 SOLiD 염기서열 분석보다 긴 해독 길이를 생성하는 데 중점을 둔다. 단일 분자 실시간 염기서열 분석이라고 불리는 기술은 팩바이오사(PacBio)가 개발했으며, 일루미나사처럼 단일 형광 뉴클레오타이드의 통합을 측정한다. 그러나 주형이 실행 전에 증폭되지 않는다. 이 기술은 평균 30,000염기의 더 긴 해독을 생성하며, 일부 해독의 길이는 100 kb 이상까지도 가능하다. 팩바이오사의 염기서열 분석을 한 번 실행하면 20~50 Gb의 데이터가 생성될 수 있다. 나노포어 염기서열 분석(nanopore sequencing)이라고 불리는 또 다른 3세대 기술은 긴 해독을 생성하지만 일반적으로 합성 단계를 포함하지 않는다. 대신에 특별한 단백질 구멍이 전자적으로 저항성이 있는 인공 막 안에 박혀있다. 단일가닥 DNA가 구멍을 통과할 때 적용된 전기장이 방해를 받는다. 구멍을 통과하는 각 염기는 전류에 의해 구별된다. 나노포어 염기서열 분석의 해독은 일반적으로 평균 10~100 kb 길이이며, 일부는 최대 1 Mb 길이까지 생성된다. 나노포어 MinION 염기서열 분석기는 시중에 판매되는 유일한 휴대용 염기서열 분석기로 손바닥 크기만 하다. 이 염기서열 분석기는 10~30 Gb의 데이터를 몇 시간 내에 생성할 수 있다.

전통적인 생어 방법에 비해 이러한 현대 기술의 큰 장점은 수백만 개의 반응을 동시에 수행할 수 있다는 것이다. 다이디옥시 염기서열 분석에 비해 차세대 염기서열 분석 기술의 또 다른 장점은 주형 DNA가 일반적으로 PCR에 의해 직접 증폭되기 때문에 염기서열 분석 전에 DNA를 클로닝할 필요가 없다는 것이다. 또한 이러한 기술은 속도를 높이는 것 외에도 아주 적은 양의 DNA의 분석을 가능하게 한다는 장점이 있다. 예를 들어 시베리아 영구 동토층에 보존된 털북숭이 매머드 같은 멸종동물이나 네안데르탈인 같은 멸종된 인간종의 DNA 서열을 알기 위해 차세대 염기서열 분석 기술이 사용되었다. 휴대용 3세대 나노포어 MinION 염기서열 분석기는 아프리카 에볼라 바이러스와 지카 바이러스 감염의 발병을 실시간으로 모니터링하기 위해 현장에서 사용되었다.

이러한 새로운 염기서열 분석 기술은 또한 사회적 문제를 야기하고 있다. 인간 유전체 서열을 결정하는 비용이 계속 하락함에 따라 의사들은 이제 환자의 유전자 구성에 가장 적합한 치료의 결정을 위해 환자의 유전체 서열의 사본을 요청할 수 있을 정도로 비용이 저렴해지고 있다. 하지만 이러한 힘에는 도전이 뒤따른다. 하나의 문제는 데이터 저장과 관련이 있는데, 염기서열 분석 기계가 수십억 개의 염기쌍 서열을 계속해서 생성하기 때문이다. 또 다른 문제는 개별 환자에 해당하는 DNA 서열 데이터의 기밀성인데, 일부 사람이 건강 보험을 거부하거나 다른 방식으로 차별하는 데 오용될 수 있다. 과거에도 그랬듯이 사회는 이러한 새로운 기술이 제시하는 윤리적 도전에 보조를 맞추기 위해 고군분투하고 있다.

DNA 메틸화 검출을 위한 중황산염 염기서열 분석 DNA 메틸화는 유전자 조절에 중요하므로(25장 참조), 서열에서 메틸화된 DNA를 동정하는 것은 가치가 있다. 메틸화된 염기를 동정하는 한 가지 방법은 DNA를 중황산염(bisulfite)으로 처리하는 것이다. 이는 사이토신 잔기를 유라실로 전환시키지만 5-메틸사이토신 잔기는 영향받지 않는 방법을 이용한 것이다. 처리되지 않은 DNA와 중황산염이 처리된 DNA로부터 얻은 DNA 서열을 비교함으로써 메틸화된 개별 사이토신을 동정하는 것이 가능하다.

> **연결하기 17.2**
>
> 유전자 프로모터의 CpG 섬 내에서 중황산염 염기서열 분석을 수행한 결과 처리되지 않은 DNA와 중황산염 처리된 DNA를 비교해도 차이가 없었다. 이 유전자의 발현에 대해 어떤 결론을 내릴 수 있을까? (그림 25-17 참조)

전체 유전체 분석

오늘날에는 많은 양의 유전자 분석을 당연하게 생각한다. 생물체 간 분자 비교를 수행하고 인간 환자를 포함한 개별 생물체의 유전체를 분석하는 데 사용할 수 있는 방대한 양의 유전정보를 당연하게 여긴다. 또한 컴퓨터가 방대한 양의 DNA 염기서열 데이터를 처리하여 일치하는 염기서열을 찾는 속도를 자연스럽게 받아들인다. 그러나 이는 세포생물학의 역사에서 비교적 최근에나 가능해진 일이다. 실제로 인간 유전체의 염기서열 분석은 약 30년 전에야 본격적으로 시작되었다. 역사적으로 전체 유전체를 분석하려는 노력은 앞서 언급한 하나 이상의 자동 서열 기술을 사용하는 것으로 시작되었다. 그런 다음 데이터(종종 수백만 개의 짧은 서열)를 토대로 유전체의 완전한 구성을 만들 수 있다.

지도에 기초한 클로닝을 이용한 염기서열 분석 이른바 샷건 염기서열 분석(다음 내용 참조)이 개발되기 전에는 클론별 클로닝 또는 **지도기반 클로닝**(map-based cloning) 접근법을 사용하여 유전

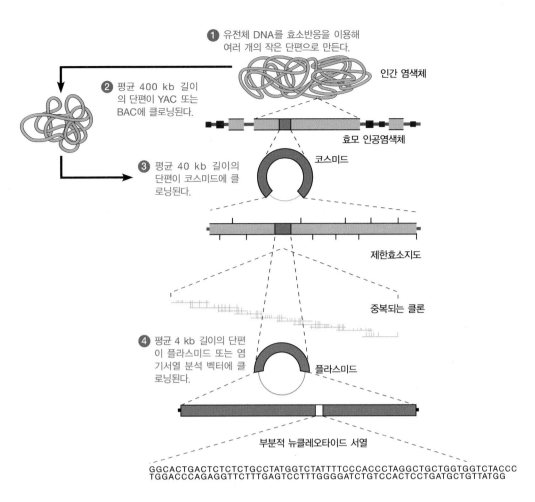

❶ 유전체 DNA를 효소반응을 이용해 여러 개의 작은 단편으로 만든다.

인간 염색체

❷ 평균 400 kb 길이의 단편이 YAC 또는 BAC에 클로닝된다.

효모 인공염색체

❸ 평균 40 kb 길이의 단편이 코스미드에 클로닝된다.

코스미드

제한효소지도

중복되는 클론

❹ 평균 4 kb 길이의 단편이 플라스미드 또는 염기서열 분석 벡터에 클로닝된다.

플라스미드

부분적 뉴클레오타이드 서열

GGCACTGACTCTCTCTGCCTATGGTCTATTTTCCCACCCTAGGCTGCTGGTGGTCTACCC
TGGACCCAGAGGTTCTTTGAGTCCTTTGGGGATCTGTCCACTCCTGATGCTGTTATGG

그림 17-10 지도기반 (클론별) 유전체 DNA의 염기서열 분석. 염기서열 분석에 앞서 유전체 DNA가 클로닝된다. 제한효소 지도가 정렬 및 콘티그의 조합을 도와준다. 클론들은 더 작은 단편으로 서브클로닝되어 분석된다.

체를 완성했었다(**그림 17-10**). 예를 들어 다세포 진핵생물의 첫 번째 염기서열 유전체인 예쁜꼬마선충(*Caenorhabditis elegans*)은 이 방식으로 염기서열이 결정되었다. 인간 유전체 프로젝트의 초기 단계는 1990년에 시작되었고, 미국 국립보건원의 콜린스(Francis Collins)가 주도한 것으로, 인간 유전체의 전체 순서를 결정하기 위해 데이터를 공유한 수백 명의 과학자들이 참여한 국제 협력 노력의 산물이었다. 이는 지도기반 접근법에 의존하여 수행되었다.

지도기반 클로닝에서 염색체의 제한효소 절단을 통해 생성된 개별 DNA 단편은 알려진 염색체 표지자를 사용하여 정렬되어 염색체의 물리적 '지도'를 만든다. 박테리아 인공염색체(BAC)와 효모 인공염색체(YAC)는 유전체 DNA의 매우 큰 삽입 단편을 운반할 수 있다는 것을 상기하면 개별 염색체에서 BAC와 YAC 라이브러리를 만들 수 있다. 고속 분석 기술이 가능해지기 전에는 일반적으로 큰 클론을 더 작은 단편으로 코스미드 또는 플라스미드 벡터에 '서브클로닝'한 후 삽입 단편의 염기서열을 분석했다. 서열이 결정된 클론은 힘들여 정렬되고 궁극적으로 배열되어 **콘티그**(contig)라고 불리는 **중첩** 또는 연속적인 서열을 생성할 수 있다. 그런 다음 생물정보학적 접근법(자세한 내용은 이

절의 뒷부분 참조)을 사용하여 배열된 서열을 분석할 수 있다.

전유전체 염기서열 분석(샷건) 지도기반 클로닝은 시간이 많이 걸리지만 꼼꼼한 편이다. 전체 유전체를 신속하게 배열하고 조립하기 위해 더 널리 사용되는 또 다른 전략은 **전유전체 염기서열 분석**(whole-genome sequencing) 또는 **샷건 염기서열 분석**(shotgun sequencing)이라고 불리는 방법의 변형을 포함한다. **그림 17-11**은 전유전체 염기서열 분석의 개요를 보여준다. ❶ 전체 염색체는 수천에서 수백만 개의 짧은 단편으로 절단된다. 기계적으로(원래는 초음파에 의해 수행), 또는 트랜스포존 의존적 시스템을 사용하거나 제한효소를 사용하여 짧고 중복된 단편으로 절단된다. 이론적으로 이 단편들은 거대한 연속체로 조립될 수 있지만, 어떻게 이루어질까? 유전체연구소(The Institute for Genomic Research, TIGR)의 벤터(J. Craig Venter)와 동료들은 ❷ 무작위 단편의 염기서열을 분석한 다음, ❸ 컴퓨터 알고리즘을 사용하여 염기서열을 콘티그로 조립하는 기본 접근법을 개척했다. 1995년에 벤터와 동료들은 180만 bp의 유전체를 가진 박테리아 *Haemophilus influenzae*의 유전체 서열을 밝히기 위해 이 접근법을 사용했다. 이는 자유롭게 살아 움직이는 생물체로부터 최초로 완성된 유전체 서열이었고, 전유전체 염기서열 분석 접

그림 17-11 유전체 DNA의 '샷건' 염기서열 분석. 이 예에서는 2개의 다른 제한효소(*Bam*HI 및 *Eco*RI)를 유전체 DNA 단편을 만드는 데 사용한 후 염기서열이 분석되었고 생물정보학을 활용하여 염기서열을 분석 및 정렬함으로써 중복되는 단편(콘티그)을 동정했다.

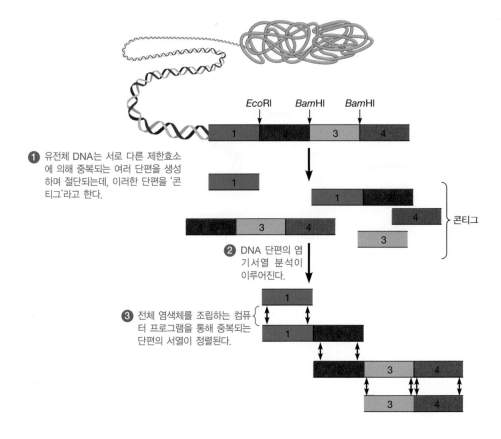

❶ 유전체 DNA는 서로 다른 제한효소에 의해 중복되는 여러 단편을 생성하며 절단되는데, 이러한 단편을 '콘티그'라고 한다.

콘티그

❷ DNA 단편의 염기서열 분석이 이루어진다.

❸ 전체 염색체를 조립하는 컴퓨터 프로그램을 통해 중복되는 단편의 서열이 정렬된다.

근법에 대한 개념을 증명했다.

고속 염기서열 분석 기술이 점점 더 저렴해지고 컴퓨터 성능이 꾸준히 증가함에 따라 전유전체 염기서열 분석이 지도기반 염기서열 분석을 대체했다. 전유전체 염기서열 접근법의 변형은 초파리와 개 및 많은 박테리아를 포함한 여러 유전체의 염기서열을 결정하는 데 사용되었다. 이에 비해 클로닝 방식은 DNA 단편을 벡터로 클로닝하고, 클로닝된 DNA를 사용하여 박테리아나 효모를 형질전환시키는 등의 작업이 필요하기 때문에 시간이 많이 소요된다. 지도기반 염기서열 분석은 전체 유전체를 조립하는 최종 '정리' 단계에서 여전히 사용된다. DNA 서열이 매우 반복적이어서 무작위 서열을 정확하게 정렬하기 어렵거나, 전유전체 염기서열 분석 접근법이 적용된 후 남은 작은 간격을 채우는 데 특히 유용하다.

오늘날 전유전체 염기서열 분석에 접근하는 정확한 방법은 목표가 처음부터 새로운 유전체를 서열화하는 것인지(de novo assembly) 아니면 기존 유전체를 참조하여 서열화하는 것인지에 달려있다. 전자의 경우 하이브리드 방식이 적용된다. 긴 서열 해독 기술은 짧은 서열 해독 기술보다 오류율이 높기 때문에 긴 해독(단일 분자 실시간 서열과 같은 방법 사용)은 일반적으로 고유한 서열을 포함하는 콘티그 간의 방향과 일반적인 간격을 제공하는 데 사용된다. 이것이 유전체를 위한 '골격'을 만드는 것이라고 생각해보자. 그런 다음 짧은 해독(일루미나사의 염기서열 분석과 같은 접근 방식 사용)을 사용하여 가변성이 높은 영역과 반복적인 DNA 서열을 이용하여 공백을 채울 수 있다. 참조 유전체가 존재하는 경우 일루미나사의 서열을 사용하여 생성된 짧은 해독은 일반적으로 최종 빌드를 함께 구성하기에 충분하다(참조 서열을 가이드로 사용). 이를 **참조기반 조합**(reference-based assembly) 또는 단순히 **지도작성**(mapping)이라고 한다.

인간으로서 우리에게 DNA 염기서열 분석의 궁극적인 목표는 인간 유전체 염기서열 분석이었다. 얼마나 큰 도전이었을까? 이 질문에 답하려면 인간의 핵 유전체가 대장균 세포에 존재하는 것보다 약 1,000배 많은 32억 개의 염기를 가지고 있다는 사실을 알아야 한다. 이러한 도전의 규모를 이해하는 한 가지 방법은 유전체의 염기서열을 분석하려는 노력이 본격적으로 시작된 1990년대 초에 블래트너(Frederick Blattner)의 연구소가 대장균 유전체의 완전한 염기서열을 결정하는 데 거의 6년이 걸렸다는 것을 확인하는 것이다. 그 속도로 인간 유전체 전체를 분석했다면 실험실에서 거의 6000년이 걸렸을 것이다. 1990년대 후반에 벤터의 접근법은 그가 설립한 회사인 셀레라지노믹스(Celera Genomics)에서 인간 유전체에 적용되어, 콜린스(Francis Collins)와 동료들이 수행한 작업을 보완했다. 이러한 노력을 통해 인간 유전체의 완전한 서열은 예정보다 약 2년 빠른 2003년에 완성되었다.

유전체와 그 안에 있는 유전자의 비교를 가능하게 하는 비교 유전체학

유전체학에 대한 자동화된 DNA 염기서열 분석 및 유전체 조립 기술의 중요성은 과대평가될 수 없다. 이러한 기술은 미생물 집단(메타유전체학이라고 불리는 분야) 내뿐만 아니라 개별 유전자의 서열과 수백 종의 전체 유전체 분석을 비교할 수 있게 해준다. 많은 메타유전체 연구는 인체 내 미생물 군집(또는 마이크로바이옴)에 초점을 맞추고 있다. 이 접근법의 두 가지 예는 유전체 크기 분석과 특정 DNA 서열을 사용한 계통발생 분석이다.

유전체 크기 유전체 염기서열 분석의 많은 초기 성공은 박테리아와 박테리아 바이러스와 관련이 있다. 왜냐하면 그들은 상대적으로 작은 유전체를 가지고 있기 때문이다. 생어가 1977년에 생산한 최초의 완전한 유전체는 단지 5,386개의 뉴클레오타이드 길이인 박테리오파지 phiX174의 유전체였다. 유전체 크기는 일반적으로 염기쌍을 이루는 뉴클레오타이드의 총수 또는 **염기쌍**(base pair, bp)으로 표현된다. 예를 들어 대장균 세포의 유전체를 구성하는 원형 DNA 분자는 4,639,221 bp를 가지고 있다. 이러한 숫자는 다소 큰 편이므로 약어 **kb**(kilobase, 킬로베이스), **Mb**(megabase, 메가베이스), **Gb**(gigabase, 기가베이스)는 각각 1,000, 100만, 10억 개의 염기쌍을 나타내는 데 사용된다. 따라서 대장균 유전체의 크기는 4.6 Mb로 간단히 표현할 수 있다. 완전한 DNA 서열은 현재 다양한 인간 질병을 일으키는 박테리아를 포함하여 200,000개 이상의 다른 박테리아에 대해 이용 가능하다. DNA 염기서열 분석은 생물학적 연구에서 가장 중요한 수십 개의 생물체에서 나온 것을 포함하여 훨씬 더 큰 유전체에 성공적으로 적용되었다(**표 17-2**).

그러나 다양한 개체의 유전체 크기 범위를 자세히 살펴보면 의문이 제기된다. **그림 17-12**에서 볼 수 있듯이 이러한 데이터는 가장 단순한 바이러스에 대한 수천 개의 염기쌍에서 특정 식물, 양서류, 원생생물에 대한 1,000억 개 이상의 염기쌍에 이르기까지 유전체 크기가 거의 10^8배 정도 확산되었음을 보여준다. 일반적으로 유전체의 크기는 생물체의 복잡성에 따라 증가한다. 대부분의 바이러스는 단지 몇 개 또는 수십 개의 단백질을 암호화할 수 있는 핵산을 가진다. 박테리아는 수천 개의 단백질을 지정할 수 있다. 그리고 진핵세포는 수십만 개의 단백질을 암호화할 수 있는 충분한 양의 DNA를 가지고 있다. 하지만 데이터를 더 자세히 조사하면 진핵생물의 유전체 크기가 생물학적 복잡성으로 알려진 차이와 명확하게 상관관계가 없는 변화를 보인다는 것을 알 수 있다. 어떤 양서류와 식물은 다른 양서류나 식물, 포유류종의 유전체보다 수십 배 심지어 수백 배나 큰 거대한 유전체를 가지고 있다. 예를 들어 연령초(*Trillium*)는 엄청난 양의 유

표 17-2	유전체 분석의 예	
개체	유전체 크기*	추정 유전자 수**
박테리아		
마이코플라즈마	0.6 Mb	470
인플루엔자	1.8 Mb	1,740
폐렴구균	2.2 Mb	2,240
대장균	4.6 Mb	4,400
진핵생물		
효모(*S. cerevisiae*)	12.2 Mb	6,700
예쁜꼬마선충(*C. elegans*)	100 Mb	20,500
애기장대(*A. thaliana*)	120 Mb	27,000
초파리(*D. melanogaster*)	170 Mb	13,900
쌀(*O. sativa*)	374 Mb	36,000
생쥐(*Mus musculus*)	2,700 Mb	23,000
인간(*H. sapiens*)	3,100 Mb	21,000

* 유전체 크기와 유전자 수는 단순화를 위해 반올림했다.
** 유전자 수는 변경될 수 있으며 암호화 유전자의 Ensembl 예측을 기반으로 한다 (위 유전자와 짧은 비암호화 유전자는 제외).

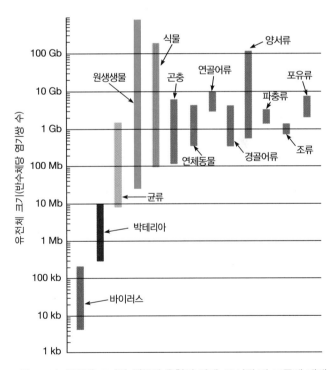

그림 17-12 유전체 크기와 생물체 유형의 관계. 표시된 각 그룹에 대해 막대는 반수체 유전체당 염기쌍 수로 측정된 유전체 크기의 대략적인 범위를 나타낸다. 보라색은 동물계의 구성원들을 나타낸다.

전정보가 필요하지 않은 백합과의 일종이다. 하지만 그것의 유전체 크기는 완두콩 식물의 20배 이상이며, 인간의 30배에 달한다. 어떤 종류의 아메바는 인간 유전체의 200배 크기의 유전체를 가지고 있기도 하다.

역사적으로 유전체 크기의 이러한 변화는 C값 역설(C-value paradox)이라고 하는데, 즉 유전체 크기는 진핵생물의 총유전자 수를 분명하게 반영하지 않는 것으로 보인다. 이러한 광범위한 변이의 이유는 전유전체 염기서열 분석으로 더욱 명확해졌다. 일부 종에서는 유전체의 일부가 대규모로 복제되었다. 게다가 진핵생물 유전체에서 반복 DNA의 총량(16장 참조) 및 다른 비암호화 DNA의 양은 매우 다양하다(25장 참조). 이러한 유전체 영역의 기능은 여전히 연구 중이다.

생명의 나무 생물체 유전체의 대규모 분석은 생물학자들이 '생명의 나무'에 대해 생각하는 방식을 극적으로 변화시켰다(그림 4-3 참조). DNA 서열 정보를 이용할 수 있게 되기 전에 개체의 형태학적 특징 및 다른 가시적 특징은 진화적 관계를 확립하는 주요 도구였다. DNA 서열 정보는 외형만으로는 해결할 수 없었던 개체들 사이의 관계를 명확하게 할 수 있었다. 이는 특히 박테리아와 고세균에 적용되었다.

생명의 나무에서 가지가 놓이는 위치를 결정하는 가장 유용한 접근법 중 하나는 많은 다른 개체에서 동일한 유전자 내의 서열이 어떻게 변하는지를 고려하는 것이다. 기본 나무를 구성하기 위해(그림 4-3 참조) **상동 뉴클레오타이드**(homologous nucleotide)를 비교하고 많은 DNA 서열 사이를 정렬했다. 상동 뉴클레오타이드는 비교되는 두 종의 공통 조상에서 나온 후손이라고 추론되는 개체들이 가진 동일한 뉴클레오타이드이다. 생명의 나무는 DNA 서열의 가장 '단순한(parsimonious)' 변화, 즉 관찰된 서열의 다양성에 대한 최단 경로를 검사하여 구성된다. 그런 다음 나무에서 더 미세한 분지를 생성하기 위해 상세한 비교가 수행된다. 특정 그룹에 특이적인 보전 유전자와 시간이 지남에 따라 빠르게 변화하는 것으로 알려진 조절요소 및 비암호화 영역의 비교는 특히 이 과정의 단계에서 유용하다.

이러한 종류의 분석에서 세포생물학자들과 관련된 몇 가지 놀라운 결과가 나왔다. 예를 들어 균류(세포생물학에서 일반적으로 사용되는 두 가지 모델 생물인 분열 효모와 출아 효모 포함)는 이전에 인식된 것보다 후생동물(다세포 동물)과 상대적으로 더 밀접하다. 반대로 균류는 이전에 추측했던 것보다 식물과 덜 밀접하다. 다른 핵심적인 통찰은 미토콘드리아와 엽록체의 기원에 대한 세포내 공생설을 뒷받침하는 유전적 증거(4장 참조)와 원핵생물 간의 수평적 유전자 전달에 대한 광범위한 증거를 포함한다. 이에 따라 일부 사람들은 생명의 '나무'를 더 적절하게 표현하면 생명의 '덤불'이 될 것이라고 말한다.

유전체 분석을 돕는 생물정보학 분야

인간의 진화, 생리학, 질병을 이해하는 데 잠재적인 영향력뿐만 아니라 엄청난 규모 때문에 인간 유전체를 분석하는 것은 현대 생물학의 가장 중요한 업적 중 하나이다. 그럼에도 불구하고 염기의 순서를 푸는 것은 '쉬운' 부분이었다. 다음으로 어려운 부분이 나온다. 30억 개의 A, G, C, T의 순서의 의미를 파악하는 것이다. 다음과 같은 많은 질문이 남아있다. 유전자에 해당하는 DNA의 길이는 얼마인가? 이 유전자들은 언제 어떤 조직에서 발현되는가? 그들은 어떤 종류의 단백질을 암호화하는가? 이 모든 단백질은 어떻게 작동하고, 어떻게 상호작용하는가?

생물정보학 이러한 방대한 양의 데이터를 분석할 수 있다는 전망은 컴퓨터 과학, 통계, 생물학을 모두 통합하는 **생물정보학**(bioinformatics)이라고 불리는 새로운 학문의 출현으로 이어졌다. 이러한 분석은 인간 유전체에 약 20,000개의 단백질 암호화 유전자가 존재한다는 것을 시사하며, 이 중 약 절반은 유전체 염기서열 분석 이전에는 밝혀지지 않았다. 이 추정치에 대한 흥미로운 점은 인간이 초파리의 2배 정도의 유전자를 가지고 있다는 것, 지렁이보다 좀 더 많은 유전자를 가지고 있다는 것, 벼보다 12,000개 적은 유전자를 가지고 있다는 것이다. 컴퓨터 분석은 또한 인간 유전체의 2% 미만만이 실제로 단백질을 암호화한다는 것을 밝혀냈다. 나머지 98%는 많은 중요한 조절요소, 단백질 대신 비암호화 RNA를 암호화하는 일부 유전자(25장 참조), 트랜스포존 및 트랜스포존 관련 서열(22장 참조) 및 기타 비기능적 서열을 포함한다. 단백질은 유전체의 일부인 엑손(즉 스플라이싱 후에 유지되는 RNA 전사 부분)에 암호화되기 때문에 유전체의 엑손 전체를 종종 **엑솜**(exome)이라고 부른다. 인간 환자의 엑솜 서열 분석은 인간 질병과 관련된 돌연변이가 유전체의 다른 부분에서보다 훨씬 더 높은 비율로 엑손에서 발견된다는 것을 보여주었다.

생물체의 유전체 DNA 서열을 결정하는 것은 유전체가 수행하는 기능에 대한 부분적인 이해만 제공할 수 있다. 과학자들은 유전체가 만들어내는 분자를 조사하기 위해 유전체 너머를 보아야 한다. 유전자 발현의 첫 단계는 유전체 서열을 RNA로 전사하는 것을 포함하기 때문에 **전사체**(transcriptome), 즉 유전체에 의해 생성된 전체 RNA 분자 세트를 동정하기 위한 기술이 개발되었다. 이 장의 후반부에서 전사체 분석 너머에 있는 기술에 대해 자세히 살펴볼 것이다.

대부분의 RNA는 단백질을 생성하는 데 사용되기 때문에 과학자들은 또한 **단백질체**(proteome, 유전체에 의해 생산되는 모든 단백질의 구조와 특성)를 연구하고 있다. 개체의 단백질은 유전체보다 상당히 더 복잡하다. 예를 들어 인간 세포에 있는 대략 20,000개의 유전자는 수십만 개의 서로 다른 단백질을 생산한다. 유전자보다 더 많은 단백질이 생산될 수 있는 한 가지 방법은 대체 스플라이싱(25장 참조)을 통해서 일어난다. 더욱이 그 결과 단백질은 새로운 단백질 또는 동일한 단백질의 여러 버전을 생성하는 번역 후 생화학적 변형의 대상이 된다. 이 장의 후반부에서는 세포 내 단백질 간의 상호작용[세포의 상호작용체(interactome)]을 조사하는 방법을 볼 수 있다.

생물정보학 도구 수집되는 방대한 양의 DNA와 단백질 서열 데이터는 특정 유전자 또는 단백질에 대한 정보를 찾는 과학자들에게 벅찬 도전 과제를 제시한다. 이 문제에 대처하기 위해 수천 개의 생물체에서 나온 가장 최근의 DNA와 단백질 서열이 여러 온라인 데이터베이스에 저장되고, 연구자들이 필요로 하는 정보를 찾는 것을 돕는 소프트웨어가 개발되었다. 널리 사용되는 도구 중에는 1990년에 앨철(Stephen Altschul) 및 리프먼(David Lipman)과 동료들이 개발한 컴퓨터 프로그램인 **BLAST**(Basic Local Alignment Search Tool)가 있다. 이 프로그램은 일반적으로 GenBank 데이터베이스를 사용하여 동종 서열을 검색한다. 대부분의 최종 사용자는 웹 기반 포털을 통해 BLAST 검색 엔진을 이용한다. 이러한 포털 중 가장 많이 사용되는 포털 중 하나는 미국 국립생명공학정보센터(NCBI, http://blast.ncbi.nlm.nih.gov/Blast.cgi)에서 운영하고 있다. 몇 가지 유형의 BLAST 검색을 수행할 수 있다. 여기에는 (1) 뉴클레오타이드 서열을 데이터베이스의 뉴클레오타이드 서열과 비교하는 **뉴클레오타이드 블라스트**(nucleotide blast, blastn), (2) 아미노산 서열을 데이터베이스의 단백질 서열과 비교하는 **단백질 블라스트**(protein blast, blastp), (3) 단백질 서열을 데이터베이스의 뉴클레오타이드 서열(6개의 번역틀에 대해 가상 번역을 한 후)과 비교하는 *tblastn*, (4) 뉴클레오타이드 서열을 6개의 가능한 번역틀 모두로 변환하고, 데이

터베이스의 뉴클레오타이드 서열 역시 6개의 가능한 번역틀로 변환한 후 비교하는 *tblastx*, (5) 뉴클레오타이드 서열을 6개의 가능한 번역틀로 모두 변환하고 데이터베이스의 단백질 서열과 비교하는 *blastx*가 있다. 예를 들어 이러한 도구를 사용하여 이전에 연구되지 않은 생물체에서 새로운 유전자를 동정하고 기본 서열을 결정할 때 BLAST 검색은 인간(또는 데이터베이스의 다른 개체)이 유사한 유전자를 가지고 있는지 여부를 신속하게 확인할 수 있다. 또는 특정 단백질의 특성에 관심이 있고 아미노산 서열의 일부를 알고 있다면 관련 단백질을 동정하기 위해 BLAST 검색을 수행할 수 있다. 따라서 이제 BLAST 검색은 유전자와 단백질을 분석하고 특성화할 때 일상적인 단계가 되었다.

BLAST를 사용하는 것은 문제 해결에 매우 결정적일 수 있다. 유연관계가 먼 단백질 사이에서 고도로 보존된 아미노산은 일반적으로 이러한 아미노산이 특정 단백질 계열의 기능에 매우 중요하다는 것을 나타내는 반면, 많이 변한 아미노산은 때때로 비교하는 생물체 간의 진화적 관계를 반영한다. 헤모글로빈의 하위 단위 중 하나를 암호화하는 β-글로빈 유전자를 생각해보자. 이 소단위체의 돌연변이는 낫모양 적혈구 빈혈증을 초래한다(23장 참조). **그림 17-13**은 여러 척추동물 중 β-글로빈 유전자의 일부 아미노산 서열의 정렬을 보여주며, 모든 척추동물 중에서 보존된 아미노산과 포유류 중에서만 보존된 아미노산을 보여주기 위해 색상으로 구분되어 있다.

다양한 생물정보학 도구가 존재한다. 여기에는 유전자와 관련된 프로모터를 분석하는 도구, 유전자의 인트론/엑손 구조를 분석하는 도구, 관심 있는 특정 단백질 내 단백질 모듈을 검사하는 도구가 포함된다. 이러한 도구는 인간 유전체의 많은 암호화 영역에 대한 기능을 동정하는 데 사용되었다.

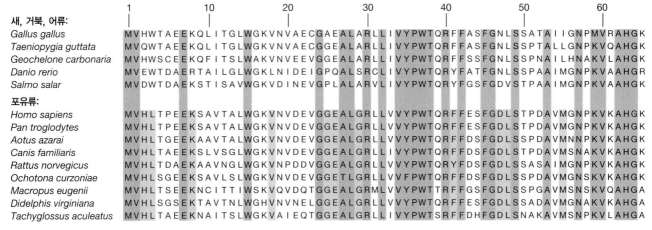

	1		10		20		30		40		50		60

새, 거북, 어류:

Gallus gallus MVHWTAEEKQLITGLWGKVNVAECGAEALARLLIVYPWTQRFFASFGNLSSATAIIGNPMVRAHGK
Taeniopygia guttata MVQWTAEEKQLITGLWGKVNVAECGGEALARLLIVYPWTQRFFASFGNLSSPTALLGNPKVQAHGK
Geochelone carbonaria MVHWSCEEKQFITSLWAKVNVEEVGGEALARLLIVYPWTQRFFSSFGNLSSPNAILHNAKVLAHGK
Danio rerio MVEWTDAERTAILGLWGKLNIDEIGPQALSRCLIVYPWTQRYFATFGNLSSPAAIMGNPKVAAHGR
Salmo salar MVDWTDAEKSTISAVWGKVDINEVGPLALARVLIVYPWTQRYFGSFGDVSTPAAIMGNPKVAAHGK

포유류:

Homo sapiens MVHLTPEEKSAVTALWGKVNVDEVGGEALGRLLVVYPWTQRFFESFGDLSTPDAVMGNPKVKAHGK
Pan troglodytes MVHLTPEEKSAVTALWGKVNVDEVGGEALGRLLVVYPWTQRFFESFGDLSTPDAVMGNPKVKAHGK
Aotus azarai MVHLTGEEKAAVTALWGKVNVDEVGGEALGRLLVVYPWTQRFFDSFGDLSSPDAVMNNPKVKAHGK
Canis familiaris MVHLTAEEKSLVSGLWGKVNVDEVGGEALGRLLIVYPWTQRFFDSFGDLSTPDAVMSNAKVKAHGK
Rattus norvegicus MVHLTDAEKAAVNGLWGKVNPDDVGGEALGRLLVVYPWTQRYFDSFGDLSSASAIMGNPKVKAHGK
Ochotona curzoniae MVHLSGEEKSAVLSLWGKVNVDEVGGETLGRLLVFPWTQRFFDSFGDLSSPDAVMGNSKVKAHGK
Macropus eugenii MVHLTSEEKNCITTIWSKVQVQDQTGGEALGRLLVVYPWTQRFFDSLGGLSSPGAVMSKVQAHGA
Didelphis virginiana MVHLSGSEKTAVTNLWGHVNVNELGGEALGRLLVVYPWTQRFFESFGDLSSADAVMGNAKVKAHGA
Tachyglossus aculeatus MVHLTAEEKNAITSLWGKVAIEQTGGEALGRLLVVYPWTQRSRFFDHFGDLSNAKAVMSNPKVLAHGA

▓ 모든 척추동물에서 보존된 서열
▒ 모든 포유류에서 보존된 서열

그림 17-13 다양한 척추동물에서 β-글로빈의 아미노산 서열 비교. 다양한 척추동물에서 β-글로빈을 암호화하는 DNA 서열은 β-글로빈의 많은 아미노산 서열이 일치한다는 것을 보여준다. 일부 동일한 아미노산 서열은 포유류에서만 발견된다.

현재 인간 유전체에 대한 대규모 생물정보학 분석이 수행되고 있다. 이러한 분석의 결과 중 하나는 인간 유전체에서 기능적으로 중요한 모든 요소를 동정하는 것을 목표로 하는 엔코드 프로젝트(Encyclopedia of DNA Elements, ENCODE project, DNA 요소 백과사전)이다. 수백 명의 과학자를 큰 연구 그룹으로 묶은 엔코드 프로젝트는 유전체의 단백질 암호화 영역을 분석했을 뿐만 아니라 인핸서(enhancer), 사일런서(silencer), 프로모터를 포함한 유전자 발현을 조절하는 DNA와 비암호화 RNA를 생산하는 유전자를 동정하고, 유전체의 후성유전학적 변화를 알고자 노력했다(16장과 25장 참조). 엔코드 프로젝트의 주요 발견 중 하나는 잠재적 기능을 할당할 수 있는 유전체의 비율이다. 생화학적 기능은 엔코드 팀에 의해 유전체의 80%까지 할당되었다. 특정 비율은 미래에 수정될 수도 있지만, 유전체에서 알려진 기능이 없는 DNA가 상대적으로 적다는 기본적인 발견은 중요한 것이다.

과학자들은 모델 생물체의 유전체를 분석하기 위해 엔코드 프로젝트와 유사한 모드엔코드(modENCODE) 프로젝트를 추구해왔다(여기에서 '모드'는 모델 개체를 의미). 모드엔코드는 선충류 *Caenorhabditis elegans*와 초파리 *Drosophila melanogaster*로 시작되었으며, 인간에게는 적용 불가능한 방식을 이들 모델에 적용하여 DNA 요소의 유전적, 생화학적 분석을 포함하여 선충에서 인간에게까지 보존된 DNA 요소의 중요성을 실험하는 것이 가능하다. 이러한 연구에서 DNA 요소에 대한 기능이 나타나면서 '미지'의 범주에 있는 DNA 요소의 비율은 계속해서 줄어들 것이다.

사람들을 구별하는 유전체 서열의 아주 미세한 차이

발표된 인간 유전체의 서열은 사실 10개의 다른 사람으로부터 분리된 DNA의 분석에서 얻은 모자이크이다. 평균적으로 당신의 유전체에 있는 염기의 약 99.7%가 이 발표된 염기서열이나 옆사람의 DNA 염기서열과 완벽하게 일치할 것이다. 그러나 나머지 0.3%의 염기는 사람마다 달라 각자를 독특한 개체로 만드는 특징에 기여한다. 이 장의 앞부분에서 보았듯이 이제 개인의 전체 유전체를 아는 것이 가능하다. 현재는 다소 비용이 많이 들지만 개인의 전체 유전체의 염기서열을 분석하는 비용이 계속 하락함에 따라 전체 유전체 서열 비교가 개별 인간을 특성화하는 데 점점 더 자주 사용될 것으로 보인다.

유전학과 인간의 질병

유방암과 결장암에서 당뇨병과 알츠하이머병에 이르기까지 많은 인간 질병의 유전적 기반에 관한 발견이 급속도로 증가하고 있으므로 인간 유전체에 대한 이해가 주는 빠른 영향력은 이미 명백해지고 있다. 이러한 발견은 질병과 관련된 유전자를 동정하고, 그 기능을 조사할 수 있는 능력 덕분에 질병을 완화할 수 있으며, 심지어 예방을 위한 의학적 개입을 고안할 수 있기에 미래 의학에 혁명을 일으킬 것으로 전망한다.

'인간 질병에 대한 유전적 근거'가 있다고 말하면 모든 인간의 질병이 단일 유전자(유전자)의 돌연변이에서 비롯된다는 인상을 받을 수 있다. β-글로빈 유전자의 점돌연변이(그림 24-1 참조) 및 낭포성 섬유증(8장의 인간과의 연결 참조)과 같은 잘 알려진 질병이 단일 유전자 특성인 것은 확실하다. 그러나 많은 다른 인간 질병은 다유전적이다. 이러한 경우에는 여러 유전자가 질병이 발생할 가능성에 영향을 미친다. 다양한 유전자가 질병의 가능성에 어떻게 영향을 미치는지 이해하는 것은 분자의학의 주요 과제이다.

오늘날 다유전적 질병을 조사하는 한 가지 방법은 **전유전체 연관연구**(genome-wide association study, GWAS)를 통해서이다. 각 연구에서 특정 기술과 염기서열 분석되는 유전자의 수는 다양하지만 GWAS에는 수천 명의 유전체가 나열되어 있다. 그런 다음 특정 질병을 가진 사람의 유전체에서 확인된 다양한 돌연변이를 질병이 없는 사람의 것과 비교한다. 특정 질병 관련 돌연변이를 가진 개인에 대한 위험 평가를 포함하여 이러한 연구에서 의미 있는 정보를 얻으려면 집중적인 통계 분석이 필요하다. 그러한 연구는 아직 초기 단계에 있지만 질병이 발병하는 데 기여하는 유전적 요인이 종종 매우 복잡하다는 것을 보여준다.

GWAS는 개인의 유전체에 대한 정보를 얻고 분석할 수 있는 유일한 방법이다. 하지만 이 접근법 외에도 이미 개인을 구별하기 위해 널리 사용되는 몇 가지 다른 유형의 유전적 '특징'이 있다. 이는 고고학과 의학적 포렌식에서 세포나 인간의 유해를 확인하고, 친자 확인 및 유전 질병을 진단하는 데 사용된다.

제한효소 단편길이 다형성(RFLP) DNA가 제한효소로 절단될 때 생성되는 단편의 패턴 분석은 유전체 조직 연구에서부터 유전 질병 진단 및 강력범죄 해결과 같은 실용적인 응용에 이르기까지 다양한 목적으로 활용되어 왔다. 이러한 실용적인 응용은 (일란성 쌍둥이를 제외하고) 동일한 DNA 염기서열의 정확한 세트를 가진 두 사람이 없다는 사실에 기초한다. 두 사람 사이의 DNA 서열의 차이가 꽤 작더라도 때때로 제한효소에 의해 생성된 DNA 단편의 길이는 다르게 나타난다. 이러한 단편 길이의 차이를 **제한효소 단편길이 다형성**(restriction fragment length polymorphism, RFLP)이라고 한다(**그림 17-14**). 일단 절단되면 젤 전기영동으로 이 단편들을 분리하고 분석할 수 있다(그림 17-14a). RFLP 분석의 한 가지 용도는 낫모양 적혈구 빈혈증을 일으키는 β-글로빈 유전자의 특정 돌연변이의 존재를 진단하는 것이다. 이 경우 낫모양 세포 형질로 이어지는 점돌연변이

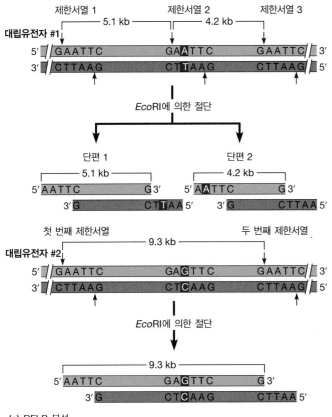

(a) RFLP 분석

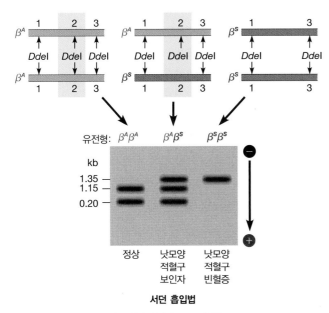

(b) 인간 환자에서 β-글로빈 유전자 자리의 RFLP 분석

그림 17-14 제한효소 단편길이 다형성(RFLP) 분석. (a) 이 예에서 단일
염기다형성(SNP)을 제외한 2개의 대립유전자는 동일하다. SNP는 *Eco*RI
에 대한 제한효소 절단자리의 서열을 변경한다. *Eco*RI은 대립유전자 #1
에서 3개의 자리(1, 2, 3) 모두를 잘라내고 5.1 kb 및 4.2 kb의 제한효소
단편 2개를 형성한다. 대립유전자 #2에서는 제한효소 절단자리 2를 제
거하여 하나의 제한효소단편을 생성한다. (b) β-글로빈 유전자 DNA 서
열에서 SNP는 β^A 대립유전자를 β^S(낫모양 세포) 대립유전자로 변이시
키고 *Dde*I 제한효소 절단자리를 제거하여 서던 흡입법에 의해 검출되는
RFLP 변이를 유도한다.

는 *Dde*I 효소의 제한효소 절단자리를 제거한다. 정상 헤모글로
빈을 가진 사람과 낫모양 세포 형질의 보인자(즉 이형접합 개인)
의 DNA를 분석할 때 결과적으로 서던 흡입법은 다른 패턴의 단
편을 산출한다(그림 17-14b). 실제로 질병과 관련된 특정 다형성
을 감지하기 위한 RFLP 분석은 선택된 작은 부분의 제한효소단
편만 검사하는 방식으로 수행된다.

단일염기다형성(SNP) RFLP는 종종 단일 염기 변화에 의해 발
생하기 때문에 **단일염기다형성**(single nucleotide polymorphism,
SNP)이라고 불리는 더 큰 유전적 차이 그룹의 일부이다. 인간 유
전체에서 약 0.3%의 염기는 사람마다 다르다는 것을 기억하라.
0.3%는 그다지 많지 않은 것처럼 들릴 수 있지만, 인간 유전체의
32억 염기에 0.3%를 곱하면 총 약 1,000만 개의 SNP가 생성된
다. 과학자들은 대부분의 일반적인 SNP를 포함하는 데이터베이
스를 만들었는데, 이러한 작은 유전적 변형 중 일부는 특정 질병
에 대한 민감성에 영향을 미치거나 특정 치료에 얼마나 잘 반응
하는지 결정할 수 있기 때문에 중요하다고 간주된다.

그러나 대부분의 SNP는 유전자의 단백질 암호화 영역에 위치
하지 않는다. 그렇다면 어떤 SNP가 특정 질병에 대한 민감성 같
은 중요한 특성과 관련이 있는지 어떻게 알 수 있을까? 다행히
SNP는 서로 독립적이지 않기 때문에 1,000만 개의 SNP를 모두
별도로 검사할 필요는 없다. 같은 염색체에 서로 가까이 위치한
SNP는 **반수체형**(haplotype)이라고 불리는 블록으로 함께 유전되
는 경향이 있다. *HapMap*이라고 불리는 이러한 반수체형의 데이
터베이스는 유전자와 질병의 관계에 관심이 있는 과학자들에게
지름길을 제공한다. 1,000만 개에 비해 수십만 개의 SNP(각각
다른 반수체형에 위치)만 검사하면 되는 것이다. 특성이 특정 반
수체형과 연결되면 해당 반수체형 내의 SNP만 연구하여 어떤 것
이 원인인지 결정할 수 있다.

가변직렬반복(VNTR) SNP는 개인의 특성을 정의하는 유전
적 변화의 유일한 원천은 아니다. DNA 재배열, 결실, 중복 또
한 유전체 간의 변화에 기여한다. 이러한 메커니즘은 다양한 개
체 간에 다양한 수의 사본으로 존재하는 수천 개의 염기를 생
성했다. 이러한 중요한 변화 중 하나는 **가변직렬반복**(variable
number tandem repeat, VNTR)을 포함한다(16장 참조). VNTR
의 한 유형인 미소부수체 DNA(minisatellite DNA)는 약 10~100
bp의 직렬반복으로 구성된 총길이 약 10^2~10^5 bp의 영역을 의미
한다는 것을 기억하라. 이름에서 알 수 있듯이 미세부수체 DNA
(microsatellite DNA) 또는 **짧은 직렬반복**(short tandem repeat,
STR)은 전체 길이가 약 10~100 bp이며, 1~10 bp가 반복되어 있
어서 더 짧다. VNTR은 실험실에서 DNA 지문 채취에 매우 유용
하다. 경우에 따라 VNTR의 측면에 있는 제한효소 단편의 크기

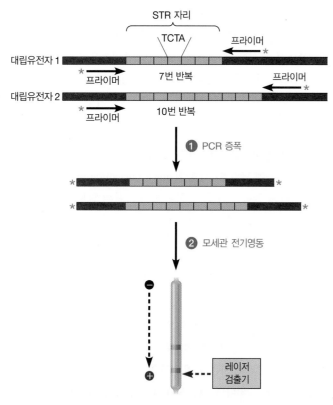

그림 17-15 유전형 판별을 위한 VNTR 활용. 이 예에서는 0851179 자리의 개체가 이형접합이다. 한 대립유전자는 7번 반복되고, 한 대립유전자는 10번 반복된다. PCR 프라이머는 STR 자리의 양쪽에 있는 서열에 고유하며 파란색 형광염료(파란색 별표)로 표지된다. 증폭 후 모세관 전기영동을 사용하여 표지된 DNA를 크기별로 분리한다. 레이저가 DNA의 형광을 유발하여 카메라에 감지될 수 있다.

차이를 감지한 다음 서던 흡입법을 수행하여 VNTR을 분석할 수 있다. 다른 경우에는 PCR을 사용하여 VNTR 영역을 증폭한 다음 전기영동을 사용하여 크기 차이를 분석한다.

많은 DNA 지문 채취 응용 분야에서 과학자들은 이제 표준화된 STR 세트를 분석할 수 있다. 시판되는 STR 키트에 사용되는 한 가지 검출 방법이 **그림 17-15**에 나와 있다. 이 키트는 형광 프라이머와 PCR을 사용하여 STR을 감지한다. PCR 증폭 후 형광 프라이머가 포함된 생성물은 레이저 검출기를 사용하여 모세관 젤에서 분석할 수 있다(유전자 '지문'에서 STR의 광범위한 사용에 대한 자세한 내용은 **인간과의 연결** 참조).

개념체크 17.2

분자적 수준에서 그리고 유전자형 판별을 위한 사용에서 SNP와 RFLP의 유사점과 차이점은 무엇인가? 각각을 확인하기 위해 어떤 기술이 요구되는가?

17.3 RNA와 단백질 분석

분자생물학 혁명의 핵심적인 통찰 중 하나는 유전자가 RNA 전사체를 통해 발현되고, 그 후 단백질로 번역된다는 것이다. 종종 세포생물학자들은 유전자 발현의 최종산물인 단백질에 가장 관심을 보인다. 그러나 다른 경우에는 RNA가 어디서 언제 발현되는지 알아야 한다. 경우에 따라 mRNA가 즉시 번역되지 않기 때문에 이것이 중요하다고 볼 수 있다. 예를 들어 수정 전에 많은 양의 mRNA를 저장하는 일부 수정되지 않은 난자의 경우가 그렇다. 비암호화 RNA 같은 경우에는 단백질 생성물이 만들어지지 않으므로 이런 RNA는 유전자 발현 측면에서 '끝'이다. RNA가 발현되는 위치와 시기를 평가하는 몇 가지 기술이 있다.

mRNA를 시공간적으로 검출하는 일부 기술

유전자 발현이 어떻게 조절되는지 연구하기 위해 RNA가 세포 집단이나 개체의 조직의 어디에서 그리고 언제 발현되는지를 평가하는 것이 종종 중요하다. 그렇게 하기 위한 몇 가지 전략이 있다. 세포를 분리하고 RNA를 추출하여 생화학적으로 RNA를 검출할 수 있다. 이 접근법은 RNA의 발현 수준에 대한 정량적 정보를 얻는 데 유용하다. 만약 매우 특정한 세포 집단을 분리하고 그들의 RNA를 추출할 수 있거나, 특정한 시기에 추출할 수 있다면, 이 접근법은 종종 RNA 발현에 대한 매우 구체적인 정보를 제공할 수 있다. 또는 탐침을 사용하여 화학적으로 보존된 조직에서 RNA가 존재하는 위치를 분석할 수도 있다. 비록 양적 분석은 아닐지라도 이러한 분석은 손상되지 않은 세포나 조직 내에서 RNA의 공간적 분포를 보여준다. 단일 세포에서 전사체의 발현을 분석하는 기술은 현재 사용이 가능해졌다. 이러한 기술은 미래에 더 널리 사용될 것이다. 여기서는 노던 흡입법, RT-PCR, 정량적 중합효소 연쇄반응(q-PCR), 제자리혼성화의 4가지 기법에 초점을 맞추어 알아보도록 하자.

노던 흡입법 특정 유전자의 활성 여부를 결정하는 한 가지 방법은 그것을 서던 흡입법(기억하겠지만 이는 실제 사람을 기리기 위해 이름이 지어졌다)과 대비되는 RNA 검출 기술을 사용하여 해당 mRNA를 분석하는 것이다. **노던 흡입법**(Northern blotting)에서 RNA 샘플은 젤 전기영동하고 RNA를 결합할 특수 막으로 전달된다. 그런 다음 막은 관심 유전자 서열을 포함하는 방사성(또는 표지가 부착된) DNA 탐침에 노출시키고 결합된 탐침을 측정하여 mRNA의 양을 정량화한다.

RT-PCR mRNA를 검출하는 또 다른 방법은 간접적인 방법이다. 이 장의 앞부분에서 살펴본 역전사효소를 사용하여 mRNA로부터 cDNA를 만들 수 있다는 것을 상기해보자. mRNA를 생누군가에게 당신을 묘사할 때 보통 당신의 독특한 특징을 묘사한다. 해부학적인 의미에서 당신의 손가락 끝에 있는 지문의 배열도 같은 일을 한다. 손가락 끝에 있는 소용돌이, 아치, 고리의 패턴은 당신을 다른 모든 사람과 다르게 만든다. 실제로 동일한 지문을 가진 사람은 없다. 하지만 당신은 유전체에 있는 유전자 지문이라는 또 다른 유형의 '지문'을 가지고 있다.

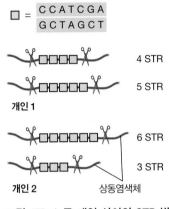

그림 17B-1 두 개인 사이의 STR 반복 숫자의 다양성

당신의 유전체 대부분은 옆에 있는 사람의 유전체와 매우 유사하다. 하지만 이 장에서 배운 것처럼 주로 암호화되지 않는 영역에 있는 유전체는 매우 가변적이다. 이러한 *VNTR(가변직렬반복)*에는 여러 범주의 반복이 포함된다. 하나의 범주는 *미세부수체 DNA* 또는 *STR(짧은 직렬반복)*이다. 이러한 영역은 일반적으로 전체 길이가 10~100 bp이며, 1~10 bp 길이의 반복된 모티프로 구성된다 (**그림 17B-1**). 각 반복 모티프는 (CCATCGA)$_n$ 같은 고유한 염기

서열이 있는데, 여기서 *n*은 반복 횟수를 나타낸다. 반복 횟수는 개체 간에 관측된 변동성에 기여하는 값이다.

STR의 이러한 차이는 어떻게 발생할까? 부모로부터 물려받은 STR 변이 외에도 감수분열 중에 불균등하게 교차함으로써 반복 횟수의 추가 변동이 발생할 수 있으며(26장 참조), 부모 유전체에 반영되지 않는 고유한 반복 패턴을 가진 생식체가 발생할 수 있다.

그러면 이러한 STR 변동성은 어떻게 활용할 수 있을까? 한 가지 중요한 용도는 형사사법 제도에 있다. 지문으로 누가 범죄 현장에 있었는지 여부를 판단할 수 있듯이, STR은 범죄에 연루된 누군가의 'DNA 지문'으로 사용될 수 있다. 그 과정은 혈액, 정액, 질 분비물, 모근, 피부 또는 다른 조직의 잔해,

혈흔 증거를 수집하는 법의학 과학자

즉 범죄 현장에 종종 남겨진 '단서'에서 DNA를 추출하는 것으로 시작된다. DNA가 추출되면 각각의 4뉴클레오타이드 반복인 13개의 STR 특정 세트가 PCR을 통해 샘플로부터 증폭되고, DNA 생성물은 크기를 결정하기 위해 분석된다(자세한 내용은 그림 17-15 참조). 그런 다음 샘플을 범죄의 피해자 및 잠재적 용의자(**그림 17B-2**) 또는 CODIS(Combined DNA Index System) 데이터베이스의 샘플 같은 알려진 개인에게서 채취한 샘플과 비교한다.

CODIS 데이터베이스는 1,300만 명 이상의 개인을 포함하고 있으며, 추가 DNA 샘플을 사용할 수 있게 됨에 따라 이 숫자는 계속 증가할 것이다. 데이터베이스는 백인, 아프리카계 미국인, 히스패닉, 아시아인 등 서로 다른 인종 개인의 DNA를 사용하여 구축되었다. 13 STR 자리의 조합은 두 사람이 동일한 DNA 지문을 가질 가능성이 약 100억 분의 1임을 보여주지만, 이러한 확률은 상대적으로 근친 교배된 작은 개체군에 대해서는 상당히 다를 수 있다. 이는 범죄 용의자에 대한 유무죄 판결에 강력한 지지를 제공한다.

STR을 사용한 DNA 지문은 범죄자를 연루시키는 것만큼이나 잘못 기소된 사람을 무죄로 만드는 데 유용했다. 많은 STR의 크기가 작다는 것은 분해된 DNA 샘플도 사용할 수 있다는 것을 의미한다. 수감된 일부 사람들의 경우 사건과 관련된 경찰의 증거보관함에서 발견된 미량의 DNA로부터 범죄가 발생한 지 여러 해가 지난 오늘날까지 분석이 가능하다. 현재까지 350명 이상의 사람들이 DNA 지문 기술의 발전 덕분에 무죄를 선고받았다.

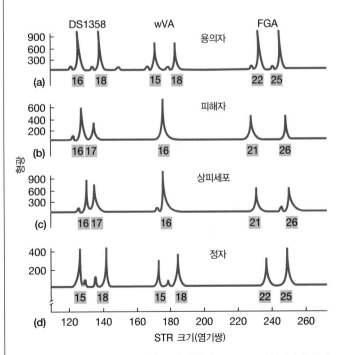

그림 17B-2 강간 사건에서 나온 4개 샘플의 STR 프로파일. (a) 용의자, (b) 피해자로부터 채취한 검체에 대해 3개의 STR 위치가 표시되고, (c, d) 피해자의 질에서 면봉으로 채취한 검체에서 2개의 분획을 확보했다. 2개의 분수가 표시된다. *x*축은 STR 크기를 염기쌍으로 표시하고, *y*축은 상대적 형광 강도를 나타낸다. 각 대립유전자 아래의 숫자는 반복 횟수를 나타낸다. 피해자에게서 채취한 정자 샘플의 STR 프로파일이 용의자의 프로파일과 일치한다는 점에 주목하라.

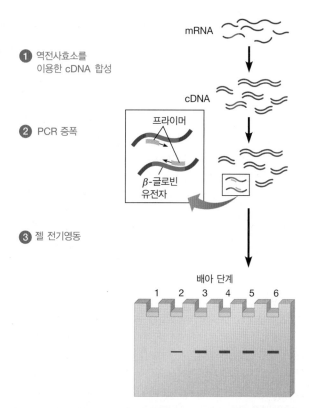

그림 17-16 역전사효소 PCR(RT-PCR). RT-PCR은 역전사효소를 사용하여 cDNA를 생산하는 것으로 시작하며, 이는 특정 서열과 결합하는 프라이머를 사용하여 PCR을 통해 증폭된다. 증폭된 생성물의 양을 측정하여 조직 샘플에 원래 mRNA가 얼마나 존재하는지에 대한 반정량적 비교를 만들어낼 수 있다(이 경우 다른 발생 단계의 배아에서 분리된 샘플).

화학적으로 분리하고 cDNA를 만든 다음, 알려진 서열에 해당하는 프라이머를 사용하여 cDNA 혼합물을 증폭함으로써 mRNA가 샘플에 존재하는지를 간접적으로 분석할 수 있다. 역전사효소를 사용하여 cDNA를 만들기 때문에 이 접근법은 **RT-PCR**[여기서 'RT'는 역전사효소(reverse transcriptase)를 의미]이라고 한다(**그림 17-16**).

정량적 중합효소 연쇄반응(q-PCR) 노던 흡입법과 RT-PCR은 모두 조직 또는 세포 그룹에서 상대적으로 많은 mRNA 발현을 감지할 수 있는 기술이다. mRNA 수준을 보다 정확하게 결정하려면 **정량적 중합효소 연쇄반응**(quantitative polymerase chain reaction, q-PCR)과 같은 기술이 필요하다. RT-PCR과 마찬가지로 q-PCR은 역전사효소를 사용하여 RNA로부터 cDNA를 생성하는 것으로 시작한다. 또한 주어진 mRNA에 특이적인 프라이머는 증폭반응에 사용된다. q-PCR의 고유한 특징은 증폭될 서열 내에서 결합하는 세 번째 프라이머를 추가하는 것이다. 이 프라이머는 대상 서열이 증폭될 때마다 형광 신호를 방출한다. 따라서 이 형광을 검출함으로써 특정 mRNA의 증폭을 실시간으로 파악할 수 있다. 이러한 이유로 q-PCR은 실시간 PCR(real-time

25 μm

그림 17-17 RNA 검출을 위한 제자리혼성화. 디옥시제닌으로 표지한 탐침으로 성게의 배아를 조사했는데, 항체와 효소반응(파란색)을 사용하여 검출했다.

PCR)이라고도 한다(RT-PCR과 혼동하지 말도록 하자). q-PCR은 각 주기에서 만들어진 생성물 양을 측정하여 샘플에서 주어진 mRNA 전사의 초기 양을 결정할 수 있다.

제자리혼성화 노던 흡입법, RT-PCR, q-PCR은 RNA의 생화학적 분리를 포함하는데, 이는 샘플 및 샘플이 있는 세포 구조를 명백히 파괴한다. 하지만 세포에서 mRNA가 어디에 위치하고 있는지 알고 싶다면 어떻게 해야 할까? 형광 DNA 탐침을 사용하여 염색체에서 유전자가 위치한 곳을 탐지할 수 있다는 것을 기억해보자. 형광제자리혼성화(fluorescence in situ hybridization, FISH)라고 하는 기술(16장의 핵심 기술 참조) 또한 세포 내에서 mRNA가 어디에 위치하는지 결정하는 강력한 기술로 사용될 수 있다. 이러한 제자리혼성화의 사용에서 형광 탐침은 때때로 FISH에서와 동일하게 사용된다(그림 16A-2 참조). 매우 일반적으로 mRNA 위치는 기본적인 광학현미경으로 감지할 수 있는 유색 침전 생성물을 생성하는 이 기술을 변형시켜 사용한다(**그림 17-17**). 이 접근법에서 탐침은 디옥시제닌(digoxigenin)이라고 불리는 매우 항원성이 높은 분자를 표지함으로써 화학적으로 변형된 뉴클레오타이드를 사용한다. 탐침으로 조직을 배양한 후 디옥시제닌에 결합하는 항체가 추가된다. 그런 다음 효소에 결합된 2차 항체가 추가된다. 부착된 효소와 반응하는 적절한 기질을 넣어주면 착색 침전 생성물이 형성된다.

수천 개의 유전자 전사의 동시 분석

노던 흡입법, q-PCR, 제자리혼성화는 개별 유형의 mRNA의 위치와 발현 수준을 감지할 수 있지만 많은, 심지어 수천 개 유전자의 발현 변화를 동시에 분석하기를 원한다면 어떻게 해야 할까? DNA 마이크로어레이와 RNA 염기서열 분석을 포함하여 세포의 전사체를 연구하기 위한 도구가 개발되었다.

DNA 마이크로어레이 DNA 마이크로어레이(DNA microarray)는 플라스틱 또는 유리로 만들어진 손톱 크기의 얇은 칩으로, 다양한 관심 유전자에 해당하는 수천 개의 DNA 단편이 고정된 위치에서 있다(**23장의 핵심 기술** 참조). 단일 마이크로어레이는 각각 다른 유전자에 해당하는 10,000개 이상의 반점(spot)을 포함할 수 있다. 주어진 세포 집단에서 어떤 유전자가 발현되는지 결정하기 위해 RNA 분자(유전자 전사의 산물)는 세포에서 분리되고 역전사효소로 인해 단일가닥 cDNA 분자로 복사된 다음 형광염료로 부착된다. DNA 마이크로어레이가 형광 cDNA로 처리될 때 각 cDNA 분자는 특정 유전자를 포함하는 지점에 상보적 염기쌍으로 결합할 것이다.

그림 **17-18**은 뇌와 간세포의 유전자 발현 패턴을 비교하기 위해 이 접근법을 사용한 예를 보여준다. 이 특별한 예에서 두 가지 형광염료가 사용된다. 뇌세포에서 유래된 cDNA를 표지하는 초록색 염료와 간세포에서 유래된 cDNA를 표지하는 빨간색 염료를 볼 수 있다. 초록색과 빨간색 cDNA가 함께 섞여서 DNA 마이크로어레이에 놓일 때 초록색 cDNA는 뇌세포에서 발현되는 유전자와 결합하고, 빨간색 cDNA는 간세포에서 발현되는 유전자와 결합할 것이다. 따라서 초록색 반점은 뇌세포에서 유전자의 더 높은 발현을 나타내고, 빨간색 반점은 간세포에서 유전자의 더 높은 발현을 나타내며, 노란색 반점(초록색과 빨간색 형광의 혼합으로 발생)은 발현이 거의 동일한 유전자를 나타내며, 검은색 반점(형광의 부재)은 두 세포 유형 모두에서 발현되지 않는 유전자를 나타낸다. 결과적으로 각각의 형광 점의 색과 강도를 측정하는 것은 수천 개의 유전자의 발현을 동시에 관찰할 수 있게 해준다. 이러한 데이터는 많은 유전자가 뇌세포, 간세포, 또는 다른 분화된 세포와 같은 특정한 세포 유형에서 선택적으로 발현된다는 사실을 보여준다. DNA 마이크로어레이 또한 실용적인 응용성을 가지고 있다. 예를 들어 현미경 검사를 기반으로 동일한 질병으로 보이는 인간의 암은 DNA 마이크로어레이 기술을 사용하여 실험할 때 때때로 다른 유전자 발현 프로파일을 보인다. 이러한 정보를 통해 다양한 환자의 암을 보다 정확하게 특정할 수 있으므로 각 개인에게 가장 적합한 맞춤형 치료가 개선될 수 있다.

RNA 염기서열 분석(RNAseq) DNA 마이크로어레이는 유전체에서 제한된 유전자 세트를 나타내는 일련의 반점을 생산해야 한다는 점에서 제한적이다. 만약 배열에 있는 유전자가 특히 흥미로운 경우 종종 이것으로 충분하다. 이러한 한계를 겪지 않는 또 다른 접근법은 고속 염기서열 분석법의 등장으로 가능해졌다. 전체 전사체 샷건 염기서열 분석(whole-transcriptome shotgun sequencing)이라고도 하는 **RNA 염기서열 결정법**(RNAseq)에서

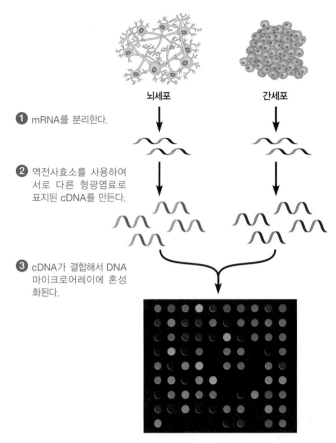

① mRNA를 분리한다.

② 역전사효소를 사용하여 서로 다른 형광염료로 표지된 cDNA를 만든다.

③ cDNA가 결합해서 DNA 마이크로어레이에 혼성화된다.

뇌세포　　간세포

그림 17-18 유전자 발현 프로파일을 연구하기 위한 DNA 마이크로어레이의 활용. 이 예에서 뇌세포와 간세포의 유전자 발현은 두 집단의 세포로부터 mRNA를 분리하고, mRNA의 cDNA 사본을 만들기 위해 역전사효소를 사용한 다음 뇌세포 cDNA에 초록색 형광염료를 부착하고, 간세포 cDNA에 적색 형광염료를 부착함으로써 비교할 수 있다. 그런 다음 수천 개의 서로 다른 유전자를 나타내는 DNA 단편을 포함하는 DNA 마이크로어레이는 2개의 cDNA 모집단의 혼합물로 처리된다(DNA 마이크로어레이의 일부만 설명). 각각의 cDNA는 그것에 해당하는 특정 유전자를 포함하는 지점에서 혼성화된다. 따라서 초록색 반점은 뇌세포에서 우선적으로 발현되는 유전자를 나타내고, 빨간색 반점은 간세포에서 우선적으로 발현되는 유전자를 나타내며, 노란색 반점(초록색과 빨간색 형광의 혼합물)은 두 세포 집단에서 발현 수준이 유사한 유전자를 나타낸다. 그리고 어두운 부분은 어느 세포 유형에서도 발현되지 않는 유전자를 나타낸다.

RNA는 (해당 cDNA를 통해) 직접 염기서열이 분석된다. 그런 다음 생물정보학 도구를 사용하여 샘플에 존재하는 전사체를 결정하기 위해 짧은 서열을 해독한다(일반적으로 참조 유전체와 비교함으로써). 생성된 서열 데이터로부터 특정 cDNA의 빈도를 집계하여 해당 cDNA가 파생된 전사체에 대한 정보를 얻는다. 또한 단일염기다형성, 희귀한 대체 스플라이스 형태, RNA 편집 형태의 변화를 감지할 수 있다. 앞서 DNA 유전체 서열 분석을 논의할 때 보았던 다른 샷건 방법과 마찬가지로 RNAseq은 어떠한 복제도 필요로 하지 않으며, 따라서 빠르다.

RNAseq의 품질과 민감도의 향상은 단일 세포의 분석을 가능

하게 하는 기술의 개발로 이어졌다. 이러한 기술의 핵심은 단일 세포의 성공적인 분리이며, 이는 단계적 희석법, 레이저 캡처 현미경 또는 유세포 분석기를 포함하는 접근법을 사용하여 수행할 수 있다. 단일 세포 전사체 분석의 현재와 미래의 응용은 정말 놀랍다. 종양의 개별 세포로부터 그들의 이질성과 화학치료 약물에 대한 반응성을 분석할 수 있다. 단일 세포 RNAseq은 또한 특정 종양의 유형 또는 다른 질병을 진단하는 데 사용될 수도 있다. 마지막으로 정확히 어떻게 특정 세포 계통이 발생하는지 이 기술을 사용하여 파악할 수 있다. 인간세포지도(Human Cell Atlas)는 수백만 개의 단세포 전사체를 분석하여 궁극적으로 인간의 35조 개의 모든 세포를 특징짓고 분류하는 것을 목표로 하는 국제적인 프로젝트이다.

전기영동을 이용한 단백질 연구

단백질의 혼합물을 분석하는 데 중요하며 강력한 기술인 SDS-폴리아크릴아마이드 젤 전기영동(SDS-polyacrylamide gel electrophoresis, SDS-PAGE)을 사용하여 단백질을 크기별로 분리할 수 있다(**그림 17-19**). ❶ 단백질은 열과 함께 음이온 계면활성제인 SDS에 의해 용해되는데, 이는 대부분의 단백질-단백질 상호작용을 파괴한다. 단백질은 변성하여 표면이 음전하를 띤 계면활

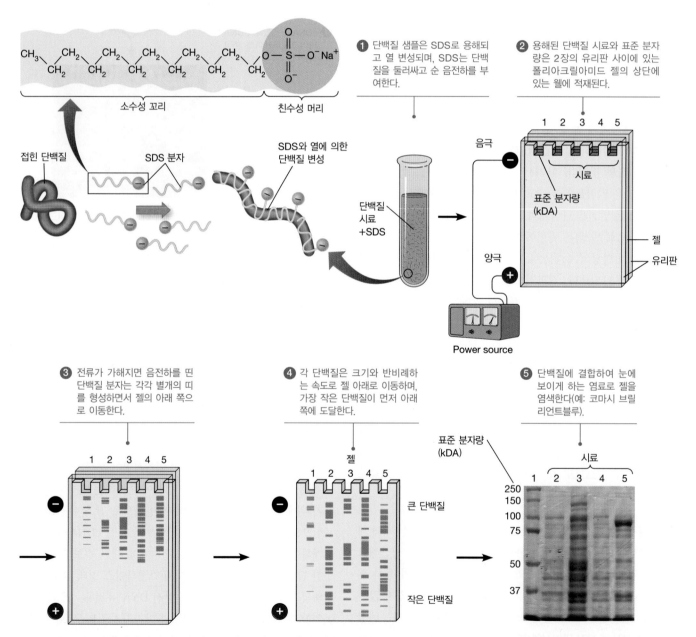

그림 17-19 SDS-폴리아크릴아마이드 젤 전기영동(SDS-PAGE). ❶～❺단계까지 SDS-PAGE를 활용한 단백질 분리와 구별의 일반적인 절차를 보여준다.

성제 분자로 덮여있기 때문에 다시 접을 수 없는 폴리펩타이드 형태로 펼쳐진다. ❷ 용해되고 SDS로 덮힌 폴리펩타이드는 폴리아크릴아미드 젤 상단의 웰에 놓인다. 일반적으로 알려진 분자량을 가진 정제된 단백질 세트는 폴리펩타이드의 분자량을 결정하기 위해 젤의 한 레인에서 이동하게 된다. ❸ 전위는 젤의 아래쪽이 양전하를 띤 양극이 되도록 젤 전체에 걸쳐 걸리게 된다. 폴리펩타이드는 음전하를 띤 SDS 분자로 덮여있기 때문에 젤을 통해 양극으로 이동한다. 폴리아크릴아미드 젤은 작은 분자의 움직임보다 큰 분자의 움직임을 더 방해하는 미세한 그물망으로 생각할 수 있다. 결과적으로 폴리펩타이드는 그들의 크기와 반비례하는 속도로 젤 아래로 이동한다. ❹ 가장 작은 폴리펩타이드가 젤의 바닥에 접근하면 전기영동 과정이 종료된다. ❺ 그런 다음 젤은 폴리펩타이드에 결합하여 눈에 보이게 하는 염료[보통 코마시 브릴리언트 블루(Coomassie Brilliant Blue)라고 불리는 파란색 염료 사용]로 염색된다.

SDS-PAGE 기술의 변형은 세포생물학자들이 사용하는 또 다른 추가 도구를 제공한다. SDS-PAGE는 분리된 단백질 사이의 전하 차이를 최소화하기 위해 SDS를 첨가한다. 그러나 때때로 SDS-PAGE 단계 이전에 전하 차이를 사용하여 단백질을 분리하는 것이 유리하다. 2차원(2D) 젤 전기영동(two-dimensional gel electrophoresis)으로 알려진 이 기술은 **그림 17-20**에 나타나 있다. 첫 번째 '차원'에서 ❶ 단백질이 등전점 전기영동(isoelectric focusing)을 이용하여 폴리아크릴아미드 튜브 젤에서 분리되는데, 이는 pH 기울기를 사용하여 단백질을 전하 차이로 분리하는 것이다. 단백질은 그들의 순 전하가 0인 pH[단백질의 등전점(isoelectric point)]에서 이동을 멈춘다. ❷ 튜브 젤은 그 다음 SDS-PAGE 젤에 적재된다. 전하로 분리된 단백질은 SDS-PAGE 젤(두 번째 '차원')을 통해 크기별로 이동한다. ❸ 단백질은 젤을 염색하는 코마시 염료에 의해 감지될 수 있다. 2차원 젤은 종종 다른 등전점을 가진 동형 단백질들을 등전점의 미묘한 차이로 분리하거나 단백질의 번역후 변형을 감지할 수 있다. 다른 유형의 전기영동의 경우와 마찬가지로 잘 밝혀진 전하와 크기를 가진 표준 단백질은 종종 단백질 반점을 분석하는 데 도움을 주기 위해 사용된다.

특정 단백질을 연구하는 데 사용할 수 있는 항체

젤 전기영동은 강력하지만 SDS-PAGE, 심지어 2D 젤 전기영동에도 핵산 젤과 유사하게 한계가 있다. 복잡한 혼합물 내 특정 단백질을 어떻게 동정할 수 있을까? 핵산의 경우 다른 DNA나 RNA의 매우 복잡한 혼합물 속에서 관심 있는 DNA나 RNA를 동정하기 위해 탐침을 사용할 수 있다. 핵산 탐침은 서열 특이성이 높은 수소결합을 통한 상보적 서열의 혼성화에 의존한다. 단백질에는 이 편리한 기능이 없기 때문에 다른 탐침이 필요하다. 다행히도 그러한 탐침이 존재하는데, 이것이 바로 항체이다.

항체(antibody)는 항원(antigen)이라고 불리는 물질에 결합하여 면역반응을 유발하는 수용성 단백질이다. 항체 분자는 특정 항원을 매우 정밀하게 인식하고 결합하여 단백질을 포함한 특정 항원을 표적으로 하는 데 이상적으로 적합하다. 그래서 세포생물학자들에게 엄청나게 가치가 있다. 포유류에서 항체는 B 림프구 또는 B 세포에 의해 생성된다. 각 림프구는 한 종류의 독특한

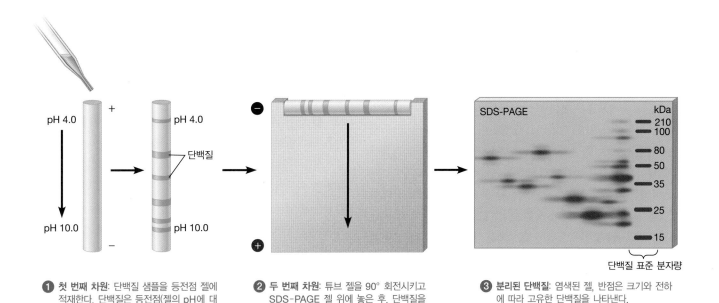

❶ **첫 번째 차원**: 단백질 샘플을 등전점 젤에 적재한다. 단백질은 등전점(젤의 pH에 대해 전하가 0인 지점)에서 멈춘다.

❷ **두 번째 차원**: 튜브 젤을 90° 회전시키고 SDS-PAGE 젤 위에 놓은 후, 단백질을 질량별로 분리한다.

❸ **분리된 단백질**: 염색된 젤, 반점은 크기와 전하에 따라 고유한 단백질을 나타낸다.

그림 17-20 단백질의 2차원 젤 전기영동. 2차원 젤 전기영동은 세포나 조직에서 추출한 다양한 단백질 혼합물의 분리에 유용하다.

항체 분자를 생성한다. 특정 항원에 대한 면역반응 동안 그 항원에 특이적인 항체를 생산하는 B 림프구는 빠르게 분열하여 원세포에서 파생된 세포 집단을 생산한다. 그러한 세포는 클론과 관련이 있다. B 림프구는 세포생물학에서 사용되는 두 가지 다른 유형의 항체의 출발점이라고 할 수 있다.

항체의 종류 세포생물학적 응용에 사용할 항체를 생산하는 가장 간단한 방법은 숙주 동물에 항원을 주입하는 것이다. 동물의 면역 체계는 항원에 대한 항체를 생산하고, 항체는 동물의 혈장에서 분리될 수 있다. 이러한 항체를 **다클론항체**(polyclonal antibody)라고 한다. 즉 그들은 서로 다른 B 세포 클론에 의해 생성된 항체의 혼합물이다. 이러한 항체는 단백질을 따라 다른 항원 부위를 인식하고 단백질의 단일 영역에만 결합하지 않는 다른 항체 분자들의 혼합물이기 때문에 유용하다. 그러나 다클론항체는 재생산이 불가능하기 때문에 제한적이다. 즉 원래 동물의 면역반응에서 생성된 항체가 소비되면 새로운 동물을 면역함으로써 절차를 반복해야 한다.

또 다른 종류의 항체는 재생산이 가능하다는 장점이 있다. 이러한 항체는 배양된 세포에서 생산되기에 실험실에서 유지될 수 있다. 그들은 (여러 클론의 세포가 아닌) 단일 세포에서 자라기 때문에 **단클론항체**(monoclonal antibody)라고 한다. 단클론항체를 생성하는 세포를 만드는 방법은 **그림 17-21**에 나타나 있는데, 이 방법은 1975년에 쾰러(Georges Köhler)와 밀스테인(César Milstein)이 개발했다. 이 기술은 ❶ 관심 항원을 먼저 생쥐 또는 쥐에게 주입한 후, ❷ 항체를 생성하는 B 림프구를 동물로부터 몇 주 후에 분리하는 방법이다. 이러한 림프구 집단 내에서 각각의 림프구는 하나의 특정 항원에 대해서만 반응하는 단일 유형의 항체를 생성한다. ❸ 개별 림프구의 선택과 생장을 용이하게 하기 위해 그들은 배양액에서 생장할 때 빠르게 분열하고 무한한 수명을 가진, 원래 **골수종 세포**(myeloma cell)라고 불리는 면역 체계의 암세포로부터 유래된 세포와 융합된다. ❹ 그리고 나서 개별 잡종세포들은 **혼성세포**(hybridoma)라고 불리는 일련의 클론을 형성하기 위해 선별되고 생장한다. 혼성세포에 의해 생성된 항체는 각각 하나의 림프구에서 원래 파생된 세포 그룹에 의해 생성된 순수한 항체이기 때문에 '단클론'이라고 불린다. 단클론항체는 실험실에서 무한히 성장할 수 있는 세포에서 유래하기 때문에 재생산이 가능한 자원이다. 그러나 그들은 항원의 단일 영역만을 인식한다는 점에서는 제한적이다. 때로는 그러한 높은 특이성이 유용하지만 다른 경우에는 단클론항체가 관심 있는 단백질의 일부에 대해 반응하지 않을 수도 있다는 것을 의미하기 때문이다.

항체의 활용 항체는 세포생물학 응용 분야에서 여러 방법으

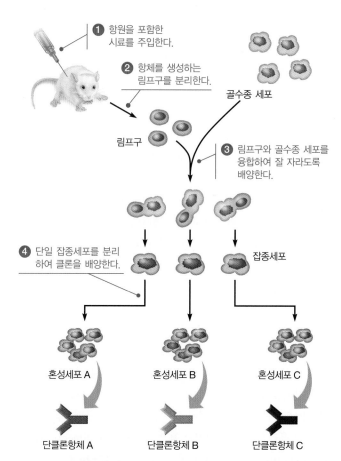

그림 17-21 순수한 항체를 생산하는 단클론항체 기술. 항체 형성을 자극하기 위해 관심 항원이 포함된 검체를 생쥐에 주입한다. 동물로부터 분리된 림프구는 배양에서 잘 자라는 골수종 세포와 융합되고, 그 결과로 만들어진 잡종세포는 각각 하나의 항체를 만드는 일련의 클로닝된 세포 집단(혼성세포)을 만드는 데 사용된다. 특정 관심 항원에 대한 항체를 만드는 혼성세포를 찾기 위해 광범위한 선별이 필요할 수 있다.

로 사용될 수 있다. 항체의 핵심적인 사용은 **면역염색법**에 있다(1장의 **핵심기술** 참조). 항체가 유용하게 사용된 또 다른 기술은 서던 흡입법이나 노던 흡입법을 단백질에 적용한 것으로, **웨스턴 흡입법**(Western blotting, 또는 면역 흡입법)이라고 한다. 웨스턴 흡입법은 단백질의 혼합물을 용해하여 수행된다(**그림 17-22**). ❶ 그림 17-19에 표시된 SDS-PAGE 절차를 사용하여 단백질을 크기별로 분리한다. 그런 다음 ❷ 단백질은 나이트로셀룰로스 또는 나일론 막에 흡입된다. 흡입 과정은 모세관 작용이 충분했던 핵산의 경우와는 약간 다르다. 웨스턴 흡입법의 경우 단백질은 젤에서 막으로 전류를 이용하여 이동시켜야 한다. ❸ 다음 단계는 면역염색법과 비슷하다. 이동이 완료된 후 흡입된 막을 세척하고 1차 항체로 처리한 다음 다시 세척한 후 2차 항체에 노출시킨다. ❹ 2차 항체는 효소와 결합하여 유색 침전반응 생성물을 확인하거나 화학반응을 통해 빛을 생성하는 **화학발광**(chemiluminescence) 기법을 사용하여 존재를 확인한다.

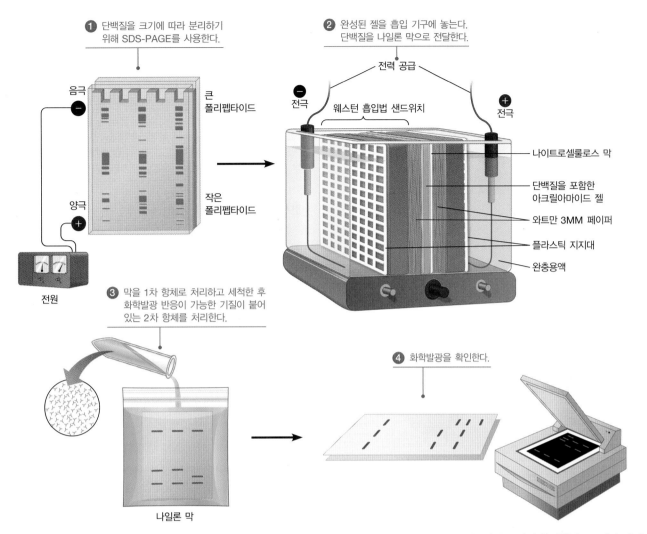

그림 17-22 웨스턴 (면역) 흡입법. SDS-PAGE로 분리된 단백질은 전기장을 사용하여 나이트로셀룰로스 또는 나일론 막에 흡입된다. 그 결과 단백질은 1차 항체와 결합하고, 1차 항체가 결합된 위치는 2차 항체 및 기질을 사용하여 검출된다.

크기, 전화, 친화성으로 분리되는 단백질

전체 세포 또는 복합 혼합물의 단백질은 전기영동을 사용하여 크기와 전하에 의해 분석할 수 있으며, 항체는 젤 또는 고정된 세포의 특정 단백질을 인식하는 데 사용될 수 있다. 하지만 생화학 실험을 위해 많은 양의 특정 단백질이 어떻게 정제될 수 있을까? 단백질 정제에 사용되는 한 가지 일반적인 방법은 칼럼 크로마토그래피(column chromatography)이다. 이 접근법의 기본 아이디어는 유리 또는 플라스틱 칼럼을 통해 단백질의 혼합물을 포함하는 용액을 통과시키는 것이다. 칼럼 내부에는 사용되는 칼럼의 유형에 따라 다른 특성을 가진 작은 구슬(일반적으로 아크릴아마이드 또는 아가로스로 제작)이 있다. **그림 17-23**은 3가지 일반적인 접근 방식을 보여준다.

이온교환 크로마토그래피 첫 번째는 **이온교환 크로마토그래피**(ion-exchange chromatography)이다. 이 접근법에서 구슬은 약

한 양전하 또는 음전하를 전달하도록 화학적으로 변형된다. 하전된 단백질은 구슬과 다양한 정도로 상호작용한다(그림 17-23a의 예에서 구슬은 음으로 대전되고 결합하는 단백질은 양으로 대전된다). 상호작용은 다양한 pH 및 이온 강도의 용액을 사용하여 체계적으로 조작될 수 있다. 서로 다른 단백질은 표면에 서로 다른 전하를 가지고 있으므로 각각 특정 pH와 염분 농도에서 용출될 것이다.

젤여과 크로마토그래피 두 번째 접근법인 **젤여과 크로마토그래피**(gel filtration chromatography)는 단백질의 크기와 모양의 차이에 의존한다. 이 경우 사용되는 구슬에는 단백질이 침투할 수 있도록 다양한 크기의 구멍이 있다(그림 17-23b). 작은 단백질은 모든 구멍으로 들어갈 수 있고, 따라서 칼럼을 통과하는 데 더 오랜 시간이 걸린다. 보다 큰 단백질은 각 구슬에 들어갈 수 없기 때문에 더 빨리 칼럼을 통과한다.

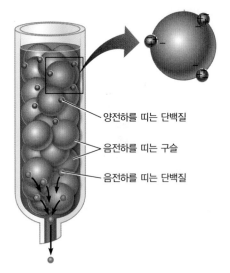

(a) 이온교환 크로마토그래피

양전하를 띠는 단백질

음전하를 띠는 구슬

음전하를 띠는 단백질

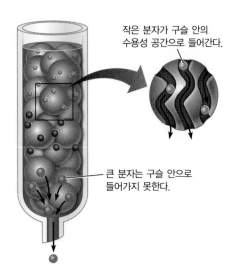

작은 분자가 구슬 안의 수용성 공간으로 들어간다.

큰 분자는 구슬 안으로 들어가지 못한다.

(b) 젤여과 크로마토그래피

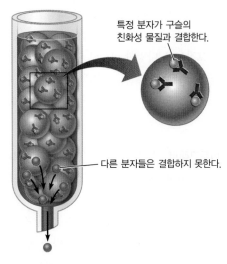

특정 분자가 구슬의 친화성 물질과 결합한다.

다른 분자들은 결합하지 못한다.

(c) 친화성 크로마토그래피

그림 17-23 단백질 정제를 위한 크로마토그래피의 활용. 이온교환 크로마토그래피에서 구슬은 음전하를 띤다. 양전하를 띤 단백질은 결합하여 칼럼에 남게 된다. 음전하를 띤 단백질은 칼럼을 통과해버린다. 주변 완충액의 염분 농도를 증가시키면 칼럼에 있는 음전하와 경쟁하여 결합된 단백질을 용출할 수 있다. (b) 젤여과 크로마토그래피에서 작은 단백질은 구슬을 통과하기에 칼럼을 통과하는 진행 속도를 늦출 수 있다. 더 큰 단백질은 구슬에 들어갈 수 없기 때문에 더 빨리 칼럼을 통과한다. (c) 친화성 크로마토그래피에서 구슬은 특정 단백질을 인식하는 항체를 부착하고 있다. 다른 경우 단백질은 비오틴과 같은 표지로 표시될 수 있다. 이 경우 표지를 인식하는 분자(예: 스트렙트아비딘)가 구슬에 부착된다.

친화성 크로마토그래피 단백질이 어떤 분자에 결합하는지에 대한 구체적인 정보를 이용할 수 있다면 **친화성 크로마토그래피**(affinity chromatography)를 사용할 수 있다. '친화성'이라는 단어는 이 경우 구슬의 표면에 특정 분자가 부착되어 정제되는 단백질에 우선적으로 결합한다는 사실을 나타낸다(그림 17-23c). 친화성 크로마토그래피의 가장 일반적인 형태 중 하나는 **면역친화성 크로마토그래피**(immunoaffinity chromatography)이다. 이 접근법에서는 관심 단백질에 특이적인 항체가 구슬에 부착된다. 결합된 단백질은 염분, pH의 변화 또는 경우에 따라 순한 계면활성제를 사용하여 칼럼에서 용출될 수 있다. 만약 구슬이 칼럼이 아닌 시험관 내에 있다면 복잡한 세포 혼합물로부터 특정 단백질(그리고 그것과 밀접하게 연관된 모든 단백질)을 침전시키는 데 사용할 수 있다. 단백질이 구슬에 결합된 후 결합된 단백질을 정제하기 위해 원심분리하고, 모으고, 세척한다. 이 과정을 **면역침강**(immunoprecipitation)이라고 한다. DNA 결합단백질을 동정하기 위한 염색질 면역침강 기술(23장 참조)은 이 접근법에 의존한 것이다.

다른 경우 단백질은 정제를 용이하게 하는 '꼬리표'를 추가함으로써 분리할 수 있다. 때때로 세포는 표면 단백질을 화학적으로 변화시키는 비오틴(biotin)과 같은 물질에 노출될 수 있다. 스트렙트아비딘(streptavidin)은 비오틴과 결합한 단백질을 정제하기 위해 구슬에 첨가될 수 있다. 대안적으로 분자생물학 기술은 단백질이 N-말단 또는 C-말단에 아미노산 꼬리표를 갖도록 단백질을 설계하는 데 사용될 수 있다. 예를 들어 6개의 히스티딘 잔기를 단백질의 시작 또는 끝에 연속적으로 추가하면 단백질이 구슬에 부착된 Ni^{2+}이 있는 칼럼에 단단히 결합한다.

복잡한 혼합물에서도 단백질을 확인할 수 있는 질량분석법

지금까지 언급된 대부분의 단백질 정제 기술은 단일 유형의 단백질을 분리하는 데 사용한다. 수천 개의 단백질을 동시에 동정하기에는 어려울 것이다. 조직 샘플에 의해 생성된 방대한 수의 단백질을 동정하는 것은 **질량분석법**(mass spectrometry) 덕분에 수월해졌다(**2장의 핵심 기술** 참조). 질량분석법은 전하에 기초하여

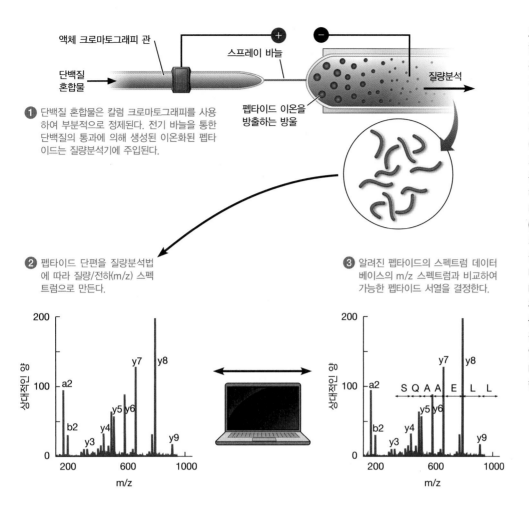

① 단백질 혼합물은 칼럼 크로마토그래피를 사용하여 부분적으로 정제된다. 전기 바늘을 통한 단백질의 통과에 의해 생성된 이온화된 펩타이드는 질량분석기에 주입된다.

② 펩타이드 단편을 질량분석법에 따라 질량/전하(m/z) 스펙트럼으로 만든다.

③ 알려진 펩타이드의 스펙트럼 데이터베이스의 m/z 스펙트럼과 비교하여 가능한 펩타이드 서열을 결정한다.

그림 17-24 펩타이드 분석을 위한 질량분석. 이 예에서 단백질의 혼합물은 액체 크로마토그래피를 거친 후 직렬질량분석법을 따른다. 다른 경우에는 2차원 젤에서 직접 점을 잘라내어 질량분석법을 적용하기도 한다. ① 정해진 시간에 특정 화학 조건에서 칼럼을 빠져나가는 단백질은 쪼개지고 이온화되며 질량/전하(m/z)비에 의해 분리되는 질량분석계로 들어간다. ② 선택된 관련 펩타이드 세트(이러한 밀접하게 관련된 피크 간의 차이는 펩타이드에 서로 다른 원자 동위원소가 존재하기 때문이다)는 단편화되고, 결과로 나온 펩타이드 단편은 2차 질량분석에서 확인된다. ③ 그런 다음 주어진 샘플에 대해 얻은 스펙트럼을 단백질을 분리한 개체의 아미노산 서열에서 얻은 이론적 스펙트럼과 비교하기 위해 컴퓨터 분석이 수행된다.

분자를 분리하는 데 자기장과 전기장을 사용한다. 질량분석기의 진공 챔버에서 입자의 움직임은 전하뿐만 아니라 질량의 차이도 반영하는 것으로 나타났다. 질량/전하(m/z) 비율은 분광계에서 하전 입자의 특성을 결정한다. 이는 질량분석을 단백질 분석에 매우 유용하게 만든다.

질량분석법 자체는 수십 년 동안 사용되었지만 1980년대 후반이 되어서야 단백질과 함께 질량분석법을 사용하는 방법이 개발되었다. 질량분석법에 사용되는 하전된 입자는 그때까지 단백질의 파괴를 야기했던 기체 상태에 있어야 하기 때문이다. 그 당시 이 문제를 회피하는 두 가지 기술이 개발되었다. 하나는 **MALDI 질량분석법**(matrix-assisted laser desorption/ionization mass spectrometry, MALDI MS)으로 알려진 것으로, 단백질을 광흡수 기질에 배치한다. 레이저 빔은 기질의 단백질을 기화시키는 데 사용되며, 이는 질량분석계의 진공 시스템으로 들어갈 수 있다. 다른 방법은 **전자분무 이온화 질량분석법**(electrospray ionization mass spectrometry, ESI MS)으로, 용매에 있는 단백질 용액이 작은 직경의 고전하 바늘을 통과하여 기체 상태로 강제로 들어가 단백질 용액을 작은 방울로 흩어지게 한다. 그런 다음 용매가 증발하여 단백질이 기체 상태로 남게 된다. 종종 크로마토그래피

와 같은 이전 정제 단계는 질량분석과 직접적으로 결합될 수 있다. 한 가지는 액체 크로마토그래피를 전자분무 이온화 질량분석법에 결합한 예로, **그림 17-24**에 나와 있다. 이 두 가지 일반적인 방법은 비행 시간(time-of-flight, TOF) 분석과 결합할 수도 있다. TOF는 각 하전 펩타이드가 질량에 따라 변화하는 속도를 가지고 있다는 사실에 의존한다. 진공에서 이동하는 하전 입자의 운동 에너지 차이는 각 하전 입자에 대한 질량 의존 속도 프로파일을 개발하는 데 사용될 수 있다.

질량분석을 단백질 분석에 특히 유용하게 만드는 것은 기본 기술의 변형이 복잡한 혼합물에서 펩타이드의 서열을 분석하는 '샷건' 접근법의 일부로 사용될 수 있다는 것이다. **직렬질량분석법**(tandem mass spectrometry, MS/MS)이라고 하는 이 기술에서는 2개의 질량분석기가 일렬로 배치된다. 펩타이드 단편은 첫 번째로 주입되며, 고유한 특성을 가진 특정 펩타이드를 분리하는 데 사용된다. 그다음 첫 번째와 두 번째 분석기 사이에 배치된 충돌 방(collision cell)으로 들어갈 수 있다. 펩타이드는 이 방에서 더 쪼개지고 추가 분석을 위해 두 번째 분석기에 주입된다. 스펙트럼 결과물은 원래 단백질 샘플에 있는 펩타이드의 '지문'으로, 데이터베이스에서 일치하는 내용을 컴퓨터로 분석할 수 있다.

분자생물학적 기법을 통해 연구하는 단백질의 기능

앞에서는 세포생물학자들이 단백질을 직접 연구하기 위해 사용하는 많은 기술에 대해 배웠다. 그러한 기술은 강력하고 매우 유용하다. 하지만 분자생물학의 중심 원리와 정보의 흐름은 DNA로 연구하는 것이 생물학자들이 단백질을 연구하는 데 사용하는 핵심 부분이라는 것을 의미한다는 사실을 기억하라. 일단 단백질 또는 단백질 단편을 암호화하는 DNA 클론을 만들면 그 클론을 사용할 곳은 많다.

돌연변이를 통한 단백질 기능 확인　DNA를 이용한 작업의 큰 이점은 하나의 단백질 단편을 다른 단백질에 추가함으로써 단백질 단편을 비교적 쉽게 제거하거나 재배열하거나 새로운 단백질을 생산할 수 있다는 것이다. 예를 들어 단백질을 암호화하는 DNA 단편은 제거될 수 있고, 단백질의 일부만 암호화하는 DNA 단편을 남길 수 있다. 단백질 단편의 기능을 검사하는 것은 단백질의 어떤 부분이 생화학적 기능에 중요한지 결정하는 것을 도울 수 있다. 또 다른 경우에는 단일 염기(또는 여러 염기)가 돌연변이를 일으켜 DNA가 돌연변이 단백질을 암호화할 수 있다. 이러한 접근법은 **특정부위 돌연변이 유발법**(site-directed mutagenesis)이라고 한다. 특정부위 돌연변이 유발법은 종종 생성된 DNA가 원하는 돌연변이를 포함하도록 프라이머를 의도적으로 변경한 후, PCR을 사용하여 수행될 수 있다. 기존 DNA 단편에 점돌연변이를 신속하게 도입할 수 있는 상용 키트도 있다.

발현 벡터를 이용한 단백질 발현　원하는 정상 단백질 또는 돌연변이 단백질에 해당하는 클론을 얻은 후, 특수한 **발현 벡터**(expression vector)를 사용하여 박테리아 세포 및 진핵세포에서 복제된 DNA로부터 높은 수준으로 단백질을 발현시킬 수 있다. 박테리아에서 일반적으로 사용되는 하나의 벡터는 *lac* 오페론에 의존한다(25장 참조). 그러나 이 경우 *lac* 오페론은 유전공학적 방법으로 플라스미드에 삽입되었다. 복제된 DNA는 벡터에 삽입되어 기능적 *lacZ* 유전자가 결실된 박테리아에 도입될 수 있다. 인공 기질인 아이소프로필-D-1-티오갈락토피라노사이드(isopropyl-D-1-thiogalactopyranoside, X-gal)의 존재하에서 플라스미드의 오페론이 활성화되어 복제된 유전자의 전사와 mRNA의 번역으로 이어진다. 발현된 단백질은 앞에서 언급한 접근법을 사용하여 정제될 수 있으며, 정제된 단백질은 항체를 생성하는 데 사용하거나 생화학 연구에 활용할 수 있다. 이 장 앞부분에서 언급된 꼬리표 지정 방법을 사용하는 것은 발현된 단백질의 정제를 돕는 핵심 기술이다.

세포에서 GFP가 표지된 단백질 발현　이 절에서 고려해야 할 마지막 기술은 세포에서 단백질을 발현시키기 위한 기술이다. 이러한 꼬리표가 달린 단백질의 일반적인 용도 중 하나는 시각화이다. 이는 유전적으로 암호화된 형광 꼬리표뿐만 아니라 녹색형광단백질(GFP) 및 그 변형(24장의 핵심 기술 참조)을 사용하여 가능하다('유전적으로 암호화된'은 형광 꼬리표의 DNA가 단백질의 유전자에 부착될 수 있다는 것을 의미한다. 이 구조의 발현은 꼬리표가 달린 단백질을 생성한다). 표적 단백질의 GFP 꼬리표 버전을 암호화하는 DNA를 클로닝하는 것은 이제 일상적이다. 이러한 단백질은 종종 GFP를 다른 단백질과 융합하기 때문에 번역융합(translational fusion)이라고 한다. 다른 유형의 GFP 구조는 다음 내용에서 학습할 예정이며, 이는 전사 조절을 연구하는 데 유용하다.

다양한 방법으로 연구될 수 있는 단백질-단백질 상호작용

지금까지는 세포에서 개별적인 유형의 단백질을 연구하는 방법을 배웠다. 하지만 이 책을 통해 단백질이 종종 다른 단백질과 결합하여 복잡한 다중단백질 복합체를 형성한다는 것 또한 배웠다. 세포생물학자들은 종종 2개의 단백질이 서로 결합하는지 여부와 각 단백질의 어떤 부분이 결합하는지 알고 싶어 한다. 두 단백질이 결합할 가능성을 분석하는 한 가지 방법은 면역염색이다. 만약 두 단백질이 동시에 같은 위치에 있는 것처럼 보인다면 이는 그들이 실제로 서로 결합할 가능성을 증가시킨다. 그러나 세포생물학자들에게는 '연좌제'만으로는 충분하지는 않다. 단지 두 단백질이 서로 가까이 있는 것처럼 보인다고 해서 그것들이 실제로 서로 직간접적으로 결합한다는 것을 의미하는 것은 아니기 때문이다. 사실 광학현미경은 2개의 단백질이 실제로 결합하는지 결정하기에 충분한 해상도를 제공할 수 없다. 단백질이 물리적으로 상호작용하는지 여부를 결정하기 위해서는 다른 기술이 필요한 것이다.

'풀다운' 및 공동면역침전법　단백질의 친화성 정제는 친화성 꼬리표 또는 항체를 사용하여 수행할 수 있으며, 단백질은 박테리아 발현 시스템에서 발현되어 생화학적 분석을 수행하는 단백질로 대량 생산할 수 있다는 것을 앞에서 이미 배웠다. 이러한 종류의 기술은 또한 2개의 단백질이 결합하는지 또는 그것들이 다중단백질 복합체의 일부인지를 평가하는 데 사용할 수 있다. 어떤 단백질(단백질 A)이 다른 단백질(단백질 B)과 서로 결합하는지 여부를 확인하려고 한다고 가정하자. 단백질 A가 친화성 꼬리표를 가지고 있다면, 그것을 아가로스 구슬에 부착해서 시험관의 완충액에 넣을 수 있다. 그리고 단백질 B를 시험관에 추가하고 원심분리에 의해 구슬을 모은 후 부착된 단백질을 분리하기 위해 가열한다. 그런 다음 단백질 샘플은 단백질을 보기 위해 SDS-PAGE를 거친다. 만약 젤에 단백질 A와 단백질 B가 모두 존재한다면 구슬에 부착된 단백질 A가 단백질 B를 '끌어내린' 것을 나타낸다. **풀다운 분석**(pull-down assay)은 단백질-단백질 결합을 실험하는 일반적인 방법이다.

때때로 2개의 단백질이 직접 결합하지는 않지만 간접적으로 결합하기도 한다. 앞서 배운 또 다른 기술인 면역침강법의 변형이 사용될 수 있다. 가상 단백질인 단백질 A와 단백질 B로 돌아가보자. 이들은 직접 결합하지 않은 큰 복합체의 일부라고 하자. 이제 단백질 A를 인식하는 항체를 가지고 있다고 가정해보겠다. 연구 중인 세포에서 단백질을 분리해 면역침강을 실시하면 단백질 A가 침전되지만, 단백질 A가 일부인 단백질 복합체도 함께 침전된다. 만약 단백질 B가 복합체의 일부라면 그것도 존재할 것이다. 즉 단백질 A와 함께 단백질 B가 침전되었다. 이러한 이유로 이 접근법은 **공동면역침전법**(co-immunoprecipitation, coIP)이라고 한다. 침전된 단백질은 SDS-PAGE를 통해 젤을 염색하고 적절한 크기의 단백질을 찾거나, 침전된 단백질의 웨스턴 흡입법을 수행하여 단백질 B의 존재를 확인할 수 있다.

효모 2종혼성화 시스템 단백질-단백질 상호작용을 연구하기 위한 또 다른 접근법은 유전자 변형 효모를 사용하는 것이다. 전사 활성인자는 전사를 조절할 수 있는 능력을 유도하는 두 가지의 물리적으로 분리된 필수 도메인, 즉 DNA 결합 도메인과 활성화 도메인을 가지고 있다는 것을 기억하라(25장 참조). *Gal4*로 알려진 효모 전사 활성인자의 이 두 영역은 필즈(Stanley Fields)와 동료들이 **상호작용 트랩 분석**(interaction trap assay)이라고도 하는 **효모 2종혼성화 시스템**(yeast two-hybrid system, **그림 17-25**) 기술로 단백질-단백질 상호작용을 연구하기 위해 사용했다. Gal4는 갈락토스 대사효소를 암호화하는 유전자(*Gal1*)의 전사를 활성화한다. 이를 위해 Gal4는 Gal1의 서열인 **상부활성서열**(upstream activating sequence, UAS)에 결합한다. 효모 2종혼성화 시스템 기술의 핵심은 유전공학을 이용하여 Gal4의 DNA 결합 도메인과 활성화 도메인을 암호화하는 DNA를 분리하고, 각 DNA 단편을 다른 플라스미드에 삽입하는 것이 가능하다는 것이다. DNA 결합 도메인을 암호화하는 DNA는 관심 단백질을 암호화하는 DNA 옆에 배치된다. 이러한 구조는 다른 단백질과의 상호작용을 '잡는' 데 사용되기 때문에 **미끼 구조**(bait construct)라고 한다. 별도의 플라스미드는 Gal4의 활성화 도메인을 암호화하는 서열과 미끼 단백질의 상호작용을 실험하고자 하는 단백질을 암호화하는 DNA를 포함한다. 이 구조는 미끼에 의해 '잡히기' 때문에 **먹이 구조**(prey construct)라고 한다.

두 플라스미드는 Gal1의 상부활성서열에 융합된 **리포터 유전자**, 종종 *lacZ* 유전자를 운반하는 효모에 도입된다. 이 유전자가 전사되고 mRNA가 효모에서 번역되면 색 반응을 통해 감지할

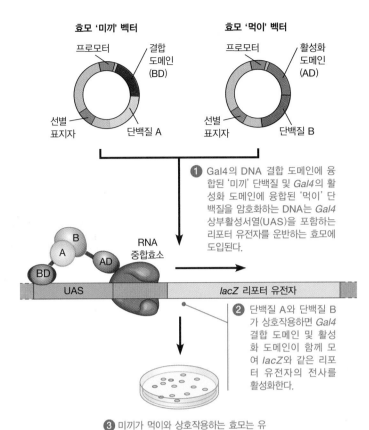

① Gal4의 DNA 결합 도메인에 융합된 '미끼' 단백질 및 *Gal4*의 활성화 도메인에 융합된 '먹이' 단백질을 암호화하는 DNA는 *Gal4* 상부활성서열(UAS)을 포함하는 리포터 유전자를 운반하는 효모에 도입된다.

② 단백질 A와 단백질 B가 상호작용하면 Gal4 결합 도메인 및 활성화 도메인이 함께 모여 *lacZ*와 같은 리포터 유전자의 전사를 활성화한다.

③ 미끼가 먹이와 상호작용하는 효모는 유색 반응을 이용하여 탐지될 수 있다.

그림 17-25 효모 2종혼성화 시스템. 효모 2종혼성화 시스템은 두 가지 다른 재조합 DNA를 사용하여 단백질-단백질 상호작용을 탐지한다. 즉 *Gal4*의 DNA 결합 도메인을 암호화하는 DNA를 관심 단백질(단백질 A)을 암호화하는 DNA에 융합하는 '미끼' 벡터와 Gal4의 활성화 도메인을 암호화하는 DNA를 두 번째 단백질(단백질 B)을 암호화하는 DNA에 융합하는 '먹이' 벡터이다. 단백질이 상호작용하면 리포터 유전자(이 경우 *lacZ*)가 발현된다.

수 있다. 두 플라스미드를 가진 효모는 두 플라스미드에 존재하는 표지자에 의해 선별된다. 효모에서 생성된 미끼 단백질이 먹이 단백질과 결합하면 각 단백질 단편에 부착된 Gal4의 DNA 결합 및 활성화 도메인이 Gal4의 전사 활성을 재구성할 수 있을 정도로 충분히 가까워진다. 이때 미끼 단백질과 먹이 단백질이 서로 결합했다는 것을 나타내는 리포터 유전자가 발현된다.

효모 2종혼성화 시스템은 단백질이 상호작용하는지 여부를 신속하게 평가하는 강력한 방법이다. 만약 미끼 플라스미드 라이브러리가 효모를 형질전환시키는 데 사용된다면 이 방법은 알려진 미끼에 결합하는 알려지지 않은 단백질을 선별하는 데 사용할 수 있다. 게다가 수천 개의 단백질을 사용한 쌍별 검사(pairwise test)도 수행할 수 있고, 개체의 단백질체에 있는 대부분의 단백질 사이의 상호작용 네트워크를 형성하고 **상호작용체**를 결정하기 위해 시각적으로 지도화할 수 있다. 출아 효모에 관한 이러한 연구 결과가 **그림 17-26**에 나와 있다. 이 그림의 점은

그림 17-26 상호작용체의 예시. 출아형 효모 (*Saccharomyces cerevisiae*)에서 단백질-단백질 상호작용에 대한 연구를 시각적 지도로 표시했다. 각 점은 효모에 있는 약 4,500개의 단백질을 나타낸다. 선은 단백질 사이의 상호작용을 나타낸다. 동일한 색상의 점은 표시된 것과 같이 13개의 선택된 세포 과정 중 하나에 관여하는 단백질을 나타낸다.

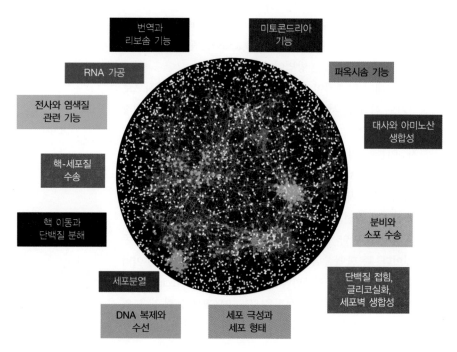

개별 단백질을 나타내며, 서로 상호작용하는 능력에 따라 기능 모듈로 함께 그룹화되었다. 유사한 전유전체 2종혼성화 시스템 (genome-wide two-hybrid screen)이 초파리, 선충, 인간에서 수행되었다. 이러한 대규모 분석에서 얻은 정보는 2개의 단백질이 상호작용한다는 것을 암시할 수 있으며, 이는 더 전통적인 생화학 기술을 사용하여 추적할 수 있다.

다른 기술들은 단백질에서 발견되는 방대한 수의 단백질의 상호작용과 기능적 특성을 연구하는 것을 가능하게 한다. 예를 들어 앞서 논의한 DNA 마이크로어레이와 유사한 단백질 마이크로어레이(또는 단백질 '칩')를 제조할 수 있다. 이러한 단백질 어레이는 주변 용액에 추가된 다른 분자와 결합하는 각 단백질의 능력 등과 같은 다양한 단백질 특성을 연구하는 데 사용할 수 있다.

단백질-단백질 결합의 시각화 두 단백질이 결합하는지 여부를 분석하기 위해 지금까지 논의한 기술은 생화학적(또는 효모 2종혼성화 시스템의 경우 유전적)이다. 하지만 형광현미경의 출현으로 이제 세포에서 단백질이 상호작용하는 장소와 시기를 보기 위해 현미경의 능력을 이용하는 것이 가능해졌다. 여기에는 형광공명 에너지 전달(Förster resonance energy transfer, FRET)과 2분자 형광 보완(bimolecular fluorescence complementation, BiFC)이 포함된다. 이러한 각 기술은 서로 물리적으로 결합할 때만 발생하는 두 단백질 사이의 형광 신호 생성에 의존한다. 이러한 기술은 세포의 동적 단백질 상호작용을 연구하는 흥미로운 새로운 기술의 일부이다.

개념체크 17.3

(1) 노던 흡입법 대 웨스턴 흡입법, (2) 효모 2종혼성화 시스템 대 공동면역침전법에서 사용된 탐침을 기반으로, 각 기술에서 얻을 수 있는 정보의 종류를 각각 비교 및 대조하라.

17.4 유전자 기능의 분석과 조작

재조합 DNA 기술은 세포생물학 분야에 엄청난 영향을 미쳤으며, 유전자와 단백질 제품의 조직, 행동, 조절에 대한 많은 새로운 통찰력을 이끌어냈다. 이러한 발견 중 많은 것은 유전자 서열을 분리하는 강력한 기술이 없었다면 사실상 불가능했을 것이다. 또한 유전자를 조작하는 능력의 급속한 발전은 주로 의학과 농업에서 재조합 DNA 기술을 실용적인 문제에 적용하는 **유전공학**(genetic engineering) 분야를 개척했다. 이 장을 마무리하면서 재조합 DNA 기술의 이러한 실질적인 이점이 보이기 시작하는 몇 가지 영역을 간략하게 검토해보자.

외부 유전자를 세대에 걸쳐 전달할 수 있는 형질전환체

조직 배양은 강력한 기술이며, 이 책을 통해 배양된 세포의 많은 용례에 대해 배웠을 것이다. 하지만 자연에 있는 대부분의 세포는 고립된 상태에서 행동하지 않는다. 예를 들어 생물체의 일부라면 세포는 다른 세포와 상호작용하고, 세포의 기능은 조직의 맥락에서 수행된다. 결과적으로 이러한 다세포, 즉 전체 기관의 맥락에서 유전공학적 단백질을 연구하는 것이 중요하다. 살아있는 개체에서 연구하는 유전공학 단백질은 개체 자체를 유전공학

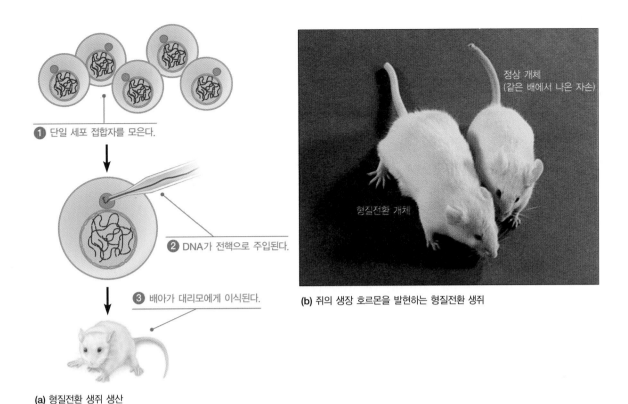

❶ 단일 세포 접합자를 모은다.

❷ DNA가 전핵으로 주입된다.

❸ 배아가 대리모에게 이식된다.

(a) 형질전환 생쥐 생산

정상 개체
(같은 배에서 나온 자손)

형질전환 개체

(b) 쥐의 생장 호르몬을 발현하는 형질전환 생쥐

그림 17-27 생쥐의 유전공학. 수정된 생쥐의 수정란(단세포 접합체)은 DNA와 함께 일반적으로 전핵(정자 또는 난자에서 파생된 핵)에 주입된다. 주입된 접합자는 후속 착상 기간 동안 대리모로 옮겨진다. (b) '슈퍼마우스'(왼쪽)는 유전공학적으로 쥐의 생장 호르몬 유전자를 높은 수준으로 발현하도록 조작되었기 때문에 같은 배에서 나온 다른 자손보다 훨씬 크기가 크다.

적으로 변형해야 외래 DNA 단편이 생식샘(난자와 정자)을 통해 전달되어 다음 세대에 전달될 수 있는 방식으로 개체에 도입될 경우 결과적으로 개체는 **형질전환**(transgenic) 개체라고 하며, 그러한 개체를 만드는 데 사용되는 과정을 **유전자변형**(transgenesis)이라고 한다. 형질전환 개체는 살아있는 동물에서 유전자 발현과 특정 유전자의 기능에 대한 연구하는 실험실에서 매우 유용했다. 형질전환 개체는 농업과 생물의학의 실용적인 응용에도 사용되고 있다.

직접 주입 또는 충격에 의한 유전자변형 형질전환 개체를 생산하는 데 사용되는 기술은 관심 생물에 따라 상당히 다르다. 어떤 경우에는 DNA가 직접 주입될 수 있다. 예를 들어 선충류의 경우 DNA가 생식샘에 주입될 수 있고, 초파리의 경우 난자에 주입될 수 있다. 포유류에서 기본적인 접근법은 원래 팰마이터(Richard Palmiter)와 브린스터(Ralph Brinster)가 개발했는데, 생장 호르몬을 암호화하는 쥐 유전자의 유전공학적 버전을 수정된 생쥐의 난자로 옮겼고, 따라서 세포에 다른 개체의 유전자를 운반하는 형질전환 생쥐를 만들었다(**그림 17-27**). 이러한 실험에서 DNA는 아직 반수체 난자 핵과 융합되지 않은 반수체 정자 핵인 남성 **전핵**(pronucleus)에 주입되었다(그림 17-27a). 주입된 수정란

은 대리모의 생식 기관에 다시 이식되었다. 적어도 한 번의 사례에서 형질전환 생쥐는 그 유전자가 염색체 중 하나에 안정적으로 통합되었음을 암시했고, 유전공학적으로 자손의 약 절반에게 그 유전자를 충실히 전달했다. 결과적으로 '슈퍼마우스'가 탄생했고 그림 17-27b에 나와 있다. 그들은 같은 어미에서 나온 다른 자손보다 몸무게가 2배나 더 나갔다. 이 성과는 포유류에 유전공학을 적용할 수 있는 가능성을 입증했기 때문에 의미 있는 발견으로 여겨졌다.

주입 외에도 DNA를 물리적으로 생물체에 도입하는 다른 방법이 있다. 예를 들어 효모에서 화학물질은 세포벽을 통해 내부로 DNA를 통과하는 것을 쉽게 하기 위해 사용될 수 있다. 또 다른 방법으로 세포벽은 효소에 의해 분해될 수도 있고, 외부 DNA가 결과적으로 다소 연약한 **구상체**(spheroplast)에 도입될 수 있다. DNA는 또한 전류를 통해 많은 세포(식물과 동물)에 도입될 수 있다. 이는 **전기천공법**(electroporation)으로 알려진 기술이다. 선충에서 식물에 이르기까지 많은 경우 DNA로 코팅된 작은 금속 입자가 외래 DNA를 도입하는 데 사용된다. 입자는 **유전자총법 형질전환**(biolistic transformation) 또는 더 구체적으로는 '유전자총(gene gun)'으로 알려진 특수한 기술을 사용하여 고속으로 추진력을 갖게 된다.

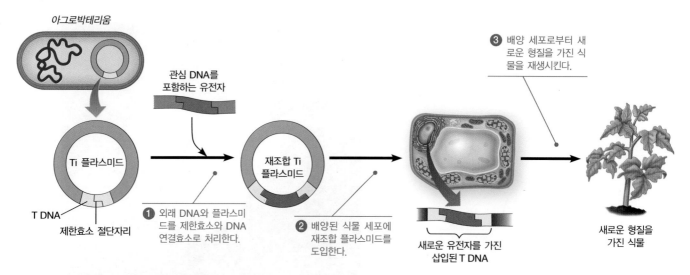

아그로박테리움

관심 DNA를 포함하는 유전자

Ti 플라스미드

재조합 Ti 플라스미드

❸ 배양 세포로부터 새로운 형질을 가진 식물을 재생시킨다.

T DNA

제한효소 절단자리

❶ 외래 DNA와 플라스미드를 제한효소와 DNA 연결효소로 처리한다.

❷ 배양된 식물 세포에 재조합 플라스미드를 도입한다.

새로운 유전자를 가진 삽입된 T DNA

새로운 형질을 가진 식물

그림 17-28 Ti 플라스미드를 사용하여 식물에 유전자 전달하기. 식물에서 대부분의 유전공학은 Ti 플라스미드를 벡터로 사용한다. 관심 유전자를 포함하는 DNA 단편은 플라스미드의 T DNA 영역에 위치한 제한효소 절단자리에 삽입된다. 그다음 재조합 플라스미드는 식물 세포에 도입되어 모든 세포의 유전체에 안정적으로 통합된 재조합 T DNA를 포함하는 새로운 식물을 만들어낸다.

감염에 의한 유전자변형 형질전환 생물체를 만드는 또 다른 매우 일반적인 접근법은 유전자 조작 바이러스나 박테리아를 통한 것이다. 이 접근법은 종종 포유류 세포와 함께 사용되는데, 예를 들어 유전적으로 조작된 레트로바이러스를 사용하는 것이다(레트로바이러스에 대한 내용은 16장 참조). 클로닝된 유전자는 종종 아그로박테리움(*Agrobacterium tumefaciens*)에 의해 운반되는 DNA 분자인 **Ti 플라스미드**(Ti plasmid)에 삽입함으로써 식물로 옮겨진다. 이러한 플라스미드를 사용하여 식물에 유전자를 전달하는 일반적인 접근법이 **그림 17-28**에 요약되어 있다. 자연적으로 이 박테리아에 의한 식물 세포의 감염은 T DNA 영역이라고 불리는 플라스미드 DNA의 작은 영역이 식물 세포 염색체에 DNA를 삽입하게 한다. 삽입된 DNA의 발현은 근두암종(crown gall tumor)이라고 하는 조직의 통제되지 않는 생장을 촉발한다. 실험실에서 종양 형성을 유발하는 DNA 서열은 플라스미드에서 숙주세포 염색체로 DNA 전달 기능은 유지한 채로 Ti 플라스미드에서 제거될 수 있다. 이렇게 변형된 플라스미드에 관심 있는 유전자를 삽입하면 외래 유전자를 식물 세포로 옮길 수 있는 벡터가 생성된다. 재조합 플라스미드가 식물 세포에 들어가면 삽입된 DNA와 함께 T DNA가 식물 유전체에 안정적으로 통합되어 모든 세포분열에서 두 딸세포로 전달된다.

유전자 발현 조절 연구에 유용한 전사 리포터

현대 분자유전학의 주요 목표 중 하나는 특정 유전자의 발현이 어떻게 조절되는지 이해하는 것이다. 이는 여러 방법으로 수행될 수 있으며 전사적 조절은 이 과정에서 중요한 역할을 한다(25장 참조). 인해서는 고등 진핵생물에서 조직 특이적 전사의 조절에 중요하다. 유전자 발현에 중요한 인해서 요소에 대한 정보는 어떻게 얻을 수 있을까? 이와 관련하여 유용한 한 가지 방법은 **전사 리포터**(transcriptional reporter)를 생산하는 형질전환 개체를 사용하는 것이다. 앞서 본 것처럼 GFP와 같은 단백질과 관심 있는 단백질 사이에 융합 단백질을 만들어 어디로 가고 언제 발현되는지를 추적하는 것이 가능하다. 하지만 초기 배아 발달이나 개체의 지속적인 생명과 건강에 절대적으로 필요한 필수 유전자가 어떻게 조절되는지 연구하고 싶다고 가정해보자. 만약 그러한 유전자의 발현을 방해한다면 그것은 개체의 죽음으로 이어질 것이고, 실험은 끝날 것이다. 이러한 경우 전사 리포터는 매우 유용하다. 그러한 리포터 뒤에 숨겨진 아이디어가 **그림 17-29**에 나타나 있다. 전사 리포터를 만들기 위해 유전자의 암호화 영역(즉 그 유전자로부터 정상적으로 생성된 단백질을 암호화하는 부분)을 제거하고, '리포터'의 암호화 영역을 그 자리에 놓는다(그림 17-29a). 그 리포터는 개체에는 무해하지만 착색반응 생성물의 생산이나 GFP 같은 형광단백질에 의해 쉽게 볼 수 있는 단백질을 암호화하기 때문에 그렇게 불린다. 일부 일반적인 리포터는 기질에 작용하여 색을 생성할 수 있는 *lacZ* 유전자(그림 17-29b), β-글루쿠로니데이스 유전자(β-glucuronidase gene, 약칭 GUS; 식물에서 종종 사용된다. 그림 17-29c), GFP(그림 17-29d) 등이다. 그런 다음 유전공학적으로 형질전환 개체를 만들기 위해 정상적인 생물체에 투입된다.

이것이 왜 필요할까? 필수 유전자의 프로모터 또는 다른 조절요소를 변경하는 것은 개체의 죽음을 초래할 수 있지만, 정상적인 유전자의 사본을 유지하는 개체에서 전사 리포터의 발현을 변경하는 것은 무해한 단백질의 변화를 초래할 뿐이다. 정상

진핵세포 유전체의 정상적인 유전자

전사 개시 ➡

DNA

엑손 1　　　엑손 2　　　엑손 3

인트론　　인트론

조절요소　　5′-UTR　　ATG　　　　　　　　　종결코돈　　3′-UTR
　　　　　　　　　　　　(개시)

전사 리포터

DNA

조절요소　　5′-UTR　　ATG　　리포터　　종결코돈　　3′-UTR
　　　　　　　　　　　　(개시)　　(*lacZ, GFP* 등)

(a) 전사 리포터 만들기

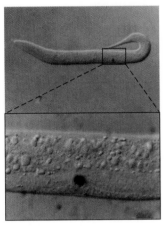

(b) 예쁜꼬마선충에서 *lacZ* 유전자를
발현하는 *Lin-3* 조절서열

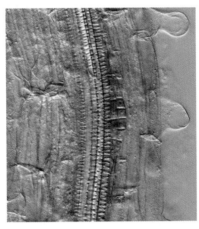

(c) 애기장대에서 β-글루쿠로니데이스 리포터
유전자를 발현하는 *PHABULOSA* 조절서열

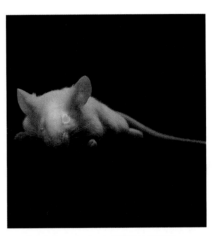

(d) 생쥐에서 *GFP* 리포터 유전자를 발현하는
RHODOPSIN 조절서열

그림 17-29 전사 리포터. (a) 전사 리포터 만들기. 진핵생물 유전자의 암호화 영역은 전사를 볼 수 있는 리포터로 대체된다. 유전자와 관련된 조절요소는 유지된다. 그런 다음 DNA는 형질전환 개체나 세포를 만드는 데 사용된다. (b) β-갈락토시데이스(*lacZ*) 리포터를 발현하는 예쁜꼬마선충, (c) β-글루쿠로니데이스(GUS) 리포터를 발현하는 애기장대 식물, (d) GFP 리포터를 발현하는 생쥐

적인 유전자의 조절요소를 가진 유전자의 이 '대체' 버전을 연구함으로써 유전자의 조절요소를 상세히 분석하는 것이 가능하다. 이 접근법의 유명한 예는 초파리의 *even-skipped* 유전자이다(**그림 17-30**). 전사 조절인자를 암호화하는 이 유전자는 필수적이어서 이 유전자가 없다면 배아는 죽게 된다. 그러나 *even-skipped* 유전자의 인핸서가 제거되었을 때의 리포터의 발현을 관찰함으로써 보통 배아의 신체 축을 따라 발생하는 7개의 줄무늬 형성에 필요한 특정한 인핸서 요소를 동정할 수 있다.

돌연변이 및 녹다운에 의한 유전자의 기능 분석

형질전환 기술을 사용하여 조작된 DNA 단편을 동물에게 추가하는 것은 매우 유용할 수 있지만 관심 있는 유전자를 제거하는 것은 종종 훨씬 더 유용하다. 유전자 기능을 제거하는 것은 여러 단계에서 수행될 수 있다. 유전자 자체의 일부분은 몇 가지 방

법을 사용하여 제거되거나 교체될 수 있다. 다른 접근법은 해당 RNA나 단백질을 대상으로 하기도 한다. 이러한 접근법 중 일부를 논의할 것이다.

틸링에 의한 돌연변이 찾기 관심 유전자의 돌연변이를 동정하는 한 가지 접근법은 틸링(targeted induced local lesions in genome, TILLING)을 통해 확인하는 것이다. 원래 애기장대 식물에서 개발된 틸링은 모집단에서 시작하는 유전자의 특정 돌연변이를 찾는 PCR 기반 전략이다. 돌연변이 유발 화학물질에 노출된 세포 또는 개체 그룹의 PCR 증폭 DNA는 관심 유전자에서 돌연변이가 발생할 때 나오는 부정합 DNA를 발견하기 위해 사용된다. 이는 DNA의 이동 속도의 차이를 감지하기 위해 정교한 형태의 전기 영동을 사용하거나 부정합 DNA를 특별히 절단하는 핵산 분해효소를 사용하여 감지될 수 있다. 일단 돌연변이가 발견되면 그 돌연변이 DNA를 추출한 개체의 형제자매(sibling)는 돌연

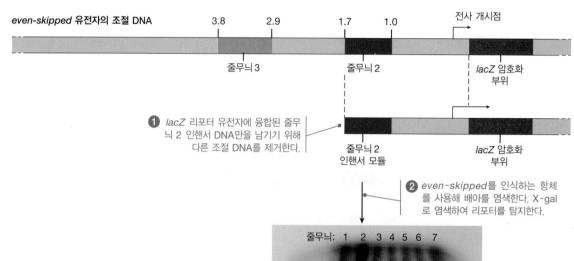

그림 17-30 전사 리포터를 사용한 조절 DNA 기능. 초파리의 *even-skipped* 유전자는 배아 머리부터 꼬리까지 7개의 줄무늬로 발현된다. 정상적인 *even-skipped* 단백질은 면역염색(갈색)을 사용하여 검출할 수 있다. *even-skipped* 조절 DNA의 줄무늬 2 인핸서 영역만을 포함하는 전사 리포터는 줄무늬 2에서만 발현된다. 이 결과는 줄무늬 2 인핸서가 줄무늬 2에서 *even-skipped*의 정상 발현에 기여한다는 것을 보여준다.

결론: 줄무늬 2 인핸서 DNA는 줄무늬 2에서 전사를 활성화하고 줄무늬 2에 특이적으로 작용한다(다른 번호의 줄무늬에는 영향을 주지 않는다).

변이로부터 회복될 수 있다.

상동재조합에 의한 유전자 제거 이 방법은 상동재조합을 사용하여 관심 유전자를 다른 유전자로 대체함으로써 제거하는데, 이 과정은 관심 유전자 측면의 서열과 동일한 서열을 가진 플라스미드를 사용하여 이들 사이에 재조합을 유도함으로써 이루어진다. 이 과정은 효모, 점균류인 *Dictyostelium*, 배아줄기세포에서 잘 작동한다. 이 방법이 배아줄기세포에서 잘 작동하기 때문에 수백 개의 유전자 각각을 결실시킨 **유전자 제거 생쥐**(knockout mice)의 변종을 만드는 데 사용되었고, 생쥐의 대략 25,000개의 유전자마다 유전자 제거 변종을 만드는 노력이 진행 중이다. 2007년에 카페키(Mario Capecchi), 스미시스(Oliver Smithies), 에반스(Martin Evans)는 유전자 제거 생쥐를 가능하게 한 선구적인 노력을 인정받아 노벨상을 수상했다.

유전자 제거 생쥐를 생산하는 전통적인 방법은 **그림 17-31**에 나와 있다. ❶ 첫 번째 단계는 표적 유전자 및 그 측면 배열과 유사하지만 두 가지 중요한 변형을 가진 인공 DNA를 합성하는 것이다. 첫째, 항생제 내성 유전자(예: 네오마이신에 내성을 부여하는 유전자)가 표적 유전자 서열의 중간에 삽입된다. 이는 동시에 유전자의 조작된 사본이 작용하지 못하도록 만들고 또한 DNA를 운반하는 세포가 항생제가 있는 상태에서 생존할 수 있게 한다. 둘째, 바이러스 효소인 티미딘 인산화효소(thymidine kinase)를 암호화하는 DNA가 끝에 부착된다. 만약 이 DNA가 세포에 존재한다면 항바이러스제[(예: 간시클로버(ganciclovir)]의 존재하에서 죽게 될 것이다. ❷ 그리고 나서 이 DNA는 성체

생쥐의 모든 세포 유형으로 분화할 수 있는 생쥐 **배아줄기세포**(ES 세포)에 도입된다. 매우 드문 경우에 DNA는 핵에 들어가고 상동재조합 기반 DNA 수선 메커니즘을 사용하여 인공 DNA는 표적 유전자 측면에 있는 상보적인 서열과 정렬된다. 그리고 상동재조합은 표적 유전자를 작용하지 않는 사본으로 대체한다. 상동재조합이 발생하는 경우에만 조작된 DNA에서 티미딘 인산화효소 유전자가 제거되고 배아줄기세포의 핵산분해효소에 의해 분해된다. 이 경우 ❸ 세포는 항생제가 있는 상태에서 생존할 것이지만, ❹ 항바이러스제에 민감하지 않을 것이다. ❺ 이 2중 약물 선별을 사용하여 확인된 상동재조합 세포는 생쥐 배아에 도입되고, 생쥐 배아는 관심 유전자가 비활성화(제거)된 조직을 포함하는 성체 생쥐로 발달한다. ❻ 그러한 동물을 교배시키면 결국 표적 유전자의 두 사본(각각의 염색체에 하나씩)이 모든 조직에서 제거된 순수 유전자 제거 생쥐가 생성된다. 유전자 제거 생쥐는 과학자들이 특정 유전자가 파괴되었을 때 어떤 일이 일어나는지 연구할 수 있도록 함으로써 암, 비만, 심장질환, 당뇨병, 관절염, 노화를 포함한 많은 인간 질병에서 개별 유전자가 하는 역할을 밝혀냈다.

어떤 경우에는 동형접합 유전자 제거 생쥐가 출생까지 생존할 수 없기도 하다. 이는 표적 유전자가 주요 발생 시기에 필수적일 때 나타나는 현상이다. 이러한 배아 사망 발생은 조건부 유전자 제거 생쥐를 만드는 유전공학의 발전으로 이어졌다. 이 생쥐들에서 특수한 재조합 자리는 표적이 될 유전자의 양쪽에 삽입된다. 그런 다음 특정 재조합 효소가 하나의 세포 또는 조직에서만

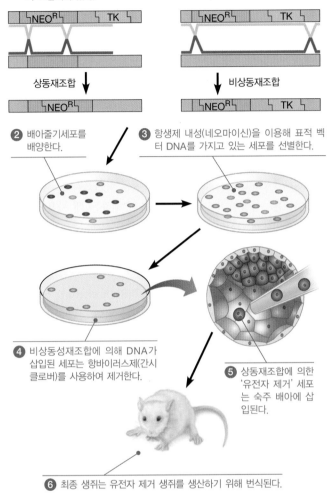

❶ DNA를 배아줄기세포에 도입한다. DNA에는 관심 유전자의 작용하지 않는 사본, 항생제 내성 유전자(NEOᴿ), 바이러스 효소(TK)를 암호화하는 유전자가 포함되어 있다.

상동재조합

비상동재조합

❷ 배아줄기세포를 배양한다.

❸ 항생제 내성(네오마이신)을 이용해 표적 벡터 DNA를 가지고 있는 세포를 선별한다.

❹ 비상동성재조합에 의해 DNA가 삽입된 세포는 항바이러스제(간시클로버)를 사용하여 제거한다.

❺ 상동재조합에 의한 '유전자 제거' 세포는 숙주 배아에 삽입된다.

❻ 최종 생쥐는 유전자 제거 생쥐를 생산하기 위해 번식된다.

그림 17-31 상동재조합에 의한 '유전자 제거' 생쥐 만들기. 유전자 제거 생쥐의 생산은 표적 유전자의 파괴를 포함한다. 배아줄기세포(ES 세포)에서 상동재조합 과정을 통해 이 표적 유전자의 일부(또는 전부)는 약물 내성 카세트로 대체된다. 모식도는 이 과정의 자세한 단계를 보여준다.

발현되도록 도입된다. 이는 재조합효소를 발현하는 세포 또는 조직 유형에서만 표적 유전자가 제거되도록 한다. 따라서 표적이 되는 유전자가 연구 대상인 세포 또는 조직 유형에서 필수적이지 않다면 유전자 제거 생쥐가 태어날 것이다. 오늘날 기존의 유전자 제거 생쥐와 조건부 유전자 제거 생쥐는 모두 CRISPR/Cas 시스템을 사용하여 편집된 생쥐로 대체되었다(다음 내용 참조). 이러한 새로운 유전체 편집 기술은 이전 방법보다 더 빠르고, 더 저렴하며, 더 신뢰할 수 있다.

유전자 제거 기술은 이제 생쥐 외에도 다른 포유류까지 확장되었다. 이 기술의 한 가지 용도는 이종 간 이식(xenotransplantation), 즉 한 종에서 다른 종으로 조직을 이식하는 것과 관련이 있다. 돼지는 이식을 기다리는 인간 환자에게 임시 장

기의 공급원을 제공하기 위한 연구에서 각광받고 있다. 면역 거부 반응을 피하기 위해 α-1,3-갈락토실 전달효소(α-1,3-galactosyltransferase)라고 불리는 핵심 효소가 결실된 돼지가 생산되었는데, 이 효소는 면역반응에 기여하는 세포 표면에 당 잔류물을 추가하는 것을 촉매한다.

유전체 편집 상동재조합을 통한 유전자 제거는 유전자 삭제 및 대체를 위한 강력한 기술이지만, 대부분의 기술적 이유로 이 접근법은 선택된 개체에서만 효율적이다. 새로운 기술로 인해 세포생물학자들은 세포나 개체의 유전체를 바꿀 수 있을 것이다. 종합적으로 이러한 기술은 **유전체 편집**(genome editing)의 개념을 포함한다. 이 모든 경우에 특정 서열은 유전체의 특정 자리로 분자 복합체를 표적하는 데 사용되며, 여기서 유전체 DNA는 직접적으로 변경된다. 이는 의도적으로 2중가닥 절단(double-stranded break, DSB)을 유도하며, 이는 비상동말단결합(nonhomologous end-joining, NHEJ)에 의해 수선되거나(22장 참조) 상동 서열이 제공되는 경우 상동성 수선에 의해 복구된다. 그 결과 대부분의 유전체 DNA를 제거하거나 정상 DNA를 다른 염기서열로 대체할 수 있다. 만약 이러한 변화가 생식샘에서 일어난다면 다음 세대로 전달될 수 있다.

두 가지 유전체 편집 기술이 특히 유명하다. 첫 번째는 TALEN (transcriptional activator-like effector nuclease)이라고 불리는 특별한 종류의 '설계자'인데, 이는 알려진 DNA 결합 특이성을 가진 박테리아 핵산분해효소인 아연집게 핵산가수분해효소(zinc finger nuclease)를 기반으로 한다. TALEN을 암호화하는 DNA는 관심 유전자에 포함된 서열에 결합할 효소를 암호화하도록 설계될 수 있다. TALEN DNA(또는 때때로 시험관에서 만들어진 RNA)가 개체에 도입될 때 설계자 단백질이 만들어지고, 관심 유전자의 2중가닥 절단을 야기한다. 그런 다음 2중가닥 절단이 복구되면서 유전자에 변형이 일어난다.

두 번째 유전체 편집 기술은 박테리아 CRISPR/Cas 시스템을 적용한 것이다(22장의 핵심 기술과 25장 참조). CRISPR 경로는 기본적으로 박테리아의 면역 체계처럼 작동한다는 것을 기억하자. 이전 바이러스 감염으로 인해 획득된 CRISPR 유전자 자리의 짧은 DNA 스페이서 서열은 크리스퍼 RNA(crRNA)를 만드는 데 사용되며, 그런 다음 바이러스 DNA에서 일치하는 서열을 찾는다. 분자생물학적 응용에 사용되는 CRISPR 시스템에서 crRNA 는 트랜스 활성화 crRNA(trans-activating crRNA, tracrRNA) 및 CRISPR 관련(CRISPR-associated, Cas) 단백질 Cas9과 함께 작용하여 외래 DNA에 2중가닥 절단을 도입한다. 분자생물학 응용 분야에서 가이드 RNA(guide RNA, gRNA)를 암호화하는 인공적 CRISPR 서열은 Cas9를 암호화하는 DNA와 함께 세포에 도입되

는데, 이 둘은 때때로 하나의 DNA 클론으로 만들어서 사용하기도 한다. 이는 CRISPR 클론에 포함된 서열에 해당하는 유전체 DNA의 절단으로 이어진다(그림 1-9 참조).

RNA나 단백질 수준에서의 유전자 녹다운 상동재조합에 의한 유전자 녹다운을 생성하고 유전체 편집에 의한 유전자의 변화를 도입하는 것은 표적 유전자 파괴(targeted gene disruption)의 예이다. 표적 유전자 파괴는 관심 유전자와 관련된 DNA를 대체하거나 제거하면서 염색체의 DNA 수준에서 작용한다. 혼란스러울 수 있지만 세포생물학자들은 일반적으로 유전자에 해당하는 mRNA 또는 단백질의 수준을 의도적으로 감소시키는 접근법을 유전자 '녹다운'이라고 언급한다. 이러한 접근법은 관심 유전자와 관련된 mRNA 및/또는 단백질의 수준을 감소시키기 때문이다. 핵심적인 녹다운 접근법 중 하나는 세포에 2중가닥 RNA를 도입하여 RNA 매개 간섭(RNA-mediated interference, RNAi)을 초래하는 것이다(25장의 핵심 기술 참조).

RNAi가 매우 강력하더라도 개구리, 제브라피시, 성게 같은 일부 생물체에서는 강력한 RNAi 반응을 허용할 수 있는 정확한 유형이나 충분한 양의 확실한 아르고노트를 생산하지 못하기 때문에 잘 작동하지 않는 것으로 보인다(25장 참조). 이러한 개체에서 대안적인 접근법은 화학적으로 변형된 뉴클레오타이드를 사용하여 모폴리노 안티센스 올리고뉴클레오타이드(morpholino antisense oligonucleotide) 또는 모폴리노(morpholino)로 구성된 핵산을 만드는 것이다. 이러한 분자는 상보적인 RNA 서열에 결합하여 RNA와 관련된 정상적인 분자의 기능을 차단한다. 예를 들어 일부 모폴리노는 1차 RNA 전사체의 스플라이스 자리를 목표로 할 수 있다. 그 결과 스플라이싱 기구가 스플라이싱 부위에 접근할 수 없어 단백질을 암호화할 수 없는 RNA가 생성된다. 다른 형태들은 mRNA에서 번역 시작 부위의 상부에 결합하고 번역을 차단하기도 한다.

획득이 어려운 가치 있는 단백질을 생산할 수 있는 유전공학

기초 세포생물학자들에게 지금까지 논의된 많은 기술은 특정 유전자 생성물과 관련된 세포의 기능을 교란시키는 데 매우 유용하다. 하지만 분자 기술은 또한 사회에 이익을 주기 위해 세포나 개체를 의도적으로 조작하는 데 이용될 수 있다. 재조합 DNA 기술에서 나타나는 한 가지 실질적인 이점은 전통적인 방법으로 얻기 어려운 의학적으로 유용한 단백질을 암호화하는 유전자를 클로닝하는 능력이다. 유전공학에 의해 생산된 최초 단백질 중에는 인간의 인슐린이 있는데, 이것은 미국에서 당뇨병을 가진 약 700만 명의 사람들이 질병을 치료하기 위해 사용한다. 사람의 혈액이나 이자 조직으로부터 정제된 인슐린의 공급은 극도

로 부족하다. 그래서 수년 동안 당뇨병 환자들을 돼지와 소로부터 얻은 인슐린으로 치료했는데, 이는 일부 개인들에게 면역반응을 일으킬 수 있다. 오늘날에는 인간의 인슐린 유전자를 포함하는 유전자 조작 박테리아로부터 인간의 인슐린을 생산하는 몇 가지 방법이 있다. 결과적으로 당뇨병이 있는 사람들은 인간의 이자에서 생산되는 인슐린과 동일한 인슐린 분자로 치료받을 수 있다.

인슐린과 마찬가지로 한때 충분한 양을 얻기 어려웠던 다양한 다른 의학적으로 중요한 단백질이 이제 재조합 DNA 기술을 사용하여 생산된다. 이 범주에는 혈우병 치료에 필요한 혈액 응고 인자(blood-clotting factor), 왜소증 치료에 사용되는 뇌하수체 생장 호르몬, 심장마비 환자의 혈전을 용해하는 데 사용되는 조직 플라스미노겐 활성화제(tissue plasminogen activator, TPA), 빈혈 환자의 적혈구 생성을 자극하는 데 사용되는 에리트로포이에틴(erythropoietin), 특정한 종류의 암을 치료하는 데 사용되는 종양괴사인자(tumor necrosis factor), 인터페론(interferon), 인터류킨(interleukin) 등이 있다. 이러한 단백질을 천연 공급원으로부터 분리하고 정제하는 전통적인 방법은 상당히 번거롭고 아주 적은 양의 단백질만 생산하는 경향이 있다. 이 단백질의 유전자가 박테리아와 효모에서 클로닝되었으므로 많은 양의 단백질이 합리적인 비용으로 실험실에서 생산될 수 있다.

동물에서 유전공학의 한 가지 목표는 의학적으로 중요한 인간 단백질(예: 암컷 포유동물의 우유)을 합성할 수 있는 가축을 생산하여 쉽게 정제할 수 있게 하는 것이다. 또 다른 것은 식량으로 사용할 수 있는 가축을 생산하는 것이다. 농작물과 관련하여 다음 절에서는 식용으로 재배되는 유전자 변형 동물과 관련된 문제를 고려해보자.

유전적 변형 식량

Ti 플라스미드를 사용하여 식물에 새로운 유전자를 삽입하는 능력은 과학자들로 하여금 다양하고 새로운 특성을 보여주는 유전자 변형 작물(genetically modified, GM)을 만들 수 있게 했다. 예를 들어 식물은 토양 박테리아 *Bacillus thuringiensis*(Bt)로부터 클로닝된 유전자를 도입함으로써 해충의 손상에 보다 저항적으로 만들 수 있다. 이 *Bt* 유전자는 특정 해충, 특히 식물잎을 씹어서 농작물에 피해를 주는 애벌레와 딱정벌레에게 독성이 있는 단백질을 암호화한다. 면화와 옥수수 같은 식물에 *Bt* 유전자를 넣는 것은 농부들이 해충을 통제하기 위해 사용하는 위험한 살충제를 제한할 수 있게 했고, 농작물 수확량을 개선했으며, 야생동물이 농작물 밭으로 다시 돌아오게 했다. 잡초를 죽이는 제초제에 저항하도록 조작된 농작물도 마찬가지로 독성 화학물질을 덜 사용하게 하고 더 높은 수확량을 보인다.

최근에 농작물 해충을 퇴치하기 위한 또 다른 전략이 연구되고 있다. 과학자들은 식물 엽록체가 기다란 2중가닥 RNA를 발현하도록 조작했다. 콜로라도감자잎벌레의 애벌레가 단백질 *β*-액틴의 mRNA에 대한 dsRNA를 발현하는 감자 식물의 잎을 먹으면 dsRNA는 애벌레의 중간 장세포에 흡수되어 죽게 된다.

유전자 변형의 또 다른 목표는 음식의 영양적 가치를 향상하는 것이다. 예를 들어 세계에서 가장 흔한 음식 공급원인 쌀을 생각해보자. 현재 30억 명 이상의 사람들이 매일 쌀을 먹고 있기 때문에 쌀에 필수 영양소와 비타민을 보강하는 것은 수백만 명에게 이익이 될 수 있다. 한 예로 비타민 A의 전구체인 *β*-카로틴 합성에 필요한 유전자는 2001년에 유전공학적으로 조작되어 쌀로 만들어졌고, 그러한 쌀의 *β*-카로틴 함량은 몇 년 후에 20배 이상 증가했다. *β*-카로틴이 주는 색 때문에 '황금쌀'이라고 불리는 이 결과물은 현재 수백만 명의 어린이에게 실명과 질병을 유발하는 비타민 A 결핍을 완화할 수 있는 잠재력을 가지고 있다 (**그림 17-32**).

유전자 조작 농작물의 보급이 증가하면서 일부 사람들은 특히 유전자가 전통적인 사육 기술로는 넘을 수 없는 종의 장벽을 넘을 수 있기 때문에 이 기술과 관련된 위험에 대해 우려를 표명한다. 먹는 것에 대한 독성과 알레르기 반응이 심각할 수 있고 심지어 생명을 위협할 수 있다는 사실이 잘 알려져 있기 때문에 소비자의 주요 관심사는 안전이었다. 지금까지 유전자 변형 식물은 기존의 식물 육종을 통해 발생하는 것보다 알레르기 위험이 크지 않기에, 이는 이미 농작물의 유전자 구성에 큰 변화를 일으켰다.

유전자 변형 작물이 환경 위험을 일으킬 수 있다는 가능성도 제기되었다. 1999년 연구실 실험에서 과학자들은 왕나비 유충

그림 17-32 '황금쌀'의 들판. 이 쌀 작물은 유전공학적으로 *β*-카로틴을 일반 쌀보다 훨씬 많이 함유하도록 설계되어 황금빛을 띤다. *β*-카로틴은 비타민 A의 전구체이므로, 이 쌀은 실명이나 비타민 A 부족과 관련된 질병을 예방하는 데 도움을 줄 수 있다.

이 *Bt* 유전자를 포함한 유전자 변형 옥수수의 꽃가루를 뿌린 잎을 먹고 죽었다고 보고했다. 이러한 관찰은 유전자 변형 식물에서 생산된 *Bt* 독소가 친근한 곤충들에게 해를 끼칠 수 있다는 두려움으로 이어졌다. 하지만 실험실 작업대는 농장이 아니며, 초기 연구는 왕나비 애벌레가 실제보다 훨씬 더 많은 *Bt* 독소를 섭취하는 인공적인 실험 조건에서 수행되었다. 유전자 조작 농작물이 포함된 농장에서 수집된 후속 데이터는 실제 조건에서 마주치는 *Bt* 옥수수 꽃가루의 양이 왕나비에게 큰 위험이 되지 않는다는 것을 시사한다.

잠재적 위험에 대한 당연한 우려에도 불구하고 유전자 변형은 지금까지 인간의 건강이나 환경에 대한 중요한 위험의 증거를 거의 드러내지 않았다. 물론 완전히 위험이 없는 신기술은 없기 때문에 유전자 변형 작물의 안전성과 환경 영향을 지속적으로 평가해야 할 것이다. 동시에 유전자 조작 농작물은 살충제 사용을 줄여주었고, 개발도상국의 기아와 질병과의 싸움에 특별한 기여를 한 것 또한 사실이다.

인간 질병 치유를 위한 유전자 치료의 개발

인간은 결함이 있고 질병을 유발하는 유전자를 가진 사람들에게 정상적이고 기능적인 유전자 사본을 이식함으로써 치료될 수 있는 많은 질병으로 고통받고 있다. 유사한 실험과 함께 유전자 변형 및 유전자 제거 생쥐의 성공은 유전자 이식 기술이 결국 인간의 결함 있는 유전자를 복구하는 문제에 적용될 수 있을지에 대한 의문을 제기한다. 유전자 치료(gene therapy)라고 불리는 이러한 접근법의 명백한 후보는 유전적 질병인 낭포성 섬유증, 혈우병, 고콜레스테롤혈증, 헤모글로빈 장애, 근이영양증, 라이소솜 저장질환, 중증 복합면역결핍증(severe combined immunodeficiency, SCID)이라고 불리는 면역장애를 포함한다.

유전자 치료법을 사용하여 처음 치료를 받은 사람은 아데노신 탈아미노효소(adenosine deaminase, ADA)를 암호화하는 유전자의 결함으로 인한 SCID 유형의 4세 소녀였다. ADA 활성의 손실은 T 림프구라고 불리는 충분한 수의 면역세포를 생산하지 못하게 한다. 결과적으로 그 소녀는 빈번하고 잠재적으로 생명을 위협하는 감염으로 고통받았다. 1990년에 그녀는 복제된 ADA 유전자의 정상적인 사본을 바이러스에 삽입하고, 바이러스를 사용하여 소녀의 혈액에서 얻은 T 림프구를 감염시킨 다음 림프구를 혈류로 다시 주입하는 일련의 치료를 받았다. 면역 기능의 상당한 향상이 있었음에도 불구하고 시간이 지남에 따라 효과가 감소했다. 이러한 치료는 대부분의 SCID 환자에게는 도움이 되지 않는 것으로 나타났다.

이러한 선구적인 연구 이후 수년간 복제된 유전자를 표적 세포로 전달하고 유전자가 적절하게 작용하도록 하는 더 나은 기

술을 개발하는 데 상당한 진전이 이루어졌다. 2000년에 프랑스 과학자들은 마침내 SCID(결함이 있는 ADA 유전자가 아닌 결함이 있는 수용체 유전자에 의해 야기되는 특히 심각한 형태의 SCID)를 가진 어린이들을 위한 성공적인 치료법을 보고했다. 복제된 유전자를 옮기는 데 더 효율적인 바이러스를 사용하고 유전자 전달 과정 동안 세포를 배양하기 위한 더 나은 조건을 고안함으로써, 이 과학자들은 치료를 받은 아이들에게 정상적인 수준의 면역 기능을 회복시킬 수 있었다. 사실 결과가 너무 극적이어서 처음 치료를 받은 아이들은 감염에서 보호하기 위해 병원에서 사용되었던 보호격리 공간을 떠날 수 있었다.

그래서 초기 연구에서 치료를 받은 10명의 어린이 중 3명이 몇 년 후 백혈병에 걸렸을 때는 큰 실망을 안겨주었다. 백혈병 세포의 검사는 교정 유전자를 전달하는 데 사용되는 바이러스가 때때로 비정상적으로 발현될 경우 암을 유발할 수 있는 정상적인 유전자 옆에 삽입된다는 것을 밝혔다(삽입 돌연변이 유발이라고 불리는 그러한 사건이 암 발병을 어떻게 시작할 수 있는지에 대한 내용은 21장 참조). 그러한 치료법이 실용화되기 전에 관련된 암 위험을 더 잘 이해해야 한다.

암 위험 문제를 해결하기 위한 한 가지 전략은 유전자를 표적 세포로 옮기는 데 사용되는 바이러스의 유형을 바꾸는 것이다. SCID 연구는 염색체 DNA에 무작위로 자신을 삽입하고 인접한 숙주 유전자를 의도치 않게 활성화하는 서열을 가진 레트로바이러스를 사용한다. 유전자 치료를 위한 매개체로 조사되는 또 다른 유형의 바이러스는 *AAV*(adeno-associated virus)라고 불리며, 염색체 DNA에 직접적으로 삽입될 가능성이 낮고, 삽입될 때 숙주 유전자를 부주의하게 활성화할 가능성이 낮다. 유전자 전달을 위한 AAV 벡터[럭스터나(Luxturna)]를 활용한 최초의 유전자 치료는 희귀한 유전성 실명의 치료를 위해 2017년에 FDA의 승인을 받았다.

유전자 치료에 DNA를 사용하는 것의 어려움이 따르자 어떤 사람들은 대안으로 RNA 기반 분자 치료법으로 눈을 돌리고 있다. 이러한 치료법은 RNA 매개 간섭(RNAi)을 이용한다. 짧은 머리핀 RNA(shRNA)를 암호화하는 DNA는 다른 DNA와 유사한 방식으로 전달될 수 있지만 비슷한 기술적 과제에 직면한다. 대신 일부 치료법은 짧은 간섭 RNA(*siRNA*, 25장의 핵심 기술 참조)를 직접 전달하려고 시도하고 있다. 2중가닥 RNA의 도입은 인간 환자에게 선천적인 면역반응(항체 생산을 포함하지 않는 대체 면역반응)을 유발하기 때문에 환자의 면역 시스템 감지를 피하기 위해 siRNA를 포장해야 한다. 유망한 포장 방법에는 콜레스테롤 또는 지질 기반 운반체 또는 세포에 의해 섭취되는 '나노 입자'를 들 수 있다.

가장 최근에는 이 장 앞부분에서 언급한 CRISPR/Cas9 시스템

같은 유전체 편집 기술과 유도만능줄기세포(iPS 세포, 25장 참조)를 결합하여 iPS 세포에서 결함이 있는 유전자를 직접 복구하는 능력에 대한 큰 성과를 이끌어냈다. 일단 수선이 되면 iPS 세포는 분화되어 환자에게 다시 도입될 수 있다.

유전자 치료의 엄청난 잠재력이 1980년대 초에 처음 공개된 이래로, 이 분야는 너무 많은 것을 약속하고 너무 적은 것을 전달한다는 비판을 받아왔다. 하지만 대부분의 신기술은 완성되는 데 시간이 걸리고 그 과정에서 실망을 겪게 되며, 유전자 치료도 예외는 아니었다. 이러한 좌절에도 불구하고 유전적 질병을 치료하기 위해 정상적인 유전자를 사용하는 것은 적어도 단일 유전자 결함을 포함하는 몇몇 유전자 질병에 대해 언젠가는 일반적으로 치료될 수 있는 도달 가능한 목표인 것처럼 보인다. 물론 사람들의 유전자를 바꿀 수 있는 능력은 중요한 윤리적, 안전 및 법적 문제를 제기한다.

윤리적 쟁점 인간 유전체에 대한 지식이 상세해지고 포유류의 생식세포를 바꾸는 것이 가능해짐에 따라 재조합 DNA 기술로 사람의 유전자를 변경할 가능성도 높아졌다. 신체 조직의 오작동을 고치는 것뿐만 아니라 정자와 난자의 유전자를 바꾸는 것도 가능하다. 따라서 미래 세대의 유전자 구성을 변화시킬 수 있다. 2018년에 한 중국 과학자가 쌍둥이 소녀의 유전체를 바꾸기 위해 CRISPR를 사용했다는 충격적인 발표를 했다. 이 소식으로 인해 전 세계 과학계와 의료계의 보편적인 반발이 일어났고 그는 '불법 의료행위'로 징역 3년형을 선고받았으며, 세계보건기구(WHO)는 전문가 패널을 설립하고 인간 유전체 편집 기술을 감독하기 위한 별도의 국제위원회를 구성하게 되었다. 잠재적으로 해로운 유전자를 동정할 수 있다는 것은 윤리적인 우려를 불러일으킨다. 왜냐하면 우리 모두는 우리를 위험에 빠뜨리는 수십 개의 유전자를 가지고 있을 가능성이 높기 때문이다. 이러한 정보는 보험회사, 고용주, 정부 기관에 의한 개인 또는 집단에서 유전자 차별로 오용될 수 있다. 사회가 인간 유전체를 바꿀 수 있는 힘을 어떻게 통제할 것인지에 대한 궁극적인 질문은 과학자와 의사뿐만 아니라 사회 전체가 철저히 논의해야 할 문제이다.

개념체크 17.4

이제 많은 인간 단백질이 생명공학과 생체의학 분야에서 대장균에 의해 생산되고 있다. 그러나 단순히 인간의 유전자를 대장균에 넣는 일은 아닐 것이다. 생명공학회사에서 새롭게 일자리를 얻은 당신은 대장균에서 인간 단백질을 생산하고 싶다. 그렇게 하기 위해서는 어떤 단계를 거쳐야 하는가? 앞서 배운 단백질이 생성되는 방법에 기초할 때 생산된 단백질에 어떤 제한점이 있을 것이라고 예상하는가?

요약

17.1 DNA 분석, 조작, 클로닝

- DNA는 전기영동을 통해 크기별로 분리할 수 있으며, 특정 DNA 단편은 제한효소를 사용하거나 서던 흡입법을 사용하여 DNA 혼합물을 조사하여 동정할 수 있다.
- 재조합 DNA 기술은 중합효소 연쇄반응(PCR)으로 생성된 DNA를 포함하여 2개 이상의 공급원을 가진 DNA를 단일 DNA 분자로 결합하는 것을 가능하게 한다.
- 관심 있는 DNA를 플라스미드 또는 파지 클로닝 벡터와 결합하면 박테리아 세포에서 유전자를 복제(증폭)할 수 있다. 더 큰 DNA 단편은 인공염색체를 포함한 다른 벡터에 삽입될 수 있다.

17.2 유전체 염기서열 분석

- 생어(다이디옥시) 사슬 종결 기술의 변형을 포함하여 DNA의 신속한 염기서열 분석을 위한 기술이 존재한다.
- 신속한 차세대 및 3세대 DNA 염기서열 분석 방법과 컴퓨터 기술의 발전은 인간을 포함한 수천 종 생물체의 전유전체의 염기서열 분석, 조립, 해석을 가능하게 했다. 온라인 데이터베이스와 소프트웨어 도구는 연구자들이 수집 중인 방대한 양의 DNA와 단백질 서열 데이터를 분류하는 데 도움이 된다. 생물정보학과 비교유전체학은 많은 생물체 사이에서 단백질 암호화 서열 및 다른 DNA 서열을 비교할 수 있게 하여 계통발생학적 분석을 돕는다.
- DNA 다형성(SNP 및 RFLP 포함) 및 가변직렬반복(VNTR)의 변형은 인간 개인의 유전자형을 동정하는 데 유용하다.

17.3 RNA와 단백질 분석

- RNA의 발현은 노던 흡입법, 제자리혼성화, RT(역전사효소)-PCR을 사용하여 분석할 수 있다. DNA 마이크로어레이와 RNAseq을 사용하여 많은 유전자의 발현을 동시에 분석할 수 있다.
- 단백질은 SDS-PAGE 및 2D 젤 전기영동을 사용하여 분리할 수 있다. 항체는 웨스턴 흡입법을 사용하여 전기영동 후 특정 단백질을 동정하는 데 사용될 수 있다. 단클론항체는 단백질의 특정 부분에 매우 특이적이며 재생산이 가능하다. 다클론항체는 일반적으로 단백질을 따라 더 많은 부위를 인식하지만 재생산이 불가능하다.
- 단백질은 다양한 유형의 크로마토그래피, 항체를 사용한 친화성 정제, 질량분석기를 사용한 전하 및 질량에 기초하여 분리될 수 있다.
- 단백질은 분자생물학의 도구를 사용하여 단백질을 정제하고 시각화하는 데 도움이 되도록 꼬리표를 붙이는 것을 포함하여 다양한 방법으로 단백질을 유전공학적으로 변형하여 연구할 수 있다.
- 단백질-단백질 상호작용은 효모 2종혼성화 시스템, 풀다운 분석, 공동면역침전법을 사용하여 연구할 수 있다.

17.4 유전자 기능의 분석과 조작

- 형질전환 개체는 생식세포로 전달되는 재조합 DNA를 통해 만들 수 있다. 전사 리포터는 유전자 발현 조절을 연구하는 데 사용할 수 있다.
- 특정 유전자의 역할은 상동재조합 또는 유전체 편집에 의한 유전자 제거/교체를 통해 연구할 수 있다. 유전자 녹다운은 RNAi 또는 RNA/단백질 수준의 모폴리노를 사용하여 수행할 수 있다.
- 재조합 DNA 기술은 의학과 농업에서 많은 실용적인 응용을 보여준다. 이는 다른 방법으로는 얻기 어려운 귀중한 단백질을 생산하는 능력과 식량 작물의 특성을 향상시키는 능력을 포함한다. 인간의 질병을 치료하기 위한 유전자 치료법을 개발하려는 시도도 진행 중이다.

연습문제

17-1 양적 분석 DNA의 제한효소지도. 새로 발견된 박테리오파지의 유전체는 길이가 10,500뉴클레오타이드쌍인 선형 DNA 분자이다. 이 DNA의 한 샘플은 제한효소 X로 처리되었고 다른 샘플은 제한효소 Y로 처리되었다. 두 효소에 의해 생성된 제한효소단편의 길이(kb)는 젤 전기영동에 의해 다음과 같이 결정되었다.

효소 X: 단편 X1 = 4.5, X2 = 3.6, X3 = 2.4
효소 Y: 단편 Y1 = 5.2, Y2 = 3.8, Y3 = 1.5

다음으로 효소 X 반응의 단편들은 분리되어 효소 Y로 처리되고, 효소 Y 반응의 단편들은 효소 X로 처리되었다. 그 결과는 다음과 같다.

Y로 처리된 X 단편: X1 → 4.5(표준)

X2 → 2.1 + 1.5

X3 → 1.7 + 0.7

X로 처리된 Y 단편: Y1 → 4.5 + 0.7

Y2 → 2.1 + 1.7

Y3 → 1.5(표준)

모든 효소 X 및 효소 Y 제한효소 절단자리의 위치와 그들 사이의 DNA 길이를 나타내는 파지 DNA의 제한효소지도를 그려라.

17-2 제한된 사용. 분자생물학에 사용되는 플라스미드 벡터가 공학적일 뿐만 아니라 복제에 사용되는 대장균의 변종도 역시 공학적이다. 제한효소는 일반적으로 대장균과 같은 박테리아에 의해 만들어진다. 분자생물학에서 사용되는 대장균은 제한효소에 돌연변이를 일으킨다. 이러한 돌연변이가 유용하다고 생각하는 이유는 무엇인가?

17-3 양적 분석 원형 DNA. 인간에서 새로 확인된 유전자 질환과 관련된 전체 유전자를 포함하는 DNA를 복제하려고 한다. 표준 플라스미드 벡터에 넣어 총크기가 7 kb인 재조합 DNA로 대장균을 형질전환시킨다. 제한효소지도를 만들려고 한다. BamHI으로 DNA를 절단하고 젤 전기영동 시 5.0 kb와 1.0 kb의 밴드가 나타났다. HindIII로 DNA를 절단하면 4 kb와 3 kb의 밴드가 나타난다. 두 효소를 모두 사용하여 7.0 kb DNA를 절단하면 3 kb, 2 kb, 1 kb의 밴드를 관찰할 수 있다. 이 정보를 바탕으로 재조합 플라스미드의 제한효소지도를 작성하라.

17-4 데이터 분석 테이-삭스병 검사. 특정 집단에서 테이-삭스병에 대한 돌연변이 대립유전자(헥소사미니데이스 A를 암호화하는 유전자)는 높은 빈도로 존재한다. 이 테이-삭스병 돌연변이를 보이는 환자를 분석하기 위해 서던 흡입법을 사용한 검사 전략이 **그림 17-33**에 나와 있다. 이 돌연변이는 유전자에서 HindIII 제한효소 절단자리(H)를 제거한다. 그림 17-33a에 표시된 것처럼 이 영역에 대한 탐침을 사용할 수 있다. 이 집단에서 두 부부가 아이를 임신하고 있다. 각각의 부부는 그들의 아이가 테이-삭스병을 가졌는지를 결정하기 위해 출산 전 DNA 검사를 받았다. 해당 영역에 대해 조사된 HindIII 절단 DNA를 사용한 서던 흡입법의 결과가 그림 17-33b에 나타나 있다. 테이-삭스병을 가진 아이와 관련하여 각각의 부부에게 어떤 조언을 할 것인가?

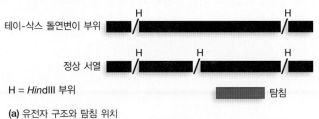

H = HindIII 부위

(a) 유전자 구조와 탐침 위치

부1 모1 아이1 부2 모2 아이2

(b) 서던 흡입법

그림 17-33 서던 흡입법을 이용한 테이-삭스병 환자의 분석. 연습문제 17-4 참조

17-5 라이브러리 과학. 실험실에서 생쥐의 간세포를 준비하여 최근에 생성한 유전체 라이브러리와 cDNA 라이브러리의 품질을 확인하는 데 사용할 DNA 탐침을 만들었다. 탐침 #1은 뇌세포에서 발현되는 유전자에서 나타나는 반면, 탐침 #2는 간세포에서 발현되는 유전자에서 나온다. 두 라이브러리가 탐침과 반응할 때 각 탐침과 혼성화되는 클론의 빈도를 어떻게 예상하는가? 이에 대해 설명하라.

17-6 DNA 염기서열 분석. 당신은 아래와 같은 서열을 가지는 분리된 DNA 단편을 가지고 있다(사실 연습문제 16-3에서 분석했다).

3′ AGCGCTATAGCGCT 5′

5′ TCGCGATATCGCGA 3′

실험실 신입 동료를 위한 훈련으로 당신은 동료에게 이 DNA를 제공하고 제한효소 절단을 수행하도록 지시했다. 단편을 만드는 데 사용된 제한효소의 특이성에 대한 지식으로 동료는 왼쪽 끝에 있는 처음 4개의 염기를 알고 있다. 동료는 서열 5′TCGC3′의 단일가닥 DNA 프라이머를 준비했다. 당신은 동료에게 형광 표지된 다이디옥시뉴클레오타이드를 사용하여 나머지 염기서열을 어떻게 결정할 것인지 설명하고, DNA 염기서열 분석기의 카메라에 감지되는 각 밴드의 DNA 염기서열과 색상 패턴을 표시하도록 요청했다. 동료의 설명에는 무엇이 포함되어야 하며, 그림은 어떠해야 하는가?

17-7 양적 분석 인트론. 새로 발견된 3개의 유전자(X, Y, Z)에서 인트론의 존재를 조사하기 위해 제한효소 HaeIII를 사용하여 각 유전자의 DNA 또는 역전사효소로 mRNA를 복사하여 만든 cDNA를 절단하는 실험을 수행한다. 생성된 DNA 단편은 젤 전기영동에 의해 분리되며, 젤상에서 DNA 단편의 존재는 방사성 기질이 있는 상태에서 DNA 중합효소를 이용하여 온전한 유전자로부터 만들어진 방사성 DNA 탐침과 혼성화함으로써 검출된다. 다음과 같은 결과를 얻었다.

DNA의 공급원	전기영동 후 DNA 단편의 수
유전자 X DNA	3
mRNA X에서 생성된 cDNA	2
유전자 Y DNA	4
mRNA Y에서 생성된 cDNA	2
유전자 Z DNA	2
mRNA Z에서 생성된 cDNA	2

(a) 유전자 X에 존재하는 인트론의 수에 대해 어떤 결론을 내릴 수 있는가?

(b) 유전자 Y에 존재하는 인트론의 수에 대해 어떤 결론을 내릴 수 있는가?

(c) 유전자 Z에 존재하는 인트론의 수에 대해 어떤 결론을 내릴 수 있는가?

17-8 항체반응. 당신은 예쁜꼬마선충에서 α-카테닌 단백질을 연구하고 있으며 이 단백질을 인식하는 단클론항체를 생산했다. 이 항체가 웨스턴 흡입법에서 확인한 정상 단백질은 104 kDa이다. 계속해

서 단백질을 전혀 생산하지 않는다고 생각하는 돌연변이를 확인한다(유전학자들은 그러한 돌연변이를 '단백질 결실(null)' 돌연변이라고 한다). 왜냐하면 이 돌연변이의 단백질과 함께 당신의 항체를 사용하여 수행한 웨스턴 흡입법은 신호를 보이지 않기 때문이다. 하지만 나중에 연구 팀의 다른 동료가 당신의 돌연변이의 DNA를 분석하고 그것이 조기 종결코돈을 생산하는 넌센스코돈을 포함하고 있다는 것을 발견했다. 이것에 당황한 동료는 다클론항체를 사용하여 다른 웨스턴 흡입법을 수행하고 89 kDa의 밴드가 보인다는 것을 발견했다. 실험실 동료의 결과를 어떻게 설명할 수 있는가?

17-9 FoxP2. FoxP2 유전자는 포유류의 발성과 인간의 말하기에 관련된 전사 조절인자를 암호화한다. 다음 시나리오 각각에 대해 관련 정보를 얻기 위해 수행할 실험에 대해 설명하라.

(a) 대부분의 인체 조직은 6.5 kb의 FoxP2 전사체를 생성한다.

(b) 호모속의 멸종된 종인 네안데르탈인과 데니소바인의 잘 보존된 화석에서 발견된 DNA는 현재의 호모 사피엔스와 같은 아미노산 서열을 가지고 있다.

(c) FoxP2 RNA는 생쥐 뇌의 대뇌반구에 있는 특정 뉴런에서 발현된다.

(d) 생쥐는 스트레스를 받을 때 초음파 발성을 한다. 초음파 소리를 모니터링할 수 있는 방법이 있다고 가정하고, 스트레스로 인한 생쥐의 초음파 발성에 FoxP2가 필요한지 여부를 알아보는 실험을 설계하라. 실험을 수행하기 위한 실험실 환경에서 FoxP2 기능이 없어도 생쥐는 충분히 잘 생존할 수 있다고 가정한다.

(e) FoxP2 유전자에 돌연변이가 있는 사람은 심각한 언어장애를 보인다. 그러한 환자들의 FoxP2의 엑손 4의 유전체 DNA를 EcoRI, EcoRV, AvrII, HindIII 효소로 절단할 때 DNA 단편은 정상인의 FoxP2에서 생성된 단편과 크기가 다르다.

신호전달의 기작: I. 신경세포의 전기적 시냅스 신호전달

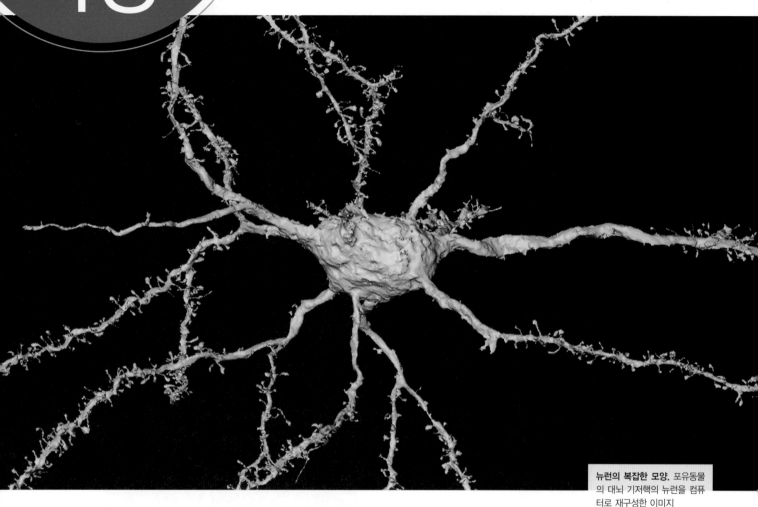

뉴런의 복잡한 모양. 포유동물의 대뇌 기저핵의 뉴런을 컴퓨터로 재구성한 이미지

세포막의 핵심 특성은 세포 내부와 외부 환경 사이의 이온 흐름을 조절하는 능력이다(8장 참조). 이온은 전하를 띤 용질이므로, 세포는 세포막의 전위를 조절할 수 있을 뿐만 아니라 세포막을 통과하는 전류의 흐름도 조절할 수 있다. 세포의 전기적 특성에 대한 가장 극적인 조절의 예는 이 장의 초점인 동물의 신경계, 즉 신경세포 또는 뉴런의 기능이다.

이 장의 첫 번째 부분에서는 신경세포가 신경세포를 가로질러 멀리 신호를 전달하는 특별한 메커니즘을 가지고 있다는 것을 공부할 것이다. 이 장의 두 번째 부분에서는 이러한 신호가 신경세포와 다른 신경세포, 분비샘 세포 또는 근육세포에 전달되는 과정을 다룰 것이다.

18.1 뉴런과 막전위

대부분의 동물은 신경계(nervous system)를 가지고 있으며, 신경계의 신경세포 특정 원형질막을 통해 전기적 자극을 전달한다. 척추동물의 신경계는 뇌와 척수로 구성된 **중추신경계**(central nervous system, CNS)와 기타 감각 및 운동 구성 요소로 구성되어 있는 **말초신경계**(peripheral nervous system, PNS)의 두 가지 요소로 구성되어 있다. 신경계를 이루는 세포는 크게 뉴런과 신경교세포의 두 그룹으로 나눌 수 있다. 모든 **뉴런**(neuron)은 전기 자극을 주고받는다. 감각뉴런(sensory neuron)은 다양한 유형의 자극을 감지하는 데 특화된 다양한 세포 그룹이다. 운동뉴런(motor neuron)은 중추신경계로부터 근육이나 땀샘, 즉 시냅스 연결을 이루는 조직으로 신호를 전송하여 이들을 자극(innervate)한다. 인터뉴런(interneuron)은 다른 뉴런으로부터 받은 신호를 처리하여 신경계의 다른 부분으로 정보를 전달한다.

신경교세포(glial cell, '접착제'를 뜻하는 그리스어 *glia*에서 유래)는 중추신경계에서 가장 풍부한 세포이다. 미세아교세포(microglia)는 식균작용을 하는 세포로, 감염과 싸우고 이물질을 제거한다. 희소돌기아교세포(oligodendrocyte)와 슈반세포(schwann cell)는 중추신경계와 말초신경계의 신경세포를 둘러싸고 있는 미엘린초(myelin sheath)를 형성한다. 성상세포(astrocyte)는 혈액 매개 성분이 신경세포 외액으로 접근하는 것을 제어하여 혈액–뇌 장벽을 형성한다.

복잡한 뉴런 네트워크는 약 100억 개의 뉴런으로 구성된 인간의 복잡한 뇌 조직을 구성한다. 각 뉴런은 수천 개의 다른 뉴런으로부터 입력받을 수 있으므로 뇌의 연결은 수조 개에 달한다. 이 장에서는 신경계의 전반적인 기능에 대해 논의하기보다는 신경자극(nerve impulse)이라고 하는 전기 신호가 퍼지는 세포 내부의 기작에 대해 공부해보자.

뉴런은 전기 신호를 전송하는 데 특화된 세포이다

뉴런은 엄청난 구조적 다양성을 나타내지만 많은 공통된 특징을 공유한다. 운동뉴런을 **그림 18-1**에 개략적으로 나타냈다. 뉴런의 **세포체**(cell body)는 다른 세포와 유사하며, 핵과 기타 소기관이 있다. 뉴런은 또한 특수한 외형적으로 확장된 형태를 가지고 있다. 뉴런은 이러한 확장된 형태 사이로 여러 물질을 미세소관을 따라 ATP 의존적으로 수송하는 특별한 기능을 수행한다(14장 참조). 이러한 신경세포의 확장 형태에는 두 가지 유형이 있다. 다른 신호를 수신하고 다른 뉴런으로부터 받은 신호와 결합하는 기능을 수행하는 확장 형태를 **가지돌기**(dendrite, 수상돌기)라고 하며, 신호를 주로 전달하고 때때로 장거리에 걸쳐 전달하는 역할을 하는 **축삭**(axon)이 있다. 축삭 내 세포기질은 일반적

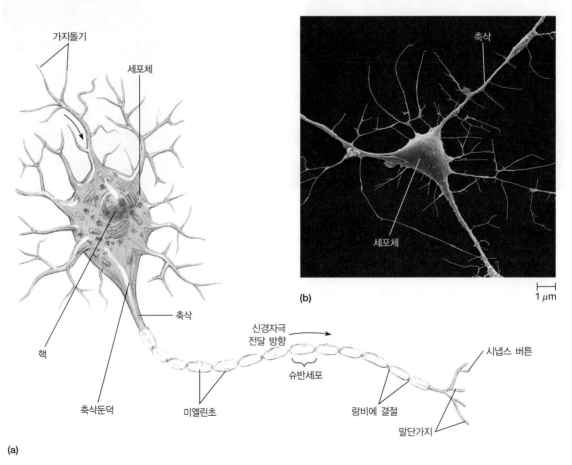

그림 18-1 전형적인 운동뉴런의 구조. (a) 전형적인 운동뉴런의 모식도. 세포체는 핵과 대부분의 일반적인 세포소기관을 포함한다. 가지돌기는 세포체 안쪽으로 신호를 전달하고, 축삭은 축삭둔덕에서 신호를 바깥쪽으로 전달한다(검은색 화살표는 전달 방향을 나타낸다). 축삭의 끝에는 많은 시냅스 버튼이 있다. 전부는 아니지만 일부 뉴런은 축삭 주위에 있는 불연속적인 미엘린초로 인해 전기적으로 절연되어 있다. 랑비에 결절이라 불리는 미엘린초의 단절 부위는 전기 활동이 집중된 영역이다. (b) 배양한 뉴런의 세포체와 가지돌기. 뉴런에는 색을 입혔다. 슈반세포는 보이지 않는다(SEM).

으로 **축삭세포질**(axoplasm)이라고 부른다. 많은 척추동물 축삭은 불연속적인 **미엘린초**(myelin sheath, 말이집)로 둘러싸여 있으며, 이 미엘린초는 **랑비에 결절**(nodes of Ranvier) 사이의 축삭 단편을 절연한다. 축삭은 세포체의 직경보다 최대 수천 배까지 매우 길 수 있다. 예를 들어 발에 신경을 전달하는 운동 신경세포는 척수에 세포체가 있고, 그 세포체의 축삭은 다리 아래로 약 1미터까지 뻗어있다. **신경**(nerve)은 중추신경계 외부에 있는 신경세포의 다발이다.

그림 18-1에서 볼 수 있듯이 일반적인 뉴런의 축삭은 가지돌기보다 훨씬 길며 여러 개의 가지를 형성한다. 이러한 가지는 **시냅스 버튼**(synaptic bouton)이라는 구조물에서 종결된다[말단구(terminal bulb) 또는 시냅스 손잡이(synaptic knob)라고도 하며, 프랑스어인 *bouton*은 '버튼'을 의미]. 버튼은 다른 뉴런이나 근육 또는 샘 세포일 수 있는 다음 세포로 신호를 전송하는 역할을 담당한다. 각각의 경우 세포 사이의 접합부를 **시냅스**(synapse)라고 한다. 뉴런과 뉴런 간 접합의 경우 시냅스는 종종 축삭과 가지돌기 사이에 있지만, 두 가지돌기 사이에서도 생길 수 있다. 일반적으로 뉴런은 다른 뉴런과 시냅스를 형성한다. 시냅스는 축삭의 끝 부분뿐만 아니라 축삭 길이를 따라 다른 지점에서도 만들어질 수 있다.

뉴런은 막전위의 변화를 겪는다

막전위(V_m으로 표시)는 모든 세포의 기본 속성이다(8장 참조). 막전위는 원형질막의 한쪽에 과도한 음전하를 띠고, 반대쪽에도 과도한 양전하를 보이면 발생한다. 휴지기의 세포에는 일반적으로 세포 내부에는 과도한 음전하가, 세포 외부에는 과도한 양전하가 존재한다. 뉴런의 경우 이러한 안정 상태의 전위를 보통 **휴지막전위**(resting membrane potential)라고 한다.

휴지막전위가 어떻게 형성되는지 이해하려면 이온 수송과 관련된 몇 가지 원리를 기억해야 한다(8장 참조). 첫째, 용질은 농도가 더 높은 영역으로부터 농도가 낮은 영역으로 확산하는 경향이 있다. 예를 들어 세포는 일반적으로 내부에 포타슘 이온의 농도가 높고 외부에는 포타슘 이온의 농도가 낮다. 이러한 포타슘 이온의 고르지 않은 분포를 **포타슘 이온 농도 기울기**(potassium ion concentration grandient)라고 한다. 포타슘 농도 기울기가 크면 포타슘 이온은 세포 밖으로 확산되는 경향이 있다.

둘째, 기본 원칙은 전기 중립성(electroneutrality)이다. 즉 용액에서는 양전하와 음전하를 띤 이온이 서로 균형을 이룬다. 예를 들어 A라고 하는 특정 이온에 대해 용액에는 반드시 반대 전하를 띤 이온 B가 존재하며, 이때 B를 A의 반대 이온(counterion)이라고 한다. 나중에 살펴보겠지만 세포기질에서 포타슘 이온(K^+)은 세포기질 안에 갇힌 음이온에 대한 반대 이온 역할을 한다.

세포 밖에서는 소듐 이온(Na^+)이 주요 양이온이고, 염화 이온(Cl^-)이 그의 반대 이온이다.

셋째, 용액은 전체적으로 전기 중립성이어야 하지만, 전하가 국소적으로 분리되어 한 영역은 더 많은 양전하를 가지고, 다른 영역은 더 많은 음전하를 가질 수도 있다. 이러한 전하 분리를 위해 물리적인 일(work)이 필요하고, 이렇게 생겨난 전하 분리를 전위(electrical potential) 또는 전압(voltage)이라고 한다.

마지막으로 뉴런에서는 **전류**(current)를 생성하는 음이온 또는 양이온의 이동도 고려해야 한다. 전류는 암페어(A)로 측정된다. 이러한 원리를 고려하면 신경자극이 전달될 때 막전위가 어떻게 변화하는지 이해할 수 있다.

뉴런은 전기적 흥분을 나타낸다

1930년대에 오징어의 일부 신경섬유에서 매우 큰 축삭이 발견되면서 신경 신호가 전달될 때 막의 전위 변화를 이해하는 큰 기술적 진전이 있었다. 이 신경은 오징어 체강에서 물이 폭발적으로 배출되는 현상을 자극하여 오징어가 포식자로부터 빠르게 탈출할 수 있게 한다(**그림 18-2**). **오징어 거대축삭**(squid giant axon)의 직경은 약 0.5~1.0 mm로, 미세 전극(microelectrode)을 쉽게 삽입하여 전위와 이온 전류를 측정하고 제어할 수 있다. **그림 18-3**은 막전위를 측정하는 몇 가지 방법을 보여준다. 휴지막전위는 하나의 미세 전극을 세포 내부에, 다른 미세 전극을 세포 외부에 배치하여 측정할 수 있다(그림 18-3a). 이 값은 일반적으로 밀리볼트(mV)로 표시된다(전위 V_m과 단위 mV를 혼동하면 안 된

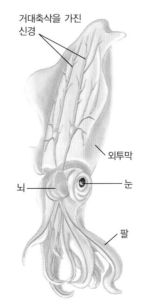

그림 18-2 오징어 거대축삭. 오징어 신경계에는 헤엄치는 동작을 제어하는 운동신경이 포함되어 있다. 신경에는 직경이 최대 1 mm에 이르는 거대축삭(섬유)이 포함되어 있어 휴지 및 활동전위를 연구하는 데 수월하다.

거대축삭을 가진 신경

외투막

뇌

눈

팔

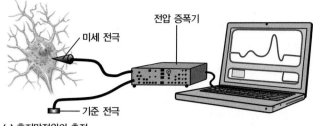

(a) 휴지막전위의 측정

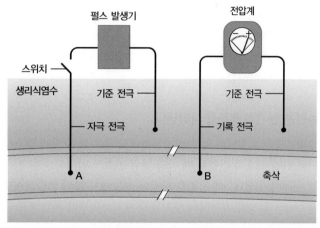

(b) 오징어 거대축삭의 활동전위 측정

그림 18-3 막전위 측정. (a) 휴지막전위를 측정하려면 2개의 전극이 필요하다. 하나(기록 전극)는 세포 내부에 삽입하고, 다른 하나(기준 전극)는 세포를 둘러싼 유체에 넣는다. 기록 전극과 기준 전극 사이의 전위차는 전압 증폭기로 증폭하여 전압계, 오실로스코프 또는 컴퓨터 모니터에 표시된다. (b) 활동전위를 측정하려면 다음의 4가지 전극이 필요하다. 하나는 자극을 위해 축삭에, 다른 하나는 기록을 위해 축삭에, 그리고 기준점을 위해 세포를 둘러싼 체액에 2개가 필요하다. 자극 전극은 펄스 발생기에 연결되며, 펄스 발생기는 스위치가 순간적으로 닫힐 때 축삭에 전류 펄스를 전달한다. 이렇게 생성된 신경자극은 축삭을 따라 전파되어 수 밀리초 후에 기록 전극에 의해 감지될 수 있다.

다). 전극은 세포 내부와 외부의 음전하 대 양전하 비율을 비교한다. 일반적으로 원형질막 바로 안쪽 영역은 과도한 음전하를 가지므로 세포는 음(−)의 휴지막전위를 가진다. 예를 들어 휴지막전위는 오징어 거대축삭의 경우 약 −60 mV이다.

신경, 근육, 이자의 섬세포와 같은 특정 세포 유형은 **전기적 흥분성**(electrical excitability)이라는 특별한 성질을 가지고 있다. 전기적 흥분성 세포에서 특정 유형의 자극은 활동전위(action potential)로 알려진 빠른 일련의 막전위의 변화를 유발한다. 활동전위 동안 막전위는 음(−)의 값에서 양(+)의 값으로 변하다가 다시 음(−)의 값으로 바뀌는 과정이 불과 수 밀리초 안에 이루어진다. 미세 전극을 사용하여 이러한 막전위의 동적 변화를 측정할 수 있다. **자극 전극**(stimulating electrode)이라고 하는 전극을 전원에 연결하고, 기록 전극에서 약간 떨어진 축삭에 삽입한다(그림 18-3b 참조). 이 자극 전극으로부터 짧은 임펄스는 막을 약 20 mV 정도로 탈분극시키고(즉 −60 mV에서 약 −40 mV

로), 뉴런을 활동전위를 불러일으킬 수 있는 상태로 만들어 활동전위가 자극 전극으로부터 뻗어나갈 수 있게 한다. 활동전위가 기록 전극 부위를 통과하면 막전위의 특징적인 패턴의 변화가 기록된다. 호지킨(Alan Hodgkin)과 헉슬리(Andrew Huxley)는 미세 전극과 오징어 거대축삭을 사용하여 활동전위가 어떻게 생성되는지 알아냈고, 이 공로를 인정받아 1963년에 노벨상을 수상했다.

신경세포가 활동전위를 사용하여 신호를 전송하는 방법을 이해하려면 우선 이 절의 나머지 주제인 세포가 휴지막전위를 생성하는 과정을 공부해보자. 활동전위 중에 막전위가 어떻게 변화하는지는 다음 절에서 살펴볼 것이다.

휴지막전위는 이온 농도 및 선택적 막 투과성에 의존한다

휴지막전위는 세포의 세포기질과 세포외액의 양이온과 음이온 구성이 다르기 때문에 발생한다(**그림 18-4**). 세포외액에는 염화소듐(NaCl)과 소량의 염화포타슘(KCl_2)을 포함한 용해 염이 포함되어 있다. 음이온은 주로 세포 안에 존재하는 단백질, RNA 및 기타 다양한 분자와 같은 고분자이고, 이들은 세포 밖에는 거의 존재하지 않거나 상대적으로 양이 적다. 이러한 음전하를 띤 고분자는 원형질막을 통과할 수 없으므로 세포 내부에 남는다. 연구가 많이 된 두 가지 유형의 뉴런, 즉 오징어 축삭과 포유류의 축삭에 대한 중요한 이온 농도를 **표 18-1**에 나타냈다.

표 18-1을 보면 포타슘과 소듐의 농도가 세포 내 외부 사이에 큰 차이가 있음을 알 수 있다. 이 차이의 원인은 무엇일까? 이온 통로는 이온이 원형질막 안팎으로 통과할 수 있게 해준다(8장 참조). 두 가지 유형의 이온 통로의 특성은 휴지막전위를 유지하는 데 특히 중요하다.

누출 통로 이온 통로는 지질2중층을 가로질러 이온 전도성 틈(pore)을 형성하는 필수 막단백질이다(8장 참조). 뉴런의 원형질막은 일반적으로 K^+과 Na^+에 대해 어느 정도 투과성이 있는데, 그 이유는 이러한 이온에 특이적인 **누출 통로**(leak channel)가 있기 때문이다. 누출 통로는 개폐가 제어되지 않는다. 즉 항상 열려 있으므로 막 전압과 국소 이온 농도에 따라 이온이 누출 통로를 통해 세포 안팎으로 확산될 수 있다. K^+ 누출 통로의 밀도는 상대적으로 높으며, 그 결과 K^+은 휴지막전위에 가장 크게 기여하는 단일 구성 요소이다. 그림 18-4에서 알 수 있는 중요한 한 가지 사실은 음전하를 띠는 큰 고분자를 위한 통로가 없다는 것이다. K^+이 세포기질을 떠날 때 반대 이온이 없는 이러한 음전하를 띤 고분자의 숫자가 증가한다. 따라서 과도한 음전하가 원형질막 근처 세포기질에 축적되는 반면, 과도한 양전하가 세포 외부에 축적되어 음(−)의 휴지막전위가 발생하게 된다.

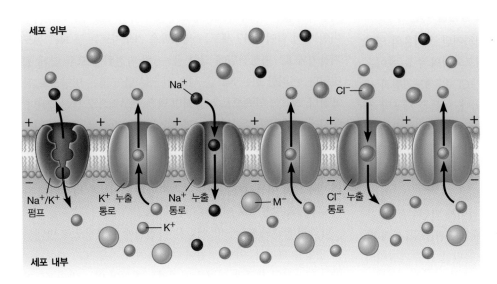

세포 외부

Na$^+$

Cl$^-$

Na$^+$/K$^+$ 펌프

K$^+$ 누출 통로

Na$^+$ 누출 통로

M$^-$

Cl$^-$ 누출 통로

K$^+$

세포 내부

그림 18-4 안정 상태의 이온 농도. 안정 상태에 있는 이온 농도는 전압에 의해 조절되지 않는 누출 통로와 휴지기의 낮은 Na$^+$ 수준을 만드는 Na$^+$/K$^+$ 펌프에 의해 유지된다. 불투과성 음전하를 띤 고분자(M$^-$)는 대부분의 세포에서 휴지전위의 음(−)의 값을 만드는 데 기여한다.

표 18-1	축삭과 뉴런의 안쪽과 바깥쪽의 이온 농도			
	오징어 축삭		포유동물 뉴런 (고양이의 운동뉴런)	
이온	바깥쪽(mM)	안쪽(mM)	바깥쪽(mM)	안쪽(mM)
Na$^+$	440	50	145	10
K$^+$	20	400	5	140
Cl$^-$	560	50	125	10

Na$^+$/K$^+$ 펌프 원형질막은 Na$^+$에 대해 상대적으로 불투과성이지만 누출 통로로 인해 항상 소량의 이온이 이동한다. 이 누출을 보상하기 위해 Na$^+$/K$^+$ 펌프는 지속적으로 ATP의 가수분해 에너지를 이용하여 Na$^+$을 세포 밖으로 이동시키는 동시에 K$^+$을 안쪽으로 운반한다(그림 8-13 참조). 평균적으로 펌프는 가수분해되는 모든 ATP 분자 1개당 3개의 Na$^+$을 세포 밖으로, 2개의 K$^+$을 세포 안으로 운반하여 세포막을 가로지르는 큰 K$^+$의 이온 기울기를 만들어 휴지막전위가 유지되는 기본을 마련한다.

네른스트 방정식은 막전위와 이온 농도의 관계를 나타낸다

안정 상태에서는 막전위로 인한 인력의 힘이 이온이 농도 기울기에 따라 확산되는 경향과 균형을 이루는 평형에 도달한다. 화학적 기울기가 전위와 균형을 이루는 이러한 유형의 평형을 **전기화학 평형**(electrochemical equilibrium)이라고 한다. 평형 지점에서의 막전위를 **평형전위**(equilibrium potential) 또는 **역전위**(reversal potential)이라고 한다.

네른스트 방정식(Nernst equation)은 평형일 때 막전위에 대한 수학적 설명을 나타내며, 이를 통해 평형전위의 값을 추정할 수 있다. 이 방정식은 독일 물리화학자이자 노벨상 수상자인 네른

스트(Walther Nernst)의 이름을 따서 명명되었다. 네른스트는 이 방정식을 1880년대 후반 전기화학셀(현대 배터리의 조상) 연구에서 처음 고안했다. 네른스트 방정식은 막이 특정 이온만 투과한다고 가정했을 때 이온 기울기와 평형전위의 수학적 관계를 설명한다.

$$E_X = \frac{RT}{zF} \ln \frac{[X]_{외부}}{[X]_{내부}} \quad (18\text{-}1)$$

여기서 E_X는 이온 X의 평형전위(볼트), R은 기체상수(1.987 cal/mol-degree), T는 절대온도(켈빈), z는 이온의 원자가, F는 패러데이 상수(23,062 cal/mol-V)이다. $[X]_{외부}$는 세포 외부의 X 농도(M)이고, $[X]_{내부}$는 세포 내부의 X 농도(M)이다. 이 방정식은 온도가 오징어 거대축삭에 적합한 값인 293 K(20°C)라고 가정하면 단순화할 수 있다. X는 1가 양이온이므로 원자가는 +1이다. 이 값을 네른스트 방정식의 R, T, F, z에 대입하고 자연로그에서 대수로그로 변환하면($\log_{10} = \ln/2.303$) 식 18-1은 다음과 같이 단순화할 수 있다.

$$E_X = 0.0581 \log_{10} \frac{[X]_{외부}}{[X]_{내부}} \quad (18\text{-}2)$$

이 간단한 식을 보면 양이온 농도 기울기가 10배 증가할 때마다 막전위가 −0.058 V 또는 −58 mV만큼 변한다는 것을 쉽게 알 수 있다.

🔗 연결하기 18.1

실제 값을 넣으면 식 18-2는 막을 가로지르는 '양성자 구동력'(실제로는 전위)을 계산하는 데 사용할 수 있다(식 10-16 참조). 막 내부의 pH가 더 높을 경우 막 내외의 pH 차이가 1일 때 전압은 얼마나 변화하는가? (10.5절 참조)

안정 상태의 이온 농도가 휴지막전위에 영향을 미친다

식 18-2는 막전위에 대해 많은 것을 설명하지만 음이온의 영향을 설명하지 않기 때문에 불완전하다. 세포외액의 주요 음이온은 Cl^-이다. 앞서 살펴본 것처럼 Na^+, K^+, Cl^-은 세포기질과 세포외액 모두에 존재하는 주요 이온 성분이다. 이들은 세포막 전체에 고르게 분포하지 않으므로 각 이온은 막전위에 미치는 영향이 각각 다르다. 일반적인 뉴런에 대한 각 이온의 분포를 그림 18-4에 표시했다. 각 이온은 전기화학 기울기를 따라 확산되는 경향이 있으므로 막전위에 변화를 일으킨다.

K^+은 세포 밖으로 확산되려는 경향이 있어서 막전위를 더 음전위로 만든다. Na^+은 세포 내로 유입되어 막전위를 양(+)의 방향으로 유도하여 **탈분극**(depolarization)을 유발한다(즉 막전위의 음전위 절댓값이 낮아진다). Cl^-은 세포 내로 확산되는 경향이 있는데, 이는 이론적으로 막전위를 절댓값이 더 큰 음(-)의 값으로 만들 수 있다. 그러나 Cl^-도 음(-)의 막전위에 의해 반발되므로, Cl^-은 일반적으로 양전하를 띤 Na^+과 동시에 세포로 들어간다. 이러한 동시 이동은 Na^+ 유입에 의한 탈분극 효과를 무효화한다. Cl^-에 대한 세포의 투과성을 증가시키면 두 가지 효과가 발생할 수 있는데, 두 가지 효과 모두 신경세포 흥분성을 감소시킨다. 첫째, Cl^-의 순 유입(Cl^-은 들어오는데 반대 이온인 양이온이 들어오지 않으면) 세포막의 과분극을 유발한다[즉 막전위가 평소보다 더 큰 절댓값인 음(-)의 값을 갖게 된다]. 둘째, 막이 Na^+에 투과성이 되면 일부 Cl^-이 Na^+과 함께 세포로 들어간다. 이 장의 뒷부분에서 살펴보겠지만 Cl^- 유입의 이러한 효과는 억제성 신경전달물질이 작용하는 방식이다.

골드만 방정식을 통해 막전위에 대한 여러 이온의 영향을 설명할 수 있다

휴지 상태에서도 세포는 K^+뿐만 아니라 Na^+ 및 Cl^-에 대한 투과성이 어느 정도 있기 때문에 주요 이온의 상대적인 기여도는 휴지막전위에 중요하다. Na^+ 및 Cl^-이 세포 내부로 들어오는 것을 설명하기 위해 네른스트 방정식은 한 번에 한 가지 유형의 이온만 다루고 이 이온이 전기화학적 평형 상태에 있다고 가정하기 때문에 사용할 수 없다. 막전위의 동적 변화에 대한 이온의 영향을 보다 정확하게 설명하려면 평형전위라는 정적인 개념에서 한걸음 더 나아가 막을 가로지르는 안정 상태 이온 이동까지 고려하여 생각해야 한다.

안정 상태 이온 이동의 개념은 전기화학적 평형 상태의 세포 모델을 다시 이용하여 설명할 수 있다(그림 18-4 참조). K^+만 투과할 수 있는 세포는 K^+의 평형전위와 동일한 막전위를 갖게 된다는 것을 상기하자. 이러한 조건에서는 K^+이 세포 밖으로 알짜

이동하지 않는다. 막이 Na^+에도 약간 투과성이 있다고 가정하면 어떤 일이 일어날까? 세포는 세포막을 가로지르는 큰 Na^+ 농도 기울기와 K^+ 평형전위에 의한 음(-)의 막전위를 모두 갖게 될 것이다. 이러한 힘은 Na^+을 세포 안으로 밀어 넣는 방향으로 작용한다. Na^+이 안쪽으로 누출되면 막은 부분적으로 탈분극된다. 동시에 막전위가 중화됨에 따라 K^+이 세포 밖으로 나가는 것을 막는 억제력이 줄어들어 K^+이 바깥쪽으로 확산되어 소듐의 안쪽 이동과 균형을 이루게 된다. Na^+의 안쪽 이동은 막전위를 양의 방향으로 이동시키는 반면, K^+의 바깥쪽 이동은 막전위를 다시 음(-)의 방향으로 이동시킨다.

따라서 Na^+과 K^+의 막 이동은 막전위에 본질적으로 반대되는 영향을 미친다. 어떤 오징어 축삭돌기의 경우 Na^+ 기울기는 약 +55 mV의 세포막 전위를 가지려는 경향이 있는 반면 K^+ 기울기는 약 -75 mV의 막전위를 가지려는 경향이 있다. 여러 이온을 동시에 고려할 때 막전위는 어느 값에서 안정화될까? 선구적인 신경생물학자인 골드만(David E. Goldman), 호지킨(Alan Lloyd Hodgkin)과 카츠(Bernard Katz)는 여러 이온의 기울기가 각각 상대적인 이온 투과성의 함수로서 막전위에 어떻게 기여하는지를 최초로 설명하였다. **골드만 방정식**(Goldman equation)으로 더 잘 알려진 골드만-호지킨-카츠 방정식은 다음과 같다.

$$V_m = \frac{RT}{F} \ln \frac{(P_K)[K^+]_{외부} + (P_{Na})[Na^+]_{외부} + (P_{Cl})[Cl^-]_{내부}}{(P_K)[K^+]_{내부} + (P_{Na})[Na^+]_{내부} + (P_{Cl})[Cl^-]_{외부}} \quad (18\text{-}3)$$

Cl^-은 음(-)의 원자가를 가지므로 분자에 $[Cl^-]_{내부}$, 분모에 $[Cl^-]_{외부}$로 나타낸다.

네른스트 방정식과 골드만 방정식의 주요 차이점은 투과성에 대한 고려의 여부이다. 여기서 P_K, P_{Na}, P_{Cl}은 각 이온에 대한 막의 상대적인 투과성이다. 상대적 투과도를 사용하면 각 이온의 절대 투과도를 결정하는 복잡한 작업을 피할 수 있다. 여기에 표시된 방정식은 K^+, Na^+, Cl^-의 기여도만 고려하지만 다른 이온도 추가할 수 있다. 그러나 특별한 상황을 제외하고 다른 이온에 대한 세포막의 투과성은 일반적으로 매우 낮아서 그 기여도는 무시할 수 있다.

골드만 방정식이 얼마나 유용한지 오징어 축삭돌기의 예를 들어 알아보자. K^+에 1.0의 투과성 값을 할당하고 다른 모든 이온의 투과성 값은 K^+의 투과성 값에 비례하여 결정한다. 오징어 축삭돌기의 경우 Na^+의 투과도는 K^+의 약 4%에 불과하며 Cl^-의 경우 45%이다. 따라서 P_K, P_{Na}, P_{Cl}의 상댓값은 각각 1.0, 0.04, 0.45이다. 이들 값과 20°C의 온도, 표 18-1의 오징어 축삭돌기에 대한 Na^+, K^+, Cl^-의 세포 내 및 세포 외 농도를 사용하면 오징어 축삭돌기의 휴지막전위를 -60.3 mV로 추정할 수 있다. 오징어 축삭의 휴지막전위에 대한 일반적인 측정값은 약 -60 mV이

며, 이는 계산된 전위와 매우 유사하다.

한 이온에 대한 상대 투과도가 매우 높으면 골드만 방정식은 해당 이온에 대한 네른스트 방정식으로 축소 전환된다. 예를 들어 P_{Na}이 매우 높을 때 다른 이온으로 인한 기여도를 무시하면 식 18-3은 Na^+에 대한 네른스트 방정식으로 축소된다.

$$V_m = \frac{RT}{F} \ln \frac{[Na^+]_{외부}}{[Na^+]_{내부}} \qquad (18-4)$$

Na^+의 휴지전위는 약 $+55$ mV이므로 세포의 Na^+ 투과성을 높게 하면 세포가 탈분극된다. 마찬가지로 P_K가 다른 이온에 대한 투과성보다 훨씬 높으면 골드만 방정식은 K^+에 대한 네른스트 방정식으로 축소된다. K^+의 휴지전위는 약 -75 mV이므로 K^+에 대한 높은 투과성은 세포를 분극 상태로 되돌리려는 경향이 있다. 뉴런은 다음 절에서 볼 수 있듯이 이 전략을 정밀하게 사용하여 일시적으로 원형질막을 탈분극했다가 다시 분극한다.

개념체크 18.1

와베인(ouabain)은 역사적으로 독화살을 만드는 데 사용되어 온 아프리카 식물 유도체이다. 이 물질은 뉴런의 주요 Na^+/K^+ ATP 가수분해효소를 비활성화한다. 와베인에 노출된 생명체에서 뉴런의 휴지전위는 정상 상황과 비교하여 어떻게 변화할까? 답을 설명하라.

18.2 전기적 흥분성과 활동전위

거의 모든 세포는 휴지막전위가 있고, 이온 농도 기울기 및 이온 투과성에 대한 의존성도 가지고 있다. 전기적으로 흥분 가능한 세포의 독특한 특징은 막 탈분극에 대한 반응이다. 일시적으로 약간 탈분극된 비흥분성 세포는 다시 원래의 휴지막전위로 돌아가지만, 전기적으로 흥분 가능한 세포는 같은 정도로 탈분극되어도 활동전위로 반응한다.

전기적으로 흥분 가능한 세포가 활동전위를 생성하는 이유는 다음과 같다. 앞에서 설명한 누출 통로와 Na^+/K^+ 펌프 외에도 원형질막에 전압개폐성 통로가 있기 때문이다. 신경세포가 어떻게 전기 신호를 전달하는지 알려면 신경세포막의 이온 통로의 특성을 이해해야 하는데, 이를 위해서는 몇 가지 중요한 실험적 기술이 필요하다.

패치고정 및 단일 이온 통로를 연구할 수 있는 분자생물학 기술

신경세포의 이온 통로를 조사하기 위해서는 몇 가지 최신 기술을 사용해야 한다. 이러한 기법을 함께 사용하면 이온 통로를 상세하게 연구할 수 있다.

패치고정 통로의 작동방식을 가장 명확하게 파악하려면 개별 통로를 통과하는 이온의 전류를 기록하는 기술을 사용해야 한다. 단일 통로 기록법(single-channel recording) 또는 더 일반적으로 패치고정(patch clamping)으로 알려진 이 기술은 네어(Erwin Neher)와 자크만(Bert Sakmann)이 개발했으며, 이 발견으로 1991년에 노벨상을 수상했다. 패치고정은 현대 신경생물학에서 매우 중요한 도구이다(핵심 기술 참조).

개구리 난모세포 이온 통로에 대한 현대 연구의 대부분은 패치고정과 분자생물학 기술을 함께 사용한다. 현재 분자생물학 기술로 대량의 통로 단백질을 합성할 수 있는 덕분에 지질2중층이나 개구리 알에서의 기능을 연구할 수 있다. 통로의 특정 분자적인 변형 또는 돌연변이는 통로 단백질의 다양한 도메인이 통로 기능에 어떻게 관여하는지 알아내는 데 사용한다. 이러한 방법은 Na^+ 통로 및 K^+ 통로의 전압개폐성을 담당하는 도메인을 연구하는 데 사용한다.

광유전학 단일 이온 통로의 전기적 특성을 측정하는 능력은 강력하지만 단일 세포의 특정 영역에서 특정 이온 통로를 국소적으로 조작할 수 있다면 더더욱 강력한 실험 기법이 된다. 이제 빛에 민감해서 빛에 반응하는 유전자 조작 통로 단백질을 이용하여 이러한 실험이 가능하게 되었다. 광유전학(optogenetics)으로 알려진 이 방법은 분자생물학 기술을 사용하여 뉴런에 빛에 민감한 이온 통로를 도입한다. 이러한 단백질 중 하나가 박테리오로돕신인데(8장 참조), 이는 일부 뉴런을 억제하는 데 사용된다. 또 다른 박테리아 계열의 채널로돕신(channelrhodopsin)으로 알려진 빛에 민감한 통로는 일부 뉴런을 활성화하는 데 사용된다. 이 중 하나를 배양 중인 신경세포 또는 형질전환 동물(17장 참조)에서 발현시킨 다음, 세포의 관심 있는 영역에 빛을 비추면 세포 안의 이온 농도를 임의로 변경하고 현미경으로 그러한 이온 농도의 변화의 효과를 직접 관찰할 수 있다. 이제 뉴런에서 일어나는 많은 현상을 이용하기 위해 이러한 빛에 반응하는 단백질 분자를 계속 개량하고 있다. 광유전학의 미래는 분명히 '밝다'.

전압개폐성 통로의 특정 도메인은 전압감지기 및 불활성화의 역할을 한다

누출 통로가 안정 상태의 이온 투과성에 기여하고 양이온, 특히 K^+에 대해 어느 정도 투과성이 있다는 것을 상기해보자. 반면 **전압개폐성 이온 통로**(voltage-gated ion channel)는 이름에서 알 수 있듯이 막을 가로지르는 전압 변화에 반응한다. 전압개폐성 Na^+ 통로와 전압개폐성 K^+ 통로는 활동전위를 담당한다. 이와 대조적으로 **리간드개폐성 이온 통로**(ligand-gated ion channel, 리간드는 '결합하다'라는 뜻의 라틴어 어근 *ligare*에서 유래)는 특정 분

문제 뉴런에 대한 표준 전기적 측정은 전체 세포 전압의 변화를 측정하는 것을 말하며, 이는 주어진 시간에 많은 통로의 개폐 결과가 반영된 것이다. 그렇다면 단일 통로의 전기적 특성은 어떻게 연구할 수 있을까?

해결방안 패치고정을 사용하면 작은 막 패치를 분리하여 단일 통로 단백질의 개폐 수준에서 전기적 특성을 연구할 수 있다.

주요 도구 유리 미세 전극(마이크로피펫), 정교한 전압기록 장비, 연구하려는 신경세포막

상세 방법 단일 통로 전류를 기록하기 위해서는 팁의 직경이 약 1 μm인 유리 마이크로피펫을 뉴런 같은 세포 표면에 조심스럽게 누르고 부드러운 흡입을 가하여 피펫과 원형질막이 밀착되게 한다(**그림 18A-1**, ❶). 이제 마이크로피펫의 입구에 주변 매질로부터 차단되어 밀봉된 막의 패치가 존재한다(❷). 이 패치는 충분히 작아서 일반적으로 하나 또는 몇 개의 이온 통로만 포함한다. 전류는 이 통로를 통해서만 피펫에 들어오고 나갈 수 있으므로 연구자는 개별 통로의 다양한 특성을 연구할 수 있다. 통로는 온전한 세포에서 연구할 수도 있고, 패치를 세포에서 떼어내어 연구자가 세포막의 세포기질 쪽에 접근할 수도 있다.

실험 과정에서 증폭기는 정교한 전자 피드백 회로[전압고정, 따라서 *패치고정*(patch clamp)이라는 용어가 쓰이게 되었다]를 이용하여 막에 전압을 유지한다. 전압고정은 원형질막의 전기적 성질 변화에 관계없이 필요한 전류를 주입하여 막전위를 일정하게 유지한다. 그런 다음 전압고정은 전류 흐름(개별 통로를 통한 실제 이온 전류)의 미세한 변화를 측정한다. 패치고정 방법은 전압개폐성 Na$^+$ 통로가 열릴 때마다 동일한 양의 *전류*를 전도한다는 것을 보여준다. 바로 동일한 개수의 이온이 같은 시간 동안 출입한다는 것이다. 다시 말해 전압개폐성 Na$^+$ 통로는 열리거나 닫히는 둘 중의 한 가지 형태만 취한다.

이러한 이온 통로의 특성을 기반으로 특정 통로의 전도도를 측정할 수 있다. *전도도*(conductance)는 특정 전압이 막에 적용될 때 통로의 투과성을 간접적으로 측정할 수 있는 수치이다. 전기적 용어로 전도도는 저항의 역수이다. 전압개폐성 Na$^+$ 통로의 경우 막에 50 mV의 전압이 걸리면 약 1 pA(피코암페어)의 전류가 생성된다. 이 전류는 통로를 통해 1초에 약 600만 개의 Na$^+$이 흐르는 것에 해당한다. 이는 그림 18A-1 ❸에 표시된 그래프에서 확인할 수 있다.

패치고정은 매우 다재다능한 기술이다. 피펫에 다양한 흡입량을 적용하여 다양한 각도와 방향으로 막의 패치를 분리하고 연구할 수 있다. 빈틈없는 막의 밀봉(**그림 18A-2a**)과 함께 *전체 세포 모드*(그림 18A-2b)에서는 강

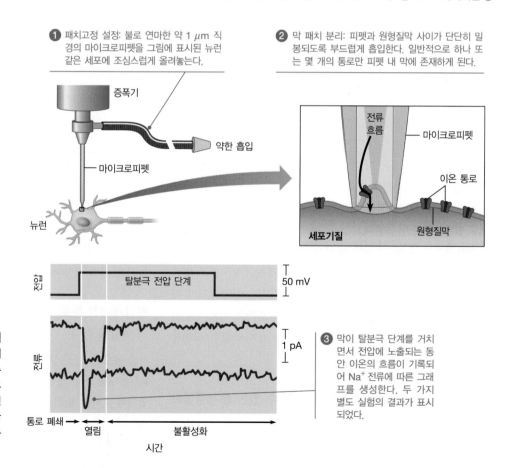

❶ 패치고정 설정: 불로 연마한 약 1 μm 직경의 마이크로피펫을 그림에 표시된 뉴런 같은 세포에 조심스럽게 올려놓는다.

증폭기
마이크로피펫
약한 흡입
뉴런

❷ 막 패치 분리: 피펫과 원형질막 사이가 단단히 밀봉되도록 부드럽게 흡입한다. 일반적으로 하나 또는 몇 개의 통로만 피펫 내 막에 존재하게 된다.

전류 흐름
마이크로피펫
이온 통로
세포기질
원형질막

전압
탈분극 전압 단계
50 mV

전류
통로 폐쇄
열림
불활성화
시간

그림 18A-1 기본 패치고정 방법. 패치고정을 사용하면 막의 작은 패치에서 개별 이온 통로의 동작을 연구할 수 있다. 각 통로가 열릴 때 흐르는 전류의 양은 항상 동일하다(Na$^+$ 통로의 경우 1 pA). 통로 개방이 갑자기 일어난 이후 통로 불활성화에 의한 휴지기가 발생한다.

❸ 막이 탈분극 단계를 거치면서 전압에 노출되는 동안 이온의 흐름이 기록되어 Na$^+$ 전류에 따른 그래프를 생성한다. 두 가지 별도 실험의 결과가 표시되었다.

1 pA

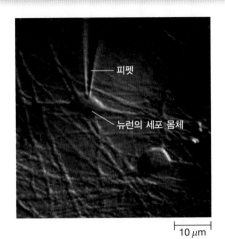

피펫

뉴런의 세포 몸체

10 μm

패치고정된 뉴런

낸다. 이러한 경우에 피펫 내부에서 두 가지 방향 중 하나로 패치의 방향을 지정할 수 있다. 안-바깥 구성(inside-out)의 경우 피펫을 세포에 찔러 막의 패치를 떼어낸다(그림 18A-2c). 이 경우 세포기질 쪽 막이 밖으로 노출되는데, 일반적으로 세포기질 안쪽에서 작용할 수 있는 화학물질을 직접 추가하여 통로에 미치는 영향을 실험할 수 있다.

신경전달물질 또는 세포 외막에 결합하는 기타 분자를 연구하는 것이 목표인 경우 *바깥-바깥 구성*(outside-out, 그림 18A-2d)이 사용된다. 이 경우 피펫은 전체 세포 모드와 마찬가지로 작은 막 패치를 캡처한 후 안-바깥 구성의 방향과 반대되는 방향의 패치를 생성하기 위해 180도 돌린 후 다시 밀봉한다. 이렇게 하면 세포 바깥 부분 패치에 화학물질을 처리할 수 있다.

강력한 흡입으로 막 패치를 떼어내어 피펫 내부가 세포기질과 연속되도록 하는 것이 일반적으로 사용되는 패치고정 모드이다. 이렇게 되면 전체 세포에서 전류를 측정할 수 있다. 단일 통로만 가질 수 있는 작은 막 패치에서 전류를 기록하려면 피펫을 세포에 부착한 다음 집어넣어 막 패치를 떼어

질문 이전에 발견되지 않았던 독사에서 독소를 분리했다. 당신은 이 독소가 일반적으로 신경세포막의 Na⁺ 통로에 결합하여 영구적으로 열린 상태로 유지된다고 가설을 세웠다. 패치고정을 사용하여 당신의 가설을 어떻게 실험할 수 있는지 설명하라.

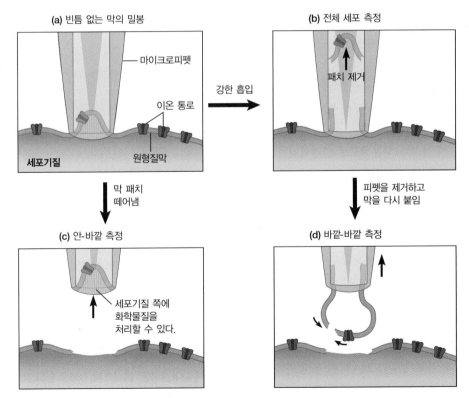

그림 18A-2 패치고정의 다양한 용도. (a)에서 설명한 기본 패치고정 방법의 변형은 다음과 같다. (b) 전체 세포에서 전류를 측정할 수 있는 전체 세포 모드. (c) 안-바깥 구성으로 세포기질 표면이 바깥쪽을 향하는 작은 패치를 가로지르는 전류를 측정할 수 있다. (d) 바깥-바깥 구성으로 세포 외부 쪽이 바깥쪽을 향하도록 만든 패치에서 전류를 측정할 수 있다.

자가 통로에 결합할 때 열린다.

전압개폐성 이온 통로의 기본 구조는 **그림 18-5**에 나와 있다. 이러한 통로는 두 가지 다른 구조적 범주에 속한다. 전압개폐성 K^+ 통로는 다량체 단백질, 즉 4개의 개별 단백질로 구성되어 막에서 함께 모여 이온이 통과할 수 있는 구멍을 형성한다. 반면 전압개폐성 Na^+ 통로는 큰 단량체 단백질로, 4개의 개별 도메인을 가진 폴리펩타이드로 구성되어 있으며, 각 도메인은 전압개폐성 K^+ 통로의 소단위체 중 하나와 유사하다. 두 종류의 통로 모두에서 각 단량체 또는 도메인에는 6개의 막관통 α-나선(단량체 S1~S6, 그림 18-5a)이 존재한다.

중앙 구멍의 크기, 그리고 더 중요한 것은 이온과 상호작용하는 방식이 통로에 이온 선택성을 부여한다. 그림 18-5b는 박테리아의 K^+ 통로인 통로 KcsA를 예로 들어 이러한 이유를 보여준다. 척추동물의 전압개폐성 K^+ 통로도 유사한 구조를 가지고 있다. 통로의 중심 벽 부분에 존재하는 아미노산의 산소 원자는 통로의 중심에 정확하게 배치되어 있어서 이온이 선택성 필터를 통과할 때 이온과 상호작용하고, 이온은 이때 수화된 물 분자를 떨어뜨린다. K^+과 산소 사이의 정확한 맞춤은 놀라울 정도로 정밀하다. Na^+은 K^+보다 크기가 작아서 통로의 한쪽에 존재하는 산소 원자와만 상호작용할 수 있다. 이 때문에 Na^+이 자신에게 수화된 물 분자를 포기하고 통로 안으로 들어가는 것은 열역학적으로 일어나기 힘들다. 매키넌(Roderick MacKinnon)은 2003년에 K^+ 통로 구조에 대한 연구로 노벨상을 수상했다.

전압개폐성 Na^+ 통로는 특정 자극에 반응하여 빠르게 열었다가 다시 닫을 수 있는 능력이 있다. 이것이 **통로 개폐**(channel gating)로 알려진 현상이다. 이러한 개방 또는 폐쇄 상태는 전부 아니면 전무 상태이다. 즉 통로가 부분적으로 열려있지는 않다 (그림 18-5c). 척추동물 전압개폐성 통로의 막관통 α-나선 중 하나인 S4는 통로 개폐 중에 전압감지기 역할을 한다. S4의 양전하를 띤 아미노산을 중성 아미노산으로 대체하면 통로가 열리지 않으므로 S4 통로가 전위 변화를 감지해서 반응한다는 것을 알 수 있다.

대부분의 전압개폐성 통로는 또한 두 번째 유형의 **통로 불활성화**(channel inactivation)라고 하는 닫힌 상태를 취할 수도 있다. 이는 전압개폐성 Na^+ 통로 및 전압개폐성 K^+ 통로의 중요한 특징이다(**그림 18-6**). 통로가 불활성화되면 자극을 주더라도 즉시 다시 열 수 없다. 통로 불활성화는 닫힌 문에 자물쇠를 채우는 것과 같은 기능을 한다. 자물쇠가 풀려야만 문을 다시 열 수 있는 것이다. 불활성화는 통로의 일부분인 불활성화 입자 (inactivating particle)에 의해 발생한다. 일반적인 통로에는 이러한 입자가 4개 있다. 불활성화하는 동안 불활성화 입자가 통로의 개구부에 삽입된다. 통로가 다시 활성화되어 자극에 반응하

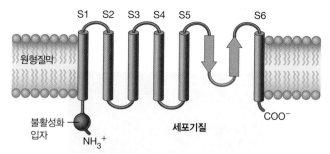

(a) 각 소단위체의 도메인 구조

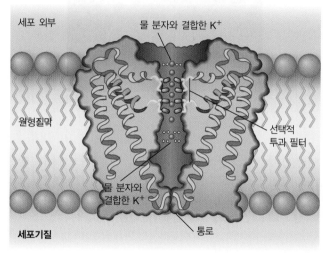

(b) 구멍 구조

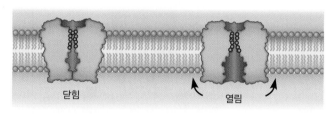

(c) 통로 개폐

그림 18-5 전압개폐성 이온 통로의 일반 구조. (a) 도메인 구조. Na^+, K^+, Ca^{2+}에 대한 전압개폐성 통로는 모두 동일한 기본 구조를 가지고 있다. 이들 통로는 본질적으로 직사각형 튜브이며, 4개의 벽은 4개의 소단위체 (예: K^+ 통로)로 형성되거나 단일 폴리펩타이드의 4개 도메인(예: Na^+ 통로)으로 구성되어 직사각형의 튜브 모양을 형성한다. 각 단량체 또는 도메인에는 S1~S6로 표지하는 6개의 막관통 나선이 있다. 네 번째 막관통 나선인 S4는 전압감지기이며, 개폐 메커니즘에 일부 관여한다. 전압개폐성 Na^+ 통로 및 일부 유형의 K^+ 통로의 경우 N-말단 근처 영역이 세포기질로 돌출되어 불활성화 입자를 형성한다. (b) 구멍 구조. K^+ 통로의 막관통 영역이 닫힌 형태. 이 그림은 박테리아의 KcsA 통로를 기반으로 하지만 척추동물의 K^+ 통로도 유사하다. 전압개폐성 K^+ 통로의 4개 단량체 중 2개를 여기에 묘사했는데, 통로의 막관통 부분만 나타냈다. 수화된 K^+(청록색)이 통로로 들어가서 선택성 필터(갈색) 내부에 존재하는 아미노산에 정확하게 위치한 후 물 분자를 버리고 산소 원자와 결합한다. (c) 통로 개폐. 통로는 개폐로 조절되며, 통로의 전압감지기 도메인 상태에 따라 열리거나 닫힐 수 있다.

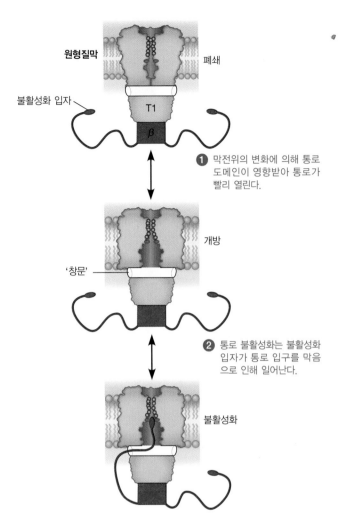

그림 18-6 전압개폐성 이온 통로의 기능. ❶ 포유류의 K⁺ 통로에는 3가지 주요 도메인이 있다. 바로 α 소단위체의 막관통(S), 세포기질(T1) 도메인, β 소단위체이다. β 소단위체의 N-말단 영역에는 불활성화 입자가 존재한다. 통로 개폐는 막전위가 변할 때 막관통 도메인의 일부가 형태를 바꾸기 때문에 발생한다. ❷ 통로 불활성화. 여기에서는 전압개폐성 K⁺ 통로의 4개의 불활성화 입자 중 2개를 표시했다. 불활성 입자가 통로의 '창문' 영역을 통과하여 구멍의 개방을 차단하면 통로가 불활성화된다.

여 열리려면 불활성화된 입자가 구멍에서 멀리 떨어져야 한다. 불활성화 입자의 중요성은 단백질분해효소 또는 통로의 불활성화 입자에 결합할 수 있는 항체의 처리를 통한 실험으로 파악할 수 있다. 불활성화 입자가 기능하지 못하면 통로는 더 이상 불활성화되지 않는다.

이온 통로의 조절은 뉴런이 적절하게 기능하기 위해 매우 중요하다. 여러 전압개폐성 이온 통로의 결함은 인간의 신경질환과 관련이 있다[이러한 결함을 **이온통로병증**(channelopathy)이라고 한다]. 예를 들어 특정 K⁺ 통로에 돌연변이가 있는 사람에게는 운동실조증(ataxia, 근육 조정의 결함)이 일어나고, 뇌전증의 한 유형은 전압개폐성 Na⁺ 통로의 한 유형에서 일어난 돌연변이로 인해 발생한다.

축삭을 따라 전기 신호를 전파하는 활동전위

이제 이온 통로의 조율된 개방과 폐쇄가 어떻게 활동전위로 이어질 수 있는지 살펴볼 준비가 되었다. 먼저 막전위가 활동전위 동안 어떻게 변화하는지 살펴보자. 역사적으로 중요하기 때문에 오징어 거대축삭을 모델로 사용하여 설명할 것이다.

휴지기 뉴런은 전기적 작용을 할 준비가 된 시스템이다. 앞서 살펴본 것처럼 세포의 막전위는 이온 기울기와 이온 투과성의 섬세한 균형으로 설정된다. 막의 탈분극은 이 균형을 깨뜨린다. 만약 탈분극 수준이 약 +20 mV 미만으로 작으면 막전위는 일반적으로 더 이상 영향을 미치지 않고 휴식 상태 수준으로 떨어진다. 추가 탈분극은 막에 **역치전위**(threshold potential)를 일으킨다. 역치전위를 넘어서면 세포막은 전기적 특성과 이온 투과성이 극적으로 급격히 변화하고 이어서 활동전위가 시작된다.

활동전위(action potential)는 짧지만 큰 신경 원형질막의 탈분극과 재분극을 말하며, Na⁺의 내부 이동과 이후 발생하는 K⁺의 외부 이동으로 인해 발생한다. 이러한 이온 이동은 전압개폐성 Na⁺ 통로 및 전압개폐성 K⁺ 통로의 개폐로 제어된다. 일단 어떤 활동전위가 막의 한 영역에서 시작되면 이는 발생 부위에서 막을 따라 이동하는 **전파**(propagation)라는 과정을 거친다.

활동전위는 축삭의 막전위의 급격한 변화를 수반한다

그림 18-3b에서 살펴본 장치를 사용하여 막을 오징어 거대축삭을 통해 흐르는 이온 전류를 각 활동전위의 단계별로 나누어 측정하는 데 사용할 수 있다. 이를 위해 연구자는 유지 전극(holding electrode)으로 알려진 추가 전극을 세포에 삽입하고, 전압클램프에 연결하여 막 안팎에 특정 전위가 유지되도록 설정할 수 있다. 이러한 전압클램프 장치를 사용하면 어떤 막전위에서도 막을 통해 흐르는 전류를 측정할 수 있다. 이러한 실험은 활동전위를 유발하는 메커니즘에 대한 근본적인 이해를 돕는다.

그림 18-7은 활동전위와 관련된 막전위 변화의 순서를 보여준다. 1밀리초 이내에 막전위가 안정 막전위에서 약 +40 mV로 극적으로 상승하고, 막 내부는 실제로 잠시 동안 양전하를 띤다. 그런 다음 전위는 다소 느리게 하락하여 약 −75 mV[언더슈트(undershoot) 또는 과분극이라고 한다]까지 떨어졌다가 약 −60 mV의 안정 전위에서 다시 안정화된다. 그림 18-7에서 알 수 있듯이 활동전위 동안 연속적인 전체 이벤트는 수 밀리초 이내에 발생한다.

축삭막의 통로를 통한 빠른 이온 이동으로 인해 활동전위가 발생한다

휴지 중인 뉴런에서 전압 의존성 Na⁺ 통로와 전압 의존성 K⁺ 통

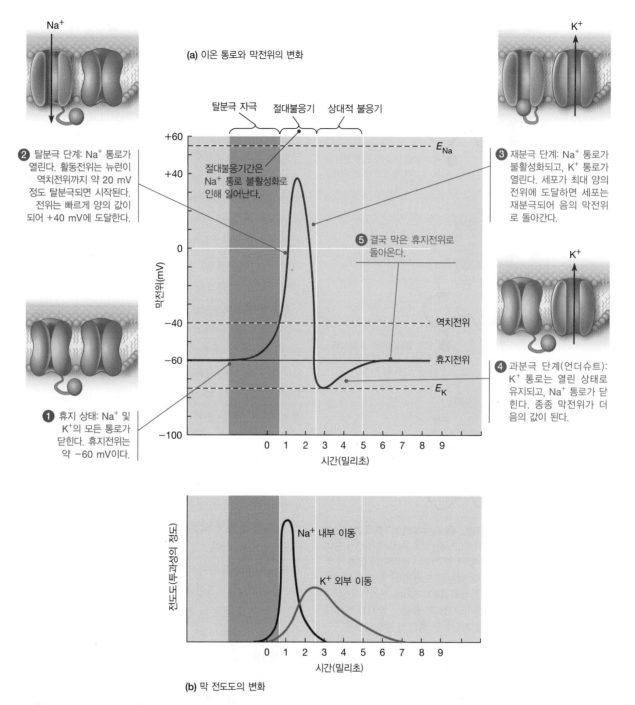

(a) 이온 통로와 막전위의 변화

탈분극 자극   절대불응기   상대적 불응기

② 탈분극 단계: Na⁺ 통로가 열린다. 활동전위는 뉴런이 역치전위까지 약 20 mV 정도 탈분극되면 시작된다. 전위는 빠르게 양의 값이 되어 +40 mV에 도달한다.

절대불응기간은 Na⁺ 통로 불활성화로 인해 일어난다.

③ 재분극 단계: Na⁺ 통로가 불활성화되고, K⁺ 통로가 열린다. 세포가 최대 양의 전위에 도달하면 세포는 재분극되어 음의 막전위로 돌아간다.

⑤ 결국 막은 휴지전위로 돌아온다.

① 휴지 상태: Na⁺ 및 K⁺의 모든 통로가 닫힌다. 휴지전위는 약 −60 mV이다.

④ 과분극 단계(언더슈트): K⁺ 통로는 열린 상태로 유지되고, Na⁺ 통로가 닫힌다. 종종 막전위가 더 음의 값이 된다.

E_{Na}

역치전위

휴지전위

E_K

(b) 막 전도도의 변화

Na⁺ 내부 이동

K⁺ 외부 이동

그림 18-7 활동전위 동안 오징어 축삭의 막에서 일어나는 이온 통로와 전류의 변화. (a) 전압개폐성 통로를 통한 Na⁺ 및 K⁺의 이동으로 인한 막전위의 변화를 활동전위의 각 단계에 표시했다. 절대불응기는 Na⁺ 통로 불활성화로 인해 발생한다. 활동전위의 최고점에서 막전위는 E_{Na}(Na⁺ 평형전위) 값인 약 +55 mV에 근접한다. 마찬가지로 언더슈트 전위는 거의 E_K(K⁺ 평형전위) 값인 약 −75 mV에 근접한다. (b) 막 전도도(특정 이온에 대한 막의 투과성)의 변화. 탈분극된 막은 처음에 Na⁺에 대한 투과성이 매우 높아져 Na⁺의 내부 이동을 촉진한다. 그 후 Na⁺에 대한 투과성이 감소함에 따라 K⁺에 대한 막 투과성이 일시적으로 증가하여 막이 과분극을 일으킨다.

로는 일반적으로 닫혀있다. 누출 통로 때문에 안정 상태에서 세포막은 Na⁺보다 K⁺에 대한 투과성이 약 100배 더 높다. 신경세포의 한 영역이 약간 탈분극되면 Na⁺ 통로의 일부가 반응하여 열린다. 이때 증가된 Na⁺ 전류는 막을 더욱 탈분극시키는 역할을 한다. 탈분극이 증가하면 더 큰 Na⁺ 전류가 흐르게 되어 막이

더욱더 탈분극된다. 탈분극, 전압개폐성 Na⁺ 통로의 개방과 Na⁺ 전류 증가 사이의 이러한 관계는 호지킨 회로(Hodgkin cycle)로 알려진 양성 피드백 고리를 구성한다.

임계값 미만 탈분극 휴지 중인 뉴런에서 누출 통로를 통한 K⁺

의 바깥쪽 이동은 휴지막전위를 회복시킨다. 막이 소량 탈분극 되면 막의 전위가 회복되고, 활동전위가 생성되지 않는다. 활동전위를 생성하기에는 너무 작은 탈분극을 역치 이하 탈분극 (subthreshold depolarization)이라고 한다.

탈분극 단계 만약 막의 전압 의존성 Na^+ 통로가 모두 한꺼번에 열리면 세포는 갑자기 K^+보다 Na^+에 대한 투과성이 10배가량 높아진다. 그 결과 막전위는 Na^+ 기울기에 의존하게 된다. 막전위가 역치전위를 지날 때 이러한 일이 일어난다(그림 18-7 ❶과 ❷). 역치전위에 도달하면 상당수의 Na^+ 통로의 개폐가 활성화되기 시작한다. 이 시점에서 막전위가 급격히 상승한다. Na^+의 유입 속도가 누출 통로를 통한 K^+의 최대 이동 속도를 약간 초과하면 활동전위가 발생한다. 약 +40 mV에서 막전위가 정점에 도달하면 활동전위가 (실제로는 도달하지 않지만) Na^+의 평형전위(약 +55 mV)에 근접한다. 실제로 이 값에 도달하지 않는 이유는 이 기간 동안 막이 다른 이온에 대해 투과성을 유지하기 때문이다.

재분극 단계 막전위가 정점까지 상승하면 막은 빠르게 재분극된다(그림 18-7 ❸). 이는 Na^+ 통로의 불활성화와 전압개폐성 K^+ 통로의 개방이 복합적으로 작용하기 때문이다. Na^+ 통로가 불활성화되면 막전위가 다시 음(−)이 될 때까지 닫힌다. 따라서 통로 불활성화는 Na^+의 내부 흐름을 중단시킨다. 이제 K^+이 세포 밖으로 빠져나가면서 세포가 재분극된다.

전압개폐성 K^+ 통로와 전압개폐성 Na^+ 통로의 반응 속도의 차이는 활동전위를 생성하는 데 중요한 역할을 한다. 활동전위는 세포막의 Na^+ 투과성 증가로 시작된다. Na^+에 대한 투과성의 증가는 막을 탈분극시킨 다음, K^+에 대한 투과성이 증가하여 막이 재분극된다.

과분극 단계(언더슈트) 활동전위가 끝나면 대부분의 뉴런은 일시적인 **과분극**(hyperpolarization) 또는 **언더슈트**(undershoot)를 보인다. 즉 막의 전위가 일시적으로 정상 휴지기보다 더 음(−)의 값을 갖게 된다(그림 18-7 ❹). 언더슈트는 전압개폐성 K^+ 통로가 열려있는 동안 포타슘 투과성이 증가하기 때문에 발생한다. 언더슈트의 전위는 K^+의 평형전위(오징어 축삭의 경우 약 −75 mV)에 거의 근접한다. 전압개폐성 K^+ 통로가 닫히면 막의 전위는 원래의 휴지전위로 돌아간다(그림 18-7 ❺). 휴지전위의 빠른 회복에는 Na^+/K^+ 펌프를 사용하지 않는 대신 이온의 수동적인 움직임을 이용한다는 것을 주목하자. 대사 억제제를 처리하여 ATP를 생성할 수 없는 세포의 경우 (Na^+/K^+ 펌프까지 ATP를 사용할 수 없지만) 활동전위는 계속 만들어진다. 펌프는 활동전위가 지나고 막이 휴지 상태로 돌아간 후에 음(−)전위를 유지하

도록 도와주는 역할을 한다.

불응기 활동전위가 발생한 후 몇 밀리초 동안은 새로운 활동전위를 유발하는 것이 불가능하다. **절대불응기**(absolute refractory period)로 알려진 이 기간(그림 18-7 ❸ 참조) 동안에는 Na^+ 통로가 불활성화되고 탈분극에 의해 열리지 않는다. 이 기간 동안 Na^+ 통로가 재활성화되고 다시 열릴 수 있지만 활동전위를 다시 촉발하기는 어렵다. 이는 이 기간에 K^+ 누출 통로와 전압개폐성 K^+ 통로가 모두 열려있기 때문이다. 이로 인해 막전위가 새로운 Na^+ 통로가 열리는 주기를 시작하기 위한 임곗값과는 거리가 먼 음의 값으로 유도한다. 이 기간을 **상대적 불응기**(relative refractory period)라고 한다(그림 18-7 ❹ 참조).

활동전위로 인한 이온 농도 변화 이온의 이동에 대한 지금까지의 설명을 통해 활동전위가 Na^+과 K^+의 세포기질 내 농도에 큰 변화를 일으킬 것이라고 생각할 수 있겠지만 실상 그렇지 않다. 사실 한 번의 활동전위 동안 Na^+과 K^+의 세포 내 농도는 전혀 변하지 않는다. 막 한쪽에는 약간의 음(−)전하가 있고 다른 쪽에는 약간의 양(+)전하가 존재하기 때문에 막전위가 생긴다는 것을 상기하자. 이러한 과도한 전하의 수는 전체 이온의 극히 일부일 뿐이며, 전하 균형을 중화하거나 변화시키기 위해 막을 통과해야 하는 이온의 수도 마찬가지로 아주 적다.

그럼에도 불구하고 격렬한 신경세포의 활동은 전반적인 이온 농도의 변화를 초래할 수 있다. 예를 들어 뉴런이 계속해서 많은 수의 활동전위를 생성하면 세포 외부의 K^+ 농도가 눈에 띄게 상승한다. 이는 뉴런 자체와 주변 세포의 막전위에 영향을 줄 수 있다. 성상세포는 혈액-뇌 장벽을 형성하는 신경교세포로, 과도한 K^+을 흡수하여 이러한 문제를 해결한다.

활동전위는 크기가 감소되지 않고 축삭을 따라 전파된다

뉴런이 서로 신호를 전달하려면 활동전위 중에 발생하는 순간적인 탈분극과 재분극 전위가 신경세포막을 따라 이동해야 한다. 막의 한 지점에서 **탈분극의 수동적 전파**(passive spread of depolarization)라는 과정을 통해 인접한 영역으로 퍼진다. 탈분극의 파동이 수동적으로 확산됨에 따라 크기도 감소한다. 시작 지점부터의 거리에 따라 이러한 탈분극 크기의 감소가 있기 때문에 신호는 수동적 수단만으로는 먼 거리를 이동하기 힘들다. 그러므로 신경 신호가 먼 거리로 이동하려면 활동전위가 막의 한 지점에서 다른 지점으로 갈 때 전파되거나 능동적으로 재생산되어야 한다.

탈분극의 수동적 전파와 활동전위 전파의 차이를 이해하려면 신호가 가지돌기에서 축삭 끝까지 뉴런을 따라 어떻게 이동하는지 생각해봐야 한다(**그림 18-8**). 들어오는 신호는 신호전달 뉴

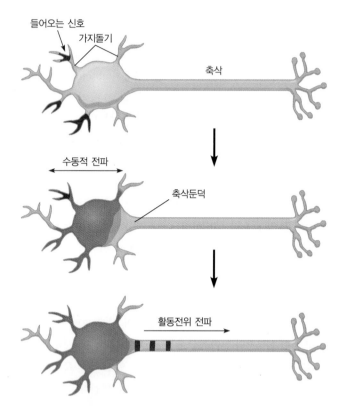

그림 18-8 뉴런에서 탈분극의 수동적 전파 및 뉴런에서 전파된 활동전위. 뉴런을 따라 신경자극이 전달되는 것은 탈분극의 수동적 전파와 활동전위의 전파 모두에 의존한다. 뉴런은 가지돌기가 다른 뉴런으로부터 탈분극 자극을 받을 때 자극을 받는다. 가지돌기에서 시작된 탈분극은 세포체를 통해 축삭까지 수동적으로 퍼져 활동전위가 형성된다. 그런 다음 활동전위는 축삭으로 전파된다.

런의 시냅스 버튼과 신호수신 뉴런의 가지돌기 사이에 접촉점을 형성하는 시냅스에서 신호수신 뉴런으로 전송된다. 이렇게 새로 들어온 신호가 신호수신 뉴런의 가지돌기를 탈분극시키면 탈분극이 가지돌기에서 축삭의 기저부, 즉 **축삭둔덕**(axon hillock)까지 수동적으로 퍼진다. 축삭둔덕은 활동전위가 가장 쉽게 시작되는 영역이다. 그 이유는 Na^+ 통로가 가지돌기와 세포체에 드문드문 분포되어 있지만 축삭둔덕과 랑비에 결절에 집중되어 존재하기 때문이다. 동일한 정도로 탈분극이 일어나도 Na^+ 통로가 많은 부위에서는 Na^+ 유입량이 훨씬 많이 증가하게 된다. 축삭둔덕에서 시작된 활동전위는 축삭을 따라 전파된다.

비미엘린초 신경세포에서 활동전위가 전파되는 메커니즘은 **그림 18-9**에 설명되어 있다. ❶ 휴지 중인 막에 자극을 주면 막의 탈분극이 일어나고, 해당 위치의 축삭 내부로 Na^+이 이동한다. ❷ 이 지점에서 막의 극성이 일시적으로 반전되고, 이 탈분극이 인접한 지점으로 퍼진다. ❸ 인접 지점에서의 탈분극은 역치전위 이상으로 끌어올리기에 충분하여 Na^+이 내부로 이동하는 것을 촉발한다. 이때 신호가 일어났던 막의 영역은 K^+에 대한 투과성이 높아진다. ❹ K^+이 세포 밖으로 이동함에 따라 내부의 음

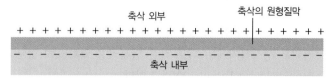

❶ 처음에 막은 완벽하게 분극화되어 있다.

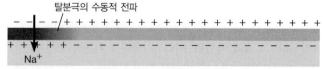

❷ 활동전위가 시작되면 막의 일부분이 탈분극된다. 그 결과 옆부분까지 함께 탈분극된다.

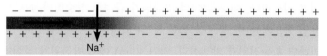

❸ 옆부분의 탈분극이 역치값을 넘어가면 그곳에서 다시 활동전위가 생긴다.

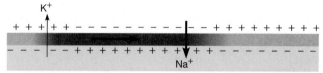

❹ 바깥쪽으로 K^+이 이동하여 막은 다시 재분극된다. 탈분극은 앞으로만 이동하여 활동전위를 생성한다.

❺ 탈분극이 앞으로 이동하여 같은 과정을 반복한다.

그림 18-9 비미엘린초화된 축삭을 따라 활동전위가 전달되는 모습. 비미엘린초화된 축삭은 각각 활동전위를 일으킬 수 있는 일련의 점으로 볼 수 있다. Na^+ 통로가 불활성화 상태이고 막이 과분극되어 있기 때문에 활동전위가 형성되는 부위 근처에서는 반대 방향으로 전파가 일어나지 않는다.

전하가 회복되고, 세포막의 해당 부분이 휴지 상태로 돌아간다.

한편 ❺ 탈분극은 새로운 영역으로 확산되어 그곳에서도 동일한 일련의 반응이 시작된다. 이러한 방식으로 신호는 탈분극-재분극 이벤트의 물결처럼 막을 따라 이동하며, 신호 바로 근처에서는 막 극성이 반전되지만 신호가 축삭을 따라 이동하면서 다시 정상으로 돌아간다. 신경섬유를 따라 이러한 사건의 주기가 전파되는 것을 **전파된 활동전위**(propagated action potential) 또는 **신경자극**(nerve impulse)이라고 한다. 신경자극은 초기 탈분극 부위에서만 이동할 수 있다. 방금 탈분극된 Na^+ 통로는 비활성화된 상태이며, 추가 자극에 즉시 반응할 수 없기 때문이다.

활동전위는 활발하게 전파되기 때문에 이동하면서 사라지는 것이 아니라 막을 따라 연속되는 각 지점에서 새롭게 생성된다. 따라서 신경자극은 본질적으로 강도가 감소하지 않으면서 거리에 상관없이 멀리 전달될 수 있다.

미엘린초는 축삭을 둘러싼 전기 절연체처럼 작용한다

척추동물 축삭의 대부분은 여러 개의 동심원 막으로 구성된 불연속적인 미엘린초로 둘러싸여 있다는 특징을 가지고 있다. 미엘린초는 자신이 감싼 축삭 부분에 전기를 절연하는 역할을 한다. 중추신경계(CNS)에서 뉴런의 미엘린초는 **희소돌기아교세포**(oligodendrocyte)에 의해 형성되며, 말초신경계(PNS)에서는 **슈반세포**(Schwann cell)에 의해 형성된다(그림 18-1 참조). 두 종류의 신경교세포는 축삭 주위에 자신의 원형질막을 촘촘한 나선형으로 겹겹이 감싸고 있다(**그림 18-10**). 각 슈반세포는 단일 축삭의 짧은 부분(약 1 mm)을 둘러싸고 있기 때문에 많은 수의 슈반세포가 불연속적인 미엘린 피막으로 말초신경계 축삭을 감싸는 데 필요하다. 미엘린초화는 전하를 유지하는 신경막의 능력을 감소시켜(즉 미엘린초화는 **정전 용량**을 감소시킨다) 탈분극이 미엘린초화되지 않은 축삭보다 훨씬 더 멀리 그리고 더 빠르게 퍼질 수 있게 한다.

그러나 미엘린초화가 신호 전파의 필요성을 없애는 것은 아니다. 탈분극이 한 부위에서 나머지 뉴런으로 확산되려면 활동전위가 축삭을 따라 주기적으로 갱신되어야 한다. 이는 한 결절의 활동전위에서 확산되는 탈분극이 인접한 결절을 역치전위 이상으로 끌어올릴 수 있을 만큼 충분히 강해지도록 서로 충분히 가까운 간격(1~2 mm)으로 떨어져 있는 미엘린 층들 사이에 존재하는 **랑비에 결절**에서 일어난다(**그림 18-11**). 막을 통과하는 전류의 흐름이 다른 곳에서는 제한되고 랑비에 결절에는 전압개폐성 Na^+ 통로가 집중되어 있으므로 미엘린초화된 축삭에서 활동전위가 생성될 수 있는 유일한 장소이다. 따라서 활동전위는 막을 따라 일정한 물결 모양으로 이동하지 않고 미엘린초화된 축삭을 따라 결절에서 결절로 점프한다. 이 소위 **도약 전파**(salvatory propagation, salvatory는 '춤추다'라는 라틴어에서 유래)는 비미엘린초화된 축삭에서 발생하는 연속 전파보다 훨씬 더 빠르다(그림 18-11 참조). 미엘린초는 포유류 축삭의 중요한 특징이다. 미엘린초가 손실되면 축삭 막의 전기 저항이 급격히 감소한다. 물이 새는 정원 호스를 통해 물이 흐르는 것과 마찬가지로 이러한 저항의 손실은 축삭을 따라 전도 속도를 급격히 감소시킨다. 인간의 질병인 **다발성 경화증**(multiple sclerosis)은 면역계가 자신의 미엘린초 신경섬유를 공격하여 탈미엘린초화를 일으켜서 발생한다. 영향받은 신경이 근육을 자극하면 환자의 운동 능력이 심각하게 손상될 수 있다.

랑비에 결절은 신경아교세포막 또는 슈반세포막의 고리와 이들이 미엘린초화하는 축삭의 원형질막 사이의 밀접한 접촉을 포함하는 고도로 조직화된 구조이다. 이러한 특수한 접촉 부위와 관련된 3가지 영역이 있다. 랑비에 결절 자체에는 전압에 민감한

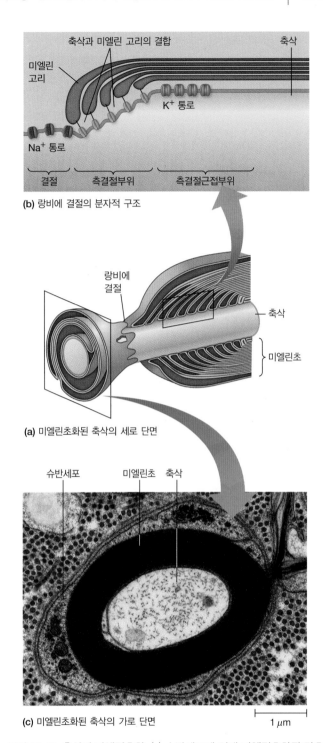

(b) 랑비에 결절의 분자적 구조

(a) 미엘린초화된 축삭의 세로 단면

(c) 미엘린초화된 축삭의 가로 단면

그림 18-10 축삭의 미엘린초화. (a) 슈반세포에 의해 미엘린초화된 말초신경계의 축삭. 각 슈반세포는 축삭 주위를 자신의 원형질막을 동심원으로 감싸서 미엘린초의 한 부분을 생성한다. (b) 말초신경계에서 전형적인 랑비에 결절의 구성. Na^+ 통로(보라색)는 결절에 집중되어 있다. 미엘린 고리는 축삭 막과 미엘린 고리의 단백질(초록색)을 통해 결절 옆 영역('측결절'부위)에 부착된다. K^+ 통로(청록색)는 측결절부위 옆에 모인다. (c) 고양이 신경계의 미엘린초화 축삭의 단면도. 축삭을 감싸고 있는 슈반세포에 의해 이루어진 축삭을 감싼 막의 동심원 층을 보여준다(TEM).

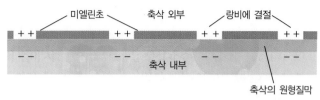

① 미엘린초화된 뉴런에서는 미엘린초 바로 주변에 있는 축삭둔덕에서 주로 활동전위가 일어난다. 이후 탈분극은 축삭을 따라 퍼져나간다.

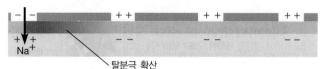

② 미엘린초화 때문에 탈분극은 다음 결절로 수동적으로 퍼져나간다.

③ 다음 결절에서 역치값을 넘으면 새로운 활동전위가 생겨난다.

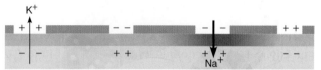

④ 이 과정이 반복되어 다음 결절에서 활동전위가 만들어진다.

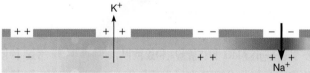

⑤ 같은 과정이 계속 반복된다.

그림 18-11 미엘린초화된 축삭에서 활동전위의 전달. 미엘린초화된 축삭에서 활동전위는 랑비에 결절에서만 생성될 수 있다. 미엘린초는 막 정전 용량을 감소시켜 막의 한 지점에 들어온 일정 양의 Na^+ 전류가 미엘린초가 없을 때보다 막을 따라 훨씬 더 멀리 퍼질 수 있게 한다. 그 결과 축삭을 따라 결절에서 결절로 전파되는 탈분극-재분극의 파동이 발생한다.

Na^+ 통로가 고도로 집중되어 있는 영역이 있고, 인접한 영역인 **측결절부위**(paranodal region, *para*-는 '나란히'라는 뜻)의 축삭과 아교세포막에는 특수한 접착 단백질이 포함되어 있다. 마지막으로 **측결절근접부위**(juxtaparanodal region, *juxta*-는 '옆에'를 의미)라고 하는 측결절부위 바로 옆의 영역에는 K^+ 통로가 고도로 집중되어 있다(그림 18-10b 참조). 랑비에 결절 조직은 결절 주변 영역에서 축삭의 원형질막 내 Na^+ 통로 및 K^+ 통로의 자유로운 이동을 방지한다.

개념체크 18.2

중남미 다트독개구리(poison dart frog)의 일부 종에서 생성되는 바트라코톡신(batrachotoxin)이라는 독은 전압개폐성 Na^+ 통로에 결합하여 열린 상태를 유지한다. 신경세포가 바트라코톡신에 노출되면 어떤 일이 일어날지 예측하고 그에 대해 설명하라.

18.3 시냅스 전달과 신호의 통합

신경세포는 시냅스에서 어떻게 서로, 그리고 땀샘 및 근육과 소통할까? 신경세포는 **시냅스**라고 하는 구조적으로 뚜렷하게 구분되는 밀접한 접점 부위에서 다른 세포와 신호를 주고받는다. **전기적 시냅스**(electrical synapse)에서 **시냅스전 뉴런**(presynaptic neuron)이라고 하는 하나의 뉴런은 간극연접을 통해 두 번째 뉴런인 **시냅스후 뉴런**(postsynaptic neuron)에 연결된다(**그림 18-12**, 간극연접에 대한 자세한 내용은 15장 참조). 이온은 두 세포 사이를 오가면서 한 세포의 탈분극이 연결된 세포로 수동적으로 퍼진다. 전기적 시냅스는 지연이 거의 없는 빠른 전송을 가능하게 하며, 신경계에서 전송 속도가 중요한 곳에 주로 존재한다. 심장의 심장근육세포와 같은 비신경세포 사이에서도 이와 유사한 전기적 연결이 발견된다(14장 참조).

화학적 시냅스(chemical synapse, **그림 18-13**)에서 시냅스전 뉴런과 시냅스후 뉴런은 세포 접착 단백질로 연결되어 있지만, 간극연접으로 연결되지는 않는다. 그 대신 시냅스전 뉴런의 원형질막은 **시냅스틈**(synaptic cleft)으로 알려진 약 20~50 nm의 작은 공간으로 시냅스후 뉴런의 원형질막과 분리되어 있다. 시냅스전 뉴런 단자에 도달하는 신경 신호는 시냅스틈을 건너서 전기 자극을 전달하지 못한다. 시냅스 전달이 일어나려면 시냅스전 뉴런에서 전기 신호가 신경전달물질을 통해 전달되는 화학 신호로 변환되어야 한다. 신경전달물질 분자는 시냅스전 뉴런의 시냅스 버튼에 저장된다. 시냅스 말단에 도착한 활동전위는 신경전달물질이 시냅스틈으로 분비되어 시냅스틈을 가로질러 확산되게 한다. 그런 다음 신경전달물질 분자는 시냅스후 뉴런의 원형질막에 포함된 특정 단백질(수용체)에 결합하여 전기 신호로 다시 변환되고, 시냅스의 종류에 따라 시냅스후 뉴런의 활동전위 생성을 자극하거나 억제하는 일련의 과정이 시작된다.

신경전달물질 수용체는 크게 두 그룹으로 나눌 수 있다. 활성화가 세포에 직접 영향을 미치는 **이온성 수용체**(ionotropic receptor)라고도 하는 리간드개폐성 이온 통로와 **대사성 수용체**(metabotropic receptor)라고도 하는, 세포 내 신호전달자 시스템을 통해 간접적으로 효과를 발휘하는 수용체(19장 참조)가 있다(**그림 18-14**). 여기서는 리간드개폐성 통로를 집중적으로 다룰 것이다. 이러한 막 이온 통로는 신경전달물질의 결합에 반응하여 열리며 시냅스후 세포에서 흥분성 또는 억제성 반응을 매개할 수 있다.

신경전달물질은 신경 시냅스를 통해 신호를 전달한다

신경전달물질(neurotransmitter)은 본질적으로 뉴런이 방출하는 모든 신호 분자를 말한다. 많은 종류의 분자가 신경전달물질로

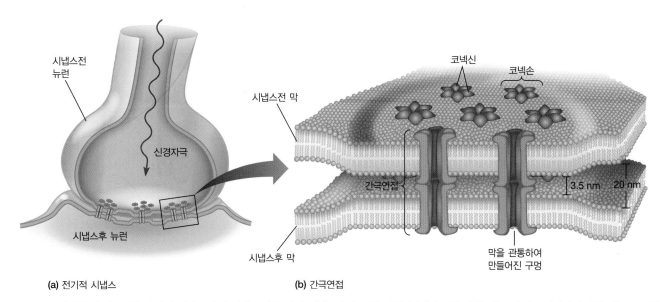

(a) 전기적 시냅스   (b) 간극연접

그림 18-12 전기적 시냅스. (a) 전기적 시냅스에서 시냅스전 뉴런과 시냅스후 뉴런은 작은 분자와 이온이 한 세포의 세포기질에서 다음 세포로 자유롭게 통과할 수 있게 하는 간극연접에 의해 결합되어 있다. 활동전위가 전기적 시냅스의 시냅스전 부위에 도달하면 양(+)전하를 띤 이온이 간극연접을 가로질러 흐르기 때문에 탈분극이 수동적으로 전파된다. (b) 간극연접은 통로 세트로 구성된다. 통로는 각각 코넥신이라고 하는 6개의 단백질 단량체로 구성된다. 6개의 단량체를 합친 전체 세트를 코넥손이라고 한다. 시냅스전 막과 시냅스후 막에 각각 하나씩 있는 2개의 코넥손이 간극연접을 구성한다.

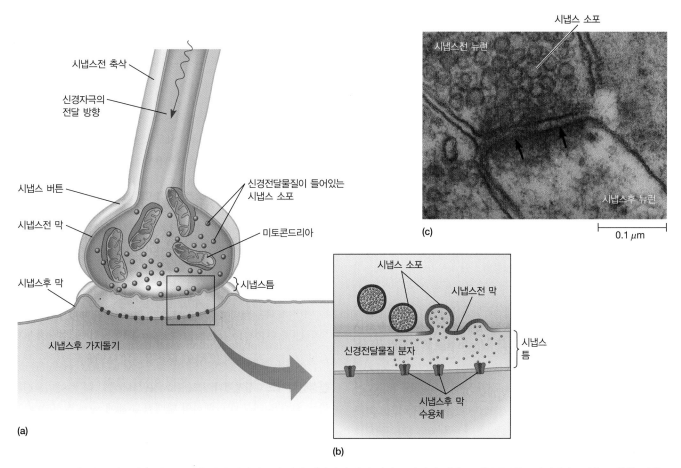

그림 18-13 화학적 시냅스. (a) 시냅스전 축삭의 신경자극이 시냅스(빨간색 화살표)에 도달하면 시냅스 버튼에 있는 신경전달물질을 포함한 시냅스 소포가 시냅스전 막과 융합하여 내용물을 시냅스틈으로 방출한다. (b) 신경전달물질 분자는 시냅스전(축삭) 막에서 시냅스후(가지돌기) 막으로 틈을 가로질러 확산되어 특정 막 수용체에 결합하고 막의 분극을 변화시켜 시냅스후 세포를 흥분시키거나 억제한다. (c) 화학적 시냅스의 투과전자현미경 사진(TEM). 화살표는 막 수용체와 다른 단백질이 모여있는 시냅스후 밀집 부위를 나타낸다.

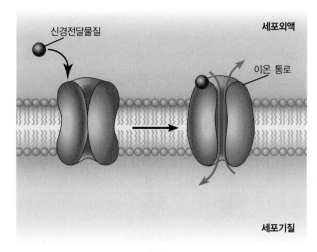

(a) 직접적인 신경전달물질 작용(이온성 수용체)

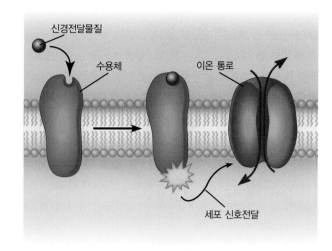

(b) 간접적인 신경전달물질 작용(대사성 수용체)

그림 18-14 화학적 시냅스에서 작용하는 여러 종류의 수용체. (a) 직접적인 신경전달물질 작용. 이온성 수용체는 이온 통로로서 직접 작용한다. 이온성 수용체가 신경전달물질과 결합하면 구조가 바뀌고, 이온이 이를 통과할 수 있게 된다. (b) 간접적인 신경전달물질 작용. 대사성 수용체가 신경전달물질과 결합하면 간접적으로 이온 통로를 열리게 하는 일련의 세포 신호전달 과정을 개시한다. 대사성 수용체는 간접적으로 작용하기 때문에 이온성 수용체보다 느리다.

작용한다. 대부분은 시냅스후 세포에서 특정 유형의 수용체를 통해 감지되며, 대부분의 신경전달물질은 두 가지 이상의 수용체를 가지고 있다. 신경전달물질 분자가 수용체에 결합하면 수용체의 특성이 변경되고, 시냅스후 뉴런이 그에 따라 반응한다. **흥분성 수용체**는 시냅스후 뉴런의 탈분극을 유발하는 반면, 억제성 수용체는 일반적으로 시냅스후 세포의 과분극을 유발한다.

정의는 다양하지만 신경전달물질로 인정받으려면 화합물이 다음 3가지 기준을 충족해야 한다. (1) 시냅스틈에 도입되었을 때 적절한 반응을 유도해야 하고, (2) 시냅스전 뉴런에서 자연적으로 만들어져야 하며, (3) 시냅스전 뉴런이 자극을 받을 때 적절한 시점에 방출되어야 한다. **표 18-2**에는 몇 가지 일반적인 신경전달물질이 나열되어 있으며, 그중 몇 가지를 살펴보자.

아세틸콜린 척추동물에서 **아세틸콜린**(acetylcholine)은 중추신경계(CNS) 이외의 뉴런 간 시냅스와 신경근접합에서 가장 흔한 신경전달물질이다(14장 참조). 아세틸콜린은 흥분성 신경전달물질이다. 카츠(Bernard Katz)와 동료들은 아세틸콜린이 수용체와 결합한 후 0.1밀리초 이내에 시냅스후 막의 Na^+ 투과성을 증가시킨다는 중요한 사실을 처음 발견했다. 아세틸콜린을 신경전달물질로 사용하는 시냅스를 **콜린성 시냅스**(cholinergic synapse)라고 부른다.

카테콜아민 **카테콜아민**(catecholamin)에는 도파민(dopamine)과 노르에피네프린(norepinephrine) 및 에피네프린(epinephrine, 아드레날린) 호르몬이 포함되며, 모두 아미노산 타이로신의 유도체이다. 카테콜아민은 부신(adrenal gland)에서도 합성되기 때문에

카테콜아민을 신경전달물질로 사용하는 시냅스를 **아드레날린성 시냅스**(adrenergic synapse)라고 부른다. 아드레날린성 시냅스는 장 같은 내부 장기의 신경과 평활근 사이의 접합부, 뇌의 신경-신경 접합부에서 발견된다(아드레날린 호르몬의 작용 방식은 19장 참조).

아미노산과 유도체 아미노산과 유도체로 구성된 다른 신경전달물질로는 히스타민(histamine), 세로토닌(serotonin), 감마아미노부티르산(γ-aminobutyric acid, GABA), 글라이신(glycine), 글루탐산(glutamate) 등이 있다. GABA와 글라이신은 억제성 신경전달물질인 반면, 글루탐산은 흥분성 효과가 있다. 글루탐산은 척추동물의 주요 흥분성 신경전달물질로, 글루탐산을 신경전달물질로 방출하는 뉴런을 글루탐산성 뉴런(glutamatergic neuron)이라고 한다. 세로토닌은 중추신경계에서 기능하고 K^+ 통로를 간접적으로 닫게 만들기 때문에 Na^+ 통로를 여는 것과 유사한 효과를 내며 시냅스후 세포가 탈분극되므로 흥분성 신경전달물질로 간주된다. 그러나 그 효과는 Na^+ 통로보다 훨씬 더 느리게 나타난다.

신경펩타이드 **신경펩타이드**(neuropeptide)라고 하는 아미노산의 짧은 사슬은 전구체 단백질의 단백질 분해에 의해 형성된다. 수백 가지의 다양한 신경펩타이드가 지금까지 밝혀졌다. 일부 신경펩타이드는 뇌의 다른 뉴런의 활동을 흥분, 억제, 변환한다는 점에서 신경전달물질과 유사한 특성을 보인다. 그러나 신경펩타이드는 여러 뉴런에 작용하고 효과가 오래 지속된다는 점에서 대부분의 신경전달물질과 다르다.

표 18-2	여러 가지 신경전달물질		
신경전달물질	**구조**	**기능적인 분류**	**분비되는 곳**
아세틸콜린		척추동물 골격근의 흥분. 다른 곳에서는 흥분 또는 억제	중추신경계, 말초신경계, 척추동물의 신경근접합부
카테콜아민			
노르에피네프린		흥분 또는 억제	중추신경계, 말초신경계
도파민		일반적으로 흥분. 어떤 곳에서는 억제도 가능	중추신경계, 말초신경계
아미노산과 그 유도체			
GABA (감마아미노부티르산)	$H_2N-CH_2-CH_2-CH_2-COOH$	억제	중추신경계, 무척추동물의 신경근접합부
글루탐산	$H_2N-CH-CH_2-CH_2-COOH$ 아래 $COOH$	흥분	중추신경계, 무척추동물의 신경근접합부
글라이신	H_2N-CH_2-COOH	억제	중추신경계
세로토닌		일반적으로 억제	중추신경계
신경펩타이드			
P 물질	Arg — Pro — Lys — Pro — Gln — Gln — Phe — Phe — Gly — Leu — Met	흥분	중추신경계, 말초신경계
Met-엔케팔린 (엔도르핀 일종)	Tyr — Gly — Gly — Phe — Met	일반적으로 억제	중추신경계
엔도카나비노이드			
아난다마이드		억제	중추신경계
가스			
산화질소	$N=O$	흥분 또는 억제	말초신경계

신경펩타이드의 한 예로는 포유류의 뇌에서 자연적으로 생성되며 통증 인식에 관여하는 뉴런의 활동을 억제하는 엔케팔린(enkephalin)이 있다. 이러한 신경펩타이드에 의한 신경 활동의 변화는 심한 스트레스나 충격을 받은 상태에서 개인이 경험하는 통증에 대한 무감각의 원인으로 생각된다. 모르핀, 코데인, 데메롤, 헤로인 같은 약물의 진통제(즉 통증 완화) 효과는 이들 약물이 엔케팔린이 일반적으로 표적으로 삼는 뇌 내의 동일한 부위에 결합할 수 있기 때문에 생겨난다.

엔도카나비노이드 시냅스에서 방출되는 다른 물질로는 시냅스전 뉴런의 활동을 억제하는 엔도카나비노이드(endocannabinoid)로 알려진 지질 유도체가 있다. 뇌에서 발견되는 주요 엔도카나비노이드 수용체는 대마초속(Cannabis) 식물에서 발견되는 물질인 테트라하이드로카나비놀(tetrahydrocannabinol, THC)에 의해서도 자극을 받는다. 마리화나는 대마초(Cannabis sativa)종의 잎에서 추출하며, 효과는 THC에 의한 것이다.

칼슘 수치가 높아지면 시냅스전 뉴런의 신경전달물질 분비가 자극된다

시냅스전 세포에 의한 신경전달물질 분비는 시냅스 버튼의 Ca^{2+} 농도에 의해 직접적으로 제어된다(**그림 18-15**). 활동전위가 도달할 때마다 탈분극은 시냅스 버튼의 **전압개폐성 Ca^{2+} 통로**(voltage-gated calcium channel)의 개방으로 인해 시냅스 버튼의 Ca^{2+} 농도를 일시적으로 증가시킨다. 일반적으로 세포는 Ca^{2+}에 대해 상대적으로 불투과성이므로, 세포기질 Ca^{2+} 농도는 낮게 유지된다(약 $0.1 \mu M$). 그러나 세포 외부의 Ca^{2+} 농도가 세포기질의 농도보다 약 10,000배 높기 때문에 세포막 안팎 Ca^{2+}의 농도 기울기가 매우 크다. 그 결과 Ca^{2+} 통로가 열리면 Ca^{2+}이 세포 안으로 이동한다.

신경전달물질 분자는 방출되기 전에 시냅스 버튼에 있는 작은 막으로 둘러싸인 **신경분비 소포**(neurosecretory vesicle)에 저장된다(그림 18-15 참조). 시냅스 버튼 내에서 Ca^{2+}이 방출되면 신경분비 소포에 두 가지 주요한 영향을 미친다. 첫째, 저장되어 있던 소포가 빠른 방출을 위해 차출된다. 둘째, 방출 준비가 된 소포는 시냅스 버튼 영역의 원형질막에 빠르게 도킹하여 융합한다. 이 과정에서 소포의 막은 축삭 말단의 원형질막과 밀접하게 접촉한 다음 융합하여 소포의 내용물을 방출한다. 이제 이 과정을 좀 더 자세히 살펴보자.

신경전달물질 분비 과정에 소포와 원형질막의 도킹 및 융합이 일어난다

신경전달물질이 시냅스후 세포에 작용하려면 신경분비 소포가 원형질막과 융합하여 세포외배출(자세한 내용은 12장 참조)에 의해 소포의 내용물을 분비하여 시냅스틈으로 배출해야 한다.

활동전위가 축삭 끝부분에 도달하여 전압개폐성 Ca^{2+} 통로의 개방을 촉발하면 Ca^{2+}이 시냅스 버튼으로 들어간다. 시냅스 막 근처의 신경분비 소포는 이제 시냅스전 뉴런의 시냅스 막과 융합할 수 있다. 이 과정은 매우 빠르게 일어날 수 있기 때문에 소포 융합은 이미 원형질막에 '도킹'되어있는 소포에 의한 것으로 간주된다(**그림 18-16**). 신경분비 소포와 활성대 원형질막의 도킹 및 융합은 12장에서 다룬 세포외배출에서 본 것처럼 t-SNARE 및 v-SNARE 단백질에 의해 매개된다. 소포의 정교하게 조절된 도킹에 관여하는 칼슘 '감지기'는 Ca^{2+}과 결합할 수 있는 시냅토태그민(synaptotagmin) 단백질인 것으로 보인다. 시냅토태그민은 Ca^{2+}과 결합할 때 형태 변화를 겪으며, 이를 통해 t-SNARE 복합체와 v-SNARE 복합체가 효율적으로 상호작용할 수 있게 된다. Ca^{2+}에 의한 소포 도킹 및 신경전달물질 분비 조절에 대한 이해에 크게 기여한 공로로 쥐트호프(Thomas Südhof)는 2013년에 노벨상을 수상했다.

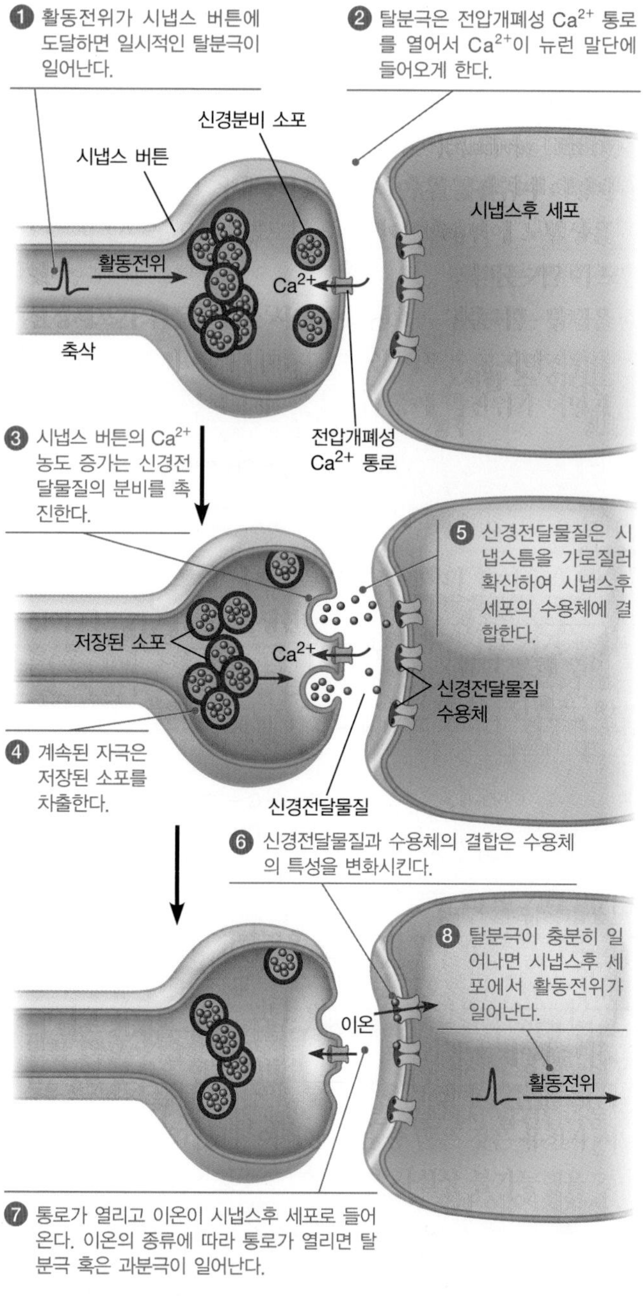

① 활동전위가 시냅스 버튼에 도달하면 일시적인 탈분극이 일어난다.

② 탈분극은 전압개폐성 Ca^{2+} 통로를 열어서 Ca^{2+}이 뉴런 말단에 들어오게 한다.

시냅스 버튼
신경분비 소포
시냅스후 세포
활동전위
Ca^{2+}
축삭
전압개폐성 Ca^{2+} 통로

③ 시냅스 버튼의 Ca^{2+} 농도 증가는 신경전달물질의 분비를 촉진한다.

⑤ 신경전달물질은 시냅스틈을 가로질러 확산하여 시냅스후 세포의 수용체에 결합한다.

저장된 소포
Ca^{2+}
신경전달물질 수용체

④ 계속된 자극은 저장된 소포를 차출한다.

신경전달물질

⑥ 신경전달물질과 수용체의 결합은 수용체의 특성을 변화시킨다.

⑧ 탈분극이 충분히 일어나면 시냅스후 세포에서 활동전위가 일어난다.

이온
활동전위

⑦ 통로가 열리고 이온이 시냅스후 세포로 들어온다. 이온의 종류에 따라 통로가 열리면 탈분극 혹은 과분극이 일어난다.

그림 18-15 시냅스를 가로지르는 신호의 전송. 활동전위가 시냅스전 버튼에 도달하면 일시적인 탈분극이 발생하여 전압개폐성 Ca^{2+} 통로가 열린다. Ca^{2+}의 농도가 상승하면 시냅스를 가로질러 이동하여 시냅스후 세포의 수용체에 결합하는 신경전달물질이 분비된다. 그 결과 탈분극이 일어나 활동전위를 유발할 수 있다.

도킹은 시냅스전 뉴런의 막 내에 있는 **활성대**(active zone)라고 하는 특수한 부위에서 이루어진다(그림 18-16 참조). 활성대에서 시냅스 소포와 그 방출을 유도하는 Ca^{2+} 통로는 서로 매우 근접한 곳에 위치하며, 이는 시냅스전 뉴런이 자극을 받을 때 도킹된 소포가 시냅스전 뉴런의 원형질막과 매우 빠르게 융합하는 것을 설명하는 데 도움을 준다.

소포 도킹 및 융합 이벤트의 방해로 인해 치명적인 질병 두 가

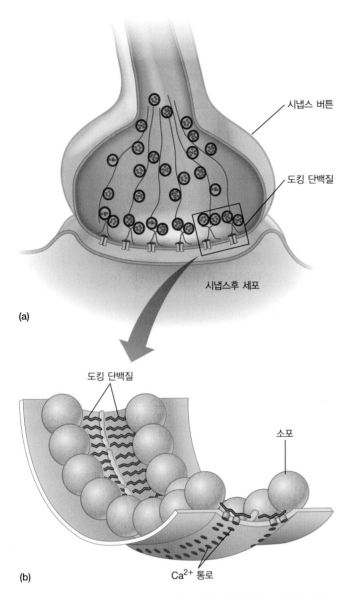

시냅스 버튼

도킹 단백질

시냅스후 세포

(a)

도킹 단백질

소포

(b)

Ca²⁺ 통로

그림 18-16 시냅스 소포와 시냅스전 뉴런의 원형질막 도킹. (a) 시냅스전 뉴런에서 Ca²⁺의 국소적 상승에 반응하여 일부 시냅스 소포는 원형질막과 밀접하게 연관(또는 도킹)된다. 근처의 Ca²⁺ 통로가 열리면 이렇게 도킹된 소포가 원형질막과 융합하여 내용물을 방출한다. (b) 개구리에서 운동뉴런의 활성대를 실제 TEM 사진으로부터 재구성한 그림. 도킹된 소포는 일렬로 배열되어 있으며 도킹과 관련된 단백질 복합체에 의해 연결된다. 칼슘 통로는 소포 바로 아래에 있다.

지가 발병한다. 파상풍과 보툴리눔 중독은 모두 신경독소로 알려진 화합물에 의한 소포 결합 및 방출 방해로 인해 일어난다. 파상풍 독소는 척수의 억제 뉴런에서 신경전달물질이 방출되는 것을 방해하여 근육 수축이 통제되지 못하게 한다[이 때문에 파상풍을 구어체로 '턱이 잠기는 병(lockjaw)'이라고도 한다]. **보툴리눔 독소**는 운동뉴런에서 신경전달물질이 방출되는 것을 막아 근육약화와 마비를 일으킨다(**인간과의 연결** 참조).

소포의 세포외배출은 소포의 막과 원형질막의 융합 과정을 포

함한다는 것을 상기하자(12장 참조). 뉴런이 많은 신경분비 소포를 연속적으로 빠르게 방출하면 시냅스전 신경 말단에 과도한 막이 축적될 수 있다. 뉴런은 **보상적 세포내섭취**(compensatory endocytosis)로 이 문제를 해결한다. 보상적 세포내섭취는 클라스린 의존성 소포의 형성에 의존한다(12장 참조). 이는 막을 재활용하여 신경 말단의 크기를 유지하게 한다.

뉴런이 매우 빠르게 발화해야 하는, 즉 신경 신호를 전달해야 하는 경우에는 신경전달물질을 방출하기 위해 더 일시적인 방법, 즉 **키스앤드런 세포외배출**(kiss-and-run exocytosis)을 사용할 수 있다. 이 경우 소포가 작은 구멍을 통해 일시적으로 원형질막과 융합하여 소포에서 일부 신경전달물질이 방출될 수 있다. 그런 다음 소포는 원형질막과 완전히 융합하는 추가 단계 없이 빠르게 재밀봉된다.

연결하기 18.2

초파리의 시비레(*Shibire*) 돌연변이는 다이나민(dynamin)을 암호화하는 유전자에 온도민감성 돌연변이가 있다. 온도가 높아지면 다이나민은 시비레 돌연변이체에서 기능을 멈추고, 돌연변이체는 마비된다. 그 이유는 무엇일까? (그림 12-15 ❸단계 참조)

신경전달물질은 시냅스후 뉴런의 특정 수용체에게 감지된다

신경전달물질이 시냅스를 통해 분비되면 시냅스후 세포에서 그 존재를 감지해야 한다. 이 반응에는 신경전달물질과 결합하여 시냅스후 뉴런의 반응을 매개하는 수용체가 필요하다. 서로 다른 신경전달물질은 특정 수용체에 결합한다. 여기에서는 시냅스 전달 중 특이성 있게 기능하는 잘 연구된 몇 가지 수용체에 대해 설명할 것이다(수용체에 대한 더 일반적인 내용은 19장 참조).

니코틴성 아세틸콜린 수용체 아세틸콜린이 결합하는 수용체의 한 유형은 니코틴성 아세틸콜린 수용체(nicotinic acetylcholine receptor, nAchR; **그림 18-17**)로 알려진 리간드개폐성 Na⁺ 통로이다. 이 수용체에 대한 아세틸콜린의 작용이 니코틴에 의해 모방될 수 있기 때문에 '니코틴성'이라고 불리며, 아세틸콜린에 의해 활성화되는 무스카린성 AchR(muscarinic AchR)은 니코틴이 아닌 버섯 독소인 무스카린에 의해 활성화된다. 두 분자의 아세틸콜린이 결합하면 통로가 열리고 Na⁺이 시냅스후 뉴런으로 이동하여 탈분극을 일으킨다.

전기가오리(*Torpedo californica*)의 전기 기관에 대한 연구를 통해 nAchR에 대해 많이 이해할 수 있게 되었다. 전기 기관은 한쪽에는 신경이 연결되어 있지만 다른 쪽에는 연결되어 있지 않은 세포 더미인 일렉트로플랙스(electroplax)로 구성되어 있다. 세포 더미의 신경이 분포된 쪽은 흥분 시 전위가 약 −90 mV에서 약

+60 mV로 변화하는 반면, 신경이 분포되지 않은 쪽은 −90 mV에 머무른다. 따라서 활동전위가 최고조에 달할 때 단일 일렉트로플랙스에는 약 150 mV의 전위차가 형성될 수 있다. 전기 기관에는 수천 개의 일렉트로플랙스가 직렬로 배열되어 있기 때문에 전압이 합산되어 전기가오리는 수백 볼트의 충격을 전달할 수 있다.

전자 현미경으로 관찰한 결과 일렉트로플랙스 막은 직경이 약 8 nm인 로제트(rosette, 장미 모양) 형태의 입자를 많이 가지고 있는 것으로 나타났다(그림 18-17a). 이 입자는 니코틴성 아세틸콜린 수용체이다.

뱀의 독에서 α-붕가로톡신(α-bungarotoxin)과 코브라톡신(cobratoxin) 등 여러 신경독을 분리하여 이용할 수 있게 되면서 아세틸콜린 수용체를 생화학적으로 정제할 수 있게 되었다. 이러한 신경독은 쉽게 방사성 물질로 표지할 수 있고 수용체 단백질에 특이적으로 단단하게 결합할 수 있기 때문에 nAchR의 위치를 찾고 정량화하는 매우 구체적인 수단으로 사용된다.

정제된 nAchR은 분자량이 약 300,000 Da이고, 각각 약 500개의 아미노산으로 이루어진 4종류의 단량체(α, β, γ, δ)로 구성된다(그림 18-17b, c). 수용체는 신경자극을 근육으로 전달하는 데 중요한 역할을 한다. 어떤 경우에는 사람이 자신의 아세틸콜린 수용체에 대해 자가면역 반응을 일으키기도 한다(즉 면역 체계가 자신의 수용체를 공격하는 것이다). 그 결과 환자에게는 퇴행성 근육약화가 발생하여 중증 근무력증(myasthenia gravis)이 발생할 수 있다.

콜린성 시냅스에서 신경전달은 여러 방법으로 차단될 수 있다. 한 가지 방법은 시냅스후 막의 수용체와 결합하기 위해 아세

틸콜린과 경쟁하는 물질을 이용하는 것이다. 이러한 독의 악명 높은 예로 한때 남미 원주민이 독화살의 원료로 사용했던 식물 추출물인 큐라레(curare)가 있다. 큐라레의 활성 성분 중에는 d-투보쿠라린(d-tubocurarine)이 있다. 뱀 독도 같은 방식으로 작용한다. α-붕가로톡신(Bungarus속 뱀인 크레이트에서 추출)과 코브라톡신(코브라에서 추출)은 모두 아세틸콜린 수용체에 공유결합하여 시냅스후 막의 탈분극을 차단하는 작고 염기성인 단백질이다.

이러한 방식으로 작용하는 물질을 콜린성 시스템의 길항제(antagonist)라고 한다. 작용제(agonist)라고 하는 다른 화합물은 정반대의 효과를 나타낸다. 작용제는 아세틸콜린 수용체에도 결합하지만, 아세틸콜린을 모방하여 시냅스후 막의 탈분극을 유발한다. 그러나 아세틸콜린과 달리 작용제는 빠르게 비활성화될 수 없기 때문에 막이 분극 상태를 회복하지 못한다.

GABA 수용체 감마아미노부티르산(GABA) 수용체 역시 리간드개폐성 통로이지만, 개방되면 Na^+이 아닌 Cl^-을 전도한다. Cl^-은 일반적으로 뉴런을 둘러싼 매질에서 더 높은 농도로 발견되기 때문에(표 18-1 참조) GABA 수용체 통로를 열면 시냅스후 뉴런으로 Cl^-이 유입되어 과분극을 일으킨다. 시냅스후 신경 말단의 과분극은 시냅스후 뉴런에서 활동전위가 시작될 가능성을 감소시킨다. 바륨이나 리브리엄 같은 벤조디아제핀 계열 약물은 수용체에 대한 GABA의 효과를 향상할 수 있다. 아마도 이러한 이유

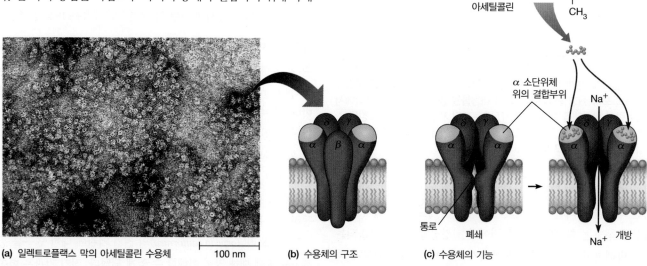

(a) 일렉트로플랙스 막의 아세틸콜린 수용체   100 nm   (b) 수용체의 구조   (c) 수용체의 기능

그림 18-17 니코틴성 아세틸콜린 수용체. 니코틴성 아세틸콜린 수용체(nAchR)는 중추신경계의 중요한 흥분성 수용체이다. (a) 일렉트로플랙스 시냅스후 막의 이 현미경 사진은 로제트 모양의 nAchR 입자를 보여준다(TEM). (b) nAchR은 아세틸콜린 결합부위가 있는 2개의 α 소단위체와 β, γ, δ 각각 1개씩을 포함한 5개의 소단위체로 이루어진다. 소단위체는 막관통 부분이 통로를 형성하는 방식으로 지질2중층에 응집한다. (c) 통로(여기서는 β 소단위체가 제거된 상태로 표시)는 일반적으로 닫혀있지만 아세틸콜린이 소단위체 두 부위에 결합하면 소단위체의 구조가 변경되어 통로가 열림으로써 Na^+이 통과할 수 있다.

어떤 사람들은 가능한 한 오랫동안 젊은 외모를 유지하기 위해 많은 노력을 기울인다. 노화의 징후를 줄이기 위해 성형수술을 피하고 싶은 사람들을 위한 다른 선택지가 있다. 인기 있는 대안 중 하나는 *Clostridium botulinum* 박테리아가 생성하는 마비독소 주사이다. 이 독소(독소 A)의 상품명은 보톡스이다. 전 세계 매출이 연간 30억 달러에 달할 정도로 보톡스는 큰 사업이다. 그렇다면 *C. botulinum*이란 무엇이며 보툴리눔 독소는 어떻게 작용할까?

*C. botulinum*은 토양, 과일, 채소, 공기 등 거의 모든 곳에서 발견된다. 식품을 제대로 보존하지 않으면 *C. botulinum*은 식품을 보관할 때 제공되는 혐기성 환경에서 생장하여 다량의 보툴리눔 독소를 생성할 수 있다. 독소 섭취로 인해 발생하는 질병인 보툴리누스 중독은 부적절하게 만들어진 통조림이나 보존 처리된 식품을 섭취했을 때 종종 발생한다.

서로 다른 *C. botulinum* 균주는 서로 다른 독소를 생성한다. 독소에는 세포 표적이 다른 7가지 주요 유형이 있다. 독소를 섭취했을 때 독소는 무거운 사슬과 가벼운 사슬이 2황화 결합으로 연결된 비활성 상태로 존재한다(**그림 18B-1**). 뉴런에 들어가면 독소는 치명적으로 변한다(**그림 18B-2**). 독소는 세포내섭취를 통해 뉴런 안으로 들어온다(세포내섭취에 대한 자세한 내용은 12장 참조). 각 독소의 무거운 사슬은 콜린성 뉴런의 시냅스전 막에서 발견되는 수용체와 높은 친화력을 가지며, 독소-수용체 복합체는 세포 내로 쉽게 흡수된다. 일단 세포 내로 들어오면 엔도솜 내부의 환원 환경이 두 사슬 사이의 2황화 결합을 분해하여 가벼운 사슬이 세포질로 들어갈 수 있게 한다. 이제 활성화된 형태의 가벼운 사슬은 시냅스전 신경 말단에서 발견되는 단백질과 상호작용할 수 있다. 각각의 다양한 독소에서 촉매 능력이 있는 가벼운 사슬은 v-SNARE 단백질 *시냅토브레빈*(synaptobrevin), t-SNARE 단백질 *SNAP-25*, 그리고/또는 *신택신*(syntaxin)을 우선적으로 절단한다. 이러한 단백질 중 하나 이상이 절단된다는 것은 소포 융합에 필요한 시스템이 더 이상 작동하지 못한다는 것을 의미한다. 그 결과 시냅스틈으로 아세틸콜린 방출이 억제된다. 뉴런이 근육에 자극을 전달할 때 아세틸콜린 방출이 억제되면 근육수축이 차단된다.

이러한 치명적인 독소로 어떻게 더 '젊어 보이는' 외모를 만들 수 있을까? 성형외과 의사는 보톡스를 국소적으로 소량 주사하여 얼굴 특정 부위에 국소 마비를 유도할 수 있다. 주름을 유발하는 근육이 더 이상 수축하지 않기 때문에 피부 아래 주름이 줄어든다. 효과는 일시적이며 몇 주에서 몇 달 동안 지속되고 피부를 더 매끄러워 보이게 하며 주름이 줄어든다. 따라서 폰세 데 레온(Ponce de Leon, 역자 주: 젊음의 샘을 찾다가 플로리다를 발견한 스페인의 탐험가)을 따라하고 싶은 사람에게는 독소가 실제로 '젊음의 샘'이 될 수 있다.

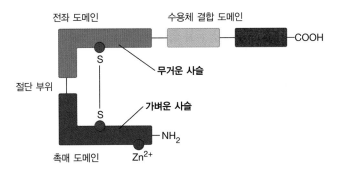

그림 18B-1 보툴리눔 독소 A의 구조. 보툴리눔 독소 A의 단백질 구조. 독소는 처음에 비활성 형태로 존재한다. 전좌 도메인은 세포내섭취를 통해 세포 내 흡수를 촉진한다. 엔도솜의 환원 환경은 2황화 결합을 절단하여 촉매 활성이 있는 가벼운 사슬을 세포 내로 방출한다.

그림 18B-2 세포 내 보툴리눔 독소 A의 활성화. 보툴리눔 독소 A는 SNAP-25를 절단하여 신경세포막과의 소포 융합과 아세틸콜린의 시냅스틈으로의 방출을 억제한다. 다른 보툴리눔 독소는 신택신과 같은 또 다른 소포 도킹 단백질을 절단하지만 궁극적인 결과는 동일하다.

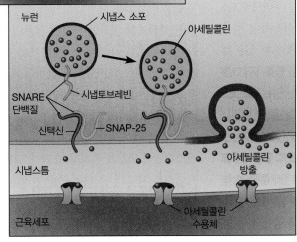

(a) 정상적인 신경전달물질 방출

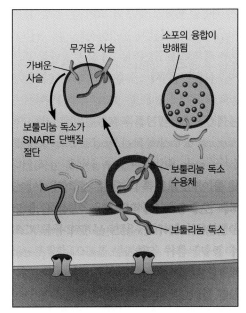

(b) 보툴리눔 신경독소의 작용

로 이러한 약이 진정 효과를 일으키는 것으로 추정된다.

NMDA 수용체

N-메틸-D-아스파트산염(NMDA) 수용체는 아미노산인 글루탐산에 대한 여러 이온성 수용체 중 하나이다. 글루탐산과 결합하면 NMDA 수용체는 Na^+ 및 Ca^{2+}을 포함한 양이온을 투과시킬 수 있다. NMDA 수용체는 신경세포 연결의 기억과 가소성에 중요한 역할을 한다. NMDA 길항제는 종종 마취제로 사용된다.

신경전달물질은 방출 직후에 비활성화되어야 한다

뉴런이 신호를 효과적으로 전달하려면 자극을 켜는 것만큼이나 자극을 끄는 것도 중요하다. 신경전달물질이 분비된 후에는 시냅스틈에서 빠르게 제거되어야 한다. 그렇지 않으면 시냅스전 뉴런의 추가 신호 없이도 시냅스후 뉴런의 자극 또는 억제가 비정상적으로 오래 지속될 수 있다. 신경전달물질은 비활성 분자로 분해되거나 재흡수되는 두 가지 특정 메커니즘에 의해 시냅스틈에서 제거된다. 아세틸콜린은 첫 번째 메커니즘의 좋은 예이다.

아세틸콜린에스터레이스

과도한 아세틸콜린은 시냅스후 막이 분극화된 상태로 회복되도록 가수분해되어야 하며, 그렇지 않으면 큰 문제가 발생한다. 아세틸콜린에스터레이스 효소는 아세틸콜린을 아세트산(또는 아세테이트 이온)과 콜린으로 가수분해하는데, 이 둘 중 어느 것도 아세틸콜린 수용체를 자극하지 않는다. 퓨린 뉴클레오타이드 신경전달물질도 비슷한 방식으로 특정 효소에 의해 분해된다.

과도한 아세틸콜린이 아세틸콜린에스터레이스에 의해 빠르게 가수분해되지 않으면 막이 분극 상태로 회복되지 않고 더 이상의 신경 전달이 불가능하다. 따라서 아세틸콜린에스터레이스의 활성을 억제하는 물질은 일반적으로 매우 독성이 강하다. 아세틸콜린에스터레이스 억제제의 한 계열인 카바모일에스터(carbamoyl ester)는 효소의 활성부위에 공유결합하여 아세틸콜린에스터레이스를 억제한다. 이러한 억제제의 예로는 칼라바 콩에서 생성되는 자연발생 알칼로이드인 피조스티그민[physostigmine, 에제린(eserine)이라고도 한다]이 있다. 많은 합성 유기인산염은 훨씬 더 강력한 억제제이다. 여기에는 널리 사용되는 살충제인 파라티온(parathion)과 말라티온(malathion)은 물론 타분(tabun)과 사린(sarin) 같은 신경가스도 포함된다. 이러한 화합물의 주요 효과는 시냅스후 막이 분극화된 상태를 회복하지 못하게 하여 근육마비를 발생시키는 것이다.

신경전달물질 재흡수

시냅스 전달을 종료하는 두 번째 매우 일반적인 방법은 **신경전달물질 재흡수**(neurotransmitter reuptake)이

다. 재흡수는 신경전달물질을 시냅스전 축삭 말단 또는 주변 지지 세포로 다시 이동시키는 것 모두를 말한다. 신경전달물질 재흡수의 속도는 매우 빠를 수 있으며, 일부 뉴런의 경우 시냅스에 남아있는 신경전달물질이 수 밀리초 이내에 제거될 수도 있다. 일부 항우울제는 특정 신경전달물질의 재흡수를 차단하는 방식으로 작용한다. 예를 들어 프로작(Prozac)은 세로토닌 시냅스에서 세로토닌의 재흡수를 차단하여 시냅스후 뉴런이 사용할 수 있는 세로토닌 수치를 국소적으로 증가시킨다.

시냅스후 전위는 여러 뉴런의 신호를 통합한다

시냅스를 통해 신호를 보낸다고 해서 시냅스후 세포에서 활동전위가 자동으로 생성되는 것은 아니다. 또한 시냅스전 뉴런에 도달한 활동전위와 시냅스후 뉴런에서 시작된 활동전위 사이에 반드시 일대일 관계가 있는 것은 아니다. 단일 활동전위는 시냅스후 뉴런에서 감지 가능한 탈분극을 생성하기에 충분한 신경전달물질의 분비를 유발할 수 있지만, 일반적으로 시냅스후 세포에서 활동전위가 발화하기에는 충분하지 않다. 신경전달물질의 결합으로 인한 이러한 점진적인 전위 변화를 **시냅스후 전위**(postsynaptic potential, PSP)라고 한다. 신경전달물질이 흥분성인 경우 **흥분성 시냅스후 전위**(excitatory postsynaptic potential, EPSP)로 알려진 소량의 탈분극을 유발한다. 마찬가지로 신경전달물질이 억제성인 경우 시냅스후 뉴런을 소량 과분극시키는데, 이를 **억제성 시냅스후 전위**(inhibitory postsynaptic potential, IPSP)라고 한다.

시냅스전 뉴런이 시냅스후 뉴런의 활동전위 형성을 자극하려면 시냅스후 막이 역치전위에 도달하는 지점까지 흥분성 시냅스후 전위가 상승해야 한다. 흥분성 시냅스후 전위는 두 가지 방식으로 이를 수행할 수 있다. 첫째, 시냅스전 뉴런에서 2개의 활동전위가 빠르게 연속적으로 발생하면 시냅스후 뉴런은 두 번째 흥분성 시냅스후 전위를 받아들이기 전에 첫 번째 흥분성 시냅스후 전위에서 회복할 시간이 모자라게 된다. 그 결과 시냅스후 뉴런이 더 탈분극 상태가 된다. 빠른 일련의 활동전위는 시간 경과에 따른 흥분성 시냅스후 전위를 효과적으로 합산하여 시냅스후 뉴런을 역치까지 도달시킨다. 이 과정을 시간적 합산(temporal summation)이라고 한다.

둘째, 시냅스가 연결된 여러 뉴런에서 나오는 신호가 동시에 신경전달물질을 방출하면 효과가 결합될 수 있다. 때때로 이는 시냅스후 세포의 큰 탈분극을 초래한다. 시냅스후 뉴런은 표면에서 발생하는 수많은 작은 탈분극을 하나의 큰 탈분극으로 통합하기 때문에 이 과정을 공간적 합산(spatial summation)이라고 한다.

시냅스후 뉴런은 다양한 강도의 자극을 받는 것 외에도 흥분

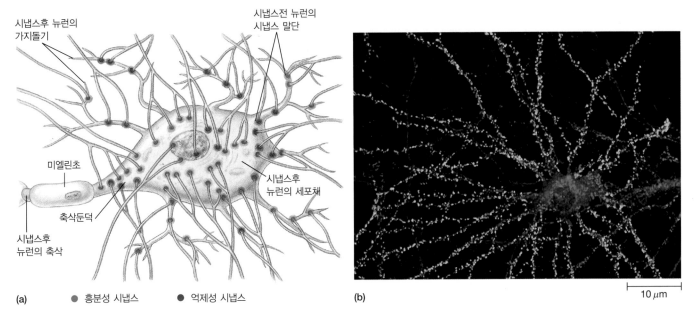

시냅스후 뉴런의 가지돌기

시냅스전 뉴런의 시냅스 말단

미엘린초

축삭둔덕

시냅스후 뉴런의 축삭

시냅스후 뉴런의 세포체

(a) ● 흥분성 시냅스 ● 억제성 시냅스

(b) 10 μm

그림 18-18 시냅스 입력의 통합. (a) 뉴런, 특히 중추신경계의 뉴런은 수천 개의 시냅스로부터 입력을 받는데, 그중 일부는 흥분성(초록색), 다른 일부는 억제성(빨간색)이다. 이러한 시냅스에 의해 유도된 막전위의 통합 효과로 인해 역치전위 이상의 탈분극이 발생하면 축삭에서 이러한 뉴런에 활동전위가 생성될 수 있다. 시간적 합산 및 공간적 합산은 모두 활동전위를 만들 가능성이 있다. (b) 많은 시냅스전 뉴런의 시냅스 말단(시냅신 I, 빨간색)은 하나의 시냅스후 뉴런(PSD-95, 초록색, 면역형광현미경)과 접촉할 수 있다.

성 뉴런과 억제성 뉴런 모두로부터 입력받을 수 있다(**그림 18-18**). 뉴런은 실제로 다른 뉴런으로부터 수천 개의 시냅스 입력을 받을 수 있다. 이러한 서로 다른 뉴런이 동시에 발화하면 시냅스후 뉴런의 막전위에 통합된 효과를 발휘한다. 따라서 개별 뉴런은 흥분성 시냅스후 전위와 억제성 시냅스후 전위를 물리적으로 합산하여 들어오는 (흥분 혹은 억제) 신호를 효과적으로 통합한다.

개념체크 18.3

신경전달물질 재흡수에 영향을 미치는 약물은 주의력결핍/과잉행동장애(ADHD) 및 임상 우울증 치료에 널리 사용되고 있다. 해당 신경전달물질이 시냅스후 뉴런을 흥분시킨다고 가정하고, 이러한 재흡수 억제제가 시냅스후 뉴런에 어떤 영향을 미치는지 분자적 용어로 설명하라.

요약

18.1 뉴런과 막전위

- 신경계의 세포는 가느다란 돌기(가지돌기 및 축삭)를 사용하여 전기 자극을 전달하는 데 매우 특화되어 있으며, 전달된 자극을 받거나(가지돌기) 다음 세포(축삭)로 전달하는 역할을 한다.
- 축삭의 막은 신경자극의 전파를 빠르게 하도록 전기적 절연을 제공하는 미엘린초로 둘러싸여 있는 경우도 있고 그렇지 않은 경우도 있다.
- 원형질막을 가로지르는 양전하와 음전하의 분리로 인해 막전위가 발생한다. 이 전위는 막이 투과할 수 있는 각 이온이 전기화학 농도 기울기를 따라 이동함으로써 발생한다.
- 골드만 방정식은 특정 이온에 대한 세포막의 투과성에 따라 달라지는 세포의 휴지기 막전위를 계산하는 데 사용된다. 대부분의 동물 세포의 원형질막 휴지전위는 $-60 \sim -75$ mV로, K^+의 평형전

위와 매우 유사하다.

18.2 전기적 흥분성과 활동전위

- 활동전위는 전압개폐성 Na^+ 통로 및 전압개폐성 K^+ 통로의 순차적인 개폐로 인한 신경세포막의 일시적인 탈분극 및 재분극을 의미한다. 전압개폐성 이온 통로에서 이온 통로가 열릴 확률과 그에 따른 전도도는 막전위에 따라 달라진다.
- 연구자들은 단일 통로의 전도도를 측정하기 위해 패치고정과 결합된 분자생물학 기법을 사용하여 이온 통로의 특성을 연구했다.
- 막이 역치까지 탈분극되면 활동전위가 시작되며, 이때 전압개폐성 Na^+ 통로가 열리면 소듐 이온이 세포로 유입되어 막전위가 약 $+40$ mV로 높아진다. 결국 전압개폐성 Na^+ 통로는 불활성화된다.
- 막의 재분극은 더 느린 전압개폐성 K^+ 통로의 개방을 수반하며,

이는 막의 재분극으로 이어지고 짧은 기간의 과분극을 포함한다. 이러한 일련의 통로 개방 및 폐쇄 과정은 일반적으로 수 밀리초가 걸린다.

■ 활동전위로 인한 막의 탈분극은 수동적 전파에 의해 막의 인접한 영역으로 확산되어 새로운 활동전위를 생성한다. 이러한 방식으로 활동전위는 막을 따라 전파된다.

18.3 시냅스 전달과 신호의 통합

■ 활동전위는 결국 신경세포와 통신하는 다른 세포 사이의 시냅스에 도달한다. 이러한 시냅스는 전기적 시냅스 또는 화학적 시냅스일 수 있다.

■ 전기적 시냅스에서는 시냅스전 세포에서 시냅스후 세포로 탈분극이 간극연접을 통해 전달된다. 화학적 시냅스에서는 전기 신경자극이 막의 Ca^{2+} 투과성을 증가시켜 시냅스틈으로 신경전달물질의 방출을 자극한다.

■ 신경전달물질에는 다양한 종류가 있다. 이들은 특정 유형의 수용체와 결합하여 시냅스후 막의 과분극 또는 탈분극을 유발한다.

■ 신경자극을 전달하려면 시냅스후 뉴런의 세포체가 수천 개의 시냅스 입력의 흥분성 및 억제성 활동을 통합해야 한다.

연습문제

18-1 신경세포에 대한 진실. 다음 문장에 대해 모든 신경세포에 대해 진실(A), 일부 신경세포에 대해 진실(S), 신경세포와 관련이 없음(N)을 표시하라.

(a) 뉴런은 전기 자극을 주고받는다.

(b) 뉴런은 아세틸콜린을 통해 신호를 전달한다.

(c) 신경세포의 축삭은 불연속적인 미엘린초로 둘러싸여 있다.

(d) 축삭 막의 투과성이 Na^+보다 K^+에 대해 훨씬 더 크기 때문에 축삭막의 휴지전위는 Na^+에 대한 평형전위보다 K^+에 대한 평형전위에 훨씬 더 가깝다.

(e) 막에 흥분 신호가 도달하면 Na^+에 대한 막의 투과성이 일시적으로 증가된다.

(f) 축삭 막의 전위는 전극을 사용하여 쉽게 측정할 수 있다.

(g) Ca^{2+} 농도의 상승은 세로토닌을 함유한 신경분비 소포의 방출을 자극한다.

18-2 양적 분석 휴지막전위. 골드만 방정식은 생체막의 휴지전위인 V_m을 계산하는 데 사용된다. 이 장에서 배운 바와 같이 이 방정식에는 Na^+, K^+, Cl^-의 변수만 포함되어 있다.

(a) 신경자극 전달에 적용되는 골드만 방정식에 이 3가지 이온만 나타나는 이유는 무엇인가?

(b) 다른 1가 이온을 선택적으로 투과할 수 있는 막에도 적용될 수 있는 골드만 방정식의 보다 일반적인 공식을 제안하라.

(c) Na^+에 대한 상대적 투과도가 0.01이 아니라 1.0이면 막의 휴지전위는 얼마나 변하는가?

(d) Na^+에 대한 막의 상대적 투과성 대 V_m의 그래프가 선형일 것으로 예상하는가? 그 이유는 무엇인가?

18-3 양적 분석 패치고정. 패치고정 기기는 연구자들이 막에서 단일 통로의 개폐를 측정할 수 있게 해준다. 일반적인 아세틸콜린 수용체 통로는 −60 mV에서 약 5밀리초 동안 약 5 pA(피코암페어)의 이온 전류(1피코암페어 = 10^{-12}암페어)를 통과시킨다.

(a) 1 A의 전류가 초당 약 6.2×10^{18}개의 전하라고 가정할 때 통로가 열려있는 시간 동안 몇 개의 이온(K^+ 또는 Na^+)이 통로를 통과하는가?

(b) 서로 다른 두 종의 단량체를 사용하여 하이브리드 이온 통로를 만들었다. 이 하이브리드 통로의 특성을 실험하기 위해 설계할 패치고정 실험에 대해 설명하라.

18-4 평형전위. Cl^-의 평형전위인 E_{Cl}과 관련하여 다음 각 문제에 답하라. 오징어 거대축삭 내부의 Cl^- 농도는 50 mM에서 150 mM까지 다양할 수 있다.

(a) 계산하기 전에 E_{Cl}의 값이 양(+)이 될지 음(−)이 될지 예측하고, 그 이유를 설명하라.

(b) 이제 내부 Cl^- 농도가 50 mM라고 가정하고 E_{Cl}을 계산하라.

(c) 내부 Cl^- 농도가 150 mM라고 가정하면 E_{Cl}의 값에 얼마나 많은 차이가 생기는가?

18-5 데이터 분석 심장 두근거림. 근육세포 자극을 이해하는 데에는 신경세포 자극과 동일한 원리가 일부 포함되지만, Ca^{2+}이 전자의 경우 중요한 역할을 한다는 점을 제외하면 다르다. 다음 이온 농도는 사람의 심장근육과 근육 주변에 있는 (근육이 자리잡은) 혈청의 전형적인 이온 농도이다.

> [K^+]: 세포 내 150 mM, 혈청 내 4.6 mM
>
> [Na^+]: 세포 내 10 mM, 혈청 내 145 mM
>
> [Ca^{2+}]: 세포 내 0.001 mM, 혈청 내 6 mM

그림 18-19는 심장 근육세포를 자극했을 때 시간에 따른 막전위의 변화를 보여준다.

(a) 나열된 농도가 주어졌을 때 세 이온 각각에 대한 평형전위를 계산하라.

(b) 축삭의 막전위가 오징어 축삭의 막전위보다 훨씬 더 음전위인 이유는 무엇인가? (−75 mV 대 −60 mV)

(c) 그래프의 ❹ 영역에서 막전위가 더 양(+)인 것은 이론적으로 두 양이온 중 하나 또는 둘 다의 막 이동 때문일 수 있다. 어떤 양이

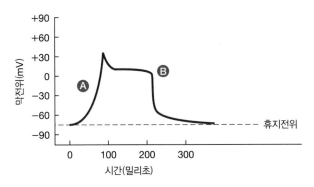

그림 18-19 인간 심장 근육세포의 활동전위. 연습문제 18-5 참조

온이며, 각각이 막을 가로질러 어떤 방향으로 움직일 것으로 예상하는가?

(d) (c)에서 제시된 가능성을 어떻게 구별할 수 있는가?

(e) ⓑ 영역에서 일어나는 막전위의 급격한 감소는 K^+의 바깥쪽 이동에 의해 발생한다. 이 시점에서 K^+이 세포 밖으로 나가게 하는 원동력은 무엇인가? 곡선의 ⓐ 영역에서 동일한 힘이 작용하지 않는 이유는 무엇인가?

18-6 막 흥분에 의한 전부 또는 전무 반응. 신경세포막은 자극에 대해 전부 또는 전무 반응을 보인다. 즉 임계치를 초과하면 반응의 크기가 자극의 크기와 무관하게 나타난다.

(a) 그러한 이유를 설명하라.

(b) 모든 뉴런이 전부 또는 전무 반응을 보인다면 동물의 신경계는 어떻게 서로 다른 자극의 강도를 구별할 수 있다고 생각하는가? 당신의 신경계가 따뜻한 다리미와 뜨거운 다리미 또는 실내악단

과 록 밴드의 차이를 어떻게 구별할 수 있다고 생각하는가?

18-7 단방향 전파. 탈분극된 Na^+ 통로가 안정 상태로 회복되는 데 걸리는 시간은 K^+이 배출되는 데 걸리는 시간보다 짧다고 가정하자. 신경자극의 전달은 어떻게 될 것인가?

18-8 다발성 경화증과 활동전위 전파. 다발성 경화증은 미엘린초화된 신경을 공격하고 그 주변의 미엘린초를 파괴하는 자가면역 질환이다. 다발성 경화증 환자의 손상된 신경세포에서 활동전위의 전파가 어떻게 영향을 받을 것이라고 생각하는가?

18-9 스트리크닌의 공격. 식물 알칼로이드인 스트리크닌(strychnine)은 인도에서 발견되는 특정 낙엽수(*Strychnos nux-vomica*)에서 높은 농도로 생기는 독성물질로, 설치류 및 기타 작은 척추동물을 죽이는 데 효과적인 독이다. 그런데 운동선수들이 이 독의 극소량을 각성제로 불법적으로 사용하기도 한다. 스트리크닌은 GABA 수용체와 마찬가지로 리간드개폐성 Cl^- 통로인 글라이신 수용체를 길항한다. 스트리크닌이 이러한 효과를 보이는 이유를 설명하라.

18-10 다운 앤드 아웃. 엔도카나비노이드는 시냅스후 뉴런에 의해 생성되지만 시냅스전 뉴런의 수용체(CB1 수용체)에 작용한다. 엔도카나비노이드의 표적인 뉴런의 한 유형은 글루탐산성 뉴런이다.

(a) THC와 같은 CB1 작용제는 전압의존성 Ca^{2+} 통로의 활동을 차단하여 Ca^{2+} 유입을 감소시킨다. 이는 글루탐산 방출에 어떤 영향을 미치는가?

(b) 글루탐산은 시냅스후 뉴런의 세포막을 과분극 상태로 만든다. THC가 글루탐산성 뉴런과 시냅스를 만드는 시냅스후 뉴런의 신경자극 전달 속도에 어떤 영향을 미칠 것으로 예상되는가?

신호전달의 기작: Ⅱ. 신호전달 물질과 수용체

수정 시 칼슘. 성게(*Lytechinus pictus*) 수정란에 칼슘 민감성 염료를 주입하여 2초 간격으로 찍은 영상(공초점현미경)

앞서 18장에서는 신경세포가 서로, 그리고 다른 유형의 세포와 소통하며 신호를 전달하는 것을 살펴보았다. 대부분의 경우 시냅스에 활동전위가 도달하면 신경전달물질을 방출하며, 이는 차례로 인접한 시냅스후 세포막 수용체와 결합하여 신호를 전달한다.

그러나 우리 몸에서 다른 생리학적 현상은 시간 간격별로 약간 천천히 일어난다. 수업 시간에 갑자기 교수님이 쪽지시험을 본다고 가정해보자. 이때 당신이 짧은 시간에 느끼는 감각은 다른 종류의 화학적 신호인, 당신 피 안에 있는 에피네프린 호르몬에 의한 것이다. 에피네프린은 신체의 많은 세포 유형과 기관에 동시에 영향을 준다. 특정 혈관을 둘러싸고 있는 평활근(smooth muscle)이 수축하거나 이완할 때 심장 박동 수가 증가하고 혈액이 소화 시스템에서 심장과 뇌로 우회한다. 한 분자가 어떻게 이렇게 다양한 세포 내 효과를 가질 수 있는가? 일단 세포가 에피네프린에 노출되면 세포가 어떻게 반응해야 하는지 알 수 있을까? 이 장에서는 세포가 이런 종류의 비뉴런 신호에 어떻게 반응하는지 탐구해볼 것이다.

19.1 화학 신호와 세포 수용체

대부분의 세포는 특정 화학 신호를 감지하고 반응하는 능력이 있다. 예를 들어 원핵생물은 세포 표면에 세포막에 결합된 수용체 분자를 가지고 있어 주변 환경의 물질에 반응할 수 있다. 인체에는 혀와 코에 음식과 공기의 화학물질을 감지하는 수용체가 있다. 초기 배아의 세포조차도 주변 환경의 변화를 감지하는 정교한 장치를 가지고 있다.

세포는 또한 신호를 생성한다. 세포가 신호를 생성하는 한 가지 방법은 다른 세포 표면의 수용체가 인식하는 분자를 표면에 보여주는 것이다. 이러한 종류의 세포 간 소통은 세포 사이의 직접적인 물리적 접촉을 필요로 한다. 또 다른 방식으로 세포는 근처 또는 먼 위치에서 다른 세포가 인식하는 화학적 신호를 방출할 수 있다. 복잡한 다세포 생명체에서 세포 또는 조직의 다양한 활동을 조절하고 조정하는 문제는 생명체 전체가 전문화된 세포로 구성된 서로 다른 조직으로 구성되어 있기 때문에 특히 중요하다. 게다가 이러한 세포의 특별화된 기능은 어떤 경우에만 중요하거나, 조직은 다른 상황에서 다른 기능의 수행을 필요로 할 수도 있다.

화학적 신호전달 기작은 몇 가지 주요 구성 요소를 가지고 있다

단거리 신호 대 장거리 신호 다양한 화합물이 화학적 전달자 역할을 할 수 있다(**그림 19-1**). 신호 분자는 종종 생성 부위와 작용하는 표적 조직 사이의 거리에 따라 분류한다. 호르몬과 같은 전달자(messenger)는 내분비 신호(endocrine signal, '분비하다'를 의미하는 그리스어에서 유래)로 작동한다. 그들은 표적 조직으로부터 먼 거리에서 생성되며, 순환계에 의해 신체의 다양한 부위로 운반된다. 생장인자 같은 또 다른 신호는 국부적으로 방출되어 근처 조직으로 단거리에서 작용할 수 있게 확산된다. 그러한 신호는 측분비 신호(paracrine signal, '옆에'를 의미하는 그리스

어 *para*에서 유래)라고 한다. 신호가 너무 짧은 범위에서 전달되어 송신 및 수신 세포 사이에 물리적 접촉이 필요한 경우 이를 근접 신호(juxtacrine signal)라고 한다. 국소적 신호전달물질(local mediator)이 그것을 만들어 분비하는 세포 자체에 작용하는 상황이나 표적 세포와 분비 세포가 같은 경우 이러한 신호는 자가분비 신호(autocrine signal)라고 한다.

수용체와 리간드 전달물질이 표적 조직에 도달하면 표적 세포 표면의 **수용체**(receptor)에 결합하여 신호전달 과정을 시작한다. **그림 19-2**에서 신호전달과 관련된 정보의 논리 및 일반적인 흐름을 볼 수 있다. 원거리 또는 근거리에서 오는 분자는 수용체와 결합하여 **리간드**(lignad, '결합'을 의미하는 라틴어 *ligare*에서 유래) 역할을 한다. 리간드는 종종 그 신호를 받아들이는 원형질막에 있는 수용체에 결합한다. 다른 상황에서는 리간드가 세포 내부 수용체에 결합하기도 한다.

세포는 특정 신호전달자(messenger)를 환경 내에 수많은 다른 화학물질 또는 다른 세포를 위한 신호전달자와 어떻게 구별할까? 해답은 리간드와 결합하는 수용체의 특이성에 달려있다. 리간드는 수용체 단백질과 비공유 화학결합을 형성한다. 개별 비공유결합은 일반적으로 약하므로 강력한 결합을 이루려면 여러 비공유결합을 만들어야 한다. 수용체가 리간드와 여러 결합을 하려면 신호전달 분자에 꼭 맞는 **결합부위**(binding site, binding pocket)가 있어야 한다. 수용체의 리간드 결합부위 내에는 신호전달물질과 화학결합을 할 수 있도록 적절한 아미노산 곁사슬(side chain)이 위치해야 한다. 결합부위 모양과 결합부위 내 아미노산 곁사슬의 전략적 위치의 조합은, 수용체가 수천 가지 다

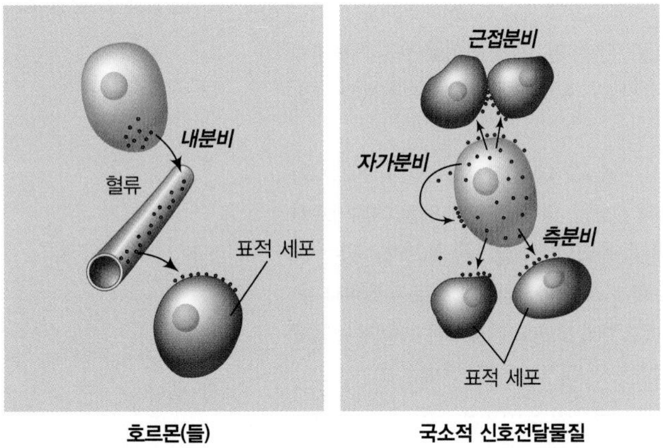

그림 19-1 호르몬과 국소적 신호전달물질에 의한 세포 간 신호전달. 신호전달 분자 종류들 사이의 주요 차이점은 분자가 표적 세포나 조직을 만나기 전에 이동하는 거리이다. 내분비 호르몬은 혈류에 의해 운반된다. 생장인자 같은 국소적 신호는 근처에 있는 세포(측분비 신호) 혹은 그것들을 만드는 세포(자가분비 신호)에 작용할 수 있고, 어떤 경우에는 세포끼리 직접 접촉하는 것(근접 신호)이 필요할 수 있다.

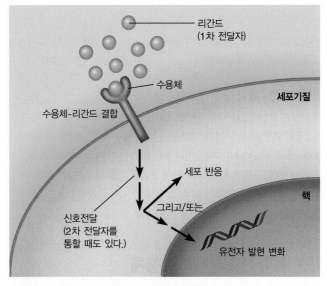

그림 19-2 세포 신호전달의 전반적인 흐름. 수용체와 리간드의 결합은 신호전달로 알려진 일련의 사건들을 작동해서 신호를 세포 내부로 전달하고 특정 세포 반응 및/또는 유전자 발현의 변화를 초래한다.

른 화학물질과 특정 리간드를 구별할 수 있게 해준다.

신호전달 리간드가 수용체에 결합하는 것은 세포-세포 신호전달의 첫 번째 단계이다. 이러한 의미에서 리간드는 '1차 전달자'이다. 리간드가 수용체에 결합하면 신호를 받는 세포 내에서 추가 분자 또는 이온이 생성되는 경우가 많으며, 이는 세포가 적절한 리간드가 수용체에 성공적으로 결합되었음을 '감지'할 수 있는 방법이기도 하다. 이러한 **2차 전달자**(second messenger)는 원형질막 같은 세포의 한 위치로부터 세포 내부로 신호를 전달하여 세포 내에서 일련의 변화를 시작한다. 종종 이러한 현상은 수용세포 내 특정 유전자 발현에 영향을 끼치며, 궁극적인 결과로 세포의 정체성(identity)이나 기능의 변화를 일으킨다. 수용체-리간드 상호작용을 통해 세포의 행동 또는 유전자 발현의 변화로 나타나는 이런 세포의 능력을 **신호전달**(signal transduction)이라고 한다.

사전 프로그래밍된 반응 리간드가 수용체에 결합할 때 수용체는 두 가지 주요 방식으로 변화될 수 있다. 리간드의 결합은 수용체 모양 변화를 유도할 수 있고, 수용체가 함께 뭉치게 하거나, 둘 다 일어나게 할 수 있다. 이러한 변화가 일어나면 수용체는 세포 내에서 미리 프로그래밍된 일련의 신호전달 이벤트를 시작한다. 사전 프로그래밍된다는 것은 세포가 특정 시간에 사용되는 것보다 더 많은 기능을 가지고 있다는 것을 의미한다. 이러한 세포 내 과정 중 일부는 이를 시작하는 특정 신호가 올 때까지 사용하지 않은 상태로 유지된다. 세포의 사전 프로그래밍된 특수한 반응은 해당 세포의 과거 이력에 따라 다르다. 예를 들어 세포가 이전에 받은 신호로 인해 유전자 발현을 변경했을 수도 있다. 이는 차례로 해당 세포가 추후 반응하는 새로운 신호 세트에 민감하게 만드는 수용체를 발현하도록 유도할 수도 있다.

수용체 결합은 리간드와 수용체 사이의 양적인 결합을 포함한다

신호전달의 기본 원리에 대한 개요를 공부했으니 이제 리간드가 수용체와 결합하는 방식을 자세하게 알아보자. 대부분의 경우 리간드와 수용체 사이의 결합반응은 효소가 기질에 결합하는 것과 유사하다. 수용체가 리간드에 결합할 때 수용체가 **채워진다**(occupied)고 말한다. 잘 녹는(soluble) 리간드의 경우 리간드가 차지할 수 있는 수용체의 양은 용액 내 자유로운 리간드의 농도에 비례한다. 리간드 농도가 증가하면 대부분의 수용체가 채워질 때까지 점점 더 많은 수용체가 채워진다(포화 상태). 이론상 리간드 농도를 증가시켜도 표적 세포에는 더 이상 영향을 미치지 않는다.

수용체 친화도 용액 내 리간드 농도와 점유된 수용체 수 사이의 관계는 **수용체 친화도**(receptor affinity) 측면에서 정성적으로 설명할 수 있다. 거의 모든 수용체가 낮은 농도의 유리 리간드(free ligand)에 의해 점유될 때 수용체는 리간드에 대한 높은 친화도를 가진다. 반대로 대부분의 수용체가 채워지기 위해 상대적으로 높은 농도의 리간드가 필요한 경우 수용체는 리간드에 대한 친화도가 낮다고 할 수 있다. 수용체 친화도는 **해리상수**(dissociation constant, K_d), 즉 수용체의 절반이 차지하는 상태를 생성하는 데 필요한 유리 리간드의 농도로 정량적으로 설명할 수 있다. 수용체-리간드 결합을 가장 단순하게 분석하는 방법은 미카엘리스-멘텐 방정식과 유사하다(식 6-7 참조). 일부 수용체-리간드 상호작용은 이 단순한 방식에서 벗어나지만 이러한 분석을 통해 수용체-리간드 친화도가 분석되는 기본 방법을 예측할 수 있다.

용액의 평형 상태에서 상호작용하는 호르몬 H와 수용체 R을 상상해보자. 다음과 같은 방식으로 설명된다.

$$[H] + [R] \rightleftharpoons [HR] \tag{19-1}$$

여기서 H는 유리 호르몬을 나타내고, HR은 수용체에 결합된 호르몬을 나타낸다. 수용체와 호르몬 결합에 대한 **결합상수**(association constant) 또는 **친화도상수**(affinity constant, K_a)라고도 하는 평형상수(equilibrium constant)를 다음 방정식으로 설명해보자.

$$K_a = [HR]/[H][R] \tag{19-2}$$

해리상수 K_d는 K_a의 역수이다.

$$K_d = [H][R]/[HR] \tag{19-3}$$

가장 단순한 상황에서 리간드에 의해 결합된 수용체의 분율(fraction) 또는 **부분 점유율**(fractional occupancy)은 리간드 결합/수용체의 총농도의 비율과 동일하다. 방정식의 형태로는 다음과 같다.

$$부분\ 점유율 = [HR]/([R] + [HR]) \tag{19-4}$$

약간의 대수학(algebra) 후에 K_d를 사용하여 이를 다음과 같이 다시 쓸 수 있다.

$$부분\ 점유율 = [H]/(K_d + [H]) \tag{19-5}$$

리간드 농도(이 경우 [H])가 0일 때 부분 점유율은 0이다. [H]가 K_d의 여러 배이면 부분 점유율은 1에 접근한다. 수용체가 호르몬으로 절반쯤 포화되면 해당 호르몬 농도(이를 $[H]_{1/2}$라고 말하자)는 K_d와 같다.

$$1/2 = [H]_{1/2}/(K_d + [H]_{1/2})$$

$$(K_d + [H]_{1/2}) = 2[H]_{1/2}$$
$$K_d = [H]_{1/2} \qquad (19\text{-}6)$$

따라서 K_d는 효소역학(enzyme kinetics)에서 K_m이 기질에 대한 효소의 친화도를 측정하는 것과 마찬가지로 리간드에 대한 수용체의 친화도를 측정한다. 이러한 개념을 설명하는 결합곡선(binding curve)의 표본이 **그림 19-3**에 나와 있다.

K_m 및 효소역학에서 배운 것처럼 역비례도(reciprocal plot)를 사용하여 K_d를 추정할 수 있다. 위의 부분 점유율을 자유 호르몬 농도로 나누고 대수학을 추가하면 선형 방정식을 작성할 수 있다.

$$\left(\frac{\text{부분 점유율}}{[H]}\right) = \frac{1}{K_d}(1 - \text{부분 점유율}) \qquad (19\text{-}7)$$

스캐차드 방정식(Scatchard equation)이라고 하는 이 방정식은 효소 연구에 사용되는 에디-홉티 플롯(Eadie-Hofstee plot, 6장 참조)과 동일한 기본 형태의 그래프를 생성한다. 이 경우 결과선의 기울기는 $-1/K_d$이고, y절편은 $1/K_d$이다.

실질적으로 현실 세계의 K_d 값을 측정하는 것은 기술적으로 어려울 수 있으며, 알려진 농도의 리간드로 유발되는 간접적인 생물학적 반응을 측정하거나 세포에 결합하는 방사성 리간드의 양을 측정하고, 실제 수용체-리간드 결합을 포함하지 않는 비특이적 결합을 수정하여 수행되는 경우가 많다. K_d의 기본 개념은 우리의 목적에 중요하다.

K_d 값의 범위는 대략 $10^{-7}{\sim}10^{-10}\ M$이다. 효소역학의 미카엘리스상수(K_m, 6장 참조)와 마찬가지로 값의 중요성은 특정 리간드가 어떤 농도에서 세포반응이 나타나는 데 효과적일지를 알려준다. 따라서 리간드에 대한 친화도가 높은 수용체는 K_d가 매우 낮고, 반대로 친화도가 낮은 수용체는 K_d가 높다. 일반적으로 리

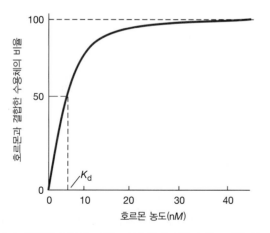

그림 19-3 간단한 수용체-리간드 시스템에 대한 리간드 결합의 농도 의존성. 이 그래프는 호르몬의 농도와 수용체에 결합한 양 사이의 관계를 보여준다. 호르몬의 농도가 증가하면 호르몬에 결합한 수용체의 비율이 증가하고, 결국 100%에 가까워진다. 해리상수 K_d는 수용체의 50%와 결합한 호르몬 농도이다.

간드 농도는 리간드가 표적 조직에 영향을 미치기 위한 수용체의 K_d 값 범위에 있다.

수용체-리간드 결합의 특성을 이해하는 것은 연구자와 제약회사에 큰 기회를 제공해준다. 수용체가 신호전달 분자에 아주 밀접하게 맞는 결합부위를 가지고 있더라도 훨씬 더 밀접하게 또는 선택적으로 결합하는 유사한 합성 리간드를 만드는 것이 가능하다. 그들이 결합하는 수용체를 활성화하는 약물은 **작용제**(agonist)이다. 대조적으로 합성 및 천연 화합물 모두 정상 리간드가 결합할 때 발생하는 변화를 일으키지 않고 수용체에 결합할 수 있는 것으로 밝혀졌다. 이러한 **길항제**(antagonist)는 자연적으로 만들어지는 2차 전달자가 수용체에 결합하고 활성화하는 것을 방지함으로써 수용체를 억제한다.

🔗 **연결하기** 19.1

리간드-수용체 결합은 어떤 면에서 효소-기질 결합과 비슷하고 또는 다르다고 생각하는가? (6.2~6.3절 참조)

수용체 '끄기' 세포가 신호에 지속적으로 자극을 받는 것은 일반적으로 매우 나쁘다. 세포는 여러 방법으로 신호를 차단할 수 있다. 두 가지 일반적인 방법은 (1) 총신호량을 감소시키는 유리 리간드의 양을 줄이는 것과, (2) 수용체의 감도(sensitivity) 또는 세포가 소유하는 수용체의 양을 줄이는 것이다. 첫 번째 접근 방식은 뉴런에서 사용되는 방식이다(18장 참조). 뉴런은 신경전달물질 재흡수를 통해 시냅스에서 신경전달물질의 양을 줄일 수 있다.

두 번째 접근 방식을 이해하려면 수용체가 리간드에 대해 특징적인 친화도를 가지고 있지만, 세포는 고정된 리간드 농도보다는 리간드 농도의 변화를 감지하도록 맞춰져 있다는 사실을 인식하는 것이 중요하다. 리간드가 존재하면서 수용체와 오래 결합할 경우 세포는 거기에 적응하여 리간드에 더 이상 반응하지 않는다. 세포를 더 자극하려면 리간드 농도를 높여야만 한다. 이러한 변화를 수용체 탈감각화(receptor desensitization)라고 한다. 그러한 적응이 일어나는 두 가지 주요 방법은 다음과 같다. 첫째, 세포는 신호에 반응하여 수용체의 밀도를 변경할 수 있다. 수용체가 세포 표면에 있을 때 수용체의 제거는 수용체를 포함하는 원형질막의 작은 부분이 함입되어 내재화되는 **수용체 매개 세포내섭취**(receptor-mediated endocytosis) 과정을 통해 일어난다(수용체 매개 세포내섭취는 12장 참조). 세포 표면의 수용체 수가 감소하면 리간드에 대한 세포반응이 감소한다.

세포는 또한 수용체에 대한 생화학적 변화를 통해 신호에 적응하여 리간드에 대한 수용체의 친화도를 변경하거나 세포 기능의 변화를 시작하지 못하게 할 수도 있다. 예를 들어 수용체의

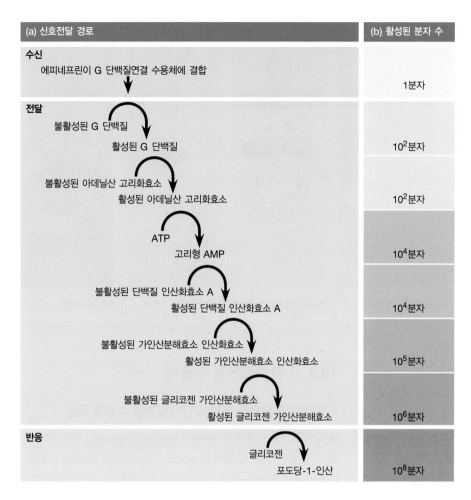

(a) 신호전달 경로	(b) 활성된 분자 수
수신 에피네프린이 G 단백질연결 수용체에 결합	1분자
전달 불활성된 G 단백질 ↓ 활성된 G 단백질	10²분자
불활성된 아데닐산 고리화효소 ↓ 활성된 아데닐산 고리화효소	10²분자
ATP ↓ 고리형 AMP	10⁴분자
불활성된 단백질 인산화효소 A ↓ 활성된 단백질 인산화효소 A	10⁴분자
불활성된 가인산분해효소 인산화효소 ↓ 활성된 가인산분해효소 인산화효소	10⁵분자
불활성된 글리코젠 가인산분해효소 ↓ 활성된 글리코젠 가인산분해효소	10⁶분자
반응 글리코젠 ↓ 포도당-1-인산	10⁸분자

그림 19-4 신호전달 경로는 외부 신호에 대한 세포반응을 증폭할 수 있다. 간세포는 에피네프린 호르몬에 반응하여 글리코젠을 분해하여 포도당-1-인산을 방출한다. (a) 에피네프린 수용체는 아데닐산 고리화효소로 알려진 효소를 활성화하는 G 단백질연결 수용체이다. 아데닐산 고리화효소는 단백질 인산화효소 A를 활성화하는 2차 전달자인 고리형 AMP(cAMP)를 형성하고, 이는 차례로 다른 인산화효소(가인산분해효소 인산화효소)를 활성화한다. 궁극적으로 글리코젠 가인산분해효소(glycogen phosphorylase)라는 효소가 활성화되어 글리코젠을 분해한다. (b) 각 단계에서 생성되는 대략적인 분자 수는 오른쪽과 같다. 하나의 에피네프린 분자는 수억 개의 포도당-1-인산 분자를 생성할 수 있다.

세포기질 부분 내 특정 아미노산에 인산기를 추가하거나 제거하면 리간드에 대한 친화성이나 신호전달 능력에 극적으로 영향을 미칠 수 있다. 결국 신호가 더 이상 존재하지 않으면 세포는 더 많은 수용체를 추가하거나 기존 수용체에 생화학적 변경을 재설정하여 민감도를 재설정할 수 있다.

공동수용체 수용체의 고유한 특성 외에도 수용체-리간드 상호작용은 세포 표면의 **공동수용체**에 영향받을 수도 있다. 공동수용체는 수용체와의 물리적 상호작용을 통해 리간드와 수용체의 결합을 촉진하는 데 도움을 준다. 잘 밝혀진 공동수용체로는 글리피칸(glypican) 및 신데칸(syndecan)을 포함한 헤파란 황산 프로테어글리칸(heparan sulfate proteoglycan)이 있다. 공동수용체는 수용체-리간드 상호작용에 또 다른 조절 기능을 한다.

세포는 수신된 신호를 증폭할 수 있다

신호전달 경로는 외부 신호에 대한 세포반응에 또 다른 중요한 측면인 신호 증폭을 일으킨다. 그 결과 매우 적은 양의 리간드로도 표적 세포로부터 반응을 이끌어내기에 충분하다. 종종 표적 세포의 강한 반응은 반응 세포 안의 신호전달 연쇄반응(signaling cascade) 때문에 일어난다. 연쇄반응의 각 단계에서 신호전달 중간물질은 그다음 단계에 필요한 많은 분자의 생산을 촉진할 만큼 충분히 오래 지속되어 세포 표면의 단일 수용체-리간드 상호작용의 효과를 증폭시킨다. 한 가지 예를 들면 간세포에서 에피네프린에 의한 글리코젠 분해를 들 수 있다(**그림 19-4**). 신호 증폭의 결과로 단일 에피네프린 리간드는 세포 내 저장을 위해 포도당을 비축하는 포도당 중합체인 글리코젠으로부터 수억 개의 포도당 분자의 방출을 촉진할 수 있다.

세포-세포 신호는 제한된 수의 수용체와 신호전달 경로를 통해 작용한다

이러한 세포-세포 신호전달의 기본 원리를 염두에 두고 이제 특정 세포-세포 신호전달 경로를 배워보자. 세부사항은 다를 수 있지만 세포는 제한된 수의 기본 신호전달 경로를 사용한다. 이 장의 나머지 부분에서 이러한 경로의 세부사항에 대해 배우게 될 것이다.

그림 19-5는 몇 가지 일반적인 신호전달 경로의 기본 개요를 보여준다. 많은 리간드가 친수성 화합물이며, 이로 인해 표적 세포의 하나 이상의 특정 수용체에 결합할 수 있다. 친수성 리간드

그림 19-5 신호전달 경로의 몇 가지 기본 유형. 신호경로에는 다양한 유형이 있으며, 각각은 해당 수용체에 리간드가 결합하며 시작한다. 여기에는 (a) 리간드개폐성 이온 통로(18장 참조), (b) G 단백질연결 수용체(GPCR), (c) 수용체 타이로신 인산화효소 같은 효소연결 수용체(enzyme-coupled receptor), (d) 스테로이드 호르몬 수용체 같은 핵 수용체(nuclear receptor)가 포함된다.

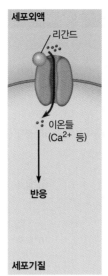

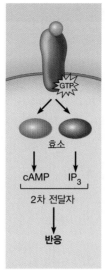
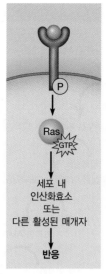
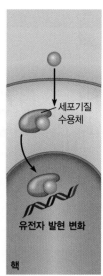

(a) 리간드개폐성 이온 통로

(b) G 단백질연결 수용체 (GPCR)

(c) 효소연결 수용체 (예: 수용체 타이로신 인산화 효소)

(d) 핵 수용체

에는 단백질 또는 작은 펩타이드, 아미노산과 유도체, 뉴클레오타이드, 뉴클레오사이드 등이 있다. 친수성 리간드는 막관통 수용체 단백질(transmembrane receptor protein)에 결합한다. 이와 같은 신호전달의 예로 아세틸콜린 수용체(acetylcholine receptor, 그림 19-5a)와 같은 리간드개폐성 이온 통로(18장 참조)를 들 수 있다. 동물 세포에서 사용하는 몇 가지 다른 주요 신호전달 시스템은 세포 표면에 있다. 이 장의 나머지 부분에서는 두 가지 주요 예시를 살펴볼 것이다. 하나는 막을 7번 통과하고 GTP의 가수분해에 의존하는 세포 표면 수용체이다. 이 수용체는 G 단백질연결 수용체로 알려져 있다(그림 19-5b). 다른 하나는 세포기질 효소, 즉 종종 단백질 인산화효소와 결합하고 활성화하는 수용체이다(그림 19-5c).

반면에 소수성 리간드는 세포기질에 있는 수용체에 작용한다(그림 19-5d). 리간드가 수용체에 결합하면 핵으로 이동하여 특정 유전자의 전사를 조절할 수도 있다. 세포 내 수용체에 결합하는 소수성 신호전달물질 중에는 복합 콜레스테롤에서 유도되는 스테로이드 호르몬(steroid hormone)과 비타민 A에서 유도되는 레티노이드(retinoid)가 있다. G 단백질연결 수용체를 시작으로 다음 여러 절에서 이러한 경로 중 일부를 자세히 알아볼 것이다.

개념체크 19.1

호르몬 인슐린의 효과 중 한 가지는 간세포가 글리코젠을 만들도록 하는 것이다. 인슐린과 수용체의 상호작용에 대한 해리상수(K_d)가 $10^{-7}\ M$이라고 가정하자. 저혈당 환자의 인슐린 수용체의 K_d는 10^{-8}이다. 이 환자는 왜 저혈당일까?

19.2 G 단백질연결 수용체

GTP의 가수분해를 통한 G 단백질연결 수용체 작용

G 단백질연결 수용체(G protein-coupled receptor, GPCR)는 리간드 결합이 특정 **G 단백질**(guanine-nucleotide binding protein, G protein; 구아닌-뉴클레오타이드 결합단백질의 줄임말)을 활성화하는 수용체 구조의 변화를 일으키기 때문에 이와 같이 명명되었다. 활성화된 G 단백질의 일부는 차례로 효소 또는 통로 단백질(channel protein) 같은 표적 단백질에 결합하여 활성을 변화시킨다. G 단백질연결 수용체의 예에는 후각 수용체(olfactory receptor, 후각 담당), β-아드레날린성 수용체(β-adrenergic receptor), 갑상샘 자극 호르몬(thyroid-stimulating hormone) 및 난포 자극 호르몬(follicle-stimulating hormone) 같은 호르몬 수용체가 있다. 임상적으로 매우 중요한 G 단백질연결 수용체 종류로는 오피오이드 수용체(opioid receptor)가 있다. 모르핀(morphine) 같은 마약은 이러한 수용체에 결합하여 통증을 없애는 효과가 있다. 불행히도 모르핀과 헤로인 같은 관련 약물은 중독 효과를 일으키는 뇌의 시냅스 기능에 장기적인 변화를 초래한다.

G 단백질연결 수용체의 구조와 조절 G 단백질연결 수용체들은 아미노산 서열이 크게 다르지만, 모두 유사한 구조를 가지고 있다. 수용체는 교대로 세포기질 또는 세포 외 고리로 연결된 7개의 막관통 α-나선을 형성한다(**그림 19-6**). 단백질의 N-말단은 세포외액에 노출된 반면 C-말단은 세포기질에 있다(그림 19-6a). 각 G 단백질연결 수용체의 세포 외 부분에는 고유한 전달자 결합부위가 있으며, 세포기질 고리에서는 수용체가 특정 유형의

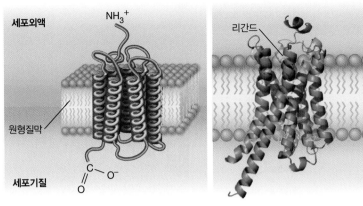

그림 19-6 G 단백질연결 수용체의 구조. (a) 각 GPCR은 7번 막을 관통하는 나선 구조를 가진다. 리간드는 수용체의 세포 바깥 부분에 결합하여, 수용체의 세포 내 부분이 G 단백질과 결합하여 활성화도록 한다. 그림에 나타낸 영역 외에도 두 번째 세포기질 고리는 경우에 따라 G 단백질과 결합에도 관여한다. 또한 세포기질 영역의 특정 아미노산은 G 단백질연결 수용체 인산화효소(GRK)와 단백질 인산화효소 A(Protein Kinase A)에 의한 인산화를 위한 표적 부위들이다. (b) β-아드레날린 수용체의 분자 모델

(a) GPCR 모식도

(b) β-아드레날린성 수용체(GPCR의 일종)

G 단백질하고만 상호작용할 수 있다. 잘 연구된 G 단백질연결 수용체인 β-아드레날린성 수용체(β-adrenergic receptor)의 결정 구조가 그림 19-6b에 나와 있다. G 단백질연결 수용체의 구조에 대한 업적으로 레프코위츠(Robert Lefkowitz)와 코빌카(Brian Kobilka)는 2012년 노벨상을 공동 수상했다. G 단백질연결 수용체와 관련된 다른 단백질도 유사한 구조를 가지고 있다. 그러한 수용체 중 하나는 윈트(Wnt)로 알려진 리간드를 감지하는 데 사용된다(21장 참조).

G 단백질연결 수용체는 여러 방식으로 조절된다. 가장 중요한 것 중 하나는 세포기질 도메인에서 특정 아미노산의 인산화를 통한 것이다. 이러한 아미노산이 인산화되면 수용체의 탈감각화가 일어난다. 이 기능을 수행하는 단백질의 한 종류는 활성화된 수용체에 작용하는 **G 단백질연결 수용체 인산화효소**(G protein-coupled receptor kinase, GRK)이다. β-아드레날린성 수용체와 같은 G 단백질연결 수용체의 세포기질 부분 내 특정 아미노산이 G 단백질연결 수용체 인산화효소에 의해 많이 인산화되면 β-아레스틴(β-arrestin)으로 알려진 단백질이 결합하고, G 단백질연결 수용체가 G 단백질과 결합하는 능력을 완전히 억제한다. 또 다른 인산화효소인 **단백질 인산화효소 A**는 G 단백질 매개 신호전달에 의해 자체적으로 활성화되며(이 장의 뒷부분 참조), 수용체의 다른 아미노산을 인산화할 수 있다. 이러한 억제작용은 세포 신호전달 동안 일어나는 부정적인 피드백의 좋은 예이다.

G 단백질의 구조, 활성화, 비활성화 G 단백질은 GTP(구아노신 3인산) 또는 GDP(구아노신 2인산)와 결합되어 있는지 여부에 따라 '켜짐' 또는 '꺼짐' 상태가 결정되는 분자 스위치와 매우 유사하게 작동한다. G 단백질에는 큰 이종3량체 G 단백질(large heterotrimeric G protein)과 작은 단량체 G 단백질(small monomeric G protein)이라는 두 가지 종류가 있다. 큰 이종3량체 G 단백질에는 G 알파(G_α), G 베타(G_β), G 감마(G_γ)라고 하는

3가지 다른 소단위체를 포함한다. 이종3량체 G 단백질은 G 단백질연결 수용체를 통한 신호전달을 매개한다. 작은 단량체인 G 단백질은 이 장의 뒷부분에서 논의할 *Ras*를 포함한다. 이종3량체 유형에 대한 논의부터 시작하자.

G 단백질은 기본 구조와 활성화 방식이 동일하다(**그림 19-7**). ❶ 이종3량체 $G_{\alpha\beta\gamma}$의 3개 소단위체 중 가장 큰 G_α는 구아닌-뉴클레오타이드(GDP 또는 GTP)에 결합한다. G_α가 GTP에 결합하면 $G_{\beta\gamma}$ 복합체로부터 분리된다. 반면에 G_β 및 G_γ 소단위체는 영구적으로 함께 묶여있다. G_s와 같은 일부 G 단백질은 신호전달을 자극한다. 한편 G_i와 같은 다른 종류는 신호전달을 억제하기도 한다.

전달자가 세포 표면의 G 단백질연결 수용체에 결합할 경우 ❷ 수용체의 형태 변화는 G 단백질의 $G_{\beta\gamma}$ 소단위체가 수용체와 결합하여 G_α 소단위체가 결합된 GDP를 방출시킨다. ❸ 그러면 G_α는 새로운 다른 GTP 분자를 획득하고 복합체에서 분리된다. G 단백질과 세포 유형에 따라 유리 GTP-G_α 소단위체 또는 $G_{\beta\gamma}$ 복합체는 세포에서 신호전달 이벤트를 시작할 수 있다. ❹ G 단백질의 각 부분은 세포 내의 특정 효소나 다른 단백질과 결합하여 효과를 발휘한다.

G 단백질의 활성은 G_α 소단위체가 GTP에 결합되고 G_α 소단위체 및 $G_{\beta\gamma}$ 소단위체가 분리된 상태로 유지되는 한 지속된다. G_α 소단위체는 GTP 가수분해를 촉매하기 때문에, ❺ GTP가 GDP + P_i로 가수분해될 때까지만 활성 상태를 유지하고, 이때 ❻ G_α가 $G_{\beta\gamma}$와 재결합한다. 이러한 특성은 신호전달자가 더 이상 존재하지 않을 때 신호전달 기작을 차단하게 한다. 일부 G_α 단백질은 GTP 가수분해를 촉매하는 데 매우 비효율적이다. 그러나 이 효율은 **G 단백질 신호조절 단백질**(regulator of G protein signaling protein, RGS protein)에 의해 극적으로 향상된다. RGS 단백질이 G_α에 결합하면 GTP 가수분해를 촉진한다. 이러한 GTP 가수분해효소 활성단백질(GTPase activating protein, GAP)

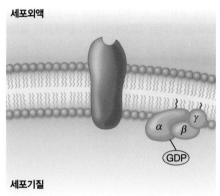

❶ **휴지기:** 수용체는 리간드와 결합하지 않는다. G_α 는 GDP 결합 형태이고 $G_{\beta\gamma}$ 도 결합체를 이루고 있다.

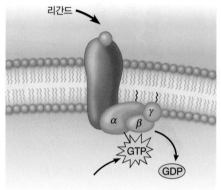

❷ **리간드가 수용체에 결합:** 수용체가 G 단백질과 결합한다. G_α 는 GDP를 방출하고 GTP와 결합한다.

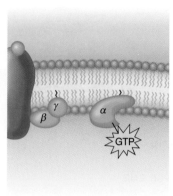

❸ G_α 와 $G_{\beta\gamma}$ 소단위체가 분리된다.

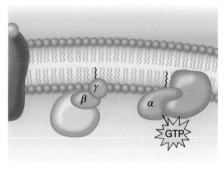

❹ G 단백질 소단위체는 표적 단백질을 활성화하거나 억제하고 신호전달을 시작한다.

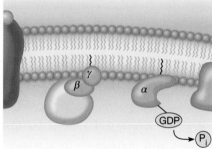

❺ G_α 소단위체는 결합된 GTP를 GDP로 가수분해하여 불활성화한다.

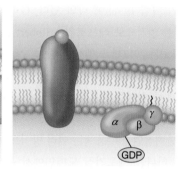

❻ 소단위체들은 재결합하여 불활성화된 G 단백질을 형성한다.

그림 19-7 G 단백질 활성화/비활성화 주기. G 단백질연결 수용체가 리간드에 결합할 때 수용체는 G 단백질을 결합하고 활성화한다. 그것의 분리된 소단위체는 표적 단백질을 조절할 수 있다. GTP의 가수분해는 궁극적으로 신호를 종료시킨다.

은 G 단백질 기능의 중요한 조절자이며(13장에서 Rho 계열 GTP 가수분해효소의 경우에 대해 배웠듯이) Ras 단백질의 경우 이 장의 뒷부분에서 배우게 될 것이다.

α 소단위체와 $\beta\gamma$ 소단위체 및 신호전달 활성화된 G 단백질의 α 소단위체는 아데닐산 고리화효소와 인지질분해효소 C 같은 단백질과 상호작용하여 신호를 받는 세포에서 변화를 이끌어낼 수 있다. 이에 대해서는 다음 장에서 자세히 알아볼 것이다. $G_{\beta\gamma}$ 는 신호전달에도 참여할 수 있다. 예를 들어 앞서 이미 접한 G 단백질 수용체 인산화효소는 분리된 G 단백질의 $\beta\gamma$ 소단위체에 의해 활성화되어 G 단백질 신호에 대한 피드백 메커니즘을 제공할 수 있다. 잘 연구된 $G_{\beta\gamma}$ 신호전달의 한 예는 무스카린성 아세틸콜린 수용체(muscarinic acetylcholine receptor)와 관련이 있다. 일부 신경전달물질 수용체는 세포 내 신호전달을 통해 이온 통로에 변화를 일으키기 위해 간접적으로 작용함을 상기하자(18장 참조). 아세틸콜린이 무스카린성 아세틸콜린 수용체에 결합하면 관련 G 단백질(G_i)의 $\beta\gamma$ 소단위체가 원형질막의 K^+ 통로에

작용하여 그것을 연다(**그림 19-8**). 아세틸콜린이 더 이상 존재하지 않을 때는 α 소단위체와 $\beta\gamma$ 소단위체가 다시 결합하여 K^+ 통로가 다시 닫힌다. $G_{\beta\gamma}$ 신호의 또 다른 예는 출아하는 효모인 *Saccharomyces cerevisiae*의 신호전달과 관련이 있다. 효모는 교배 중 G 단백질 매개 신호를 사용하고(이 장의 뒷부분 참조) 삼투압, 영양소 가용성 및 기타 환경 요인의 변화를 감지한다.

고리형 AMP는 일부 G 단백질에 의해 생산이 조절되는 2차 전달자이다

다양한 G 단백질 매개 신호의 전달 기작을 일으키는 많은 수의 G 단백질연결 수용체가 있으며, 여기서 몇 가지 예를 다뤄볼 것이다. 아마도 가장 중요하고 널리 퍼져 있는 G 단백질 매개 신호전달 이벤트는 2차 전달자의 방출 또는 형성과 관련이 있을 것이다. 이 절과 다음 절에서 볼 수 있듯이 널리 사용되는 2개의 2차 전달자는 고리형 AMP와 칼슘 이온(calcium ion)이다.

고리형 AMP(cyclic AMP, cAMP)는 **아데닐산 고리화효소** (adenylyl cyclase)에 의해 세포기질 ATP로부터 형성된다(**그림**

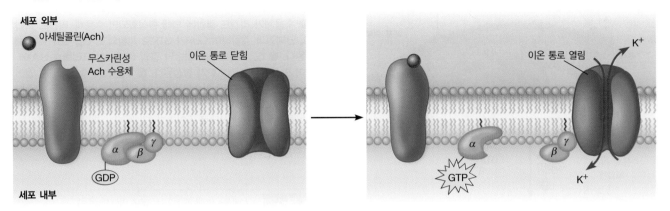

❶ 아세틸콜린이 없을 때 무스카린성 아세틸콜린 수용체와 연결된 G 단백질은 GDP와 결합한 형태이다.

❷ 아세틸콜린이 결합하면 G 단백질을 활성화한다. K⁺ 통로는 $\beta\gamma$ 소단위체와 상호작용하여 열린다.

세포 외부
아세틸콜린(Ach)
무스카린성 Ach 수용체
이온 통로 닫힘
이온 통로 열림
K⁺
α β γ
GDP
GTP
α β γ
K⁺
세포 내부

그림 19-8 단백질의 $G_{\beta\gamma}$ 소단위체는 신호전달에 관여할 수 있다. 뉴런에 있는 아세틸콜린 수용체의 한 유형(무스카린성 수용체)은 G 단백질연결 수용체이다. 아세틸콜린이 결합하면 K⁺ 통로의 개방을 조절하는 $G_{\beta\gamma}$ 복합체가 활성화된다.

19-9). 아데닐산 고리화효소는 원형질막에 고정되어 있으며 촉매 부분이 세포기질로 돌출되어 있다. 일반적으로 여기서 다루는 G_s와 같은 특정 G 단백질의 활성화된 G_α 소단위체에 결합할 때까지 효소의 활성은 없다. G 단백질연결 수용체가 G_s에 결합하면 리간드의 결합은 $G_{s\alpha}$ 소단위체를 활성화하여 GDP를 방출하고 GTP와 결합한다(**그림 19-10**). 이는 GTP-$G_{s\alpha}$가 $G_{s\beta\gamma}$ 소단위체에서 분리되고 아데닐산 고리화효소에 결합하게 한다. 활성화된 GTP-$G_{s\alpha}$가 아데닐산 고리화효소와 결합하면 이 효소가 활성화되어 ATP를 고리형 AMP로 만들어낸다.

G 단백질은 G_α 소단위체가 결합된 GTP를 가수분해하고, 비

활성 상태로 전환되기 전 짧은 시간 동안 활성 상태를 유지하기 때문에 리간드 농도의 변화에 빠르게 반응한다. $G_{s\alpha}$ 단백질이 비활성화되면 아데닐산 고리화효소는 고리형 AMP(cAMP) 생성을 중단한다. 그러나 cAMP를 분해하는 **인산다이에스터가수분해효소**(phosphodiesterase)가 없다면 여전히 세포에서 cAMP 수준은 높은 상태로 유지된다. 이는 또한 세포 외부의 리간드 농도가 감소할 때 신호전달 경로가 즉시 종료되게 한다.

cAMP는 많은 세포 내 기능에 중요하며, 그중 일부는 **표 19-1**에 나열되어 있다. cAMP의 주요 세포 내 표적 단백질 중 하나는 **단백질 인산화효소 A**(protein kinase A, PAK)이다. 단백질 인

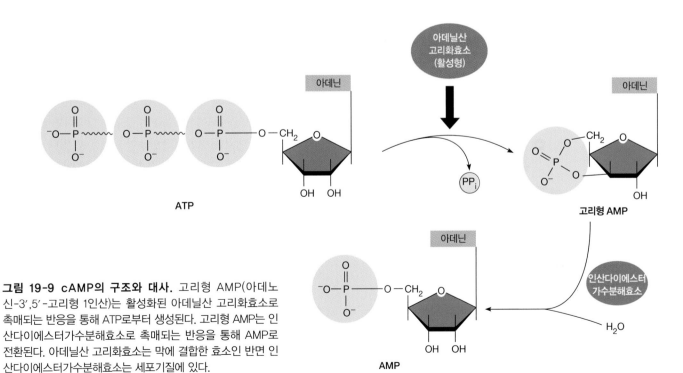

아데닌
ATP

아데닐산 고리화효소 (활성형)

PP$_i$

아데닌
고리형 AMP

인산다이에스터 가수분해효소

H₂O

아데닌
AMP

그림 19-9 cAMP의 구조와 대사. 고리형 AMP(아데노신-3′,5′-고리형 1인산)는 활성화된 아데닐산 고리화효소로 촉매되는 반응을 통해 ATP로부터 생성된다. 고리형 AMP는 인산다이에스터가수분해효소로 촉매되는 반응을 통해 AMP로 전환된다. 아데닐산 고리화효소는 막에 결합한 효소인 반면 인산다이에스터가수분해효소는 세포기질에 있다.

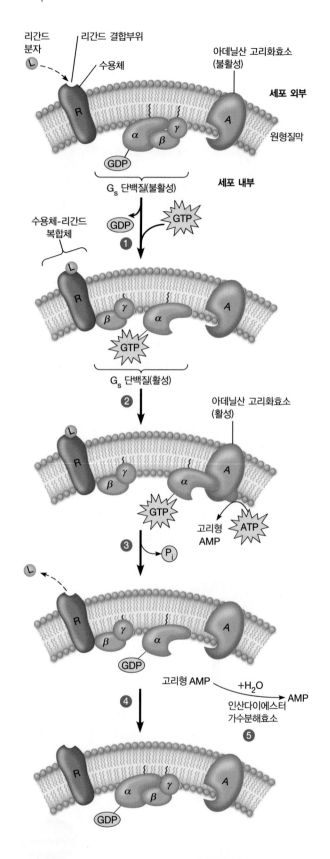

리간드 분자
리간드 결합부위
수용체
아데닐산 고리화효소 (불활성)
세포 외부
R
α
β
γ
A
GDP
원형질막
G_s 단백질(불활성)
세포 내부

GDP ← GTP
❶

수용체-리간드 복합체
L
R
γ
β
α
A
GTP
G_s 단백질(활성)
❷

아데닐산 고리화효소 (활성)
L
R
β
γ
α
A
GTP
고리형 AMP
ATP
❸ → P_i

L
R
γ
β
α
A
GDP
고리형 AMP +H₂O → AMP
인산다이에스터 가수분해효소
❹

❺

L
R
α
β
γ
A
GDP

그림 19-10 **신호전달에서 G 단백질과 고리형 AMP의 역할.** 비활성 상태에서 α, β, γ 소단위체는 GDP가 α 소단위체에 결합된 복합체로 존재한다. 리간드(L)가 수용체(R)에 결합하면 G_s 단백질에 결합하여 활성화된다. ❶ 수용체가 리간드 결합에 의해 활성화되면 수용체-리간드 복합체가 G_s 단백질과 결합하여 GDP가 GTP로 치환되고, $G_{s\alpha}$-GTP 복합체가 분리된다. ❷ $G_{s\alpha}$-GTP 복합체는 막 결합 아데닐산 고리화효소(A)에 결합하여 활성화하고, cAMP가 합성된다. ❸ 리간드가 수용체에서 떨어지면 $G_{s\alpha}$에 위치하는 GTP 가수분해효소에 의해 GTP는 GDP로 가수분해된다. 그리고 $G_{s\alpha}$는 아데닐산 고리화효소로부터 분리된다. ❹ 아데닐산 고리화효소는 비활성 상태로 돌아가고, $G_{s\alpha}$는 $G_{s\beta\gamma}$ 복합체와 재결합하며, ❺ 세포기질의 cAMP 분자는 인산다이에스터가수분해효소에 의해 AMP로 가수분해된다.

표 19-1	cAMP에 의해 조절되는 세포 기능의 예시	
조절 기능	**표적 조직**	**호르몬**
글리코젠 분해	근육, 간	에피네프린
지방산 생성	지방	에피네프린
심박 수, 혈압	심혈관	에피네프린
물 재흡수	콩팥	항이뇨 호르몬
뼈 재흡수	뼈	부갑상샘 호르몬

의 조절 소단위체가, 2개의 촉매 소단위체에서 분리되게 하여 단백질 인산화효소 A의 활성을 조절한다(**그림 19-11**). 촉매 소단위체가 분리되면 단백질 인산화효소 A는 세포에서 다양한 단백질의 인산화를 촉매할 수 있다.

cAMP 농도의 증가는 다른 종류의 세포에서 다양한 효과를 일으킬 수 있다. 골격근과 간세포에서 cAMP가 상승하면 글리코젠 분해가 촉진된다. 심장근육에서 cAMP의 상승은 심장수축을 강화하는 반면, 평활근수축은 억제된다. 혈소판에서 cAMP의 상승은 혈액 응고 동안 그들의 이동을 억제하고, 장 상피세포에서는 염분과 물을 장 내강으로 분비하게 한다. 이러한 각 반응은 앞서 논의한 사전 프로그래밍된 반응의 예이다. 실제 인위적으로 이러한 다른 유형의 세포에서 cAMP의 농도가 상승하면 리간드가 없는 경우에도 이와 동일한 세포반응이 일어날 수 있다. 이는 두 가지 다른 방법으로 수행된다. 직접적으로 cAMP 생산을 촉진하거나, cAMP를 분해하는 인산다이에스터가수분해효소를 억제하는 방법이다. 인산다이에스터가수분해효소 억제제의 예로는 커피, 차, 청량음료에서 발견되는 카페인 및 테오필린 같은 화합물인 메틸잔틴(methylxanthine)이 있다(테오필린은 기관지 평활근을 이완시키기 때문에 천식 치료에 사용한다).

G 단백질 신호전달 기작의 붕괴는 사람에게 질병을 일으킬 수 있다

G 단백질 고리화효소 시스템을 차단할 수 없다면 어떻게 될까?

산화효소 A는 ATP를 사용하여 표적 단백질 내에서 발견되는 세린 또는 트레오닌에 인산염을 붙여주며 다양한 세포 내 단백질을 인산화한다. cAMP는 단백질 인산화효소 A를 구성하는 2개

① 단백질 인산화효소 A는 2개의 촉매 및 2개의 조절 소단위체로 구성된다. 조절 소단위체는 cAMP가 없을 때 촉매 소단위체를 억제한다.

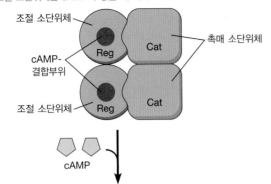

조절 소단위체
cAMP-
결합부위
촉매 소단위체
조절 소단위체

cAMP

② 고리형 AMP는 조절 소단위체에 결합하여 단백질 인산화효소 A를 활성화하여 조절 소단위체가 형태를 변경하게 한다.

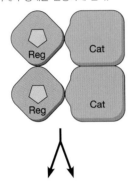

③ 촉매 소단위체가 분리되고 활성화되어 세포 내 표적 단백질을 인산화할 수 있다.

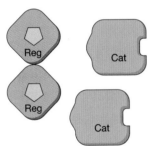

그림 19-11 고리형 AMP에 의한 단백질 인산화효소 A의 활성화. 단백질 인산화효소 A는 4개의 소단위체, 즉 2개의 촉매 및 2개의 조절 소단위체로 구성된다. 조절 소단위체는 고리형 AMP(cAMP)가 없을 때 촉매 소단위체를 억제하지만, cAMP가 결합하면 촉매 소단위체를 활성화하여 표적 단백질을 조절한다.

이 질문은 인간의 질병인 콜레라(8장 참조)에서 어떤 일이 일어나는지 밝힘으로써 답을 얻을 수 있다. 콜레라를 일으키는 콜레라균(Vibrio cholerae)은 이종3량체 G 단백질에 영향을 미쳐 질병을 일으킨다. 콜레라는 콜레라균이 장 내에 집락하여 콜레라 독소를 분비함으로써 일어난다. 콜레라는 홍수나 기타 자연재해로 발생하는 주요한 질병이다. 콜레라는 이 장과 이전 장에서 배운 몇 가지 사항을 종합하여 신호 체계에 결함이 발생하면 어떻게 질병을 유발할 수 있는지 보여준다.

콜레라균은 장세포 표면의 갱글리오사이드(ganglioside, 7장

에서 배운 분자)에 결합하는 독소를 분비한다. 이 독소는 세포 내섭취를 통해 장세포 내부로 들어간다(12장 참조). 결국 독소의 일부는 골지체에서 처리되어 막으로 다시 이동한다. 이 독소 조각은 장세포의 단백질과 결합하여 G_s를 화학적으로 변형하여(ADP-리보스를 추가하여) 더 이상 GTP를 GDP로 가수분해할 수 없게 만든다. 그 결과 G_s를 차단할 수 없고 고리형 AMP(cAMP) 수준이 정상 수준의 100배까지 높게 유지된다. 이는 낭포성 섬유증 염화 이온 운반체(cystic fibrosis chloride transporter, CFTR)를 지속적으로 활성화하게 만든다(8장 참조). 그 결과 장에서 많은 양의 Cl^-이 분비된다. 또 다른 반대 이온, 특히 Na^+도 전하 균형을 유지하기 위해 분비된다. 장세포의 삼투압을 유지하기 위해 많은 양의 물이 소화관(alimentary tract)으로 분비되어 심각한 탈수를 유발한다. 이 상태를 치료하지 않고 방치하면 사망에 이를 수 있다. 콜레라는 Cl^-, Na^+, 포도당이 많이 함유된 용액을 사용하여 경구 수분 보충요법(oral rehydration therapy)을 통해 치료할 수 있다. 포도당은 Na^+/포도당 공동수송체(8장 참조)를 통해 Na^+을 장세포로 되돌리는 데 중요한 역할을 한다.

백일해균(Bordetella pertussis)이 분비하는 백일해 독소(pertussis toxin)는 유사한 방식으로 작용하지만 억제성 G 단백질인 G_i에 작동한다. 이 단백질은 일반적으로 아데닐산 고리화효소를 억제한다. 백일해 독소에 의해 비활성화되면 G_i는 더이상 아데닐산 고리화효소를 억제하지 않는다. 그 결과 폐에 체액(fluid)이 축적되면 이 질병의 특징인 기침이 발생한다.

이러한 독소와 작용방식을 발견함으로써 의학치료의 발전뿐만 아니라 G 단백질 매개 신호전달 연구를 위한 강력한 도구를 얻게 되었다. 이 두 독소가 서로 다른 G 단백질에 작용하기 때문에 연구자들은 정제된 독소를 사용하여 신호전달 경로를 특정 G 단백질과 연관시킬 수 있었다.

연결하기 19.2

콜레라균 감염 시 포도당이 경구 수분 보충요법에 중요한 이유를 Na^+/포도당 공동수송체와 장관(소장과 대장)에 있는 물 흡수에 미치는 영향에 초점을 두고 자세하게 서술하라. (그림 8-15 참조)

다양한 G 단백질이 이노시톨 3인산과 다이아실글리세롤을 통해 작용한다

세포 신호전달에서 이노시톨 인지질의 중요성은 1980년대 초 미첼(Robert Michell)과 베리지(Michael Berridge)의 선구적인 연구에서 처음으로 밝혀졌다. 이제는 이노시톨 인지질의 분해 산물 중 하나인 **이노시톨-1,4,5-3인산**(inositol-1,4,5-triphosphate, IP_3)이 2차 전달자 역할을 한다는 것을 알고 있

그림 19-12 이노시톨 3인산과 다이아실글리세롤의 형성. 이노시톨 3인산(IP₃)과 다이아실글리세롤(DAG)은 인지질분해효소 C가 막 안에 존재하는 인지질 중 하나인 포스파티딜이노시톨-4,5-2인산(PIP₂)을 자를 때 형성된다. IP₃는 세포기질로 방출되는 반면 DAG는 막 안에 남아있다. IP₃와 DAG는 모두 다양한 신호전달 경로의 2차 전달자이다.

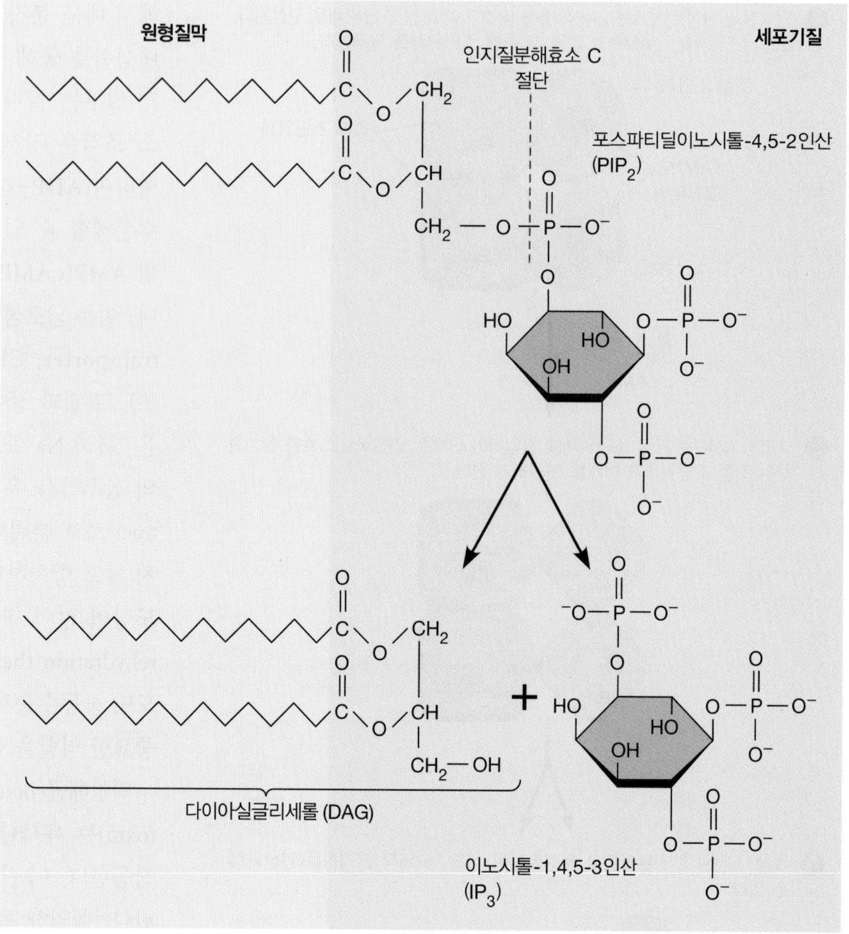

다. 이노시톨-1,4,5-3인산은 인지질분해효소 C가 활성화될 때 상대적으로 드문 막 인지질인 **포스파티딜이노시톨-4,5-2인산**(phosphatidylinositol-4,5-bisphosphate, PIP_2)을 생성한다. **인지질분해효소 C**(phospholipase C)는 포스파티딜이노시톨-4,5-2인산을 분해해서 이노시톨 3인산과 **다이아실글리세롤**(diacylglycerol, DAG) 두 분자로 만든다(**그림 19-12**). 이노시톨 3인산과 다이아실글리세롤이 발견되고 곧 다양한 세포의 기능을 조절하는 2차 전달자로 밝혀졌으며, 그중 일부 기능은 **표 19-2**에 정리했다.

2차 전달자로서 이노시톨-1,4,5-3인산과 다이아실글리세롤의 역할은 **그림 19-13**에 묘사되어 있다. 순서는 ❶ 리간드가 막 수용체에 결합하는 것으로 시작하여 G_q라고 하는 특정 G 단백질의 활성화로 이어진다. ❷ G_q는 C_β로 알려진 일종의 인지질분해효소 C를 활성화하여 이노시톨-1,4,5-3인산과 다이아실글리세롤을 생성한다. ❸ 이노시톨 3인산은 수용성이며, 세포기질을 통해 빠르게 확산되어 소포체(ER)의 IP_3 **수용체**(IP_3 receptor)로 알려진 리간드개폐성 Ca^{2+} 통로에 결합한다. 이노시톨-1,4,5-3인산이 결합하면 통로가 열리고 Ca^{2+}이 세포기질로 방출된다. 그후 Ca^{2+}은 생리적 반응을 일으킨다.

세포 내 칼슘 방출뿐만 아니라 인지질분해효소 C 활성에 의해 막 내 다이아실글리세롤 형성은 ❹ **단백질 인산화효소 C**(protein kinase C, PKC)를 활성화한다. 단백질 인산화효소 C는 세포 종류에 따라 다양한 표적 단백질의 특정 세린 및 트레오닌 부분을 인산화할 수 있다. 다이아실글리세롤의 역할은 단백질 인산화효소 C에 결합하는 식물 대사산물인 **포볼에스터**(phorbol ester)가 다이아실글리세롤을 모방할 수 있음을 실험으로 보여줌으로써 확립되었다. 다양한 약제를 사용하여 연구자들은 이노시톨-1,4,5-3인산에 의한 칼슘 방출과 다이아실글리세롤로 매개

표 19-2	이노시톨 3인산과 다이아실글리세롤에 의해 조절되는 세포 기능의 예시	
조절 기능	**표적 조직**	**매개자**
혈소판 활성	혈소판	트롬빈
근육 수축	평활근	아세틸콜린
인슐린 분비	이자, 내분비	아세틸콜린
아밀레이스 분비	이자, 외분비	아세틸콜린
글리코젠 분해	간	항이뇨 호르몬
항체 생성	B 림프구	외부 항원

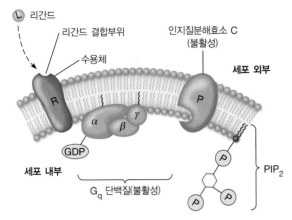

❶ 수용체는 리간드와 결합하며 활성화된다. 수용체-리간드 복합체는 G 단백질 G_q와 결합한다. 그리고 이는 GDP를 GTP로 교체하고, α 소단위체와 $\beta\gamma$ 소단위체의 분리를 야기한다.

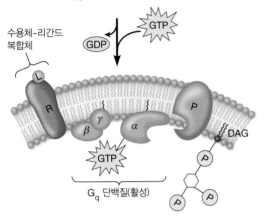

❷ 그다음으로 GTP 결합 형태인 G_q 복합체는 인지질분해효소 C(P)에 결합하여 이를 활성화하고 PIP_2를 IP_3 및 DAG로 절단한다.

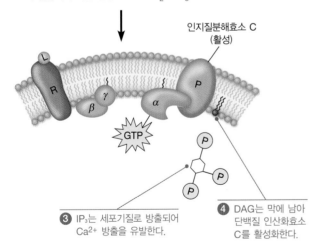

❸ IP_3는 세포기질로 방출되어 Ca^{2+} 방출을 유발한다.

❹ DAG는 막에 남아 단백질 인산화효소 C를 활성화한다.

그림 19-13 신호전달에서 IP_3와 DAG의 역할. 수용체(R)가 원형질막의 외부 표면에서 리간드(L) 결합에 의해 활성화되면, G 단백질 활성화는 칼슘 방출과 단백질 인산화효소 C 활성화를 촉발하는 IP_3와 다이아실글리세롤(DAG)의 생성을 초래한다.

된 인산화효소 활성이 모두 표적 세포에서 완전한 반응을 일으키기 위해 필요하다는 것을 보여주었다.

세포 성장 촉진, 이온 통로 조절, 세포골격 변화, 세포 pH 증

가, 단백질 및 기타 분비에 대한 영향을 포함하여 다양한 세포 기능이 단백질 인산화효소 C의 활성과 연관되어 있다.

칼슘 이온의 방출은 다양한 신호전달 과정의 핵심이다

칼슘 이온(Ca^{2+})은 다양한 세포 기능을 조절하는 데 필수적인 역할을 한다. **그림 19-14**는 칼슘 조절의 다양한 기작에 관한 개요를 제공한다(세포기질의 칼슘 감소 현상은 빨간색 원으로 표시하고 칼슘 증가 현상은 파란색으로 표시했다). 일반적으로 칼슘 농도는 원형질막과 소포체에 있는 **칼슘 ATP 가수분해효소**(calcium ATPase, 펌프)로 인해 세포기질에서 매우 낮은 수준으로 유지된다. ❶ 원형질막의 칼슘 ATP 가수분해효소는 세포 밖으로 칼슘을 운반하는 반면, ❷ 소포체의 칼슘 ATP 가수분해효소는 소포체 내강으로 칼슘 이온을 격리한다. 또한 ❸ 일부 세포에서는 세포기질 칼슘 농도를 추가로 감소시키는 Na^+-Ca^{2+} 교환체(sodium-calcium exchanger)가 있다. ❹ 미토콘드리아도 기질로 칼슘을 수송할 수 있다. 휴지 상태에 있는 대부분의 세포에서 칼슘 ATP 가수분해효소의 작용은 세포기질의 칼슘 농도를 0.1 μM로 유지한다.

세포에서 일반적으로 낮은 칼슘 농도를 감안할 때 세포기질의 칼슘 수준을 어떻게 증가시킬 수 있을까? 한 가지 방법 ❶은 원형질막에서 칼슘 통로를 여는 것이다(뉴런과 관련된 내용은 18장 참조). 세포외액(extracellular fluid)과 혈액의 칼슘 농도는 약 1.2 mM로, 세포기질의 10,000배 이상 높다. 결과적으로 칼슘 통로가 열리면 칼슘 이온이 세포로 빠르게 이동한다.

칼슘 농도는 세포 내 저장고에서 칼슘이 방출됨으로써 상승할 수도 있다. G 단백질연결 수용체 또는 인산효소 수용체와 같은 기타 수용체를 통한 신호전달은 인지질 가수분해효소 C의 다른 종류 또는 **동형**(isoform)을 활성화할 수 있다. ❶ G 단백질연결 수용체는 PLC_β를 활성화하는 반면, ❷ 인산효소 수용체는 PLC_γ를 활성화한다. 소포체에 격리된 칼슘 이온은, ❸ 앞에서 논의한 IP_3 수용체 통로를 통해, ❹ 리아노딘 수용체 통로(ryanodine receptor channel)를 통해 방출될 수 있다. 리아노딘 수용체 통로는 심장과 골격근의 근소포체(sarcoplasmic reticulum)에서 칼슘을 방출하는 데 특히 중요하지만(16장 참조), 뉴런과 같은 비근육세포에도 리아노딘 수용체는 존재한다. 또한 리아노딘 수용체와 IP_3 수용체는 모두 칼슘 자체에 민감하다. 예를 들어 뉴런이 탈분극되면 원형질막의 칼슘 통로가 열리고 일부 칼슘이 세포기질로 들어간다. 칼슘 이온의 급격한 증가로 리아노딘 수용체 통로가 열리고 칼슘이 소포체에서 세포기질로 나온다. 이 현상은 적절하게 **칼슘-매개 칼슘 방출**(calcium-induced calcium release)이라고 한다.

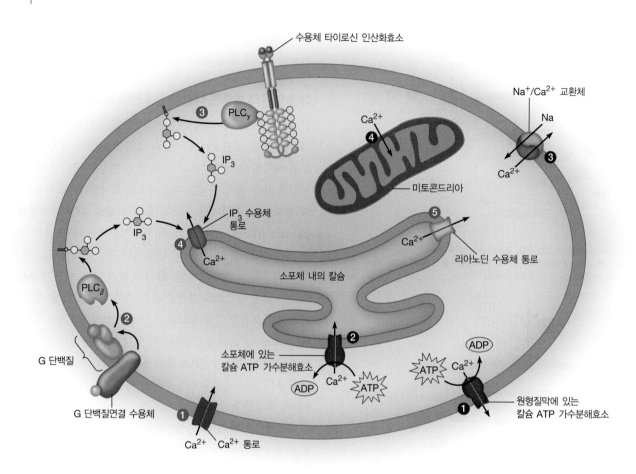

그림 19-14 세포 내 칼슘 조절의 개요. 세포기질 Ca^{2+} 농도는 소포체의 칼슘 ATP 가수분해효소, 원형질막 칼슘 ATP 가수분해효소, Na^+/Ca^{2+} 교환체 및 미토콘드리아의 작용에 의해 감소한다. 원형질막에서 Ca^{2+} 통로가 열리고 소포체 막에서 IP_3 또는 리아노딘 수용체 통로를 통해 Ca^{2+}이 방출되기 때문에 세포기질에서 Ca^{2+} 농도가 증가한다.

칼슘 수치 측정 및 조작 지금까지 세포 내부의 칼슘 수치를 조절하는 몇 가지 주요 조절자에 대해 공부했다. 그러나 세포 내부에서 칼슘 수치가 변하는 시점을 어떻게 모니터링할 수 있을까? 또한 신호에 대해 세포가 반응할 때 중요한 단계가 칼슘 방출이라는 것을 보여주고 싶을 수도 있다. 이러한 현상이 칼슘에 의존한다는 것을 어떻게 보여줄 수 있을까? 다행히도 그렇게 할 수 있는 강력한 방법이 있다. 칼슘 수치를 시각화하기 위해 **칼슘 지시약**(calcium indicator)을 사용할 수 있다. 칼슘 수치를 조작하기 위해 **칼슘 이온통로구**(calcium ionophore)를 사용할 수 있다(이러한 중요한 접근 방식에 대한 자세한 내용은 **핵심 기술** 참조).

동물 난자의 수정 후 칼슘 방출 국소적인 칼슘 수치 상승은 다양한 세포 활동에 영향을 줄 수 있다. 칼슘으로 조절되는 한 가지 중요한 세포 활동은 세포외배출이다(12장 참조). 동물 난자의 수정은 세포외배출에서 칼슘 매개 신호전달의 중요성을 보여주는 좋은 예이다. 많은 동물에서 정자세포 내부에 칼슘이 방출되면 정자세포가 활성화된다. 활성화된 정자는 성숙한 난자의 표면에 결합하여 수정 시 결합하여 여러 가지 일련의 반응을 유발한다.

수정 후 30초에서 몇 분 이내의 난자의 초기 반응 중 하나는 내부 저장고에서 칼슘이 방출되는 것이다(**그림 19-15**). 칼슘 방출은 정자가 침투하는 난자 표면에서 시작하여 칼슘 매개 칼슘 방출을 통해 조약돌이 떨어진 연못의 표면에서 잔물결이 퍼져나가듯 난자 전체로 퍼진다. 칼슘의 물결 같은 전파는 칼슘 지시약을 사용해서 볼 수 있다(그림 19-15a).

수정 시 칼슘의 방출은 두 가지 중요한 과정에 필수적이다. 첫째, 칼슘은 **피층과립**(cortical granule)으로 알려진 소포의 세포외배출을 촉진한다(그림 19-15b). 피층과립의 방출은 난자를 둘러싼 단백질 표면[전형적으로 난황막(vitelline envelope)으로 알려져 있다]을 변형시킨다. 이 변화는 또 다른 정자가 결합할 수 없게 하여 1개 이상의 정자가 수정을 일으키지 못하게 한다. 이 과정을 느린 다수정 방지(slow block to polyspermy)라고 한다[빠른 다수정 방지(fast block to polyspermy)는 일시적인 난막(egg plasma membrane)의 탈분극과 연관되어 있다].

둘째, 칼슘의 또 다른 주요한 역할은 수정에 따른 **난자 활성화**이다. 난자 활성화는 여러 대사 과정을 재개하고, 난자 내부의

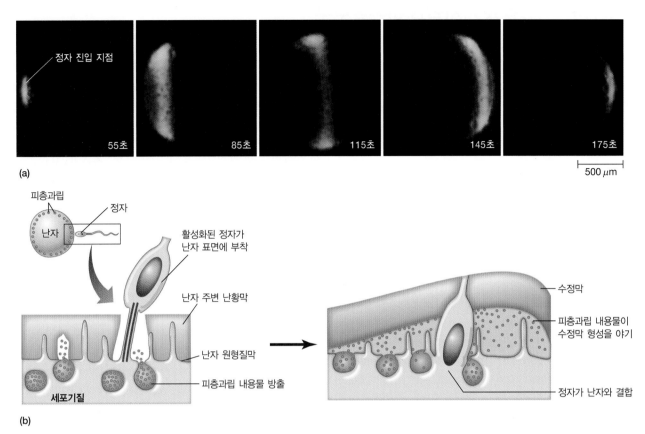

그림 19-15 수정 직후 난자세포에서 발생하는 유리된 칼슘 농도의 일시적 증가. (a) 어류의 난자에 세포기질에서 유리된 칼슘에 붙으면 빛을 방출하는 염료인 아쿠오린(aequorin)이 주입되었다. 수정 후 경과 시간은 각 사진에 초 단위로 표시되었다. 증가된 칼슘 농도의 일시적인 파동은 왼쪽의 정자 진입 지점에서 시작하여 난자 전체로 퍼진다. (b) 활성화된 정자세포는 난자의 표면에 결합하여 국소적인 칼슘 방출과 피층과립의 세포외배출을 일으킨다. 결과적으로 생긴 수정막(fertilization envelope)은 추가적인 정자의 진입을 막는다.

물질을 재배치하며, 배아 발생(embryonic development) 과정을 시작하는 것을 포함한다. 느린 다수정 방지와 난자 활성화의 특성은 미수정란에 정자 없이 칼슘 이온통로구를 처리함으로써 난자 활성화 과정에서 난자 내 칼슘의 역할이 중요하다는 것을 보여준다.

난자세포 활성화는 칼슘 농도의 역동적인 변화가 어떻게 세포의 반응을 역동적으로 변화시키는지에 대한 좋은 예이다. 다른 한편으로 세포의 반응을 일으키는 것은 시간의 경과에 따른 칼슘 농도의 파동(oscillation)이다. 칼슘 농도의 진동은 신경세포와 포유류 수정란에서 일어나며, 이러한 세포의 상태를 안정적으로 변화시키는 데 기여한다. 칼슘 이온 농도의 파동은 식물에서 기공(stomata) 개폐를 조절하는 데도 중요하다.

칼슘의 결합은 다양한 효과인자 단백질을 활성화한다 칼슘은 다양한 많은 효과인자 단백질(effector protein)에 직접 결합하여 그들의 활성을 변화시킬 수 있다. 표적 세포의 칼슘 농도 증가에 대한 반응은 세포 내에 있는 특수한 칼슘 결합단백질에 의해 일어난다. 즉 2개의 다른 표적 세포가 각기 다른 칼슘민감성 효소

(calcium-sensitive enzyme)를 가지고 있으면 같은 칼슘 농도 변화에도 확연하게 다른 효과가 나타날 수 있음을 의미한다. 이러한 단백질 중 하나는 **칼모듈린**(calmodulin)이다.

칼모듈린이 어떻게 세포에서 칼슘 활성화 과정을 매개할까? 칼모듈린 분자를 양쪽 끝에 '손'을 지닌 신축성 있는 '팔'과 비교했다(**그림 19-16**). 2개의 '손' 부위에 각각 2개의 칼슘 이온이 결합하면 칼모듈린은 모양 변형을 일으켜서 활성화된 **칼슘-칼모듈린 복합체**(calcium-calmodulin complex)를 형성한다. 칼모듈린 결합부위를 가진 단백질 인산화효소나 탈인산화효소 같은 단백질이 있으면 칼모듈린의 팔과 손은 결합부위를 감싸서 결합한다. 그러한 단백질에 칼모듈린의 결합은 그 단백질의 기능에 크게 영향을 미칠 수 있다.

칼모듈린의 중요한 특성 중 하나는 칼슘에 대한 친화력이다. 칼모듈린은 세포기질의 칼슘이 $1.0\ \mu M$ 정도로 증가하면 칼슘과 결합하지만, 세포기질의 칼슘 농도가 휴지 상태인 $0.1\ \mu M$ 수준으로 떨어지면 칼슘을 방출한다. 따라서 칼모듈린은 전형적인 세포기질 칼슘 농도 범위에서 작동하기에 유일무이하게 적합하다.

문제 칼슘은 진핵생물 세포에서 2차 전달자이다. 하지만 세포 내에서 칼슘 방출이 일어났는지 어떻게 알 수 있는가? 그리고 칼슘 방출이 미리 프로그래밍된 세포반응(칼슘 증가에 반응하여 세포가 보일 것이라고 생각하는 반응)을 유발할 수 있을 만큼 충분한지 어떻게 보여줄 수 있는가?

해결방안 칼슘 지시약은 세포 내 칼슘의 농도를 측정하기 위해 사용할 수 있다. 칼슘 이온통로구는 보통 신호가 없는 상황에서조차 세포 내 칼슘 방출을 촉진할 수 있다. 이는 칼슘 방출이 특정한 세포의 반응을 일으킬 수 있을 만큼 충분한지 측정하는 것을 가능하게 한다.

주요 도구 칼슘 지시약, 형광현미경, 칼슘 이온통로구

상세 방법 칼슘 수치를 측정하고 약물을 사용하여 칼슘을 직접 조작할 수 있는 기술은 현재 가능하다.

칼슘 지시약 칼슘 방출이 어디서 그리고 언제 일어났는지 아는 것은 세포 내에서 칼슘 수치가 언제 어디에서 상승하는지 추적할 수 있는 방법을 제공한다. 이를 위해 형광염료나 국부적 칼슘 농도와 관련된 형광이 있는 단백질을 사용할 수 있다. 이러한 염료는 일반적으로 *칼슘 지시약*이라고 한다(**그림 19A-1**). 퓨라 2(fura-2) 같은 칼슘 의존성 형광염료를 표적 세포에 주입한 다음, 리간드 또는 이노시톨-1,4,5-3인산(IP3) 같은 물질을 세포에 처리한다. 그러면서 일어난 칼슘 상승을 세포 내 다른 반응과 관련시킬 수 있다. 염료의 형광은 칼슘 농도에 따라 달라지므로, 염료는 세포 내 칼슘 농도의 민감한 지표이다.

더 최근에는 상승된 칼슘에 반응하여 형광을 증가시키는 *카멜레온*(cameleon)이라고 불리는 유전적으로 조작된 단백질이 세포기질의 칼슘 농도를 모니터링하기 위해 사용된다. 카멜레온은 칼모듈린의 칼슘 결합 부분(CaM)과 녹색형광단백질(GFP)의 변형체를 사용하여 만들어진 합성 단백질이다. 이들은 칼슘 농도에 반응하여 형광 특성을 바꾼다. 카멜레온은 유전적으로 *암호화된* 바이오센서에 대한 빙산의 일각일 뿐이다. 이들은 조작된 DNA로부터 생성된 합성 단백질이기 때문에 이와 같이 불린다. DNA가 세포에 주입되면 그 세포는 그에 맞는 조작된 단백질을 만든다. 현재 이러한 많은 센서를 이용할 수 있다. 이들은 염료를 주입하지 않고도 다양한 생리학적 사건을 감시할 수 있게 해주는데, 기술적으로 어려울 수도 있다.

칼슘 이온통로구 물론 칼슘 농도의 증가가 우리가 관심 있는 세포 이벤트와 상관관계가 있다는 것을 보여주는 것만으로는 충분하지 않다. 칼슘의 상승을 세포반응과 어떻게 기능적으로 관련시킬 수 있을까? 이러한 연결고리는 표적 세포를 약물 *이오노마이신*(ionomycin) 또는 *A23187* 같은 칼슘 이온통로구를 처리함으로써 알 수 있다. 칼슘 이온통로구는 내부 막을 칼슘이 투과할 수 있는 상태로 만들며, 생리적 자극이 없을 때 세포 내에 저장된 칼슘을 방출한다. 이는 이노시톨-1,4,5-3인산과 칼슘이 연결되는 하나의 방법이다. 칼슘 이온통로구 처리는 이노시톨-1,4,5-3인산의 효과를 모방하는데, 칼슘은 이노시톨-1,4,5-3인산의 신호전달 경로에서 매개체 역할을 한다. 복잡한 세포반응에 칼슘이 충분해야 함을 보여주는 한 가지 주목할 만한 예는 동물 난자의 수정이다(그림 19-15). 보통 정자가 그 일을 수행하지만 수정되지 않은 난자는 칼슘 이온통로구로 처리할 수 있는데, 이는 피층과립의 방출을 포함하여 정자의 진입과 관련된 많은 이벤트를 일으키기에 충분하다.

질문 당신은 최근 남태평양에서 발견된 성게의 새로운 종을 연구하고 있으며, 다른 종들처럼 칼슘이 내부 저장소에서 방출되는 것이 이 종의 정자가 정상적으로 야기하는 중요한 일이라고 믿고 있다. 이 글에 언급된 기술을 사용하여 당신의 생각을 실험할 수 있는 방법을 설명하라.

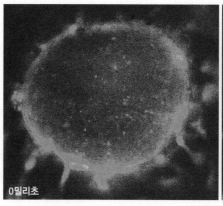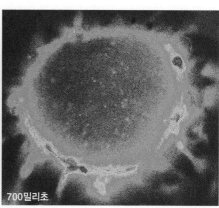

0밀리초　　　700밀리초

50 μm

그림 19A-1 심장줄기세포가 수축하는 동안 세포기질 내 유리된 칼슘 농도의 증가. 심근 세포(심장세포)가 되는 유도만능 줄기세포(iPS cell)에 쉽게 들어갈 수 있는 염료인 Fluo8-AM이 있다. Fluo8의 형광은 칼슘 농도의 변화에 따라 변화한다. 빨간색과 주황색은 유리된 칼슘의 농도가 증가했음을 보여준다.

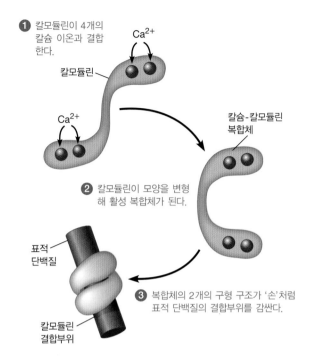

① 칼모듈린이 4개의 칼슘 이온과 결합한다.

Ca²⁺

칼모듈린

Ca²⁺

칼슘-칼모듈린 복합체

② 칼모듈린이 모양을 변형해 활성 복합체가 된다.

표적 단백질

칼모듈린 결합부위

③ 복합체의 2개의 구형 구조가 '손'처럼 표적 단백질의 결합부위를 감싼다.

그림 19-16 칼슘-칼모듈린 복합체의 구조와 기능. 칼모듈린은 세포기질의 칼슘 결합단백질이다. 이 분자는 나선 '팔'로 연결된 2개의 둥근 '손' 모양으로 구성되어 있다.

개념체크 19.2

자극받지 않은 세포에서 칼슘의 농도는 약 10^{-7} M이다. 대부분의 세포에서 소듐의 농도가 10^{-3} M에 가깝다는 것을 고려할 때 칼슘이 소듐보다 더 나은 2차 전달자인 이유는 무엇인가?

19.3 효소연결 수용체

지금까지 G 단백질연결 수용체가 G 단백질에 변화를 일으킴으로써 세포 내부로 신호를 전달하고, 차례로 신호전달 이벤트의 일련 반응들이 진행되는 것을 살펴보았다. 또 다른 종류의 수용체는 신호를 전달하기 위해 다른 전략을 사용한다. 이러한 단백질은 수용체로 기능할 뿐만 아니라 그 자체로 효소이기도 하다. 이들 가운데 가장 흔한 것은 단백질 인산화효소이다. 이러한 수용체 인산화효소(receptor kinase)가 적절한 리간드에 결합하면 효소가 활성화되어 세포 내 일련의 인산화 반응을 통해 신호를 전달한다.

인산화효소가 기질 단백질 내 특정 아미노산에 인산기를 첨가하는 효소라는 것을 떠올려보자(6장 참조). 수용체 인산화효소는 일반적으로 타이로신 잔기를 인산화하는 효소인 타이로신 인산화효소(tyrosine kinase)와 세린 또는 트레오닌 잔기를 인산화하는 효소인 세린-트레오닌 인산화효소(serine-threonine kinase)의 두 가지 주요 범주로 나눌 수 있다. 대부분의 효소연결 수용

체는 이러한 유형 중 하나이다. 각 수용체를 좀 더 자세히 살펴보자.

생장인자는 종종 단백질 인산화효소 관련 수용체와 결합한다

수용체 인산화효소는 중요한 세포 과정에서 다양한 역할을 한다. 잘 연구된 사례 중 하나가 세포 증식이다. 세포가 분열하려면 세포를 구성하는 모든 구성 성분을 합성할 수 있는 영양분이 필요하지만, 일반적으로 영양분의 가용성 자체만으로는 증식에 충분하지 않다. 세포는 종종 세포분열을 자극하기 위한 추가적인 신호를 필요로 한다. 생물학자들은 처음 시험관 내에서 세포를 배양하려고 시도했을 때 세포 증식에 필요한 조건을 알게 되었다. 혈장(blood plasma)을 포함한 영양분이 충분한 배지가 제공되더라도 세포는 분열하지 않았다. 혈장 대신 혈청(serum)을 사용했을 때 전환점이 찾아왔다. 혈청은 세포의 증식을 도울 수 있었지만 혈장은 그렇지 않았다. 혈청 내에 존재하는 다양한 전달자는 지금은 정제되었으며, 이 전달자들은 **생장인자**(growth factor)로 알려진 다양한 종류의 단백질이다.

혈청과 혈장의 차이는 생장인자에 대한 중요한 단서를 제공한다. 혈장은 반응하지 않는 혈소판(혈액 응고 성분 포함)을 포함하지만 적혈구와 백혈구가 없는 전혈이다. 혈청은 혈액이 응고된 후에 남는 투명한 액체이다. 응고하는 동안 혈소판은 흉터를 구성하는 새로운 결합 조직을 형성하는 섬유아세포(fibroblast)의 증식을 촉진하는 생장인자를 혈액으로 분비한다. 응고 후 혈청에는 혈소판 유래 생장인자(platelet-derived growth factor, PDGF)가 가득하다. 혈장에는 혈액 응고 반응이 일어나지 않았으므로, 이 생장인자를 포함하지 않는다.

이러한 단백질은 생장인자로 알려져 있지만, 성장과 세포분열, 배아 성장 중 일어나는 중요한 사건, 조직 손상에 대한 반응 등 다양한 세포 내 기능에 작용한다(세포분열에 대한 생장인자의 영향은 20장, 암에서 그들의 역할에 대해서는 21장 참조). 일단 인식해야 할 것은 생장인자가 분비되는 분자라는 것인데, 이는 단거리에서 작용하고, 생장인자의 존재를 감지하는 적절한 수용체를 가진 세포에 특정한 영향을 미친다.

이제 혈소판 유래 생장인자의 수용체가 수용체 타이로신 인산화효소인 것을 알고 있다. 사실 인슐린(insulin), 인슐린 유사 생장인자-1(insulin-like growth factor-1, IGF-1), 섬유아세포 생장인자(fibroblast growth factor, FGF), 표피 생장인자(epidermal growth factor, EGF), 신경 생장인자(nerve growth factor)를 포함한 여러 생장인자가 수용체 타이로신 인산화효소를 통해 작동한다. 다른 많은 종류의 생장인자가 분리되어 있다. 각 생장인자는 **표 19-3**에 간단히 나타냈으며, 각 생장인자의 영향을 받는 몇몇 세포 유형과 각 생장인자의 수용체 역할을 하는 분자의 일반적인 분류

표 19-3 생장인자 분류의 예시		
생장인자	표적 세포	수용체 복합체의 종류
표피 생장인자(EGF)	다양한 상피와 간충직세포	타이로신 인산화효소
형질전환 생장인자 α(TGF α)	EGF와 같다.	타이로신 인산화효소
혈소판 유래 생장인자(PDGF)	간충조직, 평활근, 영양막	타이로신 인산화효소
형질전환 생장인자 β(TGF β)	섬유아세포	세린-트레오닌 인산화효소
섬유아세포 생장인자(FGF)	간충조직, 섬유아세포, 많은 다른 세포 종류	타이로신 인산화효소
인터루킨-2(IL-2)	세포독성 T 림프구	3 소단위체의 복합체
콜로니-자극인자-1(CSF-1)	대식세포 전구체	타이로신 인산화효소
Wnts	많은 종류의 배아세포	Frizzled(7-막관통 단백질)
Hedgehogs	많은 종류의 배아세포, 멜라닌 세포	Patched(7-막관통 단백질)

로 나열되어 있다. 표 19-3에 나열된 모든 인자가 수용체 인산화효소를 통해 작동하지는 않는다. 일부는 G 단백질연결 수용체와 구조적으로 연관된 수용체를 통해 작용한다. 예를 들어 *Wnt*(21장 참조)는 그렇게 행동한다. *Drosophila*, 즉 초파리에서 처음 확인된 또 다른 종류의 신호인 *hedgehogs* 또한 막을 7번 통과하는 수용체와 결합한다. 그러나 이 장의 남은 부분은 수용체 인산화효소에 초점을 둘 것이다.

수용체 타이로신 인산화효소는 서로 뭉쳐서 자기인산화 과정을 거친다

많은 **수용체 타이로신 인산화효소**(receptor tyrosine kinase, RTK)는 세포 내에서 일련의 신호전달을 유발하여 궁극적으로 세포 증식 또는 세포 분화를 초래한다. 수용체 타이로신 인산화효소의 예로는 인슐린 수용체, 신경 생장인자 수용체, 표피 생장인자 수용체가 있다(**그림 19-17**).

수용체 타이로신 인산화효소의 구조 수용체 타이로신 인산화효소는 여러 면에서 G 단백질연결 수용체와 구조적으로 다르다. 수용체 타이로신 인산화효소는 종종 막관통 단편을 가진 단일 폴리펩타이드 사슬로 구성되어 있다. 수용체 타이로신 인산화효소는 몇 가지 특징적 도메인을 가지고 있다(그림 19-17a). 수용체의 세포 바깥 부분은 리간드 결합 도메인을 포함한다. 수용체의 다른 한쪽 끝은 원형질막을 통해 세포기질로 뻗어있다. 세포기질 쪽 수용체의 일부는 타이로신 인산화효소 도메인을 가지고 있다. 수용체의 세포기질 부분에는 인산화의 표적이 되는 타이로신 잔기가 여러 개 포함되어 있다.

여기서 집중할 것은 수용체 타이로신 인산화효소이지만, 다른 경우에는 수용체와 타이로신 인산화효소는 2개의 별개의 단백질이다. 이 경우 타이로신 인산화효소는 비수용체 타이로신 인산화효소(nonreceptor tyrosine kinase)라고 한다. 이 인산화효소는

수용체와 결합할 수 있으며 수용체와 리간드 결합에 의해 활성화되어 최종 효과는 수용체 타이로신 인산화효소가 활성화될 때 일어나는 것과 상당히 유사하다.

수용체 타이로신 인산화효소의 활성화 신호전달은 리간드가 결합하면서 시작되며, 수용체 타이로신 인산화효소가 모여든다. 섬유아세포 생장인자(FGF)와 같이 잘 알려진 많은 경우에서 리간드는 2량체를 형성한다. 이 리간드 2량체는 두 수용체에 동시에 결합하며 물리적 가교 메커니즘을 통해 결합한다. 표피 생장인자(EGF)처럼 다른 경우에는 단량체 리간드가 수용체에 결합하고, 수용체의 군집화는 수용체의 세포기질 부분의 변화로 인해 리간드가 결합한 후에 발생한다(그림 19-17b; 2량체화된 EGF 수용체의 분자 구조 모델은 그림 19-17c 참조). 어떤 경우든 일단 수용체가 군집화되면 각 수용체와 연관된 타이로신 인산화효소는 주변 수용체의 타이로신을 인산화한다. 수용체는 동일한 유형의 다른 수용체를 인산화하므로, 이 과정을 **자기인산화**(autophosphorylation)라고 한다.

수용체 타이로신 인산화효소는 Ras 및 MAP 인산화효소와 관련된 신호를 전달하는 일련의 반응을 시작한다

수용체 타이로신 인산화효소는 G 단백질연결 수용체와는 다른 신호전달 개시 방법을 사용한다. 유전학적 연구와 생화학적 방법을 이용한 동시적인 연구를 바탕으로, **그림 19-18**에 나타난 수용체 타이로신 인산화효소 신호전달의 기본 경로가 만들어졌다. 리간드가 수용체에 결합하면 수용체의 세포기질 부분에서 타이로신 잔기의 자기인산화가 일어나면서, ❶ 수용체에 다수의 세포기질 단백질이 모여든다. 이들 단백질 각각은 인산화를 포함하여 일련의 아미노산을 가진 수용체의 영역과 몇 개의 인접한 아미노산에 결합한다. 인산화된 타이로신 중 하나를 인식하는 이러한 단백질의 부분을 **SH2 도메인**(SH2 domain)이라고 한

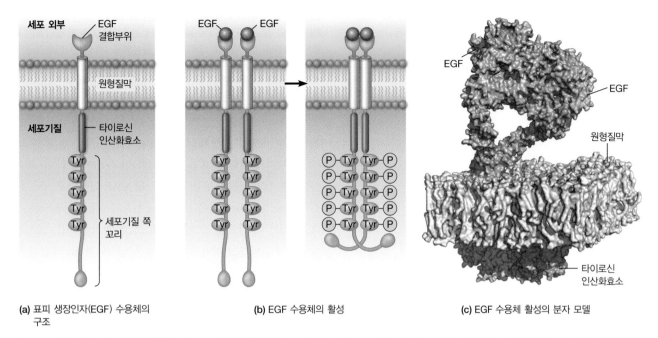

(a) 표피 생장인자(EGF) 수용체의 구조

(b) EGF 수용체의 활성

(c) EGF 수용체 활성의 분자 모델

그림 19-17 수용체 타이로신 인산화효소의 구조와 활성화. (a) 이 그림에 보이는 표피 생장인자(EGF)의 수용체는 다양한 수용체 타이로신 인산화효소의 전형적인 형태이다. 이러한 수용체는 종종 하나의 막관통 단편을 가지고 있다. 수용체의 세포 밖 부분은 리간드에 결합한다(이 경우에는 EGF). 세포 내에서 수용체의 일부는 타이로신 인산화효소 활성을 보인다. 수용체의 나머지 부분은 타이로신 인산화효소의 기질인 일련의 타이로신 잔기를 포함한다. (b) 수용체 타이로신 인산화효소(RTK)의 활성화는 리간드 결합과 함께 시작되고 수용체 결합을 일으킨다. 수용체가 결합한 후, 다수의 타이로신 아미노산 잔기에서 상호 인산화가 일어난다. 수용체에 인산타이로신(Tyr-P) 잔기가 형성되면 SH2 도메인을 포함하는 세포기질 단백질이 결합할 수 있는 부분이 생긴다. (c) 이 분자 모델은 표피 생장인자 수용체가 표피 생장인자와 결합한 후 2량체화하는 것을 보여준다.

다. Src 상동성(도메인) 2[Src homology (domain) 2], 즉 *SH2*라는 용어가 사용되는데, 이는 SH2 도메인을 가진 단백질은 Src 단백질의 일부와 현저하게 유사한 아미노산 서열을 가지기 때문이다.

서로 다른 SH2 도메인을 가지고 있는 단백질이 모이면 서로 다른 신호전달 경로가 활성화된다. 결과적으로 수용체 타이로신 인산화효소는 동시에 여러 가지 다른 신호전달 경로를 활성화할 수 있다. 이들은 앞서 논의한 이노시톨-인지질-칼슘(inositol-phospholipid-calcium) 2차 전달자의 경로(그림 19-13 참조)와 궁극적으로 성장 또는 발육에 관여하는 유전자의 발현을 활성화하는 Ras 경로를 포함한다.

Ras는 세포 증식과 다른 신호전달 이벤트를 조절하는 데 중요하게 작용한다. G 단백질연결 수용체와 관련된 이종3량체 G 단백질과 달리 Ras는 Rho 계열의 구성원처럼 다른 작은 단량체 G 단백질(small monomeric G protein) 같은 단일 소단위체로 구성된다. 다른 G 단백질과 마찬가지로 Ras는 GDP 또는 GTP에 결합할 수 있지만, GTP에 결합할 때만 활성화된다. 수용체 자극이 없는 경우 Ras는 일반적으로 GDP 결합 상태로 존재한다. Ras가 활성화되려면 GDP를 방출하고 GTP 분자를 얻어야 한다. 여기서 Ras는 **구아닌-뉴클레오타이드 교환인자**(guanine-nucleotide exchange factor, GEF)라고 불리는 다른 종류의 단백질의 도움을 필요로 한다.

Ras를 활성화하는 구아닌-뉴클레오타이드 교환인자는 **Sos**(원래 *son of sevenless*라고 불리는 초파리의 유전적 돌연변이로 인해 식별되었기 때문에 그렇게 불린다. 이 돌연변이에서는 복안의 세포가 제대로 발달하지 못하는 것을 관찰할 수 있다. 아래 내용 참조)이다. ❷ Sos가 활성화되려면 SH2 도메인을 포함하는 *GRB2*라는 연결자 단백질을 통해 수용체 타이로신 인산화효소에 간접적으로 결합해야 한다. 따라서 Ras를 활성화하기 위해 수용체는 타이로신 인산화되고, GRB2와 Sos는 수용체에 결합하는 복합체를 형성하여 Sos를 활성화한다. ❸ Sos는 Ras를 자극하여 GDP를 방출하고 GTP를 획득하는데, Ras는 활성화된 상태로 전환된다. 그 대신 칼슘에 대한 논의에서 이미 배웠듯이 ❹ 일부 활성화된 수용체 타이로신 인산화효소는 인지질분해효소 $C_γ$(phospholipase $C_γ$)를 활성화할 수 있다(G 단백질에 의해 활성화된 것과 다른 형태의 인지질분해효소 C).

일단 Ras가 활성화되면 ❺ 일련의 인산화 반응이 일어난다. 이 일련의 반응에서 첫 번째 단백질은 *Raf*라고 불리는 단백질 인산화효소이다. 활성화된 *Raf*는 *MEK*로 알려진 단백질 인산화효소의 세린 및 트레오닌 잔기를 인산화한다. ❻ MEK는 **유사분열촉진 활성단백질 인산화효소**(mitogen-activated protein kinase MAPK), 즉 **MAP 인산화효소**(MAP kinase)로 알려진 단백질 종류의 트레오닌과 타이로신 잔기를 인산화할 수 있다. MAP 인산

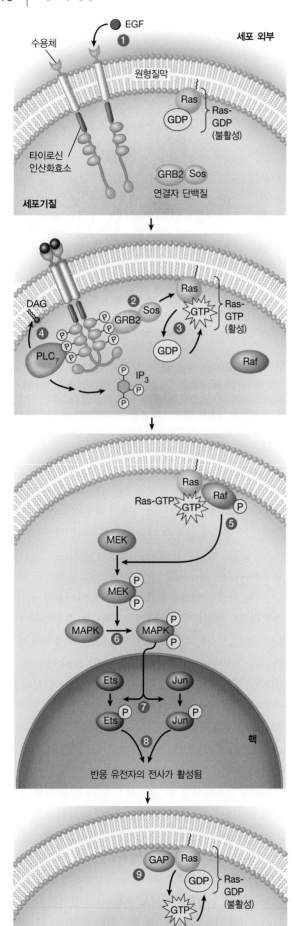

그림 19-18 수용체 타이로신 인산화효소에 의한 신호전달. 표피 생장인자(EGF)와 같은 리간드가 수용체 타이로신 인산화효소에 결합하면 서로 뭉쳐서 덩어리를 이룬다. 그리고 Ras 활성화로 이어지는 신호가 전달되는 일련의 반응을 시작한다. 이것은 Ets와 Jun 전사인자를 포함하는 단백질에 의해 핵에서 반응 유전자의 전사를 궁극적으로 이끈다. 이 경로에 대한 자세한 설명은 본문에서 찾을 수 있다.

화효소는 세포가 성장하고 분열하기 위한 자극을 받을 때 종종 활성화된다[그러한 신호를 마이토젠(mitogen)이라 하며, 여기서 인산화효소의 이름이 유래되었다]. ❼ MAP 인산화효소의 한 가지 기능은 유전자 발현을 조절하는 전사인자를 인산화하는 것이다. 그러한 핵 단백질 중 하나는 *Jun*으로 불리며, 이는 AP-1 전사인자의 구성 요소이다. 다른 것들은 전사인자 *Ets* 계열의 구성원이다. ❽ 이러한 단백질은 차례로 유전자 발현을 조절하는데, 이 유전자의 단백질 생성물은 세포가 성장하고 분열하는 데 필요하다.

일단 Ras가 활성 상태가 되면 ❾ Ras 경로에서의 지속적인 자극을 피하기 위해 Ras에 결합된 GTP의 가수분해로 Ras는 불활성화되어야 한다. GTP 가수분해는 **GTP 가수분해효소 활성단백질**(GTPase activating protein, GAP)에 의해 촉진된다. GTP 가수분해효소 활성단백질은 Ras 불활성화를 100배 가속화할 수 있다.

돌연변이체를 이용하여 수용체 타이로신 인산화효소 신호전달의 핵심 단계를 알 수 있다

생장인자의 신호전달은 앞서 살펴본 것처럼 많은 세포의 이벤트에서 중요하다. 하지만 어떤 수용체가 특정한 사건에 중요한지 어떻게 알 수 있는가? 그림 19-18로 잠깐 돌아가보면 수용체 타이로신 인산화효소의 신호전달을 조절하는 각 단계에서 중요한 단백질의 효과를 저해함으로써 특정 효과를 예측할 수 있다는 것을 알 수 있다. 수용체 타이로신 인산화효소의 신호전달에 관여하는 단백질의 기능을 막는 한 가지 방법은 돌연변이를 통한 방법이다. 돌연변이는 수용체 자체, 또는 '하부(down stream)' 신호전달 구성 요소에 도입될 수 있다. 이러한 돌연변이를 도입하기 위해 두 가지 다른 방법이 사용되었다. 때로는 분자생물학적 접근법으로 생체 외(in vitro)에서 돌연변이를 생성할 수 있다. 다른 사례에서는 모델 동물체(model organism)를 사용한 유력한 유전 기술로 생체 내 신호 감소 또는 과활성 신호전달 작용을 하는 돌연변이를 만들어냈다. 그림 19-18에 나타난 수용체 타이로신 인산화효소의 신호전달 방식은 바로 이러한 방식으로 풀렸다.

돌연변이 수용체 돌연변이가 수용체 타이로신 인산화효소에 어떻게 영향을 미칠 수 있는지 확인하기 위해 섬유아세포 생장인자(FGF)와 그 수용체 타이로신 인산화효소, 섬유아세포 생장인자 수용체(fibroblast growth factor receptor, FGFR)를 생각해보자(**그림 19-19**). 섬유아세포 생장인자와 섬유아세포 생장인자 수용체는 동물 배아와 성체 조직에서의 많은 중요한 신호전달 이벤트를 매개한다. 일반적인 섬유아세포 생장인자 수용체는 그림 19-19a와 같이 리간드 결합 시 자기인산화 과정을 거친다. 그러나 일부 유형의 돌연변이 섬유아세포 생장인자 수용체는 정상적인 수용체에 결합할 수 있더라도 정상적인 자기인산화는 일어나지 않는다. 만약 세포가 그러한 돌연변이 수용체를 생산한다면 세포가 상당한 양의 정상적이고 기능적인 수용체를 만들더라도 돌연변이 수용체의 존재는 정상적인 수용체가 제대로 기능하는 것을 방해한다. 즉 섬유아세포 생장인자 수용체는 섬유아세포 생

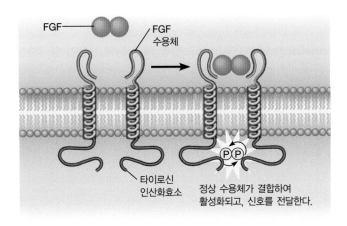

(a) 정상 FGF 수용체

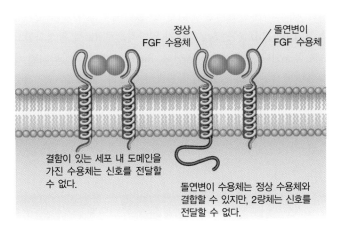

(b) 우성음성 돌연변이인 FGF 수용체

그림 19-19 섬유아세포 생장인자 수용체로 인한 우성음성 돌연변이의 기능적 파괴. (a) 정상 수용체는 섬유아세포 생장인자에 결합한 후 2량체를 형성하고, Ras와 MAP 인산화효소를 통해 적절한 신호를 전달한다. (b) 세포가 돌연변이 섬유아세포 생장인자 수용체를 만들 경우, 정상 수용체는 부분적으로 (a)와 같이 2량체화되거나, 결함이 있는 수용체가 섬유아세포 생장인자와 결합하여 정상 수용체와 2량체화될 수 있지만, 이 경우 신호가 전달되지 않는다. 충분한 양의 돌연변이 수용체가 존재하면 대부분의 정상 수용체는 돌연변이 수용체와 결합하여 신호전달에 전반적인 장애를 초래한다.

장인자와 결합하기 위해 2량체로 움직이기 때문에 돌연변이 수용체에 의해 정상적인 수용체 역시 기능하지 못한다. 정상적인 수용체가 돌연변이 수용체와 함께 2량화되면 수용체의 타이로신 인산화 부분 내에서 인산화 반응이 일어나지 못하고, 신호전달이 차단된다(그림 19-19b). 정상 수용체의 기능을 억제하는 돌연변이는 때때로 **우성음성 돌연변이**(dominant negative mutation)이라고 불린다. 이러한 돌연변이는 돌연변이 수용체가 정상 수용체를 '지배'하기 때문에 우성이다. 그리고 이미 작용하지 않는 변이 수용체의 특성을 나타내므로 '음성'이다. 우성음성 수용체 타이로신 인산화효소는 척추동물의 성장과 발달에 큰 영향을 미칠 수 있다. 예를 들어 유전적으로 조작된 우성음성 섬유아세포 생장인자 수용체는 개구리 배아에서 발현될 때 배아의 몸통과 꼬리의 조직을 발달시키는 것을 방해해서 머리는 있지만 몸은 없는 올챙이를 만들게 한다.

우성음성 돌연변이와 대조적으로 일부 돌연변이는 리간드가 존재하지 않는 경우에도 섬유아세포 생장인자 수용체를 신호전달 시 과잉 반응하게 만든다. 이들은 수용체가 항상 켜져 있는 것처럼 행동하게 만들기 때문에 **항시 활성 돌연변이**(constitutively active mutation)라고 부른다. 사람에서는 섬유아세포 생장인자 수용체-3 유전자의 막관통 부위에 있는 우성 돌연변이는 연골형성 부전증(achondroplasia)이라는 가장 흔한 왜소증을 일으킨다. 이형 접합 개체는 비정상적인 골격 성장이 일어나고, 긴 뼈는 성장을 멈추고 조기 골화(즉 어린시절에 연골이 뼈로 전환되는 과정)를 겪는다. **치사성 이형성증**(thanatophoric dysplasia)이라는 질환은 종종 섬유아세포 생장인자 수용체-3 단백질의 세포기질 부분에서의 단일 아미노산 변화로 인해 발생한다. 이 경우 더 심각한 영향을 받아서 이 질환을 가진 사람들은 태어난 지 얼마 지나지 않아서 사망에 이른다. 단일 단백질에서 보이는 단일 아미노산 변화의 극적인 효과는 인간의 발생 과정 동안 생장인자 수용체가 수행하는 핵심적인 역할을 보여준다.

수용체 타이로신 인산화효소 신호전달의 유전적인 분석 출아 효모인 *Saccharomyces cerevisiae*, 선충인 *Caenorhabditis elegans*, 초파리인 *Drosophila melanogaster*를 포함한 유전적 모델 시스템을 통해 특정 단백질의 기능을 중요한 신호경로와 연결할 수 있었다. 수용체 타이로신 인산화효소 하부의 신호전달 기작에 대한 유전자 분석은 초파리의 겹눈과 선충(*C. elegans*)의 음문(vulva)의 두 시스템에서 거의 동시에 수행되었다. 여기서는 초파리 겹눈(**그림 19-20**)을 살펴볼 것이다.

초파리의 겹눈은 **홀눈**(ommatidium, 복수형은 ommatidia; 그림 19-20a)이라고 불리는 약 800개의 개별적인 눈으로 구성되어 있다. 각 홀눈은 22개의 세포로 구성되어 있다. 이 중 8개는 광

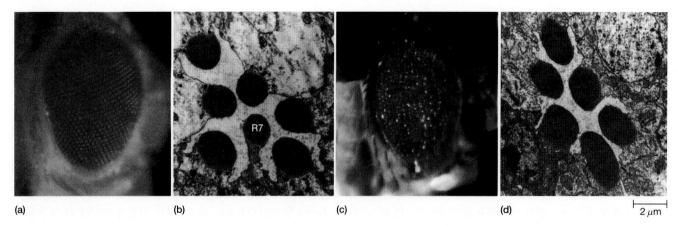

(a)　　　　　　　　　(b)　　　　　　　　　(c)　　　　　　　　　(d)　　　　　2 μm

그림 19-20 초파리의 겹눈. (a) 일반 눈(광학현미경), (b) 고배율(TEM)에서 정상적인 홑눈의 단면. R7 세포가 중앙에 있다. (c) Ras가 우성으로 활성화되면 거친 눈이 생긴다. (d) R7이 적절하게 분화되기 위해 필요한 수용체 타이로신 인산화효소를 발현하지 않는 *seveless* 돌연변이에서는 R7 세포가 존재하지 않는다.

수용체로, 위치에 따라 이름이 붙여졌다(R1~R8, 그림 19-20b). Ras에서의 돌연변이는 눈 모양에 극적으로 영향을 미칠 수 있다(그림 19-20c). 왜냐하면 홑눈의 형성은 *seveless* 유전자(*sev*)에 의해 암호화되는 수용체 타이로신 인산화효소(RTK)에 의존적이기 때문이다. Sev가 손실되면 R7 세포가 손실되는 대신 원추세포(cone cell)로 분화된다(그림 19-20d). 후속 연구는 이웃 세포인 R8에서 Sev 수용체를 활성화하는 리간드를 발견한 것인데, 이를 seveless의 신부(Bride of seveless, Boss)라고 한다. R8의 Boss 단백질은 R7의 Sev 수용체에 결합하여 신호전달을 시작한다(**그림 19-21**).

　강한 Sev 돌연변이의 결과는 명확했다. 정상적인 눈(그림 19-21a)과 달리 Sev가 없을 때는 R7이 없었다(그림 19-21b). 경로의 추가적인 구성 요소를 알아내기 위해 R7이 발달할 수 있을 만큼 기능적인 Sev 수용체가 존재하는 조건이 발견되었다[유전학자들은 이와 같은 조건을 '민감화 배경(sensitized background)'이라고 한다]. 그런 다음 초파리가 Sev에 이러한 '민감한 결점

(sensitizing defect)'을 가지고 있을 때만 눈의 결함이 발생하는 돌연변이를 분리해냈다(그림 19-21c). 연구자들은 그러한 돌연변이가 seveless 또는 Boss가 활성화하는 경로와 동일한 경로에 영향을 미칠 것이라고 추론했다. 이러한 접근 방식을 사용하여 그들은 수용체 타이로신 인산화효소 신호전달의 몇 가지 중요한 구성 요소를 알아냈다.

　다른 연구에서는 Sev 경로에서 여러 돌연변이의 영향을 조사했다. 예를 들어 기능적인 Sev가 부족하지만 GTP 가수분해효소의 활성을 감소시키는 Ras의 우성 돌연변이체를 가진 2중 돌연변이의 경우(이러한 돌연변이는 Ras를 본질적으로 활성화한다) R7은 R8으로부터 신호를 수신할 수 없음에도 불구하고 분화된다(그림 19-21d). 이는 Sev 경로가 일반적으로 Ras를 활성화함으로써 작동된다는 증거를 제공한다. Ras가 스스로 활성화되면 세포 표면에서의 반응은 더 이상 필요하지 않다. 이와 유사한 선충(*C. elegans*)을 사용한 연구를 통해 수용체 타이로신 인산화효소 신호전달 이후의 신호전달 경로가 명확해졌다.

그림 19-21 Ras 신호전달 체계에서 돌연변이는 수용체 타이로신 인산화효소 신호전달의 결함을 건너뛰거나 향상할 수 있다. (a) 일반적인 초파리 애벌레에서 R8 세포 표면의 Boss 리간드는 인접한 R7 전구세포의 Sev 수용체를 활성화하여 정상적인 분화를 유도한다. (b) Sev 돌연변이체에서 Sev 수용체가 결실되면 R7 전구세포가 R8로부터 신호를 수신하지 못하고, 그 세포는 R7 세포가 되지 않는다. (c) Sev에 약한 돌연변이가 생겼으나 R7 세포는 정상적으로 형성되었다. 그러나 R7 전구세포도 Ras에서 약한 돌연변이를 가진다면 R7 세포는 생성되지 않는다. (d) 초파리는 기능적인 Sev 단백질이 없지만, R7 세포가 우성이고 활성화된 형태의 Ras를 발현할 경우 정상적인 R7 세포가 형성될 수 있다.

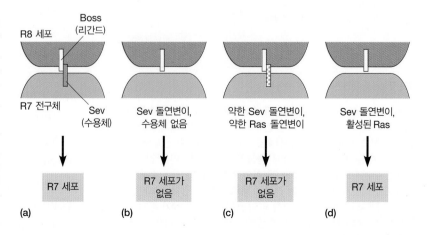

수용체 타이로신 인산화효소는 다른 다양한 신호전달 경로를 활성화한다

G 단백질연결 수용체와 같은 수용체 타이로신 인산화효소도 인지질분해효소 C를 활성화할 수 있다(그림 19-18 ❹). 인지질분해효소 C_γ(수용체 타이로신 인산화효소에 의해 활성화)는 SH2 도메인을 포함하고 있다는 점에서 인지질분해효소 C_β(G 단백질연결 수용체에 의해 활성화)와 다르다. 일단 인지질분해효소 C_γ가 수용체 타이로신 인산화효소에 결합하면 인지질분해효소 C_γ는 수용체 타이로신 인산화효소에 의해 인산화되어 활성화된다.

또한 수용체 타이로신 인산화효소는 포스파티딜이노시톨 3-인산화효소(phosphatidylinositol 3-kinase, PI 3-인산화효소) 같은 다른 효소를 활성화할 수 있는데, 이는 원형질막 인지질 포스파티딜이노시톨을 인산화한다. 이 효소는 세포 증식과 세포 이동을 조절하는 데 중요한 역할을 한다. 이 인산화효소의 역할은 다양하고 복잡하다. 이 장의 후반부에서 인슐린 신호전달 동안 PI 3-인산화효소의 역할 중 한 가지를 알아볼 것이다.

다른 생장인자는 수용체 세린-트레오닌 인산화효소를 통해 신호를 전달한다

앞서 수용체 타이로신 인산화효소가 리간드와 결합할 때 신호를 수신하는 세포 내에서 변화를 일으키는 일련의 신호전달 이벤트가 활성화되는 것을 보았을 것이다. 또 다른 중요한 단백질 인산화효소 관련 수용체는 세포 내 변화를 유도하기 위해 아주 다른 신호전달 체계를 사용한다. 이러한 수용체는 타이로신보다는 세린과 트레오닌 잔기를 인산화한다. **세린-트레오닌 인산화효소 수용체**(serine-threonine kinase receptor)의 주요 종류 중 하나는 형질전환 생장인자(transforming growth factor β, TGF β) 계통 단백질의 수용체로 이루어져 있다(**그림 19-22**). 이 생장인자 계열은 세포 증식, 세포 계획사, 세포 분화, 배아 발달 과정의 핵심 이벤트를 포함하여 배아와 성체 동물 모두에서 광범위한 세포 기능을 조절한다.

형질전환 생장인자 β 신호전달의 첫 단계는 막관통 수용체와 생장인자의 결합이다. 일반적으로 형질전환 생장인자 β 계열 구성원은 신호를 받는 세포 내에서 **I형 수용체**와 **II형 수용체**라는 두 가지 유형의 수용체와 결합한다. ❶ 형질전환 생장인자 β가 결합하기 전에 이러한 수용체는 일반적으로 무리를 이루지 않고

그림 19-22 형질전환 생장인자 β 수용체 계열 단백질에 의한 신호전달. 형질전환 생장인자 β 수용체는 Smad라고 불리는 단백질을 통해 신호를 핵으로 전달한다. 리간드가 결합하여 수용체를 활성화하면 수용체 조절 Smad(R-Smad)가 인산화되어 Smad4와 결합하고, 핵으로 들어가 유전자 발현의 변화를 일으킨다. 다양한 억제 단백질은 수용체 활성화, 수용체와 R-Smad의 상호작용, R-Smad와 Smad4와의 결합을 차단한다.

❶ 형질전환 생장인자 β가 없는 경우 형질전환 생장인자 β에 대한 I형 수용체 및 II형 수용체는 결합하지 않거나 인산화되지 않는다. R-Smad와 Smad4는 세포기질에 있다.

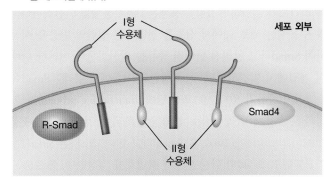

❷ 형질전환 생장인자 β의 결합은 I형 수용체와 II형 수용체의 집단을 이루고, I형 수용체는 II형 수용체에 의해 인산화된다.

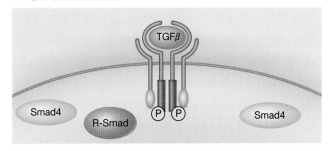

❸ 활성화된 I형 수용체는 고정 단백질과 R-Smad의 복합체와 결합하여 R-Smad 인산화를 일으킨다.

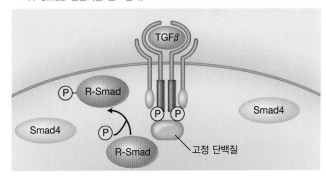

❹ 인산화된 R-Smad는 Smad4와 결합하고, 복합체는 핵으로 들어간다. 다른 단백질과 함께 그들은 유전자 발현을 활성화하거나 억제한다. 결국 R-Smad는 분해되거나 핵을 떠나고, Smad4는 세포기질로 돌아가 신호를 종료한다.

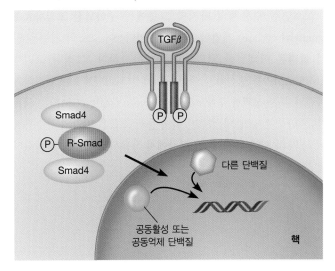

인산화되지 않는다. 그러나 일부 형질전환 생장인자 β 계열 구성원은 적절한 수용체에 결합하기 전에 서로 2량체를 형성한다. ❷ 리간드가 결합하면 II형 수용체는 I형 수용체를 인산화한다. I형 수용체는 세포 내에서 신호를 전달하는 일련의 반응을 시작하여 **Smad**라고 알려진 단백질 종류를 인산화한다(이러한 단백질 계열에서 발견되었던 두 구성원의 이름에서 유래). Smad에는 3가지 종류가 있다. ❸ 고정 단백질(anchoring protein)과 활성화된 수용체의 복합체로 인해 인산화되는 것을 수용체 조절 Smad(receptor-regulated, R-Smad)라고 한다. 또 다른 *Smad4*는 인산화된 R-Smad와 다중 단백질 복합체를 형성한다. ❹ Smad4 분자가 R-Smad와 결합하면 전체 복합체가 핵으로 이동할 수 있으며, 여기서 다른 보조 요인 및 DNA 결합단백질과 결합하여 유전자 발현이 조절될 수 있다. 다른 Smad는 형질전환 생장인자 β가 신호를 전달하는 다양한 지점에서 작용하여 경로를 저해한다. 한 종류는 수용체에 결합하고 억제할 수 있는 반면, 다른 종류는 Smad4에 결합해서 억제할 수 있다. Smad에 의한 신호는 R-Smad가 분해되거나 R-Smad가 세포기질로 다시 이동하면 종료되며, 여기서 세포가 다른 신호를 받으면 R-Smad는 재사용될 수 있다.

다른 효소연결 수용체 계열

인산화효소 외에도 두 가지 유형의 효소연결 수용체가 있다. 타이로신 인산화분해효소 수용체 계열의 구성원은 타이로신 잔기로부터 인산기를 제거하는 데 광범위하게 영향을 미친다. 따라서 이들이 수용체 타이로신 인산화효소 조절에 연관이 있다는 사실은 놀라운 일이 아니다. 따라서 그들은 뉴런의 발달과 가슴샘(흉선)세포(thymocyte)의 분화를 포함한 다양한 과정에서 작용한다. 과학자들을 당황스럽게 하는 것은 이들 수용체 중 많은 것이 아직 명확한 리간드를 가지고 있지 않다는 것이다. 따라서 이러한 수용체가 어떻게 조절되는지에 대해 밝혀질 게 많다.

효소연결 수용체의 마지막 그룹에는 **구아닐산 고리화효소**(guanylyl cyclase) 계열이 포함되어 있다. 이 효소의 기능은 앞서 살펴본 아데닐산 고리화효소와 유사하다. 그러나 고리형 AMP(cAMP)를 생성하는 대신 구아닐산 고리화효소는 밀접하게 관련된 분자 **고리형 구아노신 1인산**(cyclic GMP, cGMP)을 생성한다. 나중에 알게 되겠지만, 이 수용체 그룹은 망막의 광수용체세포, 장의 체액 조절, 혈관 확장에서 작용하는 것으로 밝혀졌다(**인간과의 연결** 참조).

개념체크 19.3

세포분열의 속도를 증가시킴으로써 일반적으로 표피 생장인자(EGF)에 반응하는 세포를 연구하고 있다. 당신은 정상 세포와 siRNA를 사용하여 Ras에 대한 GTP 가수분해효소 활성단백질(GAP)의 발현이 감소된(knocked) 세포에서 세포분열 속도를 측정하려고 한다. 두 종류의 세포가 동일한 농도의 표피 생장인자에 노출되었을 때 표피 생장인자에 대한 반응에서 어떤 차이를 예상하는가? 이에 대해 설명하라.

19.4 모든 것의 결합: 신호의 통합

인체의 세포는 순간마다 다양한 신호에 노출될 수 있다. 세포는 그러한 복잡성에 어떻게 반응할까? 이 장 대부분에서는 각 신호전달 경로가 마치 세포 내에서 분리되어 발생하는 것처럼 간주했다. 하지만 실제로 세포는 동시다발적으로 일어나는 많은 신호에 대한 반응을 조정해야 한다. 세포는 다양한 방법을 가지고 있다. 여기에는 **뼈대 복합체**, 신호전달 복합체를 사용하는 것과 신호전달 교차를 이용해 다른 신호전달 경로를 **통합**하는 것이 포함된다.

뼈대 복합체가 신호전달 과정을 촉진할 수 있다

많은 경우 세포는 신호를 발생시키는 장소를 정확하게 조절하여 매우 특정한 장소에서 반응을 개시할 수 있어야 한다. 이를 위해 신호전달 구성 요소는 때때로 큰 다중단백질 복합체로 조립되는데, 이는 이러한 연쇄반응을 보다 효율적으로 만들고, 신호를 세포 내 작은 영역으로 제한한다. 한 가지 좋은 예는 Ras 인산화효소 억제제(kinase suppressor of Ras, Ksr)로 알려진 단백질로, 수용체 타이로신 인산화효소의 신호전달에 관여하는 인산화효소, Raf, Mek, MAP 인산화효소와 결합하여 인산화작용을 촉진한다. 많은 신호경로가 이와 같은 전략을 이용할 가능성이 있다.

잘 밝혀진 예는 출아효모 *Saccharomyces cerevisiae*(**그림 19-23**)의 교배 신호전달과 관련이 있다. 좋은 환경에서 효모는 반수체이다. 그러나 스트레스를 받을 때 교배형 *a*(mating type *a*) 세포는 *a* 인자라는 화학 신호를 분비하는데, 이는 근처의 α 세포에 있는 특정 G 단백질연결 수용체에 결합할 수 있다(그림 19-23a). 그와 동시에 α 세포는 α 인자를 분비하여 *a* 세포의 해당 수용체에 결합한다. 교배인자(mating factor)의 신호전달은 두 세포에 극성 분비, 세포골격의 변화, 유전자 발현의 변화를 포함하여 광범위한 변화를 초래한다. 궁극적으로 두 세포는 융합하여 *a*/α 2배체를 이룬다.

교배인자의 신호전달은 G 단백질의 활성화된 $G_{\beta\gamma}$ 소단위체를 통해 일어난다. $G_{\beta\gamma}$는 Ste5라고 알려진 큰 뼈대단백질(scaffolding

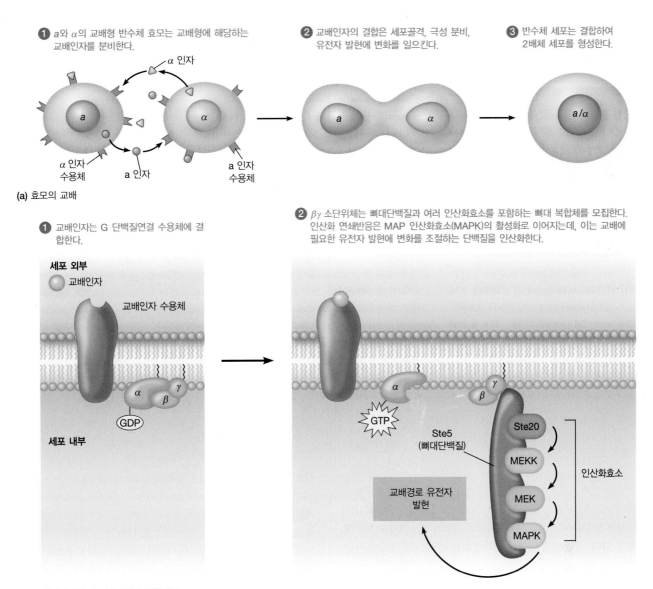

① ❶ a와 α의 교배형 반수체 효모는 교배형에 해당하는 교배인자를 분비한다.

② ❷ 교배인자의 결합은 세포골격, 극성 분비, 유전자 발현에 변화를 일으킨다.

③ ❸ 반수체 세포는 결합하여 2배체 세포를 형성한다.

α 인자

α 인자
수용체
a 인자

a 인자
수용체

a

α

a

α

a/α

(a) 효모의 교배

❶ 교배인자는 G 단백질연결 수용체에 결합한다.

❷ βγ 소단위체는 뼈대단백질과 여러 인산화효소를 포함하는 뼈대 복합체를 모집한다. 인산화 연쇄반응은 MAP 인산화효소(MAPK)의 활성화로 이어지는데, 이는 교배에 필요한 유전자 발현에 변화를 조절하는 단백질을 인산화한다.

세포 외부

교배인자

교배인자 수용체

α β γ
GDP

세포 내부

GTP

α β γ

Ste5
(뼈대단백질)

Ste20

MEKK

MEK

MAPK

인산화효소

교배경로 유전자
발현

(b) 교배인자 신호와 뼈대단백질 복합체들

그림 19-23 뼈대 복합체는 세포의 신호전달을 촉진할 수 있다. (a) 효모의 교배는 서로 다른 교배형을 가진 반수체 세포들의 교배인자의 교환으로 시작한다. 교배인자 수용체는 G 단백질연결 수용체이다. (b) 교배인자의 신호전달은 교배인자 수용체와 관련된 G 단백질의 $G_{\beta\gamma}$ 소단위체에 반응하는 뼈대 복합체를 모으는 것을 포함한다.

protein)을 원형질막으로 불러모은다. Ste5는 큰 복합체에 관여하는 인산화효소들을 모음으로써 교배인자 신호전달의 효율성을 증가시킨다. 흥미롭게도 이 경우 활성화된 βγ 소단위체는 수용체 타이로신 인산화효소 기반의 신호전달인 MAP 인산화효소 활성화를 일으킨다(그림 19-23b). MAP 인산화효소는 다시 교배 과정에 중요한 유전자 발현을 일으키는 단백질을 인산화한다. 삼투압, 영양소 및 기타 환경적 신호의 변화에 대한 반응을 조절하는 다른 유사한 뼈대 복합체가 효모에서 확인되었다.

교배경로는 뼈대의 중요성뿐만 아니라 다른 중요한 원칙도 보여준다. 즉 세포는 신호전달 경로의 다양한 부분을 '혼합하고 상황에 맞게 대처(mix and match)'할 수 있다. 교배경로는 세포기

질에서 MAP 인산화효소 신호의 연쇄반응과 혼합된 표면의 G 단백질연결 수용체 주제에 대한 변형이다.

교차를 통해 서로 다른 신호경로가 통합된다

뼈대를 통해 신호전달 복합체를 국소화하고 조직화하는 것 외에도 세포는 여러 신호에 대한 반응을 통합해야 한다. 그것이 어떻게 가능할까? 때때로 단일 수용체가 여러 경로를 활성화할 수 있다. 다른 경우 서로 다른 리간드가 세포 표면에서 해당 수용체와 결합하여 세포 내에서 특정 신호전달 경로를 활성화하기도 한다. 한 경로에서 활성화된 구성 요소(예: 인산화효소)는 다른 경로의 구성 요소에 영향을 미칠 수 있다. 기타 사례에서 다른 경로

심장병은 선진국에서 매우 큰 건강 문제이다. 지방이 많은 식사, 충분한 운동의 부족, 다른 생활습관 문제로 인해 심장병은 미국 남성과 여성 모두의 주요 사망 원인으로 부상했다. 매년 약 60만 명이 사망하거나 전체 사망 원인의 4분의 1을 차지한다. 심장병의 파괴적인 영향의 핵심은 관상동맥(coronary artery)을 통한 혈류의 손실이다. 관상동맥은 중요한 근육 수축을 수행할 수 있게 심장에 산소가 공급된 혈액을 공급한다(**그림 19B-1**). 혈관을 통해 혈류를 방해할 수 있는 한 가지 요인을 이미 알고 있을 것이다. 바로 '나쁜' 콜레스테롤 또는 저밀도 지질단백질(LDL)로 인한 동맥 플라크의 축적이다(12장 참조). 인간 환자의 관상동맥의 특징적인 협착은 그림 19B-1a에 나타나 있다.

심장질환 환자의 경우 관상동맥을 가능한 열린 상태로 유지하는 것이 중요하다. 세포 신호는 혈류 조절에 매우 중요하다. 이 장에서 배웠듯이 에피네프린 같은 호르몬으로 활성화되는 아드레날린성 수용체는 신호를 통한 혈류 조절의 좋은 예이다. 또 다른 신호경로는 심장에 공급 역할을 하는 심장 혈관 조절에도 중요하다. 이 경우 단백질 리간드 대신 신호를 주는 리간

드는 일산화질소(NO)이다.

일산화질소(NO)는 아미노산인 아르지닌(arginine)을 일산화질소와 시트룰린(citrulline)으로 전환시키는 효소인 *NO 생성효소*(NO synthase)에 의해 생성되는 유독성의 짧은 수명을 가진 분자이다. 이것이 혈관에 어떤 영향을 미칠까? 아세틸콜린은 평활근의 이완을 유도하여 혈관을 확장시키는 것으로 오랫동안 알려졌다. 1980년에 퍼치곳(Robert Furchgott)은 아세틸콜린이 내피가 온전한 경우에만 혈관을 확장한다는 것을 증명했다. 그는 내피세포가 혈관 평활근 세포를 이완시키는 신호(혈관확장제)를 생성하기 때문에 혈관이 확장된다고 결론지었다. 1986년에 퍼치곳의 연구와 이그내로(Louis Ignarro)의 병행 연구는 혈관 평활근의 이완을 유발하는 내피세포로 인해 방출되는 신호로 일산화질소를 확인했다.

그림 19B-1b는 일산화질소의 방출로 아세틸콜린이 어떻게 혈관 내피세포 표면에 결합하는지 보여준다. 이 과정에는 6가지 단계가 있다. ❶ 아세틸콜린은 G 단백질연결 수용체에 결합하여 내피세포에 의해 이노시톨-1,4,5-3인산(IP₃)이 생성되게 한다. ❷ IP₃는 소포체에서 칼슘의 방출을 유발한다. ❸ 칼슘 이온은 칼모듈린을 결합시켜 일산화질소 생성효소를 자극하여 일산화질소를 생성한다. 일산화질소는 내피세포에서 인접한 평활근 세포로 쉽게 확산된다. ❹ 일단 평활근 세포 안에 들어가면 일산화질소는 *구아닐산 고리화효소*를 활성화하여 다음 단계를 이끈다. ❺ 고리형 AMP(cAMP)와 유사한 분자인 고리형 구아노신 1인산(cGMP)이 생산된다. ❻ cGMP 농도의 증가는 *단백질 인산화효소 G*를 활성화하며, 이는 적절한 근육 단백질의 인산화 촉매를 통해 근육 이완을 유도한다.

그림 19B-1b의 메커니즘은 또한 화학적 나이트로글리세린의 작용 메커니즘을 설명한다. *나이트로글리세린*(nitroglycerin)은 협심증(angina, 심장으로의 혈류 부족으로 인한 흉통) 환자가 관상동맥의 수축을 완화하기 위해 복용하는 경우가 많다. 1977년에 무라드(Ferid Murad)는 나이트로

는 2차 전달자와 같은 동일한 분자들로 수렴한다. 이러한 상호작용을 통틀어 **신호전달 교차**(signaling crosstalk)라고 한다.

신호전달 교차의 복잡성을 설명하기 위해 **그림 19-24**를 묘사했다(이 그림에는 실제로 일산화질소가 관여하는 경로도 포함되어 있으며, 이 장 뒷부분에서 알게 될 것이다). 그림 19-24에서 주목해야 할 몇 가지 사항이 있다. 첫째, 여러 경로는 IP₃ 수용체와 칼슘 이온 같은 2차 전달자를 만들어낸다. 둘째, 많은 경로는 궁극적으로 표적 단백질의 인산화로 이어진다. 이러한 표적은 세포골격의 변화나 유전자 발현의 변화 같은 다양한 세포 내 역할을 한다. 서로 다른 경로가 서로 다른 수준에서 이러한 이벤트에 반영될 수 있기 때문에, 신호전달 교차의 기회는 아주 많다. 세포의 신호전달은 세포가 받는 신호에 반응하여 주어진 순간에 세포의 특성 변화를 유도하는 생화학적 경로의 복잡한 체계라고 생각하자.

개념체크 19.4

일부 세포는 수용체 타이로신 인산화효소를 통해 작용하는 생장인자를 처리할 때 빠르게 분열한다. 이러한 세포는 에피네프린 호르몬에 반응해서 아데닐산 고리화효소 활성화를 일으킬 수 있는 것으로 알려져 있다. 또한 단백질 인산화효소 A(PKA)가 이러한 세포에서 Raf 단백질을 억제하는 것으로 알려져 있다. 이 정보를 바탕으로, 생장인자로만 처리된 세포, 에피네프린과 생장인자가 동시에 처리된 세포를 비교하면 어떨 것이라고 예상하는가? 이에 대해 설명하라.

19.5 호르몬 및 기타 장거리 신호

지금까지 생장인자와 다른 리간드가 세포 기능을 조절하기 위해 짧은 거리에서 어떻게 작동하는지 살펴봤다. 그러나 큰 생명체들은 먼 거리에서도 다양한 세포와 조직의 기능을 조절할 수 있

글리세린과 유사한 혈관 확장제가 일산화질소의 방출을 유도한다는 것을 발견했다. 1998년에 퍼치곳, 이그내로, 무라드는 심혈관 계통에 미치는 일산화질소의 영향을 밝힘으로써 노벨상을 수상했다.

일산화질소는 또한 뉴런에 의해 근처의 세포에게 신호를 보내는 데 사용된다. 예를 들어 음경의 뉴런에 의해 방출되는 일산화질소는 음경 발기를 담당하는 혈관 확장을 초래한다. 상표명 비아그라(Viagra)로 판매되는 실

데나필은 일반적으로 cGMP의 분해를 촉매하는 인산다이에스터가수분해효소의 억제제이다. 발기 조직에서 높은 수준의 cGMP를 유지함으로써 이 경로는 일산화질소의 방출 이후 더 오랜 시간 동안 자극된다.

아직 실데나필의 진정한 건강상의 이점이 크게 논의되고 있지만, 심장병 환자에게서 cGMP 경로의 중요성은 부인할 수 없다. 일산화질소는 확실히 심장마비를 예방할 수 있는 기체이다.

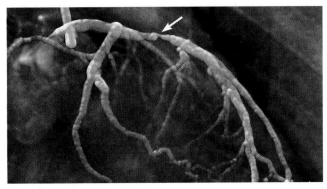

(a) 관상동맥의 협착(stenosis)

그림 19B-1 일산화질소가 혈관에 미치는 영향. (a) 흡연량이 많은 환자의 왼쪽 관상동맥 협착. 화살표는 협착 부위를 가리킨다. (b) 아세틸콜린과 내피세포의 결합은 인접한 평활근 세포로 확산되어 구아닐산 고리화효소를 자극하여 근육의 이완을 유도한다.

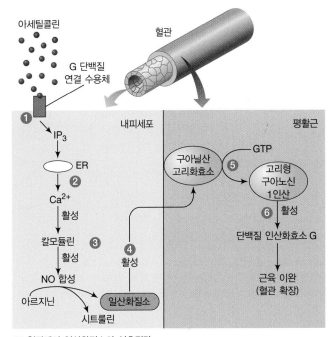

(b) 혈관에서 일산화질소의 신호전달

다. 이 장 처음에 있는 퀴즈의 예시로 돌아가보자. 1미터 정도 거리가 있는 장기(소화계, 뇌, 심장)는 새로운 환경 상황에 동시에 반응해야 한다(교수님이 예상치 못하게 낸 퀴즈). 다양한 조직과 기관을 포함하는 신호를 조절하기 위해 식물과 동물은 **호르몬**(hormone)이라는 분비된 화학 신호를 사용한다.

내분비 호르몬(endocrine hormon)은 동물에서 중요한 호르몬 가운데 하나이다. 내분비 호르몬은 몸의 내분비 조직에 의해 합성되어 혈류로 직접 분비된다. 일단 순환계로 분비되면 내분비 호르몬의 수명은 제한되는데, 에피네프린(부신의 생성물)의 경우 수 초 정도이고, 인슐린의 경우 수 시간으로 다양하다. 혈류에서 순환하면서 호르몬 분자는 몸 전체에 걸쳐 조직의 수용체와 접촉한다. 특정 호르몬의 영향을 받는 조직을 해당 호르몬의 **표적 조직**이라고 한다(**그림 19-25**). 예를 들어 심장과 간은 에피네프린의 표적 조직인 반면, 간과 골격근은 인슐린의 표적 조직이다. 관다발 식물들은 또한 식물 전체에 운반되는 호르몬을 생

산하며 비슷한 방식으로 작용한다.

호르몬은 화학적 성질에 따라 분류할 수 있다

호르몬의 조절 기능에 따라 집단으로 구분할 수 있지만 호르몬은 많은 면에서 다르다. 식물과 동물 모두 다양한 호르몬을 생성한다. 일부 호르몬은 스테로이드 또는 세포 내 수용체를 표적으로 하는 다른 소수성 분자이다. 이 장의 뒷부분에서 논의되는 아드레날린성 호르몬과 같은 호르몬은 다양한 G 단백질연결 수용체에 결합한다. 그럼에도 불구하고 인슐린 같은 호르몬은 수용체 타이로신 인산화효소의 리간드이다. 식물은 잎의 성장을 조절하는 브라시노스테로이드(brassinosteroid)라고 하는 스테로이드 호르몬을 생산한다. 마찬가지로 앱시스산(abscisic acid)은 가뭄 상황에서 기공의 폐쇄를 조절한다.

호르몬은 화학적 성질에 따라 분류할 수 있다. 화학적으로 내분비 호르몬은 아미노산 유도체, 펩타이드, 단백질, 스테로이드

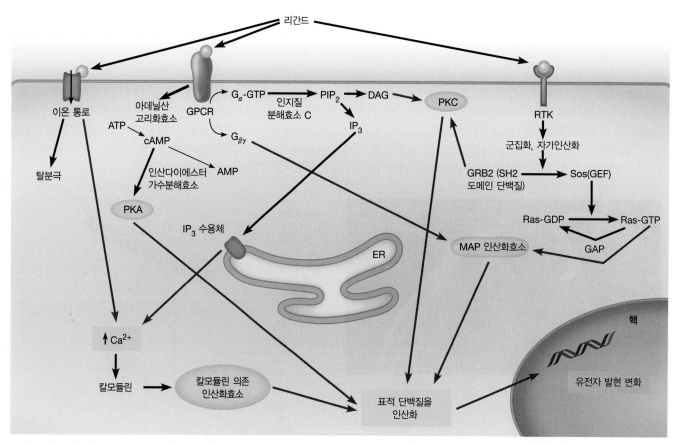

그림 19-24 신호전달 교차. 가상의 세포에 대한 이 그림은 가능한 여러 신호전달 경로(18장과 이 장에서 논의)와 교차가 일어날 수 있는 여러 장소(빨간 화살표)를 보여준다. 교차는 2차 전달자(예: 분홍색 상자에 있는 Ca^{2+}), 단백질 인산화효소(노란 타원형), 이 효소에 의해 인산화되는 단백질(초록색 상자)의 농도, 유전자 발현 상황(보라색 상자)에서 일어날 수 있다.

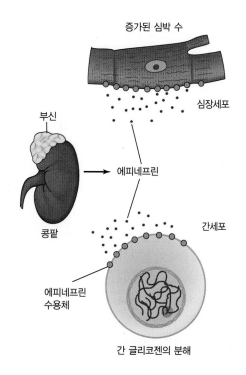

그림 19-25 내분비 호르몬의 표적 조직. 표적 조직의 세포는 원형질막에 호르몬 특이적 수용체를 가지고 있다(혹은 스테로이드 호르몬에서는 핵이나 세포기질에 존재한다). 심장세포와 간세포는 외부 표면에 에피네프린 특이적 수용체를 가지고 있기 때문에 부신에서 합성된 에피네프린에 반응할 수 있다. 특정 호르몬은 상이한 표적 세포에서 상이한 반응을 유도한다. 에피네프린은 심박 수를 증가시키지만 간에서는 글리코겐 분해를 촉진한다.

와 같은 지질 유사 호르몬의 4가지 범주로 나눌 수 있다. 아미노산 유도체의 예로는 타이로신으로부터 유도된 에피네프린이 있다. 바소프레신이라고도 하는 항이뇨 호르몬은 펩타이드 호르몬의 한 예시이고, 인슐린은 단백질이다. 테스토스테론은 스테로이드 호르몬의 한 예시이다. 스테로이드 호르몬은 생식샘(성 호르몬)이나 부신피질(코르티코스테로이드, corticosteroid)에서 합성되는 콜레스테롤의 유도체이다(그림 3-30 참조). 수백 개의 다른 호르몬은 성장과 발달, 신체 과정의 속도, 스트레스와 부상에 대한 반응 등 광범위한 생리 기능을 조절한다. 그 일부가 **표 19-4**에 나열되어 있다.

동물 호르몬이 더 이해하기 수월하므로 이 장의 나머지 부분

표 19-4	호르몬의 화학적 분류와 기능	
화학적 분류	**예시**	**조절되는 기능**
내분비 호르몬		
아미노산 유도체	에피네프린(아드레날린)과 노르에피네프린(둘 다 타이로신으로부터 유래)	스트레스 반응: 심박 수 및 혈압 조절. 저장된 부위에서 포도당과 지방산 방출
	티록신(타이로신으로부터 유래)	대사율 조절
펩타이드	항이뇨 호르몬(바소프레신)	수분과 혈압 조절
	시상하부 호르몬(방출인자)	뇌하수체 호르몬 조절
단백질	뇌하수체 전엽 호르몬	다른 내분비 호르몬 조절
스테로이드	성 호르몬(안드로젠과 에스트로젠)	생식 능력과 2차 성징의 발달 및 조절
	코르티코스테로이드	스트레스 반응: 혈액 전해질의 조절
측분비 호르몬		
아미노산 유도체	히스타민	앨러젠, 스트레스 및 부상에 대한 국소 반응
아라키돈산 유도체	프로스타글란딘	스트레스 및 부상에 대한 국소 반응

에서는 동물 호르몬에 초점을 맞출 것이다. 우선 내분비 계통에 작용하는 친수성 호르몬에 초점을 맞출 것이다. 이 경우 앞서 배운 바로 그 경로들이 사용될 것이다. 주요 차이점은 호르몬이 작용하는 거리이다. 그리고 핵 수용체를 통해 작용하는 스테로이드 호르몬을 배우면서 세포-세포 신호전달에 대한 논의를 마무리할 것이다.

내분비계는 포도당 수치를 조절하기 위해 여러 신호경로를 제어한다

호르몬은 특정 표적 조직의 기능을 조절하므로, 호르몬 연구의 중요한 측면은 그러한 표적 조직의 특정한 기능을 이해하는 것이다. 내분비 호르몬이 어떻게 작용하는지 설명하기 위해 **아드레날린성 호르몬**(adrenergic hormone)인 에피네프린과 노르에피네프린에 대해 더 자세히 살펴보자[에피네프린은 또한 아드레날린이라고도 불리는데, 이 두 단어는 각각 그리스어와 라틴어에서 유래한 것으로, 이 호르몬을 합성하는 부신의 위치, 즉 '신장(콩팥)'의 위 또는 근접하다'는 것을 의미]. 아드레날린성 호르몬 작용의 전반적인 전략은 많은 정상적인 신체 기능을 보류하는 대신 심장과 골격근에 중요한 자원을 전달하고 각성 상태를 높이는 것이다. 혈류로 분비될 때 에피네프린과 노르에피네프린은 다양한 조직이나 기관의 변화를 촉진하는데, 이는 모두 위험하거나 스트레스받는 상황에 대비하기 위한 것이다('투쟁 또는 도피' 반응이라고도 한다). 전반적으로 아드레날린성 호르몬은 심박출량을 증가시켜 내장 기관에서 근육과 심장으로 혈액을 내보내고, 세동맥의 확장을 유발하여 혈액의 산소화를 촉진한다. 게다가 이러한 호르몬은 근육에 포도당을 공급하기 위해 글리코젠의 분해를 촉진한다.

아드레날린성 호르몬은 **아드레날린성 수용체**(adrenergic receptor)로 알려진 G 단백질연결 수용체에 결합한다. 이 수용체는 α-아드레날린성 수용체와 β-아드레날린성 수용체로 크게 구분할 수 있다. α-아드레날린성 수용체는 에피네프린과 노르에피네프린에 모두 결합한다. 이 수용체들은 내장 기관으로 가는 혈류를 조절하는 평활근에 위치한다. β-아드레날린성 수용체는 노르에피네프린보다 에피네프린에 훨씬 더 잘 결합한다. 이러한 수용체는 심장으로 공급되는 세동맥과 관련된 평활근, 폐에 있는 세기관지의 평활근, 골격근에서 발견된다.

α-아드레날린성 수용체와 β-아드레날린성 수용체는 서로 다른 G 단백질과 연결되어 있기 때문에 서로 다른 신호전달 경로를 자극한다. 예를 들어 α-아드레날린성 수용체는 G_q 단백질을 통해 작용하는 반면, β-아드레날린성 수용체는 G_s를 활성화한다. 앞에서 논의했듯이 G_s의 활성화는 고리형 AMP(cAMP) 신호전달 경로를 자극하여 특정 평활근의 이완으로 이어진다. G_q의 활성화는 인지질분해효소 C를 자극하여 IP_3 수용체와 다이아실글리세롤의 생성을 유도하여 세포 내 칼슘 농도를 상승시킨다. cAMP 매개 조절의 구체적인 예로 간세포 또는 근육세포에서 에피네프린 호르몬에 의한 글리코젠 분해의 조절을 살펴볼 것이다.

아드레날린성 호르몬과 글리코젠 분해 조절 아드레날린성 호르몬의 작용 중 한 가지는 근육세포에 포도당을 적절하게 공급하기 위한 글리코젠의 분해를 촉진하는 것이다. 글리코젠의 분해는 글리코젠 가인산분해효소에 의해 촉진되는데, 이는 2개의 포도당 소단위체 사이의 글리코사이드 결합이 무기 인산으로부터 공격받는 반응을 촉매한다. 그 결과 포도당-1-인산(glucose-1-phosphate)

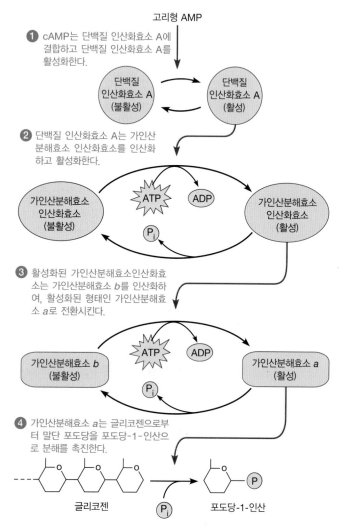

고리형 AMP

❶ cAMP는 단백질 인산화효소 A에 결합하고 단백질 인산화효소 A를 활성화한다.

단백질 인산화효소 A (불활성) 단백질 인산화효소 A (활성)

❷ 단백질 인산화효소 A는 가인산 분해효소 인산화효소를 인산화 하고 활성화한다.

가인산분해효소 인산화효소 (불활성) ATP ADP 가인산분해효소 인산화효소 (활성)

P_i

❸ 활성화된 가인산분해효소인산화효소는 가인산분해효소 b를 인산화하여, 활성화된 형태인 가인산분해효소 a로 전환시킨다.

가인산분해효소 b (불활성) ATP ADP 가인산분해효소 a (활성)

P_i

❹ 가인산분해효소 a는 글리코젠으로부터 말단 포도당을 포도당-1-인산으로 분해를 촉진한다.

글리코젠 P_i 포도당-1-인산

그림 19-26 에피네프린에 의한 글리코젠 분해 촉진. 근육세포와 간세포는 글리코젠 분해 속도를 증가시킴으로써 혈중 에피네프린 농도의 증가에 반응한다. 세포 내 글리코젠 이화작용에 대한 세포 외 에피네프린 자극 효과는 G 단백질 고리형 AMP(cAMP)를 조절하는 일련의 과정을 통해 보인다.

의 분자를 방출한다. 글리코젠 가인산분해효소 시스템은 cAMP 매개 조절 서열(cAMP-mediated regulatory sequence)을 통해 최초로 설명되었다. 본래의 연구는 이 발견으로 1971년에 노벨상을 수상한 서덜랜드(Earl Sutherland)가 1956년에 출판했다.

호르몬 자극에서 글리코젠 분해 증가로 이어지는 일련의 이벤트는 **그림 19-26**에 나타나 있다. ❶ 에피네프린 분자가 간세포 또는 근육세포의 원형질막에 있는 β-아드레날린성 수용체에 결합하며 신호전달 기작이 시작된다. 수용체는 인접한 G_s 단백질을 활성화하고, G_s 단백질은 ATP로부터 cAMP를 생성하는 아데닐산 고리화효소를 활성화한다. 세포기질에서 cAMP 농도의 일시적인 증가는 단백질 인산화효소 A(PKA)를 활성화한다. ❷ 단백질 인산화효소 A는 가인산분해효소 인산화효소(phosphorylase kinase)의 인산화로 시작되는 또 다른 일련의 이벤트를 활성화한

다. ❸ 이는 글리코젠 인산화효소의 활성도가 낮은 형태인 가인산분해효소 b에서 활성도가 높은 형태인 가인산분해효소 a로 전환하는 것으로 이어지며, ❹ 글리코젠 분해 속도를 증가시킨다.

cAMP는 또한 글리코젠 합성을 담당하는 효소 시스템의 비활성화를 촉진하는데, 단백질 인산화효소 A는 글리코젠 합성효소를 인산화하기 때문이다. 그러나 이 효소를 활성화하기보다는 인산화로 인해 이 효소가 비활성화된다. 따라서 cAMP의 전체적인 효과는 글리코젠 분해의 증가와 합성의 감소를 모두 포함한다.

$α_1$-아드레날린성 수용체 및 IP₃ 수용체 경로 또 다른 중요한 아드레날린 신호전달 기작은 IP_3(이노시톨-1,4,5-3인산) 수용체와 다이아실글리세롤의 생성을 촉진하는 $α_1$-아드레날린성 수용체를 통해 나타난다. $α_1$-아드레날린성 수용체는 주로 장으로 가는 혈류를 조절하는 근육을 포함한 혈관의 평활근에서 발견된다. $α_1$-아드레날린성 수용체가 자극되면 IP_3 수용체의 형성은 세포 내 칼슘의 농도를 증가시킨다. 칼슘의 수치가 높아지면 평활근 수축이 일어나고, 혈관의 수축과 혈류 감소를 초래한다. 따라서 $α_1$-아드레날린성 수용체의 활성화는 β-아드레날린 활성화와는 반대되는 방식으로 평활근 세포에 영향을 미쳐 평활근을 이완시킨다.

인슐린 신호전달과 포스파티딜이노시톨 3-인산화효소 앞서 G 단백질 매개 신호를 통해 작용하는 에피네프린이 스트레스를 받는 상황의 대사 과정(간세포 및 근육세포에서 포도당의 생산과 사용 등)을 어떻게 조절하는지를 보았다. 그러나 정상적으로 활동하는 동안 랑게르한스섬(islets of Langerhans)으로 알려진 이자의 특화된 세포에 의해 생성된 2개의 펩타이드 호르몬이 혈당 수치를 조절한다. 이 중 하나인 펩타이드 호르몬 **글루카곤**(glucagon)은 에피네프린에 의해 활성화된 동일한 G_s 단백질을 통해 작용한다. 따라서 혈중 포도당의 수치가 너무 낮을 경우 글리코젠이 분해되면서 혈당이 증가될 때 글루카곤이 역할을 한다. 다른 호르몬인 **인슐린**(insulin)은 에피네프린과 글루카곤의 반대되는 방식으로 작용하여 혈당 수치를 감소시킨다. 근육세포 및 지방세포로 포도당 흡수를 촉진하고, 글리코젠 합성을 촉진한다. 세계적으로 큰 영향을 미치는 질병은 **제1형 당뇨병**으로, 랑게르한스섬에서 인슐린을 생산하는 β 세포가 손실된다. 제1형 당뇨병이 인슐린을 통해 성공적으로 치료될 수 있다는 사실을 발견한 밴팅(Frederick Banting)과 매클라우드(John Macleod)는 그 공로를 인정받아 1923년에 노벨상을 받았다. 불행히도 인슐린 치료는 미국에서 급속하게 확산하고 있으나 전 세계 수억 명의 성인을 괴롭히는 **제2형 당뇨병**을 치료하는 데는 효과가 적다. 제2형 당뇨병은 인슐린을 생산할 수 없는 상태라기보다는 인슐린에 대한 저항성으로부터 발생한다고 간주된다.

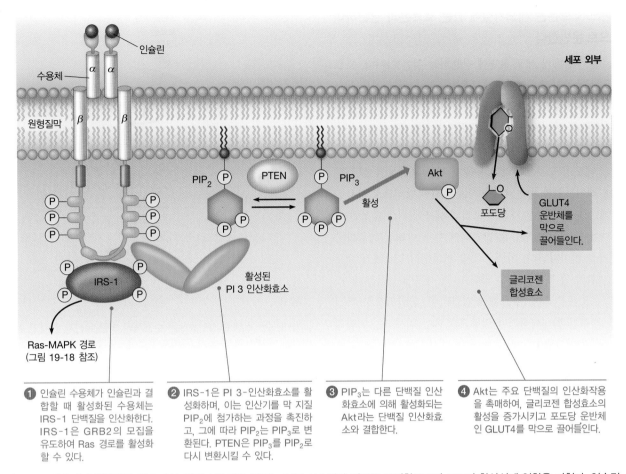

그림 19-27 인슐린의 신호전달 경로. 인슐린의 신호전달 경로는 여러 신호전달 경로를 조절함으로써 포도당 항상성에 영향을 미친다. 인슐린 수용체는 다중 소단위체 수용체 타이로신 인산화효소이다. 그것이 인슐린과 결합할 때 IRS-1 단백질의 모집과 활성화는 신호전달을 시작하여 포도당 유입, 글리코겐 합성의 촉진, 유전자 발현 조절로 이어진다.

인슐린은 매우 빠르고 오래가는 효과가 있다. 근육세포와 지방세포에서 인슐린은 몇 분 안에 포도당을 흡수하고, 새로운 단백질의 합성을 필요로 하지 않는다. 글리코겐 합성에 관여하는 효소의 생산 같은 인슐린의 장기적인 효과는 몇 시간 동안 지속될 정도로 더 높은 수준의 인슐린을 필요로 한다. 인슐린은 그 효과를 발휘하기 위해 수용체 타이로신 인산화효소에 결합한다. 그러나 표피 생장인자 수용체(EGFR)와 달리 인슐린 수용체는 2개의 α 소단위체와 2개의 β 소단위체를 가지고 있다(**그림 19-27**). 인슐린이 수용체와 결합할 때 수용체의 β 소단위체는 인슐린 수용체 기질 1(insulin receptor substrate 1, IRS-1)이라는 단백질을 인산화하여 두 가지 다른 경로를 자극할 수 있다. ❶ IRS-1은 GRB2를 모아서 Ras 경로를 활성화하거나, ❷ IRS-1는 **PI 3 인산화효소**(PI 3-kinase)라고도 하는 **포스파티딜이노시톨 3-인산화효소**(phosphatidylinositol 3-kinase, PI3K)로 알려진 효소와 결합할 수 있다. PI 3-인산화효소는 원형질막 지질 포스파티딜이노시톨-4,5-2인산(PIP₂)에 인산기를 첨가하는 과정을 촉진한다. 이 과정에서 PIP₂는 포스파티딜이노시톨-3,4,5-3인산(PIP₃)으로

전환된다. ❸ PIP₃는 **Akt**(단백질 인산화효소 B라고도 한다)라고 불리는 단백질 인산화효소에 결합하는데, 이는 다른 인산화효소의 인산화에 의해서도 활성화될 수 있다. PIP₃가 얼마나 많이 존재하는지 역시 PI 3인산화효소에 반응하는 효소에 의해 조절된다. 이러한 단백질 중 하나는 **PTEN**인데, 이는 PIP₃에서 인산기를 제거하여 Akt의 활성화를 방지하는 인산가수분해효소이다.

❹ Akt의 활성화는 두 가지 중요한 결과를 불러온다. 첫째, 포도당 운반체 단백질인 *GLUT4*가 세포기질의 소포에서 원형질막으로 이동함으로써 포도당 흡수를 가능하게 한다. 둘째, Akt는 글리코겐 합성효소 인산화효소 3(glycogen synthase kinase 3, GSK3)로 알려진 단백질을 인산화하여 활성을 감소시킬 수 있다. 이는 글리코겐 합성효소의 탈인산화된, 보다 활성화된 형태의 글리코겐 합성효소의 양을 증가시키는데, 앞에서 글리코겐의 생산을 증가시키는 것을 보았다. 따라서 포도당의 흡수와 글리코겐으로의 중합을 자극함으로써 인슐린의 신호전달은 포도당 항상성의 주요 구성 요소에 해당한다.

스테로이드 호르몬은 세포기질에 있는 호르몬과 결합하여 이를 핵으로 운반한다

모든 호르몬 수용체가 세포 표면에 작용하는 것은 아니다. 호르몬의 중요한 종류인 **스테로이드 호르몬**(steroid hormone)은 세포 표면보다 핵에서 주로 작용하는 수용체에 결합한다. 이러한 **스테로이드 수용체**(steroid receptor) 단백질은 프로제스테론, 에스트로젠, 테스토스테론, 글루코코르티코이드(당질코르티코이드)와 같은 스테로이드 호르몬의 작용을 매개한다(갑상샘 호르몬, 비타민 D, 레티노산과 관련된 수용체는 유사한 방식으로 작용한다). 스테로이드 호르몬은 내분비 조직의 세포에 의해 합성된 소수성 분자이다. 그들은 혈류로 방출되어 혈장 단백질과 결합하고 몸 전체를 돌아다닌다. 이들은 지방 친화성이므로 표적 세포의 막을 비교적 쉽게 통과할 수 있다. 표적 세포에 들어간 후 스테로이드 호르몬은 해당 수용체에 결합하여, 궁극적으로 특정 유전자의 전사를 활성화하거나 일부 경우에는 억제하는 일련의 반응을 조절한다(**그림 19-28**).

기체가 세포 신호로 작용할 수 있다

이 장에서 세포 신호의 마지막 예는 장거리 신호의 또 다른 경우이다. 단백질과 용해성 분자 외에도 용해된 가스가 신호 역할을 하기도 한다. 동물에서 O_2와 CO_2 같은 용존 가스는 혈류에서 용존 가스 농도의 항상성 조절을 할 수 있는 호흡의 주요 장거리 신호이다. 식물에서 과일의 숙성은 에틸렌 가스에 의해 매개된다. 익은 과일로 인해 에틸렌이 확산되면 근처의 익지 않은 과일이 익게 된다(예: 부엌에서 익은 사과 옆에 익히지 않은 바나나를 두면 바나나가 빠르게 익는다).

기체 신호의 중요한 예로는 일산화질소(NO)가 있다. 일산화질소는 신경계에서 특히 중요한 신호전달물질이다. **인간과의 연결**에서는 내피세포의 흥미로운 한 맥락으로 일산화질소의 신호를 이

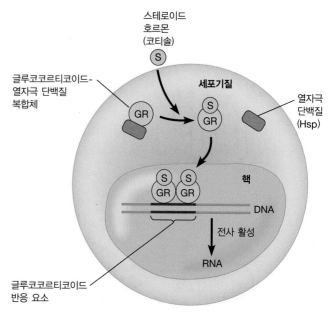

그림 19-28 스테로이드 호르몬 수용체에 의한 유전자 전사의 활성화. 여기에 보이는 예시는 스테로이드 호르몬 코티솔(S)이다. 코티솔은 원형질막을 통해 확산되어 글루코코르티코이드 수용체(GR)에 결합하여 열자극 단백질(Hsp)을 방출하고, 글루코코르티코이드 수용체 분자의 DNA 결합부위를 활성화한다. 글루코코르티코이드 수용체 분자는 핵으로 들어가 DNA의 글루코코르티코이드 반응요소에 결합하여, 이는 다시 두 번째 글루코코르티코이드 수용체 분자가 동일한 반응요소에 결합하도록 한다. 생성된 글루코코르티코이드 수용체의 2량체는 인접한 유전자의 전사를 활성화한다.

야기한다. 이 예에는 고리형 AMP(cAMP)가 아닌 이전에 소개한 작은 분자인 고리형 구아노신 1인산(cGMP)을 포함하는 G 단백질 매개 신호전달이 있다.

개념체크 19.5

특정 생리학적 반응을 매개하기 위해 호르몬 대신 국소 매개체를 사용할 때 다세포 생물체에게 어떤 이점이 있을까? 단점은 무엇인가?

요약

19.1 화학 신호와 세포 수용체

- 세포는 호르몬에 반응하기 위해 다양한 특정 수용체를 이용하며, 생장인자 및 세포외액에 있는 기타 물질(리간드)이 포함된다. 많은 수용체는 막을 통과하는 단백질이다.
- 리간드 결합은 신호를 세포 내부로 전달하여 특정 세포 내 문제를 조절한다. 신호전달은 종종 2차 전달자에 의해 수행되는데, 이는 신호반응을 극적으로 증폭시킬 수 있다.

- 하나의 리간드는 여러 신호경로를 유발할 수 있으며 세포는 종종 여러 신호를 통합한다. 궁극적으로 신호는 종료되어야 한다. 다른 경로는 다른 방식으로 이 작용을 수행한다.
- 리간드에 대한 수용체의 친화도는 해리상수 K_d를 사용하여 설명할 수 있다.
- 수용체에 결합하는 약물이나 다른 화학물질은 수용체를 자극(작용제)하거나 억제(길항제)하는 데 사용될 수 있다.

19.2 G 단백질연결 수용체

- 리간드가 연관된 수용체에 결합할 때 이질3량체 G 단백질이 활성화되며, G_α 소단위체에서 GTP로의 GDP 교환과 G_α 및 $G_{\beta\gamma}$의 해리가 일어난다. 그러면 G_α 소단위체 또는 $G_{\beta\gamma}$ 소단위체는 다양한 신호경로를 활성화한다. G_α가 결합된 GTP를 가수분해하면 G_α와 $G_{\beta\gamma}$는 다시 결합할 수 있다. G 단백질 신호조절 단백질(RGS)은 GTP의 빠른 가수분해를 촉진하여 G_α 활성을 조절한다.
- 2차 전달자인 고리형 AMP(cAMP)는 G_α 단백질에 의해 아데닐산 고리화효소가 활성화될 때 합성된다. cAMP는 단백질 인산화효소 A(PKA)와 결합하고 활성화할 수 있으며, 이는 다양한 단백질의 인산화작용을 촉매할 수 있다. 인산다이에스터가수분해효소는 cAMP의 절단 및 불활성화를 촉매할 수 있다. 다른 G 단백질연결 수용체의 활성화는 대신에 고리형 GMP를 생성한다.
- 이노시톨 3인산(IP$_3$)과 다이아실글리세롤(DAG)은 다른 G 단백질이 인지질분해효소 C_β를 활성화할 때 포스파티딜이노시톨 2인산(PIP$_2$)으로부터 생성된다. $G_{\beta\gamma}$ 소단위체는 뉴런의 K^+ 통로를 조절하는 것을 포함하여 신호전달 경로도 활성화할 수 있다.
- 소포체 내 내부 저장소에서 Ca^{2+}의 방출은 IP$_3$ 수용체에 의해 유발된다.
- Ca^{2+} 효과는 종종 칼모듈린과 같은 칼슘 결합단백질에 의해 매개된다.
- 칼슘에 의해 유도된 칼슘 방출은 동물의 알이 수정되는 때처럼 칼슘 신호를 빠르게 전파할 수 있게 한다.

19.3 효소연결 수용체

- 생장인자는 세포의 성장과 행동을 조절한다. 많은 생장인자는 수용체 타이로신 인산화효소와 결합하고, 다른 인자는 수용체 세린-트레오닌 인산화효소와 결합한다.
- 수용체 타이로신 인산화효소는 리간드 결합 후 특정 타이로신 부위에서 스스로 인산화된다. 인산화된 수용체는 주요 신호전달 경로(Ras 단백질과 인지질분해효소 C_γ의 신호전달 기작)를 활성화하는 SH2 도메인 함유 단백질을 모이게 한다.
- Ras는 GTP 가수분해효소 활성단백질(GAP)과 구아닌-뉴클레오타이드 교환인자(GEF)인 Sos에 의해 조절되는 단량체 G 단백질이다. Ras는 유전자 발현을 조절하는 전사인자 단백질의 활성화를 초래하는 일련의 인산화 이벤트를 활성화한다.
- 수용체 세린-트레오닌은 수용체 조절 Smad와 결합 파트너인 Smad4를 통해 작용하며, Smad 수용체 활성화 후 복합체로 핵으로 들어간다.
- 다른 효소연결 수용체로는 인산가수분해효소 수용체 및 구아닐산 수용체가 있다.

19.4 모든 것의 결합: 신호의 통합

- 효모의 교배 신호전달 과정 같은 일부 경우에는 신호전달 기작의 구성 요소가 뼈대단백질에 의해 매우 근접하게 유지된다. 신호전달 경로 교차는 신호 통합을 가능하게 한다.

19.5 호르몬 및 기타 장거리 신호

- 내분비 호르몬은 이를 분비하는 조직으로부터 멀리 떨어진 신체 조직의 활동을 조절한다.
- 부신 수질(겉질)이 분비하는 아드레날린성 호르몬은 cAMP의 형성을 자극하는 G 단백질 결합 β-아드레날린성 수용체와 인지질분해효소 C_β를 자극하여 세포 내 Ca^{2+}의 상승을 초래한다.
- 인슐린은 Ras 및 PI 3-인산화효소의 신호 과정을 포함한 여러 신호전달 기작을 촉진하여 포도당 항상성을 조절한다.
- 스테로이드 호르몬은 세포기질 수용체 단백질과 결합함으로써 작용한다. 호르몬 수용체 복합체는 핵에서 작용하여 유전자 발현을 조절한다.
- 기체는 장거리 신호로 작용할 수 있다. 일산화질소는 혈관 내피세포에서 cGMP 매개 경로를 통해 작용한다.

연습문제

19-1 화학적 신호와 2차 전달자. 다음의 문장에 적절한 용어로 빈칸을 채워보라.

(a) _____과 같은 마약류가 _____와 결합하면 진통 효과가 나타난다.

(b) 동일한 세포에 작용하는 근거리 매개자의 신호를 _____라고 한다.

(c) IL-2의 표적 세포는 _____이다.

(d) 2차 전달자 역할을 하는 인지질분해효소 C의 활성으로 인한 두 가지 생성물은 _____와 _____이다.

(e) 고리형 AMP는 _____효소에 의해 생성되고, _____효소에 의해 분해된다.

(f) 칼슘 이온은 세포의 _____로부터 방출된다.

19-2 양적 분석 순수 작용제. 작용제는 정상적인 리간드와 같이 수용체에 결합하여 활성화하는 약물이다. 처방전 없이 살 수 있는 α_1-아드레날린성 수용체의 선택적 효능제로 주로 사용되는 새로운 제제의 수용체로 페닐에프린(phenylephrine)의 친화도를 시험하고 있다고 가정해보자. α_1-아드레날린성 수용체의 생리학적 리간드는 에피네프린과 노르에피네프린이다. 충분한 양의 페닐에프린이 첨가되면 페닐에프린이 정상 리간드와 동일한 정도까지 수용체를 포화시킬 수 있다고 가정한다. 에피네프린과 노르에피네프린 및 페닐에프린에 대한 K_d를 측정하면 각각 63 nM, 196 nM, 239 nM이다. 각 리간

드에 대해 결합된 α_1-아드레날린성 수용체의 농도 대비 백분율 변화를 나타내는 그래프를 그리고 각 리간드의 축과 곡선에 이름을 붙여라. 그래프에 각 K_d를 표시하라.

19-3 이질3량체 또는 단량체 G 단백질. G 단백질연결 수용체는 활성화되기 위해 이질3량체 G단백질과 상호작용한다.

(a) 수용체에 결합하면 $G_{\beta\gamma}$ 소단위체는 G_α 소단위체를 통해 GDP/GTP 교환을 촉매한다. 이는 수용체 타이로신 인산화효소에 의한 Ras 활성화와 어떻게 유사한가?

(b) 세포가 이질3량체 G 단백질의 활성 부분으로 GTP 가수분해 속도를 조절하는 것과 Ras로 조절하는 것에서 분자적 수준의 유사성은 무엇이 있는가?

19-4 칼슘 킬레이트제와 칼슘 이온통로구. 칼슘 이온통로구 외에 Ca^{2+}의 역할을 연구하는 데 도움을 준 도구는 칼슘 킬레이트제(chelator)이다. 킬레이트제는 칼슘 이온에 강하게 결합하는 EGTA와 EDTA 같은 화합물로, 세포 바깥의 칼슘 이온을 0에 가깝게 감소시킨다(혹은 가능하게 한다). 이 방법을 이용하여 호르몬의 작용 효과가 (1) 통로를 통해 유입된 Ca^{2+}에 의한 것인지, (2) 소포체 같은 세포 내 저장소에서 방출한 Ca^{2+}에 의한 것인지 설명하라.

19-5 눈의 신호전달 경로. 그림 19-21을 참조해서 문제에 답하라. 겹눈의 각 홑눈에는 광수용체 세포, R7, 주변 신호를 수신해야 하는 세포, R8이 포함되어 있음을 기억하라. 이 경로는 Ras 의존성 신호전달 체계이다. 돌연변이에 대한 연구가 이 경로를 이해하는 데 도와줬다는 것을 회상해보자. 다음 각 상황에서 R7 세포가 분화되는지 나타내라. 각 경우와 관련된 분자경로에 대한 이해를 기반으로 정확한 추론을 제시하라.

(a) R7 세포는 돌연변이를 일으킴으로써 Sevenless 수용체에 SH2 결합 도메인이 결핍된다.

(b) R7 세포는 기능적 Sos가 부족하지만 Ras에서 항시 활성인 우성 돌연변이를 포함한다.

(c) R7 세포는 MAP 인산화효소가 작용하지 못하도록 변형된다.

(d) R8 세포는 과다한 양의 Boss 리간드를 생산하기 위해 돌연변이가 되며, R7세포는 Sevenless를 가지고 있지 않다.

19-6 막수용체와 의학. 스트레스가 많은 직업을 가진 환자가 고혈압으로 내원했다. 의사는 환자에게 β 차단제를 처방했는데, β 차단제는 무엇이며, 이 약이 어떻게 혈압을 정상으로 낮추는 데 도움을 주는지 설명하라.

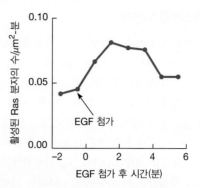

그림 19-29 표피 생장인자에 따른 Ras 활성화 자극. 연습문제 19-7 참조

19-7 데이터 분석/양적 분석 Ras 활성화. 형광공명 에너지 전달(fluorescence resonance energy transfer, FRET)이라는 기술을 사용하여 자극된 세포에서 개별 Ras 분자의 활성을 측정하는 것이 가능하다. **그림 19-29**는 표피 생장인자(EGF)에 의한 자극으로 인한 시간에 따른 Ras 활성 과정을 보여준다.

(a) 그래프에 따르면 최대 Ras 활성화에 도달하는 데 걸리는 시간은 얼마인가?

(b) 표피 생장인자가 존재함에도 불구하고 몇 분 후에 Ras 활동이 감소하는 이유는 무엇인가?

19-8 호중구의 화학 유인 수용체. 호중구(*Neutrophil*)는 일반적으로 감염 부위의 박테리아를 죽이는 역할을 하는 혈액세포이다. 호중구는 주화성(chemotaxis)으로 감염 부위로 가는 길을 찾을 수 있다. 이 과정에서 호중구는 박테리아 단백질의 존재를 감지하고 감염 부위를 향해 이러한 단백질의 흔적을 따라간다. 이러한 주화성이 백일해 독소에 의해 억제된다고 가정해보자. 박테리아 단백질에 반응하는 데 어떤 종류의 수용체가 관여할 가능성이 있는가?

19-9 스크램블 계란. 수정되지 않은 불가사리 난자는 원하는 단백질을 암호화하는 mRNA를 주입하거나 정제된 분자를 직접 주입하여 외부 단백질을 생성하도록 유도할 수 있다. 다음과 같은 경우 어떤 일이 일어날 것으로 예상하며, 그 이유는 무엇인가?

(a) 칼슘 이온과 킬레이트제 조합인 '케이지드 칼슘(caged calcium)'을 난자에 주입한다. 그런 다음 섬광을 사용하여 킬레이트제가 난자의 작은 영역에서 Ca^{2+}을 방출하도록 유도한다.

(b) Ca^{2+}의 방출을 허용하지 않는 IP_3 수용체의 mRNA를 주입한 다음, 난자를 수정한다.

(c) 높아진 Ca^{2+} 수치에 반응하여 형광을 내는 분자인 Fluo3를 정상 난자에 주입하고, 그 후 수정한다.

20 세포주기와 체세포분열

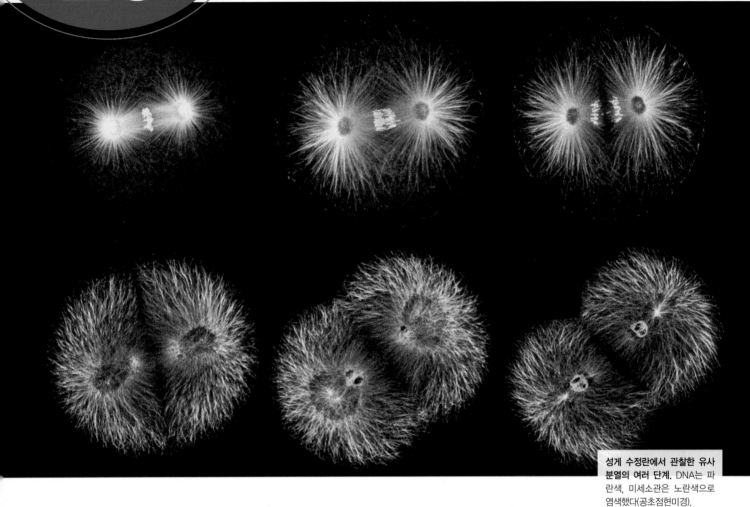

성장하고 번식할 수 있는 능력은 살아있는 생명체의 기본적인 특성이다. 그러나 하나의 세포가 성장하는 데는 한계가 있다. 새로운 단백질, 핵산, 탄수화물, 지방 등이 합성되면서 이들의 축적은 세포의 부피를 증가시키고, 세포가 터지지 않도록 원형질막을 팽창하게 만든다. 하지만 세포는 한없이 팽창할 수 없다. 세포가 커지면서 표면적/부피의 비율이 감소하기 때문에 환경과의 효과적인 물질 교환 능력도 감소한다. 따라서 세포의 성장은 일반적으로 하나의 세포가 2개의 새로운 딸세포로 나누어지는 **세포분열**(cell division)과 함께 일어난다. (딸이라고 하는 용어는 약속에 의해 사용되는 용어로, 세포의 성별을 나타내는 것은 아니다.) 단세포 생물의 경우 세포분열은 집단 내 개체의 수를 증가시킨다. 다세포 생물의 경우 세포분열은 세포의 수를 늘려서 개체의 성장을 가져오거나 죽은 세포를 대체하게 한다. 예를 들어 성인의 경우 체내에 일정한 수의 적혈구를 유지하기 위해 골수에서 1초에 약 200만 개의 줄기세포가 분열한다. 세포의 성장과 분열은 종종 짝을 이루어 일어나지만 중요한 예외도 존재한다. 수정된 동물의 난자는 세포의 성장 없이 여러 번의 분열을 수행하여 난자의 부피가 점점 작은 덩어리로 나뉜다. 그러나 여기에서도 세포가 언제 어디에서 분열할 것인가를 정확하게 조절하는 것은 매우 중요하다.

세포가 성장하고 분열할 때 새롭게 만들어지는 딸세포는 일반적으로 부모세포와 동일한(또는 거의 동일한) DNA 서열을 가진 유전적 복제물이다. 따라서 부모세포의 핵에 있는 모든 유전정보는 반드시 복제되어야만 한다. 이러한 과정의 분자 수준에서의 작용기작을 *DNA 복제*라고 한다(22장 참조). 복제가 끝난 후 유전정보는 세포분열 과정 동안에 딸세포에게 정확하게 나누어져야 한다. 이러한 작업을 수행하기 위해서 세포는 *세포주기*라고 알려진 별개의 단계로 이루어진 연속적인 과정을 수행해야 한다. 이 장에서는 세포주기와 연관된 사건을 공부하면서 먼저 각각의 세포가 유사*분열과 세포질분열* 과정에서 완전한 세트의 유전정보를 받을 수 있게 하는 기작에 초점을 맞추고, 다음으로 세포주기가 세포의 필요에 따라 어떻게 조절되는지 알아볼 것이다.

20.1 세포주기의 개요

세포주기(cell cycle)는 하나의 부모세포가 나뉘면서 2개의 새로운 딸세포가 만들어질 때 시작되고, 이들 세포 중 하나가 다시 2개의 세포로 나뉠 때 끝난다(**그림 20-1**). 현미경으로 진핵세포를 연구하던 초기 세포생물학자들에게 세포의 일생 중에서 가장 획기적인 사건은 세포가 실제로 분열하는 세포주기의 시점과 연관된 것들이었다. **M기**(M phase)라 불리는 이 분열 과정은 먼저 핵이 분열하는 첫 번째 과정과 세포질이 분열하는 두 번째 과정이 일부 중첩되어 일어난다. 핵분열은 **유사분열**(mitosis, 체세포분열)이라 하고, 세포질이 분열하여 2개의 딸세포를 생성하는 것을 **세포질분열**(cytokinesis)이라 한다.

유사분열 드라마의 주연은 염색체(chromosome)이다. 그림 20-1a에서 볼 수 있는 것같이 유사분열의 시작은 세포 염색질의 응축(감김과 접힘)을 특징으로 하는데, 이로 인해 현미경에서 개별적으로 구분할 수 있을 만큼 관찰이 가능한 염색체가 만들어진다. DNA 복제는 이미 일어났으므로 각각의 염색체는 실제로 세포가 분열할 때까지 서로 연결되어 있는 2개의 염색체 복제물로 이루어져 있다. 이들이 연결된 상태일 때 2개의 새로운 염색체는 **자매염색분체**(sister chromatid)라고 불린다. 염색질이 눈에 띄게 되면서 핵막은 조각으로 파괴된다. 자매염색분체는 유사분열 **방추사**(mitotic spindle)를 이루고 있는 미세소관에 딸려 이동하면서 분리되어 각각이 완전한 염색체가 되어 세포의 반대편 극으로 이동한다. 일반적으로 이때쯤 세포질분열이 시작되고, 새로운 핵막이 두 그룹의 딸 염색체를 둘러싸면서 세포분열이 완성된다.

M기 동안에 일어나는 사건은 시각적으로는 매우 놀랍지만 전체 세포주기에서는 상대적으로 짧은 부분을 차지한다. 전형적인 포유동물 세포의 경우 M기는 일반적으로 1시간이 걸리지 않는다. 세포는 대부분의 시간을 **간기**(interphase, 그림 20-1b)라 불리는 분열과 분열 사이의 성장기에서 보낸다. 대부분의 세포 내

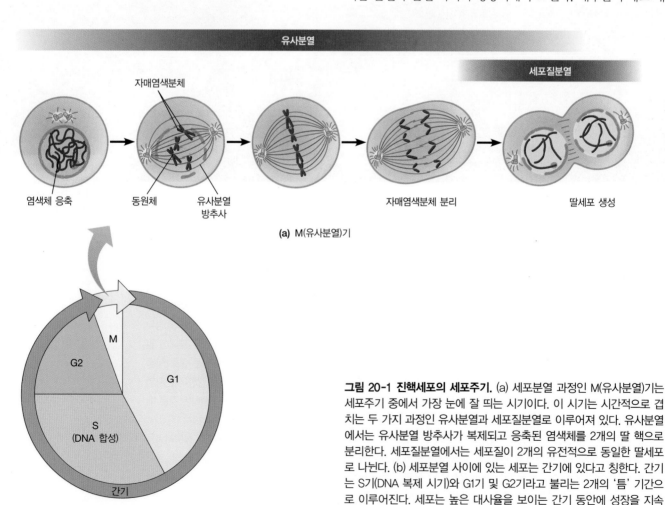

(a) M(유사분열)기

염색체 응축　　　동원체　　유사분열
　　　　　　　　　　　　방추사

자매염색분체 분리　　　　　딸세포 생성

자매염색분체

유사분열　　　　　　　　　　　　　세포질분열

M

G2

G1

S
(DNA 합성)

간기

(b) 세포주기

그림 20-1 진핵세포의 세포주기. (a) 세포분열 과정인 M(유사분열)기는 세포주기 중에서 가장 눈에 잘 띄는 시기이다. 이 시기는 시간적으로 겹치는 두 가지 과정인 유사분열과 세포질분열로 이루어져 있다. 유사분열에서는 유사분열 방추사가 복제되고 응축된 염색체를 2개의 딸 핵으로 분리한다. 세포질분열에서는 세포질이 2개의 유전적으로 동일한 딸세포로 나뉜다. (b) 세포분열 사이에 있는 세포는 간기에 있다고 칭한다. 간기는 S기(DNA 복제 시기)와 G1기 및 G2기라고 불리는 2개의 '틈' 기간으로 이루어진다. 세포는 높은 대사율을 보이는 간기 동안에 성장을 지속한다.

용물은 간기 동안 지속적으로 만들어지기 때문에 세포의 질량은 세포가 분열에 이를 때까지 점차적으로 증가한다. 간기 중 특별한 기간인 **S기**[S phase, S는 synthesis(합성)을 의미] 동안에 핵 DNA의 양은 2배가 된다. **G1기**(G1 phase)라는 사이에 낀 구간이 S기와 이전 세포분열의 M기를 나누고, 두 번째 사이에 낀 구간인 **G2기**(G2 phase)가 S기의 끝을 다음 M기의 시작과 나눈다.

배양 세포의 숫자를 현미경으로 관찰하면서 헤아리면 세포 집단의 세포 개수가 2배가 되는 데 얼마나 걸리는지 알 수 있으므로, 세포주기의 전체 길이, 즉 세대 **시간**(generation time)을 쉽게 측정할 수 있다. 예를 들어 배양된 포유동물 세포의 경우 전체 세포주기는 일반적으로 약 18~24시간이 걸린다. 전체 주기의 시간을 알면 특정 주기의 길이를 측정하는 것이 가능하다. 고전적인 실험 방법으로 S기의 길이를 측정하기 위해 세포를 방사성 동위원소로 표지된 DNA 전구체(일반적으로 ^{3}H-티미딘)에 짧은 시간 동안 노출시킨 후 **방사선자동사진법**(autoradiography)으로 세포를 검사한다(그림 17-5 참조). 핵에 은색 입자를 가지고 있는 일부 세포는 방사성 물질이 존재할 때 S기의 어느 순간에 있었던 세포라는 것을 나타낸다. 전체 세포 중 S기에 있는 세포의 비율을 계산하여 세포주기의 전체 길이와 곱하면 S기의 평균적인 길이를 예측할 수 있다. 배양 중인 포유동물의 세포는 이 비율이 약 0.33 정도이다. 세포주기 전체가 24시간 정도 될 경우 이 계산을 통해 S기가 약 6~8시간이라는 것을 알 수 있다. 비슷한 방법으로 특정 시간에 실제로 유사분열 중인 세포의 백분율과 세대 시간을 곱하여 M기의 길이를 예측할 수 있다. 이 백분율을 **유사분열 지수**(mitotic index)라 한다. 포유동물 배양 세포의 유사분열 지수는 약 3~5%이다. 이는 M기가 1시간 이내(일반적으로 30~45분)라는 것을 의미한다.

서로 다른 포유동물 세포에서도 비슷한 길이를 지닌 S기 및 M기와는 다르게 G1기의 길이는 세포의 종류에 따라 매우 다양하다. 전형적인 G1기는 약 8~10시간 정도이지만 일부 세포는 겨우 수분 또는 수 시간에 불과한 경우도 있고, 어떤 세포는 훨씬 긴 시간을 머무는 경우도 있다. G1기 동안 세포가 분열하려 한다면 언제 할 것인가에 대한 중요한 '결정'이 이루어진다. G1기에 정지해 있으면서 세포주기에 다시 들어가 분열하게 하는 신호를 기다리는 세포를 **G0**(G zero)기에 있다고 말한다. 일부 세포는 세포주기에서 완전히 벗어나 **최종 분화**(terminal differentiation)를 거치게 된다. 다시 말하면 이들 세포는 다시는 분열할 수 없게 된다는 것을 뜻한다. 우리 몸의 신경세포는 대부분 이 상태이다. 일부 세포에서는 일시적으로 G2기에 정지되어 있는 경우도 있다. 그러나 일반적으로 G2기는 G1기보다 짧고 길이가 거의 일정하여 보통 4~6시간 정도 지속된다.

현대의 세포생물학자들은 더 이상 방사성 동위원소로 표지

된 티미딘을 사용하지 않는다. 티미딘의 구조적 유사체로 티미딘 대신 DNA에 끼어들어갈 수 있는 5-브로모데옥시유리딘(5-bromodeoxyuridine, BrdU)이나 5-에티닐-2′-데옥시유리딘(5-ethynyl-2′-deoxyuridine, EdU)을 사용한다. BrdU 혹은 EdU로 표지된 DNA를 가진 세포는 면역염색형광법(BrdU의 경우)이나 화학반응(EdU의 경우)을 수행한 후 형광현미경을 통해 확인할 수 있다.

세포주기에 대한 연구는 또한 **유동세포계수법**(flow cytometry)을 이용하면서 굉장히 용이해졌다. 이 기술은 수백만 개에 달하는 세포의 화학적인 조성을 거의 동시에 자동으로 분석하는 것이다. 유동세포계수법은 기초 세포생물학이나 분자의학 연구에 기본적인 기술이 되었다[이 중요한 유동세포계수법과 응용 기술인 세포를 물리적으로 분류할 수 있는 기법인 **형광표지 세포분류법**(fluorescence-activated cell sorting, FACS)에 대한 자세한 내용은 핵심 기술 참조].

개념체크 20.1

자매염색분체 한쌍과 상동염색체 한쌍 중 어느 쌍의 DNA 염기서열이 좀 더 유사할까?

20.2 핵분열과 세포질분열

여기에서는 세포주기의 S기 동안 만들어진 염색체 DNA 분자의 2개의 복사본이 이후에 어떻게 각각 분리되어 딸세포로 나눠지는지에 대해 공부할 것이다. 이러한 일은 핵분열과 세포질분열 모두를 포함하는 M기 동안에 일어난다.

유사분열은 전기, 전중기, 중기, 후기, 말기로 나뉜다

유사분열은 19세기부터 연구되어 왔지만 유사분열 과정에 대한 분자 수준의 이해에 괄목할 만한 진전이 이루어진 것은 지난 수십 년간의 일이다. 여기에서는 먼저 세포에서 유사분열이 진행되는 동안에 일어나는 형태학적 변화를 살펴보고, 다음으로 이때 이루어지는 분자 수준의 기작에 대해 공부할 것이다.

유사분열은 염색체의 형태와 행동의 변화에 기초하여 5단계로 구분된다. 이들 5단계는 전기, 전중기, 중기, 후기, 말기이다. [전중기는 단순히 후전기(late prophase)라고도 한다.] **그림 20-2**의 사진과 모식도는 전형적인 동물 세포에서 이루어지는 각각의 시기를 보여준다. **그림 20-3**은 이에 상응하는 식물 세포에서의 해당 시기를 보여준다.

전기 세포는 DNA 복제가 완료된 후 S기를 빠져나와 유사분열

문제 세포생물학자와 의학자들은 연구를 수행할 때 종종 면역계에 관여하는 세포 같은 여러 종류의 세포가 어떤 성질을 가지고 있는지 아주 빠르게 분석할 필요가 있다. 이런 실험을 손으로 일일이 수행한다면 아주 오랜 시간이 걸릴 것이다.

해결방안 유동세포계수법은 세포의 특정 성질을 이용해 수천, 수백만 개 세포의 성질을 아주 빨리 분석할 수 있다. 이 기술을 형광표지 세포분류법(FACS)과 같이 결합해서 사용하면 특정 세포군을 따로 분리해내어 다른 분석 실험에 사용할 수 있다.

주요 도구 형광염료나 항체로 표지한 세포, 유동세포분석기, 형광표지 세포분류기

상세 방법 유동세포계수법(flow cytometry의 cytometry는 '세포와 관련된'이라는 의미의 *cyto-*와 '측정'이라는 의미의 *metry-*라는 2개의 그리스어 단어를 조합해서 만들어진 단어)은 세포 집단을 자동으로 분석할 수 있는 아주 강력한 실험 기법이다. 유동세포계수법을 사용하려면 배지에 현탁된 세포 집단이 필요하다. 유동세포분석기는 이러한 세포 현탁액을 가는 관을 통해 흐르게 하고, 세포를 한번에 1개씩 빛을 이용하여 아주 빨리 분석한다. 형광표지 세포분류법(FACS)은 이에 추가로 각 세포가 지닌 특수한 성질을 이용하여 세포를 분리하는 기술이다.

유동세포계수법 대부분의 유동세포 분석 응용 기술에서는 우선 세포를 1개 이상의 형광염료로 염색한다. 예를 들면 DNA를 염색하는 보라색 형광염료와 세포 표면의 특정 단백질과 결합하는 초록색 형광염료를 같이 사용한다. 각 세포가 레이저 빔을 통과할 때 방출하는 형광빛의 강도와 색상의 변화를 분석함으로써 연구자들은 개별 세포의 DNA 농도 및 개별 세포의 특정 단백질 농도를 알아낼 수 있다. 또한 레이저 광선은 종종 세포와 상호 작용할 때 산란되기 때문에 과학자들은 세포의 크기와 모양을 동시에 유추할 수 있다(**그림 20A-1**).

형광표지 세포분류법(FACS) 유동세포분석기의 흐름 경로에 특수 장치를 추가하여 특정 특성을 가진 세포의 수를 측정할 수 있을 뿐만 아니라 물리적으로 세포를 분류하는 것도 가능하다. FACS 기계에서 세포는 각각 작은 물방울 안에 담긴 채로 방출되며, 물방울이 방출된 후 각 물방울에 전자 기장을 가하여 방울의 진행 방향을 굴절시켜 별도의 '용기'에 들어가게 함으로써 특정 성질을 가진 세포만 따로 모을 수 있다(**그림 20A-2**). 이후 분리된 세포를 분석하여 어떤 유전자를 발현하는지 또는 세포의 이동성이나 세포 접착 능력을 조사할 수 있다.

예시: 면역계의 세포 측정 의과학 실험을 위해 환자의 혈액에서 특정 백혈구(백혈구, 대식세포 및 다양한 림프구 등 헤모글로빈을 포함하지 않는 세포)의 비율을 측정하는 것이 중요하다. 이는 환자가 어떤 질병에 걸렸는지, 환자가 치료에 반응하고 있는지에 대한 주요 정보를 제공한다. 또한

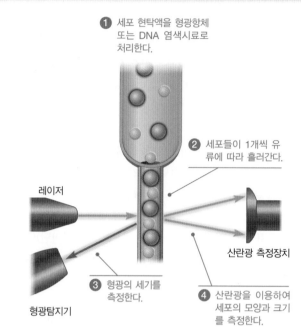

❶ 세포 현탁액을 형광항체 또는 DNA 염색시료로 처리한다.

레이저

❷ 세포들이 1개씩 유류에 따라 흘러간다.

산란광 측정장치

❸ 형광의 세기를 측정한다.

형광탐지기

❹ 산란광을 이용하여 세포의 모양과 크기를 측정한다.

그림 20A-1 유동세포계수법. ❶ 세포 현탁액을 항체나 염색시료로 표지한다. ❷ 세포들이 일렬로 측정장치를 통과한다. ❸ 형광 측정장치는 레이저 빔을 이용하여 세포의 형광을 측정한다(결국 세포 안에 얼마나 많은 특정 분자가 있는지 측정한다). ❹ 산란광 측정장치는 세포들이 산란하는 빛을 측정한다(산란광은 세포의 모양과 크기에 대한 정보를 가지고 있다). 결과는 컴퓨터로 보내져 추가로 분석하게 된다.

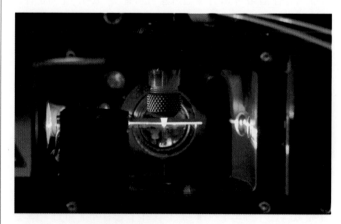

FACS 기계 내부의 레이저 빔

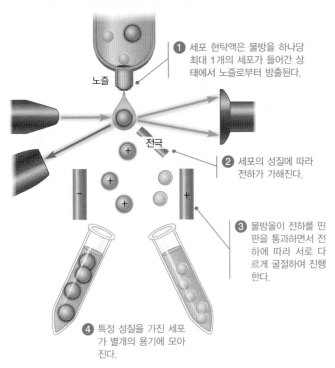

그림 20A-2 형광표지 세포분류법(FACS). ❶ 유동세포분석기와 유사한 기기가 사용되는데, 이 경우에는 세포가 작은 물방울로 방출된다. **❷** 물방울 안에 포함된 세포의 성질에 따라 전하가 주어진다. **❸** 전하를 띤 판이 물방울(안에 있는 세포 포함)을 전하에 따라 분리한다. **❹** 분리된 세포를 모은다.

FACS는 형광 DNA 염색을 사용하여 세포의 DNA 양을 평가할 수 있다. DNA가 복제된 세포(즉 S기를 완료한 세포)는 S기에 진입하지 않은 세포에 비해 형광 DNA가 2배 더 많다(**그림 20A-3a**). DNA 염색을 세포의 크기 및 모양 정보와 결합하거나 또는 특정 세포 유형을 구별하는 다른 염료나 항체와 결합하면 어떤 종류의 세포가 존재하고 어떤 세포가 세포주기의 어느 단계에 있는지에 대한 복잡한 프로필을 얻을 수 있다. 이러한 측정값은 대개 로그 그래프에 표시되며, X축은 하나의 염료 또는 항체의 형광을 나타내고, Y축은 다른 염료 또는 항체에 의한 형광을 나타낸다. 그림 20A-3b가 이러한 그래프의 한 예인데, 면역계의 세포를 그들의 DNA 함량에 따라 깨끗하게 분류해낸 결과를 볼 수 있으며, 히스톤의 형광염색을 통해 어떠한 세포가 M기에 있는지를 알 수 있다.

질문 *림프종*은 림프구라고 하는 백혈구에서 발생하는 암이다. *B 림프구*는 세포 표면 단백질 CD19를 발현하는 항체 생산 세포이다. 한 환자가 B 세포 림프종에 걸렸다고 예측했을 경우 유동세포계수법을 사용해서 이러한 예측을 지지하는 결과를 얻으려면 어떻게 해야 하는가?

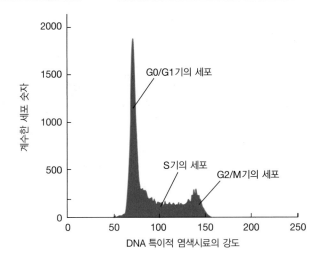

(a) 세포의 DNA 함량 측정

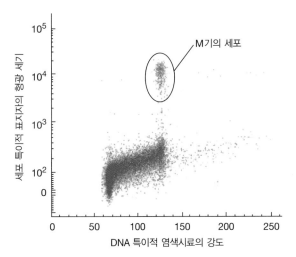

(b) M기 세포의 확인

그림 20A-3 세포주기 추적. (a) DNA 특정 염료를 사용하여 세포의 세포주기를 추적한 결과. 분리한 Jurkat 세포(T 림프구 세포주)를 DNA와 결합하는 형광보라색 염료로 처리했다. S기를 완료하고 G2/M기에 있는 세포는 그렇지 않은 세포에 비해 G0/G1기의 세포보다 세포당 신호가 2배 더 많으며, DNA 합성을 시작하는 세포는 중간 수준의 신호를 보인다. (b) 2중 색상 유세포 분석(dual-color flow cytometry). 적혈구 전구 세포를 고정하고 형광초록색(y축)으로 표지된 항히스톤 H3 항체와 DNA에 결합하는 형광보라색 염료(x축)로 염색했다. 초록색과 보라색 형광의 강도가 모두 높은 세포는 M기(그래프에서 데이터 포인트를 빨간색으로 표시)에 있다.

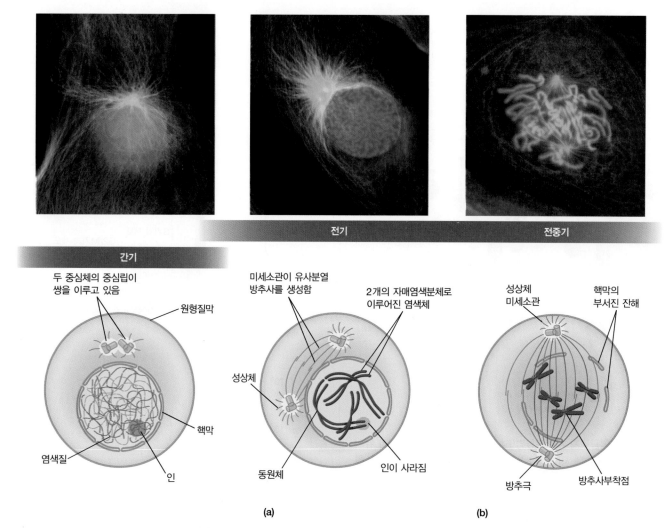

그림 20-2 동물 세포에서의 체세포분열. 영원의 폐세포에서 일어나는 유사분열을 보여주는 현미경 사진. 염색체는 파란색, 미세소관은 초록색, 중간 섬유는 빨간색으로 염색했다. 저배율(600배 정도)에서는 개별 미세소관보다는 방추사 '섬유'의 형태로 관찰된다. 각 섬유는 여러 가닥의 미세소관으로 이루어져 있다. 아래 그림은 모식도로, 현미경 사진에서 볼 수 없는 자세한 내용을 보여준다. 간단히 하기 위해 4개의 염색체만 표시했다.

의 시작을 위한 마지막 준비가 이루어지는 G2기로 들어간다(그림 20-1b). G2기의 끝으로 가면서 염색체는 간기 염색사의 늘어지고 넓게 확산된 형태에서 유사분열의 전형적인 형태인 빽빽하고 심하게 접힌 형태로 응축되기 시작한다. 간기의 염색사는 압축되지 않은 형태로 너무 길고 엉켜져 있어서 세포분열 시 염색체 DNA를 분배할 때 이것이 불가능할 정도로 뒤얽힐 것이므로 염색체의 응축은 매우 중요하다. G2기에서 전기로의 전환이 분명하게 구분되지는 않지만 각각의 염색체가 광학현미경에서 분명하게 서로 독립적인 물체로 관찰할 수 있을 정도로 응축되면 세포가 **전기**(prophase)에 들어갔다고 간주한다. 염색체 DNA 분자는 S기 동안 복제되기 때문에 각각의 전기 염색체는 강력하게 결합된 2개의 자매염색분체로 이루어진다. 동물 세포에서는 염색체가 응축되면서 일반적으로 인(nucleolus)은 분산된다. 식물 세포의 인은 뚜렷한 구조물로 남아있거나 부분적인 붕괴가 일어

나거나 또는 완전히 소멸되어 사라지기도 한다.

그동안 또 다른 중요한 소기관인 **중심체**(centrosome)가 활동을 개시한다. 중심체는 미세소관(microtubule, MT)이 조립되고 고정되는 장소인 **미세소관 형성중심**(microtubule-organizing center, MTOC)으로 작용한다(13장 참조). 중심체의 세포 내 위치가 세포분열 시 방추사의 위치에 영향을 준다. 각각의 세포주기 동안 중심체는 일반적으로 유사분열 이전인 S기에 복제된다. 전기가 시작되면서 2개의 중심체는 각각 분리되어 핵의 반대 방향으로 이동하기 시작한다.

동물 세포의 중심체 내부에는 작은 원통형의 미세소관으로 만들어진 **중심립**(centriole)이 한 쌍 존재하는데(그림 13-8 참조), 이들은 전형적으로 서로에 대해 수직으로 배열되어 있다. 대부분의 식물 세포를 포함하여 특정 세포는 중심립을 가지고 있지 않으므로, 이들은 유사분열 과정에 반드시 필요하지는 않을 것

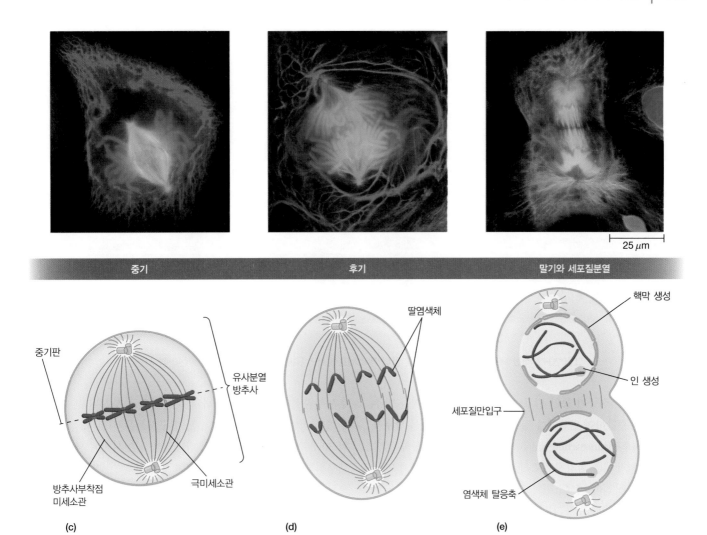

25 μm

| 중기 | 후기 | 말기와 세포질분열 |

(c) 중기판, 유사분열 방추사, 방추사부착점 미세소관, 극미세소관

(d) 딸염색체

(e) 핵막 생성, 인 생성, 세포질만입구, 염색체 탈응축

으로 생각된다. 그러나 이들은 섬모와 편모의 형성에서는 중요한 역할을 한다(그림 14-8 참조). 중심체가 분열할 때 중심체 물질에 둘러싸여 있는 중심립도 함께 분열한다. '딸' 중심립은 '어머니' 중심립의 한쪽 끝 근처에서 직각을 이루면서 자라난다.

이들이 떨어져 이동하면서 각각의 중심체는 미세소관의 조립이 시작되는 장소로 작용하고, 이들 2개의 중심체 사이는 **유사분열 방추사**(mitotic spindle)를 형성할 미세소관으로 가득 차게 된다. 이는 유사분열 후반부에서 염색체를 2개의 딸세포에게 분배하는 구조이다. 이 과정 동안 세포골격의 미세소관은 해체되고 이들의 튜불린 소단위는 자라나는 유사분열 방추사에 첨가된다. 동시에 **성상체**(aster)라 불리는 미세소관의 밀집된 형태가 각각의 중심체 가까이에 만들어진다.

전중기 **전중기**(prometaphase)는 핵막의 막이 조각 나는 것으로 시작된다. 중심체가 핵의 반대 방향으로의 이동을 끝내면서(그림 20-2b) 핵막의 붕괴로 방추사 미세소관이 핵질로 들어갈 수 있게 되어 아직 짝을 이룬 염색분체 상태인 염색체와 접촉하

게 된다. 방추사 미세소관은 각 분체의 쌍이 서로 연결되어 있는 잘록한 부분인 **동원체**(centromere) 부위에서 염색분체와 접촉하게 된다. 각 동원체의 DNA는 간단한 염기서열이 직렬로 반복적으로 연결된 CEN 서열로 이루어져 있는데, CEN 서열의 성분은 종에 따라 매우 다양하다(16장 참조). 동원체 부위의 또 하나의 공통적인 특징은 히스톤 단백질 H3가 유사한 단백질인 *CENP-A*(centromere protein A)로 대치된 특화된 뉴클레오솜(nucleosome)의 존재이다.

방추사부착점(kinetochore)은 짝을 이룬 염색분체가 방추사 미세소관에 결합하는 구조이며, CENP-A는 동원체가 방추사부착점 형성에 필요한 단백질을 끌어들이는 데 중요한 역할을 한다(**그림 20-4**). 방추사부착점 단백질은 S기 동안 DNA가 복제된 직후에 바로 동원체에 결합하기 시작한다. 추가적인 단백질은 약 50종 이상의 서로 다른 단백질을 지닌 방추사부착점이 성숙할 때까지 순서대로 첨가된다. 그림 20-4a에서와 같이 각 염색체는 서로 반대 방향을 향하고 있는 2개의 방추사부착점을 갖게 되며, 하나의 방추사부착점은 2개의 염색분체 중 각각의 분

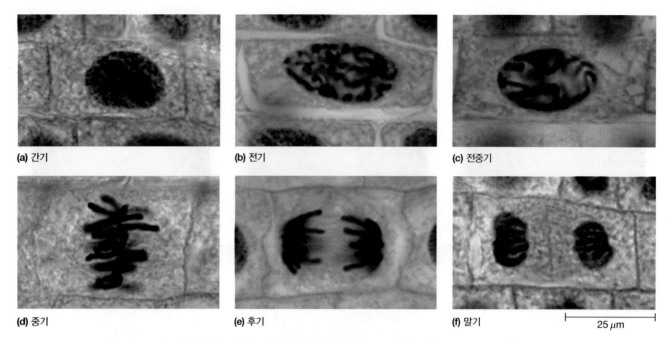

(a) 간기

(b) 전기

(c) 전중기

(d) 중기

(e) 후기

(f) 말기

25 μm

그림 20-3 식물 세포에서의 체세포분열. 양파 뿌리세포에서의 유사분열을 보여주는 광학현미경 사진

체와 결합한다. 전중기 동안 일부 방추사 미세소관은 이들 방추사부착점에 결합하여 염색체를 방추사와 연결한다. 이들 **방추사부착점 미세소관**(kinetochore microtubule, K-fiber)을 통해 전달되는 힘이 염색체를 점차적으로 세포의 중앙으로 이동하게 만든다. 방추사부착점에 미세소관이 결합하지 않았을 때 섬유성 코로나(fibrous corona)라고 불리는 특별한 구조가 전자현미경으로 관찰된다. 이 섬유성 코로나는 RZZ 복합체(ROD-Zwilch-ZW10)가 중합하면서 커지게 되어 미세소관 운동단백질인 세포질 디네인이 잘 결합할 수 있게 하고, 방추사 결합 확인점(spindle assembly checkpoint, SAC)을 이루는 단백질인 Mad1과 Mad2가 결합하지 못한 방추사부착점에 모이게 한다. 이들의 역할은 나중에 다시 다룰 것이다.

그림 20-4b는 중기의 염색체에 두 세트의 미세소관이 두 방추사부착점에 결합한 모습의 전자현미경 사진이다. 각 방추사부착점은 납작한 판 모양이 여러 겹 겹친 구조이다. **내부방추사부착점**(inner kinetochore)은 동원체 DNA와 결합하는 단백질을 가지고 있고, **외부방추사부착점**(outer kinetochore)은 미세소관의 양성 말단과 결합하는 단백질을 포함하고 있어 방추사부착점이 미세소관에서 방추사부착점으로 전달되는 장력을 감지하게 한다. 방추사부착점은 생물종마다 크기가 다르다. 효모의 경우 방추사부착점의 크기가 작고 하나의 방추사 미세소관과 결합하는데, 포유동물 세포의 방추사부착점은 크기가 훨씬 크고 15~30개의 방추사 미세소관과 결합한다.

방추사부착점은 복잡한 구조로, 척추동물 세포의 경우 100개 이상의 단백질로 이루어진다. 단백질은 S기가 끝난 후 완전한 방추사부착점이 만들어질 때까지 순차적으로 부착된다. 이는 매우 인상적인 자가조립 과정이다. 연구자들은 시험관 안에 DNA와 30개 정도의 방추사부착점 단백질을 넣어서 방추사부착점을 재구성해내는 데 성공했다. 완전한 방추사부착점은 전자현미경으로 관찰 가능한 2개의 주된 구성 요소로 이루어져 있다. DNA와 CENP-A 이외에 동원체와 결합한 방추사부착점의 내부 구성 요소는 CENP와 다른 단백질로 이루어진 **항시적 동원체 연관 네트워크**(constitutive centromere-associated network, CCAN)로 이루어져 있다(그림 20-4d). 외부 방추사부착점은 **KMN 네트워크**(KMN network; Knl1, Mis12 복합체, Ndc80 복합체)로 이루어져 있다. KMN 네트워크의 Ndc80 복합체가 미세소관과 직접 작용하고 CCAN이 동원체 염색질과 결합하므로, 이 두 복합체는 유사분열 과정 동안 염색체와 미세소관을 연결하는 샌드위치 분자 역할을 한다.

방추사에는 방추사부착점 미세소관 외에 두 가지 다른 미세소관이 존재한다. 세포의 반대편 극에서 나온 미세소관과 결합하는 미세소관은 **극미세소관**(polar microtubule)이라 하고, 양쪽 극에서 성상체를 형성하는 짧은 미세소관을 **성상체 미세소관**(astral microtubule)이라 한다. 성상체 미세소관의 일부는 원형질막 안쪽에 존재하는 단백질과 상호작용하는 것으로 보인다.

중기 완전히 응축된 염색체가 모두 유사분열 방추사의 2개의 극 사이의 가운데인 중기판(metaphase plate)에 배열하면 세포가 **중기**(metaphase)에 있다고 말한다(그림 20-2c). 콜히친(colchicine)과 같이 방추사의 기능을 방해하는 물질은 세포를 중

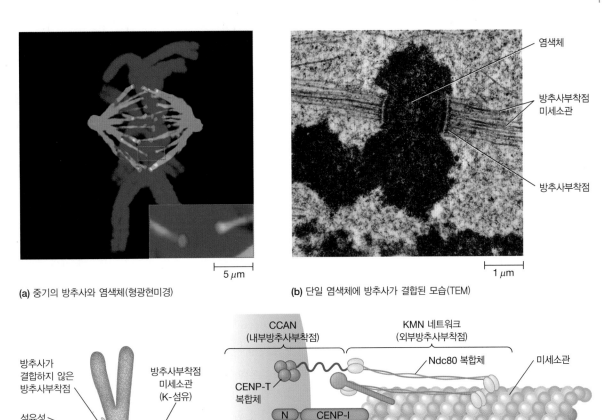

(a) 중기의 방추사와 염색체(형광현미경)

(b) 단일 염색체에 방추사가 결합된 모습(TEM)

(c) 하나의 방추사부착점에 방추사가 결합한 염색체

(d) 방추사부착점에 하나의 방추사가 결합한 염색체를 도식화한 그림

그림 20-4 염색체가 유사분열 방추사에 결합하는 모습. (a) 암컷 캥거루의 콩팥 상피세포(PtK1)를 염색체(파란색), 방추사부착점(분홍색), 미세소관(초록색)으로 염색하여 방추사를 형광현미경으로 관찰한 사진. 삽입된 작은 사진은 빨간 상자 안의 부분을 확대한 것이다. 미세소관이 방추사부착점 안으로 삽입된 것을 볼 수 있다. (b) 이 중기 염색체의 양쪽에 있는 줄무늬 구조는 방추사부착점이고, 각각 두 자매 염색분체 중 하나와 연결되어 있다. 각 방추사부착점에는 수많은 방추사부착점 미세소관이 부착되어 있다. 두 세트의 미세소관은 세포의 반대 방추극에서부터 뻗어나온다(TEM). (c) 동원체, 방추사부착점, 방추사부착점 미세소관의 모식도에서 미세소관이 부착되지 않은 방추사부착점은 섬유성 코로나를 가지고 있음을 알 수 있다. (d) 내부 방추사부착점은 항시적 동원체 연관 네트워크(CCAN)를 통해 동원체 DNA에 부착된다. 여기에는 CENP-T 복합체와 CENP-C를 포함한 수많은 CENP 단백질이 포함되어 있다. 외부방추사부착점은 미세소관의 양성 말단을 KMN(Knl1, Mis12 복합체, Ndc80 복합체) 네트워크를 통해 CCAN에 부착한다. Ska 복합체는 KMN과 미세소관 사이의 부착을 안정화한다. 단순화를 위해 2개의 Ndc80 복합체만 표시하여 이 복합체가 내부 방추사부착점에 부착할 수 있는 방법을 나타냈다. 포유류의 방추사부착점에는 Ndc80 복합체가 14개까지 있을 수 있다.

기에 정지시키는 데 사용될 수 있다. 중기에서는 염색체가 상대적으로 정지된 것으로 보이지만, 이러한 현상은 잘못된 해석이다. 실제로는 각 염색체의 2개의 자매염색분체는 이미 서로 반대극을 향해 활발히 끌어당겨지고 있다. 이것이 정지된 것처럼 보이는 이유는 이들에게 가해지는 힘의 강도가 동일하면서 서로 반대 방향으로 작용하기 때문이다. 염색분체는 동일하게 강력한 두 상대가 벌이는 줄다리기 게임의 상품 같은 것이다(잠시 후에 이들 반대되는 힘의 원천에 대해 공부할 것이다).

후기 유사분열 중에서 가장 짧은 시기는 보통 수 분간 지속되는 **후기**(anaphase)이다. 후기가 시작될 때 각 염색체의 2개의 자매염색분체는 갑자기 분리되어 반대편 방추극을 향해 약 1 μm/분의 속도로 이동하기 시작한다(그림 20-2d).

후기는 후기 A와 후기 B로 불리는 두 종류의 특징적인 이동 단계로 나눌 수 있다(**그림 20-5**). **후기 A**(anaphase A)에서는 방추사부착점 미세소관이 점점 짧아지면서 먼저 동원체가 방추극 쪽으로 당겨지고, 다음으로 염색체가 당겨진다. **후기 B**(anaphase B)에서는 극미세소관이 길어지면서 극 자체가 서로 멀어진다. 세포의 종류에 따라 후기 A와 후기 B는 동시에 일어나기도 하고

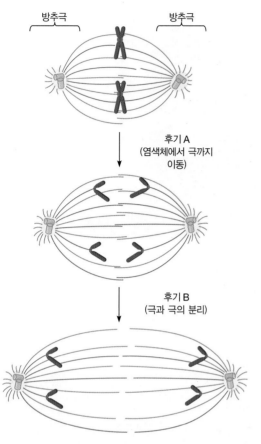

방추극 방추극

후기 A
(염색체에서 극까지
이동)

후기 B
(극과 극의 분리)

그림 20-5 후기 동안 일어나는 염색체 분리에 관여하는 2종류의 이동. 후기 A에는 염색체가 방추극을 향해 이동한다. 후기 B에는 2개의 방추극이 서로 멀리 이동한다. 후기 A와 후기 B는 동시에 일어날 수도 있다.

후기 B가 후기 A에 뒤이어 일어나기도 한다.

말기 말기(telophase)가 시작하는 시점에 딸 염색체는 방추사의 극에 도달한다(그림 20-2e). 다음에 염색체는 전형적인 간기 염색체의 형태인 펼쳐진 섬유 모양으로 풀리고, 인(nucleoli)이 DNA의 인 형성 부위에 만들어지며 방추사가 해체되고 두 그룹

그림 20-6 유사분열 방추사에 있는 미세소관의 극성. 이 모식도는 방추사를 형성하는 몇 개의 대표적인 미세소관을 보여준다. 미세소관(MT)을 구성하는 튜불린 소단위체의 방향은 미세소관의 양쪽 끝을 다르게 만들었다. 음성 말단은 중심체가 시작되는 지점이고, 양성 말단은 중심체에서 멀어지는 방향이다. 미세소관은 튜불린 소단위체를 첨가할 때 길어지고, 소단위체가 제거될 때 짧아진다. 일반적으로 길어지는 것은 양성 말단에 첨가되기 때문이고, 짧아지는 것은 음성 말단에서 제거되기 때문이다. 그러나 양성 말단에서도 소단위체의 소실이 일어날 수 있다. 극미세소관의 양성 말단 사이에 있는 빨간색 구조는 이들을 교차결합시키는 단백질이다.

의 딸 염색체 주변에 핵막이 만들어진다. 이 기간에 세포는 일반적으로 세포를 2개의 딸세포로 나누는 세포질분열을 수행한다.

유사분열 방추사가 유사분열 동안 염색체의 이동을 책임진다

유사분열의 주된 목적은 두 세트의 딸 염색체를 분리하고 이들을 2개의 새로 만들어지는 딸세포로 나누는 것이다. 이를 수행하게 하는 기작을 이해하려면 이 사건을 책임지는 미세소관 함유 장치인 유사분열 방추사에 대해 자세히 공부할 필요가 있다.

방추사 조립과 염색체 부착 13장에서 미세소관의 튜불린 소단위체가 모두 같은 방향을 향하고 있기 때문에 미세소관이 극성(polarity)을 가진다는 것을 배웠다. 이는 각 미세소관의 양쪽 말단이 화학적으로 서로 다르다는 것을 의미한다(그림 20-6). 미세소관의 조립이 시작되는 말단을 음성 말단이라 하는데, 방추사미세소관의 경우 중심체에 위치하는 부분이다. 훨씬 더 역동적으로 변하는 구조를 가진 말단은 중심체와는 멀리 떨어져 있는 부분으로서 양성 말단이라 한다. 주로 양성 말단에 소단위체가 첨가될 때 미세소관의 길이가 증가한다.

전기의 후반부에는 미세소관의 성장이 극적으로 빨라지고, 중심체에서 새로운 미세소관이 만들어지는 것도 증가한다. 전중기가 시작되면서 핵막이 흩어지면 미세소관과 염색체 방추사부착점 사이의 접촉이 가능해진다. 방추사부착점과 미세소관의 양성 말단 사이에 접촉이 이루어지면 이들은 서로 결합하고, 미세소관은 방추사부착점 미세소관이 된다. 중합반응과 탈중합반응(depolymerization)이 아직도 일어날 수는 있지만 이 결합으로 미세소관 양성 말단에서의 탈중합반응의 속도가 늦어진다.

2개의 방추사부착점이 염색체의 반대편에 각각 자리하고 있기 때문에 이들은 일반적으로 세포의 반대쪽 극에 위치하는 중심체에서 나온 미세소관에 결합한다. (각 염색체의 방향은 무작위적이다. 방추사부착점 중 하나가 양쪽 극 중의 한 방향으로 향할 수 있다.) 그동안 다른 주요 미세소관 그룹인 극미세소관은 반대

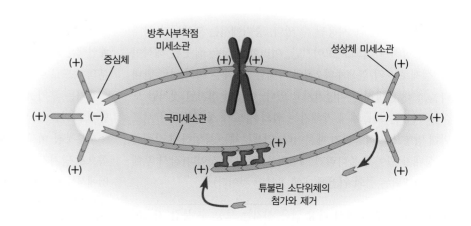

중심체

방추사부착점
미세소관

성상체 미세소관

극미세소관

튜불린 소단위체의
첨가와 제거

(+) (−) (+) (+) (+) (+) (−) (+) (+)

편 중심체에서 나오는 극미세소관과 직접 접촉한다. 반대 극성을 지닌 2개의 미세소관의 양성 말단 부위가 겹쳐지기 시작하면 교차결합단백질이 이들을 서로 교차결합시키고 안정화한다(그림 20-6). 따라서 전기의 후반부와 전중기 동안 각각의 중심체에서 미세소관이 빠르게 뻗어나오는 모습은 집중포화라 표현할 수 있을 정도이다. 방추사부착점이나 반대극의 미세소관과 성공적으로 접촉한 미세소관은 안정화된다. 나머지는 모두 해체되어 회수된다.

이러한 기작의 단점은 대부분의 고등식물과 많은 동물의 난자(미성숙 난자)를 포함하는, 중심체가 없는 세포에서의 방추사 조립 방법을 설명하지 못한다는 점이다. 뿐만 아니라 레이저 마이크로빔을 이용하여 중심체를 파괴한 실험에서 정상적으로 중심체를 가진 동물 세포가 중심체 비의존적인 기작으로 방추사를 조립할 수 있다는 것이 증명되었다. 중심체가 없는 세포에서는 중심체가 아니라 염색체가 미세소관의 조립과 방추사 형성을 촉진한다. 염색체 유도 미세소관 조립은 핵 수송에 관여하는 (그림 16-34 참조) GTP 결합단백질인 *Ran*을 필요로 한다. 유사분열 염색체는 GTP가 Ran에 결합하는 것을 촉진하는 단백질을 가지고 있다. Ran-GTP 복합체는 핵 수송에서와 마찬가지로 **임포틴**(importin) 단백질과 결합하여 미세소관의 조립을 촉진하는 임포틴 결합단백질을 방출한다. 세포가 중심체를 이용하여 방추사의 조립을 유도하는 경우에도 Ran-GTP는 새롭게 형성된 방추사를 조직하고 미세소관이 염색체 방추사부착점에 결합하게 하는 데 도움을 주는 것으로 생각된다.

연결하기 20.1

방추사는 대부분 미세소관으로 이루어져 있으므로 전중기에서 동적 불안정성의 증가가 세포에게 유리할 수 있다. 그 이유는 무엇일까?

염색체 정렬과 분리 전중기 초기에 방추사 미세소관이 처음으로 염색체의 방추사부착점에 결합하면 염색체는 **회합**(congression)이라 불리는 일련의 흔들리는 전후 운동을 통해 방추사의 중심을 향해 이동한다. 이러한 회합 과정을 설명하는 기작은 몇 가지가 있는데, 첫 번째로 이들은 운동단백질(14장 참조)의 기능에 의존한다. 먼저 방추사부착점의 미세소관은 '잡아당기는' 힘을 발휘한다. 이 힘은 유리로 된 미세바늘을 이용하여 각각의 염색체를 방추사로부터 떼어내는 실험으로 증명할 수 있다. 방추사로부터 분리된 염색체는 새로운 미세소관이 방추사부착점에 부착하여 염색체가 방추사 쪽으로 당겨질 때까지는 움직이지 못하고 남아있다. 이 힘은 음성 말단을 향한 운동단백질인 **세포질 디네인**에 의해 중개되어 염색체를 미세소관이 결합해 있는 양쪽 극으로 이동시키는 데 관여한다.

방추사부착점에 의존적인 두 번째 힘은 이 극을 향한 힘에 균형을 맞춰주는 힘으로, 염색체가 방추극 중 어느 하나에 도착하면 멀리 밀어내려고 하는 힘이다. 이러한 밀어내는 힘의 존재는 방추사를 자세히 관찰함으로써 알게 되었다. 방추사는 자신이 연결된 방추극으로부터 멀어지는 방향으로 이동하다가 다시 중기판으로 돌아온다. 이러한 힘은 키네신의 일종인 *CENP-E*에 의해서 매개된다.

염색체에 가해지는 세 번째 힘은 방추사부착점과 무관하다. 이러한 새로운 미는 힘은 극미세소관을 통해 일어나기 때문에 종종 **극성배출력**(polar ejection force)이라고 불린다. 이러한 밀어내는 힘의 존재는 마이크로전자방사선을 통해 염색체의 한쪽 끝을 파괴하는 실험을 통해 증명되었다. 일단 부서진 염색체 조각이 연결된 중심체와 방추사부착점으로부터 자유롭게 잘려나오면, 그 조각은 더 이상 미세소관에 의해 방추사에 연결되어 있지 않지만 가장 가까운 방추극으로부터 멀리 이동하려는 경향이 있다. 이러한 방추사부착점과 무관한 미는 힘은 키네신 4와 키네신 10이라는 두 종류의 키네신에 의해 발생한다. 이러한 키네신은 DNA와 결합하는 도메인을 가지고 있어 염색체에 결합할 수 있으므로 **염색체키네신**(chromokinesin)이라 불린다. 이러한 회합 과정에 수행되는 미세소관 운동단백질에 의한 정교한 염색체의 줄다리기, 즉 밀고 당김은 미세소관의 복잡한 중합과 탈중합의 변화에 의해 더욱 더 정밀하게 조절될 것으로 생각된다.

염색체가 중기판에 도착하면 더 이상 이동하지 않고 정지하는 것처럼 보인다. 하지만 살아있는 세포를 현미경으로 자세히 관찰하면 염색체가 지속적으로 작은 경련성 운동을 한다는 것을 알 수 있다. 이는 염색체가 양방향으로 당겨지는 힘을 지속적으로 받고 있다는 것을 의미한다. 중기 염색체의 한쪽 방향에 있는 방추사부착점이 마이크로전자방사선에 의해 절단되면 염색체는 즉시 반대편 방추극을 향해 움직인다. 따라서 중기 염색체는 그들을 반대 극으로 잡아당기는 힘이 정확한 균형을 이루기 때문에 방추사의 중간에 남아있는 것이다.

후기가 시작되면서 각각의 중기 염색체의 2개의 염색분체는 나누어져 반대편 방추극으로 이동하기 시작한다. 몇 가지 분자가 이 염색분체 분리 과정에 관여하는 것으로 알려졌다. 그중 한 가지가 동원체 부위에 모여있으며 DNA 초나선의 변화를 촉진하는 **토포아이소머레이스 II**(topoisomerase II, 위상이성질체화효소 II)이다. 토포아이소머레이스 II가 결핍된 돌연변이 세포에서는 후기가 시작되었을 때도 짝을 이룬 염색분체가 아직 나뉘려는 시도를 지속하지만 적절히 나누어지는 대신에 찢어지고 손상된다. 염색분체 분리에는 후기가 시작되기 전에 쌍을 이룬 염색분체를 함께 붙잡아주는 역할을 하는 부착단백질의 변화가 관여한다. 후기가 시작될 때 이들 부착단백질이 분해되면서 자매

염색분체의 분리가 일어난다.

운동단백질과 염색체 이동 일단 서로 분리되면 각 중기 염색체의 2개의 염색분체는 반대쪽 방추극으로 이동하는 2개의 독립적인 염색체로 기능한다. 미세소관 운동단백질은 후기 염색체의 이동과 관련해서 적어도 3가지 별개의 역할을 수행한다(**그림 20-7**).

첫번째 역할은 그림 20-7a에서 보듯이 염색체가 후기 A에서 방추사부착점부터 우선하여 방추사 극 방향으로 이동하는 데 관여하는 것이다. ❶ 이러한 방식의 염색체 이동은 염색체부착점 미세소관과 연관된 운동단백질에 의해 발생한다. 이들은 키네신 13 단백질 계열의 구성원[카타스트로핀(catastrophin)이라고도 한다. 그림 13-12 참조]으로, 미세소관 말단에 결합하여 탈중합을 유도한다. 이들 키네신 중 하나는 염색체부착점 미세소관의 양성 말단에 결합하고, 다른 하나는 음성 말단에 결합한다. 양성 말단에 위치하는 키네신은 염색체부착점 내부에 존재하며, 그곳에서 미세소관의 탈중합을 유도한다. 결과적으로 미세소관의 양성 말단을 마치 전자게임 팩맨처럼 '씹어 먹음'으로써 염색체를 방추극 쪽으로 이동시킨다. 동시에 음성 말단에 있는 키네신은 방추극 내부에 존재하며, 그곳에서 미세소관의 탈중합을 유도하여 미세소관과 그것에 부착된 염색체를 릴낚시처럼 '끌어들인다'.

미세소관 탈중합이 염색체 이동에 중요한 역할을 한다는 증거가 몇 가지 있다. 첫째, 세포가 미세소관의 탈중합을 억제하는 약물인 **파클리탁셀**(paclitaxel)에 노출되면 염색체가 방추극 쪽으로 이동하지 않는다(**인간과의 연결** 참조). 반대로 세포에 미세소관

그림 20-7 유사분열 운동단백질. (a) 운동단백질의 3가지 역할에 기초한 유사분열 염색체 운동 모델. 운동단백질은 빨간색으로 표시했으며, 작은 빨간색 화살표는 이들 운동단백질에 의한 이동 방향을 나타낸다. 운동단백질은 3종류의 미세소관, 즉 방추사부착점 미세소관, 극미세소관, 성상체 미세소관과 결합한다. ❶ 방추사부착점 미세소관은 양성 말단(염색체의 방추사부착점에 박혀있는)과 음성 말단(방추극의 중심체에 있는) 양쪽 모두와 결합하는 운동단백질을 가지고 있다. 방추사부착점에 있는 운동단백질은 방추사부착점 미세소관의 양성 말단을 '갉아먹는다'(예: 탈중합). 이러한 방법으로 튜불린 소단위체가 제거되어 방추사부착점 미세소관이 짧아지면서 염색체가 방추극을 향해 당겨진다. 동시에 방추극에 자리한 운동단백질은 방추사부착점 미세소관의 음성 말단을 탈중합시켜 미세소관과 그것에 결합된 염색체를 말아 올린다. ❷ 운동단백질은 극미세소관을 교차결합시켜 서로 밀려나게 하여 방추극이 서로 멀어지게 힘을 가한다. 극미세소관은 서로 밀려나면서 이들이 겹쳐지는 방추사의 중심 가까이인 양성 말단에 튜불린 소단위체가 첨가되면서 길어진다. ❸ 성상체 미세소관의 운동단백질은 성상체 미세소관의 양성 말단을 세포피질과 연결하고, 이 양성 말단에서 성상체 미세소관의 탈중합으로 방추극에 당기는 힘을 가한다. (b, c) 2개의 전자현미경 사진은 극미세소관 운동에 의해 움직이는 극미세소관의 밀림을 보여준다. 중기 동안 세포의 반대쪽 끝에서 만들어진 극미세소관은 많은 부분이 겹쳐진다. 후기에는 이들 두 그룹의 미세소관은 운동단백질에 의해 서로 밀리면서 멀어져 결과적으로 겹치는 부분이 짧아진다(TEM).

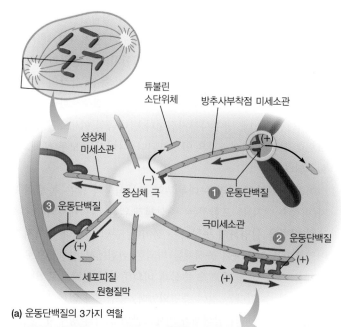

(a) 운동단백질의 3가지 역할

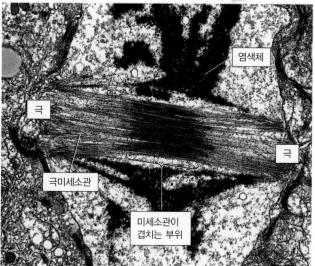

(b) 중기의 극미세소관

2 μm

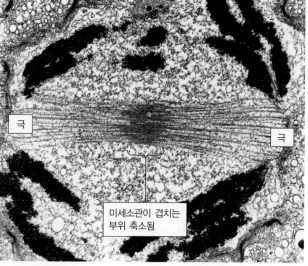

(c) 후기의 극미세소관

2 μm

그림 20B-1 태평양 주목

1960년대에 미국 국립암연구소는 빠르게 분열하는 암세포에 영향을 미칠 수 있는 식물 화합물을 검사하는 연구를 시작하였다. 많은 식물은 다른 생물이 자신을 먹는 것을 막기 위해 이러한 2차적인 화합물을 생산해낸다. 이러한 화합물 중 하나가 세포분열에 영향을 미칠 수 있을까? 더 중요한 것은 이러한 화합물 중 하나가 암과의 싸움에 사용될 수 있을까? 민족식물학자들은 전통 의학에서 식물을 사용하는 방법에 대해 자세히 알아보기 위해 수년 동안 토착민들과 함께했다. 전통 의학에 사용되는 많은 식물종에서 생성되는 화합물은 분자생물학자 및 화학생물학자의 관심의 대상이 되었다. 태평양 주목(*Taxus brevifolia*, **그림 20B-1**)의 나무껍질에서 분리된 화합물 중 하나는 암세포의 세포분열을 억제하는 데 매우 효과적인 것으로 입증되어 항암제 *택솔*(Taxol) 또는 *파클리탁셀*(paclitaxel)의 개발로 이어졌다.

빠르게 분열하는 암세포가 파클리탁셀 같은 화학요법제의 좋은 표적이 되는 이유는 무엇일까? 미세소관(MT)은 간기보다 유사분열기에 훨씬 더 역동적이다. 정상적인 미세소관 역학을 방해하는 것은 유사분열 방추사의 형성과 해체를 방해한다. 실제로 연구자들은 파클리탁셀로 처리된 세포는 유사분열기의 중기에서 후기로 진행하지 못하는 것을 관찰했다(**그림 20B-2**).

파클리탁셀은 어떻게 후기로의 진행을 막을까? 성장하는 미세소관 끝부분

의 성장 말단은 GTP-튜불린 캡으로 빠른 탈중합에서 보호된다(그림 13- 7 참조). GDP-튜불린 2량체는 약간 다른 형태를 가지고 있기 때문에 이를 함유한 미세소관의 안정성을 떨어뜨려 탈중합을 촉진한다. 파클리탁셀은 튜불린 2량체 내 *β*-튜불린 소단위체에 직접 결합한다. 파클리탁셀은 미세소관의 전체를 따라 결합함으로써 GTP 캡이 사라지더라도 미세소관 탈중합을 방지하고, 일반적으로 미세소관 붕괴를 일으키는 GDP-튜불린 2량체의 압축을 방지한다(**그림 20B-3**). 방추사에 결합하면 파클리탁셀은 후기에서 필요한 미세소관 탈중합을 방지한다.

유방암 치료에서 파클리탁셀의 독특한 효능은 진퇴양난의 상황을 일으켰다. 1980년대에 파클리탁셀에 대한 수요가 급증하기 시작했다. 이 약물은 실험실에서 쉽게 합성할 수 없었기 때문에 파클리탁셀 생산은 종종 직접 오래된 주목나무의 수확에 의존했다. 환경 보전 생물학자들의 우려에 따라 나무껍질 수확을 위한 주목농장이 설립되었다. 더 중요한 발견은 주목과 유사한 나무인 서양주목(*Taxus baccata*)의 바늘잎에 있는 화합물이 파클리탁셀 합성 경로에서 중간체를 제공한다는 것이었다. 이 화합물은 지속 가능하게 수확할 수 있어서 실험실에서 추가적인 화학적 변형을 통해 인간 환자에게 사용하기에 적합한 파클리탁셀을 생산할 수 있다.

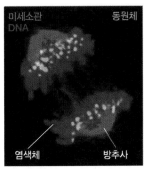

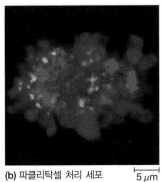

(a) 정상세포   (b) 파클리탁셀 처리 세포   5 μm

그림 20B-2 정상 세포와 파클리탁셀을 처리한 세포. (a) 아무것도 처리하지 않은 인간 골육종세포(osteosarcoma cell)의 정상적인 방추사를 볼 수 있다. (b) 파클리탁셀을 처리한 세포. 비정상적인 형태의 방추사가 관찰된다(면역형광현미경).

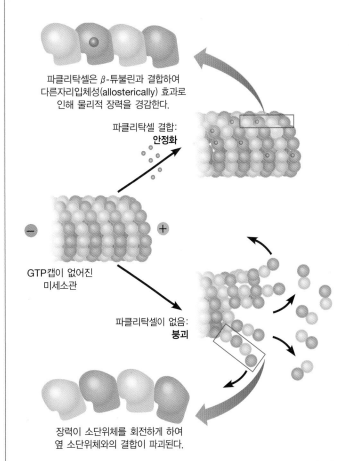

파클리탁셀은 *β*-튜불린과 결합하여 다른자리입체성(allosterically) 효과로 인해 물리적 장력을 경감한다.

파클리탁셀 결합: **안정화**

GTP캡이 없어진 미세소관

파클리탁셀이 없음: **붕괴**

장력이 소단위체를 회전하게 하여 옆 소단위체와의 결합이 파괴된다.

그림 20B-3 파클리탁셀 처리한 세포의 미세소관 안정화. 미세소관 양성 말단의 GTP 캡이 가수분해되면 튜불린 소단위체는 미세소관을 불안정화하는 물리적 장력을 받는다. 파클리탁셀은 *β*-튜불린과 결합하여 미세소관을 안정화한다.

의 탈중합 속도를 증가시키는 처리를 하면 염색체가 극으로 더욱 빠르게 이동한다. 또한 방추극에 있는 운동단백질이나 방추사부착점에 있는 운동단백질의 탈중합 활성을 억제하는 항체가 염색체 이동을 방해한다는 것이 밝혀졌다. 마지막으로 레이저를 이용한 표백(bleaching) 실험 결과는 미세소관의 탈중합이 많은 세포의 세포분열 후기에 미세소관부착점에서 일어난다는 사실을 강하게 암시한다(연습문제 20-3 참조).

후기에서 운동단백질의 두 번째 역할은 후기 B 동안 방추극이 서로 멀어지도록 이동하는 것과 연관이 있다. ❷ 이 경우에는 양극성 키네신(bipolar kinesin, Eg-5)이 반대편 방추극에서 와서 겹쳐진 극미세소관에 결합하여 극미세소관이 서로 상대적으로 미끄러지듯이 밀려나게 함으로써 방추극이 서로 멀어지게 한다. 미세소관은 서로 밀려나면서 반대편 극에서 나온 미세소관이 서로 겹쳐지는 방추사 중심에 가까운 양성 말단에 튜불린 소단위체가 첨가되어 길이가 길어진다. 후기 B 동안에는 이 양극성 키네신의 활성이 방추사를 늘리는 1차적인 동력이 되고, 극미세소관의 신장은 2차적인 동력이 될 것이다. 그림 20-7의 b와 c에서 후기 B 동안 겹쳐지는 극미세소관이 상대적으로 미끄러지듯이 이동하는 것을 전자현미경 사진으로 보여준다.

후기 동안에 관찰되는 세 번째 유형의 운동에 의한 동력에는 성상체 미세소관과 결합한 세포질 디네인이 관여한다. ❸ 성상체 미세소관의 양성 말단은 세포질 디네인에 의해 원형질막의 안쪽 표면을 감싸는 액틴 미세섬유층인 세포피질(cell cortex)에 연결되어 있다. 미세소관의 음성 말단 쪽으로 이동하는 세포질 디네인은 각각의 방추극을 피질 쪽으로 잡아당기는 것으로 알려졌다. 일부 세포에서는 이러한 세포질 디네인의 당기는 힘이 서로 겹쳐있는 극미세소관을 교차결합시키는 운동단백질이 밖으로 미는 힘과 합쳐져서 후기 B 동안의 방추극의 분리를 돕는다.

결과적으로 유사분열에는 방추사부착점 미세소관, 극미세소관, 성상체 미세소관에 작용하는 최소 3가지 서로 다른 그룹의 운동단백질이 관여한다(그림 20-7a). 이들 3가지 운동단백질 세트가 만드는 밀고 당기는 힘의 상대적인 기여도는 생물의 종류에 따라 다르다. 예를 들어 규조류와 효모에서는 후기 B 시기에 미세소관이 반대 극성을 지닌 인접한 미세소관을 밀어내는 것이 특히 더 중요하다. 반면에 다른 특정 균류에서는 성상체에서의 당기는 힘이 주요 동력이 된다. 척추동물에서는 이들 두 가지 기작이 모두 작동한다.

세포질분열은 세포질을 나눈다

후기 동안 두 세트의 염색체가 분리된 후 세포질분열은 세포질을 둘로 나누어 세포분열 과정을 마친다. 세포질분열은 일반적으로 후기 후반부나 말기 초반에 핵막과 인이 다시 만들어지고 염색체가 풀리면서 시작된다. 그러나 세포질분열은 유사분열과 떼어낼 수 없을 정도로 연결되어 있지는 않다. 어떤 경우에는 핵분열(유사분열)과 세포질분열 사이에 상당히 긴 시간 공백이 있다. 이는 이들 두 과정이 밀접하게 짝을 이루지는 않는다는 것을 의미한다. 뿐만 아니라 특정 유형의 세포는 세포질분열 없이 여러 번의 염색체 복제와 핵 분열을 수행할 수 있어서 다핵질(신시튬, syncytium)이라 알려진 커다란 다핵세포를 만든다. 어떤 경우에는 다핵 상황이 영구적으로 지속된다. 또 다른 경우 다핵 상황은 생명체의 발생 과정에 일시적인 단계인 경우도 있다. 예를 들면 곡물 낱알에서 배젖(endosperm)이라 불리는 식물종자 조직의 발생이 바로 이러한 예이다. 여기에서는 세포질분열이 동반되지 않은 핵분열이 얼마 동안 일어나서 공통의 세포질에 여러 개의 핵을 만든다. 그리고 유사분열 없이 세포질분열이 연속적으로 일어나 많은 핵을 배젖 세포 안으로 분리하여 넣는다. 일부 곤충의 배에서도 유사한 과정이 일어난다.

하지만 대부분의 경우 세포질분열은 유사분열과 동반되거나 유사분열 바로 후에 일어난다. 따라서 각각의 딸핵이 자신의 세포질을 받아 서로 확실히 분리된 세포가 된다.

동물 세포에서의 세포질분열　고등 진핵세포에서의 세포질분열 기작은 서로 다르다. 동물 세포에서는 세포질분열을 **세포질만입**(cleavage)이라 한다. 이 과정은 세포 표면이 살짝 들어가거나 오므라들면서 시작된다. 이는 **그림 20-8**의 개구리 수정란에서와 같이 세포를 둘러싸는 **세포질만입구**(cleavage furrow)로 깊어진다. 이 세포질만입구는 반대편 표면을 만날 때까지 점점 깊어져 세포가 둘로 나뉜다. 이 세포질만입구는 방추사의 중앙 부위인 **방추사 적도**(spindle equator)를 지나는 면을 따라 세포를 분리한다. 이는 방추사의 위치가 세포질의 분리될 부분을 결정한다는 것을 의미한다. 이러한 사실은 가는 유리바늘이나 원심분리에 의한 중력을 이용해 유사분열 방추사를 이동시키는 실험을 통해 증명되었다. 만약 중기가 끝나기 전에 방추사를 움직이면 세포질만입 면의 방향이 바뀌어 새로운 위치의 방추사 적도를 통과하도록 바뀐다. **방추사가운데부위**(spindle midzone)라고 알려진 방추사의 중심 부위가 세포질분열을 끝내는 데 매우 중요하다(**그림 20-9**). 예를 들어 방추사가운데부위에서 발견되는 다중단백질 복합체[중심스핀들린(centralspindlin)이라고 알려져 있다]의 성분이 결핍된 선충류나 초파리 세포에서는 세포질분열이 시작되기는 하지만 세포질만입구는 만들어지지 않는다. 성상체 미세소관의 활성은 세포질만입구가 피질의 다른 부위에 만들어지는 것을 억제하여 방추사가운데부위의 역할을 보완해줄 것으로 생각된다.

세포질만입은 후기 초반에 원형질막 바로 밑에 만들어지는 **수**

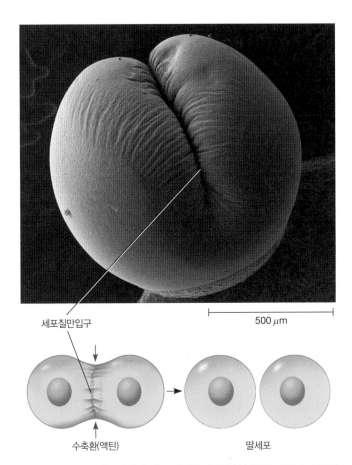

세포질만입구

500 μm

세포질만입구

수축환(액틴)   딸세포

그림 20-8 동물 세포에서의 세포질분열. (위) 분열 중인 개구리 수정란의 전자현미경 사진. 원형질막이 안쪽으로 조여들면서 세포질만입구가 선명하게 보인다(SEM). (아래) 세포질분열 동안 세포를 2개로 분리하는 수축환의 위치(빨간색 화살표)를 보여주는 모식도

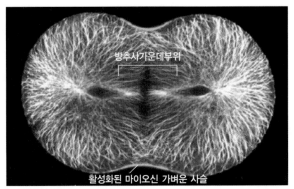

방추사가운데부위

활성화된 마이오신 가벼운 사슬

(a) 세포질분열에서 마이오신과 튜불린   10 μm

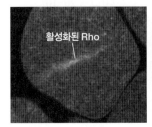

활성화된 Rho

세포질만입구

(b) 세포질분열에서 활성화된 Rho   25 μm

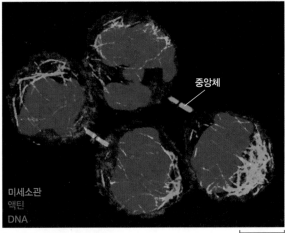

중앙체

미세소관
액틴
DNA

(c) CHO 세포의 세포분열 말기   10 μm

그림 20-9 세포질분열에서의 수축환과 중심체. (a) 성게 수정란의 공초점현미경 사진으로, 미세소관은 흰색, 활성화된 마이오신 조절 가벼운 사슬은 파란색으로 표시했다. 활성화된 마이오신이 세포질만입구에 축적된 것을 볼 수 있다. (b) 활성화된 Rho에 결합하는 형광단백질이 개구리(Xenopus) 배아세포의 세포질만입구에 축적된다. 활성화된 Rho의 축적이 만입에 우선한다(왼쪽). 4분 후에 관찰된 동일한 세포로 Rho가 축적된 부위에 골이 만들어졌다(오른쪽). (c) 말기의 CHO(Chinese hamster ovary) 세포의 사진으로 중심체를 관찰할 수 있다[위스콘신대학교의 스콥(Ahna Skop) 박사의 연구 결과]. (a)~(c)의 사진은 모두 공초점현미경 사진이다.

축환(contractile ring)이라 불리는 벨트 모양의 액틴 미세섬유 뭉치에 의해 좌우된다(그림 20-9a). 수축환을 전자현미경으로 관찰하면 세포질만입구와 평행하게 자리하는 긴 축의 많은 수의 액틴 미세섬유를 볼 수 있다. 세포질만입이 진행되면서 이 미세섬유의 환은 마치 허리에 찬 벨트처럼 세포질을 둘러싸고 조여서 결과적으로 세포를 2개로 잘라낸다. 수축환의 조임은 액틴 미세섬유의 상대적인 미끄러짐에 의해 발생하는데, 이는 운동단백질인 비근육 마이오신 II(nonmuscle myosin II)에 의해 일어난다(14장 참조).

GTP 결합단백질의 Rho 계열 단백질(그림 13-21 참조)은 수축환의 조립과 활성에 중추적인 역할을 한다. 이러한 단백질 중 하나인 *RhoA*는 세포질만입구(그림 20-9b)로 불려 들어와 액틴의 중합을 촉진하는 단백질을 활성화하여 세포질분열의 조율을 돕는다. RhoA는 또한 마이오신을 인산화하는 단백질 인산화효소를 활성화한다. 마이오신의 인산화는 수축환의 조임에서 마이오신이 기능을 수행하도록 마이오신을 활성화하는 주요 단계이다.

세포질분열의 끝이 가까워지면 분열하는 두 동물 세포 사이의 연결 부위는 가느다란 줄기 모양으로 보인다. 이 가느다란 연결 부위의 가운데에는 중심 방추사의 잔여물인 미세소관 다발이 존재하여 전자밀도가 높은 물질이 특이적으로 존재한다(그림 20-9c). 이 부위를 **중앙체**(midbody)라 부르는데, 이는 **이탈**

(abscission)이라 불리는 최후의 두 딸세포 분리 과정 이전까지 존재한다. 어떤 배양된 동물 세포에서는 중앙체가 80~90분 정도까지 존재하기도 한다. 이탈 과정에는 중앙체의 수축한 세포막의 2차적인 분리가 필요한데, 이는 소포의 극성 이동과 이탈 부위에 특정한 단백질들이 축적됨으로 인해 일어난다.

식물 세포에서의 세포질분열 고등식물에서의 세포질분열은 동물 세포에서의 과정과 근본적으로 다르다. 식물 세포는 단단한 세포벽으로 둘러싸여 있기 때문에 세포 표면에서 세포를 둘로 나누는 수축환을 형성할 수 없다. 대신에 이들은 2개의 딸핵 사이에 원형질막과 세포벽을 조립하여 나눈다(**그림 20-10**).

식물에서 세포질분열은 일반적으로 골지체에서 만들어진 막성 소포가 방추사 적도 부위를 가로질러 배열하는 후기의 후반부나 말기의 초반부에 시작된다. 세포벽 형성에 필요한 다당류와 당단백질을 가진 이들 소포는 새로운 세포벽이 만들어지는 방향과 수직 방향으로 존재하는 성상체 미세소관에서 유래한 평

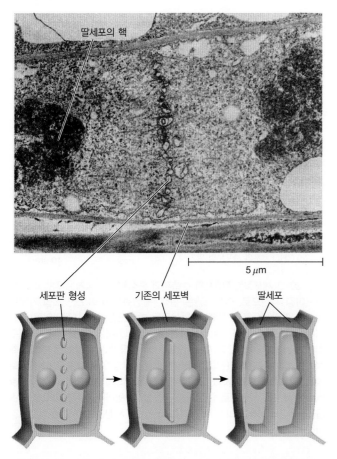

그림 20-10 **식물 세포의 세포질분열과 세포판 형성.** (위) 말기의 끝에 있는 사탕단풍나무(*Acer saccharinum*) 세포. 염색체를 지닌 딸핵이 사진의 왼쪽과 오른쪽 끝에 진한 물질로 관찰되고, 형성된 세포판이 세포의 중심부에 세로로 나열된 소포로 관찰된다. 격막형성체의 미세소관은 세포판과 수직으로 자리한다(TEM). (아래) 분열하는 식물 세포의 세포판의 위치와 원래의 세포벽을 보여주는 모식도

행하게 배열된 미세소관 다발인 **격막형성체**(phragmoplast)에 의해 적도 부위로 인도된다. 적도에 도착한 후에는 골지체 유래 소포는 서로 융합되어 **세포판**(cell plate)이라 불리는 커다랗고 납작한 주머니 모양을 형성한다. 주머니의 내용물은 조립되어 1차 세포벽의 셀룰로스 이외의 성분을 보급하며, 동시에 세포벽 가장자리에서 미세소관 다발의 형태와 소낭을 통해 세포벽을 바깥쪽으로 확장시킨다. 궁극적으로 세포판은 원래의 세포벽과 물리적으로 만나 2개의 딸세포를 각각 분리시킨다. 그 후 셀룰로스 미세섬유가 보급되어 새로운 세포벽이 완성된다. 세포판과 새롭게 형성된 세포벽에도 이웃하는 세포의 세포질을 연결하는 통로인 세포질연락사(plasmodesmata)가 존재한다.

비대칭적 세포분열 동물 세포와 식물 세포에서 모두 분열판이 방추사 적도를 통과한다. 흔히 그러하듯이 방추사가 세포의 중앙을 가로질러 자리하면 작은 세포소기관은 2개의 새로운 세포 사이에 어느 정도 균일하게 나누어진다. 그러나 세포질분열은 언제나 대칭적이지는 않다. 예를 들어 출아 효모인 *Saccharomyces cerevisiae*에서는 유사분열 방추사가 비대칭적으로 만들어져 하나의 매우 큰 세포와 매우 작은 세포를 만든다(그림 1-10b 참조). 동물 배아의 발생 과정에서도 비대칭적인 분열이 자주 일어난다. 이러한 비대칭적 분열은 종종 크기가 다양한 세포를 만들 뿐만 아니라 발생학적으로 서로 다른 잠재력을 가진 세포를 만든다(**그림 20-11**).

두 딸세포가 분열 후에는 서로 유사하게 보이지만, 향후 각기 다른 운명을 가지는 다른 양상의 비대칭적 세포분열도 있다. 이러한 세포의 운명 차이는 분열하기 전 세포의 세포질의 특정 부위에 위치하던 특정 분자가 2개의 딸세포에 불균등하게 나누어져 결과적으로 그들의 독특한 운명을 결정함으로써 이루어진다.

박테리아와 진핵세포의 소기관은 진핵세포와 다른 방식으로 분열한다

지금까지 알아본 진핵세포의 세포질분열을 통해 액틴 미세섬유와 마이오신에 의한 수축환이 세포벽이 없는 세포의 물리적인 세포분열에서 중요한 역할을 한다는 것을 배웠다. 진핵세포만큼 잘 연구되지는 않았지만 원핵세포의 세포분열에도 세포골격 단백질인 *FtsZ* 단백질이 관여하는 것으로 알려져 있다(**그림 20-12**). FtsZ는 튜불린과 구조적으로 유사하다(그림 13-2 참조). 박테리아의 염색체가 복제된 후(16장 참조) FtsZ로 구성된 섬유는 두 딸세포가 나눠질 곳에 고리를 형성한다(그림 20-12a). FstZ는 다른 여러 종류의 단백질과 함께 세포분열을 관장하는 디비솜(divisome)을 형성한다. 디비솜은 어떻게 작용할까? FtsZ가 시험관 안에서 순수 분리된 막의 지질을 변형시킬 수 있다는 실험

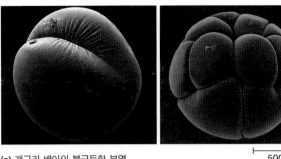

(a) 개구리 배아의 불균등한 분열

500 μm

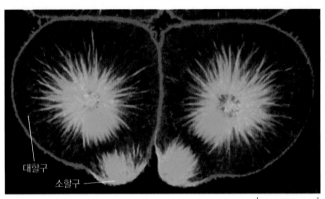

대할구
소할구

(b) 성게 배아의 비대칭적 방추사 분포

10 μm

그림 20-11 동물 배아의 비대칭적 분열. (a) 양서류 난자(왼쪽)는 수정 후 여러 차례의 세포분열을 유지하기에 충분한 세포질을 가지고 있어 매우 크다. 초기 발생 과정에는 분열마다 세포질이 적은 세포가 생겨난다. 어떤 세포는 다른 세포보다 훨씬 크다(오른쪽). (b) 미세소관(초록색)과 액틴(빨간색)이 염색된 성게 배아의 8세포기 세포 중 2개의 세포. 각각의 세포는 훨씬 큰 세포(대할구)와 작은 세포(소할구)를 만들기 위해 분열하려 하고 있다. 방추사의 위치가 심하게 비대칭적이다.

적 증거가 있기는 하지만 박테리아의 세포분열은 펩티도글리칸으로 이루어진 박테리아 세포벽의 합성에 의존적으로 진행된다(15장 참조). 세포벽에서 펩티도글리칸의 중합과 교차를 촉매하는 효소가 디비솜에 포함되어 있다. 세포내 공생설에서 배운 것과 마찬가지로 진핵세포의 미토콘드리아와 엽록체 같은 세포소기관은 박테리아와 놀랄 정도로 유사한 점이 많다. 이러한 유사점은 세포질분열에서도 마찬가지로 존재한다. 그림 20-12b에서 볼 수 있듯이 분열 중인 엽록체의 분열이 일어나는 장소에 FtsZ 단백질이 존재한다.

개념체크 20.2

비근육마이오신 II의 억제제인 블레비스타틴(blebbistatin)을 빠르게 분열하는 배양 세포에 처리했다고 가정해보자. 핵분열과 세포질분열에는 어떠한 영향이 있겠는가? 그 이유는 무엇인가?

20.3 세포주기 조절

이 장의 앞부분에서 G1기, S기, G2기, M기가 약 24시간에 걸쳐 순서대로 진행되어 완성되는 전형적인 진핵세포의 세포주기를 설명했다. 한참 성장하는 과정의 개체나 영양물질이나 공간의 부족 없이 배양되는 배양 세포의 경우에는 이러한 양상이 일반적이다. 그러나 특히 세포주기의 전체 길이, 각 단계에 걸리는 시간의 상대적인 길이, 유사분열과 세포질분열이 얼마나 긴밀하게

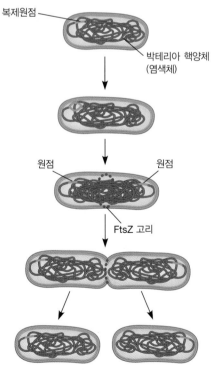

복제원점
박테리아 핵양체 (염색체)
원점 원점
FtsZ 고리

(a) 박테리아의 세포분열

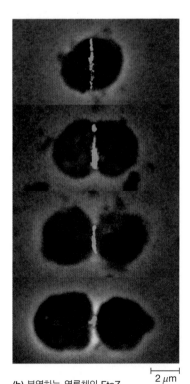

(b) 분열하는 엽록체의 FtsZ

2 μm

그림 20-12 박테리아의 세포분열 및 세포소기관. (a) 뉴클레오타이드에서 DNA가 복제된 후 박테리아의 세포분열에는 다음과 같은 과정이 포함된다. 분열이 일어나는 부위에 FtsZ로 이루어진 고리가 만들어진다. (b) 엽록체와 미토콘드리아는 분열하는 동안 FtsZ를 이용한다. 이 다양한 분열 단계에 있는 백합 잎의 엽록체에서 FtsZ는 세포분열 부위에 축적된다(초록색, 광학현미경 이미지에 겹쳐진 형광염료).

짝을 이루는가에 대한 아주 다양한 양상이 있다. 이러한 다양성은 세포주기가 반드시 각 세포의 유형과 생명체의 필요에 맞도록 조정되어야 한다는 것을 뜻한다. 이러한 세포주기의 조절에 대한 분자 수준의 기초적인 기작은 정상 세포의 생활사를 공부하기 위해서뿐만 아니라 암세포가 이러한 정상적인 제어를 어떻게 벗어날 수 있는가를 알아낼 수 있는 매우 흥미로운 주제이다.

세포주기의 길이는 세포 유형에 따라 다르다

세포주기에서 가장 일반적으로 관찰되는 다양성은 세포가 얼마나 빠르게 분열하는가에 대한 차이점이다. 다세포생물의 경우 한 가지 극단적인 예로서 끊임없이 파괴되고 소실되는 세포를 대체하기 위해 지속적으로 분열하는 세포도 있다. 이러한 부류에 속하는 세포로는 정자 형성에 관여하는 세포와 혈구, 피부세포 및 폐와 장 같은 체내 장기를 덮고 있는 장기의 상피세포 등을 만드는 줄기세포(stem cell)가 있다. 사람의 줄기세포는 짧게는 약 8시간의 세대 시간을 갖기도 한다.

반면 천천히 자라는 조직에 있는 세포는 수일 또는 그 이상의 세대 시간을 갖기도 하며, 성숙한 신경세포나 근육세포 같은 일부 세포는 전혀 분열하지 않는다. 어떤 세포는 정상적인 조건에서는 여전히 분열하지 않지만 적절한 자극에 의해 다시 분열을 시작하도록 유도할 수 있다. 간세포가 이러한 부류에 속한다. 성숙한 간에서는 정상적으로는 간세포가 더 이상 분열하지 않지만 간의 일부를 수술로 제거한 경우에는 분열이 유도될 수 있다. 림프구(백혈구)는 또 다른 예이다. 외래 단백질에 노출되면 이들은 면역 반응의 일부로 분열을 시작한다.

이와 같은 세대 시간의 차이는 S기와 G2기도 다를 수 있지만, 대부분이 G1기의 차이에 의한 것이다. 천천히 분열하는 세포는 G1기에서 파생된 G0기라 불리는 세포주기에서 며칠, 몇 달, 몇 년씩을 보내기도 한다. 반면에 빠르게 분열하는 세포는 매우 짧은 G1기를 가지고 있거나 G1기가 전혀 없는 경우도 있다. 곤충, 양서류 및 몇 가지 비포유동물의 배아세포는 G1기가 없고 S기도 매우 짧아서 매우 짧은 세포주기를 가진 세포의 좋은 예라고 할 수 있다. 예를 들어 개구리 *Xenopus laevis*의 초기 배아 발생 동안 세포주기는 30분이 채 걸리지 않는다. 이렇게 빨리 세포주기를 진행하기 위해 필수적인 빠른 DNA 합성 속도는 복제 단위(replicon)의 숫자를 늘림으로써 각 복제 단위가 반드시 합성해야 하는 DNA의 양을 줄이는 방법을 이용하여 달성할 수 있다(그림 22-7 참조). 여기에 추가로 성체 조직에서는 복제 단위가 순차적으로 활성화되지만 배아에서는 모든 복제 단위가 동시에 활성화되어 DNA 합성 속도를 증가시킬 수 있다. 복제 단위의 수를 늘리고 이들을 동시에 활성화함으로써 동일한 생물의 성체 조직에서보다 최소한 100배 이상 빠른 3분 이내에 S기를 끝낼 수 있다.

이러한 예로부터 세포의 성장이 세포주기 진행에 반드시 필요한 것은 아니라는 사실을 알았지만 이 두 가지 과정은 일반적으로 서로 연계되어 있어서 세포는 계속해서 줄어들지 않으면서 세포분열을 지속할 수 있다. 세포의 크기를 조절하고 세포의 크기를 세포주기의 진행과 조율하는 신호전달 네트워크에서 TOR(target of rapamycin)이라 불리는 단백질 인산화효소가 중심적인 역할을 한다. 이 신호전달 네트워크가 영양물질과 생장인자가 존재하는 경우 TOR을 활성화하고, 그러한 활성화된 TOR은 단백질 합성 속도를 조절하는 분자를 자극한다. 그 결과 단백질 합성이 증가하여 세포의 질량이 늘어난다. TOR에 의해 활성화되는 몇몇 분자도 S기로 진입하는 것을 촉진한다. 결과적으로 TOR은 세포 성장과 세포주기 진행 모두에 중요한 조절자라고 할 수 있다.

세포주기의 진행은 몇몇 주요한 전환점에서 조절된다

세포주기 전반에 걸친 진행을 조절하는 조절 시스템은 몇 가지 과제를 반드시 수행해야 한다. 첫 번째로, 세포주기의 각 단계와 연관된 사건이 적절한 시간에 바른 순서로 일어나는지 확인해야 한다. 두 번째로, 주기의 각 단계는 다음 단계가 시작되기 전에 완벽하게 완료되었는지 확인해야 한다. 세 번째로, 세포 증식의 필요를 알려주는 외부 환경(예: 사용 가능한 영양물질의 양이나 성장 신호 분자의 존재 등)에 반응할 수 있어야 한다.

이러한 조절작용은 세포주기의 주요한 전환점에서 작용하는 일련의 분자가 수행한다(**그림 20-13**). 이들 각각의 시점에서 세포 내부의 조건이 그 세포가 세포주기의 다음 단계로 진행할 것인가를 결정한다.

제한점(G1기-S기 전환점) G1기의 후반부에 이러한 조절점의 첫 번째 작용이 일어난다. G1기가 세포 종류에 따라 가장 다양하며 분열이 정지된 포유류 세포는 거의 언제나 G1기에 정지되어 있다는 사실을 앞서 배웠다. 이는 G1기에서 S기로의 진행이 세포주기에서 중요한 조절점이라는 것을 의미한다. 효모의 경우 이 조절점을 **스타트**(Start)라고 부른다. 효모 세포가 스타트를 통과하려면 그 전에 반드시 충분한 양의 영양물질을 가지고 있으며 세포가 특정 크기에 도달해야 한다. 동물 세포의 경우 이와 유사한 조절점을 **제한점**(restriction point)이라고 부른다. 이 제한점을 통과하려면 세포 외부에 존재하는 **생장인자**(growth factor)의 영향이 필요하다. 생장인자란 다세포생물이 세포 증식을 자극하거나 억제하는 데 사용하는 단백질이다(19장 참조). 제한점을 성공적으로 통과한 세포는 S기로 들어가는 반면, 제한점을 통과하지 못한 세포는 G0기로 들어감으로써 이들이 다시 G1기로 들어가 제한점을 통과할 수 있게 하는 신호를 기다린다. 이들이 새로운

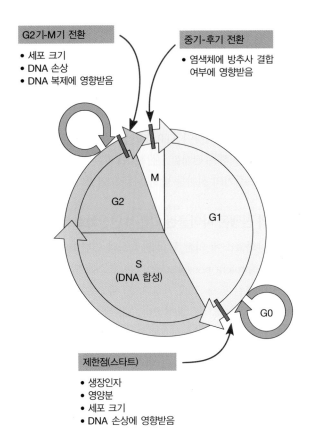

G2기-M기 전환
- 세포 크기
- DNA 손상
- DNA 복제에 영향받음

중기-후기 전환
- 염색체에 방추사 결합
  여부에 영향받음

M

G2

G1

S
(DNA 합성)

G0

제한점(스타트)
- 생장인자
- 영양분
- 세포 크기
- DNA 손상에 영향받음

그림 20-13 세포주기에서 주요 전환점. 빨간색 막대는 진핵세포의 세포주기에서 조절 기작이 세포가 세포주기를 계속 진행할 것인가를 결정하는 3개의 중요한 전환점을 나타낸다. 이 결정은 세포의 내부 상태와 외부 환경 모두를 반영하는 화학적 신호에 의존적으로 일어난다. 초록색 원형 화살표 2개는 각각 G1의 후기와 G2의 후기에서 세포가 세포주기를 벗어나 분열하지 않는 상태로 들어갈 수 있는 지점을 나타낸다.

신호를 기다리는 시간은 세포에 따라 다양하다.

G2기-M기 전환 두 번째 중요한 전환점은 유사분열로 들어가는 것을 결정하는 G2기-M기 경계에서 일어난다. 특정 유형의 세포에서는 세포분열이 필요하지 않은 경우 세포주기가 G2기의 끝에서 무한정으로 정지되어 있을 수 있다. 이러한 경우 세포는 G0기와 동일한 비분열 상태로 들어간다. 세포주기를 일시적으로 멈추게 하여 세포분열 속도를 조절하는 데 G2기의 후기와 G1기의 후기에 이루어지는 조절의 상대적인 중요성은 생명체와 세포의 종류에 따라 다양하다. 일반적으로 세포주기를 후기 G1기(특정 제한점)에 고정하는 방법이 다세포 생명체에서 흔히 일어나는 조절 형태이다. 그러나 몇 가지 경우에는 G2기에서의 정지가 더욱 중요하다.

중기-후기 전환 세 번째로 중요한 세포주기 전환은 M기에서 두 세트의 염색체를 새롭게 생성된 딸세포에게 전달하는 데 관여하는 시기인 중기와 후기 사이의 경계에서 일어난다. 세포가 이 전환점을 통과하여 후기를 시작할 수 있게 되기 전에 모든 염색체

가 방추사에 적절하게 결합하는 것이 매우 중요하다. 만약 각각의 염색체를 구성하는 2개의 염색분체가 반대편의 방추극에 적절하게 결합하지 않으면 세포주기가 일시적으로 정지하여 방추사 결합이 제대로 만들어질 때까지 기다린다. 이러한 기작이 없다면 새롭게 생성되는 각각의 딸세포가 완전한 세트의 염색체를 보유하는 것을 보장할 수 없기 때문이다.

다양한 전환점에서 세포의 행태는 세포주기에서 앞선 사건(예: 염색체가 방추사에 결합하는 것)이 성공적으로 이루어졌는가 하는 것과 세포 환경에 존재하는 인자(예: 영양물질과 생장인자 등) 모두에 영향을 받는다. 세포주기 진행은 서로 활성화하거나 억제하는 관련 조절 분자 사이의 매우 정교한 일련의 상호작용에 영향받는다. 이제 이들 조절 분자가 어떻게 확인되었는지 그리고 이들의 기능은 무엇인지 살펴보자.

세포 융합과 세포주기 돌연변이에 관한 연구로 세포주기를 조절하는 분자를 찾았다

이형핵세포 세포주기를 진행하는 분자의 정체에 대한 첫 번째 힌트는 1970년대 초반에 수행된 세포 융합 실험에서 얻었다. 이 실험에서 연구자들은 세포주기의 서로 다른 단계에 있는 2개의 포유류 배양 세포를 2개의 핵을 가진 하나의 세포, 즉 이형핵세포(heterokaryon)로 융합했다. **그림 20-14a**에서 볼 수 있듯이 원래 세포 중 하나는 S기이고 다른 하나는 G1기에 있다면, 정상적으로는 수시간 후까지도 S기에 도달하지 못했을 이형핵세포에 있

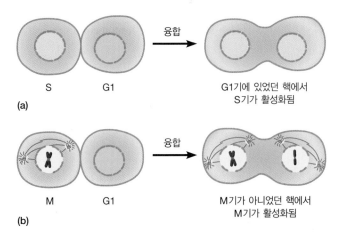

S   G1   융합   G1기에 있었던 핵에서
                                    S기가 활성화됨
(a)

M   G1   융합   M기가 아니었던 핵에서
                                    M기가 활성화됨
(b)

그림 20-14 세포주기 조절에서 화학적 신호의 역할에 대한 증거. 이 증거는 세포주기의 서로 다른 단계에 있는 2개의 세포를 융합하여 2개의 핵을 가진 하나의 세포로 만드는 실험에서 얻었다. 세포 융합은 특정 바이러스나 폴리에틸렌글리콜을 첨가하거나 원형질막을 일시적으로 불안정하게 만드는 전기 자극을 가하여(전기펄스법) 일으킬 수 있다. (a) S기에 있는 세포와 G1기의 세포를 융합하면 원래 G1기의 핵에서 DNA 합성이 시작된다. 이는 S기를 활성화하는 물질이 S기 세포에 존재한다는 것을 뜻한다. (b) M기에 있는 세포가 다른 시기에 있는 세포와 융합되면 나중 세포는 바로 M기로 들어간다. 만약 세포가 G1기였다면 응축된 염색체는 복제되지 않았으므로 하나의 염색분체와 유사하다.

는 G1 핵이 빠르게 DNA 합성을 시작한다. 이러한 관찰은 S기 세포가 G1기에서 S기로 진행을 유도하는 분자를 가지고 있다는 것을 의미한다. 조절 분자는 단순히 DNA 합성에 관여하는 효소가 아니다. 왜냐하면 이들 효소는 S기로 진입하지 않은 세포에도 고농도로 존재하기 때문이다.

유사분열을 수행하는 세포를 G1기, S기, G2기 등의 간기에 있는 세포와 융합하는 세포 융합 실험도 수행되었다. 이러한 간기 세포의 핵은 융합 후에 바로 염색질 응축을 통해 염색체를 만들고, 방추사의 형성, 핵막의 파괴 등과 같은 유사분열의 초기의 양상을 보여준다. 만약 간기세포가 G1기에 있었다면 응축된 염색체는 복제되지 않았을 것이다(그림 20-14b). 이러한 결과를 종합해볼 때 이러한 실험은 모두 세포질에 존재하는 어떤 분자가 세포를 G1에서 S기로, 그리고 G2기에서 M기로 유도하는 데 관여한다는 것을 의미한다.

세포주기 돌연변이 효모 연구 이러한 세포주기 조절 분자를 확인하는 작업은 효모의 유전자 연구 덕분에 빠르게 발전했다. 효모는 단세포 생명체로, 제한된 실험실 조건에서도 빠르게 성장하며 연구할 수 있기 때문에 세포주기 조절에 관여하는 유전자 탐구에 특히 편리하다.

유전학자 하트웰(Leland Hartwell)은 출아효모인 *Saccharomyces cerevisiae*를 이용하여 세포주기의 특정 지점에 '멈추어' 있는 돌연변이 효모를 발견했다. 이러한 돌연변이를 이용한 실험은 세포주기가 멈춰 세포가 증식할 수 없을 것이기 때문에 연구가 불가능하거나 매우 어려울 것으로 예측되었다. 그러나 하트웰은 이러한 난관을 온도감수성 돌연변이(temperature-sensitive mutant)를 이용하는 강력한 실험 전략을 통해 극복했다. 온도감수성 돌연변이가 일어난 효모는 높은 온도에서는 세포주기가 정지하지만 상대적으로 낮은 온도('허용 온도')에서는 정상적으로 자랄 수 있다. 아마도 돌연변이가 일어난 세포주기 유전자에 의해 암호화되는 단백질은 허용 온도에서는 정상적인 유전자에서 만들어지는 단백질과 구조 및 기능이 유사하다. 하지만 높은 온도에서는 증가한 열 에너지가 돌연변이 단백질의 활성 형태(정상적으로 기능하는 데 필요한 분자 구조)를 정상적인 단백질일 때보다 훨씬 쉽게 파괴한다.

이러한 접근 방법을 이용하여 하트웰과 동료들은 *S. cerevisiae*의 세포주기에 관여하는 많은 유전자를 알아냈고, 이들 유전자의 산물이 세포주기의 어느 시기에 작용하는가를 규명했다. 예상한 바와 같이 이들 유전자 중 일부는 DNA 복제 단백질을 생산하는 것도 있지만 다른 것들은 세포주기 조절에 관여하는 것으로 확인되었다. 분열하는 효모인 *Schizosaccharomyces pombe*를 이용하여 유사한 실험한 시행한 널스(Paul Nurse)는 획기적인 발견을 이룩했다. 그는 세포가 G2기-M기 전환점을 통과하여 유사분열을 시작하는 데 필요한 역할을 하는 것으로 알려진 *cdc2*라 불리는 유전자를 발견했다(cdc는 'cell division cycle'을 의미). 곧이어 실험에 사용된 모든 진핵세포에서 *cdc2* 유전자에 해당하는 유전자가 발견되었다. *cdc2* 유전자로 인해 생성되는 단백질의 특성을 조사해본 결과 이것이 ATP의 인산기를 다른 표적 단백질에 전달하는 역할을 하는 단백질 인산화효소라는 것이 밝혀졌다. 이 발견으로 세포주기의 신비를 밝히는 문이 열렸다.

세포주기의 진행은 사이클린 의존성 인산화효소로 조절된다

단백질 인산화효소에 의한 표적 단백질의 인산화와 단백질 인산가수분해효소(protein phosphatase)라는 효소에 의한 탈인산화는 일반적인 단백질 활성 조절 기작으로, 세포주기를 조절하는 데도 널리 사용되는 것으로 밝혀졌다. 세포주기의 진행은 *cdc2* 유전자가 만드는 단백질 인산화효소를 포함하는 일련의 단백질 인산화효소에 의해 이루어지며, 이들은 **사이클린**(cyclin)이라 불리는 독특한 활성단백질과 결합했을 때만 효소 활성을 나타낸다. 따라서 이러한 단백질 인산화효소는 **사이클린 의존성 인산화효소**(cyclin-dependent kinase, Cdk)라고 불린다. 진핵세포의 세포주기는 서로 다른 사이클린과 결합하여 다양한 Cdk-사이클린 복합체를 형성하는 몇 종의 Cdk에 의해 조절된다.

성게의 배아(embryo)를 이용한 헌트(Tim Hunt)의 실험에서 처음 밝혀진 것과 같이 사이클린은 세포주기에 따라 세포 내에서 농도의 높고 낮은 상태가 반복되기 때문에 붙여진 이름이다. G2기-M기 전환과 유사분열 초기에 필요한 사이클린을 유사분열 사이클린(mitotic cyclin)이라 하며, 이들이 결합하는 Cdk는 유사분열 Cdk(mitotic Cdk)라고 알려져 있다. 이 경우 활성화된 Cdk-사이클린 복합체를 **유사분열 촉진인자**(mitosis-promoting factor, MPF)라고도 부른다. 유사분열 촉진인자는 감수분열에도 관여한다(26장 참조).

다른 Cdk-사이클린 복합체는 다른 세포주기를 통과하는 데 필요하다. 예를 들면 G1 제한점(또는 스타트)을 통과하는 데 필요한 사이클린은 G1 사이클린(G1 cyclin)이라 불리며, 이들이 결합하는 Cdk는 *G1 Cdk*이다. 또한 S 사이클린(S cyclin)이라 불리는 다른 그룹의 사이클린은 S기 동안의 DNA 복제에 필요하다.

여러 진핵생물이 지닌 Cdk와 사이클린 사이의 유사성은 놀랄 만하다. 사실 결함이 있거나 결실된 *cdc2* 유전자를 지닌 효모 세포의 경우 인간의 유사분열 Cdk 유전자를 대신 넣어주면 완벽하게 기능을 대치할 수 있다. 인간과 효모의 공통 조상은 약 10억 년 전에 존재했지만 아직도 그들은 같은 유전자를 가지고 있다는 것이다. 하트웰, 널스, 헌트 등은 사이클린과 Cdk에 대한 우리의 이해를 이끌어준 선구자적 업적으로 2001년에 노벨생리의

학상을 수상했다.

여기서 사이클린 의존성 인산화효소(Cdk)를 주로 다루고 있기는 하지만, 다른 단백질 인산화효소 역시 사이클린 의존성 인산화효소와 함께 세포주기를 조절한다. *PLK*(polo-like kinase)와 오로라 B 인산화효소(Aurora B kinase)가 이런 단백질 인산화효소이다. 오로라 B 인산화효소는 염색체와 순간적으로 결합하는 단백질 복합체에 포함되어 있고, 세포분열이 끝날 때 유사분열 방추사와도 결합한다. 이러한 단백질은 염색체 위를 순간적으로 '올라타므로' 이들을 염색체 승객 복합체(chromosomal passenger complex)라고 부르기도 한다. 이들의 조절 역할은 각 세포주기에 따라 다르다. 사이클린 의존성 인산화효소와 함께 PLK, 그리고 다른 조절단백질들이 세포주기를 엄격하게 조절한다.

CDk-사이클린 복합체는 엄격하게 조절된다

만약 세포주기의 중요한 지점을 통과하는 과정이 다양한 조합으로 상호작용하는 여러 종류의 Cdk와 사이클린에 의해 통제된다면 이 단백질 복합체의 작용은 어떻게 조절될까? 조절의 한 가지 단계는 Cdk가 단백질 인산화효소로 작용하는 데 필요한 사이클린 분자의 존재 여부에 의해 이루어지며, 두 번째 형태의 조절에는 Cdk의 인산화가 관여한다.

사이클린의 존재 여부 유사분열 촉진인자(MPF)가 다양한 종류의 세포에서 유사분열을 촉발하는 유사분열 Cdk-사이클린이라는 것이 밝혀지면서 유사분열 Cdk-사이클린이 어떻게 적절한 순간, 즉 G2기의 말기에만 작용할 수 있게 조절되는지에 대한 의문이 제기되었다(**그림 20-15**). 답은 유사분열 Cdk의 가용성으로는 설명되지 않았다. 왜냐하면 이것의 농도는 세포주기 전체 동안 거의 일정하게 유지되기 때문이다. 그러나 유사분열 Cdk는 유사분열 사이클린과 결합하고 있을 때만 단백질 인산화효소의 활성을 가지며, 유사분열 사이클린이 언제나 적정량으로 존재하는 것은 아니다. 대신에 유사분열 사이클린의 농도는 G1기, S기, G2기에 점차적으로 증가하고, G2기의 끝부분에 유사분열 Cdk를 활성화할 수 있는 결정적인 농도에 이르게 되어 유사분열의 시작을 유도한다(그림 20-15a). 유사분열이 절반 정도 진행되면 유사분열 사이클린 분자는 갑자기 파괴된다. 결과적으로 이렇게 감소한 유사분열 Cdk의 활성은 유사분열 사이클린의 농도가 그 다음 번 세포주기 동안 충분히 축적되기 전까지 다른 유사분열이 일어나는 것을 막는다.

이후에 다른 종류의 사이클린이 발견되면서 각각은 영문자로 이름을 붙이게 되었다. 처음에 발견된 유사분열 사이클린은 현재 사이클린 B라는 이름으로 불린다. 이제 G2에서 유사분열로 진행하는 것을 조절하는 유사분열 Cdk-사이클린을 자세히 살

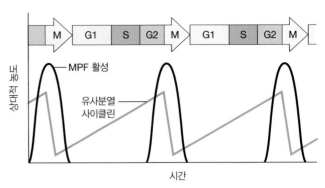

(a) M기 사이클린(사이클린 B)의 세포주기에서의 수준

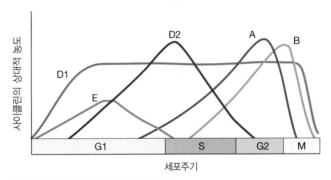

(b) 여러 사이클린의 세포주기에서의 수준

그림 20-15 세포주기 동안 유사분열 사이클린과 유사분열 촉진인자 활성의 변화. (a) 간기(G1, S, G2) 동안 유사분열 사이클린(사이클린 B)의 세포 내 수준은 증가하다가 M기에 급격히 감소한다. 사이클린의 농도가 한계치에 다다를 때까지는 유사분열 촉진인자(MPF)의 활성이 미미하지만, 유사분열 촉진인자 활성의 정점(유사분열을 촉진할 수 있는 능력에 대한 검사로 분석)과 사이클린 농도는 서로 일치한다. 활성이 있는 유사분열 촉진인자는 유사분열 사이클린과 유사분열 Cdk의 조합으로 이루어져 있다는 것이 밝혀졌다. 유사분열 Cdk의 양은 세포의 전체적인 성장과 연계된 속도로 증가하기 때문에 유사분열 Cdk 자신은 일정한 농도로 존재한다(그래프에는 표시하지 않았다). (b) 세포주기의 여러 시기에 따라 다양한 사이클린의 세포 내 농도. 여러 종류의 사이클린은 여러 종류의 Cdk와 결합하여 세포주기의 핵심이 되는 단계를 조절한다.

펴봄으로써 이들 두 가지 유형의 조절 기작을 모두 설명할 것이다. 사이클린마다 축적되거나 분해되는 양상은 유사분열 사이클린과 조금씩 다르지만, 다른 사이클린도 마찬가지로 세포주기에 따라 주기적으로 단백질의 양이 변화한다(그림 20-15b). 이러한 여러 사이클린이 여러 Cdk와 복합체를 형성할 수 있는지 여부에 따라 세포주기의 핵심적인 전환이 이루어진다.

Cdk 인산화 유사분열 Cdk(사이클린 의존성 인산화효소)의 활성화에는 유사분열 사이클린이 필요할 뿐 아니라 Cdk 분자 자체의 인산화와 탈인산화도 관여한다. **그림 20-16**에서와 같이 ❶ 유사분열 사이클린과 유사분열 Cdk의 결합은 아직 활성화되지 않은 Cdk-사이클린 복합체를 형성한다. 유사분열이 시작되려면 복합체 Cdk 분자의 특정 아미노산 부위에 활성화 인산

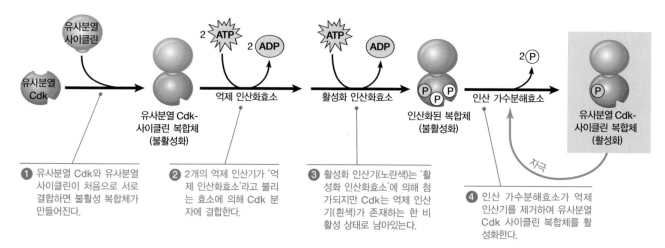

① 유사분열 Cdk와 유사분열 사이클린이 처음으로 서로 결합하면 불활성 복합체가 만들어진다.

② 2개의 억제 인산기가 '억제 인산화효소'라고 불리는 효소에 의해 Cdk 분자에 결합한다.

③ 활성화 인산기(노란색)는 '활성화 인산화효소'에 의해 첨가되지만 Cdk는 억제 인산기(흰색)가 존재하는 한 비활성 상태로 남아있다.

④ 인산 가수분해효소가 억제 인산기를 제거하여 유사분열 Cdk 사이클린 복합체를 활성화한다.

그림 20-16 인산화와 탈인산화에 의한 유사분열 Cdk-사이클린의 조절. 유사분열 Cdk의 활성화에서는 억제 인산기와 활성화 인산기의 첨가에 뒤이어 탈인산화에 의한 억제 인산기의 제거가 일어난다. 일단 4단계에서 억제 인산기의 제거가 시작되면 양성 피드백 기작이 설정된다. 즉 이 반응에 의해 만들어진 활성화된 Cdk-사이클린 복합체가 인산 가수분해효소를 자극하여 활성화 과정이 더욱 빠르게 진행된다.

기가 첨가되어야 한다. 하지만 이 인산기가 첨가되기 전에 ② 억제(inhibiting) 인산화효소가 Cdk 분자의 다른 두 부위를 인산화하여 활성부위를 봉쇄한다. 그다음에 ③ 노란색으로 강조된 활성화 인산기가 특정 활성(activating) 인산화효소에 의해 첨가된다. 활성화 서열의 마지막 단계는 ④ 특정 인산 가수분해효소(phosphatase)에 의한 억제 인산기의 제거이다. 일단 인산 가수분해효소에 의한 억제 인산기의 제거가 시작되면 양성 피드백 고리가 형성된다. 즉 이 반응으로 만들어진 활성화된 유사분열 Cdk가 인산 가수분해효소를 활성화하고, 그 결과 활성화 반응이 더욱 빠르게 진행된다.

계속되는 반응으로 유사분열 Cdk-사이클린이 활성화되면 이것의 단백질 인산화효소 활성에 의해 유사분열이 촉발된다(**그림 20-17**). 앞서 염색체 응축, 유사분열 방추사 조립, 핵막 붕괴 등을 포함하는 유사분열 초기 단계에 일어나는 사건에 대해 공부했다. 유사분열 Cdk-사이클린은 어떻게 이러한 변화를 일으킬까? 핵막 붕괴의 경우 유사분열 Cdk-사이클린이 핵막의 안쪽 막과 연결된 **핵막하층**(nuclear lamina)에 있는 라민 단백질(lamin protein)을 인산화하여 유도한다(그림 16-29 참조). 라민의 인산화는 라민의 탈중합(depolymerization)을 일으켜 결과적으로 핵막하층의 붕괴와 핵막의 불안정화를 일으킨다. 핵막 연관 단백질의 인산화로 인해 핵막은 더욱 불안정하게 되고 곧 파괴된다.

이외의 다른 유사분열 과정에는 유사분열 Cdk-사이클린에 의한 또 다른 표적 단백질의 인산화가 관여하는 것으로 알려졌다. 예를 들어 컨덴신(condensin)이라 불리는 다중단백질 복합체의 인산화는 염색사를 빽빽한 염색체로 응축시키는 데 관여한다. 또한 유사분열 Cdk-사이클린에 의한 미세소관 연관 단백질의 인산화는 유사분열 방추사의 조립을 촉진하는 것으로 생각된

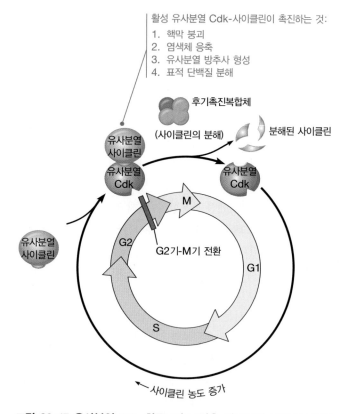

그림 20-17 유사분열 Cdk 회로. 이 그림은 세포주기 동안 유사분열 Cdk 단백질의 활성화와 비활성화를 나타낸다. G1기, S기, G2기에서는 세포가 성장하면서 유사분열 Cdk가 일정한 속도로 만들어진다. 하지만 유사분열 사이클린의 농도는 점차적으로 증가한다. 유사분열 Cdk와 사이클린은 활성 복합체를 형성한다. 이 복합체의 단백질 인산화효소 활성은 이 그림에 묘사된 일련의 유사분열 사건을 자극하여 G2기-M기를 통과함으로써 세포주기를 유사분열로 진행하게 만든다. 유사분열 Cdk-사이클린 복합체는 사이클린을 분해하는 단백질 분해 경로를 활성화하여 자신도 소멸되고 유사분열을 완성시킨 후 다음 세포주기의 G1기로 들어가게 한다.

다. 마지막으로 세포가 정교한 DNA 수선 신호전달 경로를 가지고 있다는 사실을 상기해보자(22장 참조). DNA 가닥의 수선을 시작하는 핵심 단백질은 유사분열 Cdk에 의해 인산화되어 유사분열이 진행되는 동안 DNA 절단 수선 복합체(DNA break repair complex)의 형성을 막는다. 이러한 과정이 왜 필요할까? 유사분열 과정 동안 말단소체의 끝부분은 보호되지 않는다. DNA 복구 과정이 억제되는 것은 염색체 끝부분의 말단소체들이 서로 결합하는 것을 막기 위해 필요하다.

후기촉진복합체는 유사분열을 마치게 한다

유사분열 Cdk-사이클린은 유사분열의 시작을 유도하는 것뿐만 아니라 후기에서 자매염색분체의 분리가 결정되는 유사분열 후반부에도 중요한 역할을 한다. 유사분열 Cdk-사이클린은 **후기촉진복합체**(anaphase-promoting complex, APC) 또는 **APC/C**(anaphase-promoting complex/cyclosome)의 인산화를 통한 활성화에 기여함으로써 유사분열 후반의 현상을 조절한다. 후기촉진복합체는 유사분열 동안 특정 지점에서 몇몇 주요 단백질의 붕괴를 촉진하여 유사분열 사건을 조정하는 다중 단백질 복합체이다. 이 후기촉진복합체는 특이 표적 단백질을 작은 단백질인 유비퀴틴(ubiquitin)에 결합시킴으로써 이들 표적 단백질이 파괴되도록 지정하는 효소인 유비퀴틴 연결효소(ubiquitin ligase)로 작용한다(25장 참조).

후기촉진 단백질에 의해 파괴될 중요한 표적 단백질 가운데 하나로 자매염색분체의 분리를 억제하는 단백질인 **세큐린**(securin)이 있다. **그림 20-18**에서와 같이 자매염색분체는 후기 전에는 **코헤신**(cohesin)이라 불리는 부착단백질에 의해 서로 연결되어 있다. 코헤신은 복제 분기(replication fork)의 이동을 따라가면서 S기에 새롭게 복제된 염색체 DNA에 결합한다. 세큐린은 코헤신을 분해하는 효소인 **세퍼레이스**(separase)의 작용을 억제함으로써 이들 자매염색분체의 결합을 유지시킨다. 그러나 후기가 시작되는 시점에서는 후기촉진복합체가 세큐린에 유비퀴틴을 결합시켜 세큐린의 붕괴를 유발하고, 억제하고 있던 세퍼레이스가 풀려난다. 활성화된 세퍼레이스는 코헤신을 절단하고, 그 결과 자매염색분체가 서로 분리되어 각각의 염색체가 방추극을 향해 이동하게 된다.

APC/C는 코헤신의 붕괴를 유발하여 후기를 시작하게 하는 것뿐 아니라 유사분열 사이클린의 파괴를 유도하여 유사분열을 종결하는 데 관여한다. 유사분열 사이클린의 소실은 결과적으로 유사분열 Cdk의 단백질 인산화효소 활성을 저해한다. 세포질분열, 염색체 탈응축(decondensation) 및 핵막의 재형성 등과 같은 유사분열 과정 종결 시에 일어나는 다양한 현상이 이들 사이클린 분해와 이것에 의한 Cdk 활성의 감소에 의해 이루어진다는

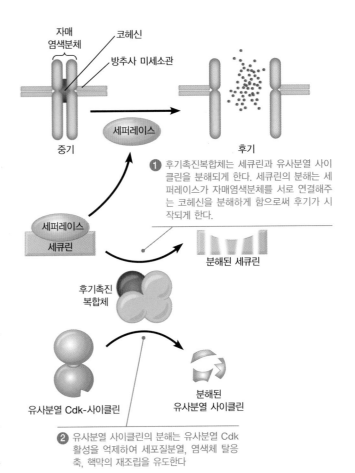

① 후기촉진복합체는 세큐린과 유사분열 사이 클린을 분해되게 한다. 세큐린의 분해는 세퍼레이스가 자매염색분체를 서로 연결해주는 코헤신을 분해하게 함으로써 후기가 시작되게 한다.

② 유사분열 사이클린의 분해는 유사분열 Cdk 활성을 억제하여 세포질분열, 염색체 탈응축, 핵막의 재조립을 유도한다

그림 20-18 후기촉진복합체. 후기촉진복합체는 세큐린과 유사분열 사이클린을 포함하는 특정 표적 단백질의 분해를 유도하여 유사분열의 최종 단계를 조절한다.

것을 보여주는 실험적 증거가 많다. 예를 들면 세포에 분해되지 않는 형태의 유사분열 사이클린을 첨가하면 세포질분열이 억제되고, 핵막의 재조립이 막히며, 염색체의 탈응축이 정지하여 유사분열이 완결되는 것을 방지한다는 것이 밝혀졌다.

확인점 경로가 세포주기의 핵심 단계를 모니터링한다

만약 세포주기에서 한 단계가 적절히 끝나기 전에 다음 단계로 진행한다면 분명히 문제를 일으킬 것이다. 예를 들어 만약 모든 염색체가 방추사와 적절히 결합하기 전에 방추극을 향해 이동하기 시작한다면 새롭게 만들어지는 딸세포는 일부 염색체의 여분의 것을 받고 어떤 염색체는 받지 못하게 되는 **이수성**(aneuploidy, an는 '아니다', eu는 '좋은', 'ploidy'는 염색체 수를 의미)이라고 알려진 상태가 될 것이다. 마찬가지로 세포의 모든 염색체 DNA가 복제되기 전에 유사분열을 시작한다면 세포는 잠재적 위험에 처할 것이다. 이러한 실수의 가능성을 최소화하기 위해 세포는 세포 내 상태를 모니터링하고 만약 세포의 상태가 세포주기를 지속하기에 적당하지 않으면 세포주기를 일시적

으로 정지시키는 일련의 **확인점**(checkpoint) 기작을 이용한다.

G1기-S기: G1 Cdk-사이클린과 Rb 단백질

확인점 기작의 한 예로서 다른 종류의 Cdk-사이클린이 어떻게 S기로의 진입을 조절하는지 간단히 알아보자. 앞에서 언급한 것과 같이 제한점(효모에서 '스타트')은 세포가 S기로 들어가 나머지 세포주기를 계속하여 분열할 것인지를 결정한다. 제한점을 통과한다는 것은 세포가 세포분열 주기로 들어가기 위한 주요한 단계이기 때문에 세포의 크기, 영양물질의 존재 여부 및 세포분열의 필요를 알려주는 신호 역할을 하는 생장인자의 존재 등과 같은 다양한 요인에 의해 엄격하게 조절된다.

이러한 신호는 G1 Cdk-사이클린을 활성화하고, 이것의 단백질 인산화효소 활성이 몇몇 표적 단백질을 인산화함으로써 제한점을 통과하게 한다. 이 과정의 핵심 표적 분자는 **Rb 단백질**(Rb protein)이다. Rb가 이 조절을 수행하는 기작에 대한 분자적 기작을 **그림 20-19**에서 설명했다. Rb는 G1 Cdk-사이클린에 의해 인산화되기 전에 DNA 복제 개시에 필요한 생성물을 암호화하는 유전자의 전사를 활성화하는 단백질인 **E2F 전사인자**(E2F transcription factor)에 결합하여 이를 억제한다. Rb 단백질이 E2F와 결합하는 동안에 E2F 분자는 비활성 상태이고 이들 유전자는 발현되지 않기 때문에 세포가 S기로 들어가는 것을 방지한다. 그러나 생장인자의 첨가로 세포가 분열하도록 자극받으면 G1 Cdk-사이클린이 활성화되어 Rb 단백질의 인산화가 이루어진다. Rb의 인산화는 E2F에 결합하는 Rb의 기능을 저해하여 E2F가 방출됨으로써 결과적으로 S기로 들어가는 데 필요한 생성물을 암호화하는 유전자의 전사를 활성화한다.

Rb 단백질은 제한점을 통과하여 진행하는 것을 결정하고 세포분열 주기를 시작하게 하는 중요한 사건을 조절하기 때문에 Rb의 결함은 치명적인 결과를 가져올 수 있다. 예를 들면 Rb의 결함은 유전적이거나 후천적으로 유발되는 암을 일으키기도 한다(21장 참조).

S기: 복제 면허

G1기-S기 세포주기 전환은 진핵세포의 세포주기에서 중요한 핵심 관리자 역할을 수행한다. 세포가 S기에 진입하면 또 다른 주요 조절 단계가 필요하다. 진핵세포주기 동안에는 핵 안의 DNA 분자가 단 한 번만 복제되는 것이 중요하다. 이러한 제한을 시행하기 위해 **면허**(licensing)라는 과정을 통해 DNA가 S기에서 특정 복제 기원에서 복제된 후 해당 부위의 DNA는 세포가 유사분열을 마치기 전까지 추가로 DNA가 복제될 능력(면허)을 갖지 못하게 한다. 이러한 면허는 MCM 단백질이 복제원점에 결합함으로써 제공되는데(**그림 20-20**), 이때 ORC 및 헬리케이스 적재기(helicase loader)가 모두 필요하다(22장 참조). 복제가 시작되면 MCM 단백질은 이동하는 복제 분기에 의해 복제원점에서 이동한다. 따라서 면허는 복제되어 갓 만들어진 DNA에는 존재하지 않는다.

이 기작에서 중요한 역할을 하는 것은 S기의 시작 부분에 생성되는 Cdk로, 이는 면허를 보유한 복제원점에서 DNA 합성을 활성화하고, 동일한 복제원점이 다시 면허를 갖지 않게 하는 역할을 한다. Cdk는 ORC와 헬리케이스 적재기의 인산화를 촉매하여 그 기능을 억제함으로써 면허가 다시 진행되는 것을 차단한다. 다세포 진핵생물에는 또 다른 면허 억제제인 제미닌(geminin)이 존재하는데, 이것은 S기에서 생성되는 단백질로, MCM 단백질과 DNA의 결합을 차단하는 단백질이다. 세포가 유사분열을 완료한 후에 제미닌은 분해되고 Cdk 활성이 떨어지기 때문에 DNA 면허에 필요한 단백질이 다음 세포주기에서 다시 기능할 수 있게 된다.

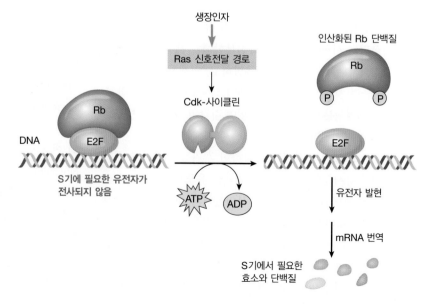

그림 20-19 세포주기 조절에서 Rb 단백질의 역할. Rb 단백질은 탈인산화 상태에서 E2F 전사인자에 결합한다. 이 결합은 E2F가 DNA 복제에 필요한 단백질을 암호화하는 유전자의 전사를 활성화하지 못하게 한다. DNA 복제는 세포가 제한점을 지나 S기로 들어가는 데 필요한 것이다. 생장인자로 자극받은 세포에서는 Ras 경로가 활성화되어(그림 20-25 참조) Rb 단백질을 인산화하는 G1 Cdk-사이클린 복합체의 생산과 활성화가 일어난다. 인산화된 Rb는 더 이상 E2F에 결합할 수 없어 E2F로 하여금 유전자의 전사를 활성화시키고 S기의 시작을 촉발하게 한다. 이어지는 M기(그림에는 없음)에서는 Rb 단백질이 탈인산화되어 다시 E2F를 억제하게 된다.

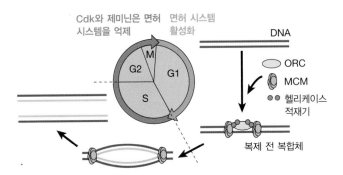

그림 20-20 진핵세포주기 동안 DNA 복제 면허. DNA는 G1기 동안 MCM 단백질이 복제원점에 결합하는 것과 같은 방법으로 복제를 허가받는데, 이 과정에는 ORC와 헬리케이스 적재기가 모두 필요하다. 면허 시스템은 면허에 필요한 단백질(ORC, 헬리케이스 적재기, MCM)의 기능을 차단하는 활동을 하는 Cdk 및/또는 제미닌 생성에 의해 G1기가 끝날 때 작동이 정지된다. 세포가 유사분열을 완료한 후에는 제미닌이 분해되고 Cdk 활성이 감소하여 면허 시스템이 다음 세포주기에 다시 활성화된다.

G2기-M기: DNA 복제 확인점

DNA 복제 확인점(DNA replication checkpoint)이라 불리는 두 번째 확인점 기작은 세포가 G2기를 벗어나 유사분열을 시작하기 전에 DNA 합성이 이미 완성되어 있다는 것을 확인하기 위해 DNA 복제 과정을 검수한다. 이 확인점의 존재는 세포에 DNA 복제 억제제를 처리하여 확인되었다. 이러한 조건에서는 유사분열 Cdk-사이클린의 활성에 꼭 필요한 최종 탈인산화 단계를 촉진하는 인산 가수분해효소(그림 20-16 참조)가 복제 중인 DNA와 연관된 단백질 의존적인 기작에 의해 억제된다. 결과적으로 유사분열 Cdk-사이클린 활성이 저해되어

모든 DNA의 복제가 완성될 때까지 세포주기를 G2기의 말기에 정지시킨다.

방추사 조립 확인점: Mad와 Bub 단백질 염색체가 모두 방추사와 결합하기 전에 후기 염색체의 이동이 시작되는 것을 방지하는 확인점 경로를 **방추사 조립 확인점**(spindle assembly checkpoint, SAC)이라 한다. 방추사 조립 확인점은 방추사부착점과 방추사 미세소관이 결합하지 않은 채로 남은 염색체가 후기촉진복합체를 억제하는 '대기' 신호를 만들어내는 방식으로 작동한다(**그림 20-21**). 후기촉진복합체가 억제된 상태에서는 자매염색분체를 서로 붙들어주는 코헤신의 파괴가 유도되지 않는다. 대기 신호의 정확한 분자생물학적 원리는 아직 알려지지 않았지만, Mad와 Bub 단백질 계열의 구성원들이 관여한다(그림 20-21a). Mad와 Bub 단백질이 방추사가 결합하지 않은 염색체의 방추사부착점에 축적되어(그림 20-21b 참조) **유사분열 확인점 복합체**(mitotic checkpoint complex, MCC)를 형성한다. 유사분열 확인점 복합체는 후기촉진복합체(APC)의 필수 구성 성분인 *Cdc20* 단백질에 결합하여 그 작용을 억제한다. 그 결과 후기촉진 복합체의 활성이 저해되어 더 이상 표적 단백질을 분해하지 못하게 된다. 모든 염색체가 방추사에 결합하면 Mad와 Bub 단백질이 더 이상 방추사부착점에 축적되지 못한다. 디네인 운동단백질 복합체가 방추사부착점으로부터 Mad와 CENP-F를 포함한 몇몇 단백질을 제거하는 것으로 생각된다. 결국 Mad가 포함된 억제 복합체가 만들어지지 못하여 후기촉진복합체가 활성화되어 후기가 시작된다.

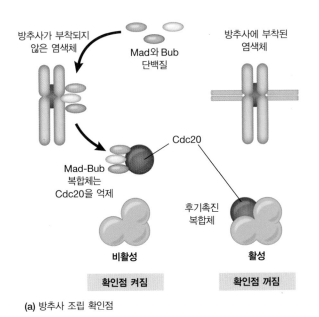

(a) 방추사 조립 확인점

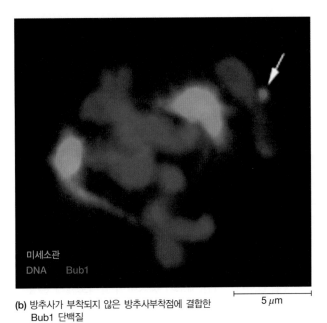

(b) 방추사가 부착되지 않은 방추사부착점에 결합한 Bub1 단백질

그림 20-21 방추사 조립 확인점. (a) 방추사 조립 확인점을 설명하기 위한 모델. 방추사가 부착되지 않은 염색체가 Mad와 Bub 단백질과 복합체를 이루어 후기 촉진 단백질의 활성을 억제함으로써 모든 염색체에 방추사가 부착할 때까지 어떻게 후기의 시작을 억제하는지 보여준다. (b) 배양 중인 초파리의 세포에 낮은 농도의 파클리탁셀을 처리했을 경우 염색체가 중기판에 천천히 도달하고 Bub1(빨간색)은 방추사부착점에서 관찰된다.

DNA 손상: p53 마지막으로 중요한 확인점 기작은 손상된 DNA를 가진 세포에서는 DNA가 우선 복구되지 않으면 세포주기가 진행되지 않게 하는 것이다. 이렇게 하기 위해 DNA 손상을 검수하고 서로 다른 Cdk-사이클린 복합체를 억제하여 G1기, S기, G2 말기 등을 포함하는 다양한 지점에서 세포주기를 정지시키는 일련의 **DNA 손상 확인점**(DNA damage checkpoint)이 다수 존재한다. 때때로 '유전체의 보호자'로 일컬어지는 **p53**라 불리는 단백질이 이들 확인점 경로에서 중요한 역할을 한다. **그림 20-22**에서와 같이 세포가 DNA 2중가닥을 손상시키는 강력한 물질을 만나면 손상된 DNA는 ATM 단백질 인산화효소(ATM protein kinase)라 불리는 효소를 활성화한다(ataxia telangiectasia mutated, ATM 유전자의 돌연변이는 환자의 대뇌에 손상을 입혀 부조화된 행동을 보이게 할 뿐 아니라 눈의 흰자위에 다량의 혈관을 만든다). ATM은 확인점 인산화효소(checkpoint kinase)라고 알려진 인산화효소의 인산화를 일으키고, 이는 다시 p53(및 몇 가지 다른 표적 단백질)를 인산화한다. p53의 인산화는 p53를 유비퀴틴에 결합시켜 파괴하는 단백질인 *Mdm2*와 p53의 상호작용을 억제한다. ATM에 의해 촉매된 p53의 인산화는 결국 p53가 분해되지 않도록 보호하고, 손상된 DNA가 존재할 때 p53가 축적되게 한다. *ATR*(ATM-related)이라 불리는 ATM 연관 단백질은 ATM과 유사하게 작용하지만 2중가닥 DNA가 아닌 단일가닥 DNA의 손상이 심할 때 세포주기를 정지시킨다.

세포 내에 축적된 p53는 세포주기 정지와 세포사멸이라는 두 가지 과정을 활성화한다. 이 두 가지 과정은 모두 p53가 DNA에 결합할 수 있고 특정 유전자의 전사를 촉진하는 전사인자로 작용하기 때문에 일어난다. p53에 의해 활성화되는 중요한 유전자 중 하나는 여러 개의 서로 다른 Cdk-사이클린의 활성을 억제하여 여러 지점에서 세포주기의 진행을 방해하는 단백질인 Cdk 억제인자 **p21**을 암호화하는 유전자이다. 또한 인산화된 p53는 DNA 복구에 관여하는 효소의 생산을 촉진한다. 그러나 손상이 성공적으로 복구되지 않으면 p53는 세포 죽음, 즉 세포자멸(apoptosis)을 유도하는 단백질을 암호화하는 유전자를 활성화한다(이 장 뒷부분 내용 참조). 이 신호경로의 주요 단백질인 **Puma**(p53 upregulated modulator of apoptosis)는 *Bcl-2*라고 알려진 정상적인 세포자멸 억제 분자와 결합하여 이를 비활성화함으로써 세포자멸을 촉진한다.

p53는 세포주기의 진행 정지와 세포자멸을 일으킬 수 있으므로 손상된 DNA를 지닌 세포가 증식하여 딸세포에게 손상된 DNA를 전달하는 것을 방지하는 '분자 수준의 정지 신호'라고 할 수 있다(이러한 p53의 암에서의 중요한 역할은 21장 참조).

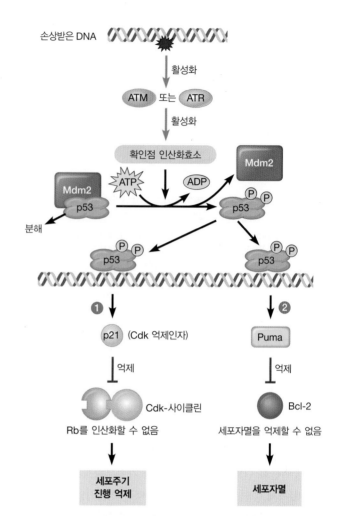

그림 20-22 DNA 손상에 반응하는 p53 단백질의 역할. 손상된 DNA는 ATM이나 ATR 단백질 인산화효소를 활성화하고, 이는 확인점 인산화효소의 활성을 유도하여 p53 단백질의 인산화를 일으킨다. p53의 인산화는 이를 분해하는 Mdm2 단백질과 p53의 상호작용을 막아 p53를 안정화한다. (이곳에 설명하지는 않았지만 분해 기작에는 Mdm2 촉매에 의한 p53과 유비퀴틴의 결합이 관여한다. 유비퀴틴은 단백질을 세포의 주된 단백질 분해 기구인 프로테아솜으로 운반한다.) p53의 인산화에 의해 p53와 Mdm2의 상호작용이 억제되면 인산화된 p53 단백질이 축적되어 두 가지 사건이 발생한다. ❶ p53 단백질이 DNA와 결합하여 Cdk 억제인자인 p21 단백질을 암호화하는 유전자의 전사를 활성화한다. 결과적으로 Cdk-사이클린의 억제는 Rb 단백질의 인산화를 방지하고, 세포주기를 제한점에 정지시킨다. ❷ DNA 손상이 수리되지 않으면 p53가 세포자멸에 의해 세포를 사멸시키는 일련의 단백질을 암호화하는 유전자를 활성화한다. 주요한 단백질은 세포자멸 억제인자인 Bcl-2에 결합하여 활성을 억제하는 Puma이다.

개념체크 20.3

사이클린 D는 G1 Cdk-사이클린 복합체를 구성하며, 종종 암세포에서 과발현된다. 사이클린 D가 암을 일으킬 것이라고 예상하는 이유는 무엇인가?

20.4 생장인자와 세포 증식

박테리아나 효모처럼 간단한 단세포 생물에게는 외부 환경에 존재하는 충분한 양의 영양물질이 세포의 성장과 증식 결정에 1차적인 요인으로 작용한다. 다세포 생물에서는 이 상황이 일반적으로 뒤바뀐다. 세포는 전형적으로 영양물질이 풍부한 세포외액에 둘러싸여 있지만, 모든 세포가 단지 적절한 영양물질을 공급받는다는 이유만으로 지속적으로 성장하고 증식한다면 생명체는 곧 파괴될 것이다. 암은 개체의 필요에 의한 상황이 아님에도 세포가 계속 증식하는 현상이 얼마나 위험한지 알려준다.

이러한 잠재적 위험을 극복하기 위해 다세포 생물은 생장인자 (growth factor)라 불리는 세포 외부에 작용하는 신호단백질을 이용하여 세포의 증식 속도를 조절한다(표 19-3 참조). 대부분의 생장인자는 유사분열 촉진제(mitogen)이며, 이름이 뜻하듯이 이들은 세포가 제한점을 통과하여 유사분열에 의해 분열하도록 자극한다.

생장촉진인자는 Ras 경로를 활성화한다

영양물질과 비타민은 들어있지만 생장인자가 없는 배지에 포유동물 세포를 넣으면 충분한 영양물질이 존재함에도 불구하고 G1기에서 정지한다. 몇 종의 생장촉진인자(stimulatory growth factor)가 들어있는 혈청을 소량 첨가하면 성장과 분열이 촉진될 수 있다. 이들 중에는 혈소판에 의해 생산되는 단백질인 결합 조직 세포와 평활근 세포의 증식을 촉진하는 혈소판 유래 생장인자 (platelet-derived growth factor, PDGF)가 있다. 또 다른 중요한 생장인자인 표피 생장인자(epidermal growth factor, EGF)는 많은 조직과 체액에 분포한다. 표피 생장인자는 생장인자에 대한 선구적인 연구로 1987년에 노벨상을 수상한 코헨(Stanley Cohen)이 쥐의 침샘에서 처음으로 분리했다.

혈소판 유래 생장인자 및 표피 생장인자 같은 생장인자는 표적 세포 표면에 있는 타이로신 인산화효소 활성을 지닌 수용체에 결합하여 작용한다(19장 참조). 생장인자가 수용체와 결합하면 이 타이로신 인산화효소가 활성화되어 세포가 제한점을 통과하여 S기로 진입함으로써 마무리되는 복잡한 연속적인 세포 내 반응을 차례로 일으킨다. 생장인자가 없어서 분열을 멈춘 세포의 연구에서 알게 된 것과 같이 Ras 신호전달 경로가 이들 사건에서 중심적인 역할을 한다(19장 참조). 이러한 세포에 돌연변이된 과활성 Ras 단백질을 투여하면 세포는 생장인자 없이도 S기로 진입하여 분열을 시작한다. 반대로 Ras 단백질을 불활성화하는 항체를 투여하면 세포가 생장인자의 자극에 반응하여 S기로 진입하여 분열하는 것이 억제된다.

Ras 경로는 어떻게 세포주기에 영향을 미치는가? **그림 20-23**

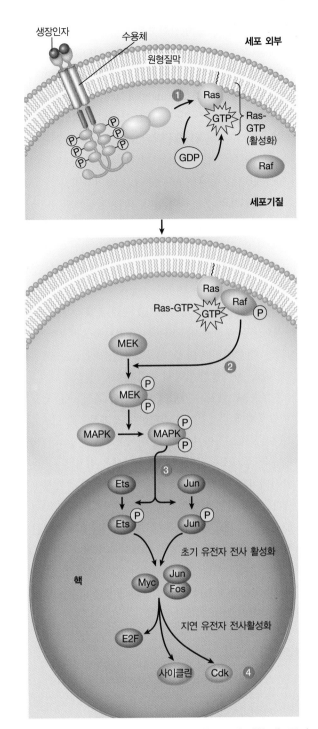

그림 20-23 Ras 경로를 통한 세포주기 조절. Ras에 의한 세포주기 조절은 4단계로 구성된다. 생장인자가 수용체에 결합하여 Ras 단백질을 활성화하고, 세포질 단백질 인산화효소(Raf, MEK, MAP 인산화효소)가 단계적으로 활성화하며, 핵 전사인자(Ets, Jun, Fos, Myc, E2F)가 활성화되거나 생성되고, 사이클린이 합성되고 Cdk 분자도 합성된다. 생성된 Cdk-사이클린 복합체는 Rb의 인산화를 촉매하여 G1기에서 S기로 전환을 유도한다.

에 나타난 것처럼 이 과정은 몇 단계로 이루어져 있다. ❶ 먼저 생장인자가 원형질막 표면에 있는 자신의 수용체에 결합하면 Ras를 활성화한다. ❷ 다음으로 활성화된 Ras는 *Raf*라고 불리는 단백질 인산화효소를 인산화하여 활성화하면서 연속적인 인산화 반응을 작동시킨다. 활성화된 Raf는 *MEK*라고 불리는 단백질 인산화효소의 세린과 트레오닌 잔기를 인산화한다. 다음으로 MEK는 MAP 인산화효소(mitogen-activated protein kinase, MAPK)라 불리는 단백질 인산화효소 그룹의 트레오닌과 타이로신 잔기를 인산화한다. ❸ 활성화된 MAPK는 핵으로 들어가 특정 유전자의 전사를 활성화하는 몇 가지 조절단백질을 인산화한다. 이들 단백질 중에는 *Jun*(AP-1 전사인자의 구성 성분)과 *Ets* 계열 전사인자의 구성원이 있다. 이들 활성화된 전사인자는 Myc, Fos, Jun 등을 포함한 다른 전사인자의 생산을 암호화하는 '초기 유전자'의 전사를 시작한다. 이는 다시 '지연 유전자' 계열의 전사를 활성화한다. 이들 지연 유전자 중 하나가 이 장의 앞부분에서 S기로 들어가는 단계를 조절하는 역할을 한다고 설명했던 E2F 전사인자를 암호화한다. ❹ 지연 유전자에는 이외에도 Cdk와 사이클린 분자를 암호화하는 유전자들이 포함된다. 이들이 단백질로 만들어지면 Rb를 인산화하여 G1으로부터 S기로 전환시키는 Cdk-사이클린 복합체 형성이 이루어진다.

요약하자면 Ras 경로는 다단계 신호전달 과정으로, 세포 표면에 있는 수용체에 생장인자가 결합하여 결과적으로 세포가 제한점을 벗어나 S기로 들어가게 하고, 이어서 세포분열의 여정을 시작하게 한다. 암세포에서 Ras 경로에 영향을 미치는 돌연변이가 종종 발견되어서 세포 증식 조절에서 이 경로의 중요성이 부각되고 있다. 예를 들면 생장인자에 의한 자극과는 무관하게 세포 증식에 지속적인 자극을 제공하는 돌연변이된 Ras 단백질은 췌장(이자)암, 대장암, 폐암, 방광암 등에서 흔히 발견된다. 그리고 이러한 돌연변이는 사람에게 발생하는 모든 암의 약 25~30%에서 일어난다(Ras 신호전달 경로가 암의 발생에 미치는 영향에 대한 자세한 내용은 21장 참조).

⊘ 연결하기 20.2

많은 암에서는 Ras-GTP 활성단백질인 Ras GAP의 돌연변이가 관찰된다. 지금까지 배운 지식을 바탕으로 이러한 현상이 나타나는 이유를 설명하라.

생장촉진인자는 PI 3인산화효소-Akt 경로도 활성화할 수 있다

생장인자가 Ras 경로를 촉발하는 수용체에 결합할 때 활성화된 수용체는 동시에 다른 신호전달 경로도 촉발할 수 있다. 그중 한 가지 예로 PI 3-인산화효소-Akt 경로(PI 3-kinase-Akt pathway)가 있다(인슐린 신호전달 과정에 관여하는 경로로, 19장에서 이미 다룬 경로이다. 그림 19-27 참조). 이 경로는 인산이노시톨 3-인산화효소(phosphatidylinositol 3-kinase, PI 3-kinase, PI3K)

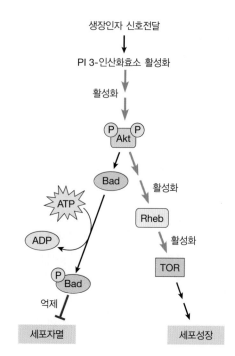

그림 20-24 PI 3-인산화효소-Akt 경로. 수용체 타이로신 인산화효소에 결합하는 생장인자는 그림 20-23에 표시된 Ras 경로 외에도 여러 경로를 활성화한다. 여기에 표시된 신호전달 경로는 단백질 인산화효소 Akt의 활성화로 이어진다. Akt는 Bad 단백질의 인산화 및 비활성화를 통해 세포자멸을 억제한다. 또한 Akt는 TOR를 활성화하여 세포주기가 정지하는 것을 억제한다. 따라서 PI 3-인산화효소-Akt 신호전달의 순 효과는 세포 생존과 증식을 촉진하는 것이다. 이러한 PI 3-인산화효소-Akt 경로는 PTEN에 의해 억제된다(그림 19-27 참조).

의 수용체 유도 활성화로 시작된다. 이는 PIP₃(포스파티딜이노시톨-3,4,5-3인산)의 형성을 촉진하며, 최종적으로는 *Akt*의 인산화와 활성을 유도한다. *Akt*는 몇 가지 주요한 표적 단백질의 인산화를 촉진하는 능력을 이용하여 세포사멸을 억제하고(자세한 내용은 이 장의 다음 부분 참조), 세포주기가 정지하는 것을 억제한다(**그림 20-24**). 후자가 일어나는 방법 중 한 가지는 Rheb라 불리는 단량체 G 단백질의 활성화로 인한 것이다. Rheb의 활성은 이 장의 앞부분에서 언급되었던 세포 성장의 주요한 조절자인 TOR의 활성을 일으킨다. 따라서 PI 3-인산화효소-Akt 신호전달 경로의 궁극적인 최종 결과는 세포의 생존과 증식을 촉진하는 것이다.

Ras 경로의 경우처럼 PI 3-인산화효소-Akt 경로의 정상적인 작용을 방해하는 돌연변이는 다양한 종류의 암과 연관되어 있다. 어떤 경우에는 이러한 돌연변이가 Akt 단백질의 과다한 활성을 유발하여 세포의 증식과 생존을 증가시킨다. 다른 경우에는 정상적으로 이 경로를 억제하는 단백질을 무력화하는 돌연변이에 의해 PI 3-인산화효소-Akt 경로의 과다한 활성이 야기된다. 이러한 단백질 중 하나인 인산 가수분해효소 *PTEN*은 PIP₃에서 인산기를 제거하는 반응을 촉매하여 결론적으로 Akt의 활성화를 방지한다. 돌연변이에 의해 PTEN이 방해받으면 세포는 PIP₃를 효과적으로 분해하지 못하게 되어 농도가 높아진다. 축적된 PIP₃는 생장인자가 없을 때도 Akt를 무절제하게 활성화하여 세포의 증식과 성장을 증가시킨다. PTEN의 활성을 감소시키는 돌연변이는 전립선암의 50%, 자궁암의 35%에서 발견되며 난소암, 유방암, 간암, 폐암, 콩팥암, 갑상샘암, 백혈병 등에서 다양하게 발견된다.

생장억제인자는 Cdk 억제제를 통해 작용한다

일반적으로 생장인자가 성장을 촉진하는 분자라고 생각하지만 일부 생장인자의 기능은 실제로 세포 증식을 억제하는 것이다. 한 가지 예인 **형질전환 생장인자 β**(transforming growth factor β, TGFβ)는 표적 세포의 종류에 따라 생장촉진 또는 생장억제 작용을 모두 나타낼 수 있는 단백질이다. 생장억제인자로 작용할 때는 형질전환 생장인자 β가 자신의 세포 표면 수용체에 결합하면 수용체는 핵으로 이동하여 유전자 발현을 조절하는 *Smad* 단백질의 인산화를 촉진한다(그림 19-22 참조). 핵으로 들어온 Smad는 세포 증식을 억제하는 단백질을 암호화하는 유전자의 발현을 활성화한다. 이들 중 두 가지 주요한 유전자는 Cdk-사이클린 복합체의 활성을 억제하여 세포주기의 진행을 정지시키는 **Cdk 억제인자**(Cdk inhibitor)인 *p51*과 *p21* 단백질을 만들어낸다 (p21 단백질은 이 장의 앞부분에서 p53 매개 세포주기 정지 기작을 설명할 때 이미 언급했다).

Cdk 억제인자의 생산을 촉발함으로써 세포에 작용하는 생장-억제 신호는 정상 조직에서 지나친 세포분열이 일어나지 않게 도와준다. 그렇지 않으면 필요한 것보다 많은 세포가 만들어질 것이다(이러한 신호전달 경로의 이상이 제어되지 않은 세포 성장과 암세포의 발생으로 연결되는 과정에 대한 자세한 내용은 21장 참조).

정리: 세포주기 조절장치

그림 20-25는 세포주기를 조절하는 분자생물학적 '장치'의 주요 특징을 일반화하여 단순하게 요약한 것이다. 이 장치의 작동은 두 가지 근본적이고 상호작용하는 기작으로 설명할 수 있다. 첫 번째 기작은 고정된 주기를 반복적으로 진행하는, 스스로 작동하는 시계와 같은 것이다. 이 시계의 분자생물학적 기초는 리듬을 타고 반복적으로 진행되는 사이클린의 합성과 분해이다. 이들 사이클린은 Cdk 분자와 결합하여 세포로 하여금 세포주기의 주요한 전환점을 통과할 수 있게 하는 다양한 Cdk-사이클린 복합체를 형성한다. 두 번째 기작은 세포의 내부와 외부 환경으로부터의 피드백 반응을 제공함으로써 필요에 따라 시계를 조절하는 것이다. 이 기작은 직접 또는 간접적으로 Cdk와 사이클린의 작용에 영향을 미치는 추가적인 단백질을 사용한다. 이들 추가적인 단백질 중 많은 종류가 인산화효소 또는 인산 가수분해효소이다. 이러한 단백질은 DNA 손상과 복제를 포함한 세포대사 상태에 대한 정보와 세포의 외부 환경을 같이 연계하여 세포가 세포분열을 수행할지를 결정하게 하는 세포주기 조절 장치의 일부분인 것이다.

개념체크 20.4

표피 생장인자(유사분열 촉진제)와 형질전환 생장인자 β(억제제로 작용)는 Cdk-사이클린 복합체의 기능에 영향을 미친다. 표피 생장인자와 형질전환 생장인자 β가 작용하는 기작을 비교하여 설명하라. 두 물질에 세포가 동시에 노출된다면 어떤 일이 일어날 것으로 예상하는가?

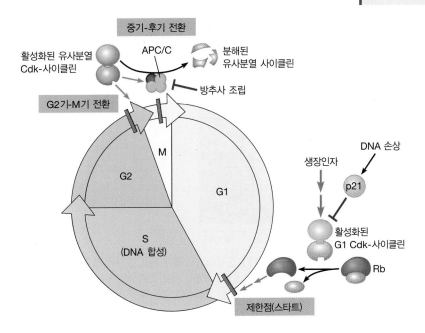

그림 20-25 각 확인점별 세포주기 조절 요약. 세포주기의 3가지 주요 전환점을 통과하는 것은 사이클린과 Cdk로 구성된 단백질 복합체로 촉발되고, 이 복합체는 단백질의 인산화를 일으키며, 이는 세포주기의 진행을 유도한다. 간단히 설명하기 위해 다른 Cdk-사이클린 복합체는 표시하지 않았다. G1 Cdk-사이클린은 제한점에서 Rb 단백질의 인산화를 촉진하여 제한점에서 작용한다. 유사분열 Cdk-사이클린은 G2기-M기 경계에서 작용하는데, 단백질의 인산화를 촉매하여 염색체 응축, 핵막 분해, 방추사 조립에 관여한다. 동일한 유사분열 Cdk-사이클린은 또한 후기촉진복합체의 인산화를 촉매하여 중기-후기 전환을 일으키고, 염색체 분리와 유사분열 사이클린의 분해를 촉발한다. 확인점 경로는 세포의 DNA 손상, DNA 복제, 염색체가 방추사에 부착되는 것을 모니터링하여 하나 이상의 전환점에서 세포주기를 중단하는 신호를 보낼 수 있다.

20.5 세포자멸

앞서 살펴본 것처럼 생명체는 유사분열에 들어가면서 엄격한 통제를 받는다. 일반적으로 세포분열은 상황에 따라 세포의 분열을 억제하거나 촉진할 수 있는 생장인자에 의해 조절된다. 그러나 경우에 따라서는 세포의 생존을 조절해야 할 때도 있다. 손상되거나 병이 걸린 세포는 제거되어야 하는데, 이는 사실 쉬운 과정이 아니다. 죽은 세포를 분해하는 것은 라이소솜에서 일어나는 분해 과정처럼 소화효소 같은 물질이 새어나가 주변의 다른 세포를 손상시키지 않게 하는 방법으로 이루어져야 한다. 다세포 생명체는 이 작업을 **세포자멸**(apoptosis)라고 하는 미리 프로그래밍된 중요한 세포 죽음 과정을 통해 수행한다. 세포자멸은 여러 생물학적 과정에서 중요한 역할을 담당한다. 배아에서는 세포자멸에 의해 손과 발이 만들어지는 과정에서 발가락이나 손가락 사이의 물갈퀴가 제거되기도 하고, 발달 중인 뇌 내 연결이 성숙함에 따라 생후 첫 몇 개월 동안 뇌에서 신경세포 사이의 연결을 완성하는 뉴런의 '가지치기'를 중재하기도 한다. 성인에게서도 세포자멸은 지속적으로 일어난다. 세포가 병원체에 감염되었거나 백혈구가 수명을 다했을 경우 세포자멸에 의해 제거된다. 세포자멸로 죽어야 할 세포가 죽지 않으면 불행한 일이 일어날 수 있다. 세포자멸에 관여하는 일부 단백질의 돌연변이는 암

을 유발할 수도 있기 때문이다. 예를 들어 흑색종(melanoma)은 흔히 Apaf-1이라는 단백질의 돌연변이로부터 발생한다.

세포자멸은 생체 조직의 큰 손상을 종종 일으키는 괴사(necrosis)라고 알려진 다른 종류의 세포의 죽음과는 매우 다르다. 괴사 과정에는 상처받은 세포의 부종과 파괴가 일어나는 반면, 세포자멸 과정에는 세포의 내부 물질을 해체시키는 독특한 과정이 관여한다(**그림 20-26**). ❶ 세포자멸의 초기 단계에는 세포의 DNA가 핵 주변으로 모여들고 세포질의 부피가 줄어든다. ❷ 다음으로 세포는 작은 풍선 같은 세포질의 돌기를 만들기 시작하고, 핵과 세포소기관이 작은 조각으로 잘린다. 세포의 DNA는 세포자멸 특이적 DNA 핵산내부가수분해효소 또는 DNA 가수분해효소에 의해 일정한 간격으로 잘린다. 이는 결과적으로 약 200 염기쌍의 정수 배수 정도의 길이를 가진 세포자멸 수행 여부를 검증하는 표지로 쓸 수 있는 DNA '사다리'를 형성한다(연습문제 20-8 참조). ❸ 결과적으로 세포는 **세포자멸체**(apoptotic body)라고 불리는 작은 조각으로 분해된다. 세포자멸 동안 일어나는 인지질 운반체 또는 **플립페이스**(flippase)가 불활성화되어(7장 참조) 원형질막 바깥쪽에 포스파티딜세린(phosphatidylserine)이 축적된다. 포스파티딜세린은 주변의 세포(특히 대식세포)로 하여금 식세포작용(12장 참조)으로 세포자멸이 일어난 세포를 삼키게 하는 '나를 먹어주세요'의 신호로 작용한다. 대식세포는 이

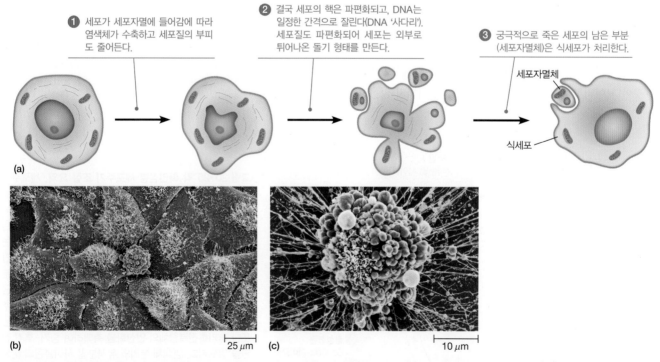

❶ 세포가 세포자멸에 들어감에 따라 염색체가 수축하고 세포질의 부피도 줄어든다.

❷ 결국 세포의 핵은 파편화되고, DNA는 일정한 간격으로 잘린다(DNA '사다리'). 세포질도 파편화되어 세포는 외부로 튀어나온 돌기 형태를 만든다.

❸ 궁극적으로 죽은 세포의 남은 부분(세포자멸체)은 식세포가 처리한다.

세포자멸체

식세포

(a)

(b)   25 μm   (c)   10 μm

그림 20-26 세포자멸의 주요 단계. (a) 세포자멸 과정에서 세포는 일련의 특징적인 변화를 겪는다. 궁극적으로 죽은 세포의 잔해(세포자멸체)는 식세포가 섭취한다. (b, c) 주사전자현미경(SEM)으로 관찰한 세포자멸 과정의 상피세포. (b) 세포 배양 접시 위에서 서로 접촉하고 있는 상피세포들은 평평한 시트를 형성한다. 중앙의 세포는 세포자멸이 진행 중이며, 둥글게 말려있다. (c) 세포자멸체가 많이 발생하고 있는 죽어가는 단일 세포를 확대한 사진

과정에서 만들어진 세포 조각을 청소하는 역할을 한다.

세포가 '죽음의 프로그램'을 가지고 있다는 것은 선충류인 *Caenorhabditis elegans*에서 처음으로 확실하게 밝혀졌다. 이 생명체에서 세포자멸에 관여하는 주요 유전자가 처음으로 발견된 것이다. *C. elegans*는 세포자멸을 연구하기에 아주 좋은 생명체이다. 생애주기가 우선 아주 짧고 광학적으로 투명한 몸을 가지고 있으며 배아의 발생 과정이 아주 동일한 패턴으로 일어나 단일 수정란에서 1,090개의 세포로 분열하는 발생 과정의 순서가 이미 다 밝혀져 있다. 이러한 결과는 영국 케임브리지 의학연구위원회의 설스턴(John Sulston)이 대부분 밝혀냈다. 그의 연구에 따르면 정상적인 *C. elegans*의 발생 과정에 131개의 세포에서 정교하게 조절된 시간에 세포자멸이 일어나는 것을 관찰했다. 매사추세츠공과대학교의 호비츠(Robert Horvitz) 연구 팀은 여러 세포자멸 과정에서 결손을 보이는 돌연변이인 *ced*(cell death abnormal) 돌연변이를 발견했다. 예를 들어 호비츠 연구 팀은 사멸한 세포의 식세포작용을 막아 죽은 세포가 없어지지 않고 남게 하여 현미경으로 쉽게 관찰할 수 있는 몇몇 돌연변이를 발견했다(**그림 20-27**). *ced* 유전자의 한 종류인 *ced-10*은 Rac 계열 단백질(13장 참조) 중 하나를 암호화하는데, 이는 죽은 세포의 식세포작용에 관여한다. *ced-3*는 카스페이스 계열 단백질을 암호화하고, *ced-9*은 세포자멸을 일으킬 수 있는, 미토콘드리아에서 새어나오는 분자를 조절하는 포유동물의 단백질인 Bcl-2에 해당하는 *C. elegans*의 단백질을 암호화하는 유전자이다(다음 절 참조). 이러한 연구와 *C. elegans*의 세포 신호전달에 대한 연구 내용을 바탕으로 호비츠와 설스턴 그리고 유전학자 브레너(Sydney Brenner)는 함께 2002년 노벨상을 수상했다.

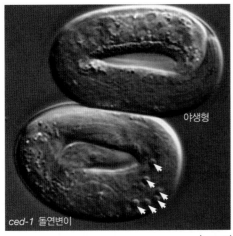

그림 20-27 *C. elegans*의 세포자멸. 야생형(위) 및 ced-1 돌연변이(아래) 배아 사진(DIC 현미경). 세포자멸은 두 배아 모두에서 작은 '단추 모양'으로 관찰할 수 있지만, 이러한 세포사체의 축적은 죽은 세포의 식균작용이 실패했기 때문에 *ced-1* 돌연변이 배아에만 일어난다(화살표).

이어진 연구에서 포유류를 포함하는 많은 생명체가 세포자멸 과정에서 유사한 단백질을 사용한다는 것이 밝혀졌다. 세포자멸의 주요 과정은 **카스페이스**[caspase, 활성부위에 시스테인(cysteine)을 가지고 있으며, 4개의 특징적인 아미노산이 연결된 아스파르트산(aspartic acid) 부위를 절단하기 때문에 붙여진 이름]라고 불리는 일련의 효소들의 활성화이다. 카스페이스는 **프로카스페이스**(procaspase)라고 알려진 불활성의 전구체로 만들어지며, 종종 다른 카스페이스에 의해 단백질 분해의 연속반응으로 절단되어 활성이 있는 카스페이스가 된다. 카스페이스는 일단 활성화되면 다른 단백질을 절단한다. 세포자멸 특이적 DNA 가수분해효소의 경우가 좋은 예이며, 카스페이스로 절단되는 억제 단백질과 결합한다.

세포자멸은 사멸 신호나 생존인자의 제거로 촉발된다

세포는 두 가지 주요한 경로를 통해 카스페이스를 활성화하고 세포자멸 경로로 들어간다. 어떤 경우 카스페이스의 활성화는 직접 일어난다. 이러한 활성은 세포가 **세포 사멸 신호**(cell death signal)를 받았을 때 촉발된다. 두 가지 잘 알려진 사멸 신호는 **종양괴사인자**(tumor necrosis factor)와 *CD95/Fas*이다. 여기에서는 감염된 세포 표면에 존재하는 CD95를 위주로 설명할 것이다. 사람 신체의 세포가 특정 바이러스에 감염되면 **세포독성 T 림프구**(cytotoxic T lymphocyte) 집단이 활성화됨으로써 감염된 세포에서 세포자멸을 유도하기 시작한다. 림프구는 CD95와 결합하여 감염된 세포 내에서 CD95가 응집되게 하는 단백질을 가지고 있다(**그림 20-28 ❶**). CD95 응집체는 연결자 단백질(adaptor protein)과 결합하여 수용체가 모인 부위로 프로카스페이스(procaspase-8)를 끌어들인다. ❷ 프로카스페이스는 활성화되어 카스페이스 연속반응의 개시자로 작용한다. 이러한 개시 카스페이스(initiator caspase)의 가장 중요한 작용은 ❸ **카스페이스-3**(caspase-3)로 알려진 **집행 카스페이스**(executioner caspase)의 활성화이다. 활성화된 카스페이스-3는 세포자멸의 많은 단계를 활성화하는 데 중요하게 작용한다.

어떤 경우에는 세포자멸이 간접적으로 촉발되기도 한다. 이러한 두 번째 형태의 세포자멸 중에서 가장 잘 연구된 것은 **생존인자**(survival factor)가 관여하는 것이다. ❹ 이러한 인자가 제거되면 세포는 세포자멸 과정으로 들어갈 수 있다. 이 두 번째 경로가 작용하는 주요 부위는 미토콘드리아이다. 미토콘드리아와 세포자멸의 연관은 놀라운 일인 것이 분명하다. 실제로 미토콘드리아는 에너지 생산뿐 아니라 세포자멸에서도 중요한 역할을 한다는 것이 확실히 밝혀졌다. 만약 생존인자의 제거가 사형선고라면 사형집행자는 미토콘드리아이다.

미토콘드리아는 어떻게 세포의 죽음을 일으킬까? 세포자멸이

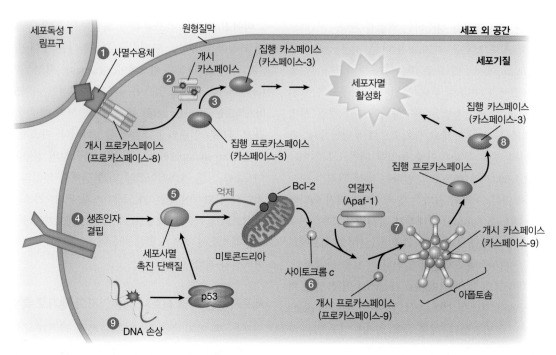

그림 20-28 세포 사멸 신호 또는 생존인자 제거에 의한 세포자멸 유도. 세포독성 T 림프구 표면의 리간드와 같은 세포 사멸 신호는 세포자멸로 이어질 수 있다. ❶ 리간드는 표적 세포 표면의 '사멸 수용체'에 결합한다. 결합은 수용체의 군집을 유발하고, 표적 세포에 있는 연결자 단백질의 집단화를 유발하여 개시 프로카스페이스(프로카스페이스-8) 단백질의 집단화를 초래한다. ❷ 개시 카스페이스가 활성화된다. ❸ 개시 카스페이스는 차례로 집행 카스페이스이자 세포자멸의 핵심 효소인 카스페이스-3를 활성화한다. ❹ 생존인자가 더 이상 존재하지 않으면, ❺ 죽음을 촉진하는(친세포자멸) 단백질이 축적되어 미토콘드리아 외막에 있는 항세포자멸 단백질(예: Bcl-2)과의 균형이 깨지며, ❻ 세포자멸을 억제하는 사이토크롬 *c*를 방출한다. ❼ 사이토크롬 *c*는 다른 단백질과 복합체를 형성하여 개시 카스페이스인 카스페이스-9을 활성화한다. ❽ 개시 카스페이스는 차례로 집행 카스페이스인 카스페이스-3를 활성화하여 세포자멸을 촉발한다. ❾ DNA 손상은 또한 p53 단백질의 활성을 통해 세포자멸로 이어질 수 있다.

일어나지 않는 건강한 세포에서는 미토콘드리아 외막에 세포자멸을 억제하는 몇 가지 **항세포자멸 단백질**(anti-apoptotic protein)이 존재한다. 그러나 이것은 세포가 지속적으로 생존인자에 노출되었을 때만 세포자멸을 억제한다. 이들 단백질은 가장 잘 알려진 항세포자멸 단백질인 **Bcl-2**와 구조적으로 유사한 관계가 있다. Bcl-2와 그 외의 다른 항세포자멸 단백질은 Bcl-2와 구조적으로 유사한 다른 단백질을 방해함으로써 영향력을 발휘한다. 항세포자멸 단백질에 의해 방해받는 이들 단백질은 세포자멸을 촉진하므로 **친세포자멸 단백질**(pro-apoptotic protein)이라 칭한다. 따라서 ❺ 친세포자멸 단백질과 항세포자멸 단백질은 세포 신호에 영향받으며 계속되는 분자들 사이의 다툼에 참여한다. 분자 사이의 균형이 친세포자멸 쪽으로 기울면 세포는 세포자멸을 일으킬 가능성이 높다. 예를 들어 이 장의 앞에서 배운 Akt 신호전달 경로의 활성화는 *Bad*(Bcl-2-associated death promoter)라 불리는 친세포자멸 단백질의 인산화와 불활성화를 유도할 수 있다(그림 20-24).

놀랍게도 ❻ 미토콘드리아는 **사이토크롬 *c***(cytochrome *c*)를 세포기질로 방출하여 세포자멸을 촉발한다. 친세포자멸 단백질이 미토콘드리아 외막에 축적되어 미토콘드리아 외막에 통로가 형성됨으로써 사이토크롬 *c*가 세포기질로 탈출할 수 있게 되는 것

이다. 정상적으로 사이토크롬 *c*는 전자전달계에 관여하지만(10장 참조) 적어도 두 가지 메커니즘으로 세포자멸의 촉발에 관여한다. 첫 번째, 사이토크롬 *c*는 옆에 있는 다른 미토콘드리아와 자신이 IP₃(이노시톨1,4,5-3인산) 수용체와 결합하는 소포체로부터 칼슘 방출을 촉진한다. 두 번째로 이는 미토콘드리아와 결합된 프로카스페이스-9이라고 알려진 개시 프로카스페이스를 활성화할 수 있다. 이는 ❼ 세포기질 연결자 단백질(Apaf-1)을 끌어들여 프로카스페이스-9을 **아폽토솜**(apoptosome)이라 불리기는 복합체로 결합시키는 과정을 통해 일어난다. 아폽토솜은 카스페이스-9을 활성화한다. 다른 개시 카스페이스와 마찬가지로 ❽ 카스페이스-9은 집행 카스페이스인 카스페이스-3를 활성화한다. 따라서 마지막에는 이들 두 가지 세포사멸 기작이 모두 세포자멸을 작동시키는 공통의 카스페이스를 활성화하게 되는 것이다.

미토콘드리아에 의해 세포자멸 경로가 촉발될 수 있는 다른 상황도 있다. 세포의 손상이 너무 심해서 자신의 힘으로 수선할 수 없을 때는 자신의 죽음을 촉발한다. 특히 ❾ 세포의 DNA가 손상되었을 때(예: UV나 방사선에 의해)는 *p53*의 활성을 통해 세포자멸 과정으로 들어갈 수 있다. 이 장의 앞부분에서 배웠듯이 p53은 Bcl-2와 결합하여 억제시키는 Puma 단백질을 통해 작

용한다(그림 20-22 ❷ 참조). 마지막에는 생존인자를 제거한 것과 마찬가지로 p53 경로도 세포자멸을 촉발하기 위해 친세포자멸 단백질을 활성화한다.

개념체크 20.5

유전공학 방법을 이용하여 카스페이스-9을 발현하지 않는 '유전자 제거' 생쥐를 만들었다(17장 참조). 유전자 제거 생쥐의 대뇌에는 어떤 결함이 일어나게 될까?

요약

20.1 세포주기의 개요

■ 진핵세포의 주기는 G1기, S기, G2기, M기로 나누어진다. 염색체 DNA의 복제는 S기에 이루어지는 반면, 세포분열(유사분열과 세포질분열)은 M기에 일어난다. 간기(G1, S, G2)는 세포주기의 약 95%를 차지하는 성장과 대사가 일어나는 시기이다.

■ 세포주기의 길이는 빠르고 지속적으로 분열하는 세포에서부터 전혀 분열하지 않는 세포에 이르기까지 매우 다양하다.

20.2 핵분열과 세포질분열

■ 유사분열은 전기, 전중기, 중기, 후기, 말기로 나누어진다. 전기에서는 중심체가 유사분열 방추사의 조립을 시작하는 반면, 복제된 염색체는 자매염색분체 쌍으로 응축된다. 전중기에서는 핵막이 파괴되고, 염색체는 방추사 미세소관에 부착되어 중기에 염색체가 한 줄로 정렬하는 장소인 방추사 적도로 이동한다. 후기에는 자매염색분체가 분리되고, 그 결과 만들어진 딸 염색체는 각각 반대쪽 방추극을 향해 이동한다. 말기 동안에 염색체는 탈응축되며, 각각의 딸 핵 주위로 핵막이 다시 조립된다.

■ 염색체 이동은 세 그룹의 운동단백질에 의해 이루어진다. (1) 방추사부착점과 방추극에 위치하는 운동단백질은 염색체를 방추극 쪽으로 이동시키며 동시에 미세소관의 양성 말단과 음성 말단에서 미세소관 해체가 일어난다. (2) 극미세소관을 교차결합시키는 운동단백질은 겹쳐진 미세소관을 서로 반대 방향으로 이동시켜 방추극을 서로 멀어지게 한다. (3) 운동단백질은 성상체 미세소관을 원형질막 쪽으로 이동시켜 방추극이 멀어지도록 잡아당긴다.

■ 세포질분열은 일반적으로 유사분열이 완성되기 전에 시작된다. 동물 세포의 경우 액토마이오신 섬유의 네트워크가 세포를 중앙 부위에서 수축시켜 세포질을 2개의 딸세포로 나누는 세포질만입구를 형성한다. 식물 세포에서는 분열 중인 세포의 중앙에 세포판이 형성된다.

■ 박테리아와 진핵세포의 엽록체와 같은 세포소기관은 미세소관과 유사성이 있는 단백질인 FtsZ와 디비솜이라 불리는 단백질 복합체에 의해 세포분열이 일어난다.

20.3 세포주기 조절

■ 진핵세포주기의 진행은 Cdk-사이클린 복합체가 조절한다.

■ Cdk-사이클린 복합체는 제한점(효모의 경우 스타트)에서 Rb 단백질의 인산화를 촉매하여 S기로 진행하게 한다.

■ G2기-M기 경계에서는 또 다른 Cdk-사이클린 복합체가 핵막의 파괴, 염색체 응축, 방추사 형성을 촉진하는 단백질의 인산화를 촉매하여 유사분열로 진행하게 한다.

■ 중기와 후기의 경계에서는 후기촉진복합체의 활성이 염색분체의 분리를 시작하고, 유사분열 사이클린의 파괴를 일으키는 단백질의 분해 경로를 촉발한다. 이 결과 일어나는 유사분열 Cdk 활성의 소실은 세포질분열, 염색질 탈응축, 핵막의 재조립 등의 유사분열 종료 단계에 관찰되는 과정을 야기한다.

■ 확인점 경로는 세포 내부의 조건을 점검하고, 만약 그 조건이 진행하기에 적합하지 않으면 일시적으로 세포주기를 정지시킨다. DNA 복제 확인점은 세포가 G2기를 벗어나 유사분열을 시작하게 허가하기 전에 DNA 합성이 완료되었는지를 확인한다. p53 단백질이 관여하는 DNA 손상 확인점은 DNA 손상이 발견되면 다양한 지점에서 세포주기를 정지시킨다. 마지막으로 유사분열 방추사 확인점은 모든 염색체가 방추사에 결합하기 전에 염색체가 방추극으로 이동하는 것을 방지한다.

20.4 생장인자와 세포 증식

■ 다세포 생명체의 세포는 적절한 생장인자에 의해 자극받지 않으면 증식하지 않는다.

■ 많은 생장인자는 제한점을 통과하여 S기로 들어가게 하는 Ras 경로를 활성화하는 수용체에 결합한다. 생장인자 수용체는 또한 PI 3-인산화효소-Akt 경로도 활성화하여 세포자멸을 억제하고 세포주기 정지를 억제하는 표적 단백질을 인산화함으로써 활성화한다.

■ 어떤 생장인자는 Cdk 억제인자의 생산을 유발함으로써 세포 증식을 (촉진하기보다는) 억제한다.

20.5 세포자멸

■ 세포자멸은 사멸수용체의 활성화, 생존인자의 고갈, DNA 손상 등으로 촉발되는 세포사멸의 일종이다.

■ 세포자멸 과정에서는 사멸하는 세포 내부의 물질이 순차적으로 분해된다.

■ 카스페이스라 불리는 단백질 분해효소가 세포자멸의 주된 매개

분자이다. 개시 카스페이스는 집행 카스페이스를 활성화하고, 이는 다시 다른 세포자멸 관련 단백질을 활성화한다.

■ 개시 카스페이스는 미토콘드리아에서 사이토크롬 *c*가 방출되는 것을 포함한 여러 방법으로 활성화될 수 있다. 친세포자멸 단백질과 항세포자멸 단백질은 미토콘드리아에서 사이토크롬 *c*의 방출을 조절한다.

연습문제

20-1 세포주기의 단계. 다음 각각의 설명이 세포주기의 G1기, S기, G2기, M기 중 어디에 해당하는 설명인지 표시하라. 각각의 서술은 모든 단계 중에 하나 또는 모두에 해당하는 사실일 수도 있으며, 어떤 단계에도 해당하지 않을 수 있다.

(a) 자매염색분체가 중기판에 정렬한다.

(b) MCM 단백질이 복제원점에 더 이상 결합하지 않는다.

(c) 미세소관이 방추사부착점에 결합한다.

(d) 절대로 다시 분열하지 않는 세포는 이 단계에 정지되어 있을 것이다.

(e) 식물 세포의 1차 세포벽이 형성된다.

(f) 염색체는 확산되고 펼쳐진 염색질의 상태로 존재한다.

(g) 간기의 일부이다.

(h) 전체 세포주기 중에서 유사분열 사이클린의 농도가 가장 낮다.

(i) Cdk 단백질이 이 시기에서는 작용하지 않는다.

(j) 이 기에서 세포주기 확인점이 확인되었다.

20-2 양적 분석 유사분열 지수와 세포주기. 유동세포계수법을 사용하지 않고 현미경으로 세포를 직접 관찰하여 유사분열 지수(어떤 한 순간에 유사분열을 수행하고 있는 세포의 백분율)를 구할 수 있다. 1,000개의 시료 세포를 이용한 실험에서 전기에 30개, 전중기에 20개, 중기에 20개, 후기에 10개, 말기에 20개, 간기에 900개의 세포가 있었다고 가정해보자. 간기에 있는 세포 중 400개는 *X*만큼의 DNA를 가지고 있으며, 200개의 세포는 2*X*, 300개의 세포는 이 중간 정도의 DNA를 가지고 있다는 것을 발견했다. BrdU를 잠시 동안 처리하는 실험을 통해 G2기가 4시간 동안 지속되었다는 것을 알았다.

(a) 이 세포 집단의 유사분열 지수는 얼마인가?

(b) 다음 각 단계에 있는 세포의 비율을 계산하라. (전기, 전중기, 중기, 후기, 말기, G1기, S기, G2기)

(c) 세포주기의 총길이는 얼마인가?

(d) (b)의 각 단계가 지속되는 실제 시간은 얼마인가? (시간으로 표시하라.)

(e) G2기를 측정하기 위해 BrdU를 시점 *t*에서 배양액에 첨가하고, 이후 일정한 간격으로 배양 세포를 채취하여 BrdU로 표지된 핵을 분석했다. G2기의 길이를 측정하려면 BrdU가 처음 나타나는 것을 확인하기 위해 어떤 종류의 세포를 먼저 관찰해야 하는가?

(f) BrdU에 잠시 노출된 시료에서 간기 세포의 몇 퍼센트에서 표지된 핵을 발견할 수 있을 것으로 기대하는가? (표지 시간은 BrdU가 세포로 들어가 DNA에 끼어들어가기를 시작하기에 충분할 정도로 길었다고 생각하자.)

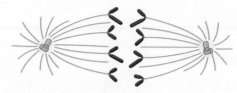

후기의 미세소관을 형광염료로 염색한다.

레이저 마이크로빔을 이용하여 두 곳의 형광염료를 광표백한다.

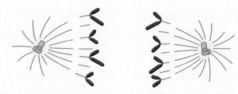

염색체는 광표백된 곳을 향하여 움직인다.

그림 20-29 레이저 광표백을 이용한 유사분열 과정에서 염색체 이동 연구. 연습문제 20-3 참조

20-3 데이터 분석 유사분열에서의 염색체 이동. 방추사의 미세소관을 레이저 마이크로빔을 이용한 광표백으로 표지할 수 있다(**그림 20-29**). 이 과정을 마치면 염색체는 후기 동안 표백된 부위를 향해 이동한다. 다음 설명이 이 실험 결과와 '일치'하는지 '불일치'하는지 표시하라.

(a) 미세소관은 방추극에서의 해체만으로 염색체를 이동시킨다.

(b) 염색체는 방추사부착점 말단에서의 미세소관 해체에 의해 이동한다.

(c) 염색체는 미세소관 표면을 따라 이동하면서 염색체를 '끌어당기는' 방추사부착점 운동단백질에 의해 미세소관을 따라 이동된다.

20-4 세포질분열. 세포질분열에 대한 지식을 바탕으로 다음 각각의 경우에 어떤 일이 일어날 것인지 설명하라.

(a) 수정된 성게 난자에 첫 난할이 일어나기 30분 전에 C3 전달효소를 주사했는데, 이 효소는 ADP를 리보실화하고 Rho 단백질을 억제한다.

(b) 단세포 생물인 *C. elegans*의 수정란 세포 표면에 마이오신을 효율적으로 조립하는 데 필요한 단백질인 아닐린(anillin)이 결핍되었다.

20-5 세포주기의 단계 심층 분석. 쌍을 이룬 다음의 세포주기 단계에서 2개의 단계 중 어느 단계에 특별한 세포가 있는 것을 어떻게 구분할 수 있는지 설명하라.

(a) G1기와 G2기
(b) G1기와 S기
(c) G2기와 M기
(d) G1기와 M기

20-6 세포주기 조절. 세포주기를 연구하는 방법 중 하나는 서로 다른 세포주기에 있는 배양 세포를 융합시켜 융합된 세포의 핵(이형핵세포)에서 융합의 영향을 관찰하는 것이라는 사실을 이 장에서 배웠다. G1기에 있는 세포가 S기에 있는 세포와 융합되면 G1기 세포의 핵이 융합되지 않았을 때보다 빠른 시기에 DNA 복제를 시작한다. 하지만 S기와 G2기가 융합된 세포에서 핵은 원래의 활동을 지속하며 융합의 영향을 받지 않는다. 유사분열 중인 세포와 간기 세포와의 융합은 언제나 비유사분열 핵에서 염색질 응축을 유도한다. 이러한 결과를 바탕으로 세포주기에 관한 아래의 설명을 판단하라. 참(T), 거짓(F) 또는 주어진 자료만으로는 결론지을 수 없음(NP)으로 표시하라.

(a) DNA 합성은 하나 또는 그 이상의 세포질 요소의 촉진 활성으로 활성화된다.
(b) S기에서 G2기로의 전환은 DNA 합성을 억제하는 세포질 인자의 존재에 의한 것이다.
(c) G2기에서 유사분열로의 전환은 G2 세포의 세포질에 있는 염색질의 응축을 유도하는 하나 이상의 인자에 의한 것일 것이다.
(d) G1기는 모든 세포주기에 반드시 필요한 단계는 아니다.
(e) 유사분열에서 G1기로의 전환은 M기 동안에 세포질에 존재했던 인자의 비활성화 또는 제거의 결과로 보인다.

20-7 사이클린 의존성 단백질 인산화효소의 역할. 진핵세포주기 조절에 대한 이해를 바탕으로 하여 다음 실험의 결과를 각각 설명하라.

(a) S기에서 방금 빠져나온 세포에 유사분열 Cdk-사이클린을 주사하면 염색질 응축과 핵막의 붕괴가 G2기가 정상적으로 몇 시간 지속된 후에 시작되는 것이 아니라 바로 시작된다.
(b) 비정상적인 분해되지 않는 유사분열 사이클린이 세포에 주입되면 그 세포는 유사분열은 이루어지지만 거기에서 빠져나와 G1기로 재진입하지 못한다.
(c) 단백질 탈인산화를 촉진하는 데 이용되는 주요 단백질 인산 가

수분해효소를 불활성화하는 돌연변이가 일어나면 유사분열 마지막에 정상적으로 이루어지는 핵막의 재구성이 오랫동안 지연된다.

20-8 세포자멸과 DNA. 세포가 세포자멸을 수행하면 DNA가 조각난다. 이때 DNA를 젤 전기영동으로 분석하면 잘린 DNA 단편이 약 200염기쌍 정도만큼의 크기 차이를 보여 전형적인 DNA '사다리' 형태로 관찰된다(**그림 20-30**). 진핵세포 염색질의 구조에 대한 지식을 바탕으로 왜 이러한 패턴이 관찰되는지 설명하라.

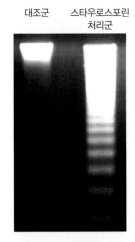

그림 20-30 세포자멸 과정에서 관찰되는 DNA '사다리'. 버킷림프종 세포에 아무것도 처리하지 않은 대조군(control), 스타우로스포린(staurosporine) 처리군을 각각 젤 전기영동으로 분석했다. 스타우로스포린은 세포자멸을 유도한다. 연습문제 20-8 참조

20-9 세포자멸과 의학. 현재 분자의학의 주제 중 하나는 특정 세포에 세포자멸을 일으키거나 억제하는 것이다. 이러한 연구를 위해 세포자멸 신호전달 경로의 몇 가지 구성 성분이 연구의 대상이 되고 있다. 다음 보기의 내용에 대해서 각각의 처리가 어떻게 세포자멸을 촉진하거나 억제하는지 설명하라.

(a) 세포에 p53 의존적인 전사를 가역적으로 억제하는 저분자 약제인 pifithrin-α를 처리했을 경우
(b) 종양괴사인자 계열 수용체의 리간드인 FasL 재조합 단백질을 세포에 처리했을 경우
(c) 세포 안으로 침투하여 카스페이스-3의 활성 자리에 높은 친화도로 결합하는 유기물질을 세포에 처리했을 경우

21 암세포

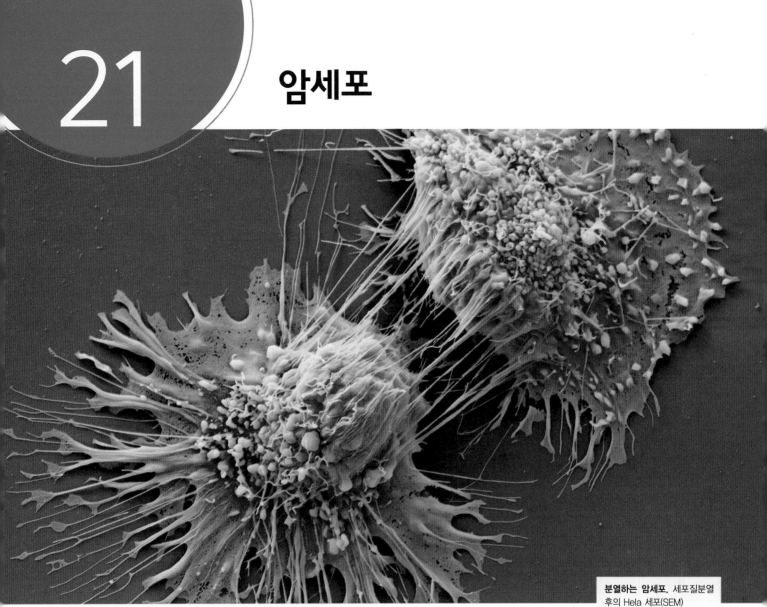

분열하는 암세포. 세포질분열 후의 Hela 세포(SEM)

살아있는 세포 내에서 일어나는 반응에 익숙한 사람이라면 그 과정의 복잡성에 대해 경외심을 느낄 수밖에 없다. 모든 세포에는 조율되어야 하는 많은 활동이 존재하므로 때때로 세포 내에서 기능상의 이상이 발생하는 것은 놀라운 일이 아니다. 심혈관 질환에 이어 두 번째로 많은 사망 원인인 암은 세포 기능의 비정상적인 변화로 인해 발생하는 질병의 대표적인 예이다. 현재 추세가 이어진다면 미국 인구의 거의 절반에게 언젠가는 어떤 형태의 암이 발병할 것이며, 암은 가장 흔한 사망 원인이 될 것이다.

이제 유전자 돌연변이와 유전자 발현의 변화가 중심적인 역할을 한다는 사실을 알고 있다. 이 장에서는 이러한 유전적 변화가 어떻게 암세포의 비정상적인 특성에 기여하는지 살펴볼 것이다. 이를 통해 암세포의 행동을 설명함으로써 정상 세포의 행동 방식을 깊이 이해할 수 있으며, 반대로 암세포의 생물학을 조사함으로써 정상 세포에 대한 이해를 깊이 있게 발전시킬 수 있을 것이다.

21.1 암 발생의 원인

라틴어로 '게(crab)'를 의미하는 암(cancer)이란 용어는 기원전 5세기에 히포크라테스가 생명체 내에서 조직이 제한 없이 성장하고 퍼지며 결국 생명을 위협하는 질병을 묘사하기 위해 만들었다. 암은 거의 모든 장기에서 발생할 수 있으며, 세포 유형에 따라 몇 개의 그룹으로 나눌 수 있다. **상피암**(carcinoma)은 전체 암의 약 90%를 차지하며, 신체의 외부 및 내부 표면을 덮고 있는 **상피세포**에서 발생한다. 폐암, 유방암, 결장암은 이러한 유형의 가장 흔한 암 종류이다. 반면에 **육종**(sarcoma)은 지지작용을 하는 뼈, 연골, 지방, 근육에서 발생한다. 마지막으로 **림프종**(lymphoma)과 **백혈병**(leukemia)은 혈액 및 림프계 기원의 세포에서 발생한다. 종양이 고형 조직으로 자랄 때 **림프종**이라는 용어를 사용하며, 암세포가 주로 혈류에서 증식하는 경우 **백혈병**이라는 용어를 사용한다.

이러한 발생 위치 및 특정 세포 유형의 차이에 따라 100가지 이상의 다른 암 종류를 구분할 수 있다. 하지만 암이 발생한 위치나 관련된 세포 유형에 상관없이 질병의 위험성은 두 가지 특성의 조합으로 발생한다. 첫 번째는 세포가 제어되지 않은 방식으로 증식할 수 있는 능력이며, 두 번째는 몸 전체로 퍼질 수 있는 능력이다. 이번 장에서는 이러한 두 가지 특성을 설명하며 시작하고자 한다.

세포 성장, 분화, 사멸의 불균형

암은 조직 내의 일부 세포가 제어받지 않고 상대적으로 자율적으로 분열하고 증식할 때 발생한다. **종양**(tumor) 또는 **신생물**(neoplasm)은 통제되지 않고 분열하여 생기는 비정상적인 조직 성장의 한 유형이다. 종양은 세포 성장의 정상적인 조절 능력 상실에서 초래되지만, 항상 정상 세포보다 빨리 분열하는 것은 아니다. 암 발생의 결정적인 핵심은 세포분열 속도가 아니라 세포의 분열, 분화, 사멸 간 균형의 상실이다.

세포 분화(cell differentiation)는 다른 세포와 구별되는 특징을 얻는 과정을 말한다. 일반적으로 세포가 분화되어 특정 성질을 갖게 되면 세포분열 능력이 사라진다. 이러한 현상은 피부세포의 분화 과정에 뚜렷하게 볼 수 있다. 피부에서 탈락하는 세포의 자리는 계속하여 새로 분화된 피부세포로 채워진다(**그림 21-1**). 피부세포분열은 피부의 기저층(basal layer)에서 일어난다(그림 21-1a). 한 기저층 세포는 서로 다른 운명을 가진 2개의 세포로 분열한다. 그중 하나는 계속 기저층에 머물며 분열 능력을 유지하고, 다른 세포는 기저층을 떠나 외부 피부 표면으로 이동함에 따라 분화 및 분열 능력을 상실한다. 분화 과정에서 이동하는 세포는 점점 납작한 모양으로 바뀌며 바깥쪽 피부 조직을 단단하게 결속하는 케라틴(keratin)을 만든다. 시간이 지나면 결국 세포는 죽어 피부 표면에서 탈락하게 된다.

기저층 세포는 줄기세포(stem cell)로서, 분열하여 자신과 같은 세포를 더 많이 형성하거나 더 전문화될 예정인 세포를 형성할 수 있는 세포이다. 줄기세포의 다른 예시로는 배아줄기세포 및 유도만능줄기세포이다(25장 참조). 모낭이나 포유동물의 고환에 존재하는 전문화된 줄기세포는 전이-증폭 세포(transit-amplifying cell)라고 명명되며, 계속해서 분열하는 딸세포를 생성할 수 있다.

정상 피부에서는 각 세포분열로 생성된 두 세포 중 하나는 분열 능력을 유지하는 반면, 다른 세포는 기저층을 떠나 분열 능력을 상실하고 결국 사멸한다. 따라서 분열하는 세포의 수에는 변화가 없다. 이와 비슷한 현상을 골수에서도 볼 수 있다. 골수에서도 오래되어 파괴되는 혈구세포를 대신하기 위해 끊임없이 세포분열이 일어난다. 소화 기관의 내벽에서도 탈락하는 세포를 대체할 새로운 세포를 만들기 위해 세포분열이 활발히 일어난

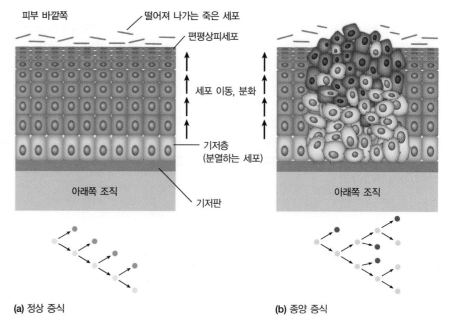

그림 21-1 피부 상피 조직에서 정상 세포와 암세포 비교. 정상 세포(왼쪽)에서는 기저층 세포가 분열하면서 피부 표면으로 이동하고, 이때 세포 모양이 바뀌며 분열 능력이 사라진다. (a) 암세포 생장에서는 이런 규칙이 깨져 밖으로 이동하는 세포 중 일부 세포가 분열 능력을 계속 유지한다. 두 그림에서 밝은 색을 가진 세포가 분열 능력을 가진 세포를 의미한다. (b) 분열 양상을 보여주는 세포. 정상 피부에서는 기저층에서 세포분열 후 분열 능력을 유지하는 세포(더 밝은 색)와 분화되어 분열 능력을 상실하는 세포(더 어두운 색)가 있다. 따라서 분열하는 세포 수가 늘어나지는 않는다. 암세포에서는 세포분열이 세포자멸 또는 분화와 적절하게 균형을 이루지 못해 분열하는 세포 수가 계속 늘어나게 된다.

피부 바깥쪽
떨어져 나가는 죽은 세포
편평상피세포
세포 이동, 분화
기저층
(분열하는 세포)
아래쪽 조직
기저판

(a) 정상 증식

아래쪽 조직

(b) 종양 증식

다. 그러나 이 모든 경우 세포분열은 세포 분화 및 세포자멸과 정교하게 균형을 이루고 있어 분열하는 세포의 숫자에는 큰 변화가 없다.

종양세포에서는 이러한 균형이 깨져 세포 분화와 세포자멸에 대한 세포분열의 연결이 끊어져 있다. 결과적으로 분열을 마친 세포가 계속 분열 능력을 유지함으로써 분열하는 세포 수가 늘어난다(그림 21-1b). 만일 이런 세포가 빨리 분열하면 종양은 빨리 커지고, 천천히 분열하면 종양이 천천히 자란다. 그러나 세포 분열이 빠르건 느리건 새로운 세포가 필요한 양보다 많이 생성되므로 종양은 계속해서 커진다. 이렇게 분열하는 세포가 계속 축적되면 결국 조직의 정상적인 구조와 기능에 문제가 생기게 된다.

성장 양식의 차이에 따라 종양은 양성과 악성으로 나뉜다. **양성종양**(benign tumor)은 제한된 영역 내에서만 자라기 때문에 거의 위험하지 않다. 반면에 **악성종양**(malignant tumor)은 주변 조직으로 침투하고, 혈관을 통해 다른 장기로 전이된다. 따라서 **암**(cancer)이라는 용어는 전이 활성을 가진 악성종양을 의미한다. 암은 무절제하게 자라고 전이되는 치명적인 질병이기 때문에 이와 관련된 메커니즘을 이해하는 것이 중요하다.

암세포의 성장은 부착 비의존적이며 밀집 밀도에 민감하지 않다

암세포 증식은 정상 세포 증식과 구별되는 몇 가지 특성을 가지고 있다. 첫 번째 특성은 종양을 형성하는 능력이다. 이 특성은 일반적으로 외부 세포를 공격하고 제어를 담당하는 면역 체계를 가지고 있지 않은 **누드마우스**(nude mouse, 역자 주: 실험에 많이 사용되는 털 없는 생쥐)에 암세포를 주입함으로써 증명할 수 있다. 누드마우스에 주입된 정상 세포는 성장하지 않는 반면 암세포는 증식하여 종양을 형성한다.

암세포는 또한 정상 세포와 구별되는 다른 성장 특성을 가지고 있다. 예를 들면 정상 세포는 배양액이나 한천배지와 같은 반고체 배양물질에 미부착 상태로는 자라지 않는다. 반드시 단단한 표면에 부착되어야 정상 세포가 납작하게 퍼지면서 자라기 시작한다. 반면에 암세포는 단단한 표면에 부착되어 자라기도 하지만 배양액이나 반고체 배지에서 부유 상태로 자랄 수 있다. 암세포의 이러한 성질을 **부착 비의존적 생장**(anchorage-independent growth)이라 한다.

대부분의 정상 세포는 세포부착 분자인 인테그린(integrin)을 매개로 하여 세포외기질에 부착하여 자란다(그림 15-19 참조). 만일 이러한 부착에 방해를 받으면 세포는 분열 능력을 잃고, 경우에 따라서는 **세포자멸** 과정을 통해 죽는다(세포자멸 과정에 대해서는 그림 20-26 참조). 이러한 세포자멸은 매우 중요한 안전

장치로, 정상 세포가 다른 조직으로 스며들어 자라는 경우가 없게 한다. 그러나 암세포는 이러한 안전 장치를 우회할 수 있다.

암세포는 정상 세포와 달리 밀집된 배양 상태에서도 잘 자란다. 반면 정상 세포는 배양 접시 표면을 한 층으로 덮고 나면 더 이상 자라지 않는다. 이러한 현상을 **밀도 의존적 생장억제**(density-dependent inhibition of growth)라고 한다. 암세포는 이러한 밀도 의존성이 적어 한 층을 덮고 나서도 계속 자라며, 여러 층으로 쌓이는 특징을 보인다.

암세포는 말단소체 길이를 유지하는 메커니즘에 의해 불멸화된다

암세포는 말단소체(텔로미어) 길이를 유지하는 메커니즘을 통해 생명을 유지한다 대부분의 정상 세포를 배양해보면 제한된 횟수만큼 분열한다. 한 예로 사람의 섬유아세포는 50~60번 분열하고 나면 퇴화되어 죽기 시작한다. 같은 조건에서 암세포는 그러한 제한 없이 계속 자랄 수 있다. 대표적으로 1951년에 헨리에타 랙스(Henrietta Lacks)의 자궁경부암에서 얻은 HeLa 세포가 놀라운 예이다(1장의 인간과의 연결 참조). 그녀는 그 해에 암으로 사망했지만 그녀의 종양세포 중 일부는 수술 후 배양되었다. 이 암세포는 70여 년에 걸쳐 계속해서 증식했고, 멈출 기미 없이 20,000회 이상 세포분열하여 지금에 이르고 있다.

대부분의 정상 세포는 50~60번만 분열하는데, 암세포는 왜 끊임없이 분열할까? 그 해답은 DNA가 복제될 때마다 염색체 말단에서 손실되는 말단소체 DNA 서열과 관련이 있다. 정상 세포가 세포분열을 하다 보면 말단소체의 길이가 짧아져 어느 순간 더 이상 염색체 말단을 보호할 수 없게 된다. 이때 세포분열을 멈추거나 또는 세포자멸을 유도하는 메커니즘이 작동한다. 암세포에는 짧아지는 말단소체를 보충해주는 메커니즘이 있다. 대부분의 암세포는 말단소체 DNA 염기서열을 만드는 효소인 **말단소체 복원효소**(telomerase, 텔로머레이스)가 활발하게 발현되어 말단소체 길이를 유지하게 해준다(그림 22-19 참조). 염색체 간에 DNA 염기서열 정보를 교환하는 효소 또한 여기에 관여하는 것으로 알려져 있다. 어느 메커니즘을 통해서든지 암세포는 어느 길이 이상으로 말단소체를 유지함으로써 세포분열 활성을 유지한다.

신호전달, 세포주기, 세포자멸의 결함이 암 성장에 미치는 영향

말단소체 길이의 유지는 암세포가 계속 분열하는 데 필요한 하나의 조건일 뿐이다. 실제로는 정상 세포의 여러 결함이 암세포의 비정상적인 세포분열을 유도한다. 이는 일반적으로 세포분열 및 세포자멸의 균형을 유지하는 다양한 신호전달 경로와 조절 기작으로 추적할 수 있다. 예를 들어 세포 증식은 세포 표면

수용체에 결합하고 표적 세포 내에서 신호전달 경로를 활성화하는 단백질 생장인자에 의해 조절된다(19장과 20장 참조). 세포는 적절한 생장인자에 의해 자극되지 않는 한 일반적으로 분열하지 않지만, 암세포는 일정한 분열 신호를 생성하는 신호경로의 변경을 통해 이러한 억제 기작을 회피할 수 있다.

세포주기 조절의 붕괴도 무절제한 세포 증식의 원인이 된다. 세포주기를 진행하는 결정이 G1기에서 S기로 넘어가는 제한점(restriction point)에서 이루어진다(20장 참조). 정상 세포는 최적이 아닌 조건(예: 불충분한 생장인자, 높은 세포 밀도, 세포 부착 부족, 부족한 영양분 등)에서는 제한점에서 성장을 멈추고 세포 분열을 중단한다. 그러나 암세포는 정상 세포가 증식할 수 없는 여건에서도 증식을 계속한다. 이러한 암세포의 비정상적인 활동은 정상적인 세포주기 조절이 제대로 기능하지 않기 때문에 발생한다. 암세포는 세포 외부에서의 신호뿐만 아니라 DNA 손상과 같은 세포 내부 신호에도 적절하게 반응하지 못한다.

특정 종류의 암에서는 세포분열의 증가보다는 세포자멸이 일어나지 않는 것이 암이 비정상적으로 증식하는 주된 원인이다. 세포자멸은 불필요한 세포나 결함이 있는 세포를 제거하는 과정이다. 암세포가 세포자멸 과정을 통해 죽지 않는 이유에 대해 의문을 가질 수 있다. 이에 대한 답은 암세포는 불필요하고 결함이 있는 세포임에도 다양한 방법으로 세포자멸 경로를 차단하여 살아남아 증식할 수 있다는 것이다.

암은 개시 단계, 촉진 단계, 종양 진행 단계를 포함하는 다단계 과정을 통해 발생한다

암 발병에는 여러 단계가 필요하다. 첫 번째 단계는 **개시**(initiation)로, 정상 세포가 전암 상태로 전환되는 단계이며, 이 과정에서 암으로 이어지는 추가 변화가 세포를 민감하게 한다. 두 번째 단계는 암을 유발하는 물질에 지속적이고 반복적으로 노출되어 발생하는 점진적인 **촉진**(promotion) 단계이다. 세 번째로 **종양 진행**(tumor progression) 단계는 종양이 형성된 후 성장하고 분화하는 단계이다.

개시 암의 개시 단계와 촉진 단계에 대한 초기 증거는 콜타르 성분인 다이메틸벤즈-안트라신[dimethylbenz(a)anthracene, DMBA]을 이용하여 동물에서 암을 유발함으로써 성립되었다. 이 연구는 DMBA를 단일 처리한 쥐에서는 종양 발생률이 낮지만, DMBA를 1회 투여한 쥐에게 피부 자극을 유발하는 물질을 처리한 부위에서 암이 발생했다는 것을 보여주었다(**그림 21-2**). 종양 형성을 유발하는 데 가장 일반적으로 사용되는 자극제는 포볼에스터(phorbol ester) 화합물이 풍부한 파두유(croton oil)라는 식물 유래 물질이다. 파두유는 그 자체로 암을 유발하지 않으며, 파두

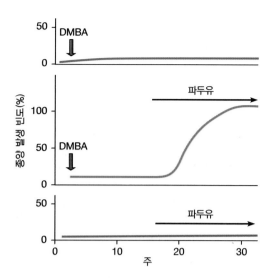

그림 21-2 암 발달 중 개시 단계 및 촉진 단계에 대한 증거. (위) DMBA를 한 차례 투여한 쥐에는 암이 발생하지 않는다. (중간) DMBA를 접종하고 일주일 뒤 파두유를 주 2회 발라주면 피부 종양이 나타난다. 파두유 바르기를 수 주일간 중단하면 종양은 사라진다(데이터는 그래프에 없음). (아래) 한편 파두유만 바르면 종양이 생기지 않는다. 이 실험 결과를 통해 DMBA가 개시제이고 파두유가 촉진제임을 알 수 있다.

유 처치 후에 DMBA를 투여해도 암이 발생하지 않는다.

촉진 동물에게 DMBA의 단일 투여 후 1년 이상 경과 후에 파두유로 피부를 자극한 경우에도 종양이 발생했다. 이는 단일 DMBA 치료가 신체 전체에 위치한 세포에 영구적인 변경을 가져와 암 초기 상태를 생성할 수 있음을 의미한다. 이는 개시제로 작용하는 화학물질은 DNA 손상을 일으키는 능력과 상관관계가 있다는 것을 알려준다. 즉 개시제가 DNA 돌연변이를 일으키는 능력이 있음을 의미한다. 이러한 DNA 손상 상태의 세포에 파두유를 투여하면 종양 발달을 촉진할 수 있다.

개시와 달리 촉진은 촉진인자에 장기간 또는 반복적으로 노출되는 점진적인 과정이다. 다양한 촉진제에 대한 연구를 통해 이들의 공통적인 특성이 세포 증식을 자극하는 능력이라고 밝혀졌다. 모든 종양 촉진제가 외부 물질인 것은 아니라는 사실은 중요하다. 정상 세포 증식을 자극하는 호르몬과 생장인자가 초기 돌연변이를 가지고 있는 세포에 작용하면 종양 촉진인자로 작용할 수 있다.

초기 돌연변이가 있는 세포에 암 유발 촉진인자(또는 성장 조절인자)에 노출되면 돌연변이 세포의 수가 증가한다. 증식 과정에는 시간이 필요하므로 발암물질에 노출된 시간과 암 발생 사이에 시간이 걸린다.

종양 진행 암 진행의 기본적인 패턴은 **그림 21-3**에 명시되어 있다. 암은 세포 증식의 조절 능력을 상실한 세포 무리에서 발생한다. 하지만 종양이 어떻게 작은 시작부터 수백만 개의 세포를 포

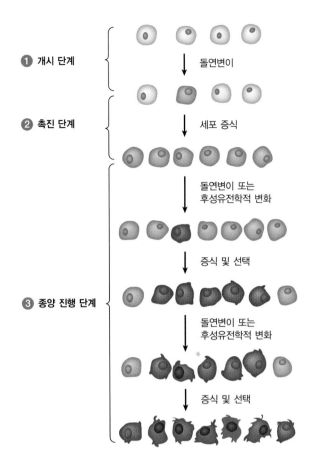

1 개시 단계

돌연변이

2 촉진 단계

세포 증식

3 종양 진행 단계

돌연변이 또는
후성유전학적 변화

증식 및 선택

돌연변이 또는
후성유전학적 변화

증식 및 선택

그림 21-3 암 발달의 주요 단계. 암은 DNA 돌연변이의 개시 단계, 암 발생이 개시된 세포가 증식하도록 자극되는 촉진 단계, 돌연변이와 유전자 발현의 변화를 통해 성장 속도가 빠르고 선택적인 이점을 제공하는 기타 공격적인 특징을 가진 암세포가 만들어지는 종양 진행 단계라는 여러 단계를 거쳐 발생한다. 이러한 세포는 주변의 세포보다 성장하여 암 조직의 대부분을 차지하게 된다. 종양이 진행되면서 이러한 반복적인 선택 과정을 거쳐 암세포의 형질이 점진적으로 바뀐다.

함하도록 성장하는지, 그리고 어떻게 다양한 유형의 세포 비율을 갖게 되는지에 대해서는 명확하지 않다. 현재 몇 가지 아이디어가 깊이 연구되고 있다.

한 가지 아이디어는 종양세포가 다윈의 선택에 따르는 집단의 생물체와 매우 유사하다는 것이다. 세포 증식이 계속됨에 따라 성장과 침습에 유리한 세포를 선호하는 경향으로 자연선택이 이루어지고, 이는 결국 악성 종양이 형성되는 것으로 이어진다. 진화가 특정 환경 내에서 적합성이 향상되고 번식에 성공하는 생물체를 선택하는 것처럼 성장하는 종양세포는 주변 세포보다 성장할 수 있다는 이점을 얻을 수 있다. 그 결과 암세포 **클론 확장**(clonal expansion) 과정을 통해 성장에 성공한 세포에서 파생된 세포 집단이 생성된다.

클론 확장이 종양 성장의 핵심 요소일 가능성이 높지만 이것이 전부는 아닐 것이다. 여러 다른 유형의 암 관련 실험에 따르면 종양의 모든 세포가 똑같이 빠르게 증식할 수 있는 것은 아

니다. 형광표지 세포분류법(fluorescence-activated cell sorting, FACS; 20장의 핵심 기술 참조)을 사용하여 종양세포를 분리할 경우 세포의 극소수(1~2%)만이 누드마우스에서 빠르게 종양을 형성할 수 있다. 특히 이들 세포에 의해 형성된 새로운 종양은 원래 종양과 유사한데, 이는 새로운 종양 내 소수의 세포만이 종양을 형성할 수 있는 능력을 가지고 있기 때문이다. 이 장의 앞부분에서 언급했던 피부세포와 마찬가지로 종양이 **암 줄기세포**(cancer stem cell)처럼 기능하여 많은 수의 자손을 생성하는 작은 세포 군집을 포함할 수 있다.

종양의 마지막 특성 중 하나는 언급할 가치가 있다. 종양이 구슬 주머니처럼 한 종류의 세포로 구성되어 균일한 형태로 되어 있다고 생각하기 쉽다. 그러나 실질적으로 대부분의 종양은 복잡한 다세포 조직이다. 클론 확장이 종양이 어떻게 성장하는지 설명한다면, 다른 유형의 세포는 아마도 단일 성장 종양에서 시간이 지남에 따라 성공적인 확장으로 이어질 것이다. 그 결과 종양은 **종양 내 이질성**(intratumor heterogeneity)을 가진 유전적으로 구별되는 영역의 혼합물이 형성된다. 종양의 이러한 유전적으로 관련된 부분은 상당하다. 예를 들어 이자암의 한 유형에서는 유전적으로 구별되는 영역에 1억 개 이상의 세포가 있으며, **교모세포종**(glioblastoma)으로 알려진 뇌 내 암 지지세포에서 발생하는 일종의 종양은 복잡한 혼합물에 다양한 세포 유형을 포함한다.

개념체크 21.1

이 장의 후반부에서 알아보겠지만 버킷림프종 환자의 암세포는 8번 염색체와 다른 염색체(보통 22번) 간에 전좌가 이루어진다. 각 환자는 염색체의 절단 및 재부착하는 고유의 패턴을 보이지만, 해당 환자의 모든 세포는 동일한 절단 지점을 가진다. 이 결과로부터 버킷림프종 발생에 대해 어떤 결론을 얻을 수 있을까?

21.2 암세포의 전이

통제되지 않는 세포 증식은 암세포를 규정하지만 그 자체로는 치명적이지 않다. 제한된 영역에서 자라는 양성종양은 수술로 제거하면 된다. 암세포가 주는 위험은 **통제되지 않는 증식**과 더불어 전신으로 퍼지는 전이에서 온다. 전이된 암은 쉽게 제거할 수 없다. 실제 암으로 인한 사망에 대한 직접적인 원인의 90% 이상이 암세포의 전이로 발생한다. 이러한 암세포의 전이 과정과 메커니즘을 살펴보자.

종양이 성장하려면 혈관신생이 필수적이다

100년도 훨씬 더 전부터 과학자들은 종양이 고밀도의 혈관 네

트워크를 가지고 있다는 사실을 알았다. 이러한 혈관은 종양의 영향으로 확장된 것이거나, 숙주가 종양에 대항하기 위한 염증반응의 일부라고 생각했다. 그러나 1971년에 포크먼(Judah Folkman)은 이러한 혈관의 역할에 대해 새로운 아이디어를 제시했다. 그는 종양이 주변의 숙주 조직에서 혈관의 성장, 즉 **혈관신생**(angiogenesis)을 유도하는 신호 분자를 분비하고, 이러한 새로운 혈관은 종양이 소량의 국소화된 세포 덩어리 이상으로 성장하는 데 필요하다고 주장했다.

이러한 주장은 인공적으로 유지되는 장기를 이용한 암세포 증식 실험을 통해 나왔다. 실제 토끼의 갑상샘 조직에 암세포를 이식하고 영양물질에서 배양했다(**그림 21-4a**). 이러한 조건에서 암세포는 며칠동안 분열하다가 종양의 직경이 1~2 mm에 도달했을 때 분열을 멈추었다. 거의 모든 종양은 정확히 같은 크기에서 성장이 멈추었으며, 이는 어떤 제한이 그들이 특정 크기로만 성장할 수 있도록 허용했다는 것을 알수 있다.

그러나 분열을 멈춘 종양을 떼어내어 살아있는 토끼에 이식하자 다시 분열하기 시작하여 종양 덩어리가 커졌다. 종양은 왜 분리된 갑상샘에서는 작은 크기에서 성장을 멈추고, 생체 내에서는 제한 없이 성장하는 걸까? 더 자세한 조사를 통해 설명이 가능해졌다. 분리된 갑상샘에서는 살아있지만 휴면 상태인 작은 종양은 갑상샘의 혈관과 연결되지 못했다. 그 결과 직경이 1~2 mm에 이르자 성장이 멈출 수밖에 없다. 그러나 동일한 종양을 살아있는 동물에 주사하면 혈관으로 침투되어 거대한 크기로 성장하게 된다.

이렇게 혈관신생이 종양 성장에 필요하다는 사실을 입증하기 위해 포크먼은 혈액 공급이 없는 토끼 안구의 전방 부위에 암세포를 이식하여 관찰했다. 그림 21-4b에서 볼 수 있듯이 이러한 암세포는 생존하여 작은 종양을 형성한다. 홍채 주위의 혈관이 암세포에 미치지 못하여 이식된 암세포는 일정 크기 이상으로 자라지 못했다. 그러나 동일한 암세포를 홍채에 이식했을 때는 종양 내부로 혈관이 자라면서 종양이 거대하게 커졌다. 이 실험 결과 역시 종양의 성장에는 혈액 공급이 필요하다는 것을 입증한다.

혈관의 성장은 혈관신생 활성인자와 억제인자의 균형을 통해 조절된다

종양이 성장을 유지하는 데 혈관이 필요하다는 아이디어를 검증하려면 어떻게 해야 할까? 첫 번째 힌트는 세포가 통과할 수 없는 작은 구멍이 있는 필터로 둘러싸인 방 안에 암세포를 심은 후 실험동물에 이식하는 연구에서 나왔다. 이러한 방이 실험동물에 이식되면 주변 조직에서 새로운 모세혈관이 증식한다. 대조적으로 같은 종류의 방에 배치된 정상 세포는 혈관 성장을 유도하지 못했다. 이러한 결과는 암세포가 필터의 작은 구멍을 통해 확산할 수 있는 분자를 생산하며, 이 물질이 주변 조직의 혈관신생을 촉진한다는 것을 시사한다.

후속 연구를 통해 대표적인 두 가지 혈관신생 활성물질인 혈관내피 생장인자(vascular endothelial growth factor, VEGF)와 섬유아세포 생장인자(fibroblast growth factor, FGF)가 확인되었다. 혈관내피 생장인자와 섬유아세포 생자인자는 정상적인 태아 발생 동안 발달 중인 태아의 혈관 형성을 자극하지만 많은 종류의 암

그림 21-4 혈관신생의 조건을 보여주는 두 가지 실험. (a) 암세포를 토끼의 갑상샘 조직에 주입하고 혈관을 통해 영양액을 투여하며 살아있는 상태를 유지했다. 이 암세포는 조직의 혈관에 연결되지 못해 직경이 약 1~2 mm까지 자라면 성장을 멈추었다. (b) 암세포를 토끼 안구의 액체로 채워진 혈관이 없는 전방 부위에 주입하거나 홍채 위에 주입했다. 전방 부위에서는 암세포가 단순히 확산을 통해 영양분을 공급받아 직경이 1 mm 정도에 도달할 때까지만 성장했다. 반면에 홍채 위에서는 혈관이 신속히 연결되면서 직접 영양분을 공급받아 수천 배로 자랐다.

출처: "The Vascularization of Tumors" by Judah Folkman, Scientific American (May 1976). 그래프: Copyright © 1976 Scientific American, a division of Nature America, Inc. 그림: Carol Donner.

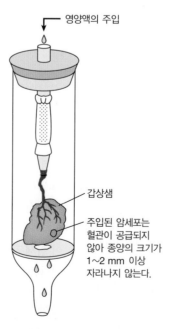

(a) 분리된 갑상샘 조직에서 자라는 암세포

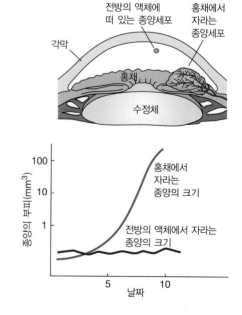

(b) 안구 홍채와 전방에서 자라는 암세포

세포에서도 생산된다. 암세포가 이러한 단백질을 주변 조직으로
방출하면 혈관내피 세포 표면에 있는 수용체에 결합한다. 이 결
합은 혈관내피 세포가 분열하고 기질 금속단백질분해효소(matrix
metalloproteinase, MMP)를 분비하도록 신호전달 경로를 활성화
한다. 분비된 기질 금속단백질분해효소는 세포외기질을 분해하
며 혈관내피 세포가 암세포 주변으로 이동할 수 있게 한다. 이동
한 내피세포는 계속 증식하며 새로운 혈관 구조를 형성한다.

　다수의 암세포가 혈관내피 생장인자와 섬유아세포 생장인
자를 만들지만 이들 외에도 혈관신생을 담당하는 다양한 물
질이 있다. 혈관신생이 진행되려면 일반적으로 혈관 성장
을 억제하는 혈관신생 억제인자의 영향도 극복해야 한다. 12
개 이상의 혈관신생 억제인자가 알려져 있는데, 그중에는 안
지오스타틴(angiostatin), 엔도스타틴(endostatin), 트롬보스폰틴
(thrombospondin) 등의 단백질이 있다. 혈관신생 억제인자와 혈
관신생 활성인자의 농도 사이에 정교하게 조절된 균형은 종양이
새로운 혈관의 성장을 유도할지 여부를 결정한다. 즉 종양은 혈
관신생 활성물질 생산의 증가와 동시에 일어나는 혈관신생 억제
물질 생산의 감소를 통해 혈관신생을 유발한다.

침입과 전이로 인해 암세포가 퍼진다

초기 종양 부위에서 혈관신생이 일어나면 암세포가 몸 전체에
퍼져나갈 기회가 발생한다. 이러한 확산 능력은 침입과 전이라
는 두 가지 메커니즘에 기반한다. **침입**(invasion, 침습)은 암세포
가 주변 조직으로 들어가는 것을 의미하고, **전이**(metastasis)는
암세포가 혈액(또는 체액)으로 들어가 멀리 떨어진 곳으로 이동
하여 원발종양과 물리적으로 연결되어 있지 않은 전이종양을 형
성하는 능력을 말한다.

　종양이 전이되기까지는 일련의 복잡한 과정이 연속적으로 일
어나며, 총 3단계의 과정으로 이루어진다(**그림 21-5**). 첫째, 암세
포가 주변 조직으로 침입하여 림프관 벽이나 혈관벽을 뚫고 혈
류에 접근해야 한다. 둘째, 암세포가 혈관을 통해 전신으로 이동
한다. 셋째, 혈관을 빠져나와 다른 장기로 들어가 새로운 전이암
으로 자라게 된다. 초기 종양에서 나온 세포가 이러한 단계 가운
데 하나를 완료하지 못하거나, 이들 단계 중 하나라도 방어할 수
있으면 전이가 발생하지 않는다. 따라서 이 3단계를 가능하게 하
는 암세포의 특성을 이해하는 것이 중요하다.

암세포 침입에는 세포부착의 변화, 세포 이동, 단백질분해효소 작용 등이 필요하다

전이 과정의 첫 번째 단계는 암세포가 주변 조직 또는 혈관으로
침입하는 것이다(그림 21-5 ❶). 암세포는 한 장소에 머물러 있
는 정상 세포나 양성 종양세포와 달리 처음 장소에서 다른 조직

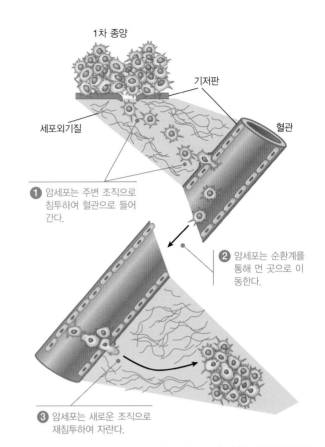

❶ 암세포는 주변 조직으로
침투하여 혈관으로 들어
간다.

❷ 암세포는 순환계를
통해 먼 곳으로 이
동한다.

❸ 암세포는 새로운 조직으로
재침투하여 자란다.

그림 21-5 암세포 전이 단계. 전형적인 암세포의 작은 부분만이 주변 조
직과 혈관으로 침입하고, 순환계를 통해 이동한 후, 다른 조직으로 재침
입하여 성장하는 3단계 과정을 거쳐 전이된다.

으로 침입하고, 결국에는 혈액으로 스며들게 된다.

　여기에는 몇 가지 메커니즘이 관여한다. 첫째, 세포-세포 부
착단백질(cell-cell adhesion protein)에 변화가 생긴다. 암세포에
는 그러한 단백질이 없거나 또는 그 구조에 결함을 가지고 있기
때문에 암 조직에서 쉽게 떨어져 나올 수 있다. 대표적으로 E-캐
드헤린(E-cadherin, 그림 15-3 참조)은 세포-세포 부착단백질로
서, 기능을 상실하면 상피암세포 간 결속력을 떨어뜨린다. 침입
활성이 큰 암세포는 정상 세포에 비해 E-캐드헤린을 적게 발현
한다. 이 분자가 결여된 암세포를 분리하여 E-캐드헤린을 다시
복원한 후 다시 동물에 주사하면 침투성 종양을 형성하는 능력
을 저해하는 것이 입증했다.

　둘째, 주변 숙주 조직이나 암세포 자체에서 생산되는 신호물
질이 암세포 이동을 증가시킨다. 이러한 신호물질은 암세포의 이
동을 유도하는 화학유인물질(chemoattractant)로 작용할 수 있
다. 이 과정에 Rho 계열 GTP 가수분해효소의 활성화(그림 13-
21 참조)는 세포의 이동을 자극하는 데 중요한 역할을 한다.

　셋째, 암세포 주변의 단백질 구조물을 분해하는 **단백질분해효
소**(protease)를 생성하는 능력이 침입에 기여하는 또 다른 특성이
다. 대부분의 암세포 이동에 결정적인 장애물은 기저 조직에서

상피층을 분리하는 단백질 함유물질의 조밀한 층인 기저판(basal lamina)이다(그림 15-2 참조). 인간 악성종양의 90%를 차지하는 상피세포 암종은 인접 조직을 침범하기 전에 먼저 기저판을 깨야 한다. 암세포는 기저판을 이루는 단백질을 분해하는 단백질 분해효소를 분비하여 이 장벽을 뚫는다.

이러한 단백질분해효소 중 하나는 비활성 전구체인 플라스미노겐(plasminogen)을 활성 단백질분해효소인 플라스민(plasmin)으로 전환시키는 효소인 플라스미노겐 활성인자(plasminogen activator)이다. 대부분의 조직에는 플라스미노겐의 농도가 높으므로 암세포가 방출하는 작은 양의 플라스미노겐 활성인자는 빠르게 대량의 플라스민 형성을 촉진할 수 있다. 플라스민은 두 가지 작업을 수행한다. (1) 기저판과 세포외기질의 구성 요소를 분해하여 종양 침입을 용이하게 한다. (2) 주로 주변 숙주세포에 의해 생성되는 기질 금속단백분해효소의 비활성 전구체를 기저판 및 세포외기질을 또한 분해하는 활성효소로 절단한다.

단백질분해효소에 의해 암세포는 기저판을 뚫고 아래쪽에 있는 세포외기질을 분해하며 이동한다. 암세포는 작은 혈액이나 림프관을 통해 이동하다가 또 다른 기저판으로 둘러싸인 혈관 내벽세포층을 통해 최종적으로 순환계로 진입한다.

혈관순환계에서는 극소수의 암세포만이 살아남는다

일단 혈류에 들어가면 암세포는 몸 전체로 이동할 수 있다(그림 21-5 ❷). 림프관 벽을 통과한다면 암세포는 먼저 림프절로 운반되며 이동을 멈춘 후 성장할 수 있다. 이런 까닭에 림프절은 암세포 전이의 초기 장소로 흔히 발견된다. 하지만 림프절은 혈관과 많은 연결 고리를 가지고 있기 때문에 처음에 림프계에 들어온 암세포는 결국 혈류 내로 들어가게 된다.

초기 진입경로에 상관없이 결과적으로 혈액 내에 수많은 암세포가 존재하게 된다. 몇 그램밖에 안 되는 미세한 악성 종양조차도 하루에 수백만 개의 암세포를 순환계로 방출할 수 있다. 그러나 혈류는 대부분의 암세포에게는 적합한 환경이 아니므로, 전이가 가능한 위치로 이동할 때 생존하는 세포는 100분의 1도 되지 않는다. 앞서 특정 종양 내 세포가 자연선택으로 선호된다는 개념에 대해 논의했었다. 전이에 성공하는 소수의 세포는 서로 비슷한가? 아니면 그냥 원래 종양세포 모집단의 무작위 대표일 뿐인가? **그림 21-6**은 이러한 질문에 답을 찾기 위해 설계된 실험을 보여준다. 이 실험에서 쥐의 흑색종 세포를 건강한 쥐의 혈류 내에 주입하여 전이를 관찰했다. 몇 주 후에 다양한 곳에서 발생한 전이종양이 발견되었으며, 주로 폐에 발생했다. 전이된 흑색종 세포를 채취하여 다시 쥐 정맥에 투여했다. 이러한 실험을 반복하여 연구자들은 원래 종양세포보다 전이 활성이 큰 세포 집단을 얻었다.

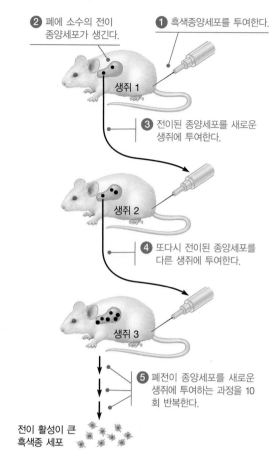

❶ 흑색종양세포를 투여한다.

❷ 폐에 소수의 전이 종양세포가 생긴다.

생쥐 1

❸ 전이된 종양세포를 새로운 생쥐에 투여한다.

생쥐 2

❹ 또다시 전이된 종양세포를 다른 생쥐에 투여한다.

생쥐 3

❺ 폐전이 종양세포를 새로운 생쥐에 투여하는 과정을 10회 반복한다.

전이 활성이 큰 흑색종 세포

그림 21-6 전이 활성이 커진 흑색종양세포의 선별. 생쥐 흑색종 세포를 쥐의 꼬리 정맥에 투여한다. 이후 쥐의 폐에서 전이된 종양세포를 채취하여 배양하고 다시 쥐에 투여한다. 이런 과정을 10번 반복하면 원래의 종양세포에 비해 폐로 더 많이 전이되는 종양세포를 얻을 수 있다.

직접적인 해석은 초기의 흑색종은 서로 다른 특성을 가진 이종 집단 세포로 구성되어 있었으며, 성공적인 전이종에서 파생된 세포를 반복적으로 분리 및 주입하면서 점점 더 전이에 적합한 세포를 선택했다는 것이다. 이 가설을 시험하기 위해 원발성 흑색종으로부터 분리된 단일 세포가 배양물에서 별도의 세포 집단으로 증식되게 하는 추가 실험이 수행되었다. 동물에 주입한 결과 단일 콜로니의 일부 세포는 전이가 거의 없고, 일부는 높은 전이를 일으켰으며, 일부는 그 사이의 전이했다. 각 콜로니는 원래 종양의 다른 세포에서 파생되었기 때문에 원발성 종양의 세포는 전이 능력이 다르고 종양의 상대적으로 작은 세포 집단이 주로 암의 전이에 책임이 있음을 확인했다.

혈류 방향과 장기 특이인자가 전이 장소를 결정한다

일부 암세포는 혈류를 통해 순환하며, 결국 작은 혈관벽을 통과하여 다른 장기로 침범함으로써 초기 종양으로부터 상당히 먼 위치로 전이를 형성한다(그림 21-5 ❸ 참조). 혈류는 암세포를 온몸으로 운반하지만 전이는 특정 부위에 우선적으로 발생한다.

혈류 방향은 이러한 특이성을 책임지는 원인 중 하나이다. 크기만 고려할 경우 순환하는 암세포는 주로 **모세혈관**(1개의 혈구 지름보다 작은 혈관)에 막힌다. 모세혈관에 갇힌 후 암세포는 이 작은 혈관의 벽을 관통하여 주변 조직으로 들어가고, 새로운 종양을 발생시킨다. 암세포가 혈류에 진입한 후 일반적으로 처음 만나게 되는 모세혈관은 폐에 있다. 결과적으로 폐는 다양한 종류의 암 전이의 빈도가 높은 장소가 되는 것이다. 그러나 혈류 방향이 항상 폐를 선호하는 것은 아니다. 위와 대장암의 경우 혈류에 진입한 암세포는 혈관이 분해되어 모세혈관상을 형성하는 간으로 우선적으로 운반된다. 결과적으로 간은 이러한 암의 공통 전이 부위가 된다.

혈류 방향이 중요한 것은 사실이지만 전이에서 관찰된 모든 분포를 설명해주는 것은 아니다. 1889년부터 패짓(Stephen Paget)은 순환하는 암세포가 특정 장기에서 제공되는 환경에 특히 친화력을 가지고 있다고 제안했다. '씨앗과 흙' 가설이라고 불리는 패짓의 이 아이디어는 식물이 씨앗을 생산할 때 바람에 의해 씨앗이 모든 방향으로 운반되지만, 적합한 흙에 떨어져야만 씨앗이 성장한다는 유사성에 기반한다. 이 관점에 따르면 암세포는 혈류를 통해 다양한 장기로 운반되지만 각 종류의 암에 최적의 성장 환경을 제공하는 장소는 몇 군데에 불과하다는 것이다. 전이가 발생하기 쉬운 위치를 체계적으로 분석한 결과는 이 사실을 뒷받침해준다. 약 3분의 2에 해당하는 암이 다양한 장기로 전이되는 비율은 혈류 방향만으로 충분히 설명할 수 있다.

암세포가 특정 장소에서 잘 성장하는 이유는 무엇인가? 이에 대한 답은 암세포와 그들이 전달되는 장기의 미세 환경 간 상호작용으로 여겨진다. 예를 들어 전립선암은 보통 **뼈**로 전이된다(이는 혈류 방향으로 예측되지 않는 패턴이다). 이러한 선호도에 대한 이유가 전립선 암세포를 뼈, 폐, 콩팥을 포함한 다양한 장기의 세포와 혼합한 다음 세포 혼합물을 동물에 주입한 실험에서 밝혀졌다. 전립선 암세포가 종양으로 발전하는 능력은 **뼈** 유래 세포의 존재에 자극을 받았지만 폐나 콩팥으로부터 유래한 세포에는 자극받지 않았다. 뼈세포는 전립선 암세포의 증식을 자극하는 특정 생장인자가 있는 것으로 후속 연구를 통해 밝혀졌다.

면역계는 암세포의 성장과 확산에 영향을 준다

우리 몸에서 암세포의 성장과 확산을 방어하는 메커니즘이 있을까? 한 가지 가능성은 면역 체계이다. 면역 체계는 외부 세포를 공격하고 파괴할 수 있다. 물론 암세포는 글자 그대로 '외부' 세포는 아니지만 면역 체계가 세포를 비정상적으로 인식할 수 있는 분자적 변화를 나타내는 경우가 많다. **면역감시학설**(immune surveillance theory)은 면역 체계가 암세포를 파괴하는 것은 흔한 사건이며, 암은 단지 비정상 세포에 대한 충분한 면역반응이 실패한 결과라고 말한다.

이러한 증거 가운데 하나는 면역 기능을 억제하고 이식된 장기가 면역 거부 반응을 일으킬 위험을 줄이기 위해 면역 억제제를 복용하는 장기 이식 환자에게 다수의 암이 상대적으로 높은 비율로 발생된다는 것이다. 면역감시학설은 면역 체계에 특정 결함을 도입하는 유전적 면역결핍 동물에서 더 직접적으로 실험되었다. 한 연구에서 림프구에서만 발현되는 *Rag2* 유전자에 결함이 있는 돌연변이 쥐를 사용했다. 기능적인 림프구가 없는(따라서 면역반응이 없는) 돌연변이 쥐에게 자연적으로 발생하는 암과 암을 유발하는 화학물질을 주사했고, 유도된 암 모두 발생률이 증가했음을 관찰했다.

이 결과를 통해 면역 체계가 암 발생으로부터 쥐를 보호하는 데 도움이 된다는 것을 알게 되었지만, 과연 이러한 연구 결과가 인간과 얼마나 관련성이 있을까? 면역 체계가 암에서 우리를 보호하는 데 주요한 역할을 한다면 인간면역결핍 바이러스(HIV)에 감염된 경우 암 발생률이 극적으로 증가할 것으로 예상할 수 있다. HIV 감염은 후천성 면역결핍증후군(AIDS)으로 이어지며 면역 기능이 심하게 저하된다. AIDS로 인해 몇 가지 종류의 암, 특히 카포시육종(Kaposi's sarcoma)과 림프종에서는 암 발생률이 높았지만, 보다 흔한 암 형태에서는 증가하지 않았다. AIDS 환자에서 발생률이 증가하는 대부분의 암은 바이러스로 인해 유발된 것이다(암에서 바이러스의 역할은 이 장 후반부 내용 참조). 이러한 관찰 결과는 면역 체계가 바이러스로 유발되는 암에서 인간을 보호하는 데 도움이 될 수 있지만, 보다 흔한 암 형태에 대해서는 상대적으로 성공적이지 않다는 것을 시사한다.

이러한 실패의 이유는 암이 면역 체계에 의한 파괴를 피하는 방법을 찾았기 때문이다. 강한 면역반응을 유발하는 세포 표면의 분자를 포함한 세포는 공격을 받아 파괴될 가능성이 훨씬 높고, 이러한 분자가 부족하거나 적은 양을 생산하는 세포는 생존하고 증식할 가능성이 더 높다. 따라서 종양이 성장함에 따라 면역반응이 약한 세포가 지속적으로 선택된다.

암세포는 면역 체계와 대립하고, 이를 극복하는 방법을 개발해왔다. 예를 들어 일부 암세포는 T 림프구(외래 세포나 결함이 있는 세포를 파괴하는 면역세포)의 기능을 억제하거나 파괴하는 분자를 생성한다. 종양은 면역 공격으로부터 자신을 보호하기 위해 주변을 치밀한 조직으로 둘러싸 면역세포의 침입을 억제하기도 한다. 또한 일부 암세포가 매우 빠르게 분열하여 면역 체계가 종양의 성장을 억제할 만큼 빠르게 세포를 제거할 수 없을 수도 있다.

현재 과학자들은 면역 체계를 민감하게 하여 암세포를 더 효과적으로 공격할 수 있는 여러 접근법을 사용한다. 이러한 기술은 이 장의 후반부에서 설명할 것이다.

종양의 미세 환경은 종양 성장, 침입, 전이에 영향을 미친다

지금까지 종양의 행동이 종양세포와 다양한 종류의 정상 세포, 세포외 분자 및 세포외기질의 구성 요소를 포함하는 주변 **종양의 미세 환경** 사이의 상호작용에 영향을 받는 몇 가지 예를 살펴보았다. 혈관신생부터 단백질분해효소의 방출, 운동 및 전이 자극에 이르기까지 미세 환경은 중요한 역할을 한다.

종양의 미세 환경은 침습 및 전이를 어렵게 할 수도 있다. 예를 들어 종양 미세 환경의 일부 세포는 다양한 세포 유형의 증식을 억제하는 강력한 신호단백질인 TGFβ를 생성한다. 암세포는 TGFβ의 존재에서도 계속 성장할 수 있도록 돌연변이를 획득할 수 있다. 때로는 암세포 자체가 TGFβ를 분비하기도 하는데, 이는 주변 정상 세포의 성장을 억제하고 주변 세포와의 경쟁을 감소시킴으로써 암세포의 증식과 주변 조직 침입을 더 빠르게 한다. 이러한 예시는 종양의 미세 환경이 암세포가 성장하고, 이웃 조직을 침입하며, 먼 부위로 전이하는 능력에 어떤 영향을 미치는지에 관한 복잡성을 보여준다.

개념체크 21.2

p120 카테닌 단백질은 E-캐드헤린의 세포기질 꼬리에 결합하여 캐드헤린 복합체를 안정화한다. p120 카테닌 기능이 없는 쥐의 세포를 생산하는 실험실에서 이러한 세포를 쥐에 주입한 결과 종양을 촉진하는 것을 발견했다. 이 결과를 설명해보라.

21.3 암 유발의 원인

무제한적으로 증식하고 전이가 활성화되는 암세포는 잠재적으로 생명을 위협하는 질병이다. 어떤 요인이 이러한 파괴적 특성을 가진 세포를 발생시키는 걸까? 사람들은 종종 암을 알려진 원인 없이 무작위로 발생하는 신비로운 질병으로 여기지만, 이러한 오해는 200년 이상 전으로 거슬러 올라가는 수천 건의 과학 연구 결과를 무시한 것이다. 오랜 연구를 통한 피할 수 없는 결론은 암은 주로 DNA 복제 및 수리 과정의 무작위 오류, 환경 요인, 생활양식 요인, 유전 요인에 의해 일어난다는 것이다. 암은 본질적으로 유전질환이며, 돌연변이를 획득한 세포의 조절할 수 없는 증식과 전이로 향하는 과정을 거치게 된다.

역학 연구를 통해 많은 암 발생 원인이 밝혀졌다

특정 요인이 암을 유발할 수 있다는 첫 번째 사실은 보통 인류 집단에서 질병의 빈도와 분포를 조사하는 과학 분야인 역학을 통해 얻을 수 있다. 역학 연구는 몇 가지 핵심적인 결과를 밝혀 냈다. 첫째, 암은 세계 각 지역에서 다른 빈도로 발생한다. 예를 들어 일본에서는 위암이 빈번하게 나타나고, 미국에서는 유방암이 두드러지며, 아프리카와 동남아시아에서는 간암이 흔하다. 이러한 차이가 유전성 또는 환경 요인에 의해 발생하는 것인지 확인하기 위해 과학자들은 한 나라에서 다른 나라로 이주한 사람들의 암 발병률을 조사했다. 예를 들어 일본에서는 위암 발생률이 미국보다 높고 대장암 발생률은 낮지만, 일본 가족이 미국으로 이주하면 그들의 암 발생률은 미국과 유사해지는 것으로 나타났다. 이는 환경 요인과 생활양식 요인이 암 발생률에 중요한 영향을 미침을 보여준다.

역학 조사 결과는 환경 요인과 생활습관을 밝히는 데 중요한 역할을 했다. 그중에서도 특히 폐암에 대한 놀라운 예가 있다. 20세기 동안 미국 남성들 사이에서 폐암의 빈도가 10배 이상 증가한 것이다(**그림 21-7**). 이 폐암 유행의 원인을 조사한 결과 폐암을 발생한 대부분의 사람들은 공통적으로 담배 흡연 이력을 가지고 있었다. 담배가 원인이라면 예상할 수 있듯이 심한 흡연자는 가벼운 흡연자보다 더 자주 폐암이 발생하고, 장기간 흡연자가 단기간 흡연자보다 더 자주 폐암을 발생하며, 담배 흡연자가 담배를 끊은 후에는 폐암 발생률이 감소하는 것으로 확인되었다(그림 21-7a). 담배 흡연은 또한 구강, 인후, 후두 그리고 식도, 위, 이자, 자궁경부, 콩팥, 방광, 대장의 일부 암과도 관련이 있다. 담배를 피우는 사람들 중 약 절반은 흡연으로 인해 발생하는 암과 심혈관 질환으로 인해 사망하며, 평균적으로 10~15년의 수명을 단축시킨다. 이러한 조기 사망에는 미국에서만 폐암으로 매년 약 13만 5,000명이 사망자가 포함된다.

흡연과 암의 연관성은 처음에는 역학 연구를 통해 제안되었으나, 이후 담배 연기를 동물에게 투여한 결과 담배에는 암을 유발하는 수십 가지 화학물질이 함유되어 있다는 실험실 연구를 통해 추가적인 직접적 증거를 얻었다. 이 정보를 바탕으로 미국 정부는 1960년대부터 담배 연기의 위험성을 알리기 시작했으며, 이후 미국 남성의 흡연율은 감소하기 시작했다(그림 21-7b). 이러한 감소는 지난 20년 동안 암 사망률이 천천히 하락하기 시작한 주요한 이유 중 하나이다.

DNA 복제 또는 수선 오류를 통해 많은 암을 설명할 수 있다

환경 요인은 암 유병률에 중요한 측면을 설명하며, 많은 암 퇴치 캠페인은 우리가 통제할 수 있는 이러한 요인에 초점을 맞추고 있다. 그러나 환경 또는 생활방식 요인과 관련된 암 사례는 얼마나 되는가? 분명 전부는 아닐 것이다. 최근 역학 연구는 암의 또 다른 주요 원인이 환경을 넘어 DNA 복제나 수선 오류에 있다는 것을 시사한다. 특정 종양의 유병률은 해당 종양을 가진 환자와

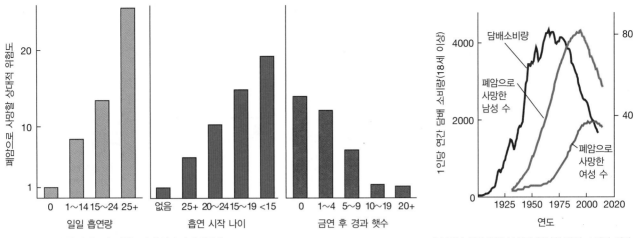

(a) 폐암으로 인한 사망률의 위험도와 흡연과의 상관관계

(b) 지난 세기 동안 남성과 여성의 담배 소비와 폐암 사망률

그림 21-7 흡연과 폐암. (a) 막대그래프는 폐암 발생률이 흡연량과 흡연기간에 비례하여 증가하고, 금연하면 감소하는 것을 보여준다. (b) 20세기 전반기 동안 미국 남성의 흡연이 증가함에 따라 폐암 사망률이 증가한 것을 보여준다. 흡연 증가와 그에 따른 폐암 사망률 사이에 약 25년의 경과는 흡연 발암물질에 노출되어 암으로 발전하는 데 필요한 시간을 뜻한다.

해당 환자의 환경 또는 생활방식 간에 상관관계가 없음을 나타낸다. 앞서 언급했듯이 DNA 복제와 DNA 수선 오류의 실패율은 낮지만 측정이 가능하다(22장 참조). 이 사실에서 예측할 수 있는 것은 세포가 많은 분열을 거칠수록 이러한 오류의 발생 가능성은 여전히 낮지만 어쨌든 증가한다는 것이다. 이 예측과 일치하게 존스홉킨스대학교의 보겔스타인(Bert Vogelstein)과 토마세티(Cristian Tomasetti)는 많은 조직의 세포가 겪는 줄기세포의 분열 횟수와 해당 조직에서의 평생 암 발생률 사이에 상관관계를 발견했다.

줄기세포 복제 오류의 증가와 환경 신호 사이의 상호작용은 무엇일까? 돌연변이(돌연변이원)를 일으키는 환경인자 또는 DNA 수선에 부정적인 영향을 미치는 조건(예: 세포 스트레스)이 선천성 돌연변이와 더불어 빠르게 분열하는 세포에 작용할 가능성이 더 높다.

선천적 오류는 일부 암의 원인이 된다

돌연변이는 성숙한 조직에서의 복제 오류를 통해서만 작용하는 것이 아니다. 인간은 태어날 때 부모로부터 50~100개의 돌연변이를 유전받는다. 이러한 돌연변이 중 다수는 단백질 암호서열에서 발생하지 않으며, 그중 암을 촉진하는 유전자에서 발생하는 것은 극히 일부에 불과하다. 그러나 일부 유전 돌연변이는 특정 암의 발병률을 현저히 높일 수 있다. 이러한 돌연변이 유전자는 세포 증식이나 DNA 수선을 제어하는 단백질을 발현시킨다. 이 장의 후반부에서는 이러한 유전자에 대해 논의할 것이다. 삶의 모든 단계에서 획득한 새로운 돌연변이는 이러한 유전된 돌연변이를 배경으로 하여 작용한다.

많은 화학물질이 간에서 대사 활성화 후 종종 암을 유발하기도 한다

약 250년 전에 담배 연기에서 발생하는 특정 화학물질이 암을 유발할 수 있다는 아이디어가 처음 제안되었다. 1761년에 런던 의사인 힐(John Hill)이 스너프(흡입식 담배로서 파우더 형태인)를 일상적으로 사용하는 사람들에서 비정상적으로 높은 빈도로 비강암이 발생한다는 사실을 보고했다. 몇 년 후에 다른 영국 의사인 포트(Percivall Pott)는 젊은 시절 굴뚝청소부로 일한 남성들 사이에서 고환암 발병률이 상승한다는 것을 관찰했다. 포트는 굴뚝 연기가 고환의 피지에 용해되어 피부를 자극하고 결국 암 발생을 유발하는 것으로 추측했다. 이 추측은 보호복 착용과 정기적인 목욕이 굴뚝청소부의 고환암을 예방할 수 있다는 발견으로 이어졌다.

이처럼 선구적인 관찰 이후로 알려진 **발암물질**(carcinogen, 암 유발물질)과 그로 의심되는 물질의 목록은 수백 가지 화학물질로 늘어났다. 화학물질은 일반적으로 인간이나 동물이 노출될 때 암이 발생하기 때문에 발암물질로 분류된다. 그러나 이는 각 화학물질이 고유한 직접적인 작용을 통해 암을 유발한다는 의미는 아니다. 예를 들어 산업 종사자들에게 방광암을 유발하는 강력한 발암물질인 2-나프틸아민의 특성을 살펴보자. 이 물질은 담배 연기에도 존재한다. 예상하듯이 2-나프틸아민을 실험동물에 투여하면 방광암 발생률이 높은 수준으로 나타난다. 그러나 2-나프틸아민을 직접 동물의 방광에 이식하면 암이 거의 발생하지 않는다. 이 모순적인 일은 2-나프틸아민이 (동물에 의해) 섭취되거나 (인간에 의해) 흡입되면 간을 통과하여 대사되어 암의 실질적인 원인이 되는 다른 화학물질로 변하기 때문에 가능하다. 2-

나프틸아민을 직접 동물의 방광에 주입하면 대사 활성화 과정을 우회하므로 암이 발생하지 않는다.

많은 발암물질은 암을 유발하기 전에 이러한 대사 활성화가 필요하다. 이와 같은 특성을 보이는 물질은 정확히는 **전발암물질**(precarcinogen)이라고 불리며, 이는 대사 활성화 이후에만 암을 유발할 수 있는 모든 화학물질을 일컫는다. 대부분의 전발암물질은 **사이토크롬 P-450** 효소 계열 단백질에 의해 활성화된다. 이 효소 계열은 투여된 약물과 오염물질 등의 외부 화학물질을 산화시켜 분자를 독성을 줄이고 체내에서 배설하기 쉬운 형태로 만든다. 그러나 일부 경우에는 이 산화반응이 우연히 외부 화학물질을 발암물질로 전환시키는 현상이 발생하는데, 이를 발암물질 활성화라고 한다.

화학적 발암물질에 의한 DNA 돌연변이가 암을 유발한다

암을 유발할 수 있다는 사실이 알려지면서 화학물질이 어떻게 작용하는지에 대한 질문이 제기되었다. 발암성 화학물질이 DNA 돌연변이를 유발하는 작용을 한다는 아이디어는 1950년경에 처음 제안되었지만, 서로 다른 화학물질의 돌연변이 유발 잠재성(mutagenic potency)과 암 유발 능력을 체계적으로 비교한 사실적인 증거가 부족했다. 이러한 정보의 필요성에 영감을 받은 에임스(Bruce Ames)는 화학물질의 돌연변이 활성을 측정하는 간단한 실험실 검사를 개발했다. 이 절차는 **에임스 검사**(Ames test)라고 불리며, 대량으로 배양하는 데 빠르게 증식할 수 있는 박테리아를 실험 대상 생물체로 사용한다(**그림 21-8**). 박테리아는 아미노산 히스티딘(amino acid histidine)을 합성할 수 없는 특수한 균주로, 그림 21-8a에 나와 있는 것처럼 히스티딘이 없는 배지가 있는 배양용기에 놓이고 돌연변이 활성을 검사하는 화학물질과 함께 처리된다. 일반적으로 히스티딘이 없으면 박테리아는 증식하지 않을 것이다. 그러나 검사 중인 화학물질이 돌연변이 유발 능력을 가지고 있다면 히스티딘 합성 능력을 회복시킬 수 있는 무작위 돌연변이를 유발할 것이다. 이러한 돌연변이를 획득한 각 박테리아는 눈에 보이는 콜로니로 성장하게 되므로, 총집단의 수는 검사 대상 물질의 돌연변이 유발 잠재성을 나타낸다(그림 21-8b).

암을 유발하는 많은 화학물질은 간 효소에 의해 변형된 후에야 발암물질로 작용하기 때문에 에임스 검사에는 정상적으로 간에서 일어나는 반응을 모방하기 위해 검사 대상 화학물질이 먼저 간세포 추출물과 함께 배양되는 단계가 포함된다.

발암성 화학물질은 DNA에 여러 방식으로 손상을 입힌다. 이 방식에는 DNA와의 결합과 정상적인 염기쌍의 방해, 2중나선의 두 가닥 사이에 교차결합 형성, 인접 염기들 간 화학적 결합 형성, 개별적인 DNA 염기의 하이드록실화 또는 제거, 그리고 하나

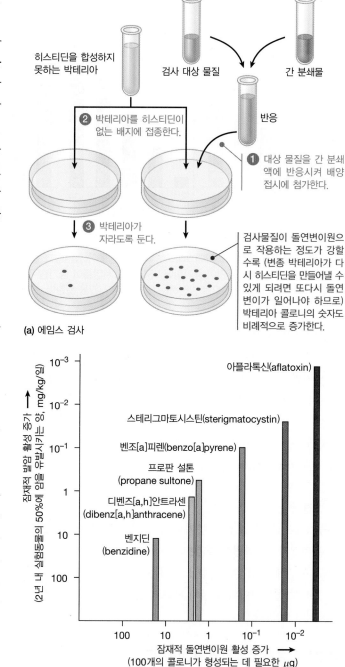

(a) 에임스 검사

(b) 특정 발암물질에 대한 돌연변이 유발 및 발암 활성 간의 상관관계

그림 21-8 발암물질을 찾아내기 위한 에임스 검사. 에임스 검사는 대부분의 발암물질이 돌연변이원이라는 근거를 바탕으로 하고 있다. (a) 아미노산 히스티딘을 합성할 수 없는 박테리아를 이용하여 대상 화합물의 유전자 변이 활성을 측정한다. 그런 박테리아를 히스티딘이 없는 배지에서 배양하면 히스티딘을 만들 수 있는 돌연변이체만이 자랄 수 있다. 따라서 자라난 박테리아의 콜로니 수는 그 물질의 돌연변이 활성과 비례한다. 많은 화합물이 간에서 생화학적 변화를 거쳐 발암 활성을 가지게 되기에 에임스 검사를 하려면 우선 화합물을 간 분쇄액에 반응시킨다. (b) 막대 그래프는 에임스 검사에서 돌연변이 활성이 큰 물질이 강력한 발암물질임을 보여준다. 이런 물질 중에 아플라톡신(aflatoxin)이 가장 강력한 돌연변이 물질이자 가장 강력한 발암물질로 알려져 있다. 아플라톡신은 벤지딘(benzidine)보다 10,000배 강력한 돌연변이원 및 발암 활성을 보인다.

또는 양쪽 DNA 나선의 절단 등이 포함된다. 어떤 경우에는 특정 화학물질의 돌연변이 역할이 암 발생에서 특정 유전자에 미치는 영향과 관련이 있다. 예를 들어 담배 연기에 함유된 다환식 방향족 탄화수소(polycyclic aromatic hydrocarbon)는 주로 *p53* 유전자의 특정 영역에 우선적으로 결합하고, 염기 T가 염기 G로 대체되는 독특한 돌연변이를 유발한다. 이 장의 후반부에 언급하겠지만 *p53* 유전자의 돌연변이는 다양한 종류의 암 발생에서 핵심적인 역할을 한다.

이온화 방사선과 자외선도 DNA 돌연변이를 유발한다

화학물질만이 암을 유발하는 DNA 손상 요인인 것은 아니다. 1895년에 뢴트겐(Wilhelm Roentgen)이 X선을 발견한 직후 이러한 유형의 방사선을 작업하는 사람들이 비정상적으로 높은 비율로 암에 걸리는 것이 관찰되었다. 이후 동물 실험으로 X선이 DNA 돌연변이를 생성하고 투여된 용량에 정비례하여 암을 유발한다는 것을 확인했다.

많은 방사성 원소도 유사한 유형의 방사선을 방출한다. 방사능으로 인한 암에 대한 초기 사례는 1920년대에 야광시계 다이얼을 생산하던 뉴저지 공장에서 발생했다. 방사성 원소인 **라듐**을 포함하는 발광페인트는 문자판을 칠하는 데 사용되었는데, 작업자는 혀로 침을 묻혀 사용하는 가는 붓으로 칠했다. 그 결과 소량의 라듐이 섭취됨으로써 뼈에 농축되어 골암을 유발했다.

방사능 폭발로 인한 방사성 낙진에 노출된 사람들, 예를 들어 1945년에 일본 히로시마와 나가사키에서 원자폭탄이 투하된 경우나 1986년에 현 우크라이나인 체르노빌 원자력발전소의 유출 같은 핵 발전소로부터 방사능에 노출된 사람들도 암 발생률이 증가한 것으로 알려져 있다.

방사선 원소에서 방출되는 X선과 관련된 방사선은 **이온화 방사선**(ionizing radiation)이라고 한다. 이 방사선은 분자로부터 전자를 제거하여 고도로 반응성 있는 이온을 생성하며, 이로 인해 단일가닥 및 2중가닥의 DNA 파괴 등 다양한 유형의 DNA 손상을 유발한다. **자외선**(ultraviolet radiation, UV)은 DNA를 손상시켜 암을 유발하는 또 다른 유형의 방사선이다. 햇빛의 자외선이 암을 유발한다는 사실은 햇빛에 오랜 시간 노출되는 열대 지역 사람들 사이에서 피부암이 특히 가장 흔하게 발생한다는 사실을 통해 처음으로 유추되었다. 자외선은 주로 피부세포에 흡수되어 DNA에서 이웃하는 2개의 피리미딘 염기를 공유결합을 통해 연결시켜 피리미딘 2량체(pyrimidine dimer)를 생성할 충분한 에너지를 가지고 있다(그림 22-25). 만일 이러한 손상이 수선되지 않는다면 DNA 2중나선 구조가 비정상적으로 휘어져 DNA 복제 과정 중에 비정상적인 염기쌍으로 이루어질 수 있다. 예를 들어 CC → TT 돌연변이(2개의 인접한 사이토신이 타이민으로 전

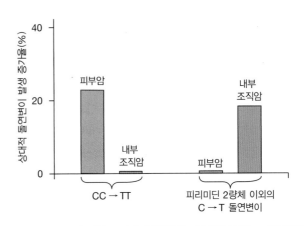

그림 21-9 피부암과 내부 조직에서 발생하는 암에서 보이는 *p53* 돌연변이의 차이. 왼쪽 그래프는 자외선에 의해 발생하는 CC → TT 돌연변이의 발생 빈도이다. 오른쪽 그래프는 자외선이 원인이 아닌 C → T 돌연변이이다. 자외선으로 유발되는 *p53* 돌연변이는 피부암(편평상피세포암) 세포에는 발생하지만 내부 조직 암세포에서는 발생하지 않는다. 여기서 돌연변이 빈도를 자연발생적 돌연변이 빈도에 비교하여 나타냈다.

환)는 자외선 노출의 산물이며, 햇빛으로 유발된 돌연변이를 식별하는 독특한 '특징'으로 사용될 수 있다.

이러한 대표적 돌연변이의 존재는 자외선으로 유발된 돌연변이와 피부암의 연결고리를 강화한다. 연구된 최초의 유전자 중 하나는 많은 인간 암에서 돌연변이가 발생하는 *p53* 유전자이다. 피부암세포의 *p53* 유전자를 DNA 서열 분석 기술을 사용하여 조사하면 CC → TT와 같은 대표적 돌연변이가 자주 관찰된다. 반면 다른 유형의 암에서 *p53* 돌연변이에는 자외선으로 인한 대표적 돌연변이 유형이 나타나지 않는다(**그림 21-9**).

바이러스와 기타 감염원이 암을 유발한다

화학물질과 방사선이 유발하는 암의 특성은 1900년대 초반에 인식되었지만, 감염성 요인 또한 암을 유발할 수 있다는 가능성은 널리 인정받지 않았다. 왜냐하면 암은 일반적으로 전염성 질병과는 다른 특성을 보이기 때문이다. 그러나 1911년에 라우스(Peyton Rous)는 현지 농부에게서 데려온 병든 닭으로 수행한 실험을 통해 종양이 바이러스에 의해 유발될 수 있다는 것을 처음으로 입증했다. 당시 바이러스에 감염된 닭은 결합 조직의 암인 **육종**에 걸려 있었다. 종양의 기원을 조사하기 위해 라우스는 종양 조직을 분쇄하여 세포가 통과할 수 없을 정도로 작은 구멍의 여과기를 통과시켰다. 그리고 세포를 포함하지 않은 추출물을 건강한 닭에 주사한 결과 이 닭들 또한 육종을 발달시켰다. 건강한 닭에는 암세포가 주입되지 않았기 때문에 라우스는 육종이 박테리아 세포보다 작은 물질로 전파될 수 있다고 결론 내렸다. 이는 암을 유발하는 바이러스인 **종양 바이러스**(oncogenic virus)를 처음으로 발견한 사례이다. 라우스의 연구 결과는 처음에는

회의적으로 받아들여졌지만, 87세가 된 1966년에는 노벨상을 수상했다. 이는 그가 첫 번째 암 바이러스를 발견한 지 50년이 넘은 후였다.

지금은 수십 가지의 바이러스가 동물에서 암을 유발시킬 수 있으며, 그중 일부는 사람에서 발생하는 암과 관련이 있음이 밝혀졌다. 인간에서의 첫 번째 사례는 1950년대 후반에 아프리카에서 활동한 영국의 외과의사 버킷(Denis Burkitt)이 발견했다. 버킷은 1년 중 특정 시기에 목과 턱의 림프구성 암이 대규모로 발병한다는 사실을 관찰했다. 현재 **버킷림프종**(Burkitt lymphoma)이라고 알려진 이 암은 특정 지역에서 주기적으로 유행하기 때문에 버킷은 이 암이 감염원에 의해 전염된다고 제안했다. 버킷의 이론은 엡스타인(Epstein)과 바(Barr)라는 두 바이러스학자의 주의를 끌었는데, 그들은 버킷림프종 세포의 전자현미경 연구를 통해 **엡스타인-바 바이러스**(Epstein-Barr virus, EBV)라고 불리는 바이러스를 발견했다. 다음의 증거를 통해 엡스타인-바 바이러스가 버킷림프종에서 기능한다는 생각을 뒷받침할 수 있다. (1) 버킷림프종 환자로부터 얻은 종양세포에서 엡스타인-바 바이러스의 DNA와 단백질이 종종 발견되지만, 같은 개인의 정상 세포에서는 발견되지 않는다. (2) 체외에서 정상인 인체 림프구에 엡스타인-바 바이러스를 첨가하면 세포는 암세포의 일부 특성을 획득한다. (3) 원숭이에 엡스타인-바 바이러스를 주사하면 림프종이 발생한다.

인간 암과 관련된 여러 바이러스가 있다. 간암을 유발하는 B형 간염 바이러스(hepatitis B virus)와 C형 간염 바이러스(hepatitis C virus)가 있으며, 성인 T세포 백혈병과 림프종을 유발하는 *HTLV-I*(human T-cell lymphotropic virus-I)와 자궁경부암을 일으키는 인간유두종 바이러스(human papillomavirus, HPV)가 있다(자세한 내용은 이 장의 후반부 참조). 바이러스가 암을 유발하는 유일한 감염원은 아니다. 위궤양 원인균인 **헬리코박터 파일로리**(Helicobacter pylori) 박테리아의 만성 감염이 위암의 원인이 되기도 하고, 드물게 편충 감염이 방광과 쓸개관에 암을 유발하는 것으로 알려져 있다.

감염원의 정체를 알게 됨에 따라 새로운 암 예방 전략의 문이 열렸다. 예를 들어 헬리코박터 파일로리균을 죽이는 항생제는 위암 예방에 도움이 되며, B형 간염과 HPV 백신은 각각 간암과 자궁경부암 발병률을 낮출 수 있다. 과학자들은 100년 이상 동안 자궁경부암이 성병에 의해 발생한다는 사실을 알고 있었지만, HPV는 1980년대까지 원인이 되는 병원체로 확인되지 않았었다. HPV는 단일 바이러스가 아니라 100개 이상의 서로 다른 아형을 포함하는 관련 바이러스 계통이기 때문에 이 식별을 만들기 어려웠다. 다양한 아형을 구별하는 검사가 개발된 후 자궁경부암이 주로 HPV 16, HPV 18 및 기타 몇 가지 고위험 형태의

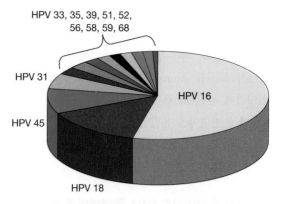

그림 21-10 **자궁경부암에서 HPV의 다양한 아형의 유병률.** 자궁경부암의 약 90%는 이 차트에 표시된 HPV의 아형 중 하나 이상에 의해 감염된다.

바이러스 감염과 관련이 있다는 것이 분명해졌다(**그림 21-10**). 따라서 첫 번째 HPV 백신은 HPV 16과 HPV 18을 표적으로 하여 모든 자궁경부암의 약 70%를 예방할 수 있는 가능성을 제공했다. 이 백신은 또한 생식기 사마귀를 유발하는 두 가지 다른 HPV 아형으로부터 보호할 수 있다. 흥미롭게도 HeLa 세포는 랙스(Henrietta Lacks)의 자궁경부암 세포에서 생성되었다(**1장의 인간과의 연결** 참조). HeLa 세포의 DNA의 염기서열 분석을 통해 8번 염색체에서 *Myc* 원발암유전자(Myc proto-oncogene)의 500 kb의 상부의 위치에서 HPV 18 DNA의 삽입이 확인되었다.

암의 원인이 되는 감염원으로 바이러스, 박테리아, 기생충 등 여러 가지가 있지만 작용 메커니즘은 두 가지로 나눌 수 있다. 첫 번째 메커니즘은 B형 간염 바이러스와 C형 간염 바이러스, 헬리코박터 파일로리균, 편충 등의 감염에 따라 조직이 파괴되고 만성 염증을 유발하는 과정이다. 이들에 감염되면 면역세포는 조직으로 침투하여 감염원을 제거하려고 노력한다. 불행하게도 이 제거 과정 중에 면역세포가 감염과 싸우기 위해 사용하는 메커니즘에서 종종 활성 산소(짝을 이루지 않은 전자를 포함하는 높은 반응성 형태의 산소) 같은 돌연변이 유발 화학물질을 생성한다. 결과적으로 암을 유발하는 돌연변이가 발생할 가능성이 높아진다. 두 번째 메커니즘은 감염된 세포의 증식을 촉진하는 바이러스의 능력에 기반한다. 어느 경우라도 여기에 관련된 유전자는 화학물질과 방사선에 의해 유발되는 암에서도 역할을 한다. 따라서 암 관련 유전자와 그들이 작용하는 방식을 살펴봐야 한다.

개념체크 21.3

흡연은 수많은 인간 암의 원인이지만 모든 흡연자가 암에 걸리는 것은 아니다. 이 결과에 대해 설명해보라.

21.4 종양유전자와 종양 억제유전자

DNA 돌연변이가 암 발생의 원인이라는 사실을 증명하는 다양한 증거가 있다. 자연발생적인 돌연변이, DNA 복제 과정의 오류, 돌연변이 DNA의 유전, 화학물질, 방사능, 감염원이 모두 암을 일으킨다. 발생 원인에는 차이가 있지만 결과적으로 세포의 생존과 증식을 조절하는 유전자에 돌연변이가 발생하면 암이 진행된다. 이제부터 두 가지 다른 종류의 암 발생 유전자, 즉 종양유전자와 종양 억제유전자에 대해 알아보자.

종양유전자는 암발생을 유발한다

발현되어 암을 유발하는 유전자를 **종양유전자**(oncogene)라고 한다. 종양유전자는 바이러스에 의해 세포로 옮겨지고, 세포 내에서 정상적인 유전자가 돌연변이를 만든다. 어느 경우든 종양유전자는 세포의 과도한 증식을 유도하거나 정상적인 세포자멸을 억제함으로써 세포 생존을 증가시키는 단백질을 발현시킨다.

종양유전자는 앞서 언급한 라우스육종 바이러스(Rous sarcoma virus)에서 처음으로 발견되었다. 돌연변이 연구에 따르면 *src* 유전자 중 결함이 있는 돌연변이 바이러스는 여전히 세포를 감염시키고 정상적으로 번식할 수 있지만 더 이상 암을 유발할 수는 없다. 즉 암이 발생하려면 *src* 유전자의 기능적 복제가 있어야 한다. 유사한 접근 방식을 통해 수십 개의 다른 바이러스에서 발암 유전자를 식별할 수 있다.

바이러스로 유발되지 않은 암에도 종양유전자가 존재한다는 증거는 인간 방광암세포에서 분리된 DNA를 쥐 세포주에 도입한 연구에서 최초로 확인되었다. 이러한 과증식 세포를 쥐에게 주입하자 암으로 발전했다. 그래서 과학자들은 쥐 세포에 주입한 인간의 유전자가 암을 유발했다고 의심했다. 이 의심을 확인하기 위해 쥐의 암세포에서 DNA를 분리하여 복제했고, 이로 인해 첫 번째 인간 종양유전자는 비정상적인 형태의 Ras 단백질을 발현하는 돌연변이 *RAS* 유전자가 확인되었다. Ras는 성장 신호전달에서 기능하는 단백질이다(19장과 20장 참조).

RAS 유전자는 발견된 200여 개 이상의 인간 종양유전자 가운데 첫 번째 종양유전자이다. 이러한 종양유전자는 암을 유발할 수 있는 유전자로 정의되지만, 보통 단일 종양유전자로는 충분하지 않다. 이전 문단에서 설명한 형질 주입 실험에서 *RAS* 종양유전자를 도입하면 암이 발생하는데, 이는 이 연구에 사용된 쥐 세포가 이미 다른 세포주기 조절유전자에 돌연변이를 가지고 있기 때문이다. 그 대신에 바로 분리된 정상 쥐 세포를 사용할 경우 *RAS* 종양유전자 자체만으로는 암을 유발하지 않는다. 이 관찰은 보통 정상 세포를 암세포로 변환하기 위해서는 여러 돌연변이가 필요하다는 중요한 원칙을 보여준다.

원발암유전자가 종양유전자로 바뀐다

바이러스에 의한 것이 아닌 인간의 암은 어떻게 종양유전자를 얻는가? 답은 종양유전자는 **원발암유전자**(proto-oncogene)라고 불리는 정상 세포 유전자의 돌연변이로 인해 발생한다는 것이다. 유해하게 들리는 이름에도 불구하고 원발암유전자는 단순히 암 발병을 촉진할 기회를 기다리는 '나쁜' 유전자가 아니다. 오히려 세포의 성장과 생존을 조절하는 데 필수적인 기여를 하는 정상적인 세포 유전자이다. 원발암유전자라는 용어는 단지 특정 유형의 돌연변이에 의해 종양 전이 유전자의 구조나 활동이 방해될 경우 돌연변이 형태의 유전자가 암을 일으킬 수 있다는 것을 의미한다. 원발암유전자로서 변화하는 돌연변이는 **그림 21-11**에 설명된 다양한 메커니즘을 통해 생성된다.

> **연결하기 21.1**
>
> 암은 일반적으로 Ras를 과민성으로 만드는 Ras 단백질의 돌연변이를 가지고 있다. 과활성 Ras가 암을 촉진하는 이유는 무엇일까? (그림 19-18, 20-13, 20-25 참조)

점돌연변이 원발암유전자가 종양유전자로 바뀌는 가장 간단한 첫 번째 메커니즘은 **점돌연변이**(point mutation)이다. 이는 DNA에서 단일 염기 치환으로 인해 원발암유전자가 암호화되는 단백질에서 단일 아미노산 치환을 일으킨다. 대표적으로 점돌연변이된 *RAS* 종양유전자로부터 만들어진 비정상적인 Ras 단백질은 과도하게 높은 활성을 가진다.

유전자 증폭 종양유전자 생성을 위한 두 번째 메커니즘은 유전자 증폭(gene amplification)을 활용하여 원발암유전자의 복제 수를 증가시키는 것이다. 유전자 복제 수가 증가하면 단백질 자체는 정상이지만 원발암유전자가 암호화하는 단백질이 과잉 생산되는 원인이 된다. 예를 들어 유방암과 난소암의 약 25%에서는 *ERBB2* 유전자의 증폭이 원인이 된다. 이 유전자는 생장인자 수용체를 발현시킨다. 유전자의 여러 복제본이 존재하면 수용체 단백질이 과도하게 생성되어 결과적으로 과도한 세포 증식을 유발한다.

염색체 전좌 염색체 전좌(chromosomal translocation)는 하나의 염색체에서 일부가 잘려 다른 염색체에 붙는 과정을 의미한다. 버킷림프종이 바로 그 전형적인 예시이다(위의 내용 참조). 8번 염색체에 있는 *MYC* 원발암유전자가 14번 염색체로 이동하여 항체 분자를 발현하는 유전자가 집중적으로 존재하는 영역 바로 옆에 위치하게 된다(**그림 21-12**). *MYC* 유전자를 매우 활성이 높은 항체 유전자에 매우 가깝게 이동시키면 *MYC* 유전자가 많이 전사되어 Myc 단백질(세포 증식을 자극하는 전사인자)이 과

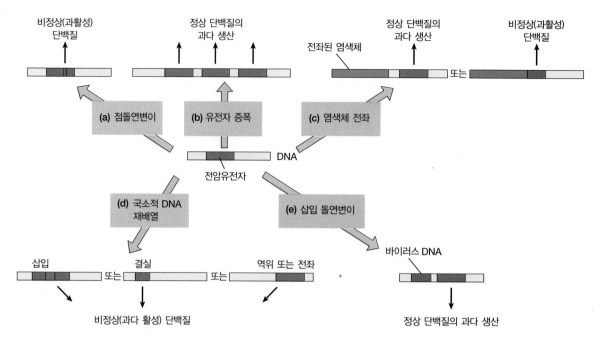

그림 21-11 원발암유전자가 종양유전자로 바뀌는 5가지 메커니즘. 종양유전자는 비정상적인 단백질을 만들어내기도 하는 반면에 정상적인 단백질을 과도하게 많이 만들어내기도 한다. (a) 점돌연변이는 단일 염기 치환을 포함하며, 이로 인해 원발암유전자에서 생산되는 정상적 단백질로부터의 단일 아미노산이 다른 비정상적인 단백질을 암호화하는 종양유전자를 형성한다. (b) 유전자 증폭을 통해 종양유전자가 여러 개로 늘어나면 정상 단백질을 과도하게 생성한다. (c) 염색체 전좌는 염색체 한 부위가 다른 염색체로 이동하는 것이다. 이 과정을 통해 2개의 유전자가 하나로 결합되면서 종양유전자가 되어 비정상적인 단백질을 생성하거나, 매우 활발하게 발현되는 유전자 근처로 이동하여 과도하게 발현될 수 있다. (d) 한 염색체 내에서 국부적으로 발생한 유전자 재배열(삽입, 결실, 역위, 전좌 등)이 원발암유전자의 구조를 파괴하여 비정상적인 단백질을 생성한다. (e) 바이러스 DNA가 원발암유전자 근처에 삽입되어 나타나는 돌연변이는 원발암유전자의 발현을 자극하여 단백질을 과도하게 많이 생성되도록 촉진한다.

다하게 생산된다. 이동한 *MYC* 유전자가 정상적인 구조와 정상 Myc 단백질을 발현시키기도 하지만 14번 염색체의 새로운 위치로 인해 유전자가 과발현되기 때문에 여전히 종양유전자이다(그림 21-12a).

염색체 전좌는 또한 유전자 구조를 변화시키고 비정상적인 단백질을 만들 수 있다. 예를 들어 만성 골수성 백혈병과 일반적으로 관련된 22번 염색체의 비정상적인 필라델피아 염색체(Philadelphia chromosome)가 있다. 필라델피아 염색체는 9번 염색체와 22번 염색체의 끝 부근에서 DNA 파손이 일어나고, 이후 두 염색체 간에 상호 교환이 발생함으로써 생성된다(그림 21-12b). 이 이동은 *BCR-ABL*이라는 종양유전자를 생성하는데, 이는 두 가지 다른 유전자인 *BCR*과 *ABL*에서 유래한 DNA 서열을 포함한다. 결과적으로 이 종양유전자는 두 가지 다른 단백질로부터 유래한 아미노산 서열을 포함하므로 비정상적으로 기능하는 융합 단백질을 생성한다.

국부적 DNA 재배열 종양유전자를 생성하는 네 번째 메커니즘은 국부적 DNA 재배열로, 이는 원발암유전자 염기서열의 결실(deletion), 삽입(insertion), 역위(inversion, 일련의 서열이 잘라진 후 거꾸로 삽입된 염색체 재배열), 전위(transposition, 한 위치에서 다른 위치로 서열이 이동)에 의한 변경으로 이루어진다. 갑

상샘암과 대장암에서 어떻게 간단한 재배열이 2개의 정상 유전자에서 종양유전자를 생성하는지를 보여주는 예시를 볼 수 있다. 이 예시에서는 *NTRK1*과 *TPM3*라는 2개의 유전자가 동일한 염색체에 위치해 있다. *NTRK1*은 수용체 타이로신 인산화효소(receptor tyrosine kinase)를 발현하고, *TPM3*는 전혀 관련 없는 단백질인 비근육 트로포마이오신(nonmuscle tropomyosin)을 발현한다. 어떤 종양에서는 *TPM3* 유전자의 한쪽 끝이 *NTRK1* 유전자의 반대쪽 끝과 융합하는 DNA 역위가 발생한다(**그림 21-13**). 이로 인해 생성된 유전자인 *TRK* 양성 유전자는 수용체의 타이로신 인산화효소 부위와 공유하는 부위를 가진 트로포마이오신 분자의 일부를 포함하는 융합 단백질을 생성한다. 이 공유 부위는 2개의 폴리펩타이드 사슬이 2중으로 결합되는 구조인 **또꼬인나선**(coiled coil)을 형성한다. 결과적으로 융합 단백질은 영구적인 2량체를 형성하며, 타이로신 인산화효소 도메인은 영구적으로 활성화된다(19장에서 살펴본 바와 같이 수용체 타이로신 인산화효소는 보통 2개의 수용체 분자를 함께 2량체로 형성함으로써 활성화된다).

삽입 돌연변이 유발 레트로바이러스(retrovirus, 그림 16-6 참조)는 자신의 종양유전자 없이 암을 일으킬 수 있다. 이를 위해 레트로바이러스는 자신의 유전자를 숙주 염색체의 전암유전자에

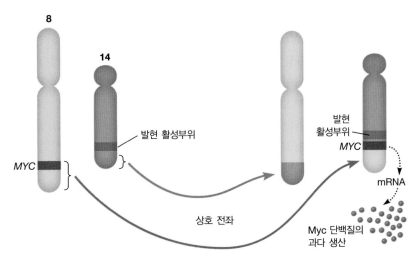

(a) 버킷림프종에서 Myc의 과다발현

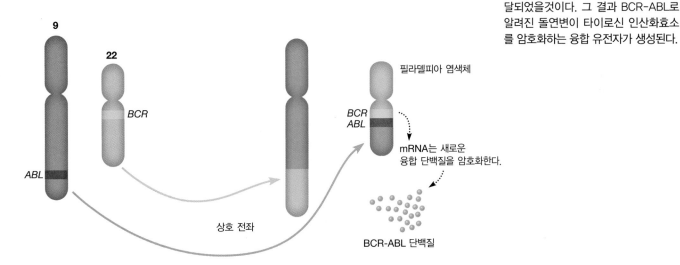

(b) 필라델피아 염색체와 BCR-ABL 인산화효소

그림 21-12 버킷림프종에서 염색체 전좌. (a) 버킷림프종을 유발하는 림프구에는 *MYC* 유전자를 보유한 8번 염색체의 한 부위와 14번 염색체의 한 부위가 전좌되어 있다. 이러한 전좌 과정을 통해 정상적인 *MYC* 유전자가 14번 염색체 내에 매우 활발하게 발현되는 항체 유전자 근처로 자리잡게 된다. 결과적으로 Myc 단백질이 과도하게 생성되어 비정상적으로 세포 성장을 촉진하게 된다. (b) 거의 모든 만성 골수성 백혈병에서 필라델피아 염색체라고 하는 비정상적으로 짧은 22번 염색체와 비정상적으로 긴 9번 염색체가 발견된다. 이러한 염색체는 상호 전좌에 의해 생성되며, 이는 아마도 유사분열 중인 단일 백혈구 전구세포에서 발생하고 모든 자손 세포로 전달되었을 것이다. 그 결과 BCR-ABL로 알려진 돌연변이가 타이로신 인산화효소를 암호화하는 융합 유전자가 생성된다.

위치한 영역에 삽입함으로써 작용한다. 바이러스 DNA의 삽입은 숙주세포의 원발암유전자를 과발현시켜 종양유전자로 변환시킨다. 이러한 현상은 **삽입 돌연변이 유발**(insertional mutagenesis)이라고 불리며, 동물의 암에서는 자주 발견되지만 인간에서는 드물다. 그러나 일부 인간 암은 결함 유전자를 수선하기 위한 벡터로 레트로바이러스를 사용한 초기 유전자 치료 실험에서 우연히 이러한 방식으로 생성되었을 가능성이 있다.

대다수 종양유전자의 단백질은 세포 성장 신호 전달에 관여한다

이제까지 원발암유전자가 종양유전자로 변환되면 구조적으로 문제가 있는 단백질이 생성되거나, 정상 단백질의 경우 과도하게 생성된다는 것을 살펴봤다. 지금까지 확인된 200여 가지의 종양유전자는 다음의 6가지 그룹, 즉 생장인자, 수용체, 원형질막

GTP 결합단백질, 비수용체 단백질 인산화효소, 전사인자, 세포주기, 세포자멸 조절인자로 분류된다(**표 21-1**). 이러한 그룹은 모두 생장 신호경로의 단계와 관련이 있다(예: 그림 20-23에 표시된 Ras 경로의 단계 참조). 다음 절에서는 이러한 각 그룹의 종양유전자 생성 단백질이 암 발병에 어떻게 기여하는지 사례를 통해 알아볼 것이다.

생장인자 일반적으로 세포는 적절한 생장인자의 자극을 받지 않는 한 분열하지 않는다. 그러나 세포가 생장인자 기능을 하는 종양유전자를 가지고 있으면 스스로 세포 증식을 촉진할 수 있다. 이와 같은 방식으로 작용하는 종양유전자는 원숭이육종 바이러스(simian sarcoma virus)에서 발견되는 *v-sis*(v는 '바이러스'를 의미) 유전자이다. *v-sis* 종양유전자는 혈소판 유래 생장인자(PDGF)의 돌연변이 단백질을 만든다. 바이러스가 일반적으로 혈소판 유래 생장인자에 의해 조절되는 원숭이 세포에 감염되면

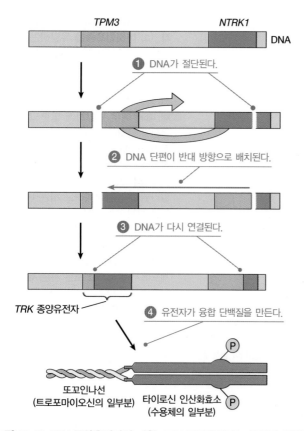

TPM3　　　　　　　NTRK1

❶ DNA가 절단된다.

❷ DNA 단편이 반대 방향으로 배치된다.

❸ DNA가 다시 연결된다.

TRK 종양유전자

❹ 유전자가 융합 단백질을 만든다.

ⓟ

ⓟ

또꼬인나선
(트로포마이오신의 일부분)

타이로신 인산화효소
(수용체의 일부분)

그림 21-13 *TRK* 종양유전자의 기원. *TRK* 종양유전자는 염색체 역위에 의해 두 유전자의 일부가 결합되어 생성된다. 하나는 타이로신 인산화효소 활성을 가진 생장인자 수용체(*NTRK1*)를 암호화하는 유전자이고, 다른 하나는 비근육 트로포마이오신(*TPM3*)을 암호화하는 유전자이다. 역위 과정에서 *TPM3* 유전자 끝 부분이 *NTRK1*의 반대 끝부분에 결합된다. 결과적으로 생성된 *TRK* 종양유전자는 융합 단백질을 발현하고, 이 융합 단백질의 트로포마이오신 부위가 수용체를 2량체로 형성하게 하여 타이로신 인산화효소 활성이 지속적으로 유지된다.

v-sis 종양유전자에 의해 생성된 혈소판 유래 생장인자는 지속적으로 세포 자체의 증식을 촉진한다(일반적인 상황과 달리 세포는 주변 혈소판에서 혈소판 유래 생장인자가 방출될 때만 노출된다). 혈소판 유래 생장인자와 관련된 종양유전자는 일부 인간 육종에서도 검출된다. 이 종양은 혈소판 유래 생장인자 유전자(콜라젠을 암호화하는 유전자)의 일부에 결합되는 유전자를 생성하는 염색체 전좌를 포함한다.

수용체 수십 개의 종양유전자는 성장 신호 전달 경로에 관여하는 수용체를 발현한다. 많은 수용체는 생장인자가 수용체에 결합할 때만 활성화되는 고유한 타이로신 인산화효소 활성을 나타낸다(19장 참조). 종양유전자는 때때로 생장인자의 존재 여부와 상관없이 타이로신 인산화효소가 영구적으로 활성화되는 수용체의 돌연변이를 암호화한다. DNA 재배열 관련 설명에서 다뤘던 *TRK* 종양유전자가 이러한 것의 예시이다(그림 21-13 참조). 또 다른 예로는 닭에서 빈혈 증후군을 유발하는 바이러스에서

발견된 *v-erb-b* 유전자이다(**그림 21-14**). *v-erb-b* 종양유전자는 표피생장인자(epidermal growth factor, EGF) 수용체가 돌연변이된 형태를 생성한다. 일반적인 수용체는 표피생장인자에 결합될 때만 타이로신 인산화효소가 활성화된다(그림 21-14a). 돌연변이 단백질은 타이로신 인산화효소의 활성을 유지하지만 표피생장인자의 결합부위가 없다. 따라서 이 수용체는 과도한 활성을 가지며, 표피생장인자의 존재 여부에 관계없이 타이로신 인산화효소로 활성화된 상태를 유지한다(그림 20-16b).

다른 종양유전자는 정상적인 수용체를 생성하지만 지나치게 많은 양으로 생성되어 과도한 성장 신호 전달을 유발할 수도 있다(그림 21-14c 참조). 이에 대한 한 예로 인간 *ERBB2* 유전자가 있다. 앞서 설명한 것처럼 특정 유방암과 난소암에서 *ERBB2* 유전자의 증폭은 생장인자 수용체를 과도하게 생성하게 한다. 수용체 분자의 과발현은 생장인자의 과도한 반응을 유발하고, 따라서 과도한 세포 증식을 초래한다.

Jak-STAT 경로(25장 참조) 같은 몇 가지 성장 신호 전달 경로는 단백질 인산화효소 활성을 보이지 않는 수용체를 이용한다. 이러한 수용체는 생장인자의 결합으로 활성화된 수용체가 독립적인 타이로신 인산화효소 단백질의 활동을 자극하게 한다. 쥐에서 백혈병을 유발하는 골수증식성 백혈병 바이러스(myeloproliferative leukemia virus)에 존재하는 종양유전자인 *v-mpl*은 이러한 수용체를 암호화하는데, 이 수용체는 Jak-STAT 경로를 사용하여 혈소판 생산을 자극하는 생장인자인 혈소판 자극인자(thrombopoietin)의 수용체인 돌연변이 단백질을 발현시킨다.

원형질막 GTP 결합단백질 많은 성장 신호 경로에서 생장인자가 수용체에 결합하면 Ras가 활성화된다. 돌연변이 Ras 단백질을 발현하는 종양유전자는 인간 암에서 발견되는 흔한 유전적 원인이다. *RAS* 종양유전자를 생성하는 점돌연변이는 일반적으로 Ras 단백질 내에서 3가지 위치 중 하나에 잘못된 아미노산이 삽입되는 것을 유발한다. 그 결과 GTP를 GDP로 가수분해하는 대신, 결합된 GTP를 유지하여 단백질을 영구적으로 활성화된 상태로 유지하는 과잉 활성 Ras 단백질을 형성하게 된다. 이 과활성 상태에서 Ras 단백질은 생장인자가 세포의 생장인자 수용체에 결합되었는지 여부와 관계없이 계속해서 Ras 경로의 나머지로 성장 자극 신호를 전달하게 된다.

비수용체 단백질 인산화효소 다양한 성장 신호 경로가 공유하는 공통적인 특징은 세포 내에서 신호를 전달하는 단백질 인산화의 연쇄작용이다. 이러한 세포 내 인산화 반응을 촉매하는 효소는 세포 표면 수용체에 내재된 단백질 인산화효소와 구별하기 위해 **비수용체 단백질 인산화효소**(nonreceptor protein kinase)라고 한다. 예를 들어 활성화된 Ras 단백질은 Raf 단백질 인산화효소의

표 21-1 단백질 기능에 따른 종양유전자의 분류

종양유전자	암호화 단백질	기원	암의 종류*
생장인자			
v-sis	PDGF	바이러스	육종(원숭이)
COL1A1-PDGFB	PDGF	전좌	섬유육종
수용체			
v-erb-b	EGF 수용체	바이러스	백혈병(닭)
TRK	NGF 수용체	DNA 재배열	갑상샘암
ERBB2	EGF 수용체 2	유전자 증폭	유방암
v-mpl	혈소판 자극인자 수용체	바이러스	백혈병(쥐)
원형질막 GTP 결합단백질			
KRAS	Ras	점돌연변이	이자암, 대장암, 폐암 등
HRAS	Ras	점돌연변이	방광암
NRAS	Ras	점돌연변이	백혈병
비수용체 단백질 인산화효소			
BRAF	Raf 인산화효소	점돌연변이	흑색종
v-src	Src 인산화효소	바이러스	육종(닭)
SRC	Src 인산화효소	DNA 재배열	직장암
TEL-JAK2	Jak 인산화효소	전좌	백혈병
BCR-ABL	Abl 인산화효소	전좌	만성 골수성 백혈병
전사인자			
MYC	Myc	전좌	버킷림프종
MYCL	Myc	유전자 증폭	소세포성 폐암
c-myc	Myc	삽입 돌연변이	백혈병(닭)
v-jun	Jun	바이러스	육종(닭)
v-fos	Fos	바이러스	골암(쥐)
세포주기 및 세포자멸 조절인자			
CYCD1	사이클린	유전자 증폭, 전좌	유방암, 림프종
CDK4	Cdk	유전자 증폭	육종, 신경아교세포종
BCL2	Bcl-2	전좌	비호지킨성 림프종
MDM2	Mdm2	유전자 증폭	육종, 폐암, 유방암 등

* 제시된 암은 따로 명시하지 않은 한 모두 사람의 암을 가리킨다. 가장 흔한 종류의 암을 수록했다.

인산화로 시작되는 세포 내 단백질 인산화 연쇄반응을 유발하고, 결국 MAP 인산화효소의 인산화로 연결된다(그림 19-18 참조). 이 연쇄 과정에 참여하는 단백질 인산화효소의 발현에 관여하는 다양한 종양유전자가 있다. 또한 다른 신호전달 경로에 참여하는 비수용체 단백질 인산화효소를 발현하는 종양유전자도 확인되었다. 여기에는 대표적으로 Src, Jak, Abl 단백질 인산화효소의 돌연변이를 생성하는 종양유전자도 포함된다.

전사인자 일부 성장 신호 경로는 전사인자의 변화를 유발하여 유전자 발현을 변형시킨다. 다양한 전사인자의 돌연변이 형태나 과도한 양을 생성하는 종양유전자를 다양한 종류의 암에서 확인할 수 있다. 가장 일반적인 것 중에 세포 증식 및 생존과 관련된 수많은 유전자의 발현을 제어하는 Myc 전사인자를 암호화하는 종양유전자가 있다. 앞서 버킷림프종과 관련된 염색체 전좌가 어떻게 Myc 단백질의 과발현을 유도하는 *MYC* 종양유전자를 생성하는지 살펴보았다(그림 21-12 참조). 버킷림프종은 Myc 단백질이 과다 생산되는 인간의 여러 종에 하나일 뿐이다. 다른 암에서는 염색체 전좌 대신 유전자 증폭이 관여한다. 예를 들어 *MYC*

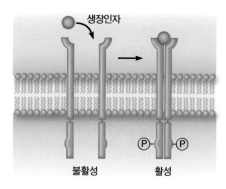

(a) 정상 수용체. 정상 수용체에서는 생장인자의 결합에 따라 2개의 수용체가 합쳐지고, 따라서 각 효소 활성으로 해서 서로 인산화시킨다(자기인산화).

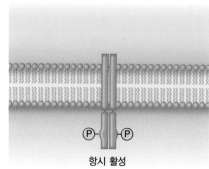

(b) 돌연변이 수용체. 생장인자와 결합하는 부위를 잃어버린 돌연변이 수용체는 생장인자 신호가 없어도 지속적으로 효소 활성을 가진다.

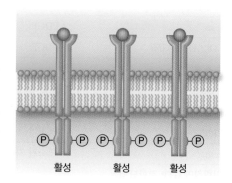

(c) 증폭된 수용체. 증폭된 종양유전자가 지나치게 많은 수용체를 발현시켜 과도한 효소 활성을 갖도록 한다.

그림 21-14 정상 세포와 암세포에서의 수용체 타이로신 인산화효소. (a) 정상 수용체는 생장인자가 결합된 후에 타이로신 인산화효소의 활성이 나타난다. (b) 어떤 종양유전자는 타이로신 인산화효소가 항상 활성화되어 있는 돌연변이 수용체를 만든다. (c) 한편 정상적인 수용체를 과도하게 많이 발현시켜 지나치게 효소가 활성화되는 종양유전자도 있다.

유전자 증폭은 소세포성 폐암(small-cell lung cancer)과 20~30%의 유방암 및 난소암을 포함한 다양한 암에서 높은 빈도로 관찰되고 있다.

세포주기와 세포자멸 조절인자 신호전달의 마지막 단계에서 전사인자가 세포의 증식과 생존에 관련된 단백질을 암호화하는 유전자를 활성화한다. 활성화된 유전자에는 사이클린(cyclin, CYC)과 사이클린 의존성 인산화효소(cyclin-dependent kinase, Cdk) 유전자가 있으며, 이들은 세포주기의 주요 단계를 통과하는 데 관여한다(20장 참조). 다수의 인간 종양유전자가 이런 형태의 단백질을 생산한다. 예를 들어 사이클린 의존성 인산화효소 유전자인 *CDK4*는 일부 육종에서 증폭되고, 사이클린 유전자인 *CYCD1*은 유방암에서 일반적으로 증폭되며 일부 림프종에서 염색체 전좌에 따라 돌연변이화된다. 이러한 종양유전자는 Cdk-사이클린 복합체의 과다 생성이나 과활성을 유도하여 생장인자가 없어도 세포주기를 진행시킨다.

일부 종양유전자는 세포분열을 자극하는 것이 아닌 세포자멸을 억제함으로써 세포 증식 축적에 기여한다. 한 예로 세포자멸을 억제하는 단백질인 Bcl-2를 암호화하는 유전자가 있다(그림 20-28 참조). 특정 유형의 림프종에서 염색체 전좌는 Bcl-2의 과도한 생성을 유발하여 세포자멸을 억제하고, 이로 인해 분열 세포의 축적을 촉진한다. Mdm2 단백질을 암호화하는 *MDM2* 유전자의 증폭 또는 비정상적인 발현도 암을 유발할 수 있다(그림 20-22 참조). Mdm2의 과도한 생산은 p53의 파괴를 일으켜, 일반적으로 세포자멸을 유도하는 p53 경로를 억제한다.

대부분의 종양유전자는 앞서 언급된 범주 중 하나의 단백질을 암호화한다. 이러한 종양유전자 중 일부는 이러한 단백질의 비

정상적이고 과활성화된 형태를 생성한다. 다른 종양유전자는 일반적으로 정상적인 단백질의 과다 생산을 유발한다. 어느 경우든 최종 결과는 세포분열이 통제되지 않는 상태의 단백질이 되는 것이다.

연결하기 21.2

G1 사이클린 의존성 인산화효소 Cdk4 및 6의 화학적 억제인자는 일부 전이성 유방암 치료에 효과적이다. 20장에서 배운 내용을 바탕으로 이러한 Cdk를 억제하면 암을 억제할 수 있다고 생각하는 이유는 무엇인가? (그림 20-25 참조)

종양 억제유전자가 기능을 상실하면 암이 유발된다

암 발생을 유발할 수 있는 종양유전자와 달리 **종양 억제유전자**(tumor suppressor gene)는 유전자의 소실 또는 비활성화를 통해 암을 유발한다. 종양 억제유전자는 그 이름이 암시하듯이 세포 증식을 억제하는 기능을 한다. 달리 말하면 종양 억제유전자는 자동차의 '감속기'처럼 세포 증식 과정을 조절하고, 종양유전자는 가속기 기능을 수행하여 세포 증식을 유도한다. 사람 세포에 있는 약 25,000개의 유전자 중 단 수십 개만이 종양 억제유전자의 특성을 나타낸다. 하지만 이러한 유전자 중 하나만 기능을 잃어도 암으로 이어질 수 있기 때문에 각각은 매우 중요하다.

1960년대에 암세포와 정상 세포를 융합시킨 세포 융합 실험을 통해 세포가 암 발생을 유발할 수 있는 유전자를 보유한다는 첫 번째 증거를 발견했다. 현재까지 종양유전자에 대해 밝혀진 바에 따르면 암세포와 정상 세포를 융합하여 생성된 잡종세포(hybrid cell)는 원래의 암세포로부터 종양유전자를 획득했을 것으로 예상되며, 따라서 암세포와 마찬가지로 통제되지 않은 성

장을 보일 것으로 예상되었다. 하지만 실제로는 그렇지 않았다. 암세포와 정상 세포를 융합시키면 거의 항상 종양을 형성하지 않고 정상 부모 같은 행동을 하는 잡종세포가 생성된다. 이러한 결과는 정상 세포가 종양의 성장을 억제하고 정상적인 성장 상태로 회복시킬 수 있는 단백질을 생성하는 유전자를 포함한다는 초기의 증거를 제공한다.

암세포를 정상 세포와 융합시키면 일반적으로 종양을 형성할 수 없는 잡종세포가 생성되지만, 이것이 이러한 세포가 정상이라고 의미하는 것은 아니다. 이러한 잡종세포를 세포 배양으로 장기간 성장시키면 종종 원래의 암세포 같은 악성이며 통제되지 않는 행동을 보인다. 악성으로의 회귀는 특정 염색체의 소실과 관련이 있으며, 이는 이러한 특정 염색체에는 종양 형성 능력을 억제하던 유전자가 포함되어 있었음을 시사한다. 잡종세포가 원래의 암세포와 정상 세포에서 유래한 염색체 모두를 유지하는 한 종양 형성 능력은 억제한다. 이러한 관찰 결과를 통해 결국 소실된 유전자를 '종양 억제유전자'로 명명할 수 있었다.

세포 융합 실험은 종양 억제유전자가 존재한다는 좋은 증거를 제공했지만, 이러한 유전자를 식별하는 것은 쉽지 않았다. 종양 억제유전자는 기능이 손실될 때까지는 알려지지 않는다는 점에서 식별하는 데 어려움이 따른다. 그렇다면 존재조차 알려지지 않은 무언가를 어떻게 찾을 수 있을까? 한 가지 방법은 암 발병 위험이 높은 가족을 대상으로 하는 것이다. 대부분의 암은 자연적이거나 환경적으로 유도된 돌연변이로 인해 유발되지만, 약 10~20%의 암은 유전적인 돌연변이로 유발될 수 있다. 이러한 암을 '유전성'이라고 표현하지만, 사람들이 실제로 부모로부터 암을 물려받는다는 것을 의미하지는 않는다. 유전될 수 있는 것은 암 발병에 대한 **감수성**(susceptibility) 증가이다.

유전적 결함으로 인한 암 발병의 주된 이유는 보통 종양 억제유전자의 유전적 결함이다. 종양 억제유전자는 기능이 상실된 부분과 암이 관련되는 개체로서, 일반적으로 2개의 연속적인 돌연변이가 필요하다. 동일한 유전자의 두 사본에 2개의 이러한 돌연변이가 무작위로 발생할 확률은 매우 낮다. 그러나 한 부모로부터 특정 종양 억제유전자의 돌연변이(또는 결여)를 유전받는다면 암 발병 위험이 훨씬 높아진다. 왜냐하면 한 세포에서 암 발병으로의 진행을 시작하는 데 이제 단 하나의 돌연변이(해당 종양 억제유전자의 두 번째 사본에서)만 필요하기 때문이다. 이러한 **2중적중 가설**(two-hit hypothesis)은 1953년에 노들링(Carl O. Nordling)이 처음 제안했고, 이후 1971년에 너드슨(Alfred G. Knudson)이 정식으로 제시했다. 이 가설은 유전성 암 감수성을 연구함으로써 확인되었으며, 다음 절에서 살펴볼 것이다.

2중적중 가설 모델에서 종양 억제유전자의 두 번째 사본에서 기능을 상실시키는 돌연변이는 암으로 이어질 수 있지만, 다른

가능성도 존재한다. 종양 억제유전자의 정상 대립유전자를 포함한 염색체 전체 또는 일부가 결실된 경우 암 발생 가능성이 증가한다. 이 현상을 **이형접합성 상실**(loss of heterozygosity, LOH)이라고 한다. 미세부수체(microsatellite) 또는 짧은 직렬반복(STR) 표지가 상실된 곳을 찾아 종양세포에 이형접합성 상실이 있는지 여부를 확인할 수 있다(그림 17-16 참조).

유전성 망막아세포종 가계 대상 연구를 통해 *RB* 종양 억제유전자를 발견했다

2중적중 가설은 질병 가족력이 있는 어린 소아에서 발생하는 희귀 안구암인 유전성 망막아세포종(hereditary retinoblastoma)의 유전적 메커니즘에 대한 너드슨의 관심에서 비롯되었다(**그림 21-15**). 이 질환을 가진 어린이들은 한 부모로부터 13번 염색체 특정 영역의 결실을 물려받는다. 이러한 결실 자체로 암이 유발되는 것은 아니다. 그러나 안구가 성장하는 동안 많은 세포분열이 발생하는 과정에서 개별 망막세포는 때로는 13번 염색체 두 번째 사본의 동일한 영역에서 결실 또는 돌연변이를 획득할 수 있고, 암은 이러한 세포에서 발생한다. 이러한 패턴은 (1) 13번 염색체에는 정상적으로 세포 증식을 억제하는 유전자가 포함되어 있으며, (2) 유전자의 양쪽 사본 모두의 결실 또는 파괴가 암 발병 전에 발생해야 한다는 것을 시사한다. 실제 정상 망막세포와 망막아세포종양세포의 13번 염색체를 비교 및 분석하여 기능이 사라진 *RB* 유전자를 찾아냈다.

RB 유전자는 세포주기의 G1기에서 S기로의 진행을 조절하는 역할을 하는 Rb 단백질을 암호화한다(24장과 그림 20-19 참조). Rb는 생장인자로부터 적절한 신호가 없을 때 세포가 G1기 제한점을 통과하고 S기로 진입하는 것을 일반적으로 억제하는 '제동' 메커니즘의 일부이다. *RB* 유전자의 두 사본이 파괴되면 이 억제 메커니즘이 제거되고 조절되지 않는 세포 증식이 가능해진다(그림 21-15a). *RB* 돌연변이가 세포 증식의 정상적인 통제를 없애는 능력은 유전성 망막모세포종이라는 희귀한 안구암에 발견된 유전자 결함에만 국한되지 않는다. Rb 단백질을 붕괴시키는 돌연변이는 비유전성 망막모세포종 및 특정 형태의 폐암, 유방암, 방광암 등 비유전성 암에서도 발견되었다. 이러한 경우 배아의 일부 세포에서 자연발생 돌연변이가 발생한 후 이 첫 번째 돌연변이를 획득한 세포의 자손에서 유전자의 두 번째 복제본에 돌연변이가 발생한다(그림 21-15b).

Rb 단백질은 특정 암 바이러스의 표적이기도 하다. 대표적인 예로 앞서 언급한 자궁경부암을 유발하는 **인간유두종 바이러스**(human papillomavirus, HPV)가 있다. 여성의 자궁경부암 외에도 HPV는 미국에서 구강후두암의 70%를 유발한다고 알려져 있어 성별에 관계없이 백신 접종이 중요하다. HPV는 감염된 세포

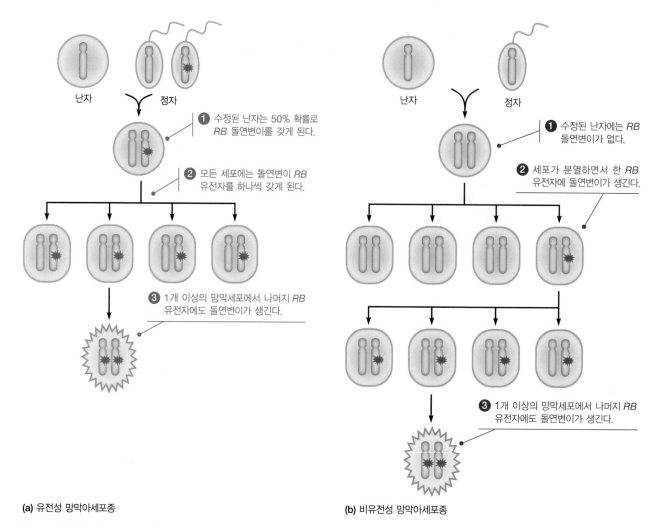

(a) 유전성 망막아세포종

(b) 비유전성 망막아세포종

그림 21-15 유전성 암과 비유전성 암에서 종양 억제유전자의 양상. 여기에서 예로 든 망막아세포종(안구암)에서 *RB* 유전자의 역할은 다른 종양 억제 유전자의 역할과 유사하다. (a) 한 부모로부터 돌연변이 *RB* 유전자를 물려받은 어린이는 모든 세포에 그 돌연변이를 가지고 있다. 만일 한 망막세포에서 나머지 정상적인 *RB* 유전자의 돌연변이가 일어나면 두 *RB* 유전자의 결함으로 인해 망막아세포종이 생긴다. (b) 이러한 유전적 결함이 없는 가족의 어린이는 정상적인 *RB* 유전자를 가지고 태어난다. 그러나 매우 드문 현상이지만 한 망막세포에서 두 *RB* 유전자의 돌연변이가 생기면 비유전성 망막아세포종이 발생할 수 있다.

에서 Rb에 결합하는 E7 단백질을 생성하는 종양유전자를 포함하고 있다(**그림 21-16**). E7은 일반적으로 Rb가 E2F 계열 전사인자에 결합할 수 있게 해주는 Rb 단백질의 한 영역에 결합한다. E7이 존재할 때 Rb는 E2F에 결합할 수 없으며, 결합되지 않은 E2F는 세포 증식에 필요한 유전자의 과도한 전사를 촉진한다(그림 20-19 참조). 따라서 기능상의 손실을 겪은 Rb 단백질로 유발되는 암은 *RB* 유전자의 두 사본을 파괴시키는 돌연변이로 발생할 수 있으며, Rb 단백질에 결합하여 비활성화하는 바이러스 단백질의 작용을 통해 발생할 수도 있다.

P53 종양 억제유전자는 대부분의 암에서 가장 많이 돌연변이되어 있다

1980년대 중반에 *RB* 유전자를 발견한 이후 수십 개의 추가적인

종양 억제유전자가 확인되었다. 그중 가장 중요한 것은 *p53* 유전자(*p53* gene, 인간에서는 *TP53*라고도 한다)이다. *p53* 유전자는 다양한 종류의 종양에서 돌연변이를 일으킨다. 실제로 매년 전 세계에서 암 진단을 받는 1,000만 명 중 거의 절반은 *p53* 돌연변이를 지닌 종양을 가지고 있으며, 이는 인간 암에서 가장 흔히 돌연변이가 발생하는 유전자이다.

p53 유전자는 p53 단백질을 암호화하며, 이 단백질은 DNA 손상에 대응하는 역할을 한다(20장 참조). 세포가 이온화 방사선 또는 유독 화학물질 같은 발암물질에 노출되어 광범위한 DNA 손상을 일으킬 때 변형된 DNA는 p53 경로를 자극하여 세포주기 중단과 세포자멸을 유발하여 유전적으로 손상된 세포의 증식을 방지한다(그림 20-22 참조). 이 보호 메커니즘은 종양세포에서 종종 누락되는데, 이는 *p53* 유전자의 돌연변이로 인한 것이

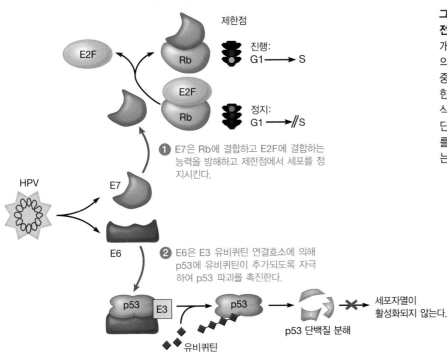

제한점

진행:
G1 → S

정지:
G1 → ⫽ S

❶ E7은 Rb에 결합하고 E2F에 결합하는 능력을 방해하고 제한점에서 세포를 정지시킨다.

❷ E6은 E3 유비퀴틴 연결효소에 의해 p53에 유비퀴틴이 추가되도록 자극하여 p53 파괴를 촉진한다.

세포자멸이 활성화되지 않는다.

p53 단백질 분해

유비퀴틴

그림 21-16 인간유두종 바이러스(HPV)의 종양유전자. HPV는 E6 단백질과 E7 단백질을 생산하는 2개의 종양유전자를 가지고 있다. E7 단백질은 세포의 정상 Rb 단백질에 결합하고 제한점에서 세포를 중단시키는 능력을 방해하여 G1기에서 S기로 무제한 진행하는 것을 허용함으로써 통제되지 않은 증식을 유발한다. E6 단백질은 세포의 정상적인 p53 단백질에 유비퀴틴의 부착을 촉진하여 p53의 분해를 촉진한다. 결과적으로 p53은 손상된 DNA가 있는 세포에서 더 이상 세포자멸을 진행할 수 없다.

다. 이로 인해 세포자멸을 이끄는 p53 경로가 비활성화되며, 손상된 DNA를 지닌 세포의 생존과 번식을 허용하여 암 발생을 일으킨다.

따라서 *RB* 유전자의 경우와 마찬가지로 한 부모로부터 결함이 있는 p53 유전자의 사본을 물려받은 사람에게 암 발생 위험이 증가한다는 사실은 놀랍지 않다. 리-프라우메니 증후군(Li-Fraumeni syndrome)이라고 하는 이 유전질환에서는 p53 유전자의 두 번째 정상 사본을 비활성화하는 돌연변이로 인해 성인 초기에 다양한 유형의 암이 발생한다. p53의 돌연변이는 DNA를 손상시키는 화학물질과 방사선에 노출되어 유발되는 비유전성 암에서도 흔하게 나타난다. 예를 들어 담배 연기에 함유된 발암물질은 폐암에서 p53 유전자에 여러 종류의 돌연변이를 유발하고, 햇빛은 피부암에서 p53 돌연변이를 유발한다. 일부 경우에는 비록 나머지 가닥의 p53 유전자가 정상이더라도 한 가닥의 p53 유전자 돌연변이만으로도 p53 단백질이 비활성화된다. 이는 p53 단백질이 4개의 p53 폴리펩타이드 사슬로 이루어진 4량체(tetramer)인데, 4량체 중에 1개의 돌연변이 사슬이 존재하는 것만으로도 단백질이 제대로 기능하지 못할 수 있는 충분한 이유로 설명될 수 있다.

Rb 단백질과 마찬가지로 p53 단백질은 특정한 암 바이러스의 표적이 된다. 인간유두종 바이러스(HPV)는 Rb를 비활성화하는 E7 단백질을 생성하는 것 외에도 두 번째 종양유전자를 보유하며, 이는 E6 단백질을 생성한다(그림 21-16 ❷ 참조). E6은 E6, p53, 유비퀴틴 연결효소(ubiquitin ligase)의 구성 요소로 이루어진

단백질 복합체를 형성하며, 이는 유비퀴틴을 p53 단백질에 부착시켜 단백질분해효소 복합체를 통해 p53를 파괴하는 방향으로 작용한다(유비퀴틴 연결효소에 대한 논의는 그림 25-38 참조). 이는 HPV가 *RB*와 *p53* 종양 억제유전자로부터 생성되는 단백질의 기능을 모두 차단할 수 있다는 것을 의미한다.

APC 종양 억제유전자는 Wnt 신호전달 경로를 방해한다

p53 유전자와 마찬가지로 고려해야 할 다음 종양 억제인자는 암을 유발하는 돌연변이의 공통 표적, 이 경우 주로 대장이다. *APC* 유전자(*APC* gene)에 영향을 주는 돌연변이는 가족성 샘종용종증(familial adenomatous polyposis)이라고 불리는 유전성 질환과 관련이 있다. 이 질환을 가진 환자는 *APC* 유전자의 두 번째 사본에 돌연변이가 발생할 경우 결장에 수천 개의 용종(폴립, 양성 종양)이 발생할 수 있는 결함이 있는 *APC* 유전자를 물려받는다(**그림 21-17**은 전형적인 결장 용종이다). 따라서 60세까지 대장암이 발병할 위험은 거의 100%이다. 가족성 샘종용종증은 드문 질환이며 모든 결장암의 1% 미만을 차지하지만, *APC* 돌연변이는 자연적으로 발생하거나 환경적 돌연변이에 의해 유도될 수 있으며, 이러한 돌연변이는 일반적인 비유전적 결장암의 약 3분의 2에서 발견된다.

APC 유전자는 배아 발생 중에 세포 증식과 분화를 조절하는 데 중요한 역할을 하는 **Wnt 경로**(Wnt pathway)에 관여하는 단백질을 암호화한다. **그림 21-18**을 보면 Wnt 경로의 중심 구성 요소는 *β*-카테닌이다(이는 15장에서 설명한 카테닌 매개 세

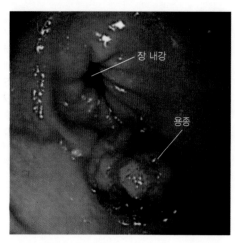

그림 21-17 결장 용종. 전암성 용종은 일상적인 대장내시경 검사 중에 카메라로 촬영하며 이후에 수술로 제거한다.

포 부착에서와 동일한 역할을 하는 단백질이다). 정상적으로 β-카테닌은 APC 단백질과 액신(axin), 글리코젠 합성 인산화효소 3(glycogen synthase kinase 3, GSK3) 단백질로 구성된 다중 단백질 파괴 복합체에 의해 조절된다. 이 APC-액신-GSK3 복합체가 조립되면 GSK3는 β-카테닌의 인산화를 촉매한다. 인산화된 β-

카테닌은 그 후 유비퀴틴과 결합하여 단백질분해효소 복합체에 의해 분해되는 대상으로 지정된다(그림 25-38 참조). 이로 인해 β-카테닌이 부족해지면 Wnt 경로에 반응하는 유전자가 전사되지 않는다.

Wnt 경로는 세포 표면에 위치한 **프리즐드(Frrizzled)**라고 알려진 Wnt 수용체에 결합하여 활성화되는 Wnt 단백질이라는 세포외 신호 분자에 의해 켜진다. 프리즐드는 G 단백질연결수용체(G protein-coupled receptor)와 관련된 7회 막관통 단백질로, 종종 *LRP6*라는 공동 수용체와 함께 작용한다(19장 참조). 활성화된 Wnt 수용체 복합체는 액신에 결합하여 APC-액신-GSK3 파괴 복합체의 조립을 방지하고, 이에 따라 β-카테닌의 분해가 중단된다. β-카테닌은 그 후 핵 내로 들어가 TCF 전사인자와 결합하여 세포 증식을 자극하는 등 다양한 표적 유전자를 활성화하는 복합체를 형성한다. 활성화된 유전자 중에는 *MYC* 및 사이클린 유전자 *CYCD1*도 포함되어 있는데, 이들은 앞서에 종양유전자로 서술되었었다(표 21-1 참조).

Wnt 경로의 비정상 활성화를 유발하는 돌연변이는 여러 종류의 암에서 검출되었다. 이들 중 대부분은 유전되거나 더 흔하게는 환경 돌연변이가 유발물질로 유발된 *APC* 유전자의 기능 상실

(a) 정상 세포(Wnt 단백질이 없을 때). Wnt 단백질이 없을 때는 β-카테닌이 APC-액신-GSK3 분해복합체에 의해 인산화된다. 인산화된 β-카테닌은 유비퀴틴이 부착되어 단백질분해효소 복합체에 의해 분해된다. 결과적으로 β-카테닌의 분해로 Wnt 신호전달 경로는 차단된다.

(b) 정상 세포(Wnt 단백질이 있을 때). Wnt 단백질이 Wnt 수용체에 결합되면 신호전달 경로가 열린다. 활성화된 수용체에 액신이 붙어 분해복합체를 형성할 수 없게 되고, 따라서 β-카테닌이 분해되지 않는다. 세포질의 β-카테닌은 핵으로 들어가 TCF 전사조절인자에 부착하여 *MYC*, *CYCD1*(일종의 사이클린 유전자)과 같은 세포분열을 조절하는 다양한 유전자를 발현시킨다.

(c) 암세포(Wnt 단백질 존재와 상관 없음). 어떤 암세포에는 *APC* 유전자가 돌연변이되어 발현되지 않는다. 따라서 APC-액신-GSK3 분해복합체를 형성할 수 없고, 분해되지 않은 β-카테닌이 핵으로 들어가 Wnt 신호를 전달한다.

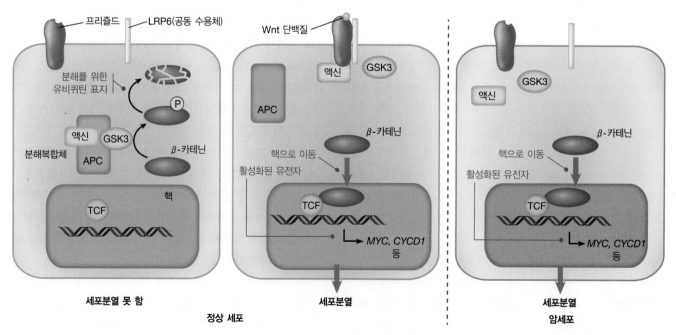

그림 21-18 Wnt 경로. 정상 세포 (a), (b)에서 Wnt 경로는 Wnt가 존재할 때만 활성화된다. 암세포(c)에서는 Wnt의 존재와 관계없이 Wnt 경로가 활성화된다.

돌연변이이다. 이로 인해 기능 APC 단백질이 없어지며, APC-액신-GSK3 복합체의 조립이 방해를 받아 β-카테닌이 축적되어 Wnt 경로가 '켜진' 상태로 고정되고 세포에 지속적인 분열 신호를 전달하게 된다.

종양 억제유전자의 기능이 상실되면 유전적 불안정성이 발생한다

어떤 유전자에 대한 정상적인 돌연변이 발생률은 세포분열당 약 100만 분의 1 정도이다. 그럼에도 불구하고 암은 거의 항상 여러 유전자에서 돌연변이를 보이며, 돌연변이가 암을 유발하기 위해서는 종종 수십 개의 돌연변이가 필요하다. 돌연변이가 그렇게 드문 사건이라면 암세포는 어떻게 많은 돌연변이를 얻을 수 있는 걸까? 이에 대한 명백한 설명은 암세포의 돌연변이 발생률이 정상적인 경우에 비해 수백 배 또는 수천 배 더 높다는 것이다.

이러한 상태를 **유전적 불안정성**(genetic instability)이라고 하며, 다양한 방식으로 발생할 수 있다. 하나의 메커니즘은 DNA 수선 과정의 이상과 관련이 있다(22장 참조). 예를 들면 유전성 비용종대장암(hereditary nonpolyposis colon cancer, HNPCC)의 원인은 부정합수선에 관여하는 유전자의 결함에 있다. 색소건피증(xeroderma pigmentosum)은 절제수선에 관련된 유전자의 결함이 원인이다(**22장의 인간과의 연결** 참조). 이 상태를 물려받은 아이들은 햇빛에 노출되어 발생하는 DNA 손상을 수선하지 못하기 때문에 피부암 발병 위험이 극도로 높다.

잘못된 DNA 수선은 모든 유방암 사례의 약 10%를 차지하는 유전성 형태의 유방암에도 관여한다. 대부분의 유전성 유방암(및 난소암) 환자는 *BRCA1* 또는 *BRCA2* 유전자 중 하나의 돌연변이 사본을 물려받았다. 이 두 유전자에서 발현된 단백질은 절단된 DNA 2중가닥의 수선에 관여하는 것으로 알려져 있다. BRCA 단백질 결함이 있는 유방세포 및 난소세포는 염색체 전좌, 결실, 염색체 파손 또는 융합 같은 다양한 염색체 이상을 나타낸다. 결과적으로 *BRCA* 돌연변이를 유전받은 여성은 평생 40~80%의 유방암 위험과 15~65%의 난소암 위험이 있다. 위험이 매우 높기 때문에 유방암이나 난소암 가족력이 있는 여성은 돌연변이 *BRCA1* 또는 *BRCA2* 유전자를 보유하는지 여부를 확인하기 위해 유전자 검사를 받을 수 있다(이 기술과 다른 유전 진단 기술에 대한 더 자세한 내용은 **인간과의 연결** 참조).

유전적 불안정성은 유전성 암에만 국한되지 않는다. 대부분의 암은 유전적이지 않지만 여전히 유전적 불안정성을 나타낸다. 일부 암에서는 유전적 불안정성이 자연적으로 발생하거나 환경 돌연변이원에 의해 유발되는 DNA 수선 유전자의 돌연변이로 인해 발생한다. 또는 p53 경로가 대부분의 암세포에서 결함 때문에 DNA 수선이 발생하도록 세포주기 확인점에서 중단하거나

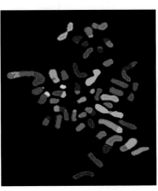

그림 21-19 암세포의 염색체 불안정성. 일반적으로 단일 염색체를 인식하는 탐침을 사용하여 제자리혼성화를 위해 처리된 염색체(왼쪽)와 이 염색체의 형광 사진(오른쪽). 제자리혼성화는 광범위한 염색체 전좌가 발생했음을 보여준다.

손상된 DNA를 가진 세포의 자멸을 유발하는 방어 프로그램을 제거한다. 이러한 불안정성의 결과는 **그림 21-19**에서 볼 수 있듯이 염색체 재배열의 원인이 된다.

유전적 불안정성은 세포분열 중 염색체 분리에 문제를 일으키는 유사분열 결함으로 인해 발생할 수 있으며, 이로 인해 염색체가 절단되거나 이수성(aneuploidy, 비정상적인 염색체 수) 세포가 만들어진다. 비정상적인 염색체 분리 가운데 한 가지는 유사분열 동안 방추극에서 미세소관 조립을 안내하는 구조인 여분의 중심체이다(그림 13-11). **그림 21-20**은 3개의 중심체가 조립된 유사분열 방추를 가진 암세포를 보여준다. 이러한 중합체는 정상 조직에서는 드물지만 암세포에서 흔하게 나타나며, 2개의 염색

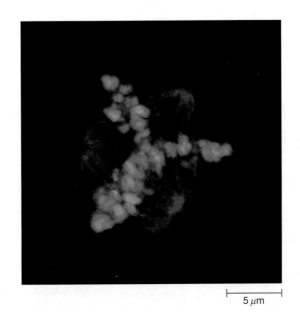

5 μm

그림 21-20 암세포의 비정상적인 유사분열. DNA(파란색)와 튜불린(빨간색)을 인식하는 항체를 시각화했다. 공초점현미경으로 이미지화한 암세포는 3개의 방추극을 포함하는 비정상적인 유사분열 방추사를 가진 세포를 보여준다.

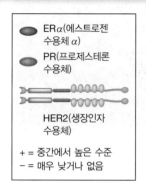

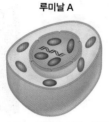

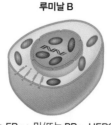

ERα(에스트로겐 수용체 α)

PR(프로제스테론 수용체)

HER2(생장인자 수용체)

+ = 중간에서 높은 수준
− = 매우 낮거나 없음

루미날 A
- ERα+ 및/또는 PR+, HER2−
- 유방암의 40%
- 가장 좋은 예후

루미날 B
- ERα+ 및/또는 PR+, HER2+
- 유방암의 20%
- 루미날 A보다 안 좋은 예후

HER2
- ERα−, PR−, HER2+
- 유방암의 10~15%
- 루미날 A보다 안 좋은 예후

기저형
- ERα−, PR−, HER2−
- 유방암의 15~20%
- 악성: 다른 유형보다 안 좋은 예후

그림 21A-1 유방암의 분류. 유방암은 외관과 주요 수용체 단백질의 발현 차이에 따라 분류할 수 있다. 발병률과 예후는 각각에 대해 표시되어 있다.

당신이나 당신이 아는 누군가는 일상적인 검진으로 작은 종양을 발견하고, 이것이 암인지 아닌지를 확인하는 익숙한 일련의 절차를 거쳤을 것이다. 진단의 첫 번째 단계는 일반적으로 조직 생체검사다. 병리학자는 조직 샘플을 주의 깊게 검사한다. 만약 좋은 소식이라면, 즉 종양이 양성이라면 조직은 단순하게 제거된다. 그러나 암이라면 정확한 암의 특성을 판별하는 것이 치료를 성공하기 위해 중요하다. 유방암은 이 과정에서 분자 진단의 유용성을 잘 보여주는 좋은 예이다.

유방암의 유형 분류 유방암은 종종 4가지 주요 하위 유형으로 구분할 수 있다(**그림 21A-1**). 이들은 3가지 주요 단백질인 스테로이드 호르몬 수용체인 에스트로겐 수용체 α와 프로제스테론 수용체, 표피생장인자(EGF) 계열의 수용체 타이로신 인산화효소 중 하나인 *HER2*의 발현 양상이 다르다.

루미날 A와 루미날 B 유형은 *타모시펜*처럼 스테로이드 호르몬 수용체를 차단하는 약물로 효과적으로 치료될 수 있다. 대조적으로 HER2 유형 종양은 HER2 수용체를 인식하는 항체를 사용하여 더 효과적으로 치료된다(자세한 내용은 **핵심 기술** 참조). 네 번째 유형인 기저형(basal-like) 종양은 치료가 더 어려운 편이며, 치료를 위해 공격적인 화학요법이 종종 사용된다.

유방암 진단에 현대적인 분자 분석 방법을 활용하여 큰 진전을 이루었

다. 다양한 기술을 사용하여(17장 참조) 유방암에서 잘못 발현된 mRNA의 목록이 결정되었다. 이러한 mRNA를 측정하기 위해 상업용 진단 키트가 개발되었다. 일반적으로 사용되는 키트인 온코타입 DX(Oncotype DX) 키트에서는 화학적으로 보전된 조직 샘플로부터 RNA가 추출된다. 이어서 역전사가 수행되고, 실시간으로 중합효소 연쇄반응이 이루어진다. 21개의 유전자(암 관련 16개의 유전자와 5개의 기준 유전자)의 발현이 세 번 측정된다. 온코타입 DX 검사의 결과는 *재발점수(recurrence score)*라고 알려진 단일 숫자로 변환된다. 유방 종양의 재발점수가 높은 여성은 수술 후 암이 재발할 가능성이 더 높다. 이 정보는 의사가 어떤 환자들이 화학요법에서 가장 큰 이익을 받을 수 있는지 판단하는 데 도움이 될 수 있다.

BRCA1과 BRCA2 유방암의 기저형 종양 하위 유형인 *3중음성유형*(triple negative subtype)은 치료하기 어렵다. 그렇다면 환자가 이러한 암을 발달시킬 가능성이 높은지 시험할 수 있는 방법이 있으면 어떨까? 유전자 검사는 이러한 가능성을 제시할 수 있다. 몇 가지 경우에는 단일 유전자 돌연변이가 암에 대한 유전적 민감도를 크게 증가시킨다. 여기에는 Rb, p53 유전자 및 우리가 다룰 예시인 BRCA1의 유전자 돌연변이가 포함된다.

*BRCA1*과 매우 유사한 유전자인 *BRCA2*에 대한 유전자 검사는 원래 미리아드제네틱스(Myriad Genetics)에서 인간 환자를 대상으로 검사 도구로 개발되었다. 이 검사는 1990년대 초에 킹(Mary-Claire King)과 동료들의 연구를 기반으로 한다. 그들은 유방암과 난소암의 가족성 위험 증가와 긴밀하게 관련된 유전자를 인간의 17번 염색체에서 식별했고, 이를 *BRCA1*(Breast Cancer 1)이라고 명명했다. 후속 연구에서 *BRCA1*과 *BRCA2*가 2중가닥 DNA 절단 수선에 관여한다는 것이 밝혀졌다.

미리아드제네틱스의 검사는 *BRCA1*과 *BRCA2* 유전자의 염기서열 분석을 포함한다. 이 방식은 각 유전자의 특정 돌연변이가 암의 위험을 크게 증가시키는 반면, 다른 돌연변이는 그렇지 않다는 장점이 있다.

이러한 검사는 강력하지만 환자에게 딜레마를 안겨준다. 중요한 결정 가운데 하나는 이러한 검사를 받을 것인지 여부이다. 위험에 처한 환자 중 상당수는 이를 선택하지 않는다. 양성 결과는 여성에게 예방 조치로서 유방과 난소의 제거 수술 또는 타목시펜 같은 약물치료와 같은 더 극단적인 개입을 고려하게 만든다. 분자적 탐구는 또한 의료 전문가, 정부, 보험회사에게도 기밀성과 이러한 검사 결과의 사용에 관한 중요한 질문을 던진다.

HER2-양성 유방암 세포(DNA는 파란색, HER2는 빨간색으로 염색)

20 μm

체 세트를 정확하게 정렬하지 못하기 때문에 염색체 수의 이상에 기여한다. 특정 염색체가 누락된 세포는 누락된 염색체에 일반적으로 존재하는 종양 억제유전자가 결여되어 있다.

암세포는 또한 염색체를 방추체 부착 관련 단백질 또는 **방추사 조립 확인점**(spindle assembly checkpoint, SAC)에서 결함을 나타낼 수 있다. 방추사 조립 확인점의 정상적인 기능은 염색체가 모두 방추체에 부착되기 전에 후기 염색체 분리가 시작되는 것을 방지하는 것이다(그림 20-21 참조). 예를 들어 Mad 단백질 또는 Bub 단백질을 암호화하는 유전자에 돌연변이가 있는 암도 있다. Mad 단백질 또는 Bub 단백질에 결함이 있거나 부족한 경우 염색체가 유사분열 방추사에 제대로 결합되기 전에 방추극으로 염색체가 이동될 수 있다. 그 결과 염색체의 부정확한 정렬과 염색체 수의 이상이 만들어진다.

이 절에서 다룬 DNA 수선 및 염색체 정렬에 관여하는 단백질을 암호화하는 유전자는 종양 억제유전자의 정의에 부합한다. 그러나 이러한 유전자는 *RB*, *p53*, *APC* 유전자와 같은 범주에 속하지 않으며, 세포 증식을 억제하고 직접적으로 암으로 이어질 수 있는 단백질을 생성하는 것과는 다르다. *RB*, *p53*, *APC* 같은 유전자를 **문지기 유전자**(gatekeeper gene)라고 한다. 문지기 유전자는 그들이 손실되면 직접적으로 과도하게 세포가 증식되고 종양 형성을 시작하는 것에서 이름이 유래했다. 반면 DNA 수선과 염색체 정렬에 관여하는 유전자는 **관리인 유전자**(caretaker gene)라고 하며, 이들이 세포의 증식과 생존을 직접적으로 조절하는 것은 아니지만 유전적 안정성을 유지하는 역할을 한다. 관리인 유전자의 결함은 유전적 불안정성을 초래하며, 이는 다른 유전자(문지기 유전자 포함)에서 돌연변이의 축적을 허용한다. 이로 인해 과도한 세포 증식이 유발되어 암이 발생한다. **표 21-2**에 일부 일반적인 종양 억제유전자가 나열되어 있으며, 이들은 관리인 유전자나 문지기 유전자로 구분되고 영향을 미치는 경로에 따라 그룹화되어 있다.

종양유전자와 종양 억제유전자의 돌연변이가 계속 쌓여 암이 발생한다

유전체 염기서열 분석 연구에 따르면 특정 유형의 암(예: 유방암, 폐암, 결장암)은 일반적으로 약 50~75개의 서로 다른 단백질 암호를 가진 유전자의 돌연변이를 포함한다. 이 유전자 중 일부는 동일 유형의 암에서 높은 비율로 발견되는 돌연변이이고, 나머지 유전자의 돌연변이는 낮은 비율로 발견된다. 일반적으로 돌연변이화된 유전자는 수십 가지의 다양한 경로에 영향을 미치며, 대부분은 이 장에서 논의하고 있다.

공통 돌연변이(common mutation)는 종양 억제유전자의 비활성화 및 원발암유전자의 암 촉매로 전환하는 것을 포함한다.

표 21-2	종양 억제유전자의 종류
유전자	**관련 경로**
문지기 유전자	
APC	Wnt 신호전달
CDKN2A	Rb 및 p53 신호전달
PTEN	PI 3K-Akt 신호전달
RB	제한점 조절
SMAD4	TGFβ-Smad 신호전달
TGFβ 수용체	TGFβ-Smad 신호전달
p53	DNA 손상반응
관리인 유전자	
BRCA1, BRCA2	DNA 2중가닥 절단 수선
MSH2, MSH3, MSH4, MSH5, MSH6, PMS1, PMS2, MLH1	DNA 부정합 수선
XPA, XPB, XPC, XPD, XPE, XPF, XPG	DNA 절제 수선
XPV(POLη)	DNA 손상통과합성

다시 말해 암세포의 생성은 보통 세포의 성장을 억제하는 '감속기'(종양 억제유전자)가 해제되고, 세포의 성장을 촉진하는 '가속기'(종양유전자)가 활성화되어야 한다는 것을 의미한다. 이 원칙은 결장암에서 관찰되는 악성 진행 단계로 잘 설명할 수 있다. 가장 일반적인 패턴은 종양 억제유전자 *APC*, *SMAD4*, *p53*의 기능 상실 돌연변이와 함께 *KRAS* 종양유전자(*RAS* 유전자 계열 구성원)의 존재이다. 빠르게 성장하는 결장암은 4가지 유전적 변이를 모두 나타내는 경향이 있는 반면, 양성종양은 이중 한두 가지 유전자의 돌연변이만 가지고 있다.

그림 21-21에서 볼 수 있듯이 일상적으로 감지되는 가장 초기 돌연변이는 *APC* 유전자의 기능상실 돌연변이로, 암이 발생하기 작은 용종에서 종종 발생한다. *KRAS*와 *SMAD4*의 돌연변이는 용종이 커질 때 보통 관찰되며, *p53* 돌연변이는 암이 마침내 발생할 때 나타난다. 그러나 이러한 돌연변이는 항상 동일한 순서나 정확한 유전자 집합으로 발생하는 것은 아니다. 예를 들어 *APC* 돌연변이는 모든 결장암의 약 3분의 2에서 발견되는데, 이는 *APC* 유전자 3건의 사례 중 1건은 정상임을 의미한다. 정상적인 *APC* 유전자를 포함하는 종양을 분석한 결과 많은 종양이 Wnt 신호전달에 관여하는 APC 단백질처럼 비정상적이고 과도한 활성을 나타내는 β-카테닌의 종양유전자를 보유하고 있음이 밝혀졌다(그림 21-18 참조). APC는 Wnt 경로를 억제하고 β-카테닌은 이를 자극하는데, APC의 손실을 야기하는 돌연변이와 β-카테닌의 과도한 활성을 만드는 돌연변이는 동일한 효과를 보이며, Wnt 경로의 활성을 증가시켜 세포 증식을 증가시킨다.

결장암에서 차단되는 또 다른 경로는 TGFβ-Smad 경로(그림

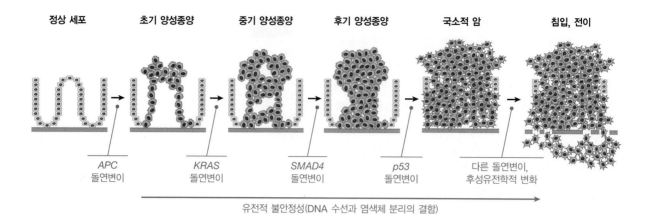

| 정상 세포 | 초기 양성종양 | 중기 양성종양 | 후기 양성종양 | 국소적 암 | 침입, 전이 |

| *APC* 돌연변이 | *KRAS* 돌연변이 | *SMAD4* 돌연변이 | *p53* 돌연변이 | 다른 돌연변이, 후성유전학적 변화 |

유전적 불안정성(DNA 수선과 염색체 분리의 결함)

그림 21-21 결장암의 점진적 발전 모델. 결장암 발생 과정에서 *APC*, *KRAS*, *SMAD4*, *p53* 유전자에 일련의 돌연변이가 발생한다. 각 돌연변이에 따라 세포의 비정상적인 양상이 커진다. 이 과정의 초기 단계에서 결장 내부 표면에 용종 형태의 양성종양이 생성된다(그림 21-17 참조).

19-22 참조)로, 상피세포 증식을 자극하기보다는 억제한다. 결장암에서 TGFβ 수용체 또는 Smad4처럼 TGFβ-Smad 신호전달에 존재하는 단백질을 발현하는 유전자의 기능상실 돌연변이가 흔히 발견된다. 이러한 돌연변이는 TGFβ-Smad 경로의 성장 억제 활성을 방해하여 세포 증식에 기여한다.

빠른 DNA 염기서열 분석 기술의 출현으로(17장 참조) 일반적인 유형의 암에서 돌연변이 유전체에 대한 훨씬 더 포괄적인 분석이 등장하고 있다. 이 접근 방식을 사용하는 공동의 노력 가운데 하나는 미국 국립보건원(http://cancergenome.nih.gov)에서 웹 포털을 관리하는 TCGA(the Cancer Genome Atlas)이다. 이 프로젝트의 일부로 많은 논문과 많은 연구는 **전유전체 연관연구**(genome-wide association Study, GWAS)가 있다. 다양한 암의 전체 유전체의 염기서열을 분석함으로써 GWAS 분석은 암을 포함한 특정 질병과 특정 돌연변이의 상관관계를 찾는다. 이러한 포괄적인 GWAS 분석은 분자 수준에서 암이 어떻게 발생하는지에 관해 이미 나타난 기본 그림을 정교하게 개선했다.

유전자 발현에서의 후성유전학적 변화가 암세포에 영향을 미친다

종양유전자를 만들거나 종양 억제유전자의 기능을 상실하게 하는 돌연변이가 암을 유발하지만, 그것만으로 암 발생 과정을 모두 설명할 수는 없다. 암세포의 많은 형질이 유전자의 돌연변이가 아닌 **후성유전학적 변화**(epigenetic change), 즉 유전자의 기초적인 염기서열의 변화를 동반하지 않고 유전자 발현에 변화가 생기는 것이다.

유전학적 변화를 일으키는 하나의 메커니즘은 유전자 프로모터 근처에 있는 —CG— 염기에서의 DNA 메틸화를 들 수 있다(25장 참조). 이러한 부위 대부분은 정상 세포에서 메틸화되지 않았지만 암세포에서는 광범위한 메틸화가 일반적으로 일어나

며, 종양 억제유전자를 포함한 수많은 유전자의 후성유전학적 침묵(epigenetic silencing)을 초래한다. 사실 암세포의 종양 억제유전자는 적어도 DNA 돌연변이에 의해 불활성화되는 만큼 자주 DNA 메틸화에 의해 불활성화된다. 종양 억제유전자의 후성유전학적 침묵은 암 발생의 중요한 시작점이 될 수 있다. 예를 들어 DNA 부정합수선에 관여하는 *MLH1*의 광범위하게 메틸화된 형태를 물려받는 개인은 여러 암에 걸릴 가능성이 매우 높다. 메틸화된 종양 억제유전자를 물려받는 것은 돌연변이된 형태의 유전자를 물려받는 것과 마찬가지로 암 발병의 가능성을 높인다.

유전자 발현을 변경하는 또 다른 메커니즘은 수천 개의 개별 mRNA에 결합하여 번역을 억제하는 **마이크로 RNA(miRNA)**이다(그림 25-37 참조). 암세포는 마이크로 RNA를 너무 많이 또는 너무 적게 생산할 수 있다. 전자의 예로 *miR-17-92*에 의해 생성되는 마이크로 RNA가 있다. 이 마이크로 RNA는 PTEN을 암호화하는 mRNA의 번역을 억제하는데, PTEN은 PI 3-인산화효소-Akt 경로를 억제한다(그림 19-27 참조). *miR-17-92* 유전자는 특정 유형의 암에서 자주 증폭되어 해당 마이크로 RNA의 과도한 생산과 이에 따른 PTEN 합성 억제를 유발한다. PTEN의 감소로 인해 PI 3-인산화효소-Akt 경로가 계속 활성화되어 세포의 증식과 생존이 증가한다. 생성되지 않은 마이크로 RNA는 종양 억제인자로 작용하여 암 발생에 기여할 수 있다. 예를 들어 *miR-15a/miR-16-1* 유전자 그룹은 특정 형태의 백혈병에서 빈번하게 결손되어 있다. *miR-15a/miR-16-1*의 정상적인 기능 중 하나는 Bcl-2를 암호화하는 mRNA의 번역을 억제하는 것이다. *miR-15a/miR-16-1*의 삭제는 Bcl-2의 과도한 생산을 유발하여 세포자멸을 억제한다. 일부 마이크로 RNA는 히스톤 변형 반응에 직접적으로 영향을 미치며 종양 억제유전자를 포함하여 유전자 발현을 조절하는 역할을 한다(25장 참조).

암 발생 과정과 암세포 특징의 요약

이 시점에서 정상 세포를 암세포로 변환하는 다단계 과정인 암 발생 과정의 통합적인 개요가 궁금할 수 있다. 이러한 개요를 제시하는 한 가지 방법은 **그림 21-22**에 제공되어 있으며, 이는 복제, DNA 수선 오류, 방사선, 화학물질, 감염인자, 유전처럼 앞서 논의한 DNA 돌연변이를 암의 주요 원인으로 정리하며 시작된다. 암이 발생하려면 이러한 돌연변이가 종양 억제유전자의 비활성화와 원발암유전자의 종양유전자 전환을 포함한 단계별 변화의 연속으로 진행되어야 한다. 결국 암세포는 해너핸(Douglas Hanahan)과 와인버그(Robert Weinberg)가 암의 특징으로 언급한 일련의 특성을 발전시킨다. 이 6가지 특성은 모든 형태의 암에 공통적이지만 각 특성은 다양한 유전적 및 후성유전적 메커니즘을 통해 획득될 수 있다.

1. 생장 신호에 대한 독립성 세포는 적절한 생장인자의 자극을 받지 않으면 일반적으로 증식하지 않는다. 암세포는 생장 자극 경로에 참여하는 단백질의 과도한 양이나 돌연변이 형태를 생성하는 종양유전자의 작용을 통해 이러한 요구사항을 피할 수 있다(표 21-1 참조). 앞서 살펴보았듯이 암세포에서 흔히 활성화되는 이러한 경로 중 하나가 Ras 경로이다. 모든 인간 암 중 약 25~30%는 생장인자에 독립적으로 세포 증식을 유도하는 변형된 Ras 단백질을 가지고 있다. Ras 경로의 다른 구성 요소에 영향을 미치는 돌연변이도 일반적이다.

2. 생장 억제 신호에 대한 무감응성 정상 조직은 다양한 생장 억제 메커니즘에 의해 과도한 세포 증식으로부터 보호된다. 암세포가 계속해서 증식하려면 이러한 생장 억제 신호를 피해야 한다. 대부분의 생장 억제 신호는 G1기 후반부에서 작용하며 Rb 단백질을 통해 그 효과를 발휘한다. Rb 단백질의 인산화는 제한점을 통과하여 S기로 진행되는 것을 조절한다. 예를 들어 TGF β 는 보통 TGF β -Smad 경로를 유발하여 사이클린 의존성 인산화효소(Cdk) 억제제를 생성하여 Rb 단백질의 인산화를 차단하고, G1기에서 S기로의 이행을 방지하여 세포 증식을 억제한다. 암세포에서는 다양한 메커니즘을 통해 TGF β-Smad 경로가 차단된다. *RB* 유전자의 돌연변이는 또한 생장 억제 효과를 발휘하는 TGF β 나 다른 Rb 단백질을 통해 작용하는 생장 억제제에 대해 세포를 둔감하게 만든다.

3. 세포자멸 회피 암세포의 생존은 유전적으로 손상된 세포가 세포자멸로 파괴되는 일반적인 운명을 회피할 수 있는 능력에 달려있다. 세포자멸 회피 능력은 종종 *p53* 종양 억제유전자의 돌연변이가 부여한다. 이 돌연변이는 DNA 손상에 대한 응답으로 p53 경로가 세포자멸을 유발하는 능력을 파괴시킨다. 특정 종양유전자도 p53 경로를 붕괴시킬 수 있다. 예를 들어 *MDM2* 유전자는 p53를 파괴하기 위해 Mdm2 단백질을 생성한다(그림 20-22 참조). *BCL2* 유전자의 돌연변이 형태도 종양유전자로 작용하여 과도한 양의 Bcl-2 단백질을 생성하게 한다. 이는 세포자멸을 억제하고(그림 20-28 참조), 비정상적인 세포가 계속해서 증식할 수 있게 한다.

4. 무한한 복제 잠재력 조절되지 않은 성장은 DNA 복제 과정에서 각 염색체 끝에서 손실되는 말단소체 서열을 보충하는 메커니즘이 없다면 무제한으로 증식하는 것은 불가능할 것이다. 말단소체 유지는 일반적으로 말단소체 복원효소 유전자를 활성화함으로써 이루어진다. 그러나 일부 암세포는 염색체 간에 서열

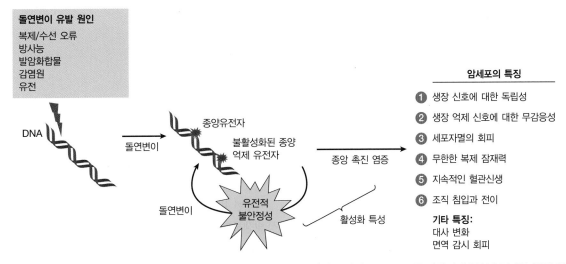

그림 21-22 암 발생 과정의 요약. 암의 4가지 원인(화합물, 방사능, 감염원, 유전)이 초기에 DNA 구조를 변화시켜 종양유전자와 종양 억제유전자를 만든다. 이러한 변화는 유전적 불안정성을 야기함으로써 추가적으로 돌연변이와 후성유전학적 변화를 유발하여 암세포의 6가지 특징(생장 신호에 대한 독립성, 생장 억제 신호에 대한 무감응성, 세포자멸 회피, 무한한 복제 잠재력, 지속적인 혈관신생, 조직 침입과 전이)을 갖게 한다.

정보 교환을 포함하는 말단소체 유지의 대체 메커니즘을 활성화한다. 어느 경우에도 암세포는 말단소체 길이를 임계치 이상으로 유지하여 무한히 분열할 수 있는 능력을 유지한다.

5. 지속적인 혈관신생 종양은 혈액 공급이 없다면 몇 밀리미터 이상 커지지 않을 것이다. 따라서 초기 종양 발달 과정의 어느 시점에서 암세포는 혈관신생을 유발해야 한다. 일반적인 전략은 혈관신생 촉진 유전자의 활성화와 혈관신생 억제 유전자의 억제를 결합하는 것이다. 일부 경우 알려진 종양 억제유전자나 종양유전자의 활동이 관여할 수 있다. 예를 들어 p53 단백질은 혈관신생 억제자인 트롬보스폰딘(thrombospondin) 유전자의 활성화를 촉진한다. 따라서 인간의 암에서 흔히 나타나는 p53 기능 상실은 트롬보스폰딘의 감소를 유발할 수 있다. 반대로 *RAS* 종양유전자는 혈관신생 촉진자인 혈관내피 생장인자(VEGF) 유전자 발현의 증가를 유발한다.

6. 조직 침입과 전이 주변 조직에 침입하고 먼 곳으로 전이하는 능력은 암과 양성종양을 구분 짓는 특징이다. 이러한 사건에서 암세포의 3가지 특성인 세포 간 부착의 감소, 이동성의 증가, 세포외기질과 기저층을 분해하는 단백질분해효소의 생성이 중요한 역할을 한다.

기타 특징 일부 암의 다른 특징은 해너핸과 와인버그의 원래 목록에 추가되는 내용이다. 첫 번째는 1920~1930년대에 바르부르크(Otto Warburg)가 관찰한 바에 따르면 암세포는 종종 호기성 해당작용이라고 하는 과정인 산소가 풍부할 때에도 높은 비율의 해당작용에 의존하여 종종 호기성 대사를 우회한다(9장 참조). 이러한 대사 전략이 암을 촉진하는 이유는 아직 명확하지 않지만, 일반적으로 이 대사 전략을 통해 암세포는 빠른 세포분열에 필요한 과정에 자원을 분배할 수 있다. 또 다른 특징은 면역 체계와 관련이 있다. 앞서 언급했듯이 종양은 인체 면역 체계의 공격을 회피하는 것으로 보인다. 면역 체계의 회피가 널리 퍼져 있다는 사실은 면역 체계를 자극하여 암세포에 대한 민감도를 높이기 위해 고안된 치료의 효과로 알 수 있다(자세한 내용은 21.5절 참조).

활성화 특성: 유전적 불안정성과 종양 촉진 염증 앞서 설명한 특징 외에도 공격적인 암으로 가는 길에는 두 가지 **활성화** 특성이 있다. 첫 번째는 유전적 불안정성이다. 유전적 불안정성은 암세포가 6가지 주요 특징을 나타낼 수 있는 돌연변이를 축적할 수 있게 하는 중요한 기저적 특성이므로, 암세포의 증식과 확산에 직접 관여하는 6가지 특징과 별도의 범주에 속한다. 유전적 불안정성은 대개 p53 경로가 유전적으로 손상된 세포의 파괴를 유도하는 능력을 방해하는 돌연변이에서 기원한다. 그러나 DNA 수선

과 염색체 분리에 관여하는 단백질을 암호화하는 유전자의 돌연변이도 역할을 한다.

두 번째 활성화 특성은 종양 촉진 염증이다. 대부분의 종양은 면역 체계의 세포로 침윤된다. 이는 면역 체계가 종양을 공격하는 시도일 수도 있지만, 현재로서는 염증반응이 종양 성장을 증진시키는 역설적인 효과가 있다는 것이 분명해졌다. 염증은 종양 촉진 분자를 공급함으로써 암을 촉진할 가능성이 있으며, 여기에는 생장인자, 세포자멸을 감소시키는 생존인자, 혈관신생을 자극하는 인자 등이 포함될 수 있다.

개념체크 21.4

암 발생을 위해 종양 억제유전자와 원발암유전자에서 발생해야 하는 돌연변이 유형을 각 종류의 유전자 산물에 미치는 영향을 기준으로 비교 및 대조해보라.

21.5 암 진단과 검사 및 치료

최근 몇 년간 암 발생의 유전적 및 생화학적 이상을 해명하는 데 많은 진전이 있었다. 이러한 연구의 희망 중 하나는 암세포가 나타내는 분자적 변화에 대한 깊은 이해가 결국 암 진단과 치료에 개선된 전략을 이끌어낼 것이라는 점이다.

조직 표본의 현미경 및 분자 검사로 암을 진단한다

암은 거의 모든 조직에서 발생하므로 각종 암의 증상을 일반화하기는 어렵다. 확정적인 진단은 일반적으로 작은 조직 견본을 수술적 방법으로 채취하는 **생체검사**(biopsy)를 이용한 현미경 검사가 필요하다. 암세포를 시각적으로 식별하는 단일한 특징은 충분하지 않지만, 일반적으로 암의 존재를 나타내는 여러 특징이 함께 나타난다(**표 21-3**). 예를 들어 암세포는 종종 크고 불규칙한 형태의 핵, 현저한 핵소체, 핵 대 세포질의 비율, 세포 크기와 형태의 변형, 정상적인 조직의 상실 등의 특징을 나타낸다. 암세포는 발원 조직에서 정상적으로 주로 발견되는 세포의 특수한 구조적 및 생화학적 특성을 상당히 잃게 한다. 또한 암은 정상보다 분열 중인 세포를 더 많이 가지고 있다. 마지막으로 종양 세포가 주변 조직으로 침투하는 징후를 포함하여 종양의 외부 경계가 명확하지 않을 수 있다.

이러한 비정상적인 특징이 충분히 관찰되면 **침습 및 전이**가 아직 발생하지 않았더라도 암이 존재한다고 결론 지을 수 있다. 그러나 비정상적인 특징의 정도는 암 종류에 따라 상당히 다양하다. 이 다양성은 **종양 등급**(tumor grading)에 기초를 제공하며, 현미경으로 종양을 관찰할 때 나타나는 외관의 차이를 기준으로 하

표 21-3	현미경으로 관찰되는 양성종양과 악성종양의 차이	
특징	양성종양	악성종양
핵의 크기	작다	크다
N/C(핵/세포질) 비율	낮다	높다
핵의 형태	일정함	다형성(부정형)
분열지수	낮다	높다
조직 구성	조직적	비조직적
분화	분화	미분화
종양의 가장자리	분명	불분명
	↓	↓

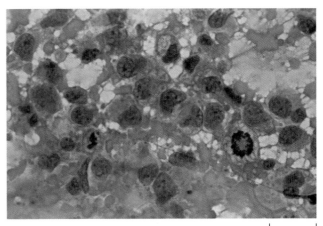

├─── 30 μm ───┤

그림 21-23 자궁경부암을 보여주는 자궁경부세포 팝 도말법. 자궁내막의 암인 자궁내막 육종을 보여주는 자궁경부세포 팝 도말 검사. 암세포에는 핵이 확대되어 있다(진한 자주색). 이러한 분리된 세포의 이상은 자궁에 대한 추가 검사가 필요함을 시사한다(광학현미경).

여 번호로 등급을 매긴다. 낮은 숫자(예: 1등급)는 세포가 주로 정상적으로 분화된 특징을 나타내며 천천히 분열하고 표 21-3에 나열된 특징 가운데 최소한의 비정상을 보이는 종양을 의미한다. 더 높은 숫자(예: 4등급)는 정상 세포와 점점 더 유사하지 않고 표 21-3에 나열된 특성에서 심각한 비정상을 나타내는, 빠르게 분열하고 잘 분화되지 않은 세포를 포함하는 종양에 할당된다. 등급이 높은 암은 등급이 낮은 암보다 더 빠르게 성장하고 전이하며, 치료에 덜 반응한다.

종양을 보다 정확하게 진단하려는 지속적인 노력의 주요한 향상은 분자생물학에서 찾을 수 있다. 분자 진단의 사용에 대한 자세한 내용은 **인간과의 연결**에 자세히 설명되어 있다.

조기 발견을 위한 선별 기술은 암 사망을 예방할 수 있다

전이되기 전에 조기에 암을 발견할 경우 예후가 좋지 않을 수 있는 종양에서도 치유율이 비교적 높을 수 있다. 따라서 종양을 초기 단계에서 감지할 수 있는 선별 기술이 필요하다. 가장 성공적인 선별 절차 중 하나는 팝 도말법이다. **팝 도말법**(Pap smear)은 1930년대 초에 파파니콜로(George Papanicolaou)가 개발한 자궁경부암의 조기 발견 기술이다(그의 이름에서 유래). 팝 도말법은 여성의 질 분비물을 현미경으로 조사하기 위해 작은 샘플을 채취하는 방법이다. 만약 액체의 세포가 크고 불규칙한 핵이나 크기와 형태에 뚜렷한 변화 같은 이상을 나타낸다면(**그림 21-23**), 암이 있을 수 있으며 추가적인 검사가 필요하다.

팝 도말법의 성공은 다른 종류의 암에 대한 선별 기술의 개발로 이어졌다. 예를 들어 **유방 촬영**은 조기 유방암의 조기 징후를 찾기 위해 특수한 X선 기술을 사용하며, 대장 내시경은 대장암의 조기 징후를 확인하기 위해 가느다란 광섬유 기구를 사용하여 대장을 검사한다. 이상적인 선별 검사는 한 가지 간단한 절차로 전체 몸에서 어디에서든 암을 검출할 수 있게 해야 한다. 예를 들어 혈액 검사와 같은 방법을 사용할 수 있다. 전립선암은 때로 이 방식으로 검출될 수 있는 예이다. 50세 이상의 남성은 종종 **PSA 검사**(PSA test)를 받는 것이 권장되며, 이는 혈액 내에 얼마나 많은 전립선 특이 항원(prostate-specific antigen, PSA)이 존재하는지를 측정한다. 전립선 세포가 생성하는 단백질인 PSA는 일반적으로 혈액에서 매우 적은 농도로 나타난다. PSA 검사 결과 높은 농도의 PSA가 나타나면 전립선 문제가 의심된다. 그런 다음 암이 실제로 존재하는지 여부를 확인하기 위해 추가적인 검사가 수행된다. 다른 종류의 암도 혈류로 특정 단백질을 방출한다. 이러한 단백질을 신뢰할 수 있는 방법으로 검출하는 방법의 개발은 지속적으로 이루어지고 있다.

암의 표준 치료법으로는 수술, 방사선 치료, 화학요법 등이 있다

암 치료 전략은 해당 암의 유형과 확산 정도에 따라 달라진다. 가장 일반적인 접근 방법은 종양을 제거하는 수술 후 필요한 경우 방사선 치료 및/또는 화학요법을 통해 남은 암세포를 제거하는 것이다.

방사선 치료는 고에너지 X선 또는 기타 이온화 방사선 형태를 사용하여 암세포를 죽이는 것이다. 이전 장에서 이온화 방사선으로 인해 생성되는 DNA 손상이 암을 유발할 수 있다는 것을 살펴보았다. 아이러니하게도 같은 유형의 방사선은 이미 암 환자의 암세포를 파괴하기 위해 높은 용량으로 사용된다. 이온화 방사선은 두 가지 다른 방식으로 세포를 파괴한다. 첫째, 방사선으로 유발된 DNA 손상은 p53 신호전달 경로를 활성화하고, 이는 그 후 세포자멸을 유발한다. 그러나 많은 종류의 암은 p53 경로를 비활성화하는 돌연변이를 가지고 있으므로, p53에 의한 세포자멸은 방사선 반응에서는 일부 역할만을 한다. 방사선은 또한 세포분열이 진행되지 못하도록 염색체에 심각한 손상을 유발하여 세포가 분열을 시도하는 동안 죽음을 유도한다.

대부분의 화학요법은 방사선과 마찬가지로 분열 중인 세포를 죽이는 약물을 사용한다. 이러한 약물은 4가지 주요 범주로 나눌 수 있다. (1) 항대사물질(antimetabolite)은 일반 기질 분자 대신 효소 활성부위에 결합하여 경쟁적으로 작용함으로써 DNA 합성에 필요한 대사경로를 억제한다. 여기에는 플루오로유라실(fluorouracil), 메토트렉세이트(methotrexate), 플루다라빈(fludarabine), 페메트렉시드(pemetrexed), 젬시타빈(gemcitabine)이 포함된다. (2) 알킬화제(alkylating agent)는 화학적으로 DNA 2중나선을 교차결합시켜 DNA 기능을 억제한다. 여기에는 사이클로포스파미드(cyclophosphamide), 클로람부실(chlorambucil), 시스플라틴(cisplatin)이 포함된다. (3) 항생물질(antibiotics)은 미생물이 생성하는 물질로, DNA에 결합하거나 DNA 복제에 필요한 토포아이소머레이스(위상이성질체화효소)를 억제함으로써 DNA 기능을 억제한다. 여기에는 독소루비신(doxorubicin), 에피루비신(epirubicin)이 포함된다. (4) 식물 유래 약물(plant-derived drug)은 토포아이소머레이스를 억제하거나 유사분열 방추사의 미세소관을 파괴한다. 여기에는 토포아이소머레이스 억제제인 에토포시드(etoposide)와 미세소관 파괴 약물인 파클리탁셀(paclitaxel, 상품명은 택솔)이 포함된다.

그러한 약물(및 방사선) 치료의 한 가지 문제는 암세포뿐만 아니라 정상적으로 분열하는 세포에게도 독성을 보인다는 것이다. 특정 호르몬이 필요한 암에는 독성이 적은 접근 방식이 가능하다. 예를 들어 많은 유방암은 성장하는 데 에스트로겐이 필요하다. 에스트로겐 같은 스테로이드 호르몬은 특정 유전자의 발현을 활성화하는 스테로이드 수용체 단백질에 결합하여 작용한다 (19장 참조). 에스트로겐 대신에 에스트로겐 수용체에 결합하여 수용체의 활성화를 방지하는 약물인 타목시펜은 유방암을 치료하고 질병에 걸릴 위험이 높은 여성의 유방암 발생을 줄이는 데 유용하다.

약물치료의 주요 합병증은 종종 암치료를 위해 투여된 약물에 내성을 갖게 하는 돌연변이에 의해 발생한다. 단일 약물을 사용할 때조차 종양은 투여된 약물뿐만이 아니라 다른 약물의 효과에도 내성을 갖게 한다. 이를 다중 약물 내성이라고 하며, 이는 세포가 화학적으로 다른 광범위한 소수성 약물을 세포 밖으로 능동적으로 내보내는 다중약물내성 운반단백질(multidrug resistance transport protein, ABC 운반체)을 생산하기 시작하기 때문에 발생한다.

또한 약물 내성은 종양이 이미 비균질한 다양한 세포로 구성되어 있기 때문에 발생할 수도 있다. 일부 유형의 암에서는 소수의 세포 집단(암 줄기세포)만이 무한정 증식하여 종양에서 발견되는 나머지 세포를 생성할 수 있다. 대부분의 종양세포를 파괴하더라도 매우 적은 수의 암 줄기세포가 존재하면 이러한 세포는 치료 중단 후에도 종양을 재생시킬 수 있다. 따라서 연구자들은 종양 성장을 주도하는 암 줄기세포만을 선택적으로 파괴하는 약물을 찾고자 노력하고 있다.

분자 표적 기술은 화학요법보다 더 특이적으로 암세포를 공격할 수 있다

1980년대 초까지 신약 개발은 주로 DNA를 파괴하고 세포분열을 방해하는 약제에 초점을 맞추었다. 이러한 약물은 암 치료에 유용하지만 종종 정상적으로 분열하는 세포에 독성작용을 보여 효과가 제한되었다. 지난 30년 동안 암세포에서 돌연변이 혹은 이상이 발현되는 개별 유전자를 확인함으로써 암세포에 중요한 역할을 하는 단백질을 특정하게 공격하는 새로운 가능성인 분자 표적 기술이 개발되었다.

분자 표적을 위한 한 가지 접근 방법은 암세포 증식을 촉진하는 신호전달 경로에 관여하는 단백질에 결합하는 단일 항체를 사용하는 것이다. 이 접근법 중 잘 연구되어 성공적인 반응을 보이는 예로는 단일 항체인 허셉틴(Herceptin)이 있다. 합리적인 약물 설계로 알려진 두 번째 접근법은 암세포에서 돌연변이된 특정 분자의 기능을 방해하는 글리벡(Gleevec) 같은 화학작용제를 찾는 것이다(허셉틴과 글리벡에 대한 내용은 **핵심 기술** 참조).

하지만 분자 표적 기술이 항상 직접적으로 암세포를 대상으로 하는 것은 아니다. 앞서 지속적인 종양 성장이 새로운 혈관을 형성하는 혈관신생에 의존한다는 것을 살펴보았으므로, 혈관 성장을 표적으로 하는 억제제가 암 치료에 유용할 것으로 기대할 수 있다. 항혈관신생 치료 개념에 대한 초기 근거는 혈관신생 억제제가 쥐의 종양을 감소시키는 효과를 보여준 포크먼(Judah Folkman)의 연구에서 시작되었다.

인간에게 사용하기 위해 승인된 최초의 항혈관신생 치료 약물은 혈관신생을 자극하는 생장인자인 혈관내피 생장인자(VEGF)를 결합하여 비활성화하는 단일 항체인 아바스틴(Avastin)이다. 아바스틴은 여러 암에 대한 단기 생존율을 향상시키는 것으로 알려졌지만, 이러한 이점은 일반적으로 일시적이며 종양의 성장은 재개된다. 혈관신생을 표적으로 하는 많은 다른 약물이 현재 평가 중이지만, 이러한 항혈관신생 요법의 가치는 여전히 불분명하다.

면역 체계를 사용하여 암세포 표적하기

수술, 방사선 치료, 화학요법의 단독 또는 병합치료를 통해 다양한 암을 치료하거나 환자의 생존 시간을 연장할 수 있다. 특히 암이 조기에 진단될 때 이러한 치료 방법은 효과적이다. 그러나 일부 공격적인 유형의 암(공격적인 백혈병, 흑색종, 폐암, 이자암, 간암 등)은 이러한 방법으로 통제하기 어렵다. 이러한 암을 치료하는 더 나은 접근 방법을 개발하기 위해 과학자들은 암세포를 특이적으로 찾아내고 파괴할 수 있는 방법을 찾고 있으며, 동시에 정상 세포를 손상시키지 않고자 한다.

암 치료에 이러한 선택성을 도입하기 위한 한 가지 전략은 면역 체계가 암세포를 인식하는 능력을 이용하는 것이다. **면역요법**(immunotherapy)은 의사가 박테리아 감염이 발병한 사람들에게서 종양이 때때로 퇴행한다는 사실을 발견한 후인 1800년대에 처음 제안되었다. 감염은 면역반응을 유발하는데, 이러한 관찰을 기반으로 암 환자의 면역 체계를 자극하기 위해 생존하거나 죽은 세균을 활용하는 시도가 이어졌다. 질병을 일으키지는 않지만 신체에 도입된 부위에서 강력한 면역반응을 이끌어내는 박테리아 균주인 BCG(*Bacillus Calmette-Guérin*)에서 일부 성공이 있었지만 이 접근 방식은 초기에 기대했던 만큼 효과는 없었다. BCG는 초기 단계의 방광암을 치료하는 데 사용되었다.

면역 자극의 잠재적 유용성을 입증했지만 BCG는 주된 종양 부위에서 면역반응을 유발하기 위해 직접 방광에 투여되어야 한다. 다른 부위로 전이된 암을 치료하기 위해서는 암세포가 이동했을 수 있는 곳에서 면역반응을 유도해야 한다. 신체가 면역 체계를 자극하기 위해 생성하는 정상적인 단백질은 때때로 이러한 목적에 유용하다. 인터페론 알파와 인터루킨 2(IL-2)는 암 치료에 성공적으로 사용된 단백질이다.

암세포 항원을 환자에게 주입하여 면역 체계를 자극함으로써 암세포를 선택적으로 공격하는 치료용 백신을 개발하려는 시도도 진행 중이다. 프로벤지(Provenge) 백신은 전립선 암세포에서 흔히 발견되는 항원과 환자의 혈액에서 얻은 항원 처리 세포를 결합하여 사용된다. 이 백신은 2010년 FDA에 의해 전립선암의 표준 치료제로 승인되었다.

그러나 일반적으로 종양은 숙주 자신의 세포에서 유래하기 때문에 항원성이 높지 않아 강한 면역반응을 유발하지 않는다. 이러한 경우 면역 감시를 강화하기 위한 현재 전략은 여러 접근 방법을 활용한다. 한 가지 접근 방법은 단일 항체를 사용하여 면역 체계에서 외부 세포의 사멸을 유발하는 일부 T 세포 하위 집단의 면역반응을 일부 억제하는 세포 표면 단백질을 표적으로 하는 것이다(그림 17-21 참조). 이러한 항체는 T 세포 표면 단백질이나 종양세포에 결합하여 T 세포 단백질이 결합하는 단백질에 작용한다. T 세포 표면 단백질의 정상적인 기능은 자가 면역을 방지하기 위해 면역반응을 조절하는 것이다. T 세포를 더 '적극적'으로 만들어 면역 감시력을 향상시키는 이러한 전략을 **면역확인점 치료**(immune checkpoint therapy)라고 한다.

면역확인점 치료는 1990년대의 앨리슨(James Allison)과 혼조(Honjo Tasuku)의 연구에서 기인한다. 독립적으로 연구하면서 그들과 동료들은 암세포에 반응하는 능력을 억제하는 T 세포 표면의 단백질을 발견했다. 앨리슨과 동료들은 T 세포 표면에 존재하는 CTLA-4라는 단백질이 암세포 표면에 존재하는 B7이라는 단백질에 결합하는 것을 발견했다. 혼조와 동료들은 T 세포 표면에 존재하는 PD-1이라는 단백질이 암세포 표면에 존재하는 PD-L1이라는 단백질에 결합하는 것을 발견했다.

이러한 단백질을 표적으로 하는 단일 항체는 현재 암 치료에 널리 사용되고 있다. CTLA-4에 결합하는 이필리무맙[ipilimumab, 상품명은 여보이(Yervay)]은 흑색종 및 일부 다른 암 치료에 사용되고, PD-1에 결합하는 펨브로리주맙[pembrolizumab, 상품명은 키트루다(Keytruda)]과 니볼루맙[nivolumab, 상품명은 옵디보(Opdivo)]은 PD-L1을 표적으로 한다. 또한 아테졸리주맙[atezolizumab, 상품명은 티센트릭(Tecentriq)], 아벨루맙[avelumab, 상품명은 바벤시오(Bavencio)], 더발루맙[durvalumab, 상품명은 임핀지(Imfinzi)]은 PD-L1을 표적으로 하는 다른 항체 치료제이다. 이러한 약물은 현재 흑색종, 비소세포폐암, 콩팥암, 방광암, 두경부암, 호지킨림프종 치료에 널리 사용되고 있다. 앨리슨과 혼조는 이 연구로 2018년에 노벨생리학·의학상을 수상했다.

또 다른 접근 방법인 **입양세포 치료**(adoptive cell transfer, ACT)는 환자 자신의 면역세포를 수집하여 유전적으로 조작한 후 환자에게 재투여하는 과정을 포함한다. 입양세포 치료에는 여러 종류가 있지만, 가장 인기 있는 것은 유전적으로 조작된 단백질을 표현하는 조작된 T 세포인 **키메라 항원 수용체 T 세포**(chimeric antigen receptor T cell, CAR T cell)이다('키메라'는 그리스 신화의 키메라에서 유래한 것으로, 서로 다른 동물의 부분이 합쳐진 괴물을 의미). 키메라 항원 수용체 중 하나가 **그림 21-24**에 표시되어 있다. 키메라 항원 수용체의 세포 외 부분은 표적이 되는 암세포의 특정 세포 표면의 분자(항원)에 결합하는 것으로 알려진 항체 단백질 부분을 포함한다. 키메라 단백질의 항원 결합 부분은 연결 및 막관통 영역과 융합되어 있다. 키메라 항원 수용체의 세포기질 부분은 수용체의 세포 외부가 대상에 결합할 때 T 세포의 활성화를 촉진하는 영역을 포함한다. 일부 키메라 항원 수용체 T 세포에는 결합한 후 종양에 다른 면역세포를 모으도록 사이토카인 등 분자를 발현하는 기능이 있다.

키메라 항원 수용체 T 세포는 건강한 세포를 공격하고 과도하

문제 빠르게 분열하는 세포를 표적으로 하는 화학요법이 암과의 싸움에서 주요 도구로 사용되지만, 이는 암세포 자체에 특이적이지 않고 빠르게 분열하는 모든 세포를 대상으로 한다.

해결방안 암세포에만 독특하거나 높은 수준으로 발현되는 단백질을 대상으로 하는 것은 암을 공격하는 더 구체적인 접근 방식을 제공한다.

주요 도구 세포 표면 단백질을 인식하는 '인간화'된 단일 항체, 돌연변이된 세포기질 또는 핵 내 단백질의 작용을 무효화하는 '합리적인' 약물

상세 방법 암과의 전투에서 핵심 무기는 빠르게 분열하는 세포를 대상으로 하는 화학요법이다. 이러한 화학요법은 놀랄 만큼 효과적일 수 있지만, 높은 대가를 치러야 한다. 이는 모발의 모낭, 혈액세포 전구체, 난소와 고환에서의 생식세포 전구체를 포함한 모든 빠르게 분열하는 세포를 대상으로 하기 때문이다. 게다가 이러한 치료법은 특정 유형의 암에 특화되어 있지 않다. 암에 대한 현대의 분자적 전투는 특정 암의 독특한 분자적 '특징'을 활용하여 오직 암세포에만 특화된 약물이나 기타 제제를 찾는 것을 목표로 한다. 대부분 이러한 특정 접근 방식은 암을 동시에 여러 면에서 공격하기 위해 화학요법과 결합되며, 이러한 복합 치료는 단일 치료 방법보다 암을 억제하는 데 훨씬 더 성공적이라는 것이 입증되었다.

여기에서는 세포 표면 단백질을 대상으로 하는 단일 항체의 사용 및 '합리적인' 약물 설계에 대해 논의할 것이다.

단일 항체 항체는 특정 *항원*에 결합하는 분자적 결정체인 단백질이다(17장 참조). 특히 *단일 항체*는 한 종류의 항원에 매우 특이적으로 결합한다. 이러한 항체는 암 치료에 유용할 수 있다. 단일 항체가 세포 표면 항원에 결합하면 항원의 기능을 방해한다.

쥐의 단일 항체가 유용하지만 주요한 기술적 문제가 있다. 인간에 주입하면 환자의 면역 체계가 쥐 단백질을 공격하는 항체를 생성하여 그들을 중화하고 의도한 치료적 효과를 무효화한다. 다행히도 현대 분자생물학은 이 문제를 극복할 수 있다. 유용한 단일 항체가 식별되면 특정 단일 항체 생성세포에서 발현되는 항체 유전자를 복제하는 것이 가능하다. 분자공학을 통해 쥐 단일 항체의 항원 결합 부분을 암호화하는 DNA 단편과 항체의 나머지 부분을 암호화하는 인간 DNA를 결합하는 것이 가능해졌다(**그림 21B-1**). *인간화된 항체*는 환자에서 면역반응을 방지하는 것으로 입증되었다.

인간화된 항체는 암과 어떻게 싸울까? 첫째, 암 환자에게 주입할 때 이들은 암세포에 결합하고, 결합된 항체를 포함한 세포에 대한 면역 공격을 유발할 수 있다. 이 접근법은 아직은 대부분의 암에 효과가 없지만 *비호지*

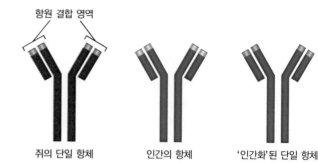

그림 21B-1 '인간화된 항체'. 허셉틴 같은 항체는 원래 쥐에서 단일 항체로 생성되었다. 항체 단백질 소단위체를 암호화하는 유전자를 재조합하고, 항원 결합 영역을 암호화하는 부분(허셉틴의 경우 HER2 단백질에 결합하는 영역)이 인간 항체 단백질의 나머지 부분을 암호화하는 인간 DNA 서열과 결합하여 인간화된 단일 항체를 생성한다.

*킨림프종*에서는 유망한 성과를 보였다. 이 림프종 세포 표면에 있는 *CD20* 항원을 표적으로 하는 항체는 이 특정 유형의 암에 대한 표준 치료 방법 중 하나가 되었다.

둘째, 인간화된 항체는 전달 수단으로 사용할 수 있다. 그들을 방사성 분자나 다른 독성물질에 연결하여 단독 투여하기에는 치명적인 물질을 종양 부위에 선택적으로 농축시킬 수 있다. 이로써 방사능이나 독소를 전체적으로 독성 수준을 초과하지 않고 종양 부위에 선택적으로 농축할 수 있다.

셋째, 많은 항체가 결합한 단백질을 비활성화하는 기능을 가지고 있다. 암 환자에게 사용된 첫 번째로 인간화된 항체인 트라스투주맙(trastuzumab, *허셉틴*)은 이 방식으로 작용한다. 허셉틴은 *ERBB2* 유전자(인간 표피생장인자 수용체 2)에서 생성된 생장인자 수용체에 결합하여 작용을 무력화한다. 이 유전자는 모든 유방암과 난소암의 약 25%에서 과발현되어 있다. 이러한 암 환자에게 허셉틴을 투여하면 허셉틴 항체가 수용체에 결합하여 세포 증식을 자극하는 능력을 억제하므로 종양의 성장이 둔화되거나 중단된다(**그림 21B-2**). 허셉틴은 여러 기작을 통해 작용하는 것 같다. 허셉틴은 아마도 직접 표면의 HER2 수용체를 차단하여 2량체화와 신호전달을 억제한다. 항체에 결합된 HER2는 수용체 매개 세포내섭취를 더 자주 겪으며, 이는 수용체 감소로 이어진다. 신호전달이 차단되면 암세포는 세포자멸을 통해 더 쉽게 죽을 수 있다.

세툭시맙[cetuximab, 상품명은 얼비툭스(Erbitux); 표피생장인자 수용체 또는 *HER1*을 표적으로 하는 항체]와 베바시주맙[bevacizumab, 상품명 *아바스틴*(Avastin); 혈관신생을 자극하는 생장인자인 혈관내피 생장

게 공격적인 면역반응을 유발할 수 있으므로 잠재적으로 심각하고 심지어 생명을 위협할 수 있는 부작용을 일으킬 수 있다. 그러나 초기 임상 시험은 주목할 만한 결과를 이끌어냈다. 자신의 유전적으로 조작된 T 세포를 주입받은 B 세포 급성 림프모구성 백혈병(B-cell acute lymphoblastic leukemia, B-ALL) 환자의 약 90%가 회복하는 데 효과가 있었다. 키메라 항원 수용체 T 세포

치료는 비호지킨림프종 환자의 절반 이상에게도 효과가 있었다. CRISPR/Cas9 및 기타 유전체 편집 접근법의 사용은 이 기술의 신속한 발전을 가능하게 할 것으로 기대된다.

환자에 따른 맞춤형 항암 치료법이 제공된다

키메라 항원 수용체 T세포 치료는 개인맞춤의료(personalized

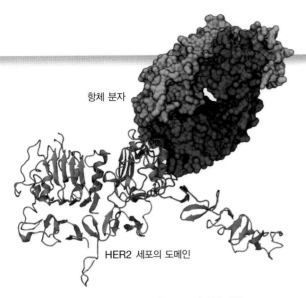

항체 분자

HER2 세포의 도메인

그림 21B-2 허셉틴과 HER2의 상호작용

인자를 표적으로 하는 항체]을 포함하여 많은 다른 단일 항체가 현재 암 치료에 사용되고 있다.

합리적인 약물 설계 분자를 비활성화하기 위한 대안적인 방법으로는 *합리적인 약물 설계*가 있으며, 이는 특정 대상 단백질을 비활성화하기 위해 설계된 *저분자 억제제*를 실험실에서 합성하는 것을 포함한다. 이 접근법은 '합리적'인데, 이는 이러한 화합물이 세포, 종양을 가진 동물 또는 인간 환자에게 어떤 영향을 미치는지 보는 대신, 화학적으로 확인이 가능한 한 특정 단백질에 표적으로 사용된다는 점에서 비롯된다. 이 접근법은 일반적으로 잠재적인 저분자 억제제로 구성된 화학 *라이브러리*로 시작하며, 각각을 하나씩 실험하여 단백질에 대한 생화학적 효과를 평가할 수 있다.

이러한 방식으로 개발된 최초의 항암 약물 중 하나는 *글리벡*(Gleevec)이다(**그림 21B-3**). 글리벡은 *BCR-ABL* 양성 유전자에 의해 생성되는 비정상적인 타이로신 인산화효소에 결합하여 억제한다. 이는 이 장 앞부분에서 이미 만성 골수성 백혈병과 연관이 있는 것으로 설명했었다(그림 21-12b 참조). *BCR-ABL* 양성 유전자는 두 가지 관련 없는 유전자의 융합에서 비롯되며, 암세포에만 존재하기 때문에 이상적인 약물 대상이다. 초기 단계 골수성 백혈병 치료에 보이는 효과는 상당히 두드러지는데, 글리벡으로 치료받은 환자 중 절반 이상이 치료 후 6개월 동안 암 징후가 없는 상태를 보였으며, 이는 이전 치료 방법과 비교하여 10배 더 좋은 반응이다. 이후 암 치료에 유용한 단백질 인산화효소의 저분자 억제제로는 *이레사*(Iressa), *타세바*(Tarceva), 수텐(Sutent), 넥사바(Nexavar)가 있다.

또 다른 유망한 화학 억제제는 G1 사이클린 의존성 인산화효소 Cdk4와 Cdk6를 표적으로 한다. Cdk4/6 억제제에는 팔보시클립(palbociclib), 리보시클립(ribociclib), 아베마시클립(abemaciclib)이 있다. 이들은 호르몬 수용체 양성이고 인간 표피생장인자 수용체 2 음성(HR+/HER2-)인 진행성 유방암 환자의 치료에 특히 효과적이라고 입증되었다.

합리적인 약물은 암과의 전투에서 강력한 신무기이다. 많은 암은 결국 합리적인 약물의 효과를 피하는 2차 돌연변이를 발생시킨다. 예를 들어 글리벡의 경우 많은 돌연변이는 실제로 글리벡에 저항성을 부여하는 BCR-ABL 단백질의 2차 돌연변이이이다. 다행히도 이러한 저항성 BCR-ABL을 표적으로 하는 추가적인 저분자가 발견되었다. 이러한 약물을 기존 화학요법과 함께 병용하여 사용함으로써 치료의 성공 가능성을 높일 수 있다.

질문 CD20 항원을 표적으로 하는 단일 항체는 특정 유형의 림프종 치료에 사용된다. 그러나 CD20 항원은 성숙한 정상 림프구와 악성 림프구에 모두 존재하며, 항체 치료로 인해 암세포뿐만 아니라 정상 세포도 죽는다. 그럼에도 불구하고 이 항체가 여전히 림프종 치료에 효과적인 이유는 무엇이라 생각하는가?

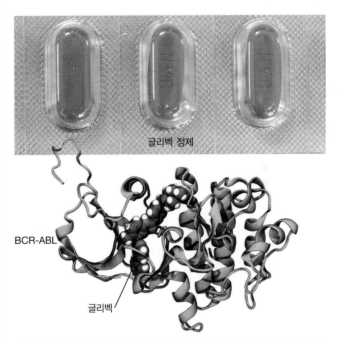

글리벡 정제

BCR-ABL

글리벡

그림 21B-3 저분자 억제제. (위) 글리벡이라는 이름으로 판매되는 항암 약물의 캡슐. (아래) BCR-ABL 인산화효소에 결합된 글리벡

medicine)라는 일반적인 전략의 한 예이다. 이는 각 환자의 개별적 특성을 기반으로 치료를 선택하는 방식이다. 전통적인 기준에서 동일한 것으로 보이는 암에 대해 동일한 치료를 받은 후에도 환자의 결과가 다를 수 있다는 사실은 알려진 지 오래되었다. 전사체 분석(transcriptome analysis)은 DNA 마이크로어레이 또는 RNA 염기서열 분석을 사용하여 RNA로 전사되는 유전자를 확인하는 방법으로, 동일한 세포 유형을 포함하는 암은 종종 서로 다른 유전자 발현 패턴을 나타냄으로써 종양의 행동이 다를 수 있음을 설명해준다. 이러한 다른 유전자 발현 패턴은 종양의 행동을 예측할 수 있게 한다(유방암 진단과 관련된 이 접근법의 일반적인 예는 **인간과의 연결** 참조).

유전자 발현 프로파일 분석과 특정 돌연변이이 존재 여부의 확

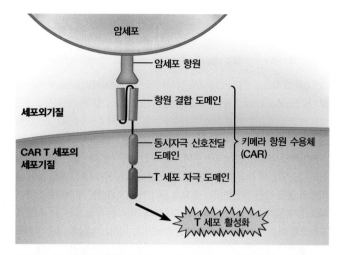

그림 21-24 키메라 항원 수용체 T 세포 요법. 키메라 항원 수용체 T 세포는 키메라 항원 수용체(CAR)를 발현하도록 유전적으로 조작된다. 키메라 항원 수용체는 표적에 결합할 때 T 세포를 활성화하는 세포 외 항원 인식 도메인과 세포기질 신호전달 도메인을 포함한다. 종종 하나 이상의 동시자극 신호 도메인이 추가된다.

인은 어떤 약물을 사용할지 선택하는 데 도움이 될 수도 있다. 대표적 예로 이레사(Iressa)가 있다. 이 약물은 표피생장인자 수용체(EGF receptor)의 타이로신 인산화효소 활성을 억제함으로써 작용한다. 이레사는 폐암 환자 가운데 10%에서만 종양을 감소하는 효과를 보였지만, 효과가 발휘되는 경우에는 매우 효력이 있었다. 이 약물에서 가장 큰 이득을 얻은 환자의 암세포에서 돌연변이 EGF 수용체 유전자의 존재가 그 이유로 밝혀졌다. 이 발견은 유전자 검사를 통해 어떤 종류의 치료가 가장 유리한지를 식별하는 개인맞춤 암 치료의 가능성을 열어주었다.

개념체크 21.5

장기 이식을 받은 환자들은 일반적으로 면역억제제 약물을 투여받는다. 이러한 환자들은 종양과 혈액암 발생 위험이 증가한다. 이 결과를 설명해보라.

요약

21.1 암 발생의 원인

- 암세포는 무한 증식하며 주변 조직으로 침입하여 다른 조직으로 전이하는 성질을 가지고 있다.
- 암 조직에는 분열과 분화 사이의 균형이 깨져 분열하는 세포가 많다.
- 암세포는 부착 여부와 군집 밀도에 관계없이 증식하고, 말단소체의 길이가 유지된다.
- 암은 발암물질에 의해 생기며, 발암물질이 개시, 촉진, 종양 진행 단계를 거치며 암을 일으킨다. 개시 단계에서는 DNA 돌연변이가 발생하고, 촉진 단계에서는 오랫동안 세포가 증식되면서 분열 활성이 큰 세포가 생긴다. 종양 진행 단계에서는 추가적인 돌연변이와 유전자 발현에 후성유전학적 변화가 생겨 비정상적인 특징이 뚜렷해진다.
- 암은 이질성을 가지고 있다. 즉 적은 수의 암 줄기세포가 고도로 증식하는 반면, 다른 세포는 그렇지 않다.

21.2 암세포의 전이

- 종양이 계속 증식하려면 새로운 혈관이 형성되어야 하고, 이 과정에서 혈관신생 활성인자는 증가하고 억제인자는 감소해야 한다.
- 암세포는 주변 조직으로 침입해서 혈관으로 들어가 다른 장소로 이동한다. 침입은 세포의 부착성 감소, 이동성 증가, 세포외기질과 기저판을 분해하는 효소의 분비가 필요하다. 혈관으로 들어간 암세포 중에 소수만이 살아남아 전이된다.

- 전이가 일어나는 장소는 우선적으로 만나게 되는 모세혈관계의 위치와 암세포 성장에 영향을 미치는 장기 특이적 조건에 의해 결정된다.
- 암은 면역 체계에 의한 파괴를 회피하는 다양한 방법을 가지고 있다. 암세포와 주변 미세 환경 구성 요소 간의 상호작용은 암 성장, 침입, 전이에 영향을 미친다.

21.3 암 유발의 원인

- 일부 암은 담배 연기에서 발견되는 화학물질을 포함하여 특정 종류의 화학물질로 인해 발생한다.
- 암은 이온화 방사선, 자외선, 바이러스, 박테리아, 기생충에 의해서도 발생한다. 이러한 원인에 의해 유전자의 돌연변이가 생긴다.
- 암을 일으키는 바이러스 중에 일부는 자신의 바이러스 단백질을 발현시키거나 숙주세포의 유전자 발현에 변화를 주어 세포 증식을 직접적으로 유도한다. 다른 종류의 바이러스와 감염원이 조직을 파괴하여 DNA 돌연변이를 유발하는 간접적인 방법으로 세포 증식을 유도할도 수 있다.

21.4 종양유전자와 종양 억제유전자

- 암을 유발하는 유전자를 종양유전자라 한다. 종양유전자는 바이러스를 통해 유입되기도 하지만 대부분은 점돌연변이, 유전자 증폭, 염색체 전좌, 국소 DNA 재배열, 삽입 돌연변이 유발에 의해 정상 세포 유전자(원발암유전자)에서 발생하는 경우가 더 많다.

■ 종양유전자에서 생성된 단백질은 대부분 생장인자, 수용체, 원형 질막 GTP 결합단백질, 비수용체 인산화효소, 전사인자, 세포주기 및 세포자멸 조절인자 같은 신호전달 구성 요소이다. 종양유전자 는 이러한 단백질이 비정상적인 기능을 하거나 과도하게 많이 생 성되면 과도한 세포의 증식 및 생존을 유도한다.

■ 종양 억제유전자는 기능이 소실되거나 억제되면 암이 발생하는 유전자를 말한다. 종양 억제유전자에 돌연변이가 있는 사람은 정 상인보다 암에 걸릴 가능성이 높다.

■ 대표적인 종양 억제유전자로 세포주기의 G1기에서 S기로 넘어가 는 과정을 조절하는 *RB* 유전자, 손상된 DNA가 복제되는 것을 막 아주는 *p53* 유전자, Wnt 경로를 조절하는 *APC* 유전자 등이 있다.

■ 암세포의 유전적 불안전성 때문에 한 세포에 여러 돌연변이가 복 합적으로 나타난다. 유전적 불안전성은 DNA 수선 시스템과 세포 자멸 조절 기능이 상실되거나 세포분열 과정에 염색체의 분리가 제대로 일어나지 않아서 발생한다.

■ 종양유전자와 종양 억제유전자에 발생하는 돌연변이의 축적과 유 전자 발현의 후성유전학적 변화가 단계적으로 축적되어 암이 발 생한다. 영향을 받는 대부분의 유전자는 단백질을 암호화하지만 일부는 마이크로 RNA를 생성한다.

21.5 암 진단과 검사 및 치료

■ 팝 도말법 같은 암 조기 진단 기술이 개발되어 암이 전이되기 전 에 진단되면 암으로 인한 사망을 예방할 수 있다.

■ 분자 기술은 암 진단을 크게 개선할 수 있으며 더 구체적이고 효 과적인 치료로 이어질 수 있다.

■ 암의 일반적인 치료법은 외과 수술로 종양을 제거하는 것이며, (필요한 경우) 방사선 치료와 화학요법으로 남아있는 암세포의 성 장을 억제하거나 죽이는 것이다.

■ 최근 개발된 암치료법에는 면역세포가 암세포를 공격하게 하는 면역요법, 암세포에서 중요한 기능을 수행하는 단백질을 선택적 으로 차단하는 분자 표적 기술, 종양 조직에 혈액 공급을 차단하 는 항혈관신생 치료법 등이 있다.

연습문제

21-1 정상 세포와 암세포. 사람의 정상 세포와 암세포가 각각 들어있 는 세포 배양 접시가 표식 없이 섞여있다. 이들을 구분할 수 있는 방 법을 4가지 이상 제시하라.

21-2 포볼에스터와 암. 파두유(croton oil)의 활성 성분은 분자 다이 아실글리세롤(DAG)의 효과를 모방한 포볼에스터(phorbol ester)이 다. 다이아실글리세롤에 대해 알고 있는 내용(19장 참조)을 바탕으 로 다이아실글리세롤이 종양 형성의 효과적인 촉진제이지만 개시제 가 아닌 이유를 자세히 설명하라.

21-3 데이터 분석 흡연과 암. 그림 21-7을 다시 살펴보라.
(a) 폐암으로 인한 남성의 사망과 미국의 전체 담배 소비 사이에는 강한 상관관계가 있다. 이 두 데이터 사이에 대략 어느 정도의 시 간 지연이 있으며, 심한 흡연자에게 증상이 나타날 때 심각한 이 유는 무엇인가?
(b) 이 데이터에 기초하여 20세기 여성의 폐암 사망률이 남성의 폐암 사망률과 매우 극적으로 다르다는 것을 어떻게 설명할 것인가?

21-4 암세포와 생체검사. 병리학자는 유방암 생체검사에서 얻은 조 직 샘플을 검사했다. 종양이 악성인 경우 현미경으로 관찰할 수 있 는 비정상적인 특성은 무엇인가? 종양의 등급을 어떻게 매기는가?

21-5 종양유전자와 종양 억제유전자. 다음 설명 중에 종양유전자와 관계된 것은 '종양', 원발암유전자와 관계된 것은 '원발암', 종양 억 제유전자와 관계된 것은 '종양억제'라고 표기하라. 두 종류 이상의 유전자가 관여할 경우 이유를 설명하라.

(a) 세포에서 발견되는 유전자
(b) 정상적인 생장인자의 유전자
(c) 암세포에서 발견되는 유전자
(d) 암세포에서만 발견되는 유전자
(e) 존재하면 암이 발생하는 유전자
(f) 존재하지 않으면 암이 발생하는 유전자
(g) 정상 세포와 암세포에서 함께 발견되는 유전자

21-6 바이러스와 암. 인간유두종 바이러스(HPV)는 자궁경부암의 원 인이다. HPV가 어떻게 종양 억제유전자의 손실 또는 비활성화를 일 으켜 이 암 발생을 유발할 수 있는지 설명하라.

21-7 암 치료. 화학요법은 암과의 전투에서 핵심 도구이지만 단점이 있다. 단점은 무엇인가? 분자 표적 기술은 암 치료에 어떤 효과가 있 는가?

21-8 양적 분석 암 검진. 미국에서 결장암의 연간 발병률은 10만 명 당 약 55명이다. 결장암은 종종 출혈을 유발하므로 의사는 때때로 대변에서 소량의 혈액을 찾기 위해 대변 잠혈 검사(fecal occult blood test, FOBT)라는 선별 절차를 사용한다. 이 검사의 한 형태는 약 98% 의 특이도를 가지고 있다. 이는 대변에 혈액이 있음을 나타낼 때 결 과는 오류(즉 암이 없음)가 2%에 불과하다는 것을 의미한다. 우수한 것처럼 보이지만 2%의 '거짓 양성' 비율은 이 검사를 결장암 검진 도 구로 거의 쓸모 없게 만든다. 그 이유는 무엇인가?

개념체크 및 핵심 기술 해답

1장

개념체크 1.1 훅(Robert Hooke) 등은 광학현미경을 사용하여 생물의 조직이 현재 세포로 알려진 많은 작은 구획으로 구성되어 있음을 보여주었다. 식물과 동물 조직을 관찰한 결과, 조사한 모든 생물체에서 세포가 기본 구성 요소라는 것이 밝혀졌다. 세포핵과 세포분열에 대한 연구는 과학자들에게 모든 세포는 기존의 세포가 분열하여 생성된다는 것을 확신시켰다. 현미경 설계 및 렌즈 기술의 발전으로 과학자들은 이러한 중요한 관찰을 할 수 있을 만큼 충분히 명확하게 세포를 관찰할 수 있었다.

개념체크 1.2 암세포 생물학의 초기에는 주로 세포학적 관찰로 암세포가 정상 세포와 어떻게 다른지를 연구했다. (1) 광학현미경은 개별 세포를 볼 수 있게 했고, 전자현미경은 세포소기관 수준의 구성 요소를 볼 수 있게 했다. (2) 생화학은 세포가 포도당을 연료로 사용하는 경로 확인, 세포의 에너지 분자인 ATP 이해, 원심분리, 크로마토그래피 및 전기영동에 의한 세포 분획을 포함하여 세포를 연구하는 여러 기술을 제공했다. (3) 유전학은 DNA가 유전물질이며 잘못된 복제가 제어되지 않을 경우 암적인 세포분열로 이어질 수 있음을 보여주었다. 또한 재조합 DNA 기술과 생물정보학을 포함하여 DNA 구조와 기능을 분석하기 위한 많은 기술을 제공했다.

개념체크 1.3 실험 과정은 속쓰림이 피자 때문이라는 가설을 실험하는 것으로 시작해야 한다. 특정한 날에는 밤에 피자를 먹고, 다른 날에는 피자를 피함으로써 가설을 실험할 수 있다. 피자 섭취와 속쓰림 사이에 좋은 상관관계가 있고, 이 연결을 반복적으로 확인할 수 있다면(반복 가능한 관찰에 대한 요구사항에 유의하여) 실제로 속쓰림이 피자를 먹음으로써 발생한다고 결론을 내리는 것이 타당해 보인다. 가설을 잠정적으로 확인했으므로, 이제 속쓰림이 특히 하나 이상의 피자 토핑으로 유발된다는 추가 가설을 실험할 준비가 되었다. 이렇게 하려면 토핑이 없는 일반 피자와 세 가지 토핑 중 하나만 있는 피자로 구성된 '대조군'이 필요하다. 다시 말하지만 한 가지, 두 가지 또는 세 가지 토핑 모두가 속쓰림을 유발한다는 결론을 내리기 전에 관찰을 반복하는 것이 중요하다.

핵심 기술 높은 항체-항원 특이성 때문에 형광물질로 표지된 분자만이 표적으로 하는 특정 항원 분자라는 것을 확실히 알 수 있게 한다. 특정 항체의 표적 항원을 알면 세포에서 특정 항원의 위치를 확실하게 결정할 수 있다. 또한 항체-항원 특이성으로 2차 항체가 세포 분자에 결합한 1차 항체에 특이적으로 결합할 수 있다.

2장

개념체크 2.1 탄소의 공유결합을 끊는 데 많은 양의 에너지가 필요하다는 사실은 탄소를 지닌 분자가 매우 안정하다는 의미이다. 또한 탄소는 결합 가능한 외부 전자가 4개 있으므로, 총 4개의 공유결합을 형성할 수 있다. 이러한 결합은 다른 탄소 원자 또는 다른 유형의 원자와 이루어질 수 있다. 탄소는 단일, 2중 및 3중 결합을 형성할 수 있으며 생물에 중요한 수소, 산소, 질소 및 기타 중요한 원자와 쉽게 결합할 수 있다. 선형 사슬 모양과 폐쇄 고리 모양의 분자를 모두 형성할 수 있기 때문에 매우 다양한 화합물을 형성할 수 있다.

개념체크 2.2 물 분자가 선형이라면 극성이 아니므로 서로 수소결합을 형성할 수 없다. 이렇게 하면 물의 응집력이 낮아지고 끓는점, 비열 및 기화열이 낮아진다. 이는 물의 온도 안정화 능력을 낮추어 세포가 살기 위한 기초 용액 성분으로 적합하지 않게 된다. 또한 물 분자는 다른 분자와 수소결합을 형성할 수 없기 때문에 세포에 필요한 대부분의 물질을 구성하는 극성 및 하전 물질의 용해도가 물에서 매우 낮게 된다.

개념체크 2.3 인지질의 양친매성 성질은 극성 머리 부분이 물과 상호작용하고, 소수성 지방산 사슬이 서로 결합하게 하여 모든 생체막의 기초가 되는 2중층 구조를 형성한다. 따라서 이 2중층은 극성 분자와 이온이 투과할 수 없는 내부의 비극성 장벽을 만들면서 막의 양쪽에서 수성 환경과 상호작용할 수 있다. 막의 소수성 내부에 박힌 단백질은 극성 분자와 이온을 통과시키는 수송 통로 역할을 할 수 있다.

개념체크 2.4 유사점: 단백질, 핵산, 탄수화물은 모두 단량체로 구성된 긴 중합체이다. 모두 에너지가 필요한 축합반응으로 활성화된 단량체가 중합하여 생성된다. 3가지 모두 방향성을 가지고 있는데, 이는 양 끝이 서로 다르고 중합체가 길어질 때 한쪽 끝에만 단량체 단위가 추가된다는 것을 의미한다. **차이점:** 단량체 단위 종류는 3가지 유형의 고분자가 서로 모두 다르며, 각각은 다른 수의 단량체를 가진다. 각각은 운반체가 다르며, 핵산의 경우 운반체가 없다. 각각은 또한 세포에서 다른 기능을 가지고 있다.

개념체크 2.5 감염성 바이러스 입자는 바이러스 RNA와 외피 단백질이 자가조립하여 형성되었다. 아마도 서로 다른 균주의 RNA와 단백질이 서로 상호작용하기에 충분히 유사한 구조를 가질 것이다. 자가조립에 필요한 모든 정보는 분자 자체에 존재한다. 균주 A의 RNA를 가진 잡종 바이러스는 RNA가 정보 분자이고 숙주세포에서 증식하기에 필요한 정보를 가지고 있기 때문에 균주 A의 정상 숙주세포를 감염시킬 것이다. RNA가 중요한 것은 그것이 바이러스 내부에 위치하며 단백질 외피에 의해 보호된다는 사실로 알 수 있다.

핵심 기술 빨간색으로 표시된 경로를 가진 조각의 m/z 비율이 더 높다. 질량이 더 높거나(동일한 전하를 가진 더 가벼운 파편보다 휘는 것이 더 어렵다) 전하가 더 적으면(따라서 같은 질량을 가진 더 많이 하전된 조각보다 전자기에 덜 민감하기 때문에) 덜 휘는 경향이 있다. 또는 둘의 조합으로 휘는 경향이 나타난다.

3장

개념체크 3.1 정의에 따라 아미노산 잔기 3개가 사라지면 1차 구조가 바뀐다. 누락된 잔기가 α-나선 또는 β-병풍의 일부라면 2차 구조를 파괴할 수 있다. 누락된 부분이 적절한 접힘에 필수적인 중요한 상호작용에 기여하면, 헤모글로빈이 최종적인 기능적 형태로 접힐 수 없을 것이다. 전하를 띤 잔기를 삭제하면 이온결합이 바뀌고, 수소결합 공여체 또는 수용체인 잔기를 삭제하면 수소결합이 제거된다. 또한 비극성 아미노산이 삭제되면 소수성 상호작용과 적절한 접힘이 변경될 수 있다. 이러한 변화는 3차 구조에 영향을 미치고, 폴리펩타이드 중 하나의 적절한 접힘을 방해할 수 있다. 시스테인 잔기의 삭제는 단백질을 적절한 형태로 유지하는 2황화 결합을 제거할 수 있기 때문에 더 해로울 수 있다. 누락된 아미노산이 표면에 있었다면 4개의 폴리펩타이드가 결합하고 올바른 4차 구조를 형성하는 데 필수적이었을 수 있다. 또는 헴 결합부위 근처의 아미노산 잔기의 변화는 헤모글로빈의 산소결합 그룹에 대한 친화도를 감소시킬 수 있다.

개념체크 3.2 단백질처럼 핵산은 각각의 고분자에 대한 유사한 선형의 단량체 단위로 구성된 중합체이다. 둘 다 탈수에 의해 합성되고, 가수분해에 의해 분해된다. 단백질과 핵산의 합성을 위해서는 에너지가 필요하다. 단백질과 핵산의 다른 점은 핵산은 5개의 서로 다른 뉴클레오타이드 단량체를 가지고 있지만, 단백질은 20개의 서로 다른 아미노산 단량체를 가지고 있다는 점이다. 핵산은 주로 유전정보(DNA)를 저장하고, 그 정보가 단백질 생산 과정(RNA)에서 발현되게 하는 작용을 한다. 대조적으로 단백질은 효소, 구조, 수송 등 매우 다양한 기능을 가진다. 또한 2중나선 DNA 섬유의 전체 구조는 단량체의 서열에 의존하지 않는 반면, 단백질의 구조는 단량체의 서열에 완전히 의존한다.

개념체크 3.3 다당류 또한 유사한 단량체 단위의 중합체이지만, 단백질과 핵산처럼 특정 정보를 전달하지 않는다. 그들은 보통 20개(단백질) 또는 5개(뉴클레오타이드)가 아닌 1개 또는 2개의 다른 단량체로부터 형성된다. 일부 단백질과 마찬가지로(핵산과는 다르게) 키틴과 셀룰로스 같은 다당류는 구조적인 역할을 한다. 단백질이나 핵산과 달리 일부 다당류는 에너지 저장 기능을 수행하며, 세포가 필요로 할 때 포도당을 생성한다. (일부 단백질은 에너지를 위해 사용될 수 있는데, 이는 저장되어 있는 설탕, 다당류 및 지방이 소진된 경우에만 해당된다.)

개념체크 3.4 지질은 단백질, 핵산, 다당류와 두 가지 주요 측면에서 다르다. 첫째, 그들은 산소 및 질소 원자와 하전된 영역이 부족한 경향이 있어 주로 비극성이고 물에 녹지 않는다. 둘째, 비록 지질은 큰 분자이지만, 단량체 단위의 긴 중합체는 아니다. 하지만 다른 종류의 고분자와 비슷하게 인지질과 트라이글리세라이드와 같은 지질은 탈수결합에 의해 만들어지고 세포 구조에서 중요하다. 단백질처럼

그들은 세포에서 다양한 역할을 하고, 일부 다당류처럼 세포를 위한 에너지 저장 기능을 수행한다.

핵심 기술 결정은 개별 단위의 반복 패턴이 특징이다. 각 단백질 분자는 펩타이드 결합에 의해 함께 연결된 반복 단위로 구성된 1차 서열을 기반으로 동일한 고유 형태를 채택한다. 따라서 단백질의 각 반복 단위는 결정체에서 3차원 매트릭스를 형성할 수 있다. 서로 다른 단백질 분자를 함께 유지하는 분자 간 힘도 일관성이 있기 때문에 단백질은 단일 또는 쌍으로 반복적이고 일관된 방식으로 연결된다. 결정화 중에 이런 반복적인 결합은 결정 내에 수많은 동일한 회절 사건의 강화에 의존하는 사용 가능한 X선 회절 데이터의 생성에 중요하다.

4장

개념체크 4.1 오늘날 세포에서 RNA는 DNA 주형가닥으로부터 합성되지만, 이 과정은 단백질이 효소로 작용하는 것을 필요로 한다. 반면 RNA는 어떤 경우에서 DNA나 단백질의 필요 없이 합성되고 복제될 수 있다. 게다가 RNA의 단량체 단위는 초기 지구에서 비생물적으로 형성되었을 수 있고, DNA 합성에 필요한 단량체를 만드는 데 사용될 수 있는 단순 유기 화합물 중 일부에서 유래되었다.

개념체크 4.2 현미경은 진핵생물임을 나타내는 핵과 세포소기관의 존재에 대해 새로운 생물체의 세포를 관찰하는 데 사용될 수 있다. 사용될 수 있는 유용한 생화학 기술에는 세포의 특정 구성 요소를 분리하기 위한 원심분리, 전기영동, 크로마토그래피가 포함된다. 예를 들어 박테리아, 고세균, 진핵생물에서 인지질 구성이 다른 막을 분리할 수 있다. 아마도 가장 결정적인 답은 리보솜 RNA의 유전자 분석에서 얻을 수 있을 것이다. 이 세 그룹의 rRNA 서열은 서로 다른 것으로 정의되기 때문이다.

개념체크 4.3 박테리아 세포로부터 진핵세포를 만들려면 먼저 그것의 유전물질을 핵막으로 둘러싸야 한다. 또한 미토콘드리아를 첨가하여 당을 산화시켜 에너지를 공급할 수도 있다. 엽록체는 꼭 필요한 것은 아니지만, 세포가 그것을 지니게 되면 외부의 당 공급원으로부터 독립적일 수 있을 것이다. 또한 라이소솜으로 하여금 섭취한 음식 분자를 분해하게 하고, 퍼옥시솜이 지방산을 분해하고 독성 화합물을 해독하기를 원할 수도 있다. 박테리아 리보솜을 진핵생물 리보솜으로 대체하는 것은 가장 큰 도전이 될 수 있다.

개념체크 4.4 바이러스가 스스로 번식할 수는 없지만, 일단 숙주세포를 감염시키면 효소 및 리보솜과 같은 숙주세포의 합성 기구를 사용하여 자신의 핵산과 외피 단백질의 복사본을 만들 수 있다. 복제 후 그들은 일반적으로 숙주세포를 파괴하고, 이러한 세포 손상은 숙주 생물체에 심각한 질병을 초래할 수 있다.

핵심 기술 먼저 원하는 조직을 균질화한다. 균질물을 1,000 g에서 10분간 원심분리하여 핵과 깨지지 않은 세포를 침전물에 농축시키고 버린다. 상층액을 모아 20,000 g에서 20분간 원심분리하여 침전물

에 커다란 조각과 세포소기관을 모으고 다시 버린다. 상층액을 모아 80,000 g에서 1시간 동안 원심분리하여 침전물에 막 조각을 모은다. 상층액을 버리고 세포의 막 파편과 조직의 세포소기관이 섞인 마지막 침전물을 보관한다(그림 4B-2의 ❹단계).

5장

개념체크 5.1 에너지는 생물권이라고 부르는 열린 계에서 한 방향으로만 흐르며, 태양에서 시작하여 대부분 열의 형태로 떠난다. 화학영양생물은 에너지와 물질 모두를 광영양생물에 의존한다. 광영양생물은 환경에서 광합성으로 에너지를 수확하고, 이 에너지를 사용하여 CO_2, H_2O, N_2와 같은 자유에너지가 낮은 화합물을 탄수화물, 지질, 아미노산 같은 자유에너지가 높은 화합물로 환원시킨다. 그런 다음 화학영양생물은 이러한 고에너지 화합물을 화학 에너지 및 분자 조립단위 합성에 사용한다. 많은 화학영양생물은 또한 광영양생물이 광합성의 부산물로 생성한 산소를 사용한다. 물질은 순환하며, 광영양생물은 고에너지 유기 화합물을 광합성을 계속하는 데 필요한 저에너지 무기 화합물로 다시 산화시키는 화학영양생물에 의존한다.

개념체크 5.2 모든 자발적 과정은 우주의 엔트로피 증가로 이어진다. T, P, V, H 같은 변수가 고정된 상태에서 $\Delta S > 0$인 경우 반응은 자발적으로 진행된다(반응 결과 무작위성이 증가). 반대로 다른 모든 변수가 일정할 때 $\Delta H < 0$(열 함량 감소)인 경우 반응은 자발적이다. ΔG는 $\Delta H - T\Delta S$이며 자발적인 반응에서 ΔG는 항상 감소하기 때문에, 수학적으로 엔트로피와 엔탈피 변화는 효과가 반대로 나타난다. ΔG는 ΔH와 정비례하며 ΔS와는 역비례 관계이므로, ΔH가 감소하거나 ΔS가 증가할 때 ΔG가 감소한다(자발적인 과정).

개념체크 5.3 ΔG는 반응물과 생성물의 현재 농도하에서 실제 세포 조건에서 발생하는 화학반응 또는 생물학적 과정 동안 자유에너지의 변화를 나타낸다. $\Delta G°$ 및 $\Delta G°'$은 지정된 표준 조건하에서 화학반응의 자유에너지 변화(따라서 자발성을 결정)를 설명하는 데 사용된다. $\Delta G°$는 모든 반응물과 생성물(물 제외)이 $1\,M$의 표준 농도(생화학에서 직접적으로는 거의 사용되지 않는다)일 때의 자유에너지 변화를 나타내며, $\Delta G°'$은 표준 농도이고 pH 7일 때의 자유에너지 변화이다. 여기서 $[H^+] = 1\,M$이 아닌 $10^{-7}\,M$이다.

핵심 기술 리간드 주입 초기에는 표적 분자의 수가 훨씬 더 많다. 초기에는 새로 주입된 리간드가 모두 표적에 결합하므로 최대한의 열 방출이 일어난다. 그러나 점점 더 많은 리간드가 주입될수록 유리된(비결합) 표적은 점점 줄어들고, 결국 새로 주입된 리간드가 결합할 수 있는 빈 표적을 찾지 못하게 된다. 그 결과 점점 더 적은 열이 방출되고 작은 스파이크가 발생된다.

6장

개념체크 6.1 휘발유는 에너지가 높은 화합물이지만 일반적으로 는 준안정성 상태로 존재한다. 열역학적으로는 가능하지만, 휘발유 + O_2의 발열반응으로 CO_2 + H_2O + 열이 생성되려면 반응 분자가 더 높은 에너지를 가진 고에너지 전이 상태에 도달하기 위한 충분한 에너지를 가져야만 한다. 성냥 한 개비는 일부 분자가 이보다 높은 에너지 전이 상태에 도달하고 연소를 일으킬 수 있도록 에너지를 제공한다. 이로 인해 발생하는 발열 연소 반응은 다른 반응물 분자들을 이 에너지 수준으로 끌어올려 연소를 지속시키는 에너지를 제공하며, 이 '연쇄반응'은 휘발유나 산소 중 하나가 고갈될 때까지 계속된다. 이와는 달리 촉매는 활성화 에너지를 낮추어 분자들이 전이 상태에 도달할 수 있게 한다.

개념체크 6.2 각 효소는 특정한 기질 또는 밀접하게 관련된 기질 그룹만이 맞게 들어갈 수 있는 고유한 모양의 활성부위가 있다. 이 특이성은 활성부위의 크기와 모양, 그리고 기질의 원자와 활성부위 내의 아미노산 잔기 사이의 비공유결합에 의해 제공된다. 낮은 온도는 기질결합에 거의 영향을 미치지 않지만, 극도로 높은 온도는 효소를 변성시켜 활성부위의 구조를 파괴한다. 대조적으로 매우 높거나 매우 낮은 pH는 활성부위의 주요 잔기의 이온화 상태를 변경하고 기질결합에 필요한 이온결합을 변경하기 때문에 pH의 두 극단 모두 현저한 영향을 미칠 수 있다.

개념체크 6.3 포화 기질 농도에서 가능한 가장 높은 반응 속도를 유지하기 위해 가능하면 V_{max}를 높이고 싶을 것이다. 마찬가지로 k_{cat}이 분당 최대량의 생성물 분자를 생산하기 위해 가능한 한 높기를 원할 것이다. 이와 대조적으로 더 낮은 K_m을 원할 것이므로 더 낮은 $[S]$가 최대 속도의 절반을 달성하는 것이다.

개념체크 6.4 효소는 반응 생성물이 세포에서 필요한 시점에만 활성화되도록 적절하게 조절되어야 한다. 예를 들어 포도당을 합성하는 효소와 분해하는 효소가 동시에 활성화되는 것은 원하지 않을 것이다. 조절은 또한 각 반응의 적절한 속도를 보장하기 위해 필요하다. 조절이 안 된 효소는 생물학적 기능에 맞게 최적의 속도로 작용하지 않을 수 있다. 하위 기질 조절에서는 반응 속도가 기질 농도에 의해 결정되고, 피드백 조절에서는 반응 속도가 다른자리입체성 부위에 결합하는 생성물 분자의 농도로 인해 조절된다. 효소의 추가적인 조절은 인산화/탈인산화 또는 메틸화/탈메틸화를 통한 공유결합 변경과 같은 방법으로 이루어질 수 있다.

핵심 기술 그림 6B-1의 균일한 간격의 점을 사용하여 그림 6B-2의 2중역비례도를 생성하면 기질 농도가 높은 점들은 그래프의 왼쪽으로 모이게 된다. 이러한 분석의 유용성을 향상하려면 더 낮은 기질 농도에서 더 많은 분석을 수행해야 한다. 이렇게 하면 두 번째 그래프에서 오른쪽에 더 많은 점이 생성되고 점을 통해 그려진 선의 정확도가 높아진다.

7장

개념체크 7.1 단백질 없이 인지질로만 구성된 순수 인지질2중층은 이온이나 큰 친수성 분자를 세포 안팎으로 운반할 수 없다. 이들은 소수성 내부를 단독으로 통과할 수 없기에, 이러한 물질의 이동은 막 기반의 운반단백질을 필요로 한다. 세포는 환경으로부터 잘 분리되고 정제되지만, 이온이나 영양소와 같은 많은 필수적인 물질의 이동과 환경 신호에 대한 반응, 세포 간 의사소통과 결합은 불가능할 것이다. 왜냐하면 이 기능들은 막단백질이 수행하기 때문이다.

개념체크 7.2 막 구조에 대한 현재의 이해 수준으로 이끈 대부분의 관련 통찰력은 지질이 세포에 쉽게 들어가는 능력의 발견, 막 인지질의 분자 구조의 양친매적 특성의 발견, 극성 분자와 이온이 막을 통과할 수 있게 하는 '구멍'과 같은 역할을 하는 단백질의 발견 같은 생화학적 분석에 기초했다. 또한 중요한 것은 전자현미경으로 볼 때 모든 세포 및 세포소기관 주변 막의 존재 및 모든 막의 모양을 인식하는 것과 같은 세포학적 조사에서 얻은 통찰력이다. 획기적인 발견은 전자현미경으로 단백질 박테리오로돕신의 3차원 구조를 결정한 것으로, 이는 내재 막단백질이 어떻게 α-나선 막관통 단편에 의해 막에 고정되는지를 보여준다. 막 구조에 대한 현재의 이해를 이끈 실질적인 유전자 연구는 없다.

개념체크 7.3 인지질은 2중층의 한 층에서 다른 층으로는 거의 움직이지 않지만, 단일층 내에서 측면으로는 빠르게 이동할 수 있다. 이 능력은 주로 인지질에 부착된 지방산 사슬의 종류에 주로 영향을 받는다. 불포화지방산은 구부러진 모양을 가지고 있으므로 포화지방산만큼 꽉 채워지지 않아 막의 유동성을 증가시킨다. 지방산 사슬이 길면 결합력이 증가하고 유동성이 감소하는 반대의 효과가 나타난다. 스테롤은 온도에 따라 유동성에 두 가지 영향을 미친다. 고온에서는 스테롤 고리의 강성이 유동성을 감소시키지만, 저온에서는 지방산 사슬의 포장을 방해하여 유동성을 증가시킨다. 이는 온도 변화에 따른 유동성의 변화를 최소화할 수 있다.

개념체크 7.4 내재 막단백질은 소수성 막 내부에 파묻혀 있으며, 막 양쪽의 수성 환경에 노출된 친수성 영역을 가지고 있다. 이들은 막을 통해 물질을 이동시키는 운반체 역할을 하거나 세포 외 신호를 감지하고 세포 내 반응을 일으키는 신호 분자의 역할을 할 수 있다. 주변 막단백질은 일반적으로 막의 한쪽에서만 작용한다. 예를 들어 세포막 외부의 글리코실화된 단백질은 세포 인식에 중요하다. 세포질 쪽 단층의 세포골격 요소에 부착된 단백질은 신호단백질을 별도의 막 마이크로도메인으로 격리하는 데 중요할 수 있다.

핵심 기술 온도가 증가하면 열 운동 증가로 인해 분자가 더 빠르게 확산된다. 더 많은 확산은 일반적으로 더 빠른 회복을 의미하며, 이는 반감기가 감소한다는 것을 의미한다. 따라서 37℃에 있는 세포가 더 짧은 반감기를 보일 것으로 예상된다.

8장

개념체크 8.1 농도 기울기의 크기는 3가지 유형의 운반에 모두 중요하다. 이는 단순확산 또는 촉진확산이 어떤 방향(및 어떤 속도)으로 진행될지 결정한다. 또한 능동수송이 진행되는 데 필요한 에너지의 양을 정한다. 농도 및 전하 기울기의 합인 전기화학 퍼텐셜은 이온을 이동시킬 수 있는 촉진확산 및 능동수송에만 관련이 있다. 소수성 막 내부로 인해 이온이 단순확산으로 막을 통과할 수 없으므로, 막의 반대쪽에 있는 전하 차이는 단순확산에 영향을 주지 않는다.

개념체크 8.2 삼투는 특히 반투과성 막을 가로지르는 물의 확산을 의미하기 때문에 산소의 확산과는 다르다. 또한 물은 매우 작은 극성 분자이고 산소 분자는 비극성이라는 점에서 과정이 다르다. 삼투와 기체의 확산은 다음과 같은 면에서 유사하다. 둘 모두 물질은 더 높은 농도의 영역에서 더 낮은 농도의 영역으로 이동한다. 두 과정 모두 매우 작은 분자가 이동한다. 두 과정 모두 운반단백질을 필요로 하지 않는다. 두 과정 모두 에너지를 필요로 하지 않는다.

개념체크 8.3 운반체 및 통로 모두 용질을 농도 기울기로 이동시킬 수 있는 일체형 막단백질이다. 둘 다 농도 기울기 이외의 외부 에너지원을 필요로 하지 않는다. 그들은 모두 특정 용질(분자 또는 이온)에 특이적이며 다른 용질과 구별된다. 그들은 주로 메커니즘이 다르다. 운반단백질은 일반적으로 용질에 결합할 때 입체 구조의 변화를 겪으며, 이는 막의 다른 쪽에서 용질의 방출을 초래한다. 매번 특정 수의 용질 또는 이온이 운반된다. 통로 단백질은 입체 구조의 변화를 겪지 않고, 대신 용질의 연속적인 흐름이 이동하는 좁은 통로를 제공한다.

개념체크 8.4 능동수송은 비자발적인 과정, 즉 에너지를 요구하여 농도 기울기에 반하여 이동하는 수송으로, 촉진확산과 구별되는 특징은 에너지 요구성이다. 운반체는 개구리 난모세포(핵심 기술 참조)에 발현되거나 인공 리포솜에 포함될 수 있다. 그런 다음 다양한 농도의 용질 및 ATP를 포함하는 용액에 넣을 수 있다. 난모세포 또는 리포솜 대 주변 용액의 최종 농도를 측정하여 용질이 농도 기울기에 따라 움직이는지 또는 반대로 움직이는지 확인할 수 있다. ATP를 사용하여 농도 기울기에 역행하는 움직임은 능동수송을 나타낸다. ATP 비의존 방식으로 막을 가로지르는 용질 농도의 균등화는 촉진확산을 나타낸다.

개념체크 8.5 Na^+/K^+ 펌프는 외부의 ATP 가수분해로부터 파생된 에너지를 사용하여 내부의 Na^+과 K^+ 이동을 농도 기울기를 거슬러서 일하게 한다. $Na^+/$포도당 공동 운반체는 농도 기울기를 따라 Na^+의 농도 기울기에 따른 이동 시 파생되는 에너지를 사용하여 농도 기울기에 반대되는 포도당의 능동수송을 이끈다.

개념체크 8.6 곁사슬이 중성일 경우 분자는 아미노산의 아미노(양) 말단과 산(음) 말단의 전하 균형으로 인해 순 전하를 갖지 않는다. 아스파트산의 농도 기울기만 고려하면 된다. 그러나 곁사슬이 이온화되면 분자는 순 음전하를 띠게 되며, 아스파트산의 농도 기울기와 모든 이온을 포함하는 전기화학 기울기를 모두 고려해야 한다.

핵심 기술 운반 부족은 난모세포가 비소 운반단백질을 합성할 수 없기 때문일 수 있다. 또는 단백질이 생성되지만 막에 제대로 삽입되지 않을 수도 있다. 난모세포에는 단백질의 활동을 조절하는 자극 분자가 부족할 수 있다. 또는 난모세포는 수송 기능을 차단하는 억제 화학물질을 포함할 수 있다.

9장

개념체크 9.1 두 가지 유형의 경로는 순서대로 발생하는 일련의 반응으로 구성되며, 각 반응은 특정 효소에 의해 수행된다. 그러나 동화경로는 일반적으로 생체합성에 관여하며, 에너지 투입이 필요한 경로이다. 이 경로는 작은 전구체로부터 큰 분자를 합성하기 위해 에너지를 필요로 한다. 반면 이화경로는 일반적으로 분해에 관여하며, 종종 분자를 산화하여 세포에 에너지를 제공한다. 이 경로는 큰 분자가 작은 분자로 분해될 때 에너지를 발산하고 방출한다.

개념체크 9.2 ATP 가수분해에 대한 표준 자유에너지 변화($\Delta G^{\circ\prime} = -7.3$ kcal/mol)는 인산화된 화합물 중간에 위치하기 때문에 다른 세포 내 분자들을 인산화할 수 있을 뿐만 아니라, 여러 세포 내 분자에 의해 인산화될 수도 있다(표 9-1 참조). $\Delta G^{\circ\prime}$이 너무 낮다면(더욱 음수일 경우) ATP는 많은 다른 분자에게 인산화할 수 있지만, ADP의 인산화에 의한 합성은 어려울 것이다. 반대로 $\Delta G^{\circ\prime}$이 너무 높다면 ATP는 쉽게 인산 그룹을 다른 세포 내 화합물로 전달할 수 없을 것이다.

개념체크 9.3 산화는 원자나 분자로부터 전자를 제거하는 것이고, 환원은 전자를 획득하는 것이다. 전자는 단독으로 존재하지 않기 때문에 산화 과정에서 어떤 화합물이 전자를 잃으면 다른 화합물이 이 전자를 획득하고 환원된다. 포도당의 탄소 원자가 CO_2로 산화되면 그들은 전자를 잃게 되고, 이 전자는 산소 분자를 H_2O로 환원하는 데 사용된다(반응 9-12 참조).

개념체크 9.4 산화는 전자의 제거를 의미하므로, 화합물은 산화에 적합한 전자 수용체에 의해 산화될 수 있으며, 이 과정에서 수용체는 환원된다. '산화'라는 이름에도 불구하고 산화 과정에서 전자 수용체는 반드시 산소 분자일 필요는 없다. 해당과정에서 전자 수용체는 NAD^+이며, 이는 NADH로 환원된다.

개념체크 9.5 산소가 없는 상황에서는 포도당이 산화되는 동안 NADH가 쌓이고, 전자를 NAD^+로 전달한다(반응 Gly-6). 해당과정이 계속되려면 NAD^+를 사용할 수 있어야 하므로, 해당작용 동안 생성된 NADH는 다시 NAD^+로 산화되어야 한다. 유산소 조건에서는 NADH로부터 산소가 이 전자를 받아들이는데, 산소가 없는 상황에서는 NADH로부터 전자가 피루브산에 전달된다. 이로써 피루브산은 젖산으로 환원되거나 에탄올과 이산화탄소로 환원되며, 계속되는 해당과정을 위해 NAD^+가 재생된다.

개념체크 9.6 포도당이 없는 경우 다른 세포 내 탄수화물은 해당과정의 기질인 분자로 전환되어 에너지를 생성하기 위해 분해될 수 있다. 젖당, 설탕, 글리코젠, 지방산 분해로 인한 글리세롤 같은 탄수화물은 그림 9-10에서와 같이 포도당으로 직접 전환되거나 해당경

로의 중간체로 전환될 수 있다.

개념체크 9.7 포도당신생에서 포도당을 합성하는 반응이 단순히 해당과정의 역반응이라면 Gly-1과 Gly-3 단계에서 ATP 합성과 많은 에너지 투입이 필요할 것이다. 이러한 에너지적 요구는 글리세르알데하이드-3-인산 및 과당-6-인산의 간단한 가수분해로 피할 수 있다. 이러한 반응은 ADP에서 ATP를 합성하기 위해 인산기를 사용하는 대신 무기 인산을 방출한다.

개념체크 9.8 해당과정과 포도당신생의 주요 조절효소는 각 경로에 고유하므로, 이러한 경로는 독립적으로 조절될 수 있다. 상호 조절은 에너지가 충분할 때(높은[ATP] 및 낮은[AMP]) 해당 분해가 느려지고 포도당신생이 활성화되게 한다. 에너지가 필요할 때(낮은[ATP] 및 높은[AMP]) 세포에 에너지를 제공하기 위해 해당작용이 활성화되고 포도당신생이 억제된다.

핵심 기술 해당과정 동안 생성된 디하이드록시아세톤인산은 포스포에놀피루브산을 생성하는 글리세르알데하이드-3-인산으로 전환될 수 있다. 포스포에놀피루브산의 탄소 3개가 글리세르알데하이드-3-인산을 통해 포도당의 탄소 4, 5, 6에서 나온다면 인산화된 탄소는 ^{12}C가 될 것이다. 그러나 이 3개의 탄소가 포도당의 탄소 1, 2, 3에서 디하이드록시아세톤인산(이후 글리세르알데하이드-3-인산으로 전환)을 통해 온다면 포스포에놀피루브산의 인산화 탄소는 ^{14}C가 된다.

10장

개념체크 10.1 호흡 과정 동안 포도당의 산화로부터 유리된 전자는 산소 분자와 같은 경로 외부의 전자 수용체를 환원하는 데 사용된다. 대조적으로 발효 과정에서는 피루브산 같은 경로의 중간 단계인 내부 전자 수용체가 포도당에서 유리된 전자를 받아들인다. 그러나 이때 피루브산은 젖산으로 환원되고, TCA 회로에서 CO_2로 완전히 산화될 수 없다. 산소(O_2)와 같은 외부 전자 수용체를 사용하면 피루브산을 CO_2로 완전히 산화시킬 수 있기 때문에 산소호흡 과정에서 포도당으로부터 훨씬 더 많은 에너지가 생산된다. 피루브산에서 사용 가능한 모든 화학 에너지는 ATP를 합성하는 데 사용될 수 있다.

개념체크 10.2 석신산 탈수소효소 복합체(복합체 II)를 제외하면 TCA 회로의 효소들은 미토콘드리아 기질에서 발견되는 커다란 다중효소 복합체로 존재하는 수용성 효소이다. TCA 회로에 있는 다양한 효소가 서로 물리적으로 연결되면 한 반응의 생성물이 경로의 다음 효소와 즉시 만나 기질로 사용될 수 있다. 반면에 ATP 합성효소는 막관통 단백질이다. 막에서 F_o 부분의 공간적인 위치는 막관통 양성자 기울기를 이용하여 기질을 향한 F_1 부분이 ATP를 합성하는 데 필요한 에너지를 제공할 수 있게 한다.

개념체크 10.3 피루브산은 TCA 회로에서 산화되므로, 대부분의 화학 에너지는 피루브산과 그 분해 산물에서 전자를 받아들이는 환원된 고에너지 조효소인 NADH와 $FADH_2$에 보전된다. 산소호흡으로 생성되는 대부분의 ATP는 NADH와 $FADH_2$가 전자전달계에서 이

전자를 분자 산소로 전달한 후에 생성된다.

개념체크 10.4 전자전달계가 효과적으로 작용하려면 모든 전자 운반체가 번갈아 환원(이전 운반체로부터 전자를 받아들임)과 산화(다음 운반체에 전자를 내어줌)를 거쳐야 한다. 전자를 받아들이는 능력인 환원전위가 높은 순서대로 공간적으로 배열되어 있어 환원전위가 낮은 전달자(NADH 같은 전자를 잘 배출하는 전자 공여체)에서 환원전위가 높은 전달자(산소 같은 전자를 잘 받아들이는 전자 수용체)로 전자가 단계적으로 원활하게 흐르도록 한다.

개념체크 10.5 여러 전달자 사이의 전자 이동은 미토콘드리아 막에서 내부 막을 가로질러 막간 공간으로 양성자를 한 방향으로 이동시키는 것과 결합되어 있다. 이 과정을 통해 양성자가 F_oF_1 ATP 합성효소를 통해 막을 가로질러 다시 흐르면서 ATP 합성을 위한 에너지를 제공하는 데 충분한 전기화학 양성자 기울기가 막 전체에 생성된다.

개념체크 10.6 양성자는 막간 공간(높은 H^+ 농도)에서 기질(낮은 H^+ 농도)로 직접 흐를 수 없다. 양성자가 막을 통과하는 유일한 경로는 F_o 양성자 통로를 통과하는 것이다. 이들이 통과할 때 일체형 막 c 고리가 회전하여 ATP 가수분해효소의 F_1 부분의 $\alpha_3\beta_3$ 촉매 단량체 내의 γ 단량체를 회전시킨다. 이 회전은 양성자 기울기의 에너지를 사용하여 $\alpha_3\beta_3$ 촉매 단량체의 구조를 변화시키고 ADP와 P_i로부터 ATP의 합성을 가능하게 한다.

개념체크 10.7 해당작용 중에 2개의 ATP가 생성되고, TCA 회로에서 2개의 ATP가 직접 생성된다. 그 외 나머지 ATP는 환원된 화합물에서 생성된다. 해당과정과 TCA 회로에서 포도당이 6개의 CO_2로 완전히 산화되면 10개의 NADH, 2개의 $FADH_2$, 4개의 ATP가 생성된다. 이론적으로 10개의 NADH에는 30개의 ATP(NADH당 3개)를 생산할 수 있는 충분한 화학 에너지가 포함되어 있고, 2개의 $FADH_2$는 4개의 ATP($FADH_2$당 2개)를 더 생산할 수 있으므로 가능한 총 ATP 생산 개수는 4 + 30 + 4 = 38이 된다. 대부분의 진핵세포에서는 세포질에서 NADH 분자 중 하나가 생성되며, 이를 미토콘드리아로 운반하는 데 필요한 에너지는 ATP 2개를 '소모'하므로 총이론적 에너지 생산량은 포도당당 36개의 ATP로 감소한다. 하지만 실제 실험 추정치는 이보다 더 낮다(포도당당 30개 또는 32개 ATP).

핵심 기술 옆으로 누워있는 원통의 경우 이미지는 다음과 같이 진행된다. 원통의 길이와 같은 선, 길이는 같지만 너비가 증가하는 직사각형, 원통의 너비와 같은 직사각형, 다시 원통의 길이와 같지만 너비가 점차 감소하는 직사각형을 거쳐 다시 선으로 돌아가는 순서로 진행된다. 원통이 끝 부분으로 놓여져 있다면 모든 이미지는 원통과 같은 지름을 가진 원형이 된다.

11장

개념체크 11.1 미토콘드리아와 엽록체는 모두 화학 에너지를 ATP의 형태로 만든다. 미토콘드리아는 피루브산 산화에서 에너지를 얻는 반면, 엽록체는 햇빛에서 에너지를 얻는다. 또한 엽록체는 NADPH의 형태로 환원력을 만들어 CO_2를 당으로 고정한다. 두 세포소기관 모두에서 전자전달 중에 방출되는 에너지는 양성자를 밀폐된 공간(미토콘드리아의 막간 공간 또는 엽록체의 틸라코이드 내강)으로 수송하여 막을 사이에 두고 양성자 기울기를 생성하는 데 사용된다.

개념체크 11.2 광합성 색소는 중앙에 특수한 엽록소 분자 쌍이 있는 광계에 배열되어 있다. 특수 쌍은 특정 파장의 빛을 흡수하지만 카로티노이드와 같은 다양한 안테나 색소가 특수 쌍을 둘러싸고 있으며, 더 높은 에너지(단파장)의 빛을 흡수하고 이 에너지를 공명 에너지 전달을 통해 특수 쌍으로 전달한다. 이를 통해 안테나 복합체는 여러 파장의 빛을 수집하여 효율성을 높일 수 있다.

개념체크 11.3 두 소기관 모두에서 전자전달은 막을 가로지르는 양성자 기울기를 생성할 뿐만 아니라 최종 전자 수용체를 환원시킨다. 미토콘드리아에서 전자 공여체는 일반적으로 산소호흡에 의해 생성되는 NADH이다. 엽록체에서 전자 공여체는 물이며 O_2로 산화된다. 미토콘드리아의 최종 전자 수용체는 O_2이며, 이는 H_2O로 환원된다. 엽록체에서 최종 전자 수용체는 $NADP^+$이며, 캘빈 회로에 필요한 NADPH를 생성한다.

개념체크 11.4 태양 에너지는 엽록소 분자에 흡수되어 퍼텐셜 에너지인 전하 분리를 생성한다. 이는 광계에서 전자전달을 시작하게 하고, 막관통 전기화학 양성자 기울기로 에너지가 저장되게 한다. ATP 합성효소를 통해 양성자가 반대로 흐르면서 ATP 합성효소 소단위체 III 폴리펩타이드 고리를 회전시키면서 전기화학 에너지가 기계 에너지로 변환된다. 이 회전은 차례로 $\alpha_3\beta_3$ 촉매 부위의 형태 변화를 유도하여 ADP와 무기 인산염을 ATP로 합성한다. 즉 태양 에너지가 ATP 형태의 화학 에너지로 보존된다.

개념체크 11.5 CO_2가 탄소 5개 분자인 리불로스-1,5-2인산과 결합하여 3-포스포글리세르산 2분자를 형성하면서 CO_2가 고정된다. 이어 3-포스포글리세르산은 글리세르알데하이드-3-인산으로 환원된다. 이것이 세 번 일어나서 생성된 6개의 글리세르알데하이드-3-인산 분자 중 5개(15개의 탄소)는 일련의 분자 재배열을 거쳐 5탄소 분자인 리불로스-1,5-2인산 3개를 형성한다. 여분의 1개 글리세르알데하이드-3-인산은 단당류 및 다당류로의 전환에 사용할 수 있다.

개념체크 11.6 캘빈 회로에서 주요 조절 지점은 캘빈 경로에만 고유한 3가지 효소인 루비스코, 세도헵툴로스-1,7-2인산, 인산리불로스 인산화효소(PRK)이다. 두 경로의 주요 조절 지점이 각 경로에 고유한 효소를 가진다는 점에서 해당과정 및 포도당신생의 조절과 유사하다. 또한 캘빈 회로 효소를 활성화하는 ATP 및 NADPH 같은 대사 산물을 통한 조절도 일어난다. 캘빈 회로는 또한 여러 캘빈 회로의 효소 활성을 감소시키거나 활성화시키는 페레독신, 루비스코 활성화효소에 의해서도 조절된다.

개념체크 11.7 실제로 포도당은 수크로스 합성 과정에서 최종 산물이 아니고 중간체이다. 세포기질에서 포도당은 과당과 결합하여 수

크로스(2당류)를 생산하는 데 사용되며, 이 수크로스는 식물 전체에서 에너지원이 필요한 조직으로 운반된다. 엽록체 스트로마에서 포도당은 녹말 합성에 사용되며, 이는 광합성이 일어나지 않는 시간에 사용할 수 있도록 저장된 포도당 중합체이다.

개념체크 11.8 루비스코가 CO_2 대신 O_2를 사용하면 2탄소 화합물 인산글리콜산염이 만들어진다. 탄소 손실을 최소화하는 전략 중 하나는 글리콜산 경로로, 두 분자의 인산글리콜산염이 3 탄소 화합물인 세린 한 분자와 CO_2 분자 1개로 전환되므로 인산글리콜산염 탄소의 3/4을 회수할 수 있다. 두 번째 전략은 C_4 식물이며, 이는 루비스코와 캘빈 회로를 O_2가 거의 없는 관다발초세포에 공간적으로 제한하는 것이다. 세 번째 전략은 카복실화 및 탈카복실화 반응을 공간적으로(서로 다른 세포 유형) 분리하는 것이 아니라 시간적으로(낮과 밤) 분리하는 CAM 식물에서 발견된다.

핵심 기술 녹색. 엽록소는 녹색 빛을 흡수하는 것이 아니라 반사하기 때문에 녹색으로 보인다. 엽록소는 가시광선 스펙트럼의 파란색과 빨간색 영역 빛을 흡수한다.

12장

개념체크 12.1 거친면 소포체라는 이름은 이들의 세포기질 쪽 표면에 있는 수많은 리보솜의 존재로부터 얻었으며, 이는 막단백질 및 분비단백질의 합성에서 리보솜의 중요성을 반영한다. 새로 합성된 단백질은 소포체 내강으로 들어가는데, 이곳은 소포체, 골지체, 라이소솜, 엔도솜, 세포 외부와 기능적으로 동등하다고 볼 수 있다. 매끈면 소포체는 리보솜이 없으며, 특정 세포 유형에 따라 단백질 합성과 연관되지 않는 여러 역할을 한다. 간 조직에서는 약물 해독 및 글리코젠 분해 조절, 근육세포의 칼슘 저장, 스테로이드 호르몬 및 식물 호르몬 생합성 등에 관여한다.

개념체크 12.2 전방수송은 소포체에서 골지체를 통해 세포의 내부 및 외부 등 최종 목적지로 단백질과 지질을 이동시키는 데 필요하다. 후방수송은 소포(vesicle)의 막 지질을 다시 골지체와 소포체로 되돌려 이후 만들어지는 소포에서 재사용을 도모하는 데 필요하다. 또한 후방수송은 소포체 및 골지체 소속 단백질이 소포 운행에서 더 이상 필요하지 않게 되었을 때 원래 위치로 되돌리는 데 관여한다.

개념체크 12.3 소포체에서 일부 단백질의 글리코실화는 칼넥신 및 칼레티큘린 등의 단백질과 상호작용할 수 있게 하여 이들이 단백질의 적절한 2황화 결합 형성 및 접힘을 돕게 한다. 소포체 글리코실화에 결함이 있는 세포에서는 이러한 상호작용은 일어나지 않을 것이므로, 소포체 내에 잘못 접힌 단백질의 축적을 예상할 수 있다. 또한 UGGT는 일반적으로 잘못 접힌 단백질에 글리코실기를 붙임으로써 이들이 칼넥신 및 칼레티큘린의 기질이 되게 하여 단백질 접힘을 유도하는데, 이러한 글리코실화도 일어나지 않는다.

개념체크 12.4 막 지질은 종종 하나 또는 더 많은 인산기를 막 포스파티딜이노시톨에 붙임으로 특정 소포의 표적 이동을 위한 표지로 활용한다. 일부 막 지질의 경우 길이와 포화도 또한 중요하다. 단백질의 경우 몇 가지 특징이 올바른 수송을 확보하는 데 활용된다. 예를 들어 소포체 잔류를 위한 RXR 서열, 골지체에서 소포체로의 회수를 위한 KDEL 서열, 라이소솜을 표적하기 위한 마노스 인산염 태그 등이 있다.

개념체크 12.5 세포외배출의 경우 골지체로부터 나온 분비과립들이 원형질막과 융합하지 못해 내부 물질을 세포 외부로 방출하지 못하기 때문에 본질적으로 붕괴된다고 볼 수 있다. 세포에는 이러한 소포가 축적될 것이고 막 및 이들과 결합한 분자들이 소포체와 골지체로 반환되지 못한다면 결국 큰 문제가 발생할 것이다. 세포내섭취 과정은 피복소공이 생성되고 거의 완성된 소포가 형성되는 지점까지는 진행하겠지만, 마지막 단계에서 세포막 융합이 결여되어 분리되지 못해 자유로운 소포가 형성될 수 없다.

개념체크 12.6 대부분의 세포 내 수송 과정은 이들 대부분이 GTP 가수분해에 어느 시점에서는 의존하기 때문에 억제될 것이다. 예를 들어 클라스린 피복소공의 막으로부터 분리에는 GTP 가수분해효소인 다이나민이 필요하다. COPI 및 COPII 피복 소포 형성에는 GDP/GTP 교환인자와 GTP 가수분해효소가 필요하다. 또한 소포 융합 전 v-SNARE와 t-SNARE 단백질의 결합을 위해서는 Rab GTP 가수분해효소가 필요하다.

개념체크 12.7 영양소 섭취를 위한 식세포작용에 의존하는 세포는 더 이상 먹이를 먹을 수 없으며 영양이 공급되지 못하면 아마도 죽게 될 것이다. 또한 자가소화작용이 불가능하여 오래되고 결함이 있는 세포소기관은 재활용할 수 없게 된다. 수많은 가수분해 효소가 결여될 것이고, 이로 인해 세포 내 잘못 접힌 단백질 및 소화되지 않은 지질과 다당류로 이루어진 많은 양의 고분자 '쓰레기'가 쌓일 것이다.

개념체크 12.8 다양한 세포 유형에서 퍼옥시솜은 지방산 산화, 요산염 분해, 해독 과정 및 글리콜산 경로 등 다양한 생화학 반응을 수행한다. 많은 반응에서 독성이 있는 과산화수소가 생성되며, 이들은 유해하므로 분해를 위해 격리되어야 한다. 퍼옥시솜의 통일된 특징은 과산화수소를 물과 산소 분자로 분해하는 카탈레이스의 존재이다.

핵심 기술 TIRF는 전체 경로를 추적하는 데는 유용하지 않다. 분비단백질의 번역은 거친면 소포체에서 일어나며 이후 골지체를 거쳐 소포에 포장되어 궁극적으로 원형질막에 도달한다. 이 경로의 초기 단계는 TIRF 현미경의 표면장을 사용하여 시각화하기에는 세부 내부의 너무 깊은 곳에서 발생한다. 단, 마지막 단계, 특히 소포와 원형질막의 융합 등의 관찰이 가능하고 매우 선명하게 보일 것이다. 초기 단계의 시각화를 위해서는 공초점현미경 또는 초고해상도 현미경과 같은 기술이 필요하다.

13장

개념체크 13.1 세포골격의 모듈식 조립 방식은 세포의 필요에 맞춰 다양한 길이의 중합체를 조립할 수 있게 한다. 중합의 가역성은 세포가 이들을 조립하였다가 필요에 따라 추후 해체할 수 있게 한다.

개념체크 13.2 동적 불안정성의 증가는 미세소관의 더 빠른 수축과 재성장으로 이어진다. 이는 세포가 빠르고 역동적인 변화를 겪는 상황에서 예상할 수 있다. 그 한 가지 예는 체세포분열 시기이며, 이때 세포는 방추체를 구축해야 한다.

개념체크 13.3 당신 친구에게 이 실험은 세포의 지속적인 이동을 위해서는 F-액틴의 분해가 필요함을 보여준다고 말할 수 있다. 즉 기어가는 세포는 접착용 세포족의 기저부에서 지속적으로 액틴을 분해하여, 이들이 단위체로 전진 중인 세포 앞 가장자리에서 조립되어 재활용할 수 있게 한다.

개념체크 13.4 광범위한 중간섬유 네트워크는 높은 수준의 기계적 스트레스를 받는 세포에서 발견된다. 피부세포는 지속적인 전단 변형력(shear stress)에 노출되므로 많은 양의 케라틴을 가진다[사실 이들은 각질세포(ketatinocyte)라고 명명]. 뱀 창자의 평활근 세포의 경우 먹이를 삼키기 위해 극적으로 늘어나야 하며 이때 엄청난 장력을 경험하는데, 이를 위해 중간섬유인 비멘틴(vimentin)과 데스민(desmin)의 발현이 높다. 식물은 스트레스에 저항하는 세포벽이 있어 핵 외부의 중간섬유가 존재하지 않는다. 정자도 마찬가지로 기계적 스트레스에 노출되지 않고 또한 세포기질 영역을 매우 적어 중간섬유를 발현하지 않는다.

핵심 기술 너무 이른 시기에 파클리탁셀을 처리하면 세포주기가 교란될 수 있으므로, 좋은 결과를 얻으려면 방추사가 형성된 이후 체세포분열이 완료되기 전이 최적이다. 만약 세포에서 수많은 미세소관으로 구성된 방추사를 분해할 수 없다면 체세포분열 이후를 진행할 수 없을 것이라고 예측할 수 있다. 사실 파클리탁셀은 바로 이러한 이유로 항암제로 사용된다. 즉 이 약물은 암세포와 같이 빠르게 분열하는 세포에서 체세포분열의 종료를 방해함으로써 이들의 증식을 저해한다.

14장

개념체크 14.1 키네신과 디네인의 공통점은 다음과 같다. (a) 미세소관에 부착하고, (b) ATP 가수분해를 통해 형태가 변화하며, (c) 세포 내 화물운송이 가능하다. 키네신과 디네인의 차이점은 다음과 같다. (a) 대부분의 키네신은 미세소관의 양성 말단을 향해 움직이는 반면, 디네인은 음성 말단을 향해 움직인다. (b) 키네신의 ATP 가수분해효소/운동단백질은 무거운 사슬의 구형 도메인 안에 위치하여 작동하는 반면, 디네인은 무거운 사슬의 AAA+ 부분이 미세소관 부착 도메인에 링커(연결) 부분을 통해 힘을 전달한다.

개념체크 14.2 동물 정자의 돌출된 미토콘드리아는 많은 양의 ATP를 생산하는데, 이는 정자 꼬리에서 편모에 의해 사용되며, 미세소관 활주를 통해 편모가 구부러지는 것을 돕는다.

개념체크 14.3 단일 마이오신 II가 그렇게 작은 힘을 가진다고 하더라도 동시에 수백만 개의 마이오신이 함께 일을 한다면 큰 물질을 이동시킬 수도 있다. 골격근 섬유에서는 이런 식으로 백만 개의 마이오신 II 운동단백질이 함께 작동한다.

개념체크 14.4 액틴의 가는 필라멘트는 균일하게 양성 말단이 Z선에 달려있는 형태로 되어있다. 마이오신 II는 항상 가는 필라멘트의 양성 말단을 향해 진행하며 수축의 방향성을 만든다. 게다가 마이오신 굵은 필라멘트는 필라멘트의 중앙 막대 모양의 꼬리 도메인과 필라멘트의 끝에 위치한 구상 머리와 함께 조립되어, 근절의 중심에서 먼 쪽을 향하게 된다. 따라서 굵은 필라멘트의 양쪽 끝에 있는 구형 마이오신 머리는 반대 극성을 가지게 된다. 이는 각 Z선의 가는 필라멘트가 근절의 중심으로 끌리도록 해서 반대 방향으로 이동하는 결과를 초래한다.

개념체크 14.5 마이오신 II는 액틴 필라멘트의 양성 말단을 향해 움직인다. 접착용 세포족은 주변(즉 앞쪽 가장자리)으로 향하는 필라멘트의 양성 말단을 가진 분지형 액틴을 가지고 있다. 따라서 마이오신 II는 앞쪽 가장자리에서 멀리 떨어진 뒤쪽으로 액틴을 당기려고 하는 경향이 있다. 이것이 후방류 현상의 한 원인이 되는 힘이다.

핵심기술 만약 마이오신 V가 '자벌레'처럼 움직인다면, 즉 그것의 무거운 사슬 앞쪽을 먼저 돌출시켰다가 나머지 부분을 앞으로 끌어오는 방식을 반복한다면 그래프는 비슷해 보이지만 이동 크기는 그림 14A-2b 크기의 절반 정도가 될 것이다.

15장

개념체크 15.1 (1) 접착연접과 (2) 데스모솜. 접착연접과 데스모솜 모두 캐드헤린을 막관통 부착단백질로 사용하지만, 세포 내부에서의 연결은 서로 다르다. 접착연접은 캐드헤린을 카테닌에 연결한 다음 액틴에 연결하는 반면, 데스모솜은 플라코글로빈과 데스모플라킨을 통해 캐드헤린을 중간섬유에 연결한다. 연접과 세포골격의 연결에는 몇 가지 잠재적 이점이 있다. 첫째, 적어도 액틴의 경우에서는 이러한 연결이 액틴과 마이오신 네트워크를 접착 구조에 연결하여 세포가 표면에 힘을 가할 수 있게 한다. 둘째, 단단한 내부 골격에 세포-세포 부착을 연결함으로써 세포-세포 접착력을 상당히 강화하여 기계적으로 더 탄력 있게 만든다.

개념체크 15.2 헤미데스모솜은 상당한 기계적 스트레스를 겪는 안정적이고 상대적으로 비역동적인 부착을 하는 세포(예: 피부에 존재하는 세포)와 관련 있다. 반면에 초점부착은 그와 다른 생활사를 지닌 세포, 즉 운동성 세포와 관련 있다.

개념체크 15.3 식물 세포는 팽압을 통해 세포벽 일부분을 밀어낼 수 있다. 중앙 액포가 가득 차면 식물 세포의 원형질막이 1차 세포벽을 밀어낸다. 만약 국소적으로 취약한 세포벽 부분이 있다면 취약한 부분에서 세포벽 재구성이 우선적으로 일어난다.

핵심 기술 딱딱하고 움직일 수 없는 플라스틱과 달리 분리된 ECM은 세포에 의해 기계적으로 변형될 수 있는데, 이를 통해 세포가 플라스틱에서 배양할 때와 매우 다르게 행동할 수 있게 하는 능력에 분명히 뭔가가 있다는 것을 알 수 있다.

16장

개념체크 16.1 DNA에는 황 원자가 포함되어 있지 않지만, 단백질에는 아미노산 메싸이오닌과 시스테인이 있기 때문에 상당한 양의 황이 있다. 반대로 DNA에는 골격에 인산이 있으므로 인이 풍부하다. 일부 단백질은 인산화되지만 인의 양은 DNA에 비해 적다.

개념체크 16.2 G + C = 48%이고, 샤가프 법칙에 따라 G = C, 따라서 G = C = 24%이다. 즉 A + T = 100 − 48 = 52%이므로, A = T = 26%이다.

개념체크 16.3 매우 압축된 염색질은 '공간 저해' 문제를 나타낸다. 즉 전사와 같은 반응을 촉매하는 효소가 단순히 DNA에 공간적으로 접근할 수 없다. 압축된 염색질은 이 문제 외에도 다른 변화를 나타내지만, 유전자 발현 측면에서 고려할 때 공간 저해 문제는 압축되지 않은 염색질과 비교하여 상대적으로 비활성을 유발하는 중요한 요인이다.

개념체크 16.4 친구의 NLS가 핵 수송 유발에 충분하다는 것을 보여주기 위해 분자생물학 기술을 사용하여 친구의 NLS와 당신의 단백질을 포함하는 하이브리드 단백질을 만들 수 있다. 친구의 NLS가 충분하다면 이 단백질은 이제 세포기질에서 핵으로 이동해야 한다. 스미스(Alan Smith)와 동료들의 실험에서는 바로 이 목적을 위해 해당 과정의 효소인 피루브산 인산화효소를 사용했다.

핵심 기술 탐침을 가열하여 변성시키지 못하면 상보적인 가닥이 서로 결합하게 하는 수소결합은 끊어지지 않는다. 결과적으로 탐침이 표적 조직 DNA의 상보적 서열에 결합하는 것이 불가능하므로, FISH를 시도했을 때 감지할 수 있는 신호가 만들어지지 않는다.

17장

개념체크 17.1 cDNA로 시작해야 한다. 박테리아는 mRNA에서 인트론 서열을 인식하고 제거할 수 없다. 만약 유전체 DNA를 클론에 포함한다면 박테리아는 인트론 서열을 전사하려고 할 것이고, 종결코돈이나 관련이 없는 아미노산으로 이어질 가능성이 높다.

개념체크 17.2 SNP는 단일염기다형성이다. 즉 단일 염기의 변화로 이어진다. 항상은 아니지만 때로 제한효소 단편길이 다형성(RFLP)을 생성할 수 있는 제한효소 절단자리를 만들거나 제거할 수 있다. 따라서 일부 SNP는 RFLP로 이어지지만 이러한 유전자 표지는 겉으로 드러나는 면에서 부분적으로 겹치지 않는다. SNP는 염기서열 분석을 통해 감지해야 한다. RFLP는 서던 흡입법 또는 PCR을 사용하여 확인할 수 있다(어느 경우든 크기가 다른 단편이 발생한다).

개념체크 17.3 (1) 유사점: 두 가지 모두 전기영동을 사용하여 크기별로 분자를 분리한다. 두 가지 모두 분자의 복잡한 혼합물 속에서 특정 분자의 크기를 식별할 수 있다. 차이점: 노던 흡입법은 mRNA를 감지하고, 웨스턴 흡입법은 단백질을 감지한다. 노던 흡입법은 핵산 탐침을 사용하고, 웨스턴 흡입법은 항체를 사용한다. 사용되는 젤의 종류 역시 다르다(아가로스 젤 대 SDS-PAGE). (2) 유사점: 둘 다 단백질-단백질 상호작용을 평가한다. 차이점: 효모 2종혼성화 시스템은 두 단백질이 직접 결합하는지 여부를 평가한다. 공동면역침전법(coiP)은 두 단백질이 동일한 고분자 복합체에 있는지 여부를 평가한다(그러나 면역침전을 통해 확인된 동일한 복합체의 일부가 되기 위해 직접 결합할 필요는 없다). 공동면역침전법은 원래의 세포로부터 고유 단백질 복합체를 분리한다. 효모 2중혼성화 분석은 이종(다른) 시스템(효모)에서 수행된다. 공동면역침전법은 복합체의 친화성 정제를 위해 항체에 의존하지만 효모 2종혼성화 시스템은 항체를 이용할 필요가 없다.

개념체크 17.4 이 목적을 위해 cDNA 클론을 사용해야 한다. 인트론 문제에 대한 자세한 내용은 개념체크 17.1을 참조하라. 또한 cDNA는 적절한 발현 벡터 플라스미드로 클로닝되어야 한다. 그러면 플라스미드는 대장균을 형질전환시키는 데 사용된다. 일단 대장균에 들어가면, 그 박테리아는 단백질을 발현시키기 위해 유도되어야 할 것이다. 박테리아 발현 시스템의 한 가지 한계는 단백질이 정상적으로 글리코실화되거나 번역 후 변형되는 경우(종종 소포체 또는 골지체에서)는 박테리아에서 발생하지 않는다는 것이다.

핵심 기술 n주기가 수행하는 이론적 증폭은 2^n이므로 20주기는 100만 배 이상의 증폭(2^{20} = 1,048,576)을 생성하고 30주기는 10억 배 이상의 증폭(2^{30} = 1,073,741,824)을 생성한다.

18장

개념체크 18.1 Na^+/K^+ ATP 가수분해효소는 뉴런의 휴지전위를 유지하는 역할을 한다. 이 펌프가 막에서 Na^+과 K^+의 정상적인 농도 기울기를 유지하지 않는다면 휴지전위는 표준 −70 mV보다 훨씬 더 양의 값이 될 것이다.

개념체크 18.2 전압개폐성 Na^+ 통로가 영구적으로 열려있는 경우 막은 Na^+/K^+ ATP 가수분해효소 활성, 통로 투과성 등으로 인해 Na^+의 평형전위를 향해 이동하는 경향을 갖게 될 것이다(하지만 완전히 도달하지는 못한다). 이로 인해 막전위가 양전위가 되어 세포가 만성적으로 탈분극 상태가 될 것이고, 이는 궁극적으로 뉴런을 죽게 할 것이다.

개념체크 18.3 흥분성 신경전달물질이 시냅스틈에 장기간 남아있으면 시냅스후 뉴런은 정상보다 더 오랜 시간 동안 흥분성 시냅스후 전위(EPSP)를 갖게 될 것이다. 이로 인해 시냅스후 뉴런에서 활동전위가 빠르게 연속적으로 생성되는 기간이 늘어날 될 것이다.

핵심 기술 ACh 수용체는 리간드개폐성 Na^+ 통로로 작용하는 이온성 수용체이다. 전체 세포(전체 세포에 대한 효과 측정용) 또는 외부 패치고정 방법을 사용할 수 있다. 표준 완충용액이 존재하는 경우 ACh에 노출되기 전과 후의 전류를 측정한다. 전체 세포의 경우 세포의 일시적인 탈분극이 발생한다(즉 전압이 일시적으로 양이 되지만 유지되지는 않는다). 단일 통로를 통해 전류를 측정하려는 바깥-바깥 구성의 경우에는 그림 18A-1의 ❸과 유사한 전류의 단계적 변화가 있을 것이며, 통로가 무한정 열려있지 않기 때문에 결국 안정 상태로 다시 떨어질 것이다. 반대로 독소는 영구적인 탈분극(전체 세포) 또는 단일 통로를 통한 지속적인 전류 증가(바깥-바깥 구성)를 유발할 수 있다.

19장

개념체크 19.1 이 환자의 인슐린 수용체는 너무 민감하기 때문에(K_d가 낮을수록 인슐린에 대한 친화력이 높아진다), 더 낮은 인슐린 농도가 글리코겐의 생성을 자극한다. 포도당을 글리코겐에 즉시 첨가하여 제거하면 포도당 농도가 정상보다 빠르게 감소하여 저혈당이 된다.

개념체크 19.2 세포는 2차 전달자 농도의 변화에 반응한다. 2차 전달자의 농도가 낮으면 칼슘 이온 총량의 더 작은 변화에 의해서도 칼슘 농도에 상대적으로 큰 변화를 유발하여 생물학적 영향을 미치기 쉽다.

개념체크 19.3 GAP는 Ras와 연결된 GTP를 GDP로 가수분해하도록 자극하기 때문에 Ras의 더 빠른 비활성화를 유발한다. GAP가 파괴되면 Ras는 더 오랜 시간 동안 활성화되어 처리되지 않은 대조군 세포에 비해 세포분열이 증가한다.

개념체크 19.4 단백질인산화효소 A(PKA)는 일반적으로 에피네프린에 반응하여 cAMP에 의해 자극된다. 따라서 에피네프린은 생장인자에 의해 활성화되는 수용체 타이로신 인산화효소 신호전달 경로의 일부인 Raf를 억제하는 더 활성화된 PKA로 이끈다. 따라서 에피네프린과 생장인자를 모두 처리할 경우 세포가 덜 빠르게 분열될 것으로 예상할 수 있다.

개념체크 19.5 국소 신호전달물질(local mediator)을 사용하면 신호가 생성될 때 그 효과를 공간적으로 세분화하여 제어할 수 있다. 그들은 멀리 확산될 수 없기 때문에 신호전달물질의 효과는 엄격하게 통제된다. 단점은 호르몬이 순환계를 통해 전달되기 때문에 국소 신호전달물질이 호르몬처럼 빠르게 생물체 전체에 변화를 일으킬 수 없다는 것이다. 또한 국소 신호전달물질은 반감기가 짧은 경향이 있으므로 효과가 제한적이다.

핵심 기술 칼슘 지시약을 난자에 주입할 수 있다고 가정하자. 칼슘 지시약을 난자에 주입한 후 이온통로구에 따른 난자의 반응을 형광 현미경으로 관찰하면 된다. 그러면 난자가 정자에 의해 수정되지 않았다 하더라도 이온통로구를 처리한 난자에서 칼슘에 의해 유도된 칼슘 방출이 난자 전체로 퍼져나가는 것을 예상할 수 있을 것이다.

20장

개념체크 20.1 자매염색분체는 DNA 복제를 통해 생성되는 사본이지만(간혹 일어나는 복제 오류를 제외하고), 2개의 상동염색체 각각에 서로 다른 유전자의 서로 다른 대립유전자가 존재할 수 있다.

개념체크 20.2 마이오신은 세포질분열 과정에서 수축환 폐쇄에 관여하지만, 핵분열 중 방추사 조립과 염색체 이동에는 관여하지 않는다. 따라서 세포질분열은 실패하지만, DNA 복제와 핵분열은 일어날 것으로 예상할 수 있다. 실제로 대부분의 경우 이런 일이 발생한다. 그 결과 하나의 세포기질에 2개의 핵을 가진 다핵 세포가 생성된다.

개념체크 20.3 G1 Cdk-사이클린 복합체는 제한점/시작(Start)을 조절한다. 이를 조절하는 한 가지 방법은 Rb 단백질을 인산화하는 것이다. 이 경로에 과잉으로 존재하는 사이클린 D가 관여할 수 있는 최소 두 가지 방법이 있다. 과잉으로 존재하는 사이클린 D가 있으면 (1) 정상적인 생장인자 신호 없을 때도 세포가 제한점을 지나 S기로 부적절하게 이동할 가능성이 더 높다. (2) DNA 손상 확인점이 작용하는 한 가지 방법은 p21을 통해 G1 Cdk-사이클린 복합체를 억제하는 것이므로, DNA 합성을 방지할 가능성이 낮을 수 있다. 사이클린 D가 과잉으로 존재하면 G1 Cdk-사이클린 복합체를 비활성화하기가 더 어려울 것이다. 이 두 상황 모두 과도한 증식 및 암과 관련된 기타 문제로 이어질 수 있다.

개념체크 20.4 표피 생장인자(EGF)는 Ras를 통해 작용하여 AP1 복합체를 활성화하여 사이클린과 Cdk를 암호화하는 mRNA의 전사를 유도한다. 즉 전사 수준에서 G1 Cdk-사이클린의 활성을 증가시킨다. 대조적으로 TGFβ는 Smad를 통해 작용하여 p15 및 p21 같은 Cdk 억제제를 암호화하는 mRNA의 전사를 유도한다. 즉 전사 수준에서 G1 Cdk-사이클린의 활성을 억제한다. 세포가 두 가지 물질 모두에 노출되면 서로 상반되는 작용이 서로 상쇄되는 경향이 있을 것이다. 이렇게 세포에 작용하는 여러 생장인자의 상대적인 농도는 세포의 증식반응을 미세하게 조정할 수 있다.

개념체크 20.5 일반적으로 발생 과정에서 포유류의 뇌에서는 세포자멸을 통해 뉴런의 상당한 '가지치기'가 이루어진다. 세포자멸 개시 효소인 카스페이스-9이 결여된 유전자 제거 생쥐는 세포자멸이 덜 일어나 뇌에 과도한 신경세포가 생길 것으로 예상된다. 실제로 이런 일이 발생하면 태아 사망으로 이어진다.

핵심 기술 항CD19 항체와 형광 2차 항체(그림 1A-3 참조)를 사용하여 면역염색을 수행하고, 이와는 다른 파장을 사용하여 검출할 수 있는 형광 DNA 염료로 동시에 세포를 염색할 수 있다. 이 두 형광물질을 감지하도록 유동세포 분석기를 설정하면 CD19에 양성이면서 동시에 세포가 빠르게 증식하는 S/M 단계에 있는 세포의 수를 확인할 수 있다. 림프종 환자는 정상 환자 보다 이러한 백혈구를 상대적으로 더 많이 가지고 있을 것이다.

21장

개념체크 21.1 이러한 데이터는 특정 환자의 림프종이 특정한 염색체의 절단 및 재결합 패턴이 발생한 단일 세포에서 기원한 것을 나타낸다. 이는 버킷림프종 클론의 기원을 뒷받침한다.

개념체크 21.2 이 실험은 실제로 수행되었다. p120 카테닌 유전자 제거 세포는 불안정한 캐드헤린 복합체를 가지고 있으므로 다양한 결함을 유발할 수 있다. 한 가지 가능성은 부착력 감소로 인해 세포의 정상적인 성장 억제를 피할 수 있다는 것이다. 또 다른 가능성은 부착력이 약해졌기 때문에 분리되고 전이되어 2차 종양을 형성할 가능성이 더 높다는 것이다.

개념체크 21.3 흡연은 암의 초기 단계를 촉발할 수 있는 발암물질을 기도에 노출시키지만 암을 촉진하고 종양의 성장을 도모하려면 추가적인 돌연변이 또는 유전자 발현의 변화가 발생해야 한다. 모든 흡연자가 이러한 2차적인 상태를 발전시키는 것은 아니다. 또한 암 감수성에 영향을 주는 많은 유전자(따라서 단백질)에는 상당한 환자 간 유전적 변이가 존재한다. 이러한 유전적 변이는 또한 암을 촉진하는 성장 결함 등의 가능성에도 영향을 미친다.

개념체크 21.4 원발암유전자와 관련된 암 유발 돌연변이는 활성을 강화할 것으로 예상된다. 표피 생장인자 수용체 Her2를 예로 들어보자. 정상적인 Her2 단백질의 과도한 발현은 세포를 생장인자 자극에 지나치게 민감하게 만들 것이다. 또는 Her2 단백질이 항상 '켜진' 상태로 작용하는 돌연변이는 신호의 존재 여부와 상관없이 세포 증식을 촉진할 것이다. 반면에 종양 억제유전자는 암을 촉진하기 위해 비활성화되어야 한다. 예를 들어 생장 촉진 신호가 없을 때 G1기에서 S기로의 전환을 억제하는 Rb 단백질을 생각해보자. Rb 기능이 결여된 세포는 생장인자의 신호를 받을지 여부에 상관없이 S기로 진입할 것이다.

개념체크 21.5 환자 자신의 면역 체계는 종양세포 공격에 관여하는 것으로 보인다. 이는 일반적으로 암세포가 발현하는 다양한 세포 표면 단백질 덕분에 인식된다. 면역 억제제 약물을 통한 면역반응 억제는 이러한 반응의 효과를 감소시키므로 AIDS 또는 유사한 질환을 통한 면역 억제의 영향과 유사하다. 두 경우 모두 결과적으로 암 위험이 증가한다.

핵심 기술 CD20에 대한 항체는 정상 림프구에 유독성을 갖지만 CD20은 증식을 통해 림프구를 생성하는 전구체 세포에는 존재하지 않는다. 결과적으로 CD20에 대항하는 항체에 의해 파괴된 정상 림프구를 대체하기 위해 이러한 전구세포의 증식이 이루어질 수 있다.

22장

개념체크 22.1 다음을 포함하여 많은 가능성이 있다. 유사점: (1) 둘 다 복제원점을 포함한다. (2) 둘 다 복제를 시작하기 위해 DNA를 푸는 헬리케이스가 필요하다. (3) 둘 다 양방향으로 복제가 진행된다. (4) 둘 다 몇 가지 주요 효소(DNA 중합효소, 프라이메이스, 연결효소, 토포아이소머레이스)를 포함한다. 차이점: (1) 박테리아에서 DNA 중합효소 I은 프라이머를 제거하는 RNAse 활성을 가진다. 진핵생물에서는 특별한 RNAse가 이러한 역할을 한다. (2) 뉴클레오솜은 박테리아가 아닌 진핵생물에서 재조립되어야 한다. (3) 진핵생물은 여러 복제원점을 가진다.

개념체크 22.2 합성의존성 가닥재결합은 복구 과정에 자매염색분체를 활용할 수 있는 경우에만 작동한다. 따라서 이 방법은 DNA 합성 직후부터 분열 직전에만 해당된다. 세포가 분열하지 않으면 2중가닥 절단을 복구할 다른 방법이 필요하다. 비상동말단결합은 덜 선호되지만, 세포가 죽음에 직면했을 때는 분명히 수용 가능한 대안이 될 수 있다.

개념체크 22.3 Rad51과 마찬가지로 RecA는 DNA 수선 및 재조합에 필요한 DNA/단백질 필라멘트의 형성을 통해 단일가닥을 안정화하는 데 관여한다. RecA가 없으면 박테리아는 특정 유형의 DNA 수선(예: SOS 시스템 수선, 2중가닥 절단수선)을 수행하는 데 어려움을 겪을 것이며, 재조합에 결함이 있을 것이다.

핵심 기술 Cas9 단백질이 유전자 프로모터를 표적으로 하지만, DNA에서 2중가닥 절단을 생성하지 않으면 후속 유전체 편집이 발생하지 않는다. 그러나 프로모터에 결합한 상태로 남아있으면, RNA 중합효소가 결합하여 전사를 시작하는 것을 차단할 수 있다. 따라서 유전자는 효과적으로 '꺼짐'으로 전환된다. 과학자들은 이것을 이용하여 동일한 프로모터를 표적으로 하는 전사 활성단백질과 Cas9를 결합시켜 사용하고 있다. 이 방법으로 유전자를 빠르게 켜고 끌 수 있다.

23장

개념체크 23.1 진핵생물과 원핵생물의 전사는 주요 구성 요소를 동일하게 사용한다는 점에서 유사하다. 여기에는 mRNA, tRNA, rRNA가 포함된다. 그러나 이 두 세포에서는 번역과 전사가 일어나는 장소가 다르다. 원핵세포에서는 전사와 번역이 모두 세포기질에서 일어나서 두 과정이 연결되어 있기에, 전사가 완료되기 전에 번역을 시작할 수 있다. 이러한 세포는 전사가 시작된 직후에 단백질을 생산할 수 있어 특정 자극에 대한 빠른 반응을 일으키기 때문에 이점이 있다. 반면에 진핵세포에서 전사는 핵에서 발생하고 번역은 세포기질에서 일어난다. 이런 구획화는 mRNA가 번역에 사용되기 전에 변형될 수 있다는 점에서 진핵세포에 유리하다. 인트론의 스플라이싱, 5′ 캡과 3′ 꼬리의 첨가, RNA 편집은 mRNA의 안정성에 영향을 미치고 단일 유전자에서 생산되는 단백질의 다양성을 증가시킬 수 있다. 또한 핵에서 mRNA 방출을 조절하면 유전자 발현을 더 세밀하게 조절할 수 있다.

개념체크 23.2 다음은 박테리아 및 진핵생물 전사에서 유사한 특징이다. (1) 개시 단계에서 RNA 중합효소는 박테리아와 진핵생물 모두에서 프라이머가 필요하지 않다. (2) 신장 단계에서 RNA 중합효소는 DNA를 따라 이동하여 박테리아와 진핵생물에서 거의 동일한 방식으로 RNA 생성을 촉매한다. (3) 교정 시 박테리아와 진핵생물 모두 약한 RNA 교정이 일어난다. 박테리아 및 진핵생물의 차이점은 전사가 일어나는 장소 외에도(그림 23-2 참조) 다음을 포함하여 몇 가지 추가적인 차이점이 있다. (1) 개시 단계에서 박테리아는 시그마 인자(RNA 중합효소에서 완전효소의 일부)를 프로모터 부위와 결합하기 위해 사용하는 반면, 진핵생물은 완전효소의 일부가 아닌 일반적인 전사인자를 사용한다. (2) 개시 단계에서 진핵생물 프로모터는 박테리아의 프로모터보다 더 다양하다. (3) 종결 시 박테리아는 머리핀 또는 Rho 인자를 사용하여 전사체를 종결시키는 반면, 진핵생물은 긴 서열을 전사한 후 절단한다. (4) 가공되는 동안 진핵생물의 RNA는 광범위한 가공 과정을 겪는 반면, 박테리아는 그렇지 않다.

개념체크 23.3 snRNP는 진핵생물에서 1차 전사체의 스플라이싱에 필수적이다. 자가면역 항체가 snRNP를 방해하고, mRNA가 때때로 스플라이싱에 실패하면 치명적인 결과가 나올 수 있다. 예를 들어 인트론을 포함하는 결함이 있는 mRNA는 일반적으로 정상 단백질의 일부가 아닌 '쓰레기' 아미노산을 생성하거나, 더 일반적으로 종결코돈으로 인한 번역의 조기 종료를 초래할 수 있으며, 결함이 있는 mRNA는 RNA 감시 시스템에 의해 분해될 수 있다(25장의 주제).

핵심 기술 DNA 족문법은 정확히 어떤 염기가 절단으로부터 보호['족문(footprint)']되는지에 대한 서열 정보를 제공하기 때문에 EMSA보다 더 구체적이다. 그러나 둘 다 관심 단백질과 상호작용하는 특정 DNA에 대한 지식이 필요하다. EMSA의 경우 젤 이동성 분석에 필요하고, 족문법의 경우 핵산분해효소로부터 보호되는(단백질이 결합하는) 특정 DNA 절편이 필요하기 때문이다. ChIP 역시 PCR을 사용하여 특정 서열을 증폭하는 경우 사전에 DNA 서열 정보가 필요하다. 그러나 ChIP-chip 및 ChIP-seq은 이러한 사전 정보가 필요하지 않으므로 단백질이 결합하는 광범위한 DNA 서열을 동정하는 데 유용하다. 그런 다음 족문법 또는 EMSA를 사용하여 개별 유전자를 추적할 수 있다.

24장

개념체크 24.1 주형가닥은 DNA의 3′ 말단부터 시작하여 RNA를 합성하는 데 사용된다. RNA 서열은 DNA에 대한 상보성을 가지는데, DNA의 T를 U로 대체해야 한다. 따라서 ATA에 해당하는 RNA 코돈은 타이로신을 암호화하는 UAU가 된다. 돌연변이는 다음과 같이 작동한다(핵산은 5′ → 3′ 방향으로 기술).

DNA	RNA	아미노산
ATA	UAU	타이로신
GTA	UAC	타이로신
TTA	UAA	종결코돈
GCA	UGC	시스테인

첫 번째 돌연변이는 '침묵' 돌연변이이며, 결과에 영향을 미치지 않는다. 두 번째 돌연변이는 조기 종결코돈으로 인해 절단된 단백질을 생성하기에 심각한 영향을 줄 수 있다. 세 번째 돌연변이는 단백질 기능에 영향을 미칠 수 있는데, 이는 타이로신과 시스테인이 매우 다른 R 그룹을 가지고 있기 때문이다.

개념체크 24.2 워블로 인해 이 안티코돈은 5′-GCA-3′ 및 5′-GCG-3′의 두 가지 다른 코돈에 결합할 수 있다. 이들은 각각 알라닌을 암호화하고, 따라서 이 tRNA는 알라닌을 성장하는 폴리펩타이드에 결합시킨다.

개념체크 24.3 카나마이신은 임의의 tRNA가 A 부위에 결합하게 한 다음, 이 tRNA에 부착된 아미노산을 폴리펩타이드로 전달할 것이다. 따라서 잘못된 아미노산이 폴리펩타이드에 삽입되게 한다.

개념체크 24.4 종결돌연변이는 염기를 추가하거나 제거하지 않지만, 코돈의 염기를 변경하여 종결코돈이 되게 한다. 따라서 mRNA의 길이에는 변화가 없을 것이다. 그러나 종결코돈으로 인해 번역이 일찍 종결되기에 단백질은 정상보다 짧을 것이다.

개념체크 24.5 공유결합이 번역후 변형 과정에 속한다.

핵심 기술 단백질을 연접부로 표적화하는 데 어떤 아미노산이 필요한지를 분석하기 위해 분자생물학 기술을 사용하여 특정 아미노산을 암호화하는 DNA를 제거하거나 돌연변이화할 수 있다. 이렇게 만든 DNA를 세포에 도입하고 시험관 내에서 세포-세포 연접부를 형성하게 한 후 형광현미경을 사용하여 돌연변이화된 GFP 융합 단백질이 연접부에 여전히 위치하는지 확인할 수 있다. 만약 연접부에 GFP 신호가 보이지 않는다면 이 아미노산이 필요하다는 것을 알 수 있다. 반대로 이러한 아미노산이 연접부 표적화에 충분하다는 것을 알아보고 싶다면 DNA를 조작해서 이러한 아미노산만을 GFP에 융합시킨 후 관찰하면 된다. 만약 이 단백질이 연접부에 국한되면 이러한 아미노산은 단백질을 연접부에 표적화하기에 충분하다는 것을 의미한다.

25장

개념체크 25.1 한 가지 가능성은 RNA 중합효소가 결합할 수 없도록 프로모터에 돌연변이가 생겨서 어떤 상황에서도 오페론 유전자를 전사할 수 없는 것이다. 또 다른 가능성은 *lac* 억제 단백질을 암호화하는 유전자에 돌연변이가 생겨서 더 이상 젖당에 결합할 수 없거나 젖당이 결합하면 구조 변화를 겪게 되는 것이다. 이로 인해 억제자는 항상 작동자에 결합된 상태로 있게 된다. 즉 '초억제자'가 된다.

개념체크 25.2 돌연변이는 DNA상의 주어진 위치에 존재해야 할 염기를 바꾼다. 이러한 돌연변이에는 과오돌연변이, 종결돌연변이, 삽입/결실(인델) 돌연변이가 있다. 반면에 메틸화는 동일한 염기를 유지하지만, 염기가 메틸기가 추가된 공유결합 변형에 의해 화학적으로 바뀌게 된다.

개념체크 25.3 박테리아와 진핵생물 유전자의 전사 상태가 DNA 결합단백질(즉 조절 전사인자)에 의해 조절될 수 있다는 점에서 유사하다. 그러나 박테리아 유전자는 적극적으로 전사를 차단하지 않는 이상 일반적으로는 전사가 활성화(on)되어 있다는 점이 다르다. *lac* 오페론이 좋은 예시이다. *lac* 오페론은 젖당이 없을 때 억제단백질이 작동자에 결합하는 경우를 제외하면 일반적으로 전사가 활성화되어 있는 상태이다. 대조적으로 진핵생물은 전사 활성단백질에 의해 전사가 활성화되지 않는 한 전사는 차단(off)되어 있다.

개념체크 25.4 3′-비번역 부위(3′-UTR)가 영향을 받았을 것이다. 3′-UTR은 번역 조절단백질 및/또는 마이크로 RNA가 결합하는 영역이다. 이 영역에 돌연변이가 발생하면 정상적인 번역 조절이 교란되어 초기 배아의 4개의 세포 모두에서 번역이 일어나게 된다.

핵심 기술 RNAi는 유전자 특이적이지 않고 서열 특이적이다. 따라서 동일한 영역에 있는 것이 아닌 관심 있는 유전자의 고유한 엑손 영역을 사용해야 한다. 그렇지 않으면 shRNA가 두 유전자의 mRNA를 모두 제거하게 될 것이다.

26장

개념체크 26.1 SCNT를 통한 종의 진행은 유전적 다양성을 감소시킬 수 있다. 이는 질병에 대한 감수성을 증대시키거나 동형접합체의 발생을 증가시켜 해로운 결과를 가져올 수 있다.

개념체크 26.2 DNA는 복제되어 감수1분열 중기에 $2X$가 되었을 것이다. 감수1분열 이후 각각의 딸세포는 이 양의 DNA의 절반을 가질 것이다(즉 X). 감수2분열 동안 DNA 복제는 없지만 두 번째 분열은 일어나지 않았기 때문에, 세포는 여전히 X DNA를 가지고 있을 것이다.

개념체크 26.3 두 표현형은 단일 대립유전자에서 비롯된다. 각 부모의 배우자 중 절반은 대립유전자를 가질 것이고, 절반은 그렇지 않을 것이다. 따라서 자손의 4분의 1은 대립유전자에 대해 동형이며, 백호랑이로 예상된다. 단 하나의 유전자가 관여하고 두 가지 표현형으로 이어지기 때문에, 모든 백호랑이의 눈은 사시일 것이다.

개념체크 26.4 아니다. 더 많은 정보가 필요하다. 유전자 A, B, C에 대해 두 가지 가능한 배열이 있다(지도 거리는 숫자로 표시).

A___10___C___15___B   또는   B___25___A___10___C

어떤 가능성이 정확한지 판단하려면 유전자 B와 유전자 C 사이의 재조합 빈도를 알아야 한다.

개념체크 26.5 항생제에 의한 인위적인 선택은 R 인자 플라스미드를 가진 박테리아를 선호할 것이다. 이는 시간이 지남에 따라 R 인자 플라스미드를 운반하는 박테리아의 비율의 증가로 이어질 것이고, 항생제 내성 박테리아의 증가로 이어질 것이다. 이는 사실 항생제를 많이 사용하는 나라에서 현재 의학적인 문제가 되고 있다.

개념체크 26.6 시냅시스 복합체의 손실로 인해 염색체 교차의 안정성 상실과 잘못 수리된 2중가닥 절단이 더 높은 빈도로 발생할 수 있다. 이는 시냅스 단백질이 없는 돌연변이가 파리, 벌레, 생쥐에서 명확히 관찰된다.

핵심 기술 어머니는 하나의 우성 대립유전자를 가지고 있는데, 이것이 그녀를 다지증으로 이끌었다. 아버지는 정상적인 대립유전자를 가지고 있다. 따라서 평균적으로 어머니의 난모세포의 절반은 우성 대립유전자를 가지고 있으므로, 그녀의 자손 중 절반은 하나의 우성 대립유전자를 받을 것으로 예상된다. 모든 자손은 그들의 아버지로부터 정상적인 대립유전자를 받을 것이다. 따라서 아이들의 절반이 다지증을 가질 것으로 예상할 수 있다. 그리고 이는 어떤 아이이건 가능성이 50%이다.

용어 해설

ㄱ

가계성 과콜레스테롤증(familial hypercholesterol-emia, FH) LDL 수용체를 암호화하는 유전자의 결함으로 인해 심장질환 및 유전적으로 혈중 고콜레스테롤이 높게 나타나는 질병

가는 필라멘트(thin filament) 가로무늬근 세포의 근원섬유에서 발견되는 액틴 함유 필라멘트로, 2개의 F 액틴 분자가 나선으로 배열되어 있으며, 트로포마이오신, 트로포닌과 결합하고 있다.

가로무늬근(striated muscle) 현미경으로 보았을 때 근원섬유에서 어둡고 밝은 띠가 교대로 나타나는 양상을 보이는 근육. 골격근과 심장근육이 포함된다.

가로(T)세관계[transverse (T) tubule system] 원형질막의 함입이 근육세포의 안으로 침투하여 세포의 내부로 전기적 자극을 전도하며, 거기에서 T 세관은 근소포체와 가까이 접촉하며 칼슘 이온의 방출을 촉발한다.

가변직렬반복(variable number tandem repeat, VNTR) 직렬반복을 포함하는 염색체 DNA의 반복 영역. 예로, 미세부수체(짧은 직렬반복, STR)와 미소부수체 DNA의 두 종류가 있다.

가설(hypothesis) 현재까지 관찰하고 실험한 대부분의 증거에 일치하는 서술 또는 설명

가속 전압(accelerating voltage) 전자현미경의 양극과 음극 사이의 전압 차로, 전자총으로부터 전자의 방출에 앞서 전자를 가속시키는 역할을 한다.

가수분해(hydrolysis) 물 분자의 첨가로 인해 화학결합이 깨어지는 반응

가역적 억제제(reversible inhibitor) 효소에 결합했을 때 촉매 활성을 가역적으로 잃게 하는 분자. 억제인자가 해리되면 효소는 생물학적 기능을 회복한다.

가이드 RNA(guide RNA, gRNA) 비교적 짧은 RNA로 RNA와 DNA 편집에 사용된다(예: CRISPR/Cas9 기법). gRNA는 부분적으로 표적 염기서열과 상보적이다.

가지돌기(수상돌기)(dendrite) 세포체 방향의 내부로 자극을 전달하는 신경세포의 돌기

각인(imprinting) 일부 유전자들이 어머니 또는 아버지로부터 유전되었는지에 따라서 달리 발현하는 과정. 이와 같은 행동은 DNA의 메틸화 차이에 의해 생길 수 있다.

간극연접(gap junction) 인접한 두 세포 사이의 밀접한 접촉점을 제공하는 세포 간 연접으로, 이온과 작은 분자가 통과할 수 있다.

간기(interphase) 연속적인 분열기(M기) 사이에 위치한 진핵세포의 성장기. G1기, S기, G2기로 구성되어 있다.

간섭(interference) 둘 또는 그 이상의 광파장이 강화하거나 상쇄하기 위해 병합하는 과정으로, 두 병합 파장의 합에 상응하는 파장을 생성한다.

간접 능동수송(indirect active transport) 두 용질의 동시수송이 관련된 막수송으로, 한 용질의 농도 기울기를 따라 내려가는 힘을 이용하여 다른 용질의 농도 기울기를 거슬러 올라가는 이동을 유도하는 막수송

간접 면역형광(indirect immunofluorescence) 먼저 시료의 특정한 항원과 결합하는 항체(1차 항체)를 처리한 다음, 1차 항체와 결합하는 2차 형광 항체를 처리하여 시료를 염색하는 방법

감마 튜불린 고리 복합체(gamma tubulin ring complex, γ-TuRC) 중심체에서 출현하는 감마 튜불린 고리로, 새로운 미세소관 조립의 센터를 이룬다.

감마 튜불린(γ-튜불린)(gamma tubulin, γ-tubulin) 중심체에 위치한 튜불린으로, 여기에서 미세소관 형성의 중심 역할을 한다.

감마-TuRC(gamma-TuRCs, γ-TuRC) 감마 튜불린 고리 복합체 참조

감쇠(attenuation) 전사 과정 중 조기 종결을 유도하여 박테리아의 유전자 발현을 조절하는 메커니즘

감수분열(meiosis) 한 번의 DNA 복제에 이어 연속된 2번의 세포분열로 인해 1개의 2배체 세포를 4개의 반수체 세포(또는 반수체 핵)로 전환시킨다.

감수1분열(meiosis I) 첫 번째 감수분열로, 자매 염색분체로 구성된 염색체를 가진 2개의 반수체 세포를 생산한다.

감수2분열(meiosis II) 두 번째 감수분열로, 첫 번째 감수분열로 생성된 반수체 세포의 자매염색분체를 분리한다.

개구수(numerical aperture, NA) $n \sin\alpha$의 수치에 해당하는 현미경의 특성. n은 시료와 대물렌즈 사이의 매질 굴절률, α는 개구 각도이다.

개시 tRNA(initiator tRNA) 번역 과정을 시작하는 tRNA. AUG 개시암호를 인지하며, 원핵세포에서는 포밀메싸이오닌을 운반하고, 진핵세포에서는 메싸이오닌을 운반한다.

개시(암 발생 단계)[initiation(stage of carcino-genesis)] DNA 돌연변이를 유발하는 인자로 인해 세포가 비가역적인 암 직전의 상태로 전환하는 것

개시복합체(initiation complex, 30S) mRNA, 30S 리보솜 소단위체, 개시 아미노아실 tRNA 분자, 그리고 개시인자 IF2의 결합으로 형성된 복합체

개시복합체(initiation complex, 70S) 30S 개시복합체가 50S 리보솜 소단위체와 결합하여 형성된 복합체. 개시 아미노아실 tRNA를 P 자리에 가지고 있으며, mRNA의 번역을 시작할 준비가 되었다.

개시인자(initiation factor) 리보솜 소단위체가 mRNA에 결합하도록 촉진하는 일군의 단백질이며, 개시 tRNA는 그에 따라 단백질 합성을 개시한다.

개시자(initiator, Inr) RNA 중합효소 II의 프로모터 일부를 포함하는 전사 개시점 주변의 짧은 DNA 서열

개시전 복합체(preinitiation complex) 진핵생물에서 전사가 시작되기 전에 프로모터에 결합하는 일반 전사인자와 RNA 중합효소의 복합체

개시코돈(start codon) 단백질 합성에서 mRNA의 시작점으로 작용하는 AUG 코돈

개재판(intercalated disc) 간극연접이 풍부한 격막으로, 심장 근육을 단일 핵을 가진 세포들로 분할하는 막

갱글리오사이드(ganglioside) 아미노 알코올 스핑고신과 음전하를 띤 시알산 잔기를 함유한 전하를 띤 당지질

거친면 소포체(거친면 ER)(rough endoplasmic reticulum, rough ER) 단백질 합성에 관여하고 있기에 세포기질 쪽으로 리보솜이 달려있는 소포체

격막형성체(phragmoplast) 분열하는 식물 세포의 세포벽 형성 과정에서 다당류와 당단백질을 함유한 소낭을 방추사 적도면으로 안내하는, 평행하게 배열된 미세소관

결합 변화 모델(binding change model) F_0F_1 ATP 합성효소의 γ 소단위체의 물리적인 회전을 수반하는 메커니즘으로, 복합체의 F_0 요소를 통과하는 양성자의 자유에너지 감소성 흐름이 어떻게 F_1 요소에 의해 ADP를 ATP로 자유에너지 증가성인 인산화 반응을 유발하는지 설명해준다.

결합 에너지(bond energy) 특정한 화학결합 1몰을 파괴하는 데 필요한 에너지의 양

경쟁적 억제제(competitive inhibitor) 기질과 직접 경쟁하며, 활성부위에 결합하여 효소 활성을 감소시키는 화학물질

계층적 조립(hierarchical assembly) 단순 분자에서 시작하여 점차 더 복잡한 구조로, 일반적으로 자가조립에 의해 생물학적 구조를 합성하는 것

고리 부위(looped domain) DNA가 불용성 비히스톤 단백질의 망상 구조에 주기적으로 부착

하는 것에 의해 30 nm 두께의 염색사가 길이 50,000~100,000 bp의 고리로 접힌 것

고리형 구아노신 1인산(cyclic GMP, cGMP) 구아노신 1인산의 인산기가 인산다이에스터 결합에 의해 3′과 5′ 탄소 모두에 연결된 것. 진핵생물에서 혈관 확장 등의 여러 과정에서 2차 전달자 역할을 한다.

고리형 아데노신 1인산(cyclic adenosine monophosphate, cAMP) 아데노신 1인산의 인산기가 인산다이에스터 결합에 의해 3′과 5′ 탄소 모두에 연결된 것. 원핵세포와 진핵세포 모두에서 유전자 조절에 작용한다. 진핵생물에서는 단백질 인산화효소 A를 활성화함으로써 다양한 신호 분자의 효과를 매개하는 2차 전달자로 작용한다.

고밀도 지질단백질(high-density lipoprotein, HDL) 콜레스테롤 함유 단백질-지방 복합체로, 혈류를 통해서 콜레스테롤을 운반하며 세포에 의해 섭취된다. 콜레스테롤 함량이 낮기 때문에 높은 밀도를 보인다.

고분자(macromolecule) 작은 반복 단위체로부터 만들어진 중합체로, 분자량이 수천에서부터 수백만 범위까지 있다.

고세균(Archaea) 원핵생물의 2역 중 하나이며, 나머지는 세균(박테리아)이다. 많은 고세균은 대부분 다른 생물들에게는 치명적일 만큼 짜거나, 산성, 또는 뜨거운 환경과 같은 열악한 조건에서 번창한다. 박테리아 참조

고유 입체 구조(native conformation) 특정 아미노산 서열에 대해 가장 안정한 상태로 폴리펩타이드 사슬이 3차원으로 접히는 것

고장액(hypertonic solution) 용질 농도가 세포 내부보다 더 높은 용액. 고장액에서 물은 세포로부터 빠져나오기에 세포는 탈수 상태가 된다.

고전압 전자현미경(high-voltage electron microscope, HVEM) 1,000 KV 이상의 가속 전압을 사용하는 전자현미경으로, 일반적인 전자현미경보다 더 두터운 시료의 관찰이 가능하다.

고정액(fixative) 현미경 관찰을 위해 세포의 구조적 형태를 보전하면서 세포를 죽이는 화학물질

고착연접(anchoring junction) 부착연접 참조

골격근(skeletal muscle) 현미경에서 줄무늬를 보이는 근육으로, 수의적 운동을 담당한다.

골드만 방정식(Goldman equation) 모든 관련된 각 이온의 효과에 대해 상대적 투과도를 가중치로 부여한 다음, 이들을 함께 더하여 휴지막전위를 계산하는 네른스트 방정식이 변형된 방정식

골지 복합체(Golgi apparatus) 진핵세포에서 편평한 디스크 모양의 막 시스터나의 더미로, 분비 단백질의 가공과 포장, 복합 다당류의 합성에 중요하다.

골진(golgin) 소낭을 골지체에 연결시키거나, 골지 시스터나 상호 간에 연결시키는 밧줄 단백질의 일종

공동면역침전법(co-immunoprecipitation, coIP) 관심 있는 단백질 또는 분자를 정제하도록 설계된 면역침전법의 한 방법으로, 다중 분자 복합체에 함께 존재하는 분자를 정제할 수도 있다. 면역침전 참조

공동수송(symport) 2종류의 용질을 막을 가로질러 같은 방향으로 동시 수송하는 것

공명 안정(resonance stabilization) 비공유 전자쌍이 모든 가능한 결합을 생성할 수 있도록 위치함으로써 분자의 최대 안정 구조를 달성하는 것

공명 에너지 전달(resonance energy transfer) 광여기 분자의 여기 에너지가 인접한 분자의 전자로 전달되어, 그 전자를 고에너지 궤도로 들뜨게 하는 메커니즘. 광합성 에너지 변환에서 한 색소 분자로부터 다른 색소 분자로 에너지를 전달하는 중요한 수단이다.

공생관계(symbiotic relationship) 서로 다른 두 종의 세포(또는 생물) 사이에 상호 이익이 되는 관계

공유결합(covalent bond) 두 원자가 둘 또는 그 이상의 전자를 공유하는 강한 화학결합

공유결합 변형(covalent modification) 특정 화학 작용기의 첨가 또는 제거에 의해 효소(또는 단백질)의 활성이 변하는 조절 방식

공초점현미경(confocal microscope) 특수한 종류의 광학현미경으로, 레이저빔을 사용하여 시료의 평면을 한번에 한 층씩 분석한다.

공통서열(consensus sequence) DNA 서열이 서로 다른 위치에서 약간 다른 형태로 나타나는 경우에 가장 공통적인 DNA의 염기서열

과당-2,6-2인산(fructose-2,6-bisphosphate, F2,6BP) 2중으로 인산화된 과당 분자로, 과당-6-인산에 인산과당 인산화효소-2(PFK-2)가 작용하여 형성되며, 이는 해당과정과 포도당신생과정 모두에서 중요한 조절 기능을 한다.

과분극(아래 지나치기)(hyperpolarization, undershoot) 정상적인 막전위보다 더 음성인 막전위의 상태

과학적 방법(scientific method) 관찰하기, 가설 설정, 실험 설계, 데이터의 수집, 결과의 해석, 결론 도출에 근거한 새로운 지식의 개발을 위한 접근법

관다발초세포(bundle sheath cell) C₄ 식물에서 잎의 관다발에 근접하여 위치한 내부 세포. 이들 식물에서 캘빈 회로가 일어나는 장소

관리인 유전자(caretaker gene) DNA 수선 또는 염색체 분류에 관여하는 암 억제유전자. 이들 유전자의 기능상실 돌연변이는 유전적 불안정성에 기여한다.

광계(photosystem) 틸라코이드막이나 박테리아의 광합성막에 포매된 엽록소 분자, 보조 색소 및 관련 단백질의 집합. 광합성의 광요구성 반응에서 작용한다.

광계 복합체(photosystem complex) 광계 및 그와 관련된 광수확 복합체

광계 I(photosystem I, PSI) 700 nm의 적색광을 최대로 흡수하는 한 쌍의 엽록소 분자(P700)를 가진 광계. 이 파장의 빛은 플라스토시아닌으로부터 유래한 전자를 페레독신을 환원시키는 에너지 수준으로 여기시킬 수 있으며, 이 전자들은 NADP를 NADPH로 환원하는 데 사용된다.

광계 II(photosystem II, PSII) 680 nm의 적색광을 최대로 흡수하는 한 쌍의 엽록소 분자(P680)를 갖는 광계. 이 파장의 빛은 물에서 온 전자를 플라스토퀴논을 환원시킬 수 있는 에너지 수준으로 여기시킬 수 있다.

광독립영양생물(photoautotroph) 태양으로부터 에너지를 획득할 수 있는 생물로, 이산화탄소를 탄소원으로 사용하여 에너지가 풍부한 유기분자를 합성하는 데 태양 에너지를 사용한다.

광수확 복합체(light-harvesting complex, LHC) 광흡수 색소의 집합으로, 일반적으로 단백질에 의해 함께 연결된 엽록소와 카로티노이드로 구성된다. 광계와는 달리 반응중심을 갖지는 않지만, 빛의 광자를 흡수하고 그 에너지를 인접한 광계로 모은다.

광수확 복합체 I(light-harvesting complex I, LHC I) 광계 I과 관련된 광수확 복합체

광수확 복합체 II(light-harvesting complex II, LHC II) 광계 II와 관련된 광수확 복합체

광여기(photoexcitation) 빛의 광자의 흡수에 의해 더 높은 에너지 수준으로 전자가 여기하는 것

광영양생물(phototroph) 자신에게 필요한 에너지를 충족하는 데 태양의 복사 에너지를 활용할 수 있는 생물

광유전학(optogenetics) 단백질의 형태 또는 활동을 변화시키기 위해 빛을 사용한다. 종종 유전적으로 조작된 생물체의 뉴런에서 이온 통로를 조절하기 위해 사용된다.

광인산화(반응)(photophosphorylation) 여기된 엽록체의 전자가 전자전달계를 통하여 바닥 상태로 되돌아오면서 확립되는 전기화학 양성자 기울기에 의해 가동되는 광의존적 ATP 생성

광자(광양자)(photon) 파장에 역비례하는 에너지량을 가진 빛의 기본 입자

광종속영양생물(photoheterotroph) 태양으로부터 에너지를 획득할 수 있지만, 탄소원으로 이산화탄소보다 유기 탄소에 의존하는 생물

광평면 현미경(light sheet microscopy) 저배율 대물렌즈를 사용하여 측면에서 빛을 조사하는 형광현미경의 일종. 시료의 얇은 평면만을 여기되게 하여 광손상을 줄인다.

광표백(photobleaching) 일전한 영역에 강한 광

선을 조사하여 형광 분자의 형광을 제거(표백)하는 것. 표백을 하지 않은 형광 분자가 표백된 영역으로 다시 들어오는 속도를 측정하여 관련 분자의 운동성에 대한 정보를 제공한다.

광표백후 형광측정법(fluorescence recovery after photobleaching, FRAP) 막지질 또는 단백질의 측면 확산 속도를 측정하는 기술로, 이들 분자에 형광염료를 표지한 다음 작은 막 영역을 레이저로 표백하여 형광물질이 다시 나타나는 시간을 측정한다.

광학핀셋(optical tweezer) 현미경의 대물렌즈를 통한 레이저 광선을 이용하여 작은 플라스틱 구슬을 잡아서 그에 붙은 분자들을 조작하는 데 사용한다.

광학현미경(light microscope) 가시광선을 광원으로 사용하여 관찰할 시료의 확대된 상을 만들 수 있는 유리 렌즈 시스템으로 구성된 기구

광합성(photosynthesis) 식물과 특정 박테리아가 빛 에너지를 화학 에너지로 전환시켜 유기분자의 합성에 사용하는 과정

광호흡(photorespiration) 방출된 에너지를 포획하지 않으면서 환원된 탄소 화합물을 산화시켜 광합성 효율을 감소시키는 광의존적 경로. 루비스코에 의한 반응에서 산소가 이산화탄소를 대체할 때 발생하며, 그로 인해 인산글리콜산염이 생성된 다음 퍼옥시솜과 미토콘드리아에서 3-포스포글리세르산으로 전환된다. '글리콜산 경로'라고도 한다.

광화학적 환원(photochemical reduction) 빛에 의해 여기된 전자를 한 분자에서 다른 분자로 이동시키는 것

광환원(photoreduction) 광여기된 엽록체 분자의 에너지를 받은 전자가 일련의 전자 운반체를 통해 NADP$^+$로 전달되어 광의존적 NADPH를 생성하는 것

광활성수선(photoactive repair) 가시광선에 의해 활성화되는 광분해효소(photolyase)를 이용해 자외선에 의해 유도된 DNA 손상을 수선한다.

광활성화(photoactivation) 빛에 의해 비활성 분자를 활성 상태로 유도하는 것. 일반적으로 자외선 유도 활성화로 부착시켜놓은 분자의 형광을 막고 있던 감금 작용기의 풀림과 관련되어 있다.

교대 구조 모델(alternating conformation model) 막의 수송 모델로, 하나의 운반단백질이 두 가지의 구조적 상태 사이에서 교대함으로써 단백질의 기질 결합부위가 열리거나, 막의 한 쪽에서 먼저 결합할 수 있게 하고 다음에는 다른 쪽에서 결합할 수 있게 된다.

교배 다리(mating bridge) 접합하는 동안 웅성 세균으로부터 자성 세포로 DNA가 운반되는, 일시적인 세포질의 연결 다리

교배형(mating type) 하등생물에서 성(자웅)에 해당하는 것으로, 배우자의 분자 특성이 그것이 융합할 배우자의 종류를 결정한다.

교정(proofreading) DNA 복제 동안 DNA 중합효소에 있는 핵산가수분해효소 작용에 의해 짝이 맞지 않는 쌍을 제거하는 것

교차(crossing over) 상동염색체들 사이에 DNA 단편의 교환

교차결합(cross-bridge) 근육의 근원섬유에서 굵은 필라멘트의 마이오신 머리와 가는 필라멘트 사이의 접촉에 의해 형성된 구조

교차점(chiasma, 복수형은 chiasmata) 감수분열 전기 I 동안 교차에 의해 생성된 상동염색체 간 연결

구경각도(angular aperture) 피검체로부터 현미경의 대물렌즈로 들어가는 광선 원추의 반각

구상 단백질(globular protein) 단백질이 신장된 필라멘트 형태라기보다는 폴리펩타이드 사슬이 조밀하게 접힌 것

구아닌(guanine, G) 질소 함유 방향족 염기로 화학적으로 퓨린으로 명명하며, 다른 염기와 더불어 특정한 서열로 핵산에 존재할 때는 정보 단위체로 작용한다. 수소결합에 의해 사이토신(C)과 상보적 염기쌍을 형성한다.

구아닌-뉴클레오타이드 교환인자(guanine-nucleotide exchange factor, GEF) Ras 단백질로부터 GDP의 방출을 촉발하는 단백질로, 이에 따라 Ras가 GTP 분자를 획득하게 해준다.

구아닐산 고리화 효소(guanylyl cyclase) GTP로부터 고리형 GMP를 생성하는 효소. 혈관 확장 등의 여러 과정에 관여하는 효소-연결 수용체와 함께 작용한다.

구조성 고분자(structural macromolecule) 하나 또는 몇 종류의 소단위체가 특정한 순서 없이 구성된 중합체로, 세포에 구조와 기계적 힘을 제공한다. 예로서 셀룰로스와 펙틴이 있다.

구조성 다당류(structural polysaccharide) 세포 모양과 구조를 유지하는 역할을 하는 고도로 분지된 당 및 당 유도체. 셀룰로스와 키틴은 가장 친숙한 유형의 구조성 다당류이다.

굴절률(refractive index) 빛이 한 매질에서 다음 매질로 통과할 때 빛의 속도 변화에 대한 척도

굵은 필라멘트(thick filament) 가로무늬근 세포의 근원섬유에서 발견되는 마이오신 함유 필라멘트로, 각각의 마이오신 분자의 머리는 반복적 양상으로 밖으로 돌출되면서 엇갈려 배열되어 있다.

귀무가설(영가설)(null hypothesis) 두 모수치 사이에 차이가 없다고 하는 가설로, 이 가설이 기각되지 않으면 모수치들 사이에 확률적으로 차이가 없다고 결론 내리며, 기각된다면 차이가 있다고 결론 내린다.

균질화(homogenization) 분쇄, 초음파 진동, 삼

투압 쇼크와 같은 기술을 사용하여 세포 또는 조직을 파괴하는 것

그라나(grana, 단수형은 granum) 엽록체에서 틸라코이드막의 더미

극미세소관(polar microtubule) 서로 반대쪽 방추극에서 나온 방추사로, 서로 상호작용한다.

극성(polarity) 분자의 일부가 부분적인 양전하를 가지고 다른 부위가 부분적인 음전하를 가진 결과로 생긴 분자의 특성으로, 일반적으로 분자의 한 영역이 그 영역으로 전자를 당기는 하나 또는 그 이상의 전기적 음성 원자를 가지고 있기 때문에 나타난다.

극성 분비(polarized secretion) 세포의 한쪽 끝의 특정 위치에서 분비소낭이 원형질막과 융합하고 그 내용물을 내보내는 것

극체(polar body) 난세포를 만드는 감수분열 동안 생성된 아주 작은 반수체 세포. 극체는 불균형적으로 소량의 세포질을 받아서 마침내 퇴화된다.

근섬유(muscle fiber) 수축을 위해 특수화된 길고 가는 다핵세포

근소포체(sarcoplasmic reticulum, SR) 근육세포의 소포체로, 칼슘 이온의 축적, 저장, 방출을 위해 특수화되어 있다.

근수축(muscle contraction) 가는(액틴) 필라멘트가 굵은(마이오신) 필라멘트를 활주함으로써 근육세포에서 장력을 발생하는 것

근원섬유(myofibril) 가는 액틴 필라멘트와 굵은 마이오신 필라멘트의 조직적 배열로 구성된 원통형 구조. 골격근 세포의 세포질에 존재한다.

근육/소포체 Ca^{2+}-ATP 분해효소(sarco/endoplasmic reticulum Ca^{2+}-ATPase, SERCA) ATP 가수분해로부터 유도된 에너지를 사용하여 막을 가로질러 칼슘 이온을 수송하는 막단백질. 근소포체(SR)에 많이 존재하며, 칼슘 이온을 소포체 내강으로 펌핑한다.

근절(sarcomere) 가로무늬 근육에서 하나의 Z선에서 다음 Z선까지 근원섬유의 기본적인 수축 단위로, 2세트의 가는(액틴) 필라멘트와 1세트의 굵은(마이오신) 필라멘트로 구성되어 있다.

근접 조절요소(proximal control element) 핵심 프로모터의 상부의 약 100~200염기쌍 내에 위치한 DNA 조절 서열

글루카곤(glucagon) 이자(췌장)의 랑게르한스섬에 의해 생산된 펩타이드 호르몬으로, 글리코겐 분해를 촉진하여 혈당을 증가시키는 작용을 한다.

글리세롤(glycerol) 3탄소 알코올로, 각 탄소에 하이드록실기를 가지고 있다. 트라이아실글리세롤에 대해 골격 역할을 한다.

글리세롤 인산 왕복 수송(glycerol phosphate shuttle) 세포기질의 NADH를 미토콘드리아로 운반하는 메커니즘으로, 전자가 호흡 복합체에

있는 FAD로 전달된다.

글리옥시솜(glyoxysome) 특별한 종류의 식물 퍼옥시솜으로, 종자의 발아에서 저장 지방을 탄수화물로 전환시키는 효소를 일부 가지고 있다.

글리옥실산 회로(glyoxylate cycle) 식물의 글리옥시솜에서 일어나는 변형된 TCA 회로. 2분자의 아세틸 CoA를 1분자의 석신산으로 전환하는 동화경로로, 지방으로부터 탄수화물 합성을 가능하게 한다.

글리코사미노글리칸(glycosaminoglyean, GAG) 당 하나는 아미노기를 가지고 다른 당은 음전하를 띤 황산기 또는 카복실기를 일반적으로 가진, 반복적인 2당류로 구성된 다당류. 세포외기질의 구성 요소

글리코시드 결합(glycosidic bond) 당을 다른 분자에 연결시키는 결합으로, 연결된 분자가 당 분자일 수도 있다.

글리코실화(반응)(glycosylation) 단백질의 특정 아미노산 잔기에 탄수화물 곁사슬을 첨가하는 것으로, 일반적으로 소포체의 내강에서 시작되며 골지체에서 완성된다.

글리코겐(glycogen) 동물 세포에서 고도로 가지를 친 저장 다당류. $\alpha(1 \rightarrow 4)$ 결합과 $\beta(1 \rightarrow 6)$ 결합에 의해 연결된 반복적인 포도당 소단위체로 구성되어 있다.

글리콜산 경로(glycolate pathway) 방출된 에너지를 포획하지 않고 환원된 탄소 화합물을 산화함으로써 광합성의 효율이 감소하는 광의존성 경로. 루비스코에 의해 촉매되는 반응에서 산소가 이산화탄소를 대체할 때 일어나며, 생성된 인산 글리콜산이 그다음에 퍼옥시솜과 미토콘드리아에서 3-포스포글리세르산으로 전환된다. '광호흡'이라고도 한다.

기계적 일(mechanical work) 세포 또는 세포 일부의 위치 또는 방향을 물리적으로 변화시키는 데 사용된 에너지

기계적 효소(mechanoenzyme) 운동단백질 참조

기공(stomata, 단수형은 stoma) 대기와 잎의 내부 사이에 기체와 물의 교환을 위해 열고 닫힐 수 있는, 식물 잎의 표면에 있는 구멍

기저체(basal body) 진핵 편모 또는 섬모의 기부에 위치한 미세소관 함유 구조로, 3중 미세소관 9벌로 구성되어 있다. 모양이 중심립과 동일하다.

기저판(basal lamina) 상피세포를 하부의 결합조직으로부터 구분되게 하는 특수화된 세포외기질의 얇은 판

기질(matrix) 미토콘드리아의 내부를 채우는 비정형의 반액체성 물질

기질 농도(substrate concentration, S) 화학반응이 시작할 때 단위 부피당 존재하는 용질의 양

기질 수준 인산화(반응)(substrate-level phosphorylation) 인산화된 기질로부터 유래한 고에너

지의 인산기를 ADP에 직접 전달함으로써 ATP를 형성하는 것

기질 수준 조절(substrate-level regulation) 기질 또는 산물과 효소의 직접적 상호작용에 의존하는 효소의 조절 방식

기질 유도(substrate induction) 이화반응 경로를 위한 조절 메커니즘으로, 경로에 관련된 효소의 합성이 기질이 있을 때 촉진되며, 기질이 없어지면 억제되는 것

기질 유사체(substrate analogue) 효소촉매 반응의 일반적인 기질과 유사하여 활성부위에 결합할 수 있을 만큼 충분히 유사하지만, 기능적 산물로 전환될 수 없는 화합물

기질 특이성(substrate specificity) 매우 유사한 분자들 사이에서 이를 구분하는 효소의 능력

기질 활성화(substrate activation) 기질이 적절한 화학적 환경에 놓이게 함으로써 기질 분자가 최대한 반응을 잘하게 만드는 효소 활성부위의 역할

긴 비암호화 RNA(long noncoding RNA, lncRNA) 단백질로 번역되지 않는 200 bp 이상의 RNA. 염색질 및 유전자 발현을 조절하는 것으로 알려져 있다.

길항제(antagonist) 수용체에 결합하여 수용체가 활성화되는 것을 방지하는 물질

ㄴ

나노미터(nanometer, nm) 길이 측정의 단위로, 1나노미터 = 10^{-9} 미터

나선(helix) α-나선 또는 2중나선 참조

나선-고리-나선(helix-loop-helix) 전사인자에서 발견되는 DNA 결합 모티프로, 긴 α-나선에 고리로 연결된 짧은 α-나선으로 구성되어 있다.

나선-꺾임-나선(helix-turn-helix) 많은 조절 전사인자에서 발견되는 DNA 결합 모티프로, 2개의 α-나선이 꺾인 영역에 의해 연결되어 있다.

난자(egg, ovum) 암컷의 반수체 배우자로, 일반적으로 크고 많은 영양분을 저장하고 있다.

낭포성 섬유증(cystic fibrosis, CF) 염화 이온을 분비할 수 없어서 발생하는 질환으로, 염화 이온 통로로서 작용하는 막단백질의 유전적 결함에 원인이 있다.

낭포성 섬유증 막관통 컨덕턴스 조절자(cystic fibrosis transmembrane conductance regulator, CFTR) 염화 이온 통로로 작용하는 막단백질로서, 돌연변이형은 낭포성 섬유증을 야기할 수 있다.

내강(lumen) 일반적으로 소포체 또는 관련된 막에 의해 싸인 내부 공간

내막(inner membrane) 미토콘드리아, 엽록체, 핵을 둘러싸는 두 막 중에 안쪽 막

내부 리보솜 결합서열(internal ribosome entry

sequence, IRES) 5′ 캡이 없어도 리보솜 결합 및 번역을 개시할 수 있는 mRNA 내부의 서열

내부 에너지(internal energy, E) 한 시스템(계) 내의 총에너지. 직접 측정을 할 수 없으나 내부 에너지의 변화, 즉 ΔE는 측정할 수 있다.

내재 단층 단백질(integral monotopic protein) 지질2중층의 한쪽에만 묻힌 내재 막단백질

내재 막단백질(integral membrane protein) 막의 내부에 위치한 소수성 단백질이지만, 친수성 영역은 막의 한쪽 또는 양쪽 표면으로 돌출하고 있다.

내포낭(endocytic vesicle) 세포내섭취 과정 동안 원형질막의 일부가 잘려나가서 형성된 막 주머니

네른스트 방정식(Nernst equation) 주어진 이온에 대한 막의 평형전위를 계산하는 식.
$$E_X = (RT/zF) \ln([X]_{외부}/[X]_{내부})$$

넥신(nexin) 진핵세포의 섬모와 편모의 축사에 있는 인접한 외부 2중세관을 연결하고, 공간적 상호관계를 유지하는 단백질

노던 흡입법(RNA 흡입법)(Northern blotting) RNA 분자들을 전기영동으로 분리한 다음, 특별한 종류의 종이(나이트로셀룰로스 또는 나일론)로 옮기고 이어서 방사성 DNA 탐침으로 혼성화하는 기법

노코다졸(nocodazole) 미세소관 조립을 억제하는 화학합성 약물. 약물을 제거했을 때 흔히 그 효과가 쉽게 가역적으로 되기에 콜히친 대신 사용된다.

녹말(starch) 포도당 반복 소단위체가 $\alpha(1 \rightarrow 4)$ 결합과 일부에서는 $\alpha(1 \rightarrow 6)$ 결합으로 연결된 식물의 저장 다당류. 녹말의 두 가지 주된 형태로 가지를 치지 않은 아밀로스와 가지를 친 아밀로펙틴이 있다.

녹색형광단백질(green fluorescent protein, GFP) 청색 빛에 노출되었을 때 밝은 녹색형광을 내는 단백질. 유전공학 기법으로 관심 단백질에 GFP를 결합시킨 후 형광현미경으로 추적할 수 있다.

농도 기울기(concentration gradient) 막을 가로지르는 분자 또는 이온의 농도 기울기로, 막의 한쪽 면의 농도와 다른 쪽의 농도 비로 나타낸다. 막을 가로지르는 비극성 분자의 수송에서는 이것이 유일한 추진력이지만, 이온의 경우 막을 가로질러 수송되는 데는 추진력으로 작용하는 전기화학 퍼텐셜의 두 구성 요소 중 하나일 뿐이다.

농축하는 일(concentration work) 전기화학 또는 농도 기울기를 거슬러 막을 가로지르는 이온 또는 분자의 수송에 에너지를 사용하는 것

누출 통로(leak channel) 포타슘 및 소듐 이온을 포함하여 전기화학적 평형에서 세포의 안정 상태 이온 농도를 유지하는 데 도움이 되는 비개폐성 이온 통로

뉴런(neuron) 신경자극의 전도와 전달에 직접

관여하는 특수화된 세포. 신경세포

뉴클레오사이드(nucleoside) 5탄당(리보스 또는 디옥시리보스)과 이에 결합한 질소 함유 염기로 구성된 분자. 인산이 제거된 뉴클레오타이드

뉴클레오솜(nucleosome) 진핵세포 염색체의 기본 구조적 단위로, 약 200개 염기쌍의 DNA가 히스톤 8량체와 결합하고 있다.

뉴클레오타이드(nucleotide) 인산이 부착된 5탄당(리보스 또는 디옥시리보스)과 이에 결합된 질소 함유 염기로 구성된 분자. 뉴클레오사이드 1인산이라고도 한다.

뉴클레오타이드 절제수선(nucleotide excision repair, NER) 피리미딘 2량체 등에 의해 DNA 2중나선의 일그러짐이 생긴 손상을 인지하고 수선하는 DNA 복구 메커니즘

능동수송(active transport) 농도 또는 전기적 기울기에 역행하여 막을 가로지르는 기질의 이동을 매개하는 막단백질. 에너지가 필요한 과정

니코틴아마이드 아데닌 다이뉴클레오타이드 인산(nicotinamide adenine dinucleotide phosphate, NADP$^+$) 환원형인 NADPH를 생성하기 위해 2개의 전자와 1개의 양성자를 받아들이는 조효소. 캘빈 회로와 다른 생합성 과정에서 중요한 전자 운반체

니코틴아마이드 아데닌 다이뉴클레오타이드(nicotinamide adenine dinucleotide, NAD$^+$) 환원형인 NADH를 생성하기 위해 2개의 전자와 1개의 양성자를 받아들이는 조효소. 에너지 대사에서 중요한 전자 운반체

ㄷ

다광자 여기 현미경법(multiphoton excitation microscopy) 빠른 진동의 빛을 방출하는 레이저 빛을 적용한 특수한 종류의 형광현미경. 상은 선명도에서 공초점현미경과 유사하지만, 초점이 맞지 않는 빛이 없기 때문에 광손상이 최소화된다.

다당류(polysaccharide) 글리코사이드 결합에 의해 연결된 당과 당 유도체들로 구성된 중합체

다량체 단백질(multimeric protein) 둘 또는그 이상의 폴리펩타이드 사슬로 구성된 단백질

다른자리입체성 부위(조절 부위)(allosteric site, regulatory site) 촉매작용이 일어나는 활성부위와는 다른 영역에 선택적으로 작은 분자가 결합함으로써 단백질의 활성을 조절하는 것

다른자리입체성 억제인자(allosteric inhibitor) 효소의 다른자리입체성 부위에 결합함으로써 기질에 대한 효소의 상태가 친화도가 낮아지는 쪽으로 평형을 이동시키는 작은 분자

다른자리입체성 조절(allosteric regulation) 다른자리입체성 효과인자의 효소에 가역적으로 결합함으로써 효소의 형태가 변형되어 반응 회로가 조절되는 것

다른자리입체성 활성인자(allosteric activator) 한 효소의 다른자리입체성 부위에 결합함으로써 기질에 대한 효소의 친화력이 증가하도록 평형을 이동시키는 작은 분자

다른자리입체성 효과인자(allosteric effector) 활성부위가 아닌 다른 부위에 결합함으로써 다른자리입체성 단백질의 상태에 변화를 야기하는 작은 분자

다른자리입체성 효소(allosteric enzyme) 생물학적 특성이 서로 다른 두 가지의 선택적 형태를 보이는 효소. 두 상태의 변환은 다른 자리 입체성 부위라고 하는 조절 부위에 특이적인 작은 분자(다른자리입체성 효과인자)의 가역적 결합에 의해 중재된다.

다면전기영동(법)(plused-field electrophoresis) 전기장의 방향이 주기적으로 변경되는 젤 전기영동의 한 유형. 아가로스 젤에서 표준 전기영동으로 분리할 수 없는 유전체 또는 염색체 DNA의 큰 조각을 분리할 수 있다.

다사염색체(polytene chromosome) 세포분열은 이루어지지 않고 연속적인 DNA 복제로 생성된, 동일한 DNA에 대해 여러 개의 사본을 가진 거대 염색체

다육식물 유기산대사(crassulacean acid, metabolism, CAM) 밤에 식물이 PEP 카복실화 효소를 사용하여 CO_2를 4탄산인 말산으로 고정하는 경로. 그다음 말산은 낮 동안 탈카복실화되면서 CO_2를 방출하는데, 이것이 캘빈 회로에 의해 고정된다.

다이나민(dynamin) 피막소공의 수축과 출아된 클라스린 피막소포를 밀봉하기 위해서 필요한 세포기질의 GTP 가수분해효소

다이서(Dicer) 2중가닥 RNA를 약 21~22염기쌍 길이로 짧게 자르는 효소

다이아실글리세롤(diacylglycerol, DAG) 글리세롤에 2분자의 지방산이 에스터 결합으로 부착한 것. 포스파티딜이노시톨-4,5-2인산이 인지질분해효소 C에 의해 가수분해되면 이노시톨 3인산(IP_3)과 더불어 형성된다. DAG는 가수분해 후에 막에 결합된 채로 남으며, 2차 전달자로 작용하여 단백질 인산화효소 C를 활성화하면, 이 효소는 이어서 다양한 표적 단백질의 특정 세린과 트레오닌을 인산화한다.

다중단백질 복합체(multiprotein complex) 둘 또는 그 이상의 단백질(일반적으로 효소)이 함께 결합한 것으로, 각 단백질이 다단계 과정에서 연속적으로 작용한다.

다중약물내성 운반단백질(MDR 운반단백질)(multidrug resistance transport protein, MDR transport protein) 소수성 약물을 세포의 밖으로 방출하는 데 ATP 가수분해의 에너지를 사용하는 ABC형 ATP 가수분해효소

다클론항체(polyclonal antibody) 특정 분자를 인식하는 B 림프구의 여러 그룹(계통)에 의해 생성되는 항체

단당류(monosaccharide) 단순당으로, 다당류의 반복단위

단량체(monomer) 고분자의 조립에서 소단위체로 사용되는 작은 유기분자

단량체 단백질(monomeric protein) 단일 폴리펩타이드 사슬로 구성된 단백질

단백질(protein) 하나 또는 그 이상의 폴리펩타이드로 구성된 고분자로, 아미노산의 선상 서열에 의해 지정된 3차 구조로 접힌다. 단백질은 효소, 구조단백질, 운동단백질, 조절단백질으로서 중요한 역할을 한다.

단백질 2황화 이성질체화효소(protein disulfide isomerase) 폴리펩타이드 사슬의 시스테인 잔기들 사이에 2황화 결합의 형성과 분해를 촉매하는 소포체 내강에 있는 효소

단백질 스플라이싱(protein splicing) 폴리펩타이드 사슬로부터 인테인(intein)이라는 아미노산 서열의 제거. 엑스테인(extein)이라는 나머지 폴리펩타이드 단편들이 스플라이싱에 의해 결합한다.

단백질 인산가수분해효소(protein phosphatase) 다양한 표적 단백질로부터 인산기의 탈인산화 또는 가수분해에 의한 제거를 촉매하는 다양한 효소

단백질 인산화효소(protein kinase) 단백질 분자의 인산화 반응을 촉매하는 여러 가지 효소

단백질 인산화효소 A(protein kinase A, PKA) 표적 단백질에서 세린 또는 트레오닌 잔기의 인산화 반응을 촉매하며, 2차 전달자인 고리형 아데노신 1인산에 의해 활성화된 단백질 인산화효소

단백질 인산화효소 C(protein kinase C, PKC) 다이아실글리세롤에 의해 활성화 되었을 때 다양한 표적 단백질의 세린과 트레오닌 잔기를 인산화하는 효소

단백질분해(proteolysis) 아미노산들 사이에서 펩타이드 결합의 가수분해에 의해 단백질이 분해되는 것

단백질분해성 절단(proteolytic cleavage) 펩타이드 결합을 분해하는 효소에 의한 폴리펩타이드 사슬 일부의 제거 또는 폴리펩타이드를 둘로 자르는 것

단백질분해효소 복합체(proteasome) 유비퀴틴이 결합된 단백질의 ATP-의존적 분해를 촉매하는 다중단백질 복합체

단백질체(proteome) 한 유전체에 의해 생산된 모든 단백질의 구조와 성질

단순확산(simple diffusion) 농도가 높은 곳으로부터 농도가 낮은 곳으로 에너지를 사용하지 않

고 이루어지는 용질의 순 이동

단일가닥 DNA 결합단백질(single-stranded DNA binding protein, SSB) 복제분기점에서 단일가닥 DNA에 결합하는 단백질로, DNA가 풀어진 상태를 유지하게 하며, 따라서 DNA 복제 기구가 작용할 수 있게 해준다.

단일 결합(single bond) 두 원자 사이에 한 쌍의 전자를 공유함으로써 형성된 화학적 결합

단일방향 양성자 펌프(unidirectional pumping of protons) 막을 가로지르는 능동적 일방성 양성자 수송으로, 막의 한쪽에 우선적으로 축적시켜서 전기화학 양성자 기울기를 형성한다. 호흡과 광합성 모두에서 전자를 전달하고 ATP를 생산하는 핵심적 구성 요소

단일수송(uniport) 한 종류의 용질을 막의 한쪽에서 다른 쪽으로 수송하는 막단백질

단일염기다형성(single nucleotide polymorphism, SNP) 단일 염기 변화로 인한 DNA 염기서열의 변이로, 동일한 종의 개체들 사이에서 나타난다.

단클론 항체(monoclonal antibody) 단일 항원에 대해 고도로 정제된 항체로, 한 종류의 항체생산 세포 집단에 의해 생산된다.

닫힌 계(closed system) 어떤 형태로든 에너지를 흡수하거나 방출할 수 없는, 환경으로부터 봉인된 시스템

당단백질(glycoprotein) 아미노산 곁사슬에 하나 또는 그 이상의 탄수화물이 공유결합으로 연결된 단백질

당지질(glycolipid) 글리코시드 결합에 의해 부착된 탄수화물 집단을 가진 지질 분자

당질피질(glycocalyx) 많은 동물 세포의 외부 경계에 위치한 탄수화물 풍부 지역

대립유전자(allele) 어떤 유전자에 대하여 둘 또는 그 이상의 다양한 변이(염기서열) 중의 하나

대물렌즈(광학현미경)[objective lens(light micro-scope)] 광학현미경에서 시료 바로 위에 위치한 렌즈

대물렌즈(전자현미경)[objective lens(electron microscope)] 투과전자현미경에서 그 속에 시료가 놓여있는 전자기 렌즈

대사(metabolism) 세포에서 일어나는 모든 화학적 반응

대사경로(metabolic pathway) 중간 산물을 거쳐 한 분자에서 다른 분자로 전환되는 일련의 세포 효소반응

대식작용(macrophagy) 한 세포소기관이 소포체에서 유래한 2중막에 싸이는 과정으로, 그 소기관을 분해할 라이소솜 효소를 획득하는 자가소화소포를 만드는 것

데그론(degron) 단백질을 파괴하기 위해 목적지로 보내는 데 사용되는 단백질 내의 아미노산 서열

데스모솜(desmosome) 중간섬유에 의해 세포골격에 연결된 세포-세포 간 부착연접. 인접한 동물 세포 사이에 단추 같은 강력한 부착점을 만들며, 이로 인해 조직에 구조적으로 완전한 형태를 부여하고 세포들이 한 단위로 작용하고 압력에 저항할 수 있게 해준다.

도메인(domain) 단백질의 3차 구조에서 국부적으로 접힌 별개의 단위로, 흔히 α-나선과 β-병풍이 치밀하게 포장되어 있다.

독립의 법칙(law of independent assortment) 배우자 형성 동안 각 유전자의 대립유전자는 다른 유전자의 대립유전자와 독립적으로 분리된다는 법칙

돌연변이(mutation) DNA 분자의 염기서열의 변화

돌연변이원(mutagen) 돌연변이를 유도할 수 있는 화학 또는 환경적인 요인(예: 자외선)

동결고정(cryofixation) 소량의 시료를 신속 냉동시킴으로 세포의 구조가 수 밀리초 내에 고정되는 것. 이어서 흔히 동결치환으로 시료에 있는 얼어있는 물을 유기 용매로 대체한다.

동결식각(freeze etching) 동결할단에서와 마찬가지로 급냉동한 시료를 절단한 다음, 세포 표면의 작은 면적을 노출시키기 위해 시료의 표면으로부터 얼음을 승화시킨다.

동결전자현미경법(cryoEM) 동결고정한 생물시료를 저온 투과전자현미경에서 직접 형상화하는 기술로, 흔히 분리한 고분자의 용액을 관찰하는 데 사용된다.

동결할단(freeze fracturing) 전자현미경을 위한 시료 준비 기술로, 얼린 시료를 예리하게 자른 다음 깨어진 표면, 흔히 막의 내부를 조사한다.

동원체(centromere) 후기 이전까지 자매염색분체를 서로 붙잡고 있는 염색체의 부위로, 여기에 방추사가 부착한다. 단순 서열로, 직렬반복 DNA를 가지고 있다.

동위원소(isotope) 어떤 화학물질의 원자가 핵 속에 다른 개수의 중성자를 가진 것으로, 원자량이 약간 변한다.

동위원소 표지(법)(isotope labeling) 정상 원소에 대한 동위원소를 사용하는 기법으로, 어떤 원소의 존재, 분포, 양을 분석할 때 사용한다.

동적 불안정성 모델(dynamic instability model) 미세소관의 행동에 대한 모델로, 하나는 양성 말단에서 지속적인 중합으로 길이가 늘어나고, 다른 하나는 탈중합으로 길이가 줄어드는 두 집단의 미세소관을 가정한다.

동종친화성 상호작용(homophilic interaction) 동일한 두 분자 간의 결합. 이종친화성 상호작용 참조

동질효소(isoenzyme) 물리적으로 분명히 다른 단백질이지만, 동일한 반응을 촉매한다.

동형접합(성)(homozygous) 주어진 유전자에 대하여 동일한 2개의 대립유전자를 가진 것. 이형접합(성) 참조

동화경로(anabolic pathway) 세포의 구성 요소를 합성하는 일련의 반응

드로샤(Drosha) 더 작은 전구체 마이크로 RNA(pre-micro RNA)를 형성하기 위해 마이크로 RNA 유전자의 1차 전사체(pri-micro RNA)를 절단하는 핵의 효소

등급(grading) 종양 등급 참조

등장액(isotonic solution) 세포 내부의 용질 농도와 같은 농도를 가진 용액. 등장액에서 세포 안팎으로 물의 순 이동은 없다.

디낵틴(dynactin) 미세소관을 따라서 운반할 화물(예: 소낭)에 세포질 디네인을 연결하는 것을 돕는 단백질 복합체

디네인(dynein) (+)에서 (−) 방향으로 미세소관의 표면을 따라서 이동하는 운동단백질로, ATP 가수분해에서 유래한 에너지로 작동된다. 세포질, 또는 편모나 섬모의 축사에 있는 인접한 2중 미세소관 사이에도 존재한다.

디스트로핀(dystrophin) 근육세포의 원형질막을 세포외기질에 부착시키는단백질 복합체의 일부분으로, 근육의 코스타미어에서 발견되는 큰 단백질

디옥시리보스(deoxyribose) DNA에 존재하는 5탄당

디옥시리보핵산(deoxyribonucleic acid) DNA 참조

디지털 탈회선 현미경법(digital deconvolution microscopy) 시료의 두께를 통해 일련의 형상을 얻는 데 형광현미경을 사용하며, 이어서 각 초점 평면에서 형상에 초점이 맞지 않는 광선을 컴퓨터 분석으로 제거하는 기술

디지털 현미경법(digital microscopy) 접안렌즈에 의해 생성된 현미경의 상을 비디오카메라를 통해 전자공학적으로 기록하고 저장하는 기술

ㄹ

라미닌(laminin) 세포외기질의 점착성 당단백질로, 상피세포의 기저막에 주로 분포한다.

라민(lamin) 핵층의 일부를 형성하는, 대부분의 고등 진핵생물에 보전되어 있는 중간섬유 단백질 계열의 구성원

라이소솜(lysosome) 주요 생체 고분자를 모두 분해할 수 있는 소화효소를 함유한, 막으로 싸인 세포소기관

라이소솜 저장질환(lysosomal storage disease) 라이소솜 효소 하나 또는 그 이상이 결핍되어서 생기는 질환으로, 정상적이면 효소에 의해 분해될 특정한 물질을 과량 축적하여 가지고 있는 것이 특징이다.

라인웨버-버크 방정식(Lineweaver-Burk equation) 미카엘리스-멘텐 방정식의 역수를 취해 얻은 직선 방정식으로, 효소의 억제 분석에서 매개변수 V_{max}와 K_m을 결정하는 데 용이하다.

랑비에 결절(nodes of Ranvier) 연속적인 미엘린초 사이에 노출되어 있는 축삭의 작은 부위

래트런큘린 A(latrunculin A) 바다의 해면동물에서 유래한 화학물질로, 액틴 필라멘트의 탈중합을 야기한다.

레스퍼레이솜(respirasome) 일군의 호흡에 관련된 복합체가 일정 비율로 함께 결합된 거대 복합체

레트로바이러스(retrovirus) RNA로부터 DNA 사본을 만드는 역전사효소를 사용하는 모든 RNA 바이러스

레트로트랜스포존(retrotransposon) 염색체의 한 위치에서 다른 곳으로 이동하는 RNA 유래 전이인자의 일종. DNA로부터 먼저 RNA가 전사되고, 이어서 역전사효소가 RNA를 주형으로 DNA 사본을 만들며, 이 DNA가 염색체의 다른 위치에 통합한다.

렉틴(lectin) 식물 또는 동물 세포로부터 분리할 수 있는 탄수화물 결합단백질로, 세포 간 부착을 촉진한다.

루비스코(리불로스-1,5-2인산 카복실화효소/산소화효소)(rubisco, ribulose-1,5-bisphosphate carboxylase/oxygenase) 캘빈 회로의 CO_2 포획 단계를 촉매하는 효소. CO_2를 리불로스-1,5-2인산에 연결시켜 2분자의 3-포스포글리세르산을 만든다.

루비스코 활성화효소(rubisco activase) 루비스코의 활성부위로부터 억제성인 당 인산을 제거함으로써 광합성 탄소 고정을 자극하는 단백질

류신 지퍼(leucine zipper) 많은 전사인자에서 발견되는 DNA 결합 모티프로, 2개의 폴리펩타이드 사슬에 있는 나선들 간의 상호작용으로 형성되며, 류신 잔기들 사이의 소수성 상호작용에 의해 함께 지퍼처럼 채워진다.

리간드(ligand) 특정 수용체에 결합하는 물질로, 결합으로 인해 그 수용체가 담당하는 특정한 반응 또는 일련의 반응이 시작된다.

리간드개폐성 이온 통로(ligand-gated ion channel) 특정 분자(리간드)가 통로에 결합하면 열리는, 이온 투과 구멍을 형성하는 내재 막단백질

리그닌(lignin) 목본성 식물 조직에서 주로 나타나는 방향족 알코올류의 불용성 중합체로, 세포벽을 강화하며 나무의 구조적 견고성을 부여한다.

리보솜(ribosome) rRNA와 단백질로 구성되어 있으며, 원핵세포의 세포질, 진핵세포의 세포질, 미토콘드리아, 엽록체에서 단백질 합성 장소로 작용한다. 큰 소단위체와 작은 소단위체로 구성되어 있다.

리보솜 작은 소단위체(small ribosomal subunit) 진핵세포에서는 침강계수 40S를, 원핵세포에서는 30S를 가진 리보솜의 구성 성분. 리보솜 큰 소단위체와 결합하여 기능적 리보솜을 형성한다.

리보솜 큰 소단위체(large ribosomal subunit) 진핵세포에서는 60S, 원핵세포에서는 50S의 침강계수를 가진 리보솜의 구성 요소. 기능적인 리보솜을 형성하기 위해 리보솜 작은 소단위체와 결합한다.

리보솜 RNA(ribosomal RNA, rRNA) 리보솜을 구성하는 몇 종류의 RNA 분자

리보스(ribose) RNA에 있으며, ATP와 GTP 같은 중요한 뉴클레오사이드 3인산에 있는 5탄당

리보스위치(riboswitch) mRNA 상에 작은 분자가 결합할 수 있는 자리로, mRNA의 구조의 변화를 유발하여 전사 또는 번역에 영향을 준다.

리보자임(RNA 효소)(ribozyme) 촉매 활성을 가진 RNA 분자

리보핵산(ribonucleic acid) RNA 참조

리불로스-1,5-2인산 카복실화효소/산소화효소(ribulose-1,5-bisphosphate carboxylase/oxygenase) 루비스코 참조

리포솜(liposome) 지질이 물과 혼합될 때 자발적으로 형성되는 다양한 크기의 막 소포

리플리솜(replisome) 복제분기점에서 DNA 복제를 수행하기 위해 함께 작용하는 큰 단백질 복합체. 대략 리보솜의 크기

림프종(lymphoma) 림프 기원의 암으로, 암세포들이 조직에서 고형의 덩어리로 자란다.

ㅁ

마이오신(myosin) ATP 가수분해의 에너지를 사용하여 액틴 미세섬유에 힘을 가함으로써 운동을 일으키는 단백질 집단. 근수축에서 가는 액틴 필라멘트를 움직이는 굵은 필라멘트를 형성한다.

마이오신 가벼운 사슬 인산화효소(myosin light-chain kinase, MLCK) 마이오신 가벼운 사슬을 인산화시킴으로써 평활근 수축을 촉발한다.

마이오신 준단편 I(myosin subfragment 1, S1) S1 분자가 모두 뚜렷하게 동일한 방향을 가리키는 방식으로 특징적인 화살 모양을 만들면서 액틴 미세필라멘트에 결합하는 마이오신의 단백질 분해성 단편

마이크로미터(micrometer, μm) 길이의 단위로, 1마이크로미터 = 10^{-6} 미터

마이크로솜(미세소체)(microsome) 조직을 균질화했을 때 소포체의 조각들에 의해 형성된 소낭

마이크로 RNA(microRNA, miRNA) 단일가닥 RNA의 일종으로 약 21~22뉴클레오타이드 길이이며, 다른 유전자에 의해 생산된 mRNA의 번역을 억제할 목적으로 세포의 유전자로부터 생산된다.

막(membrane) 환경으로부터의 투과장벽이며, 세포와 세포소기관의 경계를 이룬다. 지질2중층과 관련 단백질로 구성되어 있다.

막 비대칭성(membrane asymmetry) 지질2중층에서 각 단층 및 그와 연결된 단백질의 분자 조성 차이에 근거한 막의 특성

막간 공간(intermembrane space) 미토콘드리아 또는 엽록체의 내막과 외막 사이의 영역

막관통 단백질(transmembrane protein) 막을 관통하는 하나 또는 그 이상의 소수성 영역과 막의 양면에 돌출된 친수성 영역을 가진 내재 막단백질

막관통 단편(transmembrane segment) 막관통 단백질에서 지질2중층을 가로지르는 20~30개 아미노산 길이의 소수성 단편

막내 입자(intramembranous particle, IMP) 동결할단 현미경법에 의해 막의 내부를 관찰할 때 입자로 보이는 내재 막단백질

막전위(membrane potential, V_m) 이온 기울기에 의해 만들어진 막을 가로지르는 전압. 일반적으로 세포의 내부가 외부에 비해 음으로 하전되어 있다.

말기(telophase) 체세포분열 또는 감수분열의 마지막 단계로, 딸 염색체들이 방추사의 극에 도달하고 핵막이 다시 나타난다.

말단 글리코실화(반응)(terminal glycosylation) 골지체에서 일어나는 당단백질의 변형으로, 소포체의 핵심 글리코실화 반응에 의해 형성된 탄수화물 결사슬에 당을 제거하거나 첨가하는 반응

말단 산화효소(terminal oxidase) 직접적으로 산소에 전자를 전달할 수 있는 전자전달 복합체. 미토콘드리아 전자전달계의 복합체 IV(사이토크롬 c 산화효소)가 하나의 예이다.

말단구(terminal bulb) 시냅스 버튼 참조

말단망(terminal web) 미세융모의 기부에 위치한 스펙트린과 마이오신의 조밀한 망상 구조. 미세융모의 핵심을 이루는 액틴 미세섬유의 다발이 말단망에 고정되어 있다.

말단소체(telomere) 선형 염색체의 양 말단에 위치한 DNA 서열. 단순서열로 직렬반복 DNA를 가지고 있다.

말산-아스파르트산 왕복 통로(malate-aspartate shuttle) 세포질의 NADH에서 미토콘드리아로 전자를 운반하는 메커니즘. 여기서 전자는 호흡 복합체의 NAD^+로 전달된다.

매개인자(mediator) 전사 보조활성인자로 작용하는 큰 다중단백질 복합체로, 인핸서와 결합된 전사 활성인자 및 RNA 중합효소 모두에 결합한다. 유전자 조절의 중심 조율 단위로 작용하며, 활성 및 억제 입력 신호를 모두 받아 그 정보를

전사 기구로 전달한다.

매끈면 소포체(smooth endoplasmic reticulum, smooth ER, SER) 부착된 리보솜이 없는 소포체로, 단백질 합성에서 직접적인 역할은 없다. 분비단백질의 포장과 지질 합성에 관여한다.

매질염색법(negative staining) 어둡게 염색된 배경에 대하여 염색되지 않은 시료를 볼 수 있게 하는 투과전자현미경 기술

머리핀 고리(hairpin loop) 핵산 가닥에서 2개의 인접한 부분이 서로 간에 상보적인 염기서열들의 상호결합에 의해 만들어지는 고리 구조

멘델의 유전 법칙(Mendel's laws of inheritance) 완두식물에서 형질의 유전에 대한 멘델의 연구에 의하여 유도된 원리. 분리의 법칙과 독립의 법칙 참조

면역EM(immunoEM) 면역전자현미경법 참조

면역글로불린 유전자 대집단(immunoglobulin superfamily, IgSF) 세포-세포 부착에 관련된 세포 표면 단백질 집단으로, 구조적으로 항체 분자의 면역글로불린 소단위체와 관련이 있다.

면역염색(법)(immunostaining) 항체를 형광염료로 표지하는 기술로, 이 형광에 근거하여 현미경으로 항체와 그 위치를 동정할 수 있다.

면역요법(immunotherapy) 면역계를 자극하거나 면역계에 의해 만들어진 항체를 주입함으로써 암과 같은 질환을 치료하는 것

면역전자현미경법(면역EM)(immunoelectron microscopy, immunoEM) 항체를 전자가 조밀한 물질(예: 금)과 결합시켜 어두운 점으로 보이게 함으로써 세포 내의 항체를 추적하는 전자현미경 기술

면역침강(법)(immunoprecipitation) 일반적으로 아가로스 같은 알갱이에 부착된 항체를 사용하여 용액에서 단백질을 침전시키는 과정 또는 기술. 용액에서 단백질을 농축하거나 정제하는 데 자주 사용된다.

면역확인점 치료(요법)(immune checkpoint therapy) 면역반응을 완화시키는 T 세포 또는 암세포 표면의 단백질을 차단하여 암세포를 죽이는 T 세포의 능력을 향상시키는 약물의 사용. T 세포는 암세포를 더 잘 죽일 수 있다.

면허(licensing) DNA가 복제에 적합하게 만드는 과정. 일반적으로 세포주기당 1번씩 일어난다.

명시야 현미경법(brightfield microscopy) 시료가 색깔을 가지고 있거나 혹은 염색 등의 방법으로 투과광선의 양에 영향을 주는 다른 특성을 가지고 있어서 그 이미지를 광학현미경으로 관찰하는 기법

모델 생물체(model organism) 널리 연구되고, 조작이 쉽고, 잘 특성화된 생물체로, 다양한 실험 연구에 특별한 이점을 가지고 있다. 예를 들어 대장균, 효모, 초파리, 예쁜꼬마선충, 애기장대, 쥐를 포함한다.

모티프(motif) 작은 단편의 α-나선 또는 β-병풍이 다양한 길이의 고리 영역에 의해 연결된 단백질의 2차 구조

무경쟁적 억제자(noncompetitive inhibitor) 활성부위 이외의 부위에 결합하여 기질 결합 또는 촉매 활성을 감소시키는 화합물. 무경쟁적 억제자는 유리된 효소 또는 기질과 결합한 효소와 결합할 수 있다.

무산소호흡(혐기성 호흡)(anaerobic respiration) 최종 전자 수용체가 산소가 아닌 다른 분자인 세포호흡

무성생식(asexual reproduction) 새로운 자손에게 단지 한 어버이만이 유전정보를 제공하는 생식의 한 형태

문지기 유전자(gatekeeper gene) 세포 증식 억제에 직접적으로 관여하는 종양 억제유전자. 이와 같은 유전자의 기능상실 돌연변이는 과다한 세포 증식과 종양 형성으로 이어질 수 있다.

미분화의(악성의)(anaplastic) 빈약하게 분화되어서 모양이 비정상적인 것

미세부수체 DNA(microsatellite DNA) 짧은 직렬반복(STR) 참조

미세섬유(microfilament, MF) 직경이 약 7 nm인 액틴 중합체. 세포골격의 필수 구성 요소이며, 진핵세포의 지지, 모양, 운동성에 기여한다.

미세섬유소(microfibril) 수소결합에 의해 수십 개의 셀룰로스 분자가 측면으로 결합된 집합체. 식물과 균류의 세포벽의 구조적 요소로 작용한다.

미세소관(microtubule, MT) 직경 약 25 nm인 튜불린 단백질의 중합체. 세포골격의 필수적 구성 요소이며, 진핵세포의 지지, 모양, 운동성에 기여한다. 진핵세포의 섬모와 편모에서도 발견된다.

미세소관 결합단백질(microtubule-associated protein, MAP) 미세소관에 결합하는 다양한 보조 단백질로, 미세소관의 조립, 구조, 기능을 조정한다.

미세소관 형성중심(microtubule-organizing center, MTOC) 미세소관의 조립을 시작하는 중심이며, 주요한 예로 중심체가 있다.

미세융모(microvillus, 복수형은 microvilli) 세포 표면에서 손가락처럼 돌출되어 막의 표면적을 증가시킨다. 장의 내면과 같이 흡수 작용을 하는 세포에서 중요하다.

미세자가소화(작용)(microautophagy) 라이소솜이 세포기질의 단백질을 섭취하여 분해하는 과정

미소부수체 DNA(minisatellite DNA) 염색체 DNA의 반복 영역으로, 약 10~100 bp의 직렬반복 단위로 구성된 총길이 10^2~10^5 bp로 이루어져 있다.

미엘린초(myelin sheath) 축삭을 감싼 여러 겹의 막으로, 전기적 절연체로 작용하여 신경자극의 빠른 전달이 가능하게 한다.

미카엘리스 상수(Michaelis constant, K_m) 효소촉매 반응이 최대 속도의 절반으로 진행될 때의 기질 농도

미카엘리스-멘텐 방정식(Michaelis-Menten equation) 효소촉매 반응에서 반응 속도와 기질 농도 사이의 관계를 설명하는 데 널리 사용되는 방정식. $V = V_{max}[S]/(K_m + [S])$

미토콘드리아(mitochondria, 단수형은 mitochondrion) 진핵세포에서 2중막으로 싸인 세포소기관으로, 산소호흡 장소이며 ATP를 생산한다.

미토콘드리아 내막 전위효소(translocase of the inner mitochondrial membrane, TIM) 미토콘드리아 내부로 특정한 폴리펩타이드를 수송하는 데 관여하는 운반복합체

미토콘드리아 외막 전위효소(translocase of the outer mitochondrial membrane, TOM) 미토콘드리아 내부로 특정한 폴리펩타이드를 수송하는 데 관여하는 운반복합체

밀도 기울기 원심분리(법)(속도-띠 원심분리)(density gradient centrifugation, rate-zonal centrifugation) 시료를 용질 기울기의 꼭대기에 얇은 층으로 올려놓고, 입자들이 원심분리관의 바닥에 도달하기 전에 원심분리를 중단함으로써 세포소기관과 분자들을 주로 크기의 차이에 따라서 분리한다.

밀도 의존적 생장억제(density-dependent inhibition of growth) 배양액에서 자라는 세포가 높은 밀도에 도달하면 세포분열을 중단하는 것

밀착연접(tight junction) 인접한 동물 세포의 원형질막을 단단히 봉인하는 세포연접이며, 상피세포층의 한 면으로부터 다른 면으로 분자들이 연접된 세포들 사이의 틈새를 통해 확산하는 것을 방지한다.

ㅂ

바이러스(virus) 단백질 외피와 DNA 또는 RNA로 구성된 기생체로, 독립해서 생존하지 못한다. 숙주세포에 침입하여 더 많은 바이러스를 생산하도록 숙주세포의 합성 기구를 활용한다.

바이로이드(viroid) 아무런 단백질을 암호화하지는 않더라도 숙주세포를 감염시켜 복제되는 작은 환상의 RNA 분자

박층 크로마토그래피(thin-layer chromatography, TLC) 유리 또는 금속 표면에 얇은 층으로 결합시킨 규산과 같은 매체에서 크로마토그래피에 의해 화합물을 분리하는 과정

박테리아(세균)(bacteria, 단수형은 bacterium) 원핵생물의 2역 중 하나로, 다른 하나는 고세균역이다. 흔히 보는 일반적으로 세균으로 불리는

핵이 없는 단세포 생물 대부분을 포함한다. 고세균 참조

박테리아 염색체(bacterial chromosome) 박테리아 세포의 주요 유전체로, 단백질과 결합되어 있다.

박테리아 인공염색체(bacterial artificial chromosome, BAC) 큰 DNA 단편의 클로닝에 유용한, F인자 플라스미드에서 유래한 박테리아의 클로닝 벡터

박테리오로돕신(bacteriorhodopsin) 로돕신과 복합체를 이룬 막관통 단백질이며, 광의존 전기화학 양성자 기울기를 만들수 있도록 박테리아 세포막을 가로질러 양성자를 운반할 수 있다.

박테리오파지(파지)(bacteriophage, phage) 박테리아를 감염시키는 바이러스

박편제작기(microtome) 포매한 생물 시료를 광학현미경으로 관찰하기 위해 얇은 박편으로 자르는 기구

반데르발스 상호작용(van der Waals interaction) 각 원자에 일시적인 비대칭적 전하 분포에 의해 생기는 인력으로, 두 원자 사이의 약한 상호작용

반독립적 세포소기관(semiautonomous organelle) 자체적으로 DNA 뿐만 아니라 mRNA, tRNA, 리보솜을 가지고 있어서 스스로 분열할 수 있는 세포소기관. 예로는 미토콘드리아 또는 엽록체가 있다.

반보전적 복제(semiconservative replication) 새로 합성된 DNA 분자에서 한 가닥은 오래된 가닥, 그리고 다른 하나는 새로 합성된 가닥으로 구성되어 있다는 DNA 복제 방식

반복 DNA(repeated DNA) 한 생물의 유전체 내에 여러 개의 사본으로 존재하는 DNA 서열

반수체(haploid) 한 벌의 염색체, 즉 단일 사본의 유전체를 가진 것들로 구성된 세포, 핵, 생물체를 의미할 수 있다.

반수체 포자(haploid spore) 세대교번을 보이는 생물에서 감수분열로 인한 반수체 산물. 포자가 발아하면 반수체 생물이 생겨난다(고등식물에서는 배우체).

반수체형(haplotype) 동일 염색체상에 서로 인접하여 자리하는 SNP(단일염기다형성) 집단으로, 하나의 단위로 유전되는 경향을 보인다.

반응요소(response element) 물리적으로 분리된 유전자들에 인접한 DNA 염기서열로, 어디에 있건 이 반응요소에 조절성 전사인자가 결합하면 이들 유전자의 발현이 조절될 수 있다.

반응 중심(reaction center) 다른 엽록소 분자와 보조 색소에 의해 모아진 에너지를 사용하여 전자전달을 개시하는, 2개의 엽록소 분자를 가진 광계의 한 부분

발암물질(carcinogen) 암을 일으키는 모든 물질

발열(exothermic) 열을 방출하는 반응 또는 과정

발효(fermentation) 산소-비의존적(무산소) 경로에 의한 탄수화물의 부분적 산화로, 흔히(반드시 그렇지는 않다) 에탄올과 이산화탄소 또는 젖산을 생산하게 된다.

밧줄 단백질(tethering protein) 표적막에 소낭을 인지하여 결합시키는 꼬인 나선 단백질 또는 다중 소단위체 단백질 복합체

방사선자동사진법(autoradiography) 시료 위에 사진 필름을 덮어서 방사성 분자의 위치를 탐지하는 과정으로, 방사성에 노출되면 필름이 검게 된다.

방사 스포크(radial spoke) 진핵 섬모 또는 편모의 축사에 있는 9개의 외부 2중세관 각각으로부터 중심쌍의 미세소관을 향하는 내부 돌출부로, 2중세관의 활주를 축사의 힘으로 전환하는 중요한 역할을 한다.

방추사부착점(kinetochore) 염색체의 동원체 부위에 위치한 다중단백질 복합체로, 체세포분열 또는 감수분열 동안 방추사 미세소관에 대한 부착점을 제공한다.

방추사부착점 미세소관(kinetochore microtubule) 염색체의 방추사부착점에 부착하는 방추사(미세소관)

방추사 조립 확인점(spindle assembly checkpoint) 만약 방추사가 염색체에 적합하게 부착되지 않은 경우 중기와 후기 사이에서 염색체 분리가 일어나지 않게 멈추는 메커니즘

방출인자(release factor) 리보솜의 P 자리에 결합된 펩티딜 tRNA로부터 완성된 폴리펩타이드 사슬의 방출을 촉발하여 번역을 끝내는 단백질

방향성(directionality) 화학적으로 서로 다른 두 말단을 지닌 것. 단백질, 핵산 또는 탄수화물 같은 중합체를 설명하는 데 사용된다. 또한 선택적으로 용질을 한 방향으로 막을 가로질러 수송하는 막수송계 설명에도 사용된다.

배아줄기세포(ES 세포)(embryonic stem cell, ES cell) 포유류의 배반포에서 안세포 덩어리를 분리하여 배양한 세포로, 무한정 분열하고 여러 유형의 세포로 분화할 수 있다.

배우자 형성(과정)(gametogenesis) 배우자를 생산하는 과정

배우자(gamete) 각각의 부모에 의해 생산된 반수체 세포로, 서로 융합하여 2배체의 자손을 형성한다(예: 정자 또는 난자).

배우체(gametophyte) 반수체와 2배체형을 교번하는 생물의 생활사에서 반수체 세대. 배우자를 생산한다.

백혈병(leukemia) 조직에서 고체 덩어리로 자라기보다는 주로 혈액에서 증식하는 암세포로, 혈액 또는 림프 기원의 암

버킷림프종(Burkitt lymphoma) 엡스타인-바 바이러스에 의한 감염과 더불어 *MYC* 유전자가 염색체 8번에서 14번으로 전좌함으로써 그 유전자가 활성 상태로 되어 나타나는 림프구 암

번역(translation) 리보솜에서 일어나는 단백질 합성 과정으로, mRNA 분자의 염기서열이 폴리펩타이드 사슬의 아미노산 순서를 정한다.

번역동시 수입(cotranslational import) 폴리펩타이드 합성이 진행되는 동시에 성장하는 폴리펩타이드 사슬을 소포체 막을 가로질러(또는 내재 막단백질은 막으로) 운반하는 것

번역 억제인자(translational repressor) 특정한 mRNA의 번역을 선택적으로 억제하는 조절단백질

번역 조절(translational control) mRNA 분자가 폴리펩타이드 산물로 번역되는 속도를 조절하는 메커니즘. 여기에는 개시인자에 의한 번역 속도 조절, 번역 억제인자, 마이크로 RNA에 의한 특정 mRNA의 선택적 억제, mRNA의 분해 조절이 포함된다.

번역후 변형(posttranslational modification) 이미 합성된 폴리펩타이드의 변형. 글리코실화, 인산화, 유비퀴틴화와 같은 공유결합의 변형과 단백질 분해 절단 및 접힘이 포함된다.

번역후 수입(posttranslational import) 합성된 후에 완성된 폴리펩타이드 사슬이 세포소기관으로 이동하는 것으로, 폴리펩타이드 내의 특정한 표적 신호에 의해 매개된다.

번역후 조절(posttranslational control) 이미 합성된 폴리펩타이드에 선택적인 변형이 가해지는 유전자 조절의 메커니즘. 공유결합 변형, 단백질 절단, 단백질 접힘과 조립, 세포소기관 안으로 유입, 단백질 분해가 포함된다.

베타병풍(β-병풍)(beta sheet, β sheet) 펼쳐진 병풍과 같은 단백질의 2차 구조로, 인접한 폴리펩타이드가 아미노기와 카보닐기 사이의 수소결합에 의해 연결되어 있다.

베타산화(β 산화)(beta oxidation, β oxidation) 매번 아세틸 CoA가 방출되면서 지방산 사슬의 탄소가 2개씩 짧아지는 지방산 산화경로

베타튜불린(β-튜불린)(beta tubulin, β-tubulin) 미세소관의 구성 요소인 이형2량체를 형성하기 위해 α-튜불린과 결합하는 단백질

변성(denaturation) 고분자의 자연적인 3차 구조를 잃게 되는 것으로, 일반적으로 그 생물학적 활성을 잃게 된다. 열, 극단적 pH, 요소, 염분, 기타 화학물질 같은 것이 원인이다. DNA 변성 참조

병풍(β-병풍)(sheet, β sheet) 베타 병풍 참조

보결분자단(prosthetic group) 효소의 촉매작용에서 필요불가결한 역할을 하는, 효소의 구성 요소인 작은 유기분자 또는 금속 이온

보수 전이(conservative transposition) 원래 위치에서 빠져나와 새로운 위치에 삽입되는, 이동 가

능한 전이인자

보조색소(accessory pigment) 엽록소에 의해 흡수되지 않는 파장의 빛을 흡수함으로써 광합성 조직에 향상된 광수렴 특성을 부여하는, 카로티노이드와 파이코빌린과 같은 분자. 보조 색소는 특이적인 흡수 특성에 따라서 식물 조직에 특수한 색깔을 부여한다.

보조억제인자(corepressor) 박테리아 오페론의 전사를 방지하기 위해 억제인자와 함께 작용하는 효과인자 분자

보조 자가조립(assisted self-assembly) 구조가 파괴된 단백질이 올바르게 조립될 수 있도록 적절한 분자 샤페론이 관여하는 조립 과정

보조활성인자(coactivator) 활성인자와 그들이 조절하는 유전자 간의 상호작용을 매개하는 단백질 집단. HAT와 같은 히스톤 변형효소, SWI/SNP, 매개인자와 같은 염색질 재구성 단백질을 포함한다.

복사기(diplotene) 감수분열 전기 I의 한 단계로, 2개의 상동염색체가 서로 나누어지기 시작한다. 염색체를 연결하는 교차점이 보인다.

복원(renaturation) 단백질이 변성 상태로부터 아미노산 서열에 의해 결정된 원래의 입체 구조로 되돌아오는 것. 일반적으로 생리적 기능의 회복을 수반한다. DNA 복원 참조

복제단위(replicon) 단일 복제원점으로부터 복제된 DNA의 총길이

복제분기(점)(replication fork) DNA 2중나선의 복제가 일어나고 있는 장소를 나타내는 Y 모양의 구조

복제 수 변이(copy number variation, CNV) 같은 종의 개체들 사이에서 발생한 DNA 단편의 복제된 수의 변이를 말하는데, 길이가 수천 뉴클레오타이드에 달한다.

복제원점(origin of replication) DNA 분자에서 복제가 시작되는 특정 염기서열

복제전 복합체(pre-replication complex) 진핵세포 DNA에 결합하여 복제가 일어나게 하는 단백질 집단. 복제원점 인식복합체, MCM 복합체, DNA 헬리케이스(풀기효소) 적재기를 포함한다.

복제 전이(replicative transposition) 전이인자를 복제한 다음, 이 복사본을 새 위치에 삽입(전이)하는 것

복합 전이인자(composite transposon) 박테리아에서 2개의 삽입서열(IS) 요소 사이에 위치한 여러 유전자를 가진 이동성 전이인자

복합체 I(NADH-조효소 Q 산화환원효소)(complex I, NADH-coenzyme Q oxidoreductase) NADH로부터 조효소 Q로 전자의 전달을 촉매하는 전자전달계의 다중단백질 복합체

복합체 II(석신산-조효소 Q 산화환원효소)(complex II, succinate-coenzyme Q oxidoreductase) 석신산으로부터 조효소 Q로 전자 운반을 촉매하는 전자전달계의 다중단백질 복합체

복합체 III(조효소 Q-사이토크롬 *c* 산화환원효소)(complex III, coenzyme Q-cytochrome *c* oxidoreductase) 조효소 Q에서 사이토크롬으로 전자 운반을 촉매하는 전자전달계의 다중단백질 복합체

복합체 IV(사이토크롬 *c* 산화효소)(complex IV, cytochrome *c* oxidase) 사이토크롬 c에서 산소로 전자전달을 촉매하는 전자전달계의 다중단백질 복합체

복합현미경(compound microscope) 몇 개의 렌즈를 조합하여 사용하는 광학현미경. 일반적으로 집광렌즈, 대물렌즈, 접안렌즈를 가지고 있다.

부수체 DNA(satellite DNA) 고도로 직렬 반복적인 DNA로, 원래 원심분리에 의해 DNA를 분리하는 동안 동떨어진 '위성' 띠로 나타나기 때문에 명명되었다.

부유밀도 원심분리법(buoyant density centrifugation) 평형밀도 원심분리법 참조

부정합수선(mismatch repair) 부적절하게 수소 결합을 이룬 염기쌍을 탐지하여 교정하는 DNA 수선 메커니즘

부착 비의존적 생장(anchorage-independent growth) 암세포에 의해 나타나는 형질로, 세포가 고체 표면에 부착했을 때 생장하는 것뿐 아니라 액체 또는 반고체 배지에 자유롭게 떠 있을 때도 생장한다.

부착연접(고착연접)(adhesive junction, anchoring junction) 한 세포의 세포골격을 인접한 세포의 세포골격 또는 세포외기질에 연결하는 세포 연접의 한 종류. 예로는 데스모솜, 헤미데스모솜, 접착연접이 포함된다.

부착 의존적 생장(anchorage-dependent growth) 세포들이 생장과 분열을 하기 전에 세포외기질과 같은 고체 표면에 세포가 부착해야만 하는 필요조건

분광광도계(spectrophotometer) 전자기 스펙트럼의 여러 부분에서 빛의 강도를 측정하는 도구

분리의 법칙(law of segregation) 각 유전자의 대립유전자는 배우자 형성에서 서로 분리된다는 법칙

분비경로(secretory pathway) 새로 합성된 단백질이 소포체로부터 골지체를 경유하여 분비소포와 분비과립으로 이동하는 경로로, 그다음 단계에서 내용물을 세포의 밖으로 내보낸다.

분비과립(secretory granule) 크고 조밀한 분비소포

분비소포(secretory vesicle) 골지체로부터 분비단백질을 원형질막으로 운반하는 진핵세포의 막으로 싸인 구획으로, 이 단백질들을 세포외배출작용으로 방출하기 전에 저장소의 역할을 하기도 한다. 크고 조밀한 소포는 '분비과립'이라고도 한다.

분자모방(molecular mimicry) 2개의 고분자 사이에서 높은 구조적 유사성이 존재하는 것

분자생물학의 중심 원리(central dogma of molecular biology) 원래 크릭(Francis Crick)이 만든 용어로, 유전정보의 기본적이고 전형적인 흐름은 DNA에서 전사를 통해 RNA로 이동한 다음 번역을 통해 단백질로 이동한다는 아이디어

분자 샤페론(molecular chaperone) 다른 단백질의 접힘을 촉진하는 단백질이지만, 접힘이 끝난 후에는 분리된다.

분자 약물 표적화(molecular targeting) 암세포에게 치명적인 특이적 분자를 표적으로 설계된 약물의 개발

분해능(해상력)(resolving power) 인접한 물체를 분리된 실체로 구분하는 현미경의 능력

분화(differentiation) 세포분화 참조

불포화지방산(unsaturated fatty acid) 하나 또는 그 이상의 2중 결합을 가진 지방산 분자

비가역적 억제제(irreversible inhibitor) 효소에 공유결합을 하는 분자로, 효소의 촉매 기능을 비가역적으로 잃게 한다.

비경쟁적 억제제(uncompetitive inhibitor) 활성 부위 이외의 효소 부위에 결합하여 효소 활성을 감소시켜 기질 결합 또는 촉매 활성을 감소시키는 화합물. 비경쟁적 억제제는 효소가 기질에 결합할 때만 효소에 결합할 수 있다.

비공유결합과 상호작용(noncovalent bond and interaction) 전자를 공유하지 않은 결합. 그 예로 이온결합, 수소결합, 반데르발스 상호작용, 소수성 상호작용이 있다.

비대칭 탄소 원자(asymmetric carbon atom) 4개의 서로 다른 치환기를 지닌 탄소 원자. 한 유기 분자에서 각각의 비대칭성 탄소 원자에 대해 2개의 다른 입체이성질체가 가능하다.

비반복 DNA(nonrepeated DNA) 한 생물체의 유전체에 단일 사본으로 존재하는 DNA 서열

비복합 전이인자(noncomposite transposon) 세균에서 삽입서열(IS)을 가지고 있지 않으며, 2개의 단순 역반복서열 사이에 여러 유전자를 가진, 전이 가능한 전이인자

비분리(현상)(nondisjunction) 감수분열의 후기 I 동안 상동염색체 쌍이 분리하는데 실패하여, 염색체 쌍이 두 딸세포 중 1개로 모두 들어간다.

비상동말단결합(nonhomologous end-joining, NHEJ) 2중가닥 DNA 절단을 복구하는 메커니즘으로, 절단된 DNA의 양 끝에 결합하는 단백질을 사용하여 말단을 마주 연결시킨다.

비수용체 단백질 인산화효소(nonreceptor protein kinase) 세포 표면 수용체의 세포질쪽에 있는 효소가 아닌, 모든 단백질 인산화효소

비순환적 전자 흐름(noncyclic electron flow) 광합성의 에너지 전환 반응에서 물에서부터 NADP⁺로 연속적인, 한 방향성의 전자 흐름

비열(specifie heat) 물질 1 g의 온도를 1°C만큼 높이는 데 요구되는 열의 양

비자율적 전이인자(nonautonomous tranposable element) 전이효소를 가지고 있지 않아서 자체적으로 전이할 수 없는 전이인자

비종결분해(nonstop decay) 종결코돈이 없는 mRNA를 파괴하는 메커니즘

빠른 축삭 수송(fast axonal transport) 신경세포의 축삭을 따라 소낭과 세포소기관이 미세소관을 통해 앞뒤로 수송되는 것

ㅅ

사상위족(filopodium, 복수형은 flopodia) 진핵세포가 이동하는 동안 세포의 표면으로부터 일시적으로 돌출된 얇고 뾰족한 세포기질

사이클린 의존성 인산화효소(cyclin-dependent kinase, Cdk) 서로 다른 사이클린에 의해 활성화되는 몇몇 단백질 인산화효소 중의 하나로, 다양한 표적 단백질을 인산화함으로써 진핵세포주기의 진행을 조절한다.

사이클린(cyclin) 진핵세포에서 세포주기의 진행을 조절하는 데 관여하는 사이클린 의존성 인산화효소(Cdk)를 활성화하는 단백질 집단

사이토신(cytosine, C) 질소 함유 방향족 염기로, 화학적으로 피리미딘으로 명명되며, 다른 서열과 더불어 정보 단위체로 작용한다. 수소결합에 의해 구아닌(G)과 상보적 염기쌍을 형성한다.

사이토칼라신(cytochalasin) 곰팡이에서 생산되는 일군의 약물로, 액틴 중합을 방지함으로써 여러 가지의 세포 운동을 억제한다.

사이토크롬 b_6/f 복합체(cytochrome b_6/f complex) 광합성의 에너지 전달반응의 한 부분으로, 플라스토퀴놀로부터 플라스토시아닌으로 전자를 전달하는 틸라코이드막의 다중단백질 복합체

사이토크롬(cytochrome) 전자전달계의 헴을 함유하는 단백질 집단. 헴기의 중앙 철 원자의 산화 환원에 의해 조효소 Q로부터 산소로 전자를 운반하는 데 관여한다.

사이토크롬 c(cytochrome c) 전자전달계의 헴함유 단백질로, 미토콘드리아로부터 방출되면 세포자멸을 촉진하는 작용을 한다.

사이토크롬 c 산화효소(cytochrome c oxidase) 복합체 IV 참조

사이토크롬 P-450(cytochrome P-450) 헴 함유단백질군으로 주로 간에 위치하며, 약물 독소 제거와 스테로이드 생합성에 관여하는 수산화 반응을 촉매한다.

사일런서(silencer) 전사를 억제하는 전사인자가 결합하는 DNA 서열로, 프로모터로부터의 거리와 방향에 상관없이 전사를 조절할 수 있다.

산소방출 복합체(oxygen-evolving complex, OEC) 물을 산소로 산화하는 것을 촉매하는 광계 I에 포함된 망간 이온과 단백질의 집합

산소비생성 광영양생물(anoxygenie phototroph) 광합성의 전자전달계에서 전자 공여체로 물이 아닌 다른 산화성 물질을 사용하는 광합성 생물

산소생성 광영양생물(oxygenic phototroph) 광합성에서 물을 전자 공여자로 사용하여 산소를 방출하는 생물

산소호흡(호기성 호흡)(aerobic respiration) 세포가 산소를 최종적인 전자 수용체로 사용하면서 포도당을 이산화탄소와 물로 산화시키는 발열과정으로, 방출된 에너지의 상당 부분이 ATP로 보전된다.

산재반복 DNA(interspersed repeated DNA) 반복 DNA 서열에 대한 복수의 사본이 유전체 여러 곳에 분산된 것

산화(oxidation) 전자를 제거하는 화학반응. 유기분자의 산화는 흔히 전자와 수소 이온(양성자)의 제거가 동시에 일어나므로 탈수소화 반응이라고도 한다. 베타 산화 참조

산화적 인산화(반응)(oxidative phosphorylation) 환원된 조효소의 자유에너지 감소성 산화와 연결하여 ADP와 무기 인산으로부터 ATP를 형성하는 것. 환원된 조효소는 ADP를 인산화하기 위해 산소에 의해 산화되는데, 이 과정에서 전기화학 양성자 기울기를 만든다.

산화환원 쌍(redox pair) 전자의 소실 또는 획득에 의해 상호 교환되는 두 분자 또는 이온. 산화환원 짝이라고도 한다.

삼투(osmosis) 막 양쪽의 용질 농도의 차이에 의해 유발되는 반투과성막을 통한 물의 이동

삼투농도(osmolarity) 막의 다른 쪽에 대해 상대적인 한쪽의 용질 농도. 막을 가로지르는 물의 삼투 이동을 하게 한다.

삽입 돌연변이유발(insertional mutagenesis) 주로 바이러스 같은 공급원으로부터 유래한 DNA가 유전체 내로 삽입됨으로써 유전자의 구조 또는 활성이 변한 것

상관현미경법(correlative microscopy) 미세구조와 관련된 형광 신호를 고해상도로 관찰할 수 있게 해주는 광학 및 전자 기반 복합 현미경법으로, 흔히 면역전자현미경법에 사용된다.

상대적 불응기(relative refractory period) 활동전위의 과분극 동안에 신경세포의 소듐 통로가 다시 열릴 수 있게 될 때까지의 시간. 그러나 Na⁺ 유입보다 K⁺ 유출이 더 크기에 활동전위의 촉발이 어렵다.

상동염색체(homologous chromosome) 각 부모로부터 물려받은 동일한 염색체로, 이들은 감수분열 동안 서로 짝을 지으며 유전정보를 교환한다.

상동재조합(homologous recombination) 광범위한 서열 유사성을 보이는 2개의 DNA 분자 사이에 유전정보의 교환으로, 2중가닥 DNA 절단을 수선하는 데도 사용된다.

상보성(complementary) 핵산에서 구아닌(G)이 사이토신(C)과 수소결합 염기쌍을 이루며, 아데닌(A)이 타이민(T) 또는 유라실(U)과 수소결합 염기쌍을 이루는 능력

상보 DNA(complementary DNA, cDNA) 역전사효소에 의해 mRNA 주형으로부터 복사된 DNA 분자

상부(upstream) DNA 암호가닥의 5′ 말단 쪽에 위치한 것

상부활성서열(upstream activating sequence, UAS) 효모에서 핵심 프로모터와 구별되는 DNA 요소로, 조절 전사인자 Gal4와 결합하면 근처에 있는 유전자의 전사를 활성화한다.

상전이(phase transition) 막의 상태가 액체 상태와 젤 상태 사이에서 변하는 것

상층액(supernatant) 원심분리 동안 일정한 크기와 밀도를 갖는 입자들은 침전물로 제거되고 용액에 남은 물질

상태(state) 온도, 압력, 부피와 같은 다양한 특징에 의해 정의된 한 시스템의 조건

상피암(종)(carcinoma) 신체의 내외부를 덮는 상피세포로부터 생긴 악성종양

색소(pigment) 빛을 흡수하는 분자로, 물질의 색을 나타낸다.

색소건피증(xeroderma pigmentosum) DNA 절제수선 또는 DNA 손상통과합성 메커니즘의 결함으로 인해 생긴 암(주로 피부암). 유전적 요인으로 생길 가능성이 높다.

색소단백질체(phycobilisome) 엽록소나 카로티노이드보다는 파이코빌린을 가진 홍조류와 남세균에서 발견되는 광수확 복합체

색소체(plastid) 전색소체에서 유래한 식물 세포질의 세포소기관. 엽록체, 녹말체(아밀로플라스트), 유색체, 단백질체, 엘라이오플라스트를 포함한다.

생물발광(bioluminescence) ATP와 특정한 발광화합물의 반응으로, 생물에 의해 생산되는 빛

생물에너지학(bioenergetics) 생물학 세계의 반응과 과정에서 열역학 법칙의 적용을 다루는 과학의 한 분야

생물정보학(bioinformatics) 유전체와 단백질체에 대한 서열 분석과 발현 연구를 통해 생성된 방대한 데이터를 분석하는 데 컴퓨터를 사용하는 것

생물화학(biological chemistry) 생물 시스템에 대한 화학적 연구. 줄여서 '생화학'이라 한다.

생장인자(growth factor) 특정한 종류의 표적세포에서 세포분열을 촉진하는 세포 외부의 신호단백질. 예로서 혈소판 유래 생장인자(PDGF), 표피 생장인자(EGF)가 있다.

생존인자(survival factor) 세포자멸을 방지하는 분비물질

생합성(biosynthesis) 세포 내 일련의 화학반응을 통한 새로운 분자의 생성

생화학(biochemistry) 생물 시스템의 화학적 연구. 생물화학과 동일하다.

샤가프 법칙(Chargaff's rule) 샤가프(Erwin Chargaff)에 의해 이루어진 분석으로, DNA에서 아데닌의 수는 타이민의 수와 동일하고(A = T), 구아닌의 수는 사이토신의 수와 일치한다(G = C).

샤페론(chaperone) 분자 샤페론 참조

서던(DNA) 흡입법(Southern blotting) 전기영동에 의해 분리된 DNA 단편들을 특별한 종류의 흡입 종이(나이트로셀룰로스 또는 나일론)로 옮긴 다음 방사성 DNA 탐침과 혼성화하는 기술

석신산-조효소 Q 산화환원효소(succinate-coenzyme Q oxidoreductase) 복합체 II 참조

선도가닥(leading strand) DNA의 복제에서 5′ → 3′ 방향으로 연속적으로 성장하는 DNA 가닥. 지체가닥 참조

선모(pilus) 성선모 참조

선별 표지자(selectable marker) 특정한 조건에서 발현하여 세포의 생장을 허용하는 유전자로, 이 유전자가 없는 세포는 세포의 생장이 억제된다.

선택적 스플라이싱(alternative splicing) 다양한 인트론 엑손 조합을 사용하여 mRNA 전구체로부터 엑손의 조합이 다른 mRNA를 생산하는 것으로, 이로 인해서 동일한 유전자로부터 하나 이상의 폴리펩타이드의 생산이 가능하게 된다.

섬모(cilium, 복수형은 cilia) 진핵세포의 표면에 막으로 싸인 부속물로, 미세소관의 특수한 배열로 구성되어 있으며, 세포의 운동성에 관여한다. 밀접한 관계에 있는 편모라는 소기관보다 짧으며 숫자는 매우 많다. 편모 참조

섬유성 단백질(fibrous protein) 고도로 정렬된 반복적 구조를 제공하는, 광범위한 α-나선 또는 β-병풍 구조를 가진 단백질

섬유아세포 생장인자(fibroblast growth factor, FGF) 성체와 배아 발생 모두에서 섬유아세포 및 다양한 다른 종류의 세포 생장과 세포분열을 촉진하는 몇몇 관련된 신호단백질

성상체 미세소관(astral microtubule) 성상체를 형성하는 미세소관으로, 방추극에서 미세소관이 모든 방향으로 조밀하게 뻗어나가서 별 모양을 만든다.

성선모(sex pilus, 복수형은 pili) 박테리아 공여세포의 표면으로부터 나와 수용세포의 표면에 결합하는 돌출물. 일시적인 세포질의 교배 다리를 형성하는 데 관여하며, 박테리아의 접합이 이루어지는 동안 이를 통해서 공여자의 DNA가 수용자의 세포로 운반된다.

성숙촉진인자(maturation-promoting factor, MPF) 유사분열 촉진인자(MPF) 참조

성염색체(sex chromosome) 한 개인이 남성 또는 여성인지를 결정하는 데 관여하는 염색체

성염색체 이수성(aneuploidy of sex chromosome) 생식세포 형성 과정에서 성염색체의 비분리가 일어나 성염색체의 수에 이상이 생기는 현상

세균엽록소(bacteriochlorophyll) 박테리아에서 발견되는 엽록소로, 물이 아닌 다른 공여체로부터 전자를 추출할 수 있다.

세대교번(alternation of generation) 한 생물의 생활주기에서 교대로 반수체와 2배체 다세포 형태가 생겨나는 것

세레브로사이드(cerebroside) 아미노 알코올 스핑고신을 가진, 전하를 띠지 않는 당지질

세린/트레오닌 인산화효소 수용체(serine-threonine kinase receptor) 활성화되면 표적 단백질 분자의 세린과 트레오닌 잔기에서 인산화반응을 촉매하는 수용체

세사기(leptotene) 감수분열 전기 I의 첫 단계로, 염색사가 응축하여 염색체를 만드는 과정

세큐린(securin) 자매염색분체를 함께 잡고 있는 코헤신(cohesin)을 분해하는 효소인 세퍼레이스(separase)를 억제함으로써 자매염색분체의 분리를 방지하는 단백질

세퍼레이스(separase) 자매염색분체를 함께 붙잡고 있는 코헤신을 분해함으로써 후기를 개시할 수 있는 단백질 분해효소

세포(cell) 생물의 기본적 구조 및 기능적 단위. 생명의 특징인 주요 기능을 수행할 수 있는 최소한의 구조

세포 간 수송(paracellular transport) 이온이 세포를 통과하지 않고 세포들 사이를 통해 이동하는 일종의 세포 수송

세포골격(cytoskeleton) 미세소관, 미세섬유, 중간섬유가 상호 연결된 3차원적 네트워크로, 진핵세포의 세포질에 구조를 제공하고 세포 운동에서 중요한 역할을 한다.

세포기질(cytosol) 반유동성 물질로, 그 안에 세포질의 세포소기관들이 떠있다.

세포기질 미세소관(cytosolic microtubule) 세포기질에 존재하는 미세소관으로, 다소 느슨하게 조직화되어 있고 다양한 세포 기능에 관여한다.

세포내 공생설(endosymbiont theory) 미토콘드리아와 엽록체가 약 10억 년 전에 조상 진핵세포에 의해 섭취된 고대의 세균에서 유래했다고 가정하는 학설

세포내막(intracellular membrane) 원형질막의 내부에 있는 모든 세포막. 진핵세포 내에서 구획 짓는 기능을 담당한다.

세포내막계(endomembrane system) 진핵세포에서 세포질 막들의 상호 연결 시스템으로, 소포체, 골지체, 엔도솜, 라이소솜, 핵막으로 구성되어 있다.

세포내섭취(endocytosis) 원형질막이 안으로 접혀서 세포 외부 물질을 섭취하는 것으로, 막으로 싸인 소낭이 세포외액과 물질을 함유한 상태로 떨어져 나온다.

세포막(cell membrane) 원형질막 참조

세포벽(cell wall) 박테리아, 조류, 곰팡이 및 식물 세포의 외부에 비활동성 물질로 구성된 견고한 구조물. 식물의 세포벽은 비세포성 기질에 묻힌 셀룰로스 섬유로 구성되어 있다.

세포분쇄액(homogenate) 분쇄, 초음파 진동 또는 삼투 자극 같은 기술을 사용하여 세포 또는 조직을 파괴함으로써 생성된 세포소기관, 더 작은 세포 요소 및 고분자의 현탁액

세포분열(cell division) 1개의 세포가 2개의 세포를 만드는 과정

세포분화(cell differentiation) 세포가 특수화된 성질을 획득하는 과정으로, 이로 인해 서로 다른 종류의 세포들이 구분된다.

세포 분획법(subcellular fractionation) 다양한 원심분리법을 사용하여 세포의 균질액으로부터 여러 세포소기관을 분리하는 기술

세포설(cell theory) 세포의 구성에 대한 학설로, 모든 생물은 하나 또는 그 이상의 세포로 구성되어 있으며, 세포는 모든 생물체의 구조적 단위이고, 모든 세포는 기존의 세포에서 생겨난다고 서술하고 있다.

세포-세포 연접(cell-cell junction) 부착, 밀폐, 소통의 목적으로 인접한 세포들의 원형질막 사이에 있는 특수한 연결

세포소기관(organelle) 특정한 기능을 수행하기 위해 특수화된 각각의 세포 내 구조물로, 진핵세포는 막으로 싸인 몇 종류의 세포소기관을 가지고 있다. 예로는 핵, 미토콘드리아, 소포체, 골지체, 퍼옥시솜, 기타 분비소낭, 그리고 식물 세포의 엽록체가 있다.

세포외기질(extracellular matrix, ECM) 동물 세포에 의해 분비된 물질로, 인접한 세포들 사이 공간을 채운다. 프로테오글리칸이라는 단백질-다당류 복합체로 구성된 기질에 파묻힌 구조단백질(예: 콜라겐, 엘라스틴)과 점착성 당단백질(예: 파이브로넥틴, 라미닌)의 혼합물로 구성되어 있다.

세포외배출(작용)(exocytosis) 소낭의 막과 원형질막의 융합으로 소낭의 내용물이 세포 외부 환경으로 방출되거나 분비되는 것

세포외소화(extracellular digestion) 세포 외부에

서 일어나는 분해작용. 일반적으로 세포외배출 작용으로 인해 세포로부터 방출된 라이소솜 효소에 의해 이루어진다.

세포자멸(apoptosis) 카스페이스(caspase)라는 일군의 단백질분해효소에 의해 매개되는 세포 죽음을 의미하며, 프로그램된 일련의 사건이 관여하여 세포 내부의 함유물을 분해한다.

세포주기(cell cycle) 세포분열을 준비하고 수행하는 데 관여하는 단계들로, 1개의 모세포 분열에 의해 만들어진 2개의 새로운 세포에서 시작되어 이 두 세포 중 하나가 다시 분열하여 2개의 세포가 되는 것으로 완성된다.

세포질(cytoplasm) 핵을 제외한 진핵세포의 내부. 미토콘드리아 및 세포내막계 구성 요소 등 세포소기관과 세포기질을 포함한다.

세포질 디네인(cytoplasmic dynein) ATP 가수분해 에너지에 의해 양성 말단에서 음성 말단 쪽으로 미세소관의 표면을 따라서 이동하는 세포질의 운동단백질. 세포질 디네인을 운송 소낭에 연결하는 디낵틴과 결합한다.

세포질 미세소관(cytoplasmic microtubule) 진핵세포의 세포질에 느슨하게 조직화되어 배열된 미세소관의 역동적 네트워크

세포질만입(cleavage) 동물 세포에서 세포질분열 과정으로, 원형질막 바로 밑의 액틴 미세섬유 띠가 세포의 중앙에서 수축하여 마침내 세포질이 둘로 나뉘는 것

세포질만입구(cleavage furrow) 동물 세포가 분열하는 동안 형성되는 홈으로, 세포를 둘러싸며 점차 깊어져서 세포질분열을 유도한다.

세포질분열(cytokinesis) 모세포의 세포질이 2개의 딸세포로 나누어진다. 대개 유사분열에 이어서 일어난다.

세포질 유동(cytoplasmic streaming) 액틴 필라멘트와 특수한 종류의 마이오신 사이의 상호작용으로 이루어지는 세포질의 운동. 식물 세포에서는 '세포질 환류'라고도 한다.

세포질연락사(plasmodesma, 복수형은 plasmo-desmata) 인접한 2개의 식물 세포의 세포벽에 있는 구멍을 통한 세포질 통로로, 원형질막의 융합으로 세포 간 화학적 소통을 허용한다.

세포질 환류(cyclosis) 세포질 유동 참조

세포체(cell body) 핵과 기타 세포소기관을 가지고 있는 신경세포의 한 부분이며, 축삭과 수상돌기가 이로부터 뻗어 나간다.

세포판(cell plate) 식물 세포벽 형성의 한 단계에서 나타나는 편평한 주머니로, 식물의 세포분열에서 2개 딸핵의 분리를 초래한다.

세포피질(cell cortex) 진핵세포의 원형질막 바로 아래에 있는 미세섬유 네트워크로, 세포의 모양과 구조를 안정화한다.

세포학(cytology) 주로 현미경 기술에 기반한 세포의 기능 연구

세포호흡(cellular respiration) 환원된 조효소에서부터 전자 수용체로 전자가 흐르는 산화 과정이며, 일반적으로 ATP 생성이 수반된다.

셀렉틴(selectin) 표적세포의 표면에 위치한 특정 탄수화물 집단에 의해 세포-세포 간 부착을 매개하는 원형질막의 당단백질

셀룰로스(cellulose) 식물의 세포벽에 존재하는 구조적 다당류로, 포도당 단위체가 반복적으로 $\beta(1 \rightarrow 4)$ 결합에 의해 연결되어 있다.

소낭-SNAP 수용체(vesicle-SNAP receptor) v-SNARE 참조

소듐/포타슘 펌프(sodium/potassium pump) Na^+/K^+ 펌프 참조

소수성(hydrophobic) 비극성기의 우세로 인해 물에 잘 녹지 않는 분자 또는 분자의 부위를 나타낸다.

소수성 계수(hydropathy index) 단백질에서 짧은 길이의 연속적인 아미노산이 가진 소수성 값의 평균치

소수성 상호작용(hydrophobic interaction) 소수성기가 물 분자와 상호작용하는 것을 배제하려는 경향성

소수성 좌표(hydropathy plot) 단백질 분자의 1차 서열 내에 소수성 아미노산 집단이 있는 부위를 나타내는 그래프. 내재 막단백질의 막관통 영역의 부위를 결정하는 데 사용된다.

소식성(microphagy) 소량의 세포기질이 소포체 막으로 둘러싸여 자가소화소포를 만드는 것으로, 그 내용물은 라이소솜 효소의 축적 또는 후기 엔도솜 소낭의 융합에 의해 소화된다.

소포체(endoplasmic reticulum, ER) 세포질에 분포하는 상호 연결된 막의 네트워크로, 진핵세포에서 단백질 합성, 가공, 수송에 관여한다.

소포체 내강(ER lumen) 막으로 싸인 소포체의 내부 공간

소포체 시스터나(ER cisterna, 복수형은 cisternae) 소포체의 편평한 주머니

소포체 신호서열(ER signal sequence) 새로 형성된 폴리펩타이드에 있는 아미노산 서열로, 리보솜-mRNA-폴리펩타이드 복합체를 거치면 소포체의 표면으로 가게 하여, 여기에서 복합체가 고정되게 한다.

소포체 연계분해(ER-associated degradation, ERAD) 소포체의 품질 조절 메커니즘으로, 잘못 접힌 또는 조립되지 않은 단백질을 인식하여 밖으로 내보내거나 소포체 막을 가로질러 세포기질로 되돌려 보내 단백질분해효소 복합체에서 분해되게 한다.

소형 간섭 RNA(short interfering RNA) siRNA 참조

소형 인 RNA(snoRNA) 소형 인 RNA의 집단. rRNA 전구체의 상보적 영역에 결합하며, 메틸화 부위 또는 절단할 부위를 표적으로 한다.

소형 핵 RNA(snRNA) snRNP를 형성하기 위해 특정한 단백질에 결합하는 소형 핵 RNA 분자로, snRNP는 다시 다른 snRNP와 결합하여 스플라이싱 복합체를 만든다.

속도-띠 원심분리(rate-zonal centrifugation) 밀도기울기 원심분리 참조

손상통과 합성(translesion synthesis) DNA 주형이 손상된 곳에서 그 영역을 통과하여 일어나는 DNA 복제

손상통과 합성효소(bypass polymerase) 일반적인 DNA 중합효소보다 DNA 주형가닥에 생긴 결함에 더 관대하게 작용하는 특수한 중합효소. 박테리아의 SOS 수선이나 진핵생물에서 DNA 손상 부위를 복제하는 데 사용된다.

수소결합(hydrogen bond) 음전기를 띤 원자 및 제2의 음전기를 띤 원자에 공유결합된 수소 원자 사이의 약한 인력 상호작용

수소화(반응)(hydrogenation) 유기분자에 전자와 수소 이온(양성자)이 첨가되는 것. 환원

수송소포(transport vesicle) 세포의 한 영역에 있는 막에서 돌출하여 다른 막에 가서 융합하는 소낭. 소포체로부터 골지체로, 골지 시스터나들 사이에서, 또는 골지체로부터 세포 내의 다양한 목적지로 가는 지질과 단백질을 운반하는 소낭으로, 분비소포, 엔도솜, 라이소솜이 포함된다.

수용체(receptor) 특정 신호 분자에 대한 결합부위를 가진 단백질

수용체 매개 세포내섭취(클라스린-의존 세포내섭취)(receptor-mediated endocytosis, clathrin-dependent endocytosis) 피막소공에서 시작되어 피막소포를 만드는 세포내섭취의 일종. 고분자와 펩타이드 호르몬의 선택적 섭취를 위한 주요 메커니즘이라고 생각된다.

수용체 친화도(receptor affinity) 수용체와 리간드 사이의 화학적 인력에 대한 척도

수용체 타이로신 인산화효소(receptor tyrosine kinase, RTK) 활성화되면 단백질 타이로신 잔기의 인산화 반응을 촉매하는 수용체. 세포의 생장, 증식, 분화를 유도하는 세포 내 일련의 신호전달을 촉발한다.

수정(fertilization) 2배체 접합자를 형성하기 위한 2개의 반수체 배우자의 결합으로, 접합자는 새로운 생물체로 발생한다.

수축성(contractility) 근육 또는 다른 세포에서 짧아지는 것

수축환(contractile ring) 원형질막 아래에 형성된 액틴 미세섬유의 띠처럼 생긴 다발로, 동물 세포의 분열 동안 원형질을 수축시키는 작용을 한다.

순종(식물 계통)(true-breeding, plant strain) 자

가수정하면 주어진 유전 형질에 대하여 똑같은 자손만을 생산하는 생물체

순환적 전자 흐름(cyclic electron flow) 광계 I로부터 빛에 의해 흥분된 전자가 일련의 전자전달계를 통해 동일 광계의 엽록소 분자로 되돌아가는데, 이때 방출된 에너지는 ATP 합성에 사용된다.

슈반세포(Schwann cell) 신경의 축삭 둘레에 미엘린초를 형성하는, 말초신경계에 있는 세포의 일종

스베드베리 단위(Svedberg unit, S) 생체 고분자의 침강계수를 나타내는 단위로, 1스베드베리 단위(S) = 10^{-13}초. 관계가 직선적은 아니지만 일반적으로 질량이 큰 입자는 침강 속도가 더 크다.

스테로이드(steroid) 펜안트렌이라는 4부분으로 된 고리 화합물에서 유래한 다양한 지질 분자

스테로이드 수용체(steroid receptor) 특정한 스테로이드 호르몬에 결합한 다음, 전사인자로 작용하는 단백질

스테로이드 호르몬(steroid hormone) 콜레스테롤에서 합성된 지질친화성 호르몬으로, 핵 호르몬 수용체에 대한 리간드로 작용한다. 예로는 테스토스테론 또는 에스트로젠 같은 성호르몬, 당질코르티코이드, 무기질코르티코이드 등이 있다.

스테롤(sterol) 최소한 1개의 하이드록실기와 다양한 곁사슬기를 가진, 17개의 탄소와 4개의 고리 시스템으로 구성된 다양한 화합물. 콜레스테롤 및 콜레스테롤과 관련된 남성과 여성 호르몬 등의 생물학적으로 중요한 여러 화합물이 포함된다.

스트로마(stroma) 엽록체의 내부를 채우고 있는 반유동성 기질

스트로마 틸라코이드(stroma thylakoid) 그라나 틸라코이드 더미를 서로 연결하는 막

스퍼터 코팅(sputter coating) 주사전자현미경법에 의해 시료를 관찰하기에 앞서 금 또는 금과 팔라듐 혼합물로 시료의 표면을 코팅하는 데 사용되는 진공 증발 과정

스플라이싱 복합체(spliceosome) pre-mRNA로부터 인트론을 제거하는 단백질-RNA 복합체

스핑고신(sphingosine) 스핑고지질의 골격으로 작용하는 아민 알코올, 긴 지방산 사슬과 아미드 결합을 형성할 수 있는 아미노기를 가지고 있다. 또한 인산기에 부착할 수 있는 하이드록실기를 가지고 있다.

스핑고지질(sphingolipid) 아민 알코올 스핑고신을 골격으로 가진 지질 종류

시그마 인자(σ 인자)(sigma factor, σ factor) 박테리아에서 RNA 중합효소의 소단위체로, DNA 가닥상의 정확한 자리에서 RNA 합성을 개시하는 역할을 한다.

시냅스(synapse) 뉴런과 다른 세포(뉴런, 근섬유 또는 샘세포) 사이의 미세한 간격. 이를 가로질러 신경자극이 직접적인 전기적 연결 또는 신경전달물질이라는 화학물질에 의해 전달된다.

시냅스 버튼(synaptic bouton) 시냅스를 가로지르는 신호전달에 사용되기 위해 신경전달 분자들이 저장된 축삭의 말단에 근접한 영역

시냅스전 뉴런(presynaptic neuron) 시냅스를 통하여 다른 뉴런에 신호를 전달하는 뉴런

시냅스틈(synaptic cleft) 두 신경세포 사이의 연접에서 시냅스전 막과 시냅스후 막 사이의 간격

시냅스후 뉴런(postsynaptic neuron) 시냅스를 통해 다른 뉴런으로부터 신호를 받는 뉴런

시냅시스 복합체(synaptonemal complex) 지퍼처럼 감수분열 전기 I 동안 상동염색체를 결합시키는 단백질 함유 구조물

시스골지망(cis-Golgi network, CGN) 소포체에 가장 가까이 위치한, 막으로 싸인 세관들의 망상 구조로 구성된 골지체의 영역

시스작용 요소(cis-acting element) 조절단백질이 결합할 수 있는 DNA의 서열

시스터나(cisterna, 복수형은 cistermae) 골지체나 소포체에서와 같이 막으로 싸인 편평한 주머니

시스터나 성숙 모델(cisternal maturation model) 일시적인 구획인 골지 시스터나는 시스골지망 시스터나에서 중간골지 시스터나, 그다음에 트랜스골지망 시스터나로 점차 변해간다고 추정하는 모델

시스템(계)(system) 에너지의 분포를 지배하는 원리에 대한 조사를 할 때 주어진 시간에서 연구하기로 한 우주의 한정된 영역

시스-트랜스 검사(cis-trans test) 박테리아의 오페론 돌연변이가 조절단백질에 영향을 미치는지 또는 조절단백질이 결합하는 DNA 서열에 영향을 미치는지 여부를 결정하기 위해 사용되는 분석 기법

시트르산 회로(citric acid cycle) 산소 존재하에서 아세틸 CoA를 이산화탄소로 산화시켜 ATP 및 환원된 조효소인 NADH 및 $FADH_2$를 생성하는 순환 대사 경로. 산소호흡의 구성 요소로, 'TCA 회로' 또는 '크렙스 회로'라고도 한다.

식세포(phagocyte) 방어 메커니즘으로 식작용을 수행하는 특수화된 백혈구

식세포작용(식균작용)(phagocytosis) 환경으로부터 입자성 물질 또는 완전한 세포를 섭취하는 세포내섭취의 한 종류로, 소화 소포의 일원이 된다.

식포(phagocytic vacuole) 섭취한 입자물질을 함유한 막으로 싸인 구조. 후기 엔도솜과 융합하거나 또는 직접 라이소솜으로 성숙하여 큰 주머니를 형성하며, 그 안에서 섭취한 물질이 소화된다.

신경(nerve) 축삭 다발로 구성된 조직

신경근접합부(neuromuscular junction) 전기적 자극을 전달할 목적으로 신경 축삭이 골격근 세포와 접촉하는 장소

신경독(소)(neurotoxin) 신경자극의 전달을 교란하는 독성물질

신경분비 소포(neurosecretory vesicle) 신경전달물질 분자들을 함유한 작은 소낭으로, 축삭의 말단부에 위치한다.

신경자극(충격)(nerve impulse) 축삭의 막을 따라서 탈분극-재분극 파동의 전파에 의해 신경세포를 따라 전달되는 신호

신경전달물질(neurotransmitter) 시냅스를 가로질러 신경자극을 전달하는 뉴런에 의해 방출되는 화학물질

신경전달물질 재흡수(neurotransmitter reuptake) 신경전달물질을 시냅스전 축삭의 말단으로 되돌려 보내거나 또는 인접한 지지세포로 방출함으로써 신경전달물질을 시냅스틈으로부터 제거하는 메커니즘

신경펩타이드(neuropeptide) 뉴런으로부터 다른 세포(뉴런은 물론 다른 종류의 세포)로 신호를 전달하는 데 관여하는, 짧은 사슬의 아미노산들로 구성된 분자

신장(미세소관의)[elongation(of microtubule)] 어느 한 말단에 튜불린 이형2량체의 첨가로 인한 미세소관의 성장

신장인자(elongation factor) 단백질 합성에서 신장 단계를 촉매하는 단백질 집단. 예로는 EF-Tu, EF-Ts가 있다.

신호인식입자(signal recognition particle, SRP) 새로 형성된 폴리펩타이드의 N-말단에 위치한 ER 신호서열에 결합하는 세포질 RNA-단백질 복합체로, 리보솜-mRNA-폴리펩타이드 복합체를 소포체 막의 표면으로 가게 한다.

신호전달(signal transduction) 세포 표면에서 감지된 신호가 세포의 내부로 전달되는 메커니즘. 세포의 행동 또는 유전자 발현에 변화를 가져온다.

심근(심장근)(cardiac muscle, heart muscle) 심장의 가로무늬근으로, 산소호흡에 크게 의존한다.

심장 근육(heart muscle) 심근 참조

심층식각(법)(deep etching) 동결 식각 기술의 변형으로, 초고속 동결과 휘발성 동결방지제가 식각 시간을 연장하는 데 사용된다. 그러므로 얼음층을 더 깊이 제거하여 세포의 내부를 깊숙이 관찰할 수 있게 된다.

ㅇ

아데노신 1인산(adenosine monophosphate, AMP) 인산에스터 결합에 의해 리보스의 5′ 탄소에 연결된 인산을 가진 아데노신

아데노신 2인산(adenosine diphosphate, ADP) 인산무수 결합에 의해 2개의 인산이 서로 연결되

고 인산에스터 결합으로 리보스의 5′ 탄소에 연결된 아데노신

아데노신 3인산(adenosine triphosphate, ATP) 인산무수 결합에 의해 3개의 인산이 연결되고, 인산에스터 결합에 의해 리보스의 5′ 탄소에 연결된 아데노신. 대부분 세포에서 주된 에너지 저장 화합물로, 에너지는 고에너지 인산무수 결합에 저장되어 있다.

아데닌(adenine, A) 질소 함유 방향족의 염기로 화학적으로 퓨린으로 명명되며, 다른 염기들과 함께 핵산에 존재할 때는 정보 단위체로 작용한다. 수소결합에 의해 타이민(T) 또는 유라실(U)과 상보적 염기쌍을 이룬다.

아데닐산 고리화효소(adenylyl cyclase) ATP로부터 고리형 아데노신 1인산의 형성을 촉매하는 효소. 많은 진핵세포의 원형질막의 내면에 위치하며, 막의 외부 표면에서 특정한 리간드-수용체 상호작용에 의해 활성화된다.

아드레날린성 수용체(adrenergic receptor) 아드레날린성 호르몬인 에피네프린과 노르에피네프린 중의 하나 또는 둘 모두에 결합하는 G 단백질 연결 수용체 집단의 일종

아드레날린성 시냅스(adrenergic synapse) 노르에피네프린 또는 에피네프린을 신경전달물질로 사용하는 시냅스

아드레날린성 호르몬(adrenergic hormone) 에피네프린 또는 노르에피네프린

아르고노트 단백질(argonaute protein) RISC가 결합된 부위에서 mRNA를 절단하는, RISC에 존재하는 RNA 분해효소

아메바 운동(amoeboid movement) 위족에 의존한 세포 이동으로, 액틴 세포골격의 젤화와 졸화가 주기적으로 반복된다.

아미노 말단(amino terminus) N-말단 참조

아미노산(amino acid) 하나의 카복실산과 하나의 아미노기 그리고 알파 탄소에 결합된 다양한 R 그룹 중의 하나로 구성되어 있는 단백질의 단위체. 단백질에는 정상적으로 20종류의 아미노산이 발견된다.

아미노아실 tRNA(aminoacyl tRNA) 3′ 말단에 아미노산이 부착된 tRNA 분자

아미노아실 자리(aminoacyl site) A 자리 참조

아미노아실-tRNA 합성효소(aminoacyl-tRNA synthetase) ATP의 가수분해 에너지를 사용하여 아미노산을 해당 tRNA 분자에 연결하는 효소

아밀로스(amylose) 포도당 반복 단위가 $\alpha(1 \rightarrow 4)$ 글리코시드 결합에 의해 함께 연결된 것으로, 직선 사슬형의 녹말

아밀로펙틴(amylopectin) 녹말의 가지 친 사슬형. 포도당 소단위체가 $\alpha(1 \rightarrow 4)$ 글리코시드 결합으로 연결되며, 때로는 매 12 내지 25 단위 간격으로 $\alpha(1 \rightarrow 6)$ 연결이 일어나는데, 이 가지는

흔히 20~25개의 포도당 단위로 구성된다.

아세틸조효소 A(acetyl CoA) 해당과정과 지방산 산화에 의해 생성된 고에너지 2-탄소 화합물. TCA 회로에 탄소 원자를 전달하는 데 사용된다.

아세틸콜린(acetylcholine) 중추신경계의 외부에서 뉴런들 간의 시냅스에서 사용되는 가장 흔한 흥분성 신경전달물질

아연집게(zine finger) 일부 전사인자에서 발견되는 DNA 결합 모티프. 시스테인 또는 히스티딘 잔기와 아연 원소 간 상호작용에 의해 자리를 잡은 하나의 α-나선과 2개의 β-병풍으로 구성되어 있다.

아이소프레닐화된 막단백질(isoprenylated membrane protein) 지질2중층에 묻힌 프레닐기에 공유결합을 한, 막 표면에 위치한 단백질

아쿠아포린(aquaporin, AQP) 막통로 단백질 집단으로, 신장의 근위세뇨관과 같이 물의 빠른 이동이 필요한 조직에서 세포 안 또는 밖으로 물 분자의 빠른 이동을 촉진한다.

악성종양(malignant tumor) 인접 조직을 침입하며 체액 특히 혈액을 통해 몸의 다른 부분으로 퍼질 수 있는 종양. '암'이라고도 한다.

안테나 색소(antenna pigment) 광자를 흡수하여 그 에너지를 공명 에너지 전달로 이웃 엽록소 분자 또는 보조 색소로 전달하는 광계의 흡광 분자

안티코돈(anticodon) tRNA 분자의 한 고리에 위치한 3개의 뉴클레오타이드로서, 상보적 염기 짝짓기에 의해 mRNA의 코돈을 인지한다.

알코올 발효(alcoholic fermentation) 탄수화물의 무산소(무기)호흡성 이화작용으로, 에탄올과 이산화탄소를 최종산물로 한다.

알파나선(α-나선)(alpha helix, α helix) 단백질 분자에서 나선 모양의 2차 구조로, 펩타이드 결합의 골격과 여기에서 돌출된 아미노산의 R 그룹으로 구성되어 있다.

알파베타 이형2량체($\alpha\beta$-이형2량체)(alpha beta heterodimer, $\alpha\beta$-heterodimer) 이형2량체 미세소관의 기본적인 구성 요소로, 1개의 알파 튜불린 분자와 1개의 베타 튜불린 분자로 구성된 단백질 2량체

알파튜불린(α-튜불린)(alpha tubulin, α-tubulin) 미세소관의 기본적 구성 요소인 이형2량체를 형성하기 위해 베타 튜불린과 결합하는 단백질

암(cancer) 조절 불가능하게 생장하는 세포의 덩어리로, 인접한 조직을 침입하고 체액, 특히 혈액을 통하여 신체의 다른 부분으로 퍼진다. '악성종양'이라고도 한다.

암 줄기세포(cancer stem cell) 무한 분열할 수 있으며, 종양의 다른 모든 종류의 세포들을 생산하여 무진장 암을 만드는 암세포

암호가닥(coding strand) DNA 2중나선에서 비주형가닥으로, 주형가닥과 염기쌍을 형성한다.

암호가닥이 타이민(T)을 가진 데 비해 RNA는 유라실(U)을 가진 것을 제외하면 암호가닥은 주형가닥으로부터 전사된 단일가닥의 RNA 분자와 동일한 서열을 가진다.

액체상 세포내섭취(fluid-phase endocytosis) 원형질막이 안으로 함입됨에 의해 세포 외부의 액체를 비특이적으로 섭취하는 것으로, 함입된 막은 이어서 소낭이 된다.

액틴(actin) 비근육성 세포의 세포골격과 골격근육의 가는 필라멘트에서 발견되는 미세필라멘트의 주요 단백질. 구상의 단위체(G-액틴)로부터 긴 선상의 필라멘트로 중합된다(F-액틴).

액틴 결합단백질(actin-binding protein) 액틴 필라멘트에 결합하는 단백질로서, 결합으로 인해 미세섬유의 길이 또는 조립을 조절하거나 결합 단백질 상호작용 또는 세포막과 같은 다른 세포 구조들 간의 상호작용을 매개한다.

액포(vacuole) 세포의 세포질에 있는 막으로 싸인 세포소기관으로, 일시적인 저장 또는 수송에 사용된다. 식물 세포에서는 산성 막으로 싸인 구획

야누스 인산화효소(Janus kinase, Jak) 세포 표면 수용체에 의해 활성화된 다음 STAT 전사인자의 인산화와 활성화를 촉매하는 세포질 단백질 인산화효소

야생형(wild type) 정상적인, 돌연변이가 아닌 생물로, 일반적으로 자연에서 가장 흔하게 발견되는 형태

약리유전학(pharmacogenetics) 유전된 유전자의 차이가 어떻게 약물과 약물치료에 다르게 반응하는 원인이 되는지에 대한 연구

양방향성 대사경로(amphibolic pathway) 이화작용 및 동화작용 경로의 전구물질에 대한 공급원으로, 두 경로 모두에서 작용할 수 있는 일련의 반응

양성 말단(미세소관의)[plus end (of microtubule)] 미세소관이 빠르게 성장하는 말단

양성 말단 튜불린 상호작용 단백질(plus-end tubulin interacting proteins, +-TIP protein) 미세소관의 양성 말단을 안정화시키는 단백질로, 미세소관이 소단위체로 급격히 해체될 가능성을 감소시킨다.

양성자 구동력(proton motive force, pmf) 전기화학 양성자 기울기에 의해 발휘되는 막을 가로지르는 힘으로, 양성자들을 농도 기울기를 따라서 이동시키는 경향이 있다.

양성자 운반체(proton translocator) 전기화학 기울기에 의해 양성자가 막을 가로질러 흐르는 통로. 예로 틸라코이드 막의 CF_0 그리고 미토콘드리아 내막의 F_0가 있다.

양성 조절(positive control) 핵심 조절인자가 유전자 전사를 활성화하는 것에 의해 작용하는 유

전적 조절

양성종양(benign tumor) 국부적으로만 생장하는 종양으로, 인접 조직을 침범하거나 신체의 다른 부위로 퍼져나갈 수가 없다.

양자(quantum) 빛의 광양자에 의해 운반되는 분할할 수 없는 에너지 단위

양친매성 분자(amphipathic molecule) 공간적으로 분리된 친수성 영역과 소수성 영역을 가진 분자

억제(효소 활성의)[inhibition(of enzyme activity)] 구조 변화 또는 그 작용기의 화학적 변화로 효소의 촉매 활동이 감소하는 것

억제성 시냅스후 전위(inhibitory postsynaptic potential, IPSP) 억제성 신경전달물질이 그 수용체에 결합함으로써 촉발된 시냅스후 막의 과분극으로, 이어서 오는 흥분성 시냅스후 전위의 크기를 감소시킴으로써 활동전위의 형성을 방지할 가능성이 있다. 흥분성 시냅스후 전위 참조

억제 오페론(repressible operon) 일군의 인접한 유전자들로, 정상적으로 전사가 되지만 보조억제인자가 있을 때는 전사가 억제된다.

억제인자 단백질(세균)[repressor protein(bacterial)] 오페론의 작동자 부위에 결합하는 단백질로, 인접한 구조유전자의 전사를 막는다.

억제인자 단백질(진핵생물)[repressor protein (eukaryotic)] DNA의 조절요소에 결합하여 인접한 유전자의 전사 속도를 감소시키는 조절성 전사인자

억제 tRNA(suppressor tRNA) 다른 돌연변이에 의해 생성된 종결코돈에 아미노산을 삽입하는 tRNA 분자의 돌연변이. 그렇지 않을 경우 단백질 합성이 조기 종결된다.

에너지(energy) 일을 할 수 있는 용량, 특정한 변화를 일으키는 능력

에너지 전환(energy transduction) 광에너지가 ATP와 조효소 NADPH 형태의 화학 에너지로 전환된 광합성 과정의 일부로, 결국 탄소동화 반응에 에너지와 환원력을 제공한다.

에르고스테롤(ergosterol) 곰팡이 세포막에서 발견되는 콜레스테롤과 유사한 지질로, 일부 항진균제의 표적이다.

에머슨 상승 효과(Emerson enhancement effect) 각각의 파장을 분리하여 얻은 광합성 결과를 합한 것보다 두 가지 약간 다른 파장의 적색광으로 더 큰 광합성을 달성하는 것

에임스 검사(Ames test) 어떤 물질이 세균에 돌연변이를 일으키는지를 분석하여 발암성 물질을 선별하는 검사

엑소솜(exosome) 진핵세포에서 mRNA 분해에 관련된 고분자 복합체. 여러 종류의 3′ → 5′ 핵산말단가수분해효소를 가지고 있다.

엑손(exon) 성숙한 기능적인 RNA 분자에 보전된 뉴클레오타이드 서열. 인트론 참조

엑손접합 복합체(exon junction complex, EJC) mRNA 전구체 스플라이싱에 의해 만들어진 엑손-엑손 접합 부위에 놓인 단백질 복합체

엑솜(exome) 진핵생물 유전체에서 엑손에 의해 형성된 부분. 즉 유전체의 일부분으로, RNA가 전사되고 가공된 후에 mRNA에 존재하는 부분이다.

엑스텐신(extensin) 식물과 균류의 세포벽에 단단히 엮인 막대 같은 분자를 형성하는 당단백질 집단

엑스포틴(exportin) 핵에 있는 수용체 단백질로, 핵에서 핵수출 신호단백질에 결합한 후 단백질을 핵공 복합체를 통해 세포기질로 운반한다.

엔도솜(endosome) 초기 엔도솜 또는 후기 엔도솜 참조

엔탈피(enthalpy, *H*) 물질의 열량으로, H = E(내부 에너지) + P(압력) × V(부피)이다.

엔트로피(entropy, S) 어떤 시스템(계)의 무질서도에 대한 측정 값

엘라스틴(elastin) 탄성섬유의 단백질 소단위체로, 세포외기질에 탄력과 유연성을 부여한다.

엡스타인-바 바이러스(Epstein-Barr virus, EBV) 버킷림프종(비암적 상태의 전염성 단핵구 증가증도 마찬가지)과 관련된 바이러스

역교배(backcrossing) 유전교배 실험에서 이형접합체를 동형접합성인 어버이 중 하나와 타가교배시키는 과정

역반복(inverted repeat) 동일한 염기서열을 가진 2개의 DNA 단편이 서로 반대 방향으로 놓인 DNA의 부분

역수송(antiport) 막을 가로질러 두 물질을 서로 반대 방향으로 보내는 연계수송

역전사효소(reverse transcriptase) RNA를 주형으로 사용하여 상보적인 2중가닥 DNA를 합성하는 효소

역치전위(threshold potential) 활동전위를 촉발하기 위해 반드시 먼저 도달해야 할 막전위의 값

역행보(RNA backtracking) 전사 중 잘못 짝지은 RNA 뉴클레오타이드를 교정(제거)하기 위해 RNA 중합효소가 뒤쪽 방향으로 이동하는 것

연결자 단백질 복합체(AP 복합체)(adaptor protein complex, AP complex) 클라스린 피복 소낭의 외막에서 클라스린과 함께 발견되는 단백질

연계수송(coupled transport) 한 용질의 수송이 정지되거나 방해 받으면 다른 용질의 수송 또한 중단되는 방식으로 막을 가로지르는 두 용질의 동조 수송. 두 용질은 같은 방향(공동수송) 또는 반대 방향(역수송)으로 이동할 수 있다.

연관군(linkage group) 함께 전달(유전)되고 분리되는 유전자 집단

연관유전자(linked gene) 동일한 염색체에 상대적으로 서로 가깝게 위치하고 있어서 일반적으로 함께 유전되는 유전자

열(heat) 온도 차이로 인한 에너지의 전달

열린 계(open system) 환경으로부터 밀폐되지 않고 환경과 에너지를 교환할 수 있는 시스템

열성(대립유전자)[recessive(allele)] 유전체에 있지만, 동형접합일 때만 표현형으로 나타나는 것. 이형접합일 때는 우성 대립유전자에 의해 감추어진다.

열역학(thermodynamics) 모든 물리적 과정과 화학적 반응에 수반되는 에너지 교환 법칙을 다루는 과학의 한 분야

열역학적 자발성(thermodynamic spontaneity) 반응이 일어날 수 있는지에 대한 척도이지만, 반응이 실제로 일어날 것인지에 대한 표현은 아니다. 음의 자유에너지 변화를 가진 반응은 열역학적으로 자발성이다.

열역학 제1법칙(first law of thermodynamics) 에너지 보전 법칙. 에너지는 한 형태에서 다른 형태로 전환되기는 하지만, 결코 만들어지거나 파괴되지 않는다는 원리

열역학 제2법칙(second law of thermodynamics) 열역학적 자발성 법칙. 모든 물리적 화학적 변화는 엔트로피가 증가하는 방식으로 진행한다.

열자극 반응요소(heat shock response element) 열자극 유전자에 인접하여 위치하며, 열자극 전사인자에 대한 결합부위로 작용하는 DNA 염기 서열

열자극 유전자(heat shock gene) 높은 온도 또는 다른 스트레스 조건에 노출되었을 때 전사가 활성화되는 유전자. 일부 열자극 유전자는 분자 샤페론을 암호화하며, 이는 정상적인 단백질의 접힘을 유도할 뿐만 아니라 열 손상 단백질의 다시 접기를 촉진할 수 있다.

염기쌍(base pair, bp) 상보적인 수소결합에 의해 서로 결합하는 뉴클레오타이드의 짝

염기쌍 형성(base pairing) 수소결합에 근거한 퓨린과 피리미딘 사이의 상보적 관계로, 핵산 사이에 인지 및 결합 메커니즘을 제공한다. A는 T 또는 U와 짝을 짓고 G는 C와 짝을 짓는다.

염기절제 수선(base excision repair) DNA에서 손상된 단일 염기를 제거하고 대체하는 DNA 수선 메커니즘

염기중첩(base stacking) 방향족 고리 구조 사이에서 소수성 및 반데르발스 상호작용으로 인해 인접한 화학 구조(염기)에 결합력을 가하는 현상. DNA의 동일한 가닥에서 인접한 질소 염기 사이의 염기중첩은 DNA 구조를 안정화시키는 DNA 골격에서 30° 기울어짐을 초래한다.

염색(staining) 조직 표본에서 선택적으로 세포의 구성 성분에 특이적으로 결합하는 염료. 중금속, 또는 다른 물질이 든 용액에 넣어두어서 이

들 구성 성분이 뚜렷한 색깔 또는 전자 밀도를 갖게 하는 것

염색분체(chromatid) 자매염색분체 참조

염색사(30 mm)[chromatin fiber(30 nm)] 10 nm 염색사의 뉴클레오솜을 응축하여 형성된 섬유

염색질(chromatin) 염색체를 만드는 DNA-단백질 섬유. DNA 가닥을 따라서 규칙적인 간격으로 존재하는 뉴클레오솜으로 구성되어 있다.

염색질 재구성 단백질(chromatin remodeling protein) 뉴클레오솜 구조, 응축, 위치의 변화를 유도하는 단백질. 전사인자가 유전자의 프로모터 영역에 있는 표적 부위에 결합할 수 있게 한다.

염색체(chromosome) 진핵생물에서 히스톤 및 기타 단백질과 복합체를 형성한 DNA가 체세포 분열 또는 감수분열 시에 응축하여 형성하는 치밀한 구조. 박테리아 염색체 참조

염색체설(chromosome theory of heredity) 유전 인자가 핵 내의 염색체에 있다고 하는 학설

염색체 영역(chromosomal territory) 진핵세포의 핵에서 간기 동안에 풀어진 염색체가 차지하는 영역

염색체 퍼프(chromosome puff) 전사가 활발히 이루어지는 다사염색체의 풀린 영역

엽록소(chlorophyll) 광에너지를 받은 전자를 유기분자로 전달하는 광흡수 분자로, 광화학적 과정을 개시하여 캘빈 회로에 필요한 NADPH와 ATP를 생성하게 한다. 광흡수 특성 때문에 엽록소는 식물의 특징인 초록색을 띤다.

엽록소 결합단백질(chlorophyll-binding protein) 광계 내에서 엽록소 분자에 결합하여 그 배열을 안정화시키는 몇몇 단백질

엽록체(chloroplast) 식물과 조류에서 2중막으로 싸인 세포질의 소기관으로, 광합성을 수행하는 데 필요한 엽록소와 효소를 함유한다.

엽록체 내막 전위효소(translocase of the inner chloroplast membrane, TIC) 엽록체로 특정 폴리펩타이드를 수송하는 데 관여하는 운반복합체

엽록체 외막 전위효소(translocase of the outer chloroplast membrane, TOC) 엽록체 내부로 특정한 폴리펩타이드를 흡수하는 데 관여하는 수송복합체

엽육세포(mesophyll cell) 식물 잎의 바깥쪽에 있는 세포로서 탄소를 고정하는 장소

오징어 거대축삭(squid giant axon) 특정한 오징어 신경세포에서 나오는 예외적으로 큰 축삭. 굵은 직경(0.5~1.0 mm)을 가지고 있어 전기 퍼텐셜과 이온 전류를 측정하고 조절할 수 있는 미세전극을 삽입하기가 비교적 쉽다.

오카자키 단편(Okazaki fragment) 새로 합성된 짧은 단편의 지체가닥 DNA로, DNA 복제 동안 연결효소에 의해 연결된다.

오페론(operon) 하나의 작동자와 프로모터의 조절하에 있는 연관된 기능을 하는 유전자의 집단. 이들 유전자의 전사는 함께 일어나거나, 일어나지 않게 된다.

온도민감성 돌연변이(체)(temperature-sensitive mutant) 정상온도에서는 올바르게 작용하지만, 온도가 약간 변하면 심각하게 기능을 상실하는 단백질을 생산하는 개체

외막(outer membrane) 미토콘드리아, 엽록체 또는 핵을 싸는 두 막 중에 바깥막

외부 2중세관(outer doublet) 진핵세포 섬모 또는 편모 축사의 주변 둘레에 배열된, 9개 쌍을 이룬 미세소관

용매(solvent) 용액을 형성하면서 다른 물질을 녹이는 물질로, 일반적으로 액체

용질(solute) 용액을 형성하면서 용매에 녹은 물질

용해성 NSF 부착단백질(soluble NSF attachment protein, SNAP) v-SNARE와 t-SNARE 사이의 상호작용에 의한 막의 융합을 매개하기 위해 NSF(N-에틸말레이미드 민감성인자)와 함께 작용하는 용해성 세포질 단백질

우성(대립유전자)[dominant(allele)] 한 생물체에서 이형접합 또는 동형접합으로 존재할 경우 형질을 발현하는 대립유전자

우성음성 돌연변이(dominant negative mutation) 여러 개의 동일한 폴리펩타이드로 구성된 단백질에서 다른 폴리펩타이드는 정상이지만, 한 폴리펩타이드의 돌연변이로 인해 그 단백질의 기능을 파괴하는 기능상실 돌연변이

운동단백질(motor protein) ATP에서 온 에너지를 사용하여 자기의 구조를 변화시킴으로써 자기와 결합된 물질을 이동시키는 단백질. 세포골격 성분과 상호작용하는 3종류의 단백질(마이오신, 디네인, 키네신)을 포함한다.

운동성(세포의)[motility(cellular)] 세포의 운동 또는 수축, 그리고 세포 내의 구성 요소의 이동 또는 세포를 지나가거나 관통하는 환경 요소의 이동

운반(수송)(transport) 세포의 안팎으로, 또는 세포소기관의 안팎으로 막을 가로지르는 물질의 선택적 이동

운반기점(origin of transfer) 접합하는 동안 F$^+$ 공여자 박테리아 세포에서 F$^-$ 수용자 세포로 플라스미드의 운반이 시작되는, F 인자 플라스미드의 한 지점

운반단백질(transport protein) 고도의 특이성으로 물질을 인지하고, 막을 통한 이동을 도와주는 막단백질. 운반체 단백질과 통로 단백질 모두가 포함된다.

운반체(translocon) 소포체 막을 가로질러서(또는 막으로) 새로 형성된 폴리펩타이드의 전좌를 담당하는 소포체 막에 있는 구조물

운반체 단백질(carrier protein) 막을 가로질러 용질을 수송하는 막단백질로, 막의 한 편에서 용질에 결합함으로써 막의 다른 편으로 용질을 운반하는 구조 변화가 이루어진다.

운반체 분자(carrier molecule) 단량체를 연결하는 분자로, 다음 반응을 위해 단량체를 활성화한다.

운반 RNA(transfer RNA, tRNA) mRNA의 특정 코돈을 인지하는 안티코돈을 가지고 있으며, 각각 특정 아미노산에 결합하는 작은 RNA 분자 집단

워블가설(wobble hypothesis) 코돈의 3번째 염기와 안티코돈의 해당 염기 사이에서 나타나는 짝 짓기의 유연성을 의미한다.

원발암유전자(proto-oncogene) 점돌연변이, 유전자 증폭, 염색체 전좌, 국부적 DNA 재배열, 삽입돌연변이로 인해 종양유전자로 전환될 수 있는 정상적인 세포의 유전자

원소낭(provacuole) 동물 세포의 엔도솜에 비교되는 식물 세포의 소낭. 골지체에서 생겨나거나 자가소화작용으로 생겨난다.

원시진핵생물(protoeukaryote) 현존하는 진핵세포의 가상적인 진화적 조상으로, 식작용을 할 수 있어서 원시적인 세균들을 삼킬 수 있으며 세포 내 공생 관계를 확립할 수 있다.

원심분리(centrifugation) 시료에 원심력을 부여하기 위해 액체를 담은 관을 빠르게 회전시키는 과정

원심분리기(centrifuge) 시료에 원심력을 부여하기 위해 액체를 담은 관을 빠르게 회전시키는 데 쓰이는 기계

원자가(valence) 화학에서 외곽 전자궤도를 채우기 위해 주어진 원자가 다른 원자들과 결합할 수 있는 최대 수

원자단 전달반응(group transfer reaction) 한 분자로부터 다른 분자로 화학적 기(원자단)의 이동이 관련된 화학반응

원필라멘트(원섬유)(protofilament) 튜불린 소단위체들의 선상 중합체. 일반적으로 미세소관을 형성하는데 13개가 한 그룹으로 배열한다.

원핵생물(prokaryote) 진정한 핵 및 막으로 싸인 세포소기관이 결여된 것이 특징인 생물 집단. 박테리아와 고세균이 포함된다.

원형질막(plasma membrane) 세포의 경계를 이루며, 세포의 안팎으로 물질의 흐름을 조절하는 지질과 단백질로 구성된 지질2중층. '세포막'이라고도 한다.

원형질분리(plasmolysis) 고장액에 노출된 세포에서 물이 바깥으로 이동함에 따라 세포벽으로부터 원형질막이 분리된 것

웨스턴(단백질) 흡입법(Western blotting) 전기영동에 의해 분리된 폴리펩타이드를 특별한 종류

의 종이(나이트로셀룰로스 또는 나일론)로 옮긴 후, 이어서 특정한 폴리펩타이드에 결합하는 표지된 항체와 반응시킨다.

위상차 현미경법(phase-contrast microscopy) 두께와 굴절률의 차이를 이용함으로써 절단하거나 염색하지 않고 상을 선명히 볼 수 있는 광학현미경 기술. 회절되지 않은 광선을 시료에 의해 회절된 광선과 위상을 맞출 수 있게 하는 광학 재료를 사용하여 상을 만든다.

위족(pseudopodium) 아메바, 점균류, 백혈구에 의해 세포가 기어가는 데 관여하는 세포질의 크고 뭉뚝한 돌출부

유기화학(organic chemistry) 탄소함유 화합물의 연구

유도만능줄기세포[induced pluripotent stem (IPS) cell] 이미 분화된 세포에 배아줄기세포에서 발견되는 전사인자 단백질을 강제로 발현시킴으로써 다양한 유형의 세포를 만들 수 있다.

유도 오페론(inducible operon) 유도자에 의해 전사가 활성화되는 인접한 유전자

유도자(물질)(inducer) 유도 오페론의 전사를 활성화하는 효과 분자

유도적합 모델(induced-fit model) 효소의 활성부위가 기질과 결합하기 전에는 그 기질에 대해 비교적 특이성이 있지만, 결합한 다음에는 더욱 특이성이 증가하는데, 그 이유는 기질에 의해 효소의 구조 변화가 일어났기 때문이다.

유도효소(inducible enzyme) 효소의 합성이 그 기질의 유무에 의해 조절되는 효소

유동 모자이크 모델(fluid mosaic model) 지질2중층과 단백질로 구성된 막 구조의 모델로, 단백질은 다양한 정도로 2중층을 침투하여 막에서 측면 이동이 자유롭다.

유동세포계수법(flow cytometry) 세포들이 좁은 통로를 흘러가는 동안 형광염료로 염색된 세포들을 레이저빔을 통하여 분석하는 자동화된 빠른 분석법

유라실(uracil, U) 질소 함유 방향족 염기로 화학적으로 피리미딘이라고 하며, RNA에서 다른 염기들과 더불어 특정한 순서로 존재할 때는 정보 단위로 작용한다. 수소결합에 의해 아데닌(A)과 상보적 염기쌍을 형성한다.

유비퀴틴(ubiquitin) 단백질분해효소 복합체에 의해 분해될 표적 단백질을 표지하는 작은 단백질

유사분열(체세포분열)(mitosis) 모세포의 복제된 염색체가 2개의 핵으로 나누어지면서, 하나의 핵으로부터 유전적으로 동일한 2개의 딸핵이 생산되는 과정. 일반적으로 세포분열로 이어진다.

유사분열 방추사(mitotic spindle) 세포분열 동안 염색체의 분리를 담당하는 미세관 구조물

유사분열 방추사 확인점(mitotic spindle checkpoint) 염색체가 방추사에 옳게 결합하지 않으면 중기와 후기의 접점에서 유사분열을 중단시키는 메커니즘

유사분열지수(mitotic index) 특정한 시점에서 분열 단계에 있는 세포들의 비율(%). 세포주기에서 M기의 상대적 길이 추정에 사용된다.

유사분열 촉진인자(mitosis-promoting factor, MPF) 유사분열성 Cdk-사이클린 복합체는 주요 유사분열 단계에 관여하는 인산화 단백질에 의해 G2기에서 분열기로 진행을 유도한다.

유사분열촉진 활성단백질 인산화효소(MAP 인산화효소)(mitogen-activated protein kinase, MAP kinase, MAPK) 세포가 생장 및 분열 신호를 받았을 때 활성화되는 단백질 인산화효소 집단

유사분열 확인점 복합체(mitotic checkpoint complex, MCC) Cdc20 단백질에 결합하여 억제하는 Mad 및 Bub 단백질로 구성된 단백질 복합체로서, 이는 후기촉진복합체(APC/C)를 활성화할 수 없다.

유성생식(sexual reproduction) 두 어버이 생물체 각각이 새로운 자손 개체에 유전정보를 제공하는 생식 방법. 생식은 배우자의 융합에 의한다.

유전공학(genetic engineering) 주로 의학 및 농학의 실제적인 문제를 해결하기 위해 재조합 DNA 기술을 적용하는 것

유전암호(genetic code) DNA 또는 mRNA에 있는 염기 순서와 그로부터 암호화된 폴리펩타이드의 아미노산 순서를 결정하는 규칙

유전자(gene) 유전된 특성을 지정하는 유전인자. 하나 또는 그 이상의 폴리펩타이드의 아미노산 서열을 암호화하거나, 또는 몇 종류의 RNA(예: rRNA, tRNA, snRNA, micro RNA) 중 하나를 암호화하는 DNA의 염기서열

유전자 결실(gene deletion) 특정한 DNA 서열을 세포에서 선택적으로 제거하는 것

유전자 자리(gene locus, 복수형은 loci) 염색체 내에서 특정한 유전자에 대한 DNA 서열을 가지고 있는 위치

유전자 전환(gene conversion) 상동염색체 쌍에 있는 유전자가 감수분열 동안 교차에 의해 비상호적인 재조합을 거친 것으로, 재조합 유전자는 서로 교환되기보다는 한 염색체상의 유전자가 다른 염색체로 복사되는 현상

유전자 제거 생쥐(knockout mice) 배아줄기세포에서 상동재조합을 이용하여 특정 유전자의 DNA 서열을 결실시킨, 유전공학적으로 조작된 생쥐

유전자조절 조합모델(combinatorial model for gene regulation) 복잡한 양상의 조직 특이성 유전자 발현은 비교적 적은 수의 DNA 조절요소와 그들 각각에 결합하는 전사인자들이 서로 다른 조합으로 작용하여 이루어진다고 제안하는 모델

유전자 증폭(gene amplification) 특정한 DNA 서열을 선택적으로 복제하는 것에 의해 개별 유전자를 여러 벌 만드는 메커니즘

유전자지도 작성법(genetic mapping) 재조합빈도에 근거하여 염색체상의 유전자 순서와 간격을 결정하는 것

유전자형(genotype) 생물체의 유전적 구성

유전적 불안정성(genetic instability) 암세포의 특성으로, DNA 수선 또는 염색체 분리 메커니즘의 결함으로 인해 생긴, 비정상적으로 높은 돌연변이율을 나타낸다.

유전적 재조합(genetic recombination) 서로 다른 두 DNA 분자 사이에서 DNA 단편을 교환하는 것

유전적 형질전환(genetic transformation) 외래 DNA를 도입함으로써 야기된 세포의 유전적 특성의 변화

유전체(genome) 한 생물체 또는 바이러스의 모든 유전정보를 포함한 단일 DNA 사본(일부 바이러스는 RNA)

유전체 등가성(genomic equivalence) 다세포 생물체의 모든 체세포에는 동일한 DNA가 포함되어 있지만, 다양한 종류의 특수화된 세포는 전체 유전자의 일부만 발현한다는 개념이다.

유전체 라이브러리(genomic library) 한 생물체의 전체 유전체를 핵산내부가수분해 효소를 사용하여 절단한 다음, 모든 단편을 적절한 클로닝 벡터에 삽입한 재조합 DNA 클론의 집단

유전체량(C value) 반수체 염색체에 있는 DNA의 양

유전체 조절(genomic control) 유전체의 조립 또는 구조적 변화를 통해 일어나는 발현 조절

유전체 편집(genome editing) 관심 유전자의 특정 서열을 인식하는 핵산가수분해효소를 사용하여 유전체 DNA를 제거, 대체, 변경하는 유전공학의 한 유형

유전학(genetics) 유전정보를 저장하고 전달하는 데 화학적 단위인 유전자의 행동에 관한 연구

유효확대(useful magnification) 더 이상 확대해도 추가적인 정보를 얻지 못하는, 상을 최대로 확대할 수 있는 정도를 나타내는 척도

육종(sarcoma) 골, 연골, 지방, 결합 조직, 근육과 같은 지지 조직에서 생기는 암

음성 말단(미세소관의)[minus end(of microtubule)] 미세소관에서 더 느리게 자라는(또는 자라지 않거나 축소되고 있는) 말단

음성조절(negative control) 핵심 조절인자가 유전자의 전사를 억제하는 것에 의해 작용하는 유전적 조절

음이온 교환단백질(anion exchange protein) 원형질막을 가로질러 염소 이온과 중탄산염 이온의 상호 교환을 촉진하는 운반체

이노시톨-1,4,5-3인산(inositol-1,4,5-triphosphate, IP₃) 인지질분해효소 C로 인해 포스파티딜이노시톨-4,5-2인산이 분해된 산물로, 3중 인산화된 이노시톨. 소포체 내부의 저장고로부터 칼슘 이온을 방출함으로써 2차 전달자로 작용한다.

이동기(diakinesis) 감수분열 전기 I의 마지막 단계. 염색체의 응축과 더불어 인이 사라지고 핵막이 파괴되며 방추사의 형성이 시작된다.

이동시작서열(start-transfer sequence) 새로 형성되는 폴리펩타이드에 있는 아미노산 서열로, 리보솜-mRNA-폴리펩타이드 복합체를 소포체막으로 유도하는 ER 신호 역할 및 폴리펩타이드를 지질2중층에 영구히 고정시키는 역할을 한다.

이동정지서열(stop-transfer sequence) 새로 형성된 폴리펩타이드에서 소수성 아미노산 서열로, 사슬이 소포체 막을 통하여 옮겨가는 것을 정지시키며, 그에 따라서 폴리펩타이드를 막에 고정시킨다.

이수성(aneuploidy) 하나의 세포가 잘못된 개수의 염색체를 가지고 있는 비정상적 상태

이온(ion) 양성자나 전자를 얻거나 잃어서 전하를 띠는 원자 혹은 분자

이온결합(ionic bond) 양전하를 띠는 화학기와 음전하를 띠는 화학기 사이의 인력

이온교환 크로마토그래피(ion-exchange chromatography) 칼럼을 통과하는 분자가 전하에 따라 분리되는 크로마토그래피의 한 유형

이온 통로(ion channel) 특정한 이온의 막통과를 허용하는 막단백질. 일반적으로 막전위(전압개폐성 통로) 또는 특정한 리간드의 결합(리간드개폐성 통로)에 의해 조절된다.

이온화 방사선(ionizing radiation) 분자로부터 전자를 제거하는 고에너지 형태의 방사선으로, DNA 손상을 유발하는 고도로 반응성 높은 이온을 생성한다. X선 및 방사성 원소에 의해 방출되는 방사선이 있다.

이종친화성 상호작용(heterophilic interaction) 서로 다른 두 분자가 서로 결합하는 것. 동종 친화성 상호작용 참조

이질염색질(heterochromatin) 간기 동안에 고도로 밀집된 형태의 염색질. 전사되지 않는 DNA를 함유한다. 진정염색질 참조

이형2량체(αβ-이형2량체)(heterodimer, αβ-heterodimer) 알파베타 이형2량체 참조

이형2중가닥 부위(heteroduplex region) 각 가닥이 별도의 상동염색체에서 유래되어 종종 염기가 일치하지 않는 DNA 부위. 이형2중가닥 DNA는 2중가닥 DNA의 손상 복구 또는 감수분열 동안 상동재조합 과정에서 형성된다.

이형소화 라이소솜(heterophagic lysosome) 세포 외부에서 들어온 물질의 소화에 관여하는 가수분해효소를 함유한 성숙한 라이소솜. 자가소화

라이소솜 참조

이형접합(성)(heterozygous) 주어진 유전자에 대해 두 가지 서로 다른 대립유전자를 가진 것. 동형접합(성) 참조

이형접합성 상실(loss of heterozygosity, LOH) 종양 억제유전자가 포함된 염색체 부위의 결실. 이 유전자의 다른 사본이 기능상실 돌연변이일 때 이 세포는 암이 될 가능성이 더 높은 경향성을 보인다.

이화경로(catabolic pathway) 세포 구성 요소의 분해를 야기하는 일련의 반응

이화물질 억제(catabolite repression) 포도당이 박테리아의 유도 오페론에 의해 생산되는 효소의 합성을 억제하는 능력

이화물질 활성단백질(catabolite activator protein, CAP) cAMP에 결합한 다음, *lac* 오페론을 활성화하는 박테리아의 단백질

익스팬신(expansin) 식물 세포벽의 국부적인 재구성을 가능하게 하는 단백질. 익스팬신은 낮은 pH에서 활성화되며, 세포벽 내 수소결합을 약화시킴으로써 작용할 수 있다.

인(nucleolus, 복수형은 nucleoli) 진핵세포의 핵에 있는 큰 구형의 구조물. 리보솜 RNA 합성과 가공 및 리보솜 소단위체의 조립이 일어나는 장소

인간유두종 바이러스(human papillomavirus, HPV) 경부암을 일으키는 바이러스로, RB와 p53 종양 억제유전자에 의해 생산된 단백질의 작용을 봉쇄하는 종양 유전자를 가지고 있다.

인델(indel) 번역틀의 이동을 유발하는 DNA 뉴클레오타이드의 삽입 또는 삭제

인산과당 인산화효소-2(phosphofructokinase, PFK-2) 과당-6-인산의 탄소 원자 2를 ATP 의존 인산화로 인해 과당-2,6-2인산(F2,6BP)을 형성하는 반응을 촉매하는 효소로 해당과정과 포도당신생 모두에 중요한 조절자이다.

인산글리콜산염(phosphoglycolate) 루비스코의 산화효소 활성에 의해 생산된 2탄소 화합물. 칼빈 회로 다음 단계에서 대사가 되지 않기 때문에 인산글리콜산염의 생산은 광합성 효율을 감소시킨다.

인산다이에스터 결합(3′, 5′ 인산다이에스터 결합) (phosphodiester bridge, 3′, 5′ phosphodiester bridge) 두 분자가 산소 원자를 통해서 동일한 인산기에 결합하는 공유결합

인산다이에스터가수분해효소(phosphodiesterase) 고리형 아데노신 1인산(cAMP)을 AMP로 가수분해하는 효소

인산무수 결합(phosphoanhydride bond) 인산기들 사이의 고에너지 결합

인산분해(phosphorolysis) 무기 인산염을 첨가하여 화학결합이 끊어지는 반응

인산에스터 결합(phosphoester bond) 분자가 산

소 원자를 통해 인산기에 연결된 공유결합

인산화(반응)(phosphorylation) 인산기를 첨가하는 반응

인슐레이터(격리자)(insulator) 근처의 인핸서 또는 사일런서에 의해 인접한 유전자의 발현이 바뀌는 것을 방지하는 DNA 요소

인슐린(insulin) 이자의 랑게르한스섬에 의해 생산된 펩타이드 호르몬으로, 근육과 지방 세포에서 포도당의 흡수와 글리코젠의 합성을 자극함으로써 혈당을 감소시키는 작용을 한다.

인지질(phospholipid) 공유결합으로 부착된 인산기를 지닌 지질로, 친수성과 소수성 특성 모두를 보인다. 모든 세포막의 구조적 골격를 이루는 지질2중층의 주요 성분

인지질 교환단백질(phospholipid exchange protein) 특정한 인지질 분자를 소포체 막으로부터 미토콘드리아와 엽록체의 외막 또는 원형질막으로 운반하는 세포기질에 위치한 단백질 집단

인지질분해효소 C(phospholipase C) 포스파티딜이노시톨-4,5-2인산을 이노시톨-1,4,5-3인산(IP₃)과 다이아실글리세롤(DAG)로 가수분해하는 촉매하는 효소

인지질 운반체(플립페이스)(phospholipid translocator, flippase) 막의 인지질을 한 단층에서 다른 단층으로 전환을 촉매하는 막단백질

인테그린(integrin) 막의 외부 표면에서 세포외기질에 결합하고, 막의 내부 표면에서는 세포골격과 상호작용하는 원형질막의 수용체 중 하나. 파이브로넥틴, 라미닌, 콜라겐에 대한 수용체가 포함된다.

인트론(intron) 성숙한 기능적 RNA 분자에는 없으며, 1차 전사체인 RNA 분자의 일부로 존재하는 뉴클레오타이드 서열. 엑손 참조

인핸서(enhancer) 전사를 촉진하는 전사인자에 대한 결합부위를 가진 DNA 서열. 프로모터에 대한 상대적 위치 및 방향은 매우 다양하지만, 이에 따라 전사 조절 능력이 크게 변하지 않는다.

인형성부위(nucleolus organizer region, NOR) 여러 개의 rRNA 유전자가 있는, 인이 형성되는 특정 염색체에 있는 DNA 부위

일(work) 열의 흐름 이외의 과정에 의해 한 장소 또는 한 형태의 에너지가 다른 장소 또는 형태로 전달되는 것

일반 전사인자(general transcription factor) 유전자의 종류와 상관없이 RNA 중합효소가 프로모터에 결합하여 RNA 합성을 개시하는 데 항상 필요한 단백질

일산화질소(nitric oxide, NO) 구아닐산 고리화효소 자극에 의해 인접한 세포에 신호를 전달하는 기체 분자

임계 농도(critical concentration) 튜불린 소단위

체의 조립 속도가 중합체의 해체 속도와 정확히 같을 때의 튜불린 농도

임계점 건조기(critical point dryer) 조절된 온도 및 압력 조건하에서 시료를 건조시키는 데 사용되는 중금속 용기

임포틴(importin) 세포기질에서 핵으로 갈 신호를 가진 단백질에 결합하는 수용체 단백질로, 결합된 단백질을 핵공 복합체를 통하여 핵 내로 운반한다.

입체이성질체(stereoisomer) 동일한 구조식을 갖지만, 겹쳐지지는 않는 2개의 분자. 입체이성질체는 서로 거울상이다.

입체전자현미경법(stereo electron microscopy) 사진을 약간 다른 두 각도에서 찍는 방법에 의해 시료의 3차원적 관찰을 가능하게 하는 현미경 기술

잎 퍼옥시솜(leaf peroxisome) 광합성 식물의 잎에 있는 세포에서 발견된 퍼옥시솜으로, 광호흡에 관련된 일부 효소를 가지고 있다.

ㅈ

자가소화 라이소솜(autophagic lysosome) 세포 내부에서 기원한 물질을 소화하는 성숙한 라이소솜으로, 가수분해 효소를 함유한다. 이형소화 라이소솜 참조

자가소화소포(autophagic vacuole, autophago-some) 오래된 또는 필요 없는 세포 기관 또는 기타 세포 구조가 라이소솜 효소에 의한 소화에 앞서 소포체에서 유래한 막에 싸여 형성된 소낭

자가소화작용(autophagy) 자가소화 라이소솜에서 일어난다. 오래된 또는 필요 없는 세포소기관 또는 기타 세포 구조의 세포내소화, 즉 '자기 소화'

자가조립(self-assembly) 고분자의 접힘과 상호작용을 통해 특정한 생물학적 기능을 가진 복잡한 구조를 형성하는 데 필요한 정보가 중합체 자체에 원래부터 존재한다는 원리

자기인산화(autophosphorylation) 동일한 종류의 수용체 분자에 의한 수용체 분자의 인산화

자낭(ascus) 붉은빵곰팡이(*Neurospora*)와 같은 곰팡이에서 감수분열로 생성된 세포들을 담는 작은 주머니

자매염색분체(sister chromatid) 각 염색체의 복제된 2개의 사본으로, 유사분열의 후기 이전까지 함께 붙어있다.

자외선(ultraviolet radiation, UV) DNA에 피리미딘 2량체의 형성을 촉진하는, 태양광선에 존재하는 돌연변이 유발 복사선

자유에너지(free energy, *G*) 한 분자에서 추출 가능한 에너지 함량에 대한 열역학적 척도. 일정한 온도 및 압력 조건에서 자유에너지의 변화는 그 시스템이 일을 할 수 있는 능력에 대한 척도이다.

자유에너지 감소성(exergonic) 자유에너지 변화가 음의 값($\Delta G < 0$)인 특징을 가진 에너지 방출 반응

자유에너지 변화(free energy change, ΔG) 한 반응 또는 과정에서 방출되거나 요구되는 순 자유에너지의 양을 나타내는 데 사용되는 열역학적 매개 변수. 열역학적 자발성에 대한 척도

자유에너지 증가성(에너지 흡수성의)(endergonic) 양(+)의 자유에너지 변화($\Delta G > 0$) 특성을 가진 에너지 요구 반응

자율 전이인자(autonomous transposable element) 전이효소 유전자를 가지고 있어서 자체적으로 이동할 수 있는 전이인자

자이레이스(gyrase) DNA 자이레이스 참조

작동자(operator, O) 억제인자 단백질이 결합할 수 있는 오페론에 있는 염기서열

작용기(functional group) 서로 공유결합을 한 화학 원소들의 집단으로, 작용기는 분자의 화학적 특성을 부여한다.

작용제(작용물질)(agonist) 수용체에 결합해서 수용체를 활성화하는 물질

잔류체(residual body) 소화가 중지되어 소화되지 않는 물질만 남아있는 성숙한 라이소솜

잡종(hybrid) 유전적으로 서로 다른 두 부모의 교배로 태어난 자손

재조합 DNA 기술(recombinant DNA technology) 둘 또는 그 이상의 공급원으로부터 온 DNA 단편을 연결하는 일군의 실험 기술

재조합 DNA 분자(recombinant DNA molecule) 재조합된 DNA 분자. 두 가지 다른 공급원에서 온 DNA 서열을 가진 DNA 분자

저밀도 지질단백질(low-density lipoprotein, LDL) 콜레스테롤 함유 단백질-지질 복합체로, 혈류를 통해서 콜레스테롤을 운반하고 세포에 의해 섭취되게 한다. 콜레스테롤 함량이 높아서 밀도가 낮다.

저장성 고분자(storage macromolecule) 특정 순서 없이 하나 또는 몇 종류의 소단위체로 구성된 중합체로, 단당류의 저장 형태로 작용한다. 예로 녹말과 글리코젠이 있다.

저장성 다당류(storage polyaccharide) 나중에 에너지를 생산하기 위해 세포에 저장되는, 고도로 분지된 당 및 당 유도체. 녹말과 글리코젠은 다당류의 가장 친숙한 유형이다.

저장액(hypotonic solution) 용질 농도가 세포 내부보다 더 낮은 용액. 저장액에서 물은 세포 안으로 들어가기에 세포벽이 없다면 터지게 된다.

적응효소 합성(adaptive enzyme synthesis) 세포의 필요에 따라서 효소의 합성이 조절되는 세포 내 효소 농도 조절 기작

전기(prophase) 염색체의 응축과 방추사의 조립 특징을 갖는 유사분열의 시작 단계. 감수분열의 전기 I은 더 복잡하며 세사기, 접합기, 태사기, 복사기, 이동기로 구성된다.

전기영동(electrophoresis) 전하를 띠는 분자들을 분리하기 위해 전기장을 이용하는 일군의 관련된 기술

전기 음성도(의)(electronegative) 전자를 끌어당기는 경향이 있는 원자의 성질

전기적 시냅스(electrical synapse) 두 신경세포 사이의 연접으로, 화학적 신경전달물질의 관여 없이 신경자극이 간극연접을 통한 이온의 직접적인 이동으로 전달되는 것

전기적 일(electrical work) 전기 퍼텐셜 기울기에 역행하여 막을 가로질러 이온을 수송하는 데 사용되는 에너지

전기적 흥분성(electrical excitability) 특정 종류의 자극에 대하여 일련의 빠른 막전위 변화(활동전위)로 반응하는 능력

전기 퍼텐셜(electrical potential, voltage) 반대의 전하를 띤 이온들이 서로를 향해 흘러가는 성향

전기화학 기울기(electrochemical gradient) 전기화학 퍼텐셜 참조

전기화학 양성자 기울기(electrochemical proton gradient) 전하 분리에 의한 전기적 요소와 막을 가로지르는 양성자 농도(pH) 차이로 인한 화학적 요소, 이 2가지를 모두 가진 막을 가로지르는 양성자의 기울기

전기화학 퍼텐셜(electrochemical potential) 막을 가로지르는 이온의 기울기로, 막전위에 의해 정량화되는 전하의 분리로 인한 전기적 요소 및 농도 요소의 두 가지가 있다. '전기화학 기울기'라고도 한다.

전기화학 평형(electrochemical equilibrium) 막을 가로지르는 특정 이온의 농도 기울기가 동일한 막을 가로지르는 전기 퍼텐셜과 균형이 맞는 조건. 이 경우에는 막을 가로지르는 이온의 순 이동은 없다.

전내부반사형광 현미경법(TIRF 현미경법)(total internal reflection fluorescence microscopy, TIRF microscopy) 광선이 굴절률이 다른 두 매질의 계면을 임계각 이상의 각도에서 치는 기술로, 모든 빛이 반사되어 입사 매질로 되돌아가게 한다. 계면의 ~100 nm 내에 위치한 형광 분자를 선택적으로 여기시킬 수 있게 해준다.

전령 RNA(messenger RNA, mRNA) 폴리펩타이드의 아미노산 서열을 결정하는 정보를 가진 RNA 분자

전류(current) 양이온 또는 음이온의 이동

전발암물질(precarcinogen) 간에 있는 효소에 의해 대사적으로 활성화된 다음에만 암을 일으킬 수 있는 물질

전방수송(anterograde transport) 소포체로부터

골지체를 거쳐 원형질막으로 물질이 이동하는 것

전분화능(만능)(pluripotent) 다양한 세포 유형을 형성할 수 있다. 배아줄기세포는 전분화능을 가지고 있다(역자 주: '전능'을 의미하는 'totipotent'와 구별된다).

전사(transcription) RNA 중합효소가 하나의 DNA 가닥을 주형으로 사용하여 상보적인 RNA 분자를 합성하는 과정

전사단위(transcription unit) 한번 전사될 때 끊어지지 않고 단 한 종류의 RNA 분자를 생산하는 DNA의 영역

전사 억제인자(transctiptional repressor) DNA에 결합하여 근처 유전자의 전사율을 감소시키는 조절단백질

전사인자(transcription factor) RNA 중합효소가 프로모터에 결합하여 최적의 전사 개시를 위해 필요한 단백질. 일반 전사인자와 조절성 전사인자 참조

전사 조절(transcriptional control) 특정 유전자가 전사되는 속도를 조절하는 데 관여하는 조절 메커니즘

전사 조절 도메인(transcription regulation domain) 전사인자의 한 도메인으로, DNA 결합 도메인과는 분명히 다르며, 전사의 조절을 담당한다.

전사체(transcriptome) 한 유전체에 의해 생산된 모든 종류의 RNA 분자

전사 활성인자(transcriptional activator) DNA에 결합하여 주변 유전자의 전사율을 증가시키는 조절단백질

전색소체(proplastid) 2중막으로 싸인 식물 세포질의 작은 세포소기관으로, 엽록체를 비롯한 몇 가지의 색소체로 발달할 수 있다.

전압(전기 퍼텐셜)(voltage) 반대의 전하를 딴 이온들이 서로를 향해서 흘러가는 성향

전압감지기(voltage sensor) 막전위 변화에 반응하게 하는 전압개폐성 이온 통로의 아미노산 단편

전압개폐성 이온 통로(voltage-gated ion channel) 막전위의 변화에 의해 투과도가 조절되는 이온 통로를 형성하는 내재 막단백질

전압개폐성 칼슘 통로(voltage-gated calcium channel) 시냅스전 뉴런의 말단에 있는 내재 막단백질로, 막전위에 의해 투과도가 조절되는 칼슘 이온 통로를 형성한다. 활동전위는 칼슘 통로가 열리게 하며, 칼슘이 세포 내로 들어와서 신경전달물질의 방출을 자극한다.

전유전체 연관연구(genome-wide association study, GWAS) 특정 유전 요소가 확률적으로 형질이나 질병과 연관되어 있는지를 확인하는 개체군 내 개체(또는 개체의 조직)의 유전 변이 연구. 종종 전유전체 서열분석을 수행한다.

전유전체 염기서열 결정(법)(샷건 염기서열 결정) (whole-genome sequencing, shotgun sequencing) 복잡한 혼합물에서 DNA의 작은 무작위 단편을 염기서열 분석한 다음, 컴퓨터를 사용하여 그 서열 데이터를 조립 및 정렬하여 작은 단편의 서열로부터 파생된 더 긴 서열을 생성하는 방법. 유전체 DNA 서열을 조립하는 데 자주 사용된다.

전이(metastasis) 종양세포가 혈류 또는 다른 체액을 통하여 먼 기관으로 퍼지는 것

전이상태(transition state) 화학반응에서 개시 단계보다 자유에너지가 더 높은 중간 단계로, 반응물은 이 단계를 거쳐야만 생산물이 된다.

전이상태 유사체(transition state analogue) 어떤 화합물이 효소촉매 반응의 중간 전이 상태와 유사하지만, 기능적 생성물로 전환될 수 없는 것을 의미한다.

전이소포(transition vesicle) 소포체에서 골지체로 지질과 단백질을 왕복 운반하는 막 소낭

전이온도(transition temperature, T_m) 온도가 내려가면 막의 유동성이 급하게 감소하고(어는), 온도를 올려주었을 때 다시 유동성이 증가하는 (녹는) 온도. 막에 존재하는 지방산의 사슬 종류에 의해 결정된다.

전이인자(트랜스포존)(transposable element, transposon) 염색체의 한 위치에서 다른 위치로 이동할 수 있는 DNA 서열

전자 단층촬영법(electron tomography) 3차원 전자 단층촬영법 참조

전자분무 이온화 질량분석법(electrospray ionization mass spectrometry, ESI MS) 질량/전하 비를 기반으로 펩타이드를 비롯한 고분자를 분석하는 데 유용한 질량분석법의 한 종류. ESI MS는 관심 있는 분자를 포함하는 이온화된 에어로졸을 만든 후 분광광도기에 넣어서 분석한다.

전자 왕복 수송계(electron shuttle system) NADH와 같은 환원된 조효소로부터 전자가 막을 가로질러 이동하는 몇 가지의 메커니즘. 가역적으로 환원될 수 있는 하나 또는 그 이상의 전자 운반체와 더불어 막에 있는 산화 또는 환원된 운반체 형태 모두에 대한 운반단백질로 구성되어 있다.

전자전달(electron transport) 산소 조건에서 조효소의 재산화 과정으로, 일련의 전자 운반체에 의해 산소로 단계적 전자전달이 이루어진다.

전자전달사슬(electron transport chain, ETC) 조효소 NADH와 $FADH_2$로부터 산소로 전자를 전달하는 일군의 막 결합 전자 운반체

전자총(electron gun) 전자현미경에서 전자빔을 생성하는 몇 가지 부품의 조립품

전자현미경(electron microscope) 세포의 구조를 보기 위해 전자의 빔을 사용하는 기구로, 세포의 구조를 조사한다. 해상도가 광학현미경보다 매우 크며, 세부적인 초미세 구조를 관찰할 수 있다.

전자현미경 사진(electron micrograph) 전자현미경의 상을 만드는 전자빔을 사진 건판에 노출시켜 제작한 시료의 사진 영상

전좌(translocation) 리보솜을 통한 3개 뉴클레오타이드 간격의 mRNA 이동으로, 다음 코돈을 번역할 위치로 가져다준다. (주의: '위치 변화'라는 의미의 전좌는 막의 통로를 통한 단백질의 이동 또는 염색체의 한 단편을 다른 비상동성 염색체로 이동시키는 것을 말할 때도 사용된다.)

전중기(prometaphase) 핵막의 소실 및 방추사에 염색체가 연결된 특징을 보이는 유사분열의 단계. '늦은 전기'라고도 한다.

전파(propagation) 활동전위가 발생 지점으로부터 막을 따라서 이동하는 것

전하 척력(반발작용)(charge repulsion) 동일한 전하의 두 이온, 분자 또는 분자의 부분들이 서로 떨어지도록 미는 힘

절단(이탈)(abscission) 동물 세포에서 딸세포 사이의 좁은 연결 통로 또는 중앙체를 절단하는 세포질분열의 마지막 단계

절대불응기(absolute refractory period) 신경세포의 소듐 통로가 불활성화되어서 탈분극에 의해 열릴 수 없는 짧은 기간

절대혐기(무산소)성 생물(obligate anaerobe) 전자 수용체로 산소를 이용할 수 없는 생물이므로, 산소 이외의 전자 수용체가 절대적으로 필요하다.

절대호기(산소)성 생물(obligate aerobe) 전자 수용체로 산소가 절대적으로 필요한 생물이므로, 무산소성 조건에서는 살 수가 없다.

절제수선(excision repair) 비정상적인 뉴클레오타이드를 제거하고 교체하는 DNA 수선(복구) 메커니즘

절편절단기(slicer) RISC에 있는 리보핵산 가수분해효소로 RISC가 결합한 위치에서 mRNA를 절단한다.

점성유지적응(homeoviscous adaptation) 환경 온도의 변화에도 불구하고 막의 점성도를 대략 동일하게 유지하기 위해 막의 지질 조성을 변경하는 것

점착성 말단(sticky end) 제한효소로 절단된 DNA 단편에서 나타나는 단일가닥 말단으로, 동일한 제한효소에 의해 생성된 다른 단편과 염기의 상보성 때문에 재결합하려는 성향을 가지고 있다.

접안렌즈(ocular lens) 현미경에서 관찰자가 들여다보는 렌즈. 대안렌즈라고도 한다.

접착연접(adherens junction) 액틴 미세섬유에 의해 세포골격에 연결된 세포와 세포 간의 부착 연접

접착용 세포족(lamellipodium, 복수형은 lamellipodia) 세포가 기어가는 동안 진핵세포의 표면으로부터 일시적으로 돌출하는 편평한 세포질의 조각

접합(conjugation) 한 박테리아 세포에서 다른 박테리아로 DNA가 전달되는 세포의 교배 과정

접합(시냅시스)(synapsis) 감수분열 전기 I의 접합기 동안 상동염색체끼리 결합하는 것

접합기(zygotene) 감수분열 전기 I 동안 상동염색체들이 접합에 의해 짝을 이루는 단계

접합자(zygote) 2개의 반수체 배우자의 융합에 의해 형성된 2배체 세포

정보 고분자(informational macromolecule) 동일하지 않은 소단위체들의 무작위적이 아닌 서열의 중합체로, 고분자의 기능과 활용에 중요한 정보를 저장하고 전달한다. DNA와 RNA가 정보 고분자이다.

정상 상태(안정 상태)(steady state) 하나의 열린 시스템에서 물질이 흘러가는 비평형 상태를 말하며, 따라서 계의 모든 구성 요소는 비평형 농도로 존재한다.

정자(sperm) 반수체 수컷 배우자로, 일반적으로 편모를 가지고 있다.

정지 시스터나 모델(stationary cisternae model) 골지의 각 구간을 안정된 구조로 가정하는 모델로, 인접한 시스터나 사이의 운반은 한 시스터나에서 떨어져 나와 다른 시스터나에 가서 융합하는 왕복 소낭에 의해 매개된다.

젖산 발효(lactate fermentation) 젖산을 최종산물로 하는 탄수화물의 무산소(혐기)성 이화작용

제노바이오틱스(xenobiotics) 생물체에게 외래 물질인 화학물질

제한/메틸화 시스템(restriction/methylation system) 제한효소에 의해 외래 DNA는 절단되지만 박테리아의 유전체는 사전에 메틸화 반응이 일어나 보호되는 시스템

제한점(확인점)(restriction point) 세포주기의 G1기 끝에 있는 제어 지점으로, S기로 진행하기에 적절한 조건이 될 때까지 세포주기를 중단할 수 있다. 대부분 세포 외부의 생장 요소 유무에 의해 조절된다. 효모에서는 Start라고 한다.

제한핵산내부가수분해효소(restriction endonuclease) 박테리아에서 분리된 일군의 효소들로, 외래 DNA 분자에서 일반적으로 4개 또는 6개(종종 8개 또는 그 이상) 염기쌍의 역상보성 염기서열(회문)을 인식하고 절단한다. 특정한 위치에서 DNA 분자를 절단하기 위해 재조합 DNA 기술에 사용된다.

제한효소 단편길이 다형성(restriction fragment length polymorphism, RFLP) DNA 염기서열의 작은 차이로 인해 생기는데, 제한효소지도에서 개인 간 차이를 보인다.

제한효소 절단자리(restriction site) 특정 제한핵산내부가수분해효소에 의해 절단되는, 일반적으로 4개 또는 6개(종종 8개 또는 그 이상도 가능) 염기쌍 길이의 DNA 염기서열

제한효소지도(restriction map) DNA 분자에서 다양한 제한효소의 절단 부위 위치를 나타낸 지도

젤여과 크로마토그래피(gel filtration chromatography) 분자를 크기에 따라 분리하는 크로마토그래피 유형. 다양한 크기의 구멍을 가진 알갱이로 채운 관에 분자를 넣으면 크기에 따라 분자의 이동 속도가 달라진다.

젤 전기영동(gel electrophoresis) 폴리아크릴아마이드 또는 아가로스로 만든 젤을 전기장에 놓고 단백질 또는 핵산을 분리하는 기술

조건성 생물(facultative organism) 상황에 따라 산소호흡 또는 무산소호흡을 할 수 있는 생물

조건적 이질염색질(facultative heterochromatin) 특정한 시기에 특정한 세포에서 특이적으로 응축되어 불활성 상태인 염색체의 영역. 항시적 이질염색질 참조

조절 부위(regulatory site) 다른자리입체성 부위 참조

조절분비(regulated secretion) 세포 외부의 특정 신호에 대한 반응으로, 분비낭이 원형질막과 융합하여 그 내용물을 세포 밖으로 방출하는 것

조절성 가벼운 사슬(regulatory light chain) 마이오신 가벼운 사슬 인산화효소에 의해 인산화된 마이오신의 가벼운 사슬로, 이로 인해 마이오신이 액틴 필라멘트와 상호작용하게 하여 근수축을 유발한다.

조절 소단위체(regulatory subunit) 다중 소단위체 효소에서 다른자리입체성 부위를 가진 한 소단위체

조절(성) 전사인자(regulatory transcription factor) 핵심 프로모터 바깥에 위치한 DNA 조절요소에 결합함으로써 하나 또는 그 이상의 특정 유전자의 전사 속도를 조절하는 단백질

조효소(coenzyme) 전자 또는 작용기의 운반체로서, 효소와 함께 작용하는 작은 유기분자

조효소 A(coenzyme A, CoA) 유기산과 고에너지의 황화에스터 결합을 형성함으로써 아실기의 운반체로 작용하는 유기물 분자

조효소 Q(coenayme Q, CoQ) 미토콘드리아의 전자전달계의 비단백질(퀴논) 성분으로, FMN- 및 FAD-연결 탈수소효소로부터 전자 수집처의 역할을 한다. 유비퀴논이라고도 한다.

조효소 Q-사이토크롬 *c* 산화환원효소(coenzyme Q-cytochrome *c* oxidoreductase) 복합체 III 참조

종결돌연변이(nonsense mutation) 종전에는 아미노산을 암호화하던 코돈을 종결코돈으로 전환시키는 염기의 변화

종결 신호(termination signal) 한 유전자의 끝부분에 위치한 DNA 서열로 전사의 종결을 야기한다.

종결코돈(stop codon) 리보솜이 단백질 합성을 중단할 것을 지시하는 mRNA에 있는 3개 염기서열. UAG, UAA, UGA가 일반적인 종결코돈으로 작용한다.

종결코돈 매개분해(nonsense-mediated decay) 조기 종결코돈을 가진 mRNA를 파괴하는 메커니즘

종양(tumor) 조절이 불가능한 세포 증식에 의해 유발되는 세포 덩어리. 양성 종양과 악성 종양 참조

종양 등급(tumor grading) 현미경적 모양에 근거하여 종양에 등급을 할당하는 것으로, 더 높은 등급의 암은 더 공격적으로 생장하고 퍼지며, 낮은 등급의 암에 비하여 치료 효과가 더 약하다.

종양바이러스(oncogenic virus) 암을 일으킬 수 있는 바이러스

종양 억제유전자(tumor suppressor gene) 결실이나 돌연변이에 의해 손실되거나 불활성화되면 암을 유발하는 유전자

종양유전자(oncogene) 암을 발생시키는 유전자. 원발암유전자라는 정상적인 세포 유전자의 돌연변이에 의해 생긴다.

종양 진행(tumor progression) 시간이 경과함에 따라 암세포가 더 비정상적 형질을 획득하면서 공격성이 증가하는 종양 특성의 점진적인 변화

주변 막단백질(peripheral membrane protein) 막의 표면에 약한 이온결합과 수소결합을 통해 결합된 친수성 단백질

주사전자현미경(scanning electron microscope, SEM) 전자선이 시료의 표면을 가로질러 주사(走査)하고, 시료의 바깥 표면으로부터 굴절된 전자들로 상을 형성하는 현미경

주사탐침현미경(scanning probe microscope) 시료의 표면상에서 이동하는 미소한 탐침을 사용함으로써 각 분자의 표면 구조를 볼 수 있게 해주는 기구

주형(template) 상보적 핵산의 합성을 위해 주형으로 사용되는 핵산

주형가닥(template strand) 상보적 염기 짝짓기를 통하여 RNA를 합성하는 주형으로 사용되는 DNA 2중나선의 한 가닥

주화성(chemotaxis) 화학유인제를 향하거나 화학기피제로부터 도망가는 세포의 이동

준안정성 상태(metastable state) 반응물질이 열역학적으로 불안정한, 반응을 위한 활성화 에너지 장벽을 초과하기에는 충분하지 못한 조건

줄(joule, J) 0.239칼로리에 해당하는 에너지의 단위

줄기세포(stem cell) 다양한 세포로 분화할 수 있는 무한 분열 능력을 가진 세포

중간골지 시스터나(medial cisterna) 시스골지망과 트랜스골지망의 막으로 된 관들 사이에 위치한 편평한 골지 복합체의 막 주머니

중간렌즈(광학현미경)[intermediate lens(light

microscope)] 광학현미경에서 접안렌즈와 대물렌즈 사이에 위치한 렌즈

중간렌즈(전자현미경)[intermediate lens(electron microscope)] 투과전자현미경에서 대물렌즈와 프로젝터 렌즈 사이에 위치한 전자기 렌즈

중간박막층(middle lamella) 합성될 식물 세포벽의 첫 번째 층. 원형질막으로부터 가장 멀리 위치하게 되며 인접한 세포를 붙잡는 기능을 한다.

중간섬유(intermediate filament, IF) 진핵세포에서 세포골격의 가장 안정적인 구성 성분인 단백질 필라멘트 집단. 직경이 8~12 nm이며, 이 값은 액틴 미세섬유와 튜불린 미세소관 직경의 사이에 있다.

중기(metaphase) 염색체가 적도면에 배열하는 체세포분열과 감수분열의 단계

중심립(centriole) 3중 미세소관 9세트로 구성된 구조로, 동물 세포의 중심체에 묻혀있다. 2개의 중심립이 직각으로 놓여있으며, 진핵세포 섬모와 편모의 기저체와 동일한 구조이다.

중심세관 쌍(central pair) 진핵세포 섬모 또는 편모의 축사의 중앙에 위치한 2개의 평행한 미세소관

중심액포(central vacuole) 많은 식물 세포에 존재하는 막으로 싸인 큰 세포소기관. 식물 세포가 팽압을 유지하는 것을 도우며, 세포내소화에서 라이소솜 유사 기능을 할 수 있다.

중심체(centrosome) 동물 세포의 핵에 인접하여 위치한 2개의 중심립을 싸고 있는 작은 과립성 물질 영역. 세포의 주된 미세소관 형성중심으로서 작용한다.

중앙체(midbody) 세포가 완전히 분리되기 전의 세포질분열기의 끝무렵에 동물 세포에서 발견되는 일시적인 구조물. 유사분열 방추사의 중간대로부터 파생된 미세소관 다발과 딸세포의 최종 분리에 도움이 될 수 있는 고밀도의 물질을 포함하고 있다.

중첩성 암호(degenerate code) 특정 아미노산에 대한 3자암호가 1개 이상인 것

중합체(polymer) 한 종류 이상의 단량 소단위체로 구성된 긴 화합물

중합효소 연쇄반응(polymerase chain reaction, PCR) 특정한 DNA 단편에 대해 (1) DNA 2중 나선의 두 가닥을 분리하기 위한 열처리, (2) 증폭될 DNA 단편의 두 끝에 위치한 서열에 대해 상보적인 프라이머 결합, (3) 프라이머를 시작점으로 DNA를 합성하는 DNA 중합효소 처리 과정을 반복적으로 시행하여 특정한 DNA 단편을 증폭시키는 반응

지도기반 클로닝(map-based cloning) 유전자 지도와 관련되어 클로닝한 DNA 단편에서 중복된 부분을 조립하는 데 사용되는 방법

지방산(fatty acid) 한 끝에 카복실기를 가지며, 양친매성인 가지가 없는 긴 탄화수소 사슬. 일반적으로 짝수의 탄소 원자를 가지며 불포화 정도는 다양할 수 있다.

지방산 고정 막단백질(fatty acid-anchored membrane protein) 막의 표면에 위치하는 단백질로, 지질2중층에 묻혀있는 지방산과 공유결합을 한다.

지연가닥(lagging strand) DNA 복제에서 3′ → 5′ 방향으로 신장하는 DNA 가닥으로, 실제로는 5′ → 3′ 방향으로 작은 단편을 불연속적으로 합성한 다음에 인접 단편들을 연결한다. 선도가닥 참조

지질(lipid) 물에는 잘 녹지 않거나 불용성이지만 유기 용매에 녹는, 크고 화학적으로 다양한 종류의 유기화합물

지질고정 막단백질(lipid-anchored membrane protein) 지질 2중층에 있는 하나 또는 그 이상의 지질 분자와 공유결합을 한, 막 표면에 위치한 단백질. 지방산 고정 막단백질, 프레닐 막단백질, GPI 고정 막단백질 참조

지질 뗏목(lipid raft) 막 지질의 국부적 영역으로 흔히 콜레스테롤과 글리코스핑고지질 함량이 많은 특징이 있으며, 이것이 세포 신호에 관련된 단백질을 붙잡아 격리하고 있다. '지질 미세구역'이라고도 한다.

지질2중층(lipid bilayer) 막 구조의 단위로, 지질 분자(주로 인지질) 두 층으로 구성되며, 인지질의 소수성 꼬리는 서로를 향하여 배열하고 극성 영역은 2중층 바깥의 수질 환경을 마주하고 있다.

직렬반복 DNA(tandemly repeated DNA) 반복 DNA 서열로, 복수의 사본이 서로 인접해 있다.

직렬질량분석법(tandem mass spectrometry, MS/MS) 분자를 분류한 다음, 첫 번째 MS와 두 번째 MS 사이에 펩타이드 단편을 만들어서 질량/전하 특성을 기반으로 분석하는 질량분석법. 펩타이드 단편의 복잡한 혼합물을 분리하는 데 종종 유용하다.

직접 능동수송(direct active transport) 막을 통한 용질 분자 또는 이온의 이동이 직접적으로 자유 에너지 감소성 화학반응에 가장 보편적인 수송으로 ATP 가수분해에 연결되어 이루어지는 막 수송

진공증발기(vacuum evaporator) 금속 전극과 탄소 전극을 가진 진공을 만들 수 있는 종 모양의 항아리. 생물 시료의 표면의 금속 복제품을 만드는 데 사용된다.

진정염색체(euchromatin) 간기 동안 존재하는, 느슨하게 포장되고 응축되지 않은 형태의 염색질. 활동적으로 전사되고 있는 DNA를 함유하고 있다. 이질염색질 참조

진핵생물(eukaryote) 막으로 싸인 핵과 세포소기관의 존재가 특징인 세포를 지닌 생물의 분류군.

식물, 동물, 균류, 조류, 원생생물을 포함한다.

진핵생물계(Eukarya) 생물들의 3역 중의 하나이며, 나머지 둘은 박테리아와 고세균이다. 단세포 및 다세포 생물로 구성된 역으로 진핵생물이라고 하며, 세포는 막으로 싸인 핵 및 세포소기관을 가지고 있다.

진행(progression) 종양 진행 참조

질량분석법(mass spectrometry) 단백질 또는 단백질 단편을 질량과 전하의 차이에 근거하여 빠르게 분리하기 위해 자기장과 전기장을 사용하는 극히 정밀한 기술

집광렌즈(condenser lens) 광학현미경(또는 전자현미경)에서 광원으로부터 시료를 향하여 광선(또는 전자빔)을 모아주는 첫 번째 렌즈

집단 특이성(group specificity) 일부 공통적인 구조적 특징을 가진 기질 모두에 대해 작용하는 효소의 능력

짧은 직렬반복(short tandem repeat, STR) 짧은 DNA 반복서열로, 개인 간에 그 길이의 다양성을 기반으로 DNA 지문채취법을 수행한다.

ㅊ

차등 원심분리법(differential centrifugation) 세포 분획을 고속에서 원심분리하여 입자들을 침강 속도 차이에 근거하여 분리시키는 기법으로, 크기 또는 밀도가 다른 세포소기관 또는 분자들을 분리하는 기술

차등 주사 열량측정법(differential scanning calorimetry) 막이 젤에서 유동 상태로 전이되는 동안 열의 흡수를 측정함으로써 막의 전이온도를 결정하는 기술

차등간섭대조 현미경법(DIC 현미경법)(differential interference contrast microscopy, DIC microscopy) 원리는 위상차현미경과 유사한 기술이지만, 빛을 2개의 분리된 광선으로 나누는 특수 프리즘을 사용하기 때문에 더 민감하다.

차세대 DNA 염기서열 분석법(next-generation DNA sequencing) 생어(디데옥시)의 염기서열 결정 기술을 대체하고 짧은서열 분석에 집중하는, 고효율의 염기서열 분석 기술

철 반응요소(iron-response element, IRE) mRNA에서 발견되는 짧은 염기서열로, 그 번역과 안정성이 철에 의해 조절된다. IRE 결합단백질에 대한 결합자리

철-황 단백질(iron-sulfur protein) 4개의 시스테인과 복합체를 이룬 철과 황 원자를 가진 단백질로, 전자전달계에서 전자 운반체로 작용한다.

초고속원심분리기(utracentrifuge) 크기, 모양, 밀도에 근거하여 세포 구조물과 고분자를 분리하기에 충분히 큰 원심력을 낼 수 있는 기계

초기 반응 속도(initial reaction velocity, v) 기질

농도가 충분하면서 산물의 양도 역반응을 일으키기에는 너무나 적은 상태에서 일정 시간 동안 측정한 반응 속도

초기 엔도솜(early endosome) 세포내섭취에 의해 세포 안으로 들어온 세포 외부 물질을 분류하고 재활용하는 트랜스골지망에서 떨어져 나온 소낭

초나선 DNA(supercoiled DNA) 환상의 DNA 분자 또는 양끝이 고정된 DNA 고리에서 DNA 2중나선이 더 꼬이는 것

초박편제작기(ultramicrotome) 전자현미경 관찰을 위해 포매한 생물 시료를 아주 얇은 박편으로 자르는 데 사용되는 기계

초점거리(focal length) 렌즈의 중심과 렌즈를 통과한 광선이 수렴하는 초점 사이의 거리

초점부착(focal adhesion) 세포 표면의 인테그린 분자와 세포외기질 사이의 국소 부착점. 몇 개의 연결단백질을 통해 세포골격 액틴 필라멘트 다발과 상호작용하는 인테그린 분자를 가지고 있다.

초해상도 현미경법(superresolution microscopy) 광학현미경에서 Abbé 방정식에 의한 회절로 인해 예측된 이론적 한계보다 더 큰 해상도로 물체를 시각화할 수 있는 일련의 관련 기술

촉매(catalyst) 자신은 소모되지 않으면서 활성화 에너지를 낮춤으로써 반응 속도를 향상시키는 인자. 촉매는 자유에너지의 변화가 아니라 평형에 이르는 속도를 변화시킨다.

촉매 소단위체(catalytic subunit) 다중소단위체 효소에서 촉매 부위를 가진 소단위체

촉진(암 발생의 단계)[promotion(stage of carcinogenesis)] 앞서 개시성 발암물질에 노출된 세포들이 이어서 세포 증식 촉진제에 의해 암세포로 전환되는 점진적 과정

촉진확산(facilitated diffusion) 막단백질을 통해 막을 가로지르는 기질의 이동으로, 전기화학 기울기를 따라 내려가면서 이온 또는 분자가 운반되기 때문에 에너지가 필요하지 않다.

최대 속도(maximum velocity, V_{max}) 기질 농도가 무한정일 때 효소에 의해 촉매된 반응에서 반응 속도의 최대치

최대 ATP 수율(maximum ATP yield) 산소호흡에 의해 산화된 포도당 분자당 생산된 최대 ATP의 양. 일반적으로 원핵세포에서 ATP 38분자, 진핵세포에 대해서는 36분자

최종산물 억제(end-product repression) 최종산물이 그 산물을 생산하는 데 관여하는 효소의 합성을 억제하는 능력에 근거를 둔 동화 과정의 조절

최종산물 저해(end-product inhibition) 피드백억제 참조

축사(axoneme) 진핵 섬모 또는 편모의 골격을 형성하는 상호 연결된 미세소관의 집단으로, 일반적으로 한 쌍의 중심 미세소관을 둘러싸는 9개의 외부 2중미세소관으로 배열되어 있다.

축사 디네인(axonemal dynein) 섬모와 편모의 축사에 있는 운동성 단백질로, ATP의 가수분해 에너지에 의해 미세소관 표면을 따라서 이동함으로써 축사의 운동성을 생성한다.

축사 미세소관(axonemal microtubule) 진핵 섬모와 편모의 축사에 고도로 규칙적인 다발로 존재하는 미세소관

축삭(axon) 세포체로부터 자극을 전파하는 신경세포의 확장 부위

축삭둔덕(axon hillock) 활동전위가 가장 쉽게 개시되는 축삭의 기부 영역

축삭세포질(axoplasm) 신경세포의 축삭 내부 세포질

축삭수송(axonal transport) 빠른 축삭수송 참조

축합반응(condensation reaction) 물 한 분자를 제거함으로써 두 분자를 연결시키는 화학반응

출구 자리(exit site) E 자리 참조

측면 팔(sidearm) 진핵세포 섬모 또는 편모의 축사에 있는 9개의 외부 2중세관의 A 세관 각각으로부터 돌출된, 축사 디네인으로 구성된 구조

측면확산(lateral diffusion) 막의 평면에서 막지질 또는 단백질의 확산

친수성(hydrophilic) 극성기의 우세로 인해 물에 녹거나 쉽게 어울리는 분자 또는 분자의 부위를 나타낸다.

친화성 크로마토그래피(affinity chromatography) 이온(예: Ni^{2+}) 또는 기타 분자(예: 말토스, 글루타티온, 항체)를 작은 지지물의 표면에 부착한 다음, 꼬리표(태그)가 붙은 단백질 또는 내인성 단백질을 정제하는 데 사용할 수 있는 크로마토그래피의 한 유형

침강계수(sedimentation coefficient) 입자 또는 고분자가 원심력장에서 이동하는 속도에 대한 척도. 스베드베리 단위로 나타낸다.

침강 속도(sedimentation rate) 원심력을 주었을 때 분자 또는 입자가 용액을 통하여 이동하는 속도

침입(invasion) 암세포들이 인접한 조직으로 직접 퍼지는 것

침전물(pellet) 원심분리 동안 원심분리관의 바닥에 침전하는 물질

ㅋ

카로티노이드(carotenoid) 대부분 식물종에서 발견되는 보조 색소 중 하나이며, 가시광선 스펙트럼의 청색 영역(420~480 nm)을 흡수하므로 황색 또는 오렌지색이다.

카복시좀(carboxysome) 남세균에서 탄소 고정에 중요한 효소인 탄산탈수효소 및 루비스코를 포함하는 다면체 단백질 구조

카세트 메커니즘(cassette mechanism) 효모의 교배형에 대한 선택적 대립유전자가 전사를 위해 MAT 자리에 삽입되는 DNA 재배열 과정

카스페이스(caspase) 세포자멸의 한 과정에서 다른 세포 단백질을 분해하는 모든 단백질분해효소

카타스트로핀(catastrophin) 미세소관의 말단으로부터 소단위체의 분리를 촉진함으로써 미세소관의 탈중합을 촉진하는 키네신 집단의 단백질

카테콜아민(catecholamine) 아미노산 타이로신에서 유래한 화합물질로, 호르몬 또는 신경전달물질로 작용한다.

칼넥신(calnexin) 새로 합성된 당단백질과 복합체를 형성하고 그 당단백질의 적절한 접힘을 돕는 소포체의 막 결합단백질

칼레티큘린(calreticulin) 새로 합성된 당단백질과 복합체를 형성하고, 그 당단백질의 적절한 접힘을 돕는 소포체의 수용성 단백질

칼로리(calorie, cal) 에너지의 단위. 1 g의 물을 1°C만큼 높이는 데 필요한 열량

칼모듈린(calmodulin) 진핵세포에서 칼슘 이온의 세포 내 효과를 매개하는 데 관여하는 칼슘결합단백질

칼슘 이온통로구(calcium ionophore) 칼슘 이온에 대한 막의 투과도를 증가시키는 분자

칼슘 지시약(지표)(calcium indicator) 세포액의 국부적인 칼슘 농도에 반응하여 형광이 나타나는 염료 또는 유전공학적 단백질

칼슘 ATP 가수분해효소(calcium ATPase) ATP 가수분해에서 유도된 에너지를 사용하여 막을 가로질러 칼슘 이온을 운반하는 막단백질. 예로 근소포체(SR)가 있으며, 여기에서 칼슘 ATP 가수분해효소는 칼슘 이온을 근소포체 내부로 퍼나른다.

캐드헤린(cadherin) 인접 세포들 간에 Ca^{2+} 의존적 부착을 매개하는, 원형질막에 있는 당단백질 집단

캘빈 회로(calvin cycle) 이산화탄소의 고정 및 탄수화물을 형성하기 위한 환원 과정을 통해 광합성 생물이 사용하는 일련의 주기성 반응

캡 결합 복합체(cap-binding complex, CBC) mRNA 전사체의 5′ 캡에 결합된 단백질 복합체

캡형성 단백질(capping protein) 액틴 미세섬유의 말단에 결합하는 단백질로, 더 이상 소단위체의 첨가 또는 유실을 방지해준다.

코넥손(connexon) 원형질막에 있는 간극연접에서 가운데 구멍을 가진 통로를 형성하는 6개의 단백질 소단위체(코넥신)로 구성되어 있다.

코돈(codon) 단백질 합성 동안 1개의 아미노산(개시 및 종결 신호 포함)에 대한 암호 단위로 작용하는, mRNA 상의 3개의 뉴클레오타이드

코돈 사용빈도 편향(codon usage bias) 어떤 종의

mRNA에서 동의코돈 중 특정 코돈을 더 많이 사용하는 것

코스미드(cosmid) λ 파지의 cos 서열을 포함하는 박테리아 플라스미드. 코스미드는 표준 플라스미드보다 훨씬 큰 DNA 단편을 삽입할 수 있으므로 유전체 DNA 라이브러리를 생성하는 데 유용하다.

코작 서열(Kozak sequence) 번역 개시 부위(AUG) 및 인접한 염기를 포함하는 진핵 mRNA의 공통서열로, 리보솜이 mRNA에 결합한 후 AUG를 인식할 수 있게 한다.

코헤신(cohesin) 후기 이전에 자매염색분체들을 함께 붙잡고 있는 단백질

콘티그(contig) 'contiguous(인접한)'의 약어인 콘티그는 DNA 단편들에서 서로 겹치는 부분을 이용하여 하나의 큰 DNA 염기서열을 완성하는 데 사용된다. 콘티그는 유전체 DNA를 포함하여 매우 큰 DNA 단편의 염기서열 분석 프로젝트 중에 조립된다.

콜라젠(collagen) 동물의 세포외기질에 고농도로 존재하며, 고강도의 섬유를 형성하는 일군의 밀접한 관련 단백질

콜라젠 섬유(collagen fiber) 직경이 몇 마이크로미터이며, 세포외기질에서 발견되는 매우 강한 섬유. 콜라젠 섬유소로부터 만들어지며, 그 섬유소는 어긋나게 배열된 콜라젠 분자들로 구성되어 있다.

콜레스테롤(cholesterol) 동물 세포막의 지질 조성물질. 스테로이드 호르몬의 전구물질로 사용된다.

콜린성 시냅스(cholinergic synapse) 신경전달물질로 아세틸콜린을 사용하는 시냅스

콜히친(colchicine) 튜불린에 결합하여 미세소관의 중합을 방지하는, 식물에서 유래한 약물

크레브스 회로(Krebs cycle) 트라이카복실산 회로 참조

크로마토그래피(chromatography) 분자의 크기, 전하, 소수성, 특정한 화학 작용기에 대한 친화도의 차이를 반영하는 크로마토그래피. 2종류의 상에 대한 분자들의 상대적 친화도에 근거한, 비이동성 흡수상에 대한 액체상의 흐름을 이용하여 분자들을 분리하는 일련의 연관된 기술

크리스타(crista, 복수형은 cristae) 미토콘드리아의 기질로, 미토콘드리아의 내막이 접혀 내막의 총표면적을 증가시킨다. 전자전달과 산화적 인산화효소를 함유하고 있다.

크리스퍼(clustered regularly interspaced short palindromic repeat, CRISPR) 박테리아 및 고세균의 DNA 요소로, 바이러스 DNA에 대한 상동성을 가진 서열이 반복서열 사이에 산재되어 있다. 크리스퍼는 전사되어 crRNA로 가공된 후, 해당 외래(예: 바이러스) RNA를 분해할 수 있다.

크리스퍼 기법은 유전체 편집에 활용된다.

클라스린(clathrin) 세포내섭취작용과 기타 세포 내 수송 과정에서 피막소포와 피막소공의 주변에 울타리를 형성하는 큰 단백질

클라스린 의존성 세포내섭취(clathrin-dependent endocytosis) 수용체 매개 세포내섭취 참조

클라우딘(claudin) 밀착연접의 주요 구조 성분인 막관통 단백질

클로닝 벡터(cloning vector) 숙주세포(일반적으로 세균)에서 관심 있는 DNA 단편을 연결하고 운반할 수 있는 DNA 분자. 파지와 플라스미드 DNA가 가장 보편적인 클로닝 벡터이다.

클론(clone) 유래한 생물체(또는 세포, 분자)와 유전적으로 동일한 생물체(또는 세포, 분자)

키네신(kinesin) ATP 가수분해의 에너지를 이용하여 미세소관을 따라서 운동을 하는 운동단백질 집단

키메라 항원 수용체 T 세포(CAR T 세포)(chimeric antigen receptor T cell, CAR T cell) 암 환자의 T 세포가 암세포 표면에 있는 특정 분자에 결합하여 암세포를 공격하도록 자극하는 특수 하이브리드 수용체(키메라 항원 수용체 또는 CAR)를 의미하며, 실험실에서 유전공학 기법으로 변형시킨다.

키틴(chitin) 곤충과 갑각류의 외골격에서 발견되는 구조적 다당류. $\beta(1 \rightarrow 4)$ 결합으로 연결된 N-아세틸글루코사민 단위체들로 구성되어 있다.

킬로칼로리(kilocalorie, kcal) 에너지 단위. 1 kcal = 1,000칼로리

ㅌ

타이민(thymine, T) 화학적으로 피리미딘으로 명명된 질소 함유 방향족 염기로, 다른 염기와 함께 특정한 서열로 DNA에 존재할 때는 하나의 정보 단위체로 작용한다. 수소결합에 의해 아데닌(A)과 상보적 염기쌍을 이룬다.

탄소 고정(carbon fixation) 탄소 동화 참조

탄소 동화(carbon assimilation) 이산화탄소에서 완전히 산화된 탄소 원자가 유기 수용체 분자에 고정(공유결합)되고 환원됨으로써 탄수화물과 세포를 형성하는 데 필요한 유기 화합물을 만들도록 재배열되는 광합성 경로

탄소 원자(carbon atom) 생물 분자에서 가장 중요한 원자이며, 4개의 공유결합을 형성할 수 있다.

탄수화물(carbohydrate) 탄소, 수소, 산소를 $C_n(H_2O)_n$ 비율로 가진 분자에 대한 일반적 명칭. 예로는 녹말, 글리코젠, 셀룰로스가 있다.

탄화수소(hydrocarbon) 탄소와 수소로만 구성된 유기분자. 일반적으로 살아있는 세포에서 발견되지 않는다.

탈분극(depolarization) 막전위가 양의 값 쪽으로 변하는 것

탈분극의 수동적 전파(passive spread of depolarization) 막의 탈분극 영역으로부터 양이온(대부분 K^+)이 빠져나가, 전위가 더 음성인 옆의 영역으로 이동하는 과정

탈수소화(반응)(dehydrogenation) 유기분자로부터 전자와 수소 이온(양자)을 제거한다. 산화반응

탈유비퀴틴 효소(deubiquitinating enzyme, DUB) 번역후 가공 과정에서 가역적인 유비퀴틴 반응에 작용하는 효소. 특정 표적 단백질에서 유비퀴틴 또는 폴리유비퀴틴 사슬을 제거할 수 있다.

탈인산화(dephosphorylation) 인산기의 제거

탐침(핵산)[probe(mucleic acid)] 탐침에 대해 상보적인 서열을 가진 핵산을 동정하기 위한 혼성화 실험에 사용되는 단일가닥의 핵산

태사기(pachytene) 감수분열 전기 I의 한 단계로, 상동염색체들 사이에 교차가 일어난다.

택솔(taxol) 파클리탁셀 참조

테르펜(terpene) 5탄소 화합물인 아이소프렌과 그 유도물질로부터 만들어진 지질로, 다양한 조합으로 서로 연결되어 있다.

텔로머레이스(말단소체 복원효소)(telomerase) 염색체의 말단에서 추가적인 반복서열의 사본을 만드는 특별한 DNA 중합효소의 일종

토포아이소머레이스(topoisomerase) 일시적으로 DNA의 하나 또는 두 가닥을 절단함으로써 이완된 형태와 초나선형 DNA 간의 상호 전환을 촉매하는 효소

통과 서열(transit sequence) 완성된 폴리펩타이드 사슬에 있는, 미토콘드리아 또는 엽록체를 표적으로 하는 아미노산 서열

통과세포외배출(transcytosis) 세포의 한쪽에서 외부 물질을 소낭으로 세포내섭취하여 반대쪽의 원형질막에 융합함으로써 세포를 가로질러 물질을 방출하는 것

통로 개폐(channel gating) 적절한 자극에 반응하여 이온 통로가 즉시 다시 열릴 수 있는 개폐 방식

통로 단백질(channel protein) 친수성 통로를 형성하는 막단백질로, 통로 단백질의 구조 변화 없이 막을 가로질러 용질을 통과시킨다.

통로 불활성화(channel inactivation) 즉시 다시 열릴 수 없는 방식으로 막의 이온 통로가 닫히는 것

투과전자현미경(transmission electron microscope, TEM) 시료를 통과하는 전자에 의해 상이 형성되는 전자현미경

투사렌즈(projector lens) 투과전자현미경에서 중간 렌즈와 관찰 스크린 사이에 위치한 전자기 렌즈

투영법(shadowing) 가열된 전극으로부터 생물 시료 위에 전자 밀도가 높은 금속을 얇게 침착시

키는 것으로, 전극을 향하고 있는 표면은 코팅이 되는 데 비하여 반대로 향한 표면은 코팅이 이루어지지 않는다.

튜불린(tubulin) 미세소관의 주된 구성 성분인 관련 단백질 집단. 알파튜불린, 베타 튜불린, 감마 튜불린, 감마 튜불린 고리 복합체 참조

트라이뉴클레오타이드 반복(trinucleotide repeat) DNA에서 3개의 염기로 구성된 서열이 반복적으로 나타나는 것. 복제 중 가닥 활주를 유발할 수 있고, 일부 유전자에 추가로 반복되면 트라이뉴클레오타이드 반복 질병을 유발할 수 있다.

트라이아실글리세롤(triacylglycerol) 3개의 지방산이 연결된 글리세롤 분자. 트라이글리세라이드라고도 한다.

트라이카복실산 회로(TCA 회로)(tricarboxylic acid cycle, TCA cycle) 산소의 존재하에서 아세틸 CoA를 이산화탄소로 산화시키는 대사경로로, ATP와 환원된 조효소 NADH와 FADH를 생산한다. '크레브스 회로'라고도 한다.

트랜스골지망(trans-Golgi network, TGN) 시스 골지망의 반대쪽에 위치하며, 막으로 싸인 세관들의 망상 구조로 구성된 골지복합체의 한 영역

트랜스작용인자(trans-acting factor) 특정한 DNA 서열에 결합함으로써 기능을 행사하는 조절단백질

트랜스포존(transposon) 전이인자 참조

트로포닌(troponin) 근수축을 활성화하는 칼슘-민감성 스위치의 구성 요소로 작용하는 3개의 폴리펩타이드(TnI, TnC, TnT) 복합체. 칼슘 이온이 존재하면 트로포마이오신을 이동시켜 근수축을 활성화한다.

트로포마이오신(tropomyosin) 근육세포에서 액틴 필라멘트와 결합된 긴 막대와 같은 단백질로, 근육의 수축을 활성화하는 칼슘-민감성 스위치의 구성 요소로 작용한다. 칼슘 이온이 결핍되면 액틴과 마이오신의 상호작용을 막는다.

트리스켈리온(triskelion) 클라스린 분자에 의해 형성된 구조로, 3개의 폴리펩타이드가 중앙 정점으로부터 방사상으로 뻗어있다. 클라스린 피막의 기본 조립 단위

특수 쌍(special pair) 태양 에너지를 화학 에너지로 전환하는 광계의 반응중심에 위치한 2개의 엽록소 *a* 분자

특정부위 돌연변이 유발(site-directed mutagenesis) 특정 돌연변이를 DNA 염기서열에 도입하는 기술. 특히 점돌연변이를 만들 수 있으며, 그 효과를 연구할 수 있다.

틀이동돌연변이(frameshift mutation) DNA 분자에서 하나 또는 그 이상의 염기 삽입 또는 결실로, mRNA 분자의 정보를 왜곡시켜 번역틀에 변화를 유발한다.

틸라코이드(thylakoid) 엽록체 스트로마에 떠있는 편평한 막 주머니. 일반적으로 그라나라는 층상으로 배열되어 있다. 광합성의 광요구 반응에 관련된 색소, 효소, 전자 운반체를 가지고 있다.

틸라코이드 내강(thylakoid lumen) 그라나와 스트로마 틸라코이드에 의해 둘러싸인 안쪽 구획

ㅍ

파이브로넥틴(fibronectin) 세포외기질에서 발견되는 접착성 당단백질로, 세포 표면과 느슨하게 결합하고 있다. 세포를 세포외기질에 결합시키며, 세포의 모양 결정과 세포 이동의 길잡이에 중요하다.

파이코빌린(phycobilin) 홍조류와 남세균에서 발견되는 보조 색소로, 초록에서 오렌지색 범위의 파장을 흡수하여, 이들 세포가 특징적인 색깔을 갖게 한다.

파이토스테롤(식물스테롤)(phytosterol) 식물 세포에 막에서 특이적으로 또는 주로 발견되는 몇 가지의 스테롤. 예로서 캄페스테롤, 시토스테롤, 스티그마스테롤 등이 있다.

파장(wavelength) 2개의 연속된 파동에서 정점 간의 간격

파지(phage) 박테리오파지 참조

파클리탁셀(paclitaxel) 원래 태평양 주목나무(*Taxus brevifolia*)의 껍질에서 추출한 약물로, 미세소관에 단단히 결합하고 안정화하기에 세포의 유리된 튜불린 대부분을 미세소관으로 조립한다. 원래 명칭은 택솔이었다.

팝 도말법(Pap smear) 경부암의 조기 탐지를 위한 검사 기술로, 질 분비물 시료에서 얻은 세포를 현미경으로 조사한다.

패치고정(patch clamping) 세포의 표면에 작은 마이크로 피펫을 올려놓고 개별 이온 통로를 통한 이온들의 이동을 측정하는 데 사용하는 기술

팽압(turgor pressure) 바깥보다 세포 내부의 용질 농도가 더 높아서 물이 안으로 들어오기 때문에 높아지는 압력. 충분히 물을 먹은 식물과 기타 생물의 세포 또는 조직의 견고성 및 팽창을 야기한다.

퍼옥시솜(peroxisome) 단일막으로 싸인 세포소기관으로, 카탈레이스와 하나 또는 그 이상의 과산화수소를 생성하는 산화효소를 가지고 있어서 과산화수소 대사에 관여한다. 잎 퍼옥시솜 참조

페레독신(ferredoxin, Fd) 광합성의 에너지 전환 반응 동안 광계 I에서 $NADP^+$로 전자를 전달하는 데 관여하는, 엽록체의 스트로마에 있는 철-황 단백질

페레독신-NADP⁺ 환원효소(ferredoxin-$NADP^+$ reductase, FNR) 틸라코이드막의 스트로마 쪽에 위치한 효소로, 페레독신에서 $NADP^+$로 전자 전달을 촉매한다.

펙틴(pectin) 가지친 다당류로 갈락투론산과 람노스가 풍부하다. 식물 세포벽에서 발견되며, 여기에서 이들은 셀룰로스 미세섬유소가 함유된 기질을 형성한다.

펩타이드 결합(peptide bond) 한 아미노산의 카복실기와 다음 아미노산의 아미노기 사이의 공유결합

펩타이드기 전달효소(peptidyl transferase) 리보솜 큰 소단위체의 rRNA가 가진 효소 활성으로, 단백질 합성에서 펩타이드 결합의 형성을 촉매한다.

편모(flagellum, 복수형은 fagella) 진핵세포의 표면에 막으로 싸인 부속물로, 미세소관들의 특정한 배열로 구성되어 있으며 세포의 운동을 담당한다. 밀접한 관계에 있는 섬모라고 하는 세포소기관보다 더 길고 숫자는 더 적다(일반적으로 세포당 1개 또는 몇 개이다). 섬모 참조

편모 내 수송(intraflagellar transport, IFT) 구성 요소가 편모의 끝으로 또는 끝에서부터 이동하는 것으로, 모두 미세소관 플러스(+) 또는 마이너스(−) 운동단백질에 의해 가동된다.

평형밀도 원심분리법(equilibrium density centrifugation) 원심분리 시험관의 꼭대기에서 바닥으로 가면서 밀도가 증가하는 용액에서 원심분리를 시켜 세포 성분을 분리하는 데 사용하는 기술. 원심분리 동안 세포소기관 또는 분자가 자신의 밀도와 동일한 밀도층에서 이동이 중단되는데, 그 이유는 더 이상 그 물질에 알짜힘이 작용하지 않기 때문이다.

평형상수(equilibrium constant, K_{eq}) 반응이 평형 상태에 도달했을 때 주어진 반응에서 반응물질의 농도에 대한 생산물 농도의 비율

평형전위(역전전위)(equilibrium potential, reversal potential) 주어진 이온에 대하여 농도 기울기의 효과를 정확히 상쇄하는 막전위

평활근(smooth muscle) 위, 내장, 자궁, 혈관과 같은 불수의적 수축을 담당하는 민무늬 근육

포낭(胞囊)(caveolae) 카베올린(caveolin)으로 피복된 원형질막의 작은 함입 구조물. 콜레스테롤이 풍부한 일종의 지방 부유물로, 콜레스테롤의 섭취 또는 신호전달에 관여한다.

포도당(glucose) 세포의 에너지 대사의 출발점에서 광범위하게 사용되는 6탄당

포도당신생(과정)(gluconeogenesis) 아미노산, 글리세롤, 젖산 같은 선구물질로부터 포도당의 합성. 간에서 본질적으로 해당과정의 역과정을 통해 일어난다.

포도당 운반체(glucose transporter, GLUT) 포도당의 촉진확산을 담당하는 막의 운반단백질

포르민(formin) 액틴 필라멘트의 빠르게 성장하는 말단과 결합하는 액틴 중합에 관여하는 단백질. 대부분의 포르민은 Rho-GTPase 효과기 단

백질이다.

포린(porin) 작은 친수성 분자들의 확산을 촉진하기 위해 구멍을 형성하는 막관통 단백질. 미토콘드리아, 엽록체 및 많은 세균의 외막에서 발견된다.

포스파티드산(phosphatidic acid) 포스포글리세라이드의 기본 요소. 2개의 지방산과 하나의 인산기가 글리세롤에 에스터 결합으로 연결된 것. 다른 포스포글리세라이드의 합성에서 핵심 중간산물

포스포글리세라이드(phosphoglyceride) 세포막의 주된 인지질 구성 성분으로, 2분자의 지방산과 하나의 인산기가 에스터 결합을 통해 글리세롤과 연결되어 있다.

포스포스핑고지질(phosphosphingolipid) 일부 세포막의 주요 인지질인 양친매성 인산염을 함유한 스핑고지질

포자(spore) 반수체 포자 참조

포자체(sporophyte) 반수체와 2배체의 사이를 교번하는 생물의 생활사에서 2배체 세대. 감수분열에 의해 포자를 생산한다.

포장률(packing ratio) DNA 포장률 참조

포화(saturation) 한정된 수의 효소에 의한 효소촉매 반응에서 최대 속도일 때의 기질 농도

포화지방산(saturated fatty acid) 2중 결합이나 3중 결합이 없는 지방산으로, 사슬의 모든 탄소 원자가 최대 수의 수소 원자와 결합되어 있다.

폴리(A) 결합단백질[poly(A)-binding protein, PABP] 진핵생물 mRNA의 폴리(A) 꼬리에 결합하는 단백질. 번역 개시에 관여하는 단백질과 복합체를 형성할 수 있다.

폴리(A) 꼬리[poly(A) tail] 전사가 완성된 다음, 대부분 진핵 mRNA의 3′ 말단에 첨가된 50~250개의 아데닌 뉴클레오타이드 서열

폴리뉴클레오타이드(polynucleotide) 인산다이에스터 결합으로 연결된 뉴클레오타이드의 선상 사슬

폴리리보솜(폴리솜)(polyribosome, polysome) 단일 mRNA를 동시에 번역하는 둘 또는 그 이상의 리보솜 집단

폴리시스트론성 mRNA(polycistronic mRNA) 하나 이상의 폴리펩타이드를 암호화하는 단일 mRNA 분자

폴리펩타이드(polypeptide) 펩타이드 결합에 의해 연결된 아미노산들의 선상 사슬

표면적 대 부피비(surface area/volume ratio) 세포 표면적/부피 비율. 세포의 길이 또는 반지름이 증가하면서 이 비율이 감소하기 때문에, 세포의 크기가 증가할수록 영양분을 받고 노폐물을 내보내는 적절한 표면적을 유지하기 어려워진다.

표적-SNAP 수용체(target-SNAP receptor) t-SNARE 참조

표준 상태(standard state) 화학반응에서 편의상 자유에너지 변화를 나타내는 인위적 조건. 묽은 수용액으로 구성된 시스템에 대해 이들 조건은 일반적으로 25°C(298 K), 1기압, 물을 제외한 반응물질의 농도는 1 M이다.

표준 자유에너지 변화(standard free energy change, $\Delta G^{o\prime}$) 온도, 압력, pH, 모든 물질의 농도를 표준값으로 유지한 상태에서 1몰 반응물질이 1몰의 생성물로 전환되는데 수반되는 자유에너지의 변화

표준환원전위(standard reduction potential, E_0') 어떤 산화환원 쌍의 전자전달 잠재력을 pH 7.0에서 0.0 V라 정의한 H^+/H_2 산화환원 짝과 비교하여 상대적으로 정량화하는 데 사용되는 값

표피 생장인자(epidermal growth factor, EGF) 다양한 종류의 상피세포의 생장과 분열을 촉진하는 단백질

표현형(phenotype) 유전자형의 발현에 따른 관찰 가능한 생물체의 신체적 특징

풀다운 분석(pull-down assay) 2개의 정제된 단백질이 서로 결합할 수 있는지 여부를 평가하기 위한 분석. 2개의 단백질을 혼합한 다음, 하나의 단백질에 표지를 부착하여 친화성 정제한다. 다른 단백질이 표지 부착단백질에 결합하면 SDS-PAGE를 사용하여 혼합물을 분리했을 때 두 단백질이 모두 젤에 나타난다.

풀린 단백질 반응(unfolded protein response, UPR) 소포체 막에 있는 감지 분자들이 잘못 접힌 단백질을 탐지하는 품질 조절 메커니즘. 단백질 접힘과 분해에 필요한 단백질의 합성은 증가시키는 반면에 대부분 다른 단백질의 합성은 억제한다.

퓨린(purine) 2개의 고리로 된 질소 함유 분자로, 아데닌과 구아닌의 모체가 되는 화합물

프라이메이스(primase) DNA 2중나선의 선도가닥 및 지연가닥 모두의 복제를 시작하는 데 필요한 프라이머를 합성하기 위해 단일가닥 DNA를 주형으로 사용하는 효소

프로모터(promoter) 전사를 시작할 때 RNA 중합효소가 결합하는 DNA의 염기서열

프로카스페이스(procaspase) 카스페이스의 불활성 전구체 형태

프로콜라겐(procollagen) N-말단과 C-말단 모두를 절단함으로써 콜라겐으로 전환되는 전구체 분자

프로테오글리칸(proteoglycan) 세포외기질에서 발견되는 단백질과 글리코사미노글리칸의 복합체

프리모솜(primosome) DNA 풀기와 복제를 시작할 염기서열을 인식하는 데 관여하는, 프라이메이스 및 6가지 다른 단백질을 포함하는 박테리아 세포의 단백질 복합체

프리온(prion) 양과 염소에서 스크래피, 사람에서 쿠루병, 소에서 광우병, 인간에서 VCJD와 같은 신경성 질환을 야기하는 감염성 단백질 함유 입자

플라스미드(plasmid) 박테리아에서 염색체 DNA와 상관없이 독립적으로 복제할 수 있는 작은 환상의 DNA 분자. 클로닝 벡터로 유용하다.

플라스토시아닌(plastocyanin, PC) 광합성의 광요구 반응에서 광계 I의 엽록소 P700으로 전자를 제공하는 구리 함유 단백질

플라스토퀴논(plastoquinone) 광계 I과 관련된 비단백질(퀴논) 분자로, 여기에서 광합성의 광요구반응 동안 페오피틴(pheophytin)이라는 변형 엽록소로부터 전자를 받는다.

플라스토퀴놀(plastoquinol) 완전히 환원된 플라스토퀴논으로, 광합성의 광요구 반응에 관여한다. 광합성막의 지질상에 존재하며, 여기에서 전자를 사이토크롬 b_6/f 복합체로 전달한다.

플라크(용균반)(plague) 데스모솜, 헤미데스모솜, 접착연접과 같은 세포 간 접착에서 세포질 쪽에 위치한 섬유질로 된 조밀한 층. 연접 부위를 세포골격 필라멘트에 연결하는 세포 내 접착 단백질로 구성되어 있다. 동일한 용어(용균반)로 배양 접시에 있는 박테리아가 박테리오파지에 감염되어서 파괴되었을 때 생긴 투명한 영역을 지칭할 때 사용된다.

플라킨(plakin) 헤미데스모솜의 인테그린 분자를 세포골격의 중간섬유에 연결하는 데 관여하는 단백질 집단

플라보 단백질(flavoprotein) 플래빈 조효소(FAD 또는 FMN)에 단단히 결합된 단백질로, 생물학적 전자 공여자 또는 수용자로 작용한다. 미토콘드리아의 전자전달계에 몇 종류가 있다.

플래빈 아데닌 다이뉴클레오타이드(flavin adenine dinucleotide, FAD) 환원형 $FADH_2$를 생성하기 위해 산화 가능한 다른 유기 분자로부터 2개의 전자와 2개의 양성자를 받아들이는 조효소. 에너지 대사에서 중요한 전자 운반체

플립페이스(flippase) 인지질 운반체 참조

피드백 억제(최종산물 억제)(feedback inhibition, end-product inhibition) 생합성 경로의 최종산물이 그 경로의 첫 번째 효소의 활성을 억제하는 능력으로, 경로의 작용은 최종산물의 세포 내 농도에 민감하게 반응한다.

피리미딘(pyrimidine) 단일 고리의 질소 함유 분자로, 사이토신, 타이민, 유라실의 모체가 되는 화합물

피막소포(coated vesicle) 몇 가지 막소포들 중 한 종류로, 내막계의 소낭수송에 관여한다. 클라스린, COPI, COPII, 카베올린(caveolin) 같은 피막 단백질로 싸여있다.

피셔 투사법(Fischer projection) 수직으로 그린

사슬에 가장 많이 산화된 원자를 꼭대기에 놓고, 수평으로는 종이 평면에 투사된 분자의 화학적 구조를 묘사하는 모델

피위 상호작용 RNA(Piwi-interacting RNA, piRNA) 피위 집단인 아고네이트 단백질에 결합하고, 특히 생식세포에서 전이인자로부터 전사를 억제하는 작은 단일가닥 RNA

피조절 유전자(regulated gene) 계속적으로 활성을 갖기보다는 세포의 필요에 따라서 발현이 조절되는 유전자

피질(cortex) 세포피질 참조

ㅎ

하부(downstream) DNA 암호가닥의 3′ 말단 쪽에 위치한 DNA

하부 프로모터 요소(downstream promoter element) DPE 참조

하워스 투사법(Haworth projection) 분자의 화학적 구조를 나타내는 모형으로, 분자의 서로 다른 부분에 대한 공간적 관계를 제안한다.

하이드록실화(hydroxylation) 유기분자에 하이드록실기가 첨가되는 화학반응

학설(theory) 다른 많은 조건하에서 일반적으로 다른 연구자들이 다양한 방법을 통하여 정밀하게 검증된 가설로 증거에 의해 계속적으로 지지되는 가설

합성의존성 가닥재결합(synthesis-dependent strand annealing) DNA 복제 완료 후 DNA의 2중가닥 절단을 복구하기 위한 오류 없는 수선 메커니즘으로, 안정화된 단일 DNA 가닥을 통한 가닥 침투를 이용한다.

항시발현 유전자(constitutive gene) 조절된다기보다는 항상 활성인 유전자

항시적 동원체 연관 네트워크(constitutive centromere-associated network, CCAN) 방추사부 착점의 염색체 쪽에서 염색체 DNA 및 CENP-A와 복합체를 형성하는 데 관여하는 CENP 및 기타 단백질을 포함하는 단백질 복합체

항시적 분비(constitutive secretion) 분비소낭과 원형질막의 지속적인 융합으로 인해 그 내용물을 세포의 외부로 내보내는 것으로, 세포 바깥의 특정 신호와 무관하다.

항시적 이질염색질(constitutive heterochromatin) 한 생물체의 모든 세포에서 실질적으로 언제나 응축된 염색체 영역으로, 유전적으로 불활성이다. 조건적 이질염색질 참조

항시 활성 돌연변이(constitutively active mutation) 활성화하는 리간드가 없는데도 수용체가 활성을 갖게 하는 돌연변이

항원(antigen) 면역반응을 일으킬 수 있는 외래 물질 또는 비정상적인 물질

항체(antibody) 림프구에 의해 생산되며, 면역 반응을 야기하는 항원이라는 물질에 고도의 특이성을 가지고 결합하는 단백질

해당(해당과정)(glycolysis, glycolytic pathway) 산소가 관여하지 않으면서 포도당 또는 다른 단당류가 피루브산으로 분해되는 일련의 대사 과정 반응으로, 단당류 한 분자당 2분자의 ATP가 생성된다.

해리상수(dissociation constant, K_d) 수용체의 반이 리간드와 결합한 상태를 만드는 데 요구되는 자유 리간드의 농도

해상력(resolution) 현미경을 통해 봤을 때 분리된 점으로 동정할 수 있는 두 점 사이의 최소 거리

해상력 한계(limit of resolution) 인접한 물체를 구분하기 위해 떨어져 있어야 할 최소 거리

해치-슬랙 회로(Hatch-Slack cycle) C₄ 식물에서 일어나는 일련의 반응으로, 이산화탄소가 엽육세포에서 4탄소 화합물로 고정된 다음에 관다발초세포로 운반되고, 여기에서 탈카복실화 반응으로 이산화탄소의 농도가 높게 되어 루비스코에 의한 탄소 고정 속도가 높아진다.

핵(nucleus) 진핵세포의 염색체 DNA를 함유하고 있는, 2중막으로 싸인 큰 세포소기관

핵골격(핵기질)(nucleoskeleton, nuclear matrix) 핵에 대해 지지 구조를 제공하는 불용성의 섬유질 망상 구조

핵공(nuclear pore) 핵막의 작은 구멍으로, 이를 통해 분자가 핵으로 들어가고 나온다. 내면에 핵공복합체(NPC)라는 복잡한 단백질이 있다.

핵공복합체(nuclear pore complex, NPC) 30개 또는 그 이상의 폴리펩타이드 소단위체로 구성된 복잡한 단백질 구조가 핵공의 내면을 이루며, 이를 통해 분자들이 핵으로 들어가고 나온다. 작은 분자는 단순확산으로, 큰 분자는 능동수송에 의해 이동한다.

핵막(nuclear envelope) 핵을 둘러싸는 2중막으로, 많은 수의 작은 구멍이 뚫려있다.

핵막하층(nuclear lamina) 얇고 조밀한 섬유의 그물망으로, 핵 내막의 내면을 덮고 있으며 핵막을 지지한다.

핵산(nucleic acid) 유전적으로 결정된 순서에 따라서 함께 결합된 뉴클레오타이드의 선상 중합체. 각 뉴클레오타이드는 리보스 또는 디옥시리보스, 인산기, 그리고 질소함유 염기로 구아닌, 사이토신, 아데닌, 타이민(DNA) 또는 유라실(RNA)로 구성되어 있다. DNA와 RNA 참조

핵산내부가수분해효소(endonuclease) 분자의 내부를 절단함으로써 핵산(일반적으로 DNA)을 분해하는 효소. 제한핵산내부가수분해효소 참조

핵산말단가수분해효소(exonuclease) 핵산(대부분 DNA)을 내부에서 자르지 않고 말단에서부터 분해하는 효소

핵산 탐침(nucleic acid probe) 탐침 참조

핵산 혼성화(기법)(nucleic acid hybridization) 단일가닥 핵산이 상보적 염기쌍 형성에 의해 상호 결합하게 하는 기술. 두 핵산이 비슷한 염기서열을 함유하고 있는지 여부를 분석하는 데 사용된다.

핵수출신호(nuclear export signal, NE) 핵으로부터 수출될 단백질에 있는 아미노산 서열

핵심 글리코실화(반응)(core glycosylation) 핵심 올리고당을 소포체의 내면에서 새로 형성된 폴리펩타이드 사슬에 부착하는 것

핵심 단백질(core protein) 프로테오글리칸을 형성하기 위해 많은 수의 글리코사미노글리칸 사슬이 부착한 단백질 분자

핵심 올리고당(core oligosaccharide) N-글리코실화 반응 동안 아스파라진 잔기에 연결된 최초의 올리고당. 2개의 N-아세틸글루코사민, 9개의 마노스 단위, 3개의 포도당 단위로 구성되어 있다.

핵심 프로모터(core promoter) RNA 중합효소가 결합하여 전사의 개시를 정확히 지시하는 데 충분한 최소한의 DNA 서열

핵양체(nucleoid) 원핵세포의 유전물질이 위치한 세포질의 영역

핵위치신호(nuclear localization signal, NLS) 핵으로 운반될 단백질에 있는 아미노산 서열

핵이식(nuclear transfer) 자신의 핵이 제거된 세포(일반적으로 난세포)에 다른 세포의 핵을 옮겨 넣는 실험 기술

핵 주위 공간(perinuclear space) 소포체의 내강과 이어진 핵의 내막과 외막 사이의 공간

핵질(nucleoplasm) 핵의 내부 공간으로, 인이 차지한 영역을 제외한 나머지 부분

핵형(karyotype) 특정 유형의 세포에 있는 완전한 세트의 염색체 그림. 상동염색체의 쌍으로 구성되며 크기와 모양의 차이에 근거하여 배열한다.

핵형성(nucleation) 분자들의 작은 집합체이며, 중합체가 자랄 수 있게 한다.

핵 RNA 수출인자 1(nuclear RNA export factor 1, NXF1) 핵공 복합체를 통해 성숙한 mRNA의 수출을 돕는 단백질

헤미데스모솜(hemidesmosome) 상피세포에서 세포 표면 인테그린 분자와 기저판 사이의 접착점. 연결단백질을 통하여 세포골격의 중간섬유에 고정된 인테그린 분자를 가지고 있다.

헤미셀룰로스(hemicellulose) 추가적인 힘을 부여하기 위해 식물과 균류의 세포벽에 셀룰로스를 따라 축적된 여러 성분의 다당류. 각각은 긴 선상의 단일 종류의 당 사슬에 짧은 곁사슬을 가진다.

헬리케이스(helicase) DNA 헬리케이스 참조

헴-조절 억제인자(heme-controlled inhibitor, HICT) 헴이 없을 때는 진핵 개시인자2(eIF2)의

인산화를 촉매하는 단백질 인산화효소로, 이로 인해 단백질 합성을 억제한다.

혈관신생(angiogenesis) 새로운 혈관의 생장

혈소판 유래 생장인자(platelet-derived growth factor, PDGF) 혈소판에 의해 생산된 단백질로, 결합 조직과 평활근 세포의 증식을 자극한다.

협동성(cooperativity) 복수의 촉매 부위를 지닌 효소의 특성으로, 한 촉매 부위에 기질이 결합하면 입체 구조의 변화를 야기하여 나머지 기질 결합부위의 친화성에 영향을 미친다.

형광(fluorescence) 빛을 흡수하여 그 에너지를 더 긴 파장의 빛으로 재방사하는 분자의 특성

형광공명 에너지 전달(Förster resonance energy transfer, FRET) 두 형광 분자 사이의 극도로 짧은 거리의 상호작용으로, 공여 분자에서 여기된 에너지가 수용 분자로 직접 전달된다. 두 분자가 접촉하고 있는지 여부 또는 단백질이 활성화되는 위치를 감지하거나 국소 이온 농도의 변화를 식별하는 '바이오센서'를 생성하는 데 사용할 수 있다.

형광제자리혼성화(fluorescence in situ hybridization, FISH) 손상되지 않고 보전된 조직 또는 세포에서 특정 DNA 또는 RNA 서열을 동정하는 기술. FISH는 형광 핵산 탐침(일반적으로 DNA)을 시료에 처리하여 혼성화하는 기법으로, 결합된 탐침은 형광현미경을 사용하여 감지한다.

형광표지 세포분류법(fluorescence-activated cell sorting, FACS) 형광 특성과 세포 모양 및 크기를 기반으로 세포를 물리적으로 자동 분리하기 위해 유세포 분석과 결합된 방법. 단일 세포가 포함된 작은 방울의 정전기 전하를 측정한 후, 이를 기반으로 각 방울은 대전된 플레이트를 사용하여 서로 다르게 굴절시켜 수집된다. 유동세포계수법 참조

형광 항체(fuorescent antibody) 공유결합을 한 형광염료 분자를 가진 항체로, 현미경으로 항원 분자의 위치를 찾는 데 사용할 수 있다.

형광현미경법(fluorescence microscopy) 시료에 특정 파장의 빛을 쬐임으로써 시료의 형광물질이 더 긴 파장의 빛을 방사하게 하는 광학현미경 기술

형질도입(transduction) 박테리오파지에 의해 한 박테리아로부터 다른 박테리아로 박테리아의 DNA를 운반하는 것

형질전환(transformation) 외래 DNA를 받아들임으로써 세포의 유전적 특성이 변하는 것

형질전환 생장인자 β(transforming growth factor β, TGFβ) 표적 세포의 종류에 따라서 생장 촉진 또는 생장 억제 성질을 보일 수 있는 생장인자 집단. 배아와 성체 모두에서 세포 생장, 분열, 분화, 죽음에 이르기까지 광범위하게 영향을 미친다.

형질전환체(의)(transgenic) 유전공학 기술을 사용하여 다른 생물의 유전자를 한 생물체의 유전체에 주입한, 외래 유전자를 가지고 있는 생물

형질주입(transfection) 인위적인 조건에서 외래 DNA를 세포에 넣어주는 것

형태(입체 구조)(conformation) 폴리펩타이드 또는 다른 생물학적 고분자의 3차원적 형태

호르몬(hormone) 한 기관에서 합성되어 혈액으로 분비된 후 다른 기관의 세포 또는 조직에 생리적 변화를 유발할 수 있는 화학물질

호르몬 반응요소(hormone response element) 호르몬 수용체 복합체에 선택적으로 결합하는 DNA의 염기서열로, 인접한 유전자의 전사를 활성화(또는 억제)한다.

호미오도메인(homeodomain) 호미오유전자에 의해 암호화된 전사인자에서 발견되는 약 60개의 아미노산 서열. 나선-꺾임-나선 DNA 결합 모티프를 가진다.

호미오박스(homeobox) 호미오유전자에서 발견되는 고도로 보전적인 DNA 서열. 발생 동안 유전자 발현의 중요한 조절인자인 전사인자에 있는 DNA 결합단백질 도메인을 암호화한다.

호미오유전자(homeotic gene) 배아 발생 동안 체절의 형성을 조절하는 일군의 유전자. 이들은 호미오도메인을 가진 전사인자를 암호화한다.

호변 이성질체(tautomer) 드물게 나타나는 DNA 염기의 공명 구조로, 복제 중에 비표준 염기쌍을 유발할 수 있다.

호파노이드(hopanoid) 일부 원핵생물에서 막의 스테롤을 대체하는 스테롤 유사 분자 집단

호흡 복합체(respiratory complex) 전자전달계에서 운반체의 일부분으로, 폴리펩타이드와 보결 분자단의 조합으로 구성되어 있고, 전자전달 과정에서 특정한 역할을 하도록 함께 조직화되어 있다.

호흡 조절(respiratory control) ADP의 가용성에 따라 산화적 인산화와 전자전달의 조절되는 것

혼성화(hybridization) 핵산 혼성화 참조

홀리데이 접합부(Holliday junction) 유전자 재조합 동안에 2개의 DNA 분자가 단일가닥 교차에 의해 함께 연결될 때 만들어지는 X자 모양의 구조

화학삼투 연계 모델(chemiosmotic coupling model) 전자전달 경로가 막을 가로질러 양성자 기울기를 확립하며, 이 기울기에 저장된 에너지가 ATP 합성을 유도하는 데 사용될 수 있다고 가정하는 모델

화학영양생물(chemotroph) 필요한 에너지를 충당하기 위해 탄수화물, 지방, 단백질 같은 유기 분자의 결합 에너지에 의존하는 생물

화학영양생물의 에너지 대사(chemotrophic energy metabolism) 세포가 탄수화물, 지방, 단백질과 같은 영양소를 대사작용으로 분해하여, 그 과정에서 방출되는 자유에너지의 일부를 ATP로 보전하는 반응과 경로

화학적 시냅스(chemical synapse) 두 신경세포 사이의 연접으로, 시냅스전 세포로부터 시냅스후 세포로 신경전달물질이 확산하여 시냅스틈을 가로질러 감으로써 신경자극이 전달되는 것

확산(diffusion) 서로 다른 두 영역 사이의 용질 농도 차이에 의해 결정된 방향과 속도로 이동하는 용질의 자유 운동

확인점(checkpoint) 세포 내의 조건을 모니터링하여 세포주기를 진행하기에 적절하지 않으면 일시적으로 정지하는 경로. DNA 손상 확인점, DNA 복제 확인점, 유사분열 방추사 확인점 참조

환경(surroundings) 주어진 시스템(계)에서 에너지의 분포를 연구할 때 우주의 나머지 부분

환원(reduction) 전자의 첨가가 일어나는 화학 반응. 유기분자의 환원은 흔히 전자와 수소 이온(양성자) 모두의 첨가가 일어나므로 수소화 반응이라고도 한다.

활동전위(action potential) 최초의 탈분극에 이어서 정상적인 휴지전위로 재빨리 되돌아오는 막전위의 순간적인 변화. 소듐 이온의 유입에 이어서 포타슘 이온의 유출로 인해 발생하며, 신경 자극의 전달 수단으로 사용된다.

활성단백질(전사 단백질)(activator protein, transcription protein) DNA에 결합함으로써 인접한 특정 유전자의 전사 속도를 증가시키는 조절단백질

활성 단위체(activated monomer) 운반 분자에 연결됨으로써 자유에너지가 증가된 단위체

활성대(active zone) 시냅스전 막에서 신경분비 소포가 결합하는 영역

활성부위(active site) 기질이 결합하여 촉매반응이 일어나는 효소 분자의 한 영역. '촉매 부위'라고도 한다.

활성산소종(reactive oxygen species) H_2O_2, 과산화물 음이온, 하이드록실 래디칼[유리기(遊離基)]과 같은 반응성이 높은 산소 함유 화합물로, 산소 분자가 있는 상태에서 형성되며, 세포 구성 요소를 산화시켜 세포를 손상시킬 수 있다.

활성화 도메인(activation domain) 전사인자에서 DNA 결합 도메인과는 다른, 전사를 활성화하는 영역

활성화 에너지(activation energy, E_A) 화학반응을 시작하는 데 필요한 에너지

활주미세소관 모델(sliding-microtubule model) 진핵세포 섬모와 편모의 운동에 대한 모델. 외부 2중세관이 중심미세소관 쌍에 연결되어 있어서 미세소관의 자유 활주를 방지하기 때문에, 미세소관 길이는 변하지 않고 인접한 외부2중세관의 활주로 인해 국부적인 휨이 생긴다.

활주집게(sliding clamp) 복제 중인 DNA 주형 가닥에 DNA 중합효소가 부착된 상태를 유지하게 돕는 단백질. 중합효소의 진행성을 높이는데, DNA 집게라고도 한다.

활주필라멘트 모델(sliding-filament model) 가는 액틴 필라멘트가 굵은 마이오신 필라멘트를 활주하는 것에 의해 근수축이 이루어지는데, 두 필라멘트 모두의 길이에는 변화가 없다.

회전(지질 분자의)[rotation(of lipid molecules)] 분자의 장축에 대한 분자의 회전. 막에 있는 인지질에서 자유롭고 빠르게 일어난다.

회전횟수(turnover number, k_{cat}) 효소가 최대 속도로 작용할 때 한 분자의 효소에 의해 기질 분자들이 생산물로 전환되는 속도

회절(diffraction) 광파장에 의해 나타나는 추가 또는 상쇄 간섭의 패턴

회합(congression) 염색체가 방추사 적도면에서 정렬되어 두 방추극에서 대략 같은 거리에 위치하는 세포분열 과정

횡단 확산(transverse diffusion) 막의 한 단층에서 다른 단층으로 지질 분자가 이동하는 것으로, 열역학적으로 호의적이 아니기에 흔하지 않은 사건. '플립-플롭(flip-flop)'이라고도 한다.

효과인자(effector) 다른자리입체성 효과인자 참조

효모 2종혼성화 시스템(yeast two-hybrid system) 두 단백질이 상호작용하는지 알아보기 위해 전사인자의 DNA 결합 도메인을 암호화하는 DNA 단편에 첫 번째 단백질에 대한 DNA를 융합하고(미끼), 두 번째 단백질을 암호화하는 DNA를 전사인자의 활성화 도메인을 암호화하는 서열과 융합시킨 후(먹이), 두 플라스미드로부터 리포터 유전자가 발현되는지를 측정하여 두 단백질이 결합하는지 여부를 결정하는 기술

효모 인공염색체(yeast artificial chromosome, YAC) 정상적인 염색체의 복제와 딸세포로 분리하여 들어가는 데 필요한 모든 DNA 서열을 가지고 있는 최소한의 염색체로 구성된 효모의 클로닝 벡터

효소(enzyme) 생물학적 촉매. 하나 또는 그 이상의 특정한 기질에 작용하는 단백질(또는 특정한 경우 RNA) 분자로, 기질을 분자 구조가 다른 산물로 전환한다. 또한 리보자임 참조

효소동력학(enzyme kinetics) 효소반응 속도의 양적 분석으로, 효소는 다양한 요소에 영향을 받는다.

효소촉매(enzyme catalysis) 특정한 화학반응의 속도를 높이는 유기분자. 일반적으로는 단백질, 일부 경우에는 RNA가 관여한다. 촉매 참조

후기(anaphase) 체세포(유사)분열(또는 감수분열)의 단계로, 자매염색분체(또는 상동염색체)들이 분리되어서 서로 반대쪽의 방추극으로 이동하는 시기

후기 엔도솜(late endosome) 새로 합성된 산성 가수분해효소와 소화될 물질을 가지고 있는 소낭, 후기 엔도솜의 pH를 낮추거나 기존의 라이소솜으로 그 물질을 전달해줌으로써 활성화된다.

후기촉진복합체(anaphase-promoting complex, APC/C) 선택된 단백질[예: 세큐린(securin)과 사이클린]을 표적으로 분해하는 큰 다중단백질 복합체로, 이로 인해 후기가 시작되고 이어서 유사분열이 완료된다.

후기 A(anaphase A) 후기 동안 자매염색분체들의 반대편 방추극으로 향한 이동

후기 B(anaphase B) 후기 동안에 방추극들이 서로 멀어지도록 이동하는 것

후방류(F 액틴의)[retrograde flow(of F-actin)] 돌기가 확장될 때 세포돌기(예: 접착용 세포족)의 뒤쪽으로 향한 액틴 미세섬유의 집단 이동

후방수송(retrograde transport) 골지 시스티나로부터 소포체 쪽으로 되돌아가는 소낭 이동

후성유전학적 변화(epigenetic change) 유전자 자체의 구조적 변화보다 유전자의 발현에서의 변화

휴지막전위(resting membrane potential, V_m) 자극을 받지 않은 상태의 신경세포에서 원형질막을 가로지르는 전기 퍼텐셜(전압)

흡수 스펙트럼(absorption spectrum) 한 가지 색소에 의해 흡수되는 파장의 상대적 범위

흡열(endothermic) 열을 흡수하는 반응 또는 과정

흥분성 시냅스후 전위(excitatory postsynaptic potential, EPSP) 수용체에 흥분성 신경전달물질의 결합으로 촉발된 시냅스후 막의 탈분극. EPSP가 역치 수준을 넘으면 활동전위를 촉발할 수 있다. 억제성 시냅스후 전위 참조

희소돌기아교세포(oligodendrocyte) 신경축삭의 둘레에 미엘린초를 형성하는 중추신경계에 있는 세포

히스톤(histone) 진핵 염색체에서 발견되는 염기성 단백질. 히스톤 8량체는 뉴클레오솜의 중심을 이룬다.

히스톤 메틸전달효소(histone methyltransferase) 히스톤에 메틸기를 첨가하는 효소

히스톤 아세틸전달효소(histone acetyl transferase) 히스톤에 아세틸기를 첨가하는 효소

히스톤 암호(histone code) 주로 히스톤 단백질이 번역된 후 N-말단 꼬리를 메틸화 또는 아세틸화시키는 변형을 통해 유전자 발현을 조율한다는 가설. 특정 히스톤의 변형은 염색질의 일부분을 안정화 또는 불안정화하는 또 다른 단백질을 불러오게 하여 결국 유전자 발현을 억제하거나 촉진하게 된다.

히스톤 탈아세틸화효소(histone deacetylase, HDAC) 히스톤의 아세틸기를 제거하는 효소

히알루론산(hyaluronate) 세포가 활발하게 증식하거나 이동하는 곳의 세포외기질과 뼈 사이의 관절에서 고농도로 발견되는 글리코사미노글리칸

기타

A대(A band) 현미경으로 보았을 때 검은 띠로 나타나는 가로무늬 근육 근원섬유의 영역. 굵은 마이오신 필라멘트 및 굵은 필라멘트에 중첩되는 가는 액틴 필라멘트의 영역을 포함한다.

A 세관(A tubule) 섬모 또는 편모의 축사에서 외부 2중세관을 형성하기 위해 불완전한 미세소관(B 세관)에 융합되어 있는 하나의 완전한 미세소관

A 자리(아미노아실 자리)(A site) 아미노산이 부착된 tRNA가 결합하는 리보솜의 부위

ABC 운반체(ABC transporter) ABC형 ATP 가수분해효소 참조

ABC형 ATP 가수분해효소(ABC-type ATPase) 운반 ATP 가수분해효소의 한 유형으로 'ATP 결합 카세트(ATP-binding casette에서 유래된 ABC)'. 여기서 카세트는 운반 과정의 필수 부위로, ATP와 결합하는 이 단백질의 촉매 부위이다. ABC 운반체라고도 한다. 다중약물내성 운반단백질 참조

ADP 아데노신 2인산 참조

ADP 리보실화 인자(ADP ribosylation factor, ARF) COPI-피복 소낭의 표면에서 COPI과 관련된 단백질

Akt PI3K-Akt 회로에 관여하는 단백질 인산화효소. 세포자멸 및 세포주기 정지를 억제하는 몇 가지 표적 단백질의 인산화를 촉매한다.

AMP 아데노신 1인산 참조

AP 연결자 단백질 참조

APC 유전자(APC gene) 흔히 대장암에서 돌연변이가 되는 암억제 유전자로, Wnt 경로에 관여하는 단백질의 유전암호를 지정한다.

APC/C 후기촉진복합체 참조

AQP 아쿠아포린 참조

ARF ADP 리보실화 인자 참조

Arp2/3 복합체(Arp2/3 complex) 기존의 미세섬유의 측면에 액틴 단위체들이 중합하여 새로운 '가지'를 만들게 하는 액틴- 관련 단백질의 복합체

ATP 아데노신 3인산 참조

ATP 합성효소(ATP synthase) F형 ATP 분해효소의 역과정을 촉매하여 양성자가 전기화학적 기울기를 따라서 흘러 내려가는 동안 자유에너지 감소를 이용하여 ATP를 합성하는 F형 ATP 분해효소의 다른 이름. 예로는 엽록체 틸라코이드막에서 발견되는 CF_0CF_1 복합체와 미토콘드리아의 내막과 세균의 원형질막에서 발견되는 F_0F_1 복합체가 있다.

autophagosome 자가소화 소포 참조

B 세관(B tubule) 진핵세포의 섬모 또는 편모의 축사에서 외부 2중세관을 만들기 위해 완전한 미세소관(A 세관)에 유합된 불완전한 미세소관

BAC 박테리아 인공염색체 참조

Bcl-2 미토콘드리아 외막에 위치한 단백질로 세포자멸에 의한 세포사를 차단한다.

BiP Hsp70군 샤페론의 일종. 소포체 내부에 존재하며, 폴리펩타이드의 소수성 영역에 가역적으로 결합하는 것에 의해 단백질의 접힘을 촉진한다.

BLAST(Basic Local Alignment Search Tool) 이미 알려진 모든 서열의 데이터베이스를 검색하여 유사한 DNA 또는 단백질 서열의 위치를 찾아주는 소프트웨어 프로그램

bp 염기쌍 참조

*BRCA1*과 *BRCA2* 유전자(*BRCA1* and *BRCA2* genes) 암 억제유전자로, 단 하나의 돌연변이가 유전으로도 유방과 난소암 위험성이 높다. 2중가닥 DNA 절단수선에 관련된 단백질을 암호화한다.

BRE(TFIIB recognition element) BRE(TFIIB 인식요소) 참조

C 사이토신 참조

C-말단(카복실 말단)(C-terminus, carboxyl terminus) mRNA 번역에서 마지막 아미노산을 가진 플리펩타이드 사슬의 끝. 일반적으로 유리 카복실기를 가지고 있다.

C_3 식물(C_3 plant) 캘빈 회로에만 의존하여 최초의 산물로 3-탄소 화합물인 3-포스포글리세르산을 만들어 이산화탄소를 고정하는 식물

C_4 식물(C_4 plant) 초기 이산화탄소 고정 산물로 4-탄소 화합물인 옥살로아세트산을 만드는 엽육세포에서 해치-슬랙 경로를 사용하는 식물. 동화된 탄소는 이어서 관다발초세포로 방출되고 캘빈 회로에 의해 다시 포획된다.

cal 칼로리 참조

CAM 식물(CAM plant) 다육식물 유기산대사를 수행하는 식물

cAMP 고리형 아데노신 1인산 참조

cAMP 수용체 단백질(cAMP receptor protein, CRP) cAMP에 결합하여 오페론의 전사를 활성화하는 박테리아 단백질. 이화물질 활성단백질 참조

CAP 이화물질 활성단백질 참조

carboxyl terminus C-말단 참조

CBP 히스톤 아세틸전달효소 활성을 보이며, 유전자 프로모터에 전사 기구의 조립을 촉진하기 위해 RNA 중합효소와 결합하는 전사 활성인자

Cdc42 단량체 G 단백질 집단의 일종이며, 세포에서 다양한 액틴 함유 구조의 형성을 촉진하는 Rac 및 Rho도 이에 포함된다.

Cdk 사이클린의존성 인산효소 참조

Cdk 억제인자(Cdk inhibitor) Cdk-사이클린 복합체를 억제함으로써 세포의 생장과 분열을 억제하는 단백질의 일종

cDNA 상보성 DNA 참조

cDNA 라이브러리(cDNA library) 역전사효소를 이용하여 특정한 종류의 세포에서 모든 mRNA 집단을 복사한 후, 그 cDNA들을 클로닝하여 생성된 재조합 DNA 클론의 모음

CF 낭포성 섬유증 참조

CF_0 엽록체에서 ATP 합성효소 복합체의 구성요소로, 틸라코이드막에 박혀있으며 양성자 운반체로 작용한다.

CF_0CF_1 복합체(CF_0CF_1 complex) 엽록체 틸라코이드막에서 발견되는 ATP 합성효소 복합체. 전기화학 기울기에 따른 양성자의 자유에너지 감소성 흐름을 ATP 합성으로 유도하는 과정을 촉매한다.

CF_1 엽록체에서 ATP 합성효소 복합체의 구성요소로, 틸라코이드막의 스트로마 쪽으로 돌출되어 있으며, ATP 합성을 위한 촉매 부위를 가지고 있다.

CFTR 낭포성 섬유증 막관통 컨덕턴스 조절자 참조

CGN 시스골지망 참조

CNV 복제 수 변이 참조

CoA 조효소 A 참조

COPI COPI-피막소포의 주요 단백질 성분으로, 골지 복합체에서 소포체로, 또는 골지 복합체의 시스터나 사이에서 역방향 수송에 관여한다.

COPII COPII-피막소포의 주요 단백질 성분으로, 소포체에서 골지 복합체로의 수송에 관여한다.

CoQ 조효소 Q 참조

CpG 섬(CpG islands) 구아닌 옆에 사이토신을 가진 DNA 영역. 종종 특히 포유류에서 프로모터와 연관되어 있으며, DNA 메틸화의 표적이 된다.

CREB DNA의 cAMP 반응요소 서열에 결합함으로써 cAMP 유도 유전자의 전사를 활성화하는 전사인자

CRISPR 크리스퍼 참조

CRP cAMP 수용체 단백질 참조

DAG 다이아실글리세롤 참조

DIC 현미경법(DIC microscopy) 차등간섭대조 현미경법 참조

DNA(디옥시리보핵산)(DNA, deoxyribonucleic acid) 모든 세포에서 유전정보의 저장고로서 사용되는 고분자. 아데닌, 타이민, 사이토신, 구아닌에 연결된 디옥시리보스 인산인 뉴클레오타이드로부터 만들어진다. 아데닌과 타이민, 사이토신과 구아닌 사이에 상보적인 염기쌍 형성에 의해 결합하고 있는 2중나선을 형성한다.

DNA 결합 도메인(DNA-binding domain) 특정 DNA 염기서열을 인식하여 결합하는 전사인자의 한 부분

DNA 고리(DNA loop) 비히스톤 단백질의 불용성 네트워크에 DNA가 주기적으로 부착되어 30 nm 염색질 섬유의 접힘으로 형성된 길이 50,000~100,000 bp의 고리

DNA 마이크로어레이(미세배열)(DNA microarray) 유전자 발현 연구에 사용하기 위해 수천 개의 다른 DNA 단편들을 고정된 위치에 찍어놓은 작은 칩

DNA 메틸화(DNA methylation) DNA의 뉴클레오타이드에 메틸기를 첨가하는 것. 진핵세포 DNA에서 선택된 사이토신의 메틸화는 유전자 전사의 억제와 관련이 있다.

DNA 변성(DNA 용해)(DNA denaturation, DNA melting) 상보적인 염기쌍 형성을 파괴함으로써 DNA 2중나선의 두 가닥을 분리시키는 것

DNA 복원(DNA renaturation, DNA annealing) 분리된 2가닥의 DNA가 상보적인 염기쌍 형성에 의해 서로 결합하여 2중나선을 회복하는 것

DNA 복제 확인점(DNA replication checkpoint) 세포들이 G2기를 지나서 유사분열을 시작하기 전에 DNA 합성이 완성된 것을 확인하기 위해 DNA 복제 상태를 점검하는 메커니즘

DNA 분해효소 I 과민 부위(DNase I hypersensitive site) DNA 분해효소 I에 대해 극히 민감한(분해되는) 활성 유전자의 인접 부위. 전사인자 또는 다른 조절단백질이 결합하는 부위와 관련이 있는 것으로 생각된다.

DNA 손상 확인점(DNA damage checkpoint) DNA 손상을 점검하여 손상이 감지되면 G1 후기, S, G2 후기 등의 다양한 지점에서 세포주기를 정지시키는 메커니즘

DNA 연결효소(DNA ligase) 한 DNA 단편의 3′ 말단과 다른 단편의 5′ 말단 사이에 인산에스터 결합의 형성을 촉매하여 두 DNA 단편을 연결시키는 효소

DNA 염기서열 결정(법)(DNA sequencing) DNA 분자 또는 단편에서 염기의 순서를 결정하는 데 사용되는 기술

DNA 용해온도(DNA melting temperature, T_m) 온도를 상승시켜서 DNA를 변성시킬 때 2중가닥 DNA의 절반이 단일가닥 DNA로 변한 시점의 온도

DNA 자이레이스(DNA gyrase) 양성 초나선꼬임을 이완시키고 DNA의 음성 초나선꼬임을 유도할 수 있는 제2형 DNA 토포아이소머레이스(위상이성질체화효소). DNA 복제 동안에 DNA 2중나선을 풀어주는 데 관여한다.

DNA 재배열(DNA rearrangement) 한 유전체 내에서 DNA 단편이 한 자리에서 다른 자리로 이동하는 것

DNA 중합효소(DNA polymerase) 기존의 DNA

가닥을 주형으로 사용하여 새로 합성되는 DNA 가닥의 3′ 말단에 뉴클레오타이드를 계속 첨가하는 효소 집단으로, DNA 복제 및 수선에 관여한다.

DNA 지문(법)(DNA fingerprinting) 전기영동에 의해 탐지된 DNA 단편 양상의 작은 차이에 근거한, 개인 간의 차이를 식별하는 기술

DNA 클로닝(DNA cloning) 박테리아 세포 내에서 재조합 플라스미드 또는 박테리오파지의 복제에 의하거나 중합효소 연쇄반응에 의해 특정한 DNA 서열을 다수로 복사하는 것

DNA 포장률(DNA packing ratio) 포장된 염색체 또는 염색사 길이에 대한 DNA 분자 길이의 비율로, DNA의 꼬임과 접힘의 정도를 정량화하는 데 사용된다.

DNA 헬리케이스(DNA helicase) ATP에서 유래한 에너지에 의해 작동되는 DNA 2중나선을 풀어주는 효소 집단

DPE(하부 프로모터 요소)(DPE, downstream promoter element) RNA 중합효소 II를 위한 핵심 프로모터로, 전사 개시점으로부터 30개 뉴클레오타이드 하부에 위치한다.

DUB 탈유비퀴틴 효소 참조

E 내부 에너지 참조

E 면(E face) 동결할단 기술에 의해 노출된 막의 바깥쪽 단층의 내면. E면이라고 부르는 이유는 이 단층이 막의 바깥쪽이기 때문이다.

E 자리(출구 자리)(E site, exit site) 빈 tRNA가 이동하는 리보솜상의 위치로, 리보솜으로부터 방출되는 자리

E_0' 표준환원전위 참조

E2F 전사인자(E2F transcription factor) Rb 단백질에 결합되지 않았을 때는 DNA 복제와 세포주기의 S기 진입에 작용하는 유전자의 전사를 활성화하는 단백질

E_A 활성화 에너지 참조

EBV 엡스타인-바 바이러스 참조

ECM 세포외기질 참조

EGF 표피생장인자 참조

EJC 엑손접합 복합체 참조

EPSP 흥분성 시냅스후 전위 참조

ER 소포체 참조

ERAD 소포체 연계분해 참조

ETC 전자전달사슬 참조

F 인자(F factor) 대장균이 접합하는 동안 DNA 공여자로서 작용하게 하는 DNA 서열

F-액틴(F-actin) G-액틴 소단위체들이 긴 선상 사슬로 중합된 미세섬유의 구성 성분

F형 ATP 가수분해효소(F-type ATPase) 세균, 미토콘드리아, 엽록체에서 발견되는 수송형 ATP 가수분해효소로, ATP 가수분해의 에너지를 전기화학 기울기에 역행하여 양성자를 운반하는

데 사용할 수 있다. 또한 역과정을 촉매할 수 있으며, 자유에너지 감소성 전기화학 기울기에 따른 양성자의 흐름을 ATP 합성에 사용할 수 있다. ATP 합성효소 참조

F_0 **복합체**(F_0 complex) F_1 복합체를 미토콘드리아의 내막이나 세균의 원형질막에 고정시키는 소수성 막단백질 집단. 양성자 운반 통로로 작용하며, 이를 통하여 양성자가 흐르면 막을 가로지르는 전기화학 기울기로 인해 ATP 합성에 사용된다.

F_0F_1 **복합체**(F_0F_1 complex) 미토콘드리아 내막과 세균의 원형질막에 있는 단백질 복합체로, F_0 복합체에 결합한 F_1 복합체로 구성되어 있다. F_0를 통한 양성자의 흐름이 F_1에 의한 ATP 합성으로 이어진다.

F_1 **복합체**(F_1 complex) 산소호흡에서 미토콘드리아 내막으로부터 기질로(또는 박테리아 원형질막으로부터 세포기질로) 돌출된 혹처럼 생긴 ATP 합성 부위

F_1 **세대**(F_1 generation) 유전 교배 실험에서 P 세대의 자손

F_2 **세대**(F_2 generation) 유전 교배 실험에서 F_1 세대의 자손

F2,6BP 과당-2,6-2인산 참조

FAD 플래빈 아데닌 다이뉴클레오타이드 참조

Fd 페레독신 참조

FGF 섬유아세포 생장인자 참조

FH 가계성 과콜레스테롤증 참조

FNR 페레독신-NADP$^+$ 환원효소 참조

FRET 형광공명 에너지 전달 참조

G 구아닌 또는 자유에너지 참조

G 단백질(G protein) 원형질막에 위치한 다양한 GTP-결합 조절단백질로, 일반적으로 효소 또는 통로 단백질과 같은 특정한 표적 단백질을 활성화함으로써 신호전달 경로를 매개한다.

G 단백질 신호조절 단백질(RGS 단백질)(regulators of G protein signaling protein, RGS protein) G 단백질의 Gα 소단위체에 의한 GTP 가수분해를 자극하는 단백질 집단

G 단백질연결 수용체 인산화효소(G protein-coupled receptor kinase, GRK) 활성화된 G 단백질연결 수용체의 인산화를 촉매하는 몇 가지의 단백질 인산화효소로, 수용체의 둔감화를 유도한다.

G 단백질연결 수용체 집단(G protein-coupled receptor family) 일군의 원형질막 수용체로, 적절한 리간드의 결합으로 인해 특정 G 단백질을 활성화한다.

G-액틴(G-actin) 구상의 액틴 단량체로, 중합하여 액틴 필라멘트를 생성한다.

G0기(G 제로기)(G0, G zero) 세포주기의 G1기에 정지되어 더 이상 증식하지 못하는 진핵세

포에 적용되는 명칭

G1기(G1 phase) 이전의 분열주기 끝에서부터 염색체 DNA의 합성 개시 사이에 있는 진핵 세포주기의 단계

G2기(G2 phase) 염색체 DNA 복제의 완성에서부터 세포분열 시작 사이에 있는 진핵 세포주기의 단계

GAG 글리코사미노글리칸 참조

GAP GTP 가수분해효소 활성단백질 참조

Gb 기가 염기쌍. 10억 개의 염기쌍

GEF 구아닌-뉴클레오타이드 교환인자 참조

GLUT 포도당 운반체 참조

GPI-고정 막단백질(GPI-anchored membrane protein) 원형질막의 외부 지질층에서 발견되는 당지질인 글리코실포스파티딜이노시톨(GPI)과 결합하여 원형질막의 외부 표면에 있는 단백질

GRK G 단백질연결 수용체 인산화효소 참조

GTP 가수분해효소 활성단백질(GTPase activating protein, GAP) 결합된 GTP의 가수분해를 촉진함으로써 Ras의 불활성화를 증진시키는 단백질

H 엔탈피 참조

H대(H zone) 가로무늬 근육의 근원섬유에서 A 대의 가운데 위치한 밝은 영역

HAT 히스톤 아세틸기전달효소 참조

HDL 고밀도 지질단백질 참조

Hfr 세포(Hfr cell) F 인자가 박테리아의 염색체에 통합된 박테리아 세포로, 접합 동안에 유전체 DNA의 전달이 일어난다.

HPV 인간유두종바이러스 참조

HVEM 고전압전자현미경 참조

hydrophobicity plot 소수성 좌표 참조

I대(I band) 현미경으로 봤을 때 밝은 띠로 나타나는 가로무늬 근육의 근원섬유 영역. 굵은 필라멘트와 중첩되지 않는 가는 액틴 필라멘트의 영역을 가지고 있다.

IF 중간섬유 참조

IgSF 면역글로불린 유전자 대집단 참조

II형 마이오신(type II myosin) 4개의 가벼운 사슬과 2개의 무거운 사슬로 구성되며, 각각 구상의 마이오신 머리, 이음매 영역, 하나의 긴 막대 같은 꼬리를 가진 마이오신. 골격근 심장근, 평활근, 비근육성 세포에서도 발견된다.

IMP 막내 입자 참조

Inr 개시자 참조

IP₃ 이노시톨-1,4,5-3인산 참조

IP₃ 수용체(IP₃ receptor) IP₃가 결합했을 때 열리는 소포체 막에 있는 리간드 개폐성 칼슘 통로로, 소포체 내강으로부터 세포기질로 칼슘이 이동하게 한다.

IPSP 억제성 시냅스후 전위 참조

IRE 철 반응요소 참조

isozyme 동질효소 참조

J 줄(joule) 참조

Jak 야누스 인산화효소 참조

K 섬유(K-fiber) 방추사부착점 미세소관 참조

kb 1,000개의 염기. 1,000개의 염기쌍

K_{cat} 회전횟수 참조

K_d 해리상수 참조

K_{eq} 평형상수 참조

K_m 미카엘리스 상수 참조

KMN 네트워크(KMN network) KNL1, Mis 12 복합체, Ndc80 복합체를 포함하는 방추사부착점 외부의 큰 단백질 복합체로, 방추사부착점에 부착하고 Ned80 복합체를 통해 미세소관의 양성 말단에 부착한다. 또한 방추사 조립 확인점(SAC) 복합 단백질과 결합한다.

lac 오페론(lac operon) 젖당 대사에 관련된 효소를 암호화하는 박테리아의 인접한 유전자 집단으로, 전사는 lac 오페론 억제물질에 의해 선택적으로 억제된다.

LDL 저밀도 지질단백질 참조

LDL 수용체(LDL receptor) 세포 외부의 LDL 결합에 대한 수용체로서 작용하는 원형질막 단백질로, 수용체 매개 세포내섭취에 의해 LDL을 세포 내로 섭취한다.

LHC 광수확 복합체 참조

LHC I 광수확 복합체 I 참조

LHC II 광수확 복합체 II 참조

LINE(긴 산재요소)(LINE, long interspersed nuclear element) 길이가 6,000~8,000염기쌍인 산재된 반복 DNA로, 전이인자로 작용하며 인간 유전체의 약 20%를 차지한다. LINE 서열(즉 다른 전이인자)을 복제하여 유전체의 다른 위치에 삽입하는 데 필요한 효소를 암호화하는 유전자를 가지고 있다.

M기(M phase) 진핵 세포주기의 한 단계로, 핵과 세포질이 분열을 하는 시기

M선(M line) 가로무늬 근육에서 근원섬유의 H 영역 가운데에 있는 짙은 선

MALDI 질량분석법(matrix-assisted laser desorption/ionization mass spectrometry, MALDI MS) 질량/전하비를 기반으로 한, 고분자 분석에 유용한 질량분석법의 한 유형. 광흡수 매트릭스에 분자를 내장하는 것에 의존한다. 레이저 방사선에 의해 이온화될 때 분자가 분광계에 들어갈 수 있다.

MAP 미세소관 결합단백질 참조

MAP 인산화효소(MAP kinase, MAPK) 유사분열 촉진 활성단백질 인산화효소 참조

MAT 유전자 자리(MAT locus) 효모의 유전체에서 교배형에 대한 활성 대립유전자가 위치한 자리

Mb 메가 베이스. 백만 염기쌍

MCC 유사분열 확인점 복합체 참조

MDR 다중약물내성 운반단백질 참조

MF 미세섬유 참조

miRISC 마이크로 RNA와 몇몇 단백질로 구성된 복합체로, 마이크로 RNA의 서열에 대하여 상보적 서열을 가진 mRNA의 발현을 억제한다. siRISC와 RISC 참조

miRNA 마이크로 RNA 참조

MLCK 마이오신 가벼운 사슬 인산화효소 참조

MPF 유사분열 촉진인자 참조

mRNA 전령 RNA 참조

mRNA 결합부위(mRNA-binding site) 단백질 합성 동안 mRNA가 결합하는 리보솜상의 장소

mRNA 전구체(pre-mRNA) 가공과정을 거쳐서 성숙한 mRNA를 생성하기 전의 1차 전사체

MS/MS 직렬질량분석법 참조

MT 미세소관 참조

MTOC 미세소관 형성중심 참조

N-결합 글리코실화(반응)(N-linked glycosylation) 단백질에서 아스파라긴 잔기 말단의 아미노기에 올리고당 단위체를 첨가하는 것

N-말단(아미노 말단)(N-terminus, amino terminus) mRNA 번역에서 첫 번째 아미노산이 있는 폴리펩타이드 사슬의 끝. 보통 유리 아미노기를 유지한다.

N-에틸말레이미드 민감성인자(N-ethylmaleimide-sensitive factor, NSF) v-SNARE와 t-SNARE 사이의 상호작용에 의해 인접한 막들의 융합을 매개하는 과정에서 몇 가지 수용성 NSF 부착단백질(SNAP)과 협력하여 작용하는 수용성 세포기질 단백질

NA 개구수 참조

Na^+/K^+ ATPase Na^+/K^+ 펌프 참조

Na^+/K^+ 펌프(Na^+/K^+ pump) 대부분 동물 세포의 원형질막을 가로질러 존재하는 Na^+과 K^+ 기울기를 유지하기 위해 포타슘 이온을 내부로, 소듐 이온을 바깥으로 운반하는 데 ATP 가수분해를 연동시키는 막의 운반체 단백질

Na^+/포도당 공동수송체(Na^+/glucose symporter) 포도당과 소듐 이온을 세포 내로 동시에 수송하는 막의 수송 단백질로, 전기화학 기울기를 따라서 내려가는 소듐 이온의 이동력을 이용하여 농도 기울기를 역행하는 포도당의 운반을 유도한다.

NAD^+ 니코틴아마이드 아데닌 다이뉴클레오타이드 참조

NADH-coenzyme Q oxidoreductase 복합체 I 참조

$NADP^+$ 니코틴아마이드 아데닌 다이뉴클레오타이드 인산 참조

NER 뉴클레오타이드 절제수선 참조

NES 핵수출신호 참조

N-glycosylation N-글리코실화(반응) 참조

NHEJ 비상동말단결합 참조

NLS 핵위치신호 참조

NO 산화질소 참조

NOR 인형성부위 참조

NPC 핵공 복합체 참조

NSF N-에틸말레이미드 민감성인자 참조

nucleoside monophosphate 뉴클레오타이드 참조

NXF1 핵 RNA 수출인자 1(NXF1) 참조

O-결합 글리코실화(반응)(O-linked glycosylation) 단백질의 세린 또는 트레오닌 잔기의 하이드록실기에 올리고당 단위를 첨가하는 것

OEC 산소방출 복합체 참조

ovum (복수형은 ova) 난자 참조

P면(P face) 동결할단 기술에 의해 노출된 막의 안쪽 또는 세포질쪽 단층의 내면. P면이라고 하는 이유는 이 단층은 막의 원형질 쪽에 있기 때문이다.

P 세대(P generation) 유전 교배 실험에서 첫 번째 부모 세대

P 자리(펩티딜 자리)(P site, peptidyl site) 매 신장주기의 초기에서 성장하는 폴리펩타이드 사슬을 가지고 있는 리보솜의 부위

P체(P body) 진핵세포의 세포질에 존재하는 현미경적 구조로, mRNA의 저장과 분해에 관여한다.

P형 ATP 가수분해효소(P-type ATPase) 수송 메커니즘의 일부로, ATP에 의해 가역적으로 인산화되는 수송 ATP 분해효소의 일종

p21 단백질(p21 protein) 몇 가지의 다른 Cdk-사이클린을 억제함으로써 세포주기의 진행을 정지시키는 Cdk 억제인자

p53 단백질(p53 protein) 손상된 DNA가 있을 때 축적되는 전사인자로, 그 산물이 세포주기를 중지하는 유전자들을 활성화하며 세포자멸을 촉진한다.

p53 유전자(p53 gene) 유전적 손상이 있는 세포의 증식을 방지하는 데 관여하는 전사인자인 p53 단백질을 암호화하는 종양 억제유전자. 인간의 암에서 가장 흔한 돌연변이 유전자

P680 광계 II의 반응중심을 만드는 한 쌍의 엽록체 분자

P700 광계 I의 반응중심을 만드는 한 쌍의 엽록체 분자

PABP 폴리(A) 결합단백질 참조

PC 플라스토시아닌 참조

PCR 중합효소 연쇄반응 참조

PDGF 혈소판유래 생장인자 참조

PI 3-인산화효소(PI 3-kinase, PI 3K) PIP_2(포스파티딜이노시톨-4,5-2인산)에 인산기를 첨가하는 효소로, PIP_2를 PIP_3로 전환한다. PI 3K-Akt 경로의 핵심 요소이며, 특정한 생장인자가 그 수용체에 결합한 데 대한 반응으로 활성화된다.

piRNA 피위 상호작용 RNA 참조

PKA 단백질 인산화효소 A 참조

PKC 단백질 인산화효소 C 참조

pmf 양성자 구동력 참조

PSA 검사(PSA test) 전립선암의 조기 진단을 위한 검사 기술로, 혈중 전립선 특이 항원(PSA)의 함량을 측정한다.

PSI 광계 I 참조

PSII 광계 II 참조

PTEN PIP₃(포스파티딜이노시톨-3,4,5-3인산)로부터 인산기를 제거하는 인산가수분해효소로, 이로 인해 PI 3K-Akt 경로의 요소인 PIP₂(포스파티딜이노시톨-4,5-2인산)가 만들어진다.

Puma(세포자멸의 p53 상향 조정물질)(Puma, p53 upregulated modulator of apoptosis) 세포자멸의 억제인자인 Bcl-2에 결합하여 불활성화함으로써 세포자멸을 촉진하는 단백질

Q 회로(Q cycle) 미토콘드리아 또는 엽록체의 전자전달 동안 전자 운반체를 가진 막을 가로질러 추가적인 양성자를 펌프하기 위한 전자 재순환에 대하여 제안된 경로

q-PCR(정량적 중합효소 연쇄반응)(q-PCR, quantitative polymerase chain reaction) mRNA 발현을 검출하고 정량화하는 기술로, RT-PCR 또는 노던 흡입법보다 정량적이다. 먼저 시료의 mRNA에서 cDNA를 만든 다음, PCR을 사용하여 특정 cDNA 서열을 증폭한다. 새로운 PCR 산물이 만들어질 때마다 형광을 발하는 독특한 제3의 프라이머가 사용된다. 형광의 양은 실시간으로 각 주기마다 측정된다.

Rab GTP 가수분해효소(Rab GTPase) 수송 소낭이 적절한 표적막에 결합하는 동안 v-SNARE와 t-SNARE를 함께 결속하는 데 관여하는 GTP 가수분해 단백질

Rac 세포 내에서 다양한 액틴 함유 구조의 형성을 자극하는 Rho와 Cdc42를 비롯한 단량체 G 단백질군

Ras(단백질)[Ras (protein)] 원형질막의 세포질 쪽 표면에 결합한 작은 단량체 G 단백질. Ras는 수용체 타이로신 인산화효소로부터 세포 내부로 신호전달하는 데 핵심 매개인자이다.

Rb 단백질(Rb protein) 이 단백질의 인산화가 세포주기의 제한점(확인점) 통과를 조절한다.

***RB* 유전자**(RB gene) Rb 단백질을 암호화하는 종양 억제유전자

reduction-oxidation pair 산화환원 쌍 참조

reverse transcripton polymerase chain reaction RT-PCR 참조

RFLP 제한효소 단편길이 다형성 참조

RGS 단백질(RGS protein) G 단백질 신호조절(RGS) 단백질 참조

Rho Rac과 Cdc42를 포함하는 단량체 G 단백질 집단에 속하며, 세포에서 다양한 액틴 함유 구조의 형성을 촉진한다.

Rho 인자(ρ 인자)(rho factor, ρ factor) 새로 형성된 RNA 분자의 3′ 말단에 결합하는 박테리아 단백질로, 전사의 종결을 촉진한다.

Rho GTPase(Rho GTP 가수분해효소) Rho, Rac, Cdc42를 포함하는 단량체 G 단백질 계열로, 세포 내에서 다양한 액틴 함유 구조의 형성을 자극한다.

RNA(리보핵산)(RNA, ribonucleic acid) 아데닌, 유라실, 사이토신, 또는 구아닌과 연결된 리보스 인산으로 구성된 뉴클레오타이드. 유전정보의 발현에서 몇 가지의 다른 기능을 한다. 전령 RNA, 리보솜 RNA, 운반 RNA, 마이크로 RNA, 소형 핵 RNA, 소형 인 RNA 참조

RNA 가공(과정)(RNA processing) 뉴클레오타이드 서열의 제거, 첨가, 화학적 변형에 의해 최초의 RNA 전사물을 최종의 RNA 산물로 전환시키는 것

RNA 간섭(RNA interference, RNAi) mRNA의 분해, mRNA의 번역 또는 특정한 mRNA를 암호화하는 유전자의 전사를 억제함으로써 유전자의 발현을 방해하는 짧은 RNA 분자(siRNA 또는 miRNA)의 작용

RNA 스플라이싱(RNA splicing) 성숙한 기능형의 RNA 분자를 만들기 위해 1차 RNA 전사체로부터 인트론을 제거하는 과정

RNA 중합효소(RNA polymerase) DNA를 주형으로 사용하여 RNA의 합성을 촉매하는 일군의 효소. 성장하는 RNA 사슬의 3′ 말단에 계속적으로 뉴클레오타이드를 첨가한다.

RNA 중합효소 I(RNA polymerase I) 인에 존재하며, 4종류의 tRNA 중 3종류에 대한 RNA 전구체를 합성하는 진핵생물 RNA 중합효소의 일종

RNA 중합효소 II(RNA polymerase II) 핵질에 존재하며, mRNA 전구체와 대부분의 snRNA를 합성하는 진핵생물 RNA 중합효소의 일종

RNA 중합효소 III(RNA polymerase III) 핵질에 존재하며, tRNA 전구체와 5S rRNA를 포함하여 다양한 작은 RNA를 합성하는 진핵생물 RNA 중합효소의 일종

RNA 편집(RNA editing) 뉴클레오타이드의 삽입, 제거 또는 변형에 의해 mRNA 분자의 염기 서열을 변경시키는 것

RNA 프라이머(RNA primer) 프라이메이스에 의해 합성된 짧은 RNA 단편으로, DNA 합성의 개시 위치로 사용된다.

RNAi RNA 간섭 참조

RNAseq(RNA 염기서열 결정법)(RNAseq) 차세대 염기서열 결정 기술을 사용하여 세포에서 생성된 전체 전사체를 분석할 때 복잡한 mRNA 혼합물에서 생성된 수많은 cDNA의 염기서열을 결정하는 기술

RNA-유도 침묵복합체(RISC) siRNA 또는 miRNA와 몇 가지 단백질의 복합체로, 이들 RNA에 대해 상보성 서열을 가진 mRNA 또는 유전자의 발현을 억제한다. RNA-induced silencing complex의 줄임말. miRISC와 siRISC 참조

rough ER 거친면 소포체 참조

rRNA 리보솜 RNA 참조

rRNA 전구체(pre-rRNA) 가공 과정을 거쳐서 성숙 rRNA가 되기 전의 1차 전사체

RTK 수용체 타이로신 인산화효소 참조

RT-PCR(역전사 중합효소 연쇄반응)(RT-PCR, revese reansctiption polymerase chain reaction) mRNA 발현을 검출하고 정량화하는 기술. 먼저 시료의 mRNA에서 cDNA를 만든 다음, PCR을 사용하여 특정 cDNA 서열을 증폭한다.

R 그룹(R group) 아미노산의 알파 탄소에 붙어 있는 곁사슬. 글라이신에서와 같이 단순히 수소 원자일 수도 있고, 트립토판에서와 같이 더 복잡한 원자 배열일 수도 있다.

S 용질 농도 및 스베드베리 단위 참조

S 엔트로피 참조

S기(S phase) 진핵 세포주기에서 DNA가 합성되는 단계

SDSA 합성의존성 가닥재결합 참조

SEM 주사전자현미경 참조

SERCA 근육/소포체 Ca²⁺-ATP 분해효소 참조

SH2 도메인(SH2 domain) 다른 단백질의 인산화된 타이로신 잔기를 인식하여 결합하는 단백질의 도메인

SINE(짧은 산재요소)(SINE, short interspersed nuclear element) 다른 이동성 전이인자에 의해 만들어진 효소에 의존하여 이동하는 전이인자로서, 길이 500개 염기쌍 이하인 산재된 반복 DNA 서열군. 사람에 가장 흔한 SINE으로 Alu 서열이 있다.

siRISC siRNA와 몇 가지 단백질로 구성된 복합체로, siRNA의 서열에 대하여 상보적인 서열을 가진 mRNA 또는 유전자의 발현을 함께 억제한다. miRISC와 RISC 참조

siRNA 유전자 발현을 억제하는 길이 약 23뉴클레오타이드인 2중가닥 RNA. 정확히 상보적인 mRNA의 분해를 촉진하거나 또는 정확히 상보적인 서열을 가진 유전자의 전사를 억제한다.

Smad(단백질)[Smad(protein)] 형질전환 생장인자 β(TGFβ)에 의해 촉발된 신호경로에 관련된 단백질 집단. 활성화되면 Smad가 핵으로 들어가 유전자 발현을 조절한다.

smooth ER 매끈면 소포체 참조

SNAP 용해성 NSF 부착단백질 참조

SNAP 수용체 단백질(SNAP receptor protein) SNARE 단백질 참조

SNARE 가설(SNARE hypothesis) 막 소낭들이 합당한 표적막에 융합하는 방법에 대한 설

명 모델. v-SNARE(소낭-SNAP 수용체)와 t-SNARE(표적-SNAP 수용체) 사이의 특이적인 상호관계에 근거한다.

SNARE 단백질(SNAP 수용체 단백질)(SNARE protein, SNAP receptor protein) 막 소낭을 표적지로 보내고 분류하는 데 관여하는 두 가지 단백질 집단. 수송 소낭에서 발견되는 v-SNARE와 표적막에서 발견되는 t-SNARE가 있다.

SNP 단일염기다형성 참조

snRNP 스플라이싱 복합체를 형성하기 위해 다른 snRNP와 결합하는 RNA-단백질 복합체. '스너프'로 발음한다.

Sos(단백질)[Sos(protein)] Ras의 GDP 방출을 촉진하고 GTP를 획득하게 함으로써 Ras를 활성화하는 구아닌-뉴클레오타이드 교환인자. Sos 단백질은 활성화된 수용체 타이로신 인산화효소에서 인산화된 타이로신에 결합한 GRB2 단백질 분자와 상호작용하여 활성화된다.

SOS 시스템(SOS system) 박테리아에서 여러 DNA 수선경로를 시작하는, DNA 손상에 대한 전반적인 반응. SOS 반응은 단일가닥 결합단백질인 RecA를 포함한다.

SR 근소포체 참조

SRP 신호인식입자 참조

SSB 단일가닥 DNA 결합단백질 참조

stage 재물대 현미경에서 시료를 올려놓는 대

Start 효모의 세포주기에서 G1기의 끝에 있는 조절점으로, S기로 진행하는 데 적절한 조건이 될 때까지 세포주기를 정지할 수 있다. 다른 진핵 생물에서 제한(확인)점으로 알려져 있다.

STAT 야누스 활성단백질 인산화효소에 의해 세포질에서 인산화되어 활성화된 전사인자이며, 이어서 활성화된 STAT 분자가 핵으로 이동한다.

STR 짧은 직렬반복 참조

SWI/SNF 염색질 재구성 단백질 참조

T 타이민 참조

T 세관계(T tubule system) 가로세관계 참조

TATA-결합단백질(TATA-binding protein, TBP) DNA에서 TATA 박스 서열을 인지하고 결합하는 전사인자 TFIID의 구성 요소. TATA 박스가 결여된 프로모터에서 전사의 개시 조절에도 관여한다.

TATA 박스(TATA box) RNA 중합효소 II에 의해 전사되는 많은 진핵 유전자에 대한 핵심 프로모터의 일부. TATA 공통서열에 이어 둘 또는 셋 이상의 A로 구성되어 있으며 전사 개시점으로부터 약 25개 뉴클레오타이드 상부에 위치한다.

TBP TATA-결합단백질 참조

TCA 회로(TCA cycle) 트라이카복실산 회로 참조

TE 전이인자 참조

TEM 투과전자현미경 참조

TFIIB 인식요소(TFIB recognition element, BRE)

RNA 중합효소 II에 대한 핵심 프로모터로, TATA 박스의 바로 상부에 위치한다.

TGFβ 형질전환 생장인자 β 참조

TGN 트랜스골지망 참조

Ti 플라스미드(Ti plasmid) 박테리아에 의해 식물로 운반되었을 때 근두암종을 일으키는 DNA 분자. 식물 세포에 외래 유전자를 도입하기 위한 클로닝 벡터로 사용된다.

TIC 엽록체 내막 전위효소 참조

TIM 미토콘드리아 내막 전위효소 참조

TIRF 전내부반사형광 현미경법 참조

TLC 박층 크로마토그래피 참조

T_m 전이온도 또는 DNA 용해온도 참조

TOC 엽록체 외막 전위효소 참조

TOM 미토콘드리아 외막 전위효소 참조

triglyceride 트라이아실글리세롤 참조

tRNA 운반 RNA 참조

tRNA 전구체(pre-tRNA) 가공 과정을 거쳐서 성숙 tRNA가 되기 전의 1차 전사체

trp **오페론**(*trp* operon) 박테리아에서 트립토판 생합성에 관여하는 효소를 암호화하는 인접한 유전자 집단이며, 트립토판이 존재하는 경우 그 전사가 선택적으로 억제된다.

t-SNARE(표적-SNAP 수용체)(t-SNARE, target-SNAP receptor) 표적막의 외부 표면에 결합한 단백질로, 수송 소낭의 외부 표면에 결합된 v-SNARE 단백질과 결합한다.

U 유라실 참조

UPR 풀린 단백질 반응 참조

UV 자외선 참조

v 초기 반응 속도 참조

V형 ATP 가수분해효소(V-type ATPase) 소낭, 소포, 라이소솜, 엔도솜, 골지체와 같은 세포소기관으로 양성자를 운반하는 일종의 수송 ATP 가수분해효소

V_m 휴지막전위 참조

V_{max} 최대 속도 참조

VNTR 가변직렬반복 참조

v-SNARE(소포-SNAP 수용체)(v-SNARE, vesicle-SNAP receptor) 수송 소낭의 외부 표면에 결합한 단백질로, 적절한 표적막의 외부 표면에 결합되어 있는 t-SNARE 단백질과 결합한다.

Wnt 경로(Wnt pathway) 배아 발생에서 세포의 증식과 분화를 조절하는 데 뚜렷한 역할을 하는 신호전달 경로. 일부 암에서 이 경로가 비정상적으로 나타난다.

X-불활성화(X-inactivation) 암컷 포유류의 세포에 있는 2개의 X 염색체 중 하나가 광범위한 DNA 메틸화 및 염색질 응축을 통해 전사적으로 비활성화되는 과정

X선 결정법(X-ray crystallography) 일반적으로 결정 또는 섬유로 된 시료를 X선이 통과할 때 생

성되는 패턴에 근거하여 고분자의 3차원적 구조를 결정하는 기술

YAC 효모 인공염색체 참조

Z선(Z line) 가로무늬 근육에서 근원섬유의 I대 중앙에 있는 검은 선. 근절의 경계를 이룬다.

1차 구조(primary structure) 폴리펩타이드 사슬에서 아미노산의 순서

1차 세포벽(primary cell wall) 계속 생장 중인 세포에서 중간박막층 아래에 발달하는 식물 세포벽의 유연한 부분. 느슨하게 조직화된 셀룰로스 미세섬유 망상 구조를 가지고 있다.

1차 전사체(primary transcript) 전사에 의해 새로 생산된 RNA 분자로, 가공 과정이 전혀 일어나지 않은 상태

2가 염색체(bivalent) 감수1분열 동안 접합하는 상동염색체의 쌍으로, 각 염색체로부터 2개씩 4개의 염색분체를 가진다.

2금속 철-구리(Fe-Cu) 중심[bimetallic iron-copper (Fe-Cu) center] 사이토크롬 a_3와 같은 산소결합 사이토크롬의 헴기에 결합하는 단일 구리 원자와 철 원자 사이에 형성된 복합체. 사이토크롬이 4개의 전자와 4개의 양성자를 획득할 때까지 산소 분자가 사이토크롬에 결합되어 있게 하는 것이 중요하며, 그 결과 2분자의 물이 방출되게 한다.

2당류(disaccharide) 2개의 단당류가 공유결합으로 연결되어 구성된 탄수화물

2배체(diploid) 2세트의 염색체를 가지고 있어서 각 유전자에 대하여 2개의 사본을 갖는 것. 이와 같이 구성된 세포, 핵 또는 생물체를 의미한다.

2중결합(double bond) 두 원자 사이에 두 쌍의 전자를 공유하여 형성된 화학결합

2중나선(모델)[double helix (model)] DNA 분자에서 서로 꼬인 2개의 나선 가닥. 아데닌(A)과 타이민(T) 그리고 사이토신(C)과 구아닌(G) 사이의 상보적 염기쌍 형성에 의해 서로 붙잡고 있다.

2중세관 연결부(interdoublet link) 진핵세포의 섬모 또는 편모의 축사에서 인접한 2중세관들 간의 연결부. 축사가 휠 때 2중세관 상호 간에 이동의 정도를 제한한다고 생각된다.

2중역비례도(선)(double-reciprocal plot) 효소 동역학 데이터의 분석을 위해 1/v 대 1/[S] 값을 나타낸 그래프

2중적중 가설(two-hit hypothesis) 종양 억제유전자의 두 사본 각각의 기능상실 돌연변이는 세포가 암이 되기 쉬운 경향을 보여야 한다는 가설

2차 구조(secondary structure) 폴리펩타이드 골격을 따라서 펩타이드 결합에 있는 원자들 사이의 수소결합이 관여하는 단백질 구조로, α-나선과 β-병풍 구조라는 두 가지 주된 패턴을 형성한다.

2차 세포벽(secondary cell wall) 세포의 생장이

멈춘 다음에 1차 세포벽 아래에 발달되는 식물 세포벽의 단단한 부분. 조밀하게 포장된 고도로 조직화된 셀룰로스 미세섬유의 다발을 가지고 있다.

2차 전달자(second messenger)　세포 바깥의 신호 리간드로부터 세포의 내부로 신호를 전달하는 몇 가지 물질로, 고리형 아데노신 1인산, 칼슘 이온, 이노시톨 3인산, 다이아실글리세롤이 포함된다.

2차원 젤 전기영동(2-D 젤 전기영동)(two-dimensional gel electrophoresis, 2-D gel electrophoresis)　pH를 기반으로 단백질을 분리하는 첫 번째 과정(등전점 전기영동, IEF)에 이어서 크기별로 분리하는 두 번째 과정(SDS-폴리아크릴아미드 젤전기영동, SDS-PAGE)을 통해 단백질 시료를 2차원으로 분리한다.

2황화 결합(disulfide bond)　황화수소기의 산화에 의해 2개의 황 원자 사이에 만들어진 공유결합. 2개의 시스테인 사이에 형성된 2황화 결합은 단백질의 3차 구조를 안정화하는 데 중요하다.

3자암호(triplet code)　3개의 뉴클레오타이드 정보가 하나의 단위로 읽혀지는 암호 시스템. 유전 암호는 mRNA에서 코돈이라는 3개 염기의 단위로 읽는다.

3자체(triad)　골격근육의 근소포체에서 2개의 말단 시스터나와 그 사이에 있는 T 세관을 일컫는 용어

3중 결합(triple bond)　3쌍의 전자를 공유한 결과로 두 원자 사이에 형성된 화학결합

3차 구조(tertiary structure)　폴리펩타이드의 아미노산 곁사슬 간의 상호작용이 관여하는 단백질 구조의 단계이며, 1차 구조상 아미노산이 어디에 위치하는 것과는 무관하다. 폴리펩타이드 사슬의 3차원적 접힘을 만들게 된다.

3차원 전자 단층촬영법(3-D 전자 단층촬영법)(three-dimensional electron tomography, 3-D electron tomography)　투과전자현미경으로 연속 박편 절단 시료를 관찰하여 3차원적 구조로 재구성하는 컴퓨터에 근거한 방법론

30 mm 염색사(30-nm chromatin fiber)　10 nm 뉴클레오솜으로 된 염색사를 응축하여 생긴 섬유

30S 개시복합체(30S initiation complex)　mRNA, 30S 리보솜 소단위체, 개시 아미노아실 tRNA 분자, 개시인자 IF2의 결합에 의해 형성된 복합체

4면체(탄소 원자)[tetrahedral(carbon atom)]　탄소 원자가 4개의 단일결합을 통해 다른 원자와 결합한 구조. 각 결합은 서로 같은 거리에 있으며, 원자가 4개의 동일한 면을 가진 4면체가 되게 한다.

4차 구조(quaternary structure)　하나의 다량체 단백질을 형성하기 위해 둘 또는 그 이상의 폴리펩타이드 사슬들의 상호작용하는 단백질의 구조 단계

5′ 캡(5′ cap)　진핵생물 mRNA의 5′ 말단에 있는 메틸화된 구조. 5′ 말단에 7-메틸구아노신을 추가하고 RNA 사슬의 첫 번째, 그리고 종종 두 번째 뉴클레오타이드의 리보스를 메틸화한다.

70S 개시복합체(70S initiation complex)　30S 개시복합체가 50S 리보솜 소단위체와 결합함으로써 형성되는 복합체. P 자리에 개시 아미노아실 RNA를 가지고 있으며, mRNA의 번역을 시작할 수 있다.

γ-TuRC　감마 튜불린 고리 복합체 참조

ΔG　자유에너지 변화 참조

ΔG°′　표준 자유에너지 변화 참조

+-TIP 단백질(+-TIP protein)　양성말단 튜불린 상호작용 단백질 참조

크레디트

사진

Cover: Vshivkova/Shutterstock

Chapter 1 Opener: Dr. Jan Schmoranzer/Science Source; **1-1a:** Science & Society Picture Library/Getty Images; **1-1b:** World History Archive/Alamy Stock Photo; **1-2a:** Susumu Nishinaga/Science Source; **1-2b:** Science History Images/Alamy Stock Photo; **1-2c:** Science Source; **1-2d:** M. I. Walker/Science Source; **1-2e:** De Agostini Picture Library/Science Source; **1-2f:** David M. Phillips/Science Source; **1-2g:** Aaron J. Bell/Science Source; **1-2h:** Steve Gschmeissner/Science Source; **1-2i:** David Becker/Science Source; **1A-4:** Dr. Gopal Murti/Science Source; **1-6a:** Biophoto Associates/Science Source; **1-6b:** Keith R. Porter/Science Source; **1-6c, d:** Eye of Science/Science Source; **1-7a:** Richard Megna/Fundamental Photographs; **1-7b:** Pascal Goetgheluck/Science Source; **1-10a:** Daniela Beckmann/Science Source; **1-10b:** SCIMAT/Science Source; **1-10c:** Roblan/Shutterstock; **1-10d:** Sinclair Stammers/Science Source; **1-10e:** Jasmin Merdan/123RF; **01-10f:** Nigel Cattlin/Alamy Stock Photo; **1B-1a:** Published by permission of the Lacks family; **1B-1b:** Steve Gschmeissner/Science Source; **1-11:** Shao, X. et al. (2017). Cell–cell adhesion in metazoans relies on evolutionarily conserved features of the-catenin-catenin–binding interface. *The Journal of Biological Chemistry*. 292, 16477-16490.

Chapter 2 2A-1: Sebastiano Volponi/MARKA/Alamy Stock Photo; **2-9:** Nigel Cattlin/Alamy Stock Photo; **2B-2:** Du Cane Medical Imaging Ltd/Science Source; **2-14:** (left) Biophoto Associates/Science Source (right) Dr. G. F. Bahr/Armed Forces Institute of Pathology.

Chapter 3 Opener: Dr. Alex McPherson, University of California, Irvine/NASA; **3A-1:** Dr. Cecil H. Fox/Science Source; **3A-2:** Thomas Deerinck, NCMIR/Science Source; **3A-3:** Susan Landau/Lawrence Berkeley National Lab; **3B-1:** Science History Images/Alamy Stock Photo; **3B-2:** Volker Steger/Science Source; **3B-3:** James King-Holmes/Science Source; **3-24a:** Dr. Jeremy Burgess/Science Source; **3-24b:** Don W. Fawcett/Science Source; **3-25:** Biophoto Associates/Science Source.

Chapter 4 Opener: Talley Lambert/Science Source; **4-1:** Scripps Institution of Oceanography Archives, UC San Diego Library; **4-2a:** Menger, F. M. & Gabrielson, K. (1994). Chemically-Induced Birthing and Foraging in Vesicle Systems. *J. Am. Chem. Soc. 116*, 4, 1567–1568; **4-2b:** Jack W. Szostak; **4-5:** Biophoto Associates/Science Source; **4-6b:** Biophoto Associates/Science Source; **4-9:** Bruce J. Schnapp; **4-10:** Power and Syred/Science Source; **4-12b:** Science History Images/Alamy Stock Photo; **4-12c:** Biophoto Associates/Science Source; **4-13c:** Keith R Porter/Science Source; **4-14b:** Science History Images/Alamy Stock Photo; **4-16c:** Don W. Fawcett/Science Source; **4-16d:** Biophoto Associates/Science Source; **4-17c:** Biophoto Associates/Science Source; **4A-1:** Dr. Dag Malm; **4-19b:** Biophoto Associates/Science Source; **4-20:** Don W. Fawcett/Science Source; **4-21b:** Sue Ellen Frederick and Eldon H. Newcomb, *Journal of Cell Biology*, 1969, 43:343-353. doi: 10.1083/jcb.43.2.343; Figure 6. The Rockefeller University Press; **4-22b:** Dr Jeremy Burgess/Science Source; **4-24:** Guillaume T. Charras, Mike A. Horton. (2002). Single Cell Mechanotransduction and Its Modulation Analyzed by Atomic Force Microscope Indentation. *Biophysical Society*, 82:6 P2970-2981; **4-25b:** Biophoto Associates/Science Source; **4B-1:** wavebreakmedia/Shutterstock; **4-26:** (top, left to right) Biophoto Associates/Science Source, Science History Images/Alamy Stock Photo, CDC/Maureen Metcalfe, Tom Hodge; (bottom, left to right) Health Protection Agency Centre for Infections/Science Source, Science History Images/Alamy Stock Photo, M. Wurtz/Biozentrum, University of Basel/Science Source.

Chapter 5 Opener: Ben Nottidge/Alamy Stock Photo; **5-2:** Aaron J. Bell/Science Source; **5-3a:** Lisa Werner/Alamy Stock Photo; **5-3b:** Martin Shields/Alamy Stock Photo; **5-5:** tacojim/Getty Images; **5A-1:** PHOTO RF/Science Source; **p. 144:** Andrew Brookes, National Physical Laboratory/Science Source.

Chapter 6 6A-1: MAURICIO LIMA/Getty Images; **p. 166:** Crown Copyright Food and Environment Research Agency/Science Source.

Chapter 7 7-1a: Keith R. Porter/Science Source; **7-1b:** Eldon H. Newcomb; **7-3e:** Elizabeth Robertson; **7-4:** Don W. Fawcett/Science Source; **7-A3a:** Jeff Hardin, Univ. of Wisconsin-Madison; **7-16a:** David W. Deamer; **7-16b:** Dan Branton/Omikron/Science Source; **7-22:** Don W. Fawcett/Science Source; **7-24a:** Cheryl Power/Science Source.

Chapter 8 Opener: Cheryl Power/Science Source; **p. 218:** Pablo Bou Mira/Alamy Stock Photo; **8-10a:** Borgnia, M. et al. (1999). Cellular and Molecular Biology of the Aquaporin Water Channels. *Annual Review of Biochemistry*. Vol. 68, p. 429; **8-B2a:** BSIP SA/Alamy Stock Photo; **8-B2b:** Glen Stubbe/Minneapolis Star Tribune/ZUMAPRESS.com/Newscom; **8-16a:** Yann Arthus-Bertrand/Getty Images.

Chapter 9 Opener: Dr. Tim Evans/Science Source; **9-9:** Courtesy of Annick D. Van den Abbeele, MD, FACR, FICIS, Dana-Farber Cancer Institute, Boston, MA, USA; **p. 254:** Sinclair Stammers/Science Source; **p. 256:** Dan Kosmayer/Shutterstock.

Chapter 10 Opener: Biophoto Associates/Science Source; **10-2a:** Keith R. Porter/Science Source; **10-3a:** Talley Lambert/Science Source; **10-3b:** T.G. Frey and M. Ghochani, San Diego State University; **10A-1:** Courtesy of Pacific Northwest National Laboratory; **10A-2b, c:** T.G. Frey and M. Ghochani, San Diego State University; **10-5a:** Alexander Tzagoloff; **10-14:** Trelease, R.N. et al. (1971). Microbodies (Glyoxysomes and Peroxisomes) in Cucunber Cotyledons. *Plant Physiology*, 48, 461-475.

Chapter 11 Opener: Fernan Federici, Jim Haseloff; **11-2a:** Biophoto Associates/Science Source; **11-2b:** M.I. Walker/Science Source; **11-3a:** Omikron/Science Source; **11-4a:** Dr. Kari Lounatmaa/Science Source; **11A-1:** GIPhotoStock/Science Source; **11B-3:** Jose Gil/Shutterstock; **11-19b:** Mike Clayton.

Chapter 12 Opener: Achilleas Frangakis EMBL; **12-2a:** Barry F. King/Biological Photo Service; **12-15:** James D. Jamieson, George E. Palade; INTRACELLULAR TRANSPORT OF SECRETORY PROTEINS IN THE PANCREATIC EXOCRINE CELL: IV. Metabolic Requirements. *J Cell Biol* 1 December 1968; 39 (3): 589–603. doi: https://doi.org/10.1083/jcb.39.3.589; **12-16:** Nature's Faces/Science Source; **12-17b:** JOSE CALVO/Science Source; **p. 358:** GIPhotoStock/Science Source; **12A-2:** Joshua Z. Rappoport; **12-19b:** Biophoto Associates/Science Source; **12-21:** M. M. Perry and A. B. Gilbert. (1979). Yolk transport in the ovarian follicle of the hen (Gallus domesticus): lipoprotein-like particles at the periphery of the oocyte in the rapid growth phase. *The Journal of Cell Science*, 39, 257-272; **12-22a:** Heuser Lab, Washington University, St. Louis, MO; **12-23a, b:** Heuser Lab, Washington University, St. Louis, MO; **12-26:** Don W. Fawcett/Science Source; **12B-1:** Gastrolab/Science Source; **12-27:** Don W. Fawcett/Science Source.

Chapter 13 Opener: Dr. Torsten Wittmann/Science Source; **13-1:** Tatyana Svitkina; Table 13-1: Charras, G. T. & Horton, M. A. (2002). Single Cell Mechanotransduction and Its Modulation Analyzed by Atomic Force Microscope Indentation. *Biophysical Journal*. Volume 82, Issue 6, pp. 2970–2981; Table 13-2: (top to bottom) © 2015 Life Technologies Corporation/Thermo Fisher Scientific Inc., Yasushi Okada (RIKEN), E.D. Salmon. (1995). VE-DIC light microscopy and the discovery of kinesin. *Trends in Cell Biology* 5:154-58., Don W. Fawcett/Science Source; **13-3b:** Biology Pics/Science Source; **13-5:** LI Binder, JL Rosenbaum. (1978). The in vitro assembly of flagellar outer doublet tubulin. *The Journal of Cell Biology*, 79, 500-515; **13-8b:** Kent L. McDonald; **13-8c:** Don W. Fawcett/Science Source; **13-9b:** Dr. Thomas J. Keating, Ph.D; **13-11d:** Maric, I. Et al. (2011). Centrosomal and mitotic abnormalities in cell lines derived from papillary thyroid cancer harboring specific gene alterations. *Molecular Cytogenetics*, 4:26; **13-12b:** Kenneth S. Kosik; **13-12d:** Rogers, S.L. (2002). Drosophila EB1 is important for proper assembly, dynamics, and positioning of the mitotic spindle. *The Journal of Cell Biology*, 158(5), 873–884; **13-13c:** L. E. Roth, Y. Shigenaka and D. J. Pihlaja; **p. 394:** Dr. Torsten Wittmann/Science Source; **13A-1:** Osborn, M., Weber, K. (1975). Cytoplasmic microtubules in tissue culture cells appear to grow from an organizing structure towards the plasma membrane. *Cell Biology*, 73 (3), pp. 867–871; **13A-2:** Prof. Andrew Matus; **13-15:** Tatyana M. Svitkina; **13-17a:** Mooseker, M. S. & Tilney, S. G. (1975). Organization of an actin filament-membrane complex. Filament polarity and membrane attachment in the microvilli of intestinal epithelial cells. *J Cell Biol*. 67 (3): 725–743; **13-18:** John E. Heuser M.D.; **13-19:** Daniel Branton/Harvard; **13-20a:** Gary G. Borisy and Tatyana M. Svitkina; **p. 400:** Andrii Malkov/Shutterstock; **13-21:** Jeff Hardin, Univ. of Wisconsin-Madison; **13-22:** David M. Phillips/Science Source; **13-24:** Elaine Fuchs, Don W. Cleveland. (1998). *A Structural Scaffolding of Intermediate Filaments in Health and Disease*. 279 (5350), pp. 514–519.

Chapter 14 Opener: Steve Gschmeissner/Science Source; **14-2:** Nobutaka Hirokawa; **14A-3b:** Dr. Toshio Ando; **14-7a:** Charles Daghlian/Science Source; **14-7c:** Steve Gschmeissner/Science Source; **14-8a:** Dartmouth Electron Microscope Facility, Dartmouth College; **14-8b:** Don W. Fawcett/Science Source; **14-8c:** Dr. Paul Guichard; **p. 418:** Pascal Goetgheluck/Science Source; **14B-1c:** Zephyr/Science Source; **14B-2a:** Hirst, R. A. et al. (2010). Ciliated Air-Liquid Cultures as an Aid to Diagnostic Testing of Primary Ciliary Dyskinesia. *Chest*, 138(6), pp. 1441–1447; **14B-2b:** Biophoto Associates/Science Source; **14-12b:** Biophoto Associates/Science Source; **14-13a:** Clara Franzini-Armstrong; **14-18:** John E. Heuser M.D.; **14-23:** Manfred Kage/Science Source; **14-24a:** Biophoto Associates/Science Source; **14-25a:** K.M. Trybus, S. Lowey (1984). Conformational States of Smooth Muscle Myosin. *The Journal of Biological Chemistry*, 259(13) pp. 8564–8571; **14-26:** Guenter Albrecht-Buehler, Ph.D; **14-28:** Panther Media GmbH/Alamy Stock Photo; **14-29b:** Y.M. Kersey, N.K. Wessells; Localization of actin filaments in internodal cells of characean algae. A scanning and transmission electron microscope study. *J Cell Biol* 1 February 1976; 68 (2): 264–275. doi: https://doi.org/10.1083/jcb.68.2.264.

Chapter 15 Opener: Jeff D. Hildebrand; **15-3b:** Dr. Kenneth Dunn; **15-4:** Masatoshi Takeichi/Takeichi lab/RIKEN BioResource Center; **15-5:** Heasman, J. et al. (1994). A functional test for maternally inherited cadherin in Xenopus shows its importance in cell adhesion at the blastula stage. *Development*. Vol. 120: 49-57; **15-6a:** Don W. Fawcett/Science Source; **15A-1:** Biophoto Associates/Science Source; **15A-3:** Dr Harout Tanielian/Science Source; **15-8b:** Friend, D. S. (1972). VARIATIONS IN TIGHT AND GAP JUNCTIONS IN MAMMALIAN TISSUES. *Journal of Cell Biology*. Vol.53, No. 3, pp. 758–776; **15-9b:** Don W. Fawcett/Science Source; **15-10b:** C. Peracchia and A. F. Dulhunty. (1976). Low resistance junctions in crayfish. Structural changes with functional uncoupling. *Journal Cell Biology*, 70, pp. 419–439; **15-10c:** Don W. Fawcett/Science Source; **15-11c:** Ed Reschke/Getty Images; **15-12a:** J. Gross/Biozentrum, University of Basel/Science Source; **15-15a:** Rosenberg, L., Hellman, W. & Kleinschmidt. (1975). Electron microscopic studies of proteoglycan aggregates from bovine articular cartilage. *The Journal of Biological Chemistry*, 250, 1877-1883; **15-16b:** DANIEL SCHROEN, CELL APPLICATIONS INC/Science Source; **15-17:** Biophoto Associates/Science Source; **15B-1:** Debnath, J. (2003). Morphogenesis and oncogenesis of MCF-10A mammary epithelial acini grown in three-dimensional basement membrane cultures. *Methods*, 30:3, pp. 256–268; **p. 451:** National Geographic Image Collection/Alamy Stock Photo;

15-20b: Lindsy Boateng and Anna Huttenlocher; **15-20d:** Kelly, D. (1966). FINE STRUCTURE OF DESMOSOMES, HEMIDESMOSOMES, AND AN ADEPIDERMAL GLOBULAR LAYER IN DEVELOPING NEWT EPIDERMIS. *J Cell Biol.* Vol. 28 (1): 51–72; **15-21a:** Bunnell, T.M. et al. (2008). Destabilization of the Dystrophin-Glycoprotein Complex without Functional Deficits in α-Dystrobrevin Null Muscle. *PLoS ONE* 3(7): e2604; **15-22b:** Biophoto Associates/Science Source; **15-23:** Biophoto Associates/Science Source; **15-24:** F. C. STEWARD and K. MÜHLETHALER (1953). The Structure and Development of the Cell-Wall in the Valoniaceae as Revealed by the Electron Microscope. *Annals of Botany*. New Series, Vol. 17, No. 66, pp. 295–316; **15-25a:** W. P. Wergin/Eldon H. Newcomb; **15-25c:** Biophoto Associates/Science Source.

Chapter 16 Opener: Power and Syred/Science Source; **16-3a:** Lee D. Simon/Science Source; **16-3b:** Michael Feiss; **16-7a:** Omikron/Science Source; **16-7b:** Science & Society Picture Library/Getty Images; **16-10b, c:** James C. Wang; **16A-1:** Monty Rakusen/Getty Images; **16A-2a:** Schröck, E. et al. (1996). Multicolor Spectral Karyotyping of Human Chromosomes. *Science*. Vol. 273, No. 5274, pp. 494–497; **16A-2b:** Bolzer A. et al. (2005). Three-Dimensional Maps of All Chromosomes in Human Male Fibroblast Nuclei and Prometaphase Rosettes. *PLoS Biol* 3(5): e157. https://doi.org/10.1371/journal.pbio.0030157; **16-15a:** H. Kobayashi, K. Kobayashi, and Y. Kobayashi/ American Society for Microbiology Archives; **16-15b:** G. Murti/Science Source; **16-16:** Victoria Foe; **16-19:** (top to bottom) Victoria Foe, Barbara Hamkalo, U. Laemmli/ Science Source, G. F. Bahr/Armed Forces Institute of Pathology; **16-20:** Ulrich K. Laemmli; **16-22a:** Johannes Wienberg; **16-22b:** Peter M. Lansdorp/University Medical Center Groningen; **16-23b:** Darryl Leja/National Human Genome Research Institute; **16-26:** Kasamatsu, H., Robberson, D. & Vinograd, J. (1971). A Novel Closed-Circular Mitochondrial DNA with Properties of a Replicating Intermediate. *PNAS*. Vol. 68 (9) 2252-2257; **16-28a:** Don W. Fawcett/Science Source; 16-28b: Human Protein Atlas, www.proteinatlas.org/Uhlen et al (2015). "Tissue-based map of the human proteome."/*Science*/.DOI:10.1126/science.1260419; **16-29a:** Don W. Fawcett/Science Source; **16-30:** Biophoto Associates/Science Source; **16-31a:** Don W. Fawcett/Science Source; **16-33:** Kalderon, D., Roberts, B. L., Richardson, W. D., & Smith, A. E. (1984). A short amino acid sequence able to specify nuclear location. *Cell*, 39(3), 499-509; **16-35a:** Nickerson, J.A. et al. (1997). The nuclear matrix revealed by eluting chromatin from a cross-linked nucleus. *Cell Biology*, 94(9), 4446-4450; **16-35b:** Ueli Aebi Ph.D.; **p. 490:** Andrew H. Walker/Getty Images; **16B-2:** National Institute of Health and Consensus Development Conference; **16-36:** David M. Phillips/Science Source.

Chapter 17 Opener: Dr Gopal Murti/Science Source; **17-6a:** Cold Spring Harbor Laboratory Archives; **17-7b:** Cold Spring Harbor Laboratory Archives; **17-17:** Victoria Foe; **17-19:** Nikitina, T. & Woodcock, C. (2004). Closed chromatin loops at the ends of chromosomes. *J Cell Biol.* Vol. 166, No. 2, pp. 161–165; **17-20a:** Don W. Fawcett/Science Source; **17-20b:** L. Hayflick/Jeff Hardin; **17B-1:** DAMOURETTE VINCENT/ SIPA/Newscom; **17-31:** COLD SPRING HARBOR LABORATORY ARCHIVES; **17-31:** Potter, H. & Dressler, D. (1977). On the mechanism of genetic recombination: the maturation of recombination intermediates. *PNAS*. Vol. 74, No. 10, pp. 4168–4172; **17-38:** Li, Y. F., Kim, S. T. & Sancar, A (1993). Evidence for lack of DNA photoreactivating enzyme in humans. *PNAS*. Vol. 90 (10) 4389-4393.

Chapter 18 Opener: DR ELENA KISELEVA/Science Source; **18-3a:** O. L. Miller Jr., Barbara A. Hamkalo, C. A. Thomas Jr. (1970). Visualization of Bacterial Genes in Action. *Science*, 169(3943), pp. 392–395; **p. 539:** Patrick Dumas/Science Source; **18B-1:** Vladyslav Siaber/ Alamy Stock Photo; **18-12a:** David M. Phillips/Science Source; **18-12b:** Professor Oscar Miller/Science Source; **18-17a:** Bert W. O'Malley, M.D.; **18-19a:** Ann Beyer; **18-19b:** Jack Griffith, University of North Carolina.

Chapter 19 19-1: Janice Carr/CDC; **19-6a:** OMIKRON/ Science Source; **19-18b:** Barbara Hamkalo; **p. 588:** J. A. Lake, *Scientific American* (1981) 245:86. © J. A. Lake; **19B-1b:** Jeff Hardin, Univ. of Wisconsin-Madison; **19B-2:** Paul Steinbach/Tsien Lab.

Chapter 20 Opener: Steve Paddock, Jim Langeland; **20-12b:** PA/AP Images; **20-15:** LPLT/Wikimedia; **20-18a:** fotojagodka/123RF; **20-18b:** Karen Ng, Dieter Pullirsch, Martin Leeb, Anton Wutz/European Molecular Biology Organization (EMBO); **20-30b:** Caltech Archives; **20-30c:** Matthew P. Scott; **20-40:** Silva, S., Camino, L. & Aguilera, A. (2018). Human mitochondrial degradosome prevents harmful mitochondrial R loops and mitochondrial genome instability. *PNAS*.115 (43) 11024–11029.

Chapter 21 Opener: Deco Images II/Alamy Stock Photo; **21-2b:** LOUISE MURRAY/Science Source; **p. 646:** Vit Kovalcik/Alamy Stock Photo; **p. 664:** Image Source/Alamy Stock Photo; **21-6c:** John Bowman; **21-17:** Jeff Hardin, Univ. of Wisconsin-Madison; **21-27b:** Ralph Brinster; **21-29b:** Dr. Paul Sternberg; **21-29c:** Nathaniel P. Hawker and John L. Bowman; **21-29d:** John H. Wilson; **21-30:** Dr. Stephen Small; **21-32:** Arcansel/Alamy Stock Photo.

Chapter 22 Opener: Thomas Deerinck, NCMIR/ Science Source; **22-1b:** STEVE GSCHMEISSNER/Science Source; **22-2:** David Fleetham/Alamy Stock Photo; **22A-2a:** Dr. Jürg Streit; **22-10:** STEVE GSCHMEISSNER/ Science Source; **22-13c:** Joseph F. Gennaro Jr./Science Source; **22-17a:** J. Cartaud, E. L. Bendetti, A. Sobel, and J. P. Changeux, *Journal of Cell Science* 29 (1978): 313. © 1978 The Company of Biologists, Ltd.; **22-18b:** Mary B. Kennedy, Davis Professor of Biology, Caltech.

Chapter 23 Opener: Michael Whittaker. (2006). Calcium at Fertilization and in Early Development. *Physiological Reviews*, 86, pp. 25–88; **23A-1:** Hamamatsu Corporation, Camera name ORCA-Flash4.0, Type number C11440-22CU; **23-15a:** Y. Hiramato/Jeff Hardin; **23-20a, c:** Thomas, Barbara J., Wassarman, David A.; A fly's eye view of biology. *Trends Genet.* 1999 May; 15(5):184–90. doi: 10.1016/s0168-9525(99)01720-5; **23-20b, d:** Rosemary Reinke, S. Lawrence Zipursky. (1988). Cell-cell interaction in the drosophila retina: The bride of sevenless gene is required in photoreceptor cell R8 for R7 cell development. *Cell*, 55:2, pp. 321–330; **p. 738:** Hriana/Shutterstock; **23B-1a:** Zephyr/Science Source.

Chapter 24 Opener: George Von Dassow; **24A-1:** Sigrid Gombert/Science Source; **24-2:** Conly L. Rieder, Department of Biology, Rensselaer Polytechnic Institute, Troy, New York; **24-4a:** Aussie Suzuki; **24-4b:** M. J. Schibler, J. D. Pickett-Heaps. (1987). The Kinetochore Fiber Structure in the Acentric Spindles of Oedogonium. *Protoplasma*, 137, pp. 29–44; **24-7b, c:** Courtesy of Jeremy Pickett-Heaps, University of Melbourne; **24-8:** Michael V. Danilchik; **24-9a:** Victoria Foe; **24-9b:** William Bement; **24-9c:** Ahna Skop, PhD, DSc; **24B-1:** inga spence/Alamy Stock Photo; **24B-2:** M. A. Jordan. Mechanism of Action of Antitumor Drugs that Interact with Microtubules and Tubulin. *Current Medicinal Chemistry - Anti-Cancer Agents*, 1 January 2002, pp.1–17(17); **24-10:** B. A. Palevitz/Eldon H. Newcomb; **24-11a:** Michael V. Danilchik; **24-11b:** George Von Dassow; **24-12b:** Tochiyuki Mori; **24-21b:** Logarinho, E. et al. (2003). Different spindle checkpoint proteins monitor microtubule attachment and tension at kinetochores in Drosophila cells. *Journal of Cell Science* 117, 1757-1771; **24-26:** Thomas Deerinck, NCMIR/Science Source; **24-27:** Bob Goldstein/University of North Carolina; **24-30:** Mizuta R, Araki S, Furukawa M, Furukawa Y, Ebara S, Shiokawa D, et al. (2013) DNase γ Is the Effector Endonuclease for Internucleosomal DNA Fragmentation in Necrosis. *PLoS ONE* 8(12): e80223. https://doi.org/10.1371/journal.pone.0080223.

Chapter 25 Opener: Dominik Handler; **25-4:** Bernard John (2005), *Meiosis*. Cambridge University Press. Vol. 3, No. 2; **25-5a:** P. B. Moens (1968). The Structure and Function of the Synaptinemal Complex in Lilium Iongiflorum Sporocytes. *Chromosoma*, 23, pp. 418–451; **25A-1a:** Phanie/Science Source; **25A-1b:** Denis Kuvaev/Shutterstock; **25A-3:** Clinical Photography, Central Manchester University Hospitals NHS Foundation Trust, UK/Science Source; **25-8c:** M. I. Walker/Science Source; **p. 792:** Janice Carr/CDC; **25-19a:** Charles C. Brinton, Jr. and Judith Carnahan; **25-19b:** Omikron/ Science Source; **25-24:** Calvente, A. et al. (2005). DNA double-strand breaks and homology search: inferences from a species with incomplete pairing and synapsis. *Journal of Cell Science* 118, 2957–2963.

Chapter 26 Opener: Eye of Science/Science Source; **26-17:** Jeff Hardin, Univ. of Wisconsin-Madison; **26A-1:** National Institute of Standards and Technology; **26-19:** Dr. Paul A. W. Edwards; **26-20:** Dr. Beth A. Weaver, Ph.D.; **26-23:** CNRI/Science Source; **26B-3:** Dr P. Marazzi/Science Source.

Appendix A-5: Peter Skinner/Science Source; **A-7:** Biophoto Associates/Science Source; **A-9:** Dr. Timothy Ryan; **A-10:** Salmon, E.D. (1995). VE-DIC light microscopy and the discovery of kinesin. *Trends in Cell Biology*. 5:154-58, Fig. 3, Elsevier Science; **A-13:** Dr. Gopal Murti/Science Source; **A-14:** Susan Strome et al. (2001). Spindle Dynamics and the Role of g-Tubulin in Early Caenorhabditis elegans Embryos. *Molecular Biology of the Cell*, 12, pp. 1751–1764; **A-15:** Karl Garsha; **A-17a:** Sarah Swanson, Newcombe Imaging Center, Department of Botany, Univ. of Wisconsin-Madison; **A-19:** Dr. Shelley Sazer; **A-21c:** Louis Hodgson, PhD; **A-22a:** Hein et al. Stimulated emission depletion (STED) nanoscopy of a fluorescent protein-labeled organelle inside a living cell. *Proc. Natl. Acad. Sci.* 105 (2008): 14271–14276. © 2008 National Academy of Sciences, U.S.A.; **A-22b:** Bates M, Huang B, Dempsey GT, Zhuang X. (2007). Multicolor super-resolution imaging with photo-switchable fluoresecent probes. *Science*, 317,5845:1749–1753; **A-24a:** Hemis/Alamy Stock Photo; A-25a: Don W. Fawcett, M.D.; **A-25b:** Steve Gschmeissner/Science Source; **A-26:** Sarah Swanson, Newcomb Imaging Center, Department of Botany, Univ. of Wisconsin-Madison; **A-27a:** Gustoimages/Science Source; **A-27b:** Jeff Hardin, Univ. of Wisconsin-Madison; **A-28:** Dr. Marisa Otegui, Department of Botany, Univ. of Wisconsin-Madison; **A-29:** Biophoto Associates/ Science Source; **A-31:** Omikron/Science Source; **A-33:** Don W. Fawcett/Science Source; **A-34a:** Estate of Hans Ris; **A-34b, c:** Koster AJ, Klumperman, J. "Electron Microscopy in cell biology: integrating structure and function". *Nat Rev Mol Cell Biol.* 2003 Sep: Suppl: SS6–10, Fig. 1; **A-36:** Jeff Hardin, Univ. of Wisconsin-Madison.

일러스트레이션 · 텍스트

Chapter 1

Page 24 Matthias Schlieden, Theodore Schwann and Rudolf Virchow in 1839 in cell theory.

Page 25 Quoted by Rudolf Virchow in 1855.

Page 33 Aristotle quoted in *On the Parts of Animals* Written 350 B.C.E Translated by William Ogle (London.: K. Paul, French & Co, 1882.)

Page 34 Source: Crick FHC. The Central Dogma of Molecular Biology. (1958) *Nature*, 227:561–563

Fig. 1-8 Source: http://ghr.nlm.nih.gov/handbook/ howgeneswork/makingprotein.

Fig. 1-9 Adapted from Charpentier, E. & Doudna, J. (2013). "Biotechnology: Rewriting a Genome," *Nature*, Vol. 495, pp. 50–51.

Chapter 2

Fig. 2A-1 Based on: http://www.chemguide.co.uk/ analysis/masspec/howitworks.html.

Fig. 2A-2 Data from http://webbook.nist. gov/ cgi/cbook.cgi?Spec=C56406&Index=0&Type=M ass&Large=on Glycine formula taken from WOC 8e, Fig. 3-2 Labels added.

Page 59 Ellis, R. J. & S. M. Van der Vies. (1991). "Molecular chaperones," *Annual Review of Biochemistry*, Vol. 60, pp. 321–347.

Table 2-1 Adapted from Fraenkel-Conrat, H. & Williams, R. (1955). "Reconstitution of active tobacco mosaic virus from its inactive protein and nucleic acid components," *Proceedings of the National Academy of Sciences of the United States of America*, Vol. 41, no. 10, p. 690.

Chapter 3

Table 3-1 Adapted from Wald, G. (1964) "The origins of life," *Proceedings of the National Academy of Sciences of the United States of America*, Vol. 52, no. 2, p.595.

Fig. 3-7 Based on Kleinsmith, Lewis J.; Kish, Valerie M., *Principles of Cell and Molecular Biology*. 2nd Ed., © 1995 Pearson Education, Inc.

Fig. 3-9 Based on Kleinsmith, Lewis J.; Kish, Valerie M., *Principles of Cell and Molecular Biology*. 2nd Ed., © 1995 Pearson Education, Inc.

Fig. 3-14 Based on Kleinsmith, Lewis J.; Kish, Valerie M., *Principles of Cell and Molecular Biology*. 2nd Ed., © 1995 Pearson Education, Inc.

Fig. 3-27 Based on Kleinsmith, Lewis J.; Kish, Valerie M., *Principles of Cell and Molecular Biology*. 2nd Ed., © 1995 Pearson Education, Inc.

Fig. 3-31 Autumn, K. et al. (2002). "Evidence for van der Waals adhesion in gecko setae," *Proceedings of the National Academy of Sciences*, Vol. 99, no. 19, pp. 12252–12256.

Chapter 4

Fig. 4-15 Adapted from Baum, D. A. & Baum, B. (2014). "An inside-out origin for the eukaryotic cell," *BMC Biology*, Vol. 12, no. 76.

Fig. 4A-2 Based on Jeyakumar et al (2005). Storage Solutions: Treating Lysosomal Disorders Of The Brain. *Nature Reviews Neuroscience* 6, 1–12 (Box 1).

Fig. 4-23 Based on P. J. Russell, *GENETICS*, 5th ed., Fig. 13.18. © 1998 Pearson Education, Inc.

Fig. 4-27 Based on Hanczyc, M. M., Fujikawa, S. M & Szostak, J. W. (2003). Experimental Models of Primitive Cellular Compartments: Encapsulation, Growth, and Division. *Science*. 302(5645): 618–622.

Chapter 5

Fig. 5A-3 Source: http://philschatz.com/anatomy-book/resources/2511_A_Triglyceride_Molecule_(a)_Is_Broken_Down_Into_Monoglycerides_(b).jpg.

Fig. 5B-1, 5B-2 Based on Freyer, M. W. & Lewis, E. A. (2008). Isothermal Titration Calorimetry: Experimental Design, Data Analysis, and Probing Macromolecule/Ligand Binding and Kinetic Interactions. *Methods in Cell Biology*. Vol. 84, pp/79-113.

Fig. 5-12 Adapted from OpenStax "Chemistry," Bccampus.

Chapter 6

Fig. 6-7 Appling, D. R., Anthony-Cahill, S. J. & Matthews C. K. (2018). *Biochemistry: Concepts and Connections*, Biochemical Genetics, 2nd ed.

Chapter 7

Fig. 7-6 Based on Kleinsmith, Lewis J.; Kish, Valerie M., *Principles of Cell and Molecular Biology*. 2nd ed. p. 163. © 1995 Pearson Education, Inc.

Fig. 7-7 Based on Kleinsmith, Lewis J.; Kish, Valerie M., *Principles of Cell and Molecular Biology*. 2nd ed. Fig. 5.6, p. 161. © 1995 Pearson Education, Inc.

Fig. 7-A1 Based on Kleinsmith, Lewis J.; Kish, Valerie M., *Principles of Cell and Molecular Biology*. 2nd Ed., Fig. 5.22, p. 176. © 1995 Pearson Education, Inc.

Fig. 7-17 Based on Kleinsmith, Lewis J.; Kish, Valerie M., *Principles of Cell and Molecular Biology*. 2nd Ed., Fig. 5.17, p. 169. © 1995 Pearson Education, Inc.

Fig. 7-19 Based on Kleinsmith, Lewis J.; Kish, Valerie M., *Principles of Cell and Molecular Biology*. 2nd ed., Fig. 5.18, p. 169. © 1995 Pearson Education, Inc.

Fig. 7-20 Based on Kleinsmith, Lewis J.; Kish, Valerie M., *Principles of Cell and Molecular Biology*. 2nd Ed., Fig. 5.16, p. 168. © 1995 Pearson Education, Inc.

Fig. 7-25 Jeff Hardin, Univ. of Wisconsin-Madison

Chapter 8

Fig. 8-4 Based on Kleinsmith, Lewis J.; Kish, Valerie M., *Principles of Cell and Molecular Biology*. 2nd Ed., © 1995 Pearson Education, Inc.

Fig. 8-6 Based on Kleinsmith, Lewis J.; Kish, Valerie M., *Principles of Cell and Molecular Biology*. 2nd Ed., © 1995 Pearson Education, Inc.

Fig. 8-9 Based on Protein Data Bank accession 2F1C. Original reference: Subbarao, G. V. and van den Berg, B. (2006). Crystal structure of the monomeric porin OmpG. J. MOL. BIOL. 360: 750–759 (from Fig. 1, p. 752).

Fig. 8-10a Adapted from Protein Data Bank accession 3D9S. Original reference: Horsefield et al. (2008). High-resolution x-ray structure of human aquaporin 5. *Proc. Natl. Acad. Sci.* USA 105: 13327–13332.

Fig. 8-10b From Andrews, S., S. L. Reichow, and T. Gonen. Electron crystallography of aquaporins. *IUBMB Life* 60 (2008): 430.

Fig. 8-12 Based on Kleinsmith, Lewis J.; Kish, Valerie M., *Principles of Cell and Molecular Biology*, 2nd ed., Fig. 5.43, p. 190. © 1995 Pearson Education, Inc.

Fig. 8-17 Data from Psakis, G. et al. (2009). "The sodium-dependent D-glucose transport protein of Helicobacter pylori," *Molecular Microbiology*, Vol. 71, no. 2, pp. 391–403.

Chapter 9

Fig. 9A-1 Based on Fig 1 from Winder, C. L., Dunn, W. B. & Goodacre, R. (2011). "TARDIS-based microbial metabolomics: time and relative differences in systems," *Trends in Microbiology*, Vol 19, no. 7, pp. 315–322.

Chapter 10

Fig. 10-19 Based on Kleinsmith, Lewis J.; Kish, Valerie M., *Principles of Cell and Molecular Biology*, 2nd Ed., © 1995 Pearson Education, Inc.

Fig. 10-20 Source: Figures are from *Horton Principles of Biochemistry* 4e - (a) from Figure 14-8, page 426 PDB ID# 1NEK. (b) from Figure 14-10, page 428 PDB ID# 1PP9. (c) from Figure 14-12a, page 430 PDB ID# 1OCC.

Fig. 10-21 Source: L. J. Kleinsmith, V. M. Kish, Experimental Evidence That Electron Transport Generates a Proton Gradient, *Principles of Cell and Molecular Biology*, 2nd ed., Pearson Education, 1995, 336.

Fig. 10-24 Source: Based on *Horton Principles of Biochemistry* 4e, Figure 14.15, p. 434.

Chapter 11

Fig. 11-4b Based on Kelvinsong/CC BY-SA.

Fig. 11A-2 Based on "Concepts in Photobiology: Photosynthesis and Photomorphogenesis", Edited by GS Singhal, G Renger, SK Sopory, K-D Irrgang and Govindjee, Narosa Publishers/New Delhi; and Kluwer Academic/Dordrecht, pp. 11–51.

Fig. 11-11 Based on Figure from https://crystallography365.wordpress.com/2014/05/15/pass-the-electron-the-first-membrane-protein-structure-shows-how-purple-bacteria-get-energy-from-light/. Structure is from Protein Data Bank entry 1PRC At http://www.rcsb.org/pdb/explore/explore.do?structureId=1prc.

Fig. 11-14 Based on Rubisco, November 2000 Molecule of the Month, by David Goodsell. RCSB Protein Data Bank.

Page 335 Joseph Priestley, *The Theological and Miscellaneous Works*. Ed. with Notes by John Towill Rutt, Volume 1 (George Shallfield, 1831).

Chapter 12

Fig. 12-4 Based on Alisa Zapp Machalek, *An Owner's Guide to the Cell*, Chapter 1, NIH National Institute of General Medical Sciences, 2005 http://publications.nigms.nih.gov/insidethecell/chapter1.html#4

Fig. 12-12 Based on Kleinsmith, Lewis J.; Kish, Valerie M., *Principles of Cell and Molecular Biology*. 2nd Ed., © 1995 Pearson Education, Inc.

Fig. 12-4a, b Based on Alisa Zapp Machalek, An Owner's Guide to the Cell, Chapter 1, NIH National Institute of General Medical Sciences, 2005 http://publications.nigms.nih.gov/insidethecell/chapter1.html#4.

Fig. 12-19a Based on Kleinsmith, Lewis J.; Kish, Valerie M., *Principles of Cell and Molecular Biology*. 2nd Ed., © 1995 Pearson Education, Inc.

Fig. 12-22b, c Based on Kleinsmith, Lewis J.; Kish, Valerie M., *Principles of Cell and Molecular Biology*. 2nd Ed., © 1995 Pearson Education, Inc.

Fig. 12-29 Based on Wier, D.L., Laing, E.D., Smith, I.L., Wang, L.F. and Broder, C.C., "Host cell virus entry mediated by Australian bat lyssavirus G envelope glycoprotein occurs through a clathrin-mediated endocytic pathway that requires actin and Rab5." *Virology Journal*. Vol. 11, No. 40. February 7, 2014, Figures 1 and 2.

Chapter 13

Fig. 13-2a Adapted from M. T. Cabeen and C. Jacobs-Wagner, "Bacterial Cell Shape," *Nature Reviews Microbiology* (August 2005), 3 (8): 601–10 (Fig. 4), and W. Margolin, "FtsZ and the Division of Prokaryotic Cells and Organelles," *Nature Reviews Molecular Cell Biology* (November 2005), 6 (11): 862–71 (Fig. 6).

Fig. 13-4 Based on Bruce Alberts et al., *Molecular Biology of the Cell*, 3rd ed., Fig. 16.33, p. 810. © 1994 by Garland Science-Books.

Fig. 13-7 Based on Kleinsmith, Lewis J.; Kish, Valerie M., *Principles of Cell and Molecular Biology*. 2nd Ed., © 1995 Pearson Education, Inc.

Fig. 13-9 Based on Bruce Alberts et al., *Molecular Biology of the Cell* 5e. Garland Science, 2007.

Fig. 13-14 Based on Bruce Alberts et al., *Molecular Biology of the Cell*, 3rd ed., Fig. 16.65, p. 835. © 1994 by Garland Science-Books.

Fig. 13-25 Based on Rohatgi et al, "The Interaction between N-WASP and the Arp2/3 Complex Links Cdc42-Dependent Signals to Actin Assembly" *Cell* 97(2) April 16, 1999, pp 221–231.

Chapter 14

Fig. 14-1 Based on Carter, A. P. (2013). Crystal clear insights into how the dynein motor moves. *Journal of Cell Science*. Vol. 126, pp. 1–9.

Fig. 14-3 Based on N. Hirokawa and R. Takemura, "Molecular Motors and Mechanisms of Directional Transport in Neurons," *Nature Reviews Neuroscience*, 6: 201–214, © 2005.

Fig. 14A-1 Based on The Debold Lab. Single Molecule Laser Trap Assay.

Fig. 14-5 Sources: Revised dynein in (a) adapted from Vallee et al (2012). Multiple modes of cytoplasmic dynein regulation. *Nat Cell Biol.* 14(3):224–30. (b) adapted from Fig. 6 from Roberts et al, 2012. ATP-driven remodeling of the linker domain in the dynein motor. *Structure* 20, 1670–1680.

Fig. 14-10 Based on T. Hodge and M. J. Cope, "The Myosin Family Tree," *Journal of Cell Science* (2000), 113 (19): 3353–3354, Fig. 1. © 2000. Reproduced with permission of The Company of Biologists, Ltd.

Fig. 14B-1a, b Based on Fliegauf, M., Benzing, T. & Omra, H. (2007). When cilia go bad: cilia defects and ciliopathies. *Nature Reviews Molecular Cell Biology*. Vol. 8, pp. 880–893.

Fig. 14-22 Based on *Cell Movements* by Dennis Bray, p. 166. © 1992 by Taylor & Francis Group LLC- Books. Reproduced with permission of Taylor & Francis Group LLC-Books.

Fig. 14-27 Based on Kleinsmith, Lewis J.; Kish, Valerie M., *Principles of Cell and Molecular Biology*. 2nd Ed., © 1995 Pearson Education, Inc.

Chapter 15

Fig. 15-2 Source: Campbell *Biology* 9e, Fig. 6-32. © Pearson Education, Inc.

Fig. 15-7 Based on D. Vestweber and J. E. Blanks, "Mechanisms That Regulate the Function of the Selectins and Their Ligands," *Physiological Reviews* 79 (1), January 1999:181–213, Fig. 1. Am Physiol Soc.

Fig. 15A-2 Based on Elaine Fuchs & Srikala Raghavan, "Getting under the skin of epidermal morphogenesis." *Nature Reviews Genetics* 3, 199–209 (March 2002) doi:10.1038/nrg758.

Fig. 15-12 Source: Campbell, Neil A.; Reece, Jane B.; Mitchell, Lawrence G., *Biology*, 5th Ed., ©1999. Reprinted and Electronically reproduced by permission of Pearson Education, Inc.

Fig. 15-18a Based Fig. 1 from Marinkovich, M. P. (2007). "Laminin 332 in Squamous-Cell Carcinoma." *Nature Reviews Cancer*. Vol. 7, pp. 370–380.

Table 15-4 Data from Goodwin, P. B. (1983). Molecular size limit for movement in the symplast of the Elodea leaf. *Planta* 157, 124–130.

Chapter 16

Fig. 16A-2b Bolzer A, Kreth G, Solvei I, Koehler D, Saracoglu K, et el. (2005) "Three-dimensional maps of all chromosomes in human male fibroblast nuclei and prometaphase rosettes." *PLoS Biol* 3(5): e157. Figure 1.

Fig. 16-17 Based on Kleinsmith, Lewis J.; Kish, Valerie M., *Principles of Cell and Molecular Biology*. 2nd Ed., © 1995 Pearson Education, Inc.

Fig. 16-23 Sources: (a) is adapted from Fig. 12-13 and (b) is adapted from Fig. 12-22, Klug 10e, *Genetic Analysis*, © Pearson Education, Inc.

Fig. 16-24 Based on Kleinsmith, Lewis J.; Kish, Valerie M., *Principles of Cell and Molecular Biology*. 2nd Ed., © 1995 Pearson Education, Inc.

Fig. 16B-1 Source: Based on Eran Meshorer and Yosef Gruenbaum, "One with the Wnt/Notch: Stem cells in laminopathies, progeria, and aging" *The Journal of Biology*, Vol. 181, No. 1, April 7, 2008, 9–13.

Page 492 Herriott, R. M. (1951). "NUCLEIC-ACID-FREE T2 VIRUS "GHOSTS" WITH SPECIFIC BIOLOGICAL ACTION," *Journal of Bacteriology*, Vol. 61, no. 6, pp. 752–754.

Chapter 17

Fig. 17-2 Based on Kleinsmith, Lewis J.; Kish, Valerie M., *Principles of Cell and Molecular Biology*. 2nd Ed., © 1995 Pearson Education, Inc.

Fig. 17-9 Based on Sanders, M.F. and J.L. Bowman. *Genetic Analysis: An Integrated Approach*, 2e, Fig. 7.17, p. 239. © Pearson Education, Inc.

Fig. 17-11 Sanders, *Genetic Analysis*, Fig 7.19 page 241. © Pearson Education, Inc.

Fig. 17-12a Based on Kleinsmith, Lewis J.; Kish, Valerie M., *Principles of Cell and Molecular Biology*. 2nd Ed., © 1995 Pearson Education, Inc.

Fig. 17-22 Sanders and Bowman, *Genetic Analysis: An Integrated Approach*, 2d ed., Fig 12.7.

Table 17-2 Sanders and Bowman, *Genetic Analysis: An Integrated Approach*, 2d ed., Table 12.4. © Pearson Education, Inc.

Fig. 17-24a Based on Griffiths, A.J.F. et al. *Introduction to Genetic Analysis*, 10e. New York: Freeman (2012), Fig. 16-16, p. 567.

Fig. 17-24b Based on Griffiths, A.J.F. et al. *Introduction to Genetic Analysis*, 10e. New York: Freeman (2012), Fig. 16-14, p. 565.

Fig. 17-26 Based on Sanders, *Genetic Analysis*, Fig. 17.26 Base Excision Repair. Pearson Education, Inc.

Fig. 17-27 Based on Sanders, *Genetic Analysis*, Fig. 12.19, p. 404 Pearson Education, Inc.

Fig. 17-28 Based on Griffiths 10e, *Introduction to Genetic Analysis* 10e, Fig. 16-23, p. 574. Macmillan Publishers, Ltd.

Fig. 17A-1, 17A-2 Based on F Ann Ran, et al. (2013). Genome engineering using the CRISPR-Cas9 system. *Nature Protocols*. Vol. 8, pp. 2281–2308.

Fig. 17-30 Based on Neta Agmon, N., S. Pur, B. Liefshitz and Martin Kupiec (2009), Analysis of repair mechanism choice during homologous recombination, *Nucleic Acids Research* 37, 5081–5092, by permission of Oxford University Press.

Fig. 17-32 Sanders, Mark F., *Genetics: An Integrated Approach*, 1e. Fig. 12-25. © 2012 Pearson Education, Inc.

Fig. 17-33 Based on Alberts et al, *Essential Cell Biology*, 3e, Fig 6-33, p. 223 (Garland Science, 2009)

Fig. 17-35 Adapted & simplified from Sanders, *Genetic Analysis*, Fig. 13.24, p. 446. © Pearson Education, Inc.

Page 495 Watson J.D. and Crick F.H.C. (1953, p. 966) Genetical implications of the structure of deoxyribonucleic acid. *Nature*, 171: 962–967.

Page 516 U.S. Government Printing Office. (1974). *Genetic Engineering: Evolution of a Technological Issue: Supplemental Report I*. U.S. Government Printing Office.

Chapter 18

Fig. 18-4 Based on Watson, James, *Molecular Biology of the Gene*, 7e. Fig 13.11. © 2014 Pearson Education, Inc.

Fig. 18-6 Based on Watson, James, *Molecular Biology of the Gene*, 7e. Fig 13.7. © 2014 Pearson Education, Inc.

Fig. 18A-3 Based on Watson, James, *Molecular Biology of the Gene*, 7e. Fig 7.35 © 2014 Pearson Education, Inc.

Fig. 18-8 Based on Watson, James, *Molecular Biology of the Gene*, 7e. Fig 13.11. © 2014 Pearson Education, Inc.

Fig. 18-9 Based on Kleinsmith, Lewis J.; Kish, Valerie M., *Principles of Cell and Molecular Biology*. 2nd Ed., © 1995 Pearson Education, Inc.

Fig. 18-10 Based on Watson, James, *Molecular Biology of the Gene*, 7e. Fig13.16 © 2014 Pearson Education, Inc.

Fig. 18B-2 Jeff Hardin, Univ. of Wisconsin-Madison.

Fig. 18-10 Watson, James, *Molecular Biology of the Gene*, 7e. Fig 13.11. © 2014 Pearson Education, Inc.

Fig. 18-16 Based on Kleinsmith, Lewis J.; Kish, Valerie M., *Principles of Cell and Molecular Biology*. 2nd Ed., © 1995 Pearson Education, Inc.

Fig. 18-17b Based on Kleinsmith, Lewis J.; Kish, Valerie M., *Principles of Cell and Molecular Biology*. 2nd Ed., © 1995 Pearson Education, Inc.

Fig. 18-19 Based on Kleinsmith, Lewis J.; Kish, Valerie M., *Principles of Cell and Molecular Biology*. 2nd Ed., © 1995 Pearson Education, Inc.

Fig. 18-21 Based on Kleinsmith, Lewis J.; Kish, Valerie M., *Principles of Cell and Molecular Biology*. 2nd Ed., © 1995 Pearson Education, Inc.

Chapter 19

Opener Based on Sanders Mark F. and Bowman, John, *Genetic Analysis: An Integrated Approach*, 1e. Fig. 9.4a. Pearson Education, Inc.

Fig. 19-2 Based on Kleinsmith, Lewis J.; Kish, Valerie M., *Principles of Cell and Molecular Biology*. 2nd Ed., © 1995 Pearson Education, Inc.

Fig. 19-7 Based on Sanders, Mark F., *Genetics: An Integrated Approach*, 1e. Fig. 9-4. © 2012 Pearson Education, Inc.

Fig. 19-8 Based on Watson, James, *Molecular Biology of the Gene*, 7e. Fig 13.11. © 2014 Pearson Education, Inc.

Fig. 19-8c Based on NDB ID: TR0001 Shi, H. and Moore, P.B., (2000) The crystal structure of yeast phenylalanine tRNA at 1.93 A resolution: A classic structure revisited. RNA 6: 1091–1105.

Fig. 19-9 Based on Kleinsmith, Lewis J.; Kish, Valerie M., *Principles of Cell and Molecular Biology*. 2nd Ed., © 1995 Pearson Education, Inc.

Fig. 19-12 Based on Sanders, Mark F., *Genetics: An Integrated Approach*, 1e. Fig. 9-16. © 2012 Pearson Education, Inc.

Fig. 19-16b Based on Watson, James, *Molecular Biology of the Gene*, 7e. Fig 15-27. © 2014 Pearson Education, Inc.

Fig. 19A-2 From George H. Talbot, et al., The Infectious Diseases Society of America's 10 × '20 Initiative (10 New Systemic Antibacterial Agents US Food and Drug Administration Approved by 2020): Is 20 × '20 a Possibility? *Clinical Infectious Diseases*, July 2019. https://doi.org/10.1093/cid/ciz089.

Fig. 19-23 Based on Sanders, Mark F., *Genetics: An Integrated Approach*, 1e. Fig. 19-20c. © 2012 Pearson Education, Inc.

Chapter 20

Fig. 20-5 Republished with permission of American Association for the Advancement of Science, from M. Lewis, et al., "Crystal Structure of the Lactose Operon Repressor and Its Complexes with DNA and Inducer," *Science* 271 (1 March 1996): 1247–1254.

Fig. 20-15 Based on Kleinsmith, Lewis J.; Kish, Valerie M., *Principles of Cell and Molecular Biology*. 2nd Ed., © 1995 Pearson Education, Inc.

Fig. 20-16 Based on Kleinsmith, Lewis J.; Kish, Valerie M., *Principles of Cell and Molecular Biology*. 2nd Ed., © 1995 Pearson Education, Inc.

Fig. 20-29 Based on Kleinsmith, Lewis J.; Kish, Valerie M., *Principles of Cell and Molecular Biology*. 2nd Ed., © 1995 Pearson Education, Inc.

Fig. 20-31 Based on Kleinsmith, Lewis J.; Kish, Valerie M., *Principles of Cell and Molecular Biology*. 2nd Ed., © 1995 Pearson Education, Inc.

Fig. 20-32 Republished with permission of American Association for the Advancement of Science, from Kosman et al., *Science*, v. 305, no. 5685, p. 846, 6 August 2004.

Fig. 20-39 PDB 4cr2 from Unverdorben, P., et al., "Deep classification of a large cryo-EM dataset defines the conformational landscape of the 26S proteasome." *Proceedings of the National Academy of Sciences* 111:5544, 2014.

Chapter 21

Fig. 21-15 Source: Fig ST1.02, Butler, J. M., from STR DNA Internet Database at http://www.cstl.nist.gov/div831/strbase/fbicore.htm. Figure courtesy of Dr. John M. Butler, National Institute of Standards and Technology.

Fig. 21-26 Michael Costanzo, et al. (2010). The Genetic Landscape of a Cell. *Science*, 327(5964), pp. 425–431.

Chapter 22

Fig. 22A-2 Adapted from 8e Fig 13-7; http://www.leica-microsystems.com/science-lab/the-patch-clamp-technique/.

Fig. 22-5 Adapted from Advanced Information on the Nobel Prize in Chemistry, 8 October 2003, Fig. 2. The Royal Swedish Academy of Sciences.

Fig. 22-6 Adapted from F. Bezanilla, "RNA Editing of a Human Potassium Channel Modifies Its Inactivation." *Nature Structural & Molecular Biology* 11 (2004): 915–916, Fig. 1.

Fig. 22-10a Based on Kleinsmith, Lewis J.; Kish, Valerie M., *Principles of Cell and Molecular Biology*. 2nd Ed., © 1995 Pearson Education, Inc.

Fig. 22-10b Based on Mary E.T. Boyle et al., "Contactin Orchestrates Assembly of the Septate-like Junctions at the Paranode in Myelinated Peripheral Nerve," *Neuron* (May 2001), 30 (2), pp. 385–397, Fig. 6.

Fig. 22-16a Based on C.C. Garner et al., "Molecular Determinants of Presynaptic Active Zones," *Current Opinion in Neurobiology*, 10 (3), pp. 321–27, Fig. 1. Elsevier.

Fig. 22-16b Based on Harlow, M. L. et al. (2001). The architecture of active zone material at the frog's neuromuscular junction. *Nature* 409, 479–484. https://doi.org/10.1038/35054000

Chapter 23

Fig. 23-1 Based on Kleinsmith, Lewis J.; Kish, Valerie M., *Principles of Cell and Molecular Biology*. 2nd Ed., © 1995 Pearson Education, Inc.

Fig. 23-3 Based on http://www.studyblue.com/notes/note/n/ph1-2-receptor-and-dose-response-theory/deck/1424003.

Fig. 23-6b Based on Chung et al (2011). "Conformational changes in the G protein Gs induced by the b2 adrenergic reactor." *Nature* 477, 611

Fig. 23-15b Based on Kleinsmith, Lewis J.; Kish, Valerie M., *Principles of Cell and Molecular Biology*. 2nd Ed., © 1995 Pearson Education, Inc.

Fig. 23-17c "Epidermal Growth Factor," June 2010 Molecule of the Month by David Goodsell. © 2010 David Goodsell & RCSB Protein Data Bank.

Fig. 23-19 Based on S. F. Gilbert, *Developmental Biology*, 5th ed., p. 110, Fig. 3.34. © 1997 by Sinauer Associates, Inc. Reprinted by permission.

Chapter 24

Fig. 24A-3a Vybrant(R) Dye Cycle(TM) Stains for Live Cell Cycle Analysis. Figure 1 © 2015 Thermo-Fisher Scientific Inc.

Fig. 24A-3b FxCycle(TM) Stains for Fixed Cell Cycle Analysis. Figure 1. © 2015 ThermoFisher Scientific Inc.

Fig. 24-4d Aussie Suzuki

Fig. 24-5 Based on Kleinsmith, Lewis J.; Kish, Valerie M., *Principles of Cell and Molecular Biology*. 2nd Ed., © 1995 Pearson Education, Inc.

Fig. 24-8 Based on Campbell, Neil A.; Reece, Jane B., *Biology*, 6th Ed., ©2002, p. 235 Pearson Education, Inc.

Fig. 24-10 Based on Campbell, Neil A.; Reece, Jane B., *Biology*, 6th Ed., ©2002, p. 235 Pearson Education, Inc.

Chapter 25

Fig. 25-7 Based on Campbell, *Biology* 10e, Fig. 15-13 © Pearson Education, Inc.

Fig. 25A-2 Based on Freeman, *Biological Science*, 5e, Fig. 13.13. © Pearson Education, Inc.

Fig. 25-11 Based on Campbell, *Biology*, 10e, Fig. 14-3. © Pearson Education, Inc.

Fig. 25-12 Based on Campbell, *Biology* 10e, Fig. 14-4. © Pearson Education, Inc.

Fig. 25-13 Based on Campbell, *Biology* 10e, Fig. 14-5. © Pearson Education, Inc.

Fig. 25B-1 Based on Sanders and Bowman, *Genetic Analysis*: An Integrated Approach, Fig 2.21. Pearson Education.

Fig. 25-21 Based on From Christopher K. Mathews and K. E. van Holde, *Biochemistry*. ©Benjamin Cummings

Fig. 25-23 Based on *Campbell Biology* 10e, Figure 13.9 © Pearson Education, Inc.

Fig. 25-25 Campbell, Neil A.; Reece, Jane B.; Mitchell, Lawrence G., *Biology*, 5th Ed., © 1999, p. 214. Pearson Education, Inc.

Chapter 26

Fig. 26-2 Adapted from R. K. Boutwell, "Some Biological Aspects of Skin Carcinogenesis." *Prog. Exp. Tumor Res.* (1963) (4): 207.

Fig. 26-4 Data from "The Vascularization of Tumors" by Judah Folkman, *Scientific American* May 1976 © Scientific American, a division of Nature America, Inc.

Fig. 26-6 Based on Kleinsmith, Lewis J.; Kish, Valerie M., *Principles of Cell and Molecular Biology*. 2nd Ed., © 1995 Pearson Education, Inc.

Fig. 26-7a Data from Jha, P. (2020). The hazards of smoking and the benefits of cessation: a critical summation of the epidemiological evidence in high-income countries. *eLife*.

Fig. 26-7b Based on Kleinsmith, Lewis J.; Kish, Valerie M., *Principles of Cell and Molecular Biology*. 2nd Ed., © 1995 Pearson Education, Inc.

Fig. 26-8 Data from S. Meselson and L. Russell in *Origins of Human Cancers*, H. H. Hiatt et al., eds. (Cold Spring Harbor, NY: Cold Spring Harbor Laboratory, 1977), pp. 1473–82.

Fig. 26-9 D. E. Brash et al, "A Role for Sunlight in Skin Cancer: UV-Induced p53 Mutations in Squamous Cell Carcinoma," *PNAS* (1991) 88 (22): 10124–10128.

Fig. 26-24 Rafiq, S., Hackett, C. S. & Brentjens, R. J. (2019). Engineering strategies to overcome the current roadblocks in CAR T cell therapy. *Nature Reviews Clinical Oncology*. 17, pages 147–167.

찾아보기